JN256821

プリンストン数学大全

The Princeton Companion to Mathematics

ティモシー・ガワーズ
ジューン・バロウ=グリーン
イムレ・リーダー ▶編

砂田利一｜石井仁司｜平田典子
二木昭人｜森 真 ▶監訳

朝倉書店

監 訳 者

砂田利一
石井仁司
平田典子
二木昭人
森　　真

訳　　者

伊藤隆一
岡田聡一
金川秀也
久我健一
小林正典
志賀弘典
志村立矢
高松敦子
田中一之
徳重典英
長谷川浩司
細矢治夫
松本健吾
松本敏子
水谷正大
三宅克哉
宮本雅彦
山田道夫
山内藤子
吉荒　聡
吉原健一
渡辺　治
渡辺敬一

The Princeton Companion to Mathematics

edited by Timothy Gowers

Japanese translation published by arrangement with Princeton University Press
through The English Agency (Japan) Ltd.

カバー図像：
17 世紀の鉄製コンパス．ガリレオ博物館（フィレンツェ）所蔵．
Museo Galileo, The Photographic Archive.

監訳者序文

まずは読者に問おう．数学は自然現象を対象とする科学である「自然科学」の一分野なのだろうか？大多数の読者は Yes と答えるに違いない．確かに，ほとんどの大学では数学科は理（工）学部の一学科であり，「理学」は自然科学と同義語であるから，数学は自然科学に属すと考えるのは自然である．中には，数学科なしの理（工）学部など考えられないという強い意見もある．さらに，数学と自然現象を直接相手にする物理学には強い親和性があることも確かである．ガリレオ・ガリレイの有名な言葉である「宇宙は数学の言葉で書かれている」を持ち出さずとも，ミクロの世界から宇宙の大規模構造まで，自然現象を理解するためには数学が欠かせないことは明らかだからである．しかし，数学の「守備範囲」は自然科学を越えて文系の学問と言える音楽，美術，哲学，経済学，言語学など，広範囲にわたるのであって，自然科学の中に位置付けるのには無理があるのではないだろうか．実際，歴史を振り返れば，古代ギリシアでは数学と哲学は切り離せない関係にあったし，デカルトとライプニッツも数学者でかつ哲学者でもあった．ピタゴラス以来，音楽も数学に馴染む芸術分野であったし，ルネサンスの遠近法と射影幾何学の関係のように，絵画技法も数学と密接な関係がある（現代美術にも，19 世紀後半から発展した位相幾何学と切り離せない部分がある）．こうしたことから，むしろ数学は，自然科学や社会科学と並置すべき「数理科学」のコアと考えるべきではないだろうか．この無謀な主張を正当化するのが本書『プリンストン数学大全』である．

本書は，2008 年にプリンストン大学出版局から出版された *The Princeton Companion to Mathematics* の邦訳である．原書の編集に当たったティモシー・ガワーズ教授の序文によれば，2002 年に本書の出版が立案されたということだから，6 年がかりで完成にこぎつけた一大企画ということになる．その経緯については，序文の中で詳しく説明されているので，それをご覧いただきたい．

序文に引き続くガワーズ教授による第 1 部（「数学とは何か？」，「数学における言語と文法」，「いくつかの基本的な数学的定義」，「数学研究の一般的目標」）を読めば，数学のスペクトラムが，いわゆる純粋数学に限っても極めて広大であることが理解されるだろう．数学とは何か，数学をするとはどういうことか，現代数学が何を目指しているのかを知ろうとすれば，そのために要する時間も長大にならざるを得ない．また，古代バビロニアから古代ギリシア，そしてルネサンス期と近代ヨーロッパを経て今ある数学に至った長く複雑な道のりを知らなければ，今日の数学者が考察している問題の意義を理解するのはおぼつかない．さらには，純粋数学を越えたさまざまな分野でどのように数学が使われているかを知ることも重要である（さもなければ，数学者は「象牙の塔」に籠って孤独を謳歌する隠者を気取ることになってしまう）．これら膨大な知見を 1 冊の本に収めるというのは，正直言って大それた計画である．もちろん一人の筆者でこれを成し遂げるのは不可能であるから，多くの共著者・協力者を必要とすることになるが，このことが首尾一貫した，しかも過不足のない内容にすることを困難にするのは目に見えている．

この無茶とも言える企画に挑んだのが本書なのである．原書が 1000 ページを超えることになったのは，上記の要請から仕方がないが，一方でこのページ数程度で 1 冊の本に収まったのは編集に携わった人々の努力の結果と言える．しかも，記事の長さや内容の程度に例外はあるものの，上記の要請である「首尾一貫した，ほぼ過不足のない内容」になっていることは，本書の成功の要因の一つとなっている．

ガワーズ教授も序文に書いているように，ネット社会の今日では，数学関係の調べ物があるとき，Wikipedia のようなサイトを検索して，ある程度は目的を達せられはする．しかし，正確かつ相互参照を可能にし，さらには「全体像を感じ取れる」構成は書物でしかできない（Wikipedia でも相互参照はある程度可能であるが，不便な点があり，項目によっては誤りも散見される）．また，ブルバキの『数学原論』は，数学者集団が作り上げた20世紀数学を俯瞰可能にする37巻に及ぶモニュメントであるが，「数学史」の部分を除けば，読者は数学専攻の大学院生や職業数学者に限られるであろう（実際には，「数学史」も数学の高度な知識なしに真に楽しむことはできない）．本書は，学部学生ばかりでなく，数学愛好家にもアクセス可能な「読み物」として，Wikipediaや『数学原論』とは異なる性格を有しているのである．さらに付け加えれば，事典とも異なり，項目がアルファベット順に並べられているのではないし，解説の長さも一様ではない．このような「自由度」も本書の特色の一つである．「証明の考え方の発展」，「数学の基礎における危機」，「若き数学者への助言」といったような，通常の数学事典には見られない項目も含んでいる．こうしたことから，数学の研究者を目指す学生にとっても有益なものとなるに違いない．

最後に，邦訳版を出版するに至った経緯を書いておこう．

朝倉書店がプリンストン大学出版部と契約を結び，翻訳のための編集委員会を立ち上げたのは2010年である．日本大学の森 真氏，早稲田大学の石井仁司氏，日本大学の平田典子氏，東京大学の二木昭人氏が編集委員のメンバーであり，主要部分の翻訳作業に携わった．最初はより少ない人数で翻訳を行うことになっていたが，結果的には20名を超える多くの訳者に協力をお願いすることになった．これは，編集委員の守備範囲を越える主題が多くあったこと，また，化学，音楽，美術，哲学など，話題が幅広かったことが理由であった．

原題名の *The Princeton Companion to Mathematics* をどう訳すかについては議論があった．直訳すれば「プリンストン数学手引書」という，少々ぎこちないタイトルになってしまうこともあり，一時はパッポスを代表とするアレキサンドリアの数学者の著作に付けられる用語である「数学集成」にしようとの案も出た．しかし，最終的には，一般読者に受け入れやすいと思われる『プリンストン数学大全』とすることにした．「数学大全」（英語では "Complete Work on Mathematics"）は，数学に関する事柄をもれなく記した本の意味であるから，本書の性格を言い表す邦訳としては適切であると考えたのである．

また，翻訳に5年という歳月がかかったのは，原書の膨大さにもよるけれど，同じ時期に編集委員長の砂田が所属大学の新学部立ち上げに深く関わっていたことも理由の一つである．出版に関わられた方々に遅れをお詫びするとともに，翻訳作業に貴重な時間を割いていただいた編集委員会のメンバー諸氏と翻訳協力者の皆さん，および朝倉書店編集部に厚くお礼を申し上げたい．彼らの粘り強い叱咤激励と翻訳への助力がなければ，出版には至らなかったであろう．

2015年夏　滞在中のケンブリッジ大学にて

砂 田 利 一

謝辞　本書の翻訳にあたって，多くの方から訳文についてのご意見・ご指摘をいただいた．ここで簡略ながらお名前を挙げ，感謝の意を表したい：石井大輔（東京工業大学），ローレンス・C・エバンス（カリフォルニア大学バークレー校），セルジュ・クライナーマン（プリンストン大学），ベン・グリーン（ハーシェル・スミス純粋数学教授），T・W・ケルナー（ケンブリッジ大学），テレンス・タオ（カリフォルニア大学ロサンゼルス校），堤誉志雄（京都大学），ロイド・N・トレフェセン（オクスフォード大学），中務佑治（東京大学），藤原耕二（京都大学），山崎昌男（早稲田大学），イゴール・ロドニャンスキー（プリンストン大学）．

序　　文

Preface

ティモシー・ガワーズ［訳：砂田利一］

1.　本書の扱う対象

バートランド・ラッセルは，彼の著書『数学の原理』（*The Principles of Mathematics*）の中で「純粋数学」を次のように定義している．

> 純粋数学は，「p ならば q」という形式の命題をすべて集めたものである．ここで，p と q は一つないしは複数の同じ変項を含み，しかも論理定項以外の定項は含まない．そして，論理定項とは，含意や，それが属すクラスと項との関係，「… であるような」(such that) の概念，関係概念，そして上記の形式の一般の命題概念に含まれうる概念など，これらの用語により定義されうるすべての概念である．さらに付け加えれば，数学は考察の対象としている命題の構成要素にはならない概念，すなわち真理概念を使う．

本書『プリンストン数学大全』(原題 "*The Princeton Companion to Mathematics*") は，上記のラッセルの定義には含まれていないものすべてを扱うと言ってよい．

ラッセルの著書が刊行された 1903 年当時は多くの数学者が数学の論理的基礎に興味を抱いていた．それから 1 世紀を経た現在，数学がラッセルの記述にあるような形式的体系と見なせるということは，もはや新しい考え方ではなく，今日の数学者はそれよりほかの事柄に関心を持っていると言える．特に，一人の数学者ではその一部ですら理解できないほどの膨大な数の論文や著書が出版されている現在，どのような記号配列が文法的に正しい数学の言明になっているかを確かめるだけでなく，それらのうちで注意を払う価値があるのはどれかを知ることは有益なことである．

当然ながら，このような問いに完全に客観的な答えを与えるのは困難であるし，何がおもしろい分野かについては，数学者によって考え方が異なっている．本書がラッセルの著書と比べて非形式的で，また，異なる見解を持つ多くの人々により書かれているのは，かような理由による．「何が数学的言明を興味深いものにするのか？」という問いに正確な答えを与える試みというよりはむしろ，可能な限り魅力的かつ理解しやすい方法で，21 世紀の初頭に数学者が取り組んでいる問題とそのアイデアの代表的サンプルを読者に提示しようとするものである．

2.　本書の視野にあるもの

本書の中心となる主題は，現代的な純粋数学である．これについては一言説明が必要であろう．「現代的」と書いたのは，上で言及したように，本書が「現在，数学者は何に取り組んでいるのか？」を解説するのが目的であることを意味する．たとえば，前世紀の中頃に急速に発展したが，現在は沈静化している分野より，目下急速に発展しつつある分野を扱う．とはいえ，数学は長い歴史を背負っているので，今日の数学の一部でも理解しようとすれば，過去に発見された多くの結果やアイデアについて知る必要がある．さらに，今日の数学についての正しい見方を望むならば，どのようにして今あるような形になったのかを知ることも重要である．したがって，現代数学に光彩を与えるために，本書では歴史がたびたび語られる．

「純粋」という言葉の説明はさらに面倒である．よく言われるように，「純粋」と「応用」の間に明確な境界線を引くことはできない．現代数学の真価を理解するのに歴史を知る必要があるように，純粋数学を正しく評価するには応用数学と理論物理学についての幾ばくかの知識が必要となる．実際，それらの分野は純粋数学における基本的アイデアを提供してきたし，さらには目下発展しつつある重要な純粋数学の分野を創出してきたのである．本書は，純粋数学に対する他分野からの影響に目をつむるものでは決してなく，また，純粋数学の実践的・理論的応用を無視するものでもない．とはいうものの，本書が取り扱う範囲は，数理科学がカバーする実際上の範囲に比べて決して広くはないことをお断りしておく．実のところ，もっと的確なタイトルは “Princeton Companion to Pure Mathematics” であろうとの提案がなされたこともある．これが却下された唯一の理由は，採用されたタイトルほど耳触りが良くないことであった．

純粋数学を集中的に扱おうとする別の理由は，応用数学や理論物理学について本書と同種の著作が出版される可能性を考慮してのことであった．そのような著作が出版されるまでは，数理物理学の広範なトピックを網羅し，本書と同じレベルで書かれているロジャー・ペンローズの『実在への道』（*The Road to Reality*, 2005）を薦める．さらに，最近5巻からなる数理物理学の百科事典（*Encyclopedia of Mathematical Physics*, Elsevier, 2006）が刊行されたことを記しておこう．

3. 本書は百科事典ではない

本書の原題に含まれる “Companion” という言葉は，重要な意味を持っている．本書が参考文献としての役割を担うのは言うまでもないが，だからと言って，そのことに過大な期待を持つべきではない．調べたい数学的概念がたとえ重要なものであっても，本書で説明されているとは限らないからである（もちろん，重要な概念ほど本書に含まれている可能性は高くなるが）．この意味で，本書は一般読者には共有されていない知識や見解のギャップを埋める「手引き」なのである．少なくともある種のバランスを目標にすると，多くの話題が省かれうるのだが，実際には（単一の「手引き書」に通常期待する以上に），本書で扱われる話題はきわめて広範囲にわたっている．この種のバランスを保つために，米国数学会による分類項目や，4年ごとに開催される国際数学者会議における部門名などを「客観的」指針とすることにした．したがって，数論，代数，解析学，幾何学，組合せ論，論理学，確率論，理論計算機科学，そして数理物理学のような広範な分野は，すべて解説されている（ただし，それらに属す小分野についてはその限りではないが）．やむを得ないことだが，何を取り上げるべきかという選択や，それぞれの解説の長さは，編集ポリシーの結果ではなく，誰が執筆に同意するか，その中で誰が実際に原稿を提出するか，また文字数制限に忠実であるか，といった事情に左右された．その結果，中にはわれわれ監修者が望むような完全な解説がなされていない項目もある．しかし，完璧なバランスを期すために完成までにさらに数年が経過するよりは，いくぶん不完全であっても出版するべきであろうとの判断がなされたのである．将来，本書の新しい版が刊行されるあかつきには，今の版にある欠点を修正する機会が訪れることを望んでいる．

本書が百科事典と異なるもう一つの点は，アルファベット順ではなくテーマ別に編成されていることである．この方法の有利な点は，それぞれの解説を個別に楽しめるだけではなく，それぞれを首尾一貫した体系の中での「構成要素」と見なせることにある．実際，本書は，確かに時間はかかるものの，初めから終わりまで残さず読み通してもおかしくないように構成されている．

4. 本書の構造

「本書はテーマ別に編成されている」とは，どういう意味だろうか？　それは，本書が八つの部に分かれ，それぞれが異なるテーマと目的を持っているということである．第I部は入門的事柄からなる．すなわち，数学の知識が少ない読者のために，数学全体の概観を与え，主題に登場する基本的概念を解説している．大雑把には，一つの特定の分野に属すのではなく，数学全般の予備知識として必要と考えられるトピックは，第I部に置かれている．**群** [I.3 (2.1項)] および**ベクトル空間** [I.3 (2.3項)] はこの範疇に属す自明な例である．

第II部は，歴史に関するエッセイである．その目的は，どのようにして現代数学の特徴的スタイルが今ある形になったのかを説明することである．たとえば，今日の数学者の考え方と，200年前もしくはそれ以前の数学者の考え方の違いは何だろうか？　その違いの一つは，証明というものに対して普遍的に認められている基準である．これに密接に関連するのが，解析学（微分積分学とその後の一般化と発展）が厳密な立脚点を持つに至った経緯である．他の著しい例は，数の概念，代数の抽象的性格，そして現代の幾何学者が，三角形，円，平行線のような親しみのある図形ではなく，非ユークリッド的な幾何学を研究するようになった経緯である．

第 III 部は，第 I 部では扱われていない重要な数学的概念についてのごく短い解説により構成される．そして，読者がしばしば聞いたことはあるものの，しっかりとは押さえていない概念があれば，それを調べるのに適切な場所となることを目指している．数学者が（講演や談話会などで），たとえば**シンプレクティック形式** [III.88]，**非圧縮流体のオイラー方程式** [III.23]，**ソボレフ空間** [III.29 (2.4 項)]，**イデアル類群** [IV.1 (7 節)] などの定義に聞き手が慣れ親しんでいることを前提としていて，しかし事実はそうではないのを聞き手が認めなければならないとしよう．第 III 部は，このような困惑に陥った聞き手がそれらの概念を調べることを可能にしている．

第 III 部の解説が，もし形式的定義のみを与えるのであれば，有益とは言いがたい．概念を理解するには，それが直観的に意味することと，なぜそれが重要なのか，なぜそれが導入されるに至ったかについて知る必要があるからである．とりわけ，もしそれがかなり一般的な概念であれば，複数の良質な例を知りたくなる．ここで良質な例とは，単純すぎず，だからと言って複雑すぎもしない例を意味する．実際，良質な例は一般的定義より理解が容易であるし，経験豊かな読者は，例から重要な性質を抽象化することによって一般的定義を推測できる．こうした理由から，適切に選択された例を与え，議論することは，この部の解説においてできうる限り行わなければならない．

第 III 部のもう一つの機能は，本書の核心部である第 IV 部のバックアップである．第 IV 部は，さまざまな数学分野について第 III 部の章より相当に長い 26 章の解説で構成されている．そして，それぞれの分野における中心的かつ重要なアイデアのいくつかを，曖昧さを避けつつ，しかも有益さを損なわないようにしながら，可能な限り形式に捉われない形で解説している．当初は，中断することなく読み進むことのできる，明晰かつ初等的な，就寝前の読書に適するような解説を望んでいた．このような理由もあって，専門家であり，かつわかりやすい解説を書けるという，二つの要請を優先して執筆者を選んだ．しかし，数学は容易な学問ではない．結局，すべての章がこの目標を完遂してはいないかもしれないが，努力目標として本書が目指した「近づきやすさ」は実現されたと考えている．論説が容易とは言いがたい内容を含んでいるときでも，よくあるテキストと比べれば，明晰かつ非形式的な方法で論じるべき内容を論じているのであって，その努力は顕著な成功に繋がっている．第 III 部と同様に，数名の著者は啓発的な例の提示によって，これに成功している．それらの例は，さらに一般な理論に続いていることもあれば，例だけですべてを語っていることもある．

第 IV 部は，第 III 部で別の形で扱われた概念の優れた解説を多く含んでいる．当初は解説の重複を完全に避けて，第 III 部を参照することを考えていた．しかし，こうすることで読者を苛立たせる危険がある．そこで，次のような妥協を行った．ある概念が他所で適切に説明されているなら，第 III 部はそれについての完全な解説を含まないようにし，「相互参照」という形で簡単な記述を与えるのに留める．したがって，ある概念を手早く調べたい場合は，まず第 III 部を読み，さらなる詳細を知る必要があるときにのみ，相互参照を利用して第 IV 部（や本書の他の部分）に向かうとよい．

第 V 部は第 III 部の補遺である．再び重要な話題についての短い章からなり，勉学の助けというよりは，定理や未解決問題についての話題を提供している．これは本書全体にわたることであるが，第 V 部の内容の選択も，包括的とは必ずしも言えない．選択基準は次のようなものである．まず，数学的重要性という自明な基準がある．次に，読者の好奇心と近づきやすさに重点を置いた方法で論じられていること，さらに，（**4 色問題** [V.12] のような）稀な特徴を持つ話題であることである（4 色問題は，いずれにしても取り上げられるべきものではあるが）．さらに，第 IV 部の内容に関連して，執筆者がいくつかの定理は別に論じられるべきと感じたり，あるいはそれらを知識的背景として仮定したいときに，それらを追加する場合も，選択基準にかなっていることを原則とした．第 V 部の論説のいくつかは短い解説で済まし，相互参照という形で第 III 部の内容を引用している．

第 VI 部は，再び歴史的解説を含んでいる．ここでは著名な数学者について，（生没地/年や専門分野のような）伝記上の情報を与えるとともに，そこで取り上げている数学者がなぜ有名なのかを説明することを目的としている．当初は生存している数学者も含む予定でいたが，結局，現在活躍している数学者の中から正当な選択を行うことがほとんど不可能という結論に達して，すでに亡くなっている数学者，さらには 1950 年以前の業績で特に知られる数学者に限定した．それ以後の数学者も，他のところで言及されるから，当然本書の重要な対象である．

純粋数学とその歴史について扱うこれまでの部に続いて，第 VII 部では，数学が外部から受けた，実践的・知的な大きなインパクトについて説明する．この部は，数学を少なからず使って学際的な研究をしている数学者や，他の学問分野の専門家による長文の論説から構成されている．

本書の最終部は，数学と数学的活動の性格についての省察を含んでいる．この部の解説は，全体として他の部の長めの解説よりは近づきやすい．こういうこともあって，最後の部はむしろ読者が最初に目を通すところになるかもしれない．

項目の配列については，第 III 部，第 V 部はアルファベット順，第 VI 部は時系列的である．数学者を誕生年によって順序付けており，この並び順の採用については，十分検討を重ねた．そのようにした理由は，個々の解説を独立に読むよりは，この部を通して読むことにより，歴史の流れを感じられるようにしたかったからである．また，どの数学者が同時代を生きたかが明確になる．ある数学者を探したいときに，誕生年を他の数学者のそれと関連させて推測しなければならないという少々の不都合はあるものの，読者は何がしかの価値のあることを学べるであろう．

他の部では，章をテーマ別に配列するようにした．特にこれは第 IV 部に適用されている．ここでは，二つの基本原則に基づいて順序立てられている．一つ目は，数学分野として密接に関連する分野を「近く」に置くこと，二つ目は，B の章の前に A の章を読む必要があれば，その順序に置くことである．これは言うほど簡単なことではない．なぜなら，いくつかの分野は分類するのが困難だからである．たとえば，数論的な代数幾何学は，代数なのかそれとも幾何学あるいは数論なのかという問題がある．三つのうちどれにでも適合し，もし一つを選ぶなら，それは不自然ということになる．そこで，第 IV 部の構成は分類法には準じないものとし，考えうる限りの「線形」な順序により構成した．

部自身の順序に関しては，教育的観点から最も自然と思われるものを採用し，一種の「方向付け」を与えるようにした．第 I 部と第 II 部は，異なる性格は持つものの，明らかに入門的な部分である．第 III 部が第 IV 部の前にあるのは，数学の分野を理解するためには，新しい定義に取り組むことから始めるのが通常だからである．他方，第 IV 部が第 V 部の前に位置するのは，一つの定理を正しく理解するには，それがどのように数学の一分野にフィットしているかを知ることが適切だからである．第 VI 部は，第 III 部から第 V 部のあとに置かれるが，これは，数学についてある程度の知識を獲得したあとに，有名な数学者の貢献を認識できるようにすることが理由である．第 VII 部は，終盤に近いが，これも同様な理由による．すなわち，数学の影響を理解するには，数学の知識が必須となるからである．第 VIII 部は一種のエピローグであり，それゆえ本書のこの位置が適切であろう．

5. 相 互 参 照

企画当初から，本書は相互参照が可能なように計画された．すでにこの序文の中にも登場しているように，たとえば，**シンプレクティック形式** [III.88] は，この事項が第 III 部の 88 番目の章で論じられている事実を示している．また，**イデアル類群** [IV.1 (7 節)] は，第 IV 部の 1 番目の章の第 7 節を参照することを意味している．

本書は，楽しく読める本となることを目指し，この楽しみを相互参照で支えるように努力した．これはむしろ奇妙に感じられるかもしれない．なぜなら，たとえ数秒でも他の場所にあるものを参照するのは煩わしいからである．各項目は自己充足的かつ便利な読み物となるようにもしているから，もし相互参照を利用したくないのなら，それでも構わない．例外は，本書全体で，第 I 部で論じられる概念の知識を仮定していることである．もし読者が大学数学を知らないならば，まずは第 I 部の完読を勧める．こうすることによって，後の部にある解説を読む際に必要事項を参照する必要性が減じるであろう．

時に，ある概念が一つの解説で導入され，別のところで説明される場合がある．数学における習慣では，定義されようとする用語をイタリック体で表す [*1]．本書もこの習慣に従うが，形式に捉われな

[*1] ［訳注］邦訳では，イタリック体の代わりにゴシック体で表す．

い章では，新しい，あるいは知られていない用語の定義がいつどこで行われたかがわかりにくい状況が起こる．本書のポリシーとしては，後の議論で説明される初出の概念はイタリック体で表すことにした．また，後に説明されない用語もイタリック体にすることがあるが，これは章の残りの部分を理解するのにその用語の理解が必要がないことを表す「印」である．この種の極端なケースとして，イタリック体の代わりに引用符を用いる場合もある．

ほとんどの章は，「文献紹介」で終わる．しかし，これは，概説論文によくあるような完全な文献表を意味するものではない．さらに言っておくと，数学的発見に貢献した数学者をすべて挙げたり，発見の初出の論文をすべて引用することはしない．これに関心のある読者は，「文献紹介」やインターネットにある論文や著作からそれを見出してほしい．

6.　対象とする読者

本書のもともとのプランでは，（微分積分学を含む）高校数学を学び終えたすべての人々にとっての読みやすさを目指していた．しかし，プランを実行に移すにつれ，これは非現実的な企てであることが明らかになった．なぜなら，大学数学の知識があれば容易に理解できて，それをより低いレベルでわざわざ解説することには意味がない数学分野も存在するからである．一方，特別な経験を仮定せず，読者に説明が可能な主題もある．そこで，最終的には，レベルを一定にするという考えは捨てることとなった．

しかし，「近づきやすさ」については，高い優先順位を維持している．そして，本書全体を通して，実践的な観点から可能な限り低いレベルで数学的考え方を論じることに重きを置いた．特にわれわれ編集委員が理解できないような内容を本書に盛り込むことは避けている（これはきわめて大きな束縛なのであるが）．読者は，中には理解困難な章や，簡単すぎる章を見つけるかもしれない．しかし，全体としては，高校数学ないしはその一つ上のレベルにある読者が，本書のかなりの部分を楽しみながら読めることを，われわれは期待している．

本書から何が得られるかを，読者のレベルごとに説明しよう．大学数学のレベルから出発する読者は，大学での日ごろの学習において，扱っている題材がなぜ重要なのか，そしてそれがどのように先に進んでいくのか理解していないとき，大きな困難に直面することになるだろう．このときには，本書を読むことにより，主題についての展望を知ることができる（たとえば，環の概念についての必要性は知らなくても，環の定義は知っている場合はよくある．それでも，必要性を知るのは大事であり，これについては「環，イデアル，加群」[III.81] および「代数的数」[IV.1] を読むとよい）．

本書を読了した読者は，数学の研究に興味を抱くかもしれない．しかし，学部レベルの段階では，研究がどういうものかという感触は得られない．そこで，研究レベルでどの数学分野が読者の興味を引くかが問題となる．答えを得るのは容易ではないが，分野の選択は，幻滅を感じて博士の学位をあきらめるか，数学者として成功するかの違いに結び付くだろう．本書（特に第 IV 部）は，さまざまな数学者が研究について考えていることを語っていて，読者に多くの情報を与えている．

もし読者が自立した数学者ならば，本書は，同僚の研究をよく理解したいという希望に応えるものになるだろう．ほとんどの数学者は，数学がきわめて細分化されている事実に驚嘆している．今日，優秀な数学者でさえ，身近に見える分野でも，他の数学者の論文を完全には理解できない状況がよく起きる．もちろんこれは健全な状態とは言えず，何らかの方法で数学者間の知的接触を高めることは重要である．本書の編集委員は，大量の論説を注意深く査読した結果，多くの事柄を学んだ．多くの読者が同様の利益を得ることを希望する．

7.　インターネットが提供しない本書の内容は？

ある意味で，本書の特徴は，Wikipedia の数学分野，あるいはエリック・ワイススタイン（Eric Weisstein）の

Mathworld（http://mathworld.wolfram.com/）

に似たところがある．特に相互参照は，ハイパーリンクを思わせる機能である．では，本書の出版に意味はあるのだろうか？

一言で答えれば Yes である．もし，数学的概念をインターネットで調べようとすれば，試行錯誤が避けられないことがわかるだろう．探している情報の

適切な説明に出会えることも時にはあるが，そうでないこともたびたびある．上に言及したウェブサイトは確かに便利であるし，本書で扱われていない事柄を調べたいのなら，それらの利用を勧める．しかし，この時点で言えるのは，オンラインの解説は本書の解説のスタイルとは異なっていることである．すなわち，無味乾燥で，ページを節約して基本的事柄を解説することに関心があるから，事柄の背景にあることは省かれている．そして，本書の第I部，第II部，第IV部，第VII部，第VIII部にあるような長いエッセイは，オンラインには見られない．

読者の中には，書物の形にした論説集のほうが便利だという人もいる．すでに言及したように，本書は個別的な論説を集めたものではなく，すべての本が当然有し，ウェブサイトには見られない線形な順序構造に従って編まれている．そして，本としての物理的性格は，ウェブサイトを拾い読みするのとは異なる経験を与える．実際，目次を読めば，本全体を感じることができる．一方，ウェブサイトでは見ているページのことしか感じられない．すべての読者がこれに同意するわけではないだろうが，多数の読者が理解してくれるであろうし，本書はそのような読者のために書かれているのである．それゆえ，本書はオンラインを競争相手にするものではない．本書は既存のウェブサイトと競争するのではなく，むしろそれを補完するものと言ってよい．

8. 本書の成り立ち

本書は，当時プリンストン大学出版局のオックスフォードオフィスにいたデイヴィッド・アイルランドによって2002年に立案された．本書の最重要な特徴である書名と部の構成，中でも一つの部を数学の主要分野についての論説に当てようというアイデアは，彼に負っている．彼がこの提案を携えてケンブリッジにいた私[*2)]のもとを訪れ，私に編集作業を行う意思があるかどうかを尋ねたとき，ほとんどすぐさま私は引き受ける気になった．

何が私をその気にさせたのか？ 部分的には，この作業は私一人で行うのではなく，他の編集委員も加わり，彼らに技術的・管理的支援を期待できるという理由があった．しかし，もっと基本的な理由は，大学院生として怠惰な生活を送っていたときに私自身が考えていたアイデアに近かったからである．そのときに考えていたのは，次のようなことである．もし，さまざまな数学分野における大きな研究テーマを網羅して，適切に書かれたエッセイを集めた本がどこかにあれば，どんなに素晴らしいだろう．これは私の小さな夢となり，それが現実のものになったのである．

最初の計画段階から，歴史的省察を含むような本を作り上げることが求められた．このためアイルランドに会った直後に，ジューン・バロウ＝グリーンに歴史的パートについての編集委員になってもらえるか打診した．喜ぶべきことに，彼女はこの仕事を引き受け，彼女の人脈から世界中の数学史家にアクセスできるようになった．

まずは，プリンストン大学出版局への正式な提案を行うため，さらに詳細な企画を練ることを目的とした集まりを持った．出版局はそれを専門家からなる顧問に送り，そのうち何人かは困難をはらむ企画であると指摘したが，ほとんどの意見は，この企画に積極的な賛意を表していた．同様の熱意は，執筆者を選定する段階でもはっきりと表れた．執筆者の多くがこの企画を大いに奨励し，マーケットには大きな需要があるという，私やアイルランドの当初からの予測を認めてくれて，このような本が出版されることには大きな喜びを感じると言ってくれた．この段階の間，オックスフォード大学から出版された *The Oxford Companion to Music* の編集委員であるアリソン・レイサムの助言と経験は大きな益となった．

2003年の中頃，アイルランドはプリンストン大学出版局を去る事態が生じた．これは私や編集委員にとって大きな打撃であり，企画に対する彼のビジョンと熱意を失ったことは残念至極であった．というのも，われわれとしては，氏のもともとの考えをしっかりと実現しようと考えていたからである．しかし，同じ時期にプリンストン大学出版局では，T&Tプロダクションという小さな会社と提携することになり，企画を進める上でもポジティブな発展があった．この会社は，契約書の作成や，締め切りの確認，編集記録の作成などの日々の仕事や，執筆者から送られてくる原稿のファイルを冊子にする業務などを請け負ってくれた．ほとんどの作業は，きわめて優秀かつ特上のユーモアの持ち主であるサム・クラークにより行われていた．付け加えれば，数学の知識は少

---

*2) ［訳注］序文の筆者であるティモシー・ガワーズのこと．

ないものの（元は化学者だったこともあり，ほとんどの人と比べてその知識は群を抜いていた），編集作業の質はきわめて高かった．サムの助けを借りて，注意深い編集作業が行えたばかりでなく，彼のおかげで本のデザインも素晴らしいものになったと思う．彼なしには，本書の完成には漕ぎ着けられなかったであろう．

定期的な編集会議を続け，さらなる詳細について企画し，編集の進展について論議を行った．この編集会議を主宰したのは，プリンストン大学出版局オックスフォードオフィスのリチャード・バガリーである．彼は 2004 年に出版局の事典編集者アンヌ・サヴァレーズに交代するまでこの仕事を続けた．リチャードとアンヌもたいへん優秀な編集者であり，編集委員に手厳しい質問を投げかけてくれたばかりでなく，計画どおりに進んでいない章や部について，放任しがちなわれわれに注意を促し，（少なくとも私自身には欠けている）プロの根性を注入してくれた．

2004 年の初め，本書の編集の後半に差し掛かっていると素朴に考えていたとき（実際にはいまだ初期の段階にあったのだが），まだやるべき作業が（ジューンの助けを借りたとしても）きわめて多くあることを悟った．このとき，理想的な共同編集委員として頭に浮かんだのが，イムレ・リーダーである．彼は，本書が目指していることを理解し，そしてそれを完遂するのに必要なアイデアを持っていた．彼は編集チームに加わることに同意し，その途端に，いくつかの章の依頼や編集において必要不可欠な編集委員となった．

2007 年の後半までには，最終段階に至り，編集上後回しにしていた複雑な作業に取り組んで編集を完結させるため，編集作業のさらなる助けが必要になった．ジョーダン・エレンバーグとテレンス・タオが援助を申し出てくれて，この作業での彼らの貢献はたいへん貴重なものになった．彼らは数章の論説の編集ばかりでなく，新しい論説を執筆してくれた．さらに，彼らは私自身が経験外の分野の記事を執筆する際にも，誤謬を回避できるように助力してくれた（もし，私の記事に間違いがあったとすれば，それは彼らの助けがないところで起きたことであり，チェックをすり抜けた誤謬についての責任はひとえに私自身にある）．

9. 編 集 作 業

数学には縁のない一般の人々や数学を専門としない同僚に，数学者が何をしているのかを，忍耐強く説明できる数学者を見つけるのは容易ではない．しばしば，数学者は読者が知らないことを知っていることとして前提し，物事を説明する．そして，読者が困惑するのは，完全に途方に暮れた事態を認めざるを得ないときであろう．本書の編集委員は，このような困惑を取り除くことによって読者に援助の手を差し伸べるように努力した．本書の重要な特徴は，単に執筆依頼を行い，完成品を受領するだけで終わるのではなく，編集作業が常に活発に行われたことである．上述の理由から，ある章の原稿は完全に放棄され，編集委員の批評に基づいて完全に書き直された．また，ある章は大きな変更が必要であり，執筆者自身あるいは編集委員により書き直された．些少な変更で済んだ原稿もあるにはあるが，その数は少ない．

ほとんどの執筆者が編集委員の対応に，忍耐，そして感謝の気持ちさえ持っていただいたことは，喜ばしい驚きであり，本書の長い執筆・編集期間にわたって士気を維持させるのに大いに助けとなった．逆に，編集委員会から執筆者に感謝の気持ちを表明したい．そして，編集プロセスが価値あるものであったことを，執筆者に同意していただけることを望んでいる．何らの大した報酬もなしに，論説執筆に多大な時間をかけていただいたことは，編集委員会としては思いも寄らない喜びであった．この本が成功裏に完成したかどうかについては，ここでは述べるべきではないが，読みやすくするための多くの変更や，この種の編集上の干渉は，数学においては稀であるから，本書は良い意味で独特な持ち味を醸し出していると考えたい．

本書の完成までにかけられた時間や，執筆者の質についての証左は，執筆依頼をした後に彼らの多くが業績を認められ，重要な賞の受賞者となった事実に表れている．執筆中，少なくとも 3 人の子供が誕生したことも記しておこう．また，ベンジャミン・ヤンデルとグラハム・アランは，彼らの論説が印刷される前に世を去ってしまった．本書が彼らの思い出に繋がることを希望している．

10. 謝 辞

初期の編集作業は，もちろん企画立案と執筆者の選定であり，これは数名の人々の助けなしには不可能なことであった．ドナルド・アルバーズ，マイケル・アティヤ，ジョーダン・エレンバーグ，トニー・ガーディナー，セルジュ・クライナーマン，バリー・メイザー，カート・マクマレン，ロバート・オマリー，テレンス・タオ，そしてアヴィ・ヴィグダーソンたちは，本書を形作るための助言をさまざまな方法で与えてくれ，大いに有益な効果をもたらしてくれた．ジューン・バロウ＝グリーンの担当項目では，ジェレミー・グレイとラインハルト・ジークムント＝シュルツェによる助力が大きかった．最終段階では，ヴィッキー・ニールにいくつかの章の校正と索引チェックの業務を担当してもらった．編集委員が気づかなかった多くの誤謬を指摘し修正した彼女の仕事は，驚嘆に値する．また，編集委員の質問に丁寧に答えてくださった多くの数学者と数学史家の方々に感謝申し上げる．

執筆者はもちろんのこと，激励をいただいた多くの方々，さらに私の家族にも感謝したい．特に私の父パトリック・ガワーズは，山のような仕事に立ち向かう私をサポートしてくれた．直接ではないものの，実質的に助けてもらったジュリー・バロウにも感謝したい．本書の準備の最終段階で，彼女には家事の負担の相当部分を受け持つことを了承してもらった．2007 年 11 月の息子の誕生は，彼女にとってもそうであるように，私の人生においてもかなり大きな力を発揮させることになったのである．

執筆者一覧

Contributors

編　集　者

ティモシー・ガワーズ　Timothy Gowers
ケンブリッジ大学，ラウズ・ボール数学教授
[I.1][I.2][I.3][I.4][III.3][III.10][III.12][III.13][III.15][III.17][III.19][III.20][III.25][III.26][III.30][III.32][III.33][III.37][III.38][III.39][III.40][III.42][III.45][III.46][III.50][III.52][III.53][III.56][III.60][III.61][III.62][III.65][III.69][III.70][III.72][III.74][III.76][III.77][III.80][III.87][III.89][III.93][III.95][III.96][III.97][III.98][V.1][V.4][V.6][V.8][V.10][V.11][V.13][V.14][V.16][V.17][V.19][V.20][V.22][V.24][V.25][V.26][V.27][V.29][V.30][V.31][V.34]

共同編集者

ジューン・バロウ＝グリーン　June Barrow-Green
オープン・ユニヴァーシティ，数学史講師
[V.33][VI.5][VI.6][VI.7][VI.8][VI.10][VI.13][VI.16][VI.17][VI.21][VI.28][VI.32][VI.38][VI.40][VI.45][VI.51][VI.52][VI.59][VI.61][VI.65][VI.66][VI.70][VI.78][VI.89]

イムレ・リーダー　Imre Leader
ケンブリッジ大学，純粋数学教授
[III.1][III.2][III.7][III.11][III.34][III.43][III.55][III.57][III.66][III.67][III.81][III.99][V.18]

執　筆　者

グラハム・アラン　Graham Allan
ケンブリッジ大学，前・数学准教授（Reader）[III.86]

ノガ・アロン　Noga Alon
テルアヴィヴ大学，バウムリッター数学／計算機科学教授 [IV.19]

ジョージ・アンドリュース　George Andrews
ペンシルヴァニア州立大学数学科，エヴァン・ピュー教授 [VI.82]

トム・アーキボルド　Tom Archibald
サイモンフレーザー大学数学科，教授 [II.5][VI.47]

マイケル・アティヤ　Sir Michael Atiyah
エディンバラ大学数学研究科，名誉教授 [VI.90][VIII.6]

デイヴィッド・オービン　David Aubin
ジュシュー数学研究所・助教授 [VI.96]

ジョアン・バガリア　Joan Bagaria
バルセロナ大学，ICREA 研究教授 [IV.22]

キース・ボール　Keith Ball
ユニヴァーシティ・カレッジ・ロンドン，アスター数学教授 [III.22][III.64][IV.26]

アラン・F・ベアドン　Alan F. Beardon
ケンブリッジ大学，複素解析学教授 [III.79]

デイヴィッド・D・ベン＝ズヴィ　David D. Ben-Zvi
テキサス大学オースティン校，数学准教授 [IV.8]

ビタリ・ベルゲルソン　Vitaly Bergelson
オハイオ州立大学，数学教授 [V.9]

ニコラス・ビンガム　Nicholas Bingham
インペリアル・カレッジ・ロンドン数学科，教授 [VI.88]

ベラ・ボロバシュ　Béla Bollobás
ケンブリッジ大学，メンフィス大学，数学教授
[VI.73][VI.79][VIII.6]

ヘンク・J・M・ボス　Henk Bos
オーフス大学理学部，名誉教授，ユトレヒト大学数学科，名誉教授 [VI.11]

ボディル・ブランナー　Bodil Branner
デンマーク工科大学数学科，名誉教授 [IV.14]

マーティン・R・ブリッドソン　Martin R. Bridson
オクスフォード大学，ホワイトヘッド純粋数学教授
[IV.10]

ジョン・P・バージェス John P. Burgess
プリンストン大学，哲学教授 [VII.12]

ケヴィン・バザード Kevin Buzzard
インペリアル・カレッジ・ロンドン，純粋数学教授 [III.47][III.59]

ピーター・J・キャメロン Peter J. Cameron
ロンドン大学クイーン・メアリー，数学教授[III.14][V.15]

ジャン=リュック・シャベール Jean-Luc Chabert
ピカルディ大学アミアン基礎・応用数学研究所，教授 [II.4]

ユージニア・チェン Eugenia Cheng
シェフィールド大学純粋数学科，講師 [III.8]

クリフォード・コックス Clifford Cocks
英国政府通信本部（チェルトナム），主任数学者[VII.7]

アラン・コンヌ Alain Connes
コレージュ・ド・フランス，フランス高等科学研究所，ヴァンダービルト大学，教授 [VIII.6]

レオ・コリー Leo Corry
テルアヴィヴ大学科学・思想の哲学・歴史のためのコーン研究所，所長 [II.6]

ウォルフガング・コイ Wolfgang Coy
ベルリン大学，計算機科学教授 [VI.91]

トニー・クリリー Tony Crilly
ミドルセックス大学経済・統計学科，数理科学名誉准教授（Emeritus Reader） [VI.46]

セラフィーナ・クオーモ Serafina Cuomo
ロンドン大学バークベック・カレッジ歴史学・古典学・考古学研究科ローマ史講師 [VI.1][VI.2][VI.3][VI.4]

ミハリス・ダファーモス Mihalis Dafermos
ケンブリッジ大学，数理物理学准教授（Reader）[IV.13]

パーサ・ダスグプタ Partha Dasgupta
ケンブリッジ大学，フランク・ラムジー経済学教授 [VII.8]

イングリッド・ドブシー Ingrid Daubechies
プリンストン大学，数学教授 [VII.3]

ジョゼフ・W・ドーベン Joseph W. Dauben
ペンシルヴァニア州立大学，数学名誉教授[VI.54][VI.95]

ジョン・W・ドーソン Jr. John W. Dawson Jr.
ニューヨーク市立大学ハーバート・H・レーマン・カレッジ，教授 [VI.92]

フランソワ・ド・ガント François de Gandt
シャルル・ド・ゴール（リール第3）大学，科学史・哲学史教授 [VI.20]

パーシ・ダイアコニス Persi Diaconis
スタンフォード大学，メアリー・V・サンセリ統計学・数学教授 [VII.10]

ジョーダン・S・エレンバーグ Jordan S. Ellenberg
ウィスコンシン大学，数学准教授 [III.21][III.82][IV.5]

ローレンス・C・エバンス Lawrence C. Evans
カリフォルニア大学バークレー校，数学教授 [III.94]

フローレンス・ファサネッリ Florence Fasanelli
アメリカ科学振興協会，プログラム・ディレクター [VII.14]

アニタ・バードマン・フェファーマン Anita Burdman Feferman
インディペンデント・スカラー，作家 [VI.87]

ソロモン・フェファーマン Solomon Feferman
スタンフォード大学数学科，パトリック・サップス家人文学・科学教授，数学・哲学名誉教授 [VI.87]

チャールズ・フェファーマン Charles Feferman
プリンストン大学，数学教授 [III.23][V.5]

デラ・フェンスター Della Fenster
リッチモンド大学数学・計算機科学科，教授 [VI.86]

ホセ・フェレイロス José Ferreirós
セビリア大学，論理学・科学哲学教授[II.7][VI.50][VI.62]

デイヴィッド・フィッシャー David Fisher
インディアナ大学ブルーミントン校，数学准教授[V.23]

テリー・ギャノン Terry Gannon
アルバータ大学数理科学科，准教授（Reader）[IV.17]

A・ガーディナー A. Gardiner
バーミンガム大学，数学・数学教育准教授（Reader） [VIII.1]

チャールズ・C・ギリスピー Charles C. Gillispie
プリンストン大学，デイトン・ストックトン科学史名誉教授 [VI.23]

オデッド・ゴールドライヒ Oded Goldreich
ヴァイツマン科学研究所，計算機科学教授 [IV.20]

キャサリン・ゴールドスタイン Catherine Goldstein
ジュシュー数学研究所，CNRS，研究部長 [VI.12]

フェルナンド・Q・グヴェア Fernando Q. Gouvêa
コルビー大学，カーター数学教授 [II.1][III.51]

アンドリュー・グランヴィル Andrew Granville
モントリオール大学数学・統計学科，教授 [IV.2]

アイヴァー・グラタン=ギネス Ivor Grattan-Guiness
ミドルセックス大学，数学史・論理学史名誉教授 [VI.24][VI.25][VI.27][VI.29][VI.71][VI.74]

ジェレミー・グレイ Jeremy Gray
オープン・ユニヴァーシティ，数学史教授 [II.2][III.28][VI.26] [VI.30] [VI.31] [VI.34] [VI.49] [VI.55] [VI.69] [VI.81]

ベン・グリーン Ben Green
ケンブリッジ大学，ハーシェル・スミス純粋数学教授 [III.31][III.41][III.58][III.63][III.73][III.90][III.92]

イアン・グロイノフスキー Ian Grojnowski
ケンブリッジ大学，純粋数学教授 [IV.9]

ニッコロ・グイッチャルディーニ Niccoló Guicciardini
ベルガモ大学，科学史准教授 [VI.14]

マイケル・ハリス Michael Harris
ドニ・ディドロ（パリ第 7）大学，数学教授 [VIII.2]

ウルフ・ハシャゲン Ulf Hashagen
ドイツ博物館ミュンヘン科学技術史センター，ドクトル [VI.36]

ナイジェル・ヒグソン Nigel Higson
ペンシルヴァニア州立大学，数学教授 [IV.15][V.2]

アンドルー・ホッジス Andrew Hodges
オクスフォード大学ワダム・カレッジ，数学チュートリアル・フェロー [VI.94]

F・E・A・ジョンソン F. E. A. Johnson
ユニヴァーシティ・カレッジ・ロンドン，数学教授[III.4]

マーク・ジョシ Mark Joshi
メルボルン研究所保険数理研究所，准教授 [VII.9]

キラン・S・ケドラーヤ Kiran S. Kedlaya
マサチューセッツ工科大学，数学准教授 [V.28]

フランク・ケリー Frank Kelly
ケンブリッジ大学，システム数学教授，クライスツ・カレッジ学長 [VII.4]

セルジュ・クライナーマン Sergiu Klainerman
プリンストン大学，数学教授 [IV.12]

ジョン・クラインバーグ Jon Kleinberg
コーネル大学，計算機科学教授 [VII.5]

イズラエル・クライナー Israel Kleiner
ヨーク大学数学・統計学科，名誉教授 [VI.44]

ヤチェク・クリノフスキ Jacek Klinowski
ケンブリッジ大学，物理化学教授 [VII.1]

エーベルハルト・クノーブロッホ Eberhard Knobloch
ベルリン工科大学科学技術哲学・科学技術史研究所，教授 [VI.15]

ヤーノシュ・コラール János Kollár
プリンストン大学，数学教授 [IV.4]

T・W・ケルナー T. W. Körner
ケンブリッジ大学，フーリエ解析教授 [III.85][III.91][V.3][VIII.3]

マイケル・クリビルビッチ Michael Krivelevich
テルアヴィヴ大学，数学教授 [IV.19]

ピーター・D・ラックス Peter D. Lax
ニューヨーク大学クーラント数理科学研究所，教授 [VI.83]

ジャン＝フランソワ・ル・ガル Jean-François Le Gall
パリ南（パリ第 11）大学，数学教授 [IV.24]

W・B・R・リコリッシュ W. B. R. Lickorish
ケンブリッジ大学，位相幾何学名誉教授 [III.44]

マーティン・W・リーベック Martin W. Liebeck
インペリアル・カレッジ・ロンドン，純粋数学教授 [III.68][V.7][V.21]

イェスパー・リュッツェン Jesper Lützen
コペンハーゲン大学数理科学科，教授 [VI.39]

デス・マクヘイル Des MacHale
アイルランド国立大学ユニヴァーシティ・カレッジ・コーク，数学准教授 [VI.43]

アラン・L・マッカイ Alan L. Mackay
ロンドン大学バークベック・カレッジ，結晶学研究科，名誉教授 [VII.1]

シャーン・マジッド Shahn Majid
ロンドン大学クイーン・メアリー，数学教授 [III.75]

レッヒ・マリグランダ Lech Maligranda
ルレオ工科大学，数学教授 [VI.84]

デイヴィッド・マーカー David Marker
イリノイ大学シカゴ校数学・統計学・計算機科学科，学科長 [IV.23]

ジャン・モーアン Jean Mawhin
ルーヴァン・カトリック大学，数学教授 [VI.67]

バリー・メイザー Barry Mazur
ハーヴァード大学数学科，ゲルハルト・ガーデ教授[IV.1]

デューサ・マクダフ Dusa McDuff
ニューヨーク州立大学ストーニーブルック校，コロンビア大学バーナード・カレッジ，数学教授 [VIII.6]

コリン・マクラーティ Colin McLarty
ケース・ウェスタン・リザーブ大学，トルーマン・P・ハンディ哲学・数学准教授 [VI.76]

ボジャン・モハール Bojan Mohar
カナダ政府研究教授（グラフ理論），サイモン・フレイザー大学，数学教授 [V.12]

ピーター・M・ノイマン Peter M. Neumann
オクスフォード大学クイーンズカレッジ，数学フェロー・チューター，オクスフォード大学，数学大学講師 [VI.33][VI.41][VI.58][VI.60]

キャサリーン・ノラン Catherine Nolan
ウェスタン・オンタリオ大学，音楽准教授 [VII.13]

ジェームズ・ノリス James Noris
ケンブリッジ大学，統計学研究所，確率解析教授[III.71]

ブライアン・オッサーマン Brian Osserman
カリフォルニア大学デイヴィス校数学科，准教授[V.35]

リチャード・S・パレ Richard S. Palais
カリフォルニア大学アーヴァイン校，数学教授 [III.49]

マルコ・パンツァ Marco Panza
フランス国立科学研究センター，研究部長 [VI.22]

カレン・ハンガー・パーシャル Karen Hunger Parshall
ヴァージニア大学，歴史学・数学教授 [II.3][VI.42]

ガブリエル・P・パターネイン Gabriel P. Paternain
ケンブリッジ大学，幾何学・力学系講師 [III.88]

ジャンヌ・パイファー Jeanne Peiffer
フランス国立科学研究センター アレクサンドル・コイレ・センター，研究部長 [VI.18]

ビルギット・ペトリ Birgit Petri
ダルムシュタット工科大学数学専攻，Ph. D. 候補生 [VI.48][VI.93]

カール・ポメランス Carl Pomerance
ダートマス大学，数学教授 [IV.3]

ヘルムート・プルテ Helmut Pulte
ルール大学ボーフム，教授 [VI.35]

ブルース・リード Bruce Reed
カナダ政府研究教授（グラフ理論），マギル大学[V.32]

マイケル・C・リード Michael C. Reed
デューク大学，ビショップ・マクダーモット家数学教授 [VII.2]

エイドリアン・ライス Adrian Rice
ランドルフ・メイコンカレッジ，数学准教授 [VIII.7]

エレナ・ロブソン Eleanor Robson
ケンブリッジ大学科学史・科学哲学科，上級講師[VIII.4]

イゴール・ロドニャンスキー Igor Rodnianski
プリンストン大学，数学教授 [III.36]

ジョン・ロウ John Roe
ペンシルヴァニア州立大学，数学教授 [IV.15][V.2]

マーク・ロナン Mark Ronan
イリノイ大学シカゴ校，数学教授，ユニヴァーシティ・カレッジ・ロンドン，数学名誉教授 [III.5][III.48]

エドワード・サンディファー Edward Sandifer
ウェスタン・コネチカット州立大学，数学教授[VI.19]

ピーター・サルナック Peter Sarnak
プリンストン大学，プリンストン高等学術研究所，教授 [VIII.6]

ティルマン・サウアー Tilman Sauer
カリフォルニア工科大学，アインシュタイン論文プロジェクト，ドクター [VI.64]

ノルベール・シャパシェ Norbert Schappacher
ストラスブール大学高等数学研究所，教授[VI.48][VI.93]

アンドレイ・シンツェル Andrzej Schinzel
ポーランド科学アカデミー，数学教授 [VI.77]

エルハルト・ショルツ Erhard Scholz
ヴッパータール大学数学・自然科学科，数学史教授 [VI.68][VI.80]

ラインハルト・ジークムント＝シュルツェ Reinhard Siegmund-Schultze
アグデル大学工学・科学学部，教授 [VI.72][VI.85]

ゴードン・スレイド Gordon Slade
ブリティッシュ・コロンビア大学，数学教授 [IV.25]

デイヴィッド・J・シュピーゲルハルター David J. Spiegelhalter
ケンブリッジ大学，リスクの公共的理解のためのウィントン教授 [VII.11]

ジャクリーン・ステドール Jacqueline Stedall
オクスフォード大学クイーンズカレッジ，数学ジュニア・リサーチ・フェロー [VI.9]

アリルド・ストゥーブハウグ Arild Stubhaug
フリーランス・ライター，オスロ在住 [VI.53]

マデュ・スダン Madhu Sudan
マサチューセッツ工科大学，計算機科学・工学教授 [VII.6]

テレンス・タオ Terence Tao
カリフォルニア大学ロサンゼルス校，数学教授 [III.9] [III.16] [III.18] [III.27] [III.29] [III.35] [III.78] [III.83] [IV.11]

ジャミー・タッペンデン Jamie Tappenden
ミシガン大学，哲学准教授 [VI.56]

C・H・タウベス C. H. Taubes
ハーバード大学，ウィリアム・ペチェック数学教授[IV.7]

リュディガー・ティーレ Rüdiger Thiele
ライプツィヒ大学私講師 [VI.57]

バート・トタロ Burt Totaro
ケンブリッジ大学，ロウディーン天文学・幾何学教授 [IV.6]

ロイド・N・トレフェセン Lloyd N. Trefethen
オクスフォード大学，数値解析教授 [IV.21]

ディルク・ファン・ダーレン Dirk van Dalen
ユトレヒト大学哲学科，教授 [VI.75]

リチャード・ウェーバー Richard Weber
ケンブリッジ大学，オペレーションズ・リサーチのためのチャーチル数学教授 [III.84]

ドミニク・ウェルシュ Dominic Welsh
オクスフォード大学数学研究所，数学教授 [III.54]

アヴィ・ヴィグダーソン Avi Wigderson
プリンストン高等学術研究所，数学研究科教授 [III.24][IV.20]

ハーバート・S・ウィルフ Herbert S. Wilf
ペンシルヴァニア大学，トーマス・A・スコット数学教授 [VIII.5]

デイヴィッド・ウィルキンス David Wilkins
ダブリン大学トリニティ・カレッジ，数学講師[VI.37]

ベンジャミン・H・ヤンデル Benjamin H. Yandell
カリフォルニア州パサデナ在住（故人） [VI.63]

エリック・ザスロウ Eric Zaslow
ノースウェスタン大学，数学教授 [III.6][IV.16]

ドロン・ザイルバーガー Doron Zeilberger
ラトガース大学，理事会数学教授 [IV.18]

訳者一覧

監　訳　者

砂田利一　明治大学教授
[I.1] [I.2] [I.3] [I.4] [II.6] [II.7] [III.1] [III.2] [III.7] [III.8] [III.11] [III.24] [III.28] [III.34] [III.56] [III.57] [III.65] [III.77] [III.79] [V.3] [V.12] [V.15] [V.16] [V.32] [VI.43] [VI.54] [VI.56] [VI.71] [VI.75] [VI.81] [VI.87] [VI.92] [VI.96] [VII.4] [VII.12] [VII.13] [VII.14]

石井仁司　早稲田大学教授
[II.5] [III.18] [III.23] [III.25] [III.26] [III.27] [III.29] [III.31] [III.32] [III.36] [III.37] [III.50] [III.55] [III.62] [III.83] [III.85] [III.86] [III.87] [III.91] [III.92] [III.94] [IV.11] [IV.12] [IV.21] [V.5] [V.19]

平田典子　日本大学教授
[III.22] [III.41] [III.70] [III.80] [IV.2] [IV.3] [V.1] [V.8] [V.20] [V.21] [V.22] [V.26] [V.27] [V.29] [VI.6] [VI.12] [VI.17] [VI.21] [VI.36] [VI.39] [VI.47] [VI.64] [VI.67] [VI.73] [VI.79] [VII.7]

二木昭人　東京大学教授
[II.2] [III.13] [III.16] [III.17] [III.19] [III.53] [III.64] [III.72] [III.73] [III.78] [III.84] [III.88] [III.89] [III.96] [IV.26] [V.23] [V.34] [VI.24] [VI.31] [VI.34] [VI.49] [VI.53] [VI.55] [VI.57] [VI.69] [VI.80] [VI.90]

森　真　日本大学教授
[III.3] [III.20] [III.52] [III.71] [IV.14] [V.6] [V.9] [V.11] [VI.7] [VI.18] [VI.23] [VI.27] [VI.45] [VI.52] [VI.62] [VI.72] [VI.77] [VI.78] [VI.85] [VI.88] [VI.91] [VIII.3] [VIII.4] [VIII.5] [VIII.7]

訳　　者

伊藤隆一　前 早稲田大学教授　[VI.14] [VI.15] [VI.16] [VI.20] [VI.22] [VI.25] [VI.28] [VI.32] [VI.44] [VI.59] [VI.63] [VI.65] [VI.66] [VI.70] [VI.74] [VI.83] [VI.84]

岡田聡一　名古屋大学教授　[IV.18]

金川秀也　東京都市大学教授　[IV.24] [VII.8] [VII.9]

久我健一　千葉大学教授　[III.9] [III.33] [III.38] [III.39] [III.44] [III.45] [III.90] [III.93] [IV.6] [IV.7] [V.2] [V.25] [VI.3] [VI.4] [VI.11] [VI.13] [VI.29] [VI.30] [VI.37] [VI.38] [VI.61] [VI.68]

小林正典　首都大学東京准教授　[III.6] [III.60] [III.82] [III.95] [IV.4] [IV.5] [IV.8] [IV.16] [V.30] [V.31]

志賀弘典　千葉大学名誉教授　[II.1] [III.5] [III.15] [III.21] [III.43] [III.54] [III.58] [III.59] [III.66] [III.68] [VI.1] [VI.2] [VI.5] [VI.8] [VI.9] [VI.10] [VI.42] [VI.46]

志村立矢　日本大学教授　[V.20]

高松敦子　早稲田大学教授　[VII.2]

田中一之　東北大学教授　[III.67] [III.99] [IV.22] [IV.23] [V.18]

徳重典英　琉球大学教授　[IV.19]

長谷川浩司　東北大学准教授　[III.48] [III.75] [IV.9]

細矢治夫　お茶の水女子大学名誉教授　[VII.1]

松本健吾　上越教育大学教授　[III.12] [III.97] [IV.15]

松本敏子　上越教育大学非常勤講師　[III.12] [III.97] [IV.15]

水谷正大　大東文化大学教授　[III.35] [III.42] [III.49] [III.69] [IV.13] [V.33] [VII.6]

三宅克哉　東京都立大学名誉教授　[III.30] [III.40] [III.47] [III.51] [III.63] [III.76] [IV.1] [V.4] [V.10] [V.13] [V.14] [V.28] [V.35] [VI.19] [VI.26] [VI.33] [VI.35] [VI.40] [VI.41] [VI.48] [VI.50] [VI.58] [VI.82] [VI.86] [VI.93]

宮本雅彦　筑波大学教授　[III.46] [IV.17]

山田道夫　京都大学教授　[III.98] [VII.3]

山内藤子　日本大学非常勤講師　[VIII.1] [VIII.2] [VIII.6]

吉荒　聡　東京女子大学教授　[III.4] [III.14] [III.61] [IV.10] [V.7] [VI.51] [VI.60]

吉原健一　横浜国立大学名誉教授　[IV.25] [VII.10] [VII.11]

渡辺　治　東京工業大学教授　[II.4] [III.10] [III.74] [IV.20] [V.24] [VI.89] [VI.94] [VI.95] [VII.5]

渡辺敬一　前 日本大学教授　[II.3] [III.81] [V.17] [VI.76]

目　　次

Contents

第 VI 部　数　学　者　815

第 VII 部　数学の影響　927

第 VIII 部　展　　望　1067

I 第I部 イントロダクション

Introduction

I.1

数学とは何か？

What Is Mathematics About?

ティモシー・ガワーズ [訳：砂田利一]

「数学とは何か？」について答えるのは，きわめて困難である．本書はこの問いに答えを与えるものではない．数学の**定義**を与えるよりは，むしろ，最も重要な概念，定理，応用の解説により，数学とは何物かについてのアイデアを読者に伝えようというのが，本書の意図するところである．とはいうものの，本書が与える情報を有意義なものにするために，数学分野の分類を行うことは有益であろう．

最も簡明な分類方法は，主題によるものである．簡潔な序説を目指す本章と，「いくつかの基本的な数学的定義」[I.3] と題する長めの章は，この方法に依拠している．しかし，これが唯一の方法ではないし，最良の方法でもない．ほかに考えられるのは，数学者が考察している問題による分類である．これは，主題に対して異なる観点を提供する．実際，一つの主題に限定しているときにはまったく異なるように見える二つの数学分野が，答えを求めようとしている問題に目を向ければ，同類に見えることが頻繁に起こるのである．「数学研究の一般的目標」[I.4] と題する第I部の最後の章は，このような観点からの解説である．この章の最後では，さらに異なる方法（第3の方法）に関する議論が行われるが，これは，数学それ自体より，数学の専門誌に見られる論文の代表的な構成方法についての議論である．定理と証明に加えて，論文には定義，例，補題，数式，予想などが含まれている．この章では，それらの用語が意味するもの，そして数学が生み出す結果の種類が異なることがなぜ重要なのかについての議論がなされる．

1. 代数学，幾何学，解析学

数学の主題を分類するにあたっては，そのための判定方法が多くあるが，第1近似として疑いなく有効かつ大まかな分類は，数学を代数学，幾何学，解析学の3分野に分けることである．これを出発点として，さらに細かな分類を行おう．

1.1 代数学 vs. 幾何学

高校で数学を学んだほとんどの人は，代数学とは，つまりは数を文字で置き換える数学分野と考えているだろう．代数学はしばしば数の直接的学問である算術と対比される．たとえば，「3×7 はいくつか」という問題は算術に属すと考えられ，「$x + y = 10$ と $xy = 21$ を満たす x, y の中で大きいものを求めよ」という問題は代数学に属すと考えられる．しかし，この対比は，より進んだ数学においては明確ではない．実際，文字式なしに数値が現れるのは稀だからである．

代数学と幾何学に関しては，異なる対比が存在する．この対比は，一層進んだレベルにおいて重要である．高校で学ぶ幾何学では，回転，鏡映，対称などとともに，円周，三角形，立方体，球面などが扱われる．すなわち，幾何学的対象や操作は，代数学における方程式と比べて，一層視覚的な性格を持っている．

このような対比は，現代数学の最前線においても存続している．数学分野のある領域においては，ある規則のもとに記号を操作する（たとえば，正しい式の両辺に同じ操作を行えば正しい式が得られるというように）．このような領域は典型的な代数学と考えられる．一方，他の領域では視覚的概念が関わっており，これは幾何学的と考えられる領域である．

しかし，このような区別は単純に行われるわけではない．読者が幾何学の論文を見たとき，それが図形で満たされているかと言えば，ほとんど確実にそうではない．実際，幾何学の問題を解くときに使われる方法では，視覚化が力を発揮したり，「何が起きているか」をはっきりさせるために図が使われる場合はあるものの，記号の操作がほとんどの部分を占めているからである．他方，代数学に関しても，それが単なる記号操作かというと，そうではない．視覚化により，代数的問題が解けることも多々あるのである．

代数学の問題を視覚化する例として，a, b を正数としたとき，$ab = ba$ が成り立つことをどのように正当化するかを考えてみよう．たとえば，数学的帰納法を用いて純粋に代数的方法で問題にアプローチすることは可能であるが，これが真であることを確信するための最も容易な方法は，それぞれの列が b 個の対象からなるものを，横に a 個並べて作る長方形を想像することだろう．対象の総数は，もし列を逐次数えていくならば b の a 倍であり，行を見ていくならば，a の b 倍ということになる．よって $ab = ba$ が成り立つのである．同様な正当化は，基本規則 $a(b + c) = ab + ac$ や $a(bc) = (ab)c$ にも適用される．

逆に，多くの幾何学的問題を解くのに有効な方法は，それらを代数学の問題に転換することである．この最も有名な方法は，デカルト座標の使用である．ここで一例として，円板とその中心を通る直線 L を考え，円板上の点を L に関して折り返し，それをさらに反時計回りに $40°$ 回転させ，再び L に関して折り返してみる．結局何が起こったのだろうか？ まず，視覚的にこの状況を見てみよう．

円板が薄い板でできているとして，それを折り返す代わりに，L を軸に空間の中で $180°$ 回転する．結果は上下がひっくり返るが，板が薄いので裏と表は問題ではない．円板を下から見上げて，それを $40°$ 反時計回りに回転させる．見えているのは時計回りに $40°$ 時計回りに回転させた円板である．それを L を軸として上下が再び元に戻るように回転させれば，全体の効果としては，時計回りに $40°$ 回転させたことになる．

今述べたような議論で問題を考えようとする数学者ばかりではない．もし上の議論が正しいと確信できなければ，線形代数と行列の理論を用いる代数的アプローチをとろうとするかもしれない（「いくつかの基本的な数学的定義」[I.3 (3.2 項)] を参照）．まず，円を，$x^2 + y^2 \leq 1$ を満たす数の組 (x, y) 全体と考え，中心を通る直線に関する折り返しと，角度 θ の回転の双方を 2 行 2 列の行列で表す．ここで，2 行 2 列の行列とは，$\left(\begin{smallmatrix} a & b \\ c & d \end{smallmatrix}\right)$ のような表を意味する．少々複雑ではあるものの，行列の積に関する規則は純粋に代数的であり，行列 A が（折り返しのような）変換 R に対応し，行列 B が変換 T に対応するとき，積 AB は，T を行ってから R を行うことにより得られる変換に対応している．それゆえ，変換に対応する行列を書き出し，それらの積をとれば，この積に対応する変換がどのようなものであるかを知ることができる．このようにして，幾何学的な問題が代数的問題に置き換えられ，しかも，代数的に解くことができるのである．

このように，代数学と幾何学の違いをうまく説明できたとしても，それらの間の境界線ははっきりとしたものではない．実際，数学には**代数幾何学** [IV.4] という分野が存在する．そして，上の例が物語るように，数学の構成要素を代数学から幾何学に，あるいは逆に幾何学から代数学に翻訳することが，しばしば可能である．とはいえ，思考方法については，代数的考え方と幾何学的考え方の間には明瞭な差異が存在するのである．すなわち，代数学では記号的，幾何学では図形的という違いである．この違いは，数学者が追及する主題において大きな影響を与える．

1.2 代数学 vs. 解析学

数学の 1 分野である「解析学」については，高校レベルでは「微分積分」という言い方のほうが馴染み深いだろう．それは確かに代数学や幾何学とは異なる範疇に属している．その理由は，**極限操作**が関わるからである．たとえば，関数 f の x における微分は，f のグラフ上の 2 点を結ぶ弦の列を考えたとき，それらの勾配の極限であり，曲線を境界とする図形の面積は，この図形を近似する多辺形領域の面積の極限である（これらの概念の詳細は，「いくつかの基本的な数学的定義」[I.3 (5 節)] で論じられる）．

こうして，分類の第 1 近似としては，数学分野が極限操作を含めば，それは解析学に属すと言える．一方，有限回の操作で答えを見出せるならば，それは代数学に属すことになる．しかし，このような第

1 近似は荒っぽいこともあり，代数学 vs. 幾何学の場合のように，読者をミスリードしかねない．より綿密に見るならば，代数学あるいは解析学は分野として分類されているというよりは，むしろ数学的方法による分類と見なしたほうが適切なことがある．

無限に長い証明は書けないわけだが，では極限操作について何が証明可能なのだろうか？　この疑問に答えるため，例として「x^3 の微分は $3x^2$ である」という主張を考えてみよう．通常の説明では，(x, x^3) と $(x+h, (x+h)^3)$ を結ぶ弦の傾きが

$$\frac{(x+h)^3 - x^3}{x+h-x}$$

であり，これは $3x^2 + 3xh + h^2$ に等しいから，「h を 0 に近づける」ことにより，傾きは「$3x^2$ に近づく」という議論を行う．しかし，注意深く考えてみれば，たとえば x が大きいとき，$3xh$ の項を無視してよいのか，という疑問が生じる．

この点を確認するために，x が何であっても，h が十分に小さければ誤差 $3xh + h^2$ も「好きなだけ」小さくできることを，簡単な計算で示せることに注意しよう．この事実を正確に表現する方法がある．まず，誤差を表すことになる小さな正数 ϵ を固定する．もし，$|h| \leq \epsilon/6x$ ならば，$3xh$ は $\epsilon/2$ より小さい．さらに，$|h| \leq \sqrt{\epsilon/2}$ であれば，$h^2 \leq \epsilon/2$ が得られる．よって，$|h|$ が $\epsilon/6x$ と $\sqrt{\epsilon/2}$ の最小値より小さければ，$3x^2 + 3xh + h^2$ と $3x^2$ の差は高々 ϵ となる．

上の議論には，解析学における代表的な二つの特徴がある．第 1 の特徴は，証明したい事柄は極限操作に関わっており，無限が登場しているのに，証明では完全に「有限的」な考え方を採用していることである．第 2 の特徴は，不等式 $|3xh + h^2| \leq \epsilon$ のような，たいへん単純な不等式が真であるための十分条件を見出す部分に見られる．

第 2 の特徴をもう一つの例を使って説明しよう．「すべての実数 x に対して $x^4 - x^2 - 6x + 10$ が正の値を持つ」という事実の証明を与える．「解析的」証明は次のように行われる．まず，$x \leq -1$ のときは $x^4 \geq x^2$ であり，かつ $10 - 6x \geq 0$ であるから主張は確かに正しい．$-1 \leq x \leq 1$ のときは，$|x^4 - x^2 - 6x|$ は $x^4 + x^2 + 6|x|$ より大きくはなく，$x^4 + x^2 + 6|x| \leq 8$ であるから，$x^4 - x^2 - 6x \geq -8$ が得られ，これは $x^4 - x^2 - 6x + 10 \geq 2$ を意味する．$1 \leq x \leq 3/2$ のときは，$x^4 \geq x^2$ かつ $6x \leq 9$ が成り立つから，$x^4 - x^2 - 6x + 10 \geq 1$ を得る．$3/2 \leq x \leq 2$ のときは，$x^2 \geq 9/4$ であるから，$x^4 - x^2 = x^2(x^2 - 1) \geq (9/4) \cdot (5/4) > 2$ が得られ，他方 $6x \leq 12$ であるから $10 - 6x \geq -2$ となって，$x^4 - x^2 - 6x + 10 > 0$ が結論される．最後に $x \geq 2$ とすれば，$x^4 - x^2 = x^2(x^2 - 1) \geq 3x^2 \geq 6x$ となるから，$x^4 - x^2 - 6x + 10 \geq 10$ である．よって，すべての場合に $x^4 - x^2 - 6x + 10 > 0$ となることが証明された．

上の議論は少々長いが，それぞれのステップでは比較的単純な不等式の証明になっている．このような証明が，「解析的」証明の代表的なものである．これと対比するために「代数的」証明を与えておこう．その要点は $x^4 - x^2 - 6x + 10$ が $(x^2 - 1)^2 + (x - 3)^2$ に等しく，したがって常に正となることを結論するのである．

解析的証明か代数的証明かを選択する場合，このような違いは，代数的なほうを選びたくさせるかもしれない．たしかに代数的証明のほうが短いし，値が常に正であることが自明に見える．しかし，解析的証明は，ステップ数はいくつかあるものの，ステップごとの証明は容易であるし，一方，代数的証明のほうは，簡潔な反面，$x^4 - x^2 - 6x + 10 = (x^2 - 1)^2 + (x - 3)^2$ という等式をどのように見出すかの手がかりが与えられていないから，かえってミスリードする可能性がある．実際，与えられた多項式がいつ複数個の多項式の 2 乗和として表されるかという問題は，興味深い困難な問題なのである（多項式が二つ以上の変数を持つ場合は，特にそうである）．

第 3 の，「雑種的」証明というのもある．これは $x^4 - x^2 - 6x + 10$ の最小値を求めるのに微分を用いる証明である．アイデアとしては，その微分が $4x^3 - 2x - 6$ であること（解析的に正当化される代数的プロセス），および $4x^3 - 2x - 6 = 0$ の解を求めて（代数的プロセス）これを $x^4 - x^2 - 6x + 10$ に代入したときの値が正であることをチェックする証明方法である．この方法は多くの場合に有効であるものの，今の問題では $4x^3 - 2x - 6 = 0$ の解が整数でないこともあり，事は簡単ではない．それでも，解析的方法により，最小値が存在する小さい区間を見出し，やはり純解析的に場合分けを行って証明することができる．

この例が示唆するように，解析は極限プロセスを含み，代数は含まないという違いがあるが，もっと

重要な差異は，代数学者は正確な式を好み，解析学者は評価式を使いたがるということである．より単純に言えば，代数学者は等式を，解析学者は不等式を好む傾向がある．

2. 数学の主要な分野

これまで，代数学，幾何学，解析学における思考方法の違いを論じてきた．いよいよ数学の主題の大雑把な分類を行う．実は，ここで潜在的な混乱に出くわす．なぜなら，「代数」「幾何」「解析」という言葉は，数学の分野を指し示すばかりでなく，多数の異なる分野を横断する思考方法も指しているからである．したがって，解析学のある分野が，他に比べて代数的（あるいは幾何学的）という言い方に意味がありうるし，実際に本当のことである．たとえば，代数的トポロジーが，位相空間という解析的対象の研究分野であったとしても，ほぼ完全に代数的かつ幾何学的であるという事実に矛盾はない．本節では，主題をもとにして考えるが，前節で述べた差異を常に念頭に置き，場合によってはそのほうが本質的でありうることに注意しよう．以下の叙述は簡略化したものであり，数学分野についてのさらに詳しい解説は第 II 部と第 IV 部でなされ，より特定の事柄については第 III 部と第 V 部で論じられる．

2.1 代　数

数学の一分野としての「代数」という言葉は，記号の操作や，不等式より等式を好む分野を指す意味よりも，もっと特定的なことを表す意味を持つ．代数学者は，数の体系，多項式，あるいは群，体，ベクトル空間，環のような，さらに抽象的構造に関わっているのである（代数系については，「いくつかの基本的な数学的定義」[I.3] において詳しく解説される）．歴史的には，抽象的構造は具体的例の一般化から生じた．たとえば，整数すべてからなる集合と有理数係数を持つ多項式の集合の重要な類似点は，ユークリッド環という代数構造として一般化される．言い換えれば，ユークリッド環の理解は，整数と多項式についての理解に繋がるのである．

これは，数学の多くの分野に登場する対比，すなわち一般的かつ抽象的な記述と特殊かつ具体的な記述の間の対比の一例である．ある代数学者は，特殊で複雑な対称性を理解するために群を考察するかもしれない．他の代数学者は，基本的な数学的対象として群の一般論に興味を抱くかもしれない．具体例から抽象代数が発展した歴史は「抽象代数学の発展」[II.3] で論じられる．

一般的かつ抽象的な定理の最たる例は，**5 次方程式の解の公式の非存在** [V.21] である．すなわち，5 次方程式に対しては，方程式の係数を使って（代数的に）表現する解の公式が存在しないという定理である．これは，方程式の解に付随する対称性を分析し，対称性が形作る群を理解することにより証明される．この群（のクラス）は，具体的な例として群の抽象的理論の発展においてきわめて重要な役割を果たした．

二つ目の種類の定理の適切な例は，**有限単純群の分類** [V.7] である．ここで単純群とは，一般の有限群の構成要素である．

代数的構造は数学の至るところに登場し，数論，幾何学，さらには数理物理学のような，他分野への多数の応用を有する．

2.2 数　論

数論は，大まかには正の整数（自然数）の性質に関わり，当然のことながら代数とオーバーラップする場合が多い．しかし，代数における代表的な問題と数論における代表的な問題の違いは，$13x - 7y = 1$ という単純な方程式の扱い方に現れている．代数学者は，$y = \lambda$ と置けば，その解が $x = (1 + 7\lambda)/13$ と表されることから，一般解が $(x, y) = ((1 + 7\lambda)/13, \lambda)$ により与えられると主張するだろう．他方，数論の研究者は，整数解に興味を持つから，どのような整数 λ に対して，$1 + 7\lambda$ が 13 の倍数になるかを考察するだろう（答えは，「λ が整数 m により $13m + 11$ の形で表される」ことである）．

とはいえ，このような言い方が，高度に複雑化した現代的数論を完全に説明しているわけではない．数論学者のほとんどは，方程式の整数解を求めることに努力しているわけではないのである．すなわち，このような方程式を研究するために開発されてきた構造を理解するだけではなく，構造自身に研究の意義を見出しているのである．ある場合には，このようなプロセスは何回でも起こり，そのために「数論」という名称に違和感を感じる研究者もいる．にもかかわらず，このような研究の最も抽象的な部分でさえ，きわめて具体的な応用を持ちうるのである．アンドリュー・ワイルズによる**フェルマーの最終定理** [V.10] の有名な証明は，このような例である．

おもしろいことに，従前の議論の観点に関連して，数論は二つのまったく異なる小分野を有している．一つは**代数的整数論** [IV.1] であり，もう一つは**解析的整数論** [IV.2] である．経験則では，方程式の整数解の問題は代数的整数論を導き，他方，解析的整数論は素数の問題に起源を持っているのだが，当然ながら，この二つの分野の関係は実際上複雑な様相を持っている．

2.3 幾　何　学

幾何学の中心的対象は，「いくつかの基本的な数学的定義」[I.3 (6.9 項)] で論じられる**多様体**である．多様体は，球面のような曲がった図形の高次元への一般化であり，多様体の微小部分は平坦に「見える」が，全体としては複雑な形で曲がっていてもよい．幾何学者と自称する人々のほとんどは，さまざまな方法で多様体を研究している．代数学者と同様に，特殊な多様体に興味を持つ幾何学者もいれば，一般理論に興味を持つ幾何学者もいる．

多様体の研究の枠内で，二つの多様体がどのように異なっているかを考えると，幾何学のさらなる分類を行うことができる．トポロジスト（位相幾何学者）は，一方が他方に「連続変形」できれば同じものと見なす*1)（たとえば，リンゴとナシはトポロジストにとっては同じものである）．これは，伸縮で変化する相対距離のようなものは，トポロジストにとって重要な意味を持たないからである．「微分」位相幾何学者は，滑らかな変形（すなわち十分に微分可能な変形）が可能かどうかについて議論する．この分野では，多様体の細かな分類の問題とともに，異種の問題群が生じることになる．幾何学の「広がり」の別の端には，多様体の 2 点間の距離（トポロジストには意味がない）や，リーマン計量に付随する構造に重点を置く数学者がいる．これらの主題とともに，幾何学的考え方がどのようなものかについては，「いくつかの基本的な数学的定義」[I.3 (6.10 項)] と「リッチ流」[III.78] を参照してほしい．

*1)　［訳注］正確には「位相同型写像」で写りあえるときに同じものと見なす．

2.4 代数幾何学

その名称が示すように，代数幾何学は上記の分類の中に置くことができない．そこで，これについては分離して論じるのが適切であろう．代数幾何学も多様体を研究するのだが，この多様体は多項式を使って定義されるところに違いがある．単純な例としては，方程式 $x^2+y^2+z^2=1$ を満たす点 (x,y,z) 全体として定義される球面がある．このことは，代数幾何学が，多項式についての研究という意味で代数であり，多変数多項式（が与える方程式）の解の集合が幾何学的対象であるという意味では幾何学であることを表している．

代数幾何学において重要な位置を占めるのは，特異性の研究である．方程式の解の集合は多様体に「近い」のであるが，例外的な特異点を持つ場合がある．たとえば，方程式 $x^2=y^2+z^2$ は（2 重）円錐を定めるが，これは原点 $(0,0,0)$ において特異点を持つ．円錐上の点 x が原点と異なれば，x の近傍は平面とほぼ同じである．しかし，x が原点であるときは，その近傍をいかに小さくとろうと，円錐の頂点はそのままである．この意味で原点は特異点なのである（これは，円錐が通常の意味での多様体ではなく，「特異点を持つ多様体」であることを意味する）．

代数と幾何の相互作用は，代数幾何学を魅力的な分野にしている理由の一つである．この分野にさらなる刺激を与えているのは，他のさまざまな分野との関連である．中でも，「数論幾何学」[IV.5] において解説されるように，代数幾何学は数論と密接な関係がある．さらに驚くべきは，代数幾何学と数理物理学の間の密接な関係である．これについては，「ミラー対称性」[IV.16] も参照してほしい．

2.5 解　析　学

解析学は多種にわたる趣を有している．中心的な主題の一つは**偏微分方程式** [IV.12] の研究である．その理由としては，偏微分方程式が，たとえば重力場の中での運動のように，多くの物理現象を司っているという事実がある．一方，偏微分方程式は純粋数学の文脈，特に幾何学にも登場する．したがって，偏微分方程式の研究は多くの小分野を包括する大分野となっていて，多くの他分野との繋がりを持っている．

代数学のように，解析学は抽象的側面も持っている．中でも，**バナッハ空間** [III.62]，**ヒルベルト空間** [III.37]，**C^* 環** [IV.15 (3 節)]，**フォン・ノイマン環** [IV.15 (2 節)] のような抽象的構造は，研究の中心的対象である．これらの四つの構造はすべて無限次元の**ベクトル空間** [I.3 (2.3 項)] であり，後者の二つは代数構造を持っている（すなわち，加法と乗法およびスカラー倍を持つ）．それらの構造の研究では，無限次元という理由により極限論法が必須となり，したがって解析学に属すのである．一方，C^* 環やフォン・ノイマン環は付随的な代数構造を有するため，このような分野では代数的方法が実質的に使われる．そして，「空間」という用語が示唆するように，幾何学的アイデアも重要な役割を果たしている．

力学系 [IV.14] は解析学に属す重要な分野である．この分野は，一つのプロセスを考え，これを何度も繰り返すときに登場する．たとえば，複素数 z_0 をとり，$z_1 = z_0^2 + 2$ とおいて，次に $z_2 = z_1^2 + 2$ として，これを続ける．こうして得られる複素数列 $z_0, z_1, z_2, \ldots$ の極限的挙動はどのようなものだろうか？　無限大に発散していくのか，あるいは有限の範囲に留まるのだろうか？　その答えは，「複雑な仕方で初期値 z_0 に依存している」ということである．それがどのように z_0 に依存しているのかを正確に知ろうとするのが力学系の問題なのである．

時には，繰り返されるプロセスが無限小なものからなる場合もある．たとえば，ある特定の時刻におけるすべての惑星の位置，速度，質量（さらに太陽の質量）がわかっているならば，その後の惑星の位置と速度の変化を記述可能にする規則が存在する．時刻が異なれば，位置と速度も変化するから，計算は異なったものになるのだが，基本的規則は同じであり，無限小では同じプロセスを無限回繰り返したものが全プロセスであると考えられるのである．これを定式化する正しい方法は，微分方程式による手段であり，力学の多くの問題は方程式の解の長時間挙動に関わっている．

2.6　ロ　ジ　ッ　ク

「ロジック」は，数学それ自身の基本的問題に関わるすべての分野を表す簡略用語として使われることがある．代表的なものとしては，**集合論** [IV.22]，**圏論** [III.8]，**モデル理論** [IV.23]，それと演繹規則に関する狭い意味での論理学などがある．集合論の「勝利」と言える有名な結果は，**ゲーデルの不完全性定理** [V.15] とコーエンによる**連続体仮説の独立性** [V.18] の証明である．中でもゲーデルの定理は，数学の哲学的側面にドラマティックな効果をもたらした．これは，現在では「数学的言明，あるいはその否定は常に証明できるか」という問いと「そうとは限らない」という答えとして理解されるが，数学者が出会うたいていの言明は決定可能なこともあって，彼らのほとんどはその困難にもめげず従前どおり研究を続けている．しかし，集合論の研究者は異なる考え方をしている．すなわち，ゲーデルとコーエン以来，さらに多くの言明が決定不可能なことが示され，決定可能になるように新しい公理が付け加えられてきたからである．このように，今では決定可能性は哲学的観点からよりも，数学的観点から研究されているのである．

圏論は，数学の手順の研究として始まったが，今ではそれ自身が数学的主題となっている．圏論は集合論とは異なり，数学的対象それ自身に焦点を当てるのではなく，対象に対して「なされること」（たとえば，あるものを他のものに変換する写像）に焦点を当てるのである．

公理系に対する**モデル**は，適切な解釈によって公理が真であることが確かめられる数学的構造を意味する．たとえば，群の具体的例は群論の公理系に対するモデルである．集合論の研究者は，集合論的公理系のモデルを研究する．このようなモデルは，上述のような有名な定理の証明で本質的役割を果たすが，モデルの概念は集合論を越えた分野で広く適用されている．

2.7　組　合　せ　論

「組合せ論」とは何かについて説明する方法は多くあるが，どれも満足できるようなものではない．第 1 の定義は，組合せ論は「物」の数え上げに関する分野とするものである．たとえば，$n \times n$ 個の升目からなる正方形で，各升目には 0 あるいは 1 を入れ，しかも各行各列に高々二つの 1 しか入らないようにする方法は幾通りあるかという問題は，この意味で組合せ論に属す．

組合せ論は「離散数学」とも呼ばれる．なぜなら，「連続」とは逆の離散構造に関わるからである．大雑把に言えば，互いに孤立している点からなる対象は離散的であり，突然の飛躍なしに一つの点から他方の点に移れるならば連続である．離散構造の例としては，整数の座標からなる**整数格子** $\mathbb{Z}^2$ があり，連続構造の例としては球面がある．組合せ論と理論的計算機科学の間には親近性がある．実際，計算機科学は0と1からなる列のような典型的な離散構造を扱う．一方，解析学と組合せ論の間には複数の関係があるとはいえ，組合せ論は解析学と対比されることがある．

組合せ論の第3の見方は，それがほとんど束縛のない数学的構造に関わる分野だということである．このような観点は，自然数全体という明らかに離散的な集合を研究対象としている数論が，なぜ組合せ論の範疇には属さないかを説明している．

今述べた対比を説明するため，自然数に関する二つの似た問題を考えてみよう．

(i) 1000通りの異なる方法で二つの平方数の和として表される自然数は存在するか？

(ii) $a_1, a_2, a_3, \ldots$ を自然数の列とし，各 a_n が n^2 と $(n+1)^2$ の間にあると仮定する．このとき，この列から選んだ二つの数の和として1000通りの異なる方法で表される自然数は常に存在するか？

最初の問題は数論の問題である．なぜなら，平方数の列という，特別な列に関わっているからであり，答え（実はYes）を出すのにこの数の特別な集合の性質を使うことが期待されるからである[*2)]．

第2の問題は，あまり構造を持たない列に関わっている．a_n についてわれわれが知っているのは，そのだいたいのサイズが n^2 にかなり近いことであり，より詳しい性質（たとえば，素数なのか立方数なのか，あるいは2のベキなのかなど）については何もわかっていない．このような理由から，第2の問題は組合せ論に属すのである．この問題に対する答えは知られていない．もしそれがYesであれば，ある意味で1番目の問題で使われる数論は幻影にすぎず，実際，平方数の列の大まかな増大度だけが情報として必要ということになる．

*2)　証明のヒントを手早く与えよう．「解析的整数論」[IV.2] の冒頭で，二つの平方数の和で表されるための精密な条件を示している．この判定条件から「ほとんど」の自然数は (i) の条件を満たさないことがわかる．一方，N が十分に大きい自然数であれば，N より小さい m^2, n^2 で m^2+n^2 と表される自然数が，$2N$ 以下で二つの平方数の和で表される自然数より多く存在することがわかる．よって，たくさんの重複が起きるのである．

2.8　理論的計算機科学

数学のこの分野は第IV部で相当詳しく解説されるので，ここでは手短な説明で済ませる．大まかに言えば，理論計算機科学は，計算を行う際に必要とされる時間やコンピュータのメモリのような，さまざまな量に関する計算の効率性に関わっている．どのようにプログラムを実装するかに悩む必要性はない．計算の効率性について相当な一般性をもって研究を可能にする数学的モデル[*3)]が存在するのである．したがって，理論的計算機科学は純粋数学にまぎれもなく属している．すなわち，プログラムを書けなくても，理論的計算機科学の専門家になるのは原理的には可能である．しかし，暗号理論のように顕著な応用を有していることも確かである（これについては「数学と暗号学」[VII.7] を参照）．

2.9　確　率　論

生物学から計算機科学，物理学まで，現象が複雑であるがゆえに，正確な状態を記述する代わりに，確率論的言明により表現することが必要となる場合がある．たとえば，どのように伝染病が広がっていくかを解析するのに，（誰が誰と接触するかというような）関連するすべての情報を考慮するのは不可能であるが，病原菌の拡散に関する数学的モデルを構成して，それを解析することは可能である．このようなモデルは，直接的な実践に繋がり，しかも予期せぬ興味深い挙動を表す場合がある．たとえば，次の性質を持つ「臨界的確率」p が存在するというようなことが起きる．もしある種の接触で感染する確率が p より大きければ，この伝染病は大流行し，確率が p より小さければ，流行せずに終わる．このような劇的な違いは**相転移**と呼ばれる（さらなる議論については「臨界現象の確率モデル」[IV.25] を参照）．

適切な数理的モデルの設定はきわめて困難である．たとえば，完全にランダムな仕方で粒子を動き回らせる物理的環境が存在するが，ランダムな連続曲線の概念に意味を与えるのは容易ではない．**ブラウン運動** [IV.24] に関するエレガントな理論はこれに答えを与えるが，曲線の全体を捉えることは容易ではなく，その証明は著しく複雑である．

*3)　［訳注］チューリング機械のこと．

2.10 数理物理学

この数世紀の間に，数学と物理学の関係は大きく変化してきた．18世紀までは，数学と物理学の間に明確な境界線は存在しなかったし，高名な数学者の多くは，少なくともある期間は物理学者と見なすことができた．19世紀から20世紀の初めにかけて，この状況は次第に変化し，20世紀の中頃には二つの学問は大きく分離したのである．その後20世紀末には，数学者は物理学者により発見されたアイデアが大きな数学的意義を有する事実に気づき始めた．

この二つの主題の間には，今なお大きな文化的差異が存在している．数学者は厳密な証明にこだわっているし，物理学者はたとえ証明がないような数学的議論でも，物理的に説得力があればそれで良しと考えている．その結果，数学者が発見する前に，物理学者は比較的緩い束縛のもとで魅力的な数学的現象を発見することになるのである．

これらの発見を支持する厳密な証明を与えることは，しばしば極度に困難な問題となる．物理学者が本気で疑わない言明が真であることを確かめるのは，些細な事柄にこだわる演習問題をはるかに超えている．実際，それはさらに進んだ数学的発見を導くことがよく起こるのである．

「頂点作用素代数」[IV.17]，「ミラー対称性」[IV.16]，「一般相対論とアインシュタイン方程式」[IV.13]，「作用素環」[IV.15] の各章は，いかに数学と物理学が互いを豊かにし合っているかを示す興味深い例を提供する．

I.2

数学における言語と文法

The Language and Grammar of Mathematics

ティモシー・ガワーズ［訳：砂田利一］

1. はじめに

複雑な文法を知らなくても子供が会話をできるようになるという事実は，注目に値する．大人でも，主語や述語，あるいは従属節の役割について煩わされず，完璧に話をすることができる．さらに，子供・大人の双方とも，文章上の文法の誤りに（もしそれが微妙なものでなければ）容易に気づくし，しかも，どの規則に違反したかを説明せずに，誤りを指摘できるのである．そうは言っても，基本的文法の知識があれば，言語の理解は大きく高められることも確かである．そして，この知識は，非言語的目的のための手段として無反省に利用するよりは，言語を使ってより多くのことをしようとする者には大いに役立つ．

数学言語についても同じことが言える．ある時点までは，使っている多様な言葉を分類せずに数学について語れるが，より進んだ数学における文章の多くは，数学的文法におけるいくつかの基本的用語を知らないと容易に理解できないような，複雑な構造を有している．本章では，数学的語法における最も重要な部分について解説する．数学言語の一部は自然言語に近いが，他の部分は自然言語とは著しく異なっている．数学言語は，大学における数学の講義で最初に学ぶのであるが，本書のほとんどの部分は，数学的文法を必要とせずに理解できるだろうが，本章を注意深く読むと，本書の高度な部分に読み進んだときの助けになるはずである．

数学的文法を使う主な理由は，数学の文章は完璧に正確であることが必要とされていることである．われわれが使う日常言語が通常の語法で生じがちな不明瞭さや曖昧さから逃れられないならば，それは不正確なものになってしまう．さらに，数学的文章は著しく複雑であるから，文章の各部分が明瞭，単純でなければ，不明瞭さは直ちに蓄積し，文章全体をわかりにくくさせてしまう．

数学における明瞭さと単純さとは何かを理解してもらうため，次の文を取り上げよう（数学というより英文であるが）．

Two plus two equals four

（2 足す 2 は 4 に等しい）

これを文法的に分析すると，一見したところ，これは三つの名詞（two, two, four），一つの動詞（equal），および一つの接続的用語（plus）を含んでいる．しかし，さらに注意深く見れば，奇妙な点に気づくであろう．たとえば，“plus” という語は，最も代表的な接続詞である “and” に似ているが，だからと言って “Mary and Peter love Paris”（メアリーとピーターはパリが好きだ）における “and” と同じ役割を果たしているかというと，そうではない．実際，この文における “love” は三人称複数であるのに対して，前者の文の “eqauls” は三人称単数である．よって，“plus” という語は二つの対象（この場合は数）から新しい一つの対象を作る作用を持っているように見える．他方，“and” は，緩い仕方で “Mary” と “Peter” を異なる人のまま繋ぎ合わせている．

“and” という語についてもう少し考えてみると，これにまったく異なる二つの利用法があることに気づく．一つは，上で述べたように二つの名詞を繋ぐ役割であり，もう一つは “Mary likes Paris and Peter likes New York” のように二つの文を繋ぐ役割である．もし言語を完全に明瞭にしたいのならば，この違いを意識することが重要である（数学者が形式性を重んじるときは，“3 and 5 are prime numbers”（3 と 5 は素数である）というような “and” による名詞の結合を許さずに，“3 is a prime number and 5 is a prime number” と言い換える）．

今述べたことは，多くの同様な問題のうちの一つにすぎない．文に現れるすべての語を八つの品詞に分類しようとしても，この分類に見込みがないことを知るだろう．たとえば，“This section has six subsections”（この節は六つの項を持つ）という文の中で，“six” という語が果たす役割は何だろうか？　それは “subsection” を修飾しているから，伝統的には形容詞として分類される．しかし，それは他のほとんどの形容詞とは趣を異にしている．“My car is not very fast”（私の自動車はあまり速くない）や “Look at that tall building”（あの高い建物を見なさい）という文は完全に文法に即しているが，“My car is not very six” や “Look at that six building” は完全に無意味ではないにしても，文法的には誤りである．では，形容詞を数値的なものと非数値的なものに分類すべきなのだろうか？　そうしてもたぶんよいが，これはトラブルの始まりにすぎず，続いて別のトラブルが生じるであろう．たとえば，所有を表す “my” と “yours” についてはどうなるのだろうか？　一般に，言葉の分類を精密化しようとすれば，それに応じて異なる文法的規則が必要となることを悟るであろう．

2.　四つの基本的コンセプト

“is” もまた，三つのまったく異なる意味を持つ．この 3 種の意味は，次の文で理解されるだろう．

(1) 5 is the square root of 25（5 は 25 の平方根である）

(2) 5 is less than 10（5 は 10 より小さい）

(3) 5 is a prime number（5 は素数である）

最初の文では，“is” は “equal” に置き換えられる．これは，“London is the capital of the United Kingdom”（ロンドンは英国の首都である）と言うのと同じで，“5” と “25 の平方根” という二つの対象が同じものであることを言っている．2 番目の文では，“is” はまったく異なる役割を果たしている．“less than 10” という言葉は，与えられた数が大小関係を満たすか満たさないかについての性質を明示する形容的言葉遣いである．そして，この文における “is” は “Grass is green”（草は緑である）という英文における “is” と同じである．3 番目の文に関しては，“is” は “is an example of”（… の例である）という意味を持ち，これは “Mercury is a planet”（水星は惑星である）というときの “is” と同じである．

上に挙げた文の違いは，これらを記号的に表すことにより類似性が見られなくなるという事実に反映されている．(1) については明らかに $5=\sqrt{25}$ と表される．(2) については，“is less than” を意味する記号 $<$ を用いて，$5<10$ と表される．3 番目の文に関しては，通常は記号的には表さない．なぜなら，素数の概念は記号で表すのには十分普遍的とは言えないからである．とはいえ，場合によっては適切な記号を導入することによって，この文を記号化することが便利な場合もある．このための一つの方法は，n が自然数であるとき，$P(n)$ は “n is prime” を表すと約束することである．もう一つは，“is” を隠して，その代わりに集合の用語を使うことである．

2.1　集　合

大雑把に言えば，集合とは「物」の集まりである．数学的論議の中では，「物」としては数や空間の中の点を考えることが多いが，場合によっては集合が「物」という場合もある．上述の文 (3) を書き直せば，P をすべての素数の集まり（集合）と定義して，「5 は P に属す」と言い換えられる．「集合に属す」という概念は基本的ということもあり，“$5\in P$” のように記号 $\in$ を使う．したがって，「5 は P に属す」という文は，記号列 “$5\in P$” により表される．

集合に属す「物」は「元」あるいは「要素」と呼ばれ，記号 $\in$ は「… の元である」(is an element of) と読む．すなわち，(3) における “is” は「=」よりは $\in$ を使うべき語なのである．“is” は機械的に句 “is an element of” に置き換えられないが，文の残りの部分を少し変更する準備をしておけば，それが可能となるわけである．

特定の集合を表すのに，3 通りの方法がある．その一つは，その元を大括弧 {} で囲む方法である．たとえば $\{2,3,5,7,11,13,17,19\}$ は，8 個の数 2, 3, 5, 7, 11, 13, 17, 19 を元とする集合を表す．しかし，数学者が考察する集合のほとんどは，この表現法を使うには大きすぎる．実際，無限集合ではこうはいかない．そこで，第 2 の方法は，リストアップを意味するドット記号を使うことである．たとえば，$\{1,2,3,\ldots,100\}$ と $\{2,4,6,8,\ldots\}$ は，それぞれ 1 から 100 までの自然数全体の集合と偶数全体の集合を表すのに使われる．第 3 は，集合を「性質」により定義する方法であり，これが最も重要な表現方法である．$\{x:\ x \text{ is prime and } x < 20\}$ という表現がその例である．このような表現では，最初の中括弧 “{” は「… からなる集合」(the set of) と読み，次にコロン “:” の前の記号を読む．コロン自身は「… のような」(such that) と読まれ，最後にコロンのあとに続く性質の部分が来るのである．この性質の部分が集合の元を決めている．こうして，“The set of x such that x is prime and x is less than 20” (20 未満の素数 x からなる集合) となるのである．この集合は，上記の表現法の $\{2,3,5,7,11,13,17,19\}$ と一致する．

数多くの数学的文章が，集合論的用語により書き直される．たとえば，前に挙げた文 (2) は，$5 \in \{n:\ n < 10\}$ と表される．このような書き方に価値がないこともまま起こるが (たとえば，今の場合，$5 < 10$ のほうが大いに単純である)，集合論の用語を用いるほうが，きわめて都合の良い状況が多い．デカルト座標を用いて幾何学を代数に翻訳し，幾何学的対象を点の集合として定義したことは，数学にとって大きな前進となったことを思い出そう．ここで，点は二つないしは三つの実数の組として表される．たとえば，半径 1，中心が原点 $(0,0)$ の円は，集合 $\{(x,y):\ x^2+y^2=1\}$ として表される．実際，三平方の定理により，$(0,0)$ と (x,y) の距離は $\sqrt{x^2+y^2}$ であるから，“$x^2+y^2=1$” という文は「$(0,0)$ と (x,y) の距離が 1 である」という幾何学的表現に書き直される．もしわれわれが気にかけているのが，「どの点が円周上にあるか」ということであれば，“$x^2+y^2=1$” のような文でよいのだが，(点の重複度や，点が持つかもしれない性質を気にかけない限りは) 幾何学では単一な対象としての円周全体を考えたいから，集合論の言葉が不可欠となるのである．

集合論の用語なしでは困難に陥る第 2 の状況は，新しい数学的対象を定義しようとするときに起きる．しばしば，そのような対象は，単なる集合ではなく，元の間の関係の形で表される数学的構造を伴っている．数の体系と代数的構造に対するこの種の集合論的言語の利用の一例としては，「いくつかの基本的な数学的定義」[I.3] の第 1 節および第 2 節を参照してほしい．

集合概念は，「超数学」を考察するとき，すなわち数学的対象についての言明ではなく，数学的推論のプロセスに関する言明について考察しようとするときも，たいへん有益である．このために大きな助けとなるのは，すべての数学的議論が (少なくとも原理的には) 翻訳可能であるような，数少ない用語と簡単な文法を有する言語 (形式言語) である．集合概念は，大部分を名詞に置き換えれば，われわれが必要とする話法を著しく簡略化する．たとえば，すでに示唆したように，「属す」を表す記号 $\in$ を用いて，“5 is a prime number” を “$5 \in P$” のように，形容詞を使うことなく翻訳が可能となる (ここで “prime” が形容詞として機能している)[*1]．“roses are red” (バラは赤い) の “roses belong to R” (バラは R に属す) への置き換えを想像すれば，これはもちろん，わざとらしい翻訳である．しかし，「超数学」の文脈では，数学的言語が自然であるとか，容易に理解されるとかいうことは重要ではないのである．

2.2 関　　数

語 “is” から離れて，文 (1)〜(3) の他の部分に注意を向けよう．まず，(1) の中の “square root of” について考える．この句を文法の観点から考察しようとするなら，それが文の中でどのような役割を果たしているかを分析しなければならない．この分析は単純である．この句が現れる任意の数学的文章にお

[*1] 形容詞についての他の議論については，「数論幾何学」[IV.5 (3.1 項)] を参照．

いて，句のあとには数詞が続く．もしこの数が n であれば，「n の平方根」（square root of n）という少しだけ長い句を生じることになる．これは，数を表す名詞句であり，（少なくとも，数が形容詞的にではなく，名詞的に使われる場合は）文法的には数と同じ役割を果たしている．たとえば，「5 は 7 より小さい」（5 is less than 7）という文において，「5」を「25 の平方根」（the square root of 25）に置き換えれば，文法的に正しい（しかも真である）「25 の平方根は 7 より小さい」（The square root of 25 is less than 7）という新しい文が生じる．

数学の最も基本的行為の一つは，数学的対象を別の対象（同じ種類のものか，あるいは別の種類のもの）に変換することである．「4 足す …」（four plus），「2 掛ける …」（two times），「… の余弦」（the cosine of），「… の対数」（the logarithm of）と同様に，「… の平方根」（the square root of）は数を数に変換する．非数値的な例としては，「… の重心」（the center of gravity）があり，これは（重心を持つのにあまりに奇妙あるいは複雑でないような）幾何学的図形を点に変換する．すなわち，S が図形であるとき，S の重心は点を表す．荒っぽく言えば，**関数**[*2)]とは，このような数学的変換を意味している．

この定義にさらに正確な意味を与えるのは容易ではない．「関数とは何か？」と自問すると，その答えは，関数は**物**（thing）ではなく，プロセスと言ったほうが適しているように思えてくる．さらに，関数という言葉が数学的文章に登場するとき，それは名詞のようには振る舞わない（次項で論じられるような明確な違いがあるにもかかわらず，それは前置詞のような役割を果たす）．それゆえ，“the square root of” がどのような対象物であるかを尋ねるのは適切ではない．では，すでに与えられた文法的分析で満足すべきなのだろうか？

事実はそうではない．一つの対象として「物」的には把握できない複雑な数学的現象を考察することは，数学全体を通してたびたび有益である．すでにわれわれは単純な例に出会っている．それは，平面あるいは空間は，無限個の点の集まりとして捉えるより一つの図形として捉えるほうが，より自然であるという事実である．関数に対しても同様なことを望むべきではないだろうか？　理由は二つある．第一に，「正弦関数の微分は余弦関数である」（The derivative of sin is cos）というような文を作れることは都合が良いし，ある関数が微分可能（あるいは不可能）であるというような事実を一般的表現で示せるのも好都合である．より一般に，関数は「性質」を持つことがあり，この性質を議論するには，関数を「物」として考える必要がある．二つ目は，多くの代数的構造は関数の集合として考えるのが自然であるという理由である（たとえば，「いくつかの基本的な数学的定義」[I.3 (2.1 項)] の群と対称性についての議論，さらに「ヒルベルト空間」[III.37]，「関数空間」[III.29]，「いくつかの基本的な数学的定義」[I.3 (2.3 項)] を参照）．

f が関数であるとき，$f(x) = y$ という記法は，f が対象 x を対象 y に変える操作を意味する．関数について形式的に語り始めるとき，どのような対象が，考えている変換に従属しているかを特定し，どのような対象に変換されるかを特定することが大事である．こうする主な理由は，関数を逆にする（**逆関数**）という，数学における重要な概念を論じることが可能になるからである（なぜこれが重要かについては，「数学研究の一般的目標」[I.4 (1 節)] を参照）．大まかに言えば，与えられた関数 f の「逆」は，$f(x) = y$ のおける y を x に変換するという意味であり，つまり「元に戻す」関数である．たとえば，4 を足すという操作で得られる数を元に戻すには 4 を引けばよいから，数 n を $n-4$ に変換する関数の逆は，n を $n+4$ に変換する．

逆を持たない関数 f が存在することに注意しよう．たとえば，各自然数 n を，100 の倍数で n に最も近い自然数に変換する（ただし，n の最後の 2 桁が 50 で終わる場合には，50 を切り上げて得られる自然数とする）関数（近似関数）を考える．定義から，$f(113) = 100$, $f(3879) = 3900$, $f(1050) = 1100$ である．この関数が「元に戻す」操作を表す関数 g を持ち得ないのは明らかであろう．実際，$f(113) = 100$ であるから，$g(100)$ は 113 でなければならないが，50 以上 150 未満の任意の数に対しても f は同じ結果を与えるから，$g(100)$ は一意には決まらない．

次に，数を 2 倍する関数を考えよう．この関数は逆関数を持つだろうか？　元に戻すには 2 で割ればよいのだから，読者の答えは Yes かもしれない．有理数や実数の場合，これは完全に道理にかなった答

*2)　[訳注] 関数という言葉は，実数などの数に値を持つ場合に限って使われることが多く，一般の場合には写像（map，mapping）という言い方がなされる．

えだろう．しかし，たとえば文脈からわれわれが問題としている数が自然数であることが明らかであれば，答えは No である．偶数と奇数の違いがここに登場する．そして，逆関数を持たないことは，n が奇数であるときは，方程式 $2x = n$ が（自然数）解を持たないという事実に要約される（2 倍してから半分にすることによって元に戻せるが，ここで問題となっているのは，その関係が対称的でないことであり，奇数を元に戻すことはできないから，2 倍することによって元に戻す関数は存在しないのである）．

それゆえ，関数を明示するには，それが関わる二つの集合も注意深く明示しなければならない．一つは，変換されるべき対象の集合であり，**定義域**と呼ばれる．もう一つは**値域**と呼ばれ，これは，その中に変換されることが許される集合である．集合 A から集合 B への関数 f は，A の各元に対して B の元 $y = f(x)$ を与える規則である．自然数の集合からそれ自身への「2 倍する」という関数を思い出せばわかるように，この定義において，値域のすべての元が関数の値になっているわけではないことに注意しよう．f によって写される値の集合 $\{f(x) : x \in A\}$ は，f の**像**と呼ばれる（混乱させるかもしれないが，A の**元** x に対して $f(x)$ を x の「像」と呼ぶ場合もある）．

関数を表すのに，次のような記号を使う．$f : A \to B$ は，f が定義域を A，値域を B とする関数を意味する．したがって，$f(x) = y$ と書いたときは，x は A の元であり，y は B の元でなければならない．$f(x) = y$ を，$f : x \mapsto y$ と書くこともあり，このほうが都合が良い場合もある（$\mapsto$ の中の縦棒は，関数の記号で使う $\to$ と区別するためである）．

関数 $f : A \to B$ に対して，前に論じた近似関数において生じた問題を避けられれば，f で移した後，それを「元に戻す」ことが可能になる．すなわち，x と x' が異なるときはいつでも $f(x)$ と $f(x')$ が異なるのであれば，これが可能である．この条件を満たす関数 f は**単射**と呼ばれる．一方，元に戻す関数 g を見出したいのなら，整数を 2 倍する関数が引き起こしたような問題を避けられる限り，これが可能である．言い換えれば，B の任意の元 y が，A のある元 x によって $f(x)$ と表されるならば，これが可能となるのである（すなわち，$g(y) = x$ とおけばよい）．この条件を満たす f は**全射**と呼ばれる．関数 f が単射かつ全射であるとき，f は**全単射**と呼ばれる．全単射がまさに逆関数を持つ関数なのである．

すべての関数が「きれい」な定義を有するとは限らないことに注意すべきである．例を挙げれば，

$$f(n) = \begin{cases} n, & n \text{ が素数である場合} \\ k, & n = 2^k \text{ となる } k > 1 \text{ が存在する場合} \\ 13, & \text{その他の場合} \end{cases}$$

により定義される関数は「合法的」ではあるものの，恣意的であり気持ちの良いものではない．われわれが使う関数の多くは「きれい」なのだが，ほとんどの関数はきわめて勝手なものであって，「きれい」に定義されるものではないのである（このような関数は個別的には無用であるものの，一つの集合から他の集合への関数全体の集合は興味深い数学的構造を有する）．

2.3 関　　係

次に，文 (2) における “less than” という句の文法について考えてみよう．“the square root of” と同様に，これには一つの数学的対象（この場合は数）が続かなければならない．これがいったんなされたならば，“less than n” のような句を得ることになる．この句は “the square root of” という句とは大いに異なっている．なぜなら，それは名詞ではなく，対象というよりは性質を表していて，形容的に振る舞うからである．これは，“The cat is under the table”（猫が机の下にいる）における “under” のように，英語の前置詞の振る舞いと同じである．

形式性の少し上のレベルでは，形容詞に関してすでに見たように，数学者は文章の中にある過多な部分を避けるのが普通である．よって，“less than” という部分に対しては独立した記号は用意せず，代わりに直前の “is” と一緒にして，“is less than” を記号 “$<$” で表す．この記号に対する文法的規則は，またしても単純である．文の中で “$<$” を使うときは，その前後は名詞である．結果として得られる文法的に正しい文が意味を持つためには，それらの名詞が数値を表す必要がある（あるいは，順序に意味を持つ対象を表していてもよい）．このように振る舞う数学的「対象」は，**関係**と呼ばれる（「潜在的関係」と呼ぶほうが正確かもしれないが）．“equal” や “is an element of” も関係の例である．

関数の場合と同様に，どのような対象が関係付けられているのかに注意を向けておくことが重要であ

る．通常，互いに関係する（あるいはしない）対象を元とする集合が，関係という概念の背景にあるのである．たとえば，“$<$” という関係は，自然数の集合上で定義されているかもしれないし，実数の集合上で定義されているかもしれない．厳密に言えば，自然数とするか実数とするかで，これらは異なる関係である．時には，二つの集合 A, B に対して関係が定義される場合もある．たとえば，もしこの関係が “$\in$” であれば，A は自然数すべての集合で，B は自然数のすべての部分集合の集合であるかもしれない．

数学では，異なる対象を「本質的には同じ」と見なしたい状況がよく起きる．そして，このアイデアを厳密化するために使われるのが，「同値関係」という重要な関係である．二つの例を述べよう．幾何学では，図形のサイズではなく，その形に関心を持つことがある．二つの形は，もしそれらが折り返しや，回転，拡大・縮小によって互いに移り合うとき，相似であると言われる．この相似の関係は同値関係の例である．次に，**m を法とする合同式の算法** [III.59] を行うとき，m の倍数差を持つ二つの整数を区別しない．このとき，それらの数は m を法として**合同**と言われるが，これも同値関係の例である．

これら二つの関係の間に見られる共通性は何だろうか？　答えは，それらが集合上で定義され（1 番目の例ではすべての図形の集合，2 番目の例では整数全体の集合），さらにこの集合を分割するという事実である．ここで，分割に現れる部分集合は，本質的に同じと見なされる対象からなり，**同値類**と呼ばれる．1 番目の例では，ある与えられた図形に相似な図形の全体が代表的な同値類であり，2 番目の例では，m で割ったときに同じ余りを持つ整数の集合が同値類となる．たとえば，$m = 7$ のときは，$\{\ldots, -16, -9, -2, 5, 12, 19, \ldots\}$ が同値類の一つである．

関係 “$\sim$” が集合 A 上で定義された同値関係であることは，次の三つの条件により定式化される．

(1) **反射律**：すべての $x \in A$ に対して $x \sim x$ が成り立つ．

(2) **対称律**：$x \sim y$ が $x, y \in A$ に対して成り立つならば，$y \sim x$ が成り立つ．

(3) **推移律**：$x, y, z \in A$ について $x \sim y$ かつ $y \sim z$ ならば，$x \sim z$ が成り立つ．

上で述べた「相似」と「m を法として合同」という関係がこの三つの条件を満たしていること，そして

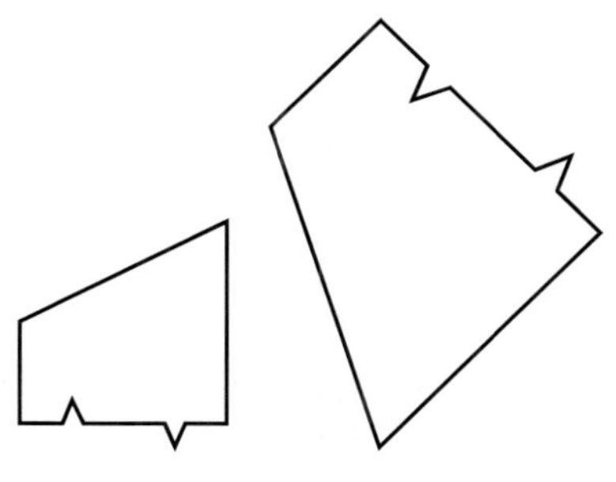

図 1　相似な図形

他方，自然数上で定義された関係 “$<$” は，推移律は満たすものの，反射律と対称律は満たしていないことを確かめてみるとよい．

同値関係は，**商** [I.3 (3.3 項)] の概念を正確に与えるときに役に立つ．

2.4　2 項 演 算

前に扱った例の一つである “Two plus two equals to four”（2 足す 2 は 4 に等しい）に戻ろう．前項の分析によれば，この文の中の “two plus two” と “four” いう名詞句の間にある “equals” という語は関係を与えている．では，“plus” についてはどうだろうか？　これも二つの名詞の間に位置している．しかし，その結果である “two plus two” は文ではなく名詞句である．このようなパターンが，これから述べる 2 項演算の特徴である．われわれが慣れ親しんでいる他の例としては，minus（引く），times（掛ける），divided by（割る），raised to the power（ベキをとる）などがある．

2 項演算の行われる集合が何であるかに注意しておくことが，関数の場合と同様に必要である．形式的観点から言えば，集合 A 上の 2 項演算は，A の二つの元に A の元を対応させる関数である．より形式的に言えば，定義域が A の元のペア (x, y) からなる集合であり，値域が A であるような関数である．しかし，2 項演算を関数と考えるとき，それは通常の演算記号に反映されていないことに注意しよう．たとえば，x と y の足し算を関数的に書くのなら，$+(x, y)$ と書くべきであるが，通常は $x + y$ と表すからである．

演算操作において好都合となる四つの性質がある．集合 A 上の 2 項演算を $*$ により表そう．$x * y = y * x$ が常に成り立つとき，$*$ は**可換**であると言われる．また，$x * (y * z) = (x * y) * z$ が常に成り立つときは，

結合的と言われる．たとえば，plus ($+$) と times ($\times$) は可換かつ結合的であるが，minus ($-$)，divided by ($\div$)，raised to the power は可換でもないし結合的でもない（たとえば，$9-(5-3)=7$ であり，$(9-5)-3=1$ である）．引き算と割り算については，それらの演算が定義されている集合について注意すべき事柄がある．もし，自然数上で引き算を考えようとしたら，$3-5$ には意味がなくなる．この件については，二つの考え方がある．一つは，2 項演算が A のすべての元のペアに対して定義されていなくともよいとし，すべての元のペアに対して定義されているということを付加的な性質とするのである．しかし，通常はすべてのペアで定義されているとすることが多く，引き算は自然数上の 2 項演算とは考えない（整数の集合上では 2 項演算になっている）．

A の元 e は，すべての $x \in A$ に対して $e * x = x * e = x$ を満たすとき，**単位元**と呼ばれる．足し算と掛け算においては，0 と 1 がそれぞれ単位元となっている．最後に，$*$ が単位元を持ち，x が A の元であるとき，x の**逆元**は，$x * y = y * x = e$ となるような元 y のことである．たとえば，$*$ が足し算であれば，x の逆元は $-x$ であり，$*$ が掛け算であれば，$1/x$ が x の逆元である．

これらの 2 項演算の基本的性質は，抽象代数の構造において必須である．詳しくは「いくつかの基本的な数学的定義」[I.3 (2 節)] を参照してほしい．

3. 初 等 論 理

3.1 論 理 連 結 子

論理連結子は，日常言語における接続詞に当たる．すなわち，二つの文を繋いで新しい文を作るための語（あるいは記号）である．すでに例として，文を繋ぐときの「かつ」(and) について論じた．これは，形式的あるいは抽象的な数学では，記号 $\wedge$ で表される．P と Q を言明とするとき（数だけでなく，任意の対象を一つの記号で表すのが，数学における習慣である），$P \wedge Q$ は P, Q の双方が真であるときのみに真であるような言明である．

もう一つの論理連結子は「あるいは」(or) という語であり，これは通常の英語で使われるよりも特定の意味を持つ．実際，これが数学で使われる場合は，次のような奇妙奇天烈な冗談になる．「あなたのコーヒーは砂糖入りにしますか，あるいは砂糖なしにしますか？」(Would you like your coffee with or without sugar?) と聞かれたとしよう．数学者としては「ええ，お願いします」(Yes please) と答えなければならない*3)．すなわち，この「あるいは」に対して連結子として記号 $\vee$ を使うなら，$P \vee Q$ は，P が真であるかまたは Q が真であるときに真であるような言明である．これは P, Q の双方が真である場合も含むから，数学者は常に「あるいは」に対して「包括的」な使い方をしているのである．

3 番目の重要な連結子は，「… は … を含意する」(implies)，あるいは「もし … ならば」(if $\cdots$ then) を含む文に登場する．これは記号では "$\Rightarrow$" で表される．大雑把に言えば，言明 $P \Rightarrow Q$ は Q が P からの結論ということであり，言い方としては「もし P ならば，Q である」となる．しかし，「あるいは」の場合と同様，これは英語での語感とは一致しない．語感の違いを感じてもらうため，次のような数学もどきの極端な例を考えてみよう．夕食のテーブルで，筆者の幼い娘が「女なら手を挙げて」と命令した．筆者の息子の一人は，娘が「男なら手はそのまま」と付け加えなかったことを理由に，娘の命令に対してからかい半分で手を挙げた．

これは，"implies" や "if" に対して数学者がとる態度である．言明 "$P \Rightarrow Q$" は一つの例外を除けばいつも真の言明と考える．その例外とは，P が真であり，Q が偽であるときである．これが "implies" の論理上の「定義」なのである．この定義は混乱を招くかもしれない．なぜなら，英語では "implies" は何らかの仕方で P が Q の原因になっているか，少なくとも Q に関係するという意味で P と Q の間の関連を示唆しているからである．確かに，P が Q の原因であれば，Q が真であることなしに，P は真ではあり得ないであろう．しかし，数学者にとっては，論理的結論が関心事のすべてであって，因果関係には関心がないのである．したがって，$P \Rightarrow Q$ を証明しようとするとき，P が真で Q が偽である可能性の排除だけが必要なのである．例を与えよう．n が自然数であるとき，「n は最後の桁が 7 である平方数である」という言明から「n は素数である」が導かれるだろうか？　これら二つの文には関係がないという理由ではなく，平方数の最後の桁は 7 にはなり

*3)　[訳注] 日常会話なら，たとえば「砂糖入りでお願いします」と答えるだろう．

得ないという理由で，答えは「導かれる」となる*4)．もちろん，このような含意は数学的には興味あるものではないが，これを受け入れることにより，日常言語に潜む曖昧さと微妙さが引き起こす混乱を取り除けるのである．

3.2 限　定　子

英語におけるもう一つの曖昧さが，次のような古びたジョークで使われている．このジョークは，われわれの先入観を反省させるであろう．

(4)「何物も，終生の幸福に勝ることはない」(Nothing is better than lifelong happiness)

(5)「しかし，チーズサンドウィッチは，何もないよりは勝っている」(But a cheese sandwich is better than nothing)

(6)「よって，チーズサンドウィッチは終生の幸福より勝っている」(Therefore, a cheese sandwich is better than lifelong happiness)

語法的な観点から，これを正確に分析してみよう(ジョークの部分を打ち消すためであって，結論がもたらす「悲劇」を消し去ろうとしているわけではない)．問題は，二つの使い方をされている "nothing" という単語の部分にある．最初の文は「終生の幸福より良いものはただの一つもない」(There is no single thing that is better than lifelong happiness) を意味しており，2 番目の文は，「まったく何もないよりは，チーズサンドウィッチがあるほうがよい」(It is better to have a cheese sandwich than to have nothing at all) という意味である．すなわち，2 番目の文では，"nothing" は "null option"（無選択肢）と呼べるような意味を表していて，他方，最初の文ではそうではないのである．これは，最初の文が「何もないことは，終生の幸福より勝っている」(to have nothing is better than to have lifelong happiness) を必ずしも意味しているわけではないからである．

「すべての」(all)，「ある」(some)，「任意の」(any)，「どの … も皆」(every) そして「何もない」(nothing) は限定子と呼ばれるが，これらはこの種の曖昧さを与えがちな語である．数学者は係る理由もあって，二つの限定子のみを厳格な形で使う．数学的言明では，これらの限定子を最初に置き，「すべての … に対して」(for all あるいは for every)，「ある … が存在する」(there exists)，「ある … に対して」(for some) のように読む．文 (4) を曖昧さをなくすように書き直せば，

(4′) For all x, lifelong happiness is better than x.

となる（実際に使われる英語の文章のようには見えないが）．

2 番目の文は，"nothing" が限定子ではないために，今述べたような形には書けない（"nothing" に最も数学的に近いものは，元を持たない集合である「空集合」のようなものである）．

"for all" と "there exists" を武器にして，次の文の最初の部分の違いを明らかにできる．

(7) Everybody likes at least one drink, namely water（すべての人は少なくとも 1 種類の飲み物，すなわち水が好きである）

(8) Everybody likes at least one drink; I myself go for red wine（すべての人は少なくとも 1 種類の飲み物が好きである．私は赤ワインを飲む）

1 番目の文は，すべての人に共通して好きな飲み物があるというところに力点があり，2 番目の文は，すべての人がそれぞれに好きな飲み物があるという主張をしている．この違いを捉える正確な定式化は次のようになる．

(7′) There exists a drink D such that, for every person P, P likes D（すべての人 P が D を好きであるような，ある飲み物 D が存在する）

(8′) For every person P there exists a drink D such that P likes D（すべての人 P に対して，P が好きな飲み物 D が存在する）

これは重要かつ一般的な原理を例示している．"for every x there exists y such that $\cdots$" で始まる文を，その二つの部分を入れ替えて "there exists y such that, for every x $\cdots$" で始まるようにすると，一層強い言明を得るのである．なぜなら，前者では y は x に依存しているが，後者では，y はもはや x には依存しないからである．「y は x には依存しないように選べる」が真であれば，――すなわち，すべての x について具合の良い y が一時に選べるなら――「任意の x に対して，… を満たす y」は一様に選べるのである．

"for all" と "there exists" には，それぞれ記号 $\forall$ と $\exists$ がしばしば使われる．これらの記号は，もし望

*4) ［訳注］P が偽であれば，Q の真偽にかかわらず，$P \to Q$ は真だからである．

むなら非常に複雑な数学的文章の高度に形式的な表現を可能にする．たとえば，前に述べたように，P をすべての素数の集合とすれば，無限個の素数が存在するという主張（あるいはこれと少々異なるが，これと同値な主張）は

(9) $\forall n\ \exists m\ \ (m > n) \wedge (m \in P)$

と書き直される．一言で言えば，これは任意の n に対して，n より大きい素数 m が存在することを言っている．(9) の一部分をなす $m \in P$ をさらに書き直せば

(10) $\forall a, b\ \ ab = m\ \Rightarrow\ ((a = 1) \vee (b = 1))$

とできる．

最後に，限定子 $\forall$ および $\exists$ について重要な注意を与えておこう．これまで筆者は，それらをあたかも独立したもののように扱ってきた．しかし，実際には限定子は常に集合に付随しているのである．たとえば (10) において，もし a, b が分数であることを許せば，(10) は「m は素数」という文の翻訳ではなくなる（$a = 3$，$b = 7/3$ は $ab = 7$ を満たすが，a, b の双方とも 1 ではないし，だからと言って 7 が素数ではないことにはならない）．冒頭の "$\forall a, b$" では，暗に a, b が自然数であることを念頭に置いているのである．文脈からこれが明らかでなければ，（自然数全体からなる集合を表す）記号 $\mathbb{N}$ を用いて，"$\forall a, b \in \mathbb{N}$" と記すのがよい．

3.3　否　　定

数学においては，「否定」に対する基本的考え方はきわめて単純である．数学的言明 P の否定は記号 "$\neg$" を使って "$\neg P$" により表すが，P が真であるのは $\neg P$ が偽であり，かつそのときのみであると約束するのである．しかし，数学者にとっては，日常言語における否定と比べれば，より限定的な意味を持っている．

これを例証するために，自然数からなる集合 A をとり，「A に属するすべての数は奇数である」という言明の否定は何かを考えてみよう．多くの人は，「A に属するすべての数は偶数である」と答えるだろう．これは誤りである．最初の言明が偽であれば何が起こるかを考えれば，偽であるためには「少なくとも一つ」の A の元が偶数であることの必要性に気づくであろう．よって，「A には偶数であるような数が存在する」という言明がわれわれの求める否定である．

どうして誤った答えをしがちなのだろうか？　一つの理由は，「A に属するすべての数は奇数である」の次のような形式的表現により明らかになる．

(11) $\forall n \in A,\ n$ is odd

誤りは，この文の最後の部分 "n is odd"（n は奇数である）を否定したことにある．われわれがすべきことは文全体の否定である．すなわち，ほしかった文は

(12) $\forall n \in A,\ \neg(n$ is odd$)$

ではなく，

(13) $\neg(n \in A,\ n$ is odd$)$

なのであって，これは

(14) $\exists n \in A,\ n$ is even

と同値である．

2 番目の理由は，（心理言語学的理由から）"every element of A"（すべての A の元）という句が，A の一つの代表的元を意味していると考えがちだからである．もし，それがある特別な数であるとの感触があるならば，「n は奇数である」の否定は「n は偶数である」と感じられるようになる．"every element of A" という句をそれ自身単独のものとして考えるのではなく，それより長い句である "for every element of A" の一部分と考えるのが，誤りを犯さないための一つの対策になる．

3.4　自由変数と束縛変数

「時刻 t において，速度が v である」というような言い方をしたとしよう．文字 t と v は双方とも実数を表し，変数と呼ばれる．なぜなら，心の中ではそれらが変化する数と考えるからである．より一般に，変数とは，時刻とともに変わっていく対象かどうかということとは独立な，一つの数学的対象を表現する文字である．再び，自然数 m が素数であることを定義する形式的文を見てみよう．

(10) $\forall a, b\ \ ab = m\ \Rightarrow\ ((a = 1)\ \vee\ (b = 1))$

この文の中には，a, b, m という三つの変数がある．しかし，最初の二つと 3 番目には文法的にも意味論的にも大きな違いがある．この違いから二つのことが導かれる．まず，文脈から m がどこからとられているのかを知らなければ，この文は意味をなさないが，一方で a, b があらかじめ特定の意味を持たないことも重要である．次に，「どのような値の m に対して (10) は真であるか」を問うことは完全に許され

るが，「どのような値の a に対して (10) は真であるか」を問うことには意味がない．さらに，文 (10) における a, b は

(10′) $\forall c, d \quad cd = m \Rightarrow ((c = 1) \vee (d = 1))$

のように，他の文字で置き換えても影響を受けない．一方，n が m と同じ自然数を表すことの立証なしに，m を n で置き換えることはできない．このような特定の対象を表す変数 m は，**自由変数**と呼ばれる．これは任意の値をとれるのであるが，いわば一定の位置で浮かんでいるような変数である．a, b のような特定の対象を表さない変数は，**束縛変数**，あるいはダミー変数と呼ばれる（束縛という言葉が使われるのは，(10) のような文において，限定子の直後に現れる変数だからである）．

変数がダミーであるとの見方は，それが現れる文が，それなしに書き換えられるときである．たとえば，$\sum_{n=1}^{100} f(n)$ は $f(1) + f(2) + \cdots + f(100)$ の簡略表記であるが，後者の書き方は n を含まないから，前者に現れる n は何か特定のものを表しているのではない．時には，ダミー変数であっても実際上は除去しにくい場合がある．たとえば，「すべての実数 x に対して，x は正，負，あるいは 0 である」という文から x を取り除くことはできない．もし，無理に除去しようとするなら，x の一つ一つの値 t について「t は正，負，あるいは 0 である」という文を考え，これらからなる無限個の文章とするしかない．

4.　形式性のレベル

集合論的概念やほんのわずかな論理用語が，多方面にわたる通常の数学の言明をすべて正確に言い表すのに十分な言語を成立させているという事実は，驚くべきことである．もちろん不明瞭さを避けるための専門用語はあるものの，基本的対象として集合ばかりでなく数をも許容するならば，それらの専門用語さえ避けられるのである．とはいえ，数学の良質な論文を見ればわかるように，その中の文章は ∀ や ∃ のような記号が散りばめられた形式言語で書かれているわけではなく，通常の英語が使われている（フランス語など他の言語で書かれている論文もあるが，英語は数学の国際言語として確立している）．では，数学者は，なぜ日常言語が混乱や曖昧さ，不正確さを引き起こさないという自信を持てるのだろうか？

その理由は，数学者が典型的に使用する言語が，受容しかねる不正確さを含む危険性のある日常言語と，読解するには悪夢のような形式的記号体系の間で慎重に選ばれた折衷物だからである．理想的には，読者にとってできるだけ優しく親しみやすい方法で書きつつも，（数学の著作を読むのに十分な経験と訓練を有する）読者が書かれた内容を形式的に表現し直すことが可能であるようにすべきである．そして，このような態度は，時として重要になる．すなわち，議論を理解するのに困難が生じる場合，それが正しいと確信するための唯一の方法は，それを形式的に書き直すことだからである．

一つの例として，証明でよく使われる数学的帰納法の原理の言い換えを考えよう．

(15)　「自然数からなる空でない任意の集合は最小数を持つ」

これをより形式的な形に翻訳しようとしたら，「空でない」や「持つ」のような語句を取り除く必要がある．自然数の集合 A が空ではないとは，単に A に属す自然数が存在するということである．これは記号的には

(16) $\exists n \in \mathbb{N} \quad n \in A$

と書ける．では，A が最小の元を持つというのはどういうことだろうか？　これは「A の元 x で，A の任意の元 y が x 以上となるものが存在する」という意味である．このような言い方は，記号的には

(17) $\exists x \in A \ \forall y \in A \ (y > x) \vee (y = x)$

と表される．言明 (15) は，任意の自然数の集合 A について，「(16) ならば (17)」という言明であるから，記号的には次のように表現される．

(18) $\forall A \subset \mathbb{N}$

$$[(\exists n \in \mathbb{N} \ \ n \in A)] \Rightarrow (\exists x \in A \ \forall y \in A \ \ (y > x) \vee (y = x))]$$

こうして，同じ数学的事実の表現について，まったく異なる二つの流儀に出会うことになる．明らかに，(15) は (18) よりは大いに理解しやすい．しかし，たとえば数学の基礎に関心があるならば，あるいは，証明の正しさをチェックするコンピュータプログラムを書きたいならば，徹底的に切り詰めた文法と語彙で表すほうが便利なのである．実践上，さまざまなレベルの形式的表現があり，数学者はそれらの表現法の間での切り替えに熟達している．(18) のような表し方でなくても，数学的議論の正しさを確信的に感じられるのには，このような背景がある——稀

に網から抜け落ちる誤りが起きるのも，このことに原因があるのだが．

I.3

いくつかの基本的な数学的定義

Some Fundamental Mathematical Definitions

ティモシー・ガワーズ［訳：砂田利一］

この章では，現代数学にたびたび登場するけれど，基本的すぎることもあって第 III 部で扱うまでもない概念を解説する．あとに続く論説の多くは，読者がそれらの概念に馴染んでいることを仮定している．もしそうでない場合は，本章は本書の理解に大いに助けとなるだろう．

1. 主な数の体系

ほとんどの子供が最初に出会う数学的概念は，数である．そして，数は数学のすべてのレベルにおいて中心的位置を占めている．とはいえ，数が何を意味するかについて説明するのは，思うほど容易ではない．数学を学べば学ぶほど，数の意味を知るようになり，その意味はより精巧なものになる．人が数を修得する過程は，何世紀にもわたる数の歴史的発展に並行してきたと言えよう（「数から数体系へ」[II.1] を参照）．

数に対する現代的観点では，それらを個々にではなく，より広い**数の体系**（数系）の一部と考える．数系の特徴は，数の間で行われる足し算（加法），掛け算（乗法），引き算（減法），割り算（除法），そして累乗根のような算術的演算を有することである．数に関するこのような見方はきわめて有益であり，抽象代数への跳躍台となっている．本節の残りの部分では，主な数系についての簡単な解説を行う．

1.1 自　然　数

自然数，すなわち正の整数 $1,2,3,\ldots$ は，子供でもよく知っている．自然数は，物を数えるために使われ，すべての自然数からなる集合は $\mathbb{N}$ と記される（数学者の中には，0 を自然数に含める人がいる．特に論理や集合論では，これが習慣になっている．本書には双方の習慣が見られるが，どちらが使われているかはすぐにわかるようになっている）．

もちろん，「1,2,3, などなど」という書き方は自然数の形式的定義にはなっていない．しかし，この非形式的記述は，自然数についてわれわれが当然のことのように考えている次のような描写を示唆している．

(i) 与えられた任意の自然数 n に対して，次に来るべき別の自然数 $n+1$ が存在する．これを n の**後続**という．

(ii) 1 で始まる自然数のリストがあり，それに属す数の後続が再びそれに属すならば，このリストはすべての自然数を含み，他の何者も含まない．

自然数のこのような描写は，**ペアノの公理** [III.67] として要約される．

二つの自然数 m, n が与えられたとき，それらの和と積により新しい自然数を作ることができる．これとは対照的に，差と商（割り算）は常に可能とは限らない．$8-13$ や $5/7$ という表現に意味を与えようとすれば，より大きい数の体系が必要となる．

1.2 整　　数

自然数だけで数全体を構成しているのではない．なぜなら，零 (0) と負数を含んでいないからである．自然数に 0 と負の数を付け加えて得られる整数の体系は，自然数とともに数学には欠くことができないものである．0 を付け加える第 1 の理由は，自然数の 10 進法表記における「位取り」に必要だからである．実際，0 なしに 1005 という数をどう表せるだろうか？　しかし，現在では，0 を付加するのは，単なる記数法上の都合というよりは，さらに大事な意味があると考えられている．すなわち，0 はそれを足しても値が変わらないという意味での，加法における**単位元**であることが重要なのである．足し算で何の効果も与えないというのは興味深いこととは思えないかもしれないが，実はこの事実が他のすべての数から 0 をはっきり区別している．この 0 の性質から，負数を考えることが可能になる．すなわち，自然数 n に対して，$-n$ は，これを n に足したときに 0 となるような数として定義されるのである．

数学に慣れていない人は，数は数え上げのためだけにあると思い込み，英語で "How many" で始まる（個数を尋ねる）質問に対する答えは決して負にはなり得ないことから，負数など不愉快千万な代物と感じるかもしれない．しかし，単純な数え上げ以外にも数の役割はある．そして，正数と負数の双方を含む数の体系によって自然にモデル化される状況が多々存在するのである．たとえば，負数は銀行口座の残高を表すのに使われているし，（摂氏（Celsius）と華氏（Fahrenheit）により表される）温度や，平均海水面からの高低を意味する海抜を表すのにも使われている．

すべての整数（正数，負数，0）のなす集合は，$\mathbb{Z}$ という記号で表現される．これは，数を意味するドイツ語の Zahlen の頭文字にちなんだ記号である．この数系では，引き算が常に可能である．すなわち，m, n が整数ならば，$m - n$ も整数である．

1.3　有　理　数

これまで，整数について語ってきた．もし，可能な限りのすべての分数を考えれば，**有理数**の系を得る．すべての有理数からなる集合は，記号 $\mathbb{Q}$（quotient（商）の頭文字）により表される．

有理数は，数え上げ以外に，量の**測定**のために主に使用される．われわれが測定する量は，長さ，重さ，温度のような連続的に変わる量である．このような測定には，整数は向いていない．

有理数に対する理論的正当化の背景には，（0 を除けば）割り算が常に可能であるという事実がある．この事実はいくつかの算術的性質と併せて，$\mathbb{Q}$ が**体**であることを意味している．体がどういうものか，なぜそれが重要かについては，2.2 項で詳しく解説する．

1.4　実　数

古代ギリシアにおける有名な発見である「2 の平方根は有理数ではない」という事実は，確たる証拠がないにもかかわらず，しばしば**ピタゴラス** [VI.1] が創設した学派によって発見されたとされる．すなわち，$(p/q)^2 = 2$ を満たす分数 p/q は存在しない．直角三角形についてのピタゴラスの定理[*1)]（ピタゴラスより少なくとも 1000 年以上前に知られていたと考えられている）は，1 辺の長さが 1 の正方形の対角線は，$\sqrt{2}$ の長さを持つことを主張するものである．つまり，有理数だけでは測れない長さの存在を，この定理は示している．

この事実は，数系をさらに拡大する実践的理由を与えているように思われる．しかし，このような結論には抵抗感があるかもしれない．なぜなら，無限の正確さを有するような測定は不可能であり，現実的には小数展開を有限で打ち切り，そうすることによって測定結果を有理数で表示するからである（これについては，「数値解析」[IV.21] において，さらに詳細に論じられる）．

それにもかかわらず，有理数を超えて数系を拡大していく理論的議論には抗しがたいものがある．例を挙げればきりがないが，四つ挙げれば，代数方程式を解いたり，**対数** [III.25 (4 節)] を考えたり，三角法を使ったり，さらには**ガウス分布** [III.71 (5 節)] を使用したりするときに，無理数が登場する．このような例では，無理数は測定の目的のために直接的に使われているわけではない．物理世界を数学的に記述することにより，理論的に解明しようとするときに必要なのである．このためには，ある程度の理想化が必要となる．単位正方形の対角線の長さは $\sqrt{2}$ であると言うほうが，測定された具体的な数値と（できるだけ正確に測ろうとしているなら）その精度で表現するよりも，大いに便利だからである．

実数の集まりは，有限あるいは無限小数の全体からなる集合と考えられる．後者の場合，実数は直接的にではなく，連続的な近似のプロセスによって定義される．たとえば，数列 $1, 1.4, 1.41, 1.414, 1.4142, 1.41421, \ldots$ の平方は，2 に限りなく近づくから，これは 2 の平方根が無限小数 $1.41421\cdots$ であることを意味している．

すべての実数の集合は，$\mathbb{R}$ という記号で表される．$\mathbb{R}$ に対するより抽象的な見方は，有理数系の，より大きい体への拡大と考えることである．実際，上で述べた近似のプロセスは，$\mathbb{R}$ に属す数を構成する手段であり，$\mathbb{R}$ は有理数系のただ一つの可能な拡大なのである．

実数は，連続的な近似の極限となっている理由から，実数系の真価は，第 5 節で論じられる解析学の理解により初めて発揮される．

---

*1)　［訳注］三平方の定理とも呼ばれる．

1.5　複　素　数

たとえば $x^2 = 2$ のように，多くの代数方程式*[2]は有理数解を持たないが，実数の範囲では解ける場合がある．しかし，実数解さえ持たない多くの代数方程式が存在する．最も単純な例は，$x^2 = -1$ という方程式である．実数の平方は常に正か 0 であるから，これは実数の解を持たない．この問題を乗り越えるため，数学者は，数として扱える記号 i を，i^2 が -1 に等しくなるものとして導入することにしたのである．**複素数の系**は，実数 a, b を用いて $a + b\mathrm{i}$ と表されるすべての数の集合であり，$\mathbb{C}$ という記号で表される．複素数の足し算と掛け算では，i を（x のように）変数として扱い，もし i^2 が現れたら，それを -1 で置き換える．したがって

$$(a+b\mathrm{i}) + (c+d\mathrm{i}) = (a+c) + (b+d)\mathrm{i}$$

$$\begin{aligned}(a+b\mathrm{i})(c+d\mathrm{i}) &= ac + bc\mathrm{i} + ad\mathrm{i} + bd\mathrm{i}^2 \\ &= (ac - bd) + (bc + ad)\mathrm{i}\end{aligned}$$

となる．

この定義に関して，注目すべき点がいくつかある．第一に，見かけ上では人工的に見える性格にもかかわらず，i の導入により矛盾が生じることはない．第二に，数え上げや測定には使われないものの，複素数はさまざまな場面で大いに役立つ．第三に，おそらくこれが最も驚くべきことであるが，i はただ一つの方程式 $x^2 = -1$ を解くためだけに導入されたのに，複素数を用いれば一般のすべての代数方程式を解くことができる．この事実は，有名な**代数学の基本定理** [V.13] として知られている．

複素数の有用性の一つは，**アルガン図式**（Argand diagrams）*[3]を通して，幾何学のさまざまな局面について語るための簡潔な方法を提供することである．この図式では，$a + b\mathrm{i}$ に座標 (a, b) を対応させて，複素数を平面の点で表示する*[4]．$r = \sqrt{a^2 + b^2}$，$\theta = \tan^{-1}(b/a)$ とすれば，$a = r\cos\theta$，$b = r\sin\theta$ である．複素数 $z = x + y\mathrm{i}$ に $a + b\mathrm{i}$ を掛けることは，次のような幾何学的操作に対応する．まず，z に平面上の点 (x, y) を対応させ，次にこの点を r 倍して点 (rx, ry) を得る．最後に，この点を原点のまわりで反時計回りに θ だけ回転させる．言い換えれば，$a + b\mathrm{i}$ を掛けるということは，r 倍の拡大（縮小）を行い，引き続いて θ だけの回転を行う効果と同じである．特に $a^2 + b^2 = 1$ であれば，角度 θ の回転に対応する．

このような理由から，複素数を表すのに，極座標は少なくとも直交座標（デカルト座標）と同程度の便利さを有している．極座標を使って $a + b\mathrm{i}$ を表現するもう一つの方法は，これを $r\mathrm{e}^{\mathrm{i}\theta}$ と記すことである*[5]．これは，$a + b\mathrm{i}$ が原点から距離 r，実数軸の正の部分から角度 θ（反時計回りに）の位置にあることを言っている．$z = r\mathrm{e}^{\mathrm{i}\theta}$，$r > 0$ であるとき，r を z の**絶対値**と呼び，$|z|$ により表す．また，θ は z の**偏角**と呼ばれる（θ に 2π を足しても $\mathrm{e}^{\mathrm{i}\theta}$ は変わらないから，$0 \leq \theta < 2\pi$，あるいは $-\pi \leq \theta < \pi$ を満たすと理解する）．$z = x + y\mathrm{i}$ に対して，その**複素共役** $\bar{z}$ は $x - y\mathrm{i}$ のことである．$z\bar{z} = x^2 + y^2 = |z|^2$ のチェックは容易である．

2.　重要な四つの代数的構造

前節では，数は個々の対象としてではなく，**数系**のメンバーとして捉えるのが最善であることを強調した．数系は，数という対象により構成される集合であり，加法や乗法のような演算を持つ．こうした理由から，数系は代数的構造を持つ集合の一つの例となっている．しかし，数系以外にも多くの重要な代数的構造が存在する．そのいくつかを，ここで紹介しよう．

2.1　群

S を幾何学的図形とするとき，S の**合同変換***[6]とは，S の点の間の距離を不変にするような伸び縮みのない変換のことである．合同変換は，もしそれが S に対して行われたあとでも元の形と重なるときは，S の**対称変換**と呼ばれる．たとえば S を正三角形とするとき，S の中心のまわりに 120° 回転させる変換

---

*2)　［訳注］多項式 $f(x)$ により，$f(x) = 0$ と表される方程式のこと．

*3)　［訳注］アルガンが 1806 年に考案・公表した複素数の表示法．しかし，彼以前にウェッセル（Wessel）がこの図式を考えていたことが知られている．

*4)　［訳注］複素数全体と同一視された平面は，ガウス平面と呼ばれることがある．

*5)　［訳注］オイラーの公式 $\mathrm{e}^{\mathrm{i}\theta} = \cos\theta + \sin\theta\mathrm{i}$ を使うことにより，$r\mathrm{e}^{\mathrm{i}\theta}$ は $a + b\mathrm{i}$ と一致することがわかる．

*6)　［訳注］原文では "rigid motion"（剛体運動）となっているが，力学における剛体運動は平行移動と回転の合成を意味しており，ここでは平面における直線に関する折り返しや，空間における平面に関する折り返し（鏡映）も含むため，合同変換という訳語を使うことにした．

や，S の頂点とそれに対する辺の中点を結ぶ直線に関する折り返しは対称変換である．

より形式的に言えば，S の対称変換は S からそれ自身への関数 f であって，S の任意の 2 点 x, y の間の距離と，$f(x), f(y)$ の間の距離が等しくなるようなものである．

対称変換の考え方は高度に一般化される．S を任意の数学的構造とするとき，S の対称変換は S からそれ自身への関数（写像）で，S の構造を保つものとして定義される．S が幾何学的図形であるときは，保存されるべき数学的構造は，S の任意の 2 点間の距離である．これ以外にも，関数により保存されるかどうかが問われる数学的構造が数多く存在する．この種の最も顕著な代数的構造については，このあとすぐに論じられる．一般の数学的構造に対しても，幾何学的状況との類似を考えて，構造を保存する任意の関数を一種の幾何学的な対称変換と見なすとよい．

対称変換は，その極度の一般性ゆえ，数学内部で広く普及している概念である．対称変換が登場するときは，常に**群**として知られる構造が背後にある．群が何であるか，またそれがなぜ登場するのかについて説明するために，正三角形の例に戻ろう．この例では，六つの対称変換が存在する．

なぜだろうか？　辺の長さが 1 で，A, B, C を頂点とする正三角形 S を考え，f をその対称変換としよう．このとき，$f(A), f(B), f(C)$ はこの三角形内の 3 点であり，これらの点の間の距離はすべて 1 であるから，$f(A), f(B), f(C)$ は三角形 S の頂点でなければならない（なぜなら，S の 2 点間の最大距離は 1 であり，最大距離を与えるのは，これら 2 点が頂点の場合に限るからである）．よって，順序を考えなければ，$f(A), f(B), f(C)$ は A, B, C と一致する．一方，A, B, C の並べ方の総数は 6 である．いったん $f(A), f(B), f(C)$ が選ばれれば f は完全に決まってしまうことは，容易に確かめられる（たとえば，X を線分 AC の中点とするとき，$f(A)$ および $f(C)$ からの距離が $1/2$ となる点は，線分 $f(A)f(C)$ の中点となるから，$f(X)$ がこの中点に一致する）．

対称変換 f により頂点 A, B, C が移った結果を順番に並べることで，f を表そう．たとえば，対称変換 ACB は，A を固定し，B, C を取り替える変換である．これは，A と BC の中点を結ぶ直線に関する折り返しによって得られる．このような折り返しは三つある．すなわち，ACB, CBA, BAC である．さらに二つの回転 BCA, CAB がある．最後に，すべての点を不変にする「自明」な変換 ABC がある（0 が整数の加法的代数において有用なのとまったく同様に，「自明」な対称変換も役に立つ）．

幾何学的構造，すなわち一般の数学的構造に対して，対称変換が群をなすというのは，任意の二つの対称変換の合成が考えられることに由来している．ここで，合成とは，一つの対称変換のあとでもう一つの対称変換を行って得られる変換である（結果として得られる変換が構造を保つことに注意しよう）．たとえば，折り返し BAC のあとで折り返し ACB を行えば，回転 CAB を得る（図に描いてこれを確かめる場合は，A, B, C を不動なラベルではなく，三角形とともに動くラベルと考えるとわかりやすい）．

加法と乗法を持つ数系の場合と同様に，対称変換の全体は代数的演算としての乗法を持つ一つの数学的対象と考えられる．この演算は，次の有益な性質を持っている．まず，それは**結合的**である．そして自明な変換は**単位元**である．さらに，すべての対称変換は**逆変換** [I.2 (2.4 項)] を有する（たとえば，折り返しにより得られる変換の逆変換は，元の変換と一致する．なぜなら，2 回同じ折り返しを行えば，自明な変換になるからである）．一般に，これらの性質を満たす 2 項演算を持つ集合は群と呼ばれる．可換性は群の定義には含まれない．その理由は，今見たように，二つの対称変換を合成するとき，そのどちらを最初にするかで結果が異なる場合があるからである．群が可換であるときは，**アーベル群**と呼ばれる．この名称は，ノルウェーの数学者**ニールス・ヘンリク・アーベル** [VI.33] にちなんでいる．数系 $\mathbb{Z}, \mathbb{Q}, \mathbb{R}, \mathbb{C}$ は，すべて加法に関してアーベル群になっている．また，$\mathbb{Q}, \mathbb{R}, \mathbb{C}$ のそれぞれから 0 を除いたものも，乗法に関してアーベル群である．$\mathbb{Z}$ には乗法的逆元が一般に存在しないから，乗法に関しては群にはならない．群のさらなる例が，本節の後半に登場する．

2.2　体

いくつかの数系は群をなすが，それらを単なる群と見なすとしたら，数系が持つ代数的構造の重要な部分を無視していることになる．特筆すべきなのは，群が単一の 2 項演算を有するのに対して，標準的な数系は加法と乗法という二つの 2 項演算を持っていることである（これらの演算から減法と除法という別の演算が得られることを思い出そう）．これから述べる**体**の形式的定義は冗長である．それは二つの 2 項演算を持つ集合であり，それらが満たすべき数個の公理がある．幸運なことに，二つの 2 項演算が満たす公理は，容易に記憶できる．数系 $\mathbb{Q}, \mathbb{R}, \mathbb{C}$ において加法と乗法が満たしている基本的性質をすべて書き出せばよいのである．

これらの性質は次のようなものである．加法，乗法の双方とも結合的であり，可換である．さらに，双方とも単位元を持っている（加法の場合は 0，乗法の場合は 1）．すべての元 x は加法的逆元 $-x$ と乗法的逆元 $1/x$（$x = 0$ の場合は除く）を持つ．これらの逆元の存在を用いて，減法 $x - y$ と除法 x/y をそれぞれ $x + (-y)$ および $x \cdot (1/y)$ により定義することができる．

これが加法と乗法が個々に満たしている性質のすべてである．しかし，数学的構造を定義する際のきわめて一般的な規則において，もし定義が複数の部分に分離しており，それらが互いに影響し合わなければ，全体としてこの定義はおもしろいものではない．ここでの二つの部分とは，加法と乗法であり，これまで言及した性質は，どのように見てもこの二つの演算を関係付けるものではない．そこで登場するのが，体に特別な性格を与える**分配則**という性質である．これは，括弧で包んだ和に掛け算をする場合，何が得られるかをいう規則であり，正確には $x(y+z) = xy + xz$ が任意の三つの数 x, y, z に対して成り立つことをいう．

これらの性質をリストアップしたものを公理系とする抽象的な状況を考えれば，体とは，この公理系を満たす二つの 2 項演算を有する集合であると言うことができる．しかし，体の概念を使って研究するときに，公理系を前提のリストと考えるよりは，有理数，実数，複素数について語るときにそうするように，すべての代数的操作を許すライセンスのように考えるのが通常である．

明らかに，公理の数が多ければ多いほど，それらを満たす数学的構造を見つけるのは難しくなる．実際，体が登場する機会は，群の場合と比べて少ない．このような理由から，体を理解する最善の方法は，例に注目することである．$\mathbb{Q}, \mathbb{R}, \mathbb{C}$ に加えて，$\mathbb{F}_p$ という基本的な体がある．これは，素数 p を法とする整数の集合であり，その加法と乗法は，p を法として定義される（「合同式の算法」[III.58] を参照）．

しかし，体という概念を興味深いものにさせる理由は，これらの基本的な例の存在よりも，一つの体から新しい体を構成する**拡大**というプロセスが存在するからである．そのアイデアは，体 $\mathbb{F}$ の元を係数とする多項式 P で，$P(x) = 0$ の解がどれも $\mathbb{F}$ に属さないとき，解の一つ α を $\mathbb{F}$ に「添加」することである．この手続きにより，$\mathbb{F}$ の拡大 $\mathbb{F}'$ が得られる．この拡大体の元は，α と $\mathbb{F}$ の元から加法と乗法を用いて得られる．

われわれはこの手続きの例をすでに見ている．実数体 $\mathbb{R}$ において，多項式 $P(x) = x^2 + 1$ に対する方程式 $P(x) = 0$ は実数解を持たない．この解である i を添加した $\mathbb{R}$ の拡大体は $a + b\mathrm{i}$ の形の元からなるから，これは複素数の体 $\mathbb{C}$ にほかならない．

まったく同様のプロセスを体 $\mathbb{F}_3$ と，その中に解を持たない方程式 $x^2 + 1 = 0$ に適用できる．こうすれば，$\mathbb{C}$ に似た，$a + b\mathrm{i}$ の形の元からなる体を得る．違いは，a, b が $\mathbb{F}_3$ の元であることである．$\mathbb{F}_3$ は 3 個の元からなるから，新しい体は 9 個の元からなる．もう一つの例は，a, b を有理数として $a + b\sqrt{2}$ の形の元からなる体 $\mathbb{Q}(\sqrt{2})$ である．少し複雑な例として，γ を方程式 $x^3 - x - 1 = 0$ の解としたときの $\mathbb{Q}(\gamma)$ がある．この体の元は，有理数 a, b, c により $a + b\gamma + c\gamma^2$ の形で表される．$\mathbb{Q}(\gamma)$ において算術を行うときには，γ^3 が現れたら，$\gamma^3 - \gamma - 1 = 0$ であることに注意して，（i^2 を -1 で置き換えたように）γ^3 を $\gamma + 1$ に置き換えるのである．なぜ，体の拡大が興味深いのかについては，4.1 項の**自己同型**に関する議論を参照されたい．

体の概念を導入する 2 番目の重要性は，体がベクトル空間を構成するために利用できることである．次項では，これについて解説する．

2.3 ベクトル空間

すべての方向に無限の彼方まで広がる平面上の点を表現するための最も便利な方法の一つは，直交座標を使うことである．原点と直交する二つの方向 X，Y を選ぶ．このとき対 (a, b) は，原点から X 方向に a だけ進み，Y 方向に b だけ進んだ点を表す（a が -2 のような負数の場合は，X の逆方向に $+2$ だけ進むことを意味する．b についても同様である）．

同じことを別の方法で説明しよう．$\boldsymbol{x}$ と $\boldsymbol{y}$ をそ

れぞれ X 方向と Y 方向を持つ単位ベクトルとするとき，すなわち，それらのデカルト座標がそれぞれ $(1,0),(0,1)$ であるとするとき，平面上の任意の点は，**基底ベクトル** $\boldsymbol{x},\boldsymbol{y}$ の，いわゆる **1 次結合** $a\boldsymbol{x}+b\boldsymbol{y}$ に対応する．$a\boldsymbol{x}+b\boldsymbol{y}$ という表現の意味を説明するため，まずこれを $a(1,0)+b(0,1)$ と書き直し，次に $(0,1)$ の a 倍を $(a,0)$，$(1,0)$ の b 倍を $(0,b)$ とする．そして，$(a,0)$ と $(0,b)$ を座標ごとに足して，ベクトル (a,b) を得る．

1 次結合が登場する別の状況がある．微分方程式 $(\mathrm{d}^2y/\mathrm{d}x^2)+y=0$ が与えられているとして，$y=\sin x$ と $y=\cos x$ がその二つの解であることがたまたまわかっているとしよう．このとき，任意の数 a,b に対して $a\sin x+b\cos x$ も解であることが容易に確かめられる．すなわち，既知の解 $\sin x,\cos x$ の任意の 1 次結合は別の解となるのである．実際，すべての解はこの形をしており，したがって，$\sin x$，$\cos x$ は上記の微分方程式の解の「空間」の「基底ベクトル」と見なせるのである．

1 次結合は，数学のさまざまな文脈に登場する．もう一つの例として，次数 3 の多項式を考えると，これは ax^3+bx^2+cx+d の形をしているので，四つの基本的多項式 $1,x,x^2,x^3$ の 1 次結合になっている．

ベクトル空間は，1 次結合の概念が意味を持つ数学的構造である．ベクトル空間に属す対象は，多項式や微分方程式の解のような特定の例の特別の対象でなければ，通常は**ベクトル**と呼ばれる．もう少し形式的に言うならば，ベクトル空間は集合 V であって，任意の（V の元である）ベクトル $\boldsymbol{v},\boldsymbol{w}$ と任意の実数 a,b に対して，1 次結合 $a\boldsymbol{v}+b\boldsymbol{w}$ を構成できるようなものである．

1 次結合には，異なる 2 種類の対象であるベクトル $\boldsymbol{v},\boldsymbol{w}$ と実数 a,b が含まれていることに注意しよう．後者は**スカラー**と呼ばれる．1 次結合を構成する演算は，ベクトルの加法とスカラー倍という，二つの組成部分に分解される．すなわち，ベクトル $\boldsymbol{v}$，$\boldsymbol{w}$ を a,b でスカラー倍し，得られたベクトルを足すことによって，1 次結合 $a\boldsymbol{v}+b\boldsymbol{w}$ が得られるのである．

1 次結合の定義は，ある種の自然な規則に従っている必要がある．ベクトルの加法は可換かつ結合的でなければならない．さらに，単位元（零ベクトル）を持ち，各ベクトル $\boldsymbol{v}$ は（$-\boldsymbol{v}$ と表される）逆元を持たなければならない．スカラー倍も一種の結合規則に従う必要がある．すなわち，$a(b\boldsymbol{v})$ と $(ab)\boldsymbol{v}$ は常に等しくなければならない．さらに，二つの分配規則 $(a+b)\boldsymbol{v}=a\boldsymbol{v}+b\boldsymbol{v}$ と $a(\boldsymbol{v}+\boldsymbol{w})=a\boldsymbol{v}+a\boldsymbol{w}$ も必要である（ここで $\boldsymbol{v},\boldsymbol{w}$ は任意のベクトル，a,b は任意のスカラーである）．

ベクトル空間の有用性の核心にあって，1 次結合が現れるもう一つの文脈は，連立方程式の解法である．二つの方程式 $3x+2y=6$ と $x-y=7$ が与えられているとしよう．このような対となっている方程式を解くには，通常は片方の方程式に適当な数を掛けて，それをもう一つの方程式と足し合わせることにより（すなわち，方程式の 1 次結合を上手にとることにより），x か y を消去する．この例の場合，2 番目の方程式を 2 倍したものを 1 番目の方程式に足して y を消去し，方程式 $5x=20$ を得る．よって，$x=4$，$y=-3$ という解を得る．では，なぜこのように方程式を結合する操作が許されるのだろうか？　これを説明するため，L_1,R_1 をそれぞれ 1 番目の方程式の左辺と右辺とし，同様に L_2,R_2 を 2 番目の方程式の左辺と右辺としよう．もし，ある特定の x,y に対して $L_1=R_1$，$L_2=R_2$ が成り立つならば，明らかに $L_1+2L_2=R_1+2R_2$ が成り立つ．実際，この方程式の両辺は，単に同じ数に異なる名前を与えただけのことである．

ベクトル空間 V が与えられたとき，その**基底**はベクトルの集まり $\boldsymbol{v}_1,\ldots,\boldsymbol{v}_n$ であって，次の性質を満たすものである．「V の任意のベクトルは，一つ，しかもただ一つの方法で，1 次結合 $a_1\boldsymbol{v}_1+\cdots+a_n\boldsymbol{v}_n$ として表される」．これが成り立たない二つの場合がある．一つ目は，$\boldsymbol{v}_1,\ldots,\boldsymbol{v}_n$ の 1 次結合で表せないベクトルが存在する場合である．二つ目は，1 次結合で表せたとしても，その表し方が複数個ある場合である．すべてのベクトルが 1 次結合で表されるときは，$\boldsymbol{v}_1,\ldots,\boldsymbol{v}_n$ は V を**張る**という．また，1 次結合による複数個の表し方を持つベクトルが存在しないときは，$\boldsymbol{v}_1,\ldots,\boldsymbol{v}_n$ は（1 次）**独立**であるという．この独立性は，「零ベクトルを $a_1\boldsymbol{v}_1+\cdots+a_n\boldsymbol{v}_n$ の形で表すただ一つの方法は，$a_1=\cdots=a_n=0$ とすることである」と言う言明と同値である．

基底をなす要素の個数は，V の**次元**と呼ばれる．次元が基底のとり方によらないという自明でない事実により，「V の次元」という言い方には意味がある．平面に対しては，前に定義したベクトル $\boldsymbol{x},\boldsymbol{y}$ は基底をなすから，期待されるように平面の次元は 2 である．

3 個以上のベクトルをとれば，それらはもはや 1 次独立ではない．たとえば，$(1,2), (1,3), (3,1)$ について考えれば，$(0,0)$ を 1 次結合 $8(1,2) - 5(1,3) - (3,1)$ として表すことができる（これを見出すには，ある連立方程式を解かなければならない．それはベクトル空間における代表的な計算になっている）．

最もよく知られている n 次元ベクトル空間は，n 個の実数の列 $(x_1, \ldots, x_n)$ のすべてからなる空間である．$(x_1, \ldots, x_n)$ と $(y_1, \ldots, y_n)$ の足し算は，$(x_1 + y_1, \ldots, x_n + y_n)$ として定義される．また，スカラー c によるスカラー倍は，$(cx_1, \ldots, cx_n)$ として定義される．このベクトル空間は $\mathbb{R}^n$ により表される．よって，通常の座標系を持つ平面は $\mathbb{R}^2$ であり，3 次元空間は $\mathbb{R}^3$ である．

実際には，基底に属すベクトルの個数は有限である必要はない．有限基底を持たないベクトル空間は**無限次元**であると言われる．無限次元ベクトル空間は決して珍しいものではない．重要なベクトル空間の多くは，ベクトルが関数である空間のように，無限次元ベクトル空間である．

最後に，スカラーについて一つ注意をしておく．これまでは，ベクトルの 1 次結合を作るのに使われるスカラーは実数としていた．しかし，特に連立方程式を解くときのように，スカラーを用いた計算はより一般の文脈で行える．重要なのは，スカラーが体に属すことである．したがって，$\mathbb{Q}, \mathbb{R}, \mathbb{C}$，さらには一般の体をスカラーの系として使うことが可能である．ベクトル空間 V のスカラーが体 $\mathbb{F}$ であるときは，V は体 $\mathbb{F}$ 上のベクトル空間と呼ばれる．この一般化は重要かつ便利である（「代数的数」[IV.1 (17 節)] を参照）．

2.4　環

もう一つの重要な代数的構造の例は**環**である．環は，群，体，ベクトル空間に比べると，中心的概念とは言えない．このような理由から，環についての確固とした議論は，「環，イデアル，加群」[III.81] の章において行うことになる．大雑把に言えば，環とは，体の性質のほとんどを有するが全部ではないような代数的構造である．特に，乗法演算についての要件は体と比べて緩い．最も重要な条件緩和は，環の 0 と異なる元が乗法的逆元を持たなくてもよいことである．さらに，場合によっては乗法が可換である必要さえない．もし可換であれば，可換環と呼ばれる．可換環の代表的な例は，すべての整数のなす集合 $\mathbb{Z}$ である．係数がある体 $\mathbb{F}$ に属す多項式全体も，可換環の例である．

3.　既存の構造から新しい構造を作ること

数学的構造を理解するための重要な第 1 ステップは，例を数多く与えることである．例なしでは定義は無味乾燥になり，抽象的になる．例の存在により，定義だけでは理解しづらい構造について，その雰囲気を感じることができるのである．

その理由の一つは，多くの例が存在することで，基本的問題に答えることが容易になるからである．あるタイプの構造についての一般的言明があり，それが真かどうかを知りたい場合，特別ではあるものの広範囲にわたるケースをテストできれば，大いに助けとなる．すべてのテストに合格すれば，言明が真であることを支持する材料を得るからである．さらに幸運に恵まれれば，それがなぜ真であるかの感触さえ得られる．もちろん，試したそれぞれの例に対して，言明が真であることがわかっても，例の特殊性に依存している可能性は常にある．このとき，もし反例を見つけたいと思えば，それらの特殊性を避けるように試みるだろう．もし，反例が発見されたら，一般的言明は偽となる．しかし，言明を変更することにより，真であり，しかも役に立つ言明を発見する可能性もありうるのである．この場合，反例は言明の適切な変更を見出すために役立つであろう．

今述べたのは，例が重要であるという教訓である．では，どのようにして例を見つけるのだろうか？　これには，二つのまったく異なるアプローチがある．一つは，「手がかり」程度のものから例を作り上げるアプローチである．たとえば，群の例として，正 20 面体のすべての対称変換のなす群を考えることができる．本節の主要なトピックとなるもう一つのアプローチは，すでに構成された例を取り上げ，それを使って新しい例を作ることである．たとえば，整数のすべての対 (x,y) からなる集合 $\mathbb{Z}^2$ がある．これは，明白な規則 $(x,y) + (x',y') = (x+x', y+y')$ により定義される加法により群となるが，この群としての $\mathbb{Z}^2$ は群 $\mathbb{Z}$ の二つのコピーの「直積」である．以下で見るように，直積の概念はきわめて一般性を有し，他の多くの文脈に適用される．しかし，まずは新しい例を見つけるのに有効な，もっと基本的な方法から見ることにしよう．

3.1　部 分 構 造

前に見たように，すべての複素数からなる加法と乗法を持つ集合（複素数体）$\mathbb{C}$ は，最も基本的な体の例の一つである．これは，多くの**部分体**を含んでいる．ここで，体の部分集合でそれ自身が体となっているものを部分体という．たとえば，a, b を有理数として，$a+b\mathrm{i}$ と表される複素数すべてからなる集合 $\mathbb{Q}(\mathrm{i})$ を考えよう．これは $\mathbb{C}$ の部分集合であり，しかも体になっている．これを見るために，$\mathbb{Q}(\mathrm{i})$ が加法と乗法，および乗法的逆元をとる操作に関して**閉じている**という性質を証明しなければならない．すなわち，z, w が $\mathbb{Q}(\mathrm{i})$ の元であるとき，$z+w$ と zw，さらに $-z$ と $1/z$ も $\mathbb{Q}(\mathrm{i})$ の元であることを確かめなければならない（ただし，$1/z$ においては $z \neq 0$ とする）．加法と乗法についての可換性と結合規則は，それより大きい $\mathbb{C}$ で成り立っているという単純な理由により，$\mathbb{Q}(\mathrm{i})$ においても成り立つことがわかる．

$\mathbb{Q}(\mathrm{i})$ は $\mathbb{C}$ の一部分であっても，いくつかの重要な観点から，$\mathbb{C}$ よりはもっと興味深い対象である．なぜだろうか？　実際上は，ある対象（今の例では $\mathbb{C}$）からほとんどの「物」を取り去れば，結果として得られる対象（今の例では $\mathbb{Q}(\mathrm{i})$）が元の対象と比べておもしろいものになるとは考えにくい．しかし，少し考えれば，おもしろくなりうるとの判断に至るはずである．たとえば，すべての素数からなる集合は，すべての自然数の集合では出会えそうもない一種の神秘を含んでいる．体に関して言うと，**代数学の基本定理** [V.13] はすべての代数方程式が $\mathbb{C}$ において解を持つことを言っている．これは $\mathbb{Q}(\mathrm{i})$ においては成り立たない．そこで，$\mathbb{Q}(\mathrm{i})$ や同種の他の体において，どの代数方程式が解を持つかを問うことができる．これは，$\mathbb{C}$ においては登場しない重要な問題を提起するのである．

一般に，代数的構造の例 X が与えられたとき，X の部分構造 Y は X の部分集合であり，かつ X の代数的構造に関して「閉じている」という性質を持つものである．たとえば，群は部分群を，ベクトル空間は部分空間を，環は部分環を持っている（環については，「環，イデアル，加群」[III.81] を参照）．部分構造 Y を定義する性質が十分におもしろいものならば，Y は X とは大いに異なる可能性があり，この意味で蓄えておくべき有用な例の候補になるかもしれない．

今までの議論では代数に焦点を絞ってきたが，おもしろい部分構造は，解析学や幾何学にも豊富にある．たとえば平面自身は興味深い対象ではないが，これは**マンデルブロ集合** [IV.14 (2.8 項)] のような，いまだ完全には解明されていない部分集合を含んでいる．

3.2　積

G と H を二つの群としよう．**直積群** $G \times H$ は，G に属す元 g と H に属す元 h の対 (g, h) すべてからなる．この定義は，G の元と H の元から，集合としての $G \times H$ の元を構成する手段を示している．しかし，これを群にするためには，さらに必要なことがある．G と H における 2 項演算が与えられており，これらを使って $G \times H$ における 2 項演算を構成しなければならない．g_1, g_2 を G の元とするとき，習慣に従って，g_1g_2 により，g_1 と g_2 の G における 2 項演算から得られる結果を表すことにする．H においても同様なことを行う．このとき，対に対する 2 項演算としてすぐに考えられるのは，

$$(g_1, h_1)(g_2, h_2) = (g_1g_2, h_1h_2)$$

とおいて定義される演算だろう．すなわち，対の 1 番目には G の 2 項演算，2 番目には H の 2 項演算を適用するのである．

ベクトル空間の直積もまったく同様に構成できる．V, W を二つのベクトル空間とするとき，$V \times W$ の元は，V の元 v と W の元 w の対 (v, w) 全体である．加法とスカラー倍は

$$(v_1, w_1) + (v_2, w_2) = (v_1 + v_2, w_1 + w_2)$$
$$\lambda(v, w) = (\lambda v, \lambda w)$$

により定義される．結果として得られる空間の次元は，V の次元と W の次元の和である（実際には，その構成のために直積を使っているにもかかわらず，この空間を $V \oplus W$ により表し，V と W の**直和**と呼ぶ）．

一般の構造に関しては，このような単純な方法で直積上の構造が定義されるとは限らない．たとえば，$\mathbb{F}$ と $\mathbb{F}'$ を二つの体とするとき，「体の直積」$\mathbb{F} \times \mathbb{F}'$ における演算を

$$(x_1, y_1) + (x_2, y_2) = (x_1 + x_2, y_1 + y_2)$$

$$(x_1, y_1)(x_2, y_2) = (x_1x_2, y_1y_2)$$

によって定義しようと試みるかもしれない．しかし，この定義では $\mathbb{F} \times \mathbb{F}'$ は体にはなっていない．加法や乗法に関する単位元の存在のように（それらは $(0,0)$ と $(1,1)$ である），ほとんどの体の公理を満たしているのだが，零 $(0,0)$ ではない $(1,0)$ は乗法的逆元を持たない．なぜなら，$(1,0)$ と (x,y) の積は $(x,0)$ であり，これは $(1,1)$ にはなり得ないからである．

複雑ではあるが，場合によっては $\mathbb{F} \times \mathbb{F}'$ を体にするような 2 項演算を定義できる場合がある．たとえば，$\mathbb{F} = \mathbb{F}' = \mathbb{R}$ とするとき，加法については上の定義を採用し，乗法については次のような自明とは言えない方法で定義すると，$\mathbb{F} \times \mathbb{F}'$ は体になるのである．

$$(x_1, y_1)(x_2, y_2) = (x_1x_2 - y_1y_2, x_1y_2 + x_2y_1).$$

この体は複素数体 $\mathbb{C}$ にほかならない．なぜなら，対 (x,y) は複素数 $x + y\mathrm{i}$ と同一視され，今定義した演算は複素数の積になるからである．しかし，これはわれわれが議論している一般的な意味での体の直積ではない．

群の場合に戻ろう．前に定義したのは**直積群** $G \times H$ であった．しかし，この集合としての積には，もっと複雑な群の構造が入ることがあり，より貴重な例を与えるために使うことができる．これを例示するために，**2 面体群** D_4 を考えよう．これは正方形のすべての対称変換からなる群であり，8 個の変換からなる．R により一つの折り返しを表し，T により 90° の反時計回りの回転を表すとき，すべての対称変換は T^iR^j の形をしている．ここで，i は 0, 1, 2, 3，j は 0, 1 である（これは，幾何学的には，90° の倍数の回転か，折り返しのあとで回転を行うことによって，任意の対称変換を作り出せる事実を言っている）．

このことは，D_4 を，四つの回転からなる群 $\{I, T, T^2, T^3\}$ と，自明な変換 I と折り返し R からなる群 $\{I, R\}$ の直積群と見なせるのではないかと思わせる．すなわち，T^iR^j の代わりに (T^i, R^j) と表してもよいように思われる．しかし，注意しなければならないことがある．たとえば，$(TR)(TR)$ は $T^2R^2 = T^2$ と一致せず，I に等しくなるのである．乗法の正しい規則は，$RTR = T^{-1}$ という事実から導かれる（これを幾何学的に言い表せば，正方形を折り返してから 90° 反時計回りに回転し，さらに折り返すと，結果は 90° 時計回りの回転と一致するということである）．こうして，乗法の規則は

$$(T^i, R^j)(T^{i'}, R^{j'}) = (T^{i+(-1)^j i'}, R^{j+j'})$$

となる．たとえば，(T, R) と (T^3, R) の積は $T^{-2}R^2$ となって，これは T^2 に等しい．

これは，二つの群の「半直積」の簡単な例である．一般に，二つの群 G と H が与えられたとき，対 (g, h) の集合上におもしろい 2 項演算を定義するいくつかの方法があり，これを用いて興味深い新しい群を構成することができる．

3.3 商

$\mathbb{Q}[x]$ により，有理数を係数とする多項式全体からなる集合としよう．すなわち，$2x^4 - (3/2)x + 6$ のような式の全体を $\mathbb{Q}[x]$ とする．二つの任意の多項式は足し合わせたり，掛け合わせたりすることができて，その結果も多項式になるから，$\mathbb{Q}[x]$ は可換環であるが，体にはならない．なぜなら，一つの多項式を別の多項式で割ると，一般には多項式にはならないからである．

最初は奇妙に感じるかもしれないが，$x^3 - x - 1$ を 0 と「同値」と見なして，$\mathbb{Q}[x]$ を体に変えてみよう．言い換えれば，多項式が x^3 を含むとき，それを $x + 1$ で置き換えることを許して得られる新しい多項式を，元のものと同値と見なすのである．たとえば，「同値である」(is equivalent to) を "$\sim$" で表すとき

$$\begin{aligned} x^5 = x^3x^2 &\sim (x+1)x^2 = x^3 + x^2 \\ &\sim x + 1 + x^2 = x^2 + x + 1 \end{aligned}$$

となる．この方法で，任意の多項式を高々 2 次の多項式に変えることができる．なぜなら，次数が 2 より高ければ，x^3 を最高次の項から取り出し，今述べたように，それを $x + 1$ で置き換えることにより，低い次数にできるからである．

このような置き換えによる元の多項式と新しい多項式の差は，$x^3 - x - 1$ の多項式倍であることに注意しよう．たとえば，x^3x^2 を $(x+1)x^2$ に置き換えたとき，その差は $(x^3 - x - 1)x^2$ になっている．したがって，このプロセスから結論されるのは，

> 二つの多項式が同値なのは，それらの差が $x^3 - x - 1$ の多項式倍のとき，かつそのときのみである．

ということである．

$\mathbb{Q}[x]$ が体でない理由は，定数とは異なる多項式が乗法的逆元を持たないことであった．たとえば，x^2 にいかなる多項式を掛けても，1 という多項式は得られない．しかし，$1+x-x^2$ を掛ければ，1 に同値な多項式が得られる．実際，x^2 と $1+x-x^2$ の積は

$$x^2+x^3-x^4 \sim x^2+x+1-(x+1)x=1$$

となるからである．実は，0 に同値でない（x^3-x-1 の多項式倍でない）多項式は，この意味で乗法的逆元を持つことがわかる（多項式 P の逆元を見出すには，**ユークリッドの互除法** [III.22] を適用して，$PQ+R(x^3-x-1)=1$ を満たす多項式 Q, R を見つければよい．右辺を 1 にできる理由は，x^3-x-1 が $\mathbb{Q}[x]$ において因数分解できないことと，P が x^3-x-1 の多項式倍ではないことから，それらの最高次の公約多項式が 1 となることによる．このとき，P の逆元は Q である）．

では，どのような意味で，同値と見なした多項式の全体が体であると言えるのだろうか？　言い換えると，x^2 と $1+x-x^2$ の積は $\mathbb{Q}[x]$ の元としては 1 ではなく，単に 1 に同値であるにすぎないのに，x^2 が逆元を持つとはどういうことだろうか？　ここに，商（集合）の概念が登場する．二つの多項式が同値であるとき，それらを等しいと心に決めればよいのである．そして，結果として得られる数学的構造を $\mathbb{Q}[x]/(x^3-x-1)$ と記す．この構造が体となっていることがわかり，さらに重要な事実は，これが，$\mathbb{Q}$ と，方程式 $X^3-X-1=0$ の一つの解を含む最小の体となっていることである．この解は何だろうか？それは単に x である．ここで，多項式について 2 通りの見方をしていることもあって，x が解という言い方には少々微妙な点がある．一つは（少なくとも，同値なものを等しいと考えたときの）$\mathbb{Q}[x]/(x^3-x-1)$ の元として，もう一つは $\mathbb{Q}[x]/(x^3-x-1)$ 上に定義された関数として考えている．よって，多項式 X^3-X-1 は 0 に等しくない多項式である．たとえば $X=2$ であるときの値は 5 であり，$X=x^2$ のときは $x^6-x^2-1 \sim (x+1)^2-x^2-1 \sim 2x$ である．

体 $\mathbb{Q}[x]/(x^3-x-1)$ についての議論と，体 $\mathbb{Q}(\gamma)$ について行った 2.2 項の最後のほうでの議論の間の類似性に，読者は気づいたかもしれない．実際，これは偶然ではない．それらは，同じ体についての二つの異なる記述なのである．しかし，この体を $\mathbb{Q}[x]/(x^3-x-1)$ として考えることには大きな長所がある．なぜなら，謎に満ちた複素数の集合についての問題を，多項式に関する近づきやすい問題に転換するからである．

実際には等しくない二つの数学的対象を等しいと見なすことは，何を意味するのだろうか？　この問いに対して形式的に答えるには，同値関係と同値類の概念（「数学における言語と文法」[I.2 (2.3 項)] を参照）を使う．すなわち，$\mathbb{Q}[x]/(x^3-x-1)$ の元は多項式そのものではなく，多項式の**同値類**である．しかし，商の概念を理解するには，よく知られている例である有理数の集合を考えるほうがわかりやすい．有理数が何であるかを厳密に説明しようとするならば，まず，有理数とは，整数 a, b（ただし $b \neq 0$）による表現 a/b であることを出発点とする．そして，有理数の集合は，このような表現すべての集合であって，

$$\frac{a}{b}+\frac{c}{d}=\frac{ad+bc}{bd}$$
$$\frac{a}{b}\frac{c}{d}=\frac{ac}{bd}$$

という規則を持つものとして定義できる．しかし，ここで注意すべき重要な事柄がある．それは，表現 a/b がすべて異なるものとは考えていないことである．たとえば，1/2 と 3/6 は同じ有理数を表している．そこで，$ad=bc$ であるときは，a/b と c/d は同値であると定義し，同値な表現は同じ有理数を表していると考えるのである．すなわち，表現は異なっても，同じ対象と見なしていることに注意しよう．

このように同値なものを等しいとするときは，関数や 2 項演算を定義する際，常に注意を払わなければならない．たとえば，$\mathbb{Q}$ における 2 項演算 $\circ$ を一見自然に見える式

$$\frac{a}{b}\circ\frac{c}{d}=\frac{a+c}{b+d}$$

により定義しようと試みたとする．この定義には重大な欠陥がある．その理由を見るために，分数 1/2 と 1/3 をこれに適用してみよう．結果は 2/5 を得る．ところが，1/2 をこれと同値な 3/6 で置き換えて適用すると，結果は 4/9 であり，前の結果と異なっている．したがって，上の式は a/b の形をした表現の集合上では完全に意味のある 2 項演算を定義するけれど，**有理数**の集合上での 2 項演算としてはまったく意味をなさないのである．

一般に，関数や演算において同値な対象を「入力」

するとき，同値な対象が「出力」されることの確認が重要である．たとえば，体 $\mathbb{Q}[x]/(x^3-x-1)$ において加法と乗法を定義するとき，P と P' の差が x^3-x-1 の多項式倍であり，Q と Q' の差も x^3-x-1 の多項式倍であるとき，$P+Q$ と $P'+Q'$ の差，および PQ と $P'Q'$ の差が x^3-x-1 の多項式倍となることを確かめなければならない．これは簡単な演習問題である．

商の構成についての重要な例は，**商群**の構成である．H を群 G の部分群とするとき，多項式に対して行ったように，$g_1^{-1}g_2$ が H に属する場合に g_1 と g_2 は同値であると定義する（明らかに $g_1^{-1}g_2$ は g_1 と g_2 の「差」という概念と考えられる）．元 g の同値類が集合 $gH=\{gh|\ h\in H\}$ であることは，容易にわかる（gH は**左剰余類**と呼ばれる）．

すべての左剰余類の集合における2項演算 $*$ の候補が存在する．すなわち，$g_1H*g_2H=g_1g_2H$ とおくのである．換言すれば，二つの剰余類からそれぞれ g_1 と g_2 を取り出し，積 g_1g_2 を考えて，それが属す剰余類 g_1g_2H をとる．再び確かめなければならないのは，元の剰余類から g_1, g_2 と異なる元を取り出したときでも，同じ剰余類 g_1g_2H を得ることである．しかし，これはいつも成り立つとは限らず，したがって，H が**正規部分群**であるという付加的仮定が必要であることがわかる．これは，H の任意の元 h に対して，ghg^{-1} がすべての $g\in G$ に対して H の元となっているという性質を意味する．ghg^{-1} の形の元は h の**共役**と呼ばれる．こうして，正規部分群は「共役のもとで閉じている」部分群ということになる．

H が正規部分群であれば，左剰余類全体の集合は上で定義した2項演算に関して群になる．この群は G/H と表され，G の H による商群と呼ばれる．いくぶん複雑な仕方で，G は H と G/H の（集合としての）直積と見なすことができる．したがって，目的にもよるが，H と G/H の双方が理解できれば，G が理解されると考えてよい．この観点から，（G と，単位元のみからなる部分群以外に）正規部分群を持たない群は，数論における素数のような特別な役割を持つと言える．このような群は**単純群**と呼ばれる（「有限単純群の分類」[V.7] を参照）．

なぜ「商」という言葉が使われるのだろうか？　実際，商という用語は，一つの数を他の数で割るときに使われるのが普通である．この場合との類似を理解するため，21 を 3 で割る操作を考えてみよう．これは，21 個の「物」を三つの「物」からなるグループに分割して，グループの個数はいくつかを尋ねていることと同じである．この問いは，同値関係の概念を使えば，次のように説明される．二つの対象がグループのうちの一つの同じグループに属しているとき，これらの対象を同値と見なすことにしよう．このとき，七つの同値類が得られる．そこで，同値な対象を同じものと見なせば，7 個の要素からなる「商集合」を得るのである．こうして，この商集合は，同値関係により元の集合を「割った」ことで得られると考えられる．

商の考え方は，トーラス（一つの穴を持つドーナツの表面）という図形のエレガントな定義でも使われる．まず，平面 $\mathbb{R}^2$ から出発し，$x-x'$ と $y-y'$ の双方が整数である場合に (x,y) と (x',y') は同値であると定義する．二つの同値な点は同じものと見なし，点 (x,y) から出発して，この点を $(x+1,y)$ に達するまで右に動かす．この点は，元の点との差が $(1,0)$ であるから，(x,y) と「同じ」である．よって，これはあたかも平面を周の長さが 1 の直円柱に巻き付けるかのような操作に見える．そして，(x,y) から $(x+1,y)$ への動きは，円柱のまわりを 1 回転することに対応する．同じことを y 座標についても行うと，(x,y) は $(x,y+1)$ と常に「同じ」であることから，この円柱を上下の円周が重なるように曲げれば，上に向かって距離 1 だけ行くことは，結果として得られた曲面では出発点に戻ることに相当する．円柱をこのように曲げたものは，トーラスにほかならない（トーラスを定義する方法は，これだけではない．たとえば，トーラスは二つの円周の直積としても定義される）．

現代幾何学の多くの対象が，商の考え方を使って定義される．出発点となる対象の集まりがきわめて巨大であることがしばしばあるが，同時に一つの対象が他の対象に同値になりやすいという意味で，同値関係が「寛大」なことがある．この場合，正真正銘異なる対象の数はたいへん少なくなりうる．これはむしろ荒っぽい言い方である．なぜなら，興味があるのはそれらの対象からなる集合の複雑さであって，異なる対象の「個数」ではないからである．途方もなく大きい複雑な構造から出発して，同値関係で「割る」ことにより混沌としたものをほとんど打ち消し，それでも重要な情報が伝わるような，十分に処理可能な簡単な構造を有する商対象を構成すると言ったほうがよいかもしれない．良質な例としては，位相空間の**基本群** [IV.6 (2 節)] や**ホモロジー群とコホモロジー群** [IV.6 (4 節)] があり，さらに良質な例は**モジュライ空間** [IV.8] の概念である．

理解するのに苦労する人が多いが，商のアイデアは数学全体を通して重要である．ここで長い説明を与えたのは，その重要性に理由がある．

4.　代数的構造の間の写像

数学的構造は，ほとんど例外なく「孤立」してはいない．すなわち，構造そのもののほかに，構造上で定義された**写像**がある*7)．本節の目的は，どのような写像が考察に値するか，そして値するのはなぜなのかについて解説することである（一般の写像については，「数学における言語と文法」[I.2 (2.2 項)] を参照）．

4.1　準同型，同型，自己同型

X, Y を，群，体，あるいはベクトル空間のような，ある特定の数学的構造とするとき，2.1 項の対称変換の議論の中で示唆したように，X から Y への写像のうち，重要なクラスが存在する．それは「構造を保つ」写像のクラスである．写像 $f : X \to Y$ が構造を保つとは，大雑把に言えば，構造を用いて表現される X の要素間の任意の関係を f で写したものは，Y の構造を用いて表現される要素間の関係を満たしているという意味である．たとえば，X, Y を群として，a, b, c を関係 $ab = c$ を満たす X の要素とするとき，もし f が X の構造を保つなら，$f(a)f(b)$ は $f(c)$ に等しくなければならない（ここで，群 X, Y の 2 項演算について，乗法で通常使われる記法を使用している）．同様に，X, Y が体であるときは，加法と乗法に対する記法を用いて，$f : X \to Y$ が $a + b = c$ となるときはいつでも $f(a) + f(b) = f(c)$ を満たし，さらに $ab = c$ であるときはいつでも $f(a)f(b) = f(c)$ を満たすときのみ，f は考察に値する写像と言えるだろう．ベクトル空間に対しては，意味のある写像は 1 次結合を保つものである．すなわち，ベクトル空間の間の写像 $f : V \to W$ は，$f(av + bw) = af(v) + bf(w)$ を満たすときのみ興味ある対象と言える．

構造を保つ写像は**準同型写像**と呼ばれるが，ベクトル空間の準同型写像は線形写像と呼ばれるように，特定の構造に対しては独自の名称が使われることもある．

運が良ければ，準同型写像は有益な性質を持ちうる．さらなる性質が望まれる理由を説明するために，次のような例を考えよう．X, Y を群として，$f : X \to Y$ を X のすべての元を Y の単位元 e に写す写像とする．このとき，上の定義によれば f は X の構造を保つ．なぜなら，$ab = c$ であるときはいつでも $f(a)f(b) = ee = e = f(c)$ となるからである．このような写像は，「構造をしぼませる (collapse) 写像」と言ってもよいだろう．これは，一般の準同型写像 f については，$ab = c$ であるときは常に $f(a)f(b) = f(c)$ であるけれど，逆は必ずしも成り立たない例となっている．言い換えれば，$ab = c$ が成り立たなくても $f(a)f(b)$ が $f(c)$ に等しいことがありうるのである．

二つの構造 X, Y の間の**同型写像**は，逆写像 $g : Y \to X$ を持つ準同型写像 $f : X \to Y$ であって，g も準同型写像であるようなものである．ほとんどの代数的構造に対して，準同型写像 f が逆写像 g を持てば，g は自動的に準同型写像になる．この場合，同型写像は単に**全単射** [I.2 (2.2 項)] であるような準同型写像であるということができる．すなわち，同型写像 f は X と Y の間の構造を保つような 1 対 1 の対応である*8)．

X, Y が体であるときは，上で行った議論はあまり意味がない．というのも，すべての準同型写像 $f : X \to Y$ が自動的に X と $f(X)$ の間の同型写像となるからである（この事実は単なる演習問題である）．ここで，$f(X)$ は写像 f により写されるすべての値の集合を表す．よって，この場合は構造が「しぼむ」事態は起こらない（証明は，Y の零元が乗法

*7)　［訳注］原文では関数（function）という用語が使われているが，この章の以降の訳では広く使われている用語である写像（map，mapping）を使う．

*8)　群についてこの主張が成り立つことを確認しよう．X と Y を群，$f : X \to Y$ を準同型写像で逆写像 $g : Y \to X$ を持つものとして，u, v, w を $uv = w$ であるような Y の元とする．$g(u)g(v) = g(w)$ を示せばよい．これを示すために，$a = g(u)$，$b = g(v)$，$d = g(w)$ とおく．f と g は互いに逆写像なので，$f(a) = u$，$f(b) = v$，$f(d) = w$ である．ここで $c = ab$ とすると，f が準同型写像なので $w = uv = f(a)f(b) = f(c)$ となる．ここで $f(c) = f(d)$ なので，（写像 g を $f(c)$ と $f(d)$ に適用して）$c = d$ となる．したがって $ab = d$，すなわち $g(u)g(v) = g(w)$ が示された．

的逆元を持たないという事実に依拠する).

一般に，二つの代数的構造 X, Y の間の同型写像が存在するとき，X, Y は**同型** (isomorphic. ギリシア語の「同じ」と「形状」を意味する二つの言葉から派生した言葉) であると言われる．大まかに言えば，「同型」という言葉は，「すべての本質的な点において同じ」という意味である．ここで，本質的と見なしているのは，まさに代数的構造のことである．では，本質的ではないものとは何かというと，与えられた構造を形成する対象の性格である．たとえば，群は複素数から形成されるかもしれないし，素数 p を法とする整数からなるかもしれない．あるいは幾何学的図形の回転からなる群であるかもしれない．そして，それらはすべて同型となるかもしれない．2 通りの数学的構成がまったく異なる構成要素を持ちながら，深い意味では「同じ」でありうるとするのは，数学において最も重要な考え方の一つである．

代数的構造 X の**自己同型写像**とは，X からそれ自身への同型写像のことである．X がそれ自身に同型であるのは驚くべきことではないから，自己同型写像を考えることになぜ意味があるのかを問いたくなるだろう．その答えは，群についての議論でほのめかしておいたように，自己同型写像はまさに代数的な対称変換だということである．X の自己同型写像は，X からそれ自身への構造を保つ写像である（上の例では，$ab = c$ のような言明の形をした構造を考えている)．二つの自己同型写像の合成も自己同型写像であり，その結果，構造 X の自己同型写像全体は群を形成する．個々の自己同型写像には大した興味はないが，この群は興味深い対象である．というのも，直接分析するには複雑すぎる構造 X について知りたいとき，この群は構造の重要な部分をある程度反映しているからである．

目覚しい例は，X が体のときである．たとえば，$\mathbb{Q}(\sqrt{2})$ を考えよう．$f : \mathbb{Q}(\sqrt{2}) \to \mathbb{Q}(\sqrt{2})$ を自己同型写像とするとき，$f(1) = 1$ が成り立つ（実際，これは 1 がただ一つの乗法的単位元であるという事実から従う)．よって，$f(2) = f(1+1) = f(1) + f(1) = 1 + 1 = 2$ である．これを続ければ，任意の自然数 n に対して，$f(n) = n$ であることを示すことができる．さらに，$f(n) + f(-n) = f(n + (-n)) = f(0) = 0$ であるから，$f(-n) = -f(n) = -n$ となる．最後に，p と $q \neq 0$ を整数とするとき，$f(p/q) = f(p)/f(q) = p/q$ が成り立つことが結論される．こうして，f は有理数をそれ自身に写す．では，$f(\sqrt{2})$ についてはどうだろうか？ $f(\sqrt{2})f(\sqrt{2}) = f(\sqrt{2} \cdot \sqrt{2}) = f(2) = 2$ であるから，$f(\sqrt{2})$ は $\sqrt{2}$ か，あるいは $-\sqrt{2}$ のいずれかである．実際，これら二つの選択が可能であることがわかる．一つは，$f(a + b\sqrt{2}) = a + b\sqrt{2}$ で与えられる「自明」な自己同型写像であり，もう一つは $f(a + b\sqrt{2}) = a - b\sqrt{2}$ で与えられる自明でない自己同型写像である．すなわち，二つの平方根の間に代数的な差異はない．この意味で，体 $\mathbb{Q}(\sqrt{2})$ は，2 の平方根の正・負を区別しない．これら二つの自己同型写像は群を形成するが，この群は ± 1 からなる乗法群，あるいは 2 を法とする整数の群，あるいは正三角形とは異なる 2 等辺三角形の対称変換がなす群に同型であり，このような群のリストには限りがない．

体の拡大に付随する自己同型群は，**ガロア群**と呼ばれる．これは，**5 次方程式の非可解性の証明** [V.21] のきわめて重要な構成要素であり，**代数的数論** [IV.1] においても重要な役割を果たす．

二つの代数的構造の間の準同型写像 ϕ に付随して重要なのは，**核**の概念である．これは，$\phi(x)$ が Y の単位元であるような X の元 x 全体からなる集合として定義される（ここで，X, Y が加法と乗法の二つの 2 項演算を持つ構造のときは，加法的単位元を考える)．準同型写像の核は X の部分構造であり，多くの場合，興味深い性質を有する．たとえば，G, K を群とするとき，G から K への準同型写像の核は，G の正規部分群である．逆に，H を G の正規部分群とするとき，各元 g を左剰余類 gH に写す**商写像**は，G から商群 G/H への準同型写像であり，その核は H になっている．同様に，環の準同型写像の核は**イデアル** [III.81] であり，環 R の任意のイデアル I は，R から R/I への「商写像」の核になっている（この商構造の構成の詳細は，「環，イデアル，加群」[III.81] を参照).

4.2　線形写像と行列

ベクトル空間の間の準同型写像は，直線を直線に写すという顕著な幾何学的性質を持っている．前項でも述べたように，このような理由から，ベクトル空間の間の準同型写像は**線形写像**と呼ばれる．代数的観点から言えば，線形写像が保つ構造は 1 次結合である．

すなわち，すべての $\boldsymbol{u}, \boldsymbol{v} \in V$ と，すべてのスカラー a, b に対して，$f(a\boldsymbol{u}+b\boldsymbol{v}) = af(\boldsymbol{u})+bf(\boldsymbol{v})$ を満たすならば，ベクトル空間の間の写像 $f: V \to W$ は線形写像である．この性質から，$f(a_1\boldsymbol{v}_1+\cdots+a_n\boldsymbol{v}_n)$ は $a_1f(\boldsymbol{v}_1)+\cdots+a_nf(\boldsymbol{v}_n)$ に等しいことがわかる．

V から W への線形写像を構成したいとする．このためにどのような情報を必要とするだろうか？　いかなる種類の答えが必要かを見るために，似てはいるが少しだけ容易な問題から始めよう．空間の中の点を特定するにはどのような情報が必要だろうか？うまく座標系を工夫すれば，3 個の数値で十分に点を特定できるだろう．もし，点が地球の表面から遠く離れていなければ，たとえば，緯度と経度，それに海面からの高さを使おうとするかもしれない．V から W への線形写像についても，少数の数値を使って同様に特定できないだろうか？

少なくとも V, W が有限次元であれば，「できる」というのが答えである．V が基底 $\boldsymbol{v}_1, \ldots, \boldsymbol{v}_n$ を持ち，W が基底 $\boldsymbol{w}_1, \ldots, \boldsymbol{w}_m$ を持つとしよう．そして，$f: V \to W$ を特定したい線形写像とする．V のすべてのベクトルは $a_1\boldsymbol{v}_1+\cdots+a_n\boldsymbol{v}_n$ の形で表され，$f(a_1\boldsymbol{v}_1+\cdots+a_n\boldsymbol{v}_n)$ は $a_1f(\boldsymbol{v}_1)+\cdots+a_nf(\boldsymbol{v}_n)$ に等しいから，いったん $f(\boldsymbol{v}_1), \ldots, f(\boldsymbol{v}_n)$ が決められれば，f が特定されることになる．ところが，各ベクトル $f(\boldsymbol{v}_j)$ は W の基底ベクトル $\boldsymbol{w}_1, \ldots, \boldsymbol{w}_m$ の 1 次結合であるから，

$$f(\boldsymbol{v}_j) = a_{1j}\boldsymbol{w}_1 + \cdots + a_{mj}\boldsymbol{w}_m$$

と書ける．こうして，個々の $f(\boldsymbol{v}_j)$ を特定するには，m 個のスカラー $a_{1j}, \ldots, a_{mj}$ が必要になる．一方，n 個の異なるベクトル $\boldsymbol{v}_j$ があるから，線形写像は mn 個の数 a_{ij} によって決定される．ここで，i は 1 から m まで，j は 1 から n までに広がる．これらのスカラーを次のように並べた「配列表」を考えよう．

$$\begin{pmatrix} a_{11} & a_{12} & \cdots & a_{1n} \\ a_{21} & a_{22} & \cdots & a_{2n} \\ \vdots & \vdots & \ddots & \vdots \\ a_{m1} & a_{m2} & \cdots & a_{mn} \end{pmatrix}$$

このような配列表を**行列**という．注意すべき重要な事実は，V と W の基底を別に選べば，異なる行列が得られることである．このような理由から，しばしば，「V の基底と W の基底に関する f の行列」という言い方をする．

さて，f を V から W への線形写像，g を U から V への線形写像とする．このとき，fg は，最初に g を行い，次に f を行って得られる線形写像を表す．U, V, W の基底に関する f, g の行列をそれぞれ A, B とするとき，fg の行列は何だろうか？　これを考えるため，U の基底ベクトル $\boldsymbol{u}_k$ をとり，これを g で写したとき，V の基底の 1 次結合 $b_{1k}\boldsymbol{v}_1+\cdots+b_{nk}\boldsymbol{v}_n$ になったとしよう．この 1 次結合を f で写すと，W の基底 $\boldsymbol{w}_1, \ldots, \boldsymbol{w}_m$ の複雑な 1 次結合になる．

この考え方を推し進めれば，fg の行列 P の i 行 j 列にあるスカラーは $a_{i1}b_{1j}+a_{i2}b_{2j}+\cdots+a_{in}b_{nj}$ により与えられることがわかる．この行列 P を A と B の**積**といい，AB により表す．この定義を初めて見た人は，すぐにはそれを把握しづらいかもしれないが，記憶すべきことは，f, g の行列 A, B から，fg に対する行列を計算する方法が存在するという事実である．この行列の積は結合的であるが可換ではない．すなわち，$A(BC)$ は $(AB)C$ に等しいが，AB と BA は必ずしも等しくない．行列積に対する結合法則は，背後にある線形写像の合成が結合法則を満たす事実から導かれる．実際，A, B, C をそれぞれ線形写像 f, g, h に対する行列とするとき，$A(BC)$ は「h を行ってから g を行って，その後 f を行う」線形写像の行列であり，$(AB)C$ は「h を行って，そのあとで g そして f を行う」線形写像の行列であるから，線形写像としてはまったく同じである．

今から，ベクトル空間 V からそれ自身への自己同型写像に注意を集中しよう．自己同型写像は，逆写像を持つ線形写像 $f: V \to V$ である．すなわち，$fg(\boldsymbol{v}) = gf(\boldsymbol{v}) = \boldsymbol{v}$ がすべてのベクトル $\boldsymbol{v} \in V$ に対して成り立つような線形写像 $g: V \to V$ が存在すると仮定する．それらは，ベクトル空間 V の「対称変換」と考えられ，よって合成のもとで群を形成する．もし V が n 次元であり，スカラーが体 $\mathbb{F}$ からなれば，この群は**一般線形群**と呼ばれ，$\mathrm{GL}_n(\mathbb{F})$ と表される．ここで文字 G と L はそれぞれ general（一般），linear（線形）の頭文字である．興味ある体 $\mathbb{F}$ に対する一般線形群の構造を理解しようとするとき，われわれは数学で最も重要かつ困難な部類の問題に出会うことになる（「表現論」[IV.9 (5, 6 節)] を参照）．

行列の概念はたいへん有用であるが，おもしろい線形写像の多くは，無限次元ベクトル空間の間の線形写像である．微分積分で慣れ親しんでいる読者に，二つの例を示すことで本項を閉じよう（微分積分について

は，本節のあとのほうで簡単に解説する)．最初の例では，V を $\mathbb{R}$ 上の微分可能な実数値関数の全体とし，W をすべての実数値関数の集合とする．次のような単純な方法で，V, W はベクトル空間になる．f, g を関数とするとき，それらの和は $h(x) = f(x) + g(x)$ により定義される関数 h であり，a を実数とするとき，af は $k(x) = af(x)$ により定義される関数 k とするのである（したがって，多項式 $x^2 + 3x + 2$ は，関数 x^2, x および定数関数 1 の 1 次結合である)．このとき，導関数について $(af + bg)' = af' + bg'$ が成り立つから，微分は（V から W への）線形写像になっている．導関数 f' を $\mathrm{D}f$ により表すことにすれば，$\mathrm{D}(af + bg) = a\mathrm{D}f + b\mathrm{D}g$ と書けるから，微分の線形性がもっと見やすくなる．

2 番目の例は積分を使う．V を関数からなる別のベクトル空間として，u を 2 変数関数とする（定義を有効にするため，ここで扱う関数はある種の性質を持っているとするが，技術的なことは無視することにする)．このとき，V の線形写像 T を，

$$(Tf)(x) = \int u(x,y)f(y)\,\mathrm{d}y$$

により定義できる．しかし，読者としては，定義の中に潜む三つの異なるレベルの複雑さを心に留めなければならないこともあり，このような定義を受け入れることに困難を感じるかもしれない．定義の根底の部分には x, y で表す実数があり，その上に実数（あるいは実数の対）を実数に変える f, u, Tf のような関数が現れる．さらに，もう一つの関数（写像）T が登場する．この T が変換する「対象」は関数であり，関数 f を別の関数 Tf に写している．これは，関数（写像）を変換のプロセスとしてではなく，一つの基本的対象として考えることの重要性を表す例となっている（関数の議論については，「数学における言語と文法」[I.2 (2.2 項)] を参照)．定義をすっきりさせるのに助けとなるもう一つ注意すべきことは，2 変数関数 $u(x,y)$ と行列 a_{ij} の間の密接な類似である（a_{ij} は二つの整数変数 i, j の関数と考えられる)．関数 u は，**核**と呼ばれることがある（準同型写像の核の概念とは異なることに注意)．無限次元空間の線形写像については，「作用素環」[IV.15] および「線形作用素とその性質」[III.50] を参照してほしい．

4.3 固有値と固有ベクトル

V をベクトル空間，$S : V \to V$ を V からそれ自身への線形写像としよう．S の**固有ベクトル**は，$S\boldsymbol{v}$ が $\boldsymbol{v}$ に比例するような，零と異なるベクトル $\boldsymbol{v}$ のことである．すなわち $S\boldsymbol{v} = \lambda\boldsymbol{v}$ となるスカラー λ が存在するようなベクトル $\boldsymbol{v} \neq \boldsymbol{0}$ を固有ベクトルという．スカラー λ は $\boldsymbol{v}$ に対応する**固有値**と呼ばれる．固有ベクトルと固有値に関するこの定義は，単純ではあるもののきわめて重要であり，それらが主要な役割を果たさない数学分野を想像するのは困難である．しかし，$S\boldsymbol{v}$ が $\boldsymbol{v}$ に比例するということに何のおもしろさがあるのだろうか？ 漠然とした答えとしては，多くの場合，線形写像に付随する固有ベクトルと固有値は，必要とするすべての情報をたいへん都合の良い形で含んでいるからである．もう一つの答えは，線形写像は多くの異なる文脈に登場し，次に述べる二つの例が示すように，それらの文脈に現れる問題が，固有ベクトルと固有値に関する問題に書き直されることにある．

まず，ベクトル空間 V からそれ自身への線形写像 T が与えられ，この写像を繰り返し行ったときに何が起こるかを知りたいとしよう．一つのアプローチは，V の基底をとり，T の行列 A を求めて，行列の積による A のベキを計算することである．難点は，計算が汚くなり，あまり教育的ではないこと，そして線形写像に関する知見があまり得られないことである．

しかし，多くの場合，固有ベクトルのみからなる特殊な基底をとることができる．このとき，T のベキがどうなるかを理解するのは容易である．実際，基底ベクトル $\boldsymbol{v}_1, \ldots, \boldsymbol{v}_n$ で，各 $\boldsymbol{v}_i$ が固有値 λ_i に対応する固有ベクトルとなっていると仮定する．すなわち，$T\boldsymbol{v}_i = \lambda_i\boldsymbol{v}_i$ がすべての i について成り立つと仮定する．$\boldsymbol{w}$ を V の任意のベクトルとすると，これを $a_1\boldsymbol{v}_1 + \cdots + a_n\boldsymbol{v}_n$ の形に書く方法がただ 1 通り存在し，

$$T(\boldsymbol{w}) = \lambda_1 a_1 \boldsymbol{v}_1 + \cdots + \lambda_n a_n \boldsymbol{v}_n$$

となる．大まかに言えば，T は $\boldsymbol{v}_i$ の方向に $\boldsymbol{w}$ を λ_i の率だけ伸縮するのだが，さらに，T を 1 回だけでなく，m 回施したときに何が起きるかについても容易にわかる．結果は

$$T^m(\boldsymbol{w}) = \lambda_1^m a_1 \boldsymbol{v}_1 + \cdots + \lambda_n^m a_n \boldsymbol{v}_n$$

である．換言すれば，$\boldsymbol{v}_i$ の方向に伸縮する率は λ_i^m となる．では，なぜ何度も線形写像を繰り返すことに興味があるのだろうか？ 理由は多岐にわたる．

説得力のある理由の一つは，この種の計算がGoogleの検索エンジンによるウェブサイトの順序付け（ページランク）に使われていることである．詳しい内容は，「アルゴリズム設計の数理」[VII.5] を参照してほしい．

2 番目の例は，**指数関数** [III.25] e^x の興味深い性質に関連している．この性質とは，指数関数の導関数が再び指数関数となるという性質である．言い換えれば，$f(x) = e^x$ とおくと，$f'(x) = f(x)$ となる．前に見たように，微分は線形写像と考えられ，$f'(x) = f(x)$ ならば，この線形写像は f を不変にするから，f は固有値 1 の固有ベクトルである．より一般に，$g(x) = e^{\lambda x}$ とすると，$g'(x) = \lambda e^{\lambda x} = \lambda g(x)$ であるから，g は微分写像に対する固有値 λ を持つ固有ベクトルである．線形微分方程式を解く問題の多くは，微分を使って定義される線形写像の固有ベクトルを求める問題と考えることができる（微分と微分方程式については，次節で論じる）．

5.　解析学の基本的概念

微分積分学の発明と併せて，徐々に近似を良くすることで数学的対象を間接的に表現可能にする概念を獲得することにより，数学の精巧さは大きく増した．この考え方は，**解析学**として知られる数学の広範な分野の基礎を形作っている．本節では，この分野に不慣れな読者に助力を与える．ただし，この主題の十分正確な内容を伝えることは不可能である．また，ここに書く内容は，微分積分についてのある程度の予備知識がなければ理解が困難であろう．

5.1　極　　限

1.4 項の実数についての議論の中で，2 の平方根に関する簡単な説明を行った．2 が平方根を持つことをどのようにして知ることができるのだろうか？ 一つの答えは，1.4 項で与えた方法，すなわち，10 進法による小数展開を計算する方法である．さらに正確に述べるなら，次のように言えばよい．有限桁で終わる小数により表される実数（有理数）の列 1, 1.4, 1.41, 1.414, 1.4142, 1.41421, ... は一つの実数 $x = 1.4142135\cdots$ に近づく．実際上は，x を正しく書き出すことはできない．なぜなら x は無限小数展開を持つからである．しかし，少なくとも各桁の数がどのように定義されるかを説明できる．たとえば，小数点のあとの 3 桁目が 4 であるのは，1.414 はその平方が 2 より小さくなるような 0.001 の最大の倍数であるからである．元の数の平方は 1, 1.96, 1.9881, 1.999396, 1.99996164, 1.9999899241, ... となって，2 に近づいていくことがわかり，これが $x^2 = 2$ である理由なのである．

紙に描いた曲線の長さを決定することが求められ，そのための助けとなる定規が与えられていると仮定しよう．われわれが直面する問題は，定規はまっすぐで，曲線はそうではないということである．この問題にアタックする方法の一つは，次のようなものである．まず，曲線に沿っていくつかの点 $P_0, P_1, P_2, \ldots, P_n$ を描く．ここで P_0 は始点，P_n は終点とする．定規を用いて P_0 から P_1 への距離を測り，次に P_1 から P_2 への距離を測り，これを P_n に達するまで続ける．最後に，これらの距離を足し合わせる．もちろん，この結果が正しい答えになっているわけではない．しかし，一様な間隔を持つように曲線上の点が十分に多くあり，しかも曲線がひどく「くねくね」としていなければ，われわれの手続きは曲線の良い「近似的長さ」を与えるだろう．さらに，この手続きは「正確な長さ」が意味するものを「定義する」方法も与えている．すなわち，点の数を増やしていくとき，今定義した近似的長さがある数 l に近づいていくならば，この l を曲線の長さというのである．

上の双方の例において，近似の手段によって達せられる数が存在する．そして，双方の場合に「近づく」という言葉を用いたが，この言葉はむしろ曖昧である．そこで，「近づく」という意味を正確に表現することが重要になる．$a_1, a_2, a_3, \ldots$ を実数の列としよう．この列が特定の実数 l に近づくというのは，何を意味するのだろうか？

次の二つの例を念頭に置いて考えてみよう．1 番目の例は $1/2, 2/3, 3/4, 4/5, \ldots$ という列である．ある意味で，この列の中の数は 2 に「近づいていく」．なぜなら，それぞれの数は，その前の数より 2 に近いからである．しかし，これはわれわれが欲する「近づく」という意味ではない．問題としているのは単に今の意味で近くなるというのではなく，「特定の値との差が任意に望むだけ小さくなっていく」ことである．この強い意味で近づいていく特定の数は，明らかに「極限値」の 1 である．

2 番目の例 $1, 0, 1/2, 0, 1/3, 0, 1/4, 0, \ldots$ はこの考え方を異なる仕方で例証している．この例では，それぞれの数がその前の数より 0 に近いことにはならない．にもかかわらず，この列はついには 0 との差が任意に望むだけ小さくなり，しかもその後も差は小さいままになるという意味で，0 に近づくのである．

この最後のフレーズは，**極限**の概念の定義にかなう．すなわち，l が $a_1, a_2, a_3, \ldots$ の極限であるとは，ついには a_n と l との差が任意に望むだけ小さくなり，しかもその後も小さいままになるという意味である．しかし，数学が要求する正確さの標準に合わせるために，「ついには」のような言葉を数学に翻訳する必要がある．このため，**限定子** [I.2 (3.2 項)] を必要とする．

δ を正数とする（通常は小さい数を想定する）．a_n と l の距離 $|a_n - l|$ が δ より小さいことを，「a_n が l に δ-close である」と呼ぼう．では，列が「ついには l に δ-close」であり，その後も δ-close のまま留まることは何を意味するのだろうか？　これは，ある時点からは，a_n が常に l に δ-close であることを意味する．では，「ある時点から常に」とはどういう意味だろうか？　これは，ある自然数 N（これが「時点」を意味する）であって，N より先では，すなわち N 以上の n に対しては，a_n が δ-close となるものが存在することである．記号で表せば

$$\exists N\, \forall n \geq N \;\; a_n \text{ is } \delta\text{-close to } l$$

である．「差が任意に望むだけ小さく」という語句の意味を取り込むことが残されている．これが意味するのは，任意の δ に対して上の文が真であることである．記号的には

$$\forall \delta > 0\, \exists N\, \forall n \geq N \;\; a_n \text{ is } \delta\text{-close to } l$$

と表される．最後に "δ-close" という非標準的な語句を使わないならば，

$$\forall \delta > 0\, \exists N\, \forall n \geq N \;\; |a_n - l| < \delta$$

となる．論理記号により表されたこの文を理解するのは，そう簡単ではない．とはいうものの，次の文が例示するように（そして，「数学における言語と文法」[I.2 (4 節)] における議論の観点から見て興味深いことに），より少ない記号を用いた言語が事を簡単化するとは限らない．「好き勝手に正数 δ を選んでも，N 以上のすべての n に対して a_n と l の間の距離が δ より小さくなるような，ある自然数 N が存在する」．

極限の概念は，実数ばかりでなく，より一般の対象に適用される．すなわち，数学的対象の集まりがあって，二つの対象の間の距離というものが定義されているならば，対象の列が極限を持つという言い方に意味が与えられる．二つの対象は，それらの間の距離（差とは限らない）が δ より小さければ δ-close と呼ばれる（距離の考え方については，「距離空間」[III.56] において詳しく解説される）．たとえば，空間の中の点列や，関数列について，その極限を論じることが可能である（関数列の場合は，距離の定義の仕方は自明ではない．実際，多くの自然な定義の仕方が存在する）．さらなる例は，フラクタルの理論に登場する（「力学系理論」[IV.14] を参照）．この例では，きわめて複雑な図形が，単純な図形の極限として定義される．

「列 $a_1, a_2, a_3, \ldots$ の極限が l である」ことを，「a_n は l に**収束**する」，「a_n は l に向かっていく」と呼ぶ場合がある．時には，「n が**無限大に向かっていく**とき」という言葉を前に置くときもある．極限を持つ列は，**収束列**と呼ばれる．a_n が l に収束することを，$a_n \to l$ と表すことがある．

5.2　連　続　性

円周率の平方 π^2 の近似値を知りたいとしよう．たぶん，最も簡単な方法は，電卓で π ボタンを押して 3.1415927 を表示し，次に x^2 ボタンを押すことだろう．結果は 9.8696044 と表示される．実際には電卓が π そのものの平方を計算してはいないことは，もちろん誰でも知っている．その代わりに，電卓は 3.1415927 を平方しているのである（もし電卓がより優れたものならば，π のより先までの小数展開を表示することなく使っているかもしれないが，この場合でも無限までの展開を使っているわけではない）．では，電卓が π とは異なる数を平方している，なぜ問題とならないのだろうか？

最初の答えは，必要となっているのは，π^2 の**近似値**のみであるということである．しかし，これは完全な説明とは言えない．x が π の良い近似値であるとき，x^2 が π^2 の良い近似値であることをどのようにして知れるのだろうか？　その理由はこうである．x が π の良い近似であれば，小さい数 δ（負でもよい）により $x = \pi + \delta$ と表すことができる．このとき，$x^2 = \pi^2 + 2\delta\pi + \delta^2$ である．δ は小さいから，$2\delta\pi + \delta^2$ も小さい．よって，x^2 は実際に π^2 の

良い近似である．

上の推論がうまくいく理由は，x の平方をとる関数が**連続**だからである．大雑把に言えば，二つの数が近ければ，それらの平方数も近いのである．

このことをもっと正確に言うため，π^2 の計算に戻り，さらに良い精度の近似値，たとえば小数点以下 100 桁までが正しい近似値を求めたいとしよう．電卓は役に立たないが，π の小数展開をインターネットで見つけることは可能であろう（実際，少なくとも 5000 万桁までの小数展開が載っているサイトがある）．これを使って，π のより良い近似値となる新しい x を求め，長い桁数の掛け算が可能な計算機を利用して，新しい値 x^2 を計算する．

π^2 との差が 10^{-100} 以下となる x^2 になるためには，x がどれくらい π に近ければよいだろうか？　これに答えるために，前の議論を使う．$x = \pi + \delta$ とするとき，$x^2 - \pi^2 = 2\delta\pi + \delta^2$ であるから，簡単な計算により，δ の絶対値が 10^{-101} より小さければ，$x^2 - \pi^2$ の絶対値は 10^{-100} より小さくなることがわかる．よって，π の小数点 101 桁までをとればよいのである．

より一般に，π の十分良い近似値 x をとることにより，π^2 の近似値の精度をいくらでも良くできる．数学的語法では，関数 $f(x) = x^2$ が π において連続であるという．

これを記号的に表すことを試みよう．「精度 ϵ で $x^2 = \pi^2$ である」とは，$|x^2 - \pi^2| < \epsilon$ を意味することにする．「精度を望むだけ良くする」というのは，$|x^2 - \pi^2| < \epsilon$ が任意の正数 ϵ に対して真であることを意味すると考え，したがって，記号的には $\forall\epsilon > 0$ で始めるべきである．次に，「x を π の十分良い近似値とすれば」について考えよう．この言い方の背景にあるのは，x が π から δ 内にある限り，近似は ϵ 以内の正確さとなるような，ある $\delta > 0$ が存在するという保証である．まとめて言えば，次のような記号的文になる．

$$\forall\epsilon > 0\, \exists\delta > 0\ \ (|x - \pi| < \delta \Rightarrow |x^2 - \pi^2| < \epsilon)$$

言葉を使えば，「任意の与えられた正数 ϵ に対して，$|x - \pi|$ が δ より小さければ $|x^2 - \pi^2|$ が ϵ より小さくなるような正数 δ が存在する」．前に，ϵ を 10^{-100} としたときには δ を 10^{-101} とすればよいことを見た．

今示したことは，関数 $f(x) = x^2$ が $x = \pi$ において連続であるということである．このアイデアを一般化してみよう．f を任意の関数，a を任意の実数とする．もし

$$\forall\epsilon > 0\, \exists\delta > 0\ \ (|x - a| < \delta \Rightarrow |f(x) - f(a)| < \epsilon)$$

ならば，f は a において**連続**であるという．これは，$f(a)$ に対して，どのような精密さを $f(x)$ に望んでも，x が a を十分に近似するならば，この精密さを完遂できることを言っている．すべての a で f が連続であるとき，f は連続であると言われる．大雑把に言えば，これは，f は突然のジャンプをしないという意味である（すなわち，連続性は，精密な近似を困難にするような，ある種の急激な変動を除外している）．

極限とともに連続性のアイデアは，同じ理由できわめて一般的な文脈に適用される．f を集合 X から集合 Y への写像としよう．X, Y は双方とも距離の概念を有しているとする．x と a の間の距離を $d(x, a)$ で表し，同様に $d(f(x), f(a))$ により $f(x)$ と $f(a)$ の間の距離を表すとき，もし

$$\forall\epsilon > 0\, \exists\delta > 0\ \ (d(x, a) < \delta \Rightarrow d(f(x), f(a)) < \epsilon)$$

が成り立つならば，f は a において連続である．すべての a において連続であれば，f は連続と言われる．すなわち，差の絶対値 $|x - a|$ を距離 $d(x, a)$ で置き換えるのである．

準同型写像と同様に（これについては 4.1 項で論じた），連続関数はある種の構造を保存していると考えられる．f が連続であるのは，$a_n \to x$ ならいつでも $f(a_n) \to f(x)$ が成り立つことと同値である．すなわち，連続関数は，収束列と極限によって与えられる構造を保つ関数である．

5.3　微　　分

関数 f の値 a における微分は，x が a を通るときの $f(x)$ の変化率を表す量として通常は表現される．本項の目的は，微分を理解するためのこれとは少々異なる方法，すなわち，より一般的で，かつ現代数学への戸口を開くような方法を奨励することである．それは，微分を**線形近似**として捉える考え方である．

直観的には，$f'(a) = m$ であることは，たいへん性能の良い顕微鏡により $(a, f(a))$ を含む範囲で f のグラフを眺めたとき，ほとんど傾きが m の直線に見えるという直観に根差す．換言すれば，点 a の十分小さい近傍では，関数 f は近似的に 1 次関数である

ことを意味する．f を近似するこの1次関数 g は

$$g(x) = f(a) + m(x-a)$$

と表される．これは $(a, f(a))$ を通り傾きが m の直線を表す方程式である．見やすくするため，

$$g(a+h) = f(a) + mh$$

と書き直そう．a の近くで g が f を近似するというのは，h が小さいとき，$f(a+h)$ が**近似的に** $f(a)+mh$ に等しいという意味である．

ここで注意しなければならないことがある．f が急激なジャンプをしないなら，小さい h に対して $f(a+h)$ は $f(a)$ に近く，mh は小さいから，$f(a+h)$ は近似的に $f(a)+mh$ に等しい．しかし，このことは，m の値にかかわらず常に成立している．ここで $m = f'(a)$ であるとすることには，何か特別な理由があるはずである．実際，この特別な値に特化するのは，$f(a+h)$ が単に $f(a)$ に近いというだけではなく，差 $\epsilon(h) = f(a+h) - f(a) - mh$ が「h と比較して」小さいということなのである．すなわち，$h \to 0$ であるとき，$\epsilon(h)/h \to 0$ が成り立つ（これは，5.1項で論じたものより少し一般的な極限の概念である）．これは h を十分小さくすれば，$\epsilon(h)/h \to 0$ を望むだけ小さくすることができることを意味する．

このようなアイデアが一般化される理由は，1次関数の概念が，単なる $g(x) = mx + c$ の形をした $\mathbb{R}$ から $\mathbb{R}$ への写像ではなく，大いに一般性を有しているからである．数学，科学，工学，そして多くの分野に自然な形で登場する関数の多くは，**多変数**の関数である．それらは1より大きい次元のベクトル空間上で定義された関数と見なされ，このような見方をすると，与えられた点の小さい近傍において線形写像により近似されるかどうかを，直ちに問うことができる．そして，これが可能ならたいへん役に立つのである．というのも，一般の関数はきわめて複雑な振る舞いをしうるが，それが線形写像で近似されるならば，n 次元空間の小さな範囲内では，関数の振る舞いを理解することが大いに容易になるからである．こうした状況では計算が実行可能になり，特に線形代数と行列という，計算機を援用しうる道具を使うことができる．

たとえば，地表面上の異なる3次元的部分において，風の向きと速度の変化に興味持つ気象学者がいると想像しよう．風は複雑かつ無秩序に振る舞うが，この振る舞いを次のように描写することができる．与えられた範囲に属す点 (x, y, z) に対して（x, y は地平面の座標，z は地平面に垂直な方向の座標と考える），この点での速度を表すベクトル (u, v, w) をとる．ここで u, v, w はそれぞれ x, y, z 方向の成分とする．

そこで，三つの小さい数 h, k, l を選んで点 (x, y, z) をわずかに変化させた点 $(x+h, y+k, z+l)$ を見ることにしよう．この新しい点では，風の速度を表すベクトルもわずかに異なることが期待される．そこで，これを $(u+p, v+q, w+r)$ と表そう．風の速度ベクトルの小さな変化 (p, q, r) は，位置ベクトルにおける小さな変化 (h, k, l) に，どのように依存するだろうか？　もし，風が荒れ狂わず，h, k, l が十分に小さければ，この依存性はだいたいにおいて線形であると期待できる．これは一般の自然現象に期待される性質である．すなわち，h, k, l が小さければ，ある線形写像 T により，(p, q, r) はほぼ $T(h, k, l)$ と表されるだろう．(p, q, r) のそれぞれは，h, k, l に依存していることに注意しよう．したがって，この線形写像を特定するためには，9個の数値が必要である．実際，これを次のような行列の形で表すことができる．

$$\begin{pmatrix} p \\ q \\ r \end{pmatrix} = \begin{pmatrix} a_{11} & a_{12} & a_{13} \\ a_{21} & a_{22} & a_{23} \\ a_{31} & a_{32} & a_{33} \end{pmatrix} \begin{pmatrix} h \\ k \\ l \end{pmatrix}$$

行列成分 a_{ij} は個別的な依存性を表している．たとえば x, z を固定したままにするのは，$h = l = 0$ とするのと同じであるが，このことから，y だけが変化するとき u の変化率は成分 a_{12} で与えられることがわかる．すなわち，a_{12} は点 (x, y, z) における**偏微分** $\partial u/\partial y$ である．

これは，行列を計算する方法を示しているが，概念的にはベクトル記法を用いるほうが容易になる．(x, y, z) を $\boldsymbol{x}$，(u, v, w) を $\boldsymbol{u}(\boldsymbol{x})$，$(h, k, l)$ を $\boldsymbol{h}$，(p, q, r) を $\boldsymbol{p}$ により表そう．すると，今述べたことは，$\boldsymbol{h}$ に比較して小さいあるベクトル $\boldsymbol{\epsilon}(\boldsymbol{h})$ を使って

$$\boldsymbol{p} = T(\boldsymbol{h}) + \boldsymbol{\epsilon}(\boldsymbol{h})$$

と表される．あるいは

$$\boldsymbol{u}(\boldsymbol{x}+\boldsymbol{h}) = \boldsymbol{u}(\boldsymbol{x}) + T(\boldsymbol{h}) + \boldsymbol{\epsilon}(\boldsymbol{h})$$

と記すことができる．この式は，前に述べた式 $g(x+h) = g(x) + mh + \epsilon(h)$ に類似している．これは，$\boldsymbol{x}$ に小さいベクトル $\boldsymbol{h}$ を足すと，$\boldsymbol{u}(\boldsymbol{x})$ がほぼ $T(\boldsymbol{h})$ だ

け変化することを言っている．

もっと一般に，$\boldsymbol{u}$ を $\mathbb{R}^n$ から $\mathbb{R}^m$ への写像としよう．このとき，もし

$$\boldsymbol{u}(\boldsymbol{x}+\boldsymbol{h}) = \boldsymbol{u}(\boldsymbol{x}) + T(\boldsymbol{h}) + \boldsymbol{\epsilon}(\boldsymbol{h})$$

となるような線形写像 $T: \mathbb{R}^n \to \mathbb{R}^m$ と，$\boldsymbol{h}$ と比較して小さい $\boldsymbol{\epsilon}(\boldsymbol{h})$ が存在するとき，$\boldsymbol{u}$ は点 $\boldsymbol{x}$ で**微分可能**であると定義する．T を $\boldsymbol{u}$ の $\boldsymbol{x}$ における**微分**と呼ぶ．

重要な場合は $m=1$ のときである．$f: \mathbb{R}^n \to \mathbb{R}$ が $\boldsymbol{x}$ において微分可能であるとき，f の $\boldsymbol{x}$ における微分は $\mathbb{R}^n$ から $\mathbb{R}$ への線形写像である．T の行列は長さ n の列ベクトルであり，しばしば $\nabla f(\boldsymbol{x})$ と表され，f の $\boldsymbol{x}$ における**勾配**（gradient）と称される．このベクトルは f が最も増加する方向を指し示し，その長さはこの方向への変化率を表している．

5.4 偏微分方程式

偏微分方程式は，物理学において計り知れない重要性を有しており，その研究を通じて数学は大いに鼓舞されてきた．ここでは，本書において扱われるより高度な論説（特に「偏微分方程式」[IV.12]）への序論として，三つの基本的な例を論じる．

最初の例は**熱方程式**である．その名称が示唆するように，これは物理的媒質の中での熱分布が時間とともに変化する様子を記述する次の方程式である．

$$\frac{\partial T}{\partial t} = \kappa\Big(\frac{\partial^2 T}{\partial x^2} + \frac{\partial^2 T}{\partial y^2} + \frac{\partial^2 T}{\partial z^2}\Big)$$

ここで，$T(x,y,z,t)$ は時刻 t における点 (x,y,z) での温度を表す関数である．

このような方程式を読み解くことと，この中にある記号を理解することはもちろん必要である．しかし，この方程式が実際に何を意味するかを知ることは，まったく別の事柄である．偏微分を含む形で表される多くの方程式の中で，ほんの少数だけが重要であり，その少数のものは興味深い解釈を持つ場合がある．この方程式はその一つであるから，意味を説明することにしよう．

左辺の $\partial T/\partial t$ についての説明は，きわめて単純である．これは，空間座標 x,y,z を固定したまま時間が変化したときの，温度 $T(x,y,z,t)$ の変化率である．言い換えれば，時刻 t において，点 (x,y,z) がどのような速さで熱くなるか，あるいは冷めるかを表す．この背景には何があるのだろうか？　それは熱が媒質を伝わるのに時間を要するという事実であり，離れた点 (x',y',z') での温度は最終的には (x,y,z) に影響するけれど，現時刻 t において温度が変化する様子は (x,y,z) に非常に近い点における温度にのみ影響されるということである．すなわち，(x,y,z) の直近での温度が (x,y,z) での温度より高ければ，(x,y,z) での温度は上昇すると考えられる．また，逆に低ければ，温度は低下するだろう．

右辺の括弧の中の式はしばしば登場するため，次のような略記法がある．

$$\Delta f = \frac{\partial^2 f}{\partial x^2} + \frac{\partial^2 f}{\partial y^2} + \frac{\partial^2 f}{\partial z^2}$$

Δ は**ラプラシアン**と呼ばれる．では，Δf は関数 f についてのどのような情報を与えるのだろうか？　答えは，直前の段落で述べたアイデアを具体的に表す情報である．すなわち，Δf は，「(x,y,z) における f の値と，(x,y,z) の十分小さい近傍での f の平均値がどのように比較されるか」を語っているのである．正確に言えば，(x,y,z) の十分小さい近傍のサイズを 0 に近づけたときの平均値の極限との比較である．

このことは，式の形を見てもそう明らかではないが，1 次元における次のような議論は，2 階微分が現れる理由のヒントを与えるだろう（完全に厳密ではないが）．f を実変数を持つ実数値関数としよう．点 x での f の 2 階微分の高精度の近似を求めるのに，十分小さい h により $(f'(x)-f'(x-h))/h$ という式を考える（h の代わりに $-h$ を代入した式のほうが，通常の 2 階微分の式としては通常の形なのだが，この議論では今のままのほうが都合が良い）．微分 $f'(x)$ と $f'(x-h)$ も，それぞれが $(f(x+h)-f(x))/h$ と $(f(x)-f(x-h))/h$ により近似されるから，これらの近似を前の近似式に代入すれば

$$\frac{1}{h}\Big(\frac{f(x+h)-f(x)}{h} - \frac{f(x)-f(x-h)}{h}\Big)$$

が得られる．これを整理すれば $(f(x+h)-2f(x)+f(x-h))/h^2$ となるが，この分子を 2 で割れば $\frac{1}{2}(f(x+h)+f(x-h))-f(x)$ となって，これは x を囲む二つの点 $x+h$，$x-h$ での f の値の平均値と，x での f の値の差である．

換言すれば，2 階の導関数は，われわれが望むアイデアをうまく伝えている．すなわち，x における値と x の近くでの平均値の比較を与えているのである．f が 1 次関数であれば，$f(x-h)$ と $f(x+h)$ の

平均は $f(x)$ に等しいことは，注意しておく価値がある．これは，1 次関数の 2 階の導関数が 0 であるという事実と合致する．

1 階微分を定義したときに，差 $f(x+h)-f(x)$ を h で割ったが（そうしなければ h を 0 に近づけたとき差は 0 になってしまう），これとまったく同様に，2 階微分の場合は h^2 で割るのが適切なのである（このことは，1 階微分が線形（1 次）近似であるのに対して，2 階微分が 2 次近似であることに対応している．実際，x における関数 f の最良 2 次近似は $f(x+h) \approx f(x)+hf'(x)+(1/2)h^2f''(x)$ である．2 次関数に対しては，両辺は完全に一致する）．

このような考え方を推し進めれば，f が 3 変数の場合も，(x,y,z) における Δf の値は，f の値がどのようにこの点の近くでの f の平均値と比較されるかを語っていることがわかる（3 変数というのに特別な意味はなく，任意の個数の変数にアイデアは一般化される）．熱方程式の議論について残されたものはパラメータ κ である．これは媒質の伝導率を測っている．κ が小さければ媒質は熱を伝えにくく，ΔT は温度変化率に小さい効果しか有しない．κ が大きいときは熱は伝わりやすく，効果も大きくなる．

2 番目の重要な方程式は，**ラプラスの方程式** $\Delta f=0$ である．直観的に言えば，これを満たす f は，点 (x,y,z) での値が，それを取り囲む直近の点での値の平均値に等しいことを意味している．もし f が 1 変数 x の関数であれば，f の 2 階の導関数が 0 であるから，f は $ax+b$ の形をしている．しかし，2 変数もしくはより多い変数に対しては，このような関数はもっと柔軟である．すなわち，f は，ある方向への接線の上と，他の方向への接線の下に横たわることができる．その結果，f に対してさまざまな境界条件を課すことができ（すなわち，ある領域の境界上での f の値の特定化），そして，より広く興味深い解のクラスが存在することになる．

3 番目の方程式は**波動方程式**である．その 1 次元における定式化では，2 点 A, B を結ぶ振動する弦の運動を記述する．時刻 t における A からの距離 x での弦の高さを，$h(x,t)$ で表そう．このとき，波動方程式は

$$\frac{1}{v^2}\frac{\partial^2 h}{\partial t^2}=\frac{\partial^2 h}{\partial x^2}$$

により与えられる．しばらくの間，定数 $1/v^2$ を無視すれば，この方程式の左辺は A から x の距離にある弦の部分の（垂直方向の）加速度である．これは，その部分に働く力に比例しているはずである．何がこの力を決めるのだろうか？　x を含む弦の部分が完全にまっすぐだったとしよう．このときは，弦を x の左側から引っ張る力は，右側からの力と釣り合い，その結果両方合わせた力は 0 になる．そこで再び問題となるのは，x における高さを両側の高さの平均といかにして比べるかである．弦がもし x における接線の上にあるなら，上向きの力が働き，下にあるならば下向きの力が働くであろう．これが，上の式の右辺に 2 階微分が現れる理由である．この 2 階微分が力に関係する程度は，弦の密度や張り具合に依存していて，これが定数に反映する．h と x は距離を表しているから，v^2 の単位（次元）は (距離/時間)^2 であり，v はスピードを表し，実際波動の伝播速度となっている．

同様な考え方により，3 次元波動方程式

$$\frac{1}{v^2}\frac{\partial^2 h}{\partial t^2}=\frac{\partial^2 h}{\partial x^2}+\frac{\partial^2 h}{\partial y^2}+\frac{\partial^2 h}{\partial z^2}$$

が得られ，これは

$$\frac{1}{v^2}\frac{\partial^2 h}{\partial t^2}=\Delta h$$

という簡潔な形で表される．さらに $\Box^2 h$ で

$$\Delta h-\frac{1}{v^2}\frac{\partial^2 h}{\partial t^2}$$

を表すことにすれば，この方程式は $\Box^2 h=0$ と表現される．作用素 $\Box^2$ は，波動方程式を最初に定式化した**ダランベール** [VI.20] にちなんで**ダランベルシアン**（d'Alemberitian）と呼ばれている．

5.5 積　分

長いまっすぐな道を，1 分間走る車を考えてみよう．運転手は，出発点と運転中のスピードについてはあらかじめ聞かされているとする．では，1 分後にどれだけ走ったかを知るにはどうすればよいだろうか？　運転中のスピードが一定であれば問題は簡単である．たとえば時速 30 マイルであれば，これを 60 で割って 0.5 マイル走ったことがわかる．スピードが一定でないときの問題は，これより興味深い．この場合は，正確な答えを求める代わりに，次のような方法を使って近似値を求めることができる．まず，運転中の 60 秒間で，最初から 1 秒ごとのスピードを書き留める．そして，それぞれの 1 秒間に書き留めたスピードで走ったとしたときの距離を計算す

る．最後にそれらを足し合わせる．1 秒というのは短時間であるから，この 1 秒の間のスピードはほぼ一定であると考えてよく，この方法はきわめて正確な答えを与えるはずである．もしこの正確さでは満足しないのなら，1 秒より小さい時間間隔を使って改良することができる．

微分積分の授業に出席した経験があれば，このような問題をまったく異なる方法で解いたことを記憶しているだろう．代表的な問いでは，時刻 t におけるスピードが具体的な式で与えられ（たとえば $at+u$），この関数を「積分」して $(1/2)at^2+ut$ を見出し，時刻 t までに走った距離を求める．ここで，積分は，単に微分の逆操作のことである．すなわち，関数 f を積分するとは，$g'(t)=f(t)$ を満たす関数 g を見出す操作である．これには正当性がある．なぜなら，$g(t)$ が走った距離であり，$f(t)$ がスピードであれば，$f(t)$ は $g(t)$ の変化率だからである．

しかし，微分の逆操作は，積分の元来の定義ではない．なぜかを答えるために，次の問いを考えよう．時刻 t でのスピードを e^{-t^2} としたときの走行距離はどれくらいか？　実は，微分が e^{-t^2} となるような関数は，多項式，指数関数，対数関数，三角関数のような初等関数として表せないことが知られている．しかし，問い自身には意味があり，確定した答えがある（読者は微分が $\mathrm{e}^{-t^2/2}$ となる関数 $\Phi(t)$ について聞いたことがあるかもしれない．$\Phi(t\sqrt{2})/\sqrt{2}$ の微分は e^{-t^2} となるが，これは困難さを排除したことにはならない．なぜなら，$\Phi(t)$ は $\mathrm{e}^{-t^2/2}$ の積分として定義されるからである）．

微分の逆操作が困難を伴う状況での積分を定義するため，前に議論した「汚い」近似法に戻らなければならない．このような考えに沿う形式的定義は，19 世紀の半ばに**リーマン** [VI.49] により与えられた．リーマンのアイデアがどのようなものかを見るために，また，微分と同様に，積分が多変数の関数に適用される手続きを見るためにも，別の物理的問題を考えることにしよう．

不純物を含む岩の塊があり，それの密度から質量を計算したいとする．ここで，密度は岩の中で一定ではなく，場所によって変化していると仮定する．岩に穴があれば，そこでは密度は 0 である．さて，どのように質量を計算したらよいだろうか？

リーマンのアプローチは次のようなものである．最初に岩を立方体で囲む．この立方体の中の点 (x,y,z) に対して，そこでの密度 $d(x,y,z)$ を考える（岩の外や穴では 0 とする）．次に，この立方体を小さい立方体を使って分割する．さらに，それぞれの小立方体の中で，最小と最大の密度を持つ点を探す（もし，小立方体が岩の外にあれば，この密度は 0 である）．C を小立方体の一つとして，C の体積を V としよう．C の中での最小密度を a，最大密度を b とすると，C の中にある岩の部分の質量は aV と bV の間の値である．さて，aV をすべての小立方体にわたって足し上げ，bV にも同様なことをする．それぞれの足し上げた結果が M_1, M_2 であったとすれば，岩の質量は M_1 と M_2 の間になければならない．最後に，小立方体のサイズをどんどん小さくして，今の計算を繰り返す．すると，M_1, M_2 は互いに近づいていき，岩の質量の近似の精度が良くなっていくであろう．

車の問題に対してこのアプローチを行うと，1 分間を小さい時間間隔に分割し，小間隔での最小スピードと最大スピードを見ることになる．そして，この間隔で進む距離は二つの数 a, b で挟まれた値になり，すべての間隔にわたってこれらの数を足し合わせれば，全体の時間で走った距離はこれらの a の和である D_1 と b の和である D_2 の間にあることになる．

これら双方の問題では，立方体あるいは 1 分間隔という集合上で定義された，密度あるいはスピードという関数を考えていたのであり，ある意味ではこのような関数の「総量」を求めようとしていた．すなわち，集合を小さい部分に分割し，上下から「総量」を挟むような近似値を求めるために，それらの部分における単純な計算を行ったのである．この手続きは（リーマン）**積分**（integration）として知られている．そして，次のような記号が共通に使われている．集合を S として，その上の関数 f が与えられたとき，f の S 上の**積分**（integral）と呼ばれる総量は，$\int_S (x)\mathrm{d}x$ と表される．ここで，x は S の代表的元である．密度の例のように，S の要素が点 (x,y,z) であれば，ベクトル記号による表現 $\int_S f(\mathbf{x})\mathrm{d}\mathbf{x}$ が使われることもあるが，いつもというわけではない．x が実数ではなくベクトルを表しているのかどうかは，文脈から推し量ることになる．

これまで痛みを伴いながら微分の逆操作と積分を区別していたが，実際には**微分積分学の基本定理**と呼ばれる有名な定理があって，これら二つの操作は，少なくとも問題としている関数が，性質の良い関数がどれもそうであるように，連続性を満たしていれば，同じ結果を生じることがわかっている．ということで，積分を微分の逆操作と見なすのは，通常は適切なのである．より正確に言えば，連続関数 f に対して，$F(x) = \int_a^x f(t)\mathrm{d}t$ とおけば，F は微分可能であり，$F'(x) = f(x)$ となるのである．すなわち，連続関数を積分し，それを微分すれば，元の関数に戻る．逆方向をたどれば，F の微分が存在して，それが連続な関数 f になるとき，$a < x$ であれば，$\int_a^x f(t)\mathrm{d}t = F(x) - F(a)$ が成り立つ．これは，だいたいにおいて，F を微分して次に積分すれば元の F に戻ることを言っている．実際には，積分するときには a を選ばなければならないし，得られる結果は，$F(x)$ から $F(a)$ を引いたものである．

連続性を仮定しないときに起きる例外的な状況を見るために，**ヘヴィサイド関数**と呼ばれる関数 $H(x)$ を考えよう．これは $x < 0$ のとき $H(x) = 0$，$x \geq 1$ のとき $H(x) = 1$ として定義される関数である．ヘヴィサイド関数は $x = 0$ でジャンプするから連続ではない．この関数の積分 $J(x)$ は，$x < 0$ のとき 0 であり，$x \geq 0$ のときは x である．そして，ほとんどの x に対して，$J'(x) = H(x)$ が成り立っている．しかし，J の勾配は $x = 0$ で突然変化するから，J はそこでは微分可能ではない．したがって，$J'(0) = H(0) = 1$ であるとは言えない．

5.6 正則関数

数学という王冠の宝石の一つは，複素数を複素数に写す微分可能な関数を研究する**複素解析**である．この種の関数は**正則関数**と呼ばれる．

見た目には，そのような関数に何ら特別な性質はないように見える．なぜなら，この文脈における微分の定義は，実数変数の関数に対する定義と異なってはいないからである．実際，f を関数とするとき，複素数 z における微分 $f'(z)$ は，$(f(z+h) - f(z))/h$ において h を 0 に向かわせたときの極限として定義される．しかし（5.3 項で見たような）別の方法でこの定義を省みるとき，複素関数が微分可能というのはまったく自明とは言えない．微分が**線形近似**であったことを思い出そう．複素関数の場合，これは $g(w) = \lambda w + \mu$ の形をした関数によって近似されることを意味する．ここで，λ, μ は複素数である（z の近くでの近似は $g(w) = f(z) + f'(z)(w - z)$ であるから，$\lambda = f'(z)$，$\mu = f(z) - zf'(z)$ である）．

この状況を幾何学的に眺めてみよう．もし $\lambda \neq 0$ なら，λ を掛ける効果は，あるファクター r だけ z を拡大あるいは縮小させ，ある角度 θ だけ回転させることである．これが意味するのは，平面の線形変換の中で，鏡映，ゆがみのような変換は除外されているということである．λ を特定するには，（$a + b\mathrm{i}$ あるいは $r\mathrm{e}^{\mathrm{i}\theta}$ など）二つの実数が必要であるが，平面の線形変換では四つの実数が必要となる（4.2 項における行列についての議論を参照）．自由度の数が減じるこの事実は，**コーシー–リーマン方程式**と呼ばれる微分方程式の対によって説明される．$f(z)$ と書く代わりに，x, y をそれぞれ z の実部，虚部を表すとして，さらに $u(x+\mathrm{i}y)$ および $v(x+\mathrm{i}y)$ を $f(x+\mathrm{i}y)$ の実部と虚部として，$u(x+\mathrm{i}y) + \mathrm{i}v(x+\mathrm{i}y)$ と書くことにする．このとき，z の付近での f の線形近似は，行列

$$\begin{pmatrix} \dfrac{\partial u}{\partial x} & \dfrac{\partial u}{\partial y} \\ \dfrac{\partial v}{\partial x} & \dfrac{\partial v}{\partial y} \end{pmatrix}$$

により表される．拡大・縮小と回転に対する行列は $\left(\begin{smallmatrix} a & b \\ -b & a \end{smallmatrix}\right)$ という形をしているから，

$$\frac{\partial u}{\partial x} = \frac{\partial v}{\partial y}, \qquad \frac{\partial u}{\partial y} = -\frac{\partial v}{\partial x}$$

が導かれる．これが**コーシー–リーマン方程式**である．この方程式から

$$\frac{\partial^2 u}{\partial x^2} + \frac{\partial^2 u}{\partial y^2} = \frac{\partial^2 v}{\partial x \partial y} - \frac{\partial^2 v}{\partial y \partial x} = 0$$

が得られる（混じり合った偏微分が交換可能であるための必要条件が満たされていることは自明ではないが，f が正則なときはこの点は問題ない）．よって，u は 5.4 項で議論したラプラスの方程式を満たす．v についても同様である．

これらの事実は，複素微分可能性が実微分可能性よりきわめて強い条件であり，正則関数が興味深い性質を有することを示唆している．本項の残りで，正則関数が持つ注目すべき性質のいくつかを見ることにする．

最初に挙げる性質は，（前項で論じた）微分積分学の基本定理に関係している．F を正則関数として，F の導関数 f と複素数 u における値 $F(u)$ が与えられているとしよう．F は f からどのように再構築されるだろうか？　近似による方法で説明しよう．w を他の複素数として，$F(w)$ を見出したい．そこで，$z_0 = u$，$z_n = w$ であるような点列 $z_0, z_1, \ldots, z_n$ で，

$|z_1 - z_0|, |z_2 - z_1|, \ldots, |z_n - z_{n-1}|$ が小さいものをとる．すると，$F(z_{i+1}) - F(z_i)$ は $(z_{i+1} - z_i)f(z_i)$ により近似される．よって，$F(w) - F(u)$ $(= F(z_n) - F(z_0))$ は $(z_{i+1} - z_i)f(z_i)$ の和で近似されることになる（誤差の総和を考えると，この近似が良い近似であるという保証はないが，実際にはそうなっている）．u から w への曲線を考え，z_i から z_{i+1} に小さいステップ $\delta z = z_{i+1} - z_i$ でジャンプすることを想像してみるとよい．n を無限大にすれば，ステップ δz は 0 に近づき，総和の極限はいわゆる**線積分** (path integral) $\int_P f(z)\mathrm{d}z$ になる．

上の議論から得られる結論は，P が u から出発して u に戻る曲線であれば，線積分 $\int_P f(z)\mathrm{d}z$ は 0 になるという事実である．これと同値なことであるが，P_1, P_2 が同じ出発点 u と同じ到達点 w を持てば，二つの線積分 $\int_{P_1} f(z)\mathrm{d}z$，$\int_{P_2} f(z)\mathrm{d}z$ は等しい．なぜなら，双方とも $F(w) - F(u)$ だからである．

もちろん，今述べたことを確立するためには，f がある関数 F の導関数になっているという重大な仮定をしなければならなかった．コーシーの定理は，f が正則でありさえすれば，同じ結論が得られることを主張している．すなわち，f が他の関数の導関数であることを必要とするのではなく，f 自身が導関数を持ちさえすればよいのである．この場合には，f の線積分は曲線 P の出発点と到達点の位置にのみ依存している．さらに，これらの線積分は，その導関数が f となるような関数 F を定義するのに使える．すなわち，導関数を持つ関数は，自動的に微分の逆操作を持つのである．

コーシーの定理が成り立つために，関数 f が全複素平面で定義されている必要はない．**単連結**な領域だけに注意してもすべて真である．ここで，単連結な領域とは，その中に穴がないような**開集合** [III.90] のことである．もし穴があれば，二つの路が異なる仕方で穴のまわりを回るとき，それらに沿う線積分が異なるという状況が起きる．こうして，線積分は平面の部分集合の**トポロジー**に密接に関係することになる．この観察は，現代幾何学を通して多くの支脈を持っている．トポロジーについては，この章の 6.4 項および「代数的位相幾何学」[IV.6] を参照されたい．

コーシーの定理から導かれる大いに驚くべき事実は，正則関数が 2 回微分可能なことである（これは実数値関数の場合は完全に偽である．たとえば $x < 0$ では $f(x) = 0$，$x \geq 0$ では $f(x) = x^2$ により定義される関数を考えればよい）．今述べたことから f' は正則であるので，これも 2 回微分できる．これを続ければ，f は何回でも微分できるという結果を得る．すなわち，複素関数については，1 回微分可能であれば無限回微分可能になるのである（この事実は，混じり合った偏微分の存在の証明ばかりでなく，順序についての交換可能性を証明するためにも使われる）．

これに密接に関連する事実は，正則関数は常にベキ級数に展開できるということである．すなわち，w を中心，R を半径とする開円板上の至るところで微分可能な関数 f に対して，

$$f(z) = \sum_{n=0}^{\infty} a_n (z - w)^n$$

という形の式が円板上の至るところで成り立つ．これを f の**テイラー展開**という．

正則関数の「剛性」を示しているもう一つの基本的性質は，正則関数の全域での挙動が，小さい領域での挙動で完全に決まってしまうというものである．すなわち，f, g を正則とするとき，それらがある小さい円板上で一致すれば，すべての点で一致する．この注目すべき事実は，**解析接続**という手続きを許すことになる．ある領域で定義したい正則関数があるのだが，すぐには領域全体で定義するのが困難なときには，ある小さい領域でそれを定義し，次にそれが特定した関数と矛盾しないような可能な値だけを他の部分でとると言えばよい．これは有名な**リーマンのゼータ関数** [IV.2 (3 節)] を定義する通常の方法である．

最後に，**リューヴィルの定理** [VI.39] に言及しておこう．これは，有界な，つまり，すべての複素数 z に対して $|f(z)| \leq C$ となるような定数 C が存在する正則関数は定数でなければならないと主張する定理である．この主張は，実関数に対しては明らかに成り立たない．たとえば $\sin x$ という関数は有界であり，しかも至るところ収束するベキ級数展開を持つ（このベキ級数を用いると，$\sin x$ は複素平面全体に正則関数として拡張されるが，リューヴィルの定理が示唆するように，この関数は非有界である）．

6.　幾何学とは何か？

幾何学とは何かについてこの章で正確に説明する

のは容易ではない．というのも，この主題に現れる概念は，円や直線，平面のように，説明を必要としないほどに単純なものか，あるいは本書の第 III 部ないしは第 IV 部で論じるのが適しているような高度な内容を持っているかのどちらかだからである．しかし，もし読者がこれまで高度な概念に出会わず，現代幾何学がどのようなものであるかについてまったく把握していないなら，幾何学と対称性の関係，そして多様体の概念を理解すれば，本書からさらに多くのことが得られるだろう．これらの概念の説明が本章の残りを占める．

6.1　幾何学と対称性

大雑把に言えば，幾何学とは，幾何学的な言葉，たとえば「点」「直線」「平面」「空間」「曲線」「球面」「立方体」「距離」「角」などのような言葉が顕著な役割を演ずる数学の分野である．しかし，**クライン** [VI.57] が初めて主唱したように，幾何学の主題は変換群であるという，もう少し洗練された観点も存在する．この観点からすると，「鏡映」「回転」「平行移動」「伸縮」「ゆがみ変形」「射影」などとともに，「角を保つ写像」や「連続変形」のような，少々漠然とした言葉も付け加えなければならない．

2.1 項で論じたように，変換は群と手を携える関係にあり，このような理由から幾何学と群論の間には密接な関係がある．実際，変換の群が与えられると，それに付随した幾何学的概念があり，この幾何学では，群に属す変換により影響を受けない現象を研究するのである．特に，群に属す変換で互いに移り合う二つの図形は，同値と見なす．もちろん，異なる群は同値についての異なる概念を導く．このような理由から，数学者は幾何学を一枚岩の分野と考えず，複数の幾何学について頻繁に語ることになる．本節では，いくつかの重要な幾何学とそれらに付随する変換群について簡単に解説する．

6.2　ユークリッド幾何学

ユークリッド幾何学は，通常ほとんどの人々がこれこそ幾何学と考えているものである．その名称からして驚くべきことではないが，ユークリッド幾何学は 2000 年以上にわたって基本的かつ主要な学問であったギリシアの幾何学の定理を含んでいる．たとえば，三角形の内角の和は 180° であるという定理は，ユークリッド幾何学に属している．

変換の観点からユークリッド幾何学を理解するには，もちろん，どの次元を考えているかを明確にし，また，変換の群を特定しなければならない．この場合の適切な群は，**合同変換**の群である．合同変換には 2 通りの説明が与えられる．一つの説明では，合同変換とは平面ないしは空間，あるいはもっと一般の $\mathbb{R}^n$ の「距離を不変にする」変換である．すなわち，T が合同変換とは，与えられた 2 点 $\boldsymbol{x}, \boldsymbol{y}$ に対して，$T\boldsymbol{x}, T\boldsymbol{y}$ の間の距離が元の $\boldsymbol{x}, \boldsymbol{y}$ の間の距離に等しいということである（次元が 3 より大きい場合は，三平方の定理を自然な形で一般化することにより，距離が定義される．これについては「距離空間」[III.56] を参照）．

上の意味での合同変換は，回転，鏡映，そして平行移動の組合せ（合成）として実現される．そして，このような実現は，合同変換の群についてより具体的に考える手段を与える．換言すれば，ユークリッド幾何学とは，回転，鏡映，平行移動で変化しない概念の研究である．点，直線，平面，円周，球面，距離，角，長さ，面積，体積などがそのような例である．$\mathbb{R}^n$ の回転は重要な群を提供する．これは**特殊直交群**と呼ばれ，$\mathrm{SO}(n)$ と表される．それより大きい**直交群** $\mathrm{O}(n)$ は回転以外に鏡映も含む群である．$\mathbb{R}^n$ の**直交写像**とは，$d(T\boldsymbol{x}, T\boldsymbol{y}) = d(\boldsymbol{x}, \boldsymbol{y})$ が常に成り立つような線形写像 T のこととする．T の**行列式** [III.15] が 1 ならば，T は**回転**である．距離を保つ他のただ一つの可能性は，行列式が -1 の場合である．このような写像は，空間を「裏返し」するという意味で，鏡映のようなものである．

6.3　アフィン幾何学

線形写像は，回転や鏡映以外にもたくさん存在する．$\mathrm{SO}(n)$ あるいは $\mathrm{O}(n)$ より可能な限り多くの線形写像を含む大きい群を考えたとき，何が起きるだろうか？　ある変換が群に含まれているためには，可逆（逆変換を持つ）でなければならない．もちろん，線形写像のすべてが可逆とは言えない．したがって，考えるべき自然な群は，$\mathbb{R}^n$ の可逆な線形写像すべてからなる群 $\mathrm{GL}_n(\mathbb{R})$ である．この群には，4.2 項ですでに出会っている．これらの写像はいつも原点を固定している．もし，平行移動も含めて考えたいならば，$\boldsymbol{x} \longmapsto T\boldsymbol{x} + \boldsymbol{b}$ という変換全体からなる群を考察すべきである．ここで，$\boldsymbol{b}$ は定ベクトル，T は可逆な線形写像である．この変換群に対応する幾何学は，**アフィン**幾何学と呼ばれる．

線形写像は，伸縮やゆがみ変形を含むため，距離や角を保たない．すなわち，距離と角はアフィン幾何学の概念ではない．しかし，点，直線，平面は，可逆な線形写像と平行移動によりそれぞれ点，直線，平面に写るため，アフィン幾何学に属す概念である．もう一つのアフィン的概念は「2 直線が平行」という性質である（角は一般には線形写像で保たれないが，角が 0 ということは保たれる）．これは，アフィン幾何学では正方形や長方形のような対象は考えられないが，平行四辺形はこの幾何学の対象の一つであることを意味している．同様に，円周についても語ることはできないが，線形変換は楕円を別の楕円に写すため，（円周も楕円の特別な場合と考えて）楕円については語ることができるのである．

6.4　位相幾何学（トポロジー）

変換の群に付随する幾何学が「すべての変換で保存される概念を研究する分野」であるという考え方は，**同値関係** [I.2 (2.3 項)] という概念を使えば，より正確になる．G を $\mathbb{R}^n$ の変換からなる群としよう．$\mathbb{R}^n$ の部分集合 S を「n 次元図形」と考える．しかし，もし G 幾何学（G 作用を考慮に入れた幾何学）を行うなら，集合 S と，それを G に属す変換で写して得られる集合とを区別したくない．そこで，それら二つの図形は**同値**であるとする．たとえばユークリッド幾何学では，二つの図形が同値なのは，それらが通常の意味で合同ということである．他方，アフィン幾何学では，すべての平行四辺形，すべての楕円は同値である．G 幾何学の基本となる対象は，個別的な図形ではなく，図形の**同値類**なのである．

位相幾何学は，同値という概念をきわめて緩い形で使う幾何学と考えられる．すなわち，二つの図形が互いに連続変形で移り合うとき（専門用語を使うなら，それらが**位相同型**であるとき）同値と定めるのである．たとえば，図 1 が示すように，球体と立方体はこの意味で同値である．

きわめて多くの連続変形が存在するから，二つの図形が今述べた意味で同値でないことを証明することは容易ではない．たとえば，球面（球体の表面）がドーナツ面に連続変形できないことは，球面には穴がなく，ドーナツ面には穴が一つあり，まったく違う形をしていることから明白なように思われるが，この直観を厳密な議論に直すのは容易ではない．この種の問題については，「数学研究の一般的目標」[I.4 (2.2 項)]，「代数的位相幾何学」[IV.6]，「微分位相幾何学」[IV.7] を参照してほしい．

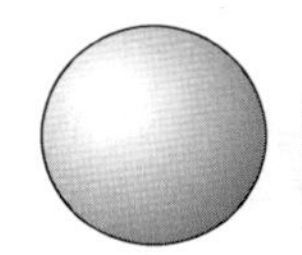
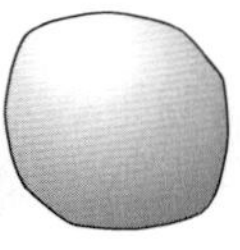
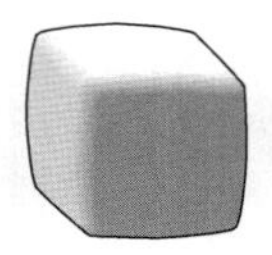
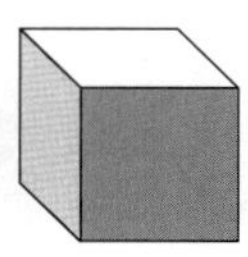

図 1　球から立方体への変形

6.5　球面幾何学

これまで，一層多くの変換を許すことにより，二つの図形が同値であるという条件を緩めてきた．ここでは再び条件を厳しくして，幾何学の一つの例である**球面幾何学**について見ることにする．この幾何学の「宇宙」は，$\mathbb{R}^n$ ではなくて，**n 次元球面** S^n である．これは，$(n+1)$ 次元球体の表面として定義され，代数的に表せば $x_1^2+x_2^2+\cdots+x_{n+1}^2=1$ を満たす $\mathbb{R}^{n+1}$ の点 $(x_1,x_2,\ldots,x_{n+1})$ すべてからなる集合である．3 次元球体の表面である球面が 2 次元であるのとまったく同様に，この集合は n 次元である．ここでは，$n=2$ の場合に話を限定するが，大きい n に対して一般化することは容易である．

球面幾何学の変換の群は SO(3) である．この群は，原点を通る軸のまわりの回転すべてからなる（鏡映も許すことにすれば，群 O(3) を考えればよい）．これは球面 S^2 上の対称変換からなる群である．ここでは，全空間 $\mathbb{R}^3$ の変換としてではなく，球面幾何学における変換として見なしている．

球面幾何学において意味のある概念には，直線，距離，角度などがある．球面上に限って考えているのに，直線について語るのは奇妙に思えるかもしれない．「球面直線」というのは，通常の意味の直線ではない．それは，原点を通る平面と S^2 の共通部分としての球面の部分集合である．この共通部分は**大円**と呼ばれ，半径 1 の円周である．これは，半径 1 の球面の中で考えられる最大半径の円周である．

大円が球面幾何学における直線と考えられる理由は，S^2 の 2 点 x,y を結ぶ最短線は，それが S^2 上にあるという制限をおくと常に大円に沿っているからである．S^2 をわれわれの「宇宙」と見なしているから，この制限は自然である．この制限は実生活上の事柄にも関係する．なぜなら，地表面上の離れた地点の間を結ぶ最短ルートは地表面で考えるのが常識であって，何百マイルも地下に掘った直線上のルートではないからである．

2点 x, y の間の**距離**は，S^2 に完全に含まれる最短線の長さとして定義される（x, y が互いに反対側にある場合は，最短線は無限個存在するが，すべて長さは π であるから，x, y の間の距離は π である）．では，二つの球面直線のなす**角**についてはどうだろうか？　二つの平面と S^2 の共通部分がそれらの球面直線であるから，ユークリッド幾何学の意味での2平面のなす角を球面直線のなす角と定義する．このことを審美眼に訴える方法で説明しよう．これは球面の「外側」を使わない方法である．二つの球面直線が交わる二つの点の一つをとり，そのまわりの十分小さい範囲を見ると，球面上でのこの部分はほとんど平坦であり，球面直線もほとんど直線となっていることに注意する．そこで，極限的平面上の極限的直線のなす通常の意味での角を，球面直線のなす角と定義するのである．

球面幾何学は，いくつかの興味ある点でユークリッド幾何学とは異なっている．たとえば，球面三角形の内角の和は常に 180° より大きい．実際，北極を一つの頂点とし，赤道上にもう一つの頂点，さらに赤道上をそこから 1/4 周だけ進んだところに3番目の頂点をとれば，すべての内角が直角である球面三角形が得られる．一方，三角形が小さいほど，それは平坦なものに近くなるから，内角の和は 180° に近づく．この内角の和に関しては，それを精密に記述する美しい定理が存在する．角の大きさの表し方を弧度法（ラジアン）に切り替えれば，球面三角形の内角が α, β, γ であるとき，その（表）面積は $\alpha+\beta+\gamma-\pi$ に等しいという定理である（たとえば，先ほどの三角形の場合，内角がすべて $\pi/2$ であるから，$\alpha+\beta+\gamma-\pi$ は $\pi/2$ に等しい．他方，半径1の球面の表面積が 4π であることを使えば，この三角形のとり方からも理解できるように，球面全体の 1/8 を占めることがわかり，面積は $\pi/2$ である）．

6.6 双曲幾何学

これまで，変換の集合（群）を参照しながら幾何学を定義してきたが，この考え方は一見異なるように見える複数の幾何学を統一的観点から説明しているにすぎないと思えるかもしれない．しかし，変換論的アプローチは双曲幾何学においては欠くべからざるものである．このような理由から，ここで双曲幾何学について簡単に解説する．

双曲幾何学を生成する変換群は，2次元**射影特殊線形群** $\mathrm{PSL}_2(\mathbb{R})$ である．この群は次のように定義される．まず，**特殊線形群** $\mathrm{SL}_2(\mathbb{R})$ を，**行列式** [III.15] $ad-bc$ が1となるような行列 $\left(\begin{smallmatrix} a & b \\ c & d \end{smallmatrix}\right)$ の集合として定義する．行列式が1の二つの行列の積は行列式が1である事実を使えば，この集合が群となることがわかる．これを「射影化」するため，行列 A と $-A$ は同値と定める（たとえば，$\left(\begin{smallmatrix} 3 & -1 \\ -5 & 2 \end{smallmatrix}\right)$ と $\left(\begin{smallmatrix} -3 & 1 \\ 5 & -2 \end{smallmatrix}\right)$ は同値である）．

この群から幾何学を構成するために，これをまず2次元の点集合の変換群と見なさなければならない．これがなされたならば，2次元双曲幾何学と呼ぶべきものの**モデル**が得られる．微妙な点は，球面幾何学に対する球面のようには，双曲幾何学のモデルを自然に記述できないことにある（球面は球面幾何学の最も道理にかなったモデルと考えるかもしれないが，そういうわけではない．たとえば，$\mathbb{R}^3$ のそれぞれの回転に，無限遠点を添加した $\mathbb{R}^2$ の変換を付随させることができるため，無限遠にまで延長した平面を球面幾何学のモデルとして使うことができる）．双曲幾何学でよく使われる三つのモデルは，上半平面モデル，円板モデル，双曲面モデルと呼ばれる．

上半平面モデルは，群 $\mathrm{PSL}_2(\mathbb{R})$ に最も直接的に関連するモデルである．このモデルは，複素平面 $\mathbb{C}$ において，虚部（$x+iy$ における y）が正であるような複素数全体からなる集合であり，行列 $\left(\begin{smallmatrix} a & b \\ c & d \end{smallmatrix}\right)$ に対応する変換は，点 z を点 $(az+b)/(cz+d)$ に写すものである（a, b, c, d を $-a, -b, -c, -d$ に置き換えても同じ変換となることに注意しよう）．条件 $ad-bc=1$ を，変換された点が上半平面にあること，および逆変換が存在するという主張の証明に使うことができる．

上記の群が双曲幾何で果たす役割を説明するために，**距離**について語らなければならない．ここにこそ，幾何学を「生成する」ための群の必要性がある．われわれの変換の群にかなう距離の概念を見出したいのなら，変換が距離を保つということが重要である．すなわち，T を変換，z, w を上半平面の点とするとき，$d(T(z), T(w))$ が常に $d(z, w)$ と一致するという性質である．この性質を満たす距離は本質的にただ一つであることがわかり，このことが，群が幾何学を定義するという意味なのである（もちろん，距離に，たとえば3のような定数を掛けることができるが，これはヤードの代わりにフィートで距離を測るようなもので，幾何学に本質的違いを与えるものではない）．

この距離は，見た目には奇妙な性質を持っている．たとえば，代表的な**双曲直線**は実軸に端点を持つ半円である．しかし，半円であるのはユークリッド幾何学の観点から見たからであって，双曲的見方からすれば，ユークリッド的直線がまっすぐであると考えるほうが奇妙なのである．その違いの理由は，ユークリッド距離と比較して，実軸に近づけば近づくほど，双曲的距離が大きくなるという事実である．それゆえ，点 z から点 w に到達するためには，実軸から離れて迂回（直線コースではなく）したほうが短くなる．そして，最良のコースは，z, w を通り実軸と垂直に交わる半円に沿うコースである（z, w が実軸への垂線上にあるときは，「退化した円」としてのこの垂線が最短コースを与える）．これらの事実は奇妙に感じられるかもしれないが，たとえばグリーンランドがきわめて大きく表示される平坦な世界地図が，球面幾何学のゆがみに関係しているという事実を思い起こせば，そう逆説的ではない．上半平面モデルは，双曲平面の幾何学的構造の地図のようなものであり，実際上のものとは大きく異なる形を与えているのである．

2次元双曲幾何学において最もよく知られている性質は，ユークリッドの平行線公理が成り立たないことである．すなわち，双曲的直線 L と，その上にはない点 x に対して，x を通り L とは交わらない二つ（以上）の双曲的直線が存在する．他方，ユークリッド幾何学の他の公理は，双曲幾何学においても適切な解釈のもとですべて真である．このことから，平行線の公理は他の公理からは証明されないという結論に至る．**ガウス** [VI.26]，**ボヤイ** [VI.34]，**ロバチェフスキー** [VI.31] たちによるこの事実の発見は，2000年以上にわたって数学者を悩まし続けた問題を解決に導いた．

もう一つの性質は，球面三角形とユークリッド的三角形の内角の和に関する事実を補足する結果である．双曲的面積という自然な概念が存在し，内角が α, β, γ の双曲的三角形の面積は，$\pi - \alpha - \beta - \gamma$ に

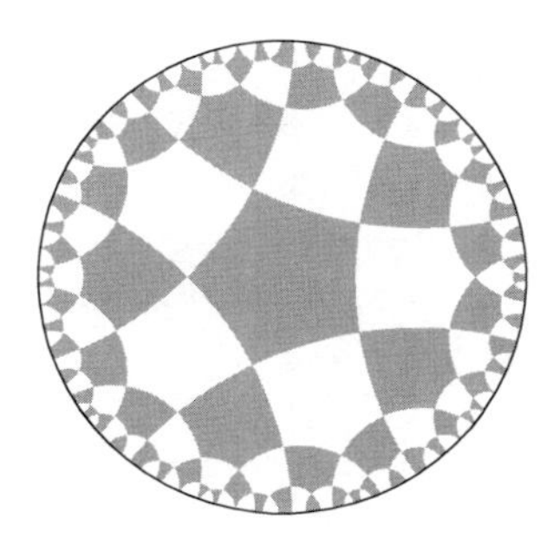

図 2　双曲円板での敷き詰め

等しい．したがって，双曲平面では，$\alpha + \beta + \gamma$ は常に π より小さい．三角形が十分小さければ，これは π にほぼ等しい．内角の和についてのこれらの性質は，球面は正の**曲率** [III.13] を持ち，ユークリッド平面は「平坦」であり，双曲平面は負の曲率を持つという事実に反映されている．

円板モデルは，**ポアンカレ** [VI.61] が乗合馬車に乗ろうとしていたとき突如思い付いたもので，点の集合としては $\mathbb{C}$ の中の**開円板** D をモデルと考える．すなわち，D は絶対値が1より小さい複素数の集合である．この場合の代表的な変換は，次のような形をしている．実数 θ と D に含まれる点 a をとり，$z \in D$ を点 $e^{i\theta}(z-a)/(1-\bar{a}z)$ に写す．このような変換が群をなすのは決して自明ではないし，$PSL_2(\mathbb{R})$ に同型であることもさらに明らかではないが，z に $-(iz+1)/(z+i)$ を対応させる写像は，単位円板を上半平面に写し，しかも逆写像を持っている．この写像を使って，二つのモデルは同じ幾何学を与えることがわかり，一方のモデルでの結果を他方の結果に移植するためにこの事実が使われる．

上半平面モデルの場合と同様に，ユークリッド的距離の場合よりも，距離が大きくなれば円板の境界により近づいていく．双曲的観点からは，円板の直径は無限大なのであり，境界は円板宇宙の外にある．図2は，群に属す変換により互いに移り合うという意味で合同な図形によるモザイク模様である．各図形は同じ形をしているようには見えないが，双曲幾何学としては，それらは同じサイズで同じ形をしているのである．円板モデルにおける直線は，単位円と垂直に交わる（ユークリッド幾何学の意味での）円弧であるか，円板の中心を通る（ユークリッド幾何学の意味での）直線の1部分である．

双曲面モデルは，双曲幾何学と呼ばれる理由を説明している．集合としては，今度は $x^2 + y^2 + 1 = z^2$

を満たす点 $(x, y, z) \in \mathbb{R}^3$ からなる双曲面を考える．これは，$y = 0$ により定義される平面における双曲線 $x^2 + 1 = z^2$ を z 軸のまわりに回転させた曲面である．群に属す一般の変換は，双曲面における一種の「回転」になっていて，これは z 軸のまわりの純粋な回転と，

$$\begin{pmatrix} \cosh\theta & \sinh\theta \\ \sinh\theta & \cosh\theta \end{pmatrix}$$

という行列で表される xz 平面における「双曲回転」から構成される．通常の回転が円周を保つのと同様に，双曲回転は双曲線 $x^2 + 1 = z^2$ を保つ．再び，これが同じ変換の群を与えることは明らかではないが，実際にはそうなのであって，双曲面モデルは他の二つのモデルと同値なのである．

6.7 射影幾何学

射影幾何学は多くの人から時代遅れな分野と見なされ，中学校や高校ではもはや教えていない．しかし，現代数学では重要な役割を果たしている．ここでは，**実射影平面**に話を限るが，射影幾何学は任意の次元やスカラーの属す任意の体に対して考えられる．このことは，代数幾何学を展開するときに重要である．

射影平面は2通りの仕方で理解される．一つ目は，通常の平面とともに「無限遠直線」を一緒に考えることである．変換の群は，射影として知られる写像からなる．射影とは何かを理解するため，空間の中の二つの平面 P, P' と，それらには含まれない点 x を想像しよう．P を P' に「射影」するというのは，P の点 a に対して，a と x を通る直線と P' との交点 $\phi(a)$ を対応させる操作である（この直線が P' と平行なときは，$\phi(a)$ は P' の無限遠点と考える）．すなわち，読者が点 x にいて，P 上に書かれた絵があるならば，射影 ϕ によるその像は，読者にとってはまったく同じに見える P' 上の絵になる．実際には，それはゆがんでいるはずであって，ϕ が形の違いを生じさせるのである．ϕ を P からそれ自身への変換にするには，ϕ の後に合同変換を合成させることによって P' を P のあるところに戻せばよい．

このような射影は明らかに距離を保たないが，点，直線，**複比**（cross-ratio）のような量，そして有名な**円錐曲線**のような興味深い概念を保存する．ここで，円錐曲線とは，円錐と平面の共通部分のことで，円，楕円，放物線，双曲線がそうである．射影幾何学の観点からは，それらはすべて同じ種類の曲線である（アフィン幾何学では，円という特別な楕円を考えることはできないが，楕円についてだけは語れるのと同じである）．

射影平面の第2の見方は，それを $\mathbb{R}^3$ の中の原点を通る直線の集合と考える見方である．直線は，それが単位球面と交わる2点により決定されるから，この集合を球面と見なすことができる．しかし，注意すべきは，球面の反対側にある点は，同じ直線に対応しているから，同じものと見なさなければならないことである（なかなか想像しにくいかもしれないが，これは不可能とは言えない．世界の片側半分で起きたすべての事象に対して，これとまったく同じことが，反対側の半分の正確に対応する場所で起きると想像しよう．このような状況で，たとえば，パリから地球の反対側にあるパリのコピーに旅行したとき，そこをパリとはまったく違う場所と見なせるだろうか？　そこはパリとまったく同じに見え，同じ人々がいて，そこに読者が到着したとき，読者のコピーが真のパリに到着しているだろう．この状況のもとでは，パリはただ一つで，読者もただ一人しかおらず，また，世界は球面ではなくて射影平面であると言ったほうが自然である）．

この観点のもとでは，射影平面の代表的変換を次のようにして得ることができる．$\mathbb{R}^3$ の可逆な線形写像をとり，それを $\mathbb{R}^3$ に作用させる．この作用は，原点を通る直線を，別の原点を通る直線に写すため，射影平面からそれ自身への変換と考えられる．一つの可逆な線形写像が他の線形写像のスカラー倍であれば，すべての直線へのそれらの効果は同じである．したがって，結果として変換の群は $\mathrm{GL}_3(\mathbb{R})$ と似ているが，違いは，与えられた行列はそれへの非零のスカラー倍と同値と見なされることである．この群は**射影特殊線形群**と呼ばれ，記号では $\mathrm{PGL}_3(\mathbb{R})$ と表される．これはすでに出会った $\mathrm{PSL}_2(\mathbb{R})$ の3次元版である．$\mathrm{PGL}_3(\mathbb{R})$ は $\mathrm{PSL}_2(\mathbb{R})$ より大きいから，射影平面のほうが双曲平面より変換に関する限り豊富さを備えていることになり，その結果，より少ない幾何学的性質が保存される（たとえば，双曲的距離という有用な概念があるが，射影的距離という明白な概念はない）．

6.8　ローレンツ幾何学

これは，特殊相対論で使われる 4 次元**時空**，すなわち**ミンコフスキー空間**をモデルとする幾何学である．この幾何学と 4 次元ユークリッド幾何学との主な違いは，2 点 (t,x,y,z) および (t',x',y',z') の間の通常の距離の代わりに，

$$-(t-t')^2+(x-x')^2+(y-y')^2+(z-z')^2$$

という量を考えることにある．この式において，$(t-t')^2$ の前のマイナス符号はきわめて重要な意味を持つ．これをプラスにすれば，ユークリッド的距離の 2 乗となる．これは，空間と時間が（互いに関係はするものの）まったく異なる性格を持っている事実を反映している．

ローレンツ変換は $\mathbb{R}^4$ からそれ自身への線形写像であって，上で定義した「一般化された距離」を保つものである．g を，(t,x,y,z) を $(-t,x,y,z)$ に写す線形写像としたとき，これに対応する行列を G とする（これは，対角成分に $-1,1,1,1$ が並び，他の成分は 0 であるような行列である）．これを使えば，ローレンツ変換は，それに対応する行列 Λ が $\Lambda^{\mathrm{T}}G\Lambda=I$ を満足するものである．ここで，I は 4×4 の単位行列であり，Λ^{T} は Λ の転置である（一般に行列 A の**転置**は，$B_{ij}=A_{ji}$ により定義される行列 B のことである）．

$-t^2+x^2+y^2+z^2>0$ を満たす (t,x,y,z) は**空間的**と呼ばれ，$-t^2+x^2+y^2+z^2<0$ を満たす (t,x,y,z) は**時間的**と呼ばれる．$-t^2+x^2+y^2+z^2=0$ ならば，(t,x,y,z) は**光錐**上にあると言われる．これらはすべてローレンツ変換により保たれるから，ローレンツ幾何学の概念である．

ローレンツ幾何学は**一般相対論**においても重要である．一般相対論は**ローレンツ多様体**の研究と考えられる．そしてこの概念は，6.10 項で解説するリーマン多様体に密接に関連している．一般相対論については「一般相対論とアインシュタイン方程式」[IV.13] を参照されたい．

6.9　多様体と微分幾何学

何も知らない人が，地球が平らであり，その上に建物や山々が乗っていると考えるのは自然である．しかし，われわれは，地球は球状の形をしていて，平らに見えるのはそれが大きいためだと知っており，また，これを裏付けるさまざまな証拠がある．たとえば，崖から海原を眺めれば，船がそう遠くないところで水平線の向こうに消えて見えなくなる．これは，もし地球が平らだとすると説明しがたい事実である．さらに，直線と思う方向に歩いていけば，いつかは元の位置に戻る．また，巨大な三角形を辺に沿って一回りして，各頂点の角度を測って足し合わせれば，180° より大きくなることが確かめられるはずである．

宇宙空間の最良のモデルが，通常の幾何学が成り立つ 3 次元のユークリッド空間であると信じるのは自然である．しかしこれも，2 次元ユークリッド平面が地球の最良のモデルと信じるのと同様，事実と異なっていても不思議ではない．

実際，もし事実と異なれば，時空のモデルとしてローレンツ幾何学を考えれば直ちに問題は解消する．しかし，特殊相対論を使わなくても，天文観測はユークリッド幾何学が宇宙空間の最良のモデルとは限らないことを示唆する可能性がある．さらに，4 次元球体の表面である 3 次元球面が，宇宙空間のより良いモデルである可能性がある．すなわち，短距離しか旅行しないならば，地球が「標準的」平面と感じるのと同じように，この宇宙が「標準的」空間だというのは，思い込みかもしれない．もしかしたら，乗船したロケットが方向を変えずに進んで，出発点に戻ることもありうるかもしれない．

「標準的」空間を数学的に記述するのは容易である．空間の各点に通常の方法で三つ組 (x,y,z) が対応している．では，巨大な球状の空間を記述するには，どうすればよいだろうか？　これは少々厄介だが，そう難しいことではない．各点に四つの成分を持つ (x,y,z,w) を与え，ただし，これらは固定された R により $x^2+y^2+z^2+w^2=R^2$ という方程式を満たしているとする．ここで，R は宇宙の「半径」を表していると考える．この方程式は，$x^2+y^2+z^2=R^2$ が半径 R の 3 次元球体の表面である 2 次元球面を表しているように，半径が R の 4 次元球体の 3 次元的表面を表している．

このアプローチに違和感があるとすれば，観測しようがない，より大きい 4 次元空間の中に宇宙があるという，現実的でないアイデアに依存しているからである．しかし，この反対意見には，次のように答えられる．今定義した **3 次元球面** S^3 という対象は，宇宙の「外側」に言及することなしに，「内在的」な方法で記述されるのである．これを確かめる最も

容易な方法は，その類似として 2 次元球面について論じることである．

惑星が，静かな水で覆われているとしよう．惑星の北極の水面に大きな岩を落としてみる．このとき，水面には次第に半径が大きくなる円状の波紋が広がっていく（どの瞬間でも，等しい緯度を結んだ円である）．しばらくすれば，この円は赤道に達するであろう．そのあとは，次第に小さくなり，ついには一挙に南極に達してエネルギーの爆発が起こる．

さて，3 次元波動が空間の中で伝わっていく様子を想像しよう．たとえば，電灯のスイッチをオンにすることで伝わっていく光の波を考える．この波の波面は円ではなく，広がり続ける球面である．論理的には，この波面はある時点まで大きくなり続け，それ以後は小さくなる．ただし，出発点に戻るのではなく，いわば外から内に裏返すように伝わっていく（2 次元の例では，円の内側が，赤道を過ぎるときに外側になると考えればよい）．ちょっとした努力で，この可能性を視覚化できる．そして，このためには 4 次元の存在にアピールする必要はない．要点は，この説明を数学的に首尾一貫した形で，しかも真正な 3 次元球面の 3 次元的記述として記述できることである．

これとは異なるが，より一般的なアプローチでは，**地図帳**（アトラス）と呼ばれるものを使う．日常的な意味での地図帳は，いくつかの平坦なページに表現された地図と，ページをまたいで地域が重なる部分に対してその様子を表す指示から成り立っている．すなわち，あるページの一部分がどのように他のページの部分に対応しているかを示す指示である．さて，そのような地図帳は，3 次元宇宙から見た外的対象を地図にしているのだが，地球面の球面幾何学は地図帳そのものから読み取ることができる．これは決していつも都合が良いとは言えないものの，可能な方法なのである，たとえば，回転は，17 ページの一部分を 24 ページの似た部分に少々のゆがみを伴いながら移動させる，などのように言い表すことができる．

可能というだけではない．2 次元地図帳で曲面を「定義する」ことができるのである．たとえば，球面については，円形の地図からなる，2 ページだけの数学的に簡潔な地図帳が存在する．1 ページ目は，（重なりを作るために）赤道近くの南半球を含めた北半球の地図であり，2 ページ目は，赤道近くの北半球を含めた南半球の地図である．それらの地図は平坦であるから，少々のゆがみは避けられないが，このゆがみは特定できる．

地図帳の考え方は，3 次元に容易に拡張できる．各「ページ」は 3 次元空間の一部分からなる地図である．専門用語では，「ページ」の代わりに「チャート」（chart）と呼ぶ．そして，3 次元地図帳は，これらのチャートの集まりであり，一つのチャートの一部分が他のチャートの部分と重なる場合は，再びその様子を表す指示が与えられる．上で述べた 2 次元球面の場合とまったく同様に，3 次元球面の地図帳は，二つの 3 次元球体からなる．それら球体の一つの縁（境界）に近い点と，もう一つの球体の縁に近い点の間には対応が存在し，この対応を使って幾何学を構成できる．一つの球体の縁に向かって旅行すると，重なりの部分に達するが，このときはもう一つの球体にいることになるのである．さらに旅行を続ければ，最初の球体に関しては地図から飛び出すが，もう一つの球体が受け留めることになる．

2 次元球面と 3 次元球面は，**多様体**の基本的な例である．本節で出会った他の例はトーラスと射影平面である．形式ばらずに言えば，d 次元多様体は，幾何学的対象 M であって，M の任意の点が d 次元ユークリッド空間の一部分と感じられるようなもので囲まれているという性質を持つものである．つまり，球面，トーラス，射影平面の小さい部分は平面に十分似ているから，それらは 2 次元多様体である．2 次元の場合は，多様体の代わりに**曲面**という言い方がよく使われる（しかし，「曲面」は，中身の詰まった立体図形の表面である必要はないという注意を覚えておくことは重要である）．同様に，3 次元球面は 3 次元多様体である．

一般の多様体の公式な定義に関しては，地図帳のアイデアを使う．実際，地図帳が多様体なの「である」（is）．この「である」は，数学者が使う典型的用語であり，通常の使い方と混同すべきではない．実際には，重なりの部分での対応規則を持つ地図の集まりとして多様体を考えることは稀である．とはいえ，チャートと地図帳による多様体の定義は，特殊な例を扱うときではなく，一般の多様体を論じるときに最も都合が良い．本書の目的のためには，最初に 3 次元球面を考えたときのように，d 次元多様体をある高次元の空間の「超曲面」というように，「外在的」に捉えたほうが考えやすい．実際，ナッシュの有名な定理によれば，すべての多様体はこのような方法で得られるのである[*9]．しかし，そのような超曲面を定義する単純な式があるとは限らないことに注意しよう．たとえば，2 次元球面は簡単な式 $x^2+y^2+z^2=1$ で表され，トーラスは，少々複雑で人工的な式 $(r-2)^2+z^2=1$（ただし $r=\sqrt{x^2+y^2}$）で記述されるが，穴が二つある曲面をわかりやすい式で表すのは容易でない．3.3 項で行ったように，通常のトーラスでさえ，商空間の考えを使ったほうが容易な表現を与える場合がある．商空間のアイデアは，二つの穴を持つ曲面を定義するときにも使われる（「フックス群」[III.28] を参照）．商空間が多様体になることが確信できる理由は，すべての点が，ユークリッド平面の小部分のように見える近傍を持つことによる．一般に，d 次元多様体は，「局所的には d 次元ユークリッド空間のように見える」対象の構成物として捉えられるのである．

多様体についてのきわめて重要な特徴は，多様体の上で定義された関数に対して微分積分が可能となることである．大まかに言えば，M を多様体，f を M 上の実数値関数とするとき，f が M の点 x で微分可能であるというのを，x を含むチャート（あるいは，それの表示）を見つけて，f をこのチャートの上の関数と見なして定義するのである．チャートは $\mathbb{R}^n$ の一部分であり，このような集合上で定義された関数については微分を考えられるから，f に対する微分可能性の概念には意味がある．もちろん，この定義が多様体でうまくいくためには，x が二つのチャートに含まれているときに，双方について同じこと（微分可能）が成り立っていなければならない．これは，チャートが重なっている部分同士の写像（**推移関数**）がそれ自身微分可能であれば保証される．この性質を持つ多様体は**微分可能多様体**と呼ばれる．推移関数が連続ではあるけれど微分可能とは限らないときは，**位相多様体**と呼ばれる．微分積分が使えるということは，微分可能多様体と位相多様体の間に大きな違いを与える．

上の考え方は，M から $\mathbb{R}^d$ への写像や，M から別の多様体への写像に一般化される．しかし，微分可能であったとしても，その微分そのものが何かについて答えるのは簡単ではない．$\mathbb{R}^n$ から $\mathbb{R}^m$ への写像の x における微分は線形写像であるが，実は多様体の間の写像の微分も線形写像である．しかし，この線形写像の定義域は多様体そのものではない．一般に多様体はベクトル空間ではないのだが，問題にしている点 x における**接空間**というものが定義され，これが定義域となるのである．

多様体一般については，「微分位相幾何学」[IV.7] を参照してほしい．

*9)　[訳注] 正確には，ナッシュの定理は，リーマン計量を持つ多様体が，ユークリッド空間の標準的計量から誘導されたリーマン計量を持つ超曲面として実現されるという定理である．

6.10　リーマン計量

球面上の 2 点 P,Q を考えよう．この 2 点の距離を決めるにはどうしたらよいだろうか？　答えは，球面がどのように定義されるかに依存する．球面を，空間 $\mathbb{R}^3$ の中で，$x^2+y^2+z^2=1$ を満たす点 (x,y,z) の全体として定義するならば，P,Q は $\mathbb{R}^3$ の点であり，三平方の定理（ピタゴラスの定理）を使って距離を求めるのが自然であろう．たとえば，$(1,0,0)$ と $(0,1,0)$ の間の距離は $\sqrt{2}$ である．

では，線分 PQ の長さを測ることが，距離の定義として自然なのだろうか？　当然，この線分は球面には含まれていないため，このような定義は多様体の考え方と調和しないし，内在的に定義されるべき対象になっていない．幸いなことに，球面幾何学についての議論から，この問題を避ける自然な距離の定義が存在する．すなわち，球面の場合は，P,Q を結ぶ球面内の最短線の長さとして距離を定義するのである．

さて，一般の多様体の場合の 2 点間の距離について語ろう．多様体が大きい次元の空間の中の超曲面として与えられているならば，球面の場合と同様に，多様体内の最短線の長さで距離を定義できる．しかし，多様体が別の方法，すなわち地図帳で表されているときはどうだろうか？　われわれが所持している情報は，すべての点が一つのチャートに含まれているという仮定，すなわち，それぞれの点が d 次元ユークリッド空間の部分と同一視できる近傍を持つということだけである（われわれの議論において，$d=2$ としても何も失わない．この場合，多様体の近傍と平面の部分に 1 対 1 の対応がある）．一つの考え方は，2 点間の距離をチャート内の対応する点の間の距離とすることである．しかし，これは少なくとも三つの問題を引き起こす．

まず，点 P, Q が異なるチャートに含まれる可能性がある．しかし，これは大きな問題ではない．なぜなら，必要なのは曲線の長さの計算なのであって，十分に近い二つの点は一つのチャートに含まれるとしてよい．そしてそれらの間の距離を求められるのなら，一般の場合も可能となるからである．

第 2 の問題点はずっと重大になる．多様体のチャートを選ぶ方法は一意ではない．したがって，チャートを使って距離を定義するやり方も一意的ではない．さらに悪いことには，チャートの族を固定した場合，チャートは互いに重なり合うことが起きて，重なる部分で両立する距離を定義できなくなる．

第 3 の問題点は，2 番目の問題点に関係している．たとえば，球面は曲がっているが，チャートは平坦である．よって，チャートにおける距離は，球面における最短線の長さと完全には一致しない．

これらの問題点から引き出される一つの重要な教訓は，与えられた多様体に対して距離を定義しようとするとき，そうする方法には多くの選択肢があるという事実である．大まかに言えば，リーマン計量がその中から一つを選択する方法を与えている．

少し詳しく言えば，**計量**とは距離の「無限小」概念である（正確な定義は「距離空間」[III.56] を参照）．リーマン計量は，無限小の距離を決定する．これらの無限小の距離は，曲線の長さを定義するのに十分な情報を与える．これがどのように行われるかを見るため，通常のユークリッド平面における曲線の長さについて，まず考えてみよう．(x, y) が曲線に属し，$(x+\delta x, y+\delta y)$ を (x, y) に十分に近い曲線上の点とする．このとき，これら 2 点の間の距離は $\sqrt{\delta x^2+\delta y^2}$ である．十分に滑らかな曲線の長さを計算するため，曲線に沿って多数の点を選び，それぞれが次の点に十分近くなるようにして，それらの距離を足してみる．これは長さの良い近似を与え，点を数を多くしていけば，近似の精度はさらに良くなっていく．

実践上は，微分積分の利用により，さらに容易に長さを求めることができる．曲線は，$t=0$ を出発時刻とし，$t=1$ を到達時刻として，時間とともに動く点 $(x(t), y(t))$ の軌跡と考えられる．δt が十分に小さければ，$x(t+\delta t)$ は近似的には $x(t)+x'(t)\delta t$ であり，$y(t+\delta t)$ も近似的には $y(t)+y'(t)\delta t$ である．よって，$(x(t), y(t))$ と $(x(t+\delta t), y(t+\delta t))$ の間の距離は，三平方の定理を使って近似的に $\delta t\sqrt{x'(t)^2+y'(t)^2}$ により与えられる．δt を 0 に近づけて，すべての無限小距離を曲線に沿って足し合わせれば，長さに関する公式

$$\int_0^1 \sqrt{x'(t)^2+y'(t)^2}\mathrm{d}t$$

を得る．$x'(t)$ と $y'(t)$ を $\mathrm{d}x/\mathrm{d}t$ および $\mathrm{d}y/\mathrm{d}t$ と書くならば，$\sqrt{x'(t)^2+y'(t)^2}\mathrm{d}t$ は $\sqrt{\mathrm{d}x^2+\mathrm{d}y^2}$ と書き直せる．これが前に記した $\sqrt{\delta x^2+\delta y^2}$ の無限小版である．

もし望むのであれば，2 点 (x_0, y_0) および (x_1, y_1) を結ぶ最短線が直線であり，それらの間の距離は $\sqrt{(x_1-x_0)^2+(y_1-y_0)^2}$ であることを証明することができる（証明は「変分法」[III.94] を参照）．しかし，最初にこの距離の公式を使っているから，この例はリーマン計量の特色を例示するものではない．特色を見るために，6.6 項で論じた双曲幾何学における円板モデルのさらに正確な定義を与えよう．6.6 項では，円板モデルでの距離は，円板の縁に近づくほど，ユークリッドの距離と比べて大きくなっていくことを述べた．より正確には，開円板の定義は $x^2+y^2<1$ を満たす点 (x, y) の集合であり，この上のリーマン計量は，$(\mathrm{d}x^2+\mathrm{d}y^2)/(1-x^2-y^2)$ という表現により与えられるのである．これは，(x, y) と $(x+\mathrm{d}x, y+\mathrm{d}y)$ の間の距離の平方を定義している．これと同値な言い方は，このリーマン計量に関する曲線 $(x(t), y(t))$ の長さは

$$\int_0^1 \sqrt{\frac{x'(t)^2+y'(t)^2}{1-x(t)^2-y(t)^2}}\mathrm{d}t$$

により与えられる，というものである．

より一般に，平面上の一部分における**リーマン計量**は，無限小距離の計算（したがって曲線の長さの計算）を可能にする表現

$$E(x, y)\mathrm{d}x^2+2F(x, y)\mathrm{d}x\mathrm{d}y+G(x, y)\mathrm{d}y^2$$

のことである（円板モデルでは，$E(x, y)$ と $G(x, y)$ は双方とも $1/(1-x^2-y^2)$ であり，$F(x, y)$ は 0 である）．距離は正の値をとるという重要な条件から，$E(x, y)G(x, y)-F(x, y)^2$ は常に正である．また，関数 E, F, G には滑らかさを仮定する．

この定義は一般次元に拡張される．n 次元では，$(x_1, \ldots, x_n)$ と $(x_1+\mathrm{d}x_1, \ldots, x_n+\mathrm{d}x_n)$ の間の距離の平方を特定するには

$$\sum_{i,j=1}^n F_{ij}(x_1, \ldots, x_n)\mathrm{d}x_i\mathrm{d}x_j$$

という形の表現を使わなければならない．$F_{ij}(x_1,\ldots,x_n)$ は，点 $(x_1,\ldots,x_n)$ に依存する $n \times n$ 行列を形作る．この行列は対称であり，正定値である．すなわち，$F_{ij}(x_1,\ldots,x_n)$ は常に $F_{ji}(x_1,\ldots,x_n)$ に等しく，距離の平方を決定する表現は常に正である．さらに，$F_{ij}(x_1,\ldots,x_n)$ は $(x_1,\ldots,x_n)$ に滑らかに依存すべきである．

こうしてユークリッド空間の部分上でリーマン計量を定義する方法を学んだわけだが，これにより多様体の各チャート上で計量を構成する方法を得たことになる．この構成の仕方は多数あるが，**多様体**上のリーマン計量は，各チャート上でのリーマン計量が「両立」するように定義したものである．ここで「両立」とは，二つのチャートが重なる部分ではいつでも距離が同じであるという性質をいう．前に述べたように，両立することが確かめられたなら，2 点間の距離を，それらを結ぶ最短線の長さとして定義する．

多様体にリーマン計量が与えられると，角度や体積などの，多くの他の概念を定義できる．また，**曲率**という重要な概念を定義することが可能である．これについては「リッチ流」[III.78] を参照されたい．もう一つの重要な概念は**測地線**である．これはユークリッド幾何学における直線のリーマン幾何学的類似である．曲線 C について，C 上の十分に近い 2 点 P, Q に対してそれらを結ぶ最短線が C の一部と一致するなら，C は測地線である．たとえば球面上の測地線は大円である．

これまでの議論から明らかなように，可能なリーマン計量のとり方はたくさんある．リーマン幾何学における主要なテーマの一つは，その中からベストなものを選ぶことである．たとえば，球面では，曲線の長さの定義として標準的なものを採用すれば，対応する計量は特に対称性が大きいものになり，これは大いに望まれる性質である．特にこのリーマン計量では，曲率は至るところ同じである．より一般に，さらなる条件を付け加えたリーマン計量を探し求めることがある．理想的には，これらの条件が十分に強く，条件を満たす計量がただ一つであるか，あるいはそのような計量の族が十分小さいことが望ましい．

I.4

数学研究の一般的目標

The General Goals of Mathematical Research

ティモシー・ガワーズ［訳：砂田利一］

前章では，数学に登場する多くの概念を紹介した．本章は，数学者がそれらの概念を用いて行っていること，そして，それらの概念について問うべき問題について論じる．

1.　方程式を解く

これまでの章で見てきたように，数学は概念と（数学的）構造とで満ち満ちている．しかし，それらは黙って眺めるためだけにあるわけではない．それらに対して何事かをしたいのである．たとえば，数が与えられたとき，それを 2 倍したり，平方を求めたり，あるいは逆数をとったりする状況が起きることがある．また，与えられた関数に対して，それを微分しようと考えるかもしれないし，幾何学的図形に対しては，それを変換しようとするかもしれない．

このような行為は，決して尽きることのない興味深い問題の源泉である．何かの数学的手続きを定義したとき，自明とも言えるプロジェクトは，それを実行する技術の開発である．これは手続きについての直接的問題と呼ぶべきものになる．一方で，次に述べるような，逆問題というより深い一連の問題がある．どのような手続きが実行されたか，そしてどのような答えが得られたかがわかっていると仮定しよう．このとき，この手続きが適用された元の数学的対象は何であるかを知ることができるだろうか？たとえば，ある数を平方して 9 を得たとするとき，元の数は何であるか，答えられるだろうか？

この場合は答えは Yes である．それは 3 でなければならない．ただし，負数も許せばもう一つの答えは -3 である．

さらに形式ばった言い方をすれば，われわれは方程式 $x^2 = 9$ を吟味していたことになり，これには二つの解が存在する事実を見出したのである．この例は三つの重要な点を提示している．

- 与えられた方程式は解を持つか？

- 解を持つならば，それはただ一つか？
- 解の集合は何か？

最初の二つは，解の**存在**と**一意性**に関わっている．3番目については，方程式 $x^2 = 9$ の場合は特におもしろいわけではない．しかし，偏微分方程式のようなより複雑な場合は，微妙かつ重要な問題である．

より抽象的言葉を使うため，f を**写像** [I.2 (2.2 項)] として，$f(x) = y$ のような形の式に直面したとしよう．直接的問題は，x が与えられたとき y を求めることであり，逆問題は，y が与えられたとき x を求める問題，すなわち方程式 $f(x) = y$ を解く問題である．この形の方程式の解についての問題が，「数学における言語と文法」[I.2] において解説した写像 f の可逆性に密接に関連しているのは驚くべきことではない．x, y は数よりははるかに一般的な対象であるから，方程式を解くという考えは，それ自身たいへん一般的であり，この理由から数学においては中心的問題なのである．

1.1 線形方程式

学校で最初に出会う方程式は，$2x + 3 = 17$ のようなものである．このような単純な方程式を解くには，x を通常の算術規則を満たす未知の数として扱う．そして，この規則を使って，より簡単な方程式に持ち込むのである．今の場合は両辺から 3 を引いて $2x = 14$ を得る．そして，この新しい方程式の両辺を 2 で割って，$x = 7$ であることを発見する．非常に注意深い言い方をすると，今示したことは，「もし」$2x + 3 = 17$ であるようなある数 x が「存在するならば」，この x は 7 でなければならないということである．残された問題は，そのような x の存在を示すことである．よって，厳密に言えば，$2 \times 7 + 3 = 17$ をチェックするステップを経なければならない．これは今の場合は明らかに真であるが，このような主張は，より複雑な方程式に対しては常に真とは限らない．したがって，最後のステップは重要なのである．

方程式 $2x + 3 = 17$ は 1 次 (線形) 方程式と呼ばれる．なぜなら，x に 2 を掛けて 3 を足すことにより定義される関数 f は，そのグラフが直線という意味で線形だからである．今見たように，単一の未知数 x を含む線形方程式は容易に解ける．未知数の数が多い方程式を扱い始めると，問題は大いに難しくなる．未知数が二つの場合の代表的例である $3x + 2y = 14$ を見ることにしよう．この方程式は多数の解を持つ．実際，任意に y を選択したとき，$x = (14 - 2y)/3$ とおいて対 (x, y) を考えれば，これは解になっている．問題をより難しくするために，2 番目の方程式として，たとえば $5x + 3y = 22$ を付け加える．そして，これら二つの方程式を同時に満たす解を求めてみる．これは $x = 2$，$y = 4$ というただ 1 組の解を持つことがわかる．一般的に，二つの未知数を持つ二つの線形方程式は，今の例のように，きっかり一つの解を持つ．このことは幾何学的状況を考えれば容易に納得されるだろう．$ax + by = c$ の形をした方程式は，xy 平面の直線の方程式である．二つの直線は通常は 1 点のみで交わる．例外は 2 直線が一致するか，平行な場合である．前者の場合は無限個の交点を持ち，後者の場合は交わらない．

複数個の未知数を持つ複数個の方程式が与えられたとしても，概念的にはそれらを 1 未知数，1 方程式の方程式と見なせる．一見これは不可能なように聞こえるが，実際には新しい未知数をより複雑な対象とすることが許されるなら，完全に可能である．たとえば二つの方程式 $3x + 2y = 14$ と $5x + 3y = 22$ は，行列とベクトルを含む次のような単一な方程式として書き直される．

$$\begin{pmatrix} 3 & 2 \\ 5 & 3 \end{pmatrix} \begin{pmatrix} x \\ y \end{pmatrix} = \begin{pmatrix} 14 \\ 22 \end{pmatrix}$$

ここで，A を行列，$\boldsymbol{x}$ を未知数からなる列ベクトル，$\boldsymbol{b}$ を既知数のベクトルとすれば，この方程式は $A\boldsymbol{x} = \boldsymbol{b}$ という単純な形になる．この形にすると，実際のところ，複雑さを記法の背後に隠したにすぎないとはいえ，見た目の複雑さは減じている．

カーペットの下にほこりを掃き入れるようなこの手続きにはもっと意味がある．より単純な記法は，問題に付随する詳細の多くを隠している一方で，ぼんやりとしていたものをきわめて明快な形で提示する．すなわち，$\mathbb{R}^2$ からそれ自身への線形写像が現れ，それにより $\boldsymbol{b}$ に写るベクトル $\boldsymbol{x}$ を（もしあれば）知りたい．具体的な連立方程式に出くわしたときは，この再定式化は何も本質的な違いを作るわけではなく，するべき計算は同じである．しかし，連立方程式について，あるいは連立方程式から生じる他の問題について，より一般に，あるいは直接的に推論したいときは，行列方程式を一つの未知量に関する単一の方程式と考えるほうが容易なのである．このような現象は数学ではよく登場し，このことが高次元空間を研究する主な理由である．

1.2 代数方程式

線形方程式において，一つの未知数から複数の未知数への一般化についてこれまで論じてきた．一般化の別の方向としては，線形関数を次数 1 の多項式と考え，高次の多項式にすることが考えられる．学校では，たとえば $x^2-7x+12=0$ のような**2 次方程式**を解く方法を学んだ．より一般に，**多項式方程式**（代数方程式）とは，

$$a_nx^n+a_{n-1}x^{n-1}+\cdots+a_2x^2+a_1x+a_0=0$$

の形の方程式である．

このような方程式を解くというのは，この式が真であるような x の値を見つけることである（あるいは，そのようなすべての x を求めると言ったほうがよい）．このことは，$x^2-2=0$ というきわめて単純な例を学ぶまでは，容易に感じるかもしれない．これの解はもちろん $x=\pm\sqrt{2}$ である．しかし，$\sqrt{2}$ とは何だろうか？　それは，平方が 2 となる実数として定義される．確かにそうなのだが，x は平方して 2 になる正数に正負の符号をつけたものであると言っても，それが $x^2-2=0$ の「解」と言うのでは，何も説明したことにはならない．また，$x=1.4142135\cdots$ と言ったとしても同じである．なぜなら，これは決して終わることのない小数展開の最初の部分であって，数そのものを認識できる形式にはなっていないからである．

この例から引き出せる二つの教訓がある．一つは，方程式についての問題がしばしば解の**存在**と**性質**についてであり，解の公式を発見できるかどうかではないことである．方程式 $x^2=2$ の解が $x=\pm\sqrt{2}$ であると聞いたとき，われわれは何も学んでいないように思われるが，この主張には，2 が平方根を持つという，まったく自明とは言えない事実が含まれている．これは**中間値の定理**（あるいはそれに関係する他の結果）の結論である．この定理は，f が連続な実数値関数であって，0 が $f(a)$ と $f(b)$ の間にあれば，a,b の間にある c で，$f(c)=0$ となるものの存在を主張している．この定理を関数 $f(x)=x^2-2$ に適用してみよう．$f(1)=-1$，$f(2)=2$ であるから，1 と 2 の間にある x で，$x^2-2=0$，すなわち $x^2=2$ となるものが存在する．多くの目的に対しては，この x の存在と，正であり平方すれば 2 であることさえわかれば十分なのである．

同様の議論により，正の実数は正の平方根を持つことが示される．しかし，より複雑な 2 次方程式を解こうとすれば，状況は変わる．この状況に合わせた二つの選択がある．たとえば方程式 $x^2-6x+7=0$ を考えよう．x^2-6x+7 は $x=4$ のとき -1 であり，$x=5$ のときは 2 であることが確かめられる．よって中間値の定理により 4 と 5 の間に解が存在する．しかし，これから学べることは多くない．むしろ $x^2-6x+7=(x-3)^2-2$ と書き直せば，$(x-3)^2=2$ のような方程式に変換できる．これは $x=3\pm\sqrt{2}$ という二つの解を持つ．すでに $\sqrt{2}$ が 1 と 2 の間に存在することは示してあるから，$x^2-6x+7=0$ の解として，4 と 5 の間にあるものを得るだけでなく，方程式 $x^2-6x+7=0$ は $x^2=2$ と密接な関係があり，解はこれを使って得られることを知るのである．これは，方程式の解法についての 2 番目の見地を説明する．そして，多くの場合，方程式の明示的な可解性は相対的概念であることがわかる．方程式 $x^2=2$ に対する解が与えられれば，より複雑な方程式 $x^2-6x+7=0$ を解くのに，中間値の定理からの新しい「入力」は必要ないという意味である．われわれが必要とするのは，ある種の代数である．すなわち代数を用いて解は $x=3\pm\sqrt{2}$ という明示的な形で与えられる．しかし，この式には $\sqrt{2}$ が含まれており，これは明示的式の手段では定義されておらず，ただ存在だけを証明できる，ある性質を有する一つの実数にすぎない．

高次の方程式を解くことは，2 次方程式の場合より格段に難しくなり，魅力的な問題を提出する．3 次と 4 次の場合は複雑ではあるものの解の公式が知られている．しかし，5 次あるいはそれ以上の次数の方程式に対しては，解の公式を求めることは，長い間数学における有名な未解決問題であった．この問題は，**アーベル** [VI.33] と**ガロア** [VI.41] により，一般には解の公式が存在しないという主張が証明されたことで解決された．さらなる詳細については「5 次方程式の非可解性」[V.21] を参照されたい．また，代数方程式に関連する章として，「代数学の基本定理」[V.13] がある．

1.3 多変数の代数方程式

次のような方程式に出会ったとしよう．

$$x^3+y^3+z^3=3x^2y+3y^2z+6xyz$$

直ちにわかるのは，これが多数の解を持つことである．実際，x, y を固定したとき，z についての3次方程式を得るが，一般に3次方程式は少なくとも一つの実数解を持つことから，x, y を選ぶごとに (x, y, z) が上記の方程式の解となるような z が存在する．

一般の3次方程式の解の公式は複雑であるから，上の方程式の解 (x, y, z) の集合を正確に特定するのに，今述べた方法で十分とは言いがたい．しかし，この解の集合を幾何学的対象（正確に言えば，空間の中の2次元曲面）として考え，それについての性質を問題とすることによって，得るものが多くある．たとえば，この曲面の形がどのようなものかを理解したい．この種の問いかけは，**位相幾何学** [I.3 (6.4 項)] の言葉と概念によって精密化される．

もちろん，問題はさらに一般化され，複数の代数方程式の同時解を考えることができる．このような方程式系の解集合の理解は，**代数幾何学** [IV.4] の範疇に入る．

1.4　ディオファントス方程式

前に言及したように，ある特定の方程式が解を持つかどうかは，許される解の範囲に依存している．方程式 $x^2 + 3 = 0$ は実数の範囲では解を持たないが，複素数の範囲では二つの解 $x = \pm i\sqrt{3}$ を持つ．方程式 $x^2 + y^2 = 11$ は無限に多くの実数解を持つが，整数解は存在しない．

後者は，もし整数解を求めようとするならば，**ディオファントス方程式**という名称を持つ代表的な方程式となる．最も有名なディオファントス方程式は $x^n + y^n = z^n$ というフェルマーの方程式であり，アンドリュー・ワイルズにより n が3以上であれば正の整数解を持たないこと（**フェルマーの最終定理** [V.10]）が知られている．対照的に，方程式 $x^2 + y^2 = z^2$ は無限個の解を有する．現代的な**代数的整数論** [IV.1] の相当部分は，直接・間接にディオファントス方程式に関係している．実数，複素数の範囲での方程式とともに，ディオファントス方程式の解の集合を研究することは実りが多い．この研究は**数論幾何学** [IV.5] として知られる分野に属する．

ディオファントス方程式の注目すべき特徴は，その研究が著しく困難なことである．それゆえ，ディオファントス方程式に対する系統的アプローチがあるかどうかを考えるのは自然である．この問いかけは，1900年に**ヒルベルト** [VI.63] により10番目の未解決問題として提出された．答えは No であることが，マーティン・デイヴィス（Martin Davis），ジュリア・ロビンソン（Julia Robinson），ヒラリー・パットナム（Hilary Putnam）の研究を経て，ようやく1970年になって，ユーリ・マチャセヴィッチ（Yuri Matiyasevitch）により導かれた（これについては，「停止問題の非可解性」[V.20] を参照）．

この解決における重要なステップは，**チャーチ** [VI.89] と**チューリング** [VI.94] によりなされた1936年の研究である．この研究により，**アルゴリズム** [II.4 (3 節)] と**計算複雑さ** [IV.20 (1 節)] という概念を用いて，「系統的アプローチ」という考え方に（二つの異なった方法で）正確な意味が与えられた．コンピュータの時代以前は，このような研究は容易ではなかったのである．ヒルベルトの10番目の問題の解決は，次のように述べられる．「ディオファントス方程式を入力したとき，それが解を持つときは "Yes"，持たないときは "No" という出力を誤りなく行えるコンピュータプログラムは存在しない」．

この説明は，ディオファントス方程式に対して何を語ったことになるのだろうか？　それは，われわれはもはやディオファントス方程式全部を含むような最終理論を夢見ることはできないということである．その代わりに，それらを解くために個別的に発展しつつある方法を用いて，個々の方程式，ないしは特別な方程式のクラスにわれわれの注意を制限することが強いられる．もし特定のディオファントス方程式が数学の他の分野と関連していなければ，このような制限には何らおもしろみはないだろう．たとえば，x の3次関数である $f(x)$ に対する，$y^2 = f(x)$ という形の方程式は，むしろ特殊すぎるように見える．しかし，事実は，「楕円曲線」[III.21] の章で論じられるように，フェルマーの最終定理の証明を含む現代的数論において，この方程式は中心的対象なのである．もちろん，フェルマーの最終定理それ自身がディオファントス方程式に関するものであり，その研究は数論の他の部分の発展に重要な寄与をした．これから引き出される正当な教訓は，次のようなことであろう．特定のディオファントス方程式を解く企てはよくなされるが，もしその結果がこれまでに解かれた方程式のリストに単に加えられる以上の意味があるならば，魅力的な企てである．

1.5　微分方程式

これまで，未知の量としては，数か，あるいは n 次元空間の点（n 個の数の列）であるような方程式について論じてきた．このような方程式を解くために，算術的演算のさまざまな組合せを考え，それらを未知量に適用した．

ここでは，これと比較する対象として，次の二つのよく知られた微分方程式を取り上げよう．

$$\frac{\mathrm{d}^2x}{\mathrm{d}t^2}+k^2x=0$$
$$\frac{\partial T}{\partial t}=\kappa\Big(\frac{\partial^2T}{\partial x^2}+\frac{\partial^2T}{\partial y^2}+\frac{\partial^2T}{\partial z^2}\Big)$$

1 番目の方程式は「常微分」方程式であり，2 番目は「偏微分」方程式である．1 番目は単振動に対する方程式であり，その一般解は $x(t)=A\sin kt+B\cos kt$ により与えられる．2 番目は熱方程式であり，これについては「いくつかの基本的な数学的定義」[I.3 (5.4 項)] ですでに論じた．

多くの理由から，微分方程式はその複雑さにおいて，これまで考察してきた方程式から大きく飛躍する．一つは，未知量が関数であり，数や n 次元の点よりも複雑な対象だからである（たとえば 1 番目の方程式は，t の関数 x が，それを 2 回微分したとき，元の x の $-k^2$ 倍になるのようなものを求めている）．二つ目は，関数に施す演算が微分と積分を含んでいることにある．これは，加法や乗法という演算よりはるかに高度な演算である．三つ目は，未知関数 f に対する式として明示的な公式を用いて解かれる方程式は，それが自然かつ重要であっても，むしろ稀なのである．

1 番目の方程式を再び考察しよう．与えられた関数 f に対して，$\phi(f)$ により関数 $\mathrm{d}^2f/\mathrm{d}t^2+k^2f$ を表す．このとき ϕ は，$\phi(f+g)=\phi(f)+\phi(g)$，$\phi(af)=a\phi(f)$（$a$ は定数）を満たすという意味で，線形写像となっている．これは，無限次元に一般化された形ではあるが，微分方程式があたかも行列を使った線形方程式のように見える．熱方程式についても同様である．すなわち，$\psi(T)$ を

$$\frac{\partial T}{\partial t}-\kappa\Big(\frac{\partial^2T}{\partial x^2}+\frac{\partial^2T}{\partial y^2}+\frac{\partial^2T}{\partial z^2}\Big)$$

として定義すれば，ψ も線形写像である．このような微分方程式は線形と呼ばれ，線形代数にリンクさせれば解法が相当容易になる（このための便利な道具は**フーリエ変換** [III.27] である）．

完結した形では解けない他の代表的な方程式についてはどうだろうか？　このときは，再び解が存在するのかどうか，そして存在するならそれが持つ性質は何かという方向にわれわれの焦点は移行する．代数方程式の場合と同様に，これは許容される解として何を含めるかに依存している．時には，方程式 $x^2=2$ のときと同様な状況になることがある．すなわち，解の存在証明は比較的容易であり，解に名前を与えるだけで済むこともある．単純な例は方程式 $\mathrm{d}y/\mathrm{d}x=\mathrm{e}^{-x^2}$ である．ある意味で，これは解けない．微分して e^{-x^2} になる関数は，多項式，**指数関数** [III.25]，**三角関数** [III.92] などの初等関数を使って表せないからである．しかし，別の意味では，解くことが可能である．単に関数 e^{-x^2} を積分しさえすればよい．結果として得られる関数は（$\sqrt{2\pi}$ で割れば），**正規分布** [III.71 (5 節)] の関数である．正規分布は確率論において重要かつ基本的である．そのため，この関数には Φ という名前が与えられている．

ほとんどの状況では，たとえ「既知の」関数を積分することを許したとしても，解の公式を書き出せる望みはない．有名な例はいわゆる **3 体問題** [V.33] である．空間の中を，3 質点が重力によって互いに引き合いながら運動しているとき，それらはどのように動き続けるだろうか？　ニュートンの法則を使って，この状況を記述する微分方程式を書き出すことはできる．**ニュートン** [VI.14] は 2 体問題の場合に対応する方程式を解き，惑星が太陽のまわりを楕円軌道で運動する理由を明らかにした．しかし，3 体あるいはさらに多い場合は，解法は著しく困難であり，今日では，これには尤もな理由があることがわかっている．この方程式の一般的な解は，カオス的挙動をするのである（「力学系理論」[IV.14] を参照）．しかし，この事実はカオスと安定性の問題に対する研究において，新しく興味深い道を開いている．

時には，容易には明示できないにせよ，解の存在を証明する方法がありうる．このときは，解の精密な式を求めるのではなく，一般的な定性的性質を求めることになるだろう．たとえば，（熱方程式や波動方程式のように）時間に依存する方程式であれば，解が減衰していくか，爆発するか，あるいは時間によらずほぼ同じであるかについて問うことができる．これらの定性的問題は，**漸近挙動**の研究として知られる．解がきれいな式で与えられていないときでも，このような問いに答えるための技術が存在する．

ディオファントス方程式と同様に，非線形を含む重要で特別な微分方程式の中で，完全に解けるクラスがある．これは，まったく異なるスタイルの研究を促す．この場合でも，再び解の性質に興味を持つことになるが，完全な解の公式がその性質を理解するのに重要な役割を果たすという意味で，代数的な問題になりうるのである．これについては「線形および非線形波動とソリトン」[III.49] を参照してほしい．

2. 分 類 す る

群 [I.3 (2.1 項)] や**多様体** [I.3 (6.9 項)] のような新しい数学的構造を理解しようとするなら，最初にすべきは，例をたくさん構成することである．時には容易に例を見つけられるものの，それらを順番に並べて整理しようとすると途方に暮れる場合もある．しかし，例の満たすべき条件が非常に厳しいときには，すべての例を含むような無限個の例からなるリストを作れることがしばしば起こる．たとえば，体 $\mathbb{F}$ 上の次元 n の**ベクトル空間** [I.3 (2.3 項)] は $\mathbb{F}^n$ に同型である．このことは，ベクトル空間を完全に決定するのには，一つの正の整数 n で事足りることを意味していて，リストは $\{0\}, \mathbb{F}, \mathbb{F}^2, \mathbb{F}^3, \mathbb{F}^4, \ldots$ となる．このような場合は，問題としている数学的構造が**分類される**という．

分類という考え方はたいへん有益である．なぜなら，もし数学的構造の分類ができるなら，その構造についての結果を証明するのに，新しい方法を獲得できるからである．すなわち，構造が満たしている公理から結果を演繹する代わりに，リストにあるすべての例についてそれが成り立っていることを単にチェックすればよい．これにより，一般的な場合に対してこの結果を証明したことになるからである．この方法が，より抽象的かつ公理的なアプローチに比べて常に容易とは限らないが，場合によってはうまくいく場合もある．実際，他の方法による証明方法が知られておらず，分類を使ってのみ証明される結果がいくつか存在する．より一般に，数学的構造の例が多くあるほど，仮説を検証したり，反例を発見するなどして，その構造を考えやすくなる．構造のすべての例を知れば，ある種の目的のためには理解が完全なものになるのである．

2.1　構成要素と族を見極める

興味深い分類定理に導く代表的状況が二つある．それらの間の境界は少々ぼんやりしているが，違いについてはっきりさせる価値は十分ある．そこで，本項および次項で二つの状況について別々に論じる．

最初の状況の例として，**正多面体**と呼ばれる対象を見てみよう．ここで，(凸) 多面体 (polytope) とは 2 次元の多角形や 3 次元の多面体，そして高次元への一般化を意味している．正多角形は，すべての辺が同じ長さを持ち，すべての内角が等しい多角形であり，3 次元の正多面体は，すべての面が合同な正多角形で，すべての頂点に同じ数の辺が集まっているような多面体である．一般に，高次元のときは，対称性が最も大きいときに正多面体と呼ばれる (正確な定義は複雑である．3 次元の場合には，今述べたものと同値な次のような定義がなされ，これを一般化するのは容易である．**旗** (flag) というのを，多面体の頂点 v，それを含む辺 e，そして e を含む面 f の三つ組 (v,e,f) として定義する．任意の二つの旗 (v,e,f)，(v',e',f') に対して，v を v' に，e を e' に，f を f' に写すような多面体の対称変換が存在するとき，正多面体と呼ばれる)．

正多角形がどのようなものかは誰もが知っている．2 より大きい整数 k に対して，ただ一つの正 k 角形が存在する．3 次元の場合，正多面体はいわゆる**プラトン立体**であり，それらは正 4 面体，立方体，正 8 面体，正 12 面体，正 20 面体の 5 種類からなる．一つの頂点で少なくとも三つの面が集まり，さらにこの頂点でのそれら内角の和は 360° 未満であるから，この 5 種類のほかには正多面体が存在しないことを確かめることは難しくない．実際，この制限から，頂点に集まる可能な面は，三つないし五つの正三角形か，三つの正方形，あるいは，三つの正五角形である．それぞれに応じて，4 面体，8 面体，20 面体，立方体，12 面体が対応している．

今定義した正多角形と正多面体は，高次元での類似を有する．たとえば，$\mathbb{R}^n$ の $n+1$ 個の点で，どの 2 点も同じ距離となっているものをとれば，それらは**正単体**と呼ばれる図形を作る．これは 2 次元のときは正三角形，3 次元のときは正 4 面体である．すべての i について $0 \leq x_i \leq 1$ であるような $(x_1, \ldots, x_n)$ の全体は，正方形と立方体の一般化である．正 8 面体は，$|x|+|y|+|z| \leq 1$ を満たす (x,y,z) の全体からなる $\mathbb{R}^3$ の集合として定義されるから，その n 次元

類似は，$|x_1|+\cdots+|x_n|\leq 1$ を満たす $(x_1,\ldots,x_n)$ 全体の集合として定義するのが自然である．

正 12 面体と正 20 面体の類似となる無限系列があるかどうかは，自明なことではない．実際のところ，無限系列は存在しないのであり，4 次元における 3 種の例を除けば，上で与えた正多面体は，完全なリストを与えている．この 3 種の例外は，きわめて珍しいものである．その一つは，120 個の 3 次元の面を有し，それぞれの面は正 8 面体となっている．また，この多面体は，いわゆる「双対」を持っていて，これの面は 600 個からなる正 4 面体である．3 番目の例は，座標を用いて表せば，16 個の点 $(\pm1,\pm1,\pm1,\pm1)$ と，8 個の点 $(\pm2,0,0,0)$，$(0,\pm2,0,0)$，$(0,0,\pm2,0)$，$(0,0,0,\pm2)$ を頂点とする．

これらがすべての正多面体を尽くすという定理は，3 次元において上でスケッチした証明に比べて，著しく証明が難しい．正多面体の完全なリストは，19 世紀中頃にシュレーフリ（Schläfli）により得られたが，これ以外に存在しないことは，1969 年にコクセター（Coxeter）により初めて証明されたのである．

このように，3 次元以上の正多面体は，正 4 面体，立方体，正 8 面体の一般化である 3 種の族と，正 12 面体，正 20 面体，および今述べた 3 種類の 4 次元多面体のいずれかであることがわかる．この状況は，多くの分類定理の中で代表的なものである．例外的な例はしばしば「散在的」と呼ばれ，きわめて高い対称性を有するときがある．実際には，大きな対称性を期待させるような裏付けはないのであるが，場合によっては，このような幸福なことが起こりうるのである．異なる分類の結果に現れる系列族と散発的な例は，しばしば密接に関連し合い，一見関連するようには見えない分野間の深い関係を表す兆候になることがある．

時には，すべての数学的構造の分類を試みる代わりに，ある種の基本的構造を見出し，これから単純な方法で他のすべてを構成することが可能になる場合がある．すべての自然数は素数の積として構成される事実を思い出せば，素数の集合はこれを説明するのに良い類似になる．たとえば，有限群は**単純群**と呼ばれるある種の基本的群の「積」として表される．20 世紀数学の最も有名な定理の一つである**有限単純群の分類** [V.7] は，第 V 部で論じられる．

このようなスタイルの分類定理については，「リー理論」[III.48] を参照されたい．

2.2 同値，非同値，不変量

数学では，二つの対象について，厳密には異なるものの，その違いは無視したいという状況が多々起きる．このような状況では，対象を本質的には同一（あるいは「同値」）と見なしたい．この種の同値性は，**同値関係** [I.2 (2.3 項)] の概念により表現される．

たとえば，位相幾何学者（トポロジスト）は，「いくつかの基本的な数学的定義」[I.3 (6.4 項)] で解説されているように，二つの形の一方が他方の連続変形であるとき，それらを本質的に同じと見なす．そこでも指摘されているが，球面は立方体とこの意味で同じであり，ドーナツの表面（トーラス）は，コーヒーカップの表面と本質的に同じである（コーヒーカップをドーナツに変形するには，取っ手の部分を徐々に膨らます）．球面はトーラスと本質的に同じでないことは，証明は難しいものの，直観的には明らかであろう．

なぜ同値でないことの証明が同値であることの証明より難しいのだろうか？ 二つの対象が同値であることを見るには，同値を与える一つの変換を見出せばよい．しかし，同値でないことを言うには，「すべての可能な」変換を考え，どの一つをとっても同値を与えないことを示さなければならない．たとえば，球面をトーラスに変換させようとするときにこの手続きが必要になるが，この手続きから可視化が困難なきわめて複雑な連続変形を除外することはできない．

球面がトーラスと本質的に同じでないという主張に対する証明のスケッチを与えよう．球面とトーラスは，**コンパクトな向き付け可能な曲面**の例である．大雑把に言えば，これらは，境界を持たず空間の有限部分を占める 2 次元の図形である．このような曲面は，三角形を張り合わせて得られる曲面と同値（位相的に同じ）である．**オイラー** [VI.19] の有名な定理によれば，

> P を球面と位相的に同じ多面体として，これが V 個の頂点，E 個の辺，F 個の面を持つとき，$V-E+F=2$ が成り立つ．

たとえば，P を 20 面体とするとき，12 個の頂点，30 個の辺，20 個の面を持つから，$12-30+20$ は確かに 2 に等しい．

この定理において，三角形の平坦性は重要ではない．それらを球面上に描き，球面三角形とすること

ができる．そして，頂点，辺，面の数は変わらないから，定理はなおも成り立つ．球面上に描かれた三角形のネットワークは，球面の三角形分割と呼ばれる．

オイラーの定理は，球面のいかなる三角形分割に対しても，$V - E + F = 2$ が成り立つことを主張している．さらに，この公式は，連続変形のもとで V, E, F が変化しないという事実により，球面ばかりでなく，球面と位相的に同値で三角形分割された他の図形でも成り立つ．

より一般に，任意の曲面の三角形分割が可能であり，$V - E + F$ を計算できる．計算結果は曲面の**オイラー標数**と呼ばれる．この定義に意味があることは，オイラーの定理を一般化した次の事実が背景にある（証明は元の定理より著しく難しいということはない）．

(i) 曲面を三角形分割する方法は多数あるが，すべての三角形分割に対して $V - E + F$ は同じ値になる．

曲面の連続変形と三角形分割の変形を同時に行うならば，新しい曲面のオイラー標数は，元の曲面のそれと同じである．言い換えれば，事実 (i) は次の興味深い結論に導く．

(ii) 二つの曲面が互いの連続変形であれば，それらは同じオイラー標数を持つ．

この結論は，曲面が同値でないことを示す方法の可能性を与える．もし，二つの曲面が異なるオイラー標数を持てば，それらは互いに連続変形とはなっていない．トーラスのオイラー標数は 0 であることが（適当な三角形分割を行うことによって）わかるので，球面とトーラスが同値でないことの証明が完成する．

オイラー標数は**不変量**の例である．不変量とは，調べようとしている対象すべての集合を定義域とする関数（写像）ϕ で，X, Y が同値な対象であれば $\phi(X) = \phi(Y)$ となるものである．X と Y が同値でないことを示すには，$\phi(X)$ と $\phi(Y)$ が異なるような不変量 ϕ を見つければよい．ある場合には，オイラー標数のように ϕ の値域は実数であるが，多項式や群のような複雑な対象を値域とすることもしばしばある．

X, Y が同値でなくても，$\phi(X)$ が $\phi(Y)$ に等しい場合は起こりうる．極端な例は，ϕ がすべての対象に対して 0 をとる場合である．しかし，対象が同値でないことの証明が相当困難な場合には，不変量がたとえ一時的にしか有効でなくても，有用で興味深いものになることがある．

不変量 ϕ について，望ましい主要な性質が二つある．それらは，互いに「逆向きに引き合う」ものである．一つは，X, Y が同値でなければ，$\phi(X)$ と $\phi(Y)$ が異なるような，可能な限りの「きめの細かさ」を持つという要請である．もう一つは，いつ $\phi(X)$ が $\phi(Y)$ と異なるかを多くの場合に確認できることである．きめの細かい不変量がもし計算不能であるならば，ほとんど意味がない（極端な例は，それぞれの X にその同値類を対応させる「自明な」不変量である．できるだけきめが細かくても，それを明示する独立な手段がないならば，二つの対象が同値でないことを示す本来の問題に前進はもたらされない）．それゆえ，最も強力な不変量は，計算が可能であり，しかも簡単すぎないものである．

コンパクトで向き付け可能な曲面の場合，オイラー標数は計算が容易な不変量であるばかりでなく，曲面を完全に分類する不変量となっている．正確に言えば，k が曲面のオイラー標数であるためには，k が $2 - 2g$（g は 0 以上の整数）の形をしていることが必要かつ十分な条件である（よって，可能なオイラー標数は，$2, 0, -2, -4, \ldots$ である）．そして，二つの曲面が同じオイラー標数を持てば，それらは同値である．したがって，同値な曲面は同じものと見なせば，数 g が曲面の完全な分類を与える．この数は曲面の**種数**と呼ばれ，曲面の「穴」の数として幾何学的に説明される（よって，球面の種数は 0 であり，トーラスのそれは 1 である）．

不変量の他の例については，「代数的位相幾何学」[IV.6] および「結び目多項式」[III.44] を参照されたい．

3. 一般化すること

ある重要な数学的定義が定式化されるか，あるいは定理が証明されたとしても，これで話が終わりになることは稀である．たとえ数学の一部でも明瞭に見えれば，さらに良く理解できる場合がしばしばある．そして，これを可能にする最も共通する方法は，より一般の状況を考え，その特別な場合として表現することである．さまざまな種類の一般化が考えられるが，ここではいくつかの例について論じる．

3.1 仮定を弱くして，結論を強くする

1729が2通りの方法で二つの立方数の和 1^3+12^3 および 9^3+10^3 として表されることは，有名な事実である．では，四つの立方数の和として10通りの方法で表される数が存在するかどうか，これを確かめてみよう．

一見，この問題はたいそう難しそうに見える．もしそのような数が存在するとしたら，この数はたいへん大きいと思われるから，一つずつ数を当てはめて確かめていくのは時間がかかるだろう．では，これより賢い方法はあるだろうか？

その答えは，仮定を弱くすることである．われわれがこれから解こうとする問題は，次の一般的な問題である．自然数の列 $a_1, a_2, \ldots$ が与えられ，それがある性質を持っているとする．われわれが証明したいのは，この数列の中から10通りの方法で取り出した四つの数であって，それらの和が同じ数であるものが存在するという主張である．こうすることは，問題を考える上でわざとらしく見えるかもしれない．なぜなら，元の問題における数列の性質は，「立方数の列」というものだからである．この性質は特殊すぎることもあって，むしろ列の「身元確認」だけにこの性質を使うのが自然である．このような考え方により，一層広いクラスの数列に対して結論が成り立つ可能性が期待できる．そして，実際にそのとおりなのである．

1 000 000 000以下の1000個の立方数が存在する．この事実だけから，四つの立方数の和として10通りの方法で表される数の存在を示してみよう．すなわち，$a_1, a_2, \ldots$ を自然数の任意の列として，最初の1000個の項のどれもが1 000 000 000を超えないならば，この数列の中から10通りの方法で四つの項を取り出して，それらの和を同じ数にすることができるのである．

これを証明するために使う事実は，$a_1, a_2, \ldots, a_{1000}$ から四つの異なる項を選ぶ方法が $1000 \times 999 \times 998 \times 997/24$ 通り存在することである．この数は，$40 \times 1\,000\,000\,000$ より大きい．一方，数列の四つの項の和は $4 \times 1\,000\,000\,000$ を超えないから，最初の4 000 000 000個の数の一つを数列の4項の和として表す方法の平均数は，少なくとも10である．しかし，この表し方の平均数が少なくとも10であれば，確かに4項の和として表す方法が少なくとも10通りあるような数が存在することになる．

なぜこのように問題を一般化することが問題解決の助けになるのだろうか？ 仮定を少なくすれば，結果の証明が困難になると普通は考えがちである．しかし，いつもそうとは限らない．少ない仮定のもとでは，解決方法のオプションは少なくなる．他方，もし上記の問題を一般化しなかったら，きわめて多数のオプションが考えられる．たとえば，容易な数え上げの問題であることに気づかずに，非常に難しい不定方程式（ディオファントス方程式）を解こうとするかもしれない．ある意味で，問題の真の性格を理解するために，仮定を緩めたのである．

上記の一般化は，結論を強める働きがあると考えられる．問題は立方数に関する事柄であったが，これだけではなく，もっと多くの事実を証明できたからである．仮定を緩めることと，結論を強化することの間には明確な違いはない．なぜなら，$P \Rightarrow Q$ という命題を証明しようとするとき，これを $\neg Q \Rightarrow \neg P$ の形に常に再定式化できて，P を緩めれば，$P \Rightarrow Q$ の仮定が緩められるが，これは $\neg Q \Rightarrow \neg P$ の結論を強めることになる．

3.2 さらに抽象的な結果を証明する

フェルマーの小定理 [III.58] として知られる整数論における有名な結果は，p を素数とし，a が p の倍数でないとき，a^{p-1} を p で割ったときの余りが1であることを主張する．すなわち，p を法として a^{p-1} は1に合同である[*1)]．

この結果には複数の証明があり，その一つは一般化の適切な例となっている．最初のステップは，p を法として掛け算を行うとき，$1, 2, \ldots, p-1$ は**群** [I.3 (2.1 項)] となることを示すことである（これは，通常の掛け算のあとで，p で割った余りをとることを意味する．たとえば，$p=7$ であれば，3と6の「掛け算」の答えは4である．なぜなら，18を7で割った余りは4だからである）．次のステップは，$1 \leq a \leq p-1$ であるとき，p を法とする a のベキ全体は，この群の部分群となるという事実に注意することである．さらに，この部分群のサイズ[*2)]は，a^m が p を法として1に合同となるような最小の自然数 m に等しい．ここで，群のサイズはその任意の部分群のサイズで割り切れるという**ラグランジュの定理**を適用する．こ

*1) ［訳注］式では $a^{p-1} \equiv 1 \pmod{p}$ と表される．

*2) 位数とも呼ばれる．

こでは，群のサイズは $p-1$ であるから，$p-1$ は m によって割り切れる．よって $a^m=1$ から，$a^{p-1}=1$ が結論される*3)．

今の議論は，フェルマーの小定理がラグランジュの定理の特別な場合にすぎないことを示している（「すぎない」という言葉は少々ミスリードするかもしれない．p を法とする整数が群を形作るという言明は，完全に自明というわけではないからである．この事実は**ユークリッドの互除法** [III.22] を使って証明される）．フェルマーは，彼の定理をこのような形で理解していたわけではない．彼の時代には，群の概念は発見されていなかったのである．群という抽象的概念は，フェルマーの小定理をまったく新しい方法で解釈することを許す．すなわち，一般的結果（何らかの抽象的な概念を新たに開発しなければ記述できない結果）の特別な場合として，フェルマーの定理を解釈することが可能になる．

抽象化のプロセスは利益を生む．まず，明らかに，より一般の定理を生じる場合もあるし，他の興味深い特別な定理を生み出すこともある．いったんこのことを理解すれば，それぞれの場合を個別的に証明するのではなく，一挙に一般的結果を証明できる．元来はまったく異種に見える複数の結果の間に，関連を見出す可能性が開かれるのである．そして，異なる数学分野間の意外な関連を見出せば，ほとんど常にと言ってよいくらい，主題に重要な前進がもたらされる．

3.3 特性を見出す

$\sqrt{2}$ を定義する方法と，$\sqrt{-1}$（あるいは通常の記号で i）を定義する方法の間には著しい違いがある．前者の場合，注意深い人ならば，平方すると 2 になるような正の実数がただ一つ存在することを示そうとするだろう．すると，$\sqrt{2}$ は，この数として定義される．

このようなスタイルの定義は，i に対しては不可能である．というのも，平方して -1 となる実数は存在しないからである．そこで，この代わりに次のような問いをしてみよう．もし平方が -1 となる数があったとしたら，それについて何が言えるだろうか？ とは言え，i を含むような大きい数系に実数系を拡大する可能性を排除しているわけではない．

最初は，i についてただ一つの事柄（$\mathrm{i}^2=-1$）しかわからないが，もしこれに付け加えて i が通常の算術規則に従っていると仮定すれば，さらにおもしろい計算を行える．たとえば

$$(\mathrm{i}+1)^2=\mathrm{i}^2+2\mathrm{i}+1=-1+2\mathrm{i}+1=2\mathrm{i}$$

となって，これは $(\mathrm{i}+1)/\sqrt{2}$ が i の平方根であることを意味する．

これら二つの単純な仮定（$\mathrm{i}^2=-1$ と，i が通常の算術規則に従うこと）から，i が実際何物であるかに煩わされることなく，**複素数** [I.3 (1.5 項)] についての完全な理論を展開できる．実際のところ，存在について考えることをいったんやめるなら，$\sqrt{2}$ の存在も（安心感は与えるものの），それを定義する性質ほどには実際上は重要ではないのである．すなわち，$\sqrt{2}$ は i の定義と同様に，その平方が 2 であり，通常の算術規則を満たしているという仮定だけが重要なのである．

重要な数学的一般化の多くは，同じような働き方をしている．もう一つの例は，x を正の実数，a を実数としたときの x^a の定義に見られる．a が正の整数でない場合は，この表現に直接意味を与えることは困難である．しかし，数学者はこの表現に完全に満足している．どうしてだろうか？ その理由は，x^a において問題なのは，その数値ではなく，a の関数と考えたときの**特性**だからである．そのうち最重要なものは，$x^{a+b}=x^ax^b$ という性質である．このほかの二つの簡単な性質と併せれば，これらは関数 x^a を完全に決定する．さらに重要のは，x^a に意味を与えようとするときに使う，これらの特性なのである．この例は，「指数関数と対数関数」[III.25] の章においてより詳しく解説される．

抽象化と分類の間には，興味深い関係がある．「抽象」という言葉は，対象そのものの定義から直接に論じられるものではなくて，対象の特性を利用するときに共通している数学の部分を指すために使われることが多い（ただし，$\sqrt{2}$ の例のように，この区別はいくぶん曖昧である）．抽象の究極は，群の公理やベクトル空間の公理のように，公理系から導かれる結論を探求することである．とはいえ，時にはそのような代数的構造について論じるために，それらを分類することが大きい助けになる．そして，分類した結果は，構造を再び具体的なものにするので

---

*3) ［訳注］等号は群の要素としての等号であるから，合同式としては $a^{p-1}\equiv 1 \pmod{p}$ を意味している．

ある．たとえば，有限次元ベクトル空間 V は，ある非負な整数 n により $\mathbb{R}^n$ に同型であり，時には，V を公理系を満たす代数構造と考えるより，具体的対象である $\mathbb{R}^n$ と見なすと考えやすいことがある．このように，ある意味で分類は抽象とは正反対なのである．

3.4　一般化と再定式化

次元とは，日常用語としても馴染み深い数学的アイデアである．たとえば椅子を写した写真は，3 次元の対象の 2 次元における表現である．なぜなら，椅子は高さと幅と奥行を持つが，写真は高さと幅しか持たない．大まかに言って，図形の次元は，図形の中に留まりながら動くことのできる独立な方向の数である．この荒っぽい言い方は，**ベクトル空間** [I.3 (2.3 項)] の概念を用いれば数学的に正確なものになる．

任意の図形が与えられたとき，順当な理解では，次元は 0 以上の整数でなければならない．たとえば，移動できる独立な方向の数として，1.4 という値は意味を持たない．ところが，**分数次元**の厳密な数学理論は存在するのである．この理論では，0 以上のすべての実数 d に対して，次元が d であるような多くの図形を見出すことができる．

この一見不可能に見える理論を，数学者はどのように作り上げるのだろうか？　その答えは，次元の定義を再定式化し，それを一般化することである．すなわち，次の二つの性質を持つ次元の新しい定義を与えるのである．

(i) 「単純な」図形の次元は，通常の次元と一致する．たとえば，新しい次元においても，直線の次元は 1，正方形の次元は 2，立方体の次元は 3 である．

(ii) 新しい次元の定義においては，すべての図形の次元が自然数であることは，もはや明白なことではない．

このような定義を行う方法は複数存在する．それらのほとんどは，長さ，面積，体積の間の違いに焦点を絞っている．長さが 2 の線分は，長さが 1 の重ならない二つの線分の和になっていることや，辺の長さが 2 の正方形は，辺の長さが 1 の重ならない四つの正方形の和になっていること，そして，辺の長さが 2 の立方体は，辺の長さが 1 の重ならない 8 個の立方体の和になっていることに注意しよう．これらの理由から，d 次元の図形を r 倍すると，d 次元の「体積」は r^d 倍になる．さて，次元が 1.4 の図形を作りたいとする．このために，$r = 2^{5/7}$ とおき（したがって，$r^{1.4} = 2$），図形 X でそれを r 倍したとき，それが X の二つのコピーの重ならない和になるようなものを見つけるのである．X の二つのコピーを合わせたものは，X の体積の 2 倍の体積を持つから，X の次元 d は，$r^d = 2$ という方程式を満たさなければならない．r のわれわれの選び方から，X の次元は 1.4 である．この議論についての詳細については，「次元」[III.17] を参照してほしい．

一見ありそうもないもう一つの概念は，**非可換幾何学**である．「可換」という言葉は **2 項演算** [I.2 (2.4 項)] に適用され，よって幾何学というよりは代数に属している．そこで，「非可換幾何学」にはどのような意味があるのだろうか考えてみよう．

今の段階に至っては，答えは驚くべきものではない．幾何学の一部をある種の代数的構造で再定式化し，次に代数を一般化するのである．可換な 2 項演算を含む代数的構造の代わりに，非可換な 2 項演算を容認して，代数を一般化することができる．

このような幾何学の例は，**多様体** [I.3 (6.9 項)] のそれである．多様体 X に付随させるのは，X 上のすべての連続な複素数値関数からなる集合 $C(X)$ である．$C(X)$ に属す二つの関数 f, g と，二つの複素数 λ, μ を係数とする線形結合 $\lambda f + \mu g$ は連続な複素数値関数であるから，これは $C(X)$ に属す．よって，$C(X)$ はベクトル空間になる．さらに，f と g を掛けることによって連続な関数を作ることも可能である（$(fg)(x) = f(x)g(x)$ とする）．この乗法はさまざまな自然な性質を有しており（たとえば，$f(g+h) = fg + fh$ がすべての関数 f, g, h に対して成り立つ），これにより $C(X)$ は代数（環），さらに言えば **C^* 環** [IV.15 (3 節)] になる．そして，コンパクト多様体 X の幾何学の多くの部分が，対応する C^* 環 $C(X)$ の言葉で純粋に再定式化される．ここで「純粋に」というのは，代数 $C(X)$ を定義するのに，そもそも使われている多様体を参照する必要はなく，$C(X)$ という代数そのものを使うという意味である．これは，幾何学とは関係のない代数であっても，再定式化された幾何学的概念をこれに適用できるような代数が存在しうることを意味している．

代数は二つの 2 項演算を持っている．すなわち，加法と乗法である．加法は常に可換とするが，乗法については可換とは限らない．乗法も可換なときは，この代数は可換であると言われる．fg と gf は明らかに同一の関数であるから，$C(X)$ は可換な C^* 環であり，したがって，通常の幾何学に対応する代数は常に可換である．多くの幾何学的概念は，もしそれらが代数的用語を用いて再定式されたならば，非可換な C^* 環においても意味があり続ける．そして，このことが「非可換」幾何学という言い方が使われる理由である．詳しいことは，「作用素環」[IV.15 (5 節)] を参照されたい．

再定式化とそれに続く一般化の手続きは，数学の最も重要な進歩の多くに関わっている．ここで，3 番目の例を手短に説明しよう．**算術の基本定理** [V.14] は，その名が示しているように，数の理論の礎石の一つである．この定理は，自然数（正の整数）がただ 1 通りの方法で素数の積として書けることを述べている．数論の専門家は，拡張された数の体系を考える．その体系の中では算術の基本定理はもはや成り立たない．たとえば，整数 a, b により $a + b\sqrt{-5}$ と表される数の全体からなる**環** [III.81 (1 節)] においては，6 が 2×3 および $(1 + \sqrt{-5}) \times (1 - \sqrt{-5})$ という積に分解され，他方，2，3，$1 + \sqrt{-5}$，$1 - \sqrt{-5}$ は分解されないという意味で，6 は 2 通りの異なる方法で「素数」の積として表される．

実は，**イデアル** [III.81 (2 節)] という概念により，「数」の概念を一般化する自然な方法が存在し，これを用いて今述べた環における算術の基本定理のバージョンを証明できるのである．このために最初にすることは，各数 γ に，環に属す数 δ を掛けた $\delta\gamma$ の全体からなる集合を考える．この集合は，これを (γ) と表したとき，α, β が (γ) に属すならば，$\delta\alpha + \epsilon\beta$ も (γ) に属すという，「閉じた」性質を有している．

環において，この「閉じた」性質を持つ部分集合は，**イデアル**と呼ばれる．(γ) の形のイデアルは，**主イデアル**と呼ばれる．しかし，すべてのイデアルが主イデアルというわけではない．したがって，もし各要素 γ を主イデアル (γ) として再定式化するならば，イデアルの集合は元の環の要素の集合の一般化となっている．イデアルに対しても自然な加法と乗法が存在する．さらに，イデアル I が「素」であるとは，I を積 JK の形に書く唯一の方法は，J ないしは K のいずれかが「単位」イデアルの場合しかないとして定義する．このような拡張された状況を設定すれば，一意的素因数分解が成り立つ．これらの概念は，元の環において「通常の一意的素因数分解がどの程度成り立たないか」を測るのに便利な方法を与える．詳しくは，「代数的数」[IV.1 (7 節)] を参照されたい．

3.5 高次元と多変数

すでにわれわれは，1 変数多項式による代数方程式よりも，多変数多項式による代数方程式のほうが複雑であることを見た．同様に，多変数関数に関する**偏微分方程式** [I.3 (5.4 項)] の研究は，1 変数関数の微分方程式である常微分方程式より，大いに困難であることも見た．これらは，重要な数学の問題や結果を生じるプロセスについての二つの顕著な例である．特に前世紀以後，1 変数から多変数への一般化のプロセスは著しい成功を収めてきた．

三つの実変数 x, y, z を含む方程式が与えられているとしよう．それらを一括した三つ組 (x, y, z) を考えると便利であることがしばしばある．さらに，このような対象は，3 次元空間の点として表現される．こうした幾何学的解釈は重要であり，1 変数の対象に関する定義や定理から多変数への拡張が非常に興味深いものになる理由を十分に説明している．また，代数を 1 変数から多変数に一般化するならば，われわれが行おうとしていることは，1 次元の設定から高次元への設定に一般化するものと考えられる．このような考え方は，代数と幾何学の間の多くのリンクを作り，一つの分野のみでなく，他の分野へのわれわれの方法の効果的適用を可能にするのである．

4. パターンを発見する

半径 1 の複数の円を互いに重ならないように，できるだけ密に平面に描くにはどのようにすればよいだろうか？　この問いは，いわゆる**詰め込み問題**（packing problem）の一例である．期待されるように，答えは円の中心が三角格子の頂点となるような配置である（図 1）．3 次元でも似たような結果が成り立つが，これはケプラー予想として知られている，これは最近まで未解決だった問題であり，その証明は著しく難しい．実際，数学者が解いたと思い込んだいくつかの証明は，実は誤りであった．しかし，1998 年に，トーマス・ヘイルズ（Thomas Hales）により長大かつ複雑な証明が計算機の助けを借りて与えられた．彼の証明はチェックが容易ではないが，たぶ

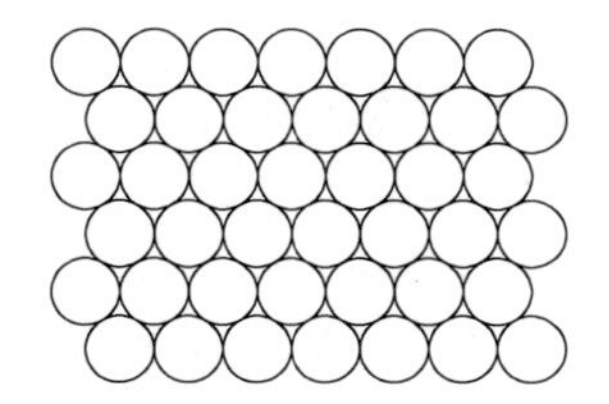

図 1　平面上の円の最密配置

ん正しいだろうと思われている．

円の詰め込みについての問題は，一般の次元でも考えられるが，次元が大きくなるにつれて著しく困難になる．実際，97 次元における最密な詰め込みは決してわからないだろう．同様の問題に対する経験から，この場合の最良な配置が，2 次元において見られるような単純な構造を持つとは考えられない．それを見出す唯一の方法は，ある種の「強引な探索」ということになるだろう．しかし，たとえ探索により有限個の可能性に還元されたとしても，その可能性の数は現実にチェックできるような数を大きく超えているかもしれず，この複雑な最密構造の探索はうまくいきそうもない．

とはいえ，問題を解くのが困難に思われるときでも，完全にあきらめるべきではない．より生産的な反応は，取り扱いがもっと容易な関連する問題の定式化である．たとえば，最密な詰め込み方を発見する代わりに，どの程度密に詰め込みができるかを調べることが考えられる．ここで，n を大きくしていったとき，n 次元におけるかなり良い詰め込みを与える論法をスケッチしてみよう．まず，**極大詰め込み**を探すことから始める．この詰め込みは，単に単位球を次から次へと置いていき，すでに選んだ球に重ならない限りはもはや置けなくなるまでそれを続けて得られる詰め込みである．x を $\mathbb{R}^n$ の点としよう．このとき，これらの球の集まりの中で，x と球の中心の距離が 2 より小さい球がある．なぜなら，もしないとすると，x を中心とする単位球は他の球と重ならないからである．よって，球の集まりの中のすべての球を 2 倍すれば，それらは $\mathbb{R}^n$ を覆い尽くす．n 次元球の半径を 2 倍すれば，その（n 次元）体積は 2^n 倍になるから，拡大する前の球によって覆われる部分の全空間 $\mathbb{R}^n$ に対する割合は，少なくとも 2^{-n} でなければならない．

注意すべきは，密度 2^{-n} を持つ球の配置の性質については何もわからないということである．われわれが行ったのは，極大詰め込みを見出したことであり，それはまったく「でたらめ」な方法であった．これは 2 次元において円の特殊な配置を与える方法とは顕著な違いがある．

このような対照的状況は数学全体に浸透している．ある問題に対する最善のアプローチは，必要とする性質を持ちつつ，高度な構造を持つパターンの構成である．他方，完全な答えを望めない別の問題に対しては，特殊性を少なくしたパターンを探すとよい．この文脈における高度な構造は，しばしば大きい対称性を有する構造を意味している．

三角格子は，パターンとしてはむしろ単純なものである．ある種の高度な構造を持つパターンはきわめて複雑であり，その発見には大きな驚きが伴う．そのような顕著な例は，詰め込みの問題の中で発見された．一般に次元が大きくなるほど，望ましいパターンの発見が困難になる．しかし，この一般的ルールの例外が，24 次元で起きている．この次元では，以下で述べる**リーチ格子**と呼ばれる注目すべき構成物が存在し[*4]，これが不思議なことに密な詰め込みを与えているのである．ここで，$\mathbb{R}^n$ における**格子**とは，次の性質を有する部分集合 Λ のことである．

(i) x, y が Λ に属せば，$x+y$ および $x-y$ も Λ に属す．

(ii) Λ に属す x は孤立している．すなわち，x と Λ の他の点との距離が常に d 以上であるような正数 d が存在する．

(iii) Λ は，$\mathbb{R}^n$ の $(n-1)$ 次元部分空間には含まれない．

格子の代表的な例は，$\mathbb{R}^n$ の整数座標を持つ点の全体からなる集合 $\mathbb{Z}^n$ である．密な詰め込みを探そうとするなら，格子の中から探すのは賢い方法である．なぜなら，格子における原点以外の点は，原点からの距離が d 以上であり，よって，格子の 2 点間の距離も d 以上である．これは，x と y の間の距離は，$\mathbf{0}$ と $x-y$ の間の距離に等しいという事実による．こうして，格子全体を見る代わりに，原点近くの部分を見ればよい．

24 次元において，次の付加的性質を持つ格子の存在が示される．この格子 Λ と同じ性質を持つ格子は，元の格子の回転で得られるという意味で，ただ一つしかない．

[*4] ジョン・リーチ（John Leech）により 1967 年に発見された．

(iv) 24×24 の正方行列 M であって，その**行列式** [III.15] は 1 に等しく，Λ は M の各列の整数係数 1 次結合全体からなるようなものが存在する．

(v) $\boldsymbol{v}$ を Λ の点とするとき，$\mathbf{0}$ と $\boldsymbol{v}$ の間の距離の平方は偶数である．

(vi) 零と異なるベクトルで $\mathbf{0}$ に最も近いものは，距離 2 である．したがって，Λ の点を中心とする単位球は，$\mathbb{R}^{24}$ の詰め込みを与える．

この格子で原点に最も近く，零とは異なるベクトルはたくさん存在し，実際 196,560 個存在する．それらの点の距離が 2 であることを考えれば，この個数は目立って大きい．

リーチ格子は，きわめて大きい対称性を有している．正確に言えば，それは 8,315,553,613,086,720,000 個の回転対称性を持っている（この数は，$2^{22} \cdot 3^9 \cdot 5^4 \cdot 7^2 \cdot 11 \cdot 13 \cdot 23$ と表せる）．この対称群を，$I, -I$ からなる正規部分群で割った**商** [I.3 (3.3 項)] は，**コンウェイ群** Co_1 と呼ばれ，有名な散在的**単純群** [V.7] の一つである．このように多くの対称変換が存在することは，零と異なる任意の格子点と原点の間の距離の決定を容易にする．なぜなら，距離の一つだけをチェックすれば，他の多くの距離も自動的にチェックしたことになるからである（三角格子の場合，六つの回転対称性を有しているが，このことから，原点に隣接する 6 個の点が原点から同じ距離にある）．

リーチ格子に関するこれらの事実は，数学研究の一般的原理の例になっている．すなわち，数学的構成物が一つの顕著な性質を持てば，他の性質も併せ持つ可能性がある．特に大きい対称性は，他の特徴にしばしば関連する．つまり，リーチ格子が存在すること自体は驚きなのではあるが，それが $\mathbb{R}^{24}$ の格子による最密な詰め込みを与えている事実ほどの驚きではない．実際，2004 年にヘンリー・コーン（Henry Cohn）とアビナブ・クマール（Abhinav Kumar）により，これが正しいことが証明された．「格子による」という条件を外してもおそらく最密と考えられるが，現時点では不明である．

5.　外見上の一致を説明する

すべての散発的な有限単純群の中で最大のものは**モンスター群**と呼ばれている．この名称が付けられたのは，それが $2^{46} \cdot 3^{20} \cdot 5^9 \cdot 7^6 \cdot 11^2 \cdot 13^3 \cdot 17 \cdot 19 \cdot 23 \cdot 29 \cdot 31 \cdot 41 \cdot 47 \cdot 59 \cdot 71$ 個という，巨大な数の要素を持つことに，幾ばくかの理由がある．それはさておき，どのようにすれば，このような大きなサイズの群を理解できるのだろうか？

最善の方法の一つは，これが他のある数学的対象の対称群になることを示すことである（この主題についての多くの事柄については，「表現論」[IV.9] を参照）．そして，この対象のサイズは小さければ小さいほど良い．もう一つの大きな散在群であるコンウェイ群 Co_1 が，リーチ格子の対称群に密接に関係していることは，すでに見た．では，モンスター群に対して似たような役割を果たす格子は存在するのだろうか？

少なくとも次元にこだわらなければ，有効な格子の存在を示すのは難しくない．しかし，挑戦すべきは，小さい次元を持つものを見つけることである．実際，可能な最小次元は 196 883 であることが示されている．

ここで，異なる数学の分野に目を向けよう．「代数的数」[IV.1 (8 節)] の章を見れば，代数的数論において中心的位置にある**楕円モジュラー関数**と呼ばれる関数 $j(z)$ の定義が見つかるだろう．これは，次のような級数で表される．

$$j(z) = \mathrm{e}^{-2\pi \mathrm{i}z} + 744 + 196\,884\mathrm{e}^{2\pi \mathrm{i}z} + 21\,493\,760\mathrm{e}^{4\pi \mathrm{i}z} + 864\,299\,970\mathrm{e}^{6\pi \mathrm{i}z} + \cdots$$

好奇心をそそられるのは，$\mathrm{e}^{2\pi \mathrm{i}z}$ の係数が 196 884 となっているという事実である．これは，上で述べたモンスター群を対称群として表そうとするときに登場する格子の最小次元より 1 だけ大きい．

この観察をどれだけ真面目に捉えるべきかは，迷うところである．このことが，最初ジョン・マッケイ（John McKay）により発見されたとき，さまざまな異なる意見があった．二つの分野がまったく異質であり，しかも関連性がないことから，これはたぶん偶然の一致だろうと考える研究者もいた．また，関数 $j(z)$ とモンスター群はそれぞれの分野でたいへん重要であり，196 883 という数は相当大きいから，この驚くべき数値的事実は，これまでに発見されていない何か深い関係を指し示していると考える人もいた．

実際に，2 番目の見方が正しかったのである．マッケイとジョン・トンプソン（John Thompson）は，$j(z)$ の級数の係数を研究し，196 884 ばかりでなく，他のすべての係数がモンスター群に関連があるという予想を提出した．さらに，この予想は，コンウェイとサイモン・ノートン（Simon Norton）により拡張された「モンストラス・ムーンシャイン予想」として定式化され，最終的にはリチャード・ボーチャーズ（Richard Borcherds）により 1992 年に証明された（「ムーンシャイン」という言葉には，モンスター群と $j(z)$ の間に関係があるとの考え方に対する初期の不信感が反映されている*5)）．

予想を解くために，ボーチャーズは，**頂点代数** [IV.17] という新しい代数構造を導入し，これを分析するために**弦理論** [IV.17 (2 節)] による結果を用いた．換言すれば，理論物理学における概念の助けを借りて，一見異なるように見える純粋数学の二つの分野の関連を説明したのである．

この例は，数学研究におけるもう一つの一般的原理を極端な形で示している．すなわち，二つの異なる数学的源から，等しい二つの数値の列が得られたら（あるいは，もっと一般的な種類の二つの同一構造が得られたら），その源は見た目ほどには異ならない可能性がある．さらに，何か一つの深い関係を見つけたら，他の関係に導かれるかもしれない．二つの完全に異なる計算が同じ答えを与える例は，ほかにもたくさんあり，その多くが解き明かされていない．この現象は，数学における最も困難な，そして魅惑的な未解決問題となっている（ほかの例については「ミラー対称性」[IV.16] を参照）．

興味深いのは，j 関数がもう一つの数学的一致の例を与えていることである．数 $e^{\pi\sqrt{163}}$ について何か特別なことはなさそうに思えるが，10 進法展開を行うと

$$e^{\pi\sqrt{163}} = 262\,537\,412\,640\,768\,743.999\,999\,999\,999\,25\cdots$$

となって，これは自然数に驚くほど近い．再びこれを偶然の一致としてしまいそうになるが，誘惑に負けないように考え直すべきである．$e^{\pi\sqrt{163}}$ のように簡単に定義される数が，整数に小数点以下 12 桁まで近いという確率はきわめて小さい．実際，これは偶然の一致ではない．その説明については，「代数的数」[IV.1 (8 節)] を参照してほしい．

*5) ［訳注］ムーンシャインの意味は，「ばからしい考え」，「たわごと」である．

6. 数えたり測ったりする

正 20 面体の回転対称変換はどれくらいあるだろうか？　これを求める一つの方法がある．20 面体の一つの頂点 v をとり，v' をそれに隣接する頂点とする．20 面体は 12 個の頂点を持ち，v を回転させたとき 12 個の頂点のどれかに移る．v がどこに移るかがわかれば，v' については五つの可能性がある（なぜなら，それぞれの頂点は五つの頂点に隣接し，回転のあとも，v' は v に隣接していなければならないからである）．v と v' が移る位置が決定されれば，ほかに選択の余地はないから，回転対称の数は $5 \times 12 = 60$ となる．

これは，**数え上げ論法**の簡単な例であり，“How many” で始まる（個数を尋ねる）問いに対する一つの答えである．しかし，「論法」という言葉は「数え上げ」という言葉とほぼ同じく重要である．なぜなら，実生活において数えるときのように，回転対称を並べて「一つ，二つ，三つ，…，60」などと読み上げるのではないからである．われわれが行ったのは，回転対称の数が 5×12 になるという理由付けである．この数え上げの過程の終着点では，単にどれだけあるかというよりは，回転対称そのものをもっと理解したことになる．実際，さらに進んで，20 面体の回転群が，五つの要素上の**交代群** [III.68] と同型であることが示される．

6.1 正確な数え上げ

もっと洗練された数え上げの問題がある．n ステップの **1 次元ランダムウォーク**とは，各 i について $a_i - a_{i-1}$ が 1 あるいは -1 であるような整数列 $a_0, a_1, a_2, \ldots, a_n$ をいう．たとえば，0, 1, 2, 1, 2, 1, 0, −1 は 7 ステップのランダムウォークである．0 から始まる n ステップのランダムウォークは明らかに 2^n 種類ある．その理由は，各ステップにおいて，1 を足すか引くかの 2 通りの選択があることによる．

さて，もう少し難しい問題に挑戦してみよう．0 から出発し，0 に戻るような長さ $2n$ のウォークはいくつあるだろうか？（元に戻るためには，ステップの数が偶数でなければならないという理由で，長さ $2n$ のウォークを考えている）．

この問題を考察する際，1 を足すことと，1 を引くことを表すために，右（right）と左（left）の頭文字 R と L を使うと便利である．この記号を用いると，0

から始まるウォーク $0, 1, 2, 1, 2, 0, -1$ は RRLRLLL と書き直される．さて，ウォークが 0 で終了するのは，R の個数と L の個数が一致するとき，かつそのときのみである．さらに，ウォークの中で R が現れる場所がわかれば，ウォークを完全に把握できる．よって，われわれが数え上げようとしているのは，$2n$ のステップの中から R が現れる n 個の場所を選ぶ方法の数である．これが $(2n)!/(n!)^2$ であることはよく知られている．

次に，求めるのが相当難しい量を扱おう．$W(n)$ を，0 から出発して元に戻る長さ $2n$ のウォークで，決して負の値はとらないものの個数とする．前の問題で導入した記号を使えば，長さ 6 のウォークのリストは，RRRLLL，RRLRLL，RRLLRL，RLRRLL，RLRLRL である．

これら五つのウォーク中で，三つは出発時点と戻る時点だけで 0 をとるばかりでなく，途中の時点でも 0 をとっている．RRLLRL は 4 ステップで，RLRRLL は 2 ステップで，RLRLRL は 2 ステップと 4 ステップで 0 に戻っている．決して負数をとらない長さ $2n$ のウォークで，$2k$ ステップで初めて 0 に戻るものが一つ与えられたとしよう．0 に戻ったあとの残りの部分は，0 から出発し 0 に戻る長さ $2(n-k)$ のウォークであり，しかも負数はとらない．このようなウォークの数は $W(n-k)$ である．最初の $2k$ ステップのこのようなウォークは，必ず R で始まり，L で終わり，しかも途中で 0 にはならない．これは，最初の R と最後の L の間では，1 から出発して 1 で終わり，かつ 1 よりは小さい値をとらないウォークを与えることを意味している．このようなウォークの数は $W(k-1)$ である．最初に 0 に戻るのは，0 と n の間の k に対して，$2k$ ステップ目で起こらなければならないから，次の少し複雑な再帰関係が得られる．

$$W(n) = W(0)W(n-1) + \cdots + W(n-1)W(0)$$

ここで，$W(0)$ は 1 とする．

これを使えば，W の値のいくつかを計算できる．まず，$W(1) = W(0)W(0) = 1$ であり，これは直接確かめられる．次に，$W(2) = W(1)W(0) + W(0)W(1) = 2$ である．そして，長さ 6 の場合の $W(3)$ は，$W(0)W(2) + W(1)W(1) + W(2)W(0) = 5$ となって，前の計算を再確認したことになる．

もちろん，n が 10^{10} のような大きな数の場合に $W(n)$ を求めようとすれば，再帰関係に直接頼って計算するのは良いアイデアとは言えない．しかし，再帰関係は，「数え上げ組合せ論と代数的組合せ論」[IV.18 (3 節)] の章で説明する**母関数** [IV.18 (2.4 項, 3 節)] の考え方にうまく適応した形になっている（その章との関係を見るには，文字 R，L をそれぞれ括弧 "[" と "]" に置き換える．正当な括弧付けは，負数をとらないウォークに対応しているからである）．

上の論法は，$W(n)$ を正確に計算する効果的方法を与えている．数学には，ほかにも多くの正確な数え上げの論法が存在する．ここでは，数学者が強引に計算することなく，正確に数え上げができる他の例を紹介しよう（どのような場合に数え上げ問題が解けたと見なせるかについての議論は，「数え上げ組合せ論と代数的組合せ論」[IV.18] の冒頭部分を参照）．

(i) n 本の直線があり，どの 2 本も平行でなく，どの 3 本も 1 点で交わらないとき，これらの直線でカットされる領域の個数を $r(n)$ とする．n を $1, 2, 3, 4$ とするとき，$r(n)$ は $2, 4, 7, 11$ である．$r(n) = r(n-1) + n$ を確かめることは容易である．このことから，公式 $r(n) = \frac{1}{2}(n^2 + n + 2)$ が得られる．この事実と証明は，高次元に一般化される．

(ii) 四つの平方数の和で n を表す方法の個数を $s(n)$ とする．ここで，0 や負数も許し，異なる和の順序も数えることにする（したがって，たとえば，$1^2 + 3^2 + 4^2 + 2^2$，$3^2 + 4^2 + 1^2 + 2^2$，$1^2 + (-3)^2 + 4^2 + 2^2$，そして $0^2 + 1^2 + 2^2 + 5^2$ は，30 を表す異なる方法と考える）．$s(n)$ は n の，4 の倍数ではないすべての約数の和に 8 倍したものに等しいことが知られている．たとえば，12 の約数は，$1, 2, 3, 4, 6$ であり，このうち $1, 2, 3, 6$ が 4 の倍数ではないから，$s(12) = 8(1+2+3+6) = 96$ となる．この場合の異なる表現は，順序と負数を除けば，$1^2 + 1^2 + 1^2 + 3^2$，$0 + 2^2 + 2^2 + 2^2$ となる．他の表現は，順序を変えるか，正の整数を負の整数で置き換えることにより得られる．

(iii) 空間の中の与えられた 4 本の直線 L_1, L_2, L_3, L_4 が「一般の位置」にあるとき（一般の位置にあるとは，どの 2 本も平行でなく，互いに交わらないというように，それらが特別な関係を持たないという意味である），これらすべてと交わる直線の本数を考える．

4 本中の 3 本の直線に対して，それらを含む 2 次曲面と呼ばれる $\mathbb{R}^3$ の部分集合が存在し，しかもそれはただ一つである．そこで L_1, L_2, L_3 を含む **2 次曲面**をとり，これを S により表そう．

曲面 S は，問題を解くのに役立つ興味深い性質を有している．それは，直線の連続族 $L(t)$（すなわち，各実数 t に対して直線 $L(t)$ が対応し，t とともに連続に変化する族）で S が形作られ，しかもこれが L_1, L_2, L_3 のそれぞれを含んでいるという性質である．さらに，別の直線の連続族 $M(s)$ であって，そのそれぞれがすべての直線 $L(t)$ とただ一つの点で交わるものが存在する．特に，すべての直線 $M(s)$ は L_1, L_2, L_3 のすべてと交わり，しかも，L_1, L_2, L_3 のすべてと交わる直線は $M(s)$ のどれか一つである．

L_4 は曲面 S とちょうど 2 点で交わることが示される．その 2 点を P, Q としよう．P は 2 番目の直線族からとったある $M(s)$ 上にある．Q もある $M(s')$ 上にある（それらは異なる．なぜなら L_4 は $M(s)$ に等しく，L_1, L_2, L_3 と交わるため，各 L_i が一般の位置にあるという仮定に反する）．それゆえ，二つの直線 $M(s)$ および $M(s')$ は，四つの直線 L_i のすべてと交わる．しかし，L_i すべてと交わる直線は $M(s)$ のどれかでなければならない．そして，P あるいは Q のどちらかを通らなければならない（なぜなら，$M(s)$ は S 上にあり，L_4 はそれら二つの点で S と交わるからである）．こうして求める答えは 2 である．

この問題はかなり一般化され，**シューベルト計算**として知られる方法で解かれる．

(iv) 自然数 n を自然数の和で表す方法の個数を $p(n)$ とする．$n = 6$ のとき，これは 11 である．実際，$6 = 1+1+1+1+1+1 = 2+1+1+1+1 = 2+2+1+1 = 2+2+2 = 3+1+1+1 = 3+2+1 = 3+3 = 4+1+1 = 4+2 = 5+1 = 6$ である．関数 $p(n)$ は**分割関数**と呼ばれる．**ハーディ** [VI.73] と**ラマヌジャン** [VI.82] に負う顕著な式 $\alpha(n)$ は，$p(n)$ が常に $\alpha(n)$ に最も近い整数になっているという正確さを持つという意味で，$p(n)$ の良い近似式になっている．

6.2　評　　価

上記の (ii) の例を見て，その一般化が可能かどうかを問うのは自然である．n を 10 個の 6 乗和で表す方法の個数 $t(n)$ に対する公式は存在するだろうか？　答えは No であると一般に信じられているし，現在までにそのような公式は発見されていない．しかし，詰め込み問題のように，たとえ完全な解答が期待できなくても「評価式」を求めようとするのは興味ある問題である．この場合，たとえば，$f(n)$ が $t(n)$ を常に近似するような，容易に計算できる関数 f を求めようとするのは自然な試みである．あるいは，これも難しい場合，$L(n) \leq t(n) \leq U(n)$ を満たすような計算可能な関数 L, U を見出すことが考えられる．もしこれに成功したなら，L を**下からの評価**，U を「上からの評価」という．ここで，完全には数え上げられないが，興味深い近似が存在するか，少なくとも上ないしは下からの評価が存在するような例をいくつか挙げよう．

(i) たぶん数学の中で最も有名な近似数え上げ問題は，n 以下の素数の個数 $\pi(n)$ の評価である．小さな n に対しては，もちろん $\pi(n)$ を完全に計算できる．たとえば，20 以下の素数は 2, 3, 5, 7, 11, 13, 17, 19 であるから $\pi(20) = 8$ である．しかし，$\pi(n)$ に対する有効な公式は存在しないように思われる．$\pi(n)$ を強引に計算するアルゴリズムを与えることは容易であるが（n 以下の数を見て，それが素数かどうかをテストして，それらを数えていく），n が大きいと，とんでもない時間を要する．さらに，このような方法は，関数 $\pi(n)$ の性質にあまり有力な情報を与えない．

しかし，もし問題を少し変更して，n 以下の素数がいくつあるかを大雑把に知りたいとすると，数多くの美しい結果を生み出す**解析的整数論** [IV.2] という分野に立ち入らなければならない．中でも**アダマール** [VI.65] と**ド・ラ・ヴァレ・プーサン** [VI.67] が 19 世紀終盤に独立に証明した有名な**素数定理** [V.26] は，$\pi(n)$ と $n/\log n$ の比が n を無限大にするとき 1 に収束するという意味で，$\pi(n)$ が近似的には $n/\log n$ に等しいことを主張している．

この定理は次のように改良される．n 付近でランダムに選んだ自然数が素数となる確率はだいたい $1/\log n$ であるという意味で，n に近い素数の「密度」は，$1/\log n$ 程度と信じられる．これは，$\pi(n)$ がだいたい $\int_0^n \mathrm{d}t/\log t$ に等しいことを示唆している．n の関数 $\mathrm{li}(n) = \int_0^n \mathrm{d}t/\log t$ は n の**対数積分**と呼ばれている．

この評価はどれくらい精密なのだろうか？　その答えは誰も知らないが，数学における最も有名な未解決問題である**リーマン予想** [V.26] と同値な言明によれば，$\pi(n)$ と $\mathrm{li}(n)$ の差はある定数 c により高々 $c\sqrt{n}\log n$ 程度である．$\sqrt{n}\log n$ は $\pi(n)$ より相当小さいから，これは $\mathrm{li}(n)$ が $\pi(n)$ のきわめて良い近似であることを意味している．

(ii) 平面上の長さ n の**自己回避ウォーク**は，次の性質を満たす点列 $(a_0,b_0),(a_1,b_1),(a_2,b_2),\ldots$ のことである．

- a_i, b_i は整数である．
- 各 i に対して，(a_i,b_i) は (a_{i-1},b_{i-1}) から，水平方向あるいは垂直方向への長さ 1 のステップで得られる．すなわち，$a_i = a_{i-1}$ かつ $b_i = b_{i-1}\pm 1$ か，$a_i = a_{i-1}\pm 1$ かつ $b_i = b_{i-1}$ である．
- (a_i,b_i) のどの二つも異なる．

最初の二つの条件は，列が長さ n の 2 次元ウォークであることを言っている．3 番目の条件は，このウォークが任意の点を 1 回より多くは訪れないことを言っており，これが自己回避の意味である．

$S(n)$ を，(0,0) から出発する長さ n の自己回避ウォークの数とする．$S(n)$ に対する公式は知られていないし，そのような式は存在しそうもない．しかし，関数 $S(n)$ の増大の仕方については多くの事柄が知られている．たとえば，$S(n)^{1/n}$ がある定数 c に収束することは容易に証明できる．この定数が何であるかはわかっていないが，計算機の助けにより，2.62 と 2.68 の間にあることが示されている．

(iii) $C(t)$ を，原点を中心とする半径 t の円に含まれる整数座標を持つ点の個数としよう．すなわち，$a^2+b^2\le t^2$ を満たす整数の対 (a,b) の個数が $C(t)$ である．半径 t の円の面積は πt^2 であり，平面は中心が整数座標を持つ単位正方形でタイル張りされるから，t を大きくしていけば，$C(t)$ は πt^2 により近似される（証明は難しくない）．しかし，これがどの程度良い近似を与えているかは明らかではない[*6)]．

この問題を正確に表現するため，$\epsilon(t) = |C(t) - \pi t^2|$ とおこう．すなわち，$\epsilon(t)$ は $C(t)$ に対する評価 πt^2 との誤差である．1915 年，ハーディとランダウは $\epsilon(t)$ がある定数 $c>0$ により少なくとも $c\sqrt{t}$ で下から評価できることを示した．さらに彼らは，この評価（あるいは，これとたいへんよく似た評価）は，おそらく $\epsilon(t)$ の大きさの正しいオーダーであると考えた．これに関連して，（引き続いて行われてきた改良の中で最近得られた結果である）ハクスリーの改良 (2003) によると，ある定数 A に対して，$\epsilon(t)$ は上から $At^{131/208}(\log t)^{2.26}$ により評価される．

*6) ［訳注］これはガウスの円問題（circle problem）と呼ばれている．

6.3 平　　均

これまで，所与の種類の数学的対象を数え上げることを目的として，その評価と近似についての議論に集中してきたが，評価だけが興味深い問題というわけではない．対象の集合が与えられたとき，この集合がどれくらい大きいかを知るだけでなく，この集合の代表的対象は何であるかを知りたい場合がある．この種の問題の多くは，それぞれの対象に付随した数値パラメータの平均の値を求める形式により表現される．

二つの例を挙げよう．

(i) 長さ n の自己回避ウォークの終点と出発点の間の距離の平均はいくつか？　この例では，対象は $(0,0)$ を出発する長さ n の自己回避ウォークであり，数値パラメータは出発点と到達点の間の距離である．

驚くべきことに，これは悪名高い困難な問題であり，ほとんど何も知られていない．n が $S(n)$ の上からの評価を与えることは自明であるが，代表的な自己回避ウォークで多くの捻じれと方向転換が起こり，出発点からは n よりはるかに小さいところで動き回ると考えられる．しかし，n より本質的に良い上からの評価は知られていない．

別方向の問題としては，代表的自己回避ウォークの出発点と到達点の距離は，回避を行うための余地を必要とするため，通常のウォークの場合の距離より大きくなるという予想がある．これは，$S(n)$ が $\sqrt{n}$ より著しく大きいことを示唆しているが，単に大きいという主張でさえ証明されていない．

これは自己回避ウォークの物語の一部にすぎず，詳細については第 8 節で論じられる．

(ii) n をランダムに選んだ大きな自然数とし，$\omega(n)$ を n の素因数分解に現れる異なる素数の数としよう．平均的には，$\omega(n)$ はどの程度大きいだろうか？　自然数は無限個あるから，ランダムに選ぶと言っても，この問題はそのままでは意味をなさない．しかし，ある数 m を特定し，m と $2m$ の間にあるランダムな数 n を選ぶことにすれば，問題は正確になる．このとき，$\omega(n)$ の平均的サイズは $\log\log n$ 程度であることがわかる．

実際，もっと多くの事実が知られている．**確率変数** [III.71 (4 節)] の挙動についての情報がその平均だけなら，確率変数そのものについてはほとんど何もわかっていないということである．すなわち，多くの問題に対して，平均の計算は話の始まりでしかない．ハーディとラマヌジャンは，$\omega(n)$ の**標準偏差** [III.71 (4 節)] に対する評価がほぼ $\sqrt{\log\log n}$ により与えられることを示した．その後，エルデシュとカッツはさらに議論を推し進め，ω の分布が**ガウス関数** [III.71 (5 節)] で近似できるという驚くべき結果を証明して，$\omega(n)$ と $\log\log n$ の差が $c\sqrt{\log\log n}$ より大きくなる確率を正確に与えた．

これらの結果を見通し良くするため，$\omega(n)$ の可能な値の範囲について考えてみよう．一つの極端な場合は，n 自身が素数のときであり，この場合は素因数はただ一つである．他の極端な場合は，昇順に並べた素数 $p_1, p_2, p_3, \ldots$ により，$n = p_1 p_2 \cdots p_k$ と表される場合である．素数定理を使えば，k の大きさのオーダーは $\log n/\log\log n$ であり，これは $\log\log n$ よりかなり大きい．しかし，上記の結果は，このような数は例外的であることを言っている．すなわち代表的な数は，少数の異なる素因数を持つが，$\log n/\log\log n$ ほどではない．

6.4　極　値　問　題

さまざまな束縛条件のもとで，ある量を最大にしたり最小にしたりしようとする数学の問題が数多く存在し，それらは一括して**極値問題**と呼ばれる．数え上げの問題のように，完全な解答が事実上期待できる極値問題と，完全な答えは無理だとしても，興味深い評価を目指せる問題がある．ここで双方の例を説明しよう．

(i) n を自然数，X を n 個の要素からなる集合とするとき，X の部分集合の集まりで，どの部分集合も他の部分集合には含まれないような条件を課したとき，この集まりに属す部分集合の数はどれくらいか？

単純な考察で，二つの異なる部分集合が同じサイズを持てば，どちらも他方には含まれないことがわかる．よって，問題の束縛条件を満たす方法の一つは，特定のサイズを持つすべての集合を選ぶことである．さて，X の部分集合でサイズが k を持つものの個数は $n!/k!(n-k)!$ である（これは通常 $\binom{n}{k}$ あるいは ${}_nC_k$ と表される）．この個数は，n が偶数のときは $k = n/2$ のとき，奇数のときは $k = (n \pm 1)/2$ のとき最大となる．簡単のため，n が偶数の場合を考えよう．今証明したことは，n 個の要素を持つ集合では，どれもが他の部分集合に含まれないような $\binom{n}{n/2}$ 個の部分集合を取り出せることである．すなわち，$\binom{n}{n/2}$ が問題に対する下からの評価を与えている．**シュペルナーの定理**（Sperner's theorem）として知られる結果は，$\binom{n}{n/2}$ が上からの評価になっていることを主張している．すなわち，$\binom{n}{n/2}$ 個より多い部分集合を選べば，少なくとも一つの部分集合は，他の部分集合に含まれる．よって，問題に対する答えは正確に $\binom{n}{n/2}$ となる（n が奇数のときは，期待どおり $\binom{n}{(n+1)/2}$ が答えになる）．

(ii) 重い鎖の二つの端が天井の二つのフックに掛けられていて，その他の鎖の部分をサポートするものはないと仮定する．この鎖の形状はどのようなものだろうか？

まず，この問題は最大化あるいは最小化の問題のようには見えないが，実はそのような問題になるのである．すなわち，物理学の一般的原理は，鎖は位置エネルギーを最小にする位置に落ち着くことを言っている．このようにして，新しい問題に立ち入ることになる．距離が d の 2 点 A, B が与えられ，それらを端点とする長さ l の曲線全体の集合を $\mathcal{C}$ とするとき，どの曲線 $C \in \mathcal{C}$ が位置エネルギーを最小にするかという問題である．ただし，曲線の任意の部分の質量は長さに比例しているとする．曲線の位置エネルギーは mgh に等しい．ここで m は曲線の質量，g は重力定数，h は曲線の重心の高さを表す．m, g は変化しないから，問題の別の定式化は，どのような曲線 $C \in \mathcal{C}$ が最小の平均的高さを持つかということである．

この問題は，**変分法**と呼ばれるテクニックによって解かれる．大まかなアイデアは次のとおりである．$\mathcal{C}$ という集合上で，関数 h は，$C \in \mathcal{C}$ の平均的高さを与える関数である．h を最小化するための自然な方法は，ある種の微分を定義し，この微分が 0 となるような曲線 C を見出すことである．ここで注意すべきは，「微分」という用語は，曲線に沿って動くときの高さの変化率を意味しているのではなく，曲線の微小摂動に対応した，曲線全体の平均的高さの（線形的）変化を意味している．最小を求めるためにこの種の微分を使うのは，$\mathbb{R}$ 上に定義された関数の停留点を求める問題に比べて複雑である．しかし，このアプローチはうまく働き，平均的高さを最小にする曲線を求めることができる（この曲線は**懸垂曲線**（catenary）と呼ばれている．catenary はラテン語で鎖を意味する言葉である）．こうして，これは完全な答えが与えられる最小化問題であることがわかる．

変分法の代表的問題では，ある量を最小あるいは最大にする曲線や曲面，さらに，より一般の種類の関数を見出す試みを行う．もし最小あるいは最大のものが存在すれば（このことは，無限次元の集合を扱っている場合は決して自明とは言えないので，これは興味深い重要な問題である），それを達成する対象はオイラー–ラグランジュ方程式として知られる**偏微分方程式** [I.3 (5.4 項)] の系を満足する．この種の最小化・最大化については，「変分法」[III.94] を（また，「最適化とラグランジュ未定乗数法」[III.64] も）参照してほしい．

(iii) 1 と n の間の自然数列で，そのうちのどの三つも等差数列にならない性質を持つものを考える．この自然数列の長さは，どれくらい大きくすることができるだろうか？ $n=9$ のときは答えは 5 である．これを確かめるために，まず，五つの数 1, 2, 4, 8, 9 の中のどの三つも等差数列にはなっていないことを確認しよう．次に，六つの数ではどうかを考えてみよう．

もし，5 を自然数列に入れるなら，4 あるいは 6 は省かなければならない．さもないと，4, 5, 6 という等差数列ができてしまうからである．同様に，3 あるいは 7，2 あるいは 8，1 あるいは 9 も省かなければならない．しかし，これで四つの数が省かれてしまうから自然数列の中に 5 を入れることはできない．

1, 2, 3 のうち一つ，7, 8, 9 のうち一つは省かなければならない．よって，5 を除くならば，4 と 6 を自然数列に入れなければならない．しかし，このとき，2 と 8 は省かなければならない．さらに，1, 4, 7 のどれか一つを省かなければならない．こうして，少なくとも四つの数を省くことになる．

この種のきれいとは言いにくいケースバイケースの方法は，$n=9$ のときは実行可能であるが，n が大きいときは，場合分けが多すぎて手に負えなくなる．長さが 3 の等差数列を含まないような，1 と n の間にある最も大きい集合を完全な形で表すきれいな答えはありそうもない．その代わりに，そのサイズの上からと下からの評価を見ることにしよう．下からの評価については，等差数列を含まない大きい集合をうまく構成しなければならない．上からの評価については，あるサイズの任意の集合が必ず等差数列を含むことを示さなければならない．今日までに知られている最良の評価は，満足できるものではない．1947 年にベーレント（Behrend）は等差数列を含まないサイズ $n/e^{c\sqrt{\log n}}$ の集合を発見した．1999 年には，ジャン・ブルガン（Jean Bourgain）がサイズ $Cn\sqrt{\log\log n/\log n}$ の集合は，必ず等差数列を含むことを証明した（これらの評価が大きく離れていることは，$n=10^{100}$ とすれば，$e^{\sqrt{\log n}}$ は約 4 000 000 であり，他方 $\sqrt{\log\log n/\log n}$ は約 6.5 となることから理解できる）．

(iv) 理論計算機科学は，多くの最小化問題の源泉である．ある種の仕事を遂行するプログラムを作ろうとするとき，できるだけ短時間で仕事が行われるようにしたい．ここでは，次の初等的に思える例を考察しよう．二つの n 桁の数を掛け算するのに，どれだけのステップが必要か？という問題である．

「ステップ」という言葉の正確な意味にこだわらなければ，伝統的な方法（桁数の大きい掛け算）では，少なくとも n^2 のステップ数が必要である．なぜなら，計算する間に，最初の数のそれぞれの桁の数に 2 番目の数のそれぞれの桁の数を掛けるからである．これが必要であることは容易に想像できるだろうが，この種の掛け算を計算機で実行する際の所要時間の劇的な短縮を可能にする，問題の変換方法が存在する．知られている最速の方法は，**高速フーリエ変換** [III.26] を使うことである．実際，ステップの数は n^2 から $Cn\log n\log\log n$ に減らすことができる．与えられた数の対数は，元の数に比べてたいへん小さいから，$Cn\log n\log\log n$ は Cn の形の評価と比べてほんの少しだけ悪いと考えられる．この形の評価を「線形」的という．二つの数のすべての桁を読むだけで $2n$ ステップ必要であるから，この問題に対しては，望める限りの最良の方法である．

同様な性格を持つ別の問題は，行列の掛け算に対する高速なアルゴリズムがあるかどうかである．自明な方法により二つの $n\times n$ 行列を掛けるには，行列の中の数の n^3 回の掛け算が必要となるが，実はもっと良い方法がある．この問題に対する突破口はシュトラッセン（Strassen）に負う．彼は，それぞ

れの行列を四つの $n/2 \times n/2$ 行列に分けて，それらを一緒に掛け算するアイデアを用いたのである．一見するところ，八つの $n/2 \times n/2$ 行列の対の積を計算しなければならないようであるが，それらの積は互いに関係し，シュトラッセンは七つのそのような積から八つの積を求める方法を見出したのである．ここで**再帰法**を使う．すなわち，同じアイデアを七つの $n/2 \times n/2$ 行列の積に適用し，さらにこれを続けてスピードアップを図るのである．シュトラッセンのアルゴリズムは，n^3 から約 $n^{\log_2 7}$ 程度の回数の数値的掛け算に減らす．$\log_2 7$ は 2.81 より小さいから，n が大きいときには大きな改良となる．彼の「分割して攻略せよ」という基本的戦略はさらに発展し，現時点での記録は $n^{2.4}$ より良くなっている．現状では逆方向の評価は満足できるものとは言えない．実際，n^2 よりかなり多くの回数の掛け算が必要になることの証明には，誰も成功していない．

同様の問題については，「計算複雑さ」[IV.20] および「アルゴリズム設計の数理」[VII.5] を参照してほしい．

(v) いくつかの最大化・最小化問題は，もっと微妙である．たとえば，連続する素数の差の性質を理解したいとする．差の最小は 2 と 3 の差である 1 である．また，差の最大値は存在しない（1 より大きい整数 n に対して，$n!+2$ と $n!+n$ の間に素数は存在しない）．したがって，この差に関しては興味ある最大化・最小化の問題は考えられないように思える．

しかし，「正規化」を適切に行えば，おもしろい問題を定式化できるのである．6.2 項で言及したように，素数定理は，n の付近での素数の密度が $1/\log n$ 程度という主張である．よって，n 付近での素数の差の平均的ギャップはだいたい $\log n$ となるだろう．そこで，p, q を連続する素数とするとき，「正規化されたギャップ」を $(q-p)/\log p$ により定義する．この正規化されたギャップの平均は 1 であるが，これが平均から大きくずれることはあるだろうか？

1931 年，ヴェストツィンティウス (Westzynthius) により，正規化されたギャップでも任意に大きくなることが証明された．一方，正規化されたギャップはいくらでも小さくなると広く信じられていた（素数 p で $p+2$ も素数となる p は無限個存在するという有名な双子素数の予想が正しければ，今述べたことは正しい）．これがゴールドストン (Goldston)，ピンツ (Pintz)，ユルドゥルム (Yılıdrım) によって証明されたのは 2005 年である（この問題については「解析的整数論」[IV.2 (6〜8 節)] を参照）．

7.　異なる数学的性質が両立するかどうかを決定する

群や多様体のような数学的概念を理解しようとするとき，さまざまなステップの進め方がある．構造の代表的な例のいくつかに慣れ親しむこと，また，既知の例から新しい例を構成するテクニックに慣れることは，まさしく賢いステップである．さらに，「いくつかの基本的な数学的定義」[I.3 (4.1, 4.2 項)] で論じたように，構造を保つ写像である準同型の理解もたいへん重要である．

これらの基本を知っているとすると，残された理解すべき事柄は何だろうか？　一般論が有用であるためには，それが特定の例について何かを語っていなければならない．たとえば，3.2 項で見たように，ラグランジュの定理はフェルマーの小定理を証明するのに使われる．ラグランジュの定理は「G をサイズが n の群とするとき，G の任意の部分群のサイズは n の約数である」という，群についての一般的事実である．フェルマーの小定理を得るには，G が p を法とする 0 と異なる整数の乗法群である場合にラグランジュの定理を適用するのである．われわれが得る結論「a^p は常に a と合同」は，自明というものから程遠い．

しかし，ある G について，すべての群に対して真とは限らない何かを知りたいときはどうするか？すなわち，ある群については成り立ち，他の群については成り立たない性質 P を G が持っているかどうかを知りたい場合はどうするか？　性質 P は群の公理からは証明できないから，群の一般論を使うことはあきらめなければならず，特定の群だけを集中して調べなければならないように思うかもしれない．しかし，多くの状況では，中間的な可能性がありうる．群 G が有するかなり一般的な性質 Q を見出し，この Q がわれわれにとって興味のある格別な性質 P を含意することを示せるかもしれないのである．

異なる文脈でのこの種のテクニックの例がある．多項式 $p(x) = x^4 - 2x^3 - x^2 - 2x + 1$ が実数解を持つかどうかを決定したいとしよう．一つの方法は，この特別な多項式を研究して，解を見つけることである．多大な努力の末，$p(x)$ の因数分解 $(x^2+x+1)(x^2-3x+1)$ を発見するかもしれない．x^2+x+1 は常に正であり，x^2-3x+1 に解の公式を当てはめれば，$x=(3\pm\sqrt{5})/2$ という解が求まる．別の方法では，一般論を少しだけ利用する．$p(1)=-3$ は負で，x を大きくしていくとき，(x^4 が他の項よりはるかに大きくなるから）$p(x)$ は正となり，連続関数がどこかで正と負の値をとれば，必ず 0 となる点が存在するという**中間値の定理**を使えばよい．

2 番目のアプローチでは，$p(x)$ が負となるような x を探すときに計算が必要である．しかし，これは，$p(x)$ が 0 となる x を直接求める 1 番目のアプローチによる計算よりはかなり容易である．すなわち，p が「どこかで負となる」という少々一般的な性質を確立し，議論を終結するのに中間値の定理を使ったのである．

数学ではこのような状況がよく起こり，ある種の一般的性質が特に役に立つ場合がある．たとえば，自然数が素数であること，群 G が可換である（すなわち G の任意の要素 g, h に対して，$gh=hg$ が成り立つ）こと，あるいは，複素数を複素数に写す関数が**正則関数** [I.3 (5.6 項)] であることがわかっているならば，それらの一般的性質の結論として，問題となっている対象について多くの事柄を知ることができる．

性質それ自身が重要であると確認したならば，次のような大きいクラスの数学的問題に踏み込むことになる．数学的構造と，それが持ちうる複数のおもしろい性質が選ばれたとき，それらのどのような組合せが他の性質を包含するだろうか？　このような問いのすべてがおもしろいわけではない．それらの多くは容易であり，そうでなくても人工的すぎる場合もある．しかし，中には自然で，しかもそれを解こうとするそもそもの試みの出ばなに驚くほど抵抗するものがある．これは通常，数学者が「深い問題」と呼んでいるものに偶然出会うときである．本節の残りでは，この種の問題を見ることにする．

群 G の有限部分集合 $\{x_1, x_2, \ldots, x_n\}$ であって，G のすべての要素がこの集合に属す要素の積として書けるものが存在するとき，G は「有限生成」と言われる．たとえば，$ad-bc=1$ を満たす整数 a, b, c, d を用いて表される 2×2 行列 $\left(\begin{smallmatrix} a & b \\ c & d \end{smallmatrix}\right)$ の全体のなす群 $\mathrm{SL}_2(\mathbb{Z})$ は，これに属す任意の行列が四つの行列 $\left(\begin{smallmatrix} 1 & 1 \\ 0 & 1 \end{smallmatrix}\right)$, $\left(\begin{smallmatrix} 1 & -1 \\ 0 & 1 \end{smallmatrix}\right)$, $\left(\begin{smallmatrix} 1 & 0 \\ 1 & 1 \end{smallmatrix}\right)$, $\left(\begin{smallmatrix} 1 & 0 \\ -1 & 1 \end{smallmatrix}\right)$ の行列積で表されるから，有限生成である（行列については「いくつかの基本的な数学的定義」[I.3 (3.2 項)] を参照）．これを確かめる最初のステップは，$\left(\begin{smallmatrix} 1 & m \\ 0 & 1 \end{smallmatrix}\right)\left(\begin{smallmatrix} 1 & n \\ 0 & 1 \end{smallmatrix}\right)=\left(\begin{smallmatrix} 1 & m+n \\ 0 & 1 \end{smallmatrix}\right)$ を示すことである．

第 2 の性質を考えよう．x が G の要素であるとき，x のあるベキが単位元になるとき，x は**有限位数**を持つと言われる．また，最小ベキは，x の**位数**と呼ばれる．たとえば，7 を法とする 0 と異なる整数の乗法群（1 が単位元となっている）において，要素 4 の位数は 3 である．なぜなら，$4^1=4$，$4^2=16\equiv 2$，$4^3=64\equiv 1$ だからである．要素 3 については，最初の六つのベキは $3, 2, 6, 4, 5, 1$ となるから，その位数は 6 である．さて，ある群が，そのすべての要素 x について $x^n=1$ となる n が存在する（すなわち，すべての要素の位数が n の約数となっている）という性質を持っているとする．このような群について何が言えるだろうか？

すべての要素の位数が 2 の場合を見てみよう．単位元を e で表したとき，すべての要素 a が $a^2=e$ を満たしていると仮定するのである．この等式の両辺に逆元 a^{-1} を掛ければ，$a=a^{-1}$ が得られる．逆も真であるから，このような群は，すべての要素がその逆元と等しいような群である．

さて，a, b を G の要素としよう．任意の群の要素 a, b に対して，等式 $(ab)^{-1}=b^{-1}a^{-1}$ が成り立つ（単に $abb^{-1}a^{-1}=aa^{-1}=e$ の結果である）．われわれの特別な群では，要素はその逆元と一致するから，$ab=ba$ が導かれる．すなわち G は自動的に可換となる．

こうして，G の要素の平方が単位元であるという一般的性質が，G は可換であるという別の性質を意味することになる．ここで，G が有限生成という条件を付け加えよう．$x_1, x_2, \ldots, x_n$ を生成元の**極小**集合とする．すなわち，G の要素は各 x_i から構成され，またこのためにはすべての x_i が必要と仮定するのである．G は可換であり，しかも，すべての要素はその逆元と一致しているから，積に現れる各 x_i を「標準的」に再配置できる．この再配置では，それぞれの x_i は高々 1 回だけ現れ，添字は増加するとする．たとえば，積 $x_4x_3x_1x_4x_4x_1x_3x_1x_5$ を考えよう．G は可換であるから，これは $x_1x_1x_1x_3x_3x_4x_4x_4x_5$ に等しく，各要素はその逆元と一致するから，これは $x_1x_4x_5$ に等しい．この最後の表現が標準的配置である．

これは G の要素の個数が高々 2^k（k は生成元の極小集合のサイズである）であることを示している．なぜなら，各 x_i に対して，標準的に配置された積にそれを入れるか入れないかの選択があるからである．特に，「G は有限生成である」，「単位元と異なる G の任意の要素は，位数 2 である」という二つの性質から「G は有限群である」ということが言えた．異なる標準的に配置された積で表される二つの要素は異なることがまったく簡単に証明されるから，G はちょうど 2^k 個の要素を持つ．

さて，n を 2 より大きい自然数とし，すべての要素 x に対して $x^n = e$ が成り立つときに何が起こるかを問おう．すなわち，G が有限生成で，すべての x に対して $x^n = e$ ならば，G は有限だろうか？　これは**バーンサイド** [VI.60] により提出されたきわめて難しい問題である．彼は，$n = 3$ のときは有限でなければならないことを示したが，1968 年にアディアン（Adian）とノヴィコフ（Novikov）が $n \geq 4381$ のときは有限とは限らないことを証明するまでは，この問題は未解決だったのである．もちろん，3 と 4381 の間には大きなギャップがあり，それを縮める改良の歩みは遅かった．これがイワノフ（Ivanov）によって $n \geq 13$ にまで改良されたのは実に 1992 年のことである．バーンサイドの問題がいかに難しいかを説明するために，二つの要素から生成され，すべての元が 5 乗すると単位元になるような群が有限かどうかすら知られていないことを付言しておこう．

8.　完全には厳密でない論法で研究する

数学的言明が確立されたと見なされるのは，それが数学の特色である高水準な厳密性に見合う証明を有したときである．しかし，厳密とは言えない論法も数学では重要な居場所を確保している．たとえば，ある数学的言明を物理学や工学のような他の分野に応用するとき，証明されているかどうかより，言明の真実らしさのほうが重要である状況がよくある．

もちろん，これは誰もが気づく明白な疑問を引き起こす．証明を持たないとき，言明が正しいと信じる根拠は何なのか？　実際，いくつかの厳密でない正当化が存在するのである．ここではこのような正当化を見ることにしよう．

8.1　条件付き結果

本章ですでに言及したように，リーマン予想は数学における最も有名な未解決問題である．なぜそれが重要と考えられているのだろうか？　また，素数の列の挙動に関係するもう一つの問題である双子素数の予想より，リーマン予想が一層重要な理由は何なのだろうか？　その理由は唯一というわけではないが，主たる理由は，リーマン予想とその一般化が数多くの興味ある結果を生み出すからである．大雑把には，この予想は素数列の「でたらめさ」の程度が見かけ上だけではないことを述べている．すなわち，素数の集合はランダムに選んだ整数の集合のような挙動をしていることが導かれるのである．

もし素数がランダムな挙動を持つとすると，その分析の困難さを想像するであろう．しかし，ランダム性には好都合な場合もある．たとえば，21 世紀のすべての日に，少なくとも 1 人の女の子がロンドンで誕生することに確信が持てる，というのはランダム性に基づく．赤ん坊の性別があまりランダムでないとすると，このような確信は持ちづらい．月曜から木曜日には女の子が産まれ，金曜から日曜に男の子が生まれるというような奇妙なパターンが起こりうるからである．素数がランダムな列のような挙動を示す事実を知っていたとすれば，項数が大きいときの平均的挙動について多くの情報が得られる．リーマン予想とその一般化は，素数や数論に現れる他の重要な列が「ランダムに振る舞う」という考え方を正確に定式化する．このことが，多くの結論に導く理由である．ところで，あるバージョンのリーマン予想が成立することを前提してのみ証明される定理を主張する論文が数多くある．リーマン予想の証明に成功した人が現れれば，その人は，それらすべての定理の地位を，条件付きから無条件なものへと格上げさせることになる．

では，証明がリーマン予想に依存するなら，この証明をどのように評価すればよいのだろうか？　そのような結果はリーマン予想に含まれていて，それ以上の何物でもないと言い切ることもできる．しかし，ほとんどの数学者は異なる態度をとっている．彼らはリーマン予想が正しいと信じ，いつの日か証明されると信じているのである．だから，無条件で予想が成り立てば当然安心するものの，その思いとは独立に予想から導かれる結論も同様にすべて正しいと信じている．

一般に信じられていて，さらなる研究の基礎として使われているもう一つの例は，計算機科学から生じる．6.4 項の (iv) において言及したように，計算機科学の主要な目的は，ある計算がいかに速く計算機により遂行されるかを立証することである．この目的は二つの部分に分けられる．数少ないステップで働くアルゴリズムを見出すことと，すべてのアルゴリズムが，ある特定のステップ数の必要性を証明することである．2 番目の問題は名うての困難さがある．実際，知られている最良の結果は，真であると信じられているものよりきわめて弱い．

しかし，**NP 完全性問題**[*7)]と呼ばれる，計算の問題のクラスがある．すなわち，このクラスに属する問題の一つに対する効率的アルゴリズムがあるならば，他の任意の問題に対する効率的アルゴリズムに変換される．このクラスに属する問題は困難さが同値（equivalent）であることが知られている．しかし，まさにこの理由により，このクラスに属する任意の問題に対する効率的アルゴリズムは実際には存在しないだろうと，一般には信じられている．あるいは，これは「P は NP に等しくない」という言い方で表現される．それゆえ，ある問題に対して高速なアルゴリズムが存在しないことを示したいならば，少なくともそれが，NP 完全がすでに知られている問題程度に困難であることを証明しなければならない．これは厳密な証明にはならないが，説得力のある説明ではある．なぜなら，ほとんどの数学者は，P は NP に等しくないと確信しているからである（この話題については，「計算複雑さ」[IV.20] を参照）．

ある研究分野は，少数の予想に依存している．このような分野の研究者はあたかも，いまだ理解していないものがたくさんあるという事実にもかかわらず，彼らが発見した美しい数学の風景の精密な描写に興味があるかのように見える．とはいえ，これは厳密な証明を見出そうとするのに，しばしばたいへん優れた戦略になっている．単に乱暴な当て推量より，予想にははるかに多くの考察すべき内容が存在する．重要であると認められる予想は，多くの種類のテストに耐えなければならないからである．たとえば，真であることがすでに知られている結論が予想から導かれるか？ 証明できる特別な場合が存在するか？ もしそれが真であったとしたら，他の問題を解決するのに役立つか？ それが偽であるならば，たぶん容易に論駁しうる，大胆かつ精密な言明を作れるだろうか？ これらのテストをすべてパスするのには，卓越した洞察と力仕事が必要となろう．しかし，もし成功すれば，孤立した言明を得るばかりでなく，他の言明に多数の関係を持つ言明を得ることになる．これは，この言明が証明される可能性を増やすし，一つの言明に対する証明が他の言明の証明を導くようなチャンスを増やすことになる．良質の予想に対しては，その「反例」でさえ啓発的となることがありうる．この予想が多くの他の言明に関係するなら，反例の効果は全分野に行き渡るからである．

多くの予想に満ち溢れた分野は**代数的数論** [IV.1] である．特に，数論を表現論に関係させるロバート・ラングランズに負うラングランズプログラムは，まさに予想の集合体である（これについては「表現論」[IV.9 (6 節)] を参照）．このプログラムに属す予想は，多数の他の予想や結果を一般化し，統一し，説明している．たとえば，アンドリュー・ワイルズによるフェルマーの最終定理の証明の核である志村–谷山–ヴェイユ予想は，ラングランズプログラムの小さな一角にすぎない．ラングランズのプログラムは，きわめて良い形で優れた予想のテストをパスしており，多くの数学者の研究に対する「指導方針」となっているのである．

同様な性格を持つ他の分野は，**ミラー対称性** [IV.16] として知られている．これは一種の**双対性** [III.19] であり，**代数幾何学** [IV.4] および**弦理論** [IV.17 (2 節)] に登場する**カラビ–ヤウ多様体** [III.6] として知られる対象を，別の双対な多様体に関係させる理論である．ある種の微分方程式が，問題としている関数の**フーリエ変換** [III.27] を調べることによって大いに簡易化されるように，弦理論においても，双対，すなわち「ミラー」における同値な計算に持ち込むことにより，一見不可能に思われる計算が可能になるときがある．現時点では，この変換に対する厳密な正当化はないが，このプロセスは思いも付かない複雑な公式を生み出し，そのいくつかは別の方法で厳密に証明されている．マクシム・コンツェヴィッチ（Maxim Kontsevich）は，ミラー対称性が成功しているよう

---

*7) ［訳注］「$\mathcal{P}$ 対 $\mathcal{NP}$ 問題」とも呼ばれる．大雑把に言えば，クラス P に属する問題とは，決定性チューリング機械において，多項式時間で判定可能な問題であり，クラス NP に属する問題は，多項式時間で「検証」が可能な問題である．

に見える理由を説明してくれるかもしれない精巧な予想を提出している．

8.2　数値的証拠

ゴールドバッハ予想 [V.27] は，4 以上の偶数は二つの素数の和として表されるという主張をしている．この予想は，リーマン予想を受け入れる用意があったとしても，誰かが今日の数学的道具を用いて証明できるという希望をはるかに超えた問題に思われるが，ほとんど確からしいと思われている．

ゴールドバッハ予想を信じる二つの理由がある．一つ目は，われわれがすでに出会った理由，すなわち，素数が「ランダムに分布している」ならば，それが真であることが期待できることである．なぜかと言えば，n が大きい偶数なら，$n=a+b$ と表す方法はたくさんあって，a, b の双方が素数としてとれると期待できるほどに，素数が多く存在するからである．

このような議論は，あまり大きくない n の値に対して，運悪くうまくいかない可能性を残してはいるし，a が素数であるときに必ず $n-a$ が合成数となることが起きるかもしれない．ここが数値的証拠の登場する場面である．現在では，10^{14} 程度までのすべての偶数は二つの素数の和であることが確かめられている．n がこれより大きいときも，まぐれ当たりで反例が見つかる可能性は至極小さい．

これはむしろ雑な議論であるが，この議論をさらに説得力のあるものにする考え方が存在する．素数がランダムに現れることをさらに精密化すれば，ゴールドバッハ予想を強い形にすることができる．すなわち，n が二つの素数の和として書けるだけでなく，このように書く方法がいくつあるかを大雑把に記述できるのである．たとえば，a と $n-a$ が双方とも素数であれば，(もしそれらの一つが 3 でなければ) 当然どちらも 3 の倍数ではない．もし n が 3 の倍数であれば，これは単に a が 3 の倍数でないことを言っている．しかし，n が $3m+1$ の形であれば，a は $3k+1$ の形ではない (もしそうだとすると，$n-a$ は 3 の倍数になってしまう)．よって，ある意味で，n が 3 の倍数であれば，2 倍だけそれが二つの素数の和で表されやすい*8)．この種の情報を考慮に入れて，n を二つの素数和として表すのに，どれくらい多くの可能性が「あるべきか」を評価できる．実際，すべての偶数 n に対して，そのような表し方が多数あることがわかる．さらに，どれくらいあるかという予言は数値的証拠に非常にマッチしていて，コンピュータでチェックされるような小さな n に対しては正しいのである．このことは，ゴールドバッハ予想そのものに対する証拠であるばかりでなく，それを信じるに足るようにさせる，より一般的な原理に対する証拠であるから，この数値的証拠を一層説得力のあるものにする．

これは，予想から従う予言が精密であればあるほど，それが数値的証拠によって強められるときには，予言は一層印象的なものになるという一般的現象を例証している．もちろん，このことは数学においてばかりでなく，より一般に科学においても言えることである．

8.3　「違法」な計算

6.3 項では，n ステップ自己回避型ウォークの端点間の平均的距離については「ほとんど何も知られていない」と述べた．これは，理論物理学者が強く異議を唱える言い方である．その代わり，彼らは端点間の平均距離は，$n^{3/4}$ の付近にあると主張する．この明らかな意見の不一致は，次の理由による．すなわち，物理学者は非厳密的方法を収集していて，ほとんど何も厳密に証明されてはいないものの，もしそれらの方法を注意深く適用すれば，正しい証明を与えているように見えるからである．そのような方法により，彼らは数学者が証明できる範囲を大きく越えた言明を確立しようとしている．数学者にとって，そのような言明は魅力的である．その理由の一端は，物理学者による結果を数学的予想と見なすならば，それらの多くが前に説明した標準的観点から見て優れた予想となることにある．魅力ということのもう一つの理由は，事実を確認しようとする努力は，しばしば純粋数学における重要な進歩をもたら

---

*8)　[訳注] 原文はわかりにくいので，次のように考えるとよい．1 より大きい自然数は $3k$, $3k+1$, $3k-1$ $(k \geq 1)$ のどれかの形をしている．特に 3 以外の素数は，$3k+1$, $3k-1$ のいずれかである．$a=3h\pm1$，$n-a=3h\pm1$ であるとき，n は $3(h+k)$, $3(h+k+1)-1$, $3(h+k-1)+1$ のどれかになるが，n が 3 の倍数の場合は，$a=3h+1$，$n-a=3k-1$，あるいは，$a=3h-1$，$n-a=3k+1$ の 2 通りの可能性がある．n が $3m+1$ の形であれば，$a=3h-1$，$n-a=3k-1$ の 1 通りしかない．

すことにある．

物理学者による非厳密的計算がどのようなものかというアイデアを与えるために，物理学者の結果（そう呼びたいならば，予言）の背景にあるピエール＝ジル・ド・ジャンヌ（Pierre–Gilles de Gennes）による有名な議論について大雑把な説明を行おう．統計力学において，「n ベクトルモデル」というモデルがある．これは「臨界現象の確率モデル」[IV.25] の章で解説されるイジングモデルやポッツモデルに，密接に関係している．$\mathbb{Z}^d$ の各点で，$\mathbb{R}^n$ の単位ベクトルをおく．これは，単位ベクトルのランダムな配置を与えており，この配置に対して，二つの隣接するベクトルのなす角が大きくなれば増大するような「エネルギー」の概念を導入することができる．ド・ジャンヌは，自己回避型ランダムウォークの問題を書き直す方法を見出し，これは $n=0$ の場合の n ベクトルモデルに関する問題として捉えられることを指摘したのである．0 ベクトルモデル自身は，$\mathbb{R}^0$ の単位ベクトルなど存在しないからまったく意味を持たないが，それにもかかわらず，ド・ジャンヌは n ベクトルモデルに伴うパラメータをとり，n を 0 に収束させれば，自己回避型ランダムウォークに付随するパラメータが得られることを示したのである．彼はさらに，n ベクトルモデルにおける他のパラメータを選んで，たとえば端点間の距離に関する期待値のような，自己回避型ランダムウォークについての情報を得ることに成功した．

純粋数学者にとっては，このアプローチには大いに心配な点がある．n ベクトルモデルに現れる式は $n=0$ の場合には意味を持たないから，代わりにそれを n が 0 に収束するときの極限値として捉えなければならない．しかし，n ベクトルモデルにおける n は明らかに自然数なのであって，それが 0 に収束するというのはいかに説明すればよいのだろうか？ さらに，自然数とは限らない一般の n に対して n ベクトルモデルを定義する方法は存在するのだろうか？ たぶん誰もそのような方法は見つけてはいないが，ド・ジャンヌの論議は，他の多くの同様な論議のように，数値的証拠と合致するような驚くべき精密な予言を導く．われわれにはいまだ不明なものの，この背景には何かしらの理由があるはずである．

本節では，議論が厳密でない場合でも，いかに数学が豊かになることがありうるかについて，少数の実例を挙げて説明した．このような議論は，これまで顧みられることのなかった現象に研究領域を広げ，未知の数学に一層入り込む機会を与える可能性がある．こうしたことから，厳密性が果たして重要なのかどうかを思い惑うかもしれない．厳密とは言えない論議により確立された結果が明らかに真と信じられるときには，それはそれで十分満足すべきではないのだろうか？ とはいうものの，厳密でない方法で「確立された」言明の例で，後にそれが正しくないことが判明したものもある．厳密性が必要となる最も重要な理由は，厳密な証明を与えることで得られる理解は，厳密でない証明を与えることで得られる理解より，一層奥深い場合が多いという事実にある．この状況を端的に評すれば，厳密な議論と厳密でない議論の二つのスタイルは互いの利益になり，このような相互利益はこれからも続いていくだろう．

9. 明示的な証明とアルゴリズムを見出す

方程式 $x^5-x-13=0$ が解を持つことに疑いはない．実際 $f(x)=x^5-x-13$ とおけば，$f(1)=-13$，$f(2)=17$ であるから，1 と 2 の間に $f(x)=0$ となる x が存在する．

これは「純存在論的論証」である．換言すれば，（この場合は「方程式の解が存在する」という言い方をするように）どのようにそれを見出すかについては語らずに，何かが存在することを確立する議論である．他方，方程式が $x^2-x-13=0$ であれば，まったく異なる種類の議論を行える．すなわち，2 次方程式に対する解の公式は，ちょうど二つの解が存在することを言うだけでなく，具体的にそれらが $(1+\sqrt{53})/2$ と $(1-\sqrt{53})/2$ により与えられることさえ主張しているのである．一方，5 次方程式に対する解の公式は存在しない（「5 次方程式の非可解性」[V.21] を参照）．

これら二つの論議は，数学における二分法の例証となっている．何かの数学的対象が存在することを証明しようとするとき，この対象を具体的に記述して，証明を明示的に行える場合もあれば，その非存在により矛盾を生じることを示して「間接的」に証明できる場合もある．

また，この二つの論証の間にはほかにも可能な議論があって，その幅は相当に広い．上で述べた存在論的論証は，単に方程式 $x^5-x-13=0$ は 1 と 2 の間に解を持つことを示しているだけのように思われるが，実は任意に望むだけ精密に解を計算する方法も示唆しているのである．たとえば，もし解の小数第2位までを知りたいならば，$1, 1.01, 1.02, \ldots, 1.99, 2$ を f に代入してみる．すると，$f(1.71)$ は近似的に -0.0889 に等しく，$f(1.72)$ は 0.3337 に等しいことがわかる．よって，1.71 と 1.72 の間にある解が存在しなければならない（この計算は，解が 1.71 に近いことを示唆している）．実際，**ニュートン法** [II.4 (2.3 項)] のように，解の近似のための，さらに優れた方法が存在する．多くの目的にとっては，解の美しい公式は解を計算したり近似したりする方法に比べてあまり重要ではない（さらなる議論については「数値解析」[IV.21 (1 節)] を参照）．そして，何らかの方法を手にしたならば，その有用性はそれが急速な計算方法を与えているかどうかにかかっている．

こうして，議論の幅広さの一つの端には，数学的対象を定義し，それを見出すのに使われる単純な公式があり，他方の端には，存在を確立するだけで，それ以上の情報を与えない証明がある．そしてその間に，対象を求めるアルゴリズムを与える証明が存在する．そのアルゴリズムが高速に働くのであれば，十分に役立つであろう．

厳密な議論が厳密でない議論よりは好ましいように，たとえ間接的議論が確立されたとしても，明示的つまりアルゴリズム的議論を求めることには価値がある．厳密・非厳密のときと同様な理由により，明示的な論議を見出す努力は，新しい数学的知見を導くからである（そう明らかではないが，今から見るように，間接的論議も新しい知見を導くときがある）．

純存在論的議論の中で最も有名なものの一つは，**超越数** [III.41] に関するものである．ここで超越数とは，整数係数を持つ代数方程式の解とはならない数を意味する．このような数の存在を最初に証明したのは，**リューヴィル** [VI.39] である（1844）．彼は，与えられた数が超越数となる十分条件を見出し，この条件を満足する数の構成が容易であることを示したのであった（「リューヴィルの定理とロスの定理」[V.22] を参照）．その後，自然対数の底 e や円周率 π のような重要な数が超越数であることが証明されたが，それらの証明は簡単ではない．今日でさえ，超越数と信じられているが確かめられていない多くの数が存在する（さらなる情報については，「無理数・超越数」[III.41] を参照）．

上で言及した証明のすべては，直接的かつ明示的である．1873 年，**カントール** [VI.54] は，彼の**可算性** [III.11] の理論を用いて，超越数の存在について完全に異なる証明を与えた．代数的数は可算であるが，実数は非可算であることを証明したのである．可算集合は非可算集合よりずっと小さいから，これはほとんどの実数が超越数であることを意味している（だからと言って，われわれが出会う実数のほとんどが超越数というわけではない）．

この例において，二つの議論のそれぞれは，他の議論が行っていない何かを語っている．カントールの証明は超越数の存在を示してはいるものの，一つの例も与えてはいない（正確に言えば，これは本当ではない．代数的数をリストアップする方法の明記が可能であり，カントールの対角線論法をこのリストに適用すればよい．しかし，結果として得られた数は実質上の意味を欠いている）．この意味では，リューヴィルの証明は大いに優れている．なぜなら，かなり直接的な定義により，いくつかの超越数を構成する手段を与えているからである．しかし，リューヴィルのような明示的議論や，e と π が超越数であることの証明のみを知っているとすると，超越数というものが特別な種類の数であるとの印象を持つかもしれない．カントールの証明にはあるもので，これらの議論から完全に失われている知見は，「代表的」実数が超越的であるということである．

20 世紀の長期間にわたって，高度に抽象的で間接的な証明が流行していた．しかし，最近になって，特にコンピュータ時代の到来もあり，数学者の態度は変化した（もちろん，これはある一人の数学者についてというより，数学者全体からなるコミュニティについての一般的言明である）．今日では，証明が明示的であるかどうか，もし明示的であればそれが効果的アルゴリズムを生み出すかどうかについての問題に，さらなる注意が注がれているのである．

言うまでもなく，アルゴリズムはそれ自身興味深いものである．しかし，このことは，アルゴリズムが数学的証明に光を注ぐためだけではない．過去数年間に数人の数学者によって展開された特に興味深いアルゴリズムを解説することで，この節を終えよう．それは，高次元の凸体の体積を計算する方法である．図形 K は，K の任意の 2 点を結ぶ線分全体が K に含まれるとき，「凸」と言われる．たとえば，円や三角形は凸であり，星型は凸ではない．この概念は，任意の n 次元に直ちに一般化される．面積や体積についても同様である．

さて，n 次元凸体 K が次のようにして明示されているとしよう．われわれは，点 $(x_1,\ldots,x_n)$ が K に属すかどうかを高速度で判定するコンピュータプログラムを持っているとする．このとき，K の体積はいかにして評価できるだろうか？ このような問題に対する最も効果的な方法の一つは，統計的方法である．ランダムに点を選択し，それらが K に属すかどうかを見て，K の体積の評価を，点が K に属す頻度を計算することにより求めるのである．たとえば，π という評価を得たいならば，半径 1 の円を考え，これを 1 辺が 2 の正方形で囲む．そしてこの正方形からランダムにたくさんの点を選ぶ．このとき，点が円に属す確率は，（面積が 4 の正方形に対する面積 π の円の比である）$\pi/4$ に等しい．したがって，円に落ちる頻度を計算し，それに 4 を掛けることで π の評価ができる．

このアプローチは低次元の場合は効果的であるが，次元 n が大きくなれば困難に陥る．たとえば，n 次元球体の体積を評価するために，同じ方法を試みるとしよう．球体を n 次元立方体で囲み，この立方体の点をランダムに選んで，どの程度の頻度で球体に属すかを調べる．しかし，n 次元立方体の体積に対する n 次元球体の体積の比は指数的に小さい．これは，球体に入るまでにとらなければならない点の個数が指数的に大きいことを意味している．それゆえ，この方法は絶望的に非実用的である．

しかし，この方法がまったく駄目というわけではない．というのは，この困難さを乗り越えるトリックが存在するのである．最初の K_0 を体積を求めたい凸体として，立方体 K_m で終わる凸体の増大列 $K_0,K_1,\ldots,K_m$ を選ぶ．ただし，K_i の体積は K_{i+1} の体積の半分以上とする．このとき，各 i について，K_{i-1} と K_i の体積の比を評価する．これらの比の積は，K_m の体積に対する K_0 の体積の比になり，K_m の体積はわかっているから，K_0 の体積を知ることになる．

では，K_{i-1} と K_i の体積の比はどのように評価するのだろうか？ このために，K_i からランダムに点を選び，それらの中で K_{i-1} に属す点の個数を数える．しかし，ここで問題の真の微妙さが現れる．あまりよくわかっていない凸体 K_i から，どのようにしてランダムに点を選ぶのだろうか？ n 次元立方体からランダムな点を選ぶのは容易である．なぜなら，1 と -1 の間にある n 個の数 $x_1,\ldots,x_n$ を独立に選べばよいからである．しかし，一般の凸体では，これは容易でない．

この問題を扱うための，きわめて賢いアイデアがある．凸体内部のある点から出発するランダムウォークを考えるのである．ただし，それぞれのステップにおいて，数少ない可能性からランダムに選ばれた別の点に移るように，注意深くアルゴリズムをデザインする．この種のステップがランダムであればあるほど，点がどこにあるかについて語るのは難しくなる．そして，ウォークが適切に定義されるならば，あまり多くないステップで，達せられる点はほとんど純粋にランダムになることが示される．とはいえ，証明は容易ではない（このことについては，「高次元幾何と確率論的アナロジー」[IV.26 (6 節)] を参照）．

アルゴリズムとその数学的重要性に関する議論に関しては,「アルゴリズム」[II.4],「計算数論」[IV.3],「計算複雑さ」[IV.20],「アルゴリズム設計の数理」[VII.5] を参照してほしい．

10. 数学の論文に何を見出すか？

数学の論文は，20 世紀の初めに確立した特異なスタイルを持っている．この最終節では，数学者が論文を書くとき，何を実際に生産しているのかについて解説しよう．

代表的論文は，形式的書き方と非形式的書き方の混合になっている．理想的には（いつもそうとは限らないが），著者は論文の主要な内容を読者に伝えるために，読みやすい序（introduction）を書く．短い論文を除くほとんどの論文はいくつかの節に分けられているのが普通であり，読者に役立つように，各節はその中で行われる議論のあらましで始める．しかし，論文の主な中身は，より形式的で詳細にわたらなければならず，十分な努力をする準備のある読者にとって，内容が正しさを確認できるものでなければならない．

代表的な論文の目的は，**数学的言明**を打ち立てることである．時には，言明そのものが目的となりえる．たとえば，論文の目的が，20 年間未解決であった予想の証明であるかもしれない．他方，あまりよく理解されていない数学的現象を説明する論文のように，数学的言明は，より広い目的のために奉仕するものとして打ち立てられることもある．どちらにしても，数学的言明は，数学の主要な通貨のようなものである．

それらの言明の中で最も重要なものは，定理と名付けられる言明であるが，命題，補題，系と称される言明もある．それらは明確に区別できるとは限らないが，大雑把には言葉が意味しているとおりと言ってよい．**定理**は本質的に興味のあると見なされる言明であり，たとえばセミナーなどにおいて他の数学者に語ることができるという意味で，論文から分離しても存在意義のあるものである．通常，論文の主目的である言明は定理と呼ばれる．**命題**は，ある程度定理に近いが，少々「退屈」な傾向を持つ．退屈な結果を証明しようとするのは奇妙に思えるかもしれないが，実は重要かつ有益なものでありうる．それらを退屈にするのは，どう見ても驚きを与えないというのが理由である．それらはわれわれが必要とする言明であり，真であることが期待できて，さらに証明に困難が伴わないようなものである．

命題という言い方を選ぶであろう言明の簡単な例を挙げよう．2 項演算に対する**結合律** [I.2 (2.4 項)] は，演算 “$*$” が $x*(y*z)=(x*y)*z$ を満たすことを言っている．時には，結合律は形式ばらずに「括弧は気にしなくてよい」という言い方をする場合がある．とはいえ，結合律は $x*y*z$ と書くことを完全に保証するものの，たとえば $a*b*c*d*e$ と書いてよいということをすぐには保証するものではない．三つの要素の場合，括弧の位置は気にしなくてよいからと言って，三つより多い要素の場合にも気にしなくてよいことを，どのようにして分かるのだろうか？

数学科の多くの学生は，これが問題であるとは気づかずに幸福な大学生活を送っている．結合律が括弧については気にしなくてよいことを意味しているのは自明であると考えてしまうからである．これは基本的には正しい考えである．完全に自明とは言えないものの，確かに驚きを伴わないし，実際証明は容易である．われわれはこの簡単な結果を頻繁に必要としていて，定理と呼ぶほどではないから，代わりに命題と称することができる．証明の感覚をつかむため，

$$(a*((b*c)*d))*e=a*(b*((c*d)*e))$$

が成り立つことを，結合律を用いて確かめてみるとよい．そして，確かめるために行った行為を一般化してみよう．

定理に証明を与えようとすると，証明が長く，しかも複雑になることがよくある．この場合，誰かに読んでもらおうとするならば，議論の構造をできる限り明晰にする必要がある．こうするための最善の方法は，部分的ゴールを定めることである．これは，初期の仮定と，それから引き出そうとする結論の間に中間的言明を置くという意味である．これらの言明は通常**補題**と呼ばれる．たとえば，$\sqrt{2}$ が無理数であるという定理の標準的証明を詳細にわたって提示したいとしよう．必要とされる事実の一つは，すべての分数 p/q が，どちらか一方が偶数とは異なるような r,s により r/s と表されることである．そして，この事実は証明を必要とする．明晰さを確保するため，この証明を主定理から切り離すことに決めて，この言明を補題と呼ぶ．こうして，われわれの仕事は，二つに分離される．すなわち，補題の証明と，補題を用いた主定理の証明である．同じようなことが，計算機プログラムに対しても行われる．複雑なプログラムを書こうとするとき，主なタスクを部分的タスクに分割し，それらを別のミニプログラムとして書いておくのが実践上では適している．このミニプログラムは，役立つときはプログラムの他の部分によっていつでも呼び出されるものであり，いわゆる「ブラックボックス」として扱われるものである．

数学的言明の**系**は，言明から容易に導かれる別の言明である．時には，論文の主定理が，複数の系を生み出すときがある．これは定理の強さを示している．また，時には主定理自身が系として表されることもある．というのも，証明のためのすべての仕事が迫力のない別の言明のために行われ，定理はそれから容易に従うような状況が起こりうるからである．このときには，著者は系が論文の主結果であることを明言して，これを引用する他の論文では，それを定理として参照するであろう．

数学的言明は，**証明**という手段により確立される．証明というものが可能であるのは，数学の顕著な特徴である．2 千年以上も前に**ユークリッド** [VI.2] が創案した議論が今日でも受容され，完全な説得力を持つ論証と見なされている．実は，このことが正確に理解されたのは，数学言語が**形式化**された 19 世紀後半から 20 世紀の初期に至る期間であった（こ

れが何を意味するかについては，「数学における言語と文法」[I.2] と，その中の第 4 節を参照)．こうすることで，証明の考え方が精密になったのである．論理学者の観点からは，証明というのは，それぞれが形式言語で書かれた数学的言明の列であり，次のような性質を有するものである．最初の数個の言明は初期的仮定，あるいは前提であり，残りの言明のそれぞれは，前の言明から，推論が明らかに妥当であるようなきわめて単純な論理規則（たとえば「もし $P \wedge Q$ が真ならば，P も真である」というような規則である．ここで "$\wedge$" は「かつ」(and) を表す論理記号である）によって導かれる．そして，列の最後にある言明が証明されるべき言明である．

証明についての上のような考え方は，「証明」という見出しとして通常の数学の論文に実際に登場するものの，相当な理想化と言える．というのも，純粋に形式的な証明はたいへん長くなり，読解がほとんど不可能になるからである．しかし，議論が原理的には形式化されるという事実は，数学の体系を下から支えるものとして，きわめて意義がある．なぜなら，それは論争を解決する手段を与えるからである．もし数学者が奇妙で納得のいかない論議を提示したならば，それが正しいかどうかを確かめる最善の方法は，もっと形式的かつ詳細な説明を彼に求めることである．通常こうすることで，間違いが暴かれるか，あるいはなぜ議論に問題がないかが明らかになるだろう．

数学におけるもう一つの構成要素は**定義**である．本書は，第 III 部に特に見られるように，まさに定義で満ち溢れている．いくつかの定義は，単に簡潔に語ることを目的として与えられる．たとえば，三角形に関する結果を証明しようとして，頂点と対辺の間の距離を考察する必要があるならば，いちいち「A, B, C から直線 BC, AC, AB へのそれぞれの距離」などと言うのは厄介であるから，その代わりに「高さ」という言葉を選んで，「三角形の与えられた頂点に対して，この頂点から対辺への距離を "高さ" と定義する」と書くだろう．もし鈍角を持つ三角形を考察するならば，もっと注意深くなる必要がある．すなわち，「三角形 ABC の頂点 A に対して，その "高さ" は A から B, C を通る直線への距離として定義する」と宣言するのである．これ以後は，「高さ」という用語が使えて，証明の書き方は一層明快になるだろう．

このような定義は，単なる都合のための定義である．必要が生じるとき，何をすべきかはまったく明らかであり，そうすればよいのである．しかし，本当に意味のある定義は，すぐにわかるようなものではなく，いったんそれを知ったならば，新しい方法で考えることを可能にする．このような定義の最良の例は，関数の微分の定義である．この定義を知らなければ，関数 $f(x) = 2x^3 - 3x^2 - 6x + 1$ を最小にする非負の x を求めることなど，思いも寄らないであろう．もし定義を知っていれば，問題は簡単な演習になる．こういう言い方は大袈裟かもしれない．なぜなら，微分が 0 になる点で最小値がとられることを知る必要があり，$f(x)$ を微分する方法を知っていなければならないからである．しかし，これらは単純な事実であり，定理というよりは命題と言ってもよい．実際の突破口は概念それ自身なのである．

このような定義の例は多数あるが，興味深いことに，特にこれがありふれたものとして登場する数学分野がある．数学者の中には，正しい定義を見出すことを研究における主たる使命としている者がいる．正しい定義が，彼らの分野の全体に光明を与えるからである．もちろん彼らも証明を書かなければならない．しかし，定義が彼らの求めるものならば，証明は簡単になるだろう．また，新しい定義を用いて解かなければならない問題があるだろうが，上記の最小値問題のように，これは理論における中心的課題とはならない．むしろ，定義の強力さを示している．他の数学者にとっては，定義の主目的は定理を証明することにある．しかし，定理を志向する数学者でさえ，時には良質な定義が，問題解決能力に重要な効果をもたらすことを思い知るときがある．

これは数学上の問題を提起している．数学の論文の主目的は，通常は定理の証明であるが，論文を「読む」理由の一つは，読み手自身の研究を前進させることである．それゆえ，他の文脈で使えるテクニックによる定理の証明は大いに歓迎される．一つの例によって，ほとんどの数学者が重要とは考えていない問題を取り上げ，それが欠いている特徴について考察してみよう．

自然数が「回文的」とは，その 10 進法による表現が回文的であることとして定義される．簡単な例としては，22, 131, 548 845 などがある．この中で，131 は素数であるということでおもしろい．ほかにも回文的素数があるか調べてみよう．1 桁の素数はもちろん回文的である．2 桁の回文的自然数は 11 の倍数であり，したがって 11 のみが回文的素数である．3 桁ではどうだろうか？　101, 131, 151, 181, 191, 313, 353, 373, 383, 727, 757, 787, 797, 919, 929 がその例である．偶数桁の回文的数は 11 の倍数であることは容易に示される．しかし，回文的素数は 929 で終わるわけではない．10 301 が次に現れる最小の回文的素数である．

数学的好奇心をある程度持つ人ならば，回文的素数が無限個存在するかと問うであろう．これは未解決問題であることが知られている．（素数が十分にランダムであることと，奇数桁の回文的数が合成数になることに特段の理由がないから）回文的素数が無限個存在すると信じられているが，誰もその証明を知らない．

この問題は，**フェルマーの最終定理** [V.10] や**ゴールドバッハ予想** [V.27] のように，理解が容易であるという美点を持っている．とはいえ，これら二つがそうであるほどには数学における中心的問題ではない．ほとんどの数学者は，この問題を「休憩用」と印を付けた心の中の箱に仕舞い込み，すぐに忘れてしまうだろう．

この見下すような態度の理由は何だろうか？　素数は数学研究における中心的対象ではないのだろうか？　実際，素数は重要な対象であるが，回文的数というものがそうではないのである．そして，その主な理由は，「回文的」という定義が極端に不自然だからである．ある数が回文的であるとわかっても，このことが数自身の特徴にはあまりなっていないし，歴史上たまたま選んだ数の表現法に依存する特徴にすぎないからである．特に，回文的という性質は，10 進法を選択したことに依存している．たとえば，131 を 3 進法で表せば，11212 となって回文的にはならない．一方，素数であることは記数法にはよらない性質である．

今述べたことは説得力はあるものの，完全な説明とは言えない．10 という特別な数が関係する興味深い性質が多分にありうるからである．あるいは，10 でなく，少しは意味のある方法で数を人工的に選ぶこともありうる．たとえば，2^n-1 の形をした素数は無限個あるかという問題は，2 という特別な数を使っているにもかかわらず，興味深いものと考えられている．2 を選んだことは，a^n-1 は $a-1$ を因数としており，したがって 2 より大きい数に対しては答えは否となる理由からも正当化される．さらに 2^n-1 の形の数は，素数になりやすい性質を持っているのである（この点に関する説明については，「計算数論」[IV.3] を参照）．

では，10 を「もっと自然な」数である 2 で置き換え，2 進法で回文的になる数を調べるのはどうかというと，その場合も，研究対象として重要な話題と考えられるような特徴を見出すことはできない．与えられた自然数 n に対して，2 進法で n を表したときの桁を逆に書いたものを $r(n)$ としよう．このとき，2 進法での回文的数は，$n=r(n)$ となる数 n である．しかし，関数 $r(n)$ はきわめて奇妙で，しかも「非数学的」である．たとえば 1 から 20 までの数の桁を逆にしたものは，1, 1, 3, 1, 5, 3, 7, 1, 9, 5, 13, 3, 11, 7, 15, 1, 17, 9, 25, 5 となって，明らかなパターンが見られない列となっている．実際，この列を計算するとき，最初に思うよりさらに人工的であることが理解される．数の逆の逆は元の数と考えるかもしれないが，そうではない．たとえば 10 を考えると，2 進法では 1010 であり，その逆は 0101 となって，これは 5 である．これを正規の方法で表せば 101 となるから，5 の逆は 10 ではなくて 5 になる．だからと言って，5 を 0101 と書くことに決めたとしても，問題は解決しない．なぜなら，5 は回文的であるにもかかわらず，この表記ではもはや回文的ではなくなってしまうからである．

これは，無限に多くの回文的素数が存在するという証明に誰も興味を持たないことを意味するのだろうか？　そうではない．n より小さい回文的数の個数が，小さな端数を除いて $\sqrt{n}$ の付近に限定されることは，まったく容易に証明される．一方，このようなまばらな集合に属す素数についての結果を証明するのは，恐ろしく困難である．そのため，ある種の問題意識に対しては，この予想の証明は大きな突破口となるだろう．しかし，「回文的」という定義は，相当人工的であり，数学的証明の中で，詳細な仕方でそれを使う場面はないように見える．この問題を解決するただ一つの現実的希望は，その結果が多数の帰結の一つとなるような，より一般の結果を証明することであろう．もし，これが可能であれば，そのような結果は素晴らしいし，しかも紛れもなく興味深いものである．これは，回文的素数のみの考察では達し得ない．それよりも，より一般な問いを定式化するか，類似の自然な問題を探すほうが，一層良いのである．後者の一つの例は，「ある自然数 m により m^2+1 の形で表される素数が無限個存在するか？」という問題である．

たぶん，良質な問題の最重要な特徴は一般性であろう．良質な問題の解決は，問題それ自身を超えた派生効果を持つ．この望まれる特質を指すのにふさわしい言葉は，「一般化可能性」(generalizability) である．というのも，優れた問題はむしろ特殊に見えるからである．たとえば，$\sqrt{2}$ が無理数であるというのは，ただ一つの数に関する言明のように思えるが，それを証明する方法をいったん知ったならば，$\sqrt{3}$ が無理数であることの証明も容易となり，実際，より広いクラスの数に証明を一般化することが可能である（「代数的数」[IV.1 (14 節)] を参照）．良質な問題が，それについて考え始めるまでは，さほどおもしろい問題に見えないことはよくある．しかし，それはさらに一般的な問題の「最初の困難な場合」であるかもしれない．あるいは同等な困難さを有するように見える問題群の中から適切に選ばれた例かもしれない．そのような場合には，それが問うに足る問題とされる理由を了解することになるだろう．

時には，問題は単なる問いかけという場合もある．しかし，しばしば，数学的問いかけをする数学者は答えが何であるかについて知っている．「予想」というのは，著者が固く信じているが証明できない数学的言明である．問題と同様，ある予想は他のものより優れている．8.1 項ですでに論じたように，最良の予想は数学研究の方向付けに効果をもたらす可能性がありうるのである．

第II部 現代数学の起源

The Origins of Modern Mathematics

II.1 数から数体系へ

From Numbers to Number Systems

フェルナンド・Q・グヴェア［訳：志賀弘典］

人類は，物事を書き記すことを始めるのとほぼ同じ時期から，数を書き記していた．歴史や統治などについての記録を残しているどの文明においても，必ず数を書き留める何らかの方法が定まっていた．ある学者の説では，記述言語より数の記述のほうが古いとも主張されている．

これは自明なことであるが，数はまず形容詞の形で登場する．つまり，ある物が何個あるのかを形容する言葉として数が現れるのである．たとえば，数「3」について論じるようになるずっと以前に「3 個のあんずの実」などが会話されていたのである．そうして，いつか「3 そのもの」が机上に載るようになると，同じ形容詞で 3 匹の魚，3 頭の馬が指示され，それらに一貫した記号，すなわち 3 が用いられるようになる．このようにして「3」を条件付けるものの存在が認識されたとき，「3」はそれ自身独立した概念となる．このとき，人は数学を始めているのである．

このような過程は，新しい種類の数が現れるたびに何度も何度も繰り返されたであろう．こうして，まず数は実際の状況で用いられ，次に，それは記号として表記されるようになり，やがてそれ自身で一つの概念となり，個別の数の概念は同様の他の数で構成される一つの体系の一部となっていったのである．

1. 初期の数学における数

われわれが知っている最古の数学的文書は，古代エジプトおよびメソポタミア文明の遺物の中に発見されたものである．双方の文明ともに，書記階級が存在し，彼らは記録資料の作成保存という重要な職責を担っていたが，しばしば，その作業の中で何がしかの算術的な問題あるいは幾何学的な問題を解くことが要請された．これらの文明圏の数学文書の多くは，若い書記階級にその技術を学ばせる目的で作成されたものかと思われる，簡単な解答ないしは解の例示を伴った問題集である——土地分割問題を 25 題記した粘土板，1 次方程式の問題を 20 題記した粘土板，正方形の辺の長さに関する問題を記した粘土板，というように[*1]．

数は個数を表すと同時に，量の計測にも用いられた．したがって，分数は非常に早い段階から登場していた．分数の表記法は複雑で，その計算は困難であったと思われる．したがって，数の分割の問題は，古代社会においては相当に挑戦的な数学の問題であった．分数の表記という問題に対して，エジプトとメソポタミアでは衝撃的と言えるほど異なる答えが与えられていた．そして，そのどちらも，今日われわれが用いている方法とは完全に異なるものである．

エジプト，そしてその文明を受け継いだギリシアおよび地中海文明圏においては，基本となるのは「n 分の 1」（第 n 部分）の概念であった．彼らは「6 の 3 分の 1（6 の第 3 部分）は 2 である」というように考えた．この考えに立つと，「7 割る 3」は「7 の第 3 部分」は何か？ということになる．答えは「2 と 3 分の 1」であるが，それを得るための過程は，分数

*1) ［訳注］原著者は，この時代の数学の水準が，簡単な内容に限られているかのように述べているが，最近の室井和男氏の研究によって，バビロニアではピタゴラス方程式の高度な解法が知られていたことが明らかになっている．

の和に関して彼らが設けた制限のために複雑になった．つまり，彼らは一つの分母を持つ分数は答えの表記の中で 1 回しか用いないので，たとえば 2/5 を

$$\frac{2}{5}=\frac{1}{3}+\frac{1}{15}$$

のように単位分数に分割して表示したのである．

メソポタミアにおいては，これとは大きく異なる考え方が見出される．それは，おそらく異なる分母の分数の計算を容易ならしめるために生じたと思われる．古代バビロニア人は 1〜59 の数を表すシンボルを考案した．そして，それ以上の数は今日の 10 進法と同じ考えで 60 進法を用いて表記した．たとえば

$$1,20$$

は $60+20=80$ を表していた．分数に対してもこの表記法を拡張し，1/2 は 30 個の 1/60 として表した．分数部分の開始をセミコロン "；" で表し，桁の代わるところをカンマ "," で指示すればわかりやすい．これによれば，1;24,36 は $1+24/60+36/(60^2)$ を意味し，それは 141/100 となる．ただし，古代の原表記では，"," や "；" に相当するものは用いられていなかった．この表記法は 60 進位取り法（sexagesimal place-value system）と呼ばれる．この命名法によれば，われわれの現代の表記法は 10 進位取り法（decimal place-value system）ということになる．

これらエジプトとメソポタミア双方の方法とも，複雑な分数計算には適応していない．たとえば，メソポタミアにおいては，表記できる分数に制約があり，1/7 を書記は正確に書き記すことができなかった．エジプト式はあらゆる分数を表示できるのであるが，対応する単位分数の分母の系列は複雑である．パピルスに残されている問題の一つに

$$14+\frac{1}{4}+\frac{1}{56}+\frac{1}{97}+\frac{1}{194}+\frac{1}{388}+\frac{1}{679}+\frac{1}{776}$$

が解となるものがある．これは $14\frac{28}{97}$ となるのであるが，問題それ自身のための問題と言うべきであろう．このように，数学の発展段階のごく初期から，単なる計算の楽しみのためというジャンルの問題が存在していたのである．

ちなみに，地中海文明はこの双方の表記法の痕跡を残している．日常の数においては数の分割の考えが用いられており，天文学や航海術ではより精密な数値が要求され，その分野では 60 進位取り法が用いられる．したがって，時刻や方位においてそのような方式が採用され，これは，ギリシアの天文学者を経由して今日のわれわれにまで引き継がれている．このようにして，4000 年前のバビロニア文明の影響が，現代の日常生活の中に残されているのである．

2.　長さは数ではない

古典ギリシアおよびヘレニズム期の数学は，もう少し複雑になってくる．ギリシア人は最初に数学における証明を与えた人々である．言い換えれば，彼らは，明確な仮定から出発し，慎重な命題の言明を用いつつ，厳密な推論によって数学を行おうとした．おそらく，このことが，彼らを数の扱い，また数と他の諸量との関係の扱いに関して，きわめて注意深くさせた．

紀元前 4 世紀以前に，ギリシア人は諸量の間の「通約不可能性」の概念を基本的な点においてすでに発見していた．すなわち，彼らは，二つの与えられた長さが，適当に定められた第 3 の長さを用いて，いつもその整数倍にできるわけではない，ということを発見していた．これは，長さと数とが概念的に異なるということに留まらず（それも重要だが），彼らが，数はあらゆる長さを表すものとして用いることはできないことを「証明」していたことを示している．

彼らが議論している場面を想像してみよう．二つの線分が与えられている．その長さがともに数によって与えられているのであれば，それらは何らかの分数になっている．すると，長さの単位をより小さくとり直して，双方とも整数になるようにすることができる．これは，この二つの長さが「通約可能」であることにほかならない．ギリシア人は，これがいつでもできるわけではないことを証明したのである．最も標準的な実例は，正方形の 1 辺とその対角線である．

彼らが最初にどのようにしてこの二つの長さが通約可能でないことを証明したのかは，正確にはわからない．しかし，おそらく以下のような議論ではないだろうか？　対角線から 1 辺の長さを引くと，双方より短い長さが作られる．最初の二つが通約可能であれば，この第 3 の長さもまた同じ単位を用いて通約可能となる．正方形の 1 辺からこの第 3 の長さを何度か引き去って（実は 2 度であるが），さらにより小さい第 4 の長さを作る．これもまた，同一の単位によって通約可能である．容易にわかることであ

るが，この操作を続けても終わることはない．よって，いつか最初に用意した最小単位より小さい長さが通約可能になり，矛盾が導かれる．したがって，最初の二つの長さは通約可能ではない*2)．

もちろん，この対角線は長さを持っている．正方形の1辺を長さ1とすれば対角線は $\sqrt{2}$ であり，上の議論は $\sqrt{2}$ が有理数でないという議論に言い換えられる．ギリシア人は $\sqrt{2}$ がいかなる意味での数であるかを見通すことができなかったのである．あくまでも1辺の長さが1の正方形の対角線の長さという，幾何学的な量としての認識に留まったのである．さらに，彼らは面積1の正方形の1辺と，面積10の正方形の1辺とが通約可能でないことも知っていた．

したがって，こう結論される．長さは数ではなく，数とは別種の量であった．すると，われわれはここで，諸量の増殖という事態に直面する．数，長さ，面積，角度，体積などである．これらは皆異なる種類の量であり，互いに比較できない異種の量となってしまうのであろうか？

これは幾何学の問題であって，ギリシア人はこの問題を比例の概念（エウドクソスの比例理論）によって解決していた．同種の二つの量の間には，その比が一つの数として存在する．他の種の二つの量の間にもそれらの比としての数が存在する．こうして，異種の量同士は，それらの比を通じて共通に論じることができるようになる．これは，ギリシアの幾何学における深い洞察を含む重要な思考である．たとえば，後世 π と呼ばれるようになるものについて考えてみよう．ギリシア人にとって，これは数と呼ぶべきものではなかった．それは，「円の面積とその半径を1辺とする正方形の面積との比」であり，同時に「円周とその直径との比」であった．前者は面積同士の比であり，後者は長さ同士の比であることに注意しよう．ギリシア人は，この比（すなわち円周率）を表す名称も記号も特には持っていなかった．しかし，彼らはこれを彼らの数（すなわち有理数）と比較していた．**アルキメデス** [VI.3] はこれが 22/7 よりやや小さく，223/71 よりやや大きいことを示していた．

このような扱いは今日のわれわれには無用に思われるが，当時としては良く機能するものであった．何よりも，多種の量概念を一括して論じる哲学的な根拠を提供した．ギリシア語においてもラテン語においても，「比」（ギリシア語で logos，ラテン語で ratio）は，「理由」ないし「説明」という意味を持っていた．これと対照的に，発生の当初から「無理的」（irrational，ギリシア語で alogos）という言葉は，「比を持たない」という意味と同時に，「理屈に合わない」「不合理な」という意味を持っていたのである．

この，数に関する厳密とも言えるエウドクソス流の論理体系は，当然のことながら，日常各種のものを数え，長さや角度を測る必要で数を用いる人々の世界とは遊離していた．天文家，地図製作者などの実測者は60進位取り法で計算し続けていた．この理論的数体系と実測者の数の扱いとの乖離には，いくらかの抜け道もあった．紀元1世紀にアレクサンドリアのヘロンが書いた書物には，理論家の発見を実測の数学に応用しようとする試みとも考えられる記述を見ることができる．たとえば，彼は，今日でもわれわれが用いている，π の近似値 22/7（おそらく，これはアルキメデスの上述の評価式をもとにしていると考えられる）を推奨しているのである．しかしながら，この時代理論的数学においては，数はそれ以外の諸量を測る尺度とは厳然と区別されていたのである．

ギリシアから始まり1500年以上にわたる西欧世界の数の歴史は，大きく二つの主題を持っている．一つは，上記の異なる諸量の尺度を厳密に区別するギリシア的な考えが徐々に後退することであり，もう一つは，このことを実現するために数の概念を幾度も拡張していくことである．

3. 10進位取り法

われわれの今日の数表記法は，究極的にはインド亜大陸の数学者たちに依拠する．紀元5世紀以前，彼らは1〜9の数に対するシンボルを作っていた．これらのシンボルを位取りを指定しながら配置するこ

*2) ［訳注］以上の議論はやや正確さを欠いていると思われるので，原著者の考えに沿って若干補足したい．$1, \sqrt{2}$ がともにある正数 α の整数倍であるとして，矛盾を導こうとしている．

$$0 < \sqrt{2} - 1 < 1$$

に注目すると

$$\sqrt{2} - 1 > (\sqrt{2} - 1)^2 = 3 - 2\sqrt{2} > (\sqrt{2} - 1)^3 > \cdots$$

となり，これらの数は皆 $m + n\sqrt{2}$ の形の正数であるから，皆 α の正の整数倍である．しかし，数列 $\{(\sqrt{2} - 1)^n\}$ は0に向かっているので，いずれ α より小さくなってしまう．これは矛盾である．

とによって数を表示したのである．1 の位に 3 を書けば 3 そのものを意味し，10 の位に 3 を書けば 30 を意味した．これは今日のわれわれの数表記法であり，数のシンボルは変化しているが原則は同一である．ほぼ同時期に，位取りに空位を指示することが行われ始めた．これは 0 を表記することへと繋がっていった．

インドの天文家たちは正弦関数を盛んに用いたが，その値は整数でも有理数でもなかった．これらの値を記述するのに彼らはバビロニア流の 60 進法を用いたが，数の記述は彼らの 10 進表記を採用した．つまり，$33 + 1/4$ を，$33\ 15'$ のように表記したのである．

この 10 進表記法はかなり早い時期にインドからイスラム社会に伝えられた．9 世紀には，カリフ王国の都となってまもないバグダッドで，**アル・フワーリズミー** [VI.5] が「九つのシンボル」を用いるインド式の表記を彼の算術教程で用いている．数世紀を経て彼の算術教程はラテン語に翻訳された．こうして中世後期のヨーロッパに 10 進法による表記およびそれに基づく計算術がもたらされ，この計算術が，彼の名前が変化した「アルゴリズム」という名称によって広く西欧社会に浸透していった．

アル・フワーリズミーの表記において 0 が依然として空隙として処理されていたことは，注意すべき点であろう．これは桁を保持するということであって，シンボルではなかったのである．しかし，一度シンボルが確定しそれに基づく計算が行われると，この区別は解消されていく．多くの桁数を持った数の和や積を計算するのと同様に，0 を掛けたり足したりすることが自然に行われ，指示記号としての「空白」は，数のシンボルとしての「0」へと徐々に移行したのである．

4.　人が求めていたものは数になる

ギリシア文明の影響が他の文明によって置き換わるにつれて，実用的手法の重要性が増していった．アル・フワーリズミーの有名なもう一つの著作——それによってわれわれは「代数学」(Algebra) という言葉を用いるようになった——は，さまざまな種類の実用的ないし半実用的な数学の問題の一通りの集成である．アル・フワーリズミーは著作の冒頭で，自分たちがもはやギリシア的な数学の世界には留まっていないことを，次のような言葉で宣言している．「人が計算しようと望むとき，常にそこには数が見出される」．

この著作の最初の部分では，2 次方程式とその処理に際して必要となる代数操作が，シンボルなしに言葉の説明で扱われる．彼のやり方はわれわれが今日行っている 2 次方程式の解法そのものであり，その際にはもちろん平方根が現れる．

しかし，すべての例において平方根をとるべき数は平方数になっており，その平方根は容易に求められる．しかし，他の箇所においては彼は無理数になる平方根を整数と同様に扱い始めてもいるのである．彼は，そのような平方根をいかに扱うかを，たとえば

$$(20 - \sqrt{200}) + (\sqrt{200} - 10) = 10$$

という扱い方を，式ではなく言葉で述べている．この著作の第 2 の部分では，幾何学と測量の問題が扱われ，平方根の近似の問題がたとえば次のような状況で扱われてもいる．「… 積は 1000 と 800 と 75 であり，その平方根はしかるべき面積を与える．それは 43 と若干の余りである」*3)．

中世の時代（すなわち 10, 11, 12 世紀）のイスラムの数学者たちは，アル・フワーリズミーに代表される実用的な数学の影響のみではなく，ギリシアの数学的伝統，とりわけ**ユークリッド** [VI.2] の『原論』(*Elements*) の影響も大きく被っていた．彼らの測量の記述の中には，ギリシア的な厳密さと，より実際的な記述の混合を見ることができる．オマル・ハイヤーム (Omar Khayyam, 1048～1131) の『代数学』の中には，ギリシア流の定理への志向と実際的な数値解への志向とを同時に見ることができる．彼は 3 次方程式の解を幾何学的に求める方法を論じており，しかし，その解の数値を求める自らの力量がないことを慨嘆している．

しかしながら，ゆっくりと「数」の領域は拡大しつつあった．ギリシア人は $\sqrt{10}$ を数とは認めず，ただ 1 辺 10 の正方形の対角線の長さ，あるいはある種の比としてのみ認識した．イスラム社会においても，西欧社会においても，中世の数学においては $\sqrt{10}$ は徐々に一つの数として振る舞い始め，何らかの計算の途中の操作の中に，さらにはある種の問題を方程式として解いたときの解として，登場し始めるのである．

---

*3)　[訳注] $43^2 = 1849$ である．

5. すべての数に同じ地位を与えること

10 進表示によって有理数を含むより広い数を捉えるという発見は，幾人かの数学者によって独立に行われた．そのうち最も影響力が大きかったのは，**ステヴィン** [VI.10] によるものであった．フランドルの数学者であり同時に技術者であった彼は，1585 年に『10 進法』(*De thiende*) という小冊子をオランダ語で出版している（英訳は *Decimal Arithmetic*）．彼はその中で，本質的に今日の 10 進位取りと同じことを行って数を表示している（小数部分の表記は現代のものと異なるが）．さらに重要な点は，この表示法によって分数計算が単純化されることを，多くの実例を挙げて説明していることである．実際に，この本の表紙には，天文学者，航海術者，絨毯の計量者に向けて書かれていることが明記されている．

ステヴィンは彼の変革がもたらす変化を洞察していた．たとえば $1/3$ の 10 進展開は無限に続くことを知っていた．この正確な値を求めるには展開操作を無限に続けなければならないが，実際にはこれをどこか途中で打ち切ってもほとんど真の値と異ならないと，彼は述べている．

ステヴィンはまた，彼の方法が幾何学的な長さ一つ一つに，10 進展開されたものとしての「数」を対応させていることも自覚していた．彼は $20/17$ の 10 進展開の打ち切り 1.1764705882 と $\sqrt{2}$ の 10 進展開の打ち切り 1.4142135623 とがほとんど違わないことも見出していた．彼は，著作『数論』(*Arithmetic*)（同じ 1585 年に出版された上記とは別の著作）において，大胆にも，すべての数（有理数）はある量の平方や立方などであり，それらベキ乗根として現れる量もまた，すべて数（と考えるべき）と規定している．そして，「理不尽な数」(absurd number)，「不合理な数」(irrational number)，「規則に反した数」(irregular number)，「表示不可能な数」(inexplicable number)，「無理な数」(surd number) ——どれも，分数でない数すなわち無理数に対する当時の呼び名であった——は存在しないとも述べている．

ステヴィンが提起したのは，ギリシア以来の習慣によって，カテゴリーの異なる非常に多種の，量や大きさの概念が散在していた状況を一新してそれらの垣根を取り払い，10 進法表示で与えられる単一の数の概念に置き換えることだったのである．彼は，これらの数が一つの直線上の線分の長さとして表示されうることも認識していた．これは，今日の正の実数を認識するそのやり方にほかならない．

ステヴィンの発案は，対数の発明を経て絶大な影響を持つに至った．正弦関数，余弦関数と同様に対数もまた実際計算のための手段であり，数表（対数表）の形にして用いるものであった．その，数表は 10 進表示によって作られた．こうして，日ならずして誰もが数を 10 進表記して扱うようになったのである．

これがどれほど大胆な変革であったかが了解されるのは，それからずっと後のことであった．正の実数全体のシステムは，単に少しだけ数のシステムを拡大した程度のものではなかった．それは，有理数のシステムよりはるかに膨大なシステムであった．それが内部にどのような複雑な構造を有しているか，われわれは今日でも完全には解明できていないのである（「集合論」[IV.22] を参照）．

6. 実在の解，擬似の解，想像上の解

ステヴィンも述べていたが，方程式の理論からの要請により，負の数および複素数が扱われる段階が訪れた．ステヴィンは好んで用いようとはしなかったが，負の数のことを意識していた．たとえば，彼は -3 が $x^2 + x - 6$ の根であることを，3 が同伴する多項式（変数 x を $-x$ に替えて得られるもの）$x^2 - x - 6$ が 3 を根としていることをもって説明しているのである．

これはそれほど困難な言い換えではなかったが，3 次方程式はより複雑な問題をはらんでいた．16 世紀のイタリアの数学者たちによって 3 次方程式の解法がもたらされたが，彼らの 3 次方程式論で扱われている解の公式の中には平方根が現れる．この公式を実際に適用していくと，ある場合には負の数に対する平方根に直面する事態になって，問題の深刻さは決定的になった．

それ以前，何らかの代数的な問題で負の数の平方根が登場する場面では，明らかに実際の解は存在しないことが容易に見て取れた．しかし，たとえば $x^3 = 15x + 4$ という 3 次方程式においては，$x = 4$ という実際の解は存在し，しかも 3 次方程式の解法の過程では $\sqrt{-121}$ の計算が必要になるのである[*4)]．

---

*4) ［訳注］$x^3 = ax + b$ の実根をカルダノの公式で求めると

やはり数学者であり同時に技術者であった**ボンベッリ** [VI.8] は，困難に立ち向かって，ここで何が起きているのかを観察しようと決心した．1572 年に出版された彼の『代数学』（*Algebra*）において，彼はこの新種の平方根の計算を実行し，3 次方程式の解法に当てはめて実際の解が得られることを示している*5)．この場合にも 3 次方程式の解法は依然として機能していることが確かめられたのである．さらに，より重要なことは，この新奇な数もまた役に立つ可能性のあることがこうして示されたのである．

一般の人々がこの新しい量に違和感を持たなくなるまでには，まだ少し時間がかかった．約 50 年後，アルベール・ジローと**デカルト** [VI.11] の 2 人は，方程式は実在の（正の）解，偽の（負の）解，想像上の解という 3 種類の根を有すると主張した．この第 3 の解を，今日われわれが複素数解と呼んでいるものと彼らが考えていたかどうかは，完全には明らかではない．ただし，デカルトはしばしば n 次方程式は n 個の根を持たなければならないこと，さらに，そのうち「実在の解」でも「擬似の解」でもない解は「想像上の解」であることを言明しているのである．

しかしながら，複素数はゆっくりとではあるが使用され始める．それは，方程式の理論，負の対数についての議論，三角法との関連などを通じて登場してくる．やがて，複素数を用いた正弦関数，余弦関数と指数関数との関係が**オイラー** [VI.19] によって見出され，18 世紀において有力な手段になっていった．18 世紀半ばまでには，あらゆる多項式は，複素数の範囲でその根の完全なシステムを持っていることが知られるようになっていた．このことは，**代数学の基本定理** [V.13] として認識され，最終的には，**ガウス** [VI.26] が誰もが納得できる証明を与えた．したがって，代数方程式の理論においては，数の概念として複素数をさらに拡張する必要はないことが明らかになった．

7. 新しい数の体系と古い体系

複素数は実数とは明らかな違いがあったゆえ，その存在は，それぞれに異なった数に種別するという考えを人々に促した．ステヴィンの平等主義の考えは，それなりの効力を発揮したが，それでも数をそのまま表示するほうが 10 進小数による表示より好ましいという事実を払拭することはできなかった．一般的に言って，分数は無限小数より理解しやすいものである．

19 世紀になると，あらゆる種類の新しい発想は，この数の分類において，より注意深い考察を要求することになった．ガウスと**クンマー** [VI.40] は整数全体と同じような振る舞いをする複素数の集合を考察することから出発した．それは，たとえば a, b を整数として $a+b\sqrt{-1}$ で表される数の集合である．代数方程式の理論において，**ガロア** [VI.41] は，方程式の可解性を注意深く考察しようとするなら，どのような数を「有理的な」数と見なすかに合意して議論を始めることが不可欠であると指摘した．実際，彼は，**アーベル** [VI.33] の 5 次方程式の非可解性の定理においては，「有理的な」数とは元の方程式の係数に関する多項式の比となる数と考えるべきだと言明し，それらの全体が一般の加減乗除の演算規則に従っていることに注意を促した．

18 世紀にヨハン・ランベルト（Johann Lambert）は e と π が無理数であるという事実を確定し，さらに，それらは**超越数**であろうと予想した．すなわち，それらはいかなる整数係数代数方程式の根にもならないということである．その時点では，超越数というものが存在することさえ確認されていなかった．1844 年になって**リューヴィル** [VI.39] が初めて超越数の存在を示した．その後，数十年経って e と π は超越数であることが証明され，さらにその後，**カントール** [VI.54] が，実数の大部分は超越数であることを示した．カントールの発見によって初めて，ステヴィンが普及させた数の体系は予期しない深い事実を含んでいたことが明らかになったのである．

おそらく，最も重要な数の概念の変化は，1843 年の**ハミルトン** [VI.37] によるまったく新しい数体系の

$$x=\sqrt[3]{\frac{b}{2}+\sqrt{\left(\frac{b}{2}\right)^2-\left(\frac{a}{3}\right)^3}}+\sqrt[3]{\frac{b}{2}-\sqrt{\left(\frac{b}{2}\right)^2-\left(\frac{a}{3}\right)^3}}$$

となり，$a=15, b=4$ のときには

$$x=\sqrt[3]{2+\frac{\sqrt{-121\cdot 108}}{6\sqrt{3}}}-\sqrt[3]{2-\frac{\sqrt{-121\cdot 108}}{6\sqrt{3}}} \quad (1)$$

ゆえ，解の表示に $\sqrt{-121}$ が現れているように見える．

*5) ［訳注］ボンベッリは $(2+\sqrt{-1})^3=2+11\sqrt{-1}$ を見出し，上の訳注の式 (1) をさらに計算して

$$\begin{aligned} x &= \sqrt[3]{2+\sqrt{-121}}+\sqrt[3]{2-\sqrt{-121}} \\ &= \sqrt[3]{2+11\sqrt{-1}}+\sqrt[3]{2-11\sqrt{-1}} \\ &= (2+\sqrt{-1})+(2-\sqrt{-1})=4 \end{aligned}$$

に到達したのである．

発見によってもたらされた．ハミルトンは，複素数を用いた平面の点表示は，実数の組を用いる表示法に比べて，平面幾何学を大きく単純化していることに気づいた．彼は，3 次元空間を表示できる数を模索したが，これは不可能であることが判明した．しかし，そこから 4 次元の空間を表す数体系へと導かれた，彼はそれを**四元数** [III.76] と名付けた．これらは，通常の数と多くの点で共通の振る舞いをするが，一つ決定的に異なる性質がある．すなわち，乗法は可換ではない．つまり，四元数 q, q' においては，一般に qq' と $q'q$ とは一致しない．

四元数は，複素数を超える初めての数体系であり，その出現は多くの新しい疑問を引き起こした．このような体系は，ほかにも存在するのだろうか？　数体系とはそもそも何なのか？　ある数体系において乗法の可換性をなくしてよいのだったら，他の演算規則が成り立たない数体系もあるのだろうか？

知的醸成の長い経過によって，数学者は，「数」や「量」という曖昧な概念に代わって，より形式的に整った代数構造の概念を手に入れるに至った．最終的には，おのおのの数体系とは，単にそこにおける演算が可能であるようなものの集まりである．このような数の体系がわれわれの興味の対象となるのは，本来われわれが考察したいと思っている一群の事象を，これらが媒介表示（parametrize），ないし座標表示（coordinatize）することができるからなのである．たとえば，「整数」という体系は数え上げ操作の概念を形式化したものであり，「実数」という体系は，幾何学の基礎である直線を順序付けているものである．

20 世紀初めまでには，多くの数の体系が知られるようになっていた．整数が一番内部に置かれた入れ子状の階層は，有理数（すなわち分数），実数（ステヴィンによる 10 進小数の議論は，より精密に形式化された），そして複素数に至る．さらに，より一般化された数として四元数がある．しかし，もはや，それらのみが数の体系というわけではない．数論家たちはさまざまな代数的数の体系（それらおのおのは，それ自身で自立した系となっている複素数の部分系である）を扱う．ガロアは通常の数体系の算術規則に従う有限個の要素からなる系を導入した．それは今日われわれが有限体と呼ぶものであった．関数論の人間は関数体を扱った，彼らはそれを数体系の一種とは見なさなかったが，数体系との類比が知られるようになり，また，そのことが大いに役立つことになった．

20 世紀の初頭にはヘンゼル（Kurt Hensel）が **p 進数** [III.51] を導入した．それは有理数からある一つの素数 p に特別の役割を与えて構成される．p はどのような素数でもよいので，ヘンゼルは無数の新しい数体系を構成したことになる．これらも，通常の加減乗除の算術規則に従い，**体**と今日呼ばれるものになっている．p 進数は，何らかの数であると認識可能ではあっても，それらが有理数を共通に含んでいること以外には実数および複素数との間に一見してわかる関係を持たない初めての数体系であった．このことは，シュタイニッツ（Ernst Steinitz）が抽象的な体の理論を作り上げるきっかけとなった．

シュタイニッツの研究に現れた抽象化の傾向は，他の数学の分野にも生じていた．最も注目すべきものとして，群論および群の表現論，そして代数的数論が挙げられる．これらすべての理論は，**ネーター** [VI.76] による「抽象代数学」の構想のもとで概念的一体化を遂げた．このことによって，具体的な数の姿は完全に背景に押しやられ，代わりに，要素間の抽象的演算構造に焦点が当てられることになった．

何をもって「数」と考えるかについては，今日では簡明な基準が立てられている．伝統的な「整数，有理数，実数，複素数」という系列から現れるものはもちろんそうであるが，さらに p 進数もまた数である．四元数は稀にしか数の扱いを受けないが，他方で，ある種の数学的対象を座標付ける際に役立っている．そして，四元数よりさらに奇妙な，たとえばケーリーによる**八元数** [III.76] のような，数体系が脚光を浴びる機会もあるかもしれない．結局われわれは，問題を順序付けたり，座標付けたりするのに便利なものなら何でもそれを数体系として用いてしまうのである．もしも，必要だが存在しない数体系があるというのであれば，新たに作るだけのことである．

文献紹介

Berlinghoff, W. P., and F. Q. Gouvêa. 2004. *Math through the Ages: A Gentle History for Teachers and Others*, expanded edn. Farmington, ME/Washington, DC: Oxton House/The Mathematical Association of America.

Ebbingaus, H.-D., et al. 1991. *Numbers*. New York: Springer.

Fauvel, J., and J. J. Gray, eds. 1987. *The History of Mathematics: A Reader*. Basingstoke: Macmillan.

Fowler, D. 1985. 400 years of decimal fractions. *Mathematics Teaching* 110:20–21.

Fowler, D. 1999. *The Mathematics of Plato's Academy*, 2nd edn. Oxford: Oxford University Press.

Gouvêa, F. Q. 2003. *p-adic Numbers: An Introduction*, 2nd edn. New York: Springer.

Katz, V. J. 1998. *A History of Mathematics*, 2nd edn. Reading, MA: Addison-Wesley.
【邦訳】V・J・カッツ（上野健爾，三浦伸夫 監訳）『カッツ 数学の歴史』（共立出版，2005）

Katz, V. J. ed. 2007. *The Mathematics of Egypt, Mesopotamia, China, India, and Islam: A Sourcebook*. Princeton, NJ: Princeton University Press.

Mazur, B. 2002. *Imagining Numbers (Particularly the Square Root of Minus Fifteen)*. New York: Farrar, Straus, and Giroux.
【邦訳】B・メイザー（水谷淳 訳）『黄色いチューリップの数式 —— $\sqrt{-15}$ をイメージすると』（アーティストハウスパブリッシャーズ，2004）

Menninger, K. 1992. *Number Words and Number Symbols: A Cultural History of Numbers*. New York: Dover. (Translated by P. Broneer from the revised German edition of 1957/58: *Zahlwort und Ziffer. Eine Kalturgeschichte der Zahl*. Göttingen: Vandnhoeck und Ruprecht.)

Reid, C. 2006. *From Zero to Infinity: What Makes Numbers Interesting*. Natick, MA: A. K. Peters.

II. 2

幾何学

Geometry

ジェレミー・グレイ［訳：二木昭人］

1. はじめに

幾何学の現代的な視点は，20 世紀初頭の**ヒルベルト** [VI.63] とアインシュタインによる新しい幾何学的理論から始まったと言える．彼らの理論は 19 世紀の幾何学の急速な改革を，彼らなりの方向付けとして組み込むものであった．何千年もの間，**ユークリッド** [VI.2] の『原論』(*Elements*) に代表されるギリシア人の幾何学的知見が完璧な厳密性を持つものとして，また人類的知識として受け入れられてきた．これに対して，彼らの新しい理論はまったく新しい物の考え方を投げかけるものであった．本章では，ユークリッドの時代から始まり，非ユークリッド幾何の出現を経て，**リーマン** [VI.49]，**クライン** [VI.57] そして**ポアンカレ** [VI.61] の成果に至るまでの幾何学の歴史を振り返る．それと同時に，幾何学の概念がなぜ，どのようにして大きな変革を遂げたかを検証する．現代幾何学自体については，本書の後の部で議論される．

2. 素朴な幾何学

幾何学というもの，特にユークリッド幾何は，われわれのまわりにあるものを数学的に記述するものと考えられている．すなわち，左右，上下，手前と奥という 3 次元を持ち，無限の広がりを持つ空間を記述するものである．空間の中の物体は位置を持ち，時には動き回って別の位置に移動する．こうした位置は直線に沿った長さを指定することで記述される．たとえば，この物体はあの物体と 20 m 離れていて，高さが 2 m ある，というようなことである．また，角度を測ることもできて，長さと角度には微妙な関係がある．実際，幾何学には目で見るだけでなく，理論付けを行うという別の側面がある．幾何学は，2 等辺三角形についての定理やピタゴラスの定理など，たくさんの定理からなる数学の分野である．つまり，定理とは，長さ，角度，形や位置について総じて言えることをひとまとめにしたものである．幾何学が他の科学と著しく異なる点は，演繹的な側面が強いことである．単純な概念を取り上げ，それらについて詳しく調べれば，実験的な証拠を集めることはしなくても，空間についての重要な理解を得ることができるのである．

しかし，それは本当にそう簡単にできるのであろうか？　ただ椅子に座って考えるだけで空間に関する正しい知識が得られるのであろうか？　実はそれはできないことがわかる．長さや角度などの概念に基づいていて実際に役立つ幾何学で，ユークリッド幾何とは合致しない別の幾何学が存在することがわかるのである．これは 20 世紀初頭の驚くべき発見であったが，それに先立ち，直線とは何かというような，長さ，角度などの基本的概念に関する素朴な理解をより正確な定義で置き換える必要があり，そのプロセスに何百年もの時間がかかっている．この努力のもとに新しい幾何学が見出され，一つ見出されれば，あとは無限個の新しい幾何学が見出されることになった．

3. ギリシア数学

幾何学はこの世に関する有益な事実を集めたものと見なすこともできるし，知識を整理したものと見なすこともできる．いずれにせよ，その起源については意見の分かれるところである．エジプトやバビロニアの古代文明の時期に，幾何学の知識が少なからずあったことは明らかである．そうでなければ，大きな都市や，精巧な寺院，ピラミッドなどを作ることはできなかったであろう．しかし，ギリシア以前に何が知られていたかを詳しく説明することは困難である上に，プラトンやソクラテスの時代以前の少ない，散逸する資料を理解することは，なお困難である．このことからも，幾何学の決定的な著作となった本をギリシア時代に著したアレクサンドリアのユークリッド（紀元前300年頃）は，大きな成果を成し遂げたことがわかる．彼の有名な本『原論』を一目見ると，幾何学の歴史を正しく説明するには，幾何学の知識を得ること以上のことをしなければならないことがわかる．『原論』は高度に整理された演繹的な知識を述べた著作である．この本はいくつかの異なるテーマに分かれ，おのおののテーマは複雑な理論構成になっている．したがって，幾何学の起源がどこにあったにせよ，ユークリッドの時代には幾何学は論理を用いた学問であり，日常的体験から得られる知識とは別の，より高い知識を提供する学問となっていた．

したがって，本章は，ギリシア以前の幾何学の歴史を明らかにすることはせず，幾何学という分野の中に確固たる数学の結果を築くに至った高位の道をたどることにする．この高位の道とは，非ユークリッド幾何という重要な発見に最終的に導くものである．ユークリッド幾何以外にも厳密で論理的な幾何学はある．しかも，驚くべきことに，物理学的空間像に対しては，それらの幾何学のほうがユークリッド幾何よりも良いモデルを与えるのである．

『原論』は，三角形，四辺形，円などの平面図形に関する四つの巻から始まる．有名なピタゴラスの定理は，第1巻の47番目の命題である．次の二つの巻に，比率と比例に関する理論および相似な図形（拡大図形）に関する理論が，高度に洗練された取り扱いで書かれている．その次の三つの巻には，数の全体に関する内容が書かれている．おそらくはそれまでの古い数学の見直しであり，その内容は現在で言うところの初等整数論に当たる．この中には，たとえば，素数が無限個存在するという有名な結果が書いてある．次の巻，すなわち第10巻は最も長く，$\sqrt{a \pm \sqrt{b}}$ の形の（と書くべきと思われる）長さに関する専門的なトピックを扱っている．最後の三つの巻には，3次元幾何学に関する内容が書かれているが，そこでは第10巻で扱った奇妙な長さが重要な役割を演じる．最後は，五つの正多面体の構成，および，この五つ以外には存在しないことの証明で終わっている．最後の5番目の正多面体の発見は，プラトンを最も興奮させた話題であった．実際，五つの正多面体はプラトンの晩年の作『ティマイオス』（*Timaeus*）の中の宇宙論で，重要な役割を果たす．

『原論』のほとんどの巻は，いくつかの定義から始まる．それらのそれぞれが念入りな演繹的構造を持っている．たとえば，ピタゴラスの定理を理解するには，前の結果に戻らなければならず，またそれを理解するにはさらに前の結果に戻らなければならず，結局最後には基本的定義によることがわかる．全体の構造はとても説得力がある．たとえば哲学者のトーマス・ホッブズは大人になってからこの本を読み，たちどころに疑念はなくなり，揺るぎない理解が得られた．『原論』が説得力を持つ理由は，議論の進め方の良さによる．いくつか例外はあるが，数論の巻に多く見られるように，議論が公理的である．すなわち，自明と思われるいくつかの単純な公理から始め，純粋に論理的な議論でそれらの公理から定理を導く．

この方法が機能するためには，三つのことが要求される．第一に，**循環論法**に陥らないことである．すなわち，P という命題を証明しようとして，それを以前の命題から導き，さらにそれをもっと前の命題から導く，ということを続け，ある段階で P に再びたどり着いたとする．この場合，公理から P を証明したことにはならず，単に途中で現れた命題はすべて同値であるということを示しているにすぎない．ユークリッドは，この点につき優れた成果を残した．

二つ目の必要なことは，推論の規則が明快で受け入れやすいことである．幾何学的な命題の中には，あまりにも明らかで証明を必要とすることに気がつかないものがいくつかある．つまり，理想的には，定義の中で明確に述べられていない図形の性質は使ってはならないことが要請されるが，この要請を満たして議論をすることは難しい．これについてのユークリッドの成功は見事であるが，それだけではない．まず，一方において，『原論』は，その中で取り扱っているトピックを，現代的な言葉による説明をはるかに凌ぐ明快さで説明しており，何百年経っても通用する記述になっているという点で優れた著作である．その一方で，時として後世の注釈者が埋めなければならない議論不足が少しある．たとえば，二つの円において，それぞれの中心が他方の円の外側にあり，半径の和が中心間の距離より大きいならば，二つの円は必ず交わるということは，明示的に仮定されてもいないし，証明されてもいない．とはいえ，ユークリッドの議論の進め方には驚くべき明快さがあり，推論の規則は，普遍的とまでは言わないが一般的適用性があるし，専門用語を用いて推論する規則についても数学上の一般的適用性がある．

三つ目は，二つ目と完全に切り離すことはできないが，定義を適切に行っていることである．ユークリッドは二つの，あるいは見ようによっては三つの種類の定義を置いている．第 1 巻は「点」や「直線」などの七つの対象の定義をしている．これらは初歩的で，定義するまでもないものと思われているかもしれない．また，これらの定義は後世に付け加えられたものではないかという議論が最近なされている．そして，第 1 巻とそれに続くいくつかの巻で，三角形，四辺形，円などといった，数学の議論に馴染みのある図形の定義がなされている．第 1 巻で述べられている公準は三つ目に属する種類の定義をなしていて，問題をはらんでいる．

第 1 巻に五つの「通常の考え方」が述べられていて，これらは非常に一般的な推論の規則をなす．たとえば「二つの等式を辺々足したものは等式である」といったものである．この巻には五つの公準が書かれている．これらは狭い意味で数学的である．たとえば，最初の公準が主張することは，勝手な点から別の勝手な点への直線を引くことができる，ということである．5 番目の公準は，いわゆる**平行線の公準**として有名なものである．これは「ある直線が 2 直線と交わり，その内角の和が 2 直角より小さいならば，その 2 直線が無限に伸びるとき，2 直角より小さい内角の和を持つ側で交わる」ことを主張する．

したがって，平行線は互いに交わらない 2 直線である．ユークリッドの平行線の公準の便利な言い換えが，スコットランド人のロバート・シムソンによって与えられている．これは，1806 年に彼によって編集されたユークリッドの『原論』の中に見られる．その本において，彼は『原論』の中で平行線の公準には依存しない他のすべての部分が正しいなら，平行線の公準は次の主張と同値であることを示している．すなわち，平面内に直線 m と，平面内の点 P で m 上にはないものが与えられると，P を通り m とは交わらない直線 n が平面内にただ一つ存在する．この言い換えによると，平行線の公準は平行線の存在と一意性という二つの主張をしていることになる．

おそらくユークリッド自身，平行線の公準がぎこちないものであることを，よくわかっていたのではないだろうか？ 同時代のギリシアの数学者や哲学者たちが直線に関するこの性質の記述を心地良くは感じないだろうと考えたので，第 1 巻の命題 29 まで，この記述を控えたのではないだろうか？ 注釈者プロクロス（5 世紀）は，『原論』第 1 巻についての議論で，双曲線とその漸近線は遠方において近づいていくが，決して交わることはないことを観察した．直線と曲線がこうなのであるから，二つの直線でもありうることではないか？ このことはさらなる解析を必要とする．もし平行線の公準を仮定しないとすると，残念ながら得られる結論はあまりなく，『原論』はずっと短い本になってしまう．大部分の重要な部分は，平行線の公準に依存しているのである．その典型的な事例として，三角形の内角の和が 2 直角であることを証明するには，平行線の公準が必要である．三角形の内角の和が 2 直角であることは，ピタゴラスの定理などの角度に関する諸定理を証明するのに不可欠である．

後世の教育者たちがユークリッドの『原論』についてどのような主張をしたにせよ，かなり多くの専門家が，平行線の公準は不満足な妥協によるものとわかっていた．つまり，有益で厳密な理論が必要だが，平行線の公準を受け入れない限りそのような理論は得られない．しかし，平行線の公準を信じることは困難と思われた．つまり，他の公準ほど直観的に明らかとは思えないし，かと言って証明もできない．思考の水準が高ければ高いほど，この妥協は苦痛に感じられた．それでは何をすればいいのかと，専門家は考えた．

この説明には，ギリシア人の一つの議論を紹介すれば十分だろう．プロクロスの意見によれば，平行線の公準が正しいかどうかが明らかではなく，一方幾何学にはそれがどうしても必要ということであれば，それは定理だから正しいとするのが唯一の可能性である．そこで，彼は証明を付けた．彼の議論は次のとおりである．二つの直線 m と n を第3の直線 k とそれぞれ点PとQにおいて交わり，内角の和が2直角であるようにとる．次に，新しい直線 l を，Pで m と交わり，2直線 m と n の間の領域に入るようにとる．l と m の距離はPから遠ざかるに従い単調に増加するので，直線 l はいつかは直線 n を越える，というのがプロクロスの議論である．

プロクロスの議論には欠点がある．この欠点は微妙なもので，次の課題を示唆する．彼の議論において，直線 l と m の距離が無限に大きくなるというのは正しい．しかし，彼の議論は，直線 m と n の距離は無限に大きくはならず，有限に留まることを仮定している．平行線の公準を認めるならば，m と n は平行で，それらの距離は一定であることを，プロクロスはわかっていた．しかし，平行線の公準が証明されるまでは，m と n の距離が発散するかもしれないことを否定することはできない．したがって，プロクロスの証明は，それらの直線が交わりもしないし，その間の距離が発散もしないことを証明しない限り，機能しないのである．

プロクロスの試みだけではなく，ほかにも同種の議論による試みがなされた．それらの議論では，まずユークリッドの『原論』から平行線の公準とそれに依存する議論や定理を切り離す．残る部分を中核と呼ぼう．この中核を使って平行線の公準を定理として証明するのが，他の同種の試みである．プロクロスの試みから得られる正しい結論は，平行線の公準が定理であるということではなく，『原論』の中核が与えられると，平行線の公準は，交わらない2直線は距離が発散しないということと同値である．6世紀の作家であるアガニスという人物も紹介しよう．この人物については何も知られていない．彼は平行2直線は至るところ等距離にあることを仮定した．彼の議論は単に，中核が与えられると，ユークリッドの平行線の定義は，その2直線は至るところ等距離と定義することと同値であることを示しているにすぎない．

直線についてのどのような性質が定義から認められていて，何を定理として導かなければならないのかを認識していないと，この議論に入っていくことはできない．幾何学の仮定を「常識」の貯えに加えることだけで良しとして進んでいくなら，『原論』の注意深い演繹的構造は，単なる事実の積み重ねに堕してしまう．

『原論』のこの演繹的性格こそが，ユークリッドが大切と考えていたものであることは明らかであるが，彼が幾何学を何と考えていたかを問うてみることには価値がある．たとえば，空間の数学的記述と見なしていたのだろうか？　この問いに対する答えを彼がどう考えていたか現存する書物から読み取ることはできないが，アリストテレスや多くの後の注釈者により展開されたギリシアの宇宙論では，空間は有限で，星々が固定された球面によって囲われているというものであった．『原論』における数学的空間は無限であり，それゆえ，数学的空間は物理的世界像の単純な理想化を意図したものではないかもしれない．

4.　アラブとイスラムの注釈者

今日ギリシアの幾何学と考えられているものは，少数の数学者の著作であり，ほとんどは200年に満たない期間に得られたものである．これらの著作は，より多数で，より広い範囲にわたり，より長い時間に及ぶアラブとイスラムの作者たちによって引き継がれた．これらの作者は，ギリシアの数学や科学の注釈者として，あるいは後の西洋の著述家たちに橋渡しをしたことで記憶されることが多いが，彼ら自身，創造的で革新的な数学者であり科学者であったことも記憶されるべきである．彼らの中には，ユークリッドの『原論』の研究に取り組み，平行線の公準の問題を取り上げる者もいた．彼らも平行線の公準は適切な公準ではなく，中核の部分だけから証明されるべき定理であるはずだという見方をした．

サービト・イブン・クッラは，そのような試みをした1人である．彼はアレッポ近くの出身の無宗教者であり，バグダッドで生活と仕事をし，901年にそこで死亡した．ここでは，彼の最初のアプローチを紹介するに留める．彼の議論は次のとおりである．二つの直線 m と n が第3の直線 k と交わるとし，さらに，その2直線が k の一方の側で近づいていくとすると，2直線は k のもう一方の側で無限に遠ざかる．したがって，交線とのなす錯角（図1に示す角）が等しいならば，交線の一方の側で近づいていくことはない．対称性から，もう一方の側でも同様に近づかないからである．これにより，平行線の公準は証

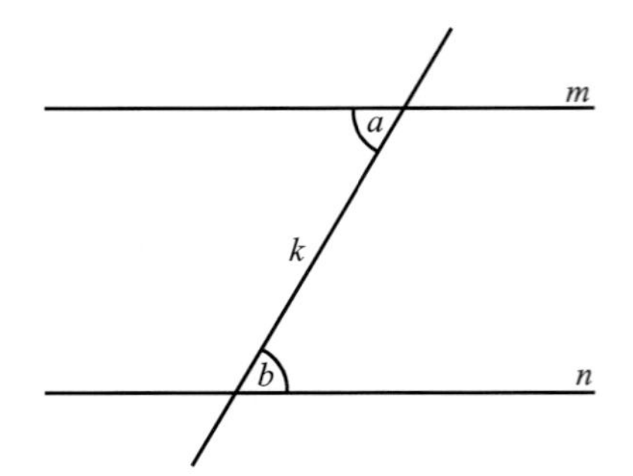

図 1　直線 m と n は交線 k と同じ錯角 a と b をなして交わる.

明されたことになる．しかし，彼の議論には次のことから欠陥がある．その 2 直線が k の一方の側で近づいていくとすると，2 直線は k のもう一方の側で無限に遠ざかることは証明してあった．しかし，彼は両方の方向で 2 直線が発散する可能性を考慮していなかった．

イブン・アル・ハイサムは 965 年にバスラで生まれ，1041 年にエジプトで死亡したイスラム人であり，傑出した数学者であるとともに科学者であった．彼は四辺形で，底辺に直角で長さの等しい辺を両側に持つものを考え，一方の辺の側から他方の辺に向かって垂線を引くことを考えた．彼は，この垂線の長さが底辺の長さと等しいことを証明しようとした．そのために，次のような議論をした．元からある底辺と直交する 2 辺のどちらかをもう一方のほうへ動かすと，その端点は直線上を動き，この直線は先ほど引いた垂線と一致する（図 2 参照）．しかし，このことは直線から等距離にある曲線は直線であることを仮定することになるが，これから平行線の公準はすぐに得られるので，彼の試みは失敗である．彼の証明は後に，彼の用いた運動の使い方は不明確で，ユークリッドの『原論』にはないものであるとして，オマル・ハイヤームから強く批判された．実際，得られた曲線の性質が明確でないので，ユークリッドが用いた幾何学における運動とはまったく異なるものであり，その曲線の性質こそが解析されるべきものである．

平行線の公準に対するイスラムにおける最後の試みは，ナシールッディーン・アル・トゥースィーによる．彼は 1201 年にイランで生まれ，1274 年にバグダッドで死亡した．彼の広範囲にわたる解説は，イスラムにおけるこの主題に関する初期の数学的研究を知る上で貴重な資料となっている．アル・トゥースィーは，2 直線が近づき始めたら，結局交わるまで近づき続けることを示すことに焦点を当てた．このために，以下を証明することを問題設定とした．

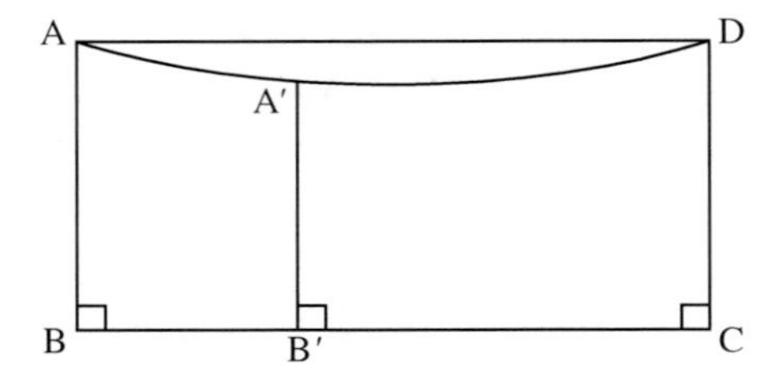

図 2　AB と CD は長さが等しく，角度 ADC は直角で，A′B′ は AB が CD の方向に移動するときの途中の位置である.

(*) もし l と m が直角より小さい角をなして交わるなら，l と直交するすべての直線は m と交わる．

彼は，もし (*) が正しいなら平行線の公準が得られることを示した．しかし，彼の (*) の証明は誤りだった．

こうした議論のどこに間違いがあるかを，この時代の数学者が使える技術だけを用いて見出すことは，たいへん困難であった．イスラムの数学は，西洋の後継者が 18 世紀まで追い越せなかったほど洗練されたものであった．しかし，残念なことに，彼らの著作はずっとあとになるまで西洋から注目されなかった．唯一の例外は，1594 年に出版され，ヴァチカン図書館に収蔵されていた 1 冊の本である．この本はアル・トゥースィーによるものと長い間間違って伝えられていた（実際は，彼の息子によるものかもしれない）．

5.　西洋における関心の復活

西洋における平行線の公準に対する興味の復活は，ギリシア数学の翻訳の第 2 波とともにもたらされた．この波はコマンディーノやマウロリコにより 16 世紀に始められ，印刷術の出現で広まった．重要な文献がいくつかの古い図書館で発見され，結果としてこのことがユークリッドの『原論』の新しい校訂本の再出版に繋がった．これらの多くが平行線の問題に言及したが，最も端的な表現は，ヘンリー・セイヴィルの「ユークリッドの汚点」という言い方であろう．たとえば，1574 年に『原論』を編集し，研究を見直したイエズス会士クリストファー・クラヴィウスは，平行線を等距離にある 2 直線と定義し直すことを試みる議論を展開した．

物理学における空間像とユークリッド幾何学の空間像の同一視は，16 世紀から 17 世紀にかけてもたらされた．これはコペルニクス的天文学が受け入れられ，球面に星が固定されているという考えが捨てられた後のことである．こうした同一視は，**ニュートン** [VI.14] の著作『プリンキピア』（*Principia mathematica*）（数学の諸原理）で標準的になった．この本は，ユークリッド空間内で考えられた重力の理論を提唱している．ニュートンの物理学は受け入れられるまでに時間がかかった一方で，ニュートンの宇宙論は容易に受け入れられ，18 世紀には正統的な理論として確立された．ただ，この同一視は危険な賭けを伴うものであった．『原論』の中核部分から導かれる予期せぬ，または直観に反する結論は，宇宙空間の直観に反する事実になってしまう可能性があるからである．

1663 年にイギリスの数学者ジョン・ウォリスは，それ以前の研究者よりずっと繊細な見方で平行線の公準を見直した．彼はハリーから教えを受けていた．ハリーはアラビア語を読めたので，ヴァチカン図書館にあったアル・トゥースィーの著述と伝えられていた本の内容をウォリスに教えていた．そして，ウォリスは平行線の公準の証明を試みた．他の研究者と違い，ウォリスは自分の議論のどこに間違いがあるかを見分ける力があった．結局，『原論』の中核部分を認めると，平行線の公準と，合同ではない相似な図形が存在するという主張とは同値であるということが，自分の示したことであると結論付けた．

半世紀後，ウォリスの研究はイタリアのイエズス会士ジロラモ・サッケーリに引き継がれた．彼は平行線の公準を支持する人々の中で最も辛抱強く，完璧主義であり，亡くなった 1773 年に『すべての欠点から解放されたユークリッド』（*Euclid Freed of Every Flaw*）という短い本を出版した．この本は理論を尽くした傑作で，次のような三分説に初めて取り組んだ．もし平行線の公準を仮定しないなら，三角形の内角の和は 2 直角より小さいか，等しいか，大きいかのいずれかである．サッケーリは，一つの三角形でいずれかが成り立てば，他のどの三角形でも同じことが成り立つことを証明した．したがって，『原論』の中核と無矛盾な三つの幾何学が存在することは明白である．第 1 の場合，すべての三角形の内角の和は 2 直角より小さい（この場合を L と呼ぼう）．第 2 の場合，すべての三角形の内角の和は 2 直角に等しい（E）．第 3 の場合，すべての三角形の内角の和は 2 直角より大きい（G）．E の場合はもちろんユークリッド幾何であり，サッケーリはこの場合しか起こり得ないことを証明しようとした．そこで，彼は他の場合はどちらも自己矛盾を含むことを示そうとした．G の場合は成功したので，L の場合に進んだ．「この場合こそが平行線の公理の正しさを妨げている」と彼は述べている．

L の場合は難しいことがわかり，それを克服しようとして研究の途中でいろいろな興味深い命題を証明している．たとえば，もし L の場合が成立するなら，二つの交わらない直線はただ一つの共通の直交する直線を持ち，その両側で 2 直線の距離は発散する．最後に，サッケーリは難しい部分を取り扱うために，無限遠での直線の振る舞いに関して誤った主張をし，それに基づいた議論をしている．すなわち，ここにおいて彼の試みは破綻している．

サッケーリの研究は，完全にとまでは言わないが，次第に忘れられていった．しかしながら，サッケーリの研究にスイスの数学者ヨハン・ランベルトが注目した．ランベルトは三分説を追及したが，サッケーリと違い，平行線の公準を証明したとまでは主張しなかった．そのため，彼の研究は見棄てられ，彼が亡くなった後の 1786 年になってやっと出版された．ランベルトは，単に気持ちの良くない結果と，不可能な結果とを注意深く区別した．彼は，L の場合，三角形の面積は 2 直角と内角の総和との差に比例することに対する証明の概略を得ていた．彼は，L の場合，相似な三角形は合同でなければならないことを知っていた．このことは，天文学で用いられる三角関数の表は実際は有効ではなく，三角形の大きさごとに別々の表が作られなければならないことを意味する．特に，60° より小さいすべての角度に対し，各頂点でその与えられた角度を持つ正三角形がただ一つ存在することを意味する．これは，哲学者が呼ぶところの長さの「絶対的」測量を可能にする（たとえば 30° の角度を持つ正三角形の辺の長さをとればよい）．しかし，これは**ライプニッツ** [VI.15] の門下生であるヴォルフが不可能と言っていたことであった．実際，これは直観に反することである．すなわち，長さとは，パリにおいてあるメートル原器の長さとか，地球の周の長さとか，そのようなものとの比によって相対的に定義されるものである．しかし，「そのような議論は愛とか憎しみという感情から導かれる議論であって，数学者とは無縁のものである」とランベルトは言った．

6. 1800 年頃の論点の変化

ユークリッドの『原論』が新たな校訂本として出版されたことに端を発する，平行線の公準に対する西洋での関心は，それまでとは異なる展開をたどった．フランス革命の後，**ルジャンドル** [VI.24] はエコール・ポリテクニークへの入学を志望する学生向けに初等幾何の教科書を書いた．この本は『原論』に書かれた程度の厳密さを持つものであった．しかしながら，ひどく直観的でない教科書を書くことと，十分な程度の厳密さを持っている教科書を書くこととは別である．ルジャンドルの試みは結局うまくいかなかったし，彼自身そう判断していた．特に，彼以前の人たちと同様，平行線の公準をうまく説明することができなかった．ルジャンドルのフランス語版『原論』は何度も改訂され，何度も平行線の公準に関する異なる試みがなされた．これらの試みには成功したとは言いにくいものもあるが，多くはたいへん説得力がある．

ルジャンドルの成果は古典的精神に基づいており，平行線の公理は当然証明されるべきものという立場をとっていた．しかし，1800 年頃になると，この姿勢が広く受け入れられるとは言いにくくなった．誰もが平行線の公準を必要と見なすわけではなくなったし，それは正しくないかもしれないと冷静に考えるようになった人もいた．この変化を最も端的に表すのは，マールブルク大学の法学の教授であった F・K・シュヴァイカルトが 1818 年に**ガウス** [VI.26] に送った短い書簡であろう．その中で，シュヴァイカルトは彼の得た主結果を述べている．それは「星状幾何」と彼が呼ぶ幾何であり，三角形の内角の和が 2 直角より小さいものであった．星状幾何においては，四角形は特殊な形であり，直角 2 等辺三角形の高さはシュヴァイカルトが「定数」と呼んだある数以下になっていた．シュヴァイカルトは，この新しい幾何学は宇宙を記述する真の幾何学であるとまで主張した．ガウスは肯定的に返信した．彼はこの結果を受け入れ，定数の値が決まれば初等幾何のすべてをすることができると主張した．いくぶん狭量な見方をすれば，シュヴァイカルトがやったことは，2 等辺三角形についての定理が新しいこと以外は，ランベルトが死後に出版した本より少し進めたにすぎないと言うこともできよう．しかしながら，注目すべきことは精神的方向付けの変化である．つまり，この新しい幾何は正しいかもしれないし，単なる数学的な好奇心以上のものであるかもしれないという考えである．ユークリッドの『原論』は，もはや彼を束縛はしなかった．

残念ながら，ガウス自身がどう考えていたかははっきりしない．数学史家の中には，ガウスの数学的独創性を考えれば，非ユークリッド幾何を最初に発見したのはガウスであると解釈する向きもある．しかし，それを示す根拠は希薄で，そのような結論を導くことは難しい．確かにガウスは平行線の新しい定義を含むユークリッド幾何の研究を初期に行った形跡があり，また，晩年になって，これやあれは何年も前から知っていたとガウスが述べている．さらに，友人たちに宛ててそのように書いた手紙も残っている．しかし，現存している論文をもとに，ガウスがわかっていたことを再構成することはできないし，ガウスが非ユークリッド幾何を発見したという主張を支持するに足るものは残っていない．

むしろ考えられることは，1810 年代において平行線の公準をユークリッド幾何の中核部分から導くというそれまでの試みはうまくいかなかったし，今後もたぶん失敗し続けるだろうとガウスは認識していたことであろう．彼は空間を記述する別の幾何学が存在しうるという確信をより強く持つようになっていた．彼の考えの中では，幾何学は数論のような論理だけの問題ではなくなり，力学に関連する経験的科学のようなものになっていた．1820 年代を通してのガウスの姿勢を最も正確に言い表す言い方は，空間が非ユークリッド幾何によって記述されうることは疑いようもなく，その唯一の可能性は上述の L の場合である，ということである．これは経験的事実のはずであるが，地面上での測量では解決できないことである．なぜなら，ユークリッド幾何からの変位は明らかにごく小さいからである．この見方は，ベッセルやオルバースといった友人たちからの支持を得た．科学者としてガウスは確信を持っていたが，数学者としてのガウスは若干の疑いを持っていたかもしれない．そして，非ユークリッド幾何を記述するために必要な数学的理論を展開することは決してしなかった．

1820 年代になってガウスにより構築された理論は微分幾何学の理論である．ガウスはこの主題に関する彼の研究を，彼の最高傑作の一つである『曲面に関する一般的研究』（*Disquisitiones generales circa superficies curvas*, 1827）にまとめている．彼はこの中で，空間内の曲面の幾何学を記述し，曲面の幾何学のうちどのような性質が曲面の内在的な性質であり，3 次元空間にどのように埋め込まれているかとは独立な性質であるかを明らかにしている．ガウスには**曲率** [III.78] が負の一定値をとるような曲面を考えることは可能であったし，そのような曲面上の三角形は双曲線関数を用いて記述されることを示すことも可能であったが，1840 年代になるまではこれを行わなかった．もし行ったとしたら，L の場合の幾何学が適用できるような曲面を得ていたに違いない．

しかし，曲面を考えるだけでは不十分である．2 次元ユークリッド幾何の妥当性を受け入れることができるのは，2 次元ユークリッド幾何は 3 次元ユークリッド幾何を単純化したものだからである．L の場合の仮定を満たす 2 次元幾何学を受け入れる前に，L の場合と同様の 3 次元幾何学が存在することを示す必要がある．そのような幾何学は仔細に記述され，3 次元ユークリッド幾何学と同程度に説得力を持つものであることを示さなければならない．ガウスはこれをまったくしていない．

7. ボヤイとロバチェフスキー

非ユークリッド幾何の発見に対する名声は，ハンガリーの**ボヤイ** [VI.34] とロシアのロバチェフスキーの 2 人にもたらされた．彼らは独立にきわめて類似した説明を与えた．実際 2 人とも，2 次元および 3 次元の幾何学で，ユークリッド幾何とは異なるが同程度に有効な幾何学を記述した．ロバチェフスキーは 1829 年に最初の論文を無名のロシアの雑誌に発表したが，その後 1837 年にフランス語で，1840 年にドイツ語で，そして 1855 年に再びフランス語で発表している．ボヤイの研究は，1831 年に彼の父親による 2 巻からなる幾何学の本の補遺として発表されている．

2 人の研究成果を説明するには，両者を一緒に説明するのが簡単である．2 人とも平行線を新しいやり方で定義したが，それは次のとおりである．点 P と直線 m が与えられたとき，P を通る直線には，m と交わる直線の集合と交わらない直線の集合があるであろう．この二つの集合を分けられるのは，P を通り m と交わらないが m に無限遠で漸近する 2 本の直線である．1 本は P の右側で漸近し，もう 1 本は

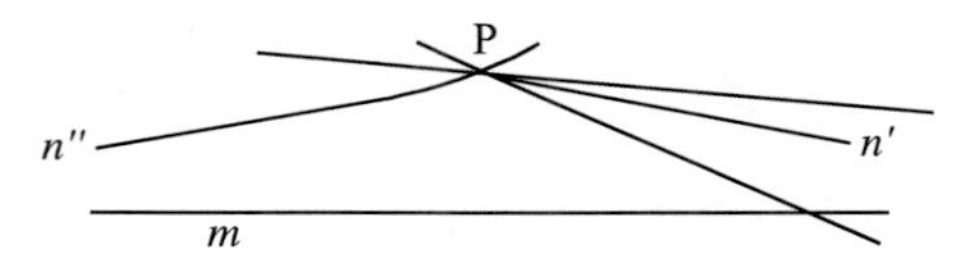

図 3　P を通る直線 n' と n'' があり，その下側の間にある直線は m と交わり，左右の側を通る直線は m と交わらない．

P の左側で漸近する．この状況を図 3 に示す．問題の 2 直線は n' と n'' である．図に現れている 2 直線が曲がっていることに注意してほしい．これは，平坦なユークリッド平面の上で図示すると，曲げて書くほかないからである．もし図示したいものがユークリッド幾何の平面であれば，n' と n'' は一緒になり，1 本の左右に無限に伸びる直線になる．

このような新しい説明がなされたあとでも，点 P から直線 m に垂線を下ろすというのは，まだ意味を持つ．P を通り m に平行な左右の二つの直線は，垂線と同じ角度をなす．この角度を平行性角度と呼ぶ．もしこの角度が直角なら，その幾何学はユークリッド幾何である．しかしながら，もし直角より小さいなら新しい幾何学の可能性がある．その角度の大きさは，P から m に下ろした垂線の長さに依存することがわかる．ボヤイもロバチェフスキーも，平行性角度を直角より小さくとることに矛盾がないことを示すために努力しようとはしなかった．むしろ，そのことを仮定し，垂線の長さから角度を決定することに多くの努力を傾けた．

彼らはどちらも，（同じ方向に向かう）平行線の族が与えられ，それらの直線のどれかの上にある 1 点が与えられると，その点を通り，平行線のおのおのに直交する曲線が存在することを示した（図 4）．

ユークリッド幾何では，このように定義される曲線は，平行線の族と直交し，与えられた点を通る直線である（図 5）．さらに，ユークリッド幾何において，共通の点 Q を通る直線の族をとり，別の点 P をとると，P を通りすべての直線に直交する曲線が存在する．つまり，Q を中心とし，P を通る円である（図 6）．

ボヤイとロバチェフスキーによって定義された曲線は，上述の二つのユークリッド幾何での構成と共通する性質を持つ．すなわち，その曲線は平行線の族に直交するが，曲がっていて，まっすぐではない．ボヤイはこのような曲線を L 曲線と呼んだ．ロバチェフスキーはもう少し呼びやすい名前でホロサイクルと呼び，こちらの名前が後に残った．

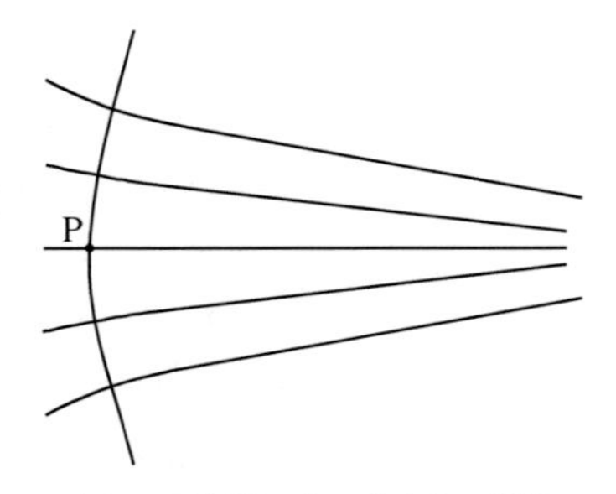

図 4　平行線の族に直交する曲線

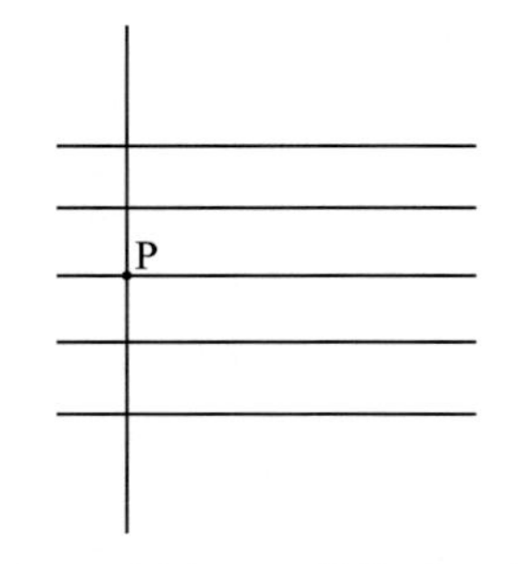

図 5　ユークリッド幾何での平行線の族に直交する曲線

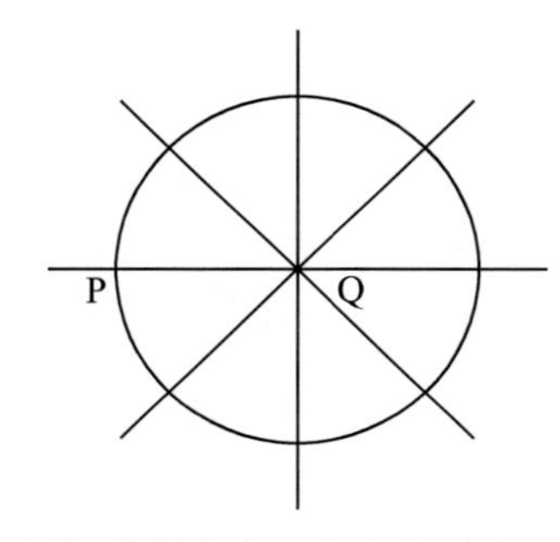

図 6　ユークリッド幾何において，1 点を通る直線の族に直交する曲線

彼らはどちらも，彼らの複雑な幾何学を 3 次元に拡張した．この拡張においては，ロバチェフスキーの議論のほうがボヤイより明快であるが，いずれにせよ，2 人ははっきりとガウスを超えた．ホロサイクルを定める図を一つの平行線を中心として回転すると，3 次元の中に平行線の族ができ，ホロサイクルはボウル型の曲面をなす．この曲面をボヤイは F 曲面と呼び，ロバチェフスキーはホロ球面と呼んだ．2 人は次のような顕著なことが起きることを示した．ホロ球面を通る平面があると，切り口で円周かホロサイクルをなし，ホロ球面の上に三角形を書くと辺はホロサイクルになり，さらにそのような三角形の内角の和は 2 直角になる．別の言い方をすると，ホロ球面を含む空間は L の場合の 3 次元版であり，確かに非ユークリッド的であるが，ホロ球面に制限して得られる幾何学は（2 次元）ユークリッド幾何である！

ボヤイとロバチェフスキーは，彼らの 3 次元空間に球面を描けることを知っていた．そして，（この点においては彼ら自身の着想とは言えないが）球面幾何学の公式が平行線の公準とは独立に成立することを示した．ロバチェフスキーは平行線を用いた巧みな構成により，球面上の三角形が与えられると平面上の三角形が定まり，またその逆も可能であることを示した．さらに，ホロ球面上の三角形も同様に定まり，また逆も可能であることも示される．このことから，球面幾何の公式によりホロ球面の三角形の公式が決まることがわかる．ロバチェフスキーは，また多かれ少なかれボヤイも同様に，詳細な検証によりホロ球面の三角形は双曲的三角法で記述されることを示した．

球面幾何の公式は，考えている球面の半径に依存する．同様に，双曲的三角法の公式は，ある実数の助変数に依存する．しかし，この助変数には球面の場合のような明確な幾何的解釈はない．この欠点は別としても，得られる式は正しさを保証する性質をいくつも持っている．特に，三角形のサイズがとても小さいとき，これらの式は平面幾何の公式をたいへん良く近似する．このことから，なぜこの幾何学が長い間発見されなかったかがうまく説明できる．すなわち，空間のごく小さい領域では，ユークリッド幾何とほとんど違わないのである．長さと面積の公式は，新しい設定にも拡張できる．三角形の面積は内角の和と 2 直角の差に比例する量で表されることを彼らは示した．整然として蓋然性のある公式が得られることが新しい幾何を受け入れる何よりの理由であると，ロバチェフスキーは感じていたようである．彼の意見によれば，幾何学のすべては測定であり，幾何学におけるすべての定理は，さまざまな測定の間の繋がりを表現する公式である．彼の方法で作り上げた公式はそのようなものであり，彼にとってはそれで十分であった．

ボヤイとロバチェフスキーは，新しい 3 次元幾何学を記述した後，どちらの幾何学が正しいかという問題を挙げた．実験的に確かめられるパラメータの値は，ユークリッド幾何に対する値か，それとも新しい幾何学の値か？　ボヤイはここでこれ以上の探究をやめたが，ロバチェフスキーは星の視差の測定がこの問題を解決しうることを明示的に示した．この試みにおいて，彼は不成功に終わった．きわめて繊細な実験が要求されたからである．

概して言えば，ボヤイとロバチェフスキーが生きている間，彼らのアイデアに対する反応は，無視と敵意のいずれかであった．そして，彼らの発見が最終的にどのような成果をもたらすかを知らないまま彼らは死去した．ボヤイと彼の父は彼らの論文をガウスに送ったが，ガウスは1832年にその論文を褒めることはできないという返事を送った．それは，「そうすることは，自分自身を褒めることになる」という理由であった．また，この返事には，ヤーノシュ・ボヤイの書き出しの部分にある結果の一つにボヤイの付けた証明より簡単な証明を付けて送った．ガウスはこの返信で，以前からこの問題に取り組んできた自分の友人の子息がこの論文の著者であることは，何にせよ，うれしいとも書いた．ヤーノシュ・ボヤイはこれを読んで激怒し，その後論文を出版することは拒絶した．数学雑誌への論文の掲載をやめたことは，ガウスより先んじた仕事という形を確立する機会をなくす結果になった．奇妙なことに，ガウスが若きハンガリー人数学者の研究の詳細を前もって知っていたという資料はない．最もありそうなことは，ボヤイの論文の書き出しを読んだら，その後の理論がどう展開するか，たちどころに理解できたということかもしれない．

現存する資料から最も寛大な解釈をすると，1830年までにガウスは物理的空間が非ユークリッド幾何学で記述されうることを確信していたし，双曲的三角法を用いて2次元非ユークリッド幾何を取り扱う方法を知っていたと考えることもできる（ただし，この証拠となる手書きの詳しい資料は残っていない）．しかし，3次元の理論はボヤイとロバチェフスキーによって初めて見出されたのであり，彼らの著作を読むまでは，ガウスは知らなかったと推察される．

一方，ロバチェフスキーの場合は，ボヤイよりはうまく進んだ．彼の1829年の最初の出版は，オストログラツキーの出版物によって攻撃された．オストログラツキーはロバチェフスキーよりずっと学界で認められた人であった上に，ロバチェフスキーが田舎のカザンにいたのに対し，オストログラツキーはサンクトペテルブルクにいた．『純粋と応用の数学雑誌』（*Journal für die reine und angewandte Mathematik*）（『クレーレの雑誌』（*Crelle's Journal*）とも呼ばれる）に発表された彼の説明は，ロシア語の論文にしか発表されていない結果を引用したり，それらの論文を書き換えたりしたものであったため，ひどく読みにくかった．彼が1840年に書いた本はわずか一つのレビューしか受けず，しかもそのレビューは平均的水準よりはるかにひどいものであった．しかし，彼はその本をガウスに送った．ガウスはその本を素晴らしいと思い，ロバチェフスキーをゲッティンゲン科学院に推薦した．しかし，ガウスの感激もこれ以上は続かず，ロバチェフスキーはこれ以降ガウスからの支持は得られなかった．

大発見に対してなぜこのようなひどい対応がなされたかについては，さまざまなレベルで分析する必要がある．2人が用いた平行線の定義は，そのままでは不適切であったと言わざるを得ないが，彼らの研究はそのために批判されたのではない．間違っていることは明らかであるかのごとく，侮蔑を持って退けられた——必ずどこかに間違いがあるに決まっているが，それを見つけるのは時間の無駄だとか，絶対に間違っているのだから，嘲笑を浴びせるか何もコメントしないで退けるのが正しい対応だとかいった具合に．これは，ユークリッド幾何が依然として当時の人々の心に影響力を持っていたためである．むしろコペルニクスの考えや，ガリレオの発見などのほうが専門家の注目を集めた．

8. 非ユークリッド幾何の受容

1855年にガウスが死去したとき，彼の書類の中から非常に多くの未発表の数学が発見された．その中には，彼がボヤイとロバチェフスキーを支持していた証拠や，非ユークリッド幾何が有効である可能性を認める通信文も含まれていた．これらが少しずつ発表されるにつれ，人々はボヤイとロバチェフスキーが書いたものを探し，以前より肯定的な視点でそれらを読むようになった．

まったく偶然に，こうした研究を決定的に進める力を持つ学生がゲッティンゲンにいた．ただ，学生とガウスの接触はほとんどなかったようである．その学生とは，**リーマン** [VI.49] である．1854年に彼は教授資格の学位の審査を受けた．習慣に従い，彼は三つの題を提出したが，審査を担当していたガウスは，リーマンが最低順位で提出した題を選んだ．「幾何学の基礎をなす仮説について」（Über die Hypothesen, welche der Geometrie zu Grunde liegen）である．この論文は幾何学の定式化を再構成したもので，死後の 1867 年に出版されたものである．

リーマンの提案は，幾何学とは彼が**多様体** [I.3 (6.9, 6.10 項)] と呼んだものの研究である，ということであった．多様体とは点からなる「空間」であり，距離の概念を持ったものだった．この距離は，局所的にはユークリッド空間の距離のように見えるが，大域的にはまったく異なることもありうるものである．この種の幾何はさまざまな方法で可能であるが，彼の用いたものは微分積分によるものであった．これは何次元の多様体でも実行でき，実際，リーマンは次元が無限大の多様体で実行しようとしていた．

リーマンの幾何の素晴らしい点は，ガウスによる先導に従い，内在的な多様体の性質のみを取り扱うものであった．内在的とは，大きい空間への埋め込まれ方によらないということである．特に，2 点 x と y の距離は，曲面の中だけを通り x と y を結ぶ最短曲線の長さのことである．このような曲線は測地線と呼ばれる（たとえば球面では，測地線は大円に沿った弧である）．

2 次元の場合でさえ，多様体により異なる内在的曲率を持つ．実際，一つの 2 次元多様体は違う場所で異なる曲率を持ちうる．したがってリーマンの定義では，各次元に無限個の相異なる幾何学があることになる．しかも，これらの幾何は，これらを含むユークリッド空間について言及しないほうがうまく定義できる．かくして，ユークリッド幾何の覇権はついに失われたのである．

学位論文の題にある「前提」という言葉が示すように，リーマンはユークリッドが必要としたような仮定には興味はなかった．また，ユークリッド幾何と非ユークリッド幾何の対比にも興味はなかった．彼は論文の始まりで，ルジャンドルの努力にもかかわらず幾何学の大切な部分に不明瞭な点があることに言及し，論文の最後の部分では，曲率が一定の 2 次元多様体上の 3 種類の幾何学を考察した．一つ目は球面幾何であり，二つ目はユークリッド幾何，三つ目はまた別のものであった．この三つのどの幾何においても，一つの三角形の内角の総和がわかれば，他のどの三角形の内角の総和もわかることを示した．しかし，彼はボヤイとロバチェフスキーの研究を参照しなかった．単に，宇宙の幾何が 3 次元定曲率空間の幾何ならば，三つの幾何のうちのどれであるかを決定するためには，実際には不可能な範囲の広さの宇宙の領域での測量が必要であることを述べている．彼はガウスの曲率を高次元に拡張する議論をし，定曲率空間にはどのような**計量** [III.56]（すなわち，距離を定義するもの）が存在するかを示している．彼の得た式は非常に一般的で，ボヤイとロバチェフスキーの研究と同様に，曲率という実数のパラメータに依存している．曲率が負のとき，彼の距離の定義は非ユークリッド幾何を記述する．

リーマンは 1866 年に死亡した．彼の学位論文が出版されたときまでに，イタリアの数学者エウジェニオ・ベルトラミが独立にいくつか同じアイデアを考案していた．ベルトラミは，一つの曲面から別の曲面に写像するとき，どのようなことが起こりうるかに興味を持っていた．たとえば，ある特定の曲面 S に対し，S から平面への写像で S の測地線を平面の直線に写す写像は存在するかどうかを問うことにしよう．彼は，このような写像が存在するための必要十分条件は，曲面が定曲率であるときであることを発見した．たとえば，上半球面から平面へのこのような性質の写像はよく知られている．ベルトラミはこの式を改変して，負の定曲率曲面から円板の内部への写像を得ることができた．そして，彼はこのことの意義に気がついた．すなわち，彼の得た写像は円板の内部に計量を定め，この計量空間は非ユークリッド幾何の公理を満たす．したがって，これらの公理は矛盾を持たない．

これより数年前，ドイツのミンディングは，擬球と呼ばれる負の定曲率曲面を発見した．これは，トラクトリックスと呼ばれる曲線を，それを定める軸を中心に回転することで得られる．この曲面は角笛の形をしており，ユークリッドの平面幾何に比べると，自然ではなく，競争相手としてふさわしくないように思われた．擬球は**リューヴィル** [VI.39] によっても数年後に独立に発見されている．また，コダッチはリューヴィルの発見を知り，この曲面の三角形は双曲三角法の公式を使って記述されることを示した．しかし，非ユークリッド幾何との関連については，彼らは誰も調べず，ベルトラミの研究を待たなければならなかった．

ベルトラミは，彼の円板が負曲率の無限の広がりを持つ空間，すなわちロバチェフスキーの幾何（この時点で，彼はボヤイの研究については知らなかった）が成立する空間を記述することに気づいた．彼

非調和比（cross-ratio）と 2 次曲線内の距離

平面の射影変換は同一直線上の相異なる 4 点 A, B, C, D を同一直線上の相異なる 4 点 A′, B′, C′, D′ に写し，量 $\frac{AB}{AD}\frac{CD}{CB}$ を保つ．すなわち $\frac{AB}{AD}\frac{CD}{CB}=\frac{A'B'}{A'D'}\frac{C'D'}{C'B'}$ となる．この量は 4 点 A, B, C, D の非調和比と呼ばれ，CR(A,B,C,D) と書かれる．

1871 年に，クラインは非ユークリッド幾何を，固定した 2 次曲線 K の内部にある点の幾何として記述した．ここで許される変換は，K を K に写し，その内部も内部に写される射影変換である（図 7 参照）．K 内における 2 点 P と Q の距離を定義するために，直線 PQ を延長すると K と A および B で交わるとする．すると，射影変換を施しても非調和比 CR(A,P,D,Q) は変わらない．すなわち，**射影不変量**となる．さらに，直線 PQ 上の第 3 の点 R に対し，$\mathrm{CR}(\mathrm{A,P,D,Q})\mathrm{CR}(\mathrm{A,Q,D,R})=\mathrm{CR}(\mathrm{A,P,D,R})$ となる．これに従い，P と Q の距離を $d(\mathrm{P,Q})=-\frac{1}{2}\log\mathrm{CR}(\mathrm{A,P,D,Q})$ と定義する（$-1/2$ という係数はあとで三角法を用いるためにそれと調整したものである）．この定義によると，距離は直線に沿って加法的になる．すなわち，$d(\mathrm{PQ})+d(\mathrm{QR})=d(\mathrm{PR})$ である．

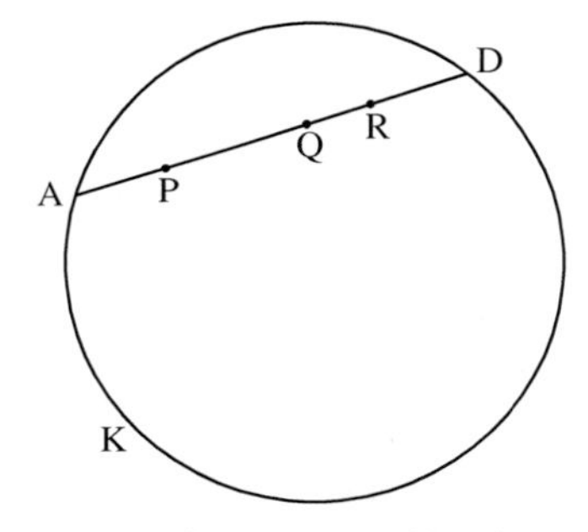

図 7　クラインによる非ユークリッド幾何の射影モデルにおける，非ユークリッド直線上の 3 点 P, Q, R

は，平面がシリンダーに対応するのと同様に，円板が擬球に対応することを示した．しばらく疑いを持った時期を経て，リーマンのアイデアを学び，彼の円板は非ユークリッド幾何が成立する空間の最善の記述の一つであると悟った．そして，彼はこの結果を 1868 年に本として出版した．これが，現在非ユークリッド幾何学と呼ばれる数学の分野における，最初の健全な基礎付けとなった．

1871 年に，若き**クライン** [VI.57] がこの主題を取り上げた．彼は，イギリスの数学者**ケイリー** [VI.46] がユークリッド幾何における計量の概念を**射影幾何** [I.3 (6.7 項)] にも導入する方法を考案したことを知っていた．ベルリンで学んでいたとき，ケイリーのアイデアを一般化して，ベルトラミの非ユークリッド幾何を射影幾何の特別な場合として表現する方法に気がついた．彼のアイデアは，**ワイエルシュトラス** [VI.44] には認めてもらえなかった．ワイエルシュトラスは，当時ベルリンの指導的数学者であった．彼は，射影幾何は計量幾何ではないので，計量に関する概念を生み出さないと主張した．しかし，クラインは自説に固執し，1871 年，1872 年，1873 年に三つの連作の論文を発表し，知られているすべての幾何は射影幾何の範疇に含まれると見なせることを示した．彼のアイデアは，幾何学を空間に作用する群の研究と見なすことであった．図形（空間の部分集合）の持つ性質で群の作用で不変なものが幾何学的性質である，ということである．したがって，たとえば，ある次元の射影空間では射影幾何で適切な群は直線を直線に写す変換のなす群であり，与えられた 2 次曲線の内部をそれ自身に写す部分群が非ユークリッド幾何の変換群である．コラムを参照されたい（クラインの幾何学へのアプローチについての詳しい議論は，「いくつかの基本的な数学的定義」[I.3 (6 節)] を参照）．

クラインの主張は，1870 年代に 1 番目と 3 番目の論文によって広まった．これらの論文は当時発刊された雑誌『数学年報』(*Mathematische Annalen*) に発表された．クラインの威信が高まるにつれ，状況は変わった．そして彼の 2 番目の論文が再発表され，さまざまな言語に翻訳された 1890 年代までには，エアランゲンプログラムとしてよく知られるようになった．この名前は，クラインが 23 歳という驚くべき若さで教授になった大学の名前から来ている．しかし，これは就任時の講演ではない（これは数学教育に関するものである）．何年もの間，それは奇妙に曖昧な出版物であったし，一部の数学史家が言うような数学への影響があったとは言いにくいものであった．

9. 人々の確信

クラインの研究は，幾何学における図形に対する注意を離れ，図形を本質的に変形する変換に注意を向けた．たとえば，ユークリッド幾何で重要な変換は回転と平行移動であり（さらに反転も含めることもあろう），これらは剛体の運動に対応する．こうした剛体の運動は，同時代の心理学者にとっては，個々の人々が身のまわりの空間の幾何を学ぶ方法の一部であった．しかし，クラインのこの理論は，特に非ユークリッド幾何というもう一つの計量幾何に拡張されるとき，哲学的に問題があった．クラインは主要論文の題を慎重に選び，「いわゆる非ユークリッド幾何について」(Über die sogenannte Nicht-Euklidische Geometrie）という題にし，敵対する哲学者（特に，ゲッティンゲンのカント派哲学者で権威ある地位を得ていたロッツェ）を刺激することを避けようとした．しかし，これらの論文と以前のベルトラミの研究により非ユークリッド幾何は完成し，ほとんどすべての数学者は納得した．すなわち，ユークリッド幾何と並んで，非ユークリッド幾何と呼ばれる同程度に有効な数学的体系が存在すると信じられるようになった．宇宙空間の幾何学がどちらであるかについては，ユークリッド幾何であると考えるのが賢明な選択であり，議論の余地はないように思われた．リプシッツは新しい状況設定でも力学のすべてを考えることができることを示したが，いくらか魅力のある仮説に基づいているだけで，それ以上のものではなかった．ヘルムホルツはその時代の指導的物理学者であり，リーマンとも個人的に知り合いだったが，彼はこの問題に興味を持ち，物体の自由運動を通して宇宙について研究したとき，宇宙がどういうものでないといけないかについて説明を与えた．彼は非ユークリッド幾何について知らなかったので，彼の最初の説明はひどく間違っていた．しかし，ベルトラミがこのことを指摘すると，彼はもう一度研究をやり直した (1870)．やり直した研究もいろいろと数学的欠陥があり，これらは少しあとになって**リー** [VI.53] によって指摘された．しかし，もっと問題を抱えたのは哲学者との対応であった．

哲学者の問いは「非ユークリッド幾何の理論とは，いかなる種類の理解の仕方なのか」であった．カント派哲学は流行が復活しており，カントの見方では，宇宙の理解は基本的に純なる先験的直観によるものであり，実験により決定される問題ではない：直観がなければ宇宙に関する理解は何も得られないであろう．非ユークリッド幾何という敵対する理論を前にして，新カント派哲学者たちは困った．数学者が長い年月をかけて論理を駆使した研究の成果として新しい理論を作ったが，それは宇宙を理解するのに役立つのか？ 宇宙は 2 種類の幾何からなることはないのではないか？ ヘルムホルツは次のように反論した．ユークリッド幾何でも非ユークリッド幾何でも経験を通してならどちらでも受容可能である．しかし，このような経験主義的言い方は，哲学者には受け入れることはできなかった．そのため，非ユークリッド幾何は 20 世紀初頭まで，哲学者の問題として残った．

数学者はどれが正しいとされるかを厳密に答えることはできなかった．しかし，宇宙を記述するのに二つの可能性があり，ユークリッド幾何が正しいという確信を持てないというニュースが広まるにつれ，教育を受けた人々の間で，宇宙を支配する幾何学は何かという問題が取り上げられるようになった．この新しい問題設定に最初に取り組んだ人の中に，**ポアンカレ** [VI.61] がいた．彼は注目すべき論文をいくつか出版したため 1880 年代には有名な数学者になっていたが，これらの論文では，ベルトラミの円板モデルを共形的に定式化し直した．すなわち，非ユークリッド幾何の角度は，そのモデルの同じ角度として表現されていた．彼は新しい円板モデルを用いて，複素関数論，線形微分方程式，**リーマン面** [III.79] と，非ユークリッド幾何を結び付け，新しい豊かなアイデアを生む数学に変えた．そして 1891 年に，円板モデルを用いると，もし非ユークリッド幾何に矛盾が含まれるならユークリッド幾何にも矛盾が含まれ，また逆も正しいことが言えることを示した．したがって，ユークリッド幾何が無矛盾であることと，非ユークリッド幾何が無矛盾であることとは同値である．このことから得られるおもしろい帰結として，もし誰かがユークリッド幾何の中核部分から平行線の公準を導くことができたならば，ユークリッド幾何は不完全であることを間違って証明したことになるのである．

どの幾何学が実際の宇宙を記述しているかを決定

するために，物理学に頼ろうとするのは当然である．しかし，ポアンカレはそうは考えなかった．彼は別の論文（1902）で，経験はどのようにも解釈ができ，どれが数学に属し，どれが物理学に属するかを決める論理的方法はないと述べた．たとえば，天文学的規模の三角形の内角の総和を測定した結果がたくさんあったと想像しよう．それらは光の道筋のようなまっすぐの三角形をとらなければならないであろう．そしてその結果，内角の総和は三角形の面積に比例する量の分だけ 2 直角より小さかったとしよう．ポアンカレは，このとき二つの結論がありうると言った．すなわち，光はまっすぐで宇宙の幾何は非ユークリッド幾何であるか，あるいは，光はいくぶん曲がっていて，宇宙はユークリッド的である．さらに，この両者のどちらが正しいかを決定する方法はないとも言った．できることは，規約を定め，それに従うことである．そして，賢明な規約の決め方として単純な幾何学を選ぶべきであり，それはユークリッド幾何である．

この哲学的姿勢は，コンベンショナリズムという名のもとで 20 世紀に長く続いたが，ポアンカレが生きている間には受け入れられなかった．コンベンショナリズムを鋭く批判したのは，イタリアのフェデリゴ・エンリケスであった．彼はポアンカレ同様，強力な数学者であると同時に，科学や哲学についてのエッセイの作家として人気があった．彼は，幾何学的性質であるか物理的性質であるかは，それを統制できるかどうかで決まると主張した．われわれは重力の法則を変えることはできないが，物体を動かして 1 点での重力の力を変えることはできる．ポアンカレは，円板モデルと，中心が熱く外側に近づくに従い冷たくなっている金属円板とを比較した．彼は，冷却の単純な法則から非ユークリッド幾何と同じ数値が得られることを示した．エンリケスは，熱もわれわれが変えることのできるものであると反論した．しかし，ポアンカレが援用した性質は，われわれの統制できるものではなく，しかも物理的ではなく幾何学的なものであった．

10. 今後の展望

結局問題は解決したが，まだ最終的なものではない．ポアンカレが提唱した 2 項対立を越える二つの発展があった．**ヒルベルト** [VI.63] は 1899 年から，公理的な方法で幾何学を書き換え始めた．これは以前のイタリアのある数学者たちのアイデアを用いず，さまざまな種類の公理的研究に道を開くものであった．数学が健全なものであるとすれば，それは理路整然としている性質のためであるという考えを，ヒルベルトの研究はうまく捉えており，これにより数学基礎論の深い研究へ導いた．そして，1915 年にアインシュタインが一般相対論を提唱した．これの大部分は，重力の幾何学的理論である．数学に対する信頼は取り戻された．また，われわれの幾何学に対する感覚は広がり，幾何学と宇宙空間の関係についての洞察は，よりずっと洗練されたものになった．アインシュタインは幾何学の同時代のアイデアを全面的に用いたものであり，リーマンの研究なしに達成できたとは到底思えない．彼は，時空をなす 4 次元多様体のある種の曲率を用いて，重力を記述した（「一般相対論とアインシュタイン方程式」[IV.13] を参照）．彼の研究は，宇宙の大域的構造についての新しい考え方，宇宙の最終的運命，そしてさまざまな未解決問題に繋がっていった．

文献紹介

Bonola, R. 1955. *History of Non-Euclidean Geometry*, translated by H. S. Carslaw and with a preface by F. Enriques. New York: Dover.

Euclid. 1956. *The Thirteen Books of Euclid's Elements*, 2nd edn. New York: Dover.

Gray, J. J. 1989. *Ideas of Space: Euclidean, Non-Euclidean, and Relativistic*, 2nd edn. Oxford: Oxford University Press.

Gray, J. J. 2004. *Janos Bolyai, non-Euclidean Geometry and the Nature of Space*. Cambridge, MA: Burndy Library.

Hilbert, D. 1899. *Grundlagen der Geometrie* (many subsequent editions). Tenth edn., 1971, translated by L. Unger, *Foundations of Geometry*. Chicago, IL: Open Court.
【邦訳】D・ヒルベルト（中村幸四郎 訳）『幾何学基礎論』（筑摩書房，2005）

Poincaré, H. 1891. Les géométries non-Euclidiennes. *Revue Générales des Sciences Pures et Appliquées* 2:769–74. (Reprinted, 1952, in *Science and Hypothesis*, pp. 35–50. New York: Dover.)

Poincaré, H. 1902. L'expérience et la géométrie. In *La Science et l'Hypothèse*, pp. 95–110. (Reprinted, 1952, in *Science and Hypothesis*, pp. 72–88. New York: Dover.)
【邦訳】H・ポアンカレ（河野伊三郎 訳）『科学と仮説』（岩波書店，1959）

II.3 抽象代数学の発展

The Development of Abstract Algebra

カレン・ハンガー・パーシャル［訳：渡辺敬一］

1. は じ め に

代数とは何だろう？　初めて代数に出会う高校生にとって，代数とは x, y や a, b の見慣れない抽象的な計算規則かもしれない．これらの文字はある場合は変数，ある場合は定数でさまざまな目的に使われる．たとえば $y = ax + b$ で直線を表し，平面上のグラフで視覚化される．さらにこの図から $ax + b = 0$ の解，すなわち x 軸と交わる場所を（もしあれば）求めたり，直線の傾きを表したり，また，二つの直線の交点を求めたり，またはその 2 直線が平行であることを示すことができる．

そのような直線に関する操作のテクニックが豊かであるほど，それを学ぶ価値は増してくる．より複雑な曲線，たとえば 2 次曲線 $y = ax^2 + bx + c$，3 次曲線 $y = ax^3 + bx^2 + cx + d$，4 次曲線 $y = ax^4 + bx^3 + cx^2 + dx + e$ などが登場する．曲線が変化するときに事情はいろいろ変わるが，問題の形式は同じである．これらの解（x 軸との交点）は何か？このような二つの曲線はどのように交わるか？

さて，この高校生が高校でこのような「代数」を学んで大学に入り，「代数学」の講義を聞いたとしよう．この講義では今まで親しんだ x, y, a, b は姿を消しているし，扱う対象を視覚的に説明していた「グラフ」もほとんど姿を消している．大学の講義では，その代わりに「現代的」になった「代数学」のまったく新しい世界を紹介する．この「現代代数学」では抽象的な「**群**」[I.3 (2.1 項)]，「**環**」[III.81 (1 節)]，「**体**」[I.3 (2.2 項)] などの「代数構造」を扱う．このような概念は少数の「公理」で定義されている．また，それらの部分構造（部分群，イデアル，部分体など）やそれらの間の群準同型写像，**環同型写像** [I.3 (4.1 項)] などが登場する．この新しい「代数」の目的の一つは対象の構造を決定することであり，そのために，群，環，体の理論が創られる．すると，これらの抽象的な理論は，いろいろな目的のために使われる．この理論を使うためには，「公理」さえ満たされていればよいので，見たところでは「群」「環」「体」の存在がまったく感じられない思いがけない場所にも応用することができる．これが「現代代数学」の強みの一つである．この抽象的なアプローチにより，まったく異なって見えることが実は本質的にきわめて似た性質を持つことが見えてきたりする．

この二つのまったく異なって見える対象――高校での多項式の方程式の解析と，現代の数学者が研究している「現代代数学」――は，なぜ同じ「代数」と呼ばれているのだろう？　この二つはそもそも関係があるのだろうか？　これからはその問いに対する説明をしていこう．しかし，「どのように」関係があるのかという説明はたいへん長い話になる．

2. 「代数学」以前の代数：バビロニアからヘレニズム時代

今日 1 次方程式，2 次方程式とされているものは紀元前 2000 年から紀元前 1000 年頃のバビロニアの楔形文字を使った形で発見されている．しかしながら，これらは今の高校生が見てわかるような形では書いていないし，高校の数学の時間に行われるような一般的な数式の処理で解かれているわけでもない．どちらかと言うと，特定の問題が提示され，秘伝を教えるような方法で解法が示されている．一般的な解法が示されているわけではなく，また，問題はだいたい幾何的に述べられていて，線分の長さや，面積を求める形で与えられている．たとえば紀元前 1800 年から紀元前 1600 年頃の次の問題を考えよう．この問題は大英博物館に収納されている粘土板（カタログ番号 BM 13901，問題 1）から翻訳されたものである．なお，バビロニアでは 60 進法が使われていたので，以下では，$45' = 45/60 = 3/4$，$30' = 1/2$ というように読んでほしい[*1]．

> ある正方形（BDMH）の一つの辺を 1 伸ばした長方形（DAKM）の面積は $45'$ である．延長した長さ 1 を $30'$ と $30'$ に分解する．$45'$ に（正方形 HLEG の面積）$15'$ を加えて 1（DCEF の面積）を得る．加えた $30'$ を 1 から取り去ると

*1)［訳注］ややわかりにくいので，図 1 を参照しながら記述する．

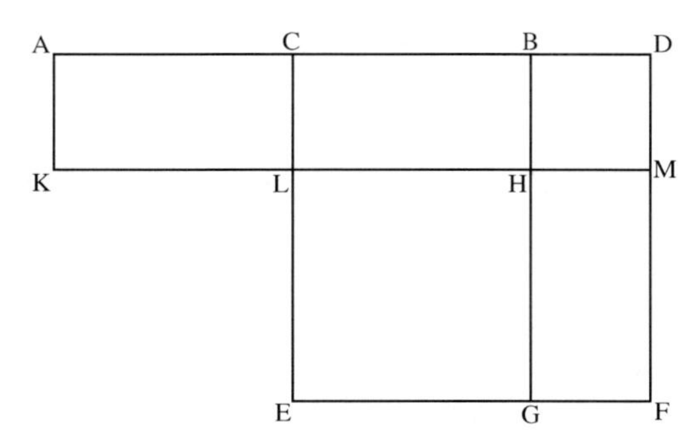

図 1　『原論』第 2 巻の第 6 命題

> $30'$ となる（これより与えられた正方形の 1 辺の長さは $30'$ である）.

現代の式で書くと，この問題は「$x^2+1x=3/4$ の解を求めよ」となる．上記の文章は与えられた方程式を解く次のアルゴリズムを解説している．方程式の 1 次の係数 1 に注目し，その半分 $1/2$ を得る．$1/2$ を 2 乗して $1/4$ を得る．この $1/4$ を右辺の $3/4$ に加えて $1=1^2$ を得る．1 から先ほどの $1/2$ を引いて $1/2$ が解となる．現代の読者は，この方法が今の 2 次方程式の解法と同じであることに気がつくと思う．しかし，バビロニアのテキストは，その解法をある特定の方程式に対して解説しており，他の方程式についても同様の解説を繰り返している．ここには現代の意味での方程式はない．バビロニアの著者は，平面図形を描いて説明している．同様の問題と同様の解法のアルゴリズムは，古代エジプトのリンド（Rhind）パピルスにも書かれている．それは紀元前 1650 年頃のもので，そのときより 1 世紀半くらい昔のテキストから写されたとされている．

ユークリッド [VI.2] が紀元前 300 年頃に，彼のいかめしい，幾何学的な『原論』(*Elements*)[*2)] で行った公理的，演繹的な叙述は，これまで述べてきた，理論的というよりは個々の問題を解いていく姿勢のテキストと際立って異なっている．ここでは，少数の公理や，厳密な定義と，自明な真理に基づいた議論によって，彼は知られた——そしてたぶんそれまで知られていなかった——事実を幾何学的な厳密な議論によって再構成してゆく．この本で公理的に構成された幾何学が，彼の厳密さのスタンダードを与えている．しかし，この典型的な幾何学的テキストは代数と関係するのだろうか？　『原論』の平面図形に関する第 2 巻における，四辺形に関する第 6 命題を見てみよう（図 1 参照）.

> 2 等分された線分（AC = BC）の延長上に線分（BD）を付け加える．延長された線分を 1 辺（MD = BD）とする長方形を作る（AKMD）．するとこの長方形の面積に 2 等分された線分の上の正方形（LEHG）の面積を加えたものは，延長された部分と 2 等分された線分の上の正方形（CDFE）の面積に等しい．

この命題は同じ面積を持つ二つの平面図形——一つの長方形と一つの正方形——の構成方法を記述している．図 1 がユークリッドの構成を図示したものである．彼は長方形 AKMD の面積が，長方形 CDML と HMFG の面積の和であることを示している．それを示すために，彼は CB に正方形 LHGE を CDML と HMFG に加える．こうして正方形 CDFE ができる．これは高校数学の「平方完成」，すなわち $(2a+b)b+a^2=(a+b)^2$ と同じであることは容易にわかる．実際，$\mathrm{CB}=a$，$\mathrm{BD}=b$ とおけば CDFE の面積が $(a+b)^2$ となる．確かに同じ意味であるが，ユークリッドはこれを具体的な幾何的構成，幾何的等式と考えた．このために，彼は正の実数しか扱えなかった．なぜならば，幾何的な図形の長さや面積などは正の実数で表されるからである．したがって，負の数はユークリッドの幾何的世界に入ることはできなかった．しかし，数学史に関する著作では，しばしばユークリッドの第 2 巻は「幾何的代数」を研究した文献とされている．実際，上記の代数的な表示より，ユークリッドは代数学を幾何学的に表現した，と議論されている（歴史的にはそうではないとも言われているが）.

ユークリッドの幾何的議論の厳密性は，数学の歴史において突出しているが，古代ギリシアの数学において，彼の方法が一般的であったというわけではない．だいたいのギリシアの数学はそれほど系統的でもなく，具体的な問題を解くスタイルだった．最も良い例が，多くの人たちによって歴史上 3，4 人の偉大な数学者に数えられる**アルキメデス** [VI.3] だろう．アルキメデスもユークリッドと同様に，具体的な問題を幾何的に解いている．幾何学が厳密性の標準とされていたので，負の数ばかりでなく，4 次以上の多項式で与えられる方程式も，数学の対象とはされていなかった（上記のユークリッドの例のよ

---

*2)　［訳注］この本に関するより詳しい解説は「幾何学」[II.2] を参照.

うに，2 次の多項式は幾何的な平方完成に現れたし，3 次式は立方体を完成させる際に現れた．しかし，4 次以上の多項式は，われわれの慣れ親しんだ 3 次元空間の幾何からは現れなかった）．しかし，この話でとても重要な役割を果たす数学者がもう 1 人いる．アレクサンドリアのディオファントスである（彼が活躍したのは 3 世紀の中頃である）．彼もアルキメデスのように，具体的な問題を提出して解いていた．しかし，彼の解法はアルキメデスの幾何的なものでなく，むしろ古代バビロニアの解法を思わせるアルゴリズム的なものであった．結果として，彼は幾何的な思考の限界を超えることができたのである．

ディオファントスは著作『算術』（*Arithmetica*）において，一般の不定方程式を提示した．その方程式を解く際に，彼は解に特別な条件を付けた．彼はそれらの問題を今まで支配的であった，修辞的な言い方とはまったく異なった言い方で述べた．彼の記号法はより代数的で，そのために後世の 16 世紀の数学に示唆を与えた（本章の第 4 節，第 5 節を参照）．特に，彼は特殊な省略形で不定元の最初の 6 個（0 乗，負ベキも含めて）のベキを表すことができた．このように，彼の数学はユークリッドやアルキメデスのように「幾何的」ではなかった．

たとえば彼の『算術』の第 2 巻の次の問題を見てみよう．「三つの数で，そのうちの一つの平方から次の数を引いたものが平方になるものを求めよ」．現代の記号法で述べると，彼は $(x+1, 2x+1, 4x+1)$ の形の三つの数を考えていた．$(x+1)^2-(2x+1)=x^2$，$(2x+1)^2-(4x+1)=4x^2$ となることはすぐわかるが，彼はさらに $(4x+1)^2-(x+1)=16x^2+7x$ が平方となることを求めていた．$16x^2+7x=25x^2$ とおくと，$x=7/9$ が得られ，解として $(16/9, 23/9, 37/9)$ を得て，彼はそれで満足している．彼には幾何的な正当化は不要だったし，条件を満たすすべての解を与えることにも興味がなかった．彼にとっては，一つの解が求まれば十分だった．

アルキメデスの 4 世紀あとに生きたディオファントスの考えた数学は，現代の意味では幾何学でも代数学でもないが，彼の提起した問題やその解法は，ユークリッドのものともアルキメデスのものともたいへん異なっている．ディオファントスが今までの「幾何的代数」に代わる「アルゴリズミックな代数」をどれだけ推し進めたのかはわかっていない．しかし，彼の著作が今までの権威であった「幾何的」に代わる方法を 16 世紀の西欧世界にもたらしたことは確かである．

3. 「代数学」以前の代数：中世イスラム世界

数学的なアイデアの（西欧への）伝達は複雑な経過をたどった．ローマ帝国の崩壊と，それに続く西欧世界における「知」の衰退の後，ユークリッドとディオファントスの伝統は，結局中世イスラム社会に引き継がれた．そこでは，それらの伝統は単に保存されるだけでなく，――イスラムの学者たちの活発な翻訳意欲のおかげで――研究され，さらに発展させられた．

アル・フワーリズミー [VI.5] はバグダッドの帝国の翻訳情報センターである「知の家」に属する学者だった．彼はユークリッドが彼の『原論』の第 2 巻で行った幾何的な方法と，バグダッド固有の，古代バビロニアに起源を持つ解法とを融合させた．特に，彼は『ジャブルとムカーバラによる計算法』（*al-Kitāb al-mukhtaṣar fī ḥisāb al-jabr wa'l-muqābala*）という実用数学書を書いた．彼はこの本を（現在の言い方では）1 次方程式，2 次方程式の理論的考察で始めている（彼が本のタイトルに使った al-jabr ――完成―― をラテン語にした "algebra" が西欧での「代数」を意味する言葉になった）．彼は負の数も係数の 0 も用いなかったため，われわれが 1 通りで済ます $ax^2+bx+c=0$ に対して 6 通りの場合分けをしている．たとえば，「ある数の平方とその数の 10 倍の和が 39 である（ある数を求めよ）」という問題で，彼の答えの導き方のアルゴリズムはバビロニアの粘土板 BM 13901 の解法とまったく同じである．しかし，それではアル・フワーリズミーは満足していなかった．彼は言う．「われわれが数で述べた問題の，幾何的真実を理解する必要がある」．そして，ユークリッドの第 2 巻を思い起こさせるが，それほど形式的ではない言葉での幾何学的な「平方完成」によって，彼はこれを実行し続けた（アル・フワーリズミーの後の世代になるエジプトのイスラム数学者アブ・カミル（Abu Kamil, 850～930 年頃）は幾何的・代数的問題設定の解法にさらに高いレベルのユークリッド的形式化を導入した）．このように並列することにより，幾何的な，面積と直線の用語と算術的な乗法，加法，減法との関係が明確にされる．これが幾何的な個々の問題から代数的な「一般の方程式」に移る際のキーポイントとなった．

この方向でのもう一歩が，数学者であり詩人であったオマル・ハイヤーム（Omar Khayyam, 1050〜1130 年頃）によって彼の本『アル・ジャブル』（*Al-jabr*）（アル・フワーリズミーの本と同じ名前である）の中で進められている．この本で，彼は現在の言葉では 3 次方程式となる方程式を（依然として零や負の係数はないが）系統化し，解くことを試みている．彼はアル・フワーリズミーに従って，幾何的な正当化を試みているが，彼の方法は，彼の先達たちより特殊な問題を一般的方法で解くやり方，すなわち，現代の代数学により近くなっている．

ペルシャの数学者アル・カラジ（al-Karaji, 950〜1030 年頃）も，やはりユークリッドの『原論』以来の幾何学的方法論をよく知り，評価していた．しかし，彼はアブ・カミルと同様にディオファントスの伝統も知っていて，彼が『算術』で挙げたいくつかの例を統一的な方法で解いて見せた．ディオファントスのアイデアと方法は中世イスラムの数学者たちには知られていたが，西欧で再発見されて翻訳されたのは 16 世紀になってからである．同様に，西欧ではインドの数学者たちの成果も当初知られていなかった――インドの数学者たちは 8 世紀の初めには，ある種の 2 次方程式を解くアルゴリズムを知っていたし，ブラフマグプタは，今日ペル方程式として知られている $ax^2+b=y^2$ の形の方程式（a, b は整数で，a は平方数でない）の整数解を求める手法を持っていた．

4.　「代数学」以前の代数：西欧

東方でイスラムの興隆と時を同じくして，古代ローマ帝国の崩壊の数世紀後まで，西欧の文化的水準や政治的な安定性は著しく低下した．13 世紀には，やや安定した状態で，大学も経済活動もカトリック教会の強固な支配下にあった．さらに，8 世紀のイスラムによるイベリア半島征服と，その後のイベリアでのイスラム宮廷やバグダッドの「知の家」のような図書館は，イスラムの学問の成果を西欧の入り口まで運んでいた．しかし，イスラムの地位がイベリア半島において，12 世紀，13 世紀にますます不安定になるに伴い，イスラムの学問成果や，中世のイスラムの学者たちがラテン語に翻訳して保存していた古代ギリシアの文献などが，中世ヨーロッパに少しずつ浸透していった．特に，イタリアのピサ市の影響ある行政官の息子だった**フィボナッチ** [VI.6] はアル・フワーリズミーの本に遭遇し，計算や商業に使われるアラビア数字の簡便さのみならず（ローマ数字やその面倒な規則はまだ広く使われていた），1 次，2 次方程式を解く際のアル・フワーリズミーの幾何学的な推論と代数的な演算を結合させた理論的な面にも注目した．フィボナッチは彼の 1202 年の本『算板の書』（*Liber abbaci*）において，アル・フワーリズミーの議論をほとんどそのまま紹介し，絶賛した．こうして彼はこのアラビアの数学を西欧に紹介することに成功した．

フィボナッチの著作，特にアル・フワーリズミーの実用的なテキストは，まもなくヨーロッパでよく知られるようになった．西欧世界での商業の発達に伴い，会計や簿記に必要な計算を教える「アバカス・スクール（算盤学校）」（フィボナッチの本の名前による命名）が，14 世紀，15 世紀にイタリア半島全体に広まった．その学校の先生 “maestri d'abaco” は，フィボナッチの本で学んだ計算法やアルゴリズムを発展させていった．もう一つの流儀はドイツの各地域で代数を意味する “Coss” にちなんで「コシスト」と呼ばれ代数を主眼に教えた．

1494 年にイタリアのパチョーリ（Luca Pacioli）は，それまでに知られていたことをすべて網羅した本を出版した．彼の本は印刷された本としては最も早いものの一つである．この時代には，アル・フワーリズミーとフィボナッチが行っていた幾何学的な正当化は，姿を消していたが，彼の本『スンマ』（*Summa*）（[訳注]『大全』とも訳される）において，その議論を再度紹介して復活をさせた．彼はハイヤームの仕事を知らなかったので，知られている方程式の解はアル・フワーリズミーとフィボナッチが扱った六つの場合のみであると主張した．3 次方程式に関しては，まだ完成していない試みがあり，彼もその方法の完成を信じていると書いている．

パチョーリの本は鍵となる未解決の問題を強調した．さまざまな 3 次方程式の解法の公式を作ることはできるだろうか？　もしできるならば，その解法は，アル・フワーリズミーやフィボナッチが言っているような幾何学的な説明ができるだろうか？

16 世紀の何人かのイタリアの数学者が，パチョーリの第 1 の問題を肯定的に解決することに成功したが，**カルダーノ** [VI.7] はその一人である．1545 年の彼の著書『アルス・マグナ』（*Ars magna*）で，彼はいくつかの3次方程式の解法を示し，アル・フワーリズミーやフィボナッチが平方を完成させたように，立方を完成して幾何学的な正当化を与えた．彼はまた，彼の弟子のフェラーリ（Ludovico Ferrari, 1522～65）によって発見された，4次方程式の解法も紹介している．この解法は幾何的な正当化ができないので，彼の興味をそそった．彼はこの本で，次のように書いている．「ここまで書いてきた3次方程式までの内容にはわれわれは完全な証明を与えた．この先にもいくつか必要なものや興味深い問題があるが，われわれはそれを指摘するのみに留め，この先には行かないことにしよう」．「代数学」はそれまで閉じ込められてきた幾何学の殻を破ろうとしていた．

5. 代数学の誕生

1560年代に再発見され，ラテン語に翻訳されたディオファントスの『算術』の簡潔で非幾何学的な叙述によって，この動きは加速された．一般的な問題解法であり，幾何学，数論やその他の数学の場面に応用可能な技術としての「代数」は，1572年の**ラファエル・ボンベッリ** [VI.8] の『代数学』（*Algebra*）と，さらに重要な1591年の**ヴィエート** [VI.9] の『解析技法序論』（*In artem analyticem isagoge*）によって確立された．後者の目的は，ヴィエートによると，「解かれない問題を残さない」ことであり，そのために，彼は記号法や——変数を母音で表し，係数を子音で表す——一つの変数の方程式の解法を確立した．彼は彼の手法を「記号を使った計算法」（specious logistics）と呼んでいる．

次元——彼の言葉では「同次性の法則」——は，まだ彼にとっては重要であった．彼の言うように「同じ次数のもののみが，互いに比較されうる」．彼は二つのタイプの「大きさ」を考えた．すなわち，変数の (A 辺), (A 平方), (A 立方)（現在の記号ではそれぞれ，x, x^2, x^3）と係数の (B 長さ), (B 平面), (B 立体) etc.（それぞれ 1, 2, 3 次元）という具合である．このとき，ヴィエートは次の計算は正当化することができた．

$$(A\ 立方) + (B\ 平面)(A\ 辺)$$
$$(われわれの記法では\ x^3 + bx)$$

なぜなら，上記の各項は3次元だから和が意味を持つ．一方，たとえば (B 平面) + (A 辺) という和は次元が異なり，面積と長さの和は意味を持たないので，正しい計算ではないと考えた．しかし，一方で，彼の「解析的方法」は，「文字」（具体的な数でなく）の積や和，ベキを考えることはできた．彼は今の初等的代数の概念は持っていたが，それを平面曲線などの図形に応用することはできなかった．

現在高校で教えられている「解析幾何学」は，**フェルマー** [VI.12] と**デカルト** [VI.11] によって独立に創設された．フェルマーや他の数学者たち，たとえば英国のハリオット（Thomas Harriott, 1560頃～1621）は，ヴィエートの方法に影響を受けた．一方，デカルトは現在使われている，変数を $x, y, z, \ldots$ で表し，係数を $a, b, c, \ldots$ で表す方法を創始したばかりでなく，代数の算術化を始めた．彼はすべての幾何的な量（それらが $x^2, x^3, \ldots$ や，いかに高いベキで表されていても）を線分の長さとして表し，「同次性の法則」を解放した．フェルマーのこの方面の業績は1636年にラテン語による『平面・空間図形入門』（*Ad locos planos et solidos isagoge*）として書かれ，17世紀の目利きの数学者たちに回覧されている．デカルトのこの方面の業績は，1637年に出版されたフランス語による『幾何学』（*La Géométrie*）であり，これは彼の哲学の著述『方法序説』（*Discours de la méthode*）の三つの付録の一つとして書かれたものである．双方とも，平面の曲線を2変数の関数の零点として捉えている．換言すれば，解析幾何学を創始し，今まで幾何の問題とされていたものに，代数的な手法を導入した．フェルマーの扱った曲線は直線や円錐曲線で，2変数 x, y の2次曲線である．デカルトもこれらの曲線は扱ったが，彼はより一般の曲線を扱い，多項式の方程式を変形したり簡約したりして，方程式の根の問題に挑戦した．

特に，彼は（その証明や一般的な命題は与えなかったが）今日**代数学の基本定理** [V.13]（複素数係数の n 次多項式 $x^n + a_{n-1}x^{n-1} + \cdots + a_1x + a_0$ は重複度を込めてちょうど n 個の複素数の根を持つ）と呼ばれている命題の原始的な表現に気づいていた．たとえば，彼は与えられた n 次多項式が n 個の1次式の積となることに気づいていたが，$x^3 - 6x^2 + 13x - 10 = 0$ が実根2と二つの虚数の根を持つことを認識していた．さらに，彼は5次，6次方程式に式の変形で挑戦するための代数的な手法を開発している．「同次性」から解放されて，デカルトは，カルダーノが躊躇したであろう領域にも果敢に挑戦していった．**ニュートン** [VI.14] は 1707 年の著書『普遍算術』（*Arithmetica universalis*）において，代数学の完全な算術化を提唱している．

デカルトの『幾何学』は，代数学のさらなる発展のために，少なくとも二つの問題に光を当てている．「代数学の基本定理」と「4 次以上の代数方程式の解法」である．18 世紀の**ダランベール** [VI.20] や**オイラー** [VI.19] が「代数学の基本定理」の証明を試みたが，完全な証明を最初に与えたのは**ガウス** [VI.26] だった．彼は生涯にわたって，四つの異なる証明を与えた．彼の最初の代数的かつ幾何的な証明は，彼の学位論文として 1799 年に与えられ，2 番目の根本的に異なる証明は 1816 年に与えられた．この論文で彼は現在の用語で言う（多項式の）「分解体」の概念を提起している．

「代数学の基本定理」は多項式の根の個数についての答えを与えているが，その根がどのような数か，どのように与えられるかについては何も言っていない．その問題と，それに関連するさまざまな概念が，20 世紀初頭の「現代代数学」に繋がっていく．「現代代数学」の他の源流が，n 変数多項式の何個かの系を理解しようとする試みや，数論的な問題に代数的に取り組もうとする試みから生じた．

6.　代数方程式の根の探求

多項式の根を求める問題は，高校の数学と現在の数学者たちの研究対象との間に直接の関連を与える．現在の高校生は，2 次方程式の根の公式を覚えさせられる．この公式を得るためには，方程式をより簡単な形に変形する．カルダーノとフェラーリは，より巧妙な方法で，3 次方程式，4 次方程式の根の公式を得た．すると，5 次以上の方程式に対しても同様の方法がないかという自然な問いが生まれる．正確に言うと，通常の算術の演算——足し算，引き算，掛け算，割り算——と根号を開く操作のみを含む根の公式は存在するだろうか？　もし存在するならば，この方程式は「根号で解ける」と言う．

18 世紀の多くの数学者が，高次方程式を根号で解けるかどうかを研究したが（その中にはオイラー，ヴァンデルモンド（Alexandre-Théophile Vandermonde, 1735〜96），ベズー（Étienne Bézout, 1730〜83），**ウェアリング** [VI.21] が含まれる），転機をもたらしたのは，おおむね 1770 年から 1830 年の間の**ラグランジュ** [VI.22]，**アーベル** [VI.33]，ガロアの研究であった．

1771 年に出版された長大な『代数方程式の解に関する考察』（*Réflections sur la résolution algébrique des équations*）において，ラグランジュは一般の代数方程式の解法の原理を 3 次方程式，4 次方程式について詳細に解説した．カルダーノの成果を基礎にして，ラグランジュは 3 次方程式 $x^3+ax^2+bx+c=0$ は $x^3+px+q=0$ の形に変換できること，また，その方程式の根は，u^3, v^3 がある 2 次方程式の根である u, v を用いて $x=u+v$ と表されることを示した．ラグランジュはまた，x_1, x_2, x_3 が $x^3+px+q=0$ の三つの根のとき，上記の u, v は $u=\frac{1}{3}(x_1+\alpha x_2+\alpha^2 x_3)$，$v=\frac{1}{3}(x_1+\alpha^2 x_2+\alpha x_3)$ と書けることを示した（α は 1 の虚数 3 乗根）．すなわち，u, v は x_1, x_2, x_3 の 1 次式で表される．逆に，三つの根 x_1, x_2, x_3 の 1 次式 $y=Ax_1+Bx_2+Cx_3$ を考え，x_1, x_2, x_3 の番号を取り替えると 6 通りの表現ができ，その 6 通りの 1 次式を根に持つような 6 次方程式が考えられる．この方程式を研究する（その研究には対称多項式の研究が含まれるが）ことで，上記の u, v の x_1, x_2, x_3 と 1 の 3 乗根 α による前述の表記が得られる．ラグランジュが示したように，このような二方向の——上記のような中間的な根の表現と，根の有理表現の置換による振る舞いの二つを含む——研究で，3 次，4 次方程式に対しては根の完全な表現が可能となる．これは上記の二つのタイプの問題を解決する一つの方法だった．しかし，この方法は 5 次とそれ以上の次数の方程式に応用可能なのだろうか？　ラグランジュはこの問いを解決することはできなかったが，最初に彼の弟子のルフィーニ（Paolo Ruffini, 1765〜1822）がちょうど 18 世紀から 19 世紀への世紀の変わり目に，次いで，最終的な答えとして若いノルウェーの数学者アーベルが 1820 年代に，5 次方程式が根号で「解けない」ことを示した（「5 次方程式の非可解性」[V.21] を参照）．しかし，この否定的な結果は，どのような代数方程式が根号で解けるか，また，それはなぜかには答えていなかった．

ラグランジュは軽視したと思われるが，3 次，4 次方程式に関するこの問題の答えには，1 の 3 乗根，4 乗根の性質が深く関わっている．定義により，これらはそれぞれ $x^3-1=0$ と $x^4-1=0$ の根である．すると，次に，「円分多項式」と言われる $x^n-1=0$

の根を考え，どのような n に関して $x^n-1=0$ の根が「作図可能」であるかを問うのが自然である．この問題を同値な代数的用語で表すと，「どのような n に対して，1 の n 乗根を整数から四則と平方根のみを用いて（立方根以上の根号は用いずに）表せるか？」となる．この問題は，ガウスが 1801 年の画期的な考察『数論研究』(*Disquisitiones arithmeticae*) において，広範囲にわたる他の多くの問題とともに考察している．彼の有名な結果の一つとして「正 17 角形が “作図可能” である」（言い換えれば「1 の原始 17 乗根が “作図可能” である」）ことの発見が挙げられる．彼の考察の中で，彼はラグランジュの方法を用いただけでなく，**合同算法式** [III.58] や素数 p に対する「合同類の世界」$\mathbb{Z}_p$ や，より一般に $\mathbb{Z}_n$ の性質や，後に巡回群の概念に発展する「原始根」の概念を応用している．

ガロア [VI.41] がガウスの成果をどれくらい知っていたかは明らかでないが，彼は 1830 年頃，ラグランジュのレゾルヴェント方程式の考察と，**コーシー** [VI.29] の置換の研究を応用して，一般の代数方程式の根号による可解性の条件を導き出した．彼の業績は前人のアイデアを借りたとはいえ，ある一点で根本的に新しかった．前人の研究が，与えられた次数の多項式の根を具体的に求める手段を探したのに対し，彼はそれを解くための，より一般的な，しかし与えられた多項式から得られる理論的なプロセスを解説し，それによって与えられた方程式が根号で解けるかどうかの判定法を与えた．

より正確に述べると，ガロアは問題を二つの新しい概念，すなわち「体」（彼の用語では「有理性の領域」）と「群」（正確には根の置換の群）を融合させた理論に置き換えた．ある有理性の領域 K（現代の用語では「基礎体」すなわち，係数をすべて含む体）で与えられた n 次の多項式は，方程式 $f(x)=0$ の n 個の根がすべてその領域 K の元であるとき，その領域上で「分解する」という*3)．ある多項式がある体の上で分解しなくても，より大きい体の上では分解することがありうる．たとえば，多項式 x^2+1 を実数体 $\mathbb{R}$ 上の多項式と考える．しかし，われわれは高校の数学で，この多項式が $\mathbb{R}$ 上分解しなくても（すなわち $x^2+1=(x-r_1)(x-r_2)$ となる実数 r_1, r_2 が存在しなくても）複素数体 $\mathbb{C}$ 上では分解することを知っている．実際，複素数体上では $x^2+1=(x+\sqrt{-1})(x-\sqrt{-1})$ と分解する．もし $\mathbb{F}$ がある体，x が $\mathbb{F}$ の元で，x の n 乗根が $\mathbb{F}$ になければ，同様の手続きによって，$y^n=x$ を満たす元 y を $\mathbb{F}$ に付加することができる．この y を x の n 乗根という．y の $\mathbb{F}$ 係数の多項式の全体の集合を考えると，$\mathbb{F}$ を含む体になることが確かめられる．ガロアは，体 $\mathbb{F}$ に $\mathbb{F}$ のある元 a のベキ根を付け加えるという操作を繰り返して新しい体（$\mathbb{F}$ の拡大体）K を作り，その体 K の上で多項式 $f(x)$ がもし分解するならば，$f(x)=0$ は根号で解けるということを示した．$\mathbb{F}$ 係数の n 次の多項式 $f(x)$ を考える．彼は，体 $\mathbb{F}$ に $f(x)=0$ を満たす新しい元（$\mathbb{F}$ の元でない）x ―― 「原始元」といわれる ―― を付け加えてできた新しい体の内部構造と，$f(x)=0$ という関係は保存する $f(x)=0$ の n 個の根の置換の群（体 K*4)の自己同型群で，有限群である）を繋ぎ合わせる理論を作った．ガロアの理論の群論的側面は，たいへん影響力のあるものだった．彼は現在で言う正規部分群，剰余群，可解群の概念を導入した．こうして，ガロアは方程式が根号で解けるための条件を，その拡大体の内部構造（自己同型群）の群論的な条件に置き換えてしまった．

ガロアのアイデアは 1830 年代初めに大略が与えられていたが，一般の数学者の世界に知られるようになったのは，1846 年の**リューヴィル** [VI.39] の『純粋と応用の数学雑誌』(*Journal des mathématiques pures et appliquées*) から出版された論文によってであり，高い評価を受けるようになったのは，さらに 20 年後に，まずジョゼフ・セレ (Joseph Serret, 1819〜85)，次いで**ジョルダン** [VI.52] により書き直されて，受け入れやすくなってからであった．特に，ジョルダンの 1870 年の『置換と代数方程式の論考』(*Traité des substitutions et des équations algébriques*) は，ガロアの代数方程式の可解性の解決に光を当てたのみならず，ラグランジュ，ガウス，コーシー，ガロアらにより発展させられていた置換群の理論を集大成したものであった．19 世紀の終わりころには，代数方程

*3) ［訳注］原文では n 個の根がすべて K の元のとき，「可約」(reducible)，そうでないとき「既約」(irreducible) と言っているが，この用語は現在の用法と異なる．現在の用法については，渡辺敬一，草場公邦『代数の世界 改訂版』（朝倉書店，2012）参照．

*4) ［訳注］体 K は $f(x)=0$ のすべての根を $\mathbb{F}$ に付け加えた体で，$f(x)$ の分解体という．

式の解法から生じた群の理論は，他の多くの分野と関わり合いを持っていた．**ケイリー** [VI.46] が提唱した乗法表で与えられた抽象群の理論，シロー（Ludwig Sylow, 1832〜1918），ヘルダー（Otto Hölder, 1859〜1937）による群の構造論，幾何的な対象と群を結び付けた**リー** [VI.53] や**クライン** [VI.57] などである．1893 年にはウェーバー（Heinrich Weber, 1842〜1914）が現在与えられているような抽象的な群，体の定義を初めて与え，この概念が数学の多くの分野で，さらには物理学においても中心的な役割を果たすものとして確立された．

7.　n 個の未知数の多項式の研究

代数方程式の解法の研究は，1 変数の多項式の根の研究である．しかし，遅くとも 17 世紀までに**ライプニッツ** [VI.15] などの数学者は，2 変数以上の連立 1 次方程式を解くテクニックを研究していた．彼の成果はその時代には知られていなかったが，ライプニッツは 3 変数の 3 本の連立方程式の解を研究し，解の存在を係数に関する条件で記述した．この表現はコーシーが “determinant”（行列式）[III.15][*5] と述べたものと同値であり，$n \times n$ **行列** [I.3 (4.2 項)] の行列式は，独立にクラメル（Gabriel Cramer, 1704〜52）によって，18 世紀中頃に，n 個の未知数に関する n 個の方程式からなる連立 1 次方程式の解の理論を解析するときに現れている．これらの業績から始まって，連立 1 次方程式の理論は，ヴァンデルモンド，**ラプラス** [VI.23]，コーシーなどによって独自の発展を遂げ，新しい代数学の対象が（「線形代数」として）系統的に研究される一つの典型的な例となった．

行列式は**シルヴェスター** [VI.42] が「行列」と命名したものと関連して扱われるようになったが，行列の概念は，連立 1 次方程式の理論より，むしろ 2 変数，3 変数，そしてより一般に n 変数の同次多項式の 1 次変換の理論として研究されてきた．たとえば，ガウスは『数論研究』で 2 変数，3 変数の整数係数 2 次形式── $a_1x^2 + 2a_2xy + a_3y^2$ または $a_1x^2 + a_2y^2 + a_3z^2 + 2a_4xy + 2a_5xz + 2a_6yz$ の形の式──が，変数の 1 次変換 $x = \alpha x' + \beta y' + \gamma z'$，$y = \alpha' x' + \beta' y' + \gamma' z'$，$z = \alpha'' x' + \beta'' y' + \gamma'' z'$ でどう変化するかを考察した．彼は変数の 1 次変換を正方形の形

$$\begin{matrix} \alpha, & \beta, & \gamma \\ \alpha', & \beta', & \gamma' \\ \alpha'', & \beta'', & \gamma'' \end{matrix}$$

に書き，このような変換の合成を考えることにより，行列の積の概念を研究していた．19 世紀の中頃に，ケイリーは行列それ自身の研究を始め，種々の結果を行列の理論として得ている．このような研究は，代数学の研究（後述）の立場から見直され，線形代数という独立した**ベクトル空間** [I.3 (2.3 項)] の理論として発展した．

1 次変換の研究から発生したもう一つの理論が，不変式論である．この理論もある意味でガウスの『数論研究』に源を発している．ガウスは彼の 2 次形式の理論を，線形変換 $x = \alpha x' + \beta y'$，$y = \gamma x' + \delta y'$ を 2 次形式 $a_1x^2 + 2a_2xy + a_3y^2$ に作用させることから始めた．その結果は新しい 2 次形式 $a_1'(x')^2 + 2a_2'x'y' + a_3'(y')^2$（ここで $a_1' = a_1\alpha^2 + 2a_2\alpha\gamma + a_3\gamma^2$，$a_2' = a_1\alpha\beta + a_2(\alpha\delta + \beta\gamma) + a_3\gamma\delta$，$a_3' = a_1\beta^2 + 2a_2\beta\delta + a_3\delta^2$）となる．ガウスが注意したように，このとき $(a_2')^2 - a_1'a_3' = (a_2^2 - a_1a_3)(\alpha\delta - \beta\gamma)^2$ を得る．1850 年代にシルヴェスターが発展させた理論の用語を用いると，ガウスが気づいていたように，元の 2 次形式において，$a_2^2 - a_1a_3$ が**不変式**である．つまり 1 次変換を行ってもその 1 次変換の行列式のベキの差しか現れない．シルヴェスターがこの言葉を作り出したころ，不変式の理論は英国の数学者**ブール** [VI.43] の著作に現れ，ケイリーの注意を引いていた．しかし，n 変数の m 次同次式の不変式をすべて求めようという作業は，ケイリーとシルヴェスターが 1840 年代に出会ってから始まる．

ケイリーと（特に）シルヴェスターの不変式の研究は，もっぱら代数的な興味からだったが，不変式論は数論的，幾何的な意味を持つ．前者はアイゼンシュタイン（Gotthold Eisenstein, 1823〜52）や**エルミート** [VI.47] によって，後者はヘッセ（Otto Hesse, 1811〜74），ゴルダン（Paul Gordan, 1837〜1912），クレブシュ（Alfred Clebsch, 1833〜72）などによって研究された．特に重要な問題は，すべての不変式を書き上げるために，何個の「本質的に異なる」基本となる不変式が必要かという問題だった．1868 年にゴルダンは，いかなる n 変数の 2 次の不変式も有

---

*5)　[訳注] “determinant” は「行列式」と訳すのが一般的であり，この訳はそれなりの美しさはあると思うが，「決定式」のような訳にしたほうが本質を突いていると訳者は考える．

限個の基本となる不変式で書き表せるという基本的な結果を得た．しかし，1880 年代後半から 1890 年代の初めにかけて，**ヒルベルト** [VI.63] は後述の代数の理論の抽象的概念を導入し，ゴルダンの業績を一般化し，いかなる n 変数 m 次の不変式も有限個の基本的な不変式で書き表せることを証明した．このヒルベルトの成果により，研究の重点は，ドイツや英国の数学者が行ってきた具体的な不変式の研究から，構造論的な存在証明 —— まもなく現れる現代の抽象代数 —— へと移っていった．

8. 「数」の性質の探求

紀元前 6 世紀頃から，ピタゴラス学派の数学者たちは数の研究をしていた．たとえば，彼らは「完全数」(perfect number) —— $6 = 1+2+3$ や $28 = 1+2+4+7+14$ のように，その数の約数すべて（その数自身は除いて）の和になる数を定義した．16 世紀には，カルダーノとボンベッリが新しく現れた複素数 —— 実数 a, b で $a+b\sqrt{-1}$ の形に表せる数 —— の研究をし，さまざまな計算法則を発見している．17 世紀には，フェルマーが「$x^n+y^n=z^n$（n は 2 より大きい整数）は正の整数の解を持たないことを証明した」という有名な書き込みをしている．この結果は**フェルマーの最終定理** [V.10] として知られ，この事実の本当の証明を発見する努力は，特に 17 世紀と 18 世紀に，多くの新しい概念を生み出す契機となった．その中心となったのが，整数の概念を拡張して新しい数の体系を作る —— ガロアが体の拡大を考えたように —— ことである．この新しい数の体系を作り，解析するという柔軟な思考法は，20 世紀へと続く現代代数学の特徴となった．

このような路を最初にたどったのがオイラーである．1770 年の彼の著作『代数学原論』(*Vollständige Anleitung zur Algebra*) において，オイラーは整数 a, b を用いて $a+b\sqrt{-3}$ と書ける数の体系を導入した．彼は不注意に，証明なしで，この体系における素因数分解を整数の素因数分解と同様に考えた．1820 年代と 1830 年代にガウスは，今われわれが「ガウス整数」と呼んでいる数 —— 整数 a, b を用いて $a+b\sqrt{-1}$ と書ける数 —— の体系の研究に着手した．彼は，この体系は整数と同様に和，差，積で閉じていることを示し，この体系でも**算術の基本定理** [V.14] が成り立っていることを示すために，単数，素数，ノルムを導入した．彼はこうして，これから探索すべき新しい代数的な世界が広がっていることを示した（「代数的数」[IV.1] を参照）．

オイラーがフェルマーの最終定理に触発されたように，ガウスは**平方剰余の相互法則** [V.28] を双 2 次形式の相互法則に一般化することを目指した．平方剰余の相互法則とは次の問題である．a, m が整数で，$m \geq 2$ とする．$x^2 = a \pmod{m}$ が解を持つとき，すなわち，ある整数 x に対して $x^2 - a$ が m の倍数となるとき，「a は mod m で平方剰余である」という．さて，p, q が異なる奇数の素数とする．p が mod q で平方剰余か否かがわかっているとき，q が mod p で平方剰余か否かを知る簡単な方法はあるか？ 1785 年にルジャンドルがこの問題の答えを提示した．p が mod q で平方剰余であることと，q が mod p で平方剰余であることは，少なくとも p, q の一方が 4 で割って 1 余るときは同値であり，両方が 4 で割って 3 余るときは逆になる．しかし，彼は誤った証明を与えた．ガウスは 1796 年に，この事実の最初の正しい証明を与えた（彼はその後全部で 8 通りの証明を，この定理に与えている）．1820 年代に彼は双 2 次形式 $x^4 \equiv p \pmod{q}$ と $y^4 \equiv q \pmod{p}$ に対して同様の問いを発している．彼が「ガウス整数」を考えたのはこの問題に使うためであり，彼は同時に，同様の問題をもっと高いベキに対して考えるためには，新しい「整数」の体系を研究しなければならないという考えを発信した．このような考えのもと，アイゼンシュタイン，**ディリクレ** [VI.36]，エルミート，**クンマー** [VI.40]，**クロネッカー** [VI.48] らが研究を推進したが，この問題を数論的にではなく，公理的に，かつ集合論的に[*6)]解決したのは**デデキント** [VI.50] である．彼は 1871 年に，ディリクレの『数論講義』(*Vorlesungen über Zahlentheorie*) に対する彼の 10 番目の「補足」において，**体**，**環**，**イデアル** [III.81 (2 節)]，**加群** [III.81 (3 節)] の概念を —— 完全に公理的な定義ではなかったが —— 導入し，彼の抽象的な方法で数論的な問題を解析した．彼の戦略は，哲学的に述べると，ガロアと同様に，「具体的」な問題を抽象的に述べることにより，もっと「高い」レベルの解法が見つかるかもしれないというも

*6) ［訳注］「集合論的に」は原文の通りだが，一般的な用法から見ると「環」と「イデアル」を導入して「環論的に」というのが自然と思われる．

のであった．20 世紀の初期に**ネーター** [VI.76] と彼女の学生たち，とりわけファン・デア・ヴェルデン（Bartel van der Waerden, 1903〜96）がデデキントの路線を推し進めて，20 世紀の特徴となる代数学の構造論を発展させた．

この 19 世紀のヨーロッパ大陸での数論的進展と並行して，「数」の概念に対する別の発展が英国*7)で始まっていた．18 世紀後半から英国の数学者たちは，数の性質——たとえば「負の数や虚数は意味があるか？」のような——のみでなく，代数の意味について議論をしていた．たとえば，$ax+by$ という表現で a, b, x, y はいかなる値をとり得て，またそのとき “+” の正しい意味は何か？　1830 年代にアイルランドの数学者である**ハミルトン** [VI.37] は，「実数と虚数を加えるのはどういうことか？」，「リンゴとオレンジを加えるようなものではないのか？」というような論理的な問題を避ける複素数の「統一的」な定義に到達した．与えられた実数 a, b に対して，$a+b\sqrt{-1}$ を順序対 (a,b) と定義した．彼はそれを「対」(a,b) と呼び，それに対して加法，減法，乗法，除法を定義した．彼が感じたように，この表記は複素数を平面の点として表していた．この表記を一般化して，彼は実数の三つ組や四つ組に対して代数構造が入れられるか？と考えた．この問題を考え続けて，約 20 年後に彼は三つ組でなく，四つ組に対し代数構造を考えることに成功した．**四元数** [III.76] は $a+bi+cj+dk$（a, b, c, d は実数）の形の数で，i, j, k は関係式 $i^2=j^2=k^2=-1$，$ij=-ji=k$，$jk=-kj=i$，$ki=-ik=j$ を満たす．2 次元のときと同様に，加法は成分ごとに行われる．乗法は，0 以外の元はすべて逆元を持つが，交換法則は成り立たない．したがって，この新しい数の体系が普通の算術の法則をすべて満たすわけではない．

英国の同時代の数学者たちは，このような数の体系がどこまで自由に作ることができるかを考えたが，ケイリーは直ちにハミルトンのアイデアを推し進めて，8 元数を構成した．しかし，この代数での乗法は交換可能でないばかりか，結合律を満たさないことも後に判明した．この数の体系に関して，いくつかの疑問点が自然に生じた．ハミルトンが問うたのは，「もし基礎の体が実数ではなく複素数だったらどうなるか？」という問いだった．実際，このときはたとえば $(\sqrt{-1},0,1,0)(-\sqrt{-1},0,1,0)=(\sqrt{-1}+j)(-\sqrt{-1}+j)=1+(-1)=0$ となり，0 でない二つの元の積が 0 になることが起こり，普通の数の体系とますます異なってくる．四元数の理論はピアス（Benjamin Peirce, 1809〜80），**フロベニウス** [VI.58]，シェファース（Georg Scheffers, 1866〜1945），モリーン（Theodor Molien, 1861〜1941），**カルタン** [VI.69] やウェダーバーンらによって発展した．このような思考は，代数学の自立をもたらした．また，この理論の発展は，当然ながら行列の理論（$n \times n$ 行列の全体には，乗法が定義できるので，基礎体上 n^2 次元の代数となっている）の発展と関係している．これらの理論は，ガウス，ケイリー，シルヴェスターなどの研究によるものであり，また，これらの理論はグラスマン（Hermann Grassmann, 1809〜77）の業績などによる n 次元ベクトル空間上のベクトルの積の理論とも関係している．

*7) ［訳注］原文は British Isles（日本語にこの言葉の適当な訳語がない）なので，大ブリテン島とアイルランドを含めた「広い意味での」イギリスと解釈していただきたい．

9. 現代代数学

1900 年頃には多くの新しい代数構造が確立され，その性質も研究されてきた．ある孤立した場合に発見されたある構造が，他の場合に予期せぬ形で現れることもしばしば出現した．このように，この新しい代数構造は，その構造の発見の理由となった元の問題より，数学的により一般で広範囲である．20 世紀の最初の 20 年間に，代数学者（1900 年まで，この言葉は存在しなかった）たちはこのような共通性を——群，環，体などの一般的な概念に対して——強く認識し，抽象的なレベルでの問題を提起するようになった．たとえば次のようなものである．有限単純群はどのような形か？　それらをすべて分類できるか？（「有限単純群の分類」[V.7] を参照）．さらに，**カントール** [VI.54] やヒルベルトらの集合論の理論や公理系の理論に触発されて，解析学においても公理化の有用性を認識するようになった．公理的な観点から，シュタイニッツ（Ernst Steinitz, 1871〜1928）が 1910 年に抽象的な体の公理的取り扱いの基礎理論について成果をあげ，フレンケル（Abraham Fraenkel, 1891〜1965）がその 4 年後に環の抽象的な理論に関する同様の業績を残した．1920 年代の後半にファン・デア・ヴェルデンが認識したように，このような発展は，ヒルベルトの不変式論における業績や，デデキントやネーターの数論における業績を理論的にきれいに仕上げることと解釈される．1930年代に出版され，今は古典となった，ファン・デア・ヴェルデンの『現代代数学』（*Moderne Algebra*）におけるこのような解釈が，構造論的な「現代代数学」と高校での多項式の代数をともに包括したものであると言えるだろう．

文献紹介

Bashmakova, I., and G. Smirnova. 2000. *The Beginnings and Evolution of Algebra*, translated by A. Shenitzer. Washington, DC: The Mathematical Association of America.

Corry, L. 1996. *Modern Algebra and the Rise of Mathematical Structures*. Science Networks, volume 17. Basel: Birkhäuser.

Edwards, H. M. 1984. *Galois Theory*. New York: Springer.

Heath, T. L. 1956. *The Thirteen Books of Euclid's Elements*, 2nd edn. (3 vols.). New York: Dover.

Høyrup, J. 2002. *Lengths, Widths, Surfaces: A Portrait or Old Babylonian Algebra and Its Kin*. New York: Springer.

Klein, J. 1968. *Greek Mathematical Thought and the Origin of Algebra*, translated by E. Brann. Cambridge, MA: The MIT Press.

Netz, R. 2004. *The Transformation of Mathematics in the Early Mediterranean World: From Problems to Equations*. Cambridge: Cambridge University Press.

Parshall, K. H. 1988. The art of algebra from al-Khwārizmī to Viète: A study in the natural selection of ideas. *History of Science* 26: 129-64.

Parshall, K. H. 1989. Toward a history of nineteenth-century invariant theory. In *The History of Modern Mathematics*, edited by D. E. Rowe and J. McCleary, volume 1. pp. 157-206. Amsterdam: Academic Press.

Sesiano, J. 1999. *Une Introduction à l'histoire de l'algèbre: Résolution des équations des Mésopotamiens à la Renaissance*. Lausanne: Presses Polytechniques et Universitaires Romandes.

Van der Waerden, B. 1985. *A History of Algebra from al-Khwārizmī to Emmy Noether*. New York: Springer.
【邦訳】B・ファン・デア・ヴェルデン（加藤明史 訳）『代数学の歴史 —— アル-クワリズミからエミー・ネーターへ』（現代数学社，1994）

Wussing, H. 1984. *The Genesis of the Abstract Group Concept: A Contribution to the History of the Origin of Abstract Group Theory*, translated by A. Shenitzer. Cambridge, MA: The MIT Press.

II. 4

アルゴリズム

Algorithms

ジャン=リュック・シャベール［訳：渡辺 治］

1. アルゴリズムとは？

「アルゴリズム」を正確に定義することは，そう簡単ではない．類義語で定義する方法はあるだろう．アルゴリズムとだいたい同じような意味を持つ単語は少なくない．たとえば，「規則」「技法」「手続き」「方法」などである．また，アルゴリズムの代表例を示すことも難しくない．たとえば，われわれが学校で習ったような，二つの整数の積を求める筆算の計算法は，アルゴリズムの良い例である．このような類義語やアルゴリズムの代表例は，アルゴリズムを直観的に説明するには良いかもしれないが，数学的な定義までには至らない．それができるようになるには，20 世紀まで待たなければならなかった．しかも，現在でもアルゴリズムの考え方は，ある意味で進化し続けているのである．本章では，アルゴリズムという概念の発展の歴史と，現代の数学的なアルゴリズムの概念を紹介する．

1.1 珠算家，算術家

掛け算の話から始めよう．最初に注目したいのは，二つの数の積を求める計算のやり方が，それらの数をどう表現するかによってかなり異なる点である．試しに，ローマ数字の CXLVII と XXIX の積を，通常の 10 進数 147 と 29 に直さずに直接求めることを考えてみよう．とても難しく手間のかかる計算であり，なぜ，ローマ帝国で算術が非常に初歩的な段階に留まっていたかがわかるだろう．数の表現法には，このローマ数字のような加減算型と，われわれが今日使っている位取り型がある．位取り型では基数のとり方がいくつかある．たとえば，シュメール人は基数として 10 と 60 を用いた．つまり，10 進法と 60 進法の共用である．

歴史上長い間，算盤(そろばん)[*1)]が多くの計算で使われてきた．算盤は，砂の上に描いた線上に石を置いて数を表すことから始まった（実際，calculus[*2)]は，ラテン語で小石を意味する）．後に，これが行もしくは列に駒（トークン）を備えた計算テーブルになるのである．これらの駒は対応する桁の数を表している．たとえば，10 進数（基数が 10）の場合，各駒はどの列に駒が置かれているかにより，一つで 1, 10, 100 などを表す．そのように表現された数に対して，四則演算を行うための駒の動かし方の厳密な規則が与えられるのである．中国の算盤も，この種の計算テーブルの一つと見なせるだろう．

12 世紀，アラビアの算術が中世ヨーロッパに伝えられたとき，10 進位取り記法がヨーロッパ中に広まった．この記法は，特に算術演算に適しており，新たな計算方法の導入に繋がった．算盤を使った従来法と区別して呼ぶために，こうした計算法には "algoritmus" という用語が用いられるようになった．

符号はインドの流儀からのものだが，位取り記法がアラブ流と考えられていた．そのため「アルゴリズム」の起源もアラビア語である．これは 9 世紀前半の最も古い代数の本の著者，**アル・フワーリズミー** [VI.5] が訛ってできた言葉である．"algebra"（代数）という言い方も，彼の本の題名『ジャブルとムカーバラによる計算法』（*al-Kitāb al-mukhtaṣar fī ḥisāb al-jabr wa'l-muqābala*）に由来している．

1.2 有限性

これまで見てきたように，中世の「アルゴリズム」は，10 進表記のもとでの整数の演算過程を意味していた．しかしながら，17 世紀に入ると，たとえば**ダランベール** [VI.20] の『百科全書』（*Encyclopédie*）で使用されているように，「アルゴリズム」という用語は，より一般的な意味で使われるようになった．単に算術計算だけでなく，「積分のアルゴリズム」とか「正弦 sin 関数の（計算の）アルゴリズム」といったように，他の計算過程を意味するようにも使用され始めたのである．

このように，「アルゴリズム」は次第に，厳密な規則に基づいて行われる系統的な計算の過程すべてを意味するようになっていった．そして，コンピュータの役割が増すにつれ，計算過程が有限の時間内に停止することの重要性など，**有限性**という観点の重要性も認識されるようになった．つまり，次のような素朴な定義に到達したのである．

> アルゴリズムとは，目標の計算結果を有限時間内に得るための，有限量のデータ上の有限種類の操作の集合である．

ここで，「有限」の意味について注意しておこう．「有限」には，アルゴリズムを表現する際の有限性と，アルゴリズムを実行する際の有限性の二つの意味がある．

上記の形式化は，もちろん，通常の意味での数学的な定義ではない．以下でも見ていくように，数学的に定義するには，もっと踏み込んだ形式化が必要だったのである．しかし，ここではとりあえず「この定義で良し」としておいて，数学におけるアルゴリズムの典型例のほうに目を向けることにしよう．

2. 三つの歴史的な例

これまで触れていなかったが，アルゴリズムの特徴の一つに**繰り返し**がある．単純な操作の反復のことである．繰り返しの重要性を議論するために，もう一度，二つの整数の積を計算する方法（筆算）を考えてみよう．この方法は，いかなる桁数の整数にも使用できる．数が大きくなるにつれ，計算過程は長くなるが，方法自体は「まったく同じ」である．ここがとても重要な点である．もし，3 桁の二つの数の積を筆算する方法を知っていれば，たとえば 137 桁の数の計算をするのにも，何ら新しいことを学ぶ必要はない（もちろん，そのような計算をするのはうんざりするだろうが）．この理由は，筆算が，もっと単純な作業（たとえば二つの 1 桁の数の積）の反復として，厳密に組み立てられているからである．以下の項では，この繰り返しが非常に重要な役割を果たすアルゴリズムを紹介しよう．

2.1 ユークリッドのアルゴリズム：繰り返し

ユークリッドのアルゴリズム [III.22] ほど，アルゴリズムの特質を良く表す例として頻繁に使われるものはないだろう．このアルゴリズムの発祥は，紀元前

---

*1) ［訳注］ここで語られているのは日本の算盤ではないが，似た概念であるのであえて「算盤」という言葉を用いた．

*2) ［訳注］英語の "calculus" は微積分（解析学）を意味する．

3 世紀に遡る．これは**ユークリッド** [VI.2] が記述したもので，二つの正の整数 a, b の**最大公約数**（greatest common divisor，以下 gcd）（最大公約数はしばしば**最高共通因数**とも呼ばれる）を求める手続きである．

整数 a, b の最大公約数とは，両者を割り切る（約数となる）最大の正の整数である．これが普通の定義だろう．しかし，多くの場面では，最大公約数を次の二つの性質を持つ正の数 d（ただ一つに定まる）と考えたほうが都合が良い．すなわち，第一に，d は a と b を割り切り，第二に，もし c が a と b の約数ならば c は d の約数でもある，という二つの性質である．この最大公約数 d を決定する方法は，ユークリッドの『原論』(*Elements*) 第 7 巻の最初の二つの命題で記述されている．そのうち（ここで重要な）1 番目の命題は以下のとおりである．「与えられた二つの等しくない数に対し，大きいほうから（小さいほうを）引くことを交互に続ける．もし残された数がその前の数を測ることなく単位が残ったならば*3)，元の二つの数は互いに素である」．現代風に言い換えると，もし交互の引き算を続けて，数 1 が得られたならば，その二つの数の gcd は 1 であり，gcd が 1 であるこれら二つの数を互いに素という．

2.1.1　交互の引き算

ユークリッドの手続きを一般的に述べよう．次の二つの考察が基本である．

(i) もし $a = b$ ならば a と b の gcd は b である（それと同時に a でもある）．

(ii) d は，$a-b$ と b の公約数であるとき，かつそのときに限り a と b の公約数でもある．したがって，a と b の gcd と $a-b$ と b の gcd は等しい．

さて，a と b の gcd を求めたいとする．ここでは $a \geq b$ としよう．もし $a = b$ ならば上記の考察 (i) より，gcd は b である．そうでないならば，考察 (ii) より，gcd は $a-b$ と b の gcd に等しい．そこで，a_1 を $a-b$ と b のうちの大きいほう，b_1 を小さいほうとする（もちろん，両者が等しいのであれば，$a_1 = b_1 = b$ とする）．すると，最初と同じ課題に直面することになる．すなわち，2 数の gcd を求める

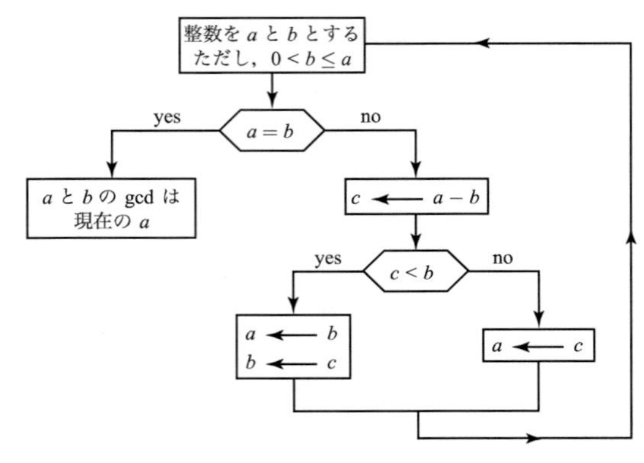

図 1　ユークリッドのアルゴリズムの手続きを表す流れ図

という課題である．しかし，2 数のうちの大きいほうは a_1 で，これは a よりも小さい．したがって，同じ過程を続けることができる．つまり，もし $a_1 = b_1$ ならば，b_1 が a_1 と b_1 の gcd であり，それはすなわち a と b の gcd でもある．そうでなければ a_1 を $a_1 - b_1$ に置き換え，$a_1 - b_1$ と b_1 を大きいほうが最初に来るように並べ替えるのである．

この手続きが正しく動くことを示すには，もう一つの考察が必要である．それは正の整数列に対する次の基本的事実である．これは**整列可能原理**として知られている．

(iii) 減少する正の整数列 $a_0 > a_1 > a_2 \cdots$ は有限である．

先に記述した反復手続きは，このような減少列を生成するので，繰り返しはいつかは停止する，つまり，ある時点での a_k と b_k は等しくなるはずであり，そのときの値は a と b の gcd である（図 1 参照）．

2.1.2　ユークリッドの互除法

ユークリッドのアルゴリズムは，通常はやや異なる方法で記述されている．**ユークリッドの互除法**と呼ばれるもう少し複雑な手続きであり，これは余りによる割り算（の繰り返し）である．これによりアルゴリズムの実行ステップ数は大幅に減少する．この手続きには次の事実が基礎となる．すなわち，任意の正の整数 a と b に対し，次の式を満たす整数 q と r が，ただ 1 組存在する．

$$a = bq + r \quad \text{かつ} \quad 0 \leq r < b$$

この整数 q を**商**，そして r を**余り**という．ここでは，先に述べた考察 (i) と (ii) の次のような変形を用いる．

(i′) もし $r = 0$ ならば a と b の gcd は b である．

(ii′) a と b の gcd と b と r の gcd は等しい．

新しい手続きでは，まず (a, b) を (b, r) に置き換え

*3)　[訳注] 原論では現代と異なる用語が用いられている．現代の言葉で言い換えると，「測る」は「割り切れる」，「単位」は数字の 1 となる．

る．そして，もし $r \neq 0$ ならば，次のステップで，b を r で割った余り r_1 を求め，(b,r) を (r,r_1) に置き換える．この繰り返しを続けるのである．余りの列は減少列（$b > r > r_1 > r_2 > \cdots \geq 0$）である．よって，この過程は有限ステップで停止し，最後の非零の余りが求める gcd となる．

先の方法とこの新しい方法とが同値であることは簡単にわかるだろう．たとえば，$a = 103\,438$ と $b = 37$ に対する計算を考えてみよう．最初の方法を用いた場合には，37 を 103 438 から，残りが 37 より小さくなるまで何度も引かなければならない．この最後の残りが，103 438 を 37 で割った余りであり，それが新しい方法で最初に計算される数にほかならない．最初の方法は余りを求める計算を非常に非効率的に行っていたのである．これが新しい方法を考えた動機であり，この効率向上は実際上たいへん重要である．最初の方法が指数関数に比例した時間がかかるのに対し，2 番目の方法は**多項式時間アルゴリズム** [IV.20 (2 節)] である．

2.1.3 一般化

ユークリッドのアルゴリズムは，加減算と積が定義されていれば整数以外の場面でも利用できる．たとえば，**ガウス整数** $\mathbb{Z}[\mathrm{i}]$ 上の**環** [III.81 (1 節)] にも適用できる．ここでガウス整数とは，適当な整数 a, b を用いて $a + b\mathrm{i}$ と表現されるような複素数の集合である．あるいは，実数係数を持つ多項式の集合からなる環にも適用できる（係数の定義域は体であれば実数に限らなくてもよい）．重要な点は，割り算と余りに相当する概念を定義できることである．それさえ定義できれば，あとの計算過程は正の整数上での計算と同一視できる．たとえば，多項式に対しては次の事実が成り立つ．すなわち，任意の二つの多項式 A, B に対し（ただし B は非零多項式とする），ある多項式 Q と B より次数の低い多項式 R（場合によっては $R = 0$）が存在して，$A = BQ + R$ が成り立つ．

ユークリッドも指摘しているように（『原論』第 10 巻，命題 2），この手続きを行う対象 a, b は実数でもよい．その際，この手続きが有限で停止するのは，a/b が有理数のとき，かつそのときに限る．この考察が，本書の第 III 部でも議論される**連分数** [III.22] の概念に通じるのである．連分数は 17 世紀より以前には明示的には研究されていなかった．しかし，そのもととなる考え方は，**アルキメデス** [VI.3] の時代まで遡ることができるのである．

2.2 アルキメデスの π 計算法：近似と有限性

円の円周長と直径の比は，18 世紀頃から π という記号で表されてきた（「π」[III.70] を参照）．ここでは，アルキメデスが紀元前 3 世紀に，π の古典的な近似 22/7 をどのように得たかを見てみよう．円に対し，その内接多角形（その端点が円周上に位置する多角形）と外接多角形（その辺が円周に接する多角形）を考える．もし，その二つの多角形の周長を計算することができれば，内接多角形の周長と外接多角形の周長は，それぞれ円周長の下界と上界になるので（図 2），それらから π の上下界を求めることができる．アルキメデスは正六角形から始め，辺の数を倍々にして，より正確な上下界を求めた．最終的には 96 角形まで計算し，

$$3 + \frac{10}{71} \leq \pi \leq 3 + \frac{1}{7}$$

を得たのである．

この計算過程は繰り返しを用いている．ただ，これをアルゴリズムと言ってよいのだろうか？ 厳密に言えば，これはアルゴリズムではない．というのも，多角形の辺数をいかに多くしても，得られるものは π の近似でしかなく，正確な π の計算は有限では終了しないからである．しかし，この計算法は，π を，任意の希望する精度で求めるアルゴリズムである．たとえば，もし 10 進で 10 桁の精度で π を求めたいのであれば，有限回の反復で，このアルゴリズムは答えを出してくれる．この場合重要なのは，その計算過程が収束するかという点，すなわち，反復の結果得られる値が π にいくらでも近似できるかという点である．それは，この方法のもととなった

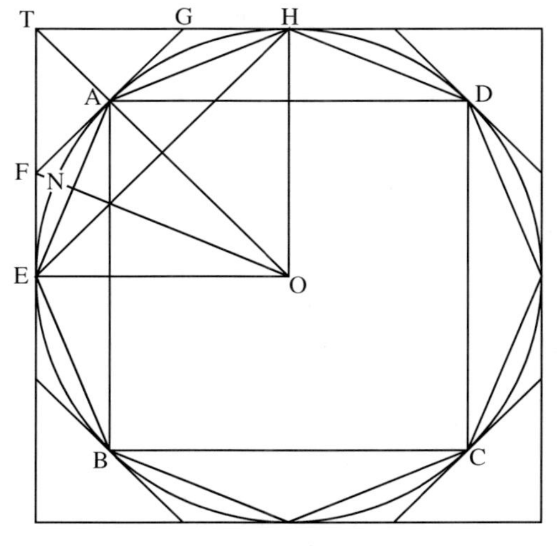

図 2 π の近似

幾何学的な考え方から導くことができる．1609 年には，ドイツでルドルフ・ファン・コーレン（Ludolph van Ceulen）が，10 進で 35 桁までの正確な π の近似を，2^{62} 多角形を用いて計算している．

とはいえ，π の近似計算法とユークリッドの gcd 計算のアルゴリズムとの間には明確な差がある．ユークリッドのアルゴリズムは普通，**離散アルゴリズム**と呼ばれていて，整数以外の値も含まれる計算法である**数値計算アルゴリズム**とは，明確に区別されている（「数値解析」[IV.21] を参照）．

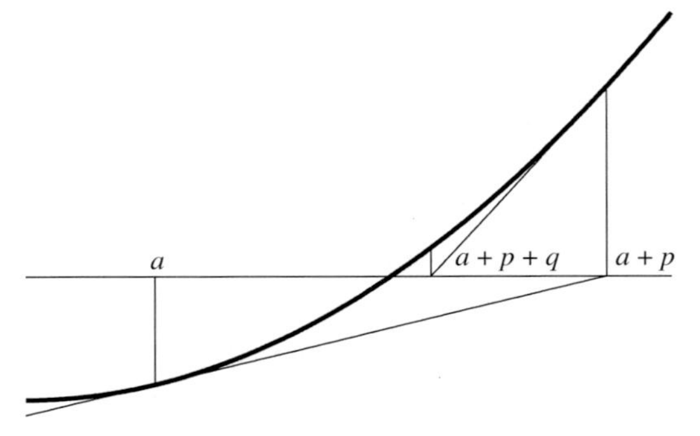

図 3 ニュートンの方法

2.3 ニュートン–ラフソン法：再帰式

1670 年頃，**ニュートン** [VI.14] は等式の根を求める方法を考案した．その方法を，彼と同様に $x^3-2x-5=0$ を例に説明してみよう．ニュートンは，根 x が 2 に近いという考察から始めている．そこで，彼は根を $x=2+p$ とし，これを式に代入して p についての等式 $p^3+6p^2+10p-1=0$ を導いている．ここで根が 2 に近いこと，すなわち p が小さいことを利用して，彼は p^3 や $6p^2$ の項を無視し（それらは $10p-1$ より十分小さいので）$10p-1=0$ という等式を導いた．つまり，$p=1/10$ を得たのである．もちろん，これは正確な解ではない，しかし，これにより，新たな，かつ，より良い根の近似，すなわち 2.1 が得られる．ニュートンは，この過程をさらに続ける，つまり，$x=2.1+q$ と置いて同様の計算を行うのである．これにより q（の近似）として得られる値は $q=-0.0054$，すなわち根 x の次の近似は 2.0946 となるのである．

では，この過程で得られる解が，根 x に本当に収束していくのだろうか？ この方法をさらに詳しく検討してみよう．

2.3.1 接線と収束性

ニュートン自身はやらなかったが，ニュートンの方法に対しては，関数 f をグラフの形で表すことで幾何的な解釈を与えることができる．式 $f(x)=0$ の根 x は，$y=f(x)$ を表す曲線が x 軸と交わる点である．これに対し，根 x に対する近似解 a から始め，$p=x-a$ とおき，上記でやったように $a+p$ を x に代入し，新たに関数 $g(p)$ を定義したとする．これは（同じ曲線で）原点 $(0,0)$ を $(a,0)$ に移動させたのと同じである．この関数 $g(p)$ に対して，定数と 1 次より上の項を無視するということは，g に対する最適な線形近似を求めること，そしてそれは幾何的に言えば，$(0,g(0))$ における g の接線を求めることにほかならない．したがって，p の近似値として得たものは，その接線が x 軸と交わった点である．実際には，原点を $(0,0)$ に戻すために a を加えた値が，f の根の新たな近似値になるのである．このために，ニュートンの方法はしばしば**接線法**と呼ばれている（図 3）．幾何的には，この新たな近似値は f の $(a,f(a))$ での接線と x 軸の交点である．したがって，それが a と本当の根（$y=f(x)$ の曲線と x 軸の交点）の間に位置すれば，新たな近似値は古い近似値 a より，良い近似になっている．

この状況は，ニュートンが選択した $a=2$ では成り立たなかった．けれども，次の近似値 2.1 とそれ以降のすべての近似値では成立している．幾何的には，この望ましい状況は，点 $(a,f(a))$ が，曲線の凸な部分で x 軸より上に位置する場合，もしくは曲線の凹な部分で x 軸より下に位置する場合に生じるのである．この状況のもとでは（さらに解が複数ないという仮定のもとでは），収束は **2 次的**である．すなわち，各ステップでの誤差は，一つ前の段階での誤差の約 2 乗になっている，言い換えれば，正しく近似できる桁数が各ステップで約 2 倍になるのである．これは非常に効率的である．

初期の近似解の選択は当然重要だが，これには思ったよりずっと難しい問題が潜んでいる．この種の問題は，複素多項式とその複素数の根を考えたときに，より鮮明になる．ニュートンの方法は，この一般的な状況にも容易に拡張できる．いま，仮に z をある複素多項式の根，そして，z_0 をその初期近似としよう．ニュートンの方法は，それから列 $z_0,z_1,z_2,\dots$ を生み出すが，それは z に収束する場合も，しない場合もある．そこで，上記の列を z に収束させる初期値

z_0 の集合を**収束域**と定義し，$A(z)$ と記述することにする．この $A(z)$ はどのように定まるだろうか？

この疑問を最初に提示したのは**ケイリー** [VI.46] であり，1879 年のことだった．彼は，その解は 2 次多項式の場合には簡単だが，次数が 3 以上になると途端に難しくなることを示した．たとえば，多項式 z^2-1 の根 ± 1 に対する収束域は，y 軸に平行な線で区切られた開半平面である．それに対し，z^3-1 の根 $1, \omega, \omega^2$ の収束域は，非常に複雑な集合になる．これら——現在では**フラクタル集合**と呼ばれる——は，1918 年にジュリアにより示された．ニュートンの方法とフラクタル集合については，「力学系理論」[IV.14] でさらに述べる．

2.3.2 再 帰 式

これまでに説明してきたニュートンの方法では，各ステップで新しい等式が作られていた．それに対し，1690 年にラフソンは，それが本質的には単一の式で表せることを示した．しかも，彼の基本的な考察は一般に応用でき，それをもとに，すべての場合に適用可能な一般式を導き出すことができる．彼の考え方は接線を用いた解釈で説明できる．曲線 $y=f(x)$ の x 座標 a の点における接線は，式 $y-f(a)=f'(a)(x-a)$ と表され，その x 軸との交点は $a-f(a)/f'(a)$ となる．われわれが現在，**ニュートン–ラフソン法**と呼んでいる方法は，この単純な公式に基づいている．つまり，初期値 $a_0=a$ から始め，近似値を順次，以下の再帰式*4)で求める方法である．

$$a_{n+1}=a_n-\frac{f(a_n)}{f'(a_n)}$$

一例として，関数 $f(x)=x^2-c$ について考えてみよう．ニュートン法では，その根である c の平方根 $\sqrt{c}$ を，再帰式 $a_{n+1}=\frac{1}{2}(a_n+c/a_n)$ によって求めるが，これは上記の f に x^2-c を代入した場合に得られる再帰式である．この方法は，平方根の近似値を求める計算法として，アレクサンドリアのヘロンが 1 世紀の初頭に考案したと言われている．仮に a_0 が $\sqrt{c}$ に近い場合には，c/a_0 は $\sqrt{c}$ に近いので，$a_1=\frac{1}{2}(a_0+c/a_0)$ は a_0 と $\sqrt{c}$ のほぼ中間地点となる．つまり，解である $\sqrt{c}$ との誤差がほぼ半分になるのである．

*4) ［訳注］“recurrence formula” の訳．「漸化式」と訳される場合もあるが，計算機科学の一般的な呼び方に従い，ここでは「再帰式」という訳を用いる．

3. アルゴリズムは常に存在するか？

3.1 ヒルベルトの第 10 問題：定式化の必要性

1900 年の第 2 回世界数学者会議において，**ヒルベルト** [VI.63] は 23 の問題を提案した．これらの問題，そしてヒルベルトの研究全体は，20 世紀の数学界に多大な影響をもたらした (Gray, 2000)．ここではヒルベルトの第 10 問題について述べよう．与えられたディオファントス方程式，すなわち任意数の変数からなる整数係数多項式に対して，「その方程式を満たす整数解が存在するか否かを，有限の操作で判定するような計算過程を求めよ」という問題である．言い換えれば，任意のディオファントス方程式に対し，それが少なくとも一つの整数解を持つか否かを判定するアルゴリズムを見出す問題と言える．もちろん，ディオファントス方程式の中には，その解を計算したり，あるいは，解が存在しないことを示したりすることが容易であるものも多い．しかし，常にそうとは限らない．たとえば，フェルマーの方程式 $x^n+y^n=z^n$（ただし $n \geq 3$）が良い例である（**フェルマーの最終定理** [V.10] の解決の前でさえ，ある特定の n に対して，解が存在するか否かを定めるアルゴリズムは存在した．しかしながら，それを容易とは言えない）．

ヒルベルトの第 10 問題に肯定的な解を示すには，ヒルベルトが要求しているような「計算過程」を実際に示せばよいだろう．その場合には，何を「計算過程」と見なすかについての厳密な理解は不要である．ところが，「否定的な結果」を示すには，「いかなるアルゴリズムでも不可能」であることを証明する必要があり，そのためには何をアルゴリズムと見なすのかを厳密に規定しておかなければならない．1.2 項で十分厳密と思われる定義を与えたが，その厳密さはヒルベルトの第 10 問題を考えるのには不十分である．アルゴリズムでは，どのような計算規則を使うことができるのか？　どうやれば，ある特定の仕事に対して，それを行うアルゴリズムが（単に見つからないのではなく）そもそも存在し得ないことを明確に示せるだろうか？

3.2 帰納的関数：チャーチの提唱

われわれに必要なのは，アルゴリズムの「形式的な」定義である．17 世紀，**ライプニッツ** [VI.15] は数学証明を単純な計算に変換できる汎用言語の可能性について語った．その後，19 世紀に，チャールズ・バベッジ，**ブール** [VI.43]，**フレーゲ** [VI.56]，**ペアノ** [VI.62] などの論理学者が，数学的論法を論理の「代数化」によって形式化しようと試みた．そしてついに，1931〜36 年に，**ゲーデル** [VI.92]，**チャーチ** [VI.89]，ステファン・クリーニが**帰納的関数**という概念を定式化したのである（Davis（1965）を参照）．大まかに言えば，帰納的関数はアルゴリズムによって計算可能な関数である．ただし，その**定義**は今までのアルゴリズムの話とは異なり，完全に厳密である．

3.2.1 原始帰納的関数

帰納的関数には，次のような大まかな定義の仕方もある．すなわち，帰納的*5)に定義される関数が帰納的関数である．これが何を意味するかを示すために，加算と乗算を $\mathbb{N}\times\mathbb{N}$ から $\mathbb{N}$ への関数として定義してみよう．関数であることを強調するために，ここでは $x+y$ と xy を $\mathrm{sum}(x,y)$ と $\mathrm{prod}(x,y)$ と記述することにする．

乗算については，それが「加算の繰り返し」であるという事実がよく知られている．この点をもっと厳密に考えてみる．関数 prod は，関数 sum を用いて次の二つの計算規則で定義することが可能である．$\mathrm{prod}(1,y)$ は y であり，$\mathrm{prod}(x+1,y)$ は $\mathrm{sum}(\mathrm{prod}(x,y),y)$ である．つまり，$\mathrm{prod}(x,y)$ の値がわかっていて，sum を計算する方法を知っていれば，$\mathrm{prod}(x+1,y)$ を計算できるのである．一方，「初期段階」に当たる $\mathrm{prod}(1,y)$ の計算方法（値）は，この規則により与えられている．したがって，単純な帰納的論法により，上記の規則が関数 prod を完全に定義していることがわかるだろう．

これが，ある関数を他の関数を用いて「帰納的に定義」する方法である．では，いくつかの単純な方法と，この帰納法に基づいて定義される $\mathbb{N}^n$ から $\mathbb{N}$ への関数の全体の族を考察してみよう．以下では，$\mathbb{N}^n$ から $\mathbb{N}$ への関数を n 変数関数（n-ary function）と呼ぶことにする．

まず，他のすべての関数定義のよりどころとなる基本関数群が必要である．実は非常に単純な関数の集合で十分である．最も基本となるのは，**定数関数**，すなわち，入力として与えられるすべての $\mathbb{N}^n$ の要素を，ある特定の正定数 c に対応させる関数である．

*5) ［訳注］"recursive" は「帰納的」のほかに「再帰的」とも訳される．この二つはほぼ同義語と思っても構わない．

もう一つの基本関数は**後者関数**である．これは正整数 n に対して，その次の整数，つまり $n+1$ を与える関数であり，単純だがおもしろい関数を生成するもととなる．そして最後が，**射影関数** U_k^n である．これは $\mathbb{N}^n$ の要素 $(x_1,\ldots,x_n)$ に対し，その k 番目の値 x_k を対応させる関数である．

関数を他の関数から構成するには，二つの方法を用いる．最初は代入である．与えられた m 変数関数 Φ と m 個の n 変数関数 $\Psi_1,\ldots,\Psi_m$ に対し，n 変数関数を次のように定義する方法である．

$$(x_1,\ldots,x_n)\mapsto\Phi(\Psi_1(x_1,\ldots,x_n),\ldots,\Psi_m(x_1,\ldots,x_n))$$

たとえば $(x+y)^2=\mathrm{prod}(\mathrm{sum}(x,y),\mathrm{sum}(x,y))$ とすれば，関数 $(x,y)\mapsto(x+y)^2$ を，関数 prod と sum，そして代入により構成できるのである．

2 番目の構成法は**原始帰納法**と呼ばれる方法である．これは，先に prod を sum から構成するときに用いた帰納法を，さらに一般化させた手法である．具体的には，与えられた $(n-1)$ 変数関数 Ψ と $(n+1)$ 変数関数 μ から，n 変数関数 Φ を

$$\Phi(1,x_2,\ldots,x_n)=\Psi(x_2,\ldots,x_n)$$

そして

$$\Phi(k+1,x_2,\ldots,x_n)=\mu(k,\Phi(k,x_2,\ldots,x_n),x_2,\ldots,x_n)$$

として定義する方法である．言い換えると，Ψ は Φ の「初期段階の値」（つまり，第 1 変数が 1 の場合の値）を決める関数であり，μ は $\Phi(k+1,x_2,\ldots,x_n)$ を $\Phi(k,x_2,\ldots,x_n)$，$x_2,\ldots,x_n$，そして k から求める方法である（先の sum と prod の例のほうが，k を指定しなくてよい分，少し単純である）．

原始帰納的関数とは，基本関数群から，上記の代入と原始帰納法という二つの構成法を用いて構成される関数のことを意味する．

3.2.2 帰納的関数

コンピュータのプログラミングのことを少し知っている人にとって，少し考えてみれば，原始帰納的関数が**構成的で計算可能**であることを十分納得できるだろう．すなわち，任意の原始帰納的関数に対し，それを計算するアルゴリズムが存在する，という理解である（たとえば，原始帰納法自身は，普通，より直接的な FOR ループで実現できる）．

では，その逆はどうだろうか？ 計算可能な関数

はすべて原始帰納的だろうか？ たとえば，正の整数 n に対して，n 番目の素数 p_n を返す関数を考えてみよう．この p_n を計算するアルゴリズムを考えることは難しくはない．一方，そのアルゴリズムを変形して，実際にその関数が原始帰納的であることを示すことは，良い練習問題と言えるだろう（特に，原始帰納法について理解を深めたい人にとっては）．

この関数の場合には原始帰納的であったが，実際には，計算可能であっても原始帰納的でない関数も存在する．1928 年，ヴィルヘルム・アッカーマンは，今では**アッカーマン関数**として知られている，「2 重帰納法」で定義される関数を示した．以下の関数は，このアッカーマン関数と完全に同じではないが，たいへん似たものである．これは，次のように再帰的な規則で定義される正整数上の関数 $A(x,y)$ である．

(i) すべての $y>1$ に対し，$A(1,y)=y+2$.

(ii) すべての $x>1$ に対し，$A(x,1)=2$.

(iii) すべての $x>1, y>1$ に対し，$A(x+1,y+1)=A(x,A(x+1,y))$.

たとえば，$A(2,y+1)=A(1,A(2,y))=A(2,y)+2$ である．このことと $A(2,1)=2$ であることから，すべての y で $A(2,y)=2y$ となることが導かれる．同様に，$A(3,y)=2^y$ を示すことができる．より一般的には，各 x に対して $A(x+1,y)$ を返す関数は，$A(x,y)$ を求める関数を「繰り返す」のである．この結果，$A(x,y)$ の値は，たとえ x,y が小さくても非常に大きくなる．たとえば，$A(4,y+1)=2^{A(4,y)}$ であり，一般に $A(4,y)$ は高さ y の「指数の塔」になってしまう．つまり，$A(4,1)=2$，$A(4,2)=2^2=4$，$A(4,3)=2^{2^2}=2^4=16$，$A(4,4)=2^{2^{2^2}}=2^{16}=65\,536$，そして $A(4,5)=2^{65\,536}$ となる．この最後の値は，10 進数で表すにはあまりに大きい．

すべての原始帰納的関数 Φ に対し，$A(x,y)$ が $\Phi(y)$ より大きく増加するような x が必ず存在することを示せる．これは帰納法で証明可能である．その議論をかなり単純化して述べてみよう．与えられた関数 Φ を原始帰納法で定義するために用いる関数 Ψ と μ に対し，もし，Ψ,μ が $A(x,y)$ よりゆっくり増加することが仮定できるある x が存在するのであれば，Φ も，その $A(x,y)$（あるいは少なくとも $A(x,y+1)$）よりは増加速度が遅いことが示せるのである．この関数から「対角線論法的に」関数 $A(y)=A(y,y)$ を定義する．すると，この新たな関数 $A(y)$ は原始帰納的ではない．というのも，これは x をどのようにとっても，$A(x,y)$ よりも速く増加する関数だからである．

アルゴリズム的に計算できる関数を厳密に定義しようと考えているのであれば，われわれの定義は，もちろん，アッカーマン関数のような関数まで含められるものでなければならない．というのも，アッカーマン関数自身も十分計算可能と言えるからである．したがって，原始帰納的関数族よりも，もっと広い関数族を考える必要がある．これは，ゲーデル，チャーチ，クリーニらがとった方針である．彼らは方法は異なったが，すべて帰納的関数と呼ばれる関数族の定義に至ったのである．たとえばクリーニは，第 3 の関数構成法として最小化法を導入した．これは $n+1$ 変数の関数 f を用いて，n 変数の関数 g を定義する方法で，$f(y,x_1,\ldots,x_n)=0$ となる最小の y をもって $g(x_1,\ldots,x_n)$ の値と定義する方法である（そのような y が存在しない場合には，$g(x_1,\ldots,x_n)$ の値は未定義と考える．ただし，以下では，これに関わる面倒なことには目をつぶって議論していく）．

アッカーマン関数だけでなく，われわれがコンピュータ上に定義できるような関数は，すべてこの形で表すことができることがわかった．つまり，この構成法が，計算可能性に対してこれまでわれわれが求めてきた定式化だったのである．

3.2.3 構成的な計算可能性

帰納的関数の概念が定式化されたのを受け，チャーチは帰納的関数の族が，いわゆる「構成的に計算可能な」関数の族であると主張した．この主張は広く受け入れられているが，証明されるといったタイプのものではない．帰納的関数は数学的に明確な概念なのに対し，構成的に計算可能という概念は，たとえば「アルゴリズム」と同様に，直観的なものだからである．チャーチのこの主張はメタ数学の領域にあり，そのためにいまでは**チャーチの提唱**と呼ばれている．

3.3 チューリング機械

チャーチの提唱に対する最も強力な証拠の一つを示そう．これは 1936 年に**チューリング** [VI.94] が発見したアルゴリズムのまったく異なる形の定式化である．チューリングは，その見かけ上の違いにも関わらず帰納的関数の概念と同値であることを証明した．チューリングの意味で計算可能な関数は帰納的関数であり，またその逆も成り立つのである．彼は，アルゴリズムを定式化するために，現在，**チューリング機械**と呼ばれているものを定義したのである．これは非常に原始的なコンピュータであり，現実のコンピュータの発展にも重要な役割を果たした概念である．実際，チューリング機械で計算できる関数は，コンピュータ上でプログラム化できる関数にほかならない．チューリング機械の構成が原始的だからと言って，それは機能の低さには繋がらない．単に，単純すぎて，現実的にプログラムを作成したりハードウェアで実現したりするのが，とても面倒になるだけである．帰納的関数はチューリング-計算可能関数と同値なので，帰納的関数自身もまたコンピュータ上でプログラム可能な関数である．したがって，チャーチの提唱が成り立たないということは，コンピュータ上にプログラム化できない構成的な手続きが存在するということである —— これはかなり信じがたい．チューリング機械については「計算複雑さ」[IV.20 (1 節)] で詳細に述べる．

チューリングは，彼の機械をヒルベルトの第 10 問題の一般形に対する質問に答える形で提案した．ヒルベルトは 1922 年に，ある種の**判定問題**を提起している．与えられた数学的な命題が証明できるか否かを判定するような「数学的な手続き」が存在するか？という問題提起だった．この問題を考えるために，チューリングは「数学的な手続き」を正確に表現する概念が必要だったのである．チューリング機械の概念を定式化した後，彼は比較的簡単な対角線論法を用いて，ヒルベルトの疑問に対して否定的な答えを与えることができたのである．彼の論法は「停止問題の非可解性」[V.20] で解説する．

4. アルゴリズムの性質

4.1 反 復 と 再 帰

先にも述べたように，計算列のある要素を，それ以前の計算に基づいて定義するような計算規則を用いることが，ときどきある．このことから，計算を行うには二つの方法があることがわかる．その 1 番目は反復であり，すなわち，最初の要素を計算し，それ以降の要素を漸化式により計算していく方法である．2 番目は再帰である．これは計算手続きをそれ自身で記述する方法で，一見すると循環論法に見えるかもしれない．しかし，それでも問題ないのは，同じ手続きをより小さい変数値に対して用いるからである．再帰の考え方は巧妙で有効である．この再帰と反復の差を例を用いて明確にしてみよう．

たとえば，われわれが $n! = 1 \cdot 2 \cdot 3 \cdots (n-1) \cdot n$ を計算したいとする．その自明な方法は，漸化式 $n! = n \cdot (n-1)!$ と初期値 $1! = 1$ を用いる方法である．この漸化式に気づけば，あとは $2!, 3!, 4!, \ldots$ といった具合に，$n!$ に到達するまで続けることができる．これが繰り返しによる方法である．それに対し，$\mathrm{fact}(n)$ を $n!$ を計算する手続きとおき，$\mathrm{fact}(n) = n \times \mathrm{fact}(n-1)$ と定義する方法がある．これが再帰手続きである．2 番目の方法では，$n!$ を計算するには $(n-1)!$ の計算法を知ればよく，そのためには $(n-2)!$ の計算法を知ればよく，… と続く．最終的には $1! = 1$ であることを知っているので，$n!$ の計算が完結するのである．つまり，再帰は反復の計算の向きが「逆順」になったものと見なしてもよいだろう．

この例は，二者の差を明確に示すには単純すぎたかもしれない．しかも，$n!$ の計算では反復のほうが再帰よりも，より自然で単純のように思える．そこで，再帰のほうが反復より，はるかに単純になる例を次に見ていくことにしよう．

4.1.1 ハノイの塔

ハノイの塔の問題は，1884 年のエドゥアール・リュカに遡る．問題では，3 本の棒 A, B, C と，真ん中に穴の開いた異なる大きさの n 個の円板が与えられる．この円板は棒 A に大きい順に突き刺さる形で (下が大きい) 重ねられている．問題は積み重ねられた円板を棒 A から棒 B に，次の規則のもとで移動させることである．すなわち，円板は一度に 1 枚のみ，ある棒から他の棒に動かすことができるが，移動できるのは棒に刺さっている円板の最も上のものであり，大きさがより大きい円板を小さい円板の上に重ねてはならない．

円板が 3 枚だったら，この問題は簡単だろう．しかし，円板の数が増えるにつれ，急速に難しくなる．けれども，再帰の助けを借りれば，上記の規則に従った方法で円板を動かすアルゴリズムが存在することが容易にわかる．実際，それを考えてみよう．いま $n-1$ 枚の円板を動かす手続きがわかっていたとする．これを $H(n-1)$ とする．そうすると，n 枚の円板を動かす手続き $H(n)$ は，次のように定義することができる．まず，棒 A に刺さっている上から

$n-1$ 枚の円板を，手続き $H(n-1)$ を用いて，棒 A から棒 C に移動させる．そのあとで，棒 A の最後の 1 枚の円板を棒 B へ動かす．そして最後に，手続き $H(n-1)$ を再び用いて，棒 C のすべての円板を棒 B に移すのである．この考え方は，もう少し記号を導入すれば，式の形でも表すことができる．棒 A から棒 B へ n 枚の円板を移動する手続きを $H_{\mathrm{AB}}(n)$ と表すことにする．すると，この手続きは再帰的に

$$H_{\mathrm{AB}}(n) = H_{\mathrm{AC}}(n-1)H_{\mathrm{AB}}(1)H_{\mathrm{CB}}(n-1)$$

と記述できる．つまり，$H_{\mathrm{AB}}(n)$ は，$H_{\mathrm{AC}}(n-1)$ と $H_{\mathrm{CB}}(n-1)$ から導かれる，これらは（棒の名を言い換えただけで）明らかに $H_{\mathrm{AB}}(n-1)$ と同等である．また，$H_{\mathrm{AB}}(1)$ は簡単である．したがって，上記の再帰式で定義は完全である．

この手続きに必要な円板の移動回数が 2^n-1 であることは，帰納法により容易に証明することができる――しかも，これより少ない移動回数では不可能であることもわかる．つまり，移動回数は n の指数関数になる．そのため，大きな n に対しては，この手続きは非常に長い時間がかかるだろう．

しかも，n が大きくなるにつれ，手続きのどの部分を実行しているかを覚えておくために必要な記憶領域も大きくなる．これに対し，繰り返し型手続きで反復を実行する場合には，普通は前の反復の結果さえ覚えておけばよい．つまり，一つの反復の結果さえ記憶できれば十分である．実際，ハノイの塔に対する繰り返し型手続きも存在する．その記述も簡単だが，それがハノイの塔を正しく解くことは，そう簡単には示せない．繰り返し型手続きでは，現在の n 枚の円板の場所を n ビットで表す．そうすると，必要なのは，各ステップで，次の n 枚の円板の場所を表す n ビットを求める方法だが，これは非常に単純な操作で表すことができる．この操作は，これまでに何ステップかかってきたかなどには，無関係に記述できる．したがって，円板の場所を表すため以外に必要になる記憶領域が著しく節約できるのである．

4.1.2 ユークリッドのアルゴリズムの拡張

ユークリッドのアルゴリズムは，自然な形の再帰手続きに適しているもう一つの例だろう．任意の正整数 a, b に対し，ある r, $0 \leq r < b$ で，$a = qb + r$ と書けることを思い出してほしい．このとき $\gcd(a,b) = \gcd(b,r)$ が成り立ち，この事実をユークリッドのアルゴリズムが利用していた．この事実に加え，余り r は a と b から簡単に計算できること，(b,r) は (a,b) より真に小さい対であることを用いれば，gcd を計算する再帰手続きが導ける．なお，この手続きは，計算が対 $(a,0)$ を求めたところで終了する．

ユークリッドのアルゴリズムの重要な拡張は，**ベズーの補題**と呼ばれる次の事実である．すなわち，任意の正整数に対して

$$ua + vb = d = \gcd(a,b)$$

を満たす整数（必ずしも正とは限らない）u と v が存在する．では，そのような u, v を求めるには，どうすればよいだろうか？　その答えは，これもまた，再帰的に定義される拡張ユークリッド法により与えられる．いま，仮に b と r に対して先の条件を満たす (u', v') を見つけられたとしよう．すなわち，$u'b + v'r = d$ を成立させる (u', v') である．これに $r = a - qb$ を代入すれば，$d = u'b + v'(a - qb) = v'a + (u' - v'q)b$ が得られる．すなわち，$u = v'$ で $v = u' - v'q$ とおけば，$ua + vb = d$ が成立する．この (a,b) に対する (u,v) は，より小さい組 (b,r) に対する (u',v') から容易に求まるので，ここでも再帰手続きが定義できるのである．この再帰の「底」は $r = 0$ となった時点である．この底に到達したら，われわれはユークリッドのアルゴリズムのように，対 (u,v) を規則に従って「逆戻り」すればよい．ここで，この手続きの存在がベズーの補題の証明になっている点にも注意しておこう．

4.2 計算複雑さ

ここまで，われわれはアルゴリズムを理論上の方法と考え，その実際の重要性については無視してきた．しかしながら，ある仕事を行うアルゴリズムの存在だけでは，コンピュータがそれを行ってくれることの保証にはならない．というのも，ある種のアルゴリズムはあまりにステップ数がかかるため，（解を得るまでに何億年も待つ覚悟がなければ）いかなるコンピュータもそれを実際に実現できないからである．アルゴリズムの**計算複雑さ**（もしくは計算量）とは，大雑把に言えば，それが与えられた仕事をするのに必要なステップ数（を入力のサイズに対する関数の形で表したもの）である．より正確には，これをアルゴリズムの**時間計算量**という．一方，コン

ピュータがアルゴリズムを実行する際に必要な記憶領域の最大量を測るものが，**領域計算量**である．**計算複雑さの理論**（もしくは計算量理論）とは，さまざまな仕事に必要な計算資源についての研究である．これについては「計算複雑さ」[IV.20] の章で詳細に述べる —— ここでは一つの例を用いてその考え方を説明しておこう．

4.2.1 ユークリッドのアルゴリズムの複雑さ

ユークリッドのアルゴリズムを実行する際にコンピュータが必要とする計算時間は，商と余りの計算ステップ数に密接に関係している．そのステップ数は，言い方を換えれば，再帰手続きが自分自身を呼び出す回数である．もちろん，このステップ数は gcd を計算する対象となる整数 a, b の大きさに依存する．まず，$0 < b \leq a$ となる任意の a と b に対して，a を b で割った余りは常に $a/2$ 未満であることを確認しておこう．$b > a/2$ ならば，余りは $a - b$ なので $a/2$ 未満であり，逆に $b \leq a/2$ ならば，余りは b 未満，つまり $a/2$ 未満だからである．したがって，ユークリッドのアルゴリズムでの 2 ステップ分の割り算で，大きいほうの数が半分未満になる．このことから，アルゴリズム全体で必要な計算ステップ数が高々 $2\log_2 a + 1$ であることが容易に導かれるが，これは a の桁数に比例した値である．このステップ数は a 自身よりはるかに小さい数であるため，アルゴリズムは非常に大きい数に対しても使うことができる．つまり，理論上の意義だけでなく，実際上も非常に有用なアルゴリズムだったのである．

ユークリッドのアルゴリズムの最悪時に必要な割り算回数の解析は，19 世紀の前半まで研究されていなかったようで，上記の $2\log_2 a + 1$ の上界もピエール＝ジョゼフ＝エティエンヌ・フィンク（Pierre-Joseph-Étienne Finck）が 1841 年に与えたものである．この解析を少し改良し，与えられた a と b がフィボナッチ数列で連続する二つの数の場合に，アルゴリズムの計算時間が（同じ桁数の中では）最長になることを示すことも，そう難しくはない．そうした考察から，必要な割り算の回数は $\log_\varphi a + 1$ を超えないことを示せる（ここで，φ は黄金比を表す定数）．

ユークリッドのアルゴリズムの領域計算量もまた低い．なぜなら，対 (a,b) に対して新たな対 (b,r) を計算したあとは，元の対を覚えておく必要がなく，各計算ステップにおいて，計算のための記憶領域に（あるいはコンピュータのメモリ領域に）多くのことを保持しておく必要がないからである．それとは対照的に，拡張ユークリッド法では，a と b の gcd d を求めるために，すべての計算列を覚えておかなければならないように見える．というのは，$ua + vb = d$ となる u と v を求めるために，すべての代入の履歴が必要と思われるからである．しかし，アルゴリズムをより詳細に検討すると，各計算ステップでは，数個の数字を覚えておけば十分であることがわかる．

このことを例を用いて見てみよう．$a = 38$, $b = 21$ に対して，$ua + vb = 1$ となる u, v を求める計算を考える．ユークリッドのアルゴリズムの最初のステップは，

$$38 = 1 \times 21 + 17$$

である．これより $17 = 38 - 21$ がわかる．次のステップは

$$21 = 1 \times 17 + 4$$

であるが，先の $17 = 38 - 21$ を代入すると

$$21 = 1 \times (38 - 21) + 4$$

が得られる．これから，先と同様に，$4 = 2 \times 21 - 38$ を得ておく．そして，ユークリッドのアルゴリズムの 3 ステップ目を考えると

$$17 = 4 \times 4 + 1$$

となるので，上記の 17 と 4 の言い換えを代入すれば

$$38 - 21 = 4 \times (2 \times 21 - 38) + 1$$

が得られ，その式を整理して $1 = 5 \times 38 - 9 \times 21$ が得られるのである．

今示した手続きを注意深く考えれば，各ステップで必要なのは，（そのステップで注目したい）二つの数を（元の）a と b を用いて表す方法だけであることがわかるだろう．この手続きを適切に用いれば，拡張ユークリッド法も少ない領域計算量で実現できるのである．

5. アルゴリズムの最近の側面

5.1 アルゴリズムと偶然性

本章の最初に，アルゴリズムの概念は，1920〜30 年代に定式化されたあとも，進化し続けていると述べた．その理由の一つが，**ランダム性**がアルゴリズムにおいて非常に有効な道具である，ということが

認識された点である．これは，最初は奇異に思えるかもしれない．というのも，アルゴリズムは決定的な手続きとして説明されてきたからである．以下では，この点も含め，ランダム性をアルゴリズム中でどのように利用するかを説明しよう．もう一つの理由は，**量子計算**という概念の発展である（これについては「量子計算」[III.74] を参照）．

まず，ランダム性がたいへん有用であることを例で示そう．与えられた n に対して，$f(n)$ を計算することはそう難しくないが，その値がどのようになるかを解析するのは困難，という関数を考える．たとえば（少々人工的だが）n に対して，$f(n)$ を $\sqrt{n}$ の小数点以下 d 桁目の数と定義しよう．与えられた n に対して，$\sqrt{n}$ の小数点以下 d 桁目まで正確に求める計算は，（たとえばニュートン法を用いれば）そう難しいことではない．この関数 f に対し，たとえば n の値が 10^{30}〜10^{31} のときに，どれくらいの割合で $f(n)=0$ になるかを知りたかったとする．これを理論的に解析する良い方法は見当たらない．一方，範囲 10^{30}〜10^{31} は莫大であり，実際に割合を求める計算もたいへん難しいように思える．しかしながら，範囲 10^{30}〜10^{31} から 10,000 個の数をランダムに選び，それらに対してだけ $f(n)=0$ の割合を求めれば，その割合が真の割合とほぼ等しくなる確率は高い．しかも，10,000 個について調べることは（コンピュータを使えば）至極簡単である．つまり，完全に正確な値でなくてもよく，小さな確率で誤ることも許されるのであれば，莫大な計算資源を使うことなしに目標の計算が達成できるのである．

5.1.1 擬似乱数

ところで，決定的に動くコンピュータで，どのようにすると 10,000 個の数を 10^{30}〜10^{31} の中からランダムに選べるだろうか？　答えは簡単である．実際には本当にランダムに選ぶ必要はなく，ほとんどの場合には**擬似乱数**を用いれば十分なのである．その基本的な考え方は，**フォン・ノイマン** [VI.91] が 1940 年代の半ばに提案した方法で示せる．その方法では，まず $2n$ 桁の数 a を適当に選ぶ（これを擬似乱数列の「種」（シード）と呼ぶ）．それに対して a^2 を計算し，得られた値の $n+1$ 桁目から $3n$ 桁目までの $2n$ 桁からなる数を b とし，同様の計算を続けるのである．乗算は各桁を混ぜ合わせて行われるので，このように計算された数列を真のランダム数列と区別することはたいへん困難であり，そのため，乱択アルゴリズム[*6)]で使うことができるのである．

擬似乱数列（のようなもの）を作り出す方法は，いろいろ考えられる．では，そうした列が擬似乱数列と認められるには，どのような性質が必要かという疑問が，当然生じてくる．これはなかなか難しい質問であり，いくつか異なる答えが提案されている．乱択アルゴリズムと擬似乱数列については，「計算複雑さ」[IV.20 (6, 7 節)] で詳細に解説し，「擬似乱数列生成器」の厳密な定義もそこで述べる（乱択アルゴリズムとして著名な素数判定アルゴリズムについては，「計算数論」[IV.3 (2 節)] を参照）．ここでは，0 と 1 の無限列を対象とした同様の質問を考えてみる．すなわち，どのようなときに無限 2 進列を「ランダム」と見なすかという質問である．

これについてもまた，さまざまな答えが提案されている．単純な統計テスト群を用いてランダム性を議論するのも，その一つである．十分長い列を見れば，0 と 1 の出現頻度はほぼ同じになるはずだし，より一般的に言えば，任意の小さな列（たとえば 00110）は，想定頻度（この例は 5 ビットの列なので 1/32）に近い頻度で現れるはずである．こうした点を検査する統計テスト群である．

実は，このような単純なテストを完璧に満足させる列で，しかも，ある決定的な手続きで生成できるものが存在する．しかし，0 と 1 の列が真にランダムかどうか──つまり，コイン投げの系列と同じように作られたものかどうか──の判定を考えたとき，何らかのアルゴリズムにより生成された列をランダムと呼ぶことには抵抗があるだろう．たとえば，π を表す（無限）10 進列を，たとえそれが上記の単純なテストをパスしたとしても，ランダム列として認めるわけにはいかない．それを計算する方法（アルゴリズム）が明確に定まっているからである．しかし，その逆に，構成的に求められないということだけでランダム列と判定するのも乱暴である．たとえば，計算不可能な（無限）列に対して 1 桁おきに 0 に変えた列も，同様に計算不可能ではあるが，ランダム列からは程遠い．

以上のような理由から，1919 年にフォン・ミーゼス（von Mises）は，ランダム 2 進無限列の判定条

---

*6) ［訳注］ランダム性を利用したアルゴリズム “randomized algorithm” を，本書では「乱択アルゴリズム」と訳す．

件として次の条件を提案した．すなわち，0 と 1 が極限では 1/2 の割合で出現する列であり，その性質が「いかなる妥当な手続きで選んだ桁においても」成立すること．この中の「いかなる妥当な手続きで」を「いかなる帰納的関数で」に変えることで，条件を厳密化したものを，チャーチが 1940 年に提案している．しかしながら，この条件を満たす列で乱数列が満たすべき性質である「重複対数の法則」が成立しない列が作れるなど，この条件も弱すぎたのである．現在のところ，1966 年に形式化された「マーティン・レフ（Martin-Löf）の提唱」と呼ばれている次の定義が，最も一般的に使われている．すなわち，ランダム列とは「すべての構成的統計テストを満足させる」[*7] ものである．ここでは「構成的統計テスト」の厳密な定義は控えるが，これは基本的には帰納的関数を用いて定義できる概念である．チャーチの提唱とは対照的に，このマーティン・レフの提唱は完全に受け入れられているわけではなく，まださまざまな議論が行われている．

5.2 現代数学へのアルゴリズムの影響

数学では，その歴史を通して存在性が問題になることが多かった．たとえば，**超越数** [III.41]，すなわち整数係数多項式の根として表すことのできない数は，果たして存在するか？といった問題である．このような問題には 2 種類の答え方がある．一つは実際に超越的な数を示すことであり，もう一つは間接的に存在を証明することである．前者の例は，1873 年のカール・リンデマンによる π の超越性の証明である．一方，後者の例は，**カントール** [VI.54] が実際に示したように，実数のほうが整数係数多項式よりもはるかに多く，そのため整数係数多項式に対応しない実数が存在する，という論法である（詳しくは「可算および非可算集合」[III.11] を参照）．

5.2.1 構成主義学派

1910 年頃，**L・E・J・ブラウアー** [VI.75] の指導のもと，**直観主義学派** [II.7 (3.1 項)] が誕生した．これは「すべての数学的命題は真か偽である」という排中律の原理を否定した考え方を遂行するグループである．特に，ブラウアーは，超越数のような数学的対象の存在性を，その非存在性から矛盾を導くような論法で示すことを良しとしなかった．つまり，対象が存在するのはそれが実際に構成できるとき，かつそのときに限る，とするのが「構成主義的」な学派であり，ブラウアーらはその先駆者だったのである．

すべての数学者がこの理念に賛同しているわけではない．しかし，ほとんどすべての数学者は，構成的な存在性の証明と，間接的な証明に重要な違いがあることは認識している．この違いは，計算機科学の登場とともにますます重みを増すようになったが，さらに詳細な差も考慮されるようになってきた．数学的対象がアルゴリズム的に構成可能だったとして，今度は，それが妥当な計算時間で構成できるか否かも重要となる場合が出てきたのである．

5.2.2 構成的な結果

整数論でも「構成的」と「非構成的」の間に重要な差がある場合がある．たとえば，1922 年に提唱され，1983 年にファルティングスにより最終的に証明された**モーデルの予想** [V.29] を考えてみよう．これは，任意の次数 $n > 3$ の滑らかな曲面は高々有限個の有理点しか持たないという予想である．この予想は，いろいろな結果に繋がっている．たとえば，あのフェルマーの式 $x^n + y^n = z^n$ が $n \geq 4$ では有限個の整数解しか持たないというのも，その一つである（もちろん，われわれはすでに有限個どころか，整数解すら存在しないことを知っている．しかし，モーデルの予想が証明されたのは，フェルマーの最終定理が解決される以前のことである．また，これ以外にも，多数の結果がこの予想から導き出されている）．しかしながら，ファルティングスの証明は**非構成的**であり，実際に，有理解の個数がいくつであるかについては（それが無限ではないということ以外）何ら情報を与えてくれない．また，最大の有理解の大きさの上界もわからないので，コンピュータでそれらを探し出そうとしたとき，いつの時点で計算終了と判断してよいかがわからない．整数論では，重要な証明の中で，このように非構成的なものが多数ある．こうした証明を構成的論法に置き換えること自体，とても重要で大きな結果となるだろう．

コンピュータと数学に関する，まったく別の，しかも重要な疑問が，ある有名な未解決問題の解から浮かび上がってきた．その解とは **4 色定理** [V.12] の証明である．4 色定理は，**ド・モルガン** [VI.38] の生徒であったフランシス・グスリエ（Francis Guthrie）

*7) ［訳注］砕けて言うならば，テストをパスする，つまり，非ランダム性を発見されて棄却されない，という意味である．

により，1852 年に予想として提示され，1976 年にアッペルとハーケンによって証明された定理だが，その証明にコンピュータが重要な役割を果たしたのである．彼らは理論的に，この予想の証明を有限種類の場合を検証する問題に帰着させた．しかし，調べるべき場合の数が非常に多く，人手では到底不可能だったので，コンピュータを用いて，すべての場合を検証したのである．これが重要な疑問を引き起こした．われわれはどのようにして，この証明を評価したらよいのだろうか？　この検証計算のためのプログラムに誤りがないことを確信できるだろうか？　たとえ誤りがないとしても，検証計算の過程でコンピュータが正しく動いていたことを，どうやって確認すればよいのだろうか？　さらには，コンピュータに依存したこの証明で，われわれ人間は定理がなぜ成り立つのかに対する知見を得られるのだろうか？　こうした疑問については，今日でもまだ議論が続いている．

文献紹介

Archimedes. 2002. *The Works of Archimedes*, translated by T. L. Heath. London: Dover. Originally published 1897, Cambridge University Press, Cambridge.

Chabert, J. -L., ed. 1999. *A History of Algorithms: From the Pebble to the Microchip*. Berlin: Springer.

Davis, M., ed. 1965. *The Undecidable*. New York: The Raven Press.

Euclid. 1956. *The Thirteen Books of Euclid's Elements*, translated by T. L. Heath (3 vols.), 2nd edn. London: Dover. Originally published 1929, Cambridge University Press, Cambridge.

Gray, J. J. 2000. *The Hilbert Challenge*. Oxford: Oxford University Press.
【邦訳】J・J・グレイ（好田順治，小野木明恵 訳）『ヒルベルトの挑戦――世紀を超えた 23 の問題』（青土社，2003）

Newton, I. 1969. *The Mathematical Papers of Isaac Newton*, edited by D. T. Whiteside, volume 3 (1670-73), pp. 43-47. Cambridge: Cambridge University Press.

II.5

解析学における厳密さの発展

The Development of Rigor in Mathematical Analysis

トム・アーキボルド［訳：石井仁司］

1. 背　景

この章では，解析学に厳密性がどのように導入されていったかについて述べる．これは入り組んだ話題であって，数学活動の実践は，特に微分積分学の草創期（1700 年の少し前）から 20 世紀初頭までの間にかなり変化してきた．ある意味で，正しい論理的な推論とは何なのかについての基本的な基準は変わらなかったが，そのような推論が要請されるのがいかなる状況なのかは，さらにその目的さえも，時とともにある程度変わった．ヨハンとダニエルの**ベルヌーイ** [VI.18] 親子，**オイラー** [VI.19]，**ラグランジュ** [VI.22] などの名前と結び付けられた 1700 年代の量的にも膨大で大成功を収めた数学解析は，その方法の基盤の明確さに欠けており，その後批判を受け修正されることになった．およそ 1910 年までに，どのようにすれば解析学の議論を厳密にできるかに対して一般的な合意が得られた．

数学は計算の技巧を与えるばかりでなく，幾何学的対象の重要な特徴の記述や，現実世界の諸現象の記述の方法を与えるものと言える．今日，ほとんどすべての数学の専門家は，得られた結論を正当化するための厳密な推論ができるように訓練されており，そのことを重視している．ここで言う結論とは，**定理**という形で通常は述べられ，それは真理の記述であり，証明，すなわちその定理が実際に真であるという推論を伴うものである．一つの簡単な例を述べよう．6 で割り切れるすべての正の整数は 2 で割り切れるという命題を取り上げる．6 の倍数の表 $(6, 12, 18, 24, \ldots)$ に目を通せば，そのどれもが偶数であることがわかる．このことは，この命題が正しいと信じるには十分であろう．このことの正当化の一つとして，次のようなものが考えられる．6 は 2 で割ることができるので，6 で割り切れる数はすべて 2 で割り切れるはずである．

読者によっては，この正当化を完全な証明であると考えるかもしれないし，そうではないと考えるかもしれない．なぜなら，この正当化を聞いたとき，すぐに次のようないくつかの疑問点が思い浮かぶからである．a, b, c は正の整数であるとし，c は b で割り切れ，b は a で割り切れるとするとき，c はいつでも a で割り切れるというのは正しいか？ 整除可能性とは正確にはどういうことか？ 整数とは何か？ 数学者はこのような疑問に対して，（一つの数をもう一つの数で割り切れるかどうか，すなわち整除可能性といった）概念を少ない数の未定義用語（「整数」は未定義用語の一つと考えられる．ただし，集合を使ってもっと根本に戻って扱うこともできる）を使ってまず正確に定義した上で，取り扱う．たとえば，数 n が数 m で割り切れるということは，ある整数 q が存在し $qm = n$ が成り立つことであると定義できる．この定義を使って，上に述べたことのより厳密な証明ができる．n は 6 で割り切れるので，ある整数 q に対して $n = 6q$ が成り立つ．したがって，$n = 2(3q)$ となるが，これは n が 2 で割り切れることを示している．ここでは定義を使って 6 による整除可能性から 2 による整除可能性が従うことを明確に示した．

歴史的に見ると，数学書の著者によって採用された厳密さのレベルには，いろいろと変化があった．結果や方法が，上で説明したような完全な正当化なしに，特に新しく急発展している数学的考察の中に広く使われてきた．たとえばエジプトのようないくつかの古代文明は，積や商に関する算法を持っていたが，その算法のしっかりした正当化は今日まで何も残されていないし，むしろ，そのようなものは存在しなかったのではないかと思われる．このような算法は，単に役に立つから受け入れられたのであって，それを正当化する十分な説明があったからではないのだろう．

17 世紀の中頃までのヨーロッパで数学書を著した研究者は，**ユークリッド** [VI.2]『原論』(*Elements*) によってもたらされた数学の議論における厳密さのモデルを熟知していた．先に例示したような演繹法，あるいは**帰納法**は，**幾何学的**証明と呼ばれてきた．ユークリッドのとった証明法，仮定，定義は，今日の標準からすれば完璧に厳密であるとは言えないが，はっきりした定義から出発し，（全体は部分よりも大きいといった）一般的に受け入れられる基本的な考えを使って一段一段と積み重ね，（間違えによるものにせよ，意図的なものにせよ）余分なものはいっさい持ち込まずに定理（あるいは，命題とも呼ばれる）を導くという考えは明確である．幾何学的議論の古典的なこの規範は，整数（たとえば，**フェルマー** [VI.12]），解析幾何（**デカルト** [VI.11]），力学（ガリレオ）に関する議論において広く使われた．

本章は，**解析学**における厳密性に関するものである．ところで，この解析学という言葉自体の意味が変遷してきている．ずっと古代からおよそ 1600 年までは，この用語は（今日，よく x と表記される）未知数を使って計算をすることや，あるいは長さを求める数学を指すために使われていた．換言すれば，この概念はデカルトたちによって幾何学の中に持ち込まれたけれども，代数学と密接に関係していた．しかしながら，18 世紀の間に，解析学という言葉は解析的な技法の応用の主要な分野であった微積分と結び付けられるようになった．解析学の厳密性と言うとき，それは微分法や積分法に関わる数学の厳密な理論のことであり，それはまさに本章の主要な話題である．17 世紀の第 3 四半世紀に，微分積分法が**ニュートン** [VI.14] と**ライプニッツ** [VI.15] によって競うように考案された．この 2 人は，微積分を使ってそれまでに得られていた曲線の接線，法線に関する結果や，曲線によって囲まれた部分の面積に関する結果の相当部分を統一し，一般化した．この方法は非常に成功し，そしてすぐにさまざまな方向に，中でも特に注目すべきものとして力学や微分方程式に拡張された．

この研究における重要な共通の特徴は，無限大の使用であった．ある意味で，それは非常に多くの非常に小さい量をひとまとめにして有限の答えを得る方法を工夫することに関わっていた．たとえば，ある円周上に等間隔で印を付けて，この円周を（多くの）等しい部分に分割する．次に，円の中心と印の付いた点とを線分で結び，また隣り合った印の付いた点を線分で結び三角形を作る．このような三角形の面積を加え合わせることで，円の面積が近似できる．円周を分割する点の個数が多ければ多いほど，この近似は良くなる．円の内側に描かれたこのような三角形が無限に多くある状況を想像すれば，個々の三角形の面積は「無限に小さい」あるいは**無限小**である．しかし，全体を考えれば無限に多くの足し合わせになるので，（0 を無限に多く加えても 0 になり，同じ正の数を無限に多く加えると無限大になるのと違い）有限な正の総和を得ることになってもおかしくない．何がどうなっているかの解釈はいろいろと変わるものではあったが，こういった計算をするたくさんの方法が工夫された．無限大は「現実的」なものか，あるいは「仮想的」なものか？　あるものが「現実的」に無限小ならば，それは単に 0 であるのか？　アリストテレス哲学派の著述家たちは現実的無限をひどく嫌っていたので，それが当時普通に受け入れられていたことに苦言を呈した．

ニュートン，ライプニッツ，そして彼らの後継者たちは，これらの方法を正当化するために数学的な論証法を提供した．しかしながら，無限に小さい対象，極限操作，無限和などに関する推論に技法を導入する際は，微分積分法の創始者たちは独自の論法で新しい地平を探り，その結果曖昧な用語を用いたり，あるいは別の可能性がありそうな議論を使って結論を強引に導き出したりして，議論のわかりやすさをしばしば軽んじた．

彼らが論じていた対象には，無限小（われわれが直接に経験できるいかなる数に比べても無限に小さい量）や，0 に近づく小さい量の比（すなわち，0/0 の形の分数，あるいは 0/0 の形に近づく分数），また，無限に多くの正の項からなる無限和が含まれていた．特にテイラー級数展開は，いくつかの疑問を引き起こした．関数が与えられているとし，この関数を級数として次のように書き表すことができるとする．すなわち，級数を関数と見るときに，それがある点 $x = a$ でこの関数と同じ値をとり，同じ変化率（すなわち，1 次の微分係数）を持ち，同じ高次の微分係数を持つ．そのとき，

$$f(x) = f(a) + f'(a)(x-a) + \frac{1}{2}f''(a)(x-a)^2 + \cdots$$

となる．たとえば，$\sin x = x - x^3/3! + x^5/5! + \cdots$ となるが，これはすでにニュートンよって知られていたことである．しかしながら，このような級数はニュートンの弟子である**ブルック・テイラー** [VI.16] にちなんで，テイラー級数と呼ばれる．

初期の議論での一つの問題点は，用いられた用語の使われ方が著者によって異なっていたことである．この明瞭さの欠如によって，多くの論点が隠され，他の問題が引き起こされた．このような問題でおそらく一番大事なものは，ある状況では完璧にうまく使えるある論法が，別の状況ではうまく働かないことが起こることだった．時とともに，これは解析学を一般化するのに深刻な問題となった．やがて解析学が完全に厳密になり，これらの問題は解決した．しかし，この過程は長く，20 世紀の初頭にやっと終わりを迎えた．

ごく初期のころに遭遇したいくつかの問題の例を，ライプニッツの結果を使って考えてみよう．二つの変数 u と v があり，どちらももう一つの変数 x が変わるときに変化するとする．x の無限小の変化である x の微分を $\mathrm{d}x$ と表記する．微分は無限小の量であり，たとえば長さのような幾何学的な量として扱うことができる．これは他の大きさと普通の意味で一緒にしたり，比較したり（二つの長さを加えたり，比をとったり）することができる．x が変化して $x + \mathrm{d}x$ になるとき，u と v はそれぞれ $u + \mathrm{d}u$ と $v + \mathrm{d}v$ に変化する．ライプニッツはこのとき uv が $uv + u\mathrm{d}v + v\mathrm{d}u$ に変化し，したがって $\mathrm{d}(uv) = u\mathrm{d}v + v\mathrm{d}u$ が成り立つと結論付けた．彼の論法は，おおむね次のようなものである．まず $\mathrm{d}(uv) = (u + \mathrm{d}u)(v + \mathrm{d}v) - uv$ であり，この右辺を展開し，普通の代数を使って整理すれば，$\mathrm{d}(uv) = u\mathrm{d}v + v\mathrm{d}u + \mathrm{d}u\mathrm{d}v$ が得られる．しかし，$\mathrm{d}u\mathrm{d}v$ は 2 次の微分であり，1 次の微分に比べれば，消えてしまうほどに小さいので，0 として扱って構わない．実は，問題の一つの側面として，この無限小の取り扱いには**不合理性**がある．たとえば，$y = x^2$ の微分を計算しようとするとき，上と同じ計算をすれば（$(x + \mathrm{d}x)^2$ を展開し，さらに変形して）$\mathrm{d}y/\mathrm{d}x = 2x + \mathrm{d}x$ が得られる．次に，右辺の $\mathrm{d}x$ を 0 と見なす．しかし，一方で左辺の $\mathrm{d}x$ は 0 ではない無限小の量と理解しなければならない．そうでないと，$\mathrm{d}x$ で割り算ができないからである．いったい $\mathrm{d}x$ は 0 なのか，それとも 0 ではないのか？　明白と思えるこの矛盾をどうやって乗り越えることができるのだろうか？

やや技術的なレベルの話になるが，微分積分学は，$\mathrm{d}y/\mathrm{d}x$ の形の比で，分母と分子の値が 0 に近づく，もしくはすでに 0 になっているときの「究極」の値を繰り返し取り扱うことを数学者に要請した．ここでは，ライプニッツの微分の表記法を再度用いているが，表記的にも概念的にも少し異なったアプローチをしたニュートンにも，同じ問題が生じた．ニュートンは一般に変数を時間に依存するものと捉えており，たとえば彼は，「消失する増加」（消えそうなほど短い時間間隔）を想定したときに得られる値を探

求した．変量が時間とともに変化しているのか，あるいは別の量の変化とともに変化しているのかはともかくとして，変化の過程にあるという考えそのものから，長く続いた一つの混乱が生起していた．そこでの問題は，変数の値がある値に近づいていることを話題にしながら，この「近づく」という言葉が実際に何を意味しているかの明解な理解がなかったという点にある．

2.　18 世紀のアプローチと批評

もちろん，もし解析学が力を注ぐ価値のある途方もなく肥沃な分野であるとわからなかったなら，誰もわざわざそれを批判しようとしなかったはずである．それどころか，ニュートンとライプニッツの方法は，それ以前の世代が興味を持っていた問題（とりわけ接線と面積の問題）を解決するため，さらに，これらの方法によって以前よりずっと近づきやすくなった問題を定式化し解決するために，幅広く採用された．

面積，最大値と最小値，2 点で留めてぶら下げたチェーンの形状を記述する微分方程式，あるいは振動弦の各点の位置を記述する微分方程式の定式化と解法，天体力学への応用，（多くは変数に関する解析的表現を持つような）関数の性質に関わる問題の研究といった分野に加え，さらに多くの分野が，テイラー，ヨハン・ベルヌーイとダニエル・ベルヌーイ，オイラー，**ダランベール** [VI.20]，ラグランジュ，その他多くの数学者の貢献により，18 世紀の経過とともに発展した．これらの人々は，正当性に関して怪しげな技巧的論法を多く使った．発散級数の操作，虚数の使用，無限大を含んだ計算などが，これらの有能な著者の手中において有効に使われた．しかしながら，使われた方法が誰に対しても常に説明できるというものではなく，ある種の結果は確かに他の人には再生可能ではなかった．これは今日の数学からすれば非常に奇妙な状態であった．オイラーと同じ計算をするためには，その人はオイラーになる必要があった．同じ状況は次の世紀に入っても続いた．

今から見れば基礎の混乱による結果と言える問題に対して，しばしば注目された論争がいくつかあった．たとえば，無限級数に関しては，形式的表現が正当性を持つ領域についての混乱があった．級数

$$1-1+1-1+1-1+1-\cdots$$

について考えよう．（**コーシー** [VI.29] による）今日の普通の基本的な定義によれば，この級数は発散すると考える．なぜなら，部分和 $1, 0, 1, 0, \ldots$ が収束しないからである．しかし，このような式の持つ実際の意味に関する論争があった．たとえば，オイラーやニコラス・ベルヌーイは，無限級数の「和」とその「値」の潜在的な区別を考えた．ベルヌーイは $1-2+6-24+120+\cdots$ のような級数は和を持たないが，その代数的表現は意味を持つと論じている．

オイラーは，級数の和はこの級数を生ずる有限な表現の値であるという考え方を擁護した――このことが何を意味するかは別として．1755 年には『微分学教程』（*Institutiones calculi differentialis*）の中で，$1-x+x^2-x^3+\cdots$ という例を挙げている．これは $1/(1+x)$ に由来するものであるが，このことから $1-1+1-1+\cdots=1/2$ が成り立つという考えを擁護している．彼の考えは，一般的には受け入れられていない．同様な論争が，たとえば負の実数に対する対数関数のような，関数の普通の定義域をどのように拡張するかという考察に対して起きた．

解析学の言葉と方法に対する 18 世紀の批評の中で最も有名なのは，おそらく哲学者ジョージ・バークリー（1685〜1753）によるものである．バークリーのモットーである「存在することは認識されることである」は，彼の観念論者の立場を表明しており，それは哲学的な論議のために個々の特性を抽象化することが不可能であるという強い見方と結び付けられていた．したがって，哲学の対象は認識されるもの，かつ全体として認識されるものでなくてはならない．無限に小さい対象物は認識不能であることと，さらにその明らかな抽象的性格から，彼は 1734 年の学術論文「解析学者，あるいは異端の数学者への言説」（The analyst: or, a discourse addressed to an infidel mathematician）において，無限小の対象物の利用を攻撃した．彼はこの論文で，無限小を「消えた量の亡霊」として 1734 年に皮肉に言及して，バークリーはいかにそれが小さいものであっても，ある量を無視することは数学的な議論において不適当であると論じた．彼はこの点に関して「数学的な問題では，いかに小さくとも間違えは責められるべきである」という主旨のニュートンの言葉を引用した．バークリーは続けて，「主題の曖昧さ以外の何物でもない」ものが，ニュートンをして彼の追従者にこの種の推論をさせることになったのだと言っている．

この言及は，この微分積分法に夢中になった人たちを思い留まらせたようには見えなかったが，微分積分学のいろいろな側面でもっと深い説明が必要であるという気持ちを惹起することには貢献した．オイラー，ダランベール，ラザロ・カルノーといった著者は，基礎に関する批判を取り上げ，微分が何であるかを明確にしようとし，そして微分積分学における演算を正当化するためにさまざまな議論を行った．

2.1　オ イ ラ ー

オイラーは解析学の一般的な発展に対して，18 世紀の他の誰よりも貢献した．議論の正当化への彼のアプローチは，彼の優れた教科書が成功し幅広く利用されたことにより，彼の死後でさえ非常に影響力を持っていた．微分積分学の記号を使って相当に自由に計算したため，オイラーの推論にはかなり欠陥があるとよく見なされている．事実，後々の基準からすれば彼の推論の多くは確かに不十分と言える．これは，特に無限級数と無限積を含んだ議論に見られる．典型的な例が，等式

$$\sum_{n=1}^{\infty} \frac{1}{n^2} = \frac{\pi^2}{6}$$

に対する彼の初期の証明に見られる．既知の $\sin x$ の級数展開を使って，関数

$$\frac{\sin\sqrt{x}}{\sqrt{x}} = 1 - \frac{x}{3!} + \frac{x^2}{5!} - \frac{x^3}{7!} + \cdots$$

の零点を考えよう．それらは $\pi^2, (2\pi)^2, (3\pi)^2, \ldots$ にある．彼は（説明なしに）有限次代数方程式に対する因数定理を使って，上の式を

$$\frac{\sin\sqrt{x}}{\sqrt{x}} = \left(1 - \frac{x}{\pi^2}\right)\left(1 - \frac{x}{4\pi^2}\right)\left(1 - \frac{x}{9\pi^2}\right)\cdots$$

と書き直した．このとき，無限和の x の係数は $-1/6$ であるが，これは積の各因子の x の係数の和に等しいと考えられる．オイラーは無限に多くの項を掛け合わせて展開し，特に，一つの項以外からは 1 を選んだものに注目し，このことを結論付けたものと思われる．こうして，

$$\frac{1}{\pi^2} + \frac{1}{4\pi^2} + \frac{1}{9\pi^2} + \cdots = \frac{1}{6}$$

が得られるが，この両辺に π^2 を掛けると，欲しかった式が得られる．

このアプローチについて，いくつかの問題点を持つものとして，ここで考えてみよう．無限に多くの項がある積は，有限な値を表すだろうか？　これについては，今日ではいつ有限な値を与えるかという条件を確かめなくてはならない．また，（有限次）多項式に対する結果を（無限）ベキ級数に適用するには，正当化が必要である．オイラー自身は，彼の人生の後半にこの結果に対する別証明を与えている．彼は上で用いたような議論に対する反例を知っていたかもしれない．それは取りも直さず，上のような推論は一般には使えないかもしれないという事実が，彼にとって決定的な障害とはならなかったことを意味する．この視点，すなわち，多少の例外は許しておおむね一般的な状況で議論するという立場は，当時は普通のことであって，定理がどのような条件のもとで成立するかを正確に提示するように解析学の結果を述べるべきであるという共通認識が持たれ，そのために努力が払われるようになったのは，実に 19 世紀後半のことであった．

オイラーは，無限和や無限小の解釈に固執しなかった．微分を実際には 0 と見なし，一方で，考えている問題の文脈から微分の比の意味を見出し，それで満足することも，時にはあった．

> 無限に小さい量とは消えゆく量であり，したがって，実際には 0 に等しい．… ゆえに，通常に信じられているほど多くの謎があるわけではない．これらの想定された謎は，多くの人々にとって無限小の計算を非常に疑わしいものとしてきた．

この文章は 1755 年の『微分学教程』からの引用であり，比 0/0 が現れる議論と，さらに通常の数との計算で微分を 0 として無視してもよいことがあるという事実の正当化へと続くものである．これは，たとえば微分方程式の研究において見られる彼の研究姿勢をよく表している．

しかしながら，このような議論に対して物議が生じ，定義についての論争はいつものことであった．最もよく知られた例は，オイラー，ダランベール，ダニエル・ベルヌーイを巻き込んだ，いわゆる振動弦の問題と関連した議論を伴うものである．これは**関数** [I.2 (2.2 項)] の定義と緊密に関係しており，解析学において実際に研究対象となる関数がどのような関数のときに級数（特に三角級数）によって表されるかというものであった．任意の形をした曲線が振動弦の初期位置として許されるという考えから関数の概念が一般化され，19 世紀初頭の**フーリエ** [VI.25] の

著作によって，このような関数が解析的に取り扱えるようになった．この文脈で，破れたグラフを持つ関数（一種の不連続関数）が考察の対象となった．後に，代数的操作と三角法との関連で「自然な」対象が増えるに伴い，関数概念がより一般的で現代的なものへと発展していったので，このような関数をどのように取り扱うかが解析学の基礎にとって決定的な問題となった．

2.2　18世紀後期からの返答

英国のバークリーへの重要な返答の一つは，コリン・マクローリン（1698〜1746）からのものであった．彼の1742年の教科書『流率論』（*A Treatise of Fluxions*）では，微分積分学の基礎を明確にし，無限に小さい量という概念を払拭する試みがなされた．マクローリンは18世紀中頃のスコットランドの啓蒙主義の中心人物であったが，彼はその時代の英国の最も著名な数学者であって，ニュートンの方法の熱烈な支持者であった．彼の研究は，英国の同時代の他のものと違い，特にニュートンの天体力学についての労作は（ヨーロッパ）大陸において興味を持って読まれた．マクローリンは彼の推論の基礎を，「割り当て可能な」有限量と彼が呼んだ極限の概念の上に置こうと努めた．マクローリンの著作はいろいろな比の極限の計算例を与えているが，不明瞭なことでよく知られている．解析学の基礎の明確化に対する彼の最大の貢献は，彼がダランベールに与えた影響であろう．

ダランベールはバークリーとマクローリンの両著作を読み，実在する量としての無限小を排除することによって，彼らに沿って進んだ．微分の概念を極限として捉える一方で，無限小は実際には0であると矛盾なく見なせるという考え（たぶんこれはオイラーに呼応するものである）と無限小概念の排除という考えとに折り合いを付けた．ダランベールの見解の解説は，『百科全書』（*Encyclopédie*）の微分（1754年に出版）と極限（1765年に出版）の論説記事に見られる．ダランベールは，代数的な極限より幾何学的な極限の重要性を議論した．彼が言おうとしたのは，これまでに調べられた量が代入と簡略化によって，ただ形式的に扱われるべきではない，ということだったと思われる．むしろ，円周が内接した多角形の極限と見ることができるように，極限は長さ（あるいは，長さの集まり），面積，あるいは他の次元を持った量の極限として理解されなければならないと考えた．彼の主要な目的は，彼が行った実際の計算は微分を使って実行できるので，既存のアルゴリズムによって記述される対象がどのようなものであるかを確立することにあったと思われる．

2.2.1　ラグランジュ

18世紀の間に，微分積分学は，力学や物理学におけるその応用とは異なった方法の集まりとして，徐々に区別されていった．同時に，これらの方法の主要な焦点は幾何学から遠のき，18世紀の後半の著作において，微分積分法が「解析的関数」の「代数的解析」として徐々に取り扱われていくのが見られる．「解析的」という用語は，いろいろな意味で使われていた．オイラーなど多くの著者にとっては，それは，ただ解析学で使われる単一の表現形式を持った関数（すなわち，変化する量の間の関係）を指すものであった．

ラグランジュは，微分積分学の基礎をこの代数的な観点から与えた．ラグランジュは解析学の基本的な実体として，ベキ級数展開に焦点を合わせた．彼の著作を通して，解析関数という用語は，収束するテイラー級数表示を持つものという現代的な意味へと近づいていった．1797年の彼の著作『解析関数論』（*Théorie des fonctions analytiques*）において，彼のアプローチは十全に解説されている．これは，革命フランス軍のエリート技術者の訓練のために当時新たに設立された教育機関，エコール・ポリテクニークにおける彼の講義をもとにした著作である．ラグランジュは，既知の関数に対して級数展開が存在することに基づいて，どの関数も代数関数の無限級数として常に表現できるはずと考えた．彼は「一般に」負ベキや分数ベキが級数展開に現れないことをまず示そうとし，次にそれを使ってベキ級数による表示を求めた．このための彼の議論は驚くべきものであり，そしてその場しのぎのものであった．ここでは，フレイザーによって与えられた例（1987）を使うことにする．少し奇妙な表記法は，ラグランジュのものに基づいている．$f(x+i)=\sqrt{x+i}$ の i のベキに関する展開を求めたいとしよう．一般には整数ベキだけが関係するはずである．ラグランジュの主張するところによれば，関数 $\sqrt{x+i}$ のような表現は二つの値しかとらないが，一方，$i^{m/n}$ は n 個の値をとるので，ここでは $i^{m/n}$ の形の項は意味を持たない．

したがって，級数

$$\sqrt{x+i} = \sqrt{x} + pi + qi^2 + \cdots + ti^k + \cdots$$

は，項 $\sqrt{x}$ が二つの値をとるので，他のすべてのベキは整数でなくてはならない．分数ベキが取り除かれたあとで，ラグランジュは $f(x) = f(x,0) + iP(x,i)$ となると論じた．この結果を繰り返し使って，彼は

$$f(x+i) = f(x) + pi + qi^2 + ri^3 + \cdots$$

を導き出した．ここで i は小さな増分である．p は x の関数であり，そこで，ラグランジュは導出関数 $f'(x) = p(x)$ を定義した．フランス語の用語 dérivée が導関数（derivative）の語源である．ラグランジュの用語では，f はこの導出関数の「原始関数」である．同様な議論により，通常のテイラーの公式における高次の係数と高次の導関数を結び付けることができる．

現代の目からは奇妙に循環的に思われるこのアプローチは，一方では級数展開における「代数的」無限の演算，他方では微分の使用という二つの間の 18 世紀的区別に依存していた．ラグランジュは彼の級数展開を極限操作に基づいたものとは考えなかった．新たな極限に対する重視とコーシーによる現代的定義の発展によって，このアプローチはまもなく支持できないものと見なされた．

3.　19 世 紀 前 半

3.1　コ ー シ ー

19 世紀の初めの数十年間に，多くの数学者が解析学の厳密さに関する考察に貢献した．極限を使ったアプローチを最も有効に復活させたのは，コーシーであった．彼の目的は教育であって，おそらく彼の考えは，1820 年代初めのエコール・ポリテクニークにおける彼の入門的講義を準備する文脈で練られたものである．ここの学生はフランスで最も高い学力を有していたが，彼らの多くにとってさえ，このアプローチはあまりにも難しすぎた．結果として，コーシーが彼の方法を使い続ける一方で，他の教師は無限小を使うもっと古いアプローチを使った．学生にとっては，このほうがより直観的にアプローチでき，また，基本的な力学の問題を解くために使いやすかった．1830 年代にコーシーがパリから亡命したことにより，彼の少数の一部の学生によって使われていた彼のアプローチの影響は限られたものになった．

それにもかかわらず，コーシーの極限，連続性，導関数の定義は，次第にフランスで一般に使われるようになっていった．また，他の地域，特にイタリアで影響力を持つようになった．さらに，証明において，これらの定義を用いる方法，特にいろいろな形での平均値の定理を用いる方法を確立し，解析学を特別な性質を持った量のシンボリックな操作の集合体から，不等式を操って良い評価を得ることによって無限の過程を論議する科学へと始動させた．

いくつかの点で，コーシーの最大の貢献は彼の明確な定義にあった．彼以前の数学者にとっては，無限級数の和はしばしば曖昧な概念であった．あるときは（$\sum_{n=0}^{\infty} 2^{-n}$ のような幾何級数の和と同じように）収束の議論によって導かれた値であり，あるときは（たとえば，オイラーがよくしたように）級数を導き出した元の関数の値として解釈された．コーシーは，無限級数の和は部分和の列の極限であると，定義を修正した．これは数列の級数と関数の級数に対する統一的アプローチを提供し，実数の考えに基づいた微分積分学と解析学への重要なステップを担った．やがて支配的となるこの傾向は，しばしば「解析学の算術化」と呼ばれる．同様に，連続関数は「変数の無限に小さい増加が関数自身の無限に小さい増加を引き起こす」ものであると考えられた（Cauchy, 1821, pp. 34–35）．

すぐ上の例で見られるように，コーシーは無限に小さい量に対して逃げてはいなかった．むしろ，この概念をさらに探究した．変量の極限は今日われわれが日常的あるいは直観的表現と見なすような形で定義された．

> 固定された値に，ある変数に対応する値がそれとは異なるがその差は好きなだけいくらでも小さくなるといった仕方で近づくときに，この値は他の値の**極限**と呼ばれる．したがって，たとえば，無理数はそれに近づいていくような値を持ついろいろな分数の極限である．
>
> Cauchy（1821, p. 4）

これらの概念は現代の基準によれば完全に厳密とは言えないが，しかし，彼はそれらを，解析学の基本的な操作や演算に統一的基礎を提供する道具として使うことができた．

無限に小さい量のこの使用は，たとえば連続関数

の彼による定義に現れる．彼の定義を言い換えるために，関数 $f(x)$ が数直線のある有限区間上の一価関数であるとし，この区間の中で任意の値 x_0 を選ぶ．x_0 の値が x_0+a へと増えるとき，関数の値は $f(x_0+a)-f(x_0)$ だけ変化する．コーシーによれば，この区間のそれぞれの x_0 について，a が 0 に限りなく減少するとき差 $f(x_0+a)-f(x_0)$ の値が 0 に向かって限りなく減少するならば，関数 f はこの区間において連続である．換言すれば，コーシーは，本質的には，その区間上で変数の限りなく小さい変化が関数値の限りなく小さい変化を生み出すことによって，連続性を 1 点における性質ではなく，むしろ**区間**上のものとして定義した．コーシーは，連続性が区間上の関数の性質であると考えていたように思われる．

この定義は，関数の性質を理解する上で関数値の跳び（ジャンプ）の重要性を強調する．これは，コーシーの初期の成果の中で，**微分積分学の基本定理** [I.3 (5.5 項)] を論じたときすでに遭遇していたものである．定積分に関する 1818 年の講義録の中で，コーシーは次のように述べている．

> 関数 $\phi(z)$ が $z=b'$ から $z=b''$ まで連続的に増加したり減少したりするとき，積分 $[\int_{b'}^{b''}\phi'(z)\mathrm{d}z]$ の値は，普通は $\phi(b'')-\phi(b')$ と表される．しかし，もし … 関数がある値から別の異なる値に突然変化したら … 通常の積分の意味をなくすはずである．
>
> 『全集』（*Oeuvres*）（第 1 巻, pp. 402–403）

コーシーは彼の講義において定積分を定義するとき，連続性を仮定した．彼はまず積分区間を，その上では関数が増加するかあるいは減少するような有限個の部分区間に分割した（これはすべての関数に対して可能なわけではない．しかし，このことをコーシーは気にしなかったようである）．次に，彼は定積分を和 $S=(x_1-x_0)f(x_0)+(x_2-x_1)f(x_1)+\cdots+(x_n-x_{n-1})f(x_{n-1})$ の n が非常に大きくなるときの極限として定義した．コーシーは彼の平均値の定理と連続性を使って，この極限の存在に関する詳しい論考を与えている．

コーシーが講義で扱った主要な題目の講義録のいくつかの版が，1821 年と 1823 年に出版された．その後エコール・ポリテクニークのすべての学生が講義録の存在を知っており，彼らの多くが直接にこの講義録を使ったはずである．この講義録の内容は，コーシーの同僚のアッベ・モニョによって練り上げられて，1841 年に出版された講義録に取り入れられた．それらはフランスで頻繁に参照され，コーシーによって使われた定義はフランスで標準的になった．他の国の人たち，特に 1820 年代をパリで過ごした**アーベル** [VI.33] や**ディリクレ** [VI.36]，それから**リーマン** [VI.49] も，これらの講義録を学んでいる．

コーシーはラグランジュの形式的なアプローチから離れていき，「代数の曖昧さ」を拒絶するようになった．明らかに彼は直観（幾何学的なものとその他のもの）に導かれていたが，彼は直観が間違った方向に向かわせることがあることをよく知っており，正確な定義にこだわることの重要性を示す例を作っている．有名な一つの例を挙げよう．$x\neq 0$ のときに値 e^{-1/x^2} をとり，$x=0$ のときに 0 をとる関数は無限回微分可能であるが，原点においてこの関数に収束するようなテイラー級数を持たない．この例にもかかわらず，彼が講義のときに言ったことであるが，コーシーは反例の専門家ではなく，定義を明確にするための反例に対する傾注は後に強くなったものであった．

アーベルはコーシーの著作の中の誤りに対して，見事に注意を促している．それは連続関数の収束級数の和が連続であるという彼の主張である．これが正しいためには，級数は一様収束しなくてはならない*1)．アーベルは 1826 年に次の反例を与えた．級数

$$\sum_{k=1}^{\infty}(-1)^{k+1}\frac{\sin kx}{k}$$

は π を奇数倍した点で不連続である．コーシーがこの違いを意識するようになったのは，多くの数学者がこの現象に気づいたずっと後のことである．この明らかな誤りについて，歴史家が詳細に記述している．ボッタジーニは有力な記事として，コーシーが当時アーベルの例を知っていたとしても，種々の理由でこれの示唆するところがわからなかったのではないかと指摘している（この言説は Bottazzini（1990, p. LXXXV）にある）．

コーシーの時代を去る前に，**ボルツァーノ** [VI.28] による関連のある独立した研究活動に目を向けよう．ボルツァーノは広範囲に微分積分学の基礎を研究し

*1)　［訳注］これは和が連続関数であるための十分条件であって，必要条件ではない．

た．ボヘミアの司祭であり教授であったが，当時彼が考えたことは，広く知られることはなかった．たとえば，1817 年に彼は「反対の符号を持ついかなる二つの値の間にも，方程式の少なくとも一つの実根が存在するという定理（中間値の定理）の純粋に解析的な証明」を与えた．ボルツァーノは無限集合の研究も行った．これは，今日ボルツァーノ–ワイエルシュトラスの定理と呼ばれるものであり，有界な無限集合に対して，その点を中心としたいかなる円板も，この集合の点を無限にたくさん含むという性質を持つ点が少なくとも一つ存在する，という命題である．このような「極限点」が，**ワイエルシュトラス** [VI.44] によって独立に研究された．1870 年代までには，ボルツァーノの研究はもっと広く知られるようになった．

3.2　リーマン，積分，反例

リーマンの名は，リーマン積分によって解析学の基礎としっかりと結び付けられている．それは微分積分学教程の一部分となっている．しかしながら，彼は厳密さに関する問題によって突き動かされたわけではなかった．実際，彼は厳密ではない直観的な創案の有効性を示す標準的な例に留まっている．リーマンの成果には，厳密性が問題になる多くの点があった．彼の新しい考案に対して広範な関心が向けられ，このようなリーマンの洞察を正確にすることは研究者の注目を引き付けた．

リーマンの定積分の定義は，彼の 1854 年の教授資格論文（Habilitationschrift，いわば「2 番目の学位論文」）において提案された．これによって彼は大学で報酬を得て講義をする資格を取得した．彼はコーシーの与えた概念を必ずしも連続ではない関数に一般化した．彼は**フーリエ級数** [III.27] の研究の一部としてこれを行った．このような級数の大規模理論は 1807 年にフーリエによって考案されたが，1820 年代まで発表されなかった．フーリエ級数は，有限区間上で関数を

$$f(x) = a_0 + \sum_{n=1}^{\infty} (a_n \cos(nx) + b_n \sin(nx))$$

のように書き表す．

リーマンによる研究は**ディリクレ** [VI.36] から直接に着想を得たものであった．ディリクレは，フーリエ級数がその元の関数にどのような条件下で収束するかに関する，コーシーによる欠陥のある先行研究を修正・発展させた．1829 年にディリクレは，このような収束が，2π 周期の関数で，この長さを持つ区間上で積分可能であり，この区間で無限個の最大値や最小値をとらず，跳躍不連続点では両側からの関数の極限値の平均値に等しい値をとるものに対して成立することを証明するのに成功した．リーマンが注記したように，彼の教授であったディリクレによれば，「この課題は無限小解析学の諸原理に最も近い位置にあり，したがって，これらをより明快で確かなものへと導くのに役立つはずである」（Riemann, 1854, p. 238）．リーマンはディリクレの研究をもっと一般の場合に拡張しようと努め，その結果として，ディリクレによって与えられた条件の一つ一つを詳しく研究した．こうして彼は定積分の定義を次のように一般化した．

> a と b の間に増加列 $x_1, x_2, \ldots, x_{n-1}$ をとり，簡単のために $x_1 - a, x_2 - x_1, \ldots, b - x_{n-1}$ をそれぞれ $\delta_1, \delta_2, \ldots, \delta_n$ と表し，ε を適当な正の比[*2)]とする．このとき，和
>
> $$S = \delta_1 f(a + \varepsilon_1\delta_1) + \delta_2 f(x_1 + \varepsilon_2\delta_2) + \delta_3 f(x_2 + \varepsilon_3\delta_3) + \cdots + \delta_n f(x_{n-1} + \varepsilon_n\delta_n)$$
>
> の値は区間 δ と量 ε に依存する．δ が限りなく小さくなるときに，δ と ε をどのように選んでも S の値が固定された極限値 A に限りなく近づくならば，この値を $\int_a^b f(x)\mathrm{d}x$ と表すことにする．

リーマンは積分のこの定義に関連して，一つにはその力を示すために，どのような区間においても不連続であるが，それでもなお積分可能な関数の例を与えた．そうすると，積分はいかなる区間をとってもその中に微分不可能な点を持つ．リーマンの定義は微分と積分が互いに逆演算であるという関係を問題のあるものにし，さらに，彼の与えた例はこの問題をえぐり出した．コーシーの研究においてすでに明らかになっていた厳密性の発展を推進するための，このような「病理的」な反例の役割は，このころに大いに強調された．

リーマンの定義は，彼の死後，1867 年になって

*2)　［訳注］原著の “fraction” を比と訳したが，1 以下の数と解釈してほしい．ここでの ε は $\varepsilon_1, \varepsilon_2, \ldots, \varepsilon_n$ の全体を表している．δ についても同様である．

やっと発表された．ギャストン・ダルブーによるフランス語の解説的な版が 1873 年に出版された．リーマンのアプローチの普及と一般化は，以下で論じられるワイエルシュトラス学派による厳密さの重要性に対する評価が進展するのに従って進んでいった．リーマンのアプローチは不連続点の集合への興味を集め，**カントール** [VI.54] による 1870 年代以降の点集合に関する研究に影響を与えた．

ディリクレの原理の登場は，リーマンの研究成果が解析学の基礎に関する問題に注意を引き付けたもう一つの例である．リーマンは複素解析学を研究する中で，いわゆる**ディリクレ問題**の解の研究へと向かった．これは，平面におけるある閉領域の境界で定義された関数 g が与えられたときに，この領域の内部で**ラプラスの偏微分方程式** [I.3 (5.4 項)] を満たす関数 f で，境界上で g と同じ値をとるものが存在するかという問題である．答えは Yes であるとリーマンは主張した．これを示すために，彼はこの領域上のある積分を最小化する関数が存在するかどうかという問題に話を帰着させ，最小化する関数が必ず存在することを物理的根拠のもとに推論した．リーマンの生前から，**ワイエルシュトラス** [VI.44] は彼の主張に疑問を投げかけており，1870 年には反例を出版した．このことは，リーマンの結果の再定式化と別の方法による証明の試みを誘導し，最終的には，それが成り立つための 1900 年に**ヒルベルト** [VI.63] による正確かつ広範な仮定が用意されて，ディリクレの原理の復活が実現した．

4.　ワイエルシュトラスと彼の学派

ワイエルシュトラスは，ボンとミュンスターでの学生時代に数学への熱情を抱き始めたが，彼の研究者としての経歴は決して平坦ではなかった．彼は 1840 年から 1856 年までの歳月を高校教師として過ごしながら，独力で研究を進めた．しかし，初期の論文は注目されることがなかった．1854 年以後『純粋と応用の数学雑誌』(*Journal für die reine und angewandte Mathematik*)（『クレーレの雑誌』(*Crelle's Journal*) とも呼ばれる）に掲載された論文により，彼の才能に対して広く注目が集まり，彼は 1856 年にベルリンで教授職を得た．ワイエルシュトラスは，解析学について定期的な講義を始めた．この課題への彼のアプローチは，1860 年代初期から 1890 年の間に繰り返し行われた一連の四つの講義コースにおいて展開された．この講義は時間をかけて進展し，これには多くの有力な数学研究者が参加した．彼らはまた，未刊のノートの配布を通して間接的に多くの人たちに影響を与えた．このグループのメンバーのうち最も重要な何人かの名前を挙げると，R・リプシッツ，P・デュボアレーモン，H・A・シュヴァルツ，O・ヘルダー，カントール，L・ケーニヒスベルク，G・ミッタク＝レフラー，**コワレフスカヤ** [VI.59]，L・フックスなどである．彼らがワイエルシュトラス流のアプローチを研究に採用し，講義でこのアイデアを支持したので，このアプローチは幅広く使われるようになった．それは，人生の終局になってやっと実現したワイエルシュトラスの講義録の出版よりも，ずっと以前のことであった．以下に続く記述は，主として 1878 年の講義録に基づく．彼のアプローチは，ドイツ以外でも同じように影響力を持っており，たとえば，フランスにおいて**エルミート** [VI.47] や**ジョルダン** [VI.52] の講義に部分的に取り入れられていた．

ワイエルシュトラスのアプローチは，コーシーのアプローチをもとに作り上げられた（2 人の成果の詳細な関係は，これまでに十分には調べられていないが）．ワイエルシュトラスのアプローチの二つの支配的な主題は，一つは，極限操作の定義から，動きの概念，あるいは変数の値の変化の概念を使わないことであり，もう一つは，関数の表現，特に複素変数の関数の表現である．この二つは緊密に繋がっている．運動の概念によらないような極限の定義においては，極限点の概念と局所的振る舞いと大域的振る舞いの明確な区別を考えに入れた，数直線，複素平面の位相と今日呼ばれるもののワイエルシュトラスによる萌芽的研究が本質的に重要であった．ワイエルシュトラスにとっての研究の中心的対象は，（一つ，あるいはもっと多くの実変量または複素変量の）関数であったが，集合論の関与がなかったことを心に留めておく必要がある．したがって，関数を順序対の集合とは考えられなかった．

その講義は，今では標準的となった課題から始まる．すなわち，（非負）整数から始めて負の数，有理数，実数へと進むものである．たとえば，負の数（整数）は，引き算のもとで（非負）整数が閉じるようにすることによって，演算の観点から定義される．彼は，今ではややすっきりしない，単位分数と小数展開を使った有理数と無理数の定義への統一的アプローチを試みた．ワイエルシュトラスの実数の定義は，現代的視点からすれば満足がいかないものに見えるが，解析学の算術化の一般的な道は，このアプローチによって確立されていった．数体系の理論の発展と並行して，彼は有理整関数から出発しベキ級数展開を使って新しい関数のクラスを導入していった．このワイエルシュトラスのアプローチでは，（有理整関数とも呼ばれる）多項式は，至るところでベキ級数展開を持つ関数を意味する「整特性関数」*3)に一般化される．ワイエルシュトラスの因数分解定理によれば，整特性関数はある「素」な関数と，ある形の多項式を指数に持つ指数関数の（無限）積として書き表される．

ワイエルシュトラスによって与えられた極限の定義は，十分に現代的な特徴を持っている．

> 変量 x が限りなく小さくなるときに，もう一つの変量 y も同時に限りなく小さくなるとは，次のことを意味する．すなわち，任意に小さい ε を与えたとき，x に対する上界 δ が見つかって，$|x| < \delta$ を満たす x すべてに対して，対応する $|y|$ の値は ε より小さい．
>
> Weierstrass（1988, p. 57）

ワイエルシュトラスは，今日の教科書に現れてもおかしくないような議論とともに，すぐにこの定義を，多変数の有理整関数の連続性の証明を与えるために使った．変数がある値に近づくというそれまでの考えは，不等式で結び付けられた量的な表現に置き換えられた．不等式を使って仮定を作り上げることは，ワイエルシュトラス学派の研究における指導原理となった．ここでは微分方程式に対する存在理論におけるリプシッツ–ヘルダー条件の導入に言及するだけに留める．たとえば，この言語のもたらした明快さにより，それ以前には手に負えなかった極限の順序交換に絡んだ問題が，ワイエルシュトラスのアプローチを教え込まれた者であれば型どおりの方法で処理できるようになった．一般的な関数が級数展開を使って有理整関数から構築されたという事実は，ワイエルシュトラスにとって級数展開の研究の重要性を認識させるものであり，1841 年頃には彼はすでに一様収束の重要性を認識していた．彼の講義においては，各点収束と一様収束が明確に区別されていた．級数がコーシーの言った意味で収束するとは，その部分和からなる列が収束することである．ただし，ワイエルシュトラスにとっては，このことは次のように言い表される．級数 $\sum f_n(x)$ が s_0 に $x = x_0$ で収束するとは，任意の正数 ε が与えられたときに，整数 N が存在し，$|s_0 - (f_1(x_0) + f_2(x_0) + \cdots + f_n(x_0))| < \varepsilon$ がすべての $n > N$ に対して成立する．もし同じ N がある領域のすべての x に対して同じ役割を果たすならば，収束はこの領域で一様であるという．上の級数が一様収束すれば，有理整関数（したがって，連続関数）の級数であるから，級数の和は連続関数である．この見地から，一様収束性は三角級数の場合よりもずっと重要である（三角級数の場合も重要ではあるが）．実際，それは関数の理論全体の中心的な道具である．

すでに触れたことではあるが，ワイエルシュトラスは他の人，とりわけリーマンの研究における厳密さに対して，批評家としての役割を担っていた．既存の概念では説明が困難であるような，解析的な振る舞いの違いを識別させるような反例を，彼は他のどの有力な研究者よりも多く構成した．最もよく知られた彼の作った例の一つは，至るところで連続で，しかも至るところで微分不可能な関数に関するものである．すなわち，$f(x) = \sum b^n \cos(a^n x)$ という関数である．これは，$b < 1$ であれば一様収束するが，$ab > 1 + (3/2)\pi$ のときすべての x で微分不可能である．彼の構成した同じような例として，ディリクレ原理が成立しないような関数や，より大きい領域へと級数展開を続けるのに障害となる「自然境界」の具体例などが挙げられる．彼が推奨した注意深い識別と，典型的なものよりむしろ病理的な例を探してみるという手法は，解析学においてこれまでに例を見ないような仮定の正確さに光を当てた．これは数学の他の分野においても模範であり責務となるはずであったが，典型的な例における議論から，完璧な仮定と定義を持った議論へ移行するのには数十年を要した（代数幾何学は有名な例である．そこでは典型的な場合における議論という形の研究が 1920 年代まで続いた）．この意味で，ワイエルシュトラスと彼の学派によって支持された厳密な推論と理論展開は，一般の数学に対する規範となるべきものであった．

---

*3)［訳注］原著の “function of integer character” をこのように訳した．意味するところは，整関数である．

4.1　ワイエルシュトラスとリーマンの余波

解析学は，いろいろな理由で厳密さに対する規範としての役割を持つ分野となった．もちろん，解析学は莫大な量の結果と応用の広範さのために重要であった．一方で，ワイエルシュトラスが（級数，有理整関数などを通して）基本的な疑問に立ち向かったような正確な方法に，皆が賛同したわけではなかった．実際，リーマンのより幾何学的なアプローチは（学派と正確には呼べないとしても多くの）追従者を引き付け，彼のアプローチから得られる洞察は熱狂的に支持された．しかしながら，その後の推論では，ワイエルシュトラスがすでに達成していたものに相当する厳密さのレベルが要求されていた．解析学の基礎への探究の方法が変化していった間も，ワイエルシュトラスがとった極限の厳密な取り扱いに対する考えは変わらなかった．厳密さに関する残された中心的課題は，数体系の定義であった．

実数に関しては，（その後の利用度から見て）最も成功した定義は，おそらく**デデキント** [VI.50] によって与えられたものである．デデキントはワイエルシュトラスのように整数を基本的なものと認め，今日では**体** [I.3 (2.2 項)]（これもデデキントによる）と呼ばれる代数的性質を有理数全体が満たすことを要請して，整数から有理数へと数の概念を拡張した．彼は次に有理数に三分法が成り立つことを示した．すなわち，各有理数 x は全体を，x 自身と，x より大きい有理数，x より小さい有理数という三つの部分に分ける．彼はまた，与えられた数よりも大きい有理数の全体も小さい有理数の全体も無限へと広がり，任意の有理数は数直線上の相異なる点に対応することを示した．しかしながら，彼はまた，その直線に沿って有理数に対応しない点が無限にたくさんあると考えた．この直線上のすべての点が数に対応するはずであるという考えを使って，彼は連続体（すなわち，実数直線）の残りを**切断**を使って構成した．これは，有理数の空でない集合の順序対 (A_1, A_2) で，第 1 の集合のすべての要素が第 2 の集合のすべての要素よりも小さく，この二つの集合の合併が有理数すべてを含むもののことである．このような切断は，有理数 x から明らかに作ることができる．このとき x は，A_1 の最大値であるか，あるいは A_2 の最小値である．しかし，A_1 が最大の要素を持たず，A_2 も最小の要素を持たないことが起こるが，この場合にはこの切断から新しい数を定義することができる．この数は必然的に無理数である．すべてのこのような切断は数直線上の点に対応していることを示すことができ，その結果，残された点は一つもないことになる．批判的な読者は，これは問題をはぐらかしていると感じるかもしれない．なぜなら，数直線が連続体を構成しているという考えは，ある意味で隠された仮定のように思われるからである．

デデキントによるこの構成は，特にドイツにおいて実数を基礎付けるには何が一番良い方法であるかという議論を相当に活発にした．この議論への参加者にはカントール，E・ハイネと，論理学者**フレーゲ** [VI.56] が含まれた．たとえば，ハイネとカントールは実数を有理数のコーシー列の同値類と考えた．この方法では，基本的な算術演算の定義が容易にできた．きわめて類似したアプローチが，フランスの数学者，シャルル・メレーによって提案された．それとは対照的に，フレーゲは 1884 年に出版された彼の『算術の基礎』（*Die Grundlagen der Arithmetik*）において，整数を論理学に基づいたものにしようと努力した．この方針に沿って実数を構成する彼の試みは成果をあげなかったが，さまざまな構成物は，数学的に機能を持つだけでなく，内部矛盾を持たないことが示されなくてはならないという点に彼が固執したことは，重要な役割を持っていた．

実数，無限集合，さらに解析学におけるその他の概念の基盤に関する多くの活動にもかかわらず，意見の一致は見られなかった．たとえば，影響力を持っていたベルリンの数学者**レオポルト・クロネッカー** [VI.48] は実数の存在を否定して，本物の数学はすべて有限集合に基づいていなければならないと考えた．彼が共同研究し影響を与えたワイエルシュトラスのように，彼は整数と多項式の間にある強い類似を強調し，数学すべての構築のためにこの代数的な基礎を使おうと努めた．それゆえ，クロネッカーにとっては解析学の研究の主要な道筋はどれも嫌悪すべきものであり，彼はそれに激しく反対した．このような見方は，**ブラウアー** [VI.75] や，彼のまわりの直観主義学派，代数と数論の研究者のクルト・ヘンゼルなど，かなりの数の後の研究者に対して直接的あるいは間接的に影響力を持った．

解析学の基礎付けをするすべての努力は，その根底にある概念として（いつでも明示的なわけではないが）量の概念を何らかの形で基盤としていた．しかしながら，解析学の基礎の枠組みは，1880 年から

1910 年にかけて集合論へと向かって移行することとなった．これは，ワイエルシュトラスの学生で 1870 年代初期にフーリエ級数の不連続性を研究し始めたカントールの研究に，その起源がある．カントールは異なる種類の無限集合をどのように区別するべきかについて考察した．有理数の全体と代数的数の全体が**可算** [III.11] であり，一方で実数はそうではないことの彼の証明は，異なる濃度を持つ無限集合の階層へと彼を導いた．1880 年代にミッタク＝レフラーとフルヴィッツの 2 人が，導来集合と稠密集合あるいは全疎集合に関する概念の重要な応用を行ったが，解析学にとってのこの発見の重要性は，初めはあまり認識されなかった．

カントールは次第に，集合論が数学すべての基礎の道具として機能しうるという考えに到達した．1882 年頃には，彼は濃度の概念に基づいて「より高い統一」の中に算術，関数の理論，幾何学を結合し，集合の科学がこれらを包含していると書いた．しかしながら，この提言は曖昧に表現されており，最初は支持者を引き付けなかった．にもかかわらず，集合は解析学の言語として，最も顕著なところでは**測度** [III.55] と集合の可測性という概念を通して浸透し始めた．実際，集合論が解析学を取り込んでいった重要な道筋の一つは，抽象的な意味で集合を「測る」方法を探る過程にあった．**ルベーグ** [VI.72] と**ボレル** [VI.70] による積分と可測性に関する 1900 年頃の研究は，非常に具体的かつ詳細な形で集合論を微分積分学に結び付けた．

20 世紀初頭の解析学の基礎の確立におけるさらに重要なステップは，数学理論を公理論的な構造として捉えることを新たに重視し始めたことであった．これは，ヒルベルトが幾何学の新たな公理化を与えようとして 1890 年代に始めた研究から，計り知れない刺激を受けたものであった．イタリアでは，**ペアノ** [VI.62] が同じような目標を持った学派を率いていた．ヒルベルトはこれらの公理論的な土台の上に実数を再定義した．多くの彼の学生と同僚が，このアプローチが提供するはずの明快さを求めて公理系に熱い目を向けた．実数のような特定の実体の存在を証明するよりむしろ，数学者はそれが持っている基本的な性質を満たす体系を前提として置く．そこでは，実数は（あるいは，他のどのような対象であれ）与えられた公理系によって定義される．エップルが指摘したように，このような定義は，実数を他の対象から識別する方法を提供しなかった点，あるいはそれが存在するかどうかについてすら言及しなかったという点で，存在論的に中立であると考えられた (Epple, 2003, p. 316)．ヒルベルトの学生だったエルンスト・ツェルメロは，この流れの中で集合論を公理化する研究を始め，1908 年に彼の公理を発表した（「集合論」[IV.22 (3 節)] を参照）．集合論における問題がパラドックスの形で持ち上がっていた．最も有名なのは，次の**ラッセル** [VI.71] によるものである．もし S がそれ自身を要素として持たないような集合すべてからなる集合ならば，S は S に属することはなく，S に属さないこともない．ツェルメロの公理系は，一つには集合の定義を避けることによって，この困難を回避しようとしたものである．1910 年までに，**ワイル** [VI.80] は数学を，量の科学というよりもむしろ構成要素 “$\in$” の科学であると述べている．それにもかかわらず，基礎の確立のための戦略としてのツェルメロの公理は疑問視された．一つに，公理系の無矛盾性の証明が欠けていた．また，このような「意味を持たない」公理化は全体像から直観を取り除いてしまうという理由で，その正当性を疑われた．

20 世紀初頭の複雑かつ急速に発展する数学を背景としたとき，これらの論争は解析学における厳密な議論の基盤が何かという問題をはるかに超えて，さまざまな側面で含蓄を持った．しかしながら，無限小解析の基本を教える教師にとっても，現場の解析学者にとっても，これらの論議は日々の数学的な営みと教育に重要なものではなく，したがって，そのようにしか扱われなかった．集合論は，基本的な対象を記述するために使われる言語として行き渡っている．1 実変数の実数値関数は，実数の順序対の集合として定義することができる．たとえば，順序対の集合論的定義は 1914 年に**ウィーナー** [VI.85] によって与えられ，関数の集合論的定義はそのとき始まったと言えるかもしれない．しかしながら，このような言葉に結び付いた基礎の問題点と解析学における研究は大きくかけ離れており，そういった問題点を一般に避けている．このことで，現代の数学者がまったく形式的に解析学を扱っていると言っているつもりは決してない．数と関数とにまつわる直観は，大部分の数学者の考え方の一部分になっている．実数の公理系や集合論の公理系は，必要なときに参照すればよい枠組みと考えられている．基本的な解析学の対象，すなわち，導関数，積分，級数や，これらの存在，これらの収束の仕方は，20 世紀初頭の方法で扱われ，無限小や無限についての存在論的討論は，もはやそれほど活発ではない．

この章の結びとして，1961 年に出版された**ロビンソン** [VI.95]（1918〜74）による「超準」解析に関する研究に触れる．ロビンソンはモデル理論[*4)]の専門家であった．モデル理論は，論理体系とそれを満たす構造との関係を研究するものである．彼による微分は，通常の実数に，正整数 n のすべてに対して $1/n$ より小さい要素である「微分」を付け加えてできる（実数のような普通の算術が定義された）順序体の公理を満たす超実数を通して与えられる．一部の人にとってこの理論は，実数を扱う通常の方法における不快な特性の多くを取り除くもので，無限小を実数の構造を拡張してその一部として捉えようというライプニッツの究極のゴールを実現したものである．これまでの折に触れた活動の盛り上がりや，いくつかの方面からのかなり高い評価にもかかわらず，ロビンソンのアプローチは解析学にとっての実用的な基盤として受け入れられたことはない．

文献紹介

Bottazzini, U. 1990. Geometrical rigour and "modern analysis": an introduction to Cauchy's *Cours d'Analyse*. In Cauchy (1821). Bologna: Editrice CLUB.

Cauchy, A.-L. 1821. *Cours d'Analyse de l'École Royale Polytechnique: Première Partie–Analyse Algébrique*. Paris: L'Imprimerie Royale. (Reprinted, 1990, by Editrice CLUB, Bologna.)
【邦訳】A・L・コーシー（西村重人 訳，高瀬正仁 監訳）『コーシー解析教程』（みみずく舎，2011）

Epple, M. 2003. The end of the science of quantity: foundations of analysis, 1860–1910. In *A History of Analysis*, edited by H. N. Jahnke, pp. 291–323. Providence, RI: American Mathematical Society.

Fraser, C. 1987. Joseph Louis Lagrange's algebraic vision of the calculus. *Historia Mathematica* 14:38–53.

Jahnke, H. N., ed. 2003. *A History of Analysis*. Providence, RI: American Mathematical Society/London Mathematical Society.

Riemann, G. F. B. 1854. Ueber die Darstellbarkeit einer Function durch eine trigonometrische Reihe. *Königlichen Gesellschaft der Wissenschaften zu Göttingen* 13:87–131. Republished in Riemann's collected works (1990): *Gesammelte Mathematische Werke und Wissenschaftliche Nachlass und Nachträge*, edited by R. Narasimhan, 3rd edn., pp. 259–97. Berlin: Springer.

Weierstrass, K. 1988. *Einleitung in die Theorie der Analytischen Functionen: Vorlesung Berlin 1878*, edited by P. Ullrich. Braunschweig: Vieweg/DMV.

*4) ［訳注］「ロジックとモデル理論」[IV.23] を参照．

II.6

証明の考え方の発展

The Development of the Idea of Proof

レオ・コリー［訳：砂田利一］

1. 序と予備的考察

証明というものに対する考え方の変遷は，多くの点で数学全体の発展と軌を一にしている．過去を振り返れば，経験や帰納的推論というよりは，まずは証明という手段によって正当化される数や量，および図形の性質を扱う科学的知識が数学であると考えるだろう．しかし，このような数学の特徴付けに問題がないわけではない．第一に，文明の歴史における他の知的行為と比較したとき，数学をこのように特徴付けることは，それに大きく関係する事柄の重要な歴史を省いてしまうからである．たとえば，メソポタミア文明やエジプト文明は，後の時代の証明という考え方にたどり着くような証拠はないものの，算術や幾何に属すと言っても無理はないような知識体系を発展させていた．実際，楔形文字で書かれた粘土板に見出される数千の数学的手順の中に，ある程度は帰納的，つまり経験に基づいていると考えられるものがある．粘土板には，付加的説明や，一般の場合の正当化の試みは見られないものの，ある種の結果を求めようとするときはいつでも従う手続きの繰り返しを見ることができるのである．後の時代になるが，中国，日本，マヤ，ヒンドゥ文明においても，数学に関係する重要な発展があった．それらの文明が数学的証明の考え方をどの程度追求したかについては，今日まで歴史家の論争の的であったのだが，確かにギリシア的伝統に従う数学と比べられるほどではないし，後者に典型的に見られるような明確な論証形式はとっていない．したがって，彼らの方法は，ある種一般の演繹的証明の基礎の上に正当化されてはいないのだが，それでも，それらが数学的知識の範疇に属すと考えてよいのだろうか？　もしそう考えてもよいというなら，上で示唆したように，数学は証明によって支持される知識体系としては特徴付けられないことになる．しかし，このリトマス試験は確かに，数学を他の知的行為から区別するための有用な基準を与えるし，筆者はこの基準を捨て去ろうとは思わない．

これら重要な問題を完全に無視はしないが，ここでは，過去のある時点，通常は古代ギリシアの紀元前5世紀か，あるいはそれ以前に始まったと考えられる物語に焦点を絞って解説する．なぜなら，一般の演繹論法，あるいは「証明」というきわめて特殊な手段によって真であることの立証が必要となる数や図形に関する主張が，この時代に初めて登場したからである．これが他の文明とは異なる古代ギリシアの特色である．とはいえ，この演繹論法による数学が，いつ，どのようにして始まったかを正確に言い当てることはできない．同様にはっきりとしないのは，そのような考え方の直接的な歴史的源泉である．数学的証明の起源の一つの可能性としては，紀元前5世紀よりかなり以前に，政治や修辞学，法律のような分野が発達を遂げ，古代ギリシアにおける公的生活で上手に身を守るための手段である弁論技術を発達させたという事実があると考えられる．すなわち，このためには論理と判断に重点を置く必要があったからである．

この歴史の初期的段階は，さらに歴史的かつ方法論的な問題を提起する．たとえば，名前の知られている最初の数学者である（哲学者，科学者でもある）ミレトスのターレスは，交わる直線の対角が等しいことや，三角形の1辺を直径とする円に対して，もし辺の端点と異なる頂点がこの円周上にあれば三角形は直角三角形であることなど，幾何学のいくつかの定理を「証明」したと伝えられている．この伝説を額面どおり受け入れたとしても，いくつかの疑問が直ちに生じる．どのような意味でターレスはこれらの結果を得たと言えるのだろうか？　もっと具体的には，これらの結果を導くためにターレスが置いた前提は何だったのか？　また，その根拠としてどのような推論方法を彼は採用したのか？　このような疑問については，ほとんど何もわかっていない．しかし，複雑な歴史のプロセスの結果として，既知の知識，使われた方法や（すでに解かれたものと，いまだ解くに至っていない）問題群が蓄積されることによって，ある種の知識の体系が次第にできあがってきたことは確かである．この知識の集成が，証明という考え方を次第に生み出してきた．すなわち，一つの例（あるいは数多くの例）よりは，ある種の一般的議論がすべての場合を正当化するという考え方である．この発展の一部分として，証明の考え方が，たとえば「交渉」を意味する対話（dialogic）や見込み的推論による真理とは異なる，厳密な演繹論法に結び付いたと考えられる．なぜそういうことになったのかを明確にすることは，興味はあるものの，容易には答えられない問題であり，ここではこれに立ち入ることはしない．

紀元前3世紀頃に編纂された**ユークリッド** [VI.2] の『原論』（*Elements*）は，複雑化しつつあった知識の体系を習得しようとするすべての人々にとって必要な基本的概念，結果，証明，そして方法を組織化するのに最も成功した包括的試みである．とはいえ，ヘレニズム世界の中では，これが唯一の試みではなかったことを強調しておこう．このような努力は，他の時代，他の場所において展開する学問に見られるような，単なる編集や成文化ではないし，正典化でもない．それよりも，『原論』は異なる2種類の主張を含んでいて，その間の違いはきわめて重要である．一方は，基本的前提，すなわち**公理**（公準）であり，他方はもっと手の込んだ言明である**定理**と，それらがどのように公理から得られるかを説明する**証明**である．『原論』の中で証明という考え方がはっきりと捉えられ，実現されたことは，来るべき数世紀の間の科学の模範となった．

本章では，ユークリッド的数学の枠組みの中で最初に形成された考え方から始めて，古代ギリシア，イスラム世界，ルネサンス期のヨーロッパ，そして近代ヨーロッパの科学，さらには19世紀から20世紀を過ぎるあたりまでの数学文化の主流において，どのように演繹的証明の考え方が実践され進化したかについて概説する．主に焦点を当てるのは幾何学であり，算術や代数については幾何学との関わりを通して扱う．このような議論の進め方は，主題そのものにより，十分に正当化される．実際，科学の中で数学は証明に依存するという点で際立っているけれど，少なくとも17世紀になるまでは，算術，代数，三角法のような密接に関連する分野の中で，『原論』がとったスタイルの幾何学が際立つ存在だったからである．

幾何学以外の分野における結果のみならず，数学全体にわたっても，しばしば幾何学的（あるいは幾何もどきの）基礎が与えられるときのみ「合法」と見なされていた．しかし，主として**非ユークリッド幾何学** [II.2 (6〜10 節)] と**解析学の基礎付け** [II.5] に関係して発展した 19 世紀数学は，結果としてこのような方向を根本的に変化させたのである．この変化の過程で，幾何学を含む他の数学分野の合法性と明瞭さを引き出すための確実性の要塞となったのが，算術理論*1)（および**集合論** [IV.22]）である（この発展の詳しい様子については，「数学の基礎における危機」[II.7] を参照）．とはいえ，この基本的変化の前でさえ，ユークリッド的証明のみが数学的証明と考えられ，探求され，実践される唯一の方法であったわけではない．ここでは，主に幾何学に焦点を絞ることで，合法的な数学的知識の主流になっていく他の重要な発展を必然的に除外しなければならないのであるが，この点に関して一つの重要な例を挙げれば，どのようにして数学的帰納法の原理が見出され発展したか，そしてそれが普遍的妥当性の合法的推論規則として受け入れられ，また，最終的に 19 世紀後半に算術の基本的公理の一つとして成文化されたかという基本的問題がある．さらに，証明の概念の進化は，数学内部組織の小分野への分離や，数学と他の分野の間の関係の変化など，ここでは扱わない他の多くの広がりを持っている．また，これと異なるレベルにおいては，変化は社会制度上の事業として数学それ自身がどのように進化してきたかに関連している．本章は，どのように証明が生産され，公共化され，普及され，批判され，そしてしばしば書き直され改良されてきたかという興味深い問いについても議論しない．

2. ギリシア数学

ユークリッドの『原論』は，ギリシア数学の模範となる業績である．その理由は，『原論』が総合幾何学と算術における基本的概念，手段，結果，問題について述べているだけでなく，数学的証明をどのようなものと考えているかについて，また証明というものがとるべき形式についても述べているからである．『原論』に現れるすべての証明は六つの部分からなり，図が添えられている．命題 I.37 を例としてこれを説明することにしよう．ここでは，トーマス・ヒース卿による古典的翻訳によるユークリッドのテキストを使うため，いくつかの述語は，現代的な使い方とは異なる．たとえば，二つの三角形が「同一の平行線の間にある」というのは，それらが同じ高さを持ち，双方の底辺が 1 本の直線に含まれていることを意味する．そして，二つの図形が同じ面積を持つとき，それらは「等しい」という*2)．説明のために，証明の各部分に名称が付け加えられるが，原文にはそれらは現れない．証明は図 1 で説明される．

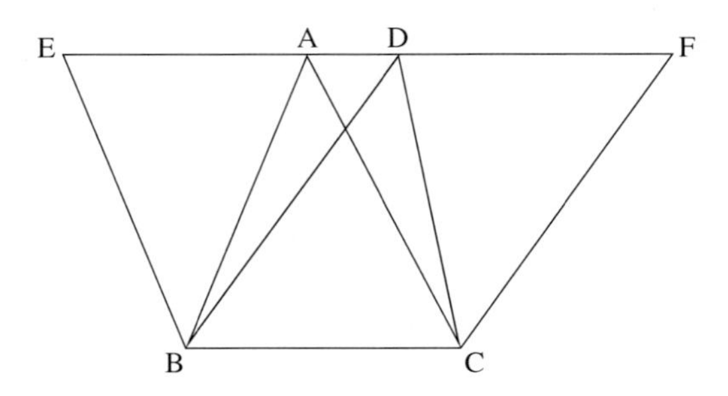

図 1 ユークリッド『原論』の命題 I.37

プロタシス（言明） 同じ底辺上で，同じ平行線の間にある三角形は互いに等しい．

エクテシス（提示） ABC，DBC を同一の底辺 BC 上の三角形として，同一の平行線 AD，BC の間にあるとする．

ディオリスモス（目標の定義） 三角形 ABC は三角形 DBC に等しいことを目標とする．

カタスケウェー（構成） AD を両方向に E, F まで延長し，B を通り CA に平行に BE を引き，C を通り BD に平行に CF を引く．

アポデイクシス（証明） このとき，図形 EBCA，DBCF の双方は平行四辺形であり，しかも等しい．なぜなら，同じ底辺 BC 上にあり，かつ同じ平行線 BC, EF の間にあるからである．さらに三角形 ABC は平行四辺形 EBCA の半分である．なぜなら対角線 AB がそれを 2 等分するからである．また，三角形 DBC は平行四辺形 DBCF の半分である．なぜなら対角線 DC がそれを 2 等分するからである．ゆえ

*1) ［訳注］実数を直線上の点と同一視するような幾何学的理解から離れて，自然数から出発して，論理的に実数を構成する理論．

*2) ［訳注］ユークリッドによる「同じ面積」の意味は，数値的等号ではなく，現代的用語を使えば「分割合同」ということである．

に，三角形 ABC は三角形 DBC に等しい．

シュンペラスマ（結論）　したがって，同じ底辺の上にあり，かつ同じ平行線の間にある三角形は互いに等しい．

これは図形の性質についての幾何学的命題の例である．『原論』はまた，実行しようとする「仕事」を表す命題も含んでいる．一つの例は命題 I.1「与えられた線分上に正三角形を作図すること」である．このような命題でも，証明は六つの部分に分けられ，図形が常に用いられる．この形式的構造は『原論』の算術に関する三つの巻でも同様であり，より重要なのは，それらすべてに図が添えられていることである．たとえば，命題 IX.35 のもとの文章は次のようになっている．

> もし任意個の数が順次に比例し，第 2 項と末項からそれぞれ初項に等しい数が引き去られるならば，第 2 項と初項の差が初項に対応するように，末項と初項との差が末項より前のすべての項の和に対するだろう．

おそらく初めてこの文章を見たときは，解読しにくい表現に感じるだろう．現代的な表現では，この定理に同値な言明は，「与えられた等比数列 $a_1, a_2, \ldots, a_{n+1}$ に対して

$$(a_{n+1} - a_1) : (a_1 + a_2 + \cdots + a_n) = (a_2 - a_1) : a_1$$

が成り立つ」となる．しかし，このように翻訳してしまうと，形式的記号による操作を使わない（あるいは使いうる）もともとの精神を伝えられない．より重要なのは，現代の代数的証明は，真の幾何学的作図のために必要ないところにまで図を使うという，ギリシア数学の証明における図式の遍在性を伝えるのに失敗していることである．実際，命題 IX.35 に対しては，図 2 のような図が示され，証明の最初の数行は次のようなものである．

> 最小の A から始まり，順次に比例する任意個の数 A, BC, D, EF があるとして，BC, EF から A に等しい BG, FH がそれぞれ引き去られたとせよ．GC が A に対するように，EH が A, BC, D の和に対すると主張する．なぜなら，FK を BC に等しく，FL を D に等しくすると…

この命題と証明は，古代ギリシア人の表記に関する能力とともに，実践上の制限を伝えている．そして，記号的言語をまったく使わずにいかにそれが可

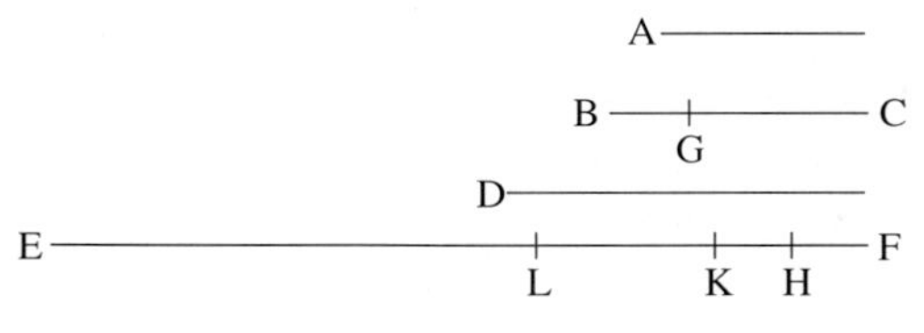

図 2　ユークリッド『原論』の命題 IX.35

能かを言う良い例である．特にこのことは，証明というものが純粋に論理的構成物とはギリシア人が考えていなかったことを意味し，彼らにとっては図に適用される特殊な種類の議論であったことを示している．すなわち，図は単に論証の可視的補助ではなく，むしろ，証明の提示（エクテシス）の部分を通して，命題の一般的性格と定式化によって言及すべきアイデアを具体化しているものだったのである．

図の中心的役割とともに，六つの部分からなる証明の構造は，ギリシア数学のほとんどにおいて代表的なものである．ギリシアの数学的証明に決まって現れる作図法と図は，勝手気ままに登場するようなものではなく，今日の観点からは，定規とコンパスによる作図と同定されるものである．証明（アポデイクシス）における推論は，作図による直接的演繹かあるいは背理法による議論であるが，結果は常に前もって知られ，証明はそれを正当化する手段であった．さらに付け加えれば，ギリシアの幾何学的思考，とりわけユークリッド幾何学的証明は，量に対する「同種性」の原則に固執している．すなわち，量は数，長さ，面積，そして体積のように明確に区別され，同じ種類の量のみが足し算や引き算を行うことにより比較されたのである（「数から数体系へ」[II.1 (2 節)] を参照）．

特におもしろいのは，曲線の長さや，曲がった図形で囲まれる面積，体積に関するギリシア的証明である．ギリシア数学には，多角形（多辺形）による曲線の漸進的近似と無限に向かう経過を表現する融通の利く表記法が欠けていた．その代わり，ギリシアの数学者は，今から考えれば，極限を暗に意味していると考えられる特殊な種類の証明を考案したが，それは純粋に幾何学の範疇で行われる証明であり，上記の 6 個の機構に間違いなく従っている証明なのである．この暗示的な無限へ向かう道筋は「連続原理」に基づいており，これには後に**アルキメデス** [VI.3] の名前が付けられた．たとえばユークリッドの定式化では，この原理は次のように述べられる．同じ種類

の二つの異なる量 A, B（たとえば長さ，面積，ないしは体積）が与えられ，A から $A/2$ より大きい量を引き，次にこの残りからその半分より大きい量を引く．このプロセスを十分多くの回数繰り返すと，結局残りは B より小さくなる．ユークリッドはこの原理を用いて，たとえば二つの円の面積の比が，それらの直径を辺とする正方形の比に等しいことを証明している（命題 XII.2）．後に**取り尽くしの方法**（積尽法）として知られるようになるこの方法は，その後の何世紀にもわたって標準的になる 2 重背理法に基づいている．この 2 重背理法は，命題に付属する図 3 に図示されている．

もし，FH 上に立てられた正方形に対する，BD 上に立てられた正方形の比が，円 EFGH に対する円 ABCD の比と異なるならば，面積 S に対する円 ABCD の比と同じでなければならないか，あるいは，円 EFGH より大きいか小さいかのいずれかでなければならない．曲がった図形である円は，内接する多角形で近似される．なぜなら，連続原理によれば，内接する多角形と円を望むだけ（たとえば，S と EFGH の差よりも）接近させられるからである．もし S が EFGH より大きいか小さいかのいずれかならば，2 重背理法により矛盾である．

これまで述べた以外の証明や作図の形式が，ギリシア数学の著作の中にときどき見つかる．それらは，2 直線の同調した動きを基礎とする図形（たとえば，角の 3 等分を可能にするアルキメデス螺旋）と，多くの種類の機械的装置，あるいは理想的機械的な考察に基づく推論を含んでいる．とはいえ，このような推論においても，上記のユークリッド型の証明は，可能な限りは一つのモデルとして使われ続けている．羊皮紙に元の字句を消して筆写されたアルキメデスの著作が存在するが，これは（高度に理想化された種類の）機械学的考察の図を使い，面積や体積についての結果を標準的とは言えない方法で演繹している例である．しかし，この例でさえ，理想的モデルの優位性を証言しているのである．エラトステネスへの書簡の中で，アルキメデスは彼の機械学的方法の不純性を述べているが，同時にその発見的効用を強調することにも骨折っている．

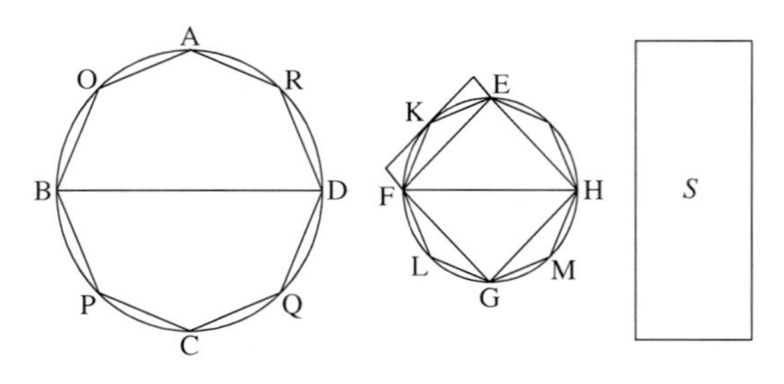

図 3　ユークリッド『原論』の命題 XII.2

3. イスラム数学とルネサンス数学

ユークリッドがギリシア数学の主流となる伝統を完全に体現していると考えられるのと同様に，**アル・フワーリズミー** [VI.5] は，イスラム数学の代表者である．彼の研究には，二つの特徴がある．それは，今解説していることに関連しており，8 世紀後半の彼の研究を出発点として，16 世紀イタリアにおける**カルダーノ** [VI.7] の研究に続き，数学の発展の中で次第に中心となっていくものである．もう一つは，数学的思考の代数化である．一般的には数学的知識を正当化するユークリッド幾何学的証明への信頼は引き続いているものの，特別な場合には，数学における代数的推論を正当化しているのである．

このことに関して第一に挙げるべき例は，後の時代に影響を与えたアル・フワーリズミーの著作『ジャブルとムカーバラによる計算法』(*al-Kitāb al-mukhtaṣar fī ḥisāb al-jabr wa'l-muqābala*) に見出される．この中で，アル・フワーリズミーは，未知の長さが数と正方形（その辺が未知とする）の組合せで表せるような方程式について議論している．彼は正の「係数」と正の有理数解の可能性のみを心に描いているから，未知量を求めるのに六つの異なる方程式を考え，それぞれに異なる処方を必要としている．すなわち，イスラム数学の著作には，一般の 2 次方程式とそれを解くためのアルゴリズムは登場しないのである．たとえば，「(解の) 平方と解の和が数に等しい」(現代的表記法では，たとえば $x^2+10x=39$) と「解と数の和が (解の) 平方に等しい」(たとえば $3x+4=x^2$) はまったく異なるものと考えられていた．すなわち，アル・フワーリズミーはそれらを別々に扱ったのである．しかし，いかなる場合でも幾何的表現に問題を翻訳し，特定の図を巡って組み立てられたユークリッド幾何学的定理に依存する方法を採用して，その有効性を「試して」いる．とはいえ，すべての問題は関連する量に付随した特定の数値で表されていること，そして，それらの数値は付随する図に関連して言及されていることに注意すべきである．このようにして，アル・フワーリズミーはユークリッド型の証明から離れたのである．なお，量の同種性についてのギリシアの原則は，本質的には保持されたままである．すなわち，問題に登場する三つの量は，すべて同じ種類のもの，すなわち面積である．

たとえば，方程式 $x^2+10x=39$ は，次のようなアル・フワーリズミーの問題に対応している．

> 解の 10 倍と組み合わされたときに，それらの和が 39 になるような解の平方は何か？

これを解くための処方は，次のようなステップで与えられる．

> 根（root）[*3)]の半分（5）をとり，それにそれ自身を掛ける（25）．これを 39 に足して 64 を得る．これの平方根をとると 8 になるが，それから根の半分を引くと 3 になる．数 3 は求める平方の平方根であり，平方自身はもちろん 9 である．

この議論の正当化が，図 4 に与えられている[*4)]．

この図で，ab は言及されている正方形（平方）を表し，これはわれわれにとっては x^2 である．また，長方形 c, d, e, f の面積は $10x/4$ である．よって，それらの和は $10x$ となる．こうして，角（かど）にある小さい正方形は，それぞれ面積 6.25 を持ち，それらを足せば大きい正方形となるから，64 に等しい．その辺は 8 であり，よって未知量は 3 であることが結論される．

アル・フワーリズミーより 1 世代後のアブ・カミル・シュジャは，付加的問題を解くにあたって，原論から具体的に引用した図を伴う定理に依存しながら，このアプローチにさらなる説得力を与えた．そして幾何学と算術において許容されていたユークリッド型証明の優位性は，次第にルネサンス数学の主要な話題である代数的手法と関連付けられるようになる．カルダーノの 1545 年の『アルス・マグナ』（*Ars magna*）は新しいトレンドの一番最初の例であるが，この中で 3 次と 4 次の方程式の完全な取り扱いを行っている．彼が採用し展開した推論の代数的道筋は，後にますます抽象化・形式化されていくのであるが，カルダーノは相変わらず図に基づいたユークリッド幾何学的議論に委ねることにより，論法と解法の正当化を行っていた．

*3)　［訳注］ここで言う「根」とは，$10x$ の係数である 10 のこと．

*4)　［訳注］現代的方法では，$(x+5)^2=x^2+10x+5^2=39+25=64$ から $x+5=8$ を導くことに対応する．

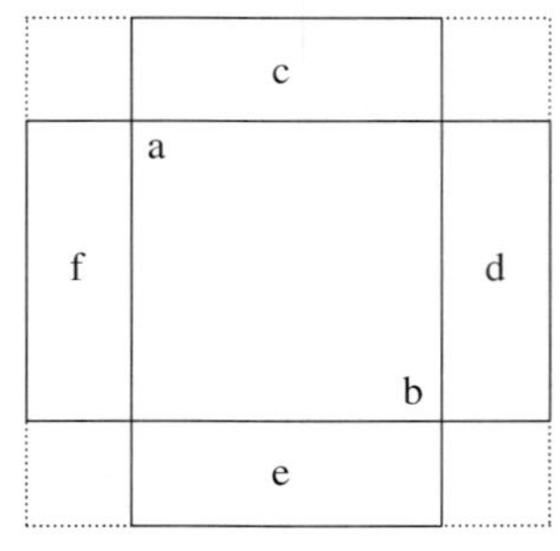

図 4　アル・フワーリズミーによる 2 次方程式の公式の幾何学的な説明

4. 17 世紀数学

証明概念に関する次の重要な変化は，17 世紀に起きた．この期間に発展した最も有力な数学分野は，**ニュートン** [VI.14] と**ライプニッツ** [VI.15] により創始された無限小解析である．この分野は 17 世紀数学の最高峰に位置しており，面積，体積，接線の勾配，極大，極小を決定する重要な技巧の開発を伴っている．その発展とともに，ギリシアの古典に帰する伝統的観点が詳細化され，不可分量のような完全に新しいアイデアが導入された．そして，数学的証明におけるこのアイデアが適切かどうかがホットな議論になったのである．同時に，イスラム数学からルネサンスの数学者が引き継ぎ一般化した代数的技法とアプローチは，さらに勢いを獲得し，**フェルマー** [VI.12] と**デカルト** [VI.11] の研究により始まる幾何学的結果の証明における有効なツールとして，数学の「兵器庫」に次第に組み入れられるようになった．これらのトレンドの基礎にあるのは，今から簡単に例示するように，これまでとは異なる数学的証明の考え方と実践である．

幾何学的証明についての古典ギリシアの構想が本質的にどのように引き継がれたか，そして実りある修正と一般化にどのように続いていったかを示す例は，一般化された双曲線（現代表記では $(y/a)^m=(x/b)^n$, $m,n\neq 1$）とその漸近線によって囲まれる面積の計算を行ったフェルマーの研究に見出される．

たとえば 2 次の双曲線（すなわち，$y=1/x^2$ によって表される図形）は，その上の二つの点についての純粋な幾何学関係によって定義される．すなわち，横座標（x 軸）上に立てられた正方形の比は，縦

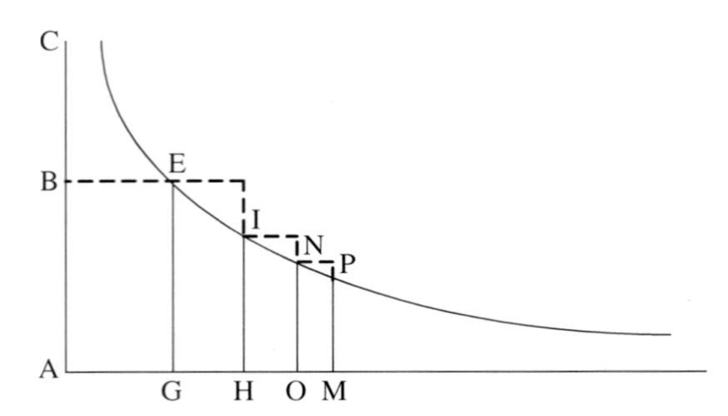

図 5　フェルマーが双曲線の下の部分の面積を求めるために用いた図

座標（y 軸）の長さの逆比に等しい．原文の書き方では，$\mathrm{AG}^2 : \mathrm{AH}^2 :: \mathrm{IH} : \mathrm{EG}$ と表される（図 5）．これは標準的な記号的操作が行われるような，現代用語で表された式ではないことに注意しよう．むしろ，これはギリシアの古典数学のルールが適用される 4 項比である．さらに，証明は完全に幾何学的であり，実際彼はユークリッドのスタイルに従っているのである．こうして，線分 AG, AH, AO が連続的な比であれば，長方形 EH, IO, NM もまた連続的な比であり，$\mathrm{EH} : \mathrm{IO} :: \mathrm{IO} : \mathrm{NM} :: \cdots :: \mathrm{AH} : \mathrm{AG}$ となる．

フェルマーは，(前に言及した)『原論』の命題 IX.35 を使っている．これは幾何級数における和の公式を与えており，現代表記では次のような式である．

$$(a_{n+1} - a_1) : (a_1 + a_2 + \cdots + a_n) = (a_2 - a_1) : a_1$$

しかし，この段階で彼の証明は議論の興味深い転換を行っている．いくぶん曖昧な “adequare” という概念を導入するのである．この概念はディオファントスの著作に見られ，ある種の「近似的等式」を意味している．具体的に言えば，無限を考えるときにギリシアの幾何学が必ず利用した 2 重背理法の面倒な手続きを回避するのである．GE と水平漸近線，および双曲線によって囲まれる図形は，長方形 EH が「消滅」するときに得られる長方形の無限和に等しい．さらに，命題 XI.35 はこの和が長方形 BG の面積に等しいことを示している．重要なのは，「この結果は，アルキメデスの流儀により実行されるもっと長い証明によって容易に確証されるであろう」という言明にあるように，フェルマーはなおも古代の権威へ依存していることである．

幾何学的証明の許容範囲を拡張する試みは，カヴァリエーリ，ロベルヴァルおよびトリチェリによって実践され，不可分量という革新的アプローチを生み出すこととなった．x が 0 と a の間にあるとき（現代の表記法を使っている），y 軸のまわりに双曲線 $xy = k^2$ を回転させて得られる無限立体の体積を求めるためのトリチェリによる 1643 年の計算が，このことを適切に例示している．

不可分量の基本的アイデアは，面積が無限個の線分の和（あるいは集まり）であり，体積は無限個の面積の和（あるいは集まり）と考えることにある．今の例では，トリチェリは，半径を 0 から a まで動かしたとき，回転体をそれに内接する円柱面の無限個の連続和と考えて，回転体の体積を計算したのである．現代的表記法によれば，回転体に内接する底面が半径 x の円柱の高さは k^2/x である．また，その表面積は $2\pi x(k^2/x) = \pi(\sqrt{2}k)^2$ であり，これは x に独立な定数であって，半径 $\sqrt{2}k$ の円の面積に等しい．すべての円柱面を合わせることで形作られる無限立体が，面積 $2\pi k^2$ の円を 0 から a まで動かして得られる集まり，つまり体積 $2\pi k^2 a$ の円柱と同一視できるのである．

ユークリッド幾何学的証明のルールに，この種の証明が違反しているのは明らかであり，多くの人には認めがたい証明であった．一方，この例のように，無限遠に伸びる立体が有限の体積を持つことが示され，トリチェリ自身がその結果に大いに驚嘆したように，その実りの多さは大いに魅力的でもあった．しかし，このアイデアの支持者，批判者双方が，この種の技法が矛盾や不正確な結果を導くことに気づいていた．そのため，無限小解析の加速的な発展とそれに伴う技法，概念の進化とともに，18 世紀までには不可分量に基づく技法は消え去ることになったのである．

ユークリッド幾何学的証明の古典的パラダイムの限界は，デカルトの手になる幾何学の包括的な代数化によって，異なる方向で乗り越えられることになった．デカルトによって着手された基本的ステップは，幾何学的証明で使われる図の中に鍵となる要素として単位長さを導入することであった．これまでにはなかった線分の演算を許すこのステップの革命的な新機軸は，1637 年の『幾何学』（*La Géométrie*）において明確に強調されている[*5)]．

> 算術が四つないしは五つの演算，すなわち足し算，引き算，掛け算，割り算，そして一種の

*5)　［訳注］これは『方法序説』（*Discours de la méthode*）の三つの付録の一つとして出版された．

除法と考えられる平方根からなるように，幾何学においても，必要な線分を見出すために必要となるのは線分の和や差をとることと，つぎのようにして定義される演算である．まず，できるだけ数と関係させるため，1本の固定された線分をとって，それを単位とする．この線分のとり方は，一般に任意である．そして2本の線分を考えて，4番目の線分を，1本の線分と4番目の線分との比が，単位線分ともう1本の線分との比に等しくなるように見つける（これは「積」に対応する）．次に，4番目の線分を，それと1本の線分の比が，単位線分ともう1本の線分との比に等しくなるように見つける（これは「商」に対応する）．最後に，単位線分と他の線分の間の比例中項となる1本の線分を見出す（これは平方根をとる操作に同値である．立方根などについても同様）．

こうして，たとえば図6のように2本の線分BDとBEが与えられたとき，それらの割り算は，ABを単位長さとしたときのBCによって表される．

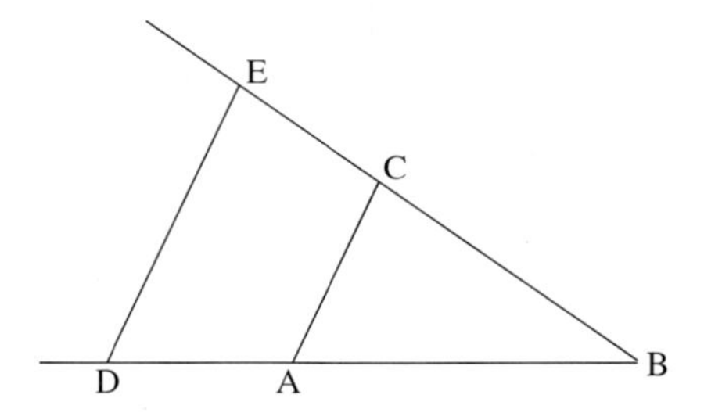

図6　デカルトによる二つの線分の割り算の幾何学的計算

その証明は，一見（図と相似三角形の理論を利用する点で）ユークリッド的ではあるが，単位長さを導入したことと，線分演算の定義のためにそれを使ったことは，幾何学的証明に対してまったく新しい観点をもたらした．長さの計測はこれまでユークリッド型の証明には欠けていたばかりでなく，まさにそれらの演算の存在の結果として，幾何学的定理に本質的に付随していた次元*6)が重要性を失うことになった．デカルトは，$a-b$，a/b，a^2，b^3 あるいは平方根のような表現を使っているが*7)，彼は「平方，立方などの代数で使われる用語を用いる」とはいえ，すべて単なる線分としてそれらを理解すべきであると強調している．次元を取り除くことで，量に対する同種性の必要性はなくなる．直接的な幾何学的意味があるときのみ量を扱った彼の先輩たちとは異なり，デカルトは，a^2b^2-b や，これからその3乗根を引くような表現に何ら問題があるとは考えなかった．そうするために，「われわれは，単位で1回割った量 a^2b^2 と，単位を2回掛けた量 b を考えなければならない」と彼は言う．この種の言い方は，ギリシアの幾何学者ばかりでなく，イスラム，ルネサンスの数学者にとっても理解を超えたものであったろう．

幾何学のこのような代数化，とりわけ代数的手続きにより幾何学的事実を証明するという新しい可能性は，当時の代数的方程式のアイデアの整理・強化に強く関係している．この独自の数学的実在物としての方程式に対する操作の抽象的ルールはよく知られており，すでに組織的に適用されていたのである．このアイデアは，1591年頃に**ヴィエート** [VI.9] の手によって完全に成熟の域に達していた．しかし，代数的思考が後に自然に採用され，代数学が一つの専門分野となる兆候を18世紀の数学者すべてが明確に認識していたわけではない．幾何学における古典的ユークリッド型のアプローチから逸れるようないかなる企てにも反対した有名な数学者は，**ニュートン** [VI.14] その人である．『普遍算術』（*Arithmetica universalis*）の中で，彼は自身の観点を語気強く表明している．

> 方程式は算術的計算の表現であり，（線，曲面，立体，そして比例のような）真に幾何学的な量に関して，ある量が別のある量に等しいことを示す場合を除いては，幾何学に方程式が居場所を持つことなどまったくあり得ない．乗法，除法のような計算が最近幾何学に導入されてきているが，これは無分別かつ科学の第1原理に反することである ….それゆえ，それら二つの科学は混同されるべきではないし，それらを混同する最近の世代は，幾何学的エレガンスすべて見られる単純性を見失っているのである．

ニュートンの『プリンキピア』（*Principia*）は，このような言明が単なる言葉上の批判ではないという事実を明確に証言している．ニュートンは一貫してユークリッド型の証明を好んでいたのである．すなわち，彼は新物理学を公にした際に，それに最高度の確からしさを保障する正確な言語はユークリッド

*6)　［訳注］ここで言う「次元」は，長さ，面積，体積などの量の種類の違いを表すために使われる言葉である．

*7)　［訳注］正確には，a^2, a^3 はそれぞれ aa, aaa により表されている．

型の証明であると考えていた．彼は，どうしても必要と考えたときのみ代数計算を使い，彼の学術的著作では代数の適用を自ら禁じていたのであった．

5.　幾何学と 18 世紀数学における証明

解析学は 18 世紀の数学者の最大の関心事であったが，解析学の基礎に関連する問題点は，解析学が発展し始めた直後に意識されたものの，19 世紀後半まで解決に至ることはなかった．問題は相当程度，数学的証明の合法性についてのものであり，これについての議論は，長期間にわたって数学の確実さを異議もなく保証してきた幾何学の信望を傷つけ，最終的にはこの信望を算術理論に譲るのに大きな役割を果たしたのであった．このプロセスの最初のステップは**オイラー** [VI.19] による微分積分の再定式化である．この再定式化により，微分積分は純粋な幾何学的ルーツから離れて，関数概念の代数的性格に中心を置くようになった．幾何学よりも代数を好むこの傾向は，オイラーの後継者たちにより，さらに弾みがつけられた．たとえばダランベール [VI.20] は，数学的確実性をとりわけ高度な一般性と抽象性を有する代数に関係させた後で，幾何学と力学を論じたのである．これは，ニュートンと彼の同時代人が有していた典型的な観点からの明白な離脱であった．その後このトレンドはピークに達し，**ラグランジュ** [VI.22] の手になるプログラムに移っていくこととなった．彼は 1788 年の著作『解析力学』（*Méchanique analytique*）の序文で，幾何学と距離を置きつつ，どのようにして数理科学の確実性を担保するかについて，次のような急進的な観点を表明している．

> この本で図を見かけることはない．私が解説しようとしている方法は，作図でもなければ，幾何的あるいは力学的議論でもない．ただ，一様な道筋に従う組織立った代数的演算のみである．

この方向の発展の詳細は，この章の守備範囲を超えている．しかし，強調すべきは，彼らの観点はかなりのインパクトを与えたにもかかわらず，18 世紀のほとんどの期間にわたって，「幾何学」の主流に関する限り証明の基本的な考え方に変化がなかったことである．これを示す啓発的な例は，同時代の哲学者，特にイマヌエル・カントの幾何学に対する考え方に見られる．

カントは，当時の科学，特に数学の深い知識を持っていた．数学的知識や証明についての彼流の哲学的議論は，ここでのわれわれの関心事ではない．しかし，彼が同時代の考え方に精通していることを鑑みると，当時理解されていた証明概念について，深い「歴史的」洞察を与えていると言ってよいだろう．特に興味深いのは，一方の哲学的議論と他方の幾何学的証明との間に彼が認めた差異である．前者は一般の概念を扱い，後者は，「可視的直観」（Anschauung）に論及することにより，具体的だが非経験的概念を扱う．この差異は，『純粋理性批判』（*Kritik der reinen Vernunft*）中にある次の有名な一節に典型的に表明されている．

> 哲学者が三角形の概念を与えられ，内角の和と直角の間に成り立つ関係を，彼自身の方法で見出さなければならないとしよう．彼は 3 本の直線で囲まれた図形とその三つの内角の概念以外は何も手にしていない．この概念について長く黙想しても，彼は何も新しいものを生み出しはしない．彼は分析を続け，直線，内角，3 という数について明確に説明するであろうが，それらの概念に含まれていないいかなる性質にも達することはできない．さて，幾何学者にこの問題を考えさせてみよう．彼は直ちに一つの三角形を作図する．彼は，2 直角の和が，直線上の 1 点で構成される隣接する角の和に等しいことを知っているから，三角形の 1 辺を直線に延長し，二つの隣接する角を得る．この角の和は 2 直角である．次に，三角形の対する辺に平行な直線を引くことによって外角を二つに分割する．終始直観によって進められる推論を通して，このような方法で完全に明白かつ普遍性を持つ解に達するのである．

要約すれば，カントにとって，（哲学のような）他の種類の演繹的論証から区別される数学的証明の性格は，図が中心的役割を果たすところにある．『原論』にあるように，この図は抽象的推論を導く単なる発見的ガイドというわけではなく，むしろ，空間ばかりでなく，空間と時間の中に明示的な形で置かれた数学的アイデアの，「直観」による特異な具体化なのである．実際，彼は言う．

> 点から次第に全体を生成していく直線を思考の中に描くことなしに，たとえ小さい部分でも，

> 私はそれを表現することはできない．思考の中に描いてのみ，直観が得られるのである．

カントにとっては，「可視的直観」として図が果たす役割は，幾何学が単なる経験科学でもなければ，総合的内容を欠く巨大な同語反復でもない理由の説明を与えるものである．この観点は，彼の新しい哲学的分析の核心であり，その出発点は数学的証明についての，当時確立していた考え方であった．

6.　19 世紀数学と証明の形式的考え方

19 世紀には，幾何学および他の数学分野において，方法のみならず，さまざまな小分野の目的においても重要な発展があった．認識に関わる分野としての論理学もまた，重大な変化を遂げるとともに，その及ぶ視野と方法が変容することで次第に数学化したのである．その結果，19 世紀の終わりまでには，証明の考え方と数学におけるその役割は大きく変わることとなった．

1854 年，**リーマン** [VI.49] は「幾何学の基礎をなす仮説について」(Über die Hypothesen, welche der Geometrie zu Grunde liegen）という講演をゲッティンゲンで行った．ほぼ同じころ，1830 年代に遡る非ユークリッド幾何学に関する**ボヤイ** [VI.34] と**ロバチェフスキー** [VI.31] の研究，および**ガウス** [VI.26] のアイデアは広く知られるようになっていた．矛盾のない別種の幾何学の存在は，証明の役割と数学的厳密性をも含めて，幾何学的知識の最も基本的かつ長期にわたる信念を訂正する緊急の必要性をもたらしたのである．これに関してさらに重要なのは，**射影幾何学** [I.3 (6.7 項)] に対する興味の復活である．射影幾何学は，ジャン・ポンスレの 1822 年の論文の出版の後，それ自身未来に開かれた基本的研究課題になっていた．他の多くの可能な幾何学への射影幾何学の追加は，統一化と分類の企てを促進した．中でも，最も重要なのは，群論的アイデアに基づくものである．特に名高いのは，1870 年代の**クライン** [VI.57] と**リー** [VI.53] による観点である．1882 年，モーリッツ・パッシュが出版した論文は，公理的基礎と射影幾何学における定理群の相互関係の組織的探求に向けられ，数学界に多大な影響を与えた．パッシュの研究は，これまで長年にわたりユークリッド幾何学に見出されてきた多くの論理的ギャップを埋める企てであった．解析的手段に頼ることなく，そして，とりわけ関連する図の性質に訴えることなく，彼の同時代の数学者たちよりもさらに組織的に，厳密な論理的演繹によって公理系からすべての幾何学的結論が得られなければならないことをパッシュは強調したのである．ある意味では，彼は意識的にユークリッド的証明に立ち戻っているものの（この時代には，ユークリッド的証明という言葉の意味は少々曖昧にはなっていたが），図に対する彼の態度は基本的に異なっている．可視化された図の潜在的な限界（そして，たぶんそれが誤解を導く影響）に気づいて，彼の先輩たちが考えていたよりさらに，証明の純粋な論理的構造に大きな重点を置いたのである．にもかかわらず，幾何学と幾何学的証明に関する徹底的な形式主義者の観点には至らなかった．むしろ，彼は幾何学の源泉と意味については一貫して経験的アプローチを取り入れ，図は発見に使うためだけにあるという主張には達していなかったのである．

> （幾何学の）基本的命題は，対応する図なしに理解することはできない．図は，あるきわめて単純な事実から観察される事柄を表現している．定理はこの観察に基づいているというより，証明されるものである．演繹中に行われるすべての推論は図によって確かめられなければならないが，図によって正当化されるというより，ある先行する言明（あるいは定義）から正当化されるのである．

パッシュの研究は，純粋な演繹的関係を好む立場から，幾何学的証明における図の中心的地位を失わせることに確かに貢献した．しかし，幾何学の公理が占める地位の完全な転換には直結しなかったし，幾何学というものが本質的にはわれわれの空間の可視的直観（Anschauung の意味で）の研究であるという従来の考え方に変更を迫ったものでもなかった．幾何学における 19 世紀のすべての重要な発展は，付加的要因との組合せによる影響のもとでのみ，証明の考え方に重大な変化をもたらしたのである．

解析学は，数学研究の主要な分野であり続けていた．そして，その基礎付けの研究は幾何学的厳密性から離れ，ますます算術理論との関係を深めた．この変化は，**コーシー** [VI.29]，**ワイエルシュトラス** [VI.44]，**カントール** [VI.54]，**デデキント** [VI.50] らの研究に刺激されている．彼らの研究は，常に基本的言明と定義を好む立場から，直観的論証や概念の除去を目的としていた（とはいえ，実際には，19 世紀の最後の 30 年あまりに行われた算術の基礎に関するデデキントの研究に至るまでは，彼らの研究で追求された厳密な定式化は，いかなる種類の公理的土台にも支えられてはいなかった）．幾何学，代数，算術のどれにおいても，数学理論の公理的基礎を研究すること，そして代わりとなる可能な前提の系を探求するというアイデアは，ジョージ・ピーコック，チャールズ・バベッジ，ジョン・ハーシェル，そして，異なる場所の異なる数学的文脈においてではあるが，ヘルマン・グラスマンのような数学者によって，19 世紀中に実際に遂行された．しかし，このような研究は，当時の通常的数学には属さないという意味で例外的なものであった．彼らは，幾何学と解析学における証明の新しい考え方の具体化においては，ほんの限定的な役割を果たしただけである．

上記の傾向と結び付きながら，証明への新しい種類のアプローチを生み出す一つの大きな転機は，**ペアノ** [VI.62] とイタリアにおける彼の弟子たちの研究に見出すことができる．ペアノは優れた解析学者であったが，一方で人工言語，特に，数学的証明の完全な形式的扱いを可能にする人工言語の開発にも興味を持っていた．1889 年，そのような概念言語の算術への応用に成功し，有名な**自然数に対する公理** [III.67] を発見した．他方，射影幾何学に関するパッシュの公理系は，ペアノの人工言語への挑戦を促し，幾何学の演繹的構造に含まれる論理的用語と幾何学的な用語の間にある関係の研究が開始された．この文脈で，彼は公理の独立性というアイデアを提出し，これを射影幾何学に対する彼独自の公理系に適用した．彼の公理系はパッシュのそれを部分的に改造したものである．とはいうものの，この観点は証明の形式的考え方にペアノを導いたわけではない．彼はなおも，これまでの幾何学者と似たような考え方をしていたのである．

> 誰でも，一つの仮説から始めてその論理的結論を展開することが許される．しかし，その研究に幾何学の名称を与えたいと欲するならば，そのような仮説あるいは前提は，自然界の図形の単純かつ初歩的な観察の結果に基づいていなければならない．

ペアノの影響下で，マリオ・ピエリは，抽象的形式的理論を取り扱うための記号を開発した．ペアノやパッシュとは異なり，ピエリは純論理的な体系としての幾何学を促進したのである．その中では，定理は仮説的前提から演繹され，基本的用語は，経験的あるいは直観的な意味からは完全に切り離されている．

幾何学と証明の歴史における新しい章は，**ヒルベルト** [VI.63] の『幾何学基礎論』（*Grundlagen der Geometrie*）の出版により，19 世紀末に開かれた．これは，上記のさまざまな幾何学研究を総合し完全なものにする研究成果である．ヒルベルトは，デザルグやパッポスの定理のような，射影幾何学の基本的結果の間にある論理的相互関係を包括的に分析することに成功した．この中で，それらの証明における連続性の役割に特に注意を払っている．彼の分析は，一般化された解析幾何学を基礎としており，その中では，実数だけではなく，さまざまな異なる**数体** [III.63] を使った座標系が採用されている*8)．このアプローチは，すべてのタイプの幾何学の純粋な総合的算術化によって，演繹的体系としてのユークリッド幾何学の論理的構造を明確化するのに役立っている．それはまた，ユークリッド幾何学と他の種類の既知の幾何学——非ユークリッド幾何学あるいは非アルキメデス的幾何学——の間の関係を明らかにしている．論理へ焦点を当てることは，図式が単なる発見的役割に追放されることをとりわけ意味している．実際，「基礎論」の中の多くの証明において図がなおも登場しているものの，論理的分析全体の目的は，図により生じる誤解を避けることであった．証明，特に幾何学的証明は，図による論証ではなく，純粋に論理的な論証になっている．そして同時に，演繹の前提にある公理系の本質と役割がドラマティックな変化を受けることとなった．

パッシュの先駆的研究に続いて，ヒルベルトはこれまでの公理系に内在していたギャップを埋めるべく，新しい公理系を幾何学に導入した．この公理系は五つの種類——関係の公理，順序の公理，合同の公理，平行線の公理，連続の公理——からなる．五つのそれぞれは，空間への直観がわれわれの理解に現れるような特有な方法で表現されている．公理は，点，直線，平面という三つの基本的種類の対象により

*8) ［訳注］たとえば，直線と円を幾何学の対象とする場合は，ピタゴラス体と呼ばれる数体を利用すれば十分である．

定式化される．それらは「定義されないまま」であり，公理系がそれらの暗黙の定義を提供していると考えるのである．換言すれば，点や直線を最初に定義するのではなく，それらに対して成り立つと仮定される関係を公理化し，体系の前提とされる公理を満たす実体とするにしても，点と直線を直接的に定義することはない．さらに，ヒルベルトは幾何学体系の公理は互いに独立であることを要請し，この要請がまっとうされていることを確かめる方法を導入したのである．このため，体系の一つの公理を満たさないが，他のすべての公理を満たしているような幾何学のモデルを構成した．ヒルベルトはまた，体系が矛盾しないことを求め，そして幾何学の無矛盾性は，彼の体系においては算術理論の無矛盾性に帰着するものとした．最初彼は，算術の無矛盾性は主要な障害にはならないと決めてかかっていたが，後になって実はそうでないことを悟ることになる．ヒルベルトが初期に公理的体系に導入した二つの付加的要求は，単純性と完全性である．単純性は，本質的には，一つの公理が「単一のアイデア」より多くのアイデアを含んではならないという要請を意味している．ある体系のすべての公理が単純であるという要請は，決して明確には定義されていなかったし，その後のヒルベルトの研究や彼の後継者によっても組織的に追求されることはなかった．最後の要請である完全性については，1900 年にヒルベルトが言っているように，数学分野の適切な公理化は，その分野で知られている「すべての」定理を導き出せるということである．ヒルベルトは，彼の公理系がユークリッド幾何学で知られているすべての結果を生じさせると主張したが，もちろんこれは彼が形式的な形で証明できたことを意味するものではない．実際のところ，この完全性というものは，与えられた公理系から形式的にチェックされはしないから，公理系が有すべき標準的な必要性とはならない．さらに，1900 年の段階でヒルベルトが使った意味での完全性の概念は，ずっと後に登場し，今日受け入れられているモデル理論的な完全性とはまったく異なる．後者の完全性は，与えられた公理的体系においては，その証明が知られていようといまいと，すべての真である言明は証明可能という要件なのである．

無定義概念の使用と，暗黙の定義に付随する公理の考え方は，ピエリが考案したように，純論理的体系としての幾何学の考え方に大きな弾みを与え，数学における真理と証明の考え方を大きく変えていった．デデキントのアイデアに共鳴して，ヒルベルトはさまざまな機会に，彼の理論体系においては，理論の論理的構造にいかなる意味でも影響を及ぼすことなく，「点，直線，平面」は「椅子，テーブル，ビールジョッキ」に置き換えられると主張した．さらに，集合論的逆説についての論議に照らして，ヒルベルトは公理により定義される概念の論理的無矛盾性は，数学的実在の本質を表していると強く主張した．ヒルベルトにより導入された新しい方法論的道具や，彼により達成された幾何学の基礎付けの大要などの影響下で，ヒルベルトのアプローチによって具現化された観点を超えて，多数の数学者が新しい数学観のもとで活動を展開した．一方，20 世紀初頭の米国で盛んになった動向は，エリアキム・H・ムーアにより主導されたもので，これは体系により限定された研究領域への直接的興味とは独立に，公理系の研究自身を一つの数学分野とすることであった．たとえば，彼らは，群，体，射影幾何学など，それらに対する独立な公理系の最小集合というものを，個々の専門分野にいっさい言及することなく定義した．他方，有能な数学者は，証明と数学的真理の形式的観点をさらに採用・発展させ，それらを当時増大しつつあったいくつかの数学分野に適用し始めた．急進的な数学者だった**フェリックス・ハウスドルフ** [VI.68] の研究は，この動向の重要な例を供給する．実際，彼はヒルベルトによる幾何学の新しい形式的観点に常に賛同した最初の数学者の一人である．1904 年に，彼は次のように書いている．

> カント以来の哲学的論議において，数学，あるいは少なくとも幾何学は，外的事象に依存する他律的なものとして取り扱われてきた．この外的事象は，ほかに良い表現がないので，純粋あるいは経験的，主観的，科学的に修正されたもの，先天的あるいは習得的なもの，などと呼んでいるものである．現代数学の最重要かつ基本的な責務は，他律的なものから自律的なものへ移る戦いのために，この依存性から脱却することである．

1918 年頃のことであるが，ヒルベルトが「有限主義的」プログラムを定式化し，算術の無矛盾性に関する論議に引き込まれたとき，彼自身がこのような考え方を追求した．このプログラムは，実際のところ，形式的観点を強く押し出しているのだが，その目的は，この特別な問題を解くことに限定されていた．それゆえ，これは重要な点であるが，幾何学についてのヒルベルトの考え方は経験主義的なままであり，幾何学の公理的分析を数学全体の形式主義的考え方の一部と考えていたわけではない．彼は，公理的アプローチを，既存の精巧に作り上げられた理論（幾何学はその最も顕著な例である）の概念的解明を行うための道具と見ていたのである．

数学における証明と真理の概念に対するヒルベルトの公理主義的アプローチは，数名の数学者の強い反応を引き起こした．中でも，**フレーゲ** [VI.56] が代表的である．彼の観点は，20 世紀への変わり目に変化しつつあった論理学の状況と，その数学化・形式化の漸進的過程に密接に関連している．この過程は，**ブール** [VI.43]，**ド・モルガン** [VI.38]，グラスマン，チャールズ・S・パース，そしてエルンスト・シュレーダーらにより，19 世紀を通して行われた論理の代数化に関する努力の成果である．しかし，論理学の新しい形式的考え方に対する最も重要なステップは，論理的**限定子** [I.2 (3.2 項)]（「任意の」を表す "∀" と「ある」を表す "∃"）の役割に対する一層の理解であった．この理解は，特にコーシー，**ボルツァーノ** [VI.28]，ワイエルシュトラスらの手になる，形式的ではないものの明瞭な形で行われた解析学の再組織化と可視的直観からの別離のプロセスの一部としてなされてきたのである．それは，1879 年の『概念記法』(*Begriffsschrift*) の中で，フレーゲにより初めて組織的に定義・成文化された．フレーゲの体系は，後にペアノと**ラッセル** [VI.71] により提案された類似の体系と同様に，論理記号と代数的・算術的記号の違いばかりでなく，命題的連結子と限定子の間の明らかな違いを前面に持ち出したものであった．

フレーゲは，**形式的体系**の考え方を定式化し，その中ですべての許される記号，意味のある（記号）式をあらかじめ生み出すルールと，（前もって選ばれた意味のある式である）すべての公理，そして推論規則のすべてを定義した．このような体系において，任意の演繹的推論は，「統語論」的に，すなわち，純粋に記号的手段によってチェックされる．フレーゲは，このような体系の基礎の上に，それらの証明の中で論理的ギャップを持たない理論を作り出すことを目的としていた．これは，彼の研究の元来の動機であった解析学の算術化のみならず，当時発展しつつあった幾何学の新しい体系に適用されるものであった．他方，フレーゲの観点では，数学理論の公理は，単に意味のある式として形式的体系に登場する場合でさえ，世界の真理を体現するべきものであった．これがまさに，ヒルベルトによる批判の源となったのである．フレーゲが主張する公理系の真理とは，ヒルベルトが示唆したように，無矛盾性を保証するものなのであって，その逆ではないのである．

このようにして，われわれは，二つの別の分野である幾何学と解析学が，一方でどのようにして異なる方法論と哲学的見解によって鼓舞されたか，また他方で，20 世紀の変わり目に至って，数学的証明についてのまったく新しい考え方を生み出す方向に収束してきたかを見てきた．この考え方では，数学的証明は図を通して可視化するのとは独立な，純粋に統語論的用語で有効化される純粋な論理的構成物と見ることができるのである．そして，この考え方は，それ以後の数学を支配するようになったのである．

7. エピローグ：20 世紀における証明

20 世紀の初頭には安定しつつあった証明の新しい考え方は，今日では正当な数学的論証を構成する理想化されたモデルとなり，広く数学者に受容されている．それ以来，数学者によって案出され発表される実際の証明が，完全に形式化された形として表現されることは確かに稀である．今日の数学者は，原理的には形式化可能な言語を用いて十分正確な表現を行い，簡単な努力で読者が納得できるような明瞭な論証を行う．しかし，数十年の間に，この支配的な考え方の限界が次第に意識され始め，正当な数学的論証の代わりとなる考え方が，数学研究の実践現場で次第に受け入れられてきたのである．

証明の考え方を十分な程度まで組織的に追求する企ては，早い時期に，思いがけない困難さを生み出した．これは，完全に形式化された純粋に統語論的な演繹的論証としての証明概念に関する困難さである．1920 年代初期，ヒルベルトと彼の共同研究者は，「証明」それ自身を研究の対象とする，完全に独り立ちした数学理論を展開した．この理論は，証明の形式性を前提として，形式化された体系としての算術理論の無矛盾性を，有限主義的観点から直接的に証明しようという，野心的なプログラムの一部として登場した．ヒルベルトは，物理学者が実験を行うための物理的装置を吟味し，哲学者が判断の批判に携わるように，数学者は数学的証明を分析し，しかもそれを数学的手段で厳密に行わなければならないと主張した．**ゲーデル** [VI.92] が彼の目覚しい**不完全性定理** [V.15] とともに舞台に登場したのは，このプログラムが発進してから約 10 年後のことである．この定理は，「数学的真理」と「証明可能性」は同じものではないという有名な事実を示している．実際，任意の無矛盾な，(数学者によって使われている代表的な体系を含むような) 十分に豊かな公理的体系において，真ではあっても証明不可能な数学的言明が存在するのである．ゲーデルの研究は，ヒルベルトの有限主義的プログラムが楽観的すぎたことを意味しているが，同時に，ヒルベルトの証明論から得られた深い数学的洞察も含んでいる．

これに密接に関係している発展が，ある重要な数学的言明が決定不能であるという証明の出現であった．おもしろいことに，それらの一見否定的な結果は，そのような言明が真であることを確立するための正当な根拠を与える新しいアイデアを生み出したのである．たとえば，1963 年にポール・コーエンは，**連続体仮説** [IV.22 (5 節)] が通常の集合論の公理においては証明もできないし，反証もできないことを示した．ほとんどの数学者は，このアイデアを受け入れ，(もともと期待された形とは異なるものの) 問題は解けたと見なしている．しかし，同時代の集合論の専門家，特にヒュー・ウッディン (Hugh Woodin) は，連続体仮説が偽であると信じるに足る理由があると主張している．この主張を正当化するために彼らが奉ずる戦略は，証明の形式的考え方とは基本的に異なっている．すなわち，新しい公理系を案出し，この公理系が望ましい性質を有することを示すことにより許容されるべきであると主張して，連続体仮説の否定が導かれることを示そうというのである (「集合論」[IV.22 (10 節)] を参照)．

2 番目の重要な問題は，さまざまな数学領域に登場する重要な証明の長さが増し続けていることから派生する．この顕著な例は，**有限単純群の分類** [V.7] である．その証明は，多数の数学者で手分けされた部分的証明からなっている．もし，それらの証明すべてを一緒にするならば，結果としては優に 1 万ページに及ぶ証明になるであろう．さらに，1980 年代の初めに証明が完成されたと発表されて以来，複数の誤りが見つかっている．それらの誤りは，いつも比較的容易に直され，分類定理自身は群論学者に受け入れられて利用もされている．にもかかわらず，一人の人間が確かめるには長すぎる証明が果たして許容されるべきかという問題も提起しているのである．より最近の例では，**フェルマーの最終定理** [V.10] や**ポアンカレ予想** [V.25] といった著名な定理があり，これらは別の意味で証明をチェックすることが困難である．その証明は (有限単純群の分類に比べればそうでもないが) 長いばかりでなく，内容においても理解が容易ではないからである．これら双方の場合，証明を確認するのにわずかな資格者による莫大な努力を必要としたこともあって，証明の最初の告知から数学者集団によって完全に受け入れられるまで，相当な時間を要した．それらが，数学における大きな躍進であることに論議があるわけではないが，興味深い社会学上の問題を引き起こしたと言える．すなわち，誰かがある定理を証明したと主張し，(上記の二つの定理とは異なり，他の数学者が確認するほど重要なものではないという理由で) それを注意深くチェックする人がいないとき，この定理の身分はどういうものになるのだろうか？

確率論的考察に基づく証明が，数論，群論，組合せ論といったさまざまな数学領域で登場している．時には，完全に確かとは言えないが，間違っている確率はとても小さい (たとえば 1 兆分の 1) という形で数学的言明を「証明」できることがある (例としては，**計算数論** [IV.3 (2 節)] におけるランダムな素数判定法)．このような場合，形式的証明は有しないが，与えられた言明が間違っている可能性は，上で言及した長い証明の一つにおいて重大な間違いが起こる可能性よりたぶん少ないであろう．

もう一つの挑戦は，計算機の助けを借りた証明である．たとえば，1976 年にケネス・アッペル (Kenneth Appel) とウォルフガング・ハーケン (Wolfgang Haken) が，**4 色定理** [V.12] を証明することにより，古くから知られていた有名な問題に片をつけたが，彼らの証明は莫大な数の地図の形状のチェックを含み，これを計算機の助けを借りて行っていたのである．初めのうちは，彼らの証明の適切さについて論議が巻き起こったが，すぐにそれは受け入れられ，現在ではこの種の証明がいくつか存在する*9)．数学

---

*9)　[訳注] たとえば「球体の最も密度の高い詰め方」につ

者の中には，計算機の助けを借りた証明や，さらに重要な「計算機が生成する証明」が一つの大きな分野になると信じている者もいる．この（現在は少数派である）観点のもとでは，容認される数学の証明についての現時点での考え方は，すぐに時代遅れになるだろう．

強調すべき最後の点は，現在の数学の多くの分野が，基本的に重要である一方で，この先証明が可能かどうかわからないような予想を包含していることである．これらの予想が真であることを確信している数学者は，いつの日か受け入れられる証明が現れる（あるいは，少なくと予想が真である）と仮定して，それらがもたらす結果の組織的研究にますます力を入れている．このような条件付き結果が，一流の数学専門誌に発表され，多くの博士号をもたらしているのである．

これらの潮流は，数学における合法的証明，数学的真理の地位，「純粋」と「応用」分野の間の関係の既存の考え方に興味深い問題を投げかける．確かに統語論的規則に従う記号列としての証明という形式的概念は，ほとんどの数学者が彼らの専門分野の根本的要素と考える基礎的原理に対して，理想的なモデルを提供し続けている．それは，公理的体系の能力についての数学的分析を幅広く可能にしてはいるものの，同時に，数学者が職業的実践の中で，どのような種類の論証を正当なものとして受け入れるかを決めるときの考え方の変化を説明するには，不十分なのである．

謝辞 本章の草稿に対して有益なコメントをいただいたホセ・フェレイロスとリヴィエル・ネッツに感謝する．

文献紹介

Bos, H. 2001. *Redefining Geometrical Exactness. Descartes' Transformation of the Early Modern Concept of Construction*. New York: Springer.

Ferreirós, J. 2000. *Labyrinth of Thought. A History of Set Theory and Its Role in Modern Mathematics*. Boston, MA: Birkhäuser.

Grattan-Guinness, I. 2000. *The Search for Mathematical Roots, 1870-1940: Logics, Set Theories and the Foundations of Mathematics from Cantor through Russell to Gödel*. Princeton, NJ: Princeton University Press.

Netz, R. 1999. *The Shaping of Deduction in Greek Mathematics: A Study in Cognitive History*. Cambridge: Cambridge University Press.

Rashed, R. 1994. *The Development of Arabic Mathematics: Between Arithmetic and Algebra*, translated by A. F. W. Armstrong. Dordrecht: Kluwer.

いて問うケプラー予想の，トーマス・ヘイルズによる証明（4 章 3.5 節）．

II.7

数学の基礎における危機

The Crisis in the Foundations of Mathematics

ホセ・フェレイロス［訳：砂田利一］

数学者の間では，数学の基礎における危機は有名であり，数学とは無縁な多くの人々の耳にも達している．十分に訓練された数学者であれば，（以下で説明する）「論理主義」「形式主義」「直観主義」に関する視点，そして数学的認識とは何かという意味を詳らかにする**ゲーデルの不完全性定理** [V.15] について幾ばくかの理解があると見なされる．職業数学者は，数学の基礎における論争は自分には無関係だとして簡単に片付け，論争の勝利者側に自分を置いて，このような話題について自分の考え方を決めてしまう傾向がある．そして，原理的事柄，あるいは好奇的見解に立って勝利者側を弁護しながら，数学に対する修正主義的アプローチを行っているのである．しかし，実際に何が起きたのかという歴史的議論の概要はあまり知られていないし，哲学的に微妙な問題点についてはしばしば無視されてさえいる．ここでは，重要な概念的問題を鮮明にすることを目指して，主に前者について論じる．

数学の基礎における危機は，**ヒルベルト** [VI.63] により先導された（19 世紀後半の）「古典的」数学者の一派と，既成理論の訂正を強く主張する**ブラウアー** [VI.75] に率いられた批判者の間で，1920 年代に比較的狭い地域で巻き起こった激論として，通常理解されている．しかし，第 2 の，しかも筆者の見解ではきわめて重要な意味を持つ危機が存在した．この「危機」は長期間にわたるグローバルなプロセスであり，現代数学の勃興やそれが引き起こした哲学的・方法論的問題とは切り離せない．これが，本章を書くにあたっての論点である．

この長期間にわたるプロセスの中で，いくつかの顕著な期間を取り出すことができる．1870 年頃においては，非ユークリッド幾何学，複素解析，さらには実数概念についてさえ，それらが数学にとって容認できるものなのかという議論が頻繁になされていた．20 世紀初頭には，集合論，連続体の概念，そして「直観の役割」対「論理的公理的方法」についての論争があった．1925 年頃まで真の意味での危機が存在したが，それらの論争における主だった見解は，綿密な数学研究のプロジェクトに転換・発展したのである．そして 1930 年には，**ゲーデル** [VI.92] が，数学者がそれまで後生大事にしていたある種の確信を捨て去ることなしには理解できない結果である「不完全性定理」を証明したのであった．以下，これらの出来事のいくつかと，問題点について詳細に分析しよう．

1.　基礎における初期の問題

論理主義として後に知られる考え方を，ヒルベルトは 1890 年には抱いていたことが確認されている．論理主義とは，基本的数学的概念は論理的概念により定式化され，数学の鍵となる原理はすべて論理的原則のみに則って演繹されるというテーゼである．

当時は論理学の及ぶ範囲が曖昧だったこともあって，このテーゼは未熟なものであった．しかし，歴史的に見れば，論理主義は，現代数学の勃興，特に集合論的アプローチと方法論に対する適切な知的反応だったのである．集合論は洗練された意味での論理そのものであるという多数意見によれば*1)，自然数や実数の理論が集合論をよりどころとして派生するという事実と，さらには，当時増大しつつあった代数学と実・複素解析における集合論的方法の重要な役割によって，このテーゼは支持されていると考えられていた．

ヒルベルトの数学に対する考え方は，**デデキント** [VI.50] から継承したものである．今日のわれわれから見ると，ヒルベルトとデデキントによる初期の論理主義は，本質的には当時は型破りと見られていたある種の現代的方法の自己宣伝であった．現代的方法は 19 世紀の間に徐々に出現し，中でも**ガウス** [VI.26] に近いゲッティンゲンの数学者集団に関係付けられる．すなわち，現代的方法は**ディリクレ** [VI.36] や**リーマン** [VI.49] の革新的アイデアにより重大な転換を経験し，デデキント，**カントール** [VI.54]，ヒルベルトや，著名ではないその他の数学者により展開されたのである．一方，ベルリンの有力な数学者集団がこの新しい潮流に反対の立場をとった．中でも，**クロネッカー** [VI.48] は真っ向から，**ワイエルシュトラス** [VI.44] は少々微妙な立場から，反対の態度を示した（ワイエルシュトラスは実解析学に厳密性を取り入れたことで知られるが*2)，実際には当時進みつつあった現代的手法に対しては好意的ではなかった）．パリや他の場所の数学者たちもまた，この革新的なアイデアに対して疑いの念を抱いていた．

現代的アプローチの最も特徴のある事柄は，次のようにまとめられる．

(i) ディリクレにより提案された「任意」の関数概念の受容．
(ii) 無限集合と高位の無限に対する積極的受容．
(iii) 「計算する場に思想を置く」（ディリクレ）ことを好み，公理的に特徴付けられる「構造」に意を注ぐこと．
(iv) 証明の「純粋に存在論的な」方法に対する信頼がしばしば見られること．

これらの特徴が見られる初期の有力な例は，**代数的数論** [IV.1] においてデデキントが 1871 年の論文でとったアプローチである．彼の**数体** [III.63] や**イデアル** [III.81 (2 節)] の集合論的定義と，たとえば一意分解に関する基本定理のような結果を証明した方法がそのような例である．数論の伝統からのこの注目すべき離脱に際して，デデキントはイデアルという代数的整数の無限集合を用いることにより，代数的整数の分解理論を研究したのであった．そして，二つのイデアルの積についての適切な定義と新しい抽象的概念を使って，一般的状況のもとで，任意の代数的整数環の中でイデアルが素イデアルの積として一意的に分解されることを証明したのであった．

当時の有力な代数学者であるクロネッカーは，デデキントの証明が具体的に因子を計算する手段を与えていないことに不満を抱いていた．クロネッカーによれば，集合論的方法と構造の代数的性質の集中

*1)　デデキント，**ペアノ** [VI.62]，ヒルベルト，**ラッセル** [VI.71] らは多数意見の側に属していたが，リーマンとカントールのような重要人物がこの考えに同意していなかったことは，特筆すべきだろう（Ferreirós, 1999 を参照）．

*2)　[訳注] $\varepsilon-\delta$ 論法による微分積分学の再構築を意味している．

的研究により可能になるこの抽象的作業は，アルゴリズム的論法，すなわち構成的方法からは程遠い．しかし，デデキントにとっては，このような不満は見当違いであり，「計算する場に思想を置く」という原理を忠実に守ったからこそ成功した．もちろん，具体的問題では，よりデリケートな計算技術を開発することが必要になるだろう．実際，いくつかの論文でデデキントはこのような研究も行っているのである．しかし，彼はまた，一般の概念的理論の重要性についても力説している．

リーマンとデデキントのアイデアおよび方法は，1867 年から 1872 年にかけて出版された論文を通してよく知られるようになった．それらの論文は，数学理論が式と計算にのみ基礎を置くようなものではないという考え方に対する明確な弁護であるという点で，特に衝撃的だったのである．すなわち，理論のさらなる発展を付託する解析的表現あるいは計算方法とともに，明確に定式化された「一般概念」にこそ，数学理論は常に基礎を置くべきだという考え方である．

この違いを説明するために，関数論に対するリーマンとワイエルシュトラスの間の明らかな対立点を特に考えてみよう．ワイエルシュトラスは，解析関数（「いくつかの基本的な数学的定義」[I.3 (5.6 項)] を参照）をベキ級数 $\sum_{n=0}^{\infty} a_n(z-a)^n$ の形の式の族として明示的に表し，それらは互いに**解析接続** [I.3 (5.6 項)] で関連付けられているものと考えた．一方，リーマンはまったく異なる抽象的アプローチを選び，関数が解析的であることを，その関数が**コーシー–リーマンの微分可能条件** [I.3 (5.6 項)] を満たすこととして定義した[*3)]．この簡潔な概念的定義は，微分可能な関数のクラスが（たとえば級数表現のように）具体的には特徴付けられていないという理由から，ワイエルシュトラスにとっては不愉快に感じられたのである．彼の批判能力を行使することにより，至るところ微分不可能な連続関数の有名な例を提示したのも，これに関係している．

解析学と関数論の研究における重要な手段として無限級数を好むことについては，関数が解析的表現であるという，旧式の 18 世紀的アイデアに近い位置にワイエルシュトラスがいたことを知っておくことには意味がある．他方，リーマンとデデキントは，常にディリクレによる関数の抽象的考え方，すなわちそれぞれの x に対してある $y = f(x)$ を対応させる「任意な」方法としての関数の考え方に共鳴していた（それ以前は，明示的な式により y が x で表されるべきと考えられていた）．ワイエルシュトラスは書簡の中で，ディリクレの考え方が興味ある数学の発展をもたらすには，あまりにも一般的にすぎ，しかも曖昧であると批判した．彼は，この考え方が**連続性** [I.3 (5.2 項)] や**積分** [I.3 (5.5 項)] のような一般的概念を定義し分析するのに正当な枠組みであることを，認識していなかったようである．この枠組みは，19 世紀数学における「概念的アプローチ」と呼ばれるようになった．

同様な方法論的論争は，他の分野でも行われた．1870 年の書簡の中で，クロネッカーはボルツァーノ–ワイエルシュトラスの定理は「自明な詭弁」であるとまで断じ，反例を提示すると約束さえした．有界な実数の無限集合が集積点を持つというボルツァーノ–ワイエルシュトラスの定理は，古典解析の基本であり，このことはワイエルシュトラスのベルリンにおける有名な講義の中で強調されている．クロネッカーが問題にしたのは，この定理が実数の完備性の公理に完全に依存していることであった（この公理の一つの表現は，入れ子になった閉区間の列の共通部分が空でないということである）．初等的方法では，有理数から実数を構成することはできない．（可能なすべての「デデキント切断」の集合のような）無限集合を正面から使わなければならないからである（デデキント切断とは，$\mathbb{Q}$ の部分集合 C であって，有理数 p, q が $p < q$, $q \in C$ を満たすならば $p \in C$ となるものを指す）．換言すれば，ボルツァーノ–ワイエルシュトラスの定理に現れる集積点は，有理数から初等的手段により構成することができないということを，クロネッカーは注意したのである．実数の集合についての古典的考え方，すなわち「連続体」という考え方は，すでに現代数学の「非構成的」要素の種子を含んでいたのである．

1890 年頃，不変式論に関するヒルベルトの研究が，別の基本的結果に対する純粋な存在論的証明につい

---

*3) リーマンは，特定の関数を決定するのに，それに付随する**リーマン面** [III.79] と特異点における挙動のような，「独立な」特徴付けを用いた．それらの特徴は，ある種の変分原理（ディリクレ原理）を通して関数を決定するのだが，ワイエルシュトラスは，反例を与えることにより，このような考えに対しても批判を行ったのである．後に，ヒルベルトとクネーザーは，変分原理を再定式化することによって正当化した．

ての論争を巻き起こした．これは基底定理と呼ばれるものであり，（現代的表現では）多項式環の任意のイデアルは有限生成であるという結果である．この方面のアルゴリズム的研究で当時高名だった，不変式の「王」とも称せられるパウル・ゴルダンは，ユーモアを込めてこれは「神学」であり数学ではない！と叫んだという（このコメントはまさに文字どおりであると言ってよい．というのも，ヒルベルトの証明は純粋に存在論的であって構成的でないからであり，それは神の形而上学的存在証明と比較できるからである）．

この基礎における初期の論争を通じて，反対者の観点が次第に明確になっていった．集合論におけるカントールの証明はまた，存在論的証明方法の典型的な例になっている．彼は 1883 年の論文において，高位の無限と現代的方法を擁護する中で，暗にクロネッカーの考え方に対して攻撃を行っている．一方，1882 年，クロネッカーはデデキントの方法を公に批判し，カントールに対しては非公式な批判を行って，1887 年には彼の基本的観点を詳述する試みを論文として出版した．その翌年の 1888 年，デデキントは自然数の集合論的（彼によれば，論理主義的）理論の詳細を公にすることによって，クロネッカーに反駁している．

初期の批判との間で行われた勝負は，現代数学陣営の明らかな勝利で終了した．この陣営には，フルヴィッツ，**ミンコフスキー** [VI.64]，ヒルベルト，ヴォルテラ，ペアノ，**アダマール** [VI.65] のような強力な味方が新たに加わり，**クライン** [VI.57] のような有力な人々により擁護された．リーマンの関数論はより一層の改善が必要であったが，当時の実解析，数論，その他の分野における発展は，現代的方法の力と有望さを表していた．1890 年代になると，一般的な現代的観点，中でも論理主義が大きな発展を経験することになる．ヒルベルトは，公理的方法に新しい方法論を持ち込み，幾何学（1899 年とそれ以後の版）と実数系を扱うときにそれを適用した．

以下に説明するように，このあと，カントール，ラッセル，ツェルメロらによる，いわゆる論理的パラドックスが劇的な形で登場する．これらのパラドックスは 2 種類に分かれる．一方はある種の集合の存在が矛盾を導くという議論である．このようなパラドックスは，後に集合論的パラドックスと呼ばれることになる．他方は，意味論的パラドックスであり，これは真理と定義可能性の概念を明確にしようとするときの困難さとして登場する．これらのパラドックスは，論理主義者が提出しつつあった数学における当時の魅力的な観点を完全に打ち壊した．実際には，論理主義の全盛はパラドックスの登場以前，すなわち 1900 年以前に見られたのであるが，登場以後，論理主義はラッセルによる型理論とともに復活することになる．しかし，1920 年までには，論理主義は数学者というよりは哲学者の興味の対象となった．一方で，現代的方法の主唱者とそれに批判的な構成主義者の間の乖離は，そのまま残されたのである．

2.　1900　年　頃

1900 年に開催されたパリの国際数学者会議において，ヒルベルトは集合論における重要な問題であるカントールの**連続体仮説** [IV.22 (5 節)] と，すべての集合は順序付けられる（整列可能）かという問題を含む，数学の諸問題の有名なリストを公開した．その 2 番目の問題は，実数の集合 $\mathbb{R}$ の概念の無矛盾性を確立することが目的である．彼は無計画にこれらの問題を考察し始めたのではない．むしろ，20 世紀には数学がどのようなものであるべきかを明確に表明するための戦略の一つなのであった．それら二つの問題と，ヒルベルトの若い同僚であったツェルメロが，$\mathbb{R}$（連続体）が整列可能であることを示すのに使った**選択公理** [III.1] は，前にリストアップした特性 (i)〜(iv) を有する典型的な例である．1905〜06 年に発表された多くの論文に見られるように，これが保守的な人たちを刺激し，クロネッカーの不信感を復活させたことは，驚くに当たらない．これは論争の次のステージにわれわれを誘う．

2.1　パラドックスと無矛盾性

この出来事の目立った変わり目において，現代数学の擁護者はその適切さに対して新しい疑いを投げかける論議につまずくことになる．1896 年頃に，すべての順序数と基数（濃度）からなる，見た目には無害な概念が矛盾を生じることが発見されたのである．順序数の場合，この矛盾は**ブラーリ＝フォルティの逆説**と呼ばれており，基数の場合は**カントールの逆説**と呼ばれている．すべての超限的順序数が集合を形作るという仮定は，**カントール**のこれまでの結果によって，自分自身より小さい順序数が存在するという奇妙な結果が導かれるのである．同じことが基数についても言える．このような逆説を知ったデデキントは，人間の思考が完全に合理的なものかどうかについて疑いを持ち始めた．さらに悪いことには，1901 年から 1902 年にかけて，ツェルメロとラッセルが，きわめて初等的な矛盾を発見した．後ほど触れることになるこの矛盾は，ラッセルの逆説，あるいは**ツェルメロ–ラッセルのパラドックス**と呼ばれている．このことは，集合論を論理学と考えるこれまでの理解の薄弱性が明らかになったことで，不安定な時代が新たに始まったことを意味していた．とはいうものの，この論議に真剣に関わったのは論理学者のみであり，その理由は彼らが自身の理論そのものの矛盾に直面したからである．

ツェルメロ–ラッセルのパラドックスの重要性について説明しよう．リーマンからヒルベルトに至る時代の多くの研究者は，任意の well-defined*4) な論理的あるいは数学的性質が与えられたとき，この性質を満たす要素すべてからなる集合が存在するという原理を容認していた．記号を使えば，well-defined な性質 p が与えられたとき，集合 $\{x: p(x)\}$ という対象が存在するということである．たとえば，「実数である」という性質（これはヒルベルトの公理によって形式的に定式化される）に対応して，すべての実数の集合が存在するし，「順序数である」という性質に対応して，すべての順序数の集合が存在する，ということである．これは**包括原理**と呼ばれ，素朴集合論（素朴という言葉は後付けなのであるが）と論理学者が呼ぶ集合論の出発点になっている．この原理は，基本的論理規則と考えられていて，集合論全体は初等的論理学の単なる一部分であるとされていたのである．

ツェルメロ–ラッセルのパラドックスは，包括原理が矛盾を導くことを示している．しかも，それは，可能な限り初歩的かつ論理的な性質の定式化で得られた矛盾である．$x \notin x$ という性質を $p(x)$ とおこう（ここでは，「否定」（/）と「要素である」（$\in$）が純粋に論理的概念であることを認めておく）．包括原理は，$R = \{x: x \notin x\}$ が集合として「存在する」ことを保証している．しかし，これは直ちに矛盾を生じる．実際，$R \in R$ であれば，（R の定義により）$R \notin R$ であり，同様に，$R \notin R$ であれば $R \in R$ となる．（年上の同僚である**フレーゲ** [VI.56] もそうであったように）このパラドックスを知ったヒルベルトは，論理主義を捨てざるを得ないと考え，さらにクロネッカーの考え方が完全に正しかったのではないかとの思いに駆られた．しかし，結局は，集合論は改良された論理学を必要としているとの結論に達した．また，（論理的ということではないが）数学的公理系を基礎とした「数学的」理論として，集合論を公理的に確立することが必要であるとも考えた．この研究を行ったのがツェルメロである．

よく知られているように，ヒルベルトは，数学的対象の集合が存在するとは，対応する公理系が首尾一貫していること，すなわち無矛盾であることと同等であると強く主張した．記録に残る証拠は，カントールのパラドックスへの反応という形で，ヒルベルトがこの名高い原理に到達したことを示唆している．彼は，的確に定義された概念に対応する集合を考える代わりに，概念そのものが論理的に無矛盾であることを最初に証明すべきとしたのである．たとえば，すべての実数の集合を容認する前に，実数の集合に対するヒルベルトの公理系の無矛盾性を証明しなければならない．ヒルベルトの原則は，数学的実在の考え方から形而上学的内容*5) を取り除く方法の一つである．数学的な対象は，独立な形而上学的実在というより，むしろ思考の領域における一種の「理念的存在」となっているというこの考え方は，デデキントとカントールにより先取りされていた．

ブラーリ＝フォルティ，カントール，あるいはラッセルの名前の付いたものだけが，「論理」パラドックスというわけではない．実際，ラッセル，リカード，ケーニヒ，グレリングらにより，さらに多くの逆説が提示された（リカードの逆説については，このあとで論じる）．これら多くの逆説からはさまざまな混乱が生じたが，一つだけ明らかなことがある．それは，それらが現代論理を発展させ，理論には厳密な形式的表現が必要であるとの確信を促進させるのに重要な役割を果たしたという事実である．理論が正確な形式言語で述べられたときにのみ，意味論的

*4) ［訳注］訳しづらい用語であるが，あえて訳せば「明確に定義された」あるいは「矛盾なく定義された」となる．

*5) 「形而上」とは哲学用語であり，感性的経験では知り得ないもの，有形の現象の世界の奥にある究極的なものを意味し，「形而上学」は現象界の奥にある，世界の根本原理を純粋思惟や直観によって探究する学問を意味する．

逆説を無視することが可能になり，それらと集合論的逆説の違いを明確に述べられるのである．

2.2　叙　述　性

1903 年には広く数学界で知られるようになった集合論の逆説を，フレーゲとラッセルの著作が提案したとき，**ポアンカレ** [VI.61] はそれらの逆説を論理主義と形式主義に対する批判に用いた．

逆説についての彼の分析は，新しい重要な考え方を作り出すきっかけを与えた．すなわち，**叙述性**（predicativity）という概念である．彼は，非叙述的定義は数学において避けるべきだと主張した．形式ばらない言い方をすれば，その要素をすでに含む全体を引用することにより要素を導入しようとするとき，定義は非叙述的であると言われる．代表的な例は次のようなものである．デデキントは自然数の集合 $\mathbb{N}$ を，1 を含み，$1 \notin \sigma(\mathbb{N})$ であるような単射 σ のもとで閉じたすべての集合の交わりとして定義した（写像 σ は**後者関数**と呼ばれる）．彼のアイデアは，集合 $\mathbb{N}$ を最小なものとして特徴付けることであったが，このプロセスにおいて，集合 $\mathbb{N}$ はすでに $\mathbb{N}$ それ自身を含む集合すべてを言及することにより導入されている．この種のプロセスは，ポアンカレ（そしてラッセル）には受け入れられないものであった．関連する対象が，それを含む全体の参照によってのみ明示されるときは，特にそうである．ポアンカレは，彼が研究した逆説のそれぞれで，非叙述的プロセスがあることを見出した．

例として，リカードの逆説を取り上げよう．これは言語的あるいは意味論的逆説の一つである（この逆説では，すでに述べたように，真理と定義可能性の概念が顕著に現れる）．まず，定義可能な実数という考え方から始める．定義はある言語の有限個の文字により表現されるから，定義可能な実数は可算個しか存在しない．実際，定義可能な実数をアルファベット的順序（**辞書式順序**）で並べたリストを作り，これによって実数を数え上げられる．リカードのアイデアは，カントールが実数の集合 $\mathbb{R}$ の**非可算性** [III.11] を証明したときに用いた対角線論法を，このリストに適用することである．定義可能な数を $a_1, a_2, a_3, \ldots$ としよう．新しい数 r を，r の小数展開の n 位が，a_n の n 位の数と異なるものとして定義する（たとえば，a_n の n 位の数が 2 と異なれば，r の n 位は 2 とし，そうでなければ 4 とする）．このとき，r はこのリストの中にはないから，r は定義可能な実数とはなり得ない．しかし，r の作り方を見ると，r が有限個の文字を用いて定義されている！　ポアンカレの立場では，非叙述的定義を禁止したのであるから，r はすべての定義可能な数の全体を参照して定義されているという理由で，数 r の導入を防ぐことになる*6)．

ポアンカレが考えたような数学の基礎へのアプローチでは，（自然数ばかりでなく）すべての数学的対象は明示的定義により導入されなければならない．定義されようとしている対象がそれ自身メンバーであると仮定された全体を参照しているのなら，対象それ自身がその定義を構成する要素になってしまうという循環に陥る．この観点から，「定義」は叙述的でなければならない．すなわち，定義しようとしている対象よりも前に，すでに確立されている全体のみを参照すべきなのである．ラッセルや**ワイル** [VI.80] のような重要人物は，このような観点を受け入れ，それを発展させた．

一方ツェルメロはこれに納得せず，（たとえばデデキントによる $\mathbb{N}$ の定義のように）集合論のみならず，古典解析においても非叙述的定義はほとんどの場合に問題を起こすことなく使われていると主張した．特別な例として，彼は**代数学の基本定理** [V.13]*7) の**コーシー** [VI.29] による証明を引用しているが，非叙述的定義のより単純な例は，実解析における上限の概念である．実数は，それぞれが明示的・叙述的な定義によって個別的に導入されるのではない．むしろ完備化された全体として導入されるのである．そして，実数からなる有界無限集合の上限を選び出そうとするときの特殊な方法が，非叙述的になるのである．しかし，ツェルメロは，定義されようとする対象は定義によって「創造」されるのではなく，単に選択されるのだから，このような定義は無害であると主

*6)　この逆説の現代的解決方法は，明確に確立された形式理論の枠内で数学的定義を与えることである．この形式理論では，あらかじめ言語と表現が明確に定められている．リカードの逆説は，「定義」の意味の曖昧さを利用したのである．

*7)　コーシーによる論拠は，明らかに非構成的，すなわちこれまで述べてきたような「純存在論的」なものであった．代数方程式が解を持つことを証明するために，コーシーは多項式の絶対値を研究し，これが最小値 σ を持つことを使って，σ が正であれば矛盾が導かれることを示した．この最小値 σ は非叙述的に定義されるのである．

張した（van Heijenoort（1967, pp. 183–98）の中にある 1908 年の彼の論文を参照）．

非叙述的定義を捨て去るというポアンカレの考えは，ラッセルにとって重要な示唆として受け入れられた．彼はこれを，有名な**型理論**の中で「悪循環原理」として組み入れた．型の理論は，性質あるいは集合，集合の集合，集合の集合の集合などについての量化の概念を備えた，高階の論理系である．粗く言えば，集合の要素は，常にある同質な型の対象であるべきという考え方に基づいている．たとえば，$\{a,b\}$ のような「個物」の集合，あるいは，$\{\{a\},\{a,b\}\}$ のような個物の集合の集合を考えることはできるが，$\{a,\{a,b\}\}$ のような「混在」する集合は許されない．しかし，非叙述性を排除するために採用した，いわゆる「分枝」の考え方のせいで，ラッセル型の理論は著しく複雑なものになってしまった．とはいえ，この理論体系は，無限公理，選択公理，「還元公理」（これは驚くほどその場しのぎの公理であり，分枝に「陥る」ことを意味している）とともに，集合論と数の理論を発展させるには十分なものであった．こうして，ホワイトヘッドとラッセルの有名な著作『プリンキピア』（*Principia Mathematica*, 1910〜13）のための論理的基礎となったのである．この中で，彼らは数学の基礎固めを注意深く行っている．

型の理論は 1930 年頃まで論理系として主流であったが，フヴィステク（Chwistek），ラムゼーらが作り上げた「単純」な型の理論（すなわち，分枝なしの理論）のもとで，『プリンキピア』の基礎の一つとなるのに十分なものとなった．ラムゼーは，非叙述性についての心配を取り除くことを目標とした考え方を提案し，『プリンキピア』の他の存在公理——無限公理と選択公理——を論理的原理として正当化することを試みた．しかし，彼の論議は確定的なものではなかった．論理主義を逆説から救出するラッセルの試みは，何人かの哲学者（中でもウィーン学派のメンバー）を除けば，説得力のあるものではなかったのである．

ポアンカレの示唆はまた，ワイルが『連続体論』（*Das Kontinuum*, 1918）の中で興味深い基礎的アプローチを提示した際の，鍵となる方針となった．その主となる考え方は，古典論理を用いて自然数の理論を構築することは認めて，それ以後は叙述的に進めていくというものである．したがって，ブラウアーとは違って，ワイルは排中律を受容したのである（このこと，およびブラウアーの観点は，第 3 節で論じる）．しかし，実数の完全な系は彼の方法では得られない．実際，この系では $\mathbb{R}$ は完備ではないし，ボルツァーノ–ワイエルシュトラスの定理は成り立たない．これは，通常行われる解析学の結果の導出を複雑なもので置き換えなければならないことを意味している．

ワイルのスタイルによる数学の叙述的基礎の考え方は，入念な形で発展し，近年注目すべき結果を生み出してきた（Feferman（1998）を参照）．叙述的理論体系は，現代的方法に依存する理論体系と厳格な構成主義的理論体系の間にある．これは通常の理論体系とは一線を画し，また論理主義，形式主義，直観主義という時代遅れの三つの体系とも異なるものである．

2.3　選　択　公　理

パラドックス自身もそうであるが，それと同様に注意すべきは，数学の基礎に対するパラドックスのインパクトが，しばしば誇張されてきたことである．第 1 節におけるわれわれの議論とは大いに対照的に，論争の実際の出発点にはパラドックスがあるという説明をよく耳にする．しかし，20 世紀の最初の 10 年間に限ったとしても，他の重要な論争が存在したのである．それは，選択公理とツェルメロの整列可能定理の証明を取り巻く論議である．

集合と，それを定義する性質の間の関連が，包括原理という矛盾を生じる原理を通して，当時の数学者と論理学者の精神に深く染み込んでいた事実を思い出そう（2.1 項）．選択公理は，互いに交わらない空でない集合の無限族が与えられたとき，この族のそれぞれの集合の要素をちょうど一つだけ含む集合（選択集合）が存在することを主張する大前提である．批判者が言うように，この前提は選択集合の存在を明記しているだけであって，それを定義する性質を与えていない．実際，選択集合を明示的に特徴付けられるならば，選択公理を使う必要はない！　しかし，ツェルメロの整列可能定理においては，選択公理を本質的に適用しなければならないのである．カントール，デデキント，ヒルベルトの理想主義的な意味では，$\mathbb{R}$ の要素を整列させることは可能であるが，構成主義的考え方では，どう見ても整列させるのは無理なように思える．

こうして，選択公理は集合論における従前の考え方の曖昧さを増幅し，数学をさらに明瞭なものにすることを，数学者に強いることとなった．一方では，選択公理は「勝手な」集合を許す従前の考え方のはっきりとした言明以外の何物でもない．しかし他方では，性質に従って無限集合の明確な定義が必要であるという考え方とは，明らかに衝突する．これについての深い議論が，舞台上でなされることとなった．そして，この特別な話題に関する論議は，他の何者より，数学の現代的方法における存在論的意味を解明するのに大いに貢献した．批判者である**ボレル** [VI.70]，ベール，そして**ルベーグ** [VI.72] が，解析学の定理を暗に選択公理に依存して証明していたという事実は，知っておくべきであろう．ヒルベルトの生徒であった解析学者エルハルト・シュミットにより，選択公理がツェルメロに示唆されたことは偶然ではない*8)．

ツェルメロの証明の出版後，ヨーロッパ全体に激しい論争が広がった．ツェルメロは，彼の証明が非の打ちどころのない公理系の枠内で行われることを示すために，集合論の基礎を作り出す必要に迫られた．その成果が，彼の有名な**公理系** [IV.22 (3 節)] である．この背景にはカントールとデデキントの貢献があり，ツェルメロ自身の定理の中でも行われているように，これは集合論の注意深い分析から生み出された傑作である．フレンケルと**フォン・ノイマン** [VI.91] によるいくつかの追加（置き換え公理と正則性）と，ワイル，スコレムによって（1 階論理内で定式化するために）提示された新しい方法（すなわち，個物と集合上の量化であり，性質の量化ではない論理）とともに，この公理系は 1920 年には今日知られている形になった．

ZFC 公理系（ZFC はツェルメロ，フレンケル，“choice” の頭文字）は，現代数学的方法の特徴を成文化したものであり，数学理論と証明行為を発展させるのに十分満足すべき枠組みを提供している．特にこの公理系は強い意味での存在原理を含み，非叙述的定義および任意の写像を許しているという意味で，純粋な存在証明を是認している．さらに，主だった数学的構造を定式化することも可能にしている．それゆえ，第 1 節で言及した特徴 (i)〜(iv) をすべて有しているのである．ツェルメロ自身の研究は，1900 年頃のヒルベルトの非公式な公理化の線に完全に沿うものである．そして，この時点で彼は公理系の無矛盾性の証明を約束することを忘れてはいなかった．ツェルメロ–フレンケルによるものか，フォン・ノイマン，ベルナイス，ゲーデルによるものかを問わず，公理的集合論はほとんどの数学者が自らの研究分野の基礎として機能するものと信じている理論系なのである．

1910 年頃，ラッセルの型の理論とツェルメロの集合論の間には，強いコントラストがあった．前者は形式論理の枠内で行われ，その出発点は（後に実践的理由による妥協はあったものの）叙述主義に沿ったものであった．それから数学を引き出すには，無限と選択集合の存在論的仮定を必要としていたのだが，徹底した公理というよりは，それらは修辞上の仮説として取り扱われていた．後者は，論理的には非公式な形で表現され，あくまでも非叙述的な観点を採用していた．そして，古典的数学のすべてと高位の無限に関するカントールの理論を引き出すのに十分な存在論的仮定を，公理として強く押し出しているのである．1920 年代になると，ラッセルの理論とツェルメロの集合論の乖離は大いに縮小し，このことは上で述べた最初の特徴に関しては顕著であった．ツェルメロの理論は，現代的形式論理の言語の枠内で完全化され，定式化された．そして，ラッセル派は単純な型の理論を採用し，現代数学の非叙述的かつ「存在論」的方法を受容するようになった．これはしばしば（混乱を引き起こすかもしれないが）プラトン主義と呼ばれる．すなわち，理論が言及する対象は，数学者が実際かつ明示的に定義するものからは，あたかも独立に存在するものとして取り扱われるのである．

一方，20 世紀の最初の 10 年に戻ると，オランダの若き数学者が構成主義に哲学的色彩を加えた異説を考えつつあった．1905 年，ブラウアーは，非常に固有な形而上学的かつ倫理学的観点を提示し，1907 年のテーゼにおいて，それに対応する数学の基礎を入念に仕上げ始めた．「直観主義」という彼の哲学は，個々の意識が知識のただ一つの源泉であるという古くからある形而上学的観点に由来している．この哲学自体は，たぶんそれほど興味深いものではない．そこで，ここではブラウアーの構成論的原理に

*8)　1905 年にフランスの解析学者の間で交わされた書簡と（Moore, 1982; Ewald, 1996 を参照），1908 年に出版された整列可能定理の第 2 証明におけるツェルメロの手際の良い議論（van Heijenoot, 1967）を読むことで，当時の事情をよく知ることができる．

集中して解説することにしよう．1910 年頃，ブラウアーは**不動点定理** [V.11] のような位相幾何学への重要な貢献により，有名な数学者となっていた．そして，第 1 次世界大戦が終わるまでには，以下に述べるように，有名な「危機」を作り出すきっかけとなった基本的考え方を詳細化した論文を発表し始めた．このような流れの中で，彼は形式主義と直観主義の間の通例の（しかし誤解を導く）違いを確立するのに成功したのである．

3.　厳密な意味での危機

1921 年，ワイルの論説が『数学雑誌』(*Mathematische Zeitschrift*) に掲載された．ヒルベルトの弟子であり，有名な数学者であったワイルは，この論説の中で直観主義を公然と擁護し，数学の「基礎における危機」が目の前にあるとの判断を下したのである．この「危機」は，ブラウアーによる「革命」によって，解析学の旧態を解体する方向に向いていた．ワイルの論説は，眠っているものを起こそうとするプロパガンダである．これに対して，同じ年にヒルベルトは，ブラウアーとワイルを「クロネッカーの独裁」を狙う反乱であると批判した（これに関連する論文, Mancosu (1998) と van Heijenoort (1967) を参照）．基礎における論争は，「古典的」数学を正当化するヒルベルトのアプローチと，直観主義により大きく異なる数学を展開しようとするブラウアーの間の戦いに転じたのである．

なぜブラウアーは「革命家」なのだろう？　1920 年までの鍵となる基礎的問題は，実数概念の許容性と，より基本的な非叙述性および高位の無限と存在証明の非制限的な使用を支持している集合論の強い意味での存在論的仮定の許容性であった．具体的には，集合論と古典解析は非叙述的定義に依存し，強い意味での存在論的仮定を行っていることで批判されたのである（特に，選択公理は，1918 年に**シェルピンスキ** [VI.77] により集中的に使われた）．このように，20 世紀最初の 20 年間に行われた論争は，集合と部分集合を定義し，それらの存在を確立しようとするときに，どの原理を認めるかということであった．鍵となる問いは，「勝手な部分集合」と語るときの曖昧さを厳密化できるかである．最も筋の通った反応は，ツェルメロによる集合論の公理化と，『連続体論』における叙述的理論体系であった（ホワイトヘッドとラッセルの『プリンキピア』は，叙述主義と古典的数学の間の妥協の産物であり，成功したとは言えない）．

しかし，ブラウアーは新しく，しかも基本的な問いを前面に出してきた．自然数についての論拠の伝統的方法については，誰も疑問は挟んでこなかったし，古典論理，中でも量化子の使用や排中律は，何ら躊躇することなく，この文脈の中で使われてきたのである．しかし，ブラウアーはそれらの仮定に原理的な異議を唱え，ワイルのものよりさらに過激な解析学の別の理論を展開し始めた．そうする中で連続体の新しい理論に達したのだが，この過激な理論はワイルをそそのかし，新しい時代の幕開けと言わせたのであった．

3.1　直　観　主　義

ブラウアーは，1918 年と 1919 年にデンマーク科学アカデミーの雑誌 (*Verhandelingen*) に発表された「直観主義的集合論」に関する二つのドイツ語の論文を手始めに，彼の考え方を組織的に発展させ始めた．これらの論文は，直観主義の「第 2 の行動」と彼が見なしているものの一部である．一方，(1907 年以来の)「第 1 の行動」で強調したのは，数学の直観主義的基礎についてであった．すでにクラインとポアンカレは，直観は数学的知識において無視できない役割を果たしていると主張していた．論理が証明や数学理論の展開において重要なのは言うまでもないが，だからと言って，数学すべてが純粋な論理に還元されるものではない．理論と証明は，もちろん論理的に体系付けられるのだが，そのための原理（公理）は直観を基礎にしている．ブラウアーは，さらに進んで，言語と論理から数学は完全に独立であると主張したのである．

1907 年以後，ブラウアーは排中律を拒絶した．排中律は，彼にとっては，すべての数学的問題は可解であるというヒルベルトの確信に同値なものであった．排中律は，どのような命題 p についても，言明 $p \vee \neg p$（すなわち，「p か p でないかのいずれか」）は常に真であるという論理的原理である（たとえば「π の小数展開は無限個の 7 を含むか，あるいは有限個の 7 しか含まない」ということが，証明は知られていなくても排中律から従うことになる）．ブラウアーは，われわれの通常の論理原理は，有限集合の部分集合を扱う方法から抽象化されるのであって，無限集合にそれを直接適用することは禁止されるべきだと考えたのである．第 1 次世界大戦後，彼はこの考えに基づいて数学の組織的な再構築を始めた．

直観主義の立場では，p の構成的証明が与えられたか，あるいは q の構成的証明が与えられたときにのみ，「p または q」と述べることが許される．この立場では，**背理法**（reductio ad absurdum）による証明は有効でない．ヒルベルトの基底定理の最初の証明を思い出そう（第 1 節）．この証明は，基底が無限であると仮定して矛盾を導き，このことから基底の有限性を示しているから，まさに背理法に依存している．$p \vee \neg p$ という排中律の具体的例から出発して，$\neg p$ が成り立たないことを示し，そして p が真であるとの結論が，この手続きの裏にある論理である．しかし，直観主義者は，存在すると考えるそれぞれの対象を構成する明確な手続きと，すべての数学的言明の背後にある明示的な構成を求めるのである．したがって，前述のコーシーによる代数学の基本定理の証明や，上限の存在を使う実解析学における多くの証明も，構成主義者にとっては無効ということになる．実際，構成的証明を見出すことによって，それらの定理を救い出そうと試みた数学者がいた．たとえば，ワイルやクネーザーは，代数学の基本定理の構成的証明に取り組んだ．

直観主義者が拒絶する排中律の使用例を与えることは容易である．任意の未解決問題にこれを適用すればよい．たとえば，カタラン定数[*9)]と呼ばれる数

$$K = \sum_{n=0}^{\infty} \frac{(-1)^n}{(2n+1)^2}$$

を考えよう．K は超越数かどうかは知られていない．もし p が「カタラン定数は超越数である」という言明であれば，直観主義者は p が真ないしは偽であるとは考えない．

直観主義者が真とは「何か」について，ほかとは異なる観点を有していることを理解するまでは，このことは奇妙に聞こえ，あるいは明らかに誤りと考えるかもしれない．構成主義者にとって，命題が真であるというのは，上で言及したような厳格な方法に従ってそれを証明できることを意味しているのである．さらに，命題が偽であるとは，それに対する反例を実際に開示できることを意味する．すべての存在論的言明が，厳密な構成的証明を持つこと，あるいは明示的な反例を持つことを仮定する明白な理由はないから，排中律（真という概念を含めて）を信じる理由はないのである．こうして，ある性質を有する自然数の存在を確立するには，背理法による証明では不十分ということになる．構成主義者を説得したいならば，明示的な構成によって存在を示すしかない．

さらにこの観点から見れば，数学というものは時間に依存し，経過にも依存することに注意しよう．1882 年，リンデマンにより円周率 π が**超越数** [III.41] であることが証明された．直観主義者によれば，この時点から，前もっては真ないし偽とはわからなかった言明に真理値を割り当てることが可能になる．これは逆説的に聞こえるかもしれないが，ブラウアーにとっては正しい言い方である．というのも，彼の観点からは，数学的対象は心理的構成物であり，独立な存在という仮定は「形而上学的」として拒絶されるべきものだからである．

1918 年，ブラウアーはカントールとツェルメロの集合概念を，構成主義的類似で置き換えた．それは，後に「広がり」（spread）と「種」（species）と彼が呼ぶことになるものである．**種**は，基本的には特徴的性質によって定義される集合であるが，「すべての」要素は前もって，しかも独立に明示的な構成により定義されているという但し書きが付く．特に，任意に与えられた種の定義は，厳密に叙述的である．

広がりの概念は，直観主義をさらに特徴付けるものであり，連続体に関するブラウアーの考え方の基礎をなしている．それは，理想化（idealization）を避ける試みであり，数学的構成における時間の役割を正当化する．たとえば，2 の平方根を近似する有理数列を定義したいと仮定しよう．古典解析では，このような列は，それらの総体として存在するものと考えられていた．一方，ブラウアーは，**選列**と彼が呼んでいる概念を定義した．これは，近似列をどのように生成するかに，より注意を払う．それらを作り出す一つの方法は，たとえば $x_{n+1} = (x_n^2 + 2)/2x_n$ のような回帰的関係を与えることである（初期条件は $x_1 = 2$）．もう一つの方法は，ある種の束縛条件に従う緩い選択を行うことである．たとえば，x_n の分母は n であり，かつ x_n^2 は 2 から高々 $100/n$ だけ違う，というようにする．この条件は x_n を一意に

*9)　［訳注］数値としては 0.915 965 594 177 219 015 054 603 514 932 384 110 774 $\cdots$ である．

決めはしないが，$\sqrt{2}$ を近似している．

選列は，それゆえあらかじめ完全に明示されている必要はなく，各数学者が時に応じて自由に選択することが許されている．これらの特徴は，ともに選列を古典解析における列とは大いに異なるようにしている．これが，直観主義的数学が「製造中の数学」と言われる由縁である．対照的に，古典数学は一種の時間によらない客観性によって特徴付けられる．なぜなら，その対象は，対象自身において完全に決定され，数学者の思考のプロセスとは独立だからである．

「広がり」は，その要素として選列を含んでいる．それは，列がどのように構成されるかを統制する法律のようなものである*10)．たとえば，ある特別な仕方で始まるすべての選列からなる「広がり」をとることができる．そして，このような「広がり」はある区分（segment）を表している――一般に「広がり」は孤立した要素は表さず，常に連続的な領域となっている．コーシーの条件を満たす要素からなる「広がり」を使って，ブラウアーは**連続体**という新しい数学的概念を提案した．この概念では，点（あるいは実数）からなっているという従前のプラトン主義的実在によるのではなく，正真正銘の「連続体」を表現しようとしている．おもしろいことに，この観点はアリストテレスの考え方を思い出させる．アリストテレスは 23 世紀も前に，連続体の「優先権」を強調して，延長的な連続体が，非延長的な点からなるという考え方を拒絶したのである．

ブラウアーによる解析学の再構築の次の段階は，関数の考え方を分析することであった．ブラウアーは，関数を「広がり」の要素に値を割り当てるものとして定義したが，「広がり」の意味から，構成的なものと認められるように，この割り当ては，選列の初期区分に完全に依存していなければならない．この定義は驚くべき事実を生み出す．というのも，至るところで定義されている関数はいつも連続（さらには一様連続）になるのである．では，$x<0$ では $f(x)=0$，$x \geq 0$ では $f(x)=1$ であるような関数 f はどうだろうか？ ブラウアーにとっては，これは well-defined な関数ではない．そして，その裏に潜む理由は，正，零，あるいは負であるかどうかわれわれが知らない（そして決して知ることができないかもしれない）ような「広がり」を定めることが可能だからである．たとえば，もし 4 と $2n$ の間にある偶数が二つの素数の和であれば，x_n を 1 とおき，そうでないならば -1 とおけばよい*11)．

排中律を拒絶することは，直観主義的否定が古典的否定とは異なるという効果を持つ．それゆえ，直観主義的算術理論はまた，古典的算術理論とは異なるのである．にもかかわらず，1933 年にゲーデルとゲンツェンは，算術の**デデキント–ペアノ公理系** [III.67] が，形式化された直観主義的算術理論と両立することを示すことができた（すなわち，古典的算術理論における矛盾が直観主義的な「片割れ」における矛盾を生じるような，したがって，後者が無矛盾であれば前者もそうであるような双方の形式的系の間の対応を確立することができた）．解析学あるいは集合論における対応する証明が見出されたわけではないが，これはヒルベルト派の小さな勝利であった．

そもそもは，直観主義による数学の展開は，純粋数学の簡明かつエレガントな表現に至るだろうと期待されていたが，1920 年代にブラウアーの再構築が進むにつれ，直観主義的解析学は極端に複雑化し異質なものになっていった．1933 年に彼が，「真実の天球は幻影のそれよりは平明とは言えない」と言い放ったように，ブラウアーはこの状況に悩みはしなかった．しかし，ワイルは，ブラウアーが完全に満足すべき方法で数学的直観の領域を描写していると確信しながらも，1925 年に「数学者は痛みを持って，彼の高遠な理論のほとんどの部分が彼の眼前にある霧の中に隠れていくのを見ている」とコメントしている．その後すぐに，ワイルは直観主義を捨て去ったようである．このような状況の中で，幸運なことに，古典数学の権利を回復する別の方法を示唆するアプローチが現れた．

*10) より正確に言えば，「広がり」は二つの規則によって定義される（これについての詳細と他の関係する事柄については，Heyting の論文（1956），あるいは最近の van Atten (2003) を参照）．「広がり」を図形的に表せば，（自然数のすべての有限列からなる）普遍樹木（universal tree）の部分樹木で，各結節点に前もって入手した数学的対象が割り当てられているようなものと考えることができる．「広がり」の一つの規則は，樹木の中の結節点を決定するものであり，それらを対象に写すのがもう一つの規則である．

*11) ［訳注］ゴールドバッハ予想によれば，4 以上の偶数は二つの素数の和で表されるが，このことはいまだ証明されていない．

3.2　ヒルベルトのプログラム

この別のアプローチとは，もちろんヒルベルトのプログラムのことである．これは，今でも記憶に残る 1928 年の彼自身の言い方によれば，数学の古典的理論が許容されるかどうかという疑問に対して「懐疑を世界からきっぱりと打ち消すこと」を目的としていた．1904 年に展開し始めた新しい考え方は，形式論理の研究と，与えられた論理式（公理）から証明可能な論理式を導く組合せ的研究に強く依存していた．現代論理により，証明は機械的にチェックされる形式的計算に変じ，そのプロセスは純粋に構成的になる．

先の議論（第 1 節）に照らして，この新しいプロジェクトが，現代的・反クロネッカー的方法論を正当化するためにクロネッカー流の手段を用いるようになったことは興味深い．ヒルベルトの目標は，公理系から矛盾式を証明することの不可能性を示すことであった．これが組合せ的あるいは構成的にいったんなされたならば（あるいはヒルベルトの言い方を借りると，「有限的」になされたならば），たとえそれが実数や超限的集合のような非クロネッカー的対象に関する公理系であったとしても，これは公理系を正当化していると見なされる．

しかし，当時のヒルベルトのアイデアは，論理学への不十分な理解のせいで十全とは言いがたかった*12)．ヒルベルトがこの話題に立ち戻ったのは，1917〜18 年頃である．この時期になると，ヒルベルトは論理学をより深く理解しつつも，一方で彼のプロジェクトの少なからぬ技術的困難さに気づいていた．論理学については，他の数学者が彼の理解を促進するのに重要な役割を演じている．1921 年，ヒルベルトは彼の助手であったベルナイスの助けを借りて，数学の形式化について洗練された考え方に達し，数学的証明と数学的理論の論理的構造を注意深く探求する必要性を理解した．そして，彼のプログラムは，1922 年に行われたライプツィヒにおける講演の中で明確に定式化されたのである．

ここで，ヒルベルトのプログラムを成熟した形で説明しよう．このプログラムは，たとえば 1925 年に「無限について」(Über das Unendliche) という題名で発表されている（van Heijenoort (1967) を参照）．その主なゴールは，統語論的*13) な無矛盾性の証明手段によって，原理の論理的許容性と，現代数学の推論様式を確立することであった．公理，論理，そして形式化は，数学理論の純粋に数学的立脚点からの研究を可能にした（それゆえ，これは**超数学** (metamathematics) と呼ばれる）．ヒルベルトは，非常に弱い形の手段を用いて理論の無矛盾性を確立することを望んだのである．特にヒルベルトが期待したのは，ワイルとブラウアーの批判に応えること，すなわち集合論，実数の古典論，古典解析，そしてもちろん（背理法による間接的証明の基礎にある）排中律を含む古典論理を正当化することであった．

ヒルベルトのアプローチは，大まかに言えば数学理論を完全に正確なものにすることを目標としている．こうすることで，数学理論の性質に関する正確な結果を得ることが可能になる．次に述べるステップは，このようなプログラムを成功させるために必須となる．

(i) 実数の理論のような，数学理論 T に対する適切な公理系と原始的概念を見出すこと．

(ii) 古典論理に対する公理系と推論規則を見出すこと．これはすでに与えられた命題から新しい命題への移行を，統語論的かつ形式的手続きにする．

(iii) 形式的論理的計算の手段によって T を形式化すること．これによって T における命題は記号列になり，証明はこのような記号列の形式的推論規則に従う列になる．

(iv) 矛盾を表す記号列が証明の最後の列に現れることが起きないことを示すための，T の形式化された証明の有限的研究．

実際，ステップ (ii) と (iii) については，デデキント–ペアノの算術理論や，ツェルメロ–フレンケルの集合論のような，数理論理の入門で誰もが学ぶような 1 階論理で形式化された単純なシステムを使って解くことができる．1 階論理は，数学的証明を成文化するのに十分であることがわかるが，おもしろいことに，このことに気づいたのは，**ゲーデルの定理** [V.15] が公表されたあとだった．

ヒルベルトの重要な観点は，理論が形式化された

*12)　1905 年にヒルベルトが使っていた論理は，1879 年のフレーゲの体系や 1890 年代のペアノの体系に対して大きく遅れをとっていたが，この時期の論理学の発展には立ち入らない（Moore (1998) を参照）．

*13)　［訳注］文の構造やその要素となる構造についての研究を統語論という．

とき，証明が有限な組合せ的対象になるという事実であり，証明はまさに系の形式的規則に従う記号列を整列させたものになることであった．ベルナイスが言うように，これは，理論 T の演繹体系を数論的領域に「射影」するようなものである．そして，T の無矛盾性を数論的領域で表現することが可能になる．このような表現を行うことで，形式的証明の有限的研究により理論の無矛盾性を確立すること，すなわち，T の無矛盾性を表す文章を証明する試みに希望が湧いた．しかし，従前の考察では保証されていなかったこの希望には，実は誤りがあることが後に明らかになる*14)．

さらに，このプログラムの重要性は，論理計算のみではなく，公理的系のそれぞれが**完全**（complete）なことである．大雑把に言えば，これは公理的系からすべての関連する結果*15)を導出するのに十分に強力であることを意味している．ゲーデルが示したように，実際にはこの仮定はある種の（原始回帰的な）算術理論を含む系においては正しくない．

ヒルベルトが**有限主義**で何を意味していたかをもう少し説明する必要がある（詳細については Tait（1981）を参照）．これは，1920 年代に彼が提示したプログラムの中で，ポアンカレとブラウアーのような直観主義者の考え方をある程度取り入れた観点であり，1900 年にヒルベルト自身が考えていたことから大きく逸れている．鍵となるアイデアは，フレーゲやデデキントのような論理学者の観点とは反対に，論理と純粋思考は何らかの印（標識）と手法のような，われわれの経験において「直観的」に与えられた何かを必要としているということである．

1905 年，ポアンカレは，算術理論に対する形式的な無矛盾性の証明は循環に陥るという意見を公にした．というのも，そのような論証は式と証明の長さに関する帰納法により進められ，したがって無矛盾であることを確立しようとしている帰納法の公理に依存しているからである．1920 年代になって，ヒルベルトは数学的レベルで必要とされる帰納法の形式は，完全な算術的帰納法に比べて非常に弱い形であり，そしてこの弱い形の形式は，彼が直観的に与えられていると考えた標識の有限論的考察に基づいているから問題はないと反論した．

ヒルベルトのプログラムは，最初の弱い形の理論の研究から，次第に強い理論に進められていった．形式的体系の**超理論**（metatheory）は，無矛盾性や完全性などの性質を研究するものである（論理的な意味での「完全性」は，計算の中で表現されるすべての真なる，つまり正当な式が，形式的に演繹されうることを意味する）．命題論理*16)が無矛盾であり完全であることは直ちに証明される．**述語論理***17)として知られる 1 階論理の完全性は，1929 年のゲーデルの学位論文によって証明された．1920 年代の全期間にわたって，ヒルベルトと彼の共同研究者の関心は，初等的算術理論とその部分系に向けられた．もしこれが解決すれば，彼のプロジェクトはさらに困難で重要な，実数と集合論に移行していくはずであった．アッカーマンとフォン・ノイマンは，算術理論のある種の部分系に対する無矛盾性を確立したが，1928 年から 1930 年にかけて，ヒルベルトは算術理論の無矛盾性はすでに確立したものと確信していたのである．まさにこの時点で，ゲーデルの不完全性定理が登場し，彼のプロジェクトは痛烈な一撃を食らったのであった（第 4 節を参照）．

このプログラムを言い表す「形式主義」という名称は，ヒルベルトの方法がもろもろの数学的理論を形式化することからなり，証明の構造を形式的に研究するという事実に由来している．しかし，この名称は一方に偏しており，混乱を起こしさえする．というのも，通常それが，直観主義という，数学の本格的哲学と対比されるからである．ほとんどの数学者がそうであるように，ヒルベルトは数学というものが単なる式のゲームとは考えてはいなかった．実際，彼は（非形式的な）数学的言明に意義があることを認め，それらの中にある概念的内容の深さをしばしば強調していたのである*18)．

---

*14)　さらなる詳細については Sieg（1999）を参照．

*15)　「関連する結果」に正確な意味を与えることは当然必要であり，そうすることで統語論，あるいは意味論の完全性の概念が導かれる．

*16)　［訳注］命題と呼ぶ対象を扱う論理の体系であり，論理記号としては $\wedge, \vee, \neg, \rightarrow$ のみを使う．

*17)　［訳注］命題の文章内容まで踏み込んだ論理であり，命題論理の論理記号のほかに，限定子 $\exists, \forall$ を使う．

*18)　ヒルベルトは，Rowe（1992）に編纂された 1919 年と 1920 年の講義と，まったく同じタイトルを持つ 1930 年の論文においても，このことを明確に述べている（『ヒルベルト全集』（*Gesammelte Abhandlungen*）第 3 巻を参照）．

3.3 個人的論争

危機は知性のレベルのみで展開したわけではなく，個人レベルでも起きた．この物語を一種の悲劇として語るべきかもしれない．この中で，主人公の個性と，引き続いて起きた出来事が，このような結末を不可避にしたのである．

ヒルベルトとブラウアーはまったく異なる個性を持っていたが，一方で彼らはきわめて強情であり，才気ある人間でもあった．ブラウアーの世界観は観念論的であり，唯我論的でもあった．彼は芸術家的気質を有し，エキセントリックな生活を送る人であった．現代世界を軽蔑し，それから抜け出すために，（実際にはいつでもというわけではないものの，少なくとも原則的には）自己の精神的生活に入り込もうとしていたのである．数学界，特に彼のまわりに集まるトポロジストの国際的グループの中には良き友人と言える人々もいたが，概して自分を他の人々から隔離して仕事することを好んでいた．他方ヒルベルトは，彼の考え方と態度において典型的なモダニストであった．楽観主義者であり合理主義者でもあった彼は，彼の大学，国，そして国際的集団を新しい世界に導こうとしていた．また，共同研究を大いに好み，クラインの大学制度上のプランにも積極的に関わっていた．

第 1 次世界大戦後の成り行きとして，1920 年代の初期，ドイツの数学者は国際数学者会議への参加が許されなかった．ヒルベルトは 1928 年の会議に出席しようとしたが，ブラウアーはドイツの代表団になお課せられていた禁止条項にもかかわらず参加しようとしたことに怒り狂い，他国の数学者に手紙を回覧して，参加ができないようにするべきであると主張した．2 人の考え方の違いは広く知られており，結局はこの違いが彼らの間の衝突を引き起こすに至ったのである．他方，ヒルベルトは無矛盾性の証明に希望を持ちつつ，1920 年代にブラウアーに大きな譲歩を示した．ブラウアーはこの譲歩を強調し，そもそもはブラウアーの業績であるとの言及が抜け落ちているとして非難して，さらに新たな譲歩を要求した*19)．ヒルベルトは侮辱されたと感じたに違いない．さらに，若い世代の中で最も卓越していると彼が評価していた数学者に威嚇されたと感じたに違いない．

我慢の限界は，1928 年のエピソードとともにやってきた．1915 年以来，ブラウアーは，当時最も名声のあった『数学年報』（*Mathematische Annalen*）の編集委員であり，一方，ヒルベルトは 1902 年以来『数学年報』の編集長の職にあった．悪性貧血症という病気を患っていたことと，自分がすでに晩年に達しているのではないかとの恐怖心もあったのだろう，ヒルベルトは雑誌の将来を心配し，編集委員会からのブラウアーの追放を緊急の課題としたのであった．追い出し案を実行に移しつつ，その説明を委員会の他のメンバーに書き送ったところ，アインシュタインは，ヒルベルトの提案は無分別であって，これには関与したくないという返事を返した．しかし，他のメンバーは，年老いた敬服すべきヒルベルトを失望させたくなかったから，最終的に，不明確な手続きにより委員会が解散され，新しい委員会が発足した．ブラウアーは，この処置に大いに動揺し，その結果，この雑誌は主要な編集委員であったアインシュタインとカラテオドリを失うこととなったのである（van Dalen（2005）を参照）．このあと，ブラウアーはいくつかの執筆計画を実行に移さないまま，数年間何も出版しなかった．表舞台からの彼の退場と，これまでの政治的混乱が沈静化するとともに，「危機」の感覚は薄れていった（Hesseling（2003）を参照）．ヒルベルトは，これに引き続く論争や基礎論の展開に関わることはほとんどなかった．

4. ゲーデルとその後の余波

ヒルベルトが勝利したのは『数学年報』の件のみではない．数学界は，全体として現代的数学のスタイルを保ち続けたのである．しかし，彼のプログラムは 1931 年の『数学物理学月報』（*Monatshefte für Mathematik und Physik*）に掲載されたゲーデルの有名な論文で大きな打撃を蒙ることとなる．超数学的方法のきわめて独創的展開（超数学の算術化）により，ゲーデルは公理論的集合論，およびデデキント–ペアノの算術理論が不完全であることを証明したのである（「ゲーデルの定理」[V.15] を参照）．すなわち，理論系の中で使われる言語によって完全に定式化されるような命題 P であって，P と $\neg P$ の双方ともが証明不可能なものが存在するのである．

---

*19)　1928 年に書かれた「形式主義についての直観主義的意見」（Intuitionistic reflections on formalism）を参照（Mancosu（1998）に掲載されている）．

この定理は，ヒルベルトの試みに対する深い問題点をもすでに提起している．というのも，形式的証明では数論的真理を捉えられないことを意味しているからである．ゲーデルの議論を仔細に見ると，この超数学的証明自身が形式化されることがわかる．そして，これはゲーデルの第 2 の定理を導くのである．すなわち，上述の理論の枠内で成文化されうる証明では，理論の無矛盾性の確立は不可能なのである．ゲーデルによる超数学の算術化は，形式的算術理論の言語により同一の形式系の無矛盾性を表現する言明を組み立てることを可能にする．そして，この言明が証明不可能なものの中の一つであることがわかる[*20]．これを対偶的に表現すれば，$1 = 0$ が証明不可能であることの（算術理論の形式的体系において成文化される）有限的・形式的証明は，体系の矛盾に変換されるのである．こうして，もし（ほとんどの数学者が信じているように）理論体系が無矛盾であるならば，そのような有限的証明は存在しないということになる．

当時ゲーデルが「フォン・ノイマン予想」（無矛盾性の有限的証明があるとすれば，それは形式化され，初等算術理論の枠内で成文化される）と呼んでいた予想によれば，第 2 定理は，ヒルベルトのプログラムの完全な失敗を意味している（Mancous（1999, p. 38）と Dawson（1997, pp. 68ff）を参照）．ゲーデルの否定的結果は純粋に構成的かつ有限的であるから，基礎論論争におけるすべての党派に有効であることを強調しておこう．その内容を消化するのは容易でないが，究極的には基礎論研究に対する基本的観点の再確立を促したのである．

数学的論理と基礎論研究は，ゲンツェンのスタイルの証明論に加えて，**モデル理論** [IV.23] の勃興などに繋がり，鮮やかな形で発展し続けた．これらすべての題材は，20 世紀の最初の 1/3 の間になされた基礎論にルーツを持っている．ツェルメロ–フレンケルの公理系は，今日のほとんどの数学者にとって厳密な基礎を与えるのに十分であり，集合の「反復」の考え方によって，むしろ説得力のある直観的正当化を与えているのであるが[*21]，基礎論研究は，野心的な目標の達成を狙うというより，「数学的潮流の一員となり，今では数学の元老院に確固とした議席を持っている[*22]」という印象が一般的である．

しかし，この印象は少々表面的である．証明論は，古典的理論を構成的と見なせる体系へ還元しつつ発展してきた．著しい例は，「算術理論の保守的拡張」として，解析学が算術理論のすべてを定理を含む形での定式化である．ここで「保守的」というのは，算術理論の言語の中では新しい結果を生まないという意味である．解析学のある部分は，原始的回帰的算術理論の保守的拡張を行うことにより発展しさえしたのである（Feferman（1998）を参照）．これは，哲学的基礎の上で，関連する構成的理論許容性が確立されるかという問いを提起する．しかしながら，それらの系に対するこの問いかけは，ヒルベルトの有限的数学に対するそれと比べて，まったく単純とは言いがたい．このような問いかけに対しては，これまでのところ，一般的に同意される答えには至っていないと言ってよいだろう．

そのルーツと正当化が何であろうと，数学は人間の行為以外の何物でもない．この自明の理は，この物語に続く数学の発展の様子から明らかである．数学者集団は，「古典的」アイデアと方法を捨て去ることを拒絶した．直観主義者の革命は挫折したのである．また，形式主義の失敗にもかかわらず，実践上では 20 世紀の数学者の公式なイデオロギーとして確立した．ある人が言ったことであるが，形式主義は，平日には数学的対象を何かしら現実的なものとして研究している数学者が日曜日に慰安のために逃避するような場所で，真面目な信念とは言えないのである．また，**ブルバキ** [VI.96] のメンバーが言うように，数学的知識に関する歓迎されない哲学的問いに既成の応答が必要なときだけ，平日に信奉しているプラトン主義が捨てられるのである．

[*20] 詳細については，たとえば Smullyan（2001），van Heijenoort（1967）など，数理論理への入門書を参照．双方の定理は，ヒルベルトとベルナイスにより注意深い形で証明された（1934/39）．ゲーデルの結果については，質の悪い解説や間違った説明がなされることが多い．

[*21] 基本的アイデアは，次のような作業の繰り返しとして集合論的領域を考えることである．まず，基本的領域 V_0（有限あるいは $\emptyset$ でもよい）から始めて，この領域に属す要素からなるすべての「集合」を考えることによって新しい領域 V_1 を作り，$V_0 \cup V_1$ を考える．これを繰り返して（無限，あるいはそれを超えて）いくのである．これは，ツェルメロが巧みに考案した制限のない集合論的領域を生み出す．反復の考え方については，たとえば Bernacerraf and Putnam（1983）を参照．

[*22] 1973 年のジャン＝カルロ・ロタのエッセイにある言葉．

形式主義は，数学研究者の自意識と自治的集団の需要にうまく適合していることに注意しよう．それは，彼らがトピックを選ぶ自由と，その研究のために現代的手法を利用する完全な自由を保証している．しかし，思慮深い心には，これが答えとなっていないのは明らかであった．数学的知識についての認識論的問いかけは，「世界からなくなった」わけではない．哲学者，歴史家，認識科学者たちは，その内容と発展を理解するために，さらに適切な方法を探し求めている．言うまでもなく，これは数学研究者の自主性を脅かすものではない．もし自主性というものに関心があるならば，その代わりにたぶん，市場や他の力がわれわれに及ぼす圧力について心配すべきであろう．

(半) 構成主義と現代数学はともに現在も発展し続けており，それらの間の考え方の違いは強固になっているのだが，99% の職業数学者が「現代数学」派に属しているという意味では相当アンバランスである（とは言っても，どちらが正しい方法を採用しているかを統計で云々すべきではないだろう）．フランスにおける論争に関するコメントとして，1905 年に**アダマール** [VI.65] は「数学には二つの考え方がある．結局のところ，それは二つの精神性に目立った形で由来している」と述べている．そして，二つのアプローチには，それぞれ価値があることが認識されてきたというのが現状である．それらは互いに補間し合い，平和的に共存しているのである．特に，効果的方法，アルゴリズム，計算数学に対する興味は，この数十年間で際立って増大している．そして，それらすべてが構成主義の伝統に近い．

基礎論論争は，公理論的集合論の定式化と直観主義の勃興を促し，アイデアと結果，鍵となる洞察，そして発展という，豊富な遺産を残した．この発展の中で最も重要なものの一つは，公理論の改良としての現代数学論理の出現である．これは 1936 年頃には回帰性と計算可能性の理論に繋がっていった（「アルゴリズム」[II.4 (3.2 項)] を参照）．この過程で，形式主義の特性と発展可能性，そして限界が大いに明確になったのである．

論争全体を通して最もホットな問題の一つは，そしてたぶんその主な源泉は，連続体をどのように理解するかという問いであった．読者は，連続体が点から「構成される」という考え方を拒絶するブラウアーによるアプローチと，実数の集合論的理解との間の考え方の違いを思い出すだろう．これが迷路に迷い込ませる問いであることは，すべての実数からなる集合の濃度が，2 番目の超限的基数である $\aleph_1$（アレフ 1）であること[*23]，その言い換えとして，$\mathbb{R}$ の無限部分集合は $\mathbb{N}$ あるいは $\mathbb{R}$ 自身と 1 対 1 の対応があるというカントールの連続体仮説によって，一層明らかになった．ゲーデルは 1931 年に，連続体仮説が公理的集合論と矛盾しないことを示したが，ポール・コーエンは 1963 年に，連続体仮説が公理系に属すすべての公理と独立であること（すなわち，連続体仮説の否定も公理的集合論とは矛盾しないこと）を証明した [IV.22 (5 節)]．連続体への別のアプローチを提案している数学者の存在や，カントールの問題の解決を目論んで新しい説得力のある集合論の原理を見つけようとする数学者が今もいるように，この問題は存続しているのである．

基礎論論争は，現代数学の特徴的スタイルと方法論，特にいわゆるプラトン主義あるいは現代数学の存在論的特性を明確にすることに，決定的な仕方で貢献してきた（Benacerraf and Putnam (1983) に収録された 1935 年のベルナイスの古典的論文を参照）．この特性は，（少なくともこの場では）想像されるような形而上学的存在を云々するというよりはむしろ，方法論的なものを意味している．現代数学が構造の研究に関わるときは，効果的な定義と構成を行う人間的（あるいは機械的）能力とは独立に構造が与えられたものと考えるのである．これは驚くべきことのように見えるかもしれない．しかし，たぶんこの特徴は科学的思考のより広い特性と，科学的事象のモデル化において数学的構造が果たす役割によって説明される．

結論として言えるのは，数学の基礎における論争により，数学とその現代的方法がなおも重要な哲学的問題によって取り巻かれている状況が明らかになったことである．かなり多くの数学的知識が保証されるとき，数学の誉れである確実性と明晰性によって定理は確立され，問題は解かれる．しかし，初期のあるがままの姿で数学を展開しようとするときには，哲学的問題を避けるわけにはいかない．本章の読者は，いくつかの場面，特に直観主義についての議論やヒルベルトのプログラムの背景にある基本的考え方，そしてもちろんのこと，ゲーデルの定理によっ

*23)［訳注］自然数の集合の基数は $\aleph_0$ で表される．

て明確化された数学とその非公式な片割れの間にある関係の問題において，これを感じたのではないだろうか？

謝辞　本章の草稿に有益なコメントをいただいた，マルク・ファン・アッテン，ジェレミー・グレイ，パオロ・マンコス，ホセ・F・ルイス，ヴィルフリート・ジーク，そして編者に感謝する．

文献紹介

ベルナイス，ブラウアー，カントール，デデキント，ゲーデル，ヒルベルト，クロネッカー，フォン・ノイマン，ポアンカレ，ラッセル，ワイル，ツェルメロなどなど，彼らによる関連する論説，論文をすべて挙げることは不可能である．読者は，van Heijenoort（1967），Benacerraf and Putnam（1983），Heinzmann（1986），Ewald（1996），そして Mancosu（1998）により，それらの文献を探すことができる．

Benacerraf, P., and H. Putnam, eds. 1983. *Philosophy of Mathematics: Selected Readings*. Cambridge: Cambridge University Press.

Dawson Jr., J. W. 1997. *Logical Dilemmas: The Life and Work of Kurt Gödel*. Wellesley, MA: A. K. Peters.

Ewald, W., ed. 1996. *From Kant to Hilbert: A Source Book in the Foundations of Mathematics*, 2 vols. Oxford: Oxford University Press.

Feferman, S. 1998. *In the Light of Logic*. Oxford: Oxford University Press.

Ferreirós, J. 1999. *Labyrinth of Thought: A History of Set Theory and Its Role in Modern Mathematics*. Basel: Birkhäuser.

Heinzmann, G., ed. 1986. *Poincaré, Russell, Zermelo et Peano*. Paris: Vrin.

Hesseling, D. E. 2003. *Gnomes ih the Fog: The Reception of Brouwer's Intuitionism in the 1920s*. Basel: Birkhäuser.

Heyting, A. 1956. *Intuitionism: An Introduction*. Amsterdam: North-Holland. Third revised edition, 1971.

Hilbert, D., and P. Bernays. 1934/39. *Grundlagen der Mathematik*. 2 vols. Berlin: Springer.

【邦訳】D・ヒルベルト，P・ベルナイス（吉田夏彦，渕野昌 訳）『数学の基礎』（シュプリンガー・フェアラーク東京，2007）

Mancosu, P., ed. 1998. *From Hilbert to Brouwer: The Debate on the Foundations of Mathematics in the 1920s*. Oxford: Oxford University Press.

Mancosu, P. 1999. Between Vienna and Berlin: the immediate reception of Gödel's incompleteness theorems. *History and Philosophy of Logic* 20:33–45.

Mehrtens, H. 1990. *Moderne–Sprache–Mathematik*. Frankfurt: Suhrkamp.

Moore, G. H. 1982. *Zermelo's Axiom of Choice*. New York: Springer.

Moore, G. H. 1998. Logic, early twentieth century. In *Routledge Encyclopedia of Philosophy*, edited by E. Craig. London: Routledge.

Rowe, D. 1992. *Natur und mathematisches Erkennen*. Basel: Birkhäuser.

Sieg, W. 1999. Hilbert's programs: 1917–1922. *The Bulletin of Symbolic Logic* 5:1–44.

Smullyan, R. 2001. *Gödel's Incompleteness Theorems*. Oxford: Oxford University Press.

Tait, W. W. 1981. Finitism. *Journal of Philosophy* 78:524–46.

van Atten, M. 2003. *On Brouwer*. Belmont, CA: Wadsworth.

van Dalen, D. 1999/2005. *Mystic, Geometer, and Intuitionist: The Life of L. E. J. Brouwer*. Volume I: *The Dawning Revolution*. Volume II: *Hope and Disillusion*. Oxford: Oxford University Press.

van Heijenoort, J., ed. 1967. *From Frege to Gödel: A Source Book in Mathematical Logic*. Cambridge, MA: Harvard University Press. (Reprinted, 2002.)

Weyl, H. 1918. *Das Kontinuum*. Leipzig: Veit.

Whitehead, N. R., and B. Russell. 1910/13. *Principia Mathematica*. Cambridge: Cambridge University Press. Second edition 1925/27. (Reprinted, 1978.)

Woodin, W. H. 2001. The continuum hypothesis, I, II. *Notices of the American Mathematical Society* 48:567–76, 681–90.

第III部 数学の概念

Mathematical Concepts

III.1

選択公理

The Axiom of Choice

イムレ・リーダー［訳：砂田利一］

次のような問題を考えよう．まず，$a = \sqrt{2}$, $b = -\sqrt{2}$ とすれば，a, b は無理数であり，$a+b$ および ab 双方が有理数になっているが，a^b が有理数となる無理数 a, b は存在するだろうか？　これが正しいというエレガントな証明がある．$x = \sqrt{2}^{\sqrt{2}}$ とおいてみよう．もしこれが有理数であれば，$a = \sqrt{2}$, $b = \sqrt{2}$ が例になる．x が無理数であれば，$x^{\sqrt{2}} = \sqrt{2}^2 = 2$ であるから，$a = x$，$b = \sqrt{2}$ が例になる．

さて，この議論は確かに無理数 a, b で a^b が有理数になるようなものが存在することを示している．しかし，この証明には興味深い特徴がある．すなわち，そのような a, b を具体的には与えていないという意味で非構成的である．代わりに，$a = b = \sqrt{2}$ であるか，$a = \sqrt{2}^{\sqrt{2}}$，$b = \sqrt{2}$ のいずれかが答えになっているということなので，この二つの可能性のどちらが正しい答えになっているかがわからないばかりか，どのようにしてこれを見出すかについては何も語っていない．

この種の証明は，哲学者や哲学に傾斜する数学者にとってはトラブルであった．とはいえ，数学の主流においては，この証明には問題点がないと考えられていて，重要な論法として認められている．すなわち，形式的には排中律という論理に訴えただけであり，言明の否定が真になり得なければ，この言明は真であると推論したのである．上記の証明に対する代表的な反応は，まったく無効という否定的反応ではなく，単にその非構成的な性格に対する驚きである．

にもかかわらず，非構成的証明に出くわしたときは，構成的証明がないのかと問うのはたいへん自然である．実際に構成してみることは，言明に対するより良い識見を与えるであろう．そして，物事を証明するのは，単に真であることを確信するためばかりでなく，なぜ真なのかという感覚を獲得するためにも重要なのである．もちろん，構成的証明があるかどうかを問題とするのは，非構成的証明が無効であることを意味しているわけではなく，構成的証明のほうが，より教育的ということである．

選択公理は，既知の集合から新しい集合を作るために使う，いくつかの約束の一つである．このような約束の代表例は，任意の集合に対して，そのすべての部分集合を要素とする集合を形成できるという言明や，任意の集合 A と任意の性質 p に対して，p を満足する A のすべての要素からなる集合を形成できるという言明である（通常，前者は**ベキ集合の公理**，後者は**包含公理**と呼ばれる）．大雑把に言えば，選択公理は一つの集合を形成するのに，方法を特に明示することなしに任意個の選択が行えることをいう．

他の公理と同様，選択公理はきわめて自然に見えて，それを使っていることに気づかないときがある．実際，この公理は，定式化される以前から，多くの数学者によって使われていたのである．それが何を意味しているかを理解するため，**可算集合** [III.11] の可算族の和集合が可算であることのよく知られた証明を見てみよう．族が可算なことから，族に属す集合を $A_1, A_2, \ldots$ というように書き出すことができる．そして，それぞれの A_n が可算であることから，その要素を $a_{n1}, a_{n2}, \ldots$ とリストアップできる．そこで，各要素 a_{nm} を系統的に数え上げる方法を見出すことによって証明が終了する．

さて，この証明では，われわれは方法を明示せずに無限個の選択を行った．それぞれの A_n が可算ということから,「われわれが行った選択方法を明示することなく」, A_n の要素のリストを作ったのである. さらに, 各集合 A_n についてはあらかじめ何も知らされていないから, 要素のリストを具体的に作ることは明らかに不可能である. この注意は, 今の証明を無効にしているわけではない. 証明が非構成的であることを示しているだけである(とはいえ, もし各集合 A_n が何であるかが知らされていれば, それらの要素の一覧表を特定することは可能であろうから, これらの特定の集合の和集合が可算であることの構成的証明が与えられる).

もう一つ例を挙げよう. **グラフ** [III.34] は, その頂点が二つの種類 X と Y に分けられ, 同じ種類のどの二つの頂点も辺で結ばれていないならば, **2 部グラフ**と呼ばれる. たとえば, 円周上の偶数個の点を頂点とするグラフ(偶円周)は 2 部グラフであり, 奇数個の場合はそうでない. では, 偶円周の無限個の互いに交わらない和集合は 2 部グラフだろうか? もちろん答えは Yes である. 個々の円周 C 上の頂点を二つのクラス X_C と Y_C に分けて, X を X_C の和集合, Y を Y_C の和集合とすればよい. しかし, 各 C から X_C および Y_C を, どのようにして選び出すのだろうか? 再び, これを行う方法を特定することはできないから, (はっきりとは言わないものの)選択公理を使うことになる.

一般に, 選択公理は「空でない集合 X_i の族が与えられたとき, それぞれから一つずつ要素を選ぶことができる」ことをいう. より詳しく言えば,「i がある添字集合 I を動くとき, X_i が空集合でなければ, $f(i) \in X_i$ となるような I 上の関数(写像) f が存在する」ことをいう. このような関数 f を族に対する**選択関数**という.

一つの集合に対しては, これを行うための約束を必要とはしない. 実際, X_1 が空でないことは, $x_1 \in X_1$ となる要素が存在することを意味しているからである(より形式的に述べれば, 単一の集合 X_1 からなる「族」に対して, 1 を x_1 に対応させる関数が一つの選択関数になっている). 二つの集合に対して, あるいは任意有限個の集合に対しても, 選択関数の存在は集合の個数に関する帰納法により証明できる. しかし, 無限個の集合に対しては, 集合の構成に関する他の約束から選択関数の存在を証明することはできないことがわかる.

では, なぜ選択公理について騒ぎ立てるのだろうか? その主な理由は, それが証明において使われるとき, この証明の部分は自動的に非構成的になるからである. このことは, まさに公理の言明に反映されている. 他の約束に対しては,「二つの集合の和をとることができる」というように, 存在が主張される集合はその特徴で一意に定義されている(u が $X \cup Y$ の要素であるためには, それが X あるいは Y あるいは双方の要素であることが必要十分条件である). 選択公理は, このような性格を有していない. 存在が主張されている対象(選択関数)は一般的には複数あり得て, その性質により一意には特定されないからである.

このような理由もあって, 数学の主流における一般的観点では, 選択公理を使うことに異議はないものの, 証明が非構成的であるという事実に注意を引くために, 選択公理を使用したことを宣言すべきであると考えられている.

選択公理を証明に使う言明の一つの例は, **バナッハ–タルスキの逆理** [V.3] である. これは, 単位球体を有限個の部分集合に分割し, それらを(回転, 鏡映, 平行移動を使って)集め直すことにより, 二つの単位球体にする方法が存在することを主張している. その証明では, それらの部分集合を明示的に定義する方法は提供していない.

このように, 時には選択公理は「望ましくない」つまり「高度に非直観的な」結論を生み出すと主張されることがあるが, ほとんどの場合は, 少し考えを及ぼすことで, 実際には非直観的ではないことが理解される. たとえば, 今述べたバナッハ–タルスキの逆理を考えてみよう. なぜ, それが奇妙で逆説的に見えるのだろうか? その理由は, 分割して集め直すときに体積が保存されていないからである. 実際, この感覚を厳密な議論に転換すれば, 分割に現れた部分集合が, 体積を割り当てられるような意味のある集合にはなり得ないという主張になる. しかし, これは逆説でも何でもない. 多面体のような「良い」集合の体積が何を意味するのかを言うことはできるが, 球体の「すべての」部分集合に道理ある体積の定義を与えられると仮定することには, 理由はない(測度論と呼ばれる分野は, **可測集合** [III.55] という非常に広いクラスの集合に体積を与えるのに使われるが, すべての集合が可測であると信じる理由はまったくない. 実際, 再び選択公理を使って, 非可測な集合が存在することを証明できる).

これまで議論してきた選択公理の基本形に対して，日常の数学においてしばしば使われる選択公理の言い換えが存在する．一つは，すべての集合の要素を**整列** [III.66] させることができるという**整列原理**である．もう一つは，**ツォルンの補題**であり，これはある種の状況のもとで，「極大」要素の存在を主張している．たとえば，ベクトル空間の基底は，まさしく極大な1次独立集合である．そして，ツォルンの補題はベクトル空間の1次独立集合の集まりに適用され，すべてのベクトル空間に基底が存在することが示されるのである．

それらの二つの言明は，集合を構成するための他の約束のもとで，双方のそれぞれから選択公理が導かれ，さらに選択公理から双方が導出されるという意味で，選択公理に同値な言い換えである．なぜそれらの二つの形式が非構成的であるか実感する良い方法は，実数を整列させる方法を見出そうとしたり，すべての実数列からなるベクトル空間の基底を求めるために，数分間を費やしてみることである．

選択公理，特に形式的集合論における他の公理との関係については，「集合論」[IV.22] を参照されたい．

III.2

決定性公理

The Axiom of Determinacy

イムレ・リーダー［訳：砂田利一］

次のような「無限ゲーム」を考えよう．2人のプレーヤー A, B が，A から始めて交替で自然数を挙げていく．こうすることで，自然数列が生成される．この列が「やがて周期的」になるときは A の勝利，そうでないときは B の勝利とする．ここで，「やがて周期的になる列」とは，1, 56, 4, 5, 8, 3, 5, 8, 3, 5, 8, 3, 5, 8, 3, ... というように，しばらく進むと繰り返しのパターンが現れるような列のことである．B がこのゲームの勝利戦略（必勝法）を持っていることは，容易にわかる．やがて周期的になる列は，むしろ特別だからである．しかし，ゲームの任意の時点で，（もし B のプレーが十分に拙ければ）A が勝利する可能性が常に残されている．実際，すべての有限列は，やがて周期的になる数列の初めの部分になるからである．

より一般に，自然数の無限列の任意の集まり S は，無限ゲームを生じる．A の目標は，生成された列が確実に S に属する列の一つになるようにすることであり，B の目標はその逆である．結果として得られるゲームは，もし2人のプレーヤーのうちの一人が勝利戦略を有しているなら**決定的**という．上で見たように，S がやがて周期的になる数列の集合であるときは，このゲームは決定的であり，実際，具体的に書き下すことのできる任意の集合 S に対しても，対応するゲームは決定的である．にもかかわらず，決定的ではないゲームが存在することがわかる（「もし A が勝利戦略を持たなければ，A に勝利させることはできないから，B が勝利戦略を持つことになる」という，もっともらしく見える議論のどこに欠陥があるかを考えることは，良い演習問題である）．

非決定的ゲームを構成することは，困難ではない．しかし，それは**選択公理** [III.1] を適用することで可能となる．大まかな説明は次のとおりである．すべての可能な勝利戦略を整列させて，それぞれの戦略が，無限列全体より少ない先行者を持つようにする．そして，各戦略について順番に，それを必勝戦略にしないような新しい列を選んでは S もしくはその補集合に入れていくことで S を定めればよい．

決定性公理は，すべてのゲームが決定的であることを要請する．これは選択公理と相容れないが，選択公理を含まない**ツェルメロ–フレンケルの公理系** [III.99] に加えると，むしろ興味深い公理となる．たとえば，ルベーグ可測のような，実数の多くの集合が驚くほど良い性質を備えることになるのである．決定性公理の変形は，巨大基数の理論に密接に関連している．さらなる詳細については，「集合論」[IV.22] を参照されたい．

III.3

ベイズ解析

Bayesian Analysis

ティモシー・ガワーズ［訳：森　真］

普通のサイコロ二つを投げたとしよう．合計が 10 になる確率は 1/12 である．というのも，サイコロの出る目の可能性は 36 通りあり，そのうち，4 と 6，5 と 5，6 と 4 の 3 通りが合計で 10 になるからである．しかし，片方が 6 であることを知ったならば，合計が 10 になる**条件付き確率**は 1/6，つまり，もう一方のサイコロで 4 の目が出る確率に等しい．

一般的に，B が与えられたときの A の**条件付き確率**は，B の確率で A かつ B の確率を割った

$$\mathbb{P}[A \mid B] = \frac{\mathbb{P}[A \cap B]}{\mathbb{P}[B]}$$

である．この式から，$\mathbb{P}[A \cap B] = \mathbb{P}[A \mid B]\,\mathbb{P}[B]$ を得る．$\mathbb{P}[A \cap B]$ は $\mathbb{P}[B \cap A]$ と等しいことから，

$$\mathbb{P}[A \mid B]\,\mathbb{P}[B] = \mathbb{P}[B \mid A]\,\mathbb{P}[A]$$

が成立することが，左辺は $\mathbb{P}[A \cap B]$ に等しく，右辺は $\mathbb{P}[B \cap A]$ に等しいことから導かれる．両辺を $\mathbb{P}[B]$ で割って，ベイズの定理

$$\mathbb{P}[A \mid B] = \frac{\mathbb{P}[B \mid A]\,\mathbb{P}[A]}{\mathbb{P}[B]}$$

を得る．この式は B が与えられたときの A の条件付き確率を，A が与えられたときの B の条件付き確率の言葉で表現している．

統計における基本的な問題は，未知の**確率分布** [III.71] に従うランダムなデータを解析することである．この解析において，ベイズの定理は重要な貢献をする，たとえば，公平な硬貨を投げ，そのうち表が 3 枚出たと教えられたとする．投げた硬貨の数は 1〜10 のどれかだと知っていたとして，投げられた硬貨の数を推測してみよう．H_3 を 3 枚が表の事象とし，C を硬貨の数とする．1〜10 の数 n それぞれについて，条件付き確率 $\mathbb{P}[H_3 \mid C = n]$ を計算することは難しくはないが，われわれはその逆，すなわち $\mathbb{P}[C = n \mid H_3]$ が知りたいのである．ベイズの定理に基づけば，これは

$$\mathbb{P}[H_3 \mid C = n]\frac{\mathbb{P}[C = n]}{\mathbb{P}[H_3]}$$

に等しい．確率 $\mathbb{P}[C = n]$ を知っていれば，分母にある $\mathbb{P}(H_3)$ はすべての場合に現れるので，それを無視すれば，$\mathbb{P}[H_3 \mid C = n]\,\mathbb{P}[C = n]$ は条件付き確率 $\mathbb{P}[C = n \mid H_3]$ の間の比率を与えている．$\mathbb{P}[C = n]$ を知っていることは通常ないが，何らかの推定ができる場合がある．これが**事前確率**である．たとえば，硬貨の表裏を知る前に，n 枚の硬貨を投げる確率は 1/10 だと想像できたとする．この情報に基づけば，上の式に代入することで**事後確率**がわかる．それによると，表が 3 枚出たという観測をしたあとでは，$C = n$ である確率は $\frac{1}{10}\mathbb{P}[H_3 \mid C = n]$ に比例する．

ベイズの定理に基づいて事前確率を事後確率に単に置き換えるだけが，ベイズ解析ではない．特に，いま与えた例のように，あらかじめ事前確率があるわけではなく，いろいろな点で「最適」な事前確率を選ぶための方法を工夫するという数学的問題は，いろいろな議論もあり，おもしろい問題でもある．さらなる議論については「数学と医学統計」[VII.11] と「数理統計学」[VII.10] を参照してほしい．

III.4

組ひも群

Braid Groups

F・E・A・ジョンソン［訳：吉荒　聡］

それぞれ n 個の穴が開けられている平面を 2 枚，平行に置く．平面の穴に 1 から n の番号を付け，一方の平面の穴から他方の平面の穴にひもを通す．その際 2 本のひもが同じ穴を通らないようにする．できあがったものが n **組ひも**である．**結び目図式** [III.44] と同様のやり方で 2 次元射影した，二つの異なる 3 組ひもを図 1 に示す．

この図式が示すように，ひもは左から右に，「2 重戻り」がないように，通されているものとする．したがって，結ばれたひもなどは考えない．

組ひもを表現する際には多少の自由がある．ひもの端が固定されていて，ひもが切れたり，互いを貫通しない限り，ひもを伸ばしたり縮めたり曲げたりするなど 3 次元空間内で自由にひもを動かしても，「同じ」組ひもになる．この「同一」という概念は**同**

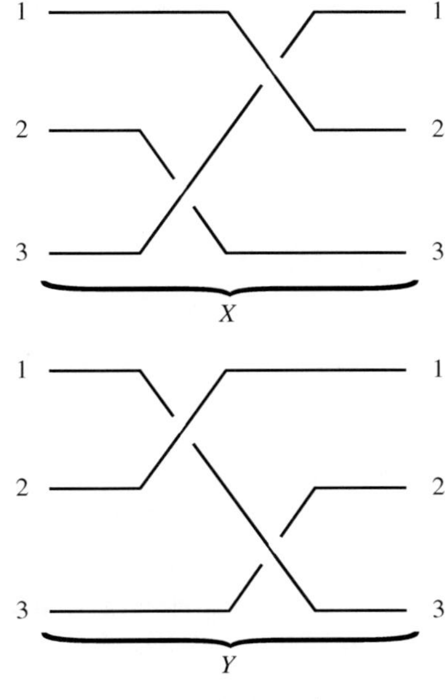

図 1 二つの 3 組ひも

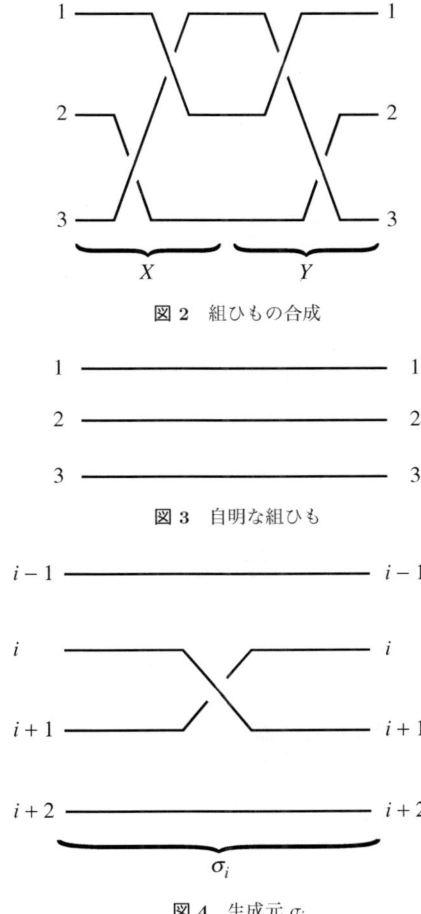

図 2 組ひもの合成

図 3 自明な組ひも

図 4 生成元 σ_i

値関係 [I.2 (2.3 項)] であり，**組ひもアイソトピー**と呼ばれる．

組ひもは次のように合成することができる．共通の（中間の）平面において二つの組ひもに対し，ひもの端同士を合わせてから，中間の平面を取り除く．図 1 の組ひも X, Y に対する合成 XY を図 2 に示す．

この合成に関して n 組ひも全体は群 B_n をなす．上の例では $Y = X^{-1}$ である．すべてのひもを強く引っ張るとわかるように，XY は**自明な組ひも**（図 3）にアイソトピーであり，自明な組ひもは群 B_n の単位元となるからである．

群として B_n は元 $(\sigma_i)_{1 \leq i \leq n-1}$ により生成される．ここで，σ_i は図 4 に示すように，自明な組ひもから i 番目のひもを $i+1$ 番目のひもと交差させることで得られる．読者は $\{1, \ldots, n\}$ 上の**対称群** [III.68] S_n を生成している隣接番号の互換と σ_i の類似に気づいただろうか？ 確かに，任意の組ひもは

$$i \mapsto i \text{ 番目のひもの端に付けられた番号}$$

という置換を定める．端での振る舞い以外のすべてを無視すれば，全射準同型写像 $B_n \to S_n$ が得られ，この写像により σ_i は互換 $(i, i+1)$ に写される．しかしながら，B_n は無限群であるから，この準同型写像は同型写像ではない．実際，σ_i の位数は無限であるが，互換 $(i, i+1)$ は 2 乗すれば単位元である．1925 年のよく知られた論文「お下げ髪の理論」（Theorie der Zöpfe）において，**アルティン** [VI.86] は，群 B_n の積は次の関係により完全に決まることを示した．

$$\sigma_i \sigma_j = \sigma_j \sigma_i \quad (|i-j| \geq 2)$$

$$\sigma_i \sigma_{i+1} \sigma_i = \sigma_{i+1} \sigma_i \sigma_{i+1}$$

その後，この関係式は統計物理学においても重要になったが，そこではヤン–バクスターの等式として知られている．

生成元と関係式で定義された群においては，任意に選んだ生成元の語が単位元を表すかどうかを決定することは通常難しい（すべての場合に統一的に適用できる方法がない）（「幾何学的・組合せ群論」[IV.10] を参照）．群 B_n に関しては，アルティンが「組ひもを梳(と)かす」ことでこの問題を幾何学的に解決した．ガーサイド（Garside, 1967）による代数的方法では，B_n の 2 元が共役となるかどうかも決定することができる．

これらの問題が決定できるという点や他のさまざ

まな観点から見ても，組ひも群には**線形群**との強い類似がある．ここで，線形群とは，そのすべての元が可逆な正方行列であるかのように振る舞う群のことである．組ひも群は紛れもなく線形群であると証明できることが，この類似性により示されるにもかかわらず，この問題が解決されるまでには長い時間がかかった．ようやく 2001 年にビゲロー（Bigelow）とクラマー（Krammer）がそれぞれ独立にこの事実の証明を得た．

ここで解説した群は，厳密には，平面ないしは穴開けした平面の組ひも群である．他の組ひも群も，しばしば驚くべき状況で登場する．統計物理との関連にはすでに触れた．代数幾何学にも組ひも群は現れる．例外点を除去することにより，代数曲線に穴開けをするのである．このように，組ひもは位相幾何学に起源するものの，「構成的ガロア理論」など純粋に代数的に見える分野にも，何か重要な意味を持って現れるようである．

III. 5

ビルディング

Buildings

マーク・ロナン［訳：志賀弘典］

ベクトル空間の可逆な線形変換の全体は群をなし，それは「一般線形群」と呼ばれる．ベクトル空間が係数体 K 上 n 次元であれば，この，一般線形群は $\mathrm{GL}_n(K)$ という記号で表される．ベクトル空間の基底を一つ固定すれば，この群の各要素は**行列式** [III.15] が 0 でない K 係数の $n \times n$ 行列によって与えられる．一般線形群およびその部分群は数学において大きな関心の対象となり，以下の意味で幾何学的な探求が可能である．ベクトル空間 V においては当然原点が定まっていて，各線形変換は原点を固定しているのであるが，われわれは，それに代わって V に付随する**射影空間** [I.3 (6.7 項)] を用いる．そこにおいては，点とは V の 1 次元部分空間のことであり，直線とは 2 次元部分空間のこと，また平面とは 3 次元部分空間のことであり，以下同様の考えが適用される．

いくつかの重要な $\mathrm{GL}_n(K)$ の部分群は，線形変換ないしは n 次正方行列にある種の制限を加えることによって得られる．たとえば $\mathrm{SL}_n(K)$ とは，行列式が 1 である線形変換のなす群である．また $\mathrm{O}(n)$ は，実内積 $\langle\ ,\ \rangle$ を伴った n 次元実ベクトル空間 V の線形変換 α で，すべての実ベクトル $v, w \in V$ に対して $\langle \alpha v, \alpha w \rangle = \langle v, w \rangle$ を満たすもの（これは，行列に関する条件としては $AA^{\mathrm{T}} = I$ となる n 次実正方行列ということになるが）の作る群である．さらに一般的に，ある対称 2 次形式を不変にする線形変換や，エルミート形式を不変にする線形変換の群が考えられる．これらの群は「古典群」と呼ばれる．古典群は単純群であるか，あるいは単純群に近い群である．後者の場合，しばしば，スカラー行列の群による商群をとることによって，単純群を得ることができる．係数体 K が実数体あるいは複素数体の場合，古典群は「リー群」になる．

リー群の分類は，**リー群論** [III.48] の主題となる．古典群は単純リー群から構成されている．そして単純リー群は，自然数 n で系列化される A_n, B_n, C_n, D_n および，散在的な E_6, E_7, E_8, F_4, G_2 に限られる．添字は線形群としての行列のサイズに対応する．たとえば A_n は $n+1$ 次元ベクトル空間の可逆線形変換の群である．

単純リー群は他の任意の係数体において類似物が存在する．それらは，しばしば「リー型の群」の名で言及される．たとえば K が有限群であってもよい．このとき，考えられている線形変換群も有限群となる．そして，ほとんどの有限単純群はリー型となる（「有限単純群の分類」[V.7] を参照）．古典群の研究の基盤となる幾何学的考察が，20 世紀前半に展開された．そこでは射影空間および射影空間の部分空間が用いられ，古典群の類似物がさまざまに提供された．しかし，散在型の E_6, E_7, E_8, F_4, G_2 の類似物はそこからは現れなかった．このような理由から，ジャック・ティッツはすべてのタイプの群が現れるような幾何学を追求し，「ビルディング」（building）の理論に到達した．

ビルディングの抽象的な定義を全面的に展開するとなかなか複雑なので，$\mathrm{GL}_n(K)$ および $\mathrm{SL}_n(K)$ に付随するビルディングを考察することによって，この概念の骨子を伝えることを試みよう．これは A_{n-1} 型の群を扱うことに対応している．ビルディングとは「抽象的な単体的複体」であり，**平面グラフ** [III.34] の高次元化とも考えられる．それは「頂点」と呼ばれる点の集まり，「稜線」と呼ばれる頂点のペアの集まり，頂点の三つ組で作られる「2 次元の面」，さらに，「$k-1$ 次元単体」と呼ばれる k 個の頂点の組の集まりから作られる．ここで，「単体」とは一般の位置にある有限個の点の凸包のことである．たとえば，3 次元単体と言えば，それは 4 面体のことである．ビルディングに属している単体のすべての 2 次元の面はこのビルディングに属していなければならない．同様に，各 2 次元の面の 2 頂点のペアはすべてビルディングに属する稜線になっていなければならない．

A_{n-1} 型のビルディングを作ろう．ベクトル空間におけるすべての 1 次元部分空間，2 次元部分空間，3 次元部分空間など（射影空間のすべての点，直線，平面などとも言える）を考える．これらすべてをビルディングの頂点と見なす．単体とは，順序付けられた有限個の部分空間の列で，順次それぞれの部分空間は，一つ前の部分空間の真部分空間となって入れ子状になったもののことである．たとえば，2 次元部分空間がある 4 次元部分空間に含まれ，さらにそれが 5 次元部分空間に含まれているとき，この三つの部分空間の系列が 2 次元単体（三角形）を定める．その 3 頂点とは，これらの三つの部分空間のことである．最高次元の単体は $n-1$ 個の頂点からなり，それらは順次次々に包含していく 1 次元部分空間，2 次元部分空間，3 次元部分空間などの系列である．このような単体を「小部屋」(chamber) と呼ぶ．

部分空間はたくさん作れるから，ビルディングは巨大な物体である．しかし，このビルディングは重要な部分概念を有する．それは「アパートメント」(apartment) と呼ばれるものである．A_{n-1} の場合，ベクトル空間の基底を一つ定め，その基底の有限個で生成される部分空間から得られる頂点の集合である．たとえば A_3 のとき，われわれのベクトル空間は 4 次元であり，四つの元からなる基底が存在する．これらを用いて 4 個の 1 次元部分空間，6 個の 2 次元部分空間，4 個の 3 次元部分空間が得られる．われわれは，このときのアパートメントを視覚化したい．4 個の 1 次元部分空間を 4 面体の 4 頂点だと考えよう．6 個の 2 次元部分空間には，その生成元である 2 頂点の中点を対応させる．4 個の 3 次元部分空間にはそれを生成する 3 頂点の中心（重心）を対応させて考える．小部屋は 4 面体の一つの面の中心，その面の一つの稜線の中点，その稜線の一方の頂点を指定して定まる．これは重心，中点，頂点を結ぶ小三角形と対応させることができる．したがって，一つの面の中心に対して 6 個のアパートメントが作られる．よって，アパートメントは $4 \times 6 = 24$ 個作られる．これらのアパートメントは，最初の 4 面体の三角形による敷き詰め（タイリング）を定めている．もともとの 4 面体は位相的には球面と同値である．この意味で，今現れたビルディングは「球面的」であるという．リー型のビルディングはすべて球面的であり，A_3 が 4 面体に対応していたように，これらのアパートメントには n 次元の正多面体あるいは準正多面体が対応するのである．

ビルディングには以下に述べるような著しい性質がある．第一に，どの二つの小部屋もある一つのアパートメント内にある．このことは，上記の例でも直ちに知られることではないが，線形代数の知識だけで証明することができる．第二に，どのようなビルディングにおいても，二つのアパートメント同士は同型であり，二つのアパートメントは以下の意味で具合良く交わっている．A, A' を二つのアパートメントとしよう．このとき $A \cap A'$ は凸であり，A から A' への同型で $A \cap A'$ 部分を固定しているものが存在する．ティッツは初めてこの二つの性質を用いてビルディングの定義を与えた．

球面的ビルディングの理論は，リー型の群に対して好ましい幾何学的基礎を提供するだけでなく，任意の係数体 K で E_6, E_7, E_8, F_4 型の群の構成を，リー環などの高級な道具なしに可能にしている．ひとたびビルディングの構成が与えられれば——この構成は驚くほど簡単な操作で与えられるのであるが——，ティッツによる自己同型の存在定理を介して，そこに探している群それ自身がいなければならないことが導かれる．

球面的ビルディングに対しては，アパートメントは球面のタイル敷き詰めを引き起こしたが，他の型のビルディングにおいても何がしかの意味付けが与えられる．特に重要なのは「アフィンビルディング」である．その場合アパートメントはユークリッド空間のタイル敷き詰めとなる．たとえば，K を **p 進体** [III.51] にとって $\mathrm{GL}_n(K)$ を考えた場合がそれに当たる．この体の場合，二つのビルディングが作られ，一つは球面的，もう一つはアフィンである．このうち，アフィンのほうがより多くの情報を有し，球面的なビルディングのほうは，アフィンの場合の無限遠での構造として捉えることができる．アフィンビルディングからさらに先に進むと，双曲型ビルディングが現れる．そこでのアパートメントは双曲空間のタイル敷き詰めを起こしており，それらは双曲的カッツ–ムーディ（Kac–Moody）群の研究から自然に生じるものである．

III. 6

カラビ–ヤウ多様体

Calabi–Yau Manifolds

エリック・ザスロウ［訳：小林正典］

1. 基本的な定義

エウジェニオ・カラビ，シン・トゥン・ヤウの名前をとったカラビ–ヤウ多様体は，リーマン幾何学と代数幾何学で現れ，弦理論とミラー対称性において目覚ましい役割を果たしている．

それが何か説明するために，まず実**多様体** [I.3 (6.9 項)] における向き付け可能性という概念を思い出す必要がある．多様体が**向き付け可能**とは，各点における座標を，どの二つの座標系 $x = (x^1, \ldots, x^m)$ と $y = (y^1, \ldots, y^m)$ も，定義域が重なっている集合上で正のヤコビアンを与える（つまり $\det(\partial y^i/\partial x^j) > 0$ となる）ように選べることをいう．カラビ–ヤウ多様体の概念は，この複素数における自然な類似である．いま，多様体が複素であり，局所座標系 $z = (z^1, \ldots, z^n)$ ごとに**正則関数** [I.3 (5.6 項)] $f(z)$ があるとする．f が消えない，つまり 0 という値を決してとらないことが重要である．さらに，次の両立条件もある．すなわち，もし $\tilde{z}(z)$ を別の座標系とすると，対応する関数 $\tilde{f}$ は方程式 $f = \tilde{f} \det(\partial \tilde{z}^a/\partial z^b)$ によって f に関係付けられる．この定義ですべての複素数項を実数項に置き換えれば，実の向き付けの概念を得る．よって，カラビ–ヤウ多様体は，砕けた言い方では，複素向き付けを持つ複素多様体と考えることができる．

2. 複素多様体とエルミート構造

先に進む前に，複素幾何とケーラー幾何についていくつか述べておくのがよいだろう．複素多様体は局所的に $\mathbb{C}^n$ のように見える構造であり，その意味は，各点の近くで複素座標 $z = (z^1, \ldots, z^n)$ を見つけることができるということである．さらに，二つの座標系 z と $\tilde{z}$ が重なるところでは，座標 $\tilde{z}^a$ は z^b の関数と見たとき正則である．したがって，複素多様体上の正則関数の概念が意味を持ち，関数を表現するのに使われる座標によらない．このようにして，複素多様体の局所的な幾何は，本当に $\mathbb{C}^n$ の開集合のように見え，1 点における接空間は $\mathbb{C}^n$ 自身のように見える．

複素ベクトル空間上では，基底 e_a に関する**エルミート行列** [III.50 (3 節)] $g_{a\bar{b}}$[*1)] で表されるエルミート**内積** [III.37] を考えるのが自然である．複素多様体上では，接空間上のエルミート内積は「エルミート計量」と呼ばれ，ある座標基底において場所に依存するエルミート行列 $g_{a\bar{b}}$ で表される．

3. ホロノミーとリーマン幾何学におけるカラビ–ヤウ多様体

リーマン多様体 [I.3 (6.10 項)] 上では，ベクトルを道に沿って，長さを一定に保ち「常に同じ方向を指すように」して動かすことができる．**曲率**は，道の終点に最終的にできたベクトルがその道に依存してしまうという事実を表している．道が閉じたループであるときは，始点におけるベクトルは同じ点における新たなベクトルとして戻ってくる（たとえば，北極から赤道へ行き，赤道を 4 分の 1 だけ回り，そしてまた北極に戻る球面上の道を考えてみよう．旅が完了したとき，南を向いて始めた「定数」ベクトルは $90°$ だけ回転しているだろう）．各ループに対し，初めのベクトルを終わりのベクトルに移す**ホロノミー行列**と呼ばれる行列作用素を付随させる．これらすべての行列で生成される群を，多様体の**ホロノミー群**という．ループに沿ってベクトルを動かす過程でベクトルの長さは変わらないので，すべてのホロノミー行列は長さを保つ行列からなる直交群 $\mathrm{O}(m)$ に入る．もし多様体が向き付けられていれば，ホロノ

*1) 記号 $g_{a\bar{b}}$ はエルミート内積の共役線形性を示している．

ミー群は SO(m) に入らなければならない．これはベクトルの向き付けられた基底をループのまわりに移動することでわかる．

（複素）次元 n のあらゆる複素多様体はまた（実）次元 $m = 2n$ の実多様体でもあり，これは複素座標 z^j の実部と虚部で座標付けされていると考えることができる．このようにしてできる実多様体は，付加的な構造を持つ．たとえば，複素座標の方向に $\mathrm{i} = \sqrt{-1}$ だけ掛け算できるという事実から，実接空間には 2 乗が $-\mathbf{1}$ となる作用素がなければならない．この作用素は固有値 $\pm\mathrm{i}$ を持ち，それらは「正則」と「反正則」方向と考えられる．エルミート性からこれらの方向は直交しており，ループを回って移動したあともそうであるとき，多様体が**ケーラー**であるという．このことは，ホロノミー群が U(n) の部分群であることを意味している（U(n) 自身，SO(m) の部分群である．複素多様体は常に実の向き付けを持つ）．ケーラー性の良い局所的な特徴付けがある．すなわち，もし $g_{a\bar{b}}$ がある座標近傍におけるエルミート計量の成分であれば，関数 φ であってその座標近傍で $g_{a\bar{b}} = \partial^2\varphi/\partial z^a \partial \bar{z}^b$ となるものが存在する．

複素の向き付け，すなわち，上に与えたカラビ–ヤウ多様体の計量によらない定義が与えられたとき，「両立するケーラー構造」から実の向き付けの場合の自然な類似として次が得られる．すなわち，ホロノミーが SU(n) ⊂ U(n) に含まれる．これがカラビ–ヤウ多様体の計量による定義である．

4. カラビ予想

カラビは，複素次元 n の任意のケーラー多様体と任意の複素向き付けに対し，関数 u と新しいケーラー計量 $\tilde{g}$ で座標で

$$\tilde{g}_{a\bar{b}} = g_{a\bar{b}} + \frac{\partial^2 u}{\partial z^a \partial \bar{z}^b}$$

と表され向き付けと両立するものが存在すると予想した．方程式では両立条件は次のように書かれる．

$$\det\left(g_{a\bar{b}} + \frac{\partial^2 u}{\partial z^a \partial \bar{z}^b}\right) = |f|^2$$

ここで，f は上で議論した正則な向き付け関数である．したがって，計量によるカラビ–ヤウ多様体の概念は，u に対してはひどい非線形偏微分方程式になる．この方程式の解に対して，カラビが一意性を示し，ヤウが存在を示した．したがって，計量によって定義したカラビ–ヤウ多様体は，実はケーラー構造と複素向き付けから一意的に定まる．

ヤウの定理により，複素向き付けを持つ多様体上では，ホロノミー群が SU(n) となる計量の空間はケーラー構造の同値類のなす空間と対応関係にある．後者の空間は，代数幾何学の技術で容易に探ることができる．

5. 物理学におけるカラビ–ヤウ多様体

アインシュタインの重力理論である一般相対性理論から，リーマン時空多様体の計量が従う方程式が構成される（「一般相対論とアインシュタイン方程式」[IV.13] を参照）．方程式には三つの対称テンソル，すなわち，計量，**リッチ曲率** [III.78] テンソル，物質のエネルギー運動量テンソルが含まれる．リッチテンソルが消えるリーマン多様体は，物質がないときのこれらの方程式の解であり，**アインシュタイン多様体**の特別な場合である．ホロノミーが SU(n) となる特別な計量を持つカラビ–ヤウ多様体では，リッチ曲率は消え，したがって一般相対性理論における興味の対象となる．

理論物理学における根本的問題は，アインシュタインの理論を粒子の量子論と合体させることである．この企ては**量子重力**として知られ，量子重力の先頭を走る理論である**弦理論** [IV.17 (2 節)] において，カラビ–ヤウ多様体は異彩を放っている．

弦理論では，基本的な対象は 1 次元の「ひも」である．時空の中でのひもの運動は，**世界面**として知られる 2 次元の軌跡で表され，よって世界面上のどの点もそれがいる場所の時空の点によりラベル付けされる．このようにして，弦理論は 2 次元の**リーマン面** [III.79] から時空多様体 M への写像の場の量子論により構成される．2 次元曲面にはリーマン計量が与えられなくてはならず，考えるべきそのような計量の全体は無限次元空間になる．これは 2 次元において量子重力を解決しなければならないことを意味し，その問題は 4 次元の親戚と同様に難しすぎる．しかし，もし 2 次元世界面の理論が共形（局所的なスケール変換で不変）である場合ならば，共形不変な計量のなす有限次元空間しか残らず，理論はきちんと定まる．

カラビ–ヤウ条件はこれらの考察から生まれた．弦理論がきちんと意味を持つために，2 次元理論が共

形であると要請することは，本質的に時空のリッチテンソルが消えなければならないと要請することである．したがって，2 次元の条件から時空の方程式が導かれ，それはぴったり，物質がないときのアインシュタイン方程式になることがわかるのである．この条件に，理論は「超対称性」を持つという「現象論的な」条件を追加し，これから時空 M が複素であることが要請される．二つの条件を合わせると，M は複素多様体でホロノミー群が $\mathrm{SU}(n)$ に含まれるという意味になる．すなわち，カラビ–ヤウ多様体である．ヤウの定理から，そのような M の選び方は代数幾何的手法によって容易に記述される．

弦理論から蒸留されてできた「位相的弦」と呼ばれる理論があることに注意しよう．この理論には厳密な数学的枠組みを与えることができる．カラビ–ヤウ多様体はシンプレクティックでも複素でもあり，このことから，一つのカラビ–ヤウ多様体に結び付けることができる，A と B と呼ばれる二つの位相的弦理論が導かれる．ミラー対称性は，一つのカラビ–ヤウ多様体の A 理論がまったく違う「ミラーパートナー」の B 理論と関係付けられるという，驚くべき現象である．そのような等価性の数学的帰結は，きわめて豊かである（より詳細については「ミラー対称性」[IV.16] を参照．この章で解説されていることに関係したその他の概念については「シンプレクティック多様体」[III.88] を参照）．

III. 7

基　数

Cardinals

イムレ・リーダー［訳：砂田利一］

集合の基数は，その集合がどの程度大きいかを測る尺度である．より正確に言えば，二つの集合は，それらの間に全単射（1 対 1 の対応）があれば同じ基数を持つと言われる．では，基数というものは，どのように「見える」のだろうか？

有限基数というものがあるが，これは有限集合の基数を意味し，この集合がちょうど n 個の要素からなれば，「その基数は n」である．次に**可算** [III.11] 無限集合があって，すべての可算無限集合は同じ基数を持ち（このことは，「可算」の定義から導かれる），通常 $\aleph_0$ という記号で表される．たとえば，自然数の集合，整数の集合，有理数の集合はすべて基数 $\aleph_0$ を持つ．しかし，実数の集合は非可算であり，したがって，その基数は $\aleph_0$ と異なる．その基数は $2^{\aleph_0}$ と記される．

基数には加法や乗法があり，基数の基数による「ベキ」も意味を持つ（よって，$2^{\aleph_0}$ は孤立した記法ではない）．さらなる詳細については，「集合論」[IV.22 (2 節)] を参照されたい．

III. 8

圏

Categories

ユージニア・チェン［訳：砂田利一］

群 [I.3 (2.1 項)] や**ベクトル空間** [I.3 (2.3 項)] を学ぶとき，それらの間の写像の特定のクラスに注意を向ける必要がある．たとえば群の間の重要な写像は，**群準同型** [I.3 (4.1 項)] であり，ベクトル空間では**線形写像** [I.3 (4.2 項)] が重要な写像である．なぜそれらの写像が重要かと言えば，それらが「構造を保つ」写像だからである．たとえば，φ が群 G から群 H への準同型であれば，G のすべての要素 g_1, g_2 に対して $\varphi(g_1g_2) = \varphi(g_1)\varphi(g_2)$ が成り立つという意味で乗法を保っている．同様に，線形写像は加法とスカラー倍を保つ．

「構造を保つ」という概念は，これら二つの例だけではなく，はるかに一般に適用される．そして，圏論の目的の一つは，そのような写像の一般的性質を理解することである．たとえば，A, B, C をある与えられたタイプの数学的構造として，f と g がそれぞれ A から B へ，B から C への写像であるならば，それらの合成 $g \circ f$ は A から C への構造を保つ写像である．すなわち，構造を保つ写像に対して合成を行うことができる（少なくとも，一方の写像の値域が他方の写像の定義域である必要があるが）．また，二つの構造が「本質的に同一のもの」と見なせるかどうかを決定するのに，構造を保つ写像を使う．すなわち，A から B への構造を保つ写像で，その逆写像が存在してそれも構造を保つときに A, B は**同型**であるといい，これが「本質的に同一のもの」の意味である．

圏とは，これらの性質を抽象的に議論することを許す数学的構造である．それは，**対象**と呼ばれる集まりと，**射**と呼ばれる集まりからなる．すなわち，a, b が二つの対象であるとき，a, b の間の射の集まりが存在する．さらに，射の**合成**の概念も存在する．詳しく言えば，f を a から b への射，g を b から c への射とするとき，a から c への射である f と g の合成が存在する．この合成は結合律を満足していなければならない．さらに，対象 a に対して，a の「恒等射」というものが存在して，これは他の射 f と合成されたとき，同じ射 f となるものである．

前述の議論が示唆するように，圏の一つの例は群の圏である．この圏の対象は群であり，射は群準同型である．そして，合成と恒等射は，われわれが慣れ親しんでいる方法で定義される．しかし，すべての圏がこのようなものに限られないことは，次の例が示すとおりである．

(i) 自然数を対象として，n から m への射を $n \times m$ 型実行列とする．合成は通常の行列の積とする．普通は $n \times m$ 型行列を m から n への写像と考えはしないが，公理によれば，これは確かに圏となる．

(ii) 任意の集合を圏とすることが可能である．その対象は要素であり，x から y への射は“$x = y$”という主張を意味することとする．また，順序集合も，x から y への射を主張“$x \leq y$”とすることによって，要素を対象とする圏となる（“$x \leq y$”と“$y \leq z$”の「合成」は，“$x \leq z$”である）．

(iii) 群 G は次のようにして圏となる．対象はただ一つ，この対象からそれ自身への射は群の要素とする．二つの射の合成は群の乗法で定義する．

(iv) 明白な例として，**位相空間** [III.90] を対象とし，射を連続写像とする圏がある．これより複雑な例は，同じく位相空間を対象とするが，射としては個々の連続写像そのものではなくて，連続写像の**ホモトピー類** [IV.6 (2 節)] とするような圏である．

射の代わりに写像と呼ぶこともある．しかし，上記の例のように，およそ通常の写像らしくないものも，圏の写像なのである．また，ある程度一般の圏の抽象的性格を強調するためと，射を矢印でビジュアルに表現することもあって，射は**矢**と呼ばれることもある．「対象と射」の一般的枠組みと言語は，圏の「形」にだけ依存する構造的様相を求めたり研究したりすることを可能にする．すなわち，圏の射とそれらが満たす等式についての研究である．そのアイデアは，特有の構造的様相を持つすべての圏に対して適用される一般的な議論を可能にし，また，問題としている構造の詳細に立ち入ることなく，特定の環境において議論できるようにすることである．後者を成し遂げるために前者を使うことに対しては，親しみを込めてか，あるいはその逆に「ジェネラルナンセンス」という侮蔑のニュアンスを持つ言い方で言及される．

上で述べたように，一般に圏の射は矢印を用いて表現され，a から b への射は $a \xrightarrow{f} b$ と描かれ，また合成は $a \xrightarrow{f} b \xrightarrow{g} c$ のように鎖状に描かれる．この記法は，複雑な計算を大いに和らげ，圏論にしばしば登場する，いわゆる**可換図式**というものを生じさせる．たとえば，$g \circ f = t \circ s$ というような射の合成の間の等式は，次の図式が**可換**であると主張することによって表現される．すなわち，a から c への二つの道の双方が，同じ合成の結果を生じるということである．

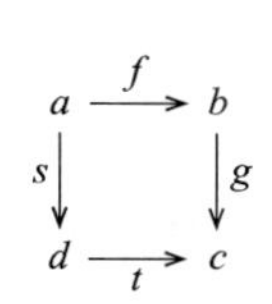

合成のある長い一続きが，他の一続きに等しいことを確かめることは，すでに可換であることが知られている小さい図式によりスペースを埋める問題となる．さらに，多くの重要な数学的概念が，可換図式の言葉で記述される．その例としては，自由群，自由環，自由代数，商，積，分離和，関数空間，直極限（帰納極限），逆極限（射影極限），完備化，コンパクト化，そして幾何学的実現などが挙げられる．

分離和の場合に，どのように可換図式の言葉で表現されるかを見ることにしよう．集合 A と B の**分離和**とは，二つの射 $A \xrightarrow{p} U$, $B \xrightarrow{q} U$ を持つような集合 U であって，任意の集合 X と射 $A \xrightarrow{f} X$, $B \xrightarrow{g} X$ に対して，次の図式が可換となる唯一の射 $U \xrightarrow{h} X$ が存在するような集合である．

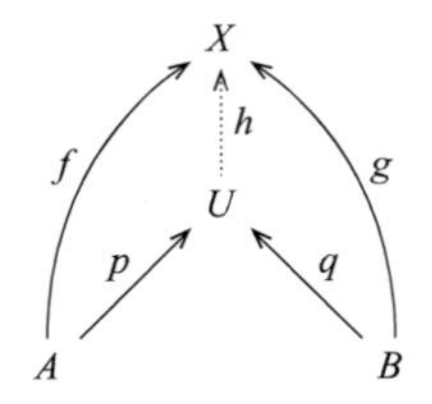

ここで，p, q はどのようにして A, B が分離和に差し込まれるかを語っている．上の定義における「任意の集合 X と …」以下の部分は，**普遍的性質**である．それは，分離和から他の集合への写像を与えることが，A, B のそれぞれからの写像を与えることと同じであるという性質を言い表している．そして，分離和を（同型を除いて定義されると見なせば）完全に特徴付けている．別の観点では，普遍的性質は，分離和というものが，情報を付け加えたり取り払ったりすることなしに，二つの集合を他の集合に写像させるのに「最も自由な」方法を与えていることを表現している．普遍的性質は，圏論が「標準的」という意味を上手に記述する方法の中心にあるものなのである（「幾何学的・組合せ群論」[IV.10] の章の自由群についての議論を参照）．

圏において，もう一つの鍵となる概念は，**同型射**である．期待されるように，これは両側からの逆の射を持つような射として定義される．与えられた圏における同型な二つの対象は「この特定の圏に関する限り同じもの」と考えられる．こうして，圏論は，「同型を除いて」という言い方で対象を分類する方法を提供する．

圏もある種の数学的構造でもある．したがって，圏自身の集まりも圏となっている（ただし，ラッセルの逆理を避けるために，その集まりのサイズに制限を置く必要がある）．このときの射は，圏に対する構造を保存する写像であり，「関手」と呼ばれる．換言すれば，圏 X から圏 Y への関手 F は，X の対象を Y の対象に写し，さらに X の射を Y の射に写して，a の恒等射を Fa の恒等射に，また，射 f, g の合成を Ff, Fg の合成に写すものである．関手の重要な例は，「印の付いた点」s を持つ位相空間（点付位相空間）S を，その基本群 $\pi_1(S, s)$ に写す関手である．二つの位相空間の間の連続写像が，印の付いた点を印の付いた点に写すならば，それは基本群の間の準同型を引き起こすという事実は，代数幾何学の基本的な定理の一つである．

さらに，**自然変換**という関手の間の射の概念がある．これは，位相空間の写像の間のホモトピーの概念と類似している．与えられた連続写像 $F, G : X \to Y$ に対して，F から G へのホモトピーは，X のすべての点 x に，Y における Fx から Gx への道を与える．これに類似して，関手 $F, G : X \to Y$ が与えられたとき，F から G への自然変換は，X のすべての点 x に対して，Fx から Gx への**射**を与える．また，ホモトピーの場合に，X における道の F による像は，空間 Y の「穴」を通ることなしに，G による像に連続的に変形されなければならないという事実に類似した可換条件が存在する．この「穴」の忌避は，圏の場合は，行き先の圏 Y におけるある正方形の形の図式の可換性（自然性条件）によって表現される．

自然変換の一例は，すべてのベクトル空間が，その 2 重双対と標準的に同型であるという事実を書き直すときに登場する．ベクトル空間の圏からそれ自身への，それぞれのベクトル空間をその 2 重双対に写す関手が存在し，この関手から，標準的同型写像を通して恒等関手に写す逆自然変換が存在する．対照的に，すべての有限次元ベクトルはその双対空間に同型であるが，これは標準的なものではない．なぜなら，同型写像を構成するには，基底の選択が必要となるからである．この場合に自然変換を構成しようとすると，自然性の条件が破れることに気づく．自然変換の存在のもとで，圏は実際 2 圏（2-category）になる．これは圏の 2 次元的一般化であり，対象，射，そして射の間の射を有する．最後のものは，2 次元の射と考えられる．より一般に，n 圏は n までのそれぞれの次元に対して射を持つものである．

圏とその用語は，他の数学の広い分野で使われている．歴史的には，この主題は代数的位相幾何学に深く関係している．実際，圏の概念はアイレンバーグとマクレーンによって 1945 年に導入された．その後，代数幾何学，理論計算機科学，理論物理，論理学などへの応用がなされた．圏論は，その抽象性と他の数学分野への非依存性もあって，「基礎的」な分野と考えられる．実際，圏論は，**集合論的基礎** [IV.22 (4 節)] において使われる集合要素の関係に代わって数学を基礎付ける新たな候補として，すべてを構築する基本要素としての射の概念とともに提案されたのである．

III.9

コンパクト性とコンパクト化

Compactness and Compactification

テレンス・タオ［訳：久我健一］

数学において，有限集合の振る舞いと無限集合の振る舞いはかなり違いうることはよく知られている．たとえば，次のそれぞれの主張は，X が有限集合であれば容易にわかるように常に成立するが，X が無限集合のときには成立しない．

すべての関数は有界である．　$f : X \to \mathbb{R}$ が X 上の実数値関数ならば，f は有界でなければならない（すなわち，$|f(x)| \le M$ がすべての $x \in X$ について成り立つような有限の実数 M が存在する）．

すべての関数は最大値を持つ．　$f : X \to \mathbb{R}$ が X 上の実数値関数ならば，$f(x_0) \ge f(x)$ がすべての $x \in X$ について成り立つような点 $x_0 \in X$ が，少なくとも一つは存在しなければならない．

すべての点列は定点列を部分点列に持つ．　$x_1, x_2, x_3, \ldots \in X$ が X の点列ならば，部分点列 $x_{n_1}, x_{n_2}, x_{n_3}, \ldots$ で定点となるもの，すなわち，ある $c \in X$ があって $x_{n_1} = x_{n_2} = x_{n_3} = \cdots = c$ となるものが必ず存在する（この事実は**無限部屋割り論法**として知られている）．

有限集合上のすべての関数は有界であるという最初の主張では，「局所的」有界性を仮定している．すなわち，各点 $x \in X$ ごとに $|f(x)|$ が有界であることが（［訳注］自明に）仮定されている．しかし，結論は「大域的」有界性である．すなわち，すべての $x \in X$ に対して $|f(x)|$ が一つの定数 M で抑えられることを結論付ける．これは**局所–大域原理**の非常に簡単な例と考えられる．

ここまでは，X を単なる集合として見てきた．しかし，数学の領域の多くでは，**位相** [III.90]，**距離** [III.56]，あるいは**群構造** [I.3 (2.1 項)] といった付加構造を対象に与えたい．そうすると，集合としては無限集合であるにもかかわらず，ある対象は有限集合と似た性質を示すようになる（特に局所–大域原理が使えるようになる）．位相空間および距離空間の圏では，この「ほとんど有限」な対象は**コンパクト空間**として知られている（他の圏でもやはり「ほとんど有限」な対象がある．たとえば，群の圏では**前有限群**の概念がある．**ノルム空間** [III.62] の間の**線形作用素** [III.50] に対して類似の概念はコンパクト作用素であり，これは「ほとんど有限階数」という意味である，など）．

コンパクト集合の良い例は閉単位区間 $X = [0,1]$ である．これは無限集合なので，X に対する先の三つの主張はどれも成り立たない．しかし，連続性や収束といった位相的概念を取り入れてこれらを修正すれば，以下のように，これらの主張を $[0,1]$ に対して再び成り立たせることができる．

すべての連続関数は有界である．　$f : X \to \mathbb{R}$ が X 上の実数値連続関数ならば，f は有界でなければならない（これは再び局所–大域原理の一種であり，関数が局所的にあまり変化しないならば，大域的にもそれほど変化しない）．

すべての連続関数は最大値を持つ．　$f : X \to \mathbb{R}$ が X 上の実数値連続関数ならば，$f(x_0) \ge f(x)$ がすべての $x \in X$ について成り立つような点 $x_0 \in X$ が，少なくとも一つは存在しなければならない．

すべての点列は収束する部分点列を持つ．　$x_1, x_2, x_3, \ldots \in X$ が X の点列ならば，部分点列 $x_{n_1}, x_{n_2}, x_{n_3}, \ldots$ で，ある極限 $c \in X$ に収束するものが必ず存在する（この主張は**ボルツァーノ–ワイエルシュトラスの定理**として知られている）．

これらの主張に四つ目の主張を加えることができる（他の主張と同じように，この主張の有限集合に対する類似はほとんど自明である）．

すべての開被覆は有限部分被覆を持つ．　$\mathcal{V}$ が開集合の集まりで，これらの開集合の和集合が X を含むとする（このとき $\mathcal{V}$ は X の**開被覆**であるという）．すると，$\mathcal{V}$ 中の集合の有限個の集まり $V_{n_1}, V_{n_2}, \ldots, V_{n_k}$ でやはり X を覆うものが必ず存在する．

これらの四つの位相的な主張は，開区間 $(0,1)$ や数直線 $\mathbb{R}$ などの集合に対しては，簡単な反例を作って容易に確かめられるように，どれも成立しない．**ハイネ–ボレルの定理**によると，X がユークリッド空間 $\mathbb{R}^n$ の部分集合である場合，上の各主張は，X が位相的に閉集合でかつ有界のとき，しかもそのときに限って正しい．

上記の四つの主張は，互いに密接に関連している．たとえば，X のすべての点列が収束する部分点列を持つことがわかれば，すべての連続関数が最大値を持つことを，すぐに導くことができる．これは，まず**最大化列**，すなわち X 中の点 x_k の列で $f(x_k)$ が f の最大値（より正確には上限）に近づくものをとり，次に，この点列の収束部分点列を調べることで示される．実際（たとえば X が距離空間など）空間 X に適当な緩い仮定を与えれば，これら四つの各主張は，他のどの主張からでも導くことができる．

少し単純化しすぎることになるが，位相空間 X は，上記の四つの主張の一つ（したがって，すべて）が成り立つとき，コンパクトであるという．一般にはこの四つの主張は完全には同値でないので，コンパクト性の形式的な定義には 4 番目だけを使う．すなわち，すべての開被覆が有限部分被覆を持つときにコンパクトであるとする．たとえば 3 番目の主張に基づいた**点列コンパクト**のように，コンパクト性の別の概念もあるが，これらの概念の違いは専門的になるので，ここでは区別しない．

コンパクト性は空間の強力な性質であり，数学の多くの異なる領域において，さまざまなやり方で使われる．一つは，局所–大域原理に訴える方法である．関数あるいは他の何らかの量の局所的な制御を確立し，コンパクト性を用いて局所的制御を大域的制御に押し上げる．2 番目の使われ方は，関数の最大値や最小値の存在を用いるもので，これは特に**変分法** [III.94] で有用である．3 番目の使われ方は，非収束列を扱っているときに，元の列の部分列をとる必要があることを認めた上で，極限の概念が部分的に回復することを用いるものである（しかし，異なる部分列は異なる極限に収束するかもしれない．コンパクト性は極限点の存在を保証するが，一意性は保証しない）．ある対象がコンパクトであると，別の対象もコンパクトになることがある．たとえば，コンパクト集合の連続写像による像はやはりコンパクトであるし，有限個のコンパクト集合の直積は，あるいは無限個の場合でさえ，やはりコンパクトである．この最後の結果は**チコノフの定理**として知られる．

もちろん，多くの空間はコンパクトではない．明白な例は実数直線 $\mathbb{R}$ である．この空間がコンパクトでない理由は，$1, 2, 3, \ldots$ のように，実数直線から「逃げ出そう」としていて，どのような収束部分点列をも残していかないような点列を含むからである．しかしながら，空間にさらにいくつかの点を加えることによって，しばしばコンパクト性を回復することができる．この過程は**コンパクト化**として知られる．たとえば，実数直線の両端にそれぞれ点を加えることによってこれをコンパクト化でき，加えられた点を $+\infty$ および $-\infty$ と書く．結果として得られる対象は**拡大実数直線** $[-\infty, +\infty]$ として知られ，自然に位相を与えることができるが，これは基本的に $+\infty$ や $-\infty$ に収束するとはどういう意味かを定義するものである．拡大実数直線はコンパクトである．つまり，拡大実数直線の任意の点列 x_n は，$+\infty$ あるいは $-\infty$ に収束するか，または有限の実数値に収束する部分点列を持つ．このように，実数直線のコンパクト化を用いて，極限の概念を実数とは限らないものにまで一般化することができる．普通の実数でなく拡大した実数を扱うことに短所もあるが（たとえば二つの実数はいつでも加えることができるが，$+\infty$ と $-\infty$ の和は定義されない），コンパクト化しなければ発散してしまうような点列の極限がとれることは，特に無限級数の理論や広義積分においてとても有用となりうる．

一つの非コンパクト空間がたくさんの異なるコンパクト化を持ちうることが判明する．たとえば，**立体射影**の方法を用い，実数直線を 1 点を除いた円周と位相的に同一視することができる（たとえば，実数 x を点 $(x/(1+x^2), x^2/(1+x^2))$ に写像すると，$\mathbb{R}$ は半径 $1/2$，中心 $(0, 1/2)$ の円周から北極 $(0, 1)$ を除いた部分に写像される）．そこでなくなった点を挿入すると，実数直線の **1 点コンパクト化** $\mathbb{R} \cup \{\infty\}$ が得られる．より一般的に，（たとえば局所コンパクトハウスドルフ空間のような）普通に現れるどの位相空間も，1 点だけを加える「最小の」コンパクト化である **1 点コンパクト化** $X \cup \{\infty\}$ から，膨大な数の点を加える「最大の」コンパクト化である**ストーン–チェックのコンパクト化** βX に至る，いくつものコンパクト化を持っている．自然数 $\mathbb{N}$ のストーン–チェックのコンパクト化 $\beta\mathbb{N}$ は，超フィルタの空間であり，無限を使う数学の領域ではたいへん便利な道具である．

コンパクト化を用いて，一つの空間における発散のタイプの違いを区別することができる．たとえば拡大実数直線 $[-\infty, +\infty]$ は，$+\infty$ への発散と $-\infty$ への発散を区別する．類似の考え方で，**射影平面** [I.3 (6.7 項)] のような平面のコンパクト化を用いれば，x 軸に沿って（つまり，x 軸の近くで）発散する点列を y 軸に沿って（y 軸の近くで）発散する点列から区別することができる．このようなコンパクト化は，異なるやり方で発散する点列が顕著に異なる振る舞いを示す状況で自然に現れる．

別の使い方として，コンパクト化によって，数学のあるタイプの対象を他の対象の極限として正確に見ることができる場合がある．たとえば，平面内の直線を増大する円周の極限と見なすために，円周のなす空間の適当なコンパクト化で直線を含むものを記述する方法がある．この視点から，直線に関するある定理を円周に関する類似の定理から導く可能性が生まれ，逆に，非常に大きい円周に関するある定理を直線に関する定理から導く可能性が生まれる．かなり異なった数学の領域になるが，ディラックのデルタ関数は厳密には関数ではなく，**測度** [III.55] あるいは**超関数** [III.18] の空間といった関数の空間のある（局所的）コンパクト化の中に存在する．したがって，ディラックのデルタ関数は古典的な関数の極限と見ることができ，これは計算においてたいへん有用である．やはりコンパクト化を用いて，連続なものを離散的なものの極限として見ることができる．たとえば，巡回群の列 $\mathbb{Z}/2\mathbb{Z}, \mathbb{Z}/3\mathbb{Z}, \mathbb{Z}/4\mathbb{Z}, \ldots$ をコンパクト化して，その極限が円周群 $\mathbb{T} = \mathbb{R}/\mathbb{Z}$ となるようにすることができる．これらの簡単な例はさらに，より洗練されたコンパクト化の例に一般化することができ，幾何学，解析学，代数学に多くの応用がある．

III.10

計算量クラス

Computational Complexity Classes

ティモシー・ガワーズ［訳：渡辺　治］

理論計算機科学における基本的な課題の一つは，与えられた計算問題を処理するのにどの程度計算資源が必要かを明確にすることである．その計算資源として最も基本的なものが**計算時間**である．つまり，その計算問題を（与えられたハードウェアで）処理するのに，最も効率的なアルゴリズムで必要なステップ数を明確にしたいのである．特に重要なのは，この計算時間が計算問題の入力のサイズの増加とともに，どのように大きくなっていくかである．たとえば，$2n$ 桁の数の素因数分解をするのが，n 桁の数の場合に比べてどの程度長く計算時間がかかるか？というような疑問に答えることである．計算の実現性に関連するもう一つの計算資源は，**メモリ使用量**である．あるアルゴリズムをコンピュータ上で実行するのに，どの程度の記憶領域が必要か？とか，それを最小化するにはどうしたらよいか？という疑問である．計算量クラス（complexity class）とは，計算資源に対するある特定の制限のもとで解を求めることができる計算問題の集合である．たとえば，クラス $\mathcal{P}$ とは「多項式時間」で解を求めることができる計算問題の全体である．つまり，その問題を解く計算が，入力サイズを n とした場合，適当な正定数 k を用いて n^k 時間以内となるような問題の集まりが，クラス $\mathcal{P}$ なのである．ここで入力サイズには，入力のビット長を用いることが多い．素因数分解の例でも素因数分解の対象となる数の桁数を入力サイズとして用いていた．

別の言い方をすると，$\mathcal{P}$ の問題とは，入力のサイズが定数倍になったときに，計算時間も高々定数倍までしか大きくならない問題である．そのような問題の良い例が，二つの n 桁の整数の積の計算である．普通の筆算で計算する場合でも，n 桁同士の計算が $2n$ 桁同士の計算になったとき，計算時間は 4 倍にしかならない．

ある正の整数が与えられ，それが二つの素数 p と q の積だと言われたとしよう．その場合，p と q を（x から）求めることは，どの程度難しいだろうか？今のところ，この問いに対する答えはわからない．ただ，一つ簡単に言えることがある．もし，p と q を示されたならば，$p \times q$ が実際に x になることを検算することは，（コンピュータにとっては）難しくない．実際，先に説明したように（$p \times q$ の）筆算は多項式時間で計算可能であるし，その答えが x と等しいかを確かめることは，さらに易しい．計算量クラス $\mathcal{NP}$ とは，解に対する正しさが多項式時間で検算できる問題のクラスである．その解を求めるのが多項式時間である必要はない，ということが重要である．そうした問題の中には，解を求めるのが困難なものもあると考えられているが，今のところ $\mathcal{P} \neq \mathcal{NP}$ の証明は未解決である．この問題は，理論計算機科学における最も重要な未解決問題として広く知られている．

重要な計算量のクラスを，あと二つ簡単に紹介しておこう．$\mathcal{PSPACE}$ は，計算に必要なメモリ使用量が入力サイズに対して多項式で抑えられるような問題のクラスである．これはチェスのようなゲームにおける妥当な戦略に関連する自然な計算量クラスとして知られている．もう一つのクラス $\mathcal{NC}$ は，（サイズ n の入力に対して）「多項式サイズで $\log n$ の多項式の深さを持つ回路」で計算可能な問題のクラスである．これは並列計算で高速に解くことができる計算問題をモデル化したクラスである．一般に，計算量クラスを考えることで，多くの問題の族に，興味深く，直観的にわかりやすい共通の特徴付けが可能となる場合が多い．もう一つ重要なのは，たいていの計算量クラスには「最も困難な問題」が複数存在するという事実である．すなわち，その問題に対する解決を，そのクラスに属する他のすべての問題に変換可能であるような問題群である．こうした問題は，そのクラス内で完全（complete）と呼ばれている．

完全問題や，その他さまざまな計算量クラスについては，「計算複雑さ」[IV.20] の章で解説されている．また，非常に多くの計算量クラスが

http://qwiki.stanford.edu/wiki/Complexity_Zoo

に，短い定義とともに紹介されている．

III. 11

可算および非可算集合

Countable and Uncountable Sets

イムレ・リーダー［訳：砂田利一］

無限集合は数学に常時登場する．自然数，平方数，素数，整数，有理数，実数などがそうである．それらの集合のサイズを比較することは自然である．直観的には，自然数の集合は，整数の集合より小さく（なぜなら，整数のうち正のものが自然数だからである），平方数の集合よりかなり大きい（なぜなら，典型的な大きい整数は平方数になることが稀だからである）．では，サイズの比較を正確に行うにはどうすればよいだろうか？

この問題を扱うのに明らかに適した方法は，有限集合についてのわれわれの直観的理解を基礎にすることである．A と B が有限集合であるとき，それらのサイズを比較する方法は二つある．その一つは，要素を数えることである．すると，二つの非負整数 m, n が得られ，$m < n$，$m = n$，あるいは $m > n$ のどれに当てはまるかを見るのである．しかし，さらに重要な方法がある．この方法では，A あるいは B のサイズを知っている必要はない．これは，A から要素を取り出して，B の要素との対をどちらかの要素がなくなるまで作るのである．最初に要素がなくなるほうが小さい集合であり，もしいくらやっても決着がつかなければ，二つの集合は同じサイズである．

第 2 の方法の適切な言い換えを行えば，無限集合でも同様にうまく機能する．二つの集合は，もし 2 者の間に 1 対 1 対応があれば同じサイズであると宣言するのである．これは，最初は少々奇妙に思える結論を生じるけれども，重要かつ便利な定義である．たとえば，自然数と完全平方数の間には 1 対 1 対応が存在する．実際，各 n に対して n^2 に対応させればよい．こうして，今述べた定義によれば，自然数と同じくらい平方数があるのである．同様に，n に n 番目の素数を対応させることにより，素数は自然数と同じ程度存在することがわかる[*1]．

では，整数の集合 $\mathbb{Z}$ についてはどうだろうか？それは自然数の集合 $\mathbb{N}$ の 2 倍はあるように思える．しかし，再びそれらの間の 1 対 1 対応を見出すことができるのである．このためには，整数を $0, 1, -1, 2, -2, 3, -3, \ldots$ というように並べ，ごく当たり前の方法でこれらに自然数をマッチさせればよい．すなわち，0 には 1，1 には 2，-1 には 3，2 には 4，-2 には 5 というようにすればよいのである．

無限集合は，それが自然数の集合と同じサイズを持つとき，**可算**と言われる．上記の例が示すように，これは集合の要素を並べられると言うのと同じことである．実際，$a_1, a_2, a_3, \ldots$ のように集合の要素をリストアップしたら，1 対 1 の対応は，n を a_n に

*1) 整数からなる十分良い性質を満たす集合に対して，その「密度」という有益な概念を定義することができる．この定義によれば，偶数の集合の密度は 1/2 であるが，予想されるように平方数や素数の集合の密度は 0 である．だが，密度はここで論じているサイズの概念とは異なる．

対応させれば得られる．もちろん，うまくいかない並べ方があることにも注意する必要がある．たとえば，$\mathbb{Z}$ に対して，$-3, -2, -1, 0, 1, 2, 3, \ldots$ という並べ方もある．つまり，集合が可算であると言うとき，その並べ方のすべてが有効というわけではないし，明らかな並べ方さえ有効でないことがある．ここでは単に要素を並べるある方法が存在することを言っているのである．これは，有限集合の場合と対照的である．この場合は，二つの集合同士をマッチさせ，一つの集合のある要素が残ることを見たとき，二つの集合には 1 対 1 の対応がないことがわかる．これこそ，上で述べた「少々奇妙に思える結論」の主な原因に結び付く違いである．

さて，平方数や整数のように，$\mathbb{N}$ より大きいか小さいかのいずれかに見えるある集合が，実際には可算であることが確かめられたわけだが，次に，自然数の集合より「非常に大きく」見える有理数の集合 $\mathbb{Q}$ に注意を向けよう．どうして，すべての有理数を並べられると期待できるだろうか？　実際，二つの有理数の間に，無限個の有理数を見出せるのだから，それらのリストを作ろうとすると，そのいくつかを省かずに済ますことは困難に思える．しかし，驚くのに値することだが，有理数を並べることは可能なのである．分母，分子の双方がある固定された数 k より小さい有理数は有限個しかないから，そのような有理数を並べるのは容易であり，これが鍵となるアイデアである．順に進もう．まず，分母と分子がともに高々 1 であるとき，次に，それらが高々 2 であるとき，というように進むのである（この並べ方で，2 回数えないように注意しよう．たとえば，1/2 が 2/4 や 3/6 として現れないようにする）．この方法で，順番に並べていくと，$0, 1, -1, 2, -2, 1/2, -1/2, 3, -3, 1/3, -1/3, 2/3, -2/3, 3/2, -3/2, 4, -4, 1/4, -1/4, 3/4, -3/4, 4/3, -4/3, 5, -5, \ldots$ のようになる．

たとえば「代数的」数の集合のように，さらに大きいように見える集合の要素も，同じようなアイデアで並べることが可能である（ここで，代数的数とは，$\sqrt{2}$ のように，整数係数の多項式方程式を満たす数のことである）．実際，各多項式は有限個の根（解）しか持たない（したがって，解を並べることが可能である）から，必要となるのは，多項式を並べることである（これを並べたあとに，順にそれらの解を並べればよい）．そして，再び同じテクニックを適用して，それを行うことができる．すなわち，各 d に対して，次数が高々 d の多項式で，その係数の絶対値も d 以下のものを並べるのである（ただし，すでに現れたものは除外する）．

これまでの例から，すべての無限集合は可算であると考えるかもしれない．しかし，「対角線」論法と名付けられた**カントール** [VI.54] による美しい議論により，実数の全体は可算ではないことがわかる．すべての実数が並べられたと想像してみよう．それを $r_1, r_2, r_3, \ldots$ とする．目標は，このリストがすべての実数を含んでいないことであり，したがって，このリストに挙げられていない実数を構成することである．どうすればよいだろうか？　各 r_i を 10 進法で無限小数に展開しておく．そして，新しい数 s を次のように定義する．（小数点のあとの）s の最初の数字として，r_1 の最初の数字と異なるものを選ぶ．このことから，s がすでに r_1 とは異なっていることに注意しよう（9 の繰り返しのようなものとの一致を避けるために s の最初の数字は 0 でも 9 でもないとするとするのがよい）．次に，s の小数点 2 桁目の数字として，r_2 の 2 桁目と異なる数字を選ぶ．これは s が r_2 と異なることを保証している．この方法を続けることにより，リストにはないような実数 s を得ることになる．なぜなら，n がどのような自然数であろうと，s と r_n の n 桁目は異なるのであるから，s は r_n と等しくなり得ないからである．

（s の小数展開に現れるさまざまな数のような）対象を特定するときに，「無限個の独立な選択」を行えるという議論を常時使うことができる．たとえば，同様のアイデアを使って，$\mathbb{N}$ の部分集合全体からなる集合が非可算であることを証明することができる．$\mathbb{N}$ の部分集合すべてを，$A_1, A_2, A_3, \ldots$ のように並べたとし，A_n のどれとも等しくない新しい集合 B を定義しよう．1 が A_1 に含まれないときに限って，1 を B の要素とすることにして（これは，B が A_1 と一致しないことを保証している），2 が A_2 に含まれないときに限って，2 を B の要素とすることにする．そしてこれを続けるのである．この集合 B は $\{n \in \mathbb{N} : n \notin A_n\}$ と表すことができることに注意しよう．というのも，ラッセルの逆理に現れる集合にきわめて似ているからである．

可算集合は「最小の」無限集合である．しかし，実数の集合は，いかなる意味でも「最大の」無限集合というわけではない．実際，上で述べたことは，いかなる集合も，その部分集合全体からなる集合とは 1 対 1 にはならないことを示しているから，実数の集合の部分集合全体からなる集合は，実数の集合より断然大きいのである．

可算の概念は，心に留めるべき実りを生み出す．たとえば，すべての実数は代数的かどうかを知りたいとしよう．**超越的** [III.41] な実数を具体的に書き出すことはきわめて困難な問題である（超越的とは代数的ではないという意味である．これがどのようになされるかのアイデアについては，「リューヴィルの定理とロスの定理」[V.22] を参照）．しかし，上述の概念は，超越数が存在するという主張をまったく自明なものにしてしまう．実際，実数の集合は非可算であるが，代数的数の集合は可算だからである．さらに，このことは，「ほとんどの」実数が超越であることを示している．代数的数は実数の中でほんのちっぽけな部分を占めているだけなのである．

III. 12

C^* 環

C*-Algebras

ティモシー・ガワーズ［訳：松本健吾・松本敏子］

バナッハ空間 [III.62] は，**ベクトル空間** [I.3 (2.3 項)] であり**距離空間** [III.56] でもあるので，バナッハ空間の研究では，線形代数学と解析学の二つの分野が交錯している．バナッハ空間にさらなる代数的な構造を付加することで，より密接な線形代数学と解析学の関わり合いを見ることができる．バナッハ空間の任意の二つの元には，和は定義されているが，一般に積は定義されていない．積が定義されているベクトル空間を，特に**多元環**と呼ぶ．多元環がバナッハ空間であり，さらに，任意の二つの元 x, y に対して $\|xy\| \le \|x\|\|y\|$ が成り立っているとき，**バナッハ環**と呼ぶ（バナッハ環の基礎的な理論はバナッハにより考え出されたわけではないので，この名前は実際には歴史的な事実を反映していない．ゲルファント環と呼ぶほうが適切であろう）．

C^* 環は，**対合**を持ったバナッハ環である．対合とは，各元 x に対して別の元 x^* を対応させる写像で，任意の二つの元 x, y に対して四つの性質，すなわち $x^{**} = x$，$\|x^*\| = \|x\|$，$(x+y)^* = x^* + y^*$，$(xy)^* = y^*x^*$ を満たすものである*1)．対合を持ったバナッハ環がさらに C^* 条件 $\|xx^*\| = \|x\|^2$ を満たすとき，C^* 環と呼ばれる．C^* 環の基本的な例は，**ヒルベルト空間** [III.37] H 上で定義されたすべての連続線形作用素 T からなる多元環 $B(H)$ である．T のノルムは，すべての $x \in H$ に対して $\|Tx\| \le M\|x\|$ である最小の定数 M で定義される．対合は，T にその**共役**を対応させる写像であり，T の共役は，H のすべての元 x と y に対して $\langle x, Ty \rangle = \langle T^*x, y \rangle$ を満たす連続線形作用素 T^* である（この性質を持つ作用素は，T に対してただ一つである）．H が有限次元（n 次元）であるとき，T は $n \times n$ 行列であり，T^* は T の各成分を複素共役にした転置行列である．

ゲルファントとナイマルクの基本的な定理により，どのような C^* 環も，あるヒルベルト空間 H 上のすべての連続線形作用素のなす C^* 環 $B(H)$ の部分環として実現できることがわかっている．詳細は，**作用素環** [IV.15 (3 節)] を参照されたい．

III. 13

曲　率

Curvature

ティモシー・ガワーズ［訳：二木昭人］

みかんを半分に切って中身を取り出すと，残った皮は半球をなす．これを平坦にしようとすると破れてしまうだろう．馬の鞍や湿ったポテトチップを平坦にしようとすると，逆の困難がある．つまり，今度は平坦にするには面が広すぎて，どこかを折り曲げなければならないだろう．しかし，巻いた壁紙を平坦にするときは何の問題もなく，ただ広げるだけでよい．球面のような曲面は「正に曲がっている」と言われ，鞍の形のものは「負に曲がっている」と

*1)　［訳注］正確には，対合であるためには，複素数係数 c に対して $(cx)^* = \bar{c}x^*$ の条件が必要．

言われる．壁紙のようなものは「平坦である」と言われる．

この意味では，平面に乗っていなくても曲面は平坦である場合があることに注意しよう．これは曲率が**内在的幾何**によって定義されるからである．ここで，内在的幾何とは2点間の距離が曲面上の曲線の長さを用いて測られるものである．

上記の曲率の概念をきちんと定義し，曲面上の各点でその曲面がどの程度曲がっているかを示す量として定めるには，さまざまな方法がある．そのためには，**リーマン計量** [I.3 (6.10 項)] をその曲面に定める必要がある．リーマン計量とは，経路の長さを決めるものである．曲率の概念は高次元にも拡張され，d 次元リーマン多様体上の点の曲率というものを論ずることができる．しかし，2次元より大きい次元では1点での多様体の曲がり方が複雑で，一つの量として表すことはできず，いわゆるリッチテンソルというもので記述される．詳しくは「リッチ流」[III.78] を参照されたい．

曲率は現代幾何の基本的な概念であり，上述した概念だけでなく，幾何学的対象が平坦なものからどれだけ逸脱しているかを測るものとして，さまざまな別の定義がある．曲率は一般相対性理論の統一的な理論の一部である（このことは「一般相対論とアインシュタイン方程式」[IV.13] において議論される）．

III.14

デザイン

Designs

ピーター・J・キャメロン［訳：吉荒　聡］

ブロックデザインは，統計学の実験計画において，実験材料の質的違いに対処する方法として初めて使用された．たとえば，農業実験において異なる7品種をテストするとして，実験に使用できる21か所の地所を考える．地所はすべて同質であると見なせるならば，最適な方法は明らかにどの品種も3か所の地所に植えることである．しかし，利用できる地所が異なる地域の7農場にまたがっており，どの農場にも3か所ずつの地所があるとしよう．単純に，七つの農場に1品種ずつを植えるとすると，地所の質的違いと品種の違いを区別できないので，情報を失うことになってしまう．そこで，次のように計画するほうがよい．品種1, 2, 3を第1の農場，1, 4, 5を第2の農場に植え，同様に1,6,7，2,4,6，2,5,7，3,4,7，3,5,6をそれぞれ3〜7の農場に植える．この計画を図1に示す．

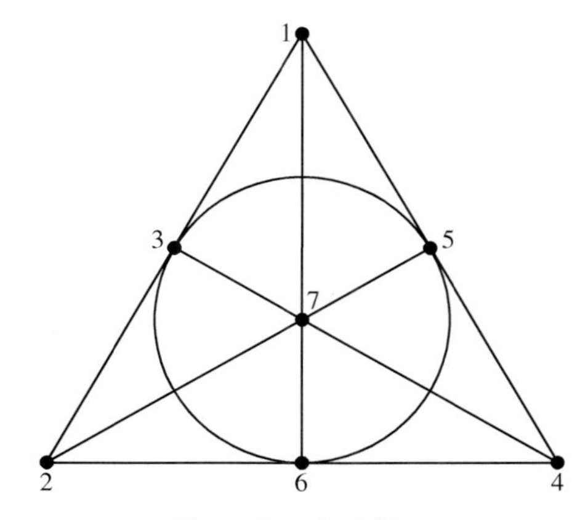

図1　ブロックデザイン

この配置は**釣り合い型不完備配置**あるいはBIBD (balanced incomplete block design の略) と呼ばれる．ブロックは7農場で使用される品種の集合である．どの品種もすべての農場に植えられることはないので，ブロックは「不完備」であり，どの2品種も同じブロックに現れる回数は同じ（今の場合は1回）なので，デザインは「釣り合い型」である．この例は (7,3,1) デザインである．すなわち，7品種があり，どのブロックもそのうち3種を含み，どの2品種も同一ブロックに1回現れる．これはまた**有限射影平面**の例でもある．幾何との関連から，品種は通常「点」と呼ばれる．

数学者はBIBDおよび関連するデザインのクラスに対して広範な理論を発展させてきた．実際には，そのようなデザインは統計学における使用に先立って研究されている．1847年にT・B・カークマン (Kirkman) は，$(v,3,1)$ デザインが存在するのは v が6を法として1または3に合同であるとき，かつそのときに限ることを示した（そのようなデザインは現在では**シュタイナー3重系**と呼ばれているが，シュタイナーがその存在問題を提起したのは1853年のことである）．

カークマンはより難しい問題も提起した．彼自身の言葉で述べると次のようになる．

> 15 人の女子学生が 7 日間連続で 3 人ずつ散歩する．
>
> どの 2 人も 1 回しか一緒に散歩しないように，毎日を計画せよ．

この問題の解は (15,3,1) シュタイナー系で，さらに次の条件を満たすものを求めている．「35 個のブロックは，点集合を分割するような 5 個のブロックからなる「レプリカ」と呼ばれる部分集合 7 個に分割される」．この問題の解はカークマン自身により与えられた．しかし，1960 年代後半になって「v が 6 を法として 1 または 3 に合同であるならば，このような性質を持つ $(v,3,1)$ デザインが存在する」ことが，ライチャウドゥリ（Ray-Chaudhuri）とウィルソン（Wilson）により示された．

どのような v,k,λ の値に対してデザインが存在するのか？ 2 重の数え上げにより，与えられた k と λ に対して (v,k,λ) デザインが存在するような v の値は，ある合同類に制限される（上で見たように，$(v,3,1)$ デザインが存在するのは v が 6 を法として 1 または 3 に合同であるときに限る）．リチャード・ウィルソン（Richard Wilson）が発展させた漸近的存在理論により，どのような k と λ の値に対しても，有限個の例外を除いて，この必要条件がまたデザインの存在のための十分条件でもあることが示された．

デザインの概念はさらに一般化されている．たとえば，t-(v,k,λ) デザインは，どの t 個の点もちょうど λ 個のブロックに含まれるという性質を持つ．ルーク・ティアリンク（Luc Teirlinck）は，すべての t に対して自明でない t デザインが存在することを示したが，$t>3$ の例は稀と言える．

統計学者の関心は少し異なる．冒頭の導入例において，六つの農場しか使えないとしたら，BIBD を実験に使うことはできないが，可能なデザインのうち最も「効率的」な（実験結果から得られる情報が最も多くなる）ものを選ばなければならない．BIBD は存在すれば最も効率的であるが，存在しない場合については多くは知られていない．

異なるタイプのデザインもある．これらは統計学では重要であり，新しい数学にも繋がる．たとえば，以下に**直交配列**の例を示す．この行列のどの 2 行を選んでも，得られる 2 行 9 列行列には $\{0,1,2\}$ から選んだ記号の順序対がどれもちょうど 1 回ずつ列として現れている．

$$\begin{matrix} 0&0&0&1&1&1&2&2&2\\ 0&1&2&0&1&2&0&1&2\\ 0&1&2&1&2&0&2&0&1\\ 0&2&1&1&0&2&2&1&0 \end{matrix}$$

それぞれ 3 段階で適用できる四つの実験処置があって，9 か所の地所が利用できるときには，このデザインを使用できるだろう．

デザイン理論は，誤り訂正符号など他の組合せ論のトピックとも密接に関連している．実際，R・W・ハミング（Hamming）が誤り訂正符号におけるハミング符号を見出した 5 年前に，フィッシャー（Fischer）はこの符号をデザインとして「発見」している．他の関連する話題として，球の詰め込みや被覆問題，そして特に有限幾何が挙げられる．有限幾何では，古典的な幾何の有限版の多くがデザインと見なせる．

III.15

行列式

Determinants

ティモシー・ガワーズ［訳：志賀弘典］

2×2 行列

$$\begin{pmatrix} a & b\\ c & d \end{pmatrix}$$

の行列式は $ad-bc$ によって定義され，3×3 行列

$$\begin{pmatrix} a & b & c\\ d & e & f\\ g & h & i \end{pmatrix}$$

の行列式は $aei+bfg+cdh-afh-bdi-ceg$ で定義される．これらに共通の性質は何か？ そしてどのように一般化することができ，そのときの意味は何なのか？

最初の質問に答える前に，簡単な観察を行ってみよう．両者とも行列の要素をいくつか掛けた積の和であり差である．これらの積は，各行から 1 個ずつ選ばれ，かつ各列からも 1 個ずつ選ばれた要素を掛け合わせて作られている．また，積に付けられている正負の符号は，第 1 列から順に右下がりなら正，

左下がりなら負である．

すると，一般の $n \times n$ 行列に対しても，各行から 1 個ずつ n 個の要素を，各列からも n 個とることになるように選んで積を作って，適当に和ないし差を作っていけばよさそうである．問題は，どの積が正でどの積が負になるかを定めることである．そのために，n 文字の置換 σ を考える．行列を要素 (a_{ij}) で表せば，ここで用いられる積は $a_{1\sigma(1)} \cdots a_{n\sigma(n)}$ の形をしている．そこで，置換 σ が偶置換のとき正，奇置換のとき負と定めればよい（「置換群」[III.68] を参照）．たとえば，上記の 3 次の行列式中 afh に対応する置換は $1 \mapsto 1$，$2 \mapsto 3$，$3 \mapsto 2$ であり，これは奇置換である．これが，afh が負の符号を伴っている理由である．

しかし，このような積を選び，そのような正負の符号を定めたその方法が，どのような重要性を帯びるのかを考える必要がある．それは行列を線形写像と結び付けて考えることから説明される．A を n 次正方行列とすると，すでに見たように（「いくつかの基本的な数学的定義」[I.3 (3.2 項)] を参照），A は $\mathbb{R}^n$ から $\mathbb{R}^n$ への線形写像 α と見なすことができる．A の行列式は，この線形写像が図形の体積をどのように変化させているかを語ってくれる．X は $\mathbb{R}^n$ における n 次元体積 V の図形とする．α による X の像 αX の体積は，$V\times$ A の行列式となるのである．このことを記号で

$$\mathrm{vol}(\alpha X) = \det A \cdot \mathrm{vol}(X)$$

と表すことができる．たとえば，2×2 行列

$$A = \begin{pmatrix} \cos\theta & -\sin\theta \\ \sin\theta & \cos\theta \end{pmatrix}$$

を考えよう．これは平面 $\mathbb{R}^2$ における角度 θ の回転を表す．このとき図形の形は変わらず，したがって面積も保たれている．それゆえ A の行列式は 1 であろうと予想されるが，実際，定義によって A の行列式は $\cos^2\theta + \sin^2\theta$ であり，ピタゴラスの定理によってその値は 1 である．

実は，この説明はいくぶん簡略化しすぎている．つまり，行列式は負にもなれるのに，体積は負の値はとらない．たとえば，行列式 -2 の行列は，体積を 2 倍に変化させつつ，図形の裏表をひっくり返して写像しているのである．

この体積に関する性質から，行列式が持っている多くの有用な性質が導かれるが，この体積比の性質を定義に従って示そうとするならば，それなりの苦労をして証明する必要が生じる．この有用な性質の中から三つを挙げておこう．

(i) V を**ベクトル空間** [I.3 (2.3 項)] とし，$\alpha : V \to V$ を線形写像とする．$\{v_1, \ldots, v_n\}$ を V の基底とし，A をこの基底に関する α の行列とする．$\{w_1, \ldots, w_n\}$ を V の別の基底とし，B をこの新しい基底に関する α の行列とする．二つの行列 A, B は異なっているが同一の線形写像を表しているのであるから，体積比に関する性質は共通である．よって $\det(A) = \det(B)$ である．つまり，行列式は行列から決まるのではなく，線形写像から来ていると考えられる．

上記のように同一の線形写像を与えている二つの行列は，「相似」であるという．A と B が相似であるための必要十分条件は，ある可逆行列 P によって $P^{-1}AP = B$ となることである．ここで，n 次正方行列 P が可逆とは，$PQ = I_n$ となる n 次正方行列 Q が存在することであり，これは $QP = I_n$ となる Q が存在することとも同値である．この言い方を用いれば，上記の性質は，同値な行列は同一の行列式を持つ，と言い換えられる．

(ii) A, B を n 次実正方行列とする．これらは，それぞれ $\mathbb{R}^n$ の線形変換 α, β を表している．すると，積 AB は線形変換 $\alpha\beta$ を表す．これは線形変換 β を施し，そのあとで α を施すという変換である．このとき α は図形の体積を $\det A$ 倍し，β は図形の体積を $\det B$ 倍しているから，$\alpha\beta$ は体積を $\det A \det B$ 倍する写像である．このことから，$\det AB = \det A \det B$ が導かれる．

(iii) n 次正方行列 A の行列式が 0 であれば，上で述べたことから，いかなる n 次正方行列 B に対しても AB の行列式は 0 である．したがって $AB = I_n$ とはならない．なぜなら $\det I_n = 1$ だからである．それゆえ，行列式が 0 の行列は可逆ではない．さらに，この逆もまた成り立ち，行列式が 0 でない正方行列は可逆である．つまり，行列式は正方行列が可逆かどうかを判定する基準を与えているのである．

III. 16

微分形式と積分

Differential Forms and Integration

テレンス・タオ［訳：二木昭人］

積分が１変数微分積分学において基本的概念の一つであることは言うまでもない．しかしながら，この主題の中には三つの積分の概念が現れる．すなわち，**不定積分**（**反微分**ともいう）$\int f$，符号の付かない定積分 $\int_{[a,b]} f(x)\mathrm{d}x$（これを用いて曲線の下部の面積や，変化する密度を持った１次元的対象の質量を知る），および符号の付いた定積分 $\int_a^b f(x)\mathrm{d}x$（これを用いて，たとえば，a から b へ粒子を動かすのに必要な仕事量を計算する）である．簡単のため，数直線全体の上で連続な関数 $f : \mathbb{R} \to \mathbb{R}$ のみに限定することにしよう（また同様に，微分形式の場合は，全領域で連続な形式のみを議論することにする）．これらの積分の概念についての議論を厳密にするために実際は（定型の）ϵ–δ 論法を用いなければならない場合は，それを避けるために「無限小的には」といった砕けた言い方を用いることにする．

これら三つの積分の概念は，１変数の場合もちろん互いに密接に関係している．実際，**微分積分学の基本定理** [I.3 (5.5 項)] により，符号付きの定積分 $\int_a^b f(x)\mathrm{d}x$ は任意の不定積分 $F = \int f$ と公式

$$\int_a^b f(x)\mathrm{d}x = F(b) - F(a) \tag{1}$$

によって結び付けられる．一方，符号付きと符号の付かない二つの積分は，$a \leq b$ のとき等式

$$\int_a^b f(x)\mathrm{d}x = -\int_b^a f(x)\mathrm{d}x = \int_{[a,b]} f(x)\mathrm{d}x \tag{2}$$

で関係付けられる．

しかし，１変数微分積分学でなく多変数微分積分学になると，この三つの概念は互いにかなり遠いものになる．不定積分は**微分方程式の解**，あるいは，接続，**ベクトル場** [IV.6 (5 節)] や**束** [IV.6 (5 節)] に対する積分という概念に一般化される．符号の付かない定積分は，**ルベーグ積分** [III.55]，またはより一般には測度空間の積分として一般化される．そして，符号付き定積分は，ここでのテーマである微分形式の積分に一般化される．これらの三つの概念は依然互いに関連するが，１変数の場合のように互いに取り替えて用いてよいというわけにはいかない．微分形式の積分という概念は，微分位相幾何学，幾何学，物理学において基本的かつ重要なものであり，**コホモロジー** [IV.6 (4 節)] の最も重要な例の一つである**ド・ラームコホモロジー**を定義するのに用いられる．大雑把に言うと，これは高次元の領域や一般の多様体において微分積分学の基本定理がどの程度成立しないかを測るものである．

積分の概念を考える動機付けとして，符号付き定積分の物理への基本的応用を再考しよう．すなわち，外的な場が存在する状態で１次元内での粒子が点 a から点 b に動くときの仕事量を計算しよう（たとえば，電場のある中で電荷を持った粒子を動かすことを考えよう）．無限小的には，$x_i \in \mathbb{R}$ にある粒子を近くの点 $x_{i+1} \in \mathbb{R}$ に動かすときの仕事量は，（小さい誤差を除いて）粒子の最初の位置 x_i に依存する定数 $f(x_i)$ を比例定数として，移動差 $\Delta x_i = x_{i+1} - x_i$ に比例する．したがって，必要な仕事量はおおよそ $f(x_i)\Delta x_i$ となる．x_{i+1} が x_i の右側にあるとは必ずしも要請していないことに注意しよう．したがって，移動差 Δx_i（または無限小的仕事量 $f(x_i)\Delta x_i$）は負であることもありうる．点 a から b へ動かすときの仕事量を計算する非無限小的問題に戻ると，a から b への離散的な経路 $x_0 = a, x_1, x_2, \ldots, x_n = b$ を任意に選ぶと，仕事量はおおよそ

$$\int_a^b f(x)\mathrm{d}x \approx \sum_{i=0}^{n-1} f(x_i)\Delta x_i \tag{3}$$

となる．ここでも x_{i+1} が x_i の右側にあるとは必ずしも要請していない；経路は何度でも逆向きに進むことは可能である．たとえば，ある i に対し $x_i < x_{i+1} > x_{i+2}$ ということはありうる．しかしながら，そのような逆向きに進むことの影響はキャンセルすることがわかる．どのような経路を選ぼうが，全体の経路の長さ $\sum_{i=0}^{n-1} |\Delta x_i|$ が有限であると仮定すると（この場合，逆向きに進む長さも制限する），移動差の最大値が 0 に収束するとき式 (3) で表現される量は収束し，極限は符号付き定積分

$$\int_a^b f(x)\mathrm{d}x \tag{4}$$

となる．特に $a = b$ の場合，すべての経路は閉じていて（つまり $x_0 = x_n$ であり），符号付き定積分は 0 になる．

$$\int_a^a f(x)\mathrm{d}x = 0 \tag{5}$$

以上のような符号付き定積分の略式の定義によれば，連結公式

$$\int_a^c f(x)\mathrm{d}x = \int_a^b f(x)\mathrm{d}x + \int_b^c f(x)\mathrm{d}x \tag{6}$$

が実数 a, b, c の相対的位置によらず成立することは明らかである．特に ($a = c$ とおき式 (5) を用いると)

$$\int_a^b f(x)\mathrm{d}x = -\int_b^a f(x)\mathrm{d}x$$

を得る．したがって，a から b への経路を逆向きにして b から a への経路にすると，積分の符号は変わる．このことは符号の付かない定積分 $\int_{[a,b]} f(x)\mathrm{d}x$ とは対照的である．なぜなら，a と b の間にある数の集合 $[a, b]$ は b と a の間にある数の集合とまったく同じだからである．このことから，経路と集合とはまったく同じではないことがわかる．すなわち，経路は向きを持つが，集合は向きを持たない．

さて，1 次元の積分から高次元の積分に話を移そう．すなわち，1 変数微分積分から多変数微分積分に移そう．すると，次元が増えるのは二つの対象であることがわかる．一つは「背景の空間」[*1]，これは $\mathbb{R}$ ではなく $\mathbb{R}^n$，そしてもう一つは経路，これは向き付けられた k 次元多様体 S になり，この上で積分がなされる．たとえば $n = 3$ で $k = 2$ であるとすると，$\mathbb{R}^3$ 内の曲面上の積分をすることになる．

まず，$n \geq 1$ で $k = 1$ のときから始めよう．この場合，連続微分可能な経路（または向き付けられた有限の長さの曲線）γ で点 a を出発点とし点 b を到着点とするものの上で積分する（経路が閉じているかいないかにより，これらの点は異なっていてもよいし，異なっていなくてもよい）．物理的観点からは，やはり a から b に動かすのに必要な仕事量を計算しているのだが，今度は 1 次元ではなく多次元で動かしている．1 次元の場合，a から b に至る経路をきちんと決める必要はなかった．なぜなら，逆向きに進むとキャンセルするからであった．しかし，高次元の場合，経路 γ をきちんと決めることが重要である．

正式には，a から b への経路とは，単位区間 $[0, 1]$ から $\mathbb{R}^n$ への連続微分可能な関数 γ で，$\gamma(0) = a$ かつ $\gamma(1) = b$ を満たすものとして記述される（または助変数付けされる）．たとえば，a から b への線分は $\gamma(t) = (1-t)a + tb$ により助変数付けされる．この線分は，$\tilde{\gamma}(t) = (1-t^2)a + t^2 b$ などのもっとたくさんの助変数付けを持つ．しかし，1 次元の場合と同様，どの助変数付けを選ぶかは，最終的に積分には影響しない．一方，b から a へ向かう逆向きの線分 $(-\gamma)(t) = ta + (1-t)b$ は，純粋に違う経路であり，$-\gamma$ に沿った積分は γ に沿った積分の -1 倍になる．1 次元の場合と同様，連続な経路 γ を離散的な経路

$$x_0 = \gamma(t_0),\ x_1 = \gamma(t_1),\ x_2 = \gamma(t_2),\ \ldots,\ x_n = \gamma(t_n)$$

で近似する．ここで，$\gamma(t_0) = a$，$\gamma(t_n) = b$ である．今度も逆向きにとることは許され，t_{i+1} は必ずしも t_i より大きい必要はない．x_i から x_{i+1} への移動差 $\Delta x_i = x_{i+1} - x_i \in \mathbb{R}^n$ は，今の場合スカラーではなくベクトルである（実際，多様体への一般化の観点からは，Δx_i は x_i における背景空間 $\mathbb{R}^n$ への無限小的**接ベクトル**と考えるべきである）．1 次元の場合，スカラーの移動差 Δx_i を新しい数 $f(x_i)\Delta x_i$ に変えた．これは元の移動差には線形に依存し，位置 x_i に依存する定数 $f(x_i)$ を比例定数としていた．高次元の場合，やはり線形に依存するが，今度は移動差がベクトルであるため，比例定数を $\mathbb{R}^n$ から $\mathbb{R}$ への**線形変換** ω_x に置き換えなければならない．以上により，$\omega_x(\Delta x_i)$ は x_i を x_{i+1} に動かす無限小の「仕事量」を表す．専門的な用語では，ω_x は x_i における接空間上の線形汎関数であり，したがって，x_i における余接ベクトルである．式 (3) と同様，a から b へ動かすのに必要な総仕事量 $\int_\gamma \omega$ は

$$\int_\gamma \omega \approx \sum_{i=0}^{n-1} \omega_{x_i}(\Delta x_i) \tag{7}$$

により近似される．1 次元の場合と同様，移動差のサイズ $\sup_{0 \leq i \leq n-1} |\Delta x_i|$ が 0 に収束し，全体の経路の長さ $\sum_{i=0}^{n-1} |\Delta x_i|$ が有限の範囲にあるとき，式 (7) の右辺は収束することを証明することができる．極限は $\int_\gamma \omega$ と書かれる（連続関数のみを扱うことにしていることを思い出そう．この極限の存在には ω の連続性を用いる）．

対象 ω は $\mathbb{R}^n$ の各点に余接ベクトルを連続的に指定するものであり[*2]，**1 形式**と呼ばれる．そして式

[*1] 簡単のため，ユークリッド空間 $\mathbb{R}^n$ での積分から始めるが，微分形式の積分が威力を発揮するのは抽象的な n 次元多様体など，もっと一般の空間で積分するときである．

[*2] 正確に言うと，ω は余接束の切断と見なされる．

(7) は 1 形式 ω を経路 γ に沿って積分する仕方を与える．すなわち，少し力点をずらして言うと，経路 γ を 1 形式 ω に対して積分する仕方を与える．実際には，この積分は，曲線 γ と微分形式 ω の二つを入力すると，スカラー $\int_\gamma \omega$ が出力されるという意味で，2 元の積（ある意味では内積のようなもの）と見なすのが便利である．実際，曲線と微分形式には「双対性」がある．たとえば，微分形式の積分は線形であるという基本的事実（の一部）を表す等式

$$\int_\gamma (\omega_1 + \omega_2) = \int_\gamma \omega_1 + \int_\gamma \omega_2$$

と，γ_2 の始点と γ_1 の終点が一致するとき $\gamma_1 + \gamma_2$ を γ_1 と γ_2 を繋いだ経路と見なしたときの等式

$$\int_{\gamma_1+\gamma_2} \omega = \int_{\gamma_1} \omega + \int_{\gamma_2} \omega$$

を比較してみよう*3)．

f が $\mathbb{R}^n$ から $\mathbb{R}$ への微分可能関数であるとき，点 x におけるその微分は，$\mathbb{R}^n$ から $\mathbb{R}$ への線形写像である（「いくつかの基本的な数学的定義」[I.3 (5.3 項)] を参照）．もし f が連続微分可能なら，この線形写像は x に連続的に依存し，よって 1 形式と見なすことができる．この 1 形式を $\mathrm{d}f$ により表し，x における微分は $\mathrm{d}f_x$ により表す．この 1 形式は任意の無限小の v に対し

$$f(x+v) \approx f(v) + \mathrm{d}f_x(v)$$

の形の近似を与えることで，一意的に決まる 1 形式として特徴付けられる（もっと厳密に条件を言うと，$v \to 0$ のとき $|f(x+v) - f(v) - \mathrm{d}f_x(v)|/|v| \to 0$ となることである）．

微分積分学の基本定理 (1) は

$$\int_\gamma \mathrm{d}f = f(b) - f(a) \tag{8}$$

と一般化される．ここで，γ は点 a から点 b への向き付けられた曲線である．特に，もし γ が閉じているなら，$\int_\gamma \mathrm{d}f = 0$ となる．上記の等式の左辺は，$\int_\gamma \omega$ の形の積分と解釈することができる．すなわち，この場合の ω は微分形式 $\mathrm{d}f$ であったということである．この解釈により，$\mathrm{d}f$ は 1 形式として独立な意味を持ち，積分記号なしに現れても概念的に明確なものとなる．

十分小さい*4)閉曲線すべてに対し，積分が 0 になるような 1 形式は，**閉じている**と言われる．一方，ある連続微分可能関数 f を用いて $\mathrm{d}f$ の形に書かれる 1 形式は，**完全**であると言われる．したがって，基本定理により完全形式はすべて閉形式である．これはすべての多様体で成立する一般的事実であることがわかる．逆は正しいだろうか？ つまり，すべての閉形式は完全であろうか？ 領域がユークリッド空間，あるいは**単連結**な多様体であれば，答えは Yes である（これは**ポアンカレ**の補題の特別な場合である）が，一般の領域では正しくない．現代数学の用語を用いて表現すると，そのような領域のド・ラームコホモロジーは非自明であることを，このことは言っている．

今まで見て来たように，1 形式とは各経路 γ にスカラー $\int_\gamma \omega$ を対応付ける対象 ω のことと考えられる．もちろん ω は経路全体からスカラーへの勝手な関数というのではない．ここまでで議論されたような結合や逆向きについての規則を満たさなければならないし，連続性の仮定のもとで γ と組み合わせて積分を定義するのに用いられる，連続性を持つ線形関数でなければならない．さて，今度は，この基本的アイデアを経路から $k > 1$ なる k 次元集合に拡張できるかを考えよう．簡単のため，2 次元の場合，すなわち，$\mathbb{R}^n$ 内の（向き付けられた）曲面上で微分形式を積分することを考えよう．この場合だけを見れば，一般の場合のすべての場合の様子がわかるからである．

物理的には，このような積分は（磁場のような）場の流れが曲面を通過する量を計算するときに現れる．1 次元の向き付けられた曲線は，区間 $[0,1]$ から $\mathbb{R}^n$ への連続関数 γ で助変数付けされた．2 次元の向き付けられた曲面も，区間の二つの直積 $[0,1]^2$ 上で定義された関数として助変数付けされると考えるのが自然であろう．実際は，積分を実行したい曲面をいつでもこのようなもので覆えるわけではない．しかし，一般の曲面は $[0,1]^2$ のような良い領域で助変数付けられた小さい部分に区分することができる．

*3) この双対性は，より一般な抽象ホモロジーとコホモロジーの概念を用いた定式化の中で考えるほうが，より良く理解できる．特に，γ_1 が終わるところから γ_2 が始まるという要請は取り除き，経路上の積分だけでなく，いくつかの経路の形式的和や差の上での積分に一般化することができる．これにより，曲線と微分形式の間の双対性はより対称的になる．

*4) 必要な条件をきちんと言うと，曲線が可縮である，つまり，1 点に連続的に変形できる，ということである．

1次元の場合, 区間 $[0,1]$ を無限小的な向き付けられた区間として t_i から $t_{i+1} = t_i + \Delta t$ までに区分し，それにより $x_i = \gamma(t_i)$ から $x_{i+1} = \gamma(t_{i+1}) = x_i + \Delta x_i$ までの無限小曲線に区分した．Δx_i と Δ_t は近似 $\Delta x_i \approx \gamma^*(t_i)\Delta t_i$ により関係付けられることに注意しよう．2次元の場合，長さ1の正方形 $[0,1]^2$ は無限小の正方形に自然なやり方で分割される*5)．このような正方形の典型的なものは，四つの角 (t_1,t_2), $(t_1+\Delta t, t_2)$, $(t_1, t_2+\Delta t)$, $(t_1+\Delta t, t_2+\Delta t)$ を持つものである．すると，ϕ で記述される曲面は，四つの角 $\phi(t_1,t_2)$, $\phi(t_1+\Delta t, t_2)$, $\phi(t_1, t_2+\Delta t)$, $\phi(t_1+\Delta t, t_2+\Delta t)$ を持つ領域に分割され，これらの領域はそれぞれ向きを持っている．ϕ は微分可能であるので，小さい距離の範囲では近似的には線形であり，この領域は四つの角 x, $x+\Delta_1 x$, $x+\Delta_2 x$, $x+\Delta_1 x+\Delta_2 x$ を持つ $\mathbb{R}^n$ 内の平行四辺形により近似される．ここで，$x = \phi(t_1,t_2)$ であり，$\Delta_1 x$ と $\Delta_2 x$ はそれぞれ無限小ベクトル

$$\Delta_1 x = \frac{\partial\phi}{\partial t_1}(t_1,t_2)\Delta t, \quad \Delta_2 x = \frac{\partial\phi}{\partial t_2}(t_1,t_2)\Delta t$$

である．これを,「基点」が x で「広さ」が $\Delta_1 x \wedge \Delta_2 x$ の無限小平行四辺形と呼ぼう．以下，記号 "$\wedge$" は単に表記上の便宜で用いるものとし，その解釈は与えないことにする．曲線上の積分と同様の積分をするためには，基点 x に連続的に依存する汎関数 ω_x のようなものが必要である．この汎関数は上述の無限小平行四辺形に対し，無限小の数 $\omega_x(\Delta_1 x \wedge \Delta_2 x)$ を対応させるものである．この無限小の数はこの平行四辺形を通る「流れ」の総量と見なすことができる．

1次元の場合と同様に，ω_x はいくつかの性質を満たすものでなければならない．たとえば，$\Delta_1 x$ を2倍にすると，無限小平行四辺形の辺の一つが2倍になり，したがって（ω の連続性から）平行四辺形を通る「流れ」の総量も2倍になる．より一般に，$\omega_x(\Delta_1 x \wedge \Delta_2 x)$ は $\Delta_1 x$ と $\Delta_2 x$ の両方に線形に依存する．言い換えれば，**双線形**である（これは1次元の場合の線形性を一般化している）．もう一つの重要な性質は

$$\omega_x(\Delta_2 x \wedge \Delta_1 x) = -\omega_x(\Delta_1 x \wedge \Delta_2 x) \tag{9}$$

である．すなわち，双線形形式 ω_x は**反対称**である．

*5)　無限小の向き付けられた長方形，平行四辺形，三角形などを使うこともでき，どれを用いても同値な積分の概念を得る．

これについても次のように直観的な説明を与えることができる．$\Delta_2 x \wedge \Delta_1 x$ により表現される平行四辺形は，$\Delta_1 x \wedge \Delta_2 x$ により表現されるものと，向きを逆にしたという点を除いて同じであり，したがって「流れ」の総量は，正であった場合は負に計算され，負であった場合は正に計算される．このことの別の見方として，もし $\Delta_1 x = \Delta_2 x$ ならば平行四辺形は退化し，流れはなくなる．反対称性はこのことと双線形性から得られる．**2形式** ω とは，この性質を持つ汎関数 ω_x を各点 x に連続的に指定するものである．

ω を2形式で $\phi : [0,1]^2 \to \mathbb{R}^n$ を連続微分可能関数とするとき，ω の ϕ に対する積分（より正確には，向きの付いた正方形 $[0,1]^2$ の ϕ による像に対する積分）$\int_\phi \omega$ を近似

$$\int_\phi \omega \approx \sum_i \omega_{x_i}(\Delta x_{1,i} \wedge \Delta x_{2,i}) \tag{10}$$

により定義することができる．ただし，ϕ の像は，x_i を基点とし広さ $\Delta x_{1,i} \wedge \Delta x_{2,i}$ を持つ平行四辺形に分割されているとしている．加法は交換可能であり結合法則を満たすので，これらの平行四辺形がどのような順番で並んでいるかを気にする必要はない．平行四辺形による分割を「どんどん細かくする」と，式(10)の右辺はただ一つの極限値に収束することが示せる．ただし，ここでは詳細は省略する．

以上により，向き付けられた2次元曲面に対して2形式をどのようにして積分するかが示された．より一般に,（$\mathbb{R}^n$ のような）n 次元多様体上の k 形式という概念を $0 \le k \le n$ に対して定義することができ，その多様体上にある向き付けられた k 次元部分多様体に対する積分を考えることができる．たとえば，多様体 X 上の0形式とはスカラー関数 $f : X \to \mathbb{R}$ と同じであり，正の向きを持った点 x（これは0次元である）上での積分は $f(x)$ であり，負の向きを持った点 x 上では $-f(x)$ である．k 形式は，大きさ $\Delta x_1 \wedge \cdots \wedge \Delta x_k$ を持った無限小 k 次元平行多面体に対してどのような値を指定するかを定めるものであり，これにより，2次元の場合とまったく同じやり方で，k 次元「曲面」の無限小部分に対する値も決まる．規約として，$k \neq k'$ のときは，k 次元形式の k' 次元多様体上での積分は0とする．0形式，1形式，2形式など（および，それらの形式的和や差）を総称して**微分形式**という．

スカラー関数に対して三つの基本操作がある．すなわち，加法 $(f,g) \mapsto f+g$, 各点ごとの積 $(f,g) \mapsto$

fg，そして微分 $f \mapsto \mathrm{d}f$ であるが，最後の操作は f が連続微分可能でないとあまり役に立たない．これらの操作は互いに関連する関係がたくさんある．たとえば，積は加法に関して分配法則

$$f(g+h) = fg + fh$$

を満たし，微分は積に関して微分法則

$$\mathrm{d}(fg) = (\mathrm{d}f)g + f(\mathrm{d}g)$$

を満たす．

これらの三つの操作は，微分形式にも一般化されることがわかる．二つの形式の和は易しい．すなわち，ω と η を二つの k 形式とし，$\phi : [0,1]^k \to \mathbb{R}^n$ を連続微分可能関数とすると，$\int_\phi (\omega + \eta)$ は $\int_\phi \omega + \int_\phi \eta$ により定義される．形式同士の積はいわゆる外積（またはウェッジ積）による．ω を k 形式，η を l 形式とすると，$\omega \wedge \eta$ は $(k+l)$ 形式である．大雑把に言うと，これは，x を基点とし，大きさが $\Delta x_1 \wedge \cdots \wedge \Delta x_{k+l}$ の $(k+l)$ 次元平行多面体が与えられると，ω と η をそれぞれ x を基点とする大きさ $\Delta x_1 \wedge \cdots \wedge \Delta x_k$ と $\Delta x_{k+1} \wedge \cdots \wedge \Delta x_{k+l}$ の平行多面体で値をとり，その結果の積をとるものである．

微分については，ω が連続微分可能とすると，その微分 $\mathrm{d}\omega$ は ω の「変化の度合い」のようなものを測る．この意味と，なぜ $\mathrm{d}\omega$ は $(k+1)$ 形式かを知るために，次の問いにどう答えたらよいかを考えてみよう．$\mathbb{R}^3$ 内に球状の曲面と流れがあったときに，曲面上での流れの総和を知るにはどうしたらよいか？　つまり，入ってくる流れの総和と出ていく流れの総和の差を知りたい．一つの方法は，小さい平行四辺形の集まりで球状の曲面を近似し，それぞれの上での流れの総和を測り，これらの流れの総和をとる方法であろう．別の方法は，内部も含めた球体全体を小さい平行 6 面体の集まりで近似し，これらのそれぞれの上の流れの出入りの総和を計算し，その結果を足し上げることであろう．平行 6 面体が十分小さいなら，流れの出入りの総和は，向かい合う面において出ていく量と入ってくる量の差を測ることにより近似される．この差は 2 形式の変化率に依存する．

平行 6 面体での流れの出入りの総量を足し上げるプロセスは，より厳密には，3 形式の球体上での積分により記述される．かくして，2 形式がどう変化するかは 3 形式にまとめ上げられると期待することは，自然であることがわかる．

これらの操作をきちんと構成するには，代数学が少々必要であるが，ここでは省略する．ただ，1 変数の場合と同様の法則が成立するほかに，反対称性 (9) に起因する符号の変化が起こることを注意しておこう．たとえば，ω が k 形式で η が 1 形式のとき，積の交換法則は

$$\omega \wedge \eta = (-1)^{kl} \eta \wedge \omega$$

となるが，これは k 次元と l 次元の交換には kl 個の入れ替えが必要だからである．そして積に対する微分の公式は

$$\mathrm{d}(\omega \wedge \eta) = (\mathrm{d}\omega) \wedge \eta + (-1)^k \omega \wedge (\mathrm{d}\eta)$$

となる．もう一つの法則は，微分作用素 d はベキ零であることである．

$$\mathrm{d}(\mathrm{d}\omega) = 0 \tag{11}$$

これはあまり直観的には理解できないように思われるが，基本的かつ重要である．この式が成立することがなぜおかしくないかを見るために，1 形式を 2 度微分してみよう．最初の 1 形式は小さい線分に対してスカラーを対応させる．その微分は 2 形式で，小さい平行四辺形にスカラーを対応させる．このスカラーは，実質的には平行四辺形の四つの辺を 1 周するときに 1 形式が与えるスカラーの和である．ただし，意味のある答えを得るには，平行四辺形の面積を分割して極限をとらなければならない．このプロセスをもう一度繰り返すと，平行 6 面体の六つの面に対する六つのスカラーの和を見ることになる．しかし，これらのスカラーのおのおのは，対応する面における四つの向きの付いた辺に対するスカラーの和であるが，各辺は（二つの面に属するので）2 度ずつ逆向きに計算される．したがって，各辺からの寄与は相殺され，すべての和は 0 になる．

前に述べた 2 形式の 2 次元球面上の積分とその微分の球体での積分の関係は，微分積分学の基本定理の一般化と見なすことができ，このこと自体，さらに次のように一般化される．すなわち，ストークスの定理は，任意の向き付けられた多様体と形式 ω に対し

$$\int_S \mathrm{d}\omega = \int_{\partial S} \omega \tag{12}$$

が成立することを主張する．ただし，∂S は S の境界（ここでは定義しない）である．実際，この定理でもって微分という作用 $\omega \mapsto \mathrm{d}\omega$ を定義すること

もできる．したがって，微分は境界をとる操作の随伴作用素である（たとえば，等式 (11) は向き付けられた多様体の境界 ∂S は境界を持たない，すなわち $\partial(\partial S)=\emptyset$ という幾何学的考察の双対を表す）．ストークスの定理の特別な場合として，S が閉多様体，つまり境界を持たないものであるとき，$\int_S \mathrm{d}\omega=0$ が成立することがわかる．この考察は，閉形式と完全形式の概念を一般の微分形式にどのように拡張すればよいかを示唆し，そして（式 (11) も用いて）ド・ラームコホモロジーを定めることも可能にする．

0 形式がスカラー関数であることはすでに見た．また，ユークリッド空間においては，内積を用いて線形汎関数とベクトルが同一視できること，したがって 1 形式をベクトル場と同一視することができる．3 次元ユークリッド空間という特別な（しかし，とても物理学的な）場合，2 形式は有名な**右手の法則**[*6)] によりベクトル場と同一視され，3 形式はこの法則の一種によりスカラー関数と同一視される（これは**ホッジ双対性**と呼ばれる概念の一例である）．この場合，微分の作用 $\omega\mapsto \mathrm{d}\omega$ は，ω が 0 形式のとき**勾配**作用素 $f\mapsto\nabla f$ と同一視され，ω が 1 形式のときは**回転** $X\mapsto\nabla\times X$，ω が 2 形式のときは**発散** $X\mapsto\nabla\cdot X$ と同一視される．したがって，たとえば法則 (11) は，任意の関数 f と任意のベクトル場 X に対して $\nabla\times\nabla f=0$ および $\nabla\cdot(\nabla\times X)=0$ が成り立つことを意味する．一方，ストークスの定理 (12) のいろいろな場合は，この解釈によれば，多変数の微分積分学を学んだときに「発散定理」「グリーンの定理」「ストークスの定理」などと呼ばれた，3 次元空間の曲線や曲面上での積分に関するさまざまな定理になる．

ちょうど 1 変数の場合に，式 (2) を通して符号の付いた積分が符号の付かない積分に関係したように，微分形式の積分はルベーグ（またはリーマン）積分と関係がある．ユークリッド空間 $\mathbb{R}^n$ においては n 個の標準的座標 $x_1,x_2,\ldots,x_n:\mathbb{R}^n\to\mathbb{R}$ がある．これらの微分 $\mathrm{d}x_1,\ldots,\mathrm{d}x_n$ は $\mathbb{R}^n$ 上の 1 形式である．これらのウェッジ積をとると，n 形式 $\mathrm{d}x_1\wedge\cdots\wedge\mathrm{d}x_n$ を得る．これにスカラー関数 $f:\mathbb{R}^n\to\mathbb{R}$ を掛けて，別の n 形式 $f(x)\mathrm{d}x_1\wedge\cdots\wedge\mathrm{d}x_n$ を得る．Ω が有界開集合のとき，等式

$$\int_\Omega f(x)\mathrm{d}x_1\wedge\cdots\wedge\mathrm{d}x_n=\int_\Omega f(x)\mathrm{d}x$$

が成立する．ここで，左辺は（Ω を正の向きを持つ n 次元多様体と見なして）微分形式の積分であり，右辺は f の Ω 上のリーマンまたはルベーグ積分である．ω に逆の向きを与えると，左辺の符号を変えなければならない．これは式 (2) の一般化を与える．

最後にもう一つ指摘するに値する作用素がある．一つの多様体から別の多様体への連続微分可能な写像 $\Phi:X\to Y$ があったとする（X と Y は次元が違ってもよい）．すると，もちろん X の任意の点 x は Y の点 $\Phi(x)$ に移される．同様に，$v\in T_xX$ を X の x における無限小接ベクトルとすると，この接ベクトルは $\Phi(x)$ における接ベクトル $\Phi_*v\in T_{\Phi(x)}Y$ に送られる．砕けた言い方をすると，Φ_*v は無限小近似 $\Phi(x+v)=\Phi(x)+\Phi_*v$ を満たすものとして定義される．$\Phi_*v=D\Phi(x)(v)$ とも書くことができる．ここで，$D\Phi:T_xX\to T_{\Phi(x)}Y$ は多変数写像 Φ の x における「微分」である．最後に，X 内の向き付けられた k 次元部分多様体 S も Y 内の向き付けられた k 次元部分多様体 $\Phi(S)$ に移される．ただし，ある場合（たとえば Φ の次元が k より小さくなる場合など）には，この移された多様体は退化する．

ここまでで，積分は多様体と微分形式の双対的ペアリングであることを見た．多様体は Φ により X から Y に送られるので，形式は Y から X に引き戻されると考えられる．実際，Y 上の k 形式 ω が与えられたとき，**引き戻し** $\Phi^*\omega$ を，**変数変換の公式**

$$\int_{\Phi(S)}\omega=\int_S\Phi^*(\omega)$$

を満たす X 上のただ一つの k 形式として定義することができる．0 形式（つまりスカラー関数）の場合，スカラー関数 $f:Y\to\mathbb{R}$ の引き戻し $\Phi^*f:X\to\mathbb{R}$ は，明示的に $\Phi^*f(x)=f(\Phi(x))$ により与えられる．一方，1 形式 ω の引き戻しは，公式

$$(\Phi^*\omega)_x(v)=\omega_{\Phi(x)}(\Phi_*v)$$

により与えられる．他の微分形式に対しても同様に定義される．引き戻しはいくつかの良い性質を持つ．たとえば，

$$\Phi^*(\omega\wedge\eta)=(\Phi^*\omega)\wedge(\Phi^*\eta)$$

のようにウェッジ積を保ち，また，

$$\mathrm{d}(\Phi^*\omega)=\Phi^*(\mathrm{d}\omega)$$

---

*6)　この符号付けの規約の定め方はまったく随意である．左手の法則を用いてこの同一視をしても構わない．問題を起こすことなく符号をいくつかのところで取り替えて，結果として実質的にまったく同じ理論を得る．

のように微分も保つ．これらの公式を用いると，多変数の積分変換の公式を得ることができる．さらに，以上の理論はユークリッド空間から一般の多様体に苦労なく拡張できる．このため，微分形式と積分の理論は，多様体の現代的研究，特に**微分位相幾何学** [IV.7] の研究に欠かすことのできないものとなっている．

III. 17

次　元

Dimension

ティモシー・ガワーズ［訳：二木昭人］

2 次元の集合と 3 次元の集合の違いは何であろうか？　大雑把な答え方は，2 次元の集合は平面内にあり，3 次元の集合は空間内の一部を覆うという言い方であろう．これは正しい答えだろうか？　多くの集合に対して，これは正しい答えとは思われない．つまり，三角形，四角形や円は平面の上に描けるが，4 面体，立方体や球は描けない．しかし，球の表面はどうであろうか？　これについては，通常われわれは 2 次元であると考え，これに対し球体は 3 次元と見なす．しかし，球の表面は平面上にはない．

このことは，上記の大雑把な定義は不正確だということを意味するのだろうか？　必ずしもそうとは言えない．線形代数の観点からは，$\mathbb{R}^3$ 内の原点を中心とする半径 1 の球面を表す集合 $\{(x,y,z) : x^2+y^2+z^2=1\}$ は，平面には含まれないことから，確かに 3 次元集合である（代数学の用語を用いてこのことを言い表すと，球面により生成されるアフィン部分空間は $\mathbb{R}^3$ である，ということになる）．しかしながら，この意味で 3 次元であるという考え方は，球の表面は厚みを持たないという大雑把な考えを正当化できない．球の表面が 2 次元であることになるような，別の意味の次元があってしかるべきではないだろうか？

この例が示すように，次元とは数学の至るところで重要な概念であるが，ただ一つに定まる概念ではない．四角形や立方体のような単純な集合の次元の考え方を一般化する方法はたくさんあり，定義の仕方により一つの集合が異なる次元を持つことがありうるという意味で，さまざまな次元の定義の一般化は互いに両立し得ないこともある．本章では以後，いくつかの異なる方法で次元を定義する．

集合の次元について持つ基本的考え方は，次元とは「1 点を指定するために必要な座標の個数」であるというものである．この考え方を用いると，球の表面は 2 次元であるという直観を正当化することができる．すなわち，どの点も経度と緯度を与えることで指定できる．これを数学的に厳密な定義とするには，若干難点がある．なぜなら，人工的な操作をしても構わないなら，球面の点を一つの数で指定できるからである．これは，二つの数を任意にとり，それぞれの桁を交互に差し込んで一つの数を作ると，その数から元の二つの数を復元できるからである．たとえば，$\pi = 3.141592653\cdots$ と $\mathrm{e} = 2.718281828\cdots$ という二つの数から $32.174118529821685238\cdots$ という数を作り，交互に桁をとれば π と e を復元することができる．閉区間 $[0,1]$（つまり，0 と 1 の間の実数全体の集合で，0 も 1 も含むもの）から球の表面全体への連続関数で，球面のすべての点に値をとるものを構成することすら可能である．

したがって，「自然な」座標系とはどういう意味かを決定しなければならない．この決定の仕方の一つとして**多様体**の定義が導かれる．この概念は重要で，「いくつかの基本的な数学的定義」[I.3 (6.9 項)] および「微分位相幾何学」[IV.7] で議論される．これは，球面上の各点は平面の一部のように見える近傍 N に含まれるという考えに基づいている．つまり，N から座標平面 $\mathbb{R}^2$ の部分集合への「良い」1 対 1 対応 ϕ があるという意味である．ここで「良い」というのは，さまざまな異なる意味がありうる．典型的なものとしては，ϕ とその逆写像はどちらも連続であるとか，微分可能であるとか，無限回微分可能であるとかいうものである．

かくして，d 次元集合とは点を指定するのに d 個の数が必要な集合であるという直観的な考えは，厳密な定義として確立され，われわれが望んでいたとおり，球の表面は 2 次元であるということになる．次に，もう一つの直観的考えを採用し，それから何が得られるかを見てみよう．

1 枚の紙を切って 2 枚にしたいと思っているとしよう．2 枚を分ける境界部分は曲線であるので，1 次元であると考えたいのが普通である．しかし，なぜこの曲線は 1 次元なのだろうか？　たぶん，同じ理由付けをすることができよう．曲線を切って二つの部分に分けると，切り口は1点（または，曲線が輪になっていたら2点）であり，これは0次元である．すなわち，d 次元の集合を二つに切ると，$d-1$ 次元の集合が当然ないといけない．

この考え方をもう少し精密にしてみよう．X は集合で，x と y は X 内の2点としよう．集合 Y が x と y の**障壁**であるとは，Y をよけることなしには x と y を結ぶ連続な道は結べないときをいうこととしよう．たとえば，X が半径2の球体で，x は X の中心，y は X の境界上の点とするとき，半径1の球の表面は x と y の障壁である．この用語の準備のもとで，次のような帰納的定義をすることができる．有限集合は0次元であり，一般に X の2点の間に高々 $(d-1)$ 次元の障壁があるとき，X は**高々 d 次元**であるということにする．さらに，X が **d 次元**であるとは，高々 d 次元であるが高々 $(d-1)$ 次元ではないときをいうことにする．

上の定義は理にかなっているが，難点がある．つまり，平面内の2点の障壁となるが曲線の一部をまったく含まないような病的な集合 X を構成することができ，すると X は0次元になり，したがって平面は1次元になるので，不満足な結果になる．上記の定義を少し修正すると，このような病的なことが起こらないようにすることができ，**ブラウアー** [VI.75] により提唱された次のような定義が得られる．完備**距離空間** [III.56] X とは，二つの交わらない閉集合 A と B が与えられたとき，$A \subset U$，$B \subset V$ を満たす交わらない開集合 U と V があり $U \cup V$ の補集合 Y（つまり，U にも V にも属さない X の点全体）の次元が高々 $d-1$ のとき，高々 d 次元であるということにする．集合 Y は障壁である——主たる違いは，閉集合であることを要請している点である．帰納法は空集合から始まり，この場合 -1 次元とする．ブラウアーの定義は，集合の**帰納的次元**という名で知られている．次元の便利な定義に繋がるもう一つの基本的考え方が，**ルベーグ** [VI.72] により提唱されている．実数の開区間（すなわち境界点を含まない区間）をより短い開区間で覆いたいとしよう．すると，短い区間は重なるようにするほかないであろう．しかし，どの点も高々二つの区間にしか含まれないようにすることは可能である．つまり，前の区間の最後の近くから次の区間が始まるようにすればよい．

次に，開いた四角形（すなわち四角形の内部で境界を含まないもの）を，より小さい開いた四角形で覆いたいとしよう．すると，再び，四角形には重なる部分があるようにするほかない．しかし，今度は状況が少し悪く，いくつかの点は三つの四角形に含まれる必要がある．しかしながら，図1のように，煉瓦を積むような並べ方で並べ，これらを膨らますと，どの四つの四角形も重ならないようにして覆うことができる．一般に，典型的な d 次元集合を小さい開集合で覆うには，$d+1$ 個の集合の重なりは持たなければならないが，それ以上の個数の重なりは持たなくてもよいように思われる．

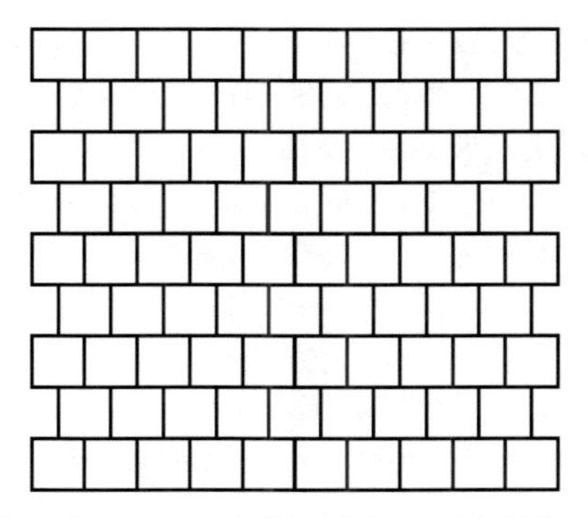

図1　どの四つの四角形も重ならないような覆い方

この考察から，驚くほど一般的かつ的確な定義が導かれる．$\mathbb{R}^n$ の部分集合だけでなく，任意の**位相空間** [III.90] に対しても意味を持つ．集合 X が**高々 d 次元**であるとは，X をどのような有限個の開集合 $U_1, \ldots, U_n$ で被覆しても，有限個の開集合 $V_1, \ldots, V_m$ で次の性質を満たすものがとれることをいう．

(i) $V_1, \ldots, V_m$ も X を被覆する．

(ii) 各 V_i は少なくとも一つの U_i の部分集合である．

(iii) どの点も $d+1$ 個より多くの V_i に含まれることはない．

X が距離空間のときは，U_i として小さい直径のものを選ぶことができ，そのとき V_i も小さくなる．よってこの定義は，$d+2$ 個以上が同時に重なることがないように X を開集合で被覆することができ，しかも，これらの開集合は好きなだけ小さくとれるということを言っている．

そして，X の**位相的次元**を，X が高々 d 次元であるような最小の d として定義する．この場合も，この定義は，初等幾何に現れる馴染みのある図形に対して「正しい」次元を与えることを示すことができる．

四つ目の直観的考え方は，**ホモロジカル次元**または**コホモロジカル次元**と呼ばれる概念に導く．多様体のような性質の良い位相空間 X に対し，**ホモロジー群**や**コホモロジー群** [IV.6 (4 節)] という名で知られる群の列が定まる．ここではホモロジー群を用いて論ずるが，コホモロジーに対してもまったく同様の議論が可能である．大雑把に言うと，n 次ホモロジー群とは，n 次元閉多様体 M から X への連続写像で，おもしろさの異なるものが何個あるかを知るためのものである．X を次元が n より小さい多様体とすると，n 次ホモロジー群は自明であることを示すことができる．すなわち，定値写像とおもしろさの異なる写像を X が含む余地はないという意味合いである．一方，n 球面の n 次ホモロジー群は $\mathbb{Z}$ である．このことは，n 球面から自分自身への写像は整数のパラメータで分類できることを言っている．

そこで，n 次元多様体からの興味深い写像を含む余地があるとき，その空間は少なくとも n 次元であると言いたいという気になる．構造 X のホモロジカル次元とは，X のある部分構造が非自明な n 次ホモロジー群を持つような最大の n として定義される（部分構造を考えるのは，ホモロジーは広すぎる空間でも自明になることがあるからである．そのような場合，連続写像を変形して定値写像と同値になりやすいのである）．しかしながら，ホモロジーは非常に一般的な概念であり，多くのホモロジー論があり，したがって，多くのホモロジカル次元の概念がある．これらのいくつかは幾何学的であるが，代数的構造に対するホモロジー論もある．たとえば，適当な理論を用い，**環** [III.81 (1 節)] や**群** [I.3 (2.1 項)] のような代数的構造に対してホモロジカル次元を定義することができる．これは幾何学的アイデアが代数的報酬を持ちうる良い例である．

さて，（少なくとも本章では）最後となる 5 番目の次元に関する直観的考え方に転じよう．これは，どのようにしてサイズを測るかということに関わるものである．図形 X がどの程度大きいかを伝達したいとき，良い方法は X が 1 次元ならば X の長さを伝え，2 次元ならば面積，3 次元ならば体積を伝えることであろう．もちろん，これはすでに次元とは何であるかを知っていることを前提としている．しかし，以下に見るように，次元を前もって決定することなしに，どの測度が最も適切かを決定する方法がある．すると，主客転倒され，最良の測度に対応する数を次元と定義することができる．

このために，図形を拡大すると長さ，面積，体積は違った増え方をするという事実を用いる．曲線を（すべての方向に）係数 2 で拡大すると，長さは 2 倍になる．より一般に，係数 C で拡大すると長さは C 倍になる．しかしながら，2 次元の図形を係数 C で拡大すると，その面積は C^2 倍になる（大雑把に言うと，図形の微小部分は「2 方向に」拡大されるので，面積には C を 2 度掛けなければならない）．同様に，3 次元の図形の体積は C^3 倍される．たとえば，半径 3 の球体の体積は，半径 1 の球体の体積の 27 倍である．

しかし，図形を拡大したときの測定値の増え方を考え始める前に，長さ，面積，体積のどれについて考えるのかを前もって決めなければならないように思える．しかし，これはそうではない．たとえば，四角形を係数 2 で拡大すると，新しい四角形は四つの四角形に分割され，そのおのおのは元の四角形と合同である．したがって，面積について考えると，前もって決めなくても，新しい四角形の大きさは前の四角形の大きさの 4 倍であると言えるのである．

この観察から，注目すべき次の結論が得られる．整数でない次元を与えるほうが自然な集合が存在する！　おそらく，そのような集合の例として最も単純なものは，**カントール** [VI.54] によって最初に定義された有名な集合で，現在**カントール集合**と呼ばれているものであろう．この集合は次のようにして作られる．まず，閉区間 $[0,1]$ から始める．これを X_0 と呼ぼう．次に，これを 3 等分して真ん中を抜き，それを X_1 とする．すなわち，1/3 と 2/3 の間のすべての点を除き，1/3 と 2/3 は残す．したがって，X_1 は閉区間 $[0,1/3]$ と $[2/3,1]$ の和集合である．次に，これらの二つの閉区間をおのおの 3 等分して真ん中を抜き，X_2 という集合を作る．したがって，X_2 は閉区間 $[0,1/9]$, $[2/9,1/3]$, $[2/3,7/9]$, $[8/9,1]$ の和集合である．

一般に X_n は閉区間の和集合であり，X_{n+1} はそれぞれの閉区間を 3 等分し，真ん中を抜いたものである．したがって，X_{n+1} は X_n の 2 倍の個数の区間からなり，1 個の区間のサイズは 3 分の 1 になる．このようにして $X_0, X_1, X_2, \ldots$ を作り，カントール集合をこれらの X_i すべての共通部分として定義する．すなわち，区間を 3 等分して真ん中を抜くという操作を何度繰り返しても残る実数全体の集合である．容易に示されるように，これらの数はちょうど3進数展開で表したとき0と2のみで表される数である（二つの異なる3進数展開表示を持つ数もある．たとえば1/3は0.1とも表されるし，0.02222⋯ とも表される．このような場合，有限小数ではなく循環小数をとることにする．よって，1/3はカントール集合に属する）．実際，n 回目で真ん中を抜いているとき，小数点以下第 n 位が1である数を取り除いていることになっている．

カントール集合は多くの興味深い性質を持っている．たとえば，この集合は**非可算集合** [III.11] であるが，**測度** [III.55] は0である．簡単に言うと，最初の主張は，自然数全体の集合の任意の部分集合 A に対して，カントール集合の異なる元を対応させることができる（$i \in A$ に対して $a_i = 2$，そうでないときは $a_i = 0$ ととり，3進数 $0.a_1a_2a_3\cdots$ を対応させればよい）ので，非可算個の実数を含むからである．2番目の主張を正当化するには，X_n を構成する区間の長さの総和は $(2/3)^n$ であることに注意すればよい（なぜなら X_{n-1} の3分の1を取り除くからである）．カントール集合はすべての X_n に含まれるので，その測度は任意の n に対して $(2/3)^n$ より小さい．すなわち，0でなければならない．このように，カントール集合はある一面においてはとても大きく，別の一面においてはとても小さい．

カントール集合のさらなる性質は，自己相似集合であることである．集合 X_1 は二つの区間からなり，これらの一つから真ん中の3分の1が繰り返し抜き取られるのを見ると，これはカントール集合の構成を3分の1に縮小していっているものと考えることができる．すなわち，カントール集合は，それ自身を3分の1に縮小したコピーの二つからなっている．このことから，次の主張が導かれる．カントール集合を係数3で拡大すると，拡大された集合は元の集合と合同な集合のコピー二つからなり，したがって2倍の大きさになる．

このことから，カントール集合についてどのような結論が得られるだろうか？　次元を d とすると，拡大した集合は 3^d 倍の大きさになるはずである．したがって，3^d は2でなければならない．これは d が $\log 2/\log 3$ でなければならないことを意味し，この数はおおよそ0.63である．

このことがわかると，カントール集合についての不思議さが減る．すぐに見るように，高々 d 次元の集合の可算個の和集合は高々 d 次元であるという性質を持つように，端数次元の理論を展開することができる．したがって，カントール集合が0より大きい次元を持つことは，可算集合にはならないことを意味する（なぜなら，1点は0次元であるからである）．一方，カントール集合の次元は1より小さいので，1次元の集合よりずっと小さい．よって，測度が0であっても何の驚きもない（これは，曲面は体積を持たないことに似ている．次元が2と3の関係を，0.63と1の関係に置き換えただけである）．

端数次元の理論で最も使いやすいものは，**ハウスドルフ** [VI.68] による理論である．まず，ハウスドルフ測度と呼ばれる概念から始める．これは d が整数でなくても集合の「d 次元体積」を測定する自然な方法である．$\mathbb{R}^3$ 内に曲線があるとして，それを球面で覆うことを考えながら長さを決めたいとしよう．まず思い付く考えは，球の長さの総和をとったとき，とりうる値の最小値が長さであるべき，というものであろう．しかし，これではうまくいかない．つまり，長い曲線でもきつく巻かれ，1個の小さい球面で覆うことができるかもしれない．

しかし，球面を小さいものにすると，こういうことは起こらない．そこで，すべての球面の直径は高々 δ であるようにしたとしよう．直径の総和をとったとき，$L(\delta)$ がとりうる値の最小の値であったとする．δ を小さくすればするほど覆い方の自由度が減り，$L(\delta)$ は大きくなるであろう．したがって，δ が0に近づくに従い，$L(\delta)$ は（無限大かもしれないが）極限 L に収束する．この L をその曲線の長さと呼ぶ．

さて，滑らかな曲面が $\mathbb{R}^3$ 内にあるとして，それを球面で覆うことに関する情報から面積を引き出したいと思う．今度は，非常に小さい球面（非常に小さいので曲面の一部分としか交わらず，その交わった部分はほとんど平坦であるとする）で覆う面積は，だいたい球の直径の2乗に比例する．この2乗というところだけが変更点である．覆っている球面の直径が高々 δ のとき，曲面を覆う球の直径の2乗の総和の最小値を $A(\delta)$ とする．δ を0に近づけたときの $A(\delta)$ の極限をその曲面の面積とする（厳密に言うと，この極限に $\pi/4$ を掛けなければならない．しかし，そうすると簡単には一般化できない定義になってしまう）．

ここまでで，$\mathbb{R}^3$ 内の図形に対する長さと面積を定義する方法を与えた．この二つの唯一の違いは，長さに対しては小さい球面の直径の和を考えた一方で，面積に対しては小さい球の直径の 2 乗の総和を考えたことである．一般に，**d 次元ハウスドルフ測度**は同様に定義されるが，直径の d 乗の総和を考える．

ハウスドルフ次元の概念を用いて，端数次元の厳密な定義をすることができる．任意の図形 X に対し，ちょうど一つの d で次の意味で適切なものが存在することを示すのは難しくない．すなわち，c が d より小さいならば X の c 次元ハウスドルフ測度は無限大だが，c が d より大きいならば 0 になる（たとえば，曲面の c 次元ハウスドルフ測度は $c < 2$ のとき無限大で，$c > 2$ のとき 0 である）．この d を集合 X の**ハウスドルフ次元**という．ハウスドルフ次元は，フラクタル集合の解析にたいへん役に立つ．これについては「力学系理論」[IV.14] においてさらに議論される．

ハウスドルフ次元が位相的次元と必ずしも一致しないことは重要である．たとえば，カントール集合は，位相的次元は 0 であるが，ハウスドルフ次元は $\log 2/\log 3$ である．もっと大きい例は，**コッホ雪片**と呼ばれる非常にくねくねと曲がった曲線である．これは曲線であるので（また，1 点で切ると二つに分かれるため），位相的次元は 1 である．しかし，とてもくねくね曲がっているので，無限の長さを持ち，そのハウスドルフ次元は実際 $\log 4/\log 3$ である．

III. 18

超関数

Distributions

テレンス・タオ［訳：石井仁司］

通常，関数は集合 X の各点 x に集合 Y の点 $f(x)$ を対応させるもの，すなわち $f: X \to Y$ として定義される．ここで，X は**定義域**と呼ばれ，Y は**値域**と呼ばれる（「数学における言語と文法」[I.2 (2.2 項)] を参照）．このように，関数の定義は集合論の範疇に入るものであり，関数に関する基本演算は「値を定める」ことである．すなわち，X の要素 x に対して，Y の要素 $f(x)$ を求めることにより，x での f の値を確定する．

しかしながら，数学のいくつかの分野では，関数を記述するのに，この定義は必ずしも最良の方法とは言えない．たとえば，幾何学では，関数が各点にどのように作用するかではなく，点よりも複雑な対象（たとえば，他の関数，**束** [IV.6 (5 節)]，断面，**概型** [IV.5 (3 節)]，層など）をどのように「押し出す」，あるいは「引き戻す」かが，関数の基本的な性質と言える．同様に，解析学においては，関数は各点にどのように働くかではなく，それが集合や関数のような別の種類の対象にどのように作用するかで定義されることもある．前者の集合に作用するものの例として**測度**があり，後者の例として**超関数**がある．

もちろん，これらの関数と関数の類似物の概念は，すべて関連している．解析学において，関数のいろいろな概念が，その一方の端にはとても「滑らかな」関数の族があり，もう一方の端にはきわめて「粗い」関数の族があるというように，幅広く分布しているという発想は有用である．滑らかな関数の族を考えるとき，その関数には厳しい条件が課せられているため，良い性質を持っており，いろいろな演算（たとえば，微分）を行うことができる．しかし一方で，取り扱いたい関数がこの範疇に入っていることは，いつでも保証されているわけではない．逆に言えば，粗い関数の族は広範かつ包括的であり，扱っている関数がこの族に属していることは容易に確かめられると言えるが，その結果として，この族に属している関数に対する可能な演算は，著しく制限される（「関数空間」[III.29] を参照）．

それでも，広範な関数の族を統一的な方法で取り扱うことがしばしば可能である．それは，粗い関数を滑らかな関数によって（適当な**位相** [III.90] で）好きなだけ良く近似できることがよくあるからである．そうであれば，滑らかな関数に自然に定義された演算を粗い関数に対する演算として，自然な形で一意に拡張できる十分な可能性が出てくる．つまり，与えられた粗い関数に対して，この関数を滑らかな関数の列で近似し，この関数列の各関数に演算を施し，その結果得られた関数列の極限として定義する方法である．

超関数あるいは**一般関数**は，関数族の幅広い分布の一番粗いほうの端に位置する関数族に属する．それが何であるかを説明する前に，滑らかな関数の族のいくつかの考察から始める．その理由は，一つには比較の対象としてであり，もう一つには**双対性**として知られる過程を通して粗い関数の族を滑らかな関数の族をもとに構成する準備としてである．この関連で言えば，関数の空間 E 上で定義された**線形汎関数**とは，単に E から $\mathbb{R}$ または $\mathbb{C}$ への線形写像 ϕ を意味し，E は典型的にはノルム空間あるいは少なくとも位相を持った空間であり，**双対空間**とは連続線形汎関数の空間である．

解析関数の族 $C^\omega[-1,1]$ この空間の関数は，関数の中で，さまざまな意味で最も「良い」関数であり，この空間は $\exp(x)$，$\sin(x)$，多項式などの多くのよく知られた関数を含んでいる．しかし，これに関しては，ここではこれ以上立ち入らない．なぜなら，このクラスの関数は，多くの目的に対して硬直的すぎて役に立たないからである（たとえば，解析関数がある区間上で至るところで 0 であるとすると，至るところで 0 となってしまう）．

試験関数の族 $C_c^\infty[-1,1]$ この空間に属する関数は，区間 $[-1,1]$ 上で定義された滑らかな（すなわち，無限回微分可能な）関数で，さらに 1 と -1 のある近傍で 0 になる*1)（すなわち，ある $\delta>0$ に対して，$x>1-\delta$ あるいは $x<-1+\delta$ であれば，$f(x)=0$ が成り立つ）．このような試験関数は解析関数よりもずっとたくさんあり，解析するときにずっと取り扱いやすい．たとえば，試験関数は滑らかな「切り落とし関数」を構成するのにしばしば役立つ．切り落とし関数とは与えられた小さな集合の外側では 0 であり，内側では 0 でないような関数のことである．また，試験関数に対しては，解析のすべての演算（微分，積分，合成，畳み込み，値の確定など）が適用できる．

連続関数の族 $C^0[-1,1]$ この空間の関数は，値の確定 $x\mapsto f(x)$ がすべての $x\in[-1,1]$ に対して意味を持つのに十分な正則性を持つ．これらの関数に対しては，積分ができて，積や合成のような代数的演算もできる．しかし，微分のような演算をするには，正則性を欠いている．それでも，これらの関数は解析学においては滑らかなほうに属するものとして，通常は考えられている．

2 乗可積分関数の族 $L^2[-1,1]$ この空間の関数は，可測関数 $f:[-1,1]\to\mathbb{R}$ でルベーグ積分 $\int_{-1}^{1}|f(x)|^2\mathrm{d}x$ が有限のものである．このような関数 f と g について，$f(x)\neq g(x)$ となる x の集合の測度が 0 となるときに，普通 f と g は等しいと見なす（したがって，集合論的に言えば，本当の考察の対象は，関数の**同値類** [I.2 (2.3 項)] である）．1 点の集合 $\{x\}$ は測度 0 なので，関数 f を変えずに，$f(x)$ の値を変えられることになる．したがって，2 乗可積分関数に対して，任意に選んだ x における値 $f(x)$ を確定することに意味はない．一方，測度 0 の集合上だけで異なる二つの関数は同じ**ルベーグ積分** [III.55] の値を持つので，積分演算は意味を持つ．

この関数族についての一つの鍵は，次の意味でのこの空間の**自己双対性**である．この族に属する二つの関数に対して**内積** $\langle f,g\rangle=\int_{-1}^{1}f(x)g(x)\mathrm{d}x$ をとることができる．したがって，関数 $g\in L^2[-1,1]$ が与えられたとき，写像 $f\mapsto\langle f,g\rangle$ によって $L^2[-1,1]$ 上の線形汎関数が定義できるが，これはさらに連続であることがわかる．さらに，$L^2[-1,1]$ 上の連続線形汎関数 ϕ が与えられたときに，$g\in L^2[-1,1]$ が一意に定まり，$\phi(f)=\langle f,g\rangle$ が成り立つ．これは**リースの表現定理**の一つの特別な場合である．

有限ボレル測度の族 $C^0[-1,1]^*$ 任意の**有限ボレル測度** [III.55] μ は，$C^0[-1,1]$ 上の連続線形汎関数を引き起こす．すなわち，$f\mapsto\langle\mu,f\rangle=\int_{-1}^{1}f(x)\mathrm{d}\mu$ は $C^0[-1,1]$ 上の連続線形汎関数である．もう一つのリースの表現定理によれば，すべての $C^0[-1,1]$ 上の連続線形汎関数はこのように引き起こされる．したがって，有限ボレル測度は $C^0[-1,1]$ 上の連続線形汎関数として原理的には定義できる．

超関数の族 $C_c^\infty[-1,1]^*$ 測度が $C^0[-1,1]$ 上の連続線形汎関数と見なせるのと同様に，**超関数** μ とは（適当な位相を付与された）$C_c^\infty[-1,1]$ 上の連続線形汎関数のことである．このように，超関数は「仮想関数」と見ることができる．超関数自身の関数としての値を定めることはできないし，その開集合上での積分を求めることもできない．しかし，超関数はどのような試験関数 $g\in C_c^\infty[-1,1]$ とも対をとることができる．つまり，対の値 $\langle\mu,g\rangle$ が定まる．有名な例の一つは**ディラックの超関数** δ_0 である．これは，任意の試験関数 g に対して，0 における g の値 $g(0)$ を対応させる汎関数として定義される．したがって，$\langle\delta_0,g\rangle=g(0)$ となる．同様に，ディラック超関数の

*1) ［訳注］試験関数の空間を考えるときには，通常は定義域として，閉区間ではなく開区間（今の場合，区間 $(-1,1)$）をとる．

導関数 $-\delta_0'$ を考えることもできる[*2)]．これは，試験関数 g に対して，0 における g の微分係数 $g'(0)$ を対応させるものである．すなわち，$\langle -\delta_0', g\rangle = g'(0)$ となる（"$-$" 記号を付ける理由はあとで与える）．試験関数に対しては実にいろいろな演算が可能であるから，それに対する連続線形汎関数を定義する多様な方法が考えられ，したがって，超関数の族はとても大きなものである．このことと，さらに超関数の非直接的で仮想的な性格にもかかわらず，超関数に対する多くの演算を定義することができる．これについては後に触れる．

佐藤超関数の族[*3)] $\boldsymbol{C^\omega[-1,1]^*}$　超関数よりももっと広い関数の族がある．このようなものの例として，佐藤超関数が挙げられる．これは，粗く言えば，解析関数 $g \in C^\omega[-1,1]$ を，超関数の場合の試験関数の代わりに用いて，線形汎関数を考えるようなものである．しかしながら，解析関数の空間はとても「希薄」で，佐藤超関数は超関数のようには解析において役立たない傾向がある．

超関数 μ は，それを扱う際にいつでも試験関数 g との対をとった内積 $\langle \mu, g\rangle$ の値を通して初めてその実体を持たせることができるので，超関数の概念は，一見その有用性が限られているように見えるかもしれない．しかしながら，この内積を使うことによって，試験関数に対してもともと定義されている演算を，双対性によって超関数にまで「拡張」できることがよくある．この典型例として，微分演算がある．そこで，超関数 μ の導関数 μ' をどう定義するかについて考えてみよう．言い換えると，試験関数 g に対して $\langle \mu', g\rangle$ の値をどのように定義するかを考えよう．仮に μ が試験関数 $\mu = f$ であれば，この値を部分積分を用いて（さらに試験関数は -1 と 1 でその値が 0 であることを思い起こして）定めることができる．すなわち，

$$\begin{aligned}\langle f', g\rangle &= \int_{-1}^{1} f'(x)g(x)\mathrm{d}x \\ &= -\int_{-1}^{1} f(x)g'(x)\mathrm{d}x = -\langle f, g'\rangle\end{aligned}$$

と計算する．g が試験関数であれば，g' も試験関数であるので，この公式は，$\langle \mu', g\rangle = -\langle \mu, g'\rangle$ とおくことによって，任意の超関数に一般化することができる．これによって，ディラック超関数の微分法が正当化され，$\langle \delta_0', g\rangle = -\langle \delta_0, g'\rangle = -g'(0)$ となる．

もっと正式な言い方をすれば，上に述べたことは，（稠密な試験関数の空間で）微分演算の共役作用素[*4)]を計算し，その結果が超関数に対しても成り立つとして，一般の超関数に対する微分演算を定義するためにそれを使うということである．この手続きは正当化され，多くの他の演算に対しても使える．このようにして，たとえば，二つの超関数の和，超関数と試験関数の積，さらに適当な仮定のもとでの二つの超関数の畳み込み，超関数と滑らかな関数の合成（超関数に対して滑らかな関数による右から合成）を考えることもできる．超関数のフーリエ変換をとることもできる[*5)]．たとえば，ディラックのデルタ δ_0 のフーリエ変換は定数関数 1 であり，その逆で定数関数 1 のフーリエ変換はディラックのデルタ δ_0 である（このことは，本質的にフーリエ逆変換の公式に相当する）．一方，超関数 $\sum_{n\in\mathbb{Z}} \delta_0(x-n)$ はそれ自身のフーリエ変換と同じである（これは本質的にポアソンの和公式である）．このように，超関数の空間は，広いクラスの関数（たとえば，すべての測度と可測関数）を含んでいて，また解析学における共通な多くの演算のもとで閉じているので，さまざまな作業をするのにとても好都合な空間である．試験関数の空間は超関数の空間で稠密であり，したがって，超関数に対して定義された演算は，試験関数に対するものと普通両立している．たとえば，f と g が試験関数であり，超関数の意味で $f' = g$ が成り立つとするとき，古典的な意味でも $f' = g$ が成り立つ．このことにより，超関数に何らかの演算をするとき，多くの場合は混乱や不正確さの心配なしに，この超関数をあたかも試験関数であるかのように取り扱ってよい．注意しなければならない主要な演算として，関数値（より正確には，超関数値）の確定と超関数同士の積という演算がある．これら二つの演算は，普通は定義できない（たとえば，ディラックのデルタ超関数の 2 乗は超関数としては定義できない）．

---

*2)　[訳注] 正確には，δ_0' がディラックの超関数の導関数である．

*3)　[訳注] 原著の "hyperfunction" を佐藤超関数と翻訳したが，正確には，この hyperfunction にはコンパクトな台を持つ佐藤超関数が対応している．

*4)　[訳注] 随伴作用素ともいう．

*5)　[訳注] 以下では関数，超関数の定義域を $\mathbb{R}$ にしている．フーリエ変換に関しては，「フーリエ変換」[III.27] を参照．

超関数のもう一つの見方は，それが試験関数の**弱極限**であるというものである．関数列 f_n が超関数 μ に**弱収束**するとは，すべての試験関数 g に対して $\langle f_n, g\rangle \to \langle \mu, g\rangle$ が成り立つということである．たとえば，φ は試験関数であるとして，さらに $\int_{-1}^{1} \varphi(x)\mathrm{d}x = 1$ が成り立つとする．このとき，試験関数列 $f_n(x) = n\varphi(nx)$ がディラックのデルタ超関数 δ_0 に弱収束することが示され，また，関数列 $f'_n(x) = n^2\varphi'(nx)$ が導関数 δ'_0 に弱収束することが示される．一方で，関数列 $g_n(x) = \cos(nx)\varphi(x)$ は 0 に弱収束する（これは，**リーマン–ルベーグの補題**の一種である）．このように，より強い収束に比べて，弱収束は振動が極限で消えうるという変わった特性を持つ．より滑らかな関数の代わりに超関数を扱う一つの利点は，超関数の空間は弱極限のもとである種のコンパクト性（たとえば，バナッハ–アラオグルの定理から従うようなコンパクト性）を持つことである．したがって，実数が有理数列の極限として捉えられるように，超関数は，より滑らかな関数列がだんだんと迫っていく先にあるものと捉えられる．

超関数は容易に微分でき，しかも滑らかな関数にしっかり結び付いているため，偏微分方程式（PDE*6)）の研究にとても便利である．特に，線形方程式の場合には役に立つ．たとえば，線形偏微分方程式の一般解は，たいていその**基本解**で記述でき，この基本解は偏微分方程式を超関数の意味で満たすものである．より一般に，（**弱微分**のような関連した概念も込めて）超関数理論は線形および非線形偏微分方程式の**一般化された解***7)を定義する重要な方策（それが唯一無二というわけではないが）を与える．その名前が示唆するように，一般化された解は滑らかな解（あるいは，**古典解**）の概念を一般化する．これによって，特異性や不連続性（あるいは，ショック）またはその他の滑らかさの欠如の形成が許容されることになる．滑らかな解を構成する一番簡単な方法が，最初に一般化された解を構成して，次に，この一般化された解が実際に滑らかであることを別の議論を使って示すという手順で実現される場合もある．

*6)　[訳注] partial differential equation（偏微分方程式）の略称として，研究者の間では PDE がよく使われる．
*7)　[訳注] 弱解とも呼ばれる．

III.19

双対性

Duality

ティモシー・ガワーズ [訳：二木昭人]

双対性は，数学のほとんどすべての分野に現れる重要なテーマである．数学的対象が与えられたとき，それに「双対な」対象を一緒に考えると，元の対象の持つ性質を理解するのに役立つことは，繰り返し起こる．このように双対性は数学で重要なものであるが，一つの双対性の定義を与えてすべての事例を取り扱うことはできない．そこで，いくつかの例を見て，それらの示す特徴を調べることにしよう．

1.　プラトン多面体

正立方体をとり，その六つの面の中心に点をとり，それらを頂点とする新しい多面体を考えよう．できた多面体は正 8 面体である．この操作を繰り返すとどうなるだろうか？　8 面体の八つの面の中心に点をとると，これらの点は立方体の八つの頂点であることがわかる．このため，立方体と 8 面体は互いに**双対**であると言われる．他のプラトン多面体についても同様のことができる：正 12 面体と正 20 面体は互いに双対であり，正 4 面体の双対は正 4 面体自身である．

以上で記述した双対性は，五つのプラトン多面体を三つのグループに分けた以上の意味がある．すなわち，一つの多面体について何か言えれば，その双対の多面体について何かが言える．たとえば，正 12 面体の二つの面が辺を共有すれば隣接しているが，このことは双対の正 20 面体の二つの頂点が辺で結ばれることと同値である．そして，この理由から，正 12 面体の辺全体と正 20 面体の辺全体の間の 1 対 1 対応がある．

2.　射影平面の点と直線

射影平面 [I.3 (6.7 項)] については，いくつか同値な定義がある．一つは，原点を通る $\mathbb{R}^3$ の直線全体という定義であり，ここではこの定義を用いる．これらの直線を射影平面の「点」と呼ぶ．この集合を幾何学的に可視化し，「点」をより点らしくするためには，原点を通る直線に，その直線が単位球面と交わる 2 点を対応させるとよい．実際，射影平面は単位球面において原点対称な 2 点を同一視したものと定義することもできる．

射影平面の典型的な「直線」は，原点を通る平面上にあるすべての「点」(つまり原点を通る直線) のなす集合である．これはその平面が単位球面と交わる大円に対応し，原点対称な点を同一視すればよい．

射影平面の直線全体と点全体の間には，次のような自然な対応がある．各点 P には P と直交する点のなす直線 L が対応し，各直線 L には L のすべての点と直交する 1 点 P が対応する．たとえば P が z 軸ならば，対応する射影直線 L は xy 平面上にある原点を通る直線全体の集合であり，逆も同様である．この対応には次の基本的性質がある．すなわち，もし点 P が直線 L 上にあるならば，P に対応する直線は L に対応する点を含む．

このことから，点と直線についての言及は，論理的に同値な直線と点についての言及に翻訳される．たとえば，三つの点が共線的である (つまり，すべて同一直線上にある) ための必要十分条件は，対応する直線が 1 点で交わることと同値である．一般に，射影幾何で定理を証明したら，もう一つの双対な定理を自動的に得る (ただし，双対な定理が元の定理と同じになる場合もある)．

3. 集合とその補集合

X を集合とする．A を X の任意の部分集合とするとき，A の補集合とは A に属さない X の要素全体のなす集合であり，A^c により表される．A の補集合の補集合は明らかに A であるので，集合全体とそれらの補集合全体の間の一種の双対性がある．ド・モルガンの法則とは，$(A\cap B)^c = A^c\cup B^c$ および $(A\cup B)^c = A^c\cap B^c$ が成立するというものである．つまり，補集合をとると「共通部分が合併集合に変換される」し，逆にしても正しいということである．最初の法則を A^c と B^c に適用すると，$(A^c\cap B^c)^c = A\cup B$ となることに注意しよう．両辺の補集合をとると，2 番目の法則が得られる．

ド・モルガンの法則により，合併と共通部分を含む等式は，両者を入れ替えても成立する．たとえば，$A\cup(B\cap C) = (A\cup B)\cap(A\cup C)$ という便利な式がある．これに補集合をとる操作とド・モルガンの法則を用いると，$A\cap(B\cup C) = (A\cap B)\cup(A\cap C)$ という同じく便利な式が直ちに得られる．

4. 双対ベクトル空間

V を (たとえば $\mathbb{R}$ 上の) **ベクトル空間** [I.3 (2.3 項)] とする．**双対空間** V^* は V 上の**線形汎関数**全体として定義される．すなわち，V から $\mathbb{R}$ への**線形写像**全体である．V^* に和とスカラー倍が定義され，V^* もベクトル空間になることを示すのは難しくない．

T をベクトル空間 V からベクトル空間 W への**線形写像** [I.3 (4.2 項)] とする．W^* の要素 w^* が与えられると，T と w^* を用いて V^* の要素を次のようにして作ることができる．v を実数 $w^*(Tv)$ に写す写像である．この写像は T^*w^* により表され，容易に確かめられるように線形になる．T^* 自体も W^* の要素を V^* の要素に写す線形写像で，T の随伴写像と呼ばれる．

これは双対性の典型的な一面であり，対象 A から対象 B への関数 f から B の双対から A の双対への関数 g が得られるのは，非常にしばしば起こることである．

T^* が全射であるとしよう．すると，もし $v \neq v'$ なら $v^*(v) \neq v^*(v')$ となる v^* が存在し，また $T^*w^* = v^*$ となる w^* も存在するので，したがって $w^*(Tv) \neq w^*(Tv')$ となる．このことは $Tv \neq Tv'$ であることを意味し，T が単射であることの証明を与える．同様に，T^* が単射ならば T が全射であることを証明することもできる．実際，もし T が全射ではないとすると，TV は W の真の部分空間であるので，零ではない線形関数 w^* ですべての $v\in V$ に対して $w^*(Tv) = 0$ となるものが存在し，したがって $T^*w^* = 0$ となるので，T^* の単射性に矛盾する．もし V と W が有限次元なら $(T^*)^* = T$ であるので，T が単射であることと T^* が全射であることは同値であり，また単射と全射を入れ替えても正しい．したがって，存在問題を一意性の問題に転換することができる．このように，一つの問題を別の問題に転換できることも，双対性の持つ特徴的かつ有益な一面である．

もしベクトル空間が付加的な構造を持つなら，双対空間の定義はそれに伴い変化することがある．た

とえば，X を実**バナッハ空間** [III.62] とすると，X^* は X から $\mathbb{R}$ へのすべての線形汎関数の空間ではなく，すべての連続線形汎関数全体として定義される．この空間もまたバナッハ空間になり，連続汎関数 f のノルムは $\sup\{|f(x)| : x \in X, \|x\| \leq 1\}$ により定義される．X が（「関数空間」[III.29] で議論されるような）バナッハ空間の明示的例の場合，その双対空間を明示的に記述するとたいへん便利である．すなわち，明示的に記述されたバナッハ空間 Y と Y の要素 y に X 上の零でない連続汎関数 ϕ_y を対応させる対応を，すべての連続汎関数がある $y \in Y$ に対し ϕ_y となるように作れると便利である．

この観点から，X と Y は同じ立場にあると見なすのが自然である．$\phi_y(x)$ でなく $\langle x,y \rangle$ と書く記号を用いることにより，この考えを反映させることができる．このように書くと，組 (x,y) を実数 $\langle x,y \rangle$ に写す写像 $\langle \cdot,\cdot \rangle$ は $X \times Y$ から $\mathbb{R}$ への連続写像であることに注意を払っていることになる．

もっと一般に，数学的対象 A と B，ある種の「スカラー」の集合 S，およびそれぞれの変数に関し構造を保つ関数 $\beta : A \times B \to S$ があると，A の要素は B の双対の要素と見なせ，また逆に見なしてもよい．β のような関数は**ペアリング**と呼ばれる．

5. 極　集　合

X を $\mathbb{R}^n$ の部分集合とし，$\langle \cdot,\cdot \rangle$ を $\mathbb{R}^n$ 上の標準的**内積** [III.37] とする．このとき，X の極とは各 $x \in X$ に対し $\langle x,y \rangle \leq 1$ となる $y \in \mathbb{R}^n$ 全体のことであり，X° により表される．容易に示されるように，X° は閉集合で凸であり，また，X が閉集合で凸な場合，$(X^\circ)^\circ = X$ が成り立つ．さらに，$n = 3$ で X が原点を中心とするプラトン多面体のとき，X° は双対なプラトン多面体（の定数倍）であり，X がノルム空間の「単位球」（すなわち，ノルムが 1 以下の点全体の集合）ならば，X° は双対空間の単位球（と容易に同一視されるもの）である．

6. アーベル群の双対

G をアーベル群とするとき，G の**指標**とは G から長さ 1 の複素数全体のなす群 $\mathbb{T}$ への準同型写像のことである．二つの指標は，自明な方法で積をとることができ，この積により G の指標全体の集合はもう一つのアーベル群になるので，これを G の**双対群**と呼び，$\hat{G}$ により表す．G が位相構造を持つときは，やはり連続性の条件を付加的に課す．

重要な例は群 G が $\mathbb{T}$ 自身のときである．容易に示されるように，$\mathbb{T}$ から $\mathbb{T}$ への連続な準同型写像は，ある（負でも 0 でもよい）整数 n に対して $e^{i\theta} \mapsto e^{in\theta}$ という形で表される．したがって，$\mathbb{T}$ の双対は $\mathbb{Z}$（と同型）である．

群の間のこのような双対性は，**ポントリャーギン双対性**と呼ばれる．G と $\hat{G}$ には容易にペアリングが定義されることに注意しよう．すなわち，$g \in G$ と $\psi \in \hat{G}$ に対し $\langle g,\psi \rangle$ を $\psi(g)$ により定義すればよい．

適当な条件のもとに，このペアリングは G と $\hat{G}$ 上の関数に拡張する．たとえば G と $\hat{G}$ が有限で，$f : G \to \mathbb{C}$ かつ $F : \hat{G} \to \mathbb{C}$ とすると，$\langle f,F \rangle$ を複素数 $|G|^{-1} \sum_{g \in G} \sum_{\psi \in \hat{G}} f(g)F(\psi)$ と定義する．一般に，G 上の関数の複素**ヒルベルト空間** [III.37] と $\hat{G}$ 上の関数のヒルベルト空間のペアリングが得られる．

この拡張されたペアリングから，もう一つの重要な双対性が得られる．ヒルベルト空間 $L^2(\mathbb{T})$ の関数 f が与えられると，その**フーリエ変換**とは

$$\hat{f}(n) = \frac{1}{2\pi} \int_0^{2\pi} f(e^{i\theta}) e^{-in\theta} d\theta$$

により定義される関数 $\hat{f} \in \ell_2(\mathbb{Z})$ である．フーリエ変換は他のアーベル群でも同様に定義され，幅広い分野の数学で役に立つ（たとえば「フーリエ変換」[III.27]，「表現論」[IV.9] を参照）．先に見た例とは対照的に，f に関して言えることを，そのフーリエ変換 $\hat{f}$ について言える同値なことに翻訳することは容易ではない．しかし，むしろこのことがフーリエ変換をより強力なものしている．つまり，$\mathbb{T}$ 上の関数 f について理解したいとき，f と $\hat{f}$ の両方を調べることにより f の性質を探究することができる．いくつかの性質は f に関して自然に表現される事柄から導かれ，別の性質は $\hat{f}$ に関して自然に表現される事柄から導かれる．このように，フーリエ変換は「数学の力を 2 倍にする」ことができる．

7. ホモロジーとコホモロジー

X をコンパクト n 次元**多様体** [I.3 (6.9 項)] とする．M と M' をそれぞれ i 次元部分多様体および $(n-i)$ 次元部分多様体とし，どちらも X の中で穏やかな振る舞いをし，十分に一般的な位置にあるとすると，こ

の両者は有限個の点で交わる．M と M' の交わり具合に従い，それぞれの交点に 1 か -1 を与え，それらの和をとると，M と M' の交点数と呼ばれる不変量が定義される．この数は M と M' の**ホモロジー類** [IV.6 (4 節)] のみに依存することがわかる．このようにして，写像 $H_i(X) \times H_{n-i}(X)$ から $\mathbb{Z}$ への写像が得られる．ただし，$H_r(X)$ は X の r 次ホモロジー群である．この写像はそれぞれの変数に関して群の準同型写像になっており，この結果として得られるペアリングから**ポアンカレ双対性**と呼ばれるものが導かれ，最終的にはホモロジーの双対である**コホモロジー**の現代的理論が得られる．他の例と同様，ホモロジーに関連する諸概念には，双対な概念がある．たとえば，ホモロジーには**境界写像**があるが，コホモロジーには（逆向きの）**余境界写像**がある．別の例として，X から Y への連続写像により，ホモロジー群 $H_i(X)$ からホモロジー群 $H_i(Y)$ への準同型写像が得られ，コホモロジー群 $H^i(Y)$ からコホモロジー群 $H^i(X)$ への準同型写像が得られる．

8. 本書で議論される他の例

上述の例ですべてを尽くしたとは，とても言えない．本書においてすら他に多くの例が取り扱われている．たとえば，「微分形式と積分」[III.16] では，k 形式と k 次元曲面とのペアリング（したがって双対性）が議論される（ペアリングは曲面上での微分形式の積分により与えられる）．「超関数」[III.18] では，ディラックのデルタ関数のように，関数に近い対象を双対性を用いて厳密に定義する方法を与える．「ミラー対称性」[IV.16] では**カラビ–ヤウ多様体** [III.6] の間の驚くべき（と言っても，全体像としてはまだ予想でしかない）対称性，いわゆる「ミラー対称性」について議論する．往々にして，ミラー多様体は元の多様体よりずっと理解しやすいので，フーリエ変換のように，この双対性を用いると通常では考えられないような計算が可能になることがある．そして，「表現論」[IV.9] では，ある種の（非アーベル）群の「ラングランズ双対」について議論する．この双対性を良く理解できれば，多くの主要な問題の解決が得られるであろう．

III. 20

力学系とカオス

Dynamical Systems and Chaos

ティモシー・ガワーズ［訳：森　真］

科学的な視点から見れば，力学系とは運河を流れる水や惑星系のように，時間とともに変化していく物理の系である．典型的なものでは，時刻 t における系の位置や速度がその直前の時刻における位置や速度にのみ依存する．そのことは系の振る舞いは**偏微分方程式** [I.3 (5.3 項)] により記述されることを意味する．とても簡単な偏微分方程式から，物理系の複雑な振る舞いが導き出されることが多々ある．

数学的な視点からは，その時刻以前の振る舞いにより時刻 t における系の振る舞いが定まるという規則に基づいて時間発展をするあらゆる数学的対象が力学系である．上のように，「その時刻以前」とは無限小の直前を意味している場合もあり，そのような場合には，微積分で表すことができる．他方，**離散力学系**という分野もある．この分野も連続型の場合同様，活発に研究されている．この場合には，「時間」t は整数値をとり，時間 t の直前とは時刻 $t-1$ のことである．時刻 $t-1$ における系から，時刻 t における系を定める関数を f とすると，f を**反復**する，すなわち，何度も f を作用させることにより，系の振る舞いの全容を得ることができる．

連続型の力学系の場合と同様に，とても単純な関数 f でも，十分に数多く反復することにより非常に複雑な振る舞いをすることがある．特に，離散型であれ連続型であれ，興味深い力学系のいくつかは，初期条件が少し変われば将来が大きく変わるという初期値鋭敏性と呼ばれる性質を持っている．この現象は**カオス**として知られている．たとえば，天気を定める方程式では初期値鋭敏性が成り立つ．地球表面上（上空のことを述べてはいない）のすべての点での風速を特定することはできるはずがない，ということは，近似せざるを得ない．ところが対応する方程式はカオス的であるので，誤差は初めは小さくても急速に広がり，同じような初期状態から始めてもきわめて短時間の間にまったく異なる発展をすることになる．このことが数日前にしか正確な天気予報を行うことができない理由である．

力学系およびカオスのより詳細については，「力学系理論」[IV.14] を参照してほしい．

III.21

楕円曲線

Elliptic Curves

ジョーダン・S・エレンバーグ［訳：志賀弘典］

体 K 上の楕円曲線は，K 上の種数 1 の代数曲線で，その上の K 有理点を一つ指定したものとして定義される．この定義が抽象的すぎて，読者の趣味に合わないというのであれば，以下のような同値な言い換えができる．楕円曲線とは方程式

$$y^2 + a_1xy + a_3y = x^3 + a_2x^2 + a_4x + a_6 \quad (1)$$

で与えられる平面代数曲線である．さらに，係数体 K の標数が 2 でなければ x の 3 次式 $f(x)$ によって，より簡潔な方程式 $y^2 = f(x)$ に変換でき，楕円曲線をより具体的な対象として捉えることができる．しかしながら，この定義から，尽きることのない数学的興味がさまざまに生じてくる．そして特に，数論と代数幾何学において，驚くほどたくさんの着想，実例，そして新たな問題提起の源泉が提供されるのである．その理由の一つとして，何かある概念 X があり，その X の最も単純で興味深い例は楕円曲線であるということが，非常にしばしば生じていることが挙げられる．

たとえば，楕円曲線 E に対して E 上の K 有理点（すなわち K に座標を持つ点）の全体は，自然なアーベル群の構造を持ち，それは $E(K)$ で表される．**射影代数多様体** [III.95] でこの種の群構造を持つものは，「アーベル多様体」と呼ばれる．楕円曲線は 1 次元アーベル多様体と考えることができるのである．係数体 K が**数体** [III.63] の場合，アーベル多様体の K 有理点全体 $A(K)$ は有限生成アーベル群となることが，モーデル–ヴェイユの定理によって保証されている．これを A の「モーデル–ヴェイユ群」という．これに関しては多くの研究がなされているが，それでもなお多くの隠された秘密が残されている（「曲線上の有理点とモーデル予想」[V.29] を参照）．A が楕円曲線 E である場合に限っても，われわれにとって未知のことがたくさん残されている．大きな未解決問題の一つとして，rank $E(K)$ に関する**バーチ–スウィナートン=ダイヤー予想** [V.4] がある．楕円曲線の有理点に関するさらに多様な話題に関しては，「数論幾何学」[IV.5] を参照されたい．

$E(K)$ は加法群の構造を持っていることに注意すると，与えられた素数 p に対して $E(K)$ に属する点 P で $pP = 0$ となるものの全体は，$E(K)$ の部分群をなし，$E(K)[p]$ で表される．特に，K の代数閉包 $\bar{K}$ をとって $E(\bar{K})[p]$ を考えることができる．K が数体（ここでは標数が p でなければよいのだが）の場合，いかなる E に対しても，$E(\bar{K})[p]$ は $(\mathbb{Z}/p\mathbb{Z})$ と同型となる．いかなる E に対してもすべて同じ群が現れるのであれば，それがどのような興味を引き起こすことがあるのだろうか？　その理由は，**ガロア群** [V.21] $\mathrm{Gal}(\bar{K}/K)$ が $E(\bar{K})[p]$ の置換をもたらしていることにある．それはガロア群 $\mathrm{Gal}(\bar{K}/K)$ の表現がもたらされるということである（「表現」[III.77] を参照）．これは，今日の数論において中心をなすガロア表現の理論の原型的な例となっている．実際，アンドリュー・ワイルズによって与えられた**フェルマーの最終定理** [V.10] の証明の最終段階は，楕円曲線から生じるガロア表現に関する定理だった．そして，ワイルズがこの特別なガロア表現に関して示したことは，「ラングランズプログラム」として知られている一連の予想の小さな特殊ケースであった．ラングランズプログラムとは，古典的な**モジュラー形式** [III.59] を一般化した保型形式とガロア表現との間の広範な対応関係を提唱するものである．

これとは別の方向の議論がある．E を $\mathbb{C}$ 上の楕円曲線とした場合，複素座標を持つ E の点全体は $E(\mathbb{C})$ と表せるわけだが，それは**複素多様体** [III.88 (3 節)] になっている．今の場合，この複素多様体は $\mathbb{C}$ からそれに作用する離散的変換群 Λ による商空間を作ったものとして実現される．この Λ は，ある固定された複素数 c を用いて z を $z + c$ に移す平行移動からなるものである．この商空間と代数曲線である E との対応は，**楕円関数** [V.31] を用いて与えられる．こうして，各楕円曲線には $\mathbb{C}$ の部分群となる「周期」の集合が対応する．このような構成はホッジ理論の第一歩と見なすことができる．その理論は，「大きな困

難を伴いつつ」という形容詞付きで代数幾何学の強力な一翼を担っている．ちなみに，「ホッジ予想」は代数幾何学の中心的予想であり，クレイ高等研究所の 21 世紀ミレニアム懸賞問題でもある．

もう一つの観点が，楕円曲線の**モジュライ空間** [IV.8] $M_{1,1}$ から提起される．このモジュライ空間そのものも曲線であるが，楕円曲線ではない．しかし，まったく正直に言うならば，これは曲線ではなく**オービフォルド** [IV.4 (7 節)] あるいは代数的スタックと呼ぶべきものである．それは次のような操作で得られる．まず，代数曲線から何個かの点を除去し，そのおのおのの点の中心の抜けた近傍を 2 重ないし 3 重に巻いて畳んだ後，除去した点を再び付け戻す．この操作を視覚的に捉えることは，この方面の専門家でもそう容易ではないことに，読者は納得するであろう．曲線 $M_{1,1}$ は以下の二つの観点から最も簡単な例となっている，すなわち，それは，最も簡単な「モジュラー曲線」であり，同時に，最も簡単な代数曲線のモジュライ空間でもある．

III. 22

ユークリッド互除法と連分数

The Euclidean Algorithm and Continued Fractions

キース・ボール [訳：平田典子]

1.　ユークリッド互除法

任意の整数が素数の積に（順番を除いて）一意的に分解される事実は，**算術の基本定理** [V.14] として昔から知られている．これは通常ユークリッド互除法と呼ばれるアルゴリズムによって示される．このアルゴリズムから 2 個の整数 m と n の最大公約数 h を求めることができる．さらに $h = am + bn$ と表せるような整数（正とは限らない）a, b も求められる．たとえば 17 と 7 の最大公約数は 1 であり，$1 = 5 \times 17 - 12 \times 7$ と表せる．

ユークリッド互除法は次のように実行される．2 個の整数 m と n を考える．$m > n$ としておき，m を n で割ると，商 q_1 と余り $0 \leq r_1 < n$ が存在して

$$m = q_1 n + r_1 \tag{1}$$

を満たす．余りが 0 でなければ $0 < r_1 < n$ であることから，n を r_1 で割ると商 q_2 と余り r_2 が存在して

$$n = q_2 r_1 + r_2 \tag{2}$$

を満たす．再び余りが 0 でなければ r_1 を r_2 で割り，さらに r_2 を r_3 で割るというように同様の操作を続ける．余りは順次小さくなるが，0 よりは小さくならないので有限回でこの操作は終了する．したがって，いつかは余りが 0 になる，すなわち割り切れる．

たとえば $m = 165$，$n = 70$ で計算しよう．

$$165 = 2 \times 70 + 25 \tag{3}$$

$$70 = 2 \times 25 + 20 \tag{4}$$

$$25 = 1 \times 20 + 5 \tag{5}$$

$$20 = 4 \times 5 + 0 \tag{6}$$

最後に現れる 0 でない余り（この例の場合は 5）は $m = 165$ と $n = 70$ の最大公約数に相当する．実際，まず最後の式 (6) から 5 は 20 の約数であることがわかる．その 1 行前の式 (5) において 25 が 20 と 5 の和で表されていることより，5 は余り 25 の約数にもなっていることがわかる．このようにして戻っていくと，5 は $m = 165$ と $n = 70$ の両方の約数になることが判明する．

一方，5 が公約数のうち最大の数であることは，以下のようにしてわかる．最後から 1 行前の式 (5) において，5 は 25 と 20 の整数倍の和（差）である．その前の式 (4) より 20 は 70 と 25 の整数倍の和（差）なので，5 は 70 と 25 を用いて表せることになる．すなわち

$$5 = 25 - 20 = 25 - (70 - 2 \times 25) = 3 \times 25 - 70$$

である．このように戻っていき，25 を 165 と 70 で表したものを代入すると

$$5 = 3 \times (165 - 2 \times 70) - 70 = 3 \times 165 - 7 \times 70$$

となる．これは 5 が 165 と 70 の最大公約数であることを意味する．なぜならば 165 と 70 の任意の公約数は $3 \times 165 - 7 \times 70$ の約数となるため，5 の約数になるからである．以上より整数 m と n の最大公約数は，m と n の整数係数の和で表せることが示された．

2.　実数の連分数展開

ユークリッド以後 1500 年の間に，インドやアラビアの数学者たちは，整数の組 m, n に対しユークリッド互除法に基づいた商 m/n の展開が存在する事実に気づいていた．上記の式 (1) は

$$\frac{m}{n} = q_1 + \frac{r_1}{n} = q_1 + \frac{1}{F}$$

と書き直せる（$F = n/r_1$ とおく）．この F は式 (2) より次のように表せる．

$$F = q_2 + \frac{r_2}{r_1}$$

ここで r_2/r_1 を同様に変形する．k 回目にこの操作が終了したとき，m/n の**連分数展開**と呼ばれるものが次のように得られる．

$$\frac{m}{n} = q_1 + \cfrac{1}{q_2 + \cfrac{1}{q_3 + \ddots + \cfrac{1}{q_k}}}$$

たとえば

$$\frac{165}{70} = 2 + \cfrac{1}{2 + \cfrac{1}{1 + \cfrac{1}{4}}}$$

となる．連分数展開は，整数 165 と 70 の除法からではなく，商 165/70 の小数展開 $2.35714\cdots$ からも直接求められる．まず $2.35714\cdots$ から最大の整数部分 2 を引き $0.35714\cdots$ を得て，その逆数 $1/0.35714\cdots = 2.8$ を求める．2.8 より再びその最大の整数部分である 2，つまり $q_2 = 2$ を引いて 0.8 を得る．0.8 の逆数 1.25 から最大の整数部分である 1，すなわち $q_3 = 1$ を引く．これを繰り返し，$1/0.25 = 4$ から $q_4 = 4$ を得て，165/70 の連分数展開が求まる．

17 世紀の数学者ジョン・ウォリスは，実数に対する連分数展開を系統的に研究した最初の学者であると考えられている．無限回の操作を認めるならば，有理数に限らず実数すべてに対して連分数展開が可能になることも考察した．任意の正の実数に対し，上記の $2.35714\cdots$ から連分数展開を作った方法を適用すればよいのである．たとえば $\pi = 3.14159265\cdots$ から 3 を引き，逆数をとれば $1/0.14159\cdots = 7.06251\cdots$ となるので，2 個目の商は 7 である．これを繰り返して

$$\pi = 3 + \cfrac{1}{7 + \cfrac{1}{15 + \cfrac{1}{1 + \cfrac{1}{292 + \cfrac{1}{1 + \ddots}}}}} \tag{7}$$

となる．ここに現れる $3, 7, 15, \ldots$ は π の**部分商**と呼ばれる．

実数の連分数展開は有理数による近似数列の構成に応用される．連分数展開を途中で切れば，そのときの有限連分数から有理数が 1 個定まる．たとえば展開 (7) を第 1 段階で切った場合には π に近い有理数として知られている $3 + 1/7 = 22/7$ が得られ，第 2 段階で切れば有理数 $3 + 1/(7 + (1/15)) = 333/106$ が定まる．この操作を繰り返して π のある近似有理数列

$$3, \frac{22}{7}, \frac{333}{106}, \frac{355}{113}, \cdots$$

が得られる．

等式 (7) において連分数展開を引き続き中途で切って得られる有理数が π に近づくことと同様に，任意の正実数 x の連分数展開から作られる有理数は x に近づく一つの近似数列となる．より良い近似列を構成するためには複雑な分数，すなわち分母子の大きい分数も考えるのが自然であるが，次の意味においては連分数展開から得られる近似有理数列は実は最良である．つまり，p/q がこのような有理数の一つであるならば，p/q よりも x に近い有理数 r/s で分母 s が q 未満のものは存在しない．

さらに，連分数展開から得られる有理数 p/q に対しては，差 $x - p/q$ はその分母 q に比べてあまり大きくはなれない．特に次の不等式は常に成立する．

$$\left| x - \frac{p}{q} \right| \leq \frac{1}{q^2} \tag{8}$$

上述の差の評価は，連分数展開がいかに特別なものであるかを示している．分母の数 q を条件なしに 1 個とり，p/q が x に最も近い有理数であるように分子 p を選ぶとすると，x は $(p - 1/2)q$ と $(p + 1/2)q$ の間に入る．このとき差は $1/(2q)$ と同等の大きさのはずであるが，q を大きくすると $1/(q^2)$ より大きくなってしまう．

連分数展開から得られる近似数列が式 (8) で保証される差の評価よりも良いものを与える場合も，時にはある．たとえば，式 (7) において第 3 段階で切った連分数から得られる 355/113 という有理数は，π

にきわめて近い．この理由は，その次の部分商である 292 がかなり大きいため，連分数展開の残存部分

$$\cfrac{1}{292+\cfrac{1}{1+\ddots}}$$

を無視してもあまり違いがないからである．

この意味において，有理数による近似列の構成が最も難しい実数とは，最小の部分商を持つ数，つまりすべての部分商が 1 になる数である．これは

$$1+\cfrac{1}{1+\cfrac{1}{1+\ddots}} \tag{9}$$

であり，部分商の周期性から自分自身を繰り返す連分数展開を与える数と見なせるために，次のように容易に求められる．この数を ϕ とおくと，$\phi-1$ は

$$\cfrac{1}{1+\cfrac{1}{1+\ddots}}$$

に等しく，$\phi-1$ の逆数は ϕ の連分数展開 (9) 自身であるから

$$\frac{1}{\phi-1}=\phi$$

すなわち $\phi^2-\phi=1$ である．この 2 次方程式の根は $(1+\sqrt{5})/2=1.618\cdots$ および $(1-\sqrt{5})/2=-0.618\cdots$ となるが，正の数を考えていたので，最初の根が求める数である．この数は**黄金数**と呼ばれる．

連分数展開 (9) が方程式 $x^2-x-1=0$ の正根に対応したように，周期的な連分数展開を持つ任意の数は 2 次方程式の根を表す．この事実はすでに 16 世紀に発見されていた．この逆の事実の証明には技巧を要するが，証明を与えることができる．つまり，任意の 2 次の無理数は周期的な連分数展開を持つ．これは**ラグランジュ** [VI.22] によって 18 世紀に示された．この事実は 2 次の**代数体** [III.63] の単数の考察に深く関わる．

3.　関数の連分数展開

数学において主要な関数は無限和で容易に表せることが多い．たとえば**指数関数** [III.25] は次の無限級数表示を持つ．

$$e^x=1+x+\frac{x^2}{2}+\cdots+\frac{x^n}{n!}+\cdots$$

さて，変数 x を含む連分数展開を持つ関数を考えることができる．これらは連分数展開の歴史においても重要であったと思われる．

たとえば関数 $x\mapsto\tan x$ は，$\tan x$ が x 軸に垂直な漸近線を持つ $\pi/2$ の奇数倍以外の場合において値をとる連分数展開

$$\tan x=\cfrac{x}{1-\cfrac{x^2}{3-\cfrac{x^2}{5-\ddots}}} \tag{10}$$

を持つと考えてよい．

関数の通常の無限級数展開を中途で切れば**多項式**による近似列を構成できるが，関数の連分数展開を中途で切ると，**有理関数**による近似列を作ることができる．たとえば $\tan x$ を第 1 段階で切ると，

$$\tan x\sim\frac{x}{1-x^2/3}=\frac{3x}{3-x^2}$$

となる．$\tan x$ の連分数展開から得られる有理関数の列の，$\tan x$ への近づき方が速いという事実から，π が無理数であること，すなわち π が整数と整数の比では決して表せないという事実の証明が従う．この証明は，ヨハン・ランベルトにより 1760 年代に与えられた．彼は x が 0 でない有理数ならば，$\tan x$ の値は無理数であることを連分数展開を用いて証明したと言われる．この事実を用いると，$\tan\pi/4=1$，つまり有理数であることから，π が無理数であることが得られる．

III.23
オイラー方程式とナヴィエ–ストークス方程式

The Euler and Navier-Stokes Equations

チャールズ・フェファーマン［訳：石井仁司］

オイラー方程式とナヴィエ–ストークス方程式は，どちらも理想化された流体の運動を記述する．この二つは科学と工学で重要であるが，その理解はいまだまったく不十分である．これは数学に対する主要な挑戦の一つであると言える．

これらの方程式を述べるのに，ユークリッド空間 $\mathbb{R}^d$ の枠組みで考える．位置 $x=(x_1,\ldots,x_d)\in\mathbb{R}^d$，時間 $t\in\mathbb{R}$ において，流体が速度ベクトル $u(x,t)=$

$(u_1(x,t),\ldots,u_d(x,t)) \in \mathbb{R}^d$ に従って運動しているとする．流体に働く圧力は $p(x,t) \in \mathbb{R}$ であるとする．オイラー方程式は，すべての (x,t) に対する

$$\left(\frac{\partial}{\partial t} + \sum_{j=1}^{d} u_j \frac{\partial}{\partial x_j}\right) u_i(x,t) = \frac{-\partial p}{\partial x_i}(x,t), \qquad i = 1,\ldots,d \quad (1)$$

という条件式であり，ナヴィエ–ストークス方程式は，すべての (x,t) に対する

$$\left(\frac{\partial}{\partial t} + \sum_{j=1}^{d} u_j \frac{\partial}{\partial x_j}\right) u_i(x,t) = \nu \left(\sum_{j=1}^{d} \frac{\partial^2}{\partial x_j^2}\right) u_i(x,t) - \frac{\partial p}{\partial x_i}(x,t), \qquad i = 1,\ldots,d \quad (2)$$

という式である．ここで $\nu > 0$ は抵抗係数であり，流体の「粘性」と呼ばれる．

本章では，非圧縮性流体に話を限る．ここで，非圧縮性流体であるということは，式 (1) または式 (2) が成り立つという条件に加えて，すべての (x,t) に対して

$$\mathrm{div}\,u \equiv \sum_{j=1}^{d} \frac{\partial u_j}{\partial x_j} = 0 \quad (3)$$

が成り立つという条件を加えることを意味する．オイラー方程式とナヴィエ–ストークス方程式は，流体の無限小部分にニュートンの法則 $F = ma$ を適用したものにほかならない．実際，ベクトル

$$\left(\frac{\partial}{\partial t} + \sum_{j=1}^{d} u_j \frac{\partial}{\partial x_j}\right) u$$

が時刻 t，位置 x にある流体の分子が受ける加速度であることは，容易にわかる．

オイラー方程式のときには，働く力 F は圧力の勾配によるものだけである（たとえば，圧力が高さとともに増えるとすると，流体を下方に押し下げる正味の力が働くように）．式 (2) に追加された項

$$\nu \left(\sum_{j=1}^{d} \frac{\partial^2}{\partial x_j^2}\right) u$$

は，抵抗力によるものである．

ナヴィエ–ストークス方程式は，さまざまな環境における実際の流体の実験結果に対して，きわめて高い一致を示している．流体は重要な対象であるから，ナヴィエ–ストークス方程式もまた重要である．

オイラー方程式は，ちょうどナヴィエ–ストークス方程式の $\nu = 0$ とおいた極限の場合と言える．しかしながら，あとで見るように，オイラー方程式の解はナヴィエ–ストークス方程式の解と，たとえ ν が小さいときでも，きわめて異なる振る舞いをする．

さて，目標は初期条件

$$u(x,0) = u^0(x), \quad x \in \mathbb{R}^d \text{ *1)} \quad (4)$$

を満たすオイラー方程式 (1), (3) およびナヴィエ–ストークス方程式 (2), (3) の解を理解することにある．ここで，$u^0(x)$ は与えられた初期速度である．すなわち，$\mathbb{R}^d$ 上のベクトル値関数である．式 (3) との適合条件として，すべての $x \in \mathbb{R}^d$ に対して次を仮定する．

$$\mathrm{div}\,u^0(x) = 0$$

また，エネルギーが無限大であるというような物理的に不合理な条件を排除するために，$u^0(x)$ に対して，また各時刻 t を固定したときの $u(x,t)$ に対しても，$|x| \to \infty$ としたときに「十分に速く」0 に減衰することを要請する．ここでは，「十分に速く」の正確な意味は特定しないことにするが，今後は速度が急激に減衰するようなものだけを扱うことにする．

物理学者や工学者は，ナヴィエ–ストークス方程式 (2)〜(4) の解をいかにして効果的かつ正確に計算し，解がどのように振る舞うかを知ろうとする．数学者はまず解が存在するかどうかを問題にし，存在するならば，それがただ一つであるかを問題にする．オイラー方程式は 250 年の歴史を持ち，ナヴィエ–ストークス方程式は 100 年以上の歴史を持つ．それにもかかわらず，ナヴィエ–ストークスの解とオイラーの解がすべての時間にわたって存在するか，あるいは有限時間で「破綻」するかどうかについて，専門家の間にコンセンサスはない．厳密な証明に支えられた確たる答えは，ずっと先の話と思われる．

オイラー方程式とナヴィエ–ストークス方程式に対する「破綻」の問題を，より正確に述べよう．方程式 (1)〜(3) は，$u(x,t)$ の 1 次と 2 次の導関数に関するものである．式 (4) の初期速度 $u^0(x)$ が，すべての次数の導関数

$$\partial^\alpha u^0(x) = \left(\frac{\partial}{\partial x_1}\right)^{\alpha_1} \cdots \left(\frac{\partial}{\partial x_d}\right)^{\alpha_d} u^0(x)$$

を持ち，これらの導関数が，$|x| \to \infty$ とするときに

---

*1)　[訳注] 原著では $u(x,0) = u^0(x)$ ではなく，$u(x) = u^0(x)$ となっている．

0 に「十分に速く」減衰すると仮定することは，自然であると言える．このとき，次の問いかけをしてみる．ナヴィエ–ストークス方程式 (2)〜(4) あるいはオイラー方程式 (1), (3), (4) がすべての $x \in \mathbb{R}^d$ と $t > 0$ で定義された解 $u(x,t)$ と $p(x,t)$ を持ち，すべての次数の導関数

$$\partial^{\alpha}_{x,t}u(x,t) = \left(\frac{\partial}{\partial t}\right)^{\alpha_0}\left(\frac{\partial}{\partial x_1}\right)^{\alpha_1}\cdots\left(\frac{\partial}{\partial x_d}\right)^{\alpha_d}u(x,t)$$

と $\partial^{\alpha}_{x,t}p(x,t)$ がすべての $x \in \mathbb{R}^d$ と $t \in [0, \infty)$ に対して存在し，しかも，$|x| \to \infty$ とするときにこれらすべての導関数が 0 に「十分に速く」収束するだろうか？　このような性質を持った $u(x,t)$ と $p(x,t)$ の組をオイラー方程式あるいはナヴィエ–ストークス方程式の「滑らかな」解と呼ぶ．(3 次元の場合には) このような滑らかな解が存在するかどうかについて，誰もその答えを知らない．次のことは知られている．式 (4) の初期速度 u^0 に依存したある正の時刻 $T = T(u^0) > 0$ に対して，$x \in \mathbb{R}^d$ および $t \in [0, T)$ で定義されたオイラー方程式あるいはナヴィエ–ストークス方程式の滑らかな解 $u(x,t)$，$p(x,t)$ が存在する．

空間 2 次元の場合（このとき「2D オイラー」あるいは「2D ナヴィエ–ストークス」という言い方をする）には，$T = +\infty$ ととることができる．言い換えると，2D オイラーと 2D ナヴィエ–ストークスに対しては「破綻」は起こらない．3 次元の場合には，上に述べたような有限なある $T = T(u^0)$ に対して，

$$\Omega = \{(x,t) : x \in \mathbb{R}^3, t \in [0, T)\}$$

上で定義された滑らかなオイラーあるいはナヴィエ–ストークスの解 $u(x,t)$，$p(x,t)$ で，そのある次数の導関数 $|\partial^{\alpha}_{x,t}u(x,t)|$ あるいは $|\partial^{\alpha}_{x,t}p(x,t)|$ が Ω 上で非有界になるものが存在する可能性は，誰も排除できない．この非有界性が起こることは，滑らかな解が時刻 T を超えて存在しないことを意味している（このとき，3D ナヴィエ–ストークスあるいは 3D オイラーの解は，時刻 T で破綻するという）．このことは，実際に 3D オイラーと 3D ナヴィエ–ストークスの一方あるいは両方に起こっているのかもしれない．どちらを信じればよいかは，誰もわかっていない．

3D ナヴィエ–ストークス方程式と 3D オイラー方程式の数多くのコンピュータシミュレーションが実施されてきた．ナヴィエ–ストークスのシミュレーションは破綻の証拠をまったく見せていないが，これは単に，破綻に至るような初期速度 u^0 がめったにあり得ないということなのかもしれない．3D オイラーの解は，非常に荒々しい振る舞いを示す．そのため，得られた数値的結果が破綻を示唆するものかを判断することは困難である．実際，3D オイラー方程式の数値的シミュレーションの実施の困難さはよく知られたことである．

ナヴィエ–ストークスあるいはオイラーの解に破綻があるとして，この解がどのように振る舞うかを調べることは有益である．たとえば，3D オイラー方程式の解にある時刻 $T < \infty$ で破綻があるとすれば，ビールと加藤とマエダの定理により，「渦度」

$$\omega(x,t) = \mathrm{curl}\,(u(x,t)) = \left(\frac{\partial u_2}{\partial x_3} - \frac{\partial u_3}{\partial x_2}, \frac{\partial u_3}{\partial x_1} - \frac{\partial u_1}{\partial x_3}, \frac{\partial u_1}{\partial x_2} - \frac{\partial u_2}{\partial x_1}\right) \quad (5)$$

は大きくなり，積分

$$\int_0^T \left(\max_{x \in \mathbb{R}^3} |\omega(x,t)|\right) \mathrm{d}t$$

が発散する．この事実は，3D オイラーに対してその破綻をあたかも示したとされたコンピュータシミュレーションの結果を正しくないと結論付けるのに利用された．有限な破綻時刻 T に t が近づくとき，渦度 $\omega(x,t)$ の方向が x とともに激しく変化することが知られている．

式 (5) のベクトル $\omega(x,t)$ は，物理的に自然な意味を持っている．すなわち，時刻 t に流体の 1 点 x のまわりでどのように流体が回転しているかを表している．言い換えると，時刻 t に，回転軸を位置 x に置いた小さな風車が角速度 $|\omega(x,t)|$ で回転することを意味する．

V・スベラックの最近の結果によると，3D ナヴィエ–ストークス方程式は，仮に破綻現象があるとすれば，圧力 $p(x,t)$ は上にも下にも非有界になる．

1930 年代に J・ルレイによって創始された有力な考え方として，ナヴィエ–ストークス方程式の弱解を研究するというものがある．式 (2) と式 (3) は，一見したところでは，$u(x,t)$，$p(x,t)$ が十分に滑らかなときだけ意味を持つ．たとえば，式 (2) や式 (3) は，u の x_j に関する 2 次の偏導関数が存在しなければ，意味をなさない．しかしながら，形式的な計算によれば，式 (2) と式 (3) はすぐあとで登場する式 (2′) と式 (3′) と見かけ上は同値である．この式 (2′) と式 (3′) は $u(x,t)$ と $p(x,t)$ が非常に粗い関数の場合

にも意味を持つ．まずは式 (2′) と式 (3′) の導出を見て，次にその有用性について議論しよう．

出発点となるのは，次の事実である．関数 F が $\mathbb{R}^n$ 上で 0 であるための必要十分条件は，すべての滑らかな関数 θ に対して $\int_{\mathbb{R}^n} F\theta \mathrm{d}x = 0$ が成り立つことである．3D ナヴィエ–ストークス方程式 (2), (3) に対してこの注意を適用し，形式的な計算（部分積分）をすれば，式 (2), (3) が次の式 (2′), (3′) と同値な方程式であることがわかる．

$$\iint_{\mathbb{R}^3\times(0,\infty)} \left\{ -\sum_{i=1}^{3} u_i \frac{\partial\theta_i}{\partial t} - \sum_{i,j=1}^{3} u_i u_j \left(\frac{\partial\theta_i}{\partial x_j}\right) \right\} \mathrm{d}x\mathrm{d}t$$
$$= \iint_{\mathbb{R}^3\times(0,\infty)} \left\{ \nu \sum_{i,j=1}^{3} \left(\frac{\partial^2}{\partial x_j^2}\theta_i\right) u_i + \left(\sum_{i=1}^{3} \frac{\partial\theta_i}{\partial x_i}\right) p \right\} \mathrm{d}x\mathrm{d}t \qquad (2')$$

$$\iint_{\mathbb{R}^3\times(0,\infty)} \left\{ \sum_{i=1}^{3} u_i \frac{\partial\varphi}{\partial x_i} \right\} \mathrm{d}x\mathrm{d}t = 0 \qquad (3')$$

より正確に言えば，滑らかな関数 $u(x,t)$ と $p(x,t)$ が与えられたときに，これらに対して方程式 (2), (3) が成り立つためには，任意の滑らかで $\mathbb{R}^3\times(0,\infty)$ のコンパクト集合の外側で 0 になる関数 $\theta_1(x,t)$, $\theta_2(x,t)$, $\theta_3(x,t)$, $\varphi(x,t)$ に対して式 (2′), (3′) が成り立つことが必要十分である．

上の $\theta_1, \theta_2, \theta_3, \varphi$ を試験関数と呼ぶ．u と p の組を 3D ナヴィエ–ストークスの弱解*2) と呼ぶ．式 (2′) や式 (3′) における偏導関数は，すべて滑らかな試験関数に対するものであるから，方程式 (2′), (3′) はたとえ u と p が粗い関数であっても意味を持つ．まとめると，次のようになる．

> 滑らかな関数の組 (u,p) が 3D ナヴィエ–ストークスを満たすためには，この組が弱解であることが必要十分である．一方，弱解の概念はたとえ (u,p) が粗い関数の組であっても意味を持つ．

次の筋書きを実行することで，弱解が役に立つと期待される．

ステップ (i)：　3D ナヴィエ–ストークスに対する妥当な弱解が $\mathbb{R}^3\times(0,\infty)$ において存在することを示す．

ステップ (ii)：　3D ナヴィエ–ストークスに対するどの妥当な弱解も滑らかであることを示す．

ステップ (iii)：　ステップ (i) で構成した妥当な弱解が $\mathbb{R}^3\times(0,\infty)$ の至るところで 3D ナヴィエ–ストークス方程式の滑らかな解であると結論付ける．

ここで，「妥当な」とは「大きすぎない」を意味しているが，この正確な定義は省略する．

上と同様の筋書きに沿った研究が，興味ある偏微分方程式のいくつかに対して成功している．しかし，3D ナヴィエ–ストークスに対しては，この計画は部分的に成功しているのみである．3D ナヴィエ–ストークスに対して妥当な弱解をどのように構成すべきかは相当以前から知られているが，これらの一意性はわかっていない．シッフェル，リンあるいはカファレリ–コーン–ニーレンバーグの研究により，3D ナヴィエ–ストークスの任意の妥当な弱解は，**フラクタル次元** [III.17] が小さな集合 $E \subset \mathbb{R}^3\times(0,\infty)$ の外側で滑らかである（すなわち，すべての次数の偏導関数を持つ）ことが知られている．特に，この E は曲線を含むことはない．破綻現象が起こらないことを示すには，E が空集合であることを示さなければならない．

オイラー方程式に対しても，弱解が意味付けられる．しかし，シッフェルとシュニーレルマンが挙げた例により，この弱解はたいへん奇妙に振る舞いうることが知られている．最初には停止状態にあった 2 次元流体が，何の外力も受けずに有界領域内で突然動き出し，そしてまた停止状態になることが起こりうるということである．このような振る舞いは，2D オイラーの弱解に対して起こりうるのである．

ナヴィエ–ストークス方程式およびオイラー方程式は，上に説明した破綻問題に加えて幾多の基本的な問題を提起している．それらの問題のうちの一つを紹介して，本章を閉じることにする．3D ナヴィエ–ストークス方程式あるいは 3D オイラー方程式の初期速度 u^0 が固定されているとしよう．時刻 $t=0$ でのエネルギーは

$$E_0 = \frac{1}{2}\int_{\mathbb{R}^3} |u(x,0)|^2 \mathrm{d}x$$

で与えられる．$\nu \geq 0$ に対して，初期速度を持ち粘性 ν のナヴィエ–ストークスの解を $u^{(\nu)}(x,t) = (u_1^{(\nu)}, u_2^{(\nu)}, u_3^{(\nu)})$ と表す（$\nu=0$ のときには，$u^{(0)}$ はオイラーの解である）．少なくとも $\nu>0$ のときに

*2) ［訳注］u と p の組は，すべての試験関数 $\theta_1, \theta_2, \theta_3, \varphi$ に対して式 (2′), (3′) を満たすという条件が課されている．

は，$u^{(\nu)}$ はすべての時刻において存在すると仮定する．時刻 $t \geq 0$ での $u^{(\nu)}(x,t)$ に対するエネルギーは次で与えられる．

$$E^{(\nu)}(t) = \frac{1}{2}\int_{\mathbb{R}^3} |u^{(\nu)}(x,t)|^2 \mathrm{d}x$$

式 (1)〜(3) をもとにした初等的な計算（式 (1) または式 (2) に $u_i(x,t)$ を掛け，i に関して加えて，$x \in \mathbb{R}^3$ について積分し，部分積分を行う）により，次がわかる．

$$\frac{\mathrm{d}}{\mathrm{d}t}E^{(\nu)}(t) = -\frac{1}{2}\nu\int_{\mathbb{R}^3}\sum_{i,j=1}^{3}\left(\frac{\partial u_i^{(\nu)}}{\partial x_j}\right)^2 \mathrm{d}x \quad (6)$$

特に，オイラー方程式では $\nu = 0$ であり，式 (6) によれば，解が存在する限り，エネルギーは時刻によらずに E_0 に等しい．

さて，ν は小さいが 0 ではないとする．式 (6) から，ν が小さいときには $|(\mathrm{d}/\mathrm{d}t)E^{(\nu)}(t)|$ は小さいはずであると考えることは自然である．そうであれば，エネルギーは長時間にわたってほとんど定数に留まるはずである．しかしながら，そうではないというのが，数値実験や物理実験からの強い示唆である．それは，$\nu > 0$ である限り，ν がいかに小さくても，流体が初期エネルギーの少なくとも半分を時刻 T_0 までに失うような $T_0 > 0$ が存在するということである．この T_0 は u^0 には依存するが，ν には依存しない定数である．

この主張が正しい（あるいは間違っている）ことを証明することはきわめて重要である．わずかな粘性がたくさんのエネルギーの散逸をどうして引き起こすかを理解する必要がある．

III. 24

エクスパンダー

Expanders

アヴィ・ヴィグダーソン［訳：砂田利一］

1. 基本的定義

エクスパンダーは，注目すべき性質と多数の応用を有する**グラフ** [III.34] である．大雑把に言えば，任意の頂点集合が，その補集合と多くの辺で結ばれていることから，「切り離す」ことがきわめて困難なグラフである．正確に言えば，n 個の頂点を持つグラフは，すべての $m \leq n/2$ および m 個の頂点からなる任意の集合 S に対して，S と S の補集合の間に少なくとも cm 個の辺が存在するとき，**c エクスパンダー**と呼ばれる．

この定義は，グラフ G が疎なとき，言い換えれば G がわずかな辺を持つときに特に興味深い．この章では，頂点の個数 n とは独立な，固定された定数 d を**次数**とする**正則グラフ**の場合を集中的に扱う．ここで，次数 d の正則グラフとは，すべての頂点がちょうど d 個の辺で他の頂点と結ばれているようなグラフである．G が次数 d の正則グラフであるとき，S からその補集合への辺の数は明らかに高々 dm 個であるから，c が固定された定数であれば（すなわち，n が大きくなるにつれて零に近づくのでなければ），任意の頂点集合とその補集合の間にある辺の数は，可能な最大数以内にある．このことは，単一のグラフへの興味というよりは，グラフの無限族への興味であることを示唆している．もし，この族に属すグラフが c エクスパンダーであるような定数 c が存在するならば，この無限族を**エクスパンダー族**と呼ぶことにする．

2. エクスパンダー族の存在

最初にエクスパンダー族が存在することを証明したのは，ピンスカー（Pinsker）である．彼は，n が大きく，$d \geq 3$ であれば，n 個の頂点を持つ d 正則グラフのほとんどはエクスパンダーであることを証明した．すなわち，任意の固定された $d \geq 3$ に対して，エクスパンダーではないような n 個の頂点を持つグラフの割合が，n を無限大に近づけるときに零に近づくような，ある定数 $c > 0$ が存在することを証明したのである．この証明は，組合せ論における**確率論的方法** [IV.19 (3 節)] の初期の例である．もし d 正則グラフがランダムに選ばれるなら，集合 S から出ていく辺の数の期待値は $d|S|(n-|S|)/n$ であり，これが少なくとも $(\frac{1}{2}d)|S|$ であることは，容易にわかる．固定された S に対して，S から出る辺の数がその期待値から著しく離れる確率は極端に小さいことが，標準的な「末尾（テール）評価」を使って証明される．よって，すべての集合について確率を足し合

わせれば，この和も小さいことになる．したがって，すべての集合 S が，それらの補集合に向かう辺を少なくとも $c|S|$ 個持つ確率は大きい（今の議論は，ある点で誤解を生じる．ランダム d 正則グラフに関する事象の確率を議論することは，簡単ではない．というのも，辺は独立に選ばれるわけではないからである．しかし，ボロバシュ（Bollobás）は，辺の問題を回避するような，ランダム正則グラフと同値なモデルを定義した）．

今の証明は，エクスパンダーの明示的記述を与えてはいない．エクスパンダーが豊富に存在することを示しただけである．これは，この証明の欠点である．なぜなら，あとで見るように，エクスパンダーのある種の明示的記述，あるいはエクスパンダーを構成する有効な方法に強く依存するような応用が存在するからである．では，「明示的記述」あるいは「有効な方法」は，正確には何を意味するのだろうか？この問いに対しては，多くの答えがある．ここではその二つを取り上げよう．最初の答えは，任意の整数 n に対して，d 正則 c エクスパンダーの約 n 個の頂点（これについては，たとえば n と n^2 の間というように，頂点の個数に幅を持たせる）と辺のすべてを，n の多項式程度の時間でリストアップするようなアルゴリズムの存在を要求することである（多項式時間のアルゴリズムの議論については「計算複雑さ」[IV.20 (2 節)] を参照）．この種の記述は時に「穏やかな明示」と呼ばれる．

この「穏やかさ」が何であるかを理解するために，次のようなグラフを考えよう．頂点はすべて長さ k の 01 列であり，二つの頂点はちょうど一つの位置でだけ異なるときに辺で結ばれる．このグラフは k 次元**離散立方体**と呼ばれる．頂点の数は 2^k であり，すべての頂点と辺をリストアップするのにかかる時間は，k と比較してきわめて大きい．しかし，多くの目的において，このようなリストは実際には必要とはならない．問題となるのは，それぞれの頂点を表現する簡潔な方法と，任意に与えられた頂点の近傍（の表現）をリストアップするアルゴリズムがあるかどうかである．ここで，01 列自身たいへん簡潔な表現であり，与えられたそのような列 σ に対して，一つの位置での変更によって得られる k 個の列をリストすることは，2^k ではなくて k の多項式の時間内で行える．このような方法（1 頂点の近傍をリストアップするのに，頂点の数の対数に関する多項式の時間を要する）で効果的に記述できるグラフは，**強明示的**と呼ばれる．

明示的に構成されるエクスパンダーを求める問題は，美しい複数の数学分野の源泉であったし，その構成のために数論や代数のような分野からのアイデアを使ってきた．最初の明示的なエクスパンダーは，マルグリス（Margulis）によって発見された．今から彼の構成法およびもう一つの構成法について述べるが，強調すべきことは，それらの構成の記述自身は単純であるものの，構成されたものが実際にエクスパンダーとなっているとの主張の証明は簡単ではないことである．

マルグリスの構成は，すべての整数 m に対して 8 正則グラフを与える．点集合は $\mathbb{Z}_m \times \mathbb{Z}_m$ である．ここで，$\mathbb{Z}_m$ は m を法とする整数の集合である．頂点 (x, y) に隣接する頂点は，$(x+y, y)$，$(x-y, y)$，$(x, y+x)$，$(x, y-x)$，$(x+y+1, y)$，$(x-y+1, y)$，$(x, y+x+1)$，$(x, y-x+1)$（すべての演算は，法 m として行われる）．G_m がエクスパンダーであることのマルグリスの証明は，**表現論** [IV.9] に基づいており，拡大定数 c についての具体的な評価は与えられていない．ガバー（Gabber）とガリル（Galil）は後に**調和解析** [IV.11] を用いて拡大定数 c の評価を導いた．グラフのこの族は強明示的であることに注意しよう．

もう一つは，それぞれの素数 p に対して p 個の頂点を持つ 3 正則グラフである．今度は，頂点集合は $\mathbb{Z}_p$ であり，頂点 x は $x+1$，$x-1$，x^{-1} に隣接している（x^{-1} は p を法とする x の逆元であり，0 の逆元は 0 とする）．これらのグラフがエクスパンダーであることの証明は，セルバーグの 3/16 定理と呼ばれる数論における深い定理に依存している．この族は，現在のところ大きい素数を生成する決定的方法がないという理由もあって，穏やかに明示的ということしか言えない．

最近まで，エクスパンダーを明示的に構成する既知の方法は，代数的なもののみであった．しかし，2002 年にラインゴールド（Reingold），バーダン（Vadhan），ヴィグダーソン（Wigderson）は，いわゆるグラフのジグザグ積という概念を導入し，エクスパンダーの組合せ的反復的構成を与えるのに使った．

3. エクスパンダーと固有値

グラフが c エクスパンダーであるための条件には，頂点のすべての部分集合が関わっている．部分集合の個数は指数的であるから，グラフが c エクスパンダーであるかどうかを確かめることは，指数時間を要する仕事になる．実際，この問題は **CO-NP 完全** [IV.20 (3, 4 節)] であることがわかる．しかし，今から多項式時間でチェックできるような関連する性質を説明しよう．ある意味で，これはより自然なものである．

n 個の頂点を持つグラフ G が与えられたとき，その**隣接行列** A は，$n \times n$ 行列であり，u が v と結ばれていれば A_{uv} は 1，そうでない場合は 0 とおいて定義される．この行列は実かつ対称であり，それゆえ，n 個の実**固有値** [I.3 (4.3 項)] $\lambda_1 \geq \lambda_2 \geq \cdots \geq \lambda_n$ を持つ．さらに，異なる固有値に対する**固有ベクトル** [I.3 (4.3 項)] は直交する．

固有値は，G についての多数の有用な情報を含んでいる．しかし，これを見る前に，いかにして A が線形写像として作用するのかを，手短に考察しよう．G の頂点上で定義された関数 f に対して，Af は，u における値が u に隣接する v 上の $f(v)$ の和となるような関数である．このことから直ちに，G が d 正則であり，f がすべての頂点で 1 であるような関数とするとき，Af はすべての頂点で d となる関数であることがわかる．換言すれば，定数関数は固有値 d を持つ固有ベクトルである．さらに，これが最大固有値 λ_1 であることと，グラフが連結であれば，第 2 固有値 λ_2 が d より小さいことは，容易にわかる．

実際，λ_2 と連結性の間には，これよりも相当深い関係がある．大雑把に言えば，λ_2 が d から離れていればいるほど，グラフの拡大定数 c は大きくなる．より正確に言えば，c は $\frac{1}{2}(d-\lambda_2)$ と $\sqrt{2d(d-\lambda_2)}$ の間にあることが示される．この事実から，d 正則グラフの無限族がエクスパンダーの族であるためには，この族のすべてのグラフに対して，「スペクトルギャップ」$d-\lambda_2$ が少なくとも a であることが必要十分条件となるような，ある定数 a が存在しなければならない．c についてのこれらの評価が重要である理由の一つは，すでに注意したように，グラフが c エクスパンダーであるかどうかをテストするのは困難であるが，第 2 固有値は多項式時間で計算されることである．こうして，少なくともグラフの拡大性がどの程度良いかの評価が得られるのである．

d 正則グラフ G のもう一つの重要なパラメータは，λ_1 と異なる固有値の最大絶対値である．このパラメータは $\lambda(G)$ と記される．もし $\lambda(G)$ が小さければ，G は多くの点でランダムな d 正則グラフのように振る舞う．たとえば，A, B を互いに交わらない頂点の集合としよう．もし G がランダムであったなら，簡単な計算により，A から B に向かう辺の数 $E(A,B)$ の期待値はだいたい $d|A||B|/n$ であることがわかる．さらに，$E(A,B)$ はこの期待値から，高々 $\lambda(G)\sqrt{|A||B|}$ だけ異なることが示される．よって，もし $\lambda(G)$ が小さければ，任意の適度な大きさの二つの集合 A, B の間に大よそ期待される辺の数が得られる．これは，$\lambda(G)$ が小さいグラフは，「ランダムグラフのように振る舞う」ことを意味している．

d 正則グラフにおいて，$\lambda(G)$ をどの程度まで小さくできるかと問うことは自然である．アロンとボッパナは，n を大きくしたとき 0 に近づくような関数 $g(n)$ により，$\lambda(G)$ は少なくとも $2\sqrt{d-1}-g(n)$ であることを示した．フリードマンは，n 個の頂点を持つほとんどの d 正則グラフ G について，$\lambda(G) \leq 2\sqrt{d-1}+h(n)$ が成り立つことを証明した．ここで，$h(n)$ は n を大きくしたとき 0 に近づくため，典型的 d 正則グラフは，$\lambda(G)$ に対する最良評価にマッチするものに相当近くなる．その証明は力技による．さらに注目すべきは，下からの評価にマッチする「明示的」構成が可能であることである．これは，ルボツキー（Lubotzky），フィリップス（Philips），サルナック（Sarnack），そして独立にマルグリス（Margulis）が構成したラマヌジャングラフである．彼らは，$d-1$ が素数ベキである各 d に対して，$\lambda(G)=2\sqrt{d-1}$ であるような d 正則グラフの族を構成した．

4. エクスパンダーの応用

おそらくエクスパンダーの最もわかりやすい応用は，コミュニケーションネットワークにおけるものだろう．エクスパンダーが高度な連結性を有していることは，各個のコミュニケーションラインを壊すことなくネットワークの一部をカットオフできないという意味で，ネットワークの「欠陥」に対する耐性を意味している．小さな直径を持つというような，ネットワークに望まれるさらなる性質は，エクスパンダー上のランダムウォークの解析から導かれる．

d 正則グラフ G 上の長さ m の**ランダムウォーク**は，路 $v_0, v_1, \ldots, v_m$ で，各 v_i は v_{i-1} にランダムに隣接するように選ばれたものである．グラフ上のランダムウォークは多くの現象のモデルとして使われ，しばしば問題となるのは，それがいかに速く「混合」していくかである．すなわち，$v_m = v$ となる確率がすべての頂点 v に対して近似的に等しくなるまでには，m はどの程度大きくならなければならないだろうか？

$v_k = v$ となる確率を $p_k(v)$ とするとき，$p_{k+1} = d^{-1}Ap_k$ であることは簡単に示せる．換言すれば，ランダムウォークの**推移行列** T は，$k+1$ ステップ後の分布が，k ステップ後の分布にどのように依存しているかを語るものであるが，これは，隣接行列 A の d^{-1} 倍である．したがって，その最大固有値は 1 であり，$\lambda(G)$ が小さければ，他のすべての固有値も小さい．

$\lambda(G)$ が小さい場合を仮定し，p を G の頂点上の**確率分布** [III.71] としよう．固有値 $d^{-1}\lambda_i$ に対する T の固有ベクトル u_i をとって，p を 1 次結合 $\sum_i u_i$ として表すことができる．T を k 回施すと，新しい分布は $\sum_i (d^{-1}\lambda_i)^k u_i$ となる．よって，$\lambda(G)$ が小さくなれば，$i = 1$ の場合を除いて $(d^{-1}\lambda_i)^k$ は急速に小さくなる．すなわち，短時間の後，p の「非定数部分」は 0 に近づき，一様分布が残されることになる．

したがって，エクスパンダー上のランダムウォークは急速に混合する．この性質は，エクスパンダーのいくつかの応用の核心部分である．たとえば，V を大きな集合として，f を V から区間 $[0,1]$ への関数とする．そして，f の平均を手早く，しかも正確に求めたいとしよう．自然なアイデアは V の点 $v_1, v_2, \ldots, v_k$ をランダムに選び，平均 $k^{-1}\sum_{i=1}^{k} f(v_i)$ を計算することである．k が大きく，各 v_i を独立に選べば，この標本平均は実際の平均にほとんど確実に近くなることが，容易にわかる．標本平均と実平均の差が ϵ より大きくなる確率は，高々 $\mathrm{e}^{-\epsilon^2 k}$ である．

このアイデアはたいへん単純である．しかし，これを実際に実行するためには，ランダム性の発生源が必要になる．理論計算機科学では，ランダム性はリソースと考えられており，可能な限りそれを使わないことが望ましい．上記の手順では，各 v_i に対するランダム性として約 $\log(|V|)$ ビット，すなわち全体では $k\log(|V|)$ ビットが必要であった．これより優れた手順はあるのだろうか？　アイタイ (Ajtai)，コムロシュ (Komlós)，セメレディ (Szemerédi) は，これに対する答えが肯定的であること，しかも大いに優れた手順の存在を示した．われわれがなすべきことは，V を明示的エクスパンダーの頂点集合にすることである．そして，$v_1, v_2, \ldots, v_k$ を独立に選ぶ代わりに，それらをランダムな頂点 v_1 から出発するエクスパンダー上のランダムウォーク上の頂点として選ぶのである．これに必要とされるランダム性ははるかに小さく，v_1 に対しては $\log(|V|)$ ビット，他の v_i に対しては $\log d$ ビットであるから，全体としては $\log(|V|) + k\log d$ ビットとなる．V はたいへん大きくても d は固定された定数であるから，この手順は大きな節約になる．最初の標本点に対してのみが本質的な手間となるのである．

しかし，この標本点は実際に良いものなのだろうか？　明らかに，各 v_i の間には強い依存関係がある．しかし，精度については失うものは何もないことが示される．すなわち，実平均との差が ϵ より大きくなる確率は，再び $\mathrm{e}^{-\epsilon^2 k}$ を超えないのである．それゆえ，ランダム性を大きく節約するために，余分なコストは必要としない．

これは，実践的応用と純粋数学における応用の双方を含む，エクスパンダーのきわめて多数の応用の一つにすぎない．たとえば，エクスパンダーは，グロモフによって，有名な**バウム–コンヌ予想** [IV.15 (4.4 項)] に対する反例を与えるために使われた．「無損失エクスパンダー」と呼ばれるある種の 2 部グラフは，効率的な復号方法を持つ線形コードを生成するのに使われてきた（これが何を意味するかについては，「情報伝達の信頼性」[VII.6] を参照）．

III.25

指数関数と対数関数

The Exponential and Logarithmic Functions

ティモシー・ガワーズ［訳：石井仁司］

1. ベ　キ　乗

非常によく知られた数列に，2, 4, 8, 16, 32, 64, 128, 256, 512, 1024, ... というものがある．各項は手前の項の 2 倍に等しく，したがって，たとえば 7 番目の項は $2\times2\times2\times2\times2\times2\times2$ に等しい．この種の繰り返しの掛け算は数学の至るところに現れるので，なるべく簡単な記法が便利であり，通常，$2\times2\times2\times2\times2\times2\times2$ を 2^7 と書き，「2 の 7 乗」と読む．より一般に，a が実数で，m が正整数であるとき，a^m は a を m 個並べた積 $a\times a\times\cdots\times a$ を表す．積は「a の m 乗」と読まれ，a^m の形の数を a の**ベキ乗数**という．

ベキ乗数を作る操作を**ベキ乗**という（整数 m は**指数**と呼ばれる）．ベキ乗に関する基本事項の一つとして，次の等式がある．

$$a^{m+n}=a^m a^n$$

これはベキ乗が「和を積に換える」ことを意味している．この等式がなぜ成り立つかを見るには，一つの簡単な例を取り上げて，旧来の面倒な掛け算に書き直してみればよい．

$$\begin{aligned}2^7 &= 2\times2\times2\times2\times2\times2\times2\\ &= (2\times2\times2)\times(2\times2\times2\times2)\\ &= 2^3\times2^4\end{aligned}$$

次に $2^{3/2}$ の値が何かと尋ねられたとする．一見したところでは，この質問は何かの間違えによるものではないかと捉えられるかもしれない．今与えられたばかりの 2^m の定義において，m が正整数であることは大事な要素であり，2 を 1.5 個だけ掛け合わせるといった表現は意味をなさないからである．しかし，数学者は一般化を好むものであり，2^m は m が正整数でなければすぐには意味を与えられないかもしれないが，もっと広範囲の数に対してその意味を与えることを工夫せずにはいられない．

定義の一般化をするときに，それが自然であればあるほど，その定義はより意義深くなり，かつ役に立つものとなる．ベキ乗の場合，定義を自然なものにするということは「和を積に換える」という性質を何としても確保するということになる．このようにするとき，$2^{3/2}$ の定義として，納得できるものは一つしかない．この基本性質が $2^{3/2}$ に対して成り立っているとすれば，

$$2^{3/2}\cdot2^{3/2}=2^{3/2+3/2}=2^3=8$$

が成り立つはずである．そうすると，$2^{3/2}$ は $\pm\sqrt{8}$ に等しいことになる．$2^{3/2}$ の値としては正数であるほうが何かと都合が良いことがわかるので，$2^{3/2}$ の値を $\sqrt{8}$ と定義することになる．

同様な議論から，2^0 の値として 1 がふさわしいこともわかる．すなわち，上述の基本性質を要請すると

$$2=2^1=2^{1+0}=2^1\cdot2^0=2\cdot2^0$$

であり，両辺を 2 で割れば，$2^0=1$ という答えが導かれる．

上で行ったことは，こういった論法で**関数方程式**を解くということである．関数方程式というのは，求めるべきものが関数であるような方程式のことである．もう少しこの点をはっきりさせるために，2^t を $f(t)$ と表す．最初に与えられた条件は，$f(t+u)=f(t)f(u)$ という基本性質と $f(1)=2$ である．これから，f に関するできる限りの性質を引き出そうと考えるわけである．

良い例題として，f に対する上の 2 条件から，少なくとも $f(t)$ が正であると仮定すると，すべての有理数に対する値が定まることを見てみよう．たとえば，$f(0)=1$ を見るには，$f(0)f(1)=f(1)$ に注意すればよい．$f(3/2)=\sqrt{8}$ となることは，すでに見たところである．証明の残りの部分はこれらの議論と同じ考えで進めればよく，その結論は，$f(p/q)$ の値は 2^p の q 乗根であるということになる．もっと一般に，$a^{p/q}$ の唯一のもっともな定義は，a^p の q 乗根である．

これで関数方程式から引き出せるすべてのものを取り出すことに成功したが，それによって定義できる a^t は t が有理数の場合に限られる．t が無理数のときに，意味のある定義を与えられるだろうか？　たとえば，$2^{\sqrt{2}}$ の自然な定義は何だろうか？　関数方

程式だけからでは，$2^{\sqrt{2}}$ が何でなくてはならないという帰結は得られないので，このような疑問への解答としては，f の持つべき自然な性質で補足的なもの，それによって f の値が一意的に定まるようなものを探すことになる．そのとき，どちらにしてもこの目的にかなうものであるが，二つの候補にすぐに思い至る．その一つ目は，f は**増加関数**でなければならないという条件である．すなわち，s が t よりも小さいときには，$f(s)$ は $f(t)$ よりも小さいということである．もう一つには，f の**連続性** [I.3 (5.2 項)] を仮定するというものである．

さて，最初の性質が $2^{\sqrt{2}}$ に対してどのように使われるかを見てみよう．大事なことは，$2^{\sqrt{2}}$ の値を直接的に計算するのではなく，より良い「評価」を探し求めることである．たとえば，$1.4 < \sqrt{2} < 1.5$ であるから，順序の性質により $2^{\sqrt{2}}$ は $2^{7/5}$ と $2^{3/2}$ との間にある．もっと一般に，$p/q < \sqrt{2} < r/s$ であれば，$2^{\sqrt{2}}$ は $2^{p/q}$ と $2^{r/s}$ の間になければならない．したがって，p/q と r/s をどんどん互いに近づけていくと，それに対して得られる数 $2^{p/q}$ と $2^{r/s}$ は，ある極限値に収束する．この極限値が $2^{\sqrt{2}}$ である．

2. 指　数　関　数

ある概念が真に重要なものである証拠の一つは，それがさまざまな異なる方法で定義され，しかも同値なものとなることにある．指数関数 $\exp(x)$ はこの性質をしっかりと持つ．多くの目的に対して最良の方法とは言えないが，おそらくこの関数の最も基本的な定義の仕方は，$\exp(x) = \mathrm{e}^x$ とおくものであろう．e は 10 進展開で 2.7182818 と始まる数を表す．この数になぜ注目するのかという疑問に対しては，関数 $\exp(x) = \mathrm{e}^x$ を微分するとき，再び e^x が得られ，e はこの性質を持つただ一つの数であるからと答えることができる．実際，この性質は指数関数の定義の第 2 の方法を与える．この関数は初期条件 $f(0) = 1$ を満たす微分方程式 $f'(x) = f(x)$ の唯一の解である．

$\exp(x)$ を定義する 3 番目の方法は，教科書にもよく採用されている方法であり，次のベキ級数の極限とするものである．

$$\exp(x) = 1 + x + \frac{x^2}{2!} + \frac{x^3}{3!} + \cdots$$

これは $\exp(x)$ の**テイラー級数**として知られている．この定義では，その右辺がある数の指数 x のベキになっているとは，すぐにはわからない．e^x と書かずに $\exp(x)$ と書くのは，その点に配慮したためである．しかし，少し努力すれば，$\exp(x+y) = \exp(x)\exp(y)$，$\exp(0) = 1$，$(\mathrm{d}/\mathrm{d}x)\exp(x) = \exp(x)$ という基本的性質が得られる．

さらに，指数関数を定義するもう一つの方法がある．それは指数関数がどのような意味を持つものであるかをもっとよく教えてくれる．たとえば，いくらかのお金を 10 年間投資するとして，次の二つの可能性があるとする．一つは，投資額の 100％が 10 年後に利息として得られ（元本合わせて，投資額の 2 倍となる），もう一つは，投資額に対してその 10％が毎年利息として得られる．読者はどちらを選ぶだろう．

2 番目のほうが，投資としては優れていることになる．なぜなら，この場合は**複利**になるからである．たとえば，最初に 100 ドルで始めるとする．1 年後には 110 ドルとなる．2 年後には 121 ドルとなる．2 年目の 1 年間の 11 ドルの増加分は，元金 100 ドルに対する 10％の利息 10 ドルに，最初の 1 年間で得られた利息 10 ドルに対する利息 1 ドルを加えたものと見ることができる．2 番目の方式で行けば，毎年 1.1 倍されるので，最後に手にする金額は $100 \times (1.1)^{10}$ ドルということになる．最終的に手にする金額は 200 ドルではなく，$(1.1)^{10}$ の概数は 2.5937 であるから，だいたい 260 ドルとなる．

では，月ごとの複利ではどうなるだろうか？　投資額に $1 + 1/10$ を 10 回掛ける代わりに，今度は $1 + 1/120$ を 120 回掛けることになる．10 年後には，100 ドルに $(1 + 1/120)^{120}$ を掛けた額が得られる．ここで，$(1 + 1/120)^{120}$ は概数で 2.707 である．次に，日ごとの複利とすると，この数値はおおよそ 2.718 となるが，この値は不思議と e の値に近い．実は n を無限大に発散させたときの $(1 + 1/n)^n$ の極限値として e を定義することができる．

この式の極限が存在するかどうかは，見て明らかというものではない．ベキ m を固定して，n を無限大にするときに $(1 + 1/n)^m$ は 1 に収束する．一方で n を固定し，m を無限大にするときに $(1 + 1/n)^m$ は ∞ に発散する．$(1 + 1/n)^n$ の場合には，ベキの増加と数 $1 + 1/n$ の減少がちょうど打ち消し合って，2 と 3 の間の数に収束する．x を任意の実数とすると，$(1 + x/n)^n$ はまたある極限に収束する．この値で $\exp(x)$ を定義する．

このように $\exp(x)$ を定義すると，この定義が適切なものであることを示す大事な性質，すなわち，$\exp(x+y)=\exp(x)\exp(y)$ という性質が得られる．このことを確かめる議論に，簡単に触れよう．次の式で与えられる値を考える．

$$\left(1+\frac{x}{n}\right)^n\left(1+\frac{y}{n}\right)^n$$

これは次に等しい．

$$\left(1+\frac{x}{n}+\frac{y}{n}+\frac{xy}{n^2}\right)^n$$

このとき，$1+x/n+y/n+xy/n^2$ と $1+x/n+y/n$ の比*1) は $1+xy/n^2$ よりも小さい．$(1+xy/n^2)^n$ は 1 に収束することがわかる（なぜなら，n の増加より xy/n^2 の減少のほうが速いので）．したがって，n が大きいとき，考えている値は

$$\left(1+\frac{x+y}{n}\right)^n$$

にきわめて近い．n を無限大にして，結論に至る．

3.　定義の複素数への拡張

仮に $\exp(x)$ を e^x のことと考えると，これを複素数にまで一般化して定義することは絶望的に見える．直観も関数方程式もとても役に立ちそうにないし，連続性も順序関係も役に立たない．しかし，ベキ級数による定義と複利方式の定義は，どちらも容易に一般化することができる．z を複素数とするとき，$\exp(z)$ のごく普通の定義は次の式で与えられる．

$$1+z+\frac{z^2}{2!}+\frac{z^3}{3!}+\cdots$$

実数 θ に対して，$z=\mathrm{i}\theta$ とおき，実部と虚部に分けて表すと，次が得られる．

$$1-\frac{\theta^2}{2!}+\frac{\theta^4}{4!}+\cdots+\mathrm{i}\left(\theta-\frac{\theta^3}{3!}+\frac{\theta^5}{5!}-\cdots\right)$$

ここで，$\cos(\theta)$ と $\sin(\theta)$ に対するベキ級数展開を用いれば，$\exp(\mathrm{i}\theta)=\cos(\theta)+\mathrm{i}\sin(\theta)$ が得られる．これは，複素平面の単位円周上の偏角 θ を持つ点を表す公式である．特に，$\theta=\pi$ ととれば（$\cos(\pi)=-1$，$\sin(\pi)=0$ なので）有名な公式 $\mathrm{e}^{\mathrm{i}\pi}=-1$ が得られる．

この結論には印象深いものがあり，代数的計算を行ったあとで気づく単なる事実というよりも，そこには何かしっかりした根拠があるのではないかと思わせる．事実，これには確かな理由がある．これを見るために，複利方式の考えに立ち戻って，$\exp(z)$ を n を無限大とするときの $(1+z/n)^n$ の極限として定義する．$z=\mathrm{i}\pi$ の場合だけに限って話を進める．なぜ n が非常に大きいとき $(1+\mathrm{i}\pi/n)^n$ が -1 に近いのかという話になる．

この理由を幾何学的に考えてみよう．複素数に $1+\mathrm{i}\pi/n$ を掛ける効果とはどのようなものだろうか？　この数は，複素平面*2) 上で 1 のごく近くに，しかも 1 に対して沿直な方向に位置する．1 を通る沿直な直線は原点中心の単位円に接するので，この数の位置は単位円上の偏角 π/n を持つ点にきわめて近い（なぜなら，単位円上にある数の偏角は 1 からの円弧の長さであり，今の場合，この円弧はほとんど線分に等しい）．したがって，$1+\mathrm{i}\pi/n$ との積の効果は角度 π/n の回転によって非常に良く近似される．これを n 回繰り返せばちょうど π だけの回転となるが，これは -1 による積と同じである．同じ議論で，公式 $\exp(\mathrm{i}\theta)=\cos(\theta)+\mathrm{i}\sin(\theta)$ を説明することができる．

この要領でさらに進んで，指数関数の導関数が指数関数であることを説明しよう．すでに知ってのとおり，$\exp(z+w)=\exp(z)\exp(w)$ が成り立っている．したがって，exp の z における微分係数は w を 0 に近づけたときの $\exp(z)(\exp(w)-1)/w$ の極限である．したがって，w が小さいときに $\exp(w)-1$ が w にとても近いことを示せば十分である．$\exp(w)$ がどのようなものかを見るためには，n を十分に大きくとり，$(1+w/n)^n$ を考えればよい．これが実際に $1+w$ に近いことは比較的簡単にわかるが，ここでは，その代わりに略式な議論をする．銀行口座の預金について考えよう．利率が低い（たとえば，年利 0.5%）ときの年間の利息について，月ごとの複利に変えた場合にどれほど有利になるかと考える．大差ないというのが答えである．すなわち，利息額が非常に小さいときには，利息にかかる利息は無視できる程度にしかならない．これが，w が小さいときに $1+w$ が $(1+w/n)^n$ を良く近似することの本質と言える．

指数関数の定義域は，もっと拡張することが可能である．そのために必要となる主な要素は，加法，

*1)　［訳注］$(1+x/n+y/n+xy/n^2)/(1+x/n+y/n)$ のこと．

*2)　［訳注］ガウス平面あるいはアルガン図とも呼ばれる．

乗法，極限操作の可能性である．したがって，たとえば，x が**バナッハ代数** [III.12] A の要素であれば，$\exp(x)$ が定義できる（このときベキ級数による定義が一番簡単であるが，それは必ずしも最も啓発的なものとは言えない）．

4. 対 数 関 数

自然対数は，指数関数と同様にいろいろな方法で定義される．次のような 3 通りが考えられる．

(i) 関数 log は指数関数 exp の逆関数である．すなわち，正の実数 t に対して，$u = \log(t)$ が成り立つことと $t = \exp(u)$ が成り立つことは同値である．

(ii) 正実数 t に対して，次のようにおく．

$$\log(t) = \int_1^t \frac{\mathrm{d}x}{x}$$

(iii) $|x| < 1$ のとき，$\log(1+x) = x - (1/2)x^2 + (1/3)x^3 - \cdots$ とおく．これで，$0 < t < 2$ に対する $\log(t)$ が定義できる．$t \geq 2$ に対しては，$-\log(1/t)$ の値によって，$\log(t)$ を定義する．

対数関数の最も重要な性質は，指数関数 exp に対する関数方程式の逆の関数方程式を満たすことである．すなわち，$\log(st) = \log(s) + \log(t)$ が成り立つことである．言い換えると，exp は加法を乗法へと移す一方で，log は乗法を加法に移すということである．これをもっと形式的に述べる．$\mathbb{R}$ は加法に関して群であり，正実数の全体である $\mathbb{R}_+$ は乗法に関して群であることに留意すると，関数 exp は $\mathbb{R}$ から $\mathbb{R}_+$ への同型写像であり，log は $\mathbb{R}_+$ から $\mathbb{R}$ への同型写像であるということである．したがって，これら二つの群はある意味で同じ構造を持ち，そのことを指数関数 exp と対数関数 log が明示している．

log の最初の定義から，なぜ $\log(st)$ が $\log(s) + \log(t)$ でなければならないかを考えてみよう．$s = \exp(a)$, $t = \exp(b)$ と表すと，$\log(s) = a$, $\log(t) = b$ となり

$$\begin{aligned}\log(st) &= \log(\exp(a)\exp(b)) \\ &= \log(\exp(a+b)) \\ &= a+b\end{aligned}$$

となる．これよりすぐにわかる．

一般に，log の性質は exp の性質からすぐに引き出せる．ただし，一つだけとても大事な違いがある．これは，log の定義を複素数に対して拡張するときに面倒なことを引き起こすが，次のように考えると，その拡張は一見とても簡単そうに見える．すべての複素数 z は非負実数 r とある実数 θ（z の絶対値と偏角）を使って $r\mathrm{e}^{\mathrm{i}\theta}$ と表すことができる．$z = r\mathrm{e}^{\mathrm{i}\theta}$ であれば，（log に対する関数方程式，および log が exp の逆の操作であることを使って）$\log(z) = \log(r) + \mathrm{i}\theta$ でなくてはならないと思い至る．ここでの問題は，θ が一意に定まらない点である．たとえば $\log(1)$ を考えよう．まずはこれが 0 であると言うかもしれないが，別に $1 = \mathrm{e}^{2\pi\mathrm{i}}$ としても構わないと考えれば，$\log(1) = 2\pi\mathrm{i}$ という結論になる．

この困難により，対数関数を複素平面全体で定義する最良の方法というようなものはない．この状況は平面から原点 0（そこで対数関数を定義するには無理がある）を取り除いても変わらない．一つの便宜的な方法は，$z = r\mathrm{e}^{\mathrm{i}\theta}$ と表すときに条件 $r > 0$, $0 \leq \theta < 2\pi$ を課すことである．このとき，この表現は一意に定まるので $\log(z)$ を $\log(r) + \mathrm{i}\theta$ と定義できる．しかし，この関数は連続ではない．正の実軸を横切るときに，偏角は 2π だけジャンプし，この対数関数は $2\pi\mathrm{i}$ だけジャンプする．

注目すべきことに，この困難は数学の根底に一撃を与えるものでは決してなく，むしろプラスの効果をもたらす現象であり，たとえば，コーシーの留数定理（この定理は広範囲の線積分の値を計算可能にしてくれる）のような，複素解析におけるいくつかの素晴らしい定理に伏在している．

III.26

高速フーリエ変換

The Fast Fourier Transform

ティモシー・ガワーズ［訳：石井仁司］

$f : \mathbb{R} \to \mathbb{R}$ を周期 1 の周期関数とすると，そのフーリエ係数を計算することにより，この関数に関する有用な情報がたくさん得られる（この理由については，「フーリエ変換」[III.27] を参照されたい）．このことは理論上も実用上も重要であり，この後者の

視点からすれば，フーリエ係数を素早く計算する優れた方法が望まれる．

f の r 次のフーリエ係数は，公式

$$\hat{f}(r) = \int_0^1 f(x)\mathrm{e}^{-2\pi \mathrm{i}\, rx}\mathrm{d}x$$

で与えられる．上の積分に対して（たとえば，f が数学的な公式で与えられるものでなく，むしろある種の物理的観測によって与えられる場合のように）明示的な公式がない場合には，この積分に対して数値的な近似を試みることになる．このための自然な方法は，離散化することである．すなわち，積分を $N^{-1}\sum_{n=0}^{N-1} f(n/N)\mathrm{e}^{-2\pi \mathrm{i}\, rn/N}$ の形の和に置き換えることである．f がひどく振動するものでなく，r が非常に大きいということでなければ，これによって十分良い近似が得られる．

上記の和は，r に N の整数倍を加えても変わらない．さらに，f の周期性により n に N の整数倍を加えても変わらない．したがって，n と r を N を法とする整数の群 $\mathbb{Z}_N$（「合同式の算法」[III.58] を参照）に属するものと見なせる．以下では，この考えを反映させた表記法に変えよう．$\mathbb{Z}_N$ 上の関数が与えられたとき，g の**離散フーリエ変換** $\hat{g}$ を，これもまた $\mathbb{Z}_N$ 上の関数で公式

$$\hat{g}(r) = N^{-1}\sum_{n\in\mathbb{Z}_N} g(n)\omega^{-rn} \tag{1}$$

によって与えられるものとする．ただし，ω は $\mathrm{e}^{2\pi \mathrm{i}/N}$ を表す．特に，$\omega^{-rn} = \mathrm{e}^{-2\pi \mathrm{i} rn/N}$ となる．この和における n の範囲は，一つ前に現れた和と同じように，0 から $N-1$ までの和と見ることができる．また，$f(n/N)$ を $g(n)$ と書き直したと思えばよい．

離散フーリエ変換は（関数 g に対応する）列ベクトルに（(r,n) 成分として $N^{-1}\omega^{-rn}$ を持つ）$N\times N$ 行列を掛けることと解釈できる．したがって，これは N^2 回の基本演算の繰り返しによって求めることができる．高速フーリエ変換は，式 (1) における和は対称性を持っており，それゆえずっと効果的に計算できるという観点に立っている．このことは，N が 2 のベキ乗数のときには容易にわかるが，$N=8$ の場合を見てみればさらにわかりやすい．このときには，計算すべき和は r が 0〜7 の

$$g(0) + \omega^{-r}g(1) + \omega^{-2r}g(2) + \cdots + \omega^{-7r}g(7)$$

である．これは

$$g(0) + \omega^{-2r}g(2) + \omega^{-4r}g(4) + \omega^{-6r}g(6)$$
$$+ \omega^{-r}(g(1) + \omega^{-2r}g(3) + \omega^{-4r}g(5) + \omega^{-6r}g(7))$$

と書き直すことができる．これが興味深いのは

$$g(0) + \omega^{-2r}g(2) + \omega^{-4r}g(4) + \omega^{-6r}g(6)$$

と

$$g(1) + \omega^{-2r}g(3) + \omega^{-4r}g(5) + \omega^{-6r}g(7)$$

が，それ自身で離散フーリエ変換の値である点である．たとえば，$0 \le n \le 3$ に対して $h(n) = g(2n)$ とおき，$\omega^2 = \mathrm{e}^{2\pi \mathrm{i}/4}$ を ψ と書き表すとき，上の最初の式は $h(0) + \psi^{-r}h(1) + \psi^{-2r}h(2) + \psi^{-3r}h(3)$ に等しい．h を $\mathbb{Z}_4$ 上の関数と見れば，これはちょうど $\hat{h}(r)$ である．

同様な注意が第 2 の式に対しても適用できる．したがって，g の「偶部分」と「奇部分」のそれぞれの離散フーリエ変換をまず計算してしまえば，すぐに g のフーリエ変換のすべての値を求めることができる．g のフーリエ変換の値は g のそれぞれの部分のフーリエ変換の値の線形結合だからである．このように，N が偶数であれば，$\mathbb{Z}_N$ 上で定義された関数の離散フーリエ変換を計算するのに必要な操作回数を $F(N)$ と表すと，次の漸化式が得られる．

$$F(N) = 2F(N/2) + CN$$

これは，$\mathbb{Z}_N$ 上の関数の変換後の N 個のすべての値を求める操作は $\mathbb{Z}_{N/2}$ 上の二つの関数の変換後の値を求めて，この値の N 個の線形結合を求めることであると解釈できる．

N が 2 のベキ乗ならば，この操作を繰り返すことができる．すなわち，$F(N/2)$ は高々 $2F(N/4) + CN/2$ であり，以下同様という具合である．この結果として，$F(N)$ が高々 $CN\log N$ であることは，容易に示せる．ここで，C は適当な定数である．このことは，CN^2 に比べて大幅な改善になっている．N が 2 のベキ乗ではない場合には，上の議論は適用できないが，この方法を修正すると，この場合にも適用でき，しかも同じような効率性を持つ方法が得られる（実際に，このことは任意の有限アーベル群上のフーリエ変換に対して言える）．

フーリエ変換が効率的に計算できることになれば，それによって直ちに簡単になる他の計算もある．簡単な一つの例は逆フーリエ変換である．これはフーリエ変換によく似た公式を持つので，同じように計算できる．次の公式で定義される数列の**畳み**

込みの計算も簡単になる．$a = (a_0, a_1, a_2, \ldots, a_m)$ と $b = (b_0, b_1, b_2, \ldots, b_n)$ という二つの数列に対して，これらの畳み込みは，$c_r = a_0b_r + a_1b_{r-1} + \cdots + a_rb_0$ とおいて得られる数列 $c = (c_0, c_1, c_2, \ldots, c_{m+n})$ のことである．この数列を $a * b$ と表す．フーリエ変換の最も重要な性質の一つは「畳み込みを掛け算に変換する」ことである．すなわち，a と b を $\mathbb{Z}_N$ 上の関数と見ることができるときに，$a * b$ のフーリエ変換は関数 $r \mapsto \hat{a}(r)\hat{b}(r)$ となる．したがって，$a * b$ を計算するのに，$\hat{a}$ と $\hat{b}$ を計算し，それぞれの r に対してこれらを掛け合わせ，その結果の逆フーリエ変換を計算すればよい．この計算の各ステップは速く行えるので，畳み込みの計算が速くできることになる．

これは二つの多項式 $a_0 + a_1x + \cdots + a_mx^m$ と $b_0 + b_1x + \cdots + b_nx^n$ を掛け合わせる素早い方法を直ちに与える．それは，この積の係数は数列 $c = a * b$ で与えられるからである．仮に，すべての a_i が 0〜9 の整数であれば，$x = 10$ におけるこのような多項式の積の値を（係数 c_r の桁数はそれほど大きくならないので）すぐに求めることができる．このように，通常の計算方法よりもずっと速く n 桁の整数を掛け合わせる方法が提示される．これらは高速フーリエ変換の膨大とも言える応用の中の二つの例である．より直接的な応用の宝庫は工学にある．工学では，いろいろな信号をそのフーリエ変換を通して解析する必要性が，頻繁に発生する．非常な驚きに満ちた応用は，**量子計算** [III.74] に対するものである．ピーター・ショアの得た有名な結果として，量子計算を用いて大きな整数の素因数分解を非常に速く行えるものがある．このアルゴリズムは本質的に高速フーリエ変換に依存するが，そこでは $N \log N$ ステップの計算を，「並列計算」で実行可能な N 組の $\log N$ ステップの計算に分けるために量子計算が驚異的な方法で使われる．

III.27

フーリエ変換

The Fourier Transform

テレンス・タオ［訳：石井仁司］

f を $\mathbb{R}$ から $\mathbb{R}$ への関数とする．この f について特に言えるようなことは普通はないかもしれないが，ある種の関数は有用な対称性を持つ．たとえば，すべての x に対して $f(-x) = f(x)$ が成り立つとき，f は**偶関数**と呼ばれる．すべての x に対して $f(-x) = -f(x)$ が成り立つとき，f は**奇関数**と呼ばれる．さらに，すべての関数 f は偶関数部分 f_e と奇関数部分 f_o の**重ね合わせ**として表すことができる．たとえば，関数 $f(x) = x^3 + 3x^2 + 3x + 1$ は偶関数でも奇関数でもないが，$f_e(x) + f_o(x)$ と書き表すことができる．ただし，$f_e(x) = 3x^2 + 1$ と $f_o(x) = x^3 + 3x$ であるとする．一般の関数 f に対して，この分割は一意的であり，次の公式で与えられる．

$$f_e(x) = \frac{1}{2}\{f(x) + f(-x)\}$$
$$f_o(x) = \frac{1}{2}\{f(x) - f(-x)\}$$

偶関数や奇関数が持つ対称性とはどのようなものだろうか？　それらを捉える通常の方法は，次のようなものである．数直線の二つの変換からなる群を考える．一つは恒等写像 $\iota : x \mapsto x$ で，もう一つは鏡映 $\rho : x \mapsto -x$ であるとする．さて，ϕ を任意の数直線の変換とするとき，これによって数直線上で定義された関数の変換が与えられる．それは関数 f に対して関数 $g(x) = f(\phi(x))$ を対応させる変換である．特に，$\phi = \iota$ の場合には変換された関数は $f(x)$ であり，$\phi = \rho$ の場合には $f(-x)$ である．そこで，f が偶関数あるいは奇関数であれば，変換された関数は元の関数 f の定数倍となる．特に，$\phi = \rho$ としたとき，f が偶関数ならば，変換された関数は $f(x)$ であり（よって，定数は 1 である），f が奇関数ならば，変換された関数は $-f(x)$ である（よって，定数は -1 である）．

上に述べた操作は，フーリエ変換の一般概念のきわめて簡単な典型例と見ることができる．非常に広く考えると，フーリエ変換は「一般の」関数を分解し，「対称な」関数の重ね合わせとして表す系統的な方法である．このような対称な関数は，普通は相当に明示的に定義される．たとえば，最も重要な例の一つに，**三角関数** [III.92] $\sin(nx)$ と $\cos(nx)$ への分解がある．それは，しばしば振動数（周波数ともいう）やエネルギーのような物理学の概念にも関連している．対称性は通常**群** [I.3 (2.1 項)] G に関係付けられる．この G は普通はアーベル群である（上述の例では，この群は二つの要素からなるものである）．実際，フーリエ変換は群の研究において，より正確に言えば**群の表現論** [IV.9] において，基本となる道具の一つである．この表現論は，与えられた群を別の対称性の群と見なす方法に関わった研究である．フーリエ変換はまた，線形代数におけるベクトルを**直交基底** [III.37] の線形結合によって表現する，あるいは行列や**線形作用素** [III.50] の**固有ベクトル** [I.3 (4.3 項)] の線形結合によって表現する，といった話題とも関連する．

より複雑な例として，正整数 n を固定して $\mathbb{C}$ から $\mathbb{C}$ への関数，言い換えると，複素平面上で定義された複素数値関数を分解する一つの統一的な方法を与えよう．f をこのような関数として j を 0 から $n-1$ までの範囲の整数とするとき，次の性質を f が持てば，f は **j 次高調波**であるということにする．ω を 1 の原始 n 乗根とする（これは $\omega^n=1$ が成り立ち，n より小さい正数に対してはこれが成り立たないような複素数を意味する）と，$f(\omega z)=\omega^j f(z)$ がすべての $z\in\mathbb{C}$ に対して成立する．$n=2$ の場合には，$\omega=-1$ となるので，$j=0$ とおくと偶関数の定義が得られ，$j=1$ とおくと奇関数の定義が得られることに注意しよう．実際に，このことの示唆するところとして，f を高調波に分解する公式を与えることができる．さらに，この分解は一意である．すなわち

$$f_j(z)=\frac{1}{n}\sum_{k=0}^{n-1} f(\omega^k z)\omega^{-jk}$$

とおくとき，すべての z に対して

$$f(z)=\sum_{j=0}^{n-1} f_j(z)$$

が成り立つ．これは簡単な演習問題である（$k=0$ のときには $\sum_j \omega^{-jk}=n$ となり，それ以外のときには $\sum_j \omega^{-jk}=0$ となることを利用する）．さらに，$f_j(\omega z)=\omega^j f_j(z)$ がすべての z に対して成り立つ．したがって，f は高調波の和に分解される．このフーリエ変換に対応する群は，1 の n 乗根 $1,\omega,\omega^2,\dots,\omega^{n-1}$ からなる乗法群であり，n 次巡回群とも言える．根 ω^j は複素平面における角度 $2\pi j/n$ の回転と見ることができる．

ここで，無限群の場合を考える．f は単位円周 $\{z\in\mathbb{C}:|z|=1\}$ 上で定義された複素数値関数であるとする．技巧的な論点に立ち入らないで済むように，f は「滑らか」であるとする．すなわち，無限回微分可能であるとする．まず，f は $f(z)=cz^n$ という簡単な形の関数であるとする．ただし，n は整数で，c は定数であるとする．f は n 次の回転対称性を持つ．つまり，もう一度 $\omega=e^{2\pi i/n}$ とおくと，$f(\omega z)=f(z)$ がすべての z に対して成り立つ．これまでの例からしても，任意の滑らかな f を，このような回転対称性を持つ関数の重ね合わせで表せることは特に驚くほどではないだろう．実際，

$$f(z)=\sum_{n=-\infty}^{\infty}\hat{f}(n)z^n$$

と書くことができる．ここで，係数 $\hat{f}(n)$ は

$$\hat{f}(n)=\frac{1}{2\pi}\int_0^{2\pi} f(e^{i\theta})e^{-in\theta}d\theta$$

で与えられ，これは f の**振動数** n に対する**フーリエ係数**と呼ばれる．この公式は上に述べた分解を単位円周に制限し，$n\to\infty$ とした極限の場合と考えることができる．これはまた，**正則関数** [I.3 (5.6 項)] のテイラー展開の一般化と見ることができる．この展開の話は，f が閉単位円板 $\{z\in\mathbb{C}:|z|\le 1\}$ 上で正則であれば，

$$f(z)=\sum_{n=0}^{\infty}a_n z^n$$

と表すことができるというもので，**テイラー係数** a_n は次の公式で与えられる．

$$a_n=\frac{1}{2\pi i}\int_{|z|=1}\frac{f(z)}{z^{n+1}}dz$$

一般的な話として，フーリエ解析と複素解析の間には非常に強い繋がりがある．

f が滑らかであるとき，フーリエ係数はとても速く 0 に減衰し，フーリエ級数 $\sum_{n=-\infty}^{\infty}\hat{f}(n)z^n$ が収束することは容易にわかる．このことは，f が滑らかでない（たとえば，f が単に連続なだけである）と，厄介な問題になってくる．その場合には，級数がどのような意味で収束するかにも注意を払う必要がある．実際，**調和解析** [IV.11] のかなりの部分は，この種の収束の問題とそれに答えるための手段の開発の

ために向けられている．

今考えているフーリエ変換に付随する対称性の群は，円周群 $\mathbb{T}$ である（数 $e^{i\theta}$ は，円周上の点と考えることもできるし，角度 θ の回転と考えることもできることに注意する．したがって，円周はこれに対する回転群と同一視できる）．しかし，ここではもう一つの群も重要である．すなわち，すべての整数からなる加群 $\mathbb{Z}$ である．基本となる対称関数 z^m と z^n の二つをとり，それらの積をとると，z^{m+n} が得られる．よって，写像 $n \to z^n$ は，$\mathbb{Z}$ からこのような関数からなる積に関する群への同型写像である．この群 $\mathbb{Z}$ は，$\mathbb{T}$ の**ポントリャーギン双対**である．

偏微分方程式の理論や調和解析の関連分野において最も重要なフーリエ変換は，ユークリッド空間 $\mathbb{R}^d$ 上のフーリエ変換である．すべての関数 $f:\mathbb{R}^d \to \mathbb{C}$ の中で「基本」と考えられるものは，**平面波** $f(x)=c_\xi e^{2\pi i x\cdot\xi}$ である．ここで，$\xi \in \mathbb{R}^d$ は（平面波の周波数と呼ばれる）ベクトルであり，$x\cdot\xi$ は位置 x と周波数 ξ の内積，c_ξ は複素数（これの絶対値は平面波の**振幅**と呼ばれる）である．$H_\lambda=\{x : x\cdot\xi=\lambda\}$ のタイプの集合は ξ に垂直な（超）平面であり，このような集合の一つ一つの上で $f(x)$ は定数である．さらに，H_λ 上の f の値と $H_{\lambda+2\pi}$ 上の値はいつでも等しい．これが，なぜ「平面波」と呼ぶのかの説明である．関数 f が十分に良いものであれば（たとえば，滑らかで，かつ，x が大きくなると素早く 0 に減衰する関数），f は平面波の重ね合わせとして一意に分解されることがわかる．ここでの「重ね合わせ」は，和をとることではなく，積分することと理解する．より正確には，次の公式が成り立つ．

$$f(x)=\int_{\mathbb{R}^d}\hat{f}(\xi)e^{2\pi i x\cdot\xi}d\xi$$

ただし，

$$\hat{f}(\xi)=\int_{\mathbb{R}^d}f(x)e^{-2\pi i x\cdot\xi}dx$$

である．関数 $\hat{f}$ は f の**フーリエ変換**[*1)]として知られており，上の公式は**フーリエ反転公式**として知られている．これら二つの公式は元の関数からフーリエ変換された関数をどのように求め，あるいはその逆をどのように求めるかを示している．$\hat{f}(\xi)$ は関数 f が周波数 ξ で振動する成分をどれほど持っているかを示すものと捉えることができる．f が十分に良い関数であれば，上の二つの式の積分が収束することを確かめることは難しくない．ただし，関数が滑らかでなかったり，ゆっくり減衰したりする場合には，この点はもっと微妙になる．今扱っているフーリエ変換の場合には，基礎となる群はユークリッド群 $\mathbb{R}^d$（この群はまた d 次元平行移動の群と見なすこともできる）である．位置のベクトル x と周波数のベクトル ξ は，どちらも $\mathbb{R}^d$ に含まれる．したがって，今の場合，ポントリャーギン双対群も $\mathbb{R}^d$ である[*2)]．

フーリエ変換の主要な応用の一つは，関数に対する，たとえば $\mathbb{R}^d$ 上のラプラシアンのようなさまざまな線形演算を理解することにある．$f:\mathbb{R}^d \to \mathbb{C}$ を与えたとき，ラプラシアン Δf は公式

$$\Delta f(x)=\sum_{j=1}^{d}\frac{\partial^2 f}{\partial x_j^2}$$

で定義される．ここでは，ベクトル x を座標表示 $x=(x_1,\ldots,x_d)$ で考え，f を d 変数の関数 $f(x_1,\ldots,x_d)$ と考える．立ち入った議論を避けるために，滑らかな関数だけを考えることにする．したがって，上の定義式の意味は何ら問題ない．

一般の場合には，関数 f とそのラプラシアン Δf の間に特別な関係は見られない．しかし，f が $f(x)=e^{2\pi i x\cdot\xi}$ のような平面波であれば，非常に簡単な関係

$$\Delta e^{2\pi i x\cdot\xi}=-4\pi^2|\xi|^2e^{2\pi i x\cdot\xi}$$

がある．すなわち，ラプラシアンの平面波に対する効果は，それに $-4\pi^2|\xi|^2$ を掛けることと同じである．別の言い方をすれば，平面波はラプラシアン Δ の固有関数[*3)]であり，その固有値は $-4\pi^2|\xi|^2$ である（より一般に，平面波は平行移動と可換な線形作用素の固有関数になる）．したがって，フーリエ変換を通して見たとき，ラプラシアンはとても簡単なものである．すなわち，フーリエ変換は任意の関数を平面波の重ね合わせとして書き表し，ラプラシアンはそれぞれの平面波に対してとても簡単な効果をも

*1) 教科書によっては，フーリエ変換は 2π や -1 が別の位置に移された少し異なる形で定義されている．この記法上の違いによる良し悪しは大したものではなく，その本質には変わりはない．

*2) これは内積を使っているからである．内積を使わないとすると，ポントリャーギン双対は $\mathbb{R}^d$ の双対空間 $(\mathbb{R}^d)^*$ となる．ただし，この点は多くの応用上，それほど重要でない．

*3) 厳密に言えば，平面波は $\mathbb{R}^d$ 上で 2 乗可積分ではないので，**一般固有関数**である．

たらす．これを具体的にするならば，

$$\begin{aligned}\Delta f(x) &= \Delta \int_{\mathbb{R}^d} \hat{f}(\xi) e^{2\pi i x\cdot\xi} d\xi \\ &= \int_{\mathbb{R}^d} \hat{f}(\xi) \Delta e^{2\pi i x\cdot\xi} d\xi \\ &= \int_{\mathbb{R}^d} (-4\pi^2|\xi|^2) \hat{f}(\xi) e^{2\pi i x\cdot\xi} d\xi\end{aligned}$$

となり，これは一般の関数に対するラプラシアンの一つの公式を与える．ここで，ラプラシアン Δ と積分の順序交換を行ったが，これはある程度良い関数 f に対しては正当化される．このことの詳細は省略する．

上の公式は，Δf を平面波の重ね合わせとして表しているが，このような表現は一意であり，またフーリエ反転公式によれば

$$\Delta f(x) = \int_{\mathbb{R}^d} \widehat{\Delta f}(\xi) e^{2\pi i x\cdot\xi} d\xi$$

が得られる．したがって，

$$\widehat{\Delta f}(\xi) = (-4\pi^2|\xi|^2) \hat{f}(\xi)$$

を得る．このことは部分積分を使ってフーリエ変換の公式から直接に導き出すこともできる．この等式は，フーリエ変換によってラプラシアンが**対角化**されることを示している．つまり，ラプラシアンをとるという演算は，フーリエ変換を通して見ると，関数 $F(\xi)$ に対して**マルチプライヤ** $-4\pi^2|\xi|^2$ を掛ける演算にすぎない．$-4\pi^2|\xi|^2$ という量は，周波数 ξ に対応する**エネルギーレベル**[*4)]と解釈できる．言い換えると，ラプラシアンは**フーリエマルチプライヤ**と見ることができる．その意味は，ラプラシアンを計算することは，フーリエ変換をとり，マルチプライヤを掛け，それから逆フーリエ変換をとることと同じということである．この考えに立てば，ラプラシアンを計算することはきわめて簡単であり，たとえば，ラプラシアンの高次のベキ乗を計算する際にも，上の公式を繰り返し使うだけで済む．すなわち，

$$\widehat{\Delta^n f}(\xi) = (-4\pi^2|\xi|^2)^n \hat{f}(\xi), \quad n = 0, 1, 2, \ldots$$

である．さて，ラプラシアンのもっと一般の関数を考えてみよう．たとえば，平方根は次のように定義することができる．

$$\widehat{\sqrt{-\Delta} f}(\xi) = 2\pi|\xi| \hat{f}(\xi)$$

これは微分作用素の分数ベキ（**擬微分作用素**の特殊な場合と見られる）の理論へと，あるいはより一般的な**演算子法** [IV.15 (3.1 項)] の理論へと発展する．演算子法の理論では，まずラプラシアンのような作用素が与えられ，その平方根，指数関数，逆比例などのいろいろな関数を考察する．

上に述べたように，フーリエ変換は，微分方程式の理論において特に重要性を持つような，さまざまな興味深い演算を考えていく際に役立つ．それらの演算を効果的に行うには，フーリエ変換に対するいろいろな**評価**が必要となる．たとえば，関数 f の大きさを，あるノルムで測るために，そのフーリエ変換の大きさを（別のノルムの可能性もあるが）ノルムで測ったものとどのように関連付けられるかがしばしば重要になる．この点に関しては，「関数空間」[III.29] を参照されたい．このような評価のうち特に重要であり，特筆すべきものとして，次の**プランシュレルの等式**がある．

$$\int_{\mathbb{R}^d} |f(x)|^2 dx = \int_{\mathbb{R}^d} |\hat{f}(\xi)|^2 d\xi$$

これはフーリエ変換の L_2 ノルムが元の関数の L_2 ノルムに等しいことを示している．したがって，フーリエ変換は等長変換であり，関数の周波数空間での表示を，ある意味で物理空間表示での「回転」と見ることができる．

フーリエ変換とこれに関連した作用素に関する評価をさらに発展させようというのが，調和解析の主要な部分である．プランシュレルの等式の変形の一つに，次の**畳み込みの公式**がある．

$$\int_{\mathbb{R}^d} f(y) g(x-y) dy = \int_{\mathbb{R}^d} \hat{f}(\xi) \hat{g}(\xi) e^{2\pi i x\cdot\xi} d\xi$$

この公式により，二つの関数 f と g の**畳み込み**

$$f * g(x) = \int_{\mathbb{R}^d} f(y) g(x-y) dy$$

を，f と g のフーリエ変換を使って解析することができる．たとえば，f と g のフーリエ変換が小さければ，畳み込み $f * g$ は小さいことが期待できる．この関係は，関数とそれ自身あるいは他の関数とのある種の相関を，フーリエ変換が制御することを意味する．このことにより，フーリエ変換は，確率論や調和解析あるいは数論におけるさまざまな対象のランダム性あるいは分布の一様性を理解するための大事な道具となっている．たとえば，上述の考えを使って，中心極限定理を確立することができる．この定理の主張は，多数の独立な確率変数の和は**ガウス分布** [III.71 (5 節)] にいずれ近づくというものである．同

*4) この立場に立つとき，エネルギーの値が正となるように，通常は Δ を $-\Delta$ に置き換える．

様の方法により，**ヴィノグラードフの定理** [V.27] ですら確立できる．この定理は，十分に大きい奇数は，すべて三つの素数の和として表せるというものである．

上述のアイデアを一般化するのに，さまざまな方向が考えられる．たとえば，ラプラシアンをもっと一般な作用素に置き換えて，平面波をこの作用素の（一般化）固有関数に置き換えるというものがある．これは，**スペクトル理論** [III.86] と演算子法という分野へと導く．また，フーリエマルチプライヤ代数または畳み込み代数をより抽象的に研究すれば，**C^* 代数** [IV.15 (3 節)] の理論が導かれる．あるいは，線形作用素の枠を越えて，双線形作用素，多重線形作用素，さらには完全非線形作用素を研究する．すると，特に**パラプロダクト**の理論に導かれるかもしれない．このパラプロダクトは，各点ごとの積 $(f(x), g(x)) \mapsto fg(x)$ を一般化したもので，微分方程式の理論において重要である．もう一つの方向性として，ユークリッド空間 $\mathbb{R}^d$ をより一般の群で置き換えることがある．そこでは，平面波の概念は，この群がアーベル群であれば**指標**の概念に置き換えられ，アーベル群でないときには**表現**の概念で置き換えられる．ラプラス変換あるいはメリン変換（その他の変換については「変換」[III.91] を参照）といった，フーリエ変換の変種が知られている．これらは代数的にフーリエ変換に類似したものであり，フーリエ変換と同様な役割を持つ（たとえば，ラプラス変換も微分方程式の解析に有用である）．フーリエ変換がテイラー級数と関連していることはすでに見たが，他の級数展開とも関連がある．その中でも特に注目すべきものとして，ディリクレ級数がある．さらに関連して，直交多項式系や**球面調和関数** [III.87] のような**特殊多項式** [III.85] による展開がある．

フーリエ変換は関数を多くの成分に分解し，その成分の一つ一つはただ一つの周波数を持つ．応用によっては，もっと「ファジー」なアプローチを採用したほうが役に立つこともある．そこでは関数がより少ない成分に分解され，それぞれの成分はただ一つの周波数を持つのではなく，ある範囲の周波数を持つことになる．このような分解は，**不確定性原理**の制約をより受けずに済むという利点を持つ．不確定性原理とは，関数とそのフーリエ変換は同時に $\mathbb{R}^d$ の狭い範囲に集約できないという主張である．この考えは，**ウェーブレット変換** [VII.3] のようなフーリエ変換のいくつかの変種を導いた．ウェーブレット変換は，応用数学や計算数学における多くの問題により良く適合するのと同時に，調和解析や微分方程式のいくつかの問題にも良く適合する．不確定性原理は，量子力学において基本的であるばかりでなく，フーリエ変換を数理物理へ結び付け，特に古典物理と量子物理を結び付ける．これらの結び付きは，幾何学的量子化と超局所解析の方法を使って厳密に取り扱うことができる．

III. 28

フックス群

Fuchsian Groups

ジェレミー・グレイ［訳：砂田利一］

幾何学における最も基本的対象の一つは，**トーラス**である．これはベーグル状の面の形をしている曲面である．この曲面を構成しようとするならば，正方形をとり，向かい合った辺を貼り合せればよい．上下の辺を貼り合せると円柱が得られ，円周になった他の 2 辺を貼り合わせればトーラスとなるのである．

トーラスを作るのに，より数学的と言える方法は，次のようなものである．まず，(x, y) 座標平面と，$(0,0)$, $(1,0)$, $(1,1)$, $(0,1)$ を頂点とする正方形から出発する．この正方形は，$0 \leq x \leq 1$，$0 \leq y \leq 1$ を満たす点 (x, y) からなる．そして，正方形は上下と水平方向に動かせるとする．m, n を整数として，これを水平方向に m 単位，上下に n 単位動かすと，$m \leq x \leq m+1$，$n \leq y \leq n+1$ を満たす点 (x, y) からなる正方形を得る．m, n をすべての整数にわたらせれば，正方形のコピーが平面全体を覆い，整数を座標とするそれぞれの点に四つの正方形が集まっている．このような状況は，平面のタイル貼り，あるいはモザイク張り（tessellated．tessellate はモザイク状の大理石の小片を表すラテン語である）と言われ，正方形を黒と白で塗り分けることで，無限に広がるチェッカー盤が得られる．

トーラスを作るためには，点を「同一視」する．2 点 (x, y), (x', y') が今作ろうとしている新しい図形の同じ点に対応するとは，$x - x'$ および $y - y'$ がともに整数であるときをいう．この新しい図形がどのように見えるかを理解するため，平面上の任意の点が元の正方形の内部，あるいは辺上の点に対応していることに注意する．さらに，x, y のどちらも整数でなければ，点 (x,y) は正方形内部のちょうど一つの点に対応する．したがって，新しい図形は元の正方形そっくりに見える．しかし，$(1/4,0)$ と $(1/4,1)$ についてはどうだろうか？ 正方形の上下にある辺上の点の対についても言えることであるが，これらは新しい図形において同じ点に対応する．よって，正方形の上下の辺は，新しい図形の中では同一視されるのである．同様の議論により，左右の辺についても同じことが言える．結果として，われわれの規則に従って点を同一視したあとは，トーラスが得られることになる．

このようにしてトーラスを作るならば，その上の小さな図形を描くには，元の正方形の中に同じ図形を描けばよいことになる．たとえば，正方形内の長さは，トーラス上での長さにちょうど対応することになる．ドラムを使った旧式の印刷術がうまくいくのは，このことが理由である．円柱上にインクで描かれた図形は，円柱を紙の上で転がすことにより，紙上に正確にコピーされる．よって，小さい図形に関する限り，トーラス上の幾何学はユークリッド幾何学と同じである．数学的用語では，トーラス上の幾何学は，平面上の幾何学から誘導されるといい，よって，**局所ユークリッド的**であるともいう．トーラスでは，1 点に縮めることのできない曲線が描けるが，平面ではそうではないという理由から，もちろん大域的にはトーラス上の幾何学はユークリッド幾何学とは異なる．

すでに，本章の大半を担うことになる群というものを持ち出していたことに注意しよう．この場合，群は整数 m, n の対 (m,n) をすべて含む集合であり，$(m,n)+(m',n')$ は $(m+m', n+n')$ として定義する．

トーラスと球面は，(境界を持たないという意味で) 閉じた，(無限には広がらないという意味で) コンパクトな曲面がなす無限族の中の二つの例でしかない．他の例としては，穴が二つのトーラス，そしてもっと一般に穴が n 個のトーラス (種数 $2, 3, 4, \ldots$ の曲面) がある．これらの曲面を作るには，**フックス群**を必要とする．

他の曲面を得るためには，五つ以上の辺を持つ多角形を使うのが自然であることは予測できるであろう．8 個の辺を持つ多角形，たとえば正 8 角形を使い，辺 1 と辺 3，辺 2 と辺 4，辺 5 と辺 7，辺 6 と辺 8 というように貼り合わせると，二つの穴を持つ曲面が得られることがわかる．では，同じ結果を得るのに，どのようにして群を用いることができるだろうか？ このためには，8 角形のたくさんのコピーを用意して，それらを辺に沿ってのみ重なるように配置できなければならない．問題となるのは，平面では正 8 角形でこれを行えないことである．正 8 角形では，内角は 135° であり，それぞれの頂点でフィットさせるには 8 個以上の正 8 角形を必要とするから，このためには内角が大きすぎるのである．

ここから前に進むには，ユークリッド幾何学の代わりに**双曲幾何学** [I.3 (6.6 項)] を使うことになる．しかし，素手でも仕事は行える．複素平面上に単位円板 $\mathbb{D} = \{z : |z| \leq 1\}$ をとる．さらに，**メビウス変換**と呼ぶ変換の群を考える．これは，$z \mapsto (az+b)/(cz+d)$ の形をした変換である．このような変換は，円周と直線を円周と直線に写し (ただし，円周を直線に写す場合や，その逆もありうる)，角をそれと等しい角に写す (ただし，慣れ親しんでいるユークリッド的鏡映のように，向きは逆にする)．$\mathbb{D}$ をそれ自身に写すメビウス変換全体を考えれば，これが以下で G と呼ぶ，フックス群にきわめて近い群である．

ユークリッド平面における正方形の役割と同様な役割を果たす図形を探す必要がある．われわれの群 G は，$\mathbb{D}$ の直径と，$\mathbb{D}$ の境界に垂直な円弧を，$\mathbb{D}$ の直径と $\mathbb{D}$ の境界に垂直な円弧に写す性質を持っている．そこで，それらに直線の役割を果たさせ，8 個のそれらを (非ユークリッド的) 正 8 角形の辺として使うことにする．方法は多数あるので，理解しやすくするため，最も大きい対称性を持つものを考える．すなわち，$\mathbb{D}$ の中心を真ん中とする「正 8 角形」を描くのである．これには選択の余地が残されている．8 角形が大きくなるに従って内角は小さくなることに注意しよう．そこで，内角が $\pi/4$ となるような 8 角形を描く．こうすれば，それぞれの頂点で 8 個の 8 角形が集まれるようにできて，われわれが望むように，各コピーをフィットさせることができるのである．多角形の異なるコピーで対応する場所にある点を同一視すれば，結果として得られる図形は，種数 2 の**リーマン面** [III.79] になる．

フックス群は，ある多角形をひとまとめにして動かし，それによって円板をタイル貼りするような ($\mathbb{D}$

をそれ自身に写すメビウス変換の）群である．トーラスの場合と同じく，この場合にも同値な点という概念がある（異なるタイルにおいて対応関係にあるような点が同値である）．そして，同値な点を多角形の辺の対ごとに同一視することにより図形を作る．これがわれわれの求めたかった図形である．

今述べたことのすべてを，双曲幾何学の言葉で記述できる．**円板モデル**は，**リーマン計量** [I.3 (6.10 項)] の手段によって定義される双曲幾何学のモデルである．これは，$\mathbb{D}$ 上の微分式

$$ds = \frac{|dz|}{\sqrt{1-|z|^2}}$$

により与えられるものである．G の要素は，双曲距離を保ちながら，図形を $\mathbb{D}$ の中で動かす．上で述べた方法で点を同一視することによって得られる曲面の幾何学は，トーラス上の幾何学が局所ユークリッド的であることと同様に，局所的に双曲的ということになる．

上記の構成を，$n > 2$ であるような正 $4n$ 角形で始めると，種数 n のリーマン面が得られる．しかし，数学者はこれで満足はしない．平面の場合に戻れば，正方形ではなく，長方形，あるいはより一般に平行四辺形から出発しても，同様の構成が実行できることは，きわめて容易にわかる．実際，平面の上から垂直に平面を眺めるのではなく，適切な角度から元の構成の様子を見るならば，（拡大・縮小の可能性はあるものの）正方形は任意に選んだ平行四辺形に変わる．平行四辺形を使ったとしても，再びトーラスを得るが，正方形と平行四辺形が異なるように，平行四辺形から得られた図形は，前に得られたトーラスとは異なっている．自明とは言えないが，一つの平行四辺形から他の平行四辺形への角度を保つ写像は，相似変換（同じ量による 2 方向，したがってすべての方向への一様な縮尺）しかないことがわかる．ということは，結果として得られたトーラスは，角度とは何かについて異なる意味を有しているのである．すなわち，それらは異なる共形構造を持っているのである．

同じことが双曲円板においても起こる．対ごとに同じ長さを持つような $4n$ 個の辺を持つ多角形（ただし，辺は測地線分）をとり，この多角形をひとまとめにして動かして，辺が正確にマッチするような群を見出せるとき，リーマン面がもう一度得られることになる．しかし，多角形が共形同値でないならば，対応するリーマン面も共形同値ではない．それらは同じ種数を持つが，異なる共形構造を持つ．この考えをさらに進めて，多角形のいくつかの頂点が円板の境界上にあることを許すと，多角形の対応する辺は双曲計量に関して無限大の長さを持つことになる．このようにして構成した空間は，「穴の開いた」リーマン面であり，再び共形構造を変形することが可能である．

フックス群の基本的重要性は，一意化定理に由来する．この定理は，最も単純なリーマン面を除けば，すべてのリーマン面は，上で述べたような方法によりあるフックス群から生じることを主張する．これは任意の可能な共形構造を持つ，種類が 1 より大きいすべてのリーマン面と，一つ以上の点を取り除いた種類 1 のリーマン面を含んでいる．

フックス群という名称は，**ポアンカレ** [VI.61] により与えられた．その理由は，ドイツの数学者ラザルス・フックスの研究に刺激された超幾何方程式と，それに関連する微分方程式の研究途上でこの群を発見したからである．ところが**クライン** [VI.57] は，シュワルツにちなんだ名称を与えるべきであったと抗議した．ポアンカレは，シュワルツによる関係論文を読んですぐ，この意見に賛同しようとしたが，フックスがこのときまでに自分の名前を含む名称を承認してしまっていた．この件で（ポアンカレの立場から見ると）クラインが相当強く抗議したとき，その埋め合わせのためか 3 次元球体の共形変換の研究に登場した類似のクラスの群に，**クライン群**という名称を与えることにした．それ以来，その名称は固定されたが，クライン群の研究は相当に難しく，ポアンカレもクラインも，この概念の研究についてはあまり進展させることはできなかった．しかし，すべてのリーマン面が，球面，ユークリッド平面，あるいは双曲平面のどれかから得られるであろうというアイデアは，彼らが予想したものである．この言明，すなわち一意化定理の厳密な証明は，ようやく 1907 年になって，ポアンカレとケーベにより独立に与えられた．

フックス群の形式的定義は次のようになる．すべてのメビウス変換の群の部分群 H は，もし円板 $\mathbb{D}$ のすべてのコンパクト集合に対して，有限個の $h \in H$ を除けば，$h(K)$ と K が交わらないならば，「不連続」に作用すると言われる．**フックス群**は，この性質を持つ部分群である．

III. 29

関数空間

Function Spaces

テレンス・タオ［訳：石井仁司］

1. 関数空間とは

実数あるいは複素数を取り扱うとき，数 x の自然な**大きさ**の概念がある．すなわち，絶対値 $|x|$ である．二つの数 x と y の距離 $|x-y|$ を定義するときにも，この大きさの概念が使われる．結果として，二つの数 x と y がどれだけ近いか，あるいは離れているかを，定量的に記述することができる．

この状況は，より自由度の高い対象を取り扱うときにはもっと複雑になる．例として，3 次元の直方体の「大きさ」を定める問題を取り上げる．これに対する大きさのいくつかの候補として，縦幅，横幅，高さなどの長さや，体積，表面積，直径（一番長い対角線の長さ），偏率[*1)]など，いろいろと挙げることができる．残念ながら，これらの大きさは同じ比較を与えてはくれない．直方体 A が縦幅と体積で直方体 B よりも大きいとき，横幅と表面積では直方体 B のほうが大きいことがある．このような理由から，直方体の「大きさ」という概念を一つだけ導入することをあきらめ，複数の大きさの概念を認め，それらはどれも皆役に立つと考えざるを得ない．つまり，ある応用においては，体積の大きい直方体を小さいものと区別したいと思うかもしれず，別の応用では，偏りの大きさで直方体を区別したいと思うかもしれない．もちろん，種々の大きさの概念の間には，いくつかの関係があり（たとえば，**等周不等式** [IV.26] は表面積を一定としたときに，とりうる可能な体積の上限を与える），したがって，状況はそれほど混沌としたものではない．

さて，固定された定義域と値域を持った関数に話を移す（$[-1, 1]$ から数直線 $\mathbb{R}$ への関数 $f: [-1, 1] \to \mathbb{R}$ を考えればよい）．このような対象は無限に大きな自由度を持つ．したがって，与えられた関数がどれだけ大きいかという問いにどれもが異なる値を与えるような，無限に多くの違った「大きさ」の概念を持つと言っても驚くには当たらない（ここでの関数の大きさに関する問いは，二つの関数 f と g がどれだけ近いかという問いに置き換えてもよい）．ある関数がある測り方では無限の大きさを持ち，また別の測り方では有限の大きさを持つこともある（同様に，ある関数の組に対して，ある測り方では互いに非常に近く，別の測り方では遠く離れていることもある）．この状況は混沌としているように見えるが，これは関数がいろいろな異なる特性を持つことを単に反映しているだけのことである．ある関数は高く[*2)]，ある関数は幅があり，あるものは滑らかで，あるものはよく振動しているという具合に異なる特性を持つ．応用に際しては，その応用に応じて，このような特性の中の一つに他のものよりも大きな比重をおいて考えることになる．解析学においては，このような特性は，標準的なさまざまな**関数空間**とその**ノルム**に体現されていて，関数を定性的かつ定量的に記述するのに役立つ．

正式な言い方をすれば，関数空間とは（固定された定義域と値域を持つ）関数を要素とする**ノルム空間** [III.62] X のことである．解析学に現れる標準的な関数空間の主要なもの（もちろん，すべてではない）は，ノルム空間であるだけでなく**バナッハ空間** [III.62] でもある．X の要素である f のノルム $\|f\|_X$ は，f がどれほど大きいかを測るこの空間の物差しである．常にというわけではないが，通常はノルムは簡単な公式で定義され，X は，ちょうどこのノルム $\|f\|_X$ が意味を持ち，かつ有限になるような関数 f からなる．したがって，ある関数 f が関数空間 X に属するということ自体から，この関数が特定の性質を持つことがわかる．関数空間に属することから，たとえば，関数の正則性[*3)]，減衰の速度，有界性，積分可能性などがわかることになる．一方で，ノルム $\|f\|_X$ の値は，この性質を量的に捉える．つまり，関数 f が*どれほど*正則であるか，*いかに速く*減衰するか，*どのような定数*で有界になっているか，積分の値は*どの程度の大きさ*かという量的な情報を与える．

*1) ［訳注］原著の “eccentricity” を偏率と訳した．一番短い辺の長さと一番長い辺の長さの比を表す．

*2) ［訳注］関数のグラフに関する「高さ」である．

*3) 関数が滑らかであればあるほど，より正則であると考える．

2. 関数空間の例

以下に，普通用いられる関数空間の例を挙げる．簡単のために，$[-1, 1]$ から $\mathbb{R}$ への関数だけを考えることにする．

2.1 $C^0[-1, 1]$

この空間は $[-1, 1]$ から $\mathbb{R}$ へのすべての**連続関数** [I.3 (5.2 項)] からなり，よく $C[-1, 1]$ とも記される．連続関数はこの性質を持たない関数に比べて，その取り扱いにおいて十分に正則であると言える．

連続関数は，$[-1, 1]$ のような**コンパクト** [III.9] な区間上では有界である．したがって，この空間には**上限ノルム**を与えるのが最も自然と言える．これを $\|f\|_\infty$ と表すが，これは $|f(x)|$ のとりうる値のうちで最も大きいものである（その定義は，正式には $\sup\{|f(x)| : x \in [-1, 1]\}$ であるが，連続関数の場合には上のものと一致する）．

上限ノルムは，一様収束に付随するものと考えられる．つまり，列 $f_1, f_2, \ldots$ が f に一様に収束するためには，n が ∞ に発散するとき $\|f_n - f\|_\infty$ が 0 に収束することが必要十分である．空間 $C^0[-1, 1]$ の有用な性質として，この空間では関数を互いに加え合わせることができるばかりでなく，掛け合わせることもできる．このことから，この空間は**バナッハ環**の基本的な一つの例である．

2.2 $C^1[-1, 1]$

この空間では，$C^0[-1, 1]$ のときよりも，この空間の要素であるための要請が厳しい．すなわち，関数 f が $C^1[-1, 1]$ に属するためには，連続であるだけでなく，さらに連続な導関数を持たなければならない．上限ノルムで考えるとき，連続微分可能な関数の列は微分可能でないような関数に収束しうるので，このノルムはこの空間では自然なものとは言えない．それに代わりこの空間にふさわしいノルムは **C^1 ノルム** $\|f\|_{C^1[-1,1]}$ であり，その値は $\|f\|_\infty + \|f'\|_\infty$ で与えられる．

C^1 ノルムは関数とその導関数の両方のサイズを測ることに注意する（導関数のサイズを測るだけでは不十分で，その場合には定数関数のノルムが 0 になる）．C^1 ノルムは，上限ノルムよりも関数により高い正則性を要求している．同様に，2 回連続微分可能な関数の空間 $C^2[-1, 1]$ が定義でき，さらに次々と定義し，無限回微分可能な関数の空間 $C^\infty[-1, 1]$ まで定義することができる（これらに対して，「分数ベキ」に対応する空間も定義することができる．たとえば，$C^{0,\alpha}[-1, 1]$ がある．これは α ヘルダー連続な関数の空間である．ここでは，これについては立ち入らない）．

2.3 ルベーグ空間 $L^p[-1, 1]$

上で述べた上限ノルム $\|f\|_\infty$ は，すべての $x \in [-1, 1]$ における $|f(x)|$ のサイズを同時に制御する．このことから，たとえば，$|f(x)|$ の典型的な値がたとえ小さい場合でも，x のごく小さな集合があって，この上で $|f(x)|$ が非常に大きくなれば，$\|f\|_\infty$ は非常に大きくなる．場合によっては，小さい集合上での値にそれほど影響されないノルムを使ったほうがより好都合なことがある．関数 f の L^p ノルムは次のように定義される．

$$\|f\|_p = \left(\int_{-1}^{1} |f(x)|^p \mathrm{d}x\right)^{1/p}$$

これは $1 \le p < \infty$ の場合のものであり，すべての可測関数 f を対象としている．関数空間 $L^p[-1, 1]$ は上のノルムが有限な可測関数の族である．可測関数 f に対するノルム $\|f\|_\infty$ は，本質的上限ノルムである．やや乱暴な言い方をすれば，これは測度 0 の集合を無視したときの $|f(x)|$ の値の最大値である．$\|f\|_\infty$ は，実は p を無限大にしたときの $\|f\|_p$ の極限に一致する．空間 $L^\infty[-1, 1]$ は，$\|f\|_\infty$ が有限値をとる可測関数 f からなる．L^∞ ノルムは単に関数の「高さ」だけに注目するが，L^p ノルムは関数の「高さ」と「幅」の組に注目する．

これらのノルムのうちで特別重要なものが，L^2 ノルムである．なぜなら，$L^2[-1, 1]$ は**ヒルベルト空間** [III.37] だからである．この空間は例外的に対称性に富んでいる．この空間は広範な**ユニタリ変換**を持っている．これは，$L^2[-1, 1]$ 上の逆写像を持つ線形写像 T で，すべての f に対して $\|Tf\|_2 = \|f\|_2$ が成り立つという性質を持つものである．

2.4 ソボレフ空間 $W^{k,p}[-1,1]$

ルベーグノルムは，ある程度関数の高さと幅を統御する．しかし，正則性についてはそれからは何も言えない．たとえば，L^p の関数が微分可能でなければならないとか，連続でなければならないという理由は何もない．正則性のような情報を取り込むため

に，**ソボレフノルム** $\|f\|_{W^{k,p}[-1,1]}$ が利用される．ただし，これは $1 \le p \le \infty$ と $k \ge 0$ に対して

$$\|f\|_{W^{k,p}[-1,1]} = \sum_{j=0}^{k} \left\| \frac{\mathrm{d}^j f}{\mathrm{d}x^j} \right\|_p$$

と定義される．**ソボレフ空間** $W^{k,p}[-1,1]$ は，このノルムが有限になるような関数の空間である．すなわち，ある関数が $W^{k,p}[-1,1]$ に属するには，この関数とその k 次までの導関数が $L^p[-1,1]$ に属する必要がある．このとき一つ留意すべきことがある．f に対して，ここでは普通の意味の k 回までの微分可能性を要請しないで，**超関数** [III.18] の意味の弱い微分可能性を考えている．たとえば，関数 $f(x) = |x|$ は原点 0 で微分可能ではないが，自然な弱い導関数を持つ．これは，$x > 0$ のとき $f'(x) = 1$ で，$x < 0$ のとき $f'(x) = -1$ であるような関数である．この関数は $L^\infty[-1,1]$ に属し（集合 $\{0\}$ は測度 0 であるので，$f'(0)$ の値を決めておく必要はない），したがって，f は $W^{1,\infty}[-1,1]$ に属する（この空間は**リプシッツ連続**な関数の空間に一致することが知られている）．

この定義による一般化された微分可能関数を考える必要がある．なぜなら，これなしには空間 $W^{k,p}[-1,1]$ は完備にならないからである．

ソボレフノルムは，偏微分方程式や数理物理学の解析的な研究において，とても自然であり有用である．たとえば，$W^{1,2}[-1,1]$ ノルムは与えられた関数の「エネルギー」（の平方根）と解釈できる．

3. 関数空間の性質

関数を調べる上で，関数空間の構造に関する知識を利用する手段がいろいろある．たとえば，関数空間に良い基底があれば，この関数空間の関数は基底の要素の（場合によっては，無限にたくさんの要素の）線形結合となり，さらにこの線形結合の元の関数への収束の量的な評価が与えられ，それによって関数を多くの係数の集まりとして効果的に表現し，あるいは滑らかな関数によって近似することができる．たとえば，$L^2[-1,1]$ に関する基本的な結果として**プランシュレルの定理**がある．その主要な主張は次のようなものである．数列 $(a_n)_{n=-\infty}^{\infty}$ があり，$N \to \infty$ のとき，

$$\left\| f - \sum_{n=-N}^{N} a_n \mathrm{e}^{\pi \mathrm{i} nx} \right\|_2 \to 0$$

となる．これより，いかなる $L^2[-1,1]$ の関数も，L^2 で望んだだけの正確さを持って**三角多項式**で近似することができる．ここで三角多項式というのは，$\sum_{n=-N}^{N} a_n \mathrm{e}^{\pi \mathrm{i} nx}$ の形をした関数のことである．上の係数 a_n は f の n 次の**フーリエ係数** $\hat{f}(n)$ であり，それは次式で与えられる．

$$\hat{f}(n) = \frac{1}{2} \int_{-1}^{1} f(x) \mathrm{e}^{-\pi \mathrm{i} nx} \mathrm{d}x$$

この結果を，関数列 $\mathrm{e}^{\pi \mathrm{i} nx}$ が $L^2[-1,1]$ の非常に良い基底であるという主張と見なすこともできる（これらの関数は**正規直交基底**をなす[*4]．すなわち，そのノルムは 1 であり，異なるもの同士の内積は常に 0 である）．

関数空間に関するもう一つの重要な基本事項として，二つの関数空間同士の関係で，一方が一方に埋め込まれることがある．このとき，一方の関数空間からとった関数は，自動的にもう一方の空間にも属することになる．さらに，一方のノルムに対する上界をもう一つのノルムを使って表すような不等式が与えられる．たとえば，正則性の高い $C^1[-1,1]$ のような空間の関数は，正則性の低い $C^0[-1,1]$ のような空間に自動的に属し，積分可能性の高い $L^\infty[-1,1]$ のような空間の関数は，積分可能性の低い $L^1[-1,1]$ のような空間に属する（この後半部分は，区間 $[-1,1]$ を $\mathbb{R}$ のような測度が無限大であるような集合に置き換えると成り立たない）．これらの包含関係は逆にすると成り立たない．しかし，この点で**ソボレフの埋め込み定理**は大切である．この定理は，正則性を積分可能性に交換してくれる．すなわち，この定理によれば，低い積分可能性でも高い正則性を持つ空間は，低い正則性ながら高い積分可能性を持つ空間に埋め込まれる．これのサンプルとして，不等式

$$\|f\|_\infty \le \|f\|_{W^{1,1}[-1,1]}$$

がある．これから，$|f(x)|$ と $|f'(x)|$ が積分可能であれば，f は有界である（これは $\|f\|_1$ の有限性に比べると，強い積分可能性である）と結論付けることができる．

もう一つのとても有用な概念として，**双対性** [III.19]

---

*4) ［訳注］ここでは複素数値関数の空間を考えており，$L^2[-1,1]$ の内積 (f,g) として，$(f,g) = (1/2)\int_{-1}^{1} f(x)\overline{g(x)}\mathrm{d}x$ を考えている．通常，この内積に対応するノルム $\|f\|$ としては，$\|f\| = \sqrt{(f,f)}$ を考える．これは $\|f\|_2$ ではなく，$\|f\|_2/\sqrt{2}$ に等しい．

の概念がある．どの関数空間 X に対しても，双対空間 X^* が定義できる．この空間は，X 上のすべての**連続線形汎関数**の族として定義される．より正確には，写像 $\omega : X \to \mathbb{R}$（あるいは $\mathbb{C}$）で，線形かつノルムに関して連続なものの族である．たとえば，$L^p[-1,1]$ 上の連続線形汎関数 ω は，ある $g \in L^q[-1,1]$ に対して

$$\omega(f) = \int_{-1}^{1} f(x)g(x)\mathrm{d}x$$

と表すことができる*5)．ただし，q は p の**双対指数**あるいは**共役指数**と呼ばれるものであり，$1/p + 1/q = 1$ によって定義される．

ある関数空間の関数（の族）を調べるために，双対空間の連続線形汎関数がこの関数（の族）にどのように作用するかを解析することがよくある．同様に，一つの関数空間からもう一つの関数空間への連続線形作用素 $T : X \to Y$ を調べるために，**随伴作用素** $T^* : Y^* \to X^*$ を解析することがある．ここで，随伴作用素 T^* は，$\omega : Y \to \mathbb{R}$ を任意の連続線形汎関数とするとき，公式 $T^*\omega(x) = \omega(Tx)$ により定義される．

関数空間に関する重要なことをもう一つ述べる．それは，ある種の関数空間 X は異なる二つの関数空間 X_0 と X_1 を「補間する」ということである．たとえば，$1 < p < \infty$ のとき，空間 $L^p[-1,1]$ は $L^1[-1,1]$ と $L^\infty[-1,1]$ の中間に位置するように考えることができる．これに対する正確な定義は技術的すぎるので，本章では立ち入らないが，その有用性は，中間に位置する X よりも両極端に位置する空間 X_0 と X_1 のほうが取り扱いが容易であることがよくあるからである．この理由から，X に関する難しい結論を得るのに，X_0 と X_1 に関するより簡単なことを証明し，それを補間して，X に関する結論を導くことがしばしば可能になる．たとえば，**ヤングの不等式**を簡単に証明するために，この考えを使うことができる．$1 \leq p, q, r \leq \infty$ とし，$1/p + 1/q = 1/r + 1$ が成り立つとする．f は $L^p(\mathbb{R})$ に属し，g は $L^q(\mathbb{R})$ に属するとする．$f * g$ は f と g の**畳み込み**とする．すなわち，$f * g(x) = \int_{-\infty}^{\infty} f(y)g(x-y)\mathrm{d}y$ と定義される．このとき，ヤングの不等式とは

$$\left(\int_{-\infty}^{\infty} |f * g(x)|^r \mathrm{d}x\right)^{1/r} \leq \left(\int_{-\infty}^{\infty} |f(x)|^p \mathrm{d}x\right)^{1/p} \left(\int_{-\infty}^{\infty} |g(x)|^q \mathrm{d}x\right)^{1/q}$$

が成り立つというものである．この不等式を示すには，補間が役に立つ．実際，この不等式の極端な場合として，$p = 1$ の場合，$q = 1$ の場合，$r = \infty$ の場合があるが，これらの場合には簡単にこの不等式を証明することができる．この結果を補間理論を使わずに証明しようとすると，ずっと難しくなる．

*5)　［訳注］ここでは $p = \infty$ の場合を除外する．

III.30

ガロア群

Galois Groups

ティモシー・ガワーズ［訳：三宅克哉］

有理数係数の多項式 f が与えられたとき，f の**最小分解体**はすべての有理数と f の根のすべてを含む最小の**体** [I.3 (2.2 項)] として定義される．また，f の**ガロア群**はその最小分解体のすべての**自己同型写像** [I.3 (4.1 項)] が構成する群である．このような自己同型写像はすべて f の根を並べ替えるから，ガロア群はこれらの根の**置換** [III.68] 全体の群の部分集合である．このガロア群の構造と性質は，多項式の可解性と密接に関連している．特に，ガロア群は必ずしもすべての多項式が「ベキ乗根によって解ける」（すなわち，通常の四則演算とベキ乗根で表される公式によって解ける）とは限らないことを示すのに用いられる．この結果は目覚ましいものではあるが，ガロア群の応用がこれに極まるわけではない．ガロア群は現代の代数的数論において中心的な役割を演じている．

より詳しくは，「5 次方程式の非可解性」[V.21] および「代数的数」[IV.1 (20 節)] を参照されたい．

III. 31

ガンマ関数

The Gamma Function

ベン・グリーン［訳：石井仁司］

n が正整数であるとき，n の**階乗**とは，数 $1 \times 2 \times \cdots \times n$ のことであり，これは $n!$ と表される．すなわち，n までの正整数すべての積である．たとえば，最初の 8 個の階乗は 1, 2, 6, 24, 120, 720, 5040, 40320 である（感嘆符の使用は，クリスチャン・クランプによって印刷の便宜のために 200 年前に導入された．おそらく，$n!$ がいかに急激に増大するかという注意を伝える意図もあったのだろう．20 世紀に作られた教科書の中には，別の旧式の表記法 $\underline{n|}$ もまだ見られる）．この定義からは，正整数以外の数の階乗を意味付けることは不可能そうに思えるかもしれないが，それは可能であるばかりでなく，きわめて役に立つことがわかる．

ガンマ関数は Γ と表記され，正整数に対してはその階乗の値と一致し，また，すべての実数，さらにすべての複素数に対して意味を持つ．ただし，いくつかの理由で，$n = 2, 3, \ldots$ に対して $\Gamma(n) = (n-1)!$ と定めるほうが自然であり，実際もそうする．まず，

$$\Gamma(s) = \int_0^\infty x^{s-1} \mathrm{e}^{-x} \mathrm{d}x \qquad (1)$$

とおくが，当面はこの積分の収束性をあまり気にしないことにする．部分積分によって，

$$\Gamma(s) = [-x^{s-1}\mathrm{e}^{-x}]_0^\infty + \int_0^\infty (s-1)x^{s-2}\mathrm{e}^{-x}\mathrm{d}x \quad (2)$$

が得られる．x が ∞ に発散するとき，$x^{s-1}\mathrm{e}^{-x}$ は 0 に収束する．たとえば，s が 1 より大きい実数であれば，$x = 0$ のとき $x^{s-1} = 0$ であり，したがって，このような s に対して，上の公式において，右辺第 1 項を無視できる．第 2 項は単に $\Gamma(s-1)$ の公式に一致するので，$\Gamma(s) = (s-1)\Gamma(s-1)$ を示したことになる．これはまさに $\Gamma(s)$ を $(s-1)!$ と考える上で必要な関係式である．

s が**複素数**で（その実部である）$\mathrm{Re}(s)$ が正であれば，実際に積分が収束することを示すことは難しくない．さらに，その積分で決まる関数がこの領域で**正則関数** [I.3 (5.6 項)] であることもわかる．s の実部が負であるとき，積分は収束しないので，ガンマ関数を定義するのに定義域全体で公式 (1) を使うことはできない．しかし，その代わりに性質 $\Gamma(s) = (s-1)\Gamma(s-1)$ を使って，定義を拡張することができる．たとえば，$-1 < \mathrm{Re}(s) \leq 0$ のとき，元の定義は使えないわけだが，$\mathrm{Re}(s+1) > 0$ なので，$s+1$ に対して使うことができる．$\Gamma(s+1)$ は $s\Gamma(s)$ に等しくなってほしいと考えれば，$\Gamma(s) = \Gamma(s+1)/s$ とおいて $\Gamma(s)$ を定義することが意味を持つ．これが済めば，$-2 < \mathrm{Re}(s) \leq -1$ の範囲の s に対して同じように考えることになり，以下同様に話を進めることになる．

読者は，（たとえば）$\Gamma(0)$ を定義するときに 0 で割っているので，不当に思うかもしれない．しかし，関数 Γ を**有理型関数** [V.31] と見れば，有理型関数は「値」∞ を許すので，この点はまったく問題ない．実際，いま定義した Γ が $0, -1, -2, \ldots$ において単純極を持つことが容易にわかる．

実はいろいろな関数が，Γ の大事な性質を共有している（たとえば，すべての s に対して $\cos(2\pi s) = \cos(2\pi(s+1))$ が成り立ち，すべての n に対して $\cos(2\pi n) = 1$ が成り立つので，関数 $F(s) = \Gamma(s)\cos(2\pi s)$ も二つの性質 $F(s) = (s-1)F(s-1)$ と $F(n) = (n-1)!$ を持つ）．それでもいくつかの理由から，ここで定義した関数 Γ が，階乗関数の有理型関数としての最も自然な拡張である．最も説得力のある理由は，この関数が自然な状況においてよく登場するという事実にあるが，一方で，階乗関数の正の実軸への補間としては最も滑らかなものである．すなわち，$f : (0, \infty) \to (0, \infty)$ が $f(x+1) = xf(x)$, $f(1) = 1$ を満たし，$\log f$ が凸関数ならば，$f = \Gamma$ である．

$\Gamma(s)\Gamma(1-s) = \pi/\sin(\pi s)$ のように，Γ に関する既知の興味深い公式が数多く存在する．有名な $\Gamma(1/2) = \sqrt{\pi}$ という結果もあるが，これは「正規分布の曲線」$h(x) = (1/\sqrt{2\pi})\mathrm{e}^{-x^2/2}$ と x 軸によって囲まれた部分の面積が 1 であることに，本質的に相当する（このことは，式 (1) において $x = u^2/2$ と積分の変数変換をすれば確かめられる）．Γ に関する非常に重要な結果は，ワイエルシュトラスの無限乗積展開である．これはすべての複素数 z に対して

$$\frac{1}{\Gamma(z)} = z\mathrm{e}^{\gamma z} \prod_{n=1}^{\infty} \left(1 + \frac{z}{n}\right) \mathrm{e}^{-z/n}$$

が成り立つというものである．ここで，γ はオイラーの定数であり，

$$\gamma = \lim_{n\to\infty}\left(1+\frac{1}{2}+\cdots+\frac{1}{n}-\log n\right)$$

で与えられる．この公式から，Γ が 0 にならずに，単純極を 0 と負の整数で持つことが明らかになる．

なぜガンマ関数は重要なのだろうか？　一つの簡単な理由は，数学のいろいろな分野で頻繁に現れることである．では，なぜそうなるのかとさらに問いかけたくなる．その一つの理由は，式 (1) で定義されるガンマ関数は，議論の余地なく自然な関数 $f(x) = \mathrm{e}^{-x}$ の**メリン変換**である点である．メリン変換は一種の**フーリエ変換** [III.27] であるが，群 $(\mathbb{R}, +)$ 上の関数（よく知られた普通のフーリエ変換の住む世界）ではなく，群 $(\mathbb{R}^+, \times)$ 上の関数に対して定義される．この理由で，Γ は数論，特に**解析的数論** [IV.2] においてよく現れる．この解析的数論では，乗法的関数がフーリエ変換を利用してよく研究される．

Γ 関数が数論に現れる状況の一つとして，**リーマンのゼータ関数** [IV.2 (3 節)] に対する関数等式がある．すなわち，

$$\Xi(s) = \Xi(1-s)$$

なるものである．ここで

$$\Xi(s) = \Gamma\left(\frac{s}{2}\right)\pi^{-s/2}\zeta(s) \tag{3}$$

であり，ζ 関数は有名な積表示

$$\zeta(s) = \prod_p (1-p^{-s})^{-1}$$

を持つ．この無限積は素数全体にわたるものであり，この積表示は $\mathrm{Re}(s) > 1$ に対して成り立つ．余分な因子 $\Gamma(s/2)\pi^{-s/2}$ は「無限遠における素数」（これを厳密に定義することは可能である）によるものと見ることができる．

スターリングの公式は，ガンマ関数を取り扱う上でたいへん重要な道具である．これによって，$\Gamma(z)$ をより簡単な関数を使って相当精密に評価することができる．かなり粗い（しかし，しばしば有効な）$n!$ の近似として $(n/\mathrm{e})^n$ があり，これから $\log(n!)$ はだいたい $n(\log n - 1)$ であると言える．スターリングの公式は，この粗い評価を精密化したものである．$\delta > 0$ として，z は複素数で絶対値が 1 以上で偏角が $-\pi+\delta$ から $\pi-\delta$ の範囲にあるものとする（第 2 の条件は z が極の位置する負の実軸から離れていることを保証する）．このとき，スターリングの公式は次のように述べられる．

$$\log\Gamma(z) = \left(z-\frac{1}{2}\right)\log z - z + \frac{1}{2}\log 2\pi + E$$

ただし，誤差項 E はたかだか $C(\delta)/|z|$ で評価される．この $C(\delta)$ は，δ に依存した適当な正定数を表す（δ を小さくとれば，それに従って $C(\delta)$ は大きくなる）．これを用いて，複素平面上の任意の鉛直な帯状領域において，$\mathrm{Im}\, z \to \infty$ としたときに Γ が指数的に減少することが確かめられる．実際，$\alpha < \sigma < \beta$ ならば，

$$|\Gamma(\sigma + \mathrm{i}t)| \le C(\alpha,\beta)|t|^{\beta-1}\mathrm{e}^{-\pi|t|/2}$$

が σ に関して一様に，すべての $|t| > 1$ に対して成り立つ．

III.32

母関数

Generating Functions

ティモシー・ガワーズ［訳：石井仁司］

組合せ論的な構造を一つ定義し，非負整数 n のそれぞれに対してサイズ n のこの構造の例がどれだけあるかを知りたいとする．その個数を a_n と表すとき，調べたい対象は，数列 $a_0, a_1, a_2, a_3, \ldots$ ということになる．考えている構造が非常に複雑であれば，これを調べることはとても難しい問題になりうる．しかし，しばしば，この数列の**母関数**[*1] という異なった，しかし同じ情報を持つ対象を考えることによって，問題をより簡単にすることができる．

この関数を定義するには，単に，数列 a_n をベキ級数の係数の列と見ればよい．すなわち，この数列の母関数 f は公式

$$f(x) = a_0 + a_1x + a_2x^2 + a_3x^3 + \cdots$$

で与えられる．これが役に立つわけは，f に対する簡潔な表現が得られ，個々の a_n に照合することなしにこれを解析できる場合が少なくないからである．たとえば，重要な母関数の一つとして，関数 $f(x) = (1-\sqrt{1-4x})/2x$ がある．このような場合に，数列 $a_0, a_1, a_2, \ldots$ の性質を，直接的にではなく，関数 f の性質から導き出すことができる．

母関数に関するさらなる情報については，「数え上

*1)［訳注］生成関数とも呼ばれる．

げ組合せ論と代数的組合せ論」[IV.18] と「変換」[III.91] を参照されたい.

III. 33

種 数

Genus

ティモシー・ガワーズ［訳：久我健一］

種数は**曲面**の位相不変量である．すなわち，曲面に対応付けられる量であり，曲面を連続的に変形しても変わらないものである．大雑把に言えば，これはその曲面の穴の数に対応し，球面の種数は 0，トーラスの種数は 1，プレッツェル形（膨らませた 8 の字の表面）の種数は 2 などとなる．向き付け可能な曲面を三角形で分割し，この三角形分割の頂点，辺，面を数え，これらの個数をそれぞれ V, E, F と表せば，$V-E+F$ によって**オイラー特性数**が定義される．g を種数，χ をオイラー特性数とすると，$\chi = 2-2g$ であることが示せる．より詳しい説明は「数学研究の一般的目標」[I.4 (2.2 項)] を参照されたい．

ポアンカレ [VI.61] の有名な結果によれば，各非負整数 g に対して種数 g の向き付け可能曲面が，ちょうど一つ存在する（さらに，種数は向き付け不可能な曲面に対して定義することもでき，同様の結果が成立する）．この定理についてさらに知りたい読者は，「微分位相幾何学」[IV.7 (2.3 項)] を参照されたい．

滑らかな代数曲線に対して，向き付け可能曲面を，そしてそれゆえ種数を対応させることができる．**楕円曲線** [III.21] は種数 1 の滑らかな代数曲線として定義することができる．より詳しくは「代数幾何学」[IV.4 (10 節)] を参照されたい．

III. 34

グラフ

Graphs

イムレ・リーダー［訳：砂田利一］

すべての数学的構造の中で，グラフは最も単純なものの一つである．グラフは，（通常は有限個の）頂点と呼ばれる要素と，「結合された」あるいは「隣接した」と見なされる頂点の対から形作られる．習慣では，頂点は平面上の点で表され，隣接した点は線で結ばれる．線は**辺**と呼ばれるが，線をどのように描いて可視化するかは，重要ではない．2 点が結ばれているかいないかだけが重要なのである．

たとえば，ある国の鉄道網はグラフによって表現される．この場合，頂点は駅を表すために使われ，もしある路線に沿って二つの駅が繋がっているならば，対応する頂点を結ぶのである．もう一つの例は，インターネットによって与えられる．頂点は世界中のコンピュータであり，二つのコンピュータは，もしそれらの間に直接的なリンクがあれば隣接する頂点と考える．

グラフ理論における問題の多くは，グラフのどのような構造的性質が，他の性質に反映しているかを問う形式をしている．たとえば，n 個の頂点を持つグラフで，（相互に結合された三つの頂点として定義される）三角形を含まないものを見つけたいとしよう．このようなグラフは，いくつの辺を持つことが可能だろうか？ 明らかに，少なくとも n が偶数であれば $(1/4)n^2$ 個はある．実際，n 個の頂点を同じ頂点の個数を持つ二つのクラスに分けて，一つのクラスのすべての頂点を，別のクラスのすべての頂点に結合させればよい．しかし，これ以外にもう辺はないのだろうか？

グラフについての代表的な問題がもう一つある．k を正の整数としよう．次の性質を持つ n が存在するだろうか？ 「n 個の頂点を持つ任意のグラフは，常に，すべて互いに結ばれているような k 個の頂点を含むか，あるいはどの二つも互いに結ばれていないような k 個の頂点を含む」．この問題は，$k=3$ に対してはきわめて容易である（$n=6$ で十分）．しかし，$k=4$ になると，もはや，このような n が存在することは明らかとは言えない．

これらの問題（最初の問題は「極値的グラフ理論」の基本問題であり，2 番目の問題は「ラムゼー理論」における基本問題である）についての詳細，および一般のグラフ理論の研究については，「極値的および確率的な組合せ論」[IV.19] を参照してほしい．

III. 35

ハミルトニアン

Hamiltonians

テレンス・タオ［訳：水谷正大］

一見したところ，現代物理学の多くの理論や方程式は驚くほどこみ入った様相を呈しているように見える．たとえば，古典力学と量子力学，非相対論的物理学と相対論的物理学や質点の物理学と統計力学を比べてみればよい．しかしながら，これらの理論すべてを結び付ける強い統一的主題がある．その一つとして，それらすべてにおいて物理系の時間発展は（系の定常状態も同様に），系の**ハミルトニアン**という一つのものによって主に制御されるという驚くべき事実があり，それが系の与えられた状態の全エネルギーを記述するとしてしばしば説明される．大まかに言えば，各物理現象（たとえば，電磁気，原子結合，ポテンシャル井戸内の粒子など）には一つのハミルトニアン H が対応し，一方，力学のそれぞれのタイプ（古典論的，量子論的，統計力学的など）は物理系を記述するハミルトニアンの異なる利用法に対応する．たとえば，古典物理学ではハミルトニアンは系の位置 q と運動量 p の関数 $(q,p)\mapsto H(q,p)$ で，系はハミルトン方程式

$$\frac{\mathrm{d}q}{\mathrm{d}t}=\frac{\partial H}{\partial p},\quad \frac{\mathrm{d}p}{\mathrm{d}t}=-\frac{\partial H}{\partial q}$$

に従って発展する．（非相対論的）量子力学では，ハミルトニアン H は**線形演算子** [III.50] となり（それはしばしば位置演算子 q と運動量演算子 p の形式的な組合せである），系の波動関数 Φ は**シュレーディンガー方程式** [III.83]

$$\mathrm{i}\hbar\frac{\mathrm{d}}{\mathrm{d}t}\Phi=H\Phi$$

に従って発展する．統計力学では，ハミルトニアン H は系の微視的状態の関数で，与えられた温度 T で系がある微視状態をとる確率は $\mathrm{e}^{-H/kT}$ に比例する，というようになる．

多くの数学分野は物理学に対応した部分に密接に関連しており，ハミルトニアンの概念が純粋数学にも登場することは驚くべきことではない．たとえば，古典物理学に触発されて，ハミルトニアンは（**モーメント写像**のようなハミルトニアンの一般化も同様に），力学系，微分方程式，リー群およびシンプレクティック幾何において中心的役割を果たしている．量子力学に触発されて，ハミルトニアンは（**オブザーバブル**や**擬微分演算子**のような一般化も同様に），作用素環論，スペクトル理論，表現論，微分方程式や超局所解析において重要である．

物理学や数学の多くの領域で登場するために，ハミルトニアンは一見無関係な分野を橋渡しするために有用である．たとえば，古典力学と量子力学や，シンプレクティック力学と作用素環論とを繋いでいる．与えられたハミルトニアンの性質はハミルトニアンに関連した物理的あるいは数学的対象をすっかり明らかにすることがある．たとえば，ハミルトニアンの対称性は，そのハミルトニアンを使って記述されている対象の対応する対称性を引き起こすことがある．数学的あるいは物理的対象の興味ある特徴のすべてがハミルトニアンから直接読み解かれるわけでないが，やはりこの概念はそうした対象の性質や挙動を理解するためには基本的である．

「頂点作用素代数」[IV.17 (2.1 項)]，「ミラー対称性」[IV.16 (2.1.3, 2.2.1 項)] および「シンプレクティック多様体」[III.88 (2.1 項)] を参照されたい．

III. 36

熱方程式

The Heat Equation

イゴール・ロドニャンスキー［訳：石井仁司］

熱方程式は固体中の熱の伝導を数学的に記述するものとして，最初に**フーリエ** [VI.25] によって提案された．その影響は，次第に数学の隅々にまで波及し，

それによって，次のような多くの異なる現象が説明されている．氷の形成（ステファン問題），非圧縮性粘性流体（**ナヴィエ–ストークス方程式** [III.23]），幾何学流（たとえば，曲線短縮流，調和写像熱流問題），**ブラウン運動** [IV.24]，多孔質媒質中の流体の浸透（ヘレ＝ショー問題），指数定理（たとえば，**ガウス–ボンネ–チャーンの公式**），ストックオプションの価格（**ブラック–ショールズの公式** [VII.9 (2 節)]），3 次元多様体の位相（**ポアンカレ予想** [V.25]）などである．熱方程式のこの輝かしい未来は，その誕生とともに予測されていた．なぜかと言えば，その誕生に伴ってもう一つの小さな出来事が起こっていたからである．それは**フーリエ解析** [III.27] の創生である．

熱の伝導は，簡単な連続性の原理に基づいている．それによれば，微小体積 ΔV 中の熱量 u の微小時間間隔 Δt における変化は，おおむね

$$CD\frac{\partial u}{\partial t}\Delta t\Delta V$$

で与えられる．ただし，C は物体の熱容量であり，D は密度である．一方，ΔV を通して出入りする熱量はおおむね

$$K\Delta t\int_{\partial\Delta V}\frac{\partial u}{\partial \boldsymbol{n}}$$

で与えられる．ここで，K は熱伝導定数であり，$\boldsymbol{n}$ は ΔV の境界に対する単位法ベクトルである．

したがって，すべての物理定数の値を 1 とおき，Δt と ΔV で割って，この二つを 0 にする極限をとれば，3 次元物体 Ω 中の熱量（すなわち，温度）の時間発展が，古典的な熱方程式

$$\frac{\partial}{\partial t}u(t,\boldsymbol{x})-\Delta u(t,\boldsymbol{x})=0 \qquad (1)$$

で支配されていることがわかる．ただし，$u=u(t,\boldsymbol{x})$ は時刻 t，位置 $\boldsymbol{x}=(x,y,z)$ における温度である．ここで，

$$\Delta=\frac{\partial^2}{\partial x^2}+\frac{\partial^2}{\partial y^2}+\frac{\partial^2}{\partial z^2}$$

は 3 次元ラプラシアンであり，Δu は，ΔV の直径を 0 に近づけたときの

$$\frac{1}{\Delta V}\int_{\partial\Delta V}\frac{\partial u}{\partial \boldsymbol{n}}$$

の極限に等しい．方程式 (1) から $u(t,\boldsymbol{x})$ を定めるためには，初期条件 $u_0(\boldsymbol{x})=u(0,\boldsymbol{x})$ と物体の境界面 $\partial\Omega$ 上における境界条件を補う必要がある．たとえば，単位立方体 C を考えるとき，その表面が温度 0 に保たれているとするならば，熱方程式としてはディリクレ境界条件を持つ問題を考えることになり，フーリエが提案したように，$u(t,\boldsymbol{x})$ は変数分離の方法で見つけることができる．$u_0(\boldsymbol{x})$ をフーリエ級数

$$u_0(x,y,z)=\sum_{k,m,l=0}^{\infty}C_{kml}\sin(\pi kx)\times\sin(\pi my)\sin(\pi lz)$$

に展開し，これを使って次を導くという方法である．

$$u(t,x,y,z)=\sum_{k,m,l=0}^{\infty}e^{-\pi^2(k^2+m^2+l^2)t}C_{kml}\sin(\pi kx)\times\sin(\pi my)\sin(\pi lz)$$

この簡単な例は，熱方程式の基本的な性質をすでに例示している．それは解が定常状態に収束するという性質である．今の場合には，このことは，温度 $u(t,\boldsymbol{x})$ が定数の分布 $u^*(\boldsymbol{x})=C_{000}$ に収束するという物理的直観を反映したものである．

断熱体における熱の伝導は，**ノイマン**境界条件を付与したものに対応する．これは u の法線微分（ここでの法線は，境界 $\partial\Omega$ に対する法線を意味する）が 0 であるという条件である．その解は前と同じように構成することができる．

フーリエ解析が熱方程式と緊密な繋がりを持つことは，三角関数が**ラプラシアン** [I.3 (4.3 項)] の固有関数であることに由来する．ラプラシアンを，より一般な線形**自己共役** [III.50 (3.2 項)]，非負**ハミルトニアン** [III.35] H で，さらに離散的な固有値 λ_n を持ち，対応する固有関数が ψ_n であるようなものに置き換えるとき，より一般な種々の熱方程式が得られる．すなわち，次の熱流を考える．

$$\frac{\partial}{\partial t}u+Hu=0$$

解 $u(t)$ は公式 $u(t)=e^{-tH}u_0$ で与えられる．ここで，e^{-tH} は H によって生成される熱半群であり，これはより具体的に次で与えられる．

$$u(t,\boldsymbol{x})=\sum_{n=0}^{\infty}e^{-\lambda_n t}C_n\psi_n(\boldsymbol{x})$$

ただし，係数 C_n は u_0 の H に対応したフーリエ係数である．すなわち，u_0 を $\sum_{n=0}^{\infty}C_n\psi_n$ の形に表したときの係数である（このような表示が可能であることは，自己共役作用素に対する**スペクトル定理** [III.50 (3.4 項)] より従う．同様に，連続スペクトルを持つ自己共役作用素からも熱流は生成される）．特に，$t\to+\infty$ としたときの $u(t,\boldsymbol{x})$ の漸近的な振る舞いは，H のスペクトルで完全に決まる．

明示的ではあるが，上に述べたような表示は熱方

程式の振る舞いの量的な描写を必ずしも与えてくれない．そのような描写を得るには，まず，明示的に解を構成することをあきらめて，その代わりに一般的な解のクラスに適用でき，しかもより複雑な熱方程式にも対応できる強力な原理あるいは方法を探す必要がある．

これを実現する第1の方法は**エネルギー等式**と呼ばれる．エネルギー等式を得るには，熱方程式に（与えられた解に依存するかもしれない）適当な量を掛けて，次に部分積分する．最も簡単な二つの等式は，断熱体の全熱量の保存則

$$\frac{\mathrm{d}}{\mathrm{d}t}\int_\Omega u(t,x)\mathrm{d}x = 0$$

であり，エネルギー等式

$$\int_\Omega u^2(t,x)\mathrm{d}x + 2\int_0^t\int_\Omega |\nabla u(s,x)|^2\mathrm{d}x\mathrm{d}s = \int_\Omega u^2(0,x)\mathrm{d}x$$

である．第2の等式は，熱方程式の基本的な正則化の性質を捉えている．なぜかと言えば，三つの被積分関数は非負の値をとり，第1項と第3項の積分は有限であり，たとえ初期値の勾配の2乗平均が無限大であっても関数 u の勾配の2乗平均の平均値は有限であり，それは t とともに0へと減衰するからである．実際に，Ω の境界から離れたところでは，任意の量*1)の正則化が起こり，しかもそれは単に平均的に起こるのではなく，すべての $t>0$ ごとに起こることである．

第2の熱方程式に対する基本原理は，大域的最大値原理である．すなわち，

$$\sup_{x\in\Omega,\,0\le t\le T} u(t,x) \le \max\left(\sup_{x\in\Omega} u(0,x),\ \max_{x\in\partial\Omega,\,0\le t\le T} u(t,x)\right)$$

が成立する．これは次のよく知られた事実を示している．物体の最も熱い場所は，すべての時刻にわたって見たとき，物体の境界上かあるいは初期分布の中にある．

最後に，熱方程式の持つ拡散という特性は，非負の解 u に対するハルナック不等式によって捉えられる．それは，$t_2>t_1$ であれば，次が成り立つことを主張するものである．

$$\frac{u(t_2,x_2)}{u(t_1,x_1)} \ge \left(\frac{t_1}{t_2}\right)^{n/2} \mathrm{e}^{-|x_2-x_1|^2/4(t_2-t_1)}$$

*1) ［訳注］たとえば，高階の偏導関数の値などを指す．

これによれば，x_1 と t_1 における温度が正のある値をとれば，この値に比べて，x_2 と t_2 における温度はあまり小さくなり得ない．

この形のハルナック不等式は，熱方程式に関する**熱核**と呼ばれる非常に重要な対象の特性を浮かび上がらせている．それは

$$p(t,x,y) = \frac{1}{(4\pi t)^{n/2}}\mathrm{e}^{-|x-y|^2/4t}$$

である．これの幾多の役割の一つは，全空間において（すなわち，$\mathbb{R}^n$ において）初期データ u_0 を持つ熱方程式の解が，次の公式により構成できることである．

$$u(t,x) = \int_{\mathbb{R}^n} p(t,x,y)u_0(y)\mathrm{d}y$$

これは，初期攪乱が時間 t の後に初期攪乱のあった点のまわりの半径 $\sqrt{t}$ の球に分布することを示している．空間スケールと時間スケールの間のこの種の関係は，熱方程式の特徴的な**放物型スケーリング**特性である．

アインシュタインが示したように，熱方程式はブラウン運動による拡散過程と緊密な関係にある．ブラウン運動の数学的な記述は，遷移確率分布が熱核 $p(t,x,y)$ で与えられる確率過程 B_t^x である．x を出発点とする n 次元ブラウン運動を B_t^x とし，$\mathbb{E}$ によって期待値を表すとき，関数

$$u(t,x) = \mathbb{E}[u_0(\sqrt{2}B_t^x)]$$

は正しく初期データ $u_0(x)$ を持つ熱方程式の解を与える．これは互いに有益な熱方程式の理論と確率論の関係である．この両者の関係の最も役に立つ応用の一つとして，ファインマン–カッツの公式

$$u(t,x) = \mathbb{E}\left[\exp\left(-\int_0^t V(\sqrt{2}B_s^x)\mathrm{d}s\right)u_0(\sqrt{2}B_t^x)\right]$$

がある．この公式はブラウン運動と初期データ $u_0(x)$ を持つ熱方程式

$$\frac{\partial}{\partial t}u(t,x) - \Delta u(t,x) + V(x)u(t,x) = 0$$

の解を結び付ける．

上に述べた熱方程式に対する三つの基本原理が次の意味での堅牢さあるいは安定性を持つことは，注目に値する．すなわち，これらの原理あるいはそれを弱い形に変形したものが，この方程式を非常に一般化した変形版に対しても成り立つ．たとえば，熱方程式

$$\frac{\partial}{\partial t}u - \sum_{i,j=1}^{n} \frac{\partial}{\partial x_i}\left(a_{ij}(\boldsymbol{x})\frac{\partial}{\partial x_j}u\right) = 0$$

の解の連続性の問題に応用できる．ただし，係数 a_{ij} に対してここで仮定していることは，それが有界であり，楕円性 $\lambda|\xi|^2 \le \sum_{i,j=1}^{n} a_{ij}\xi^i\xi^j \le \Lambda|\xi|^2$ を満たすことである．「非発散型」の方程式

$$\frac{\partial}{\partial t}u - \sum_{i,j=1}^{n} a_{ij}(\boldsymbol{x})\frac{\partial^2}{\partial x_i \partial x_j}u = 0$$

も考えることができる．この場合には，熱方程式と対応する確率過程との関係は特に役に立つ．この解析は，**変分法** [III.94] と完全非線形問題への素晴らしい応用へと至っている．

同じ原理が**リーマン多様体** [I.3 (6.10 項)] 上の熱方程式に対しても成立する．多様体 M の場合のラプラシアンの類似物はラプラス–ベルトラミ作用素 Δ_M であり，M に対する熱方程式は

$$\frac{\partial}{\partial t}u - \Delta_M u = 0$$

である．リーマン計量を g とするとき，局所座標系で Δ_M は

$$\Delta_M = \frac{1}{\sqrt{\det g(\boldsymbol{x})}}\sum_{i,j=1}^{n}\frac{\partial}{\partial x_i}\left(g^{ij}(\boldsymbol{x})\sqrt{\det g(\boldsymbol{x})}\frac{\partial}{\partial x_j}\right)$$

の形をとる．この場合に，多様体の**リッチ曲率** [III.78] が下に有界であれば，あるタイプのハルナックの不等式が多様体上の熱方程式に対して成立する．多様体上の熱方程式に対する興味は，非線形幾何学流とその長時間挙動を理解しようとする企てにある．最も初期の幾何学流は，調和写像流

$$\frac{\partial}{\partial t}\Phi - \Delta_M^N \Phi = 0$$

であった．これは二つのコンパクトリーマン多様体 M と N の間の写像 $\Phi(t,\cdot)$ の一つの変形を記述する．作用素 Δ_M^N は非線形ラプラシアンで，Δ_M を N の接空間に射影することにより構成される．これはエネルギー

$$E[U] = \frac{1}{2}\int_M |\mathrm{d}U|_N^2$$

に対する勾配流である．このエネルギーは M と N の間の写像 U のいわば伸び具合を測るものと言える．N の**断面曲率**が非正であるという仮定のもとで，調和写像流は正則であり，$t \to +\infty$ としたときに，エネルギー汎関数 $E[U]$ の臨界点である M と N の間の調和写像に収束する．この熱方程式は，調和写像の存在の確立と与えられた写像 $\Phi(0,\cdot)$ の調和写像 $\Phi(+\infty,\cdot)$ への連続な変形の構成に用いられる．標的多様体 N の曲率に関する仮定は，調和写像流の単調性を保証する決定的なものであり，このことはエネルギー評価を通して明らかになる．

このような変形原理のはるかに華々しい応用は，3 次元**リッチ流** [III.78]

$$\frac{\partial}{\partial t}g_{ij} = -2\mathrm{Ric}_{ij}(g)$$

に現れるものである．これは与えられた多様体 M の計量の族 $g_{ij}(t)$ に対する**準線形**熱方程式である．この場合には，流れ（解）は必ずしも正則ではない．にもかかわらず，「手術」の操作により，手術の構造と流れの長時間挙動が正確に解析できるように，流れを延長することができる．この解析により，特に，任意の単連結な 3 次元多様体は 3 次元球面に微分同相であることが示され，ポアンカレ予想が証明される．

熱方程式の長時間挙動は，**反応拡散系**および対応する生物学的現象の解析にも重要である．このことは，**チューリング** [VI.94] の**形態形成**（ほとんど一様な初期状態から生まれる，動物の表皮の模様のような非一様なパターンの形成）を反応拡散系

$$\frac{\partial}{\partial t}u = \mu\Delta u + f(u,v), \qquad \frac{\partial}{\partial t}v = \nu\Delta v + g(u,v)$$

の指数不安定性によって理解しようとする研究にも，すでに現れていた．

これらの例では，熱方程式の長時間挙動が重視される．特に，定常解への収束，あるいは逆に指数不安定性の出現という解の振る舞いが重要である．しかしながら，多様体 M の幾何とトポロジーの関連では，M 上の熱方程式の初期挙動が最重要であることがわかる．この関連性では，次の二つが重要である．一つ目は，Δ_M のスペクトルと M の幾何の間の関係の確立を目指すことであり，二つ目は，指数定理の証明にこの初期挙動を利用することである．前者の側面は，平面領域で考えれば，「ドラムの形を聞くことができるか」というマーク・カッツの有名な問いかけにより捉えられる．一般の多様体に対しては，次のワイルの公式が出発点となる．すなわち，$t \to 0$ とすると，

$$\sum_{i=0}^{\infty} \mathrm{e}^{-t\lambda_i} = \frac{1}{(4\pi t)^{n/2}}(\mathrm{Vol}(M) + O(t)).$$

となる．この等式の左辺は Δ_M の熱核のトレースである．すなわち，

$$\sum_{i=0}^{\infty} e^{-t\lambda_i} = \mathrm{tr}\, e^{-t\Delta_M} = \int_M p(t, x, x) dx$$

となる．ここで，関数 $p(t, x, y)$ は熱核である．すなわち，熱方程式 $\partial u/\partial t - \Delta_M u = 0$ の解 u が $u(0, x) = u_0(x)$ を満たすとき，u は公式

$$u(t, x) = \int_M p(t, x, y) u_0(y) dy$$

により与えられる．ワイルの恒等式の右辺は，熱核 $p(t, x, y)$ の初期漸近挙動を反映するものである．

指数定理の証明に対する熱流アプローチは，ワイルの等式の両辺を精密化するものと見ることができる．左辺のトレースはより複雑な「スーパートレース」に置き換えられ，一方，右辺については熱核の完全な漸近挙動が関わってくるが，それを見るには微妙な打ち消し合いを理解する必要がある．この種の一番簡単な例は，ガウス–ボンネの公式

$$\int_M K = 2\pi\chi(M)$$

である．これは 2 次元多様体 M のオイラー特性指数と，そのガウス曲率 K を結び付ける．オイラー特性指数 $\chi(M)$ は，**ホッジのラプラシアン** $(d + d^*)^2$ を外微分 0 形式，1 形式，2 形式の空間に制限したものに対する熱流のトレースの線形結合となる．一般の**アティヤ–シンガーの指数定理** [V.2] の証明では，**ディラック作用素**の 2 乗として与えられる作用素に対する熱流が使われる．

III.37

ヒルベルト空間

Hilbert Spaces

ティモシー・ガワーズ［訳：石井仁司］

ベクトル空間 [I.3 (2.3 項)] と**線形写像** [I.3 (4.2 項)] の理論は，数学の大きな部分を下支えしている．しかしながら，線形写像は一般には角度を保存しないので，ベクトル空間の概念だけを使って角度を定義することはできない．**内積空間**は角度の概念が意味を持つのにちょうど必要なだけの構造を追加したベクトル空間と考えることができる．

ベクトル空間の内積の最も簡単な例は，列の長さが n の実数列全体の空間である $\mathbb{R}^n$ の上に定義された，通常のスカラー積である．このスカラー積は，このような二つの列を $v = (v_1, \ldots, v_n)$ と $w = (w_1, \ldots, w_n)$ とするとき，和 $v_1w_1 + v_2w_2 + \cdots + v_nw_n$ によって定義され，$\langle v, w \rangle$ と表記される (たとえば，$(3, 2, -1)$ と $(1, 4, 4)$ のスカラー積は $3 \times 1 + 2 \times 4 + (-1) \times 4 = 7$ である)．

スカラー積の持つ性質のうちで大事なものは，次の二つである．

(i) それぞれの変数に関して線形であること．つまり，任意の三つのベクトル u, v, w と二つのスカラー λ, μ に対して，$\langle \lambda u + \mu v, w \rangle = \lambda \langle u, w \rangle + \mu \langle v, w \rangle$ が成り立つ．同じく $\langle u, \lambda v + \mu w \rangle = \lambda \langle u, v \rangle + \mu \langle u, w \rangle$ が成り立つ．

(ii) ベクトル v とそれ自身のスカラー積 $\langle v, v \rangle$ はいつでも非負実数であり，$v = 0$ のときに限って 0 であること．

一般のベクトル空間の場合，ベクトル v と w の組の関数 $\langle v, w \rangle$ が上の二つの性質を持つとき，この関数を内積と呼ぶ．スカラーが複素数である複素ベクトル空間の場合には，(i) の代わりに次のような条件に変更する必要がある．

(i′) 任意の三つのベクトル u, v, w と二つのスカラー λ, μ に対して，$\langle \lambda u + \mu v, w \rangle = \lambda \langle u, w \rangle + \mu \langle v, w \rangle$ と $\langle u, \lambda v + \mu w \rangle = \bar{\lambda} \langle u, v \rangle + \bar{\mu} \langle u, w \rangle$ が成り立つ．すなわち，内積は 2 番目の変数に関して共役線形である．

角度の話になぜ内積かと言えば，$\mathbb{R}^2$ と $\mathbb{R}^3$ の場合であれば，二つのベクトル v と w のスカラー積は，v の長さ，w の長さ，そしてこの二つがなす角の余弦（コサイン）との積となっているからである．特に，ベクトル v はそれ自身とのなす角が 0 であるから，$\langle v, v \rangle$ は v の長さの 2 乗に等しい．

このように考えれば，内積空間には長さと角度を定義するのに自然な方法が与えられている．ベクトル v の長さあるいは**ノルム**を $\sqrt{\langle v, v \rangle}$ と定義し，$\|v\|$ と表す．与えられた二つのベクトルに対して，これらのベクトルのなす角は，$0 \sim \pi$ の範囲にある角度であって，余弦の値が $\langle v, w \rangle / \|v\|\|w\|$ に等しいようなものとして定義する．長さが定義されると，距離を考えることができる．v と w の間の距離 $d(v, w)$ は，二つのベクトルの差の長さ，つまり $\|v - w\|$ である．この距離は**距離空間** [III.56] における距離の公理を満たす．角度の概念を使って，ベクトル v と w

が互いに直交することを定義することができる．それは単に $\langle v, w \rangle = 0$ が成り立つことである．

内積空間の有用性は，2 次元や 3 次元空間での幾何を記述する能力をはるかに超えている．無限次元空間の場合には，特にその持ち味が発揮される．この場合には，追加条件として，「ノルム空間とバナッハ空間」[III.62] の最後に簡単に触れる**完備性**が満たされることが重要になってくる．完備な内積空間はヒルベルト空間と呼ばれる．

ヒルベルト空間の重要な例として，次の二つを挙げる．

(i) ℓ_2 は通常のスカラー積を持つ $\mathbb{R}^n$ の自然な無限次元への一般化である．それは無限和 $|a_1|^2 + |a_2|^2 + |a_3|^2 + \cdots$ が収束するような列 $(a_1, a_2, a_3, \ldots)$ のすべての集合である．$(a_1, a_2, a_3, \ldots)$ と $(b_1, b_2, b_3, \ldots)$ の内積は $a_1 b_1 + a_2 b_2 + a_3 b_3 + \cdots$ と定義される（これが収束することは，**コーシー–シュワルツの不等式** [V.19] により示される）．

(ii) $L^2[0, 2\pi]$ とは，0 と 2π の間にある実数の全体として定義される区間 $[0, 2\pi]$ の上で定義された関数 f で，積分 $\int_0^{2\pi} |f(x)|^2 \mathrm{d}x$ が定義され，これが有限値であるものすべての集合である．$L^2[0, 2\pi]$ に属する二つの関数 f と g の内積は，$\int_0^{2\pi} f(x)g(x)\mathrm{d}x$ と定義される（面倒な議論を避けたので，この定義はやや正確さに欠ける．すなわち，恒等的に 0 にならない関数でもノルムが 0 になることがある．この難点は容易に対処できる）．

上の 2 番目の例は，フーリエ解析において中心となるものである．三角関数とは $\cos(mx)$ あるいは $\sin(nx)$ の形の関数のことである．これら三角関数の異なるどの二つをとっても，内積は 0 となる．つまり，直交する．より重要なことは，三角関数の全体を空間 $L^2[0, 2\pi]$ の座標系と見ることができる点である．すなわち，この空間の任意の関数 f は，三角関数の（無限）線形結合として表現できる．これにより，ヒルベルト空間を音波を記述するモデルと見ることもできる．関数 f が音波を表しているとすると，三角関数がこれの成分である純音を表している．

三角関数のこれらの性質は，ヒルベルト空間の理論においてとても重要な一般的な事実を例示している．これは，すべてのヒルベルト空間は正規直交基底を持つというものである．すなわち，次の性質を持つベクトル e_i の集合が存在する．

- $\|e_i\| = 1$ がすべての i に対して成り立つ．
- $\langle e_i, e_j \rangle = 0$ が $i \neq j$ のときに成り立つ．
- この空間のすべてのベクトル v は，収束する和 $\sum_i \lambda_i e_i$ として表される．

三角関数の全体がちょうど $L^2[0, 2\pi]$ の正規直交基底となるわけではなく，それぞれを適当に定数倍したもの全体が正規直交基底となる．フーリエ解析とは別のいろいろな枠組みにおいても，与えられた正規直交基底を使って分解することにより，ベクトルの有用な情報を得ることができる．また，このような基底の存在から多くの情報が得られることが知られている．

（複素）ヒルベルト空間は，量子力学でも主要な役割を演じている．ヒルベルト空間のベクトルは量子力学の可能な物理状態を表しており，観測可能な特性にはある種の線形写像が対応する．

このことより，またその他の理由により，ヒルベルト空間上の**線形作用素** [III.50] の研究は，数学の主要な分野の一つである．「作用素環」[IV.15] を参照されたい．

III.38

ホモロジーとコホモロジー

Homology and Cohomology

ティモシー・ガワーズ［訳：久我健一］

X が**位相空間** [III.90] であるとき，これに群の列 $H_n(X, R)$ を対応付けることができる．ここで，R は $\mathbb{Z}$ や $\mathbb{C}$ などの**可換環** [III.81 (1 節)] である．これらの群は X の（R に係数を持つ）**ホモロジー群**と呼ばれ，強力な不変量である．強力とは，これらが X の情報を非常にたくさん含んでいて，またそれにもかかわらず，少なくとも他のいくつかの不変量に比べて，計算が容易にできることを意味する．密接に関連する**コホモロジー群** $H^n(X, R)$ は環にすることができるので，さらに有用であり，やや単純化しすぎた言い方になるが，コホモロジー群 $H^n(X, R)$ の元は余次元 n の部分空間 Y の**同値類** [I.2 (2.3 項)] $[Y]$ である（もちろん，これが正しい意味を持つためには，

X は**多様体** [I.3 (6.9 項)] のようなかなり良い空間でなければならない)．すると，$[Y]$ と $[Z]$ がそれぞれ $H^n(X,R)$ と $H^m(X,R)$ に属しているとき，それらの積は $[Y \cap Z]$ である．$Y \cap Z$ は「典型的」には余次元 $n+m$ を持つので，同値類 $[Y \cap Z]$ は $H^{n+m}(X,R)$ に属する．ホモロジー群とコホモロジー群については，「代数的位相幾何学」[IV.6] でより詳しく説明される．

ホモロジーとコホモロジーの概念は上の議論が示唆するよりもはるかに一般化され，もはや位相空間に限定された概念ではない．たとえば，群のコホモロジーの概念は代数学でたいへん重要である．位相幾何学の中でさえも多くの異なるホモロジーやコホモロジー理論がある．1945 年にアイレンバーグとスティーンロッドは少数の公理を考案してこの領域を非常に明瞭化した．ホモロジー理論とは位相空間に群を対応付ける任意のやり方でこれらの公理を満たすものであり，ホモロジー理論の基本的な性質はこれらの公理から導かれる．

III. 39

ホモトピー群

Homotopy Groups

ティモシー・ガワーズ [訳：久我健一]

X を**位相空間** [III.90] とするとき，X 内の**ループ**とは始点と終点が同じである道をいう．より定式的には，連続関数 $f:[0,1]\to X$ であって $f(0)=f(1)$ を満たすものである．道の始点かつ終点を**基点**と呼ぶ．同じ基点を持つ二つのループが**ホモトピック**であるとは，一方を連続的に変形して他方にすることができ，しかもこの間のすべての道が X 内にあって与えられた基点を始点かつ終点に持つようにできることをいう．たとえば X が平面 $\mathbb{R}^2$ のとき，始点と終点を $(0,0)$ に持つ任意の二つの道はホモトピックである．これに対し，もし X が原点を除いた平面ならば，二つの道（始点と終点は原点以外の 1 点）がホモトピックか否かは，それらの道が原点のまわりを同じ回数だけ回るか否かによる．

ホモトピーは**同値関係** [I.2 (2.3 項)] であり，x を基点とする道の同値類は X の基点 x に関する**基本群**をなし，$\pi_1(X,x)$ と表される．もし X が（弧状）連結ならば，この群は x には依存せず，代わりに $\pi_1(X)$ と書くことができる．群演算は「連結操作」によって定義される．すなわち，x を始点かつ終点に持つ二つの道に対し，これらの「積」を，一つの道に沿って進み，続いてもう一つの道に沿って進む合併された道とし，同値類の積は積の同値類として定義される．この群は非常に重要な不変量である（たとえば「幾何学的・組合せ群論」[IV.10 (7 節)] を参照)．これは「代数的位相幾何学」[IV.6 (2, 3 節)] で説明されている次元の高いホモトピー群の系列の 1 番目の群である．

III. 40

イデアル類群

The Ideal Class Group

ティモシー・ガワーズ [訳：三宅克哉]

算術の基本定理 [V.14] は，どの正整数も素数の積として（順序を除けば）ただ 1 通りに表されることを保証する．同様な定理は，他の場合にも成り立つ．たとえば，多項式の既約分解定理や，**ガウスの整数**，すなわち整数 a, b に対する $a+b\mathrm{i}$ の形の複素数の場合がそうである．

しかし，ほとんどの**数体** [III.63] においては，その「整数の環」で数をただ 1 通りに素因数分解することはできない．たとえば，整数 a, b に対する $a+b\sqrt{-5}$ の形の数が形成する**環** [III.81 (1 節)] の場合がそうであり，数 6 は 2×3 および $(1+\sqrt{-5})\times(1-\sqrt{-5})$ の 2 通りに分解される．

イデアル類群は，1 通りに素因数分解できない度合いを測るものである．数体の整数環が与えられたとき，その**イデアル** [III.81 (2 節)] の集合に乗法的な構造を導入して，イデアルが 1 通りに素因子分解されるようにすることができる．整数環の数自体は「単項イデアル」と呼ばれるイデアルと対応し，もしすべてのイデアルが単項イデアルである場合は，この環で数がただ 1 通りに素因数分解されることになる．もし単項イデアルでないイデアルが存在すれば，イデアルの集合に自然な**同値関係** [I.2 (2.3 項)] を導入して，**イデアル類**と呼ばれる同値類全体が**群** [I.3 (2.1 項)] になるようにすることができる．この群がイデアル類群である．単項イデアル全体は一つの同値類を構成し，このイデアル類群の単位元を与える．したがって，その整数環においてイデアル類群が大きく，複雑になればなるほど，ただ 1 通りに素因数分解できることからの隔たりが大きくなっていく．さらに詳しくは，「代数的数」[IV.1] の，特に第 7 節を参照されたい．

III. 41

無理数・超越数

Irrational and Transcendental Numbers

ベン・グリーン［訳：平田典子］

無理数とは，有理数ではない実数，すなわち整数 a, b $(b \neq 0)$ を用いて a/b とは表せない実数のことである．われわれが自然に接する数の多く，たとえば $\sqrt{2}$, e, π などは無理数である．$\sqrt{2}$ が無理数である事実の証明には，あらゆる数学においてよく知られている次のような議論が用いられる．まず $\sqrt{2} = a/b$ と表せると仮定する．約分を行うことによって，整数 a, b の最大公約数は最初から 1 であるとしてよい．$a^2 = 2b^2$ が得られるので，a^2 は偶数でなければならない．$a = 2c$（c は整数）とおくと $4c^2 = 2b^2$ となり，$2c^2 = b^2$，すなわち b も偶数でなければならない．これは a, b の最大公約数が 1 であったことに矛盾する．

特別な数に対し，その数が有理数か無理数かを問う有名な予想はいくつもある．たとえば $\pi + \mathrm{e}$ も π^{e} も無理数であることは証明されていない．オイラー定数と呼ばれる

$$\gamma = \lim_{n\to\infty}\left(1+\frac{1}{2}+\cdots+\frac{1}{n}-\log n\right) \sim 0.577215\cdots$$

も，無理数か否か不明である．$\zeta(3) = 1 + 2^{-3} + 3^{-3} + \cdots$ は無理数であることが証明されている．$\zeta(5), \zeta(7), \zeta(9), \ldots$ も同様に無理数であろうと考えられているが，これらのうちの無限個が無理数であることはすでに示されているにもかかわらず，どの 1 個を選んでも，それが単独で無理数であることは証明されていない．

以下は，e が無理数である事実の証明である．まず

$$\mathrm{e} = \sum_{j=0}^{\infty}\frac{1}{j!}$$

である．これが有理数 p/q に等しいと仮定すると

$$p(q-1)! = \sum_{j=0}^{\infty}\frac{q!}{j!}$$

となる．左辺および右辺の $j \leq q$ の部分和は整数である．したがって

$$\sum_{j\geq q+1}\frac{q!}{j!} = \frac{1}{q+1} + \frac{1}{(q+1)(q+2)} + \cdots$$

も整数である．しかし，この数が 0 より大きく 1 未満であることを示すことは難しくないので，矛盾が得られる．

この証明は，0 でない整数の絶対値が 1 以上であるという基礎事実に基づいている．これは無理数や超越数の理論においてきわめて強い威力を発揮する．

いくつかの数は他の数よりも，無理数である度合いが高いとも考えられる．たとえば $\tau = \frac{1}{2}(1+\sqrt{5})$，すなわち黄金数は，有理数による近似スピードの遅い近似列しかとれないので，最も無理数的な数であると捉えてよい．黄金数の最良の近似有理数列は，フィボナッチ数列の連続 2 項の比であるが，ゆっくりと収束する．τ が無理数であることを示すきれいな証明を紹介しよう．これは，$\tau \times 1$ つまり横 τ 縦 1 の長方形 R が，1 辺が 1 の正方形と横 $1/\tau$ 縦 1 の長方形の 2 個に分割できることによる．もし τ が有理数ならば，R と相似で，辺の長さが整数の長方形を作ることができる．この長方形から正方形を除くと，辺の長さがやはり整数の，より小さい長方形が残る．これは再び R と相似である．この操作は無限回繰り返せるはずであるが，それが不可能であることは明らかである．

超越数とは代数的数ではない複素数のことである．つまり，整数係数のどのような多項式の根にもならない数を指す．$\sqrt{2}$ は $x^2 - 2 = 0$ の根であるので，超越数ではない．$\sqrt{7+\sqrt{17}}$ も超越数にならない．

では，超越数は実在するのであろうか？ **リューヴィル** [VI.39] によってこの答えが 1844 年に与えられた．多くの超越数の例のうち典型的な数として，たとえば

$$\kappa = \sum_{n\geq 1} 10^{-n!}$$

$$= 0.110001000000000000000000010\cdots$$

がある．この数は超越数になる．その理由は代数的数が有理数で近似されるよりも，はるかに速いスピードで有理数により近似されるからである．実際，$110\,001/1\,000\,000$ は κ にきわめて近いが，分母はそれほど大きくない．

リューヴィルは α が n 次の整数係数既約多項式の根ならば，$\alpha \neq a/q$ であるすべての整数 a, q に対して

$$\left|\alpha - \frac{a}{q}\right| > \frac{C}{q^n}$$

が成立するような，α に依存するある正定数 C が存在することを示した．別の言い方をすれば，α は有理数で良く近似できないことになる．ロスがその後この指数を n から $2+\varepsilon$（ε は任意の正の数）に改良した（これについては「リューヴィルの定理とロスの定理」[V.22] を参照）．

超越数の存在そのものは，**カントール** [VI.54] により 30 年後に保証された．カントールは代数的数の集合が**可算集合** [III.11] であること，すなわち大雑把に言うと，番号付けの可能な集合であることを証明した．ここで可算とは，正確には自然数の集合 $\mathbb{N}$ からその集合への全単射写像が存在するということである．一方，実数全体の集合は可算ではない．カントールの有名な対角線論法は，いかなる番号付けを試みても実数全体には番号が行き渡らないことを示すものであった．したがって，代数的数ではない実数が存在するはずである．

一般には与えられた数が超越数になることを示すことは，きわめて難しい．たとえば，有理数によって非常に良く近似できる数は超越数であるが，この逆は必ずしも成立しないため，有理数による良い近似を持つことは超越数になることの十分条件にすぎない．他方，超越数であることを確かめる別の方法があり，e や π は超越数であることが知られている．有理数全体を $\mathbb{Q}$ と表す．任意の $\varepsilon > 0$ に対して ε にのみ依存する正定数 $C(\varepsilon)$ が存在し，$a/b \in \mathbb{Q}$ に対して

$$\left|\mathrm{e} - \frac{a}{b}\right| > \frac{C(\varepsilon)}{b^{2+\varepsilon}}$$

が成り立つので，e は有理数によって良く近似できる数ではない．リーマンのゼータ関数の偶数における値 $\zeta(2m)$ は π^{2m} の有理数倍であることが知られており，$\zeta(2), \zeta(4), \ldots$ は超越数となる．

現代の超越数論は，美しい結果の宝庫を擁する．たとえば，ゲルフォント–シュナイダーの定理とは，代数的数 $\alpha \neq 0$，$\alpha \neq 1$ および，有理数ではない代数的数 β に対して，α^β が超越数になるという結果である．これより $\sqrt{2}^{\sqrt{2}}$ は超越数である．また，**6 指数定理**とは，$\mathbb{Q}$ 上 1 次独立な 2 個の複素数 x_1, x_2 および $\mathbb{Q}$ 上 1 次独立な 3 個の複素数 y_1, y_2, y_3 から作られる 6 個の数

$$\mathrm{e}^{x_1y_1},\ \mathrm{e}^{x_1y_2},\ \mathrm{e}^{x_1y_3},\ \mathrm{e}^{x_2y_1},\ \mathrm{e}^{x_2y_2},\ \mathrm{e}^{x_2y_3}$$

のうち少なくとも 1 個は超越数になるという定理である．これに関して次の問題は **4 指数予想**と呼ばれ，未解決である．すなわち，複素数 x_1, x_2 および複素数 y_1, y_2 が，それぞれ $\mathbb{Q}$ 上 1 次独立と仮定するとき，4 個の数

$$\mathrm{e}^{x_1y_1},\ \mathrm{e}^{x_1y_2},\ \mathrm{e}^{x_2y_1},\ \mathrm{e}^{x_2y_2}$$

の少なくとも 1 個は超越数になるであろう．

III.42

イジングモデル

The Ising Model

ティモシー・ガワーズ［訳：水谷正大］

イジングモデルは統計物理学の基本モデルの一つである．当初は強磁性体が熱せられたときの挙動をモデル化するために案出されたが，以来多くの他の現象をモデル化するために使われてきた．

以下はこのモデルの特別な場合である．G_n を高々 n の絶対値を持つすべての整数の組の集合とする．**配位**とは，G_n 内の各点 x を 1 または -1 に等しい数 σ_x に割り当てる方法とする．点は原子を表し，σ_x は x が「上向きスピン」または「下向きスピン」を持つかどうかを表している．各配位 σ の「エネルギー」$E(\sigma)$ を $-\sum \sigma_x\sigma_y$ とする．ここで，総和は隣接する点 x と y のすべての組についてとる．このとき，エネルギーは，多くの点がその隣接点と異なる符号を持てば高くなり，G_n が同じ符号を持つ点からなる大きいクラスター領域に分割されるときには低くなる．

各配位に $\mathrm{e}^{-E(\sigma)/T}$ に比例する確率を割り当てる．ここで，T は正の実数で，温度を表している．与え

られた配位の確率は，小さいエネルギーを持つとき大きくなり，したがって典型的な配位は同一符号を持つ点からなるクラスターを持つ傾向にある．しかし温度 T が増すとき，確率はより等しくなってこのクラスター化効果は小さくなる．

「零のポテンシャルを持つ 1 次元イジングモデル」は，このモデルで n を無限にしたときの極限である．一般のモデルや関連する**相転移**についての詳細な議論は「臨界現象の確率モデル」[IV.25 (5 節)] を参照されたい．

III.43

ジョルダン標準形

Jordan Normal Form

イムレ・リーダー［訳：志賀弘典］

実または複素 $n \times n$ **行列** [I.3 (4.2 項)] A が示され，それを理解したいという状況を想像してみよう．$\mathbb{R}^n$ あるいは $\mathbb{C}^n$ の**線形変換** [I.3 (4.2 項)] としてどのように振る舞うかを考えたり，A のベキはどのようになっていくかと問いかけたりすることが考えられる．一般的には，これらの問いに答えることは，まったく簡単というわけにはいかない．しかし，特別な行列に関してはきわめて容易になる場合がある．たとえば，A が対角行列（すなわち，対角線上以外の要素がすべて 0 になっているもの）の場合には，上の二つの疑問に直ちに答えることができる．x を $\mathbb{R}^n$ ないし $\mathbb{C}^n$ のベクトルとしよう．Ax は，x の各要素に，対応する A の対角成分を掛けて得られるベクトルである．また A^m は単に，A の各要素を m 乗すれば得られる．

したがって，$\mathbb{R}^n$ から $\mathbb{R}^n$ への，あるいは $\mathbb{C}^n$ から $\mathbb{C}^n$ への線形写像 T が与えられたとき，T を対角行列で表示できるような基底が見つかれば，たいへん好都合である．このような場合，われわれは，この線形写像を理解できたと感じるであろう．このような基底が存在することは，言い換えると，**固有ベクトル** [I.3 (4.3 項)] からなる基底が存在するということである．このような場合，線形写像は**対角化可能**であるという．正方行列 A は，写像 $x \mapsto Ax$ によって $\mathbb{R}^n$ ないし $\mathbb{C}^n$ の線形変換を引き起こすので，この用語を正方行列に対して用いることがもちろん許される．すなわち，正方行列 A の固有ベクトルからなる $\mathbb{R}^n$ ないし $\mathbb{C}^n$ の基底が存在するとき，A は対角化可能であるという．これは $P^{-1}AP$ が対角行列となるような正則行列 P が存在することと同値である．

いかなる正方行列も対角化可能であろうか？　実行列の範囲では，それは，固有ベクトル自身存在が保証されないというつまらない理由から否定される．たとえば平面の回転を表す行列は，明らかに実固有ベクトル（回転によって方向の変わらないベクトル）を持たない．したがって，われわれは複素ベクトル空間の線形変換ないし複素行列に限って議論する．

正方行列 A に対して，その**固有多項式** $\det(A - tI)$ は，**代数学の基本定理** [V.13] によって必ず複素数の範囲で根を有する．λ をその根の一つとすると，線形代数の基本的事項から，$A - \lambda I$ は正則でなくなり，$(A - \lambda I)x = 0$ すなわち $Ax = \lambda x$ を満たすベクトル x $(\neq 0)$ の存在が導かれる．このようにして，少なくとも一つは固有ベクトルが作れることがわかった．しかし，これだけでは，固有ベクトルからなる基底を構成するには十分ではない．一例として $\binom{1}{0} \mapsto \binom{0}{1}$ および $\binom{0}{1} \mapsto \binom{0}{0}$ から定まる線形写像 T を考える．T は，標準的な $\mathbb{C}^2$ の基底によって行列 $A = \left(\begin{smallmatrix} 0 & 0 \\ 1 & 0 \end{smallmatrix}\right)$ で表示される．この行列は対角化可能ではない．このことは，以下のようにして導かれる．A の固有多項式は t^2 であり，その根は 0 のみである．容易な計算で $Ax = 0$ は x が $\binom{0}{1}$ の定数倍のときのみ成り立つことがわかる．したがって，独立な 2 個の固有ベクトルは存在しない．また，より洗練された考え方をすれば，以下のようになる．A^2 は零行列である．したがって，A が対角化可能であるとすれば，それは零行列である．なぜなら，零行列でない対角行列のベキは零行列ではないからである．しかし，線形写像 T は零写像ではない．したがって A は対角化可能ではない．

この後者の議論は，ある自然数 k に対して $A^k = O$ となる行列（**ベキ零行列**と呼ぶ）すべてに適用できる．すなわち，A 自身零行列でないベキ零行列は対角化可能でない．このことを，対角成分，およびそれより上側の要素がすべて 0 である行列に適用することができる．

では，上の例で見た対角化可能でない行列 A について何がわかるであろうか？　ベクトル $\binom{1}{0}$ は固有ベクトルに似ていると言えるだろう．なぜなら $(A-0\cdot I)^2\binom{1}{0}=\binom{0}{0}$，すなわち $A^2\binom{1}{0}=0\cdot\binom{1}{0}$ だからである．このようなベクトルにまで考察を広げて考えたら何が起きるであろうか？　固有値 λ に対し，ベクトル x が $A-\lambda I$ のあるベキによって 0 に写像されるとき，x は「広義の固有ベクトル」ということにする．上の例では $(1,0)$ は固有値 0 に対する広義の固有ベクトルなのである．固有値 λ に対し，その固有ベクトルの全体を λ の**固有空間**と呼び，それと同様に，固有値 λ に対し，その広義の固有ベクトルの全体を λ の**広義の固有空間**と呼ぶ．

行列の直交化が，ちょうどベクトル空間 $\mathbb{C}^n$ を行列 A の固有空間に分解することに対応していたことを考えると，いかなる行列に対してもベクトル空間が広義の固有空間に分解できると予想することは自然であろう．そして，実際それは正しい．このような空間の分解は**ジョルダン標準形**と呼ばれるものに対応するのであり，それについて，今から詳しく述べることにする．

その前に一息入れて，広義固有空間を手に入れられる最も簡単な状況とはどのようなものかを考えよう．それは，上で見た例の n 次元化であるに違いないだろう．すなわち，$\mathbb{C}^n$ の標準基底 $e_1, e_2, \ldots, e_n$ に対して $e_1 \mapsto e_2$, $e_2 \mapsto e_3$, $\ldots$, $e_{n-1} \mapsto e_n$ かつ $e_n \mapsto 0$ で定まる線形写像 T であり，これは行列

$$\begin{pmatrix} 0 & 0 & 0 & \cdots & 0 & 0 \\ 1 & 0 & 0 & \cdots & 0 & 0 \\ 0 & 1 & 0 & \cdots & 0 & 0 \\ \vdots & \vdots & \vdots & \ddots & \vdots & \vdots \\ 0 & 0 & 0 & \cdots & 0 & 0 \\ 0 & 0 & 0 & \cdots & 1 & 0 \end{pmatrix}$$

に対応する．この行列は対角化可能ではないが，その振る舞いを理解することは非常に容易である．

行列のジョルダン標準形とは，この行列と同様に理解が容易な行列いくつかの直和形である．われわれはもちろん，0 以外の固有値も考慮しなければならない．そこで，各行列 A に対して

$$\begin{pmatrix} \lambda & 0 & 0 & \cdots & 0 & 0 \\ 1 & \lambda & 0 & \cdots & 0 & 0 \\ 0 & 1 & \lambda & \cdots & 0 & 0 \\ \vdots & \vdots & \vdots & \ddots & \vdots & \vdots \\ 0 & 0 & 0 & \cdots & \lambda & 0 \\ 0 & 0 & 0 & \cdots & 1 & \lambda \end{pmatrix}$$

の形をした**細胞**を定義していく．このとき $A-\lambda I$ は上記の行列となることに注意する．すると，$(A-\lambda I)^n = O$ である．つまり，任意のベクトルが，A の共通の固有値 λ に対する広義の固有ベクトルになっている．ジョルダン標準化定理は，どのような正方行列も，いくつかのこのような細胞に分解した行列と同値であることを主張する．すなわちさまざまに異なるサイズとなることを許されたいくつかの細胞 B_i と，それら B_i のサイズに合わせた縦横のサイズを持ついくつかの零行列 O によって

$$\begin{pmatrix} B_1 & 0 & \cdots & 0 \\ 0 & B_2 & \cdots & 0 \\ \vdots & \vdots & \ddots & \vdots \\ 0 & 0 & \cdots & B_k \end{pmatrix}$$

の形のジョルダン標準形にすることができるのである．ここで，細胞のサイズが 1 であれば，対応する広義固有空間が 1 次元の真の固有空間であることに注意しよう．

ひとたび，行列 A がジョルダン標準形になったなら，全空間としてのベクトル空間は，A の作用がそこでは容易に理解できる部分空間のいくつかに細分されたことになる．たとえば，その分解が行列

$$\begin{pmatrix} 4 & 0 & 0 & 0 & 0 & 0 & 0 \\ 1 & 4 & 0 & 0 & 0 & 0 & 0 \\ 0 & 1 & 4 & 0 & 0 & 0 & 0 \\ 0 & 0 & 0 & 4 & 0 & 0 & 0 \\ 0 & 0 & 0 & 1 & 4 & 0 & 0 \\ 0 & 0 & 0 & 0 & 0 & 2 & 0 \\ 0 & 0 & 0 & 0 & 0 & 1 & 2 \end{pmatrix}$$

であったとしよう．これは，サイズがそれぞれ 3, 2, 2 の三つの細胞からなっている．これから，直ちに A についての多くの情報を得ることができる．たとえば，固有値 4 を考えてみよう．固有方程式の根の多重度としての代数的多重度は 5 である．なぜなら，固有値 4 に対応する細胞のサイズは合計 5 だからである．一方，この固有値に対する固有ベクトルのなす空間の次元としての幾何学的多重度は 2 である．なぜなら，各細胞に対し 1 次元の固有空間が現れるからである．したがって，この意味の多重度は，固有値 4 に対する細胞の個数に一致する．なおかつ，A に対する最小多項式，すなわち，$P(A)=0$ を満たす最低次数の多項式を書き下すことも可能である．固有値 λ のサイズ k の細胞に対する最小多項式は，

その固有多項式 $(t-\lambda)^k$ である．したがって，元の行列の最小多項式は各細胞の最小多項式の最小公倍数として得られる．今の場合，各細胞から $(t-4)^3$，$(t-4)^2$，$(t-2)^2$ という最小多項式が現れるから，結局，この行列の最小多項式は $(t-4)^3(t-2)^2$ となる．

ベクトル空間に作用する線形写像という文脈から離れて，ジョルダン標準形の一般化がいくつか考えられる．たとえばアーベル群の場合，対応する定理は，どのような有限アーベル群もいくつかの巡回群の直積に分解するという主張になる．

III. 44

結び目多項式

Knot Polynomials

W・B・R・リコリッシュ［訳：久我健一］

1. 結び目と絡み目

結び目とは 3 次元空間内の閉曲線（始点と終点が同じ曲線）で，途中で自身とぶつからないものをいう．**絡み目**とは，そのようないくつかの閉曲線ですべて互いに交わらないものをいう．各閉曲線はその絡み目の**成分**と呼ばれる．結び目と絡み目のいくつかの簡単な例を以下に示す．

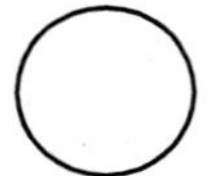
自明な結び目

三葉結び目

8 の字結び目

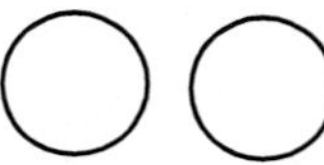
自明な絡み目

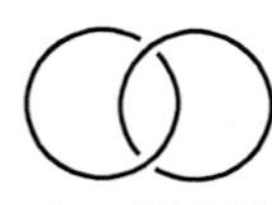
ホップ絡み目

ホワイトヘッド絡み目

二つの結び目が同値あるいは「同じ」とは，一方を，その「ひも」を切ることなく，連続的に変形移動して他方にすることができることをいう．このような移動を専門用語では**アイソトピー**という．たとえば，次の結び目はすべて同じである．

結び目理論の第一の問題は，二つの結び目が同じかどうかをどのように判断するかである．二つの結び目は著しく違って見えるかもしれないが，それらが違うことをどのように**証明**するのだろうか？ 古典幾何では，二つの三角形が同じ（あるいは**合同**）とは，一方を剛体的に移動して他方に移せることである．各三角形には，辺の長さと角の大きさを表す数値が与えられ，合同であるかどうかを判定する手助けになる．同様に，結び目と絡み目には**不変量**と呼ばれる数学的な量を与えることができ，二つの絡み目の不変量が異なれば同じ絡み目ではあり得ない，というように使うことができる．多くの不変量は，3 次元空間中での絡み目の補空間の幾何や位相に関連するものである．補空間の**基本群** [IV.6 (2 節)] は優れた不変量であるが，群を区別するために代数的技法が必要になる．J・W・アレクサンダーの多項式（1926 年出版）は，このような群を区別することから導出された絡み目不変量である．アレクサンダー多項式は**代数的位相幾何学** [IV.6] を基礎とするが，スケイン関係式（次項を参照）を満たすことが長く知られてきた．1984 年に発表されたホムフリー多項式はアレクサンダー多項式を一般化するもので，スケイン関係式の単純な組合せ論のみで基礎付けることができる．

1.1 ホムフリー多項式

絡み目は向き付けられていて，すべての成分には矢印で表された方向が与えられているとする．任意の向き付けられた絡み目 L に，ホムフリー多項式 $P(L)$ と呼ばれる 2 変数 v と z の整係数多項式（正と負の両方のベキを許す）が対応付けられる．この多項式は

$$P(\text{自明な結び目}) = 1 \tag{1}$$

を満たし，かつ線形の**スケイン関係式**

$$v^{-1}P(L_+) - vP(L_-) = zP(L_0) \tag{2}$$

を満たす．これは，三つの絡み目が，一つの交点の近くで

のようになっていて，これら以外は一致する図式で表されるとき，いつでも関係式 (2) が成り立つという意味である．v^{-1} や $-v$ の代わりに x と y を使うことは原理的には可能だが，この記号が良いことが判明する．アレクサンダー多項式は式 (2) の特別な場合を満たしていたのだが，この一般的な線形関係式が使えることが認識されるためには，ほぼ 60 年近い歳月と，ジョーンズ多項式の発見が必要であった．向き付けられた絡み目の図式の中の交点に二つの可能なタイプがあることに注意しよう．交点が**正**とは，下を通過する弧に沿って矢印の向きに交点に近づくとき，もう一方の向き付けられた弧が上を左から右に通過するように見えるときをいう．上を通過する弧が右から左に行くならば，その交点は**負**である．絡み目 L の一つの交点にスケイン関係式を適用するときには，交点が正ならば L を L_+ と見なし，負ならば L を L_- と見なす．これは間違えてはならない点である．

この理論を支える定理，すなわち，向き付けられた絡み目に対して，絡み目の図式の選び方に依存せず，一意に，整合的にこのような多項式を対応付けることができるという定理は，まったく明らかではない．一つの証明が Lickorish（1997）に与えられている．

1.2　ホムフリー多項式の計算

結び目の図式で，いくつかの交点を上交差から下交差に変えて，それを自明な結び目の図式にすることは常に可能である．同様の方法で，絡み目も自明にすることができる．このことを使って，任意の絡み目の多項式を上記の関係式から計算することができる．ただし，計算の長さは交点の数に関して指数関数的に増大する．以下は P(三葉結び目) の計算である．まず，スケイン関係式の次の場合を考える．

$$v^{-1}P(\ \ ) - vP(\ \ ) = zP(\ \ )$$

二つの自明な結び目の多項式に多項式 1 を代入すれば，この式から 2 成分の自明な絡み目のホムフリー多項式が $z^{-1}(v^{-1}-v)$ であることがわかる．スケイン関係式を再び使うと

$$v^{-1}P(\ \ ) - vP(\ \ ) = zP(\ \ )$$

となる．自明な絡み目に先の結果を代入すれば，この式からホップ絡み目のホムフリー多項式が $z^{-1}(v^{-3}-v^{-1})-zv^{-1}$ と等しいことがわかる．最後に，スケイン関係式の次の場合を考える．

$$v^{-1}P(\ \ ) - vP(\ \ ) = zP(\ \ )$$

ホップ絡み目に計算済みの多項式を代入し，もちろん自明な結び目には値 1 を代入すれば，

$$P(\text{三葉結び目}) = -v^{-4} + 2v^{-2} + z^2v^{-2}$$

であることがわかる．

同様の計算によって

$$P(8\ \text{の字結び目}) = v^2 - 1 + v^{-2} - z^2$$

がわかる．三葉結び目と 8 の字結び目は，このように異なる多項式を持つ．これによって，これらが異なる結び目であることが「証明」される．実験的には，ネックレスを使って三葉結び目を実際に作り，これを（両端を留め金で繋いで）動かしてみれば，8 の字結び目の形にはできないことがわかる．結び目の多項式は向き付けの選び方に依存しない（しかし，絡み目についてはそうならない）ことに注意してほしい．

結び目を鏡に映すことは，結び目の図式のすべての交点を上交差から下交差に，あるいはその逆に変えることに相当する（図式の面を鏡と考えよう）．この鏡像の多項式と元の結び目の多項式とは，現れる v をすべて $-v^{-1}$ に置き換えなければならないという点以外は一致する．したがって，三葉結び目とその鏡像

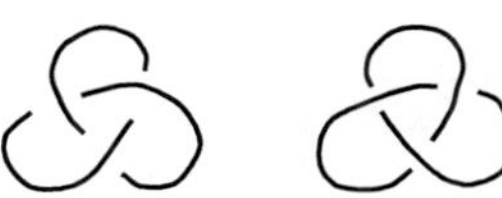

の多項式は

$$-v^{-4} + 2v^{-2} + z^2v^{-2} \quad \text{および} \quad -v^4 + 2v^2 + z^2v^2$$

となる．これらの多項式が異なるので，三葉結び目とその鏡像は異なる結び目であることがわかる．

2.　他の多項式不変量

ホムフリー多項式は，1984 年の V・F・R・ジョーンズの多項式の発見に動機付けられて誕生した．向き付けられた絡み目 L に対してジョーンズ多項式 $V(L)$ は，ただ一つの変数 t（t^{-1} も含む）を持つ．これは $v=t$ と $z=t^{1/2}-t^{-1/2}$ を代入すること

により，$P(L)$ から得られる．ここで，$t^{1/2}$ は単に t の形式的な平方根である．アレクサンダー多項式は $v=1$，$z=t^{-1/2}-t^{1/2}$ の代入によって得られる．後者の多項式は基本群，被覆空間，ホモロジー論を通して位相幾何的によく理解されており，行列式を含むさまざまな方法で計算することができる．J・H・コンウェイは，アレクサンダー多項式の独自の正規化版（ホムフリー多項式に $v=1$ を代入して得られる z の1変数多項式）を1969年に論じた中で，初めてスケイン関係式の理論を展開した．

線形のスケイン関係式に基礎付けられた多項式がもう一つある（L・H・カウフマンによる）．この関係式は向き付けられていない図式を持つ四つの絡み目を含んでおり，それらは次のように互いに異なっている．

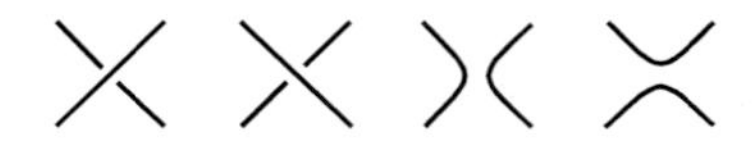

カウフマン多項式が区別できてホムフリー多項式が区別できない結び目の組の例も，その逆の結び目の組の例も存在する．また，これらの多項式のどれを用いても区別できない結び目の組もある．

2.1 交代結び目への応用

ジョーンズ多項式に対しては，「カウフマンのブラケット多項式」を用いた特に簡単な定式化があり，これによってジョーンズ多項式（ホムフリー多項式ではない）が整合的に定義されていることの簡単な証明が得られる．このアプローチをとることによって，P・G・テイト（Tait, 1898）の提案以来強く信じられてきた，結び目の既約交代図式はその結び目のすべての図式の中で交点の数が最小である，という主張の厳密な肯定的証明が初めて得られる．ここで「交代」とは，結び目に沿って進むと交差が「… 上交差，下交差，上交差，下交差，上交差 …」となることを意味する．すべての結び目がこのような図式を持つわけではない．「既約」とは，各交点において，図式の平面での補集合の領域の異なるものが四つ隣接していることを意味する．したがって，たとえば，非自明などの既約交代図式も，自明な結び目の図式ではない．また，8の字結び目が交点が三つだけの図式を持たないこともわかる．

2.2 物　理

アレクサンダー多項式とは違い，ホムフリー多項式は古典的な代数的位相幾何学の観点からの解釈が知られていない．しかし，結び目図式のある種のラベル付けについて和をとった状態和の集まりとして，再定式化することができる．これは統計力学の考え方を思い起こさせる．初等的解説が Kauffman（1991）に与えられている．ホムフリー多項式の理論全体の一つの拡張は，位相的場の理論と呼ばれるある種の共形場理論に通じる．

文献紹介

Kauffman, L. H. 1991. *Knots and Physics*. Singapore: World Scientific.

Lickorish, W. B. R. 1997. *An Introduction to Knot Theory*. Graduate Texts in Mathematics, volume 175. New York: Springer.

Tait, P. G. 1898. On knots. In *Scientific Papers*, volume I, pp. 273–347. Cambridge: Cambridge University Press.

III.45

K 理論

K-Theory

ティモシー・ガワーズ［訳：久我健一］

K 理論では，**位相空間** [III.90] X の最も重要な不変量の一つである，X の ***K* 群**と呼ばれる群の組を扱う．群 $K^0(X)$ を構成するためには，X 上のすべてのベクトル束（の同値類）をとり，直和を群演算として用いる．これによって直接得られるものは群ではなく，半群である．しかし，$\mathbb{N}$ から $\mathbb{Z}$ を構成するのと同じやり方で，半群から容易に群を構成することができる．すなわち，$a-b$ の形の形式的な式の同値類をとればよい．正の整数 i に対して群 $K^{-i}(X)$ を定義する自然なやり方がある．これは群 $K^0(S^i\times X)$ に密接に関連している．非常に重要な**ボット周期性定理**から $K^i(X)$ が i の偶奇性にしかよらないことが言える．したがって，実際にはちょうど二つの異なる K 群，$K^0(X)$ と $K^1(X)$ が存在することになる．より詳しくは，「代数的位相幾何学」[IV.6 (6節)] を参照されたい．

X がコンパクト多様体のような位相空間のとき，X から $\mathbb{C}$ へのすべての連続関数のなす C^* 代数 $C(X)$ を X に対応させることができる．K 群はこの代数を用いて定義することができ，しかもそれが $C(X)$ の形でない代数にも適用できることがわかる．特に，このやり方は積演算が非可換な代数にも適用できる．たとえば，K 理論は C^* 環の重要な不変量を与える．「作用素環」[IV.15 (4.4 項)] を参照されたい．

III.46

リーチ格子

The Leech Lattice

ティモシー・ガワーズ［訳：宮本雅彦］

d 次元ユークリッド空間 $\mathbb{R}^d$ における格子とは，d 個の線形独立なベクトル $v_1, \ldots, v_d$ を選び，整数係数の形の線形和 $a_1v_1 + \cdots + a_dv_d$（a_i は整数）全体を考えたものである．たとえば，平面 $\mathbb{R}^2$ における 6 方格子とは，$v_1 = (1,0)$ と $v_2 = (1/2, \sqrt{3}/2)$ の二つのベクトルを使って構成したものである．このとき，原点を中心に v_1 を $\pi/3$ 回転させると v_2 になり，さらに $\pi/3$ 回転させると，格子の点 $v_2 - v_1$ になる．これを繰り返すと，原点に近い格子上の 6 点がすべて出てきて，ちょうど正六角形の頂点となっている．

6 方格子は $\mathbb{R}^2$ の格子の中でも特別なものであり，位数 6 の回転対称性を持っている．これは，さまざまな観点で「最も良い」格子を与えている（たとえば，ミツバチは巣を 6 方格子状に作る．また，同じ大きさの石鹸泡は自然に 6 方格子の形になっていく）．リーチ格子は，24 次元において同じような役割を果たす．これはすべての 24 次元格子の中で「最も対称性が高い」ものであり，しかも，その対称性の集まりは驚くべき性質を持っている．この格子は，「数学研究の一般的目標」[I.4 (4 節)] の中で詳細に記述されている．

III.47

L 関数

L-Functions

ケヴィン・バザード［訳：三宅克哉］

1. 一連の数が並べられたとき，どのようにそれらを一括できるのか？

たとえば，一連の数

$$\pi, \quad \sqrt{2}, \quad 6.023 \times 10^{23}, \quad \ldots$$

が与えられたとき，これらを一つの対象として一括して記憶し，さらにこれらの数についての知識が浮かび上がるようにするにはどうすればよいだろう？一つの標準的な手法として**母関数** [III.32] を用いるやり方があるが，これとは別に，数論などで良い結果を生み出している手法がある．数列 $a_1, a_2, a_3, \ldots$ が与えられたとき，**ディリクレ級数**

$$L(s) = \frac{a_1}{1^s} + \frac{a_2}{2^s} + \frac{a_3}{3^s} + \cdots = \sum_{n \geq 1} \frac{a_n}{n^s}$$

を構成するものである．ここで，s はたとえば正整数でも実数でもよい．この数列 $a_1, a_2, a_3, \ldots$ があまり速く増大しない限り (今後この条件を前提とする)，級数 $L(s)$ は s の値が十分大きいところで収束する．さらに，与えられた数列が単純でも，この級数はなかなか「豊かな」内容を持っている．たとえば，すべての n に対して $a_n = 1$ であれば，$L(s)$ は有名な**リーマンのゼータ関数** [IV.2 (3 節)] $\zeta(s) = 1^{-s} + 2^{-s} + 3^{-s} + \cdots$ であり，$s > 1$ のときに収束する．特にオイラーによって際だった結果

$$\zeta(2) = \frac{\pi^2}{6}, \quad \zeta(4) = \frac{\pi^4}{90},$$
$$\zeta(12) = \frac{691\pi^{12}}{638512875}$$

が示されている（各偶数で類似した値が得られる)．このように，単純な数列 $1, 1, 1, \ldots$ でさえ，思わずその理由を知りたくなるような結果を提供する．

このゼータ関数は **L 関数**の原型の一つである．しかし，ディリクレ級数のすべてが L 関数と呼ばれるわけではない．以下このゼータ関数が持ついくつかの「良い」性質を見ていこう．大雑把に言えば，ディ

リクレ級数はこういった良い性質を持つときに L 関数であるとされる．これはもちろん正式な定義ではなく，実のところ L 関数の正式な定義というものはない（いろいろと定義を与えようと試みられているが，正式の定義として認知されているものはない）．実情としては，数学者が数学上のある対象 X に対して数列 $a_1, a_2, a_3, \ldots$ を対応させる方法を見つけ，そのディリクレ級数 $L(s)$ がゼータ関数の良い性質と類似した性質を持っていることが示されると，その $L(s)$ は X の L 関数と呼ばれることになる．

2.　$L(s)$ が持つ良い性質とは何か？

リーマンのゼータ関数は素数全体にわたる無限積 $\zeta(s) = \prod_p (1-p^{-s})^{-1}$ としても表示される．これは通常**オイラー積**と呼ばれており，ディリクレ級数が L 関数と銘打たれるためには，これに類似した積表示を持たなければならない．こういった表示が可能であるためには，数列 $a_1, a_2, a_3, \ldots$ は**乗法的**であること，すなわち m と n が互いに素であるならば $a_{mn} = a_m a_n$ であることが必要であり，それにいくらかの条件が加わる．

先へ進むためには数学の世界を広げなければならない．上の L 関数の定義において s を**複素数**に広げても，その実数部分が十分に大きい限りまったく問題はないし，これを示すことは難しくない．さらに，この級数は収束する複素平面上の領域で**正則関数** [I.3 (5.6 項)] を定義する．たとえば，上のゼータ関数を定義するディリクレ級数は $\mathrm{Re}(s) > 1$ ならば収束する．しかも $s \neq 1$ である複素数全体にまで正則関数として一意的に解析接続される．この現象はリーマンのゼータ関数の**有理型解析接続**として知られている．これに似通った例として，無限和 $1 + x + x^2 + x^3 + \cdots$ を考えよう．これは $|x| < 1$ の場合に限って収束し，和は $1/(1-x)$ と表されるが，この分数関数は 1 以外の複素数 x に対して自然に定義される．有理型解析接続は一般の L 関数にも求められる性質の一つである．しかし，注意すべきことは，ディリクレ級数を全複素平面上の有理型関数に解析接続することは，決して「形式論的な」技術問題ではないということである．数列 $a_1, a_2, a_3, \ldots$ をランダムにとったとき，それに対するディリクレ級数がその収束領域を超えて自然に解析接続される理由はまったく存在しない．解析接続の存在を要求するということは，とりも直さず，その級数にある種の対称性が内在しているとする明快な要請なのである．

この解析接続という主題に関しては，**リーマン予想** [V.26] について簡潔に触れておくべきであろう．これは次のような予想である．関数 $\zeta(s)$ が全複素平面上の関数に拡張されたとき，複素数 s で $\zeta(s) = 0$, $0 < \mathrm{Re}(s) < 1$ を満たすものはすべて，その実数部分が $1/2$ に等しい．多くの L 関数に対してリーマン予想と類似する予想が立てられている．

強調すべき究極の性質は，$\zeta(s)$ と $\zeta(1-s)$ とを結び付ける比較的簡単な公式が存在するということである．この性質はゼータ関数の**関数等式**と呼ばれ，L 関数の名に値するディリクレ級数は，類似した性質を持たなければならない（一般には，これはある実数 k に対して $L(s)$ と $\bar{L}(k-s)$ とを結び付ける．ただし，この $\bar{L}(s)$ は複素共役 $\overline{a_1}, \overline{a_2}, \overline{a_3}, \ldots$ によって与えられるディリクレ級数である）．

数論から出てきたディリクレ級数で，これら三つの鍵となる性質，すなわちオイラー積，解析接続，関数等式を持つ，あるいは持つと予想されているものは多く知られており，これらが L 関数として認知されるようになった．たとえば，A と B を整数とし，3 次多項式 $x^3 + Ax + B$ の 3 根が相異なるとき，等式

$$y^2 = x^3 + Ax + B \tag{1}$$

は**楕円曲線** [III.21] を定義し，これに関連して数列 $a_1, a_2, a_3, \ldots$ が自然に定まる（この a_n は，少なくとも n が素数のときは $\bmod n$ での方程式 (1) の解の個数と関係している．詳細は「数論幾何学」[IV.5 (5.1 項)] を参照）．しかし，これから決まるディリクレ級数 L 関数が複素平面全体に解析接続されるかどうかは長年の未解決問題であった．現在では，これが解析接続を持つ（しかも極を持たない）ことは，ワイルズやテイラーなどによる**フェルマーの最終定理** [V.10] の証明のもとになった深い結果から導き出される一つの結果であることが知られている．

3.　L 関数に関する要点は何か？

L 関数の最初の使用例の一つは，**ディリクレ** [VI.36] 自身によるものである．彼は「初項と公差が互いに素な」一般的な算術数列（等差数列）に無限個の素数が現れることを証明するためにそれを用いた（「解析的整数論」[IV.2 (4 節)] を参照）．リーマン予想はいま

だに解決されてはいないが，リーマンのゼータ関数の零点の位置に関してわかっている部分的な結果でさえ，素数の分布の理論における深い知識を与える．

しかし他方で，この百年以上にわたって数学者たちは L 関数の別の利用法に気づいてきた．何らかの数学的な対象 X に関連した L 関数について，それを定義するディリクレ級数が収束しないような典型的な s の値で $L(s)$ が生み出す数値が X の数論的性質と関わっている，とする深い予想がなされているのである！　したがって，L 関数を研究することによって X を調べることができることになる．この現象に関する基本的な例は，**バーチ–スウィナートン＝ダイヤー予想** [V.4] である．その弱い形の予想では，方程式 (1) に関連する L 関数が $s=1$ で値 0 をとるための必要十分条件は，式 (1) が x と y の双方が有理数であるような解を無限に持つことであるとされる．この予想については多くが知られており，ドリーニュ（Deligne），ベリンソン（Belinson），ブロック（Bloch），加藤和也によって大々的に一般化されている．しかし，この原稿の執筆時点では，その予想への解答は与えられていない*1)．

III.48

リー理論

Lie Theory

マーク・ロナン［訳：長谷川浩司］

1. リ　ー　群

群はなぜ数学で重要なのだろうか？　一つの大きな理由として，数学的構造は対称性を理解することで理解できることが多いことと，与えられた数学的構造の対称性の全体が群をなすことがある．ある種の数学的構造はとても対称性が高く，有限個の対称性だけでなく，連続な対称性の族を持つ．そのようなとき，われわれはリー群やリー代数の王国にいることを実感するのである．

最も簡単な「連続」群の一つは SO(2) であり，これは平面 $\mathbb{R}^2$ の原点を中心とするすべての回転がなす群である．SO(2) の各元に対しては，その回転の角度 θ を対応させることができる．角度 θ だけの反時計回りの回転を R_θ と表せば，群の作用は $R_\theta R_\varphi = R_{\theta+\varphi}$ で与えられる．ただし，$R_{2\pi}$ は単位元 R_0 と考える．

SO(2) は連続群であるだけでなく，**リー群**でもある．これはほぼ，それが群であって，その上の滑らかな（つまり，単に連続であるだけでなく，微分可能な）曲線という概念に意味のある定義を与えられるということである．SO(2) の二つの元 R_θ, R_φ に対しては，角 θ を角 φ になるまで滑らかに変化させることにより，R_θ, R_φ を結ぶ滑らかな道を容易に定義することができる（その最も見やすい方法は，t が 0 から 1 まで動くものとして，$R_{(1-t)\theta+t\varphi}$ とパラメータ付けることである）．リー群の任意の元の組を道で結ぶことができるとは限らず，それができるときを**連結**と呼ぶ．連結でない群の一例は O(2) であり，これは SO(2) および原点を含む対称軸に関する平面の折り返しすべてからなる．任意の二つの回転は道で結べるし，任意の二つの折り返しも結べるが，回転を折り返しに連続に変化させる方法はない．

リー群は**ソフス・リー** [VI.53] によって，微分方程式の**ガロア理論** [V.21] を作るために導入された．上の例と同様の，$\mathbb{R}^n$ あるいは $\mathbb{C}^n$ の可逆な線形写像からなるリー群は**線形リー群**と呼ばれ，重要な一族である．これは，線形リー群に対しては「連続」「微分可能」「滑らか」が何を意味するかを比較的確定させやすいためである．しかしながら，より抽象的な，元が線形変換として与えられるわけではない（実および複素の）リー群も考えることができる．リー群を最も一般的に正しく定義するためには，滑らかな**多様体** [I.3 (6.9 項)] の概念が必要である．しかしながら，ここでは簡単のため，主に線形リー群に話を限ることにしよう．

リー群を作る最も普通の方法は，与えられた空間で一つ以上の幾何的性質を指定し，それらを保つ変換を集めることである．たとえば**一般線形群** $GL_n(\mathbb{R})$ は，$\mathbb{R}^n$ から $\mathbb{R}^n$ への線形変換の全体として定義される．この群の中には**特殊線形群** $SL_n(\mathbb{R})$ があり，こ

*1) ［訳注］もう少し踏み込めば，すでに 2001 年の段階で，有理数体上で定義された楕円関数 E に対して，その L 関数 $L(E,s)$ が $s=1$ で 1 位の零点を持つならば E のモーデル–ヴェイユ階数は 1 であって，確かに E の有理数体上の有理点は無限に存在することや，$L(E,1)\neq 0$ であれば E の有理数体上の有理点は有限個しか存在しないことがわかっている．

れは体積と向きを保つ（言い換えれば，**行列式** [III.15] が 1 である）変換のみからなる．もし，代わりに距離を保つ線形変換の全体を考えれば，**直交群** $O(n)$ が得られる．距離と向きの両方を保つ線形変換を考えれば**特殊直交群**が得られ，これが $SL_n(\mathbb{R}) \cap O(n)$ と一致することも見やすい．$\mathbb{R}^n$ の剛体運動（すなわち，回転や折り返し，平行移動など，距離と角度を保つ任意の変換全体）のなす**ユークリッド運動群** $E(n)$ は，直交群 $O(n)$ と，平行移動の群（これは $\mathbb{R}^n$ と同型である）から生成される．以上のすべての群には，実数 $\mathbb{R}$ を複素数 $\mathbb{C}$ に置き換えた類似が存在する．たとえば，$GL_n(\mathbb{C})$ はすべての可逆な複素線形写像のなす群であり，直交群 $O(n)$ の複素数類似は**ユニタリ群** $U(n)$ である．さらに，**シンプレクティック群** $Sp(2n)$ があり，これは $O(n)$ や $U(n)$ の**四元数** [III.76] 類似である．これらは $E(n)$ を除き，確かに線形リー群であり，実のところ，$E(n)$ と同型な線形リー群を記述することも難しくない．

多くの重要なリー群の例は有限次元であり，大まかに言えば有限個の連続なパラメータで記述することができる（無限次元リー群は，重要ではあるが扱いが難しく，ここでは詳しく論じない）．たとえば，$\mathbb{R}^3$ の原点を固定する回転のなす群 $SO(3)$ は，3 次元である．それぞれの回転は三つのパラメータで指定でき，それらはたとえば x 軸，y 軸，z 軸のまわりの角度にとることができる．飛行機のパイロットには，これらは x 軸の向きを機首方向として，ロール，ピッチ，ヨーとして知られている．もう一つの方法は，回転を回転軸と回転角で特徴付けることである．二つのパラメータが（たとえば球面座標により）回転軸を指定するのに必要で，もう一つが回転角を指定する．この回転角は 0 から π の間にとることにしよう（回転角が π より大きい回転は，逆向きの回転軸を持つ回転角が π 未満である回転と同じである）．

$SO(3)$ は，次のように幾何的に表すことができる．B を，原点を中心とする半径 π の球体としよう．B に属する中心以外の任意の点 P に対し，$\mathbb{R}^3$ の回転で OP を軸とし（O は原点），回転角が原点 O から P までの距離に等しいものを対応させ，O 自身には恒等写像を対応させる．唯一の曖昧さは，回転角 π の回転が，B の表面の互いに対蹠な点 P, P' に対応してしまうことである．この曖昧さは，そのような二つの点の組を貼り合わせてしまえば除くことができる．以上で，$SO(3)$ が**位相空間** [III.90] としてどう見えるかがわかる．これは **3 次元射影空間** [I.3 (6.7 項)] $\mathbb{RP}^3$ にほかならない．群 $SO(2)$ は，これに比べるとより単純であり，位相的には円周と同値である．

リー群は，連続な動きを含むどのような分野にも自然に現れる．たとえば，飛行機の誘導装置の設計といった応用分野にも，また幾何や微分方程式といった純粋に数学的な話題にも現れる．リー群および，これと密に関係し以下に論じるリー代数は，いろいろな代数系，特に物理で量子力学に関連して生じる代数構造からも，しばしば現れる．

2. リー代数

ここまでに挙げた例のように，リー群はしばしば「曲がって」おり，非自明な位相を持つ．しかしながら，リー群には**リー代数**として知られる平坦な空間を対応させることで，有益な解析が行える．このアイデアは，球面のように対称性を持つものについて，まず接空間との関係から調べるのと似ている．リー代数はリー群に対し原点における接空間を考えるもので，これはリー群の「対数」と見ることもできる．

リー代数がどのように生じるかを見るため，線形リー群を考えよう．群の任意の元はベクトル空間の線形変換と見なすことができ，あるいは同値であるが，（座標のための基底を選ぶことで）正方行列と見なせる．一般には二つの行列 A と B は可換でない（すなわち，AB は BA と等しくない）．しかし，状況は単位行列 I の十分近くで見れば簡単になる．もし十分小さい正の数 ϵ と固定した行列 X, Y に対して $A = I + \epsilon X$ かつ $B = I + \epsilon Y$ であるとすれば，

$$AB = I + \epsilon(X + Y) + \epsilon^2 XY$$

かつ

$$BA = I + \epsilon(X + Y) + \epsilon^2 YX$$

である．

かくして，ϵ^2 の項を無視すれば，A と B は「ほぼ可換」であり，A と B の積は X と Y の和に「ほぼ対応」する．実際，X と Y はそれぞれ，A と B の「対数」と見ることができる．

そこで，非公式ながら，線形リー群 G の**リー代数** $\mathfrak{g}$ を，行列 X で，十分小さい ϵ に対しては $I + \epsilon X$ が ϵ^2 程度の誤差を除き G に含まれるようなもの全体の空間として定義しよう．たとえば，一般線形群

$GL_n(\mathbb{C})$ のリー代数 $\mathfrak{gl}_n(\mathbb{C})$ は，任意の $n\times n$ 複素行列からなる．リー代数は，群 G において可能な瞬間的方向とスピードの全体を記述するものと見ることもでき，正確には，G 上の滑らかな曲線 $\epsilon\mapsto R_\epsilon$ で，単位元 R_0 を通るものの微分 R_0' の全体として定義される．この定義はより抽象的なリー群に対しても困難なく拡張できる（飛行機のパイロットの例に戻れば，リー群 SO(3) は固定した座標系に関する現在の飛行機の向きの記述に使え，一方，そのリー代数 $\mathfrak{so}(3)$ の元は，飛行機の向きを滑らかに変化させるためにパイロットがひき起こした現在のロール，ピッチ，ヨーの度合いを表すのに使える）．

上で見たとおり，一般線形群 $GL_n(\mathbb{C})$ のリー代数 $\mathfrak{gl}_n(\mathbb{C})$ は $n\times n$ の複素行列全体である．特殊線形群 $SL_n(\mathbb{C})$ のリー代数 $\mathfrak{sl}_n(\mathbb{C})$ は，その中でトレースが 0 の行列全体からなる部分空間である．このことは，ϵ^2 の誤差を除いて $\det(I+\epsilon X)=1+\epsilon\mathrm{tr}X$ であること，したがって $\epsilon\mapsto I+\epsilon X$ が群の上の曲線ならば $\mathrm{tr}X=0$ となることによる．$SO(n)$ のリー代数 $\mathfrak{so}(n)$ は $O(n)$ のリー代数 $\mathfrak{o}(n)$ と等しく，それらはともに反対称行列の全体と一致する．同様の考察から，$U(n)$ のリー代数 $\mathfrak{u}(n)$ は反エルミート行列全体の空間に等しく，$SU(n)$ のリー代数 $\mathfrak{su}(n)$ はそのうちでトレースが 0 のものからなると分かる（行列が反エルミート的とは，それが自分自身の転置行列の複素共役の -1 倍であることである）．

リー群が積で閉じていることから，リー代数が和で閉じていることが示される．こうして，リー代数は（実）ベクトル空間となる．しかしながら，それは単にベクトル空間というに留まらない付加的構造を持つ．たとえば，A と B はリー群 G の二つの元であり，十分に単位元に近いとしよう．すると，十分小さい ϵ とリー代数 $\mathfrak{g}$ の元 X,Y とを用いて，$A\approx I+\epsilon X$, $B\approx I+\epsilon Y$ と書くことができる．A と B の**交換子** $ABA^{-1}B^{-1}$ は G の元で A と B がどの程度可換でないかを測るものであるが，少し行列の計算をすると，これが $I+\epsilon^2[X,Y]$（ただし $[X,Y]=XY-YX$）で近似できることがわかる．X,Y は X と Y の**リー・ブラケット**と呼ばれる．非公式には，これはまず無限小だけ X 方向に，次いで Y 方向に，さらに X の逆方向に，最後に Y の逆方向に，この順に動いたときの正味の動きの方向を表す．得られた新たな方向は，初めの方向 X,Y とはまったく異なったものとなりうる．

リー・ブラケットは，反対称性 $[X,Y]=-[Y,X]$ および**ヤコビ恒等式**

$$[[X,Y],Z]+[[Y,Z],X]+[[Z,X],Y]=0$$

という具合の良い恒等式を満たしている．実はこれらを用いて，リー代数を完全に抽象的に，行列にもリー群にもまったく関係させずに定義することもできる．それはちょうど，群，環，体が一連の代数的関係式を公理として用いることにより定義できることと同じであるが，ここではリー代数に対する抽象的路線には立ち入らないことにする．お馴染みのリー代数の例として，$\mathbb{R}^3$ に外積 $x\times y$ でリー・ブラケット $[x,y]$ を定義したものがある．なお，リー・ブラケットは結合法則を（自明なときを除き）満たさないことを注意しておく．

線形リー群 G から，$\mathfrak{g}$ にブラケットの演算 $[\cdot,\cdot]$ が自然に生じることを見た．逆に，もしリー群が連結であれば，それはリー代数の和と，スカラー倍と，ブラケットの演算からほぼ再構成することができる．より正確には，リー群の任意の元 A は，リー代数の元 X の**指数関数** [III.25] $\exp(X)$ として表される．たとえば，もし群が SO(2) であれば，これは $\mathbb{C}$ の単位円と同一視できる．この円周の 1 における接方向は垂直な直線であるから，リー代数は純虚数の集合 $\mathrm{i}\mathbb{R}$ と同一視できる（ただし，このリー代数は単に $\mathbb{R}$ だというのが普通である）．角 θ だけの回転は $\exp(\mathrm{i}\theta)$ と書ける．ここで，表示は 1 通りでなく，

$$\exp(\mathrm{i}\theta)=\exp(\mathrm{i}(\theta+2\pi))$$

であることに注意しよう．リー群 $\mathbb{R}$ のリー代数も $\mathbb{R}$ であることは見やすく（それには，$\mathbb{R}$ をこれと同型である正の実数のなす乗法群に置き換えてみるとよい），この場合，群の元の指数関数による表現は 1 通りである．一般に，二つの連結リー群が同じリー代数を持てば，これらは共通の普遍被覆群を持ち，それゆえ互いに深く関係し合う．

線形リー群の場合，指数関数はよく知られた公式

$$\exp(X)=\lim_{n\to\infty}\left(I+\frac{1}{n}X\right)^n$$

で与えられる．より抽象的なリー群の場合，指数関数は常微分方程式の言葉で最も良く表され*1)，それ

*1) 実際，リー群とリー代数は常および偏微分方程式の代数的側面を記述する良い道具である．時間とともに発展する方程式はリー群を用いてモデル化され，また，方程式

には 1 変数の微積分における等式

$$\frac{\mathrm{d}}{\mathrm{d}t}\mathrm{e}^{tX} = X\mathrm{e}^{tX}$$

の適切な一般化を用いる．しかしながら，リー群の非可換性により，$\exp(X+Y)$ は $\exp(X)\exp(Y)$ と等しいとは限らず，代わりの修正された等式として，**ベーカー–キャンベル–ハウスドルフの公式**

$$\exp(X)\exp(Y) = \exp\left(X+Y+\frac{1}{2}[X,Y]+\cdots\right)$$

がある．右辺の省略されている項は，リー・ブラケットを含んだそこそこ複雑な無限和からなる．リー代数とリー群を結ぶ指数写像はリー・ブラケットと密接な関係があり，このことからまずブラケットの演算の下にあるリー代数を調べたり，分類することで，リー群を調べたり分類することができるようになる．

3. 分 類

数学的構造が分類される場合，それは常に興味深いことであるが，その構造が重要で，かつ分類が安直でないときは，なおさらである．この基準によれば，リー代数の分類について得られている分類結果が興味深いことは否定できないし，それは 20 世紀の入り口前後における偉大な数学的達成とされている．

分類には**複素**リー代数のほうが扱いやすいことがわかる．すなわち，$\mathfrak{sl}_n(\mathbb{C})$ のように複素ベクトル空間の構造を持つリー代数である．実リー代数は，(実) 次元が 2 倍であり元のリー代数の**複素化**と言われる複素リー代数に埋め込むことができる．ただし，同じ複素リー代数が，いくつかの異なる実リー代数（複素リー代数の**実形**と呼ばれる）の複素化になっていることがある．

リー群とリー代数を分類するにあたり，最初のステップは**単純**なリー群およびリー代数に注目することである．これらは，さらに小さな部分に「分解」できないという意味で，素数の類似である．たとえば，ユークリッド運動群 $\mathrm{E}(n)$ は平行移動の群 $\mathbb{R}^n$ を連結な正規部分群として含む．この群による商をとれば，直交群 $\mathrm{O}(n)$ が得られ，したがって $\mathrm{E}(n)$ は単純群でない．より形式的には，リー群が**単純**とは，それが非自明で連結な正規部分群を持たないことであり，リー代数が**単純**とは，それが**非自明なイデアル** [III.81 (2 節)] を持たないことである．この意味で，リー群 $\mathrm{SL}_n(\mathbb{C})$ およびそのリー代数 $\mathfrak{sl}_n(\mathbb{C})$ は，任意の n に対して単純である．有限次元複素単純リー代数は，ヴィルヘルム・キリングおよび**エリー・カルタン** [VI.69] により，1888〜94 年に分類された．

この分類はしばしば**半単純**リー代数の文脈で位置付けられるが，ちょうど自然数が素数の積に 1 通りに分解できるのと同様に，それらは単純リー代数の直和への分解が（並べ替えを除いて）1 通りである．さらに，レビの定理によれば，一般の有限次元リー代数 $\mathfrak{g}$ は，半単純代数（$\mathfrak{g}$ の**レビ部分代数**という）と可解部分代数（$\mathfrak{g}$ の**根基**という）の組合せ（正確には「半直積」）で表される．可解リー代数は，**群論** [V.21] における**可解群**に当たるもので分類が難しいが，多くの応用においては半単純リー代数に，したがって単純リー代数に注目すれば十分である．

単純リー代数 $\mathfrak{g}$ はイデアルではないものの，互いに非常に良い関係にある小さな部分代数に分解される．$\mathfrak{sl}_{n+1}$ のときが典型的であり，それを用いて一般の場合を説明しよう．ここには $(n+1)\times(n+1)$ 行列でトレースが 0 の行列すべてが含まれているが，トレース 0 の対角行列全体を $\mathfrak{h}$ で表し，対角成分が 0 である上三角行列および下三角行列の全体をそれぞれ $\mathfrak{n}_+$ と $\mathfrak{n}_-$ で表せば，これは

$$\mathfrak{sl}_{n+1} = \mathfrak{n}_+ \oplus \mathfrak{h} \oplus \mathfrak{n}_-$$

と直和分解できる．二つの対角行列 X, Y は可換であり，したがってそれらのリー・ブラケット $[X,Y] = XY - YX$ は 0 である．つまり，X, Y が $\mathfrak{h}$ の元のとき $[X,Y]=0$ となる．任意の二つの元 X, Y について $[X,Y]=0$ が成り立つリー代数は，**可換（アーベル的）**と呼ばれる．

単純リー代数 $\mathfrak{g}$ はそれぞれ，部分空間 $\mathfrak{h}$ が**カルタン部分代数**と呼ばれる極大アーベル的部分代数であるような同様の分解を持つ（単純でないリー代数の場合，カルタン部分代数の定義はより複雑になる）．カルタン部分代数は重要である．それは代数の他の部分への作用が同時対角化されることによる．これが意味するのは，$\mathfrak{h}$ の補空間が**ルート空間**と呼ばれる $\mathfrak{h}$ 不変な 1 次元部分空間 $\mathfrak{g}_\alpha$ たちに分解されるということである．これを別の形で述べれば，もし X が $\mathfrak{h}$ の元で Y がルート空間の元ならば，$[X,Y]$ は

を記述するのに用いる微分作用素は，付随するリー代数によってモデル化される．しかしながら，リー理論と微分方程式を結ぶこの重要な点について，ここでは議論しない．

Y のスカラー倍であるということである（対角化には**代数学の基本定理** [V.13] が必要であり，それゆえ複素リー代数で考えたのである）．

$\mathfrak{sl}_{n+1}$ のときは以下のようになる．各ルート空間 $\mathfrak{g}_{ij}$ は，i 行 j 列（$i \neq j$）以外の成分がすべて 0 であるような行列のなす 1 次元空間である．$X \in \mathfrak{h}$ とし（すなわち，X がトレース 0 の対角行列で），$Y \in \mathfrak{g}_{ij}$ ならば，$[X,Y]$ も $\mathfrak{g}_{ij}$ に含まれることを確かめることは難しくない．実際

$$[X,Y] = (X_{ii} - X_{jj})Y$$

である．もし対角行列 X を，左上から並んだ n 個の成分を並べたベクトルと同一視し，e_i を第 i 成分のみ 1 で他は 0 であるベクトルとすれば，$X_{ii} - X_{jj}$ は $\langle e_i - e_j, X\rangle$ と表せる．このベクトル $e_i - e_j$ を**ルート**[*2]と呼ぶ．

一般に，複素半単純リー代数 $\mathfrak{g}$ は，ルート α と対応するルート空間 $\mathfrak{g}_\alpha$ で完全に記述される．$\mathfrak{g}$ の**階数**はカルタン部分代数 $\mathfrak{h}$ の次元のことであるが，これはルートの張るベクトル空間の次元に等しい．$\mathfrak{sl}_{n+1}$ は階数 n であり，そのルートはすでに見たベクトル $e_i - e_j$（$i \neq j$）である．ルートの集合は任意というには程遠く，それらは単純だがたいへん制約の強い幾何的性質に従っている．たとえば，ルート α を別のルート β と垂直な超平面について鏡映変換するとき，その結果である第 3 のベクトル $s_\beta(\alpha)$ は，やはりルートとなる．ここで，s_β は考えた鏡映を表す（「垂直」の意味を正確に述べるためには，カルタン部分代数に**キリング形式**と呼ばれる特別な内積を定義する必要があるが，ここでは議論しない）．これらの鏡映で生成される群は，このリー代数の**ワイル群**と呼ばれる．

ルートの全体は**ルート系**と呼ばれ，上に述べた幾何的性質によってすべてのルート系が分類され，したがってすべての複素半単純リー代数が分類されてしまう．この分類は，図 1 に示すように，**ディンキン図形**と呼ばれるたいへん素朴な図形で与えられる．

図形の各頂点（丸印）はそれぞれ，いわゆる**単純ルート**に対応している．各ルートは単純ルートの線形結合で表すことができ，その係数はすべて非負かすべて非正かのどちらかである．頂点を繋ぐ辺（の有無）の情報は，対応する単純ルートの内積を決めている．もし辺がなければ内積は 0 であり，辺が 1 重線ならば二つのルートは同じ長さで角度 120° をなす．1 重線のみからなる図形の場合，ルートの全体は $\mathbb{R}^n$ において，互いの角度が 90° あるいは 60° であるような直線の集合を定める．B_n, C_n, F_4, G_2 の図形の場合，矢印が書かれた辺を持つ頂点の対がある．矢印の方向は長いルートから短いルートへ向かっており，ルートの長さの比は初めの三つについては $\sqrt{2}$，G_2 については $\sqrt{3}$ である．これらの場合にはルートの長さはちょうど 2 種類あるが，1 重線の辺のみの場合は，すべてのルートの長さは等しい．

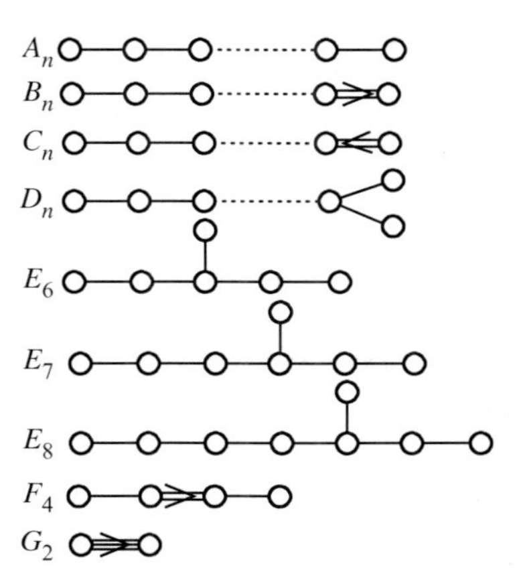

図 1 ディンキン図形

図形 A_n が $\mathfrak{sl}_{n+1}$ の場合である．単純ルートは $e_i - e_{i+1}$，$1 \leq i \leq n$ からなり，図形では左から右に並んだ頂点に当たる．それらの間の内積は，図形において隣り合っている場合は -1，それ以外の場合は 0 である．各ルート $e_i - e_j$ は，図形上のある連結成分に対応して係数がすべて 1 あるいはすべて -1 であるような単純ルートの和になっている．

四つの無限系列 A_n, B_n, C_n, D_n は**古典リー代数**に対応し，$\mathfrak{sl}_{n+1}(\mathbb{R})$，$\mathfrak{so}(2n+1)$，$\mathfrak{sp}(2n)$，$\mathfrak{so}(2n)$ はその実形である．これらはそれぞれ，対応する**古典リー群** $\mathrm{SL}_{n+1}(\mathbb{R})$，$\mathrm{SO}(2n+1)$，$\mathrm{Sp}(2n)$，$\mathrm{SO}(2n)$ のリー代数である．

すでに触れたように，階数 n の単純リー代数 $\mathfrak{g}$ は，次元 n のカルタン部分代数と，ルートごとにある 1 次元ルート空間の直和に分解する．このことから

$$\dim \mathfrak{g} = \mathfrak{g}\text{ の階数 } + \text{ ルートの数}$$

[*2] ［訳注］原文には「ルートベクトル」とあるが，$\mathfrak{g}_\alpha$ の基（今の場合，行列単位 $E_{ij} \in \mathfrak{g}_{ij}$）をルートベクトルと呼ぶことが多い．一般に，カルタン代数の元 h に対し $[h,X] = \alpha(h) \cdot X$ を満たす X が（すなわち，$\mathfrak{g}_\alpha$ の元が）ルートベクトルである．また，α がルートである．

である．各単純リー代数の次元は以下のようになる．

$$\dim A_n = n + n(n+1) = n(n+2)$$
$$\dim B_n = n + 2n^2 = n(2n+1)$$
$$\dim C_n = n + 2n^2 = n(2n+1)$$
$$\dim D_n = n + 2n(n-1) = n(2n-1)$$
$$\dim G_2 = 2 + 12 = 14$$
$$\dim F_4 = 4 + 48 = 52$$
$$\dim E_6 = 6 + 72 = 78$$
$$\dim E_7 = 7 + 126 = 133$$
$$\dim E_8 = 8 + 240 = 248$$

図形の各頂点（丸印）は単純ルートに対応し，それゆえ，そのルートと垂直な超平面に関する鏡映変換に対応する．この鏡映の集合がワイル群 W を美しく生成する．s_i で i 番目の頂点に対応する鏡映を表すと，W は位数 2 である元 s_i たちから，関係式

$$(s_i s_j)^{m_{ij}} = 1$$

で生成される（生成元と関係式については，「幾何学的・組合せ群論」[IV.10 (2 節)] を参照）．ここで m_{ij} は $s_i s_j$ の位数であるが，次の規則により図形から決まる．

(i) $s_i s_j$ は位数 2（i と j を結ぶ辺がないとき）
(ii) $s_i s_j$ は位数 3（辺が 1 重線のとき）
(iii) $s_i s_j$ は位数 4（辺が 2 重線のとき）
(iv) $s_i s_j$ は位数 6（辺が 3 重線のとき）

たとえば，A_n 型のワイル群は**対称群** [III.68] S_{n+1} と同型であり，$s_1, \ldots, s_n$ は互換 $(1,2)$, $(2,3)$, ..., $(n, n+1)$ にとることができる．なお，B_n 型と C_n 型のディンキン図形は，同じワイル群を与える．

原理的には，ルート系のこの分類からすべての有限次元半単純リー代数およびリー群の分類が従う．しかしながら，単純リー代数およびリー群についての多くの基本的な問いが，部分的にしか理解されずに残されたままである．たとえば，リー理論の特に重要な一つの目的は，与えられたリー群あるいはリー代数の線形表現すべてを理解することである．ここで，線形表現とは，大まかに言えば，抽象的なリー群あるいはリー代数を，各元に行列を対応させることにより線形リー群あるいは線形リー代数として解釈する方法のことである．すべての単純リー代数あるいはリー群について表現は分類され具体的に記述されているが，これらの記述は常に使いやすいものとは言えず，（与えられた表現がいかに簡単なものに分解するかといった）基本的な問いにも，しばしば代数的組合せ論の洗練された道具が必要となる．

上で概略を説明したルート系の理論は，無限次元リー代数の重要なクラスである**カッツ–ムーディ代数**の場合に拡張される．これらは物理学の（「頂点作用素代数」[IV.17] で述べられるような）いくつかの分野のほか，代数的組合せ論においても登場する．

III.49

線形および非線形波動とソリトン

Linear and Nonlinear Waves and Solitons

リチャード・S・パレ［訳：水谷正大］

1. ジョン・スコット・ラッセルと大きな移動波

広く世界的には，ジョン・スコット・ラッセルはそれ以前に建造されたどの蒸気船よりも大きなグレート・イースタン号を設計した海軍の設計士として知られている．しかしグレート・イースタン号が忘れ去られてからずっと後に，スコットはわずかな数学的素養だったにもかかわらず，彼が「大きな移動波」と呼んだ**ソリトン**として知られているきわめて重要な数学的概念を初めて認識した人として数学者に改めて評価されるようになった．よく引用される彼の一節で，それをどのように初めて知るようになったかを説明している．

> 私は狭い運河に沿ってボートが 2 頭の馬によって速く引かれているのを観測していた．ボートが急に止まったとき，それが動かしていた運河の水の塊は止まらずに，船の舳先のまわりに激しく擾乱されて集まり，突然舳先をあとにして大きく孤立した高さの形を保ちながら，丸く滑らかな水の山は運河に沿って減衰がないままに速い速度で進み続けた．私は馬に乗って，約 30 フィートの長さの幅と 1.5 フィートの高さで元の姿を維持しながら時速 8, 9 マイルで押し寄せていくのを追いかけた．その高さは徐々に失われ，1, 2 マイルの追跡の後に運河の曲がり

目で見失った．それが1834年の8月のある日に私が初めて出会った特異で美しい現象で，私は大きな移動波（wave of translation）と名付けた．

ラッセル（1884）

ラッセルがここで書いたことは何も珍しいことではないと感じたはずで，実際，昔も未来も多くの人が尋常でない何物かだと気づくことなく同じようなことを見てきている．しかし，ラッセルは波動現象に非常に親しんでいて，科学者の鋭い目を持っていた．彼を捉えたものは，長い距離を移動した舳先の波のその著しい**安定性**であった．彼は，無風の湖の上で伝搬する水の波を作ったとしても，それはたちまち小さなさざ波の列に拡散し，長い距離を渡る一つの「山」として進行しないことを知っていた．狭くて浅い運河を進行する水の波には明らかに何か特別なものがあったのである．

ラッセルはとりつかれたかのように彼の発見に心を奪われた．彼は家の裏に水槽を作って詳しい実験に取りかかり，ノートに結果データとスケッチを記録した．彼は，たとえばソリトンの速度はその高さに依存することを見出し，高さの関数として正しい速度公式を発見することすら行った．さらに驚くべきことには，ラッセルのノートには2ソリトン相互作用の注目すべきスケッチが見出されるのである．それは100年以上後にKdV方程式（第2節を参照）に対する厳密解として再発見されたときに驚きを引き起こしたものである．

しかしながら，これから見るように，ソリトンはきわめて非線形的な現象であり，ラッセルの時代の最高の数学者の何人かが，特にストークスやエアリーが当時可能であった水の波の線形理論を使ってラッセルの観測を理解しようとしたとき，彼らはソリトンのような挙動の痕跡を見出すことに失敗し，ラッセルが見たものが事実であることに疑義を呈した．

ラッセルの死以前に1871年のブシネ（Boussinesq）や1895年のコルテヴェーク（Korteweg）とド・フリース（de Vries）による洗練された非線形的な数学的取り扱いを使って，ラッセルの注意深い観察と実験は数学的理論と完全に一致していることがようやくわかった．大きな移動波の完全なる重要性が認識されるまでにはさらに70年かかり，それ以降20世紀の後半に徹底的な研究の対象となったのである．

2. コルテヴェーク–ド・フリース方程式

コルテヴェークとド・フリースは浅い運河内の水の波の運動を記述する適切な微分方程式を導いた最初の人であった．その方程式は通常**KdV方程式**と呼ばれ，次のように簡略形で書くことができる．

$$u_t + uu_x + \delta^2 u_{xxx} = 0$$

ここで，u はそれぞれ空間と時間を表す x と t の2変数関数である．「空間」は1次元で，したがって x は実数，また $u(x,t)$ は時刻 t で x における水面の高さを表す．記法 u_t は $\partial u/\partial t$ の略記で，同様に u_x は $\partial u/\partial x$，u_{xxx} は $\partial^3 u/\partial x^3$ を意味している．

これは**発展方程式**の例で，各 t について x を $u(x,t)$ に写す $\mathbb{R}$ から $\mathbb{R}$ への関数を $u(t)$ と書くと，方程式は関数 $u(t)$ がどのように時間「発展」するかを記述するのである．発展方程式に対する**コーシー問題**とは，その初期値 $u(0)$ のもとでこの発展を決定する問題である．

2.1 いくつかのモデル方程式

KdV方程式の大局を見るために，三つのほかの発展方程式を考えることは有用である．最初のものは古典的な**波動方程式** [I.3 (5.4項)]

$$u_{tt} - c^2 u_{xx} = 0$$

である．この方程式のコーシー問題を解くために，波演算子 $(\partial^2/\partial t^2) - c^2(\partial^2/\partial x^2)$ を積 $((\partial/\partial t) - c(\partial/\partial x))((\partial/\partial t) + c(\partial/\partial x))$ に因数分解する．このとき，いわゆる特性座標 $\xi = x - ct$, $\eta = x + ct$ に変換すると方程式は $\partial^2 u/\partial\xi\partial\eta = 0$ となり，明らかに一般解 $u(\xi,\eta) = F(\xi) + G(\eta)$ を持つ．「実験室座標」x, t に変換し直すと，一般解は $u(x,t) = F(x-ct) + G(x+ct)$ となる．初期の波形が $u(x,0) = v_0(x)$ で，その初期速度が $u_t(x,0) = v(x,0) = v_0(x)$ のとき，簡単な代数計算で次のきわめて明快な公式

$$u(x,t) = \frac{1}{2}[u_0(x-ct) + u_0(x+ct)] + \frac{1}{2c}\int_{x-ct}^{x+ct} v_0(\xi)\mathrm{d}\xi$$

が得られる．これは波動方程式に対するコーシー問題の「ダランベール解」として知られている．

重要な「弦をはじく例」，すなわち $v_0 = 0$ の場合の幾何学的解釈に注意する．初期形 u_0 は二つの「進行波」の和に分解し，両方同じ形 $(1/2)u_0$ になって一

つは右に，もう一つは左にともに速度 c で進行する．$u_0(x)=F(x)+G(x)$ より，$u_0'(x)=F'(x)+G'(x)$，一方 $v_0(x)=u_t(x,0)=-cF'(x)+cG'(x)$ というヒントからダランベール解を導出するのは簡単な演習である．

次に考える方程式は

$$u_t=-u_{xxx} \qquad (1)$$

で，KdV 方程式から非線形項 uu_x を落とすとこれが得られる．この方程式は線形であるだけでなく，平行移動不変（$u(x,t)$ が解なら，任意の定数 x_0 と t_0 に対して $u(x-x_0,t-t_0)$ もまた解であることを意味する）でもある．そのような方程式は**フーリエ変換** [III.27] を利用して解くことができる．形 $u(x,t)=\mathrm{e}^{\mathrm{i}(kx-\omega t)}$ の「平面波」解を求めてみよう．これを式 (1) に代入すると，方程式

$$-\mathrm{i}\omega\mathrm{e}^{\mathrm{i}(kx-\omega t)}=\mathrm{i}k^3\mathrm{e}^{\mathrm{i}(kx-\omega t)}$$

したがって簡単な代数方程式 $\omega+k^3=0$ を得る．これは式 (1) の**分散関係**と呼ばれる．フーリエ変換の助けを借りると，すべての解は $\mathrm{e}^{\mathrm{i}(kx-\omega t)}$ の形の解の重ね合わせであることを示すことは難しくなく，分散関係はその基本解において「波数」k が「角振動数」ω にどのように関係しているかを教えてくれる．

関数 $\mathrm{e}^{\mathrm{i}(kx-\omega t)}$ は，速度 ω/k で進行する波を表しており，それは先ほど $-k^2$ に等しいと示した．したがって，解の異なる平面波成分は異なる速度で進み，角振動数が高いほど速度は大きくなる．この理由で，方程式 (1) は**分散的**であると呼ばれる．

KdV 方程式から u_{xxx} の項を落としたら何が起こるだろうか？　このときは，**非粘性バーガーズ方程式**

$$u_t+uu_x=0 \qquad (2)$$

を得る．項 uu_x は $(\partial/\partial x)(\frac{1}{2}u^2)$ と書き直すことができる．t の関数である積分 $\int_{-\infty}^{\infty}u(x,t)\mathrm{d}x$ を考えよう．この関数の微分は $\int_{-\infty}^{\infty}u_t\mathrm{d}x$ で，式 (2) から

$$-\int_{-\infty}^{\infty}\frac{\partial}{\partial x}\left(\frac{1}{2}u^2\right)\mathrm{d}x$$

に等しくなって，これは $[-\frac{1}{2}u(x,t)^2]_{-\infty}^{\infty}$ に等しい．それゆえ，$\frac{1}{2}u(x,t)^2$ が無限遠で消えるとしたら，$\int_{-\infty}^{\infty}u(x,t)\mathrm{d}x$ は「運動の恒量」となる．非粘性バーガーズ方程式は**保存則**だということである（今使った議論は，F を u と x に関する偏微分の滑らかな関数とする $u_t=(F(u))_x$ の形の方程式に使うことができる．これは**一般化保存則**として知られている．たとえば，$F(u)=-(\frac{1}{2}u^2+\delta^2u_{xx})$ は KdV 方程式を与える）．

非粘性バーガーズ方程式（および F が u の関数であるような他の保存則）は**特性法**（method of characteristics）を使って解くことができる．この方法のアイデアは，コーシー問題に対する解がそれに沿って定数であるような xt 平面の曲線 $(x(s),t(s))$ を探すことである．s_0 を $t(s_0)=0$ であるものとし，$x(s_0)$ を x_0 と書くとしよう．このとき，解 $u(x,t)$ がこの曲線に沿ってとらなければならない定数値は $u(x_0,t)$ で，これを $u_0(x_0)$ と書く．このいわゆる**特性曲線**に沿った u の微分は $(\mathrm{d}/\mathrm{d}s)u(x(s),t(s))=u_xx'+u_tt'$ となり，その曲線に沿って定数であるような解を求めたいとき，その定数を零にする必要がある．したがって，$u_t=-uu_x$ という事実を使うと

$$\frac{\mathrm{d}x}{\mathrm{d}t}=\frac{x'(s)}{t'(s)}=-\frac{u_t}{u_x}=u(x(s),t(s))=u_0(x_0)$$

であることがわかり，特性曲線は傾き $u_0(x_0)$ の直線になる．言い換えると，u は直線 $x=x_0+u_0(x_0)t$ に沿って定数値 $u_0(x_0)$ である．

この最後の結果の次の幾何学的解釈に注意する．時刻 t の波形（つまり，写像 $x\mapsto u(x,t)$ のグラフ）を見つけるために，初期形の各点 $(x,u_0(x))$ を右に量 $u_0(x)t$ だけ平行移動する．初期形で u_0 が減少している部分を見ているとする．このとき，初期波の前にある（earlier）高い部分は（$u_0(x)$ が大きいために）大きな速度で移動し，波の負の傾きはますます大きく負になっていく．実際，有限時間後に波の前（earlier）の部分は後（later）の部分に「追いつき」，もはや関数のグラフを持たなくなる．この種の問題が初めて起こる時間は，波の破壊として視覚化できるために「破壊時間」と呼ばれている．この過程は通常，**衝撃形成**または**波形の急峻化と破壊**と言われ，その現象は多くの保存則について生じる．

2.2 分　割　法

さて，$u_t=-uu_x-u_{xxx}$ の形の KdV 方程式に戻ろう．なぜこの方程式がラッセルが実験的に観察したような著しい解の安定性を生じるのだろうか？直観的には，その理由は u_{xxx} 項の分散効果と uu_x 項の衝撃形成効果との間のバランスがあるためである．

この種のバランスを解析するためのごく一般的な技巧があることがわかる．それは純粋数学の世界

では通常**トロッター積公式**と呼ばれ，応用数学や数値解析の世界では**分割法**と呼ばれている．おおよそのアイデアは簡単で，t が $t+\Delta t$ に増加するとき，方程式 $u_t = -u_{xxx}$ から要請されるように，まず u を $u - u_{xxx}\Delta t$ に変化させる．それから，方程式 $u_t = -uu_x$ から要請される小さな変化として，さらに $u - u_{xxx}\Delta t - uu_x\Delta t$ へと段を刻む．関数 $u(x,t)$ を得るためには，初期関数 u_0 から始めて，この形の小さな階段を交互に続ける．その後，階段の大きさを零にしたときの極限をとる．

分割法は，KdV 方程式で u_{xxx} による分散が uu_x による衝撃形成をバランスさせる機構を理解する方法を示唆する．この方法で小さな階段の組の連続として構成された波形の発展を想像すると，u, u_x および u_{xxx} がさほど大きくないときに険立機構（steepening mechanism）が支配的になる．しかし，時刻 t が破壊時間 T_B に近づくと，u は有界のままに留まる（それは u_0 を水平に移動した部分からできているから）．最大の傾き（つまり，u_x の最大値）は関数 $(T_B - t)^{-1}$ のように爆発し，一方，同じ場所で u_{xxx} が関数 $(T_B - t)^{-5}$ のように爆発することを証明することは難しくない．よって，破壊時間の近傍および破壊点では u_{xxx} の項は非線形性を抑制し，衝撃の始まりを散らしてしまう．したがって，安定性はある種の負のフィードバックに起因している．コンピュータシミュレーションはそのようなシナリオの展開を示している．

3. ソリトンとその相互作用

KdV 方程式は 3 階の微分項による分散と非線形項による衝撃形成指向との間のバランスを表しており，実際，穏やかな分散と弱い非線形性を呈する 1 次元物理系の多くのモデルは，ある近似レベルで方程式を調整すると KdV 方程式に至ることを見てきた．

1894 年の論文で，コルテヴェークとド・フリースは KdV 方程式を導入し，浅い運河での波の運動を支配する方程式であるという説得力のある数学的議論を行った．彼らはまた，それがラッセルが水槽の助けを借りて実験的に決定・記述した，速度に対する高さの関係などの性質を持つ進行波解を許すことをはっきりとした数学的計算によって示した．

しかし，ずっとあとになって KdV 方程式のさらに著しい性質が明らかになった．1954 年に，フェルミ，パスタとウラム（FPU）はきわめて初期のデジタルコンピュータを使って非線形の回復力を持つ弾性的弦の数値計算を実行したが，その結果はエネルギーが系の基準モード間にどう分配されるかについての当時の予想に反した．10 年後に，ザブスキーとクラスカルは有名な論文の中で FPU の結果を再実験したが，FPU の弦は KdV 方程式でうまく近似されることを示した．彼らはその計算機実験において，FPU 実験で用いられたものに対応した初期条件に関する KdV 方程式のコーシー問題を解いた．そのシミュレーションの結果で彼らは初めて「ソリトン」の例を観測した．その用語は彼らが新しく作ったもので，ある KdV 方程式の解が呈する著しい粒子的挙動（弾性散乱）を表している．ザブスキーとクラスカルは，フェルミ–パスタ–ウラムによって観測された異常な結果をソリトンのコヒーレンスがどのように説明するかを示した．しかし，そのミステリーを解きながら，彼らはもっと大きな謎を発見した．KdV ソリトンの挙動はそれまで応用数学で知られていたものとは違っており，その著しい挙動を説明するための探求はその後 30 年にわたる応用数学の方向を変えるような一連の発見となったのである．この概略の背後にある数学的詳細のいくつかを埋めるために，KdV 方程式に対する厳密解の議論から始めよう．

KdV 方程式の進行波解を見つけるのは容易である．まず，進行波 $u(x,t) = f(x-ct)$ を KdV 方程式に代入し，常微分方程式 $-cf' + 6ff' + f''' = 0$ を得る．境界条件として f が無限遠で消えることを追加すると，所定の計算によって次の 2 パラメータの進行波解の族が導かれる．

$$u(x,t) = 2a^2 \operatorname{sech}^2(a(x - 4a^2t + d))$$

これらはラッセルが見た孤立波で，通常 KdV 方程式の **1 ソリトン解**と言われている．その振幅 $2a^2$ はその速度 $4a^2$ の半分であり，一方，その「幅」は a^{-1} に比例していることに注意する．それゆえ，高い孤立波はより薄く速く移動する．

次に，Toda（1989）に従って，KdV 方程式の 2 ソリトン解を導こう[*1)]．1 ソリトン解を $u(x,t) = 2(\partial^2/\partial x^2)\log\cosh(a(x-4a^2t+\delta))$，つまり $u(x,t) = 2(\partial^2/\partial x^2)\log K(x,t)$ と書き換える．ここで，

*1) これは完全に手品である！ 解の形を知っているだけで，K を賢く選択することができる．

$K(x,t) = (1 + e^{2a(x-4a^2t+\delta)})$ である．一般化して，$K(x,t) = (1 + A_1e^{2\eta_1} + A_2e^{2\eta_2} + A_3e^{2(\eta_1+\eta_2)})$ を持つ $u(x,t) = 2(\partial^2/\partial x^2)\log K(x,t)$ の形の解を探そう．ここで，$\eta_i = a_i(x - 4a_i^2t + d_i)$ であり，A_i と d_i は KdV 方程式に代入してどうなるかを見て選択する．KdV 方程式はこの形の $u(x,t)$ と任意の A_1, A_2, a_1, a_2, d_1, d_2 を満足するためには，$A_3 = ((a_2 - a_1)/(a_1 + a_2))^2 A_1A_2$ と定義しなければならないことがわかる．こうして得られる KdV 方程式の解を **2 ソリトン解**と呼ぶ．

こうした a_1 と a_2 の選択に対して

$$u(x,t) = 12\frac{3 + 4\cosh(2x - 8t) + \cosh(4x - 64t)}{[\cosh(3x - 36t) + 3\cosh(x - 28t)]^2}$$

を示すことができる．特に，$u(x,0) = 6\,\mathrm{sech}^2(x)$ であり，$u(x,t)$ は t が大きく負のときには漸近的に $2\,\mathrm{sech}^2(x - 4t - \phi) + 8\,\mathrm{sech}^2(x - 16t + (1/2)\phi)$ に等しく，t が大きく正のときには漸近的に $2\,\mathrm{sech}^2(x - 4t + \phi) + 8\,\mathrm{sech}^2(x - 16t - (1/2)\phi)$ に等しい．ここで，$\phi = (1/3)\log(3)$ である．

これが述べていることに注意する．$-T$ から T への（T は大きく正）発展を追うと，まず二つの 1 ソリトンの重ね合わせが見える．大きくて薄い波が左にあって，低く太くて右にゆっくり移動している波に追い付く．$t = 0$ の付近で，それらは一つの塊に合わさり（$6\,\mathrm{sech}^2(x)$ の形になって），それから再び離れて，それらの元の形を回復するが，高くて薄い波が右になっている．それらはあたかも互いにすれ違ったようである．その唯一の相互作用の影響は 1 組の位相シフトで，遅いものはもとのよりもわずかに遅れ，速いものはもとのよりもわずかに進む．位相シフトを除けば，最終的結果は線形相互作用から期待できるものである．二つのソリトンが出会ったときの相互作用を詳しく観察したときにのみ高い非線形性を検出できる（たとえば，時刻 $t = 0$ のときに結合した波の最大振幅 6 は，それらが分離したときの高いほうの波の最大振幅 8 よりも小さい）．しかし，本当に際立つことは二つの個々のソリトンの弾性で，衝突の後に戻ることのできる能力である．エネルギーが散逸することはなく，しかもその形が保たれるのである（驚くべきことに，Russell（1844, p. 384）には，ラッセルが水槽で実施した 2 ソリトン相互作用の実験のスケッチが残されている）．

さて，ザブスキーとクラスカルのコンピュータ実験に戻ろう．数値的理由から，彼らは周期境界条件の場合を取り扱うことにして，実際には直線上でなく円周上の KdV 方程式 $u_t + uu_x + \delta^2 u_{xxx}$（彼らは (1) とラベルした）を研究した．報告書では，$\delta = 0.022$ と選んで，初期条件 $u(x,0) = \cos(\pi x)$ を使った．上の事情を心に留めて，1965 年のレポートから次の引用を読むと興味深い．そこで初めて「ソリトン」という言葉を使っている．

> (I) 最初，式 (1) の最初の二つの項が支配的で，古典的な追い越し現象が起こる．つまり，負の傾きを持つ領域で u が険しくなる．(II) 次に，u が十分険しくなった後，3 番目の項が重要になり，不連続化の形成を防ぐように働く．代わりに，（オーダー δ の）小さな波長の振動が先頭の左手に発達する．振動の振幅は成長し，ついには各振動が（左から右に線形に増加する）ほとんど定常的振幅に達し，式 (1) の個々の孤立波の形になる．(III) 最後に，各「孤立波的パルス」すなわち**ソリトン**は，振幅に線形に比例する（パルスが生じた u の背景値に比べた）割合で一様に移動し始める．したがって，ソリトンはばらばらに広がる．周期性のために，二つ三つのソリトンがついには空間的に重なり，非線形的に相互作用する．相互作用をしてすぐ後に，それらは大きさや形には事実上影響がないように再現される．言い換えれば，ソリトンは，そのアイデンティティを失うことなく「通過する」のである．ここに，相互作用する局所パルスが不可逆的に散乱しない非線形な物理過程を得たのである．
>
> Zabusky and Kruskal（1965）

文献紹介

Lax, P. D. 1996. *Outline of a Theory of the KdV Equation in Recent Mathematical Methods in Nonlinear Wave Propagation*. Lecture Notes in Mathematics, volume 1640, pp. 70-102. New York: Springer.

Palais, R. S. 1997. The symmetries of solitons. *Bulletin of the American Mathematical Society* 34:339-403.

Russell, J. S. 1844. Report on waves. In *Report of the 14th Meeting of the British Association for the Advancement of Science*, pp. 311-90. London: John Murray.

Toda, M. 1989. *Nonlinear Waves and Solitons*. Dordrecht: Kluwer.
【邦訳】戸田盛和『非線形波動とソリトン 新版』（日本評論社，2000）

Zabusky, N. J., and M. D. Kruskal. 1965. Interaction of solitons in a collisionless plasma and the recurrence of initial states. *Physics Review Letters* 15:240-43.

III.50

線形作用素とその性質

Linear Operators and Their Properties

ティモシー・ガワーズ［訳：石井仁司］

1.　線形作用素の例

ベクトル空間 [I.3 (2.3 項)]V からベクトル空間 W への**線形写像** [I.3 (4.2 項)] とは，条件 $T(\lambda_1 v_1 + \lambda_2 v_2) = \lambda_1 T v_1 + \lambda_2 T v_2$ を満たす関数 $T : V \to W$ のことである．「線形変換」と「線形作用素」という言葉は「線形写像」とほとんど同じように使われる．前者は線形写像のある対象物への影響あるいは効果に注意を向けたいときによく使われる言葉である．たとえば，鏡映や回転といった幾何学的な操作を表すのには，「変換」という言葉をよく使う傾向にある．「作用素」は，無限次元空間の間の線形写像に対してよく使われる言葉であり，特に，ある代数をなす線形写像の集まりを意識するときによく使われる．このような写像がこれから議論されるものである．

まず，線形作用素のいくつかの例を挙げる．

(i) X を，無限数列を要素とする**バナッハ空間** [III.62] とする．このとき，X から X への「移動」S が定義できる．この S は数列 $(a_1, a_2, a_3, \ldots)$ を数列 $(0, a_1, a_2, a_3, \ldots)$ に移す写像である（別の言い方をすれば，この写像は数列の最初に 0 をおき，元の数列の各項を右に 1 項分だけ移動する）．この写像 S は線形であり，X のノルムがあまり病的でなければ，S は X から X への連続関数となる．

(ii) X を，閉区間 $[0, 1]$ 上で定義された関数のある集まりであるような**関数空間** [III.29] とする．w を $[0, 1]$ 上の一つの関数とする．このとき，関数 f を積 fw（関数 $x \mapsto f(x)w(x)$ を簡単に表したもの）に移す写像 M は線形であり，w が適当な意味で十分に小さければ，M は X から X への連続線形写像である．このような写像は**乗算作用素**と呼ばれる（「乗算作用素であること」は空間 X と写像 M だけによるのではなく，X を関数の空間として表現する方法にもよることで，この性質は写像の内在的性質とは言えない）．

(iii) もう一つの関数空間上の線形作用素を定義する大事な方法は，**核**を用いるやり方である．これは 2 変数の関数 K であり，その使い方は有限次元空間の間の写像を行列を使って定義するのと同様である．すなわち，K を使って，公式

$$Tf(x) = \int K(x, y) f(y) \mathrm{d}y \tag{1}$$

により線形写像 T が定義される．この公式と，行列と列ベクトルの積を定義する公式

$$(Av)_i = \sum_j A_{ij} v_j$$

の間の形式的な類似性に注意する．ここでも，K が適当な条件を満たせば，式 (1) によって定義された T は連続線形写像になる．

核によって定義される線形作用素の格好の例として，**フーリエ変換** [III.27] $\mathcal{F}$ がある．これは $L^2(\mathbb{R})$ の関数をもう一つのこのような関数に移す．その定義は

$$(\mathcal{F}f)(\alpha) = \int_{-\infty}^{\infty} f(x) \mathrm{e}^{-\mathrm{i}\alpha x} \mathrm{d}x$$

であり，この場合の核は $K(x, \alpha) = \mathrm{e}^{-\mathrm{i}\alpha x}$ である．

(iv) f はたとえば $\mathbb{R}$ 上の微分可能な関数であるとして，その導関数を Df と書くことにする．このとき，$D(\lambda f + \mu g) = \lambda Df + \mu Dg$ が成り立つので，D を線形写像と見ることができる．D を作用素と見るためには，f が適当な関数空間に属する必要がある．このための最も望ましい方法は，状況によって違ってくる．良い関数空間を選ぶことは非常に重要であり，このことは微妙な問題を引き起こす可能性がある．一つの方法は，関数空間のすべての関数に対して D を定義しようとしたり，D に連続であることを要請したりしないことである．D が不連続でも，関数の稠密な部分集合上で定義されていれば十分である状況も時折ある．

同様に，**勾配** [I.3 (5.3 項)] や**ラプラシアン** [I.3 (5.4 項)] のような多くの偏微分作用素は，適当な設定のもとで線形作用素である．

2.　線形作用素の代数

個々の作用素も重要かもしれないが，線形作用素は，それが集まって作用素の族をなすことがなければ，それほど興味深いものではなかったかもしれない．X がバナッハ空間ならば，X からそれ自身への連続線形作用素すべての集合 $B(X)$ は，**バナッハ**

環と呼ばれる構造を持つことで知られている．粗く言って，このことの意味は，この集合がバナッハ空間であり（作用素 T のノルム $\|T\|$ は，$\|x\| \leq 1$ を満たす x のすべてに対する $\|Tx\|$ の上限として定義される），その要素同士を加えられるばかりでなく，掛け合わせられるということである．T_1 と T_2 の積は，二つの合成 T_1T_2 として定義される．不等式 $\|T_1T_2\| \leq \|T_1\|\|T_2\|$ が成り立つことは簡単にわかる．この代数構造は，X が**ヒルベルト空間** [III.37] H のときには特に重要である．$B(H)$ の部分環は，非常に豊かな構造を持つ．これについては「作用素環」[IV.15] において議論される．

3. ヒルベルト空間上で定義された線形作用素の性質

一般のバナッハ空間と違って，ヒルベルト空間 H は内積を持つ．したがって，H から H への連続線形作用素が内積と関係した何らかの性質を持つと考えることは自然である．この基本的な考えから，いくつかの定義に導かれ，それによって重要な作用素のクラスが見出される．

3.1 ユニタリ作用素と直交作用素

最も自然でわかりやすい条件として，作用素 T が内積を保存するというものがある．この意味は，任意の二つのベクトル $x, y \in H$ に対して $\langle Tx, Ty \rangle = \langle x, y \rangle$ が成り立つことである．特に，このことから，すべての $x \in H$ に対して $\|Tx\| = \|x\|$ が成り立つことが導かれる．したがって，このとき，T は等長写像である（すなわち，距離を保存する）．もし，さらに T の逆写像が存在するならば（このことは T の像が H 全体であることと同値である），T は**ユニタリ**作用素と呼ばれる．ユニタリ作用素の全体は群をなす．もし H が n 次元ならば，この群は重要な**リー群** [III.48 (1 節)] であり，$U(n)$ と表記される．もし H が（複素ヒルベルト空間ではなくて）実ヒルベルト空間ならば，「ユニタリ」の代わりに「直交」という言葉が使われる．対応したリー群は $O(n)$ と表される．$n = 3$ のときには，直交作用素（あるいは，直交変換）の群は，回転と鏡映が生成する群に等しい．したがって，$O(n)$ は回転と鏡映が生成する群の n 次元への一般化である．

3.2 エルミート作用素と自己共役作用素

H から H への作用素 T が与えられたとき，すべての x, y に対して $\langle Tx, y \rangle = \langle x, T^*y \rangle$ を満たす H から H への作用素 T^* が存在する．この作用素は一意に決まり，T の共役作用素[*1] と呼ばれる．次に取り上げる T の性質としては，T がその共役作用素と等しいというものを考える．これは，すべての x, y に対して $\langle Tx, y \rangle = \langle x, Ty \rangle$ という条件を満たすことと同じものである．この性質を持つ作用素は，**エルミート作用素**あるいは**自己共役作用素**[*2] と呼ばれる．自己共役作用素の簡単な例として，空間 $L^2[0, 1]$ 上の乗算作用素で，その定義に現れる掛け合わせる関数が有界実数値関数であるものがある．すぐに見るように，ある意味で，自己共役作用素はこの例のようなものに限られる．

3.3 行列の性質

H が正規直交基底を持つ有限次元空間であるとき，この基底に関して T を行列 A で表現することができる．上に述べたような T のいろいろな性質は，行列 A の対応した性質と見ることができる．行列 A の**転置行列**は $(A^{\mathrm{T}})_{ij} = A_{ji}$ とおいて定義される行列 A^{T} であり，また，**共役転置行列**は $(A^*)_{ij} = \overline{A_{ji}}$ とおいて定義される行列 A^* である．行列 A は，AA^* が単位行列であれば**ユニタリ行列**であり，A が実行列であり，しかも AA^{T} が単位行列であれば直交行列であり，$A = A^*$ が成り立てばエルミート行列であり，A が実行列であり，$A = A^{\mathrm{T}}$ が成り立てば対称行列である．作用素 T は，行列表現 A がこれら四つの性質の中の一つを持てば，対応する性質を持つ．ただし，「エルミート」と「対称」には「自己共役」を対応させる．

3.4 スペクトル定理

ユニタリ作用素の共役作用素は，**逆作用素**でもあることに注意しよう．特に，ユニタリ作用素も対称作用素も，その共役作用素と交換可能である．この性質を持つ作用素を正規作用素と呼ぶ．よく知られたスペクトル定理により，正規作用素は重要である．T が有

---

*1) ［訳注］随伴作用素とも呼ばれる．

*2) ［訳注］自己随伴作用素とも呼ばれる．原著には，ただし書きとして，自己共役作用素という用語が実ヒルベルト空間の場合に用いられるとの記述があるが，実情と異なると訳者には思われる．

限次元空間 H 上の正規作用素であるならば，このスペクトル定理によれば，H は T の固有ベクトルからなる**正規直交基底** [III.37] を持つ．言い換えると，互いに直交する単位ベクトルからなる H の基底であって，この基底に関する行列 T は対角行列であるものが存在する．これは線形代数において非常に役に立つ定理である．一般に，T がヒルベルト空間 H 上の正規作用素であるとき，スペクトル定理は，H の「基底」のようなものがあり，これに関して T の作用はスカラー倍になることを主張する．少し言い換えると，H から，ある**測度** [III.55] に関する 2 乗可積分関数のなすヒルベルト空間 H' への等長同型写像 ϕ であって写像 $\phi T\phi^{-1}$ は乗算作用素になるものが存在する．

3.5　射　　影

もう一つのヒルベルト空間上の写像の重要なクラスは，**直交射影**[*3)]の全体である．一般に，環の元 T が $T^2 = T$ となる性質を持つとき，ベキ等元であるという．この環として，空間 H 上の作用素環を考えているときには，(ベキ等元) T を射影と呼ぶ．この呼び方が適当であることを理解するために，次のことに注意しよう．どの点 x も T で H の部分空間 TH に移され，($T(Tx) = T^2x = Tx$ だから) この部分空間のすべての点は T で移すときに不動である．Tx が $x - Tx$ にいつでも直交するならば，この射影は**直交射影**であるという．この意味は，次のようなことである．T は H のある部分空間 Y への射影であり，任意の点をこの点からの距離が最小になる Y の点に対応させる．したがって，ベクトル $x - Tx$ は部分空間 Y 全体に対して直交する．

III.51

数論における局所と大域

Local and Global in Number Theory

フェルナンド・Q・グヴェア［訳：三宅克哉］

アナロジーは強力な手段である．二つの理論の間に平行性が見出されるとき，その一方から他方へと洞察を移植できることがよくある．何かを「局所的に」検討するというアイデアは，関数論から来ている．これが関数と数の間のアナロジーによって数論に移され，まったく新しい種類の数である p 進数が導入され，**局所–大域原理**が見出された．これはいまや現代数論における指導原理の一つとなっている．

1.　関数を局所的に調べる

さて，多項式

$$f(x) = -18 + 21x - 26x^2 + 22x^3 - 8x^4 + x^5$$

を例として取り上げるとしよう．具体的に与えられたこの形そのものから，取り出せる事柄は少なくない．たとえば，$x = 0$ を代入すると，$f(0) = -18$ であることがすぐにわかる．また，直ちにというわけではないが，たとえば，$f(2)$ とか $f(3)$ といった値については，いくらかの算術をすれば求められる．もっとも，この多項式を

$$f(x) = 5(x-2) - 6(x-2)^2 - 2(x-2)^3 + 2(x-2)^4 + (x-2)^5$$

と書き直しておけば，$f(2) = 0$ であることも直ちにわかる（もちろん，これら二つの表示が同じ多項式を表すことを確認しておくことは必要である！）．同様に，$f(x)$ が

$$f(x) = 10(x-3)^2 + 16(x-3)^3 + 7(x-3)^4 + (x-3)^5$$

と表されることを確認しておけば，$f(3) = 0$ であるばかりか，$f(x)$ が $x = 3$ で 2 重根を持つことも直ちにわかる．

こういった事情を見てみれば，$f(x)$ の最初の表示は「$x = 0$ における局所的なもの」と見なせる．事実，それは x の値として 0 を他の値のどれよりも優先させているからである．同様に，$f(x)$ の他の二つの表示は，それぞれ x の値 2 および 3 での局所的なものと見なせる．他方，$f(x)$ を

$$f(x) = (x-2)(x-3)^2(x^2+1)$$

と表すならば（この表示も正しい），これがさらに「大域的である」ことは明らかであろう．この表示から，$f(x) = 0$ の根が $2, 3, \pm\sqrt{-1}$ で尽くされることばかりか，3 が 2 重根であることもはっきりする．

同じアイデアは，無限的な表示を許すならば，多

*3)　［訳注］正射影とも呼ぶ．

項式でない関数にも適用される．関数

$$g(x) = \frac{x^2 - 5x + 2}{x^3 - 2x^2 + 2x - 4}$$

の場合を見てみよう．まず，0 では局所的に

$$g(x) = -\frac{1}{2} + x + \frac{1}{2}x^2 - \frac{3}{8}x^3 - \frac{3}{16}x^4 + \frac{7}{32}x^5 + \cdots$$

と表され，2 では局所的に

$$\begin{aligned} g(x) = &-\frac{2}{3}(x-2)^{-1} + \frac{5}{18} + \frac{5}{54}(x-2) \\ &- \frac{35}{324}(x-2)^2 + \frac{55}{972}(x-2)^3 \\ &- \frac{115}{5832}(x-2)^4 + \frac{65}{17496}(x-2)^5 + \cdots \end{aligned}$$

と表される．今回は $(x-2)$ の負のベキを用いる必要がある．というのは，$x=2$ を代入しようとすると，$g(x)$ の分母が 0 になるからである．とはいえ，この表示から見ると，2 での「悪い」状態はそれほど悪くはないことがわかる．実際，この表示から，$g(2)$ は定義できないが，$(x-2)g(x)$ は $x=2$ では定義され，値は $-2/3$ になることがわかる．

こういった展開を次々と求めていくことは容易である．一般の関数を $x=a$ において局所的に扱うためには，場合によっては $(x-a)$ の分数ベキを用いなくてはならなくなる．しかし，それ以上にまずい状況が生じることはない．このような展開表示は，関数論ではたいへん強力な道具になる．数論における p 進数の発見は，上と同様に強力な道具を数論に導入したいという欲求が，その動機の一つとなった．

2. 数は関数のようなもの

数と関数の間にアナロジーが見られることを最初に実証したのは，**デデキント** [VI.50] とハインリヒ・ウェーバーであった．彼らの枠組みでは，正の整数は多項式と対応しており，分数は上記の関数 $g(x)$ のような多項式の商と見なされた．より複雑な関数には，より複雑な種類の数が対応する．たとえば，**楕円関数** [V.31] はある種の代数的数と対応し，また，$\sin(x)$ は e や π のような**超越数** [III.41] に対応する．

デデキントとウェーバーは「関数は数のようである」というアイデアを推し進めて関数の理解を深めようとした．特に彼らは，代数的数を研究するために開発された技術が，代数関数として知られるようになる一群の関数にも適用できることを示した．そこで，クルト・ヘンゼルはこう考えた．もし関数が数に似ているなら，数は関数に似ているに違いない．彼は特に，関数論できわめて有用な局所的な展開に対応する数におけるアナロジーを見つけようと乗り出した．

ヘンゼルのアイデアを見るために，数を表示する通常の方法がそれなりにうまい仕組みになっていることを確認しておこう．たとえば，ある数を 34291 と表示するとき，これは実際には

$$34291 = 1 + 9 \cdot 10 + 2 \cdot 10^2 + 4 \cdot 10^3 + 3 \cdot 10^4$$

を意味している．ここで 10 を変数 x のようなものと考えると，これはちょうど一つの多項式のように見えてくる．そればかりか，多項式に $(x-a)$ を用いた別の表示を与えることができるように，数を別の基数によって書くことができる．たとえば，

$$34291 = 4 + 4 \cdot 11 + 8 \cdot 11^2 + 3 \cdot 11^3 + 2 \cdot 11^4$$

と書ける．この表示を求めることは簡単である．まず，34291 を 11 で割って，余りを見る．これは 4 であり，これが最初の項である．次に，元の数からこの 4 を引き，さらに 11 で割る．すると

$$34291 - 4 = 34287 = 3117 \cdot 11$$

が得られる．そこで 3117 を 11 で割り，余りを求めると，上の表示の第 2 項が得られる．この操作を繰り返していけば，基数が 11 の 11 進展開が得られる．

このように述べるとこれで何ら問題なく進みそうだが，見過ごしてはならないことが一つある．それは，10 は実のところ $(x-2)$ とはいささか異なった性質を持っていることである．すなわち，10 は因数分解できるが，$(x-2)$ はもはや分解できない．したがって，10 を基数として展開するということは，多項式を，たとえば $(x^2-3x+2)=(x-1)(x-2)$ で展開することに通じる．このような展開は実際には局所的ではなく，x の二つの値を同時に見ていることになる．同様に，10 進展開では 2 の情報と 5 の情報とが混在している．結論を言えば，展開の基数には必ず**素数**を用いる必要がある．

考え方をはっきりさせるために，$p=11$ の場合を考えよう．すでに見たように，正整数は 11 進展開される．すなわちそれは「11 のベキによる多項式」として表される．それでは，分数についてはどうだろう？そこで $1/2$ を考えてみよう．最初のステップは余りを見つけること，すなわち (0〜9 の) 整数 r で $1/2-r$ が 11 で割り切れるものを定めることが必要である．

さて，$1/2-6=-11/2=-(1/2)\cdot 11$ である．したがって，第1項は6である（ここで，割れるということの意味を確認するために，$r=6/11$ の場合にどうなるかを見ておこう．このとき，$1/2-r=-1/22$ であり，因数11が現れるが，それが分母に現れてしまう．これはまずい．ところが，$r=6$ の場合こうはならない．また，整数 r, $0\leq r\leq 10$ で $1/2-r$ を既約分数で表したときに因数11が現れるのは $r=6$ に限る）．

さて，商の $-1/2$ に対して上のステップを繰り返そう．今回は $-1/2-5=-11/2=-(1/2)\cdot 11$ となる．よって展開の第2項は $5\cdot 11$ である．しかも，次のステップでは，また $-1/2$ を扱うことになる！したがって，このあとは単に同じことが繰り返されることになり，展開の残りの項のすべてにおいて，係数として5が続く．すなわち，

$$\frac{1}{2}=6+5\cdot 11+5\cdot 11^2+5\cdot 11^3+5\cdot 11^4+5\cdot 11^5+\cdots$$

である．ここで等号が何を意味しているかは問題であるが，ともかくも11のベキによる無限展開が得られた．これが1/2の **11進展開**と呼ばれるものである．さらに，この展開表示は算術を繰り広げるにあたっても「うまく」行っている．たとえば，それに2を掛けて，次々に繰り上げていけば（$2\cdot 6=12=1+11$, $2\cdot 6+2\cdot(5\cdot 11)=1+11+10\cdot 11=1+11^2$ など），結局1が得られる．

ヘンゼルはこういった操作が，無限展開を許すならば，すべての代数的数に対しても可能であることを示した．ただし，たとえば5/33のように，同様の形の数を扱うために有限個の11の負ベキを許す必要がある．また，場合によっては，さらに11の分数ベキを導入する必要も生じる．彼はこのような展開式を「11における局所的な」情報を与えるものであると論じた．どの素数 p についても，これは同様である．もし素数 p が与えられたならば，本来の数を p のベキによる展開式によって表示し，それを「p において局所的に」考察することができる．このようにして得られる表示を **p 進展開**と呼ぶ．関数の場合とまったく同様に，このような展開を見れば，一つの数がどのように p によって割られるのかが直ちに見えるが，その数の p 以外の素数に関係する情報は隠されてしまう．この意味で，こういった展開式はまさしく「局所的」である．

3. p　進　数

最良の解答は常に新たな疑問を生み出す．有理数は必ず p 進展開され，その表示によって直接に「算術をする」ことができる．ひとたびこのことが発見されるや，はたしてこれによって数の世界が拡大されたのかどうかが問われることになる．素数 p が選ばれると，有理数はいずれも p 進展開表示を持つが，このような表示は必ず有理数から来るのだろうか？

とんでもない．すべての p 進展開式全体の集合がすべての有理数の集合よりもはるかに大きいことは容易に確認できる．そして，ヘンゼルは次の段階へと進み，p 進展開式全体が形作る集合 $\mathbb{Q}_p$ は，**p 進数**と呼ばれる新しい数の領域であることを指摘した．それは有理数をすべて含んでいるばかりか，それよりもはるかに多くの数を有している．

この $\mathbb{Q}_p$ の考察は，すべての実数の集合 $\mathbb{R}$ とのアナロジーによるのが最善であろう．実数は通常10進小数表示によって与えられる．たとえば，自然対数の底を $\mathrm{e}=2.718\cdots$ と書くとき，これは

$$\mathrm{e}=2+7\cdot 10^{-1}+1\cdot 10^{-2}+8\cdot 10^{-3}+\cdots$$

を意味している．このような無限展開式全体の集合は，実数全体の集合にほかならない．それは有理数をすべて含んでいるが，はるかに大きい．

もちろん，両者は有理数を含んでいるが，事実としては，これら二つの範疇はほぼ完全に異なっている．たとえば，$\mathbb{Q}_p$ にも $\mathbb{R}$ にも「二つの数の間の距離」という自然な概念がある．しかし，これらの距離は，二つの有理数に対してさえも，まったく異なっている．事実，2は実数としては2001/1000ととても近い．ところが，5進数の世界では，これら二つの数の間の距離はかなり大きい！

今日では，実数の世界と同様に，p 進数の世界でも微積分を展開することができる．ほかにも多くの数学上のアイデアが，p 進数の世界でも展開されている．したがって，ヘンゼルのアイデアはそれぞれの素数の一つ一つに対応するとともに，実数にも対応する「(数の) パラレル宇宙」の体系へとわれわれを誘い，それぞれの宇宙で数学を展開することができる．

4. 局所–大域原理

当初，ほとんどの数学者はヘンゼルの新しい数を，

形としては興味が持てるものと見なしたが，その核心はというと，はたして何物だろうといぶかった．新しい数の体系が提示されても，数学者はそれを単に興味本位に取り上げてみたりしない．何らかの有用性が必要である．ヘンゼルは自分の数に魅惑され，それらについて論文を書き続けたが，そもそもその有用性を示せないことが悩みの種だった．たとえば彼は，代数的数論の基礎を展開するためにそれらが使えることを示したが，多くの数論研究者たちは旧来のやり方に不自由を感じていなかった．

難しい結果に美しく易しい証明を与えることができれば，新しいアイデアの力強さを誇示することにもなるだろう．ヘンゼルはまさにそういった目的で論文を著した．彼は自然対数の底 e が超越数であることの，易しくエレガントな p 進的証明を与えた．これは世の注目を浴びた．ところが運悪く，この証明が注意深く検討されるや，見落とされていたエラーがあることが判明した．当然ながら，ヘンゼルの新しい不思議な数に対する疑念を，数学者たちの間に増幅させることになった．

この流れを変えたのはヘルムート・ハッセだった．彼はゲッティンゲンで学んでいた．あるとき彼は古本屋に立ち寄り，数年前（1913 年）に書かれたヘンゼルの本を見つけた．ハッセはそれに魅せられ，ヘンゼルのもとで学ぼうとマールブルクへ移った．そして 2 年後の 1920 年に，数論研究者にとって欠くべからざる道具としての地位を p 進数に与えるアイデアを見出した．

ハッセが示したのは，数論におけるいくつかの問題に対して，それに「局所的に」答えることによって元の問題の解答を与えることができるということであった．ここで，例（さほど重要ではないが，かなりわかりやすい形のもの）を見てみよう．有理数 x で，もう一つの有理数 y の平方になっているものを考える．すなわち $x = y^2$ である．有理数はすべて p 進数でもあるから，「すべての素数 p に対して x は p 進数として平方数になっている」．さらに，実数としても x は平方数である．言い換えれば，有理数 y は x のいわば「大域的な」平方根であるが，同時におのおのの局所的な設定においても平方根になっている．

ここまでは何の変哲もない．そこで，物事をすべて逆転させよう．すなわち「すべての素数 p に対して x は p 進数として，ある p 進数（p に依存して与えられているとしてよい）の平方になっている」とし，さらに，x は実数としても平方数である，すなわち正の数であるとする．論理的には，x のこれらの局所的な平方根はすべて異なっているかもしれない．ところが，これらの前提から x はある有理数の平方でなくてはならないことになる．すなわち，すべての局所的な平方根は「大域的な」有理数による平方根から来ていなければならない．

この例に見るように，有理数は「大域的」であり，いろいろな $\mathbb{Q}_p$ および $\mathbb{R}$ は「局所的」であると考えることになる．上では，ある数が「平方数である」という性質が大域的に正しいための必要十分条件は，それが「至るところで局所的に」正しいことであると主張されていることになる．これは強力で啓発的な考え方であるとの理解が数学者の間で進むこととなり，**ハッセ原理**あるいは**局所–大域原理**として知られることになる．

もちろん，上の例では，この原理が最も強力に働く場合が提示されている．すなわち，一つの問題を局所的に至るところで解いたならば，それが大域的に解けたことになる．これほど強力なことは，そうそう期待できるものではない．それでも，問題に局所的に対処して，局所的な結果を寄せ集めることが，現代数論の基本的な技術になった．これは，**類体論** [V.28] の場合に見られるように，古い証明を簡明化するために使われただけではなく，**フェルマーの最終定理** [V.10] のワイルズの証明に見られるように，新しい結果を得るためにも使われた．このようにしてヘンゼルの感性と努力は結果的に大いなる実りをもたらした．彼の新しい数は，実数とともにすべての数論研究者の心の中に収まるべき場所を見出したのである．

文献紹介

Gouvêa, F. Q. 2003. *p-adic Numbers: An Introduction*, revised 3rd printing of the 2nd edn. New York: Springer.

Hasse, H. 1962. Kurt Hensels entscheidener Anstoss zur Entdeckung des Lokal–Global-Prinzips. *Journal für die reine und angewandte Mathematik* 209: 3–4.

Hensel, K. 1913. *Zahlentheorie*. Leipzig: G. J. Göschenische.

Roquette, P. 2002. History of valuation theory. I. In *Valuation Theory and Its Applications*, volume I, pp. 291–355. Providence, RI: American Mathematical Society.

Ullrich, P. 1995. On the origins of *p*-adic analysis. *Proceedings of the 2nd Gauss Symposium. Conference*

A: Mathematics and Theoretical Physics, Munich, 1993, pp. 459–73. Symposia Gaussiana, Berlin: Walter de Gruyter.

Ullrich, P. 1998. The genesis of Hensel's *p*-adic numbers. In *Charlemagne and His Heritage. 1200 Years of Civilization and Science in Europe*, volume 2, pp. 163–78. Turnhout: Brepols.

III.52

マンデルブロ集合

The Mandelbrot Set

ティモシー・ガワーズ［訳：森　真］

複素定数 C について，$f(z) = z^2 + C$ で与えられる複素多項式 f を考えよう．適当な複素数 z_0 を選び，数列 $z_0, z_1, z_2, \ldots$ を，$z_1 = f(z_0)$，$z_2 = f(z_1)$ などと f を**反復**することで作る．得られた数列は無限に発散することもあるし，時には有界な領域，すなわち 0 から有界な距離に留まることもある．たとえば，$C = 2$ としよう．$z_0 = 1$ ととると，数列は $1, 3, 11, 123, 15131, \ldots$ となり，明らかに無限大に発散する．一方で，z_0 を $\frac{1}{2}(1 - \mathrm{i}\sqrt{7})$ ととると，$z_1 = z_0^2 + 2 = z_0$ であり，数列は一定の値をとるため，有界である．定数 C の**ジュリア集合**とは，有界に留まる z_0 全体を表す．ジュリア集合はしばしばフラクタル構造をしている（「力学系理論」[IV.14 (2.5 項)] を参照）．

ジュリア集合を定めるには，C を固定し，さまざまな z_0 の可能性を考慮する．逆に，z_0 を固定し，C のさまざまな可能性を探るとどうなるだろうか？　この結果が**マンデルブロ集合**である．正確に言えば，$z_0 = 0$ ととるとき，それから得られる数列が有界であるような C 全体である（他の値を考えることもできるが，それらは簡単な変数変換で得られてしまうので，意義のある違いはない）．

マンデルブロ集合は本質的にフラクタル構造をしている．そして，数学者ではないごく普通の人々の想像力さえ掻き立ててくれる．マンデルブロ集合の詳細な幾何的構造は，完全にわかったとは言いがたい．未解決の問題のいくつかは力学系のごく一般的な問題と関わりがあるので，その研究は重要な意味を持っている．詳細については，「力学系理論」[IV.14 (2.8 項)] を参照されたい．

III.53

多様体

Manifolds

ティモシー・ガワーズ［訳：二木昭人］

球の表面は，その非常に小さい部分を見ると平面の一部のように見えるという性質を持つ．より一般に，d 次元多様体（または d 多様体）は「局所的に」d 次元**ユークリッド空間** [I.3 (6.2 項)] のように見える幾何学的対象である．したがって，2 多様体は球面やトーラスのような滑らかな曲面のことである．高次元多様体を可視化することは難しいが，これらは研究の主要な対象である．多様体の基本事項は「いくつかの基本的な数学的定義」[I.3 (6.9, 6.10 項)] を参照されたい．より高級なアイデアは「微分位相幾何学」[IV.7] や「代数的位相幾何学」[IV.6] において議論される．「代数幾何学」[IV.4]，「モジュライ空間」[IV.8]，「リッチ流」[III.78] も参照してほしい（これだけでは，多様体を扱う完全なリストには程遠いが）．

III.54

マトロイド

Matroids

ドミニク・ウェルシュ［訳：志賀弘典］

1935 年にハスラー・ホイットニー（Hassler Whitney）がマトロイドの概念を導入したときに目指したことは，**ベクトル空間** [I.3 (2.3 項)] における，ベクトルの集合の持つ主要な構造を，線形独立ということをあからさまに持ち出すことなく，抽象概念として捕捉することであった．

このために，彼はベクトル空間の部分集合族についての二つの基本的な性質を抽出して基準化し，それによって，ある基礎集合の集合族が，この基準を満たすとき，マトロイドの独立集合（independent sets）の族であるということにした．第 1 の性質は明らかなもので，線形独立なベクトルの集合の部分集合は線形独立であるというものである．第 2 の性質はもう少し難解である．A と B がともに線形独立なベクトルの集合で，B は A より多くの元を含んでいるとする．このとき $B-A$ の元をうまく選べば，その元を集合として A に付け加えて新たに線形独立な集合が作れる，という性質である．さらに，議論の円滑化のために，空集合はいつも独立集合であるとした．

このようにして，形式的には，**マトロイド**（matroids）とは，有限集合 E と，以下の公理を満たす「独立集合」と呼ばれる部分集合の族との組のことである．

(i) 空集合は独立集合である．
(ii) 独立集合の部分集合は，常に独立集合である．
(iii) A および B は独立集合とし，A の元の個数は B の元の個数より真に小さいとする．このとき，B に属していて A に属さないある元 x をとって $A\cup\{x\}$ が独立集合であるようにできる．

(iii) を交換公理（exchange axiom）という．最も基本的なマトロイドの例は，ベクトル空間における線形独立なベクトルの集合を独立集合とするものである．この場合，交換公理はシュタイニッツ（Steinitz）の交換補題と呼ばれている事実に対応する．しかしながら，ベクトル空間の部分集合ではないマトロイドの例が数多く見出される．

たとえば，重要なマトロイドとして，グラフ理論に由来するものが挙げられる．グラフにおける**サイクル**とは，v_i, $i=1,\ldots,k$ という頂点を用いて，$(v_1,v_2),(v_2,v_3),\ldots,(v_{k-1},v_k),(v_k,v_1)$ という形で与えられる辺の集まりである．一つのグラフにおいて辺の集合が**独立**であるとは，それらの中にサイクルが含まれていないことと定める．

このようにして，われわれは，辺の中でサイクルを考えることと，ベクトルの中で線形従属なものを考えることとを，何がしか類似のものと見なす観点に立っているのである．このとき，独立な集合の部分集合はサイクルを含んでいないことは自明である．したがって，条件 (ii) は満たされている．また，それほど自明ではないが，以下の事実も導かれる．A

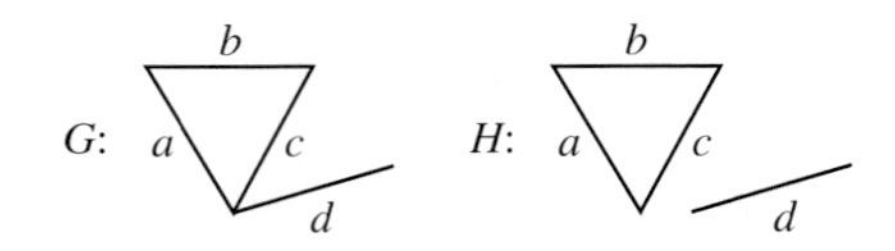

図 1 同じマトロイドを持つ二つのグラフ

および B はそれぞれ t 個および $t+1$ 個の辺の集合で，いずれもサイクルを含んでいないとする．このとき，B に属していて A に属さない辺を A に加えて，再びサイクルのない集合にすることができる．したがって，ベクトル空間とはまったく異なる文脈からも，やはりマトロイドが得られるのである．

実は，グラフにおける辺を，2 元体 $\mathbb{F}_2$（「合同式の算法」[III.58] を参照）上のベクトル空間におけるベクトルの集合と同一視する方法がある．グラフ G が n 個の頂点を持つとする．各頂点を $\mathbb{F}_2^n$ の基底の要素に対応させよう．すると，一つの辺に対して，その両端の頂点に対応する二つの基底の要素の和として得られるベクトルを作って対応させることができる．このとき，辺の集合が独立であることは，対応する $\mathbb{F}_2^n$ のベクトルの集合が線形独立であることと同値となる．しかしながら，このようにベクトル空間のベクトルの集合と**同型**とはならない重要なマトロイドの例を，後に見ることになる．

グラフにおける独立集合の集まりによって，グラフの構造に関する情報の一部は伝えられるが，それが情報のすべてではないことに注意しよう．たとえば，図 1 におけるグラフ G と H を比べてみよう．

両者は頂点集合 $\{a,b,c,d\}$ に対して同一のマトロイドを与える．実際，元の個数 3 以下で $\{a,b,c\}$ 以外のすべての部分集合が独立集合である．また，このマトロイドはベクトル空間のマトロイドとして行列

$$A=\begin{pmatrix}1&0&1&1\\0&1&1&1\\0&0&0&1\end{pmatrix}$$

（列は左から a, b, c, d）

の列ベクトルの集合とも一致する．しかしながら，ほとんどのマトロイドはグラフや行列から作られるものではないのである．

マトロイドは非常に単純な公理で定義されているにもかかわらず，線形代数およびグラフ理論の基本的な事実の多くがマトロイドというより広範な対象にまで拡張される．一例として，G を連結なグラフとし，B は G における極大の独立集合としよう．このとき B は G のすべての頂点を含むツリーになっ

ていることを示すことは難しくない．このようなツリーを G の**生成ツリー**という．連結なグラフのすべての生成ツリーは，同数の辺（すなわち頂点の数より 1 少ない）からなる．同様に，ベクトル空間のベクトルの集合において，1 次独立なものの最大個数はいつも一定である．これらは，マトロイドにおいて，極大な独立集合は皆同数の元からなるという一般的事実の特別な場合なのである．そして，ベクトル空間との類比により，この個数をマトロイドの**階数**と呼び，また極大の独立集合を**基底**と呼ぶ．

マトロイドの構造は，数学のさまざまな局面で思いがけなく現れる．たとえば，**最短経路問題**を考えてみよう．ある会社が，多くの都市間を鉄道なり電話回線なりで結ぶシステムをできるだけ少ない経費で作ろうとしている．これは，次のように言い換えられる．ある連結なグラフ G があり，各辺 e は（個別の経費に相当する）正の重み $w(e)$ が与えられており，すべての頂点を結ぶ辺の集まりで重みの総和が最小のものを求めたい．これを，G に対して最小重みの生成ツリーを求める問題に帰着できることは，容易に示せる．

この問題に対しては古典的な計算手続き（アルゴリズム）が知られている．これは，次のような最も単純と思われる方法である．まず，最小重みの辺を一つ選ぶ．そして，各段階で残された辺の中から最小の重みの辺を，サイクルを生じないように付け加えていくのである．

たとえば，図 2 のグラフを考えよう．上で述べた手続きとして，辺 $(a,b),(b,c),(d,f),(e,f),(c,d)$ を順次付け加えていくものがあり，これは総重み $1+2+3+5+7=18$ の生成ツリーを与えている．この計算手続きは greedy algorithm（お代わり計算方式）と呼ばれている．

一見すると，求めるものが，この方法で得られているのか疑わしく思われる．しかし，これが正しく機能する方法であることを示すことは困難ではない．そして，この方法は，各頂点に非負の重みを持っている一般のマトロイドに対して，最小重みの基底をかなり素早く求める方法に拡張されるのである．

さらに驚くべきことに，マトロイドは上記のお代わり計算方式が機能する唯一の構造なのである．より詳しく述べると，$\mathscr{T}$ を，与えられた集合 E の部分集合族で，$A \in \mathscr{T}$ かつ $B \subset A$ ならば $B \in \mathscr{T}$ という性質を満たすものとする．さらに，E 上の重み

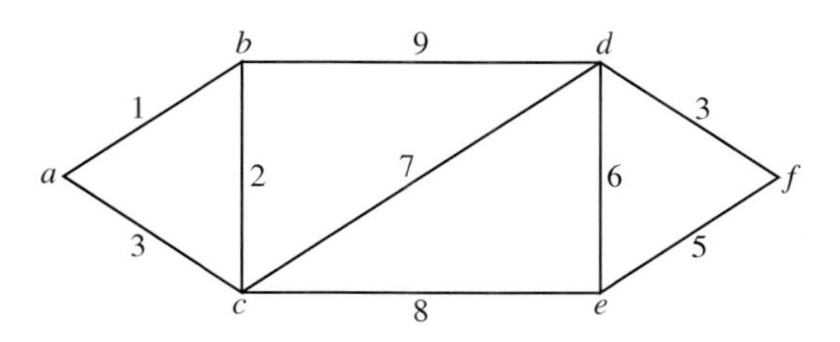

図 2　重み付き辺を持つグラフ

関数 w が与えられているとする．このとき，$\mathscr{T}$ の元 B で最大重みを持つものを求める問題を考える．ここで，集合 B の重みとは，B に属する E の各元の重みの総和のこととする．上と同様に，まず最大の重みを持つ元から出発し，次々に残っている E の元の中で最大の重みを持つものを，前の段階までに集められた元に付け加えていく．このとき，各段階で，得られる集合が $\mathscr{T}$ に属するようにするのである．次の事実が成り立つ．「ここに述べた，$\mathscr{T}$ に対するお代わり計算方式が，E 上のどのような重み関数についても有効となるための必要十分条件は，$\mathscr{T}$ がマトロイドとしての独立集合の集合族であることである」．

このように，マトロイドはさまざまな最適化問題に対しての「定住の地」となる．さらに，これらの問題から生じる多くのマトロイドが，ベクトル空間やグラフから引き起こされるものではないという事情から，この概念が真に有用なものであることが納得されるのである．

III.55

測　度

Measures

イムレ・リーダー［訳：石井仁司］

測度論を理解し，また，なぜ測度論が役に立ち重要であるかを理解するためには，長さに関する次のような問題から始めるのがわかりやすいと思われる．区間 $[0,1]$（0 から 1 までの閉区間）に含まれる区間の列で，その長さの総和が 1 未満であるものが与えられているとする．これらの区間の列で $[0,1]$ を覆うことができるかと設問してみる．言い換えると，区

間 $[a_1, b_1], [a_2, b_2], \ldots$ が与えられ，$\sum(b_n - a_n) < 1$ を満たしているとするとき，これらの区間の和集合が $[0,1]$ に等しくなりうるだろうか？

まず，「あり得ない．なぜなら，長さの総和が小さすぎるから」と答えたくなるところである．しかし，この解答における理由の部分は設問を言い換えたにすぎず，結局のところ，「長さの総和が 1 未満」であることが，考えているすべての区間によって $[0,1]$ を覆えない理由は説明してない．もう一つのもっともらしい解答は，次のようなものである．与えられた区間の位置を左寄せに再配列して，区間 $[0, 1]$ の左端から順に並べるとき，右端に届かないからというものである．言い換えると，n 番目の区間 $[a_n, b_n]$ の長さを $d_n = b_n - a_n$ とおくときに，与えられた区間を平行移動した区間 $[0, d_1], [d_1, d_1 + d_2], \ldots$ に置き換える．このとき，確かに $\sum d_n$ を超える数は置き換えられた区間列で被覆できない．しかし，だからと言って，元の区間列で $[0, 1]$ を被覆できないことの説明にはなっていない．

区間が有限個の場合にこの再配列の論法が使えることは簡単にわかるが，一般の場合となるとうまくいかない．もともとの疑問をもう一度考えよう．ただし，今度は有理数に対するものを考える．すなわち，区間 $[0, 1]$ を有理数の区間 $[0, 1] \cap \mathbb{Q}$ に置き換える．区間列のほうは，たとえば長さが $1/4, 1/8, 1/16, \ldots$ である有理数の区間の列とする．このとき，区間列の長さの総和は $1/2$ にすぎないので，左寄せした区間列全体で被覆できるのは $[0, 1/2] \cap \mathbb{Q}$ にすぎない．しかしながら，もともとの区間列によって全体 $[0, 1] \cap \mathbb{Q}$ を被覆することは可能である．なぜかと言えば，有理数を番号付けして，$q_1, q_2, \ldots$ と並べて（「可算および非可算集合」[III.11] を参照），q_1 に対しては長さ $1/4$ の区間を q_1 のまわりに用意して，q_2 に対しては長さ $1/8$ の区間を q_2 のまわりに用意して，という具合に区間列を選べばよいからである．

この考察から，今考えている問題の解答には有理数が持たない実数の性質が関わっていて，「これこれは自明である」といった議論は通用しないことがわかる．実際，結論は正しく，その証明は程良い演習問題である．

なぜこれが重要な事実かを考えてみよう．これは一般の集合に対する「長さ」の定義は何かという問いかけに由来している（簡単のために，$[0, 1]$ 区間の部分集合に話を限ることにする．「無限大の長さ」に関わる厄介な点を避けるためである）．集合の「長さ」は何でなければならないか？　これはたとえば区間であれば明らかである．さらに，区間の有限個の和集合の場合にも明らかである．しかし，$\{1/2, 1/3, 1/4, \ldots\}$ や $\mathbb{Q}$ のような場合にはどうだろうか？

自然な最初の試みは，有限個の区間の和集合を使うことである．つまり，集合 A の長さとして A を被覆する有限個の区間を考えて，このような区間の和集合の長さの最小値として定義するのである．より正確には，A の長さを，有限個の区間列 $[a_1, b_1], \ldots, [a_n, b_n]$ のうちでその和集合 $[a_1, b_1] \cup \cdots \cup [a_n, b_n]$ が A を含むものを考えて，そのすべてについての $(b_1 - a_1) + \cdots + (b_n - a_n)$ の下限として定義する．

残念ながら，この定義はきわめて不都合な性質を持っている．たとえば，このとき $[0, 1]$ に含まれる有理数の全体の長さは 1 となる．また，$[0, 1]$ に含まれる無理数の全体の長さも 1 となる．結果として，交わりのない二つの集合（しかも，それぞれ自然なものである）で，和集合の長さがそれぞれの長さの和と異なるものがあることになる．すなわち，このように導入される「長さ」は，今考えたような集合に対して実に不都合な振る舞いをする．

期待される長さの概念は，既知の，しかもよく使われる普通の集合すべてに対して定義でき，さらに**加法的**であるものである．この加法性の意味は，A と B が交わりを持たないときに，$A \cup B$ の長さが A の長さと B の長さの和に等しいことである．注目すべきことに，このことは可能であり，そのために大事なのは**可算**被覆を考えることである．すなわち，上に与えた定義を次のように変更する．集合 A の長さ（あるいは，通常の用語を使うと**測度**）を，区間列 $[a_1, b_1], [a_2, b_2], \ldots$ のうちでその和集合 $[a_1, b_1] \cup [a_2, b_2] \cup \cdots$ が A を含むものを考えて，そのすべてについての $(b_1 - a_1) + (b_2 - a_2) + \cdots$ の下限として定義する．このとき，先に議論したパズルによれば，区間 $[a, b]$ の測度は希望したとおり $b - a$ に等しくなる．

また，区間 $[0, 1]$ 内の有理数の全体の測度が 0 であることを見ることは難しくない．区間 $[0, 1]$ 内の無理数の全体の測度が 1 であることもわかる．実際，すべての可算集合は測度が 0 である．いろいろな状況において，測度が 0 であるような集合は「無視できるもの」あるいは「重要でないもの」と扱われる．

さらに，非可算集合で測度0のもの（一つの例として，**カントール集合** [III.17]）があることにも，ここで触れておく．

この定義でさえ，交わりのない集合 A と B で，$A \cup B$ の測度が A と B の測度の和にならないものがあることがわかる．しかし，通常考えるような集合に対しては，この測度は加法的である．より正確には，[0, 1] の部分集合 A について，（当然成り立ってほしいことであるが）A の測度とその補集合の測度の和が1であるとき，A は**可測**（あるいは可測集合）であるという．A と B が交わりのない可測集合であれば，和集合の測度はそれぞれの測度の和に等しくなる．

これはとても重要なことである．なぜなら，数学に自然に現れるような集合や，具体的な定義で与えられるような集合は，可測集合であることが示されるからである．例として，区間，区間の有限和，区間の可算和，カントール集合，有理数や無理数に関わったものなどが挙げられる．実は，可測集合を要素とする可算集合族の和集合は，再び可測集合である．このことを，可測集合は**シグマ代数**をなすという．もっと良いことには，可測集合に対して，測度は可算加法的である．その意味は，互いに交わらない可測集合の可算和の測度はそれぞれの可算集合の測度の和になるということである．

より一般に，他の多くの設定のもとで，興味あるすべての集合を含むシグマ代数で，これに対して可算加法的な測度あるいは「長さ関数」が定義されるものを探し当てたいことがよくある．上に挙げた例は [0, 1] 上の**ルベーグ測度**と呼ばれる．一般に，可算加法的な測度を定義したいときには，出発点として上のパズルのような結果が常に必要になる．

シグマ代数で重要なものの一つは，**ボレル集合**全体の代数である．これはすべての開区間と閉区間を含む最小のシグマ代数である．大雑把に言って，これは開区間と閉区間を可算個用意し，和集合あるいは共通部分をとる操作を繰り返して得られる集合である（ただし，ここでの繰り返しの操作はきわめて複雑である．実際，1回ごとの操作で得られるボレル集合の族は，超限的なヒエラルキーをなす）．すべてのボレル集合からなるシグマ代数は，すべてのルベーグ可測集合からなるシグマ代数よりも小さい．ボレル集合は**記述集合論** [IV.22 (9 節)] の基本概念の一つである．やや技術的な意味合いにおいて，「記述が容易」な集合である．

シグマ代数と可算加法的測度のもう一つの例を挙げよう．たとえば $[0, 1]^2$（平面上の辺の長さが1の正方形）上で，区間に替えて長方形をもとに考える．したがって，集合の測度はこの集合を被覆する長方形の列の総面積（面積の総和）の下限となる．これは積分法へのエレガントで強力なアプローチを与える．たとえば，[0, 1] 上の関数で [0, 1] に値をとる関数 f の積分は，「f のグラフの下の部分の面積」，すなわち，集合 $\{(x,y) : 0 \leq y \leq f(x)\}$ の測度となる．こうして多くの複雑そうに見える関数が積分できるようになる．たとえば，有理数に対して値1をとり，無理数に対して0をとる関数 f は積分でき，その値が0であることが容易に確かめられる．一方で，リーマン積分のような以前の理論では，この関数 f は，その激しい振動のために積分可能とはならなかった．

この積分法へのアプローチは，いわゆる**ルベーグ積分**へと至る（「アンリ・ルベーグ」[VI.72] でより詳しく議論する）．ルベーグ積分は，数学における基本概念の一つである．これにより，必ずしもリーマン積分可能ではない広いクラスの関数を積分できるようになるが，そのことよりも注目すべきルベーグ積分の主要な重要性は，リーマン積分には欠けている極限操作に関してとても優れた性質を備えている点にある．たとえば，$f_1, f_2, \ldots$ を $[0,1]$ から $[0,1]$ へのルベーグ積分可能な関数の列として，すべての x で $f_n(x)$ が $f(x)$ に収束するならば，f はルベーグ積分可能であり，関数 f_n のルベーグ積分は f のルベーグ積分に収束する．

III.56

距離空間

Metric Spaces

ティモシー・ガワーズ［訳：砂田利一］

数学，特に解析学では，二つの数学的対象が近いと言いたいことがよくあり，さらに，それが何を意味しているのかを正確に理解したいことがよくある．二つの対象が平面上の点 (x_1, x_2) および (y_1, y_2) で

あれば，この要求に応えるのは容易である．すなわち，ピタゴラスの定理によって，それらの間の距離は

$$\sqrt{(y_1 - x_1)^2 + (y_2 - x_2)^2}$$

であり，この距離が小さければ 2 点は近いという言明が意味をなすからである．

さて，n 次元空間における 2 点が与えられているとしよう．それらを $(x_1, \ldots, x_n)$ と $(y_1, \ldots, y_n)$ とする．$n = 2$ の場合に与えた式の一般化は単純であり，それらの距離は

$$\sqrt{(y_1 - x_1)^2 + (y_2 - x_2)^2 + \cdots + (y_n - x_n)^2}$$

と定義すればよい．もちろん，式が容易に一般化されるという事実は，結果として得られる概念が，道理にかなった距離の定義であることを保証しているわけではない．そして，定義を道理にかなったものとするためには，どのような性質が必要か，という問いが生じる．距離空間は，この問いかけについての考察から導かれる抽象的概念である．

X を「点」の集合としよう．X の任意の 2 点 x, y に対して，それらの間の距離と見なしたい実数 $d(x, y)$ が割り当てられているとする．次の三つの性質は，距離というものが満たしていてほしい性質である．

(P1) $d(x, y) \geq 0$ であり，等号は $x = y$ のときにのみ成り立つ．

(P2) 任意の x, y に対して，$d(x, y) = d(y, x)$ が成り立つ．

(P3) 任意の 3 点 x, y, z に対して，$d(x, y) + d(y, z) \geq d(x, z)$ が成り立つ．

これらの性質の中の 1 番目は，2 点間の距離は，それらが一致しない限り正であることを言っている．2 番目の性質は，距離が**対称**であること，すなわち x から y への距離は，y から x への距離と同じであることを言っている．3 番目は**三角不等式**と呼ばれる．その理由は，x, y, z を三角形の頂点とするとき，2 辺の長さの和は他の 1 辺の長さより大きいためである．

X の点の対 (x, y) 上で定義された関数 d は，それが上記の性質 (P1)〜(P3) を満たしているとき，**距離**と呼ばれる．この場合，X は d とともに**距離空間**をなす．通常の距離の概念の抽象化はたいへん有益であり，また，ピタゴラスの定理から導かれるとは限らない，多くの重要な距離が存在する．いくつかの例を挙げよう．

(i) X を n 次元空間，すなわち n 個の実数の列 $(x_1, \ldots, x_n)$ すべてからなる集合 $\mathbb{R}^n$ とする．ピタゴラスの定理に由来する上の式が，実際に性質 (P1)〜(P3) を満足していることを確かめるのは容易である．この距離は**ユークリッド距離**と呼ばれ，結果として得られる距離空間は**ユークリッド空間**と呼ばれる．ユークリッド空間は，数学に登場する距離空間の中では，最も基本的かつ重要なものと言えよう．

(ii) 今日，000 111 010 010 のように，情報は 0 と 1 からなる列の形でデジタル的に送られることが多い．このような二つの列の間の「ハミング距離」は，列の中で異なる場所の数として定義される．たとえば，00 110 100 と 00 100 101 の間のハミング距離は，4 番目と 8 番目の場所のみが異なっているから 2 である．この距離は実際 (P1)〜(P3) を満たしている．

(iii) 一つの町から他の町へドライブするとき，考慮すべき距離は一直線で測った距離ではなく，利用できる道路のネットワークに沿った最短ルートの長さである．同様に，ロンドンからシドニーに旅行しようとするとき，地球内部を貫いて測られる「通常」の距離ではなく，地球面に沿った最短コース（**測地線**）の長さが問題となる．実用上役に立つ多くの距離は，一般的な意味での最短コースのアイデアに由来しており，性質 (P3) はこの最短性により保証される．

(iv) ユークリッド距離の重要な特徴は，回転対称性を有していることである．換言すれば，平面あるいは空間を回転させたとき，2 点間のユークリッド距離は変化しない．他の距離でも，大きな対称性を持つものがあり，幾何学的な重要性を有している．特に，19 世紀初めの**双曲距離** [I.3 (6.6, 6.10 項)] の発見は，平行性の公理がユークリッドの他の公理からは証明できないことを示した．これは 2 千年以上の間未解決であった問題に対する解決を与えた．これについては「いくつかの基本的な数学的定義」[I.3 (6.10 項)] を参照されたい．

III. 57

集合論のモデル

Models of Set Theory

イムレ・リーダー［訳：砂田利一］

集合論のモデルとは，大雑把に言えば通常の**集合論の公理系** [IV.22 (3.1 項)]（すなわち，ZF あるいは ZFC の公理系）が成り立つ構造である．これが何を意味するかを説明するために，群の場合を最初に考察しよう．群論の公理は，（乗法や逆元をとる操作のような）ある種の演算について語っている．そして，群論のモデルは，そのような演算が備わり，しかも公理を満足する集合のことである．換言すれば，群論のモデルは，群以外の何物でもない．では，ZF のモデルというのは何を意味するのだろうか？　ZF の公理系は，「… は … の元である」を表す記号 "∈" を使う関係について述べている．ZF のモデルとは，集合 M であって，"∈" を E に置き換えたときに ZF の公理系すべてを満足するような関係 E を，M の上で定義できるものである．

とはいえ，これら二つのモデルの間には一つの重要な違いがある．群について最初に学ぶとき，われわれは巡回群や正多角形の対称群のような，単純な例から出発する．そして，**対称群と交代群** [III.68] などのより洗練した例に進む．しかし，このような穏やかなプロセスは，ZF の公理系では手に入れることはできない．実際，すべての数学理論は ZF の言葉で定式化されるから，ZF のモデルは数学全世界の「コピー」を含まなければならない．このことは，ZF のモデルの研究に困難をもたらす．

しばしば当惑を与える一つの要因は，ZF のモデルが「集合」であるという事実である．このことは，（すべての集合をメンバーとする集合である）「ユニバーサル」な集合が存在することを意味しているように思われる．しかし，**ラッセルのパラドックス** [II.7 (2.1 項)] によれば，このような集合は存在しないことが容易にわかる．この見かけ上の問題に対する答えは，モデル M は実在する数学的ユニバースに属す集合であるが，モデル内にはユニバーサルな集合は存在しないということ，すなわち，M のすべての元 y について，yEx となるような M の元 x は存在しないということである．したがって，モデルの面から見て，「ユニバーサルな集合は存在しない」という言明は真なのである．

モデルの一般論については，「ロジックとモデル理論」[IV.23]，集合論のモデルについては「集合論」[IV.22] を参照されたい．

III. 58

合同式の算法

Modular Arithmetic

ベン・グリーン［訳：志賀弘典］

10 進表示の末尾が 7 の平方数は存在するだろうか？　438345 は 9 で割り切れるだろうか？　n^2-5 が 2 のベキになる n はどのような数だろう？　n^7-77 はフィボナッチ数か？

合同式の算法を用いると，これらの問いに答えることができる．第 1 の問題を考えてみよう．1, 4, 9, 16 などのいくつかの平方数を調べてみると，末尾に 7 が現れないことに気づく．さらに，平方数を列挙して末尾の数を書き出すと

1	4	9	16	25	36	49	64	81	100
1	4	9	6	5	6	9	4	1	0

121	144	169	196	225
1	4	9	6	5

となり，同じパターンを繰り返して，そこに 7 が含まれないこともわかる．

この現象は以下のように説明される．自然数 n を $n=10q+r$, $0\le r\le 9$ と表しておく．r は n の 10 進表示の末尾である．すると

$$n^2=(10q+r)^2=100q^2+20qr+r^2$$
$$=10(10q^2+2qr)+r^2$$

となる．こうして，n^2 の末尾は n の末尾 r の平方であることがわかる．したがって，n を一つずつ増やすとこれらは 10 個の組 $\{1,4,9,6,5,6,9,4,1,0\}$ を繰り返し，いかなる n からも 7 は生じないのである．

合同式算法とは，このような過程を指す言葉であ

る．上の n と r のように，二つの数が 10 で割ったときに同じ余りを生じているとき，両者は **10 を法として合同である**といい，このことを $n \equiv r \bmod 10$ と表す．上で論じたことは，$n \equiv r \bmod 10$ ならば $n^2 \equiv r^2 \bmod 10$ である，と述べられる．

この議論は，10 の代わりに任意の法 m を用いて展開することができる．二つの数 n と r が m で割ったときに同じ余りを生じているとき，両者は **m を法として合同である**といい，このことを $n \equiv r \bmod m$ と表すのである．言い換えれば，$n \equiv r \bmod m$ とは，$n-r$ が m で割り切れることにほかならない．上で導かれた議論は，より一般的な以下の事実（それらは容易に示せる）の個別の例なのである．すなわち，$a \equiv a' \bmod m$ かつ $b \equiv b' \bmod m$ であれば $a+b \equiv a'+b' \bmod m$ であり，また $ab \equiv a'b' \bmod m$ となる．

$10 \equiv 1 \bmod 9$ であることに注意しよう．すると $10 \times 10 \equiv 1 \times 1 \equiv 1 \bmod 9$ となる．また，さらに任意の $d \in \mathbb{N}$ に対して $10^d \equiv 1 \bmod 9$ である．何か 10 進表示 $a_d a_{d-1} \cdots a_2 a_1 a_0$ で与えられた数 N を考える．これは，

$$N = a_d 10^d + a_{d-1} 10^{d-1} + \cdots + a_1 10 + a_0$$

を意味している．合同式算法を用いると

$$N \equiv a_d + a_{d-1} + \cdots + a_1 + a_0 \bmod 9$$

となる．このことによって，N が 9 の倍数かどうかを判定する基準が与えられる．すなわち，N の 10 進表示の各桁の和を作り，それが 9 の倍数かどうかで，N が 9 の倍数かどうかがわかるのである．たとえば，最初に挙げた 438345 の場合，各桁の総和は 27 で 9 の倍数であるから，この数は 9 で割り切れることがわかる（$438345 = 48705 \times 9$）．

m を法，n を整数とすると，$n \equiv r \bmod m$ となる $r \in \{0, 1, \ldots, m-1\}$ がただ一つ定まる．この r を n の**法 m による剰余**と呼ぶ．

では，第 3 の疑問に答えよう．$n^2 - 5$ はいかなる n に対して 2 のベキになるか？ $n = 3$ とすると $3^2 - 5 = 4 = 2^2$ である．しかし，いくつか実例を当たっても，これ以外の解はなかなか見つからない．$n > 3$ ではどのような現象が起きているのだろうか？ この場合 $n^2 - 5 > 4$ であり，それが 2 のベキであるなら，8 の倍数になることに注意しよう．すなわち $n^2 \equiv 5 \bmod 8$ でなければならないが，この合同式は決して成立しないのである．実際，$n = 0, 1, 2, 3, 4, 5, 6, 7$ に対して n^2 の 8 を法とした剰余類は 0, 1, 4, 1, 0, 1, 4, 1 であり，n が増えれば順次これが繰り返される．したがって $n^2 \equiv 5 \bmod 8$ とはなり得ない．

合同式の算法は，次の意味で注意深く用いられる必要がある．合同式における加法と乗法は，すでに成立が確認されている．したがって，減法も自然に用いることができる．しかし，除法に関しては注意が必要である．すなわち $ac \equiv bc \bmod m$ が成立しても $a \equiv b \bmod c$ が無条件に成り立つわけではない．たとえば，$a = 2$，$b = 4$，$c = 3$，$m = 6$ の場合，$2 \cdot 3 \equiv 4 \cdot 3 \bmod 6$ であるが，$2 \equiv 4 \bmod 6$ となるわけではない．

どこがまずかったのかを点検してみよう．$ac \equiv bc \bmod m$ が成り立つということは，$ac - bc = (a-b) \times c$ が m で割り切れることを意味している．しかし，このことはもちろん $a-b$ が m で割り切れることを保証してくれない．c が m の倍数になっているかもしれないし，あるいは c と m に共通因数があって，$a-b$ が m で割り切れないことも起こりうる．したがって，m が c と互いに素になっていれば，確かに $a-b$ は m で割り切れている．すなわち，この場合には $a \equiv b \bmod m$ である．特に，以下の便利な「消去法則」が成り立つ．素数 p に対して $ac \equiv bc \bmod p$ かつ $c \not\equiv 0 \bmod p$ であれば，$a \equiv b \bmod p$ である．

こうして見てきた例から考えると，合同式算法というものは，原則的に 8 とか 10 とかのある特別な法での考察に用いられる道具と理解されるかもしれない．しかし，それは正しくない．この装置は，一般の法 m を考察するときに真価を発揮する．一例として，数論の基礎事実である**フェルマーの小定理**を見てみよう．この定理は，p を素数とし $a \not\equiv 0 \bmod p$ であれば $a^{p-1} \equiv 1 \bmod p$ となることを主張する．これを手短に証明してみよう．数 $a, 2a, 3a, \ldots, (p-1)a \bmod p$ を考える．もし $ra \equiv sa \bmod p$ が成り立てば，消去法則によって $r \equiv s \bmod p$ が言える．したがって，$a, 2a, 3a, \ldots, (p-1)a$ はすべて法 p で異なることがわかる．この中に mod p で 0 となるものはないから，これらは法 p の剰余類 $1, 2, 3, \ldots, p-1$ を並べ替えたものに一致する．したがって，この二つの系のすべての元の積も，法 p で一致する．すなわち，$a \cdot 2a \cdot 3a \cdots (p-1)a \equiv 1 \cdot 2 \cdot 3 \cdots (p-1) \bmod p$ となり，これを書き換えると

$$a^{p-1}(p-1)! \equiv (p-1)! \bmod p$$

である．$(p-1)! \not\equiv 0 \bmod p$ であるから，再び消去法則を用いて，結論 $a^{p-1} \equiv 1 \bmod p$ を得る．

オイラーの定理は，フェルマーの小定理を法 m が合成数の場合に拡張したものである．それは以下のように述べられる．m は自然数, a も自然数とし, a と m は互いに素であるとする．このとき，$a^{\phi(m)} \equiv 1 \bmod m$ である．ここで ϕ は**オイラーの既約剰余関数**であり，$\phi(m)$ は $m-1$ 以下の自然数で m と互いに素なものの個数を表す．たとえば $m=9$ に対して 1, 2, 4, 5, 7, 8 が 9 と互いに素であるから $\phi(9)=6$ となり，$a=5$ のとき，上の定理は $5^6 \equiv 1 \bmod 9$ を主張する．実際 $5^6 = 15625$ であり，各桁の総和は 19 であるから，先に議論したことから $15625 \equiv 1 \bmod 9$ である．フェルマー–オイラーの定理に関する発展的な議論は，「数学と暗号学」[VII.7]，「計算数論」[IV.3]，「ヴェイユ予想」[V.35] を参照されたい．

最後に残った次の問題は，読者の演習問題としておこう．n^7-77 の中にフィボナッチ数は現れるだろうか？

III. 59

モジュラー形式

Modular Forms

ケヴィン・バザード［訳：志賀弘典］

1.　複素平面の格子

複素数について最初に学ぶ際，これらを実数軸と虚数軸を持った 2 次元の空間と考えるように教えられる．すなわち，複素数 z は -1 の平方根 i を用いて，実数部分 x と虚数部分 y によって $z=x+y\mathrm{i}$ で表される．

ここで，実数部分および虚数部分がともに整数であるような複素数はどのように見ることができるかを考えてみよう．$3+4\mathrm{i}$ や $-23\mathrm{i}$ のようなこれらの複素数の全体は，複素平面における格子をなす（図 1 参照）．

この格子の元は整数の組 (m,n) を用いて $m+n\mathrm{i}$ と書かれる．このとき，この格子は 1 と i で**生成される**といい，そのことを記号 $\mathbb{Z}+\mathbb{Z}\mathrm{i}$ で表す．この格子は，さまざまな他の生成元によっても表される．たとえば，組 $(1,-\mathrm{i})$ や組 $(1,100+\mathrm{i})$ から，さらには組 $(101+\mathrm{i}, 100+\mathrm{i})$ からもこの格子が生成される．実際，以下のことが容易に証明される．この格子の元の組 $(a+b\mathrm{i}, c+d\mathrm{i})$ が格子全体を生成する（すなわち，格子の任意の元が，$a+b\mathrm{i}$ と $c+d\mathrm{i}$ それぞれの整数倍の和として表される）ための必要十分条件は，$ad-bc=\pm1$ となることである．

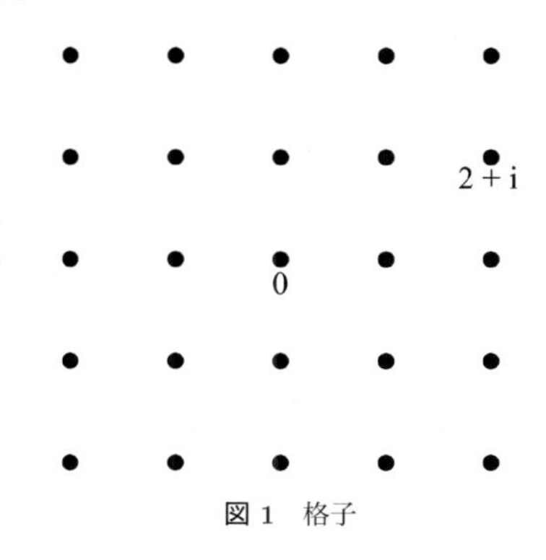

図 1　格子

2.　一 般 の 格 子

v と w を二つの定められた複素数とし，a, b を整数として $av+bw$ の形の複素数全体を考える（図 2 参照）．

格子とは，そのようなもの，すなわち，複素平面における v と w で生成される網目 $\mathbb{Z}v+\mathbb{Z}w$ のこと，と定義される．ここで v, w は $vw \neq 0$ であり，さらに v/w は実数ではないとする．これは $0, v, w$ が一直線上に並んで実質的な網目にならない場合を除外するための条件である．

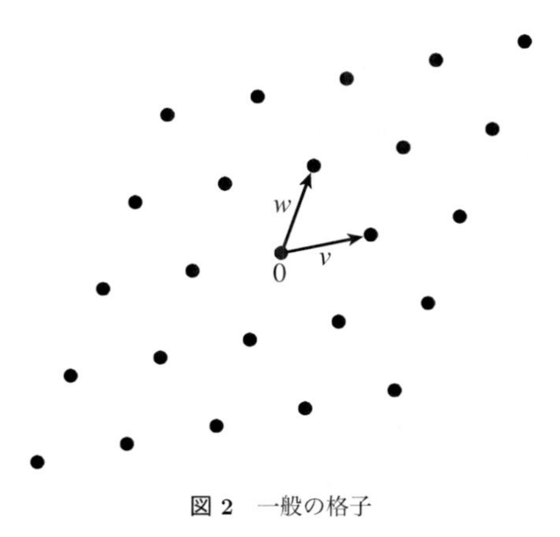

図 2　一般の格子

$y \neq 0$ である複素数 $\tau = x + y\mathrm{i}$ に対して標準的な格子 $\mathbb{Z}\tau + \mathbb{Z}$ が作られる．これを Λ_τ で表すことにする．$\Lambda_\tau = \Lambda_{-\tau}$ であることに注意しよう．一般に，異なる τ からは異なる格子が作られる．また，与えられた τ に対して Λ_τ と異なる格子がたくさん作られる．

3. 格子の間の関係

Λ を，v および w によって生成されている格子とする．零でない複素数 α によって $\alpha v, \alpha w$ で生成される格子 $\alpha\Lambda$ が作られる．幾何学的には，これは回転と縮尺の変更を行うことに対応する．

したがって，v, w によって生成される格子 Λ に $1/w$ を掛ける（w で割る）ことによって，$v/w, 1$ で生成される格子 $(1/w)\Lambda$ が得られる．$\tau = v/w$ とすれば，これは，上で述べた Λ_τ の形をした格子である．

これは，奇妙な操作に見えるかもしれないが，このトリックを Λ_τ 自身に施すことができる．Λ_τ は組 $(\tau, 1)$ で生成されているが，$ad - bc = \pm 1$ を満たす整数 a, b, c, d によって $(v, w) = (a\tau + b, c\tau + d)$ で与えられる組でも生成されている．これを $c\tau + d$ で割り，さらに $\sigma = (a\tau + b)/(c\tau + d)$ とおくと，上の議論から

$$\frac{1}{c\tau + d}\Lambda_\tau = \Lambda_\sigma \tag{1}$$

を得る．

4. 格子上の関数としてのモジュラー形式

モジュラー形式は，その定義から述べられると捉えにくい．それは，ある種の境界での有界性と変換に関する挙動の制限によって規定される．この変換に関する挙動の条件は格子を考えると理解できる．k を整数とする．**重み k の保型形式**とは，格子 Λ おのおのに対して値の定まる関数 f で

$$f(\alpha\Lambda) = \alpha^{-k} f(\Lambda) \tag{2}$$

を満たし，さらに微分可能性と境界での有界性の条件を満たすものであるが，上記の条件が一番決定的である．k が 4 以上の偶数であれば，重み k の保型形式の具体例として，アイゼンシュタイン級数

$$G_k(\Lambda) = \sum_{\lambda \in \Lambda - \{0\}} \lambda^{-k}$$

が作られる．$k \geq 4$ によってこの級数の収束が保証され，k が偶数であれば G_k は 0 ではない．

われわれは，いかなる格子も，縮尺の変更で Λ_τ の形にできることをすでに見ている．したがって，式 (2) によって，モジュラー形式はこのような格子に対する値で決定されることがわかる．$\mathcal{H}$ で虚数部分が正である複素数全体を表すことにする．$\Lambda_{-\tau} = \Lambda_\tau$ であるから，モジュラー形式は $\tau \in \mathcal{H}$ に対する Λ_τ での値から決まることになる．

しかしながら，$\mathcal{H}$ 上の任意の関数がモジュラー形式を与えるわけではない．式 (1) によれば，f がモジュラー形式で，F が $F(\tau) = f(\Lambda_\tau)$ で定まる $\mathcal{H}$ 上の関数であるならば，$a, b, c, d \in \mathbb{Z}$，$ad - bc = 1$ を満たすすべての a, b, c, d に対して

$$F\left(\frac{a\tau + b}{c\tau + d}\right) = (c\tau + d)^k F(\tau) \tag{3}$$

を満たしていなければならない．ここで，$ad - bc = -1$ となる場合は，$(a\tau + b)/(c\tau + d) \notin \mathcal{H}$ となるので，除外されることに注意する．これはモジュラー形式を条件付ける最も重要な性質である．

長い年月，数学者は有用な理論を導くであろう式 (3) に上乗せする付加的性質を抽出しようと試みてきた．今日では，モジュラー形式は，**正則関数** [I.3 (5.6 項)] であること，および，$F(x + \mathrm{i}y)$ が $y \to \infty$ に向かうときにあまりに激しく増大しないことを条件に加えて考えるようになっている．これらの条件下では，重み k のモジュラー形式の全体は，有限次元の複素ベクトル空間をなす．上記のアイゼンシュタイン級数はそれらの条件を満たし，基本的なモジュラー形式の例を与えている．

5. なぜモジュラー形式か？

モジュラー形式は数論幾何，代数幾何，表現論，さらに物理学と関係する．また，ワイルズおよびテイラーによる**フェルマーの最終定理** [V.10] の証明で決定的な役割を果たした．それはなぜだろうか？　一般的理由としては，モジュラー形式が有している他の数学的対象との内在的結び付き，ということになるが，その一例を以下で示したい．

複素平面における格子は，**楕円曲線** [III.21] と繋がっている．複素平面の格子群の作用による商空間は楕円曲線であり，逆にすべての楕円曲線はこのようにして得られる．したがって，楕円曲線あるいは楕円

曲線の族を調べることは，格子を調べることに還元される．ある数学的対象を研究する際に，その対象上での関数の考察を経由するという有力な方法がある．今の場合，その関数とはまさにモジュラー形式なのである．また，モジュラー形式の拡張概念である保型形式は，このような文脈においてさまざまな代数的対象の族を研究する際に大いに役立ってきたのである．

III. 60

モジュライ空間

Moduli Spaces

ティモシー・ガワーズ［訳：小林正典］

数学の重要な一般的問題の一つに**分類**（「数学研究の一般的目標」[I.4 (2 節)] を参照）がある．数学的構造体の集合に同値の概念が定まっていて，**同値類** [I.2 (2.3 項)] を記述したいことがしばしばある．たとえば，二つの（コンパクトで向き付け可能な）曲面は，互いに他に連続的に変形できるとき，同値と見なされることがよくある．各同値類は曲面の**種数** [III.33] すなわち「穴の数」により完全に記述される．

位相的同値は二つの曲面が比較的簡単に同値になってしまうという意味で，いくぶん「粗っぽい」．結果として同値類は非負整数の全体というかなり単純な集合でパラメータ付けされる．しかし，もっと細かい同値の概念が重要となる幾何的な状況がたくさんある．たとえば，状況によっては，二つの 2 次元**格子** [III.59] を，一方が他方の回転と拡大で得られるとき同値と見なしたいことがある．このような同値関係からは，しばしばそれ自体が興味深い幾何構造を持つパラメータ集合ができる．そのようなパラメータ集合は**モジュライ空間**と呼ばれる．詳細は「モジュライ空間」[IV.8] を参照してほしい．また，「モストフの強剛性定理」[V.23] も参照されたい．

III. 61

モンスター群

The Monster Group

ティモシー・ガワーズ［訳：吉荒　聡］

有限単純群の分類 [V.7] は，20 世紀の数学における画期的成果の一つである．有限単純群はすべての有限群を組み立てる上での基本的ブロックであると見なせるが，その名が示すように，この分類はすべての有限単純群の完全な記述を与える．どの有限単純群も 18 種類の系列のいずれかに属するか，または 26 個の「散在的な」例のどれかである，というのがその内容である．モンスター群はこれらの散在群の中で最大であり，808 017 424 794 512 875 886 459 904 961 710 757 005 754 368 000 000 000 個の元を持つ．

モンスターは分類定理において輝かしい役割を担うばかりでなく，数学の他分野とも注目すべき深い関係を持つ．最も著名なのは，モンスターの忠実な**表現** [IV.9] の最小次元が 196 883 である一方，重要で有名な「楕円モジュラー関数」（「代数的数」[IV.1 (8 節)] を参照）における $e^{2\pi iz}$ の係数が 196 884 であるという事実である．おもしろい偶然の一致というレベルをはるかに超えて，これらの数がちょうど 1 異なるという事実は，これらの数の間の非常に深い関係が明白に表れたものと言える．詳細は，「頂点作用素代数」[IV.17 (4.2 項)] を参照されたい．

III. 62

ノルム空間とバナッハ空間

Normed Spaces and Banach Spaces

ティモシー・ガワーズ［訳：石井仁司］

関数 f を多項式 p で近似することが役に立つことがよくある．たとえば，自分で電卓を設計していて，**対数関数** [III.25 (4 節)] の値を計算したいとする．これはそれほど正確にはできないと考えざるを得ない．

なぜなら，電卓で無限桁を取り扱うことはできないからである．そこで，その代わりに $\log(x)$ を良く近似する他の関数 $p(x)$ を計算して値を求めることになる．多項式はこのための都合の良い選択と言える．その計算は加法と乗法という基本演算から構成できるからである．この考察から二つの疑問が生まれる．どのような関数が近似できる可能性を持っているだろうか？　そして，良い近似とは何だろうか？

明らかに，2 番目の問いに対する答えが決まらなければ，最初の問いに対する解答もないと言える．しかし，2 番目の問いかけに対するただ一つの正解というものは考えられない．何をもって良い近似と見なすかは，これを決める人次第であり，人によって異なる．それゆえ，このような決定のすべてが同じように自然であることにはならない．P と Q を多項式とし，f をより一般の関数，x を実数とする．もし，$P(x)$ が $f(x)$ に近くて，$Q(x)$ が $g(x)$ に近いならば，$P(x)+Q(x)$ は $f(x)+g(x)$ に近いはずである．また，λ が実数であり，$P(x)$ が $f(x)$ に十分に近いならば，$\lambda P(x)$ は $\lambda f(x)$ に近いはずである．この略式な議論により，良い近似を持つ関数の集まりは**ベクトル空間** [I.3 (2.3 項)] をなすことが理解できる．

いくつもある可能なルートの一つを経て，次の一般的な状況にたどり着くことができる．ベクトル空間（今の場合，ある種の関数のなすベクトル空間）V が与えられていて，このベクトル空間の二つの要素が近いかどうかを明確に記述できるようにしたい．

近さの観念は，正式には**距離空間** [III.56] の概念によって捉えることができる．したがって，ベクトル空間 V に距離 d を定義することが当然のアプローチとなる．そこで，二つの構造（今の場合には，ベクトル空間の線形構造および距離構造）を同時に持たせようとするとき，次の一般原理が重要になる．それは，二つの構造の一方を他方に自然に**関連付け**るための原理である．今考えている構造に関して言えば，二つの自然な性質があり，その一つは**平行移動に関する不変性**である．これは，u と v を二つのベクトルとし，この距離がこれら二つに w を加えても変わらないというものである．すなわち，$d(u+w,v+w)=d(u,v)$ が成り立つということである．もう一つは，距離が**伸縮を正しく測る**というもので，たとえば，二つのベクトル u と v を 2 倍したとき，それらの距離も 2 倍になるというものである．より一般には，u と v を λ 倍したときに，二つの距離も $|\lambda|$ 倍されなければならないということである．すなわち，$d(\lambda u,\lambda v)=|\lambda|d(u,v)$ である．

もし距離がこの最初の性質を持つならば，$w=-u$ ととることによって，$d(u,v)=d(0,v-u)$ が成り立つことがわかる．したがって，0 からの距離がわかれば，すべての距離を知ることになる．$d(0,v)$ の代わりに $\|v\|$ と書くことにする．今示したことは，$d(u,v)=\|v-u\|$ が成り立つということである．記号 $\|\cdot\|$ は**ノルム**と呼ばれ，$\|v\|$ は **v のノルム**と呼ばれる．以下に示すノルムの性質は，d が距離であり，伸縮を正しく測るという性質から容易に導かれる．

(i) 任意のベクトル v に対して，$\|v\|\geq 0$．さらに，$v=0$ のときに限り，$\|v\|=0$．

(ii) 任意のベクトル v と任意のスカラー λ に対して，$\|\lambda v\|=|\lambda|\|v\|$．

いわゆる**三角不等式**も成り立つ．

(iii) 任意の二つのベクトル u, v に対して，$\|u+v\|\leq\|u\|+\|v\|$．

これは平行移動不変性と距離空間における三角不等式からわかる．なぜなら，

$$\begin{aligned}\|u+v\|&=d(0,\,u+v)\leq d(0,u)+d(u,u+v)\\&=d(0,u)+d(0,v)=\|u\|+\|v\|\end{aligned}$$

である．

一般に，ベクトル空間 V 上の関数 $\|\cdot\|$ が性質 (i)〜(iii) を持つとき，この関数は V 上のノルムと呼ばれる．ベクトル空間はその上にノルムを持つとき，**ノルム空間**と呼ばれる．ノルム空間 V が与えられたときに，二つのベクトル u と v について，その距離 $\|v-u\|$ が小さいならば，u と v は近いという言い方ができる．ノルム空間の重要な例がたくさんあり，そのいくつかは本書の他のところでも扱われる．いろいろなノルム空間の例の一つの際立った集合体として**ヒルベルト空間** [III.37] のクラスがある．これは平行移動に加え回転によっても不変な距離を与えられたノルムと考えることができる．その他の例が「関数空間」[III.29] において論じられている．

多項式による近似をどのように議論するかという問題に戻る．先に取り上げた二つの疑問に対して最もよく使われる答えは以下のとおりである．実数のある閉区間 $[a,\,b]$ 上で定義された連続関数は，どれも良く近似できる関数である．このような関数の全体はベクトル空間をなし，これは $C[a,\,b]$ と表される．良い近似の概念を明確にするために，この空間

に次のノルムを導入する．すなわち，f のノルム $\|f\|$ とは区間内の任意の x に対する（つまり，a と b の間の任意の x に対する）$|f(x)|$ の最大値であると定義される．この定義によれば，関数 f と g との距離は，$|f(x)-g(x)|$ が区間内のすべての x に対して小さい場合に限って小さいことになる．このとき，f は g を**一様に近似する**という．$[a, b]$ 上のすべての連続関数を多項式で一様に近似できることは明らかとは言えない．これは**ワイエルシュトラスの近似定理**が保証することである．

ノルム空間が登場する次のような別の状況がある．ほとんどの**偏微分方程式** [I.3 (5.4 項)] に対しては，解を求める簡潔な公式はない．しかし一方で，解が存在することを証明するための多くの手法があり，それらは通常，極限操作を伴う．たとえば，関数列 $f_1, f_2, \ldots$ を作り，さらにある極限関数 f に収束することを示すことができる状況を想定する．ただし，この関数列は，極限関数が解を与えるように構成したものである．繰り返しになるが，このような解の構成の手法に意味を持たせるためには，二つの関数がどのようなときに近いか，すなわち，f_n がどのノルム空間に属するかを知る必要がある．

これらの関数の列が極限 f に収束することを，未知の極限 f に対して，どうやって示すことができるだろうか？　この答えは，次のようになる．ヒルベルト空間や多くの重要な関数空間を含む大事なノルム空間は，**完備性**と呼ばれるもう一つの性質を持っていて，この性質により，しかるべき条件のもとで実際に収束が保証される．完備性とは，形式ばらずに言えば，列 $v_1, v_2, \ldots$ を考えたとき，この列に含まれるベクトルが，この列に沿ってずっと先に行ったときに互いに非常に近づくならば，同じノルム空間に含まれるあるベクトル v に必ず収束するという性質である．完備なノルム空間は**バナッハ空間**と呼ばれる．この命名は，このような空間の一般論の主要な部分を発展させたポーランドの数学者**ステファン・バナッハ** [VI.84] にちなむ．バナッハ空間は一般のノルム空間が必ずしも持っていないたくさんの有用な性質を持っている．完備性はノルム空間の病理的な例を排除するものと考えることができる．

バナッハ空間の理論は，しばしば**線形解析**[*1] としても知られている．なぜならば，この理論はベクトル空間と距離空間を一緒にして，線形代数と解析を融合させるものだからである．いろいろなバナッハ空間が現代解析学に登場する．たとえば，「偏微分方程式」[IV.12]，「調和解析」[IV.11]，「作用素環」[IV.15] を参照されたい．

[*1] ［訳注］この用語はあまり使われていない．関数解析という用語がこれに対応している．

III. 63

数　体

Number Fields

ベン・グリーン［訳：三宅克哉］

有理数体 $\mathbb{Q}$ の「有限次拡大体」を**数体**という．これを K と表すならば，K は $\mathbb{Q}$ を含む**体** [I.3 (2.2 項)] であり，それを $\mathbb{Q}$ 上の**線形空間** [I.3 (2.3 項)] と見るとき，有限次元である．次のように述べると，もっと具体的になる．有限個の代数的数（すなわち，整数を係数とする多項式の根）$\alpha_1, \ldots, \alpha_k$ をとり，$\mathbb{Q}$ に係数を持つこれらの有理関数全体が作る体 K が数体である（言ってみれば，K は $\alpha_1^2\alpha_3/(\alpha_2^2+7)$ といった数から成り立っている）．必ずしも自明と言えないことは，これが $\mathbb{Q}$ 上で有限次元であることであろうか？　ともかくも，このとき $K=\mathbb{Q}(\alpha_1, \ldots, \alpha_k)$ と表す．逆に最初の定義による数体は，必ずこの形によって表される．

最も簡単な数体はおそらく **2 次体**であろう．これは $\mathbb{Q}(\sqrt{d})=\{a+b\sqrt{d} \mid a, b \in \mathbb{Q}\}$ という形の体である．ただし，d は整数（負でもよいことを強調しておく）で，平方因数を持たないものとする．この条件を付けておけば，体 $\mathbb{Q}(\sqrt{d})$ はすべて異なる（もしこの条件が満たされていないなら，たとえば $\sqrt{12}=2\sqrt{3}$ であるから，$\mathbb{Q}(\sqrt{12})$ は $\mathbb{Q}(\sqrt{3})$ と等しくなる）．その他の重要な数体としては**円分体**がある．ここでは 1 の原始 m 乗根 ζ_m（具体的には，$\zeta_m=e^{2\pi i/m}$ としてよい）をとり，これを $\mathbb{Q}$ に「添加」して円分体 $\mathbb{Q}(\zeta_m)$ が構成される．

なぜ数体を考察するのか？　歴史的には，数体に係数の範囲を広げると，ある種のディオファントス方程式を因子分解できるからである．たとえば，ラマヌジャン–ナゲル方程式 $x^2=2^n-7$ は，もし係数

を $\mathbb{Q}(\sqrt{-7})$ にまで広げてよいなら，

$$(x+\sqrt{-7})(x-\sqrt{-7})=2^n$$

と表すことができる．また，フェルマー方程式 $x^n+y^n=z^n$ は，もし係数として体 $\mathbb{Q}(\zeta_n)$ の数までを許すならば，

$$x^n=(z-y)(z-\zeta_n y)\cdots(z-\zeta_n^{n-1}y) \qquad (1)$$

と同値である．

このような因子分解が有用であるかどうかを検討するための準備として，まず数体 K における**整数**の概念を理解する必要がある．数 $\alpha \in K$ は，最高次の係数が 1 でその他の係数が $\mathbb{Z}$ に属する多項式の根であるとき，（代数的）整数である．上記の単純な $\mathbb{Q}(\sqrt{d})$ で d は平方因数を持たない整数である場合，整数は簡単に明示される．もし $d \not\equiv 1 \pmod 4$ ならば，整数は $a+b\sqrt{d}$, $a,b \in \mathbb{Z}$ の形のもので尽くされるが，$d \equiv 1 \pmod 4$ ならば，整数は $a+b((1/2)(1+\sqrt{d}))$, $a,b \in \mathbb{Z}$ の形のものになる．数体 K に含まれる整数全体の集合は $\mathcal{O}_K$ と表されることが多く，これは**環** [III.81 (1 節)] を形成する．

残念ながら，式 (1) のような因子分解は，見かけほどには役立たない．環 $\mathcal{O}_K$ においては，環 $\mathbb{Z}$ におけるのと同じようには事を運べない．特に，素因数の積に「順序を除いて」ただ 1 通りに分解することができない．たとえば，体 $\mathbb{Q}(\sqrt{-5})$ では，$2\cdot 3=(1+\sqrt{-5})(1-\sqrt{-5})$ となっている．この両辺にある数はすべてこの 2 次体の整数であり，これ以上に因数分解することはできない．

ところが驚くべきことに，$\mathcal{O}_K$ の数をもっと大きい**イデアル** [III.81 (2 節)] と呼ばれる対象の集合の中に移し込めば，一意分解がうまくいくようになる．このイデアルの間には自然な**同値関係** [I.2 (2.3 項)] があり，同値類の個数は**類数**と呼ばれ，$h(K)$ と書かれる．これは数論において最も重要な不変量の一つである．ある意味で，これは体 K で「一意分解が成り立たない」度合いを表している（詳細は「代数的数」[IV.1 (7 節)] を参照）．類数が有限であるという事実は代数的数論における二つの基本的な**有限性定理**の一つである．

特に $h(K)=1$ であるときは，わざわざイデアルを導入しなくても，$\mathcal{O}_K$ 自身で整数の一意分解が可能である．しかし，この状況はそう頻繁に生じるわけではない．虚の 2 次体 $\mathbb{Q}(\sqrt{-d})$, $d>0$ の場合，d が平方因数を持たなければ，単に $d=1, 2, 3, 7, 11, 19, 43, 67, 163$ の 9 個の値に対してのみそうなる．この場合を決定する問題は**ガウス** [VI.26] によって提起され，最終的にはヒーグナー（Heegner）によって 1952 年に解決を見た．

中でも $h(\mathbb{Q}(\sqrt{-163}))=1$ は注目すべきいくつかの事実と関係している．たとえば，多項式 x^2+x+41 は $x=0,1,\ldots,39$ のすべてに対してその値が素数になっている（$4\times 41=163+1$ であることに注目しよう）．しかも，$e^{\pi\sqrt{163}}$ は整数との隔たりが 10^{-12} 以下である．

一方，類数が 1 であるような 2 次体 $\mathbb{Q}(\sqrt{d})$, $d>0$ が無限個存在するかどうかは，よく知られた未解決問題である．ガウスや彼に続く多くの数学者は，無限個存在すると予想している．

代数的数論における二つ目の基本的な有限性定理は，**ディリクレの単数定理**である．数体 K の**単数**とは，$x \in \mathcal{O}_K$ であって，$y \in \mathcal{O}_K$ で $xy=1$ となるものが存在するものをいう．数 1 や -1 は常に単数であるが，一般にはこれら以外にも単数は存在する．たとえば，$\mathbb{Q}(\sqrt{2})$ では $17-12\sqrt{2}$ は単数である（その逆数は $17+12\sqrt{2}$ である）．数体 K の単数の全体の集合 $\mathcal{U}_K$ は，乗法に関してアーベル群になっている．ディリクレの単数定理は，この群が有限生成であることを主張している．すなわち，$\mathcal{U}_K$ は，適当に有限個の要素を選べば，それらのベキ（0 または負のベキも許す）の積の全体として表される．

もし $d>0$ が平方因数を持たず，$K=\mathbb{Q}(\sqrt{d})$ であれば，$\mathcal{U}_K$ は ± 1 とそれら以外の一つの単数で生成される．特に $d \not\equiv 1 \pmod 4$ であるとき，この事実はペル方程式 $x^2-dy^2=1$ が自明でない（すなわち $(x,y)=(\pm 1,0)$ 以外の）整数解を必ず持っていることと同値である．実際，ペル方程式は $(x-y\sqrt{d})(x+y\sqrt{d})=1$ と因子分解されるからである．特に $d=2$ のとき，$\mathbb{Q}(\sqrt{2})$ の単数 $17-12\sqrt{2}$ はペル方程式 $x^2-2y^2=1$ の解 $(x,y)=(17,12)$ と対応している．

この項目で触れた話題のいくつかに関しては，「フェルマーの最終定理」[V.10] を参照されたい．

III. 64

最適化とラグランジュ未定乗数法

Optimization and Lagrange Multipliers

キース・ボール［訳：二木昭人］

1. 最　適　化

微分積分学を学ぶと，すぐに**最適化**への応用を教えられる．すなわち，**目的関数**と呼ばれる微分可能な関数が与えられたときに，最大値または最小値を求める問題である．このための手助けになる観察として，目的関数 f が x において最大ないし最小になるなら，$(x, f(x))$ におけるグラフの接線は水平になることがわかる．なぜなら，もしそうでないと x に近い別の x' において $f(x')$ が上になるからである．このことから，f の最大値と最小値を求めるときは $f'(x)=0$ となるときの $f(x)$ の値を見ればよいことがわかる．

今度は，変数が二つ以上の目的関数を考えてみよう．たとえば

$$F(x,y)=2x+10y-x^2+2xy-3y^2$$

のような関数である．F の「グラフ」は，平面上の点 (x,y) の上に値 $F(x,y)$ を高さとして図を描いたものであるので，今度は曲線ではなく曲面になる．滑らかな曲面は接線ではなく接平面を持つ．もし F が最大値を持つなら，接平面が水平になる点で持つはずである．

各点 (x,y) における接平面は，(x,y) の近くで F を最も良く近似する線形関数のグラフである．h と k が小さい値のとき，$F(x+h, y+k)$ は，おおよそ $F(x,y)$ に

$$(h,k)\mapsto ah+bk$$

の形の関数を足したもの，すなわち $F(x,y)$ プラス h と k の線形関数である．「いくつかの基本的な数学的定義」[I.3 (5.3 項)] において説明しているように，(x,y) における F の微分は，この線形写像である．この写像は二つの数の組 (a,b) により表現されるが，これは $\mathbb{R}^2$ のベクトルとも見なせる．この微分ベクトルは通常 (x,y) における関数 F の**勾配**と呼ばれ，$\nabla F(x,y)$ と書かれるものである．ベクトルの記号を用いると（(x,y) を $\boldsymbol{x}$ と書き，(h,k) を $\boldsymbol{h}$ と書いて），(x,y) の近くの F の近似は

$$F(\boldsymbol{x}+\boldsymbol{h})\approx F(\boldsymbol{x})+\boldsymbol{h}\cdot\nabla F \tag{1}$$

で与えられる．このように，∇F は $\boldsymbol{x}$ を出発したときに最も急激に増加する方向を指していて，∇F の大きさは F の「グラフ」のこの方向への傾きになっている．

勾配の成分 a と b は偏微分を用いて計算される．a という数は，y を止めて x を動かしたとき $F(x,y)$ がどの程度速く変化するかを表している．したがって，a を求めるには，y を定数と見なして $F(x,y)=2x+10y-x^2+2xy-3y^2$ を x について微分すればよい．この場合，偏微分

$$a=\frac{\partial F(x,y)}{\partial x}=2-2x+2y$$

を得る．同様に，

$$b=\frac{\partial F(x,y)}{\partial y}=10+2x-6y$$

となる．

さて，接平面が水平になる点を見つけたいとすると，勾配が零になるところを見つけることになる．すなわち，ベクトル (a,b) が零ベクトルになるところである．そこで，連立方程式

$$2-2x+2y=0$$
$$10+2x-6y=0$$

を解くと，$x=4$，$y=3$ を得る．よって，最大値をとる唯一の候補は点 $(4,3)$ であり，この点で F は 19 という値をとる．19 は実際 F の最大値になることが確かめられる．

2. 勾配と等高線

曲面を表す（たとえば地図に風景を表す）最も一般的な方法は，**等高線**（つまり高さ一定の曲線）を描く方法である．いくつかの「代表的」な値 V をとり，xy 平面内に $F(x,y)=V$ という形の曲線をいくつか作図する．以前考察した関数

$$F(x,y)=2x+10y-x^2+2xy-3y^2$$

に対し，値 $0, 8, 14, 18, 19$ は図 1 のような等高線を定める．たとえば，高さ 14 の等高線は，曲面が高さ 14 である点をすべて含む．この図からわかるこ

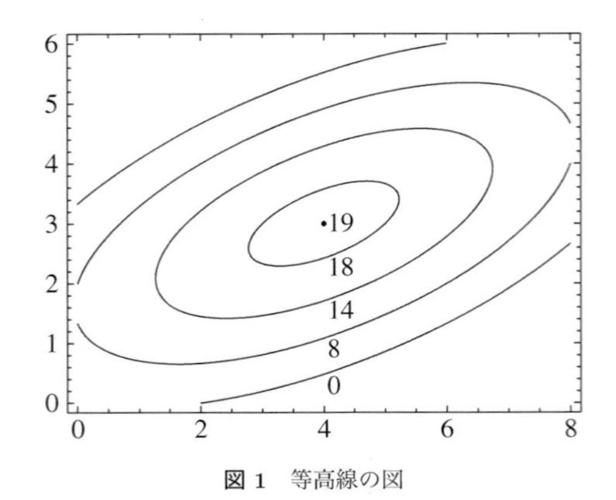

図 1 等高線の図

とは，この曲面の場合，(4,3) で高さ 19 の頂上を持つ楕円状の丘になっていることである．

等高線と勾配とは，単純な幾何学的関係がある．式 (1) が示すように，F が瞬間的に一定となる方向 $\boldsymbol{h}$ は，内積 $\boldsymbol{h} \cdot \nabla F$ を 0 にする方向，つまり ∇F と直交する方向である．各点で勾配ベクトルは等高線と直交する．この事実が次の節で議論するラグランジュ未定乗数法の基礎となる．

3. 制約条件付き最適化とラグランジュ未定乗数法

多変数からなる目的関数の最大値や最小値を知りたいとき，変数がある種の方程式や不等式の系によって制約を受けることがしばしば起こる．たとえば，次のような問題を考えよう．

組 (x,y) が

$$G(x,y) = x^2 - xy + y^2 - x + y - 4 = 0 \qquad (2)$$

によって制約を受けているとき

$$F(x,y) = 4y - x$$

の最大値を求めよ．

図 2 は $G(x,y) = 0$ を満たす曲線（楕円），および $4y - x$ のいくつかの等高線を表している．われわれの目的は，(x,y) が曲線上の点にあるときにとりうる $4y - x$ の最大値を求めることである．したがって，曲線の点を含む等高線 $4y - x = V$ の中で V がとる最大値を求めればよい．V の値は直線が図の中で上に上がるにつれて増加し，曲線に接する最も上の直線は $4y - x = 7$ と書かれているものである．したがって，求めたい最大値は 7 であり，この値をとるのは直線 $4y - x = 7$ が曲線と接するときである．

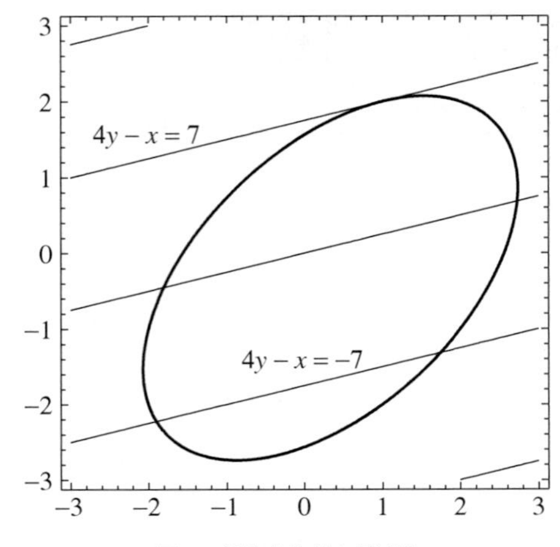

図 2 制約条件付き最適化

容易に確かめられるように，この点は (1,2) である．

この点を，作図によるのではなく，代数的に見つけるにはどうしたらよいであろうか？ 注目すべき要点は，最適化する直線は曲線と接することであり，直線と曲線は共有点で平行になる．直線は関数 F の等高線をとった．曲線も等高線であり，G の高さ 0 の等高線である．前節の議論により，これらの等高線はそれぞれ（問題になる点において）F と G の勾配に直交する．したがって，二つの勾配ベクトルは互いに平行になり，一方が他方の定数倍になる．たとえば，$\nabla F = \lambda \nabla G$ の形である．

かくして，制約条件付き最適化問題

> $G(x,y) = 0$ の条件のもとで $F(x,y)$ を最大にせよ．

の解法を得た．点 (x,y) と数 λ で

$$\nabla F(x,y) = \lambda \nabla G(x,y) \text{ と } G(x,y) = 0 \qquad (3)$$

を満たすものを求めればよい．

例 (2) に対しては，勾配の式は二つの偏微分の式

$$-1 = \lambda(2x - y - 1), \quad 4 = \lambda(-x + 2y + 1)$$

を与えるが，これを解くと

$$x = \frac{2 + \lambda}{3\lambda}, \quad y = \frac{7 - \lambda}{3\lambda} \qquad (4)$$

を得る．この二つの値を式 $G(x,y) = 0$ に代入すると

$$\frac{13(1 - \lambda^2)}{3\lambda^2} = 0$$

を得るので，$\lambda = 1$ および $\lambda = -1$ という二つの解を得る．$\lambda = 1$ を式 (4) に代入すると点 (1,2) が得られ，この点で F は最大値になる（$\lambda = -1$ をとる

と最小値が得られる）．

この問題を解くために導入された数 λ は，ラグランジュ未定乗数と呼ばれる．ラグランジアンを

$$\mathcal{L}(x,y,\lambda) = F(x,y) - \lambda G(x,y)$$

により定義し，式 (3) を単独の式

$$\nabla\mathcal{L} = 0$$

に簡略化することにより，問題を定式化し直すこともできる．これがうまくいく理由は，$\mathcal{L}$ を λ に関して微分すると $G(x,y)$ が得られるので，この偏微分が 0 になることを要請することは $G(x,y) = 0$ を要請することになり，他の二つの偏微分が 0 になることを要請することは $\nabla F = \lambda\nabla G$ を要請することと同値であるからである．この再定式化の注目すべき点は，x と y を変数とする**制約条件付き最適化問題**が，x, y, λ を変数とする**制約条件のない最適化問題**に置き換えられたことである．

4.　ラグランジュ未定乗数法の一般的方法

実際上の問題においては，多くの変数 $x_1,\ldots,x_n$ からなる関数 F を，多くの制約条件 $G_1(x_1,\ldots,x_n) = 0$, $G_2(x_1,\ldots,x_n) = 0$, ..., $G_m(x_1,\ldots,x_n) = 0$ のもとで最適化する必要があるかもしれない．このような場合は，それぞれの制約に対してラグランジュ未定乗数を導入した**ラグランジアン** $\mathcal{L}$ を，式

$$\mathcal{L}(x_1,\ldots x_n,\lambda_1,\ldots\lambda_m) = F(x_1,\ldots x_n) - \sum_1^m \lambda_i G_i(x_1,\ldots x_n)$$

により定義する．$\mathcal{L}$ の λ_i に関する偏微分が 0 になるための必要十分条件は $G_i(x_1,\ldots,x_n) = 0$ である．さらに，x_j に関する偏微分がすべての j に対して 0 になるための必要十分条件は，$\nabla F = \sum_1^m \lambda_i\nabla G_i$ となることである．このことから，すべての勾配 ∇G_i と直交する方向（したがって，すべての「等高超曲面」に接する方向）は勾配 ∇F にも直交し，したがって，そこではすべての制約条件を満たしながら F が増加する方向はなくなる．

この種の問題は経済学で頻繁に見られる．たとえば，目的関数 F は経費（たぶん最小にしたいであろう）であり，制約条件は全体の必要性から来る制限を満たすようにいろいろな異なる項目を揃える，といった問題である．たとえば，栄養上の要請を満たすようにいろいろな食材を揃えるのにコストを抑えようとするであろう．この場合，ラグランジュ未定乗数は「想定価格」と解釈される．ここまでで見たように，最適な点は，式 $\nabla F = \sum_1^m \lambda_i\nabla G_i$ を満たす．この式は，G_i を少し変化させると，F がどれだけ変化するかを表している．すなわち，いろいろな要請を増加させるにつれて経費がどれだけ増えるかを表している．

ラグランジュ未定乗数法のさらなる使用例としては，「ネットワークにおける交通の数学」[VII.4] を参照されたい．

III. 65

軌道体

Orbifolds

ティモシー・ガワーズ［訳：砂田利一］

平面の対称性の群による**商** [I.3 (3.3 項)] をとると，**多様体** [I.3 (6.9 項)] が得られる．たとえば，整数ベクトルによるすべての平行移動からなる群であれば，二つの点 (x,y) と (z,w) は，$z-x$ と $w-y$ がともに整数であるときに限って同値であり，商空間はトーラスになる．しかし，この群の代わりに $\pi/3$ の倍数を回転角とする，原点のまわりの回転からなる群をとるならば，原点から離れた点は，ちょうど五つの他の点と同値であるが，原点と同値なものは原点のみである．この場合の商空間は多様体にならない．なぜなら，原点の例外的挙動が特異性という結果をもたらすからである．しかし，この種の特異性は理解可能なものである．**軌道体**は，大まかに言えば多様体のようなものであるが，多様体が局所的には $\mathbb{R}^n$ のように見えるものであるのに対して，軌道体は局所的には対称性の群による商のように見え，したがってわずかな特異性があるという違いがある．「代数幾何学」[IV.4 (7 節)] および「ミラー対称性」[IV.16 (7 節)] を参照されたい．

III. 66

順序数

Ordinals

イムレ・リーダー［訳：志賀弘典］

簡単な言い方をすれば，順序数とは，以下のようにして得られるものである．われわれは 0 を有しているとし，次の 2 通りの操作を考える．すなわち，われわれが得ているものに 1 を加えて新たなメンバーを作り，古い仲間の中に加えること，そして，それらの極限をとることである．このようにして，0 から出発して $1, 2, 3$ を順次作ることができ，このような操作の極限として，すなわち $0, 1, 2, \ldots$ の極限として，われわれが ω と呼ぶ**順序数**を作ることができる．これもまた，それ以前の仲間に加えると，$\omega+1$, $\omega+2$ などがさらに作られる．そこで，再びこれらの極限として $\omega+\omega$ という順序数が得られる．このような操作をさらに続けていくことができる．この「さらに続ける」という操作によって，順序数は膨大なメンバーを含むことに注意しよう．たとえば，順序数というものは，ω と自然数の有限和のみに限られているものではない．一例として ω, $\omega+\omega$, $\omega+\omega+\omega, \ldots$ の極限もまた考えられ，これをわれわれは ω^2 と名付けている．

順序数は，2 通りの場面で現れてくる，そしてそれらは互いに密接に関連しているのである．第一に，それらは整列順序のサイズを測る尺度となる．ここで，順序集合は，その任意の空でない部分集合が最小元を持つとき，整列集合（well-ordered set）であるという．たとえば，実数の集合の中で $\{1/2, 2/3, 3/4, \ldots\} \cup \{3/2, 5/3, 7/4, \ldots\}$ は整列集合である．一方 $\{\ldots, 1/4, 1/3, 1/2\}$ はそうではない．前者は，$\omega+\omega$ より小さい順序数の全体と順序同型な集合である．このことにより，この集合は**順序型** $\omega+\omega$ を持つという．

第二に，順序数は添数超限操作（index transfinite processes）を行うときにもよく現れる．ここで超限（transfinite）とは，有限なるものの先に達するという意味である．一例として，上記の整列集合の各元を増大列として順番を数えることを考えよう．このとき，1/2 から出発し，2/3, 3/4 などを見ていくことになるだろう．しかし，いつまでたっても 3/2 や 5/3 には到達しない．そこで，時刻 ω に 3/2 を数えて再スタートする．こうして，時刻 $\omega+\omega$ に至って数え上げを完了すると考えるのである．

順序数のより詳細な説明と，より多くの実例，さらにそれらが現れる数学の実際場面については「集合論」[IV.22 (2 節)] を参照されたい．

III. 67

ペアノの公理系

The Peano Axioms

イムレ・リーダー［訳：田中一之］

誰もが知っているように，自然数は $0, 1, 2, 3, \ldots$ と続く．しかし，「と続く」を正確に言うにはどうしたらよいだろうか？　自然数についての推論法を調べ，自然数がこうあるべきだという直観的なイメージに完全に適合する帰結をもたらす基本原理や**公理**をいくつか取り出すことはできるだろうか？　言い換えれば，自然数に関して何か証明しようとするときに，最初に必要な仮定は何なのだろう？

この問いに答えるために，必要最低限のもの以外は削り落としてしまおう．すると，0 と呼ばれるものと，直観的には「1 を加える操作」を表す**後者関数**と呼ばれる演算 s が得られる．この最低限の言語において，二つのことが言えるだろう．一つは，すべての数 $0, s(0), s(s(0)), \ldots$ は異なる自然数であること，もう一つは，他の自然数は存在しないことである．

シンプルな方法は，次の二つの公理を使うことである．一つ目の公理は，0 が後者ではないことを述べている．

(i) 任意の x に対して $s(x) \neq 0$.

二つ目は，互いに異なるものの後者はまた，互いに異なることを述べている．

(ii) 任意の x, y に対して，$x \neq y$ ならば $s(x) \neq s(y)$.

たとえば，$s(s(s(0))) \neq s(0)$ が示せる．もしこれらが等しいとすれば，規則 (ii) より $s(s(0)) = 0$ が言えるが，これは規則 (i) と矛盾する．

では，どうすればほかに自然数がないことが言えるだろうか？　任意の x に対して，$x=0$ であるか，または $x=s(0)$ であるか，または $x=s(s(0))$ であるか…と言いたいのだが，これでは無限に長い陳述になってしまい，まったく認められるものではない．このような自然な試みが失敗してしまうと，目標を達成できないように思えるかもしれないが，実際には帰納法という素晴らしい解決法が存在する．以下が帰納法の原理を表現する公理である．

(iii) A は自然数の集合で，$0 \in A$，かつ $x \in A$ ならば必ず $s(x) \in A$ という性質を持つとする．このとき，A はすべての自然数の集合である．

A として，リストに並べた $0, s(0), s(s(0)), \ldots$ という数の集合をとれば，他の自然数が存在しないという直観的なアイデアが，これで表現されたことになる．

これらの規則 (i), (ii), (iii) を自然数に対する**ペアノの公理**と呼ぶ．上で述べたように，自然数についてのすべての推論がペアノの公理だけを前提とするように書き直せるという意味で，これらの規則は自然数を「特徴付けて」いる．

論理学において用いられる関連体系に，**1 階ペアノ算術**と呼ばれるものがある．ペアノの公理を **1 階論理** [IV.23 (1 節)] の言語で表現しようというのがそのアイデアである．この言語は，変数（自然数上を変域とする)，記号 0 や s，論理結合子などのみを使う．よって，「要素関係」の記号はなく，集合を扱うことも許されない（ただし，技術的な理由から「足し算」と「掛け算」の記号は扱えるものとする)．

何が使えて，何が使えないかという考え方を得るために，「無限個の完全平方数が存在する」という主張と，「正の整数からなる任意の無限集合は奇数を無限に持つか，偶数を無限に持つ」という主張を考えてみよう．少し考えれば，最初の主張は，次のように 1 階論理で表現できることがわかる．

$$(\forall m)(\exists n)(\exists x)\, xx = m+n$$

言葉で言い直せば，任意の m に対して $m+n$（これは「m 以上」を表現する）という形の完全平方数を見つけられるということである．一方，二つ目の主張を表現しようとすると，自然数の集合の**要素**だけでなく，**部分集合**を変域とする A を用いた $(\forall A)$ という記述が必要であることに気づくだろう．これは 1 階論理において扱うことが認められていない主なものである．

この基準により，規則 (i), (ii) は妥当なものであると言えるが，(iii) はそうとは言えない．代わりに，1 階の陳述 $p(x)$ に対する公理の無限集合である「公理図式」を使う．すると，規則 (iii) は各陳述 $p(x)$ についての次のような公理の集合である．$p(0)$ が真であり $p(x)$ ならば $p(s(x))$ であるとき，すべての x で $p(x)$ は真である．

これらの公理は一般のペアノの公理と同等の力を備えているわけではない．たとえば，部分集合 A は非可算個存在するのに対し，論理式 $p(x)$ は可算個しかない．その結果，1 階ペアノ算術の公理を満たす自然数以外の構造である，これらの公理の「超準」モデルが存在することになる．

ここで，陳述 $p(x)$ には**パラメータ**を許す．たとえば $p(x)$ が「$x=y+z$ となる z が存在する」という陳述であったら，これは y 以上のすべての自然数の集合に対応し，よって y に依存している．さらに，和や積が作用するための公理（和の交換法則など）も加える．このようにして集めた公理は，ペアノ算術，あるいは縮めて PA と呼ばれている．

ここで議論した話題について，さらに詳しくは「ロジックとモデル理論」[IV.23] を参照されたい．

III.68

置換群

Permutation Groups

マーティン・W・リーベック［訳：志賀弘典］

S を集合とする．S の**置換**とは，S から S 自身への写像で単射かつ全射なもの，言い換えれば，S の要素の「並べ替え」のことである．$S=\{1,2,3\}$ の場合，写像 $a: S \to S$ を，1 を 3 に，2 を 1 に，そして 3 を 2 に移すものとする．この a は S の置換である．また，写像 b は 1 を 3 に，2 を 2 に，そして 2 を 1 に移すものとする．これも S の置換である．しかし，写像 $c: S \to S$ を 1 を 3 に，2 を 1 に，そして 3 を 1 に移すものとすると，これは置換ではない．また，実数の集合 $\mathbb{R}$ に対して，対応 $x \mapsto 8-2x$ で与えられる関数は $\mathbb{R}$ の置換になっている．

有限群の理論において最も重要な置換は，正の整

数 n に対して $I_n = \{1,2,\ldots,n\}$ で与えられる集合の置換である．S_n で集合 I_n の置換の全体を表そう．上に挙げた例 a, b は S_3 の要素である．S_n が何個の置換で作られているかを勘定してみよう．$f : I_n \to I_n$ に対して $f(1)$ には n 個の選択肢がある．$f(1)$ がいったん定まれば，$f(2)$ には残りの $n-1$ 個の選択肢が残される．同様にして，$f(1), f(2)$ が定めれば $f(3)$ には $n-2$ 個の選択肢が残され，以下 $f(1),\ldots,f(n-1)$ までが定まれば，$f(n)$ は選択の余地なくただ 1 通りに定まる．したがって，結局 S_n の定め方は $n(n-1)(n-2)\cdots 1 = n!$ 通りある．つまり，S_n は $n!$ 個の要素から作られている．

集合 S の置換 f, g を考える．各 $s \in S$ に対して $f \circ g(s) = f(g(s))$ によって，f と g の合成を定めると，$f \circ g$ もまた S の置換になっている．以後 $\circ$ を省略して fg でこの合成を表すことにする．一例として，上の $a, b \in S_3$ の場合，ab は 1 を 2 に，2 を 1 に，そして 3 を 3 に移している．一方，ba は 1 を 1 に，2 を 3 に，そして 3 を 2 に移している．ab と ba は異なっていることに注意しよう．

どのような集合 S においても，各 $s \in S$ に対して $\iota(s) = s$ で定まる置換 $\iota : S \to S$ がある．これを**恒等置換**と呼ぶ．また，S の置換 f に対して f の逆写像 f^{-1} が定まる．これを f の**逆置換**という．このとき $ff^{-1} = f^{-1}f = \iota$ である．たとえば上の例では，a^{-1} は 1 を 2 に，2 を 3 に，そして 3 を 1 に移している．一般に，S の置換 f, g, h に対して $(fg)h = f(gh)$ が成り立つ，実際，$s \in S$ は，両辺どちらでも $f(g(h(s)))$ に送られている．

したがって，S の置換全体は，合成によって定まる **2 項演算** [I.2 (2.4 項)] によって**群** [I.3 (2.1 項)] の公理を満たすことになる．特に S_n は位数 $n!$ の有限群で，**n 次対称群**と呼ばれる．

置換をきれいに表示する**巡回記法**がある．例で示そう．$d \in S_6$ を $1 \mapsto 3$, $2 \mapsto 5$, $3 \mapsto 6$, $4 \mapsto 4$, $5 \mapsto 2$, $6 \mapsto 1$ で定める．これを，より効率的に $1 \mapsto 3 \mapsto 6 \mapsto 1$, $2 \mapsto 5 \mapsto 2$, $4 \mapsto 4$ と表す．文字列 $1,3,6$ は d における長さ 3 の**サイクル**をなすといい，同様に，$2,5$ は長さ 2 のサイクル，4 は長さ 1 のサイクルをなすという．このことから，われわれはさらに縮約した表示 $d = (1,3,6)(2,5)(4)$ を得る．ここで，最初の括弧内では，対応する長さ 3 のサイクルを表し，以下，一つ一つの括弧が，その中の元を順送りして元に戻すサイクルを表しているのである．これが d の巡回記法である．ここで，異なるサイクルには共通の文字は現れないことに注意する．これらは「交わりのない」サイクルと呼ばれる．S_n のいかなる元も，交わりのないサイクルの積として表されることは容易に示すことができる．これが，上に述べた巡回記法である．S_3 の 6 個の元は，この記法によって ι, $(12)(3)$, $(13)(2)$, $(23)(1)$, (123), (132) で与えられる．例で扱った 2 元は $a = (132)$，$b = (13)(2)$ であった．余裕のある読者は数分もあれば，これらによって S_3 の積演算表を作ることができるであろう．

置換 g の巡回記法に現れる個々のサイクルの長さを減少する順に並べたものを，g の**巡回型**（cyclic shape）という．たとえば $(163)(24)(58)(7)(9) \in S_9$ においては $(3,2,2,1,1)$ あるいはより簡潔に書いた $(3,2^2,1^2)$ がその巡回型である．

置換の**ベキ**を自然に定めることができる．すなわち，$f^1 = f$, $f^2 = ff$, $f^3 = f^2 f$ などとするのである．たとえば，$e = (1234) \in S_4$ の場合，$e^2 = (13)(24)$，$e^3 = (1432)$，$e^4 = \iota$ である．$f \in S_n$ に対して $f^r = \iota$ となる最小の自然数を，f の**位数**という．それは，I_n の各元に r 回 f を施すと皆元の要素に戻ってくるような最小の数とも言える．したがって，上の 4 サイクル e は位数 4 である．一般に，r サイクル（つまり，長さ r の巡回置換）は位数 r であり，巡回記法で表した置換の位数は，そこに現れた各サイクルの長さの最小公倍数である．

置換の位数の計算は，しばしば役に立つ．たとえば，8 枚で 1 組のカードがあり，これが $1,2,3,\ldots$ という順に重ねられている．これを上下で 2 等分して $1,2,3,4$ と $5,6,7,8$ に分け，これらを互い違いに差し込んで $1,5,2,6,\ldots$ という順になるようにシャッフルする．何度シャッフルすると元に戻るであろうか？ 1 回のシャッフルは S_8 の置換であり，巡回記法では $(1)(253)(467)(8)$ である．したがって，この置換は位数 3 である．よって，3 回このシャッフルを行えば元の配列になる．同じ問題をカードの枚数を変えて考えると，なかなかおもしろい問題になる．52 の場合はどうであろうか？

群論において重要となるもう少し別の観点がある．それは偶置換と奇置換の問題である．これも例で説明しよう．$n = 3$ とし，x_1, x_2, x_3 を三つの変数とする．S_3 の置換を単なる数 $1,2,3$ の入れ替えではなく，これらの変数の入れ替えとして考えてみよう．このとき，(132) は変数 x_1 を x_3 に，x_2 を x_1 に，また x_3 を x_2 に移している．ここで $\Delta = (x_1 - x_2)(x_1 - x_3)(x_2 - x_3)$ とする．S_3 に属する置換を Δ に自然に作用させることができる．たとえば (123) は Δ を $(x_2 - x_1)(x_2 - x_3)(x_3 - x_1)$ に移すのである．このとき，二つの括弧 $(x_1 - x_2)$ と $(x_1 - x_3)$ とにおいて符号の入れ替えが起きている．したがって，結局この置換によって，Δ は Δ 自身に移されたのである．しかし，(12)(3) では Δ は $(x_2 - x_1)(x_2 - x_3)(x_1 - x_3) = -\Delta$ に移される．このように，各置換は Δ を $\pm\Delta$ のいずれかに移しているのである．そこで，Δ を $+\Delta$ に移している置換を**偶置換**，$-\Delta$ に移している置換を**奇置換**と呼ぶ．調べれば，ι, (123), (132) が偶置換であり，(12)(3), (13)(2), (23)(1) が奇置換であることがわかる．

一般の S_n の元に対して偶奇を定義するのも同じ方法である．$x_1, \dots, x_n$ を変数とし，S_n に属している置換を，文字 $1, 2, \dots, n$ の入れ替えではなく，これらの変数の入れ替えと見なす．Δ を，$i < j$ を満たす添字に対しての $x_i - x_j$ すべての積と定める．$g \in S_n$ が Δ に作用した結果は，やはり $+\Delta$ か $-\Delta$ のどちらかである．g の**符号** $\mathrm{sgn}(g) \in \{+1, -1\}$ を $g(\Delta) = \mathrm{sgn}(g)\Delta$ によって定義する．これによって，写像 $\mathrm{sgn} : S_n \to \{+1, -1\}$ が定まる．そこで，$\mathrm{sgn}(g) = +1$ となるとき g を**偶置換**，$\mathrm{sgn}(g) = -1$ となるとき g を**奇置換**であると定める．

定義から，どのような $g, h \in S_n$ をとっても

$$\mathrm{sgn}(gh) = \mathrm{sgn}(g)\,\mathrm{sgn}(h)$$

が成り立つこと，また，どのような 2 サイクルの置換（通常，**互換**と呼ばれる）も奇置換であることがわかる．r サイクル（通常，***r* 次巡回置換**と呼ばれる）$(a_1 a_2 \cdots a_r)$ は，$(a_1 a_r)(a_1 a_{r-1}) \cdots (a_1 a_2)$ とも積表示されるから，この置換の符号は $(-1)^r$ である．このことから，$g \in S_n$ の巡回型が $(r_1, r_2, \dots, r_k)$ ならば

$$\mathrm{sgn}(g) = (-1)^{r_1 - 1}(-1)^{r_2 - 1} \cdots (-1)^{r_k - 1}$$

である．このことによって，いかなる置換も，容易にその巡回型から符号を定めることができる．S_5 においては，巡回型 (1^5), $(2^2, 1)$, $(3, 1^2)$, (5) のものが偶置換である．それぞれの型の置換を数え上げて和をとれば，1 個，15 個，20 個，24 個で，総和は 60 個である．これは S_5 の位数 $5! = 120$ のちょうど半分である．一般にも S_n における偶置換の総数は $(1/2)n!$ である．

このような，いくぶん混み入った定義をして，S_n の偶置換全体は位数 $(1/2)n!$ の部分群になることがわかった．この部分群は，***n* 次交代群**と呼ばれ A_n で表される．有限群の世界において交代群は非常に重要である．なぜなら，$n \geq 5$ において A_n は単純群となる．すなわち，その**正規部分群** [I.3 (3.3 項)] は，単位元のみからなる群と A_n それ自身だけとなる（「有限単純群の分類」[V.7] を参照）．たとえば，A_5 は位数 60 の単純群であり，最小位数の非可換単純群である．

III. 69

相転移

Phase Transitions

ティモシー・ガワーズ［訳：水谷正大］

氷の塊を温めたとき，それは水になる．このきわめて身近な現象は実はずいぶん神秘的である．というのも，化学物質 H_2O の性質は温度に連続的に依存していないことを示していて，氷の塊は固体からすぐに液体になり，徐々に軟らかくなるような過程は経ないからである．

これは**相転移**の例である．相転移は「局所的」相互作用，つまり一つの粒子の挙動がすぐ近くの粒子だけに直接影響を受ける多数の粒子を含む系で生じやすい．

その過程を数学的にモデル化することができ，そのモデルの研究は**統計物理学**として知られる領域に属している．そのモデルの詳しい議論は，「臨界現象の確率モデル」[IV.25] を参照されたい．

III. 70

π

π

ティモシー・ガワーズ［訳：平田典子］

ある数が他よりも基本的で重要な数であると数学的に言えるのは，どういう場合であろうか？　たとえば2は43/32よりも重要であると多くの人が感じるのはなぜか？　他の数に比べ，際立っておもしろい性質をどの程度備えているかに応じて，その数の重要さが決まるというのが一つの考察であろうが，おもしろい性質とは何を指すかをまずは決めておかなければなるまい．43/32は2倍すると43/16が得られる唯一の数であるにもかかわらず，この数が特におもしろいと感じられない明らかな理由は，この「xという数はその2倍が$2x$になっている唯一の数」という性質が，他の数を選んでも成立するからである．これとは対照的に，「最小の素数」という言い方では数を特記していないが，その重要さを簡単に説明できるような「素数」という抽象概念が用いられている．この表現は2という数を一意的に指すが，この数は数学において重要な役割を担う数のように見え，また実際にそのとおりである（ちなみに，43/32なる数は，実は統計物理学において本質的で決定的な指数に相当すると予想されており，この予想が正しければ2ほどは基本的でないにせよ，この数も重要な数として特別扱いされる可能性がある）．

数学で最も重要な数の一つがπであることには，誰しも異論を持たないだろう．上に記述した判定法によれば，この判断が正しいことの説明は容易である．なぜならπはきわめて豊富なおもしろい性質を持ち，むやみに驚かなくなってしまうくらい計算式に予想外に登場するからである．たとえば，次の式は**オイラー** [VI.19] の有名な結果である．

$$\sum_{n=1}^{\infty}\frac{1}{n^2}=1+\frac{1}{4}+\frac{1}{9}+\frac{1}{16}+\frac{1}{25}+\cdots=\frac{\pi^2}{6}$$

整数の2乗の逆数和に，πがなぜ関連するのであろうか？　非常に正当な質問ではあるが，原理的に見ると，経験を積んだ数学者にとってはさほど驚くべきことではない．このような恒等式を証明するためによく使われるのは，式の両辺が同じ量に対する異なる表示であることを示す方法である．この式の場合は**フーリエ解析** [III.27] において**プランシュレルの恒等式**として知られる次の事実を用いればよい．$f:\mathbb{R}\longrightarrow\mathbb{C}$が$2\pi$を周期に持つ周期関数であるとき，任意の整数$n$に対するフーリエ係数$a_n$は

$$a_n=\frac{1}{2\pi}\int_{-\pi}^{\pi}f(x)\mathrm{e}^{inx}\mathrm{d}x$$

となり，

$$\frac{1}{2\pi}\int_{-\pi}^{\pi}|f(x)|^2\mathrm{d}x=\sum_{n=-\infty}^{\infty}|a_n|^2$$

が成立する．整数nに対してxが$(2n-1/2)\pi$と$(2n+1/2)\pi$の間の数ならば$f(x)=1$，それ以外では$f(x)=0$となる関数$f(x)$を考えると，すぐ上の式の左辺は1/2である．ここでnが奇数のときは$|a_n|^2=1/(\pi n)^2$，また$|a_0|^2=1/4$であり，nが0でない偶数ならば$|a_n|^2=0$になることが計算によって得られる．したがって

$$\frac{1}{2}=\frac{1}{4}+\frac{1}{\pi^2}\sum_{n\ \mathrm{odd}}\frac{1}{n^2}$$

がわかる（$\sum_{n\ \mathrm{odd}}$は奇数n全体にわたる）．$n^2=(-n)^2$より

$$\frac{\pi^2}{8}=1+\frac{1}{3^2}+\frac{1}{5^2}+\frac{1}{7^2}+\cdots$$

がわかるが，右辺$=\sum_n 1/n^2-\sum_n 1/(2n)^2=3/4\times\sum_n 1/n^2$から$\sum_n 1/n^2=\pi^2/6$が導かれる．

なぜここでπが登場するのだろうか？　フーリエ係数の公式ゆえとも言える．実数，$\mathbb{R}$上の周期関数は単位円上の関数と考えるのは自然であり，フーリエ係数a_nは単位円上の一つの平均であるから，円周の長さ2πで割るに至ったという説明も可能である．

それにしても円周率πとは何であろうか？　その最も初等的な定義は，円周の長さと直径の比である．しかし，πのおもしろさは，この数がさまざまな異なる特徴を持つところにある．それらをいくつか挙げてみよう．

(i) $\sin x$を次の級数

$$x-\frac{x^3}{3!}+\frac{x^5}{5!}-\cdots$$

によって定義すると，πは$\sin x=0$となる最小の正の数であることがわかる（$\sin x$については「三角関数」[III.92] を参照）．

(ii) $\pi=\displaystyle\int_{-1}^{1}\frac{\mathrm{d}x}{\sqrt{1-x^2}}$

(iii) $\frac{\pi}{2}=\int_{-1}^{1}\sqrt{1-x^2}\mathrm{d}x$

(iv) $\frac{\pi}{4}=\left(1-\frac{1}{3}+\frac{1}{5}-\frac{1}{7}+\frac{1}{9}-\cdots\right)$

(v) $\sqrt{2\pi}=\int_{-\infty}^{\infty}\mathrm{e}^{-x^2/2}\mathrm{d}x$

(vi) $\pi=\sum_{k=0}^{\infty}\frac{1}{16^k}\left(\frac{4}{8k+1}-\frac{2}{8k+4}-\frac{1}{8k+5}-\frac{1}{8k+6}\right)$

上記 (ii) 式と (iii) 式の右辺の積分は，それぞれ半円周の長さと半円の面積を表す．すなわち，これらは単位円が周の長さ 2π と面積 π を持つという幾何学的意味の解析的な表示である．

(v) 式は，$\mathrm{e}^{-x^2/2}$ の前にどのような定数を挿入すれば**正規分布** [III.71 (5 節)] の式が得られるかを示している（ここで π が現れる理由はいくつかあるが，その一つは $\mathrm{e}^{-x^2/2}$ ひいては π がフーリエ解析では特別な意味を持つということも挙げられる．他方では，$\mathrm{e}^{-x^2/2}$ の基本性質において，$f(x,y)=\mathrm{e}^{-(x^2+y^2)/2}$ が回転に関して不変であるため，回転つまり円に関連するということで π を含むとも言えよう）．

最後の式はデイヴィッド・ベイリー（David Bailey），ピーター・ボールウェイン（Peter Borwein），サイモン・プラウ（Simon Plouffe）らによる最近の発見である．$1/16^k$ が登場するので，初めのほうの小数を特別に計算せずとも，π の 16 進法の桁の数字がうまく計算できる．16 進法では驚くほど遠くの桁において現れる数字，たとえば π の第 1 兆番目の桁の数字は 8 であることが知られている（「経験科学としての数学」[VIII.5 (7 節)] においてもこの式が論じられている）．

数学を職業としない多くの人々にとっては，π ほどの自然な数が**無理数**そして**超越数** [III.41] であることは，奇妙に思えるかもしれない．しかるにこれはまったく驚くべきことではなく，π の特徴はすべて単純であるにもかかわらず，いかなる整数係数多項式の解にも π はなりそうには見えない．π は超越数ではないと考えるほうが，むしろ奇妙であろう．同様に，π に規則的な小数展開を見つけるほうがはるかに仰天ものである．実は，π という数は 10 進法での展開において「正規数」つまり小数展開でのいかなる数字の配列も，期待される頻度で現れるような数であろうと予想されている．たとえば，3 と 5 が並んだ 35 という 2 文字配列は 1/100 の確率で登場するだろうという具合である．しかし，この予想は非常に難しいことがわかっている．そして，π の小数展開が 0 から 9 までの数字を無限回含むことさえ，実はまだ証明されていないのである．

III.71

確率分布

Probability Distributions

ジェームズ・ノリス [訳：森　真]

1. 離散型確率分布

硬貨を投げるとき，表が出るか裏が出るかはわからない．しかし，別の見方をすると，硬貨の振る舞いは予想がつくことがある．数多く硬貨を投げれば，表が出た頻度は 1/2 に近いであろう．

この現象を数学的に捉えるには，モデルを構成する必要がある．これには，出現可能な事象全体を表す**標本空間**と，事象の確率を定めるその上の**確率分布**を定義することになる．硬貨投げの場合には，自然な標本空間は表と裏を表す集合 $\{H,T\}$ と，それぞれの要素に確率 1/2 を与える分布である．われわれの興味の対象は表の回数であるから，その代わりに集合 $\{0,1\}$ を用いよう．1 回の硬貨投げでは，表が 0 回である確率は 1/2 で，表が 1 回である確率も 1/2 である．一般的には，（離散型）確率空間 Ω に，その上の確率分布は各元に合計が 1 になるように非負の実数を割り当てればよい．Ω の各点へ割り当てられた数はある事象の起きる確率と見なされ，合計は 1 でなければならない．

Ω の元の数が n ならば，Ω の上の**一様分布**とは，各元に等しい確率 $1/n$ を与えたものである．異なる結果には異なる確率を与えるのがよい場合も多い．[0,1] に属する p を任意に与えたとき，$\{0,1\}$ の上のパラメータ p の**ベルヌーイ分布**とは，1 に確率 p，0 に確率 $1-p$ を割り振るものである．これはゆがんだ硬貨投げのモデルになっている．

公平な硬貨を n 回投げるとしよう．結果すべてに興味があるならば，標本空間としてすべての硬貨投げの結果を選ぶことになる．これには，0 と 1 の長さ n の列全体を標本空間と選べばよい．たとえば，$n=5$ のとき，01101 のような数列が標本空間の典型的な元である（この結果は，裏，表，表，裏，表と出た場合を表している）．このような結果は 2^n 通りあり，それらは等確率であると見なせるので，この上の確率分布は各元に確率 $1/2^n$ を割り振る一様分布である．

しかし，個々の表か裏かの列には興味がなく，単に「表の回数」にのみ興味がある場合はどうするとよいだろう？　この場合には，集合 $\{0,1,2,\ldots,n\}$ を標本空間に選ぶことができる．表の回数が k である確率は，$2^{-n}\times$ (0 と 1 の列で 1 の個数がちょうど k である回数) となる．この回数は

$$\binom{n}{k}=\frac{n!}{k!(n-k)!}$$

であるので，k には確率 $p_k=\binom{n}{k}2^{-n}$ を与えればよい．

より一般的には，n 回の独立な試行において，成功の確率が等しく p であるとき，k 回成功し $n-k$ 回失敗をする列の確率は $p^k(1-p)^{n-k}$ であるので，n 回試行中，k 回ちょうど成功する確率は $p_k=\binom{n}{k}p^k(1-p)^{n-k}$ で与えられる．この確率分布はパラメータ n と p の **2 項分布**と呼ばれる．これはゆがんだ硬貨を n 回投げたときの表の回数に対応するモデルになっている．

最初に成功するまで硬貨を投げ続けるとしよう．k 回投げたとすると，$k-1$ 回失敗を続け，その直後に成功をする確率は $p_k=(1-p)^{k-1}p$ である．この式は最初の成功までの硬貨投げの回数に対応する確率分布を与える．これはパラメータ p の**幾何分布**と呼ばれる*1)．特に，公平な硬貨を投げて，最初に表が出るまでに投げた回数は，パラメータ 1/2 の幾何分布に従う．この場合，標本空間は正の整数全体であることに注意しよう．つまり，無限集合である．確率すべてを足して 1 になるという条件には，無限級数 $\sum_{k=1}^{\infty}p_k$ の和が 1 に等しいことが必要である．

より複雑な試行を考えよう．α 線をときどき放出する放射性物質を考える．この放出は独立であり，いつ起きるかも一様であると仮定しよう．1 分当たりの平均放出数を λ とすると，ある 1 分間に k 個放出する確率はいくつだろうか？

一つの方法は，十分大きい n を選び，1 分間を n 個に等分することである．n が十分に大きいならば，分割された小さな時間幅の間に 2 個放出される可能性は無視できるほど小さいであろう．そして，1 分当たりの平均放出数は λ であるから，分割した区間で放出が起きる確率はほぼ λ/n であろう．この数を p で表す．放出は独立であるから，放出数は，成功の確率 p のときに n 回の試行するときの成功の回数と見なせる．このことより，パラメータ n と p の 2 項分布を得る．ここで，$p=\lambda/n$ である．

n が大きくなれば p は小さくなり，近似の精度が上がる．このことから，n の無限大への極限を考え，そこから生じる極限分布を考えるのがよい．$n\to\infty$ の極限は $p_k=\mathrm{e}^{-\lambda}\lambda^k/k!$ であることが確かめられる．これから非負整数全体の上の確率分布を定めることができ，それはパラメータ λ の**ポアソン分布**として知られている．

2. 確 率 空 間

ダーツを的に向かって投げることを考えよう．よほど上手でない限り，どこに当たるかは予想できないが，確率論的にそのモデルを作ることはできる．標本空間として丸いダーツの的を選ぼう．ここで問題が生じる．的の上のどの点でも，その点にぴったりダーツが当たる確率は 0 に等しい．では，どのように確率分布を定めるとよいだろうか？

手がかりとしては，「的の中心の黒いところに当たる確率はいくつか？」というような問いに意味を持たせることは簡単にできるということである．的の中心の黒いところに当たるということは，的のある領域に当たるということであり，この確率は 0 というわけではない．たとえば，中心の黒い部分の面積を的全体の面積で割ったものをその確率と考えることもできる．

ここでわかったことは，各点に確率を与えることができなくても，**集合**には確率を与えられそうだということである．標本空間 Ω とその部分集合 A について，0 と 1 の間の数 $\mathbb{P}[A]$ を与えることが可能かもしれないということである．この数はランダムな試行の結果が A 内にある確率を表し，この数は集合 A のある意味での「量」のようなものと考えることができる．

*1)　［訳注］日本では，幾何分布は最初に成功するまでの失敗の回数を表す場合が多い．

このためには，$\mathbb{P}[\Omega]=1$ とする必要がある（なぜなら，標本空間から何らかの結果を得る確率は1に等しい）．また，A と B が互いに素なら，$\mathbb{P}[A\cup B]$ は $\mathbb{P}[A]+\mathbb{P}[B]$ に等しくなければならない．このことから $A_1,\ldots,A_n$ が互いに素ならば，$\mathbb{P}[A_1\cup\cdots\cup A_n]$ は $\mathbb{P}[A_1]+\cdots+\mathbb{P}[A_n]$ に等しくなければならない．実際には，このことが有限個の集合だけでなく，**可算無限個** [III.11] の場合にも成立することが重要であることがわかる（このことに関連して，すべての Ω の部分集合 A についてではなく，**可測集合** [III.55] についてのみ $\mathbb{P}[A]$ を定める．われわれの目的のためには，実際に確率を定めることができる A についてのみ $\mathbb{P}[A]$ を考えれば十分である）．

確率空間とは，標本空間 Ω と「測ることのできる」Ω の部分集合の上に定義され，上の2段落で述べた条件を満たす $\mathbb{P}$ を考えたものである．$\mathbb{P}$ そのものは，**確率測度**または**確率分布**と呼ばれる．確率分布という言葉は，Ω が具体的に与えられているときに好んで用いられる．

3. 連続型確率分布

$\mathbb{R}$ の上の重要な確率分布として，特別に重要な三つの確率分布が存在する．そのうちの二つについて，この節で述べよう．一つは，区間 $[0,1]$ 上の**一様分布**である．「区間 $[0,1]$ の上のすべての点はどれも同じようである」という考え方をとろう．上に述べた問題の見方に基づけば，どのようにすればよいだろうか？

「量のようなもの」をまじめに考えるしかない．無限に小さい点の量を加えて求めることは不可能だが，**密度**を考え，それを積分することで量を与えよう．これがまさにここでしたいことであり，**確率密度** 1 を区間 $[0,1]$ の各点に与える．それから，部分区間の確率を，たとえば $\mathbb{P}[1/3,1/2]=\int_{1/3}^{1/2}\mathrm{d}x=1/6$ というように，積分することで定める．より一般的には，区間 $[a,b]$ には，その長さ $b-a$ をその確率として与える．互いに素な区間の和集合の確率は，それらの区間の長さの和として与えられる．

この「連続型」の一様分布は，離散型と同じように，対称性が必要とされるときに自然に現れる．また，極限分布としても現れる．たとえば，洞穴の奥に世捨て人が住んでいるとしよう．時計も持っていないし，自然の光も入らないので，彼が暮らす「1日」は 23〜25 時間のランダムな長さで終わる．そのような暮らしを始めた当初は，「昼飯を食べているから，外は明るいだろう」などというように，今の時刻を表すこともできたが，数週間もすれば，もはや時刻について何のアイデアも持ち合わせないことになり，どのような時刻でももっともらしく思えるようになる．

もっと興味深い密度関数を考えることにしよう．それは正の定数 λ によっている．非負の実数全体の上に定義された密度関数 $f(x)=\lambda\mathrm{e}^{-\lambda x}$ を考えよう．区間 $[a,b]$ の確率は，積分を計算して

$$\int_a^b f(x)\,\mathrm{d}x=\int_a^b \lambda\mathrm{e}^{-\lambda x}\,\mathrm{d}x=\mathrm{e}^{-\lambda a}-\mathrm{e}^{-\lambda b}$$

で与えられる．この確率分布はパラメータ λ の**指数分布**と呼ばれる．指数分布は，原子核の崩壊にかかる時間や，次のメールが到着するまでの時間のように，偶発的な事象に関する時間 T をモデル化するのに有効である．このことは，**無記憶性**の仮定に基づいている．たとえば，原子核が時刻 s まで崩壊していないとしよう．このとき，時刻 $s+t$ まで崩壊しない確率は，もともとの原子核が時刻 t まで崩壊しない確率に等しい．原子核が時刻 t まで崩壊していない確率を $G(t)$ とすると，時刻 s まで崩壊していないときに，時刻 $s+t$ まで崩壊しない確率は $G(s+t)/G(s)$ であるので，これは $G(t)$ に等しくなければならない．つまり，$G(s+t)=G(s)G(t)$ が成り立つ．この性質を持つ減少関数は**指数関数** [III.25] だけである．このことから，ある正の数 λ が存在して，$G(t)=\mathrm{e}^{-\lambda t}$ と表せる．$1-G(t)$ は時刻 t までに崩壊する確率を表し，これは $\int_0^t f(x)\,\mathrm{d}x$ に等しい．このことから，$f(x)=\lambda\mathrm{e}^{-\lambda x}$ が導かれる．

以下では，3番目の，そして最も重要な確率分布について述べよう．

4. 確率変数，平均，分散

確率空間が与えられたとしよう．**事象**とはこの空間の（十分に適切な）部分集合として定義される．たとえば，確率空間が一様分布を考慮した区間 $[0,1]$ であるならば，区間 $[1/2,1]$ は事象である．0 と 1 の間からランダムに数を選んだとき，それが $1/2$ 以上である事象を表している．ランダムな事象を考えるだけでなく，**乱数**を考えることもしばしば有用である．たとえば，表が出る確率が p の硬貨を投げ続

けることをもう一度考えよう．この実験の最も自然な標本空間は 0 と 1 の列全体 Ω である．以前に，k 回の表が出る確率は $p_k = \binom{n}{k} p^k (1-p)^{n-k}$ であり，それを標本空間 $\{0,1,2,\ldots,n\}$ の上の確率分布として表した．しかし，もともとの Ω を標本空間と見なし，X を Ω から $\mathbb{R}$ への関数，すなわち，$X(\omega)$ は列のうちの表の回数を表すと見なす方がより自然であり，また便利でもある．このとき，

$$\mathbb{P}(X = k) = p_k = \binom{n}{k} p^k (1-p)^{n-k}$$

と表す．このような関数は**確率変数**と呼ばれる．X が確率変数で，その値を Y にとるなら，X の**確率分布**は，Y の部分集合の上に定義された関数 P

$$P(A) = \mathbb{P}(X \in A) = \mathbb{P}([\omega \in \Omega \mid X(\omega) \in A])$$

である．P を Y 上の確率分布であると見ることは容易である．

多くの場合は，確率変数の確率分布さえわかればよい．しかし，標本空間上に定義された確率変数という概念は，ランダムさに関する直観を与え，さらにさまざまな問題への対応方法を提供する．たとえば，最初と最後の硬貨投げが同じ結果である確率を求めたいとき，X の確率分布は何も教えてはくれない．より豊かな発想をして，X を列の上の関数と見なすことで答えが導かれる．さらに，**独立**な確率変数列 $X_1, \ldots, X_n$ について述べることができる．すなわち，これらが独立であるとは，いかなる値の集合 A_i についても，$X_i(\omega) \in A_i$ がすべての i について成り立つような Ω の部分集合の確率が積 $\mathbb{P}(A_1) \times \cdots \times \mathbb{P}(A_n)$ で与えられるという意味である．

確率変数 X について，確率変数を特徴付ける重要な二つの数がある．それらは**平均** $\mathbb{E}(X)$ と**分散** $\mathrm{var}(X)$ である．これら二つの量は X の確率分布によって定まる．X が整数値をとり，その確率が $\mathbb{P}(X = k) = p_k$ であるならば，

$$\mathbb{E}(X) = \sum_k k p_k, \quad \mathrm{var}(X) = \sum_k (k-\mu)^2 p_k$$

で与えられる．ここで，$\mu = \mathbb{E}(X)$ である．平均は X の真ん中の値を表す．分散，もしくはより正確にはその平方根である**標準偏差** $\sigma = \sqrt{\mathrm{var}(X)}$ は，平均からどれくらい離れているかを表す．分散について，次の式を導くことは難しくはない．

$$\mathrm{var}(X) = \mathbb{E}(X^2) - \mathbb{E}(X)^2$$

分散の意味を理解するには，次のような状態を考えるとよい．100 人が試験を受け，その平均が 75% だったと知らされたとしよう．これはわれわれにとって役立つ情報であるが，どのように値が分布しているかについては何の情報も与えてくれない．たとえば，この試験には 4 題あり，そのうちの 3 題はとても易しく，残りは解くこともできない難問だったかもしれない．そうなれば，ほとんど人の点は 75% 近辺となる．あるいは，半数の人が満点をとり，残りの半数が 50% だったかもしれない．これらをモデル化するには，標本空間 Ω を 100 人の人とし，確率分布は一様分布とする．ある人 ω をランダムに選び，$X(\omega)$ をその人の点数とする．そうすると，前者の例では，ほとんどの人の点が 75% であるので，分散はとても小さくなる．一方，後者の例では，ほとんどの人は平均から 25 離れているので，分散は約 $25^2 = 625$ である．このように，分散は二つのモデルの違いを理解するのに役立つ．

本章の初めに議論したように，公平な硬貨を n 回投げると，「期待」される表の回数は $(1/2)n$ 回あたりであることが知られている．n 回の硬貨投げをモデル化したものを X，すなわち，確率分布がパラメータが n と $1/2$ の 2 項分布に従うとすると，$\mathbb{E}(X) = (1/2)n$ である．X の分散は $(1/4)n$ であるので，確率分布の広がりを測る距離のスケールは $\sigma = (1/2)\sqrt{n}$ である．このことは，X/n は n が十分に大きいとほぼ確率 1 で $1/2$ に近くなり，経験と合致する．

より一般的に，$X_1, X_2, \ldots, X_n$ が独立確率変数であるとすると，$\mathrm{var}(X_1 + \cdots + X_n) = \mathrm{var}(X_1) + \cdots + \mathrm{var}(X_n)$ である．すべての X_i が同じ平均 μ と分散 σ^2 の確率分布に従うなら，**標本平均** $\bar{X} = n^{-1}(X_1 + \cdots + X_n)$ の分散は $n^{-2}(n\sigma^2) = \sigma^2/n$ であり，n が無限大に近づくとき 0 に収束する．このことにより，任意の $\epsilon > 0$ について，$|\bar{X} - \mu|$ が ϵ より大きくなる確率は，n が大きくなると 0 に収束することを示すことができる．すなわち，標本平均は平均 μ に「確率収束」する．

この結果は**大数の弱法則**と呼ばれる．上の証明の概略においては分散が有限であることが暗に仮定されていたが，この仮定は不要であることがわかる．また，**大数の強法則**と呼ばれるものも存在し，それによると，$n \to \infty$ のとき，n 個の標本平均は確率 1 で平均 μ に収束する．その名前が示すように，強法則は，弱法則が強法則から導かれるという意味で強い．実際の現象をモデル化することで，これらの法

則により統計的な長時間予測ができることに注目しよう．これらの予想は実験的に確かめることが可能である．こうして，モデルの科学的検証を行うことができる．

5. 正規分布と中心極限定理

すでに見たように，パラメータが n と p の 2 項分布において，確率 p_k は $\binom{n}{k}p^k(1-p)^{n-k}$ で与えられる．n を大きくとって，各 k について (k, p_k) をグラフ上に描くと，平均 np の周辺で大きく盛り上がった釣り鐘型の曲線の上にこれらの点が乗る．この曲線の高いところの幅は，標準偏差 $\sqrt{np(1-p)}$ の大きさを持っている．np を整数と仮定して，新しい確率分布を $q_k = p_{k+np}$ で定めよう．(k, q_k) は $k = 0$ にピークを持つ．グラフのスケールを，横幅を $\sqrt{np(1-p)}$ の比率で圧縮し，縦軸を同じ係数で引き伸ばしてみると，これらの点はグラフ

$$f(x) = \frac{1}{\sqrt{2\pi}}\mathrm{e}^{-x^2/2}$$

に非常に近くなる．この関数は有名な $\mathbb{R}$ 上の**標準正規分布**の密度関数である．標準正規分布はしばしば**ガウス分布**とも呼ばれる．

異なる見方をしてみよう．ゆがんだ硬貨を数多く投げたとき，表が出た回数から平均を引き，標準偏差で割ったものは，標準正規分布に近くなる．

関数 $(1/\sqrt{2\pi})\mathrm{e}^{-x^2/2}$ は，確率論から**フーリエ変換** [III.27]，量子力学まで，数学を用いる数多くの場面で現れる．これはどういう意味だろうか？　他のこのような問いと同じように，答えは，他の関数が持ち得ない性質を持っているということである．

そのような性質の一つは**回転不変性**である．もう一度，ダーツで的の中心の黒い部分を狙ってみよう．これは x 座標と y 座標の互いに直角な二つの独立な正規分布（たとえば，平均 0，分散 1）によってモデル化することができる．こうすれば，的を狙う確率分布は 2 次元の「密度関数」$(1/2\pi)\mathrm{e}^{-x^2/2}\mathrm{e}^{-y^2/2}$ によって与えられる．これは (x, y) の長さ r を用いて $(1/2\pi)\mathrm{e}^{-r^2/2}$ と簡便に表すことができる．言い換えれば，密度関数は原点からの距離のみによっている（このことから，「回転不変性」と呼ばれる）．この魅力的な性質は，高次元でも同様に成り立つ．そして，$(1/2\pi)\mathrm{e}^{-r^2/2}$ だけがこのような性質を持つ関数であることが，容易にわかる．より正確に述べるならば，座標 x と座標 y を分散 1 の独立確率変数にするのは，回転不変密度関数だけである．つまり，正規分布は特別な対称性を持っていると言える．

このような性質は，数学の世界で正規分布がどこにでもあることを示している．驚くべきことに，正規分布は現実の世界における無秩序さを数学的にモデル化するときにはいつでも現れる．**中心極限定理**とは，有限な平均 μ と 0 でなく有限な分散 σ^2 を持つ独立同分布な確率変数列 $X_1, X_2, \ldots$ において

$$\lim_{n\to\infty} \mathbb{P}(X_1 + \cdots + X_n \le n\mu + \sqrt{n}\sigma x) = \int_{-\infty}^{x} \frac{1}{\sqrt{2\pi}}\mathrm{e}^{-y^2/2}\,\mathrm{d}y$$

をすべての x で満たすことを示す．$X_1 + \cdots + X_n$ の平均は $n\mu$ で，標準偏差は $\sqrt{n}\sigma$ であるから，平均 0，分散 1 とするように $Y_n = (X_1 + \cdots + X_n - n\mu)/\sqrt{n}\sigma$ を考えれば，上の確率は $Y_n \le x$ である確率に等しくなる．したがって，どのような確率分布であろうと，数多くのそれらの独立なコピーの和の極限分布は，適切にスケールを変えると正規分布となる．多くの自然な確率過程は微小な独立でランダムな現象の積み重ねとしてモデル化することができる．このことから，たとえばある町の成人の身長のように，われわれが観測する多くの確率分布は，見慣れた釣り鐘型の確率分布である．

中心極限定理の有益な使い道として，計算不可能と思われるほど複雑な計算を簡単化することが挙げられる．たとえば，パラメータ n が大きいとき，2 項分布の計算は手に負えないものである．しかし，たとえば X がパラメータ n と $1/2$ の 2 項分布としたら，パラメータ $1/2$ の独立なベルヌーイ型の確率変数 $Y_1, \ldots, Y_n$ によって，X は和 $Y_1 + \cdots + Y_n$ で表現できるので，中心極限定理により

$$\lim_{n\to\infty} \mathbb{P}\left(X \le \frac{1}{2}n + \frac{1}{2}\sqrt{n}x\right) = \int_{-\infty}^{x} \frac{1}{\sqrt{2\pi}}\mathrm{e}^{-y^2/2}\,\mathrm{d}y$$

であることがわかる．

III.72

射影空間

Projective Space

ティモシー・ガワーズ［訳：二木昭人］

実射影平面にはさまざまな定義がある．一つの定義の仕方は 3 個からなる**同次座標**を使う次の方法である．それぞれの点は x, y, z のすべてが 0 になることはない (x, y, z) という点で表され，λ を定数とするとき，(x, y, z) と $(\lambda x, \lambda y, \lambda z)$ は同じ点と見なされる．各 (x, y, z) に対し $(\lambda x, \lambda y, \lambda z)$ の形の点全体は，原点と (x, y, z) を通る直線をなすことに注意しよう．実際，より幾何学的な実射影平面の定義は，$\mathbb{R}^3$ 内の原点を通る直線全体のなす集合，というものである．そのような直線はそれぞれ単位球面と 2 点で交わり，その 2 点は原点対称な位置にあるので，実射影平面の第 3 の定義は，単位球面の原点対称な 2 点は同値であるとし，この**同値関係** [I.2 (2.3 項)] による単位球面の**商空間** [I.3 (3.3 項)] をとったものとすることである．射影平面の第 4 の定義は，通常のユークリッド平面から出発し，直線がとりうる傾きに対して「無限遠点」を付加するものである．適当な位相のもとに，これはユークリッド平面の**コンパクト化** [III.9] としての射影平面を与える．

第 3 の定義によると，射影平面の**直線**は，大円の原点対称な 2 点を同一視したものである．すると，任意の 2 直線はちょうど 1 点で交わること（二つの大円は原点対称な 2 点で交わるため），そして，二つの異なる点はただ一つの直線に含まれることがわかる．この性質を用いると，射影平面の概念のより抽象的な一般化を定義することができる．

$\mathbb{R}$ 以外の体に対する同様な定義や，高次元の定義もある．たとえば，複素射影 n 空間は，すべてが 0 ではない z_i に対し，$(z_1, z_2, \ldots, z_{n+1})$ の形で表される点集合を，λ が 0 でない複素数のとき $(z_1, z_2, \ldots, z_{n+1})$ と $(\lambda z_1, \lambda z_2, \ldots, \lambda z_{n+1})$ は同値と見なして得られるものである．これは $\mathbb{C}^{n+1}$ の原点を通る「複素直線」全体のなす集合である．射影幾何についての詳細は，「いくつかの基本的な数学的定義」[I.3 (6.7 項)] を参照されたい．

III.73

2 次形式

Quadratic Forms

ベン・グリーン［訳：二木昭人］

2 次形式とは，有限個の未知数 $x_1, x_2, \ldots, x_n$ に関する 2 次の同次多項式のことである．たとえば，$q(x_1, x_2, x_3) = x_1^2 - 3x_1x_2 + 4x_3^2$ がそのような例である．この例において，係数 $1, -3, 4$ は整数であるが，$\mathbb{Z}$ から任意の環に一般化して考えることは容易である．1 次関数はもちろん重要であり，2 は 1 の次の正の整数であるので，2 次形式も同様に重要であると考えることは自然である．実際，多くの数学の分野の中で重要であり，線形代数学自身の中でさえ重要である．

2 次形式に関する次の二つの定理を挙げよう．

定理 1　x, y, z を $\mathbb{R}^d$ の 3 点とすると，それらの間の距離は，三角不等式

$$|x - z| \leq |x - y| + |y - z|$$

を満たす．

定理 2　2 より大きい素数 p が二つの平方数の和で書かれるための必要十分条件は，4 で割った余りが 1 であることである．

一見すると，なぜ定理 1 が 2 次形式と関係があるのか，わかりにくいかもしれないが，関係があるのは，**ユークリッド距離**

$$|x| = \sqrt{x_1^2 + \cdots + x_d^2}$$

の 2 乗は，実数体 $\mathbb{R}$ 上の 2 次形式であるからである（ここで，x_i は x の座標である）．この 2 次形式は**内積**

$$\langle x, y \rangle = x_1y_1 + \cdots + x_dy_d$$

を用いて，$\langle x, x \rangle$ を $|x|^2$ とおくことにより得られる．内積は次の関係を満たす．

(i) 任意の $x \in \mathbb{R}^d$ に対して $\langle x, x \rangle \geq 0$ を満たし，等号が成立するための必要十分条件は $x = 0$ であることである．

(ii) 任意の x, y, $z \in \mathbb{R}^d$ に対して，$\langle x, y + z \rangle = \langle x, y \rangle + \langle x, z \rangle$ を満たす．

(iii) 任意の $\lambda \in \mathbb{R}$ と $x, y \in \mathbb{R}^d$ に対して，$\langle \lambda x, y\rangle = \langle x, \lambda y\rangle = \lambda\langle x, y\rangle$ を満たす．

(iv) 任意の $x, y \in \mathbb{R}^d$ に対して，$\langle x, y\rangle = \langle y, x\rangle$ を満たす．

より一般に，これらの関係を満たす関数 $\phi(x,y)$ は内積と呼ばれる．三角不等式は，数学の中でまぎれもなく最も重要な不等式である**コーシー–シュワルツの不等式** [V.19]

$$|\langle x, y\rangle| \leq |x||y|$$

からの帰結である．

$\mathbb{R}^d$ 上のすべての 2 次形式が内積から定まるわけではないが，すべて対称双線形形式 $g : \mathbb{R}^d \times \mathbb{R}^d \to \mathbb{R}$ から定まる．これらは，内積の定義のうち正値性 (i) 以外のすべての公理を満たす x と y の関数である．2 次形式 $q(x) = g(x, x)$ が与えられると，**偏極化等式**

$$g(x,y) = \frac{1}{2}(q(x+y) - q(x) - q(y))$$

により g が復元される．2 次形式と双線形形式のこの対応は，$\mathbb{R}$ を任意の体 k に置き換えても同様に成立する．ただし，k の標数が 2 の場合には，深刻な技術的難点がある（これは上記の式の係数に 1/2 が付いているためである)．線形代数学では，最初に双線形形式を議論してから，2 次形式を定義する．この抽象的なアプローチが上述のような具体的な定義より優れている点は，$\mathbb{R}^d$ の基底を決める必要がないことである．

基底をうまくとると，2 次形式は見やすい形に書かれる．すなわち，いかなる 2 次形式に対しても

$$q(x) = x_1^2 + \cdots + x_s^2 - x_{s-1}^2 - \cdots - x_t^2$$

の形に書かれる基底を選ぶことができる．ここで，s と t は $0 \leq s \leq t \leq d$ を満たすものであり，$x_1, \ldots, x_t$ は注意深く選んだ基底に関する x の係数である．$s - t$ という量は，形式の指数と呼ばれる．(ユークリッド距離の定義に用いた形式のように) $s = d$ のとき，形式は**正定値**であるという．正定値でないことはよくある．たとえば，形式 $x^2 + y^2 + z^2 - t^2$ は**ミンコフスキー空間** [I.3 (6.8 項)] を定義するのに用いられ，特殊相対論において鍵となる役割を果たす．

次に，数論における 2 次形式の例に話を移そう．まず，整数の集合 $\mathbb{Z}$ 上の 2 次形式についての有名な二つの定理から始めよう．一つ目は本章の初めに述べた定理 2 である．これは**フェルマー** [VI.12] による．$x^2 + 2y^2$ や $x^2 + 3y^2$ などといった他の 2 項 2 次形式に対しても，関連した結果がある．しかし，一般には，どのような素数が $x^2 + ny^2$ の形に表されるかはきわめて微妙かつ興味深い問題であり，この問題は**類体論** [V.28] に繋がる．

1770 年に**ラグランジュ** [VI.22] は，すべての自然数 n は四つの平方数の和として書けることを示した．実際，n をそのように表示する仕方の個数は，公式

$$r_4(n) = \sum_{d|n, 4\nmid d} d$$

で与えられる．この公式は，数論の最も重要なトピックである**モジュラー形式** [III.59] の理論を用いて説明される．実際，生成級数

$$f(z) = \sum_{n=0}^{\infty} r_4(n) \mathrm{e}^{2\pi i n z}$$

はテータ級数であり，その結果としてある変換則を満たし，モデュラー形式と見なすことができる．

コンウェイとシュニーベルガーの注目すべき定理によると，ある $a_1, \ldots, a_4$ を係数とする 2 次形式 $a_1x_1^2 + a_2x_2^2 + a_3x_3^2 + a_4x_4^2$ により，15 以下のすべての正の整数が表されるならば，すべての正の整数がこの 2 次形式により表される．**ラマヌジャン** [VI.82] は，このような形式を 55 個挙げた——実際には，彼の挙げた形式の一つは 15 を表さなかったが，残りの 54 個が完璧なリストになっている．たとえば，すべての正の整数は $x_1^2 + 2x_2^2 + 4x_3^2 + 13x_4^2$ の形に表される．

3 変数の 2 次形式はもっと扱いにくい．**ガウス** [VI.26] は，$n = x_1^2 + x_2^2 + x_3^2$ となるための必要十分条件は，n が整数 t と k を用いて $4^t(8k+7)$ とは表されないことであることを証明した．しかし，どのような整数が $x_1^2 + x_2^2 + 10x_3^2$（これは**ラマヌジャンの 3 項形式**として知られている）の形に書かれるかといったことは，いまだわかっていない．

素数論の見地からは，1 変数の 2 次形式は最も理解が難しい．たとえば，$x^2 + 1$ の形の素数は無限個存在するだろうか？

最後の話題に移ろう．ここでは，2 次形式は $\mathbb{R}$ 上で考えるが，未知変数 $x_1, \ldots, x_n$ は整数をとる．オッペンハイムの予想を肯定的に解いたマルグリスの美しい結果について述べよう．この結果から得られる一つの例として次がある．すなわち，任意の $\epsilon > 0$ に対し，整数 x_1, x_2, x_3 で

$$0 < |x_1^2 + x_2^2\sqrt{2} - x_3^2\sqrt{3}| < \epsilon$$

を満たすものが存在する．この証明には**エルゴード理論** [V.9] のテクニックが用いられるが，これは今日の研究の最先端のさまざまな文脈でたいへん影響力のある理論である．x_1, x_2, x_3 がどの程度大きくなければならないかを具体的に評価することは，まだできていない．

III. 74

量子計算

Quantum Computation

ティモシー・ガワーズ［訳：渡辺　治］

量子計算は，量子力学に基づく理論的な計算装置である．量子計算を用いると，量子力学における「重ね合わせ」の現象を利用して通常の計算と根本的に異なる計算を行うことが可能になり，それにより，重要な計算を驚くべき効率で行える場合がある．古典物理では，粒子に対する性質を考えた場合，どの粒子もその性質を持つか，あるいは持たないかのどちらかである．しかし，量子力学によると，いくつかの状態，たとえ正反対の複数の状態に対しても，それらの線形結合のような中間的な状態が量子状態として存在するのである．この線形結合の係数は**確率振幅**（probability amplitude）と呼ばれている．というのも，その量子状態を実際に測定した場合に，ある状態がその係数の 2 乗に比例する確率で現れるからである．

量子状態を測定もしくは観測したときに何が起きるかは，いささかミステリアスであり，その厳密な解釈は物理学者や哲学者の間の論争の種であり続けている．しかしながら，幸いなことに，われわれが量子計算を理解するには，「観測問題」を解決する必要はなく，実際，量子力学についての理解をまったく避けて通ることも可能である．コンピュータの素子であるトランジスタについて，その動作原理などをまったく知らなくても理論計算機科学の研究をすることが可能なのと状況は一緒である．

量子計算を理解するには，二つの他の計算モデルを復習しておくとよいだろう．**古典的**計算の諸概念は，われわれのコンピュータの中で実際に行われている計算を数学的に抽象化したものである．コンピュータの計算の各時点における「状態」は，**n ビットの列**，すなわち長さ n の 0 と 1 の列で表される．これらのビット列を σ で，その各ビットを $\sigma_1, \sigma_2, \ldots, \sigma_n$ で表すことにしよう．そうすると，「計算」とは，初期のビット列に対して行われる単純な操作の系列と見なせる．その操作の一例が，n 以下の三つの i, j, k に対して，現在の状態 σ の k 番目のビットを，$\sigma_i = \sigma_j = 1$ ならば 1 に，そうでないならば 0 にする，という操作である．このような操作の「単純さ」は，局所的な性質にある．つまり，状態 σ によって操作が決まったとしても，高々有限個のビットにしか影響されず，また，操作が状態 σ を変えたとしても，高々有限個のビットしか変更していない，という局所性である（先の操作は 2 個のビットだけに依存し，操作が変更したのは 1 個のビットの値だけである）．こうした古典計算の「状態空間」は $\{0,1\}^n$，すなわち n ビットの列全体である．これを以下では Q_n と表すことにする．

以上の計算は，ある決まった回数の操作の後，終了と宣言される．この時点で，最後の状態に対して単純な「測定」を行う．つまり，最後に得られたビット列のいくつかのビットを見るのである．計算の対象となる問題が「決定問題」の場合には，ある特定のビットを見るのが典型的な手法だろう．すなわち，そのビットが 0 ならば No と答え，1 ならば Yes と答えるのである．

この 2 段落の説明にある考え方に不慣れな読者には，以下の説明を読む前に「計算複雑さ」[IV.20] の最初の数節を読むことを強く勧める．

本章で考える次の計算モデルは，**確率的計算**[*1] である．これは上記の古典的計算とほぼ同様だが，計算の各ステップで「コイン投げ」（場合によっては偏ったコイン投げ）を行って，そのコイン投げの結果に応じた操作を行うことが許されている点が異なる．たとえば，三つの数 i, j, k に対して先に述べたような操作を行うとき，確率 $2/3$ で先に述べた操作を行い，確率 $1/3$ で σ_k を $1-\sigma_k$ に変える操作を行う，というように，ランダムな操作ができるという計算モデルである．驚くべきことに，ランダム性はア

[*1] ［訳注］本書を通してランダム性を利用する計算を**乱択計算**（randomized computation）と呼んでいるが，ここでは原文に忠実に「確率的計算」（probabilistic computation）と呼ぶことにする．

ルゴリズムに非常に役に立つのである（そして，さらに驚くべきことに，ランダム性を利用するアルゴリズムを，実際には「脱乱化」(derandomization) することが理論上可能であると信じられる証拠も知られている．詳細は「計算複雑さ」[IV.20 (7.1 項)] を参照）．

このランダムな確率的計算を k ステップだけ実施した状態を考えてみよう．コンピュータのこの時点での状態をどのようにモデル化したらよいだろうか？ この場合には，古典的な場合とまったく同様の定義，つまり n ビットの列が状態を表しているという定義を用いればよい．また，測定するまではそのビット列が何かわからないことも同様である．ただ，だからと言ってコンピュータの状態が不可解というわけではなく，各 n ビットの列 σ に対して，それが状態となっている確率 p_σ が決まっているのである．言い換えると，計算機の状態は Q_n 上の**確率分布** [III.71] であると考えるのが妥当なのである．この確率分布は，初期状態に依存して決まる．したがって，原理的には初期状態として与えられた列に関する有用な情報を持っているはずである．

こうした設定のもとで，乱択計算の結果を使って判定問題を解く方法を考えよう．$P(\sigma)$ で，初期状態が σ の際の計算終了時に，ある特定のビット（一般性を失うことなく最初のビットとしてもよい）が 1 である確率を表すことにする．仮に（うまく計算を設計して），与えられた問題に対して Yes と答えるべき初期状態 σ の場合には常に $P(\sigma) \geq a$ で，No と答えるべき場合には $P(\sigma) \leq b$ となったとしよう．しかも $a > b$ だったとする．また，c を a と b の平均（つまり $c = (a+b)/2$）とする．このとき，この計算を十分大きい m に対して m 回行ったとすると，Yes が答えとなる初期状態 σ に対しては，計算の終了状態で最初のビットが 1 となる回数が cm 回より大きくなる確率が高い．逆に，No が答えとなる初期状態 σ からでは，それが cm 回より少なくなる確率が高くなるのである．したがって，このような試行により，その判定問題を完全に確実というわけではないが，無視できるほど小さい誤判定の確率で解くことができるのである．

確率的計算における「状態空間」は，Q_n 上のすべての確率分布である．言い換えると，$\sum_{\sigma \in Q_n} p(\sigma) = 1$ となるような関数 $p : Q_n \to [0,1]$ 全体である．量子計算の状態空間も同様に，Q_n 上のある種の関数全体として定義することができる．しかし，二つの違いがある．まず，関数値として複素数をとれるという点，次に，関数 $\lambda : Q_n \to \mathbb{C}$ が状態であるための条件が $\sum_{\sigma \in Q_n} |\lambda_\sigma|^2 = 1$ であるという点である．別の言い方をすれば，λ は**ヒルベルト空間** [III.37] $\ell_2(Q_n, \mathbb{C})$ 上の単位ベクトルである．一方，確率的計算の状態は**バナッハ空間** [III.62] $\ell_1(Q_n, \mathbb{R})$ 上の単位ベクトルである．先に述べた確率振幅とは，この値 λ_σ のことである．その意味については，あとで述べる．

量子計算の可能な状態の中で「基底状態」と呼ばれるものがある．これはあるビット列に対してのみ確率振幅 1 をとり，他のビット列には確率振幅 0 をとる状態（つまり関数）である．こうした基底状態は，ディラックの「ブラ」と「ケット」記法を用いて表されるのが普通である[*2)]．たとえば，ビット列 σ のところだけで 1 となるような状態を $|\sigma\rangle$ と記述する．基底状態も含め，基底状態の線形和で表すことのできる状態を「純粋状態」という．これに対しても，ディラックの記法を用いる．たとえば，$n = 5$ の場合，$|\psi\rangle = (1/\sqrt{2})|01101\rangle + (\mathrm{i}/\sqrt{2})|11001\rangle$ といった状態が，単純な「純粋状態」の一例である．

一つの状態から他の状態へ進むための計算として，ここでも「局所的」な操作を用いる．ただし，ヒルベルト空間に対応した新たな考え方が必要である．たとえば，今，基底状態 $|\sigma\rangle$ にいたとしよう．ここでもある限られたビットだけに注目する．たとえば，仮に i, j, k ビット目だけに注目したとすると，それらのビットの組合せとしては 8 通りの組 $\tau = (\sigma_1, \sigma_2, \sigma_3)$ が考えられる．これらは限られた空間（つまり，$\sum_{\tau \in Q_3} |\mu_\tau|^2 = 1$ となるような関数 $\mu : Q_3 \to \mathbb{C}$ 全体）における基底状態と見なすことができる．このような複素ヒルベルト空間において単位ベクトルを単位ベクトルに写す操作は，**ユニタリ写像** [III.50 (3.1 項)] である．

こうした操作を例で説明しよう．たとえば $n = 5$ で，i, j, k がおのおの 1, 2, 4 だったとする．これら 3 ビットに対する操作として，ここでは $|000\rangle$ を $(|000\rangle + \mathrm{i}|111\rangle)/\sqrt{2}$ に変え，$|111\rangle$ を $(\mathrm{i}|000\rangle + |111\rangle)/\sqrt{2}$ に変える変換（他の 3 ビットのパターンは変えない変換）を考えてみる．計算前の状態が

---

*2) ［訳注］「ブラ」と「ケット」は「ブラケット」(bracket, 括弧）を半分に切って作った造語である．括弧 $\langle\ \rangle$ のうちの $\langle$ をブラと呼び，$\rangle$ をケットと呼ぶ．

$|01000\rangle$ だったとすると，その 1, 2, 4 番目のビットから部分状態は $|000\rangle$ となるので，この操作後の状態は，$(|01000\rangle + \mathrm{i}|11110\rangle)/\sqrt{2}$ になるのである．

さて，基本操作が基底状態にどのように作用するかを説明したが，これにより，事実上すべての状態に対する作用も述べたことになる．というのも，基底状態は状態空間の基底だからである．言い換えると，基底状態の線形和（つまり，重ね合わせ）に対しては，上に述べたような操作を各基底状態に適用し，その上で同じ線形和をとったものが操作後の状態なのである．

したがって，量子計算の状態空間における基本操作は，ある種とても限定されたユニタリ写像を行うことと規定することができる．仮に操作が k ビット（この k は通常は非常に小さい）に対するものであれば，その操作を表す $2^n \times 2^n$ の行列は（もし基底が適当な順で並んでいるならば）その k ビット上の変換を表す $2^k \times 2^k$ ユニタリ行列のコピーが対角線上に 2^{n-k} 個並んだような行列である．量子計算は，このような基本計算の系列として表すことができるのである．

量子計算の結果の測定の話は，もう少し込み入っている．最も基本となる考え方は単純である．基本操作をある特定の回数だけ行って，その後の状態のある 1 ビットを見ればよい．しかし，もし状態が基底状態でなく，複数の状態の重ね合わせだったとすると，どう解釈すればよいだろうか？　結果の状態の r ビット目を「測定する」と，確率的計算の状態を見たのとは異なる次のような結果になる．すなわち，最終状態が $\sum_{\sigma \in Q_n} \lambda_\sigma |\sigma\rangle$ だった場合，r ビット目を測定したとき 1 が測定される確率は，r ビット目が 1 となる列 σ の確率振幅の 2 乗（つまり $|\lambda_\sigma|^2$）の総和であり，0 が測定される確率は，r ビット目が 0 となる列 σ の確率振幅の 2 乗の総和である．これが量子力学の理論であり，このために λ_σ が確率振幅と呼ばれるのである．なお，実際に有用な情報を得るためには，確率的計算のときと同様，以上の量子計算と測定を複数回繰り返せばよいだろう．

ここで，量子計算と確率的計算の二つの重要な違いを指摘しておく．確率的計算の状態を Q_n 上の確率分布で表せると上で述べた．これはまた，基底状態の線形凸結合でもある．しかし，その確率分布はコンピュータ内の状態（それは基底状態の一つのはずだが）が実際に何であるかは示していない．むしろ，コンピュータ内の状態に対するわれわれの「知識」を表しているようなものである．それに対し，2^n 次元のヒルベルト空間のベクトルが，量子計算の「本当の」状態なのである．したがって，（そのすべてに変化を及ぼす）量子計算では，ある意味で大変な量の計算が並列で行われており，これが量子計算の強力なところなのである．ただ，測定によりそうした多くの基底が「つぶれて」しまうので，その計算の詳細をすべて知ることはできない．けれども，異なる部分が「干渉し合う」ように量子計算をうまく設計できるかもしれない．一方，この「干渉」が二つ目の重要な違いに関連してくる．二つ目の違いとは，量子計算は確率振幅に対する操作であり，確率に対する操作ではないという点である．大雑把に言うと，量子計算では「分岐」と「統合」が起こりうるが，一方の確率的計算では分岐したら分岐したままである．量子計算における統合の重要な点は，確率振幅の**打ち消し合い**（cancelation）である．極端な例だが，ユニタリ行列に対してその逆行列を掛けたとすると（つまり，ある操作をした後に，その逆行列に対応する操作をしたとすると），行列の非対角成分同士で膨大な量の打ち消し合いが起こり，結局は何もしなかった状態（つまり単位行列）に戻ってしまうのである．

これらから，直ちに二つの疑問が出てくる．量子計算はいったい何に対して有用なのだろうか？　また，実際に量子コンピュータを作ることは可能なのだろうか？　量子計算は古典計算あるいは確率的計算を（ほぼそのままの効率で）実現することができる．したがって，最初の疑問は，量子計算で何かもっと良いことができないか，と言い換えることができるだろう*3)．そう思うのに十分な理由もある．n 次元のベクトル空間を持つ古典計算に対して，2^n 次元のベクトル空間という，はるかに大きい状態空間を使えるからである．しかも，統合過程を用いることで，係数は同程度に小さくなるかもしれないが，原理的には非常に離れた状態同士が統合することも，意味のある測定が可能な状態に戻ってくることも可能である．しかしながら，その非常に巨大な状態空間

---

*3)　計算時間はたいへんかかるが，量子計算を古典計算でシミュレートすることはできる．したがって，量子計算でも計算不可能な関数は計算できない．けれども，量子計算はある計算においては古典計算よりはるかに効率良く計算できる可能性がある．

ゆえに，多数の基本操作が使えない限り，ほとんどの状態は触れないままかもしれない．さらに加えて重要なことは，計算が「どこにでもあるような」状態で終了してはならない点である．というのも，意味のある測定ができるのは，ごく限られた状態だけだからである．

こうした点から言えることは，もしも量子計算が役に立つとしても，その計算はきわめて注意深く（しかも賢い方法で）組み立てられていなければならない，ということである．しかしながら，ちょうどそのような計算の，しかも非常に重要な例が存在する．量子計算を使えば**高速フーリエ変換** [III.26] に対応する量子状態をとてつもなく高速に作ることが可能であることを，ピーター・ショア（Peter Shor）が示したのである．高速フーリエ変換は非常に良い対称性を持っており，その計算を，量子計算の得意とする形で超並列に分解することができたのである．この超高速のフーリエ変換は（古典的な手法とも合わせて）ある種の問題群，たとえば離散対数問題や大きな数の素因数分解など，通常では困難であると予想されている有名な問題群を解くために利用することができる．特に素因数分解の高速解法は，代表的な公開鍵暗号の解読に使うことができるため，現代の情報セキュリティ技術を脅かす可能性を持っているのである（これらの問題については，「数学と暗号学」[VII.7 (5 節)] や「計算数論」[IV.3 (3 節)] を参照）．

では，こうした計算を実際に行う機械を作ることはできるだろうか？　それには，克服すべき手強い問題がいくつかある．特に，量子力学で知られている「デコヒーレンス」という現象により，高度な並列状態がより単純な状態に「つぶれて」しまい，計算の役に立たなくなってしまう可能性があるという問題である．これについてもある程度の進展はあるが，今の段階では，大きな数の素因数分解を高速に行うような量子計算機ができるか否かや，できるとしていつできるかについて述べるのは時期尚早だろう．

とはいうものの，量子計算の登場により生み出された理論的な課題は，非常に魅力的である．中でも最も興味深いのは，すでに見つかっている量子計算とはまったく異なる量子計算の活用法はあるだろうか？という，とても単純な課題だろう．量子計算によって大きな数の素因数分解が高速にできるという事実は，量子計算の計算能力の優位性の重要な証拠である．しかし，なぜそうなのかに関してもっと深く知るべきだろう（ちなみに，量子計算は他の応用でも重要であることが知られている．たとえば**通信計算量** [IV.20 (5.1.4 項)] などである）．古典的計算の難しさに関しては適当な仮説を利用してもよいので，もっと別の単純な計算において，古典的計算では難しいが量子計算では簡単にできる例はないだろうか？たとえば，量子計算は **NP 完全** [IV.20 (4 節)] 問題を解くことができるだろうか？　それは不可能だというのが大方の予想ではある．実際，この不可能性は計算の複雑さの理論での「妥当な仮説」になりつつある．しかし，何かより重要な理由付け，たとえば，これまでの古典的計算に対するよく知られた仮説との関連を見出すことが望まれている．

III.75

量子群

Quantum Groups

シャーン・マジッド［訳：長谷川浩司］

今日量子群として知られる対象に至る道は，少なくとも三つ存在する．それらは短く言えば，量子（的）幾何学，量子（的）対称性[*1)]，そして自己双対性としてまとめられる．これらはどれも量子群を生み出す大きな理由となったであろうし，現在の理論の発展の中でもそれぞれに役割を担っている．

1. 量子幾何学

前世紀の物理学における偉大な発見の一つに，古典力学を量子力学で置き換えたことがあり，そこでは粒子に可能な位置と運動量の空間が，位置と運動量の非可換な作用素としての定式化に置き換えられた．この非可換性はハイゼンベルクの「不確定性原理」のもとになるものであるが，座標が互いに可換でないような，より一般的な幾何学の概念が必要であることの示唆も与えている．非可換幾何学への一つの試みは，**作用素環論** [IV.15 (5 節)] でも議論され

*1) ［訳注］原文は quantum geometry および quantum symmetry であるが，訳語も内容も，今後定まっていくべきものであろう．

た．一方別のアプローチとして，真の幾何学は球面やトーラスといった**リー群** [III.48 (1 節)] あるいはリー群に密接に関係する多くの例から現れるものだという注意がある．幾何学を「量子化」したければ，まずこれらの基本的な例をどのように一般化できるかを考えなければならない．言い換えれば，「**量子リー群**」や対応する「**量子**対称空間」を定義することを試みなくてはならない．

それには，幾何的構造を，なるべく点の言葉によらず，対応する**代数**の言葉で考えることが第一歩となる．たとえば，群 $\mathrm{SL}_2(\mathbb{C})$ は，2×2 行列 $\left(\begin{smallmatrix}\alpha & \beta\\ \gamma & \delta\end{smallmatrix}\right)$ で $\alpha\delta-\beta\gamma=1$ であるものの集合として定義される．これは，$\mathbb{C}^4$ の部分集合と考えられ，実際は，部分集合であるだけでなく**代数多様体** [III.95] でもある．この多様体に付随する自然な関数の族は，4 変数の多項式（それらは $\mathbb{C}^4$ で定義されている）をこの多様体に制限したものである．ただし，二つの多項式が多様体上で等しい値をとれば，それらは同一視する．言い換えれば，まず 4 変数 a,b,c,d の多項式の代数をとり，その $ad-bc-1$ という多項式が生成する**イデアル** [III.81 (2 節)] による**商** [I.3 (3.3 項)] を考えるのである（この構成は「数論幾何学」[IV.5 (3.2 項)] において詳しく議論される）．こうして得られた代数を $\mathbb{C}[\mathrm{SL}_2]$ と書こう．

多項式の関係式で定義された部分集合 $X\subset\mathbb{C}^n$ に対しては，同じことができる．これは，そのような部分集合と，n 個の元で生成されるある種の可換代数との間に正確な 1 対 1 対応を与える．X に対応する代数を $\mathbb{C}[X]$ と書こう．多くの同様な構成と同じく（たとえば，「双対性」[III.19 (4 節)] における随伴写像の議論を参照），X から Y への適当な写像は $\mathbb{C}[Y]$ から $\mathbb{C}[X]$ への写像を引き起こす．より正確には，X から Y への写像 ϕ が（適切な意味で）多項式的であるとき，引き起こされる $\mathbb{C}[Y]$ から $\mathbb{C}[X]$ への写像とは，任意の $x\in X$ と $p\in\mathbb{C}[Y]$ に対して $\phi^*(p)(x)=p(\phi x)$ で定まる代数準同型 ϕ^* である．

先の例に戻ると，集合 $\mathrm{SL}_2(\mathbb{C})$ には，行列の積で定まる群構造 $\mathrm{SL}_2(\mathbb{C})\times\mathrm{SL}_2(\mathbb{C})\to\mathrm{SL}_2(\mathbb{C})$ がある．集合 $\mathrm{SL}_2(\mathbb{C})\times\mathrm{SL}_2(\mathbb{C})$ は $\mathbb{C}^8$ の多様体であり，行列の積は行列要素で多項式的に表されるから，代数準同型 $\Delta:\mathbb{C}[\mathrm{SL}_2]\to\mathbb{C}[\mathrm{SL}_2]\otimes\mathbb{C}[\mathrm{SL}_2]$ が得られ，これは**余積**と言われる（代数 $\mathbb{C}[\mathrm{SL}_2]\otimes\mathbb{C}[\mathrm{SL}_2]$ は，$\mathbb{C}[\mathrm{SL}_2\times\mathrm{SL}_2]$ と同型である）．Δ は次の式で与えられる．

$$\Delta\begin{pmatrix}a & b\\ c & d\end{pmatrix}=\begin{pmatrix}a & b\\ c & d\end{pmatrix}\otimes\begin{pmatrix}a & b\\ c & d\end{pmatrix}$$

これには多少説明が必要である．文字 a,b,c,d は 4 変数多項式の（したがって，その $ad-bd-1$ による商代数の）四つの生成元であり，右辺は $\Delta a=a\otimes a+b\otimes c$ などと書く代わりの略記法である．こうして，Δ は生成元に対しては**テンソル積** [III.89] と行列の積の一種の混合として定義された．

SL_2 における行列の積の結合法則は

$$(\Delta\otimes\mathrm{id})\Delta=(\mathrm{id}\otimes\Delta)\Delta$$

と同値であることがわかる．これを理解するために，Δ は $\mathbb{C}[\mathrm{SL}_2]$ の元を $\mathbb{C}[\mathrm{SL}_2]\otimes\mathbb{C}[\mathrm{SL}_2]$ の元にうつすことを心に留めておこう．すると，$(\Delta\otimes\mathrm{id})\Delta$ を作用させるときは，まず Δ により $\mathbb{C}[\mathrm{SL}_2]\otimes\mathbb{C}[\mathrm{SL}_2]$ の元が作られる．これは $p\otimes q$ の線形結合の形であり，次にそれぞれ $\Delta p\otimes q$ にうつされる．

同様にして，$\mathrm{SL}_2(\mathbb{C})$ の残りの群構造も代数 $\mathbb{C}[\mathrm{SL}_2]$ の言葉で同値に書き換えることができる．群の単位元に対応するのは**余単位射** $\epsilon:\mathbb{C}[\mathrm{SL}_2]\to k$ であり，逆元に対応するのは**対合射** $S:\mathbb{C}[\mathrm{SL}_2]\to\mathbb{C}[\mathrm{SL}_2]$ である．群の公理はこれらの写像の同値な性質に言い換えられ，$\mathbb{C}[\mathrm{SL}_2]$ は「ホップ代数」あるいは「量子群」となる．正式な定義は以下のとおりである．

定義 体 k 上の**ホップ代数**とは，四つ組 (H,Δ,ϵ,S) であって，以下が成り立つものをいう．

(i) H は単位元を持つ k 上の代数である．

(ii) $\Delta:H\to H\otimes H$，$\epsilon:H\to k$ は代数準同型で $(\Delta\otimes\mathrm{id})\Delta=(\mathrm{id}\otimes\Delta)\Delta$ および $(\epsilon\otimes\mathrm{id})\Delta=(\mathrm{id}\otimes\epsilon)\Delta=\mathrm{id}$ を満たす．

(iii) $S:H\to H$ は反準同型で，m を H での積を表す写像とすれば，$m(\mathrm{id}\otimes S)\Delta=m(S\otimes\mathrm{id})\Delta=1\epsilon$ を満たす．

この定式化には二つの大きなことがある．第一に，ホップ代数という概念は任意の体で意味があるということ，第二に，H が可換とはどこにも書いていないことである．もちろん，もし H が群から定められたものなら，それは確かに可換であり（多項式の積が可換だからである），それゆえ，非可換なホップ代数の例が見つかるとしたら群の概念の確かな拡張を得たことになる．実際にそのような非可換な例が数多く見つかったことが，1980 年代以降の偉大な発見である．

たとえば，量子群 $\mathbb{C}_q[\mathrm{SL}_2]$ は，a, b, c, d が生成する自由な**非可換**代数から，次の関係式を法として定義される．

$$ba = qab,\ bc = cb,\ ca = qac,\ dc = qcd,$$
$$db = qbd,\ da = ad + (q - q^{-1})bc,$$
$$ad - q^{-1}bc = 1$$

Δ を $\mathbb{C}[\mathrm{SL}_2]$ のときとまったく同じ式で定め，また ϵ と S を適切に定めることで，ホップ代数が定まる．ここで，q は 0 でない $\mathbb{C}$ の元であり，$q \to 1$ とすれば，$\mathbb{C}[\mathrm{SL}_2]$ が得られる．この例は，任意の複素単純リー群 G に対する標準的な例 $\mathbb{C}_q[G]$ へと一般化される．

群論およびリー群論の多くの部分は，量子群の場合に一般化される．たとえば，不変積分（ハール測度）とは，線形写像 $\int : H \to k$ であって，Δ を用いて定式化される平行移動不変性を持つものと言える．これは存在すればスカラー倍を除いて唯一であり，有限次元ホップ代数を含む興味深い場合の多くで実際に存在する．同様に，**微分形式** [III.16] の複体 (Ω, d) は，任意の代数 H で意味を持ち，微分構造の近似概念として意味がある．ここで，$\Omega = \bigoplus_n \Omega^n$ は結合代数であり，$\Omega^0 = H$ と Ω^1 で生成されるものと要請されるが，古典的な場合のように次数可換（graded-commutative）であることは仮定しない．H がホップ代数の場合は，Ω が再び Δ を用いて定式化される平行移動不変性を持つかどうかを問題にすることができる．この場合，Ω およびその**コホモロジー** [IV.6 (4 節)]（複体としての）はともに，超（すなわち次数付き）量子群である．もともと（次数付き）ホップ代数の公理はハインツ・ホップにより，まさに群のコホモロジー環の構造を記述するために 1947 年に導入されたので，この結果はわれわれを話題の原点に連れ戻すものである．$\mathbb{C}_q[G]$ を含む多くの量子群について，自然な極小の複体 (Ω, d) ができる．このように，「量子群」は単なるホップ代数ではなく，リー群と類似の構造まで持つ．

q 変形と関係のない多くの量子群がある．また，有限群論への応用もある．有限群 G に対しては，G 上の関数の全体 $k(G)$ は各点における値の積と，$f \in k(G)$ に対し $(\Delta f)(g,h) = f(gh)$，$g, h \in G$ で定義される余積を持つ．ここで $k(G) \otimes k(G)$ は $k(G \times G)$ と同一視できて，Δf は 2 変数の関数と見なせる．そして，何と言っても，これはホップ代数であると一言で言い切れる．有限集合の上には古典的な意味でのおもしろい微分構造は考えられないが，量子群で開発された方法を用いれば，任意の有限群に対して，一つ以上の平行移動不変複体 (Ω, d) が存在するとわかる．量子群の微分幾何の進んだ理論を用いることにより，たとえば交代群 A_4 が自然にリッチ平坦であることもわかる．また，対称群 S_3 が自然に**定曲率** [III.13] を持つこともわかり，これは 3 次元球面のときとそっくりである．

2. 量子対称性

数学において，対称性は通常，何かの構造への有限[*2)]あるいは無限小の変換のなす，群あるいはリー代数の作用として表される．もし変換の集合が逆変換と合成で閉じていれば，それは通常の群である．これをどう一般化できるだろうか？　答えは，群がいくつかの対象に同時に作用できることを観察して得られる．もし群 G が二つの対象 X, Y に作用すれば，その直積 $X \times Y$ にも $g(x,y) = (gx, gy)$ で作用する．ここでは暗に，対角写像あるいは「複製」の写像 $\Delta : G \to G \times G$ が用いられ，群の元が複製されることで，第 1 の成分は第 1 の対象に，第 2 の成分は第 2 の対象に作用することができる．これを一般化するには，再び群 G における概念を代数におけるものに置き換えることになる．用いるのは今回は**群環** kG であり，これは G の元 g_i の形式的な線形結合 $\sum_i \lambda_i g_i$ の全体からなる．ここで λ_i は体 k からとったスカラーである．G の元が（一つの係数を除き他が 0 という，特に単純な線形結合として）kG の基底をなし，G における演算によりそれらの積が考えられる．この定義はより一般の線形結合へと明らかに拡張される．Δ もまた，基底に対する式 $\Delta g = g \otimes g$ から線形に拡張され，kG から $kG \otimes kG$ への写像となる．これに付随する写像 ϵ, S と合わせて，kG はホップ代数となる．群の積がすでに代数の定義において考えられており，余積も前節で説明したものとはまったく異なることに注意しよう[*3)]．同様のこと

---

*2)　［訳注］無限小変換に対して，通常の変換を有限と言っている．

*3)　［訳注］1 の最後の $k(G)$ と kG は似ているが，$k(G)$ の積は可換であり構造が異なる．実は，これらは互いに双対なホップ代数であり（次節を参照），一方の積は他方の余積の随伴となっている．

は，任意のリー代数 $\mathfrak{g}$ に対する**展開環** $U(\mathfrak{g})$ でも考えられる．展開環は $\mathfrak{g}$ の基底から関係式の下に生成され，$\xi \in \mathfrak{g}$ を $\mathfrak{g}$ が作用する対象のテンソル積の上に作用させるために $\Delta\xi = \xi \otimes 1 + 1 \otimes \xi$ と「配分」する式で余積が定まり，ホップ代数となる．

これら二つの例を外挿すると，一般の「量子的対称性」とは，二つの表現 V, W のテンソル積 $V \otimes W$ を結合的なものとして考えられるような付加構造 Δ を持つ代数 H を意味する，と考えられる．$h \in H$ の作用は $h(v \otimes w) = (\Delta h)(v \otimes w)$ で与えられ，Δh の第 1 成分が $v \in V$ に，第 2 成分が $w \in W$ に作用する．これがホップ代数の公理に至るための，前節のものとは別の第 2 の道である．

上で挙げた例では，Δ は成分の入れ替えについて対称的であることに注意しよう．したがって，群あるいはリー代数の表現 V と W に対し，$V \otimes W$ および $W \otimes V$ は，$v \otimes w$ を $w \otimes v$ にうつす明らかな写像によって互いに同型となる．しかし一般には，$V \otimes W$ と $W \otimes V$ は互いに関係があるとは限らず，つまりテンソル積が非可換になる．良い例においては，$V \otimes W \cong W \otimes V$ ではあるが，自明な写像によるとは限らない．代わりに，任意の V と W の組に対して非自明な同型があり，いくつかのもっともな条件を満たすということでもよい．これは複素単純リー代数 $\mathfrak{g}$ ごとに存在する，$U_q(\mathfrak{g})$ と書かれる大きな族で成り立っている．これらの例では，同型は任意の三つの表現の場合に組ひもあるいはヤン・バクスター関係式（「組ひも群」[III.4] を参照）を満たす．結果として，これらの量子群は**結び目および 3 次元多様体の不変量** [III.44] を与える（ジョーンズ不変量は $U_q(\mathfrak{sl}_2)$ から生じる．ここで $\mathfrak{sl}_2$ は群 $SL_2(\mathbb{C})$ のリー代数である）．パラメータ q は形式的な変数として見るのが便利で，$U_q(\mathfrak{g})$ は古典的な展開環 $U(\mathfrak{g})$ のある種の変形と見ることができる．これらはもともと，量子可積分系の理論においてドリンフェルトと神保の研究で現れたものである[*4]．

*4) ［訳注］歴史的には，ヤン・バクスター方程式の解を系統的に見出す試みの中で量子展開環 $U_q(\mathfrak{g})$ が発見された．この解説では，おおむね一般のホップ代数を量子群として捉えているが，より限定的に量子展開環に関連したものを量子群と呼ぶことは多い．

3. 自 己 双 対 性

三つ目の観点は，ホップ代数は**フーリエ変換** [III.27] を許す構造としてアーベル群に次いで簡単な**圏** [III.8] である，というものである．これは直ちに明らかではないが，先に与えた定義における公理 (i)〜(iii) には対称性がある．H が単位元を持つ代数であるという要請 (i) は，線形写像 $m : H \otimes H \to H$ および $\eta : k \to H$（η は $1 \in k$ の像として H の単位元を指定する）によって，いくつか直ちに出てくる可換図式として言い換えることができる．もし図式の矢印を逆にすれば，(ii) に示した公理が得られ，**余代数**と呼ばれるものが得られる．余代数の構造 Δ, ϵ が代数射であるという要請は図式の集まりで表されるが，それらは矢印の逆転で不変である．最後に，(iii) の公理も，可換図式としては矢印の逆転で不変である．

かくして，ホップ代数の公理は矢印の逆転で不変であるという特別な性質を持つ．現実的な帰結として，H が有限次元ホップ代数ならば，すべての構造射を H のそれの随伴として（矢印も必然的に逆転して）定めることで，H^* もホップ代数になる．無限次元の場合には適当な位相的双対空間をとるか，あるいは二つのホップ代数は互いに双対的となるペアリングを持つという言い方をする必要がある．たとえば，$\mathbb{C}_q[SL_2]$ および $U_q(\mathfrak{sl}_2)$ の間には双対的ペアリングがあるし，一方，G が有限群ならば $(kG)^* = k(G)$ である．ここで，$k(G)$ は G 上の関数のなすホップ代数である．

応用として，H が有限次元で基底 $\{e_a\}$ を持つとき，H^* に双対基 $\{f^a\}$ をとり，$\int$ を右移動不変な H の積分としよう．フーリエ変換 $\mathcal{F} : H \to H^*$ は

$$\mathcal{F}(h) = \sum_a \left(\int e_a h \right) f^a$$

で定義され，多くの注目すべき性質を持つ．この特別な場合が，アーベル群とは限らない任意の有限群 G に対するフーリエ変換 $\mathcal{F} : k(G) \to kG$ である．G がアーベル群である場合，その指標群を $\hat{G}$ とすれば $kG \cong k(\hat{G})$ であり，有限アーベル群に対する通常のフーリエ変換が復元される．ポイントは，非アーベル群のとき kG は可換でなく，したがって普通の意味ではいかなる「フーリエ双対」空間上の関数環ではないことである．

これは，量子群の第 2 の真性な族，すなわち「双半直積」(bicrossproduct) を自己双対的に見る見方

として必要である．それらは，「座標」および「対称性」の代数に同時になっており，真に量子力学と結び付いている．たとえば

$$\mathbb{C}[\mathbb{R}^3 \rtimes \mathbb{R}]_\lambda \blacktriangleright\!\!\triangleleft U(\mathfrak{so}(1,3))$$

と書かれ，**ポアンカレ量子群**と呼ばれる，座標 x, y, z, t を持つ非可換時空の代数があるが，ここでは t は他の文字と可換ではない．この量子群はまた，ブラックホール的に曲がった空間を運動する粒子の量子化において現れるものと解することができる．要は，量子群の自己双対性は（時空の幾何としての）重力理論と量子論の統一のための「おもちゃ」の模型の枠組みを提供する．

これは，図1に示す，より広い描像の一部である．「テンソル積」というまとまりのある概念を持った対象のなす圏は**モノイダル圏**（あるいはテンソル圏）と呼ばれるが，量子群の表現の圏がまさにそうであることを見たわけである．そこにはまた，量子群の作用を忘却する，ベクトル空間の圏への忘却関手がある．これは量子群を，（表現論的な意味で）次に一般な自己双対的圏，すなわちモノイダル圏の間の関手の圏へと埋め込む．図の右手には，（ド・モルガン）双対性を持つ原始的構造としてブール代数も含めてある．しかしながら，この双対性と他の双対性との関係は想像の域にある．

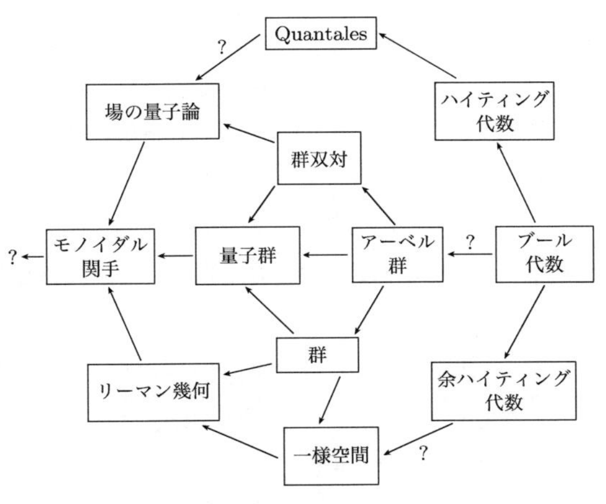

図1　量子群とその周辺概念．自己双対的な圏を水平軸上に示している．

文献紹介[*5)]

Majid, S. 2002, *A Quantum Groups Primer*, London Mathematical Society Lecture Notes, volume 292, Cambridge, Cambridge University Press.

III.76

四元数，八元数，ノルム斜体

Quaternions, Octonions, and Normed Division Algebras

ティモシー・ガワーズ［訳：三宅克哉］

数学は**複素数** [I.3 (1.5 項)] の導入により高度に洗練され，飛躍することになった．このために，胡散臭さを何とか乗り越えて新しい数 i を導入し，$\mathrm{i}^2 = -1$ と宣言した．典型的な複素数は $a + b\mathrm{i}$, $a, b \in \mathbb{R}$ という形をしており，複素数の演算は通常の実数の演算から容易に導入される．たとえば，$1 + 2\mathrm{i}$ と $2 + \mathrm{i}$ の積は

$$\begin{aligned}(1+2\mathrm{i})(2+\mathrm{i}) &= 2+\mathrm{i}+4\mathrm{i}+2\mathrm{i}^2 \\ &= 2+5\mathrm{i}-2 = 5\mathrm{i}\end{aligned}$$

という具合に括弧を展開し，$\mathrm{i}^2 = -1$ を用いて整理する．複素数が持っている有用性の一つは，もし複素数の根が許されるならば，どのような多項式でも1次因子の積に分解されることにある．これがよく知られた**代数学の基本定理** [V.13] である．

複素数を導入するもう一つの方法は，それを実数の対とするものである．すなわち，$a + b\mathrm{i}$ と書く代わりに，単に (a, b) と書き，加法を二つのベクトルとして $(a,b) + (c,d) = (a+c, b+d)$ によって定義する．乗法については，いくぶんわかりにくくなるが，$(a,b) \cdot (c,d) = (ac - bd, ad + bc)$ と定める．これは $(a,b), (c,d)$ をそれぞれ $a + b\mathrm{i}, c + d\mathrm{i}$ に置き換えて考えでもしない限り，奇妙に映る．

ともかくも，2番目の定義では，複素数が**2次元線形空間** [I.3 (2.3 項)] $\mathbb{R}^2$ に乗法を注意深く選んで導入したものであるという点に注目すべきである．このように考えると，直ちに問題が提起される．もっと

*5)　［訳注］日本語で読める文献として，神保道夫『量子群とヤン・バクスター方程式』（丸善出版，2012（初版 1990））がある．

高次元の線形空間に対して同様に事を運べないだろうか？

この問いかけは，そのままでは明確な問題提起であるとは言えない．というのは，「同様に」ということの内容がはっきりとしていないからである．問題を明確にするには，この乗法が持つべき性格が何であるかをはっきりさせなければならない．そこで，$\mathbb{R}^2$ に立ち戻り，(a,b) と (c,d) の乗法を，たとえば単純に (ac,bd) によって定義した場合になぜ具合が悪くなるのかを考えよう．もちろん，その理由には $a+b\mathrm{i}$ と $c+d\mathrm{i}$ の積は $ac+bd\mathrm{i}$ ではないことがある．しかし，$\mathbb{R}^2$ にこの単純な積を採用しても，なぜ良い結果が得られないのだろうか？

この新しく定義された乗法の問題点は，**零因子**を持つことである．すなわち，二つの 0 でない要素のうち，それらを掛け合わせると 0 になるものがある．たとえば，$(1,0)(0,1)=(0,0)$ である．零因子に対しては，0 でないにもかかわらずそれには乗法の逆元は存在しない（もし 0 でない要素が必ず乗法的な逆元を持つような枠組みで $xy=0$ となっていれば，$x=0$ か $y=0$ が成り立つ．実際，$x\neq 0$ ならば $y=x^{-1}xy=x^{-1}0=0$ である）．乗法的な逆元が存在しないとなると，その枠組みでは，もはや有用な除法は定義できなくなる．

そこで，通常の複素数の場合に戻ることにし，さらにそれを高次元へ拡張できるかどうかを考えてみよう．このとき，「以前と同様に事を運ぶ」ということは，実数に対して行ったことを複素数に対して行うということになる．すなわち，「超複素数」を複素数の組 (z,w) として定義すればどうだろうか？ 線形空間の構造が必要であるから，加法は $(z,w)+(u,v)=(z+u,w+v)$ とする．しかし，それらの積を定義するための最善の方法を考えなくてはならない．まずは，以前と同じように $(z,w)(u,v)=(zu-wv,zv+wu)$ とすればどうだろう．しかし，こうすると，$(1,\mathrm{i})$ と $(1,-\mathrm{i})$ との積は $(1+\mathrm{i}^2,-\mathrm{i}+\mathrm{i})=(0,0)$ となり，零因子が生じてしまう．

この例の積はもともと次のような考え方から来ている．複素数 $z=a+b\mathrm{i}$ の**絶対値**，すなわちベクトル (a,b) の長さに当たるものは，実数 $|z|=\sqrt{a^2+b^2}$ である．これはまた，z の**複素共役** $\bar{z}=a-b\mathrm{i}$ を用いて $\sqrt{z\bar{z}}$ とも表される．ところが，a, b が**複素数**に値を持つとなると，もはや $a^2+b^2\geq 0$ である必要はなく，実数である必要もない．さらに，もし $a^2+b^2=0$ であったとしても，それから $a=b=0$ が従うわけではない．上の例では $a=1$，$b=\mathrm{i}$ とし，「数」$(1,\mathrm{i})$ にその「共役」の $(1,-\mathrm{i})$ を掛けている．

それでも，複素数の組 (z,w) に「絶対値」を自然に対応させる方法がある．実数値 $|z|^2+|w|^2$ は負にはならず，その平方根は実数である．しかも，$z=a+b\mathrm{i}$ と $w=c+d\mathrm{i}$ に対して，$\sqrt{a^2+b^2+c^2+d^2}$ はベクトル (a,b,c,d) の長さである．

この観察をもとにして，複素共役をうまく拡張できないだろうか．実数に対しては複素共役はそれを自分自身に対応させる．そこで，複素数の拡張にあたっても，実数を拡張して複素数を導入した場合と「同じ公式を適用する」ならば，その公式に複素共役にあたるものをうまく導入すればよいだろう．そこで，まず複素数の組 (z,w) の「共役」に何を担わせればよいのかを考えよう．組 $(z,0)$ に対しては，それが複素数 z と同じように振る舞ってほしい．したがって，その共役は $(\bar{z},0)$ であるべきだろう．同様に，もし z も w も実数であるならば，この場合は (z,w) が複素数に対応するはずであるから，その共役は $(z,-w)$ であるべきであろう．すると，一般の組 (z,w) に対して二つの可能性 $(\bar{z},-\bar{w})$ または $(\bar{z},-w)$ が考えられる．後者を調べてみよう．

この場合，(z,w) とそれの共役との積がほしいわけであるが，共役が $(\bar{z},-w)$ であり，求める積は $(|z|^2+|w|^2,0)$ となる．この場合に実数を拡張して複素数を導入したときの公式，すなわち，z,w,u,v がすべて実数である場合の積の公式

$$(z,w)(u,v)=(zu-wv,zv+wu)$$

を拡張する形で求める条件を織り込めば，一般の複素数 z,w,u,v に対しては

$$(z,w)(u,v)=(zu-\bar{w}v,\bar{z}v+wu)$$

とする必要がある．このとき，結果としては，これが**結合 2 項演算** [I.2 (2.4 項)] を複素数の組 (z,w) 全体の集合に与えることがわかる．もし上の共役の候補の前者について同様に考察すれば，こちらの場合は零因子が現れることになる（前者の場合は，まず $(0,\mathrm{i})$ の共役が自分自身になってしまうという問題がある）．

ともかくも，これで**四元数**の定義が得られた．この「数」全体の集合 $\mathbb{H}$ は 4 次元の実線形空間を構成

しており，同時に 2 次元の複素線形空間になっている（記号の文字「H」は四元数を発見したウィリアム・ローワン・ハミルトンに敬意を表して用いられている．発見の経緯については「ウィリアム・ローワン・ハミルトン」[VI.37] を参照）．しかし，なぜ，このようにまでする必要があるのだろう？　この疑問は，上で導入された乗法が可換ではないことがあって，とりわけ気になるところである．非可換であることは，たとえば $(0,1)(\mathrm{i},0)=(0,\mathrm{i})$ と $(\mathrm{i},0)(0,1)=(0,-\mathrm{i})$ から見て取れる．

この疑問に答えるために，踵を返して複素数の場合にもう一度立ち返ろう．この場合，最もはっきりとした理由付けは多項式による方程式，すなわち代数方程式の根が必ず与えられることである．しかし，これだけを理由とするわけにはいかない．たとえば，複素数には回転や拡大といった重要な幾何学的な解釈がある．この点では，複素数 $a+b\mathrm{i}$ を行列 $\left(\begin{smallmatrix} a & -b \\ b & a \end{smallmatrix}\right)$ によって表示すると明確になる．複素数 $a+b\mathrm{i}$ を掛けるということは，平面 $\mathbb{R}^2$ 上の**線形写像** [I.3 (4.2 項)] になっているとも考えられ，それがこの行列で与えられる．たとえば，複素数 i は行列 $\left(\begin{smallmatrix} 0 & -1 \\ 1 & 0 \end{smallmatrix}\right)$ と対応する．この行列は平面 $\mathbb{R}^2$ を原点を中心として角度 $(1/2)\pi$ だけ反時計回りに回転させるものであり，これは，複素数 i を複素数に掛けることが複素平面に引き起こすことにほかならない．

このように，複素数が $\mathbb{R}^2$ から $\mathbb{R}^2$ への線形写像として考えられるならば，四元数を $\mathbb{C}^2$ から $\mathbb{C}^2$ への線形写像と考えることができるだろう．実際，複素数の組 (z,w) を行列 $\left(\begin{smallmatrix} z & \bar{w} \\ -w & \bar{z} \end{smallmatrix}\right)$ と対応させればよい．この形の二つの行列の積を考えれば，

$$\begin{pmatrix} z & \bar{w} \\ -w & \bar{z} \end{pmatrix}\begin{pmatrix} u & \bar{v} \\ -v & \bar{u} \end{pmatrix} = \begin{pmatrix} zu-\bar{w}v & z\bar{v}+\bar{w}\bar{u} \\ -\bar{z}v-wu & \bar{z}\bar{u}-w\bar{v} \end{pmatrix}$$

となっている．この最後の行列は，まさに上で組 (z,w) と (u,v) の積として取り出した組 $(zu-\bar{w}v,\ \bar{z}v+wu)$ と対応する行列にほかならない！　このことから，前に指摘した事実，すなわち，四元数の乗法が結合的であるという事実の証明が得られる．なぜなら，行列の乗法は結合的だからである（これはまた，関数の合成が結合的であることからも従う．「いくつかの基本的な数学的定義」[I.3 (3.2 項)] を参照）．

行列 $\left(\begin{smallmatrix} z & \bar{w} \\ -w & \bar{z} \end{smallmatrix}\right)$ の**行列式** [III.15] は $|z|^2+|w|^2$ であり，したがって，組 (z,w) の絶対値 $\sqrt{|z|^2+|w|^2}$ は対応する行列の行列式の平方根である．このことから，二つの四元数の積の絶対値は，それぞれの四元数の絶対値の積である（なぜなら，行列の積の行列式はそれぞれの行列式の積である）．また，四元数の行列の随伴行列（転置行列の複素共役）は行列 $\left(\begin{smallmatrix} \bar{z} & -\bar{w} \\ w & z \end{smallmatrix}\right)$ であり，これは共役四元数 $(\bar{z},-w)$ に対応する行列である．最後に，もし $|z|^2+|w|^2=1$ であれば，

$$\begin{pmatrix} z & \bar{w} \\ -w & \bar{z} \end{pmatrix}\begin{pmatrix} \bar{z} & -\bar{w} \\ w & z \end{pmatrix} = \begin{pmatrix} 1 & 0 \\ 0 & 1 \end{pmatrix}$$

であり，この行列は**ユニタリ** [III.50 (3.1 項)] である．逆に，2×2 ユニタリ行列で行列式が 1 であるものは，容易に示されるように，$\left(\begin{smallmatrix} z & \bar{w} \\ -w & \bar{z} \end{smallmatrix}\right)$ の形をしている．したがって，絶対値が 1 の四元数は，幾何学的に解釈すれば，$\mathbb{C}^2$ の「回転」（すなわち，行列式が 1 のユニタリ写像）ということになる．これは，絶対値が 1 の複素数が $\mathbb{R}^2$ の回転と対応していることの拡張になっている．

行列式が 1 である $\mathbb{C}^2$ のユニタリ変換の群は，重要な**リー群** [III.48 (1 節)] であり，**特殊ユニタリ群**と呼ばれ，SU(2) と表される．もう一つの重要なリー群は，$\mathbb{R}^3$ の回転の群 SO(3) である．驚くべきことに，絶対値が 1 の四元数がこの群を記述するためにも用いられる．これを見るために，四元数をよく知られた形で表示しよう．

四元数は，通常導入されるやり方では，-1 の平方根を一つではなく三つ用意する．それらを $\mathrm{i},\mathrm{j},\mathrm{k}$, $\mathrm{i}^2=\mathrm{j}^2=\mathrm{k}^2=-1$ とし，さらに $\mathrm{ij}=\mathrm{k}$, $\mathrm{jk}=\mathrm{i}$, $\mathrm{ki}=\mathrm{j}$ とする．これによって二つの四元数の乗法は滞りなく運ばれる．たとえば，$\mathrm{ji}=\mathrm{jjk}=-\mathrm{k}$ である．四元数は一般に $a+\mathrm{i}b+\mathrm{j}c+\mathrm{k}d$, $a,b,c,d\in\mathbb{R}$ と表され，これは上記の表し方の二つの複素数の組 $(a+\mathrm{i}c, b+\mathrm{i}d)$ と対応している．さて，この四元数を，今度は $(a,\boldsymbol{v})$, $a\in\mathbb{R}$, $\boldsymbol{v}=(b,c,d)\in\mathbb{R}^3$ の形に表して考察しよう．この対応のもとでは，$(a,\boldsymbol{v})$ と $(b,\boldsymbol{w})$ の積は $(ab-\boldsymbol{v}\cdot\boldsymbol{w}, a\boldsymbol{w}+b\boldsymbol{v}+\boldsymbol{v}\wedge\boldsymbol{w})$ になる．ただし，$\boldsymbol{v}\cdot\boldsymbol{w}$ と $\boldsymbol{v}\wedge\boldsymbol{w}$ はそれぞれ $\mathbb{R}^3$ のベクトル $\boldsymbol{v}$ と $\boldsymbol{w}$ のスカラー積とベクトル積である．

さて，もし $q=(a,\boldsymbol{u})$ の絶対値が 1 の四元数であるとすると，$a^2+\|u\|^2=1$ であり，したがって，$q=(\cos\theta, \boldsymbol{v}\sin\theta)$, $\boldsymbol{v}\in\mathbb{R}^3$, $\|\boldsymbol{v}\|=1$ と表すことができる．この四元数は $\boldsymbol{v}$ が定める軸を中心とした反時計回りの角度 2θ の回転 R と対応している．この

角度は一見したときのものとも，以前の対応の場合とも異なっている．この事情は次のように説明される．ベクトル $\boldsymbol{w} \in \mathbb{R}^3$ に対して $(0, \boldsymbol{w})$ を四元数と見なし，さらに $(0, R\boldsymbol{w})$ を四元数としてうまく表したい．結果としては，$(0, R\boldsymbol{w}) = q(0, w)q^*$ となっている．ここで，q^* は四元数 q の共役 $(\cos\theta, -\boldsymbol{v}\sin\theta)$ であり，同時に，q の絶対値が 1 であることから，その乗法的な逆元でもある．この結果から，回転 R を実現するためには，q を掛けるのではなく，q による**共役**をとることになる（これは「共役」という言葉の別の意味を指しており，片側から q を，また反対側から q^{-1} を掛けたものを意味している）．さて，もし q_1 と q_2 がそれぞれ回転 R_1 と R_2 に対応しているとすると，

$$q_2 q_1 (0, \boldsymbol{w}) q_1^* q_2^* = q_2 q_1 (0, \boldsymbol{w}) (q_2 q_1)^*$$

であり，$q_2 q_1$ は回転 $R_2 R_1$ と対応している．すなわち，ここでも四元数の積は回転の合成と対応している．

すでに見ておいたように，絶対値が 1 の四元数は全体として群 SU(2) を構成する．したがって，ここでの分析は，SU(2) が $\mathbb{R}^3$ の回転群 SO(3) と同じであることを示したように見受けられる．ところが，厳密にはそうではない．というのは，$\mathbb{R}^3$ の回転の一つ一つに絶対値が 1 の四元数二つずつが対応しているからである．理由は簡単で，あるベクトル $\boldsymbol{v}$ のまわりの反時計回りの角度 θ の回転は，$-\boldsymbol{v}$ と角度 $-\theta$ に対応する回転と同じになるからである．言い換えれば，もし q が絶対値 1 の四元数であれば，q と $-q$ は $\mathbb{R}^3$ の同一の回転を与えている．それゆえ，SU(2) は SO(3) と同型ではなく，その**2 重被覆**である．この事実は，数学と物理学における重要な結果を担っている．特に，それは素粒子の「スピン」という概念の背景になっている．

以前に提起していた問題に立ち返ろう．いったいどのような次元 n に対して $\mathbb{R}^n$ のベクトルに良い乗法が導入できるのだろう？　結論としては，$n = 1, 2$ あるいは $n = 4$ の場合に限られる．ただし，$n = 4$ の場合は乗法の可換性を犠牲にしなければならない．しかし，それでも豊かな見返りがもたらされる．四元数の乗法は，重要な群 SU(2) と SO(3) を提示するきわめて簡潔な方法を提供するからである．これらの群は可換ではなく，したがって，四元数の乗法が可換でないことは，この利点にとって本質的である．

四元数に導かれた道筋をさらに継続しよう．すなわち，四元数の組 (q, r) を考え，こういった組の間に公式

$$(q, r)(s, t) = (qs - r^* t, q^* t + rs)$$

によって積を定義してみる．四元数 q の共役 q^* は複素数 z の共役 $\bar{z}$ のアナロジーだから，これは複素数の組，すなわち，四元数になるべきものに導入した積の定義と基本的には同じものである．

しかしながら，注意しなければならないことがある．四元数の乗法は可換ではない．したがって，前のものと「基本的に同じ」ものは，実際にはいろいろと考えられる．なぜこれを選んで，$q^* t$ を tq^* としないのだろうか？

実際には，上に与えたものだと零因子が現れてしまう．たとえば，$(\mathrm{j}, \mathrm{i})(1, \mathrm{k}) = (0, 0)$ である．ところが，それを修正して

$$(q, r)(s, t) = (qs - tr^*, q^* t + sr)$$

とすると，それほど苦労しなくても $(q, r)(q^*, -r)$ が $(|q|^2 + |r|^2, 0)$ に等しいことがわかり，これは数の体系としてはとても有用である．このようにして得られる「数」の体系は $\mathbb{O}$ と書かれ，その要素は**八元数** (octonion)（時に**ケイリー数**）と呼ばれる．残念なことに，八元数の乗法は結合的でなくなってしまう．それでもなかなか好ましい二つの性質を持っている．その一つは，0 でない八元数は乗法的な逆元を持つことであり，もう一つは，0 とは異なる二つの八元数の積は決して 0 にはならないことである（八元数の乗法は結合的ではないので，もはやこれら二つの性質が同値であるなどと軽々しくは結論付けられない．しかし，二つの八元数で生成される部分環は必ず結合的であるから，このことからそれらが同値であることが従う）．

このようにして，$\mathbb{R}$ 上の次元が $n = 1, 2, 4, 8$ の場合に「数」の体系が得られた．実は，好ましい性質を持つ乗法が存在する次元はこれらに限られることがわかっている．もちろんここで「好ましい」性質というのは技術的な意味から来ている．行列の乗法は結合的であるが，零因子を持っている．しかし，多くの状況では，零因子を持たないが結合的でない八元数よりも，こちらのほうが「有用」である．さて，最後に，次元 $n = 1, 2, 4, 8$ がどうして特別なのかを，より詳しく見ることにしよう．

上で構成した数の体系は**ノルム** [III.62] によって与

えられる大きさというものを持っている．実数ないし複素数 z については，z のノルムは絶対値にほかならない．四元数ないし八元数 x に対しては，その共役 x^* を用いた $\sqrt{x^*x}$ として与えられる（この定義は実数や複素数でも有効である）．一般に x のノルムを $\|x\|$ と書くならば，上で構成されたノルムは $\|xy\| = \|x\|\,\|y\|$ という性質が各 x, y に対して成り立っている．これは実に有用な性質である．たとえば，ノルムが 1 の要素全体は乗法に関して閉じており，この事実は，複素数や四元数の幾何学的な重要性を検討したときに何度も用いた．

次元 $1, 2, 4, 8$ がそれ以外のものと際立って異なっているところは，これらの次元のみが次の性質を同時に満たすノルム $\|\cdot\|$ と乗法の概念を許すことにある．

(i) 乗法的な単位元が存在する：すなわち，数 1 で各 x に対して $1x = x1 = x$ を満たすものがある．

(ii) 乗法は**双線形**である：すなわち，$x(y+z) = xy + xz$ がすべての x, y, z に対して成り立ち，また，a が実数であるならば $x(ay) = a(xy)$ が成り立つ．

(iii) すべての x, y に対して $\|xy\| = \|x\|\,\|y\|$ が成り立つ（よって零因子は存在しない）．

ノルム斜体とは，線形空間 $\mathbb{R}^n$ で，これら三つの性質を満たすノルムとベクトルの乗法を持つものをいう．したがって，ノルム斜体は，実は $n = 1, 2, 4, 8$ の場合にしか存在しない．しかも，これらの次元においても $\mathbb{R}, \mathbb{C}, \mathbb{H}, \mathbb{O}$ だけしか存在しない．

この事実は**フルヴィッツの定理**と呼ばれ，これを証明するには何通りもの方法がある．ここでは，その一つをきわめて大まかに解説する．考え方としては，証明は次のように展開される．もし，ノルム斜体 A が上に例示した $\mathbb{R}, \mathbb{C}, \mathbb{H}, \mathbb{O}$ の一つを含んでいるならば，A はそれに等しいか，その次のものを含んでいるかのいずれかである．したがって，A 自身がこれらの一つであるか，あるいは上記の $\mathbb{C}$ から $\mathbb{H}$ または $\mathbb{H}$ から $\mathbb{O}$ が構成された手順（**ケイリー–ディクソン構成法**）で得られる多元環を A が含んでいるかのいずれかであることが示される．ただし，ケイリー–ディクソン構成法が $\mathbb{O}$ に適用されると，零因子が現れることになる．

こういった一連の論議がうまく運ぶことの一例として，ノルム斜体 A が $\mathbb{O}$ を実際に部分多元環として含んでいるとしよう．このとき，A のノルムは**ユークリッド・ノルム** [III.37]，すなわち，一つの内積から得られるものでなければならない（大雑把に言うと，この理由は，ノルムが 1 の要素を掛けてもノルムは変化せず，A はずいぶん多くの対称性を持っていることになり，これから A のノルムは最大限に対称性を有しており，ユークリッド的であることにある）．さて，A の要素が 1 と直交するとき，それを虚であるということにする．そうすれば，A における共役を，$1^* = 1$ とし，虚な x に対しては $x^* = -x$ として，さらにこれを線形的に拡張することによって A 全体で定義することができる．そして，この共役という作用が望まれる性質をすべて備えていることを示すことができる．特に，$aa^* = a^*a = \|a\|^2$ がすべての $a \in A$ に対して成り立つ．そこで，A の要素で，$\mathbb{O}$ 全体と直交し，しかもノルムが 1 のものを一つ選び，i と呼ぼう．このとき，$\mathrm{i}^* = -\mathrm{i}$ であり，したがって $1 = \mathrm{i}^*\mathrm{i} = -\mathrm{i}^2$ であるから，$\mathrm{i}^2 = -1$ である．そこで，この i と A の部分環 $\mathbb{O}$ とで生成される A の部分環を考える．いくらかの計算を施せば，この部分環の要素は $x + \mathrm{i}y$，$x, y \in \mathbb{O}$ の形をしていることが示される．さらに，$x + \mathrm{i}y$ と $z + \mathrm{i}w$ の積は $xz - wy^* + \mathrm{i}(x^*w + zy)$ であることがわかり，これはすなわちケイリー–ディクソン構成法が与えるものにほかならない．

四元数と八元数についてのさらに詳しい事柄を，二つの素晴らしい著作に見ることができる．一つはジョン・バエズ（John Baez）によるもので，http://math.ucr.edu/home/baez/octonions で見ることができ，もう一つは J・H・コンウェイと D・A・スミスの共著の本，*On Quaternions and Octonions: Their Geometry, Arithmetic, and Symmetry*（Wellesley, MA: AK Peters, 2003）[*1)]である．

*1) ［訳注］山田修司 訳『四元数と八元数――幾何，算術，そして対称性』（培風館，2006）．

III.77

表 現

Representations

ティモシー・ガワーズ［訳：砂田利一］

有限**群** [I.3 (2.1 項)] G の「線形表現」は，G の各要素 g に対して，ある**ベクトル空間** [I.3 (2.3 項)] V からそれ自身への線形写像 T_g を対応させたものである．もちろん，この対応は G の構造を反映していなければならない．すなわち，T_gT_h は T_{gh} に等しく，e を G の単位元とするとき，T_e は恒等写像でなければならない．

線形表現の有益な面の一つは，ベクトル空間 V の次元が G のサイズよりかなり小さくてもよいことである．この場合，表現はとりわけ効果的な仕方で，G に関する情報を詰め込んでいる．たとえば，60 個の要素からなる**交代群** [III.68] A_5 は，正 20 面体の回転対称の群に同型であり，それゆえ $\mathbb{R}^3$ の変換群として考えられる（これは 3×3 行列の群でもある）．

表現の有用性のより基本的な理由は，すべての表現が既約表現として知られている構成要素に分解できることである．G についての情報の相当多くが，その既約表現に関するわずかな基礎的事実から導かれるのである．

これらのアイデアは無限群に対しても一般化されるが，中でも**リー群** [III.48 (1 節)] の場合が特に重要である．リー群は微分可能構造を有しているから，興味ある表現は，準同型 $g\mapsto T_g$ がこの構造を反映しているリー群である（たとえば，微分可能であるというように）．

表現については，「表現論」[IV.9] の章で詳しく解説される．また，「作用素環」[IV.15 (2 節)] も参照されたい．

III.78

リッチ流

Ricci Flow

テレンス・タオ［訳：二木昭人］

リッチ流は，任意に**リーマン多様体** [I.3 (6.10 項)] をとったとき，その多様体を滑らかにして，より対称性が高いものにするための手法である．この手法は，多様体のトポロジーを理解するのにたいへん有効であることがわかっている．

リッチ流はどの次元のリーマン多様体でも定義されるが，ここでは表現を簡単化するために，可視化するのが容易な 2 次元多様体（つまり曲面）に限定することにしよう．われわれは 3 次元空間 $\mathbb{R}^3$ で日々暮らしている経験から，球面，円柱面，平面，トーラス（ドーナツの形をした曲面）など，多くの馴染み深い曲面を知っている．これは曲面を考えるための外在的方法である．これはつまり，3 次元ユークリッド空間という大きな全体空間の中の部分集合として考える方法である．一方，より抽象的な内在的方法で曲面を考えることもできる．これはつまり，外的空間との関係で曲面の点を考察するのではなく，曲面上の点が曲面内でどのように見え，互いにどのような関係にあるかを考察する方法である（たとえば，クラインの壺は内在的視点から完璧な意味付けがなされるが，3 次元ユークリッド空間 $\mathbb{R}^3$ の中で外在的に見ることはできない．ただし，4 次元ユークリッド空間 $\mathbb{R}^4$ 内では外在的に見ることができる）．二つの視点はたいていの場合互いに同値であるが，ここでは内在的観点をとるほうが都合が良い．

曲面の良い例は地球の表面である．外在的には，これは 3 次元空間 $\mathbb{R}^3$ の部分集合である．しかし，この曲面は地図帳を用いて 2 次元的に見ることもできる．つまり，曲面のいろいろな部分と 2 次元平面との同一視を与える地図または図面の集まりである．元の曲面を覆うだけの十分たくさんの図面があれば，この地図帳は曲面を記述するのに十分である．曲面のこういう考え方は，完全に内在的とは言えない．なぜなら，この曲面の地図帳は複数あり，いろいろと違う点があるかもしれない．たとえば，ある地図帳では，ロサンゼルス市は地図の図面の境界にあるが，別の地図帳では内部にあるかもしれない．しかしながら，地図帳から読み取れる事実の中に，地図帳の選択によらない事実がたくさんある．たとえば，地球の正確な地図帳であれば，どれを使ってもロサンゼルスからシドニーに行くには少なくとも一つの海を渡らなければならないことがわかる．曲面に関するある性質が地図帳の選び方に依存しないとき，その性質は**内在的である**，あるいは**座標と独立である**という．リッチ流は曲面の内在的流れであることがわかる．つまり，座標を用いたり，外的空間の中で考えなくても定義することができる．

ここまで，曲面，すなわち 2 次元多様体の数学的概念を，砕けた言い方で表現してきた．しかし，リッチ流を表現するには，**リーマン曲面**（つまり 2 次元リーマン多様体）というより洗練された概念が必要である．これは**リーマン計量** g という（内在的）対象を付加された曲面 M である．リーマン計量は曲面上の 2 点 x, y の間の距離 $d(x,y)$ を定める．計量はまた，曲面上の二つの曲線 γ_1, γ_2 が交わるとき，交点でなす角度 $\angle\gamma_1\gamma_2$ を定める（たとえば，地球の赤道は経度と直角に交わる）．また，リーマン計量を用いると，曲面上にある任意の集合の面積（たとえばオーストラリアの面積）を定めることができる．距離，角度，面積といった概念が満たすべき性質がいくつかあるが，最も重要な性質は次のような砕けた言い方で言い表される．すなわち，「リーマン曲面の幾何は，小さい部分を見ると，ユークリッド平面の幾何に非常に近い」ということである．

上で述べたことの意味を理解しやすくする例を挙げるために，曲面 x に点をとり，正の半径 r をとる．リーマン計量 g は距離の概念を定めるので，x を中心とした半径 r の円板 $B(x,r)$ を，点 y で x までの距離 $d(x,y)$ が r 以下であるようなものの集合として定めることができる．リーマン計量 g は面積の概念を定めるので，この円板 $B(x,r)$ の面積について議論することができる．ユークリッド平面では，この面積はもちろん πr^2 である．リーマン曲面においては，そうとは限らない．たとえば，地球の表面積は（したがって，その中の任意の円板の面積も）有限であるが，r が無限大に近づくと πr^2 はいくらでも大きくなる．しかし，r が非常に小さいと，円板 $B(x,r)$ の面積は πr^2 にどんどん近くなる．きちんと言うと，この面積と πr^2 との比が，r が 0 に近づくにつれて 1 に収束する．

このことから，**スカラー曲率** $R(x)$ の概念にたどり着く．球面のような場合，小さい円板 $B(x,r)$ の面積 $|B(x,r)|$ は πr^2 より少し小さい．この場合，曲面は x において**正のスカラー曲率**を持つという．鞍のような場合，小さい円板 $B(x,r)$ の面積 $|B(x,r)|$ は πr^2 より少し大きい．このような場合，曲面は x において**負のスカラー曲率**を持つという．円柱のような場合は，小さい円板 $B(x,r)$ の面積 $|B(x,r)|$ は πr^2 に等しい（または，ほとんど等しい）．このような場合，曲面は x において**スカラー曲率が消える**という（3 次元空間の部分集合として外在的に見ると，円柱は曲がっているのだが，曲率は 0 であるというのである）．複雑な曲面においては，ある点では正のスカラー曲率を持ち，別の点では負のスカラー曲率を持つことは当然あることに注意しよう．与えられた点 x におけるスカラー曲率 $R(x)$ は，正確には公式

$$R(x) = \lim_{r\to 0} \frac{\pi r^2 - |B(x,r)|}{\pi r^4/24}$$

によって定義される（外的空間内の曲面に対しては，この内在的概念であるスカラー曲率は，外在的概念である**ガウス曲率**とほとんど同一であるが，ここではこのことは議論しない）．

この概念は，**リッチ曲率** $\mathrm{Ric}(x)(v,v)$ という概念に改良することができる．小さい円板 $B(x,r)$ 内で，x を始点とする（単位接ベクトル）v のまわりの（ラジアンで測った）角度 θ の扇領域 $A(x,r,\theta,v)$ を考えよう．リーマン計量は距離と角度の適切な概念を与えるので，この扇領域はきちんと定義されている．ユークリッド空間においては，この扇領域の面積 $|A(x,r,\theta,v)|$ は $(1/2)\theta r^2$ である．しかし，一般の曲面では，面積 $|A(x,r,\theta,v)|$ は $(1/2)\theta r^2$ より少し小さい（ないし少し大きい）かもしれない．このような場合，曲面は x において v の方向に正（ないし負）のリッチ曲率を持つという．より正確には

$$\mathrm{Ric}(x)(v,v) = \lim_{r\to 0}\lim_{\theta\to 0} \frac{(1/2)\theta r^2 - |A(x,r,\theta,v)|}{\theta r^4/24}$$

という式で，リッチ曲率は定義される．

曲面に対しては，この複雑な曲率の概念はスカラー曲率の半分に等しい．すなわち，$\mathrm{Ric}(x)(v,v) = (1/2)R(x)$ である．特に 2 次元の場合は，方向 v は何の役割も果たさない．しかしながら，上記の概念はすべて高次元に拡張できる（たとえば，スカラー曲率とリッチ曲率を 3 次元多様体で定義するには，

円板と扇領域ではなく球体と扇状回転体を用い，πr^2 の代わりに $(4/3)\pi r^3$ を置き換えるなどの必要な調整をすればよいであろう）．高次元では，リッチ曲率はスカラー曲率よりずっと複雑である．たとえば 3 次元では，ある方向には正のリッチ曲率であるが，別の方向には負のリッチ曲率であるといったことが起こりうる．直観的には，このことは，前者の方向の狭い扇領域では「内側に」曲がっており，後者の方向の狭い扇領域では「外側に」曲がっていることを意味している．

さて，**リッチ流**とは何かを砕けた言い方で言えば，負のリッチ曲率の方向へは計量 g を「引き伸ばし」，正のリッチ曲率の方向へは計量を縮めるプロセスと言える．曲率が大きければ大きいほど，計量が伸びたり縮んだりする速さが速くなる．伸ばすとか縮めるとかいった概念を正式な方法で定義することはここではしないが，これらの方向に沿って点の間の距離を大きくしたり小さくしたりすることである．距離の考え方を変えると，角度と体積の考え方も変わる（ただし，2 次元のリッチ流は**共形的**であり，つまり角度の考え方は変わらない．この事実は，リッチ曲率はどの方向でも同じであるという前に述べた事実と密接に関連している）．リッチ流は方程式

$$\frac{\mathrm{d}}{\mathrm{d}t}g = -2\mathrm{Ric}$$

により簡潔かつ正確に記述される．ただ，ここでは，計量 g を時間変数 t で微分することの意味や，その微分がリッチ曲率の -2 倍に等しいというのがどういう意味かは，正確には定義しない．

原則的には，好きなだけの時間の長さでリッチ流を走らせることができる．しかしながら，実際上は（特に正曲率の部分があると）リッチ流は多様体に**特異点**を形成してしまうことがある．特異点とは，多様体には見えなくなる点，小さいスケールで見てもユークリッド幾何には似ていない幾何になる点である．たとえば，真ん丸な球から出発してリッチ流を走らせると，この球面は一定の速さで縮んで，最後は 1 点になり，もはや 2 次元多様体ではなくなる．3 次元ではもっと複雑な特異点が起こりうる．たとえば「首の縮み」とは，多様体の円柱型の「首」がリッチ流のもとで縮み，首の 1 か所または複数か所で次第に細くなって，最後は 1 点になることである．3 次元リッチ流において起こりうる特異点形成は，グリゴリー・ペレルマンによる最近の重要な論文でようやく分類された．

何年か前にリチャード・ハミルトンは，リッチ流が多様体の構造を簡単化する素晴らしい道具であることを観察する，基本的な研究をしていた．すなわち，一般的に言って，リッチ流は多様体の正曲率部分をなくし，多様体の負曲率部分を広げ，最後はどの点から眺めても同じに見えるようになるという意味での等質多様体にする．実際には，リッチ流は多様体をきわめて対称な成分に分割する．たとえば，2 次元では，リッチ流は最後には定曲率計量を持った多様体に変え，その曲率の符号は（球面のように）正にも，（円柱のように）零にも，（**双曲面**のように）負にもなりうる．そのような定曲率計量を常に見出せるという事実を**一意化定理** [V.34] という．これは曲面の理論において基本的かつ重要な定理である．高次元では，完全に対称なものになる前に特異点が形成されるが，このようにして形成される特異点に「手術」（「微分位相幾何学」[IV.7 (2.3, 2.4 項)] を参照）を施すと多様体は再び滑らかになり，リッチ流をまた再開することができる（手術は多様体のトポロジーを変えるかもしれない．たとえば，連結な多様体を二つの不連結な部分に分けるかもしれない）．3 次元においては，特異点を取り除くための手術をして膨らますと，リッチ流は（緩い仮定を満たす）任意の多様体を非常に対称で明示的に表せる有限個の部分からなる和集合に変換することが，最近ペレルマンにより示された；この結論を正確に述べたものが，サーストンの**幾何化予想**である．この予想からの一つの帰結として，ペレルマンにより証明された厳密な定理である次の**ポアンカレ予想** [V.25] が得られる．すなわち，任意のコンパクト 3 次元多様体が**単連結**（その多様体の上の任意の閉曲線は，その多様体を離れることなく，滑らかに変形して 1 点に縮めることができる，という意味）ならば，滑らかに変形して，（2 次元球面が 3 次元ユークリッド空間内にあるように，4 次元ユークリッド空間内にある）3 次元球面に変形することができる．ポアンカレ予想の証明は，現代数学の最も印象深い達成物である．

III.79

リーマン面

Riemann Surface

アラン・F・ベアドン［訳：砂田利一］

D を複素平面の中の「領域」（すなわち，連結な開集合）とする．f を D 上で定義された複素数値関数とするとき，実数直線 $\mathbb{R}$ の部分集合上で定義された実数値関数に対する微分が定義されるように，f の微分を定義できる．w における f の微分は，z を w に近づけたときの，「微分商」$(f(z)-f(w))/(z-w)$ の極限である．もちろん，この極限は存在するとは限らない．しかし，これが D のすべての点 w で存在するならば，f は「解析的」あるいは「正則」であると言われる．解析関数は驚くべき性質を持っている．たとえば，関数がある領域で解析的ならば，この領域の各点で，それは自動的にテイラー級数に展開される．このことから，解析関数は何回でも微分可能になる．これは 1 変数実関数の理論とは際立って対照的な性質である．たとえば，実関数は 1 回微分可能であっても，ある点では 2 回微分可能とは限らないし，他のある点では 3 回微分可能であることも起こりうる．「複素解析」は解析関数の理論である．たぶん，数学の他のトピック以上に，それは実践上でも有益であるし，理論的にも深く美しい（複素解析の基本的結果のいくつかが，「いくつかの基本的な数学的定義」[I.3 (5.6 項)] で解説されている）．

群論の専門家が同型な群を区別しなかったり，位相幾何学者が位相同型な位相空間を区別しないように，複素解析では，二つの領域 D, D' の間に解析的全単射があれば，それらを区別しない．この場合，D と D' は共形同値であるという．その名称が示唆するように，共形同値という関係は**同値関係** [I.2 (2.3 項)] である．これは，「f が D から D' への解析的全単射であれば，その逆写像 $f^{-1}: D' \to D$ もまた解析的である」という驚くべき事実による．このことは，再び実解析とは対照的である．もし D と D' が共形同値であれば，D 上の解析関数の興味深い性質は，D' 上で定義された解析関数の対応する性質に自動的に変換される．実際，この言明は「興味深い」性質ということの定義と考えられる（とはいえ，これは複素解析の数値的側面と相容れないことを認めなければならない．なぜなら，純粋に数値的な言明は，そのような写像で通常変換されないからである）．当然，解析関数のどのような性質が「興味深い」ものであるかを知りたくなる．一つのそのような性質は，（ある孤立点を除けば）D において交差する二つの曲線のなす角が，解析的写像で保存されることである．これが，「共形的」という言葉の由来である．あまり知られていないことは，もし，二つの曲線がなす（大きさと，それを時計回りあるいは反時計回りに測る）角を（微分可能とは仮定しない）写像が保存すれば，この写像は解析的であるという事実である．したがって，粗く言えば，角の保存はテイラー級数の存在を意味していることになる．

複素解析の他の分野へのインパクトが相当大きい理由もあって，解析関数を研究するのに最も適した曲面を見出そうとするのは自然である．この試みは（博士論文においてこのアイデアを導入した**ベルンハルト・リーマン** [VI.49] にちなんで）「リーマン面」と呼ばれる概念に導く．曲面 S 上に座標系を置くために，S を全単射的に平面領域 D に写してみよう．もしこれに成功すれば，座標系を D から S に写すことができる．多数の曲面（たとえば球面）に対して，このような写像を見つけることは不可能であるから，局所座標系で満足しなければならない．局所という言葉が意味するのは，S の各点 w で，w の近傍 N を平面領域に写すということである．こうして N に制限された座標系を得る．こうする方法は無限にあるので，「推移写像」のクラスを考えなければならない．これは w における一つの座標系から他の座標系への写像のことである．それぞれの推移写像が解析的全単射であるとき，曲面はまさに「リーマン面」になる．この定義は，2 次元**多様体** [I.3 (6.9 項)] の定義に似ているが，推移写像が解析的であるという要求はきわめて強く，すべての 2 次元多様体がリーマン面であるというわけでは決してない．

リーマン面の構成は難しくはない．たとえば，水平なテーブルの上に球面 S が静止しているとしよう．この球面の最も高いところにある点 P 上の光源を想像するならば，P 以外の S の各点はテーブルの上に「影」を落とす．テーブルは単純な座標系を持つから，それらの「影」を用いて，点 P を除いた S のすべてを覆う座標系を定められる．同様に，球面がテーブルと接する点 Q にある光源は，P における接平面に影を落とすから，これは Q を除いた S 全体を覆う座標系を与える．もし，2 番目の座標系が鏡映と合成されるなら，球面はリーマン面の構造を持つことになる．これはきわめて重要な例である．というのも，無限遠に関する問題に満足のいく方法で対処できるようになるからである．こうして得られたリーマン面は，「リーマン球面」と呼ばれる．

もう一つの例として立方体 C を考え，ただし，（話を単純化するため）8 個の頂点を取り除く．C の（境界の辺を含めない）面 F が与えられたとき，F を $\mathbb{C}$ の中に移すユークリッド的剛性運動を見出せるから，容易に F 上の座標系を定義できる．

w が C の辺 E の内点であれば，E を共通の辺とする二つの面を，E を含むような平面領域に「広げる」ことができる．そして，ユークリッド的剛性運動により，この領域を $\mathbb{C}$ の中に写す．このようにして，（頂点を除いた）C はリーマン面になる．頂点についての問題は技術的な方法で解決できる．そしてこの方法は，任意の多面体（さらに，「角張ったトーラス」のように穴のある多面体）がリーマン面の構造を持つように一般化される．これらのリーマン面は，いわゆるコンパクトなリーマン面である．重要かつ魅力的な古典的結果によれば，コンパクトなリーマン面は，2 複素変数の既約多項式 $P(z,w)$ に全単射的に対応している．この対応がどのようなものかというアイデアを与えるため，$w^3+wz+z^2=0$ のような方程式を考えよう．各 z に対して，w に関するこの方程式を解いて，三つの解 w_1, w_2, w_3 を得るが，z を動かして $\mathbb{C}$ 全体にわたらせると，w_j の値は変化する．そして，変化する各 w_j が，連結なリーマン面 W を作るのである．この曲面は，$\mathbb{C}$ の「上」に横たわるものと見なされ，$\mathbb{C}$ の有限個の点を除けば，z の「上」にはちょうど三つの点がある．

前に述べたように，リーマン面の顕著な性質とともに，その上の解析関数の研究を可能にする，最も一般的な曲面がリーマン面であるという理由から，リーマン面は重要なのである．リーマン面 R 上での解析関数 f が何を意味しているのかについては，容易に答えられる．R の一部分上の座標系が与えられれば，f を座標の関数と同一視できる．f が解析的であるというのは，この関数が座標に解析的に依存していることを意味する．推移写像は解析的であるから，f が一つの座標系に関して解析的であることと，問題にしている点のまわりのすべての座標系に関して解析的であることとは同値である．

この単純な性質，すなわち，あることが一つの座標系で成り立つならば，すべての座標系でも成り立つという性質は，リーマン面の理論の重要な特徴の一つである．たとえば，ある（抽象的な）リーマン面上で交差する二つの曲線を考えよう．これら二つの曲線を，その交点における異なる局所座標系を使って平面領域に写し，それぞれの場合に交差角を測れば，同じ結果が得られなければならない（なぜなら，一つの座標系からもう一つの座標系に移るとき，角度は保たれるからである）．したがって，抽象的リーマン面上の交差する曲線のなす角の概念は，well-defined な概念ということになる．

リーマン面上の解析学は，解析関数の研究を超えている．「調和関数」（**ラプラスの方程式** [I.3 (5.4 項)] の解）は解析関数に密接に関係している．というのも，解析関数の実部は調和であり，任意の調和関数は（少なくとも局所的には）ある解析関数の実部だからである．こうして，リーマン面上では，複素解析と（調和関数の研究である）ポテンシャル理論とは，ほとんど見分けがつかないほどに溶け合っているのである．

リーマン面についての定理の中で最も深い定理は，おそらく**一意化定理** [V.34] であろう．大雑把にこれが意味することを説明すれば，ユークリッド幾何，球面幾何，ないしは双曲幾何（「いくつかの基本的な数学的定義」[I.3 (6.2, 6.5, 6.6 項)] を参照）における多角形をとり，長方形の向かい合う辺を貼り合せてトーラスを得るのと同じ方法で，多角形の辺に沿って貼り合わせれば，すべてのリーマン面が得られる，という定理である（「フックス群」[III.28] を参照）．注目すべきなのは，ユークリッドおよび球面幾何学からは，数少ないリーマン面しか得られないことであり，本質的にはすべてのリーマン面は双曲平面（だけ）から構成されるという事実である．これは，事実上，複素平面のすべての領域は，期待されるようなユークリッド的なものではなく，双曲的特性を有する自然かつ固有な幾何学が備わっていることを意味している．一般の平面領域のユークリッド的特性は，$\mathbb{C}$ の中への埋め込みから来るものであり，それが持つ固有の双曲幾何学から来るものではない．

III. 80

リーマンのゼータ関数

The Riemann Zeta Function

ティモシー・ガワーズ［訳：平田典子］

リーマンのゼータ関数 ζ とは，まさに驚くべき論法で，素数の分布に関する多くの最も重要な性質を包括的に記述する複素数平面上の関数である．まず実部 $\mathrm{Re}(s)$ が 1 より大きい複素数 s に対して $\zeta(s) = \sum_{n=1}^{\infty} n^{-s}$ と定める．この $\mathrm{Re}(s) > 1$ という仮定は，この級数が収束するために必要である．しかしながら，関数の**正則性** [I.3 (5.6 項)] に基づき，解析接続という手法で定義域が拡張されるため，$s = 1$ では ∞ に発散するが $s = 1$ 以外での複素数平面全体において定義される関数となる．

この関数が素数の分布に関連するという最初の手がかりは，次の**オイラーの積公式**で与えられる．

$$\zeta(s) = \prod_{p} (1 - p^{-s})^{-1}$$

ただし，右辺の積はすべての素数 p にわたる．これは無限級数の和の公式より $(1 - p^{-s})^{-1}$ を $1 + p^{-s} + p^{-2s} + \cdots$ と展開し，**算術の基本定理** [V.14] を用いれば証明できる．素数との一層深い関連は，有名な**リーマン予想** [IV.2 (3 節)] を定式化した**リーマン** [VI.49] によって発見されている．

リーマンのゼータ関数とは，整数論におけるきわめて重要な情報を数学記号に置き換える関数のうちの一つにすぎない．たとえば，**ディリクレの L 関数**は等差数列の中の素数の分布に深く関わる．L 関数やリーマンのゼータ関数を含む諸論の詳細については「解析的整数論」[IV.2] を参照されたい．より高度なゼータ関数については「ヴェイユ予想」[V.35] にも記述されている．また，「L 関数」[III.47] も参照するとよい．

III. 81

環，イデアル，加群

Rings, Ideals, and Modules

イムレ・リーダー［訳：渡辺敬一］

1.　環

環は，**群** [I.3 (2.1 項)] や**体** [I.3 (2.2 項)] のように，ある公理によって定められた代数系である．環と体の公理を同時に記憶するために，「和」と「積」の定義された二つの簡単な例を思い浮かべよう．すなわち，整数の集合 $\mathbb{Z}$ と有理数の集合 $\mathbb{Q}$ である．整数の集合 $\mathbb{Z}$ は環をなし，有理数の集合 $\mathbb{Q}$ は体をなす．一般に言うと，環 R とは，二つの **2 項演算** [I.2 (2.4 項)]「和」“$+$” と「積」“$\times$” が定義され，普通の四則の計算のうち「0 でない数は逆数を持つ」を除いた法則がすべて成り立つような集合である．

整数 $\mathbb{Z}$ は最も典型的な環の例だが，この環の概念は，歴史的にはいくつかのものの抽象化である．また，もう一つの典型的な例が「多項式」である．多項式（たとえば実数係数としよう）には和と積が定義され，われわれが成立すると期待するすべての（たとえば，積は和に対して分配法則が成り立つというような）計算法則が成り立つ．したがって，多項式の集合は環をなす．他の例としては，整数を n を法として考えたもの（n は任意の整数），ガウスの整数 $\mathbb{Z}[\mathrm{i}]$（a, b を整数としたときの，$a + b\mathrm{i}$ の集合）などが挙げられる．

考える対象によっては「積は交換法則を満たす」や「積に関して単位元を持つ」という条件は仮定されない．仮定しないことによって，理論は複雑になるが，$n \times n$ 行列の集合（成分はある体としても，ある環としてもよい）のような対象を扱えるようになる．

他の代数構造のように，ある与えられた環から新しい環を作る方法は何通りかある．たとえば，部分環を考えたり，二つの環の直積を考えたりすることができる．また，ある環 R に対して，R 係数の多項式の集合を考えることもできる．剰余環の概念もあるが（「いくつかの基本的な数学的定義」[I.3 (3.3 項)] を参照），そのためには「イデアル」の概念を導入する必要がある．

2. イデアル

代数構造 A の「商」(「商環」という言葉は他の意味で使うため，ここでは「剰余環」と言っている) を作る作業は，A のある部分構造 B に対し，A の元の「差」が B の元になるような二つの元を「同一視」することである．代数構造 A が群または**ベクトル空間** [I.3 (2.3 項)] のときは，B として部分群や部分空間を考える．しかし，環の場合は事情が異なる．

その理由は，剰余環を準同型写像 (「いくつかの基本的な数学的定義」[I.3 (4.1 項)] を参照) の「像」として見ると納得できる．そのとき，剰余をとりたい部分構造は，準同型写像の「核」(0 に写像される部分) になっている．したがって，われわれは環の準同型写像の核は何かと考える．

$\phi : R \to R'$ が環の準同型写像とする．もし $\phi(a) = \phi(b) = 0$ ならば $\phi(a+b) = 0$ であり，また R の任意の元 r に対して $\phi(ra) = \phi(r)\phi(a) = 0$ である．したがって，準同型写像の核は加法で閉じていて，また，R の元を掛けることに対して閉じている．この二つの性質が**イデアル**の定義となる．たとえば，整数の環 $\mathbb{Z}$ において，偶数の全体はイデアルになる．自明な場合を除いて，イデアルは部分環ではない[*1]．なぜならば，あるイデアルが 1 を含んでしまったら，R の任意の元を含むので，R 自身になってしまうからである (部分環とイデアルの違いがわかる良い例として，多項式の環の中の定数多項式全体が挙げられる．定数多項式全体は多項式の環の部分環をなすが，イデアルではない)．

環 R のイデアル I に対して，I を核に持つ準同型写像が存在することを示すことは，難しくない．すなわち，剰余環 R/I への自然な全射 $R \to R/I$ を考えればよい．ここで，$R \to R/I$ は R の二つの元 x, y を「$x - y \in I$ のときに同じと見なす」写像である．

剰余環 (または合同式) の概念は，**代数的数論** [IV.1] ではたいへん役に立つ．なぜなら，剰余環を考えることによって，代数的数の問題を多項式の問題として述べられるからである．たとえば，整数係数多項式の環 $\mathbb{Z}[X]$ を考える．$R = \mathbb{Z}[X]$ のイデアル I を多項式 X^2+1 の倍数全体とする (I の元は $f(X)(X^2+1)$, $f(X) \in \mathbb{Z}[X]$ の形の多項式である)．R/I においては差が X^2+1 の倍数である二つの多項式が同一視される．たとえば，R/I では $X^2 = -1$ である．実際，R/I は前に考えた環 $\mathbb{Z}[\mathrm{i}]$ (ガウス整数の環) と同型である．

整数に関して考えたいことの一つとして，整数を分解 (素因数分解) することがある．また，いかなる環に対しても，素因数分解を考えたい．考えてみるとわかることだが，いかなる環においても，その環の任意の元を「既約」な (それ以上分解しない) ものの積に分解することができる．しかし，多くの場合，その分解は 1 通りではない．理論の発展の初期においては，この事実は予期されなかったことであり，実際，18 世紀，19 世紀の多くの数学者にとって「つまずきの石」となった．一つの例を示すと，環 $\mathbb{Z}[\sqrt{-3}]$ (整数 a, b に対して $a + b\sqrt{-3}$ の形の数全体のなす環) において，4 は 2×2 とも $(1+\sqrt{-3})(1-\sqrt{-3})$ とも分解する．

3. 加群

環の上の加群は，体に対するベクトル空間のようなものである．言い換えると，加群は「加法」と「スカラー倍」が定義されている代数構造である．ただし，体でない環の元による「スカラー倍」が定義される．体でない環の上の加群の例として，アーベル群 G をとろう．アーベル群は $\mathbb{Z}$ 加群と見なせる．すなわち，$g \in G$ と整数 n に対して，ng は g を n 回加えることである．たとえば $3g = g+g+g$ であり，$-2g$ は $g+g$ の逆元である．

この簡単な定義は，「加群」が「ベクトル空間」に比べて，格段に複雑な対象であることを隠している．たとえば，加群の「基底」は，「加群を生成する 1 次独立な集合」と定義することができる．しかし，ベクトル空間の基底に対して成り立っているたくさんの役立つ性質が，加群の基底に対しては成立しない．たとえば $\mathbb{Z}$ を $\mathbb{Z}$ 上の加群と思うとき，集合 $\{2,3\}$ は $\mathbb{Z}$ を生成するが，真の部分集合は基底にはならない．また，集合 $\{2\}$ は 1 次独立であるが，$\mathbb{Z}$ の基底に拡張することはできない (2 を含む $\mathbb{Z}$ の基底は存在しない)．実際，基底を持つ加群は，たいへん特別な加群である．たとえば n を法とした合同類を $\mathbb{Z}$ 加群と見るとき，任意の x に対して $nx = 0$ だから，1 個の元 $\{x\}$ が 1 次独立にならない．

重要な加群の例を紹介しよう．V は複素数 $\mathbb{C}$ 上

---

*1) [訳注] ここでの部分環の定義は，乗法の単位元 1 を含むという条件を課したものである．

のベクトル空間で，$\alpha : V \to V$ は線形写像とする．このとき，次のようにして V を $\mathbb{C}[X]$ 加群と考えられる．すなわち，多項式 $P \in \mathbb{C}[X]$ と $v \in V$ に対して，$Pv = P(\alpha)v$ と定義する（たとえば $P = X^2 + 1$ のとき，$Pv = \alpha^2 v + v$ というように）．加群の構造に関する一般的な定理を用いると（単項イデアル整域上の加群の構造定理）**ジョルダン標準形の存在定理** [III.43] を示すことができる．

III. 82

概型（スキーム）

Schemes

ジョーダン・S・エレンバーグ［訳：小林正典］

完全に一般的であると思われていた定義が，実は限定的すぎて興味のある問題を扱えないということが，数学の歴史において頻繁に見受けられる．たとえば「数」という概念は，何度も何度も拡張されてきた．最も有名なところでは，無理数と複素数を組み入れたことである．前者は幾何学の問題からの要請であり，後者は任意の代数方程式の解を記述するためであった．同様に，代数幾何学は，かつては**代数多様体**，つまりある有限次元空間の代数方程式の解集合の研究として理解されていたが，「概型」（スキーム）として知られるより一般の対象を包含するまでに成長した．非常に貧弱な例ではあるが，二つの方程式 $x + y = 0$ と $(x + y)^2 = 0$ を考えてみたい．2 本の方程式は平面内に同じ解集合を持ち，よって同じ代数多様体を表す．しかし，これら二つの対象に付属する概型は，まったく異なるのである．概型の言葉により代数幾何学を再定式化しようというとてつもない計画が，1960 年代にアレクサンドル・グロタンディークを先頭に進められた．上の例が示唆するように，概型論的な視点は，対象の代数的な側面（方程式）を伝統的な幾何的側面（方程式の解集合）よりも強調する傾向にある．この視点により，長年望まれてきた**代数的整数論** [IV.1] と代数幾何学の統一が実現したが，実のところ，数論におけるごく最近の進展は，概型の理論がもたらした幾何的洞察なしには不可能であったろう．

現在興味を持たれている問題すべてを扱うには，概型ですら十分ではなく，必要なときにはより一層一般的な概念（スタック，「非可換代数多様体」，層の導来圏など）が動員される．これらは異質に見えるかもしれないが，われわれの後継者たちの時代には疑いなく親しみ深い概念になっているであろう――ちょうどわれわれにとって概型がそうであったように．一般の代数幾何学についてもっと知りたければ，「代数幾何学」[IV.4] を参照されたい．概型は「数論幾何学」[IV.5] において，より詳細に論じられている．

III. 83

シュレーディンガー方程式

The Schrödinger Equation

テレンス・タオ［訳：石井仁司］

数理物理学において，シュレーディンガー方程式（および，これに緊密に関連したハイゼンベルク方程式）は，非相対論的量子力学における最も基本的な方程式であり，非相対論的古典力学におけるハミルトンの運動法則（および，これに密接に関連したポアソン方程式）と同じ役割を演じている（相対論的量子力学では，量子場理論の方程式がハイゼンベルク方程式の役割に取って代わるが，一方，シュレーディンガー方程式は直接的に対応するものを持たない）．純粋数学では，シュレーディンガー方程式はその変形も含めて，**偏微分方程式** [IV.12] の分野で研究される基本方程式の一つであり，幾何学，スペクトル理論，散乱理論，可積分系への応用を持っている．

シュレーディンガー方程式によって各種の力の作用の下での多粒子系の量子力学的振る舞いを記述できるが，ここでは簡単のために，ポテンシャルの影響下で n 次元空間 $\mathbb{R}^n$ を運動する質量 $m > 0$ を持った単独粒子を考えることにする．ポテンシャルとしては，関数 $V : \mathbb{R}^n \to \mathbb{R}$ を考える．技術的な問題を避けるために，考える関数はすべて滑らかとする．

古典力学では，粒子は各時刻 t において固有の位置 $q(t) \in \mathbb{R}^n$ と固有の運動量 $p(t) \in \mathbb{R}^n$ を持つ（あとで見るように，粒子の速度を $v(t) = q'(t)$ とおくとき，よく知られた法則 $p(t) = mv(t)$ が成り立つ）．このように任意に与えられた時刻 t におけるこの系の状態は，**相空間**と呼ばれる空間 $\mathbb{R}^n \times \mathbb{R}^n$ の要素 $(q(t), p(t))$ によって記述される．この状態の**エネルギー**は相空間上の**ハミルトン関数** [III.35] $H : \mathbb{R}^n \times \mathbb{R}^n \to \mathbb{R}$ により記述され，今の場合には

$$H(q,p) = \frac{|p|^2}{2m} + V(q)$$

と定義される (物理的には，$|p|^2/(2m) = (1/2)m|v|^2$ は運動エネルギーを表し，$V(q)$ はポテンシャルエネルギーを表す)．この系は**ハミルトンの運動方程式**

$$q'(t) = \frac{\partial H}{\partial p}, \quad p'(t) = -\frac{\partial H}{\partial q} \tag{1}$$

に従って時間発展する．ここで，p と q はベクトルであり，したがって，ここに現れている微分は**勾配** [I.3 (5.3 項)] であることに注意する．ハミルトンの運動方程式はいかなる古典的な系に対しても成り立つものであり，ここで考えている「ポテンシャル井戸」の中の粒子のような特別な場合においても然りである．それは以下のように書ける．

$$q'(t) = \frac{1}{m}p(t), \quad p'(t) = -\nabla V(q) \tag{2}$$

この最初の方程式は $p = mv$ となることを言っており，一方，第 2 の方程式は，基本的にはニュートンの運動の第 2 法則である．

式 (1) から，次の**ポアソンの運動方程式**が容易に導かれる．

$$\frac{\mathrm{d}}{\mathrm{d}t}A(q(t), p(t)) = \{H, A\}(q(t), p(t)) \tag{3}$$

これは任意の**古典的観測量** $A : \mathbb{R}^n \times \mathbb{R}^n \to \mathbb{R}$ に対するものであり，

$$\{H, A\} = \frac{\partial H}{\partial p}\frac{\partial A}{\partial q} - \frac{\partial A}{\partial p}\frac{\partial H}{\partial q}$$

は H と A に対する**ポアソン括弧式**である．$A = H$ とおくとき，特に次の**エネルギー保存則**を得る．

$$H(q(t), p(t)) = E \tag{4}$$

これは，すべての $t \in \mathbb{R}$ と t に依存しないある量 E に対して成り立つ．

今度は上述の古典的な系に対する量子力学的対応物について調べる．**プランク定数**と呼ばれる小さな定数 $\hbar$*1) を導入する．時刻 t における粒子の状態は，相空間中の 1 点 $(q(t), p(t))$ としてはもはや記述できず，代わりに**波動関数**によって記述される．それは時間発展する位置の複素数値関数である．すなわち，各時刻 t において，$\mathbb{R}^n$ から $\mathbb{C}$ への関数 $\psi(t)$ が対応する状態を記述する．この関数は規格化条件 $\langle \psi(t), \psi(t) \rangle = 1$ を満たすことが要請される．ただし，$\langle \cdot, \cdot \rangle$ は内積

$$\langle \phi, \psi \rangle = \int_{\mathbb{R}^n} \phi(q)\overline{\psi(q)}\,\mathrm{d}q$$

を表す．古典的粒子と異なり，波動関数 $\psi(t)$ は特定の位置 $q(t)$ を指定するものではない．しかし，**平均の位置** $\langle q(t) \rangle$ は，次のように定義される．

$$\langle q(t) \rangle = \langle Q\psi(t), \psi(t) \rangle = \int_{\mathbb{R}^n} q|\psi(t,q)|^2\,\mathrm{d}q$$

ここでは，$\psi(t,q)$ は $\psi(t)$ の位置 q における値を表し，Q は $(Q\psi)(t,q) = q\psi(t,q)$ により定義される**位置作用素**である．すなわち，Q は各点 q において q を掛ける作用素である．同様に，$\psi(t)$ は特定の運動量 $p(t)$ を持つわけではないが，次で定義される**平均の運動量** $\langle p(t) \rangle$ を持つ．

$$\begin{aligned}\langle p(t) \rangle &= \langle P\psi(t), \psi(t) \rangle \\ &= \frac{\hbar}{\mathrm{i}}\int_{\mathbb{R}^n} (\nabla_q \psi(t,q))\overline{\psi(t,q)}\,\mathrm{d}q\end{aligned}$$

ここで，**運動量作用素** P は**プランクの法則**

$$P\psi(t,q) = \frac{\hbar}{\mathrm{i}}\nabla_q \psi(t,q)$$

により定義される．作用素 P の各成分は**自己共役** [III.50 (3.2 項)] であるから，ベクトル $\langle p(t) \rangle$（の成分）は実数値である．より一般に，任意の**量子観測量** A に対して，その時刻 t における**平均値** $\langle A \rangle$ が公式

$$\langle A(t) \rangle = \langle A\psi(t), \psi(t) \rangle$$

によって定義される．ただし，量子観測量の意味するところは，複素数値関数の $L^2(\mathbb{R}^n)$ 空間に作用する**自己共役作用素** [III.50] である．ハミルトンの運動方程式 (1) の類似物は，**時間依存するシュレーディンガー方程式**

$$\mathrm{i}\hbar\frac{\partial \psi}{\partial t} = H\psi \tag{5}$$

である．ここでの H は，古典的観測量ではなく，量子観測量である．より正確に言えば，

$$H = \frac{|P|^2}{2m} + V(Q)$$

である．別の言い方をすれば，

$$\begin{aligned}\mathrm{i}\hbar\frac{\partial \psi}{\partial t}(t,q) &= H\psi(t,q) \\ &= -\frac{\hbar^2}{2m}\Delta_q \psi(t,q) + V(q)\psi(t,q)\end{aligned}$$

*1) 多くの応用において，$\hbar$（そして m）を 1 と不都合なく規格化できる．

となる．ここで，

$$\Delta_q \psi = \sum_{j=1}^{n} \frac{\partial^2 \psi}{\partial q_j^2}$$

は，ψ の**ラプラシアン**である．ポアソンの運動方程式 (3) の類似物は，**ハイゼンベルクの方程式**

$$\frac{\mathrm{d}}{\mathrm{d}t}\langle A(t)\rangle = \left\langle \frac{\mathrm{i}}{\hbar}[H(t), A(t)] \right\rangle \tag{6}$$

である．これは任意の観測量 A に対するものであり，$[A, B] = AB - BA$ は A と B の**交換子**あるいは**リー括弧式**である（しばしば $(\mathrm{i}/\hbar)[A, B]$ は量子ポアソンの括弧式として参照される）．

量子状態 ψ が，ある実定数 E（**エネルギー準位**あるいは**固有値**と呼ばれる）に対して，公式 $\psi(t, q) = \mathrm{e}^{(E/\mathrm{i}\hbar)t}\psi(0, q)$ に従って時間とともに振動するとき，**時間依存のないシュレーディンガー方程式**

$$H\psi(t) = E\psi(t) \quad （任意の\ t\ に対して） \tag{7}$$

が成立する（これを式 (4) と比べてほしい）．より一般化して考えれば，**スペクトル理論**は時間依存の方程式 (5) と時間依存のない方程式 (7) の間のいろいろな関連を提示する．

古典力学の運動方程式と量子力学の運動方程式の間にはいくつかの強い類似がある．たとえば，式 (6) から方程式

$$\frac{\mathrm{d}}{\mathrm{d}t}\langle q(t)\rangle = \frac{1}{m}\langle p(t)\rangle$$

$$\frac{\mathrm{d}}{\mathrm{d}t}\langle p(t)\rangle = -\langle \nabla_q V(q)(t)\rangle$$

が従うが，これは式 (2) に対応する．また，ハミルトンの運動方程式の任意の古典解 $t \mapsto (q(t), p(t))$ に対して，シュレーディンガー方程式の近似解 $\psi(t)$ の族を，たとえば，公式

$$\psi(t, q) = \mathrm{e}^{(\mathrm{i}/\hbar)L(t)}\mathrm{e}^{(\mathrm{i}/\hbar)p(t)\cdot(q-q(t))}\varphi(q - q(t))$$

によって構成することができる*2)．ただし，

$$L(t) = \int_0^t \frac{|p(s)|^2}{2m} - V(q(s))\,\mathrm{d}s$$

は**古典的な作用**である．また，φ は任意の緩変動関数であり

$$\int_{\mathbb{R}^n} |\varphi(q)|^2\,\mathrm{d}q = 1$$

を満たすという意味で規格化されているものとする．この ψ が適当な誤差をもって式 (5) を満たすことを示すことができる．この誤差は $\hbar$ が小さいときには小さいというものである．物理学において，このことは，プランク定数が小さい場合に，マクロのスケールで見る（このことにより緩変動関数 φ を扱うことを正当化する）と，古典力学は量子力学を正確に近似すると主張する**対応原理**の一つの例となる．数学において（より正確には，**超局所解析**および**準古典解析**において），この原理の幾多の定式化が知られており，これによりハミルトンの運動方程式の振る舞いに関する知見を利用して，シュレーディンガー方程式を解析することが可能になる．たとえば，古典的な運動方程式が周期解を持つならば，シュレーディンガー方程式は周期解に近いものを持つ傾向にあることが知られている．一方で，古典的な方程式が非常にカオス的な解を持つときには，シュレーディンガー方程式は同様な解を典型的に持つ（この現象は**量子カオス**あるいは**量子エルゴード性**として知られる）．

シュレーディンガー方程式は，興味深い幾多の側面を持つ．ここでは，それらの一つである**散乱理論**を例として挙げるに留める．ポテンシャル関数 V が無限遠方で十分に急激に減少し，$k \in \mathbb{R}^n$ は 0 でない周波数ベクトルであるとする．エネルギーレベルを $E = \hbar^2|k|^2/2m$ とおくと，時間依存のないシュレーディンガー方程式 $H\psi = E\psi$ は（$|q| \to \infty$ となるときに）次のような漸近挙動をする解 $\psi(q)$ を持つ．

$$\psi(q) \approx \mathrm{e}^{\mathrm{i}k\cdot q} + f\left(\frac{q}{|q|}, k\right)\frac{\mathrm{e}^{\mathrm{i}|k||q|}}{r^{(n-1)/2}}$$

ここで，f は $S^{n-1} \times \mathbb{R}^n$ から $\mathbb{C}$ への関数であり，**散乱振幅関数**と呼ばれる．この散乱振幅はポテンシャル V に（非線形に）依存し，V から f への写像は**散乱変換**として知られる．散乱変換は**フーリエ変換** [III.27] の非線形版として見ることもできる．これは**可積分系**の理論のような，偏微分方程式の多くの分野と関連している．

シュレーディンガー方程式の一般化あるいは変形版には，いろいろなものがある．多粒子系への一般化や，磁場のような外力，あるいは非線形項を加え

---

*2)　直観的には，この関数 $\psi(t, q)$ は位置的には $q(t)$，運動量的には $p(t)$ に局在化しており，相空間において $(q(t), p(t))$ に局在化している．このように局所化した関数は，もっともらしい位置と速度をそれなりに持ち，「粒子的振る舞い」を示し，「波束」としても知られる．シュレーディンガー方程式の解は，典型的には波束のような振る舞いをするわけではないが，波束の重ね合わせ，あるいは線形結合として分解できる．このような分解は，この種の方程式の一般的な解の解析に有用な道具となる．

たものが考えられる．この方程式と他の物理方程式，たとえば，電磁気を記述する**マックスウェル方程式** [IV.13 (1.1 項)] との連立も考えられるし，領域 $\mathbb{R}^n$ をトーラス，離散格子，多様体のような他の空間に置き換えることも考えられる．そのほかに，領域の中に堅牢な障害物を置く（結果的には領域からこの障害物部分をくり抜く）ことも考えられる．このようなすべての変形版の研究により，純粋数学と数理物理学における巨大かつ広大な研究分野へと導かれる．

III. 84

シンプレクス法

The Simplex Algorithm

リチャード・ウェーバー［訳：二木昭人］

1. 線形計画法

シンプレクス法は，ビジネスや科学，工学から生ずる重要な数学的問題のいくつかを解決する卓越した道具である．このような問題は線形計画と呼ばれ，線形の束縛条件のもとに線形関数を最大（または最小）にする問題である．典型例は，1947 年に米国空軍により出された食事問題である．すなわち，77 の値段の異なる食材（チーズ，ほうれん草など）を使って人間が毎日必要な量の九つの栄養素（タンパク質，鉄分など）を満たし，費用を最小にする問題である．別の応用例として，投資のポートフォリオの構成を選ぶ例，航空会社が搭乗員の勤務当番表を作成する例，2 人ゲームの最適な戦略を立てる例が挙げられる．線形計画法の研究から，**双対性** [III.19]，凸性の重要性，**計算複雑さ** [IV.20] などの最適化理論の中心的な考え方の多くが生まれた．

線形計画 (LP) のインプットデータは，二つのベクトル $\boldsymbol{b} \in \mathbb{R}^m$ と $\boldsymbol{c} \in \mathbb{R}^n$，および $m \times n$ 行列 $A = (a_{ij})$ からなる．問題は，非負決定変数 $x_1, \ldots, x_n$ を，m 個の束縛条件 $a_{i1}x_1 + \cdots + a_{in}x_n \leq b_i$，$i = 1, \ldots, m$ を満たしながら，目的関数 $c_1x_1 + \cdots + c_nx_n$ が最大になるように選ぶことである．食事問題においては $n = 77$，$m = 9$ である．次の（食事問題ではない）

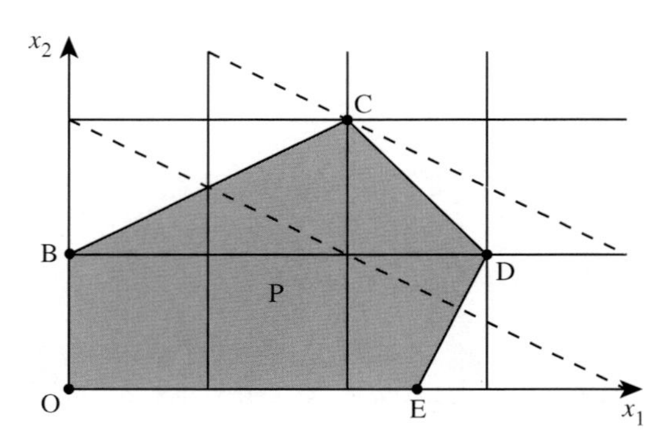

図 1　LP の実行可能領域 “P”

簡単な例においては $n = 2$，$m = 3$ である．現実の深刻な問題においては，n と m は 100,000 以上になることもある．さて，束縛条件

$$\begin{aligned} -x_1 + 2x_2 &\leq 2 \\ x_1 + \ \ x_2 &\leq 4 \\ 2x_1 - \ \ x_2 &\leq 5 \\ x_1, x_2 &\geq 0 \end{aligned}$$

のもとに，$x_1 + 2x_2$ を最大にせよ．

束縛条件は (x_1, x_2) に対する実行可能領域を定めるが，これは図 1 において陰を付けた部分 “P” として描かれている凸多角形である．点線で書かれた二つの直線は目的関数の値が 4 と 6 になるものを表す．明らかに，点 C において目的関数は最大になる．

一般の場合の話の展開は，この例の場合と同様である．もし実行可能領域 $\mathrm{P} = \{\boldsymbol{x} : A\boldsymbol{x} \leq \boldsymbol{b}, \boldsymbol{x} \geq 0\}$ が空集合でないなら，P は $\mathbb{R}^n$ 内の凸多面体であり，最適解はその頂点の一つとして見出される．「スラック変数」$x_3, x_4, x_5 \geq 0$ を導入して制約を与える不等式の左辺にたるみ（スラック）を表すと便利である．このようにすると

$$\begin{aligned} -x_1 + 2x_2 + x_3 \qquad\qquad &= 2 \\ x_1 + \ \ x_2 \qquad + x_4 \qquad &= 4 \\ 2x_1 - \ \ x_2 \qquad\qquad + x_5 &= 5 \end{aligned}$$

と書くことができる．すると，5 変数からなる三つの方程式が得られ，変数 $x_1, \ldots, x_5$ のうち任意の二つを 0 とすると，他の三つの変数に対する方程式を解くことができる（方程式が独立でない場合は，方程式を少し変形して解く）．五つの変数から二つを選ぶ場合の数は 10 である．対応する 10 の方程式の解がどれも $x_1, x_2, x_3, x_4, x_5 \geq 0$ を満たすのではないが，五つは満たす．これらは実行可能基底解 (BFS)

と呼ばれ，P の頂点で O, B, C, D, E がこれに対応する．

2. アルゴリズムはどのように機能するか？

ジョージ・ダンツィクは，冒頭で述べた空軍の食事問題を解くための方法として，シンプレクス法を1947年に考案した．「プログラム」という言葉は，コンピュータの暗号という意味ではまだ使われておらず，軍の後方支援の計画や予定を意味する軍隊用語であった．このアルゴリズムが依存する基本的事実は，LP が有界な最適解を持つなら，最適値は BFS，つまり実行可能点のなす多面体 P の頂点（いわゆる「端点」）でとるということである．実行可能多面体の別名は「シンプレクス」であるので，このアルゴリズムにはこの名前が付いている．これは次のように機能する．

ステップ 0　BFS を一つ選ぶ．
ステップ 1　この BFS が最適かどうかを検証する．もし最適なら終了する．最適でないならステップ 2 に進む．
ステップ 2　より良い BFS を見つける．
ステップ 1 からもう一度繰り返す．

有限個の BFS（つまり P の頂点）しかないため，アルゴリズムは有限回で終了する．

以上で概観をつかんだので，詳細を見てみよう．ステップ 0 において頂点 O に対応する BFS $\boldsymbol{x} = (x_1, x_2, x_3, x_4, x_5) = (0, 0, 2, 4, 5)$ を選んだとしよう．ステップ 1 においては，x_1 と x_2 が大きくなると目的関数が大きくなるかどうかを知りたい．そこで，x_3, x_4, x_5 および目的関数 $c^{\mathrm{T}}x$ を x_1 と x_2 の関数として書き表し，その結果を辞書 1 として表示する．

辞書 1

$$x_3 = 2 + x_1 - 2x_2$$
$$x_4 = 4 - x_1 - x_2$$
$$x_5 = 5 - 2x_1 + x_2$$
$$c^{\mathrm{T}}x = x_1 + 2x_2$$

この辞書の最後の式は，x_1 か x_2 が増加すれば $c^{\mathrm{T}}x$ の値も増加することを示している．x_2 を大きくしてみよう．1 番目と 2 番目の式により，x_3 と x_4 は減少し，$x_2 = 1$ のところでは $x_3 = 0$ となるので x_2 は 1 以上にはできないこと，また，$x_2 = 1$ のところでは $x_4 = 3$，$x_5 = 6$ となることがわかる．このように x_2 をできるだけ大きくすると，新しい BFS $x = (0, 1, 0, 3, 6)$，つまり点 B を得る．さて，ステップ 1 に戻ろう．今 0 になっている変数 x_1, x_3 を用いて x_2, x_4, x_5 および $c^{\mathrm{T}}x$ を書き表し，その結果を辞書 2 として表示する．

辞書 2

$$x_2 = 1 + \frac{1}{2}x_1 - \frac{1}{2}x_3$$
$$x_4 = 3 - \frac{3}{2}x_1 + \frac{1}{2}x_3$$
$$x_5 = 6 - \frac{3}{2}x_1 - \frac{1}{2}x_3$$
$$c^{\mathrm{T}}x = 2 + 2x_1 - x_3$$

辞書 2 によれば，x_1 が 0 より大きくなると $c^{\mathrm{T}}x$ は大きくなるが，x_1 が 2 になるところで $x_4 = 0$ となるので，x_1 は 2 よりは大きくなれないことがわかる．これにより，新しい解 $(2, 2, 0, 0, 3)$，つまり点 C を得る．もう一度ステップ 1 に戻り，今 0 である x_3 と x_4 を用いてすべてを表し，辞書 3 を得る．

辞書 3

$$x_1 = 2 + \frac{1}{3}x_3 - \frac{2}{3}x_4$$
$$x_2 = 2 - \frac{1}{3}x_3 - \frac{1}{3}x_4$$
$$x_5 = 3 - x_3 - x_4$$
$$c^{\mathrm{T}}x = 6 - \frac{1}{3}x_3 - \frac{4}{3}x_4$$

$x_3, x_4 \geq 0$ を要請しているので，辞書 3 の最後の式により，すべての実行可能な $\boldsymbol{x}$ に対して $c^{\mathrm{T}}x \leq 6$ となることが証明され，アルゴリズムは終了する．

最後の辞書には，別の重要な情報が含まれている．十分小さい $\epsilon^{\mathrm{T}} = (\epsilon_1, \epsilon_2, \epsilon_3)$ に対し，$\boldsymbol{b}$ を $\boldsymbol{b} + \boldsymbol{\epsilon}$ に取り替えると，$c^{\mathrm{T}}x$ の最大値は $6 + (1/3)\epsilon_1 + (4/3)\epsilon_2$ に変わる．係数 $1/3$ は，b_1 の単位当たりの増加に対して支払われるべき値段であるので，「陰の値段」と呼ばれる．

3. アルゴリズムはどのように実行されるか

シンプレクス法を実行する際は，辞書を計算するにあたって深刻な作業が必要になる．辞書 2 を作成するには，辞書 1 の第 1 式を使って x_2 を x_1 と x_3 に関して書き直し，この x_2 を他の式に代入した．このような計算の労力を減らすために，行列 A のほとんどの成分は零であるというような，A の特別な構造をうまく利用したシンプレクス法のさまざまなバージョンが考案されている．辞書のデータは多くの場合，いわゆる係数表に保持される．

ほかにも実際的また理論的な事項がたくさんある．軸，すなわち 0 から大きくする変数をどう選ぶかが問題である．O から出発し，最初に 0 から大きくする変数として x_1 と x_2 のどちらを選ぶかにより，C に至る道が O, E, D, C になるか O, B, C になるかが決まる．道を最短にする変数の選び方はわかっていない．

シンプレクス法において何ステップ必要かという問題は，次の有名なハーシュ予想と関連している．すなわち，m 個の面を持つ有界な n 次元多面体の直径（任意の 2 頂点を結ぶ最短の道が横切る辺の最大個数）は，高々 $m-n$ である．もしこれが正しいなら，変数と束縛条件の個数に関し，高々 1 次の増大度のステップで実行されるシンプレクス法のバージョンがあるはずである．しかし，クリーとミンティー（Klee and Minty, 1972）は，n 次元立方体を摂動したもの（$m = 2n$ 個の面と直径 n を持つ）で，軸としては，その変数の単位当たりの増加により目的関数が最大の増加になるようにとったとき，最適解にたどり着くまでに 2^n 個のすべての頂点を訪れるアルゴリズムの例を作った．実際，ほとんどの決定論的な軸選択ルールにおいて，ステップが n について指数的に増える例が知られている．

幸いにして，実際上の問題においては，最悪の場合の例より通常ずっと良い．多くの典型的場合，m 個の束縛条件の問題を解くには高々 $O(m)$ 回のステップで終了する．さらに，カチアン（Khachian, 1979）は，（いわゆる楕円面アルゴリズムの解析を用いて）線形計画法は n に関して高々多項式的な実行時間の増大度を持つアルゴリズムで解けることを証明した．したがって，線形計画法は，$x_1, \dots, x_n$ が整数であることを要請し，多項式的増大の実行時間を持つアルゴリズムが知られていない「整数線形計画法」よりずっと良い．

カーマーカー（Karmarkar, 1984）は，線形計画法の問題を解くための「内部」法の発展の先駆けとなった．この方法は，頂点を動くのでなく，多面体 P の内部を動くもので，シンプレクス法より速く大きい LP を解くことができる場合がある．現在のコンピュータソフトウェアでは，両方の方法を用い，何百万もの変数と束縛条件を持つ LP を簡単に解くことができる．

文献紹介

Dantzig, G. 1963. *Linear Programming and Extensions*. Princeton, NJ: Princeton University Press.
【邦訳】G・ダンツィーク（小山昭雄 訳）『線型計画法とその周辺』（ホルト・サウンダース・ジャパン，1983）

Karmarkar, N. 1984. A new polynomial-time algorithm for linear programming. *Combinatoria* 4:373–94.

Khachian, L. G. 1979. A polynomial algorithm in linear programming. *Soviet Mathematiics Doklady* 20:191–94.

Klee, V., and G. Minty. 1972. How good is the simplex algorithm? In *Inequalities III*, edited by O. Shisha, volume 16, pp. 159–75. New York: Academic Press.

III.85

特殊関数

Special Functions

T・W・ケルナー［訳：石井仁司］

これまでに知っている関数が多項式の商だけであるとし，次の微分方程式

$$f'(x) = \frac{1}{x} \tag{1}$$

を $x > 0$ の範囲で解かなければならない状況を考える．ただし，f は条件 $f(1) = 0$ も満たすとする．

P と Q は共通因子を持たない多項式であるとし，$f(x) = P(x)/Q(x)$ を代入してみれば，

$$x(Q(x)P'(x) - P(x)Q'(x)) = Q(x)^2$$

が得られる．係数を比較して，$Q(0) = P(0) = 0$ がわかる．しかしながら，これは $P(x)$ と $Q(x)$ が x で割り切れることを意味し，共通因子を持たないという仮定に矛盾する．したがって，既知としている関

数の範囲では方程式 (1) は解を持たない．しかしながら，**微分積分学の基本定理** [I.3 (5.5 項)] によれば，方程式 (1) は実際に解を持つ．すなわち，次の関数が解である．

$$F(x)=\int_1^x \frac{1}{t}\mathrm{d}t$$

さらに調べれば，関数 F は多くの有用な性質を持つことがわかる．たとえば，置換 $u=t/a$ を行えば，

$$\begin{aligned}F(ab)&=\int_1^a \frac{1}{t}\mathrm{d}t+\int_a^{ab}\frac{1}{t}\mathrm{d}t\\&=\int_1^a \frac{1}{t}\mathrm{d}t+\int_1^{b}\frac{1}{u}\mathrm{d}u\\&=F(a)+F(b)\end{aligned}$$

が得られる．逆関数の微分法の公式を使えば，F^{-1} が微分方程式

$$g'(x)=g(x)$$

の解であることがわかる．そこで，関数 F に名前（**対数関数**）を付け，この関数を既知関数のリストに加える．

レベルをもう少し上げて，（**オイラー** [VI.19] によって導入された）**ガンマ関数** [III.31] を考える．この関数は，すべての $x>0$ に対して

$$\Gamma(x)=\int_0^\infty t^{x-1}\mathrm{e}^{-t}\mathrm{d}t$$

と定義されるが，部分積分法により，次の性質を持つことがわかる．すなわち，すべての $x>1$ に対して，

$$\Gamma(x)=(x-1)\Gamma(x-1)$$

となり，したがって，（$\Gamma(1)=1$ だから）$n\geq 1$ を満たす整数に対して，$\Gamma(n)=(n-1)!$ が成立する．この階乗との繋がりから予想されるように，ガンマ関数は数論や統計学において非常に役立つ．

実際のところ，「特殊関数」という言葉は，対数関数やガンマ関数のように広範に研究され，有用性が認知された関数を指すと考えればよい．研究者によっては，「物理の問題の解に現れるような関数」あるいは「電卓が提供する関数以外の関数」といったように，より制限された意味で「特殊関数」という用語を使っている．しかし，このような制限は特に有用なものであるとは思えない．

その見掛け上の一般性にもかかわらず，特殊関数の理論は，多くの数学者の心の中で特殊なアイデアや方法の集まりに結び付いている．実際，ウイタカー・ワトソンの『解析学の方法：モダンアナリシス』（*Course of Modern Analysis*）（1902 年の初版以来，現在でもよく売れている）あるいはアブラモビッツ・ステガンの『数理関数ハンドブック』（*Handbook of Mathematical Functions*）のような特定の本に結び付いている．このような関連性は単なる歴史上の偶然かもしれないが，「特殊関数」という言葉はしばしば「数理物理の方程式」「美しい公式」「創意工夫」のような他の言葉とよく一緒に使われる．このようなことやその他の話題について，**ルジャンドル多項式**という特別な場合を例に説明する（以下の説明では，より高度の数学を使い，いくつかの長い計算を扱う．そこで，まずざっと眺めた上で，しっかり読むのもよいだろう）．

ラプラス方程式 $\Delta\psi=0$ の解を調べることによって，地球の重力ポテンシャル ψ を解析したいとする．地球はほぼ球形をした偏球体だから，極座標 (r,θ,ϕ) を使うと，回転軸に関して地球は対称であるとして，ψ は r と θ だけの関数でなくてはならない．このような仮定のもとで，ラプラス方程式は

$$\sin\theta\frac{\partial}{\partial r}\left(r^2\frac{\partial\psi}{\partial r}\right)+\frac{\partial}{\partial\theta}\left(\sin\theta\frac{\partial\psi}{\partial\theta}\right)=0 \qquad (2)$$

の形を持つ．変数分離の標準的な方法に従い，$\psi(r,\theta)=R(r)\Theta(\theta)$ の形をした解を探す．少し変形すると，式 (2) から

$$\frac{1}{R(r)}\frac{\mathrm{d}}{\mathrm{d}r}(r^2R'(r))=-\frac{1}{\sin\theta\Theta(\theta)}\frac{\mathrm{d}}{\mathrm{d}\theta}(\sin\theta\Theta'(\theta)) \qquad (3)$$

が得られる．この方程式 (3) の左辺は r だけに依存し，右辺は θ だけに依存するので，どちらの辺もある定数 k に等しくなければならない．方程式

$$\frac{1}{R(r)}\frac{\mathrm{d}}{\mathrm{d}r}(r^2R'(r))=k$$

は，$l(l+1)=k$ のときに限り，解 $R(r)=r^l$ を持つ．このとき，Θ に対する方程式は

$$\frac{1}{\sin\theta\Theta(\theta)}\frac{\mathrm{d}}{\mathrm{d}\theta}(\sin\theta\Theta'(\theta))=-l(l+1) \qquad (4)$$

となる．ここで，式 (4) に $x=\cos\theta$，$y=\Theta(\theta)$ を代入すると，ルジャンドル方程式

$$(1-x^2)y''(x)-2xy'(x)+l(l+1)y(x)=0 \qquad (5)$$

が得られる．普通に未定係数法を使って，$f(x)=\sum_{j=0}^\infty a_jx^j$ の形の 0 でない解を求めるとき，l が整数でなければ，$f(x)$ は x が 1 に近づくと（言い換えると，θ が 0 に近づくと）非有界になる．このような非有界な解は，物理的な意味から役に立たない．しかしながら，l が正整数ならば，次数 l の多項式の解が存在する（l が負の整数ならば，同じ多項式がま

た現れる）．事実，次のようにやや強い言い方ができる．l が正整数ならば，ルジャンドル方程式 (5) に対する次数 l の多項式の解 P_l で，$P_l(1)=1$ を満たすものがただ一つ存在する．P_l は l 次ルジャンドル多項式と呼ばれる．元の問題に戻れば，その解として

$$\psi(r,\theta)=\sum_{n=0}^{\infty}A_n\frac{P_n(\cos\theta)}{r^{n+1}}$$

の形のものがあることがわかる．$r\to\infty$ のときに $\psi(r,\theta)\to 0$ となることを要請すれば，これが最も一般な解を与える．このことは物理学者には明らかなことであり，また，数学者には証明できることである．r が大きいとき，上の式の最初のいくつかの項だけがその値に大きな意味を持つことに注意する．

ルジャンドル多項式へと導くいくつかの異なる道筋がある．読者に勧めるのは，$Q_0(x)=1$，$Q_1(x)=x$ とおき，3 項漸化式

$$(n+1)Q_{n+1}(x)-(2n+1)xQ_n(x)+nQ_{n-1}(x)=0$$

を使って Q_n を帰納的に定めるときに，$Q_n(1)=1$ が成り立ち，Q_n が（$l=n$ に対応する）ルジャンドル方程式 (5) を満たす多項式であることを確かめるやり方である．そうすれば，Q_n が n 次ルジャンドル多項式であることがわかる．

$v_n(x)=(x^2-1)^n$ とおけば，

$$(x^2-1)v_n'(x)=2nxv_n(x)$$

となる．この方程式の両辺を $n+1$ 回微分し，ライプニッツの公式を使えば，$v_n^{(n)}$ が $l=n$ とするルジャンドル方程式 (5) を満たすことがわかる．$v_n(x)=(x-1)^n(x+1)^n$ を n 回微分し，ライプニッツの公式を使い，現れる項のうち一つだけが $x=1$ としたときに 0 にならないことに注意すれば，$v_n^{(n)}$ は $v_n^{(n)}(1)=2^n n!$ を満たす多項式であることがわかる．これらの情報をまとめると，**ロドリーグの公式**

$$P_n(x)=\frac{1}{2^n n!}v_n^{(n)}(x)=\frac{1}{2^n n!}\frac{\mathrm{d}}{\mathrm{d}x}(x^2-1)^n$$

が得られる．

方程式 (5) は**ステュルム–リューヴィル方程式**の一例である．$l=n$，$y=P_n$ とおき，少し変形すれば，方程式

$$\frac{\mathrm{d}}{\mathrm{d}x}((1-x^2)P_n'(x))+n(n+1)P_n(x)=0 \qquad (6)$$

が得られる．m と n を正整数とし，式 (6) と部分積分を用いれば，

$$\begin{aligned}-n(n+1)\int_{-1}^{1}P_n(x)P_m(x)\mathrm{d}x &=\int_{-1}^{1}\left(\frac{\mathrm{d}}{\mathrm{d}x}((1-x^2)P_n'(x))\right)P_m(x)\mathrm{d}x\\ &=\Big[(1-x^2)P_n'(x)P_m(x)\Big]_{-1}^{1}\\ &\quad+\int_{-1}^{1}(1-x^2)P_n'(x)P_m'(x)\mathrm{d}x\\ &=\int_{-1}^{1}(1-x^2)P_n'(x)P_m'(x)\mathrm{d}x\end{aligned}$$

が得られる．したがって，対称性により，

$$n(n+1)\int_{-1}^{1}P_n(x)P_m(x)\mathrm{d}x=m(m+1)\int_{-1}^{1}P_n(x)P_m(x)\mathrm{d}x$$

がわかり，$m\neq n$ であれば

$$\int_{-1}^{1}P_n(x)P_m(x)\mathrm{d}x=0 \qquad (7)$$

が得られる．

式 (7) が与える「直交関係」は，重要な帰結を持っている．P_r は次数がちょうど r であるから，次数が $n-1$ 以下の多項式 Q は

$$Q(x)=\sum_{r=0}^{n-1}a_rP_r(x)$$

と表すことができ，

$$\int_{-1}^{1}P_n(x)Q(x)\mathrm{d}x=\sum_{r=0}^{n-1}a_r\int_{-1}^{1}P_n(x)P_r(x)\mathrm{d}x=0 \qquad (8)$$

がわかる．したがって，P_n は次数が n 未満の多項式と直交する．

区間 $[-1,1]$ において $P_n(x)$ が符号を変える点を $\alpha_1,\alpha_2,\ldots,\alpha_m$ とする．

$$Q(x)=(x-\alpha_1)(x-\alpha_2)\cdots(x-\alpha_m)$$

とおくと，$[-1,1]$ において $P_n(x)Q(x)$ は符号を変えないので，

$$\int_{-1}^{1}P_n(x)Q(x)\mathrm{d}x\neq 0$$

となる．方程式 (8) によれば，Q の次数 m は少なくとも n であり，（n 次多項式の零点は n 個以下であるので）P_n はちょうど n 個の相異なる零点を持つ．さらに，P_n のすべての零点は区間 $[-1,1]$ にあるはずである．

ガウス [VI.26] はこれらの事実を利用して数値積分の強力な方法を作り出した．$x_1,x_2,\ldots,x_{n+1}$ を $[-1,1]$ の異なる点とする．

$$e_j(x) = \prod_{i \neq j} \frac{x - x_i}{x_j - x_i}$$

とおくと，$e_j(x)$ は n 次多項式であり，$x = x_j$ のときに値 1 をとり，$k \neq j$ として，$x = x_k$ のときに値 0 をとる．よって，R を次数 n 以下の任意の多項式とするときに，多項式 Q を

$$Q(x) = R(x_1)e_1(x) + R(x_2)e_2(x) + \cdots + R(x_{n+1})e_{n+1}(x) - R(x)$$

と定義すれば，これは次数が n 以下であり，$R - Q$ は $n+1$ 個の点 x_j で 0 になる．したがって，$R = Q$ がわかり，

$$R(x) = R(x_1)e_1(x) + R(x_2)e_2(x) + \cdots + R(x_{n+1})e_{n+1}(x)$$

が成り立つ．$a_j = \int_{-1}^{1} e_j(x)\mathrm{d}x$ とおくと，

$$\int_{-1}^{1} R(x)\mathrm{d}x = a_1R(x_1) + a_2R(x_2) + \cdots + a_{n+1}R(x_{n+1})$$

となる．これから自然に

$$\int_{-1}^{1} f(x)\mathrm{d}x \approx a_1f(x_1) + a_2f(x_2) + \cdots + a_{n+1}f(x_{n+1}) \qquad (9)$$

という近似が期待できる．これは f が次数 n 以下の多項式に対しては等式であるので，それ以外の性質の良い関数に対してもうまくいくはずである．

x_j として，$n+1$ 次ルジャンドル多項式の $n+1$ 個の根をとれば，大幅に改善されることをガウスは見出している．P を次数が $2n+1$ 以下の多項式とする．P_{n+1} を $n+1$ 次ルジャンドル多項式とすると，次数 n 以下の多項式 Q と R を

$$P(x) = Q(x)P_{n+1}(x) + R(x)$$

が成り立つように選ぶことができる．P_{n+1} は n 次以下の多項式と（特に Q と）直交し，x_j の定義により $P_{n+1}(x_j) = 0$ が成り立ち，また式 (9) は R に対しては等式であるので，

$$\begin{aligned}\int_{-1}^{1} P(x)\mathrm{d}x &= \int_{-1}^{1} P_{n+1}(x)Q(x)\mathrm{d}x + \int_{-1}^{1} R(x)\mathrm{d}x \\ &= 0 + \sum_{j=1}^{n+1} a_jR(x_j) \\ &= \sum_{j=1}^{n+1} a_j(P_{n+1}(x_j)Q(x_j) + R(x_j)) \\ &= \sum_{j=1}^{n+1} a_jP(x_j)\end{aligned}$$

となることがわかる．こうして，x_j をガウスが示唆したように選んでおけば，「求積公式」(9) は次数 $2n+1$ 以下の多項式に対して等式であることが示された．驚くことではないが，この選び方は数値的に積分の値を評価する際にきわめて有効なものとなる．「ガウスの求積法」は現代のコンピュータで積分の値を求めるときに使われている二つの主要な方法のうちの一つである．

以下では，他の特殊関数をいくつか簡単に見てみよう．

ドモアブルの公式

$$\cos n\theta + \mathrm{i}\sin n\theta = (\cos\theta + \mathrm{i}\sin\theta)^n$$

に 2 項展開を適用すると

$$\cos n\theta + \mathrm{i}\sin n\theta = \sum_{r=0}^{n} \binom{n}{r} \mathrm{i}^r \cos^{n-r}\theta \sin^r\theta$$

が得られるが，実部をとることによって

$$\cos n\theta = \sum_{r=0}^{[n/2]} \binom{n}{2r} (-1)^r \cos^{n-2r}\theta \sin^{2r}\theta$$

が導かれる．$\sin^2\theta = 1 - \cos^2\theta$ であるから，

$$\begin{aligned}\cos n\theta &= \sum_{r=0}^{[n/2]} \binom{n}{2r} (-1)^r \cos^{n-2r}\theta(1 - \cos^2\theta)^r \\ &= T_n(\cos\theta)\end{aligned}$$

が成立する．ここで，T_n は n 次の多項式で，**チェビシェフ多項式**と呼ばれる．チェビシェフ多項式は数値解析において重要な役割を持っている．

これから扱う関数に対しては，無限級数の計算が必要になるが，その計算をもっともらしいものとして受け入れるか，自分で厳密に確かめるかは読者の好みに任せる．最初に，

$$h(x) = \sum_{n=-\infty}^{\infty} \frac{1}{(x - n\pi)^2}$$

が π の整数倍以外の実数に対して収束することに注意する．また，$h(x+\pi) = h(x)$ と $h(\frac{1}{2}\pi - x) = h(\frac{1}{2}\pi + x)$ が成り立つことに注意する．$f(x) = h(x) - \mathrm{cosec}^2 x$ とおく．二つの不等式

$$0 < \sum_{n=1}^{\infty} \frac{1}{(x - n\pi)^2} - \frac{1}{x^2} < K_1$$

と

$$0 < \mathrm{cosec}^2 x - \frac{1}{x^2} < K_2$$

がすべての $0 < x \leq (1/2)\pi$ に対して成立するように定数 K_1, K_2 を選べることから，すべての $0 < x \leq (1/2)\pi$ に対して $|f(x)| < K$ が成り立つ定数 K が存在することがわかる．簡単な計算から

$$f(x) = \frac{1}{4}\left(f\left(\frac{1}{2}x\right) + f\left(\frac{1}{2}(x+\pi)\right)\right) \qquad (10)$$

がわかる．これを一度使えば，すべての $0 < x < \pi$ に対して $|f(x)| < (1/2)K$ が成り立つことがわかり，さらに，繰り返し適用していくと，$f(x) = 0$ であることが結論付けられる．こうして

$$\operatorname{cosec}^2(\pi x) = \sum_{n=-\infty}^{\infty} \frac{1}{(\pi x - n\pi)^2}$$

がすべての整数でない実数 x に対して成り立つことがわかる．

複素平面上での類似物を考えるとき，次のタイプの関数

$$F(z) = \sum_{n=-\infty}^{\infty}\sum_{m=-\infty}^{\infty} \frac{1}{(z-n-m\mathrm{i})^3}$$

に行き当たる．実関数 $\operatorname{cosec}^2 x$ は関係式 $\operatorname{cosec}^2(x+\pi) = \operatorname{cosec}^2(x)$ を満たし，周期 π の関数であるが，複素関数 F は

$$F(z+1) = F(z), \quad F(z+\mathrm{i}) = F(z)$$

を満たし，周期 1 と i の **2 重周期関数**である．F のような関数は**楕円関数**と呼ばれ，**三角関数** [III.92] の理論に平行した理論を持つ．

関数 $E(x) = (2\pi)^{-1/2}\mathrm{e}^{-x^2/2}$ は**ガウス関数**あるいは**ガウシアン**と呼ばれ[*1]，確率論と拡散過程の研究に現れる（「確率分布」[III.71 (5 節)] と「確率過程」[IV.24] を参照）．偏微分方程式

$$\frac{\partial^2\phi}{\partial x^2}(x,t) = K\frac{\partial\phi}{\partial t}(x,t)$$

は拡散現象の妥当なモデルを提供する．ただし，x は位置，t は時間に対応する．$\phi(x,t) = \psi(x,t) = (Kt)^{-1/2}E(x(Kt)^{-1/2})$ が解であることは，簡単に確かめられる．t にいろいろな値をとって x の関数 $\psi(x,t)$ のグラフを描くことによって，ψ は時刻 $t=0$ で $x=0$ に与えられた攪乱に対する応答と見なせることがわかる．x の値を固定して，t の関数としての $\psi(x,t)$ の振る舞いを考察すれば，「原点における攪乱の x における効果は，オーダー $x^{1/2}$ 程度[*2]の時間が経った後に初めて識別が容易になる」ことがわかる．生体細胞は拡散過程に依存しており，上に述べた結果から，このような過程は非常にゆっくりと長距離に広がることが推測され，また，これは実際にも合っている．このことは細胞単体の大きさに限界を与え，したがって，大きな有機体は必然的に多細胞でなくてはならない．

統計学者はこれに関連した**誤差関数**

$$\operatorname{erf}(x) = \frac{2}{\pi^{1/2}}\int_0^x \exp(-t^2)\mathrm{d}t$$

を頻繁に使っている．**リューヴィル** [VI.39] の有名な定理によれば，$\operatorname{erf}(x)$ は（多項式の商，三角関数，**指数関数** [III.25] のような）初等関数の合成関数として表すことはできない．

本章ではいくつかの特殊関数について，ほんの少しだけその性質を見たにすぎないが，それでも，関数全般ではなく，一つの関数，あるいは特別な関数のクラスを調べると，そこからどれほど興味深い数学が現れるかを知ることができた．

*1) ［訳注］確率分布との関連で，ガウス分布の密度関数と呼ばれることもある．

*2) ［訳注］$x > 0$ と仮定している．

III.86

スペクトル

The Spectrum

グラハム・アラン［訳：石井仁司］

ベクトル空間 [I.3 (2.3 項)] 上の**線形写像** [I.3 (4.2 項)] あるいは**作用素**の理論において，**固有値と固有ベクトル** [I.3 (4.3 項)] の概念は，重要な役割を演ずる．V が（$\mathbb{R}$ または $\mathbb{C}$ 上の）ベクトル空間であり，$T : V \to V$ が線形写像であるとき，T の**固有ベクトル**とは V の 0 でないベクトル e で，あるスカラー λ に対して $T(e) = \lambda e$ を満たすものとして定義されていたことを思い起こそう．また，この λ は固有ベクトル e に対応する**固有値**である．V が有限次元であれば，固有値とは T の**特性多項式** $\chi(t) = \det(tI - T)$ の根[*1]のことでもある．すべての定数でない多項式は根を持つ（いわゆる**代数学の基本定理** [V.13]）から，すべての有限次元複素ベクトル空間上の線形作用素

*1) ［訳注］正確には，特性方程式 $\chi(t) = 0$ の根のこと．

は少なくとも一つの固有値を持つ．係数体が $\mathbb{R}$ のときは，すべての線形作用素が固有値を持つわけではない（たとえば，$\mathbb{R}^2$ における原点中心の回転を考えるとよい）．

解析学において現れる線形作用素は，通常無限次元空間（「線形作用素とその性質」[III.50] を参照）に作用する．複素**バナッハ空間** [III.62] 上に作用する**連続線形作用素**を考えよう．これらを単に**作用素**と呼ぶことにする（無限次元バナッハ空間上の線形作用素がすべて連続なわけではないが）．ここで，無限次元空間 X 上ですべてのこのような作用素が固有値を持つとは限らないことを見ることにする．

例 1 X をバナッハ空間 $C[0,1]$ とする．これは数直線の区間 $[0,1]$ 上で定義されたすべての連続な複素数値関数からなるものである．ベクトル空間の構造は「自然な」ものとする（すなわち，$f,g \in X$ に対して，和 $f+g$ は任意の t に対し $(f+g)(t) = f(t)+g(t)$ とおいて定義し，ノルムは**上限ノルム**，すなわち $|f(t)|$ の最大値とする）．

さて，u を $[0,1]$ 上の連続な複素数値関数とする．この関数に**乗算作用素** M_u を次のように対応させることができる．関数が与えられたとき，関数 $M_u(f)$ を，t に対して $u(t)f(t)$ を対応させるものと定める．M_u が線形連続であることは明らかである．M_u が固有値を持つかどうかは，u の選び方によることを見てみよう．簡単な二つの例を考える．

(i) u が定数関数 $u(t)=k$ であるとする．このとき，明らかに M_u はただ一つの固有値 k を持ち，（0 でない）すべての X の関数は固有ベクトルである．

(ii) すべての t に対して $u(t) = t$ とする．複素数 λ が M_u の固有値であると仮定する．ある関数 $f \in C[0,1]$ がすべての t に対して $u(t)f(t) = \lambda f(t)$ を満たし，したがって，$(t-\lambda)f(t) = 0$ が成り立ち，さらに恒等的に 0 ではないとする．すると，$t \neq \lambda$ ならば $f(t) = 0$ となり，f は連続であるから $f(t) \equiv 0$ となる．これは矛盾である．したがって，この u に対しては，作用素 M_u は固有値を持たない．

X は複素バナッハ空間，T は X 上の作用素であるとする．T が**可逆**であるとは，ある X 上の作用素 S に対して $ST = TS = I$ が成り立つことである（ここで，ST は S と T の合成を表し，I は X 上の恒等写像を表す）．T が可逆であるための必要十分条件は，T が**単射**であり（すなわち，$x=0$ のときに限り $T(x)=0$ となる），さらに**全射**である（すなわち，$T(X) = X$ となる）ことであることを示せる．この証明における単純な代数的議論と言えない部分は，T が単射かつ全射であるとき，T^{-1} が連続作用素であるという点である．複素数 λ が T の固有値であるというのは，ちょうど $T-\lambda I$ が単射ではないことに対応する．

V が**有限次元**であるときには，単射 $T: V \to V$ は必ず全射でもある．無限次元の X に対しては，このことはもはや成り立たない．

例 2 H は複素数列 $(\xi_n)_{n\geq 1}$ のうち $\sum_{n\geq 1}|\xi_n|^2 < \infty$ を満たすものの全体からなる**ヒルベルト空間** [III.37] ℓ^2 であるとする．S は $S(\xi_1,\xi_2,\xi_3,\ldots) = (0,\xi_1,\xi_2,\ldots)$ によって定義される「右移動」作用素とする．このとき，S は単射であるが全射ではない．「逆移動」S^* は $S^*(\xi_1,\xi_2,\xi_3,\ldots) = (\xi_2,\xi_3,\ldots)$ と定義され，これは全射ではあるが単射ではない．

この例を参考にして，次のような定義を与える．

定義 3 X を複素バナッハ空間とし，T を X 上の作用素とする．T の**スペクトル**を，$T-\lambda I$ が可逆でないようなすべての複素数 λ の集合とする．この集合を $\mathrm{Sp}\,T$（あるいは $\sigma(T)$）と表記する．

次の留意点は明らかである．

(i) X が有限次元であれば，$\mathrm{Sp}\,T$ はちょうど T の固有値の集合に一致する．

(ii) 一般の X に対しては，$\mathrm{Sp}\,T$ は T の固有値の集合を含んでいるが，より大きい可能性がある（たとえば，例 2 では 0 は S の固有値ではないが，0 は S のスペクトルに属している）．

スペクトルは $\mathbb{C}$ の**有界閉集合**（すなわち，**コンパクト集合** [III.9]）であるが，これを示すことは容易である．より奥深い事実として，スペクトルは空集合に決してならないというものがある．すなわち，$T-\lambda I$ が可逆でないような λ が必ず存在する．このことは，T のスペクトルに属さない λ に対して定義される作用素値の解析関数 $\lambda \mapsto (\lambda I - T)^{-1}$ に，**リューヴィルの定理** [I.3 (5.6 項)] を応用して証明される．

例 1 の続き 乗算作用素がすべて固有値を持つわけではないことはすでに見たところである．しかしながら，この種の作用素は簡単に書き表すことができるスペクトルを持つ．M_u をこのような作用素とし，S を関数 u がとる値 $u(t)$ の集合とする．$\mu = u(t_0)$ をこのような値の一つとし，作用素 $M_u - \mu I$ を考える．任意に与えた関数 $f \in C[0,1]$ に対して，t_0 における値 $(M_u - \mu I)f(t_0)$ は $u(t_0)f(t_0) - \mu f(t_0) = 0$ である．したがって，$M_u - \mu I$ は全射ではない（$M_u - \mu I$ の値域は，0 でない定数関数を含んでいない）ことがわかる．したがって，μ は M_u のスペクトルに属する．したがって，S は M_u のスペクトルに含まれる．両者が実際は一致することを示すことは，特に難しくはない．

上の例を一般化し，$\mathbb{C}$ の任意のコンパクト集合 K に対して，この集合をスペクトルに持つような線形作用素 T があることを示すことができる．そのためには，X を K 上で定義された連続な複素数値関数の空間として，$z \in K$ に対して $u(z) = z$ とおいて u を定義し，T は，K が $[0,1]$ のときに先に定義したものと同様に定義される乗算作用素 M_u とすればよい．

スペクトルは，作用素論の多くの側面において中核をなしている．ここで，ヒルベルト空間の作用素に関するスペクトル定理として知られる一つの結果（これには多くの変形版がある）を簡単に述べる．

H は内積 $\langle x, y\rangle$ を持つヒルベルト空間であるとする．H 上の連続線形作用素 T は，H の任意の要素 x, y に対して，$\langle Tx, y\rangle = \langle x, Ty\rangle$ が成り立つとき，**エルミート**作用素と呼ばれる．

例 4

(i) H が有限次元のとき，線形作用素 S がエルミート作用素であるための必要十分条件は，ある**直交基底** [III.37] に関して（したがって，すべての直交基底に関して）エルミート行列（すなわち，$A = \bar{A}^{\mathrm{T}}$）により S が表現されることである．

(ii) ヒルベルト空間 $L_2[0,1]$ 上において，連続な実数値関数[*2)] u による乗算作用素 M_u（例 1 とまったく同じように定義するが，$C[0,1]$ の関数ばかりでなく，$L_2[0,1]$ の関数をも M_u は移す）を考える．このとき，T はエルミート作用素である．

*2) ［訳注］原著は単に "continuous function" だったが，条件「実数値」を追加した．

H は有限次元であり，T がエルミート作用素であれば，H は T の固有ベクトルからなる直交基底（対角化基底）を持つ．同値な言い換えとして，$T = \sum_{j=1}^{k} \lambda_j P_j$ と表現される．ここで，$\{\lambda_1, \ldots, \lambda_k\}$ は T の相異なる固有値の全体であり，P_j は固有空間 $E_j \equiv \{x \in H : Tx = \lambda_j x\}$ の上への H の直交射影である．

H が無限次元で，T が H 上のエルミート作用素であれば，H が固有ベクトルからなる基底を持つということは一般には正しくない．しかし，非常に重要なことに，$T = \sum \lambda_j P_j$ という表現は，T のスペクトル上の「射影値測度」に関する積分を使った $T = \int \lambda \mathrm{d}P$ の形の表現に一般化される．

いわゆる**コンパクトエルミート作用素**は，中間の場合と言える．このコンパクト性は一種の強い連続性であり，この場合は応用上非常に重要である．数学技法的には積分ではなく無限級数で済むというように，この場合は一般の場合に比べてずっと簡単である．とても読みやすいヤングによる案内書（Young, 1988）がある．

文献紹介

Young, N. 1988. *An Introduction to Hilbert Space*. Cambridge: Cambridge University Press.

III. 87

球面調和関数

Spherical Harmonics

ティモシー・ガワーズ［訳：石井仁司］

フーリエ解析 [III.27] の出発点は，2π 周期を持つ広範なクラスの周期関数 $f(\theta)$ が**三角関数** [III.92] $\sin n\theta$ と $\cos n\theta$ の無限線形結合であること，あるいは同じことであるが，$\sum_{n=-\infty}^{\infty} a_n \mathrm{e}^{\mathrm{i}n\theta}$ の形の和に分解できるということにある．

実軸 $\mathbb{R}$ 上で定義された周期関数 f を考察するのに便利な方法は，その関数を複素平面上の単位円周 $\mathbb{T}$ 上で定義された同値な関数 F と見なすことである．この単位円周上の点は $\mathrm{e}^{\mathrm{i}\theta}$ の形をしているので，この点における値 $F(\mathrm{e}^{\mathrm{i}\theta})$ を $f(\theta)$ として定義する

($e^{i\theta} = e^{i(\theta+2\pi)}$ だから，θ に 2π を加えても，$F(e^{i\theta})$ の値は変わらない，一方，f は 2π 周期の関数だから，f の値も変わらない)．

$f(\theta) = \sum_{n=-\infty}^{\infty} a_n e^{in\theta}$ であるとき，$e^{i\theta}$ を z と書けば，$F(z) = \sum_{n=-\infty}^{\infty} a_n z^n$ が成り立つ．これから，$\mathbb{R}$ 上の周期関数ではなく，$\mathbb{T}$ 上の関数を考えれば，フーリエ解析は関数を，すべての整数 n にわたる関数 z^n の無限線形結合に分解することになる．

この関数 z^n の特殊性は何だろうか？　その答えは，これらの関数が $\mathbb{T}$ の**指標**であることである．このことの意味するところは，これらの関数だけが，$\mathbb{T}$ 上で定義された 0 でない連続な複素数値関数の中で，$\mathbb{T}$ のすべての z と w に対して関係式 $\phi(zw) = \phi(z)\phi(w)$ を満たすものである，ということである．

さて，今度は F が，$\mathbb{T}$ ではなく 2 次元集合 S^2，すなわち $\mathbb{R}^3$ の単位球面（$x^2 + y^2 + z^2 = 1$ を満たす点 (x, y, z) の集合）上で定義された関数であるとしよう．より一般に，S^{d-1}（$x_1^2 + \cdots + x_d^2 = 1$ を満たす点 $(x_1, \ldots, x_d)$ の集合）上の関数 F を考えるとどうだろうか？　このような F を，少なくともそれが十分に良い性質を持つ関数であるときに，分解する自然な方法はあるだろうか？　すなわち，フーリエ解析を高次元球面に対して一般化する良い方法はあるだろうか？

球面 S^2 と円周 $S^1 = \mathbb{T}$ の間の重要な差異がある．しかも，それは見通しを暗くするものである．平面 $\mathbb{R}^2$ 上の点の集合としてではなく，複素数の集合として $\mathbb{T}$ を定義したわけであるが，その理由は，そうすることにより乗法群と見ることができるからであった．これとは対照的に，球面は有用な群構造を持たない（このことの手掛かりについては，「四元数，八元数，ノルム斜体」[III.76] を参照）ので，指標について議論することができない．このことにより，より一般的な関数を分解するための良い関数が何であるかという問いに，明快に答えることはできない．

しかしながら，三角関数がなぜ自然に登場するのかを，複素数を使わずに説明する別の見方がある．S^1 の点を，一般に $x^2 + y^2 = 1$ を満たす実数の組 (x, y) として表すことができる．あるいは，実数 θ を使って，$(\cos\theta, \sin\theta)$ と表すことができる．複素数を使わないようにすると，基本となる関数は $\cos n\theta$ と $\sin n\theta$ となるが，これらは，また，x と y を使って表すことができる．たとえば，$\cos\theta$ と $\sin\theta$ はそれぞれ x と y となり，$\cos 2\theta = \cos^2\theta - \sin^2\theta = x^2 - y^2$ となるが，これはもっと一般の場合へと継続できる（$x^2 + y^2 = 1$ だから，$x^2 - y^2 = 2x^2 - 1 = 1 - 2y^2$ とも表される）．一般に，$\cos n\theta$ と $\sin n\theta$ は $\cos\theta$ と $\sin\theta$ の多項式として書くことができる．したがって，基本的な三角関数はある種の多項式の単位円周上への制限と見ることができる．

これらの多項式はいったいどのようなものだろうか？　その答えは**調和**関数であり，さらに**斉次**なものである．調和多項式とは多項式 $p(x, y)$ であり，**ラプラス方程式** [I.3 (5.4 項)] $\Delta p(x, y) = 0$ を満たすものである．ただし，Δp は

$$\frac{\partial^2 p}{\partial x^2} + \frac{\partial^2 p}{\partial y^2}$$

を表す．たとえば，$p(x, y) = x^2 - y^2$ であれば，$\partial^2 p/\partial x^2 = 2$, $\partial^2 p/\partial y^2 = -2$ であり，期待どおりに $x^2 - y^2$ は調和多項式である．ラプラシアン Δ は線形作用素であるから，調和多項式の全体はベクトル空間をなす．次数 n の斉次多項式とは，各項の全次数*1) が n である多項式のことである．このための同値な条件として，多項式 $p(x, y)$ が $p(\lambda x, \lambda y) = \lambda^n p(x, y)$ を満たすことと言い換えることもできる．たとえば，$x^3 - 3xy^2$ は次数 3 の斉次多項式である（調和多項式でもある）．次数 n の斉次な調和多項式は，調和多項式全体の部分空間をなす．その次元は $n = 0$ のとき 1 であり，$n > 0$ のとき 2 である（$n > 0$ のときには，その部分空間は $A\cos n\theta + B\sin n\theta$ の形の関数の空間に相当する．多項式 $x^3 - 3xy^2$ を例にとれば，これは $\cos 3\theta$ に対応する）．

調和多項式の概念は，とても簡単に高次元化できる．たとえば，3 次元のときには，調和多項式とは

$$\frac{\partial^2 p}{\partial x^2} + \frac{\partial^2 p}{\partial y^2} + \frac{\partial^2 p}{\partial z^2} = 0$$

を満たす多項式 $p(x, y, z)$ のことである．「次数」n を持つ「次元」d の**球面調和関数**とは，d 変数の次数 n の斉次な調和多項式の球面 S^{d-1} への制限である．

球面調和関数のいくつかの性質で，この関数を特に有用なものとし，しかも円周上の三角多項式との類似性を明示するものを以下に述べる．次元 d を固定し，単位球面 $S = S^{d-1}$ 上の**ハール測度**を $d\mu$ と表記する．これは，簡単に言えば，f が S から $\mathbb{R}$ への可積分な関数であるとき，$\int_S f(x)d\mu$ が f の平均

*1)［訳注］各変数に関する次数の和を意味する．

を表すということである．

(i) **直交性**：p と q が d 次元球面調和関数であり，その次数が異なるならば，$\int_S p(x)q(x)\mathrm{d}\mu = 0$ が成り立つ．

(ii) **完全性**：関数 $f : S \to \mathbb{R}$ が $L^2(S,\mu)$ に属するならば（すなわち，$\int_S |f(x)|^2 \mathrm{d}\mu$ が存在して，有限であるならば），$\sum_{n=0}^{\infty} H_n$ のような（$L^2(S,\mu)$ における収束の意味での）和として表すことができる．ここで，H_n は n 次の球面調和関数である．

(iii) **分解の有限次元性**：d と n のそれぞれの組に対して，次元 d で次数 n の球面調和関数からなるベクトル空間は有限次元である．

これらの三つの性質から，$L^2(S,\mu)$ は球面調和関数からなる**直交基底** [III.37] を持つことが容易にわかる．

球面調和関数はなぜ自然なものなのだろうか？ なぜ，球面調和関数は役に立つのだろう？ 両方の問いに対しては，いくつかの解答を与えることができる．以下はその一つである．

$\mathbb{R}^n$ 上の関数に作用するラプラス作用素 Δ は，任意の**リーマン多様体** [I.3 (6.10 項)] M 上で定義された関数に作用するものへと一般化される．この一般化された作用素は，Δ_M と記され，M に対する**ラプラス–ベルトラミ作用素**と呼ばれる．その振る舞いは，M の幾何に関する非常に多くの情報を与える．特に，球面 S^{d-1} に対して，ラプラス–ベルトラミ作用素が定義できる．これは**ベルトラミ作用素**と呼ばれる．球面調和関数は，ベルトラミ作用素の**固有関数** [I.3 (4.3 項)] であることがわかる．より正確には，次元 d で次数 n の球面調和関数は，固有値 $-n(n+d-2)$ に対する固有ベクトルである（$\cos n\theta$ の 2 階の導関数は $-n^2 \cos n\theta$ であるが，このことは $d=2$ の場合に対応する）．このことは別の，もっと自然な（必ずしも初等的とは言えない）球面調和関数の定義を与える．この定義とラプラス作用素が自己共役であるという事実によって，球面調和関数の多くの重要な性質を説明することができる（この注意への補足については「線形作用素とその性質」[III.50 (3 節)] を参照）．

フーリエ解析の重要性の一つの根拠は，多くの重要な線形作用素が，それらを関数のフーリエ変換に対する作用と見なすと，対角化され，したがってとても理解しやすくなるという点にある．たとえば，f が滑らかな（周期 2π の）周期関数であれば*2)，$\sum_{n\in\mathbb{Z}} a_n \mathrm{e}^{in\theta}$ と表せるが，そのとき f の導関数は $\sum_{n\in\mathbb{Z}} na_n \mathrm{e}^{in\theta}$ となる．f と f' の n 番目のフーリエ係数をそれぞれ $\hat{f}(n)$ と $\hat{f}'(n)$ と表すと，$\hat{f}'(n) = n\hat{f}(n)$ が得られる．このことは，f を微分したければ，そのフーリエ変換に関数 $g(n) = n$ を各点で掛ければよいことを意味する．これは微分方程式を解くための非常に有力な方法を与える．

すでに述べたとおり，球面調和関数はラプラシアンの固有関数であるが，いくつかの他の作用素も対角化する．大事な例の一つとして，**球面ラドン変換**がある．これは次のように定義される．f を S^{d-1} から $\mathbb{R}$ への関数とすると，その球面ラドン変換 Rf は S^{d-1} から $\mathbb{R}$ への関数であり，点 x における Rf の値は，x に直交するすべての点 y についての f の平均値である．これは，平面上で定義された関数に対してその直線上で平均値を対応させるもっと普通のラドン変換と密接に関連している．ラドン変換の逆像を求めることは，医療スキャナの出力から原像を読み取る際に重要である．球面調和関数は球面ラドン変換に対する固有関数である．より一般に，適当な関数 w として，$Tf(x) = \int_S w(x\cdot y)f(y)\mathrm{d}\mu(y)$ の形の変換 T を考えると，これも球面調和関数によって対角化される．球面調和関数が与えられたとき，その固有値はいわゆる**ファンク–ヘッケの公式**を使って計算することができる．

球面調和関数は，**チェビシェフ多項式**と**ルジャンドル多項式** [III.85] を結び付ける道筋を与える．したがって，両者が自然なものであることがわかる．チェビシェフ多項式は，x の多項式であって，2 次元の球面調和関数，すなわち S^1 上の斉次調和多項式でもあるようなものである．たとえば，円周 S^1 のすべての点 (x,y) は $x^2+y^2=1$ を満たすので，前に考えた関数 x^3-3xy^2 は S^1 上では $4x^3-3x$ に一致する．よって，$4x^3-3x$ はチェビシェフ多項式である．ルジャンドル多項式は，x の多項式で 3 次元の球面調和多項式と一致する．たとえば，$p(x,y,z) = 2x^2-y^2-z^2$ のとき，$\Delta p = 0$ となり，S^2 上では $x^2+y^2+z^2=1$ だから $p(x,y,z) = 3x^2-1$ となる．したがって，$3x^2-1$ はルジャンドル多項式である．

これらの多項式がチェビシェフ多項式とルジャンドル多項式に一致することの証明の概要は，以下の

---

*2) ［訳注］「周期 2π の」と補足した．

ようになる．普通の定義によれば，どちらも，各次数に対して一つずつ多項式の列として与えられる．それは適当な直交関係によって一意に定まる．異なる次数の球面調和関数は直交するので，記述したばかりの多項式も適当な直交関係を満たす．これが何であるかをきっちりと調べれば，それがまさにチェビシェフ多項式とルジャンドル多項式を定義する関係式であることがわかる．

III. 88

シンプレクティック多様体

Symplectic Manifolds

ガブリエル・P・パターネイン［訳：二木昭人］

シンプレクティック幾何は，古典物理を支配する幾何学である．また，より一般に，多様体への群作用の理解を助けるのに重要な役割を果たす．この幾何はリーマン幾何と複素幾何と共有する一面があり，この三つが統合された幾何として**ケーラー多様体**の幾何学という特別な場合がある．

1.　シンプレクティック線形代数

リーマン幾何 [I.3 (6.10 項)] が**ユークリッド幾何** [I.3 (6.2 項)] に基づいているように，シンプレクティック幾何はいわゆる**線形シンプレクティック空間** $(\mathbb{R}^{2n}, \omega_0)$ の幾何に基づいている．

与えられた $\mathbb{R}^2$ の二つのベクトル $v = (q, p)$ と $v' = (q', p')$ に対し，v と v' の張る平行四辺形の符号付き面積 $\omega_0(v, v')$ は，公式

$$\omega_0(v, v') = \det\begin{pmatrix} q' & q \\ p' & p \end{pmatrix} = pq' - p'q$$

により与えられる．これは行列と内積を用いて $\omega_0(v, v') = v' \cdot Jv$ とも表される．ただし，J は 2×2 行列

$$J = \begin{pmatrix} 0 & 1 \\ -1 & 0 \end{pmatrix}$$

である．1次変換 $A : \mathbb{R}^2 \to \mathbb{R}^2$ が面積を保ち，向きも保つならば，すべての v と v' に対して $\omega_0(Av, Av') = \omega_0(v, v')$ が成立する．

このように，シンプレクティック幾何は2次元の符号付き面積の測り方と，この測り方を保つ変換を研究するものであるが，平面だけではなく，一般の $2n$ 次元空間を扱う．

$\mathbb{R}^{2n}$ を $\mathbb{R}^n \times \mathbb{R}^n$ の形に分解すると，$\mathbb{R}^{2n}$ のベクトル v は $\mathbb{R}^n$ に属する q と p を用いて $v = (q, p)$ と表すことができる．**標準的シンプレクティック形式** $\omega_0 : \mathbb{R}^{2n} \times \mathbb{R}^{2n} \to \mathbb{R}$ は，公式

$$\omega_0(v, v') = p \cdot q' - p' \cdot q$$

により定義される．ここで，“$\cdot$” は $\mathbb{R}^n$ の通常の内積である．幾何学的には $\omega_0(v, v')$ は v と v' の張る平行四辺形を $q_i p_i$ 平面に射影したものの符号付き面積の総和である．行列を用いると

$$\omega_0(v, v') = v' \cdot Jv \tag{1}$$

と書き表すことができる．ただし，J は $2n \times 2n$ 行列

$$J = \begin{pmatrix} 0 & I \\ -I & 0 \end{pmatrix} \tag{2}$$

で，I は $n \times n$ 単位行列である．

線形写像 $A : \mathbb{R}^{2n} \to \mathbb{R}^{2n}$ が ω_0 による二つのベクトルの積を保つとき（すなわち，任意の $v, v' \in \mathbb{R}^{2n}$ に対して $\omega_0(Av, Av') = \omega_0(v, v')$ が成り立つとき），A は**シンプレクティック線形変換**であるという．同値な言い換えとして，$2n \times 2n$ 行列 A がシンプレクティックであるとは，$A^{\mathrm{T}}JA = J$ が成り立つときということもできる．ここで，A^{T} は A の転置行列を表す．合同がユークリッド幾何で果たす役割を，シンプレクティック線形変換がシンプレクティック幾何で果たす．$(\mathbb{R}^{2n}, \omega_0)$ のシンプレクティック線形変換全体のなす集合は，古典**リー群** [III.48 (1 節)] の一つであり，$\mathrm{Sp}(2n)$ により表される．シンプレクティック行列 $A \in \mathrm{Sp}(2n)$ はすべて**行列式** [III.15] が1であることを示すことができ，したがって体積を保つ変換である．しかしながら，$n \geq 2$ のとき，逆は成立しない．たとえば，$n = 2$ とすると線形写像

$$(q_1, q_2, p_1, p_2) \mapsto \left(aq_1, \frac{q_2}{a}, ap_1, \frac{p_2}{a}\right)$$

は，$a \neq 0$ に対して行列式1を持つが，シンプレクティックになるのは $a^2 = 1$ のときのみである．

標準的シンプレクティック形式 ω_0 は，注目すべき三つの性質を持つ．第一に，**双線形**である．すなわち，v' を止めると $\omega_0(v, v')$ は v に関して線形であり，v を

止めた場合も同様である．第二に，**反対称**である．つまり，任意の v と v' に対して $\omega_0(v,v') = -\omega_0(v',v)$ が成り立ち，特に $\omega_0(v,v) = 0$ である．最後に，**非退化**である．つまり，任意の 0 ではない v に対して，0 ではない v' で $\omega_0(v,v') \neq 0$ となるものが存在する．これらの性質を満たすものは，標準的シンプレクティック形式 ω_0 だけではない．しかしながら，これらの三つの性質を満たす任意の形式は，可逆な線形変数変換により標準的形式 ω_0 に変換されることがわかる（これは**ダルブーの定理**の特別な場合である）．このように，$(\mathbb{R}^{2n},\omega_0)$ は本質的に唯一の $2n$ 次元線形シンプレクティック幾何である．奇数次元空間にはシンプレクティック形式は存在しない．

2.　$(\mathbb{R}^{2n},\omega_0)$ のシンプレクティック微分同相写像

ユークリッド幾何においては，すべての合同変換は自動的に線形（またはアフィン）変換となる．しかし，シンプレクティック幾何においては，シンプレクティック線形変換だけではなく，もっとたくさんのシンプレクティック写像が存在する．$(\mathbb{R}^{2n},\omega_0)$ の非線形なシンプレクティック写像は，シンプレクティック幾何の主な研究対象の一つである．

$U \subset \mathbb{R}^{2n}$ の開集合とする．写像 $\phi : U \to \mathbb{R}^{2n}$ が滑らかであるとは，すべての階数の微分が連続な導関数を持つときを意味するのであった．滑らかな写像が滑らかな逆写像を持つとき，**微分同相写像**と呼ぶのであった．

滑らかな非線形写像が**シンプレクティック**であるとは，任意の $x \in U$ に対し，ϕ の 1 階微分のなす**ヤコビ行列** $\phi'(x)$ がシンプレクティック線形変換であるときをいう．砕けた言い方をすれば，シンプレクティック写像とは，微分小的スケールではシンプレクティック線形変換のように振る舞う写像のことである．シンプレクティック線形変換は行列式が 1 であるから，多変数の微分積分学を用いると，シンプレクティック写像は常に局所的には体積を保つ写像であり，また局所的には逆写像を持つ．大雑把に言うと，このことは，A が U の十分小さい部分集合であるとき，写像 $\phi : A \to \phi(A)$ は逆写像を持ち，$\phi(A)$ は A と同じ体積を持つことを意味する．しかし，$n \geq 2$ のとき，逆は正しくない．すなわち，シンプレクティック写像のなす類は体積を保つ写像のなす類よりずっと制限が強い．実際，グロモフの非圧縮定理（以下を参照）は，この違いがいかに大きいかを示している．

シンプレクティック写像は，ハミルトン力学において**正準変換**という名前でかなり以前から知られていた．これについて，次の項で手短に説明する．

2.1　ハミルトンの方程式

非線形シンプレクティック写像はいかにして作れるであろうか？　馴染み深い例を探ることから始めよう．長さ l で質量 m の単振り子の運動を考えることにし，$q(t)$ を，時間 t に振り子が垂直方向となす角度としよう．運動方程式は

$$\frac{\mathrm{d}^2 q}{\mathrm{d}t^2} + \frac{g}{l}\sin q = 0$$

となる．ここで，g は重力から来る加速度である．**運動量** p を $p = ml^2\dot{q}$ により定義すると，この 2 階の微分方程式は，**相平面** $\mathbb{R}^2$ 内の 1 階の微分方程式

$$\frac{\mathrm{d}}{\mathrm{d}t}(p,q) = X(q,p) \tag{3}$$

に変換される．ここで，**ベクトル場** $X : \mathbb{R}^2 \to \mathbb{R}^2$ は公式 $X(q,p) = (p/ml^2, -mgl\sin q)$ により与えられる．各 $(q(0),p(0)) \in \mathbb{R}^2$ に対して，$(q(0),p(0))$ を初期値とする式 (3) の解 $(q(t),p(t))$ が一意的に存在する．すると，固定した時間 t に対して，$\phi_t(q(0),p(0)) = (q(t),p(t))$ により与えられる**時間発展する写像**（または流れ）$\phi_t : \mathbb{R}^2 \to \mathbb{R}^2$ が得られる．この写像は「面積を保つ」という著しい性質がある．このことは，X の発散が 0 であること，つまり

$$\frac{\mathrm{d}}{\mathrm{d}q}\frac{p}{ml^2} + \frac{\mathrm{d}}{\mathrm{d}p}(-mgl\sin q) = 0$$

となることからの帰結である．実際，各時間 t に対し，ϕ_t は $(\mathbb{R}^2,\omega_0)$ のシンプレクティック写像である．

より一般に，有限個の自由度を持つ古典力学の系はどれも同様に定式化され，時間発展する写像 ϕ_t は常にシンプレクティック写像である．この文脈では，これらも正準変換として知られている．アイルランド人の数学者**ウィリアム・ローワン・ハミルトン** [VI.37] は，170 年以上前にこれをどのようにして行うかを示していた．任意の（**ハミルトン関数**と呼ばれる）滑らかな写像 $H : \mathbb{R}^{2n} \to \mathbb{R}$ が与えられると，1 階の微分方程式系

$$\frac{\mathrm{d}q_i}{\mathrm{d}t} = \frac{\partial H}{\partial p_i}, \quad i = 1,\ldots,n \tag{4}$$

$$\frac{\mathrm{d}p_i}{\mathrm{d}t} = -\frac{\partial H}{\partial q_i}, \quad i = 1, \ldots, n \tag{5}$$

から（ここでは無視するが，H の増大度に関するある緩やかな仮定のもとに）時間発展する作用素 $\phi_t : \mathbb{R}^{2n} \to \mathbb{R}^{2n}$ が定まり，ϕ_t は任意の t に対して $(\mathbb{R}^{2n}, \omega_0)$ のシンプレクティック写像である．シンプレクティック写像 ω_0 との関連を見るために，式 (4) と式 (5) は同値な形

$$\frac{\mathrm{d}x}{\mathrm{d}t} = J\nabla H(x) \tag{6}$$

に書き換えることができることに注意しよう．ここで，∇H は H の通常の**勾配** [I.3 (5.3 項)] であり，J は式 (2) で定義されたものである．式 (6) と式 (1) および ω_0 の反対称性を用いると，各 t に対して ϕ_t はシンプレクティック微分同相写像であることを示すのは難しくない（$\omega_0(\phi_t'(x)v, \phi_t'(x)v')$ を t についての微分を計算すると 0 になることを確かめればよい）．

シンプレクティック写像が体積を保つ写像であることは，すでに指摘した．ハミルトン系が体積を保つこと（リューヴィルの定理として知られる）は，19 世紀にかなりの注目を集め，測度を保つ写像の回帰性を研究する**エルゴード理論** [V.9] が発展する動機を与えた．

シンプレクティック写像または正準変換は，複雑な系を解析しやすい同値な系に置き換えるので，古典物理において重要な役割を果たす．

2.2　グロモフの非圧縮定理

シンプレクティック写像と体積を保つ写像との違いは何であろうか？　この問いに答えるために，$\mathbb{R}^{2n}$ の二つの連結開集合 U と V をとり，一方を他方の中にシンプレクティック写像によって埋め込むことができるかどうかを考えよう．つまり，シンプレクティック写像 $\phi : U \to V$ で，ϕ がその像への同相写像であるものを探すのである．ϕ は体積を保つことはわかっているので，U の体積は V の体積以下でなければならないという制限があることは明らかであるが，この制限だけで十分だろうか？　開球 $B(R) = \{x \in \mathbb{R}^{2n} : |x| < R\}$ を考えよう．これは原点を中心とし，半径 R であるので，明らかに体積は有限である．R と r がどのような値であっても，

$$C(r) = \{(q, p) \in \mathbb{R}^{2n} : q_1^2 + q_2^2 < r^2\}$$

により与えられる無限体積のシリンダーに，$B(R)$ をシンプレクティックに埋め込むことは難しくない．実際，線形シンプレクティック写像

$$(q, p) \mapsto \left(aq_1, aq_2, q_3, \ldots, q_n, \frac{p_1}{a}, \frac{p_2}{a}, p_3, \ldots, p_n\right)$$

は，a が十分小さい正の数のとき，そのような埋め込みを与える．しかし，

$$Z(r) = \{(q, p) \in \mathbb{R}^{2n} : q_1^2 + p_1^2 < r^2\}$$

により与えられる無限体積のシリンダーを考えると，状況は急激に変わる．似たような線形写像として

$$(q, p) \mapsto \left(aq_1, \frac{q_2}{a}, q_3, \ldots, q_n, ap_1, \frac{p_2}{a}, p_3, \ldots, p_n\right)$$

のようなものを試してみることはできる．この写像は（行列式 1 なので）体積を保ち，a が小さいとき $B(R)$ を $Z(r)$ に埋め込む．しかし，この写像がシンプレクティックなのは $a = 1$ のときのみであり，よってシンプレクティック埋め込みなのは $R \leq r$ のときのみである．$R > r$ でも $B(R)$ を $Z(r)$ に圧縮して埋め込むような非線形シンプレクティック写像があるかもしれないと思いたくなるが，1985 年のグロモフの注目すべき定理によると，そのような写像を見つけることはできない．

グロモフのこの深い定理や，それに続く他の結果があるにもかかわらず，$\mathbb{R}^{2n}$ の集合がいかにして互いに埋め込まれるかは，よくわかっていない．

3.　シンプレクティック多様体

微分位相幾何 [IV.7] での定義として，d 次元**多様体**とは，**位相空間** [III.90] で，各点において $\mathbb{R}^d$ の開集合と同相な近傍がとれるもののことであった．このことは，多様体が非常に距離の小さいスケールでどう見えるかを記述しているという意味で，$\mathbb{R}^d$ をその多様体の局所モデルと考えてよいことを意味している．また，滑らかな多様体とは，「変換関数」が滑らかなものを指すのであった．つまり，$\psi : U \to \mathbb{R}^d$ と $\varphi : V \to \mathbb{R}^d$ を局所座標とすると，$\varphi(U \cap V)$ と $\psi(U \cap V)$ との間の変換関数 $\psi \circ \varphi^{-1}$ は滑らかということである．

シンプレクティック多様体も同様に定義されるが，今度は，局所モデルは線形シンプレクティック空間 $(\mathbb{R}^{2n}, \omega_0)$ である．より正確には，シンプレクティック多様体 M とは，$2n$ 次元多様体で，変換関数が $(\mathbb{R}^{2n}, \omega_0)$ のシンプレクティック微分同写像になるように座標近傍による被覆がなされているもの

をいう．

もちろん，$(\mathbb{R}^{2n}, \omega_0)$ の開集合は，シンプレクティック多様体である．コンパクトなシンプレクティック多様体の例として，トーラス $\mathbb{T}^{2n}$ がある．これは $\mathbb{Z}^{2n}$ の作用による $\mathbb{R}^{2n}$ の商空間である．別の言葉で言えば，2 点 $x, y \in \mathbb{R}^{2n}$ は $x - y$ が整数の座標を持つとき同値と見なしたものである．他の重要なシンプレクティック多様体の例として，**リーマン面** [III.79]，**複素射影空間** [III.72]，**余接束** [IV.6 (5 節)] がある．しかしながら，与えられたコンパクト多様体が，シンプレクティックになるような座標近傍系を持つかどうかを決定する問題は，まったくの未解決問題である．

$(\mathbb{R}^{2n}, \omega_0)$ においては，$\mathbb{R}^{2n}$ の任意の平行四辺形に対して「面積」$\omega_0(v, v')$ を与えることができることを見た．シンプレクティック多様体 M においても同様に面積 $\omega_0(v, v')$ を与えることは可能であるが，ここでは $p \in M$ における微分小的平行四辺形に対してしか与えることはできない．このような平行四辺形の軸は，二つの無限小ベクトル（より正確には，接ベクトル）v と v' である．M の局所座標がすべてシンプレクティック微分同相になるようにする仕方で唯一のものがある．**微分形式** [III.16] の言葉では，写像 $p \mapsto \omega_p$ は反対称非退化 2 形式で，これを使って M 内の無限小的ではない 2 次元曲面 S の「面積」$\int_S \omega$ を計算することができる．任意の十分小さい閉曲面 S に対し，積分 $\int_S \omega$ は 0 になることを示せるので，ω は**閉形式**である．実際，シンプレクティック多様体とは，閉，反対称，非退化 2 形式 ω が与えられた滑らかな多様体というように，より抽象的に（局所座標を用いないで）定義することができる．この抽象的な定義は，ダルブーの古典的な定理によれば，局所座標を用いたより具体的な定義と同値である．

最後に，シンプレクティック多様体の特別なクラスの多様体として，**ケーラー多様体**がある．これらはシンプレクティック多様体であるだけでなく，**複素多様体**でもあり，二つの構造は，式 (1) を拡張した式が成立するという意味で，自然な形で両立する．$\mathbb{R}^{2n}$ の点 (q, p) を $\mathbb{C}^n$ の点 $p + \mathrm{i}q$ と同一視すると，線形変換 $J : \mathbb{R}^{2n} \to \mathbb{R}^{2n}$ は i を掛ける次の操作となる．

$$J : (z_1, \ldots, z_n) \mapsto (\mathrm{i}z_1, \ldots, \mathrm{i}z_n)$$

かくして，等式 (1) は，（ω_0 によって与えられる）シンプレクティック構造，（J によって与えられる）複素構造，および（ドット積 “·” のよって与えられる）リーマン構造が関与する．**複素多様体**とは，距離の短いスケールでは $\mathbb{C}^n$ の領域のように見え，変換関数が正則 [I.3 (5.6 項)] になるものである（滑らかな写像 $f : U \subset \mathbb{C}^n \to \mathbb{C}^n$ が正則とは，$f(z_1, \ldots, z_n)$ の各成分が各変数 z_k に関して正則のときをいう）．複素多様体においては接ベクトルを i 倍することができる．これは，各点 $p \in M$ において p におけるすべての接ベクトル v に対し，$J_p^2 v = -v$ を満たす線形写像 J_p を与える．ケーラー多様体とは，複素多様体 M で，シンプレクティック構造（これは無限小平行四辺形の符号付き面積を測る）とリーマン計量（これは p における任意の二つの接ベクトル v, v' に対する内積 $g_p(v, v')$ を測る）を持つものである．これらの二つの構造は，式 (1) と同様の関係，すなわち

$$\omega_p(v, v') = g_p(v', J_p v)$$

により結び付いている．ケーラー多様体の例としては，複素ベクトル空間 $\mathbb{C}^n$，リーマン面，複素射影空間 $\mathbb{CP}^n$ がある．

コンパクトなシンプレクティック多様体でケーラーでないものの一つの例は，$\mathbb{R}^4$ に対する群作用として，$\mathbb{Z}^4$ のように見える群で通常の群演算とは異なるものがあり，その作用で商空間をとって得られる．群構造の違いは，商空間がケーラーであることを妨げる位相的性質（第 1 ベッチ数が奇数になること）として姿を現す．

文献紹介

Arnold, V. I. 1989. *Mathematical Methods of Classical Mechanics*, 2nd edn. Graduate Texts in Mathematics, volume 60. New York: Springer.

McDuff, D., and D. Salamon. 1998. *Introduction to Symplectic Topology*, 2nd edn. Oxford Mathematical Monographs. Oxford: Clarendon Press/Oxford University Press.

III.89

テンソル積

Tensor Products

ティモシー・ガワーズ［訳：二木昭人］

U, V, W を一つの体上の**ベクトル空間** [I.3 (2.3 項)] とするとき，$U \times V$ から W への双線形写像とは，写像 ϕ で

$$\phi(\lambda u + \mu u', v) = \lambda\phi(u, v) + \mu\phi(u', v)$$

と

$$\phi(u, \lambda v + \mu v') = \lambda\phi(u, v) + \mu\phi(u, v')$$

の規則を満たすものである．すなわち，各変数についてそれぞれ線形であるものである．

内積 [III.37] など，多くの重要な写像は双線形である．二つのベクトル空間 U と V の**テンソル積** $U \otimes V$ は，$U \times V$ 上で定義される双線形写像の中で「最も一般的な」ものという考え方を表現するものである．これがどういう意味かを知るために，$U \times V$ から「まったく任意の」ベクトル空間 W への「まったく任意の」双線形写像というものを想像することにし，$\phi(u, v)$ でなく $u \otimes v$ という記号を用いてみよう．今考えている双線形写像は完全に一般的なので，それについて知っていることは，それが双線形だという事実のみから導かれることである．たとえば，$u \otimes v_1 + u \otimes v_2 = u \otimes (v_1 + v_2)$ であることは知っている．この例は，$U \otimes V$ のすべての要素は $u \otimes v$ の形なのではないかと思わせるかもしれないが，それは違う．たとえば，$u_1 \otimes v_1 + u_2 \otimes v_2$ のように表示されたものを簡単化することはできない（このことは一般に，$U \times V$ から W への双線形写像による値域となる値の集合は W の線形部分空間ではない，ということが反映している）．

したがって，$U \otimes V$ の典型的な要素は $u \otimes v$ の形の要素の 1 次結合であり，異なる**線形結合**で表されたものも双線形性の帰結として同じと見なされるべきときには同じと見なす．たとえば，$(u_1 + 2u_2) \otimes (v_1 - v_2)$ は

$$u_1 \otimes v_1 + 2u_2 \otimes v_1 - u_1 \otimes v_2 - 2u_2 \otimes v_2$$

と同じである．

以上のアイデアを最も正式な言い方で表すと，$U \otimes V$ は**普遍性**を持つという言い方になる（普遍性の他の例は「幾何学的・組合せ群論」[IV.10] を参照．また，「圏」[III.8] も参照されたい）．この普遍性という性質は，次のようなものである．$U \otimes V$ から空間 W への双線形写像 ϕ が与えられると，すべての u と v に対して $\phi(u, v) = \alpha(u \otimes v)$ が成立するような $U \otimes V$ から W への線形写像 α が存在する．すなわち，$U \times V$ 上で定義された任意の双線形写像 ϕ には，$U \otimes V$ 上定義された線形写像が対応するのである（この線形写像は $u \otimes v$ を $\phi(u, v)$ に写す．テンソル積の定義においてなされた同一視により，これは無矛盾に 1 次結合全体に拡張する）．

U と V が有限次元で $u_1, \ldots, u_m$ および $v_1, \ldots, v_n$ を基底とするとき，ベクトル $u_i \otimes v_j$ は $U \otimes V$ の基底をなす．テンソル積の持つ重要な性質として，ほかに可換性と結合法則がある．つまり，$U \otimes V$ と $V \otimes U$ は自然に同型であり，$U \otimes (V \otimes W)$ と $(U \otimes V) \otimes W$ は自然に同型である．

ここまでベクトル空間のテンソル積について議論してきたが，**加群** [III.81 (3 節)] や C^* **環** [IV.15 (3 節)] のように双線形性が意味を持つような代数構造に対しても，テンソル積の定義は容易に拡張される．場合によっては，二つの構造のテンソル積は，予想外の結果になることがある．たとえば，$\mathbb{Z}_n$ を，整数全体を n を法として考えたものとし，$\mathbb{Z}_n$ と $\mathbb{Q}$ の両方を $\mathbb{Z}$ 上の加群と見なそう．すると，この二つのテンソル積は零である．このことは $\mathbb{Z}_n \times \mathbb{Q}$ 上のすべての双線形写像は零写像であることを反映している．

テンソル積はさまざまな文脈で扱われる．良い例として，「量子群」[III.75] を参照されたい．

III.90

位相空間

Topological Spaces

ベン・グリーン［訳：久我健一］

位相空間とは，**連続関数** [I.3 (5.2 項)] の概念が意味を持つ環境として，最も基礎的なものである．

関数 $f : \mathbb{R} \to \mathbb{R}$ が連続であるとはどういう意味

か，標準的な定義を思い起こそう．$f(x) = y$ とする．このとき，f が x で連続とは，x' が x に近いときはいつでも $f(x')$ が y に近いことをいう．もちろん，これを数学的に厳密な概念とするためには「近い」の意味を正確にしなければならない．ϵ をある小さい正の定数として，$|f(x') - f(x)| < \epsilon$ ならば $f(x')$ が y に近いと言ってよいだろう．また，δ を別の小さい正の定数として，$|x' - x| < \delta$ のとき x' が x に近いと見なしてよいだろう．

f が x **で連続**とは，どんなに小さい ϵ が選ばれても，いつでも適当な δ が見つけられるときをいう（もちろん δ は ϵ に依存してよい）．そして，f が**連続**とは，実数直線上の各点 x で連続であるときをいう．

$\mathbb{R}$ を任意の集合 X で置き換えるとき，この概念はどのように一般化されるだろうか？　われわれの手持ちの定義は，いつ 2 点 $x, x' \in X$ が近いかを判断できて初めて意味を持つ．一般の集合はユークリッド空間の中にうまく埋め込めるとは限らず，集合に対して，構造を新たに何も付け加えることなく，このような判断をすることは不可能である（このような構造を付け加えると，**距離空間** [III.56] の概念が得られる．距離空間は位相空間ほど一般的な概念ではない）．

近さの概念が使用できないとき，どのように連続性を定義すべきだろうか？　この答えは**開集合**の概念に見出すことができる．集合 $U \subset \mathbb{R}$ が**開集合**であるとは，U のどの点 x に対しても区間 (a, b) で x を含み（つまり $a < x < b$）かつ U に含まれるものが存在するときをいう．

$f : \mathbb{R} \to \mathbb{R}$ が連続で U が開集合のとき $f^{-1}(U)$ が開集合となることを確かめる問題は，楽しい練習問題であろう．逆に，各開集合 U に対して $f^{-1}(U)$ が開集合ならば，f は連続になる．したがって，少なくとも $\mathbb{R}$ から $\mathbb{R}$ への関数に対しては，連続性を，純粋に開集合だけを用いて特徴付けることができる．近さの概念は開集合とは何かを定義するときにだけ使われている．

ここで正式な定義を行う．**位相空間**とは，集合 X と X の（「開集合」と呼ばれる）部分集合の集まり $\mathcal{U}$ を一緒にしたもので，次の公理を満たすものである．

- 空集合 $\emptyset$ と集合 X は両方とも開集合である．
- $\mathcal{U}$ は任意の和集合をとる操作について閉じている（すなわち，$(U_i)_{i \in I}$ が開集合の集まりならば，$\bigcup_{i \in I} U_i$ も開集合である）．
- $\mathcal{U}$ は有限個の交わりをとる操作について閉じている（すなわち，$U_1, \ldots, U_k$ が開集合ならば，$U_1 \cap \cdots \cap U_k$ も開集合である）．

集まり $\mathcal{U}$ は X 上の**位相**と呼ばれる．$\mathbb{R}$ の通常の開集合が上記の公理を満たすことは容易に確かめられる．したがって，$\mathbb{R}$ はこれらの開集合が定める位相によって位相空間をなす．

位相空間の部分集合が**閉集合**であるというのは，その補集合が開集合のとき，しかもそのときに限る．「閉集合」が「開集合ではない」ことを意味するのではないことに注意しよう．たとえば，空間 $\mathbb{R}$ で，半開区間 $[0, 1)$ は開集合でも閉集合でもないし，また，空集合は開集合かつ閉集合である．

開集合に多くの性質を要請していないことに注意してほしい．これによって，位相空間の概念はかなり一般なものになる．実際，多くの状況で，この概念は少し一般的すぎる（このようなとき，位相空間がさらにある性質を持つと仮定すると都合が良いことがある）．たとえば，位相空間 X の異なる任意の 2 点 x_1, x_2 に対し，交わりのない開集合 U_1 と U_2 でそれぞれ x_1 と x_2 を含むものが存在するとき，X は**ハウスドルフ**であると言われる．ハウスドルフ位相空間は（$\mathbb{R}$ はその明白な例だが）一般の位相空間が必ずしも持たない有用な性質をたくさん持っている．

先に見たように，$\mathbb{R}$ から $\mathbb{R}$ への関数に対して，連続性の概念は開集合だけを用いて定式化することもできる．このことは，位相空間の間の関数に対して連続性が定義できることを意味する．すなわち，X と Y が二つの位相空間で $f : X \to Y$ がそれらの間の関数のとき，f が連続であることを，各開集合 $U \subset Y$ に対して $f^{-1}(U)$ が開集合となることと，単に定義する．素晴らしいことに，われわれは距離の概念に依存しない，連続性の有用な定義を見つけたことになる．

連続写像は，連続な逆写像を持つとき，**同相写像**と呼ばれる．二つの空間 X と Y の間に同相写像があれば，位相的な観点からは，これらの空間は同値であると見なされる．位相幾何の本を開くと，ドーナツとティーカップはどちらも連続的に変形して他方になるので，位相幾何学者はこれらを区別することができない，と書かれているのをしばしば目にする（これらがどちらも造形粘土でできていると想像しよう）．

X を位相空間とするとき，X の位相を記述するた

いへん有用な方法は，位相の**基**を与えることである．これは部分集合 $\mathcal{B} \subseteq \mathcal{U}$ であって，各開集合（つまり $\mathcal{U}$ の元）が $\mathcal{B}$ 中の開集合の和集合となるものである．通常の位相を持つ $\mathbb{R}$ の一つの基は開区間全体の集まり $\{(a,b) : a < b\}$ であり，$\mathbb{R}^2$ の一つの基は**開球**の全体，すなわち $\{B_\delta(x) = \{y : |x-y| < \delta\}\}$ の形の集合である．

位相の例を挙げよう．

離散位相　X を任意の集合とする．集合であればどのようなものでもよい．$\mathcal{U}$ を X のすべての部分集合の集まりとする．このとき，位相空間の公理が満たされることはすぐ確かめられる．

ユークリッド空間　$X = \mathbb{R}^d$ とし，$\mathcal{U}$ はユークリッド計量に関する開集合のすべてを含むとする．すなわち，$U \subseteq X$ が開集合であるのは，各 $u \in U$ に対し $B_\delta(u)$ が U に含まれるような $\delta > 0$ が存在するときであるとする．このとき，位相空間の公理が満たされることを確かめるのは，ほんの少し厄介なだけである．より一般的には，任意の距離空間に対して開集合を同様に定義することができ，これによって距離空間は位相空間となる．

部分空間の位相　X が位相空間で $S \subseteq X$ のとき，S を位相空間にすることができる．S の開集合とは，$U \in \mathcal{U}$ を X の開集合として $S \cap U$ の形の集合すべてであると定める．

ザリスキ位相　これは**代数幾何学** [IV.4] で使われる位相であり，閉集合を与えることによって指定される（したがって，開集合は補集合をとることで与えられる）．この閉集合とは，連立多項式方程式の解集合とする．たとえば，$\mathbb{C}^2$ 上では，これらの閉集合は多項式 $f_1, \ldots, f_k$ を用いて

$$\{(z_1,z_2) : f_1(z_1,z_2) = f_2(z_1,z_2) = \cdots = f_k(z_1,z_2) = 0\}$$

の形に表される集合と一致する．これが位相を定義することを確かめることは自明というわけではない．難しいのは，閉集合の任意個の交わりが閉集合になる（これは開集合の任意個の和集合が開集合になるという主張と同値である）ことを示すところである．これは，ヒルベルトの基底定理からの帰結である．

位相空間の概念は，数学において抽象化が強力であることを示す，たいへん良い例となっている．定義は単純であり，自然な状況に幅広く適用できる．それでありながら内容が豊富で，興味深い定義を与えることができ，純粋に位相空間の世界の中だけで定理を証明することができる．たとえば，$\mathbb{R}$ や $\mathbb{R}^2$ に適用できるような，よく知られている概念を選び，その類似を一般の位相空間の世界の中に見つけようとすることは，しばしばおもしろい．二つ例を挙げよう．

連結性　連結性の大雑把な考え方では，連結な集合とは，明らかなやり方でばらばらに分解できない集合である．ほとんどの人は，それなりに意味のある $\mathbb{R}^2$ の部分集合の絵が描かれたリストを見て，どれが連結でどれがそうでないかを区別できると思うのではないだろうか？　しかし，潜在的にとても変わったものも含めてすべての集合に適用でき，それらが連結か否かを示すことのできる数学的に正確な定義を与えることは可能だろうか？　たとえば，座標のちょうど一つだけが有理数であるような点全体のなす空間

$$S = ((\mathbb{Q} \times \mathbb{R}) \cup (\mathbb{R} \times \mathbb{Q})) \backslash (\mathbb{Q} \times \mathbb{Q})$$

は（部分空間の位相に関して）連結だろうか？　実際に定義を与えることが可能であることと，さらに，その定義は $\mathbb{R}^2$ だけでなく一般の位相空間に適用できることが判明する．空間 X が**連結**であるとは，交わりがない二つの空でない開集合への X の分解 $X = U_1 \cup U_2$ が存在しないことである．上記の S が連結か否かの決定は，読者に任せることにする．

コンパクト性　これは全数学で最も重要な概念の一つであるが，最初は見慣れないものに感じるかもしれない．この概念は，たとえば $\mathbb{R}^2$ における有界な閉集合の概念を，一般の位相空間に適用できるように抽象化する試みから来ている．X が**コンパクト**とは，開集合 U の集合 $\mathcal{C}$ で X を被覆する（すなわち和が X になる）ものが任意に与えられたとき，有限部分集合 $\{U_1, \ldots, U_k\} \subseteq \mathcal{C}$ で X を被覆するものが見つけられることをいう．この定義を通常の位相を持つ $\mathbb{R}^2$ の場合に特殊化すると，集合 $S \subseteq \mathbb{R}^2$ が（部分空間の位相に関して）コンパクトであるのは，これが有界な閉集合であるとき，かつそのときに限ることが実際に証明される．より詳しい内容は「コンパクト性とコンパクト化」[III.9] を参照されたい．

III. 91

変 換

Transforms

T・W・ケルナー［訳：石井仁司］

有限実数列 $a_0, a_1, \ldots, a_n$（この列を簡単に $\boldsymbol{a}$ と表す）が与えられたとき，多項式

$$P_{\boldsymbol{a}}(t) = a_0 + a_1 t + \cdots + a_n t^n$$

を対応させることができる．逆に，次数 m（$\leq n$）の多項式 Q が与えられたとき，

$$Q(t) = b_0 + b_1 t + \cdots + b_n t^n$$

が成り立つような数列 $b_0, b_1, \ldots, b_n$ を一意的に見出すことができる．たとえば，$b_k = Q^{(k)}(0)/k!$ と置けばよい．

$a_0, a_1, \ldots, a_n$ と $b_0, b_1, \ldots, b_n$ が有限数列であるとき，

$$P_{\boldsymbol{a}}(t) P_{\boldsymbol{b}}(t) = P_{\boldsymbol{a}*\boldsymbol{b}}(t)$$

が成り立つ．ただし，$\boldsymbol{a}*\boldsymbol{b} = \boldsymbol{c}$ は数列 $c_1, c_2, \ldots, c_{2n}$ を表し，この数列は

$$c_k = a_0 b_k + a_1 b_{k-1} + \cdots + a_k b_0$$

と定義される．ここで，$i > n$ のときには，$a_i = b_i = 0$ と解釈する．この数列は数列 $\boldsymbol{a}$ と $\boldsymbol{b}$ の**畳み込み**と呼ばれる．

この考察が利用される一例を見るために，2 個のサイコロを続けて投げるとどうなるかを考える．一つ目のサイコロを投げたときに u の目が出る確率を a_u とし，2 番目を投げたときに v の目が出る確率を b_v とする．出る目の和が k となる確率は，上に定義した c_k である．もし，a_u も b_u も普通の公平なサイコロを投げたときに u の目が出る確率である（したがって，$1 \leq u \leq 6$ であれば，どれも $1/6$ であり，そうでなければ 0 である）とすれば，

$$P_{\boldsymbol{c}}(t) = P_{\boldsymbol{a}}(t) P_{\boldsymbol{b}}(t) = \left(\frac{1}{6}(t + t^2 + \cdots + t^6)\right)^2$$

となる．この多項式は次のように書き表すこともできる．

$$\frac{1}{36}(t(t+1)(t^4+t^2+1))(t(t^2+t+1)(t^3+1))$$
$$= \frac{1}{36}(t(t+1)(t^2+t+1))(t(t^4+t^2+1)(t^3+1))$$
$$= P_{\boldsymbol{A}}(t) P_{\boldsymbol{B}}(t)$$

ここで，$\boldsymbol{A}$ と $\boldsymbol{B}$ は二つの異なる数列であり，$\boldsymbol{A}$ のほうは $A_1 = A_4 = 1/6$，$A_2 = A_3 = 2/6$ とおき，それ以外のものは $A_u = 0$ とおいて得られ，$\boldsymbol{B}$ のほうは $B_1 = B_3 = B_4 = B_5 = B_6 = B_8 = 1/6$ とおき，それ以外のものは $B_v = 0$ とおいて得られるものとする．したがって，もし，公平な二つのサイコロ A と B を用意して，A は二つの面に 2 と書き，他の二つの面に 3，もう一つの面に 1，残った面に 4 と書き，一方，B は各面に $1, 3, 4, 5, 6, 8$ を順に一つずつ書いたならば，投げた二つのサイコロの目の和が k となる確率は，普通のサイコロの場合と同じになる．この性質を持つサイコロの面の数字の配置で，各数字が正整数であるものはほかにはないことが，多項式 $t + t^2 + \cdots + t^6$ の根を考えることでわかる．

これらの一般的な考え方は，無限数列に一般化できる．$\boldsymbol{a}$ が列 $a_0, a_1, \ldots$ であれば，「無限次多項式」$(\mathcal{G}\boldsymbol{a})(t)$ を $\sum_{r=0}^{\infty} a_r t^r$ と定義することができる．ただし，当面は形式的な議論に留め，この和をどのような意味で捉えるかは心配しないことにする．前と同じように，

$$(\mathcal{G}\boldsymbol{a})(t)(\mathcal{G}\boldsymbol{b})(t) = (\mathcal{G}(\boldsymbol{a}*\boldsymbol{b}))(t)$$

が成り立つことに注意する．ただし，無限列 $\boldsymbol{c} = \boldsymbol{a}*\boldsymbol{b}$ は

$$c_k = a_0 b_k + a_1 b_{k-1} + \cdots a_k b_0$$

で与えられるものとする（ここでも，これを $\boldsymbol{a}$ と $\boldsymbol{b}$ の畳み込みと呼ぶ）．

ドルや円といった通貨単位で数えて金額が r であるとする．この金額を与えられたいくつかの種類の紙幣に両替するときに，何通りの組合せがあるかというよく知られた問題がある（たとえば，43 ドルを 1 ドル紙幣と 5 ドル紙幣だけ使って両替する場合の組合せの数はいくらか）．貨幣単位で r という金額をいくつかの種類の紙幣を使って両替する場合の組合せの数を a_r と表し，まったく別の種類の紙幣を使って両替する場合の組合せの数を b_r と表すならば，これらすべての種類の紙幣を使って両替する場合の組合せの数は，金額が k であれば，上で定義した c_k となる．

次の簡単な場合に，この方法をどのように適用できるかを見てみよう．r ドルを 1 ドル札に両替する

とき a_r 通りの組合せがあり，2 ドル札に両替するとき b_r 通りの組合せがあるというように，a_r と b_r を定める．このとき，

$$(\mathcal{G}\boldsymbol{a})(t) = \sum_{r=0}^{\infty} t^r = \frac{1}{1-t}$$

$$(\mathcal{G}\boldsymbol{b})(t) = \sum_{r=0}^{\infty} t^{2r} = \frac{1}{1-t^2}$$

となり，したがって，部分分数分解を使い，

$$\begin{aligned}(\mathcal{G}\boldsymbol{c})(t) &= (\mathcal{G}(\boldsymbol{a} * \boldsymbol{b}))(t) = (\mathcal{G}\boldsymbol{a})(t)(\mathcal{G}\boldsymbol{b})(t) \\ &= \frac{1}{(1-t)(1-t^2)} = \frac{1}{(1-t)^2(1+t)} \\ &= \frac{1}{2(1-t)^2} + \frac{1}{4(1+t)} + \frac{1}{4(1-t)} \\ &= \frac{1}{2}\sum_{r=0}^{\infty}(r+1)t^r + \frac{1}{4}\sum_{r=0}^{\infty}(-1)^r t^r + \frac{1}{4}\sum_{r=0}^{\infty} t^r \\ &= \sum_{r=0}^{\infty} \frac{2r+3+(-1)^r}{4} t^r\end{aligned}$$

と変形することができる．このように，r ドルは r が奇数のときは $\frac{1}{2}(r+1)$ 通りに，偶数のときは $\frac{1}{2}(r+2)$ 通りに両替できる．このように簡単な場合には，この結果を直接求めることもできるが，ここに述べた方法は，すべての場合に自動的に機能する（計算は複素根を使って実行したほうが簡単である）．

以上のように，「母関数変換」または「$\mathcal{G}$ 変換」を導入したが，これは数列 $a_0, a_1, \ldots$ にテイラー級数 $\sum_{r=0}^{\infty} a_r x^r$ を対応させるものである（これらの名称はあまり使われていない．大部分の数学者は単に**母関数** [IV.18 (2.4 項, 3 節)] について議論するだけである）．次の二つの例は，数列の問題をテイラー級数に関する問題に，$\mathcal{G}$ 変換を使って置き換えるというものである．まず，$u_0 = 0$, $u_1 = 1$ とおき，すべての $n \geq 0$ に対して

$$u_{n+2} - 5u_{n+1} + 6u_n = 0$$

を満たす数列 u_n を求める問題を考える．すべての $n \geq 0$ に対して

$$u_{n+2}t^{n+2} - 5u_{n+1}t^{n+2} + 6u_n t^{n+2} = 0$$

が成り立つので，すべての $n \geq 0$ に対して和をとって

$$\begin{aligned}((\mathcal{G}\boldsymbol{u})(t) - u_1 t - u_0) - 5(t(\mathcal{G}\boldsymbol{u})(t) - u_0) \\ + 6t^2(\mathcal{G}\boldsymbol{u})(t) = 0\end{aligned}$$

が得られる．$u_0 = 0$, $u_1 = 1$ であるので，少し変形すれば，

$$(6t^2 - 5t + 1)(\mathcal{G}\boldsymbol{u})(t) = t$$

となる．そこで，部分分数分解を使って，

$$\begin{aligned}(\mathcal{G}\boldsymbol{u})(t) &= \frac{t}{6t^2-5t+1} = \frac{t}{(1-2t)(1-3t)} \\ &= \frac{-1}{1-2t} + \frac{1}{1-3t} \\ &= -\sum_{r=0}^{\infty}(2t)^r + \sum_{r=0}^{\infty}(3t)^r \\ &= \sum_{r=0}^{\infty}(3^r - 2^r)t^r\end{aligned}$$

が得られ，$u_r = 3^r - 2^r$ が導かれる．

次に，比較的簡単な問題として，$u_0 = 1$ とおき，すべての $n \geq 0$ に対して

$$(n+1)u_{n+1} + u_n = 0$$

を満たす数列 u_n を求めることを考える．すべての t に対して

$$(n+1)u_{n+1}t^n + u_n t^n = 0$$

が成り立つので，n について和をとり，無限和に対しても通常の微分法が適用できると仮定して，次を得る．

$$(\mathcal{G}\boldsymbol{u})'(t) + (\mathcal{G}\boldsymbol{u})(t) = 0$$

この微分方程式から，ある定数 A に対して $(\mathcal{G}\boldsymbol{u})(t) = A\mathrm{e}^{-t}$ が成り立つことがわかる．$t = 0$ とおき，

$$1 = u_0 = (\mathcal{G}\boldsymbol{u})(0) = A\mathrm{e}^0 = A$$

が得られる．したがって，

$$(\mathcal{G}\boldsymbol{u})(t) = \mathrm{e}^{-t} = \sum_{r=0}^{\infty} \frac{(-1)^r}{r!} t^r$$

となり，$u_r = (-1)^r / r!$ がわかる．

数列とその $\mathcal{G}$ 変換との間の対応関係のいくつかを以下に書き下す．

$$\begin{aligned}(a_0, a_1, a_2, \ldots) &\longleftrightarrow (\mathcal{G}\boldsymbol{a})(t) \\ (a_0+b_0, a_1+b_1, a_2+b_2, \ldots) &\longleftrightarrow (\mathcal{G}\boldsymbol{a})(t) + (\mathcal{G}\boldsymbol{b})(t) \\ \boldsymbol{a} * \boldsymbol{b} &\longleftrightarrow (\mathcal{G}\boldsymbol{a})(t)(\mathcal{G}\boldsymbol{b})(t) \\ (0, a_0, a_1, a_2, \ldots) &\longleftrightarrow t(\mathcal{G}\boldsymbol{a})(t) \\ (a_1, 2a_2, 3a_3, \ldots) &\longleftrightarrow (\mathcal{G}\boldsymbol{a})'(t)\end{aligned}$$

与えられた数列 $\boldsymbol{a}$ をその $\mathcal{G}$ 変換から復元できることは重要である．これを見るには，次の公式に注意すればよい．

$$a_r = \frac{(\mathcal{G}\boldsymbol{a})^{(r)}(0)}{r!}$$

上の例のように，この公式を使って，数列の問題から関数の問題へと変換でき，またその逆向きに変

換することもできる．教科書や試験問題では，このような変換の役割は物事を簡単にすることである．実際の生活の上では，変換を使うことで，与えられた問題がより複雑な問題に変わるのが普通である．しかしながら，数学者は，変換が強力な武器として役に立つ幸運に恵まれることがある．

これまでのところ，$\mathcal{G}$ 変換を形式的に取り扱ってきた．しかしながら，解析学における方法を使おうとすれば，少なくとも $|t|$ が小さい範囲で $\sum_{r=0}^{\infty} a_r t^r$ が収束することを確かめる必要がある．a_r が極端に速く増加しないとすれば，このことは成り立つ．しかし，r が非負整数に留まらず整数全体にわたる「2 方向への数列」(a_r) を扱い，級数 $\sum_{r=-\infty}^{\infty} a_r t^r$ に対してこの考えを一般化しようとすると，困難に直面する．$|t|$ が小さければ，r が負で絶対値が大きいときに $|t^r|$ は大きくなり，$|t|$ が大きければ，r が正で大きいときに $|t^r|$ は大きくなる．多くの場合，望みうることは $\sum_{r=-\infty}^{\infty} a_r t^r$ が $t=1$ と $t=-1$ のときだけ収束するということである．たった 2 点で定義された関数を取り扱うことは，あまり役に立つことでない．$\mathbb{R}$ から $\mathbb{C}$ に移行することによって，この状況を改善することができる．

r が整数全体を動く性質の良い複素数列 (a_r) に対して，複素数 z が単位円周（言い換えると，$|z|=1$）にあるとき，級数 $\sum_{r=-\infty}^{\infty} a_r z^r$ を考える．このような z は，適当な $\theta \in \mathbb{R}$ に対して

$$z = e^{i\theta} = \cos\theta + i\sin\theta$$

と表すことができるので，2π 周期関数 $\sum_{r=-\infty}^{\infty} a_r e^{ir\theta}$ を扱っていると考えるのがより自然である．このようにして，次式で与えられる「フーリエ級数変換」（繰り返しになるが，この名称はあまり使われない）$\mathcal{H}$ に行き着くことになる．

$$(\mathcal{H}\boldsymbol{a})(\theta) = \sum_{r=-\infty}^{\infty} a_r e^{ir\theta}$$

この $\mathcal{H}$ 変換は，2 方向への数列 $\boldsymbol{a}$ を数直線上の周期 2π の複素数値周期関数 $f = \mathcal{H}\boldsymbol{a}$ に移すものであるが，歴史的には，数学者はこの操作の逆である f から $\boldsymbol{a}$ を求めることに，より興味を持ってきた．

$$f(\theta) = \sum_{r=-\infty}^{\infty} a_r e^{ir\theta}$$

が成り立つとすれば，形式的に計算して

$$\begin{aligned}\frac{1}{2\pi}\int_{-\pi}^{\pi} f(\theta)e^{-ik\theta}d\theta &= \frac{1}{2\pi}\int_{-\pi}^{\pi}\sum_{r=-\infty}^{\infty} a_r e^{i(r-k)\theta}d\theta \\ &= \sum_{r=-\infty}^{\infty}\frac{a_r}{2\pi}\int_{-\pi}^{\pi} e^{i(r-k)\theta}d\theta \\ &= \sum_{r=-\infty}^{\infty}\frac{a_r}{2\pi}\int_{-\pi}^{\pi}\cos(r-k)\theta + i\sin(r-k)\theta\, d\theta \\ &= a_k\end{aligned}$$

となる．

$$\hat{f}(k) = \frac{1}{2\pi}\int_{-\pi}^{\pi} f(\theta)e^{-ik\theta}d\theta$$

と書けば，有名なフーリエ総和公式

$$f(\theta) = \sum_{r=-\infty}^{\infty}\hat{f}(r)e^{ir\theta} \tag{1}$$

を得る．**ディリクレ** [VI.36] は相当に良い性質を持つ関数に対して，ごく普通の解釈のもとで，この公式が成り立つことを証明した．しかし，より広いクラスの関数に対するこの公式の適切な解釈の仕方とその証明には，ずっと長い時間を要した（「カールソンの定理」[V.5] を参照）．この問題のいろいろな側面は，今日もまだ未解決である．

数列についての質的な情報を，その $\mathcal{H}$ 変換から，具体的に計算することなしに得ることができ，その逆も言える．これは注目に値することである．たとえば，第 r 項を $a_r r^{m+2}$ とする数列が有界であるならば，項別微分を通して $\mathcal{H}\boldsymbol{a}$ が m 回連続微分可能であることがわかる．f が m 回連続微分可能ならば，部分積分を繰り返して，$r^m\hat{f}(r)$ を第 r 項とする数列は有界列であることがわかる．

電話回線のような「ブラックボックス」に送られてきた信号を f が表すとし，その出力信号を Tf とする．物理学あるいは工学における多くの重要なブラックボックスは，良い性質の関数 g_r と定数 c_r に対して「無限線形性」

$$T\left(\sum_{r=-\infty}^{\infty} c_r g_r\right)(\theta) = \sum_{r=-\infty}^{\infty} c_r T g_r(\theta)$$

を持つ．そのような多くの系では，

$$Te_k(\theta) = \gamma_k e_k(\theta)$$

が適当な定数 γ_k に対して成り立つという大事な性質を持つ．ただし，$e_k(\theta)$ は $e^{-ik\theta}$ を表す．言い換えると，関数 e_k は T の**固有関数** [I.3 (4.3 項)] である．フーリエ総和公式を使って，

$$\begin{aligned}Tf(\theta) &= \left(\sum_{r=-\infty}^{\infty}\hat{f}(\theta)Te_r\right)(\theta) \\ &= \sum_{r=-\infty}^{\infty}\gamma_r\hat{f}(r)e_r(\theta)\end{aligned}$$

を得る．この文脈において，f は周波数 k の基本信号 e_k の重み付きの和という見方ができる．

数学者は常に和を積分に置き換えたらどうなるかに興味を持っている．今の場合には古典的なフーリエ変換が得られる．F が十分に良い性質を持つ関数 $F : \mathbb{R} \to \mathbb{C}$ であるとする．このとき，フーリエ変換 $\mathcal{F}F$ を

$$\mathcal{F}F(\lambda) = \int_{-\infty}^{\infty} F(s)\mathrm{e}^{-\mathrm{i}\lambda s}\mathrm{d}s$$

と定義する．大学 1 年あるいは 2 年で通常教えられる解析学の大部分は，この変換と関連した話題の流れの中で発展したものである．このような解析学を使って，次のような対応関係を得ることは容易である．

$$\begin{aligned} F(t) &\longleftrightarrow (\mathcal{F}F)(\lambda) \\ F(t)+G(t) &\longleftrightarrow (\mathcal{F}F)(\lambda)+(\mathcal{F}G)(\lambda) \\ F*G(t) &\longleftrightarrow (\mathcal{F}F)(\lambda)(\mathcal{F}G)(\lambda) \\ F(t+u) &\longleftrightarrow \mathrm{e}^{\mathrm{i}u\lambda}(\mathcal{F}F)(\lambda) \\ F'(t) &\longleftrightarrow \mathrm{i}\lambda(\mathcal{F}F)(\lambda) \end{aligned}$$

今の文脈においては，F と G の畳み込みは

$$F*G(t) = \int_{-\infty}^{\infty} F(t-s)G(s)\mathrm{d}s$$

と定義される．フーリエ変換の重要性は，それによって畳み込みが掛け算に変換されることであり，畳み込みの重要性は，この演算がフーリエ変換によって掛け算に変換されることである，という説明には，いくらかの真実がある．差分方程式を解くのに $\mathcal{G}$ 変換が使えたように，物理学や確率論のある分野に現れるような重要なクラスの**偏微分方程式** [I.3 (5.4 項)] を解くために，$\mathcal{F}$ 変換を使うことができる．フーリエ変換の詳細については，「フーリエ変換」[III.27] を参照されたい．

フーリエ総和公式 (1) においてスケール変換をすれば，$|t| < \pi N$ のときに，公式

$$F(t) = \sum_{r=-\infty}^{\infty} \frac{1}{2\pi N} \int_{-\pi N}^{\pi N} F(s)\mathrm{e}^{-\mathrm{i}rs/N}\mathrm{d}s\,\mathrm{e}^{\mathrm{i}rt/N}$$

が得られる．$N \to \infty$ とすれば，多少形式的ではあるが，

$$F(t) = \frac{1}{2\pi}\int_{-\infty}^{\infty} (\mathcal{F}F)(s)\mathrm{e}^{\mathrm{i}st}\,\mathrm{d}s$$

が得られる．これは次の素晴らしい公式

$$(\mathcal{F}\mathcal{F}F)(t) = 2\pi F(-t)$$

へと書き直される．フーリエ総和公式のように，このフーリエ逆変換公式は幅広い状況のもとで証明できるが，そのためには，この公式の解釈にまったく新しい視点を導入するなどの工夫が必要になる．

フーリエ逆変換公式の美しさはともかくとして，注意すべきことは，$\mathcal{F}F = \mathcal{F}G$ ならば $F = G$ が成り立つことがわかれば十分であることが，理論上も実際問題でもよくある，ということである．この**フーリエ変換の一意性**は，証明がより簡単で使うには便利であり，逆公式が成立する条件よりも広い範囲で成立する．同様のことは，他の変換にも言える．

周期 2π の周期関数に対するフーリエ級数については，$\hat{f}(r)$ は信号 f の周波数 $2\pi r$ 部分の大きさを測るものであると言える．同様に，$(\mathcal{F}F)(\lambda)$ は周波数がほぼ λ である F の成分の大きさを与える．**ハイゼンベルクの不確定性原理**と呼ばれる一連の不等式がある．それは，要するに $\mathcal{F}F$ の大部分がある狭い帯域に集中しているならば，信号 F は広域に広がっているはずである，というものである．このことは信号を操作する能力に強い制限を課しており，また，量子論における一つの中心課題を占めている．

本章の最初に数列に対する変換を議論し，1 方向の数列のほうが 2 方向の数列より取り扱いやすいことを見た．同様に，フーリエ変換を適用する関数 $F : \mathbb{R} \to \mathbb{C}$ として，仮に，$t < 0$ のときに $F(t) = 0$ となるようなものであれば，より広いクラスの関数にこの変換を適用することができる．もう少し具体的に，F がこのような 1 方向関数であり，それほど急激に増加するようなものでなければ，次の**ラプラス変換**を考えることができる．

$$\begin{aligned} (\mathcal{L}F)(x+\mathrm{i}y) &= \int_{-\infty}^{\infty} F(s)\mathrm{e}^{-(x+\mathrm{i}y)s}\mathrm{d}s \\ &= \int_{0}^{\infty} F(s)\mathrm{e}^{-(x+\mathrm{i}y)s}\mathrm{d}s \end{aligned}$$

ここで，x, y は実数であり，x は十分に大きいとする．より自然な記法

$$(\mathcal{L}F)(z) = \int_{-\infty}^{\infty} F(s)\mathrm{e}^{-zs}\mathrm{d}s$$

を用いれば，$\mathcal{L}F$ は**正則関数** [I.3 (5.6 項)] の重み付き平均として見ることができ，このことから $\mathcal{L}f$ が正則関数であることがわかる．ラプラス変換はフーリエ変換のいろいろな性質を共有し，この変換を利用するときに，このことと，これまでに蓄積されてきた膨大な正則関数に関する結果を使うことができる．数論における**素数定理** [V.26] のような深い結果の多くは，ラプラス変換を巧妙に使うことによって最も

簡単に得られる．

これまでに議論したような変換は，畳み込みを掛け算に移すという意味で，すべて同じ仲間であると言える．変換の一般論は，「古典的な変換」のいくつかの側面に焦点を絞りつつ，他の性質は切り捨てることで，いろいろな異なる方向へと発展を続けている．

これらの新しい変換の中の最も重要なものの一つは，**ゲルファント変換**である．これは，抽象的な**可換バナッハ環**に具体的な表現を与える．このことは「作用素環」[IV.15 (3.1 項)] で議論されている．他の積分変換としては，フーリエ変換の積分による定義を一般化する，

$$F(t) \longleftrightarrow \int_{-\infty}^{\infty} F(s)K(\lambda - s)\mathrm{d}s$$

のような対応がある．もっと一般に，次の対応も考えられる．

$$F(t) \longleftrightarrow \int_{-\infty}^{\infty} F(s)K(s, \lambda)\mathrm{d}s$$

もう一つの興味深い変換は，**ラドン変換**あるいは**X 線変換**である．ここでは 3 次元の場合について考えるが，議論は形式ばらないものとする．ある物体に対し，$\boldsymbol{u}$ の方向に向けて放射線のビームを照射するものとする．f は，この物体の異なる各点において放射線がどれだけ吸収されたかを表す $\mathbb{R}^3$ 上の関数であるとする．このとき，測定できるものは，与えられた任意の直線に沿って吸収された放射線の量である．$\boldsymbol{u}$ の方向を持つすべての直線によって吸収された量を示す 2 次元画像として，この情報のいくらかを記述することができる．一般に，f を用いて新しい関数

$$(\mathcal{R}f)(\boldsymbol{u}, \boldsymbol{v}) = \int_{-\infty}^{\infty} f(t\boldsymbol{u} + \boldsymbol{v})\mathrm{d}t$$

を定義する．これは，$\boldsymbol{u}$ の方向を持つ直線であって，$\boldsymbol{u}$ に直交するベクトル $\boldsymbol{v}$ を通るものに沿って吸収される放射線の量を示すものと言える．$\mathcal{R}f$ から f を再現することを扱うのが**断層撮影法**（トモグラフィ法）である．

変換のアイデアはきわめて多くの異なる方向へと発展しているため，変換に一般的な定義を与える試みは，一般的すぎてとても役に立つような結論には至らない．さまざまな変換について言えることは，それらが古典的フーリエ変換と多かれ少なかれ類似点を持ち，この類似点がそれらを発展させた人たちにとって役立ったということであり，それ以上に言えることはほとんどない．「フーリエ変換」[III.27]，「球面調和関数」[III.87]，「表現論」[IV.9 (3 節)]，「ウェーブレットとその応用」[VII.3] も参照されたい．

III. 92

三角関数

Trigonometric Functions

ベン・グリーン［訳：石井仁司］

基本的三角関数 sin と cos は，これに関連した四つの関数 tan，cot，sec，cosec とともに，大部分の読者にとって，おそらく何らかの形で親しみを持つものであろう．正弦関数 $\sin : \mathbb{R} \to [-1, 1]$ を定義する一つの方法は，以下のとおりである．

ほとんどすべての数学の分野において，弧長に基づいたラジアンを使って角度が計測されている．図 1 において，角 $\angle$AOB が θ ラジアンであるとは，円の弧長 AB が θ であることである．この定義は $0 \leq \theta < 2\pi$ のときには意味を持つ．このとき，$\sin\theta$ を PB の長さとして定義される．ただし，P は B から線分 OA に下ろした垂線の足である．ここで重要なことは，この長さには正しい符号が与えられなくてはならないことである．$0 < \theta < \pi$ であれば，正の符号を与え，$\pi < \theta < 2\pi$ であれば負の符号を与える．別の言い方をすれば，$\sin\theta$ は点 B の y 座標である．

この正弦関数は，今のところ区間 $[0, 2\pi)$ 上で定義されている．これを $\mathbb{R}$ 全体で定義するには，この関数は周期 2π の周期関数であるということにすればよい（すなわち，すべての整数 n に対して関係式 $\sin\theta = \sin(2\pi n + \theta)$ を満たすことにする）．

正弦関数のこの定義には，一つ問題がある．弧 AB の**長さ**が何を意味するかという点である．この問題を理解する唯一の方法は，解析を利用することである．単位円周の方程式は，少なくとも (x, y) が第 1 象限にあるときには $y = \sqrt{1 - x^2}$ となる（それ以外の場合には，符号に注意する必要がある）．$y = a$ から $y = b$ まで変わるときの曲線 $x = f(y)$ の長さの公式は

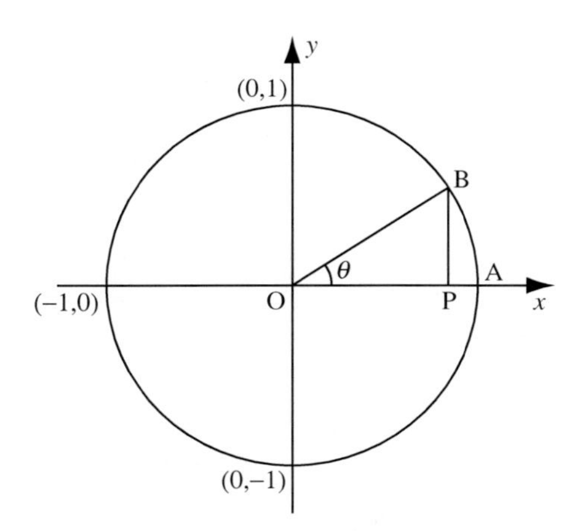

図 1　三角関数の幾何学的解釈

$$S=\int_a^b \sqrt{1+(\mathrm{d}x/\mathrm{d}y)^2}\,\mathrm{d}y$$

である（これは定義と考えればよい．ただし，なぜこのように定義するかという理由付けは図形的考察から来る）．円周に対しては，$\sqrt{1+(\mathrm{d}x/\mathrm{d}y)^2}=1/\sqrt{1-y^2}$ が成り立つ．点 $\mathrm{P}=(x,\sin\theta)$ と点 $\mathrm{A}=(1,0)$ の間の円弧の長さは θ であるから，これより，$0\le\theta\le\pi/2$ に対する，公式

$$\int_0^{\sin\theta}\frac{\mathrm{d}y}{\sqrt{1-y^2}}=\theta \tag{1}$$

が得られる（x の値が何であるかは気にしなくてよい）．これは，陰関数としてではあるが，$0\le\theta\le\pi/2$ に対する $\sin\theta$ の正確な定義と見ることができる．

数学の最も自然な概念の多くのものと同じように，sin も同値な多くの方法で定義することができる．この一つとして，次のものがある（最初の方法との同値性は，すぐにはわからない）．

$$\sin z=z-\frac{z^3}{3!}+\frac{z^5}{5!}-\frac{z^7}{7!}+\cdots \tag{2}$$

この無限級数は，すべての実数 z に対して収束する．この定義は，式 (1) と比べて明確な利点を持っている．この公式はすべての**複素数**に対して意味を持つという点である（θ を z に替えた理由はここにある）．ゆえに，この公式は sin を**正則関数** [I.3 (5.6 項)] として $\mathbb{C}$ に拡張する．

正弦関数が解析的であるならば，その導関数は何だろうか？　その答えは余弦関数 $\cos z$ である．この関数は，幾何学的にもベキ級数を用いても sin とほとんど同じように定義される．ベキ級数であれば，

$$\cos z=1-\frac{z^2}{2!}+\frac{z^4}{4!}-\frac{z^6}{6!}+\cdots \tag{3}$$

となるが，これは sin に対する級数を項別微分（普通には，この操作は適切に正当化されなければならないが，今の場合にはこのことを正当化できる）して得ることができる．

もう一度微分すると，公式 $(\mathrm{d}^2/\mathrm{d}z^2)\sin z=-\sin z$ が得られる．実は，$\sin:\mathbb{R}\to[-1,1]$ を微分方程式 $y''=-y$ の初期条件 $y(0)=0$，$y'(0)=1$ を満たす一意解として定義することが可能である．これは式 (1) と式 (2) の二つの定義が同値であることを証明するのに，無理のない道筋を与える（式 (1) から $\sin''=-\sin$ を示すことは，微積分の良い演習問題である）．

究極的には，級数展開 (2) と (3) は，sin と cos の最も重要な側面を示している．それは**指数関数** [III.25]

$$\mathrm{e}^z=1+z+\frac{z^2}{2!}+\frac{z^3}{3!}+\cdots$$

との関係である．これと式 (2), (3) とを比べると，有名な公式

$$\mathrm{e}^{\mathrm{i}\theta}=\cos\theta+\mathrm{i}\sin\theta$$

が得られる．指数関数 $\theta\mapsto\mathrm{e}^{\mathrm{i}n\theta}$ は**指標**である．すなわち，$\mathbb{R}/2\pi\mathbb{Z}$ から単位円周 S^1 への**準同型写像** [I.3 (4.1 項)] である（この二つは，それぞれ 2π を法とする加法と乗法に関して群をなす）．この事実は，これらの関数を使って $\mathbb{R}$ 上の 2π 周期の関数に対して**フーリエ解析** [III.27] を行えばよいことを示唆する．sin や cos は実数値関数なので，このような周期関数を指数関数に分解するのでなく，級数

$$\frac{a_0}{2}+a_1\cos x+b_1\sin x+a_2\cos 2x+b_2\sin 2x+\cdots$$

として分解できれば便利である．好都合な仮定（たとえば，f が十分に滑らかであるという仮定）をすれば，次のような直交関係を使って，係数を求めることができる．すなわち，

$$\frac{1}{\pi}\int_0^{2\pi}\cos nx\cos mx\,\mathrm{d}x=\begin{cases}0, & n,m\ge 0,\ n\ne m\\ 1, & n=m\ge 1\\ 2, & n=m=0\end{cases}$$

および

$$\frac{1}{\pi}\int_0^{2\pi}\cos nx\sin mx\,\mathrm{d}x=0,\quad n,m\ge 0$$

である．こうして，たとえば，

$$a_n=\frac{1}{\pi}\int_0^{2\pi}f(x)\cos nx\,\mathrm{d}x$$

が得られる．このような分解は，CD（コンパクトディスク）プレーヤーや携帯電話といった機器を究極的に支えている．

最後に，sin，cos と，（ここでは取り上げなかった）他の四つの三角関数に関する公式や，さらに，これらの関数の積分に関する公式の莫大な集積がある．これらの公式ゆえに，古典的なユークリッド幾何において三角関数は不可欠なものとなっている．この幾何への応用では，さらに多くの公式が知られている．美しいこのような公式を一つだけ挙げる．それは，三つの角が A, B, C である単位円に内接する三角形の面積は，ちょうど $2\sin A \sin B \sin C$ に等しいというものである．

III. 93

普遍被覆空間

Universal Covers

ティモシー・ガワーズ［訳：久我健一］

X を**位相空間** [III.90] とする．X 内の**ループ**とは，閉区間 $[0,1]$ から X への連続関数 f で $f(0) = f(1)$ を満たすものとして定義される．ループの**連続な族**とは，$[0,1]^2$ から X への連続関数 F で，各 t に対して $F(t,0) = F(t,1)$ を満たすものである．考え方としては，各 t に対して $f_t(s)$ を $F(t,s)$ にとることでループ f_t を定義することができるが，このときループ f_t は t に関して「連続的に変化する」といえる．ループ f が**可縮**とは，連続的に 1 点に縮められることである．より正確には，ループの連続な族 $F(t,s)$ で，各 s について $F(0,s) = f(s)$ を満たしすべての $F(1,s)$ の値が同じ点となるものが存在しなければならない．すべてのループが可縮のとき，X は**単連結**であるという．たとえば，球面は単連結であるが，トーラスはそうではない．これは，トーラスを「ぐるりと回る」ループがあって，縮めることができないからである（なぜなら，トーラスを回るループをどのように連続的に変形しても，同じ回数だけ回るためである）．

任意の十分良い弧状連結な空間 X（**多様体** [I.3 (6.9 項)] のような空間で，X 中の任意の 2 点が連続的な道で結べる性質を持つもの）が与えられると，これに密接に関連した**単連結**空間 $\widetilde{X}$ を以下のように定義することができる．まず，X 中に任意に「基点」x_0 をとる．そして，$[0,1]$ から X への連続な道で $f(0) = x_0$ を満たすものすべてからなる集合を作る（$f(1)$ が x_0 になることは必ずしも要求しない）．次に，このような二つの道 f と g に関して，$f(1) = g(1)$ で，かつ f から g に至る道の連続的な族で常に同じ始点と同じ終点を持つものがあるとき，これらを**同値**あるいは**ホモトピック**と見なす．すなわち，f と g がホモトピックであるとは，$[0,1]^2$ から X への連続関数 F で，各 t に対して $F(t,0) = x_0$ かつ $F(t,1) = f(1) = g(1)$ を満たし，各 s に対して $F(0,s) = f(s)$ かつ $F(1,s) = g(s)$ を満たすものが存在するときをいう．最後に，X の**普遍被覆空間** $\widetilde{X}$ を，道のホモトピー類の全体からなる空間として定義する．すなわち，x_0 を始点とする連続な道全体のなす空間の，ホモトピーの**同値関係** [I.2 (2.3 項)] による**商空間** [I.3 (3.3 項)] である．

この定義が実際にどうなっているかを見てみよう．すでに述べたように，トーラスは単連結ではない．では，その普遍被覆空間は何だろう？　この問いに答えるために，次のようにやや作為的なやり方でトーラスを考えるとよい．点 x_0 を固定し，x_0 を始点とするすべての連続な道の集合において，このような二つの道が同じ終点を持つとき同値と見なしたものをトーラスと定義する．このようにすると，各道に対して「問題にする」のは終点がどこかということだけであり，終点の集合は明らかにトーラス自身である．しかし，これは普遍被覆空間の定義ではなかった．そこでは，道の終点だけを問題としたのではなく，終点に「どのように至ったか」も問題とした．たとえば，道がループであったとすると終点は x_0 自身となるが，このとき問題とするのは，このループがトーラスを何回，どのような回り方で回ったかである．

$\mathbb{R}^2$ において，差が $\mathbb{Z}^2$ に属するときに二つの点を同値と定めると，この同値関係による商空間としてトーラスを定義することができる．したがって，$\mathbb{R}^2$ の各点は（商写像によって）トーラス内の点に写像される．すると，トーラス内の任意の連続的な道は，次の意味で平面に一意に「持ち上がる」．トーラスの x_0 に写像される $\mathbb{R}^2$ の点 u_0 を固定する．トーラス内の x_0 を始点とする任意の連続的な道をたどるとき，$\mathbb{R}^2$ において（u_0 から出発し）各点がトーラス内の道の適切な点に写像されるような道のたどり方が，ちょうど１通り存在する．

さて，トーラス内で x_0 を始点とし，同じ終点 x_1 を持つ二つの道を考える．これらの道の「持ち上げ」はともに u_0 を始点とするが，終点に関してわかることは，これらが「同値」だということだけである．つまり，同じ点かどうかはわからない．実際，１番目の道が可縮なループで，２番目の道がトーラスを１周回るループであるとすると，これらの持ち上げの終点は「異なる」点になる．次のことがわかる（様子を想い描いてみると，とても自然でもっともな結果であることに気づく）．すなわち，二つの道の「持ち上げ」が同じ終点を持つのは，元の道がホモトピックであるとき，しかもこのときに限る．言い換えると，トーラス内の道のホモトピー類と $\mathbb{R}^2$ の点との間に１対１対応がある．これは，$\mathbb{R}^2$ がトーラスの普遍被覆空間であることを示している．ある意味で，空間からその普遍被覆空間を構成する操作は，普遍被覆空間から空間を作るときに使う商をとる操作を逆に「展開」する．

この例の一つの実り多い考え方は，$\mathbb{Z}^2$ の $\mathbb{R}^2$ 上の自然な**群作用** [IV.9 (2 節)] を考察することである．すなわち，$\mathbb{Z}^2$ の各点 (m,n) に移動 $(x,y) \mapsto (x+m, y+n)$ を対応させる．すると，トーラスをこの作用による $\mathbb{R}^2$ の商空間と見なすことができる．すなわち，トーラスの元はこの作用の**軌道**（$\{(x+m,y+n) : (m,n) \in \mathbb{Z}^2\}$ の形の集合）であり，商位相（ここで，二つの $\mathbb{Z}^2$ 軌道が近いとは，自然に考えて近いことである）を与えたものとなる．この $\mathbb{Z}^2$ の $\mathbb{R}^2$ 上の作用は**自由**かつ**離散的**である．これは，$\mathbb{Z}^2$ の各非零元が，各点の小さい近傍をそれとまったく交わらない集合に移すという意味である．任意の十分良い空間 X は，同じような群作用によるその普遍被覆空間の商空間として得られることがわかる．この群が X の**基本群** [IV.6 (2 節)] である．

名称が示唆するように，普遍被覆空間は普遍性を持つ．空間 X の**被覆空間**とは，大雑把に言って，空間 Y と Y から X への連続な全射で，X 内の小さい近傍の逆像が Y の中で（元の近傍と同相な）小さい近傍の交わりのない和集合となるものをいう．U が X の普遍被覆空間で Y が X の他の任意の被覆空間とすると，自然なやり方で U を Y の被覆空間にすることができる．たとえば，無限に長い円柱を巻き付けることによってトーラスの被覆空間を定義することができるが，すると今度は，この円柱を平面で被覆空間することができる．したがって，X の連結なすべての被覆空間は，普遍被覆空間の商空間である．さらに，各被覆空間は，X の基本群の部分群による普遍被覆空間上の作用の，軌道全体のなす空間となる．この観察によって，X の基本群の部分群の共役類と被覆空間の同値類の間の対応が得られる．この「ガロア対応」の類似が，数学の他の場所でもたくさんある．その最も古典的なものは，体拡大の理論に見られる（「5 次方程式の非可解性」[V.21] を参照）．

普遍被覆空間を使う例を「幾何学的・組合せ群論」[IV.10 (7, 8 節)] に見ることができる．

III.94

変分法

Variational Methods

ローレンス・C・エバンス［訳：石井仁司］

変分法は理論であると同時に，ある種の（多くの場合，極度に非線形性の高い）常微分方程式や偏微分方程式を研究するための道具箱である．これらの微分方程式は適当な「エネルギー」汎関数の臨界点を探すときに現れ，他の一般の非線形問題よりも，通常はずっと扱いやすい．

1. 臨　界　点

まずは，大学初年級の微積分で習う一つの簡単なことから始めよう．それは，$f = f(t)$ を数直線 $\mathbb{R}$ 上で定義された関数とするとき，f が t_0 で極小値（あるいは極大値）をとるならば，$(\mathrm{d}f/\mathrm{d}t)(t_0) = 0$ となるというものである．

変分法は，この視点を大きく広げたものである．そこでの考察の基本的な対象は，**汎関数** F である．汎関数は，実数に対してではなく，関数 u に対して定義される．あるいは，関数全体というよりも，関数の適当な許容された族に対して定義される．すなわち，F は関数 u を実数 $F(u)$ に対応させる．そこで，u_0 が F の最小値を与える（すなわち，$F(u_0) \leq F(u)$ がすべての許容関数 u に対して成り立つ）とすれば，

「F の u_0 における微分係数は 0 である」ことが期待される．もちろん，これは正確に表現されるべきことであり，そのための方策は厄介そうに見えるかもしれない．なぜなら，許容関数の空間は無限次元だからである．しかしながら，実際のところ，このような変分法は標準的な微積分を利用すればよいことになり，一方で，変分法は最小値を与える関数（これを最小化関数と呼ぶ）u_0 の性質について，深い洞察を与えてくれる[*1]．

2. 1次元の問題

変分の手法が有効となる最も簡単な状況は，1 変数の関数を対象とする状況である．この状況下で，汎関数の最小化関数が，ある常微分方程式を自動的に満たすことを調べてみよう．

2.1 最 短 経 路

手始めの問題として，平面の 2 点間を結ぶ最短経路は線分であることを示そう[*2]．もちろんこれはほとんど自明な問題であるが，ここで展開する方法は，もっとずっと興味ある問題に適用できるものである．

さて，座標平面に 2 点 (a,x) と (b,y) が与えられているとする．ただし，$a<b$ とする．この問題の許容関数として，$u(a)=x$，$u(b)=y$ を満たすようなすべての滑らかな $I=[a,\, b]$ 上の実数値関数 u を考える．関数 u のグラフは (a,x) と (b,y) を結ぶ曲線を定めるが，この曲線の長さは

$$F[u]=\int_I (1+(u')^2)^{1/2}\mathrm{d}x \tag{1}$$

で与えられる．ここで，$u=u(x)$ であり，プライム[*3]（$'$）は x に関する微分を表す．いま，ある関数 u_0 がこの長さを最小化しているとする．このとき，u_0 のグラフが (a,x) と (b,y) を結ぶ線分であることを示すために，最小化関数 u_0 に対しては「F の微分係数が 0 である」として，この結論を導く．

この考え方を正当化するために，I 上の滑らかな関数 w で，この区間 I の両端で 0 となるものを一つ選ぶ．各 t に対して，$f(t)=F[u_0+tw]$ とおく．関数 u_0+tw のグラフは 2 点 (a,x) と (b,y) を結んでおり，長さは u_0 のときに最小化されるので，$\mathbb{R}$ から $\mathbb{R}$ への通常の関数である f は，$t=0$ で最小値をとる．したがって，$(\mathrm{d}f/\mathrm{d}t)(0)=0$ となる．このとき，積分記号下での微分を実行し，さらに部分積分を使えば，$(\mathrm{d}f/\mathrm{d}t)(0)$ を計算することができる．その結果は

$$\int_I \frac{u_0'w'}{(1+(u_0')^2)^{1/2}}\mathrm{d}x = -\int_I \left(\frac{u_0'}{(1+(u_0')^2)^{1/2}}\right)' w\mathrm{d}x$$

である．この関係式は上記の条件を満たすすべての w に対して成立するので，区間 I 上のすべての点で

$$\left(\frac{u_0'}{(1+(u_0')^2)^{1/2}}\right)'=\frac{u_0''}{(1+(u_0')^2)^{3/2}}=0 \tag{2}$$

となる．

これまでのところをまとめると，次のようになる．指定された 2 端点を結ぶ曲線の長さの最小値が，u_0 のグラフにおいて実現されるならば，u_0'' は恒等的に 0 であり，したがって，最短経路は線分である．この結論は特に感激的なものとは言えないが，この簡単な場合においても，注目すべき点が見られる．上記のような変分法の考察から，

$$\kappa=\frac{u''}{(1+(u')^2)^{3/2}}$$

のような表現に，自然に到達する．これは u のグラフの曲率である．最小化関数 u_0 のグラフの曲率は至るところで 0 であることになる．

2.2 一般化：オイラー–ラグランジュ方程式

前の例題において使われた方法はたいへん強力で，広く一般化できることがわかる．

一つの有用な一般化は，式 (1) における長さの汎関数をより一般的な次の形の汎関数に置き換えることで得られる．

$$F[u]=\int_I L(u',u,x)\mathrm{d}x \tag{3}$$

ここで，$L(v,z,x)$ は与えられた関数で，しばしばラグランジアンと呼ばれる．$F[u]$ は区間 I で定義された関数 u の「エネルギー」（あるいは「作用」）と解釈される．

次に，固定されたある境界条件のもとでの F の最小化関数を u_0 とする．u_0 の振る舞いに関する情報を

---

*1) ［訳注］必ずしも u_0 は最小化関数ではないが，「F の u_0 における微分係数が 0」となるとき，u_0 を F の**臨界点**あるいは臨界関数という．臨界点は，また，危点あるいは停留点とも呼ばれる．

*2) ［訳注］以下の最短経路に関する説明では，原著の誤りを修正している．

*3) ［訳注］ダッシュとも読む．

引き出すために，最初の例と同じように議論する．前と同様に滑らかな関数 w をとり，$f(t)=F[u_0+tw]$ を定義する．この f が $t=0$ で最小値をとるので，$(\mathrm{d}f/\mathrm{d}t)(0)=0$ がわかる．前と同じように，この微分係数を具体的に計算して

$$\frac{\mathrm{d}f}{\mathrm{d}t}(0)=\int_I L_v w' + L_z w \mathrm{d}x = \int_I (-(L_v)'+L_z) w \mathrm{d}x$$

を得る．ここで，L_v と L_z は偏導関数 $\partial L/\partial v$ と $\partial L/\partial z$ の (u_0', u_0, x) における値を表す．上の式の値が，与えられた境界条件を満足する[*4)]すべての w に対して 0 となることから，区間 I 上のすべての点で次が成り立つ．

$$-(L_v'(u_0', u_0, x))' + L_z(u_0', u_0, x) = 0 \qquad (4)$$

この非線形常微分方程式は，**オイラー–ラグランジュ方程式**と呼ばれる．ここでの要点は，汎関数 F のどの最小化関数もこの微分方程式の解になっており，この微分方程式の解であることが，幾何学的あるいは物理的に重要な情報をしばしば持つという点である．

たとえば，$L(v,z,x)=(1/2)mv^2-W(z)$ を取り上げてみる．これは，数直線上を運動する質量 m の粒子の運動エネルギーと位置エネルギー W の差と解釈できる．オイラー–ラグランジュ方程式 (4) は，このとき

$$mu_0''=-W'(u_0)$$

となる．これは**ニュートンの運動の第 2 法則**である．変分法は物理法則のエレガントな導出方法を提供する．

2.3 連　立　系

この議論は，さらに次のように一般化される．汎関数

$$F[\boldsymbol{u}]=\int_I L(\boldsymbol{u}', \boldsymbol{u}, x)\mathrm{d}x \qquad (5)$$

を考える．ここでは，区間 I を $\mathbb{R}^m$ に移すベクトル値関数 $\boldsymbol{u}$ が対象になっている．$\boldsymbol{u}_0$ が適当な関数族の中での最小化関数であれば，上述の議論と同様にオイラー–ラグランジュ方程式が計算できる．その結果得られる方程式は，それぞれの k に対して

$$-(L_{v^k}(\boldsymbol{u}_0', \boldsymbol{u}_0, x))' + L_{z^k}(\boldsymbol{u}_0', \boldsymbol{u}_0, x) = 0 \qquad (6)$$

となる．L_{v^k} と L_{z^k} は $\boldsymbol{u}'$ と $\boldsymbol{u}$ の k 番目の変数に関する L の偏導関数を表す．これらの方程式は，$\boldsymbol{u}_0=(u_0^1,\ldots,u_0^m)$ の成分に対する連立常微分方程式系をなす．

幾何学からの例として，

$$L(v,z,x)=\left(\sum_{i,j=1}^{m} g_{ij}(z)v^i v^j\right)^{1/2}$$

とおくとき，$F[\boldsymbol{u}]$ は g_{ij} によって決まる**リーマン計量** [I.3 (6.10 項)] で測った曲線 $\boldsymbol{u}$ の長さを与える．$\boldsymbol{u}_0$ が速度 1 の曲線であるとして，オイラー–ラグランジュ方程式系 (6) は，少し変形したあとで，

$$(u_0^k)''+\sum_{i,j=1}^{m}\Gamma_{ij}^k(u_0^i)'(u_0^j)'=0, \quad k=1,\ldots,m$$

と書き直すことができる．ここの Γ_{ij}^k は**クリストッフェルの記号**と呼ばれるもので，g_{ij} を使って計算できる．この常微分方程式系の解は**測地線**と呼ばれる．したがって，「長さを最小化する曲線は測地線である」ということになる．

物理的な一つの例として，$L(v,z,x)=(1/2)m|v|^2-W(z)$ を考える．これに対するオイラー–ラグランジュ方程式は

$$m\boldsymbol{u}_0''=-\nabla W(\boldsymbol{u}_0)$$

となる[*5)]．これは，位置エネルギー W の影響下で運動する $\mathbb{R}^m$ の粒子に対するニュートンの運動の第 2 法則である．

3. 高次元の問題

変分法は，多変数関数を含んだ式にも適用される．その場合には，得られるオイラー–ラグランジュ方程式は**偏微分方程式**になる．

3.1 極　小　面　積

次の例では，最短曲線についての上述の考察が一般化される．この問題では，平面のある領域 U が与えられ，さらに，その境界 ∂U 上の実数値関数 g が与えられる．U 上で定義された実数値関数 u で，さらに境界上では g に等しくなるもので構成される，ある許容関数の族を考える．u のグラフは，その境界が g のグラフに一致するような 2 次元の曲がった

---

*4) ［訳注］この条件は「境界の近傍で $w=0$ を満たす」に置き換えたほうがよい．

*5) ［訳注］∇W は関数 $W(v)$ の勾配 $(W_{v_1},\ldots,W_{v_m})$ を表す．

面と考えられる．この曲面の面積は

$$F[u] = \int_U (1 + |\nabla u|^2)^{1/2} \mathrm{d}x \tag{7}$$

で与えられる．関数 u_0 は，そのグラフが与えられた境界を持つようなすべての曲面の中で面積を最小にする曲面であるとする．この曲面（いわゆる**極小曲面**）の幾何学的性質について，どのような帰結を得ることができるかを考えよう．

今度もまた，$f(t) = F[u_0 + tw]$ とおいて，t について微分して，というように議論を進めていく．しかるべき計算の後に次の結論に至る．領域 U 上で

$$\mathrm{div}\left(\frac{\nabla u_0}{(1 + |\nabla u_0|^2)^{1/2}}\right) = 0 \tag{8}$$

が成り立つ．ただし，div は発散作用素を表す．この非線形偏微分方程式は**極小曲面方程式**と呼ばれる．この方程式の右辺は，u_0 のグラフの平均曲率（の 2 倍）に等しい．したがって，「極小曲面は至るところで，その平均曲率が 0 に等しい」．

関数 g のグラフに重なるように固定された針金の枠の間に張られた石鹸膜によって形作られた面として，物理的に極小曲面を捉えることがよくある．

3.2　一般化：オイラー–ラグランジュ方程式

自然な一般化として，またしばしばとても有用な一般化として，面積汎関数 (7) を次の一般の汎関数に置き換えることを考える．

$$F[u] = \int_U L(\nabla u, u, x) \mathrm{d}x \tag{9}$$

ここで，U は $\mathbb{R}^n$ の領域である．u_0 が与えられた境界条件を満たす最小化関数であるとして，次の**オイラー–ラグランジュ方程式**が導かれる．

$$-\mathrm{div}(\nabla_v L(\nabla u_0, u_0, x)) + L_z(\nabla u_0, u_0, x) = 0 \tag{10}$$

これは，最小化関数 u_0 が満たすべき非線形偏微分方程式である．このタイプの非線形偏微分方程式を，**変分型**であるという．

たとえば，$L(v, z, x) = (1/2)|v|^2 - W(z)$ とすると[*6)]，オイラー–ラグランジュ方程式は，**非線形ポアソン方程式**

$$\Delta u = -w(u)$$

となる．ここで，$w = W'$ であり，$\Delta u = \sum_{k=1}^n u_{x_k x_k}$ は u の**ラプラシアン** [I.3 (5.4 項)] である．すでに説明したように，この重要な偏微分方程式は変分型である．この視点は有用である．なぜなら，汎関数 $F[u] = \int_U \frac{1}{2}|\nabla u|^2 - W(u)\mathrm{d}x$ の最小化関数を構成することによって，解を見つけることができるからである．

*6)　[訳注] 原文では W の代わりに $-G$ となっており，また，w の代わりに $-g$ となっているが，g の重複使用を避けて，W と w を用いた．

4.　変分法に関する，より進んだ事項

これまでの例により，**第 1 変分**をとるという簡単な変分法の方法は，適切な幾何学的あるいは物理的問題に応用されたとき，とても役に立つことが十分に示されたはずである．さらに，変分原理や変分法は，実際に数学あるいは物理学のさまざまな分野に登場する．数学者が最重要課題であると考える研究対象の多くは，ある種の変分原理に根ざしている．このような研究対象は膨大であり，これまでの例を除いて，ハミルトン方程式，ヤン–ミルズ方程式，サイバーグ–ウィッテン方程式，種々の非線形波動方程式，統計力学におけるギブス状態，最適制御におけるダイナミックプログラミング方程式などが挙げられる．

多くの議論すべき事項がまだ残されている．たとえば，$f = f(t)$ が $t = t_0$ のときに最小値をとるならば，$(\mathrm{d}f/\mathrm{d}t)(t_0) = 0$ が成り立つばかりでなく，$(\mathrm{d}^2 f/\mathrm{d}t^2)(t_0) \geq 0$ も成り立つことが知られている．この考察の一般化として，**第 2 変分**をとることが変分法において重要であるが，注意深い読者はすでにこのことを推察していたかもしれない．そのことは，臨界関数が安定であることを保証するのに必要な適当な凸性に関する条件を探る上で，ヒントを与えてくれる．より基本的なことは，最小化関数あるいは臨界関数の存在の問題である．これに対して，「一般化」された解が存在するような，うまい関数空間を構成するために，多くの数学者がこれまで大変な努力を傾けてきた．しかしながら，このような弱解は必ずしも十分に滑らかでなく，したがって，弱解の滑らかさあるいは特異性をさらに探究しなければならない．

しかしながら，これらはすべて相当に技巧的な数学の対象であり，この解説の程度をはるかに超えるものである．本章が読者の関心のレベルをあまり超えていなかったことを願いつつ，このあたりで終わりとする．

III.95 代数多様体

Varieties

ティモシー・ガワーズ［訳：小林正典］

代数多様体の簡単な例は円と放物線であり，これらはそれぞれ多項式の方程式 $x^2+y^2=1$ と $y=x^2$ により定義できる．代数多様体とは多項式の連立方程式の解集合のことであるが，それには一つ制限がある．制限を付けるのは，含めたくない例があるということである．たとえば，方程式 $x^2-y^2=0$ の解集合である．これは 2 直線 $x=y$ と $x=-y$ の和集合であり，自然に二つの部分に分かれる．そこで，多項式の連立方程式の解集合は**代数的集合**と呼び，それより小さい空でない代数的集合の和集合としては書けないときに，**代数多様体**と呼ぶ．

先ほど与えた例は，平面 $\mathbb{R}^2$ の部分集合である．しかし，代数多様体という概念は，もっとずっと一般的である．任意の n に対し，$\mathbb{R}^n$ の中でも考えられるし，$\mathbb{C}^n$ の中でも考えられる．実際，上の定義は，$\mathbb{F}$ を任意の体として，$\mathbb{F}^n$ において意味を持ち，興味深くかつ重要である．

ここまでで定義した代数多様体は，**アフィン**代数多様体である．多くの目的においては**射影**代数多様体を扱うほうが便利である．定義は同様であるが，今度は**射影空間** [III.72] 内に入っており，それらを定める多項式は同次式，つまり解の任意の定数倍がまた解となる式でなければならない．

さらなる解説については，「代数幾何学」[IV.4] と「数論幾何学」[IV.5] を参照されたい．

III.96 ベクトル束

Vector Bundles

ティモシー・ガワーズ［訳：二木昭人］

X を**位相空間** [III.90] とする．大雑把に言うと，ベクトル束とは，X の各点 x にベクトル空間を対応させることにより得られるベクトル空間の族で，x が変化するときこのような空間が連続的に変化するようなものである．一つの例として，$\mathbb{R}^3$ 内の滑らかな曲面を考えよう．各点 x に対して x における接平面を対応させると，x が動くにつれて接平面は連続的に変化し，自然な方法で 2 次元ベクトル空間と同一視される．もっときちんとした定義は次のとおりである．すなわち，X 上の**階数 n のベクトル束**とは，位相空間 E に連続写像 $p:E\to X$ が与えられたものであり，各点 x の逆像 $p^{-1}(x)$（つまり，x に写される E の点の集合）が n 次元ベクトル空間であるようなものである．さらに，すべての十分小さい X の領域 U に対して，U の逆像は $\mathbb{R}^n\times U$ と同相である（この性質を**局所自明性**と呼ぶ）．最も簡単な X 上の階数 n のベクトル束は，空間 $\mathbb{R}^n\times X$ に写像 $p(v,x)=x$ を与えたものである．これは**自明な束**と呼ばれる．しかしながら，興味があるのは，2 次元球面の接ベクトル束のような自明でない束である．位相空間について調べるときは，その上のベクトル束を考えると理解が深まる．この理由から，ベクトル束は代数的位相幾何学の中心的研究対象である．詳細は「代数的位相幾何学」[IV.6 (5 節)] を参照してほしい．

III.97

フォン・ノイマン環

Von Neumann Algebras

ティモシー・ガワーズ［訳：松本健吾・松本敏子］

群 [I.3 (2.1 項)] G の**ユニタリ表現**とは，G の各元 g に，ある**ヒルベルト空間** [III.37] H 上で定義された**ユニタリ作用素** [III.50 (3.1 項)] U_g を対応させる**準同型写像** [I.3 (4.1 項)] のことである．フォン・ノイマン環は，C^* **環** [III.12] の特別な場合であり，群のユニタリ表現論と密接に結び付いている．フォン・ノイマン環を定義するには，いくつかの同値な方法がある．ここでは，二つの方法を述べる．一つ目は，与えられたユニタリ表現に対して，その交換子，つまり，その表現に現れるユニタリ作用素と交換できる $B(H)$ のすべての**作用素** [III.50] が作る C^* 環としてフォン・ノイマン環を定義する方法であり，二つ目は，**バナッハ空間** [III.62] として，あるバナッハ空間 X の**共役空間** [III.19 (4 節)] になっているような C^* 環として抽象的に定義する方法である．

フォン・ノイマン環を構成している基本的な構成要素は，**因子環**と呼ばれるフォン・ノイマン環の特別なものである．この因子環の分類は，作用素環論の研究において中心的な話題であり，20 世紀後半の作用素環論の発展において数多くの素晴らしい成果をあげてきた．詳細については，「作用素環」[IV.15 (2 節)] を参照されたい．

III.98

ウェーブレット

Wavelets

ティモシー・ガワーズ［訳：山田道夫］

いま，白黒写真をあるコンピュータから別のコンピュータへ送りたいとしよう．簡単な方法は，黒を 1，白を 0 とコード化することである．しかし，この方法が明らかに非効率となる場合がある．たとえば，その写真が正方形で，左半分全体が白，右半分全体が黒という場合は，個々のピクセルのリストよりも，今述べた説明を送るほうが，はるかに効率的である．さらに，細かな画素の詳細は，普通問題にならない．たとえば，もし灰色の部分がほしいなら，黒と白の画素を正しい割合で混ぜて，それらを均等にばらまけばよい．

しかし，一般の写真をうまくコード化することは難しく，これは工学における重要な研究分野となっている．写真は正方形から $\mathbb{R}$ への関数と考えることができる．そのような関数全体は**ベクトル空間** [I.3 (2.3 項)] をなし，良いコード化の探索とは，この空間の良い基底を見つけることである．ここで「良い」というのは，今問題にしている関数（送りたい写真の種類に対応する関数）が，少数個の係数によって，人間の目にはわからない程度の誤差の範囲内で決定されるという意味である．

ウェーブレットは，多くの目的において特に良い基底となる．ある意味で，ウェーブレットは**フーリエ変換** [III.27] に似ているが，くっきりとした境界や写真の一部のみに「局所化された」パターンなどの詳細をコード化する際には，フーリエ変換よりも適した道具である．詳細については，「ウェーブレットとその応用」[VII.3] を参照されたい．

III.99

ツェルメロ–フレンケルの公理系

The Zermelo–Fraenkel Axioms

イムレ・リーダー［訳：田中一之］

ツェルメロ–フレンケルの公理系（ZF）とは，集合論を基礎付ける公理系である．これには二つの見方がある．一つは集合上の「使用を認可された演算」のリストとして見ることである．たとえば，集合 x, y に対して，x と y を要素とするような「対集合」が存在するという公理がある．

ZF が重要である理由の一つは，すべての数学を集合論の世界に還元でき，ZF の公理は数学全体の基礎と見なせるからである．もちろん，このようなことが言えるためには，ZF で認可される演算によって普通の数学のあらゆる構成が行えるということが必須である．いくつかの公理は，結果としてかなり巧妙に使えるものとなっている．

ZF のもう一つの見方は，空集合を基点にしてすべての集合の世界を「構築」するために必要なものを提供するというものである．ZF 公理をよく見ると，それぞれが集合論的なユニバースを作り上げる役割を担っていることがわかる．つまり，これらは集合のユニバース，より正確に言えば集合論のモデルが従うべき「閉包規則」なのである．よって，たとえばすべての集合がベキ集合（その部分集合全体からなる集合）を持つことを述べた公理があり，この公理は，空集合から始めて，空集合のベキ集合，空集合のベキ集合のベキ集合 ⋯ のように，巨大な集合族を構成することを可能にする．実際，すべての集合からなるユニバースは，（ある意味で）ZF によって認可されたすべての演算のもとでの空集合の閉包と表現できるだろう．

ZF の公理は，**1 階論理** [IV.23 (1 節)] の言語によって書かれている．よって，各公理は（すべての集合を変域とする）変数，通常の論理演算，そしてただ一つの「原始関係」である要素関係を用いて述べることができる．たとえば，対の公理は以下のようにして形式的に書き下すことができる．

$$(\forall x)(\forall y)(\exists z)(\forall t)(t \in z \Leftrightarrow t = x \text{ または } t = y)$$

慣例により，ZF は**選択公理** [III.1] を含まない．選択公理を含んだ公理系は ZFC と呼ばれる．

ZF についてさらに詳しい議論は「集合論」[IV.22 (3.1 項)] を参照されたい．

IV

第IV部 数学の諸分野

Branches of Mathematics

IV. 1

代数的数

Algebraic Numbers

バリー・メイザー［訳：三宅克哉］

この主題については，その源を探ろうとすれば古代ギリシアにまで遡るが，一方，現状を見れば，それはいくつもの分枝を伸ばしており，現代数学のほぼすべての相に触れている．1801 年に**カール・フリードリヒ・ガウス** [VI.26] は『数論研究』（*Disquisitiones arithmeticae*）を公刊し，いわば数論における現代的な体勢の「創始の礎」を与えた．最近の研究が取り組んでいる未解決問題の多くは，少なくともその萌芽を探っていくと，このガウスの著作に端を発していることがわかる．

さて，本章は，代数的数論の古典的な理論にいくらかでも触れてみたいとか，それを学んでみたいとかと考えている読者に話しかけてみようという思いで提供されている．理論的な準備は最小限に留めているが，それでもできるだけ多くを理解してもらい，代数的数の美しさをたっぷりと味わってもらおうと欲張った．この旅路を歩み始めようとする読者には，ガウスの『数論研究』とともにダヴェンポートの『高等算術』（*The Higher Arithmetic*, 1992）をリュックサックに入れていくことを勧める．特に後者はこの主題についての珠玉の一冊であり，高等学校の数学以上の知識をほとんど用いないで，基本的なアイデアについての明確な，しかも深みを伴った解説を与えている．

1. 2 の 平 方 根

代数的数と代数的整数を学ぶときには，まず，通常の有理数と通常の整数を調べるところから始め，その後も幾度となくそこに立ち返ることになる．最初の代数的無理数は，数としてよりも，むしろ幾何学の問題に簡単な形で答えようとするときに立ち塞がった障害物として，その姿を現した．

正方形の対角線と 1 辺の長さの比が整数の比として表されないことは，初期のピタゴラス学派を悩ませることになった発見の一つであると言われている．しかし，この比も 2 乗すれば $2:1$ になる．したがって，代数的に取り扱うことができそうであり，実際，後の数学者たちはそのように取り扱った．この比は，その 2 乗が 2 であるという事実以上には何も情報が与えられていない，一つの記号として考察される（後に見るように，これは**クロネッカー** [VI.48] の代数的数に対する視点である）．とはいえ，$\sqrt{2}$ は多様な形に表示される．たとえば，

$$\sqrt{2} = |1 - \mathrm{i}| \tag{1}$$

と表せば，それは世界一簡単な三角和 $1 - \mathrm{i} = 1 - e^{2\pi \mathrm{i}/4}$ と関係する．これはすべての 2 次無理数に対して以下で一般化される．また，$\sqrt{2}$ は極限としての多様な表示を持つ．その一つが，優美な**連分数** [III.22] によるものである．

$$\sqrt{2} = 1 + \cfrac{1}{2 + \cfrac{1}{2 + \cfrac{1}{2 + \ddots}}} \tag{2}$$

この連分数 (2) と直接に関係しているのが，ディオファントス方程式

$$2X^2 - Y^2 = \pm 1 \tag{3}$$

である．これは**ペル方程式**としても知られている．この方程式を満たす整数の組 (x, y) は無限個存在し，対応する分数 y/x は式 (2) の表示を途中で切って得られる分数になっている．たとえば，初めのいくつかの解は $(1,1), (2,3), (5,7), (12,17)$ であり，

$$\left.\begin{aligned}\frac{3}{2} &= 1+\frac{1}{2} = 1.5\\ \frac{7}{5} &= 1+\cfrac{1}{2+\cfrac{1}{2}} = 1.4\\ \frac{17}{12} &= 1+\cfrac{1}{2+\cfrac{1}{2+\cfrac{1}{2}}} = 1.416\cdots\end{aligned}\right\} \tag{4}$$

である．

方程式 (3) の右辺の ± 1 を 0 で置き換えれば $2X^2 - Y^2 = 0$ が得られ，これの正の実数解 (X, Y) に対する比は $Y/X = \sqrt{2}$ を満たしている．したがって，容易に見て取れるように，式 (4) のように得られていく分数の列は，（交互に $\sqrt{2} = 1.414\cdots$ よりも大きくなったり小さくなったりしながら）極限としては $\sqrt{2}$ に収束する．それ以上に目を見張る事実がある．それは，この式 (4) のように得られる分数は $\sqrt{2}$ の最良近似となることである（有理数 a/d が実数 α の**最良近似**であるとは，a/d が，分母が d を超えない有理数のどれよりも α に近いことを意味している）．こういった構図への理解を深めるために，重要な無限表示をもう一つ考察しよう．次の無限級数は条件収束する．

$$\frac{\log(\sqrt{2}+1)}{\sqrt{2}} = 1 - \frac{1}{3} - \frac{1}{5} + \frac{1}{7} + \frac{1}{9} - \cdots \pm \frac{1}{n} + \cdots \tag{5}$$

ただし，n は正の奇数全体にわたり，項 $\pm 1/n$ の符号は n を 8 で割った余りが 1 か 7 の場合は**正**，3 か 5 の場合は**負**である．この優美な公式 (5) は，是非とも計算機を使い小数点以下 1 位の精度で確認してほしい．これは ***L* 関数** [III.47] の特殊値についての解析的公式の強力で一般的な理論から得られる実例の一つであるだけでなく，この物語で深められていく代数的な面と解析的な面の架け橋の役割を演じる．以下でこのことを示唆したいときは，簡単に「解析的公式」と述べることにする．

2. 黄　金　比

時代を通して魅惑的な幾何学の話題を提供してきた 2 次無理数と言えば，**黄金比**と呼びならわされてきた数 $\frac{1}{2}(1+\sqrt{5})$ が，$\sqrt{2}$ の好敵手である．比 $\frac{1}{2}(1+\sqrt{5}) : 1$ は，長方形であって，図 1 のようにそれから正方形を取り除いて得られる小さい長方形が元のものと相似形になるものの，長辺と短辺の比である．三角和として表すと

図 1　一番外側の長方形の高さと幅の比は，黄金比になっている．図にあるように，これから正方形を取り除けば，残りの長方形の幅と高さの比はまた黄金比になっている．もちろん，この手順はいくらでも繰り返していくことができる．

$$\frac{1}{2}(1+\sqrt{5}) = \frac{1}{2} + \cos\frac{2}{5}\pi - \cos\frac{4}{5}\pi \tag{6}$$

である．また連分数展開は

$$\frac{1}{2}(1+\sqrt{5}) = 1 + \cfrac{1}{1+\cfrac{1}{1+\cfrac{1}{1+\ddots}}} \tag{7}$$

であり，その表示を途中で切って得られる分数の列は

$$\frac{y}{x} = \frac{1}{1}, \frac{2}{1}, \frac{3}{2}, \frac{5}{3}, \frac{8}{5}, \frac{13}{8}, \frac{21}{13}, \frac{34}{21}, \cdots \tag{8}$$

となっている．これは

$$\frac{1}{2}(1+\sqrt{5}) = 1.618033988749894848\cdots$$

の上述の意味での有理数による最良近似である．たとえば分数

$$\frac{34}{21} = 1 + \cfrac{1}{1+\cfrac{1}{1+\cfrac{1}{1+\cfrac{1}{1+\cfrac{1}{1+\cfrac{1}{1+\cfrac{1}{1}}}}}}}$$

は $1.619047619047619047\cdots$ であり，これは分母が 21 よりも小さい分数のどれよりも黄金比に近い．

また，この連分数に数 1 が著しく現れているこ

と*1)を用いて，黄金比が（特別な技術上の意味で）すべての実無理数の中で有理数によって最も近似されにくいものであることが示される．

フィボナッチ数列に馴染みがある読者は，式 (8) の分子の列および分母の列に，それが現れていることに気づくだろう．方程式 (3) と類似した方程式は

$$X^2 + XY - Y^2 = \pm 1 \tag{9}$$

である．これについても右辺の ± 1 を 0 で置き換えると，方程式 $X^2 + XY - Y^2 = 0$ が得られ，これの正の実数解 (X, Y) から比 $Y/X = \frac{1}{2}(1+\sqrt{5})$, すなわち黄金比が得られる．そして今度は，式 (8) に現れる分数の分子 y と分母 x は方程式 (9) の正の整数解のすべてを網羅する．「解析的公式」(5) に類似する条件収束級数は

$$\frac{2\log\left(\frac{1}{2}(1+\sqrt{5})\right)}{\sqrt{5}} = 1 - \frac{1}{2} - \frac{1}{3} + \frac{1}{4} + \frac{1}{6} - \cdots \pm \frac{1}{n} + \cdots \tag{10}$$

である．ここで n は正整数で 5 では割れないもの全体にわたり，$\pm 1/n$ の符号は n を 5 で割った余りが ± 1 の場合は正，その他の場合は負である．

この正と負の符号を決定しているものは，n が「5 を法として平方剰余」であるかどうかである．この用語の意味を簡単に説明しよう．整数 m に対して，二つの整数 a, b が「m を法として合同」であるとは，差 $a - b$ が m の整数倍であることをいい，このとき記号としては $a \equiv b \mod m$ と表す．もし a, b と m が正整数であれば，これは a と b を m で割った「余り」（「剰余」とも呼ばれる）が等しいことと同値である（「合同式の算法」[III.58] を参照）．整数 a が m と互いに素であるとき，a が m を法として平方剰余であるとは，a が m を法として何らかの整数の平方と合同であることをいう．また，そうでないときは，m を法として**平方非剰余**という．したがって，$1, 4, 6, 9, \ldots$ は 5 を法として平方剰余であり，一方 $2, 3, 7, 8, \ldots$ は 5 を法として平方非剰余である．

等式 (5), (10) の一般化（2 次のディリクレ指標に対する L 関数についての「解析的公式」）は $\pm 1/n$ の形の項の条件収束和についての驚くべき公式を与える．一般には，n はあらかじめ与えられた整数と互いに素な正の整数全体にわたり，$\pm 1/n$ の符号の正，負は，n がその与えられた整数を法として平方剰余であるか非剰余であるかに対応する．

*1) 2 次の代数的な実数の連分数展開は，上の式 (2) や式 (7) に顕著に現れているように，必ずあるところから周期的な形を繰り返す．

3. 2 次 無 理 数

一般の 2 次方程式 $aX^2 + bX + c = 0$, $a \neq 0$ の根の公式

$$X = \frac{-b \pm \sqrt{b^2 - 4ac}}{2a}$$

は（通常は）二つの根を与え，これは $\sqrt{D}$, $D = b^2 - 4ac$ についての有理的な表示である．ただし，D は多項式 $aX^2 + bX + c$ の**判別式**と呼ばれる．この D はまた，この 2 次式に対応する斉次 **2 次形式** [III.73] $aX^2 + bXY + cY^2$ の判別式でもある．2 次の根の公式はいくらでも無理数を与える．実際，エウクレイデス（ユークリッド）の『原論』(*Elements*) で示されているように，D が完全平方でない自然数であるならば，$\sqrt{D}$ は無理数である．プラトンの対話篇『テアイテトス』(*Theaetetus*) では，この結果は若きテアイテトスの成果であるとされている．当初設定された問題に対する**障害物**と捉えられていたものが，結局は実効的に研究することができる**数**ないしは**ある種の代数的な対象**として認識されていくという「切り替わり」は，数学においていろいろな文脈で幾度となく繰り返されており，好奇心をそそるところである．かなり後のことだが，**複素** 2 次無理数も姿を現す．当初これらは「これこれの数」として認知されたものではなく，むしろ問題の解決にとっての**障害物**として意識されたものである．たとえば，ニコラ・シュケは 1484 年に著した手稿『数の科学における三部作』(*Triparty en la science des nombres*) で次の問題を提示している．3 倍すれば 4 にその平方を加えたものになる数は存在するか？　彼が導いた結論は，そのような数は存在しない，であった．なぜなら，この問題に 2 次方程式の根の公式を当てはめれば「不可能な」数，すなわち今でいう複素 2 次無理数が出てしまうからである*2)．

いかなる実数の 2 次（整）無理数に対しても，上で

*2) 16 世紀の数学者である**ボンベッリ** [VI.8] は，正であれ負であれ，数の平方根に当たる無理数を「耳の聞こえない」(deaf) 数（今日でも用いられている "surd"（無理数，無声音）を思い起こさせる）とか，「名付けようのない」数と呼んでいる．

考察した流れに沿った事柄（$\sqrt{2}$ に対する表示 (1)〜(5) および $\frac{1}{2}(1+\sqrt{5})$ に対する表示 (6)〜(10)）が得られる．複素2次無理数に対してもこのような理論があるが，それらはおもしろい具合に捻じれている．一つには，複素2次無理数に対しては直接対比できるような連分数展開に類するものはない．事実，こういった無理数に収束するような無限個の有理数をどうやって見つけるかという問題に対して簡単で的を射た答えは，「そんなことはできない！」である．これに呼応して，ペル方程式の類似物は有限個しか解を持たない．しかしながら，これらを補うかのように，それなりにうまく対応している「解析的公式」は，あとで見るように，もっと簡単な和として表される．

平方因数を持たない整数 d が与えられたとしよう．これは正でも負でもよい．この d に対して特に重要な数 τ_d を次のように定義する．もし d が4を法として1と合同であれば（すなわち，$d-1$ が4の倍数であれば），$\tau_d=\frac{1}{2}(1+\sqrt{d})$ とし，そうでなければ $\tau_d=\sqrt{d}$ とする．これらの2次無理数 τ_d を「次数2の基本的な代数的整数」と呼ぶことにしよう．「代数的整数」の一般的な概念は第11節で定義する．次数2の代数的整数は，通常の整数 a,b を係数とする2次方程式 $X^2+aX+b=0$ の根のことである．一つ目の場合（$d\equiv 1 \bmod 4$ のとき）は，τ_d は多項式 $X^2-X+\frac{1}{4}(1-d)$ の根であり，二つ目の場合は τ_d は X^2-d の根である．これらの2次無理数に特別な名前を付ける理由は，2次無理数となる代数的整数はすべて1と適当な次数2の基本的な代数的整数 τ_d の通常の整数を係数とする線形結合として表されるからである．

4. 環　と　体

数学的な対象を個々別々に検討するだけではなく，それらをひとまとまりにしたときに表れる性質に注目して調べることが行われるようになり，昨今ではその重要性が広く認められようになっている．これは数学における現今の大いなる進展の一つとして挙げられるだろう．複素数の一部を集めて得られる**環** R とは，R が1を含み，しかもその中で加法，減法，乗法が滞りなく行えるもののことである．したがって，R に含まれるどの a,b に対しても，$a\pm b$ と ab は必ず R に含まれている．環 R がさらに0以外の要素による除法でも閉じている（すなわち，a,b が R の要素であり，かつ $b\neq 0$ であるとき，a/b がやはり R に含まれている）とき，この R は**体**と呼ばれる（これらの概念は「いくつかの基本的な数学的定義」[I.3 (2.2項)]，「環，イデアル，加群」[III.81] でより詳しく検討されている）．通常の整数全体 $\mathbb{Z}=\{0,\pm 1,\pm 2,\ldots\}$ は，最も基本的な環の例である．見てのとおり，これは複素数で構成される環の中で最小のものである．

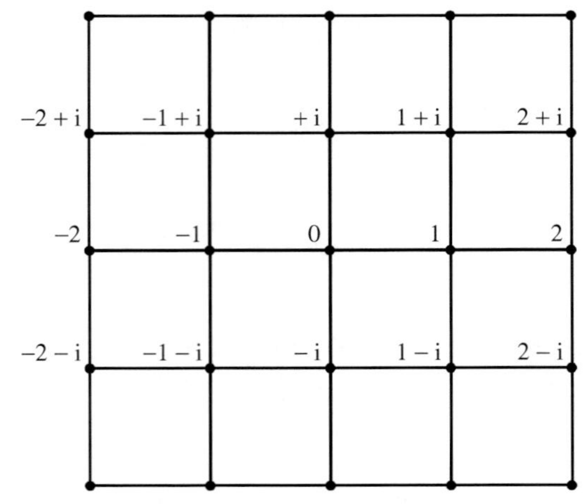

図 2　ガウスの整数は，複素平面を正方形のタイルで敷き詰めたときの格子の頂点である．

平方因数を持たない整数 d を定め，1と τ_d の整数係数の線形結合をすべて集めると，τ_d が実数であろうと複素数であろうと，それは必ず加法，減法，乗法に関して閉じており，したがって環である．これを R_d と書こう．すなわち，R_d は $a+b\tau_d$ で a,b が通常の整数であるような数全体の集合である．この環 R_d は，初源的な環 $\mathbb{Z}$ 以外にここで最初に扱う**代数的整数**の環の基本的な例であり，2次無理整数の入れ物として最も重要な環である．どの2次の代数的無理整数も必ずどれかただ一つの R_d に含まれる．

たとえば $d=-1$ のとき，対応する環 R_{-1} は**ガウスの整数**の環と呼ばれ，実数部分も虚数部分も通常の整数である複素数によって構成されている．これらの複素数は，複素平面を1辺の長さが1の正方形のタイルで敷き詰めたときの頂点全体として視覚化される（図2を参照）．

また，$d=-3$ のときは，環 R_{-3} に対応する複素数は複素平面を正三角形のタイルで敷き詰めたときの頂点全体として視覚化される（図3を参照）．

環 R_d を手にするとき，環論上の問題点が自ずと生じてくる．そのための用語をいくつか用意しよう．

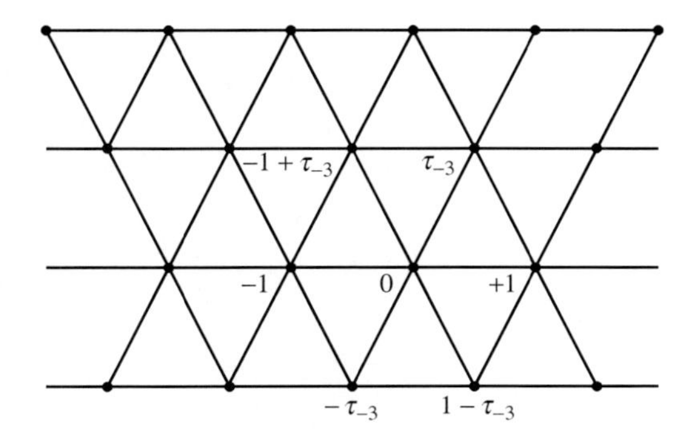

図 3 環 R_{-3} の元は，複素平面を正三角形のタイルで敷き詰めたときの格子の頂点である．

与えられた複素数が構成する環 R の**単数**とは，R に含まれる数 u であって，その逆数 $1/u$ もまた R に含まれるものをいう．環 R の**素元**とは，単数ではなく，R の単数でない二つの元の積にはならないものをいう．複素数が構成する環 R が**素元分解環**であるとは，R に含まれる代数的数が 0 でも単数でもないならば必ず素元の積としてただ 1 通りに表される場合をいう（ただし，2 通りの素元の積への分解において，素元の積の順序を入れ替えれば両者に現れる各素元が単数倍を除いて一致する場合，両者を同一の分解だとする）．

環の原型である通常の整数の環 $\mathbb{Z}$ では，単数は ± 1 のみであり，素元は素数 p に対する $\pm p$ である．また，1 よりも実際に大きい整数は（正の）素数の積として表されるという基本的な事実（$\mathbb{Z}$ が素元分解環であること）は，通常の整数について数論が生み出してきた多くの事柄に対して決定的な意味を持つ．整数が一意的に素元分解されることについても証明が必要であると認識したのはガウスであり，事実，彼はその証明を提示した．この見識は時代を画しており，高い評価が与えられている（「算術の基本定理」[V.14] を参照）．

ガウスの整数の環 R_{-1} に単数が ± 1 と $\pm \mathrm{i}$ の 4 個しかないことは，容易に確かめられる．これらの単数を掛けることによって，正方形による無限のタイル張り（図 2 参照）の**対称性**が取り出される．環 R_{-3} には，単数は ± 1, $\pm\frac{1}{2}(1+\sqrt{-3})$, $\pm\frac{1}{2}(1-\sqrt{-3})$ の 6 個しかない．これらの単数を掛けることによって，図 3 に示された正三角形による無限のタイル張りの対称性が取り出される．

一般に，環 R_d における算術を理解する上で基本となるのは，次の問いである．すなわち，通常の素数 p のどれが R_d の素元であり，どれが R_d の素元の積に分解されるか？　以下ですぐに見るように，もしある素数が R_d で因子分解されるなら，それはちょうど二つの素元の積として表される．たとえば，ガウスの整数の環 R_{-1} では次のように因子分解される．

$$2=(1+\mathrm{i})(1-\mathrm{i}),$$
$$5=(1+2\mathrm{i})(1-2\mathrm{i}),$$
$$13=(2+3\mathrm{i})(2-3\mathrm{i}),$$
$$17=(1+4\mathrm{i})(1-4\mathrm{i}),$$
$$29=(2+5\mathrm{i})(2-5\mathrm{i}),$$
$$\vdots$$

ここで，各括弧の中のガウスの整数は，すべてガウスの整数の環の素元である．

奇素数 p が環 R_{-1} で少なくとも二つの素元の積に因数分解されるとき，p は R_{-1} で「分解する」といい，そうでないとき p は R_{-1} で「素のままである」ということにする．すぐに見るように，分解することや素のままであることを，代数的整数が構成するより一般的な環において本格的に厳密に定義する場合は（一般の R_d の場合でさえ），このガウスの整数の環 R_{-1} の場合に若干の，しかしとても重要な変更を加える必要がある（ここでの二つの場合に分けるやり方では，$p=2$ の場合が除外されている．これは 2 が R_{-1} で分岐するからである．この概念の検討については後の第 7 節を参照されたい）．それでもそうした意味のもとで，各 R_d において素数 p のどれが分解し，どれが素のままであるかを判定するための初等的に計算できる「規則」がある．この規則は p の $4d$ を法とする剰余によっている．ガウスの整数の場合にこの規則がどうであるかを，上に示した例に基づいて推察してみるとよい．一般に，R_d のような代数的整数が構成する環において，どの素数が分解し，どの素数が素のままであるかを判定するための初等的に計算できる規則を**分解法則**と呼ぶ．

5.　2 次整数の環 R_d

環 R_d には非常に重要な**対称性**，ないし**自己同型写像** [I.3 (4.1 項)] がある．それは $\sqrt{d}$ を $-\sqrt{d}$ に写し，通常の整数を動かさず，さらに一般に，有理数 u と v に対して $\alpha=u+v\sqrt{d}$ をその**代数的共役**と呼ばれる $\alpha'=u-v\sqrt{d}$ に写す（「代数的」という語を付けてあるのは，複素数の複素共役という対称性とは必ずしも同じではないことを強調するためである！）．

この代数的共役の基本 2 次整数 τ_d への作用は，直ちに書き下せる．もし d が mod 4 を法として 1 と合同でないならば，$\tau_d = \sqrt{d}$ であるから $\tau'_d = -\tau_d$ であり，もし d が mod 4 を法として 1 と合同であるならば，$\tau_d = \frac{1}{2}(1+\sqrt{d})$ であるから $\tau'_d = \frac{1}{2}(1-\sqrt{d}) = 1-\tau_d$ である．この $\alpha \mapsto \alpha'$ という対称性は，すべての代数的な関係式を保つ．たとえば，R_d の数 α, β, γ の多項式で表される $\alpha\beta + 2\gamma^2$ の代数的共役は，個々の数をそれぞれの代数的共役で置き換えた $\alpha'\beta' + 2\gamma'^2$ で与えられる．

環 R_d の数 $\alpha = x + y\tau_d$ に付与される最も意味のある整数値は**ノルム** $N(\alpha)$ である．これは積 $\alpha\alpha'$ として定義され，$\tau_d = \sqrt{d}$ のときは $N(\alpha) = x^2 - dy^2$ であり，$\tau_d = \frac{1}{2}(1+\sqrt{d})$ のときは $N(\alpha) = x^2 + xy - \frac{1}{4}(d-1)y^2$ である．ノルムは**乗法的**，すなわち $N(\alpha\beta) = N(\alpha)N(\beta)$ を満たす．これは両辺を個々に計算して比較すれば簡単に確認できるだろう．この性質は R_d の代数的数を素元分解するときに有効な戦術を与えてくれ，R_d の数 α が単数かどうかを判定したり，それが R_d の素元であるかどうかを確かめたりする方法を提供してくれる．事実，$\alpha \in R_d$ が単数であるための必要十分条件は，$N(\alpha) = \alpha\alpha' = \pm 1$ である．言い換えれば，R_d の単数は，τ_d の二つの形に対応する方程式

$$X^2 - dY^2 = \pm 1 \qquad (11)$$

または

$$X^2 + XY - \frac{1}{4}(d-1)Y^2 = \pm 1 \qquad (12)$$

の整数解によって与えられる．証明しておこう．もし $\alpha = x + y\tau_d$ が R_d の単数であるならば，その逆数 $\beta = 1/\alpha$ は R_d に含まれており，しかも $\alpha\beta = 1$ である．そこで，両辺のノルムをとってその乗法性を用いれば，$N(\alpha)$ と $N(\beta)$ はともに整数であって互いの逆数である．したがって，それらはともに $+1$ であるか，ともに -1 である．これは，(x, y) がそれぞれの場合に応じた方程式 (11) ないし (12) の整数解であることにほかならない．逆に，もし $N(\alpha) = \alpha\alpha' = \pm 1$ であるならば，α の逆数はすなわち $\pm\alpha'$ にほかならない．これは R_d に含まれているから，α は確かに R_d の単数である．

方程式 (11) および (12) は方程式 (3) および (9) の一般化であるが，式 (11), (12) の左辺の斉次 2 次形式は，重要な役割を担っている．環 R_d と関連が深いこれらを R_d の**基本 2 次形式**，またその判別式 D を**基本判別式**と呼ぶことにする（D は，d が 4 を法として 1 と合同であるときは d と等しく，そうでないときは $4d$ と等しい）．もし d が負であれば単数は有限個しかない（もし $d < -3$ なら単数は ± 1 のみである）．しかし，d が正であれば，R_d の数はすべて実数であり，無限個の単数がある．そのうちで 1 よりも大きいものは，その最小のもの ϵ_d のベキになっており，これを**基本単数**と呼ぶ．

たとえば $d = 2$ のとき，基本単数 ϵ_2 は $1 + \sqrt{2}$ であり，$d = 5$ のときは $\epsilon_5 = \frac{1}{2}(1+\sqrt{5})$ である．単数のベキはまた単数であり，単数が一つ与えられればそれから無限個の単数を生み出すメカニズムを手にする．たとえば，黄金比のベキをとっていけば，

$$\epsilon_5 = \frac{1}{2}(1+\sqrt{5}), \qquad \epsilon_5^2 = \frac{1}{2}(3+\sqrt{5}),$$
$$\epsilon_5^3 = 2+\sqrt{5}, \qquad \epsilon_5^4 = \frac{1}{2}(7+3\sqrt{5}),$$
$$\epsilon_5^5 = \frac{1}{2}(11+5\sqrt{5})$$

などが得られるが，これらはすべて R_5 の単数である．この基本単数についての研究は，すでに 12 世紀にインドで行われていた．しかし，d の変化に伴う基本単数の振る舞いに立ち入ると，今日でもまだ神秘のベールに包まれていることが多くある．たとえば，Hua（1942）が示した深い定理によると，$\epsilon_d < (4e^2 d)^{\sqrt{d}}$ である（その証明や，こういった ϵ_d の大きさについての評価についての歴史的な論議については，Narkiewicz（1973）の 3 章と 8 章を参照）．この限界に近い ϵ_d の値を与える d の例が知られているが，下からの評価については，正の数 η で，平方因数を持たない無限個の d に対して $\epsilon_d > d^{d^\eta}$ が成り立つものが存在するかどうかは，まだ知られていない（もし，たとえば素元分解の一意性が成り立つような R_d が無限個存在するならば，この問題の答えは肯定的である．実際それは Brauer（1947）と Siegel（1935）の有名な定理から導かれる．ブラウアー–ジーゲルの定理の証明については，Narkiewicz（1973）の 8 章の定理 8.2 や Lang（1970）を参照）．

6. 2 元 2 次形式と素元分解の一意性

通常の整数の環 $\mathbb{Z}$ で算術の基本定理（一意的素元分解原理）が成り立っていることは，きわめて重要

な事実である．与えられた 2 次の整数の環 R_d に対してこの原理が成り立つかどうかという問題は，代数的数論の中核をなしていると言ってもよい．環 R_d において算術の基本定理が成り立つかどうかについては，実際に役立ち，分析することができるいくつかの**障壁**がある．これらの障壁は深い算術的な事柄と関連していることがわかり，それら自身が重要な研究対象として浮上してきて，注目を浴びている．一意的素元分解に対する障壁を表現しようとする姿勢はすでにガウスの『数論研究』(1801) で浮き彫りになっており，R_d の基礎理論の概要はすでにそこに与えられている．

この「障壁」は，R_d の基本判別式 D と同じ判別式を持つ 2 元 2 次形式 $aX^2+bXY+cY^2$ で「本質的に異なる」ものがいくつ存在するか，ということと深く関係している（形式 $aX^2+bXY+cY^2$ の判別式は b^2-4ac であり，他方，R_d に対する D は d が 4 を法として 1 と合同であるときは d，そうでないときは $4d$ であった）．

判別式が D である 2 元 2 次形式 $aX^2+bXY+cY^2$ を定義するには，$b^2-4ac=D$ となるような係数の三つ組 (a,b,c) を用意すればよい．このような形式が与えられれば，それをもとにして別のものを定義することができる．たとえば，変数を少しだけ変換して，X を $X-Y$ とし，Y はそのままにしておくと，$a(X-Y)^2+b(X-Y)Y+cY^2$ となるが，整理すれば $aX^2+(b-2a)XY+(c-b+a)Y^2$ となる．このようにすれば，係数の三つ組が $(a,b-2a,c-b+a)$ である 2 元 2 次形式が得られ，（簡単に確かめられるように）その判別式は D であって変化はしない．この変換の「逆変換」は X を $X+Y$ とし，Y はそのままにしておけば得られる．実際，新しく得られた形式の変数にこの変換を施して整頓すれば，元の形式が得られる．したがって，変数 X,Y が通常の整数全体にわたるとき，この二つの 2 元 2 次形式の値全体は一致する．このことから，これら二つの 2 元 2 次形式は**同値**であると考えるのが妥当であろう．

そこでより一般的に，整数係数の線形変換で，しかも同じく整数係数の「逆変換」を持つものによって変数を置き換えて得られる二つの 2 元 2 次形式は同値である，と言ってよいだろう．すなわち，整数 r,s,u,v で $rv-su=\pm1$ を満たすものによって $X'=rX+sY$，$Y'=uX+vY$ と変換したあと，それを整頓すれば，新しい係数の三つ組が得られる．条件 $rv-su=\pm1$ は整数係数の逆変換が存在することだけではなく，さらにこの変換で同一の判別式 D を持つ 2 元 2 次形式が得られることを保証している．こういったわけで，同じ判別式 D の一対の 2 元 2 次形式が「本質的に異なる」とは，それらがもはやこの種の変数変換では他方から移せない場合を意味する．

さて，ガウスが発見した一意的素元分解に対する驚くべき障壁は，次の命題に表されている．

> 環 R_d において一意的素元分解原理が成立するための必要十分条件は，R_d の基本判別式を判別式に持つ整数係数の 2 元 2 次形式はすべて R_d の基本 2 次形式と同値であることである．

それればかりか，判別式が R_d の基本判別式と一致するような互いに同値ではない 2 元 2 次形式をすべて集めれば，それらは R_d において「一意的素元分解原理が成立しない度合い」を具体的な形で表している．

この 2 元 2 次形式の理論に今まで接したことがない読者は，$D=-23$ の場合を自分の手で調べるとよい．考え方としては，まず 2 元 2 次形式 $aX^2+bXY+cY^2$ で判別式が $D=b^2-4ac=-23$ のものをどれか一つ選ぶ．そして，注意深く上記のような変数の整数係数の線形変換を選んで係数 a,b,c の大きさを減らしていき，それ以上進めなくなるまで続ける．その結果，判別式が $D=-23$ の（同値でない）二つの 2 元 2 次形式のどちらかにたどり着く．それは基本 2 元 2 次形式 $X^2+XY+6Y^2$ ないしは形式 $2X^2+XY+3Y^2$ である．たとえば，2 元 2 次形式 $X^2+3XY+8Y^2$ は $X^2+XY+6Y^2$ と同値だろうか？

この種の演習から，**数の幾何学**が来るべき理論において果たす役割について，何らかのヒントが感じられるだろう．こういった由緒あるアイデアに接してみればなるほどと納得させられるのだが，優雅な最新式の方法もこのような計算を実行する中から発見されてきた．ともかくも，いまや公然の秘密であるが，古今の数学者でこの主題ないし近隣の課題に携わってきた人たちは，例外なく上記のような演習に取り組み，実直に単純な計算を山のように積み重ねてきた．

この演習をいくつかの例について実践するにあたって（ぜひともそうしてほしいものである），計算に取り組む際のやり方が一つある．まず，上記のような変数の線形変換を選んで，係数をすべて正か 0，す

なわち $a, b, c \geq 0$ としておく（場合によっては，2 元 2 次形式全体に -1 を掛けてもよい）．

判別式が -23 の（同値でない）2 元 2 次形式をすべて書き上げる最も簡明な方法は，係数の三つ組 (a, b, c) を b が大きくなっていく順に表示することである（今の場合，b は正の奇数である）．それぞれの b の値に対して a と c を $ac = \frac{1}{4}(b^2 + 23)$ となるように選んでいくことができる．この時点では，（a と c をある範囲に限定しておいて）b を減少させるような手だてを探り，そのための手札をあらかじめ集めておくことが狙いである．ここでの手がかりは，互いに素な整数 x, y に対して，手にしている 2 元 2 次形式 $aX^2 + bXY + cY^2$ の $(X, Y) = (x, y)$ における値 $a' = ax^2 + bxy + cy^2$ である．これにより，この 2 元 2 次形式と同値で a' を最初の係数とする形式 $a'X^2 + b'XY + c'Y^2$ を与えるような b' と c' を見つけることができる．したがって，手もとの 2 元 2 次形式が与える小さな正の値を見つけることが作戦である．また上で例示した変数変換 $X \mapsto X - Y$, $Y \mapsto Y$ を用いれば，係数 b を $2a$ よりも小さくすることができる．読者は二つの形式 $X^2 + XY + 6Y^2$ と $2X^2 + XY + 3Y^2$ が同値でないことを確認できるだろうか？

さて，ここまでいろいろと述べてきたように，ガウスの一般的な理論に基づいて，環 R_{-23} では一意的素元分解原理が成り立たないことがわかる．このことは直接確認することもできる．たとえば，

$$\tau_{-23} \cdot \tau'_{-23} = 2 \cdot 3$$

であり，この等式に現れた 4 個の因数はいずれも R_{-23} で既約である．読者に対して誠実に説明するために，この「一意的素元分解原理が成り立たない」特別な場合と上で論議したこととの間の繋がりについて，少なくともこの時点で少し触れておくべきであろう．次節でもう少しはっきりするのだが，等式 $\tau_{-23} \cdot \tau'_{-23} = 2 \cdot 3$ が指し示す問題点は，これらの因数がすべて R_{-23} で「素」すなわち既約であることである．この環 R_{-23} には，この等式の両辺をさらに分解するような要素が**欠けている**．たとえば，この等式の因数の**最大公約数**の役割を果たす数が環 R_{-23} には見つからない．こういった問題に関係する一般的な理論（ここでは立ち入らない．「ユークリッド互除法と連分数」[III.22] を参照すること）からは，R_{-23} のいずれかの要素 γ で，二つの数 τ_{-23} と 2 の（R_{-23} の数を係数とする）線形結合であって，しかも τ_{-23} と 2 の共約因数となるもの（すなわち，τ_{-23}/γ と $2/\gamma$ がともに R_{-23} に含まれるようなもの）が欠けていることになる．このような数は存在しない．というのも，そのノルムは $N(\tau_{-23}) = 6$ と $N(2) = 4$ の両方を割らなければならず，したがってそれは 2 に等しいのだが，これが不可能であることは簡単に確認できる．しかし，いくつかの 2 元 2 次形式が**同値でない**ことからもこれが示されるので，こちらの現象に注目して話を進めよう．

まず，R_{-23} の要素 α と β に対して，線形結合

$$\alpha \cdot \tau_{-23} + \beta \cdot 2$$

は通常の整数 u と v を用いて $u \cdot \tau_{-23} + v \cdot 2$ という形にも表されることに注意しよう．さて，この線形結合で表される数のノルムをとり，それを整数 u と v に関する関数と見ることによって 2 元 2 次形式を求める．

$$\begin{aligned} N(u \cdot \tau_{-23} + v \cdot 2) &= (\tau_{-23}u + 2v)(\tau'_{-23}u + 2v) \\ &= 6u^2 + 2uv + 4v^2 \end{aligned}$$

そして，u と v を「変数」と見なす．変数であることを強調するためにそれらを U と V で置き換え，2 元 2 次形式

$$6U^2 + 2UV + 4V^2 = 2 \cdot (3U^2 + UV + 2V^2)$$

を得る．これは τ_{-23} と 2 の線形結合に対応する**ノルム 2 次形式**と呼ばれる．

さて，事実とは異なるが，上記のような共通因数 γ が存在すると仮定しよう．このとき特に γ に R_{-23} の数を掛けた数は，τ_{-23} と 2 の通常の整数を係数とする線形結合とちょうど対応する．したがって，この線形結合は 2 通りに表示することができる．すなわち，通常の整数の組 (u, v) に対して，通常の整数の別の組 (r, s) であって，

$$u \cdot \tau_{-23} + v \cdot 2 = \gamma \cdot (r\tau_{-23} + s) = r\gamma\tau_{-23} + s\gamma$$

となるものが存在する．このノルムをとれば，

$$\begin{aligned} N(\gamma \cdot (r\tau_{-23} + s)) &= N(\gamma)N(r\tau_{-23} + s) \\ &= N(\gamma)(6r^2 + rs + s^2) \end{aligned}$$

である．上で指摘したように $N(\gamma) = 2$ でなければならないから，r, s を変数 R, S で置き換えて，結局 2 元 2 次形式

$$N(\gamma) \cdot (6R^2 + RS + S^2) = 2 \cdot (6R^2 + RS + S^2)$$

が得られる．ところが，この γ が存在するという仮定のもとで，等式 $u \cdot \tau_{-23} + v \cdot 2 = r\gamma\tau_{-23} + s\gamma$ の右辺を通常の整数係数の τ_{-23} と 1 の線形結合で表せば，(u, v) から (r, s) への変換が得られ，またこの等式の両辺を γ で割れば，上で指摘したように τ_{-23}/γ と $2/\gamma$ がともに R_{-23} に含まれることから，(r, s) から (u, v) への逆変換が得られる．したがって，$N(u \cdot \tau_{-23} + v \cdot 2)$ に対応する 2 元 2 次形式 $2 \cdot (3U^2 + UV + 2V^2)$ と r と s に対応する 2 元 2 次形式 $2 \cdot (6R^2 + RS + S^2)$ は，同値であることになる．しかし，これらの 2 次形式は同値ではなかった！ よって，この非同値性から，仮定された γ の存在は否定され，R_{-23} における素元分解の一意性は否定された．

7. 類数と一意的素元分解原理

判別式が基本判別式に等しい 2 元 2 次形式で同値でないものを集めると，それらが一意的素元分解に対する障壁を提示することを前節で見た．少しあとで，この障壁についてのより的確な形のものが，R_d の**イデアル類群** H_d として与えられる．その名前から推量できるように，これを記述するためには，**イデアル** [III.81 (2 節)] と**群** [I.3 (2.1 項)] という用語が必要になる．環 R_d の部分集合 I は，終結性といった次のような性質を持つときに**イデアル**と呼ばれる．すなわち，もし α が I に属していれば $-\alpha$ も積 $\tau_d\alpha$ も I に含まれ，さらにもし α と β が I に属していれば $\alpha + \beta$ も同様である（最初と最後の性質を合わせれば，α と β の整数係数の線形結合はすべて I に属することになる）．このようなイデアルの基本的な例は，R_d の 0 でない要素 γ を定めておき，そのすべての倍数を集めたものである．ただし，ここで言う γ の**倍数**とは，R_d の数を γ に掛けたものを意味する．この集合を簡便に (γ) とか，あるいはもう少し意味を込めて $\gamma \cdot R_d$ と表す．この種のイデアル，すなわち，一つの 0 でない数 γ の倍数全体の集合として表されるものを**単項イデアル**という．たとえば，R_d 自身はイデアルであり（1 と τ_d の線形結合全体であるが），単項イデアルである．上の記号法によれば $(1) = 1 \cdot R_d = R_d$ となる．定義に忠実に考えれば，単集合 $\{0\}$ もイデアルであるが，興味があるのは**零でないイデアル**である．

前節で取り上げた 2 元 2 次形式を巻き込んだ障壁原理と対照されるものとして，イデアルを巻き込んだ直接的とも言える障壁原理を与えよう．

> 一意的素元分解原理が R_d で成り立つための必要十分条件は，R_d のイデアルがすべて単項イデアルであることである．

この命題を反芻すれば，なぜ「イデアル」という語が用いられたのかが見えてくる．環 R_d の単項イデアルは，R_d の数 γ によって $\gamma \cdot R_d$ の形ですべて与えられる（ただし，γ は R_d の単数倍を除いて確定する）．しかし，単項イデアルではない，より一般的なイデアルが現れることもある．これは，R_d の二つの数（前節の τ_{-23} と 2 を想定すればよい）であって，それらの整数係数の線形結合全体の集合が R_d に含まれるただ一つの数 γ の倍数全体としては表されないようなものが存在する場合に生じる．この現象こそが，R_d において算術をするにあたり，十分精緻に素元分解するに足るだけの数が R_d に欠けているという証である．単項イデアル $\gamma \cdot R_d$ が数 γ と対応するように，より一般的なイデアル（前節の τ_{-23} と 2 の整数結合全体を思い起こそう）は，考えている環に「存在してしかるべき」であるにもかかわらず，たまたま現実には存在し損なった「イデア的な数」と対応していると考えてもよいだろう．

イデアルがこのイデア的な数，いわば「イデア数」の役割を果たすとするならば，当然それらの積を考えるべきであろう．環 R_d の二つのイデアル I と J に対して，$I \cdot J$ を，I の数 α と J の数 β との積 $\alpha \cdot \beta$ を有限個加えて得られる数全体の集合とすると，これもイデアルである．二つの単項イデアル (γ_1) と (γ_2) の積 $(\gamma_1) \cdot (\gamma_2)$ は単項イデアル $(\gamma_1 \cdot \gamma_2)$ であるから，単項イデアルの積は対応する数の積とうまく対応している．イデアル (1) をイデアル I に掛けても変化は生じず，$(1) \cdot I = I$ である．そこで，イデアル (1) を**単位イデアル**と呼ぶことにする．この**イデアルの積**を新たに導入することによって，第 4 節で約束しておいたように，通常の素数 p が環 R_d で分解するとか素のままであるとかが何を意味するのかを，一般的に定義することができる．

この定義の背後にあるアイデアは，数の積よりもむしろイデアルの積を用いるところが要点になっている．そこで，素数 p を扱う際に最初にすることは，環 R_d において単項イデアル (p) に注目することである．もし，これが R_d の異なった二つのイデアル

(必ずしも単項イデアルに限らないところが要点である）の積として分解され，そのいずれもが単位イデアル $(1) = R_d$ とは異なるならば，素数 p は R_d で**分解する**という．他方，単項イデアル (p) が単位イデアル $(1) = R_d$ 以外では因子分解されないときは p は**素のままである**という．さらに第 3 の重要な定義がある．イデアル (p) が他のイデアル I の平方であるとき，p は R_d で**分岐する**という．これらの定義の流れに沿うことにして，環 R_d のイデアル P が単位イデアルでないイデアルの積として因子分解されないとき，P を**素イデアル**という．この定義は P が単項イデアルであろうとなかろうと意味を持ち，したがって，R_d における数の乗法的な算術からイデアルのそれへとわれわれの意識を押し上げることになる．

定義から，二つのイデアルが同じ**イデアル類**に属すのは，それぞれに適当な単項イデアルを掛けたときに同一のイデアルになってしまう場合である．これはイデアルについての自然な**同値関係** [I.2 (2.3 項)] である．しかもそれは**乗法を保存する**．すなわち，I と J を二つのイデアルとするとき，それらの積 $I \cdot J$ が属するイデアル類は I と J のそれぞれが属しているイデアル類にのみ依存する（言い換えれば，イデアル I' が I と同じイデアル類に属し，J' が J と同じ類に属するならば，積 $I' \cdot J'$ は $I \cdot J$ と同じ類に属する）．したがって，**イデアル類の積**を定義することができる．すなわち，二つの類の積を定めるには，それぞれの類から一つずつイデアルを取り出して，それらの積が属するイデアル類として定めればよい．環 R_d のイデアル類全体の集合 H_d は，この積という演算によってアーベル群になる．実際，今定義した積による乗法は結合的であり，可換律を満たしており，それぞれの要素は逆元を持っている．単位元は単項イデアル $1 \cdot R_d$ が属する類にほかならない．この群 H_d は**イデアル類群**と呼ばれ，環 R_d のイデアルがどの程度単項イデアルから離れているかを直接に測る尺度になっている．大雑把に言えば，イデアル類群は，すべてのイデアルの集合の乗法構造を単項イデアル全体で「分割」することによって手にするものである．

第 6 節で指摘しておいたように，イデアル類と 2 元 2 次形式の間には密接な関連がある．これを見るために，R_d のイデアル I に対して，それを R_d の二つの数 α と β の整数線形結合全体として表す．そして I の要素についてのノルム関数を考える．

$$
\begin{aligned}
N(x\alpha + y\beta) &= (x\alpha + y\beta)(x\alpha' + y\beta') \\
&= \alpha\alpha' x^2 + (\alpha\beta' + \alpha'\beta)xy + \beta\beta' y^2
\end{aligned}
$$

これは変数係数 x, y についての 2 元 2 次形式であり，判別式が D である 2 元 2 次形式の定数倍である．もし I を生成する α, β とは異なる I の生成系 α_1, β_1 を選べば，別の 2 元 2 次形式が得られる．しかし，こうして得られる二つの 2 元 2 次形式は互いに同値である．さらにありがたいことに，これら 2 次形式の同値類は，イデアル I が属するイデアル類にのみ依存する．

環 R_d の異なるイデアル類は有限個しかないことが証明できる．すなわち，イデアル類群 H_d は有限群であり，その要素の個数を h_d と表し，R_d の**類数**という．したがって，R_d における一意的素元分解についての障壁は群 H_d が自明でないことによって与えられ，それは類数 h_d が 1 ではないことと必要かつ十分である．しかしながら，H_d が自明な群であるかどうかとか，さらにその群論的な構造について問題にするとなると，それは R_d の算術と深く関わっている．

また，第 1 節や第 2 節の**解析的公式** (5), (10) では単にほのめかすだけに留まっていたが，これを一般化しようとすると，そこに類数がはっきりと姿を現す．これらの公式は，以後に現れるこの論説のいくつかの章の主題にとって始まりの一つといった位置にあり，いわば離散的な「整数」の算術に関わる世界と微積分，無限級数，空間の体積といった**複素解析** [I.3 (5.6 項)] の手法によって解きほぐされるものに関わる世界の間の架け橋を提示している．例を示そう．

(i) もし $d > 0$ で，それが平方因数を持たないとき，D を次のように定める．もし d が 4 を法として 1 と合同であれば $D = d$ とし，そうでなければ $D = 4d$ とする．このとき

$$h_d \cdot \frac{\log \epsilon_d}{\sqrt{D}} = \sum_{n>0} \pm \frac{1}{n}$$

である．ただし，整数 n は D と素な正整数全体にわたり，符号 $\pm$ は D を法とした n の剰余類のみに依存する方法で定められる．

(ii) もし $d < 0$ ならば，公式はいくらか簡単になる．環 R_d には基本単数 ϵ_d は存在しないからこれに気配りする必要はないが，$d = -1$ または $D = -3$ のときには ± 1 以外に 1 のベキ乗

根がある．そこで，w_d を R_d に含まれる 1 のベキ乗根の個数とすれば，$w_{-1} = 4$，$w_{-3} = 6$ でその他の場合は $w_d = 2$ である．この場合，解析的公式は

$$\frac{h_d}{w_d\sqrt{|D|}} = \sum_{n>0} \pm\frac{1}{n}$$

であり，d が $-\infty$ に進んでいくにつれて，類数 h_d は無限大になっていく．

類数 h_d の d の変化に伴う下からの評価で，実効的な，すなわち具体的な計算に乗るようなものも得られているが，いずれの評価も，実際の増加の状況とはかなりの差があるようである（Goldfeld, 1985）．実効的な下からの評価は，今のところとても弱いと言わざるを得ない．それでも，それらはゴルトフェルトやグロスとザギエの美しい結果から導き出されている．どの実数 $r < 1$ に対しても計算可能な定数 $C(r)$ で $h_d > C(r)\log|D|^r$ となるものが存在する．一例を挙げると，もし $(D, 5077) = 1$ であるならば，

$$h_d > \frac{1}{55}\prod_{p|D}\left(1 - \frac{2\sqrt{p}}{p+1}\right)\cdot\log|D|$$

が成り立つ．

現在得られている理論だけでは驚くほど不十分である．実のところ，R_d で一意的素元分解が可能な $d > 0$ が無限個存在するかどうかは知られていない——しかも，実験的には 3/4 を超える $d > 0$ に対してそうなっていると期待されているのである！実は，もっと緻密な形の予想が提示されている．アンリ・コーエンとヘンドリク・レンストラによると，ある確率的な期待値（**コーエン–レンストラのヒューリスティクス**として知られている）を用いることによって，すべての正の基本判別式の中で類数が 1 であるものの密度は 0.75446… であることがわかる．

8. 楕円モジュラー関数と一意的素元分解性

環 R_d における一意的素元分解に対する別種の障壁が，d が負のときに得られる．この場合，R_d は複素平面上の格子であると考えられる（$d = -1$ のときの図 2，あるいは $d = -3$ のときの図 3 を参照）．この視点は，素晴らしい道具であり，いまや古典的な**クライン** [VI.57] の**楕円モジュラー関数**

$$j(z) = \mathrm{e}^{-2\pi \mathrm{i}z} + 744 + 196\,884\,\mathrm{e}^{2\pi \mathrm{i}z} + 21\,493\,760\,\mathrm{e}^{4\pi \mathrm{i}z} + 864\,299\,970\,\mathrm{e}^{6\pi \mathrm{i}z} + \cdots \qquad (13)$$

を提供してくれる．この関数は，仲間内では「j 関数」とも呼びならわされており，複素数 $z = x + \mathrm{i}y$ の $y > 0$ の範囲で収束する．このような二つの複素数 $z = x + \mathrm{i}y$ と $z' = x' + \mathrm{i}y'$ に対して，$j(z) = j(z')$ であるための必要十分条件は，z と 1 とが生成する複素平面上の格子が，z' と 1 とが生成する格子と同一であることである（また，これは通常の整数 a, b, c, d で $ad - bc = 1$ を満たすものによって $z' = (az + b)/(cz + d)$ と表されることとも同値である）．このことは，j 関数の値 $j(z)$ は z と 1 で生成される格子にのみ依存し，また逆にこの格子を特徴付ける，と換言することができる．

代数的数 $\alpha = x + \mathrm{i}y$ で $y > 0$ であるものに対して $j(\alpha)$ もまた代数的数であるならば，（シュナイダーの定理によって）α は（複素）2 次無理数であり，逆もまた正しい．したがって，特に $\alpha = \tau_d$ で d が負の整数ならば，j 関数の値 $j(\tau_d)$ は代数的数である——実際，代数的整数である．これは以下の話にとってそれなりに重要になってくる．まず，環 R_d を，複素平面上に τ_d と 1 とで生成された格子として配置されていると見れば，すぐ上で述べたように，関数値 $j(\tau_d)$ は，τ_d を，R_d の数 α であってそれと 1 とが生成する格子が R_d であるものと取り替えても変わらない．さらに重要なことは，$j(\tau_d)$ は代数的整数であり，その次数は大雑把に言って R_d の類数と同等である．特に，それが通常の整数であるための必要十分条件は，R_d で一意的素元分解ができることである（この結果は，**虚数乗法論**として知られている古典的な理論の大いなる応用例の一つである）．端的に言えば，d が負であるとき，どのような場合に R_d において一意的素元分解ができるのかという問題に対して，もう一つの解答が与えられている．すなわち，関数値 $j(\tau_d)$ が通常の整数であれば答えは Yes であり，そうでなければ No となる．

一意的素元分解が可能な環 R_d を与える負の d の値について，その完全な表を完成しようとする活動をめぐって，信じられないような物語が展開された．このような d は（下に示すように）ちょうど 9 個ある．しかし，これら 9 個が知られたあとも 20 年以上にわたって，数論研究者たちはこういった d は高々 10 個であることしか証明できなかった．この 10 番目の d が存在しないことがどのような経緯で証明さ

れ，さらに別証明さえもが与えられたのかについては，ここでの主題に関わるどきどきするような物語を提供してくれる．K・ヒーグナーは 1934 年に公刊された論文で，この 10 番目の d の値が存在しないことの「証明」を提示した．ところが，ヒーグナーの証明はあまり馴染みやすいスタイルでは書かれておらず，当時の数学者たちに理解されなかった．彼の論文と彼の「証明」は 1960 年代に至るまで大方忘れ去られていた．そして，1967 年にようやくスタークによって 10 番目の d の値の非存在が（数学社会で納得される形で）証明され，また 1971 年には，それとは独立にまったく異なった方法でベイカーも証明を与えた．そのときになって初めて数学者たちはヒーグナーの論文を丁寧に見直し，彼が自分の主張を本当に証明していたことを発見した．さらに，彼の証明はこの問題を取り巻く事柄を理解するための概念を優雅かつ直接的に構築していくための指針をも与えていた．

さて，その 9 個の d の値は次のとおりである．

$$d = -1, -2, -3, -7, -11, -19, -43, -67, -163$$

また，対応する $j(\tau_d)$ の 9 個の値は順に

$$j(\tau_d) = 2^6 3^3,\ 2^6 5^3,\ 0,\ -3^3 5^3,\ -2^{15},\ -2^{15} 3^3,\ -2^{18} 3^3 5^3,\ -2^{15} 3^3 5^3 11^3,\ -2^{18} 3^3 5^3 23^3 29^3$$

である．スタークが指摘しているが，これらの d の値のいくつかについて，τ_d の値を j のベキ級数展開に「代入」してみれば，かなり驚くべき公式が得られる．たとえば，$d = -163$ の場合は

$$e^{-2\pi i \tau_d} = -e^{\pi\sqrt{163}}$$

が $j(\tau_{-163})$ のベキ級数表示の最初の項である（公式 (13) を参照）．ところが，$j(\tau_{-163}) = -2^{18}3^3 5^3 23^3 29^3$ であり，しかも $j(\tau_{-163})$ のベキ級数表示の第 2 項以下，$e^{2\pi n i \tau_{-163}}$，$n > 0$ はかなり小さいから，$e^{\pi\sqrt{163}}$ は信じられないほど整数に近い．事実，それは $2^{18}3^3 5^3 23^3 29^3 + 744 + \cdots$ であり，計算すると $262\,537\,412\,640\,768\,744 - \epsilon$ であって，誤差項 ϵ は 7.5×10^{-13} よりも小さい．

9. 2 元 2 次形式による素数の表示

通常の整数についての難しい，あるいはどこか技巧的だと思われる問題が，より広い代数的整数の環についての自然で扱いやすい問題に翻訳されることがある．これは思いのほか頻繁に生じている．このようなものの中でも筆者のお気に入りの例は，初等的ではあるが，**フェルマー** [VI.12] による次のような定理である．もし素数 p が二つの平方数の和として表される，すなわち $p = a^2 + b^2$，$0 < a \le b$ であるならば，このような表示は 1 通りしかない（たとえば，$1^2 + 10^2$ は素数 101 を二つの平方数の和として表すただ一つのやり方である）．さらに，素数 p が二つの平方数の和として表されるための必要十分条件は，$p = 2$ か p が $4k + 1$ の形をしていることである（必要条件のほうは簡単である．平方数は 4 を法として 0 か 1 と合同であるから，奇素数で二つの平方数の和になっているものは mod 4 で 1 である）．これらの通常の整数についての主張は，ガウスの整数の環についての基礎的な問題に翻訳される．というのは，$i = \sqrt{-1}$ として $a^2 + b^2 = (a + bi)(a - bi)$ と表せば，$a^2 + b^2$ はガウスの整数の環の（共役な）数 $a \pm bi$ のノルムだと考えられる．したがって，p が素数で，二つの平方数の和として $p = a^2 + b^2$ と表されるならば，$a \pm bi$ のどちらもノルムとして素数を値に持つ．このことから，$a \pm bi$ のいずれもがガウスの整数の環の中で素元であることがわかる．実際，$a \pm bi$ を二つのガウスの整数の積に分解すると，その因数のノルムはすべて通常の整数で，しかもそれらの積が素数 p と等しい．よって，可能性は厳しく限定され，因数の一つは単数である．

言い換えれば，$p = a^2 + b^2$ であるならば，

$$p = (a + bi)(a - bi)$$

は，通常の整数 p の二つのガウス整数の素元の積への分解である．フェルマーの定理の「1 通り」という部分は，ガウスの整数の環 R_{-1} において一意的に素元分解ができることから従う（実は，それらが同値であることも簡単に示される）．また，$4k + 1$ の形の素数 p が二つの平方数の和として表されることは，次のガウスの整数の環における素数の**分解法則**から導かれる．すなわち，奇素数 p がガウスの整数のノルムであること，言い換えれば，p がガウスの整数の環 R_{-1} で二つの異なる素元の積に分解されることの必要十分条件は，p が mod 4 で 1 と合同であることである．この結果は，まさしく代数的整数の算術についての広大な 1 章の始まりである．

10. 分解法則と剰余 vs 非剰余のせめぎ合い

通常の素数 p に対するガウスの整数の環での**分解法則**は，$p \equiv 1 \bmod 4$ なら分解し，$p \equiv -1 \bmod 4$ ならば分解しないというものである．この簡明さからしても，これらの場合のそれぞれがどれくらいの頻度で起きるのかと問いたくなる（図 4 参照）．**ディリクレ** [VI.36] は次のような有名な定理を証明した．整数 m と c が互いに素であれば，算術的数列 $c, m+c, 2m+c, \ldots$ は無限に多くの素数を含む．この結果の証明がもたらすものから，上の疑問に対する漸近的な答えが得られる．すなわち，x が無限大へと進んでいくとき，x よりも小さい素数でガウスの整数の環で分解するものの個数と分解しないものの個数の比は，1 に近づいていく（詳しくは，「解析的整数論」[IV.2 (4 節)] のディリクレの定理を参照）．

話はさらに細かくなるが，興味の向くままに次のような問題を考えよう．非分解素数と分解する素数で x よりも小さいものは，実際にはどちらが多いだろうか（図 4 を参照）？ 見通しをつけるために次のように問題を広げよう．一般に，q を 4 または奇素数とし，$A(x)$ を素数 $\ell < x$ で q を法として平方剰余であるものの個数，$B(x)$ を素数 $\ell < x$ で q を法として平方剰余でないものの個数とする．さらに，

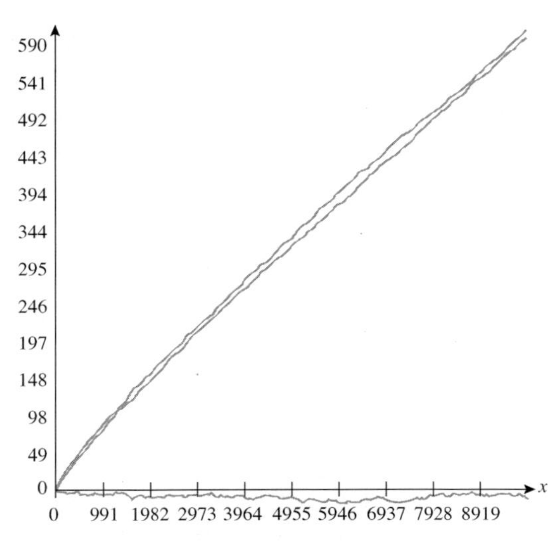

図 4 図の右上へと伸びていく 2 本のグラフの上側は，ガウスの整数の環でも素のままである素数で x よりも小さいものの個数を表しており，下側はガウスの整数の環で分解する素数で x よりも小さいものの個数を表している．x 軸の近辺をうろついている 3 本目のグラフは，二つの数の差（後者から前者を引いた数値）を表している．このデータについては，ウィリアム・スタインに感謝する．

$D(x) = A(x) - B(x)$ をそれらの差とする．はたして $D(x)$ はどのように振る舞うだろうか？

この問題についての歴史と現状については，Granville and Martin（2006）が一見に値する．

11. 代数的数と代数的整数

負の d に対する代数的整数 $j(\tau_d)$ を検討し，フーリエ級数にも触れた．そして，通常の整数に関する検討をするにあたって 2 次の整数の環の構造を見てきたことが示唆するように，2 次の整数の環の深い構造も，今度はもっと広い代数的数の枠組みの中で見ることによって，さらに理解を深めることができるだろう．そこで，代数的数一般を扱うことにしよう．

モニックな多項式とは

$$P(X) = X^n + a_1X^{n-1} + \cdots + a_{n-1}X + a_n$$

という形の多項式，すなわち，n 次の多項式で X^n の係数が 1 であるものをいう．一般的には，他の係数は複素数であることしか前提されない．このような多項式 $P(X) = X^n + a_1X^{n-1} + \cdots + a_{n-1}X + a_n$ に対して，複素数 Θ が $P(\Theta) = 0$，すなわち，多項式による等式

$$\Theta^n + a_1\Theta^{n-1} + \cdots + a_{n-1}\Theta + a_n = 0$$

を満たすとき，Θ を多項式 $P(X)$ の**根**という．**代数学の基本定理** [V.13] はこのような n 次の多項式が複素数の世界では必ず 1 次式の積に分解されることを保証しており，ガウスによって最初に完全な証明が与えられている[*3]．言い換えれば，適当な複素数 $\Theta_1, \Theta_2, \ldots, \Theta_n$ によって

$$P(X) = (X - \Theta_1)(X - \Theta_2)\cdots(X - \Theta_n)$$

と表され，したがって $\Theta_1, \Theta_2, \ldots, \Theta_n$ が多項式 $P(X)$ の根全体を与えている．

特に係数がすべて有理数であるような多項式 $P(X) = X^n + a_1X^{n-1} + \cdots + a_{n-1}X + a_n$ の根 Θ は**代数的数**と呼ばれる．さらに係数 a_i，$i = 1, 2, \ldots, n$ が有理数であるだけでなく，すべてが整数である場合，Θ は**代数的整数**と呼ばれる．したがって，たとえば，有理数の平方根はすべて代数的数であり，「通常の」整数の平方根はすべて代数的整数で

*3) ［訳注］ただしガウスは「実数の連続性」をアプリオリに認めている．

ある．同様に，通常の整数の n 乗根はすべて代数的整数であり，代数的整数の n 乗根もそうである．これと少し異なる例は，すでに定理として次のように指摘してある．虚2次無理数である代数的整数での j 関数の値は，代数的整数である．この定理の例としてたまたま取り上げた $j(\tau_{-23})$ は，モニックな多項式

$$X^3 + 3\,491\,750X^2 - 5\,151\,296\,875X + 12\,771\,880\,859\,375$$

の根である．

一般に，代数的数は代数的整数を通常の整数で割ったものとして表されることは容易に示される．演習問題としてこれを確認すること．

12. 代数的数の表示

数学的な概念を扱うとき，多かれ少なかれ，次のような二元的な問題に直面する．一つは，数学者の活動の中で現れてくる概念の形状の多様性であり，もう一つは，概念を実効的に扱うために数学者がそれを「表示」する方法の多様性である．この論説においても，すでにこういった事柄は2次無理数についての検討の中で見てきたし，これからも見ていくことになる．実際，2次無理数は**根号**によって，また**ある場所以降が周期的な連分数**によって，あるいは**三角和**によって表示され，それらすべてが2次無理数についての統合的な理論に貢献している．

この表示に関する問題点は，代数的数一般を取り扱う際の方法の多様性に応じて，さらに顕著に現れることになる．たとえば，代数的数は，定義方程式が簡明には得られないような特定の代数的多様体の上にある点の座標として現れることがあり，また，j 関数のような関数の特殊値としても現れる．したがって，代数的数を表示するための何か統一的な方法を求めようとするのも自然であり，その歴史はこういった試みにどれほどの努力が注がれてきたかを見せてくれる．たとえば，一般的な3次方程式 $X^3 = bX + c$ の解に対する有名な公式

$$X = \left(\frac{c}{2}+\sqrt{\frac{c^2}{2}-\frac{b^3}{27}}\right)^{1/3} + \left(\frac{c}{2}-\sqrt{\frac{c^2}{2}-\frac{b^3}{27}}\right)^{1/3} \tag{14}$$

に見られる根号の積み上げや，4次方程式に対応する一般解を考えてみるとよい．これらは16世紀のイタリア代数学の大いなる成果であり，それらは結局，19世紀初頭の主要な成果として名高い，5次の代数的数が一般にはそのような形には表されないことの証明，という高みにまで人を駆り立てた（「5次方程式の非可解性」[V.21] を参照）．さらに，5次の代数的数に何らかの解析的表現を与える挑戦が，19世紀の終盤に出版されたクラインの古典的な著書『正20面体』（*Lectures on the Icosahedron*）の根底にあった．クロネッカーは，彼が興味を持ったある類に属する代数的数に対して，それらをある種の解析関数の値として表示することによって統一的な表現様式を樹立することを，自分の「青春の夢」（Jugendtraum）と呼んだ．

13. 1のベキ乗根

代数的数の理論における中心的な役どころは，1のベキ乗根，すなわち，方程式 $X^n = 1$ の n 個 $(n = 1, 2, \ldots)$ の解，あるいは，多項式 $X^n - 1$ の n 個 $(n = 1, 2, \ldots)$ の根によって演じられる．ここで，複素指数関数の値 $\zeta_n = \mathrm{e}^{2\pi \mathrm{i}/n}$ を用いれば，この多項式の根がちょうど ζ_n とそのベキで得られ，それらは代数的整数である．また，因子分解

$$X^n - 1 = (X-1)(X-\zeta_n)(X-\zeta_n^2)\cdots(X-\zeta_n^{n-1})$$

が得られる．この ζ_n のベキは，複素平面上で原点を中心とする正 n 角形の頂点になっている．これは，ガウスが若き日に注目したように，次のような幾何学を見せてくれる．定規とコンパスによる作図は，つまるところ，平方根を与えることに帰着することが証明できる．よって，ζ_n が平方根と通常の算術的な演算を（何重であれ）組み合わせて表現されるならば，間接的ではあるが，正 n 角形が定規とコンパスで作図できることになる．また，その逆も言える．

平方根とこの作図法がそれほど密接に関連して理由についてそれなりの納得を得るために，次のような考察をしよう．まず，**単位とする長さ**が与えられたとし，1単位の長さを複素平面上の0と1の間の距離と見よう．さらに，何らかの方法ですでに0と1を結ぶ座標軸上の点が与えられたとし，その座標を x とする．このとき，まず $x/4$ が定規とコンパスによって「作図」できる．続いて，直角三角形で斜辺の長さが $1 + x/4$ で他の辺の長さが $1 - x/4$ であるものを（やはり定規とコンパスによって）作図す

る．このとき，ピタゴラスの定理によって残りの辺の長さは $\sqrt{x}$ である．このやり方を（単に今見た実数 x の場合だけではなく，複素数で表される量に対して）踏襲していけば，等式

$$\zeta_3 = \frac{1}{2}(-1+\mathrm{i}\sqrt{3})$$
$$\zeta_4 = \sqrt{\mathrm{i}}$$
$$\zeta_5 = \frac{1}{4}(\sqrt{5}-1)+\mathrm{i}\frac{1}{8}\sqrt{5+\sqrt{5}}$$
$$\zeta_6 = \frac{1}{2}(1+\mathrm{i}\sqrt{3})$$

から明らかなように，正三角形，正方形，正五角形，正六角形のそれぞれを（直接にというわけではないが）作図することができる．これに対して，ζ_7 は算術的な演算と平方根のみを用いて表現することができない（この ζ_7 は既約な「3 次」多項式 $X^3-(7/3)X+7/27$ の根の有理式で表示される数を係数とする 2 次方程式の根である．前節の 3 次方程式の解の公式を参照）．したがって，これは正七角形を標準的な古典的方法で作図することはできないことを示唆している——実際，「角の 3 等分」に対処できる何らかの機能を導入しない限り，不可能である（公式 (14) を用いて ζ_7 を平方根と 3 乗根を用いて表示することができる）．

ガウスは，$n>2$ が素数の場合，正 n 角形が古典的な方法で作図可能であるための必要十分条件は，n が**フェルマー素数**であることを証明した．ただし，フェルマー素数は $2^{2^m}+1$ の形をした素数をいう．よって，正 11 角形とか正 13 角形は古典的な方法では作図できないが，よく知られているように，正 17 角形は作図可能で，これは ζ_{17} がいくつかの平方根と有理演算の組合せによって表されることと対応している．

したがって，1 のベキ乗根は必ずしも平方根の有理式を重ねていって表されるわけではない．ところが，この愛想のなさは一方的なものである．というのは，通常の意味での整数の平方根は必ずいくつかの 1 のベキ乗根の整数係数の線形結合として表される．さらに神秘的なことに，公式と呼べるものが知られていないので捕まえどころがない基本単数 ϵ_d, $d>0$ は，1 のベキ乗根によって明示的に表される R_d の**円単数** c_d と緊密に関係している．両者は

$$c_d = \epsilon_d^{h_d} \tag{15}$$

という優美な公式で結ばれている．これによって，一意的素元分解の可能性に対する実験が可能になる．すなわち，等式 $c_d=\epsilon_d$ が R_d において一意的に素元分解が可能であるかどうかの「リトマス」試験である．

この等式が醸し出す雰囲気を味わうことにしよう．そのために，まず p を奇素数とし，a を p では割れない整数とする．そして $\sigma_p(a)$ は，a が「p を法として平方剰余」であるとき，すなわち，a が p を法としてどれかの整数の平方と合同であるとき $+1$ とし，そうでないときに -1 とする．そうすれば，式 (1) と式 (6) の簡単な三角和は，**2 次ガウス和**の公式

$$\pm\mathrm{i}^{(p-1)/2}\sqrt{p} = \zeta_p+\sigma_p(2)\zeta_p^2+\sigma_p(3)\zeta_p^3+\cdots +\sigma_p(p-2)\zeta_p^{p-2}+\sigma_p(p-1)\zeta_p^{p-1} \tag{16}$$

として一般化される．この公式は冒頭の符号 $\pm$ の決定を除けばそれほど難しくはない．しかし，どちらの符号が正しいかを決定するのに，ガウスでさえいささかの骨折りを必要とした．さて，$p=5$ のときの公式 (6) と (16) の関連を見ておこう．このとき，公式 (16) の左辺は $\sqrt{5}$ であり，右辺は

$$\zeta_5-\zeta_5^2-\zeta_5^{-2}+\zeta_5^{-1} = 2\cos\frac{2}{5}\pi-2\cos\frac{4}{5}\pi$$

である．円単数 c_p に関しては，

$$\prod_{a=1}^{(p-1)/2}(\zeta_p^a-\zeta_p^{-a})^{\sigma_p(a)} = \prod_{a=1}^{(p-1)/2}\sin(\pi a/p)^{\sigma_p(a)}$$

がその定義であり，これが新たな公式を与える．たとえば，$p=5$ のとき，$\epsilon_5=\tau_5=\frac{1}{2}(1+\sqrt{5})$ であり，また $h_5=1$ であるから，$p=5$ のときの公式 (6) から

$$\frac{1+\sqrt{5}}{2} = \frac{\zeta_5-\zeta_5^{-1}}{\zeta_5^2-\zeta_5^{-2}} = \frac{\sin\frac{1}{5}\pi}{\sin\frac{2}{5}\pi}$$

が得られる．

14. 代数的数の次数

代数的整数 Θ が同時に有理数であれば，Θ は「通常の」整数である．まず，このことを証明しておこう．もし Θ が有理数なら，既約分数によって $\Theta=C/D$, $D>0$ と表される．さらに Θ が代数的整数であれば，それは有理整数係数のモニックな多項式の根であり，$\Theta^n+a_1\Theta^{n-1}+\cdots+a_n=0$ という形の等式

が得られる．そこで，$\Theta = C/D$ を代入して等式

$$(C/D)^n + a_1(C/D)^{n-1} + \cdots + a_{n-1}(C/D) + a_n = 0$$

が得られる．これに D^n を掛ければ

$$C^n + a_1C^{n-1}D + \cdots + a_{n-1}CD^{n-1} + a_nD^n = 0$$

である．この等式の項はすべて（通常の）整数であり，最初の項を除いてあとのすべての項は D で割れる．もし $D > 1$ であるならば，D は素数 p で割れる．したがって C^n が p で割れ，よって C が p で割れることになる．これは C/D が既約分数であったことと矛盾する．よって $D = 1$ でなければならず，結局 $\Theta = C$ は通常の整数である．この結果を用いれば，注意深い読者は容易に確認できるように，第3節でテアイテトスの結果として紹介された次の事実を証明することができる．有理整数 A に対して $\sqrt{A}$ が無理数であるための必要十分条件は，A が平方数でないことである．

代数的数 Θ の**次数**は，Θ が満たす多項式による関係式 $\Theta^n + a_1\Theta^{n-1} + \cdots + a_{n-1}\Theta + a_n = 0$ で各係数 a_i, $i = 1, 2, \ldots, n$ が有理数であるものの中で，次数 n が最小となる多項式の次数として定義される．このとき，最小次数の多項式 $P(X) = X^n + a_1X^{n-1} + \cdots + a_{n-1}X + a_n$ は Θ に対してただ一つ確定する．実際，もし異なるものが二つあるとすれば，それらの差は Θ を根としており，しかもさらに次数が低くなるからである（それは0ではない多項式であるはずで，その最高次の係数で割ってしまえば，モニックな多項式が得られる）．この多項式 $P(X)$ を Θ の**最小多項式**という．最小多項式は有理数の体上で**既約**である．すなわち，それはもはや，次数が低い（定数でない）二つの多項式でともに有理数を係数とするものの積には分解されない（もしそのように分解されるとすれば，因子の一つは Θ を根とするばかりか，最小多項式より次数が低くなってしまう）．また，Θ の最小多項式 $P(X)$ は，有理数を係数とする多項式 $G(X)$ で Θ を根に持つものを必ず割る（実際，このとき $P(X)$ と $G(X)$ の最大公約因子は有理数を係数とし，しかも Θ を根とするモニックな多項式であるから，その次数は $P(X)$ の次数より小さくはなれず，よって，それは $P(X)$ と一致しなければならない）．さらに，Θ の最小多項式 $P(X)$ は重根を持たない（もし $P(X)$ が重根を持つとすると，それよりも次数が低い導関数 $P'(X)$ もやはり Θ を根に持ち，しかもその係数はすべて有理数となる．最高次数の項は nX^{n-1} であって係数 n は0でない．これは上で見たことと矛盾する）．

ガウスによって示された基本的な結果の一つであるが，1の n 乗根 $\zeta_n = e^{2\pi i/n}$ は代数的整数であって，その次数はちょうどオイラーの ϕ 関数の値 $\phi(n)$ である．たとえば，p を素数とするとき，ζ_p の最小多項式は

$$\frac{X^p - 1}{X - 1} = X^{p-1} + X^{p-2} + \cdots + X + 1$$

であり，次数は $\phi(p) = p - 1$ である．

15. 最小多項式によって決定される暗号としての代数的数

これまでは代数的数は（ある種の）複素数であるとしてきた．しかし，代数的数 Θ に対する姿勢として，これとは異なるものがある．中でも，時としてクロネッカーがとった姿勢は，Θ を，それによって一意的に確定する有理数係数の最小多項式の根という事実から得られる代数的関係だけを満たす未知のものとして扱おうとするものである．たとえば，Θ の最小多項式が $X^3 - X - 1$ であるとき，この視点では，Θ は Θ^3 が現れるとそれを $\Theta + 1$ で置き換えるという規則のみを伴った代数的な記号にすぎないと考える（これは図らずも，複素数 i が i^2 を -1 で置き換えてよいという性質を持つ記号と見なされることと共通している）．ともかくも，Θ の最小多項式の根のどれをとっても，それは Θ が満たすのと同一の有理数係数の多項式による関係を満たしている．これらの根を Θ の**共役**という．もし Θ が次数 n の代数的数であるならば，Θ は（自分自身を含めて）n 個の**相異なる**共役を持ち，それらもまた代数的数である．

16. 多項式の理論についていくつかの注意

1変数の多項式の理論——したがって特に代数的数の理論——において，その中心にあるものは**根**が**係数**に対して満たす一般的な関係であり，それらは等式

$$\prod_{i=1}^{n}(X - T_i) = X^n + \sum_{j=1}^{n}(-1)^j A_j(T_1, T_2, \ldots, T_n)X^{n-j}$$

に集約されている．右辺の $T_1, T_2, \ldots, T_n$ に関する多項式 $A_j(T_1, T_2, \ldots, T_n)$ は j 次の斉次式（すなわち，そこに現れる単項式の全次数がすべて j である多項式）であり，係数はすべて整数で，変数 $T_1, T_2, \ldots, T_n$ に関して対称的（すなわちそれらの置換に対して不変）である．

定数項はすべての根の積であり，

$$A_n(T_1, T_2, \ldots, T_n) = T_1 \cdot T_2 \cdot \cdots \cdot T_n$$

である．これはまた**ノルム**形式として知られている．一方，X^{n-1} の係数はすべての根の和

$$A_1(T_1, T_2, \ldots, T_n) = T_1 + T_2 + \cdots + T_n$$

であり，**跡**形式ないし**トレース**形式と呼ばれる．

特に $n=2$ の場合は，ここに現れる対称式はノルムとトレースだけである．また，$n=3$ になると，ノルムとトレース以外に 2 次の対称式

$$\begin{aligned} & A_2(T_1, T_2, T_3) \\ & \quad = T_1T_2 + T_2T_3 + T_3T_1 \\ & \quad = \frac{1}{2}\{(T_1+T_2+T_3)^2 - (T_1^2+T_2^2+T_3^2)\} \end{aligned}$$

が現れる．この理論にとって，さらには**ガロア理論** [V.21] にとって主要なことは，共役な根の対称的な性質がこれらの対称多項式に見事に反映されていることである．特に基本的な結果として，$T_1, T_2, \ldots, T_n$ に関する有理数係数の対称式は*すべて*対称多項式 $A_1, A_2, \ldots, A_n$ の有理数係数の多項式として表され，また，前者の係数が整数であれば，やはりそれは $A_1, A_2, \ldots, A_n$ の整数係数の多項式として表される．たとえば，すぐ上の等式から，対称式 $T_1^2+T_2^2+T_3^2$ は

$$A_1(T_1, T_2, T_3)^2 - 2A_2(T_1, T_2, T_3)$$

と表される．

17. 代数的数の体と代数的整数の環

代数的数が 0 でなければ，その逆数はまた代数的数である．二つの代数的数の和，差，積はすべて代数的数である．二つの代数的整数の和，差，積はまた代数的整数である．こういった事実の簡潔な証明は，線形代数の，特に**クラメルの規則**ないしは**ケイリー–ハミルトンの定理**が力量を示すところである．これは，整数係数の正方行列（したがって，有限次元の線形空間の整数格子を自分自身に写す線形変換）は整数係数のモニックな多項式による等式を満たすことを明示する．

ここで指摘したことが，多項式による等式を見つけるのに，あるいは，特に代数的数全体や代数的整数全体がそれぞれ和と積に関して閉じていることを示すのに，どれほど有力であるかを納得するために，例として $\sqrt{2}+\sqrt{3}$ が代数的整数であることを自分の手で示してみるとよい．一つの方法はモニックな 4 次の多項式でそれを根に持つものを探すことである．しかし，これは美しい計算とはとても言えない！しかし，線形代数に馴染みがあれば，もう少し苦痛が少なくて済む方法がある．有理数体上で $1, \sqrt{2}, \sqrt{3}, \sqrt{6}$ が生成する 4 次元線形空間を用いる．ベクトルに $\sqrt{2}+\sqrt{3}$ を掛けることにより，この線形空間の線形変換 T が得られるが，その特性多項式 P を計算すれば，ケイリー–ハミルトンの定理によって $P(T)=0$ が得られる．これは $\sqrt{2}+\sqrt{3}$ が P の根であることだと翻訳される．

さて，上で触れてきた和や積について「閉じているという性質」によって，完全な一般性のもとでの代数的数の体および代数的整数の環を調べることになる．**数体**というのは，有限個の代数的数によって（体として）生成される体のことである．標準的に知られていることであるが，数体 K はそこから注意深く選ばれたただ一つの数で必ず生成される．このように選ばれた代数的数の次数は K の次数と一致する．ただし，後者は K を有理数体 $\mathbb{Q}$ 上の線形空間と見たときの K の次元である．ガロア理論についての入り口にある主だった事柄の一つは，次数が n の数体 K に対して，ちょうど n 個の K から複素数体 $\mathbb{C}$ への環としての準同型写像（埋め込み）$\iota: K \to \mathbb{C}$ が存在することである（これは ι が 1 を 1 に写し，K における加法と乗法の演算を保つこと，すなわち，$\iota(x+y)=\iota(x)+\iota(y)$, $\iota(x \cdot y)=\iota(x) \cdot \iota(y)$ が成り立つことである）．これらの埋め込みによって，有理数の値を持つ有用な関数を定義することができる．体 K の各要素 x に対して n 個の複素数 $x_1, x_2, \ldots, x_n$ を，K の $\mathbb{C}$ への n 個の相異なる埋め込みによる x の像とする．そして，前節の j 番目の対称式 $A_j(T_1, T_2, \ldots, T_n)$ を用いて

$$a_j(x) = A_j(x_1, x_2, \ldots, x_n)$$

とする（多項式 A_j は対称式であるから，上で定めた $x_1, x_2, \ldots, x_n$ の順序は問題にしなくてよい）．この値 a_j が有理数であることは一見明らかではないが，

そうなっていることを保証する定理がある．

数体 K の代数的数 Θ が（体として）K を生成するならば，有理数 $a_j(\Theta)$ はその最小多項式の係数である．一般には（Θ が K を生成しないときには）$a_j(\Theta)$ は Θ の最小多項式を何乗かしたものの係数である．中でも最も顕著な関数は乗法的な $a_n(x) = x_1 \cdot x_2 \cdot \cdots \cdot x_n$ であるが，これを**ノルム**関数といい，通常 $x \mapsto \mathrm{N}_{K/\mathbb{Q}}(x)$ と表す．また，加法的関数 $a_1(x) = x_1 + x_2 + \cdots + x_n$ を**トレース**関数と呼び，通常 $x \mapsto \mathrm{Tr}_{K/\mathbb{Q}}(x)$ と表す．

トレース関数は $\mathbb{Q}$ 線形空間 K 上の基本双線形形式

$$\langle x, y \rangle = \mathrm{Tr}_{K/\mathbb{Q}}(x \cdot y)$$

の定義に用いられる．この双線形形式は非退化である．この非退化性は，x と y がともに代数的整数であるならば $\langle x, y \rangle$ は通常の整数であるという事実と相まって，K に含まれるすべての代数的整数が構成する環 $\mathcal{O}(K)$ が加法群として有限生成であることを証明するのに用いられる．もう少し精密に述べると，K の代数的整数の**基底**，すなわち，有限集合 $\{\Theta_1, \Theta_2, \ldots, \Theta_n\}$ で，K 内の代数的整数がすべてこれら Θ_i の通常の整数を係数とする線形結合として表されるものが存在する．

以上の構造をまとめておこう．数体 K は $\mathbb{Q}$ 上有限次元の線形空間であり，非退化双線形形式 $(x, y) \mapsto \langle x, y \rangle$ と，格子 $\mathcal{O}(K) \subset K$ が備わっている．さらに，この双線形形式を $\mathcal{O}(K)$ に制限すれば，通常の整数値をとる．

数体 K の**判別式** $D(K)$ は，格子 $\mathcal{O}(K)$ の基底 $\{\Theta_1, \Theta_2, \ldots, \Theta_n\}$ を用いて，ij 成分が $\langle \Theta_i, \Theta_j \rangle$ である正方行列の**行列式** [III.15] として定義される．しかし，判別式は基底のとり方にはよらない．

この判別式は，数体 K についての重要な情報を持っている．一つには，2 次体に対して考察したことの一般化として，K においても**分解**と**分岐**の概念を定義することができ，$D(K)$ の素因数 p がちょうど拡大体 $K/\mathbb{Q}$ において分岐する素数と一致している．また，**ミンコフスキー** [VI.64] による定理によって，次数が n の数体 K の判別式 $D(K)$ は，必ず

$$\left(\frac{\pi}{4}\right)^n \cdot \left(\frac{n^n}{n!}\right)^2$$

よりも大きいことがわかっている．この数値は K が有理数体 $\mathbb{Q}$ でない限り 1 よりも大きい．これからの一つの帰結として，有理数体の自明でない拡大体においては，必ず何らかの素数が分岐することがわかる．しかし，この事実は今まで検討してきた代数的な構造を抜きにしては，まずもって証明できない．この整数 $D(K)$ は実際に数体 K にとっての「識別標識」になっており，**エルミート** [VI.47] の定理によって，整数 D が与えられたときに判別式が D と一致するような数体は有限個に限られることがわかっている（必ずしもすべての整数が数体の判別式になるわけではない．2 次体に限れば，その判別式は 4 で割れるか 4 を法として 1 と合同であるものに限られる）．

18. 代数的整数のすべての共役の絶対値の大きさについて

前節で見たように，代数的整数 Θ の最小多項式の係数は，通常の整数 $a_j(\Theta_1, \Theta_2, \ldots, \Theta_n)$ で与えられる．ただし，数 Θ_i は Θ の共役全体にわたる．したがって，これらの係数の大きさはすべて，Θ の次数とそのすべての共役の絶対値の最大値のみによって決まる，ある普遍的な数 M よりも小さい．このことから，次のように結論することができる．どのように与えられた n と正の数 B に対しても，次数が n よりも小さく，自身を含むすべての共役の絶対値が B よりも小さいような代数的整数 Θ は有限個しかない（実際，次数が n より小さく，係数の絶対値が M よりも小さいような整数係数のモニックな多項式は，有限個しかない）．この有限性についての結果を手がかりに，クロネッカーは次のような観察を行った．代数的整数 Θ の共役の絶対値がすべて 1 であるならば，Θ は 1 のベキ乗根である．実際，Θ のベキの次数はすべて Θ の次数を超えないし，その共役の絶対値はすべて 1 に等しい．それゆえ，このような代数的整数は有限個しか存在し得ない．よって，Θ の二つのベキは一致する．すなわち，$\Theta^a = \Theta^b$ となる二つの異なる整数 a, b が存在する．したがって，$\Theta^{b-a} = 1$ となり，Θ は 1 のベキ乗根である．

19. ヴェイユ数

この文脈に乗って，もう少しだけ話を続けよう．クロネッカーの観察の前提となる仮説を一般化し，絶対値 r についての**ヴェイユ数**を定義しよう．これ

は 0 ではない代数的整数で，それ自身を含め，その共役すべてが同一の絶対値 r を持つものをいう[*4]．前節の論議から，与えられた次数と絶対値を持つヴェイユ数は有限個しかない．上のクロネッカーの定理によって，絶対値が 1 のヴェイユ数はちょうど 1 のベキ乗根である．読者も証明したくなるような基礎的な事実として，まず，2 次のヴェイユ数 ω は，条件 $|\mathrm{Tr}(\omega)| \leq 2\sqrt{|N(\omega)|} = 2\sqrt{|\omega\omega'|}$ を満たす 2 次の代数的整数である．ただし，ω' は ω の（代数的な）共役である．第二に，もし p が素数であれば，絶対値が $\sqrt{p}$ である 2 次のヴェイユ数 ω については，それを含む（唯一の）2 次の整数環 R_d において ω は素元となり，したがって，そこで p の素元分解 $\omega\omega' = \pm p$ を与える．

素数 p と自然数 ν に対して，絶対値が $p^{\nu/2}$ のヴェイユ数は算術において非常に重要である．有限体に係数を持つ多項式で与えられる連立方程式の有理数解の個数を数えるときに，それらが鍵となる．一つだけ具体的な例を挙げよう．ガウスの整数 $\omega = -1 + \mathrm{i}$ とその代数的な共役（この場合は複素数としての共役でもある）$\bar{\omega} = -1 - \mathrm{i}$ は絶対値が $\sqrt{2}$ のヴェイユ数である．しかもこれは，要素の個数が 2 のベキの有限体上での方程式 $y^2 - y = x^3 - x$ の解の個数を統制している．より明確に述べれば，位数が 2^ν の体上でのこの方程式の解の個数は，公式

$$2^\nu - (-1 - \mathrm{i})^\nu - (-1 + \mathrm{i})^\nu$$

（この値は通常の整数である）によって与えられる．これは数学のもう一つの新たな広大なる一章へとわれわれを誘う．

20. エピローグ

本章で論じてきた環 R_d における代数的な共役 $\alpha \mapsto \alpha'$ による対称性は，19 世紀の初めに**アーベル** [VI.33] と**ガロア** [VI.41] の手になって，一般の代数的数の体における対称性が構成する（ガロア）群についての実り多い研究に息吹を与えていった（「5 次方程式の非可解性」[V.21] を参照）．この方面での研究はまさに一心不乱に続けられていったが，それは，このガロア群およびその線形表現が数体について深く踏み込んで理解するための鍵を握っていたからである．現代風の衣装をまとった代数的数論は，しばしば**数論幾何学** [IV.5] と呼ばれる分野と強く関連している．クロネッカーの青春の夢に盛られたように，自然な解析関数により代数的数を表示することによって代数的数論が内に秘めている豊かさを手にしようとする営みは，しかしまだ完全には実現されていない．いずれにしろ，この夢が見晴らす世界への足跡は（解析的な，また代数的な自然な関数を取り出すことも含めて）着実に広がってきている．代数幾何学と群の表現論は，いまやその全域でこの世界と関連するまでになっている．たとえば，**ラングランズプログラム**は，なかんずく**志村多様体**として知られる対象と手を携えてこれに寄与している．この多様体は，一方では，群の表現論と古典的な代数幾何学とに強く関係を持っており，この世界についてのわれわれの理解を多いに助けてくれている．さらに他方では，数体のガロア群の具体的な線形表現を豊かに供給してくれている．現今の数学の栄光の一つともいうべきこの研究計画は，筆者の期待するところでは，次の世紀に書かれるべき数学大全の素晴らしき 1 章を形作るだろう．

*4) この定義は通常ヴェイユ数に課している条件よりも弱いが，標準的な用語からこの程度逸脱しても大した混乱は生じないだろう．

文献紹介

基本的な教科書

初めに，予備的な知識が最も少なくてよい 3 冊の古典を挙げよう．

Davenport, H. 1992. *The Higher Arithmetic: An Introduction to the Theory of Numbers*. Cambridge: Cambridge University Press.

Gauss, C. F. 1986. *Disquisitiones Arithmeticae*, English edn. New York: Springer.

Hardy, G. H., and E. M. Wright. 1980. *An Introduction to the Theory of Numbers*, 5th edn. Oxford: Oxford University Press.

もう少し進んだ水準のものを挙げるならば，次の本はいずれも解説的で優れている．

Borevich, Z. I., and I. R. Shafarevich. 1966. *Number Theory*. New york: Academic Press.

Cassels, J., and A. Fröhlich. 1967. *Algebraic Number Theory*. New York: Academic Press.

Cohen, H. 1993. *A Course in Computational Algebraic Number Theory*. New York: Springer.

Ireland, K., and M. Rosen. 1982. *A Classical Introduction to Modern Number Theory*, 2nd edn. New York: Springer.

Serre, J.-P. 1973. *A Course in Arithmetic*. New York: Springer.

専門的な論文と本

Baker, A. 1971. Imaginary quadratic fields with class number 2. *Annals of Mathematics (2)* 94:139–52.

Brauer, R. 1950. On the Zeta-function of algebraic number fields I. *American Journal of Mathematics* 69: 243–50.

Brauer, R. 1950. On the Zeta-function of algebraic number fields II. *American Journal of Mathematics* 72: 739–46.

Goldfeld, D. 1985. Gauss's class number problem for imaginary quadratic fields. *Bulletin of the American Mathematical Society* 13: 23–37.

Granville, A., and G. Martin. 2006. Prime number races. *American Mathematical Monthly* 113: 1–33.

Gross, B., and D. Zagier. 1986. Heegner points and derivatives of *L*-series. *Inventiones Mathematicae* 84: 225–320.

Heegner, K. 1952. Diophantische Analysis und Modulfunktionen. *Mathematische Zeitschrift* 56: 227–53.

Hua, L.-K. 1942. On the least solution of Pell's equation. *Bulletin of the American Mathematical Society* 48: 731–35.

Lang, S. 1970. *Algebraic Number Theory*. Reading, MA: Addison-Wesley.

Narkiewicz, W. 1973. *Algebraic Numbers*. Warsaw: Polish Scientific Publishers.

Siegel, C. L. 1935. Über die Classenzahl quadratischer Zahlkörper. *Acta Arithmetica* 1: 83–86.

Stark, H. 1967. A complete determination of the complex quadratic fields of class-number one. *Michigan Mathematical Journal* 14: 1–27.

IV. 2

解析的整数論

Analytic Number Theory

アンドリュー・グランヴィル［訳：平田典子］

1. はじめに

整数論とは何であろうか？　単に整数の研究にすぎないと思われるかもしれない．しかし，それではあまりに曖昧であろう．整数とは数学のどこにでも現れる存在なのである．整数論と数学の他分野との相違点を述べるために，$x^2+y^2=15925$ という方程式を考え，その解を求めてみよう．確かに解は存在し，平面における解集合は半径 $\sqrt{15925}$ の円である．ところが，整数論の研究者は整数の解にとりわけ興味を持つ．そして，この方程式に整数の解があるかどうかという問題は，さほど自明ではない．

この問題を考えるには，15925 が 25 の倍数であることを見極めることから始めるとよい．実際に $15925=25\times 637$ であり，さらに $637=49\times 13$ と分解されるので，$15925=25\times 49\times 13$ となる．この情報はきわめて有用であり，$a^2+b^2=13$ を満たす整数 a,b が見つかれば，それを $5\times 7=35$ 倍して方程式の解が求まることを示している．$2^2+3^2=13$ であるから $a=2$，$b=3$ を採用すればよい．両辺を 35 倍すれば $70^2+105^2=15925$ となり，元の方程式の解が得られた．

この単純な例によって，整数をそれ以上できなくなるまで整数の積に分解することが有効な考察であることがわかる．すなわち，**素数**の積になるまで分解することである．**算術の基本定理** [V.14]（素因数分解の一意性）は，すべての正の整数は（順番を除いて）素数の積に一意的に書き表せることを保証する．つまり，素数の有限個の積と，すべての正の整数の間には 1 対 1 の対応が存在する．分子を原子に分解して初めて解釈が深まるのと同様に，多くの状況においては，素因数分解を行えば，整数を十分に理解するために必要なことが見えてくる．たとえば $x^2+y^2=n$ という方程式に整数解 x,y が存在することと，n の素因数分解において $4m+3$ の形になっているすべての素数が偶数回だけ登場することとは同値である（これから，たとえば $x^2+y^2=13475$ を満たす整数 x,y は存在しないことが得られる．なぜならば，$13475=5^2\times 7^2\times 11$ であり，$4m+3$ の形の素数 11 は 13475 の素因数分解において奇数回しか現れていないからである）．

どのような整数が素数になるかを調べていくと，まず素数がたくさんあることが明らかになる．しかるに，先に進めば進むほど，正の整数の中に占める素数の割合が小さくなっていくように感じられる．また時折，素数は唐突な現れ方をし，素数すべてを表示する公式がはたして存在するのかという疑問を抱かせる．この疑問にはうまく答えられなくとも，せめて素数の大部分を記述する式はあるかどうかを考えたい．そもそも素数は無限個存在するのであろうか？　もし無限個あるならば，与えられた数までの素数が何個あるのかはすぐに数えられるだろうか？少なくとも，その個数をうまく評価することは可能であろうか？ そして，長い時間をかけて素数を探していると，たとえ易しくなくとも素数か否かを素早く判定する方法が存在するかどうかを知りたくなる．素数の判定法については「計算数論」[IV.3] の章において論じられているので，それ以外について考えてみよう．

他分野との比較から，整数論がどのような特徴を持つかを述べた．以下，**代数的整数論**と**解析的整数論**の相違点について述べる．代数的整数論（「代数的数」[IV.1] の章における主な話題）では，問題も解答も，等式を用いて考察されるという典型的な特徴を持つが，本章のテーマである解析的整数論では，精密な評価を与える不等式を追求する．表面的な場合や不明瞭な場合を除き，解析的整数論では定量的評価の際に正確な等式で表される公式を期待することは，まずない．評価の最良の例は，以下に述べるような実数 x 以下の素数の個数に関するものである．

評価について論ずるために，評価の程度を測るための用語を導入する．たとえば $f(x)$ を正確に表す式は求まらないが，x が十分大きいときに $f(x)$ が決して $25x^2$ を超えないことが証明されたとしよう．$g(x) = x^2$ のように式が定まっている場合は簡単な話になる．一般には，ある正定数 c が存在して任意の x に対して $|f(x)| \leq c \cdot g(x)$ が成り立つときに $f(x) = O(g(x))$ と書くことにする．典型的な記述例を挙げよう．「x 以下の整数の素因数の個数の平均値が $\log\log x + O(1)$ である」を言い換えると，「ある正定数 c が存在し，十分大きいすべての x に対して $|$ 平均値 $- \log\log x| \leq c$ が成立する」となる．

表記 $f(x) \sim g(x)$ は $\lim_{x\to\infty} f(x)/g(x) = 1$ であることを表すと定める．$f(x) \sim g(x)$ はもう少し大まかな記述であり，十分大きい x に対して $f(x)$ と $g(x)$ は非常に近くなることはわかっているが，その近さが不明である場合や，近さを表す必要のない場合に用いられる．$\sum$ は和，$\prod$ は積を表す便利な記号である．通常はこの記号の真下または右にどのような項にわたる和や積であるのかを書き込む．たとえば，$\sum_{m\geq 2}$ は 2 以上のすべての整数 m に対してとられる和であり，$\prod_{p \text{ 素数}}$ はすべての素数 p にわたる積という意味である．

2. 素数の個数を評価すること

古代ギリシア人数学者たちは，素数が無限個存在することを知っていた．背理法による美しい証明を以下に述べよう．素数が有限個，たとえば k 個だけ存在すると仮定する．それらを $p_1, p_2, \ldots, p_k$ とおく．整数 $p_1p_2\cdots p_k + 1$ を考え，この約数となる素数は何であるかを調べる．$p_1p_2\cdots p_k + 1$ は 1 より大きいので，少なくとも 1 個以上の素数で割り切れることがわかる．その素数は $p_1, p_2, \ldots, p_k$ のうちのどれかであるはずなので，p_j, $1 \leq j \leq k$ と表せる．したがって，p_j は $p_1p_2\cdots p_k$ と $p_1p_2\cdots p_k + 1$ の両方を割り切ることになり，その差である 1 も割り切る．これは矛盾である．

この証明を好きではない人も多い．実際に無限個の素数を作って見せる証明ではなく，背理法によるという理由からである．単に素数が有限個ではあり得ないことしか示していない．この欠陥を多少とも補うために，次のように述べてみよう．$k \geq 2$ に対して数列 $x_1 = 2, x_2 = 3, \ldots, x_{k+1} = x_1x_2\cdots x_k + 1$ を定めると，各 x_k は少なくとも一つの素因数 q_k を持つ．これらの素因数はすべて異なることが以下に示される．q_k は x_k を割り切るが，もし $k < \ell$ ならば x_k は $x_\ell - 1 = x_1x_2\cdots x_{\ell-1}$ を割り切るから，q_k は $x_\ell - 1$ を割る．一方，q_ℓ は x_ℓ を割る．したがって，q_k と q_ℓ は異なる素数でなくてはならない．すなわち無限個の素数の列が構成された．

18 世紀に**オイラー** [VI.19] は，素数が無限個存在する事実の別証明を与えた．これは後の数学に大きな影響を与えることになる．まず有限個の素数 $p_1, p_2, \ldots, p_k$ のみがあると仮定する．整数論の基本定理を認めると，すべての整数と，集合 $\{p_1^{a_1}p_2^{a_2}\cdots p_k^{a_k} :$ $a_1, a_2, \ldots, a_k$ は 0 以上の整数 $\}$ の元は 1 対 1 に対応する．しかしオイラーが気づいたように，この事実は一つの和がすべての整数にわたるとき，それは $\{p_1^{a_1}p_2^{a_2}\cdots p_k^{a_k}\}$ にわたる和と考えても等しい値をとるということを意味する．すなわち，n を正の整数，$a_1, a_2, \ldots, a_k$ を 0 以上の整数とするとき，

$$\begin{aligned}\sum_{\substack{n\geq 1\\ n\text{ は整数}}} \frac{1}{n^s} &= \sum_{a_1,a_2,\ldots,a_k\geq 0} \frac{1}{(p_1^{a_1}p_2^{a_2}\cdots p_k^{a_k})^s}\\ &= \sum_{a_1\geq 0}\frac{1}{(p_1^{a_1})^s}\sum_{a_2\geq 0}\frac{1}{(p_2^{a_2})^s}\cdots\sum_{a_k\geq 0}\frac{1}{(p_k^{a_k})^s}\\ &= \prod_{j=1}^{k}\left(1-\frac{1}{p_j^s}\right)^{-1}\end{aligned}$$

が成立する．最後の等式は，下から 2 行目の式の $\sum_{a_j\geq 0} 1/(p_j^{a_j})^s$ のおのおのが公比 $1/p_j^s$ の等比級数

の和であることから得られる．$p_j > 1$ であることより，オイラーは $s = 1$ ならば最後の式は有限の有理数に等しいが，最初の式は $\sum_{n\geq 1} 1/n = \infty$ になることを発見した．すなわち，もし素数が有限個ならば矛盾に至るので，素数は無限個存在することが示された．$\sum_{n\geq 1} 1/n = \infty$ は次の理由で証明される．関数 $f(t) = 1/t$ が単調減少であることより $1/n \geq \int_n^{n+1} 1/t\,\mathrm{d}t$ が言えることから，$\sum_{n=1}^{N-1} 1/n \geq \int_1^N 1/t\,\mathrm{d}t = \log N$ が得られ，これは $N \to \infty$ ならば $\log N \to \infty$ となる．

この証明においては，素数が有限個であるという間違った仮定のもとにおいて $\sum n^{-s}$ を考えている．この仮定をせずに

$$\sum_{\substack{n\geq 1\\ n\text{ は整数}}} \frac{1}{n^s} = \prod_{p\text{ 素数}} \left(1 - \frac{1}{p^s}\right)^{-1} \tag{1}$$

と修正することを考えよう．しかし，有限和でも有限積でもない両辺の量に関しては，収束についての注意を払う必要がある．$s > 1$ のときは両辺とも絶対収束するので問題は起きない（無限和，無限積の項の順番を任意に変えてよい）．

オイラーのように，式 (1) の $s = 1$ の場合の意味付けを試みよう．$s > 1$ ならば両辺は収束して等しい値をとる．s の 1 への右極限を両辺においてそれぞれ考えよう．左辺は

$$\int_1^\infty \frac{\mathrm{d}t}{t^s} = \frac{1}{s-1}$$

で近似されるが，この s の 1 への右極限は発散する．これより

$$\prod_{p\text{ 素数}} \left(1 - \frac{1}{p}\right) = 0 \tag{2}$$

つまり，対数をとって無視できる項を除くと，次が得られる．

$$\sum_{p\text{ 素数}} \frac{1}{p} = \infty \tag{3}$$

素数の個数について得られる情報を調べるために，式 (3) の類似が素数以外の整数の列で成立するかどうかを見てみよう．たとえば $\sum_{n\geq 1} 1/n^2$ は収束するから，素数の個数は n^2 の頻度よりも多いことが従う．この論法は $s > 1$ を満たす任意の s に対しても使える．前述のように $\sum_{n\geq 1} 1/n^s$ はだいたい $1/(s-1)$ と同程度の大きさであることから $s > 1$ のときに収束し，$\sum_{n>1} 1/(n(\log n)^2)$ も収束するので，素数の個数は $\{n(\log n)^2 : n > 1\}$ の頻度よりも多いことがわかり，x 以下の素数が $x/(\log x)^2$ 個以上であるような正整数 x が無限個存在することが従う．

この議論では素数の個数は多いように思えるが，整数が大きくなるにつれて素数の占める割合が実際の計算ではまばらになっていくように感じられる．本当にそうであるかを確かめよう．最も簡単な方法は，エラトステネスの篩（ふるい）を用いて素数を数え上げることである．エラトステネスの篩とは，x までのすべての整数を次のように篩にかける方法である．まず，x までのすべての整数のうち $4, 6, 8, \ldots$，つまり 2 以外の 2 の倍数を消し，次に残った 3 以上の整数のうち 3 以外の 3 の倍数を消す．次いで 5 以外の 5 の倍数を取り除く．この操作が終了すると，x までの素数だけが残る．

この議論は x 以下の素数の個数を求める方法を暗示している．すなわち，2 以外の 2 の倍数を消す（これを 2 による篩という）と，ほぼ半分の整数が残る．その後に 3 以外の 3 の倍数を消すと，残ったうちのおよそ 2/3 の割合の整数がまだ残る．これを繰り返すと，y までの素数の篩にかけた残りのおよその個数は

$$x \prod_{p\leq y} \left(1 - \frac{1}{p}\right) \tag{4}$$

となる．いかなる合成数 x も $\sqrt{x}$ 以下の素因数を持つことに注意すると，$y = \sqrt{x}$ に対し，1 および x までの素数が，この篩で残る．さて，この式 (4) は $y = \sqrt{x}$ に対する x 以下の素数の個数に本当に近いものを表しているのだろうか？

これを調べるには，式 (4) の表す値を正確に見る必要がある．x 以下の整数のうち，$y = \sqrt{x}$ 以下の素因数を持たないものの個数と，y までの素数の個数との和を評価することにしよう．y 以下の素数を k 個としたとき，式 (4) の評価が 2^k 以内の誤差の範囲内で正しいことが**包除原理**[*1)] よりわかるが，k が小さいときを除き，2^k の誤差の部分は評価しようとしている数よりはるかに大きくなってしまい，意味をなさない．k が $\log x$ の小さい定数倍程度の大きさならよいが，それでも $y \sim \sqrt{x}$ のときは y までの素数の個数よりも少なくなってしまい，式 (4) の表示が x 以下の素数の個数の良い評価になるかどうか

*1)　［訳注］組合せ論において集合の包合と排除の状態に基づき集合の元の個数を数え上げる方法を支える原理．簡単な例としては，有限集合 A, B に対し

$$|A \cup B| = |A| + |B| - |A \cap B|$$

（$|\ |$ は集合の元の個数を表す）となることを指す．

はわからない．しかし，この議論で可能なことは，x 以下の素数の個数を上から評価することである．なぜならば，x 以下の素数の個数は，x 以下の整数で $y=\sqrt{x}$ 以下の素因数を持たない数の個数と，y までの素数の個数との和を決して超えないからであり，それは 2^k と式 (4) の和になるからである．

さて，式 (2) より y が大きくなると $\prod_{p\le y}(1-1/p)$ は 0 に近づくことがわかる．これより任意の小さい正の数 ε に対して $\prod_{p\le y}(1-1/p)<\varepsilon/2$ を満たす y が存在する．この各項 $1-1/p$ は 1/2 以上なので，この積は $1/2^k$ 以上となる．したがって，$x\ge 2^{2k}$ ならば誤差 2^k は式 (4) の量より小さく，x 以下の素数の個数は式 (4) の 2 倍以下であり，y の選び方から εx 以下である．ε は任意に小さくしてよいのであるから，素数の個数は最初に予想したとおり，すべての整数の中では無視できる程度の割合しか占めないことになる．

$y=\sqrt{x}$ に対して式 (4) を評価する際に，上記のように包除原理によると数え上げの際の誤差項が大きくなるが，評価 (4) が x 以下の素数の個数の良い近似になるように誤差項を改良するための議論として，次を試みよう．$y=\sqrt{x}$ のときに誤差項が式 (4) よりも大きくなることはない．$y=\sqrt{x}$ ならば，x 以下の素数の個数は式 (4) の値の 8/9 倍程度になっている．では，なぜ式 (4) が良い近似にならないのだろうか？　素数 p で篩を行うとき，p 個のうち 1 個を捨てている．注意深く分析すると，これは p が小さいときは良いが，p が大きくなると急激に悪い評価になってしまうことがわかる．実際，y が固定された x のベキより大きいと式 (4) は正しい評価を与えない．さて，何が間違っているのだろうか？　捨てる割合が $1/p$ くらいであるという推定には，実はある仮定がなされている．それは p での篩を行うとき，p より小さい素数での現象とは独立であるという仮定だが，実際にはこの仮定は正しくない．これは x 以下の素数の個数の数え上げが簡単ではない主な理由であり，関連する問題にも同様の影響を与える．

数え上げでの評価の改良は可能でも，素数の個数との比が 1 に近づくような良い漸近式が，上記の考察で得られるとは思えない．そこで，19 世紀初頭の**ガウス** [VI.26] の鋭い洞察が登場する．これほど優れた予想はないだろう．それは，彼が 16 歳のときに 300 万までの素数表を見ていて思い付いた「x のまわりの素数の密度は約 $1/\log x$」という予想である．これを分析すると，x 以下の素数の個数はおよそ次式で表せる．

表 1　x 以下の素数の個数：ガウスの予想式と実際との誤差

x	$\pi(x)=\#\{\text{素数}\le x\}$	$\int_2^x \frac{\mathrm{d}t}{\log t}-\pi(x)$
10^{8}	5 761 455	753
10^{9}	50 847 534	1 700
10^{10}	455 052 511	3 103
10^{11}	4 118 054 813	11 587
10^{12}	37 607 912 018	38 262
10^{13}	346 065 536 839	108 970
10^{14}	3 204 941 750 802	314 889
10^{15}	29 844 570 422 669	1 052 618
10^{16}	279 238 341 033 925	3 214 631
10^{17}	2 623 557 157 654 233	7 956 588
10^{18}	24 739 954 287 740 860	21 949 554
10^{19}	234 057 667 276 344 607	99 877 774
10^{20}	2 220 819 602 560 918 840	222 744 643
10^{21}	21 127 269 486 018 731 928	597 394 253
10^{22}	201 467 286 689 315 906 290	1 932 355 207

$$\sum_{n=2}^{x}\frac{1}{\log n}\sim\int_2^x\frac{\mathrm{d}t}{\log t}$$

このガウスによる予見と，実際の素数の個数を比べよう．表 1 は 10 のさまざまな累乗以下の素数の個数（計算機による補正あり）と，ガウスの予想式の値との差を示している．差の数字は素数そのものよりはるかに小さく，ガウスの予見は驚くべき正確さであった．過大に評価することが心配されたが，右列の行の長さが中列の行の 2 倍くらいであることを見ると，中列の予想式との誤差は，$\sqrt{x}$ 程度である．

1930 年に，確率論の大家であったハラルド・クラメルは，ガウスの予想式を確率論的見地から分析した．3 から始まる自然数の列において，その数が素数ならば 1 を，素数でないならば 0 を配置して，0 と 1 の列を $1,0,1,0,1,0,0,0,1,0,1,\ldots$ のように構成する．この数列が 0 と 1 からなるいわゆる標準列と同じ性質を持つと仮定し，それより素数の配置に関する予想を行うというのが，クラメルのアイデアであった．$X_3,X_4,\ldots$ を値 0 か 1 をとる**確率変数** [III.71 (4 節)] として，X_n が確率 $1/\log n$ で値 1 をとるとする（つまり，確率 $1-1/\log n$ で 0 となる）．これらの変数は独立と仮定するので，X_m 以外の値からは X_m の情報は得られない．クラメルはこの素数を表す数列における 1 の分布に関する主張が正しいことと，確率 1 でその確率変数の列に対する主張が正しいことが同値であろうという示唆を与えた．この解釈には若干の注意が必要であり，たとえば確率変数の列は確率 1 で偶数を無限回含みうるが，このような例を考慮して一般的原理を述べることは可能である．

ガウス–クラメルのモデルに関する例を述べる．**中心極限定理** [III.71 (5 節)] を用いて確率変数の列の最初の x 項に，確率 1 で数字 1 が

$$\int_2^x \frac{\mathrm{d}t}{\log t} + O\left(\sqrt{x}\log x\right)$$

回現れることが示せる．モデルが示すことは，確率変数の列が素数を表す数列の場合もこれが成立することであり，したがって，x 以下の素数の個数が

$$\int_2^x \frac{\mathrm{d}t}{\log t} + O\left(\sqrt{x}\log x\right) \tag{5}$$

に等しいことが成り立つことが予想される．

ガウス–クラメルのモデルは素数分布の問題について美しい考察を提供するが，証明は与えられそうもない．したがって，素数分布の証明は別途考える必要がある．解析的整数論では，整数論に自然に現れる対象物を数え上げることを試みるが，うまくいかないこともまた多い．これまで，素数分布に関して，基本的定義とわずかな初等的性質から上界もしくは下界を導こうとしてきたが，それらの評価は善し悪しであった．改良を目指して不自然にも思えることを行い，複素関数の言葉で問題を定式化することで，重要な手法を解析学から導き出す試みを始めよう．

3. 解析的整数論における解析

1859 年の**リーマン** [VI.49] の論文において，以下の解析的手法が登場する．それはオイラーの式 (1) におけるものであったが，決定的違いは s を**複素変数**で考えたことであった．リーマンは今日**リーマンゼータ関数**と呼ばれるものを次で定義する．

$$\zeta(s) = \sum_{n\geq 1} \frac{1}{n^s}$$

この級数は実部が 1 より大きい場合に収束することが，実関数の場合と同様に簡単に示せる．しかし，複素変数に拡張したことで，その際に $\zeta(s)$ が**正則関数** [I.3 (5.6 項)] になり，1 を除いた全平面に**解析接続**できるという大きな利点がある（易しく述べると，$\sum_{n\geq 0} z^n$ が $|z|<1$ で収束し，そこで $1/(1-z)$ と等しくなる．そして，1 を除いた全平面でこの等式が成り立つようにすることができる）．リーマンは，x 以下の素数についてのガウスの予想式を確立させることと，$\zeta(s)$ の零点つまり $\zeta(s)=0$ となる s の値についての深い理解を得ることが同等であることに気づいた．リーマンの深い考究は，解析的整数論における課題を誕生させた．したがって，少なくとも一見無関係に見えるような二者の関連性の発見に至る重要な考察の足跡を追うことは，意味があると思われる．

リーマンはオイラーの式 (1) を足がかりにした．この等式は実部が 1 より大きい複素変数 s でも容易に示せるので，次が成立する．

$$\zeta(s) = \prod_{p\ \text{素数}} \left(1-\frac{1}{p^s}\right)^{-1}$$

ここで両辺の対数をとって微分すると，次が従う．

$$-\frac{\zeta'(s)}{\zeta(s)} = \sum_{p\ \text{素数}} \frac{\log p}{p^s-1} = \sum_{p\ \text{素数}} \sum_{m\geq 1} \frac{\log p}{p^{ms}}$$

$p \leq x$ のときと $p > x$ のときを考え，$x/p \geq 1$ のときの素数 p を数えるが，$x/p < 1$ のときは算入しない．これは $y<1$ のときに値 0，$y>1$ のときに値 1 をとる**階段関数**（グラフが階段のように見える関数）を導入することにより可能である．$y=1$ のときは不連続だが，平均値 1/2 を当てることが有効である．解析的整数論における重要な手法である，ペロンの公式によって，この階段関数は以下の積分表示を持つ．すなわち，任意の $c>0$ に対し，

$$\frac{1}{2\pi \mathrm{i}} \int_{s:\mathrm{Re}(s)=c} \frac{y^s}{s}\mathrm{d}s = \begin{cases} 0, & 0<y<1 \\ \frac{1}{2}, & y=1 \\ 1, & y>1 \end{cases}$$

である．これは**積分路**が垂直方向の直線 $c+it$，$t\in\mathbb{R}$ となる線積分である．$p^m < x$ のときの項を数え，$p^m > x$ の場合の項を算入せず，なおかつ 1/2 の登場を避けるために x を素数のベキ以外の場合として，$y = x/p^m$ におけるペロンの公式から次を得ることができる．

$$\begin{aligned} &\sum_{p\ \text{素数},\, m\geq 1,\, p^m\leq x} \log p \\ &\quad = \frac{1}{2\pi \mathrm{i}} \sum_{p\ \text{素数},\, m\geq 1} \log p \int_{s:\mathrm{Re}(s)=c} \left(\frac{x}{p^m}\right)^s \frac{\mathrm{d}s}{s} \\ &\quad = -\frac{1}{2\pi \mathrm{i}} \int_{s:\mathrm{Re}(s)=c} \frac{\zeta'(s)}{\zeta(s)} \frac{x^s}{s}\mathrm{d}s \end{aligned} \tag{6}$$

すべての収束が絶対収束なので，c が十分大きいときの無限和と積分の順序交換は許される．上記の左

辺は x までの素数の個数というよりも，少し重みを付けたもの，つまり素数 p の各 1 回分につき $\log p$ を乗じたものを数えている．これは x が十分大きいときに，この重み付き和がその良い近似になることを示せる限りは，x までの素数の個数に対するガウスの予想式が正しいことを示唆している．和 (6) は x 以下の整数の最小公倍数の対数である．これは重み付き和が素数の数え上げの際に考慮すべき自然な関数であるという説明になろう．また，素数 p の近くの素数の密度が実際に $1/\log p$ ならば，$\log p$ を掛ければ密度がすべてにおいて 1 に揃うこともその理由であろう．

複素関数論を学んだ読者は，**コーシーの留数定理**を用いることで，和 (6) の中の積分が被積分関数 $(\zeta'(s)/\zeta(s))(x^s/s)$ の留数，つまり極における情報によって表せることがわかるであろう．有限個の点を除き解析的な関数 $f(s)$ に対し $f'(s)/f(s)$ の極は $f(s)$ の零点および極である．$f'(s)/f(s)$ の極のそれぞれの位数は 1 であり，その留数は $f(s)$ の零点の位数，もしくは $f(s)$ の極の位数の -1 倍に等しくなることが知られているので，**明示公式**

$$\sum_{p\ \text{素数},\, m\geq 1,\, p^m\leq x} \log p = x - \sum_{\rho:\zeta(\rho)=0} \frac{x^\rho}{\rho} - \frac{\zeta'(0)}{\zeta(0)} \tag{7}$$

が得られる．ここで，$\zeta(s)$ の零点は重複度を含めて数えられている．つまり，ρ が $\zeta(s)$ の k 位の零点であれば，ρ に対して k 個の項が和の中にある．x 以下の素数 p について，複雑な関数の零点を用いた正確な表示式が成立することは，驚嘆に値する．リーマンの成果にその後の人々がいかに影響を受け，発想を広げたかは想像に難くない．

リーマンは複素平面の左半分においての $\zeta(s)$ の値を容易に求める方法も発見している（そこでは $\zeta(s)$ は自然には定義されない）．ある簡単な関数を $\zeta(s)$ に乗じた積である関数 $\xi(s)$ の**関数等式**

$$\xi(s) = \xi(1-s) \tag{8}$$

がすべての s について成立することが，その方法の着想である．彼は

$$\xi(s) = \frac{1}{2}s(s-1)\pi^{-s/2}\Gamma\left(\frac{1}{2}s\right)\zeta(s)$$

という積を考えればよいことを示した．ここで $\Gamma(s)$ は有名な**ガンマ関数** [III.31] である．正整数 n においては階乗に等しい値をとる，つまり $\Gamma(n) = (n-1)!$ となる連続関数である．

式 (1) を注意深く分析すると，$\zeta(s)$ は $\mathrm{Re}(s) > 1$ で零点を持たないことがわかるので，式 (8) より $\mathrm{Re}(s) < 0$ となる零点は負の偶数 $-2, -4, \ldots$ に限る（自明な零点である）．そこで，式 (7) を使うには**臨界帯**，すなわち $0 \leq \mathrm{Re}(s) \leq 1$ を満たす s の集合内における零点を調べる必要がある．リーマンはこのとき驚くべき観察を行い，もしこれが成立するならば素数に関するほとんどすべての現象が見事に明らかになるという予想を立てた．

リーマン予想　$0 \leq \mathrm{Re}(s) \leq 1$ かつ $\zeta(s) = 0$ ならば $\mathrm{Re}(s) = 1/2$ である．

直線 $\mathrm{Re}(s) = 1/2$ 上に無限個の零点があることは知られている．直線の上のほうに行くに従い，零点は互いに近づき合う．リーマン予想は高さの低い（つまり $|\mathrm{Im}(s)|$ が小さい）10 億個の零点について計算機で確かめられている．これは零点全体の 40％以上と言われており，素数や他の数列の分布についての多くの経験的な現象も支持している．リーマン予想は数学のうち最も有名であって，証明が望まれるにもかかわらず，いまだに未解決の予想である．

さて，リーマン自身はこの予想をどのように考えていたのであろうか？　リーマンはこの非凡な予想を思い付くに至ったヒントを残していない．たった一人での純粋で長い考察の後に登り詰めた究極の高みの例と言えよう．しかし，1920 年代にジーゲルおよび**ヴェイユ** [VI.93] がリーマンの未発表ノートを手に入れ，高さの低い零点のいくつかを，手による大量の計算で求めていたことがわかった．純粋な一人での思索のためにである．リーマン予想は想像を越えた巨大な跳躍である．その零点の計算のためのアルゴリズムも発展した（零点の計算法の議論は「計算数論」[IV.3] を参照）．

もしリーマン予想が真であれば，

$$\left|\frac{x^\rho}{\rho}\right| \leq \frac{x^{1/2}}{|\mathrm{Im}(\rho)|}$$

を証明することは難しくない．

これを式 (7) に代入すると

$$\sum_{p\ \text{素数},\, p\leq x} \log p = x + O(\sqrt{x}\log^2 x) \tag{9}$$

が得られる．今度は式 (5) にこれが翻訳される．実際，これらの評価はリーマン予想が真の場合に限り成立する．

リーマン予想は，理解することも価値を認めることも，決して易しくはない．同値な式 (5) のほうが理解されやすいであろう．リーマン予想と同値な別の命題として，$N \geq 100$ を満たすすべての自然数 N に対し

$$|\log(\mathrm{lcm}[1,2,\ldots,N]) - N| \leq \sqrt{N}(\log N)^2$$

が成立するというものもある．

x までの実際の素数の個数とガウスの予想式の評価の誤差を鑑みると，式 (7) から導かれる次の漸近的な式があるが，これはリーマン予想が真であるときに限り成立する．

$$\frac{\int_2^x (1/\log t)\mathrm{d}t - \#\{\text{ 素数 } \leq x\}}{\sqrt{x}/\log x} \sim 1 + 2 \sum_{\substack{\text{all real numbers } \gamma>0 \\ \text{such that } \frac{1}{2}+\mathrm{i}\gamma \text{ is a zero of } \zeta(s)}} \frac{\sin(\gamma \log x)}{\gamma} \tag{10}$$

ただし，式 (10) の和 $\sum$ は $\frac{1}{2} + \mathrm{i}\gamma$ が $\zeta(s)$ の零点となるようなすべての正実数 γ にわたる．

これは x までの素数の個数に対するガウスの予想式との誤差の部分を，$\sqrt{x}$ と同じように増大するもので割った数である．素数表からは，およそ定数であるように見える．しかし，右辺は必ずしもそれに一致しない．式 (10) の右辺の第 1 項の 1 は式 (7) において素数の 2 乗に対応する部分となる．残りの項は式 (7) の $\zeta(s)$ の零点に対応する．これらは分母 γ を持つので最小の値の γ に対する項が大きくなる．さらに，各項が振動する正弦波であるため，正と負の値を半分ずつとる．$\log x$ はこれらの振動をゆっくりにする働きがあり（素数の表からはわかりにくいが），式 (10) において負の値になることが実際に起こる．この x が負の項を引き起こす場合，すなわち，$\int_2^x (1/\log t)\mathrm{d}t$ が x 以下の素数の個数よりも実際に大きくなるときの x の値を決定できた者はまだいない．最初にこの現象が起きるのは，おそらく

$$x \sim 1.398 \times 10^{316}$$

くらいであろうと予測されている．

10^{22} までの素数表でこの予測をどのようにするかというと，式 (10) の右辺の最初の 1,000 項を左辺の近似に使い，負の項が現れそうになると 100 万個程度の多めの項を加えて近似することを試み，式 (10) の値が負になることを確かめるのである．

与えられた関数をより良く理解するために正弦や余弦の和で表す試みは決して一般的ではないが，音楽において調和を探るようなもので，式 (10) は現実との整合性という視点からの説得力がある．式 (10) は素数同士で音楽を奏でていると専門家から表現されており，リーマン予想はこのような洞察により信じられ，成立が望まれているのである．

条件を課さずに

$$\#\{\text{ 素数 } \leq x\} \sim \int_2^x \frac{\mathrm{d}t}{\log t}$$

つまり**素数定理**を証明するためには，上に述べた方針に沿えばよい．素数定理は上述の評価ほど強い命題ではなく，直線 $\mathrm{Re}(s) = 1$ の近くに $\zeta(s)$ の零点があっても，それが式 (7) に影響しないことを示せば十分である．19 世紀の終わりに $\mathrm{Re}(s) = 1$ 上の $\zeta(s)$ の零点の非存在が示され，素数定理は**アダマール** [VI.65] と，**ド・ラ・ヴァレ・プーサン** [VI.67] によって 1896 年に証明された．

臨界帯における $\zeta(s)$ の零点を除いた領域に関するさまざまな研究や，x 以下の素数の個数の改良がなされているが，リーマン予想に本質的に接近する研究はまだない．数学における最大の未解決予想である．

x 以下の素数は何個あるかという素朴な疑問の答えは，複素解析を用いない方法で証明される単純なものであってほしいと考える．これは手の届かない問題であろう．式 (7) によると，素数定理が成立することと直線 $\mathrm{Re}(s) = 1$ 上での $\zeta(s)$ の零点の非存在は同値であるから，この議論では複素解析が必然である．しかし，1949 年にセルバーグとエルデシュが素数定理の初等的証明を与えて，数学界を驚かせた．「初等的」とは易しいということではなく，高度な複素解析の手法を用いないという意味である．実際には彼らの証明は易しくはなく複雑である．もちろん彼らの示したことは，直線 $\mathrm{Re}(s) = 1$ 上での $\zeta(s)$ の零点の非存在に同値であるが，巧妙な組合せ論が複素解析を水面下に隠してしまったと言えなくもない．インガム（Ingham）による注意深い検証（1949）が参考になる．

4.　等差数列に含まれる素数について

x 以下の素数の個数 $\pi(x)$ の正しい評価が与えられたので，a に法 q で合同な素数の個数 $\pi(x; q, a)$ についても考えよう（法の意味については「合同式の

算法」[III.58] を参照)．法 4 で 2 と合同な素数は 2 のみであり，a と q の最大公約数が 1 より大きければ $a, a+q, a+2q, \ldots$ の中にある素数は 1 個以下である．$\phi(q)$ を $1 \le a \le q$ および $(a,q)=1$ を満たす整数 a の個数とする．ただし (a,q) は a と q の最大公約数とする．このとき，$\phi(q)$ 通りの等差数列（算術級数）の項 $a, a+q, a+2q, \ldots$, $1 \le a < q$, $(a,q)=1$ に，（有限個の例外を除いた）無限個の素数が含まれうる．計算してみると，素数の集合が $\phi(q)$ 通りの等差数列にうまく分割されている様子がわかる．これより，おのおのの素数の割合は $1/\phi(q)$ に近づくことが推測される．すなわち $(a,q)=1$ ならば $x \to \infty$ のときに

$$\pi(x;q,a) \sim \frac{\pi(x)}{\phi(q)} \tag{11}$$

が予想される．そもそも $(a,q)=1$ のときに，法 q で a に合同な素数が無限個あることさえ非自明であるが，これは著名な**ディリクレの定理**（算術級数定理）[VI.36] である．この考察には，法 q で a に合同な整数 n の漸近的な式がほしい．このためにディリクレは（**ディリクレ**）**指標**という名の関数を定義した．法 q の**指標**とは $\mathbb{Z}$ から $\mathbb{C}$ への写像で以下の 3 個の性質を持つものである（意味のある順に並べてある）．

(i) $\chi(n)=0 \Longleftrightarrow (n,q)>1$.

(ii) $\chi(n+q)=\chi(n)$ が任意の整数 n に対して成立する（つまり χ は法 q で**周期的**）．

(iii) $\chi(mn)=\chi(m)\chi(n)$ が任意の整数 m, n に対して成立する（つまり χ は**乗法的**）．

法 q の指標の易しく重要な例は**主指標** χ_q であろう．それは $(n,q)=1$ ならば値 1 を，そうでなければ 0 をとる関数である．q 自身が素数であれば，もう一つの重要な例は**ルジャンドル記号** $(\frac{\cdot}{q})$ である．n が q の倍数のときに $(\frac{n}{q})=0$，n が法 q の平方剰余のときに $(\frac{n}{q})=1$，n が法 q の平方非剰余のときに $(\frac{n}{q})=-1$ と定める（整数 n が**平方剰余**とは，n が法 q で平方数に合同であるときをいう)．q が合同数のときは，**ルジャンドル–ヤコビ記号** $(\frac{\cdot}{q})$ という拡張があるが，これも指標となる．法 q で平方数ということを認識することは重要であり，間接的ではあるが有用である．

上記の指標の値はすべて実数であるので，定義に鑑みると例外的である．本当に複素数の値をとる例を $q=5$ のときに構成しよう．$n \equiv 0 (\bmod 5)$ のときに $\chi(n)=0$，$n \equiv 2$ のときに $\chi(n)=\mathrm{i}$，$n \equiv 4$ のときに $\chi(n)=-1$，$n \equiv 3$ のときに $\chi(n)=-\mathrm{i}$，$n \equiv 1$ のときに $\chi(n)=1$ と定めよう．法 5 で 2 という数は累乗すると $2, 4, 3, 1, 2, 4, 3, 1, \ldots$ となり，i の累乗は $\mathrm{i}, -1, -\mathrm{i}, 1, \mathrm{i}, -1, -\mathrm{i}, 1, \ldots$ となる．

法 q では $\phi(q)$ 個の異なる指標がある．この性質と次の公式を合わせると，法 q での和を考えることが有用になる．$\bar{\chi}(a)$ を $\chi(a)$ の複素共役とおくと

$$\frac{1}{\phi(q)}\sum_{\chi}\bar{\chi}(a)\chi(n) = \begin{cases} 1, & n \equiv a \pmod q \\ 0, & n \not\equiv a \pmod q \end{cases}$$

が成り立つ．

この公式は何を示すのであろうか？　法 q で a と合同になる数を理解することは，$n \equiv a (\bmod q)$ のときに $\chi(n)=1$ となり，それ以外のときに $\chi(n)=0$ となる数を理解することである．これは上記の右辺に現れている．実際には指標そのものよりも，その乗法性ゆえに指標の 1 次結合のほうが扱いやすいため，係数 $\bar{\chi}(a)/\phi(q)$ の 1 次結合を考えているのである．上記の公式より次が得られる．

$$\sum_{\substack{p\ 素数,\, m\ge 1 \\ p^m \le x \\ p^m \equiv a \pmod q}} \log p = \frac{1}{\phi(q)} \sum_{\chi \pmod q} \bar{\chi}(a) \sum_{\substack{p\ 素数,\, m\ge 1 \\ p^m \le x}} \chi(p^m)\log p$$

左辺の和は素数を数えたときに出てきた自然な形である．あとは

$$\sum_{\substack{p\ 素数,\, m\ge 1 \\ p^m \le x}} \chi(p^m)\log p$$

の精密な評価が得られればよい．このために式 (7), (10) と同様の明示公式を，今度は**ディリクレの L 関数**

$$L(s,\chi) = \sum_{n\ge 1}\frac{\chi(n)}{n^s}$$

の零点の検証によって確立しよう．この L 関数は $\zeta(s)$ と非常に似た性質を持つ．また，特に $\chi(n)$ の乗法性が有用であるが，それは式 (1) と同様の次の式が成り立つからである．

$$\sum_{n\ge 1}\frac{\chi(n)}{n^s} = \prod_{p\ 素数}\left(1-\frac{\chi(p)}{p^s}\right)^{-1} \tag{12}$$

これは $L(s,\chi)$ が**オイラー積**を持つことを意味している．$L(\rho,\chi)=0$ となる臨界帯内のすべての零点 ρ は $\mathrm{Re}(\rho)=1/2$ を満たすという「一般リーマン

予想」も広く信じられているが，この一般リーマン予想を仮定すると，法 q で a と合同な素数は

$$\pi(x;q,a) = \frac{\pi(x)}{\phi(q)} + O\left(\sqrt{x}\,\log^2(qx)\right) \qquad (13)$$

を満たす．x が q^2 より少し大きい場合は，予想されている評価式 (11) が一般リーマン予想から得られる．

条件を課さずに式 (11) が成立するのは，どのような場合であろうか？　つまり，一般リーマン予想を仮定しないで，式 (11) の成立を考えられないだろうか？　この場合，素数定理の証明を再びなぞれば，x が十分大きいときに式 (11) は考察可能である．実際に計算するには，x が q の指数オーダー以上になることが必要であり，一般リーマン予想の場合の x が q^2 より少し大きいという程度ではなく，x ははるかに大きくなければならない．ここで，素数定理の考究とは違う新たな問題が浮かび上がる．すなわち，理想的評価を得るための法 q の関数の x の範囲としては，どこまでを考察すべきかということである．x が q^2 より大きいという範囲は，現存の手法で届くものではないにせよ，良い答えと思えない．その理由は，式 (11) が，x が q より少し大きいときでも成立する計算試行があるからである．したがって，リーマン予想および一般リーマン予想すら，素数分布の正確な記述には不十分かもしれない．

20 世紀の至るところで，ディリクレの L 関数の一直線上での零点の評価について多くの考察がなされ，式 (11) を成立させるための x の範囲については改良が進められ，ジーゲル零点予想の仮定下で，q の多項式オーダーと指数オーダーの中間程度になるところまで示された．ジーゲル零点とは，ある指標に対応する $L(s,(\frac{\cdot}{q}))$ は実数 β で $\beta > 1 - c/\sqrt{q}$ を満たす数を零点として持つかもしれない，その零点のことを指す．ジーゲル零点は存在するとしても，稀であることはわかっている．ジーゲル零点予想とは，このような零点は存在しないであろうという予想である．

ジーゲル零点が稀であるという事実は，**L 関数** [III.47] の零点が電荷を帯びた粒子のように反発し合うという**ドイリンク–ハイルブロン**（Deuring–Heilbronn）**現象**から従う．この現象は，互いに異なる代数的数は反発し合うという，ディオファントス近似の現象に似ている．

$(a,q) = 1$ のときに法 q で a に合同な最小の素数はどれくらいの大きさであろうか？　ジーゲル零点の存在の可能性を拭い切れないとはいえ，q が十分大きいときには常に $q^{5.5}$ 以下であることが証明されている．ジーゲル零点予想が成立していれば直ちに得られ，ジーゲル零点が存在するならば，式 (7) に類似の L 関数の明示公式を考えることによって証明される．ジーゲル零点 β が存在するときは，明示公式において $x/\phi(q)$ および $-(\frac{a}{q})x^\beta/\beta\phi(q)$ という大きな項が存在することになる．$(\frac{a}{q}) = 1$ のときは β が 1 に近いためにほぼこの両者の差が 0 になるが，少し注意すると

$$x - \frac{a}{q}\frac{x^\beta}{\beta} = (x - x^\beta) + x^\beta\left(1 - \frac{1}{\beta}\right) \sim x(1-\beta)\log x$$

となる．これは以前よりも小さい主要項であるが，他の零点をすべて合わせたものよりも影響が大きいことが示される．それはドイリンク–ハイルブロン現象を用いると，ジーゲル零点がこれら他の零点と反発して遠くに追いやるからである．$(\frac{a}{q}) = -1$ のときは上記の 2 項の考察から，もし $(1-\beta)\log x$ が小さいならば法 q で a に合同な x までの素数の個数は，考えられる個数の 2 倍も存在してしまうことがわかる．

ジーゲル零点は類数と深く関わる．それは**代数的数** [IV.1 (7 節)] で定義され論じられる．**ディリクレの類数公式**は，$q > 6$ のときに $L(1,(\frac{\cdot}{q})) = \pi h_{-q}/\sqrt{q}$ を与える．ただし h_{-q} は $\mathbb{Q}(\sqrt{-q})$ の類数である．類数は常に正整数であり，したがって $L(1,(\frac{\cdot}{q})) \geq \pi/\sqrt{q}$ が得られる．h_{-q} が小さいことと $L(1,(\frac{\cdot}{q}))$ が小さいことは同値であり，これはジーゲル零点に関して，微分係数 $L'(\sigma,(\frac{\cdot}{q}))$ が 1 に近い実数 σ に対して正である（しかもあまり小さくない値である）という情報を与える．つまり，$L(1,(\frac{\cdot}{q}))$ が小さいのは $L(s,(\frac{\cdot}{q}))$ が 1 に近い実数の零点を持つときであり，これはまさにジーゲル零点である．$h_{-q} = 1$ のときの議論はさらに簡単で，ジーゲル零点 β 自身がもしあるならば，$1 - 6/(\pi\sqrt{q})$ に近いことが示される（h_{-q} が大きいときはもう少し複雑な式になる）．

これらの関係は，h_{-q} の下からの良い評価を得ることと，ジーゲル零点の存在しうる範囲の良い評価とが同値であることを示している．ジーゲル自身は，任意の $\epsilon > 0$ に対して $L(1,(\frac{\cdot}{q})) \geq c_\epsilon q^{-\epsilon}$ となる正定数 $c_\epsilon > 0$ が存在することを示している．ただ，この証明は c_ϵ の値を決めることができないため，不十分である．というのも，この証明は 2 部からなるが，第 1 部は一般リーマン予想を仮定しているため，明

示公式がもともと簡単に得られるからである．第 2 部は下からの評価を与えるが，それは一般リーマン予想の最初の反例を用いて書かれているのである．つまり，一般リーマン予想が証明されない限り，ジーゲルの証明も具体的な評価式を与えるには至らない．この逆説は解析的整数論のあちこちで広く見られる現象なのである．この現象が起こるとジーゲルの結果の応用を阻むことになり，特に式 (11) が可能となる範囲の評価におけるジーゲルの考察において，障害が起きてしまう．

さて，整数係数多項式に整数を代入するとき，それは常に素数の値をとることはできないことを証明しよう．まず，素数 p が $f(m)$ を割り切るとき，p は $f(m+p), f(m+2p), \ldots$ を割り切ることに注意しよう．ある程度までは素数を作る多項式がある．たとえば x^2+x+41 である．$x=0,1,2,\ldots,39$ のときこれは素数の値をとる．2 次程度の多項式で多くの素数を作れるものもあるが，大きな係数を持たなければならないようである．もう少し制限して，$x=0,1,2,\ldots,p-2$ のときに x^2+x+p が素数になるものを探す問題を考えよう．これについてはラビノヴィッチ（Rabinowitch）の驚くべき結果がある．すなわち，$h_{-q}=1$ ただし $q=4p-1$ のときに限り，これが起こるということである．ガウスは広範囲の類数の計算を行い，$h_{-q}=1$ が成立するのは 9 通りの q しかないと予想した．その最大数は $163=4\times 41-1$ である．数学者たちはドイリンク–ハイルブロン現象を用いて 1930 年代に $h_{-q}=1$ となる可能性のある q はガウスのリスト以外には高々 1 個しかないことを示した．しかし，（よくあるように）例外集合を評価することができなかった．1960 年にベイカーとスタークの 2 人が 10 番目の q は存在しないことを証明した．その証明をここに述べることはしない（ヒーグナー（Heegner）は 1950 年代に正しい論証を与えていたが，当時の数学者に理解され信じられることは難しかったようである）．1980 年代にゴールドフェルト（Goldfeld），グロス（Gross），ザギエ（Zagier）は今日において知られる最良の結果である $h_{-q}\geq(1/7700)\log q$ を，$L(s,(\frac{\cdot}{q}))$ と他の L 関数の零点との反発についてのドイリンク–ハイルブロン現象から得た．

特別な法を除いて，等差数列に素数がうまく散らばっているのではないかという考えは，x が q^2 より少し大きい場合には式 (11) がほとんど常に成立するというボンビエリとヴィノグラードフの発見から広まった．この x の範囲は一般リーマン予想を仮定した場合と同じである．より正確に述べると，与えられた大きな x に対して式 (11) が「ほとんどすべて」の q で，$\sqrt{x}/(\log x)^2$ より小さいもの，および，$(a,q)=1$ を満たすすべての a について成立する．この「ほとんどすべて」とは，$\sqrt{x}/(\log x)^2$ より小さい q 以外で，式 (11) が $(a,q)=1$ を満たすすべての a については成り立たないような q の割合が $x\to\infty$ のときに 0 に近づくということである．したがって，反例が無限個ある可能性も排除できない．しかし，そうならば一般リーマン予想に反するので，信頼の可能性は薄い．

バーバン–ダヴェンポート–ハルバースタム（Barban–Davenport–Halberstam）の定理は，少し弱いが次のように述べられる．すなわち，十分に大きい x に対し，式 (11) の評価は $q\leq x/(\log x)^2$ かつ $(a,q)=1$ を満たすほとんどすべての q,a について成立する．

5. 短い区間に含まれる素数について

ガウスの予想式は，x のまわりの素数という表現を採用している．したがって，x のまわりの短い区間内の素数に関して考えることは意味があろう．ガウスを信ずるならば，x と $x+y$ の間に $y/\log x$ 程度の素数があることになる．これは素数の個数を表す π を用いると

$$\pi(x+y)-\pi(x)\sim\frac{y}{\log x} \tag{14}$$

が $|y|\leq x/2$ に対して成立することが期待できる．しかし，この y の範囲については注意を要する．たとえば，$y=(1/2)\log x$ ならば，それぞれの区間の半分の割合で素数があることは期待できない．明らかに y は十分大きくなければならず，また予想も意味を持つような述べ方がされるべきである．ガウス–クラメルのモデルが示唆することは，式 (14) は $|y|$ が $(\log x)^2$ より少し大きければ成立するだろうということである．式 (14) を素数定理と同じ方法で証明したければ，ρ 乗についての差をとってみよう．

$$\left|\frac{(x+y)^\rho-x^\rho}{\rho}\right|=\left|\int_x^{x+y}t^{\rho-1}\mathrm{d}t\right|$$
$$\leq\int_x^{x+y}t^{\mathrm{Re}(\rho)-1}\mathrm{d}t$$

$$\leq y(x+y)^{\mathrm{Re}(\rho)-1}$$

1949 年にセルバーグ（Selberg）がリーマン予想を仮定し，$|y|$ が $(\log x)^2$ より少し大きいならば，式 (14) はほとんどすべての x について成立することを示した．再び登場した「ほとんどすべて」という言葉は，密度 1 で成立するということであり，無限個の反例も挙がりうるが，今のところそのようには考えられていない．驚嘆すべき結果として，マイヤー（Maier）が 1984 年に，任意の固定された $A>0$ に対し，式 (14) が無限個の x, y（ただし $y=(\log x)^A$ とする）に対して不成立であることを示した．彼の巧妙な証明は，小さな素数が決まった区間内に多くの倍数を持つとは限らないという事実に基づく．

素数の列を $p_1=2<p_2=3<\cdots$ とおく．隣り合う素数との差である $p_{n+1}-p_n$ の大きさを話題としよう．x までにほぼ $x/\log x$ 個の素数があるので，平均的な間隔は $\log x$ であるが，この平均的挙動が隣り合う素数の間でどれくらい頻繁に起こるか，間隔はどれほど小さくなりうるか，あるいはどれほど大きくなりうるかを考えよう．ガウス–クラメルのモデルから，隣り合う素数の間隔が平均の λ 倍より大きくなる，つまり $p_{n+1}-p_n>\lambda\log p_n$ となるような n の割合はほぼ $\mathrm{e}^{-\lambda}$ 程度であろうと考えられる．同様に，区間 $[x, x+\lambda\log x]$ にちょうど k 個の素数を含むことは $\mathrm{e}^{-\lambda}\lambda^k/k!$ の割合で起こると思われる．これについては別の証左があるので，以後に議論する．素数の分布を観察してクラメルは $\limsup_{n\to\infty}(p_{n+1}-p_n)/(\log p_n)^2=1$ という予想を立てた．その根拠を表 2 に示す．

ガウス–クラメルのモデルの不利な点は，小さな素数で割り切れるかどうかを判断できない（いわば数論的にわからない）ことである．また，差が 2 の隣接素数と，差が 1 の隣接数との見分けがつかない点も不利である．しかし，差が 1 の隣り合う素数は一か所しかないが（片方が必ず偶数，つまり 2），差が 2 の隣り合う素数はたくさんあり，それは無限か所であろうと信じられている．素数の組についての正しい予想を述べるには，小さい素数での除法可能性もその言語で記述する必要があるが，これは複雑である．単純なモデルでは明らかな間違いが見つかるので，隣接素数の間隔が大きい場合のクラメルの予想には疑問の余地がある．もし小さい素数を考慮に入れて予想を修正するならば，$\limsup_{n\to\infty}(p_{n+1}-p_n)/(\log p_n)^2>9/8$ であろうと考えられている．

表 2　素数の間隔が広い例

p_n	$p_{n+1}-p_n$	$\dfrac{p_{n+1}-p_n}{\log^2 p_n}$
113	14	0.6264
1 327	34	0.6576
31 397	72	0.6715
370 261	112	0.6812
2 010 733	148	0.7026
20 831 323	210	0.7395
25 056 082 087	456	0.7953
2 614 941 710 599	652	0.7975
19 581 334 192 423	766	0.8178
218 209 405 436 543	906	0.8311
1 693 182 318 746 371	1 132	0.9206

大きな間隔を持つ素数を見つけることは，連続した合成数の長い列を見つけることである．これを探すにはどうすればよいだろうか？　$2\leq j\leq n$ のときに $n!+j$ は合成数であり，j で割り切れるから，幅の長さが n 以上の（引き続いた素数の）間隔は存在する．最初の素数は $n!+1$ 以下になる．しかし，この考え方があまり有効ではないのは，$n!$ のまわりの素数の間隔の平均は $\log(n!)$ すなわちおおむね $n\log n$ であり，これより大きい間隔を見つけなければならないからである．この議論を一般化して大きな間隔を持つ連続する整数の列で，それぞれが小さな素因数を持つものは作れる．1930 年にエルデシュがこの問題を次のように定式化した．正整数 z を固定する．$p\leq z$ を満たす各素数 p に対して正整数 a_p を次のようにとる．y をできるだけ大きい整数で，$n\leq y$ を満たすすべての整数 n が少なくとも 1 個の合同式 $n\equiv a_p\ (\mathrm{mod} p)$ を満たすものとする．次に，X を z までのすべての素数の積とする（素数定理より $\log X$ は z 程度である）．x を，X と $2X$ の間の整数で $x\equiv -a_p\ (\mathrm{mod} p)$ がすべての $p\leq z$ に対して成立するものとする（このような x は中国剰余定理から存在する）．もし m が $x+1$ と $x+y$ の間にあれば，$m-x$ は y より小さい正整数であり，したがって $m-x\equiv a_p\ (\mathrm{mod} p)$ が，ある素数 $p\leq z$ に対して成立し，m は p で割り切れる．つまり，$x+1$ と $x+y$ の間のすべての整数は合成数である．この考えを用いて $p_{n+1}-p_n$ がおよそ $(\log p_n)(\log\log p_n)$ になるような素数 p_n は無限個あることが示された．これは確かに平均よりはるかに大きい．しかし，クラメルの予想には近くない．

6.　隣接素数の平均よりも小さい間隔について

前節で，平均よりも大きい間隔を持つ隣接素数は無限組あることを示した．すなわち，

$$\limsup_{n\to\infty} \frac{p_{n+1}-p_n}{\log p_n} = \infty$$

が成り立つ．では，平均よりも小さい間隔の隣接素数についてはどうであろうか？　つまり

$$\liminf_{n\to\infty} \frac{p_{n+1}-p_n}{\log p_n} = 0$$

が言えるかどうかである*2)．差が 2 の隣接素数が無限個存在することが信じられているが，これはまだ示されていない．

隣接素数の小さい間隔については，最近まで進展はあまりなかった．2000 年までの最良の結果は平均値の $1/4$ の間隔を持つ隣接素数の組は無限個あるというものであった．しかし，最近のゴールドストン (Goldston)，ピンツ (Pintz)，ユルドゥルム (Yıldırım) の結果は，小区間の素数を単純な重み付き関数で数えることによって $\liminf_{n\to\infty}(p_{n+1}-p_n)/(\log p_n)=0$ を示し，隣接素数の間隔がおよそ $\sqrt{\log p_n}$ 以下であることを示した．この証明は驚くべきことに等差数列における素数の評価に基づく．特に式 (11) が $\sqrt{x}$ より少し大きい数までの，ほとんどすべての q に対して成立することを示した（前述の問いであった）．つまり，$p_{n+1}-p_n \le B$ を満たす素数 p_n が無限個存在するような整数 B が存在することが証明された．

7.　隣接素数の非常に小さい間隔について

隣接素数の差が 2 となるのは，3 と 5，5 と 7 などの場合である．双子素数とはこのような隣接素数の差が 2 である素数の組を指し，双子素数予想とは，それらが無限個存在するという予想である*3)．

ゴールドバッハ予想も 1760 年以来の未解決問題であり，2 よりも大きいすべての偶数が 2 個の素数の和で表されるかどうかという問題である．最近になって出版社の懸賞金がかけられた．ほとんどすべての整数に対しては，ゴールドバッハ予想は正しい．また 4×10^{14} まではすべて確かめられている．最も有名な結果はチェンによる，すべての偶数が素数と概素数の和で表されるという結果である（Chen, 1966）．概素数とは高々 2 個の素因数を持つ数である．

ゴールドバッハ [VI.17] は，正確にはこの問題を尋ねたのではなかった．1760 年のオイラー宛ての手紙で聞いたことは，1 より大きいすべての整数は高々 3 個の素数の和で表せるかという問題であった．これは現在のゴールドバッハ予想を含む．1920 年にヴィノグラードフが，十分大きいすべての奇数は 3 個の素数の和で表せることを示した．5 より大きいすべての奇数は 3 個の素数の和で表せることが予想されているが，知られている証明は大きな奇数に対してのみ有効である．この結果においては十分大きいという言葉を数字で表すと，e^{5700} 以上となる．いずれ 7 まで改良できる日が来るかもしれない．

$q\le x$ である素数の組 $q, q+2$ に対して次を考える．小さな素因数を考えないのであれば，ガウス–クラメルのモデルでは x までの整数が素数になる確率はほぼ $1/\log x$ であり，$x/(\log x)^2$ 個の素数の組 q, $q+2$ が x までに存在すると期待することになる．しかし，小さい素数 $q, q+1$ も考慮して 2 での除法可能性を考える．任意の整数の組において 2 数とも偶数である確率は $1/4$ であり，$q, q+2$ の 2 数とも奇数である確率は $1/2$ となる．したがって，$x/(\log x)^2$ を $(1/2)/(1/4)=2$ で調節する．同様に，任意の整数の組において 2 数とも 3 で割り切れない確率は $(2/3)^2$ となり，3 の代わりに奇素数 p とすると，2 数とも p で割り切れない確率は $(1-1/p)^2$ である．そして，$q, q+2$ の 2 数とも 3 で割り切れない確率は $1/3$ となり，3 の代わりに奇素数 p とすると $(1-2/p)$ である．これらで調整すると，予想は

$$\#\{q \le x : q \text{ and } q+2 \text{ both prime}\}$$

*2)　[訳注] イータン・チャンという米国在住の中国人数学者が次を証明した（Yitang Zhang, "Bounded gaps between primes", *Annals of Math.*, vol. 179 (2014), Issue 3, p. 1121–74）．チャンは $\liminf_{n\to\infty}(p_{n+1}-p_n) < 7\times10^7$ を証明した．これよりもちろん $\liminf_{n\to\infty}(p_{n+1}-p_n)/(\log p_n)=0$ も従う．Polymath という数学者のグループがこの定数を改良中であり，2014 年現在において 7×10^7 は 246 に置き換えられている．イータン・チャンには 2014 年にコール賞が贈られた．2014 年に

$$\liminf_{n\to\infty}(p_{n+m}-p_n) < Cme^{(4-28/157)m}$$

も示されている．

*3)　[訳注] イータン・チャンらの研究により，2014 年現在，隣接素数の差が 246 以下の素数の組が無限個存在することが示された．

$$\sim 2 \prod_{p\ \text{奇素数}} \frac{(1-2/p)}{(1-1/p)^2} \frac{x}{(\log x)^2}$$

である．これは**漸近的双子素数予想**と呼ばれる．このもっともらしさにもかかわらず，発見的議論を正確な式に乗せるための実践的なアイデアは見つからない．無条件で成立する結果としては，x 以下の双子素数の個数が上記の量の 4 倍以下になることである．$x/(\log x)^2$ を $\int_2^x (1/(\log t)^2)\mathrm{d}t$ で置き換えれば，より正確な予想になるだろう．この予想式の両辺の差は，ある定数 $c > 0$ に対して $c\sqrt{x}$ と書ける量以下であると計算機によって予想されている．

多項式型の素数の個数についても同じような予想が立てられる．$f_1(t), f_2(t), \ldots, f_k(t) \in \mathbb{Z}[t]$ を互いに異なる 1 次以上，最高次係数が正の既約多項式とし，$\omega(p)$ に対し，p が $f_1(n) \cdot f_2(n) \cdot \cdots \cdot f_k(n)$ を割り切るような $n \pmod p$ の個数とする（双子素数は $f_1(t) = t$, $f_2(t) = t+2$, $\omega(2) = 1$, $\omega(p) = 2$（p は奇素数）に対応する）．$\omega(p) = p$ の場合は，p はいつもどれかの多項式の値を割るので，すべてが同時に素数になる回数は有限個である（たとえば $f_1(t) = t$, $f_2(t) = t+1$ のとき，$\omega(2) = 2$ である）．それ以外のときは x までの整数 n で $f_1(n), f_2(n), \ldots, f_k(n)$（**許容集合**という）がすべて素数になる n の個数は，x が十分大きいときに，ほぼ

$$\prod_{p\ \text{素数}} \frac{(1-\omega(p)/p)}{(1-1/p)^k} \times \frac{x}{\log|f_1(x)| \log|f_2(x)| \cdots \log|f_k(x)|} \qquad (15)$$

と予想されている．ゴールドバッハ予想についても同様に，素数の組 p, q で $p + q = 2N$ となるものの個数について，計算機でも支持される精密な予想を立てることができる．

予想 (15) については，証明されていることはわずかである．素数定理の証明を $qt + a$（この場合は等差数列である）もしくは $at^2 + btu + cu^2 \in \mathbb{Z}[t,u]$ の形の多項式の許容集合に適用した場合（他の 2 元 2 次でも同様）の結果が知られている．n 変数 n 次多項式の場合にも証明されている場合がある（許容的ノルム形式という）．

20 世紀にはほとんど進展が見られなかったが，フリードランダー（Friedlander）とイワニエッツ（Iwaniec）は，今までとまったく異なる手法により困難を打破し，$t^4 + u^4$ の形の多項式に対する許容集合における式 (15) を得た．ヒースブラウン（Heath-Brown）は 2 元 3 次の多項式で表せる許容集合の場合に式 (15) を示した．

真に驚嘆すべき進歩は，2004 年に証明されたグリーンとタオによるもの（Green and Tao, 2004）である．これは，すべての k に対して，素数のみからなる（有限個の）等差数列 $a, a+d, a+2d, \ldots, a+(k-1)d$ が存在するということを主張する定理である．グリーンとタオはこの k 項の等差数列が，式 (15) によって良く近似されることを示そうとしている．彼らは等差数列以外の多項式にも結果を拡張した．

8. 再訪：素数の間隔

1970 年にギャラガー（Gallager）が $f_j(t) = t + a_j$ に対し，予想 (15) を仮定して区間 $[x, x + \lambda \log x]$ がちょうど k 個の素数を含む割合は $\mathrm{e}^{-\lambda}\lambda^k/k!$ であることを導いた（やはりガウス–クラメルからの発見的考察による）．これは，x を X から $2X$ まで動かしたときに区間 $[x, x+y]$ に入る素数は，平均 $\int_x^{x+y}(1/\log t)\mathrm{d}t$，偏差 $(1-\delta)y/\log x$ の正規分布に従うという予想に一般化された．ただし，δ は 0 と 1 の間の定数とし，$y = x^{\delta}$ とする．

$y > \sqrt{x}$ のとき，リーマンゼータ関数は区間 $[x, x+y)$ に含まれる素数の分布に関する明示公式 (7) を与えた．実際，このときの偏差は

$$\frac{1}{X}\int_X^{2X}\Bigg(\sum_{\substack{p\ \text{素数} \\ x<p\le x+y}} \log p - y\Bigg)^2 \mathrm{d}x$$

である．この公式を用いると，$\int_X^{2X} x^{\mathrm{i}(\gamma_j - \gamma_k)}\mathrm{d}x$ の形の項の和を得る．ここではリーマン予想を仮定し，$\zeta(s)$ の零点を $1/2 \pm \mathrm{i}\gamma_n$, $0 < \gamma_1 < \gamma_2 \cdots$ とおく．この和では γ_j, γ_k に対応する項で $|\gamma_j - \gamma_k|$ が小さいもの（積分の中ではあまり打ち消し合わない）が主要部になる．したがって，小さい区間での素数分布の偏差を理解するためには，$\zeta(s)$ の零点を小さい区間で理解する必要がある．1973 年にモンゴメリ（Montgomery）は，$\zeta(s)$ の零点のペアで，そのペア同士の差が連続零点の差平均の α 倍以下になる零点の割合が

$$\int_0^{\alpha}\left(1 - \left(\frac{\sin \pi\theta}{\pi\theta}\right)^2\right)\mathrm{d}\theta \qquad (16)$$

に等しくなるかどうかを考え，ある領域内に対して等しいことを証明した．$\zeta(s)$ の零点がランダムな配置の場合は，式 (16) は α と等しい．実際，式 (16) は

小さい α に対しては $(1/9)\alpha^3$ 程度であり，α よりも小さくなる．これは考えていたよりも互いに零点同士が近い位置にない，つまり零点が反発し合っているということを示す．

いまやよく知られているように，プリンストン高等研究所でモンゴメリは著名な物理学者フリーマン・ダイソンにこの話をしたところ，ダイソンは直ちに式 (16) が量子力学におけるエネルギー準位に関する関数であることを見抜いた．一致とは言えなくともエネルギー準位のごとく，あらゆるところに $\zeta(s)$ の零点が配置されているであろうこと，そして，それはエネルギー準位のランダム**エルミート行列** [III.50 (3 節)] の**固有値** [I.3 (4.3 項)] 分布のモデルであろうということを，ダイソンは示唆した．現在は計算機で確認され，ディリクレの L 関数にも拡張された統計モデルがある．

予測されていたランダム行列理論の帰結のいくつかは，証明されているか，手の届くところに証明があることに注意しよう．つまり，難攻不落と思われていた問題への手法が見つかったことになる．ただ一点だけ，価値ある予想を立てるために鍵となる疑問がある．$\zeta(s)$ は $1/2$ ラインでどの程度増大するのであろうか？　$\log|\zeta(1/2+it)|$ は t が T に近づくとき $\sqrt{\log T}$ よりも大きくなることが知られている．そして $\log T$ よりは大きくならない．真の増大度がそのどちらに近いのかもいっさい不明である．

9. 篩 の 方 法

素数の数え上げのためのリーマンの議論を中心にここまで述べてきた．たとえば $n+a_1, n+a_2, \ldots, n+a_k$ における素数の k 個組などの他の問題に適用したくても，この方法がうまくいくとは限らない．ここで，上界を与えるのに有効な**篩**(ふるい)**の方法**，つまりエラトステネスの篩の発展形について復習しよう．たとえば，$N < n \leq 2N$ を満たす素数の組 $n, n+2$ の個数を評価しよう．y を固定し，n も $n+2$ も y より小さい素因数を持たない場合を数える．y を $(2N)^{1/2}$ とすると，双子素数を数えることに相当するため難しい．y を N のより小さいベキとすると，上界を与える計算は易しくなり良い評価を与えることができる（ただし，$1/2$ に近いベキでは不正確になる）．

1920 年代にブルン（Brun）が包除原理を適用してブルンの篩という手法を作った．与えられた集合 S の中で m と素な整数 n を数える方法である．S の元の個数（求める数よりもちろん多い）から始め，次に m を割る各素数 p に対して p の倍数の個数を引く．$n \in S$ が m の r 個の素因数で割り切れるときは，$1+r\times(-1)$ を n に関する個数として対応させる．$r \geq 2$ では負になるが，$r \geq 2$ に対しては 0 と数えたい（n は $r \geq 2$ ならば m と互いに素でない）．したがってほしい個数より少なくなってしまうが，$p < q$ となる m の素因数を考え，pq で割り切れる数の個数を足すことで埋め合わせをする．こうして，$1+r\times(-1)+\binom{r}{2}\times 1$ 個まで数え上げた．これは 0 以上の整数であり，$r \geq 3$ で正になる．次いで pqq' で割り切れる数の個数というように続ける．

するとこれは各 $n \in S$ に対して $(1-1)^r$ を数えていることになる．r は (m,n) の相異なる素因数の個数である．これを 2 項展開すると，以下が得られる．$(m,n)=1$ のときに $\chi_m(n)=1$，そうでないときに 0 となる関数 $\chi_m(n)$ は，メビウス関数 $\mu(m)$ を用いて

$$\chi_m(n) = \sum_{d|(m,n)} \mu(d)$$

と表せる．$\mu(m)$ は m が素数の 2 次以上の累乗で割り切れるときに 0，$\omega(m)$ を m の相異なる素因数の個数とするときに $(-1)^{\omega(m)}$ と定義される関数である．包除原理に対応する不等式は，各 $n \in S$ の和をとることにより

$$\sum_{\substack{d|(m,n)\\ \omega(d)\leq 2k+1}} \mu(d) \leq \chi_m(n) \leq \sum_{\substack{d|(m,n)\\ \omega(d)\leq 2k}} \mu(d)$$

から得られる．ここで上式は任意の $k \geq 0$ に対して成立する．

n についての和をとる際，より少ない項の和ならば誤差の影響も小さくて済む．エラトステネスの篩でも同じことが起きている．一方では数え損ねているものも多いのがこの篩の欠点であるから，数え損ねた項の影響が少ないように k をうまく選んで，補完をする．

多くの問いにさまざまな手法が適用されるが，このような組合せ論的な篩では，上界と下界の和の中に，単純な素因数の個数のみならず，区間に属する d の素因数の個数を数えられるか，そして，そのためにどのような d を選ぶかということが問題になる．ブルンはこの篩を用いて双子素数は（無限個あると予想されているが，一方では）それほど多くない，つまり $p, p+2$ が両方とも素数になるようなすべての

p に対する $1/p$ の和が収束することを示した．これは，式 (3) と対照的である．

D をあまり大きくない数とする．セルバーグの上界篩法では篩に関する λ_d，つまり $d \leq D$ のときに限り 0 にならない数 λ_d を定めて，すべての n に対し

$$\chi_m(n) \leq \Bigl(\sum_{d|n} \lambda_d\Bigr)^2$$

が成立するようにする．適切な和を n に関してとると，関連する 2 次形式における最小化の最良評価が得られる．セルバーグの篩では下界も得られる．チェンはこれを用いて，$p+2$ が高々 2 個の素因数を持つ数であるような素数 p が無限個存在することを示した．ゴールドストン，ピンツ，ユルドゥルムは，時に短い隣接素数の間隔が存在することを示した．これはグリーンとタオの成果の本質的な手法にもなった．等差数列における区間内の素数の個数については，次がわかっている．

- 長さ y の区間内の素数は，$2y/\log y$ 個以下である．
- 法を q とする等差数列において，x 以下の素数は $2x/\phi(q)\log(x/q)$ 個以下である．

それぞれ分母の対数の中身は y と x/q であり，$\log x$ ではないが，その違いは考察の対象が小さくない数のときはさほど影響しないことがわかっている．一方では期待される評価の 2 倍になっているが，この 2 を除くことは実は難しい．それはもしジーゲル零点が存在してしまえば，ある等差数列では，予想の 2 倍個の素数が存在するからである．つまり，ジーゲル零点の非存在を示さなくてはならない．

10. スムース数

ある整数が y **スムース**とは，その素因数が y 以下であるときをいう．$1-\log 2$ の割合で x までの整数は $\sqrt{x}$ スムースである．また，任意の固定された $u>1$ に対し，$x=y^u$ ならば割合 $\rho(u)$ で x までの整数が y スムースとなるような $\rho(u)>0$ が存在する．この割合の表示式は簡単ではないが，$1 \leq u \leq 2$ に対して $\rho(u)=1-\log u$，より大きい u に対しては

$$\rho(u) = \frac{1}{u}\int_0^1 \rho(u-t)\mathrm{d}t$$

とするのが最良であろう．これは積分遅延方程式であり，篩の方法において精密に評価するときに現れるものである．

スムース数の分布は，計算解析学などの最近の研究で調べられている．スムース数については，「計算数論」[IV.3 (3 節)] を参照されたい．

11. 円 周 法

円周法と呼ばれる卓越した手法がある．**ハーディ** [VI.73] と**リトルウッド** [VI.79] によって作られた方法であり，次の事実に基づいたものである．

$$\int_0^1 \mathrm{e}^{2\mathrm{i}\pi nt}\mathrm{d}t = \begin{cases} 1, & n=0 \\ 0, & n\neq 0 \end{cases}$$

たとえば $p+q=n$ を満たす素数 p,q の個数を表す $r(n)$ を求めたいときは，次のようにする．

$$\begin{aligned} r(n) &= \sum_{\substack{p,q\leq n \\ p,q\ 素数}} \int_0^1 \mathrm{e}^{2\mathrm{i}\pi(p+q-n)t}\mathrm{d}t \\ &= \int_0^1 \mathrm{e}^{-2\mathrm{i}\pi nt}\Bigl(\sum_{p\ 素数,\, p\leq n} \mathrm{e}^{2\mathrm{i}\pi pt}\Bigr)^2\mathrm{d}t \end{aligned}$$

最初の等号は被積分関数が $p+q\neq n$ のときに 0，$p+q=n$ のときに 1 になるから成立する．その次の等号は，簡単に確かめられる．

$r(n)$ そのものを数えるほうが易しいように見えるかもしれないが，そうではない．たとえば等差数列における素数定理は $P(t)=\sum_{p\leq n}\mathrm{e}^{2\mathrm{i}\pi pt}$ を評価するために使える．t を m の小さい有理数 l/m とすると

$$\begin{aligned} P\Bigl(\frac{l}{m}\Bigr) &= \sum_{(a,m)=1} \mathrm{e}^{2\mathrm{i}\pi al/m} \sum_{\substack{p\leq n \\ p\equiv a\ (\mathrm{mod}\ m)}} 1 \\ &\sim \sum_{(a,m)=1} \mathrm{e}^{2\mathrm{i}\pi al/m}\frac{\pi(n)}{\phi(m)} = \mu(m)\frac{\pi(n)}{\phi(m)} \end{aligned}$$

が得られるので，t が l/m に十分近いときは $P(t)\sim P(l/m)$ がわかる．このときに t のとる値の集合は優弧と呼ばれる．一般に優弧における積分の評価は $r(n)$ の良い近似を与える．実際，式 (15) から予想される量に近いものも求まる．ゴールドバッハ予想の考察には t の他の値での評価が小さいことも必要であり，そのときの t のとる値の集合は劣弧と呼ばれる．多くの問題においてこの手法は役立つが，まだゴールドバッハ予想には達していない．この離散型類似も有用である．任意の正整数 m に対して成立する恒等式

$$\frac{1}{m}\sum_{j=0}^{m-1} \mathrm{e}^{2\mathrm{i}\pi jn/m} = \begin{cases} 1, & n\equiv 0\ (\mathrm{mod}\ m) \\ 0, & その他 \end{cases}$$

より，$m > n$ ならば

$$r(n) = \sum_{\substack{p,q \le n \\ p,q\ \text{素数}}} \frac{1}{m} \sum_{j=0}^{m-1} \mathrm{e}^{2\mathrm{i}\pi j(p+q-n)/m}$$
$$= \sum_{j=0}^{m-1} \mathrm{e}^{-2\mathrm{i}\pi jn/m} P(j/m)^2$$

が得られる．法 m の乗法群の性質を応用すると，法 m での結果が同様に得られる．

$P(j/m)$ の和，もしくは $\sum_{n\le N} \mathrm{e}^{2\mathrm{i}\pi n^k/m}$ は，指数和と呼ばれる．解析的整数論の計算における重要な役割を果たし，さまざまな技法が研究されている．

(1) $\sum_{n\le N} \mathrm{e}^{2\mathrm{i}\pi n/m}$ を求めることは易しい．それは等比級数だからである．高次の場合もしばしばこれに帰着できる．たとえば $n_1 - n_2 = h$ とおけば

$$\Big|\sum_{n\le N} \mathrm{e}^{2\mathrm{i}\pi n^2/m}\Big|^2$$
$$= \sum_{n_1,n_2\le N} \mathrm{e}^{2\mathrm{i}\pi(n_1^2-n_2^2)/m}$$
$$= \sum_{|h|\le N} \mathrm{e}^{2\mathrm{i}\pi h^2/m} \sum_{\substack{\max\{0,-h\}<n_2 \\ \le\min\{N,N-h\}}} \mathrm{e}^{4\mathrm{i}\pi hn_2/m}$$

が求まる．右辺は等比級数で表されている．

(2) ヴェイユとドリーニュによる，法 p の方程式の解の個数に関する精密な結果がある．これは解析的整数論への応用に適したものである．たとえば，$(b,p) = 1$ に対し「クルースターマン和」

$$\sum_{a_1a_2\cdots a_k\equiv b\ (\mathrm{mod}\ p)} \mathrm{e}^{2\mathrm{i}\pi(a_1+a_2+\cdots+a_k)/p}$$

は，a_i が法 p の整数にわたる和として定義される．しばしば登場する和であるが，ドリーニュはこの絶対値が $kp^{(k-1)/2}$ 以下であることを示した．つまり，絶対値が 1 になる p^{k-1} 個程度の，多くの項の打ち消し合いが和の中で起きているのである（「ヴェイユ予想」[V.35] を参照）．

(3) $\zeta(s)$ の値は $\mathrm{Re}(s) = 1/2$ で線対称であることを以前に述べた．これは「関数等式」と呼ばれるものである．「モジュラー関数」と呼ばれる別の関数も対称性を持つ．これは $\alpha\delta - \beta\gamma = 1$ を満たす整数 $\alpha, \beta, \gamma, \delta$ に対し $(\alpha s+\beta)/(\gamma s+\delta)$ における関数の値と s における値とを関連付けるものである．指数和はときどきこのモジュラー関数に関連付けられ，モジュラー関数の別の点での値が関数の対称性によって導かれる．

12.　L 関数についての続編

ディリクレの L 関数以外にも多くの L 関数が存在するが（「L 関数」[III.47] を参照），よくわかっていないものもいくつかある．最近に最も注目を浴びた L 関数は，楕円曲線に付随するものである（「数論幾何学」[IV.5 (5.1 項)] を参照）．**楕円曲線** E は $y^2 = x^3 + ax + b$ で定まる曲線である．ただし判別式 $4a^3 + 27b^2 \ne 0$ とする．楕円曲線に付随する $L(E,s)$ は

$$L(E,s) = \prod_p \left(1 - \frac{a_p}{p^s} + \frac{p}{p^{2s}}\right)^{-1} \tag{17}$$

というオイラー積で定められる．a_p は $4a^3 + 27b^2$ を割らない素数 p に対し，

$$p - \#\{(x,y)\ (\mathrm{mod}\ p) : y^2 \equiv x^3+ax+b\ (\mathrm{mod}\ p)\}$$

で定まる数である．$|a_p| < 2\sqrt{p}$ であることが知られ，このオイラー積は $\mathrm{Re}(s) > 3/2$ において絶対収束する．したがって，式 (17) は良い定義を与えている．複素平面全体への解析接続が $\zeta(s)$ と同様にできるかどうかという問題は非常に深く，可能という答えになるが，それはアンドリュー・ワイルズ（Andrew Wiles）の定理であり，そこから**フェルマーの最終定理** [V.10] が導かれているのである．

$a_p/2\sqrt{p}$ において素数 p を動かしたときの値の分布も興味深い問題である．これらの値はすべて $[-1,1]$ に属する．一様に分布するように思えるが，そうではないのである．「代数的数」[IV.1] で論じられるように，$|\alpha_p| = \sqrt{p}$ を満たすヴェイユ数と呼ばれる数 α_p に対して $a_p = \alpha_p + \bar{\alpha}_p$ と表せる．ここで $\alpha = \sqrt{p}\mathrm{e}^{\pm\mathrm{i}\theta_p}$ とすると，ある $\theta_p \in [0,\pi]$ に対し $a_p = 2\sqrt{p}\cos(\theta_p)$ が成立する．θ_p は円周の上半分に存在するが，ほとんどすべての楕円曲線に対して θ_p は一様に分布しない．円周上の弧に対し，弧の中での分布の割合が弧の下部の面積に比例する．これはリチャード・テイラー（Richard Taylor）の最近の結果である．

$L(E,s)$ に対するリーマン予想の正確な類似は，すべての非自明な零点が $\mathrm{Re}(s) = 1$ にあるということである．真であろうと信じられており，さらに $\zeta(s)$ の零点のように，行列の固有値の配置によって支配されていると考えられている．

これらの L 関数は，$s = 1$ でしばしば零点を持つ（**バーチ–スウィナートン＝ダイヤー予想** [V.4] に関連する）．そして，ディリクレの L 関数の零点と

反発し合う．これは第 4 節で述べたように，ゴールドフェルト（Goldfeld），グロス（Gross），ザギエ（Zagier）が h_{-q} の下からの評価を得るときに用いた事実である．

L 関数は数論的幾何学の多くの分野に現れる．そして，その係数はある方程式の法 p での解の個数をしばしば表す．**ラングランズプログラム**はこの深い関係を解き明かすものである．

自然に定義される L 関数は，多くの同じような解析的性質を持つ．セルバーグはその一般化を示唆していた．それは，級数 $A(s) = \sum_{n \geq 1} a_n/n^s$ についての以下の性質である．

- $\mathrm{Re}(s) > 1$ で定義できる．
- オイラー積表示 $\prod_p (1 + b_p/p^s + b_{p^2}/p^{2s} + \cdots)$ を定義域（もしくはその一部）で持つ．
- n が十分大きいとき，係数 a_n は n のベキより小さい．
- ある $\theta < 1/2$ および $\kappa > 0$ に対して $|b_n| < \kappa n^\theta$ が成り立つ．

セルバーグはこのような良い級数 $A(s)$ を全複素平面で定義することと，$A(s)$ および $A(1-s)$ を結び付ける関数等式の存在，そしてリーマン予想の成立を考えていた．

セルバーグの L 関数の族についての思想は，ラングランズの考えと同じなのである．

13. 終 わ り に

この章では素数の分布に関していくつかの鍵となる問題を考えた．何世紀を経ても少ししか結果が得られていないようであるが，素数とは，その羨望の的になるような魅力をこれほどまでに集約して持つものなのである．そのときどきの飛躍的進歩は卓越した思い付きと非凡な技術力に負う．**オイラー** [VI.19] は 1770 年に次のように述べている．

> 数学者は素数において何らかの道理を発見しようと，時に空しい試みを続けてきたが，そこには人類が決して説明できないような神秘の存在を信じるだけの，それぞれの理由がある．

文献紹介

ハーディとライトは 1980 年に金字塔とも言える古典的教科書を著した．そこでは初等的整数論とともに多くの解析的主題について論じられている（Hardy and Wright, 1980）．解析的整数論の真髄への導入としては，ダヴェンポートの教科書（Davenport, 2000）が広域にわたる豊富な内容を持つ．リーマンゼータ関数のすべてを知りたい場合は，ティッツマーシュの教科書（Titchmarsh, 1986）がある．最近の教科書としては，Iwaniec and Kowalski（2004）および Montgomery and Vaughan（2006）が出版されている．これらは読者にこの主題の核となる問題を提供するだろう．下記は上記の教科書に書かれていないことを述べている特筆すべき論文のリストを含む．

Davenport, H. 2000. *Multiplicative Number Theory*, 3rd edn. New York: Springer.

Deligne, P. 1977. Applications de la formule des traces aux sommes trigonométriques. In *Cohomologie Etale* (SGA 4 1/2). Lecture Notes in Mathematics, volume 569. New York: Springer.

Green, B., and T. Tao. 2008. The primes contain arbitrarily long arithmetic progressions. *Annals of Mathematics* 167: 481–547.

Hardy, G. H., and E. M. Wright. 1980. *An Introduction to the Theory of Numbers*, 5th edn. Oxford: Oxford University Press.

Ingham, A. E. 1949. Review 10,595c (MR0029411). *Mathematical Reviews*. Providence, RI: American Mathematical Society.

Iwaniec, H., and E. Kowalski. 2004. *Analytic Number Theory*. AMS Colloquium Publications, volume 53. Providence, RI: American Mathematical Society.

Montgomery, H. L., and R. C. Vaughan. 2006. *Multiplicative Number Theory I: Classical Theory*. Cambridge: Cambridge University Press.

Soundararajan, K. 2007. Small gaps between prime numbers: the work of Goldston-Pintz-Yıldırım. *Bulletin of the American Mathematical Society*, 44:1–18.

Titchmarsh, E. C. 1986. *The Theory of the Riemann Zeta Function*, 2nd edn. Oxford: Oxford University Press.

IV. 3

計算数論

Computational Number Theory

カール・ポメランス［訳：平田典子］

1. は じ め に

計算というものは，歴史的に見て数学の発展の原動力であった．土地の面積測量のためにエジプト人は幾何学を考案した．惑星の動きを予知するためにギリシア人は三角法を編み出した．諸現象を数学モデルとして考える際に方程式を扱うため，代数学が発展した．このような列挙は続き，しかも歴史的なものに留まらず，これからも計算はますます重要になると思われる．現代の技術は素早い計算を可能とするアルゴリズムの上に成り立っている．CT スキャンに用いられている**ウェーブレット** [VII.3]，天気予報や地球温暖化に関する高度で複雑な数値推定システム，そしてインターネット検索エンジンを陰で動かしている組合せ論的アルゴリズム（「アルゴリズム設計の数理」[VII.5 (6 節)] を参照）など，その例は多岐にわたる．

純粋数学においても計算が実行され，多くの偉大な定理や予想の根拠は数値計算によって動機付けられた．**ガウス** [VI.26] は優秀な計算技術者であり，1, 2 個の具体例を求めては新たな発見を導き，その根底をなす定理を証明したと言われる．数学のいくつかの分野がその原点における計算との関わりを失ったかのように見えても，むしろ安価な計算機や便利な数学のソフトウェアの出現が，その逆の方向を推進している．

ここで論じる数論は，数学の中でも計算による新たな流れが特にはっきりと感じられる分野である．持つべき心構えについては，ガウスによって 1801 年に予言されていた．

> 素数を合成数と区別する問題，そして合成数を素因数分解する問題は，整数論において最も重要で役に立つものである．また，技術というものは古代から現代に至る幾何学の知識と結び付いて，長さに関する論議に至ったほどである．しかしながら，提示されたあらゆる方法は特殊な場合に限られ，整数に対しても，過去の賢者たちの残した根気の良い熟練した計算による数表の限界を超えることは，難しいことを認めざるを得ない．特に大きな数の計算が難しい．しかも，科学の気高さは，問題の解決が優雅で賞賛に値するものになるよう，すべての可能な手段を探索すべきであると要求しているように見える．

素因数分解は整数論における基本的な問題であるが，実際には整数論のすべての分野が計算という要素を持っている．いくつかの領域には確固たる計算法の文献があり，それぞれの原理に従った数学的におもしろい対象としてのアルゴリズムがそこで論じられている．ここでは，まず計算における精神を伝えるためにいくつかの例を挙げる．解析的整数論（素数分布論とリーマン予想），ディオファントス方程式（フェルマーの最終定理と ABC 予想），初等整数論（素数判定法と素因数分解）に関するものである．そして，計算，発見的考察，強力で発展的な予想同士の相互作用に関して議論する．

2. 素数と合成数の区別

問題は次のように簡潔に述べられる．整数 $n > 1$ に対し，n が素数であるか合成数であるかを判定せよ．判定するアルゴリズムはすべてわかっている．n を順番に整数で割っていけばよいのである．真の約数を見つけたら，n が合成数であることがわかる．もし見つからなければ n は素数である．たとえば $n = 269$ を考える．奇数であるから，2 を約数としては持たない．3 では割り切れないので 3 および 3 の倍数は 269 の約数ではない．5, 7, 11, 13 に対しては同様に続ける．17 について考えると，17 の 2 乗は 269 よりも大きいので，もし 269 が 17 の倍数ならば 17 未満の別の約数を持っていたはずである．したがって，この操作は 13 で止めてよいことがわかり，269 は素数であることが言えた．実際にこの計算をするときは 269 を 17 で割って $269 = 15 \times 17 + 14$ と表し，商である 15 が 17 よりも小さいことに気づいた時点で 17^2 が 269 より大きいことが示せる．一般には，合成数 n は真の約数 d を持つ場合には $d \leq \sqrt{n}$ を満たすことから，$\sqrt{n}$ までの除法だけで n が素数か否かを判定することができる．

この直接計算の方法は，小さな数に対しては暗算に適し，ある程度の大きさまでは計算機で可能であるが，その n の桁数をたとえば倍にすると，急に貧弱な方法になる．平方数について特に時間がかかり，いわゆる「指数計算時間」アルゴリズムと呼ばれるものになってしまう．20 桁の数までは耐えられるかもしれないが，40 桁の素数判定の計算には，どれほどの時間がかかることか！　数百，数千の桁を持つ数については想像を越える．多くの入力量を必要とする場合にアルゴリズムを走らせる時間の大きさについて考える問題は，アルゴリズムを比較する際に絶対的に重要である．この素数判定の際の除法の「指数計算時間」に対し，学校で習うような 2 個の整数の積を求める方法の時間を考える．1 個の数の各桁を順々に他の数で掛け合わせ，平行四辺形の形の列に並べ，足し算をして答えを得る．もとの数の桁が倍のときは平行四辺形は縦横とも倍の大きさになり，かかる時間は 4 倍になる．2 個の数の積を作る問題は「多項式計算時間」アルゴリズムを持つ例であり，計算にかかる時間は入力量が倍のときに定数倍になる．

ガウスの言葉を反芻して次のように解釈しよう．素数と合成数を見分ける判定法で「多項式計算時間」を持つアルゴリズムは存在するか？　合成数の真の約数を求める「多項式計算時間」のアルゴリズムは作れるか？　双方とも除法に基づくので，現時点ではこの二つが異なる問いかどうかは明らかではないが，ガウスにならってこの二つの問題を分けて考えることにしたい．

素数を眺めて，素数に対して成立し，合成数に対しては成立しない，あるいはその反対を満たす命題を探そう．古くから知られているウィルソンの定理を思い出すと，$6! = 720$ が 7 の倍数より 1 少ない数であることがわかる．ウィルソンの定理は，n が素数ならば $(n-1)! \equiv -1 \pmod n$ であることを示す（記号の意味は「合同式の算法」[III.58] を参照）．この性質は n が合成数のときには成り立たない．なぜなら，p が n より真に小さい n の素因数ならば，p は $(n-1)!$ の約数になるので $(n-1)!+1$ の約数にはならない．つまり，強力な素数判定法に相当する．しかしながら，ウィルソンの定理は標準的な計算に適さない．なぜなら，階乗や他の数による剰余を計算する高速計算法がないからである．たとえば $268! \equiv -1 \pmod{269}$ であることを予測しており，269 は上記に示したように素数であったが，268! を 269 で割るときの余りを素早く見つける高速計算法が世の中に見当たらないのである．268! の割り算については，最初に述べた 17 までの割り算を行うよりも多くの計算量を要し，現実的ではない．一般に何かが「できない」ことを証明することは難しく，$a! \bmod b$ が多項式計算時間で計算できないことを示す定理はまだ存在しない．原始的なやり方でスピードが多少上がる場合があったとしても，現在知られている方法は，すべて指数計算時間を要するものばかりである．したがって，ウィルソンの定理は最初は良さそうに見えたが，$a! \bmod b$ の判定に高速計算が適用されない限り，素数判定にはあまり役立たないことがわかった．

では，**フェルマーの小定理** [III.58] はどうであろうか？　$2^7 = 128$ は 7 で割ると 2 余る．$3^5 = 243$ は 5 で割ると 3 余る．フェルマーの小定理は n が素数で a が任意の整数のときに $a^n \equiv a \pmod n$ を示すものである．大きな階乗の n による除法も困難であるが，法を n とする大きな累乗を計算することもまた困難であろう．

良い考えが浮かび次第，適切な例に対して計算の試行をする価値はある．$a = 2$ と $n = 91$ に対し $2^{91} \bmod 91$ を求めてみよう．より易しい場合に帰着させるという数学の優れた考え方の適用を試みる．この計算問題をもっと簡単なものに変形できないだろうか？　実際，$2^{45} \bmod 91$ まで計算すると，$2^{91} \equiv 2{r_1}^2 \pmod{91}$ を満たす r_1 という数が見える．全行程の約半分である 45 において，ゴールに達するために実はあと少量の計算を加えればよいのである．どのように計算を続ければよいのかは下記で明らかである．45 より小さい 22 に指数を落とせるのである．すなわち，もし $2^{22} \equiv r_2 \pmod{91}$ ならば $2^{45} \equiv 2{r_2}^2 \pmod{91}$ であり，2^{22} は 2^{11} の 2 乗である．この手順を自動化することは難しくない．実際，合同式の指数を並べた

$$1, 2, 5, 11, 22, 45, 91$$

は 91 の 2 進法の表示に直結している，なぜなら，91 は 2 進法で 1011011 であり，上記の指数の列は

$$1, 10, 101, 1011, 10110, 101101, 1011011$$

つまり 1011011 の左の桁からの数を並べたものになっている．そして，次の段階には 2 倍するか 2 倍して 1 を足すかのどちらかによって進めることがわかる．

この手順は，計算量の観点から見てもよい．n の桁数が倍になっても，合同式の計算の積の際に指数の列において前の項から次の項に移る際の増え方は，4 倍止まりである（これは通常の乗法や余りを伴う除法においても，もとの数が倍になる際にはこのようになる）．かかった時間は 8 倍止まりとなり，多項式計算時間に留まった．このアルゴリズムはベキ乗法と呼ばれる．

$a = 2$ と $n = 91$ に対してフェルマーの小定理の表すものを観察しよう．ベキ乗の列は

$$2^1 \equiv 2, \quad 2^2 \equiv 4, \quad 2^5 \equiv 32, \quad 2^{11} \equiv 46,$$
$$2^{22} \equiv 23, \quad 2^{45} \equiv 57, \quad 2^{91} \equiv 37$$

である．合同式の法は 91 であり，各項はその前の

項を法 91 で 2 乗するか，あるいは 2 乗したあとで 2 倍するかのいずれかである．

ここで立ち止まろう．フェルマーの小定理によると，最後の剰余が 2 になるはずではなかったか？　しかし，これは n が素数のときにのみ保証されていたのである．すなわち，91 は合成数であることが証明された．

n が合成数であることを証明できる計算法が，驚くべきことに素因数分解を経ずに存在したことになる．

このベキ乗法を，2 から 3 に底を変えて試してみるとどうであろうか？　$3^{91} = 3 \pmod{91}$ に到達するであろう．つまり，フェルマーの小定理の結論に当たる合同式が成り立ってしまっている．91 は合成数であるとわかっているので，素数であると答えてはいけない．しかし，素数ではないのに合同式が成立する例がこのように存在するので，フェルマーの小定理は，n が合成数であることを結論付けるためには役立つが，素数であることを証明するのには使えないことがわかる．

フェルマーの小定理からわかる 2 点のおもしろい現象を述べる．まず，否定的な面からの考察であるが，$n = 561$ のようにすべての整数 a に対してフェルマーの小定理が成立する合成数がある．これらは**カールマイケル数**と呼ばれる．そして（素数判定の観点からは）不運なことにカールマイケル数は無限個存在する（アルフォード（Alford），グランヴィル（Granville），ポメランス（Pomerance）による結果）．一方，肯定的な視点から見ると，もしも十分大きな数 x より小さい n および a, n のペアであって，$a < n$ かつ $a^n \equiv a \pmod{n}$ を満たすものがとれるならば，x が大きくなるにつれて n が素数になる確率は高くなることが示される．これはエルデシュとポメランスによって証明された．

フェルマーの小定理を，奇素数に関する初等的な性質と組み合わせることも可能である．n が奇素数ならば，$x^2 \equiv 1 \pmod{n}$ を満たす x としては ± 1 の 2 個しか存在しない．合成数でもこの性質を満たすものはあるのだが，2 個の異なる奇素数で割り切れる合成数はこの性質を満たさない．

奇数 n を考える．いま n が素数であることを証明したいとする．$1 \leq a \leq n-1$ を満たす a に対して $a^{n-1} \equiv 1 \pmod{n}$ であることをまず示す．次に，$x = a^{(n-1)/2}$ とおくと，$x^2 = a^{n-1} \equiv 1 \pmod{n}$ である．上記に述べた奇素数の性質から，もし n が素数ならば x は ± 1 でなければならない．したがって，$a^{(n-1)/2}$ が $\pm 1 \pmod{n}$ 以外ならば，n は合成数でなければならない．

$a = 2$，$n = 561$ でこのことを確かめてみよう．$2^{560} \equiv 1 \pmod{561}$ であることがわかっている．$2^{280} \bmod 561$ は何であろうか？　これは 1 になる．まだ 561 が合成数かどうかは示されていない．さらに，2^{140} が 1 の平方根であることがわかる．計算すると $2^{140} \equiv 67 \pmod{561}$ であることより，ここで 1 の平方根で ± 1 ではないものが見つかり，561 が合成数であることが証明された（特別な数 561 については 3 で割れることは明らかであるから，素数か否かの神秘はないのであるが，上記の方法は，素数かどうかが明らかでない場合にも適用可能であることが重要である）．ここでは，計算の逆をたどる必要はない．実際，$2^{560} \bmod 561$ を計算するために，以前に述べたベキ乗法を採用して 2^{140} および 2^{280} を求めて試せばよいので，この一般的方法は高速かつ強力であると言えよう．

ここで描かれた原理は，次のようにまとめられる．n を奇素数とする．a を n で割り切れない整数とする．$n - 1 = 2^s t$ とおく（t は奇数）．このとき $a^t \equiv 1 \pmod{n}$ または $a^{2^i t} \equiv -1 \pmod{n}$ が，ある $i = 0, 1, \ldots, s-1$ に対して成立する．

これは**強いフェルマーの合同式**と呼ばれ，モニエ（Monier）およびラビン（Rabin）によって独立に示された．すなわち，カールマイケル数の類似は存在しないことが従う．彼らが証明した主張は，もし n が奇数の合成数であるならば，「強いフェルマーの合同式」は少なくとも 3/4 の割合の a（ただし $1 \leq a \leq n-1$）に対しては成立しないということである．

もし単に素数と合成数を区別することだけが目的であり，証明について問わなければ，以上の説明で十分であろう．十分大きい奇数 n に対して区間 $[1, n-1]$ から a をランダムに 20 個とり，強いフェルマーの合同式が a を底として成立するかどうかを確かめる．成り立たない場合はそこで止めればよい．この n は合成数である．強いフェルマーの合同式が成立した場合は，n が本当に素数かどうかを考察する必要がある．もしも n が仮に合成数ならば，モニエ–ラビンの定理より，20 個のランダムな底の選択に対して強いフェルマーの合同式が成立する確率は 4^{-20} 以下であり，1 兆分の 1 以下となる．これは優れた確率論的な素数判定法である．n が合成数であることが示されればそれは確実であるし，また合成数とは示されなかった場合，n が素数にならない確率はきわめて低いことになる．

$[1, n-1]$ の中の $3/4$ の a のうち，n の素数判定が確実なものが存在すればよい．そのような a を一つでも見つける方法があるだろうか？ いちいち計算して確かめるとなると，いつその計算を止めればよいのであろうか？ 以後は a の小さい値を見つけるこの問題の考究に努めることにする．何らかの発見的考察をすることができるだろうか？ たとえば $a=2$ によって n が合成数とは示せなかったとすると，2 のベキは試行に値しない．2 と 3 によって n が合成数であると結論できない場合は，6 でも同じように思えるかもしれないが，ここでは問題を少し修正し，素数 a に対しては事象が独立に起こると仮定して考える．**素数定理** [V.26]（本章でも後述）より，$\log n \cdot \log\log n$ までにおおむね $\log n$ 個の素数がある．つまり，n が合成数であり，かつ上記の判定法がその助けにならない確率は，およそ $4^{-\log n} < n^{-4/3}$ である．無限級数 $\sum n^{-4/3}$ は収束するので，この試行は，十分に大きい n に対しては $\log n \cdot \log\log n$ までの a でよいであろう．

この試行を止めるには $c(\log n)^2$ で十分であるという少し弱い結果をミラーが証明したが，その証明は一般**リーマン予想** [V.26] の仮定下にある（リーマン予想については本章でも後述するが，ミラーの仮定はそれより強いものである）．この場合の c に対して $c=2$ がとれることをバックは証明した．まとめると，一般リーマン予想を仮定し，強いフェルマーの合同式が $a \leq 2(\log n)^2$ を満たすすべての a に対して成立するならば，n は素数となる．つまり，このような有名な未解決問題の成立を仮定すると，n が素数は合成数かを多項式計算時間内で，しかも構成的なアルゴリズムを用いて判定できることになる（もちろん，このように未解決問題に依存した計算試行は危ないかもしれない．これを信じると，合成数が素数になってしまうという失敗を起こすかもしれない．しかし，その失敗が検証されれば，今度は有名な未解決問題の不成立を証明できることになる．したがって，失敗することも，不運ではないかもしれない）．

1970 年代に行われたミラー（Miller）の計算試行の後，多項式計算時間内での素数判定を未解決問題の仮定なしに行えないかという問題が考えられた．アグラヴァルらの 2004 年の結果（Agrawal et al., 2004）から，はっきりと肯定的な答えが得られた．これは 2 項定理およびフェルマーの小定理を組み合わせたものである．整数 a を与え，多項式 $(x+a)^n$ を 2 項定理によって展開する．x^n と a^n の間の各項の係数は $n!/(j!(n-j)!)$ を含む（$1 \leq j \leq n-1$）．もし n が素数ならば，この整数係数は n の倍数である．なぜなら，n は分子にあるが，分母のどの数によっても約されないからである．すなわち，この係数は法を n として 0 に合同である．たとえば $(x+1)^7$ は $x^7+7x^6+21x^5+35x^4+35x^3+21x^2+7x+1$ に等しく，x^7 と 1 以外の項の係数は，7 の倍数である．つまり，$(x+1)^7 \equiv x^7+1 \pmod 7$ である（2 個の多項式が合同であるとは，2 個の多項式の差の係数が合同のときにいう）．一般に素数 n と任意の整数 a に対し，フェルマーの小定理から

$$(x+a)^n \equiv x^n + a^n \equiv x^n + a \pmod n$$

が従うことになる．$a=1$ のときにこれが素数判定になることは，練習問題として示せるであろう．もっとも，ウィルソンの定理の場合と同様，多項式の係数が n で割れるかどうかを判定する高速計算法はまだ存在しない．

さて，ベキ乗をとる以外の方策を考える．多項式を別の多項式で割ると，整数での除法のように，商と余りが得られる．たとえば，$g(x) \equiv h(x) \pmod{f(x)}$ とは，$g(x)$ と $h(x)$ が，$f(x)$ で割った際に同じ余りを持つときをいう．さらに，$f(x)$ の次数がそれほど高くない場合に，$f(x)$ で割ったときの余りが法 n でも合同であるとき，$g(x) \equiv h(x) \pmod{n, f(x)}$ と記す．これはアグラヴァルらの提案である．そこでは，次数の高くない補助多項式 $f(x)$ を考え，もし

$$(x+a)^n \equiv x^n + a \pmod{n, f(x)}$$

がおのおのの $a = 1, 2, \ldots, B$ に対して成り立てば（B はそれほど大きくない限界とする），n はある集合に含まれることが証明された．その集合とは，素数と，簡単に合成数であることが判定できる数からなる集合である（すべての合成数が判定困難であるわけではなく，小さい素因数を持つ数はたくさんあり，それらは合成数であることが簡単に示せる）．この二つの考えがアグラヴァルらの素数判定定理の証明に用いられた．完全に説明するためには，補助多項式 $f(x)$ の選び方，B とは何か，そして本当に素数だけがこの判定条件をパスすることを確認しなければな

らない．

アグラヴァルらは，補助多項式 $f(x)$ として美しくシンプルな x^r-1 を選び，r のおよその限界として $(\log n)^5$ を設定した（Agrawal et al., 2004）．このアルゴリズムの計算実行時間は，ほぼ $(\log n)^{10.5}$ 内である．構成的ではないが，数値実験によりおよそ $(\log n)^{7.5}$ まで落とせることが示された．最近になって，レンストラとポメランスは，構成的ではあるが複雑な証明に基づく方法で，おおむね $(\log n)^6$ まで改良した．x^r-1 よりは複雑な多項式を用いるが，それは定規とコンパスを用いて作図することが可能な正多角形の作図法において登場する，ガウスの有名なアルゴリズムによって作られる多項式である（「代数的数」[IV.1 (13 節)] を参照）．作図可能な正多角形に関するガウスの考察が，素数と合成数の区別に用いられるだけでも十分におもしろい．

新しい素数判定法で，多項式計算時間のものが存在するか？　これは手強い問題である．**楕円曲線** [III.21] の整数論的性質に基づく計算法で，巨大な数に対しても使える，信頼に値する素数判定法があり，多項式計算時間内で計算が実行されることが予想されているが，現実には本当に計算が終了するかどうかも証明されていない（1 日の終わりに，あるいはその試行の終わりに計算がもしも終了して真正な証明が実行できるならば，計算開始の際にそれが終わる確信を持てなくてもよいかもしれないが）．この方法は，アトキン（Atkin）とモラン（Morain）の先駆的な研究に始まり，20,000 桁以上の整数の素数判定がなされた．これは前述の素数判定法のように 2^n-1 のような特別の形をしていない数に対しても適用できる．現在，多項式計算時間の別の判定法があるが，それはまだ 300 桁までの判定に留まる．

整数の形が特別な場合は，より高速な素数判定法が存在する．メルセンヌ素数はその最も有名なものの一つをなす．これは 2 のベキ乗から 1 を引いた形の整数である．この形の素数は無限個あるかもしれないと考えられているが，証明にはまだ手が届かない．43 個のメルセンヌ素数が知られている．現在見つかっている最大のメルセンヌ素数は $2^{30\,402\,457}-1$ であり，百万の 9.15 倍程度の桁数を持つ（素数判定法のさらなる情報については，Crandall and Pomerance (2005) を参照）．

3. 合成数の分解

素数判定法に比較すると，大きな整数をその因数によって分解する問題については，いまだ暗黒時代にある．しかし，この不釣り合いは，インターネットの電子取引の安全性を支持する面もある（「数学と暗号学」[VII.7] を参照）．この応用は，数学のきわめて重要で古典的なものである．数学の基礎的な問題がまだ十分に解かれていない事実に基づくことになるので，誇るべきものとは言えないかもしれないが．

ここで策略を講じよう．最大公約数（GCD）を求める**ユークリッドの互除法** [III.22] が合成数の分解に展望を与える．正整数 m と n の GCD を求めるには，それぞれのすべての約数を求め，共通な約数のうち最大の数が答えとすればよい．しかし，ユークリッドの互除法のほうがはるかに効果的であり，この計算時間は，2 数のうちの小さいほうの対数程度の値なのである．つまり，多項式計算時間よりも小さく，実際に速い．

n と 1 以外の公約数を持つ正整数 m を探そうとするなら，ユークリッドの互除法を用いればよい．ポラード（Pollard）およびシュトラッセン（Strassen）は（独立に），ユークリッドの互除法に積と多項式の評価の高速プログラムを別途組み合わせ，合成数の約数を求める奇跡的とも思える高速計算法を求めた．まず整数 n に対して $n^{1/2}$ までの区間をとり，次にこれを長さ $n^{1/4}$ の小区間 $n^{1/4}$ 個に分ける．おのおのの小区間において，小区間内の整数すべての積と n との GCD を求める．これはほぼ $n^{1/4}$ 回の計算量となる．もし n が合成数ならば，少なくとも 1 個の GCD は 1 より大きい．最初に 1 より大きい GCD が見つかった小区間において n の約数が現れる．このポラードとシュトラッセンのアルゴリズムは現在われわれの知るもののうち最速かつ重要であり，決定的な方法である．

合成数の約数を見つける現実的なアルゴリズムのほとんどは，たとえ証明されていない場合でも，理にかなったと考えられる自然数に関する仮定をよりどころにしている．これらの方法が合成数を因数分解する計算を提供するという厳密な証明を持たなくても，あるいは高速である理由が不明でも，計算が実行できる．これは科学における実験のようなものであり，そこでは仮説も実験によって試されるのである．いくつかの因数分解アルゴリズムに関する実験は，いまや科学者にとって何らかの法則の介在を示唆する圧倒的な存在ですらある．数学者は証明を追求するが，整数の分解の際に証明を要求されているという感じは，幸いなことにそれほど受けない．

高校生向けの問題を披露しよう．8051 を分解しなさいという問題である．$8051 = 90^2 - 7^2 = (90-7)(90+7)$ に気づくかどうかがポイントであり，これから $83 \cdot 97$ が得られる．実際すべての奇数の合成数は，2 個の平方数の差で表せるが，この事実は**フェルマー** [VI.12] に帰する．n が非自明な分解 ab を持ったとする．$u = \frac{1}{2}(a+b)$ および $v = \frac{1}{2}(a-b)$ とおくと，$n = u^2 - v^2$ と $a = u+v$，$b = u-v$ が得られる．この方法は 8051 のように，n が $n^{1/2}$ に非常に近い約数を持つ場合に効果的であるが，場合によっては，通常の除法より遅くなってしまう．

クライティック (Kraitchik)，ブリヤート–モリソン (Brillhart–Morrison)，シュレッペル (Schroeppel) の成果を発展させたポメランスの 2 次篩(ふるい)法は，このフェルマーの考えをすべての奇数の合成数に効果的に拡張するものである．たとえば $n = 1649$ を考えよう．$j = 41$ とおき $n^{1/2}$ を考える．まず $j^2 - 1649$ を計算し，j を動かしたときに $j^2 - 1649$ が平方数になる場合を取り出す．試してみると

$$41^2 - 1649 = 32$$
$$42^2 - 1649 = 115$$
$$43^2 - 1649 = 200$$
$$\vdots$$

であり，フェルマーの方法が適用できる場合になかなかたどり着かないが，よく見ると，上の 1 行目と 3 行目を掛け合わせると平方数が現れているのではないだろうか？　そう，$32 \cdot 200 = 80^2$ である．つまり，法 1649 で考えると

$$(41 \cdot 43)^2 \equiv 80^2 \pmod{1649}$$

がわかる．したがって u, v で $u^2 \equiv v^2 \pmod{1649}$ となるものが得られる．これは $u^2 - v^2 = 1649$ と同じではないが，$u^2 - v^2 = (u-v)(u+v)$ が 1649 を約数に持つことを示している．1649 はこの $(u-v)$ か $(u+v)$ そのものを割り切るかもしれない．もし割り切らないとしても，1649 自身が 2 個に分解して $(u-v)$（もしくは $(u+v)$）との GCD が求まれば，真の約数が現れる．$v = 80$ とおくと，$u = 41 \cdot 43 \equiv 114 \pmod{1649}$ より $u \not\equiv \pm v \pmod{1649}$ であり，これで準備が整った．$114 - 80 = 34$ と 1649 の GCD は 17 であり，$1649 = 17 \cdot 97$ となって終了である．

この計算を一般化できるであろうか？　$n = 1649$ を分解する際に，$f(j) = j^2 - n$ という多項式の，$\sqrt{n}$ から始まる j に対する連続する値を計算し，$j^2 \equiv f(j) \pmod{n}$ という合同式を考えている．そして，各 j に対して $\prod_{j \in \mathcal{M}} f(j)$ が平方数（たとえば v^2）になるような j の集合 $\mathcal{M}$ を定める．$u = \prod_{j \in \mathcal{M}} j$ とおくと $u^2 \equiv v^2 \pmod{n}$ が成り立つ．$u \not\equiv \pm v \pmod{n}$ であることから，$u - v$ と n の GCD を求める計算を経由して，n を因数分解することができる．

1649 については，もう一つ課題がある．32 と 200 を平方数の構成に用いたが，115 は使わなかった．気づいていなかったかもしれないが，これは 32 と 200 が 115 より役立つ整数であると認識したことになる．この 32 と 200 は，**スムース数**と呼ばれる整数であることが，その理由である（おおむね，小さい素因数しか持たない数である）．115 はスムース数ではなく，比較的大きい約数 23 を持つ．いま，$k+1$ 個の正整数で，素数の最初の決まった k 個をその素因数に持つものを考える．この $k+1$ 個の整数の空でない部分集合で，それに属するすべての数の積をとると平方数になるものが存在することが示せる．証明には，それぞれの数が素因数分解 ${p_1}^{a_1}{p_2}^{a_2}\cdots{p_k}^{a_k}$ を持つときに $(a_1, a_2, \ldots, a_k)$ というベクトルを考えればよい．平方数はこのベクトルがすべて偶数であることを意味する．a_i が偶数のときに 0，奇数のときに 1 を対応させ，和をとる（元の数の掛け算に当たる）．法 2 の加法を行うのであるが，$k+1$ 個のベクトルがあり，しかし k 個の座標しかないので，行列の簡単な計算により（$k+1$ 個は必ず 1 次従属となり，しかも 1 次従属を示す際の 1 次結合の係数は法 2 であることに注意），ベクトルのある部分集合でその元をすべて足すと 0 ベクトルになるものの存在がわかる．したがって，対応する積は平方数になる．

$n = 1649$ では，最初の 3 個である $32 = 2^5 3^0 5^0$ と $200 = 2^3 3^0 5^2$ は，指数のベクトルとして $(5, 0, 0)$ と $(3, 0, 2)$ を持つ．法 2 では $(1, 0, 0)$ と $(1, 0, 0)$ であるから，和をとると $(0, 0, 0)$ になり，対応する積は平方数であることがわかった．ベクトルは 2 個で十分であり，この議論に 4 個は不要である．

一般に 2 次篩法では，スムース数を $j^2 - n$ の形の数列から探し，指数の法 2 のベクトルを考えて上記の行列の考察を行えば，数列の空でない部分集合 $\mathcal{M}$

でその積 $\prod_{j\in\mathcal{M}} f(j)$ が平方数になるものが必ず存在する．

2次篩法における「篩」という言葉は，$f(j)=j^2-n$ のスムースな値を探すことから来る．これらは2次の多項式の連続する値からなる数列であり，与えられた素数で割り切れる数は数列の中の規則的な位置にある．たとえば，j^2-1649 は $j\equiv 2 \text{ or } 3 \pmod 5$ のときに限り5で割り切れる．エラトステネスの篩に似た実効的な篩によって，j^2-n がスムースになるような j を見つけることができる．そこでは，$f(j)$ の値がどの程度スムースならば証明がうまくいくかが鍵となる．含まれうる素数の範囲を狭くすると，行列の方法を用いる場合ほど多くの数を選ぶ必要はなくなるが，スムースな値は稀になるかもしれない．素数の範囲を広くすると，スムースな値は増えるが，選択する数も増やさざるを得ない．その間のどこかに選ぶべき範囲があるが，それを見極めるためには，一般に既約な2次多項式のスムースな値について調べることが有用である．これを保証する定理はないが，一般的な場合とほぼ同じ確率でスムースな値が存在すると仮定して調べることはできる．

GCD が n との自明な公約数のみであった場合も，もう少し調べて，n の約数を探ることを続けることができる．以上は，2次篩法の計算試行の時間は

$$\exp\left(\sqrt{\log n \log\log n}\right)$$

程度までで良いことを示唆する．試行は n の桁数の指数回数ではなく，ほぼその平方根の指数回数である．これは相当の改良ではあるが，多項式計算時間にはいまだ遠い．

レンストラ（Lenstra）とポメランスは，2次篩法と同程度の試行時間を要する，より重要なランダム因数分解法を開発した（ランダムとは，一連の事象が独立であるという意味であり，宣言した時間内で正しい分解ができることを期待している）．しかし，その方法は計算の実行に向いていないため，選択に迫られたときには2次篩法を採用することになる．2次篩法の最高記録は，129桁のRSA暗号解読の際の1994回の分解である．これは，1977年にマーティン・ガードナーの『サイエンティフィックアメリカン』(*Scientific American*) 誌に掲載された．

数体篩法というものは，篩に基づく別の因数分解アルゴリズムであり，ベキ乗に近い整数について1980年代後半にポラードが発見したものであり，それをブーラー（Buhler），レンストラ，ポメランスが一般の整数に拡張した．手法は2次篩法と同じ発想に基づくが，平方数を代数的整数の積から拾うものである．予想される計算時間は，2よりやや小さい定数 c に対して

$$\exp(c(\log n)^{1/3}(\log\log n)^{2/3})$$

である．100桁を超える合成数や小さい素因数を持たない合成数に適しており，現在200桁までの計算記録がある．

篩の考え方に基づく因数分解の手法は，同程度の大きさの素因数の積である合成数の分解が難しくなるという性質を持つ．n を因数分解するとき，n がその5乗根と同じくらいの大きさの5個の素因数を持つ場合と，n がその平方根に近い2個の素因数を持つ場合の難しさはほぼ等しい．除法を行う場合は小さい素因数が存在すれば分解が終わるが，そうではない．ここで，楕円曲線法と呼ばれるレンストラの著名な因数分解法について説明する．これは小さい素因数を大きい素因数よりも速く見つける方法であり，大きい数になると除法を繰り返す場合よりもはるかに高速である．

楕円曲線法は，2次篩法のように n との非自明な GCD を持つ m を探す方法である．2次篩法では小さい計算を積み重ねて m を構成するに至るが，楕円曲線法は1回の試行で m を求めうるかもしれない方法である．

m をランダムにとり，n との GCD が求まる場合は良いが，n が小さい素因数を持たない場合は計算時間は一般に膨大になる．しかし楕円曲線法はもっと巧妙である．

楕円曲線法のもととなったポラードの $p-1$ 法について述べる．因数分解したい整数 n と，ある大きな整数 k を考える．計算者には知られていない素数 p が存在して，n は素因数 p を持ち，$p-1$ は k の約数であり，また，n の別の素因数 q で $q-1$ は k を割り切らないものがあるとする．この不均衡を利用するのである．まず，フェルマーの小定理から，$u^k\equiv 1 \pmod p$ かつ $u^k \not\equiv 1 \pmod q$ を満たす u がいくつか存在するので，この u を1個とる．m は法 n で u^k-1 に等しい数とする．p は n を割り切るから，m と n の GCD は n の非自明な約数になる．q は m を割り切らないので n と m との GCD は q を約数に持たない．ポラードは k を適切な大きさの整

数の最小公倍数とすることを提案しているが，これは，たくさんの約数を持つので $p-1$ で割り切れる相応の可能性があるという視点によるものである．ポラードの方法で最良なのは $p-1$ スムースになるような素因数 p を n が持つ場合である（前述のように小さい素因数をすべて持つことに相当する）．しかし，もし n が $p-1$ スムースになる素因数 p を持たなければ，ポラードの方法ではうまくいかない．

法 p での 0 でない剰余 $p-1$ 個からなる**乗法群** [I.3 (2.1 項)] の性質を，上述の方法では用いている．n と互いに素な数を法 n で考えることは，たとえ意識していなくても，この乗法群を考えていることになる．u^k が法 p において乗法群の単位元であること，法 q ではそうでないことを利用している．

レンストラは，ポラードの方法を楕円曲線において用いるという賢いアイデアに至った．法 p に関する楕円曲線はたくさんあるので，スムースな場合を見つける可能性が増えるわけである．特にハッセ（Hasse）とドイリンク（Deuring）の定理を応用できるという利点が最も重要である．法 p（$p>3$）での**楕円曲線** [III.21] とは $y^2 \equiv x^3+ax+b \pmod p$ の解の集合である．ここで a, b は整数で，x^3+ax+b が重根を法 p で持たないものとする．無限遠点も付け加えられているとする．楕円曲線の加法はそれほど複雑なものではなく（ただし x 座標と y 座標ごとの加法にはならない），無限遠点が単位元である群構造を提供する（「曲線上の有理点とモーデル予想」[V.29] を参照）．ハッセは法 p での「楕円曲線におけるリーマン予想」を示し，後に**ヴェイユ** [VI.93] がそれを拡張して「代数曲線におけるリーマン予想」を証明した．この有名な証明から，法 p での楕円曲線の元の個数は，$p+1-2\sqrt{p}$ と $p+1+2\sqrt{p}$ の間であることが示された（「ヴェイユ予想」[V.35] を参照）．ドイリンクは，この範囲のすべての数が，法 p でのある楕円曲線の元の個数に必ず対応することを証明した．

x_1, y_1, a をランダムに選び，次に b を ${y_1}^2$ が ${x_1}^3+ax_1+b \pmod n$ に等しくなるようにとる．これは係数 a, b の代数曲線で $P=(x_1, y_1)$ が曲線上にあるものの構成になる．ポラードの戦略どおりに多くの約数を持つ整数 k をとり，P を u の代わりに考える．kP を P の k 倍，つまり P に自分自身を楕円曲線の加法で足したものとする．kP が法 p に関する無限遠点で（楕円曲線の点全体の個数はこのような最小正整数 k の倍数），しかし法 q に関してはそうでないとする．これが m で n との GCD が p で割り切れるが q では割り切れないということに対応する．このようにして n の因数分解を行う．

m を探すために，代数曲線を射影座標で扱う．(x, y, z) を合同式 $y^2z \equiv x^3+axz^2+bz^3 \pmod p$ の解とする．$c \neq 0$ のときは (cx, cy, cz) を (x, y, z) と同じと見なす．無限遠点は $(0, 1, 0)$ と定められる．P は $(x_1, y_1, 1)$ と表せばよい（これらは古典的な**射影幾何** [I.3 (6.7 項)] の法 p の場合である）．法 n で $kP=(x_k, y_k, z_k)$ を計算すると，m の候補者は z_k である．実際，kP が法 p の無限遠点であるなら $z_k \equiv 0 \pmod p$ となり，法 q の無限遠点でない場合は $z_k \not\equiv 0 \pmod q$ である．

ポラードの $p-1$ 方法が失敗したときは，新規の k に頼るか，あきらめるかであった．楕円曲線法ではうまくいかない場合に，楕円曲線を取り替えるという逃げ道がある．n の中に隠れた素数 p については，新しい楕円曲線で法 p の乗法群を構成することになるため，群の元の個数についてスムースになる可能性が現れる．楕円曲線法は因数分解がうまくいく方法であり，50 桁程度，場合によってはそれ以上の大きさの素因数まで求めることができている．

n の最小の素因数 p を求めるために楕円曲線法において予想される，法 n での計算時間は

$$\exp\left(\sqrt{2\log p \log\log p}\right)$$

である．楕円曲線のことを知らなければこの予想を考えることはできないが，それよりもスムース数の分布についての知識がむしろ必然であろう．因数分解の計算法については，Crandall and Pomerance（2005）を参照するとよい．

4.　リーマン予想と素数分布

素数の表を眺めていた若きガウスは，素数の頻度が対数的であり，$\mathrm{li}(x)=\int_2^x (1/\log t)\mathrm{d}t$ が $\pi(x)$ の良い近似であることを予想した．$\pi(x)$ とは 1 から実数 x までの素数の個数である．60 年後に**リーマン** [VI.49] は，リーマンゼータ関数 $\zeta(s)=\sum_n n^{-s}$ の零点が複素平面の s の実部が 1/2 を超える場所に存在しなければ，ガウスの予想が証明できることを示した．$\zeta(s)$ は $\mathrm{Re}\, s>1$ のときのみ収束するが，$\mathrm{Re}\, s>0$ に対し解析接続可能であり，$s=1$ のときのみ特異点を

持つ（解析接続などについては「いくつかの基本的な数学的定義」[I.3 (5.6 項)] を参照）．この解析接続は具体的な等式 $\zeta(s) = s/(s-1) - s\int_1^\infty \{x\}x^{-s-1}\mathrm{d}x$ による．ここで，$\{x\}$ とは $\{x\} = x - [x]$ つまり x の小数部分とする（この積分は $\mathrm{Re}\, s > 0$ でうまく収束する）．実際，リーマンの関数等式は $\zeta(s)$ が $s = 1$ を 1 位の極とする複素平面全体で定義された有理型関数に解析接続できることを示している．

$\mathrm{Re}\, s > 1/2$ において $\zeta(s) \neq 0$ であることは，**リーマン予想** [IV.2 (3 節)] として知られる．間違いなく数学における最大の未解決予想である．弱いガウス予想については，**素数定理** [V.26] と呼ばれる形で**アダマール** [VI.65] および**ド・ラ・ヴァレ・プーサン** [VI.67] が 1896 年に独立に証明した．$\mathrm{li}(x)$ が本当にはっきりと $\pi(x)$ の見事な近似になっていることには，目を見張るばかりである．$x = 10^{22}$ とすると，素数の正確な個数は

$$\pi(10^{22}) = 201\,467\,286\,689\,315\,906\,290$$

であるが，li の値はおよそ

$$\mathrm{li}(10^{22}) \approx 201\,467\,286\,691\,248\,261\,497$$

である．ガウスの推察は的を射ていた．

$\mathrm{li}(x)$ の計算は，計算機のソフトウェアに含まれているような単純な数値積分計算で可能である．しかし，$\pi(10^{22})$ の計算（グルドン（Gourdon）による）は非自明である．約 2×10^{20} 個の素数の数え上げは骨が折れる．どのように数えたのであろう．実際，すべての素数を挙げることなく，個数を数える組合せ論的な方法が知られている．たとえば 1 から 10^{22} までの区間には，6 と互いに素な整数がちょうど $2[10^{22}/6] + 1$ 個あるが，この個数を求めるために，1 個ずつ数えることはしない．区間を 6 個ずつのブロックに分けると，中に 2 個ずつの求める整数がある（+1 は最大整数を表す $[\cdot]$ から来る）．メイセル（Meissel）とレーマー（Lehmer）の初期の考察より，ラガリアス（Lagarias），ミラー（Miller），オドリツコ（Odlyzko）は，$\pi(x)$ の計算のために，$x^{2/3}$ 回の初等的な計算によるエレガントな組合せ論的手法を開発した．この方法はデレグリーズ（Deléglise）とリヴァット（Rivat）に改良され，グルドンによって多くの計算機に搭載されるようになった．

フォンコッホ（von Koch），次いでシェーンフェルド（Scoenfeld）の結果から，リーマン予想は次と同値であることが知られている（Crandall and Pomerance（2005）の練習問題 1.37 を参照）．

$$|\pi(x) - \mathrm{li}(x)| < \sqrt{x}\log x \quad \forall x \geq 3 \qquad (1)$$

したがって，$\pi(10^{22})$ の膨大な計算は，リーマン予想の証左を探すことに値する．実際，式 (1) に反する計算結果が得られるならば，それはリーマン予想の不成立を示すものになる．

式 (1) が $\zeta(s)$ の零点の位置とどのような関連を持つのかは明らかではない．両者の関係を理解するために，自明な零点つまり負の偶数での零点を外し，非自明な零点 ρ を考える．ρ は無限個あり，その位置についての予想は，$\mathrm{Re}\,\rho \leq 1/2$ にのみ分布するということである．零点にはある種の対称性がある．実際，ρ が零点ならば $\bar{\rho}, 1-\rho, 1-\bar{\rho}$ も零点であるから，リーマン予想とは，$\zeta(s)$ の非自明な零点の実部が 1/2 に限ることを意味している．ρ と $1-\rho$ の対称性はリーマンの関数等式 $\zeta(1-s) = 2(2\pi)^{-s}\cos(1/2\pi s)\Gamma(s)\zeta(s)$ から従うが，おそらくこれもリーマン予想を支える材料になっている．素数定理との関係は**整数論の基本定理** [V.14] に基づく．恒等式

$$\zeta(s) = \sum_{n=1}^{\infty} n^{-s} = \prod_{p\ \text{素数}} \sum_{j=0}^{\infty} p^{-js} = \prod_{p\ \text{素数}} (1-p^{-s})^{-1}$$

の右辺は $\mathrm{Re}\, s > 1$ で収束する積である．対数微分（まず両辺の対数をとり微分する）から

$$\frac{\zeta'(s)}{\zeta(s)} = -\sum_{p\ \text{素数}} \frac{\log p}{p^s - 1} = -\sum_{p\ \text{素数}} \sum_{j=1}^{\infty} \frac{\log p}{p^{js}}$$

が得られる．$n = p^j$ がある素数 p と整数 $j \geq 1$ に対して成立すれば $\Lambda(n) = \log p$，それ以外の場合は $\Lambda(n) = 0$ と定めると

$$\sum_{n=1}^{\infty} \frac{\Lambda(n)}{n^s} = -\frac{\zeta'(s)}{\zeta(s)}$$

である．類似の計算を繰り返すと，関数

$$\psi(x) = \sum_{n \leq x} \Lambda(n)$$

を ζ'/ζ の極の留数つまり，ζ の零点および 1 位の極に関連付けることができる．すなわち，リーマンは次の美しい式を証明した．

$$\psi(x) = x - \sum_{\rho} \frac{x^\rho}{\rho} - \log 2\pi - \frac{1}{2}\log(1-x^{-2})$$

（x が素数もしくは素数の累乗ではないと仮定し，和

は ζ の非自明な零点 ρ にわたるが，$|\mathrm{Im}\,\rho| < T$ において $T \to \infty$ とするときの零点の対称性を考慮に入れている）．$\psi(x)$ という関数を理解することは，$\pi(x)$ を理解することと同値であることが初等的操作によって明らかになるので，$\psi(x)$ は ζ の非自明な零点 ρ に関連することがわかる．

関数 $\psi(x)$ の意味については，簡潔に説明することができる．これは区間 $[1, x]$ に属する整数の最小公倍数の対数なのである．式 (1) によると，リーマン予想はすべての $x \geq 3$ に対して

$$|\psi(x) - x| < \sqrt{x}\log^2 x$$

が成立することと翻訳される．この不等式は最小公倍数，自然対数，絶対値，平方根などの初等的な概念のみで述べられるが，リーマン予想と同値なのである．

ζ の非自明な零点 ρ については多くの例が求められており，知られているものは，確かに直線 $\mathrm{Re}\,s = 1/2$ にある．複素数 ρ が $\mathrm{Re}\,\rho = 1/2$ にあることをどのようにして確かめるのであろうか．仮に（非現実的な大きさであろうが）10^{10} 桁までの計算はできるとする．実部が $1/2 + 10^{-10^{100}}$ 程度になる零点 ρ を見つけたとすると，$1/2$ との差を認識することは難しい．しかし，ρ が $\mathrm{Re}\,\rho = 1/2$ にあるかどうかを確かめる方法はある．連続な実数値関数 $f(x)$ を考え，中間値の定理を零点の決定に使うのである．たとえば $f(1) > 0$，$f(1.7) < 0$，$f(2.3) > 0$ とする．$f(x)$ は 1 と 1.7 の間に少なくとも 1 個の零点を持つ．もし 2 個の零点を持つ理由が別にあっても，その位置の推定は可能である．複素関数 $\zeta(s)$ に対しては，$\zeta(1/2 + \mathrm{i}t) = 0$ のときに限り $g(t) = 0$ となるような実数値関数 $g(t)$ を構成すると，$g(t)$ の $0 < \mathrm{Im}\,\rho < T$ における符号変化を用いて，$\mathrm{Re}\,\rho = 1/2$，$0 < \mathrm{Im}\,\rho < T$ の場合に $\zeta(s)$ の零点の個数の下からの評価を求めることができる．さらに**偏角原理**と呼ばれる複素関数論の理論を用いると，$0 < \mathrm{Im}\,\rho < T$ における零点の正確な個数がわかるが，運良くこの個数が下からの評価に等しければ，実部が $1/2$ にあるすべての零点を数えたことになる（しかも，すべて位数 1 の零点である）．もし計算結果が狂えば，リーマン予想の不成立は示せないとしても，おそらく零点の位置について調べなければならない場所の情報は提供されよう．今まではリーマン予想を支持する結果のみが存在したが，これは $g(t)$ の値を細かく調べられたからである．

最初の非自明な零点の例は，リーマンによって求められた．著名な暗号学者であり初期の計算機科学者である**アラン・チューリング** [VI.94] も，いくつか計算している．現在の記録はグルドンによるもので，最初の 10^{13} 個の $\zeta(s)$ の零点，すなわち虚部が正の 10^{13} 個の $\zeta(s)$ の零点を求めたが，これらはすべて実部が $1/2$ に等しくリーマン予想を支持する．グルドンの方法は現在の零点の計算の先駆者であるオドリツコとシェーンヘージ（Odlyzko and Schönhage, 1988）の改良版である．

$\zeta(s)$ に関する計算は，また素数の評価にも役立つ．p_n を n 番目の素数とすると，素数定理より $n \to \infty$ のときに $p_n \sim n\log n$ が成り立つ．漸近式には 2 番目の項 $n\log\log n$ があるので，十分大きい n についてはすべての n に対して $p_n > n\log n$ となる．この十分大きいという言葉に対してロッサーは正確な数値を与えており，実際にすべての正整数 n に対して $p_n > n\log n$ となることまで確かめている．ロッサーとシェーンフェルドの論文（Rosser and Schoenfeld, 1962）は，この種の正確な数値を伴う非常に有益な不等式を示している．

リーマン予想が証明されたと仮定する．数学は決して終わらず，次の問題が続くのである．$\mathrm{Re}\,s = 1/2$ 上に $\zeta(s)$ のすべての零点が乗ったとしても，その分布について調べる問題が考えられる．虚部の高さが T になるまでにどれくらいの個数の零点があるかについての解釈は難しくないのである．リーマンによってすでに発見されていたように，およそ $(1/2\pi)T\log T$ 個である．つまり，約 $(1/2\pi)\log T$ 個の零点が虚部の高さ T の区間に属することになり，零点は徐々に混み合うことになる．

これは零点同士の平均的な間隔や位置関係をある程度示すが，零点の位置についてはさらに精密な情報がある．この問題を論ずるために距離の正規化と呼ばれる作業を行い，隣り合う零点の間の平均間隔が 1 になるようにしておく．リーマン予想の仮定のもとに，リーマン自身によって示されている正規化は，間隔を $(1/2\pi)T\log T$ 倍していくか，もしくは各 ρ において虚部 $t = \mathrm{Im}\,\rho$ を $(1/2\pi)t\log t$ に取り替えることで得られるものである．この方法により連続零点の列 $\delta_1, \delta_2, \ldots$ の平均間隔が 1 となるように正規化できる．

数値計算からは δ_n のいくつかは大きいが，他は 0 に近いことがわかっている．数学でのランダムな現

象の記述には，**確率分布** [III.71] の名のもとにポアソン分布，ガウス分布などのさまざまな分布の有効な理論が知られている．$\zeta(s)$ の零点は，実際にはランダムには分布していないが，それでもある種のランダム性について調べることには展望がある．

20 世紀初頭に**ヒルベルト** [VI.63] とポリアは，$\zeta(s)$ の零点が一つの**作用素** [III.50] の**固有値** [I.3 (4.3 項)] に対応することを示唆していた．この示唆は挑発的であるが，どのような作用素であろう？　プリンストン高等科学研究所で約 50 年後に起こるダイソン（Dyson）とモンゴメリ（Montgomery）の有名な会話において，非自明な零点は，**ガウスのユニタリ集合**と呼ばれるもののランダム行列の固有値のような振る舞いをするであろうと予想された．この予想は GUE 予想と今日呼ばれ，さまざまな数値計算が試行されている．オドリツコは説得力のある GUE 予想の証拠を計算で求めた．高いところの零点が混み合うのは GUE 予想の述べるところである．

1 041 417 089 個の δ_n を $n = 10^{23} + 17\,368\,588\,794$ からとり始める（これらの零点の虚部は，およそ 1.3×10^{22} である）．各区間 $(j/100, (j+1)/100]$ に対し，正規化された間隔がこの区間に属する割合を計算してグラフを描く．もしも GUE のとおりにこれらがランダム行列の固有値に相当するならば，この分布は統計的に**ガウディン分布**（近似的な公式はないが計算可能）と呼ばれるものになるはずである．図 1 のグラフはオドリツコの教示によるもので，今述べた数値計算の情報を点としてプロットしたものであり，（見やすくするため 2 次的なデータの点を除くと）ガウディン分布のグラフの線にぴったり乗る．真珠のネックレスのような驚愕すべき一致である！

実験的考察や数値計算は重要であり，単なる思い付きを $\zeta(s)$ の零点に関する理解へと深めてくれる．次は何が考えられるだろうか？　GUE 予想はランダム行列理論との関連を示し，さらに続く主題とのさまざまな関係も有望であろう．ランダム行列理論は $\zeta(s)$ の零点についての大予想を定式化するが，定理を導くとは限らない．しかし誰もその真実性を否定できないような現象が垣間見えたとき，それをどうやって発展させるかについては，次節に述べることにしよう．

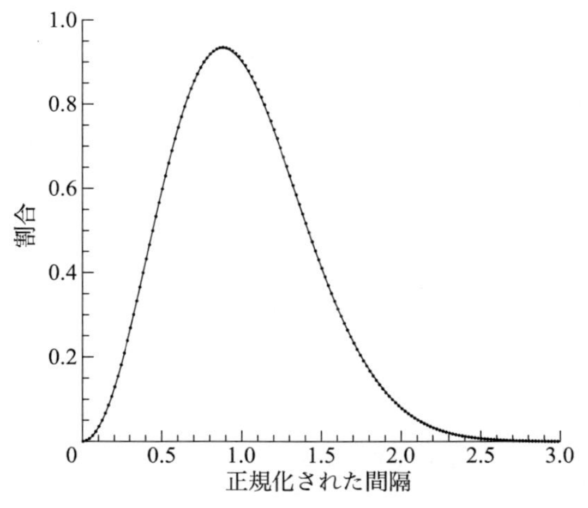

図 1　各区間に属する間隔とガウディン予想

5.　ディオファントス方程式と ABC 予想

リーマン予想から**フェルマーの最終定理** [V.10] に話題を移すことにする．フェルマーの最終定理も 20 世紀の最後の 10 年までは未解決問題であり，ドラマのようなエピソードに事欠かなかった．その主張は，すべての整数 $n \geq 3$ に対して $x^n + y^n = z^n$ を満たす正整数 x, y, z は存在しないということである．これは，アンドリュー・ワイルズが 1995 年に完全解決するまで，350 年間にわたり未解決であった．加えて，おそらく特別なディオファントス方程式（ディオファントス方程式とは，未知数を整数などに限った方程式のことである）を解いたという意味よりも，その証明のために**代数的整数論** [IV.1] の世紀の探求が確立された点が重要であろう．さらに，今回の証明は長い間求められてきた**保型形式** [III.59] と楕円曲線の関係を明らかにした．

フェルマーの最終定理が正しいと言える理由を説明しよう．たとえ証明の複雑な言葉に精通していなくとも，この方程式に解がないということは驚くべきことである．実際，多くの簡明な議論がこの定理を支持する．**オイラー** [VI.19] は $n = 3$ のときならば $x^3 + y^3 = z^3$ が初等的に扱えることを示した．$n \geq 4$ の場合（オイラー自身はこの場合の証明も与えていた）を考える．S_n を正整数の n 乗の集合とする．どのようなときに S_n の 2 個の元の和が S_n に属するのだろうか？　いや，属することはない——というのも，ワイルズは決して属さないことを証明したのである！　しかし，まず S_n の 2 個の元の和が S_n に属すると仮定しよう．

S_n をランダムな集合に置き換えると何が起こるかを考える．すべてのベキ乗を 1 個の集合に入れる問題についてのエルデシュとウラムの考え（Erdös and Ulam, 1971）を踏襲する．まず，ランダムな手順で $\mathcal{R}$ という集合を構成する．各整数 m は独立で，m が $\mathcal{R}$ に属する確率は $m^{-3/4}$ であるとする．これはほぼ $x^{1/4}$ 個の（漸近的にこの割合で）$\mathcal{R}$ の整数が区間 $[1,x]$ にあることを意味する．すべての 4 乗数とそれ以上のベキ乗数を区間 $[1,x]$ に並べると，おおむね $x^{1/4}$ 個ということになり，ランダム集合 $\mathcal{R}$ はベキ乗数のモデル化に相当することがわかる．$\mathcal{R}$ は $n \geq 4$ に対する S_n の和集合である．では，a, b, c が $\mathcal{R}$ の元のときに $a+b=c$ が成り立つかどうかを考察する．

$a, b \in \mathcal{R}$，$0<a<b<m$ に対して $m=a+b$ と表せる確率が $\sum_{0<a<m/2} a^{-3/4}(m-a)^{-3/4}$ に比例する理由を説明しよう．$a<m$ に対して a と $m-a$ の両方が $\mathcal{R}$ に属する確率は，$a^{-3/4}(m-a)^{-3/4}$ である．m が偶数のときには多少の注意が必要であるが，このときは $a=m-a$ つまり $a=(1/2)m$ として補正し，$((1/2)m)^{-3/4}$ を加える．和の $m-a$ を $(1/2)m$ で置き換えればより大きな和が得られ，簡単に評価できて $m^{-1/2}$ に比例する確率を持つことがわかる．すなわち，m が $\mathcal{R}$ の 2 数の和で表される確率は，$m^{-1/2}$ の定数倍程度以下であることが得られる．m が $\mathcal{R}$ の 2 数の和ではないが $\mathcal{R}$ に属する確率は，$m^{-1/2}m^{-3/4}=m^{-5/4}$ 以下の定数倍である．では，$\mathcal{R}$ の 2 元の和が $\mathcal{R}$ に属する確率はどうなるかを考えると，それは $\sum_m m^{-5/4}$ の定数倍である．この和は収束するので，有限個の可能性しかないことが従う．さらに，この収束和の最後のほうの項の大きさは非常に小さくなるため，例外の個数は少ないことがわかる．

このようにして

$$x^u + y^v = z^w \tag{2}$$

を満たす整数は有限個であろうということが示唆される．ここで u, v, w は 4 以上の整数である．フェルマーの最終定理は $u=v=w$ の場合であり，有限個の例外を除いて成立しそうであると予想される．

上述の議論は十分であるように見えるが，実は驚くべきことが待っている．それは，u, v, w のすべてが 4 以上の整数のときに式 (2) を満たす整数は無限個存在するということである．たとえば $17^4+34^4=17^5$ である．一般的に a, b が正整数，$c=a^u+b^u$ のときに $(ac)^u+(bc)^u=c^{u+1}$ と表される式の，$a=1$，$b=2$，$u=4$ の場合である．1 個の例に継ぎ足す方法で無限個の解も作れる．x, y, z, u, v, w が式 (2) を満たす正整数とすると，同じ指数において x, y, z を $a^{vw}x, a^{uw}y, a^{uv}z$ に置き換える（a は任意の正整数）．このようにすれば，無限個の解ができる．

この現象の大事な点は，ベキ乗の整数が独立になりにくいということである．たとえば，A と B が u 乗の数ならば，AB もそうであり，これが無限個の解ができる理由である．

では，どのようにして無限個の解を手際良く排除しようか？　簡単な仮定として式 (2) の x, y, z が互いに素であることを課すとよい．これは指数が等しいフェルマーの問題の場合にも制限にならない．$x^n+y^n=z^n$ の解は，x, y, z の最大公約数を d とおくと $(x/d)^n+(y/d)^n=(z/d)^n$ を導く．

フェルマーの最終定理に関し，ワイルズ以前の考察の歴史について言及しよう．ブーラーらは，n が 4 000 000 までの範囲の場合について確かめている（Buhler et al., 1993）．このような検証は，非自明な計算に基づくものであるが，19 世紀の**クンマー** [VI.40] の理論およびヴァンディヴァー（Vandiver）の 20 世紀初頭の考察にその基礎がある．ブーラーらは，同じ n の範囲において，ヴァンディヴァーの円分体に関連する予想も確かめている（Buhler et al., 1993）（もっとも，この予想は一般的には成り立たないであろうと考えられている）．

これら確率論的な考察と計算例は，実は別の深い，そして挑発的な予想と関わる．以上の確率論的な議論は，次のように一般化される．すなわち，$1/u+1/v+1/w<1$ を満たす正整数 u, v, w のすべてに対し，式 (2) を満たす互いに素な整数 x, y, z は，高々有限個であろう．これはフェルマー–カタラン予想と呼ばれているもので，フェルマーの最終定理を含む．また，最近ミハイレスク（Mihăilescu）によって解決されたカタラン予想も含む（カタラン予想とは，正整数のべき乗をすべて並べたときに間隔が 1 となるのは 8 と 9 のみであるということである）．

式 (2) が整数解を少し持つ可能性があることは，おもしろいことである，まず，$1+8=9$ であるから $x^7+y^3=z^2$ の解は $x=1$，$y=2$，$z=3$ である

(7 は $1/u+1/v+1/w<1$ を満たすように選んであり，u は 7 より大きくてもよい)．また，式 (2) の他の解として

$$1^n + 2^3 = 3^2$$
$$2^5 + 7^2 = 3^4$$
$$13^2 + 7^3 = 2^9$$
$$2^7 + 17^3 = 71^2$$
$$3^5 + 11^4 = 122^2$$
$$33^8 + 1\,549\,034^2 = 15\,613^3$$
$$1414^3 + 2\,213\,459^2 = 65^7$$
$$9262^3 + 15\,312\,283^2 = 113^7$$
$$17^7 + 76\,271^3 = 21\,063\,928^2$$
$$43^8 + 96\,222^3 = 30\,042\,907^2$$

がある．大きな例はボイケルス (Beukers) とザギエ (Zagier) による面倒な計算によるものである．そして，これらですべてではないかと予想されている (証明はまだない)．

しかし，この u,v,w の選択は意味がある．ファルティングス–ダーモン–グランヴィルの有名な論文により，$1/u+1/v+1/w<1$ を満たす u,v,w を固定して式 (2) を未知数 x,y,z に関するディオファントス方程式と見なせば，その正整数解 x,y,z は有限個であることが示されている (Faltings, Darmon and Granville, 1995)．特別な指数の場合には，すべての解 x,y,z を求めることもできる．これらは**数論幾何学** [IV.5], 超越数論の実効的な方法, 計算理論などに論じられている．特に指数の組 $\{2,3,7\},\{2,3,8\},\{2,3,9\}$ および $\{2,4,5\}$ の場合は，その解が上述の式に登場するものである (Poonen et al. (2007) の結果を参照)．

ABC 予想 [V.1] とは，オステルレ (Oesterlé) とマッサー (Masser) によって提出された，一見すると易しそうな予想である．$a+b=c$ を満たす整数を考えることから，その名前が付いている．0 でない整数 n に対して n を割る異なる素因数 1 個ずつの積をラディカル $\mathrm{rad}(n)$ とする．たとえば，$\mathrm{rad}(10)=10$, $\mathrm{rad}(72)=6, \mathrm{rad}(65\,536)=2$ である．特に，高いベキ乗はその数自身に比較すると低いラディカルを持つ．ABC 予想とは，$a+b=c$ ならば，$\mathrm{rad}(n)$ はあまり小さくなれないという予想である．正確に述べると，次のようになる．

ABC 予想　任意の $\epsilon>0$ に対し，$a+b=c$ および $\mathrm{rad}(abc)<c^{1-\epsilon}$ を満たす互いに素な正整数 a,b,c は高々有限個しか存在しない．

ABC 予想からフェルマー–カタラン予想は導かれる．実際，もし u,v,w が $1/u+1/v+1/w<1$ を満たすならば，$1/u+1/v+1/w\le 41/42$ でなければならないことが得られる．式 (2) を満たす解が存在したとすると，$x\le z^{w/u}$ および $y\le z^{w/v}$ となり，

$$\mathrm{rad}(x^u y^v z^w)\le xyz\le (z^w)^{41/42}$$

がわかる．ABC 予想において $\epsilon=1/42$ ととれば，整数解は高々有限個しか存在しない．

ABC 予想は，このほかにも驚嘆に値する帰結を従える．グランヴィルとタッカーが優れた解説を行っている (Granville and Tucker, 2002)．実際，ABC 予想およびその拡張はあまりに多くの結果を生み出すので誤りではないか——なぜなら不正な主張ほど多くの結果を生むものはないから——という冗談も述べられたくらいである．しかし，ABC 予想は成り立つであろう．そして，エルデシュ–ウラムの確率論的考察は，その発見のための証左と位置付けられるであろう．

重要なのは n に対する $\mathrm{rad}(n)$ の分布であり，$\mathrm{rad}(n)$ がある程度以下となる n がどれくらいあるかということである．この形での ABC 予想の精密版が，ファン・フランケンフイゼン (van Frankenhuijsen) の博士論文とスチュアート (Stewart) およびテネンバウム (Tenenbaum) によって調べられている．その少し弱い主張は，次のように述べられる．$a+b=c$ を互いに素な正整数とする．c は十分大きいとする．このとき

$$\mathrm{rad}(abc) > c^{1-\left(1/\sqrt{\log c}\right)} \tag{3}$$

が成り立つ．

式 (3) の成立例であるが，計算でどの程度確かめられているのであろうか．$\mathrm{rad}(abc)=r$ のときに，この不等式は $\log(c/r)/\sqrt{\log c}<1$ であることを肯定する．そこで，$T(a,b,c)$ を統計的に $\log(c/r)/\sqrt{\log c}$ の大きさを試す関数であるとする．ニタイ (Nitaj) のウェブサイトに ABC 予想の情報が収集されている (http://www.math.unicaen.fr/~nitaj/abc.html)．$T(a,b,c)\ge 1$ となる例は非常に少ない．最も印象的な例は

$$a = 7^2\cdot 41^2\cdot 311^3 = 2\,477\,678\,547\,239$$

$$b = 11^{16} \cdot 13^2 \cdot 79 = 613\,474\,843\,408\,551\,921\,511$$

$$c = 2 \cdot 3^3 \cdot 5^{23} \cdot 953$$

$$= 613\,474\,845\,886\,230\,468\,750$$

$$r = 2 \cdot 3 \cdot 5 \cdot 7 \cdot 11 \cdot 13 \cdot 41 \cdot 79 \cdot 311 \cdot 953$$

$$= 28\,828\,335\,646\,110$$

であり，このときは

$$T(a,b,c) = \frac{\log(c/r)}{\sqrt{\log c}} = 2.43886\cdots$$

となる．$T(a,b,c) < 2.5$ は常に成立するのだろうか？

実際に定理を証明することにはならなくても，推察のために発見的考察を試みることは大切なことである．そして，発見的な考察は，ランダムである現象の場合に基づき，むしろそこに隠れている構造を考える必要のないときにしばしばなされるようである．構造の有無はどのように調べられるのであろうか．*abcd* 予想を考えてみよう．$a+b+c+d=0$ を満たす正整数を考察するのである．互いに素ということは，どの 2 個も互いに素という意味と，4 個の数の最大公約数が 1 であるという意味に分かれる．最初の仮定は 3 項のものに比べると，偶数同士を排除するなど少々強すぎるように思える．4 個のうちどの 2 個も互いに素と仮定し，経験的考察より，任意の $\epsilon > 0$ に対して

$$\mathrm{rad}(abcd)^{1+\epsilon} < \max\{|a|,|b|,|c|,|d|\} \qquad (4)$$

が成立するのが高々有限の場合であるという主張は，予想として良さそうに見える．しかし，（グランヴィルのポメランスに対する示唆によると）多項式の恒等式

$$(x+1)^5 = (x-1)^5 + 10(x^2+1)^2 - 8$$

において，もし x を 10 の倍数とするなら最後の 2 項以外は 2 個ずつが互いに素となる．$x = 11^k - 1$ とおくと x は 10 の倍数であり，4 項のうち最大のものは 11^{5k} である．そしてラディカルは

$$110(11^k-2)((11^k-1)^2+1) < 110 \cdot 11^{3k}$$

以下となる．発見的考察からはこれは成り立たないはずであるが，実際にこの不等式は正しい！

驚くべきことであるが，これはこの多項式の恒等式の構造によるのである．4 項の ABC 予想については，任意の $\epsilon > 0$ に対して式 (4) の反例は高々有限個の多項式の族から発生するものに限られるであろうと，グランヴィルが予想している．そして，その多項式の族の個数は ϵ が 0 に近づくときに，無限に発散するであろうと考えられている．

ここではディオファントス方程式に関して少しだけ考察した．この分野は，小さい解の計算などにおいて発見的考察および計算数論と直接関係する．計算数論との関わりについては，たとえば Smart (1998) に詳しい．

発見的考察は対象物がランダムに振る舞う際にしばしば有効であり，そのさまざまな例について説明してきた．双子素数予想（p と $p+2$ が同時に素数になるものが無限個存在するか）やゴールドバッハ予想（2 より大きいすべての偶数は，2 個の奇数の和で書ける）をはじめとする多くの予想が整数論にはある．そして，計算による実験は確率論的な現象の観察に有効であり，圧倒的ですらある．何より自分の考えているモデルが正しいことの確信を持てる．一方で，計算による実験は，決して証明にはなっておらず，さらなる考察を行うことが必須となる．それはたとえ真実から遠いところにいたとしても，そうである．それでも計算および発見的考察による考え方は，われわれの手段としては不可欠であり，数学はそれによって一層豊かなものになるのである．

謝辞　本章で触れることができなかった計算的な代数的整数論の議論については Cohen (1993) を推薦したい．寛大にも知見を提供してくれた X・グルドン，A・グランヴィル，A・オドリツコ，E・シャファー，K・ソウンダララジャン，C・スチュアート，R・タイドマン，M・ファン・フランケンフイゼンに感謝の意を表する．A・グランヴィル，D・ポメランスからは表現上の助言を得た．また，本章の執筆のため，部分的に米国国立科学財団から研究費番号 DMS-0401422 の援助を受けた．

文献紹介

Agrawal, M., N. Kayal, and N. Saxena. 2004. PRIMES is in P. *Annals of Mathematics* 160:781–93.

Buhler, J., R. Crandall, R. Ernvall, and T. Metsänkylä. 1993. Irregular primes and cyclotomic invariants to four million. *Mathematics of Computation* 61:151–53.

Cohen, H. 1993. *A Course in Computational Algebraic Number Theory*. Graduate Texts in Mathematics, volume 138. New York: Springer.

Crandall, R., and C. Pomerance. 2005. *Prime Numbers: A Computational Perspective*, 2nd edn. New York:

Springer.
【邦訳】A・クランドール，C・ポメランス（和田秀男監訳）『素数全書——計算からのアプローチ』（朝倉書店，2010）

Darmon, H., and A. Granville. 1995. On the equations $z^m = F(x,y)$ and $Ax^p + By^q = Cz^z$. *Bulletin of the London Mathematical Society* 27:513–43.

Erdős, P., and S. Ulam. 1971. Some probabilistic remarks on Fermat's last theorem. *Rocky Mountain Journal of Mathematics* 1:613–16.

Granville, A., and T. J. Tucker. 2002. It's as easy as *abc*. *Notices of the American Mathematical Society* 49:1224–31.

Odlyzko, A. M., and A. Schönhage. 1988. Fast algorithms for multiple evaluations of the Riemann zeta function. *Transactions of the American Mathematical Society* 309: 797–809.

Poonen, B., E. Schaefer, and M. Stoll. 2007. Twists of $X(7)$ and primitive solutions to $x^2 + y^3 = z^7$. *Duke Mathematical Journal* 137:103–58.

Rosser, J. B., and L. Schoenfeld. 1962. Approximate formulas for some functions of prime numbers. *Illinois Journal of Mathematics* 6:64–94.

Smart, N. 1998. *The Algorithmic Resolution of Diophantine Equations*. London Mathematical Society Student Texts, volume 41. Cambridge: Cambridge University Press.

IV.4

代数幾何学

Algebraic Geometry

ヤーノシュ・コラール［訳：小林正典］

1. はじめに

簡潔に言えば，代数幾何学とは多項式を用いた幾何の研究であり，幾何を用いた多項式の探求である．

たいていの人は，代数幾何学の初歩を「解析幾何学」として高校で教わる．$y = mx + b$ が直線 L の方程式であるとか，$x^2 + y^2 = r^2$ が半径 r の円を表すなどと言うとき，幾何と代数の間に基本的な結合ができているのである．

直線 L と円 C が交わる点を見つけたければ，円の方程式の y を $mx + b$ に置き換えるだけで $x^2 + (mx+b)^2 = r^2$ を得る．できた2次方程式を解けば二つの交点の x 座標を得る．

この単純な例に代数幾何学の手法が要約されている．幾何の問題は，代数に翻訳されて容易に解けるようになる．逆に，代数の問題は，幾何を用いることで洞察が得られる．多項式からなる方程式系の解集合を直観で言い当てることは難しいが，ひとたび対応する幾何学的な絵が描かれれば，解集合が定性的にわかってくる．そして，代数によって正確な定量的解答が与えられるのである．

2. 多項式とその幾何

多項式とは，変数と数に加法と乗法を施して得られる式のことである．最も見慣れたものは $x^3 - x + 4$ のような1変数多項式であるが，2変数や3変数でもよく，たとえば $2x^5 - 3xy^2 + y^3$（2変数の5次式）や $x^5 - y^7 + x^2z^8 - xyz + 1$（3変数の10次式）を得る．一般に，$n$ 個の変数を用いてよく，その場合，変数はしばしば $x_1, x_2, \ldots, x_n$ で表され，特定しない多項式を表すときは $f(x_1, \ldots, x_n)$ や $f(\boldsymbol{x})$，あるいは単に f と書く．

多項式は計算機が扱える唯一の関数である（手もとの電卓に対数のボタンがあっても，数 b における値が $\log b$ と多くの桁まで一致するような多項式をこっそり計算しているのである）．

上で与えた直線 L と円 C の方程式を少し書き直して，$y - mx - b = 0$ および $x^2 + y^2 - r^2 = 0$ とすることができる．すると，L と C を**零点集合**として表せる．L は $y - mx - b$ の零点集合（すなわち，$y - mx - b = 0$ を満たすすべての点 (x, y) の集合）であり，C は $x^2 + y^2 - r^2$ の零点集合である．

同様にして，3次元空間における $2x^2 + 3y^2 - z^2 - 7$ の零点集合は双曲面であり，3次元空間における $z - x - y$ の零点集合は平面であり，3次元空間におけるこれら二つの共通零点集合は双曲面と平面の交わりであり，楕円になる（図1を参照）．

任意個の変数の多項式方程式系の共通零点集合を**代数的集合**と呼ぶ．これは代数幾何学の基本的対象である．

多くの人の感覚では，幾何学は3次元までである．ごく限られた人だけが**時空**とも呼ばれる4次元空間の感覚を持っており，5次元空間に至っては，ほぼすべての人は思い描くことができない．それでは多変数の幾何学にどのような意味があるのであろうか？

ここで，代数学がわれわれを救いに現れる．5次

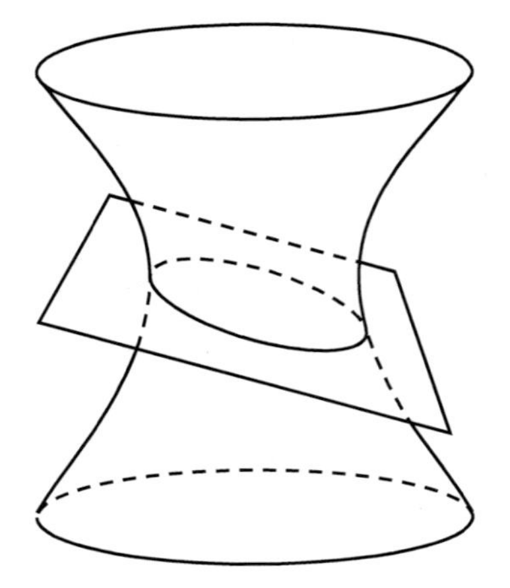

図 1 平面に交差する双曲面

元空間内の半径 r の 4 次元球面を視覚化することは非常に困難である一方で，次のように簡単にその方程式を書いたり，計算したりすることができる．

$$x_1^2+x_2^2+x_3^2+x_4^2+x_5^2-r^2=0$$

この方程式はまた，計算機が扱えるものであり，応用においてたいへん役に立つ．

とはいうものの，本章の残りの論説では 2 変数または 3 変数に限ることにしよう．ここがあらゆる幾何学が出発した場所であり，たくさんのおもしろい問題や結果がある．

代数と幾何の間の重要な相互作用はとても頻繁に起こり，その事実から代数幾何学が重要であることが導かれる．例を二つ使って，そのことを簡単に示そう．

3. たいていの形は代数的である

頻繁に現れるために名前が付いている形としては，たとえば，直線，平面，円，楕円，放物線，双曲線，双曲面，放物面，楕円面といったものがあるが，これらはほとんどすべてが代数的である．より難解な，デューラーのコンコイド（貝殻曲線）や，**ニュートン** [VI.14] の三叉曲線，ケプラーの葉線といったものも代数的である．

形の中には，多項式方程式では表せないが，多項式不等式で表せるものもある．たとえば，不等式 $0 \leq x \leq a$ と $0 \leq y \leq b$ を合わせると，辺長が a, b の長方形を表す．多項式不等式で表される形は**半代数的**と呼ばれ，多面体はすべて半代数的である．

とはいえ，何でも代数的集合であるわけではない．たとえば，正弦関数 $y=\sin x$ のグラフを見てみよう．グラフは x 軸と無限回（π の整数倍で）交わる．もし $f(x)$ が多項式であるなら根の個数は次数以下であるから，$y=f(x)$ は決して $y=\sin x$ のような形にはならない．

しかしながら，あまり大きくない x の値でだけ考えるなら，多項式によって $\sin x$ をとても良く近似することができる．たとえば，7 次のテイラー多項式

$$x-\frac{1}{6}x^3+\frac{1}{120}x^5-\frac{1}{5040}x^7$$

は，$-\pi<x<\pi$ において $\sin x$ と高々 0.1 の誤差しかない．これは，次のナッシュの基本的な定理の非常に特別な場合である．すなわち，「まともな」幾何的形状は，原点から非常に遠いところの様子を無視すれば，代数的である．それでは，どのような形がまともなのか？ 何でもよいわけではないことは確かである．フラクタルはまったく非代数的に見える．最も性質の良い形は**多様体** [I.3 (6.9 項)] であり，これらはすべて多項式で記述することができる．

ナッシュの定理 M を $\mathbb{R}^n$ の任意の多様体とする．任意の大きな数 R を固定する．すると，多項式 f で，その零点集合が少なくとも原点を中心とする半径 R の球体内で M といくらでも近くなるものが存在する．

4. 符号と有限幾何

方程式 $x^2+y^2=z^2$ を考えよう．これは 3 次元空間の円錐対（第 9 節の図 4 を参照）を表す．自然数だけに制限すると，$x^2+y^2=z^2$ の解は**ピタゴラスの 3 数**になり，直角三角形ですべての辺の長さが整数となるものに対応する．そのうちで最も有名な例を二つ挙げると，$(3,4,5)$ と $(5,12,13)$ である．

今度は，同じ方程式で両辺の偶奇（偶数か奇数か）についてのみを問題にすることにしよう．たとえば，3^2+15^2 と 4^2 はどちらも偶数であり，よって $3^2+15^2 \equiv 4^2 \pmod 2$ ということができる．x^2+y^2 と z^2 のそれぞれの偶奇は x, y, z の偶奇によってのみ定まり，よって x, y, z は 0（偶数の場合）か 1（奇数の場合）であると思うことができる．2 を法とした方程式は，したがって四つの解

$$000,\ 011,\ 101,\ 110$$

を持つ．これらは計算機からメッセージとして出て

くる符号化された語のように見える．発見されたとき非常に驚かれたが，多項式とその 2 を法とした解を用いることが，**誤り訂正符号** [VII.6 (3〜5 節)] を構成する優れた——おそらく最良の——方法なのである．

ここで，非常に重大でかつ新しいことが起きている．われわれにとって 3 次元空間とは何であるか，しばらく考えてみてほしい．多くの人にとっては，形のない何にでもなるものであるが，（**デカルト** [VI.11] を祖先とする）代数幾何学者にとっては単に三つの数，x, y, z 座標で表される点の集まりである．ここで飛躍して次のように宣言しよう．すなわち，「2 を法とする 3 次元空間」とは，2 を法とする三つの座標で与えられる「点」すべての集まりである．これらの点のうち四つは上に列挙されており，もう四つの点がある．突然，われわれはこの「8 点しかない 3 次元空間」の中の直線，平面，球面，円錐について語ることができる．これぞ代数の美しさである．

ここでやめる必要はなくて，任意の整数を法とすることができる．たとえば，7 を法とすれば，座標としてとりうるのは 0, 1, 2, 3, 4, 5, 6 であり，したがって「7 を法とする 3 次元空間」には $7^3 = 343$ 個の点がある．

これらの空間の幾何学について述べることは，とても興味をそそられるが，技術的に難しい．その大きな見返りとして，この過程を通常の空間の「離散化」と見ることができる．大きな n（特に n が素数のとき）に対して n を法としてみると，普通の幾何学にとても近くなるのである．

数論的な問題をこの方法で解こうとすると，特に多くの実りが得られる．たとえば，**フェルマーの最終定理** [V.10] のワイルズによる証明において役立った．

これらの話題についてのさらなる解説は「数論幾何学」[IV.5] を参照されたい．

5. 多項式のスナップ写真

方程式 $x^2 + y^2 = R$ を考える．もし $R > 0$ なら，実数解の全体は半径 $\sqrt{R}$ の円になる．もし $R = 0$ なら，原点のみである．そして，もし $R < 0$ なら，空集合になる．よって，$R \geq 0$ なら解集合の幾何から R が何か決まるが，それ以外では決まらない．もちろん複素数解を見ることができて，複素数解からは常に R が決まる（たとえば，x 軸との交点は $(\pm\sqrt{R}, 0)$ である）．

もし R が有理数であれば，$x^2 + y^2 = R$ の有理数解について問うことができ，また，もし R が整数であれば，「m を法とした平面」における解を探すこともできる．

さらには，$x = x(t)$，$y = y(t)$ がそれ自身，変数 t の多項式となるような解を探すこともできる（より一般に，x, y を R を含む任意の環の元として解を求めることもできる）．

筆者の心象では，多項式が中心にある対象で，われわれは解集合を見るたびに多項式のスナップ写真を撮っているのである．スナップ写真の中には（上の実数スナップ写真で $R > 0$ のときのような）良いものもあるし，（上の実数スナップ写真で $R < 0$ のときのような）悪いものもある．

どれくらい良いスナップ写真が撮れるのだろうか？ スナップ写真から多項式を決定することはできるだろうか？

しばしば「双曲線の方程式」という言い方をするが，「双曲線の一つの方程式」というほうがより正確であろう．実際，双曲線 $x^2 - y^2 - R = 0$ は，任意の $c \neq 0$ に対して方程式 $cx^2 - cy^2 - cR = 0$ でも与えられる．さらには，方程式 $(x^2 - y^2 - R)^2 = 0$ を使うこともできるが，これは，展開するとそれとはわからなくなりそうである．もっと高いベキを使ってもよい．方程式 $f(x,y) = (x^2 - y^2 - R)(x^2 + y^2 + R^2) = 0$ はどうであろうか？ もし実数解のみを見るのなら，この方程式はなお，ちょうど同じ双曲線である．というのも，$x^2 + y^2 + R^2$ は実数 x, y に対して常に正であるからである．しかしながら，1 変数多項式のときと同様に，すべてを理解するためには，複素数の根すべてを見るべきである．それなら $f(\sqrt{-1}R, 0) = 0$ であるが，複素数点 $(\sqrt{-1}R, 0)$ は双曲線 $x^2 - y^2 - R = 0$ 上にないことがわかる．一般に，$R \neq 0$ である限り，もし f が多項式で $x^2 - y^2 - R$ とぴったり同じ複素根を持つなら，ある m と $c \neq 0$ により $f(x,y) = c(x^2 - y^2 - R)^m$ となることが言える．

なぜ $R = 0$ の場合はそうならないのだろう？ 理由は，$R \neq 0$ のときは多項式 $x^2 - y^2 - R$ は**既約**（すなわち，別の多項式の積に書けない）のに対し，$x^2 - y^2 = (x + y)(x - y)$ は可約であり，**既約因子** $x + y$ と $x - y$ を持つことである．後者の場合，次が言える．もし $f(x,y)$ が多項式で $x^2 - y^2$ とちょうど同じ複素根を持つならば，ある m, n と $c \neq 0$ に

より $f = c \cdot (x+y)^m (x-y)^n$ となる．

連立方程式に対する類似の問題の答えが，代数幾何学の基本定理である．これはヒルベルトの零点定理と呼ばれるが，たいていの場合，英語圏であってもドイツ語名（Hilbert's Nullstellensatz）が用いられる．簡単のため，方程式が 1 本の場合についてのみ述べる．

ヒルベルトの零点定理　二つの複素係数多項式 f, g が同じ複素数根を持つための必要十分条件は，f, g が同じ既約成分を持つことである．

整数係数多項式に対しては，もっと良い結果を出せる．たとえば，$x^2 - y^2 - 1 = 0$ と $2(x^2 - y^2 - 1) = 0$ の解は，実数や複素数上では同じになる．任意の奇素数 p に対し，p を法とした解も同じになるが，2 を法とした解は異なる．この場合の一般的結果は簡単かつ単純である．

数論的零点定理　二つの整数係数多項式 f, g が任意の m に対して m を法とする根が同じである必要十分条件は，$f = \pm g$ となることである．

6.　ベズーの定理と交点理論

$h(x)$ が n 次多項式であるとき，重複度を込めて数えさえすれば，n 個の複素根を持つ．$f(x,y) = g(x,y) = 0$ と連立させたらどうなるであろうか？幾何的には平面内の 2 本の曲線が見えるから，典型的には有限個の交点があるであろう．

もし f, g がともに線形（1 次）なら，平面内の 2 直線になる．これらは普通は 1 点で交わるが，平行になったり一致したりすることもありうる．平行の場合は，古典的には「平行線は無限遠で交わる」ということにして，射影平面や**射影空間** [III.72] の定義へと繋がっていく（射影空間と，対応する射影多様体を導入することは，代数幾何学の重要なステップである．いくぶん技術的になるのでここでは飛ばすが，これらは最も基本の段階においてさえ欠かせないものである）．

次に，二つの 2 次多項式，つまり二つの平面 2 次曲線を考える．二つの 2 次曲線は普通高々 4 点で交わる（楕円を二つ描いてみれば，すぐにわかる）．かなり退化した場合というのもある．二つの 2 次曲線は一致するかもしれないし，あるいは，もしどちらも可約であれば，共通の直線があるかもしれない．どの場合でも，基本結果をきちんと述べる準備ができている．以下の定理は 1779 年に遡る．

ベズーの定理　$f_1(\boldsymbol{x}), \ldots, f_n(\boldsymbol{x})$ を n 変数の n 個の多項式とし，各 i に対して d_i を f_i の次数とする．このとき以下のどちらかが成り立つ．

(i) 方程式（系）$f_1(\boldsymbol{x}) = \cdots = f_n(\boldsymbol{x}) = 0$ は，高々 $d_1 d_2 \cdots d_n$ 個の解を持つ．

(ii) ある代数曲線 C 上でどの f_i も恒等的に 0 となり，したがって解の連続的な族がある．

2 番目が起こる例として，方程式系 $xz - y^2 = y^3 - z^2 = x^3 - z = 0$ においては，任意の t に対して (t, t^2, t^3) が解となる．現実には，このような場合は非常に稀である．もし多項式 f_i の係数をランダムにとれば，確率 1 で 1 番目の場合になる．

理想を言えば，より強い主張をしたい．すなわち，「1 番目の場合が起きたとき，重複度を込めて数えれば，**ちょうど** $d_1 d_2 \cdots d_n$ 個の解がある」というものである．これは実際にうまくいき，代数幾何のきわめて有用な特性の最初の例を与えてくれる．非常に退化した状況であってさえ，重複度を定義して数えることが容易にできる．このおかげで頻繁にたいへん助かる．というのも，典型的な（つまり「生成的」な）場合には，普通，計算がとても面倒なのである．答えは同じになるが計算がずっと簡単になることがわかっている特別な退化した場合が見つかり，この問題が回避されることがときどきある．

重複度を説明するにあたって，二つの方法がある．一つは代数的な方法であり，もう一つは幾何的な方法である．代数的な定義は計算においてとても効率的であるが，いくぶん専門的である．幾何的解釈のほうが容易に説明できるのでここでは幾何的に説明するが，実際に計算するのは大変であろう．

もし $\boldsymbol{x} = \boldsymbol{p}$ が方程式 $f_1(\boldsymbol{x}) = \cdots = f_n(\boldsymbol{x}) = 0$ の孤立解で，**重複度** m であるなら，摂動した系

$$f_1(\boldsymbol{x}) + \epsilon_1 = \cdots = f_n(\boldsymbol{x}) + \epsilon_n = 0$$

は，ほとんどすべての小さい ϵ_i の値において，$\boldsymbol{x} = \boldsymbol{p}$ の近くにちょうど m 個の解を持つ．

交点理論とは，代数幾何の分野でベズーの定理の一般化を扱うものである．上で**超曲面**（つまり 1 個の多項式の零点集合）の交わりを見たが，より一般の代数的集合の交わりを見たいと望むかもしれない．また，第 2 の場合が起こるときでも，孤立した交点

の個数を数えたいかもしれない．これはとても技巧的になることがあるが，きわめて有用でもある．

7. 代数多様体，概型，軌道体，スタック

3次元空間で連立方程式 $xz = yz = 0$ を考えよう．これは二つの部分，平面 $z = 0$ と直線 $x = y = 0$ からなる．簡単にわかるように，平面と直線のどちらも，複数の代数的集合の和集合としては書けない（ただし，あら探しをする人は，直線は直線自身と直線上の任意の点の和集合として書けると言う）．一般に，任意の代数的集合は，それよりも小さい代数的集合であって，それらはこれ以上分解できないものの和集合として，ちょうど1通りに書き表せる．これらの基本的な構造単位は**既約な**代数的集合，あるいは**代数多様体**と呼ばれる．

これが，安易に期待したものと同じにならないこともある．たとえば，図2の曲線は二つの連結成分を持つ．しかしながら二つの部分それぞれは代数的集合ではない．

この方程式の複素数解を見ることで，一つの説明が与えられる．これらの複素数解は連結な集合，つまりトーラス（ただし無限遠点を除く）になることが，後にわかるだろう．なぜ実解を見たとき二つの成分が見えるかというと，このトーラスを切断しているからである．

一般に，$f = 0$ の零点集合が代数的集合として既約であるためには，f が多項式として既約である（あるいは既約多項式のベキである）ことが必要かつ十分である．必要であることは簡単にわかる．すなわち，もし $f = gh$ なら，f の零点集合は g の零点集合と h の零点集合の和集合である．

多くの問題においては，零点集合を調べるだけでは十分でない．たとえば，多項式 $f = x^2(x-1)(x-2)^3$ を見てみよう．次数が6で $x = 0, 1, 2$ に三つの根を持つ．しかしながら，これらの根は異なる振る舞いをするので，普通は f は $x = 0$ に重根を持ち，$x = 2$ に3重根を持つという言い方をする．f に小さい数 ϵ を加えて摂動させると，摂動した方程式 $f(x) + \epsilon = 0$ は，0の近くに2個の（複素数）解を持ち，1の近くに1個の解，2の近くに三つの（複素数）解を持つ．したがって，これらの重複度は，方程式の摂動について重要な幾何的な意味を担っている．

同様にして，自然に次のように言えるであろう．

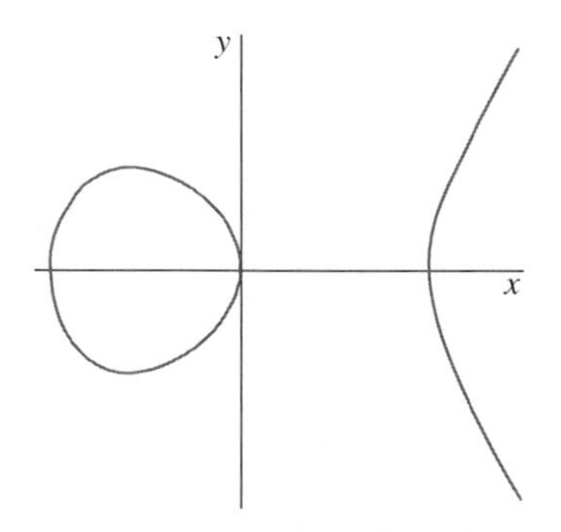

図 2 滑らかな3次曲線 $y^2 = x^3 - x$

$x^2y = 0$ と $xy^3 = 0$ は同じ代数的集合（二つの軸からなる）を定めるが，前者は y 軸に「重複度2を割り当て」，後者は x 軸に「重複度3を割り当てる」．

連立方程式になると，もっと複雑なことが起こりうる．3次元空間で連立方程式 $x = y^2 = 0$ と $x^3 = y = 0$ を考える．どちらも z 軸を定め，次のように言うことが適切であろう．前者は重複度2で定め，後者は重複度3で定める．しかしながら，さらに差がある．前者の場合，重複度は「y 方向に入る」ように見え，後者では x 方向に入るように見える．もっと複雑な振る舞いが見たければ，別の連立方程式，たとえば $x - cy = y^3 = 0$ を見るとよい．

大雑把に言うと，**概型**（スキーム）とは，代数的集合であって，さらに重複度とその入る方向の情報も込めたものである．

xy 平面を考え，原点に関して反転する写像を考える．よって，点 (x, y) は $(-x, -y)$ に移される．各点 (x, y) をその像 $(-x, -y)$ と貼り合わせてみよう．どのような形になるだろうか？　右半平面 $x \geq 0$ は左半平面 $x \leq 0$ に移されるので，右半平面がどうなるかを調べれば十分である．y 軸の正の部分は y 軸の負の部分と貼り合うので，できる曲面はのろま帽[*1)]（の，それほど尖っていないもの）になる．

代数的には，その形は円錐 $z^2 = x^2 + y^2$ の半分である．この円錐は，頂点を除き問題なく滑らかに見える．頂点はほかより複雑ではあるが，上の構成からわかるように，平面の1点に関する鏡映から得ることができる．より一般に，n 次元空間 $\mathbb{R}^n$ と，その有限個の対称変換をとる．もし互いに移り合う点を一緒に貼り合わせれば，この場合も代数多様体になり，ほとんどの点は滑らかであるが，それより複雑

---

*1) ［訳注］できの悪い生徒にかぶせる円錐型の帽子．

な点がいくつかできる．このような部分からなる多様体は，**軌道体**（オービフォルド）と呼ばれる（より正確に定義するときは，どの対称変換を用いたかの情報も残す）．このような多様体は，実用上しばしば現れるので，特別な名前を付けるに値するのである．

最後に，概型と軌道体を結び付けると，結果としてスタックになる．スタックの研究は，昔なら鞭打ち苦行者になったであろう人には強く勧める．

8.　曲線，曲面，三様体

どの幾何学的対象でもそうであるが，多様体に関して尋ねうる最も単純な質問は，次のものである．次元はいくつですか？　期待されるとおり，平面曲線の次元は 1 であり，3 次元空間内の曲面の次元は 2 である．これはとても単純に見えるが，それも次のような例を書き出すまでのことである．$S=(x^4+y^4+z^4=0)$，これは $\mathbb{R}^3$ の原点だけである．それにもかかわらず，この例はなお 2 次元なのである．その説明とは，今見ていたのは間違ったスナップ写真だったというものである．複素数を用いれば，方程式を $z=\sqrt[4]{-x^4-y^4}$ と解けるので，$x^4+y^4+z^4=0$ の複素数解は二つの独立変数 x, y と従属変数 z で表される．よって，S が 2 次元だと言ってもまったく適切である．

この考え方は，より一般に成り立つ．X をある複素数空間 $\mathbb{C}^n$ の中の任意の多様体とするとき，ランダムな n 個の独立な方向を選んで，$\mathbb{C}^n$ の基底，あるいは座標系とすると，X の座標系にもなる．確率 1 で（すなわち，退化した場合を除いて）ある d が存在し，X の点 x での最初の d 個の座標は独立に動く一方，残りの座標はそれらに依存して動く．この数 d は X のみに依存し，X の**次元**（正確には**代数的次元**）と呼ばれる．

X が代数多様体で f が多項式のときは，交わり $X\cap(f=0)$ の次元は $\dim X$ より 1 小さい（f が X 上で恒等的に 0 になったり，X 上で決して 0 にならない場合を除く）．X が実方程式で定まっている $\mathbb{R}^n$ の部分集合なら，X が滑らかであれば（滑らかであることの解説は次節を参照），その**位相的次元** [III.17] は代数的次元と同じになる．

複素代数多様体に対しては，位相的次元は代数的次元の 2 倍になる．よって，代数幾何学者にとっては，$\mathbb{C}^n$ は n 次元なのである．特に，$\mathbb{C}$ は代数幾何学者にとっては「複素直線」であるが，他の人たちは皆「複素平面」と呼ぶ．代数幾何学者にとっての「複素平面」はもちろん $\mathbb{C}^2$ のことである．

1 次元の代数多様体は**曲線**という．**曲面**は 2 次元の代数多様体であり，**三様体**（スリーフォルド）は 3 次元の代数多様体である．

代数曲線の理論は非常に良く発展している美しい話題である．代数曲線の全体像は，どのように調べ始めるとよいかを，あとで述べる．曲面は前世紀に集中して研究され，今では完全に理解されたと言ってよいところに至っている．曲面論は曲線のときより，ずっと複雑である．3 次元以上の代数多様体に対しては，今なおあまりよくわかっていない．せいぜい，これらのどの次元も大雑把には同じように振る舞うだろうと予想されているくらいである．いくぶんの進展が特に 3 次元であったものの，たくさんの問題がまったく解かれずに残っている．

9.　特異点とその解消

最も単純な例として，図 3 の代数曲線を見てみると，曲線のほとんどの点は滑らかであるが，それよりも複雑な特異な点からなる有限集合があるかもしれないことがわかる．これらを図 2 の曲線と比べてみよう．

三つの曲線はすべて原点を通っている．というのも，方程式に定数項がないからである．図 2 の方程式には 1 次の項があり，曲線は原点において問題なく滑らかに見える．他方，図 3 の方程式には 1 次の項がなく，曲線は原点でより複雑になっている．たまたまこうなったわけではない．x の値が小さいとき，高次のベキ $x^2, x^3, \ldots$ は，絶対値で比べて，x よりもずっと小さい．したがって，原点の近くでは 1 次の項が他を凌駕するのである．もし 1 次の項 $ax+by=0$ しかなかったとすると，原点を通る直線になる．そして代数曲線 $ax+by+cx^2+gxy+ey^2+\cdots=0$ は，少なくとも x と y の値がとても小さいとき，直線 $ax+by=0$ に近い．

他の点の近くで曲線を調べるときは，座標を (p,q) とすると，座標変換 $(x,y)\mapsto(x-p,y-q)$ によって $(p,q)=(0,0)$ に帰着することができる．

一般に，もし $f(\mathbf{0})=0$ であり，f に（0 でない）1 次の項 $L(f)$ があれば，超曲面 $f=0$ は超平面 $L(f)=0$ にとても近い．これはいわゆる**陰関数定**

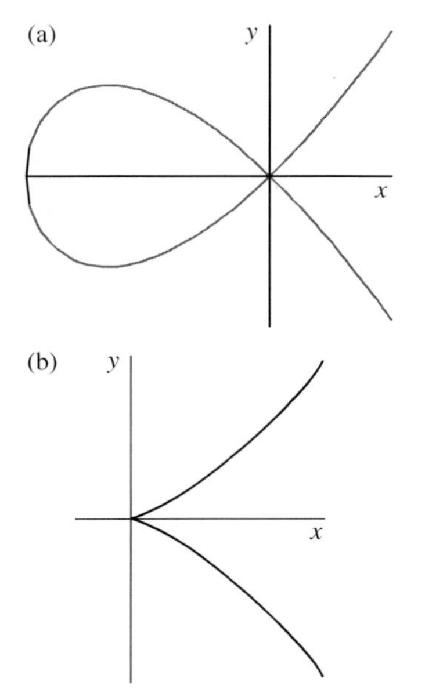

図 3 特異点を持つ 3 次曲線：(a) $y^2 = x^3 + x^2$, (b) $y^2 = x^3$

理である．上のような点は**非特異点**と呼ばれる．滑らかでない点は**特異点**と呼ばれる．特異点の全体はすべての偏導関数 $\partial f/\partial x_i$ が 0 となることで定まり，代数的集合になることが，簡単に示せる．ランダムにとった超曲面は，確率 1 で滑らかになるだろうが，特異点を持った超曲面もまたたくさんあるのである．

任意の d 次元代数多様体の非特異点と特異点が，X を d 次元線形部分空間と比較することにより，同様に定義できる．

特異点は他の幾何学の分野にも現れる．たとえば位相幾何学や微分幾何学である．しかし，概してこれらの分野では特異点の研究を避けている（ただし，注記すべき例外としてカタストロフィ理論がある）．対照的に，代数幾何学は特異点を調べるためのたいへん強力な道具を備えている．

超曲面特異点，あるいは同値な言い換えとして関数の**臨界点**から始めよう．これについて考えるときは，多項式よりも，より一般のベキ級数（つまり，関数 $f(x_1, \ldots, x_n)$ で「無限次多項式」として書けるもの）で扱うほうが自然である．記法を簡単にするため，$f(\mathbf{0}) = 0$ とする．二つの関数 f, g は，各 ϕ_i がベキ級数で与えられる座標変換 $x_i \mapsto \phi_i(\boldsymbol{x})$ が存在して，$f(\phi_1(\boldsymbol{x}), \ldots, \phi_n(\boldsymbol{x})) = g(\boldsymbol{x})$ となるとき，**同値**であると考える．

1 変数の場合，どのような f も

$$f = x^m(a_m + a_{m+1}x + \cdots)$$

で $a_m \neq 0$ となる形に書ける．代入

$$x \mapsto x\sqrt[m]{a_m + a_{m+1}x + \cdots}$$

（の逆）を行うと，f は x^m と同値になることがわかる．関数 x^m は m の値が異なれば同値でないから，この特別な場合は，f の最低次の単項式が，f を同型を除いて定める（たとえ f が多項式であっても，上の変数変換には無限のベキ級数が出てくることに注意しよう．これはなぜかというと，多項式は逆関数を多項式で作れないからであり，よって一般のベキ級数を考えるほうが便利なのである）．

一般には，ベキ級数の最低次の項が特異点を決定するわけではないが，もう少し項を追加すれば普通は決定できる．なぜなら，次の結果があるからである．

解析的特異点の代数化　与えられたベキ級数 f に対し，N 次より大きい単項式を全部取り除いてできる多項式を $f_{\leq N}$ で表すことにする．もし $\mathbf{0}$ が超曲面（$f = 0$）の孤立特異点であれば，十分大きい N に対して f は $f_{\leq N}$ と同値である．

$\mathbf{0}$ で非孤立特異点となる例を挙げるため，

$$\begin{aligned} g(x,y,z) &= \left(y + \frac{x}{1-x}\right)^2 - z^3 \\ &= (y + x + x^2 + x^3 + \cdots)^2 - z^3 \end{aligned}$$

を考える．この特異点は $\mathbf{0}$ だけでなく，曲線 $y + (x/(1-x)) = z = 0$ に沿った全体となる．他方，どこで打ち切った $g_{\leq N}$ も $\mathbf{0}$ で孤立特異点をちゃんと持つことが，簡単に確かめられる．

二つのベキ級数 f と g があれば，$f + \epsilon g$ の形の関数を f の摂動と見ることができる．特異点論で，とても実りが多かった問題が次の問いかけである．与えられた多項式ないしベキ級数 f に対し，その摂動について何が言えるだろうか？

たとえば，1 変数の場合，多項式 x^m は $x^m + \epsilon x^r$ のように摂動できるが，この式は $r < m$ ならば x^r と同値である．x^m はすべての摂動に含まれるので，$r > m$ ならば x^m のどの摂動も x^r とはなり得ない（なぜなら，原点の近くでは x^m は x^r よりずっと大きくなるだろうから）．よって，同値を除き，x^m の摂動となりうるものすべての集合は $\{x^r : r \leq m\}$ となる．

他方，次のことも容易にわかる．任意に ϵ が与えられたとき，$xy(x^2 - y^2) + \epsilon y^2(x^2 - y^2)$ と $xy(x^2 - y^2) + \eta y^2(x^2 - y^2)$ とが同値となる η の値は 24 個

しかない（実際，両方とも多項式は原点を通る 4 本の直線を表す．前者は直線 $y=0$，$x=y$，$x=-y$，$x=-\epsilon y$ を与え，後者は同じ 4 本の直線で，ϵ を η に置き換えたものを与える．同値を与える写像があったとすると，その 1 次の項から，前者の 4 本の直線を後者に移す線形変換が定まる．どの直線をどの直線に移すかの割り当て方は 24 通りある）．したがって，$xy(x^2-y^2)$ には同値でない摂動の連続族がある．

単純特異点　　多項式またはベキ級数 $f(x_1,\ldots,x_n)$ には，同値でない摂動が有限個しかないと仮定する．すると，f は以下の正規型の一つに同値である．

$$
\begin{array}{lll}
A_m & x_1^{m+1}+x_2^2+\cdots+x_n^2 & (m\geq 1)\\
D_m & x_1^2x_2+x_2^{m-1}+x_3^2+\cdots+x_n^2 & (m\geq 4)\\
E_6 & x_1^3+x_2^4+x_3^2+\cdots+x_n^2 & \\
E_7 & x_1^3+x_1x_2^3+x_3^2+\cdots+x_n^2 & \\
E_8 & x_1^3+x_2^5+x_3^2+\cdots+x_n^2 &
\end{array}
$$

A, D, E の名前から**リー群の分類** [III.48] を思い出すだろう．多くの繋がりがあるのだが，説明するのは簡単ではない．$n=3$ のとき，これらの特異点は，**デュ・ヴァル特異点**あるいは**有理 2 重点**とも呼ばれる．

再び錐 $z^2=x^2+y^2$ を考えよう．以前これの 2 対 1 のパラメータ表示を書いた．ここでは，別の方法で，多くの目的にとってより優れた実数上のパラメータ表示を与えよう．(u,v,w) 空間で滑らかな円柱 $u^2+v^2=1$ を考える．写像 $(u,v,w)\mapsto(uw,vw,w)$ は円柱を錐に移す（図 4 参照）．写像は頂点を除いて 1 対 1 であり，頂点の逆像は，$(w=0)$ 平面内の円 $u^2+v^2=1$ である．

（鋭い読者は，この写像は複素数を用いると上のようなうまい性質を持たないことに気づくかもしれない．一般に，実数と複素数の両方でうまくいくパラメータ表示がほしいが，それを表示するにはもっとかなり複雑になるだろう）

円柱が錐よりも優れている点は，円柱に特異点がないことである．代数多様体を滑らかな代数多様体でパラメータ表示することはとても役に立ち，主要な結果として，それが常に存在することが，少なくとも代数多様体が実または複素のときは言える（前に考えた有限幾何学に対しては，対応する結果は今なお知られていない）．

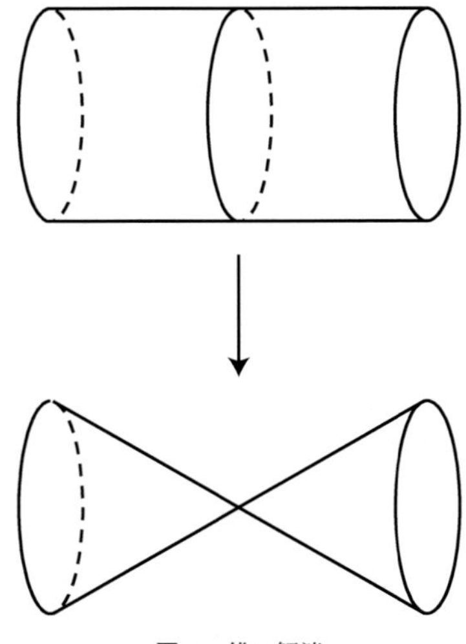

図 4　錐の解消

特異点解消（広中）　任意の代数多様体 X に対し，ある滑らかな代数多様体 Y と多項式で定義された全射 $\pi: Y\to X$ であって，π が X のすべての滑らかな点で可逆であるものが存在する．

（上の錐の例では，円柱全体をとることもできるが，つぶれる円上の有限個の点を円柱から除いたものも条件を満たす．そのような馬鹿らしい場合を避けるために，π は次のようにとても強い意味で全射であることを要求する．すなわち，もし滑らかな点の列 $x_i\in X$ が X で極限に収束するなら，その逆像 $\pi^{-1}(x_i)$ の部分列が存在して，Y のある極限に収束する）

10. 曲線の分類

代数多様体は，どのように分類していくべきだろうか？　その感じをつかむために，n 次元空間内の d 次超曲面を見てみよう．これは d 次多項式 $f(x_1,\ldots,x_n)=0$ で与えられる．次数が高々 d の多項式の集合は，ベクトル空間 $V_{n,d}$ をなす．したがって，超曲面には二つの明らかな離散的な不変量，すなわち次元と次数があり，次元と次数が等しい超曲面の間は，f の係数を連続的に変えることにより行き来できる．さらに，全体集合 $V_{n,d}$ 自体が代数多様体である．われわれの目的は，同様の理解の仕方をあらゆる代数多様体に対して展開することであり，これは二つの手順でなされる．

最初の手順は，自然に代数多様体に付随している整数で，代数多様体を連続に変えるとき同じままになるものを定義することである．そのような整数を**離散不変量**と呼ぶ．最も簡単な例は次元である．

第2の手順は，同じ離散不変量を持つ代数多様体すべての集合が，**モジュライ空間** [IV.8] と呼ばれる別の代数多様体でパラメータ付けされることを示すことである．さらに，このパラメータ付けに使う代数多様体は，できるだけ経済的に選びたい．このことは，次の節でもっと詳しく見てみよう．

上のことが曲線に対してどう達成できているかを見てみよう．この場合，離散不変量は次元のほかにたった一つしかなく，曲線の**種数**として知られている．種数の定義はたくさんあるが，位相幾何学によるものが最も簡単である．E を滑らかな曲線として，その複素数点を見る．局所的には，この集合は $\mathbb{C}$ のように見えるので，位相幾何学的には曲面である．無限遠にいくつか開いている穴を埋めると，コンパクトな曲面を得る．$\sqrt{-1}$ 倍変換により向きが与えられるので，位相幾何学の基本的な結果から，球面にいくつかの取っ手を付けたものを得る（「微分位相幾何学」[IV.7] を参照）．曲線の種数はこの取っ手の数（すなわち，対応する曲面の種数）として定義される．これが実際何を意味するかを理解するために，いくつか例を見てみよう．

2次元空間内の直線は複素数のようなものであり，球面から1点を除いたものと見ることができる．この曲面，すなわち $\mathbb{C}$ プラス無限遠点は，**リーマン球面**とも呼ばれる．よって種数は0である．

次に，2次曲線を見てみよう．ここではいくらか射影幾何学を使うほうがよい．2次曲線の任意の接線をとり，それが無限遠直線になるように移動する．すると放物線を得る．適当な座標をとると，これは方程式 $y = x^2$ で与えられる．多項式写像 $t \mapsto (t, t^2)$ とその逆写像 $(x, y) \mapsto x$ から，この放物線は直線に同型であることがわかり，したがって，この場合も種数は0になる．

3次曲線はずっと複雑である．まず注意しなければならないのは，3次曲線として $y = x^3$ を選ぶことは間違っているという点である．この曲線は滑らか（種数0）であるが，無限遠に特異点がある（以前，射影幾何学について述べないことにした当座しのぎのツケが効いてきた！）．ともかく，正解は3次曲線の変曲点における直線を選んで無限遠に動かすことである．少し計算すると，ずっと単純な方程式 $y^2 = f(x)$ を得る．ここで $f(x)$ は3次である．種数はいくらだろうか？

$y^2 = x(x-1)(x-2)$ という特別な場合を考える．(複素) x 軸への2対1の射影を理解しようとするのであるが，そのためには，x 軸はすでに無限遠点を付け加えてリーマン球面になっているとしたほうが都合が良い．リーマン球面から区間 $0 \leq x \leq 1$ と半直線 $2 \leq x \leq +\infty$ を除くと，関数 $y = \sqrt{x(x-1)(x-2)}$ は二つの分枝を持つ（これが意味することは，x のおのおのの値に対して y は二つの異なる値，つまり $x(x-1)(x-2)$ の正負の平方根をとるということだが，x を動かしたとき，y を連続になるように変化させることができる）．球面から二つの隙間（スリット）を除いたものは，位相幾何学的には円柱のようなものであるから，複素3次曲線は二つの円柱を貼り合わせたものである．よって，トーラスになり種数は1である．

d 次の滑らかな平面曲線に対して，種数は $\frac{1}{2}(d-1)(d-2)$ になるが，これを位相幾何学を用いて直接示すことは難しい．

代数幾何学者の（ひょっとすると果たせぬ）夢というのは，同様に単純な離散不変量の記述を高次元代数多様体に対して与えることである．不幸なことに，複素点集合の位相幾何学的不変量は十分に良いわけではなくて，おそらく，助けになるどころか間違った方向へ導くであろう．

曲線の分類へ向けたアプローチをさらに解説する．種数が低い曲線すべてのリストを挙げよう．

種数0　種数0の曲線は一つしかない．前述のとおり，これは平面内の直線や2次曲線として実現できる．

種数1　種数1のどの曲線も平面3次曲線であり，f を3次として $y^2 = f(x)$ の形の方程式で与えられる．種数1の曲線は普通，**楕円曲線** [III.21] と呼ばれる．というのも，（楕円積分の装いで）楕円の弧長と関連して最初に現れたからである．これについては，あとでもっと詳しく見る．

種数2　種数2のどの曲線も，f を5次として $y^2 = f(x)$ の形の方程式で与えられる（これらの曲線は，無限遠に特異点を持つ）．より一般に，もし f の次数が $2g+1$ あるいは $2g+2$ であれば，曲線 $y^2 = f(x)$ の種数は g である．このような曲線は**超楕円的**であるといい，$g \geq 3$ のときはかなり特殊な曲線である．

種数 3　　種数 3 のどの曲線も，平面 4 次曲線として実現できる（あるいは，超楕円的である）．

種数 4　　種数 4 のどの曲線も，空間曲線で 2 次と 3 次の 2 個の方程式で定まるものとして現れる（あるいは，超楕円的である）．

超楕円曲線が孤立した族をなすわけではないことは，強調しておくべきである．どの超楕円曲線も，上に述べた種類の一般の曲線に連続的に変形することができる．このことはもっと複雑な表示方法によってわかる．

この形でもう少し長く，種数 10 くらいまで続けることができるが，種数が大きくなると，このような明示的構成はできなくなる．

11. モジュライ空間

平面 3 次曲線に戻ろう．曲線は 2 変数 3 次多項式のなすベクトル空間 $V_{2,3}$ でパラメータ表示されていた．これはあまり経済的ではない．たとえば，x^3+2y^3+1 と $3x^3+6y^3+3$ は多項式としては異なるが，同じ曲線を定める．さらに，x^3+2y^3+1 と $2x^3+y^3+1$ を区別しなければならない大きな理由もない．互いに二つの座標軸の入れ替えで得られるからである．より一般に，前節で示したように，任意の 3 次曲線は変数変換により，方程式 $y^2=f(x)$ で $f=ax^3+bx^2+cx+d$ となるもので与えられる．

この式は前よりは良いが，まだ最良ではなく，あと二つ踏むべき段階がある．第一に，f の先頭項の係数は 1 にすることができる．実際，$y=\sqrt{a}y_1$ と置き換えて方程式全体を a で割ると，$y_1^2=x^3+\cdots$ となる．第二に，$x=ux_1+v$ という置き換えにより，別の楕円曲線で方程式が $y^2=f(ux_1+v)=f_1(x_1)$ となるものを得るが，容易に f_1 を明示的に書き下せる．これらが $y^2=$（3 次式）の形を崩さずにできる座標変換のすべてであることがわかる．

どうなるかまだはっきりしないところがある．もっと良い答えを得るために，f の 3 根を見てみよう．そのために $f(x)=(x-r_1)(x-r_2)(x-r_3)$ とおく（またもや複素数が現れざるを得ない）．$x\mapsto(r_2-r_1)x+r_1$ と置き換えると，新しい多項式 $f_1(x)$ で，二つの根が 0 と 1 になるものを得る．よって，われわれの楕円曲線は $y^2=x(x-1)(x-\lambda)$ に変形された．こうして，四つあった f の未知の係数を，λ 一つだけに減らすことができた．

この式はまだ完全に一意ではない．r_1, r_2 を 0, 1 に移すように変換したが，どの二つの根を使ってもよかった．たとえば，$x\mapsto 1-x$ と置き換えれば $\lambda\mapsto 1-\lambda$ となるし，$x\mapsto\lambda x$ とすれば $\lambda\mapsto\lambda^{-1}$ と移される．すべてまとめると，六つの値

$$\lambda,\ \frac{1}{\lambda},\ 1-\lambda,\ \frac{1}{1-\lambda},\ \frac{-\lambda}{1-\lambda},\ \frac{1-\lambda}{-\lambda}$$

は同じ楕円曲線を与える．ほとんどの場合これら六つの値は異なるが，一致することもある．たとえば，$\lambda=-1$ のときは三つの異なる値しかない．これは，楕円曲線 $y^2=x(x-1)(x+1)$ には四つの対称変換，すなわち $(x,y)\mapsto(-x,\pm\sqrt{-1}y)$ と $(x,y)\mapsto(x,\pm y)$ があるという事実と対応する（楕円曲線独特の性質として，どれにも第 2 の対の対称変換がある．$\lambda=-1$ では 4/2 個の新しい対称変換が見出され，そのことが上述の異なる値の数を半分にすることに対応する）．

これについて考える最善の方法は，$\mathbb{C}\setminus\{0,1\}$ における対称群 S_3（3 元集合の置換の群）の作用として，これを理解することである．

使える技を出し尽くしたかどうかはまったく明らかではないが，実際のところ，最終結果に到達した．

楕円曲線のモジュライ　　楕円曲線全体の集合は，商軌道体 $(\mathbb{C}\setminus\{0,1\})/S_3$ の点全体と自然に 1 対 1 対応する．軌道体点は，特別な自己同型がある楕円曲線と対応する．

これは次の一般的現象を最も簡単に表したものである．

モジュライ原理　　われわれが興味を持つほとんどのケースにおいて，固定した離散不変量を持つ代数多様体すべてからなる集合は，ある軌道体の点全体と 1 対 1 対応する．軌道体点は，特別な自己同型を持つ代数多様体と対応する．

種数 g の滑らかな曲線のモジュライ軌道体（モジュライ空間とも呼ばれる）は $\mathcal{M}_g$ で表される．これは代数幾何学で最も集中的に研究されている軌道体の一つであり，特に，**弦理論** [IV.17 (2 節)] と**ミラー対称性** [IV.16] で基礎的な位置を占めることが最近発見されてからは，なおさら研究が活発である．

12. 効果的零点定理

代数幾何学にはまだ初等的なおもしろい問題があることを示すために，m 個の多項式 $f_1, \dots, f_m$ が与えられたとき，共通の複素零点を持たないのはいかなるときかを決定してみよう．古典的解答は次の結果で与えられ，明らかな十分条件が実は必要条件でもあることを示している．

弱い零点定理　多項式 $f_1, \dots, f_m$ が共通複素零点を持たない必要十分条件は，ある多項式 $g_1, \dots, g_m$ で

$$g_1 f_1 + \cdots + g_m f_m = 1$$

を満たすものが存在することである．

さて，当たりを付けて，g_j はせいぜい 100 次までで見つけられるとしてみよう．すると，次のように書ける．

$$g_j = \sum_{i_1+\cdots+i_n \leq 100} a_{j,i_1,\dots,i_n} x_1^{i_1} \cdots x_n^{i_n}$$

ここで $a_{j,i_1,\dots,i_n}$ は不定元である．$g_1 f_1 + \cdots g_m f_m = 1$ と書けたとすると，1 に等しい定数項を除いて，すべての係数は 0 になる．よって，$a_{j,i_1,\dots,i_n}$ に関する連立 1 次方程式を得る．連立 1 次方程式が解を持つかどうかはよく知られている（計算機で動く良いプログラムもある）．よって，$\deg g_j \leq 100$ に解があるかどうかが決定できる．もちろん，当たりとして 100 が小さすぎたこともあるから，上の手続きを次数の制限をどんどん大きくしながら繰り返さなければならないかもしれない．いつかは終わるのだろうか？　その答えは次の結果で与えられるが，これは最近になってやっと証明されたものである．

効果的零点定理　$f_1, \dots, f_m$ を次数が d 以下の n 変数多項式とする．ただし $d \geq 3, n \geq 2$ とする．もし，これらに共通零点がないなら，$g_1 f_1 + \cdots + g_m f_m = 1$ は $\deg g_j \leq d^n - d$ となる解を持つ．

たいていの多項式系では，$\deg g_j \leq (n-1)(d-1)$ となる解を見つけることができるが，一般には上界 $d^n - d$ を改善することはできない．

上で説明したように，このことにより多項式からなる連立方程式が共通解を持つかどうかを決定するための計算方法が得られる．残念ながら，実用上はあまり役に立たない．というのも，できあがる連立 1 次方程式があまりにも巨大になってしまうからである．計算が効率的にできて，かつ必ず正しい答えを返す方法は，今なお知られていない．

13. 結局，代数幾何学とは何か？

筆者にとっては，代数幾何学とは，幾何学と代数学は統一されるという信念である．一番わくわくする深遠な発展は，新しい繋がりの発見から起こる．これらのいくつかを垣間見てきたが，述べなかったことがもっとたくさん残っている．デカルト座標とともに生まれた代数幾何学は，いまや符号理論，数論，計算機を援用した幾何学的デザイン，理論物理学と絡み合っている．これらの繋がりのうちいくつかはこの 10 年間に現れたが，将来もっと多く現れることを楽しみにしている．

文献紹介

代数幾何学の文献のほとんどは，きわめて専門的である．その中で例外として，E. Brieskorn and H. Knörrer, *Plane Algebraic Curves*（Birkhäuser, Boston, MA, 1986）を挙げる．古代からの芸術や科学を通じた代数曲線の概観から始まり，見事な図や複写が数多く用いられている．

C. H. Clemens, *A Scrapbook of Complex Curve Theory*（American Mathematical Society, Providence, RI, 2003）および F. Kirwan, *Complex Algebraic Curves*（Cambridge University Press, Cambridge, 1992）も，易しい難易度から始まる．しかし，そのあとすぐに，高度なテーマに入っていく．

代数幾何学の技術を導入する最良の本は，M. Reid, *Undergraduate Algebraic Geometry*（Cambridge University Press, Cambridge, 1988）である．
【邦訳】M・リード（若林功 訳）『初等代数幾何講義』（岩波書店，1991）
一般的な概観を得たい向きには，K. E. Smith, L.Kahanpää, P. Kekäläinen, and W. Traves, *An Invitation to Algebraic Geometry*（Springer, New York, 2000）が良い選択であり，もっと系統的に読みたい場合には，J. Harris, *Algebraic Geometry*（Springer, New York, 1995）および I. R. Shafarevich, *Basic Algebraic Geometry*, volumes I, II（Springer, New York, 1994）が適している．

IV.5

数論幾何学

Arithmetic Geometry

ジョーダン・S・エレンバーグ［訳：小林正典］

1. ディオファントス問題（独りの場合とチームの場合）

本章の目標は，数論幾何学のいくつかの本質的な考え方の概略を述べることである．幾何とは表面的に関係なく，数論も少しだけしか関係しない問題から始めよう．

問題 方程式

$$x^2 + y^2 = 7z^2 \tag{1}$$

は 0 でない有理数解 x, y, z を持たないことを示せ．

（無限個の解を持つことが知られているピタゴラス方程式 $x^2 + y^2 = z^2$ と式 (1) とは，係数の 7 が違うだけであることに注意しよう．この種のささやかな変化が劇的な効果をもたらしうることが，数論幾何の一つの特徴である！）

解答 x, y, z を式 (1) を満たす有理数とする．ここから矛盾を導き出そう．

n を x, y, z の分母の最小公倍数とすると，a, b, c を整数として

$$x = \frac{a}{n}, \quad y = \frac{b}{n}, \quad z = \frac{c}{n}$$

と書ける．すると元の方程式 (1) は

$$\left(\frac{a}{n}\right)^2 + \left(\frac{b}{n}\right)^2 = 7\left(\frac{c}{n}\right)^2$$

となり，n^2 を掛けることで

$$a^2 + b^2 = 7c^2 \tag{2}$$

になる．もし a, b, c が共通因子 m を持てば，それらを $a/m, b/m, c/m$ で置き換えることができて，式 (2) はなおこれらの新しい数に対して成り立つ．したがって，a, b, c は共通因子を持たない整数であると仮定してよい．

さて，上の方程式を 7 を法として還元する（「合同式の算法」[III.58] を参照）．a, b の 7 を法とした還元を $\bar{a}, \bar{b}$ と書く．式 (2) の右辺は 7 の倍数であるから 0 に還元される．できた式は

$$\bar{a}^2 + \bar{b}^2 = 0 \tag{3}$$

である．さて，$\bar{a}$ に対しては 7 個の可能性しかなく，$\bar{b}$ についても 7 個の可能性しかない．よって式 (3) の解を解析することは，$\bar{a}, \bar{b}$ の 49 通りの選び方を確かめていくことに帰着された．数分間も計算すれば，式 (3) は $\bar{a} = \bar{b} = 0$ のときにのみ満たされることがわかる．

しかし，$\bar{a} = \bar{b} = 0$ であるということは，a と b がともに 7 の倍数であると言っていることと同じである．この場合，a^2 と b^2 はともに 49 の倍数になる，したがって，それらの和 $7c^2$ も 49 の倍数になる．よって c^2 は 7 の倍数であり，これは c 自身が 7 の倍数であることを意味する．特に a, b, c には 7 という共通因子がある．ここで，a, b, c は共通因子を持たないように選んであったから，望む矛盾に至った．こうして，存在を仮定した解から矛盾が出たので，実は式 (1) の解で 0 でない有理数からなるものは存在しないと結論せざるを得ない*1)．

一般に，式 (2) のような多項式方程式の有理数解を決める問題は，**ディオファントス問題**と呼ばれる．式 (2) は一つの節の中で片付けることができたが，例外的なことだったことがわかる．一般に，ディオファントス問題には，とてつもなく難しいものもある．たとえば，式 (2) のベキを触り，方程式

$$x^5 + y^5 = 7z^5 \tag{4}$$

を考えてみよう．式 (4) に 0 でない有理数解が 1 個でも存在するかしないかを筆者は知らない．けれども，答えを決定することが相当な大仕事であることは確信できるし，使える最も強力な技術を持ってしても，この単純な問題に答えるのに不足することは，十分考えられる．

より一般に，任意の可換環 [III.81] R をとり，ある多項式が R に解を持つかを問うことができる．たとえば，式 (2) は多項式環 $\mathbb{C}[t]$ に解 x, y, z を持つだろうか？（答えは Yes である．いくつか解を見つけることは読者の練習問題とする）．R 上の多項式方程式を解く問題を，**R 上のディオファントス問題**と呼

*1) 練習問題：この議論では，なぜ解 $x = y = z = 0$ から矛盾が得られなかったのだろうか？

ぼう．数論幾何学の主題に明確な境界があるわけではないが，第 1 近似として**数体** [III.63] の部分環上のディオファントス問題を解くことに関わる問題と言える（正直なところ，問題は普通，R が数体の部分環のときのみディオファントス問題と呼ばれる．しかしながら，より一般に定義しておくのが今の目的には合っている）．

式 (2) のようないかなる一つの方程式に対しても，各可換環 R ごとに 1 個ずつ，無限に多くのディオファントス問題を付随させることができる．現代の代数幾何学の中心的な洞察，ある意味で基本的な洞察とは，この巨大な問題群は一体として扱うことができるということである．このように見方を広げることで，おのおのの問題ごとに考えていては見えてこない構造が明らかになる．これらすべてのディオファントス問題からなる集合体は，**概型**（スキーム）と呼ばれる．概型については後ほど戻ることにして，名前から何であるか想像しにくいこの用語が何を意味するのかを，正確な定義を与えることなしに，雰囲気だけ伝えてみよう．

一言謝っておく．最近数十年の間に数論幾何学で起きた莫大な発展のうちで，ここに記せるのは，非常にわずかな部分の，しかも概説だけである．単純に，多すぎて現在予定している紙面では扱い切れないのである．代わりに，読者側に技術的な知識を（望むらくはできるだけ少なく）仮定して，概型の考え方をある程度解説することにした．本章の最後の節で，数論幾何学のいくつかの目覚ましい問題について，本章の中盤で展開する考え方を用いて解説しよう．グロタンディークとその協力者が 1960 年代に発展させた概型の理論は，全体として代数幾何学に属するものであり，数論幾何学だけに属するわけではないことは認めざるを得ない．それでも，数論的な設定において概型を用い，付随して幾何的な考え方を一見して「非幾何学的」に見える状況に拡張することは，特に中心的なことであると考えている．

2. 幾何のない幾何学

概型の抽象論に一気に飛び込む前に，2 次の多項式方程式のまわりでもう少し水遊びをしてみよう．今までの議論からは明らかではないが，ディオファントス問題の解答は，当然のように幾何学の一部として分類されている．ここでの目標は，なぜそうなっているかを説明することである．

方程式

$$x^2 + y^2 = 1 \tag{5}$$

について考えているとしよう．$x, y \in \mathbb{Q}$ のどの値が式 (5) を満たすか問うことができる．この問題は前の節の問題とはずいぶん異なる感じがする．前は有理数解がない方程式を調べた．対照的に，式 (5) は無限個の有理数解を持つことがじきにわかるであろう．解 $x = 0$，$y = 1$ と $x = 3/5$，$y = -4/5$ は代表例である（四つの解 $(\pm 1, 0)$ と $(0, \pm 1)$ は，普段の数学の言い回しでは「自明な」解である）．

方程式 (5) はもちろん直ちに「円の方程式」とわかる．その主張は正確にはどういう意味なのであろうか？　それは，式 (5) を満たす実数の対 (x, y) の集合は，直交座標平面に点を描いたとき円をなすという意味である．

よって，幾何は，普通に解釈されるとおりに，円の形をした入り口をしている．さて，式 (5) の解をもっと見出したいと思ったとする．一つの進め方は次のとおりである．P を点 $(1, 0)$ として，L を P を通る傾き m の直線とする．そのとき，次の幾何的事実がある．

(G) 直線と円の交わりは，0 個か 1 個か 2 個の点からなる．1 点の場合は，直線が円に接するときにのみ起こる．

(G) から次が結論付けられる．L が円の P における接線でない限り，P 以外にちょうど 1 点で直線は円と交わる．式 (5) の解 (x, y) を見つけるためには，この点の座標を決めなければならない．そこで，L を $(1, 0)$ を通る傾き m の直線としよう．つまり，方程式 $y = m(x-1)$ で表される直線 L_m であるとする．すると，L_m と円の交点の x 座標を見つけるためには，連立方程式 $y = m(x-1)$，$x^2 + y^2 = 1$ を解く必要がある．すなわち，$x^2 + m^2(x-1)^2 = 1$ を解く必要がある．同値変形すると

$$(1 + m^2)x^2 - 2m^2x + (m^2 - 1) = 0 \tag{6}$$

である．

もちろん式 (6) は解 $x = 1$ を持つ．ほかに解は何個あるだろうか？　上の幾何的議論から，式 (6) にはほかに高々一つの解しかないと信じるに至る．代わりに，次の代数的事実を用いることもできる．これは幾何的事実 (G) と類似するものである．

(A) 方程式 $(1 + m^2)x^2 - 2m^2x + (m^2 - 1) = 0$

は，0 個か 1 個か 2 個の解を持つ[*2)]．

もちろん主張 (A) の結論は，式 (6) に限らず，x に関するいかなる自明でない 2 次方程式に対しても成り立つ．このことは因数定理の帰結である．

この場合，何かの定理に頼る必要が本当にあるわけではない．直接計算によって，式 (6) の解が $x=1$ と $x=(m^2-1)/(m^2+1)$ であることがわかる．結論として，単位円と L_m の交わりは，(1,0) および座標が

$$\left(\frac{m^2-1}{m^2+1}, \frac{-2m}{m^2+1}\right) \tag{7}$$

である点 P_m からなる．

式 (7) から対応 $m \mapsto \mathrm{P}_m$ ができており，一つ一つの傾き m に式 (5) の解 P_m を付随させている．さらに，円の各点は，(1,0) 自身を除けば，(1,0) にただ 1 本の直線で結ばれるので，傾き m と方程式 (5) の (1,0) 以外の解の間の 1 対 1 対応ができていることがわかる．

この構成のたいへん良い特徴は，式 (5) の解を，$\mathbb{R}$ 上だけでなく，$\mathbb{Q}$ のようなもっと小さい体でも作れるようになっていることである．明らかに，m が有理数ならば，式 (7) によりできる解の座標もそうである．たとえば，$m=2$ ととれば解 $(3/5,-4/5)$ ができる．実際，式 (7) は，式 (5) が $\mathbb{Q}$ 上無限個の解を持つことを示すだけでなく，変数 m を用いて解をパラメータ付けする明示的方法を与えているのである．証明は読者の練習問題とするが，式 (5) の $\mathbb{Q}$ 上の解は，(1,0) を除けば m の有理数値と 1 対 1 対応する．ああ！このように解がパラメータ表示できるディオファントス問題が何と珍しいことか！　それでもなお，式 (5) のように，解が一つ以上の変数でパラメータ付けできる多項式方程式は，数論幾何学で特別な役割を果たす．それらは**有理多様体**と呼ばれ，この話題においてどう考えても最も良く理解されている例のクラスをなす．

この議論の一つの本質的特徴に読者の注意を引きたいと思う．われわれは，式 (5) の解を構成するために，どのように幾何的直観（(G) のような事実を知っていること）に頼るかという着想を得た．他方，構成の代数的正当化に成功してしまった今，幾何的直観は必要のない足場として蹴り出してしまうことができる．直線と円に対する幾何的事実から，式 (6) は $x=1$ 以外にただ一つの解を持つことが示唆された．しかし，ひとたびその考えが得られれば，純粋に代数的な主張 (A) によって，そのような解が高々一つしかないことを証明することが，いかなる幾何も使わずにできる．

幾何の結果を使わず議論が成立しているという事実は，一見して幾何的とは感じられない状況に議論を応用できることを意味する．たとえば，式 (5) の解を有限体 $\mathbb{F}_7$ 上で調べたいとしよう．いま，この解集合は「円」と呼んでよいようにはまったく見えない．それは単に点の有限集合である！　それにもかかわらず，幾何的に示唆された議論は，なお完全にうまくいく．$\mathbb{F}_7$ における m の可能な値は $0,1,2,3,4,5,6$ であり，対応する解 P_m は $(-1,0),(0,-1),(2,2),(5,5),(5,2),(2,5),(0,1)$ である．これらの 7 点と (1,0) を合わせることで，$\mathbb{F}_7$ 上の式 (5) の完全な解集合ができる．

ディオファントス問題を一度に全部束ねて考えることによる利益を，いまや刈り取り始めた．式 (5) の解を $\mathbb{F}_7$ 上で見つけるために，式 (5) の解を $\mathbb{R}$ 上で見つける問題によって示唆された方法を用いた．同様に，一般に幾何により示唆された方法が，ディオファントス問題を解く助けになりうるのである．そして，これらの方法は，ひとたび純粋に代数的な形に翻訳されてしまうと，幾何的とは見えない状況にも，なお適用できるのである．

いまや心を開いて受け入れなければならない——ある種の方程式は，純粋に代数的な見かけをしていても当てにならない可能性があることを．$\mathbb{F}_7$ 上の式 (5) の解集合のようなものを含み，そして，そこではこの特定の例を「円」と呼ぶことがまったく正当である，十分一般な「幾何的」感覚がありうる．円と呼んでもいいではないか．これは円が満たす性質を持っている．われわれにとって最も重要な，任意の直線との交点は 0 個か 1 個か 2 個であるという性質である．もちろん，この点集合にはない「円らしさ」の特徴もある——無限であること，連続であること，丸いということ，などなど．しかし，あとから挙げたこれらの性質は，数論幾何学をする上では本質的でないことがわかるのである．われわれの観点では，$\mathbb{F}_7$ 上の式 (5) の解集合を単位円と呼ぶことは，まったく正当である．

要約すると，現代的な観点は，直交座標空間の伝

[*2)] (A) は (G) と違って接線への言及はない．それは，接するという概念は代数的にはもっと微妙であるからであり，そのことは第 4 節で示される．

統的な話の流れをひっくり返していると考えられるだろう．伝統的には，幾何的対象（曲線，直線，点，面）があり，「この曲線の方程式は何だろう？」とか「この点の座標は何だろう？」といった問いを立てる．基礎となる対象は幾何的なものであり，代数はその性質を教えてくれるためにある．われわれにとっては，状況はちょうど逆転している．基礎となる対象は「方程式」であり，方程式の解集合のさまざまな幾何的性質は，単に方程式の代数的性質について教えてくれる道具にすぎない．数論幾何学者にとって「単位円」とは方程式 $x^2+y^2=1$ そのものである．では，紙面にある丸いものは？　それは $\mathbb{R}$ 上の方程式の解の「絵」にすぎない．この区別が驚くべき差をもたらすのである．

3.　環へ，そして概型へ

この節では「概型とは何か？」という問いに，より明確な答えを与えることを試みる．正確な定義を並べようとすれば，多くの代数的な装置で溢れてしまうので，代わりに類推によって問いに取りかかろう．

3.1　形容詞と性質

形容詞について考えてみよう．たとえば「黄色い」のようなどの形容詞に対しても，その形容詞が当てはまる名詞の集合を抜き出す．それぞれの形容詞 A に対し，この名詞集合を $\Gamma(A)$ と呼ぼう．たとえば Γ(“黄色い”)は，無限集合で {“レモン”,“スクールバス”,“バナナ”,“太陽”, . . . } のようなものである[*3]．そして $\Gamma(A)$ が A について知るべき重要なものであることには，皆同意してくれるだろう．

さて，語彙の節約をしたいという動機で，理論家の誰かが，形容詞はいっさい使わなくてよいという提案をしたとしよう．もし，A の代わりに $\Gamma(A)$ だけで話せば，名詞しか含まない文法理論がどうにか得られるであろう．これは良い考えであろうか？　いや，いくつか明らかな点で確かに悪くなりそうである．たとえば，同じ名詞集合にたくさんの異なる形容詞が付いていたら？　新しい見方は元の見方より正確でなくなるであろう．しかし，もし二つの形容詞がぴったり同じ名詞集合についているなら，それらの形容詞は同じであるか，少なくとも同義語であると言っても正当であろう．

形容詞の間の関係はどうだろうか？　たとえば，二つの形容詞のうちどちらが強いかは，「馬鹿でかい」は「大きい」より強いというようにして，問うことができるであろう．形容詞の間のこの関係は，名詞集合の段階でもまだ見えるであろうか？　答えは Yes である．A が B より強いとはちょうど $\Gamma(A)$ が $\Gamma(B)$ の部分集合であるときである，と言っても間違いではなかろう．言い換えると，「馬鹿でかい」が「大きい」よりも強いということは，すべての馬鹿でかいものは大きいが，大きいものの中に馬鹿でかくないものがあってもよいということを意味する．

今のところ順調である．対価として技術的には難しくなっている．単純で身近な形容詞を使うのに比べて，名詞からなる無限集合について話すことは，もっとずっとかさばって厄介である．しかし，得たものもある．それは，一般化できる機会である．この理論家をいま「集合論的文法学者」と呼ぶことにすると，彼はこう考える．たまたますでに知られた形容詞 A に対して $\Gamma(A)$ の形になっている名詞集合については，たぶん何も特別なことは起こらないであろう．では概念的に飛躍して，「形容詞」とは「名詞集合」のことであると再定義してみよう．普通の「形容詞」の意味との混乱を避けるため，理論家は彼の新しい研究対象を指すために，「性質」といった新しい用語を使ったりするかもしれない．

こうして，性質というおもちゃからなる新しい世界が手に入った．たとえば，“黄色い” より強い性質 {“スクールバス”,“太陽”} があり，性質 {“太陽”}（名詞の「太陽」と同じものではない！）は “黄色い”，“馬鹿でかい”，“大きい”，{“スクールバス”,“太陽”} といった性質より強い．

結局のところ，「形容詞」の意味することをこのように概念化し直したことを，読者は良いことだとは思わなかっただろう．実際，きっと良くないのであり，だからこそ集合論的文法学者は相手にされないのである．ところが，代数幾何学でこれに対応する話はまったく違った状況である．

[*3]　もちろん現実には，「黄色い」との関係がきちんと決まっているものばかりではないが，われわれの目標はこれを数学らしくすることなので，世界のあらゆるものは完全に黄色いか完全に黄色くないかのどちらかである，というふりをすることにしよう．

3.2 座　標　環

最初に警告しておく．これ以下のいくつかの項は，環とイデアルを知らない読者には読み進めることが困難であろう．そのような読者は，第 4 節まで飛ばしてよい．あるいは，「環，イデアル，加群」[III.81] を読んだあとで議論を追うことを勧める．「代数的数」[IV.1] も参照されたい．

複素アフィン代数多様体（以下では単に「多様体」と呼ぶ）とは，ある多項式の有限集合に対する $\mathbb{C}$ 上の解集合を意味することを思い出そう．たとえば，われわれが定義できる多様体 V として，お気に入りの方程式

$$x^2 + y^2 = 1 \tag{8}$$

を満たす $\mathbb{C}^2$ の点 (x, y) の集合がある．すると，V は前節で「単位円」と呼んだものであるが，実は式 (8) の複素解集合の形は，球面から 2 点を除いたものである（これが自明と考えているわけではない）．ある多様体 X が与えられたときに，X の点を複素数に移す多項式関数の環を理解することは，一般的に興味を持たれる問題である．この環は X の**座標環**と呼ばれ，$\Gamma(X)$ で表される．

確かに x, y の任意の多項式が与えられたとき，特定の多様体 V 上で定義された関数として見なすことができる．それならば，V の座標環とは単に多項式環 $\mathbb{C}[x, y]$ であろうか？　そうではない．たとえば，関数 $f = 2x^2 + 2y^2 + 5$ を考えてみよう．この関数の値を V のさまざまな点で求めてみると，

$$f(0, 1) = 7,\ f(1, 0) = 7,\quad f\left(\frac{1}{\sqrt{2}}, \frac{1}{\sqrt{2}}\right) = 7,\ f(\mathrm{i}, \sqrt{2}) = 7,\ \ldots$$

となり，f は同じ値をとり続けることに気づく．実際，すべての $(x, y) \in V$ に対して $x^2 + y^2 = 1$ であるから，$f = 2(x^2 + y^2) + 5$ は V のどの点でも7 という値をとる．よって $2x^2 + 2y^2 + 5$ と 7 は，V 上の同じ関数に対する異なる名前にすぎない．

したがって，$\Gamma(V)$ は $\mathbb{C}[x, y]$ よりも小さい．これは，二つの多項式 f と g が V の各点で同じ値をとるのであれば同じ関数であると宣言することで，$\mathbb{C}[x, y]$ から得られる環である（より形式的に言うと，2 変数複素多項式の集合に**同値関係** [I.2 (2.3 項)] を定めている）．f と g がこの性質を持つのは，ちょうどそれらの差が $x^2 + y^2 - 1$ の倍元になるときであることがわかる．したがって，V 上の多項式関数の環は，$\mathbb{C}[x, y]$ の $x^2 + y^2 - 1$ で生成されるイデアルによる商である．この環は，$\mathbb{C}[x, y]/(x^2 + y^2 - 1)$ と書かれる．

任意の多様体に対して，いかにして関数のなす環を付属させるかを示した．X と Y を二つの多様体として，もし座標環 $\Gamma(X)$ と $\Gamma(Y)$ が**同型** [I.3 (4.1 項)] であれば，X と Y はある意味で「同じ」多様体であることは，容易に示せる．この観察から大した飛躍なしに，多様体の研究は完全にやめて環の研究にしよう，という考え方が得られる．もちろん，ここでは上のたとえの中の集合論的文法学者の立場にいるのであって，「多様体」は「形容詞」の役を果たし，「座標環」は「名詞集合」の役を果たしている．

幸せなことに，多様体の幾何的性質は，その座標環の代数的性質から復元できる．そうでなかったなら，座標環はそれほど役に立つ対象ではなかったであろう！　幾何と代数の関係には長い歴史がある．そして，その大部分は一般の代数幾何学に属し，特に数論幾何学に属するものではない．しかし，感じをつかんでもらうために，いくつかの例について解説しよう．

多様体の幾何的性質の端的な例は，**既約性**である．多様体 X が**可約**とは，X が二つの多様体 X_1 と X_2 の和集合として表され，どちらも X 全体にはならないことをいう．たとえば，$\mathbb{C}^2$ 内の多様体

$$x^2 = y^2 \tag{9}$$

は，直線 $x = y$ と $x = -y$ の和集合である．多様体は可約でないとき**既約**であると言われる．よって，すべての多様体は既約な多様体から作り上げられる．既約多様体と一般の多様体の間の関係は，素数と一般の正整数の間の関係のようなものである．

幾何学から代数学に移ると，環 R は，R の 0 でない元 f, g の積 fg が 0 でないとき，**整域**であるという．環 $\mathbb{C}[x, y]$ が良い例である．

事実　　多様体 X が既約であるのは，$\Gamma(X)$ が整域であるとき，かつそのときに限る．

専門家はここで「被約性」の問題をうまくごまかしていることに気づくだろう．

上の事実の証明はしないが，次の例がわかりやすい．式 (9) で定義された多様体 X 上の二つの関数 $f = x - y$ と $g = x + y$ を考えよう．これらのどちらの関数も零関数ではない．たとえば，$f(1, -1)$ は

0 でないし，$g(1,1)$ もそうであることに注意しよう．しかし，これらの積は x^2-y^2 であり，これは X 上で 0 に等しい．よって $\Gamma(X)$ は整域ではない．われわれが選んだ関数 f と g は，X を二つのより小さい多様体の和集合として分解することに密接に関係していることに注意しよう．

もう一つの重要な幾何学的概念として，ある多様体から別の多様体への関数の概念がある（この「関数」は通常「写像」や「射」と呼ばれる．ここでは，これら三つの単語を読み替え可能として用いる)．たとえば，W を $\mathbb{C}^3$ の中で方程式 $xyz=1$ により定まる多様体とする．すると

$$F(x,y,z)=\left(\frac{1}{2}(x+yz),\,\frac{1}{2\mathrm{i}}(x-yz)\right)$$

で定義される写像 $F:\mathbb{C}^3\to\mathbb{C}^2$ は，W の点を V の点に移す．

多様体の座標環を知ることで，多様体の間の写像を調べることがたいへん簡単になることがわかる．$G:V_1\to V_2$ を多様体 V_1 と V_2 の間の写像とし，f が V_2 上の多項式関数であるとするならば，各点 v を $f(G(v))$ に移す V_1 上の多項式関数が存在する．V_1 上のこの関数は $G^*(f)$ で表される．たとえば，f を V 上の関数 $x+y$ とし，F を上の写像とすると，$F^*(f)=\frac{1}{2}(x+yz)+\frac{1}{2\mathrm{i}}(x-yz)$ である．G^* が $\Gamma(V_2)$ から $\Gamma(V_1)$ への $\mathbb{C}$ 代数準同型（すなわち，環の準同型であって $\mathbb{C}$ の各元をそれ自身に移すもの）であることは，簡単に確かめられる．さらに，次の事実がある．

事実　いかなる多様体の対 V,W に対しても，G を G^* に移す対応は，W を V に移す多項式関数と，$\Gamma(V)$ から $\Gamma(W)$ への $\mathbb{C}$ 代数準同型との間の全単射である．

「V から W への単射が存在する」という主張が「性質 A は性質 B より強い」と類似しているという考えは，さほど外れているようには感じられない．

幾何学を代数学に変換しようという動きは，単に抽象化を愛しているとか，幾何学が嫌いだとかいう理由からの企てではない．そうではなく，見かけ上は似ていない理論を統一しようという普遍的な数学的本能の一部である．このことは，デュドネが彼の著作『代数幾何学の歴史』(Dieudonné, *History of Algebraic Geometry*, 1985）の中で次のように実にうまく記している．

> … クロネッカーとデデキント・ウェーバー（の 1882 年の論文）によって，代数幾何学と同時期に創始された代数的整数論の間に深遠な類似があることがわかった．さらに，「抽象的な」代数的概念，すなわち環，イデアル，加群などを身に付けて訓練されたわれわれにとっては，このように代数幾何学を考えることは，最も簡単で最も明快である．しかし，まさにこの「抽象的」特徴によって，同時代のほとんどの人々は拒否反応を起こした．というのも，対応する幾何的概念を容易に復元できないことに当惑したからである．したがって，代数学派の影響は 1920 年までたいへん小さいままであった．同時に，これら二つの理論からなっているような一つの広大な代数幾何的構成を行うことを，クロネッカーが初めて夢見たということは，確かなように思う．この夢は，やっと最近，われわれの時代になって，概型の理論により実現され始めた．

したがって，概型に移ろう．

3.3　概　　型

各多様体 X から環 $\Gamma(X)$ が生じ，さらに，これらの環の代数的研究は，多様体の幾何的研究の代役を果たせることがわかった．しかし，すべての名詞集合が形容詞に対応したのではなかったように，すべての環が多様体の座標環として生じるわけではない．たとえば，整数環 $\mathbb{Z}$ は多様体の座標環ではない．これは次のような議論からわかる．複素数 a と多様体 V それぞれに対し，定数関数 a は V 上の関数であり，したがって，どの多様体 V に対しても $\mathbb{C}\subset\Gamma(V)$ である．$\mathbb{Z}$ は $\mathbb{C}$ を部分環として含まないから，どのような多様体の座標環でもない．

さて，集合論的文法学者のとどめの一撃を真似する準備が整った．（すべてではないが）いくつかの環が幾何的対象（多様体）から生じることがわかっている．そして，これらの多様体は，これらの特別な環の代数的性質により記述されることを知っている．では，単に，すべての環 R は R の代数的性質で定まる幾何学を持つ「幾何的対象」であると考えればよいのではないだろうか？　文法学者は彼の一般化された形容詞を表す新しい単語として，「性質」を考案する必要があった．われわれは，座標環とは

限らない環に対して同じ立場にある．それらを**概型**（スキーム）と呼ぼう．

よって，これまでの考察のもとでは，概型の定義はかなり平凡なものである．すなわち，概型とは環のことである！（実は，いくつかの技術的な点を隠しており，**アフィン概型**が環であると言うのが正しい．注意する対象をアフィン概型に限定しても，説明しようとしている現象には問題はない）．より興味深いのは，次の問いである．その難しさにより初期の代数幾何学者たちが「当惑した」仕事を，いかに成し遂げられるのか？ つまり，いかにして任意の環の「幾何的」性質を同定するのであろうか？

たとえば，R が何らかの幾何的対象であると思うのであれば，「点」があるはずである．しかし，環の「点」とは何であろうか？ 明らかにこの意味は環の元ではない．$R = \Gamma(X)$ の場合，R の元は X 上の関数であって，X の点ではないからである．ほしいのは，X 上の点 p が与えられたとき，環 R に付随した何らかの実在物で p に対応するものである．

p を $\Gamma(X)$ から $\mathbb{C}$ への写像と見なせることに気づくことが鍵となる．つまり，$\Gamma(X)$ からの関数 f が与えられたとき，それを複素数 $f(p)$ に移す写像である．この写像は準同型であり，p における**評価準同型**と呼ばれる．X 上の点が $\Gamma(X)$ 上の関数を与えるので，環 $R = \Gamma(X)$ の「点」という言葉を，幾何学を使わずに定義する自然な方法の一つは，「点」とは R から $\mathbb{C}$ への準同型である，とすることである．そのような準同型の核は，素イデアルになることがわかる．さらに，零イデアルという例外を除いて，R のすべての素イデアルは X の点 p から生じる[*4)]．よって，X の点を記述するとても簡潔な方法の一つは，点とは R の 0 でない素イデアルであるとすることである．

到達した定義は，$R = \Gamma(X)$ の形の環だけではなく，あらゆる環 R に対して意味を持つ．よって，環 R の「点」とはその素イデアルのことであると定義できよう（0 でない素イデアルだけでなく[*5)]，すべての素イデアルを考えた方が，技術的理由から賢明であることがわかる）．R の素イデアルの集合には $\mathrm{Spec}\,R$ という名前が与えられ，これは **R に付随する概型**と呼ばれる（より正確には，$\mathrm{Spec}\,R$ は点が R の素イデアルである「局所環付き位相空間」として定義されるが，ここでの議論においてはこの定義のすべての力を必要とはしないであろう）．

*4) ［訳注］ここでは X が 1 次元であると仮定している．一般には X の点と R の極大イデアルが対応する．

*5) ［訳注］一般には「極大イデアルだけでなく」．

最初の節で述べた，概型は多くの環の上のディオファントス問題を一つにまとめたものであるという主張を，いまや明瞭に述べることができる．たとえば，R が環 $\mathbb{Z}[x,y]/(x^2+y^2-1)$ であるとしよう．準同型 $f: R \to \mathbb{Z}$ の一覧表を作ろうとしている．f を特定するためには，$\mathbb{Z}$ における $f(x)$ と $f(y)$ の値を知らせるだけでよい．しかし，これらの値を任意に選ぶことはできない．R においては $x^2+y^2-1=0$ であるから，$\mathbb{Z}$ において

$$f(x)^2 + f(y)^2 - 1 = 0$$

となっていなければならない．言い換えると，対 $(f(x), f(y))$ はディオファントス方程式 $x^2+y^2=1$ の $\mathbb{Z}$ 上の解をなす．さらに，同じ議論から，任意の環 S に対し，準同型 $f: R \to S$ から $x^2+y^2=1$ に対する S 上の解が生じ，逆も成り立つ．要約すると，

> 各 S に対し，R から S への環準同型の集合と，$x^2+y^2=1$ に対する S 上の解集合との間には，1 対 1 対応がある．

この振る舞いが，環 R が異なる環上でのディオファントス問題についての情報を「一つにまとめた」と言ったときに心に描いていたことである．

ちょうど期待されるように，多様体のいかなる興味深い幾何的性質も，座標環の言葉で計算できることがわかり，そのことは多様体に限らず一般の概型に対してもその性質が定義できることを意味する．たとえば，多様体 X が既約であるためには，$\Gamma(X)$ が整域であることが必要かつ十分であることをすでに示した．したがって，一般に，R が整域である（より正確には，R のベキ零根基による商が整域である）とき，またそのときに限り，概型 $\mathrm{Spec}\,R$ が既約であると言う．概型の連結性やその次元，非特異かどうかなどについても述べることができる．これらの幾何的性質のすべてに，既約性と同様，純粋に代数的な記述があることがわかる．実は，数論幾何学者の考え方では，これらすべては根っから代数的性質なのである．

3.4 例：数直線 $\mathrm{Spec}\,\mathbb{Z}$

数学教育で出会う最初の環であり，数論の究極の

主題である環は，整数の環 $\mathbb{Z}$ である．それは今まで描いた絵にどのように収まるのであろうか？　概型 $\operatorname{Spec}\mathbb{Z}$ は，点集合としては $\mathbb{Z}$ の素イデアルの集合であり，素数 p に対する主イデアル (p) と，零イデアルの 2 種類からなる（$\mathbb{Z}$ の素イデアルがほかにはないという事実は自明ではない．**ユークリッドのアルゴリズム** [III.22] から導き出すことができる）．

$\mathbb{Z}$ は $\operatorname{Spec}\mathbb{Z}$ 上の「関数」の環として考えることになっていた．どのようにすると整数が関数になるのであろうか？　それなら，筆者は単に，整数 n に対し概型 $\operatorname{Spec}\mathbb{Z}$ の点における値をどう定めるか，述べればよい．もしその点が 0 でない素数イデアル (p) であれば，(p) における評価準同型はちょうど核が (p) となる準同型である．よって，(p) における n の値は，単に n の p を法とした還元である．点 (0) においては，評価準同型は恒等写像 $\mathbb{Z} \to \mathbb{Z}$ である．したがって，n の (0) における値は単に n である．

4.　円には何個の点がある？

さて，第 2 節の方法に戻り，方程式 $x^2 + y^2 = 1$ を有限体 $\mathbb{F}_p$ 上で考えた場合に特に注意を向けてみよう．

V で $x^2 + y^2 = 1$ の解の概型を表そう．任意の環 R に対し，$V(R)$ で $x^2 + y^2 = 1$ の R 上の解集合を表すことにする．

もし R が有限体 $\mathbb{F}_p$ であれば，集合 $V(\mathbb{F}_p)$ は $\mathbb{F}_p^2$ の部分集合である．特に，有限集合である．よって，個の集合がどれくらい大きいか疑問に持つことは自然である．言い換えると，円には何個の点があるであろうか？

第 2 節では，幾何的直観に導かれて，任意の $m \in \mathbb{Q}$ に対して点

$$\mathrm{P}_m = \left(\frac{m^2-1}{m^2+1}, \frac{-2m}{m^2+1}\right)$$

が V 上にあることを見た．

P_m が方程式 $x^2 + y^2 = 1$ を満たすことを示す代数的計算は，有限体上でも変わらない．よって，$V(\mathbb{F}_p)$ は $p+1$ 個の点からなると考えたくなるかもしれない．すなわち，各 $m \in \mathbb{F}_p$ に対する点 P_m と $(1,0)$ である．

しかしこれは正しくない．たとえば，$p = 5$ のとき 4 点 $(0,1)$, $(0,-1)$, $(1,0)$, $(-1,0)$ が $V(\mathbb{F}_5)$ のすべての点であることは容易に確かめられる．P_m をさまざまな m に対して計算してみると，即座に問題点が見つかる．m が 2 または 3 のとき，P_m を与える公式は意味をなさない．なぜなら，分母 m^2+1 が 0 だからである！　これは $\mathbb{Q}$ 上では m^2+1 が常に正であったのでわからなかった厄介ごとである．

幾何的には何が起こっているのであろうか？　直線 L_2，つまり直線 $y = 2(x-1)$ と V との交わりを考えてみよう．もし (x,y) がこの交わりに属するなら，次を得る．

$$x^2 + (2(x-1))^2 = 1$$
$$5x^2 - 8x + 3 = 0$$

$\mathbb{F}_5$ では $5 = 0$ また $8 = 3$ であるので，上の方程式は $3 - 3x = 0$ と書ける．言い換えると $x = 1$ であり，それは次に $y = 0$ を意味する．言い換えると，直線 L_2 は V と 1 点のみで交わるのである！

二つ可能性が残っており，そのどちらも幾何的直観にとって厄介である．L_2 は V と接すると宣言してもよいかもしれない．しかし，このことは V には $(1,0)$ において複数の接線があることを意味する．なぜなら，$x = 1$ における垂直な直線は確かになお接線と考えられるべきだからである．残った選択肢は，L_2 は V に接していないと宣言することである．しかし，そうすると，円 V に接してはいないが 1 点でのみ交わるような直線があるという，同じように芳しくない状態になる．なぜ，上の主張 (A) において「接する」ことの代数的定義を含めなかったのか，読者はわかりつつあるだろう！

この板挟み状態は，数論幾何学の本質をうまく表している．$\mathbb{F}_p$ 上の幾何学のような新奇な状況に移るときは，いくつかの特徴はそのままであるが（たとえば「直線は円と高々 2 点で交わる」），捨てなければならない特徴もある（たとえば「円に $(1,0)$ だけで交わる直線がちょうど 1 本あり，それを円の $(1,0)$ における接線と呼んでよい」*6)）．

これらの細かい点はさておき，いまや $V(\mathbb{F}_p)$ の点の個数を計算する準備が整った．まず，$p = 2$ のとき $V(\mathbb{F}_2)$ の点は $(0,1)$ と $(1,0)$ の 2 点だけであることを直接確かめることができる（数論幾何学におけるもう一つの常套句は，標数 2 の体はしばしば技術的な問題を引き起こすので別に扱うのが一番よ

---

*6)　この場合，とるべき態度として正しいものは，L_2 は V に接していないが，円と 1 点で交わる接線でない直線は存在する，とすることである．

い，というものである）．この場合が済んだので，この節の残りでは p は奇数であると仮定する．初等整数論から方程式 $m^2+1=0$ が $\mathbb{F}_p$ に解を持つ必要十分条件は $p\equiv 1\pmod 4$ となることであり，この場合，そのような m はちょうど二つある．よって，もし $p\equiv 3\pmod 4$ ならば，各直線 L_m は円と $(1,0)$ 以外の点で交わり，全部で $p+1$ 個の点がある．もし $p\equiv 1\pmod 4$ ならば，L_m が V と $(1,0)$ だけで交わる m の選び方は二つあり，これら二つの m の選び方を除いて全部で $V(\mathbb{F}_p)$ の $p-1$ 個の点を生じる．

結論として，$|V(\mathbb{F}_p)|$ は $p=2$ のとき 2，$p\equiv 1\pmod 4$ のとき $p-1$，$p\equiv 3\pmod 4$ のとき $p+1$ である．興味を持った読者には，次の練習問題が役立つだろう．$\mathbb{F}_p$ 上で $x^2+3y^2=1$ に対して解は何個あるか？ $x^2+y^2=0$ ならばどうか？

より一般に，X を任意の連立方程式

$$F_1(x_1,\ldots,x_n)=0,\ F_2(x_1,\ldots,x_n)=0,\ \ldots \quad (10)$$

の解の概型とする．ここで F_i は整数係数の多項式とする．すると，$x_1,\ldots,x_n\in\mathbb{F}_p$ となる式 (10) の解の数を $N_p(X)$ として，F に対して整数のリスト $N_2(X), N_3(X), N_5(X), \ldots,$ を対応させることができる．この整数のリストは概型 X に関する驚くほどの量の幾何的情報を含んでいることがわかる．最も単純な概型に対してでさえ，このリストを解析することは現在強く興味を持たれている深い問題である．そのことを次節で示そう．

5. 古典および現代数論幾何学におけるいくつかの問題

この節では，数論幾何学における大成功のうちいくつかについて，その概要を伝え，この分野の研究者が現在興味を持っているいくつかの問題の雰囲気を伝えてみたい．

一言警告しておくのがよいであろう．ここからは，きわめて深く複雑ないくつかの数学について簡潔に，専門用語を使わず説明を与えようとしている．そのために，あえて大きく単純化して書かせてもらうことになる．誤りになってしまうような主張は避けるが，（楕円曲線に付随する L 関数の定義のように）原論文そのままではない定義もしばしば用いることにする．

5.1 フェルマーからバーチ–スウィナートン＝ダイヤーへ

フェルマーの最終定理 [V.10] の証明の概説はほかにもあるので，ここでもう一つ与えようとはしないが，それは疑いなく数論幾何学における現代の成果で最も注目に値するものである（ここで，筆者は「現代」を数学者の感覚で使っていて，その意味は「筆者が大学院に入学してから証明された定理」である．「筆者が大学院に入学する前に証明された定理」の省略表現は「古典」という）．上で解説した数論幾何学の部分との関連を強調しながら，証明の構造についていくつか注意を述べよう．

フェルマーの最終定理（正しくは「フェルマーの予想」という．なぜなら，**フェルマー** [VI.12] が証明したとはほとんど想像できないからである）の主張は，ℓ を奇素数としたとき，方程式

$$A^\ell+B^\ell=C^\ell \quad (11)$$

が正の整数解 A,B,C を持たないということである．

証明はフレイ（Frey）とエレグアルシュ（Hellegouarch）により独立に導入された決定的なアイデアを用いる．これは，式 (11) のどの解 (A,B,C) にも，ある種の代数多様体 $X_{A,B}$，つまり方程式

$$y^2=x(x-A^\ell)(x+B^\ell)$$

で表される曲線を付随させるというものである．$N_p(X_{A,B})$ について何が言えるであろうか？ 簡単な経験則から始める．$\mathbb{F}_p$ では x に対して p 通りの選択肢がある．x のおのおのの選択肢について，y に対しては $x(x-A^\ell)(x+B^\ell)$ が $\mathbb{F}_p$ において平方非剰余か 0 か平方剰余かに応じて，0 個か 1 個か 2 個の選択肢がある．$\mathbb{F}_p$ においては同数の平方剰余と非剰余があるので，これらの二つは同じ頻度で現れると推測してよいだろう．もしそうなら，x の p 通りの選択肢のおのおのに対して y は平均して 1 個の選択肢があり，このことから $N_p(X_{A,B})\sim p$ という評価をしたくなる．a_p をこの評価の誤差と定める．すなわち，$a_p=p-N_p(X_{A,B})$ である．X が $x^2+y^2=1$ に付随した概型のときは $p-N_p(X)$ の振る舞いがたいへん規則的だったことは，覚えておくに値する．特に，この量は 4 を法として 1 に合同なときは値 1 をとり，4 を法として 3 に合同なときは -1 をとる（特に，経験則的な評価 $N_p(X)\sim p$ はこの場合たいへん良いことに注意する）．a_p が同じ種類の規則性

を示すと期待してよいものだろうか？

実は，a_p の振る舞いはメイザーの有名な定理が示すとおり，とても不規則である．a_p が周期的に変化しないだけでなく，さまざまな素数を法とした還元さえも不規則である！

事実（メイザー）　ℓ を3より大きい素数とし，b を正の整数とする．b を法として1と合同なすべての素数 p に対して a_p が ℓ を法として同じ値をとることはない[*7]．

他方，もし200ページの論文を一つの標語に圧縮してよければ，ワイルズが証明したことは，A, B, C を式(11)の解とするとき，a_p の ℓ を法とした還元は必ず周期的に振る舞い，$\ell > 3$ のときメイザーの定理と矛盾するということである．$\ell = 3$ のときは，**オイラー** [VI.19] の古い定理である．このことで，フェルマーの予想の証明は完成したし，また，$N_p(X)$ の値を注意深く調べることは代数多様体 X を研究する上でおもしろい方法であるというわれわれの主張が補強されたと望みたい．

しかし，話はフェルマーで終わらない．一般に，$f(x)$ が $\mathbb{Z}$ に係数を持つ3次式で重根を持たなければ，方程式

$$y^2 = f(x) \tag{12}$$

で定義される曲線 E は，**楕円曲線** [III.21] と呼ばれる（楕円曲線は楕円でないことに十分注意しよう）．楕円曲線上の有理点（すなわち式(12)を満たす有理数の対）の研究は，このような形でわれわれの主題が存在するより前からずっと数論幾何学者の頭を占めてきた．その話をきちんと扱うと1冊の本になり，実際，シルバーマンとテイトの本（Silverman and Tate, 1992）は，そのことで埋め尽くされている．上のように，$a_p(E)$ を $p - N_p(E)$ と定義することができる．最初に，もし経験則 $N_p(E) \sim p$ が良い評価であれば，$a_p(E)$ は p に比べて小さいと期待してよいであろう．そして実際，1930年代からあるハッセの定理は，$a_p(E) \leq 2\sqrt{p}$ を有限個の p を除いて示している．

楕円曲線の中には無限個の有理点を持つものもあれば，有限個しか持たないものもあることがわかる．$\mathbb{Q}$ 上で多くの点を持つ楕円曲線は，有限体上でもより多くの点を持つ傾向にあると期待するかもしれない．有理点の座標は p を法として還元することができて，有限体 $\mathbb{F}_p$ 上の点を生じるからである．逆に，数 a_p の一覧表がわかれば，$\mathbb{Q}$ 上の E の点について結論を引き出せると想像するかもしれない．

そのような結論を引き出すためには，整数 a_p の無限個からなる一覧表の情報をまとめるうまい方法が必要である．そのようなまとめ方は，変数 s の関数として次のように定義される楕円曲線の **L 関数** [III.47] により与えられる．

$$L(E,s) = \prod_p{}' (1 - a_p p^{-s} + p^{1-2s})^{-1} \tag{13}$$

記号 $\prod'$ は，この積は多項式 f から容易に決定される有限集合を除いたすべての素数の上で評価されることを意味する（ここでも過度に単純化しており，文献で $L(E,s)$ として通常扱われるものから，いくつかわれわれに関係ない部分で異なっている）．s が $3/2$ より大きい実数のときに式(13)の積が収束することは困難なく確かめられる．もっとずっと深いこととして，ワイルズの定理と，後のブレイユ，コンラッド，ダイヤモンド，テイラーの定理から従うことは，$L(E,s)$ をあらゆる複素数 s に対して定まる**正則関数** [I.3 (5.6項)] に拡張できる．

経験的な議論から，$N_p(E)$ の値と $L(E,1)$ の値の間に次のような関係があることが示唆されるだろう．もし a_p が典型的な場合は負であれば（$N_p(E)$ が典型的な場合 p より大きいときに対応する），無限積の中の項は1より小さくなる．a_p が正のときは，積の中の項は1より大きくなる．特に，E がたくさんの有理点を持つときは，$L(E,1)$ の値は0により近いと期待されるだろう．もちろん，この経験則は鵜呑みにしないでほしい．実際は $L(E,1)$ が式(13)の右辺の無限積で定義されるわけではないのだから！それにもかかわらず，上の経験則的な予言を精密化した**バーチ–スウィナートン＝ダイヤー予想** [V.4] は広く信じられており，いくつもの部分的結果や数値実験により支持されている．ここで予想を完全に一般的に述べるには，スペースが足りない．しかしながら，次の予想がバーチ–スウィナートン＝ダイヤーから従うであろう．

*7) メイザーにより証明された定理は，かなり異なるもっとずっと一般的な形で述べられている．彼は，ある種の**モジュラー**曲線が有理点をまったく持たないことを示している．このことから，$X_{A,B}$ だけでなく $y^2 = f(x)$ の形の任意の方程式に対し，上に述べた類の事実が成り立つことが従う．ここで f は重根を持たない3次式である．この観点を展開することは，フェルマーの他の解説に任せよう．

予想 楕円曲線が $\mathbb{Q}$ 上無限個の点を持つためには，$L(E,1)=0$ が必要かつ十分である．

コルヴァーギンは，この予想の一方を 1988 年に証明した．すなわち，もし $L(E,1)\neq 0$ であれば，E の有理点は有限個である（正確には，彼は，後のワイルズたちの定理と組み合わせればここで述べた主張になる定理を証明した）．グロスとザギエの定理から，$L(E,s)$ が $s=1$ に単純零点を持てば E が無限個の有理点を持つことが従う．これらが，L 関数と楕円曲線上の有理点の間の関係について現在知られていることをだいたい要約したものである．しかし，このように知識が欠如しているからといって，同じ流れにあるもっとずっと純化された予想の複号体を構成する妨げにはならなかった．バーチ–スウィナートン＝ダイヤー予想はその中のちっぽけで比較的現実的なかけらにすぎない．

点の個数を数える主題から去る前に，立ち止まってもう一つ美しい結果を指摘しておこう．有限体上の曲線の点の個数を抑える**アンドレ・ヴェイユ** [VI.93] の定理である（射影幾何学を説明していないので，普通のものよりいくぶん美しさが減った定式化で満足することにしよう）．$F(x,y)$ を 2 変数既約多項式とし，X を $F(x,y)=0$ の解の概型とする．このとき，X の複素数点は**代数曲線**と呼ばれる $\mathbb{C}^2$ のある部分集合を定める．X は $\mathbb{C}^2$ の点に 1 個の多項式条件を置いたことで得られているので，X は複素次元 1 であると期待し，それは実次元 2 であるということになる．したがって，$X(\mathbb{C})$ は位相幾何的に言うと曲面である．F のほとんどすべての選び方に対し，曲面 $X(\mathbb{C})$ は，ある非負整数 g と d に対して，「g 個の穴の開いたドーナツ」から d 個の点を除いたものという位相を持つことがわかる．この場合，X は**種数 g の曲線**であるという．

第 2 節で，有限体上の概型の振る舞いはわれわれの $\mathbb{R}$ や $\mathbb{C}$ 上での幾何的直観から出てくる事実を「保持している」ようであることを見た．そこでの例は，円と直線は高々 2 点で交わるという事実であった．

ヴェイユの定理は，同様の，しかしもっと深い現象を明らかにする．

事実 $F(x,y)$ の解の概型 X が種数 g の曲線であるとする．このとき，素数 p に対し，有限個の例外を除いて，$\mathbb{F}_p$ 上の X の点の個数は，高々 $p+1+2g\sqrt{p}$ であり，少なくとも $p+1-2g\sqrt{p}-d$ である．

ヴェイユの定理は，幾何学と数論の間の驚くほど緊密な繋がりを表している．$X(\mathbb{C})$ の位相が複雑であればあるほど，$\mathbb{F}_p$ 点の個数は p という「期待される」数からずれることがありうる．さらに，各有限体 $\mathbb{F}_q$ に対し，集合 $X(\mathbb{F}_q)$ の大きさを知ることで，X の種数を決めることができる．言い換えれば，点の有限集合である $X(\mathbb{F}_q)$ は，複素点の空間 $X(\mathbb{C})$ の位相を何かしら保持している！ 現代の言葉で言うと，一般の概型に適用できる**エタールコホモロジー**と呼ばれる理論がある．これは，$\mathbb{C}$ 上の代数多様体の位相に適用されるコホモロジー理論を真似たものである．

少しの間，多項式 $F(x,y)=x^2+y^2-1$ をとり大好きな曲線に戻ろう．この場合，$X(\mathbb{C})$ は種数 0 で次数 $d=2$ であることがわかる．$X(\mathbb{F}_p)$ が $p+1$ 個か $p-1$ 個の点を含むという以前の結果は，ヴェイユの限界とぴったり適合している．楕円曲線は常に種数 1 であることに注意する．よって，以前言及したハッセの定理もまた，ヴェイユの定理の特別な場合である．

第 2 節から思い出してほしいのだが，$\mathbb{R}$ 上や $\mathbb{Q}$ 上やさまざまな有限体上での $x^2+y^2=1$ の解は，変数 m でパラメータ付けすることができた．このパラメータ付けによって，この場合の $X(\mathbb{F}_p)$ の大きさを表す簡単な公式を決定することができる．以前，ほとんどの概型はそのようにパラメータ付けできないことを注意した．いまや，もう少しだけ正確な主張を，少なくとも代数曲線に対してはできる．

事実 X が種数 0 の曲線であれば，X の点は 1 個の変数でパラメータ付けできる．

この事実の逆は，多かれ少なかれ同様に正しい（ただし，正確に述べるには「特異点のある曲線」について，ここで言える以上のことが必要である）．言い換えると，ディオファントス方程式の解がパラメータ付けできるかどうかという完全に代数的な問題に対して，ここで幾何的な解答が与えられたのである．

5.2 曲線上の有理点

上で述べたように，（種数 1 の曲線である）楕円曲線には，有理点を有限個持つものもあれば，無限個持つものもある．他の種類の代数曲線に対しては状況はどうであろうか？

種数 0 の曲線で無限個の点を持つものには，すでに出会っている．すなわち，曲線 $x^2+y^2=1$ である．他方，曲線 $x^2+y^2=7$ も種数 0 であるが，第 1 節の議論を簡単に変えると，この曲線には有理点がないことを示せる．可能性はこれら二つしかないことがわかる．

事実　X が種数 0 の曲線ならば，$X(\mathbb{Q})$ は空か無限かのいずれかである．

先に言及したメイザーの定理のおかげで，種数 1 の曲線も同様の二分法に落ちることが知られている．

事実　X が種数 1 の曲線ならば，X は高々 16 個の有理点を持つか，無限個の有理点を持つ．

種数がさらに高い曲線についてはどうであろうか？ 1920 年代の初めにモーデルが次の予想を立てた．

予想　X が種数 2 以上の曲線ならば，X の有理点は有限個である．

この予想は，ファルティングスにより 1983 年に証明された．実際，彼はこの予想が特別な場合となるようなもっと一般の定理を証明した．ファルティングスの成果において，概型 $\mathrm{Spec}\,\mathbb{Z}$ の研究に大量の幾何的直観が持ち込まれたことは，注意しておく価値がある．

ある集合が有限であることを証明するとき，その大きさを抑えることができるかどうか考えることは自然である．たとえば，$f(x)$ が 6 次多項式で重根を持たないとき，曲線 $y^2=f(x)$ は種数 2 を持つことがわかる．よって，ファルティングスの定理により，有理数の対 (x,y) で $y^2=f(x)$ を満たすものは有限個しかない．

問題　$\mathbb{Q}$ 係数で重根を持たないすべての 6 次多項式に対し，$y^2=f(x)$ がたかだか B 個の解しか持たないような定数 B は存在するか？

この問題はまだ解かれておらず，答えが Yes か No かについても，強い意見の一致があるようには見えない．現在の世界記録は，曲線

$$y^2=378\,371\,081x^2(x^2-9)^2-229\,833\,600(x^2-1)^2$$

が持っている．これは，ケラーとクレスにより構成されたもので，588 個の有理点がある．

上の問題に対する興味は，高次元代数多様体の点に関わるラングの予想との関係から来ている．カポラソ，ハリス，メイザーは，ラングの予想から上の問題が正しいという答えが出ることを示した．このことから予想に対して自然な攻撃ができることが示唆される．もし，6 次多項式の無限列で方程式 $y=f(x)$ の有理数解がどんどん増えるものを構成する方法が見つかれば，ラング予想の反証になるのである！　この研究はまだ誰も成功していない．もし上の問題に対する解答が Yes であることを証明できたとすると，おそらくそれはラング予想の信頼性を補強してくれるだろうが，もちろん予想を定理に近づけてくれるわけではない．

本章では，数論幾何学の現代の理論を垣間見たにすぎないが，おそらく数学者が成功した部分を強調しすぎて，その対価として上のラング予想のような，もっと大きな問題でわれわれが完全に無知なるままであるものが並ぶ領土については扱えなかった．数学の歴史の現段階において，ディオファントス問題に付随した概型には「幾何がある」と自信を持って言える．残っているのは，「この幾何がどのようになっているか」をできる限り明らかにすることであり，この点では，本章で述べた発展はあるにしろ，われわれの理解はより古典的な幾何的状況での知識に比較すると，まだ全然満足のいかないものである．

文献紹介

Dieudonné, J. 1985. *History of Algebraic Geometry*. Monterey, CA: Wadsworth.

Silverman, J., and J. Tate. 1992. *Rational Points on Elliptic Curves*. New York: Springer.

IV.6

代数的位相幾何学

Algebraic Topology

バート・トタロ［訳：久我健一］

はじめに

位相幾何学は，図形の性質の中で，連続的に変形しても変わらない性質を調べる分野である．より専門的な言葉を使えば，位相幾何学では，同相な空間を同じものと考えて**位相空間** [III.90] を分類すること

を目標とする．代数的位相幾何学では，位相空間にその空間の「穴の数」と思えるような数を対応させる．これらの穴を用いて二つの空間が同相でないことを示すことができる．すなわち，二つの空間のある種の穴の数が違えば，一方が他方の連続的な変形とはなり得ないということができる．最も幸運な場合には，逆の主張，すなわち二つの空間の穴の数が（ある正確な意味で）同じならば，それらの空間は同相であることが示せる可能性もある．

位相幾何学は数学の分野としては比較的新しく，19 世紀に始まる．それ以前は，方程式を解いたり，落下する物体の軌道を求めたり，サイコロゲームで破産する確率を計算したりと，数学ではたいてい，問題を明確に解くことが追求されていた．数学の問題の複雑さが増すにつれて，ほとんどの問題は明示的な公式で解くことができないことがはっきりしてきた．古典的な例として，**3 体問題** [V.33] として知られる問題がある．これは，重力によって結び付いている地球，太陽，月が将来どのように運行するかを計算する問題である．定量的な予測が不可能な場合でも，位相幾何学は定性的な予測を可能にする道を開く．たとえば，ニューヨークからモンテビデオへの旅は，ある地点で必ず赤道を通過しなければならない．その地点がどこであると明確には言えないが，通過するということは，単純な位相幾何的事実である．

1. 連結性と交点数

位相的性質の中で最も簡単なものは，おそらく**連結性**と呼ばれる性質であろう．すぐあとで見るように，この性質はさまざまなやり方で定義できるが，空間が連結であるということの意味がはっきりすれば，位相空間を**連結成分**と呼ばれる連結な部分に分解することができる．この連結成分の数は，単純だが有用な**不変量** [I.4 (2.2 項)] である．すなわち，二つの空間の連結成分の数が異なれば，それらの空間は同相でないと言える．

連結性の異なる定義は，性質の良い位相空間に対しては同値になる．しかし，これらの定義は，空間の穴の数を測る何通りもの方法に一般化することができる．これらの一般化の違いはとても興味深く，どれも重要である．

連結性の第一の解釈は，**道**の考え方を使う．道とは，単位区間 $[0,1]$ から与えられた空間 X への連続写像 f として定義される（f は $f(0)$ から $f(1)$ への道と考える）．X の二つの点に対して，一方から他方への道が存在するとき，それら 2 点が同値であると定めよう．この**同値類** [I.2 (2.3 項)] の集合は X の**弧状連結成分**の集合と呼ばれ，$\pi_0(X)$ と書かれる．これは X が分解する「連結成分の数」の定義として，とても自然である．この考え方を，球面のように，他の標準的な空間から X への写像を考えることによって，一般化することができる．これは，第 2 節で扱うホモトピー群の概念に至る．

連結性に対する別の考え方は，線分から X への写像ではなく，X から実数への関数に基づくものである．X 上の関数を微分することが意味を持つ状況にあると仮定しよう．たとえば，X はユークリッド空間の開集合であってもよいし，より一般的に**微分可能多様体** [I.3 (6.9 項)] であってもよい．X 上の実数値関数で導関数が至るところで 0 であるものすべてを考えよう．これらの関数は実**線形空間** [I.3 (2.3 項)] をなし，これを $H^0(X,\mathbb{R})$（X の実数係数 0 次コホモロジー群）と呼ぶ．微積分学により，区間で定義された関数は，その導関数が 0 ならば定数関数である．しかし，関数の定義域がいくつかの連結部分からなるときは，これは成り立たない．言えることは，X の各連結成分上では定数であるということだけである．したがって，このような関数の自由度は，連結成分の数に一致する．すなわち，線形空間 $H^0(X,\mathbb{R})$ の次元が X の連結成分の数を記述する別のやり方を与える．これはコホモロジー群の最も簡単な例である．コホモロジーについては，第 4 節で論じる．

連結性の考え方を用いて，すべての奇数次の実数係数多項式は実数解を持つという，代数的に意味のある定理を証明することができる．たとえば，$x^3+3x-4=0$ を満たす実数 x が存在しなければならない，ということである．ここでは，x が絶対値の大きい正または負の数であるとき，項 x^3 はこの多項式の他の項に比べて絶対値がより大きいという観察がもとになる．この最高次数項が x の奇数ベキなので，ある正の数 x に対して $f(x)>0$ であり，ある負の数 x に対して $f(x)<0$ である．もし f が決して 0 にならないとしたら，f は実数直線から原点を除いた実数直線への連続写像となる．しかし，実数直線は連結であるのに対し，原点を除いた実数直線は，正数と負数の二つの連結成分を持つ．連結な

空間 X から別の空間 Y への連続写像は，X を Y のただ一つの連結成分に写像しなければならないことは，容易に示すことができる．これは今の場合，f が正の値も負の値もとることと矛盾を生む．したがって，f はある点で 0 でなければならないことになり，証明が完結する．

この議論は微積分学の「中間値の定理」を使って述べることができる．この定理は，まさに最も基本的な位相幾何的定理の一つなのである．この定理と同値な言い換えとして，下半平面から上半平面に至る連続曲線は水平軸とどこかの点で交差しなければならないとも言える．この考え方は，位相幾何学で最も有用な概念の一つである**交点数**に通じる．M を滑らかな向き付けられた多様体とする（大雑把に言えば，多様体が向き付け可能とは，多様体の中で図形を移動させても，その図形を反転した鏡像になることがないことをいう．最も簡単な向き付け不可能多様体は，メビウスの帯である．帯に沿って図形を移動させ奇数回まわすと図形が反転する）．A と B を，M の二つの向き付けられた閉部分多様体で，次元の和が M の次元と一致するものとする．さらに，A と B は横断的に交わっていて，交差は「正しい」次元，すなわち 0 次元であり，したがって，ばらばらな点からなるとする．

いま p をこのような点の一つとする．A と B および M の向きの関係に自然に依存して，p に $+1$ か -1 の重みを指定する方法がある（図 1 参照）．たとえば，M が球面であり，A が M の赤道，B が閉曲線で，A と B には適当な方向が与えられているとすると，p の重みは B が A を p で上向きに交差するか，下向きに交差するかを表す．もし A と B が有限個の点でしか交わらないと仮定すれば，A と B の交点数 $A \cdot B$ をすべての交点での重み（$+1$ か -1）の和として定義することができる．この仮定は M が**コンパクト** [III.9]（すなわち，ある N に対する $\mathbb{R}^N$ の有界閉集合と思えるとき）であれば成り立つ．

交点数について重要なことは，これが次の意味で**不変量**であるという点である．A と B を連続的に動かして横断的に交わる別の組 A' と B' になったとする．このとき，交点の個数は変わるかもしれないが，交点数 $A' \cdot B'$ は $A \cdot B$ と同じになる．このことがもっともらしいことを確かめるために，再び A と B が曲線で M が 2 次元である場合を考えよう．A と B がある点で重み 1 で交わっているとすると，一方の曲線を蛇行させて，この交点を重み $1, -1, 1$ の 3 交点にすることができる．しかし，全体として交点数への寄与は変わらない．この状況を図 2 に示す．結果として，交点数 $A \cdot B$ は次元の和が M の次元と一致する**すべて**の部分多様体のペアに対して定義される．もしこれらが横断的に交わっていなければ，これらを動かして横断的に交わるようにしてから上に与えた定義を適用すればよい．

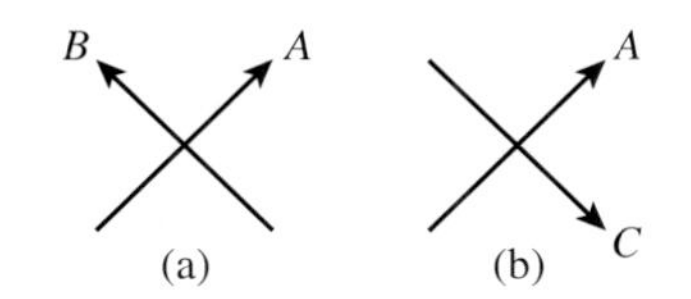

図 1　交点数：(a) $A \cdot B = 1$, (b) $A \cdot C = -1$

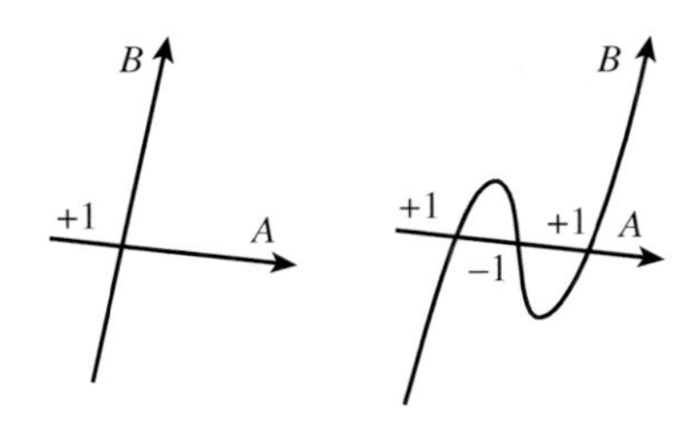

図 2　部分多様体の移動

特に，二つの部分多様体が 0 でない交点数を持てば，これらをどのように動かしても，互いに交わらないようにすることはできない．これは，先に議論した連結性の別の言い表し方である．ニューヨークからモンテビデオに至る曲線で赤道と交点数が 1 のものが簡単に描ける．したがって，どのように曲線を動かしても（ただし両端点は固定したままとする．より一般的には，もし A か B が境界を持つならば，境界は固定したままにしなければならない），赤道との交点数は常に 1 であり，特に赤道とは少なくとも 1 点で交わらなければならない．

位相幾何学での交点数の数多い応用の一つは，**結び目理論** [III.44] から来る**絡み数**の概念である．**結び目**は空間中の道で始点と終点が同じものである．あるいはより形式的に言えば，$\mathbb{R}^3$ の閉じた連結 1 次元部分多様体である．どのような結び目 K が与えられても，$\mathbb{R}^3$ 内の曲面 S で K を境界に持つものを見つけることができる（図 3 [*1]）．L を K と交わらな

[*1]　［訳注］図 3 の曲面は原著のとおりだが，向き付け不可能なメビウスの帯となっていて交点に “+” や “−” の符号を付けることはできない．しかし，任意の結び目 K に対して K を境界に持つ向き付け可能な曲面 S が常に

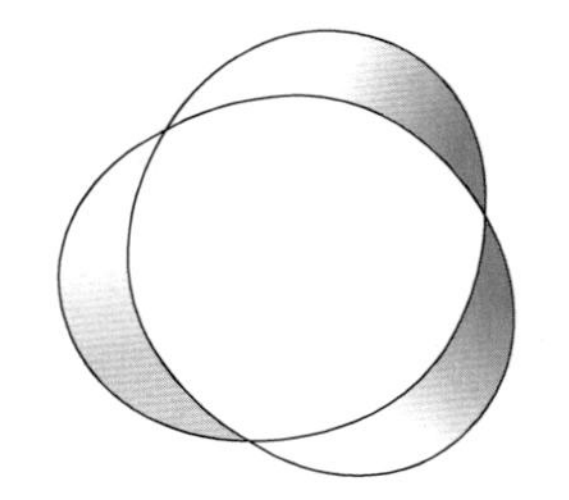

図 3　結び目を境界に持つ曲面

い結び目とする．K と L の絡み数は L と曲面 S の交点数として定義される．交点数の性質から，もし K と L の絡み数が 0 でないならば，結び目 K と L は引っ張って別々にすることができないという意味で「絡んでいる」ことになる．

2. ホモトピー群

平面 $\mathbb{R}^2$ から原点を取り除くと，平面とは基本的に異なる新しい空間が得られる．すなわち，穴が開いているのである．しかし，平面も原点を取り除いた平面もともに連結なので，連結成分を数えるだけではこの違いを捉えることはできない．この種の穴を捉える**基本群**と呼ばれる不変量を定義することから，この節を始めよう．

最初の近似的定義として，空間 X の基本群の元とは**ループ**であると考えてみよう．ここでループとは，形式的には $[0,1]$ から X への連続関数 f で $f(0)=f(1)$ を満たすものである．しかし，これは二つの理由から，完全に正確な定義とは言えない．第一の理由は，これはきわめて重要な点なのだが，二つのループは，一方を X の中にいながらにして連続的変形で他方に移せるとき，同値と見なされることである．このとき，それらを**ホモトピック**であるという．このことをより定式的に述べるために，f_0 と f_1 を二つのループとしよう．f_0 と f_1 の間の**ホモトピー**とは，0 と 1 の間の各 s に対して一つずつ与えられた X 中のループ f_s の集まりで，関数 $F(s,t)=f_s(t)$ が $[0,1]^2$ から X への連続関数となるものをいう．したがって，s が 0 から 1 まで増加する間にループ f_s は f_0 から f_1 に連続的に移動する．二つのループが（[訳注] その間にホモトピーが存在して）ホモトピックのとき，同じものと数えるのである．したがって，基本群の元とは，ループそのものではなく，ループ

存在し，L と S の整数値の交点数が定義される．

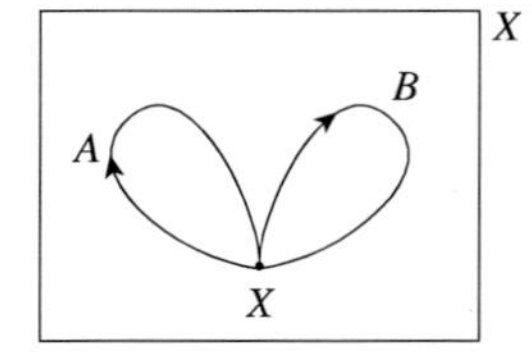

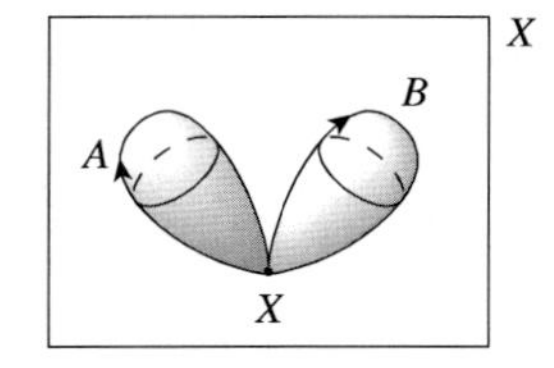

図 4　基本群と高次元ホモトピー群の積

の同値類，あるいは**ホモトピー類**のことである．

これでも完全に正確とは言えない．というのは，技術的理由からループにさらに条件を課す必要があるからである．すなわち，ループは**基点**と呼ばれる与えられた点を始点（したがって終点）とするものとする．X が（弧状）連結なら，この基点がどの点であっても違いがないことが判明するが，すべてのループに対して同一の点である必要がある．こうする理由は，これによって二つのループを掛け合わせる方法が与えられるのである．すなわち，x を基点とし，A と B が x を出て x に着く二つのループとすると，A を 1 周し，続けて B を 1 周することによって，新しいループを定義することができる．この状況を図 4 に描く．この新しいループをループ A と B の積と見なす．この積のホモトピー類が A と B のホモトピー類にしか依存しないことや，得られる 2 項演算がループのホモトピー類の集合を**群** [I.3 (2.1 項)] にするということを確かめるのは，難しいことではない．われわれが X の基本群と呼ぶのはこの群のことであり，$\pi_1(X)$ と書かれる．

よく出てきそうな空間の多くに対して，基本群を計算することができる．これは，一つの空間を別の空間から区別する重要な方法となる．まず，すべての n に対して $\mathbb{R}^n$ の基本群はただ一つの元からなる自明な群である．これは，$\mathbb{R}^n$ 中のどのようなループも基点に連続的に収縮できるからである．他方，原点を取り除いた平面 $\mathbb{R}^2\setminus\{0\}$ の基本群は整数全体のなす群 $\mathbb{Z}$ と同型である．このことは，$\mathbb{R}^2\setminus\{0\}$ 内のいかなるループに対しても，ループを連続的に変形しても変わらない整数を対応させることができることを意味する．この整数は**回転数**として知られている．直観的には，回転数は，半時計回りの回転を正に，時計回りを負に数えて，写像が原点を合計で何回まわったかを測るものである．$\mathbb{R}^2\setminus\{0\}$ の基本群は自明な群ではないので，$\mathbb{R}^2\setminus\{0\}$ は平面とは同相ではあり得ない（このことの初等的証明を見つける問題はおもしろい演習となる．すなわち，代数的位

相幾何の計算法を使ったり，暗に再構成したりすることのない証明である．このような証明は実際に存在するが，見つけるには工夫を要する）．

基本群の古典的応用の一つは，定数以外のいかなる複素係数多項式も複素数解を持つという**代数学の基本定理** [V.13] の証明である（この証明は今参照した項目に要約されているが，そこには明白に基本群とは書かれていない）．

基本群によって空間が持つ「1 次元の穴」の数がわかる．基本的な例は円周であり，$\mathbb{R}^2\backslash\{0\}$ と同じように基本群 $\mathbb{Z}$ を持つ．理由も本質的に同じである．円周内で同じ点から出発して戻る道が与えられると，それが円周を何回転するかを数えることができる．次の節で，さらにいくつかの例を見る．

より次元の高い穴について考える前に，最も重要な位相空間の一つである n 次元球面について議論しておく必要がある．これは，各自然数 n に対して，$\mathbb{R}^{n+1}$ 内で原点から距離 1 にある点全体のなす集合として定義され，S^n と書かれる．したがって，0 次元球面 S^0 は 2 点からなり，1 次元球面 S^1 は円周であり，2 次元球面 S^2 は地球の表面のような，通常の球面である．より高次元の球面は少しとっつきにくいが，低次元の球面と同じように考えることができる．たとえば，2 次元球面は，2 次元閉円板から，その境界である円周上のすべての点を 1 点に同一視して作ることができる．同様に，3 次元球面は，3 次元球体から，その境界である球面上のすべての点を同一視して得られる．類似の見方として，3 次元球面を，よく知っている 3 次元空間 $\mathbb{R}^3$ に一つの「無限遠点」を付け加えたものと考えることもできる．

よく知っている球面 S^2 について考えよう．球面上に描かれるあらゆるループは 1 点に縮めることができるので，球面は自明な基本群を持つ．しかし，だからと言って S^2 が位相的に自明であるわけではない．この興味深い性質を捉えるためには，別の不変量が必要である．このような不変量は，たとえすべてのループが縮んでしまう場合であっても縮めることができない写像がある，という観察に基づいて得ることができる．事実，球面自身は 1 点に縮めることはできない．より正確な言い方をすれば，球面から球面への恒等写像は，球面から 1 点への写像にホモトピックではない．

この考え方から位相空間 X の次元の高いホモトピー群の概念が導かれる．大雑把な考え方は，いかなる自然数 n に対しても，n 次元球面から X へのすべての連続写像を考えることによって，X にある「n 次元の穴」の数を数えることである．これらの球面のどれかが X の穴をぐるりと包み込んでいないかを見たいわけである．ここでもまた，S^n から X への二つの写像は，ホモトピックのときに同値と見なすことにする．そこで再び，n 次ホモトピー群 $\pi_n(X)$ の元は，このような写像のホモトピー類として定義される．

f を $[0,1]$ から X への連続写像で $f(0)=f(1)=x$ を満たすものとする．あるいは，区間 $[0,1]$ を点 0 と点 1 を「同一視して」円周 S^1 にすると考えてもよい．この場合，f は S^1 から X への写像で，S^1 に指定された 1 点を x に移すものになる．高次元の S^n からの写像に群演算を定義するために，基本群の場合と同じように S^n の 1 点 s と X の基点 x を固定し，s を x に移す写像だけを考えることにする．

A と B を，この条件を満たす，S^n から X への二つの連続写像とする．S^n から X への「積」写像 $A\cdot B$ は，以下のように定義される．まず，S^n の赤道を 1 点につぶす．$n=1$ のとき，赤道はただ 2 点だけからなり，8 の字が得られる．一般の n に対しても同様に，二つの S^n のコピーが 1 点で接している図形が得られる．それぞれの S^n はつぶす前の元の S^n の北半球と，南半球からできている．そこで，写像 A で下半分を X に，また写像 B で上半分を X に写像し，赤道は基点 x に移す（上半分と下半分では，ともに，1 点につぶれた赤道が点 s の役割を果たしている）．

1 次元の場合と同様に，この演算によって集合 $\pi_n(X)$ は群になり，この群が空間 X の n 次ホモトピー群である．これは空間が「n 次元の穴」をいくつ持っているかを測るものと考えられる．

これらの群が「代数的」位相幾何学の始まりである．すなわち，任意の位相空間から，今の場合の群のような，代数的対象を構成するのである．もし二つの空間が同相なら，それらの基本群（および高次ホモトピー群）は同型でなけらばならない．群は個数よりも多くの情報を持っているので，穴の個数を数えるだけという元の考え方より，これは豊富な内容を含んでいる．

S^n から $\mathbb{R}^m$ へのどのような連続関数も，明らかなやり方で連続的に 1 点に縮めることができる．このことから $\mathbb{R}^m$ のすべての高次ホモトピー群が自明であることがわかる．これは $\mathbb{R}^m$ には穴が開いていない，という曖昧な考え方の，正確な定式化である．

ある状況下では，二つの異なる位相空間 X, Y が持つすべてのタイプの穴の数が一致しなければならないことを示せる．X と Y が同相であれば明らかにそうであるが，X と Y が**ホモトピー同値**として知られるより弱い意味で同値である場合もそうである．X と Y を位相空間とし，f_0 と f_1 を X から Y への連続写像とする．f_0 から f_1 へのホモトピーは球面のときとほぼ同じように定義される．すなわち f_0 から f_1 に至る連続写像の連続的な集まりである．そこでまず，そのようなホモトピーが存在するならば，f_0 と f_1 はホモトピックであるという．次に，空間 X から空間 Y へのホモトピー同値写像とは，連続写像 $f : X \to Y$ であって，もう一つの連続写像 $g : Y \to X$ があり，合成 $g \circ f : X \to X$ が X の恒等写像とホモトピックであり，かつ $f \circ g : Y \to Y$ が Y の恒等写像とホモトピックであるという条件を満たすことである（ここで「ホモトピック」という言葉を「等しい」で置き換えると，同相写像の定義になることに注意してほしい）．X から Y へのホモトピー同値写像が存在するとき，X と Y は**ホモトピー同値**であるといい，また X と Y は同じ**ホモトピー型**を持つともいう．

一つの良い例は，X が単位円周で，Y が原点を除いた平面の場合である．これらが同じ基本群を持つことはすでに観察しており，そのとき「理由は本質的に同じである」と書いた．今はこれをより正確に述べることができる．$f : X \to Y$ を，(x, y) を (x, y) に移す写像とする（初めの (x, y) は円周の点であり，2番目は平面の点である）．$g : Y \to X$ を，点 (u, v) を

$$\left(\frac{u}{\sqrt{u^2+v^2}}, \frac{v}{\sqrt{u^2+v^2}}\right)$$

に移す写像とする（Y は原点を含まないので，$u^2 + v^2$ は0にならないことに注意しよう）．すると，$g \circ f$ は単位円周の恒等写像であることがすぐにわかる．したがって，もちろん恒等写像とホモトピックである．$f \circ g$ については，g 自身と同じ式で与えられる．より幾何的に言えば，原点から出る各半直線上の点を，この半直線と円周との交点に移す．この写像が Y の恒等写像とホモトピックであることは，困難なく示される（基本的な考え方は，半直線を，それが円周と交わる1点に「縮める」ことである）．

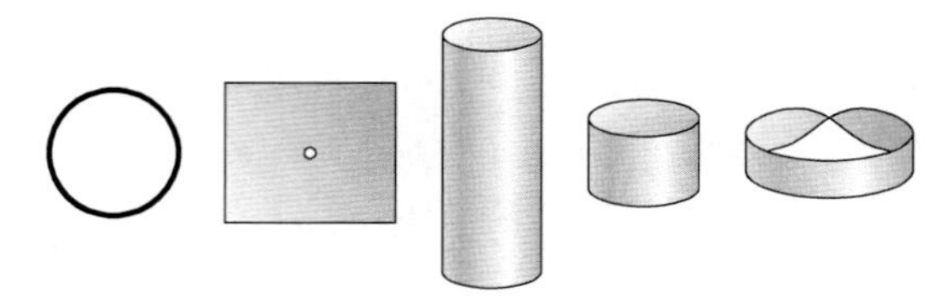

図5　円周とホモトピー同値な空間

とても大雑把に言えば，二つの空間がホモトピー同値であるとは，すべてのタイプの穴の数が一致することである．これは「同じ形である」という考え方として，同相よりもより柔軟な考え方である．たとえば，異なる次元のユークリッド空間は互いに同相ではないが，すべてホモトピー同値である．実際，これらはすべて1点とホモトピー同値である．このような空間は**可縮**と呼ばれ，いかなる種類の穴も持っていない空間と見なすことができる．円周は可縮ではない．しかし，これとホモトピー同値な自然な空間はたくさんある．平面 $\mathbb{R}^2$ から原点を除いた空間（前出），円筒 $S^1 \times \mathbb{R}$，コンパクトな円筒 $S^1 \times [0,1]$，さらに，メビウスの帯がそうである（図5）．ホモトピー群やコホモロジー群のような代数的位相幾何の不変量のほとんどが，いかなる二つのホモトピー同値な空間に対しても一致する．したがって，円周の基本群が整数全体と同型であることを知っていれば，今述べたようなさまざまなホモトピー同値な空間についても同じことが言えることがわかる．大雑把に言って，このことは，このような空間はすべて「一つの基本的な1次元の穴」を持つことを意味している．

3.　基本群と高次ホモトピー群の計算

基本群についての感触をつかむために，すでにわれわれが知っていることを復習し，また，いくつかの新しい例を見てみよう．2次元球面の基本群は，さらにそれ以上の次元の球面の基本群も含めてすべて自明群である．2次元トーラス $S^1 \times S^1$ の基本群は $\mathbb{Z}^2 = \mathbb{Z} \times \mathbb{Z}$ である．したがって，トーラス内のループは二つの整数を決める．これらはメリディアン方向に何回まわったか，またロンジチュード方向に何回まわったかを数えている．

基本群は非アーベル群にもなりうる．すなわち，基本群のある元 a, b について $ab \neq ba$ となることも起こりうる．最も簡単な例は，二つの円周を1点で接着してできる空間 X である（図6）．X の基本

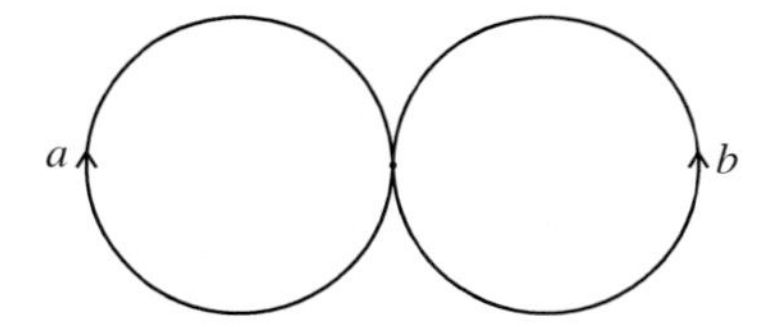

図 6　二つの円周の 1 点における合併

群は二つの元 a, b で生成される**自由群** [IV.10 (2 節)] である．大雑把に言って，この群の元は，$abaab^{-1}a$ のように生成元とその逆元を使って書ける任意の積で，ただし，a と a^{-1} もしくは b と b^{-1} が隣り合って現れるときはこれらを初めに消しておくとしたものである（したがって，たとえば $abb^{-1}bab^{-1}$ の代わりに $abab^{-1}$ と簡略化して書ける）．生成元は二つの円周のおのおのを回るループに対応している．ある意味で自由群は最も非アーベル的な群である．特に ab は ba と等しくない．これは位相幾何的な言葉で言えば，X 中でループ a を回ってからループ b を回るループは，ループ b を回ってからループ a を回るループとホモトピックでないことを表している．

この空間は少し作為的に見えるかもしれない．しかし，これは平面から 2 点を除いた空間とホモトピー同値であり，こちらのほうは多くの文脈で登場する．より一般的に，平面から d 個の点を除いた空間の基本群は，d 個の元で生成される自由群である．これが，基本群が穴の数を数えることの正確な意味である．

基本群とは対照的に，高次のホモトピー群 $\pi_n(X)$ は，n が 2 以上ならばアーベル群である．図 7 は $n = 2$ の場合に対して「言葉のない証明」を与えている．任意の大きい n に対する証明も同じである．この図では，2 次元球面を境界を 1 点に同一視した正方形として見ている．したがって，$\pi_2(X)$ の任意の元 A や B は，正方形から X への連続写像で正方形の境界を基点 x に移すもので代表される．図では AB から BA へのホモトピーの数段階が示されている．ここでは，影がかかった領域と正方形の境界のすべてが基点 x に写像されている．この図は一つのひもがもう一つのひもと 1 回捻じれる最も簡単な組ひも（ブレイド）の絵と似ている．これは代数的位相幾何学と**組ひも群** [III.4] の深い繋がりの端緒である．

基本群は低次元において特に強力である．たとえば，すべてのコンパクトで連結な曲面（2 次元多様体）は標準的な表（「微分位相幾何学」[IV.7 (2.3 項)] を参照）のどれか一つと同相である．そして，この表の多様体の基本群を計算すると，すべて異なる（同型

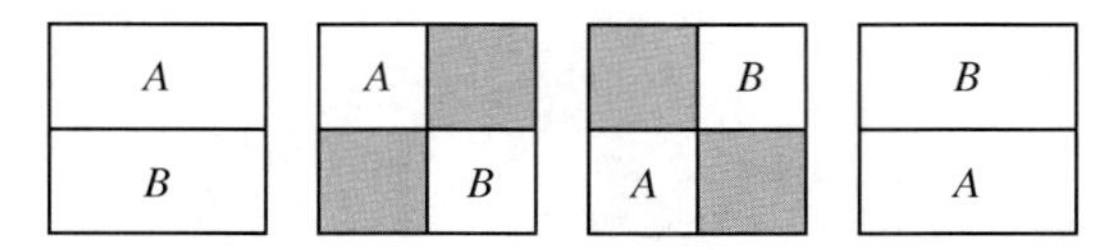

図 7　任意の空間の π_2 がアーベル群であることの証明

でない）ことがわかる．だから，読者が野生の閉曲面を捕まえたなら，その基本群を計算することで，それが分類表のどこに該当するかが正確にわかるというわけである．さらに，曲面の幾何的性質はその基本群と強く結び付いている．**曲率** [III.13] が正の**リーマン計量** [I.3 (6.10 項)] を持つ曲面（2 次元球面と**実射影平面** [I.3 (6.7 項)]）は，有限な基本群を持つ曲面と一致する．曲率が 0 の計量を持つ曲面（トーラスとクラインの壺）は，無限ではあるが「ほとんどアーベル的」な群（有限指数の部分アーベル群を持つ群）を基本群に持つ曲面と一致する．そして，残りの曲面は負曲率の計量を持つが，自由群と同じように「とても非アーベル的」な基本群を持つ（図 8）．

1 世紀以上にわたる 3 次元多様体の研究を経て，サーストンとペレルマンによる進展への寄与のおかげで，われわれは 3 次元多様体の描像と 2 次元多様体の描像とがほとんど同じであることを知るに至った．基本群は 3 次元多様体の幾何的性質をほとんど完全に支配している（「微分位相幾何学」[IV.7 (2.4 項)] を参照）．しかし，このことは 4 次元多様体や高次元においてはまったく成り立たない．**単連結**な多様体（基本群が自明な多様体という意味）で異なるものがたくさん存在するのである．それらを区別するためには，もっと不変量が必要である（まず，4 次元球面 S^4 と直積 $S^2 \times S^2$ はともに単連結である．より一般的に，いくらでも多くの $S^2 \times S^2$ のコピーから，これらの多様体から 4 次元球体を取り除いて境界の 3 次元球面を同一視することで，連結和が得られる．これらの 4 次元多様体はすべて単連結であるが，それにもかかわらず，どの二つも同相でないし，ホモトピー同値ですらない）．

異なる空間を区別しようとするとき，一つの明らかな方法は高次のホモトピー群を使うことであり，実際，簡単な場合にはこれがうまくいく．たとえば，$S^2 \times S^2$ の r 個のコピーから作った連結和の π_2 は，$\mathbb{Z}^{2r}$ に同型である．また，任意次元の球面 S^n は（$n \geq 2$ に対しては単連結であるが）可縮でないことは，$\pi_n(S^n)$ が（自明群でなはく）整数全体の群と同型であることを計算することにより示せる．したがって，n 次

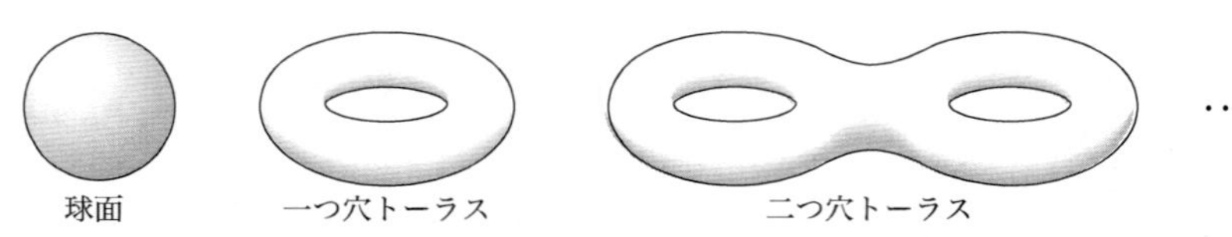

図 8　球面，トーラス，および種数 2 の曲面

表 1　球面ホモトピー群の最初のいくつか

	S^1	S^2	S^3	S^4	S^5	S^6	S^7	S^8	S^9
π_1	$\mathbb{Z}$	0	0	0	0	0	0	0	0
π_2	0	$\mathbb{Z}$	0	0	0	0	0	0	0
π_3	0	$\mathbb{Z}$	$\mathbb{Z}$	0	0	0	0	0	0
π_4	0	$\mathbb{Z}/2$	$\mathbb{Z}/2$	$\mathbb{Z}$	0	0	0	0	0
π_5	0	$\mathbb{Z}/2$	$\mathbb{Z}/2$	$\mathbb{Z}/2$	$\mathbb{Z}$	0	0	0	0
π_6	0	$\mathbb{Z}/4\times\mathbb{Z}/3$	$\mathbb{Z}/4\times\mathbb{Z}/3$	$\mathbb{Z}/2$	$\mathbb{Z}/2$	$\mathbb{Z}$	0	0	0
π_7	0	$\mathbb{Z}/2$	$\mathbb{Z}/2$	$\mathbb{Z}/4\times\mathbb{Z}/3$	$\mathbb{Z}/2$	$\mathbb{Z}/2$	$\mathbb{Z}$	0	0
π_8	0	$\mathbb{Z}/2$	$\mathbb{Z}/2$	$\mathbb{Z}/2\times\mathbb{Z}/2$	$\mathbb{Z}/8\times\mathbb{Z}/3$	$\mathbb{Z}/2$	$\mathbb{Z}/2$	$\mathbb{Z}$	0
π_9	0	$\mathbb{Z}/3$	$\mathbb{Z}/3$	$\mathbb{Z}/2\times\mathbb{Z}/2$	$\mathbb{Z}/2$	$\mathbb{Z}/8\times\mathbb{Z}/3$	$\mathbb{Z}/2$	$\mathbb{Z}/2$	$\mathbb{Z}$
π_{10}	0	$\mathbb{Z}/3\times\mathbb{Z}/5$	$\mathbb{Z}/3\times\mathbb{Z}/5$	$\mathbb{Z}/8\times\mathbb{Z}/3\times\mathbb{Z}/3$	$\mathbb{Z}/2$	0	$\mathbb{Z}/8\times\mathbb{Z}/3$	$\mathbb{Z}/2$	$\mathbb{Z}/2$

元球面からそれ自身への各連続写像は，**写像度**と呼ばれる整数を決める．これは円周からそれ自身への写像の回転数を一般化する概念である．

しかしながら，ホモトピー群を計算することは一般に驚くほど困難で，ある空間を別の空間から区別する方法として実用的な方法ではない．この最初の兆候の一つは，$\pi_3(S^2)$ が整数全体の群と同型であるという 1931 年のホップによる発見であった．$\pi_2(S^2)\cong\mathbb{Z}$ で示されるように，2 次元球面が 2 次元の穴を持つことは明らかであるが，いかなる意味で 3 次元の穴を持つのだろうか？　これは，穴とはこうであるはずだというわれわれの素朴な見方に対応していない．球面のホモトピー群を計算する問題は，全数学の中でも最も難しい問題の一つであることが判明している．わかっていることの一部を表 1 に示しているが，たとえば，ホモトピー群 $\pi_i(S^2)$ は莫大な努力にもかかわらず $i\le 64$ の場合しかわかっていない．これらの計算結果を見ると，整数論的な雰囲気のいかにも成り立っていそうなパターンがあるが，一般の球面のホモトピー群に対してこれを正確に推測し定式化することは不可能に見える．また，球面より複雑な空間のホモトピー群の計算は，さらに複雑になる．

この難しさの一端に触れるために，**ホップ写像**と呼ばれる S^3 から S^2 への写像を定義しよう．この写像は $\pi_3(S^2)$ の 0 でない元を代表することになる．実際，同値な定義の仕方がいくつかある．その一つは，S^3 の点 (x_1,x_2,x_3,x_4) を，$|z_1|^2+|z_2|^2=1$ を満たす複素数の対 (z_1,z_2) と見なすものである．これは $z_1=x_1+\mathrm{i}x_2$ および $z_2=x_3+\mathrm{i}x_4$ とおけばよい．次に，対 (z_1,z_2) を複素数 z_1/z_2 に写像するのである．これは S^2 への写像に見えないかもしれないが，実際にはそうなっている．というのは，z_2 は 0 となりうるので，この写像の像は実際には $\mathbb{C}$ ではなく**リーマン球面** $\mathbb{C}\cup\infty$ であり，これは S^2 と自然に同一視されるからである．

ホップ写像を定義する別の方法は，S^3 の点 (x_1,x_2,x_3,x_4) を単位四元数と見なすものである．「四元数，八元数，ノルム斜体」[III.76] に，単位四元数のおのおのに球面の回転を対応付けることが可能であることが示されている．球面の 1 点 s を固定し，各単位四元数を，それに対応付けられた回転による s の像に写像すれば，S^3 から S^2 への写像で，前のパラグラフで定義した写像とホモトピー同値なものが得られる．

ホップ写像の構成は重要で，この解説のあとで一度ならず再登場する．

4.　ホモトピー群とコホモロジー環

上述したように，ホモトピー群はとても不可思議で，計算がたいへん難しくなりうる．幸運なことに，位相空間の穴を数える別のやり方がある．それがホモロジー群とコホモロジー群である．これらの群の定義はホモトピー群の定義より複雑だが，より計算しやすいことがわかるので，そのため，より広く使用される．

位相空間 X の n 次ホモトピー群 $\pi_n(X)$ の元は，n 次元球面から X への連続写像で代表されることを思い出そう．簡単のために，X を多様体とする．ホモトピー群とホモロジー群には二つの重要な違いがある．第一の違いは，ホモロジーでの基本となる空間は，n 次元球面よりもっと一般の空間であるという点である．すなわち，X のすべての向き付けられた n 次元部分閉多様体 A が X の n 次ホモロジー群 $H_n(X)$ の元を定めるのである．こうすると，ホモロジー群はホモトピー群よりずっと大きい群になるように見えるかもしれないが，ホモロジーとホモトピーの第二の大きな相違点によって，そうはならない．ホモトピー群のときと同様に，ホモロジー群の元は部分多様体自身ではなくて，部分多様体の同値類なのである．しかし，ホモロジーにおけるこの同値関係の定義によって，これらの二つの部分多様体は，二つの球面がホモトピックになるより，もっと同値になりやすくなっているのである．

ホモロジーの形式的な定義は与えないが，その様子を示すいくつかの例をここに挙げる．X を原点を除いた平面とし，A を原点を 1 周する円周とする．この円周を連続的に変形すれば，初めの円周とホモトピックな新しい曲線になるが，ホモロジーではもっと変形することができる．たとえば，まず連続的に変形して 2 点を押し付けて，8 の字形にすることができる．8 の字形の一方の円周は原点を含んでいなければならないが，それをそのままにして，もう一方の円周をずらして別々に離すことができる．そうすると，一つは原点を内部に含み，もう一つは原点を外部に持つような，二つの閉曲線ができる．この曲線の組は，一緒になって二つの連結成分をもう一つの 1 次元多様体をなすが，これが元の円周と同値になる．これは，より一般的な種類の連続的変形と考えることができる．

第二の例では，ホモロジーの定義に球面以外の多様体を含めることがいかに自然かを示す．今度は X を円周を取り除いた $\mathbb{R}^3$ とし，A をその円周を内部に含む球面とする．円周は XY 平面内にあり，円周も球面 A もともに原点を中心に持つと仮定する．すると，A の上下を，両方から原点に向かって押し，それらがちょうど 1 点で接するようにすることができる．こうすると，真ん中の穴が原点に縮んでしまっている点以外はトーラスに見える図形が得られる．しかし，さらに連続的変形を用いて，この穴を開けて広げ，円周を包む「管」となる本物のトーラスを作ることができる．ホモロジーの見方では，このトーラスは球面 A と同値なのである．

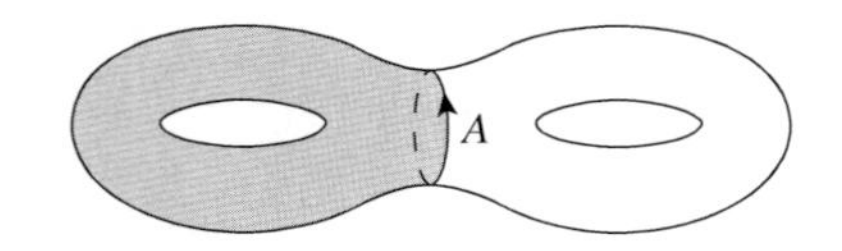

図 9 円周 A は曲面のホモロジーとして 0 になる

より一般的に，X が多様体で，B が X のコンパクトで向き付けられた $n+1$ 次元部分多様体で境界を持つときには，この境界 ∂B は 0 と同値と決める（これは $H_n(X)$ 中で $[\partial B]=0$ ということと同じである）．図 9 を参照されたい．

群演算は容易に定義できる．すなわち，A と B が X の二つの交わらない部分多様体で，ホモロジー類 $[A]$ と $[B]$ を与えているとすると，$[A]+[B]$ はホモロジー類 $[A\cup B]$ とする（より一般的には，ホモロジーの定義によって，部分多様体のいかなる集まりであっても，それらが交わるか交わらないかによらず，加え上げることができる）．ここでホモロジー群の簡単な例をいくつか挙げるが，基本群とは違って，これらはいつもアーベル群である．球面のホモロジー群 $H_i(S^n)$ は $i=0$ と $i=n$ のときは整数全体のなす群 $\mathbb{Z}$ と同型で，その他は 0 である．これは球面のホモトピー群が複雑であることと対照的で，n 次元球面は n 次元の穴を一つ持つだけで，他の穴は持っていないという素朴な考え方をより良く表している．円周の基本群は整数全体のなす群で，この 1 次ホモロジー群と同じであることに注意しよう．より一般的に，任意の弧状連結空間に対して，その 1 次ホモロジー群は常にその基本群の「アーベル化」(形式的には，これは基本群の，アーベル群となる商群の中で最大のものとして定義される）となっている．たとえば，2 点を除いた平面の基本群は二つの元で生成される自由群だが，これに対して 1 次ホモロジー群は二つの元で生成される自由**アーベル**群，つまり $\mathbb{Z}^2$ である．

2 次元トーラスのホモロジー群 $H_i(S^1\times S^1)$ は $i=0$ に対して $\mathbb{Z}$，$i=1$ に対して $\mathbb{Z}^2$，$i=2$ に対して $\mathbb{Z}$ と同型である．これらはすべて幾何的な意味を持っている．任意の空間の 0 次ホモロジー群は，その空間 X が r 個の弧状連結成分を持つとき，

$\mathbb{Z}^r$ と同型である．したがって，トーラスの 0 次ホモロジー群が $\mathbb{Z}$ と同型であるということは，トーラスが弧状連結であることを意味している．トーラス中の任意の閉曲線は 1 次ホモロジー群 $\mathbb{Z}^2$ の元を定めるが，これはその閉曲線がトーラスの緯度方向と経度方向に何回回転したかを示している．そして最後に，トーラスのホモロジー群が 2 次元で $\mathbb{Z}$ と同型であるのは，トーラスが向き付け可能な閉多様体だからである．このことは，トーラス全体が 2 次ホモロジー群の元，実際にはこの群の生成元を定義することを言っている．これと対照的に，ホモトピー群 $\pi_2(S^1 \times S^1)$ は自明な群である．つまり，2 次元球面から 2 次元トーラスへの写像に興味を引くものはないが，ホモロジーは，他の 2 次元閉多様体から 2 次元トーラスへの写像におもしろいものがあることを示している．

すでに述べたように，ホモロジー群の計算はホモトピー群の計算よりもずっと容易である．この主な理由は，小さい部分から作られている空間のホモロジー群を，これらの部分とその交わりのホモロジー群を用いて表すことができる結果が存在するからである．ホモロジー群のもう一つの主要な性質は，「関手性」を持っていることである．この意味は，空間 X から空間 Y への連続写像 f が，各 i に対して $H_i(X)$ から $H_i(Y)$ への準同型写像 f_* を自然に導くということである．ここで，$f_*([A])$ は $[f(A)]$ として定義される．言い換えれば，$f_*([A])$ は A の f による像の同値類である．

単に番号付けを変えることで，密接に関連する「コホモロジー」の概念を定義することができる．X を向き付けられた n 次元閉多様体とする．そこで，X の i 次コホモロジー群 $H^i(X)$ をホモロジー群 $H_{n-i}(X)$ として定義する．したがって，コホモロジー類（つまり $H^i(X)$ の元）を書き下す一つの方法は，X 内の余次元 i の向き付けられた部分閉多様体 S を選び出すことである（余次元 i とは S の次元が $n-i$ ということである）．$[S]$ と書いて対応するコホモロジー類を表すことにする．

多様体より一般の空間に対しては，コホモロジーはホモロジーの単なる番号の付け替えではない．正確な言い方ではないが，X が位相空間のとき，$H^i(X)$ の元は X 中を自由に動き回ることのできる余次元 i の部分空間によって代表されると考える．たとえば，f を X から i 次元多様体への連続写像とする．もし X が多様体で，f が十分「良く振る舞う」写像ならば，多様体の「典型的」な点の逆像は X の余次元 i の部分多様体となる．点を動かすと部分多様体が連続的に変化するが，前に円周が二つの円周になったり球面がトーラスになったりしたのと似たような変化をすることになる．X がもっと一般の位相空間であっても f は $H^i(X)$ 中のコホモロジー類を定義するが，これは多様体の任意の点の逆像で代表されているものと考える．

しかしながら，X が向き付けられた n 次元多様体の場合であっても，コホモロジーはホモロジーよりはっきりした利点を持っている．コホモロジーはホモロジーの次数の呼び方を変えただけなのに，これはおかしいと思われるかもしれない．けれども，この番号の付け替えによって，X のコホモロジー群にたいへん有用な代数構造を付加することができる．コホモロジー類を足すだけでなく，掛けることもできるのである．さらに，和と積によって X のコホモロジー群が**環** [III.81 (1 節)] をなすように定義することができる（もちろんホモロジー群に対してそうすることもできるが，コホモロジー群はいわゆる**次数付き**環になる．特に，もし $[A] \in H^i(X)$ で $[B] \in H^j(X)$ なら $[A] \cdot [B] \in H^{i+j}(X)$ となる）．

コホモロジー類の積は豊富な幾何的意味を持っており，多様体上では特にそうである．このとき，積は二つの部分多様体の**交差**で与えられる．これは第 1 節での交点数の議論を一般化するものである．第 1 節では部分多様体の 0 次元の交差を考えたが，今は高い次元の交差（のコホモロジー類）を考えている．正確に言うために，S と T を X の向き付けられた閉部分多様体とし，それぞれ余次元が i と j であるとしよう．S を少し動かせば（これはこの $H^i(X)$ 内でのコホモロジー類を変えないが）S と T は横断的に交わると仮定することができる．これによって，S と T の交わりは X 中の余次元 $i+j$ の滑らかな部分多様体となる．このとき，コホモロジー類 $[S]$ と $[T]$ の積は，単に交わり $S \cap T$ の $H^{i+j}(X)$ 内のコホモロジー類である（加えて，部分多様体 $S \cap T$ は S, T, X の向きから定まる向き付けを持っていて，対応するコホモロジー類を定義するとき，これが必要となる）．

結果として，多様体のコホモロジー環を計算するためには，コホモロジー群の基底（すでに論じたように，これは比較的容易に決めることができる）を部分

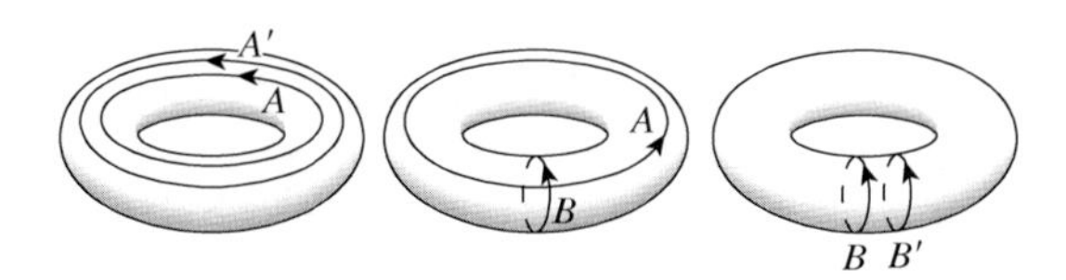

図 10　$A^2 = A \cdot A' = 0$，$A \cdot B = 1$ 点，$B^2 = B \cdot B' = 0$

多様体を用いて指定し，これらの部分多様体がどのように交わるかを見るだけでよい．たとえば，2 トーラスのコホモロジー環は，図 10 に示すように計算することができる．別の例として**複素射影平面** [III.72] $\mathbb{CP}^2$ を挙げると，このコホモロジーが三つの基本的な部分多様体で与えられる基底を持つことは，困難なく示せる．すなわち，$H^4(\mathbb{CP}^2)$ に属する余次元 4 の部分多様体である 1 点と，$H^2(\mathbb{CP}^2)$ に属する余次元 2 の部分多様体である $\mathbb{CP}^1 = S^2$ と，$H^0(\mathbb{CP}^2)$ に属する多様体全体 $\mathbb{CP}^2$ であり，この最後のものがコホモロジー環の単位元 1 を代表する．コホモロジー環の積を記述するためには $[\mathbb{CP}^1][\mathbb{CP}^1] = [1$ 点$]$ であることを言えばよいが，これは射影平面内の任意の二つの異なる射影直線 $\mathbb{CP}^1$ が 1 点で横断的に交わることから成立する．

この複素射影平面のコホモロジー環の計算はとても簡単だが，いくつかの強力な結果が従う．まず，複素代数曲線の交差に関するベズーの定理（「代数幾何学」[IV.4 (6 節)] を参照）が従う．$\mathbb{CP}^2$ 内の次数 d の代数曲線は $H^2(\mathbb{CP}^2)$ において直線 $\mathbb{CP}^1$ の d 倍を代表する．したがって，次数 d と e の二つの代数曲線 D と E が横断的に交われば，コホモロジー類 $[D \cap E]$ は

$$[D] \cdot [E] = (d[\mathbb{CP}^1])(e[\mathbb{CP}^1]) = de[1 \text{ 点}]$$

に等しい．複素多様体の複素部分多様体の交差の符号は -1 でなく常に $+1$ なので，これによって D と E がちょうど de 個の点で交わることがわかる．

また，$\mathbb{CP}^2$ のコホモロジー環の計算を用いることによって，球面のホモトピー群に関する何らかの結果を証明することもできる．$\mathbb{CP}^2$ は，2 次元球面と閉 4 次元球体の和集合から，球体の境界である S^3 の各点を，前節で定義したホップ写像によって S^2 の点と同一視することで構成できることがわかる．

一つの空間から別の空間への定値写像，あるいは定値写像にホモトピックな写像は，少なくとも $i > 0$ のとき，ホモロジー群 H_i の間の 0 準同型写像を誘導する．ホップ写像 $f : S^3 \to S^2$ は，S^3 と S^2 の非零ホモロジー群の次元が異なるので，やはり 0 準同型写像を誘導する．それにもかかわらず f は定値写像とはホモトピックでないことを証明しよう．もしホモトピックだったとしたら，f を用いて 4 次元球体を 2 次元球面に接着して得られる空間である $\mathbb{CP}^2$ は，定値写像を用いて 4 次元球体を 2 次元球面に接着して得られる空間とホモトピー同値ということになる．後者の空間 Y は，S^2 と S^4 を 1 点で同一視した和である．しかし実際には，Y は複素射影平面とはコホモロジー環が同型ではないので，ホモトピー同値ではない．特に $H^2(Y)$ の任意の元は自己との積が 0 であるが，これは $\mathbb{CP}^2$ で $[\mathbb{CP}^1][\mathbb{CP}^1] = [1$ 点$]$ となっていることと異なっている．したがって，f は $\pi_3(S^2)$ 内で 0 ではない．この議論をより注意深く行うと，$\pi_3(S^2)$ が整数全体のなす群と同型であり，ホップ写像 $f : S^3 \to S^2$ はこの群の生成元であることが示される．

この議論には，ホモトピー群，コホモロジー環，多様体などの，代数的位相幾何学のすべての基本概念の間にある豊かな関係が，いくつか見られる．最後に，ホップ写像 $f : S^3 \to S^2$ の非自明性を視覚化する方法を示す．2 次元球面の任意に与えられた 1 点に写像する S^3 の部分集合を見てみよう．これらの逆像はすべて S^3 中の円周である．これらを描くために，S^3 から 1 点を除くと $\mathbb{R}^3$ と同相になるという事実を使うことができる．そうすると，これらの逆像は 3 次元空間を埋め尽くす交わりのない円周の族をなし，ただ一つの円周（S^3 から除いた 1 点を通る円周）は直線として描かれる．こうして描かれる様子に見られる驚くべき特徴は，この円周の巨大な族のどの二つも互いに絡み数 1 を持っていることであ

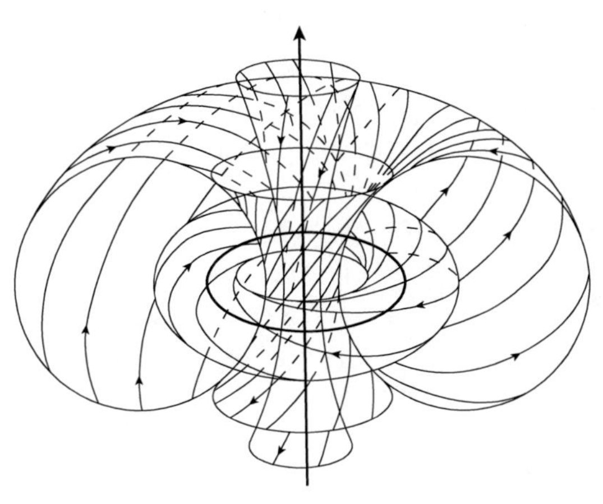

図 11　ホップ写像のファイバー

る．つまり，どの二つの円周も引っ張って分けることはできない（図 11）．

5.　ベクトル束と特性類

位相幾何学の主要な概念を，また一つ紹介する．それはファイバー束である．E と B を位相空間，x を B の点，$p : E \to B$ を連続写像とするとき，p の x 上の**ファイバー**とは，x に写像される点のなす E の部分空間のことである．もし p の各ファイバーが同じ一つの空間 F に同相であるならば，p は F をファイバーとする**ファイバー束**であるという．B を**底空間**，E を**全空間**と呼ぶ．たとえば，任意の直積空間 $B \times F$ は B 上のファイバー束になる．これは B 上の自明な F 束と呼ばれる（この場合の連続写像は，(x, y) を x に移す写像である）．しかし，非自明なファイバー束がたくさん存在する．たとえば，メビウスの帯は閉区間をファイバーに持つ円周上のファイバー束である．この例を見れば，ファイバー束が古くは「捻じれた積」と呼ばれていたことが納得されるだろう．別の例であるホップ写像は，3 次元球面を全空間とする 2 次元球面上の円周束である．

ファイバー束は，単純な部品から複雑な空間を構成する基本的な方法である．ここでは，その最も重要で特別な場合であるベクトル束に話を絞ろう．空間 B 上の**ベクトル束**とは，ファイバー束 $p : E \to B$ であってファイバーがすべてある次元 n の実線形空間となっているものである．この次元はベクトル束の**階数**と呼ばれる．**直線束**とは階数 1 のベクトル束を意味する．たとえば，メビウスの帯は（境界を含めないことにして）円周 S^1 上の直線束と見ることができる．これは非自明な直線束である．すなわち，自明な直線束 $S^1 \times \mathbb{R}$ とは同型でない（メビウスの帯を作る方法はいろいろある．その一つは帯 $\{(x, y) : 0 \leq x \leq 1\}$ をとり，$(0, y)$ の各点を $(1, -y)$ と同一視するものである．この直線束の底空間は点 $(x, 0)$ のすべてがなす集合だが，$(0, 0)$ と $(1, 0)$ が同一視されているので円周となっている）．

M が次元 n の滑らかな多様体ならば，その**接束** $TM \to M$ は階数 n のベクトル束である．このベクトル束は，M をある次元のユークリッド空間 $\mathbb{R}^N$ の部分多様体と考えることによって，容易に定義できる（滑らかな多様体はユークリッド空間に埋め込むことができる）．このとき，TM はベクトル v が点 x で M に接するような組 (x, v) のなす $M \times \mathbb{R}^N$ の部分空間である．写像 $TM \to M$ は組 (x, v) を x に移す．そうすると，x 上のファイバーは，v が $\mathbb{R}^N$ 内の M と同じ次元のアフィン部分空間に属するような組 (x, v) 全体のなす集合の形になる．任意のファイバー束に対して，**断面**とは，底空間 B から全空間 E への連続写像で B の各点 x を x 上のファイバーのある点に移すものを意味する．多様体の接束の断面は**ベクトル場**と呼ばれる．与えられた多様体にベクトル場を描くためには，その多様体の各点に（長さ 0 も許す）矢印を付ければよい．

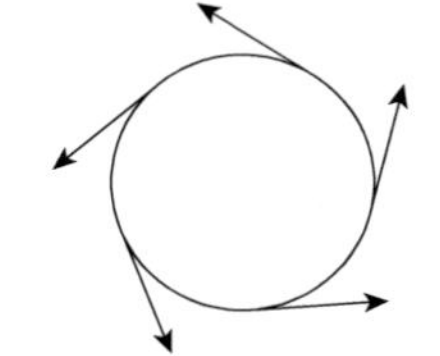
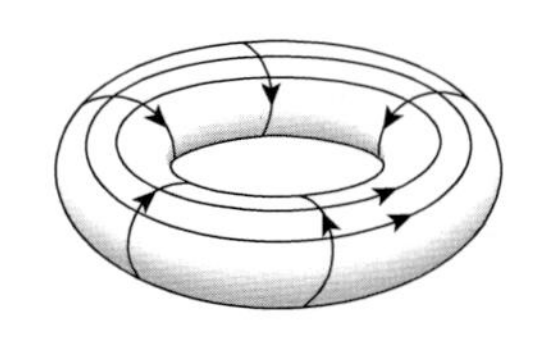

図 12　円周とトーラスの接束の自明化

滑らかな多様体を分類するためには，その接束を調べること，特にそれが自明か否かを見ることが重要である．円周 S^1 やトーラス $S^1 \times S^1$ のように，多様体のあるものは，実際に自明な接束を持つ．n 多様体 M の接束が自明であるのは，M の各点で線形独立となる n 個のベクトル場が見つけられるとき，かつこのときに限る．したがって，このようなベクトル場を書き下すだけで，接束が自明であることを証明することができる．円周やトーラスに対する図 12 を参照してほしい．しかし，どのようにしたら，与えられた多様体の接束が非自明であることを示せるのだろうか？

一つの方法は交点数を利用するものである．M を向き付けられた閉 n 多様体とする．M は接束 TM 中の「零断面」，すなわち M の各点にこの点での零ベクトルを対応させる断面の像と同一視することができる．TM の次元は M の次元のちょうど 2 倍なので，第 1 節の交点数の議論によって矛盾なく定義された整数 $M^2 = M \cdot M$，すなわち M の TM 内での自己交点数が得られる．これは**オイラー特性数** $\chi(M)$ と呼ばれる．交点数の定義によって，零切断と横断的に交わる任意のベクトル場 v に対して，オイラー特性数は符号を込めて数えた v の零点の個数と一致する．

結果として，M のオイラー特性数が 0 でないならば，M 上の任意のベクトル場は零断面と交わらなければならない．言い換えると，M 上の任意のベクトル場はどこかで 0 にならなければならない．最も簡単な例は，M が 2 次元球面のときである．零切断との交点数が 2 であるベクトル場は容易に書き下すことができる（たとえば，緯線に沿って東の方向を指すベクトル場．これは北極と南極で 0 になっている）．したがって，2 次元球面のオイラー特性数は 2 であり，2 次元球面上の任意のベクトル場はどこかで 0 にならなければならない．これは「毛玉定理」としてよく知られる位相幾何学の定理である．つまり，ココナッツの実の毛を櫛で梳かし付けることはできない（図 13）．

これが，与えられたベクトル束がどの程度非自明であるかを測る，**特性類**の理論の始まりである．多様体の接束に限定する必要はない．位相空間 X 上の階数 n の任意の向き付けられたベクトル束 E に対して，$H^n(X)$ 中のコホモロジー類 $\chi(E)$，すなわち**オイラー類**を定義することができ，これはベクトル束が自明ならば 0 になる．直観的には，E のオイラー類は E の一般の断面の零点集合で代表されるコホモロジー類である．この零点集合は，（たとえば，X が多様体ならば）X の E 内での余次元が n なので，X の余次元 n の部分多様体ということになる．もし X が向き付けられた閉 n 次元多様体ならば，$H^n(X) = \mathbb{Z}$ にある接束のオイラー類は X のオイラー特性数となる．

特性類の理論の着想の一端は，1940 年代にすべての次元に一般化されたガウス–ボンネの定理にあった．この定理は，リーマン計量の与えられた閉多様体のオイラー特性数を，曲率のある種の関数の多様体上の積分で表す．より広い視点に立って言えば，微分幾何学の一つの中心的な目標は，曲率のようなリーマン多様体の幾何的性質が多様体の位相とどのように関連しているかを理解することにある．

複素ベクトル束（すなわち，ファイバーが複素線形空間であるようなベクトル束）の特性類は，特に便利であることがわかる．実際，しばしば実ベクトル束は，同伴する複素ベクトル束を構成して研究される．E が位相空間 X 上の階数 n の複素ベクトル束のとき，E の**チャーン類**は $H^{2i}(X)$ に属する $c_i(E)$ からなる X のコホモロジー類の列 $c_1(E), \ldots, c_n(E)$ であり，これらはベクトル束が自明のとき，すべて消える．最高次のチャーン類 $c_n(E)$ は，単に E のオイラー類，つまり，E の断面で至るところ 0 でない

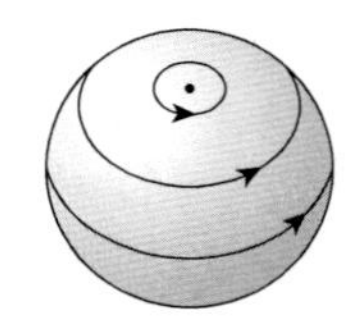
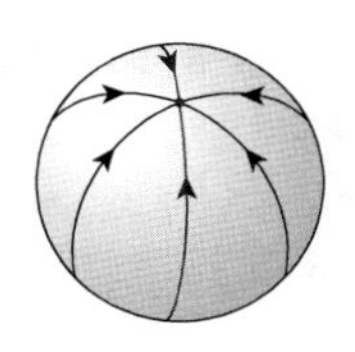
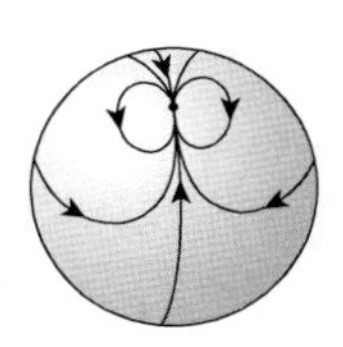

図 13　毛玉定理

ものが存在するための第 1 障害類である．このほかの一般のチャーン類も同様に解釈することができる．任意に $1 \leq j \leq n$ をとり，一般の位置にある j 個の E の断面を選ぶ．これらの断面がその上で線形従属となる X の部分集合は（たとえば X が多様体であると仮定して）余次元 $2(n+1-j)$ を持つことになる．チャーン類 $c_{n+1-j}(E)$ は，ちょうどこの部分集合のコホモロジー類に一致する．したがって，チャーン類は与えられた複素ベクトル束が自明にならない程度を，自然なやり方で測る．実ベクトル束の**ポントリャーギン類**は，同伴する複素ベクトル束のチャーン類として定義される．

微分位相幾何学の一つの勝利はサリヴァン（Sullivan）の 1977 年の定理であり，これによれば，任意に与えられたホモトピー型を持ち，接束が与えられたポントリャーギン類を持つような滑らかな閉単連結多様体は，次元が 5 以上であれば，高々有限個しか存在しない．ドナルドソン（Donaldson）が 1980 年代に発見したように，この定理の主張は 4 次元ではまったく成り立たない（「微分位相幾何学」[IV.7 (2.5 項)] を参照）．

6.　*K* 理論と一般コホモロジー理論

幾何学におけるベクトル束の有効性から，位相空間の「穴」を測る新しい方法が得られるに至った．X 上にどれくらい異なるベクトル束があるのかを見るのである．この考え方は，任意の位相空間にコホモロジーに類似の環を対応付ける簡単なやり方を与える．この理論は K 理論と呼ばれる（ベクトル束の同値類を扱うことから，ドイツ語の “Klasse”（類）に由来する）．K 理論は位相空間を見る非常に有用な新しい視点を与えることがわかっている．通常のコホモロジーを使うと大変な努力をして初めて解くことができたいくつかの問題が，K 理論を使うことで容易に解けるようになったのである．この考え方は，代数幾何学においてグロタンディークによって 1950 年代に創始され，1960 年代にアティヤとヒル

ツェブルフによって，位相幾何学に持ち込まれた．

K 理論の定義は数行で与えることができる．位相空間 X に対してアーベル群 $K^0(X)$，すなわち X の **K 理論**を，元が形式的な差 $[E]-[F]$ で書けるものとして定義する．ここで，E と F は X 上の任意の二つの複素ベクトル束である．この群に課す関係式は，X 上の任意の二つのベクトル束 E と F に対して $[E\oplus F]=[E]+[F]$ というものだけである．ここで，$E\oplus F$ は二つのベクトル束の**直和**を表す．すなわち，E_x と F_x が X 内の任意の点 x 上のファイバーを表すとき，$E\oplus F$ の x 上のファイバーは，単に $E_x\times F_x$ である．

この単純な定義が豊かな理論を導く．まず，アーベル群 $K^0(X)$ は，実際は環になる．すなわち，X 上の二つのベクトル束に対して**テンソル積** [III.89] をとることによって積が定義される．この意味で，K 理論は通常のコホモロジーのように振る舞う．この類似から，群 $K^0(X)$ が整数 i に対するアーベル群 $K^i(X)$ の列全体の一部であるべきことが示唆されるが，実際これらの群を定義することができる．特に，$K^{-i}(X)$ は $K^0(S^i\times X)$ の元で $K^0(\text{点}\times X)$ への制限が 0 であるもの全体のなす部分群として定義できる．

ここで奇跡が起きる．群 $K^i(X)$ は位数 2 で**周期的**であることが判明するのである．すなわち，すべての整数 i に対して $K^i(X)=K^{i+2}(X)$ が成り立つ．これは**ボット周期性**として知られる有名な現象である．したがって，任意の位相空間 X に対応付けられる異なる K 群は，実際には二つしかない．$K^0(X)$ と $K^1(X)$ である．

このことから，K 理論は通常のコホモロジーより少ない情報しか持っていないと思われるかもしれないが，そうではない．K 理論と通常のコホモロジーは，その間に強い関係性があるが，どちらも他方を決定するものではない．それぞれが，空間の形についての異なった様相を前面に押し出す．通常のコホモロジーは，その次数付けによって，空間が異なる次元の部品によって作り上げられる方法を，かなり直接的に示す．K 理論は二つの異なる群しか持たず，最初はより粗雑に見える（そして，その結果として，しばしば計算がより容易である）．しかし，ベクトル束に関わる幾何的な問題は，K 理論によって理解の表面に引き上げられる情報でありながら，通常のコホモロジーから抽出することが難しく，かつ鋭い情報をしばしば包含している．

K 理論と通常のコホモロジーの基本的な関係は，X 上のベクトル束から作られる群 $K^0(X)$ は，X の偶数次元コホモロジー群全体に関する何かを「知っている」ということである．正確に言うと，アーベル群 $K^0(X)$ の階数は X のすべての偶数次元コホモロジー群 $H^{2i}(X)$ の階数の和と等しい．この繋がりは，X 上の与えられたベクトル束に対して，そのチャーン類を対応付けることから来る．同じやり方で，奇の K 群 $K^1(X)$ は，奇数次元の通常のコホモロジーと関連している．

すでにほのめかしたように，単にその階数だけということではなく，群 $K^0(X)$ そのものが，ある幾何的問題に対して，通常のコホモロジーより良く適合している．この現象は，幾何的問題をベクトル束を用いて見ること，したがって，詰まるところ線形代数を用いて見ることの威力を示している．接束が自明となる球面は 0 次元球面，1 次元球面，3 次元球面，7 次元球面だけであり，このことのボット，ケルベア，ミルナーによる証明が，K 理論の古典的応用の中にある．これは，代数学の基本定理の精神から見て，深い代数的帰結を持っている．すなわち，実多元体（可換性を仮定しない．結合則すら仮定しなくてもよい）が存在しうる次元は，$1,2,4,8$ 次元だけである．実際この四つのタイプすべての多元体が存在する．すなわち実数，複素数，四元数，八元数である（「四元数，八元数，ノルム斜体」[III.76] を参照）．

次元 n の実多元体が存在すると，なぜ $(n-1)$ 次元球面が自明な接束を持つことになるのかを見てみよう．実際は，有限次元実線形空間 V と，「積」と呼ぶことにする双線形写像 $V\times V\to V$ があり，x と y が $xy=0$ を満たす V 中のベクトルならば $x=0$ または $y=0$ が成り立つ，と仮定するだけでよい．便宜上，V 中に単位元 1 があって，すべての $x\in V$ に対して $1\cdot x=x\cdot 1=x$ となることも仮定しよう．しかし，この仮定はしなくても証明は可能である．V が n 次元ならば，V を $\mathbb{R}^n$ と同一視することができる．すると，球面 S^{n-1} 内の各点 x に対して，x による左からの掛け算は $\mathbb{R}^n$ からそれ自身への線形同型写像を与える．この像の長さをスカラー倍して 1 にすれば，x による左からの掛け算は S^{n-1} からそれ自身への微分同相写像を与え，これによって点 1（長さ 1 に調節してある）は x に写される．点 1 においてこの微分同相写像の微分をとれば，球面の点 1 における接空間から x における接空間への線形同型写像が得られる．球面の点 x は任意なので，球面の点 1 における接空間の基底を選べば，$(n-1)$ 次元球面の接束全体の自明化写像が決まる．

そのほかの応用例として，K 理論は球面の低次元ホモトピー群，特に，そこに見られる整数論的なパターンに対して，最も良い「説明」を与える．注目すべきことに，ベルヌーイ数の分母が（5 以上の n に対する $\pi_{n+3}(S^n) \cong \mathbb{Z}/24$ のような）これらの群に現れ，そのパターンがミルナー，ケルベア，アダムスによって K 理論を用いて説明されたのである．

アティヤ–シンガーの指数定理 [V.2] は K 理論を用いて，閉多様体上の線形微分方程式の深い解析を与える．この定理によって，K 理論は物理学のゲージ理論と弦理論で重要になった．K 理論は非可換環に対しても定義することができ，実際「非可換幾何」（「作用素環」[IV.15 (5 節)] を参照）の中心概念である．

K 理論の成功に導かれて，他の「一般コホモロジー理論」の探求が始まった．その威力で抜きん出ているもう一つの理論がある．**複素コボルディズム**である．その定義はたいへん幾何的である．すなわち，多様体 M の複素コボルディズム群は（接束に複素構造が与えられた）多様体から M の中への写像で生成される．これらの多様体は，それを境界として持つような多様体が存在するときには 0 に数える，という関係式を仮定する．たとえば，二つの円周の和集合は，両端がこれらの円周となっている円筒形を見つけてくれば，0 に数える．

複素コボルディズムは，K 理論と通常のコホモロジーのどちらよりも豊富な内容を含んでいることがわかっている．この理論は位相空間の構造の深みを見ている．しかし，その対価として，計算が難しくなる．過去 30 年間にわたって楕円コホモロジーやモラヴァ K 理論（Morava K-Theory）のようなコホモロジー理論の多くの系列が，複素コボルディズムの「簡易化」として構成されてきた．位相幾何学では常に，多くの情報を含む不変量と計算がしやすい不変量との間の緊密な相互補完がある．一つの方向では，複素コボルディズムとその変種が，球面のホモトピー群を計算して理解するための最も強力な道具立てを与えている．適用範位を超えたところにベルヌーイ数が現れ，**モジュラー形式** [III.59] のような深い整数論が見える．別の方向では，複素コボルディズムの幾何的定義が代数幾何学で有用となっている．

7. 終　わ　り　に

リーマン [VI.49] のような位相幾何の開拓者によって導入された考え方は，単純だが強力である．いかなる問題でも，たとえそれが純粋に代数的な問題であっても，幾何的な言葉への翻訳を試みる．次に，幾何の詳細は忘れて，問題の基礎にある全体の形すなわち位相を調べる．最後に，元の問題に戻り，どの程度得るものがあったかを見る．コホモロジーのような基本的な位相幾何的概念は，整数論から弦理論に至るまで，数学全体を通して利用されている．

文献紹介

位相空間の定義から基本群，そしてその少し先までの内容に関しては，

Armstrong, M. A. *Basic Topology* (Springer, New York, 1983)

が好著だと筆者は思う．現在の大学院の標準的教科書は

Hatcher, A. *Algebraic Topology* (Cambridge University Press, Cambridge, 2002)

である．偉大な位相幾何学者であるボットとミルナーは，素晴らしい書き手でもある．位相幾何学のすべての若い研究者は，

Bott, R. and Tu, L. *Differential Forms in Algebraic Topology* (Springer, New York, 1982)
【邦訳】R・ボット，L・W・トゥー（三村護 訳）『微分形式と代数トポロジー』（シュプリンガー・フェアラーク東京，1996）

Milnor, J. *Morse Theory* (Princeton University Press, Princeton, NJ, 1963)
【邦訳】J・ミルナー（志賀浩二 訳）『モース理論——多様体上の解析学とトポロジーとの関連』（吉岡書店，1998）

Milnor, J. and Stasheff, J. *Characteristic Classes* (Princeton University Press, Princeton, NJ, 1974)
【邦訳】J・ミルナー，J・スタシェフ（佐伯修，佐久間一浩 訳）『特性類講義』（シュプリンガー・フェアラーク東京，2001）

を読むべきであろう．

IV.7

微分位相幾何学

Differential Topology

C・H・タウベス［訳：久我健一］

1. 滑らかな多様体

この章では，滑らかな多様体と呼ばれるある対象の分類に関する解説を行うので，まず，それが何なのかを話すことから始める必要がある．心に留めておく良い例は，滑らかなボールの表面である．その小さな部分をごく近くから見ると，平らな平面の一部のように見える．しかし，もちろん，より大きい距離のスケールでは，平らな平面とは根本的に異なっている．これは一般的に見られる現象である．すなわち，滑らかな多様体はたいへん複雑になりうるが，近づいて見ると，まったく正則でなければならない．この「局所正則性」とは，多様体の各点が，ある次元の標準的なユークリッド空間の一部分と同じように見える近傍に属している，という条件である．ここでの次元が多様体の各点で d であれば，多様体自身が d 次元であるという．図 1 にこの様子を示す．

近傍が「標準的なユークリッド空間の一部分と同じように見える」とは，どのような意味だろうか？これは，その近傍から（普通の距離の概念がある）$\mathbb{R}^d$ の中への「良い」1 対 1 写像 ϕ があるという意味である．ϕ によって近傍の点が $\mathbb{R}^d$ の中の点と「同一視される」と考えることができる．すなわち，x が $\phi(x)$ と同一視されるのである．こうするとき，この関数 ϕ をその近傍の**座標チャート**と呼び，ユークリッド空間上の線形関数の基底を任意に選んで**局所座標系**と呼ぶ．こうする理由は，近傍内の点をラベル付けするのに ϕ を介して $\mathbb{R}^d$ の座標が使えるからである．すなわち，x がその近傍に属すとき，$\phi(x)$ の座標によって x をラベル付けすることができる．たとえば，ヨーロッパは球の表面の一部である．ヨーロッパの典型的な地図は，ヨーロッパの点を平坦な 2 次元ユークリッド空間の点と同一視する．すなわち，緯度と経度でラベル付けされた正方形の格子である．この二つの数値が地図の座標系を与え，同時

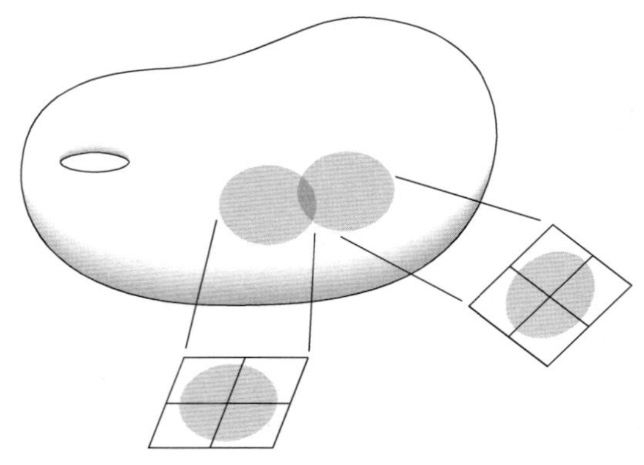

図 1 多様体の小さい部分はユークリッド空間の領域と似ている．

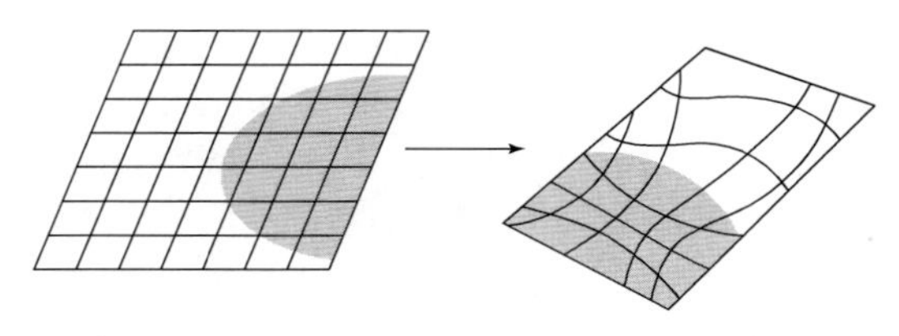

図 2 矩形格子からゆがんだ矩形格子への座標変換関数

にヨーロッパそのものの局所座標系に転用される．

ここで，簡単だか核心的な観察がある．M と N を交わる二つの近傍とし，関数 $\phi : M \to \mathbb{R}^d$ と $\psi : N \to \mathbb{R}^d$ がそれぞれの座標チャートとして使われるとする．すると，交わり $M \cap N$ には二つの座標チャートが与えられ，これによって $\mathbb{R}^d$ の開領域 $\phi(M \cap N)$ と $\psi(M \cap N)$ の間の同一視が得られる．第 1 の領域の点 x が与えられると，第 2 の領域の対応する点は $\psi(\phi^{-1}(x))$ である．この合成写像は**座標変換関数**と呼ばれ，交わった領域で，一方のチャートの局所座標がもう一方の局所座標とどう関連しているかを表している．この変換関数は $\phi(M \cap N)$ と $\psi(M \cap N)$ の間の**同相写像** [III.90] である．

初めのユークリッド空間で矩形格子をとり，これを座標変換関数 $\psi\phi^{-1}$ を使って 2 番目のユークリッド空間に写像するとしよう．この像は，また矩形格子になる可能性もあるが，一般には，何かしらゆがんだものになる．この様子を図 2 に示す．

空間であって，その各点がユークリッド空間の一部分と同一視される領域に含まれているものに対する正式な用語は，**位相多様体**である．「位相」という言葉は，座標変換関数に対する制限が，それが連続でなければならないという基本的なもの以外にないことを表している．けれども，連続関数の中にはか

なり不快にゆがんだものもあるので，通常は，変換関数が矩形格子に与えうるゆがみ効果を限定するために，さらに制限を追加する．

ここで主に興味があるのは，座標変換関数がすべての次数にわたって微分可能であることを要請する場合である．多様体が，すべての座標変換関数が無限回微分可能であるようなチャートの集まりを持つとき，この多様体は**滑らかな構造**を持つと言われ，またこれを**滑らかな多様体**と呼ぶ．滑らかな多様体は，微積分学の自然な舞台であるので，特に興味深い．大雑把に言って，これは，すべての次数にわたる微分が内在的に意味を持つ最も一般的な環境である．

多様体上で定義された関数 f が**微分可能**であるとは，任意の座標チャート $\phi : N \to \mathbb{R}^d$ が与えられたとき，関数 $g(y) = f(\phi^{-1}(y))$（これは $\mathbb{R}^d$ の領域で定義されている）が**微分可能** [I.3 (5.3 項)] となることをいう．多様体が微分可能な座標変換関数を許容しないならば，この上で微積分を行うことは不可能である．というのは，関数が一つのチャートで微分可能に見えたとしても，隣のチャートで見れば，一般には微分可能でないからである．

この点を説明するのに，1 次元の例を考えよう．実数直線の原点の近傍に，次の二つの座標チャートを考える．一つ目のものは，実数をそれ自身で表すという自明なチャートである（形式的に言えば，単純な式 $\phi(x) = x$ で定義される関数 ϕ を用いるということである）．二つ目のものは，x を点 $x^{1/3}$ で表すものにとる（ここで，負の数 x の 3 乗根は $-x$ の 3 乗根の -1 倍と定める）．これらの二つのチャートの間の変換関数は何だろうか？　それは，t を一つ目のチャートで使われる $\mathbb{R}$ の領域内の点とすると $\phi^{-1}(t) = t$ となるので，$\psi(\phi^{-1}(t)) = \psi(t) = t^{1/3}$ である．これは t の連続関数だが，原点で微分可能でない．

いま，二つ目のチャートで使われる $\mathbb{R}$ の領域の上で定義された関数で，最も簡単なものとして $h(s) = s$ を考え，これに対応する，多様体そのもの上の関数 f を求めよう．f の x での値は，x に対応する点 s での h の値でなければならない．この点は $\psi(x) = x^{1/3}$ なので，$f(x) = h(x^{1/3}) = x^{1/3}$ となる．最後に，多様体中の点 x は一つ目の領域中の点 $t = \phi(x) = x$ に対応するので，対応する一つ目の領域上の関数は $g(t) = t^{1/3}$ である（これは f と同じ関数だが，それは単に数をそれ自身に持っていくという非常に特殊な関数を ϕ としたからである）．したがって，一つのチャートでは完璧に微分可能な関数 h が変換されて，別のチャート上の連続だが微分可能でない関数 g になるのである．

位相多様体 M でチャートの集合を 2 組持つものが与えられ，どちらの組も無限回微分可能な座標変換関数を持つとする．すると，チャートの各集合は多様体上に滑らかな構造を与える．たいへん重要なことは，これらの二つの滑らかな構造は基本的に異なりうるという事実である．

これが何を意味するかを見るために，チャートの集合を K と L と呼ぼう．関数 f が与えられたとき，K の観点から微分可能ならば，これを **K 微分可能**といい，L の観点から微分可能ならば，**L 微分可能**ということにする．関数が L 微分可能でないのに K 微分可能になるということ（あるいはその逆）は，容易に起こりうる．けれども，M からそれ自身への写像 F で次の三つの性質を持つものが存在するときには，K と L は M 上に**同じ滑らかな構造を与える**と言うことができる．1 番目に，F は逆写像を持ち，F も F^{-1} も連続である．2 番目に，F と K 微分可能な任意の関数との合成は L 微分可能である．3 番目に，逆写像 F^{-1} と L 微分可能な任意の関数との合成は K 微分可能である．大まかに言えば，F は K 微分可能な関数を L 微分可能な関数に変え，F^{-1} はそれらを再び元に戻す．もし，そのような関数 F が存在しないならば，K と L によって与えられる滑らかな構造は純粋に異なっていると考えられる．

これが実際にどういうことなのかを見るために，再び 1 次元の例を見てみよう．前に注意したように，ϕ チャートを使うときに微分可能と考える関数と，ψ チャートを使うときに微分可能と考える関数とは，同じではない．たとえば，関数 $x \mapsto x^{-1/3}$ は ϕ 微分可能ではないが，ψ 微分可能である．しかし，たとえそうであっても，ϕ 微分可能な関数の集合と ψ 微分可能なものは，直線に*同じ*滑らかな構造を定める．なぜなら，任意の ψ 微分可能な関数は，自己写像 $F : t \mapsto t^3$ と合成しさえすれば ϕ 微分可能になるからである．

何らかの多様体が複数の滑らかな構造を持ちうるかはまったく明らかではないが，実際はそうであることが判明するのである．また，滑らかな構造をまったく持たない多様体も存在する．これらの二つの事実は，この章の中心的関心事に直結している．長い間追求されてきた，微分位相幾何学の二つの聖杯の探求である．

- 任意の与えられた位相多様体上のすべての滑らかな構造のリスト
- 任意の与えられた位相多様体上の任意の与えられた滑らかな構造を，リストの中の対応する構造として同定する手続き

2. 多様体について何が知られているか？

この解説を書いている時点で，上に挙げた 2 点に関して，多くのことが成し遂げられている．これを踏まえて，本章のこの節でやるべきことは，21 世紀の初めの現状を要約することである．その過程でいろいろな多様体の例が説明される．

ここでの話の舞台を設定するために，少し脇道に入って準備をする必要がある．二つの多様体があるとして，それらを隣り合わせにして，触れないように置いたとする．技術的に言うと，これらは二つの連結成分を持つ一つの多様体と見なすことができる．このような場合は，連結成分を個別に研究することができる．そこで，この解説では，筆者はもっぱら連結な多様体について話すことにする．つまり，ただ一つの連結成分を持つ多様体である．連結な多様体の中では，任意の点から任意の点に，多様体から離れることなく移動することができる．

技術的な 2 点目は，球面のように広がり方が限定されている多様体と，平面のように無限の彼方に伸びる多様体を区別することが有用だという点である．より正確に述べると，**コンパクト** [III.9] な多様体と非コンパクトな多様体を区別するということである．コンパクトな多様体とは，ある n に対する $\mathbb{R}^n$ の有界な閉部分集合として表すことができる多様体と考えることができる．以降の議論のほとんどすべては，コンパクトな多様体に関するものになる．以下に現れる例のいくつかでわかるように，コンパクト多様体の話は，非コンパクト多様体に対する同様の話に比べて込み入らない．簡単のため，筆者はしばしば「多様体」という用語を「コンパクト多様体」の意味で使う（非コンパクト多様体も議論されているときは，文脈から明らかになる）．

2.1 0　次　元

0 次元多様体は一つしかなく，それは単一の点である．この文の文末の句点は，遠くから見れば，連結な 0 次元多様体のように見える．ここでは位相多様体と滑らかな多様体の区別に意味がないことに，注意してほしい．

2.2 1　次　元

コンパクトで連結な 1 次元位相多様体は一つしかなく，それは円周である．さらに，円周は滑らかな構造を一つしか持たない．この構造を表す一つのやり方を次に示す．円周を表す図形として xy 平面中の単位円周をとる．つまり，$x^2+y^2=1$ を満たす点 (x,y) 全体のなす集合である．これは，それぞれの円周を半分あまり覆い合う，二つの重なった区間で被覆される．図 3 は区間 U_1 と U_2 を示している．それぞれの区間がチャートをなす．図の左側にある，U_1 の連続的なパラメータ付けを，与えられた点の，x 軸正の方向から反時計回りに測った角度によって与えることができる．たとえば，点 $(1,0)$ の角度は 0 で，点 $(-1,0)$ の角度は π である．U_2 を角度によってパラメータ付けするためには，x 軸負の方向の角度を π として始めなければならない．U_2 をぐるりと回って，この角度を連続的に変化させて点 $(1,0)$ に着くと，U_2 の点としてはこの点を角度 2π でパラメータ付けしていることになる．

見てわかるように，円弧 U_1 と U_2 は分離した二つの小さい円弧で交わっている．図 4 では，これらは V_1, V_2 とラベル付けされている．V_1 の任意に与えられた点の U_1 角度はその U_2 角度と同じなので，V_1 上の座標変換関数は恒等写像である．これと対照的に，V_2 の点の U_2 角度は，その U_1 角度に 2π を加えることで得られる．したがって，V_2 上の座標変換関数は恒等写像ではなく，座標関数に 2π を加える写像である．

この 1 次元の例からいくつもの大きな疑問点が浮かんでくるが，それらはどれも特に困惑しやすい一つの問題と関連している．これを述べるために，まず，平面の中には円周のモデルにとることができる閉曲線がたくさんあることを考えよう．実は「たくさん」という言葉は状況をかなり過少に表現している．さらに言えば，なぜわれわれの注目を平面内の円周に限定しなければならないのだろう？　3 次元空間の中にも閉曲線の豊富な例がある（たとえば，図 5 を参照）．この点について言えば，1 より大きい次元の任意の多様体は閉曲線を持つのである．初めのほうで，滑らかでコンパクトな連結 1 次元多様体

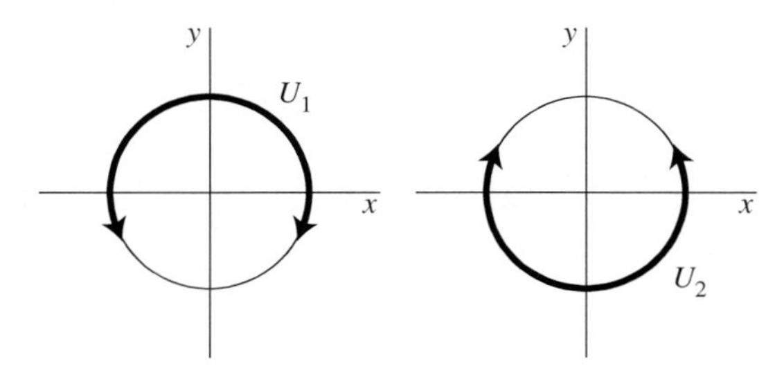

図 3　円周を覆う二つのチャート

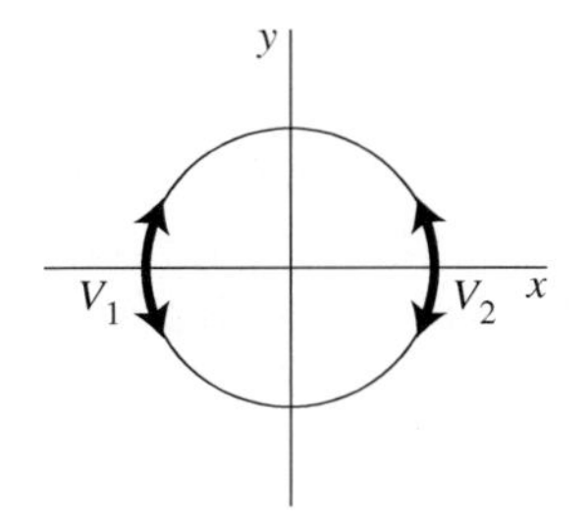

図 4　弧 U_1 と U_2 の交わり

図 5　3 次元空間内のループの結び目

はただ一つしかないと主張した．それならば，これらの閉曲線はすべて「同じ」と考えなければならない．どうしてそうなるのだろう？

答えはこうである．われわれが多様体を思い浮かべるとき，たいてい，それが何らかの大きな空間に入っていたとしたらそう見えるであろうものを考える．たとえば，われわれは円周を平面に載っているものとして思い浮かべるかもしれないし，あるいは 3 次元ユークリッド空間内で結び目を作っているものとして思い浮かべるかもしれない．しかし，上で導入した「滑らかな多様体」の概念は，多様体が高い次元の空間にどのように入っているかに依存しないという意味で，**内在的**なものである．実際，このような高い次元の空間があることさえ，まったく必要としない．円周の場合，これは次のように言うことができる．円周は平面内の閉曲線としても，あるいは 3 次元空間中の結び目や他の任意の空間中のものとしても配置することができる．円周を高い次元のユークリッド空間内に置くそれぞれの見方は，微分可能と考えられる関数の集まりを定める．すなわち，単に，大きなユークリッド空間の座標の微分可能な関数をとって，円周に制限すればよい．このような関数の集まりのどの一つも，他の集まりと同じ滑らかな構造を円周上に定めることがわかる．したがって，与えられた次元の高い空間に円周を入れる興味深いやり方はたくさんあるが（実際，3 次元空間中の結び目の分類は，それ自体おもしろくて活気のある話題である．「結び目多項式」[III.44] を参照）．これらの異なった見方によって与えられる滑らかな構造は，すべて同じなのである．

円周上に滑らかな構造がただ一つしかないことは，どのように証明されるのだろうか？　付け加えるに，1 次元ではコンパクトな位相多様体が一つしかないということは，どのように証明されるのだろうか？この解説は証明を与えることが趣旨ではないので，これらの問題は，次の助言を与えて本格的な演習問題とする．定義についてしっかり考え，また，滑らかな多様体の問題については，微積分を用いよう．

2.3　2　次　元

コンパクトで連結な 2 次元多様体の話は，1 次元の話よりずっと内容が豊富である．まず，多様体は基本的な二つの種類，すなわち向き付け可能な多様体と向き付け不可能な多様体に分けられる．大雑把に言って，これは表裏の 2 面を持つ多様体と，1 面しか持たない多様体の区別である．より正確な定義をすると，2 次元多様体が**向き付け可能**であるとは，その多様体内で自分自身と交叉したりくっついたりしない任意のループの両岸が異なるときをいう．すなわち，そのループの一方の側から他方の側に行く道で，ループを横切らず，かつループのごく近くしか通らないようなものが存在しないことである．メビウスの帯（図 6）は，中心線のループの片側から反

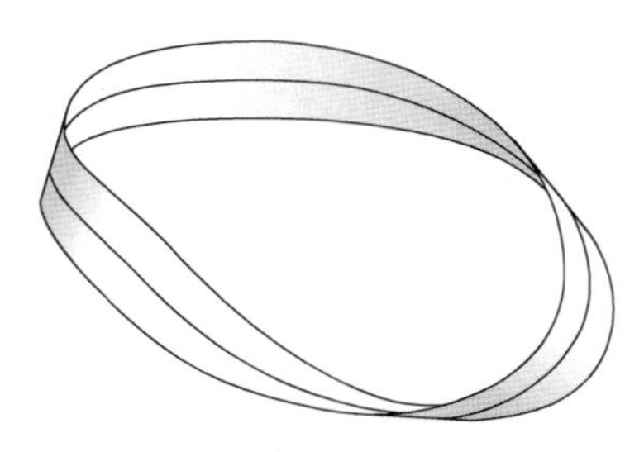

図 6　メビウスの帯には面が一つしかない．

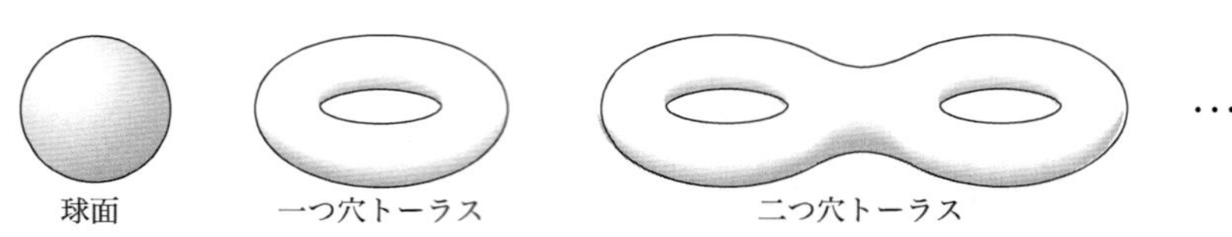

図 7　2 次元の向き付け可能多様体

対側へ行く道で，そのループを横切らず，かつそのループのごく近くしか通らないものがあるので，向き付け可能ではない．向き付け可能なコンパクトで連結な 2 次元位相多様体は，リンゴ，ドーナツ，二つ穴のプレッツェル，三つ穴のプレッツェル，四つ穴のプレッツェル … というような基本的な食品の集まりと 1 対 1 対応している（図 7）．専門的には，これらは**種数**と呼ばれる整数で分類される．種数は球面に対しては 0，トーラスに対しては 1，二つ穴のトーラスに対しては 2 などである．種数は図 7 で与えられている例に見られる穴の数を数えたものである．種数で分類されるということは，このような二つの多様体が同じであるのはそれらが等しい種数を持つとき，かつそのときに限る，ということである．これは**ポアンカレ** [VI.61] による定理である．

2 次元位相多様体のおのおのはちょうど一つの滑らかな構造を持つことが判明するので，図 7 のリストは，滑らかな向き付け可能な 2 次元多様体のリストと一緒である．ここで心に留めておくべき点は，滑らかな多様体の概念は内在的であり，したがって，その多様体が 3 次元空間や他のいかなる空間の中で曲面としてどのように表されているかにはよらないということである．たとえば，オレンジや，バナナ，スイカの表面は，どれも図 7 の一番左の例である 2 次元球面が空間に埋め込まれた像を表している．

図 7 に描かれた形は，次元の高い多様体を分類する際に重要な役割を果たす一つの考え方を示唆している．次の点に注意しよう．二つ穴のトーラスは，二つの一つ穴のトーラスを用意し，この二つからそれぞれ円板を切り取り，できたもの同士を境界の円周に沿って貼り合わせ，角ばりを滑らかにしてできあがったと見ることができる．この操作を図 8 に示す．この種の切り貼り操作は，**手術**と呼ばれる操作の例である．類似の手術は一つ穴のトーラスと二つ穴のトーラスに対しても同様に行うことができ，三つ穴のトーラスが得られる．他の場合も同様である．このようにして，向き付けられたすべての 2 次元多様体は，たった二つの基本的な構成要素，すなわち一つ穴のトーラスと球面のコピーに，標準的な手術を施して作ることができる．読者がこのやり方を理解したかを確かめるために，ここに良い練習問題がある．球面ともう一つの多様体 M に対して，図 8 のように手術をしたとする．得られる多様体は，位相的にも，滑らかな構造としても M と同じであることを証明せよ．

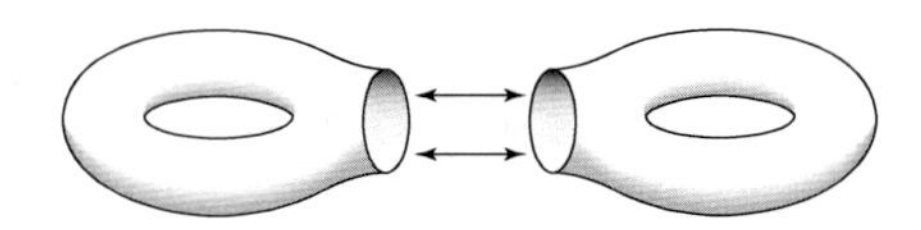
図 8　切り貼り操作

すべての向き付け不可能な 2 次元多様体は，向き付け可能な 2 次元多様体から円板を切り取り，メビウスの帯を貼り合わせるという，手術の一種で作れることがわかっている．より正確に言うために，メビウスの帯の境界が円周であることに注意してほしい．任意に与えられた向き付け可能な 2 次元多様体から円板を切り取ると，得られるものの境界はやはり円周である．後者の円周境界をメビウスの帯の境界に貼り合わせ，角ばりを滑らかにして得られるものが，向き付け不可能な滑らかな多様体である．任意の向き付け不可能な 2 次元位相多様体（したがって，任意の向き付け不可能な滑らかな 2 次元多様体）は，このようにして得られる．しかも，得られる多様体は，ここで用いた向き付け可能多様体の穴の数（種数）だけに依存して決まる．

メビウスの帯と球面の手術で得られる多様体は，**射影平面**と呼ばれる．メビウスの帯とトーラスを用いたものは，**クラインの壺**と呼ばれる．これらの形を図 9 に示す．向き付け不可能な例は，3 次元ユークリッド空間の中にきれいに収めることはできない．つまり，クラインの壺の図で見られるように，どのように配置しても，ある部分が別の部分を通過してしまう．

上記のリストがすべての 2 次元多様体を尽くしていることは，いかにして証明できるだろうか？　そ

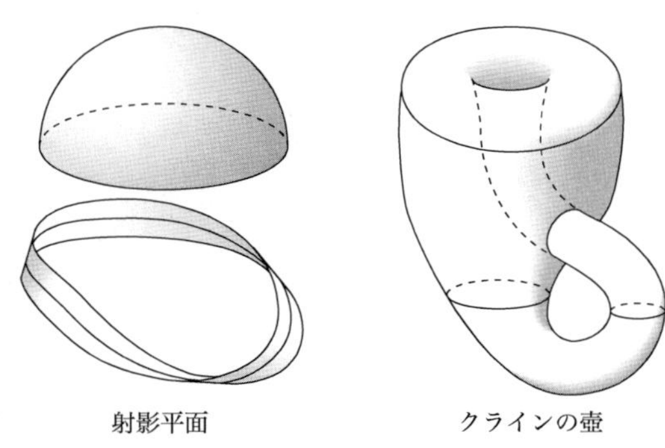

図 9　二つの向き付け不可能な曲面．射影平面を作るためには，メビウスの帯の境界を半球面の境界と同一視する．

の一つの方法は，次の 3 次元の話の中で議論する幾何的技法の一種を用いる．

2.4　3　次　元

すでに，すべての滑らかな 3 次元多様体の完全な分類ができている．しかし，これはごく最近の成果なのである．すべての 3 次元多様体を載せていると予想されたリストがあり，それらの一つ一つを区別すると予想された方法が，しばらくの間あった．最近になって，これらの予想の証明がグレゴリー・ペレルマンによって完成されたのである．これは数学の世界ではたいへん有名な出来事である．証明には幾何を用いるが，これについてはこの解説の最後に詳しく説明することにして，ここでは分類方法に的を絞る．

分類方法に入る前に，多様体上の**幾何構造**の概念を紹介する必要がある．大雑把に言って，これは多様体上で道の長さを定める規則のことである．この規則は次の条件を満たさなければならない．ただ 1 点に留まっている定値道の長さは 0 であるが，少しでも動くような任意の道の長さは正である．次に，ある道が別の道の終点から出発するならば，それらを連結した道（つまり，二つの道を一緒にしてできる道）の長さは二つの道の長さの和である．

道の長さに関するこのような規則は，多様体上の任意の 2 点 x と y の間の距離 $d(x,y)$ の概念を自然に導くことに注意しよう．これらの点の間の最短な道の長さをとるのである．$d(x,y)^2$ が x と y の滑らかな関数として変化するときが特に興味深いことがわかる．

実際には，幾何構造を持つことは何も特別なことではない．多様体は幾何構造をたくさん持つのである．以下に挙げるのは，n 次元ユークリッド空間中の原点を中心とする半径 2 の球体の内部に入る，三つのたいへん有用な幾何構造である．これらの式の中での道は，次元を超えた画家が刻々と描くかのように，時刻 t における道の上のペン先の位置 $x(t)$ で表されている．ここで，時刻 t は実数直線のある区間を動く．

$$\left.\begin{aligned}
\text{長さ} &= \int |\dot{x}(t)|\mathrm{d}t \\
\text{長さ} &= \int |\dot{x}(t)|\frac{1}{1+\frac{1}{4}|x(t)|^2}\mathrm{d}t \\
\text{長さ} &= \int |\dot{x}(t)|\frac{1}{1-\frac{1}{4}|x(t)|^2}\mathrm{d}t
\end{aligned}\right\} \tag{1}$$

これらの式において，$\dot{x}$ は道 $t \to x(t)$ の時間微分を表す．

これらの幾何構造の 1 番目のものは，2 点の間の標準的なユークリッド距離を導く．このため，これは球体の**ユークリッド幾何**と呼ばれる．2 番目が定義する構造は**球面幾何**と呼ばれるが，これは，任意の 2 点の間の距離が $n+1$ 次元ユークリッド空間内の半径 1 の球面上に対応する 2 点間の角度と一致するためである．この対応は，地球の極地帯の地図に使われる立体射影の $n+1$ 次元版から来る．3 番目の距離関数は，球体上の**双曲幾何**と呼ばれるものを定義する．これは n 次元ユークリッド空間中の半径 2 の球体が，$n+1$ 次元ユークリッド空間中の特別な双曲面とあるやり方で同一視されるときに生じる．

式 (1) に表された幾何構造は，回転およびその他の単位球体のある種の変換に関して対称であることがわかる（ユークリッド幾何，球面幾何，双曲幾何については「いくつかの基本的な数学的定義」[I.3 (6.2, 6.5, 6.6 項)] も参照）．

上で注意したように，任意の与えられた多様体上には非常に多くの幾何構造があり，それゆえ，何らかの特に望ましい性質を持つものを見つけたいと考える．この目標を念頭に置き，格別に望ましい構造の典型として，$\mathbb{R}^n$ 中の球体のある「標準的な」幾何構造 S を指定したとしよう．これは今定義したばかりの構造の中の一つかもしれないし，別の気に入った構造かもしれない．こうすると，コンパクト多様体に対応する構造 S の概念が導かれる．大雑把に言って，多様体の幾何構造が S 型であるとは，多様体内の各点がまるで構造 S を持った単位球体内にあるような感じがするときをいう．つまり，球体の構造 S を用いて，多様体の幾何構造を保つようなチャートが与えられるということである．より正確に述べるために，x の小さな近傍 N 内の座標系を，関数 $\phi : N \to \mathbb{R}^d$ を用いて定義するとしよう．もし，像 $\phi(N)$ を球体の中に入るようにとって，しかも N 内の任意の 2 点 x と y の間の距離が，それらの像 $\phi(x)$ と $\phi(y)$ の間の，球体の構造 S によって定められた距離と一致するようにとることがいつでもできるならば，その多様体は S 型の構造を持つということにする．特に，幾何構造が**ユークリッド的**，**球面的**，あるいは**双曲的**であるとは，球体上の構造がそれぞれユークリッド幾何，球面幾何，あるいは双曲幾何であるときをいう．

たとえば，すべての次元の球面は，球面的幾何構造を持つ（無論そうであるべき！）．各 2 次元多様体は球面的，ユークリッド的，あるいは双曲的のいずれかの幾何構造を持つ．しかも，もしこれらの型の一つの構造を持つならば，それと異なる型の構造は持ち得ないことがわかる．特に，球面は球面的構造を持つが，ユークリッド的，あるいは双曲的な構造は持たない．一方，2 次元のトーラスはユークリッド的幾何構造を持ち，しかもそれ以外は持たない．そして，図 7 に挙げられている他のすべての多様体は，双曲的幾何構造を持ち，しかもそれ以外は持たない．

ウィリアム・サーストンは，彼の偉大な洞察力により，3 次元多様体が幾何構造を用いて分類可能であろうと考えた．特に彼は**幾何化予想**として知られる予想を提案したが，これは大雑把に，すべての 3 次元多様体は「良い」部品からできあがっていることを言っている．

> 各 3 次元多様体は，あらかじめ定まる 2 次元球面と一つ穴トーラスの集合に沿って標準的に切り分けられ，そうして得られる各部品は，八つの可能な幾何構造のうちのちょうど一つを持つ．

八つの可能な構造には，球面的，ユークリッド的，および双曲的な構造が含まれる．これらに残りの五つを加えたものは，ある正確な意味において，極大の対称性を持つ構造である．この残りの五つは，挙げた三つとともに，さまざまな**リー群** [III.48 (1 節)] に対応している．

ペレルマンが証明して以来，幾何化予想は幾何化定理として知られるようになった．すぐに説明するが，これは第 1 節の最後に開始した探求の 3 次元部分の満足のいく解決を与えている．というのは，八つの幾何構造の一つを持つ多様体は，標準的なやり方で群論を用いて記述できるからである．その結果，幾何化定理は，多様体の分類問題を群論が答えることができる問題に転換する．以下では，どのようにしてそうなるのかを示そう．

八つの幾何構造に対応して，その幾何構造を持つ**モデル空間**がある．たとえば，球面構造の場合はモデル空間は 3 次元球面である．ユークリッド構造に対するモデル空間は 3 次元ユークリッド空間である．双曲構造に対するモデル空間は，4 次元ユークリッド空間中で $t^2 = 1 + x^2 + y^2 + z^2$ に従う座標 (x, y, z, t) のなす双曲面である．八つの幾何のどの場合も，モデル空間には任意の 2 点間の距離を保つ自己写像からなる標準的な群がある．ユークリッド構造の場合，この群は 3 次元ユークリッド空間の平行移動と回転のなす群である．球面幾何の場合は 4 次元ユークリッド空間の回転群であり，双曲幾何の場合は 4 次元ミンコフスキー空間のローレンツ変換の群である．これらの対応する自己写像からなる群は，その幾何構造の**等長変換群**と呼ばれる．

多様体と群論が関連付けられるのは，八つのモデル空間のどの等長変換群にも離散部分群からなるある集合があり，対応する幾何構造を持つコンパクト多様体を決めるからである（部分群が**離散的**とは，その部分群の各点が，部分群の他の点を含まない近傍に属するという意味で，孤立していることである）．このコンパクト多様体は，次のようにして得られる．モデル空間の 2 点 x と y は，その部分群に属する等長変換 T で $Tx = y$ となるものが存在するとき**同値**とされる．言い換えると，x はその部分群の等長変換による x のすべての像と同値である．この同値性の決め方が，本当の**同値関係** [I.2 (2.3 項)] になっていることは簡単に確かめられる．そうすると，この同値類が，対応する多様体の点と 1 対 1 に対応するのである．

これがどのようになっているのかを，次の 1 次元の例で見てみよう．実数直線を，平行移動のなす群を等長変換群に持つモデル空間と考えよう．2π の整数倍の平行移動の集合は，この群の離散部分群をなす．実数直線上に点 t が与えられると，この部分群の平行移動によって生じうる t の像は，n を整数として $t+2n\pi$ の形の数すべてである．したがって，二つの実数が同値と見なされるのは，それらの差が 2π の倍数のときであり，t の同値類は $\{t+2n\pi : n \in \mathbb{Z}\}$ となる．t に 2π の倍数を加えても sin 関数や cos 関数の値は変わらないので，この同値類に円周上の点 $(x, y) = (\cos t, \sin t)$ を対応させることができる（直観的に言えば，各 t を $t+2\pi$ と同値と見なすと，実数軸を円のまわりにぐるぐる巻き付けることになる）．

等長変換群のある種の部分群と，与えられた幾何構造を持つコンパクト多様体の間のこの対応付けは，逆方向に行うこともできる．つまり，多様体から部分群を再構成することも，多様体の各点が，対応するモデル空間と距離関数が同じであるような座標チャートに含まれるという事実を使って，比較的簡単なやり方で行うことができる．

ペレルマンの業績以前にも，幾何化予想が成り立つ膨大な根拠があり，その多くがサーストンによって与えられた．この根拠を議論するためには，少し脇道に入って背景を与える必要がある．まず，3 次元球面内の**絡み目**の概念を持ち込む必要がある．絡み目とは有限個の互いに交わらない結び目の和集合のことである．図 10 に二つの結び目からなる絡み目の例を示す．

図 10　二つの結び目からなる絡み目

絡み目に沿った手術の概念も必要である．このために，絡み目を太くして，中身の詰まった管が結び目になった集まりに見えるようにする（結び目を被覆電線中の銅線と考えると，中身の詰まった管とは，銅線と絶縁被覆を合わせたものと見なせる）．どの成分の管の境界も図 7 の一つ穴トーラスのコピーにほかならないことに注意しよう．したがって，どの一つの管を除いても，3 次元球面から管状の領域がなくなり，その境界はトーラスとなる．

さて，手術を定義するために，管の結び目を除き，そしてそれを異なるやり方で貼り戻すことを想像する．つまり，管の境界を，除かれてなくなった領域の境界に，元とは同じでない同一視を用いて貼り合わせることを想像する．たとえば「自明な結び目」を考える．これは与えられた平面内の標準的な丸い円周であるが，ここでは 3 次元球面の一つの座標チャート内にあると見ている．これを包む管を中身ごと取り去り，以下のように「間違った」やり方で境界を貼り合わせることで，その管を戻そう．図 11 の一番左のトーラスを，この管の補集合を $\mathbb{R}^3$ に入れたものの境界と考えよう．真ん中のトーラスは管の中身と考える．「間違った」貼り合わせ方は，一番左のトーラス上で "R" や "L" の印を付けられた円周を，真ん中のトーラス上の対応する円周と同一視する．結果としてできる空間は 3 次元多様体であり，実際には円周と 2 次元球面の直積になる．つまり，x を円周内の点，y を 2 次元球面内の点とすると，順序対 (x, y) 全体のなす集合である．ほかにも多くの異なるやり方で境界のトーラスを貼り合わせることができ，対応する手術のほとんどすべてが，異なる 3 次元多様体を生み出す．このようなものの一つが，図 11 の一番右に描かれている．

一般に，任意の絡み目が与えられると，これに沿った手術を用いて無限個の異なる 3 次元多様体を構成することができる．さらに，レイモンド・リコリシュは，任意の3 次元多様体は，3 次元球面内のある絡み目に沿った手術によって得られることを証明した．残念ながら，この絡み目に沿った手術による 3 次元多様体の指定法は，この構成の仕方がまったく一意的でないので，滑らかな構造を分類するという中心的探求への満足な解決は与えない．実際，任意に与えられた多様体に対して，これを作るのに利用できる絡み目と手術の組合せは，途方に暮れるほどたくさん存在するのである．さらに，本章の執筆時点では，3 次元球面内の結び目と絡み目を分類する方法は知られていない．

ともかくも，サーストンが彼の幾何化予想に対する根拠としたものの一部に，ここで触れよう．任意の絡み目に対し，これから手術で作り出せる 3 次元多様体は，有限個を除けばすべて幾何化予想の結論を満たす．サーストンはまた，自明でない任意の結び目に対して，この結び目の上の有限個を除くすべての手術は双曲的幾何構造を持つ多様体を生み出すことも証明した．

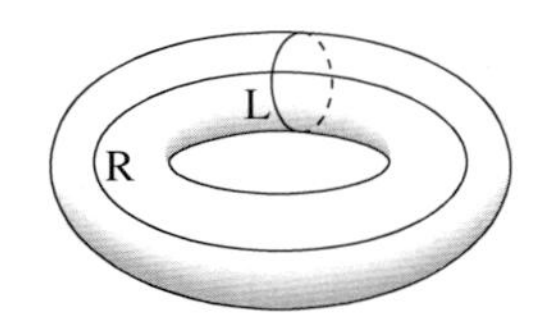

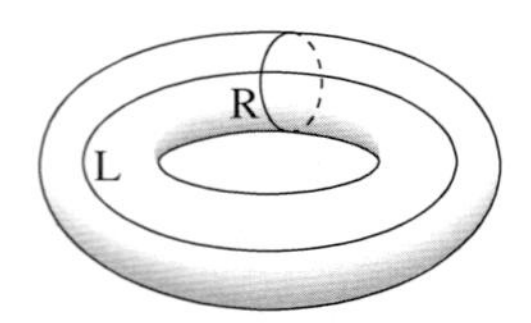

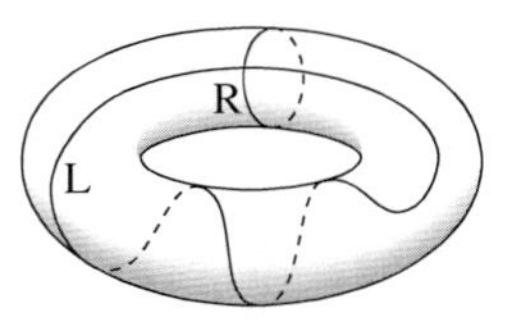

図 11 管を管型の穴の中に貼って入れる異なるやり方

ところで，ペレルマンによる幾何化構造の証明は，その特別な場合として，1904 年にポアンカレによって提出された**ポアンカレ予想**の証明を与える．これを述べるためには，**単連結**多様体の概念が必要である．これは，その中の任意の閉曲線を 1 点に縮めることができる性質を持った多様体のことである．もっと正確に述べるためには，多様体内の 1 点を「基点」として指定する．すると，この選ばれた基点から出発してそこに戻るような任意の道は，変形の各段階で道がやはりその基点から出発して戻るようなやり方で連続的に変形することができて，最後の結果として，基点を出発してそこに留まっているだけの自明な道になる，ということである．たとえば，2 次元球面は単連結であるが，トーラスはそうではない．というのは，トーラスを「1 回ぐるりと」回る道は（たとえば，図 11 のいろいろなトーラス上のどの閉曲線 R や L でも）1 点に縮めることができないからである．実際，球面だけが 2 次元多様体として単連結であり，また，1 より大きいすべての次元で球面は単連結である．

ポアンカレ予想　任意のコンパクト単連結 3 次元多様体は 3 次元球面である．

2.5 4 次 元

これは奇妙な次元である．滑らかなコンパクト 4 次元多様体の分類に対して，有用で実効性のある予想を定式化することは誰も成功していない．その反面，4 次元位相多様体に属する多くの範疇で分類の筋書きはよくわかっている．この業績は大部分がマイケル・フリードマンによるものである．

4 次元では，位相多様体のいくつかは滑らかな構造を持ち得ない．いわゆる「11/8 予想」は，4 次元の位相多様体が少なくとも一つ以上の滑らかな構造を持つための必要十分条件を提案している．ここで分数 11/8 は，4 次元の話で出てくる，ある対称な双線形形式の階数の符号数に対する比の絶対値を表している．予想は，0/0 の場合は除いて，滑らかな構造が存在するのは，比が少なくとも 11/8 であるとき，かつそのときに限ることを主張している．問題の双線形形式は，与えられた 4 次元多様体の内部で，さまざまな 2 次元曲面の間の交点を符号付きの重みを付けて数えることによって得られる．これに関して，4 次元の中で 2 次元曲面の典型的な組は有限個の点で交わることに注意する．これは，2 次元平面中の閉曲線の典型的な組は有限個の点で交わるという，見てたいへんわかりやすい事実の高次元での類似である．驚くまでもなく，この双線形形式は**交点形式**と呼ばれている．これはフリードマンの分類定理で顕著な役割を演じる．

その一方で，4 次元ですべての滑らかな構造を数え上げる問題はまったく未解決である．滑らかな構造を少なくとも一つは持つ 4 次元位相多様体で，その異なる滑らかな構造のリストが完全であると判明している例は一つもない．ある 4 次元位相多様体は（可算）無限個の異なる滑らかな構造を持つことが知られている．それ以外のものに対しては，元のただ一つの構造しか知られていない．たとえば，4 次元球面は明白な滑らかな構造を一つ持つが，知られているものはこれだけである．しかし，下部構造の位相多様体は，異なる滑らかな構造をたくさん持っていても，現在知られている限りでは，おかしくない．ところで，4 次元の非コンパクト多様体の話になると，まさに奇怪になる．たとえば，標準的な 4 次元ユークリッド空間と同相な非可算無限個の滑らかな多様体が存在することが知られている．しかし，ここにおいても，われわれの理解は十分とは言えない．というのは，これらの「エキゾチックな」滑らかな構造のどの一つも，明示的な構成法が知られていないのである．

サイモン・ドナルドソンは，与えられた 4 次元多様体上の滑らかな構造を区別する能力を持った幾何的な不変量の組を与えた．ドナルドソンの不変量は，最近，より計算しやすい不変量の組に取って代わられた．これはエドワード・ウィッテンによって提出されたもので，サイバーグ–ウィッテン不変量と呼ばれている．さらに最近になって，ピーター・オジュバットとゾルタン・サボーが，等価と考えられる不変量の組で，一層使いやすいものを設計した．（広い意味での）サイバーグ–ウィッテン不変量は，すべての滑らかな構造を区別するのだろうか？　これを知る人はいない．この章の最後に，これらの不変量についてもう少し述べる．

フリードマンの結果が以下に述べる4次元ポアンカレ予想の位相版を含むことに注意しよう．

> 1次元の円周，もしくは2次元球面からの基点を保つ写像は，いずれも連続的に変形して，基点の上への写像にすることができる，という性質を持つコンパクトな4次元位相多様体として，4次元球面は唯一のものである．

この予想の滑らかな版は解かれていない．

幾何化予想/定理の4次元版はあるのだろうか？

2.6　5次元以上

驚くことに，第1節の終わりに提起した問題は，4次元より高いすべての次元で大方解決されている．これは少し昔，ジョン・ストーリングス（John Stallings）の研究を受けてスティーブン・スメール（Stephen Smale）によってなされた．これらの高次元では，位相多様体が滑らかな構造を許容するためにどのような条件が満たされなければならないか，ということも述べることができる．たとえば，ジョン・ミルナーらは，次元が5〜18の球面上の滑らかな構造の数は，順に1, 1, 28, 2, 8, 6, 992, 1, 3, 2, 16256, 2, 16, 16であることを決定した．

4より高い次元が3次元や4次元より扱いやすいことは，初めて聞くと驚きである．けれども，これにはそれなりの理由がある．これらの高次元空間では技巧を行う空間が余計にあり，この余分な空間がこの違いのすべてを生むのである．この感覚を得るために，n を正の整数とし，S^n で n 次元球面を表す．より明確にするために，S^n をユークリッド空間 $\mathbb{R}^{n+1}$ 内の点 $(x_1, \ldots, x_{n+1})$ で $x_1^2 + \cdots + x_{n+1}^2 = 1$ を満たすもの全体がなす集合と見なそう．さて，直積多様体 $S^n \times S^n$ を考える．これは x を S^n の一方のコピー中の点とし，y をもう一方のコピー中の点とする組 (x, y) がなす集合である．この直積多様体の次元は，$2n$ である．$S^n \times S^n$ の標準的な描像は，その内部に S^n の二つの特別なコピーを持っている．一つは $y = (1, 0, \ldots, 0)$ であるような形の点 (x, y) のすべてからなるもの，もう一つは $x = (1, 0, \ldots, 0)$ であるような点 (x, y) のすべてからなるものである．初めのコピーを S_R，2番目を S_L と呼ぶことにしよう．ここで特に大事なことは，S_R と S_L がちょうど1点，すなわち点 $((1, 0, \ldots, 0), (1, 0, \ldots, 0))$，で交わっていることである．

ところで，$n = 1$ の場合には，空間 $S^1 \times S^1$ は図7のドーナツ形である．その中の1次元球面 S_R と S_L は，図11の一番左の絵に描かれている円周である．

読者がここまで付いてきてくれたならば，アルクトゥルス（うしかい座アルファ星）から銀河系の中心に行く途中の高度に発達した異星人が読者を連れ去り，ある未知の $2n$ 次元多様体の中に置き去りにしたとしよう．読者はこれが $S^n \times S^n$ じゃないかと思うが確信が持てない．そうかもしれないと思う理由の一つは，その中に1対の n 次元球面を見つけたことである．読者はその一つを M_R，もう一つを M_L と名付ける．残念ながら，これらは $2N + 1$ 点（$N > 0$）で交わっている．もし，ちょうど1点だけで交わる別の球面の対を見つけられたなら，いちいち不安にならずに済むかもしれない．そこで読者は，M_L を押したり引いたりして不要な $2N$ 個の交点を取り除けはしないだろうかと考える．

ここで驚くことは，何次元の中であっても，交点を除去する問題には，読者の $2n$ 次元多様体の中に住む，0次元と1次元と2次元のある種の多様体だけが関与するという点である．これは昔，ハスラー・ホイットニーが観察したことである．特にホイットニーは，その $2n$ 次元多様体中で，2次元円板であって，その境界の半分が M_L に，半分が M_R にあるようなものを見つけなければならない，という点を明らかにした．この境界の閉曲線は，交点の二つを通過するものである（M_L を過ぎて M_R に行くときの一つと，戻るときの一つ）．この円板は，M_L と M_R に接触する部分では，それらに対して垂直に飛び出していなければならない[*1]．もし，円板の内部

[*1]　［訳注］たとえば，$2n = 4$ とし，座標チャート内で M_L が x_1x_2 平面，M_R が x_3x_4 平面とすると，原点はこれらの交点の一つを表す．これに対するホイットニーの円板は x_1x_3 平面内の第1象限（$x_1 \geq 0$，$x_2 = 0$，$x_3 \geq 0$，$x_4 = 0$）のように M_L や M_R と「垂直」になっている

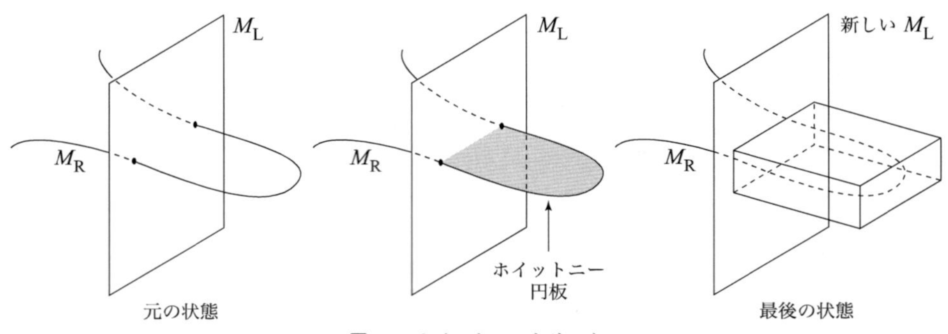

図 12　ホイットニートリック

が M_L と M_R のどちらとも交わらず，さらに，円板上の点が円板自身の別の点にぶつかっていなければ，M_L と円板が接触している線分の十分近くにある M_L の部分を，M_L の他の部分が破れないように引き伸ばしながら，円板に沿って押して移動させることができる．もし，円板を M_R を少し通り過ぎるように広げておけば，M_L を押して円板の縁を過ぎたときには，交点のうちの二つを除去し終わっていることになる．図 12 にこの図解を示す．この押し出し操作（**ホイットニートリック**）は，要求された円板が見つかれば，どのような次元のどのような多様体の中でも行うことができる．問題は，この円板を見つけることである．図 13 は「良い」円板（左）と選び方が悪い円板（中央と右側）を，断面を切って描いた図である．読者が選び方の悪い円板を持っていて，円板内部に不要な交点があるが，それでも境界での条件は満たしているとすると，不要な交点の近くで円板の内部を少しだけ動かして改善できないだろうかと思うだろう．すなわち，新しい円板は自己交叉する点を持たないようにしたいし，内部は M_L や M_R と交わらないようにしたい．円板内部を自分自身に沿って動かしても，円板の像自身は変化せず，円板内での交点の位置が変わるだけで，交点はなくならない．同様に，交わって妨げになっている M_L や M_R に平行な方向に円板内部を動かしても，これらの空間内で交点は位置が変わるだけでなくならない．したがって，$2n$ 次元のうち $n+2$ 次元は，その方向に円板内部を動かしても，一般には不要な交点をなくすことができない．しかし，使える次元が $2n-(2+n)=n-2$ 次元残っていて，これは $2n>4$ ならば正である．実際，これが成り立つとき，これらの余分の次元のどの方向でも円板内部を動かせば，一般に不要な交点は消える．

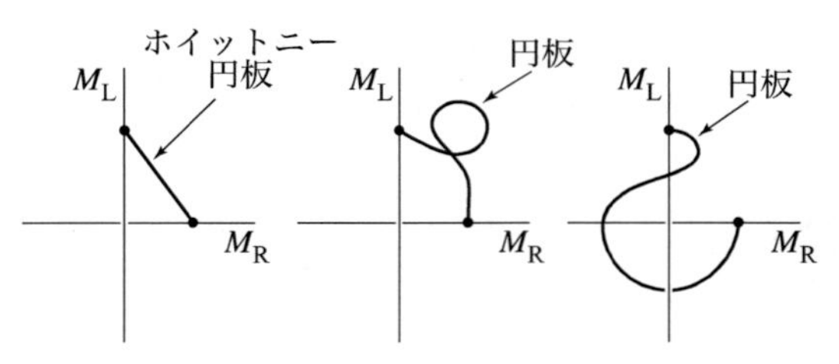

図 13　ホイットニー円板のいくつかの可能性

さて，$2n=4$（したがって $n=2$）のときは余分の次元がないので，その結果，揺り動かしても交点のない新しい円板を作ることはできない．したがって，与えられた円板の候補が M_R と交わるならば，ホイットニートリックは元の交点の組を新しい組と取り替えるだけである．もし円板が自分自身か M_L と交わるならば，新しくできる M_L は自己交叉を持ってしまう．つまり，一部分が巡って他の部分に交わるのである．

このホイットニートリックの破綻が 4 次元トポロジーの禍のもとなのである．したがって，マイケル・フリードマンの 4 次元位相多様体の分類定理の主補題は，ホイットニートリックで使える，位相的に（滑らかに，ではなく！）埋め込まれた円板が至るところに見つけられることを述べたものとなっている．

という意味である．この場合，x_1 軸と x_3 軸の正の部分がホイットニー円板の境界（の一部）で，それぞれ M_L と M_R 上にある．図 12 は，見やすさのために 3 次元空間内に描いているが，M_R は描かれていない x_4 方向にもう 1 次元分広がっていると思えばよい．

3.　いかにして幾何が議論に登場するか？

4 以下の次元の滑らかな多様体に関するわれわれの現在の理解の多くは，幾何的技法と呼べるものから来ている．与えられた 3 次元多様体上の標準的幾何構造の探求は，その一例である．ペレルマンによる幾何化定理の証明は，この方法で進められる．これは，与えられた 3 次元多様体上に都合の良い幾何構造を勝手にとり，あるうまく定められたやり方で連続的に変形するという考え方である．この変形を時間に依存する過程と見れば，時間が経過するに従って幾何構造がより一層対称性を増すように変形規則を設計することが目標である．

リチャード・ハミルトンによって導入され，深い研究がなされた後，ペレルマンが用いた方法は，任意に与えられた時刻における幾何構造の時間微分を，その時刻における幾何構造のある性質を用いて指定する．これは古典的な**熱方程式** [I.3 (5.4 項)] の非線形版である．この方程式に馴染みのない読者のために，その最も簡単なもので，実数直線上の関数を変形するものを，ここで説明しよう．τ を時間変数とし，$f(x)$ は直線上の与えられた関数で，熱の初期分布を表すとする．得られる時間に依存する関数の族は，τ に任意に与えられた正数値に対して，時刻 τ における熱分布を表す関数 $F_\tau(x)$ を対応付ける．$F_\tau(x)$ の τ に関する偏導関数は x に関する第 2 次偏導関数と等しく，また初期条件は $F_0(x) = f(x)$ である．初期関数 f がある区間の外で 0 なら，$F_\tau(x)$ の式を次のように書き下すことができる．

$$F_\tau(x) = \frac{1}{(2\pi\tau)^{1/2}} \int_{-\infty}^{\infty} \mathrm{e}^{-(x-y)^2/2\tau} f(y)\mathrm{d}y \qquad (2)$$

この式から，τ が無限大に行くと，$F_\tau(x)$ は x について一様に 0 に近づくことがわかる．特に，この極限は初期関数 f の情報を完全に忘れていて，しかも恒等的に 0 なので，可能な限り最も対称な関数でもある．式 (2) の $F_\tau(x)$ の表示式は，なぜそうなるのかを示している．任意の点における $F_\tau(x)$ の値は，初めの関数の値の重み付きの平均である．しかも，τ が増加するにつれて，この平均は直線のさらに大きい範囲にわたる普通の平均に一層似てくる．熱は時間が経過すると拡散してどんどん希薄になっていくので，これは物理的に見てもたいへんもっともらしい．

ハミルトンが定義してペレルマンが用いた，時間に依存する幾何構造の族は，任意の時刻における幾何構造の時間微分をその**リッチ曲率**と関係付ける方程式によって定義されるが，このリッチ曲率とは，上記の関数 $F_\tau(x)$ に対する熱方程式で出てきた第 2 次導関数の，幾何構造の文脈におけるある自然な代替物である．ハミルトンによってかなり研究され，続いてペレルマンによって研究された考え方とは，時間発展する幾何構造によって，多様体を，幾何化予想によって存在が予想される標準的な部品に分解する，というものである．ペレルマンは，幾何化予想で求められている部品は点同士が（距離関数の適当な調整のもとで）比較的近くに留まる領域として現れ，このとき，異なる領域の点はどんどん遠くに離れていくことを証明した．

ペレルマンとハミルトンによって使用された幾何構造の時間発展の方程式はかなり複雑である．これを標準的に書き表すためには，**リーマン計量** [I.3 (6.10 項)] の概念を用いる．これは，n 次元多様体の任意の与えられた座標チャート上で，座標の関数を成分に持つ対称な正定値 $n \times n$ 行列として現れる．この行列のそれぞれの成分は，伝統的に $\{g_{ij}\}_{1 \leq i,j \leq n}$ と書かれる．この行列は幾何構造を決定し，また，逆に幾何構造から導くことができる．

ハミルトンとペレルマンの研究では，時間に依存するリーマン計量の族 $\tau \to g_\tau$ を考えるが，この時間依存の規則は，$\partial_\tau (g_\tau)_{ij} = -2R_{ij}[g_\tau]$ という形をした，g_τ の τ 導関数に対する方程式を用いて得られる．この式で $\{R_{ij}\}_{1 \leq i,j \leq n}$ はすでに述べたリッチ曲率の成分であり，これは任意の時刻 τ において計量 g_τ によって決まるある対称行列である．任意のリーマン計量に対してリッチ曲率が定まる．この成分は，計量の行列成分と，それらの第 1 次および第 2 次の座標方向の偏導関数の，標準的な（非線形）関数である．ユークリッド的，球面的，および双曲的な幾何を定める計量のリッチ曲率は特に簡単な形 $R_{ij} = cg_{ij}$ をしており，ここで c はそれぞれ 0，1，および -1 である．これらの考え方の詳しい説明は，「リッチ流」[III.78] を参照されたい．

本節の初めに述べたように，幾何は滑らかな 4 次元多様体の分類プログラムの発展でも中心的な役割を演じてきた．この場合には，位相的に同値な多様体上の滑らかな構造を区別するのに，幾何的に定義されたデータが用いられる．以下は，これがどのようになされるかの非常に簡単な概要である．

初めに，考え方としては，多様体上に幾何構造を導入し，これを用いて標準的な偏微分方程式系を定義するのである．これらは，任意に与えられた座標チャート上で，ある関数の特別な組に関する方程式になる．この方程式は，この組の関数の第 1 次導関数のある線形結合が，関数自身の値に関する 1 次と 2 次の式と等しいことを述べたものである．ドナルドソン不変量の場合，また，より新しいサイバーグ–ウィッテン不変量の場合も，該当する方程式は，電磁気に対する**マックスウェル方程式** [IV.13 (1.1 項)] の非線形な一般化である．

どちらにしても，解を代数的な重み付けをして数える．この代数的な重み付けの目的は，**不変量** [I.4 (2.2 項)] を得ることにある．すなわち，与えられた幾何構造が変化しても変わらない数え方である．ここで重要な点は，素朴な数え方は通常は幾何構造に依存するが，適切に重み付けした数え方は幾何構造に依存しなくなることである．たとえば，連続的に変化する幾何構造の族があり，新しい解の出現と古い解の消失が，重み $+1$ を与えられている解と重み -1 を与えられている解の対でのみ起こると想像してほしい．

次の簡単な模型により，この出現と消失の現象を説明する．問題とする方程式は，円周上の一つの関数に関するものである．すなわち，1 変数 x の関数 f であって 2π を周期に持つものに関する方程式である．たとえば，τ をあらかじめ指定された定数とし，方程式 $\partial f/\partial x + \tau f - f^3 = 0$ を取り上げよう[*2]．τ を変化させることは，ここでは幾何構造を変化させることを模していると見ることができる．$\tau > 0$ のときは，ちょうど三つの解 $f \equiv 0$，$f \equiv \sqrt{\tau}$，$f \equiv -\sqrt{\tau}$ が存在する．しかし $\tau \leq 0$ のときは，$f \equiv 0$ が唯一の解である．したがって，τ が 0 を横切るとき，解の個数が変化する．そうであっても，適切に重み付けられた数え方は τ に依存しない．

ここで 4 次元の話に戻ろう．もし重み付けされた和が選ばれた幾何構造に依存しないならば，これは下部の滑らかな構造だけに依存する．したがって，もし与えられた位相多様体上の二つの幾何構造が異なる和を与えるならば，下部の滑らかな構造が異なっていなければならない．

2.5 項で注意したように，オジュバットとサボーはサイバーグ–ウィッテン不変量より使いやすいが，それらとたぶん同値である 4 次元多様体の不変量を定義した．これもやはり，特別な微分方程式の解の個数を，工夫されたやり方で数えることで定義される．この場合，方程式は**コーシー–リーマン方程式** [I.3 (5.6 項)] の類似であり，舞台は 4 次元多様体を単純な部分に切ったあとで定義することができる空間である．4 次元多様体を指定された方法で切断するやり方は無数にあるが，適切な工夫された数え方は，そのどれに対しても同じ個数を与える．

あとから考えてみると，与えられた位相多様体の上の滑らかな構造を区別するのに微分方程式を使うことは，とても良い考えである．というのは，そもそも微分することからして滑らかな構造が必要だからである．そうは言っても，筆者は，ドナルドソン，サイバーグ–ウィッテン，あるいはオジュバット–サボーの微分方程式の解を代数的に数える戦略が，使用可能であると同時に有効であることに，常に驚かされている（どの場合も同じ数になるのでは，何の役にも立たない）．

文献紹介

多様体一般について学習したい人は

Milnor, J. *Topology from the Differentiable Viewpoint.* Princeton University Press, Princeton, NJ, 1997.

Guillemin, V. and Pollack, A. *Differential Topology.* Prentice Hall, Englewood Cliff, NJ, 1974.

を見るとよい．2 次元，3 次元における分類問題の入門書としては

Thurston, W. *Three-Dimensional Geometry and Topology.* Princeton University Press, Princeton, NJ, 1997.

がある．この本には幾何学的構造についての良質な議論を含まれている．ペレルマンによるポアンカレ予想の証明についての詳細は

Morgan. J. and Tian, G. *Ricci Flow and the Poincar'e Conjecture.* American Mathematical Society, Providence, RI, 2007.

で見ることができる．位相的 4 次元多様体の話を扱っているのは，

Freedman, M and Quinn, F. *Topology of 4-Manifolds.* Princeton University Press, Princeton, NJ, 1990.

である．滑らかな 4 次元多様体についての全般的な入門書として役立つ本で，現在入手可能なものは存在しない．サイバーグ–ウィッテン不変量の紹介としては，

Morgan, J. *The Seiberg-Witten Equations and Applications to the Topology of Smooth Four Manifolds.* Princeton University Press, Princeton, NJ, 1995.

がある．ドナルドソン不変量については

Donaldson, S. and Kronheimer, P. *Geometry of Four-Manifolds.* Oxford University Press, Oxford, 1990.

の中で詳細に議論されている．最後に，5 次元以上については下記の文献で触れられている．

[*2] ［訳注］この方程式を「変数分離形」$(e^{\tau x} f)' = e^{-2\tau x}(e^{\tau x} f)^3$ にして明示的に解けば，周期解は以下の三つの定数解に限ることがわかる．

Milnor, J. *Lectures on the h-Cobordism Theorem.* Princeton University Press, Princeton, NJ, 1965.
Kirby, R. and Siebenman, L. *Foundational Essays on Topological Manifolds, Smoothings and Triangulations.* Princeton University Press, Princeton, NJ, 1977.

IV.8

モジュライ空間

Moduli Spaces

デイヴィッド・D・ベン＝ズヴィ［訳：小林正典］

数学の最も重要な問題の多くは，**分類** [I.4 (2 節)] に関わっている．数学的対象のクラスがあって，いつ二つの対象が同値であると見なされるかの概念があるとする．二つの対象が同値であるにもかかわらず表面的には大いに異なっていることも十分ありうるので，同値な対象は同じ表記をされ，同値でない対象は異なる表記をされるように，対象を記述したい．

モジュライ空間は，幾何的な分類問題に対する幾何的な解答と見なせる．本章では，特に**リーマン面** [III.79] のモジュライ空間に重点を置きつつ，モジュライ空間の重要な性質をいくつか説明する．広義には，モジュライ空間は三つの構成要素からなる．

対象：どの幾何的対象を記述つまりパラメータ付けしたいのか？

同値：いつ，対象のうちの二つが同型すなわち「同じ」であるとして同一視するのか？

族：どのような変化あるいは変調（モジュレイト）を対象に認めるか？

本章では，これらの構成要素が何を意味するのか，さらにモジュライ問題を「解く」とは何を意味するのかについて解説し，これをやるのがなぜ良いのかについても，いくらか示唆を与えよう．

モジュライ空間は**代数幾何学** [IV.4]，微分幾何学，**代数的トポロジー** [IV.6] 全体を通じて現れる（トポロジーにおけるモジュライ空間は，しばしば**分類空間**と呼ばれる）．基本的な考え方は，分類しようとしている対象の総体に幾何構造を与えることである．この幾何構造が理解できれば，対象自体の幾何に対して強力な洞察が得られる．さらに，モジュライ空間はそれ自体が豊かな幾何的対象である．また，「意味のある」空間である．というのも，その幾何に対するいかなる命題にも，もともとの分類問題の言葉による「モジュラーな」解釈がある．その結果，モジュライ空間を調べていくと，しばしば他の空間よりもずっと深い結果まで達することができるのである．**楕円曲線** [III.21] のモジュライのようなモジュライ空間は（以下で解説するが），分類されている幾何と直接の繋がりがないようなさまざまな分野，特に**代数的整数論** [IV.1] や代数的トポロジーにおいて中心的な役割を果たす．近年さらに，モジュライ空間の研究は物理学（特に**弦理論** [IV.17 (2 節)]）との相互作用から多大な恩恵を被った．これらの相互作用から，さまざまな新しい問題や新しい技術が導かれたのである．

1.　肩慣らし：平面内の直線のモジュライ空間

手始めに扱う問題は，かなり簡単に見えるが，それでもモジュライ空間の重要な考え方をたくさん示してくれるものである．

問題　実平面 $\mathbb{R}^2$ 内の原点を通る直線すべての集まりを記述せよ．

文字の節約のため，「直線」という語で「原点を通る直線」を表すことにする．この分類問題は，各直線 L に本質的なパラメータ，つまり**モジュラス**を割り当てることで簡単に解かれる．モジュラスとは，各直線に対して計算できる量で，異なる直線を弁別する助けになるものである．すべきことは，平面の標準直交座標 x, y をとって，直線 L と x 軸の間の角度 $\theta(L)$ を反時計回りに測ることだけである．θ のとりうる値は $0 \leq \theta < \pi$ となり，そのような θ のおのおのに対し，ちょうど 1 本の直線 L が存在することがわかる．よって，集合としては，今の分類問題に対して完全な解が得られた．直線 L の集合は，**実射影直線** $\mathbb{RP}^1$ として知られるが，半開区間 $[0, \pi)$ と 1 対 1 に対応する．

しかしながら，われわれは分類問題に対する幾何的な解答を探している．このことで何が課されるのであろうか？　2 本の直線がいつ互いに近いかという自然な概念があるが，われわれの解はこのことを捉えるべきである．言い換えれば，直線の集まりには自然な**位相** [III.90] が入る．直線 L は角 $\theta(L)$ が π

に近いときほとんど水平であり，したがって，x 軸（このとき $\theta=0$ である）や $\theta(L)$ が 0 に近い直線 L と近いが，今のところわれわれの解はこの事実を反映していない．区間 $[0,\pi)$ を，π が 0 に近づくように何とか「巻き付ける」方法を見つけなければならない．

これを行う一つの方法は，半開区間 $[0,\pi)$ ではなく閉区間 $[0,\pi]$ をとり，点 0 と π を「同一視」することである（この考え方は，適切な**同値関係** [I.2 (2.3 項)] を定義することで，簡単に厳密な数学にすることができる）．もし π と 0 が同じであると見なされるなら，π に近い数は 0 に近い数と近くなる．このことは，線分の両端をくっつければ位相的には円を得る，ということを述べたことになる．

同じ目的を達するためのもっと自然な方法が，$\mathbb{RP}^1$ の次のような幾何的構成法から示唆される．単位円 $S^1\subset\mathbb{R}^2$ を考えよう．各点 $s\in S^1$ に対し，直線 $L(s)$ を割り当てる明白な方法が一つある．すなわち，s と原点を通る直線をとることである．よって，**S^1 によりパラメータ付けされた直線族**，つまり写像（あるいは関数）$s\mapsto L(s)$ で，S^1 の点を上の集合 $\mathbb{RP}^1$ に属する直線に移すものを得た．ここで重要なことは，S^1 の 2 点が互いに近いということや，写像 $s\mapsto L(s)$ が連続ということがどういうことかをすでに知っている，ということである．しかしながら，この写像は全単射ではなく 2 対 1 写像である．なぜなら，s と $-s$ は常に同じ直線を与えるからである．これを矯正するために，円 S^1 上の各 s をその対蹠点 $-s$ と同一視することができる．すると，$\mathbb{RP}^1$ とできた**商空間** [I.3 (3.3 項)]（これもまた位相的には円である）との間に 1 対 1 対応ができて，この対応は双方向に連続である．

空間 $\mathbb{RP}^1$ を平面直線の**モジュライ空間**として考えたときに要となる性質は，直線がどのように族の中で連続に変調（モジュレイト）つまり変動するかを捉えていることである．しかし，いつ直線族が出てくるのであろうか？ 良い例が次のような構成方法で与えられる．平面で連続な曲線 $C\subset\mathbb{R}^2\backslash\{0\}$ があるときはいつでも，C の各点 c に対し，0 と c を通る直線 $L(c)$ を割り当てることができる．これにより C によってパラメータ付けされた直線族ができる．さらに，c を $L(c)$ に移す関数は，C から $\mathbb{RP}^1$ への連続関数であり，よってパラメータ付けは連続なものである．

たとえば C が，高さ 1 の点 $(x,1)$ の集合として実現される $\mathbb{R}$ の複製であるとしよう．すると，C から $\mathbb{RP}^1$ への写像は，$\mathbb{R}$ と集合 $\{L:\theta(L)\neq 0\}$ の間の同型を与える．後者は x 軸から離れた直線すべてからなる $\mathbb{RP}^1$ の部分集合である．より抽象的に言うと，原点を通る直線があるパラメータに連続的に依存することについて直観的な概念があり，この概念は $\mathbb{RP}^1$ の幾何によって正確に捉えられる．たとえば，もし $\mathbb{R}^2$ の直線のパラメータ 37 個からなる族があると言うならば，$\mathbb{R}^{37}$ から $\mathbb{RP}^1$ への写像があり，この写像は点 $v\in\mathbb{R}^{37}$ を直線 $L(v)\in\mathbb{RP}^1$ に移すと言っても同じである（もっと具体的に言うと，$\mathbb{R}^{37}$ 上の実関数 $v\mapsto\theta(L(v))$ は，θ が π に近い場所を除くと連続である．この場所の近くでは，代わりに y 軸からの角度を測る関数 ϕ を使えばよい）．

1.1 他　の　族

直線族という考え方から，空間 $\mathbb{RP}^1$ 上には，位相構造だけでなくさまざまな他の幾何構造が導かれる．たとえば，平面内の直線の**可微分**族という概念が生じる．これは，角度の変化が微分可能となる直線族である（「可微分」を「可測」「C^∞」「実解析」などで置き換えても，同じ考え方が当てはまる）．そのような族を適切にパラメータ付けするためには，$\mathbb{RP}^1$ は**可微分多様体** [I.3 (6.9 項)] であってほしい．そうすれば，その上の関数の導関数を計算することができる．$\mathbb{RP}^1$ 上のそのような構造は，上で定めた角度関数 θ,ϕ を用いることで指定できる．関数 θ は x 軸に近すぎない直線の座標を与え，ϕ は y 軸に近すぎない直線の座標を与える．$\mathbb{RP}^1$ 上の関数の導関数は，これらの座標の言葉で書けば計算できる．$\mathbb{RP}^1$ 上のこの可微分構造は，いかなる可微分曲線 $C\subset\mathbb{R}^2\backslash\{0\}$ に対しても写像 $c\mapsto L(c)$ が微分可能になることを確かめることで正当化できる．これは，もし $L(c)$ が x 軸に近くなければ，関数 $x\mapsto\theta(L(x))$ は $x=c$ において微分可能であり，ϕ と y 軸に対しても同様であることを意味する．関数 $x\mapsto\theta(L(x))$ と $x\mapsto\phi(L(x))$ は**引き戻し**と呼ばれる．なぜなら，それらは，θ と ϕ を $\mathbb{RP}^1$ 上で定義された関数から C 上で定義された関数へ変換した，つまり「引き戻した」結果であるからである．

これで，$\mathbb{RP}^1$ の可微分空間としての基本性質を述べることができる．

可微分多様体 X でパラメータ付けされた $\mathbb{R}^2$ 内の直線の可微分族とは，X から $\mathbb{RP}^1$ への関数であって，点 x を直線 $L(x)$ に移すとき関数 θ, ϕ の引き戻し $x \mapsto \theta(L(x))$ と $x \mapsto \phi(L(x))$ が微分可能な関数となるものと，同じものである．

（微分構造込みの）$\mathbb{RP}^1$ は，$\mathbb{R}^2$ の直線（の可微分的に変化する族）の**モジュライ空間**であるという．このことの意味は，$\mathbb{RP}^1$ は**直線の普遍可微分族**を伴うということである．定義そのものから，$\mathbb{RP}^1$ に $\mathbb{R}^2$ の直線を割り当てたが，この直線は点を動かせば可微分的に動く．上で言ったことは，空間 X でパラメータ付けされた直線の任意の可微分族は，写像 $f: X \to \mathbb{RP}^1$ を与え $x \in X$ に直線 $L(f(x))$ を割り当てることで記述される，ということである．

1.2 再定式化：直線束

直線の（連続あるいは可微分）族という概念を，以下のように再定式化するとおもしろい．X を空間として，$x \mapsto L(x)$ で X の点に直線を割り当てたとする．各点 $x \in X$ に対し，x のところに $\mathbb{R}^2$ の複製を置く．言い換えると，直積 $X \times \mathbb{R}^2$ を考える．これで，直線 $L(x)$ を x 上にある $\mathbb{R}^2$ の複製の中に存在するものとして視覚化することができる．これでできたものは，$x \in X$ によりパラメータ付けされた連続的に変化する直線 $L(x)$ の集まりであり，別名，X 上の**直線束**として知られている．さらに，この直線束は，x に平面 $\mathbb{R}^2$ を一定に割り当てる**自明なベクトル束** [IV.6 (5 節)] $X \times \mathbb{R}^2$ に埋め込まれている．X が $\mathbb{RP}^1$ 自身のときは，「同語反復」（トートロジカル）線形束が作れる．各点 $s \in \mathbb{RP}^1$ に対し，それは $\mathbb{R}^2$ 内の直線 L_s と見なせるので，まさにその直線 L_s を割り当てたものである．

命題　任意の位相空間 X に対して，次の二つの集合の間に自然な全単射が存在する．

(i) 連続関数 $f: X \to \mathbb{RP}^1$ の集合．

(ii) 自明なベクトル束 $X \times \mathbb{R}^2$ に含まれる X 上の直線束の集合．

この全単射により，関数 f は，$\mathbb{RP}^1$ 上の同語反復線形束の対応する引き戻しに移される．f は線形束 $x \mapsto L_{f(x)}$ に移される（これが引き戻しであるのは，L を $\mathbb{RP}^1$ 上で定義された関数から X 上で定義された関数へ変換するからである）．

よって，空間 $\mathbb{RP}^1$ は自明な $\mathbb{R}^2$ 束の中に位置する**普遍線形束**を伴う．自明な $\mathbb{R}^2$ 束の中に位置する線形束があれば，いつでも例示した $\mathbb{RP}^1$ 上の普遍（同語反復）束を引き戻すことで得られるのである．

1.3 族の不変量

円 S^1 からそれ自身への任意の連続関数 f に対し，その**次数**として知られる整数が決まる．大雑把に言って，f の次数とは，x が円のまわりを 1 周するときに $f(x)$ が何周するかという数である（n 周戻るなら，次数は $-n$ である）．次数は，x が円を 1 周する間に S^1 の例外的でない点を $f(x)$ が何回通り過ぎるかという数として考えることもできる．ただし，反時計回りに通過するとき $+1$ と数え，時計回りに通過するとき -1 と数える．

以前示したように，円 S^1 は閉区間 $[0, \pi]$ の両端を同一視することで得られ，直線のモジュライ空間 $\mathbb{RP}^1$ をパラメータ付けするのに用いることができる．このことを次数の概念に結び付けると，おもしろい結論をいくつか引き出すことができる．特に，**巻き付き数**という概念が定義できる．円 S^1 から平面 $\mathbb{R}^2$ への連続関数 γ が与えられたと仮定し，しかも 0 を通らないと仮定しよう．この写像の像は，閉曲線 C（自己交差してもよい）となるだろう．これにより，S^1 からそれ自身への写像が定まる．まず γ から C の点 c を得て，次に $\mathbb{RP}^1$ に属する $L(c)$ を求め，最後に，$\mathbb{RP}^1$ のパラメータ付けを用いて $L(c)$ を再び S^1 の点に対応付けるのである．できた合成写像の次数は，γ が（よって C が）0 のまわりに巻き付く数の「2 倍」になり，したがって，この数の半分が γ の巻き付き数として定義される．

より一般には，ある空間 X によってパラメータ付けされた $\mathbb{R}^2$ 内の直線族が与えられたとき，「X が円のまわりに巻き付く様子」を測りたい．正確に言えば，X から $\mathbb{RP}^1$ への関数 ϕ が与えられたとき，それはパラメータ付けされた直線族を定めるが，次のように言えるようにしたい．すなわち，任意の写像 $f: S^1 \to X$ に対し，巻き付き数とは合成 ϕf の巻き付き数である．ここで，合成は S^1 の点 x をその X における像 $f(x)$ に移し，そこから族の対応する直線 $\phi(f(x))$ に移す．よって，写像 ϕ により，各関数 $f: S^1 \to X$ に ϕf の巻き付き数という整数を割り当てる方法が得られた．この割り当て方は ϕ を連続的に変形しても変わらない．すなわち，巻き付き数は位相不変量である．これは実際には1次**コホモロジー群** [IV.6 (4節)] の中で ϕ が属するクラスに依存する．言い換えれば，空間 X 上の自明な $\mathbb{R}^2$ 束に含まれる任意の直線束に対し，われわれは束の**オイラー類**として知られるコホモロジー類を関連付けたのである．これは，ベクトル束の**特性類** [IV.6 (5節)] の最初の例である．ここで示したように，幾何的対象のクラスのモジュライ空間の位相を理解すれば，それらの対象の族に対する位相不変量を定義することができる．

2. 曲線のモジュライとタイヒミュラー空間

ここでは，モジュライ空間のうちで，おそらく最も有名な例に注意を向けよう．それは曲線のモジュライ空間と，その最初の親戚である**タイヒミュラー空間**である．これらのモジュライ空間は，コンパクトリーマン面の分類問題への幾何的解答であり，リーマン面の「高次の理論」と考えることができる．モジュライ空間は，その各点が一つのリーマン面を表す「意味のある空間」である．そのため，モジュライ空間の幾何についてのあらゆる主張から，リーマン面の幾何に関する何かがわかる．

最初に対象に目を向けよう．**リーマン面**とは（連結で向き付けられている）位相幾何的な曲面に**複素構造**が与えられたものである．複素構造はさまざまな方法で記述でき，それに応じて複素解析，幾何，代数をその曲面 X 上で使うことができる．特に，X の開集合上の**正則** [I.3 (5.6項)]（複素解析的）関数や**有理型関数** [V.31] を定義することができる．正確には，X は2次元多様体であるが，座標系は $\mathbb{R}^2$ というより $\mathbb{C}$ の開集合のものと考え，それらを貼り合わせる写像は正則であることを要求する．同値な概念として X 上の**共形構造**という概念がある．これは X 内の曲線のなす角度を定義できるようにするために必要とされる構造である．また，別の重要な同値な概念として，X 上の**代数構造**の概念があり，これは X を**複素代数曲線**（いつも用語が混乱することになる．リーマン面は位相幾何や実数の見地からは2次元であり，したがって曲面である．しかし複素解析や代数の見地からは1次元であり，したがって曲線である）にする．代数構造によって，X 上の多項式，有理関数，代数関数といったものを述べられるようになる．代数構造は，普通 X を複素**射影空間** [III.72] $\mathbb{CP}^2$（または $\mathbb{CP}^n$）の中で多項式方程式の解集合として実現することで指定される．

モジュライ空間も含めて，リーマン面に対する分類問題について語るためには，いつ二つのリーマン面が同値であると見なすかをはっきりさせる必要がある（最後の要素であるリーマン面の族の概念についての解説は，2.2項まで後回しにする）．これを行うには，リーマン面の間の**同型**の概念を与えなければならない．すなわち，二つのリーマン面 X と Y をいつ「同一視」するか，つまり，X と Y は分類の同一の下部対象に対する同値な二つの実現であると，いつ考えるかである．平面の直線を分類するという単純な例では，この問題は隠されていた．そのときは単純に2本の直線を，平面の直線として等しいときに同一視したのである．この安直なやり方は，より抽象的に定義されているリーマン面に対しては使えない．もしリーマン面が，たとえば複素射影空間内の代数方程式の解集合のように，ある大きな空間の部分集合として具体的に実現されている場合なら，同様にリーマン面が部分集合として等しいときに同一視する方法を選択することもできる．しかしながら，この分類方法は，ほとんどの応用に対して細かすぎる．われわれが気にするのは，リーマン面に「本来備わっている幾何」なのであって，リーマン面をどう実現するかという特別な方法に起因して偶然出てきた特徴ではない．

反対の極端な場合として，曲面をリーマン面にしている余分な幾何構造を無視するという選択肢もある．つまり，二つのリーマン面 X と Y は位相的に同値，すなわち同相（「コーヒーカップはドーナツと同じ」という見方）であれば同一視する，ということである．コンパクトリーマン面の位相同値による分類は，曲面の種数 g（穴の数）という一つの非負整数で捉えられる．種数0の任意の曲面はリーマン球面 $\mathbb{CP}^1 \simeq S^2$ と同相であり，種数1の任意の曲面はトーラス $S^1 \times S^1$ と同相である，といった具合である．よって，この場合「変調」の問題はない．分類は，一つの離散不変量がとりうる値のリストを与えれば解決する．

しかしながら，単なる位相多様体としてではなく，リーマン面として，リーマン面に興味があるのならば，複素構造を完全に無視したこの分類は粗雑すぎる．今からこの欠点を償うように繊細に分類をしていこう．本章の最後まで，二つのリーマン面 X と Y

が（共形，または正則）同値であるとは，それらの間の位相的な同値であって幾何を保つものが存在すること，すなわち，曲線の間の角度を保つ，または，正則関数を正則関数に移す，あるいは有理関数を有理関数に移す同相写像が存在することをいう（これらの条件はすべて同値である）．離散不変量である曲面の種数はそれでもなお使えることに注意しよう．しかしながら，このあとわかるように，種数は同値でないあらゆるリーマン面を区別するほど細かくはない．実際，連続なパラメータによりパラメータ付けされた，同値でないリーマン面の族を作ることが可能である（しかし，リーマン面の族とは何を意味するかを正確に述べるまで，この考え方はきちんとした意味をなさない）．したがって，次の段階として，離散不変量を固定して，同じ種数を持つすべての相異なるリーマン面の同型類を，自然な幾何的方法で集めることで分類することを試みる．

この分類に向けた重要な段階として，**一意化定理** [V.34] がある．この主張は，任意の単連結リーマン面は次の三つのいずれかに正則同型であるというものである：リーマン球面 $\mathbb{CP}^1$，複素平面 $\mathbb{C}$，上半平面 $\mathbb{H}$（単位円板 D としても同値）．任意のリーマン面の**普遍被覆空間** [III.93] は単連結リーマン面なので，一意化定理によって任意のリーマン面を分類する方針が与えられる．たとえば，任意の種数 0 の**コンパクト** [III.9] リーマン面は単連結であり，実はリーマン球面と同相であり，よって一意化定理により種数 0 の分類問題はすでに解かれている．同値を除き，$\mathbb{CP}^1$ は唯一の種数 0 のリーマン面であり，よって，この場合位相分類と共形分類は一致する．

2.1　楕円曲線のモジュライ

次に，普遍被覆が $\mathbb{C}$ となる（この条件は，$\mathbb{C}$ の商である，と言っても同じである）リーマン面を考えよう．たとえば，$\mathbb{C}$ の $\mathbb{Z}$ による商を見てみよう．商の意味は，二つの複素数 z と w を，$z-w$ が整数となるときに同値と見なすということである．これは円柱に「$\mathbb{C}$ を巻き付ける」効果がある．円柱はコンパクトではないが，コンパクト曲面を得るには，代わりに $\mathbb{Z}^2$ で商をとればよいであろう．すなわち，z と w は，その差が $a+b\mathrm{i}$ の形で，a, b がともに整数のときに同値と見なす．すると，$\mathbb{C}$ は 2 方向に巻き付けられ，結果として複素（あるいは同値だが共形，代数）構造を持つトーラスになる．これは種数 1 のコンパクトリーマン面である．より一般に，$\mathbb{Z}^2$ を任意の格子 L にして，z と w は $z-w$ が L に属するとき同値であると見なす，とすることができる（$\mathbb{C}$ 内の**格子** L とは，$\mathbb{C}$ の加法的部分群で次の二つの性質を持つものである．すなわち，いかなる直線にも含まれないことと，**離散的**であることである．二つ目の性質の意味は，定数 $d>0$ があって L 内の任意の 2 点間の距離が少なくとも d であるということである．格子については「数学研究の一般的目標」[I.4 (4 節)] でも解説されている．格子 L の**基底**は，L に属する複素数 u と v の対であって，L のどの z も整数 a, b によって $au+bv$ の形に書けるものをいう．このような基底は一意的でない．たとえば，もし $L=\mathbb{Z}\oplus\mathbb{Z}$ ならば，明らかな基底は $u=1$ と $v=\mathrm{i}$ であるが，$u=1$ と $v=1+\mathrm{i}$ でもまったく同様に大丈夫である）．もし，$\mathbb{C}$ の格子による商をとれば，再び複素構造の付いたトーラスを得る．種数 1 の任意のコンパクトリーマン面は，このようにして作られることがわかる．

位相的な観点からすれば任意の二つのトーラスは同じであるが，ひとたび複素構造を考えると，違う格子を選べば違うリーマン面ができるかもしれないことがわかり始める．L を変えても効果がないこともある．たとえば，もし格子 L に 0 でない複素数 λ を掛けても，商空間 $\mathbb{C}/L$ は影響されないであろう．すなわち，$\mathbb{C}/L$ は自然に $\mathbb{C}/\lambda L$ と同型である．したがって，格子の違いについては，互いに他方の何倍かになっていないものだけを心配すればよい．この条件は，幾何的には，いずれの格子も他方の格子から回転と拡大の合成によっては得られないということである．商 $\mathbb{C}/L$ をとることによって得られるリーマン面は，単なる「何も身につけていない」リーマン面ではなく，「原点」すなわち原点 $0\in\mathbb{C}$ の像である特別な点 $e\in E$ を備えたリーマン面であることに注意しよう．言い換えると，**楕円曲線**を得るのである．

定義　（$\mathbb{C}$ 上の）楕円曲線とは，種数 1 のリーマン面 E であって，点 $e\in E$ を備えたものである．楕円曲線の同型類と，回転と拡大で重なるものを同一視した格子 $L\subset\mathbb{C}$ とは，1 対 1 に対応する．

注意　実際，$L\subset\mathbb{C}$ はアーベル群 $\mathbb{C}$ の**部分群**であるから，楕円曲線 $E=\mathbb{C}/L$ は自然にアーベル群になり，e が単位元になる．これが，楕円曲線を定義するデータの一部として e を残す重要な動機である．E について語るときに e の場所を覚えておきたいもっと微妙な理由として，E をより一意的に定義しやすくなるということがある．任意の種数 1 の曲面 E にはたくさんの対称性，つまり**自己同型** [I.3 (4.1 項)] があるので，これは役に立つ．任意の点 x を任意の他の与えられた点 y に移す E の正則自己同型が常に存在する（もし E を群と考えれば，これらの変換は足し算で作れる）．よって，もし別の種数 1 の曲面 E' を渡されたら，E と E' を同一視する方法はまったくないか，または無限に多くあるかである．つまり，いつでも与えられたそれらの間の同型に E の自己対称性を合成することができる．あとで解説するように，自己同型はほぼあらゆるモジュライ問題につきまとうし，族の振る舞いを考えるときは決定的に重要である．状況にある程度「剛性を持たせる」ことが普通は便利であり，異なる対象の間に存在しうる同型が，あまり「柔軟」すぎず，できるだけ一意的に定まるようにする．楕円曲線の場合は，点 e を指定すると E の対称性が下がって，このことが達成できる．ひとたびそうすれば，普通は二つの楕円曲線を同一視する方法は高々 1 通りである（この 1 通りとは，原点を原点に移すものである）．

種数 1 の印付きリーマン面は具体的な「線形代数のデータ」で記述されることを見た．すなわち，格子 $L \subset \mathbb{C}$，あるいは L のすべての 0 でないスカラー倍 λL からなる同値類である．これは，分類，あるいはモジュライの問題を研究する上で理想的な設定である．次の段階では，定数倍を除いたすべての格子の集まりに対して明示的なパラメータ付けを見つけ，どのような意味で分類問題を幾何的に解決したかを決める．

格子の集まりに対するパラメータ付けは，あらゆるモジュライ問題に対して使われる手続きに従う．まず，格子を何らかの付加的構造の選択とともにパラメータ付けして，それからその選択したものを忘れたらどうなるかを調べる．各格子に対して，基底 ω_1, ω_2 を選ぶ．すなわち，L を整数係数 1 次結合 $a\omega_1 + b\omega_2$ すべての集合として表す．これを向きを付けて行う．ω_1 と ω_2 で張られる**基本平行四辺形**は正の向きであることを要求する（すなわち，$0, \omega_1, \omega_1 + \omega_2, \omega_2$ という数は，平行四辺形の頂点として反時計回りに並ぶ．楕円曲線 E の幾何的観点からは，L は E の**基本群** [IV.6 (2 節)] であり，向き付けの条件により L は二つのループあるいは「子午線」$A = \omega_1$, $B = \omega_2$ で生成され，これらは向き付けられている．つまり，向きを考えた交点数 $A \cap B$ は $+1$ であって -1 ではない）．格子には定数倍の違いを無視したものにのみ興味があるので，L に複素数を掛けて ω_1 を 1 にし，よって ω_2 を $\omega = \omega_2/\omega_1$ にすることができる．ここで，向き付けの条件から ω は上半平面 $\mathbb{H}$ 上にある．すなわち，虚部は正，$\operatorname{Im}\omega > 0$ である．逆に，上半平面内の任意の複素数 $\omega \in \mathbb{H}$ は，向き付けられた格子 $L = \mathbb{Z}1 \oplus \mathbb{Z}\omega$（すなわち 1 と ω の整数係数 1 次結合 $a + b\omega$ すべての集合）を一意的に定める．これらの格子は，どの二つも回転拡大で移り合わない．

このことから楕円曲線について何がわかるだろうか？　楕円曲線は格子 L と単位元 e で定まることを先に見た．いま，L にある付加構造，つまり向き付けられた基底を与えれば，複素数 $\omega \in \mathbb{H}$ でパラメータ付けできることがわかった．これにより，楕円曲線に置きたい「追加の構造」がはっきりした．**印付き**楕円曲線とは，楕円曲線 E, e であって，E に付随する格子（基本群）L の向き付けられた基底 ω_1, ω_2 を選んだものとする．要点は，どの格子にも無限に多くの異なる基底があるため，E には多くの自己同型が存在するということである．その基底の一つに「印を付ける」ことで自己同型となることを止めさせるのである．

2.2　族とタイヒミュラー空間

新しい定義によって，以前の議論を次のように要約することができる．印付き楕円曲線の全体と上半平面の点 $\omega \in \mathbb{H}$ 全体の間に全単射ができる．しかしながら，上半平面は単に点の集合というだけではない．あまたの幾何構造を持ち，特に位相と複素構造を持つ．どのような意味で，これらの構造が印付き楕円曲線の幾何的性質を反映するのであろうか？　言い換えれば，どのような意味で複素多様体 $\mathbb{H}$（この文脈では，1 点付き種数 1 のリーマン面のタイヒミュラー空間 $\mathcal{T}_{1,1}$ として知られる）が，印付き楕円曲線を分類するという問題の幾何的な解答になるのであろうか？

この問いに答えるためには，リーマン面の連続族という概念や，複素解析族の概念も必要である．**リーマン面の連続族**は，たとえば円周 S^1 のような位相空間 S によってパラメータ付けされ，S の各点 s にリーマン面 X_s が「連続的に変化する」ように割り当てられたものである．平面内の直線の例では，直線の連続族は，直線と x 軸あるいは y 軸の間の角度がパラメータの連続関数を定めるという性質で特徴付けられていた．たとえば平面内の曲線 C により作り出された直線のように，幾何的に定義された直線の集まりであれば，連続族を与える．より抽象的には，直線の連続族はパラメータ空間上の直線**束**を定める．リーマン面の族に対しても同様に，各リーマン面に対して計算できる「適切に定まっている」どのような幾何学的量も族において連続的に変化する，というのが良い判定条件になる．たとえば，種数 g のリーマン面の古典的構成方法の一つは，$4g$ 角形をとり対辺を貼り合わせるものである．できたリーマン面は多角形の辺長と角度から完全に決定される．したがって，この方式で記述されたリーマン面の連続族は，まさに，辺長と角度がパラメータ集合上の連続関数を与えるような族である．

より抽象的な位相空間の用語では，空間 S の点に依存するリーマン面の集まり $\{X_s, s \in S\}$ があるとき，それを連続族にしたければ，和集合 $\bigcup_{s \in S} X_s$ 自身に位相空間 $\mathcal{X}$ の構造を与えるべきであり，しかもそれは個々の X_s の位相を同時に延長したものになるべきである．その結果できるものは，**リーマン面束**と呼ばれる．X_s に属する各点 x をその s に移す写像が $\mathcal{X}$ に付随してできる．この写像には，連続であることや，おそらくさらなる条件（候補としては，ファイブレーションあるいはファイバー束）を要請するべきである．この定義には柔軟性が大きいという利点がある．たとえば，もし S が複素多様体であれば，まったく同じようにして，S によりパラメータ付けされた**リーマン面の複素解析族** $\{X_s, s \in S\}$ について述べることができる．このとき，X_s の和集合には位相だけでなく複素構造も入り（つまり複素多様体になり），しかもそれはファイバーの複素構造を拡張したもので，パラメータ集合への写像が正則になることを要求する．「複素解析」を「代数」としても同じことが成り立つ．これらの抽象的な定義は，次の性質を持つ．もしリーマン面が具体的な方法，たとえば方程式で切り取られたり，局所座標近傍を貼り合わせたりする方法で記述されていたら，その方程式の係数や貼り合わせデータが族の中で複素解析関数として変化するのは，ちょうど族が複素解析的であるときである（そして，連続族や代数族でも同様である）．

この定義が現実的かどうかを確かめるため，1 個の「点」$\{s\} = S$ でパラメータ付けされたリーマン面の（連続，解析，あるいは他の）族は，実は一つのリーマン面 X_s にすぎないことに注意しよう．この単純な場合のように，リーマン面は同値を除いて考えたいので，同じ空間 S でパラメータ付けされた二つの解析族 $\{X_s\}$ と $\{X'_s\}$ の同値あるいは同型の概念がある．単純に，おのおのの s に対してリーマン面 X_s と X'_s が同型であり，同型が S に解析的に依存するとき，二つの族は同値であると見なす．

族の概念で武装したので，いまや上半平面を印付き楕円曲線のモジュライ空間と考えるとき，上半平面の持つ特徴的な性質を定式化することができる．印付き楕円曲線の連続族あるいは解析族とは，基礎となる空間としての種数 1 の曲面が連続的あるいは解析的に変化する族であって，基点 $e_s \in E_s$ と格子 L_s の基底が連続的に変化するものと定義する．

上半平面 $\mathbb{H}$ は印付き楕円曲線に対して，$\mathbb{RP}^1$ が平面内の直線に対して果たしたのと同様の役割を果たす．次の定理がこの主張を正確に表す．

定理　任意の位相空間 S に対し，S から $\mathbb{H}$ への連続写像と，S によってパラメータ付けされた印付き楕円曲線の連続族の同型類との間には，1 対 1 対応がある．同様に，任意の複素多様体 S から $\mathbb{H}$ への解析的写像と，S によってパラメータ付けされた印付き楕円曲線の解析族の同型類との間には，1 対 1 対応がある．

S が 1 点の場合に定理を当てはめると，定理は単に，$\mathbb{H}$ の点は印付き楕円曲線の同型類と全単射の関係にあるということを言っており，これはすでにわかっていることである．ところが，定理はもっと情報を含んでいる．定理によると，$\mathbb{H}$ は，位相と複素構造とともに，印付き楕円曲線とそれが変調しうる様子についての「構造を具現化したもの」である．もう一方の極端なとり方として，$S = \mathbb{H}$ 自身で，S を $\mathbb{H}$ に恒等写像で移すようにとることもできよう．これは $\mathbb{H}$ 自身が印付き楕円曲線の族を持つという事実を表現している．すなわち，$\omega \in \mathbb{H}$ で定まるリーマン面を集めた全体は複素多様体になり，$\mathbb{H}$ 上に楕円曲線をファイバーとするファイバー束の構造を持つ．この族は**普遍族**と呼ばれる．なぜなら，定理により，任意の族はこの一つの普遍的な例から「導き出されて」（あるいは引き戻されて）できるからである．

2.3 タイヒミュラー空間からモジュライ空間へ

楕円曲線の分類に対しては，追加で印（すなわち，付随する $L=\pi_1(E)$ の向き付けられた基底）を選ぶことで，完全で満足できる描像に到達した．印を選ばない楕円曲線自体については何が言えるであろうか？ $\mathbb{H}$ の 2 点は同じ楕円曲線の二つの異なる印に対応するなら同値と見なして，何らかの方法で印を「忘れる」必要がある．

さて，群（または格子）の任意の二つの基底が与えられたとき，整数成分の可逆な 2×2 行列であって，一方の基底を他方に移すものが存在する．もし二つの基底が向き付けられていれば，この行列は行列式が 1 となる．つまり，行列は $\mathbb{Z}$ 上の可逆なユニモジュラー行列からなる群の元

$$A=\begin{pmatrix} a & b \\ c & d \end{pmatrix}\in \mathrm{SL}_2(\mathbb{Z})$$

である．同様に，格子 L の任意の二つの向き付けられた基底 (ω_1,ω_2) および (ω_1',ω_2') が与えられたとき，それらは L の $\mathbb{Z}\oplus\mathbb{Z}$ への向き付けられた同一視と考えられ，行列 $A\in\mathrm{SL}_2(\mathbb{Z})$ で $\omega_1'=a\omega_1+b\omega_2$, $\omega_2'=c\omega_1+d\omega_2$ となるものがある．さて，$\omega=\omega_1/\omega_2$, $\omega'=\omega_1'/\omega_2'$ として正規化された基底 $(1,\omega)$ と $(1,\omega')$ を考えれば，上半平面の変換を得る．変換は公式

$$\omega'=\frac{a\omega+b}{c\omega+d}$$

で与えられる．すなわち，群 $\mathrm{SL}_2(\mathbb{Z})$ は上半平面に整数係数の 1 次分数（またはメビウス）変換で作用しており，上半平面の 2 点が同じ楕円曲線に対応するのは，一方を他方にそのような変換で移せるときである．このときは，2 点を同値と見なすべきである．こうして印を「忘れる」という考えが定式化された．なお，$\mathrm{SL}_2(\mathbb{Z})$ 内のスカラー行列 $-\mathrm{Id}$ は，ω_1 と ω_2 の両方を -1 倍し，上半平面に自明に作用する．そのため，実は $\mathrm{PSL}_2(\mathbb{Z})=\mathrm{SL}_2(\mathbb{Z})/\{\pm\mathrm{Id}\}$ の $\mathbb{H}$ 上の作用が得られる．

よって，結論として，「楕円曲線は（同型を除き）$\mathrm{PSL}_2(\mathbb{Z})$ の上半平面における軌道と 1 対 1 対応する．あるいは同値なこととして，商空間 $\mathbb{H}/\mathrm{PSL}_2(\mathbb{Z})$ の点と 1 対 1 対応する」．この商空間は自然な商位相を持ち，実は複素解析構造を与えることもできて，ほかならぬ複素平面 $\mathbb{C}$ と同一視できることがわかる．これを示すには，古典的な**モジュラー関数** [IV.1 (8 節)] $j(z)$ を用いる．これは $\mathbb{H}$ 上の複素解析関数であってモジュラー群 $\mathrm{PSL}_2(\mathbb{Z})$ で不変であり，よって自然な座標 $\mathbb{H}/\mathrm{PSL}_2(\mathbb{Z})\to\mathbb{C}$ を定める．

これで楕円曲線に対するモジュライ問題が解けたように見える．位相空間で複素解析的でもある $\mathfrak{M}_{1,1}=\mathbb{H}/\mathrm{PSL}_2(\mathbb{Z})$ があり，その点は楕円曲線の同型類と 1 対 1 に対応する．このことから，すでに $\mathfrak{M}_{1,1}$ は楕円曲線の**粗モジュライ空間**と呼ばれる資格があり，モジュライ空間として持っていてほしい性質を満たすことを意味する．しかしながら，$\mathcal{T}_{1,1}$ が（2.2 項で見たように）合格した重要な試験に，$\mathfrak{M}_{1,1}$ は落ちてしまう．円周 $S=S^1$ の場合でさえ，S 上の楕円曲線のどの連続族も S から $\mathfrak{M}_{1,1}$ への写像と対応する，ということは成り立た*ない*．

不合格となる理由は，自己同型の問題である．自己同型は E からそれ自身への同値の写像，つまり基点 e を保つ E から E への複素解析写像である．同じことであるが，自己同型は $\mathbb{C}$ の自分自身への複素解析的な写像であって 0 と格子 L を保つもので与えられる．このような写像は，回転，すなわち，ある絶対値 1 の複素数 λ による掛け算にならざるを得ない．平面内のほとんどの格子 L に対し，L をそれ自身に移す回転は $\lambda=-1$ による掛け算のみであることは，容易に確かめられる．これは $\mathrm{SL}_2(\mathbb{Z})$ から $\mathrm{PSL}_2(\mathbb{Z})$ に行くために割った同じ -1 であることに注意する．しかしながら，より大きい対称性を持つ二つの特別な格子がある．それは，1 の 4 乗根 i に対応する**正方格子** $L=\mathbb{Z}\cdot 1\oplus\mathbb{Z}\cdot\mathrm{i}$ と，1 の 6 乗根に対応する**六角格子** $L=\mathbb{Z}\cdot 1\oplus\mathbb{Z}\cdot\mathrm{e}^{2\pi\mathrm{i}/6}$ である（六角格子は点 $\omega=\mathrm{e}^{2\pi\mathrm{i}/3}$ でも表されることに注意しよう）．正方格子は，正方形の対辺を貼り合わせて作られる楕円曲線に対応し，対称性は正方形の回転対称性の群 $\mathbb{Z}/4\mathbb{Z}$ になる．六角格子は，正六角形の対辺を貼り合わせて作られる楕円曲線に対応し，対称性は正六角形の回転対称性の群 $\mathbb{Z}/6\mathbb{Z}$ になる．

特別な点 $\omega=\mathrm{i}$ と $\omega=\mathrm{e}^{2\pi\mathrm{i}/6}$ において，楕円曲線の自己同型の数が不連続に飛ぶことがわかった．このことからすでに，$\mathfrak{M}_{1,1}$ がモジュライ空間として不適切かもしれないと示唆される．この問題は「印付

き」楕円曲線のモジュライ $\mathcal{T}_{1,1}$ では回避されていた．なぜなら，楕円曲線の自明でない自己同型で印も保つものはないからである．$\mathfrak{M}_{1,1}$ に関するこの問題が目に触れたであろうもう一つの場所は，商 $\mathbb{H}/\mathrm{PSL}_2(\mathbb{Z})$ に移ったときである．自己同型 $\lambda = -1$ は $\mathrm{SL}_2(\mathbb{Z})$ ではなく $\mathrm{PSL}_2(\mathbb{Z})$ により商をとったことで回避した．しかしながら，二つの特別な点 i と $e^{2\pi i/6}$ は，恒等変換以外の整数係数メビウス変換で保たれ，しかもその性質を持つのはこれらの点だけである．このことから，商 $\mathbb{H}/\mathrm{PSL}_2(\mathbb{Z})$ には，これら二つの軌道に対応する点で錐状の特異点が自然にできる．一方は角 π の錐のように見え，他方は角 $(2/3)\pi$ の錐のように見える（なぜこれが妥当かを示すために，同じ現象を持つがもっと易しい，次の状況を想像しよう．もし複素数 z のおのおのについて z と $-z$ を同一視すれば，結果として複素平面を巻き付けて 0 に特異点を持つ円錐ができる．0 が特別扱いされる理由は変換 $z \mapsto -z$ で保たれるからである．ここで角度が π となるのは，特異点を除いて点の同一視が 2 対 1 であり，π は 2π の半分であるからである）．これらの特異点を j 関数を用いてもみ消すことは可能ではあるけれども，特異点の存在が基本的な困難が伴うことを示している．

それでは，なぜ自己同型が「良い」モジュライ空間が存在するための障害となるのであろうか？　印付き楕円曲線の円周 $S = S^1$ でパラメータ付けされた興味深い連続族を考えることで，困難な点を説明することができる．$E(i)$ を，前に考察した 1 と i の整数結合の格子によってできる「正方」楕円曲線とする．次に，0 と 1 の間の各 t に対し，E_t を $E(i)$ の複製とする．したがって，閉単位区間 $[0,1]$ 上の，楕円曲線の定数あるいは「自明な」族ができ，族のどの曲線も $E(i)$ である．さて，この族の両端の楕円曲線を同一視するが，明らかな方法ではなく，90° 回転あるいは i 倍により与えられる自己同型を用いる．この意味するところは，調べている円周上の楕円曲線族においては，族の各元は楕円曲線 $E(i)$ の複製であるが，円を 1 周すると複製は 90° だけ捻じられるということである．

この楕円曲線族を S^1 から空間 $\mathfrak{M}_{1,1}$ への写像によって捉える方法はないことが容易にわかる．族の元はすべて同型であるから，円周のどの点も $\mathfrak{M}_{1,1}$ の同じ点（$\mathbb{H}$ における i の同値類）に移されてしまう．しかし，定数写像 $S^1 \to \{i\} \in \mathfrak{M}_{1,1}$ は $S = 1$ 上の楕円曲線の自明な族 $S^1 \times E(i)$，つまりどの曲線も $E(i)$ に等しいが 1 周しても曲線は捻じられない族に分類で対応している！　よって，楕円曲線族は $\mathfrak{M}_{1,1}$ への写像よりも多く存在する．商空間 $\mathbb{H}/\mathrm{PSL}_2(\mathbb{Z})$ は自己同型に起因する複雑さを扱うことができない．この構成の変形として，S^1 を $\mathbb{C}^\times$ に置き換えれば複素解析族に適用することができる．これは，モジュライ問題において非常に一般的な現象である．対象に自明でない自己同型があれば，上の構成を真似ることで，興味深いパラメータ空間上の自明でない族であって，その元がすべて同じであるものが得られる．結果として，すべての自己同型類からなる集合への写像では分類できない．

この問題にどう対処するとよいだろうか？　一つの方法は，粗モジュライ空間に甘んじることである．粗モジュライ空間は正しい点と正しい幾何を持つが，任意の族を分類し切れない．別の方法として，$\mathcal{T}_{1,1}$ に至ったもので，自己同型を「打ち消す」何らかの種類の印を固定してもよい．言い換えると，対象に追加構造を十分追加することで，追加した飾りの構造すべてを保つ（自明でない）自己同型がまったく残らないようにする，ということである．実際，格子 L の基底をとって $\mathfrak{M}_{1,1}$ の無限被覆 $\mathcal{T}_{1,1}$ を得る方法よりも，ずっと経済的である．L の基底をある合同条件（たとえば $L/2L$）のもとでのみ固定すればよい．最後に，単純だが，自己同型も含んだ用語まで習得してもよい．自己同型をデータの一部として残しておき，構成される「空間」では点が内部対称性を持つとするのである．これは**軌道体** [IV.4 (7 節)] あるいは**スタック** [IV.4 (7 節)] の概念であり，本質的にあらゆるモジュライ問題を十分に扱えるだけの柔軟性がある．

3.　種数が高い場合のモジュライ空間とタイヒミュラー空間

さて，楕円曲線とそのモジュライの描像を，種数の高いリーマン面にできる限り一般化していきたい．各 g に対し，**種数 g の曲線のモジュライ空間**と呼ばれる空間 $\mathfrak{M}_g$ を定義しよう．これは種数 g のコンパクトリーマン面を分類し，それらがどう変調するかを教えてくれる空間である．よって，$\mathfrak{M}_g$ の点は対象である種数 g のコンパクトリーマン面，あるいは，より正確にはそのような曲面の同値類に対応するべきである．ここで，二つの曲面はそれらの間に複素解析同型が存在するときに同値と考える．加えて，$\mathfrak{M}_g$ は種数 g の曲面の連続族の構造をできる限り具体的に表したものにしたい．同様に，種数 g の「n 個の穴開き」リーマン面をパラメータ付けする空間 $\mathfrak{M}_{g,n}$ がある．この意味は，「裸の」リーマン面を考えるのではなく，異なるラベルを付けた n 個の点（穴）からなる「飾り」または「印」を伴ってリーマン面を考えるという意味である．これらの二つは，それらの間の複素解析同型でラベルを保ちながら穴を穴に移すものが存在するとき，同値と考える．自己同型を持つリーマン面が存在するから，$\mathfrak{M}_g$ がリーマン面のすべての族をパラメータ付けできるとは期待できない．すなわち，前に解説した捻じった正方格子の構成と同様の例があると期待できるだろう．しかしながら，もしリーマン面に十分追加の印を付けて考えれば，強い意味でのモジュライ空間を得ることができるであろう．そのような印を選ぶ一つの方法は，（固定した g に対して）十分大きい n で $\mathfrak{M}_{g,n}$ を考えることである．別の方法としてありそうなのが，基本群の生成元に印を付けることで，タイヒミュラー空間 $\mathcal{T}_g$ と $\mathcal{T}_{g,n}$ に至るアプローチである．この過程を概説しよう．

空間 $\mathfrak{M}_g$ を構成するために，一意化定理に戻ろう．種数 $g > 1$ の任意のコンパクト曲面は，普遍被覆が上半平面 $\mathbb{H}$ になり，よって商 $X = \mathbb{H}/\Gamma$ として表される．ここで，Γ は X の基本群の，$\mathbb{H}$ の共形変換群の部分群としての表現である．$\mathbb{H}$ のすべての共形自己同型のなす群は $\mathrm{PSL}_2(\mathbb{R})$，すなわち実数係数 1 次分数変換群である．任意のコンパクトな種数 g のリーマン面の基本群は，ある固定した抽象群 Γ_g に同型であり，これは $2g$ 個の生成元 A_i, B_i, $i = 1, \ldots, g$ と，すべての交換子 $A_iB_iA_i^{-1}B_i^{-1}$ の積が単位元になるという 1 本の関係式を持つ．部分群 $\Gamma \subset \mathrm{PSL}_2(\mathbb{R})$ で $\mathbb{H}$ に商 $\mathbb{H}/\Gamma$ がリーマン面になるように作用（専門的に言えば，作用は固定点がなく固有不連続でなければならない）するものは，**フックス群** [III.28] として知られている．よって，楕円曲線の平面格子 $L \simeq \mathbb{Z} \oplus \mathbb{Z}$ による表現の類似は，種数の高いリーマン面を，Γ をフックス群として $\mathbb{H}/\Gamma$ と表現することである．

種数 g のリーマン面のタイヒミュラー空間 $\mathcal{T}_g$ は，基本群に印が付いた種数 g の曲面のモジュライ問題を解決する空間である．この意味は，対象は種数 g の曲面 X および $\pi_1(X)$ の生成元 A_i, B_i の集合であって，$\pi_1(X)$ と Γ_g の間の同型を共役を除いて*1)与えるものである，ということである．同値は印を保つ複素解析写像である．最後に，リーマン面の連続（または複素解析）族とはリーマン面の連続（複素解析）族で基本群の印が連続に変化するものである．言い換えると，位相空間（複素多様体）$\mathcal{T}_g$ でその上に印付きリーマン面の複素解析族があり，次の強い性質を持つものの存在を主張している．

$\mathcal{T}_g$ の特徴的性質　任意の位相空間（または複素多様体）S に対し，連続写像（または正則写像）$S \to \mathcal{T}_g$ の全体と，S によりパラメータ付けされた印付き種数 g の曲面の連続（または複素解析）族の同型類の全体との間には，全単射が存在する．

3.1　余談：「抽象的ナンセンス」

次に述べることは興味深いであろう．上記の空間は，なぜ存在するかはまだわかっていないけれども，**圏論** [III.8] や「抽象的ナンセンス」という一般的な非幾何学的原理から，位相空間としても複素多様体としても，この特徴的性質により完全に一意的に決定されてしまうのである．あらゆる位相空間 M は，その点集合と，これらの点を結ぶ道の集合と，これらの道で張られる面の集合と，以下同様のものから，たいへん抽象的な方法で一意的に再構成できる．別の言い方をすれば，任意の位相空間 S に対して S から M への連続写像の集合を割り当てる「機械」として M を考えることができる．この機械は「M の点の関手」として知られている．同様に，複素多様体 M は，任意の複素多様体 S に対して，S から M への複素解析写像の集合を割り当てる機械を与える．圏論における奇妙な発見の一つである**米田の補題**は，非常に一般的な（幾何とは無関係の）理由により，これらの機械（すなわち関手）は M を空間として，あるいは複素多様体として，一意的に決定するというものである．

今まで述べた意味での（対象，同値，族を与える）

*1)　X の基本群は基点の選び方に依存するけれども，$\pi_1(X, x)$ と $\pi_1(X, y)$ は x から y への道を選ぶことで同一視できて，選び方の違いはループによる共役で関係付けられることに注意しよう．よって，もし生成元 A_i, B_i の集合を共役による違いしかないときに同一視したいならば，基点の選び方は無視できる．

任意のモジュライ問題も，そのような機械を与える．そのとき，S には S 上のすべての族の同型類からなる集合を割り当てる．よって，モジュライ問題を立てるだけで，すでにタイヒミュラー空間の位相と複素構造を一意的に決定していたのである．すると，興味ある部分は，構成したのと同じ機械を与える空間が「本当に存在するかどうか」や，それを露わに構成できるかどうか，その幾何を用いてリーマン面に関する興味深い事実を学べるかどうかを知ることである．

3.2　モジュライ空間と表現

再び地に足を着けてみると，タイヒミュラー空間のかなり具体的な模型が使えるようになったことがわかる．ひとたび印 $\pi_1(X) \simeq \Gamma_g$ を固定すると，Γ_g を $\mathrm{PSL}_2(\mathbb{R})$ のフックス部分群として表現するすべての方法を見ていただけである．しばらくフックス条件を無視すると，このことは，$2g$ 個の（$\pm\mathrm{Id}$ 倍は無視した）実行列 $A_i, B_i \in \mathrm{PSL}_2(\mathbb{R})$ であって Γ_g の交換関係を満たすものを見つけるという意味である．これにより，すべての表現 $\Gamma_g \to \mathrm{PSL}_2(\mathbb{R})$ のなす空間を定めるような，$2g$ 個の行列の成分に関する具体的に書き下せる（代数）方程式の組が得られる．ここで**表現多様体** $\mathrm{Rep}(\Gamma_g, \mathrm{PSL}_2(\mathbb{R}))$ を得るためには，$2g$ 個の行列すべてを同時に共役にする $\mathrm{PSL}_2(\mathbb{R})$ 作用による商をとらなければならない．これは，$\mathbb{C}$ 内の格子を回転を除いて考えることの類似であって，$\mathrm{PSL}_2(\mathbb{R})$ の二つの共役な部分群による $\mathbb{H}$ の商は同型になるという事実に動機付けられている．

ひとたび Γ_g から $\mathrm{PSL}_2(\mathbb{R})$ の中へのすべての表現のなす空間を記述してしまえば，タイヒミュラー空間は表現多様体の中で Γ_g から $\mathrm{PSL}_2(\mathbb{R})$ の中へのフックス表現からなる部分集合として特定できる．幸運なことに，この部分集合は表現多様体の中で開集合であり，それにより $\mathcal{T}_g$ を位相空間としてうまく実現することができる．実際，$\mathcal{T}_g$ は $\mathbb{R}^{6g-6}$ と同相である（このことは，フェンチェル–ニールセン座標の言葉でとても露わに示すことができる．この座標は $\mathcal{T}_g$ に属する曲面を，$3g-3$ 個の辺長と $3g-3$ 個の角度を含んだ切り貼り操作によってパラメータ付けする）．それから，印 $\pi_1(X) \cong \Gamma_g$ を「忘れ」ようとすることもできて，印のないリーマン面のモジュライ空間 $\mathfrak{M}_g$ を得る．言い換えると，$\mathcal{T}_g$ をとり，基礎の同じリーマン面で異なる印を表すどの 2 点も同一視しようということである．この同一視は，種数 g の**写像類群** MCG_g あるいは**タイヒミュラー・モジュラー群**という群の，$\mathcal{T}_g$ 上の作用によって達成できる．これは $\mathbb{H} = \mathcal{T}_{1,1}$ 上に作用するモジュラー群 $\mathrm{PSL}_2(\mathbb{R})$ の一般化である（写像類群は種数 g の曲面——このような任意の曲面は（微分）位相幾何的にどれも同じであることを思い出してほしい——のすべての自己微分同相のなす群を，基本群に自明に作用する微分同相を法として割った群として定義される）．楕円曲線の場合と同様に，自己同型を持つリーマン面は，$\mathcal{T}_g$ の点で MCG_g の部分群により固定される点に対応し，商 $\mathfrak{M}_g = \mathcal{T}_g/\mathrm{MCG}_g$ の特異点を与える．

表現多様体，あるいは表現のモジュライ空間は，幾何学，位相幾何学，数論を通じて出てくる，モジュライ空間の重要かつ具体的な一つのクラスである．任意の（離散）群 Γ が与えられたとき，（たとえば）Γ の $n \times n$ 行列の群の中への準同型をパラメータ付けする空間を求めたいとする．同値の概念は GL_n による共役で与えられ，族の概念は行列の連続（または解析，代数など）族で与えられる．この問題は群 Γ が $\mathbb{Z}$ のときでさえおもしろい．$\mathbb{Z}$ のときは，単に可逆な $n \times n$ 行列（$1 \in \mathbb{Z}$ の像）を共役を除いて考える．この問題には，たとえば 1 個のジョルダンブロックのみからなる行列のような「十分に良い」行列だけを考えない限り，粗い意味でさえもモジュライ空間はないことがわかる．これはモジュライ問題に偏在する現象の良い例である．とにもかくにもモジュライ空間を得るためにはしばしばある「悪い」（不安定な）対象を捨てることを余儀なくされるのである（詳細な解説については，マンフォードとスオミネンによる論文 (Mumford and Suominen, 1972) を参照）．

3.3　モジュライ空間とヤコビアン

上半平面 $\mathbb{H} = \mathcal{T}_{1,1}$ は，$\mathrm{PSL}_2(\mathbb{Z})$ の作用を込みにすることで，楕円曲線のモジュライ問題とその幾何について，魅力的なほどに完全な描像を与える．表現多様体の開部分集合としての $\mathcal{T}_g$ の描像に対しては，残念ながら同じことは言えない．特に，表現多様体は自然な複素構造さえ持たないため，この記述からは複素多様体としての $\mathcal{T}_g$ の幾何は見えない．この欠点は，種数が 1 より大きいときモジュライ空間がより複雑になる様子を反映しているのである．特に，種数の高い曲面のモジュライ空間は，種数 1 の場合のような線形代数に向き付けのデータを加えたものだけでは記述されない．

この複雑さの一部は，基本群 $\Gamma_g \simeq \pi_1(X)$，$g > 1$ がもはやアーベル群ではなく，特に 1 次ホモロジー群 $H_1(X, \mathbb{Z})$ とはもはや等しくないという事実に起因する．関係する問題点として，X はもはや群ではないということがある．この問題に対する美しい解決の一つが，ヤコビアン $\mathrm{Jac}(X)$ の構成により与えられる．これは，楕円曲線との間に共通点――トーラスである（$(S^1)^{2g}$ と同相である）とか，アーベル群である，複素（実は複素代数）多様体である，といった――を持つ（楕円曲線のヤコビアンは，その楕円曲線自身である）．ヤコビアンは X の幾何の「アーベル群」や「線形」の側面を捉える．そのような（**アーベル多様体**として知られる）複素代数トーラスに対してモジュライ空間 $\mathcal{A}_g$ が存在し，$\mathcal{A}_g$ は楕円曲線のモジュライ空間 $\mathfrak{M}_{1,1} = \mathcal{A}_1$ の良い性質や線形代数による記述がすべて同様に成り立つ．トレリの定理は良い知らせがある．トレリの定理によると，各リーマン面 X に対してそのヤコビアンを割り当てることで，$\mathfrak{M}_g$ を $\mathcal{A}_g$ の複素解析的閉部分集合として埋め込むことができる．興味深い知らせもある．ショットキー問題によると，像はとても複雑すぎて，内的に特徴付けられない．実際，この問題に対する解答は，非線形偏微分方程式の研究という遠い彼方から来たのである！

3.4　この先の話題

この節では，モジュライ空間についてのいくつかの興味深い問題や応用について示唆を与える．

変形と退化　　モジュライ空間における主要な話題のうち二つは，どの対象が与えられた対象に非常に近いかと，ずっと遠くには何があるのかを問うものである．変形理論はモジュライ空間の微積分学である．この理論はモジュライ空間の無限小構造を扱う．言い換えると，対象が与えられたとき，変形理論はその小さな摂動すべてを記述しようとする（これについての素晴らしい記述が Mazur (2004) にある）．正反対に，対象が退化したときに何が起きるかを問うことができる．ほとんどのモジュライ空間（たとえば曲線のモジュライ空間）はコンパクトではなく，よって「無限遠に去っていく」族がある．モジュライ空間の「意味のある」コンパクト化を見つけることは重要であり，そのコンパクト化は対象の，ありうる退化を分類している．モジュライ空間をコンパクトするもう一つの利点は，完備化した空間上で積分が計算できるようになることである．これは，次の項目において決定的に重要である．

モジュライ空間からの不変量　　幾何学と位相幾何学におけるモジュライ空間の重要な応用は，場の量子論に刺激されたものである．場の量子論では，粒子は 2 点間の「最良の」古典的な経路を通るのではなく，さまざまな確率ですべての経路を通る（「ミラー対称性」[IV.16 (2.2.4 項)] を参照）．古典的には，空間において（計量のような）一つの幾何構造を選び，この構造を用いてある量を計算し，最後に計算結果が選んだ構造によらなかったことを証明する，という方法で，多くの不変量を計算する．新しい別の選択肢は，すべてのそのような幾何構造を見ることであり，ある量をすべての選択肢の空間上で積分する．結果は，収束を示すことができれば，明らかに選び方によらない．この考え方によって，特にこのようにして得られた積分の集まりに豊かな構造を与えることによって，弦理論から多くの重要な応用が生まれてきた．ドナルドソン理論とサイバーグ–ウィッテン理論では，この哲学を用いて 4 次元多様体の位相不変量が与えられた．グロモフ–ウィッテン理論では，この哲学が**シンプレクティック多様体** [III.88] のトポロジーに応用され，また，5 次の平面有理曲線で一般の位置にある 14 個の点を通るものは何個あるか？（答え：87,304 個）というような，代数幾何学における数え上げ問題にも応用された．

モジュラー形式　　数学で最も深遠な考え方の一つであるラングランズプログラムは，数論と，楕円曲線のモジュライ空間を一般化した非常に特殊なモジュライ空間上の関数論（調和解析）とを関係付ける．このモジュライ空間（志村多様体）は（$\mathbb{H}$ のような）対称空間の（$\mathrm{PSL}_2(\mathbb{Z})$ のような）算術的群による商として表現することができる．**モジュラー形式** [III.59] と保型形式は，これらのモジュライ空間上の特別な関数であり，空間の大きな対称群との相互作用によって記述される．これはきわめて刺激的で活発な数学領域であり，その最近の勝利の中に，**フェルマーの**

最終定理 [V.10] と志村–谷山–ヴェイユ予想（ワイルズ，テイラー–ワイルズ，ブレイユ–コンラッド–ダイヤモンド–テイラー）の解決が含まれる．

文献紹介

モジュライ空間の歴史的内容と文献については，以下の論説が非常にお薦めである．メイザー（Mazur, 2004）による論説は，モジュライ空間の美しく読みやすい概観であり，変形の概念に力点が置かれている．ハイン（Hain, 2000）とローアイエンハ（Looijenga, 2000）による論説は，あらゆるモジュライ問題の中でおそらく最も古く最も重要な，曲線のモジュライ空間の研究に関する優れた紹介を与えている．マンフォードとスオミネン（Mumford and Suominen, 1972）による論説は，代数幾何学におけるモジュライ空間の研究の基礎の根底にあるキーポイントを紹介している．

Hain, R. 2000. Moduli of Riemann surfaces, transcendental aspects. In *School on Algebraic Geometry, Trieste, 1999*, pp. 293–353. ICTP Lecture Notes Series, no. 1. Trieste: The Abdus Salam International Centre for Theoretical Physics.

Looijenga, E. 2000. A minicourse on moduli of curves. In *School on Algebraic Geometry, Trieste, 1999*, pp. 267–91. ICTP Lecture Notes Series, no. 1. Trieste: The Abdus Salam international Centre for Theoretical Physics.

Mazur, B. 2004. Perturbations, deformations and variations (and "near-misses") in geometry. Physics and number theory. *Bulletin of the American Mathematical Society* 41(3):307–36.

Mumford, D., and K. Suominen, 1972. Introduction to the theory of moduli. In *Algebraic Geometry, Oslo, 1970: Proceedings of the Fifth Nordic Summer School in Mathematics*, edited by F. Oort, pp. 171–222. Groningen: Wolters-Noordhoff.

IV.9

表現論

Representation Theory

イアン・グロイノフスキー［訳：長谷川浩司］

1. はじめに

数学における基本的テーマとして，多くの数学的あるいは物理的対象が対称性を持つということがある．群論 [I.3 (2.1 項)] 一般における，そして特に表現論におけるゴールは，これらの対称性の研究にある．表現論と一般の群論との違いは，表現論においてはベクトル空間 [I.3 (2.3 項)] の対称性に注意が向けられる点である．ここでは，それがなぜ大事なのか，そしていかに群論の研究に影響し，結果としてなぜ**共役類**が何らかの良い構造を持つ群に注目することになるか，説明を試みよう．

2. なぜベクトル空間か？

表現論の目的は，いかに群の**内的**構造が，その群が**外的**に対称性として作用する仕方を制御するかを理解することにある．逆に，群を対称性の群と見なすことで，その群の内的構造について何を知ることができるかを研究する方向もある．

議論を始めるにあたり，「対称性の集まりとして作用する」とはどういうことかをはっきりさせよう．考えたいのは，群 G と対象 X が与えられ，G の各元 g ごとに X のある対称性（X から X への変換，$\phi(g)$ と書こう）が対応している状況である．これが意味ある対応であるためには，対称性の合成がうまくいっている必要がある．すなわち，$\phi(g)\phi(h)$（$\phi(h)$ を先に，$\phi(g)$ を次に施した結果）が $\phi(gh)$ と同じ対称性であってほしい．X が集合なら，その対称性とは X の元のある種の**置換** [III.68] にほかならない．X のすべての置換のなす群を $\mathrm{Aut}(X)$ と表そう．すると，G の X への**作用**は，G から $\mathrm{Aut}(X)$ への準同型のことと定義される．もしそのような準同型があれば，G は X に作用する，と呼ぶ．

これは，G が X に「何かをする」というイメージである．この考え方は，記号 ϕ をわざわざ書かないことにより，多くの場面でより便利かつ生き生きと表される．すなわち，g に対応する対称性の x への効果を $\phi(g)(x)$ と書く代わりに，g そのものを置換と考えて，単に gx と書くのである．ただし，時には ϕ について語らなければならない．たとえば，G の X への異なる二つの作用を比べたいときなどである．

例を挙げよう．対象 X として，原点を中心とする平面の正方形を考え，頂点を順に A, B, C, D としよう（図 1 参照）．正方形は八つの対称性を持つ．回転角が 90° の倍数である回転四つと，鏡映四つである．G をこれら八つの対称性がなす群としよう．この群は位数 8 の **2 面体群**と言われ，D_8 と書く．定義により，G は正方形に作用している．しかし，G は正方形の**頂点**にも作用し，たとえば y 軸に関する鏡映

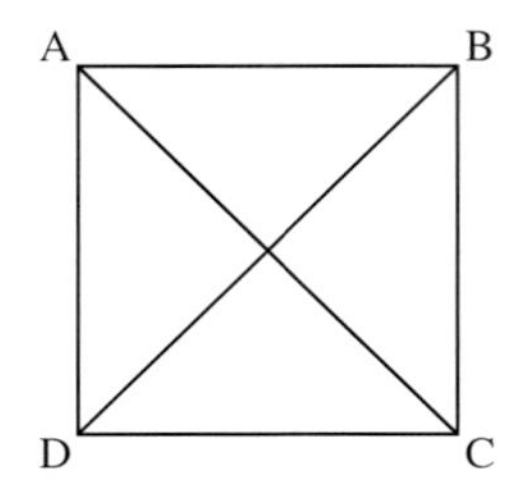

図 1 正方形とその対角線

は，A と B を入れ替え，また C と D を入れ替える．これは小さな注意に見えるかもしれない．結局，われわれは G を対称性の群として定義したので，何もしなくてもその元に付随した対称性がある．しかしながら，G を $\{A, B, C, D\}$ という集合の置換の群として定義したわけではなかったから，われわれは少なくとも何かをしたことになる．

この点をはっきりさせるため，G が作用する別の集合で，この正方形から十分自然に得られる対象からなるものを見てみよう．たとえば，G は頂点の集合 $\{A, B, C, D\}$ に作用した．他にも，辺の集合 $\{AB, BC, CD, DA\}$ にも，また対角線の集合 $\{AC, BD\}$ にも作用する．後者の場合，G のいくつかの元は作用としては同じになり，たとえば右 90° 回転は二つの対角線を入れ替えるが，左 90° 回転も同様である．G のすべての元が異なる作用となるとき，G のその作用は**忠実**であると言われる．

正方形に対する操作（「y 軸に関する鏡映」，「90° の回転」など）は全平面 $\mathbb{R}^2$ に対して施せることに注意しよう．したがって，$\mathbb{R}^2$ も G が作用するもう一つの（そしてより大きな）集合である．しかし，$\mathbb{R}^2$ を集合と呼ぶだけではおもしろい点を忘れている．$\mathbb{R}^2$ では，二つの元は加えたり一つの元を実数倍したりすることができ，言い換えれば $\mathbb{R}^2$ は**ベクトル空間**である．さらに，G の作用はこの付加構造と相性が良い．たとえば，もし g が考えている対称性の一つで，v_1 と v_2 が $\mathbb{R}^2$ の二つの元であれば，g を和 $v_1 + v_2$ に作用させた結果は $gv_1 + gv_2$ という和に等しい．このことを，G は $\mathbb{R}^2$ に線形に作用するという．ベクトル空間 V に対し，V から V への可逆な線形写像の全体を $\mathrm{GL}(V)$ で表す．もし V がベクトル空間 $\mathbb{R}^n$ であれば，この群はお馴染みの $\mathrm{GL}_n(\mathbb{R})$ であり，可逆な $n \times n$ の実行列からなる．同様に，$V = \mathbb{C}^n$ のときは，可逆な $n \times n$ の複素行列からなる．

定義 群 G のベクトル空間 V 上の**表現**とは，G から $\mathrm{GL}(V)$ への準同型のことをいう．

言い換えれば，群の作用とは群を置換の集まりと見る方法のことであるのに対し，群の表現とは，これらの置換が可逆な線形写像である特別な場合のことである．このことを強調して，表現のことを線形表現ということもある．先ほどの D_8 の $\mathbb{R}^2$ 上の表現の場合，G から $\mathrm{GL}_2(\mathbb{R})$ への準同型は「右 90° 回転」という対称性を行列 $\left(\begin{smallmatrix} 0 & 1 \\ -1 & 0 \end{smallmatrix}\right)$ にうつし，「y 軸に関する鏡映」という対称性を行列 $\left(\begin{smallmatrix} -1 & 0 \\ 0 & 1 \end{smallmatrix}\right)$ にうつす．

G の一つの表現が与えられると，線形代数による自然な構成を用いて別の表現を作ることができる．たとえば，ρ を上に述べた G の $\mathbb{R}^2$ 上の表現とすると，その**行列式** [III.15] $\det \rho$ は，G から $\mathbb{R}^*$（0 でない実数からなる乗法群）への準同型となる．これは

$$\begin{aligned} \det(\rho(gh)) &= \det(\rho(g)\rho(h)) \\ &= \det(\rho(g))\det(\rho(h)) \end{aligned}$$

が，行列式の乗法性から成り立つことによる．これにより $\det \rho$ は 1 次元表現を定める．実際，0 でない実数 t は「t 倍する」という $\mathrm{GL}_1(\mathbb{R})$ の元と考えられる．もし ρ がこれまで議論した D_8 の表現ならば，$\det \rho$ の下で回転は恒等写像として，鏡映は -1 倍として作用することがわかる．

「表現」の定義は形式的には「作用」の定義とよく似ており，実際 V のすべての線形同型は V に属するベクトルの集合の置換であるから，G の V 上の表現は G の V への作用の部分集合をなす．しかし，一般に表現の集合は，より興味深い対象である．ここで，一般的原理の例を見ることができる．すなわち，もし集合が付加的な構造（ベクトル空間として，元同士の加法ができる，というように）を備えていた場合，その構造を使わないことにするのは間違いである．そして，構造はたくさんあるほど良い．

この点を強調するために，そして表現を好ましい光の下に置くために，まず群の集合への作用の一般論を考えよう．いま群 G が集合 X に作用しているとする．各 x に対し，g が G の元を動くときできる gx の形の元の全体の集合は，x の**軌道**と呼ばれる．軌道が X の分割をなすことは容易にわかる．

例 G を 2 面体群 D_8 とすれば，正方形の頂点の**順序対**からなる集合 X への作用がある．順序対は全部で 16 ある．すると，X には G による三つの軌道，す

なわち {AA, BB, CC, DD}，{AB, BA, BC, CB, CD, DC, DA, AD}，{AC, CA, BD, DB} がある．

G の X への作用は，一つの軌道しか持たないとき**推移的**であるという．言い換えれば，作用が推移的であるのは，X に属する任意の x と y に対し，$gx = y$ となる元 g が見つかるときをいう．作用が推移的でないときは，それぞれの軌道への作用を別々に考えることができ，元の作用を共通部分のない軌道それぞれへの作用に事実上分けることができる．そこで，G の集合への作用をすべて調べるには，推移的作用のみを調べればよい．作用は「分子」のように考えることができ，「原子」にあたる推移的作用へと分解できる．**これ以上分解できない対象にまで分解する**というこのアイデアは，表現論でも基本的となる．

推移的作用には，どんなものがありうるだろうか？ G の部分群が豊富な例を提供する．G の部分群 H が与えられたとき，H による**左剰余類**とは $\{gh : h \in H\}$ の形の集合であり，これはよく gH と書かれる．群論の初歩的結果として，左剰余類（の全体）は G の分割を与える（右剰余類でも同じなので，好みでそちらを考えてもよい）．H による左剰余類の全体を G/H と書くと，明らかに G はここに作用し，G の元 g' は剰余類 gH を剰余類 $(g'g)H$ にうつす．

実は，これですべての推移的作用が得られる！　ある集合 X への G の推移的作用が与えられたとき，任意に $x \in X$ を選び，H_x を $hx = x$ を満たす元 h 全体のなす G の部分群としよう（H_x は x の**固定化群**と呼ばれる）．すると，G の X への作用は，G の H_x による左剰余類への作用と同じ[*1)]であることが示される．たとえば，上記の D_8 作用の第 1 の軌道は，正方形の一つの対角線に関する線対称で生成される 2 元群 H による左剰余類への作用と同型である．x を取り替えると，たとえば $x' = gx$ とすると，x' を固定する部分群は gH_xg^{-1} となるだけである．これは**共役部分群**と呼ばれるもので，同じ軌道の異なる記述を与える．つまり，gH_xg^{-1} による左剰余類としてである．

こうして，G の推移的作用と，部分群の共役類（すなわち，与えられた部分群に対し，それと共役な部分群の全体）との間に，1 対 1 対応があることがわかる．もし G が元の集合 X に推移的でなく作用していれば，われわれはそれを軌道の集まりに分解し，それぞれの軌道をこの対応によって部分群の共役類と関係付けることができる．これは G の X への作用を便利に「記帳」する仕組みになる．すなわち，それぞれの共役類が何回登場するかを記録すればよい．

練習問題　先ほどの例の三つの軌道が，三つの部分群，すなわち，一つの対角線での鏡映が生成する 2 元群 R，単位群，そして R のもう一つのコピーと，それぞれ対応することを確かめよ．

これで，群が集合にどう作用するかの問題は完全にわかった．作用を内部で制御するのは G の**部分群の**構造である．

群がいかにベクトル空間に作用するかについても，対応する答えをすぐに示す．しかしまずは集合の場合について，問題が解けても喜びすぎてはいけない理由を見ておこう[*2)]．

問題は，群の部分群の構造が恐ろしく大変なものだという点にある．

たとえば，どのような位数 n の有限群も**対称群** [III.68] S_n の部分群であり（これは「ケイリーの定理」であり，G の G 自身への作用を考えることでわかる），したがって，S_n の部分群の共役類全体を列挙するには，位数 n 未満の有限群すべてを知る必要がある[*3)]．あるいは，巡回群 $\mathbb{Z}/n\mathbb{Z}$ を考えてもよい．部分群は，巡回群を定義する n の約数に対応し，これは n の微妙な性質であって，n によってかなり異なる振る舞いをする．もし n が素数ならば非自明な部分群はないが，n が 2 のベキならば少しはたくさんある．こうして巡回群のように簡単な群の部分群の構造を知りたいだけでも，数論が絡んでくる．

いくらかの慰めとともに線形表現に戻ろう．集合への作用のときと同様に，表現を「原子的」なものに分解できることがわかる．しかし，集合への作用の場合と異なり，これら原子的な表現（**既約**表現という）は，たいへん美しい規則性を持つ．

---

*1) ここで「同じ」とは，「G 作用を持つ集合として同型」の意味である．気楽に読む場合は「同じ」として読み進めて構わないが，注意深く読む場合は，立ち止まって正確に意味するところを確認するか，調べるべきである．

*2) 問：D_8 の例に戻って，推移的な作用をすべて列挙してみよう．

*3) **有限単純群の分類** [V.7] により，少なくとも S_n の部分群の共役を除いた（up to conjugacy）個数 γ_n を評価することはできる．パイバー（Pyber）によれば，$2^{((1/16)+o(1))n^2} \leq \gamma_n \leq 24^{((1/6)+o(1))n^2}$ である．下限については等号が期待されている．

表現論の良い性質は，多くは次の事実による．対称群 S_n の元は積が考えられるが，群 $\mathrm{GL}(V)$ の元は行列であり，積と同時に和も考えられる（ただし，次の点に注意しよう．$\mathrm{GL}(V)$ の二つの元の和は可逆とは限らないから，必ずしも $\mathrm{GL}(V)$ の元ではない．しかし，それは準同型環 $\mathrm{End}(V)$ の元である．$V = \mathbb{C}^n$ のとき，$\mathrm{End}(V)$ はお馴染みの，可逆性は問わない複素 n 次行列全体の代数と，ちょうど一致する）．

和が考えられることによる違いを見るため，巡回群 $G = \mathbb{Z}/n\mathbb{Z}$ を考える．$\omega^n = 1$ を満たす $\omega \in \mathbb{C}$ をとると，G の $\mathbb{C}$ の上の表現 χ_ω が，$r \in \mathbb{Z}/n\mathbb{Z}$ に ω^r 倍という 1 次元空間 $\mathbb{C}$ の上の線形写像を対応させることで得られる．1 の n 乗根 ω それぞれに対応して，n 個の異なる 1 次元表現ができ，このほかにはないこともわかる．さらに，$\rho : G \to \mathrm{GL}(V)$ が $\mathbb{Z}/n\mathbb{Z}$ の任意の表現であるとき，関数のフーリエ展開係数を求めるときの方法を真似ることで，V はこれら 1 次元表現の直和で表される．表現 ρ を用いて，$G = \mathbb{Z}/n\mathbb{Z}$ の各 r に対し，線形写像 $\rho(r)$ を考える．そして線形写像 $p_\omega : V \to V$ を次で定める．

$$p_\omega = \frac{1}{n} \sum_{0 \leq r < n} \omega^{-r} \rho(r)$$

すると，p_ω は $\mathrm{End}(V)$ の元であり，これは部分空間 V_ω の上への**射影** [III.50 (3.5 項)] であることが確かめられる．実際，この部分空間は**固有空間** [I.3 (4.3 項)] である．すなわち，V_ω は $\rho(1)v = \omega v$ を満たすすべてのベクトル v からなり，ρ が表現であることから，これは $\rho(r)v = \omega^r v$ を意味する．射影 p_ω は，円周上の関数 $f(\theta)$ の第 n **フーリエ係数** [III.27] $a_n(f)$ の類似と考えることができる．上の式と，フーリエ展開の公式 $a_n(f) = \int \mathrm{e}^{-2\pi i n\theta} f(\theta)\mathrm{d}\theta$ との形式的類似に注意しよう．

さて，f のフーリエ級数についておもしろいのは，良い条件下では足し算で f そのものが復元できることである．すなわち，f が**三角関数** [III.92] に分解される．同様に，部分空間 V_ω についておもしろいのは，それらを使ってもとの表現 ρ が分解されることである．異なる二つの射影の合成が 0 であることから，

$$V = \bigoplus_\omega V_\omega$$

が導かれる．各部分空間 V_ω を，$\mathbb{C}$ のコピーである 1 次元部分空間の和で表すことができ，ρ をそのいずれかに制限した表現は，先ほど定義した単純な表現 χ_ω にほかならない．かくして，ρ はとても簡単な「原子」χ_ω に分解された[*4]．

行列には加法がある，ということがたいへん便利な帰結を生む．有限群 G が複素ベクトル空間 V に作用するとしよう．V の部分空間 W は $gW = W$ が任意の $g \in G$ で成立するとき，**G 不変**であるという．W を G 不変部分空間とし，U をその補空間とする（すなわち，V の任意の元 v が $w \in W$ と $u \in U$ で $w + u$ と，1 通りに表せる）．ϕ を U の上への任意の射影とすれば，線形写像 $|G|^{-1} \sum_{g \in G} g\phi$ もまた補空間 U の上への射影であることは容易に確かめられるが，さらに課した条件のお陰で G 不変となる．この最後の事実は，g' を上の和に施しても項が入れ替わるだけだからである．

この帰結が有用であるのは，任意の表現を**既約表現**の和に分解できることになるからである．ここで既約表現とは，G 不変部分空間を持たない表現のことである．実際，もし ρ が既約でなければ，G 不変な部分空間 W がある．上の注意によって，やはり G 不変な部分空間 W' があって $V = W \oplus W'$ と書ける．もし W か W' がさらに G 不変部分空間を持てば，それをまた分解し …，と続ける．これはちょうど巡回群のときに見たことと同じである．そのときは，既約表現は 1 次元の χ_ω であった．

既約表現が任意の複素表現にとっての基本的部品であることは，ちょうど集合への作用の部品が推移的作用であることと同様である．では，既約表現はどれだけあるのかという問いが生ずる．これは，多くの重要な例で答えられているものの，一般的手順としてはまだ解決されていない．

作用と表現の違いに戻ると，もう一つの重要な観察として，群 G の有限集合 X への任意の作用は次の意味で**線形化**できるということがある．X が n 個の元からなるとし，X で定義されたすべての複素数値関数からなる**ヒルベルト空間** [III.37] $L^2(X)$ を考える．ここには自然な基底として，x に 1 を対応させ X の他の元では 0 となる「デルタ関数」δ_x がある．さて，G の X への作用を，この基底への作用に自明に転換することができる．すなわち，単に $g\delta_x$ を δ_{gx} であるとすればよい．任意の関数は基底 δ_x の線形結

---

*4) この章の残りをまとめれば，フーリエ変換と似て見えるのは単なる類似でなく，表現を既約なものの和に分解することは，この例もフーリエ変換も含む考え方である，ということになる．

合であるから，この定義を線形性によって拡張し，G の $L^2(X)$ への作用を得る．その結果は，$f \in L^2(X)$ に対し $(gf)(x) = f(g^{-1}x)$ となる．同値であるが，gf の gx での値は f の x での値と同じである．これにより，集合への作用は，群の各元に**置換行列**（各行および各列に 1 が必ず 1 回だけ現れ，他の行列要素は 0 である特殊な行列）を対応させるものと言える．これに対し，一般の表現では，群の各元に任意の可逆行列が対応してよい．

さて，X そのものが G 作用で一つの軌道となっていたとしても，上の表現 $L^2(X)$ は分解することがある．極端な例として，$\mathbb{Z}/n\mathbb{Z}$ の自分自身への積による作用を考えよう．すでに見たとおり，これは「フーリエ展開」によって，n 個の 1 次元表現の和に分解する．

では，任意の群 G で自分自身への積による作用，より精密には左作用を考えよう．すなわち，各元 g に対し，G の元 h を gh にうつす置換を対応させる．この作用は明らかに推移的である．集合への作用としては，これはもはや分解できない．しかし，この作用をベクトル空間 $L^2(G)$ 上の表現に**線形化**したときは，作用を分解する柔軟性がより高まる．このとき，これが多くの既約表現の直和に分解するだけでなく，G の全ての既約表現 ρ が直和分解の成分として現れ，ρ が現れる回数もそれが作用する部分空間の次元に等しいことが示される[*5]．

今議論している表現は，G の**左正則表現**と呼ばれる．任意の既約表現がその中で常に現れることはたいへん有益である．複素ベクトル空間の自己同型写像は必ず固有ベクトルを持つので，複素ベクトル空間上の表現を分解するほうが，実ベクトル空間上の表現を分解するよりも易しいことに注意する．それゆえ，複素表現から研究するのが最も簡単である．

以下に有限群の複素表現の基本定理を述べよう．この定理は，有限群にはどれだけの既約表現があり，さらに彩りとして，表現論が「フーリエ展開の非可換な群の上での類似」であることを述べている．

$\rho : G \to \mathrm{End}(V)$ を G の表現とする．その**指標** χ_ρ が行列のトレースで定義される．すなわち，χ_ρ とは G から $\mathbb{C}$ への関数で，各 $g \in G$ に対し $\chi_\rho(g) = \mathrm{tr}(\rho(g))$ で定まるものである．任意の行列 A, B に対して $\mathrm{tr}(AB) = \mathrm{tr}(BA)$ であるので，$\chi_\rho(hgh^{-1}) = \chi_\rho(g)$ である．したがって，χ_ρ は G の任意の関数とは程遠く，各**共役類**の上では定数となる．このような G 上の複素数値関数全体からなるベクトル空間を K_G で表そう．これを G の**表現環**と呼ぶ．

群の既約表現の指標は，群にとってたいへん重要なデータをなし，それらは行列にまとめるのがよい．列は共役類により，また行は既約表現により名前を付け，各行列要素は行で決まる表現の指標の，列で決まる共役類での値とする．この表は群の**指標表**と呼ばれ，群の表現に関するすべての重要な情報が入った，いわば表現論にとっての周期律表である．この表が**正方形**であるというのが，基本的定理である．

定理（指標表は正方形である）　G を有限群とするとき，既約表現の指標は K_G の正規直交基をなす．

指標からなる基底が正規直交であるという意味は，エルミート内積を

$$\langle \chi, \psi \rangle = |G|^{-1} \sum_{g \in G} \chi(g)\overline{\psi(g)}$$

で定めると，これが $\chi = \psi$ ならば 1，そうでなければ 0 ということである．基底となるという事実は特に，ちょうど既約表現の数だけ共役類の数があることを含んでおり，表現 ρ にその指標を対応させてできる，表現の同値類から K_G への写像は単射である．すなわち，任意の表現は，同型を除きその指標で決定される．

群 G のベクトル空間への作用の仕方を制御する G の内部構造は，G の元の共役類の構造である．これは G の**部分群の**共役類の集合よりは扱いやすい構造である．たとえば，対称群 S_n においては，二つの置換が同じ共役類に属するのは，それらが同じサイクルタイプを持つことと同値である．したがって，この群の場合，共役類は n の分割と 1 対 1 に対応する[*6]．

さらに，部分群を数え上げることがまったく非自明であるのに対し，共役類を扱うことはずっと易しい．実際，それらは群そのものを分割し，等式 $|G| = \sum_{C\text{は共役類}} |C|$ が成り立つ．表現の側で

[*5] ［訳注］ここでは有限群が念頭に置かれているが，より一般的にコンパクト群でも成り立つ．

[*6] 分割の集合は気の利いた組合せ的対象であるだけでなく，S_n の部分群全体の集合よりとても小さい．**ハーディ** [VI.73] と**ラマヌジャン** [VI.82] は，n の分割の個数がおよそ $(1/4n\sqrt{3})e^{\pi\sqrt{(2n/3)}}$ であることを示している．

も似たような式があり，それは正則表現 $L^2(G)$ を既約表現で分解することから生じる．すなわち，$|G| = \sum_{V\text{は既約}}(\dim V)^2$ である．この種の簡明な式が，部分群をわたる和について一般に存在するとは考えにくい．

われわれは有限群 G の表現の一般的構造を理解するという問題を，G の指標表を決定するという問題に帰着させた．$G = \mathbb{Z}/n\mathbb{Z}$ のとき，n 個の既約表現の記述は，この行列の成分が 1 のベキ根からなることを示している．下に正方形の対称性の群である D_8 の指標表を挙げる (左)．また，対照的な例として，$\mathbb{Z}/3\mathbb{Z}$ のときを挙げる（右）．ここで $z = \exp(2\pi i/3)$ である．

1	1	1	1	1
1	1	1	−1	−1
1	1	−1	1	−1
1	1	−1	−1	1
2	−2	0	0	0

1	1	1
1	z	z^2
1	z^2	z

左の表はどこから来たのか？という当然の疑問は，定理における肝心な問題を示している．それは，指標表の形を教えても，指標の実際の値について踏み込んだ理解は与えていない．表現が**いくつ**あるかはわかるが，それらが**何か**は，たとえば次元すらわからない．表現を構成することは「非可換フーリエ変換のようなもの」だが，一般的方法は存在しない．これが表現論の中心的問題である．

D_8 ではこの問題がどう解かれるのかを見てみよう．本章を通じて，この群については三つの既約表現に出会っている．一つ目は「自明」な 1 次元表現 $\rho : D_8 \to \mathrm{GL}_1$ であり，すべての D_8 の元を恒等写像にうつす．二つ目は本節で書き下した 2 次元表現であり，D_8 の元が $\mathbb{R}^2$ に作用することはわかりやすい．この表現の行列式は自明でない 1 次元表現となる．それは，回転を 1 に，鏡映を −1 にうつす．これで指標表の初めの三つの行が構成された．D_8 には五つの共役類があるから（単位元，座標軸に沿った鏡映，対角線に沿った鏡映，90° 回転，180° 回転)，あとちょうど二つの行があることになる．

$|G| = 8 = 2^2 + 1 + 1 + (\dim V_4)^2 + (\dim V_5)^2$ という等式から，残った二つの表現は 1 次元である．これらの指標の値を知る一つの方法は，指標の直交性を使うことである．

少し（ただし，ほんの少し）だけその場しのぎでない方法は，$L^2(X)$ を小さい X に対して分解することである．たとえば X が対角線の組 $\{\mathrm{AC}, \mathrm{BD}\}$ のとき，$L^2(X) = V_4 \oplus \mathbb{C}$ となる．ここで $\mathbb{C}$ は自明表現である．

われわれは今，表現論のより現代的話題に向かっていこうとしている．必要に応じて，いくらか進んだ数学の言語を使うことになる．新たな議論は新たな知識を前提とするから，これらに十分親しくない読者は，以下の節はざっと眺めるだけでも構わない．

一般に，表現を作るための良い，ただし系統的でない方法は，G が作用する対象を見つけ，作用を「線形化」することである．例として，G が X に作用するとき，$L^2(X)$ に線形化された作用ができることを見た．既約な（推移的な）G 集合はすべて，G の部分群 H による G/H の形であることを思い出そう．$L^2(G/H)$ に注目するのと同様に，任意の H の表現 W に対し，

$$L^2(G/H, W) = \{f : G \to W | f(gh) = h^{-1}f(g),\ g \in G, h \in H\}$$

というベクトル空間を考えることができる．幾何的に述べるのが好みであれば，これは G/H 上の同伴 W 束の切断の空間である．G のこの表現は，H の表現 W からの**誘導表現**と呼ばれる．

このほかの線形化も大事である．たとえば，G が位相空間 X に連続に作用するとき，それがホモロジー類，したがって X の**ホモロジー群** [IV.6 (4 節)] [*7)] にどう作用するかを考えることができる．最も単純な場合は S^1 の写像 $z \mapsto \bar{z}$ である．この写像は 2 乗すると恒等写像であるから，$\mathbb{Z}/2\mathbb{Z}$ の S^1 への作用を与え，$\mathbb{Z}/2\mathbb{Z}$ の $H_1(S^1) = \mathbb{R}$ 上の表現を与える（この表現では単位元は 1 倍，もう一つの元は −1 倍として表される)．

同様の方法は，すべての有限**単純群** [I.3 (3.3 項)] の指標表を決定するためにも用いられたが，任意の群で一様に通用する方法というには，まだ不足もある．

指標表の多くの算術的性質は，非可換フーリエ変換に望まれる性質をほのめかしている．たとえば，共役類の大きさは群の位数を割り切り，実は既約表現の次元も群の位数を割り切る．この考えを追求すると，指標の値を mod p で調べること，そしてそれらを **p 局所部分群**と呼ばれるものと関係付けるこ

*7) 参照先でもそうであるとおり，普通はホモロジー群はホモロジー類の整数係数の形式和からなるが，ここではベクトル空間が必要であるので，実係数のものを考える．

とに導かれる．これは，$N(Q)/Q$ という形の群で，Q は G の部分群で元の数が p のベキ，$N(Q)$ は Q の**正規化部分群**（Q を正規部分群として含む G の最大の部分群）というものである．いわゆる G の「p シロー群」がアーベル群のときは，ブルエ（Broué）の美しい予想によれば，G の表現の本質的に完全な描像を得ることができる．しかし，一般には，これらの問いは現代的研究の中心課題となっている．

3. フーリエ解析

ベクトル空間上の群作用には，集合への作用にはない良い構造があると説明することで，われわれは表現論の研究を正当化した．より歴史を踏まえれば，関数の空間にはしばしば群 G の自然な作用が伴い，そして，伝統的に興味深い多くの問題はこうした G の表現の分解と関わっている，ということから始めることもできよう．

この節では，G がコンパクトな**リー群** [III.48 (1 節)] である場合に限定し，このとき有限群の表現論の良い性質の多くが保たれることを見てみよう．

原型となる例は，円周 S^1 上の 2 乗可積分関数の空間 $L^2(S^1)$ である．円周は $\mathbb{C}$ の単位円と見ることができ，単位円は円の回転対称性の群と見ることができる（$e^{i\theta}$ 倍が，円を角度 θ だけ回転させる）．この作用を線形化したのが，$L^2(S^1)$ への作用である．f が S^1 上の 2 乗可積分関数で w が円周上にあるとき，$(w \cdot f)(z)$ は $f(w^{-1}z)$ と定義される．すなわち，$w \cdot f$ の wz での値は，f の z での値ということである．

古典的フーリエ解析は，$L^2(S^1)$ に属する関数を三角関数からなる基底 z^n, $n \in \mathbb{Z}$ で展開するものである（z を $e^{i\theta}$ と，z^n を $e^{in\theta}$ と書くと，より「三角関数」らしく見える）．もし w を固定し，$\phi_n(z) = z^n$ と書けば，$(w \cdot \phi_n(z)) = \phi_n(w^{-1}z) = w^{-n}\phi_n(z)$ である．特に，$w \cdot \phi_n$ は w ごとに ϕ_n の何倍かであり，したがって，ϕ_n の張る 1 次元部分空間は S^1 作用で不変である．実際，連続な表現に限れば，S^1 のすべての既約表現はこの形である．

さて，今の状況を無邪気に拡張し，1 を n にした $L^2(S^n)$ を考えてみよう．これは n 次元球面 S^n 上の 2 乗可積分な複素数値関数の空間である．n 次元球面には回転の群 $SO(n+1)$ が作用する．通常どおり，これは $SO(n+1)$ の $L^2(S^n)$ 上の表現を引き起こし，その既約分解が問題となる．すなわち，$L^2(S^n)$ を $SO(n+1)$ 不変で極小な部分空間の直和に分解したい．

このことは可能であり，証明も有限群の場合とたいへん似通っている．特に，$SO(n+1)$ のようなコンパクト群には自然な**確率測度** [III.71 (2 節)] があり（**ハール測度**と呼ばれる），これによる平均が定義できる．大まかに言えば，$SO(n+1)$ のときと有限群のときとの証明の違いは，有限和を積分で置き換えることだけである．

この方法による一般的結果は次のようである．コンパクト群 G がコンパクト空間 X に連続に作用している（X の置換 $\phi(g)$ がそれぞれ連続写像で，かつ $\phi(g)$ は g について連続に変化する）としよう．すると，$L^2(X)$ は有限次元の極小な G 不変部分空間の直交直和に分解される．言い換えれば，G の $L^2(X)$ への線形化された作用は既約表現の直交直和に分解され，既約表現はすべて有限次元である．このとき，$L^2(X)$ のヒルベルト空間としての基底を求める問題は，二つに分けられる．G の既約表現を決定するという X とは独立な問題，そして，これらの既約表現が $L^2(X)$ にそれぞれ何回現れるかを決定する問題である．

$G = S^1$（これは $SO(2)$ と同一視した）で X も S^1 のとき，既約表現は 1 次元であった．コンパクト群 $G = SO(3)$ が S^2 に作用するときを考えよう．G の $L^2(S^2)$ への作用は，**ラプラシアン**と呼ばれる次の微分作用素 Δ と可換であることがわかる．

$$\Delta = \frac{\partial^2}{\partial x^2} + \frac{\partial^2}{\partial y^2} + \frac{\partial^2}{\partial z^2}$$

すなわち，$g(\Delta f) = \Delta(gf)$ が任意の $g \in G$ と任意の（十分滑らかな）関数 f に対して成り立つ．特に，もし f がラプラシアンの固有関数ならば（つまり，$\Delta f = \lambda f$ となる複素数 λ があれば），各 $g \in SO(3)$ に対し

$$\Delta g f = g \Delta f = g \lambda f = \lambda g f$$

であり，gf はまた Δ の固有関数である．したがって，ラプラシアンの固有値 λ の固有関数の空間 V_λ は G 不変である．実は，$V_\lambda \neq 0$ ならば，G の V_λ への作用は既約表現となることがわかる．さらに，$SO(3)$ の各既約表現がこのようにしてちょうど 1 回現れる．より精密には，ヒルベルト空間としての直和

$$L^2(S^2) = \bigoplus_{n \geq 0} V_{2n(2n+2)}$$

が成り立ち，固有空間 $V_{2n(2n+2)}$ の次元は $2n+1$ である．このとき，固有値は**離散的**であることに注意しよう（これらの固有空間については，「球面調和関数」[III.87] で詳しく論じられる）．

各既約表現がたかだか 1 回現れるという好ましい性質は，$L^2(S^n)$ の特殊性と言える（こうならない場合として，有限群 G の正則表現 $L^2(G)$ では，各既約表現 ρ は $\dim\rho$ 回現れたことを思い出そう）．しかしながら，その他の側面はより一般的であり，たとえば空間 X にコンパクトリー群の微分可能な作用があるとき，$L^2(X)$ においてある既約表現と同型な G 不変部分空間の和は，常にある可換微分作用素の族に対する同時固有ベクトルに等しくなる（上の例では，ラプラシアンというちょうど一つの作用素があった）．

ある種の微分方程式の解など，興味深い**特殊関数** [III.85] は，たとえば表現の行列要素であるというように，しばしば表現論的な意味付けを持つ．すると，それらの性質は，もはやまったく計算によらず，関数解析と表現論の一般的結果から容易に導かれる．超幾何方程式，ベッセル方程式，そして多くの可積分系が，このようにして現れる．

コンパクト群の表現論と有限群の表現論の類似についてはまだまだ言うべきことがある．コンパクト群 G の既約表現 ρ については，そのトレースが（有限次元であるので）やはり考えられ，指標 χ_ρ が定義される．以前と同じく，χ_ρ は各共役類の上で定数である．最後に，「指標表は正方形」であることが，既約表現の指標が共役不変な 2 乗可積分関数からなるヒルベルト空間の基底をなすという意味で成立する（今の（[訳注] 有限群でないコンパクト群の）場合，「正方形」のサイズは無限であるが）．$G=S^1$ のときこれはフーリエの定理であり，G が有限群のときこれは第 2 節の定理である．

4. 非コンパクト群，標数 p のときの群，およびリー代数

「指標表は正方形である」という定理は，共役類が良い構造を持つ群へと注意を向けさせる．そのような群を，コンパクトという条件を緩めて考えたら何が起きるだろうか？

典型的な非コンパクト群として，実数の全体 $\mathbb{R}$ が挙げられる．S^1 と同様，明らかに $\mathbb{R}$ は自分自身に作用する（実数 t に，平行移動 $s\mapsto s+t$ を対応させる）．この作用を通常の方法で線形化し，$L^2(\mathbb{R})$ を $\mathbb{R}$ 不変な部分空間へ分解することを考えよう．

この状況では，既約表現の**連続な族**が現れる．各実数 λ に対し，関数 χ_λ を $\chi_\lambda(x)=\mathrm{e}^{2\pi\mathrm{i}\lambda x}$ で定義することができる．これらの関数は 2 乗可積分でないが，この困難にもかかわらず，古典的フーリエ解析によれば，L^2 関数をこれらで表すことができる．しかしながら，フーリエ成分はもはや連続な族をなすので，関数は和では表せず，積分を用いなくてはならない．まず，f のフーリエ変換 $\hat{f}$ を $\hat{f}(\lambda)=\int f(x)\mathrm{e}^{2\pi\mathrm{i}\lambda x}\mathrm{d}x$ で定義しよう．すると，$f(x)=\int\hat{f}(\lambda)\mathrm{e}^{-2\pi\mathrm{i}\lambda x}\mathrm{d}\lambda$ が f のほしい分解を与える．この**フーリエ反転公式**は，f が χ_λ の重み付きの積分であることを述べている．これはまた，$L^2(\mathbb{R})$ を χ_λ で張られる 1 次元部分空間の（直和でなく）「直積分」に分解するものとも見なせる．ただし，この描像において，χ_λ は $L^2(\mathbb{R})$ には属さないという注意が必要である．

この例は一般に何を期待すべきかを示唆している．空間 X が測度を持ち，G の X への連続な作用が（$\mathbb{R}$ の平行移動がそうであるように）部分集合の測度を保つならば，G の X への作用は既約表現全体のなす集合に測度 μ_X を定め，$L^2(X)$ はこの測度のもとにすべての既約表現をわたる積分として分解される．具体的にこのような分解を記述する定理は，X に対する**プランシュレル定理**と呼ばれる．

より複雑で，しかしより典型的な例として，実 2 次行列で行列式が 1 のものがなす群 $\mathrm{SL}_2(\mathbb{R})$ の $\mathbb{R}^2$ への作用を考え，$L^2(\mathbb{R}^2)$ をどう分解すべきかを見てみよう．S^2 上の関数について考えたときと同様に，微分作用素を用いるとよい．ここで，多少技術的なところがあり，滑らかな関数を考えなければならないが，それらが原点で定義されているかは問わないことにする．今回の適切な微分作用素は，オイラーのベクトル場 $x(\partial/\partial x)+y(\partial/\partial y)$ である．f が任意の x,y と $t>0$ に対して条件 $f(tx,ty)=t^s f(x,y)$ を満たせば，f はこの作用素の固有値 s の固有関数であること，そして，この固有値の固有空間を W_s と書くと，W_s に属する任意の関数はすべてこの形であることが，容易にわかる．さらに，W_s^+ と W_s^- をそれぞれ W_s の偶関数，奇関数の全体とすれば，W_s は $W_s^+\oplus W_s^-$ と分解される．

W_s の構造を解析する最も簡単な方法は，**リー代数** [III.48 (2 節)] $\mathfrak{sl}_2$ の作用を計算することである．リー

代数に不慣れな読者には，リー群 G のリー代数とは「単位元に無限に近い」G の元の作用を見るものであり，今の場合のリー代数 $\mathfrak{sl}_2$ は，トレース 0 の 2×2 行列の全体と同一視できて，その元 $\left(\begin{smallmatrix} a & b \\ c & -a \end{smallmatrix}\right)$ は微分作用素 $(-ax-by)(\partial/\partial x)+(-cx+ay)(\partial/\partial y)$ で作用するとだけ述べておこう．

W_s の任意の元は $\mathbb{R}^2$ の関数である．これらの関数を単位円周に制限すれば，W_s から S^1 上の滑らかな関数への写像ができ，これは同型写像であることがわかる．この空間には z^m というフーリエモードからなる基底があることをすでに見たが，今これらは $x^2+y^2=1$ として $(x+\mathrm{i}y)^m$ と見なせる．この S^1 上の関数を W_s の元として一意的に拡張することができ，それは $w_m(x,y)=(x+\mathrm{i}y)^m(x^2+y^2)^{(s-m)/2}$ で与えられる．すると，この関数に対し，簡単な行列の場合の作用が以下のようであることが確かめられる（行列を微分作用素に対応させる先の公式を思い出そう）．

$$\begin{pmatrix} 0 & -\mathrm{i} \\ \mathrm{i} & 0 \end{pmatrix}\cdot w_m = mw_m$$

$$\begin{pmatrix} 1 & \mathrm{i} \\ \mathrm{i} & -1 \end{pmatrix}\cdot w_m = (m-s)w_{m+2}$$

$$\begin{pmatrix} 1 & -\mathrm{i} \\ -\mathrm{i} & -1 \end{pmatrix}\cdot w_m = (-m-s)w_{m-2}$$

これより，s が整数でなければ，W_s^+ の任意の関数 w_m から $\mathrm{SL}_2(\mathbb{R})$ の作用により W_s^+ のすべての元が作られることがわかる．それゆえ $\mathrm{SL}_2(\mathbb{R})$ の W_s^+ への作用は既約である．同様に，W_s^- への作用も既約であることがわかる．これは G がコンパクトでないとき，既約表現は無限次元になりうることを示しており，有限群あるいはコンパクト群の場合との大きな違いが現れている．

より詳しく，$s\in\mathbb{Z}$ のときの W_s に対する作用の式を見ると，より面倒な違いに気がつく．これらを理解するため，**可約**な表現と**分解可能**な表現とを注意深く区別しよう．前者は非自明な G 不変部分空間を持つ表現であり，後者は表現空間が G 不変部分空間の直和に分解できる表現である．分解可能な表現は明らかに可約である．有限群あるいはコンパクト群の場合，われわれは平均化という方法を用いて，可約ならば分解可能であることを示した．しかし，今は自然な確率測度は存在せず，そのため可約だが分解可能でない表現がありうることにもなる．

実際，s が非負整数のとき，部分空間 W_s^+ および W_s^- がこの現象の例を提供している．これらは分解可能でなく（s が -1 以外の負の整数のときも，同じく分解できない），しかし，不変部分空間で次元が $s+1$ のものを含む．そのため，この表現は既約表現の直和で表すことはできない（しかしながら，弱い意味では分解可能である．すなわち，$(s+1)$ 次元空間での商空間をとると，できた商表現は分解可能となる）．

大事な点として，これらの分解可能でないが可約な表現を作るためには，$L^2(\mathbb{R}^2)$ でなく，原点を除いた $\mathbb{R}^2$ の上の滑らかな関数を使う必要があったことを理解すべきである．たとえば，上の関数 w_m は 2 乗可積分ではない．もし G の $L^2(X)$ への作用のみを見たとすれば，それは既約表現の直和に分解できる．G 不変部分空間があれば，その直交補空間も G 不変だからである．したがって，これらだけを考え，そうでない微妙な表現は無視するとよいように見えるかもしれない．しかし，実際には，すべての表現を考えてから，どの表現が $L^2(X)$ に現れるかを調べるほうが易しいのである．$\mathrm{SL}_2(\mathbb{R})$ の場合，今構成した（$W_s^{\pm}$ の部分商）表現はすべての既約表現を尽くし[*8)]，$L^2(\mathbb{R}^2)$ に対してどの表現がどの重みで現れるかを示す次のプランシュレル測度が存在する．

$$L^2(\mathbb{R}^2)=\int_{-\infty}^{\infty} W_{-1+\mathrm{i}t}\mathrm{e}^{\mathrm{i}t}\mathrm{d}t$$

まとめよう．もし G がコンパクトでないと，もはや G 上で平均をとることはできない．これがいろいろな帰結を生む．

表現が連続な族をなす．　$L^2(X)$ の分解も直積分の形となり，直和とならない．

表現が既約表現の直和に分解しない．　表現が有限の組成列を持つ場合であっても，たとえば $W_s^{\pm}$ への $\mathrm{SL}_2(\mathbb{R})$ 作用のような場合でも，直和に分解するとは限らない．それゆえ，すべての表現を記述するためには，既約表現を記述する以上のことをする必要がある．つまり，表現を貼り合わせる部分を記述する必要がある．

---

*8)　ここを精密にするためには，「同型」の意味に注意する必要がある．多くの位相ベクトル空間が同じ $\mathfrak{sl}_2$ 加群を下部構造として持つので，正しい概念は**無限小同型**になる．この概念を追究することで，**ハリッシュ＝チャンドラ加群**の圏という良い有限性を持つ圏に至る．

ここまでのところ，非コンパクト群 G の表現論は，コンパクト群のときの良さをどれも持っていないように見えるかもしれない．しかし，一つは生き残り，指標表が正方形であるという主張の類似は成り立つ．実際，群の作用のトレースとして指標を定義することは，依然として可能である．ただし，注意は必要であり，既約表現が無限次元ベクトル空間になるかもしれないことから，そのトレースの定義は簡単ではない．事実，指標は G 上の関数ではなく，**超関数**（**分布**）[III.18] にしかならない．表現の指標は，表現 ρ の**半単純化**のみを決定する．すなわち，それはどの既約表現が ρ の一部であるかは語るが，それらがどう貼り合わされるかは語らない[*9]．

これらの現象は，ハリッシュ＝チャンドラの一連の並外れた研究により 1950 年代に発見され，ここまで議論したリー群（条件は正確には実簡約群ということであり，この章で後述される）の表現論と，古典的フーリエ解析のこの設定での一般化の完全な記述を与えた[*10]．

さて，以上とは独立に，またより以前に，ブラウアーは**有限**群の標数 p の体上の有限次元ベクトル空間での表現を研究した．ここでもまた，可約な表現が直和に分解するとは限らないが，この場合（すべては有限なので）問題はコンパクトでないことではなく，群上での平均が不可能であることにあった．平均のため $|G|$ で割りたいが，これがしばしば 0 になるのである．これを示す簡単な例は，$\mathbb{Z}/p\mathbb{Z}$ の $\mathbb{F}_p^2$ 上の作用で，x を 2×2 行列 $\left(\begin{smallmatrix}1 & x\\ 0 & 1\end{smallmatrix}\right)$ にうつすものである．列ベクトル $\left(\begin{smallmatrix}1\\ 0\end{smallmatrix}\right)$ が作用で不変に保たれ，したがって不変部分空間を張るから，この表現は可約である．しかしながら，もし表現が分解可能であれば，行列 $\left(\begin{smallmatrix}1 & x\\ 0 & 1\end{smallmatrix}\right)$ はすべて対角化可能であるはずだが，そのようなことはない．

この場合も，無限に多くの分解不能な表現が存在するかもしれず，それらはやはり族をなす可能性がある．しかしながら，以前と同じく，既約表現は有限個しかなく，それゆえ「指標表は正方形」における行の添字が既約表現の指標に対応することは成り立つ可能性がある．ブラウアーはまさにそのような定理を示し，G の **p 半単純**な共役類，すなわち位数が p で割れないような元の共役類と，指標とを対応付けた．

ハリッシュ＝チャンドラおよびブラウアーの成果から，生の教訓を引き出そう．第一に，群の表現の圏は常に合理的対象であり，しかし表現が無限次元のときは困難な技術的研究に取り組む必要がある．この圏の対象は必ずしも既約なものの直和に分解可能ではなく（圏が**半単純でない**という），無限の族の一員として現れることもあり，しかし既約な対象はある精密な方法で「対角化可能」なある種の共役類と対をなすようにすることができる．このような「指標表は正方形である」という定理の類似が常に存在する．

より一般の文脈で，ベクトル空間に作用するリー代数，量子群，無限次元の複素あるいは p 進ベクトル空間に作用する p 進群などの表現を考える場合も，これらの質的側面はそのまま保たれる．

二つ目の教訓は，常にある種の「非可換フーリエ変換」を望むべきだということである．すなわち，既約表現をパラメトライズする集合であり，その集合の言葉による指標の値の記述である．

実簡約群の場合，ハリッシュ＝チャンドラの成果はそのような答えを与え，コンパクト群の場合のワイルの指標公式を一般化した．任意の群では，そのような答えは知られていない．特殊な群の場合には，部分的に成功した一般的原理があり（軌道法，ブルエの予想），中でも最も深いものはラングランズプログラムとして知られる一連の驚異的な予想の輪であるが，これについては後ほど触れよう．

5.　幕間：「指標表は正方形」の哲学的教え

「指標表は正方形である」というわれわれの基本定理が示唆するのは，G のすべての既約表現からなる圏は，G の共役類の構造が何らかの方法で制御可能なとき興味深い，ということである．この章を，そのような著しい群の例の解説で終えることにしたい．それは，**簡約**代数群の有理点であり，予想されるその表現論は**ラングランズプログラム**で記述される．

アフィン代数群とは，ある GL_n の部分群で，行列要素の多項式からなる方程式で定義されたものである．たとえば，行列式は行列要素の多項式であるから，GL_n において行列式が 1 である行列からなる群

---

*9) ハリッシュ＝チャンドラの大定理は，指標超関数は，群の半単純元からなる稠密部分集合では**解析的**関数で与えられるというものであった．

*10) 既約**ユニタリ**表現を決定する問題はなお未解決であり，これについて最も完全な結果は，ヴォーガン（Vogan）によるものである．

SL_n は，その例である．別の例として SO_n があり，これは行列式が 1 で方程式 $A^TA = I$ を満たす行列の集合である．

上の記法では，どのような係数を行列に許すかを特定していない．この曖昧さは熟慮によっている．代数群 G と体 k が与えられたら，$G(k)$ によって係数が値を k にとったときの群を表すことにする．たとえば $SL_n(\mathbb{F}_q)$ は，$n \times n$ 行列で係数が $\mathbb{F}_q$ の元からなり，行列式が 1 のものからなる集合である．これは有限群で，$SO_n(\mathbb{F}_q)$ も同様であるが，他方 $SL_n(\mathbb{R})$ や $SO_n(\mathbb{R})$ はリー群である．さらに，$SO_n(\mathbb{R})$ はコンパクトであるが，$SL_n(\mathbb{R})$ はそうではない．それゆえ，体上のアフィン代数群の中ですでに，これまで議論した三つの種類の群をすべて見出すことができた．有限群，コンパクトリー群，そして非コンパクトリー群である．

$SL_n(\mathbb{R})$ は，$SL_n(\mathbb{C})$ の元でその複素共役と等しいものの集合と考えることもできる．$SL_n(\mathbb{C})$ にはもう一つの対合がある．それは複素共役を「ひねった」ものであり，行列 A に $(A^{-1})^T$ の複素共役を対応させる．この対合の固定点（すなわち行列式が 1 の行列で，A と $(A^{-1})^T$ の複素共役が等しいもの全体）は，$SU_n(\mathbb{R})$ と書かれる群をなす．これも $SL_n(\mathbb{C})$ の**実形**と呼ばれ，コンパクト群である[*11)]．

群 $SL_n(\mathbb{F}_q)$ および $SO_n(\mathbb{F}_q)$ はほとんど単純な群であり[*12)]，有限単純群の分類結果によれば，不思議なことに，26 個の例外を除き有限単純群はこのような形をしている．もっとずっと簡単な定理によれば，**連結でコンパクトな**群はすべてこの形である．

さて，与えられた代数群 G に対し，$\mathbb{Q}_p$ を p 進数体として $G(\mathbb{Q}_p)$ を考えることも，また $G(\mathbb{Q})$ を考えることもできる．$G(k)$ は任意の体 k で考えられ，たとえば k を**代数多様体上の関数体** [V.30] としてもよい．第 4 節での教えは，これらの多くの群のすべてが良い表現論を持つが，それを得るためには「解析的」あるいは「算術的」困難を乗り越えなければならず，それらはそれぞれ体 k の性質と強く関係するはずである，ということであった．

読者が楽観的視点を持ちすぎないように，必ずしもすべてのアフィン代数群が良い共役類構造を持つわけではないことを示しておこう．たとえば，V_n を，GL_n に属する上三角行列で，対角線はすべて 1 のものとし，$k = \mathbb{F}_q$ としよう．n が大きいとき，$V_n(\mathbb{F}_q)$ における共役類は大きく複雑な族であり，それらを賢明にパラメトライズするには n 個より多くのパラメータが必要である（言い換えれば，適当な意味で次元が n より大きい族をなす）．そして実はそれらをどうパラメトライズしたらよいかは，小さめの n の場合（たとえば $n = 11$）ですら知られていない（この問いが意味ある問いかすら，明らかとは言えない）．

より一般的に，可解群は恐ろしい共役類構造を持ちがちで，群そのものが「気の利いた」ものの場合ですらそうである．それゆえ，その表現論も同様に恐ろしいものと思ったほうがよい．望みうる最高の結果は，指標表をこの恐ろしい構造を用いて記述することであり，それはある種の非可換フーリエ変換である．ある種の p 群では，キリロフ（Kirillov）が 1960 年代にそのような結果を「軌道法」の例として見出したが，一般の結果は知られていない．

一方で，コンパクト連結群と同様な群は良い共役類の構造を持ち，特に有限単純群はそうである．代数群は，$G(\mathbb{C})$ がコンパクト実形を持つとき，**簡約型**と言われる．たとえば，SL_n は実形 $SU_n(\mathbb{R})$ を持つので簡約型である．群 GL_n や SO_n もやはり簡約型であるが，V_n はそうでない[*13)]．

群 SU_n の場合に共役類を確認してみよう．$SU_n(\mathbb{R})$ に属する任意の行列は対角化できるから，二つの共役な行列は，並べ替えを除いて同じ固有値を持つ．逆に，任意の二つの行列は，固有値の集合が等しければ共役である．それゆえ，共役類は，すべての対角行列からなる部分群の，成分を入れ替える対称群の作用による商としてパラメトライズされる．

この例は一般化される．任意のコンパクト連結群は，円周の積と同型な**極大トーラス** T を持つ（今の例では，対角行列のなす部分群がそれである）．任意

*11) $SL_n(\mathbb{R})$ および $SU_n(\mathbb{R})$ がともに $SL_n(\mathbb{C})$ の「実形」であると言うとき，次のことを意味する．すなわち，どちらの場合も群はある多項式方程式の解全体からなる実行列のなす部分群として記述され，同じ方程式の組を複素行列で考えたなら，結果は $SL_n(\mathbb{C})$ と同型になる．

*12) すなわち，これらの群の中心による商が単純となる．

*13) ここでの議論には関わらないが，奇跡的なことには，コンパクト連結群は簡単な分類がある．それぞれは本質的に，いくつかの円周と，非可換なコンパクト単純群の積である．後者は，**ディンキン図形** [III.48 (3 節)] で分類され，SU_n, Sp_{2n}, SO_n，および E_6, E_7, E_8, F_4, G_2 と書かれる五つの群がある．そして，これで全部！

の二つの極大トーラスは G において共役であり，任意の G の共役類と T の共通部分は，T における唯一の W 軌道となる．ここで，W は $N(T)/T$（$N(T)$ は T の正規化群）として定義され，**ワイル群**と呼ばれる．

代数閉体 $\bar{k}$ に対する $G(\bar{k})$ の共役類の記述は，これより少し面倒なだけである．任意の元 $g \in G(\bar{k})$ は**ジョルダン分解** [III.43] を持ち，すなわち $T(\bar{k})$ のある元に共役な s と，$\mathrm{GL}_n(\bar{k})$ の元としてベキ単である元 u により，$g = su = us$ と表すことができる（行列 A が**ベキ単**であるとは，$A - I$ のあるベキが 0 となることである）．ベキ単な元の集合はコンパクト部分群とは交わらない．$G = \mathrm{GL}_n$ のとき，これは通常のジョルダン分解である．ベキ単な元は n の分割で分類され，これは第 2 節で触れたように，ちょうど $W = S_n$ の共役類である．一般の簡約群に対しても，ベキ単な共役類はほぼ W の共役類と同じである*14)．特にそれらは $\bar{k}$ によらず有限個である．

最後に，k が代数閉体でない場合には，共役類はある種のガロア降下として表すことができる．たとえば，$\mathrm{GL}_n(k)$ においては，半単純共役類はやはり特性多項式で決定されるが，ありうる共役類は，この多項式が k 係数であることで制約を受ける．

共役類構造を細部まで記述する上でのポイントは，表現論を類似の言葉で記述するところにある．共役類構造には，粗く言えば，体 k と，G に付随するが k とは独立な —— W や T を定める格子やルートやウェイトのような —— 有限の組合せ的情報とを切り離せる側面がある．

「指標表は正方形である」という定理の「哲学」は，表現論にもやはり同様の分離があるべきであるという示唆を与える．理論は，円周の類似である k^* の表現論と，$G(\bar{k})$ の組合せ的構造（有限群 W のような）とから構築されるべきである．さらに，表現は「ジョルダン分解」*15) を持つべきであり，「ベキ単」な表現はある種の組合せ的な複雑性を持ったとしても k にあまり依存すべきではなく，さらに，コンパクト群はベキ単表現を持つべきでない．

ラングランズプログラムはこのような路線に沿った記述を与えるが，それは指標表の成分を記述するという点で，上に示唆したどの結果よりも先へ行くものである．かくして，それはこの種の群に対し，望まれる「非可換フーリエ変換」を（予想としては）与えるものとなる．

6.　結語：ラングランズプログラム

主張をほのめかすことで結語としよう．$G(k)$ が簡約群のとき，表現の適切な圏，あるいは少なくとも指標表を，その圏の「半単純化」ができたと言えるくらいに記述したい．

k が有限体の場合でも，$G(k)$ の共役類が既約表現をパラメトライズすると思うことは，期待しすぎである．しかし，さほどかけ離れていない事柄が，以下のごとく予想されている．

代数閉体上の簡約群 G に対し，ラングランズは**ラングランズ双対**と呼ばれる別の簡約群 ${}^{L}G$ を対応させ，$G(k)$ の表現が ${}^{L}G(\mathbb{C})$ の共役類でパラメトライズされることを予想した*16)．しかしながら，その共役類は先のような ${}^{L}G(\mathbb{C})$ の元のものではなく，k のガロア群から ${}^{L}G$ への**準同型についての**ものである．ラングランズ双対は，元来は組合せ的に定義されたが，今では概念的な定義がある．$(G, {}^{L}G)$ の例としては，$(\mathrm{GL}_n, \mathrm{GL}_n)$，$(\mathrm{SO}_{2n+1}, \mathrm{Sp}_{2n})$，そして $(\mathrm{SL}_n, \mathrm{PGL}_n)$ がある．

このようにして，ラングランズプログラムは表現論を G の構造と k の算術からの構築として記述する．

こう書くと，予想の香りはほのめかせたかもしれないが，書いたとおりに正しいというわけではない．たとえば，ガロア群は修正が必要で*17)，群 $\mathrm{GL}_1(k) = k^*$ のときも対応が正しいようにしなければならない．$k = \mathbb{R}$ のときは，$\mathbb{R}^*$（あるいはそのコンパクト形である S^1）の表現論が得られ，それはフーリエ解析である．他方，k が p 進局所体のときは，k^* の表現論は局所類体論で記述される．こうしてラングランズ

*14)　厳密には異なるが，関係はしている．精密には，対応するアフィンワイル群におけるルスティック（Lusztig）の**両側セル**という，組合せ的データで与えられる．

*15)　そのような最初の定理は，$\mathrm{GL}_n(\mathbb{F}_q)$ の場合にグリーン（Green）とスタインバーグ（Steinberg）により示された．しかしながら，指標のジョルダン分解の概念はブラウアー（Brauer）のモジュラー表現論の研究に遡る．それは第 2 節で触れた「指標表は正方形である」という定理の，彼によるモジュラー類似の一部である．

*16)　ここで $\mathbb{C}$ なのは，複素ベクトル空間における表現を考えているからで，もし体 $\mathbb{F}$ 上のベクトル空間での表現を考えるなら，${}^{L}G(\mathbb{F})$ にすべきである．

*17)　ガロア群を適切に修正したのが，ヴェイユ–ドリーニュ群である．

プログラムの非凡な点として，それはまさに調和解析と数論を統一し，かつ一般化するものであることがわかる．

ラングランズプログラムの最も説得力あるバージョンは，表現の圏と，ラングランズパラメータの空間上のある種の幾何的対象との間の，「導来圏の同値」である．こうした予想される主張が，求めていたフーリエ変換の理論である．

目ざましい進歩がある一方で，ラングランズプログラムの大きな部分はまだ未解決のままである．有限簡約群については，やや弱い主張がすでに示されており，その多くはルスティックによる．簡約群からは，26 個を除いたすべての有限単純群が現れ，散在的な 26 個の場合も指標表が独立に計算されているので，これは有限単純群の指標表を決定する仕事と言える．

$\mathbb{R}$ 上の群については，ハリッシュ＝チャンドラと彼に続く人々により，予想が（再）確認されている．しかし，他の体については，断片的な定理が示されているにすぎず，多くのことが課題として残されている．

文献紹介

表現論の良い入門書としては，アルペリンの『局所表現論』（Alperin, *Local Representation Theory*, Cambridge University Press, Cambridge, 1993）がある．ラングランズプログラムについては，1979 年の米国数学会による「保型形式，表現，*L* 関数」（*Automorphic forms, Representations, and L-functions*）（むしろ「コーバリス会議録」（The Corvallis Proceedings）として知られている）が最も進んでいると同時に，入門としても最良だろう．

IV.10

幾何学的・組合せ群論

Geometric and Combinatorial Group Theory

マーティン・R・ブリッドソン［訳：吉荒　聡］

1.　幾何学的・組合せ群論とは何か？

群と幾何は数学の至るところに現れる．というのも，群については，どのような数学的対象に対してもそのシンメトリー（**自己同型写像** [I.3 (4.1 項)]）は群をなすからであり，幾何については，それによって抽象的問題を直観的に考察したり，対象の集まりに空間の構造を与えて，そこから大局的な見通しを得られるからである．

本章の目的は，無限離散群に対する研究を紹介することである．20 世紀の大部分を通じて支配的であった組合せ論的アプローチと同時に，過去 20 年間の華々しい成果をもたらした，より幾何学的な観点をも論じる．「群の研究とは，代数の領域に属する特定のものに限らず，数学全体をその関心の対象としている」と読者が納得することを期待している．

幾何学的群論が主に注目するのは，群の作用や幾何学的概念をうまく群論的に言い換えることにより得られる，幾何学ないしは位相幾何学と群論の関連である．この関連を，幾何学ないしは位相幾何学と群論の双方にとって有益となるように発展させ，使用したい．そして，数学全体における群の重要性を考慮して，他の数学から生じた問題を，群論における問題に書き直すことによって，その本質をはっきり説明し，解決したい．

幾何学的群論が明瞭な個性を得たのは 1980 年代終わりであるが，その基本的なアイデアの多くは 19 世紀末に芽生えている．当時，低次元位相幾何学と**組合せ群論**が絡み合って出現した．粗く言えば，組合せ群論とは**表示**によって，すなわち生成元と関係式によって定義された群の研究である．この導入部の残りを読むには，まずこれらの述語の意味するところを理解する必要がある．定義を述べると叙述の流れがあまりに長く中断されてしまうので，そうするのは次節まで持ち越すが，$\Gamma = \langle a_1, \ldots, a_n \mid r_1, \ldots, r_m \rangle$ という表示の意味に不馴れな読者には，この節を読み続けることをいったん止めて，次節を読むことを強く勧める．

上に与えた組合せ群論の粗い定義では，次の点が見逃されている．数学の多くの分野と同様に，この分野を定めているのは，その基本的な定義よりも，中心をなす問題やその起源である．この分野を起こす力となったのは，双曲的な距離を保つ等長写像のなす離散群の記述，とりわけ 1895 年の**ポアンカレ** [VI.61] による**多様体** [I.3 (6.9 項)] の**基本群** [IV.6 (2 節)] の発見である．ここに生じた群論的問題は，20 世紀最初の 10 年間におけるティーツェとデーンの研究を通じてはっきりした形をとり，20 世紀のそれ以降において組合せ群論の大部分を進展させた．

時代を画する問題のすべてが位相幾何学から発生したわけではない．他の数学分野も根本的な問いを投げかけた．そのいくつかの形を挙げよう．次のタイプの群は存在するのか？ どのような群が以下の性質を持つか？ 部分群はどのようなものか？ 次の群は無限か？ その有限な剰余群から群の構造が定まるのはどのようなときか？ 次節以降で，この種の問いに関連した数学成果を説明することにしよう．ここではひとまず，記述するのは簡単だが解くのは難しい古典的問題のいくつかに言及しよう．(i) G は有限生成群であり，ある正の整数 n が存在して，すべての G の元 x が $x^n = 1$ を満たす．このとき G は有限か？ (ii) 有限表示群 Γ と全射準同型写像 $\phi : \Gamma \to \Gamma$ であって，ある $\gamma \neq 1$ に対して $\phi(\gamma) = 1$ となるようなものが存在するか？ (iii) 有限表示群で，無限であり，かつ**単純群** [I.3 (3.3 項)] であるものが存在するか？ (iv) 任意の可算無限群は有限生成群，さらには有限表示群の部分群であるか？

最初の問いは 1902 年にバーンサイドが，2 番目の問いは，多様体の間の次数 1 の写像の研究に関連してホップが提起した．定められた性質を持つ**具体的な群**を構成するための技法を開発することは，組合せ群論と幾何学的群論の双方に重要な側面であるが，これを説明する例として上の四つの問いに対する解答のすべてを与えよう（第 5 節）．このような群の構成は，数学の他分野において生じうるさまざまな現象がこれらの群により説明されるとき，とりわけ興味深いものとなる．

組合せ群論における基本的問題を提起した別種の問いは，次のようなものである．群（ないしは群の与えられた元）がかくかくしかじかの性質を持つか否か決定するためのアルゴリズムは存在するか？ たとえば，任意の有限な表示に適用できて，表示された群が自明であるかどうかを有限回のステップで決定するようなアルゴリズムは存在するか？ この種の問いは，第 6 節で論じるヒグマンの埋め込み定理によってはっきり示されるように，群論と論理学の間に，双方に有益な深い交流をもたらした．さらに，組合せ群論という導管を通じて，論理学は位相幾何学にも影響を与えた．たとえば，群論的な構成を用いて，次元が 4 以上のコンパクトで三角形分割可能な多様体が位相同型であるかどうかを定めるアルゴリズムは存在しないことが示せる．この事実は，2 次元と 3 次元において得られたある種の分類結果は高次元の類似を待たないことを意味する．

上に説明したような問題を解決するための，またその過程において特別の研究に値する群のクラスを特定するための，代数的な技法を発展させる試みを組合せ群論と見なすこともできよう．どのような群が注目に値するかという後者の論点は，本章の最後で正面から取り上げる．

組合せ群論における成果のいくつかは本来組合せ論的な性質のものであるが，過去 20 年間の幾何的技法の導入は，多くの成果に対しその真実の姿を露わにした．その見事な例は，グロモフの洞察がもたらした，群論におけるアルゴリズムの問題をリーマン幾何におけるいわゆる充填問題（filling problem）に結び付けた方法である．さらに，幾何学的群論の力は，組合せ群論の技法を改善するだけに留まらず，われわれを自然に，基本的な重要性を持つ他の問題の考察へと導く．たとえば，モストフの定理などの古典的**剛性定理** [V.23] の意味を明確にし，大きく発展させる文脈を与える．このような応用における鍵となるのは，有限生成群はそれ自身有用な幾何学的対象として見なせるという発想である．これは**ケイリー** [VI.46]（1878）やデーン（1905）に起源するが，そのすべての力を認知して進展させたのは 1980 年代に始まるグロモフの研究である．本章の以降の節を支えているのは，この発想である．

2. 群を表示する

群はどのように記述したらよいか？ 次に紹介する例が，そのための標準的な方法を示し，そうするのがしばしば適切であることの理由も教えてくれるだろう．

よく知られた，正三角形によるユークリッド平面のタイル張りを考えよう．このタイル張りのシンメトリー（すなわちタイルをタイルに写すような平面上の剛体運動）の全体がなす群 Γ_Δ をどのように表現したらよいだろうか？ 一つのタイル T とその一つの辺 e に注目して，三つのシンメトリーを拾い出そう．一つは e を含む直線に関する折り返し（これを α と呼ぶ）であり，他の二つ（β, γ とする）は e の端点とその T における対辺の中点を結んだ直線に関する折り返しである．多少努力すれば，タイルのどのようなシンメトリーもこれら三つの変換を適宜な順番で引き続き行って得られることが納得できる．この事実を，集合 $\{\alpha, \beta, \gamma\}$ は群 Γ_Δ を**生成する**という．

さらに有益な観察結果は，変換 α を 2 回行うとどのタイルも元の位置に戻ること，すなわち $\alpha^2 = 1$ となることである．同様に $\beta^2 = \gamma^2 = 1$ である．また，$(\alpha\beta)^6 = (\alpha\gamma)^6 = (\beta\gamma)^3 = 1$ であることも確かめられる．

これらの事実から群 Γ_Δ が完全に定まることがわかる．この命題をまとめて

$$\Gamma_\Delta = \langle \alpha, \beta, \gamma \mid \alpha^2, \beta^2, \gamma^2, (\alpha\beta)^6, (\alpha\gamma)^6, (\beta\gamma)^3 \rangle$$

という記号で表す．この節の残りの目標は，これがいかなる意味であるかを詳しく述べることである．

初めに，上で示した事実から他の事実が得られることに注意する．たとえば，$\beta^2 = \gamma^2 = (\beta\gamma)^3 = 1$ であることから，

$$(\gamma\beta)^3 = (\gamma\beta)^3(\beta\gamma)^3 = 1$$

が示せる（最後の等式は $\beta\beta$ または $\gamma\gamma$ という形の対を繰り返し消去して得られる）．Γ_Δ では，この種の議論で得られるもの以外には，生成元の間に関係式がないことを言いたい．

このことをより正式に述べよう．群 Γ の**生成元の集合**とは，部分集合 $S \subset \Gamma$ であって Γ のどの元も S の元またはその逆元の積に等しい，すなわち Γ の任意の元は $s_1^{\varepsilon_1} s_2^{\varepsilon_2} \cdots s_n^{\varepsilon_n}$ と書くことができるようなものである．ここで，それぞれの s_i は S の元で，それぞれの ε_i は 1 または -1 である．この形の積は，それが Γ の単位元に等しいとき，**関係式**と呼ばれる．

ここには注意を要する曖昧さが存在している．Γ の元の「積」を論じるとき，Γ の別の元を指しているかのように聞こえるが，直前のパラグラフの最後における積はその意味ではない．関係式は Γ の単位元ではなく，$ab^{-1}a^{-1}bc$ のような**記号の列**であって a, b, c などを集合 S に属する生成元に読み換えたとき Γ の単位元となるようなものである．これに関してはっきりさせるため，**自由群** $F(S)$ と呼ばれる別の群を定義するのが有効である．

具体的に，集合 S として $\{a, b, c\}$ を選んで，3 個の生成元を持つ自由群を説明しよう．その典型的な元は，前のパラグラフで考えたような $ab^{-1}a^{-1}bc$ などの表示，すなわち S の元とその逆元のなす**語**である．しかしながら，二つの語を同じと見なすことがある．たとえば，$abcc^{-1}ac$ と $abab^{-1}bc$ は同じである．というのは，元とその逆元の対 cc^{-1} と $b^{-1}b$ を消去するときにこれらの語は同一になるからである．より正式に言うならば，このような関係にある二つの語は**同値**であると定義し，その**同値類** [I.2 (2.3 項)] を自由群の元とするのである．語の積をとるには，単にそれらを繋げる．たとえば ab^{-1} と $bcca$ の積は $ab^{-1}bcca$ であり，これは $acca$ と短くすることができる．単位元は「空語」である．これが三つの生成元 a, b, c 上の自由群である．任意の集合 S に対してどのように一般化したらよいかは明白であろうが，$S = \{a, b, c\}$ として続けよう．

a, b, c 上の自由群を特徴付けるより抽象的な方法は，この群が次の**普遍的性質**を持つことを述べるやり方である．G を任意の群とし，ϕ を $S = \{a, b, c\}$ から G への任意の写像とするとき，$F(S)$ から G への準同型写像 Φ であって，a を $\phi(a)$ に，b を $\phi(b)$ に，c を $\phi(c)$ に移すものがただ一つ存在する．実際，Φ にこの性質を持たせるためには，準同型写像の定義から，たとえば $\Phi(ab^{-1}ca)$ は $\phi(a)\phi(b)^{-1}\phi(c)\phi(a)$ でなければならない．したがって，一意性は明らかである．この定義が実際に矛盾なく定義された準同型写像を与える理由は，大雑把に言えば，すべての群で成立する等式は $F(S)$ で成立している等式のみに限るということである．すなわち，Φ が準同型写像でないためには，G では成立しないが $F(S)$ で成立している等式がなければならないが，それは不可能である．

本節の例である Γ_Δ に戻ろう．この群が，生成元 α, β, γ を持ち関係式 $\alpha^2 = \beta^2 = \gamma^2 = (\alpha\beta)^6 = (\alpha\gamma)^6 = (\beta\gamma)^3 = 1$ を満たす群のうち「最も自由」な群（と同型）であることを示したい．しかしながら，Γ_Δ と同型であることを示したい，この「最も自由」な群とは厳密には何だろうか？

α, β, γ の意味に関する混同（これらは Γ_Δ の元なのか，それとも Γ_Δ と同型であることを示したい構成中の群の元なのか）を避けるため，この問いに答える際には文字 a, b, c を使おう．すなわち，生成元 a, b, c を持ち関係式 $a^2 = b^2 = c^2 = (ab)^6 = (ac)^6 = (bc)^3 = 1$ を満たす「最も自由」な群を構成するのである．この群を $G = \langle a, b, c \mid a^2, b^2, c^2, (ab)^6, (ac)^6, (bc)^3 \rangle$ と記す．

この仕事を成し遂げる二つの方法がある．一つは自由群自身に関する先の議論を真似ることである．ただし今度は，元とその逆元の対ばかりではなく，$a^2, b^2, c^2, (ab)^6, (ac)^6, (bc)^3$ のうちどれかの語を，

挿入したり取り除いたりすることにより一方の語から他の語に移行できるときに，これら二つの語が同値であるとする．たとえば，ab^2c と ac はこの群の中で同値である．そして，G はこの同値関係に関する同値類全体の集合に，連接から得られる積を備えた群であると定義する．

G を得るためのもっと手際良いやり方は，自由群の普遍性を用いる概念的なものである．G は a, b, c で生成されているので，自由群 $F(S)$ の普遍性から $F(S)$ から G への準同型写像 Φ で $\Phi(a) = a$, $\Phi(b) = b$, $\Phi(c) = c$ を満たすものが，ただ一つ存在しなければならない．さらに，ここでは語 $a^2, b^2, c^2, (ab)^6, (ac)^6, (bc)^3$ のすべてが G の単位元に移らなければならないと仮定する．すると Φ の**核** [I.3 (4.1 項)] は集合 $R = \{a^2, b^2, c^2, (ab)^6, (ac)^6, (bc)^3\}$ を含む $F(S)$ の**正規部分群** [I.3 (3.3 項)] である．$F(S)$ の正規部分群で R を含むもののうち最小のもの（同じことだが R を含む $F(S)$ の正規部分群すべての共通部分）を $\langle\langle R\rangle\rangle$ と書こう．すると**剰余群** [I.3 (3.3 項)] $F(S)/\langle\langle R\rangle\rangle$ から a, b, c で生成され関係式 $a^2 = b^2 = c^2 = (ab)^6 = (ac)^6 = (bc)^3 = 1$ を満たすような任意の群への全射準同型写像が存在する．この剰余群が探し求めていた群である．これが，a, b, c で生成され R 中の関係式を満たすうちで最も大きい群である．

Γ_Δ に関するわれわれの主張は，この群が今（2 通りの方法で）記述した群 $G = \langle a, b, c \mid a^2, b^2, c^2, (ab)^6, (ac)^6, (bc)^3\rangle$ に同型である，ということである．より正確に述べれば，$F(S)/\langle\langle R\rangle\rangle$ から Γ_Δ への写像で a を α に，b を β に，c を γ に移すものは同型写像である．

上の構成は非常に一般的である．群 Γ に対して，Γ の**表示**とは Γ を生成する集合 S に（関係式の）集合 $R \subset F(S)$ で Γ が剰余群 $F(S)/\langle\langle R\rangle\rangle$ と同型になるようなものを併せ考えたものである．もし S と R が有限集合であれば，この表示は有限であるという．有限な表示を持つ群を**有限表示**であるという．

あらかじめ群 Γ に言及せずに，表示を抽象的に定義することも可能である．任意の集合 S と任意の部分集合 $R \subset F(S)$ に対して $\langle S \mid R\rangle$ は単に群 $F(S)/\langle\langle R\rangle\rangle$ であると定義するのである．これが S で生成され R に属する関係式を満足するうちで「最も自由」な群である．すなわち，$\langle S \mid R\rangle$ 中で成立する関係式は，関係式の集合 R から導かれるもののみである．

より抽象的なこの設定に切り替えることでもたらされる心理的な利点がある．以前は群 Γ から始めてどのようにこの群を表示しようかを考えたが，いまや，任意の集合 S と記号 $S^{\pm 1}$ 上の指定された語の集合 R から出発して，群の表示を意のままに書き下せるのである．このことは幅広く多様な群を構成するための非常に柔軟な方法を与える．たとえば，群の表示は数学の他分野から発した問題を記述するために用いることができよう．すると，このように定義された群の性質を問うたり，それがもともとの問題に関して何を言っているのか見たりすることが可能となるだろう．

3. なぜ有限表示群を研究するのか？

群は数学全体を通じて**自己同型群**として現れる．自己同型写像とは，対象からそれ自身への写像でその対象を規定するすべての構造を保つようなものである．その二つの例として，**ベクトル空間** [I.3 (4.2 項)] からそれ自身への可逆な**線形写像** [I.3 (2.3 項)]，および**位相空間** [III.90] からそれ自身への位相同型写像が挙げられる．群はシンメトリーの本質を保持しており，この理由によってわれわれの注意を引く．群の一般的な本性を理解したい，また，特に注意に値する群を特定したい，（古い群から，または新たな発想で）新しい群を構成する技法を開発したいと，われわれを駆り立てる．また，抽象化の過程を逆にして，群が与えられたとして，その具体的な例を見出したい．たとえば，対象と群の双方の本質をはっきりさせるために，その群を興味深い対象の自己同型群として実現したい（このテーマに関しては，「表現論」[IV.9] を参照）．

3.1 なぜ生成元と関係式で群を表示するのか？

この問いに対する手短な回答は，それがしばしば自然に群が現れる形であるから，ということである．とりわけ位相幾何学において，そうである．この点をはっきり示す一般的な結果について見る前に，ある簡単な例を調べよう．$0, 1, 2$ に関する鏡映（すなわち，実数 x をそれぞれ $-x$, $2-x$, $4-x$ に移す変換 $\alpha_0, \alpha_1, \alpha_2$）により生成される $\mathbb{R}$ の等長変換群 D を考える．この群は無限 2 面体群であることや，生成元 α_2 は α_0 と α_1 から生成されるので本質的ではないことに気づくかもしれない．しかし，表示を作用から生じさせたいので，これらの観察結果には目をつむろう．

開区間 U で，D 中の変換による U の像すべてを合わせると実直線全体を覆うようなもの，たとえば $U=(-1/2,3/2)$ を考える．ここで二つの情報を書き留めよう．（単位元以外の）D の元であって U をその外側に完全に移せないものは，α_0 と α_1 のみである．また，α_0,α_1 の長さ 3 以下の語のうち，$\mathbb{R}$ 上に単位元として働く非自明元は，α_0^2 と α_1^2 に限る．$\langle\alpha_0,\alpha_1 \mid \alpha_0^2,\alpha_1^2\rangle$ が D の表示であることを示すことを考えよう．

これは，次に述べる一般的な結果の特別な場合である（この結果の証明は，いささか込み入っている）．X を**弧状連結** [IV.6 (1 節)] かつ**単連結** [III.93] な位相空間とし，Γ を X から X 自身へのいくつかの位相同型写像のなす群とする．このとき，X の弧状連結な開部分集合 $U\subset X$ で U の（Γ 中の元による）像全体が X を被覆するものをどのように選んでも，表示 $\Gamma=\langle S \mid R\rangle$ が得られる．ここで $S=\{\gamma\in\Gamma \mid \gamma(U)\cap U\neq\varnothing\}$ であり，R は $F(S)$ の長さ 3 以下の語 $w\in F(S)$ で Γ において $w=1$ となるもの全体からなる．したがって，適当な U を特定すれば Γ の表示が得られ，群の研究者にはこの情報から得られた群の本質を調べる仕事が課される．

この仕事がどれくらい難しいかを見るために，群

$$G_n=\langle a_1,\ldots,a_n \mid a_i^{-1}a_{i+1}a_ia_{i+1}^{-2},\ i=1,\ldots,n\rangle$$

を考えよう．ここで，$i=n$ のときには $i+1$ は 1 と見なす．G_3 と G_4 のうち，どちらか一方は自明な群であり，他方は無限群である．読者は，どちらの群がどちらの性質を持つかを決定できるだろうか？

より微妙な点をはっきり示すため，以前論じた群 Γ_Δ について考えよう．これは，理解しやすい有限表示群と思われるであろう．しかし，平面の三角形によるタイル張りが見えない盲目の友人にこの群を理解させるためには，どのように説明するとよいだろうか？　あるいは，せめて，この群がどのようなものかをわれわれは理解しているということを，どのように友人に納得させることができるだろうか？

ひょっとしたら，友人はこの群の元を並べ上げてほしいと要求するかもしれない．そこで，与えられた生成元の積（語）としてそれらを説明し始めよう．しかし，このときわれわれは次の問題にぶつかる．群のどの元も 2 回以上挙げたくはない．そこで，無駄を避けるために，どの二つの語 w_1,w_2 が Γ_Δ の同じ元を与えるか，同じことだが，どの語 $w_1w_2^{-1}$ が関係式であるのかを知る必要がある．どの語が関係式であるのかを決める問題は，群の**語の問題**と呼ばれる．Γ_Δ にとってすら，これは相当な仕事であり，ましてや G_n に対してはすぐさま途方に暮れることになる．

語の問題を解決すれば，群のすべての元が効率的に書き上げられるばかりでなく，群の乗積表も決められる．実際，$w_1w_2=w_3$ であるかどうかを決めることと，$w_1w_2w_3^{-1}=1$ であるかどうかを決めることは同じである．

3.2　なぜ有限表示群なのか？

無限個の対象を有限個のデータに押し詰めることは，数学全体にわたって，さまざまな形の**コンパクト性** [III.9] として現れる．有限表示性は基本的にはコンパクト性を示す条件である．事実，あとで見るように，群が有限表示であるのは，その群があるコンパクト空間の基本群であるとき，かつそのときに限る．

有限表示群を研究する別のもっともな理由は，ヒグマンの埋め込み定理（あとで論じる）により，どのような**チューリング機械** [IV.20 (1.1 項)] に関する問いも有限表示群とその部分群に関する問いに書き直せるということである．

4.　基本的な決定問題

20 世紀初めに低次元多様体の幾何と位相幾何を研究するうちに，マックス・デーン（Max Dehn）は取り組んでいた問題の多くが有限表示群に関する問いに「帰着」できることに気づいた．たとえば，彼は**結び目図式** [III.44] に群の表示を対応させる簡単な方法を与えた．図式におけるそれぞれの交叉に一つの関係式があり，結果として得られる群が $\mathbb{Z}$ と同型であるのは，結び目が自明である，つまり結び目が円周に連続的に変形できるとき，かつそのときに限ることが示された．結び目が本当に自明であるかどうかをその結び目図式から判定することは著しく困難であるため，これは有効な帰着であるかのように思われたが，やがて，有限表示群が $\mathbb{Z}$ と同型であるかどうかを判定することは同様に難しいことがわかっ

た．たとえば，自明な結び目を与える最小の絵の一つである 4 個の交叉を持つ図式から，デーンの方法により得られる $\mathbb{Z}$ の表示は，次のとおりである．

$$\langle a_1, a_2, a_3, a_4, a_5 \mid a_1^{-1}a_3a_4^{-1}, a_2a_3^{-1}a_1, a_3a_4^{-1}a_2^{-1}, a_4a_5^{-1}a_4a_3^{-1} \rangle$$

こうした探求により，デーンは群の表示から情報を得ることがいかに難しいかを理解したのである．とりわけ彼は，先に触れた語の問題の根本的な役割に初めて気づいた．彼はまた，群表示のような矛盾なく定義された対象から情報を引き出すための**アルゴリズム**の開発に関連して，根本的な問題があると気づき始めた 1 人でもあった．1912 年の有名な記事において，デーンは次のように書いている．

> 一般の不連続群は，n 個の生成元とそれらの間の m 個の関係式により与えられる．… ここに「とりわけ重要な三つの根本的問題」があるが，その解決は非常に難しく，課題に対する鋭い洞察に満ちた研究なしには成し遂げられないであろう．
>
> 1. **同定（語の）問題**　群の元が生成元の積として与えられている．この元が単位元であるか否かを有限回のステップで決定する方法を求めよ．
> 2. **変換（共役）問題**　群の二つの元 S, T が与えられている．S と T の一方から他方に変換できるかどうか，すなわち関係式
>
> $$S = UTU^{-1}$$
>
> を満たす群の元 U が存在するかどうかを決定する方法を探せ．
> 3. **同型問題**　二つの群に対して，それらが同型か否か（さらに，一方の群の生成元と他方の群の元との対応が指定されたとき，それが同型写像であるか否か）を定めよ．

これらの問題を 3 項目の問いに対する出発点として取り上げる．初めに，「一般の有限表示群においては，これらの問題は厳密な意味では解決できない」という事実の証明の大筋を示そう．

後述のクラスに属する群のおのおのの複雑性を測る根本的な物差しとして，デーンの問題を考えることもできる．たとえば，同型問題が，ある群のクラスに対して解決可能であるが，別のクラスでは解決可能でないことを示せるならば，2 番目のクラスがより「難しい」と以前は曖昧に述べていたことに対して，はっきりした根拠が与えられたことになる．

最後に，幾何は組合せ群論の根本的論点の中核にあることを指摘したい．このことはすぐには明らかではないかもしれないが，それにもかかわらず，幾何が潜在していることは群論の根源的特質であり，趣味の問題でそうなっているわけではない．このことを例示するのに，**リーマン多様体** [I.3 (6.10 項)] の最小面積を持つディスク（2 次元閉領域）のなす大域的な幾何学の研究が，任意の有限表示群における語の問題にどれくらい緊密に関連しているかを解説しよう．

5. 古い群から新しい群へ

二つの群 G_1 と G_2 があって，それらを組み合わせて新しい群を作ることを考えよう．通常の群論の講義で学ぶ第 1 の方法は直積 $G_1 \times G_2$ をとることである．その元は (g,h), $g \in G_1$, $h \in G_2$ の形であり (g,h) と (g',h') の積は (gg',hh') と定義される．(g,e)（e は G_2 の単位元）の形の元のなす集合は $G_1 \times G_2$ における G_1 のコピーであり，同様に (e,h) の形の元の集合は G_2 のコピーである．

これらのコピーの元の間には自明でない関係式がある．たとえば $(e,h)(g,e) = (g,e)(e,h)$ である．さて，二つの群 Γ_1 と Γ_2 をとり，上とは異なる方法でこれらを組み合わせて**自由積** $\Gamma_1 * \Gamma_2$ と呼ばれる群を作りたい．この群は Γ_1 と Γ_2 のコピーを含み，それらの元の間のできる限り少ない関係式しか持たないようなものである．すなわち，埋め込み写像 $i_j : \Gamma_j \hookrightarrow \Gamma_1 * \Gamma_2$ で $i_1(\Gamma_1)$ と $i_2(\Gamma_2)$ が $\Gamma_1 * \Gamma_2$ を生成するが，どのような形でもこれらが絡み合わないようにしたい．この条件は次の普遍性の形にすっきりとまとめられる．任意の群 G と任意の二つの準同型写像 $\phi_1 : \Gamma_1 \to G$, $\phi_2 : \Gamma_2 \to G$ に対し，準同型写像 $\Phi : \Gamma_1 * \Gamma_2 \to G$ で $\Phi \circ i_j = \phi_j$, $j = 1,2$ を満たすものがただ一つ存在する（あまり形式ばらない言い方をすれば，Φ は Γ_1 のコピー上では ϕ_1 として振る舞い，Γ_2 のコピー上では ϕ_2 として振る舞う）．

この性質により $\Gamma_1 * \Gamma_2$ が同型の違いを除いてただ一つに定まることはすぐ確かめられるが，$\Gamma_1 * \Gamma_2$ が実際に存在するかどうかに関しては，未解決のままである（これらのことは，対象を普遍性により定義するときによく起こる利点と欠点である）．今の

設定においては，存在は表示を用いて容易に示せる．つまり，$\langle A_1 \mid R_1 \rangle$ を Γ_1 の表示，$\langle A_2 \mid R_2 \rangle$ を Γ_2 の表示とし，A_1 と A_2 は互いに交わらないものとすると，$\Gamma_1 * \Gamma_2$ は $\langle A_1 \sqcup A_2 \mid R_1 \sqcup R_2 \rangle$ と定義される（$\sqcup$ は集合の直和を表す）．

より直観的に，$\Gamma_1 * \Gamma_2$ は次の形の交代列の全体として定義することができる．すなわち $a_1 b_1 \cdots a_n b_n$ であり，ここでそれぞれの a_i は Γ_1 に，それぞれの b_j は Γ_2 に属し，また，a_1 と b_n 以外のすべての a_i, b_j は単位元ではないという条件も満たす．Γ_1 と Γ_2 における群演算は明らかなやり方でこの集合上に拡張される．たとえば $(a_1 b_1 a_2)(a_1' b_1')$ は $a_2 a_1' \neq 1$ であれば $a_2' = a_2 a_1'$ として $a_1 b_1 a_2' b_1'$ に等しく，$a_2 a_1' = 1$ のときには $a_1 b_2'$（ただし $b_2' = b_1 b_1'$）となる．

自由積は位相幾何学において自然に現れる．位相空間 X_1, X_2 と基点 $p_1 \in X_1$，$p_2 \in X_2$ が与えられたとき，$X_1 \sqcup X_2$ から $p_1 = p_2$ という同一視を行って得られる空間 $X_1 \vee X_2$ の**基本群** [IV.6 (2 節)] は，$\pi_1(X_1, p_1)$ と $\pi_1(X_2, p_2)$ の自由積となる．X_1 と X_2 からより大きな部分空間を貼り合わせて得られる空間の基本群をどう表現するかは，ザイフェルト–ファンカンペン（Seifert–van Kampen）の定理が与える．このようにして得られる空間の基本群は**融合自由積**として与えられるが，以下でこれを定義しよう．

Γ_1 と Γ_2 を二つの群とする．別の群が Γ_1 と Γ_2 のコピーを含むとすれば，これらのコピーは単位元を共有しなければならない．この最低の制約のもとで構成できる最も自由な群が自由積 $\Gamma_1 * \Gamma_2$ である．今度は Γ_1 と Γ_2 のコピーは自明でなく交わるとして，交わりに含まれる部分群を指定して，この制約のもとに最も自由な群を構成する．

そこで，A_1 を Γ_1 の部分群とし，ϕ を A_1 から Γ_2 の部分群 A_2 への同型写像とする．自由積の例で見たように，「A_1 と A_2 を同一値するような群のうちで最も自由な積」を，普遍性を用いて定義することができる．そのような群の存在は，またもや表示を用いて示せる．$\Gamma_1 = \langle S_1 \mid R_1 \rangle$，$\Gamma_2 = \langle S_2 \mid R_2 \rangle$ としたとき，求める群は

$$\langle S_1 \sqcup S_2 \mid R_1 \sqcup R_2 \sqcup T \rangle$$

の形である．ただし，$T = \{u_a v_a^{-1} \mid a \in A_1\}$ であり，ここで u_a は（Γ_1 の表示において）a を表す語，v_a は Γ_2 において $\phi(a)$ を表す語である．

この群は，Γ_1 と Γ_2 の A_1 と A_2 に沿った**融合自由積**（amalgamated free product）と呼ばれる．また，この群は，しばしば略された表示の紛らわしい記号 $\Gamma_1 *_{A_1 = A_2} \Gamma_2$，さらには $\Gamma_1 *_A \Gamma_2$（ここで $A \cong A_j$ は抽象群）の形で表される．

自由積とは異なり，構成に内在している写像 $\Gamma_i \to \Gamma_1 *_A \Gamma_2$ が単射であるかどうかはもはや明らかではないが，1927 年にシュライアー（Schreier）が示したように，この写像は単射なのである．

1949 年にヒグマン（Graham Higman），ノイマン（Bernhard Neumann），ノイマン（Hanna Neumann）が与えた上に関連した構成は，次の問題に答えるものである．群 Γ と Γ の部分群の間の同型写像 $\psi : B_1 \to B_2$ が与えられたとして，一般に Γ をより大きな群に埋め込んで ψ をその群における共役写像の B_1 への制限であるようにすることはできるか？

自由積と融合自由積の双方の範疇における考え方をこれまで見てきた読者には，この問いにどのように答えていくか，察しがつくであろう．すなわち，求める包括的な群（$\Gamma *_\psi$ と記す）に対する普遍的な候補の表示を書き下して，Γ から $\Gamma *_\psi$ への自然な写像（それぞれの語をそれ自身に移す）が単射であることを示すのである．そこで，$\Gamma = \langle A \mid R \rangle$ に対して，記号 $t \notin A$（通常，**安定文字**（stable letter）と呼ぶ）を導入し，それぞれの $b \in B_1$ に対して Γ において $\hat{b} = b$，$\tilde{b} = \psi b$ を満たすような語 $\hat{b}, \tilde{b} \in F(A)$ を選んで

$$\Gamma *_\psi = \langle A, t \mid R, t\hat{b}t^{-1}\tilde{b}^{-1} (b \in B_1) \rangle$$

と定義する．これは Γ に新しい元 t を加えて，すべての $b \in B_1$ に対する望みの等式 $t\hat{b}t^{-1} = \tilde{b}$（この等式が $tbt^{-1} = \psi(b)$ に相当すると考えられる）を満たすように構成した群のうちで，最も自由な群である．この群は（ヒグマン，ノイマン，ノイマンにちなんで）Γ の **HNN 拡大**と呼ばれる．

さて，Γ から $\Gamma *_\psi$ への自然な写像が単射であることを示さなければならない．すなわち，示すべきは次の事柄である．「Γ の元 γ をとってそれを $\Gamma *_\psi$ の元と見なしたとき，t や $\Gamma *_\psi$ における関係式を用いて γ を単位元に変形することはできない」．この事実は，**ブリットン**（Britton）**の補題**と呼ばれる，次のより一般的な結果の助けを借りて示せる．「w を自由群 $F(t, A)$ の語とする．このとき w が $\Gamma *_\psi$ において単位元となるのは，w が t を含まず Γ の単位元を表すときか，または，w は t を含むが「挟み込み」

(pinch) が入っていて，これを取り替えていって単位元になるときに限る」．ここで，挟み込みとは，B_1 の元を表す語 $b \in F(A)$ に対する tbt^{-1} の形の部分語（これは $\psi(b)$ に取り替えられる），または B_2 の元を表す語 b' に対する $t^{-1}b't$（これは $\psi^{-1}(b')$ に取り替えられる）のことである．したがって，与えられた語が t を含むが挟み込みを一つも含まなければ，この語は打ち消し合いを行っても単位元にはならないとわかる．

打ち消し合わない（相殺しない）という形の結果は，融合自由積 $\Gamma_1 *_{A_1=A_2} \Gamma_2$ に対しても同様に成立する．$g_1, \ldots, g_n$ が Γ_1 に属すが A_1 には入らず，$h_1, \ldots, h_n$ が Γ_2 に属すが A_2 には入らないならば，語 $g_1h_1g_2h_2 \cdots g_nh_n$ は $\Gamma_1 *_{A_1=A_2} \Gamma_2$ において単位元には等しくならない．

これらの相殺しないという形の結果は，これまで考察してきた自然な準同型写像が単射であることを示すだけでなく，はるかに進んだ事実をもたらす．融合自由積と HNN 拡大における自由性に関するさまざまな様相がさらに明白にされる．たとえば，融合自由積 $\Gamma_1 *_{A_1=A_2} \Gamma_2$ において A_1 と単位元で交わるような無限群を生成する Γ_1 の元 g と A_2 に対して同様に振る舞う Γ_2 の元 h があったとする．このとき g と h で生成される $\Gamma_1 *_{A_1=A_2} \Gamma_2$ の部分群はこれらの元に関する自由群である．もう少し議論すれば，$\Gamma_1 *_{A_1=A_2} \Gamma_2$ の任意の有限部分群は Γ_1 または Γ_2 のコピーに共役であることも示せる．同様に，$\Gamma *_\psi$ の有限部分群は Γ の部分群に共役である．以下の構成において，これらの事実を用いる．

今まで言及しなかった群の組み合わせ方がほかにも数多くある．融合自由積と HNN 拡大に焦点を絞ったのは，一つにはこれらが以下に論じる問題に見通しの良い解を与えるという理由からであるが，さらに，これらの概念が原始的な魅力を持ち，基本群の計算から自然に発生したことも理由である．また，これらは，あとで論じる**樹木的群論**の始まりを示す．紙面に余裕があれば，筆者は，群論研究者にとってまた必要不可欠な道具である半直積やリース積についても論じたかった．

拡大と融合自由積の応用に移る前に，バーンサイド問題，すなわち「有限生成無限群でそのすべての元が与えられた正整数の約数であるような位数を持つものは存在するか」という問題に戻りたい．この質問に対して 20 世紀を通じ，とりわけロシアにおいて，重要な進展がなされた．一般的な問題を解くために普遍的な対象の研究が役立つことを示す別の例を与えるので，ここでこの問題に言及するのが適切であろう．

5.1　バーンサイド問題

指数 m が与えられたとして，次の表示で与えられる**自由バーンサイド群** $B_{n,m}$ を考えると，問題がはっきりする．$B_{n,m} = \langle a_1, \ldots, a_n \mid R_m \rangle$，ここで R_m は自由群 $F(a_1, \ldots, a_n)$ の元の m 乗全体からなる．高々 n 個の元で生成され，そのどの元の位数も m を割り切っているような任意の群に対して，$B_{n,m}$ からその群への全射準同型が存在することは明らかである．したがって，有限生成な無限群でそのすべての元が一定の正の整数の約数であるような有限位数を持つものが存在することと，適当な n と m の値に対して群 $B_{n,m}$ が無限群であることとは同値である．すなわち「… を満たす群が存在するか？」という形の問いがただ一つの群に対する問いに帰着された．

1968 年にノヴィコフ（Novikov）とアディアン（Adian）は，$n \geq 2$ かつ m が 667 以上の奇数であれば $B_{n,m}$ は無限群であることを示した．$B_{n,m}$ が無限群であるような正確な n, m の値の範囲を求めることは，活発な研究領域である．より大きい興味を引くのは，$B_{n,m}$ の剰余群である有限表示無限群が存在するかという未解決問題である．どの $B_{n,m}$ も有限個しか有限剰余群を持たないことを示したことにより，ゼルマノフ（Zelmanov）はフィールズ賞を得た．

5.2　いかなる可算無限群も有限生成群に埋め込める

可算無限群 G の元は，g_0 を単位元として，$g_0, g_1, g_2, \ldots$ というように書き並べられる．G と無限巡回群 $\langle s \rangle \cong \mathbb{Z}$ の自由積をとる．$G * \mathbb{Z}$ の元で $s_n = g_n s^n$，$n \geq 1$ の形のもの全体のなす集合を Σ_1 とする．すると，Σ_1 で生成される部分群 $\langle \Sigma_1 \rangle$ は自由群 $F(\Sigma_1)$ に同型である．同様に，$\Sigma_2 = \{s_2, s_3, \ldots\}$（したがって Σ_2 は Σ_1 から $s_1 = g_1 s$ を取り除いた集合）から出発すると，$\langle \Sigma_2 \rangle$ は自由群 $F(\Sigma_2)$ に同型である．写像 $\psi(s_n) = s_{n+1}$ は $\langle \Sigma_1 \rangle$ から $\langle \Sigma_2 \rangle$ への同型写像を与えることがわかる．ここで，HNN 拡大 $(G * \mathbb{Z})*_\psi$

をとる．その安定文字を t と書く．以前に注意したように，この群は G のコピーを含む．さらに，すべての $n \geq 1$ に対して $ts_nt^{-1} = s_{n+1}$ なので，この群は三つの元 s, s_1, t だけで生成される．よって，任意の可算無限群は3個の元で生成される群に埋め込まれる（この構成をどのように変形すると2個の生成元を持つ群を生成できるかは，読者に任せる）．

5.3　非可算無限個の非同型な有限生成群が存在する

この事実は，1932年にB・H・ノイマンにより示された．無限個の素数が存在するので，$\bigoplus_{p \in P} \mathbb{Z}_p$（$P$ は無限個の素数の集合）という形の，互いに同型でない非可算無限個の群が存在する．この形の群それぞれが有限生成群に埋め込めることはすでに見た．また，HNN拡大に関する先のコメントから，こうして得られる有限生成群のどの異なる二つも同型ではない．

5.4　ホップの問題に対する解答

群 G は，G から G へのどの全射準同型写像も同型写像であるとき，**ホップ的**と呼ばれる．多くの馴染みある群はこの性質を持つ．たとえば，有限群は明らかにそうだし，$\mathbb{Z}^n$ や自由群もそうである（線形代数を使って示せる）．すぐ議論するように，$\mathrm{SL}_n(\mathbb{Z})$ のような行列のなす群も，この性質を持つ．ホップ的でない群の簡単な例は，整数の無限列全体が（点ごとの加法に関して）なす群である．実際に，$(a_1, a_2, a_3, \ldots)$ を $(a_2, a_3, a_4, \ldots)$ に移す関数は全射準同型であるが，$(1, 0, \ldots)$ を核に含む．しかし，有限表示群の例はあるだろうか？　答えはYesであり，ヒグマンがこれを初めて示した．次の例はバウムスラーグ（Baumslag）とソリター（Solitar）による．

$p \geq 2$ を整数とし，$\mathbb{Z}$ を単一の元 a で生成される自由群 $\langle a \rangle$ と同一視する．すると，$\mathbb{Z}$ の部分群 $p\mathbb{Z}$ と $(p+1)\mathbb{Z}$ はそれぞれ a^p と a^{p+1} のベキ乗のなす群に同一視される．ψ を，a^p を a^{p+1} に移すようなこれらの群の間の同型写像として，対応するHNN拡大 B を考える．この群は $B = \langle a, t \mid ta^{-p}t^{-1}a^{p+1} \rangle$ という表示を持つ．$t \mapsto t$，$a \mapsto a^p$ により定義される B から B への準同型写像 Ψ は明らかに全射であるが，その核は，たとえば $c = ata^{-1}t^{-1}a^{-2}tat^{-1}a$ を含む．c は挟み込みを含まないので，ブリットンの補題により単位元ではない（この補題がいかに有効であるかに納得したければ，$p = 3$ として c が今定義した群 B の中で単位元ではないことを直接示してみよう）．

5.5　忠実な線形表現を持たない群

任意の体を成分とする行列のなす有限生成群 G は**剰余有限**（residually finite）であること，すなわちどの非自明元 $g \in G$ に対しても有限群 Q と準同型写像 $\pi : G \to Q$ で $\pi(g) \neq 1$ となるものが存在することが示せる．たとえば，$g \in \mathrm{SL}_n(\mathbb{Z})$ が与えられたとして，g（$n \times n$ 行列である）のすべての成分の絶対値よりも大きい整数 m をとり，行列成分を m を法として読む $\mathrm{SL}_n(\mathbb{Z})$ から $\mathrm{SL}_n(\mathbb{Z}/m\mathbb{Z})$ への準同型写像を考えよう．g の有限群 $\mathrm{SL}_n(\mathbb{Z}/m\mathbb{Z})$ における像は明らかに非自明である．

ホップ的でない群は剰余有限ではない，したがって，いかなる体上の行列群とも同型ではない．上に定義したホップ的でない群 B が剰余有限ではない事実は，非自明な元 c に対して何が起こるかを考えることからわかる．5.4項に述べたように，全射準同型写像 $\Psi : B \to B$ で $\Psi(c) = 1$ を満たすものがあった．c_n を $\Psi^n(c_n) = c$ を満たす元とする（Ψ が全射なので，このような元は存在する）．もし B から有限群 Q への準同型写像 π で $\pi(c) \neq 1$ を満たすものがあったとすれば，B から Q への無限個の相異なる準同型写像が存在する．実際，合成写像 $\pi \circ \Psi^n$，$n \geq 1$ を考えると，$m > n$ ならば $\pi \circ \Psi^m(c_n) = 1$ だが $\pi \circ \Psi^n(c_n) = \pi(c) \neq 1$ なので，これらは相異なる．これは矛盾である．なぜならば，有限生成群から有限群への準同型写像は，生成元がどのように移るかによって定まるので，有限個しか存在しないからである．

5.6　無限単純群

ブリットンの補題は，実際には $c \neq 1$ より多くのことを言ってる．実際，t と c が生成する B の部分群 Λ は，これらの生成元上の自由群となることが示せる．したがって，B の二つのコピー B_1 と B_2 から，Λ の二つのコピーを同型写像 $c_1 \mapsto t_2$，$t_1 \mapsto c_2$ により貼り合わせて，融合自由積 Γ が作れる．$\Gamma = B_1 *_\Lambda B_2$ の任意の有限剰余群において c_1（$= t_2$）と c_2（$= t_1$）の像が自明でなければならないことを先に見たが，このことから，有限剰余群は自明な群となることがすぐわかる．したがって，Γ は無限群であり，かつ非自明な有限剰余群を持たない．よって，Γ のいかなる極大正規部分群による剰余群も，無限群でなければならない（極大性から，この剰余群はまた単純群である）．

ここで構成された単純群は無限群で有限生成であるが，有限表示ではない．有限表示無限単純群は存在するが，その構成ははるかに難しい．

6.　ヒグマンの定理と非決定性

非可算個の（互いに同型ではない）有限生成群が存在することはすでに見た．有限表示群は可算無限個しかないので，有限表示群の部分群になるような有限生成群は可算個しかない．それらはどのようなものだろうか？

この問いに対する完全な答えは，1961 年にグラハム・ヒグマンが証明した美しくも奥深い定理により与えられた．定理は，大づかみに言って，現れる群はアルゴリズム的に表現できるものであると述べている（これが何を意味するか，あまりわからない読者は，この節を読み続ける前に「停止問題の非可解性」[V.20] を読むとよいだろう）．

有限アルファベット A 上の語の集合 S は，S の元の完全なリストを与えるアルゴリズム（より正式には，チューリング機械）が存在するとき，**再帰的に数え上げ可能**（recursively enumerable）と呼ばれる．特別に興味深い場合として，A がただ一つの元からなるときには，語はその長さによって決まり，S は非負整数の集合と見なせる．S の元は意味のある順に並べ上げられる必要はないので，S の元を尽くすリストを与えるアルゴリズムがあったとしても，そのアルゴリズムを使って，ある与えられた語 w が S に入らないことが決定できるわけではない．つまり，S を数え上げている計算機のそばに読者が立っているとして，「w が出てくるはずならば，今までにすでに出てきているはずだ」と自分自身に言うことができて，したがって w が S の中にないことがはっきりするような時間は，一般的には来ないのである．このようなさらに進んだ性質を持つアルゴリズムがほしければ，**再帰的集合**という，より強い概念が必要である．これは S と S の補集合がともに再帰的に数え上げ可能であるような集合 S のことである．そのときには S に属する元とともに，S に属さない元も並べ上げることができる．

有限生成群は，有限個の生成元と再帰的に数え上げ可能な定義関係式からなる表示を持つとき，**再帰的に表示可能**（recursively presentable）と呼ばれる．換言すれば，そのような群は必ずしも有限表示ではないが，その群の表示は少なくとも，あるアルゴリズムで生成できるという意味で「良い」ものである．

「有限生成群 G が再帰的に表示可能であるのは，G がある有限表示群の部分群であるとき，かつそのときに限る」が，ヒグマンの埋め込み定理である．

この定理がいかに非自明なことであるかを感じるためには，すべての有理数が加法に関してなす群の次の表示を考えるとよいだろう．ここで，生成元 a_n は分数 $1/n!$ に対応している．

$$Q = \langle a_1, a_2, \ldots \mid a_n^n = a_{n-1} \ \ \forall n \geq 2 \rangle$$

ヒグマンの定理から，Q は有限表示群に埋め込めるが，具体的な埋め込み方は知られていない．

ヒグマンの定理の威力は，まさに 20 世紀数学の分水嶺であったと見なせる有名な非決定性的結果がこの定理から導かれるという事実が示している．この事実を説得力あるものにするために，語の問題が解決できないような有限表示群が存在すること，および，同型問題が解決できないような有限表示群の列が存在することに対して完全な証明を与えよう（先に述べたいくつかの事実に対する証明は除く）．また，これらの群論的結果が，どのようにして位相幾何学における非決定性的現象に読み取れるかについても見てみよう．

非決定性の基本的な種となるのは，再帰的集合ではない，再帰的に数え上げ可能な部分集合 $S \subset \mathbb{N}$ が存在することである．このことを用いて，語の問題が解決できないような有限生成群を直ちに構成することができる．このような整数の集合 S に対して

$$J = \langle a, b, t \mid t(b^n ab^{-n})t^{-1} = b^n ab^{-n} \ \ \forall n \in S \rangle$$

を考える．これは自由群 $F(a,b)$ の恒等写像 $L \to L$ に関する HNN 拡大である．ここで，L は $\{b^n ab^{-n} \mid n \in S\}$ により生成される部分群とする．ブリットンの補題から，語

$$w_m = t(b^m ab^{-m})t^{-1}(b^m a^{-1} b^{-m})$$

が $1 \in J$ に等しいことは $m \in S$ であることと同値で

あり，定義により $m \in S$ であるかどうかを決定するアルゴリズムは存在しない．したがって，どの w_m が関係式であるかは決定できない．そこで，J では語の問題が解決できない．

語の問題が解決できないような有限表示群が存在することは，より深い事実であるが，ヒグマンの埋め込み定理を手にした今では，この証明は，次のように議論すればほとんど自明なことになる．ヒグマンの定理から，J は有限表示群 Γ に埋め込める．また，J の生成元のどの語が単位元を表すかを決定できないならば，Γ の生成元の任意の語に対してもそれが単位元を表すかどうかを決定できないことを示すことは，比較的容易である．

語の問題が解決できないような有限表示群があれば，非決定性をあらゆる種類の他の問題に言い換えることは易しい．たとえば，$\Gamma = \langle A \mid R \rangle$ を語の問題が解決できないような有限表示群であるとする．ここで $A = \{a_1, \ldots, a_n\}$ であり，どの a_i も Γ では単位元でない．A の文字とその逆元からなる任意の語 w に対して，群 Γ_w を次の表示により定義する．

$$\langle A, s, t \mid R, t^{-1}(s^i a_i s^{-i})t(s^i w s^{-i}),\ i = 1, \ldots, n \rangle$$

Γ において $w = 1$ ならば Γ_w は s と t で生成される自由群であることは，容易に示せる．$w \neq 1$ であれば Γ_w は HNN 拡大である．特に，Γ_w は Γ のコピーを部分群に含み，したがって，語の問題は解決できない．すなわち，$w \neq 1$ ならば Γ_w は自由群ではない．Γ において $w = 1$ であるかどうかを定めるアルゴリズムは存在しないのだから，よって，Γ_w のどれが他と同型であるかは決定できない．

この議論を変形して，与えられた有限表示群が自明なものであるかどうかを判定するアルゴリズムは存在しないことが示せる．

任意の有限表示群 G は，あるコンパクトな 4 次元多様体の基本群になることを後に述べる．この定理の標準的な証明を綿密に追うことにより，1958 年にマルコフは，4 次元以上の場合，（たとえば単体複体として表された）コンパクト多様体が位相同型であることを決定するアルゴリズムが存在しないことを示した．彼の基本的な発想は，三角形分割可能な 4 次元多様体が位相同型であるかどうかを決定するアルゴリズムが存在したとすれば，有限表示群が自明であるかどうかを決定するアルゴリズムが存在すること（上で見たように，それは不可能である）を示すことであった．この発想を実行するには，自明な群の異なる表示に関連した 4 次元多様体が位相同型であるという説明を，注意深く準備しておく必要がある．ここが議論において細心の注意を要する部分である．

驚くべきことに，コンパクトな 3 次元多様体が位相同型であるかどうかを決定するアルゴリズムは存在する．この結果は非常に難しい定理であって，とりわけペレルマンによる**サーストンの幾何化予想** [IV.7 (2.4 項)] の解決に依存する．

7.　位相幾何学的群論

観点を変えて $P \equiv \langle a_1, \ldots, a_n \mid r_1, \ldots, r_m \rangle$ を位相幾何学研究者の目で眺めてみよう．P を，群を構成する材料ではなく，**位相空間** [III.90]，あるいはより明確に言えば **2 次元複体**を構成するものと見なす．この空間は**頂点**と呼ばれる点からなり，いくつかの点は**辺**または **1 胞体**（1 セル）と呼ばれる向きの付いた経路（パス）で結ばれている．1 胞体の集まりがサイクルをなすときには，これらを**面**（または **2 胞体**（2 セル）ともいう）で埋める．位相幾何学的に言えば，面とは向き付けられたサイクルを境界とするディスクである．

この複体がどのようなものかを見るために，まず $\mathbb{Z}^2$ の標準的な表示 $P \equiv \langle a, b \mid aba^{-1}b^{-1} \rangle$ を考えよう（この群は，a と b で生成され関係式から $ab = ba$ が成り立つ）．1 個の頂点と，a と b でラベル付けられた向きの付いた 2 本の辺（これらはループである）を持つグラフ K^1 から始める．次に，正方形 $[0,1] \times [0,1]$ をとる．正方形の辺は向き付けられていて，正方形の境界を回る順に a, b, a^{-1}, b^{-1} となるようにラベル付けられている．この正方形の境界を辺のラベル付けに従ってグラフ K^1 に貼り合わせたものを考える．少々考えれば，トーラス，すなわちベーグル形をしたものの表面が得られていることがわかるだろう．重要なのは，このトーラスの基本群が，出発点の群 $\mathbb{Z}^2$ であるという結果である．

「貼り合わせる」という考えは，**接着写像**を用いて正確に記述される．正方形 S の境界からグラフ K^1 への連続写像 ϕ で，正方形の角を K^1 の頂点に写し，それぞれの辺（から頂点を除いたもの）を（頂点を除いた）辺に位相同型に写すものをとる．このとき，正方形の境界上の点 x と $\phi(x)$ を同一視するという

同値関係により $K^1 \sqcup S$ から得られる商集合が，トーラスである．

より抽象的な以下の言葉を用いれば，上の構成を任意の表示に対してどのように拡張したらよいかが容易にわかる．表示 $P \equiv \langle a_1, \ldots, a_n \mid r_1, \ldots, r_m \rangle$ に対して，1 個の頂点と n 個の向き付けられたループ（$a_1, \ldots, a_n$ とラベル付けられている）を持つグラフをとる．おのおのの r_j に対して，多角形を一つとり，その境界である閉じた辺の列を，語 r_j に対応するループの列に貼り付ける．

$P = \langle a, b \mid aba^{-1}b^{-1} \rangle$ に対するものとは異なり，一般にはこの結果は曲面ではなく，辺や頂点に特異点を持つ 2 次元複体である．もう少し例を挙げたほうがわかりやすいかもしれない．$\langle a \mid a^2 \rangle$ からは射影平面が得られ，$\langle a, b, c, d \mid aba^{-1}b^{-1}, cdc^{-1}d^{-1} \rangle$ からはトーラスとクラインの壺を 1 点で貼り付けたものが得られる．$\langle a, b \mid a^2, b^3, (ab)^3 \rangle$ に対する 2 次元複体の絵を描くことは，すでに十分難しい．

上で述べた表示 P に対する 2 次元複体 $K(P)$ の構成は，**位相幾何学的群論**の始まりである．（先に言及した）ザイフェルト–ファンカンペンの定理から，$K(P)$ の基本群は P により表示される群である．しかしながら，この群はもはや不可解な表示を持ったまま じっとしてはいない．この群は「被覆変換」(deck transformation) という名で知られる位相同型写像により $K(P)$ の**普遍被覆空間** [III.93] に作用するのである．すなわち，$K(P)$ の平明な構成（と位相幾何学における被覆空間のエレガントな理論）により，抽象的な有限表示群を，（大局的な幾何学的かつ位相幾何学的な技法を持ち込めるような）豊富な構造を持つ可能性を秘めた対象のシンメトリーとして実現するという目標が達成されたわけである．

表示 P を持つ群に対するより良い位相幾何学的なモデルを得るには，$K(P)$ を $\mathbb{R}^5$ に埋め込んで（**有限グラフ** [III.34] を $\mathbb{R}^3$ に埋め込んだように），その像から小さな一定距離にある点を集めて得られる 4 次元多様体 M を考える（ここでは埋め込みが十分に「扱いやすい」と仮定しているが，そうすることは常に可能である）．$\mathbb{R}^3$ に埋め込まれたグラフから小さな一定距離にある点をとって得られる曲面の高次元の類似を想像しよう．M の基本群は再び P で表示される群であるので，任意の有限表示群は（M の普遍被覆空間である）多様体に作用する．このことから，解析や微分幾何の道具を使えることになる．

$K(P)$ と M の構成により，「群が有限表示であるには，その群が，あるコンパクトな胞複体とあるコンパクトな 4 次元多様体の基本群になっていることが必要かつ十分である」という定理の難しいほう，すなわち必要性が（以前約束したように）示された．この結果からいくつか自然な問題が生じる．初めに，任意の有限表示群 Γ に対して，より良い，より多くの情報を含む位相幾何学的モデルは存在しないのか？ そして，もし存在しないならば，モデルをより良いものにしようとしたときに課される自然な制限を満たす群のクラスに対して何が言えるのか？　たとえば，3 次元空間に対する直観を活かせるように，基本群 Γ を持つ，より低次元の多様体を構成したい．しかしながら，コンパクトな 3 次元多様体の基本群は非常に特別なものであることがわかる．この観察結果は 20 世紀末における多くの数学の中心に近い．**曲率** [III.13] 条件ないしは複素幾何学に由来する制限を満たすコンパクト空間の基本群としてどのような群が現れるかという問いは，別の興味ある分野を開いた．

特に豊富な制限条件は，次の問いから得られる．任意の有限表示群は，その普遍被覆空間が**可縮** [IV.6 (2 節)] であるようなコンパクト空間（たぶん，複体または多様体）の基本群となりうるか？　普遍被覆が可縮である空間は，その基本群により，**ホモトピー（同値）** [IV.6 (2 節)] を除いて一意的に定まるので，これは位相幾何学的観点からは自然な問いである．このような空間は，その基本群が Γ であるとき Γ の**分類空間**と呼ばれ，この空間がホモトピー不変であるという性質から，群 Γ に対する豊富な不変量の列が（$K(P)$ が Γ ではなく P に大きく依存することを忘れて）得られる．

P から Γ を見出すことがいかに難しいかという先の論述により，この依存性が実際に除かれうるのかどうかに読者が強く疑問に感じるとしたら，その懐疑には十分な裏付けがある．実際に，任意の有限表示群に対するコンパクトな分類空間の構成にはさまざまな障害があり，（**有限条件**という一般的な名称のもとでの）その研究は現代の群論，位相幾何学，ホモロジー代数が接する豊かな分野になっている．

この分野の一つの側面は，コンパクトな分類空間（多様体とは限らない）の存在を保証する自然な条件の探求である．これは，非正曲率であることを明示することが，現代の群論で基本的な役割を果している場面の一つである．より組合せ論的な条件も登場する．たとえば，リンドンは，任意の表示 $P \equiv \langle A \mid r \rangle$ において，$r \in F(A)$ はただ一つの関係式で非自明なベキ乗ではないとき $K(P)$ の普遍被覆空間が可縮であることを示した．

近接する非常に活発な研究領域では，分類空間の一意性と剛性に関する問題を扱っている（ここで，通常そうであるように，**剛性**という言葉は，二つの対象が明らかに弱い意味で同値であるとするならば強い意味でも同値になってしまうという状況を表すために用いている）．たとえば，（未解決である）**ボレル予想**は，二つのコンパクト多様体が同型な基本群と可縮な普遍被覆空間を持てば位相同型でなければならないと主張している．

群を基本群として実現することについて述べてきたが，それは群のある自由な作用を導いた．すなわち，群の元を，位相空間のシンメトリーであって，これらのどのシンメトリーもまったく固定点を持たないようなものと見なすことが可能なのである．さて，幾何学的群論に移行する前に，群の最もはっきりと示された作用が自由でない（代わりに，よくわかる固定部分群（stabilizer）が出てくる）ような多くの状況が存在することを指摘しておかなければならない（点の**固定部分群**とは，群を構成するシンメトリーでその点を固定するようなもの全体のなす集合のことである）．たとえば，Γ_Δ を調べる最も自然な方法は，この群の三角形分割された平面上へのこの群の作用を見ることであるが，三角形のそれぞれの頂点は 12 個のシンメトリーで固定されているのである．

位相空間上への自由でない作用を通じて代数的対象を見通そうとすることの利点をより深く示しているのは，群の木への作用に関するバス–セールの理論である．この理論は，融合自由積と HNN 拡大の理論を包括するが，これらの力については先に見た（この理論とその拡張はしばしば**樹木的**（arboreal）**群論**と呼ばれる）．

木とは，閉路のない連結グラフのことである．木は，辺の長さが 1 であるような**距離空間** [III.56] と見なすと便利である．木の上の群の作用とは，辺を辺に移す長さを変えない変換で，辺の両端点を入れ換えないものである．

群 Γ が木 X に作用している（すなわち Γ が X のいくつかのシンメトリーからなる群と見なせる）とき，点 $x \in X$ の**軌道**とは，$g \in \Gamma$ による点 x の像 gx の全体からなる集合のことである．群 Γ が融合自由積 $A *_C B$ の形に表せるのは，Γ が木に作用していて，頂点の集合上の軌道が 2 個，辺の集合上の軌道が 1 個で，固定部分群が A, B, C（ここで A と B は隣接する頂点の固定部分群であり，C は A と B の共通部分で，二つの頂点を結ぶ辺の固定部分群となっている）のとき，かつそのときに限る．HNN 拡大は，頂点上の軌道が 1 個で辺上の軌道が 1 個である作用に対応している．すなわち，融合自由積と HNN 拡大は**群グラフ**として現れるが，このグラフがバス–セール（Bass-Serre）理論の基本的な対象である．この対象を通じて，木に作用する群を，作用の剰余に関する情報（すなわち，群グラフの剰余空間（これはグラフである）と，頂点と辺の固定部分群のパターン）から再構成することができる．

バス–セール理論がもたらした初期の恩恵は，$A *_C B$ の任意の有限部分群が A または B の部分群と共役であることの，透明で有益な証明である．以下の議論が証明を与える．木において頂点からなる任意の集合 V に対して $\max\{d(x,v) \mid v \in V\}$ を最小にする頂点 x（V の中間点）がただ一つ存在する．この観察を V が有限部分群の一つの軌道である場合に適用すると，x は有限部分群の固定点となる．さらに，任意の点の固定部分群は A または B の部分群に同型である．

樹木的群論は，この第 1 の応用が示すより，ずっと深い．この理論は有限表示群の分解理論の基本であり，そこからたとえば，任意の有限表示群は辺の固定部分群が巡回群である群グラフとして本質的には一意的に極大分解できることが導かれる．この事実は，3 次元多様体の分解理論と驚くほど平行した現象であるが，この平行現象は単なる類似をはるかに超えて伸びており，過去 10 年間の幾何学的群論における最も深い成果の多くが，この現象に起因する．これについてより多くを知りたければ，**JSJ 分解**に関する文献を探すとよい．また，**群複体**についても調べたくなるかもしれない．これは群グラフの適切な高次元類似物である．

8. 幾何学的群論

再び $\mathbb{Z}^2$ の表示 $P = \langle a, b \mid aba^{-1}b^{-1} \rangle$ を考えることで，$K(P)$ に対するイメージを一新しよう．先に

見たように，複体 $K(P)$ はトーラスであった．さて，トーラスはユークリッド平面 $\mathbb{R}^2$ の，群 $\mathbb{Z}^2$ の作用に関する剰余空間としても定義できる（ここで，点 $(m,n) \in \mathbb{Z}^2$ は平行移動 $(x,y) \mapsto (x+m, y+n)$ として作用する）．実際，$\mathbb{R}^2$ は正方形による適宜なタイル張りが可能であり，トーラスの普遍被覆空間である．この作用に関する点 0 の軌道を注視すると，それは $\mathbb{Z}^2$ のコピーをなし，これから $\mathbb{Z}^2$ の大域的な幾何が広がっている様子が見える．「$\mathbb{Z}^2$ の幾何」というアイデアは，タイルの辺は長さ 1 を持つとして頂点間の**グラフ距離**をこれらを結ぶ最短経路の長さと定義すれば，正確になる．

この例が示すように，$K(P)$ の構成は幾何学的群論の二つの主たる（絡み合った）織り糸を含む．より古典的な一つ目の織り糸では，群の距離空間および位相空間への作用が，群と空間の双方構造を解明するために研究される（たとえば，上の例における $\mathbb{Z}^2$ の平面への作用や，$K(P)$ の基本群の $K(P)$ の普遍被覆空間上へのより一般の作用）．得られる洞察の質は，作用が望ましい性質を持つか否かに左右される．$\mathbb{Z}^2$ の $\mathbb{R}^2$ への作用は，きれいな幾何構造を持つ空間上の等長変換からなり，剰余空間（トーラス）はコンパクトである．このような作用は多くの点で理想的であるが，時にはより多様な群のクラスを得るために，より弱い認可条件を許すこともある．また，時には焦点を狭め，例外的でそれゆえに興味深い性質を持つ群や空間を研究するため，さらに多くの構造を要求することもある．

幾何学的群論におけるこの一つ目の織り糸は，二つ目の織り糸と混じっている．二つ目の織り糸では，有限生成群それ自身を**語距離**を備えた幾何学的対象と見なすのである．この距離は次のように定義される．群 Γ の有限生成集合 S が与えられたとして，Γ の**ケイリーグラフ**を，それぞれの元 $\gamma \in \Gamma$ は γs および γs^{-1}, $s \in S$ の形の元すべてと辺で結ばれることにより定義する（これは $K(P)$ の普遍被覆空間の辺がなすグラフと同じである）．すべての辺は長さ 1 であるとすると，γ_1 と γ_2 の間の距離 $d_S(\gamma_1, \gamma_2)$ は γ_1 と γ_2 を結ぶ最短の経路の長さである．同じことだが，これは Γ において $\gamma_1^{-1}\gamma_2$ に等しい S 上の自由群の最短語の長さでもある．

語距離とケイリーグラフは生成元のとり方に依存するが，その大域的な幾何構造には依存しない．この考えを正確に表現するため，**擬等長写像**という概念を導入する．この概念は，大きなスケールで考えて類似した空間を同一視するような同値関係である．X, Y が距離空間であるとき，X から Y への擬等長写像とは，次の二つの性質を持つような写像 $\phi : X \to Y$ のことである．第一に，正の定数 c, C, ε が存在して $cd(x,x') - \varepsilon \le d(\phi(x), \phi(x')) \le Cd(x,x') + \varepsilon$ となる．この性質は ϕ が十分大きい距離を高々定数倍だけゆがませると言っている．第二に，定数 C' が存在して，いかなる $y \in Y$ に対しても $d(\phi(x), y) \le C'$ となる $x \in X$ がとれる．この性質は，ϕ が，Y のどの元も X の元の像に近いという意味で「擬全射」であると言っている．

たとえば，二つの空間 $\mathbb{R}^2$ と $\mathbb{Z}^2$ を考える．ここで $\mathbb{Z}^2$ の距離は先に定義したグラフ距離で与えられている．この場合には (x,y) を $(\lfloor x \rfloor, \lfloor y \rfloor)$（$\lfloor x \rfloor$ は x 以下の最大の整数を表す）に移す写像 $\phi : \mathbb{R}^2 \to \mathbb{Z}^2$ は，容易にわかるように擬等長写像である．実際，2 点 (x,y) と (x',y') のユークリッド距離 d がたとえば少なくとも 10 であったとすると，$(\lfloor x \rfloor, \lfloor y \rfloor)$ と $(\lfloor x' \rfloor, \lfloor y' \rfloor)$ のグラフ距離は確かに $(1/2)d$ と $2d$ の間に入る．二つの空間の局所的な構造はまったく気にしていないことに注意しよう．写像 ϕ は連続ですらないが，擬等長写像である．

ϕ が X から Y への擬等長写像であれば，Y から X への擬等長写像 ψ で，次の意味で ϕ の「擬逆写像」と見なせるものが存在する．つまり，どの $x \in X$ も $\psi\phi(x)$ から一定数以下の距離であり，どの $y \in Y$ も $\phi\psi(y)$ から一定数以下の距離である．この事実が示されれば，距離空間が擬等長である（その間に擬等長写像が存在する）ことが同値関係になっていることは，すぐに見て取れる．

ケイリーグラフとグラフ距離に立ち返ると，同じ群の二つの生成元集合をとったときに得られるケイリーグラフは擬等長である．したがって，ケイリーグラフの擬等長写像により不変な任意の性質は，単に群のグラフの性質というだけではなく，群そのものの性質である．そのような不変量を扱う際には，群 Γ それ自身を空間と思ってよく（どのケイリーグラフを考えようが構わないので），また，Γ を基本群とする閉リーマン多様体の不変被覆空間（その存在についてはすでに論じた）のように，Γ と擬等長な任意の距離空間に置き換えることもできる．すると，解析の道具をそこに向けることができる．

独立に多くの人により発見されたが，しばしば**ミ**

ルナー–シュワルツ（Milnor-Švarc）**の補題**と呼ばれる基本的な事実が，幾何学的群論の二つの織り糸の間にきわめて重要な絡み目を与える．距離空間 X においてどの 2 点の距離も 2 点を結ぶ経路の長さの下限であるとき，X を**長さ空間**（length space）と呼ぶことにする．ミルナー–シュワルツの補題は，次のように述べられる．群 Γ が長さ空間 X の等長変換の集合として固有不連続的に（これは任意のコンパクト集合 K に対して $K \cap \gamma K \neq \emptyset$ を満たす $\gamma \in \Gamma$ は有限個しかないという意味である）作用し，剰余空間がコンパクトであれば，Γ は有限生成で X に擬等長である（Γ の任意の語距離のとり方に関してである）．

この例はすでに見ている．たとえば $\mathbb{Z}^2$ はユークリッド平面に擬等長である．また，自明ではないことだが，Γ_Δ とも擬等長である（Γ_Δ の各元 α を $\alpha(0)$ に最も近い $\mathbb{Z}^2$ の点に対応させる写像を考えよう）．

コンパクトなリーマン多様体の基本群は，その多様体の普遍被覆空間と擬等長である．したがって，擬等長写像に対する不変量の観点からすると，そのような多様体の研究は，任意の有限表示群の研究に等価である．すぐあとで，この同値性の自明でない結果に関して論じよう．しかし，まず考えるべきは，有限生成群を大域的な幾何学の範疇における幾何学的対象と見たとき，新しい難問が与えられたという事実である．すなわち，「有限生成群を擬等長の違いを除いて分類しなければならない」のである．

これはもちろん完全に達成することが不可能な課題であるが，にもかかわらず，現代の幾何学的群論を照らすかがり火の役割を果たしている．これが，多くの美しい定理，とりわけ一般に剛性と表題付けられる結果を生む方向にわれわれを導いたのである．たとえば，大域的には $\mathbb{Z}^n$ を思わせるような有限生成群，すなわち $\mathbb{Z}^n$ と擬等長な有限生成群 Γ に出くわしたとしよう．この得体の知れない群と $\mathbb{Z}^n$ の間に，代数的に定義された写像が与えられている必要はないが，にもかかわらず，そのような群は $\mathbb{Z}^n$ のコピーを指数有限の部分群として含むことが明らかにされる．

この結果の核心にあるのは 1981 年に公刊された画期的な**グロモフの多項式増大度定理**である．この定理では有限生成群 Γ の単位元から距離 r 以内の点の数を考える．これは関数 $f(r)$ であるが，グロモフは，r が無限に近づくとき関数 $f(r)$ がどのように増大するか，そしてこれが Γ について何を語るのかということに興味を持った．

Γ が d 個の生成元を持つ可換群であれば，$f(r)$ が高々 $(2r+1)^d$ であることは容易にわかる（それぞれの生成元を $-r$ から r までベキ乗できるため）．よって，この場合 $f(r)$ は上から r の多項式で抑えられる．一方の極端な場合として，Γ が 2 個の生成元 a, b を持つ自由群であれば，$f(r)$ は指数関数的に大きい．実際 a と b（これらの逆元は含まない）からなる長さ r のすべての列は，Γ の相異なる元を与えている．

この鋭い対比を見れば，$f(r)$ が多項式で上から抑えられると仮定すると Γ は多大の可換性を示すことになる，と思えるだろう．うまいことに，この考えを正確に表せる，よく研究された定義がある．任意の群 G と G の任意の部分群 H に対して，**交換子群** $[G, H]$ とは，$ghg^{-1}h^{-1}$, $g \in G, h \in H$ の形の元全体から生成される部分群のことである．G が可換群であれば，$[G, H]$ は単位元のみを含む．G が可換群でなければ，$[G, G]$ は単位元以外の元を含む部分群 G_1 であるが，$[G, G_1]$ は単位群であるかもしれない．このとき G は 2 階ベキ零群であるという．一般に，**k 階ベキ零群** G とは，$G_0 = G$ とし，以下それぞれの i に対して $G_{i+1} = [G, G_i]$ として部分群の列を作っていくと，G_k に至って初めて単位群となるようなものである．**ベキ零群**とは，ある k に対して k 階ベキ零である群のことである．

グロモフの定理は，群が多項式増大度を持つための必要十分条件とは，その群が有限指数のベキ零部分群を含むことであると述べている．これはまさに驚くべき事実である．多項式増大度という条件は語距離のとり方に依存せず，擬等長写像により不変であることはすぐわかる．したがって，この定理から，有限指数のベキ零部分群を含むという一見堅くて純粋な代数的条件は，実際には擬等長変換で不変であり，緩いが強力な群の性質が従うのである．

過去 15 年間，他の多くの群のクラスについても，擬等長写像に関する剛性定理が示されてきた．それには，半単純リー群中の格子やコンパクトな 3 次元多様体の基本群（その擬等長変換による分類は，代数的な同型による分類より複雑である）や，群グラフの分解の言葉で定義されたいくつものクラスが含まれる．この形の定理を示すには，空間のいくつかのクラスを関係付けたり特徴付けたりすることができるような，擬等長変換に関する自明でない不変量を特定しなければならない．多くの場合，こうした不変量は，代数的位相幾何学における道具を，連続写像ではなく擬等長写像に関してよく振る舞うように修正した結果から得られている．

9. 語の問題の幾何

組合せ群論における基本的決定問題に関連した幾何について，先に述べたコメントを説明するときが来た．もっぱら語の問題に対する幾何のみに焦点を絞ろう．

グロモフの充填定理は，**リーマン幾何** [I.3 (6.10 項)] における最小面積を持つディスク（2 次元有界閉領域）に関するきわめて幾何学的な研究と，代数または論理に属するように見える語の問題に関する研究の間の，驚くほど緊密な関連を表している．

幾何学的側面では，研究の基本的対象は完備リーマン多様体 M の等周関数 $\mathrm{Fill}_M(l)$ である．長さ l の可縮な閉路に対し，それを境界とするディスクのうち面積が最小のものがある．すべての長さ l の閉路に対するそのような面積のうち最大のものを $\mathrm{Fill}_M(l)$ と記す．すなわち，等周関数とは，任意の長さ l の閉路が面積高々 $\mathrm{Fill}_M(l)$ のディスクにより充填される性質が成立する最小の関数である．

ここで描くべきイメージは，石鹸の作る膜である．ユークリッド空間における長さ l の針金の輪をひねって石鹸水に漬けると，できあがる膜の面積は高々 $l^2/4\pi$ である．一方，同じ実験を**双曲空間** [I.3 (6.6 項)] で行うと，できあがる石鹸膜の面積は l の線形関数で抑えられる．これらの事実に対応して，$\mathbb{E}^n$ と $\mathbb{H}^n$（およびこれらの空間の等長変換群による剰余空間）の等周関数は，それぞれ 2 次と 1 次である．少しあとで，他の幾何（より正確にはコンパクトなリーマン多様体）を考えたときにどのような形の等周関数が現れるかを論じよう．

充填定理を述べるには，代数的側面も考える必要がある．ここでは，任意の有限表示群 $\Gamma = \langle A \mid R \rangle$ に対する語の問題への直接攻撃の複雑性を測る関数を特定する．語 w が Γ において単位元に等しいかどうかを知りたいが，群 Γ の本質に関して何の見通しもないときには，与えられた関係式 $r \in R$ を繰り返し挿入したり除いたりすることしかできない．

簡単な例 $\Gamma = \langle a, b \mid b^2a, baba \rangle$ を考えよう．この群では aba^2b は単位元を表す．どのようにこの事実を示そうか？　そう，次のように示すことができる．

$$
\begin{aligned}
aba^2b &= a(b^2a)ba^2b = ab(baba)ab \\
&= abab = a(baba)a^{-1} = aa^{-1} = 1
\end{aligned}
$$

さて，この証明をケイリーグラフを通じて幾何学的に考えよう．群 Γ において $aba^2b = 1$ であるから，このグラフにおいて単位元から出発して a, b, a, a, b とラベル付けられている辺をこの順にたどれば，閉路を得る（この場合，頂点 $1, a, ab, aba, aba^2, aba^2b = 1$ を訪れている）．証明における等号は，小さいループを付け加えたり取り除いたりしながら，この閉路を単位元まで「収縮」するための方法であると考えられる．たとえば，$baba$ は関係式なのだから辺の方向のリストに b, a, b, a を加えることもできるし，a, a^{-1} などの形の自明なループを除くこともできる．ケイリーグラフの小さいループそれぞれを**面**で充填して 2 次元複体とすれば，この収縮にはより位相幾何学的な特性が与えられる．このときには，元の閉路の収縮は，これらの面に沿って徐々に動かすことから構成されていると言える．

よって，語 w が単位元であることの証明の難しさは，w の面積（$\mathrm{Area}(w)$ と記す）に緊密に関係している．この面積は，代数的には，w を単位元に直すために取り除いたり挿入したりする必要がある関係式の列のうち最小のものと見なせるし，幾何学的には，w を表す閉路を充填するディスクを作るために必要な面の最小数と見なせる．

デーン関数 $\delta_\Gamma : \mathbb{N} \to \mathbb{N}$ は，$\mathrm{Area}(w)$ を語 w の長さ $|w|$ を用いて評価する．つまり，$\delta_\Gamma(w)$ とは Γ において 1 に等しいような長さ高々 n の語に対する面積の最大値である．デーン関数が急速に増大するならば語の問題は難しい．実際に単位元に等しい短い語は存在するが，その面積は大きいので，これらが単位元に等しいという証明はたいへん長くなるからである．デーン関数を抑える結果は，**等周不等式**と呼ばれる．

δ_Γ の右下の添字はいささか混乱を招く．というのは，同じ群の異なる表示からは，一般には異なるデーン関数が得られるからである．しかし，違いはきっちり統制されているので，この曖昧さは許容される．つまり，二つの有限表示を持つ群が同型であるか，または単に擬等長であるとしても，得られるデーン関数は同程度の増大性を持つのである．より正確には，これらの関数は，幾何学的群論においてときどき**標準同値関係**と呼ばれる関係“$\cong$”に関して**同値**である．ここで，二つの単調関数 $f,g:[0,\infty)\to[0,\infty)$ に対してある定数 $C>0$ が存在して，任意の $l\geq 0$ に対して $f(l)\leq Cg(Cl+C)+Cl+C$ であるとき，$f\preceq g$ と書き，$f\preceq g$ かつ $g\preceq f$ であるとき，$f\cong g$ と書く．また，この関係は $\mathbb{N}$ から $[0,\infty)$ への任意の関数に拡張される．

$\mathrm{Fill}_M(l)$ と $\delta_\Gamma(n)$ の定義の類似に読者は気づいただろうか？　充填定理はこれらを正確に結び付ける．それは，次のことを述べている．「M が滑らかなコンパクト多様体であれば，$\mathrm{Fill}_M(l)\cong\delta_\Gamma(l)$ である．ここで，Γ は M の基本群 $\pi_1(M)$ である」．

たとえば，$\mathbb{Z}^2$ はトーラス $T=\mathbb{R}^2/\mathbb{Z}^2$（ユークリッド幾何である）の基本群なので，$\delta_{\mathbb{Z}^2}(l)$ は 2 次関数である．

9.1　デーン関数とはどのようなものか？

語の問題の複雑度がリーマン幾何および組合せ幾何における等周問題の研究と関係していることを見てきた．そのような洞察は，この 15 年間，デーン関数の本質の理解に大きな進展をもたらした．たとえば，どのような数 ρ に対して n^ρ はデーン関数であるかと問うことができる．そのような数の集合は可算無限であることが示せる．この集合は**等周スペクトラム**（isoperimetric spectrum）として知られ，IP と記されるが，いまや，これについて大部分がよくわかっている．

多くの人々の研究を受けて，ブレイディ（Brady）とブリッドソンは，IP の閉包が $\{1\}\cup[2,\infty)$ であることを証明した．IP のより精密な構造は，ビルジェ（Birget），リップス（Rips），サピア（Sapir）がチューリング機械の時間関数を用いて記述した．上記の著者たちおよびオルシャンスキー（Ol′shanskii）は，有限生成群 Γ についての語の問題に対するどんなアプローチにも，その複雑度を理解する上で，デーン関数がいかに基本的であるかを説明した．すなわち，Γ に対する語の問題が NP であるのは，Γ が多項式デーン関数を持つ有限表示群の部分群であるとき，かつそのときに限る（ここで，NP とは有名な「$\mathcal{P}$ 対 $\mathcal{NP}$」予想における問題のクラスである．このクラスの記述については「計算複雑さ」[IV.20 (3 節)] を参照）．

IP の構造から明らかな質問が生じる．特別なものとして選び出された二つの群のクラス，すなわち 1 次と 2 次のデーン関数を持つ群について，何が言えるだろうか？　2 次のデーン関数を持つ群の真の本質は差し当たり曖昧なままであるが，1 次のデーン関数を持つ群には，美しく確定的な描写がある．つまり，これらは**双曲群**である．これについては次節で論じる．

すべてのデーン関数が n^α という形ではない．たとえば $n^\alpha\log n$ という形のデーン関数も存在するし，

$$\langle a,b\mid aba^{-1}bab^{-1}a^{-1}b^{-2}\rangle$$

のデーン関数のように，指数関数のいかなる回数の繰り返しより速く増大するものもある．Γ における語の問題が解決できないものならば，$\delta_\Gamma(n)$ はいかなる再帰関数よりも速く増加する（実際には，この性質がそのような群の定義となる）．

9.2　語の問題と測地線

リーマン多様体上の**閉測地線**とは，完全に滑らかな曲面上に置かれたゴムバンドが形作るループ（閉路）のように，距離を極小にするループのことである．球面上の大円や砂時計のくびれた腰回りなどの例が示すように，多様体は閉じた測地線で**零ホモトープ**なもの，すなわち 1 点に縮むまで連続的に動かせるものを含んでもよい．しかし，コンパクトな位相多様体で，その上にどのように距離を定めても常に零ホモトープな測地線が無限個存在するものは作れるだろうか？（技巧的には，測地線であるループを n 回まわせばまた測地線であるが，これは除いて「原始的な」測地線だけを数える）

純粋に幾何学的に見ると，これは恐ろしい問題である．というのは，特定の距離に関する情報はすべて剥ぎ落とされ，残されたしまりのない位相的対象上の任意の距離を扱わなければならないからである．しかし，群論は次のような解を与える．「基本群 $\pi_1(M)$ のデーン関数が 2^{2^n} 以上速く増大すれば，M 上の任意のリーマン距離に関して零ホモトープであるような閉測地線が無限個存在する」．この事実の証明は，ここで素描するには，あまりにも技巧的である．

10.　どのような群を研究すべきか？

ベキ零群，3 次元多様体の群，1 次のデーン関数を

持つ群，1個の基本関係式を持つ群など，いくつかの特別なクラスの群が，先の議論から現れた．ここで観点を変えて，有限生成群が形成する宇宙の探索に乗り出すときにどのような群が研究に登場するのか，最も簡単な例から問うことにしよう．

自明な群の次に最初に来るのは，もちろん有限群である．有限群は本書の他の多くの部分で論じられているので，以下では無視することにして，大域的な幾何学のアプローチをとる．ここでは，有限指数の部分群を共有する群の違いはぼやけている．

第1の無限群は間違いなく $\mathbb{Z}$ であるが，次に何が来るかに関しては議論の余地がある．可換であるという安全性を保ちたければ，有限生成可換群が次に来る．そしてゆっくりと可換性を放棄して増大性と構築性を統制しつつ，ベキ零群，多重巡回群，可解群そしてアメナブル（従順）群という次第に大きくなっていくクラスを通り抜けていく．グロモフの多項式増大度定理に関する議論において，ベキ零群にはすでに出会っている．ベキ零群とは多くの場面で可換群の自然な拡張として思いがけず出くわすし，この群については多くが知られている．理由はいろいろあるが，k 階ベキ零群であるような k に関する帰納法により，この群に関する多くの事実が証明できることが，主な理由である．G が有限生成可換群 G_i/G_{i+1} から非常に統制のとれたやり方で組み立てられるという事実も有用である．より大きい多重巡回群のクラスが類似のやり方で組み立てられる一方で，有限生成可解群は，有限生成とは限らない可換群から有限回のステップで組み立てられる．この最後のクラスは大きいばかりではなく，扱いにくい性質を持つ．同型問題は，たとえば多重巡回群に関しては解けるが，可解群に関しては解けない．定義により，群 G が可解であるとは，$G^{(0)}=G$，$G^{(n)}=[G^{(n-1)},G^{(n-1)}]$ により帰納的に定義される**導来列**が有限回で単位群になることである．

アメナビリティ（従順性）の名で知られる概念は，幾何と解析と群論の間の重要な繋ぎ役を果たす．可解群は従順群であるが，その逆は成り立たない．「有限表示群が従順であることは，その群が階数2の自由群を含まないことと同値である」という命題は完全に正しいわけではないが，初学者にとっては大雑把な指針となる．

さて，可換であるという安全性を捨てて，より冒険的な心持ちで $\mathbb{Z}$ に立ち戻ろう．代わりに着目するのは自由積である．このより自由なアプローチでは，宇宙で $\mathbb{Z}$ のあとに初めて現れるのは，有限生成自由群である．次は何だろう？ 幾何学的に考えると，自由群とはそのケイリーグラフが木であるような群にほかならない．この事実に注目すれば，そのケイリーグラフが木に類似した性質を持つような群はどのようなものかが問題となるだろう．

木の鍵となる性質は，その三角形がすべて退化していることである．つまり，木の任意の3点をとり，それらを最短の経路で結ぶと，これらの経路上のどの点も少なくとも一つの他の経路に含まれる．この性質は木が無限の負曲率を持つ空間であるという事実の明白な表明である．なぜそうなのかという感じを得るために，双曲平面 $\mathbb{H}^2$ のように有界な負曲率を持つ空間において距離を縮尺し直すとどうなるかを考えてみよう．標準的な距離関数 $d(x,y)$ を $(1/n)d(x,y)$ に取り替えて n を ∞ に近づけると，（微分幾何における古典的な意味での）この空間の曲率は $-\infty$ に近づく．これは三角形がどんどん退化していくように見えることと捉えられる．つまり，$n\to\infty$ につれて $\delta(n)\to 0$ となる定数 $\delta(n)$ が存在し，縮尺し直した双曲平面 $(\mathbb{H}^2,(1/n)d)$ における三角形のどの辺も，残り二つの辺の合併集合の $\delta(n)$ 近傍に含まれる．より砕けた言い方をすれば，$\mathbb{H}^2$ の三角形は一様に細く，距離を縮尺し直すにつれてどんどん細くなっていく．

この描写を心に抱けば，木から少し離れて，どのような群に対してそのケイリーグラフのすべての三角形が一様に細いのかと問うことができるだろう（細さを示す定数 δ は生成元集合を変えると変化するので，δ を特定することにはほとんど意味はない）．それは**グロモフの双曲群**である，というのが，この問いへの答えである．これは，多くの同値な定義を持ち，多くの局面に登場する，魅力的な群のクラスである．たとえば，すでに1次のデーン関数を持つ群のクラスとして，この群のクラスに出会っている（この二つの定義が同値であることは，まったく明らかではない）．

グロモフの偉大な洞察は，「細い三角形条件は，負に曲がった多様体の持つ大域的な幾何構造の本質を多く保持している．したがって，そのような空間上の等長変換として作用している群と双曲群は，豊富な性質を多く共有している」というものである．よって，たとえば双曲群では有限部分群の共役類は有限個しかなく，双曲群は $\mathbb{Z}^2$ のコピーを含まず，（トーション部分を処理すると）コンパクトな分類空間を持つ．双曲群に対する共役問題は 2 次式以下の多項式時間で解け，さらに，セラ（Sela）はトーションのない双曲群に関する同型問題さえも解決できることを示した．その多くの魅力的な性質と自然な定義に加えて，双曲群への興味のさらなる源は，「確率論的に正確な意味で，**ランダム有限表示群**（random finitely presented groups）は双曲群である」という事実である．

負および非正曲率の空間は，過去 20 年間，多くの数学分野で中心的な役割を果たしてきた．ここでこの主張の正当化を始める余裕はないが，これは双曲群の自然な拡張を求める場にわれわれを導く．すなわち，**非正に曲がった群**がほしい．これは，この群のケイリーグラフがある鍵となる幾何学的性質を持つものとして定義されるが，その性質は，非正曲率を持つ単連結空間からその等長変換のなすコンパクト群に遺伝したものである（いわゆる「CAT(0) 空間」である）．しかし，双曲群の場合と違って，こうして得られる群のクラスは，定義を少し変えるだけでかなり大きく変わる．得られたクラスとその（豊富な）性質を正確に述べることは，多くの研究の主題とされてきた．

負から非正曲率に移るときに付け加わる複雑さをよく示すのは，こうして現れるクラスの中で際立って重要な事実の一つである，いわゆる**コーマブル群**（combable group）においては同型問題は解決できないという事実である．

自由群に戻って，どのような双曲群が自由群のすぐ近くにあるかと問おう．驚くべきことに，この漠然とした質問には納得できる答えがある．

樹木的群論の大きな功績の一つは，任意の有限生成群 G から自由群 F への準同型写像の集合 $\mathrm{Hom}(G,F)$ の有限的記述が存在することの証明である．この記述の基本的な組立ブロックは，セラが**極限群**と呼んだものである．極限群を定義する多くの方法の一つは，L が次の性質を持つことを利用するものである．「それぞれの有限部分集合 $X \subset L$ に対して L からある有限生成自由群への準同型写像で X 上単射となるものがある」．

自由群と正確な意味で類似した **1 階論理** [IV.23 (1 節)] を持つ群として，極限群を定義することもできる．群について自明でないことを示す目的で，1 階論理がどのように使えるかを見るために，次の文を考える．

$$\forall x,y,z$$
$$(xy \neq yx) \vee (yz \neq zy) \vee (xz = zx) \vee (y = 1)$$

この性質を満たす群を**可換推移的**という．x が $y \neq 1$ と可換であり，y が z と可換であれば，x は z と可換である．自由群と可換群はこの性質を持つが，たとえば非可換自由群の直積はこの性質を持たない．

自由可換群が極限群であることは，簡単に確認できる．しかし，自由群と正確に同じ 1 階の論理を持つ群に注意を制限すれば，双曲群のみからなる，より小さなクラスを得る．このクラスの群は，現在熱心に精査されている題材である．それらはすべて，グラフと双曲的曲面から階層的に構成される，負に曲がった 2 次元の分類空間を持つ．種数 $g \geq 2$ の閉曲面の基本群 Σ_g は，このクラスに入る．このことは，自由でない群のうちで自由群 F_n に最も類似しているのは Σ_g であるという，組合せ群論における伝統的な意見を裏付けている．

この意見と先の議論を合わせると，群 $\mathbb{Z}^n$，自由群 F_n，そして群 Σ_g が最も基本的な無限群であるという見解に達する．このことにより，これらの群の自己同型群を含む，豊かな発想の連なりが始まる．特に，これらの群の外部自己同型群 $\mathrm{GL}_n(\mathbb{Z})$, $\mathrm{Out}(F_n)$, $\mathrm{Mod}_g \cong \mathrm{Out}(\Sigma_g)$（写像類群）の間には驚くべき平行性が存在する．これら三つの群のクラスは，幅広い種類の数学を横切って基本的な役割を演じる．以上において，筆者は次の点を主張するために，これらの群について述べてきた．群の自然なクラスに関する知識の探求を越えて，群論にはそれ自身深く透徹した研究に値する確かな「宝石」が存在する．他方ではコクセター群（一般化された鏡映群であり，Γ_Δ はその祖形である）やアルティン群（特に**組ひも群** [III.4] だが，数学の多くの分野でこの群にも思いがけず出会う）もこの範疇に属すると示唆する人もいるだろう．

この最終節では，読者に群のクラスを矢継ぎ早に投げつけた．それでもなお，まったく触れずに終わった魅力ある群のクラスや重要な話題が数多く存在する．しかし，そうでなければならない——ヒグマンの定理が保証するように，有限表示群のもたらす難問，喜び，そして挫折は，決して尽くすことができないのだから．

文献紹介

Bridson, M. R., and A. Haefliger. 1999. *Metric Spaces of Non-Positive Curvature*. Grundlehren der Mathematischen Wissenschaften, volume 319. Berlin: Springer.

Gromov, M. 1984. Infinite groups as geometric objects. in *Proceedings of the International Congress of Mathematicians, Warszawa, Poland, 1983*, volume 1, pp. 385–92. Warsaw: PWN.

Gromov, M. 1993. Asymptotic invariants of infinite groups. in *Geometric Group Theory*, volume 2. London Mathematical Society Lecture Note Series, volume 182. Cambridge: Cambridge University Press.

Lyndon, R. C., and P. E. Schupp. 2001. *Combinatorial Group Theory*. Classics in Mathematics. Berlin: Springer.

IV. 11

調和解析

Harmonic Analysis

テレンス・タオ［訳：石井仁司］

1. はじめに

解析学の主要な部分は，一般的なクラスの**関数** [I.2 (2.2 項)] と**作用素** [III.50] の研究を中心に展開していく．ここで関数と言うとき，それは主に実数値あるいは複素数値のものを意味する．もちろん，時に，**ベクトル空間** [I.3 (2.3 項)] あるいは**多様体** [I.3 (6.9 項)] のような集合に値をとるものも考える．作用素も確かに関数であるが，「次のレベル」に属するものである．なぜなら，その定義域と値域がすでに関数の空間であるからである．すなわち，作用素とは関数（あるいは，二つ以上の関数）を入力とし，出力として変換された関数を返すものである．調和解析は，特にこのような関数の定量的性質と，この関数にいろいろな作用素が作用したときに定量的性質がどのように変化するかに焦点を当てる[*1)]．

さて，関数の「定量的性質」とは何だろうか？　二つの例を取り上げる．第一に，関数は，すべての x に対して $|f(x)| \leq M$ が成り立つようなある実数 M が存在するときに，**一様有界**であると言われる[*2)]．二つの関数 f と g が「一様に近い」ということがわかれば都合が良いことがある．この意味は，二つの差 $f-g$ が小さい M によって，一様に有界になることである．第二の例として，関数は積分 $\int |f(x)|^2 \mathrm{d}x$ が有限であるとき，**2 乗可積分**と呼ばれる．**ヒルベルト空間** [III.37] の理論を使って解析できるので，2 乗可積分関数は重要である．

調和解析における典型的な問題の一つは，次のものである．関数 $f : \mathbb{R}^n \to \mathbb{R}$ が 2 乗可積分であり，その勾配 ∇f が存在し，すべての ∇f の n 個の成分が 2 乗可積分であるとする．このとき，f は一様有界だろうか？（答えは，$n=1$ であれば Yes だが，$n=2$ となると，もはや No である．これは**ソボレフの埋蔵定理**の特別な場合である．この定理は**偏微分方程式** [IV.12] の解析において基本的な役割を果たしている）．これが Yes であるとして，どのような精密な上界を得ることができるだろうか？　すなわち，$|f|^2$ と $|(\nabla f)_i|^2$ の積分の値が与えられたとき，f の一様上界 M についてこれから何が言えるだろうか？

実関数や複素関数は，もちろん数学の中でも特に身近なものであり，高校数学でもお目にかかる．多くの場合に，多項式，指数関数，三角関数，あるいはその他の具体的かつ陽的に定義された関数などの**特殊関数** [III.85] がまず取り扱われる．このような関数の大部分は，豊かな代数的かつ幾何学的な構造を持ち，こうした関数に対する問題は，代数や幾何の手法できっちりと解ける．

しかしながら，多くの数学を展開する中で，陽的な公式では与えられていない関数を扱わなければならない状況が起こる．たとえば，常微分方程式や偏微分方程式の解が（よく知られた多項式，**指数関数** [III.25]，**三角関数** [III.92] などの関数の合成関数のように）具体的に代数的な形式に書き表すことができな

*1) 厳密に言えば，本章は実変数関数の調和解析についての説明である．一方，抽象調和解析と呼ばれる別の分野があり，そこでは（多くの場合，非常に一般的な定義域を持つ）実数値または複素数値関数が（定義域の持つ）平行移動や回転といった対称性に基づいて，たとえば，フーリエ変換あるいは類似の変換を通して研究される．この分野は，もちろん実変数関数の調和解析にも関連しているが，その精神は表現論と関数解析により近いと思われる．抽象調和解析については本章では議論しない．

*2) ［訳注］通常は，「一様有界」の代わりに単に「有界」と言われる．

いことはよくあることである．このような場合，関数をどのように捉えればよいだろうか？ その答えは，この関数の「性質」に焦点を当て，その性質から何を引き出せるかを調べることである．たとえ微分方程式の解が便利な公式で書き表されていなくても，この解に関するある種の基本的なことが調べられる可能性は十分にあり，これを使っておもしろい結論を引き出すことは可能であろう．いくつかの着目すべき性質として，可測性，有界性，連続性，微分可能性，滑らかさ，解析性，可積分性，無限遠方での急減少性などが挙げられる．こうして，関数の注目すべき**一般的クラス**を考えることになる．このクラスを決めるためには，まず関数の性質を一つ定め，この性質を持つ関数全体を考えればよい．一般的な言い方をすれば，個々の関数よりもこのような関数の一般的なクラスを取り扱うことが，解析学ではずっと大事なことである（「関数空間」[III.29] も参照）．

このアプローチは，具体的な公式で表された確かな構造を持つ一つの関数を調べるときでも実に有用である．このような構造と公式を完全に代数的に利用することは必ずしも簡単ではないし，実際に無理かもしれない．その場合には，代わりに（少なくとも部分的には）解析的な道具に頼らなければならないことになる．この典型的な例は**エアリー関数**

$$\mathrm{Ai}(x) = \int_{-\infty}^{\infty} \mathrm{e}^{\mathrm{i}(x\xi+\xi^3)}\mathrm{d}\xi$$

である．この関数はある種の積分として具体的に定義されているが，広義積分 $\mathrm{Ai}(x)$ は常に収束するか，あるいはこの積分は $x \to \pm\infty$ とするとき 0 に収束するかといった基本的な問いに答えようとするとき，最も簡単な方法は調和解析の道具を使って考えることであろう．この場合には，**停留位相の原理**として知られる方法を使うことができ，上に挙げた二つの問いに肯定的に答えることができる．そればかりか，かなり衝撃的な事実として，エアリー関数は $x \to +\infty$ のときにほとんど指数的な速さで減衰し，$x \to -\infty$ のとき高々多項式的な速さで減衰する．

解析学の一つの分野として，調和解析は上に述べたような定性的性質ばかりでなく，これらの性質に関する**定量的な上界**にも関わる．たとえば，関数 f が有界であることに加えて，*いかに*有界であるかを追求する——すべての（あるいは，ほとんどすべての）$x \in \mathbb{R}$ に対して $|f(x)| \leq M$ となる最小の M は何か．この最小値は f の**上限ノルム**あるいは **L^∞ ノルム**として知られており，$\|f\|_{L^\infty}$ と表記される．一方，f が 2 乗可積分であると仮定する代わりに，**L^2 ノルム** $\|f\|_{L^2} = (\int |f(x)|^2\mathrm{d}x)^{1/2}$ を導入して，このことを定量的に捉えることができる．より一般に，$0 < p < \infty$ として，p 乗可積分性を **L^p ノルム**[*3)] $\|f\|_{L^p} = (\int |f(x)|^p\mathrm{d}x)^{1/p}$ を使って定量化することができる．同様に，すでに述べたものなど，大部分の定性的性質は，さまざまな**ノルム** [III.62] を使うことによって，非負の数値（あるいは $+\infty$）を対応させて定量化することができる．すなわち，このノルムによって関数の一つの特性の大小が測定できる．調和解析における重要さから離れても，このようなノルムに関連する定量的な評価は，たとえば数値的アルゴリズムの誤差解析を行う際のように，応用数学でも役立つものである．

関数は普通は無限自由度を持つので，一つの関数に対するノルムとしても，無限にたくさんのものが考えられる．すなわち，一つの関数がどれほど大きいかを定量化する多様な方法がある．このようなノルムは，二つ選んだときに互いに劇的に大きく異なる可能性がある．たとえば，関数 f がごく限られた範囲で大きな値をとり，したがって，そのグラフは背が高く，しかも細く尖っているとすれば，この関数の L^∞ ノルムは非常に大きいが，L^1 ノルム $\int |f(x)|\mathrm{d}x$ はごく小さいということになる．逆に，f がとても幅広に広がっているとすれば，$|f(x)|$ がすべての x に対して小さいにもかかわらず，その $\int |f(x)|\mathrm{d}x$ が非常に大きいということが起こりうる．このような関数は大きい L^1 ノルムと，小さい L^∞ ノルムを持つ．L^2 ノルムが，L^1 ノルムと L^∞ ノルムのどちらかと極端に異なった振る舞いをする例を作ることができる．しかし，これらの二つのノルムに比べて，L^2 ノルムは「中間」にあることがわかる．その意味は，L^1 ノルムと L^∞ ノルムの両方がコントロールされたとき，L^2 ノルムも自動的にコントロールされるということである．直観的には，この理由は，L^∞ ノルムがあまり大きくなければ細く尖った関数が排除され，L^1 ノルムが小さければ幅広の関数が排除されるためである．この結果残るのは，中間の L^2 ノルムに対しておとなしく振る舞う関数だけになる．より定量的に言えば，不等式

*3) ［訳注］$0 < p < 1$ の場合には，ノルムではなく，準ノルムである．

$$\|f\|_{L^2} \leq \|f\|_{L^1}^{1/2}\|f\|_{L^\infty}^{1/2}$$

が成り立つということである．これは次の自明な代数的事実から容易にわかる．もし $|f(x)| \leq M$ ならば，$|f(x)|^2 \leq M|f(x)|$ である．この不等式は**ヘルダーの不等式** [V.19] の特別な場合であり，これは調和解析における基本的な不等式の一つである．両方の「端」にあるノルムをコントロールすれば，自動的に「中間」のノルムもコントロールされるという考え方は，途方もなく一般化されて，**補間法**と呼ばれる非常に強力で便利な方法を与えている．この方法は，この分野のもう一つの基本的な道具となっている．

一つの関数とそのすべてのノルムを調べることは，いずれ退屈になる．数学のほとんどすべての分野は，その対象とするものを考えるだけでなく，これらの対象間の**写像**を考えるとき，ずっとおもしろくなる．今の場合には，問題とする対象は関数であり，最初に述べたように，関数を関数に移す写像は**作用素**と言われる（ある状況では，**変換** [III.91] とも呼ばれる）．作用素は相当に複雑な数学的対象に見えるかもしれない．その入力と出力はそれぞれに関数であり，この関数のほうは入力と出力として普通の数が対応する．しかし，作用素は実に自然な概念であり，関数を変換するという状況はよく起こることである．たとえば，微分操作は作用素と見ることができる．これは関数 f をその導関数 $\mathrm{d}f/\mathrm{d}x$ に移す．この作用素はよく知られた（右）逆作用素[*4)]としての**積分**を持つ．これは f に対して次のような関数 F を対応させる．

$$F(x) = \int_{-\infty}^{x} f(y)\mathrm{d}y$$

それほど自明ではない例で，特に大切なものは，**フーリエ変換** [III.27] である．これは f を公式

$$\hat{f}(x) = \int_{-\infty}^{\infty} \mathrm{e}^{-2\pi \mathrm{i}\, xy} f(y)\mathrm{d}y$$

で与えられる $\hat{f}$ に移す．二つあるいはそれ以上の個数の入力を持つ作用素も大事である．特によく現れるこのような例を二つ挙げる．それは，各点ごとの積と**畳み込み**である．当たり前ではあるが，f と g を二つの関数とするとき，各点ごとの積 fg は，式

$$(fg)(x) = f(x)g(x)$$

で定義される．畳み込みは $f * g$ と表記され，次のように定義される．

$$f * g(x) = \int_{-\infty}^{\infty} f(y)g(x-y)\mathrm{d}y$$

以上は注目すべき作用素のほんの一握りの例である．もともとの調和解析の目的は，フーリエ解析，実解析，複素解析に関連した作用素を理解することであった．しかしながら，今日この分野は大きく発展し，調和解析の方法ははるかに多様な作用素の研究に向けられている．たとえば，線形あるいは非線形偏微分方程式の解は，初期条件をある作用素で移したものと見ることができるので，この解を理解するために著しい貢献を果たしている．また，解析的，組合せ的整数論においても，指数和のようないろいろな式表現に現れる振動を理解する必要がある状況で非常に役立っている．調和解析は幾何学的測度論，確率論，エルゴード理論，数値解析，微分幾何学に登場する作用素を解析するために応用されている．

調和解析における第一の関心事は，一般の関数に働く上に挙げたような作用素の効果に関する定性的かつ定量的な情報を得ることである．定量的な評価の典型例として不等式

$$\|f * g\|_{L^\infty} \leq \|f\|_{L^2}\|g\|_{L^2}$$

がある．これはすべての $f, g \in L^2$ に対して成立する．この結論は**ヤングの不等式**の特別な場合に対応するが，その証明は簡単で，$f * g(x)$ の定義に**コーシー–シュワルツの不等式** [V.19] を適用するだけで得られる．これの帰結として，L^2 の二つの関数の畳み込みは必ず連続であるという定性的性質を導くことができる．後のためにも，この証明のあらすじを簡単に述べる．

L^2 の関数に関する基本事実として，いかなる L^2 の関数 f に対しても，これを十分に（L^2 のノルムで）良く近似する連続な関数 $\tilde{f}$ でしかも**コンパクトな台**を持つものがあることが知られている（この台に関する条件は，$\tilde{f}$ がある区間 $[-M, M]$ の外側では値 0 をとるというものである）．二つの L^2 の関数 f, g が与えられたとき，$\tilde{f}$ と $\tilde{g}$ をこのような近似とする．$\tilde{f} * \tilde{g}$ が連続であることを確かめるのは，実解析の簡単な演習問題である．さらに，上の不等式から $\tilde{f} * \tilde{g}$ と $f * g$ は L^∞ ノルムにおいて近い．このことは

$$f * g - \tilde{f} * \tilde{g} = f * (g - \tilde{g}) + (f - \tilde{f}) * \tilde{g}$$

からすぐにわかる．したがって，$f * g$ は連続関数で

*4) ［訳注］右逆元ともいう．

L^∞ ノルムに関して任意に近似できる．実解析の基礎の標準的な定理（連続関数列の一様極限は連続関数である）によれば，$f * g$ は連続関数である．

調和解析によく現れるものであるが，上の議論の一般的な構造として，まず，証明したい結論が簡単に確かめられるような「簡単な」関数のクラスを見つけ出し，次に，もっとずっと広いクラスの任意の関数が，この簡単な関数によって適当な意味で近似できることを示す．最後に，この情報を使って，この広いクラスの関数のすべてに結論が成り立つことを見る．取り上げた例では，有限な台[*5)]を持つ連続関数が簡単な関数に相当し，広いクラスの関数が2乗可積分関数に相当し，適当な意味の近似が L^2 ノルムでの近似に相当している．

次の節では，作用素の定性的解析および定量的解析のいくつかの例をさらに取り上げる．

2. 例：フーリエ級数

定量的結果と定性的結果の相互の役割を見るために，フーリエ級数の基本的な理論のいくつかをざっと見てみよう．この部分は，歴史的に調和解析の研究の主要な動機の一つであった．

この節では，2π 周期の周期関数 f を考える．すなわち，すべての x に対して $f(x+2\pi) = f(x)$ が成り立つとする．このような関数の例として，$f(x) = 3 + \sin(x) - 2\cos(3x)$ があるが，これは $\sin(nx)$ および $\cos(nx)$ の形の関数の線形1次結合として表されている．このような関数は**三角多項式**と呼ばれる．ここで用いられた「多項式」という言葉は，このような関数が $\sin(x)$ と $\cos(x)$ の多項式に表されるからである．もう少し便利な方法としては，$\mathrm{e}^{\mathrm{i}x}$ と $\mathrm{e}^{-\mathrm{i}x}$ の多項式として表す方法がある．すなわち，このような関数は，適当な N と係数 $\{c_n : -N \leq n \leq N\}$ に対して $\sum_{n=-N}^{N} c_n \mathrm{e}^{\mathrm{i}nx}$ と表される．一方，もし f がこのように表されるとすれば，係数 c_n を求めることは簡単で，公式

$$c_n = \frac{1}{2\pi}\int_0^{2\pi} f(x)\mathrm{e}^{-\mathrm{i}nx}\mathrm{d}x$$

で与えられる．

無限の線形結合まで許すとして，上に述べたようなことがずっと広範な関数のクラスで成り立つという事実は注目すべきことであり，かつ重要なことである．連続な周期関数 f を考えよう（あるいは，連続性よりも一般的にして，f が絶対可積分であるとしてもよい．この意味は，0 から 2π までの $|f(x)|$ の積分が有限であることである）．このとき，f のフーリエ係数 $\hat{f}(n)$ は

$$\hat{f}(n) = \frac{1}{2\pi}\int_0^{2\pi} f(x)\mathrm{e}^{-\mathrm{i}nx}\mathrm{d}x$$

と定義することができる．これは上の c_n に対する公式と同じものである．上の三角多項式の例は，より一般に

$$f(x) = \sum_{n=-\infty}^{\infty} \hat{f}(n)\mathrm{e}^{\mathrm{i}nx}$$

という等式が成り立つに違いないと思わせる．これは，いわば「無限次の三角多項式」である．しかし，これはいつでも成り立つわけでなく，成り立つときに限ってすら，その正当化や無限和の意味付けには相当な労力を要する．

問題を正確に記述するために，各自然数 N に対してディリクレ総和作用素 S_N を導入する．これは関数 f を $S_N f$ に移すものであり，その定義は公式

$$S_N f(x) = \sum_{n=-N}^{N} \hat{f}(n)\mathrm{e}^{\mathrm{i}nx}$$

で与えられる．問題は，$N \to \infty$ のときに，$S_N f$ が f に収束するかどうかである．この答えは驚くほど複雑である．答えは関数 f にどのような仮定を置くかだけでなく，「収束」をどのように定義するかに決定的に依存する．たとえば，f が連続であると仮定して，一様収束するかと問えば，その答えは完璧に否となる．ある関数 f が存在し，この関数に対して $S_N f$ は f に各点収束しない．しかしながら，もっと弱い収束について問えば，答えは Yes となり，任意の $0 < p < \infty$ に対して，L^p の位相において f に必ず収束する．それから，各点収束はしないかもしれないが，ほとんどすべての点で収束する．すなわち，$S_N f(x)$ が $f(x)$ に収束しないような x の集合の**測度** [III.55] は 0 である．f が単に絶対可積分であると仮定すると，部分和 $S_N f$ がすべての点で発散し，同時にすべての $0 < p \leq \infty$ に対して，L^p 位相において発散することも起こりうる．このような結果の多くの証明は，調和解析の非常に定量的な結果に完全に依存しており，特に，ディリクレ和 $S_N f(x)$ や，これに密接に関連した，f に $\sup_{N>0} |S_N f(x)|$ を対応させる最大作用素のいろいろな L^p 評価などに依

---

*5) ［訳注］「コンパクトな台」のことを「有限な台」とも言い表す．

存している．

このような結果を証明することは難しすぎるかもしれないので，まずは，ディリクレ総和の作用素 S_N をフェイエ総和の作用素 F_N に置き換えた，より簡単な結果を議論する．各 N に対して，作用素 F_N は最初の N 個のディリクレ作用素の平均である．すなわち，公式

$$F_N = \frac{1}{N}(S_0 + \cdots + S_{N-1})$$

で与えられる．$S_N f$ が f に収束するならば，$F_N f$ が f に収束することは容易に証明できる．しかしながら，$S_N f$ が f に収束しないときでも，$S_N f$ を平均化すると，打ち消し合いを起こして，$F_N f$ は f に収束することがありうる．実際に，f が連続で周期的ならば $F_N f$ が f に収束することの証明の概要を，ここで与える．すでに見たように，この収束性は $S_N f$ についてはあり得ないことである．

以下の議論は，その基本構成において，L^2 の二つの関数の畳み込みが連続であることを示したときに使ったものと同じである．まず，f が三角多項式の場合には，ある番号以降の N に対して $S_N f = f$ となるので，この場合に結論を示すことは簡単である．次に，ワイエルシュトラスの近似定理を利用する．この定理によれば，すべての連続な周期関数 f は三角多項式で一様に近似できる．すなわち，任意の $\varepsilon > 0$ に対して，$\|f - g\|_{L^\infty} < \varepsilon$ が成り立つような三角多項式 g が存在する．N が大きいときに $F_N g$ が g に近いことは（g が三角多項式だから）すでに知っているので，同じことが f に対しても成り立つと言いたい．

このために，まず三角関数に対する通常の計算により，等式

$$F_N f(x) = \int_{-\pi}^{\pi} \frac{\sin^2(\frac{1}{2}Ny)}{N\sin^2(\frac{1}{2}y)} f(x-y)\mathrm{d}y$$

を示す．以下の議論では，この表現の正確な形よりも関数

$$u(y) = \frac{\sin^2(\frac{1}{2}Ny)}{N\sin^2(\frac{1}{2}y)}$$

の次の二つの性質が重要になる．その一つは $u(y)$ は常に非負であること，もう一つは $\int_{-\pi}^{\pi} u(y)\mathrm{d}y = 1$ が成り立つことである．これらの二つの事実より，次のことが結論できる．

$$F_N h(x) = \int_{-\pi}^{\pi} u(y)h(x-y)\mathrm{d}y$$

$$\leq \|h\|_{L^\infty} \int_{-\pi}^{\pi} u(y)\mathrm{d}y = \|h\|_{L^\infty}$$

すなわち，すべての有界関数 h に対して，$\|F_N h\|_{L^\infty} \leq \|h\|_{L^\infty}$ が成り立つ．

この結果を応用するには，三角多項式 g を $\|f - g\|_{L^\infty} \leq \varepsilon$ ととり，$h = f - g$ とおく．このとき，$\|F_N h\|_{L^\infty} = \|F_N f - F_N g\|_{L^\infty} \leq \varepsilon$ が成り立つ．すでに述べたことであるが，N を大きくとれば，$\|F_N g - g\|_{L^\infty} \leq \varepsilon$ となる．そこで，**三角不等式** [V.19] を用いれば，

$$\|F_N f - f\|_{L^\infty} \leq \|F_N f - F_N g\|_{L^\infty} + \|F_N g - g\|_{L^\infty} + \|g - f\|_{L^\infty}$$

を得る．この右辺の各項はその大きさが高々 ε であり，したがって，$\|F_N f - f\|_{L^\infty} \leq 3\varepsilon$ が示される．ε は任意に小さくすることができるので，$F_N f$ が f に収束することがわかる．

同様な議論（三角不等式の代わりに，**ミンコフスキーの積分不等式** [V.19] を用いる[*6)]）により，すべての $1 \leq p \leq \infty$ に対して $\|F_N f\|_{L^p} \leq \|f\|_{L^p}$ が成り立つことを示すことができる．これより，上の議論を少し変更して，すべての $f \in L^p$ に対して，$F_N f$ が L^p の位相で f に収束することを示すことができる．もう少しレベルの高い定理として，すべての $1 < p \leq \infty$ に対して，定数 C_p が存在して，$\|\sup_N |F_N f|\|_{L^p} \leq C_p \|f\|_{L^p}$ がすべての $f \in L^p$ に対して成立するというものがある．これを用いると，すべての $1 < p \leq \infty$ に対して，ほとんど至るところで $F_N f$ は f に収束することが証明できる．この議論を少し変更することで，単に f の絶対可積分性を仮定するだけで，端点の場合[*7)]を扱うことができる．これに関しては，本章の最後にある**ハーディ–リトルウッドの最大不等式**に関する議論を参照され

*6)　［訳注］ここの説明はややわかりにくい．ミンコフスキーの積分不等式の特別な場合として，$1 \leq p < \infty$ であり，f が $\mathbb{R}^2$ 上の可測関数であれば，次の不等式が成り立つ．

$$\left(\int_{\mathbb{R}} \left|\int_{\mathbb{R}} f(x,y)\mathrm{d}y\right|^p \mathrm{d}x\right)^{1/p} \leq \int_{\mathbb{R}} \left(\int_{\mathbb{R}} |f(x,y)|^p \mathrm{d}x\right)^{1/p} \mathrm{d}y$$

この不等式に $f(x,y) = u(y)h(x-y)$ を代入すれば，$\|F_N h\|_{L^p} \leq \|h\|_{L^p}$ が得られる．$f(x,y) = f_1(x)$ $(0 \leq y < 1)$，$f(x,y) = f_2(x)$ $(1 \leq y < 2)$，$f(x,y) = 0$ $(y \geq 2$ または $y < 0)$ ととれば，$\|\cdot\|_{L^p}$ に対する三角不等式 $\|f_1 + f_2\|_{L^p} \leq \|f_1\|_{L^p} + \|f_2\|_{L^p}$ が得られる．

*7)　［訳注］$p = 1$ の場合を指す．

たい．

ここで簡単にディリクレ総和に話を戻そう．調和解析におけるいくつかの洗練された技法を使って，$1 < p < \infty$ のときに，ディリクレ作用素 S_N が L^p で N に一様に有界であることが示されている．言い換えると，この範囲の p に対して，正の実数 C_p が存在して，すべての $f \in L^p$ とすべての非負の整数 N に対して $\|S_N f\|_{L^p} \leq C_p \|f\|_{L^p}$ が成り立つ．この結果として，すべての $f \in L^p$ と $1 < p < \infty$ を満たすすべての p に対して，$S_N f$ が f に L^p の位相で収束することが示される．しかしながら，端点 $p = 1$ あるいは $p = \infty$ の場合には，S_N に対するこのような定量的評価は成り立たない．このことから，この両端点において（反例を具体的に構成するか，あるいは**一様有界性の原理**のような一般的な結果を使って）収束が言えないこともわかる．

$S_N f$ が f にほとんど至るところで収束するかどうかを考える．ほとんど至るところでの収束は，$p < \infty$ のときに L^p において収束したことからわかるものではない．したがって，上に述べた結論を使って，証明するわけにはいかない．これはもっとずっと難しい問題であり，有名な未解決問題の一つであったが，最終的に，**カールソンの定理** [V.5] とハントによるその一般化によって解決された．カールソンは $p = 2$ の場合に $\|\sup_N |S_N f|\|_{L^p} \leq C_p \|f\|_{L^p}$ の形の評価を証明し，ハントは $1 < p < \infty$ の範囲のすべての p へとこれを拡張した．この結果から，$1 < p \leq \infty$ のときに，L^p 関数のディリクレ総和がほとんど至るところで収束することがわかる．一方，この評価は端点 $p = 1$ の場合には成り立たない．実際，**コルモゴロフ** [VI.88] による絶対可積分な関数の例があって，この関数のディリクレ総和はすべての点で発散する．これらの結果を得るには，調和解析の理論の多くのことが必要になる．特に，ハイゼンベルクの不確定性原理を念頭に置きながら，空間変数と周波数変数の両者に関する幾多の分割を必要とする．そのあとで，直交性のいろいろな形の出現を利用しながら，各部分を注意深くまとめ上げる．

要約すると，各種の作用素に対する L^p 評価のような定量的評価は，ある種の級数や列の収束のような定性的な結果を確立する重要な道筋を与える．実際，いくつもの原理（特に，一様有界性の原理，および**スタインの最大原理**として知られる結果）があって，それが主張することには，ある状況下においてはこの道筋だけに限られることになる．つまり，定性的な結果が正しいときには，定量的な評価が必ず存在する．

3. 調和解析の一般的なテーマの中から：分割，振動そして幾何

調和解析の方法の一つの特徴は，**大域的**というよりは**局所的**な傾向にあることである．たとえば，関数 f を解析するときに，この関数を和 $f = f_1 + \cdots + f_k$ に分割し，一つ一つの関数 f_i の台（$f_i(x) \neq 0$ となる x の値の集合）が小さい直径を持つようにすることをよく行う．これは**空間変数**に関する局所化と呼ぶことができる．f のフーリエ変換 $\hat{f}$ に同様な操作を行うことは，周波数空間における局所化と呼ばれる．f をこのように分割し，部分部分を個々に評価し，その後一つにまとめる．この「分割統治」作戦を行う理由の一つは，典型的な関数 f はいろいろな特徴を備えているので，たとえば，ある場所では強い「尖り」「不連続性」「高周波性」を持ちつつ，別の場所では「滑らかさ」や「低周波性」を持つということが起こるので，これらの特徴のすべてを一気に取り扱うことは難しいからである．関数 f の分割をうまくとれば，このような特徴を一つ一つ切り離すことができ，それぞれの分割された成分は，取り扱いが厄介だった種々の特徴の一つだけを持つようになる――尖った部分は一つの f_i の特徴となり，高周波部分はもう一つの f_i の特徴となり，というように．評価をまとめ上げるには，三角不等式のような粗い道具を用いるものから，ある種の直交性に依拠するもの，あるいはまた，各成分を扱いやすいいくつかの塊に束ねる巧妙なアルゴリズムなどのような，より洗練された方法を用いるものがある．この分割法（特に，巧妙に工夫されたものを除いて）の主要な欠点は，あまり最適と言えないような上界を与える点である．しかし，多くの場合に，最適の上界でなく，その定数倍のもので十分に役に立つ．

分割法の簡単な例を与えよう．関数 $f : \mathbb{R} \to \mathbb{C}$ のフーリエ変換 $\hat{f}(\xi)$ を考える．（適当に良い関数 f に対して）これは公式

$$\hat{f}(\xi) = \int_{\mathbb{R}} f(x) \mathrm{e}^{-2\pi \mathrm{i} x\xi} \mathrm{d}x$$

で与えられる．f の大きさに関する与えられた情報

から，適当なノルムで測った $\hat{f}$ の大きさについて何が言えるかと考えてみよう．

この疑問に対する簡単な知見として，次の二つがある．まず，$\mathrm{e}^{-2\pi \mathrm{i} x\xi}$ の絶対値はいつでも 1 だから，$|\hat{f}(\xi)|$ は高々 $\int_{\mathbb{R}}|f(x)|\mathrm{d}x$ である．これから，少なくとも $f \in L^1$ であれば，$\|\hat{f}\|_{L^\infty} \leq \|f\|_{L^1}$ が成り立つ．特に，$\hat{f} \in L^\infty$ である．次に，フーリエ解析における非常に基本的なプランシュレルの定理によれば，$f \in L^2$ のとき，$\|\hat{f}\|_{L^2}$ は $\|f\|_{L^2}$ に等しい．したがって，f が L^2 に属するならば，$\hat{f}$ も同様である．

f が中間の L^p 空間に入っている場合にどうなるかを考えてみよう．言い換えると，$1 < p < 2$ であればどうなるかを考える．L^p は L^1 にも L^2 にも含まれないので，上述の結果を直接には使うことができない．そこで，一つの $f \in L^p$ をとって，何が難点であるかを考える．f が L^1 に属さない理由は，減衰の仕方がゆっくりすぎるところにある．たとえば，関数 $f(x) = (1+|x|)^{-3/4}$ は $1/x$ よりも，$x \to \infty$ のときゆっくりと減衰するので，積分は発散する．しかしながら，f を $3/2$ 乗すると関数 $(1+|x|)^{-9/8}$ が得られるが，この関数は積分が有限になるのに十分なだけの速さで減衰する．すなわち，$f \in L^{3/2}$ である．同様な例を考えることにより，f があるところで無限大に発散し，その発散の仕方は $|f|^p$ の積分が有限になる程度にゆっくりであり，一方，$|f|^2$ の積分は有限になるほどでないことがありうる．

この二つの理由は完全に異なるものであることに注意する．したがって，f を大きい部分と小さい部分の二つに分割することが考えられる．すなわち，閾値 λ を適当に導入して，$|f(x)| < \lambda$ のときには $f_1(x) = f(x)$，$|f(x)| \geq \lambda$ のときには $f_1(x) = 0$ とおいて $f_1(x)$ を定義し，また，$|f(x)| \geq \lambda$ のときには $f_2(x) = f(x)$，そうでないときには $f_2(x) = 0$ とおいて $f_2(x)$ を定義する．このとき，$f_1 + f_2 = f$ であり，f_1 と f_2 はそれぞれ「小さい部分」と「大きい部分」である．

すべての x に対して $|f_1(x)| < \lambda$ であるから，

$$|f_1(x)|^2 = |f_1(x)|^{2-p}|f_1(x)|^p \leq \lambda^{2-p}|f_1(x)|^p$$

となり，したがって，f_1 は L^2 に属する．さらに，$\|f_1\|_{L^2}^2 \leq \lambda^{2-p}\|f_1\|_{L^p}^p$ が成り立つ．同様に，$f_2(x) \neq 0$ ならば $|f_2(x)| \geq \lambda$ が成り立つので，すべての x に対して $|f_2(x)| \leq |f_2(x)|^p/\lambda^{p-1}$ が成り立つ．これより，f_2 は L^1 に属し，$\|f_2\|_{L^1} \leq \|f_2\|_{L^p}^p/\lambda^{p-1}$ が成り立つ．

f_1 の L^2 ノルムと f_2 の L^1 ノルムに関する上の知見から，前に述べた注意により $\hat{f}_1$ の L^2 ノルムと $\hat{f}_2$ の L^∞ ノルムに対する上界が得られる．これらの結果を巧みに組み合わせて，**ハウスドルフ–ヤングの不等式**を得ることができる．この不等式は次のようなものである．p が 1 と 2 の間にあるとして，p' は p の**双対指数**であるとする．すなわち，$p' = p/(p-1)$ とする．このとき，定数 C_p が存在して，すべての関数 $f \in L^p$ に対して $\|\hat{f}\|_{L^{p'}} \leq C_p\|f\|_{L^p}$ が成り立つ．この結論を導くためにここで用いた分割法は，実補間法として知られている．この方法では最良の定数 C_p が得られない．この最良の定数は $p^{1/2p}/(p')^{1/2p'}$ であるが，この結果を得るにはもっと精緻な方法が必要になる．

調和解析のもう一つの主題は，捕まえにくい**振動**現象を定量化しようという努力にある．直観的には，ある関数が激しく振動するときに，正の部分と負の部分とが打ち消し合って，あるいは複素関数の場合であれば広範囲の偏角にわたって打ち消し合いが起こり，その平均値の大きさは相対的に小さいことが期待される．たとえば，$\int_{-\pi}^{\pi} \mathrm{e}^{-\mathrm{i}nx}\mathrm{d}x = 0$ であるが，比較的穏やかな $f(x)$ の変動ではこの打ち消し合いを止めるには不十分で，2π 周期の関数 f が滑らかならば，大きな n に対してフーリエ係数

$$\hat{f}(n) = \frac{1}{2\pi}\int_{-\pi}^{\pi} f(x)\mathrm{e}^{-\mathrm{i}nx}\mathrm{d}x$$

は非常に小さい．このことは，部分積分を何度か繰り返して厳密に証明することができる．いわゆる**停留位相の原理**は，この現象の一般化の一つと言える．特に，この方法により，以前に述べたようなエアリー関数 $\mathrm{Ai}(x)$ の精密な評価を得ることができる．これはまた関数の減衰と滑らかさをそのフーリエ変換の減衰と滑らかさに結び付けるハイゼンベルクの不確定性原理を導く．

振動のいくぶん違った捉え方として，次の原理が知られている．振動する関数列で，その振動の仕方が異なるものについては，その列の和は，三角不等式を適用して得られる上界に比べてずっと小さくなる．これも打ち消し合いによるもので，この打ち消し合いは三角不等式では捉えることができない．たとえば，フーリエ解析におけるプランシュレルの定理から，三角多項式 $\sum_{n=-N}^{N} c_n \mathrm{e}^{\mathrm{i}nx}$ の L^2 ノル

ムは

$$\left(\frac{1}{2\pi}\int_0^{2\pi}\left|\sum_{n=-N}^{N} c_n \mathrm{e}^{\mathrm{i}nx}\right|^2 \mathrm{d}x\right)^{1/2} = \left(\sum_{n=-N}^{N} |c_n^2|\right)^{1/2}$$

に等しいことがわかる．（直接計算によっても証明できる）この上界は，三角不等式を関数 $c_n \mathrm{e}^{\mathrm{i}nx}$ の一つ一つに適用して得られる $\sum_{n=-N}^{N} |c_n|$ という上界よりも小さい．上の等式は，**内積** [III.37]

$$\langle f, g\rangle = \frac{1}{2\pi}\int_0^{2\pi} f(x)\overline{g(x)}\mathrm{d}x$$

に関して単振動 $\mathrm{e}^{\mathrm{i}nx}$ が互いに「直交」することを考慮したとき，ピタゴラスの定理の特別な場合と言える．直交性の概念は幾多の方向に一般化されている．たとえば，より一般的で融通性のある「概直交性」という概念がある．これの意味するところは，粗く言えば，関数族の内積は必ずしも 0 ではないが小さいということである．

調和解析における多くの議論は，立方体，球，直方体のようなある種の幾何学的対象に関する組合せ的命題を，どこかで必要とする．たとえば，よく使われるこのような命題の一つに**ヴィタリの被覆補題**がある．これは，ユークリッド空間 $\mathbb{R}^n$ の球の集まり $B_1, B_2, \ldots, B_k$ が与えられたとき，この中から選ばれた球の集まり $B_{i_1}, B_{i_2}, \ldots, B_{i_m}$ で，互いに交わらず，しかもこれらの和集合が元の球によって被覆される集合の，体積の割合として相当部分を含むようなものが存在するという主張である．より正確に言えば，このような互いに交わらない球を，

$$\mathrm{vol}\left(\bigcup_{j=1}^{m} B_{i_j}\right) \geq 5^{-n}\mathrm{vol}\left(\bigcup_{j=1}^{k} B_j\right)$$

が成り立つように選ぶことができる（定数 5^{-n} の値は改良できるが，ここではこの点に立ち入らない）．この結果は「貪欲法」によって示すことができる．すなわち，球を順次選んでいくときに，前段までに選ばれている球と交わらない球の中で一番大きい球を選んでいけばよい．

ヴィタリの被覆補題からの一つの帰結として，**ハーディ–リトルウッドの最大不等式**がある．これを簡単に説明する．$f \in L^1(\mathbb{R}^n)$ と $x \in \mathbb{R}^n$ と $r > 0$ を任意に与えたとき，x を中心として r を半径とする n 次元球 $B(x,r)$ 上での $|f|$ の平均が計算できる．次に，r が正の実数全体を動くときのこの平均値の最大値（より正確には，上限）を $F(x)$ とおいて，f の**最大関数** F を定義する．このとき，すべての正の数 λ に対して $F(x) > \lambda$ となる x の全体の集合を X_λ と表す．ハーディ–リトルウッドの不等式は，X_λ の体積が高々 $5^n\|f\|_{L^1}/\lambda$ であることを保証する[*8)]．

それを証明するために，まず，X_λ が，球 $B(x,r)$ 上での $|f|$ の積分の値が少なくとも $\lambda\,\mathrm{vol}(B(x,r))$ であるような球の族で被覆されることを見る．この球の族にヴィタリの被覆補題を適用すれば，結論が従う．ハーディ–リトルウッドの最大不等式は定量的な結果であり，その定性的な帰結は**ルベーグの微分定理**である．これの主張するところは，f が $\mathbb{R}^n$ 上の絶対可積分関数であれば，ほとんどすべての $x \in \mathbb{R}^n$ に対して，x を中心としたユークリッド球の上での f の平均

$$\frac{1}{\mathrm{vol}(B(x,r))}\int_{B(x,r)} f(y)\mathrm{d}y$$

は，$r \to 0$ とするときに $f(x)$ に収束するというものである．この例は，調和解析における基盤となる幾何（この場合は，ユークリッド球の組合せ論）の重要性を明らかにしている．

文献紹介

Stein, E. M. 1970. *Singular Integrals and Differentiability Properties of Functions*. Princeton, NJ: Princeton University Press.

Stein, E. M. 1993. *Harmonic Analysis*. Princeton, NJ: Princeton University Press.

Wolff, T. H. 2003. *Lectures on Harmonic Analysis*, edited by I. Łaba and C. Shubin. University Lecture Series, volume 29. Providence, RI: American Mathematical Society.

*8) このハーディ–リトルウッドの不等式は，前の節で簡単に触れたものといくぶん違って見えるかもしれないが，先に議論した実補間法を使うと，このハーディ–リトルウッドの不等式から前のものを導くことができる．

IV.12

偏微分方程式

Partial Differential Equations

セルジュ・クライナーマン［訳：石井仁司］

はじめに

偏微分方程式（簡単に PDE とも記す）は，**関数方程式**の一つの重要なクラスである．これは，単独方程式あるいはいくつかの方程式の連立系であって，未知関数の独立変数が 2 個以上のものである．非常に粗い対比をすれば，多項式（の方程式）（たとえば，$x^2 + y^2 = 1$）が数に対する方程式であるのに対して，PDE は関数に対する方程式である．一般の関数方程式に対して PDE を際立たせる特徴は，未知関数だけでなく，そのいくつかの**偏導関数**，あるいは既知関数も含めて代数的結合を通して関わるという点である．関数方程式の他の重要なクラスとして，未知関数のいろいろな積分を含む**積分方程式**がある．また，未知関数が一つの独立変数（たとえば，時間変数 t）だけに依存していて，方程式は未知関数の微分 $\mathrm{d}/\mathrm{d}t, \mathrm{d}^2/\mathrm{d}t^2, \mathrm{d}^3/\mathrm{d}t^3, \ldots$ だけ*1)を含む**常微分方程式**がある．

この分野の膨大な規模を考慮すれば，筆者が自分に期待できる最良のことは，いくつかの主要な事項についての非常に粗い展望と，最近の研究の方向の大勢を与えることであろう．PDE という分野を説明しようとしてすぐに直面する困難は，まさにその定義自体にある．つまり，PDE は，研究対象が明確に定義された（たとえば，代数幾何が多項式の方程式の解を研究し，トポロジーが多様体を研究するというように）数学の確固とした一つの研究分野なのか，あるいは，一般相対論，多変数関数論，流体力学といった，その一つ一つがそれ自身で巨大であり，固有な非常に難しい方程式あるいは方程式のクラスを中心とする分野の集合体なのか，という疑問が湧いてくる．PDE の一般論を構築するには根本的な難しさがあるにもかかわらず，個別の PDE あるいは一群の PDE を中心に据えた多様な数学や物理学の分野の間に注目すべき統一性が見られることを，以下で議論したい．特に，PDE において中核となる考え方や方法は，これらの個別の分野をまたいで驚くほどの実効性を発揮することがわかってきている．したがって，PDE に関する最も成功した著書のタイトルに PDE という言葉が入っていないことは，驚くに当たらない．その著書とは**クーラント** [VI.83] と**ヒルベルト** [VI.63] による共著の『数理物理学の方法』(*Methoden der mathematischen Physik*)*2)である．

本章の限られたスペースでこの巨大な分野を公正に取り扱うことは不可能であり，紹介できなかった話題や，詳細な説明を省かざるを得なかった話題が数多くある．特に，解の破綻に関する基本的事項について，ほとんど述べることができなかった．さらに，PDE に関する主要な未解決問題について，いっさい触れられなかった．以下のウェブページ*3)に，この記事のより長く詳細な改訂版を置いている．

http://press.princeton.edu/titles/8350.html

1. 基本的定義と例

最も基本的な PDE の例は，**ラプラス方程式** [I.3 (5.4 項)]

$$\Delta u = 0 \tag{1}$$

である．ここで，Δ は**ラプラシアン***4)，すなわち，$\mathbb{R}^3$ から $\mathbb{R}$ への関数 $u = u(x_1, x_2, x_3)$ を次の規則で移す**微分作用素**である．

$$\Delta u(x_1,x_2,x_3) = \partial_1^2 u(x_1,x_2,x_3) + \partial_2^2 u(x_1,x_2,x_3) + \partial_3^2 u(x_1,x_2,x_3)$$

ここで，$\partial_1, \partial_2, \partial_3$ は偏微分（作用素）$\partial/\partial x_1, \partial/\partial x_2, \partial/\partial x_3$ に対する標準的な省略形の記号である（この記法を本章を通して用いることにする）．他の二つの基本的な例（「いくつかの基本的な数学的定義」[I.3 (5.4 項)] にも記述がある）は，次の熱方程式と波動方程式である．

$$-\partial_t u + k\Delta u = 0 \tag{2}$$

*1) ［訳注］導関数だけでなく未知関数自身も含む．また，ここでは，たとえば「関数の微分 $\mathrm{d}/\mathrm{d}t$」という表現で 1 次導関数を意味する．

*2) ［訳注］藤田宏，高見頴郎，石村直之 訳『数理物理学の方法』（上）（丸善出版，2013）．

*3) ［訳注］http://web.math.princeton.edu/~seri/homepage/papers/gws-2006-3.pdf と思われる．

*4) ［訳注］ラプラス作用素とも呼ばれる．

$$-\partial_t^2 u + c^2 \Delta u = 0 \tag{3}$$

どの場合にも，対応する方程式を満たす関数を見つけることが問われることになる．ラプラス方程式であれば，u は x_1, x_2, x_3 に依存し，他の二つでは t にも依存する．方程式 (2) と (3) には記号 Δ が再び現れる．時間変数 t に関する偏微分も現れる．定数 k（正数とする）と c[*5] は固定されたもので，それぞれ拡散の率と光の速さを表している．しかし，数学的視点からすると，これらはあまり重要ではない．なぜなら，$u = u(t, x_1, x_2, x_3)$ が式 (3) の解であるとしたとき，$v(t, x_1, x_2, x_3) = u(t, x_1/c, x_2/c, x_3/c)$ は $c = 1$ とした同じ方程式を満たすからである．このように，これらの方程式を考察するには，これらの定数を 1 とおいて構わない．これらの方程式は，時間のパラメータである t が変化するときの特定の物理的対象の変化を記述していると考えられるので，**発展方程式**と呼ばれる．式 (1) は式 (2) と式 (3) の両方の特別な場合と考えることができることに注意しよう．つまり，$u = u(t, x_1, x_2, x_3)$ が式 (2) あるいは式 (3) の解であり，t に依存しないとするならば，$\partial_t u = 0$ となり，u は式 (1) を満たさなければならない．

上に述べた三つの例では，求めている解はすべて方程式を満たすのに十分なだけ微分可能であることを暗に仮定してきた．後ほど見るように，PDE の理論の重要な発展の一つとして，**超関数** [III.18] のように「弱い意味」に解釈された微分可能性だけが要請されるような，解のより精緻な概念の研究があった．

ここで，重要な PDE の例のさらなるものとして，いくつかを挙げよう．その第一は**シュレーディンガー方程式** [III.83]

$$\mathrm{i}\,\partial_t u + k\Delta u = 0 \tag{4}$$

である．ここで，u は $\mathbb{R} \times \mathbb{R}^3$ から $\mathbb{C}$ への関数である．この方程式は，質量を持つ粒子の量子論的発展方程式である．ここで $k = \hbar/2m$ であり，$\hbar > 0$ はプランク定数であり，m は粒子の質量である．熱方程式と同じように，簡単な変数変換のあとで k を 1 とすることができる．この方程式は，形式的には熱方程式に非常によく似ているが，その定性的な振る舞いは大きく異なる．このことは PDE についての一つの重要な一般的事実を例示している．つまり，方程式の形の少しの変化が解の性質の大きな違いを招くという点である．

さらにもう一つの例として，クライン–ゴードン方程式

$$-\partial_t^2 u + c^2 \Delta u - \left(\frac{mc^2}{\hbar}\right)^2 u = 0 \tag{5}$$

を挙げる．これは相対論効果を入れた場合の，シュレーディンガー方程式に対応するものであり，パラメータ m は質量と物理的に解釈され，mc^2 は（アインシュタインの有名な公式 $E = mc^2$ を反映した）静止エネルギーと物理的に解釈される．時間と空間における簡単な変数変換により，定数 c と $mc^2/\hbar$ が両方ともに 1 となるように規格化することができる．

上に挙げた五つの方程式は，式 (2) であれば熱伝導，式 (3) であれば電磁波の伝播といったような特定の物理現象との関連で最初に登場したわけであるが，これらの方程式は，もともとの応用をはるかに超えた，不思議なほどの幅広い適用範囲を持っている．特に，それらの研究を空間 3 次元に制限する理由はどこにもなく，d 個の変数を $x_1, x_2, \ldots, x_d$ としたときの同様な方程式へと一般化することは容易である．

これまでに挙げたすべての PDE には，**重ね合わせの原理**と呼ばれる，簡単ながら基本的な性質がある．それは，u_1 と u_2 がこれらの方程式のどれか一つの解であれば，この二つの解のいかなる線形結合 $a_1 u_1 + a_2 u_2$ もまた解であるというものである．言い換えると，解全体の空間は**ベクトル空間** [I.3 (2.3 項)] であるということになる．この性質を持つ方程式は**斉次線形方程式**として知られる．もし解の空間が，ベクトル空間でなくて，アフィン空間（ベクトル空間を平行移動したもの）ならば，その PDE は**非斉次線形方程式**であるという．これの適当な例はポアソン方程式

$$\Delta u = f \tag{6}$$

である．ここで，$f : \mathbb{R}^3 \to \mathbb{R}$ は与えられた関数であり，$u : \mathbb{R}^3 \to \mathbb{R}$ は未知関数である．斉次線形方程式でなく，非斉次線形方程式でもない方程式は，**非線形**であると言われる．次の**極小曲面方程式** [III.94 (3.1 項)] は明らかに非線形である．

$$\partial_1 \left(\frac{\partial_1 u}{(1 + |\partial_1 u|^2 + |\partial_2 u|^2)^{1/2}} \right) + \partial_2 \left(\frac{\partial_2 u}{(1 + |\partial_1 u|^2 + |\partial_2 u|^2)^{1/2}} \right) = 0 \tag{7}$$

この方程式の解 $u : \mathbb{R}^2 \to \mathbb{R}$ のグラフは，（石鹸膜の

---

*5)　［訳注］$c > 0$ と仮定されている．

ような）極小曲面である．

方程式 (1), (2), (3), (4), (5) は単に線形なだけでなく，すべて**定数係数線形方程式**の例になっている．この意味は，これらの方程式が

$$\mathcal{P}[u] = 0 \tag{8}$$

の形に表せるということである．ただし，$\mathcal{P}$ は微分作用素であり，u のいくつかの偏導関数の実数係数の線形結合，あるいは複素数係数の線形結合として与えられる（このような作用素は**定数係数線形微分作用素**と呼ばれる）．たとえば，ラプラス方程式 (1) の場合には，$\mathcal{P}$ はラプラシアン Δ である．一方，波動方程式 (3) の場合には，$\mathcal{P}$ はダランベルシアン

$$\mathcal{P} = \Box = -\partial_t^2 + \partial_1^2 + \partial_2^2 + \partial_3^2$$

である．線形定数係数作用素の固有の性質の一つは**平行移動不変**であることである．粗い言い方では，これの意味するところは，関数 u を平行移動すれば，$\mathcal{P}u$ も一緒に平行移動されるということである．より正確には，$v(x)$ を $u(x-a)$ として定義する（そうすると，u の x における値は v の $x+a$ における値になる．x も a も $\mathbb{R}^3$ に属することに注意しよう）とき，$\mathcal{P}v(x)$ は $\mathcal{P}u(x-a)$ に等しいということである．この基礎的な事実の帰結として，斉次線形定数係数方程式 (8) の解は，平行移動してもやはり解である．

このように，PDE に対して対称性は本質的役割を持っているので，先に進む前に，これの一般的定義を与えておこう．PDE の対称性とは，関数から関数への可逆な作用素 $T: u \mapsto T(u)$ で，u が解であれば $T(u)$ も同じ PDE の解であるという意味で解の空間を保存するもののことである．PDE がこの性質を持つとき，この PDE は対称性 T のもとで**不変**であるという．対称性 T は線形作用素であることが多いが，そうでなくてはならないわけではない．対称性の合成はまた対称性であり，対称性の逆についても同じである．したがって，対称性の全体を**群** [I.3 (2.1 項)]（典型的には，有限次元あるいは無限次元の**リー群** [III.48 (1 節)]）と見なすことは自然なことである．

並進群は**フーリエ変換** [III.27] に緊密に関連しており（実際，後者は前者の表現論と見なせる），この対称性は，フーリエ変換が定数係数 PDE を解くために有用な道具であることを示唆するが，まったくそのとおりである．

基本的な定数係数線形作用素であるラプラシアン Δ とダランベルシアン $\Box$ は，形式的に多くの側面で類似性を持つ．ラプラシアンは**ユークリッド空間** [I.3 (6.2 項)] $\mathbb{R}^3$ の幾何に根源的に付随するものであり，ダランベルシアンは**ミンコフスキー空間** [I.3 (6.8 項)] $\mathbb{R}^{1+3}$ の幾何に同様に付随している．これの意味するところは，ラプラシアンはユークリッド空間 $\mathbb{R}^3$ の剛体運動のすべてと交換するということであり，一方で，ダランベルシアンはミンコフスキー空間のポアンカレ変換と交換するということである．前者の場合には，これは単に 2 点間のユークリッド距離を不変にするような $\mathbb{R}^3$ の変換に対する不変性を意味する．波動方程式の場合には，ユークリッド距離を 2 点（相対論の用語では事象と呼ばれる）の間の時空距離に置き換えなければならない．この時空距離は，$P=(t,x_1,x_2,x_3)$，$Q=(s,y_1,y_2,y_3)$ とするとき，公式

$$\begin{aligned} d_M(P,Q)^2 = &-(t-s)^2 \\ &+ (x_1-y_1)^2 + (x_2-y_2)^2 + (x_3-y_3)^2 \end{aligned}$$

で与えられる．この基礎的事実から，波動方程式 (3) のすべての解は，平行移動と**ローレンツ変換** [I.3 (6.8 項)] のもとで不変であると結論付けることができる．

他の発展方程式 (2), (4) は明らかに，t を固定したとき，空間変数 $x=(x^1,x^2,x^3) \in \mathbb{R}^3$ に関する回転のもとで不変である．この二つは**ガリレイ不変**でもある，すなわち，シュレーディンガー方程式の例で言えば，$u=u(t,x)$ が解ならば，いかなる $v \in \mathbb{R}^3$ に対しても $u_v(t,x) = \mathrm{e}^{\mathrm{i}\langle x,v\rangle}\mathrm{e}^{\mathrm{i}t|v|^2}u(t,x-vt)$ は解であるということである．

一方，ポアソン方程式 (6) は定数係数非斉次線形方程式であり，$\mathcal{P}$ を適当な定数係数線形微分作用素とし，f を与えられた関数として，次の形をとる．

$$\mathcal{P}[u] = f \tag{9}$$

このような方程式を解くためには，線形作用素 $\mathcal{P}$ が逆を持つか，あるいはそうでないかを理解する必要がある．もし $\mathcal{P}$ が可逆であれば，$u=\mathcal{P}^{-1}f$ となり，そうでなければ，解が存在しないか，あるいは無限にたくさんの解を持つことになる．非斉次線形方程式は，対応する斉次線形方程式と緊密に結び付いている．たとえば，u_1 と u_2 が同じ非斉次項 f を持つ非斉次方程式 (9) の解であるならば，その差 u_1-u_2 は対応する斉次方程式 (8) の解である．

線形斉次 PDE は重ね合わせの原理を満たしてい

る．しかし，必ずしも平行移動不変ではない．たとえば，熱方程式 (2) を少し変えて，その係数 k がもはや定数ではなく，滑らかで正値な (x_1, x_2, x_3) の任意関数であるとする．このような方程式は，点ごとに変化する熱伝導率を持った媒体を流れる熱をモデルにしている．対応する解の空間は，平行移動不変ではない（このことは熱流の媒体が平行移動不変ではないのだから驚くに当たらない）．このような方程式は**変数係数線形方程式**と呼ばれる．定数係数方程式の場合に比べて，この場合には解くことも解の性質を調べることも，より難しくなる（たとえば，変数係数 k を持つ式 (2) のタイプの方程式に対する一つのアプローチとして，「確率過程」[IV.24 (5.2 項)] を参照されたい）．最後に，式 (7) のような非線形方程式も式 (8) の形に書き表すことができるが，作用素 $\mathcal{P}$ はここでは**非線形**微分作用素になる．たとえば，式 (7) に対する作用素は

$$\mathcal{P}[u] = \sum_{i=1}^{2} \partial_i \left(\frac{1}{(1+|\partial u|^2)^{1/2}} \partial_i u \right)$$

で与えられる．ただし，$|\partial u|^2 = (\partial_1 u)^2 + (\partial_2 u)^2$ である．このような作用素は明らかに線形ではない．しかしながら，このような作用素は代数的演算と偏微分から構成されているので，さらに，どちらの演算も「局所的」であるので，$\mathcal{P}$ は少なくとも「局所的」作用素であることがわかる．このことをより正確に言うと，u_1 と u_2 がある開集合上で一致するような関数であれば，同じ集合上で $\mathcal{P}[u_1]$ と $\mathcal{P}[u_2]$ は一致することである．特に，$\mathcal{P}[0] = 0$ であれば，u がある領域で 0 になるとき，$\mathcal{P}[u]$ は同じ領域上で 0 になる．

これまで，暗黙の仮定として，考えている方程式は $\mathbb{R}^3$ や $\mathbb{R}^+ \times \mathbb{R}^3$，あるいは $\mathbb{R} \times \mathbb{R}^3$ のような空間の全域で満たされるものとして扱ってきた．しかし，実際上は空間の固定された領域に制限されることがよくある．こうして，たとえば，方程式 (1) は $\mathbb{R}^3$ の有界な開領域上で特定された**境界条件**とともによく研究される．以下に，境界条件の基本的なものの例を少し挙げる．

例　開領域 $D \subset \mathbb{R}^3$ 上のラプラス方程式に対する**ディリクレ問題**とは，D の境界上であらかじめ指定された振る舞いをして，内部でラプラス方程式を満たす関数 u を見つける問題である．

より正確には，まず連続関数 $u_0 : \partial D \to \mathbb{R}$ が与えられたとし，そのとき，D の閉包 $\bar{D}$ 上の連続関数 u であって，D の内部では 2 回連続微分可能で，しかも

$$\left.\begin{aligned} \Delta u(x) &= 0, \quad \text{すべての } x \in D \\ u(x) &= u_0(x), \quad \text{すべての } x \in \partial D \end{aligned}\right\} \tag{10}$$

を満たすものを求めるという問題である．PDE における基本的な結果によれば，領域 D が十分に滑らかな境界を持つとき，任意に与えられた ∂D 上の関数 u_0 に対して問題 (10) はただ一つの解を持つ．

例　**プラトー問題**とは与えられた曲線によって囲まれた総面積が極小であるような曲面を見つける問題である．

曲面が適当に滑らかな領域 D 上のある関数 u のグラフである，別の言い方をすれば，$\{(x, y, u(x, y)) : (x, y) \in D\}$ の形の集合であるとして，曲面を囲む曲線（枠）が D の境界 ∂D 上の関数 u_0 のグラフであるとき，この問題は線形方程式 (1) が式 (7) に置き換わったディリクレ問題 (10) と同値であることがわかっている．上で考えた方程式に対して，∂D 上のディリクレ境界条件 $u(x) = u_0(x)$ をノイマン境界条件のような別の境界条件に置き換えたほうが自然であることがよくある．ここで，ノイマン境界条件というのは，∂D 上で $n(x) \cdot \nabla_x u(x) = u_1(x)$ を要請することであり，ここで $n(x)$ は x における D の（長さ 1 の）外向き法ベクトルである．一般的な言い方をすれば，ディリクレ境界条件は物理的には「吸収壁」あるいは「固定壁」に相当し，ノイマン境界条件は「反射壁」あるいは「自由壁」に相当する．

発展方程式 (2)〜(4) に対しても，自然な境界条件を課すことができる．最も簡単なものは，$t = 0$ のときに u の値を指定するものである．これをもっと幾何学的に見ることができる．$(0, x, y, z)$ のタイプのすべての時空の点で u の値を指定すると考える．そのような点の全体は $\mathbb{R}^{1+3}$ の超平面である．これは**初期曲面**の一例である．

例　熱方程式 (2) に対する**コーシー問題**（あるいは**初期値問題**ともいう．しばしば IVP と記される）とは，時空領域 $\mathbb{R}^+ \times \mathbb{R}^3 = \{(t, x) : t > 0, x \in \mathbb{R}^3\}$ 上の解 $u : \mathbb{R}^+ \times \mathbb{R}^3 \to \mathbb{R}$ であって，初期曲面 $\{0\} \times \mathbb{R}^3 = \partial(\mathbb{R}^+ \times \mathbb{R}^3)$ 上では与えられた関数 $u_0 : \mathbb{R}^3 \to \mathbb{R}$ に等しいものを求める問題である．

言い換えると，コーシー問題は，$\mathbb{R}^+ \times \mathbb{R}^3$ の閉包

で定義され，$\mathbb{R}$ に値をとる十分に滑らかな関数 u であって，条件

$$\left.\begin{aligned} -\partial_t u(t,x)+k\Delta u(t,x)=0, \\ \text{すべての } (t,x)\in\mathbb{R}^+\times\mathbb{R}^3 \\ u(0,x)=u_0(x),\quad \text{すべての } x\in\mathbb{R}^3 \end{aligned}\right\} \tag{11}$$

を満たすものを求める問題である．関数 u_0 は，この問題の**初期条件**，**初期データ**，あるいは単に**データ**などと呼ばれる．適当な滑らかさと減衰の条件のもとで，どのデータに対してもこの方程式がちょうど一つの解を持つことを示すことができる．興味深いことに，この主張は，未来領域 $\mathbb{R}^+\times\mathbb{R}^3=\{(t,x):t>0,\ x\in\mathbb{R}^3\}$ を過去領域 $\mathbb{R}^-\times\mathbb{R}^3=\{(t,x):t<0,\ x\in\mathbb{R}^3\}$ に置き換えると成り立たなくなる．

シュレーディンガー方程式に対して，IVP を同様に設定することが可能である．ただし，この場合には過去と未来の両方向に解くことができる．しかしながら，波動方程式 (3) の場合には，初期曲面 $t=0$ 上で**初期位置** $u(0,x)=u_0(x)$ だけでなく，**初期速度** $\partial_t u(0,x)=u_1(x)$ を指定する必要がある．なぜなら，方程式 (3) は（式 (2) や式 (4) と違って）u によって $\partial_t u$ を形式的に表すことができないからである．非常に一般的な滑らかな初期条件 u_0, u_1 と式 (3) に対する，一意で滑らかな解を IVP に対して（初期超平面 $t=0$ に関して，未来と過去の両方向に）構成することができる．

ほかにもいろいろな境界条件が可能である．たとえば，有界領域 D の中の（音波のような）波の時間発展を解析するときは，時空の領域 $\mathbb{R}\times D$ において，（$\{0\}\times D$ 上の）コーシーデータ*6)と，（空間的境界 $\mathbb{R}\times\partial D$ 上の）ディリクレデータまたはノイマンデータとの両方を与えて調べるのが自然である．一方で，対象となる物理的問題が有界な障害物の外側での（たとえば，電磁波のような）波の時間発展であれば，D 上での境界条件を持った $\mathbb{R}\times(\mathbb{R}^3\setminus D)$ における発展方程式を考えることになる．

PDE に対する境界条件と初期条件の選び方は，非常に重要である．物理的に興味のある方程式であれば，これらの条件は方程式の導出との脈絡から自然に決まってくる．たとえば，領域 $\mathbb{R}\times(a,b)$ における 1 次元波動方程式 $\partial_t^2 u-\partial_x^2 u=0$ で記述される弦の振動の場合，$t=t_0$ における初期条件 $\partial_t u=u_0$ と $u=u_1$ は，弦の初期位置と速度を指定することになる．境界条件 $u(t,a)=u(t,b)=0$ は，弦の両端が（原点に）固定されていることを意味する．

これまでは**スカラー**方程式*7)だけを考察してきた．これは，実数全体 $\mathbb{R}$ あるいは複素数全体 $\mathbb{C}$ に値をとる未知関数を一つだけ持つ方程式である．しかしながら，多くの重要な PDE は，複数のスカラー関数あるいは（同じことの言い換えではあるが）$\mathbb{R}^m$ のような多次元ベクトル空間に値をとる関数に対するものである．このような対象を，PDE の**連立系**（あるいは単に PDE の系）という．重要な連立系の例として**コーシー–リーマンの方程式** [I.3 (5.6 項)]

$$\partial_1 u_2-\partial_2 u_1=0,\quad \partial_1 u_1+\partial_2 u_2=0 \tag{12}$$

がある．ここで，$u_1, u_2:\mathbb{R}^2\to\mathbb{R}$ は平面上の実数値関数である．**コーシー** [VI.29] によって，複素関数 $w(x+\mathrm{i}y)=u_1(x,y)+\mathrm{i}u_2(x,y)$ が**正則** [I.3 (5.6 項)] であるための必要十分条件は，その実部 u_1 と虚部 u_2 が連立系 (12) を満たすことであることが見出された．この系は定数係数線形 PDE (8) の形に表されるが，u はベクトル $\binom{u_1}{u_2}$ であり，$\mathcal{P}$ はスカラー微分作用素でなく，作用素の行列 $\begin{pmatrix}-\partial_2 & \partial_1\\ \partial_1 & \partial_2\end{pmatrix}$ である．

連立系 (12) は，二つの方程式と二つの未知関数を持つ．これは**決定系**としては標準的な状況である，大雑把に言って，連立系は未知関数の個数より方程式の個数が多いときに**過剰決定系**と呼ばれ，方程式のほうが少ないときに**不足決定系**と呼ばれる．典型的には，任意のデータに対して不足決定系は，無限に多くの解を持つ．逆に，過剰決定系は，与えられたデータがある**適合条件**を満たさない限り，解をまったく持たない．

さて，コーシー–リーマン作用素 $\mathcal{P}$ は，次の注目すべき性質を持つ．

$$\mathcal{P}^2[u]=\mathcal{P}\left[\mathcal{P}[u]\right]=\begin{pmatrix}\Delta u_1\\ \Delta u_2\end{pmatrix}$$

このように，$\mathcal{P}$ は 2 次元ラプラシアンの平方根と見ることができる．高次元ラプラシアンの平方根も考えることができる．もっと驚くべきことには，$\mathbb{R}^{1+3}$ におけるダランベルシアンに対しても，平方根を考えることができる．そのためには，次の性質を持つ四つの 4×4 の行列 $\gamma^0, \gamma^1, \gamma^2, \gamma^3$ が必要になる．

$$\gamma^\alpha\gamma^\beta+\gamma^\beta\gamma^\alpha=-2m^{\alpha\beta}I$$

*6) ［訳注］初期データのこと．

*7) ［訳注］単独方程式という言い方もある．

ここで，I は 4×4 の単位行列を表し，$m^{\alpha\beta} = 1/2$（$\alpha = \beta = 0$ のとき），$m^{\alpha\beta} = -1/2$（$\alpha = \beta \neq 0$ のとき），$m^{\alpha\beta} = 0$（その他）と定義される．これらの行列 γ^α を用いて，**ディラック作用素** $\mathcal{D}$ は次のように定義できる．すなわち，$\mathbb{R}^{1+3}$ 上の $\mathbb{C}^4$ に値をとる関数 $u = (u_1, u_2, u_3, u_4)$ に対して，$\mathcal{D}u = \mathrm{i}\gamma^\alpha\partial_\alpha u$ とおく[*8)]．$\mathcal{D}^2 u = \Box u$ となることが簡単に確かめられる．方程式

$$\mathcal{D}u = ku \tag{13}$$

は，**ディラック方程式**と呼ばれる．これは電子のような質量を持つ相対論的自由粒子に対応する．

PDE の概念を，求めるべきものが厳密にはベクトル空間に値をとる関数ではなく，**ベクトル束** [IV.6 (5 節)] の切断，あるいは**多様体** [I.3 (6.9 項)] から多様体への写像のようなものに拡張することができる．このように一般化された PDE は，幾何学で重要な役割を演じる．主要な例として**アインシュタインの場の方程式** [IV.13] が挙げられる．最も簡単な「真空」の場合には

$$\mathrm{Ric}(g) = 0 \tag{14}$$

の形をとる．ここで，$\mathrm{Ric}(g)$ は時空多様体 $M = (M, g)$ の**リッチ曲率** [III.78] テンソルである．この場合には，時空計量 g 自身が求めるべきものである．適当な座標系を選ぶことで，このような方程式をより伝統的な PDE 系に，**局所的**に帰着することができる．しかし，「良い」座標系を選ぶ作業や，異なるもの同士が互いにどのように適合するかを見極める作業はとても自明とは言えず，重要なものになる．実際，PDE を解くために都合の良い座標系を選ぶ仕事は，それ自体で PDE の大変な問題になりうる．

PDE は数学や科学に広範に現れる．それは最も重要な物理の理論のいくつかに，数学的な枠組みを提供する．たとえば，弾性体理論，流体力学，電磁気学，一般相対論，非相対論的量子力学などである．より新しい相対論的量子場理論は，原理的に言って，無限個の未知関数を持つ方程式へと導く．それは PDE の枠組みを超えたところにある．しかし，この場合でも，基本方程式は PDE が持つ局所性を持っている．さらに，**量子場理論** [IV.17 (2.1.4 項)] の出発点は，必ず PDE の系によって記述される古典場の理論である．このことは，たとえば，いわゆるヤン–ミルズ–ヒッグス場理論を基盤とする弱い相互作用と強い相互作用の標準モデルの場合に当てはまる．古典力学の常微分方程式を 1 次元 PDE と見なすならば，本質的に物理学のすべてが微分方程式によって記述されることがわかる．最も基本的な物理理論の根底にある PDE のいくつかの例としては，「オイラー方程式とナヴィエ–ストークス方程式」[III.23]，「熱方程式」[III.36]，「シュレーディンガー方程式」[III.83]，「一般相対論とアインシュタイン方程式」[IV.13] の解説を参照されたい．

主要な PDE の一つの重要な特性は，それらが持つ明らかな普遍性である．このような例として，最初に**ダランベール** [VI.20] によって弦振動を記述するために導入された波動方程式が，後に音波や電磁波の伝播と結び付けられることになった例が挙げられる．また，最初に**フーリエ** [VI.25] によって熱の伝播を記述する方程式として導入された熱方程式は，散逸効果が重要な役割を果たす他のいろいろな状況で登場する．同じことがラプラス方程式，シュレーディンガー方程式，さらに他の基本的な方程式に対しても言える．

もともとは特別な物理現象を記述すべく導入された方程式が，複素解析，微分幾何，トポロジー，代数幾何などの「純粋」と考えられている数学のいくつかの分野で基本的な役割を演じていることは，さらに驚くべきことである．たとえば，複素解析は，$\mathbb{R}^2$ の領域でコーシー–リーマン方程式 (12) の解を研究することと見なされる．ホッジ理論は，コーシー–リーマン方程式を一般化した多様体上の PDE の線形系のあるクラスの解を研究するものである．これはトポロジーと代数幾何において基本的な役割を演じる．**アティヤ–シンガーの指数定理** [V.2] はディラック作用素のユークリッド版に関連した，多様体上の特別な線形 PDE の系を使って定式化される．重要な幾何学的問題が，典型的には非線形の特定の PDE を解く問題に帰着される．すでにこの例の一つを見ている．それはプラトー問題であり，与えられた曲線に対して，これを境界とする全面積を極小にする曲面を求める問題である．もう一つの顕著な例は，曲面論における**一意化定理** [V.34] である．これを示すためには，コンパクトなリーマン面 S（**リーマン計量** [I.3 (6.10 項)] を持つコンパクトな 2 次元曲面）を，PDE

$$\Delta_S u + \mathrm{e}^{2u} = K \tag{15}$$

*8)　［訳注］アインシュタインの総和規約が用いられている．

（これはラプラス方程式 (1) の一つの非線形版である）を解くことによって，計量の等角同値類を変えずに（言い換えると，曲線によって張られた角度を歪曲させずに），計量を**一様化**し，この曲面上のすべての点で「均等な曲がり具合」になるようにする（正確には，**スカラー曲率** [III.78] が一定となるようにする）．この定理は曲面の理論で重要かつ基本的であり，特に，コンパクトなリーマン面の位相的分類を，曲面 S の**オイラー標数** [I.4 (2.2 項)] と呼ばれる 1 個の数 $\chi(S)$ で可能にする．一意化定理の 3 次元版である**サーストンの幾何化予想** [IV.7 (2.4 項)] は，最近ペレルマンによって証明された．ペレルマンは，やはり PDE を解くことによってこれを成し遂げた．その方程式は**リッチ流** [III.78] 方程式

$$\partial_t g = 2\mathrm{Ric}(g) \tag{16}$$

であり，注意深く選んだ座標変換のあとで，これは熱方程式 (2) の非線形版に変換できる．幾何化予想の証明は 3 次元コンパクト多様体の完全な分類への決定的な一歩であり，その結果として，特に有名な**ポアンカレ予想** [IV.7 (2.4 項)] の証明が可能になった．多くの技術的な詳細を解決するためには，リッチ流方程式の解の振る舞いの定性的な解析が必要であり，それには過去 100 年にわたって発展してきた幾何学的 PDE における成果のまさにすべてが要求された．

最後に，PDE は物理学や幾何学だけに現れるものではなく，応用科学の多くの分野にも登場する．たとえば工学では，直接に働き掛けられるデータの構成要素を注意深く選ぶことによって，PDE の解のある特性を「制御」したいことがある．たとえとして，ヴァイオリニストは，弓の動きと強さを調整することによって（式 (3) に密接に関連した）弦振動の方程式を制御して，美しい音色を奏でる．このようなタイプの問題を扱う数学理論は**制御理論**と呼ばれる．

複雑な物理系を扱うとき，与えられた任意の時刻におけるこの系の状態についての完全な情報を得ることはおそらく不可能であろう．その代わりとして，この系に影響を与える幾多のファクターについて，ある種の確率的不作為性の仮定をおくことになる．これによって，確率微分方程式（SDE と略記する）と呼ばれる方程式の非常に重要なクラスへと導かれる．この方程式では，その構成要素のいくつかは，ある種の**確率変数** [III.71 (4 節)] として与えられる．この一つの例として，数理ファイナンスにおける**ブラック–ショールズのモデル** [VII.9 (2 節)] が挙げられる．SDE の一般的議論は「確率過程」[IV.24 (6 節)] を参照されたい．

本章の以降の構成は，以下のとおりである．第 2 節では，PDE の一般論のいくつかの基本概念と，これまでの結果を述べる．そこでの目論見の要点は，一般論が可能であり，それが役に立つ常微分方程式に比べて，偏微分方程式はいくつかの重要な障壁により，役に立つ一般的かつ理論的な取り扱いに適していないことである．したがって，楕円型方程式，放物型方程式，双曲型方程式，分散型方程式といった方程式の特別なクラスを議論することを余儀なくされる．第 3 節では，重要な例のすべて，あるいは大部分を含む有用な一般論は困難であるにせよ，多様な基本的方程式を扱うための発想と方法が，強く印象的な統一体をなすこと，それによって PDE がはっきり定義された数学の一分野であるという感覚が与えられることを論ずる．第 4 節では，この点を深めるために，この分野で扱われる主要な方程式の導出に見られるいくつかの共通の特徴を探る．PDE 分野の統一性の源泉の一つとして，解の正則性と破綻という大事な問題点があるが，ここで簡単に少しだけ触れる．最後の節では，この分野を導いていくと考えられる主要な目標のいくつかを論ずる．

2. 一般の方程式

代数幾何学やトポロジーといった数学の他の分野を見ると，PDE にも非常に一般的な理論があって，それを特殊化して，いろいろな特定の場合に応用できるのではないかと期待するかもしれない．後に論ずるように，この視点には問題が多く，現代的な考え方とは大きく異なる．しかしながら，この視点も重要なメリットを持っており，この節においてそれを例示したいと考えている．形式的定義を与えることは避け，代わりに代表的な例に焦点を絞る．より正確な定義を知りたい読者は，本章のオンライン版に当たってほしい．

簡単のために，主に PDE の**決定系**を見ることにする．最も簡単な分類はすでに見たところであるが，式 (1)〜(5) のようなスカラー方程式と，式 (12) や式 (13) のような方程式の連立系である．もう一つの簡単ながら重要な概念は，PDE の**階数**である．これは，方程式に現れる微分の最高階数として定義され，多

項式の**次数**の概念に類似するものである．たとえば，前に取り上げた五つの基本方程式 (1)〜(5) は空間変数に関して 2 階のものであり，そのうちいくつか（式 (2) や式 (4)）は時間変数に関して 1 階である．方程式 (12), (13) は，マックスウェル方程式と同様に，1 階方程式である*9)．

すでに見たように，PDE は線形と非線形に分類される．さらに，線形方程式は定数係数のものと変数係数のものに分類される．非線形方程式も非線形性の「強さ」によってさらにいくつかに類別することができる．この類別の一方の端には，**半線形**方程式があり，これはすべての非線形項が線形項に比べて微分の階数において真に低いものである．たとえば，方程式 (15) は半線形である．なぜならば，非線形項は導関数を含まず 0 階であり，一方線形項は 2 階であるからである．このような方程式は線形に十分に近く，線形方程式の摂動として捉えると効果的であることがよくある．もっと強力に非線形なクラスとして，準線形方程式がある．これは，この方程式の最高階の偏導関数に関して線形なものであり，最高階の偏導関数の係数は，低階の偏導関数に非線形に依存しても構わない．たとえば，2 階の方程式 (7) は準線形である．なぜなら，積の微分法を使えば，次のような準線形に書き直すことができるからである．

$$F_{11}(\partial_1 u,\partial_2 u)\partial_1^2 u + F_{12}(\partial_1 u,\partial_2 u)\partial_1\partial_2 u + F_{22}(\partial_1 u,\partial_2 u)\partial_2^2 u = 0.$$

ただし，F_{11}, F_{12}, F_{22} は u の低階偏導関数の（明示的に与えられた）何らかの代数関数である．準線形方程式もしばしばそれを線形方程式からの摂動と見なした手法によって解析できるが，類似の半線形方程式に対するものに比べると，それを実行することは一般にずっと難しくなる．最後に来るのは，線形性をまったく持たない**完全非線形方程式**である．典型的な例としては，次の**モンジュ–アンペール方程式**がある．

$$\det(\mathrm{D}^2 u) = F(x,u,\mathrm{D}u)$$

ここで，$u:\mathbb{R}^d \to \mathbb{R}$ が未知関数であり，$\mathrm{D}u$ は u の**勾配** [I.3 (5.3 項)] を表し，$\mathrm{D}^2 u = (\partial_i\partial_j u)_{1\le i,j\le d}$ は**ヘッセ行列**，$F:\mathbb{R}^d\times\mathbb{R}\times\mathbb{R}^d$ は既知関数である．この方程式は，多様体の埋め込み問題から**カラビ–ヤウ多様体** [III.6] の複素幾何に至る多くの幾何学的設定で登場する．完全非線形方程式は PDE 全体の中で最も扱いが困難で，いまだよくわかっていないものの部類に入る．

注意　アインシュタイン方程式のような物理学の基本方程式の多くは，準線形である．しかしながら，あとで論じるように，完全非線形方程式が線形方程式の特性曲線の理論に現れ，また幾何学にも現れる．

2.1　1 階スカラー方程式

任意次元の 1 階スカラー方程式は，1 階の常微分方程式系に帰着されることがわかる．簡単な例によってこれを示すために，空間 2 次元で次の方程式を考える．

$$a^1(x^1,x^2)\partial_1 u(x^1,x^2) + a^2(x^1,x^2)\partial_2 u(x^1,x^2) = f(x^1,x^2) \tag{17}$$

ここで，a^1, a^2, f は変数 $x=(x^1,x^2)\in\mathbb{R}^2$ の実関数である．式 (17) に対応して，1 階の 2×2 の連立系

$$\left.\begin{aligned}\frac{\mathrm{d}x^1}{\mathrm{d}s}(s) &= a^1(x^1(s),x^2(s))\\ \frac{\mathrm{d}x^2}{\mathrm{d}s}(s) &= a^2(x^1(s),x^2(s))\end{aligned}\right\} \tag{18}$$

を考える．話を簡単にするために，$f=0$ を仮定する．

さて，$x(s)=(x^1(s),x^2(s))$ が式 (18) の解であると仮定し，$u(x^1(s),x^2(s))$ がどのように変化するかを調べよう．微分法の鎖律により，

$$\frac{\mathrm{d}}{\mathrm{d}s}u = \partial_1 u\frac{\mathrm{d}x^1}{\mathrm{d}s} + \partial_2 u\frac{\mathrm{d}x^2}{\mathrm{d}s}$$

がわかり，（$f=0$ と仮定しているので）式 (17) と式 (18) により，この $\mathrm{d}u/\mathrm{d}s$ が 0 に等しいことがわかる．別の言い方をすれば，$f=0$ であるときの式 (17) の任意の解は式 (18) を満たす $x(s)=(x^1(s),x^2(s))$ の形のパラメータ付けられた曲線に沿って定数である．

このように，原理的には，式 (17) に対する**特性曲線**と呼ばれる式 (18) の解がわかれば，式 (17) に対するすべての解を見つけることができる．ここで「原理的には」と言ったのは，一般に非線形の系 (18) を解くことは，それほど易しくないからである．それにもかかわらず，ODE は比較的扱いやすく，この節で後に論ずる ODE の基本定理は式 (18) を，少なくとも局所的に s に関する小区間で解くことを可能に

*9)　常微分方程式においてよく知られているように，高階の方程式を未知関数の個数を増やすことによって低階の連立系に変換する簡単なトリックがある．「力学系理論」[IV.14 (1.2 項)] を参照されたい．

する．

u が特性曲線に沿って定数であるという事実は，解を明示的に見つけられないときに，解の重要な定性的な情報を得ることを可能にする．たとえば，係数 a^1, a^2 は滑らか（あるいは実解析的）であり，初期データも，それが定義されている $\mathcal{H}$ の 1 点 x_0 を除いて滑らか（あるいは実解析的）であり，x_0 では不連続であるとする．このとき，解 u は x_0 を始点とする特性曲線 Γ 上の点を除いて，滑らか（あるいは実解析的）である．すなわち，x_0 にある不連続性は，ちょうど特性曲線 Γ に沿って伝播する．これは，あとでより詳しく説明する一つの重要な原理の最も簡単な例として見ることができる．この原理とは，「PDE の解の特異性は特性曲線（あるいは，より一般に特性超曲面）に沿って伝播する」というものである．

方程式 (17) において，係数 a^1, a^2 と f が $x = (x^1, x^2)$ だけに依存するのではなく，u にも依存する場合が考えられる．すると，

$$a^1(x, u(x))\partial_1 u(x) + a^2(x,u(x))\partial_2 u(x) = f(x, u(x)) \qquad (19)$$

となる．対応する**特性系**は，次のようになる．

$$\left.\begin{aligned}\frac{\mathrm{d}x^1}{\mathrm{d}s}(s) = a^1(x(s), u(x(s)))\\ \frac{\mathrm{d}x^2}{\mathrm{d}s}(s) = a^2(x(s), u(x(s)))\end{aligned}\right\} \qquad (20)$$

特別な例として，空間 1 次元におけるスカラー方程式

$$\partial_t u + u\partial_x u = 0, \qquad u(0,x) = u_0(x) \qquad (21)$$

を考える．これは**バーガーズ方程式**と呼ばれる．$a^1(x, u(x)) = 1$，$a^2(x, u(x)) = u(x)$ とおくと*10)，式 (19) と式 (21) が対応する．このように a^1, a^2 を選べば，式 (20) における x^1 として $x^1(s) = s$ をとることができ，残りの $x^2(s)$ を $x(s)$ と表すと，**特性方程式**は

$$\frac{\mathrm{d}x}{\mathrm{d}s}(s) = u(s, x(s)) \qquad (22)$$

となる．式 (21) の解 u と特性曲線 $(s, x(s))$ をどのようにとっても，$(\mathrm{d}/\mathrm{d}s)u(s, x(s)) = 0$ が成り立つ．したがって，原理的には，式 (22) の解を知ることによって，式 (21) の解を決定することができる．しかしながら，式 (22) に u 自身が現れるので，これは循環論法を思わせる．

この困難をいかに乗り越えられるかを見てみよう．式 (21) に対する IVP を考える．すなわち，$u(0,x) = u_0(x)$ を満たす解を求める．初期条件 $x(0) = x_0$ を満たすような対応する特性曲線 $x(s)$ を考える．このとき，u はこの曲線に沿って定数であるから，$u(s, x(s)) = u_0(x_0)$ が成り立たなければならない．そこで，式 (22) に戻ると，$\mathrm{d}x/\mathrm{d}s = u_0(x_0)$ がわかる．したがって，$x(s) = x_0 + su_0(x_0)$ となる．こうして，

$$u(s, x_0 + su_0(x_0)) = u_0(x_0) \qquad (23)$$

が導かれる．これは解 u を陰的に与えている*11)．ここで，もし初期データが直線 $t = 0$ 上の 1 点 x_0 を除いて滑らか（あるいは実解析的）であれば，対応する解もまた，小さい近傍 V において x_0 を始点とする特性曲線を除いたすべての点で滑らか（あるいは，実解析的）であることが，式 (23) から再確認される．ここで，V が小さいという条件は必要である．なぜなら，大域的には新たな特異性が生成されるからである．実際，u が定数であるはずの直線 $(s, x + su_0(x))$ の傾きは $u_0(x)$ に依存するので，これらの直線が交わる点では u の値としていくつかの異なる値をとることになってしまう．これは，u が「この点に至るまでに特異性を持つ」以外に不可能である．この爆発現象は，任意の滑らかな非定数初期データ u_0 に対して起こる．

注意　線形方程式 (17) と準線形方程式 (19) の間には重要な違いがある．前者の特性曲線は係数だけに依存するが，後者の特性曲線は特定の解 u にも陽に依存する．どちらの場合にも，解の特異性は方程式の特性曲線に沿ってのみ伝播する．しかしながら，非線形方程式に対しては，たとえ初期データがどんなに滑らかでも，大域的な影響として，新たな特異性が生成される可能性がある．

ハミルトン–ヤコビ方程式

$$\partial_t u + H(x, \mathrm{D}u) = 0, \quad u(0,x) = u_0(x) \qquad (24)$$

のような $\mathbb{R}^d$ における完全非線形スカラー方程式に対しても，上に述べた手法は一般化される．ここで，$u : \mathbb{R} \times \mathbb{R}^d \to \mathbb{R}$ は未知関数であり，$\mathrm{D}u$ は u の勾

*10)　［訳注］式 (21) における (t, x) を $x = (x^1, x^2)$ と表している．

*11)　［訳注］言い換えると，陰関数として与えている．

配である．**ハミルトニアン** [III.35] $H : \mathbb{R}^d \times \mathbb{R}^d \to \mathbb{R}$ と初期データ $u_0 : \mathbb{R}^d \to \mathbb{R}$ は与えられた関数である．たとえば，**アイコナール方程式** $\partial_t u = |\mathrm{D}u|$ は，ハミルトン–ヤコビ方程式の特別な場合である．式 (24) に ODE の系

$$\left.\begin{aligned} \frac{\mathrm{d}x^i}{\mathrm{d}t} &= \frac{\partial}{\partial p_i} H(x(t), p(t)) \\ \frac{\mathrm{d}p_i}{\mathrm{d}t} &= -\frac{\partial}{\partial x^i} H(x(t), p(t)) \end{aligned}\right\} \tag{25}$$

を対応させる．ここで，i は 1 から d までを動く．方程式 (25) は ODE の**ハミルトニアン系**として知られている．この系と対応するハミルトン–ヤコビ方程式の関係は，前に議論したものよりは少し複雑である．手短に言えば，非線形 PDE の**陪特性曲線**と呼ばれる式 (25) の解 $(x(t), p(t))$ に関する知識だけをもとに，式 (24) の解を構成することができる．ここでも，特異性は陪特性曲線（あるいは，陪特性超曲面）に沿ってのみ伝播される．バーガーズ方程式の場合には，特異性は多かれ少なかれ，任意の滑らかなデータに対しても生じる．このように，古典的な連続微分可能な解は時間局所的にのみ構成できる．ハミルトン–ヤコビ方程式とハミルトニアン系は古典力学において，また線形 PDE の特異性の伝播の理論においても，基本的な役割を演じる．ハミルトニアン系と 1 階のハミルトン–ヤコビ方程式の深い関係は，シュレーディンガー方程式の量子力学への導入の際に重要な役割を果たした．

2.2 ODE に対する初期値問題

PDE の一般的な紹介を続ける前に，比較のために ODE に対する IVP をまず議論する．最初に 1 階の ODE

$$\partial_x u(x) = f(x, u(x)) \tag{26}$$

で*12)，初期条件

$$u(x_0) = u_0 \tag{27}$$

を持つものから始める．それから，簡単のために，式 (26) はスカラー方程式であり，f は，$f(x,u) = u^3 - u + 1 + \sin x$ のような，x と u の性質の良い関数であるとする．式 (26) に x_0 を代入することで，初期データ u_0 から $\partial_x u(x_0)$ を決定することができる．ここで，式 (26) を x に関して微分して，鎖律を用い，

$$\partial_x^2 u(x) = \partial_x f(x, u(x)) + \partial_u f(x, u(x)) \partial_x u(x)$$

を導く．これを今挙げたばかりの例で計算すれば，$\cos x + 3u^2(x)\partial_x u(x) - \partial_x u(x)$ となる．こうして，

$$\partial_x^2 u(x_0) = \partial_x f(x_0, u_0) + \partial_u f(x_0, u_0) \partial_x u(x_0)$$

となり，$\partial_x u(x_0)$ はすでに定まっているので，$\partial_x^2 u(x_0)$ も初期データから明示的に計算できる．この計算には f とその偏導関数も関わる．式 (26) の高階微分をとることにより，$\partial_x^3 u(x_0)$ も x_0 における他の高階の u の偏微分係数も順次定めることができる．したがって，原理的にはテイラー級数

$$\begin{aligned} u(x) &= \sum_{k \geq 0} \frac{1}{k!} \partial_x^k u(x_0)(x - x_0)^k \\ &= u(x_0) + \partial_x u(x_0)(x - x_0) \\ &\qquad + \frac{1}{2!} \partial_x^2 u(x_0)(x - x_0)^2 + \cdots \end{aligned}$$

を使って，$u(x)$ を決定することができる．

「原理的に」と書いたが，それは級数の収束の保証がないからである．しかし，コーシー–コワレフスカヤの定理と呼ばれる次のことを主張する，非常に重要な定理がある．f が実解析的であれば（これは $f(x,u) = u^3 - u + 1 + \sin x$ の場合にはもちろん成り立つことである），x_0 の適当な近傍 J であって，上のテイラー級数は J 上で実解析的な方程式の解 u に収束するものが存在する．このとき，こうして得られた解が初期条件 (27) を満たす式 (26) の一意解であることは容易にわかる．ここでまとめると，f が良い性質を持つとすると，ODE に対する初期値問題はある時間区間において解を持ち，しかも解はただ一つである．

もう少し一般的な形の方程式

$$a(x, u(x)) \partial_x u = f(x, u(x)), \quad u(x_0) = u_0 \tag{28}$$

を考えると，同じ結論は必ずしも成り立たない．実際に，上に述べた再帰的な論法はスカラー方程式 $(x - x_0)\partial_x u = f(x,u)$ の場合に破綻する．その理由は，初期条件 $u(x_0) = u_0$ から $\partial_x u(x_0)$ すら決まらないという簡単なものである．同様な問題が，方程式 $(u - u_0)\partial_x u = f(x,u)$ に対しても起きる．前の再帰的議論を式 (28) に対しても使えるようにする自明な条件は，$a(x_0, u_0) \neq 0$ を要請することである．これが成り立たないときには，式 (28) に対する IVP

*12) ［訳注］式 (26) で，通常は $\partial_x u$ の代わりに $\mathrm{d}u/\mathrm{d}x$ と表す．

は**特性的**であるという．仮定 $a(x_0,u_0) \neq 0$ のもとで，さらに，a と f の両方が実解析的であれば，コーシー–コワレフスカヤの定理がここでも適用できて，式 (28) の一意な実解析的解が得られる．$N \times N$ の連立系[*13)]

$$A(x,u(x))\partial_x u = F(x,u(x)), \quad u(x_0) = u_0$$

の場合には，$A = A(x,u)$ は $N \times N$ 行列であり，**非特性条件**は

$$\det A(x_0,u_0) \neq 0 \qquad (29)$$

となる．この条件は ODE 理論の展開の上できわめて重要である．非退化条件 (29) は方程式の一意解を得るために本質的であるが，実解析性の条件はまったく重要ではないことがわかる．実解析性の条件は，簡単な A と F に対する局所リプシッツ条件に置き換えられる．そのためには，たとえば，1 階偏導関数が存在して局所有界であれば十分である．A と F の偏導関数が連続であれば，これは成り立つ．

定理（ODE に対する基本定理）　行列 $A(x_0,u_0)$ が逆を持ち，A と F が連続であり，かつ A と F が局所有界な偏導関数を持つならば，x_0 を含む区間 $J \subset \mathbb{R}$ と J 上で定義された初期条件 $u(x_0) = u_0$ を満たす一意解 u[*14)]が存在する．

この定理の証明には，**ピカールの逐次近似法**が使われる．その考え方は，求める解に収束するような近似解 $u_{(n)}(x)$ の列を構成することである．一般性を損なわずに，A は単位行列である[*15)]と仮定できる．最初に $u_{(0)}(x) = u_0$ とおき，

$$\partial_x u_{(n)}(x) = F(x,u_{(n-1)}(x)), \quad u_{(n)}(x_0) = u_0$$

を解くことにより，再帰的に定義する．各ステップにおいて必要なのは，簡単な線形の問題を解くことだけである．このことにより，ピカールの逐次近似法は数値計算的に実現するにも容易である．あとで見るように，この方法の変型は非線形 PDE を解く際にも利用される．

注意　一般的に言って，この局所存在定理は課された条件が緩められないという意味でシャープなものである．$A(x_0,u_0)$ の可逆性が必要であることはすでに見たとおりである．また，区間 J を数直線 $\mathbb{R}$ にいつでも拡張するわけにはいかない．一つの例として，$x=0$ で $u=u_0$ という初期条件を持つ非線形方程式 $\partial_x u = u^2$ を考える．これに対しては，解 $u = u_0/(1-xu_0)$ は有限時間で無限大になる．偏微分方程式の用語では，このことを解が**爆発**するという．

上に述べた基本定理と例を念頭に置けば，ODE の数学理論の主要な目標として，次を掲げることができる．

(i) 解の大域的存在のための判定条件を求める．爆発の場合には，爆発に至る極限的振る舞いを記述する．

(ii) 大域的存在の場合には，解あるいは解の族の漸近的な振る舞いを記述する．

これら両方の目標を達成する一般論（実際上は応用に動機付けられた特別なクラスの方程式に制限せざるを得なくなるであろうが）を展開することは不可能であるが，上に述べた一般的な局所一意存在定理は，力強い基本的な研究の方向性を与える．もし，一般の PDE に対しても状況が同様であったならば，どんなにありがたいだろうかと思われる．

2.3　PDE に対する初期値問題

1 次元の場合には，初期条件は 1 点で与えられる．自然な高次元のアナロジーは，超曲面 $\mathcal{H} \subset \mathbb{R}^d$ 上（すなわち，$d-1$ 次元の部分集合上．もう少し正確に言えば部分多様体上）で，初期値を与えることである．一般の k 階の方程式，すなわち，k 階の偏導関数を含む方程式であれば，u とその $k-1$ 階までの $\mathcal{H}$ に対する法線微分の値を $\mathcal{H}$ 上で与える必要がある．たとえば，初期超平面 $t=0$ を持つ 2 階の波動方程式 (3) の場合には，初期データとして u と $\partial_t u$ の値を指定する必要がある．

この種の初期データを，解を見つけるために使おうとするとき，大事なことは方程式が退化していないことである（このことは ODE の場合にすでに見た）．この理由にもとに，次の一般的な定義を与える．

定義　k 階の準線形方程式系を考える．ある超曲面 $\mathcal{H}$ 上で解 u とその $k-1$ 階までの法線微分が満たすべき値として，初期データが与えられているとす

---

*13)　［訳注］N 連立系と呼ぶほうが自然に思われる．

*14)　A と F が実解析的と仮定していないので，解は実解析的であるとは限らないが，解は連続な 1 階導関数を持つ．

*15)　$A(x_0,u_0)$ は逆を持つので，方程式の両辺に $A(x_0,u_0)^{-1}$ を掛けることができる．

る．このとき，初期条件によって x_0 における u の高階のすべての微分係数が形式的に決定できるならば，この系は $\mathcal{H}$ の点 x_0 で**非特性的**であるという．

頭の中に描く非常に素朴なイメージとして，x_0 の一つの近傍として「無限小のもの」を想定すると，役に立つはずである．超曲面 $\mathcal{H}$ が滑らかであるとき，この近傍との共通部分は，$d-1$ 次元アフィン部分空間の一部分となる．この共通部分の上の u と u の $k-1$ 階までの法線微分の値は，初期データとして与えられており，その他の微分係数を決める問題は線形代数の問題となる（なぜなら，すべては無限小の世界だからである）．系が x_0 において非特性的であるということは，この線形代数の問題が一意に解けるということであり，これは適当な行列が可逆であるということである．これが前に非退化条件として触れたものである．

この考えを例で見るために，2 次元空間における 1 階の方程式を考える．この場合には $\mathcal{H}$ は曲線 Γ であり，$k-1=0$ だから，u の $\Gamma\subset\mathbb{R}^2$ への制限を与えるだけであり，（初期データとして）導関数を考える必要はない．そこで，系

$$a^1(x,u(x))\partial_1 u(x)+a^2(x,u(x))\partial_2 u(x)=f(x,u(x)),\quad u|_\Gamma=u_0 \tag{30}$$

を解こうというわけである．ここで，a^1, a^2, f は x（これは $\mathbb{R}^2$ に属す）と u の実数値関数である．点 p の小さなある近傍において，曲線 Γ は点 $x=(x^1(s),x^2(s))$ の集合としてパラメータ付けられているとしよう．$n(s)=(n_1(s),n_2(s))$ によって Γ の単位法ベクトルを表す．

先に見た ODE の場合と同じように，データ u_0 と u の Γ に沿った偏導関数と方程式 (30) から，u のすべての偏導関数が決められるための Γ 上の条件を見出したい．考えうるすべての曲線 Γ の中から，前出の特性曲線（式 (20) を参照）が識別されることになる．これは次で与えられる．

$$\left.\begin{aligned}\frac{\mathrm{d}x^1}{\mathrm{d}s}&=a^1(x(s),u(x(s)))\\ \frac{\mathrm{d}x^2}{\mathrm{d}s}&=a^2(x(s),u(x(s)))\end{aligned}\right\}\qquad x(0)=p$$

次のことを証明できる．

特性曲線に沿って方程式 (30) は退化している．すなわち，データ u_0 を用いて u の 1 階偏微分係数を一意的に決めることはできない．

上の素朴なイメージで言えば，各点において次のような方向が見つけられる．もし超曲面がこの方向に沿っているならば，得られる行列は特異（行列）である．ただし，「無限小の近傍」ということであるから，この超曲面は今の場合には直線である．もしもこの方向に沿って進むならば，特性曲線に沿って進むことになる．

逆に言って，もしもある点 $p=x(0)\in\Gamma$ で非退化条件

$$a^1(p,u(p))n_1(p)+a^2(p,u(p))n_2(p)\neq 0 \tag{31}$$

が満たされるとするならば，p において u のすべての階数の偏微分係数を，u_0 とその Γ に沿ったすべての方向微分を用いて，一意的に決めることができる．$\mathrm{D}\psi$ が 0 にならない関数 ψ を用いて，曲線 Γ が方程式 $\psi(x^1,x^2)=0$ によって与えられているとき，条件 (31) は

$$a^1(p,u(p))\partial_1\psi(p)+a^2(p,u(p))\partial_2\psi(p)\neq 0$$

と表される．

ほんの少しの労力で，上の議論を高次元における高階方程式に適用することができる．さらに，連立系に対しても可能である．$\mathbb{R}^d$ における 2 階のスカラー方程式

$$\sum_{i,j=1}^{d}a^{ij}(x)\partial_i\partial_j u=f(x,u(x)) \tag{32}$$

の場合は特に重要である．超曲面 $\mathcal{H}$ は方程式 $\psi(x)=0$ によって与えられるものとする．ただし，ψ は勾配 $\mathrm{D}\psi$ が 0 にならない関数とする．$x_0\in\mathcal{H}$ における単位法ベクトルを $n=\mathrm{D}\psi/|\mathrm{D}\psi|$ と定める．あるいは，成分ごとに書き表せば，$n_i=\partial_i\psi/|\partial\psi|$ である．初期条件として，$\mathcal{H}$ 上で u とその法線微分 $n[u](x)=n_1(x)\partial_1 u(x)+n_2(x)\partial_2 u(x)+\cdots+n_d(x)\partial_d u(x)$ の値が

$$u(x)=u_0(x),\quad n[u](x)=u_1(x),\quad x\in\mathcal{H}$$

のように与えられる．

次の同値性を示すことができる．$\mathcal{H}$ が p において（方程式 (32) に関して）非特性的であるためには（すなわち，初期データ u_0,u_1 を用いて p における u のすべての偏微分係数が決まるためには），

$$\sum_{i,j=1}^{d}a^{ij}(p)\partial_i\psi(p)\partial_j\psi(p)\neq 0 \tag{33}$$

となることが必要十分である．

一方で，

$$\sum_{i,j=1}^{d} a^{ij}(x)\partial_i\psi(x)\partial_j\psi(x) = 0 \tag{34}$$

が成り立つならば，$\mathcal{H}$ は特性的である．

例 式 (32) の係数 a が条件

$$\sum_{i,j=1}^{d} a^{ij}(x)\xi_i\xi_j > 0, \quad \forall\xi \in \mathbb{R}^d \setminus \{0\}, \quad \forall x \in \mathbb{R}^d \tag{35}$$

を満たすならば，式 (34) から，明らかにいかなる $\mathbb{R}^d$ の曲面も特性的とはなり得ない．特に，ラプラス方程式 $\Delta u = f$ の場合には，これが成り立つ．極小曲面方程式 (7) を考えよう．これは次のように書き表すことができる．

$$\sum_{i,j=1,2} h^{ij}(\partial u)\partial_i\partial_j u = 0 \tag{36}$$

ただし，$h^{11}(\partial u) = 1 + (\partial_2 u)^2$, $h^{22}(\partial u) = 1 + (\partial_1 u)^2$, $h^{12}(\partial u) = h^{21}(\partial u) = -\partial_1 u \partial_2 u$ である．すべての ∂u に対して，対称行列 $h^{ij}(\partial u)$ に対応する 2 次形式が正定値であることは容易にわかる．実際，$\xi \neq 0$ であれば，

$$h^{ij}(\partial u)\xi_i\xi_j = (1 + |\partial u|^2)^{-1/2} \cdot (|\xi|^2 - (1 + |\partial u|^2)^{-1}(\xi \cdot \partial u)^2) > 0$$

となる．こうして，式 (36) は線形ではないが，すべての $\mathbb{R}^2$ の曲面が非特性的であることがわかる．

例 $\mathbb{R}^{1+d}$ における波動方程式 $\Box u = f$ を考える．$\psi(t,x) = 0$ の形の超曲面で，

$$(\partial_t\psi)^2 = \sum_{i=1}^{d}(\partial_i\psi)^2 \tag{37}$$

を満たすものは，すべて特性的である．これは有名なアイコナール方程式であり，波動伝播の研究において基本的な役割を果たす．これは二つのハミルトン–ヤコビ方程式（式 (24) を参照）

$$\partial_t\psi = \pm\left(\sum_{i=1}^{d}(\partial_i\psi)^2\right)^{1/2} \tag{38}$$

に分割される．これに対応したハミルトニアンの陪特性曲線は，波動方程式の陪特性曲線と呼ばれる．式 (37) の特別な解として，$\psi_+(t,x) = (t - t_0) + |x - x_0|$, $\psi_-(t,x) = (t - t_0) - |x - x_0|$ が見つかる．これの等高面 $\psi_\pm = 0$ は $p = (t_0, x_0)$ を頂点とする未来光錐と過去光錐に対応する．これらは，物理的には「点 p を光源とするすべての光線」の全体を表す．これらの光線は方程式 $(t - t_0)\omega = (x - x_0)$ で与えられ，ちょうどハミルトン–ヤコビ方程式 (38) の陪特性曲線の (t,x) 成分[*16]に一致する．ただし，$\omega \in \mathbb{R}^3$ は $|\omega| = 1$ を満たすとする．より一般に，線形波動方程式

$$a^{00}(t,x)\partial_t^2 u - \sum_{i,j} a^{ij}(t,x)\partial_i\partial_j u = 0 \tag{39}$$

の特性曲線（ただし，$a^{00} > 0$ とし，a^{ij} は式 (35) を満たすとする）は，ハミルトン–ヤコビ方程式

$$-a^{00}(t,x)(\partial_t\psi)^2 + \sum_{i,j} a^{ij}(t,x)\partial_i\psi\partial_j\psi = 0$$

あるいは，同じことであるが

$$\partial_t\psi = \pm\left((a^{00})^{-1}\sum_{i,j} a^{ij}(t,x)\partial_i\psi\partial_j\psi\right)^{1/2} \tag{40}$$

によって与えられる．対応するハミルトン系の陪特性曲線は式 (39) の陪特性曲線と呼ばれる．

注意 1 階スカラー方程式 (17) の場合には，特性曲線に関する知識が一般の解を見つけるのに，直接的ではないが役立つことをすでに見た．また，特異性は特性曲線に沿ってのみ伝播することを見た．2 階の方程式の場合には，解を求めようとするときに，特性曲線を知るだけでは十分でない．それでも，特異性がどのように伝播するかというような重要な情報を与えてくれる．たとえば，1 点 $p = (t_0, x_0)$ を除いた至るところで滑らかなデータを持つ波動方程式 $\Box u = 0$ の場合に，解 u は頂点 p を持つ光錐 $-(t - t_0)^2 + |x - x_0|^2 = 0$ の上に特異性を持つ．この事実をもう少し精密にした改訂版は「特異性が陪特性曲線に沿って伝播する」という主張である．このことから従う一般原理は，PDE の特性超曲面に沿って特異性は伝播するというものである．これは非常に大事な原理であるから，式 (1) に対するディリクレ条件のような一般の境界条件を持つ場合にまで一般化した，より正確な定式化を与えることは価値がある．

特異性の伝播 境界条件あるいは PDE の係数がある点 p で特異性を持ち，p のある近傍 V において，この点以外では滑らか（あるいは実解析的）であるとする．このとき，V 上でこの方程式の解は p

[*16] ［訳注］対応した式 (25) を考えたとき，解 (x,p) の x 成分を意味する．

を通る特性超曲面以外では特異性を持ち得ない．特に，このような特性超曲面が存在しない場合には，この方程式の解は p を除いて V の至るところで滑らか（あるいは実解析的）である．

注意　(i) 上に述べた直観的な原理は，大域的に見ると，一般には正しくない．実際，バーガーズ方程式の場合にすでに説明したように，非線形発展方程式の解は，どんなに初期条件が滑らかでも新しい特異性の発現がありうる．この原理の大域版を，線形方程式に対しては方程式の陪特性曲線を用いて定式化することができる．以下の (iii) を参照されたい．

(ii) この原理によれば，境界値 u_0 が単に連続なだけでも，境界条件 $u|_{\partial D} = u_0$ を満たす方程式 $\Delta u = f$ の任意の解は，f が D の内部で滑らかであれば，自動的に D の内部で滑らかになる．さらに，f が実解析的であれば，解は実解析的になる．

(iii) 一般論で基本的な役割を担うこの原理のより精密な改訂版が，線形方程式に対して与えられる．たとえば，一般の波動方程式 (39) の場合であれば，特異性は陪特性曲線に沿って伝播するというものである．ここでの陪特性曲線とは，ハミルトン–ヤコビ方程式 (40) に対するものを指す．

2.4　コーシー–コワレフスカヤの定理

すでに見たように，ODE の場合には，非特性的 IVP はいつでも局所的に（すなわち，与えられた点に応じたある時間区間で）解を持つ．この事実の高次元版は考えられるだろうか？　その答えは，実解析的な状況に限ることにすれば Yes となる．これはコーシー–コワレフスカヤの定理をうまく拡張すれば得られる．より正確に述べれば，実解析的な係数を持つ一般の準線形方程式あるいは準線形方程式系，実解析的超曲面 $\mathcal{H}$，および $\mathcal{H}$ 上の適当な実解析的データを考えるとしたときに，Yes となる．

定理（コーシー–コワレフスカヤ（CK））　上に述べた実解析性に関するすべての条件が満たされ，x_0 において初期超曲面が非特性的である[*17)]とする．そのとき，x_0 のある近傍において，方程式系と初期条件を満たすただ一つの実解析的な解 $u(x)$ が存在する．

線形方程式という特別な場合には，ホルムグレンによるところの CK 定理と対をなす重要な定理により，CK 定理により与えられる実解析的な解は，$\mathcal{H}$ が滑らかな非特性超曲面であれば，滑らかな解の族の中で一意である．CK 定理は，非特性条件と実解析性が満たされたときに，次の直接的な解を見つける方法がうまくいくことを示している．それは，方程式と初期条件から得られる簡単な代数的な公式を使って再帰的に定数 C_α を定めることによって，$u(x) = \sum_\alpha C_\alpha (x - x_0)^\alpha$ の形の形式的展開を求めるという方法である．より正確には，この定理は，こうして得られる単純な展開が $x_0 \in \mathcal{H}$ のある小さな近傍において収束することを保証する．

しかしながら，CK 定理における実解析性の条件はかなり限定的すぎる．そのため，この定理の一見したところの一般性は，誤解を招くものである．波動方程式 $\Box u = 0$ を考えるとき，この条件からの強い制約がすぐにはっきりする．この方程式の基本的特性は有限伝播性である．このことは，粗く言うと，ある時刻 $t = t_0$ において解がある有界集合の外側で 0 であるならば，同じことが後の時刻においても成り立つはずであるという主張である．しかし，解析関数は，この性質を恒等的に 0 となる場合以外には持たない（「いくつかの基本的な数学的定義」[I.3 (5.6 項)] を参照されたい）．したがって，波動方程式を実解析的関数のクラスで適切に取り扱うには無理がある．**アダマール** [VI.65] が最初に指摘したように，関連した一つの問題として，多くの重要な場合に，滑らかであるが非解析的な任意のデータを持つ初期値問題を解くことは不可能であるという事実がある．例として，$\mathbb{R}^d$ におけるラプラス方程式 $\Delta u = 0$ を考える．すでに見たように，任意超曲面 $\mathcal{H}$ は非特性的である．しかし，初期条件 $u|_{\mathcal{H}} = u_0$，$n[u]|_{\mathcal{H}} = u_1$ を持つコーシー問題は，u_0, u_1 を任意の滑らかなデータとするとき，$\mathcal{H}$ のどの点の近傍でも局所解を持たないことがある．実際に，超曲面 $\mathcal{H}$ として $x_1 = 0$ という超平面をとり，コーシー問題の解が原点を中心とする閉球 B を含む領域において存在し，この解が与えられた実解析的ではない滑らかな初期条件を満たしているとする．この解は，u の値を ∂B 上で指定された球 B におけるディリクレ問題の解と見ることができる．しかし，先に述べた直観的原理（この場合には，容易に正当化される）によれば，この解は B の内部の至るところで実解析的でなければならない．これは初期条件に対する仮定と矛盾している．

*17)　式 (32) のような 2 階の方程式に対しては，この条件はちょうど式 (33) に対応する．

他方で，$\mathbb{R}^{1+d}$ における波動方程式 $\square u = 0$ に対するコーシー問題は，空間的超曲面上での任意の滑らかな初期データに対して一意解を持つ．超曲面 $\psi(t,x)=0$ が空間的であることの意味は，これに属するすべての点 $p=(t_0,x_0)$ に対して，この点 p における法ベクトルが（未来方向であれ過去方向であれ）光錐の内部にあるということである．このことを解析的に表せば，

$$|\partial_t\psi(p)| > \left(\sum_{i=1}^{d}|\partial_i\psi(p)|^2\right)^{1/2} \tag{41}$$

となる．$t=t_0$ の形の超平面は，この条件を満たしている．さらにまた，これに近い他の超曲面も空間的である．これと異なり，時間的超曲面，すなわち，

$$|\partial_t\psi(p)| < \left(\sum_{i=1}^{d}|\partial_i\psi(p)|^2\right)^{1/2}$$

が成り立つ超曲面の場合には IVP は**非適切**である．すなわち，一般の非実解析的初期条件のときには，IVP の解を見つけることができない．時間的超曲面の一例として，超平面 $x^1=0$ が挙げられる．用語「非適切性」について，より正確に説明する．

定義　PDE に対する問題が，滑らかな関数の族を含むような特定の大きな関数空間に属する任意のデータに対して，解の存在と一意性が成り立つとき，この問題は適切であるという*18)．さらに，解はデータに対して連続的に依存するものとする．適切でない問題は非適切であると呼ばれる．

この連続依存性は非常に重要である．IVP において，非常に小さな初期条件の変化が対応する解の非常に大きな変化をもたらすとすれば，これは実際上ほとんど役に立たなくなるからである．

2.5　標準的分類

上に述べたラプラス方程式と波動方程式の振る舞いの違いは，ODE と PDE の根本的な違いと CK 定理の見せかけの一般性を例示している．この二つの方程式は幾何学的あるいは物理学的応用において非常に重要なので，これらの方程式の持つ主要な性質を持った方程式の最も広いクラスを見出すことは，きわめて重要である．ラプラス方程式をモデルにする方程式を**楕円型**であるといい，波動方程式をモデルにする方程式を**双曲型**であるという．他の二つの重要なモデルは熱方程式（式 (2) を参照）とシュレーディンガー方程式（式 (4) を参照）である．これらに似た方程式の一般的クラスを，それぞれ，**放物型**と**分散型**と呼ぶ．

楕円型方程式を特徴付けることは，最も簡単かつ問題なくできる．これは特性超曲面を持たない方程式として特徴付けられる．

定義　特性超曲面を持たない線形あるいは準線形方程式を，**楕円型**であるという．

式 (32) のタイプの方程式は，係数 a^{ij} が条件 (35) を満たせば，明らかに楕円型である．極小曲面の方程式 (7) も楕円型である．コーシー–リーマン系 (12) が楕円型であることを証明することも容易である．アダマールによって指摘されたように，IVP は楕円型方程式に対しては非適切である．楕円型 PDE の解をパラメータ付ける自然な方法は，u とそのいくつかの導関数（導関数の個数は，おおむね方程式の階数の半分である）を領域 $D\subset\mathbb{R}^d$ の境界において指定することである．これは境界値問題（あるいは，BVP）と呼ばれる．この典型的な例は，$D\subset\mathbb{R}^d$ におけるラプラス方程式 $\Delta u=0$ とディリクレ境界条件 $u|_{\partial D}=u_0$ の組で定まるものである．もし，D がある緩い正則性の条件を満たし，境界値 u_0 が連続ならば，この問題は一意解を持ち，この解は u_0 に連続的に依存する．したがって，ラプラス方程式に対するディリクレ問題は適切である．もう一つのラプラス方程式に対する適切な問題は，ノイマン境界条件 $n[u]|_{\partial D}=f$ によって与えられる．ここで，n は境界における外向き単位法ベクトルを表す．この問題は，平均が 0 となるようなすべての連続な f に対して，適切になる．一般論における典型的な問題は，与えられた楕円型方程式系に対して適切な BVP を分類することである．

特異性の伝播の原理の結論として，少なくとも直観的には，次の一般的な事実が推論できる．

> 正則な領域 D において，滑らか（あるいは実解析的）な係数を持つ楕円型方程式の古典解は，境界条件の滑らかさの程度に関係なく*19)，D の内部で滑らか（実解析的）である．

---

*18)　ここでは表現が曖昧にならざるを得ない．ちょうどふさわしい空間は場合に応じて決められる．

*19)　考えている境界条件（境界値問題）が適切であると仮定している．さらに，一般には，この発見的原理は非線形

双曲型方程式とは，基本的に，IVP が適切である方程式のことである．この意味で，双曲型方程式は，ODE に対する局所存在定理と同様な結果を証明できる方程式の自然なクラスである．より正確には，十分に滑らかな初期条件の組のすべてに対して一意解が存在するようなクラスである．そうすると，コーシー問題は，与えられた方程式のすべての解の集合をパラメータ付ける自然な方法であると考えることができる．

しかしながら，双曲性の定義は，初期超曲面として考える特定の超曲面に依存する．波動方程式 $\Box u = 0$ の場合には，標準的な IVP

$$u(0,x) = u_0(x), \quad \partial_t u(0,x) = u_1(x)$$

は適切である．この意味は，いかなる滑らかな初期データ u_0, u_1 に対しても，方程式の解が一意に存在し，この解が u_0, u_1 に連続的に依存するということである．すでに述べたように，$\Box u = 0$ に対する IVP は初期超曲面 $t = 0$ を任意の空間的超曲面 $\psi(t,x) = 0$（式 (41) を参照）に置き換えても適切である．しかしながら，時間的超曲面に置き換えると，指定された非解析的コーシーデータに対しては解を持たないことがあり，適切性は成立しない．

双曲性の代数的条件を与えることは，さらに困難と言える．粗い言い方をすれば，PDE の分類の全体像の中で，双曲型方程式は楕円型方程式の対極にある．つまり，楕円型方程式は特性超曲面を持たないが，一方の双曲型方程式はすべての点で可能な限りの特性超曲面を持つ．双曲型方程式の最も有用なクラスの一つで，大部分の重要な既知の例を含んだものは，次の形を持つ方程式からなる．

$$A^0(t,x,u)\partial_t u + \sum_{i=1}^{d} A^i(t,x,u)\partial_i u = F(t,x,u), \quad u|_{\mathcal{H}} = u_0 \qquad (42)$$

ここですべての係数 $A^0, A^1, \ldots, A^d$ は $N \times N$ の対称行列であり，$\mathcal{H}$ は $\psi(t,x) = 0$ として与えられている．このような系は行列

$$A^0(t,x,u)\partial_t \psi(t,x) + \sum_{i=1}^{d} A^i(t,x,u)\partial_i \psi(t,x) \qquad (43)$$

が正定値であれば，適切である．この条件を満たす系 (42) は**対称双曲系**と呼ばれる．$\psi(t,x) = t$ である特別な場合には，条件 (43) は

$$\langle A^0 \xi, \xi \rangle \geq c|\xi|^2, \quad \forall \xi \in \mathbb{R}^N$$

となる*20)．次の主張は，一般の双曲型方程式の理論で基本的な結果である．これは対称双曲系に対する解の局所一意存在定理と呼ばれる．

定理（双曲型方程式に対する基本定理） 十分に滑らかな $A, F, \mathcal{H}$ と十分に滑らかな初期条件 u_0 を持つ対称双曲系に対して，IVP (42) は局所的に適切である．言い換えると，適当な滑らかさの条件が満たされているとすれば，任意の点 $p \in \mathcal{H}$ に対して p*21) の小さな近傍 $\mathcal{D}$ が存在して，そこでは一意の連続微分可能な解が存在する．

注意 (i) 以前に論じた一般の特異性伝播の原理と同様に，この定理の局所性は本質的である．なぜなら，この結果を大域的にしたものは，バーガーズ方程式 (21) のような特別の場合には成立しない．この特別な場合は，明らかに一般の非線形対称双曲系の枠組みに当てはまる．この定理の詳細版では，どこまで $\mathcal{D}$ の大きさが許されるかについて，下からの評価を与える．

(ii) この定理の証明は，すでに見た ODE に対するピカールの逐次近似法の変形版に基づく．まず，$\mathcal{H}$ のある近傍で $u_{(0)} = u_0$ とおき，そのあとで，

$$A^0(t,x,u_{(n-1)})\partial_t u_{(n)} + \sum_{i=1}^{d} A^i(t,x,u_{(n-1)})\partial_i u_{(n)} = F(t,x,u_{(n-1)}), \quad u_{(n)}|_{\mathcal{H}} = u_0$$

により再帰的に $u_{(n)}$ を定義する．この反復の各ステップにおいて線形方程式を解く必要があることに注意する．線形化の手法は，非線形 PDE の研究においてきわめて重要である．重要な特別な解のまわりで線形化することなしに，非線形 PDE の振る舞いを理解できることはほとんどない．したがって，ほとんどいつでも，非線形 PDE の難しい問題は線形 PDE の特定の問題を理解することに帰着される．

(iii) ピカールの逐次近似法を実行するには，$u_{(n-1)}$ を用いた $u_{(n)}$ の精密な評価を求める必要がある．このステップには**エネルギー型アプリオリ評価**が必要

方程式の古典解に対してのみ成立する．事実，ある非線形楕円型方程式系に対する適切な BVP で，古典解を持たないものがある．

*20) ［訳注］c は正定数である．

*21) 点 p と言ったとき，p は時空の点 $(t,x) \in \mathbb{R}^{1+d}$ を表すとする．同様に，$\mathcal{D}$ は時空の点の集合である．

で，これに関しては 3.3 項において議論する．

双曲型方程式のもう一つの重要な（楕円型方程式，放物型方程式，分散型方程式が持たない）性質は，有限伝播速度を持つことである．これについては，波動方程式 (3) の場合について，以前に触れた．再度，この簡単な場合を考えよう．この IVP は，いわゆる**キルヒホッフの公式**により陽に解くことができる．この公式から次のことが導かれる．$t=0$ における初期データが中心 x_0，半径 a の球 $B_a(x_0)$ の外側で 0 であれば，解は $B_{a+ct}(x_0)$ の外側で 0 である．一般には，双曲型方程式の有限伝播性は，依存領域と影響領域という用語で定式化するのがよい（一般的定義については，本章のオンライン版を参照されたい）．

双曲型 PDE は，物理学で基本的な役割を演じる．それは，現代的な場の理論の相対論的性格に緊密に結び付いているからである．方程式 (3), (5), (13) は最も簡単な**線形場理論**の例であり，これらは明らかに双曲型である．**マックスウェル方程式** [IV.13 (1.1 項)] $\partial^\alpha F_{\alpha\beta}=0$ やヤン–ミルズ方程式 $D^\alpha F_{\alpha\beta}=0$ のような，他の基本的な例が**ゲージ場理論**に現れる．最後になるが，アインシュタイン方程式も双曲型である*22)．他の双曲型方程式の重要な例が，弾性体や非粘性流体の物理に現れる．後者の例としてのバーガーズ方程式やオイラー方程式は，双曲型である．

一方，楕円型方程式は，双曲型方程式の時間依存しない解，より一般には**定常状態**の解を記述するものとして自然に登場する．楕円型方程式はまた，**変分原理** [III.94] から直接的に導かれる．

最後に，楕円型方程式と双曲型方程式の中間に位置する放物型方程式とシュレーディンガー型方程式に少し触れる．これらのタイプの有用な方程式を含んだクラスは，それぞれ

$$\partial_t u - Lu = f \tag{44}$$

と

$$\mathrm{i}\partial_t u + Lu = f \tag{45}$$

で与えられる．ここで，L は 2 階楕円型作用素である．ここでは，$t \geq t_0$ で定義された解 $u=u(t,x)$ で，超曲面 $t=t_0$ において与えられた初期条件

$$u(t_0,x)=u_0(x) \tag{46}$$

を満たすものを探すことになる．厳密に言えば，この超曲面は特性的ではない．なぜなら，方程式の階数は 2 であり，$t=t_0$ における $\partial_t^2 u$ を方程式から直接的に決定できないからである．しかし，これは深刻な問題ではなく，方程式を形式的に ∂_t に関して微分することで，$\partial_t^2 u$ を決めることができる．このように，初期条件 (46) を持つ IVP (44)（あるいは式 (45)）は適切である．ただし，これは双曲型方程式に対するものと必ずしも同じ意味ではない．たとえば，熱方程式 $-\partial_t u + \Delta u = 0$ は，正方向の t に対しては適切であるが，負方向の t に対しては非適切である．熱方程式はまた IVP に対して，初期データに許される無限遠方での増大度に関する条件なしには，一意解を持つとは限らない．方程式 (44) の特性超曲面はすべて $t=t_0$ の形で与えられ，したがって，放物型方程式は楕円型方程式と非常によく似ている．たとえば，係数 a^{ij} と f が滑らか（あるいは実解析的）なとき，初期データ u_0 が滑らかでなくても，$t>t_0$ に対しては，解 u は x に関して滑らか（あるいは実解析的）であることが示せる．これは特異性の伝播の原理と一致している．したがって，熱方程式は初期条件を瞬時に滑らかな関数に変える．熱方程式はこの性質によって，多くの応用において役立つ．物理学においては，拡散あるいは散逸現象が重要なとき，いつでも放物型方程式が現れる．一方で，幾何学や変分法においては，放物型方程式がしばしば正定値汎関数の勾配流として登場する．リッチ流 (16) も適当な変数変換を行うと，放物型方程式と見ることができる．

シュレーディンガー方程式 (4) を基本的な例とする分散型方程式は発展方程式であり，いろいろな側面において双曲型方程式と類似の振る舞いをする．たとえば，その IVP は時間的に前向き，逆向きの両方の方向に，局所的に適切になる．しかしながら，分散型 PDE の解は特性曲面に沿っては伝播しない．その代わりに，空間的周波数によって決まる速度で動く．一般に，低周波に比べて高周波はずっと速い速度で伝播する．これによって，だんだんと空間的に広い範囲へと解の分散が進む．実際，解の伝播の速度は，典型的には無限大である．この振る舞いは放物型方程式とも異なる．放物型方程式では，高周

*22) ゲージ理論やアインシュタイン方程式に対しては，双曲性はゲージの選び方や座標の選び方に依存する．たとえば，ヤン–ミルズ方程式の場合には，ローレンツゲージの場合にのみ，非線形波動方程式の系が得られる．

波成分は分散するのではなく，消散する（0 になっていく）．物理では，分散型方程式は非相対論的量子力学に現れる．それは相対論的方程式の $c \to \infty$ とする非相対論極限であり，ある種の流体の振る舞いのモデルの近似でもある．たとえば，**コルトヴェーグ–ド・フリース方程式** [III.49]

$$\partial_t u + \partial_x^3 u = 6u\partial_x u$$

は分散型方程式であり，浅い運河における振幅の小さい波のモデルである．

2.6　線形方程式に関する特別な話題

一般論が著しい成功を収めたのは，線形方程式に関するものであった．特に，定数係数を持つ線形方程式に関しては著しく，そこではフーリエ解析がきわめて強力な道具を提供してきた．分類の問題，適切性，特異性の伝播といったものが線形方程式の研究での主要なものであったが，ほかにも，次に述べるような興味深い課題がある．

2.6.1　局所可解性

これは，線形作用素 $\mathcal{P}$ と f が与えられたとき，方程式 (9) が局所可解となる条件を決定する問題である．コーシー–コワレフスカヤの定理は，f と $\mathcal{P}$ の係数が実解析的であるときに，局所可解性の判定条件を与える．しかし，次の事実は注目すべき現象である．つまり，f に対して実解析性でなく滑らかさだけを要請するという形で，条件を少し緩めようとすると，局所可解性に対する重大な困難が生ずる．たとえば，複素数値関数 $u : \mathbb{R} \times \mathbb{C} \to \mathbb{C}$ に対して定義される**レヴィ作用素**

$$\mathcal{P}[u](t,z) = \frac{\partial u}{\partial \bar{z}}(t,z) - \mathrm{i}\,z\frac{\partial u}{\partial t}(t,z)$$

は，方程式 (9) は実解析的な f に対して局所可解であるが，「大部分の」滑らかな f に対しては局所可解でないという性質を持つ．レヴィ作用素は $\mathbb{C}^2$ におけるハイゼンベルク群上の接コーシー–リーマン方程式と緊密な関係を持っている．それはコーシー–リーマン作用素 $\mathcal{P}$ の 2 次元類似物の，$\mathbb{C}^2$ の 2 次曲面への制限を研究する中で発見された．この例は**局所可解性**の理論の出発点となったが，その目標は局所可解な線形方程式を特徴付けることである．コーシー–リーマン多様体の理論は，(高次元) コーシー–リーマン方程式の実超曲面への制限（両者には「接コーシー–リーマン複体」が付随する）の研究の原点である．この理論は，標準的分類に当てはまらない興味深い線形 PDE の例を与える，きわめて豊富な源泉である．

2.6.2　一 意 接 続

これは，解が必ずしも存在しない種々の非適切な問題に対しても，解の一意性は成り立つということを扱う．**解析接続**は一つの基本的な例である．これは，連結領域 D 上の二つの正則関数が（円板や区間のような）非離散集合上で一致すれば，D 上至るところで一致するという主張であり，コーシー–リーマン方程式 (12) に対する一意接続定理と見ることができる．これと同じ思想にある例は，**ホルムグレンの定理**である．これが主張することは，係数とデータが実解析的な線形 PDE (9) の解は，滑らかな関数のクラスで考えてもただ一つである，ということである．より一般に，（データを空間的曲面ではなく，時間的曲面で与えた波動方程式のような）非適切問題は，制御問題との関連で自然に現れる．

2.6.3　スペクトル理論

量子力学や他の物理学理論ばかりでなく，幾何学や**解析的整数論** [IV.2] においても基本的な重要性を持つため，この理論を説明するのはきわめて困難である．行列 A が**固有値，固有ベクトル** [I.3 (4.3 項)] を通して線形代数の道具により解析されるように，線形微分作用素 $\mathcal{P}$ と対応した PDE は，この作用素の**スペクトル** [III.86] と固有関数を**関数解析** [IV.15] の道具を使って理解することにより，深く学ぶことができる．スペクトル理論の典型的な問題は，$\mathbb{R}^d$ における**固有値問題**

$$-\Delta u(x) + V(x)u(x) = \lambda u(x)$$

である．関数 u が（たとえば，$L^2(\mathbb{R}^d)$ ノルムが有限であるなど）空間的に局所化され，この方程式を満たすならば，これは線形作用素 $-\Delta + V$ により関数 λu に移される．このとき，u は**固有値** λ に対応する**固有関数**であるという．

u は固有関数であるとし，$\phi(t,x) = \mathrm{e}^{-\mathrm{i}\lambda t}u(x)$ とおく．ϕ がシュレーディンガー方程式

$$\mathrm{i}\partial_t\phi + \Delta\phi - V\phi = 0 \tag{47}$$

の解であることは，容易に確かめられる．さらに，この関数は非常に特殊な形をしている．このような解を，式 (47) で記述される物理系の**基底状態**と呼ぶ．離散集合をなす固有値は，系の量子力学的エネ

ルギー準位に対応し，ポテンシャル V の選び方に応じてきわめて鋭敏に変化する．スペクトル逆問題も重要である．これは，固有値を知ることによってポテンシャル V が決定できるかという問題である．固有値問題は，作用素 $-\Delta + V$ を他の楕円型作用素に置き換えても相当一般的に研究することが可能である．たとえば，幾何学においては，$\mathbb{R}^n$ におけるラプラス作用素の，一般の**リーマン多様体** [I.3 (6.10 項)] への自然な一般化である**ラプラス–ベルトラミ作用素**に対する固有値問題の研究が重要である．多様体がある数論的構造を持つ（たとえば，多様体が上半平面の離散的な数論的群による商空間である）とき，この問題は，たとえば**ヘッケ–マース形式**の理論へ導くといった，数論における主要な重要性を持つ．微分幾何における有名な問題の一つに，コンパクトな曲面をそれに付随したラプラス–ベルトラミ作用素のスペクトル構造から特徴付けるものがある．これは「ドラムの形を聞くことができるか？」という問い掛けとも言える．

2.6.4　散乱理論

この理論は，ポテンシャルが小さければ，あるいは局所化されていれば，量子力学的粒子をほとんど捕捉できず，したがって，この粒子は自由粒子に似た振る舞いで無限遠に逃げる，という量子力学における直観を定式化するものである．方程式 (47) の場合には，散乱を表す解は $t \to \infty$ とするときに自由に振る舞うような解となる．つまり，自由シュレーディンガー方程式 $\mathrm{i}\partial_t \psi + \Delta\psi = 0$ の解のように振る舞うということである．散乱理論における典型的な問題は，次のことを示すことである．すなわち，$|x| \to \infty$ とするときに $V(x)$ が十分に速く 0 に収束するならば，基底状態以外のすべての解は，$t \to \infty$ としたとき散乱する．

2.7　結　　論

解析的な場合には，CK 定理により，非常に広いクラスの PDE に対して IVP を局所的に解くことができる．PDE の特性超曲面の一般論があり，それが特異性の伝播といかに関係するかについては，よく理解されている．楕円型方程式と双曲型方程式の基本的なクラスをかなり一般的に類別することが可能であり，また，一般の放物型方程式と分散型方程式を定義することもできる．非線形双曲系の広いクラスについて，初期条件が十分に滑らかであれば，時間局所的に解くことが可能である．同様な時間局所的結果が，非線形放物型方程式と非線形分散型方程式の一般的なクラスに対して成立する．線形方程式であれば，さらにいろいろなことが言える．楕円型および放物型方程式に対しては，解の正則性に関する満足のいく結果が得られており，また，双曲型方程式の広いクラスに対して，特異性伝播の十分な理解が得られている．スペクトル理論，散乱理論，一意接続の問題がかなり一般的に研究されている．

一般論に欠けている主なものは，局所から大域への移行である．特定の方程式の大切な大域的特性は，一般論に取り込むにはあまりに繊細すぎ，むしろ，重要な PDE ごとに特別な取り扱いが必要になる．これは非線形方程式に対して特に言えることである．解の長時間挙動は，方程式の特性に非常に鋭敏に依存する．さらに，一般的な視点は必要のない技術的な複雑化を生み，大事な特別な場合における重要な特性が損なわれる．有用な一般的枠組みには，対称双曲系や局所適切性や有限伝播性の場合のように，特定の現象を取り扱う簡単でエレガントな方法を提供するものが求められる．しかし，対称双曲系は，双曲型方程式の重要な例についてのより詳細な問題を扱うには，一般的すぎることがわかっている．

3.　一般的アイデア

一般理論に向き合うことから離れるにつれ，PDE は本当の研究分野ではなく，むしろ流体力学，一般相対論，多変数関数論，弾性体力学などの分野の集合体であるという，以前に触れた実践的視点に立とうという思いが強くなるかもしれない．しかしながら，広く支持されたこの視点も深刻な欠点を持っている．特定の方程式は特定の性質を確かに持つわけであるが，その性質を導き出す道具は，緊密に関連している．実際，重要な方程式のすべて，あるいは少なくとも大部分に関係した膨大な知識の体系がある．紙数の都合により，ここで許されるのは，これらに番号を付ける程度のことである*23)．

---

*23)　上に挙げたいくつかの例において，ヒルベルト空間的手法，コンパクト性，陰関数定理などの重要な関数解析的な道具について，触れることができなかった．また，確率論的方法の重要さと楕円型方程式の大域的性質を取り扱うための位相的方法の発展についても触れることがで

3.1 適切性

前節で明らかになったように，適切性の問題は PDE の現代の理論の中心に位置している．これらは与えられた滑らかな初期データあるいは境界データに対して一意解を持ち，対応する解はこのデータに連続的に依存するという問題である．この条件こそが，楕円型，双曲型，放物型，分散型という PDE の分類を導いたものである．非線形発展方程式の研究の第一歩は，ODE の場合と同様に，時間局所的一意存在定理の証明である．適切性の対極にある非適切性も，いろいろな応用において重要である．データを時間的超曲面 $x_3 = 0$ で与えた波動方程式 (3) に対するコーシー問題は典型例である．すでに触れたことであるが，非適切問題は制御理論において自然に現れる．また，逆散乱問題においても然りである．

3.2 明示的公式と基本解

基本的な方程式 (2)〜(5) は，明示的に解くことができる．たとえば，$\mathbb{R}^{1+d}_{+}$ における熱方程式に対する IVP の解，すなわち，$t \geq 0$ のときに

$$-\partial_t u + \Delta u = 0, \quad u(0,x) = u_0(x)$$

を満たす関数 u を求める問題の解は

$$u(t,x) = \int_{\mathbb{R}^d} E_d(t, x-y) u_0(y) \mathrm{d}y$$

によって与えられる．ここで，E_d は熱作用素 $-\partial_t + \Delta$ の**基本解**と呼ばれる関数である．この関数を明示的に表すことができる．この関数は，$t < 0$ のときには 0 であり，$t > 0$ のときには公式 $E_d(t,x) = (4\pi t)^{-d/2} \mathrm{e}^{-|x|^2/4t}$ で与えられる．これは $t < 0$ と $t > 0$ の両方の領域で方程式 $(-\partial_t + \Delta)E_d = 0$ を満たすことがわかるが，$t = 0$ では特異性を持ち，したがって，$\mathbb{R}^{1+d}$ の全体でこの方程式を満たすことはない．実際，任意の関数[*24)] $\phi \in C_0^\infty(\mathbb{R}^{d+1})$ に対して

$$\int_{\mathbb{R}^{d+1}} E_d(t,x)(\partial_t \phi(t,x) + \Delta\phi(t,x)) \mathrm{d}t\mathrm{d}x = \phi(0,0) \tag{48}$$

が成り立つ．**超関数** [III.18] の言葉では，公式 (48) は，E_d が超関数として方程式 $(-\partial_t + \Delta)E_d = \delta_0$ を満たすことを意味する．ただし，δ_0 は原点に台を持つ $\mathbb{R}^{1+d}$ 上のディラックの超関数である．すなわち，任意の $\phi \in C_0^\infty(\mathbb{R}^{d+1})$ に対して，$\delta_0(\phi) = \phi(0,0)$ が成り立つ．同様な基本解を，ポアソン方程式，波動方程式，クライン–ゴードン方程式，シュレーディンガー方程式に対して定義することができる．

定数係数線形方程式を解く強力な方法の一つは，**フーリエ変換** [III.27] に基づくものである．たとえば，初期条件 $u(0,x) = u_0(x)$ を持つ 1 次元の熱方程式 $(\partial_t - \Delta)u = 0$ を考える．$\hat{u}(t,\xi)$ を u の空間変数に関するフーリエ変換

$$\hat{u}(t,\xi) = \int_{-\infty}^{+\infty} \mathrm{e}^{-\mathrm{i}x\xi} u(t,x) \mathrm{d}x$$

とする．容易にわかるように，$\hat{u}(t,\xi)$ は微分方程式

$$\partial_t \hat{u}(t,\xi) = -\xi^2 \hat{u}(t,\xi), \quad \hat{u}(0,\xi) = \hat{u}_0(\xi)$$

を満たす．これは積分で簡単に解けて，公式 $\hat{u}(t,\xi) = \hat{u}_0(\xi)\mathrm{e}^{-\mathrm{i}|\xi|^2}$ が得られる．そこで，フーリエ逆変換を使えば，$u(t,x)$ の公式

$$u(t,x) = (2\pi)^{-1} \int_{-\infty}^{+\infty} \mathrm{e}^{\mathrm{i}x\xi} \mathrm{e}^{-t|\xi|^2} \hat{u}_0(\xi) \mathrm{d}\xi$$

が得られる．同様な公式が，上述の基本発展方程式に対して得られる．たとえば，初期条件 $u(0,x) = u_0$，$\partial_t u(0,x) = 0$ を持つ 3 次元における波動方程式であれば，解の公式

$$u(t,x) = (2\pi)^{-3} \int_{\mathbb{R}^3} \mathrm{e}^{\mathrm{i}x\cdot\xi} \cos(t|\xi|) \hat{u}_0(\xi) \mathrm{d}\xi \tag{49}$$

が得られる．さらに考察を進めると，式 (49) の別表示

$$u(t,x) = \partial_t \left((4\pi t)^{-1} \int_{|x-y|=t} u_0(y) \mathrm{d}a(y) \right) \tag{50}$$

が得られる．ここで，$\mathrm{d}a$ は中心が x で半径が t の球面 $|x-y| = t$ の面積要素を表す．これはよく知られている**キルヒホッフの公式**である．これら二つの公式を比べることは興味深い．プランシュレルの等式を使って，式 (49) より簡単に，L^2 上界

$$\int_{\mathbb{R}^3} |u(t,x)|^2 \mathrm{d}x \leq C \|u_0\|^2_{L^2(\mathbb{R}^3)}$$

が得られる．一方，式 (50) からこのような上界を得ることは，この公式に微分が現れていることから，難しそうに見える．一方で，式 (50) は影響領域についての情報を取り出すには，完璧なものと言える．実際，この式から，u_0 が球 $B_a = \{|x - x_0| \leq a\}$ の外側で 0 ならば，任意の時刻 $t \in \mathbb{R}$ において $u(t,x)$ は $B_{a+|t|}$ の外側で 0 になることが，すぐにわかる．この事実は，フーリエ変換に基づく公式 (49) からはまったく見えてこない．解の異なる表現は，場合によっ

きなかった．

*24) すなわち，任意の滑らかな関数で，$\mathbb{R}^{1+d}$ においてコンパクトな台を持つもの．

ては正反対の強みや弱点を持つ．このことは，変数係数波動方程式や非線形波動方程式のようなもっと複雑な方程式に対する近似解，あるいはパラメトリクスの構成において，重要な意味を持つ．ここでは二つのタイプの構成法が考えられる．式 (50) に類似の物理空間における公式と，式 (49) に類似のフーリエ空間における公式である．

3.3　アプリオリ評価

大部分の方程式は，明示的に解くことはできない．しかしながら，興味の対象が解の「定性的」な情報であれば，必ずしも解の表示式から導き出す必要はない．しかし，「ほかにどうやって？」といぶかるかもしれない．どうしたらこのような情報を引き出すことができるだろうか？　アプリオリ評価は，そのための非常に重要な方法の一つである．

この方法の最もよく知られた例は，エネルギー評価，最大値原理，単調性の議論であろう．この最初の例の最も簡単なものとしては，次の等式がある（これは，いわゆるボッホナー等式の非常に簡単な例の一つである）．

$$\int_{\mathbb{R}^d} |\partial^2 u(x)|^2 \mathrm{d}x = \int_{\mathbb{R}^d} |\Delta u(x)|^2 \mathrm{d}x$$

この左辺は

$$\int_{\mathbb{R}^d} \sum_{1\le i,j\le d} |\partial_i \partial_j u(x)|^2 \mathrm{d}x$$

を簡単に表したものである．この等式は，$|x| \to \infty$ とするとき 0 に収束する任意の 2 回連続微分可能な関数 u に対して成立する．この公式は，部分積分を用いてまったく簡単に正当化される．ボッホナーの等式から，次のアプリオリ評価が得られる．u が 2 乗可積分なデータ f を持つポアソン方程式 (6) の滑らかな解であり，無限遠で 0 に収束するならば，u の 2 階偏導関数の 2 乗積分は有限である．つまり，

$$\int_{\mathbb{R}^d} |\partial^2 u(x)|^2 \mathrm{d}x \le \int_{\mathbb{R}^d} |f(x)|^2 \mathrm{d}x < \infty \tag{51}$$

となる．こうして，次の定性的な事実が得られる．すなわち，平均（正確には，2 乗平均）の意味で，f に比べて u は「2 階分だけ高い正則性」を持つ[*25]．

[*25] 重大な事実として，式 (51) における L^2 ノルムは，L^p ノルム（$1 < p < \infty$），あるいはヘルダー型のノルムに置き換えられる．この点について，本章のオンライン版はもっと詳しい．最初の L^p ノルムに関するものは**カルデロン–ジグムント評価**に対応し，2 番目のほうは**シャウダー評価**に対応する．どちらも 2 階楕円型 PDE の解の正則性の研究においてきわめて重要である．

これはエネルギー型の評価と呼ばれる．それは，物理的な対応において，L^2 ノルムの 2 乗はある種の運動エネルギーと解釈されるからである．

ボッホナー等式は，$\mathbb{R}^d$ よりも一般なリーマン多様体へと一般化される．ただし，そのときには多様体の曲率の絡んだ低階項が新たに加わることになる．このような等式は，多様体上の幾何学的 PDE の理論において主要な役割を演じる．

放物型方程式，分散型方程式，双曲型方程式に対しても，エネルギー型等式あるいはエネルギー型不等式と呼ばれるものがあり，たとえば，滑らかな初期データを持つ双曲型方程式に対する局所一意存在や有限伝播速度の証明において，基本的な役割を果たしている．**ソボレフ埋蔵不等式**のような不等式とともにエネルギー評価が用いられるとき，特に強力なものとなる．それによって，エネルギー評価のような L^2 的な情報が，各点（あるいは，L^∞）評価型の情報へと変換される（「関数空間」[III.29 (2.4 項, 3 節)] を参照されたい）．

エネルギー等式や L^2 評価は，すべての PDE（少なくとも主要な PDE のクラス）に対して適用できる．**最大値原理**は，楕円型または放物型方程式のみに適用できる．次の定理は，その最も簡単な具体例であり，ラプラス方程式の解に関する重要な定性的情報を解の表現公式を使わずに与えている．

定理（最大値原理）　u は滑らかな境界 ∂D を持つ有界連結領域 $D \subset \mathbb{R}^d$ 上でのラプラス方程式 (1) の解であるとする．また，u は D の閉包上で連続であり，その 1 階と 2 階の偏導関数は D の内部ですべて連続であるとする．このとき，u は最大値と最小値を必ず境界上でとる．さらに，もし最大値または最小値が D の内点で実現されたとすれば，u は D で定数である．

この方法はとても強靭さに富んでいて，楕円型方程式の広いクラスにまで容易に拡張できる．また，放物型方程式や連立系にも拡張でき，たとえば，リッチ流の研究において決定的な役割を演じる．

その他のアプリオリ評価について簡単に触れる．ソボレフの不等式は楕円型方程式に対してたいへん重要であるが，線形あるいは非線形の双曲型方程式，分散型方程式に対してこれに対応するものがいくつかある．**ストリッカーツ評価**や**双線形評価**がそれに当たる．非適切問題や一意接続性に関しては，**カー**

レマン評価が重要な役割を演じる．最後に，ビリアル等式，ポホザーエフ等式，モラヴェッツ不等式といった単調性公式として現れるいくつかの不等式は，ある非線形方程式に対しては解の正則性の破綻あるいは爆発が起こることを示すのに役立ち，一方で，別の方程式の解の大域存在あるいは減衰を示すときに役立つ．

以上をまとめると，アプリオリ評価は現代の PDE 理論のすべての局面で多かれ少なかれ基本的な役割を果たしていると言っても，誇張にはならない．

3.4 ブートストラップ論法と連続性の方法

ブートストラップ論法は，非線形方程式に対するアプリオリ評価を得るための一つの方法というより，むしろ強力な一般的思考法である．この考え方に従うならば，まず求めようとする解に，経験から割り出した自然な仮定を課すことから始める．元の非線形問題を，この仮定と整合するような係数を持った線形問題として考える．次に，既知のアプリオリ評価に基づいた線形の方法を使って，この線形問題の解が初めにおいた仮定と同じように振る舞う（実際にはもっと良く振る舞う）ことを示すことを試みる．この強力な方法は，方程式を実際には線形化せずに線形理論を応用することを可能にするので，**観念的線形化**と捉えることができる．それはまた，あるパラメータに関する連続性の方法と見なすこともできる．このパラメータは，発展方程式の問題であれば，その自然な時間パラメータであるかもしれないし，そうではなく，自由に導入された人工的なパラメータであるかもしれない．この後者の場合は，非線形楕円型方程式への応用として典型的なものである．本章のオンライン版では，両方の場合に対してこの方法を説明した例を挙げている．

3.5 一般化された解の方法

PDE には微分が関わっているので，PDE の議論において微分可能な関数に話を限るのは当然と思われるかもしれない．しかしながら，微分法の概念を一般化し，より広いクラスの関数，さらには超関数のようにもはや関数ではない関数的な対象に対して微分法が意味を持つようにすることが可能である．こうすることによって，PDE がより広範な枠組みの中で意味を持ち，**一般化された解**の可能性を許すことになる．

PDE に一般化された解を導入し，またそのことがなぜ重要であるかを説明する最良の方法は，**ディリクレ原理**を通して見ることであろう．これの起源は次のような知見にある．有界領域 $D \subset \mathbb{R}^d$ 上で定義された関数 u で，与えられたディリクレ境界条件 $u|_{\partial D} = u_0$ を満たし，適当な関数空間 X に属するものの中で，ディリクレ積分（あるいはディリクレ汎関数）

$$\|u\|_{Dr}^2 = \frac{1}{2}\int_D |\nabla u|^2 = \frac{1}{2}\sum_{i=1}^{d}\int_D |\partial_i u|^2 \qquad (52)$$

を最小化するものは調和関数である（すなわち，方程式 $\Delta u = 0$ の解である）．ディリクレ問題を解くために，この事実を利用しようと最初に考えたのは**リーマン** [VI.49] であった．問題

$$\Delta u = 0, \quad u|_{\partial D} = u_0 \qquad (53)$$

の解 u を求めるためには，（ディリクレ問題を別の方法で解くのではなく）ディリクレ積分を最小化し，∂D 上では u_0 に等しい関数 u を見つければよいという考えである．このためには，最小化を行う関数の集合，というより関数空間を設定しなければならない．どのようにこれが行われたかという歴史は非常に興味深い．一つの自然な選び方として，$X = C^1(\bar{D})$ がある．これは $\bar{D}$ 上の連続微分可能関数の空間であり，この空間での v のノルムは

$$\|v\|_{C^1(\bar{D})} = \sup_{x \in D}(|v(x)| + |\partial v(x)|)$$

により与えられる．特に，v がこの空間に属するならば，ディリクレノルム $\|v\|_{D_r}$ は有限である．実際にリーマンが選んだのは，（これと同様な空間であるが，2 階連続微分可能な関数の空間である）$X = C^2(\bar{D})$ であった．この大胆な，しかし問題点のあった試みは，**ワイエルシュトラス** [VI.44] による鋭い批判に遭った．ワイエルシュトラスは，$C^2(\bar{D})$ と $C^1(\bar{D})$ のどちらにおいても汎関数が最小値をとるとは限らないことを示した．しかしながら，リーマンの基本的な考え方はその後復活し，長く教訓に富んだ道のりを経て，やがて大成功を導いた．この道のりとは，一つには適切な関数空間の定義であり，また一般化された解の概念の導入であり，そして，この解に関する正則性理論の発展であった（ディリクレ原理の正確な定式化には，**ソボレフ空間** [III.29 (2.4 項)] の定義が必要である）．

ここで，簡単にこの方法を要約しよう．この方法はその後とてつもなく発展し，線形[*26]あるいは非線形楕円型や，放物型方程式の広範なクラスに対して適用できるようになっている．この方法は二つのステップからなり，その最初のステップは，最小化プロセスの遂行である．ワイエルシュトラスが発見したように，自然な関数空間は最小値を実現する関数を含まないかもしれないが，代わりに，このプロセスを**一般化された解**を求めることに使う．このことは，特に興味あることには思えないかもしれない．なぜなら，ディリクレ問題（あるいは，この最小化の方法が適用できるような他の問題）の解である通常の「関数」をもともと探していたはずだからである．しかし，そこで第 2 のステップに入ることになる．一般化された解が結果的には古典解（すなわち，ある程度滑らかな関数）であることがわかることがよくある．これが先に触れた「正則性理論」である．しかしながら，場合によっては，一般化された解は特異性を持ち，したがって正則ではない．そのときに挑戦すべきことは，このような特異な振る舞いの特性を理解し，現実的な**部分正則性**の結果を証明することである．たとえば，一般化された解が小さな「例外集合」を除く至るところで滑らかであることを証明できる場合がある．

一般化された解は楕円型の問題においてその威力を最も発揮するが，その有用性の範囲はすべての PDE に及ぶ．たとえば，すでに見たことであるが，基本となる線形方程式の基本解は超関数として理解すべきものであり，それは一般化された解の例を与えている．

一般化された解の概念は，空間 1 次元の保存則系の場合のように，非線形発展方程式に対しても成功している．格好な例として，バーガーズ方程式 (21) を取り上げよう．すでに見たように，$\partial_t u + u\partial u = 0$ の解は，たとえどんなに初期条件が滑らかであろうと，有限時間で特異性を生み出す．自然な疑問は，一般化された解としての解が，この特異性を持つ時刻を過ぎても意味を持ち続けるか，というものである．一般化された解の自然な概念は，$\mathbb{R}^{1+1}$ のコンパクト集合の外で 0 になる任意の滑らかな関数 ϕ [*27]に対して，$u \in C^1(\mathbb{R}^{1+1})$ が式 (21) の解であれば，

$$\int_{\mathbb{R}^{1+1}} \partial_t u\phi + \int_{\mathbb{R}^{1+1}} u\partial_x u\phi = 0$$

が成り立つ．この式で（左辺の第 1 項については t に関して，第 2 項については x に関して）部分積分を行えば，

$$\int_{\mathbb{R}^{1+1}} u\partial_t\phi + \frac{1}{2}\int_{\mathbb{R}^{1+1}} u^2\partial_x\phi = 0, \quad \forall\phi \in C_0^\infty(\mathbb{R}^{1+1})$$

が得られる．この式は u が微分可能でなくても意味を持つ．式 (21) に対する一般化された解は，この式が成立するような関数 u として導入される．**エントロピー条件**と呼ばれる条件を付加したとき，バーガーズ方程式に対する IVP は一意な一般化された解を**大域的**に持つ．ここで，大域的とは「すべての $t \in \mathbb{R}$」という意味である．今日，1 次元の**保存則**系の広範なクラスに対する大域解の満足のいく理論が確立されている．このような，上に述べた理論が適用できる系は**狭義双曲系**と呼ばれる．

より複雑な非線形方程式に対する一般化された解の概念として何が適当かという疑問に関しては，これが基本的な問いかけにもかかわらず，その状況はずっとはっきりしない．高次元における発展方程式に対する最初の**弱解**の概念は，ルレイによって導入された．一般化された解であって，それに対していかなる一意性も証明できないようなものを**弱解**と呼ぶことにする．この不満足な状況は，技術的な非力さにより生じた当面の問題であるかもしれないし，この概念に内在する欠陥によって生じた避けられない問題であるかもしれない．ルレイはコンパクト法を使って，**ナヴィエ–ストークス方程式の弱解** [III.23] を構成した．コンパクト法（および，コンパクト性の欠如をある状況下においてうまく回避するようなその現代版）の大きな利点は，すべてのデータに対して大域解を生み出すことにある．このことは優臨界型あるいは臨界型非線形方程式に対して特に重要である．これについては後に議論する．このような方程式に対しては，古典解を考えるとき，特異性の有限時間での発現が予測されるが，問題はこのような解の取り扱いがまだ知られていないことにある．特に，このような解の一意性の証明法は知られていない[*28]．その後，他の重要な非線形発展方程式に対

[*26] 幾何学における有名な応用例は，ホッジ理論である．
[*27] ［訳注］このような関数の全体を $C_0^\infty(\mathbb{R}^{1+1})$ と表す．

[*28] ルレイはこの点を非常に懸念していた．しかし，彼に続いた他の多くの研究者と同様に，彼もこの弱解の一意性を証明することはできなかった．古典解が特異性を発現するまでは，この弱解が古典解に一致することを示すに留まった．

して同様な解が導入されている．ナヴィエ–ストークス方程式のような興味ある多くの優臨界型発展方程式に対して，これまでに発見されているいろいろなタイプの弱解がどれほど有用であるかについては，まだ未決着と言える．

3.6 超局所解析，パラメトリクス，パラ微分解析

双曲型と分散型の方程式の持つ基本的な難しさは，物理空間に関わる幾何学的性質と振動に密に関わった他の性質（これを見るにはフーリエ空間が最適である）の間の相互作用に起因する．**超局所解析**は，物理空間とフーリエ空間における注意深い局所化によりこのような困難を分離しようとする，現在発展中の一般的な数学思想である．この観点の重要な一つの応用として，線形双曲型方程式に対するパラメトリクスの構成とその結果から，特異性伝播についての結果を導くというものがある．すでに触れたが，パラメトリクスとは，変数係数線形方程式の近似解で，誤差項がより滑らかであるものである．**パラ微分解析**は超局所解析の非線形方程式への一般化である．これによって，高周波と低周波がいかに相互作用するかを考慮しながら，非線形方程式の形を巧みに取り扱うことが可能になる．これは注目すべき技術的な万能さを実現している．

3.7 非線形方程式のスケーリング特性

一つの微分方程式について，解を適当なやり方でスケールし直すとき，どの解もまた同じ方程式の解になる場合，この方程式は**スケール特性**を持つと言われる．本質的に，すべての基本的な非線形方程式は有用なスケーリング特性を持っている．たとえば，バーガーズ方程式 (21)，すなわち $\partial_t u + u\partial_x u = 0$ を取り上げる．もし u がこの方程式の解であれば，$u_\lambda(t,x) = u(\lambda t, \lambda x)$ によって定義される関数 u_λ もこの方程式の解である．同様に，u が3次の非線形項を持つ $\mathbb{R}^3$ における非線形シュレーディンガー方程式

$$\mathrm{i}\partial_t u + \Delta u + c|u|^2 u = 0 \tag{54}$$

の解ならば，$u_\lambda(t,x) = \lambda u(\lambda^2 t, \lambda x)$ もこの方程式の解である．方程式に対する非線形スケーリング特性と，この方程式の解が持つアプリオリ評価との関係により，劣臨界型，臨界型，優臨界型というきわめて有用な方程式の分類へと導かれる．このことについては，次節でより詳しく述べる．当面は，劣臨界型方程式の場合であれば非線形性がこの方程式の持つアプリオリ評価によってコントロールでき，優臨界型方程式の場合であればそれには非線形性が強すぎると述べるに留める．臨界性の定義とその正則性問題との関係は，非線形 PDE において非常に重要な発見的役割を演じている．優臨界型の方程式であれば特異性の発現と発達が予想され，一方，劣臨界型方程式であればそうではない．

4. 主要な方程式

前節において議論したように，すべての PDE に対応する一般論を作ることはまったく不可能と言えるが，それでも，ほとんどすべての重要な方程式の研究に関わる一般的考え方や技術の豊かな蓄えがある．この節では，重要と考えられている方程式を特徴付ける特性を特定することがどの程度まで可能であるかを示していく．

大部分の基本方程式は，簡単な幾何学的原理から導出されている．このような幾何学的原理は，現代物理学を支えている幾何学的原理のいくつかと一致するものである．これらの簡単な原理は，この分野に統一的な枠組み*29)を与え，その目的や一体感を付与している．それらはまた，なぜラプラシアンやダランベルシアンのような線形微分方程式の少数の一部のものが広範囲に影響力を持つかを説明している．

このような作用素から始めよう．ラプラシアンはユークリッド空間の剛体運動に関して不変な最も簡単な微分作用素である．このことについては，本章の最初の部分で指摘した．これは数学的にも物理学的にも重要である．数学的観点からは，結果としてたくさんの対称性を持つことになり，物理学的観点からは，多くの物理法則は剛体運動に関して不変であるからである．同様に，ダランベルシアンは，ミンコフスキー空間の自然な対称性に関して不変，言い換えるとポアンカレ変換に関して不変である最も

*29) この原理の骨格を以下にごく簡単に述べるが，これは，数学者，物理学者，技術者によって研究されている PDE の数の膨大さにもかかわらず，それらを結び付ける簡単な基本原理があるということを示す試みである．以下に述べる式だけが注目に値するなどと言うつもりは，決してない．

簡単な微分作用素である．

ここで方程式に話を戻そう．物理的観点から，熱方程式は基本的と言える．なぜなら，拡散現象を記述する，より簡単な典型例だからである．一方で，シュレーディンガー方程式は，クライン–ゴードン方程式のニュートン力学的極限として見ることができる．前者に対する幾何学的枠組みはガリレイ空間であり，これはミンコフスキー空間のニュートン力学的極限である[*30)]．

数学的観点からは，熱方程式，シュレーディンガー方程式，波動方程式は基本的である．なぜなら，これらに対応した微分作用素 $\partial_t - \Delta$, $(1/\mathrm{i})\partial_t - \Delta$, $\partial_t^2 - \Delta$ は，Δ から構成される最も簡単な発展微分作用素であるからである．この波動作用素は，$\Box = -\partial_t^2 + \Delta$ とミンコフスキー空間 $\mathbb{R}^{1+d}$ の幾何との関連のために，より深い意味で基本的である．ラプラス方程式に関しては，$\Delta u = 0$ の解を $\Box u = 0$ の解の中で特に時間に依存しないものと捉えることができる．ローレンツ群の「スピノール表現」に対応する Δ と $\Box$，または $\Box - k^2$ の平方根の不変かつ局所的な定義は，付随したディラック作用素 (式 (13) を参照されたい) へと導く．同じ脈絡で，すべてのリーマン多様体あるいはローレンツ多様体に対して，作用素 Δ_g あるいは $\Box_g$ が対応する．さらに，付随したディラック作用素が対応する．これらの方程式は，定義されている空間の対称性を直接的に引き継いでいる．

4.1 変分方程式

与えられた対称性を持つ方程式を生成する一般的できわめて効果的な方法があり，物理学においても幾何学においても，基本的な役割を果たしている．そこでは，まず，

$$\mathcal{L}[\phi] = \frac{1}{2}\sum_{\mu,\nu=0}^{3} m^{\mu\nu}\partial_\mu\phi\partial_\nu\phi - V(\phi) \qquad (55)$$

のようなラグランジアンと呼ばれるスカラー量から話が始まる．ここで，ϕ は $\mathbb{R}^{1+3}$ 上の実数値関数であり，V は，たとえば $V(\phi) = \phi^3$ のような，ϕ のある実関数である．また，∂_μ は座標 x^μ, $\mu = 0,1,2,3$ に関する偏微分を表し，$m^{\mu\nu}$ は，4×4 の対角成分として $(-1,1,1,1)$ を持つ対角行列を表す．これはミンコフスキー計量に対応する．$\mathcal{L}[\phi]$ に対して，作用積分

$$\mathcal{S}[\phi] = \int_{\mathbb{R}^{3+1}} \mathcal{L}[\phi]$$

を対応させる．$\mathcal{L}[\phi]$ と $\mathcal{S}[\phi]$ のどちらも平行移動とローレンツ変換に関して不変であることに注意しよう．言い換えると，$T : \mathbb{R}^{1+3} \to \mathbb{R}^{1+3}$ がこの計量を変えない関数であるとすると，新しい関数を $\psi(t,x) = \phi(T(t,x))$ と定義すれば，$\mathcal{L}[\psi] = \mathcal{L}[\phi]$ と $\mathcal{S}[\psi] = \mathcal{S}[\phi]$ が成り立つ．

次に，作用積分を最小にする関数 ϕ を考える．このことから，適当な意味で $\mathcal{S}$ の ϕ における微分係数が 0 であると結論付け，ϕ に対する何らかの性質を導きたい．しかしながら，ϕ が属する世界は無限次元空間であり，この微分をまったく普通に取り扱うわけにはいかない．この問題の取り扱いとして，ϕ の**コンパクト変分**を次のように定義する．これは，ある区間 $(-\varepsilon, \varepsilon)$ に属する各 s に対して定義された関数 $\phi^{(s)} : \mathbb{R}^{1+3} \to \mathbb{R}$ からなる滑らかな族であって，すべての $x \in \mathbb{R}^{1+3}$ に対して $\phi^{(0)}(x) = \phi(x)$ を満たし，$(-\varepsilon, \varepsilon) \times \mathbb{R}^{1+3}$ のあるコンパクトな部分集合の補集合上では $\phi^{(s)}(x) = \phi(x)$ を満たすものである．これによって，s に関する微分が可能になる．

与えられたこのような変分に対して，関数 $\partial_s\phi^{(s)}|_{s=0}$ を $\dot{\phi}$ と表す．

定義 ϕ が $\mathcal{S}$ に関して停留関数であるとは，任意の ϕ のコンパクト変分 $\phi^{(s)}$ に対して，

$$\frac{\mathrm{d}}{\mathrm{d}s}\mathcal{S}[\phi^{(s)}]\,\Big|_{s=0} = 0$$

が成り立つことである．

変分原理 変分原理，あるいは最小作用の原理が主張することは，与えられた物理系によって許される解は，この系のラグランジアンに対応した作用積分の停留関数となるということである．

変分原理により，与えられたラグランジアンに対して，ϕ が停留関数であるという事実から得られる PDE の系，すなわちオイラー–ラグランジュ方程式を対応させることができる．このことを例示するために，$\mathbb{R}^{1+3}$ における波動方程式，すなわち

$$\Box\phi - V'(\phi) = 0 \qquad (56)$$

が，ラグランジアンに対応したオイラー–ラグランジュ方程式であることを示す．$\phi^{(s)}$ を ϕ のコンパクト変分として，$\mathcal{S}(s) = \mathcal{S}[\phi^{(s)}]$ とおく．部分積分により，

*30) これはミンコフスキー計量 $(-1/c^2,1,1,1)$ から出発し，$c \to \infty$ とすればよい．ただし，c は光速に対応する．

$$\frac{\mathrm{d}\mathcal{S}(s)}{\mathrm{d}s}\bigg|_{s=0} = \int_{\mathbb{R}^{3+1}} [-m^{\mu\nu}\partial_\mu\dot{\phi}\partial_\nu\phi - V'(\phi)\dot{\phi}] = \int_{\mathbb{R}^{3+1}} \dot{\phi}[\Box\phi - V'(\phi)]$$

を得る．

最小作用の原理と $\dot{\phi}$ の任意性から，ϕ が方程式 (56) を満たすことがわかる．このように，式 (56) は確かにラグランジアン $\mathcal{L}[\phi] = (1/2)m^{\mu\nu}\partial_\mu\phi\partial_\nu\phi - V(\phi)$ に対応するオイラー–ラグランジュ方程式である．

マックスウェル方程式が――また，その美しい一般化であるヤン–ミルズ方程式，波動写像，そして一般相対論のアインシュタイン方程式も――変分型であることは，同じように示すことができる．すなわち，これらの方程式は，ラグランジアンから導出される．

注意　変分原理は，与えられた系の許容される解は停留関数であるということだけを主張しており，一般に，望ましい解が作用積分を最小化あるいは最大化することを期待するものではない．実際に，この作用積分の最小化や最大化は，マックスウェル方程式，ヤン–ミルズ方程式，波動写像，アインシュタイン方程式のように，系が時間依存性を持つ場合には成り立たない．

しかし，時間依存しない物理系あるいは幾何学の問題に対応する変分問題の広範なクラスがあり，そのような問題では望ましい解は極値をとることになる．最も簡単な例は，リーマン多様体 M における測地線に対応する変分問題である．これは長さを最小にする*31)曲線である．少し正確に言えば，**長さ汎関数**は M の 2 点を通る曲線 γ にその曲線の長さ $L(\gamma)$ を対応させるものであるが，この変分問題ではこの汎関数を作用積分とする．この場合に，測地線はこの汎関数の停留点であるだけでなく，最小点でもある．また，すでに見たことであるが，ディリクレ原理によれば，ディリクレ問題 (53) の解はディリクレ積分 (52) を最小化する．もう一つの例として，極小曲面の方程式 (7) がある．この方程式の解は，面積積分を最小化するものである．

いろいろな汎関数，すなわち，作用積分の最小化関数の研究は，数学の重要な分野であり，**変分法**という名前で呼ばれている（「変分法」[III.94] を参照）．

*31)　一般には，これは互いに近い位置にある 2 点を結んだ十分に短い測地線に対してのみ成り立つことである．

変分原理に関連して，もう一つの基本原理に触れよう．それは PDE の発展方程式に対する**保存則**であり，典型的には解に依存する積分量のようなある量が，すべての解に対して時間的に定数であるというものである．

ネーターの原理　ラグランジアンの対称性を表す任意の連続 1 パラメータ群に対して，このオイラー–ラグランジュの PDE に対する保存則が一つ対応する．

保存則の例としては，よく知られたエネルギー保存則，運動量保存則，角運動量保存則が挙げられる．これらはどれも重要な物理的な意味を持っている（たとえば，エネルギーに対応する対称性の 1 パラメータ群は，時間に関する平行移動である）．たとえば，方程式 (56) の場合には，エネルギー保存則は次の形をとる．

$$E(t) = E(0) \tag{57}$$

ただし，量 $E(t)$ は

$$E(t) = \int_{\Sigma_t} \left(\frac{1}{2}(\partial_t\phi)^2 + \frac{1}{2}\sum_{i=1}^{3}(\partial_i\phi)^2 + V(\phi)\right)\mathrm{d}x \tag{58}$$

として与えられ，時刻 t における**全エネルギー**と呼ばれる（Σ_t は，(x,y,z) が $\mathbb{R}^3$ の全体を動くときのすべての点 (t,x,y,z) の集合を表す）．$V \geq 0$ の場合には，式 (57) は式 (56) の解に対してきわめて重要なアプリオリ評価を与える．実際，$t=0$ における初期データのエネルギーが有限（すなわち，$E(0) < \infty$）ならば，

$$\int_{\Sigma_t} \left(\frac{1}{2}(\partial_t\phi)^2 + \frac{1}{2}\sum_{i=1}^{3}(\partial_i\phi)^2\right)\mathrm{d}x \leq E(0)$$

となる．このような場合に，エネルギー等式 (57) は**強圧的**であるという．これは，解の初期エネルギーが有限ならば，解のある種の絶対評価が得られることを意味する．

4.2　臨界性について

大部分の数理物理学の基本的な発展方程式は，エネルギーから得られるアプリオリ評価よりも良いアプリオリ評価を持つことはまずない．与えられた方程式のスケーリング特性までをも考慮するとき，前にも触れた基本と考えられる方程式の**劣臨界型**，**臨界型**，**優臨界型**という非常に重要な三つのタイプの方程式への分類に導かれる．これがどのようにできるのかを見る

ために，再び非線形スカラー方程式 $\Box\phi - V'(\phi) = 0$ を考え，$V(\phi)$ としては $V(\phi) = (1/(p+1))|\phi|^{p+1}$ をとることにする．エネルギー積分は式 (58) で与えられることを思い出そう．時空変数の長さの次元を L とすると，時空に関する微分の次元は L^{-1} となる．したがって，$\Box$ の次元は L^{-2} である．左辺と右辺の釣り合いがとれるためには，ϕ の長さのスケールとしては $L^{2/(1-p)}$ でなくてはならない．このとき，エネルギー積分

$$E(t) = \int_{\mathbb{R}^d} (2^{-1}|\partial\phi|^2 + (p+1)^{-1}|\phi|^{p+1})\mathrm{d}x$$

の次元は L^c となる．ただし，$c = d - 2 + 4/(1-p)$ であり，ここに現れる d は体積要素 $\mathrm{d}x = \mathrm{d}x^1\mathrm{d}x^2\cdots\mathrm{d}x^d$ からのものであるが，この体積要素は L^d のスケールで変換される．このとき，$c < 0$ ならば方程式は**劣臨界型**，$c = 0$ ならば**臨界型**，$c > 0$ ならば**優臨界型**であるという．こうして，たとえば，$d = 3$ のときに，$\Box\phi - \phi^5 = 0$ は臨界型である．同様の次元解析を，ここで考えているようなすべての基本的方程式に適用することができる．滑らかでエネルギー有限な初期条件のすべてに対して発展方程式が大域解を持つとき，この PDE は**正則**であるという．すべての劣臨界型方程式は正則であるという予想がある．一方，優臨界型方程式では，特異性が発現・発達するものと考えらている．臨界型の方程式は重要な境目の場合である．その理由は，直観的には，方程式の非線形性が特異性を生み出そうとする一方で，強圧的な評価はこれを妨げようとするからである．劣臨界型方程式では，強圧的評価のほうが強い効果を持ち，一方，優臨界型方程式では非線形性のほうが強い効果を持つ．しかしながら，ここでの粗い直観的な議論では考慮されていない，もっと特殊な別のアプリオリ評価があるかもしれない．したがって，ナヴィエ–ストークス方程式のような優臨界型方程式でも正則である可能性がある．

4.3 その他の方程式

多くのよく知られた他の方程式は，上に取り上げた変分方程式から，次のような手続きで導き出せる．

4.3.1 対称性による簡約化

ある PDE を解くことが非常に難しいときに，付加的に対称性の条件を与えることにより，それがずっと簡単になることがある．たとえば，PDE が回転に関して不変であるときに，回転対称な解 $u(t,x)$ だけを求めようとすれば，このような解を t と $r = |x|$ の関数と見なすことで，問題の次元を効果的に下げることができる．**対称性による簡約化**の手法により，元来の方程式よりずっと簡単な新しい PDE を導き出すことができる．簡単な方程式を導出するための，いくぶん一般的な別の方法は，解の中で追加的性質を持つものを探す方法である．たとえば，解が定常的である（すなわち，解が時間に依存しない），球対称性を持つ，自己相似である（つまり，解 $u(t,x)$ は x/t^a だけに依存する関数である），あるいは進行波である（つまり，$u(t,x)$ はある速度ベクトル v に対して $x - vt$ だけに依存する関数である）などと仮定してみるのである．典型的には，このようにして得られた方程式も変分構造を持つ．実のところ，対称性による簡約化は，直接に元のラグランジアンに対して行うことができる．

4.3.2 ニュートン力学的近似とその他の極限操作

広いクラスの新しい方程式を，これまでに述べたような基本方程式の特性的な速度を無限大にする極限において得ることができる．最も重要な例は，**ニュートン力学的極限**である．これは光速を無限大にすることによって得られる．すでに述べたように，シュレーディンガー方程式は，線形クライン–ゴードン方程式からこの方法で得られる．同様に，非相対論的弾性体理論，流体力学，あるいは電磁流体力学の方程式のラグランジアンが得られる．おもしろいことに，非相対論的方程式は相対論的方程式に比べて雑然として見える．これは，元の方程式が持っていた簡単な幾何学的構造が，極限において失われるからである．相対論的方程式の持つこの注目すべき簡潔さは，統一原理としての相対論の重要さを強力に例示するものである．

ひとたびニュートン物理学の馴染んだ世界に入れば，他のよく知られた極限操作を行うことができる．有名な非圧縮性**オイラー方程式** [III.23] は，一般的な非相対論的流体方程式において音速を無限大にする極限をとることによって得られる．多様な他の極限が，系の特性的速度を無限大にすることで，あるいは流体力学における境界層近似のように特定の境界条件との関連から得られる．たとえば，すべての特性的速度が無限大になるとき，弾性体の方程式は古典力学の剛体のよく知られた方程式になる．

4.3.3 現象論的仮定

いろいろな極限操作や対称性による簡約化を行っ

たあとでも，方程式の取り扱いが容易にならない場合もある．しかし，さまざまな応用において，ある量が十分に小さくて無視できると仮定することに意味があり，その結果として簡単化された方程式が導出される．このような方程式を本来の原理から直接的に導き出されていないという意味で，**現象論的**[*32)]方程式と呼ぶことにする．

現象論的方程式は，複雑な系の重要な物理的現象を抜き出して説明するために使われる「玩具のような方程式」である．興味ある現象論的方程式を作り出す典型的な方法は，もともとの系の特徴を持つ最も簡単なモデル方程式を書き下すことである．たとえば，圧縮性流体や弾性体の平面波の自己集束効果は，バーガーズ方程式 $u_t + uu_x = 0$ によって説明される．流体において典型的に見られる非線形分散型現象は，よく知られたコルトヴェーグ–ド・フリース方程式 $u_t + uu_x + u_{xxx} = 0$ により例示される．非線形シュレーディンガー方程式 (54) は，光学における分散効果の良いモデルを与える．

モデル方程式は，それをうまく選んでおけば，元の方程式そのものに対して基本的な洞察を与えることができる．この理由で，PDE を厳密に研究する人たちにとって，簡単化されたモデル問題もまた，日々の研究で本質的なものになっている．注意深く選ばれたモデル問題を使ってアイデアを試すわけである．物理学の基礎方程式に対して良い結果は稀にしか得られないと強調することは重要であり，実際に，PDE の重要かつ厳密な研究のうちの大きな比率は，技術的な理由から，基礎方程式が持つある特殊な困難な点に焦点を当て，それを取り出せるように選ばれた簡単化された方程式を扱うことで占められている．

上の議論では，ナヴィエ–ストークス方程式のような拡散型の方程式[*33)]には触れなかった．このタイプの方程式は実際に変分型ではないので，上の議論にはぴったり当てはまらない．このような方程式は現象論的方程式と見ることができるが，また，膨大な数の粒子のニュートン力学的相互作用における支配法則のような，基本的な微視的法則から導くこともできる．原理的には，ナヴィエ–ストークス方程式のような連続体力学の方程式は，粒子数 N を $N \to \infty$ として導出できる[*34)]．

拡散型方程式も，幾何学の問題との関連で非常に役に立つものであることがわかってきた．平均曲率流，逆平均曲率流，調和写像流，ガウス曲率流などの幾何学流は，最もよく知られた例である．拡散型方程式の多くは，楕円型変分問題の勾配流と解釈できる．このような方程式は，対応する定常問題の非自明な定常解を $t \to \infty$ とした極限で構成することに利用され，また，驚くような性質を持った葉層構造を生み出すために使われる――たとえば，有名なペンローズ予想の最近の証明に使われた．すでに述べたように，この考え方はペレルマンの研究において素晴らしい応用を見出した．そこでは，リッチ流が 3 次元ポアンカレ予想の解決に利用されている．主要な新しい考え方の一つが，リッチ流を勾配流と解釈することであった．

4.4　正則性と破綻

基本的な方程式の解が正則であるか，あるいは破綻を生じるかという問題は，PDE の分野において中心的な役割の一つを演じている．これは，この分野の統一性を生み出すもう一つの源と考えられ，解という言葉で何を意味しようとしているかという基本的な数学的疑問と，さらに物理的な視点から言えば，対応した物理的理論の正当性の限界はどこまでかという問題点と緊密に結び付いている．たとえば，バーガーズ方程式の場合，特異性の問題は，解の概念を一般化することにより取り扱うことができ，(t, x) 平面上のある曲線に沿って不連続性を持つ**衝撃波**を取り込むことができる．この場合には，一般化された解の空間を，IVP が一意な大域解を持つように定義することができる．しかし，より現実的な物理系における状況はずっと不明瞭であり，満足な解決からは程遠いが，衝撃波型の特異性はそこにある物理理論の枠を越えることなく取り扱えるはずであるというのが，一般的に支持された考え方である．一般相対論における特異性に対する状況は，極端に異なっている．そこで予期される特異性は，物理理論の変

*32)　この言葉をここでは相当に自由勝手に使っている．普通はこの言葉は少し違った文脈で使われる．また，以下で現象論的と呼ぶ方程式（たとえば，分散方程式）は，形式的漸近展開によって得られる．

*33)　すなわち，エネルギーのような基本的物理量が保存されず，時間とともに減衰するような方程式を指す．典型的には，放物型方程式である．

*34)　「原理的」と書いたのは，厳密にこれを遂行することは重要課題として残されているからである．

更なしに解を延長することは不可能であろうというものである．ここでは，重力量子場理論のみがこれを成し遂げるであろうという考え方が広く支持されている．

5. 一般的結論

さて，PDE の現代理論とはいったい何だろうか？ 第１近似としては，次のような主要目的を追求することであると言えるだろう．

(i) **数理物理学の基礎方程式に対する時間発展問題を理解すること**．この観点からの最緊要事項は「いつ，どのように滑らかな（時間的）局所解*35)が特異性を発現するか」を理解することである．正則な解を扱う標準的な理論と特異な解を許容する理論を識別する単純な判断条件として，劣臨界型であるか優臨界型であるかという区別がある．前に述べたように，「劣臨界型方程式は正則であり，優臨界型であれば正則ではない」という広く受け入れられた考えがある．実際に，多くの劣臨界型方程式が正則であることが示されている．しかし，このような正則性の結果を導き出す一般的な取り扱いが確立されているわけではない．優臨界型方程式の場合には状況はもっと微妙である．まず言えるのは，優臨界型*36)と今呼んでいる方程式が，新しいアプリオリ評価の発見によって，実は臨界型であったり劣臨界型であったりすることが起こる．したがって，臨界性に関する一つの重要な問いかけ（これは必然的に特異性に関するものでもあるが）は，ネーターの原理から得られるものではない，より強力な局所的アプリオリ評価が存在するのか，というものである．このような上界の発見は，数学と物理学のどちらにおいても主要課題と言える．

考えている基本的発展方程式が特異性を持つことが避けられないとわかったときには，次のような問題に直面することになる．この特異性は，解とは何であるかというより一般的な概念と，何とか折り合いが付くものであろうか？ それとも，特異性の構造は，方程式の意味や方程式の背景にある物理理論を無意味にしてしまうものだろうか？ 許容できる一般化された解の概念は，方程式の決定論的性格を持たなければならない．言い換えると，この解はコーシーデータから一意に決まらなければならない．

最後に，許容される一般化された解の概念が見つかったとすると，今度はこれを使って，長時間漸近挙動などの重要な特徴的性質を調べたいということになる．このような疑問点を際限なく並べることができるが，それに対する解答は方程式ごとに異なるだろう．

(ii) **いろいろな近似の正当性の限界範囲を厳密に数学的に理解すること**．各種の極限操作あるいは現象論的仮定を使って得られた方程式は，上述した例でもそうであるように，もちろんそれ自体の価値において研究されるべきである．しかしながら，このような方程式は，より基本的と考えている方程式からの導出方法に関連した，補足的な問題点を提示する．たとえば，導出された方程式系のダイナミクスが，「導出の際に置かれた仮定に適合しない」振る舞いを引き起こすことがあっても，まったくおかしくはない．あるいは，一般相対論における回転対称性や圧縮性流体に対する渦度 0 という仮定のような，特定の簡単化のための仮定が大幅に不安定なものであり，したがって，一般の場合を予測するものとして信頼性に欠けることが起こりうる．これらの状況や他の似た状況において，深刻なジレンマに陥る．それは，多くの場合に起こる手に負えない数学的な困難（あるときには，きわめて病理的なものであり，近似の仕方に根ざしているもの）に直面したとき，近似方程式の研究を続けるべきか，あるいはもともとの系を尊重してこの研究をあきらめるべきか，それとも，もっと適切な近似を考えるべきかというジレンマである．与えられた特定の状況において，このことについてどう考えるにせよ，種々の近似の適用限界範囲を厳密に理解することは，PDE の基本的な目標の一つである．

(iii) **考えている特定の幾何学的あるいは物理学的問題を研究するためにふさわしい方程式を工夫し，解析すること**．この最後の目標は，必然的に表現が曖昧に響くが，同じような重要性を持つ．数学の幾多の分野で，PDE は以前に比べてはるかに重要になっている．もともとは物理学の特定の局面で導入されたラプラス方程式，熱方程式，波動方程式，ディラッ

*35) 前世期における数学の重要な成果の一つとして，本章で扱った方程式を含む大きなクラスの非線形方程式と広いクラスの初期条件に対して，時間局所解の存在と一意性を保証する一般的方法の確立がある．

*36) 「優臨界型」という呼び方は，与えられた方程式に対する最も強力なアプリオリ評価に依存するものとする．

ク方程式，KdV 方程式，マックスウェル方程式，ヤン–ミルズ方程式，アインシュタイン方程式といった方程式が，幾何学，トポロジー，代数，組合せ論などの分野において，見掛け上は関係ないような問題に非常に深い応用を持っていることがわかった．このことは，われわれに畏怖を抱かせる．そのほかにも，等周問題の解，極小曲面，最小歪曲度の曲面，極小曲率の曲面のような，あるいはもっと抽象的に，特徴的な性質の接続，写像，計量を持つような，幾何学的に最適な形を持つ埋め込まれた図形を求めようとするときに，PDE が幾何学に自然に登場する．数理物理学の主要な方程式とちょうど同じように，これらの PDE は変分型という性質を持っている．ほかにも，写像，接続，計量といった対象について，一般のものを最適なものに変形するために導入された方程式がある．これらは，幾何学的な放物流[*37)]という形で現れる．この中で一番有名なものがリッチ流である．これは，最初にリチャード・ハミルトンが，リーマン曲率をアインシュタイン曲率に変形する目的で導入した．同様なアイデアは，たとえば調和熱流を利用して定常調和写像を構成し，ヤン–ミルズ流を利用して自己双対ヤン–ミルズ接続を構成するというように，それ以前にも使われていた．ポアンカレ予想の解決にリッチ流が見事に貢献したことに加えて，幾何学流の有効性を示す注目すべきもう一つの例がある．それはジェレークによって最初に導入された逆平均曲率流であり，これによってペンローズ予想のいわゆるリーマン計量版が解決した．

文献紹介

Brezis, H., and E. Browder. 1998. Partial differential equations in the 20th century. *Advances in Mathematics* 135: 76–144.

Constantin, P. 2007. On the Euler equations of incompressible fluids. *Bulletin of the American Mathematical Society* 44:603–21.

Evans, L. C. 1998. *Partial Differential Equations*. Graduate Studies in Mathematics, volume 19. Providence, RI: American Mathematical Society.

John, F. 1991. *Partial Differential Equations*. New York: Springer.

Klainerman, S. 2000. PDE as a unified subject. In **GAFA 2000*, Visions in Mathematic–Towards 2000* (special issue of Geometric and Functional Analysis), part 1, pp. 279–315.

*37)　［訳注］放物型方程式の解として定まる時間変数を 1 パラメータとする写像の族を，「放物流」と訳した．

Wald, R. M. 1984. *General Relativity*. Chicago, IL: University of Chicago Press.

IV. 13

一般相対論とアインシュタイン方程式

General Relativity and the Einstein Equations

ミハリス・ダファーモス［訳：水谷正大］

一般相対性理論のアインシュタインの定式化は現代物理学の偉大な栄光の一つであり，重力，慣性系および幾何学を統合する現在認められている古典理論を与えている．**アインシュタイン方程式**はこの理論の数学的な結実である．

その方程式の確定形

$$R_{\mu\nu} - \frac{1}{2}Rg_{\mu\nu} = 8\pi T_{\mu\nu} \quad (1)$$

は 1915 年に得られた．これはアインシュタインが**相対性原理**を重力を含むように拡張しようと 8 年間苦闘した最終的結論であった．その重力は，従来の「ニュートン理論」においてはポテンシャル ϕ と質量密度 μ に対する**ポアソン方程式**

$$\frac{\partial^2\phi}{\partial x^2} + \frac{\partial^2\phi}{\partial y^2} + \frac{\partial^2\phi}{\partial z^2} = 4\pi\mu \quad (2)$$

で記述されていたものである．

アインシュタイン方程式 (1) とポアソン方程式 (2) との間の明白な対比とは，前者の不可解な記法がそれが意味していることを一層わかりにくくしていることである．これが一般相対論という分野に難しさと謎めいた評判を与えてきた．しかしながら，この評判はかなり不当なものである．式 (1) と式 (2) は両方とも，革命的理論の成就であり，その定式化は複雑な概念的枠組みを前提としている．良くも悪くも，ポアソン方程式を定式化するために必要な構造は伝統的な数学的表記法と学校教育に組み入れられてきた．結果的に，デカルト座標系を備えた $\mathbb{R}^3$ や，関数，偏微分，質量，力などのような概念は一般的な数学的素養を持つ人々には馴染みがある．一方で，一般相対論の概念構造は，基本的な物理的表記やそれらをモデル化するために必要な数学的対象の両方に関してほとんど馴染みがない．しかしながら，ひとたびそれらを受け入れれば，方程式は自然だとわかり，簡単だとさえ言うことができる．

したがって，この解説の最初の課題は一般相対論の概念的構造を詳しく説明することである．その目的は，方程式 (1) が何を意味しているか，さらに，与えられた理論の一般的枠組みにおいて，それらはある意味で書き下せる最も簡単な方程式である理由を明らかにすることである．このことは**特殊相対論**と物質の構造についての意味を概説することであり，それは**テンソル** $\boldsymbol{T}$ で記述される**応力–エネルギー–運動量**による統一的概念をもたらす．最後に，アインシュタインの啓示的飛躍を，時空連続体を表す **4 次元ローレンツ多様体** $(\mathcal{M}, g)$ の概念に結び付ける．方程式 (1) はテンソル $\boldsymbol{T}$ といわゆる**曲率**で表現される $\boldsymbol{g}$ の**幾何学**との間の関係を表現していることがわかる．

理論を理解することは，単に支配方程式をどのように書き下すかを知ることよりも重要である．一般相対論は 20 世紀の物理学における最も壮大な予測の一部として，**重力崩壊**，**ブラックホール**，**時空特異点**，**宇宙の膨張**と関係がある．これらの現象（1915 年にはまったく知られておらず，方程式 (1) の定式化には何の役割も果たしていない）は，解の大域的**ダイナミクス**の問題の周辺にある概念的課題が理解されたときにだけ正体を現した．これは思いのほか長い時間を必要とし，その物語は式 (1) を得るための英雄的苦闘のようにはあまり知られていない．この章はアインシュタイン方程式の興味深いダイナミクスに軽く触れて締めくくられる．

1. 特殊相対論

1.1　アインシュタイン：1905 年

アインシュタインの 1905 年の特殊相対論の定式化では，物理学のすべての法則は x, y, z と t で定義された**基準系**の**ローレンツ変換**のもとで不変でなければならないと要求している．ローレンツ変換は平行移動，回転および公式

$$\left.\begin{aligned}\tilde{x} &= \frac{x - vt}{\sqrt{1 - v^2/c^2}}, \quad \tilde{y} = y, \\ \tilde{t} &= \frac{t - vx/c^2}{\sqrt{1 - v^2/c^2}}, \quad \tilde{z} = z\end{aligned}\right\} \tag{3}$$

で与えられる**ローレンツブースト**の合成である．ここで，c はある定数で，$|v| < c$ である．つまり，アインシュタインの要請は，座標をローレンツ変換によって変化させたとき，すべての基本方程式の形は同じになるべきであるというものであった．この変換の組は，電場 $\boldsymbol{E}$ と磁場 $\boldsymbol{B}$ に対する真空中の**マックスウェル方程式**

$$\left.\begin{aligned}&\nabla \cdot \boldsymbol{E} = 0, &&\nabla \cdot \boldsymbol{B} = 0, \\ &c^{-1}\partial_t \boldsymbol{B} + \boldsymbol{\nabla} \times \boldsymbol{E} = 0, &&c^{-1}\partial_t \boldsymbol{E} - \boldsymbol{\nabla} \times \boldsymbol{B} = 0\end{aligned}\right\} \tag{4}$$

の研究との関連ですでに知られていた．実際，ローレンツ変換とは，$\boldsymbol{E}$ と $\boldsymbol{B}$ をうまく変換すると上の方程式の形を不変に保つ変換にほかならない．その重要性は**ポアンカレ** [VI.61] によって強調されていた．しかしながら，アインシュタインの深い洞察は，式 (3) で $c \to \infty$ とすることに対応した今では**ガリレイの相対論**と呼んでいるものとは両立しないにもかかわらず，この不変性を基本的な物理原理の地位へと格上げすることであった．ローレンツ変換の驚くべき帰結とは，同時性の概念は絶対的なものでなく，観測者に依存するというものである．(t, x, y, z) と (t, x', y', z') で生じる与えられた二つの相異なる事象に対して，変換された事象がもはや同じ t 座標を持たないようなローレンツ変換を見つけることはたやすい．

式 (4) に適用される**強いホイヘンスの原理**として知られている偏微分方程式における有名な結果からわかることは，真空内の電磁気的擾乱は速さ c で伝搬することであり，したがってそれを光の速さと見なしている．ローレンツ不変を考慮すると，この声明は座標系のとり方には独立である！　相対性原理のさらなる要請は，物理理論は（いかなる座標系で測定しても）c 以上，または c と等しい速さで動く質量粒子を許容しないというものである．

1.2　ミンコフスキー：1908 年

特殊相対論に対するアインシュタインの理解は「代数的」であった．**ミンコフスキー** [VI.64] は内在する幾何的構造を最初に理解して，その原理の内容は座標 (t, x, y, z) を持つ $\mathbb{R}^4$ 上で定義された**計量要素**

$$-c^2 \mathrm{d}t^2 + \mathrm{d}x^2 + \mathrm{d}y^2 + \mathrm{d}z^2 \tag{5}$$

に含まれるとした．計量 (5) が付与された $\mathbb{R}^4$ を**ミンコフスキー時空**といい $\mathbb{R}^{3+1}$ で表し，$\mathbb{R}^{3+1}$ の点を**事象**という．表式 (5) は $\mathbb{R}^4$ 上の接ベクトル $\boldsymbol{v} = (c^{-1}v^0, v^1, v^2, v^3)$，$\boldsymbol{w} = (c^{-1}w^0, w^1, w^2, w^3)$

に関して

$$\langle v, w\rangle = -v^0w^0 + v^1w^1 + v^2w^2 + v^3w^3 \quad (6)$$

で定義される内積についての古典的記法である．ローレンツ変換はちょうど式 (5) で定義された幾何学の対称群を構成している．するとアインシュタインの相対性原理は，物理学の基礎方程式とは幾何学量，すなわち，純粋に計量に基づいて定義された量によってのみ時空に言及すべきだという原理として理解されることになる．たとえば，この見地からは絶対的な同時性の概念が許されない理由は，同時性は $\mathbb{R}^{3+1}$ の任意の点を通る特別な超平面に依存するからである．しかし，計量を保ち，この超平面を与えられた点を通る別の平面に移すローレンツ変換が存在するために，計量的にはある特定の超平面を選び出すようなものはない．ある物理理論が幾何学的量だけを利用するのであれば，それは自動的にローレンツ変換のもとで不変であることに注意する．この観察は多くの込み入った計算を不必要とする．

さらにこの幾何学的観点を調べてみよう．非零ベクトル v は内積 $\langle\cdot,\cdot\rangle$ によって自然に三つのクラスに分類され，$\langle v,v\rangle < 0$, $\langle v,v\rangle = 0$, $\langle v,v\rangle > 0$ のそれぞれに応じて，**時間的**，**ヌル**（光的），**空間的**と呼ばれる．理想化された点粒子は，時空を通る曲線 γ を通り，これを粒子の**世界線**という．任意の慣性系における速度は光速 c を超えることができないという（先に述べた）要請は，いまや次の命題として定式化できる．γ がある粒子の世界線ならば，ベクトル $\mathrm{d}\gamma/\mathrm{d}s$ は時間的でなければならない（ヌル線は式 (4) の幾何光学的極限における光線に対応する）．この命題は γ のパラメータ s には独立であるが，世界線に対して常に $\mathrm{d}t/\mathrm{d}s > 0$ と仮定することができる．これを一層幾何学的に表現すると，$\langle \mathrm{d}\gamma/\mathrm{d}s, (c^{-1},0,0,0)\rangle < 0$ であり，γ は「未来に向いている」と解釈する．

さて，粒子の世界線の「長さ」を

$$L(\gamma) = \int_{s_1}^{s_2} \sqrt{-\langle\dot{\gamma},\dot{\gamma}\rangle}\mathrm{d}s$$
$$= \int_{s_1}^{s_2} \sqrt{c^2\left(\frac{\mathrm{d}t}{\mathrm{d}s}\right)^2 - \left(\frac{\mathrm{d}x}{\mathrm{d}s}\right)^2 - \left(\frac{\mathrm{d}y}{\mathrm{d}s}\right)^2 - \left(\frac{\mathrm{d}z}{\mathrm{d}s}\right)^2}\,\mathrm{d}s \quad (7)$$

と定義することができる．古典的には，この表式は簡単に

$$L(\gamma) = \int_\gamma \sqrt{-(-c^2\mathrm{d}t^2 + \mathrm{d}x^2 + \mathrm{d}y^2 + \mathrm{d}z^2)}$$

と表されていて，表記 (5) を説明する．量 $c^{-1}L(\gamma)$ を**固有時**という．これは局所的物理過程においては適切な時間である．実際，読者が世界線 γ を通っている粒子ならば，$c^{-1}L(\gamma)$ は読者が感じる時間である．

計量 (5) は $t = 0$ に制限した 3 次元ユークリッド幾何

$$\mathrm{d}x^2 + \mathrm{d}y^2 + \mathrm{d}z^2$$

を含んでいる．もっとおもしろく言うと，それは超平面 $t = c^{-1}r = c^{-1}\sqrt{x^2+y^2+z^2}$ に制限すると**非ユークリッド幾何**

$$\left(1-\frac{x}{r}\right)\mathrm{d}x^2 + \left(1-\frac{y}{r}\right)\mathrm{d}y^2 + \left(1-\frac{z}{r}\right)\mathrm{d}z^2$$

も含んでいる．（われわれの現実感覚を含む）物理過程の時間と測定した棒の長さとは，4 次元の時空連続体に自然に備わっている幾何学的構造の二つの相互依存した側面であるという概念がどれほど革命的であったかは，いくら強調してもしすぎることはない．実際，アインシュタインでさえも最初はミンコフスキー時空を退け，空間は相対的な同時性の概念を持っていたとしても，明確な「空間」の独立した実在を保持することを好んだ．一般相対性論の研究成果としてのみ，彼はこの見方は基本的に受け入れがたいと理解したのである．これについては第 3 節で再び取り上げよう．

2. 相対論的力学とエネルギー，運動量と応力の統一

時空概念とその幾何学に加えて，相対性の原理は力学についての基本概念の広範な再構成と統合をもたらした．静止系における質量とエネルギー間のアインシュタインの有名な関係式

$$E_0 = mc^2 \quad (8)$$

は，この統合の一つの側面について最もよく知られた表式である．この関係式はニュートンの第 2 法則 $m(\mathrm{d}v/\mathrm{d}t) = f$ をミンコフスキー空間の 4 次元ベクトル間の関係へと拡張する試みから自然に生じる．

一般相対論は粒子でなく場によって定式化されなければならない．これを理解するための最初の段階として，連続体を調べてみよう．これからは，粒子の代わりに**物質場**を考える．力学概念の統一は**応力**として知られているものを含み，その完全な表式はい

わゆる**応力–エネルギー–運動量テンソル** $\boldsymbol{T}$ によってまとめられる．このテンソルは一般相対論では基本的なもので，習熟するしかない．それはアインシュタイン方程式 (1) の右辺だけでなく全体の形に対する鍵でもある．

各点 $\boldsymbol{q} \in \mathbb{R}^{3+1}$ に対して，応力–エネルギー–運動量テンソル場 $\boldsymbol{T}$ は写像

$$\boldsymbol{T} : \mathbb{R}^4_{\boldsymbol{q}} \times \mathbb{R}^4_{\boldsymbol{q}} \to \mathbb{R} \tag{9}$$

をもたらし，表式

$$\boldsymbol{T}(\boldsymbol{w}, \tilde{\boldsymbol{w}}) = \sum_{\alpha,\beta=0}^{3} T_{\alpha\beta} w^{\alpha} \tilde{w}^{\beta}$$

により定義される．ここで，各 α と β について $T_{\alpha\beta} = T_{\beta\alpha}$ である．$\mathbb{R}^4_{\boldsymbol{q}}$ は $\boldsymbol{q}$ におけるベクトル空間を表している（ミンコフスキー座標系では，しばしば $\mathbb{R}^4$ と $\mathbb{R}^4_{\boldsymbol{q}}$ とを同一視するが，3.2 項で任意の座標系を考えるときはこの二つを区別することが重要になる）．式 (9) の双線形写像は**共変 2 テンソル**として知られている．

物質の存在が**完全流体**として知られているもので記述されるとき，$\boldsymbol{T}$ の成分は

$$T_{00} = (\rho + p)u^0u^0 - p, \quad T_{0i} = (\rho + p)u^iu^0,$$
$$T_{ij} = (\rho + p)u^iu^j + p\delta^{ij}$$

で与えられる．ここで，$\boldsymbol{u}$ は 4 次元速度で $\langle \boldsymbol{u}, \boldsymbol{u} \rangle = -c^2$ と規格化された空間的ベクトル，ρ は**質量–エネルギー**，p は**圧力**で，$i = j$ のとき $\delta_{ij} = 1$，$i \neq j$ のとき 0 で，i, j は $0, 1, 2, 3$ をとる．T_{00} を**エネルギー**，T_{0i} を**運動量**，T_{ij} を**応力**と見なす．これらの表記は明らかに座標系に独立である．最後に，$\boldsymbol{T}(\boldsymbol{u}, \boldsymbol{u}) = \rho c^2$ に注意しよう．これは有名な方程式 (8) の場の理論版である．

一般に，$\boldsymbol{T}$ は物質場とその相互作用の性質に依存する構成関数で与えられた物質場全体から導かれる．ここではそのようなことを心配しなくてよいが，関係する物質場の性質には無関係に，次の方程式

$$-\partial_0 T_{0\alpha} + \sum_{i=1}^{3} \partial_i T_{i\alpha} = 0$$

が満足されることをいつも要請する．$\nabla^0 = -\partial_0$，$\nabla^i = \partial_i$ と定義し，添字が下付きと上付きの両方で現れたときには総和をとるという**アインシュタインの総和規約**を導入すると，これを

$$\nabla^{\mu} T_{\mu\nu} = 0 \tag{10}$$

と書き直すことができる．この方程式はローレンツ不変である．

上の関係式は微分レベルでは**応力–エネルギー–運動量の保存則**を含んでいる．ホモローグな超平面間で式 (10) を積分し，ミンコフスキー版の発散定理を適用すると，大域的な釣り合い法則を得る．$T_{\alpha\beta}$ がコンパクトな台を持つと仮定して，$t = t_1$ と $t = t_2$ の間で積分すると

$$\int_{t=t_2} T_{0\alpha} \mathrm{d}x^1 \mathrm{d}x^2 \mathrm{d}x^3 = \int_{t=t_1} T_{0\alpha} \mathrm{d}x^1 \mathrm{d}x^2 \mathrm{d}x^3 \tag{11}$$

を得る．選択したローレンツ系に関して，上の方程式の零成分は**全エネルギーの保存則**を表し，残りの成分は**全運動量の保存則**を表している．

完全流体の場合，系 (10) に**粒子数保存則**

$$\nabla^{\alpha}(n\boldsymbol{u}_{\alpha}) = 0$$

を関連させて，熱力学の法則と両立する ρ, p，および粒子数密度 n と粒子当たりのエントロピー間の関係を要請すると，いわゆる**相対論的オイラー方程式**に到達する．

3. 特殊から一般相対論へ

特殊相対論の原理とエネルギーや運動量および応力の性質についての深い意味合いとを一緒にすると，一般相対論の定式化に向かうことができる．

3.1 等 価 原 理

アインシュタインは早くも 1907 年には，最も深遠な重力の特徴は 1905 年に彼が定式化した相対性原理の範囲では記述できないことを理解していた．その特徴を彼は**等価原理**と呼んだ．

この原理を理解する最もわかりやすい状況は，一定の重力場 ϕ 内で速度 $\boldsymbol{v}(t)$ を持つ「テスト粒子」の場合である．このとき，古典的な**重力**は $\boldsymbol{f} = -m\nabla\phi$ で与えられ，ニュートンの第 2 法則 $m(\mathrm{d}\boldsymbol{v}/\mathrm{d}t) = \boldsymbol{f}$ は

$$\frac{\mathrm{d}\boldsymbol{v}}{\mathrm{d}t} = -\nabla\phi \tag{12}$$

と書き換えられる．質量 m は落ちてなくなっていることに注意しよう！　つまり，重力場は与えられた位置にあるすべての物体を同じように加速させるのである．このことは，古代後期にヨハネス・ピロポノスによって記録され，ガリレオによって西ヨーロッパに広められた事実，すなわち，与えられた高

さから物体が落ちるのに要する時間はその重さに無関係であることを説明する．

非慣性系，つまり加速座標系に対する変換に関する共変部分として，この性質を初めて説明したのはアインシュタインであった．たとえば，一定の重力場の場合は $\phi(z) = fz$ に対応し，加速度系

$$\tilde{z} = z + \frac{1}{2}ft^2$$

に移して，式 (12) を

$$\frac{\mathrm{d}v}{\mathrm{d}t} = 0 \tag{13}$$

と書き換えることができる．同様に議論を逆転して，加速度系で式 (13) が表しているように何もないときには重力場を「模倣する」ことができる．

3.2　一般座標系でのベクトル，テンソルと方程式

等価原理が総じていったい何を意味しているかはいくぶん曖昧で，アインシュタインがこれを導入して以来，議論の主題となってきた．それにもかかわらず，上の考察は，重力が存在しないときでもさまざまな対象や方程式が任意の座標系で表されたときにどのように見えるかを知ることは有用である．つまり，ミンコフスキー座標系 x^0, x^1, x^2, x^3 を一般の座標系 $\bar{x}^{\bar{\mu}} = \bar{x}^{\bar{\mu}}(x^0, x^1, x^2, x^3)$ に変換してみよう．ここで，$\bar{\mu}$ は $0, 1, 2, 3$ にわたっている．

任意の座標系でスカラー関数を表すことには何の問題もない．しかし，ベクトル場ではどうなるだろうか？　$\boldsymbol{v}$ がミンコフスキー座標系で (v^0, v^1, v^2, v^3) と表されたベクトル場のとき，$\boldsymbol{v}$ は新しい座標系 $\bar{x}^{\bar{\mu}}$ でどのように表されるだろうか？

ベクトル場とは何かを少し考えてみる必要がある．正しい見方は，ベクトル場 $\boldsymbol{v}$ を $\boldsymbol{v}(f) = v^{\mu}\partial_{\mu}f$（アインシュタインの総和規約を使っている）で定義される 1 階微分演算子として考えることである．したがって，すべての関数 f に対して $\boldsymbol{v}(f) = v^{\bar{\mu}}\partial_{\bar{\mu}}f$ であるような $v^{\bar{\mu}}$ を探してみよう．このとき連鎖規則がその解

$$v^{\bar{\mu}} = \frac{\partial \bar{x}^{\bar{\mu}}}{\partial x^{\nu}} v^{\nu} \tag{14}$$

を与える．

応力–エネルギー–運動量テンソルのようなテンソルについてはどうだろうか？　定義 (9) を考慮して，

$$\boldsymbol{T}(\boldsymbol{u}, \boldsymbol{v}) = T_{\bar{\mu}\bar{\nu}} u^{\bar{\mu}} v^{\bar{\nu}} \tag{15}$$

となる $T_{\bar{\mu}\bar{\nu}}$ を探そう．ここで，数 $u^{\bar{\mu}}$ はちょうど上で計算した座標系 $\bar{x}^{\bar{\mu}}$ に関する $\boldsymbol{u}$ の成分である（これらの成分は点 $\boldsymbol{q}$ に依存することに注意する．これが $\mathbb{R}^4_{\boldsymbol{q}}$ を $\mathbb{R}^4$ と区別する基本的な理由である）．再び，連鎖規則は解

$$T^{\bar{\mu}\bar{\nu}} = T_{\mu\nu} \frac{\partial x^{\nu}}{\partial \bar{x}^{\bar{\nu}}} \frac{\partial x^{\mu}}{\partial \bar{x}^{\bar{\mu}}}$$

を与える．古典的には，

$$\boldsymbol{T} = T_{\bar{\mu}\bar{\nu}} \mathrm{d}\bar{x}^{\bar{\mu}} \mathrm{d}\bar{x}^{\bar{\nu}} = T_{\mu\nu} \mathrm{d}x^{\mu} \mathrm{d}x^{\nu}$$

と書く．上の式は式 (15) の短縮表記と解釈することができるが，$\mathrm{d}\bar{x}^{\bar{\mu}}$ に連鎖規則を形式的に適用することによって $T_{\mu\nu}$ からどのように $T_{\bar{\mu}\bar{\nu}}$ を計算するかを教えてもいる．

$\boldsymbol{T}$ のほかにも，ここにふさわしいもう一つ別の共変対称 2 階テンソルがある．それはミンコフスキー計量それ自身である．実際，ミンコフスキー計量 (5) の古典形は表式

$$\eta_{\mu\nu} \mathrm{d}x^{\mu} \mathrm{d}x^{\nu}$$

に対応する．ここで，ミンコフスキー座標系 x^{μ} に対して $\eta_{\mu\nu}$ は $\eta_{00} = -1$，$\eta_{0i} = 0$，$i = j$ で $\eta_{ij} = 1$，$i \neq j$ で $\eta_{ij} = 0$ で与えられる．面倒な表記 $\langle \cdot, \cdot \rangle$ を避けて，ミンコフスキー計量を $\boldsymbol{\eta}$ と書こう．上のことから，一般座標 $\bar{x}^{\bar{\mu}}$ における $\boldsymbol{\eta}$ の表式は

$$\eta_{\bar{\mu}\bar{\nu}} \mathrm{d}\bar{x}^{\bar{\mu}} \mathrm{d}\bar{x}^{\bar{\nu}}$$

と表される．ここで，$\eta_{\bar{\mu}\bar{\nu}} \mathrm{d}\bar{x}^{\bar{\mu}}$ は連鎖規則を形式的に適用して計算される．

式 (10) のような方程式を一般座標に変換しようとすれば，$\boldsymbol{\eta}$ の成分とその微分が方程式に現れることは明らかである．アインシュタインは（常に「代数的に」考えていたのだが），すべての座標系で同じ**型**を持つような物質と重力場の両方に対する運動法則を探していた．彼がそれを理解したときには，このことは現れるすべての対象はテンソルとして変換し，先験的に「未知」だと考えるべきだということを意味した．彼はこの原理を「一般共変性」と呼んだ．これは $\boldsymbol{\eta}$ は**未知の**対称 2 階テンソルで置き換えられるべきであることを示唆する．この 2 階テンソルを $\boldsymbol{g}$ と呼ぼう．もちろん「既知の」ミンコフスキー計量 $\boldsymbol{\eta}$ となることを強いるような「未知の」$\boldsymbol{g}$ に対する方程式を書き下す試みができる．したがって，「一般共変性」は本質的には $\boldsymbol{\eta}$ を廃棄させることではない．しかしながら，$\boldsymbol{g}$ と $\boldsymbol{T}$ が同数の成分を持つことを考慮すると，重力場を具体化するものとして $\boldsymbol{g}$ を

考え，g と T に直接関係する方程式を探すことは自然な段階であった．こうして，一般相対論の枠組みが誕生した．

3.3　ローレンツ幾何

固定されたミンコフスキー計量 η を動的な g で置き換えるという深い洞察により，アインシュタインは今日**ローレンツ幾何**と呼ばれるものに至った．ローレンツ幾何は**リーマン** [VI.49] の青写真に従ってミンコフスキー幾何を一般化したものである．つまり，ミンコフスキー計量 η を一般的写像

$$g : \mathbb{R}^4_q \times \mathbb{R}^4_q \to \mathbb{R}$$

で置き換えたものである．言い換えると，η を任意の一般座標系 x^μ を使って

$$g_{\mu\nu}\mathrm{d}x^\mu \mathrm{d}x^\nu$$

と表される対称 2 階テンソルで置き換える．さらに，各点 q で双線形形式 $g(\cdot,\cdot)$ がミンコフスキー形式 (6) に対角化することができることを要請する．大雑把に言うと，ちょうど**リーマン計量** [I.3 (6.10 項)] が局所的にユークリッド計量に見えるように，ローレンツ計量とは「局所的にミンコフスキー計量のように見える」ものである．

ミンコフスキー計量と同様に，双線形式 g は点 q で非零ベクトル v_q を**時間的**，**ヌル**，**空間的**に分類し，公式 (7) によって世界線 $\gamma(s) = (x^0(s), x^1(s), x^2(s), x^3(s))$ の固有時の定義を可能にする．ただし，$\langle\dot\gamma,\dot\gamma\rangle$ は $g_{\mu\nu}\dot x^\mu \dot x^\nu$ で書き換えられる．この意味で g **の幾何学**について語ることができる．

物理学の方程式はミンコフスキー計量に結び付いた幾何学量によってだけ時空に関係するという声明として特殊相対性原理のミンコフスキーの定式化を考慮すると，この原理の一般化を探すことは自然なことであり，実際ふさわしい説明が直ちに思い浮かぶ．「物理学の方程式は g に自然に結び付いた幾何学量によってだけ時空座標に関係する」という原理である．

先の「テスト粒子」に関する運動学的束縛は，ミンコフスキー計量に対し幾何学的に定式化されたように，$\mathrm{d}\gamma/\mathrm{d}s$ が時間的でなければならない．このことは任意のローレンツ計量で意味を持つ．では，微分方程式をどのように定式化すればよいだろうか？たとえば，g にだけ関係する式 (10) と類似の定式化をどのように行えばよいだろうか？

リーマン計量の場合には，その課題にふさわしい自然な幾何学的概念一式がすでに 19 世紀と 20 世紀初頭にリーマン，ビアンキ，クリストッフェル，リッチとレビ＝チビタによって開発されていたことがわかる．それらはそのままローレンツ計量の場合に持ち越された．

いわゆる**クリストッフェル記号** $\Gamma^\lambda_{\mu\nu}$ を

$$\Gamma^\lambda_{\mu\nu} = \frac{1}{2}g^{\lambda\rho}(\partial_\mu g_{\rho\nu} + \partial_\nu g_{\mu\rho} - \partial_\rho g_{\mu\nu})$$

で定義することから始めよう．ここで，数 $g^{\mu\nu}$ は g の「逆計量」成分，つまり方程式 $g^{\mu\nu}g_{\nu\lambda} = \delta^\mu_\lambda$ の一意な解であり，いつものように，$\lambda = \mu$ のとき $\delta^\mu_\lambda = 1$，それ以外は 0 である（$g^{\mu\nu}$ は計算の訓練にはきわめて有用で，アインシュタインの総和規約を利用するような典型的なテンソル解析となる）．

このとき，**接続**と呼ばれる微分演算子 ∇_μ を定義することができて，ベクトル場には

$$\nabla_\mu v^\nu = \partial_\mu v^\nu + \Gamma^\nu_{\mu\lambda} v^\lambda \tag{16}$$

と作用し，2 階テンソルには

$$\nabla_\lambda T_{\mu\nu} = \partial_\lambda T_{\mu\nu} - \Gamma^\sigma_{\lambda\mu} T_{\sigma\nu} - \Gamma^\sigma_{\lambda\nu} T_{\mu\sigma} \tag{17}$$

と作用する．式 (16) と式 (17) の左辺は連鎖規則を形式的に適用して任意の座標系で表すことができるテンソルを定義する．

この微分演算子の助けを借りると，任意の計量 g に対する式 (10) と類似な方程式を

$$\nabla^\mu T_{\mu\nu} = 0 \tag{18}$$

と書くことができる．ここで，$\nabla^\mu = g^{\mu\nu}\nabla_\nu$ は g に付随する接続に関係している．

物質場が点に集中している，すなわち応力–エネルギー–運動量テンソル $T_{\mu\nu}$ が世界線でのみ非零であるような極限を考えると，この曲線は g の**測地線**，つまり，g で定義される固有時間を局所的に最大化する曲線となる．ミンコフスキー空間ではまっすぐな時間的直線の類似物がある．この極限では，物質の運動は応力–エネルギー–運動量テンソルの性質にはよらずに，測地線を定義する計量の幾何学に依存する．したがって，すべての物体は同じように落下する．こうした考察は一般相対論における等価原理に具体的な実感を与える．

最後に，一般計量 g に対して等式 (18) は「全エネルギー」や「全運動量」についての大域的保存則 (11)

を意味するものではないと注意することは大切である．そのような法則は g が対称なときにだけ成立する．基本的な保存則は無限小レベルでのみ成立するという事実は物理学におけるこれらの原理の性質に対する深い洞察である．

3.4　曲率とアインシュタイン方程式

残すは T に関連する計量 g の方程式を与えることである．ニュートン的極限を当てにすると，これらの方程式は 2 階であって，また g 自身と T 以外の他の構造を持たないようなできるだけ簡単なやり方で「一般共変性」を満たしていることが期待される．

また，リーマン幾何は，g に不変であるように関連する既製のテンソルを用意している．**リーマンの曲率テンソル**

$$R_{\mu\nu\lambda\rho}\mathrm{d}x^{\mu}\mathrm{d}x^{\nu}\mathrm{d}x^{\lambda}\mathrm{d}x^{\rho}$$

の成分を

$$R_{\mu\nu\lambda\rho} = g_{\mu\sigma}(\partial_{\rho}\Gamma^{\sigma}_{\nu\lambda} - \partial_{\lambda}\Gamma^{\sigma}_{\nu\rho} + \Gamma^{\tau}_{\nu\lambda}\Gamma^{\sigma}_{\tau\rho} - \Gamma^{\tau}_{\nu\rho}\Gamma^{\sigma}_{\tau\lambda})$$

で定義する．また，**リッチ曲率**

$$R_{\mu\nu}\mathrm{d}x^{\mu}\mathrm{d}x^{\nu}$$

を成分

$$R_{\mu\nu} = g^{\lambda\rho}R_{\mu\nu\lambda\rho}$$

を持つ共変対称 2 テンソルで，また**スカラー曲率**を

$$R = g^{\mu\nu}R_{\mu\nu}$$

によって定義できる．g が $\mathbb{R}^3$ 内の 2 次元曲面上の誘導（リーマン）計量であるとき，R はちょうど**ガウス曲率** K の 2 倍になる．上の表式はガウス曲率の高次元への複雑なテンソルの一般化として考えることができる．

アインシュタイン方程式 (1) の定式化への最後のパズルの一片はアインシュタインが要請した次の束縛によって与えられる．それは，計量および物質の応力–エネルギー–運動量テンソルに関係するいかなる方程式も，式 (18)（応力–エネルギー–運動量の無限小保存則）が結果的に成立していなければならないというものである．このとき，任意の計量 g について，いわゆる**ビアンキの等式**は

$$\nabla^{\mu}\left(R_{\mu\nu} - \frac{1}{2}g_{\mu\nu}R\right) = 0 \qquad (19)$$

を意味することがわかる．したがって $T_{\mu\nu}$ と $R_{\mu\nu} - (1/2)g_{\mu\nu}R$ の間に線形関係を課すことは自然である．式

$$R_{\mu\nu} - \frac{1}{2}g_{\mu\nu}R = 8\pi Gc^{-4}T_{\mu\nu} \qquad (20)$$

は，

$$g_{00} \sim 1 + 2\phi/c^2, \quad g_{0j} \sim 0, \quad g_{ij} \sim (1 - 2\phi/c^2)\delta_{ij}$$

と同一視するときに正しいニュートン的極限を与えるべきであるという要求によって一意的に決定される．形 (1) は通常の単位 $G = c = 1$ に対応している．形 (1) は陽に書いたときには，計量成分 $g_{\mu\nu}$ について非線形であることに注意する．

アインシュタインはニュートン的極限では終わらなかった．線形化された方程式 (20) の解の測地的運動を考えることによって，アインシュタインはニュートン力学が説明できない効果である**水星の近日点移動**の値を決定することができた．式 (20) にはニュートン的極限を決定したあとには調整可能なパラメータがないため，これは理論の純粋な試練であった．数年後に光の重力による「屈折」が観測された．これは光線が固定された時空においてヌル（光線的）な測地線をたどるという幾何光学的近似との関連で理論的に計算された．式 (1) のニュートン後の予測は，太陽系を使ったいくつかの試験で立証され，この領域で一般相対論を高い精度で確認した．

式 (20) の特別な場合として $T_{\mu\nu} = 0$ と課すときがある．そのときは方程式は

$$R_{\mu\nu} = 0 \qquad (21)$$

と簡単になる．これらは**真空方程式**として知られている．ミンコフスキー計量 (5) は特解である（が，唯一のものではない！）．

真空方程式は**オイラー–ラグランジュ方程式** [III.94] として形式的に導くことができ，いわゆる**ヒルベルト・ラグランジアン**

$$\mathcal{L}(g) = \int R\sqrt{-g}\,\mathrm{d}x^0\mathrm{d}x^1\mathrm{d}x^2\mathrm{d}x^3$$

が対応している（表式 $\sqrt{-g}\mathrm{d}x^0\mathrm{d}x^1\mathrm{d}x^2\mathrm{d}x^3$ は g に関連する自然な**体積**形式を表している）．**ヒルベルト** [VI.63] はダイナミックな計量 g を持つ重力理論を定式化するためのアインシュタインの苦闘を見守っていたが，アインシュタインが一般的方程式を得たわずか前にこのラグランジアンに到達した（実際には，結合アインシュタイン–マックスウェル系をもたらす上のものよりさらに一般的なものであった）．

方程式 (20) から帰結する最も興味深い現象の多

くは，すでに真空の場合 (21) に現れている．このことはいくぶん皮肉なことで，というのも，それは式 (20) を定める $\boldsymbol{T}$ と式 (10) の形だからである．一方で，ニュートン的理論 (2) では「真空」方程式 $\mu = 0$ および無限遠における標準的な境界条件は $\phi = 0$ を意味することに注意する．したがって，真空のニュートン的理論は自明である．

式 (21) から消えることを強要しないような曲率テンソル $R_{\mu\nu\lambda\rho}$ は**ワイル曲率**として知られている．この曲率は測地線族の「潮汐的」ひずみを測定する．したがって，真空領域の重力場の「局所的強さ」は巨視的なテスト物質への潮汐力に対するニュートン的極限に関係するが，重力のノルムには関係しない．

3.5　多様体の概念

どこに計量が定義されているかという問いに実際には取り組まずにここまでやって来ることができた．ミンコフスキー計量から一般の g へと向かうときに，アインシュタインは当初領域 $\mathbb{R}^4$ を置き換えるつもりはなかった．しかしリーマン幾何の場合，曲面の理論からは，その上に計量が存在する自然な対象は必ずしも $\mathbb{R}^2$ ではなく一般の曲面であることは明らかである．たとえば，計量 $\mathrm{d}\theta^2 + \sin\theta\mathrm{d}\phi^2$ は自然に曲面 S^2 上にある．これを言うことは，S^2 のすべてを被覆する (θ, ϕ) の形のさまざまな座標系が必要であると理解することである．リーマンまたはローレンツ計量が自然に存在するような対象の n 次元的一般化が**多様体** [I.3 (6.9 項)] である．多様体は局所座標系を矛盾なく滑らかに貼り付けて得られる構造である．

したがって，一般相対論が時空連続体として認めるのは $\mathbb{R}^4$ でなく，一般の多様体 $\mathcal{M}$ であり，S^2 が $\mathbb{R}^2$ に等価でないように，位相的には $\mathbb{R}^4$ と等価でないかもしれない．組 $(\mathcal{M}, g)$ を**ローレンツ多様体**と呼ぶ．正しく言うと，アインシュタイン方程式の未知数は g ではなく，組 $(\mathcal{M}, g)$ である．

この基本的事実，つまり時空のトポロジーは方程式によって先験的に決定されないということが結果論として生じたことは興味深い．それはまた，明らかにされるには多くの年月を要した思索であった．

3.6　波動，ゲージ，双曲性

任意の座標系で陽に書き出したとき（試してみよう！），アインシュタイン方程式は，（**ポアソン方程式** [IV.12 (1 節)] のような）**楕円的**，（**熱方程式** [I.3 (5.4 項)] のような）**放物的**，あるいは（**波動方程式** [I.3 (5.4 項)] のような）**双曲的**であるような通常の形には見えない（これらについては「偏微分方程式」[IV.12 (2.5 項)] を参照）．このことは，与えられた解に対し，その古い解に座標変換を施すことによって「新たな解」を形成できるという事実に関係している．座標変換がある球の中だけで恒等写像と異なるような新しい座標系に対してこれを実行することができる．**穴議論** (hole argument) として知られるこの事実は，座標系における方程式の形によって代数的に考えていたアインシュタインとその数学的共同研究者であったマルセル・グラスマンを悩ませ，一時は彼らに「一般共変性」を拒絶させたこともあった．結果的には元の道に引き返して，最終的に正しい式 (1) の定式化は 2 年遅れた．理論の幾何学的解釈は直ちにそのジレンマに対する解答を示唆し，そのような解はすべての幾何学的測定の見地からは同一であるため「同じ」だと考えるのである．現代的な言葉で言うと，アインシュタインの（たとえば）真空方程式に対する解は時空 $(\mathcal{M}, g)$ の**同値類** [I.2 (2.3 項)] である．ここで，二つの時空が同値であるとは，それらの間の微分同相写像 ϕ であって，局所座標系を ϕ で同一視するとき，任意の開集合で計量が同じ座標形を持つものが存在することである．

ひとたび概念的な問題が克服されれば，アインシュタイン方程式は放物型だと見なせる．このための最もわかりやすい方法は**ゲージ**，つまり座標系に関してある制限を課すことである．具体的には，座標関数系 x^μ が波動方程式 $\Box_g x^\alpha = 0$ を満たすことを要請する．ここで，ダランベール演算子は式

$$\Box_g = \frac{1}{\sqrt{-g}}\partial_\mu(\sqrt{-g}g^{\mu\nu}\partial_\nu)$$

で定義される．こうした座標は局所的には常に存在し，伝統的には**調和座標**と呼ばれているが，**波動座標**という言葉がおそらくもっとふさわしい．アインシュタイン方程式は系

$$\Box_g g_{\mu\nu} = N_{\mu\nu}(\{g_{\alpha\beta}\}, \{\partial_\gamma g_{\alpha\beta}\})$$

として書くことができる．ここで，$N_{\alpha\beta}$ は $\partial_\gamma g_{\alpha\beta}$ に関して 2 次の非線形表式である．計量のローレンツ的特徴を考慮すると，上の系は **2 階非線形（準線形）双曲系**として知られているものである．

この時点で，マックスウェル方程式と比較するこ

とは教育的である．ミンコフスキー空間上で定義された電場 $\boldsymbol{E}$ と磁場 $\boldsymbol{B}$ が与えられていると仮定しよう．**4 次元ポテンシャル**は $E_i = -\partial_i A_0 - c^{-1}\partial_t A_i$, $B_i = \sum_{j,k=1}^{3} \epsilon_{ijk}\partial_j A_k$ であるベクトル場 $\boldsymbol{A}$ である（ここで，$\epsilon_{123} = 1$ で，ϵ_{ijk} は完全反対称，つまり任意の二つの添字の置換で符号が逆転する）．$\boldsymbol{A}$ を基本的な物理的対象と見なすのであれば，$\boldsymbol{A}$ が ϕ を任意関数として式

$$\tilde{\boldsymbol{A}} = \boldsymbol{A} + (-c^{-1}\partial_t\phi, \partial_1\phi, \partial_2\phi, \partial_3\phi)$$

で定義される場 $\tilde{\boldsymbol{A}}$ で置き換えられたときに，$\tilde{\boldsymbol{A}}$ もまた $\boldsymbol{E}$ と $\boldsymbol{B}$ に対する 4 次元ポテンシャルであることに注意する．$\boldsymbol{A}$ にさらに条件を課す，つまり「ゲージを固定した」ときにだけその方程式の決定を期待できる（「ゲージ」という用語は**ワイル** [VI.80] による）．いわゆる**ローレンツゲージ**

$$\nabla^{\mu} A_{\mu} = 0$$

では，マックスウェル方程式は

$$\Box A_{\mu} = -c^{-2}\partial_t^2 A_{\mu} + \sum_i \partial_i^2 A_{\mu} = 0$$

と書くことができ，これらからその波動性が完全に明らかになる．ゲージ対称性の観点は 20 世紀後期にまで生き続けた．同様なゲージ対称性を持つマックスウェル方程式の非線形的一般化である**ヤン–ミルズ方程式**は素粒子物理学のいわゆる**標準モデル**の中心部分をなしている．

アインシュタイン方程式の双曲性には二つの重要な反響がある．最初のものは**重力波**の存在である．これはアインシュタインが早くも 1918 年には気づいており，基本的には上の議論における考察の線形版の帰結である．二つ目のものは，適切な物質方程式と組になったときに依存領域性を持つアインシュタイン方程式 (1) の**良設定初期値問題** [IV.12 (2.4 項)] である．実際，これは真空の場合 (21) には正しい．後者の問題を定式化するための正しい概念的枠組みが明かになるには長い時間がかかり，ルレイ（Leray）による**大域的双曲性**の基本的概念に基づき，1950 年代と 1960 年代のショケ=ブルア（Choquet-Bruhat）とゲロック（Geroch）の研究によってようやく完全に理解された．良設定性とは，唯一の解（真空の場合，式 (21) を満たすローレンツ 4 次元多様体 $(\mathcal{M}, g)$）を適切な初期データの概念に関連可能であることを意味する．もちろん，$t = 0$ の概念が幾何学的でないために「初期データ」は「$t = 0$ でのデータ」を意味しない．代わりに，データは対称共変 2 階テンソル K を持つあるリーマン 3 次元多様体 $(\Sigma, \bar{g})$ の形をとる．3 組 $(\Sigma, \bar{g}, K)$ はいわゆる**アインシュタイン拘束方程式**を満たさなければならない．しかし，この概念では，一般相対論の基本的問題は，その革命的な概念的構造にかかわらず，完全に古典的であり，初期データに対する解の関係を決定すること，すなわち，「現在」の知識から未来を決定することである．これが**力学系**の問題である．

4. 一般相対論の力学系

この最後の節ではアインシュタイン方程式の力学系についての現在の数学的理解を少し味わってみる．

4.1 ミンコフスキー空間の安定性と重力放射の非線形性

力学系の問題を定式化するいかなる物理理論でも，最も基本的な問いは自明解の安定性である．言い換えると，「初期条件」を少し変化させたとき，その解に対する結果的変化は同じように小さいだろうか？ 一般相対論では，これはミンコフスキー時空 $\mathbb{R}^{3+1}$ の安定性の問いである．この基本的な結果は 1993 年にクリストドゥールー（Christodoulou）とクライナーマン（Klainerman）によって真空方程式 (21) に対して証明された．

ミンコフスキー空間の安定性の証明は**重力放射の法則**の厳密な定式化を可能にした．重力放射はまだ直接には観測されていないが，最初ハルス（Hulse）とテイラー（Tayler）によって 2 体系のエネルギー損失から推測されていた．この研究は彼らにアインシュタイン方程式に直結した唯一のノーベル賞 (1993) をもたらした！ 放射問題の数学的定式化についての青写真はボンディ（Bondi）と後のペンローズ（Penrose）の研究に基づいている．時空 $(\mathcal{M}, g)$ に，**ヌル無限大**として知られ $\mathcal{I}^+$ と表される「無限遠での」理想的な境界を関連させる．物理的には $\mathcal{I}^+$ の点は，孤立した自己重力系から遠く離れながらも，その信号を受け取る観測者に対応している．重力放射は，さまざまな幾何学的量の再スケールされた境界極限から $\mathcal{I}^+$ 上で定義されたあるテンソルと同一視することができる．クリストドゥールーが発見したように，重力放射はそれ自身非線形で，その非線形性は

潜在的には観測に関わりがある．

4.2　ブラックホール

おそらく，一般相対論の予言の中で今日ブラックホール以上に知られているものはない．

ブラックホールの物語はいわゆるシュヴァルツシルト計量

$$-\left(1-\frac{2m}{r}\mathrm{d}t^2\right)+\left(1-\frac{2m}{r}\right)^{-1}\mathrm{d}r^2 +r^2(\mathrm{d}\theta^2+\sin^2\theta\mathrm{d}\phi^2) \quad (22)$$

から始まる．パラメータ m はここでは正定数である．これは真空アインシュタイン方程式 (21) の解で，1916 年に見出された．式 (22) の当初の解釈は，それが恒星外の真空領域における重力場をモデル化しているというものであった．つまり，式 (22) は $R_0 > 2m$ に対し，ある座標領域 $r > R_0$ でだけ考えられ，その計量は $r = R_0$ で，座標範囲 $r \leq R_0$ における結合アインシュタイン–オイラー系を満たす「静的」慣性計量と一致する（この後者の計量は再び式 (22) の形であるが，$m = m(r)$ であって $r \to 0$ で $m \to 0$ となる）．

理論的見地からは，自然な問題がもたらされる．恒星をあきらめて，式 (22) を r のすべての値について考えると仮定する．このとき $r = 2m$ で計量に何が起こるだろう？　(r, t) 座標系では，計量要素は特異的に見える．しかし，それは錯覚であることがわかる！　簡単な座標変換によって，計量を式 (21) の解として $r = 2m$ を超えて正則的に拡張することができる．つまり，領域 $r > 2m$ と領域 $0 < r < 2m$ の両方を含む多様体 $\mathcal{M}$ が存在し，正則な（ヌル）超曲面 $\mathcal{H}^+$ で分離されている．計量要素 (22) は $\mathcal{H}^+$ 上を除いてどこでも正しく，そこでは正則な座標系で書き直すことができる．

超曲面 $\mathcal{H}^+$ は例外的な大域的性質によって特徴付けることができ，信号をヌル無限大 $\mathcal{I}^+$，つまり物理的解釈では遠くの観測者に送信できる時空領域の境界を定義する．一般に，信号をヌル無限大 $\mathcal{I}^+$ に送信できない点の集合は時空の**ブラックホール**領域として知られている．つまり，領域 $0 < r < 2m$ は $\mathcal{M}$ のブラックホール領域で，$\mathcal{H}^+$ は**事象の地平線**として知られている．

これらの問題は，大域的ローレンツ幾何学の言葉がアインシュタイン方程式のもとの定式化後に長い間かかって発展してきたために，その整理には長い時間がかかった．拡張された時空 $\mathcal{M}$ の大域的幾何学は 1950 年頃にシング（Synge）に，そして最終的には 1960 年にクラスカル（Kruskal）によって明らかにされた．「ブラックホール」という名前は想像力豊かな物理学者ジョン・ホイーラーによるものである．理論的な好奇心としてその始まりから，ブラックホールは多様な現象を天体物理学的に説明する一翼を担っており，実際多くの恒星の重力崩壊に対する終状態を表していると考えられている．

4.3　時空の特異点

次の自然な問題はシュヴァルツシルト計量 (22) に関係してもたらされる．今は拡張された時空 $\mathcal{M}$ の領域 $r < 2m$ で考えられているが，$r = 0$ で何が起きるだろうか？

計算によると $r \to 0$ としたとき，クレッチマン（Kretchmann）スカラー $R_{\mu\nu\lambda\rho}R^{\mu\nu\lambda\rho}$ が発散する．この表式は幾何学的に不変であるので，$r = 2m$ における状況とは違って，時空は 0 を超えて正則的に拡張可能でないことがわかる．さらに，ブラックホール領域に入る時間的測地線（テスト粒子近似における自由落下する観測者）は有限時間で $r = 0$ に到達し，したがってそれらはいつまでも続くことができないという意味で「不完全」である．よって，それらは時空の計量の幾何学の破綻を「観測する」のである．また，$r = 0$ に接近する巨視的な観測者は重力的な「潮汐力」によって引きちぎられる．

この主題の初期の時代では，この一見病的な挙動はシュヴァルツシルト計量の高次の対称性に関係があり，「一般」解はそのような現象は見せないだろうと考えられていた．これがそうではないことが 1965 年のペンローズの有名な**不完全定理**によって示された．これは，初期データ超曲面が非コンパクトで閉トラップ領域として知られるものを含むならば，うまく物質に結び付いたアインシュタイン方程式についての初期値問題の解は常にこうした不完全な時間的またはヌルな測地線を含んでいることを主張する．シュヴァルツシルトの場合は，そのような不完全な測地線は発散する曲率に関係していることを示唆すると見ることができる．しかし，状況は実際には大いに違っていて，有名な**カー解**（Kerr solution）で明らかにされたように，それは真空方程式 (21) の注目すべき 2 パラメータ族である解で，1963 年にようやく発見されたもので，式 (22) の回転版である．カー解では，不完全な時間的測地線はいわゆる**コーシー地平**に合流する．それは初期データによって一意的に決定される時空領域の滑らかな境界である．

ペンローズの定理は二つの重要な予想をもたらす．第一は**弱い宇宙検閲仮説**として知られているもので，大まかに言うと，適当なアインシュタイン物質系について一般的な物理的にありうる初期データに対して測地的不完全さは，もしそれが生じるならば，常にブラックホール領域に閉じ込められるというものである．第二は**強い宇宙検閲仮説**で，大まかに言うと，一般的に許される初期データに解の不完全さは曲率の発散のような拡張可能性に対する局所的障害に常に関係しているというものである．後者の予想は初期値問題の一意的な解はデータから生じることができる古典的時空だけであることを保証する．つまり，古典的決定論がアインシュタイン方程式に関して成立することを意味する．

両方の予想は初期データが一般的なものだという仮定を落とせば成り立たず，これがその困難さの理由の一つである．実際，クリストドゥールーは，測地的には不完全であるがブラックホール領域を含まないような（正則な初期データから生じる）結合アインシュタインスカラー場系の球対称解を構成した．この時空は**裸の特異点**を含むと言われている．

裸の特異点は，それらが正則な初期データの崩壊から生じると要請しなければ簡単に構成できる．その例が $m < 0$ に対するシュヴァルツシルト計量 (22) である．この計量はしかしながら完全な漸近的に平らなコーシー超平面を許さない．この事実は有名なシェーンとヤウの**正エネルギー定理**に関係している．

4.4　宇　宙　論

先に議論された時空 $(\mathcal{M}, g)$ はすべて理想化された孤立系の表現である．「残りの宇宙」は切り取られて，「漸近的に平らな端」で置き換えられ，遠方の観測者は理想的境界である「無限遠」に置かれる．しかし，さらに意欲的になって時空 $(\mathcal{M}, g)$ が全宇宙を表していると考えればどうなるだろうか？　この後者の問題の研究は**宇宙論**として知られている．

観測は，非常に巨大なスケールでは宇宙は近似的に均質で等方的であると示唆している．これはしばしば**コペルニクス原理**として知られていた．興味深いことに，$\mathbb{R}^4$ 上で一定の $\nabla\phi$ と一定の非負 μ を持つポアソン方程式 (2) を解くことはできない．したがって，ニュートン物理学では，宇宙論は合理的科学にはなり得ない*1)．一方，一般相対論は均質で等方的な解をその摂動と同様に許容する．実際，アインシュタイン方程式の宇宙論的解は，この主題の最初のころにアインシュタイン自身，デ・シッテル（de Sitter），フリードマン（Friedmann）やルメートル（Lemaitre）によって研究された．

一般相対論が定式化されたとき，支配的な見方は宇宙は静的であるべきであるというものだった．これがアインシュタインに，そのような解を許すようにと微調整して，彼の方程式の左辺に項 $\Lambda g_{\mu\nu}$ を加えさせたのである．定数 Λ は**宇宙定数**として知られている．宇宙の膨張は，ハッブルの基本的な発見を発端として，いまや観測事実と考えられている．膨張する宇宙は，さまざまな Λ 値を持つアインシュタイン–オイラー系のいわゆるフリードマン–ルメートル解を使った第 1 次近似としてモデル化することができる．過去に向けてこれらの解は特異であり，この特異的挙動に対して示唆的な名前として「ビッグバン」が与えられている．

4.5　さらなる発展

アインシュタイン方程式の多量の厳密解は，より一般的な解の定性的な挙動がどのようなものかを味わわせてくれる．しかし，一般的な解の性質についての真の定性的理解は単純な解の近傍でのみ達成されてきた．上で説明したブラックホール解の安定性の問題は，宇宙検閲仮説や一般相対論で一般的に生じる特異点の性質と同じく，いまだ答えられていないままである．それでも，これらの問いは理論の物理的解釈とその正当性の評価にとって基本的なものである．

これらの問いが厳密な数学によって答えられることはありうるのだろうか？　非線形双曲型偏微分方程式の特異点に関する問題はきわめて困難である．アインシュタイン方程式の豊かな幾何学的構造は一

---

*1)　$\mathbb{T}^3 \times \mathbb{R}$ 上で非計量的接続を持つ理論を記述するようにニュートン的理論の基礎を修正して「ニュートン的宇宙論」を研究することができる．しかし，この道筋はもちろん一般相対論から引き起こされたものである（3.5 項を参照）．

見格別複雑に見えるが，実り多いものであることがわかる．アインシュタイン方程式がわれわれの物理世界に関する基本的な問いに答える美しい構造を明らかにし続けてくれることを願うばかりである．

文献紹介

Christodoulou, D. 1999. On the global initial value problem and the issue of singularities. *Classical Quantum Gravity* 16:A23-A35.

Hawking, S. W., and G. F. R. Ellis. 1973. *The Large Scale Structure of Space-Time*. Cambridge Monographs on Mathematical Physics, number 1. Cambridge: Cambridge University Press.

Penrose, R. 1965. Gravitational collapse and space-time singularities. *Physical Review Letters* 14:57-59.

Rendall, A. 2008. *Partial Differential Equations in General Relativity*. Oxford: Oxford University Press.

Weyl, H. 1919. *Raum, Zeit, Materie*. Berlin: Springer. (Also published in English, in 1952, as *Space, Time, Matter*. New York: Dover.)
【邦訳】H・ワイル（内山龍雄 訳）『空間・時間・物質』（上・下）（筑摩書房，2007）

IV.14

力学系理論

Dynamics

ボディル・ブランナー［訳：森　真］

1. はじめに

力学系という言葉は，時間発展をする系に用いられ，**ニュートン** [VI.14] が『プリンキピア』(*Principia mathematica*, 1687) において定式化した自然法則にその起源を持つ．それに伴う数学規則，力学系理論は，数学の多方面，特に解析，トポロジー，測度論，組合せ論と関係する．それは天体力学，流体力学，統計力学，気象学などの自然科学の問題や，反応化学，人口力学や経済学などの数理科学の他の部門の影響を受けるとともに，それらに強い刺激を与えている．

コンピュータシミュレーションやコンピュータを用いた視覚化は，この理論の発展に重要な寄与をしている．これにより，特殊なものや普通でないものを排除することができ，何が典型的かがわかる．

力学系には連続型と離散型の二つの大きな流れがある．この章では特別な離散力学系である解析的力学系に焦点を当てよう．この系は複素数の上に定義された**解析関数** [I.3 (5.6 項)] f を選ぶことで得られる．2 次多項式は，その重要な例である．

1.1　二つの基本例

ニュートンの時代に戻る例によって，連続型，離散型の双方が説明されることに注目しよう．これらの例には興味深いものがある．

(i) N 体問題は，太陽と $N-1$ 個の惑星の運動をモデル化し，微分方程式で表したものである．各天体は重心の 1 点で表され，運動は逆 2 乗法則とも呼ばれるニュートンの万有引力によって記述される．二つの天体の間の引力は，それらの質量とそれらの間の距離の 2 乗の逆数に比例する．$\boldsymbol{r}_i$ を i 番目の天体の位置ベクトルとし，m_i をその質量とする．g で万有引力定数を表すと，i 番目の天体が j 番目の天体から受ける力の大きさは $gm_im_j/\|\boldsymbol{r}_j-\boldsymbol{r}_i\|^2$ であり，その方向は $\boldsymbol{r}_i$ から $\boldsymbol{r}_j$ に向かう方向である．$j \neq i$ についてすべて加え合わせれば，i 番目の天体が受ける力すべてが得られる．$\boldsymbol{r}_i$ から $\boldsymbol{r}_j$ への単位ベクトルは $(\boldsymbol{r}_j-\boldsymbol{r}_i)/\|\boldsymbol{r}_j-\boldsymbol{r}_i\|$ であるので，力は

$$g\sum_{j\neq i} m_i m_j \frac{\boldsymbol{r}_i-\boldsymbol{r}_j}{\|\boldsymbol{r}_j-\boldsymbol{r}_i\|^3}$$

である（ベクトル $\boldsymbol{r}_j-\boldsymbol{r}_i$ の大きさを消すために，2 乗ではなく 3 乗になっている）．

N 体問題の解は，時間 t に依存する微分可能なベクトル関数 $(\boldsymbol{r}_1(t),\ldots,\boldsymbol{r}_N(t))$ であり，力 = 質量 × 加速度というニュートンの第 2 法則に基づく N 個の微分方程式

$$m_i\boldsymbol{r}_i''(t) = g\sum_{j\neq i} m_i m_j \frac{\boldsymbol{r}_j(t)-\boldsymbol{r}_i(t)}{\|\boldsymbol{r}_j(t)-\boldsymbol{r}_i(t)\|^3}$$

を満たす．

ニュートンは 2 体問題を具体的に解いた．他の惑星の影響を無視することによって，ヨハネス・ケプラーによって定式化された惑星の運動法則を導き出した．それは，太陽のまわりの楕円軌道を回る惑星の動きを記述している．しかし，$N>2$ の場合になると，非常に特殊な場合を除いては，大変な困難に出会うことになり，具体的に解を得ることはできない（「3 体問題」[V.33] を参照）．そうはいうものの，

ニュートンの方程式は衛星や他の宇宙計画を行うのに実践的な重要性を持っている．

(ii) 方程式を解くための**ニュートン法** [II.4 (2.3 項)] はこれとは非常に異なり，微分方程式とは関係しない．一つの実変数の微分可能な関数 f を考え，方程式 $f(x)=0$ の解である f の零点を決定しよう．ニュートンのアイデアは新しい関数

$$N_f(x)=x-\frac{f(x)}{f'(x)}$$

を考えることであった．より幾何的には，$N_f(x)$ は点 $(x, f(x))$ で $y=f(x)$ のグラフの接線が x 軸を横切る点の座標を与えている（$f'(x)=0$ ならば，この接線は平行で $N_f(x)$ は定義されない）．

多くの場合には，x が f の零点に近ければ，$N_f(x)$ はそれよりずっと近くなる．それゆえ，ある値 x_0 から始めて，$x_1=N_f(x_0)$，$x_2=N_f(x_1)$ のように，N_f を繰り返し適用すれば，列 $x_0, x_1, x_2, \ldots$ を得る．そして，初期値 x_0 が f の零点に十分に近ければ，この列が零点に収束し，各段階で有効桁数は基本的に倍になることが期待される．収束が非常に速いことは，ニュートン法が数値解析においてとても役立つことを示している．

1.2 連続型力学系

系の時間発展が 1 階微分方程式で定まる**連続力学系**を考えよう．解は**軌道**（orbit または trajectory）と呼ばれ，t がパラメータとしてとられ，これを通常は時間と見なす．パラメータは実数をとり，連続的に変化することから，「連続」力学系と呼ばれる．**周期** T の**周期軌道**は，時刻 T で繰り返すが，それ以前には戻らない解を表す．

微分方程式 $x''(t)=-x(t)$ は 2 階であるが，2 元連立 1 階微分方程式 $x_1'(t)=x_2(t)$，$x_2'(t)=-x_1(t)$ に帰着できるので，連続型力学系である．同様に，N 体問題の微分方程式の系も新しい変数を導入することで標準形に帰着できる．方程式は位置を表すベクトル $\boldsymbol{r}_i=(x_{i1}, x_{i2}, x_{i3})$ と速度ベクトル $\boldsymbol{r}_i'=(y_{i1}, y_{i2}, y_{i3})$ の $6N$ 元連立 1 階微分方程式の系と同値となる．したがって，N 体問題は連続力学系の良いモデルである．

一般に，n 元連立方程式からなる力学系の i 番目の式は

$$x_i'(t)=f_i(x_1(t), \ldots, x_n(t))$$

の形に表すことができる．あるいは，$\boldsymbol{x}(t)$ でベクトル $(x_1(t), \ldots, x_n(t))$ を表し，$\boldsymbol{f}=(f_1, \ldots, f_n)$ を $\mathbb{R}^n$ から $\mathbb{R}^n$ への関数とすれば，$\boldsymbol{x}'(t)=\boldsymbol{f}(\boldsymbol{x}(t))$ のように一つの式で表すこともできる．ここで，$\boldsymbol{f}$ は t によらないと仮定している．t による場合でも，$x_{n+1}=t$ と一つ変数を加えることで標準形に帰着できる．その場合には，系の次数は n から $n+1$ に増える．

最も単純な系は**線形系**である．この場合，$\boldsymbol{f}$ は $n\times n$ の定数行列 A によって，$\boldsymbol{f}(\boldsymbol{x})$ は $A\boldsymbol{x}$ と表される．上記の式 $x_1'(t)=x_2(t)$，$x_2'(t)=-x_1(t)$ は線形系の例である．しかし，N 体問題を含めて，多くの場合は**非線形**である．$\boldsymbol{f}$ が微分可能というような「良い」性質を持っているならば，どのような初期値 $\boldsymbol{x}_0$ についても解の**存在**と**唯一性**は保証される．すなわち，時刻 0 に $\boldsymbol{x}_0$ を通る解はただ一つだけ存在する．たとえば，N 体問題の場合も，どのような初期位置と初期速度が与えられたときにも解はただ一つだけ存在する．唯一性から，どのような解も一致するかまったく交わらないかのいずれかである（ここで，「軌道」とは一つの質点の位置の時間発展を表すのではなく，すべての質点の位置と速度を表すベクトルの時間発展である）．

非線形の系では，解を明確に表すことは滅多にできないが，それらが存在することはわかっている．解が初期値によって完全に定まることから，この力学系を**決定論的**と呼んでいる．与えられた系と初期値に対し，将来の時間発展について予測することは可能である．

1.3 離散力学系

離散力学系はジャンプしながら時間発展を行う．そのような系では，「時間」は実数よりも整数で表すほうがよい．良い例として，解を得るためのニュートン法が挙げられる．この例では，$x_k=N_f(x_{k-1})$ で表される $x_0, x_1, \ldots, x_k, \ldots$ は初期値 x_0 の**軌道**と呼ばれる．これは N_f の**反復**，すなわち，関数の繰り返しによって得られる．

このアイデアは写像 $F\colon X\to X$ へと一般化できる．ここで，X としては，実軸や，実軸の中の区間，または平面，部分平面や，あるいはもっと複雑な空間とすることもできる．大切なことは，任意の入力 x について，出力 $F(x)$ を次の入力として用いることができるということである．このことから，任意の X の点 x_0 の軌

道が未来について定まる，すなわち，$x_k = F(x_{k-1})$ を満たす列 $x_0, x_1, \ldots, x_k, \ldots$ が定まる．F が逆関数 F^{-1} を持てば，前と後ろの両側に反復することができて，x_0 の**全軌道**がすべての整数について $x_k = F(x_{k-1})$，または同じことだが，$x_{k-1} = F^{-1}(x_k)$ を満たす両側無限列 $\ldots, x_{-2}, x_{-1}, x_0, x_1, \ldots$ として定まる．

x_0 の軌道が周期 k で**周期的**であるとは，k 回繰り返した後に初めて一致する，すなわち，$j = 1, \ldots, k-1$ については $x_j \neq x_0$ であるが，$x_k = x_0$ となることである．離散型では，ある $\ell \geq 1$ と $k \geq 1$ が存在し，$0 \leq j \leq \ell$ を満たす x_j では周期的でないが，x_ℓ は周期 k の周期点になるという，「漸近的に周期的」と呼ばれる場合がある．このタイプは連続型で現れることはない．

離散力学系は，与えられた初期値 x_0 の軌道が x_0 さえわかれば完全に定まるので，決定論的である．

1.4　安　定　性

現代数学における力学系理論は，少なからず**ポアンカレ** [VI.61] から影響を受けている．特に，19 世紀の最後に書かれた 3 体問題に関するオスカー賞をとった論文と，それに続く天体力学に関する 3 巻の素晴らしい本は，強い影響を与えた．論文は，問題の一つに太陽系の安定性に関するものを含んでいたコンテストのために書かれた．ポアンカレは，3 番目の天体が無限小の質量を持ち他の二つの天体には影響を与えないが，それ自身は他の天体から影響を受けるという，いわゆる**制限 3 体問題**を導入した．ポアンカレの業績は，力学系の位相的側面とそれらの質的な性質に焦点を絞る**位相力学系**の序曲となった．

長い目で見た系の振る舞いは，たいへんおもしろい．周期軌道が安定であるとは，その軌道の十分にそばから始まる軌道はその近くにずっと留まるということである．**漸近安定**であるとは，十分にそばから始まる軌道は周期軌道に近づいてくるということである．離散力学系の二つの線形な例でそれらを見てみよう．実関数 $F(x) = -x$ では，すべての点は周期点である．0 は周期 1，他の点は周期 2 である．そして，すべての点は安定である．実関数 $G(x) = (1/2)x$ はただ一つの周期軌道 0 を持つ．$G(0) = 0$ であるから，0 の周期は 1 である．これを**不動点**と呼ぶ．他の点を選び反復すれば，つまり 2 で割り続ければ，0 に収束する．したがって，不動点 0 は漸近安定である．

3 体問題の研究中にポアンカレが導入した方法の一つは，n 次元の連続型力学系を $n-1$ 次元の離散型力学系へと整理することである．このアイデアは次のようなものである．ある連続型力学系の周期 $T > 0$ の周期軌道を得たとしよう．この軌道の上の点 $\boldsymbol{x}_0$ と $\boldsymbol{x}_0$ を通る超平面 Σ を，軌道が Σ を $\boldsymbol{x}_0$ で横切るように選ぶ．$\boldsymbol{x}_0$ のごく近傍の点がその軌道を通って次にどこで Σ を横切るかを見る．これにより，**ポアンカレ写像**と呼ばれる写像を定める．それは出発点に次に Σ を横切る点を対応させる．力学系がただ一つの解を持っていることから，ポアンカレ写像が定義可能な Σ 上の $\boldsymbol{x}_0$ の近傍からの単射になっている．前向きと後ろ向きの反復を考えることができる．連続系における x_0 を通る周期軌道が安定（または漸近安定）になるのは，離散系におけるポアンカレ写像の不動点 $\boldsymbol{x}_0$ が安定（または漸近安定）であることに対応している．

1.5　カオス的振る舞い

カオス力学系という概念は 1970 年代に始まった．さまざまな状況で用いられたので，この言葉の全体をカバーする定義は存在しない．しかし，カオスを最も特徴付ける性質は**初期値鋭敏性**である．3 体問題の研究の中で，ポアンカレが最初に初期値鋭敏性に気づいていた．

彼の観察に言及する代わりに，離散力学系のもっと簡単な例を見ていこう．X として半開単位区間 $[0, 1)$ をとり，F として値を倍にしてその小数部分をとる，すなわち $0 \leq x < 1/2$ で $F(x) = 2x$，$1/2 \leq x < 1$ で $F(x) = 2x - 1$ とする．x_0 を X の元とし，反復をして $x_1 = F(x_0)$，$x_2 = F(x_1)$ などとする．x_k は $2^k x_0$ の小数部分になる（実数 t の小数部分とは，t より小さい最大の整数を t から引いた残りである）．

数列 $x_0, x_1, x_2, \ldots$ の振る舞いを理解するためには，x_0 の 2 進展開を考えればよい．たとえば，$0.110100010100111\cdots$ で始まったとする．2 倍したものを 2 進展開で表すと，それは左に一つずらせばよい（2 進数では単に 10 を掛けることになる）．こうして $1.10100010100111\cdots$ を得る．$F(x_0)$ を得るには小数部分をとるのだから，先頭の 1 を取り去り，$x_1 = 0.10100010100111\cdots$ である．これを繰り返せば，$x_2 = 0.0100010100111\cdots$，$x_3 =$

0.100010100111⋯ などとなる（x_2 では小数点の次の数が 0 であるので，x_3 を得るには先頭から 1 を引く必要はない）．別の初期値 $x'_0 = 0.110100010110110\cdots$ をとる．小数点以下 10 桁まで一致しているので，x'_0 は x_0 にとても近い．しかし，x_0 と x'_0 の双方について F を 10 回反復すれば，11 桁目が先頭に来て，$x_{10} = 0.00111\cdots$ および $x'_{10} = 0.10110\cdots$ となる．これらはほとんど 1/2 離れていて，もはや近くはない．

一般に，x_0 の 2 進展開を k 桁目までだけ知っていたとすると，F を k 回反復すると，もはや何の情報も残っていないので，x_k は区間 $[0,1)$ のどの点でもありうる．それゆえ，系が決定論的であっても x_0 を完璧に知っていない限り，長時間の振る舞いを予想することは不可能である．

このことは一般的に正しい．初期値を完全に正確に知ることができなければ，初期値鋭敏性を持っている力学系では長時間の予想をすることは不可能である．実際の応用では，初期値を完全に知ることは不可能である．たとえば，天気予報の数学的モデルに応用しようとすると，初期条件を完璧に知ることはあり得ない．したがって，信頼のできる長期予報は不可能である．

いわゆる**ストレンジアトラクタ**の概念でも鋭敏性は重要である．集合 A から出発するすべての軌道が A に留まり，そばの点が A に近づいてくるとき，集合 A は**アトラクタ**と呼ばれる．連続系では，アトラクタになりうる単純な集合は，平衡点，周期軌道（極限サイクル），トーラスのような曲面などである．このような例とは対照的に，ストレンジアトラクタは複雑な幾何構造と複雑な力学の双方を持っている．幾何的には**フラクタル**を意味し，力学系は鋭敏さを持つ．フラクタルの例を後に見てみよう．

最もよく知られたストレンジアトラクタは**ローレンツアトラクタ**である．1960 年代初めに，気象学者エドワード・N・ローレンツは，熱の流れを簡略化した 3 次元の連続型力学系を研究していた．彼は前の計算の出力に用いた初期値をコンピュータに入れると，前に得た値から発散していくことを見つけた．彼の見つけた説明は，コンピュータの内的精度以上の精度を出力に用いたということだった．この理由で，前よりも初期値がわずかに異なっていたということが明らかになるわけではない．系が鋭敏であることから，このわずかな違いがより多くの違いを招いた．蝶の羽ばたきのような小さな摂動が，時間をかけて劇的な天候変化を招き，1000 マイルも離れた場所で起きる竜巻の引き金になるという現象を記述した詩的なフレーズ「バタフライ効果」を生み出した．ローレンツ系のコンピュータシミュレーションはストレンジアトラクタのように見える複雑な集合に，この解が引き寄せられていることを示している．実際にストレンジアトラクタであるかどうかについては長い間解かれていなかった．コンピュータは計算ごとに四捨五入を行うので，鋭敏性を持つ系において，信頼に耐えるコンピュータによるシミュレーションがどのようなものであるかは明白ではない．1998 年にワーウィック・タッカーは，ローレンツアトラクタが実際にストレンジアトラクタであることの証明を，コンピュータを用いて与えた．彼は，数を区間で表し，評価を正確にする**区間演算法**を用いた．

トポロジー的な理由から，初期値鋭敏性は連続型においては 3 次元以上でなければならない．F が単射な離散型では，少なくとも 2 次元でなくてはならない．しかし，単射でないときには，例でも見たように，1 次元でも鋭敏性を持つことがある．このことから，離散力学系の研究が盛んに行われた．

1.6 構造安定性

一つの系の軌道が他の系の軌道に移り，逆もまた同様である同相写像（逆写像も連続な連続写像）が存在するとき，二つの力学系は**位相同型**であるいう．粗く述べれば，変数の連続な変換により，一方の系から他の系になることを意味している．

例として，実 2 次式 $F(x) = 4x(1-x)$ による離散型力学系を考えよう．$y = -4x+2$ により変数変換をすると，y ではどのような系になるだろうか？ F を適用すると，x は $4x(1-x)$ になる．このことは，$y = -4x+2$ は $F(x)$ を $-4F(x)+2 = -16x(1-x)+2$ へ移すことを意味する．しかし

$$\begin{aligned}-16x(1-x)+2 &= 16x^2-16x+2\\ &= (-4x+2)^2-2\\ &= y^2-2\end{aligned}$$

である．それゆえ，多項式 F を適用することは，別の多項式 $Q(y) = y^2-2$ を適用することになる．x から $-4x+2$ への変換は連続であり可逆であるから，F と Q は**共役**である．

F と Q は共役であるので，F による任意の x_0 の

軌道は，変数変換後，対応する $y_0 = -4x_0 + 2$ の Q による軌道になる．すなわち，すべての k について，$y_k = -4x_k + 2$ を得る．二つの系は位相同型である．すなわち，それらの力学系の一つを理解したいなら，他方の力学系は質的に同じであるから，片方の力学系を調べればよい．

連続型力学系については，同値の概念はいささか緩くなる．二つの力学系の同型を示す同相写像は軌道を他の系の軌道へと写すが，時間発展そのものではなくてもよい．他方，離散型では，上の例のように，時間発展は時間発展そのものであることを要求している．言い換えれば，共役性に固執している．

力学系という言葉は，スティーブン・スメールによって 1960 年代に生み出され，それから発展した．スメールは**安定**な系についての理論を展開した．また，1930 年代にアレクサンダー・A・アンドロノフとレビ・S・ポントリャーギンによって紹介された**構造安定**系の名付け親となった．力学系が構造安定であるとは，その十分に近いすべての系が，ある特定の系の族に属しているなら，それに位相同型であるということである．このことを，それらは同じ質的な振る舞いをするという．考慮しなければならないその種の一つの例は，実 2 次式 $x^2 + a$ である．この族はパラメータ a によっている．与えられた $x^2 + a_0$ に近い系は，a_0 に近い任意の a に関する多項式 $x^2 + a$ である．後に解析的力学系を考察するとき，構造安定性に再び戻ろう．

パラメータ a を持つ力学系の族が構造安定でないなら，a_0 を含むある領域にある a をパラメータに持つ力学系すべてが，a_0 をパラメータに持つ力学系と位相同型であるかもしれない．力学系の研究のゴールは，族の各系の質的な構造だけではなく，**パラメータ空間**の構造も理解することである．すなわち，安定な領域にどのように分割されるかを理解することである．これらの領域を分割する境界では，**分岐集合**をなす．a_0 がこの境界に属しているなら，a_0 に近い a で対応する系が質的に異なる振る舞いをするものが存在するであろう．

構造安定系と可能な分岐の分類の記述と分類は，一般的な力学系の届くところではない．しかし，この主題の成功話の一つである解析的力学系は，これらのゴールの多くに到達した力学系の特別なクラスの研究である．このクラスの話に向かおう．

2. 解析的力学系

解析的力学系は，反復する写像が**複素数** [I.3 (1.5 項)] の上の**解析関数** [I.3 (5.6 項)] である離散型力学系である．複素数は通常 z で表される．この節では，複素多項式と有理関数（すなわち，多項式の分数になっている $(z^2 + 1)/(z^3 + 1)$ のような関数）の反復を考察するが，これらの多くは，**指数関数** [III.25] や**三角関数** [III.92] のような，より一般的な解析関数でも正しい．

特別な力学系に絞って考察するときには，この状況に特化した方法がある．解析的力学系では複素解析である．有理関数に制限するならば，より特別な方法があるし，さらに多項式に制限すれば，これから見るようにもっと別の方法がある．

有理関数を反復することになぜ興味を持ったのだろうか？　一つの答えは，1879 年に**ケイリー** [VI.46] が複素多項式の解を見つけるために，第 1 節で述べたニュートン法の実数から複素数への拡張を試みたことである．与えられた任意の多項式 P について，対応するニュートン法の関数 N_P は

$$N_P(z) = z - \frac{P(z)}{P'(z)} = \frac{zP'(z) - P(z)}{P'(z)}$$

で与えられる有理関数である．したがって，ニュートン法を適用するためには，有理関数を反復しなければならない．

有理関数の反復の考察は，ピエール・ファトーとガストン・ジュリア（彼らは独立に同じ結果を数多く導いた）のおかげで 20 世紀の初めに花開いた．彼らの研究の一部は，不動点の近傍における局所的な関数の振る舞いに関するものである．しかし，同時に大局的な振る舞いについても研究していて，そのころ，ポール・モンテル（Paul Montel）によって作られたいわゆる**正規族**の理論からインスピレーションを得た．しかし，解析的力学の研究は，その背後に潜むフラクタル集合が想像を超える複雑さを持っていたことから，1930 年代にほぼ止まってしまった．そして，1980 年代にコンピュータの計算力が進歩し，特にフラクタル集合を見事に視覚化できるようになったのに伴い，再び幅広く研究されるようになった．それ以来，解析的力学系は多くの注目を集め，新しいテクニックが次々に開発され続けている．

その状況を見るために，最も簡単な多項式である z^2 について考えていこう．

2.1 2次多項式 z^2

最も簡単な2次多項式 $Q_0(z) = z^2$ による力学系は，すべての2次多項式による力学系を理解するのに基本的な役割を果たす．さらに，Q_0 の力学的振る舞いは解析することができるので，完璧に理解可能である．

$z = re^{i\theta}$ と表せば，$z^2 = r^2 e^{2i\theta}$ である．つまり，複素数を平方することは，その長さを2乗し，偏角を2倍する．それゆえ，原点からの長さが1の複素数の集合である単位円は Q_0 でそれ自身の上に移るが，半径 $r < 1$ の円は原点に近い円に移り，半径 $r > 1$ の円は原点から遠い円に移る．

単位円に何が起きるかをさらに見ることにしよう．円の上の点は $[0, 2\pi)$ の値をとる偏角 θ を用いて，$e^{i\theta}$ と表せる．この数を平方すると，$2\theta < 2\pi$ ならば $e^{2i\theta}$ になるが，$2\theta \geq 2\pi$ ならば 2π を引いて，偏角は $2\theta - 2\pi$ になり，$[0, 2\pi)$ に留まる．1.5 項で考察した力学系が再び現れた．実際，偏角を変数変換した $\theta/2\pi$ を新しい偏角と見なして，これを再び θ として表すことにすると，$e^{i\theta}$ の代わりに $e^{2\pi i\theta}$ と表すことができて，1.5 項で考察した力学系とまったく同じ系になる．それゆえ，円の上の z^2 の振る舞いはカオス的である．

複素平面の残りでは，原点が漸近安定な不動点 $Q_0(0) = 0$ である．単位円内のすべての点 z_0 の反復 z_k は，k を無限大にすれば0に収束する．単位円外のすべての点 z_0 については，その反復 z_k と原点0との距離 $|z_k|$ は，k を無限大にすれば無限大に発散する．初期値 z_0 で有界な軌道を持つものは，閉単位円板である．すなわち，$|z_0| \leq 1$ である．その境界である単位円は複素平面を質的にまったく異なる振る舞いをする二つの領域に分割している．

Q_0 のある軌道は周期的である．単位円上以外では，そのようなことが可能なのは不動点である原点だけであることに注意しよう．なぜなら，単位円上以外の点は，反復を繰り返せば原点に近づくか，どんどん遠くへ行ってしまうかである．そこで，単位円の点を偏角を 2π で割って正規化した偏角 θ_0 を用いて，$e^{2\pi i\theta_0}$ と表そう．この点が周期 k を持つならば，$2^k\theta_0 = \theta_0 \pmod 1$ を満たさなければならない，すなわち，$(2^k - 1)\theta_0$ は整数でなければならないことがわかる．このことから，単位円の上の点は正規化された偏角で表すのが便利である．これ以降，「点 θ_0」は $e^{2\pi i\theta_0}$ という点を表し，「偏角」は正規化された偏角を表すこととする．

上述したように，周期 k の周期点では $(2^k - 1)\theta_0$ が整数でなければならない．周期1は1点だけ，すなわち $\theta_0 = 0$ である．周期2は一つの軌道を表す2点，$1/3 \to 2/3 \to 1/3$ である．周期3ならば，二つの軌道を作る6個の点 $1/7 \to 2/7 \to 4/7 \to 1/7$ と $3/7 \to 6/7 \to 5/7 \to 3/7$ である（各段階で，数字を倍にし，区間 $[0, 1)$ に戻すために必要なら1を引く）．周期4は分母15の分数である．しかし，逆は正しくない．分数 $5/15 = 1/3$ と $10/15 = 2/3$ は周期2になる．単位円の上の周期点は稠密である．つまり，すべての点のいくらでも近くに周期点が存在する．2進展開で $0.110001100011000110001100 0\cdots$ のように繰り返した点は周期的であり，任意の0と1の有限列は，それを出発点とすれば周期点が得られる．単位円の上の周期点は，$[0, 1)$ の分母 q が奇数の分数 p/q の偏角を持つ点であることを示すことができる．偶数の分母を持つ分数は q を奇数として，$p/(2^\ell q)$ の形に表せる．ℓ 回の反復を行うと，それは周期点に落ち込むことになる．そのため，このような初期点は漸近に周期的であるという．$[0, 1)$ で有理数の偏角の点は有限の軌道を持ち，他方，無理数の偏角を持つ点は無限の軌道を持つ．このことから，正規化された偏角を用いた理由がわかるだろう．力学系の振る舞いは，θ_0 が有理数か無理数かに依存する．

θ_0 が無理数のとき，その軌道が $[0, 1)$ で稠密であるかを考えよう．これも2進変換を用いると簡単にわかることである．稠密な軌道を持つ θ_0 の例は，たとえば2進展開で

$$\theta_0 = 0.010001101100000101001110010111011 1\cdots$$

と表される点である．この列は順番に2進数を並べただけである．最初のブロックでは長さ1の0と1，次に長さ2の00, 01, 10, 11というように並べてある．この列を反復すると，展開は左に一つずれて，どのような有限列もいつかはある θ_k の先頭に現れてくる．

2.2 周期点の特徴付け

z_0 を解析写像 F の不動点とする．z_0 の近傍の点は，反復したとき，どのように振る舞うだろうか？これは，$F'(z_0)$ で定義される不動点の**乗数**と呼ばれる ρ に完璧に依存している．このことを見るために，z が z_0 に十分近いときの，$F(z)$ の第1近似

$F(z_0)+F'(z_0)(z-z_0) = z_0+\rho(z-z_0)$ を考えよう．この場合，z_0 に近い点に F を作用すると，z_0 からの差が ρ 倍される．$|\rho|<1$ ならば，近傍の点は z_0 に近づき，その場合，z_0 は**安定**不動点と呼ばれる．$\rho=0$ ならば，非常に速く近づくことになり，**超安定**不動点と呼ばれる．$|\rho|>1$ ならば遠ざかり，z_0 は**不安定**不動点と呼ばれる．$\rho=1$ ならば，z_0 は**間欠**不動点と呼ばれる．

z_0 で $|F'(z_0)|=1$ ならば，乗数は $\rho=\mathrm{e}^{2\pi\mathrm{i}\theta}$ の形をしていて，z_0 の近くでは F は z_0 のまわりの角度 $2\pi\theta$ の回転に近い．系の振る舞いは θ の値に依存していて，不動点は θ が有理数か無理数かによって，**有理数形間欠不動点**または**無理数形間欠不動点**と呼ばれる．無理数の場合には系の振る舞いは完全にはわかっていない．

周期 k の不動点 z_0 は，F の k 回反復 $F^k=F\circ\cdots\circ F$ の不動点である．このことから，この場合には乗数を $\rho=(F^k)'(z_0)$ で定義する．連鎖規則を用いれば

$$(F^k)'(z_0)=\prod_{j=0}^{k-1}F'(z_j)$$

であるので，乗数は周期軌道のどの点でも同じ値をとる．この規則は超安定周期軌道の場合にも適用され，軌道の上に臨界点 (微分が 0 に等しい点) が存在することになる．すなわち，$(F^k)'(z_0)=0$ ならば，少なくとも一つの j について $F'(z_j)=0$ である．

Q_0 では 0 が超安定であり，単位円の上のすべての Q_0 の周期 k の周期軌道は乗数 2^k を持ち，すべて不安定である．

2.3 2 次式の 1 パラメータ族

2 次式 Q_0 は 2 次式の 1 パラメータ族 $Q_c(z)=z^2+c$ の代表的な例である（この族については以前に考察したが，その場合には z と c は複素数ではなく実数であった）．複素数 c を一つ止めるごとに，多項式 Q_c の反復による系を考えよう．より一般的な 2 次式について研究する必要がないのは，1.6 項で考えた実数の場合と同様に，簡単な置換 $w=az+b$ により，上の形に変形できるからである．実際，2 次式 P が与えられたとき，ただ一つの置換 $w=az+b$ と c で，すべての z について

$$a(P(z))+b=(az+b)^2+c$$

を満たすものを見つけることができる．それゆえ，Q_c の力学系がわかれば，すべての 2 次式の力学系がわかったことになる．

役に立つ 2 次式の代表例は，ほかにもある．一つは $F_\lambda(z)=\lambda z+z^2$ である．$w=z+(1/2)\lambda$ によって，F_λ は Q_c に対応する．ここで $c=(1/2)\lambda-(1/4)\lambda^2$ である．λ による c の表現についてはあとで戻ろう．Q_c の族では，$c=Q_c(0)$ は Q_c のただ一つの**臨界値**であり，あとで見るように，臨界値は大域力学系の解析に最も基本的な役割を果たす．多項式 F_λ の族では，パラメータ λ は原点での F_λ の不動点の乗数になっている．このことから，この表現が便利である場合もある．

2.4 リーマン球

多項式の力学系をもっと詳細に理解するためには，有理関数の特別な場合と見なすのが最良の方法である．有理関数は無限大の値をとることがあるので，自然な空間は複素空間 $\mathbb{C}$ ではなく，無限遠点 ∞ を考慮に入れた複素空間である．これは $\hat{\mathbb{C}}=\mathbb{C}\cup\{\infty\}$ で表される．拡張した複素空間を**リーマン球**と同一視することで，幾何的な表現 (図 1 を参照) が得られる．

リーマン球とは，単なる 3 次元空間の単位球 $\{(x_1,x_2,x_3)\colon x_1^2+x_2^2+x_3^2=1\}$ である．複素空間の与えられた z は，北極 $N=(0,0,1)$ から直線を引くと，北極以外では 1 点で球と交わる．この点が z に対応する球上の点である．$|z|$ が大きくなるほど，対応する点は N に近づく．それゆえ，N を無限遠点 ∞ に対応させるのが自然である．

$Q_0(z)=z^2$ を $\hat{\mathbb{C}}$ から $\hat{\mathbb{C}}$ への関数と見なそう．0 は超安定不動点であることは，すでに見た．無限遠点はどうだろう？　これも不動点だろうか？　乗数の以前与えた定義は，無限遠点ではうまく働かない．この場合には，無限遠点を原点 0 に持ってくるのが標準的な方法である．無限遠点での関数 f の振る舞いを理解し

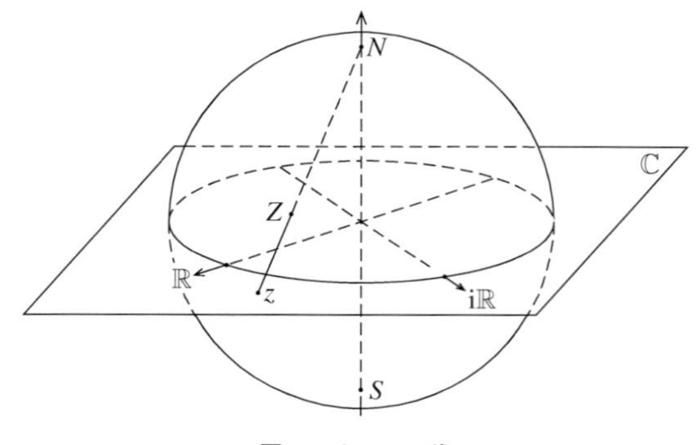

図 1 リーマン球

たければ，原点に不動点を持つ関数 $g(z)=1/f(1/z)$ $(1/f(1/0)=1/f(\infty)=1/\infty=0)$ を考えればよい．$f(z)=z^2$ については，$g(z)$ も z^2 である．したがって，無限遠点も Q_0 の超安定不動点である．

一般に，P が定数でない多項式であるとすると，$P(\infty)=\infty$ とおくのが自然であり，上の方法を用いれば有理関数を得る．たとえば，$P(z)=z^2+1$ ならば，$1/P(1/z)=z^2/(z^2+1)$ である．P が 2 次以上ならば，無限遠点は超安定不動点である．

$\hat{\mathbb{C}}$ と有理関数の結び付きは，次のように表現することができる．関数 $F\colon \hat{\mathbb{C}}\to\hat{\mathbb{C}}$ は (無限遠点で適切な値を与えれば)，それが有理関数であるとき，またそのときに限り，全体で解析的である．このことは明らかではないが，複素解析の初歩で証明が与えられるだろう．有理関数のうち，多項式は $F(\infty)=\infty=F^{-1}(\infty)$ を満たすものである．

次数 d の多項式 P は（無限遠点を除いて）平面上に $d-1$ 個の臨界点を持つ．これらは，重解は多重に数えることにした，微分された P' の解である．無限遠点での臨界点は，$1/P(1/z)$ を考えることで多重度 $d-1$ の臨界点であることがわかる．特に，2 次式は平面上にちょうど一つの臨界点を持つ．有理関数 P/Q（多項式 P と Q は共通の解を持たない）の次数は，P と Q の次数の大きいほうと定める．次数 d の有理関数は，多項式のときに見たように，$\hat{\mathbb{C}}$ に $2d-2$ の臨界点を持つ．

2.5 多項式のジュリア集合

$\mathbb{C}$ から $\mathbb{C}$ への可逆解析写像だけが次数 1 の多項式であることが示される．すなわち，$a\neq 0$ で $az+b$ の形をしている．これらの写像の力学的振る舞いは簡単にわかり，おもしろくはない．

それゆえ，以下では次数が 2 以上の多項式 P のみを考える．そのような多項式すべてでは無限遠点は超安定である．そのことから，平面は無限遠点に引き寄せられる点とそれ以外の二つの質的に異なる領域に分割される．$A_P(\infty)$ で表される無限遠点の**吸引鉢**は，$k\to\infty$ で $P^k(z)\to\infty$ を満たす初期値 z 全体である．ここで，$P^k(z)$ は z に P を k 回作用させたものである．この集合の補集合は**充填ジュリア集合**と呼ばれ，K_P で表す．それは $z, P(z), P^2(z), \ldots$ の列が有界である z 全体と特徴付けることができる（この種の数列は無限大に発散するか，有界に留まるかのどちらかであることは困難なく示せる）．

無限遠点の吸引鉢は開集合で，充填ジュリア集合は閉有界集合である（すなわち，**コンパクト集合** [III.9] である）．無限遠点の吸引鉢は常に連結である．それゆえ，K_P の境界は $A_P(\infty)$ の境界に一致する．この共通の境界を P の**ジュリア集合**と呼び，J_P で表す．K_P, $A_P(\infty)$, J_P は完全不変集合である．すなわち，$P(K_P)=K_P=P^{-1}K_P$ などを満たす．P を P^k で置き換えても，P^k の無限遠点の吸引鉢や充填ジュリア集合は P のものと変わらない．

前に見たように，多項式 Q_0 では充填ジュリア集合は閉円板 $\{z\colon |z|\le 1\}$ であり，無限遠点の吸引鉢はその補集合 $\{z\colon |z|>1\}$ であり，ジュリア集合は単位円 $\{z\colon |z|=1\}$ である．

「充填ジュリア集合」という名前は，K_P が，J_P とその穴（より形式的にはその補集合の有界領域）を埋めたものであることから来ている．ジュリア集合の補集合は**ファトウ集合**と呼ばれ，その連結成分は**ファトウ成分**と呼ばれる．

図 2 から図 6 は 2 次式 Q_c のさまざまなジュリア集合を表している．記号の簡便化のために $K_{Q_c}=K_c$, $A_{Q_c}=A_c(\infty)$, $J_{Q_c}=J_c$ と表そう．すべてのジュリア集合は $Q_c(-z)=Q_c(z)$ であることから，z が J_c に属していれば，$-z$ も属すことから，原点のまわりで対称である．

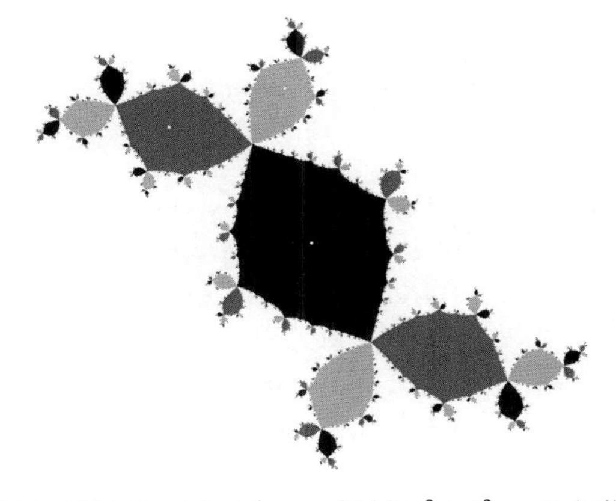

図 2 ドゥアディのうさぎ． c_0 が多項式 $(c^2+c)^2+c$ の正の複素成分を持つ解であるときの Q_{c_0} の充填ジュリア集合である．これは，臨界点は軌道 $0\mapsto c_0\mapsto c_0^2+c_0\mapsto (c_0^2+c_0)^2+c_0\mapsto 0$ の周期 3 であるような三つの可能な値の一つである．臨界点は充填ジュリア集合の内部に，以下のようにある．0 は黒の中に，c_0 は明るい灰色の中に，$c_0^2+c_0$ は灰色の中に白点で示した．対応する Q_{c_0} の Q_c^3 の吸引鉢は黒，明るい灰色，灰色で示した．ジュリア集合は黒，明るい灰色，灰色の境界であり，また $A_{c_0}(\infty)$ の境界でもある．

図 3 $Q_{1/4}$ のジュリア集合．臨界点 0 も込めてジュリア集合の内部は乗数 $\rho = 1$ の $J_{1/4}$ に属する間欠不動点 1/2 に引き込まれる．

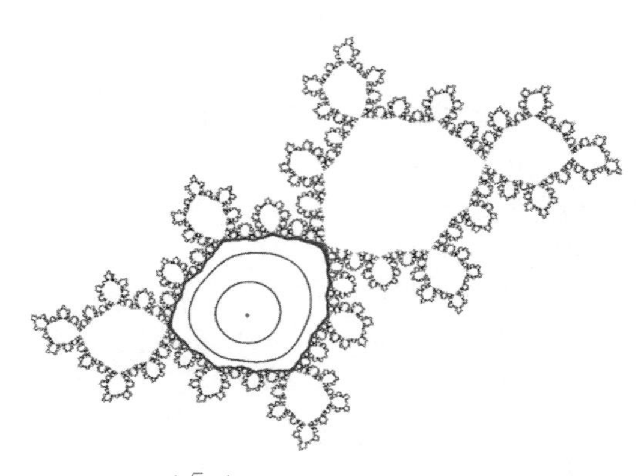

図 4 乗数 $e^{2\pi i(\sqrt{5}-1)/2}$ の無理数間欠不動点のまわりの，**ジーゲルディスク**と呼ばれる Q_c のジュリア集合．対応する c の値は $(1/2)\rho - (1/4)\rho^2$ に等しい．ジーゲルディスクでは，ファトウ集合の連結成分は不動点を含む．Q_c の作用は，適切な変数変換のもとで，$\omega \mapsto \rho\omega$ と表される．不動点とその周辺のいくつかの周期点を記述した．臨界軌道はジーゲルディスクの境界に稠密に存在する．

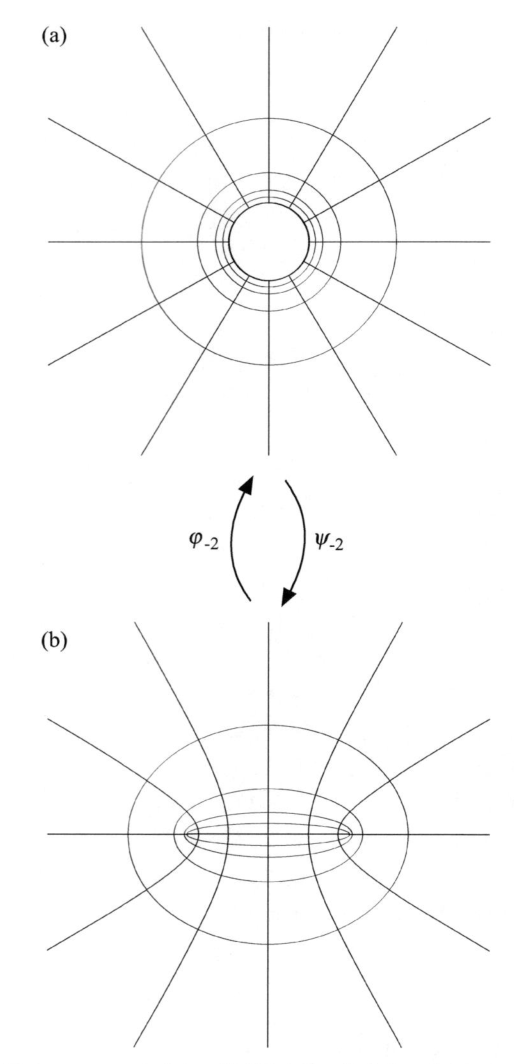

図 5 (a) 1 より大きい絶対値を持つ複素数の集合である $A_0(\infty)$ の Q_0 による等ポテンシャル線と外向き半直線 $\mathcal{R}_0(\theta)$．(b) $K_{-2} = J_{-2} = [-2, 2]$ に属さない複素数全体における $A_{-2}(\infty)$ の Q_{-2} の $\mathcal{R}_{-2}(0)$ の等ポテンシャル線と外向き半直線．外向き半直線は $\theta = (1/12)p,\ p = 0, 1, \ldots, 11$ の偏角について描いてある．

2.6 ジュリア集合の性質

この項ではジュリア集合の共通の性質をいくつか述べよう．これらの証明はほとんどが**正規族**の理論に基づいていて，この章の範囲外である．

- ジュリア集合は系の初期値に鋭敏に反応する点の集合，すなわち，力学系のカオス的部分集合である．
- 不安定型の軌道はジュリア集合に属し，そこで稠密である．すなわち，ジュリア集合の任意の点は不安定点でいくらでも近似できる．これがジュリアのもともとの定義である（もちろん，「ジュリア集合」という名前は後世に付けられた）．
- ジュリア集合の任意の点 z について，反復した逆像 $\bigcup_{k=0}^{\infty} F^{-k}(z)$ はジュリア集合で稠密である．
- $\hat{\mathbb{C}}$ の任意の z について，高々 2 点の例外を除き，反復した逆像の閉包はジュリア集合を含む．
- ジュリア集合の任意の点 z とその近傍 U_z について，一つか二つの例外点を除いて，反復した像 $F^k(U_z)$ は $\hat{\mathbb{C}}$ を覆う．この性質はきわめて強い初期値鋭敏性を表している．
- Ω が完全不変なファトウ集合の連結成分の和ならば（すなわち，$F(\Omega) = \Omega = F^{-1}(\Omega)$ ならば），Ω の境界はジュリア集合と一致する．こ

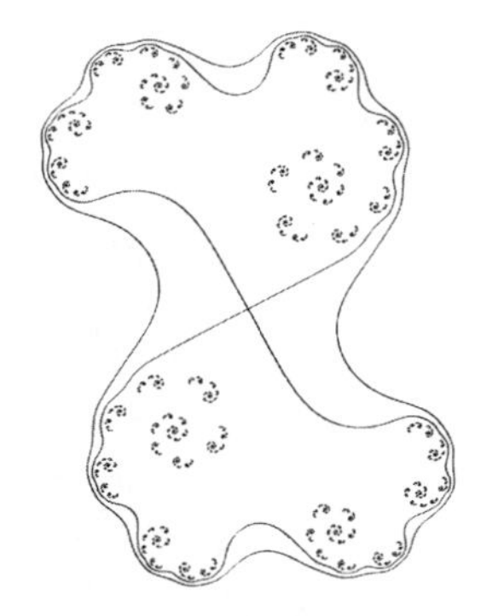

図 6 臨界点 0 が反復により無限遠点に引き込まれる 2 次式 Q_c のジュリア集合．ジュリア集合は完全不連結である．交点が 0 の 8 の字型の曲線は，0 を通る等ポテンシャル線である．それを囲む単純閉曲線は，臨界点のまわりの等ポテンシャル線である．

のことは多項式のジュリア集合を無限遠点の吸引鉢と定義したことを正当化する．Q_c^3 の吸引鉢と $A_c(\infty)$ がそのような完全不変集合の例である図 2 とも比較せよ．

- ジュリア集合は連結であるか，非可算個の連結成分からなっている．図 6 はそのような例を示している．
- ジュリア集合は，たいていの場合フラクタルである．これは，ジュリア集合は拡大するとあらゆるスケールで繰り返される複雑さを持っていることを表す．また，ジュリア集合は自己相似である．すなわち，ジュリア集合の任意の非臨界点 z と十分に小さいその近傍 U_z をとると，U_z から $F(z)$ の近傍 $F(U_z)$ の上に全単射になる．これは，U_z 内のジュリア集合と $F(U_z)$ 内のジュリア集合とが似ていることを意味している．

最後の二つの性質以外は，すべて Q_0 で確かめることができる．この場合，例外点は 0 と 1 である．

2.7 ベッチャー写像とポテンシャル

2.7.1 ベッチャー写像

2 次関数 $Q_{-2}(z) = z^2 - 2$ を考えよう．z が区間 $[-2, 2]$ に属しているなら，z^2 は区間 $[0, 4]$ に属する．そのことから，$Q_{-2}(z)$ は再び $[-2, 2]$ に属する．したがって，この区間はジュリア集合 K_{-2} に含まれることになる．

多項式 $Q_{-2}(z)$ は $Q_0(w) = w^2$ と位相同型ではないが，z が十分大きければ，z^2 は 2 に比べて大きいので，これらは同じように振る舞う．このことを適切な変数変換で表現することができる．実際，$z = w + 1/w$ とおいてみると，w は w^2 に移り，z は $w^2 + 1/w^2$ に変わる．しかし，

$$(w + 1/w)^2 - 2 = z^2 - 2 = Q_{-2}(z)$$

が Q_0 と Q_{-2} とが同値であることをこのことが示しているわけではないことは，変数変換が可逆でないことからわかる．ただし，上手に領域を選べば可逆である．$z = w + 1/w$ なら，$w^2 - wz + 1 = 0$ である．この 2 次方程式を解くと，$w = \frac{1}{2}(z \pm \sqrt{z^2 - 4})$ である．この解では平方根のどちらを選ぶかが問題になる．z が $[-2, 2]$ に属さない限り，片方を選ぶと $|w| < 1$ であり，他方では $|w| > 1$ である．その結果，$\mathbb{C} \backslash [-2, 2]$ から絶対値が 1 より大きい複素数全体 $\{w \colon |w| > 1\}$ への z の関数は連続関数となる（実際には解析的でもある）．

このことがわかれば，$\mathbb{C} \backslash [-2, 2]$ の上の Q_{-2} の振る舞いは $\{w \colon |w| > 1\}$ における Q_0 の振る舞いと位相的に同じであることがわかる．特に，$\mathbb{C} \backslash [-2, 2]$ の点は Q_{-2} の反復で無限遠点に発散する．それゆえ，Q_{-2} の $\mathbb{C} \backslash [-2, 2]$ における吸引鉢 $A_{-2}(\infty)$ と充填ジュリア集合 K_{-2} とジュリア集合 J_{-2} は，どれも $[-2, 2]$ に等しい．

$\psi_{-2}(w)$ で $w + 1/w$ を表そう．変数変換に用いた関数 ψ_{-2} は半径が 1 より大きい円を楕円に移す．偏角 θ で絶対値が 1 より大きい複素数全体の放射線 $\mathcal{R}(\theta)$ は双曲線の一つの枝に移る．$\psi_{-2}(w)$ と w の比は $w \to \infty$ で 1 に向かうので，放射線は双曲線の漸近線になっている（図 5 を参照）．

今 Q_{-2} について行ったことは，すべての 2 次式 Q_c についても行うことができる．すなわち，十分大きい複素数について，**ベッチャー写像**（Böttcher maps）と呼ばれる解析関数 ϕ_c が存在して，この関数で変数変換をすると，$\phi_c(Q_c(z)) = \phi_c(z)^2$ を満たす．上で表した ψ_{-2} はベッチャー写像の $c = -2$ のときの**逆関数**である．変数変換後，新しい座標はベッチャー座標と呼ばれる．

より一般的に，任意のモニック多項式 P（すなわち，最高次が 1 の多項式）には，十分大きい z について，$\phi_P(P(z)) = \phi_P(z)^d$ を満たすという意味で P を関数 $z \mapsto z^d$ に変換し，$z \to \infty$ で $(\phi_P(z)/z) \to 1$ を満たすただ一つの解析的変数変換が存在する．ϕ_P の逆関数を ψ_P で表す．

2.7.2　ポテンシャル

すでに注意したように，絶対値が 1 より大きい複素数を繰り返し 2 乗すると，無限大に逃げていく．z の絶対値が大きければ，より速く無限大に発散する．2 乗する代わりに次数 d のモニック関数 P を適用すれば，十分大きい z について，反復 $z, P(z), P^2(z), \ldots$ が無限大に向かうということも成り立つ．このことは，$\phi_P(P(z)) = \phi_P(z)^d$ より $\phi_P(P^k(z)) = \phi_P(z)^{d^k}$ であることから従う．それゆえ，無限大に行く速さは $|z|$ だけではなく，$|\phi_P(z)|$ にも依存する．つまり，$|\phi_P(z)|$ が大きいほど，発散は速くなる．この理由から，$|\phi_P(z)|$ の等高線，すなわち $\{z \in \mathbb{C}\colon |\phi_P(z)| = r\}$ の形の集合は重要な意味を持つ．

多くの場合，関数 ϕ_P そのものではなく，$g_P(z) = \log|\phi_P(z)|$ を見るほうがわかりやすい．この関数は**ポテンシャル**または**グリーン関数**と呼ばれる．これは $|\phi_P(z)|$ と同じ等高線を持つが，**調和関数** [IV.24 (5.1 項)] であるという利点がある．

明らかに，g_P は ϕ_P が定義されるところでは定義される．実際，吸引鉢 $A_P(\infty)$ 全体に g_P の定義を拡張することができる．$P^k(z)$ が無限遠点に向かう与えられた z について，$\phi_P(P^k(z))$ が定義される k を選び，$g_P(z)$ を $d^{-k}\log|\phi_P(P^k(z))|$ と定義する．$\phi_P(P^{k+1}(z)) = \phi_P(P^k(z))^d$ であるから，$\log|\phi_P(P^{k+1}(z))| = d\log|\phi_P(P^k(z))|$ が成り立つ．このことから，$d^{-k}\log|\phi_P(P^k(z))|$ は k の選び方によらないことが容易にわかる．

g_P の等高線は**等ポテンシャル**線と呼ばれる．ポテンシャル $g_P(z)$ の等ポテンシャル線が，P により，ポテンシャル $g_P(P(z)) = dg_P(z)$ の等ポテンシャル線の上に写像される．前に見たように，ポテンシャル P の力学系に関して重要な情報は，その等ポテンシャル線から導き出される．

ある $r > 1$ について，ψ_P が半径 r の円 C_r 上のどこでも定義されるなら，それはポテンシャル $\log r$ の等ポテンシャル線 $\{z\colon |\phi_P(z)| = r\}$ に写像される．r が十分に大きければ，この等ポテンシャル線は K_P を取り囲む単純閉曲線であり，r が小さくなればそれも縮む．この曲線の二つの部分が近くなることは起こりうる．その結果，アメーバが分かれるように，8 の字型をなし，そして二つに分かれる．しかし，このことは P の臨界点で曲線が交わるときにのみ起こりうる．それゆえ，すべての P の臨界点が充填ジュリア集合 K_P に属している（Q_{-2} の例の場合のように $0 \in K_{-2} = [-2, 2]$）ならば，そのようなことは起き得ない．この場合，ベッチャー写像 ϕ_P は吸引鉢 $A_P(\infty)$ 全体で定義され，それは $A_P(\infty)$ からポテンシャル z^d の吸引鉢 $A_0(\infty) = \{w \in \mathbb{C}\colon |w| > 1\}$ への全単射である．任意の $t > 0$ について，ポテンシャル t の等ポテンシャル線が存在し，単純閉曲線になる（図 5 参照）．t が 0 に近づくと，ポテンシャル t の等ポテンシャルは，その内部とともに充填ジュリア集合 K_P に近づいていく形をとる．ジュリア集合 J_P と同様に，K_P は連結集合であることが従う．

他方，平面上の臨界点の少なくとも一つが $A_P(\infty)$ に属するならば，ある点で C_r の像は二つもしくはそれ以上の部分に分かれる．特に，最も速く逃げる臨界点（すなわち，ポテンシャル g_P の最も高い値を持つ臨界点）を含む等ポテンシャル線は，図 6 に示したように，少なくとも二つのループを持つ．（臨界値のポテンシャルは他の臨界点のポテンシャルより大きいため）それぞれのループの内側は，P によって対応する臨界値の単純閉曲線である等ポテンシャル線の内側の上に写像される．各ループの内側は充填ジュリア集合 K_P の点でなければならない．それゆえ，この集合は連結ではない．ベッチャー写像は最も速く逃げる臨界点の等ポテンシャル線の外側で常に定義され，それゆえ，最も速く逃げる臨界点に適用することができる．

Q_c が 0 が反復により無限大に逃げていく 2 次ポテンシャルならば，充填ジュリア集合は K_c の連結成分は点であるという意味で**完全不連結**であることがわかる．これらはどれも孤立ではない．どれも K_c の点の極限とすることができる．孤立点を持たないコンパクト完全不連結集合は**カントール集合** [III.17] と呼ばれる．これらの集合は区間からその真ん中 1/3 を取り除いていくという有名なカントール集合と同型である．この場合には $K_c = J_c$ である．Q_c については，二つの分類ができる．0 が有界軌道を持てばジュリア集合 J_c は連結であり，0 が無限大に逃げていくなら，完全不連結である．後にこの項でマンデルブロ集合について考察するとき，この分類に戻ろう．

2.7.3　連結ジュリア集合のポテンシャルの外向き半直線

半径が 1 より大きい円の ψ_P による像を見ることで，力学系の様子がかなりわかった．さらに，直角にこれらの円を横切る**半直線**の像により，もっと詳し

い様子を探ることができる．ポテンシャルの話のところで見たように，ジュリア集合が連結ならば，ベッチャー写像 ψ_P は吸引鉢 $A_P(\infty)$ から単位円板の補集合 $\{w\colon |w|>1\}$ である z^d の吸引鉢への全単射である．前のように，$\mathcal{R}_0(\theta)$ で，絶対値が1より大きい偏角 θ を持つ複素数全体の半直線を表す．$z\to\infty$ で $(\phi_P(z)/z)\to 1$ であるので，ψ_P による $\mathcal{R}_0(\theta)$ の像は偏角が θ に近づいていく半曲線になる．この曲線を $\mathcal{R}_P(\theta)$ で表そう．これは P の偏角 θ の**外向き半直線**として知られている．$\mathcal{R}_0(\theta)$ は z^d の偏角 θ の外向き半直線である．

等ポテンシャル線はポテンシャル関数の等高線として，また，外向き半直線は最もきつい勾配を表す線として見ることができる．それら二つによって，$\{z\colon |z|>1\}$ を満たす複素数 z を絶対値と偏角でパラメータ付けしたように，吸引鉢にパラメータを与えることができる．ある複素数のポテンシャルとそこを通る外向き半直線がわかれば，z がわかる．さらに，半直線 $\mathcal{R}_0(\theta)$ の上にある z^d が $\mathcal{R}_0(d\theta)$ の上に移るように，偏角 θ の半直線は P によって偏角 $d\theta$ の半直線の上に移る．

$\psi_P(re^{2\pi i\theta})$ が $r\searrow 1$ のときに収束するならば，外向き半直線が「上陸する」(land) という．このとき，極限点は上陸点と呼ぶ．しかし，半直線の端が振動し異なる極限点の連続体になることがある．この場合，半直線は「上陸しない」という．有理半直線が上陸することを示すことができる．有理半直線は P の反復により周期的であるか漸近周期的であるので，半直線の上陸点はジュリア集合の周期点もしくは漸近周期点でなければならない．ジュリア集合の構造の多くは，共通の上陸点から知ることができる．図2に示したように，臨界軌道を含む三つのファトウ成分の閉包は，ただ一つの共通点を持つ．この点は反発不動点であり，また偏角 $1/7, 2/7, 4/7$ の半直線の上陸点である．偏角 $1/7$ と $2/7$ の半直線は臨界点 c_0 を含むファトウ成分で隣接している．これらの二つの偏角はパラメータ空間で再び現れ，c_0 がどこにあるかを示している．

2.7.4 局所連結性

図5に示したように，ベッチャー写像の逆関数（関数 ψ_{-2}）は，絶対値が1より大きい複素数全体 $\{w\colon |w|>1\}$ の上で定義されている．しかし，絶対値1以上 $\{w\colon |w|\geq 1\}$ に連続的に拡張できる．$\psi_{-2}(w)=w+1/w$ を用いると，$\psi_{-2}(e^{2\pi i\theta})=2\cos(2\pi\theta)$ であるから，これは外向き半直線 $\mathbb{R}_{-2}(\theta)$ に上陸する．充填ジュリア集合 K_P の任意の連結成分について，カラテオドリの結果，すなわち「ベッチャー写像の逆関数 ψ_{-2} が $\{w\colon |w|>1\}$ から $\{w\colon |w|\geq 1\}$ への連続拡張を持っていることと，K_P が**局所連結**であることとは同値である」ということがわかっている．このことが何を意味するかを理解するために，櫛のような形をした集合を考えよう．このような集合では任意の点から他の点へ連続な道が存在するが，2点がとても近い位置にあっても最短経路がとても長くなるということが起こりうる．たとえば，2点を隣り合う櫛の歯の端点にとれば，このようなことが生じる．すべての点が任意に近い連結近傍を持つとき，連結集合 X は局所連結であるという．無限個の歯を持つ櫛のような集合には，連結近傍が大きくなる点がある．図2から図5の例に挙げた充填ジュリア集合は局所連結であるが，局所連結でない充填ジュリア集合の例は存在する．K_P が局所連結ならば，すべての外向き半直線は上陸し，上陸点は偏角の連続関数である．このような状況のもとで，ジュリア集合の自然かつ有用なパラメータ化は与えられる．

2.8 マンデルブロ集合 M

Q_c で与えられる2次式に絞ろう．これらはパラメータ c を持ち，このことから複素平面を**パラメータ空間**もしくは c **平面**と見なせる．多項式 Q_c を反復することで生じる力学系の族を調べよう．われわれの目標は，c 平面を質的に同じ力学系を持つ領域に分けることである．これらの領域は，いわゆる**分岐集合**を形作る境界で分けられる．これは「不安定」な c の値からなる．すなわち，その任意の近くには質的に異なる力学的振る舞いをする点が存在するような c である．言い換えれば，分岐集合に属するパラメータ c への小さな摂動は，力学系に大きな差を与える．

前に述べた二つの分類を思い出そう．すなわち，c の値によって，臨界点0が充填ジュリア集合 K_c に属するなら J_c は連結であり，他方，0が吸引鉢 $A_c(\infty)$ に属するなら完全不連結であるので，0がどちらに属するかで c を2種類に分割したことを思い出そう．この分割から，次のような定義を思い付く．**マンデルブロ集合** M は J_c が連結である c の値全体とする，

すなわち，

$$M = \{c \in \mathbb{C} \mid k \to \infty \text{ のとき } Q_c^k(0) \not\to \infty\}$$

とする．ジュリア集合は Q_c による力学系のカオス的部分を表していることから，c が M に属しているかどうかで力学系の振る舞いは質的に異なる．この考え方によって，研究の糸口を見つけることができたが，M と $\mathbb{C}\backslash M$ の分割は大雑把であり，求めているものの中で明らかなものはまだ何もない．

重要な集合は M そのものではなく，図 7 にあるような境界 ∂M である．いくつもの「穴」（実際，無限個）が存在することに注意しよう．マンデルブロ集合そのものは，これらの穴を埋めることで得られる．より正確に述べるならば，∂M の補集合は連結成分の無限個の集まりからなり，その一つ，すなわち集合の外側は無限に伸びていて，残りは有界である．「穴」は有界成分である．

この定義は，多項式のジュリア集合の定義と同様である．充填ジュリア集合を定義することは容易であり，ジュリア集合はその境界として定まる．ジュリア集合によって力学系の z 平面の構造の多くがわかる．マンデルブロ集合も同様に定義は容易であり，その境界によって c 平面の構造の多くがわかる．注目すべきことに，おのおののジュリア集合はただ一つの力学系に関わるだけだが，マンデルブロ集合は系の族全体に関係する．あとで見るように，それらの間には密接な類似点が存在する．

解析的力学系の一般的，特に 2 次式に関する先駆的な研究は，アドリアン・ドゥアディおよびジョン・H・ハバードによって 1980 年代初めに行われた．彼らは「マンデルブロ集合」という名前を紹介し，その性質のいくつかを証明した．特に，ベッチャー写像と同等の役割をする，マンデルブロ集合の補集合から単位円の外部への写像 ϕ_M を定義した．

ϕ_M の定義は実際にはとても単純である．各 c について，$\phi_M(c)$ はパラメータ c のベッチャー写像 $\phi_c(c)$ に等しいとする．ドゥアディとハーバードは，ただ ϕ_M を定義しただけではなく，ϕ_M が解析的な逆写像を持つ全単射であることを示した．

ϕ_M が定義できれば，ベッチャー写像のときに行ったように，さらなる定義をすることができる．たとえば，マンデルブロ集合の補集合の上に**ポテンシャル** G を $G(c) = g_c(c) = \log|\phi_M(c)|$ により定義できる．**等ポテンシャル**線は ϕ_M の等高線（すなわち，ある $r > 1$ について，$\{c \in \mathbb{C}\colon |\phi_M(c)| = r\}$ の形をしている）であり，偏角 θ の**外向き半直線**は $\{c \in \mathbb{C}\colon \arg(\phi_M(c)) = 2\pi\theta\}$（すなわち，放射線 $\mathcal{R}_0(\theta)$ の逆関数）である．後者は $\mathcal{R}_M(\theta)$ で表され，その漸近線は偏角 θ の放射線である．有理数の外向き放射線は上陸することが知られている（図 8 参照）．

上のことから，t が 0 に近づくとき，ポテンシャル t の等ポテンシャルはその内部とともに，M に近づく．すなわち，M はそのような集合全部の交わり

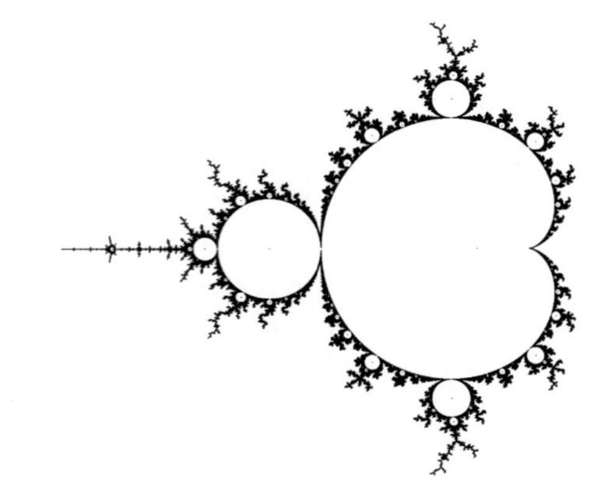

図 7　マンデルブロ集合の境界 ∂M

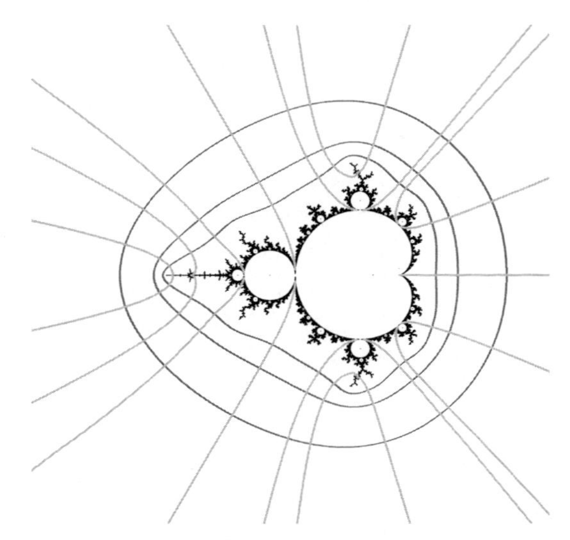

図 8　M のいくつかの等ポテンシャル線と，周期 1, 2, 3, 4 の偏角 θ の外向き放射線．0 と 1/2 の間にある偏角は，反時計回りに 0, 1/15, 2/15, 1/7, 3/15, 4/15, 2/7, 1/3, 6/15, 3/7, 7/15 である．対称的に時計回りには，θ が上記のもののとき $1-\theta$ である．偏角 1/7 と 2/7 は図 2 におけるドゥアディのウサギのパラメータ値である c_0 を中心として持つ双曲成分の解の点に上陸している．偏角 3/15 と 4/15 の放射線は，図 9 に示す M のコピーの点の解に上陸している．

である．これより，M は平面内の連結閉有界集合である．

2.8.1　J 安 定 性

前述し，また図7で示唆もしたように，∂M の補集合は無限個の連結成分を持つ．これらの成分は力学的に重要な意味を持っている．c と c' が同じ成分に属する点であるとすると，基本的に Q_c と $Q_{c'}$ は質的に同じであることがわかる．正確に述べるならば，ジュリア集合の上の力学系をもう一方の力学系に写す連続な変数変換があるという意味で **J 同値**である．c が境界 ∂M に属しているならば，Q_c と $Q_{c'}$ が J 同値でない c' を c の任意の近傍から選ぶことができる．そのことから，∂M は J 同値に関する「分岐集合」である．大域的な安定性については，あとで述べよう．

2.8.2　双 曲 成 分

これからは，「穴」という言葉をマンデルブロ集合の穴と解釈しよう．すなわち，∂M の補集合の有界成分であるとする．

$c = 0$ を含む中央の成分 $\mathcal{H}_0$ の考察から始めよう．2.3 項を思い出そう．適切な変数変換により，多項式 $F_\lambda(z) = \lambda z + z^2$ を Q_c へと変えることができる．ここで，パラメータ λ と c は $c = (1/2)\lambda - (1/4)\lambda^2$ という式を満たす．パラメータ λ は，原点が F_λ の乗数 λ の不動点であるという力学的な意味を持っている．このことから，対応する Q_c は乗数 λ の不動点を持つことがわかるので，この不動点を α_c で表す．$|\lambda| < 1$ については，不動点は吸引的である．

単位円 $\{\lambda\colon |\lambda| < 1\}$ は中心成分 $\mathcal{H}_0$ に対応し，$\mathcal{H}_0$ 内のパラメータ c を単位円内のパラメータ λ に対応する関数を**乗数写像**と呼び，$\rho_{\mathcal{H}_0}$ で表す．したがって，$\rho_{\mathcal{H}_0}(c)$ は多項式 Q_c の不動点 α_c の乗数である．乗数写像 $\rho_{\mathcal{H}_0}$ は $\mathcal{H}_0$ から単位円への解析的同相写像である．今見たように，逆写像は $\rho_{\mathcal{H}_0}^{-1}(\lambda) = (1/2)\lambda - (1/4)\lambda^2$ である．この写像は単位円に連続的に拡張でき，それゆえ，絶対値が1の λ により，中心成分 $\mathcal{H}_0$ の境界のパラメータ付けができる．写像 $\lambda \mapsto (1/2)\lambda - (1/4)\lambda^2$ による単位円の像はカーディオイドである．このことから，図7で見るように，マンデルブロ集合の最大の部分がハート形をしていることが説明できる．

任意の2次式は，多重度も込めれば二つの不動点を持っている（実際，$c = 1/4$ でない限り，二つの不動点を持つ）．中心成分 $\mathcal{H}_0$ は，Q_c が吸引不動点を持っている c の成分として特徴付けられる．カーディオイドの外側の c は二つの反発不動点を持つが，周期が1より大きい吸引周期軌道を持ちうる．吸引周期軌道の吸引鉢が臨界軌道を常に含んでいることは，重要な事実である．それゆえ，任意の2次式について，高々一つの吸引周期軌道を持ちうる．

マンデルブロ集合の成分 $\mathcal{H}$ は，すべての $\mathcal{H}$ に属するパラメータ c について，多項式 Q_c が吸引周期点を持っているとき，**双曲成分**であるという．任意の双曲成分について，吸引周期点の周期は皆等しい．$\mathcal{H}$ から単位円板への $\mathcal{H}$ の各パラメータ c を吸引周期軌道の乗数に対応させる乗数写像 $\rho_{\mathcal{H}}$ が存在する．この乗数写像は，常に $\mathcal{H}$ の境界 $\partial\mathcal{H}$ に連続的に拡張できる解析的同相写像である．

$\rho_{\mathcal{H}}^{-1}(0)$ と $\rho_{\mathcal{H}}^{-1}(1)$ は $\mathcal{H}$ の**中心**と**解**と呼ばれる．$\mathcal{H}$ の中心は Q_c の周期軌道が超安定であるような $\mathcal{H}$ 内のただ一つの c である．解については，成分の周期が k なら，周期 k を持つ偏角の外向き放射線に上陸するであろう（中心成分 $\mathcal{H}_0$ については，ただ一つの放射線が割り当てられる）．逆に，そのような偏角を持つ外向き放射線は，周期 k の双曲成分の解の点に上陸する．したがって，これらの放射線の偏角により，双曲成分の位置を知ることができる．このことは図8に見られる．図8からは，周期1〜4のすべての成分の互いの位置を読み取ることができる．

上の結果として，ある周期 k に対応する双曲成分の数は，$\ell < k$ では $Q_c^\ell(0)$ の解にはなっていない多項式 $Q_c^k(0)$ の解の個数として，または $\ell < k$ の分母 $2^\ell - 1$ では表せない分母 $2^k - 1$ の有理偏角の組の数として決定される．

中心 c_0 の任意の成分 $\mathcal{H}$ について，$\mathcal{R}_M(\theta_-)$ と $\mathcal{R}_M(\theta_+)$ は解の点に上陸する放射線の組とする．そのとき，Q_{c_0} の力学系の平面では $\mathcal{R}_M(\theta_-)$ と $\mathcal{R}_M(\theta_+)$ の放射線の組は c_0 を含む Q_{c_0} のファトウ成分に隣接し，そのファトウ成分の解の点に上陸する．

2.8.3　構造安定性

Q_c が周期 k の超安定周期軌道を持つとし，z_0 がこの軌道の点とする．このとき，$Q_c^k(z_0) = z_0$ であり，z_0 における Q_c^k の微分は0である．連鎖規則から，軌道の上に Q_c の微分が0である z_i が，少なくとも一つはある．すなわち，0が軌道に属している．それゆえ，中心多項式の臨界軌道は有限個しかないが，すべての近傍の多項式では無限個あるので，双曲成分は構造安定にはなり得ない．しかし，∂M だけでなく双曲成分の中心すべてを複素平面から取り除けば，残った集合の任意の連結成分は構造安定な領域を作るという今まで探してきた構造安定な領域への分割を得ることができた．そのような成分における任意のパラメータ c と c' の組について，一方の多項式の力学系を他のものに変換する平面の上の連続な変数変換が存在するという意味で，Q_c と $Q_{c'}$ は共役になる．

2.8.4　予　想

上の議論から，すぐに次のような疑問が生じる．∂M の成分の双曲成分をしっかり理解することはできたが，双曲型でない成分は存在するだろうか？　次の予想は成り立つと信じられているが，まだ証明はされていない．

双曲性予想　　∂M の成分のすべての有界成分は双曲型である．

双曲性予想は，すべての有理関数は**双曲型有理関数**で任意に近似できるという，有理関数に関する一般化として述べることができる．ここで，「双曲」とは力学系がジュリア集合の上で拡張的であるという意味である．これ以上このことに深入りすることはやめるが，M の双曲成分だけでなく M の補集合である非有界成分の上にある c について，すべての Q_c についてジュリア集合の上で拡張的であることは述べておこう．これらの場合に，ジュリア集合 J_c 上の力学系は，カオス的で，幾何的にはフラクタルである「ストレンジ反発集合」であると考えられる．

マンデルブロ集合に関する主な予想は，次のものである．

局所連結予想　　マンデルブロ集合は局所連結である．

この予想はしばしば MLC と表され，多くの理由から重要である．まず，これは双曲型予想を意味することが知られている．次に，M が局所連結ならば，閉単位円板の補集合からマンデルブロ集合の補集合への解析的全単射である ϕ_M の逆関数 ψ_M は単位円に連続な拡張を持ち，すべての外向き放射線は連続的に上陸する．これにより，∂M はきちんとパラメータ付けをすることができる．∂M は複雑なフラクタルであるにもかかわらず，M にきれいで単純な抽象的組合せ的表現を与える（宍倉光広は，∂M の**ハウスドルフ次元** [III.17] は平面上可能な最大値である 2 に等しいことを証明した）．

2.9　M の 普 遍 性

マンデルブロ集合は驚くほどあちこちに現れる．たとえば，M の同相なコピーは図 9 を見るとわかるように，M 自身の中に現れる．あるパラメータに解析的に依存する解析的写像の他の族の内側に，M に同相なコピーがまた見つかる．この理由から，M は**普遍的**であると言われる．ドゥアディとハバードは，**擬 2 次式写像**の概念を定義することによって，普遍性の現象の背後にある理由を上手に捉えた．2 次式の k 番目の反復は大域的に 2^k 次の多項式であるが，局所的には 2 次式のように振る舞う．同じことが有理式やその反復についても成り立つ．擬 2 次式写像は三つ組 (f, V, W) で表される．ここで，V と W は開単連結領域（すなわち，穴のない連結開集合）であり，また $\overline{V} \subset W$ であり，f は次数 2 の V から W への解析的写像である（このことは，W のすべての点は多重度も込めて二つの逆像を V に持つことを意味する）．そのような写像 f は V にただ一つの臨界点 ω を持ち，いろいろな意味で 2 次式のように振る舞う．充填ジュリア集合 K_f は，すべての $k \geq 0$ について，$f^k(z)$ が V に留まる z の集合として定義される．2 次式と同じような分割が擬 2 次式写像で

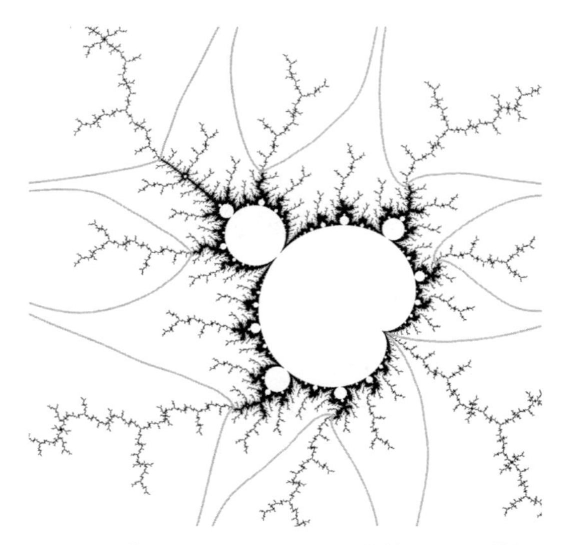

図 9　M の中の M のコピー．コピーの場所は，二つの外向き放射線 + がコピーの根であるカスプに上陸する偏角により与えられる．ここで，偏角は 3/15 と 4/15 である．図 8 と比較されたい．放射線は「飾り」が M の裸のコピーを持つように切られている．

も成り立つ．すなわち，K_f が連結である必要十分条件は，臨界点 ω が K_f に含まれることである．任意の連結充填ジュリア集合を持つ擬 2 次式写像について，ドゥアディとハバードは，M にただ一つの c を写像する**ストレートニング**（straightening）という方法を見つけた．擬 2 次式写像の族 $\{f_\lambda\}_{\lambda\in\Lambda}$ について，K_{f_λ} が連結であるような λ の集合としてマンデルブロ集合 M_Λ が定義される．λ にただ一つの c を対応させる写像 Ξ: $M_\Lambda \to M$ がストレートニング定理から得られる．

図 9 に示しているように，M のコピーにおいて，M 内の $c=0$ に対応する「中心」は，臨界点 0 が周期 4 の周期点となる多項式 Q_{c_0} に対応し，4 回反復 $f_{c_0}=Q_{c_0}^4$ を適切に制限すると，V_0 からその像 W_0 への擬 2 次式写像となる．さらに，c 平面における c_0 近傍 $\mathcal{V}_0$ が存在し，$c\in\mathcal{V}_0$ の任意の点で V_0 への $f_c=Q_c^4$ の制限は，V_0 からその像 W_c への擬 2 次式写像となり，写像 Ξ が $M_{\mathcal{V}_0}$ から M への同相写像となる．

M に現れる M の無限に多いコピーは，M が自己相似であることを示唆している．しかし，この逆の方向へと導くもう一つの現象が見出される．臨界点 0 が漸近周期的である c の値は，∂M で稠密な部分集合となる．$\tilde{c}$ がそのような c の値の一つであるとするなら，$\tilde{x}$ のどんどん小さくなる近傍を拡大してみると二つの状況がある．一つは $z=\tilde{c}$ の近傍における多項式 $Q_{\tilde{c}}$ のジュリア集合 $J_{\tilde{c}}$ であり，もう一つは $c=\tilde{c}$ の近傍におけるマンデルブロ集合である．倍率を大きくし，近傍を小さくすると，二つの図はどんどん似てくるという意味で，それらの図は**漸近的に類似**している．

これはおかしなことである．実際，$\tilde{c}$ の任意の近傍において，マンデルブロ集合が自分自身の無限個のコピーを含んでいるが，ジュリア集合はそのようなコピーを持たないことが知られていることから，不可能とさえ思える．マンデルブロ集合のコピーは $\tilde{c}$ の距離の減少に比べて急速に小さくなるということで，このパラドックスは説明できる．したがって，十分小さい近傍を拡大しても，そこにあるマンデルブロ集合のコピーは，実際には見えない．

2.10 ニュートン法（再考）

多項式に関するニュートン法の話に少し戻ろう．単根だけを持つ次数 $d\geq 2$ の任意の多項式 P を考える．このとき，ニュートン法 N_P は次数 d の有理関数であり，P のどの単根も N_P の超安定不動点である．2 次式では P の解の数は N_P の臨界点の数と一致する（$d=2$ のとき，$2d-2=2$）．次数 $d>2$ の多項式のとき解が示すよりも多くの臨界点が存在する．

ケイリーは二つの異なる解を持つ 2 次式 $P(z)=(z-r_1)(z-r_2)$ について，ニュートン法を考えた．解 r_1 を 0 へ，解 r_2 を無限遠点に写像する関数 $\mu(z)=(z-r_1)/(z-r_2)$ によって，N_P はリーマン球 $\hat{\mathbb{C}}$ 上の 2 次式 Q_0 に変換される．Q_0 の力学系をニュートン法の力学系に変換するとき，単位円が r_1 と r_2 の 2 等分線に対応し，r_i, $i=1,2$ を含む半平面のすべての点は，N_P の反復により r_i に吸引される．

ケイリーは，3 次多項式に対するニュートン反復について書くと宣言をしたが，実際にそのような論文ができるまでに 100 年以上の年月が必要だった．三つの単根を持つ 3 次式 P について，ニュートン関数 N_P は三つの超安定不動点を持ち，それらおのおのは吸引鉢を与える．N_P のジュリア集合はこれら三つの吸引鉢の共通の境界であり，それゆえ複雑なフラクタル集合をなす．さらに，N_P は $d=3$ のとき $2d-2=4$ であるから，ほかに臨界点を持っている．この臨界点は反復により解の一つに引き付けられるか，それ独自の振る舞いをするかである．すべての 3 次式のニュートン反復（3 重の単一の解を持つ場合を除いて）の振る舞いを見るには 1 パラメータの多項式 $P_\lambda(z)=(z-1)(z-1/2-\lambda)(z-1/2+\lambda)$ の族を考えれば十分である．そのニュートン関数 N_λ のもう一つの臨界点は原点であることがわかる．三つの解 1, $1/2+\lambda$, $1/2-\lambda$ に対応して 3 色，たとえば赤，青，緑を考えよう．パラメータ λ の平面に，以下のように色を付ける．パラメータ λ が赤，青，緑であるとは，臨界点 0 が N_λ の反復でその色の解に引き寄せられることとする．これら三つのどれにも引き寄せられないなら，それには 4 番目の色，たとえば黄色を塗ろう．λ 平面では，マンデルブロ集合の普遍性は黄色のコピーを λ 平面内で観測することで示すことができる．そしてそれは N_λ の適切に制限した反復が擬 2 次式であることを証明することで説明できる．

3. 最後の注意

力学系の平面からパラメータの平面へと定義や結果を移し替えるなど，例を通して，解析的力学系のいくつかの性質を説明してきた．充填ジュリア集合やマンデルブロ集合は，ベッチャー写像 ϕ_c と ϕ_M の関係を通して，それらの成分の解析をすることにより，部分的ではあるが理解できた．J 安定性と構造安定性に変数変換として用いた関数は，いわゆる**擬等角写像**の例である．これは 1980 年代の初めにデニス・サリヴァンによって解析力学系に紹介された概念である．これらは**複素構造**の変化，**ストレートニング**，**解析的運動**，**手術**（surgery）などの現象を議論する上で欠かせない．興味を持った読者は以下に掲げる本を参照してほしい．最初の二つは概説的な論文であり，3 番目は大学院生向け教科書，4 番目は論文集である．それらの中にはさらに多くの参考文献がある．

謝辞　本章におけるコンピュータによる図は，クリスチャン・ヘンリクセンによるプログラムで得られた．

文献紹介

Devaney, R. L., and L. Keen, eds. 1989. *Chaos and Fractals. The Mathematics Behind the Computer Graphics*. Proceedings of Symposia in Applied Mathematics, volume 39. Providence, RI: American Mathematical Society.

Devaney, R. L., and L. Keen, eds. 1994. *Complex Dynamical Systems. The Mathematics Behind the Mandelbrot and Julia Sets*. Proceedings of Symposia in Applied Mathematics, volume 49. Providence, RI: American Mathematical Society.

Lei, T., ed. 2000. *The Mandelbrot Set, Theme and Variations*. London Mathematical Society Lecture Note Series, volume 274. Cambridge: Cambridge University Press.

Milnor, J. 1999. *Dynamics in One Complex Variable*. Weisbaden: Vieweg.

IV.15

作用素環

Operator Algebras

ナイジェル・ヒグソン，ジョン・ロウ
［訳：松本健吾・松本敏子］

1. 作用素論の始まり

与えられた方程式や連立方程式に対して，解が存在するかどうか，また，解が存在したときその解が一意（唯一）かどうかを考察することは，最も基本的なことである．これら二つの問題が相互に関連していることを見るために，次のような連立 1 次方程式を考えてみる．

$$\begin{aligned} 2x+3y-5z&=a \\ x-2y+z&=b \\ 3x+y-4z&=c \end{aligned}$$

3 番目の等式の左辺が 1，2 番目の等式の左辺の和に等しいので，$a+b=c$ でなければ，この連立 1 次方程式の解は存在しない．また，$a+b=c$ であるとき，1，2 番目の等式の任意の解が，この連立 1 次方程式の解となる．一般に，連立方程式の個数よりも未知数の個数が多い連立 1 次方程式では，解が存在してもただ一つには定まらない．この場合も，(x,y,z) が解ならば，任意の t について $(x+t,y+t,z+t)$ も解となる．よって，このような状況（方程式間に線形な関係があるとき）においては，連立方程式に解が存在しないこともあれば，存在するがその解がただ一つに定まらないときもある．

解の存在とその一意性の関係を正確に知るために，次のような n 個の未知数と n 個の方程式からなる連立 1 次方程式を考える．

$$\begin{aligned} k_{11}u_1+k_{12}u_2+\cdots+k_{1n}u_n&=f_1 \\ k_{21}u_1+k_{22}u_2+\cdots+k_{2n}u_n&=f_2 \\ &\ \vdots \\ k_{n1}u_1+k_{n2}u_2+\cdots+k_{nn}u_n&=f_n \end{aligned}$$

スカラー k_{ji} をまとめて行列にし，f_j を用いて未知数

u_i を解くことを考える．この上の例からわかる一般的なことは，もし解が存在するならば，各 f_j が満たさなければならない実際の方程式の個数と，一般解に現れる f_j の中で動ける定数の個数とが同じであるということである．行列の言葉を使うと，**核** [I.3 (4.1 項)] の次元とその余核の次元が等しいということである．ちなみに，最初の例では，これらはともに 1 である．

100 年ほど前，**フレドホルム** [VI.66] は，理論物理によく現れる

$$u(y) - \int k(y,x)u(x)\mathrm{d}x = f(y)$$

のタイプの**積分方程式**を研究した．関数 f を与え，解 u を求めるのである．積分は有限和の極限であるので，このフレドホルムの方程式は，先に考えた有限次元系の行列方程式に対する無限次元系での対応物と言える．この場合，n 個の成分からなるベクトルを，無限に多くの点 x で値をとる関数に置き換えればよいのである (厳密に言えば，フレドホルムの方程式は，先の行列方程式 $Ku = f$ よりも，$u - Ku = f$ のタイプの行列方程式であると言える．左辺の違いは，行列方程式では影響はないが，積分方程式では顕著な相違を生む．幸いなことに，フレドホルムは行列方程式に性質がかなり近い積分方程式を扱っていた)．

簡単な例は，

$$u(y) - \int_0^1 u(x)\mathrm{d}x = f(y)$$

である．$\int_0^1 u(x)\mathrm{d}x$ は**定数**なので，y の関数と考えればよい．$f \equiv 0$ のときは，解 $u(y)$ がただ一つ存在し定数関数である．$f \not\equiv 0$ の場合，解が存在するための必要十分条件は $\int_0^1 f(y)\mathrm{d}y = 0$ である．この例でも，核の次元と余核の次元はともに 1 である．フレドホルムは，行列の理論とこの例が示唆する積分方程式の類似性を研究し，これらのタイプの積分方程式は，核と余核の次元が常に有限で等しいことを証明した．

ヒルベルト [VI.63] は，フレドホルムの研究に触発され，**対称**な実数値関数 $k(x,y)$ (対称とは，$k(x,y) = k(y,x)$ を意味する) を用いて定義される**積分作用素**

$$u(y) \to \int k(y,x)u(x)\mathrm{d}x$$

の詳細な研究を行った．ヒルベルトの研究の有限次元の対応物は，実対称行列の理論である．実対称行列 K に対しては，K の**固有ベクトル** [I.3 (4.3 項)] からなる正規直交基底が存在する．言い換えると，$U^{-1}KU$ が対角行列となるような**ユニタリ**行列 U が存在する (U が**ユニタリ**であるとは，U が可逆でベクトルの長さを保存，つまり，すべてのベクトル v で $\|Uv\| = \|v\|$ を満たすときをいう)．ヒルベルトは，すべての対称な積分作用素に対して同様の結果が得られることを示した．すなわち，彼は対称な実数値関数 $k(x,y)$ に対して，

$$\int k(y,x)u_n(x)\mathrm{d}x = \lambda_n u_n(y)$$

を満たす関数 $u_1(y), u_2(y), \ldots$ と実数 $\lambda_1, \lambda_2, \ldots$ が存在することを示し，$u_n(y)$ がこの積分作用素の固有値 λ_n に対する**固有関数**であることを示した．

ほとんどの場合には，具体的に $u_n(y)$ と λ_n を計算することは難しいが，$k(x,y)$ がある周期関数 ϕ に対して $k(x,y) = \phi(x-y)$ と書けている場合には計算できる．実際，積分の範囲が $[0,1]$ で ϕ の周期が 1 ならば，固有関数は $\cos(2k\pi y)$，$k = 0,1,2,\ldots$ と $\sin(2k\pi y)$，$k = 1,2,\ldots$ である．**フーリエ級数** [III.27] の理論により，一般の関数 $f(y)$ は sin と cos の級数 $\sum(a_k\cos(2k\pi y) + b_k\sin(2k\pi y))$ に展開できる．ヒルベルトは，任意の対称な積分作用素に対して，その固有関数で同様の展開

$$f(y) = \sum a_n u_n(y)$$

ができることを示した．まさに，有限次元と同じように，対称な積分作用素の固有関数は**基底**をなすのである．このヒルベルトの結果は，現在，対称な積分作用素の**スペクトル定理**と呼ばれている．

1.1 積分方程式から関数解析へ

積分作用素は，数学のさまざまな分野 (たとえば，偏微分方程式における**ディリクレ問題** [IV.12 (1 節)] や**コンパクト群の表現論** [IV.9 (3 節)]) に現れるので，ヒルベルトのスペクトル定理は，数学全般のいろいろな場面で重要な役割を担うこととなった．これらの積分作用素は $\int |u(y)|^2\mathrm{d}y < \infty$ を満たす関数 $u(y)$ 全体からなる**ヒルベルト空間** [III.37] 上の線形作用素と見なされる．また，このような関数 $u(y)$ を **2 乗可積分**であるといい，この関数全体を $L^2[0,1]$ で表す．

ヒルベルト空間は重要で有益な概念であるので，最初にフレドホルムとヒルベルトにより考えられた積分作用素のみならず，もっと一般の作用素が研究

されるようになった．ヒルベルト空間は，**ベクトル空間** [I.3 (2.3 項)] であり**距離空間** [III.56] でもあるので，まず，ヒルベルト空間からそれ自身への，線形で連続である作用素が研究の対象となった．これらの作用素は**有界**線形作用素と呼ばれる．積分作用素が対称，すなわち，$k(x,y) = k(y,x)$ であるという条件は，有界線形作用素 T では，**自己共役**，つまり，ヒルベルト空間のすべてのベクトル u, v に対して $\langle Tu, v\rangle = \langle u, Tv\rangle$ であるという条件に対応している（括弧 $\langle\ \rangle$ は内積を表す）．自己共役作用素の簡単な例は，実数値関数 $m(y)$ を用いた掛け算作用素，すなわち，$(Mu)(y) = m(y)u(y)$ により定義される作用素である（有限次元の場合，**掛け算作用素**（「乗算作用素」ともいう）は対角行列に対応し，ベクトルの第 j 成分に行列成分 k_{jj} を掛ける演算である）．

対称積分作用素に対するヒルベルトのスペクトル定理は，どのような作用素も非常にわかりやすい形で表現できることを示している．つまり，作用素の固有関数からなる $L^2[0,1]$ の「基底」が存在し，この基底により，作用素を無限次元の対角行列として表現できることを示しているのである．さらに，この基底は互いに直交するように選べる．一般の自己共役作用素では，このようなことは言えない．たとえば，$L^2[0,1]$ からそれ自身への作用素で，各 2 乗可積分関数 $u(y)$ に関数 $yu(y)$ を対応させる掛け算作用素を考える．この作用素は**固有ベクトル** [I.3 (4.3 項)] を持たない．なぜなら，もし λ を**固有値** [I.3 (4.3 項)] だとすると，すべての y に対して $yu(y) = \lambda u(y)$ を満たさなければならない．これは，すべての y $(\neq \lambda)$ に対して，$u(y) = 0$ を意味するので，$\int |u(y)|^2 \mathrm{d}y = 0$ となる．しかし，この種の掛け算作用素は，対角行列により定義される作用素の連続版のようなものであるので，「対角」の概念を拡張して考えることにより，うまく切り抜けることができる．つまり，「対角」の概念をこれら掛け算作用素を含むように拡張することにより，すべての自己共役作用素は，「対角化可能」であり，適当な「基底の取り替え」により掛け算作用素として表現される．

さらに正確に述べるためには，作用素の**スペクトル** [III.86] の概念が必要である．作用素 T のスペクトルは，作用素 $T - \lambda I$（I はヒルベルト空間上の恒等作用素）が有界な逆作用素を持たないような複素数 λ の集合として定義される．有限次元では，スペクトルは固有値の集合であるが，無限次元ではそうならない場合もある．実際，すべての対称行列は，少なくとも固有値を一つ持つが，自己共役作用素は必ずしもそうではない．そのため，自己共役作用素のスペクトル定理は，固有値でなくスペクトルを用いて述べられている．スペクトル定理の一つの表現は，いかなる自己共役作用素も掛け算作用素 $(Mu)(y) = m(y)u(y)$ に**ユニタリ同値**であることを示している．ここでの関数 $m(y)$ の値域の閉包は，T のスペクトルである．**ユニタリ**は，有限次元の場合と同じように，ベクトルの長さを保つ可逆な作用素のことであり，T と M がユニタリ同値であるとは，基底変換を表すユニタリ U が存在して，$T = U^{-1}MU$ とすることができることを意味している．上で述べたスペクトル定理は，任意の実対称行列は，対角線に沿って固有値が並ぶ対角行列とユニタリ同値であるという命題の一般化を意味している．

1.2　平均エルゴード定理

まず，**フォン・ノイマン** [IV.91] が発見したスペクトル定理の素晴らしい応用を紹介する．ある一定の個数の駒が配置されたチェス盤を考える．各マスごとに，駒が「次に動く」マスが決められているとする（ただし，異なるどの二つのマスも，駒が次に動くマスは同じにならないとする）．そして，1 分ごとに，各駒はマスに指定された動きに従って配置されていくとする．さて，ある一つのマスに注目し，1 分ごとにそのマスの上に駒があるかないかで，1 または 0 を記録することにする．その記録を順に $R_1, R_2, R_3, \ldots$ で表すと，たとえば

$$0010011001011010 0100\cdots$$

のようになる．時間が経過すると，この記録の平均値は，盤上の駒の総数をマスの総数で割った値に収束することが期待できるかもしれない．しかし，駒の再配置のルールが十分に複雑でない限り，このようなことは起こらないであろう．たとえば，最も極端な場合のルールで，駒が次に動くマスが変わらないとすると，各マスの記録は，$00000\cdots$ か $11111\cdots$ のどちらかになり，最初に駒が置いてあるかどうかだけで決まってしまうからである．しかし，ルールが十分複雑であれば，「時間平均」$(1/n)\sum_{j=1}^{n} R_j$ は，期待どおりに，盤上の駒の総数をマスの総数で割った値（空間平均）に収束するだろう．

このチェス盤の例は理解しやすい．実際，このよ

うにマスの数が有限である場合では，「十分複雑」なルールは，盤の駒の配置の巡回置換であり，いかなる駒の配置も現在の駒の配置の過去になる．これに関連した例を見てみる．チェス盤上のマスの集合の代わりに円周上の点の集合を考え，各駒の代わりに円周上のある部分集合 S を考える．再配置のルールを，ある決まった無理数角度による円周上の点の回転とする．円周上の点 x を固定し，まずその点が S に属しているかどうかを記録する．次に，点 x が S を無理数回転させた S のコピー，さらにそれを回転させた S の第 2 のコピーに属しているかどうかを記録する．この操作を続けていくと，前のような 0 または 1 の列を得ることができる．そして，（ほとんどすべての点 x で）この 0,1 列の時間平均が S によって占められる円周に対する割合に収束していくことが示せる．

時間と空間の平均についての同様の問題が，熱力学などの分野でも起こっていた．系が十分複雑であるとき，時間平均と空間平均は一致するだろうという期待は，**エルゴード仮説**として知られるようになった．

フォン・ノイマンは，この問題を次のようにして作用素論に関連付けた．H をチェス盤のマス上の関数からなるヒルベルト空間，または，円周上の 2 乗可積分関数全体からなるヒルベルト空間とする．再配置のルールは，次のように H 上のユニタリ作用素を与える．

$$(Uf)(y) = f(\phi^{-1}(y))$$

ただし，ϕ は再配置のルールを記述する関数である．フォン・ノイマンのエルゴード定理は，もし，U によって固定される関数が定数関数だけなら（これは，再配置のルールが「十分複雑」であることの一つの言い方である)，すべての関数 $f \in H$ に対して，極限

$$\lim_{n\to\infty} \frac{1}{n}\sum_{j=1}^{n} U^j f$$

が存在し，その極限は f の平均値である定数に収束することを主張している（この定理を先の例に適用するには，$f(x)$ として，点 x の上に駒があるとき，もしくは，x が S に属すときは 1，さもなくば 0 と定義すればよい）．

フォン・ノイマンの定理は，ユニタリ作用素に対するスペクトル定理から導かれており，これは，自己共役作用素に対するスペクトル定理に類似している．すべてのユニタリ作用素は，実数値関数ではなく，絶対値が 1 である複素数値関数の掛け算作用素に帰着する．フォン・ノイマンのエルゴード定理の証明の鍵は，絶対値が 1 である複素数についての次の命題である．z が絶対値が 1 である複素数であるならば，級数 $(1/n)\sum_{j=1}^{n} z^j$ は $n \to \infty$ のとき 0 に収束する．これは等比級数の和についての公式 $\sum_{j=1}^{n} z^j = z(1-z^n)/(1-z)$ を使うことで簡単に得られる（詳細は「エルゴード定理」[V.9] を参照）．

1.3 作用素と量子論

フォン・ノイマンは，ヒルベルト空間とその上の作用素が，ハイゼンベルクとシュレーディンガーが 1920 年代に発見した量子力学の運動法則を定式化するための数学的な道具になることを見抜いていた．

ある瞬間における物理系の**状態**は，未来を決定するためのすべての情報を持つ．たとえば，もしその物理系が有限個の粒子から成り立っているならば，古典的にはその状態はそれらの粒子すべての位置と運動量ベクトルからなる．それに対して，フォン・ノイマンの量子力学の定式化においては，おのおのの物理系にはヒルベルト空間が対応し，系の状態はヒルベルト空間の単位ベクトルにより表現されると考える（u と v が単位ベクトルで，v が u のスカラー倍ならば，u と v は同じ状態を表しているとする）．

物理量（系の全エネルギーや，系の中の個々の粒子の運動量など）は，ヒルベルト空間 H の自己共役作用素 Q で表され，そのスペクトルは観測値の集まりである（これがスペクトルという言葉の語源である）．状態と物理量には次のような関係がある．系がある単位ベクトル $u \in H$ により与えられた状態であるとき，与えられた自己共役作用素 Q に対する物理量の**期待値**は内積 $\langle Qu, u\rangle$ である．この値は実際に測定されたものではなく，状態 u での系において何度も繰り返された実験から得られた値の平均値である．状態と観測の関係は量子力学のパラドックスを生む．たとえば，ある系において同じ実験が繰り返されるとき，まったく異なった結果を生じるような状態の「重ね合わせ」が起こる．ある物理量の測定が，同一の結果を生むための必要かつ十分な条件は，その系の状態が，その物理量に対応する自己共役作用素の固有ベクトルになっていることである．

量子論の顕著な特徴は，異なる物理量に対応する作用素を互いに交換できないことである．二つの作

用素が交換できなければ，一般に共通の固有ベクトルを持たない．その結果，二つの異なる物理量を同時に測定すると，通常そのどちらも確定した値にならない．直線に沿って動く粒子の位置を表す作用素 P と運動量を表す作用素 Q がよく知られた例である．これらは，**ハイゼンベルクの交換関係**

$$QP - PQ = i\hbar I \qquad (\hbar \text{ はある物理定数})$$

を満たす（これは，量子力学における物理量の非可換性が，古典力学における**ポアソン括弧**の非可換性と結び付く一般的な原理を示している．「ミラー対称性」[IV.16 (2.1.3, 2.2.1 項)] を参照）．結果的に，粒子の位置と運動量を同時に確定することは不可能であることがわかる．これが**不確定性原理**である．

ハイゼンベルクの交換関係を，ヒルベルト空間上の自己共役作用素を用いて表現する方法は，本質的にただ 1 通りしかない．このヒルベルト空間 H は $L^2(\mathbb{R})$ であり，自己共役作用素 P は $-i\hbar\,\mathrm{d}/\mathrm{d}x$，作用素 Q は x の掛け算でなければならない．このことから，単純な物理系においては物理量を表す作用素が明確になることがわかる．たとえば，直線上にある質点が原点からの距離に比例した力を受けている物理系（原点に取り付けられたバネの端点に質点がある）においては，全エネルギーに対応する作用素は

$$E = -\frac{\hbar^2}{2m}\frac{\mathrm{d}^2}{\mathrm{d}x^2} + \frac{k}{2}x^2$$

である．ただし，k はその力を決定するある定数である．この作用素のスペクトルは

$$\left\{ \left(n + \frac{1}{2}\right)\hbar\left(\frac{k}{m}\right)^{1/2} : n = 0, 1, 2, \ldots \right\}$$

であり，この系のとりうる全エネルギーの値を表している．ここで，エネルギーが離散的な値をとっていることに注意しよう．これは，量子論の古典力学とは異なったもう一つの特質であり，根本的な原理と言える．

もう一つの大切な例として，水素原子のエネルギー作用素がある．上の作用素のように，これはある偏微分作用素として実現できる．この作用素の固有値は $\{-1, -1/4, -1/9, \ldots\}$ に比例する数列となる．水素原子は励起状態のとき光子を放ち，その結果エネルギー差が生じる．この放出された光子は，放出前の水素原子のエネルギーと放出後のエネルギー差に等しいエネルギーを持つ．したがって，$1/n^2 - 1/m^2$ の整数倍に比例している．水素から放たれた光子が，プリズムを通過したり，格子を回折するとき，光線はこれらのエネルギーに対応する波長として観測される．この種のスペクトルの観測から，量子力学の理論的な予測を実験により確かめることができる．

ここまで，時刻を固定したときの量子系の状態について論じてきた．しかしながら，量子系は，古典力学がそうであるように時間発展する．この時間発展を説明するためには，運動の法則が必要である．量子系の時間発展は，実数によりパラメータ付けされたユニタリ作用素 $U_t : H \to H$ の族で記述される．その系の初期状態が u であるとき，時刻 t 後の状態は $U_t u$ である．時刻 t 経過後さらに時刻 s が経過すると，時刻 $s+t$ の経過と同じなので，これらのユニタリ作用素は，群の規則 $U_s U_t = U_{s+t}$ を満たす．さらに，マーシャル・ストーンの重要な定理により，ユニタリ群 $\{U_t\}$ と

$$\mathrm{i}E = \left(\frac{\mathrm{d}U_t}{\mathrm{d}t}\right)_{t=0} = \lim_{t\to 0}\frac{1}{t}(U_t - I)$$

により与えられる自己共役作用素 E との間には，1 対 1 の対応が存在することがわかる．量子論における運動法則は，物理量の「全エネルギー」に対応する自己共役作用素がこのようにして得られる時間発展の**生成作用素** E であるということを述べている．自己共役作用素 E が，（上の例にあるような）関数からなるヒルベルト空間上の微分作用素として実現されるとき，この微分方程式はシュレーディンガー方程式になる．

1.4　GNS 構成法

量子力学における時間発展を表す作用素 U_t は，関係 $U_s U_t = U_{s+t}$ を満たしていた．これを一般的に考え，**群** [I.3 (2.1 項)] G の**ユニタリ表現**を，等式 $U_{g_1}U_{g_2} = U_{g_1 g_2}$，$g_1, g_2 \in G$ を満たすユニタリ作用素の族 U_g，$g \in G$ と定義した．群の**表現論** [IV.9] は，もともとは有限群を研究する道具として**フロベニウス** [VI.58] により導入された手法であるが，今では，数学と物理学における系の対称性を考える際に必要不可欠なものとなっている．

U を群 G のユニタリ表現とするとき，ベクトル v に対して $\sigma : g \to \langle U_g v, v\rangle$ は G 上の関数となる．さらに，関係式 $U_{g_1 g_2} = U_{g_1}U_{g_2}$，$g_1, g_2 \in G$ により，σ は任意のスカラー $a_g \in \mathbb{C}$ に対して，正値性

$$\sum_{g_1,g_2\in G}\overline{a_{g_1}}a_{g_2}\sigma(g_1{}^{-1}g_2)=\left\|\sum_{g\in G}a_gU_gv\right\|^2\geq 0$$

を満たす．一般に，G 上で定義された関数がこの正値性を満たすとき，**正定値**であると言われる．逆に，G 上の任意の正定値関数は，あるユニタリ表現とベクトルにより，上の形に表されることがわかっている．本項の表題の **GNS 構成**（GNS はゲルファント–ナイマルク–シーガルの頭文字）は，抽象的なベクトル空間の基底ベクトルとして，群の元それ自身を考えることから始まった．群の各元を基底ベクトルとするベクトル空間に，正定値関数 σ を用いて

$$\langle g_1,g_2\rangle=\sigma(g_1^{-1}g_2)$$

により内積を定義することを試みると，本当の意味のヒルベルト空間と二つの点で異なる可能性があることがわかる．一つ目は，零ベクトル以外でもこの内積を用いて定義された長さで 0 になるベクトルが存在するかもしれないことであり（σ が正定値なので，**負の**長さのベクトルは存在しないから），二つ目は，ヒルベルト空間の**完備性公理** [III.62] を満たさないかもしれないことである．しかし，この二つを克服できる「完備化」という方法がある．この方法を上の場合に当てはめてみると，G のユニタリ表現を与えるヒルベルト空間 H_σ を構成することができる．

GNS 構成の種々の変形が数学のさまざまな分野で見られるようになり，その構成に基づく関数の取り扱いが容易になった．そのおかげで，正定値関数の凸結合はやはり正定値関数であることがわかり，幾何学的手法を表現論の研究に取り入れることもできるようになった．

1.5 行列式とトレース

フレドホルムとヒルベルトの独自の研究は，線形代数学において従来からあった**行列式** [III.15] などの概念をかなり取り入れたものであった．行列式の定義は，有限次元の行列に対してさえ複雑である．無限次元の場合についてこれを考察することが驚くほど難しかったことは想像するに難くない．まず，行列式を用いない簡明な方法が考えられた．以下に述べるが，ここで，行列式や関連するトレースの概念が，この項のあとで述べる作用素環論の発展に重要な役割を果たしてきたことに注意しよう．

$n\times n$ 行列の**トレース**は，その行列の対角成分の和である．行列式の場合と同様に，行列 A のトレースは行列 BAB^{-1} のトレースに等しい．ちなみに，トレースは行列式と関係があり，$\det(\exp(A))=\exp(\mathrm{tr}(A))$ が成り立つ（トレースと行列式の基底変換不変性より，対角行列に対して調べれば十分であり，それは容易である）．無限次元の場合では，$\infty\times\infty$ 行列の対角成分の和が必ずしも収束しないので，一般にトレースは意味を持つことができない（恒等作用素のトレースを考えてみれば，対角成分はすべて 1 なので，対角成分が無限に存在するとそれらの和は定義できない）．そこで，対角成分の和を定義できる作用素に限定してしまう方法が考えられる．作用素 T は，長さが 1 の互いに直交する任意の二つのベクトルの列 $\{u_j\},\{v_j\}$ に対して，和 $\sum_{j=1}^{\infty}\langle Tu_j,v_j\rangle$ が絶対収束するとき，**トレース族**と呼ばれる．トレース族の作用素 T には，有限な値を持つトレース $\sum_{j=1}^{\infty}\langle Tu_j,u_j\rangle$ が定義できる（正規直交基底 $\{u_j\}$ の選び方によらない）．

フレドホルムの積分方程式に現れる積分作用素は，トレース族の作用素の自然な例である．関数 $k(y,x)$ が滑らかであれば，作用素 $Tu(y)=\int k(y,x)u(x)\mathrm{d}x$ はトレース族に属し，そのトレースは $\int k(x,x)\mathrm{d}x$ で与えられ，「連続行列」k の対角成分の「和」と見なすことができる．

2. フォン・ノイマン環

ヒルベルト空間 H 上の有界線形作用素の部分集合 S に対して，S のすべての作用素と交換可能な作用素の全体を S' で表し，S の**可換子環**と呼ぶ．可換子環は，H 上の作用素のなす**多元環**になる．すなわち，T_1 と T_2 がその可換子環の元ならば，その積 T_1T_2 や 1 次結合 $a_1T_1+a_2T_2$（a_1,a_2 はスカラー）も可換子環に属す．

前節で述べたように，群 G のヒルベルト空間 H への**ユニタリ表現**は，群 G の元 g によりラベル付けされたユニタリ作用素 U_g の族であり，G の任意の元 g_1,g_2 に対して，その積 $U_{g_1}U_{g_2}$ は $U_{g_1g_2}$ に等しい．**フォン・ノイマン環**は，複素ヒルベルト空間 H 上の作用素からなる多元環であり，ある群の H 上へのあるユニタリ表現の可換子環となっている．いかなるフォン・ノイマン環も共役をとる操作で閉じており，多くの種類の極限をとる操作でも閉じている．たとえば，各点収束についての極限操作でも閉じている．つまり，$\{T_n\}$ をフォン・ノイマン環 M

の作用素の列とすると，すべての $v \in H$ に対して，$T_n v \to Tv$ ならば，$T \in M$ である．

また，フォン・ノイマン環 M は，その2重可換子環 M''（可換子環 M' の可換子環）と等しいことも示すことができる．フォン・ノイマンは，作用素のなす自己共役な多元環 M が各点収束の極限で閉じているならば，M はその可換子環におけるユニタリ作用素のなす群の可換子環と等しくなり，したがって，M はフォン・ノイマン環になることを証明した．

2.1　表現の分解

群 G のヒルベルト空間 H へのユニタリ表現 $g \to U_g$ を考える．H のある閉部分空間 H_0 が，すべての作用素 U_g により H_0 自身の中へ写されるとき，H_0 をこの表現の**不変部分空間**という．このとき，各作用素 U_g，$g \in G$ は，H_0 を自分自身 H_0 へ写すので，G の別のユニタリ表現を作る．これを G の**部分表現**という．

H のある部分空間 H_0 が表現に対して不変である，つまり，部分表現を与えるための必要十分条件は，直交射影作用素 $P : H \to H_0$ がその表現の可換子環に属することである．これは，群の表現の部分表現とフォン・ノイマン環が相互に不可分な関係にあることを示しており，フォン・ノイマン環論は，ユニタリ表現を部分表現に分解する方法を研究する理論であると考えることができる所以である．

表現が自明でない不変部分空間を持たないとき，その表現は**既約**であるという．自明でない不変部分空間 H_0 を持つ表現は，H_0 に制限して得られる部分表現と，その直交補空間 $H_0^{\perp}$ に制限して得られる部分表現の二つに分割できる．もし表現 H_0 か $H_0^{\perp}$ のどちらかが既約でないならば，H に対して行った分割の方法を繰り返すことにより，H_0 と $H_0^{\perp}$ のうちどちらか一方もしくは両方を，より小さい不変部分空間に分割することができる．もし，最初のヒルベルト空間が有限次元ならば，この方法を続けていくことにより，いかなる表現もいくつかの規約な部分表現の直和に分解することができる．行列の言葉を借りれば，ヒルベルト空間の基底をうまく選べば，ユニタリ作用素の族を同時に対角ブロックに表現でき，その各ブロック行列が既約表現を表すようにすることができる，ということである．

有限次元ヒルベルト空間上へのユニタリ表現を既約表現に分解することは，整数を素因数の積に分解することとよく似ている．素因数分解と同様に，有限次元ユニタリ表現の既約表現への分解過程により現れる既約表現の族は，並べる順番を除けば1通りである．しかし，無限次元の表現の場合は，この分解過程においては多くの困難を生ずる．最も困るのは，同じ表現に対して，まったく異なる2通りの既約部分表現の族への分解が存在する場合がありうることである．

異なる分解があることから考えると，整数の素因数による分解というより，整数を素数のベキでひとまとめにする分解の方法に似ていると言ったほうがよかったかもしれない．整数を素数のベキの積に分解するときは，一つの素数のベキをその**成分**と考える．この成分は，二つの特徴的な性質を持っている．一つは，二つの異なる成分には共通因子がないということであり，もう一つは，同じ成分に属する二つの因子には，共通の因子があるということである．同じように，いかなるユニタリ表現も**等型成分**に分解できて，等型成分は上と同様な性質を持っている．つまり，二つの異なる等型成分は共通な（同値な）部分表現を持たず，同じ等型成分に属する二つの表現は，共通の部分表現を持つ．いかなるユニタリ表現も（有限次元，無限次元にかかわらず）等型成分に分解することができ，この分解は1通りである．

有限次元では，等型表現は有限個の互いに同一視できる既約な部分表現に分解することができる（ある素数ベキの素数因子のように）．無限次元の場合は一般にそうはできない．以下に述べるフォン・ノイマン環の因子環の理論が，ユニタリ表現のさまざまな状況を解析するために関わってくる．

2.2　因　子　環

等型なユニタリ表現の可換子環は，**因子環**と呼ばれる．正確には，フォン・ノイマン環 M が因子環であるとは，その中心，つまりすべての M の元と交換可能な M の作用素全体が，スカラーであるものをいう．これは，M の中心に属する射影が等型な部分表現への射影に対応するからである．いかなるフォン・ノイマン環も，因子環に一意的に分解できる．

因子環は，ある一つの既約表現の積になっている等型な表現の可換子環であるとき，**I型**と呼ばれる．いかなるI型因子環も，あるヒルベルト空間上のすべての有界線形作用素の作る多元環と同型である．有限次元では，いかなる等型な表現も，ある既約部分表現の積なので，すべての有限次元の因子環はI型である．

二つ以上の既約成分に分解されるユニタリ表現の存在は，I型でない因子環の存在に関係する．フォン・ノイマンは，フランシス・マーレー（Francis Murray）との作用素環論の基礎を築いた一連の共著論文の中で，この存在の可能性について研究した．彼らは，まず，与えられた等型表現の部分表現の集まりに対して順序構造を導入した．その順序構造は，与えられた因子環の射影の集まりに対して，表現の可換子環の言葉を使って述べることができる．等型表現 H の二つの部分表現を H_0 と H_1 とする．もし，H_0 が H_1 のある部分表現に同型ならば，$H_0 \preceq H_1$ と書く．マーレーとフォン・ノイマンは，この順序が全順序であることを証明した．つまり，常にどちらかの関係 $H_0 \preceq H_1$ か $H_1 \preceq H_0$ が成り立ち，両方成り立てば，H_0 と H_1 は同型であることを示した．たとえば，有限次元I型の場合，H は，一つの既約部分表現の n 個のコピーの積なので，いかなる部分表現もこの既約表現の m（$\leq n$）個のコピーの和であり，これらの部分表現の同型類の順序構造は，整数 $\{0,1,\ldots,n\}$ の順序構造とまったく同じである．

マーレーとフォン・ノイマンは，因子環の射影に現れる順序構造は，次の型しかないことを証明した．

I 型： $\{0,1,2,\ldots,n\}$ か $\{0,1,2,\ldots,\infty\}$

II 型： $[0,1]$ か $[0,\infty]$

III 型： $\{0,\infty\}$

因子環の**型**は，この三つの射影の順序構造から決まる．

II型の場合，その順序構造は**実数**の区間であり，整数ではない．II型の等型表現のいかなる部分表現も，さらに小さい部分表現に分解でき，既約な「原子」には決して到達しない．にもかかわらず，マーレーとフォン・ノイマンの定理により，部分表現同士はその「実数次元」により比較可能となる．

II型因子環の注目すべき例は，次のようにして得られる．群 G に対して，$H = \ell^2(G)$ を G の各元 g を基底ベクトル $[g]$ に持つヒルベルト空間とする．このとき，G の掛け算作用素により定義される G の H への自然な表現がある．この表現は G の**正則表現**と呼ばれ，次のように定義される．G の元 g に対して，ユニタリ作用素 U_g は，$\ell^2(G)$ の基底ベクトル $[g']$ を基底ベクトル $[gg']$ に移す線形作用素として定義される．この表現の可換子環であるフォン・ノイマン環を M で表す．G が可換群のときは，すべての作用素 U_g は，M の中心に属する．しかし，G が可換群から十分遠いとき（たとえば，自由群）は，M の中心は自明となる．したがって M は因子環である．この因子環はII型であることが証明できる．この場合，直交射影 $P \in M$ に対する部分表現の実数次元を表す明快な公式がある．P を H の基底 $\{[g]\}$ に関して無限行列で表す．P はこの表現と交換しているので，P の対角成分はすべて同じ数で，0と1の間にある実数に等しい．この実数が P に対応する部分表現の次元である．

最近，このマーレー–フォン・ノイマンの次元論を使って，**位相幾何学** [I.3 (6.4 項)] において予想だにしなかった応用が見つかっている．ベッチ数のように多くの重要な位相幾何学的な不変量が，あるベクトル空間の（整数値をとる）次元により定義されている．フォン・ノイマン環を使うことにより，これらの実数値をとる量が定義でき，有益な情報をもたらしている．このように，フォン・ノイマン環を用いることで位相幾何学的な情報を得ることができる．ここで使われているフォン・ノイマン環は，あるコンパクト空間の**基本群** [IV.6 (2 節)] に対して，上の段落にあった正則表現により得られたものである．

2.3 モジュラー理論

III型因子環は，捉えどころのない神秘的な因子環であると長い間考えられてきた．実際，マーレーとフォン・ノイマンは，当初そのような因子環が存在するのかさえわからなかった．結局，彼らはIII型因子環の存在を示せたものの，III型因子環を解析する基本的な手段を見つけることはできなかった．しかし，彼らが道を開拓してからかなりの時間が経って，フォン・ノイマン環が**モジュラー自己同型群**と呼ばれる特別な対称性を持つことが証明され，III型因子環を解析する大きな突破口が開かれた．

モジュラー理論の起源を説明するため，群 G の正則表現から得られるフォン・ノイマン環をもう一度考えよう．G の元による左からの積により，$\ell^2(G)$ 上の作用素 U_g が定義される．一方，右からの積を使うことによっても同様に表現を考えることができる．これらは一般に異なったフォン・ノイマン環を生む可能性がある．

離散群を考えている限りでは，この差は実は重要ではない．なぜなら，写像 $S : [g] \to [g^{-1}]$ が，右と左の正則表現を交換する H 上のユニタリ作用素を与えるからである．しかし，ある連続群に対して，関数 $f(g)$ は 2 乗可積分であるが，$f(g^{-1})$ はそうでないといった問題が起こりうる．この場合は，離散群のときのように，簡単なユニタリ同型は存在しない．この難点を克服するためには，**モジュラー関数**と呼ばれる補正因子を導入しなければならない．

群のモジュラー関数に対する類似をフォン・ノイマン環に対して試みたのが，モジュラー理論の始まりである．このモジュラー理論により，すべての III 型因子環は，それが群から構成されているかいないかにかかわらず，ある不変量を得ることになるのである．

モジュラー理論は，ある種の GNS 表現を利用する（1.4 項）．M を作用素の族からなる自己共役な多元環とする．M 上の線形汎関数 $\phi : M \to \mathbb{C}$ は，すべての $T \in M$ に対して $\phi(T^*T) \geq 0$ であるという意味で正であるとき，**状態**と呼ばれる（この言葉は，先に述べたヒルベルト空間論と量子力学の関連に由来する）．効果的にモジュラー理論を考えるため，状態を忠実なもの，つまり $\phi(T^*T) = 0$ ならば $T = 0$ となるものに限ることとする．状態 ϕ を使って

$$\langle T_1, T_2 \rangle = \phi(T_1^* T_2)$$

とおくことにより，ベクトル空間 M 上の内積を定義することができ，さらに，GNS 構成によりヒルベルト空間 H_M を得ることができる．この H_M についてまず大切なことは，M のいかなる元 T も H_M 上の作用素を与えるということである．実際，ベクトル $V \in H_M$ は M の元 V_n の極限 $V = \lim_{n\to\infty} V_n$ であるので，作用素 $T \in M$ は式

$$TV = \lim_{n\to\infty} TV_n$$

により定義される．ここで，右辺は環 M の中での積である．これにより，M を最初に与えられたヒルベルト空間上の作用素の環としてでなく，H_M 上の作用素の環として考えることができる．

次に，M の中で共役をとる操作は，$S(V) = V^*$ とおくことにより，ヒルベルト空間 H_M 上に自然な「歪線形な作用素」$S : H_M \to H_M$ を生む [*1]．正則表現に対して $U_g^* = U_{g^{-1}}$ であるので，この作用素 S は，すでに連続群に対して出会っていた写像 S の類似物である．ここで，モジュラー理論の根幹となる，富田稔と竹崎正道による重要な定理を述べておく．ϕ がある連続性を持つとき，**複素ベキ** $U_t = (S^*S)^{it}$ は，すべての $t \in \mathbb{R}$ に対して，$U_t M U_{-t} = M$ を満たす．

対応 $T \to U_t T U_{-t}$ により与えられる変換は，M の**モジュラー自己同型群**と呼ばれる．アラン・コンヌは，このモジュラー自己同型群が状態 ϕ の選び方に本質的に依存せず，環 M によってのみ決まることを証明した．正確に述べると，異なる状態 ϕ に対するモジュラー自己同型群は，**内部自己同型**の違いしかないということである．内部自己同型とは，M 自身に含まれるユニタリ作用素を使って $T \to UTU^{-1}$ により定義されるものである．この注目すべき結果は，次のことを述べている．いかなるフォン・ノイマン環も標準的な「外部自己同型」の 1 パラメータ自己同型群を持っており，それは M だけで決まり，状態 ϕ には依存しない．

I 型因子環や II 型因子環のモジュラー自己同型群は恒等変換のみからなるが，III 型因子環はそうではなく，複雑なものとなる．たとえば，集合

$$\{t \in \mathbb{R} : T \to U_t T U_{-t} \text{ は内部自己同型 }\}$$

は実数の部分群になり，M の不変量となる．この不変量は，非可算無限個の非同型な III 型因子環を区別するために使われる．

2.4 分　類

フォン・ノイマン環論における記念碑的結果として，**概有限因子環**の分類がある．概有限因子環は，ある意味で有限次元環の極限であるような因子環のことである．因子環を型に分類する次元関数の値域のほかに，**モジュール**と呼ばれる不変量がある．これは，モジュラー自己同型群から得られるある空間上の流れである．

群の正則表現から作られる II 型因子環の分類は，現在もなお注目されている問題である．特に，**自由群** [IV.10 (2 節)] は特別に興味を引いており，自由確率論の観点からも脚光を浴びている．しかし，先人たちの多大な努力にもかかわらず，いくつかの基本的な問題は未解決のままである．たとえば，2 個の元から生成される自由群の因子環と 3 個の元から生成

*1) M の完備化全体 H_M の上に，S を拡張するには，注意が必要である．

される自由群の因子環が同型になるかどうかは，いまだわかっていない．

フォン・ノイマン環論の別の重要な話題として，**部分因子環論**が挙げられる．これは，因子環の中に実現されている因子環を分類しようとするものである．ヴォーン・ジョーンズ（Vaughan Jones）により得られた驚くべき結果によれば，II 型因子環自身の次元は連続な値をとるが，状況によっては，その部分因子環の次元はある離散的な値しかとらない．この結果に関連した組合せ論的な議論が，今までまったくフォン・ノイマン環論と関連を持たれなかった数学の分野である**結び目理論** [III.44] に現れた．

3. C^* 環

フォン・ノイマン環論は，群のヒルベルト空間への個々の表現を構造解析する上で重要な役割を担う．しかしながら，群の個々の表現ではなく，すべての可能なユニタリ表現を総括的に研究し理解することも，たいへん重要で興味深い．そこで，この問題に焦点を当てるため，フォン・ノイマン環論とは関連はするが，少し立場の異なった作用素環論に目を向ける．

ヒルベルト空間 H 上の有界線形作用素の全体 $B(H)$ を考える．$B(H)$ は，まったく異なる二つの構造，つまり，和や積をとる演算や共役をとる操作のような代数構造と，作用素ノルム

$$\|T\| = \sup\{\|Tu\| : \|u\| \leq 1\}$$

から決まる解析構造を持ち合わせている．この二つの構造は，実は独立ではない．たとえば，（解析的な仮定として）$\|T\| < 1$ としてみる．このとき，等比級数

$$S = I + T + T^2 + T^3 + \cdots$$

は，$B(H)$ で収束し，その極限 S は，等式

$$S(I - T) = (I - T)S = I$$

を満たす．したがって，$I - T$ は $B(H)$ で可逆となる（代数的な結論）．このことから，任意の作用素 T に対して，その**スペクトル半径** $r(T)$（T のスペクトルに属している複素数の最大絶対値で定義される）は，T のノルム以下であることがわかる．

注目すべきは，**スペクトル半径公式** $r(T) = \lim_{n\to\infty} \|T^n\|^{1/n}$ が成り立つことである．T が正規（$TT^* = T^*T$），特に自己共役であるとき，$\|T^n\| = \|T\|^n$ が成り立ち，結果的に T のスペクトル半径は，ちょうど T のノルムに一致する．したがって，$B(H)$ の代数構造，特に共役をとる操作に関する構造と解析構造の間には密接な関係があると言ってよい．

$B(H)$ のすべての性質が，代数と解析の繋がりを橋渡しするわけではない．**C^* 環**は，上の二つの段落で行った議論を可能にするための性質を抽出した，抽象的な構造を持っている．詳しい定義は省略するが，C^* 環 A に対するノルム・積・$*$ 演算についての重要な性質として，次の **C^* 条件**と呼ばれる等式

$$\|a^*a\| = \|a\|^2, \quad a \in A$$

が成り立つことである．ヒルベルト空間上の作用素に対しては，特別なクラス（ユニタリ，直交射影など）が考えられたが，それに対応するものを一般の C^* 環の中でも考えることができる．たとえば，**ユニタリ**は $uu^* = u^*u = 1$ を満たす $u \in A$ であり，**射影**は $p = p^2 = p^*$ を満たす $p \in A$ である．

一つの作用素 $T \in B(H)$ からでも，C^* 環の例を容易に作ることができる．それは，T と T^* の多項式の極限で得られるすべての作用素 $S \in B(H)$ の全体からなる C^* 環であり，T により生成される C^* 環と呼ばれるものである．この T により生成される C^* 環が可換であるための必要十分条件は，T が正規であることである．これが正規作用素が重要とされる理由の一つである．

3.1 可換 C^* 環

X を**コンパクト** [III.9] な**位相空間** [III.90] とする．このとき，連続関数 $f : X \to \mathbb{C}$ の全体 $C(X)$ には，$\mathbb{C}$ における通常の和・積・複素共役の演算から定義される自然な代数演算と，ノルム $\|f\| = \sup\{|f(x)| : x \in X\}$ が定義され，これにより $C(X)$ は C^* 環になる．複素数における積は可換なので，$C(X)$ における積も**可換**である．

逆に，ゲルファントとナイマルクの基本定理により，単位元を持ついかなる可換 C^* 環も，ある $C(X)$ に同型である．実際，与えられた可換 C^* 環 A に対して，空間 X として多元環としての準同型 $\xi : A \to \mathbb{C}$ の集合をとり，$a \in A$ に対して，X から $\mathbb{C}$ への関数 $\xi \to \xi(a)$ を対応させればよい．この対応を**ゲルファント変換**と呼ぶ．

ゲルファント–ナイマルクの定理は，作用素論にお

いても基本的な役割を果たす．たとえば，この定理を次のように用いると，スペクトル定理を現代風に証明することができる．T をヒルベルト空間 H 上の自己共役作用素もしくは正規作用素とし，A を T から生成される可換 C^* 環とする．ゲルファント–ナイマルクの定理により，A はあるコンパクトな位相空間 X 上の可換 C^* 環 $C(X)$ と同型である．この空間 X は，実際には T のスペクトルと同一視できる．v を H の単位ベクトルとするとき，対応 $S \to \langle Sv, v \rangle$ は A 上のある状態 ϕ を定める．この状態から GNS 構成により得られたヒルベルト空間は，X 上の関数の族からなるヒルベルト空間と見なせ，$A = C(X)$ の各元は掛け算作用素として作用することがわかる．特に，T も掛け算作用素として作用する．もう少し議論を付け加えることで，T はこの掛け算作用素とユニタリ同値か，少なくともこのような作用素の直和（より広い空間上の掛け算作用素）とユニタリ同値であることもわかる．

さて，f と g を連続関数とする（g の値域が f の定義域に含まれるとする）と，その合成関数 $f \circ g$ も連続関数である．ゲルファント–ナイマルクの定理により，C^* 環 A の任意の自己共役元 a は，a のスペクトル上のすべての連続関数からなる可換 C^* 環と同型な環に含まれていることがわかる．したがって，f が a のスペクトル上で定義された連続関数ならば，作用素 $f(a)$ は A の中に存在する．この対応 $f \to f(a)$ は**汎関数算法**と呼ばれ，C^* 環論で鍵となる手法である．たとえば，$u \in A$ を $\|u-1\| < 2$ を満たすユニタリとしよう．u のスペクトルは，$\mathbb{C}$ の単位円の部分集合で -1 を含んでいない．この部分集合上に複素対数関数の連続関数の分岐をとることができるので，C^* 環 A の中に元 $a = \log u$ が存在し，$a = -a^*$，$u = e^a$ を満たす．写像 $t \to e^{ta}$，$0 \le t \le 1$ は，A の中で u と単位元 1 を結ぶ連続なユニタリからなる経路である．したがって，単位元に十分近いユニタリは，単位元 1 と連続なユニタリの道で結ぶことができる．

3.2　C^* 環のさまざまな例

3.2.1　コンパクト作用素

ヒルベルト空間上の作用素は，値域が有限次元部分空間であるとき，**有限階数**を持つと言われる．有限階数を持つ作用素の全体は多元環をなし，その閉包は C^* 環となる．それを，**コンパクト作用素**からなる C^* 環と呼び，$\mathcal{K}$ で表す．$\mathcal{K}$ は行列環の「極限」

$$M_1(\mathbb{C}) \to M_2(\mathbb{C}) \to M_3(\mathbb{C}) \to \cdots$$

と見ることもできる．ただし，各段階の行列は

$$A \to \begin{pmatrix} A & 0 \\ 0 & 0 \end{pmatrix}$$

により，次に埋め込まれることとする．多くの自然な作用素はコンパクトで，フレドホルム理論に現れた積分作用素もコンパクトである．ヒルベルト空間上の恒等作用素がコンパクトであるための必要十分条件は，ヒルベルト空間が有限次元であることである．

3.2.2　CAR　環

コンパクト作用素の C^* 環 $\mathcal{K}$ の，行列環の極限としての表し方を見ていると，同じような他の「極限」も考えられることに気づく（ここでは，これらの極限の正確な定義は述べないが，C^* 環の列 $A_1 \to A_2 \to A_3 \to \cdots$ の極限は，環 A_i だけでなく，準同型 $A_i \to A_{i+1}$ にも依存している）．特に重要な例は，次の極限

$$M_1(\mathbb{C}) \to M_2(\mathbb{C}) \to M_4(\mathbb{C}) \to \cdots$$

から得られる C^* 環である．ただし，各段階の行列は，

$$A \to \begin{pmatrix} A & 0 \\ 0 & A \end{pmatrix}$$

により，次に埋め込まれる．この C^* 環は，量子論に現れる**正準反交換関係**を表す元を含んでいることから，**CAR 環**（canonical anticommutation relations algebra）と呼ばれる．C^* 環論はまた，場の量子論や量子統計力学にも応用され，フォン・ノイマンがヒルベルト空間の言葉を使って記述していた量子力学の飛躍的な発展に，大きな役割を演じている．

3.2.3　群　C^*　環

群 G のヒルベルト空間 H へのユニタリ表現 $g \to U_g$ を考える．すべての U_g を含む H 上の作用素からなる最小の C^* 環を考える．これを，表現 $g \to U_g$ から**生成された** C^* 環という．重要な例は，2.2 項で定義された G からできるヒルベルト空間 $\ell^2(G)$ への**正則表現**である．この正則表現が生成する C^* 環を $C^*_{\mathrm{r}}(G)$ で表す．添字の "r" は，正則表現（regular representation）を意味している．正則表現以外の表現からも，他の異なる構造を持ちうる群 C^* 環を考えることができる．

たとえば，$G = \mathbb{Z}$ の場合を考えてみる．これは可換群なので，その群 C^* 環も可換であり，ゲルファント–ナイマルクの定理により，あるコンパクトな位相空間 X 上の可換 C^* 環 $C(X)$ に同型である．この場合，位相空間 X は単位円周 S^1 であり，同型写像

$$C(S^1) \cong C^*_{\mathrm{r}}(\mathbb{Z})$$

は円周上の連続関数にそのフーリエ級数を対応させることにより得られる．

群 C^* 環上で定義された状態は，群上で定義された正定値関数に対応しており，したがって，ユニタリ表現に対応している．このようにして，群の新たな表現を C^* 環を使って構成し研究することができる．さらに，群 C^* 環の状態を使うことで，G の既約表現の集合に位相空間の構造を入れることもできる．

3.2.4 無理数回転環

C^* 環 $C^*(\mathbb{Z})$ は，一つのユニタリ U（$1 \in \mathbb{Z}$ に対応）により生成される．この C^* 環は，次の意味で**普遍的な性質を持つ C^* 環**である．与えられた C^* 環 A と，A のユニタリ $u \in A$ に対して，U を u に対応させる準同型写像 $C^*(\mathbb{Z}) \to A$ がただ一つ存在する．この写像は，ユニタリ u の汎関数算法にほかならない．

次に，関係式

$$UV = \mathrm{e}^{2\pi \mathrm{i}\alpha} VU$$

を満たす二つのユニタリ U, V により生成される普遍的な性質を持つ C^* 環を考える．ここで，α は無理数である．この非可換な C^* 環を**無理数回転環**と呼び，A_α で表す．無理数回転環は，さまざまな視点から徹底的に研究されてきた．その中でも，証明に K 理論（あとで述べる）が使われた次の結果は，特筆すべきである．すなわち，A_{α_1} と A_{α_2} が同型であるための必要十分条件は，$\alpha_1 + \alpha_2$ または $\alpha_1 - \alpha_2$ が整数であることである．

また，無理数回転環は単純である．つまり，上の交換関係を満たすいかなるユニタリ U, V の組も，A_α の複製を生成する（一つのユニタリの場合では，このようなことは一般には起こらない．1 はユニタリ作用素であるが，$C^*(\mathbb{Z})$ の複製は生成しない）．このことから，A_α の $L^2(S^1)$ への具体的な表現が得られる．ここで，U は $2\pi\alpha$ の回転であり，V は $z : S^1 \to \mathbb{C}$ の掛け算である．

4. フレドホルム作用素

ヒルベルト空間上の**フレドホルム作用素**は，核と余核がともに有限次元である有界線形作用素として定義される．これは，同次方程式 $Tu = 0$ の解の中で，線形独立なものは有限個しかなく，また，非同次方程式 $Tu = v$ においては，v が有限個の線形条件を満たしているときに解を持つことを示している．フレドホルム作用素という用語は，フレドホルムの積分方程式についての業績に起因している．彼は，K が積分作用素ならば，$I + K$ が上の意味でフレドホルム作用素であることを証明した．

フレドホルムが考察した作用素は，核と余核の次元が等しかったが，一般にはそうではない．たとえば，**片側推移作用素** S を考える．この作用素 S は，無限の「行ベクトル」$(a_1, a_2, a_3, \ldots)$ を $(0, a_1, a_2, a_3, \ldots)$ へ移す作用素である．等式 $Su = 0$ は，零ベクトルがただ一つの解である．一方，等式 $Su = v$ は，ベクトル v の第 1 座標が 0 のときのみ解を持つ．

フレドホルム作用素の**指数** T は，整数差

$$\mathrm{index}(T) = \dim(\ker(T)) - \dim(\mathrm{coker}(T))$$

で定義される．たとえば，片側推移作用素は指数 -1 のフレドホルム作用素であるが，可逆な作用素はすべて指数 0 のフレドホルム作用素である．

4.1 アトキンソンの定理

二つの連立 1 次方程式

$$\begin{cases} 2.1x + y = 0 \\ 4x + 2y = 0 \end{cases} \quad と \quad \begin{cases} 2x + y = 0 \\ 4x + 2y = 0 \end{cases}$$

を考察しよう．方程式の係数はかなり似ているが，それらの解の次元はまったく異なる．左側の連立方程式の解は $(x, y) = (0, 0)$ のみであるが，右側の連立方程式の解には，自明でない解 $(x, y) = (t, -2t)$ が存在する．よって，行列の核の次元は連立方程式の不安定な不変量である．余核の次元も同様である．しかし，指数は二つの不安定な量の差で定義されているにもかかわらず安定である．

フレデリック・アトキンソン（Frederick Atkinson）の定理はたいへん重要であり，上で述べた作用素の安定的な性質を正確に表現している．アトキンソンの定理は，作用素 T がフレドホルム作用素であることの必要十分条件は，T がコンパクト作用素を法として可逆であることであると述べている．この

ことから，フレドホルム作用素に十分近い作用素は，それ自身フレドホルム作用素であり，同じ指数を持つことがわかる．つまり，T をフレドホルム作用素，K をコンパクト作用素とするとき，$T+K$ は T と同じ指数を持つフレドホルム作用素である．積分作用素はコンパクト作用素なので，最初に紹介したフレドホルムの定理を特別な場合として含んでいる．

4.2 テプリッツ作用素の指数定理

位相幾何学 [I.3 (6.4 項)] は，連続的に摂動しても変わらない数学的な系の性質を研究対象としている．その意味で，アトキンソンの定理は，フレドホルム作用素の指数が位相幾何学的な量であることを示している．多くの数学的な状況において，フレドホルム作用素の指数がまったく異なるように見える他の位相的な量で表現される公式が証明されている．この種の公式は，しばしば解析学と位相幾何学の間の深い繋がりを示し，広範な分野へさまざまな形で応用されている．

最も簡単な指数公式の例として**テプリッツ作用素**の指数公式がある．テプリッツ作用素は，次のような特別な形をした行列である．

$$T=\begin{pmatrix} b_0 & b_1 & b_2 & b_3 & \cdots \\ b_{-1} & b_0 & b_1 & b_2 & \cdots \\ b_{-2} & b_{-1} & b_0 & b_1 & \cdots \\ b_{-3} & b_{-2} & b_{-1} & b_0 & \cdots \\ \vdots & \vdots & \vdots & \vdots & \ddots \end{pmatrix}$$

つまり，左上から右下へ向かう各対角成分が等しい定数からなる行列である．この係数列 $\{b_n\}_{n=-\infty}^{\infty}$ を使って，複素平面内の単位円周上の関数 $f(z)=\sum_{n=-\infty}^{\infty} b_n z^{-n}$ が定義される．この関数を，上のテプリッツ作用素の**表象**という．零点を持たない表象を持つテプリッツ作用素は，フレドホルム作用素になることがわかる．では，この指数は何を表す整数であろうか？

答えは，表象を単位円から零でない複素数への写像として考える，言い換えると，零にならない複素平面への閉路として考えることにより得られる．このような閉路の基本的な位相不変量が，**回転数**である．回転数は，閉路が原点のまわりを反時計回りに回転した回数のことである．零点を持たない表象 f を持つテプリッツ作用素の指数は，f の回転数のマイナスになる．これが答えである．たとえば，f が関数 $f(z)=z$ であるとき（回転数は $+1$），対応するテプリッツ作用素は，先に現れた推移作用素 S である（その指数は -1）．このテプリッツ作用素の指数定理は，**アティヤ–シンガーの指数定理** [V.2] の非常に特別な場合である．アティヤ–シンガーの指数定理は，幾何学に現れるさまざまなフレドホルム作用素の指数を，位相的な言葉を使って記述する公式を与えている．

4.3 本質的正規作用素

アトキンソンの定理は，有界線形作用素のコンパクト作用素による摂動はある意味で「無視できる」ことを述べている．これは，コンパクト作用素による摂動で保存される作用素の性質を研究することに通じる．たとえば，作用素 T の**本質的スペクトル**を考えてみよう．これは，$T-\lambda I$ がフレドホルム（コンパクト作用素を法として可逆）になる複素数 λ の集合である．二つの作用素 T_1 と T_2 は，UT_1U^* と T_2 の差がコンパクト作用素になるような，あるユニタリ作用素 U が存在するとき，**本質的同値**であると言われる．ここで，**ワイル** [VI.80] により証明された美しい定理を述べる．二つの自己共役もしくは正規作用素が本質的同値であるための必要十分条件は，それらが同じ本質的スペクトルを持つことである．

この定理において，作用素が正規作用素に制限されていることは不自然であると思うかもしれない．コンパクト作用素による摂動で不変な性質を考察している以上，**本質的正規作用素**，つまり，T^*T-TT^* がコンパクトになる作用素 T を考えるほうが適切ではないかと考えることは自然であり，そう考えることは実りある結果を生む．たとえば，推移作用素 S は本質的正規作用素の例である．その本質的スペクトルは単位円全体であり，その共役 S^* の本質的スペクトルも単位円全体である．しかしながら，S と S^* は本質的同値にはならない，なぜなら，S の指数は -1 であるが，S^* の指数は $+1$ で異なるからである．したがって，本質的正規作用素を分類するのに必要となる本質的スペクトルを超えた新しい概念が必要となってくる．まず，先に述べたアトキンソンの定理から次のことが容易にわかる．本質的正規作用素 T_1 と T_2 が本質的同値であれば，T_1 と T_2 が同じ本質的スペクトルを持つだけでなく，本質的スペクトルに属していない λ に対しても，$T_1-\lambda I$ のフレド

ホルム指数と $T_2 - \lambda I$ のフレドホルム指数は一致しなければならない．また，この主張の逆が，1970 年代にラリー・ブラウン（Larry Brown），ロナルド・ダグラス（Ronald Douglas），ピーター・フィルモア（Peter Fillmore）の 3 人により，驚くべき見事な手法で証明された．この結果は，C^* 環と位相幾何学の新たな展開の幕開けとなった．

4.4 K 理 論

ブラウン–ダグラス–フィルモアにより展開された上述の理論の特筆すべき点は，**代数的位相幾何学** [IV.6]，特に **K 理論**が道具として用いられたことであった．ゲルファント–ナイマルクの定理により，（適当な）位相空間の研究は，可換 C^* 環の研究と原理的にはまったく同じである．したがって，位相空間を研究する道具は可換 C^* 環の言葉に翻訳できるはずである．この視点に立つと，位相空間を研究する道具のうちどれが，すべての C^* 環に（可換であるなしにかかわらず）有効であるかを考察することは自然な流れであった．そして，その最初に最も有効な道具として登場したのが K 理論である．

K 理論の基本的な考え方は，C^* 環 A に対して可換群 $K(A)$ を対応させ，C^* 環の間の準同型として，この可換群の間の準同型を与えることである．群 $K(A)$ を構成しているものは，A に付随する一般化されたフレドホルム作用素の族であると考えることができる．この一般化されたフレドホルム作用素は，スカラーを C^* 環 A の元で置き換えた「ヒルベルト空間」上に作用する．群 $K(A)$ は，そのような一般化されたフレドホルム作用素の族の空間における連結成分の集まりとして定義される．たとえば，$A = \mathbb{C}$ の場合（従来の意味のフレドホルム作用素の族を扱うことになる）は，$K(A) = \mathbb{Z}$ である．これは，二つのフレドホルム作用素が連続なパスで連結できることとそれらが同じ指数を持つことが必要十分条件であることから得られる．

K 理論が有用である理由の一つは，K 群を構成している類をまったく別の構成要因から作ることができることである．たとえば，いかなる射影元 $p \in A$ も $K(A)$ のある類を定める．この類は，p の値域に対する「次元」と考えることができる．このことにより，K 理論と因子環の分類（2.2 項）が結び付き，無理数回転環のような C^* 環のさまざまな族を分類する際の重要な道具になった（無理数回転環は非自明な射影元をまったく含まないと考えられていた時期があったが，マーク・リーフェル（Marc Rieffel）による非自明な射影元の構成が，C^* 環の K 理論の発展における重要なステップとなった）．もう一つの素晴らしい例として，ジョージ・エリオット（George Elliott）による CAR 環のような局所有限次元 C^* 環の分類定理が挙げられる．この定理は，局所有限次元 C^* 環は K 理論的な不変量により完全に分類できると主張している．

非可換 C^* 環の，特に群 C^* 環のような C^* 環の K 群を計算する問題は，位相幾何学と重要な関係を持つことがわかっていた．実際，位相幾何学におけるいくつかの鍵となる発展は，C^* 環の理論から来ている．この C^* 環論の位相幾何学における貢献により，作用素環の研究者が K 理論に関して位相幾何学者に負っていた借りは返せるだろう．この種の問題を統合している原理は，**バウム–コンヌ予想**である．この予想は，群 C^* 環の K 理論を代数的位相幾何学の不変量で記述することを目論んでいる．現在までにこの予想について得られている多くの結果は，ゲンナディ・カスパロフ（Gennadi Kasparov）に負っている．彼は，ブラウン–ダグラス–フィルモアの本質的正規作用素についての理論を，作用素の非可換な系，つまり C^* 環にまで劇的に広げた．カスパロフの成果は，いまや作用素環論の中心をなす大きな話題の一つになっている．

5. 非可換幾何学

デカルト [VI.11] による座標の発見により，空間を点ごとに直接扱うのではなく，座標を使った関数を利用することにより，幾何学を考えることができるようになった．空間の点と関数は，座標 x, y, z で表される座標関数により結び付いている．ゲルファント–ナイマルクの定理は，空間 X の**点の描象**から関数環 $C(X)$ の**場の描象**に移り変わった考え方の一つの表現であるとも言える．K 理論は，いかなる「点」（C^* 環から複素数体 $\mathbb{C}$ への準同型）をも持たない非可換 C^* 環にも適用できるので，この K 理論の作用素環における成功は，点の描象よりも場の描象のほうが，より強力ではないかと思わせる．

作用素環論における最前線の研究の一つは，この考え方に沿って刺激的な発展を続けているコンヌの**非**

可換幾何学である．これは，一般の C^* 環をある「非可換空間」の上の関数の作る環と見なす考え方であり，空間の場合にその対応物がない完全に新しい道具を開発するのと同時に，微分幾何学や位相幾何学で使われている多くの道具や考え方の「非可換」版を開発し研究する．非可換幾何学は，点を使わず関数や作用素だけを使うことにより，従来の幾何学にあった考え方を創造的に再構成することから始まった．

たとえば単位円周 S^1 を考えてみる．関数環 $C(S^1)$ は，S^1 のすべての位相的な情報を保持している．しかし，その距離的性質を考察していくためには，$C(S^1)$ だけでなく，$C(S^1)$ とヒルベルト空間 $H = L^2(S^1)$ 上の作用素 $D = (\mathrm{i}\,\mathrm{d})/\mathrm{d}\theta$ とを組で考えなければならない．ここで，f が円周上の関数であるとき（H 上の掛け算作用素として考える），交換子 $Df - fD$ は，関数 $(\mathrm{i}\,\mathrm{d}f)/\mathrm{d}\theta$ による掛け算作用素になっていることに注意する必要がある．したがって，円周上の 2 点間の通常の角距離は，$C(S^1)$ と D から，次の公式により再現できることがわかる．

$$d(p,q) = \max\{|f(p) - f(q)| : \|Df - fD\| \leq 1\}$$

コンヌは，この場合や，さらに多くのより複雑な場合においても，作用素 $|D|^{-1}$ が「弧長の線素 $\mathrm{d}s$」の役割を果たすと主張している[*2]．

コンヌが考えた別の興味深いことは，k が十分大きいときに，作用素 $|D|^{-k}$ がトレース族（1.5 項を参照）になるということである．このことは，非可換幾何学において非常に重要なことを意味している．上述の円周の例では，k は 1 より大きくなければならない．十分大きい k に対して $|D|^{-k}$ がトレース族になる事実は，非可換幾何学に**コホモロジー理論** [IV.6 (4 節)] を提供する．そして，その理論により，「非可換代数的位相幾何学」の 2 種類の道具，すなわち，K 理論と新しいホモロジー理論である**巡回コホモロジー**を獲得することができたのである．この二つは，一般化された指数定理によって結び付いている．

古典的な幾何学のデータから，コンヌの理論が応用できる非可換な C^* 環を構成するいくつかの方法がある．たとえば，先に述べた無理数回転環 A_θ は，幾何学のデータより作られた例である．この C^* 環の幾何学的な描象は，円周上の θ 回転の**商空間** [I.3 (3.3 項)] である．幾何学や位相数学の古典的な方法では，この商空間を扱うことは難しいが，A_θ を通しての非可換幾何学的なアプローチをすることで，商空間の上で幾何学が展開できるようになったのである．

また，物理学の基本的な法則を非可換幾何学の視点から眺める考え方は，たいへん魅惑的な可能性を秘めている．可換から非可換な C^* 環への移行は，古典力学から量子力学への移行の類似と見ることができよう．それだけではなく，非可換な C^* 環は，量子力学へ移行する前の段階の古典的な物理を数学的に記述するときにおいてさえも重要な役割を担っていると，コンヌは主張している．

*2) 作用素 D は定数関数に対して 0 となるので，可逆ではない．したがって，逆作用素を考えるときは，少し補正しなければならない．作用素 $|D|$ は，その定義により，D^2 の正の平方根である．

文献紹介

Connes, A. 1995. *Noncommutative Geometry*. Boston, MA: Academic Press.
【邦訳】A・コンヌ（丸山文綱 訳）『非可換幾何学入門』（岩波書店，1999）

Davidson, K. 1996. *C*-Algebras by Example*. Providence, RI: American Mathematical Society.

Fillmore, P. 1996. *A User's Guide to Operator Algebras*. Canadian Mathematical Society Series of Monographs and Advanced Texts. New York: John Wiley.

Halmos, P. R. 1963. What does the spectral theorem say? *American Mathematical Monthly* 70:241–47.

IV. 16

ミラー対称性

Mirror Symmetry

エリック・ザスロウ［訳：小林正典］

1. ミラー対称性とは

ミラー対称性は理論物理学で見出された現象であり，深い数学的応用がある．数学の舞台に飛び込んできたのは，キャンデラス，デ・ラ・オッサ，グリーン，パークスが，ミラー対称性という物理現象を利用して，幾何的空間を記述するある数列について正確な予測をしてからである．彼らにより予測された数列は 2 875, 609 250, 317 206 375, ... と始まり，当時計算できる範囲をはるかに超えていた．ミラー対称性とは，ある物理学の理論に対して，同じ予測を導く等価なミラー（鏡像）理論があるという現象である．もしある予測に難しい計算が必要であっても，ミラーの理論で易しく実行できるならば，安価に答えを得られるわけである！　これらの物理理論は，物理的に現実的な模型である必要はない．たとえば，物理学の初学者は，よく摩擦のない平面上の点粒子について学ぶ．非現実的ではあっても，そのようなおもちゃの模型が物理的な概念を興味の焦点に置き，それらを解析することでとても興味深い数学を生じさせうるのである．

1.1　等価性の活用

1950 年代，子供たちは学校で対数表を使い，正数の掛け算と実数の足し算が等価であることの恩恵を被っていた．二つの大きな数 a と b を掛け算する問題が与えられると，対数 $\log(a)$ と $\log(b)$ を（意味のある適当な桁数まで）表で調べ，そして手計算でそれらを加える．それから，どの数の対数が $\log(a)+\log(b)$ に等しくなるかを同じ表で見つける．答えが ab である．

大学生は**フーリエ変換** [III.27] によって定まる等価性を活用して微分方程式を解くことがある．フーリエ変換とは基本的に，ある関数 $f(x)$ を新しい関数 $\hat{f}(p)$ に移す規則である．その利点として，導関数 $f'(x)$ の変換と $\hat{f}(p)$ の関係がとても簡単になる．すなわち，変換は $\mathrm{i}p\hat{f}(p)$ と書け，ここで，i は虚数 $\sqrt{-1}$ である．たとえば，$f'(x)+2f(x)=h(x)$ という微分方程式を解きたいとしよう．ここで $h(x)$ は与えられた関数であり，f を見つけようとしているとする．方程式は，そのフーリエ変換方程式 $\mathrm{i}p\hat{f}(p)+2\hat{f}(p)=\hat{h}(p)$ に移せる．こちらはずっと簡単で，微分方程式というより代数方程式であり，解 $\hat{f}(p)=\hat{h}(p)/(2+\mathrm{i}p)$ を持つ．すると，解 $f(x)$ はフーリエ変換が $\hat{h}(p)/(2+\mathrm{i}p)$ となる関数である．

ミラー対称性は，凝ったフーリエ変換のようなものであり，一つの関数に含まれる情報よりずっと多くの情報を移す．物理学の理論のあらゆる面が関わっている．

この章は，ミラー対称性の数学に焦点を（あとあと）当てていくが，物理学的な起源を理解しておくことが決定的に重要である．そのため，物理学の簡潔な手引きから始める（数理物理学のさらなる解説は「頂点作用素代数」[IV.17 (2 節)] を参照）．これは適切なやり方ではまったくなく，項目を分けた「物理学の手引き」が必要であろう．しかし，読者が後の節を読む助けになるように，主題の雰囲気を存分に伝えたい（物理学の理論をよく知っている読者は，いったん次節を飛ばし，必要が生じたときに戻ってくるとよいだろう）．

2.　物理学の理論

2.1　力学の定式化と作用原理

2.1.1　ニュートン物理学

ニュートンの第 2 法則は次のように述べられる．空間を進む粒子は，かかる力に比例して加速する*1)．すなわち，$F=m\ddot{x}$ である．力は重力ポテンシャル $V(x)$ の勾配（にマイナスを付けたもの）となるから，この方程式は $m\ddot{x}+\nabla V(x)=0$ と書ける．動かない粒子はポテンシャルの極小点にいる．たとえば，ばねの端で平衡状態にあるボールや，ボウルの底にある豆である．安定状態においては，変位距離に比例した復元力がある．このことは，適当な座標で $F\sim -x$ となることであり，したがって，ある k を用いて $V(x)=kx^2/2$ となる．解は振動し，角周波数 $\omega=\sqrt{k/m}$ を持つ．この模型は**単純調和振動子**（単振動子）と呼ばれる．

2.1.2　最小作用の原理

あらゆる主要な理論は，**最小作用の原理**として知られる考え方によっても定式化できる．ニュートン力学の方程式に対してその様子を見てみよう．任意に粒子の経路 $x(t)$ を考え，次の量を作る．

$$S(x)=\int\left[\frac{1}{2}m\dot{x}^2-V(x)\right]\mathrm{d}t$$

ここで，記号 x は複数の座標を表すこともあるとし，以降も同様である．もし x が時空の点として使われているなら，特に断らない限り，時間座標が含まれているとする．同様に，ほとんどのベクトルで成分での表記を省略する．表記が何を表すかは文脈から明らかなはずである．量 $S(x)$ は，**作用**として知られており，運動エネルギーから位置エネルギーを引

*1)　加速度は，位置の時間に関する 2 階微分である．位置を x で表すが，これは 3 成分位置ベクトルの略記である．また，時間微分をドットで表す．よって加速度は $\ddot{x}$ と表される．

いたものに等しい．さて，どの経路がこの作用を最小にするかを考える．つまり，どの経路 $x(t)$ が以下の性質を満たすかを問題にする．小さい量 $\delta x(t)$ による摂動を受けたとき，作用が先頭のオーダーでは変わらない（したがって，実際は作用が1次のオーダーで変わらないことを要求するだけであって，本当に最小になるかどうかは要求しない．鞍点型の解が許される）．答えは，まさにその $m\ddot{x} + \nabla V(x) = 0$ を満たす経路になることがわかる[*2]．

たとえば，2次元の単振動を考えよう．x は複素数と見なすことができ，$V(x) = k|x|^2$ とおく．すると，作用は $\int (1/2)[m|\dot{x}|^2 - k|x|^2]\,\mathrm{d}t$ である．位相の回転 $x \to \mathrm{e}^{\mathrm{i}\theta}$ は作用を不変に保ち，したがって，運動方程式の対称性を表すことに注意しよう．

教訓　物理的な解において作用は極値をとる．

以下で示すように，最小作用の原理は，ほかにも多くの物理的な状況に適用される．とはいえ，まず力学の別の定式化を記述する．

2.1.3　力学のハミルトニアンによる定式化

ハミルトン [VI.37] による運動方程式の定式化も述べておく価値がある．そこからは1階の方程式が導かれる．S を作用とし，L を $S = \int L\,\mathrm{d}t$ で定め，L が座標 x とその時間微分 $\dot{x}$ の関数であるという（典型的な）場合を考える．そして，$p = \mathrm{d}L/\mathrm{d}\dot{x}$ とおく．これは x と $\dot{x}$ の両方に依存する関数である（前に考えた $L = (1/2)m\dot{x}^2 - V(x)$ の例では，$p = m\dot{x}$ あるいは $\dot{x} = p/m$ となる）．さて，関数 $H = p\dot{x} - L$ を考えよう．この関数は**ハミルトニアン** [III.35] と呼ばれる．そして，$(x, \dot{x})$ から (x, p) に座標変換して，$\dot{x}$ を含むものすべてを消す．上の例では，H を計算すると

$$\frac{p^2}{m} - \left(\frac{p^2}{2m} - V(x)\right) = \frac{p^2}{2m} + V(x)$$

となり，これは全エネルギーである．単振動に対しては $H = p^2/2m + kx^2/2$ である．

方程式 $\dot{x} = \partial H/\partial p$ と $\dot{p} = -\partial H/\partial x$ がハミルトニアンによる定式化における運動方程式である．これらは作用原理から得られるものと等価であることを示せる．上の例では，$\dot{x} = p/m$ と $\dot{p} = -\nabla V$ である．最初の方程式を用いて2番目の式の p を $m\dot{x}$ で置き換えると，方程式 $m\ddot{x} + \nabla V(x) = 0$ が復元される．より一般に，p と x から作られるある量 $f(x, p)$ の時間微分を考えて，連鎖律と運動方程式を用いて，次を示すことができる．

$$\dot{f} = \frac{\partial f}{\partial x}\frac{\partial H}{\partial p} - \frac{\partial f}{\partial p}\frac{\partial H}{\partial x}$$

右辺は H と f の**ポアソン括弧**と呼ばれ，$\{H, f\}$ で表される．

教訓　ハミルトニアンは時間依存をポアソン括弧を通じて支配する．

座標 x と p 自身を括弧に代入すると，恒等式

$$\{x, p\} = -1 \tag{1}$$

が導き出されることに注意しよう．ハミルトニアンの観点から始めることも可能である．関数上の括弧作用であって，$\{x, p\} = -1$ に従う（一意的には決まらない）座標関数がある空間を考える．力学模型は関数 $H(x, p)$ により定義され，それにより動力学が決定される．

2.1.4　対　称　性

ここで対称性について簡潔に述べておくのがよいだろう．**ネーター** [VI.76] は，力学の作用による定式化において，作用に対称性があれば保存量があることを証明した．原型となった例は，並進あるいは回転対称性である．粒子のポテンシャルがある方向の並進や回転に対して不変であるとすると，対応する保存量は運動量や角運動量である．上の例では，$V(x) = k|x|^2/2$ は x の位相 θ によらない．θ を変化することから決まる運動方程式は $\mathrm{d}(m|x|^2\dot{\theta})/\mathrm{d}t = 0$ であり，よって，この場合保存されるのは，角運動量 $m|x|^2\dot{\theta}$ である．ハミルトニアンによる定式化では，保存量 $f(x, p)$ は時間とともに変化しないので，ハミルトニアンとのポアソン括弧は0でなければならない．すなわち，$\{H, f\} = 0$ である．特に，ハミルトニアン自身が保存される．

2.1.5　他の理論における作用関数

さて，作用原理に戻って，異なる物理学の理論がそれぞれ異なる作用によってどう記述されるかを見てみよう．電気と磁気においては，**マクスウェルの**

*2)　これを示すには，作用の中にある x を $x + \delta x$ で置き換え，δx とその時間微分に関して線形な項のみを追う．V については線形項は $(\nabla V)\delta x$ である．次に，δx の時間微分を取り除くために部分積分して，δx を被積分関数の中で因子としてくくり出す必要がある．積分が任意の変分 δx に対して0となるのは，δx が掛かっている項が消えるときである．これより方程式が得られる．やってみよう！

方程式 [IV.13 (1.1 項)] は $\delta S = 0$ の形で定式化できる．ここでは S は空間と時間にわたる電場（E）と磁場（B）の積分の形をとる．源（ソース）がない場合，作用は次のように書ける．

$$S = \frac{1}{8\pi e^2}\int [E^2 - B^2]\,\mathrm{d}x\,\mathrm{d}t \qquad (2)$$

ここで e は電子の電荷である．以前の例とは重要な違いが一つあり，それは，作用の変分を基本的な場に関してとらなければならないが，E と B は基本的な場ではないことである．というのも，それらは電磁ポテンシャル $\boldsymbol{A} = (\phi, A)$ から方程式 $E = \nabla\phi - \dot{A}$，$B = \nabla \times A$ によって導き出されるからである．S を $\boldsymbol{A}$ の言葉で書き直し，$\boldsymbol{A}$ を $\delta\boldsymbol{A}$ で変分し，$\delta S = 0$ とおけば，最小作用の原理からマクスウェルの方程式が復元される．

明らかに，$E \to B$，$B \to -E$ と置き換えても電磁作用は符号を変えるだけであるから，$\delta S = 0$ の任意の解は，同じ変換をしても解のままである．これが物理学の古典理論の等価性の一例である．実際，この対称性は，（電子のような）電荷の源がある場合にも，電荷と磁荷も入れ替えれば拡張される（磁荷は宇宙で観測されていないが，そのような物質がある理論でも成り立つ）．

教訓　物理学の等価変換は，場とその源に作用する．

電気と磁気は「場の理論」である．つまり，空間の位置に依存する関数の自由度が含まれる．これをニュートン力学と対照させてみると，空間の自由度は粒子の座標だけである．しかしながら，二つの理論の間に，さほど大きな概念的距離があるわけではない．それは次のおもちゃの模型でわかるだろう．

最も簡単な例を考えよう．スカラー場 ϕ である．つまり，ϕ は数値をとる関数にすぎない．さて，空間が3次元ではなく1次元だけであり，しかもその次元の部分は円であり，角変数 θ で記述できると想像してほしい．固定したどの時刻においても，**フーリエ級数** [III.27] を用いてスカラー場を $\phi(\theta) = \sum_n c_n \exp(\mathrm{i}n\theta)$ と書くことができる．ここで，c_n はフーリエ係数である．もし ϕ の値を実数にしたいのなら，$c_{-n} = c_n^*$ でなければならないとする．すると，$\phi(\theta)$ は関数でなく，無限次元ベクトル $(c_0, c_1, \ldots)$ として考えることができる．ϕ が空間方向にどう依存するかは，係数 c_n により完全に決定される．次に時間依存を考えたくなれば，時間に依存する成分 $(c_0(t), c_1(t), \ldots)$ を使えばよく，これは量子力学的な粒子 c_n からなる無限集合にとてもよく似ている．よって，関数 ϕ はフーリエ展開 $\phi(\theta, t) = \sum_n c_n(t)\exp(\mathrm{i}n\theta)$ である．

運動方程式に波状の解を許すスカラー場 ϕ に対する作用のうち，最も簡単なものは，方程式 (2) の自然な類似と言える

$$S = \int \frac{1}{2\pi}[(\dot{\phi})^2 - (\phi')^2]\,\mathrm{d}\theta\,\mathrm{d}t \qquad (3)$$

であり，ここで $\phi' = \partial\phi/\partial\theta$ である．フーリエ変換を作用に代入して θ の積分を実行すると，次を得る．

$$S = \int \sum_n [|\dot{c}_n|^2 - n^2|c_n|^2]\,\mathrm{d}t \qquad (4)$$

2.1.2 項のときと同じように，括弧内の項は，2次ポテンシャルにおける粒子 c_n に対する作用にすぎないことに注意しよう．単に無限個の単振動子があるだけである（ただし，c_0 自由度は例外であり，ポテンシャルがないところでの自由粒子に対応する）．

教訓　場の理論は，粒子が無限個ある点粒子の理論のようなものである．粒子は場の自由度に対応する．作用がその導関数に関して2次しかないときは，粒子は単振動子として解釈できる．

一般相対性理論 [IV.13] でさえ，場の理論としてこの枠組みに収まる．時空 M に対し，場は時空上の**リーマン計量** [I.3 (6.10 項)] である．計量は点の間の経路の長さを決定する．よって，たとえば時空を引き伸ばすと，新たなスケールの計量で表される．そして，作用はリーマン曲率テンソル $\mathcal{R}$ の時空上の積分として構成され，$S = \int_M \mathcal{R}$ となる*3)．

2.2 量子論

ミラー対称性は量子論の等価性なので，量子論とは何か，等価性とはどのようなものかを理解していかなければならない．量子力学の定式化には，作用素（演算子）による定式化と，ファインマンの経路積分による定式化の二つがある．

どちらの定式化も確率論的である．その意味は，1回の測定で何が観測されるかを正確に予測することはできないが，同じ環境で何度も繰り返し測定したときに何が観測されるかは正確に予測できる，ということである．たとえば，実験器具の中に，電子線

*3) 3次元空間では，放物面 $z = (1/2)ax^2 + (1/2)by^2$ の原点における曲率は ab である．

を幕に当てて印を付けるものがあるかもしれない．電子線は何百万もの電子を含むだろうから，幕上の印の模様はとても正確に予測できる．しかし，1 個の与えられた電子に対して何が起こるかは言えない．できることは，いろいろな測定結果に対して確率を割り当てることだけである．これらの確率の情報は粒子のいわゆる「波動関数」Ψ の中に符号化される．

2.2.1 ハミルトニアンによる定式化

量子力学の作用素による定式化では，古典力学の位置と運動量(と，それらから作られるあらゆる量)は，**ヒルベルト空間** [III.37] に作用する**作用素** [III.50] に次の規則で変換される．すなわち，「ポアソン括弧 $\{\cdot,\cdot\}$ を $\mathrm{i}/\hbar[\cdot,\cdot]$ に置き換える」．ここで，$[A,B]=AB-BA$ は**交換子**であり，$\hbar$ はプランクの定数である．よって，たとえば，方程式 (1) から関係式 $[x,p]=\mathrm{i}\hbar$ を得る．粒子（または系）の状態は，いまや x や p の値の集合ではなく，ヒルベルト空間内のベクトル Ψ として定まっている．時間発展は再びハミルトニアン H で決定されるが，今度は H は作用素である．基本的な動力学方程式は

$$H\Psi=\mathrm{i}\hbar\frac{\mathrm{d}}{\mathrm{d}t}\Psi \tag{5}$$

となる．これは**シュレーディンガー方程式**と呼ばれる．

教訓　古典論を量子化するためには，普通の自由度をベクトル空間上の作用素に置き換える．ポアソン括弧は交換子積に置き換える．

数直線 $\mathbb{R}$ 上に粒子がある場合は，ヒルベルト空間は 2 乗可積分関数の空間 $L^2(\mathbb{R})$ になり，よって Ψ を $\Psi(x)$ と書く．x を，関数 $\Psi(x)$ を関数 $x\Psi(x)$ に送る作用素と考えれば，交換関係が従う．さて，関係式 $[x,p]=\mathrm{i}\hbar$ は，p を作用素 $-\mathrm{i}\hbar(\mathrm{d}/\mathrm{d}x)$ で表すべきであることを意味する．ある作用素に付随する古典的な量の値はその作用素の**固有値** [I.3 (4.3 項)] に対応し，したがって，たとえば運動量 p を持つ状態は $\Psi\sim\exp(\mathrm{i}px/\hbar)$ の形をとる．残念ながら，これは数直線上で 2 乗可積分でないが，もし適当な数（半径）$R>0$ に対して x を $x+2\pi R$ と同一視すれば，可積分になる．位相的には，これで $\mathbb{R}$ を円に**コンパクト化** [III.9] するのであるが*4)，n を整数として $p=n\hbar/R$ でないと Ψ が一価関数にならないことに注意する．よって，運動量は $\hbar/R$ *5)を単位として量子化される．方程式 (4) の c_n の整数の添字は，したがって運動量として見ることもできるのである．

上の例において，$\mathbb{R}$ は古典的な座標の自由度である．ほかには，それが幾何的な位置を表すかどうかによらず，実自由度ごとに $L^2(\mathbb{R})$ の複製がある場合もある．

また，別に新奇なこととして，位置と運動量とは量子力学における作用素としては可換でない．これは同時対角化できないことを意味する．位置と運動量を同時に特定することはできない．これはハイゼンベルクの不確定性原理の一つの形である（「作用素環」[IV.15 (1.3 項)] を参照）．

2.2.2 対　称　性

量子化の規則から示唆されるように，量子論の対称変換は作用素 A で $[H,A]=0$ となるものである．すなわち，A はハミルトニアンと可換であり，したがって力学を保つ．

2.2.3 例：単振動子

さて，後に場の量子論やミラー対称性を理解する上で役に立つであろう例を解説しよう．その例とは，量子力学における単振動子である．ハミルトニアンが $H=x^2+p^2$ で与えられるように，定数が選ばれているとしよう．$a=(x+\mathrm{i}p)/\sqrt{2}$ および $a^\dagger=(x-\mathrm{i}p)/\sqrt{2}$ と定義すると，$a^\dagger$ は状態のエネルギーを 1 単位上げ，a はエネルギーを 1 単位下げることが示せる*6)．エネルギー最低となる基底状態 Ψ_0 が存在するという物理的議論に訴えると，この状態は $a\Psi_0=0$ に従わなくてはならない．すると，エネルギーが $n+1/2$ である基底ベクトル $\Psi_n=(a^\dagger)^n\Psi_0$ の言葉ですべての状態が書けることがわかる．ここで Ψ_0 のエネルギーは $1/2$ であることに注意する*7)．

*4) ［訳注］普通の埋め込みによるコンパクト化とは異なる．

*5) 今後しばしば $\hbar$ が 1 となるように単位を選ぶ．たとえば，架空の時間単位「量子秒」(1 秒は $\hbar$ 量子秒) を用いて議論することができよう．

*6) 次のように計算すればよい．$[a,a^\dagger]=1$, $H=a^\dagger a+1/2$ である．さらに $[H,a^\dagger]=a^\dagger$，$[H,a]=-a$ である．これらの方程式には次のような解釈がある．Ψ が H の固有値（エネルギー）E を持つ固有ベクトルであるとしよう．すると，$H\Psi=E\Psi$ である．$a^\dagger\Psi$ を考える．次がすぐにわかる．

$$\begin{aligned}H(a^\dagger\Psi)&=(Ha^\dagger-a^\dagger H+a^\dagger H)\Psi=([H,a^\dagger]+a^\dagger H)\Psi\\&=(a^\dagger+a^\dagger E)\Psi=(E+1)(a^\dagger\Psi)\end{aligned}$$

$a^\dagger\Psi$ が固有値 $E+1$ を持つことがわかったから，$a^\dagger$ はエネルギーを 1 単位上げた．

*7) これらの方程式を x と p で定義した作用素の言葉で書

この基底 $\{\Psi_n\}$ は**占有数**基底と呼ばれる．なぜなら，Ψ_n は基底状態の上に n 個のエネルギー「量子」を持つと解釈されるからである．

2.2.4　経路積分による定式化

量子力学のファインマンの経路積分による定式化は，最小作用の原理の考え方の上に構築されている．この定式化では，実験の確率は粒子のすべての経路に関する平均を通じて計算され，作用の極値をとる経路だけで計算されるのではない．各経路 $x(t)$ は因子 $\exp(\mathrm{i}S(x)/\hbar)$ で重み付けされる．ここで，$S(x)$ は経路 $x(t)$ の作用である．$\hbar$ はプランクの定数で，巨視的な作用の大きさと比較すると非常に小さい．この平均は虚数になることもあるが，過程の確率はその絶対値の平方になる．

$\exp(\mathrm{i}S/\hbar) = \cos(S/\hbar) + \mathrm{i}\sin(S/\hbar)$ に注意すると，$x(t)$ を変動させたときに S がわかるほどに変わるならば，$\hbar$ が小さいから，実部と虚部は急速に振動するであろう．すると，経路 $x(t)$ に関して積分すれば，正と負の振動はだいたい打ち消し合う．結果として，経路に関する重み付きの和において主たる寄与を与える経路は，それが変動しても S はあまり変動しないものであろう．つまり古典的経路である！しかしながら，もし変分が $\hbar$ に比べて十分小さいならば，非古典的経路が感知できるほど寄与することもありうる．典型的には，自由度は古典的な軌跡の部分とその近くでの量子的揺らぎに分離される．すると，経路積分をパラメータ $\hbar$ による摂動理論として整理することができる．

まだ経路積分の被積分関数の議論をしていないが，この詳細には立ち入らないことにする．主要な点は，理論が物理的過程を観測するもっともらしさを予測することである．各過程によって何が被積分関数になりうるかが決まる．たとえば，上の議論から次のことがわかる．量子力学的粒子が時刻 t_0 において点 x_0 にあり，そこから時刻 t_1 において点 x_1 まで行く確からしさを測るための被積分関数では，t が t_0 から t_1 まで動くときに x_0 から x_1 まで行くすべての経路に（指数的作用で決まる）0 でない重みを与え，その他のすべての経路に重み 0 を与える．

1 点だけからなる「時空」上の経路積分というおもちゃの模型を考えるとわかりやすい．たとえばスカラー場のありうる「経路」は，単にその場がその点でとれる値であるから，実数である．すると，作用は $\mathbb{R}$ 上の普通の関数 $S(x)$ である．この例に対して，$\mathrm{i}S/\hbar = -(1/2)x^2 + \lambda x^3$ の場合を考えてみよう．被積分関数として可能なものは x のベキ（の和）なので，行うべき基本的な経路積分は $\int x^k \exp(-(1/2)x^2 + \lambda x^3)\,\mathrm{d}x$ であり，これを $\langle x^k \rangle$ で表す．$\lambda = 0$ における値は簡単に計算される[*8)]．λ が小さいとき $\mathrm{e}^{\lambda x^3}$ を展開すると $1 + \lambda x^3 + \lambda^2 x^6/2 + \cdots$ となり，各項の値は $\lambda = 0$ のときと同じ方法で求まる．このようにして，積分が計算できないときでさえ，きちんと定義された摂動理論を構成できるのである．

この例からわかるように，経路積分は作用が変数に関して 2 次の項しかないときに最も簡単になる．これは，量子力学の作用素による定式化で見出したこととちょうど同じである．このことの数学的理由は，ガウス積分（2 次式の指数関数）がきちんと求まるのに対し，3 次式以上の指数関数を含む積分は難しいか不可能であるからである．2 次式の作用に対しては，正確に経路積分の値を求めることができるが，3 次以上の項が現れると摂動列が必要になる．

2.2.5　場の量子論

場の理論への一般化は，以前のやり方を踏襲する．よって，場の量子論を無限個の粒子がある量子力学であるかのように考える．実際，場 Φ とその微分の作用に 2 次より大きい項がない場の量子論は，このようにして容易に理解される．方程式 (4) でこのことのさわりを見た．フーリエ成分は運動量で添字付けされた粒子に対応する．各粒子はある周波数の単振動子のように見えて，フーリエ係数に依存するであろう．すると，量子ヒルベルト空間は，各場の各フーリエ係数に一つずつ対応してできる，たくさんの異なる「占有数ヒルベルト空間」の（テンソル）積である．占有数基底はエネルギー固有基底でもあるので，これらの状態はハミルトニアン H のもとで単純な時間発展をする．つまり，もし $H = E$ がある

いてみることは有益である．

*8)　次式を考えよう．

$$\int \exp\left(-\frac{1}{2}x^2 + Jx\right)\mathrm{d}x = \int \exp\left(-\frac{1}{2}(x+J)^2\right)\exp\left(\frac{1}{2}J^2\right)\mathrm{d}x = \sqrt{2\pi}\exp\left(\frac{1}{2}J^2\right)$$

この答えを J に関して微分して，$J = 0$ とおけば，$\langle x \rangle$ を得る．k 回導関数をとれば $\langle x^k \rangle$ になり，理論は解けた．

状態 $\Psi(t=0)$ で成り立つなら，その状態は次のように発展する．

$$\Psi(t)=\exp(\mathrm{i}Et/\hbar)\Psi(0)$$

ところが，もし作用が「3 次以上」の項を含むと，おもしろいことになる．粒子が崩壊するかもしれないのである！　このことは，たとえば方程式 (3) のスカラー場で，作用に（したがってハミルトニアンにも）項 ϕ^3 を含めるとわかる．これをフーリエ成分を使って書くと，$a_3^\dagger a_4^\dagger a_7$ のように三つの振動子を含む項を得る．これを示すために，実場 ϕ を量子化したあとは，フーリエ成分 c_n は単振動子のように振る舞い，対応する生成・消滅演算子を a_n と書いたことを思い出そう．方程式 (5) に従う時間発展はハミルトニアンに支配されるから，これは時間とともに 1 個の粒子（7 モード）が 2 個の他の粒子（3 と 4）に崩壊しうることを意味する．そのような崩壊過程は現実の世の中でも起こり，場の量子論がこの現象を驚嘆すべき正確さで予測できることは，この理論の偉大なる勝利の印である．

実は，場の経路の空間は無限次元なので，場の量子論における経路積分は，普通数学的に厳密な方法では定義されない．しかしながら，予測を作り出すための摂動列は，量子力学とちょうど同じように定義できて，その方法で実際に物理学者は予測を行っているのである．この摂動列は**ファインマン図**（「頂点作用素代数」[IV.17] を参照）の言葉で整理される．ファインマン図とその計算規則によって摂動問題は完全に解かれるのである．

量子力学での例と同じく，異なる予測には経路積分における異なる被積分関数が対応する．もし Φ がある場の量子論における場の関数であれば，Φ を被積分関数とする経路積分を $\langle\Phi\rangle$ と書く（前項で $\langle x^k\rangle$ と書いたのと同様である）．このような項を「相関関数」と呼ぶ．もし $\Phi=\phi_1(x_1)\cdots\phi_n(x_n)$ ならば，答えは理論の作用と，場 ϕ_i と，時空の点 x_i に依存する．

古典論の対称性は，同じ理論を量子化したあとでも対称性として常に残るか心配かもしれない．答えは，ときどきは No である．そのような場合は「異常」として知られている．なぜ No かと言うと，大雑把には，経路積分の積分測度が対称性で保存されないからであるが，ただ，経路積分の厳密な定義が一般には存在しないため，これはいくぶん経験則的説明である．

3 次の場合に戻ると，もし相互作用項 ϕ^3 に係数 λ があり，$\lambda\phi^3$ となるのであれば，摂動列を λ に関するベキ級数に整理する．経路の言葉では，崩壊過程の確率は，Y の字のように二つに分かれる経路でおのおのの足が適切な粒子のラベルを持つものを考えることで評価できる．

2.2.6　弦　理　論

弦理論には，ファインマンの摂動論の重要な一般化がある．弦理論は，粒子を点ではなくループ（輪）と考える．時空を動く粒子の経路ではなく，ループの経路ができるが，これは 2 次元の面のように見える．弦理論の振幅はすべての面に関する和をとることで計算される．この和は，摂動列において，いわゆる**弦結合定数** λ_g のベキで整理される．摂動列における λ_g のベキは面の穴の数に依存する．

この面は世界面と呼ばれる．世界面の各点において，その時空における場所は座標 X^i で決まる．これらの座標自体は，世界面上の位置に依存する．そのため，「補助」理論ができる．つまり，2 次元面上の座標の場の理論である！　弦理論においては，この 2 次元の場の理論さえ，場の量子論として考えられなければならない．2 次元理論の場は，曲面から現実の時空への写像である．しかしながら，世界面の観点からは，世界面自体が 2 次元の時空であり，写像はこの時空上のどこか別の（標的）空間に値をとる場である．

ミラー対称性は，これら 2 次元面上の場の量子論の研究の結果として発見された．後に同じ現象が，弦が閉じたループではなく端点を持つ糸である場合に発見された．どちらの場合も，以下で重要な役割を果たす．

3.　物理学における等価性

ミラー対称性は，場の量子論のある特定の形の等価性である．すでに説明したように，場の量子論は物理過程の確率を作り出すための規則である．経路積分による定式化では，確率は場の相関関数から計算される．ファインマンによると，これらの相関関数は場のすべての経路にわたる平均であると考えることができる．S を経路の作用，$\hbar$ をプランクの定数とすると，各経路は $\exp(\mathrm{i}S/\hbar)$ で重み付けされる．理論 A におけるある被積分関数 Φ の相関関数を $\langle\Phi\rangle_A$

で表すことにしよう．Φ はさまざまな場 ϕ_i や時空の点 x_i に依存しうること，また，相関関数はそれらすべてに加えて理論 A の作用に依存するであろうことを思い出そう．

すると，等価性とは，理論 A においてこれらのありうるすべての場 ϕ_i を理論 B における対応する場 $\tilde{\phi}_i$ に移す写像であって

$$\langle \Phi \rangle_A = \langle \tilde{\Phi} \rangle_B$$

を満たすものである（しばらくの間，点 x_i に依存することをあえて示さない）．特別な相関関数の一つとして $\langle 1 \rangle$ があり，これを**分配関数**と呼び Z で表す．場 1 は常に 1 に移されるので，系として，分配関数は等しくなければならない，すなわち $Z_A = Z_B$ であることが導き出される．

もちろん，これらすべてには，量子論の作用素による定式化がある．ある理論における各状態 Ψ と各作用素 a は，ミラーの理論で対応する状態 $\tilde{\Psi}$ と作用素 $\tilde{a}$ に移されるが，このとき，対応する作用素が，対応する状態をやはり対応する状態に移すようになっていなければならない．ここに計算尺や数の掛け算と足し算という演算とのはっきりした類似が見てとれる．

おのおのの理論は，典型的にはある数学的模型を通じて記述されるので，等価性があれば，対応する模型から構成される量の間にたくさんの数学的な恒等式があることになる．

特にミラー対称性の場合は，2 次元面上の場の量子論の間の等価性を述べている．ミラー対称性の最も典型的な例は，場が 2 次元の**リーマン面** [III.79] Σ からある標的空間 M への写像となる物理理論である．そのような理論は**シグマ模型**と呼ばれる．上で見たように，弦理論において M は実際の時空の役割を果たすが，今の目的のためには M が数直線 $\mathbb{R}$ であり，よって φ が普通の関数となる場合に考えてもよい．この場合については，すでに 2.1.5 項で調べた．作用は方程式 (4) で与えられる．そして，分配関数を次のように書くことができる．

$$Z = \langle 1 \rangle = \int [\mathcal{D}\varphi] \mathrm{e}^{\mathrm{i}S(\varphi)/\hbar}$$

ここで，$[\mathcal{D}\varphi]$ はすべての経路に関する積分の測度を表す*9)．

分配関数 Z の値を求める一つの方法は，**ウィック回転**として知られる手続きを通じて行うものである．最初に，時間座標を $\tau = \mathrm{i}t$（これがウィック回転である）と書くことでユークリッド化し，虚数ユークリッド作用 $\mathrm{i}S_{\mathrm{E}}$ に至る．そしてこの枠組みで，答えが**正則** [I.3 (5.6 項)] になることを望みつつ，経路積分の値を求めることを試みる．もし正則なら，解析接続を用いて通常の時間に対する答えを計算する．この方法の利点は，ユークリッド的指数関数的重み付けは $\exp(-S_{\mathrm{E}}/\hbar)$ となるので，S_{E} の最小値には最大の重みが付き，積分が収束するかもしれないことである．ユークリッド作用の最小値のうち定値でないものは**インスタントン**と呼ばれる．方程式 (4) をユークリッド化したあと，作用は写像 φ の「エネルギー」S_{E} になる．すなわち

$$S_{\mathrm{E}} = \int_{\Sigma} |\nabla\varphi|^2$$

である．

写像のエネルギーは**共形対称性**を持つ．つまり，リーマン面上の局所相似変換（すなわち，回転と拡大の組合せで局所的に近似できる変換）にはよらない．正の数 λ により大きさを変えても不変であることは，簡単にわかる．すなわち，$|\nabla\varphi|^2$ の 2 個の微分はどちらも λ 倍で減少するが，面積要素は λ^2 倍で増加する．回転不変性は $|\nabla\varphi|^2$ の形から明らかである．この二つを組み合わせ，この議論が相似パラメータ λ の微分によらないという事実も用いると，局所相似不変であるという主張に至る．

作用の共形対称性は，作用の古典論での対称性が必ずしも量子論まで維持されない例になっている．ところが，この量子論には異常がない場合，つまり対称性が保存される場合がある．それは，M として複素**カラビ–ヤウ多様体** [III.6] を選んだときである．

カラビ–ヤウ条件は，向き付けの概念の複素版と考えることができる．向き付けられた多様体では，各座標近傍上での接空間の基底を，座標近傍から座標近傍へ動くときの基底変換行列の行列式が 1 に等しくなるように，連続的に選ぶことができることを思い出そう．同じことがカラビ–ヤウ多様体でも成り立つが，今度は複素接空間の複素基底を考える．

標的空間がカラビ–ヤウ多様体のとき，インスタ

*9)　警告：この式は「超対称性」を持つ理論の「ボゾン」部分のみを表す．この意味することは特に，完全な理論にするためには「フェルミオン」項もあるということである．記法と説明を楽にするために，フェルミオンの補完は省略する．

ントンは2次元面からの複素解析的写像である．インスタントンは定値経路に「近い」わけではない．そのため，それらの効果はファインマン図のような摂動的方法では手に負えない．したがって，それらは「非摂動的」現象である．量子力学から一例を挙げると，$(x^2-1)^2$ のような二つ底がある井戸型ポテンシャル内の粒子がある．エネルギーが零の最小は $x=\pm 1$ における二つの定値（静止）経路である．$x=-1$ から $x=+1$ に行く，あるいは逆のインスタントン経路がありうる．このような軌跡は実際に起こり「量子トンネル効果」として知られている．

教訓　摂動論で手に負えないので，インスタントン効果を計算することは，悪名高い難問である．

3.1 ミ ラ ー 対

上の設定では，2次元面 Σ から標的（カラビ–ヤウ）空間 M への写像を考えた．この場の量子論を $Q(M)$ で表そう．これはすべての場の集まりと，それらから作られうる相関関数全部を簡単に表したものである．この設定で，カラビ–ヤウ多様体 M と W は，もし $Q(M)$ と $Q(W)$ が等価ならば「ミラー対」と呼ぶ．ミラー対称性の魔法によって，$Q(M)$ におけるインスタントンが関わる難しい問題が，$Q(W)$ ではずっと単純な定値経路のみを考えることで答えられるのである．

4. 数学的な蒸留

物理の理論はとてつもない量の情報を含んでいる．たとえば，相関関数は何個の場を含んでもよく，それぞれが2次元面上の異なる点で値をとる．これは数学的な方法で手に負えない典型的な状況である．その代わりに「超対称性」と呼ばれる理論の対称性が備わっているので，数学的な蒸留が実行できる．その蒸留手続きは**位相的ひねり**（トポロジカルツイスト）と呼ばれ，結果としてできる「位相的場の理論」では，相関関数は点の位置によらない．このことから，相関関数は基礎となる幾何的な設定に付随したある特性数になる．実際，ひねり方には通常 A と B と呼ばれる2種類があり，これらは問題となる多様体の異なる側面を捉える．

4.1 複素幾何とシンプレクティック幾何

4.1.1 複 素 幾 何

位相的ひねりで捉えられる幾何学的側面について感じをつかむために，次のことを思い出そう．数直線 $\mathbb{R}$ の点 θ と $\theta+2\pi$ を同一視し，よって任意の整数 n に対し $\theta+2\pi n$ も同一視することで，円周 S^1 を作ることができる．行ったことは，**整数並進格子**で関係付けられる点を同一視したことである．別の実数 r の倍数の全体からなる格子を選ぶこともできるが，任意のそのような二つの格子は，$\mathbb{R}$ 全体の長さ付けが違うだけであるから，実質的に同じ空間になる．複素平面においては，二つの複素数 λ_1 と λ_2 で生成された2次元並進格子を使うことで，同じことが可能である．ただし，商 λ_2/λ_1 は実数でないとする．この空間は，1個の穴がある向き付け可能ないかなる2次元コンパクト曲面とも同相であり，**トーラス**と呼ばれる．ところが，構造はこれだけではない．というのも，複素座標により表される領域で覆うことができるからであり，異なる領域は複素解析写像で関係付けられる．対 (λ_1,λ_2) と $(\lambda_1,\lambda_2+\lambda_1)$ は同じ並進格子を生成し，対 (λ_1,λ_2) と $(\lambda_2,-\lambda_1)$ も同様である．実は，$\mathbb{C}$ の複素相似変換で移り合う格子は同値であり，よって，格子のパラメータとしては比 $\tau=\lambda_2/\lambda_1$ をとるほうがよい．

一方の λ の向きを再定義することで，τ の虚部は正であると仮定してよく，よって τ は複素平面の上半分に値をとる．上の議論から，τ と $\tau+1$，そして $-1/\tau$ も同じ格子から来る．τ の値は次のように考えることもできる．トーラスには二つの異なるループがあり，一つは z から $z+\lambda_1$ までの直線経路で生成され，もう一つは z から $z+\lambda_2$ までの直線経路で生成される．すると，λ_1 と λ_2 はともに複素微分 dz をループ上で線積分した結果になる．実は，この結論を得るためにループがまっすぐである必要はない．このような境界のない部分空間（ここではループ）上の積分値は，より一般に**周期**と呼ばれる．

任意の二つのトーラスは位相的には同値であるが，τ の本質的に異なる値で与えられる複素トーラスの間に**複素解析**同型写像はないことを示すことができる．したがって，パラメータ τ は空間の複素幾何を決定する．大雑把に言って，このパラメータはトーラスの**形**を記述していると考えられる（このさらなる解説は「モジュライ空間」[IV.8 (2.1 項)] を参照）．

位相的 B 模型は，標的空間 M の複素幾何のみに依存する．つまり，理論はパラメータ τ のみに連続的に依存する．

4.1.2　シンプレクティック幾何

幾何学のもう一つの側面は，単純に面積要素で記述されたトーラスの「大きさ」である．位相的には，トーラスは皆 $\mathbb{R}^2$ を水平並進と垂直並進の整数格子によって同一視したようなものである（ただし，この方法では必ずしもすべての複素幾何を保ってはいない）ことを思い出そう．トーラスの点は，単位正方形の対辺を互いに貼り合わせたものの点と考えることができる．$\mathbb{R}^2$ の面積要素は $\rho\,dx\,dy$ のようなものであり，よって単位正方形の面積 ρ を定める．2 次元面積のこれらの概念は，高次元空間内の 2 次元部分空間に一般化される．このような構造の研究は**シンプレクティック幾何学** [III.88] と呼ばれ，よって，ρ を**シンプレクティックパラメータ**と呼ぶ．

位相的 A 模型は，標的空間 M のシンプレクティック幾何のみに依存する．つまり，理論はパラメータ ρ のみに連続的に依存する．

4.2　コホモロジー的理論

想像されたかもしれないが，通常の理論から位相的理論へ移ると，たとえば一つの場の異なる点における値のような，物理の理論ではもともと異なっていた多くの面が同一視される．数学的には，ある構造の位相的な面を作り出す十分完成された方法，そして同一視を含む方法として，**コホモロジー理論** [IV.6 (4 節)] を通じて行うものがある．コホモロジー理論は類型化されており，作用素 δ で方程式 $\delta\circ\delta=0$ に従うものがある．方程式を主張 $\ker(\delta)\supset \mathrm{image}(\delta)$ と考える．コホモロジー群 $H(\delta)$ は商 $H(\delta)=\ker(\delta)/\mathrm{image}(\delta)$ となるが，この意味は，任意の二つのベクトル u と v で $\delta u=\delta v=0$ を満たすものに対し，差 $u-v$ がある w に対して δw と書けるならば同一視するということである．すると，$H(\delta)$ は単に，そのようなベクトルすべてを同一視したものからなる空間である．

物理理論の位相的ひねりも同様である．作用素 δ は，状態のヒルベルト空間に作用する物理的な作用素である．理論に超対称性が存在することから，δ が存在して 2 乗が 0 になることが保証される．位相的理論のベクトル状態は，単に $H(\delta)$ の要素である．すなわち，元の理論における，$\delta\Psi=0$ を満たす状態 Ψ を同一視したものである．多くの場合，これらの状態は基底状態と同一視される．

超対称性が 2 次元面上の点の複素並進を含む対称変換であることは，きわめて重要である．このことから，ある点における作用素場 $\phi(z)$ の値は，別の点における値 $\phi(z')$ と同一視される．別の言葉で言うと，位相的理論の物理は作用素の位置によらない！　経路積分定式化では，このことは相関関数が被積分関数に挿入された場の位置によらないことを意味する．それなら，何に依存するのだろうか？　挿入された特別な場やその組合せに依存し，また M の（ρ や τ のような）幾何的パラメータに依存するのである．

4.2.1　A 模型と B 模型

カラビ–ヤウ空間が与えられたとき，二つの作用素 δ_A と δ_B で 2 乗が 0 になるものを実際に構成することができる．したがって，二つの異なる対応する位相的ひねりがあり，一つのカラビ–ヤウ空間から作られる二つの異なる位相的理論がある．

もし M と W がミラーカラビ–ヤウ対なら，それらから作られた位相的模型がなお等価な理論であるかが気になるかもしれない．答えは，最も興味深い形での Yes である．あるカラビ–ヤウ多様体 M から作られた A 模型はミラーの W の B 模型と等価であり，逆の組合せも成り立つ！　理論における複素とシンプレクティックの側面は，ミラー対称性で入れ替わる！　特に，M のシンプレクティック側の面倒な問題は，W の複素幾何が関わる易しい計算に移されるかもしれないのである．

ここで強調しておくが，二つの多様体は位相的に完全に異なるかもしれない．たとえば，（[訳注] 3 次元のときは）一方のオイラー数は他方の -1 倍になる．

5.　基本的な例：T 双対性

円は複素でないが，これを用いると，非常にわかりやすく，研究が容易なミラー対称性入門ができる．円から構築される二つの理論の間の等価性を見つけよう．しかしながら，等価性はまったく非自明であろう．というのも，まったく異なる種類の状態が対応することが示されるからである．

2 次元面が円柱で，空間次元が単位円であり，時間が 1 次元となる場合を考え，そのシグマ模型を見てみよう（これらは第 3 節で導入されている）．さらに，標的空間が半径 R の円であると仮定し，それを

S_R^1 で表す．S_R^1 を，2 点を $2\pi R$ の倍数の差がある場合に同一視した数直線と考える．一方の円から他方の円への写像は，**巻き付き数**によって分類することができる．これは，ある点が最初の円を 1 周する間に，その点の像が第 2 の円を（実質）何回回るかを示す整数である．円から S_R^1 への写像 $\theta \mapsto mR\theta$ の巻き付き数は m である．これによって，場 $\varphi(\theta)$ を，巻き付き部分 $mR\theta$ と，真っ当なフーリエ級数（巻き付きなし），すなわち $\varphi(\theta) = mR\theta + x + \sum_{n\neq 0} c_n \exp(\mathrm{i}n\theta)$ との和に書ける．ここで，フーリエ級数から定数モード $x = c_0$ だけは外に出した．級数の θ 依存だけを級数に展開したので，各連続パラメータ（x と c_n）は，時間の関数とも考えるべきである．

そのような写像のエネルギー，つまりハミルトニアンは，2.1.3 項で計算した以下のものである．

$$H = (mR)^2 + \dot{x}^2 + \sum_n |\dot{c}_n|^2 + n^2|c_n|^2$$

これを 2.1.3 項の調和振動子のハミルトニアンと比較すると，各自由度 $c_n(t)$ は単振動子ポテンシャルにおける（複素）量子力学的粒子の役割を果たすことがわかる．各モードの量子力学を記述するための占有モード基底がある*10)．量子論のヒルベルト全体空間は，これらのおのおのの（テンソル）積と，定数モードと巻き付き数に関わる部分を加えたものである．これを以下で解説する（古典論の各自由度は，場の量子論では**粒子**になることを覚えておこう）．

定数モード x はエネルギー $\dot{x}^2$ を持ち，したがって付随するポテンシャルはない（円上のどこにあってもよい）．このモードは，円上の量子力学的自由粒子を表す．x 粒子の運動量は作用素 $-\mathrm{i}(\mathrm{d}/\mathrm{d}x)$ で表されることを思い出そう．この作用素は固有関数 $\mathrm{e}^{\mathrm{i}px}$ を持つ．これらの固有関数が並進 $x \mapsto x + 2\pi R$ のもとで不変であると要請することは，運動量の固有値が「量子化」され，$p = n/R$ の形をとることを意味する．

運動量と対照的に，整数巻き付き数（m）のほうは，円から円への写像すべてに対する古典的なラベルにきちんとなっている．整数ではあるが，運動量の整数 n とは明らかに異なる土台の上にある．とはいえ，これもまたヒルベルト空間上の重要なラベルである．各 m に対し，巻き付き数が m の配置空間があり，量子化されるとヒルベルト空間の m 番目のセクターになる．大雑把に言って，このセクター $\mathcal{H}_m$ は巻き付き数 m のすべての写像のすべての自由度である関数からなる．巻き付き数 m の状態は固有値 mR を持つと宣言しさえすれば，巻き付き数を作用素と考えることができる．

当座のところ振動モードは無視すると，運動量 n/R，巻き付き数 m の状態は，エネルギー $(n/R)^2 + (mR)^2$ を持つ．特に，$(m,n) \leftrightarrow (n,m)$ と $R \leftrightarrow 1/R$ を同時に入れ替えても，エネルギーは変わらない．振動モード a_n は R によらないエネルギーを持つから，また，モードは相互作用しない粒子であるから，この対称変換は標的を S_R^1 と $S_{1/R}^1$ とする二つの理論の完全な等価性に拡張できる．このとき，一方の運動量は他方の巻き付き数に対応する．

この例で，標的空間 S^1 は複素でもシンプレクティックでもない．結果として，位相的 A および B 模型は構成できない．それにもかかわらず，標的空間を S_R^1 と $S_{1/R}^1$ とする二つのシグマ模型が等価であるという，より強い主張を証明した．二つの理論はミラー対である．円という特別な場合では，ミラー対称性は T 双対性と呼ばれている．実際，ミラー対称性の全体の現象は，円でない場合でさえ，T 双対性から導き出すことができるのである．

5.1　トーラス

二つの円の積 $S_{R_1}^1 \times S_{R_2}^1$ をとるとトーラスになる．トーラスを円の円上の族と考えることができる．というのも，$S_{R_2}^1$ の各点に対して円 $S_{R_1}^1$ があるからである．4.1.1 項で見たように，この空間は複素であり，明確に言うと，複素平面 $\mathbb{C}$ を並進格子で割ったものである．特に簡単な格子の一つは，並進 $z \mapsto z + R_1$ と $z \mapsto z + \mathrm{i}R_2$ で生成されるものである．4.1.1 項で議論したように，格子は複素数 $\tau = \mathrm{i}R_2/R_1$ で決まり，この数は複素形式 $\mathrm{d}z$ をトーラスの二つの自明でないループ上で積分したもの（周期）の比に等しい．

シンプレクティックデータは面積要素で捉えられる．同一視が各方向の単位並進のように見えるように，座標 x, y を選べることを思い出してほしい．すると，半径 R_1 と R_2 のトーラスの（正規化された）面積要素は $R_1R_2\,\mathrm{d}x\,\mathrm{d}y$ であり，単位正方形上で積分すると R_1R_2 になる．シンプレクティックパラメー

*10)　各 $a_n^\dagger = [\mathrm{Re}(\dot{c}_n) - \mathrm{i}n\,\mathrm{Re}(c_n)]/\sqrt{2n}$ は上昇演算子であり，c_n の虚部に対しても同様である．

タを $\rho = iR_1R_2$ と定めよう．さて，第1の円に対するT双対 $R_1 \to 1/R_1$ を行う．この置き換えのもとで，複素とシンプレクティックのパラメータが入れ替えられることがわかる．すなわち

$$\tau \longleftrightarrow \rho$$

となる*11)．

教訓 ミラー対称性は，複素とシンプレクティックのパラメータを入れ替える．ミラー対称性はT双対性である．

5.2 一般の場合

トーラスは唯一のコンパクト1次元カラビ–ヤウ空間であり，したがって最も簡単なものであるが，上の議論はより一般の描像の一部になる．カラビ–ヤウ条件により複素の体積要素，つまり向き付け（上の dz）が（[訳注] 0でない定数倍を除いて）一意的に存在することが保証され，その「周期」が複素パラメータを決定し，互いに対応して変化する．トーラスの場合は，A模型とB模型は両方ともかなり単純になってしまったが，一般の場合に重要なのは，B模型は，複素体積要素の周期（4.1.1項においては λ_1 と λ_2 であった）が理論のパラメータ（4.1.1項ではちょうど1個あった．すなわち τ である）に応じてどう変わるかで，完全に決定されることである．もう一つ，関係 $\tau = \lambda_2/\lambda_1$ はトーラスに対してはとても単純であったが，一般にはもっと複雑である．いずれにせよ，このデータはB模型のすべての情報を与える．このことすべての理由は，B模型のインスタントンは定値写像だけになることがわかるからである．標的空間の各点は定値写像を定めるから，結果としてB模型は標的空間の（古典的な）複素幾何に還元される．これは周期で決定される．

この状況をA模型の場合と比較する．A模型はシンプレクティックパラメータ ρ，すなわち標的空間の中の2次元面の面積に依存する．しかしながら，B模型と対照的に，ρ 依存性は一般にとても複雑である．なぜなら，A模型のインスタントンは標的空間内の面積を最小にする曲面であり，その数を数えることは悪名高い難問だからである（しかし，この問題はトーラスに対してはひどく難しいわけではない）．数学的には，A模型インスタントンはグロモフ–ウィッテン不変量の理論によって記述される．この主題を以下で扱う．

*11) パラメータ τ と ρ は実部もあってよいが，簡単のため詳細を無視している．

6. ミラー対称性とグロモフ–ウィッテン理論

上で言及したように，W のB模型は W の古典的な複素幾何によって完全に説明される．B模型で関係する写像は定値写像のみであり，よって，そのような写像の空間は W 自身に一致し，相関関数は W 上の（古典的な）積分に帰着する．実際，積分すべき被積分関数の一つは複素体積要素である．とりうるすべての複素体積要素を動くパラメータを τ としよう．すると，B模型相関関数は W 上で τ に依存する積分から決まる．特に，W 上のB模型の分配関数 $Z_B^{(W)}$ は τ によるので，$Z_B^{(W)}(\tau)$ と書く．

位相的ひねりの要点は，場の局所的変分がすべて同一視されることであるが，これは作用素 δ で関係し合っているからである．特に，世界面上の点を動かすことは，位相的理論では自明な作用である．W 上のB模型に対しては定値写像のみが寄与するが，A模型に対しては状況はもう少し微妙であることがわかる．幾何的な感じを説明するため，再び円から円への写像の巻き付きを考えよう．異なる巻き付き数を持つ写像は，決して互いに連続に変形し合えない．巻き付き数は，第1の円が写像に従って標的の回りをどのように「包む」（つまり巻き付く）かを測る．離散的なパラメータなので，連続に動かしても変わらない．同様に，M が高次元の空間のとき，2次元面 Σ は M の2次元部分空間のまわりを異なる回数だけ「包む」ことができる．包み方のパラメータは，再び離散的である．写像 φ が Σ によって M の中で基本的な曲面 C_i をそれぞれ異なる整数量 k_i だけ包むこともある．このとき，$k = k_i$ は写像 φ の「類」を表すという（より正確には，$\varphi(\Sigma)$ は Σ がコンパクトなとき2輪体であり，k はそのホモロジー類を表す）．異なる類 k は異なる（ユークリッド）作用 $S_k(\rho)$ を通じて寄与し，作用は面積 ρ と類 k にはよるが，写像 φ_k の連続的に変わる詳細情報にはよらない．分配関数にはすべての類からの寄与がある．類が違うと寄与も違うが，それは指数的重み付けのためだけでなく，何個の**極小曲面**を含むかによっても違う（3次元空間内の極小曲面の良い例は石鹸膜である．針金で境界を固定すると，石鹸膜はその境

界を持つ最小面積の曲面を見出そうとするだろう）．上の例では，空間 M は実は複素である．グロモフ–ウィッテン理論において出てくる極小曲面は，Σ からの複素解析写像である．すなわち，Σ の複素座標をとれば，曲面 M の複素座標は Σ 上の複素解析関数として書ける．

A 模型と B 模型の違いは，位相的模型が作用素 δ から構成されるという事実から来ている．δ は理論に超対称性があることから存在が保証されていた．模型が異なれば，関係する超対称作用素 δ_A と δ_B は単に異なるというわけである．上で見たように，A 模型に関係する写像はインスタントンあるいは Σ から M への複素解析写像である．すると，大雑把に言って，M 上の A 模型相関関数，特に分配関数 $Z_\mathrm{A}^{(M)}$ は，M 内の曲面の類 k に関する和であり，また各類に属するインスタントンに関する和である．ここで，おのおのの類はそのインスタントン作用 $\exp(-S_k(\rho))$ で重み付けされている．これでシンプレクティック構造のパラメータ ρ への依存が露わに書き下された．カラビ–ヤウ多様体に対しては，そのような写像は離散的であるべきで，そして予想としては，知られている場合にはすべて正しいのであるが，類 k を固定すれば有限個である[*12)]．これらの情報はすべて ρ の関数にまとめられており，これまでに議論したことに基づくと，分配関数は

$$Z_\mathrm{A}^{(M)}(\rho) = \sum_k n_k \exp(-S_k(\rho))$$

という一般形をとらなければならない．係数 n_k は**グロモフ–ウィッテン不変量**と呼ばれる[*13)]．

まとめると，(M, A) が (W, B) とミラーであるとき，W に対する複素パラメータ τ それぞれについて M の対応するシンプレクティックパラメータ $\rho(\tau)$ を同一視すれば，

$$Z_\mathrm{A}^{(M)}(\rho) = Z_\mathrm{A}^{(M)}(\rho(\tau)) = Z_\mathrm{B}^{(W)}(\tau) \qquad (6)$$

が成り立つ．最初の等号の意味は，ρ を τ の言葉で書き直さなければならないということであり，2 番目は，答えは対応する W 上の B 模型により与えられなければならないことを意味する．したがって，M 上の複素解析曲面に関する情報のすべては，係数 n_k に要約されており，W の古典的な幾何から完全に決定されるのである！

難しいグロモフ–ウィッテン不変量が式 (6) のような方程式を通じて無限個計算されるという，特筆すべき予言力のために，ミラー対称性は当初から人々の強烈な興味を引くことになったのである．

7. オービフォルドと非幾何的相

7.1 非幾何的理論

ミラー対称性は場の量子論の等価性に関わるが，そうしたいかなる場の理論にも，シグマ模型のように標的空間の幾何的内容があるわけではない．ミラー対称性 —— あるいは少なくともその位相的バージョン —— に関わる構造は，位相的理論への道を開いてくれるような超対称代数を持つ量子論から始まる．つまり，状態のヒルベルト空間，ハミルトニアン作用素，対称変換からなる特定の代数（すなわちハミルトニアンと可換な作用素の集まり）がある．そのような設定を構成する方法として，こうせよという神の命令があるわけではなく，写像のシグマ模型はそのようなものの一つにすぎない．他の方法もたくさんある．単に，幾何的な場合が数学化（と説明）に最適であるので，ここでは標的空間を持つ理論に焦点を当てたのである．

中間的な場合 —— おそらく幾何的であるが，そうでないかもしれない場合 —— として，いわゆるオービフォルド理論について議論しよう．

7.2 オービフォルド

時空が円柱 $S^1 \times \mathbb{R}$ で，円 S^1 がその空間次元であるとすると，場の量子論には，**オービフォルド理論**として知られる魅惑的な構成がある．これは，次のように定義される．（鏡映変換のような）対称変換からなる有限群 G があるとする．つまり，群の各元はヒルベルト空間上の作用素として作用し，よって，もし $g \in G$ であれば g は状態 Ψ を状態 $g\Psi$ に移す．すると，対称変換で関係付けられる状態を同一視することで，新しい理論が定義される．理論を構成するために，まず，元の理論の基底状態 Ψ_0 を考えよう．これは群で不変であると仮定する．すなわち，群の

*12) ［訳注］文字どおりにとると反例がある．4 次元射影空間の中の十分一般の 5 次超曲面に対しては本文のとおりであり，**クレメンス**（Clemens）**予想**と呼ばれている．

*13) ここでの議論からは n_k が整数であるかのように見えるが，実際は有理数であるにすぎない．しかしながら，より基本的な整数を用いて表すことができる．この整数が本章の初めに述べたものである．

任意の元 g に対し $g\Psi_0 = \Psi_0$ である[*14]．そして不変な状態全体の空間 $\mathcal{H}_0$ を構成する．これは**ひねりのないセクター**として知られ，Ψ_0 はひねりのないセクターの基底状態である．そして G が可換の場合，**ひねられたセクター**がおのおのすべての元 $g \in G$ から作られる[*15]．ひねられたセクターを作るには，まず空間次元 S^1 を，区間 $[0,1]$ の端点 $0,1$ を同一視したものと考える．状態のヒルベルト空間は，場のとりうる配置のすべての自由度（の関数）から作られることを思い出そう．ひねられたセクター $\mathcal{H}_g$ は，付加的な場の配置 Φ であって，両端で g の作用で $\Phi(1) = g\Phi(0)$ のように関係付けられるものと対応する．このような場の配置は，円 S^1 上の配置を表す．というのも，左端と右端は群で関係付けられ，したがって同一視されるからである．よって，これらの付加的な配置は，オービフォルド理論の一部である．群のすべての元 h に対して不変条件 $h\Psi_g = \Psi_g$ にも従う状態 Ψ_g すべてをとることで，ヒルベルト空間のセクター $\mathcal{H}_g$ が構成される．

オービフォルドは幾何的であるかもしれない．というのも，離散的な群 G が作用する多様体 X へのシグマ模型の場合に含まれるからである．たとえば，回転は平面に作用し，直角回転で生成される 4 元群を考えることができる．平面のこれらの回転による商は錐のように見える．別の例として，プラトンの立体（正 4 面体や立方体などの正多面体）の対称変換からなる有限群は，2 次元球面に回転で作用する．$X = S^2$ で G を正多面体群とするとき，興味深いオービフォルドを得る．実際，単に群 G の軌道空間をとると，それは位相的にはまた球面であるが，滑らかなものではなく，錐のような点がある．これらの錐点は場の量子論では問題を引き起こすかもしれないが，「弦」オービフォルドは完全に「滑らか」である．

オービフォルド理論自体に対称性がある．たとえば，もし G が 2 元からなる可換群であれば，一つのひねりのないセクターと，ただ一つのひねりのあるセクターがある．ひねりのないセクターでは 1 倍，ひねりのあるセクターでは -1 倍を掛けることに相当する対称変換がある．この対称変換は幾何的ではない．対称性を持つオービフォルド理論は，元の理論を復元するような方法で，しばしばそれ自体がオービフォルド化される．実際，理論とそのオービフォルド化は，しばしばミラー対にもなるのである！ グリーンとプレッサーは，そのような構成を用いて初めてミラー対の例を生み出した．さらに，彼らは幾何的な解釈をある種の非幾何的に構成された理論に帰する方法を用いて，ミラーのカラビ–ヤウ対を同定した．正確に言うと，0 でない複素 5 次元ベクトル $X = (X_1, X_2, X_3, X_4, X_5)$ で方程式

$$X_1^5 + X_2^5 + X_3^5 + X_4^5 + X_5^5 + \tau X_1X_2X_3X_4X_5 = 0$$

を満たすもの全体の空間をとり，任意の 0 でない複素数 λ に対して X と λX を同一視した（もし X が解なら，λX も解である）．$\tau \in \mathbb{C}$ がパラメータであるから，上の方程式は実際に複素空間の族を定める．オービフォルド理論は位相変換

$$(X_1, X_2, X_3, X_4, X_5) \mapsto (\omega^{n_1}X_1, \omega^{n_2}X_2, \omega^{n_3}X_3, \omega^{n_4}X_4, \omega^{n_5}X_5)$$

のなす有限群から定まる．ただし，$\omega = \mathrm{e}^{2\pi \mathrm{i}/5}$ で $\sum_{i=1}^5 n_i$ は 5 の倍数とする．この空間とそのオービフォルドは，実際にキャンデラスたちが有名な予言を行ったミラー対である．

8. 境 界 と 圏

ミラー対称性の全体の話は，弦に端点があることを許すと，ずっと豊かになる．端点を持つ弦は「開弦」と呼ばれ，他方「閉弦」とは，ループのことである．数学的には，端点を許すことは世界面に境界を加えることに対応する．開弦を加えた上で，同じ位相的ひねりを行いたい．そのためにはまず，場に境界条件を課したときに，何らかの超対称条件が生き残ることを保証しなければならない．カラビ–ヤウ標的空間から始めた場合，A ひねりか B ひねりのどちらか一方ができるように超対称条件を残すことができる（両方は無理である．境界条件はある対称性を壊す．ロープをある点に留めると自由度を制限することになるのと同様である）．ひねったあとでは，境界の位相的理論はシンプレクティックか複素の情報にそれぞれ依存するであろう．

[*14] ポテンシャルが平らな方向がある場合，たとえば円上の自由粒子（ポテンシャルはまったくない）の場合，基底状態は場の古典的な値の重ね合わせになるかもしれない．円に対しては，定数波動関数 $\Psi = 1$ はただ一つの古典的な位置に付随するわけではない．しかし，なお任意の回転群のもとで不変ではある．

[*15] ひねられたセクターは，正しくは共役類でラベル付けされるが，G が可換のときは群の元と同じである．

A 模型に対しては，端点や境界はラグランジュ部分空間上になければならない．ラグランジュ条件から座標のうち半分が制約される．線形空間に対しては，複素ベクトル空間を実部に制限するようなものである．B 模型に対しては，境界は複素空間上になければならない．局所的には，複素空間は $\mathbb{C}^n$ のように見え，複素部分空間は座標の複素解析的な方程式で記述される．超対称性を保ち，しかも選んだ位相的ひねりを許すような境界条件は，**ブレーン**と呼ばれる（用語は「膜」（メンブレーン）を模したものだが，任意の次元に使う）．要するに，A ブレーンはラグランジュ的であり，B ブレーンは複素である．

位相的境界理論のすべての情報を一つにまとめるために，**圏** [III.8] という数学的概念に訴える．圏は構造について述べる一つの方法である．圏は**対象**からなり，任意の対象の対に対して，一方の対象から他方への**射**の空間がある．しばしば対象はある種の数学的構造体であり，対象から対象への射は関係する構造を保つ写像である．たとえば，もし対象が (i) **集合** [I.3 (2.1 項)]，(ii) **位相空間** [III.90]，(iii) **群** [I.3 (2.1 項)]，(iv) **ベクトル空間** [I.3 (2.3 項)]，(v) 鎖複体であれば，射はそれぞれ (i) **写像** [I.2 (2.2 項)]，(ii) **連続写像** [III.90]，(iii) **準同型** [I.3 (4.1 項)]，(iv) **線形写像** [I.3 (4.2 項)]，(v) 鎖写像になる．対象の間の射の空間は，一種の関係データと考えられるべきである．ある射の終わりの対象が別の射の始まりの対象であるときは，合成することができるので，射自体も互いに相互作用する．合成は結合的であるので，abc を計算するとき，$(ab)c$ としても $a(bc)$ としても構わない．役に立つイメージとして，有向グラフがある．それは頂点を対象とし，二つの頂点を結ぶ経路を射とする圏である．この圏での合成は，経路の連結により定義される．

境界条件付き 2 次元の場の理論の場合，対象がブレーン（つまり境界条件）である圏を構成する．二つのブレーン α と β の間の射は，無限の帯 $[0,1]\times\mathbb{R}$ 上に定義された境界場の理論の基底状態 $\mathcal{H}_{\alpha\beta}$ であり，ここで左境界 $\{0\}\times\mathbb{R}$ 上に境界条件 α をおき，右境界 $\{1\}\times\mathbb{R}$ 上に条件 β をおく．射は境界を貼り合わせることで合成され，結合的であることは位相的不変性から保証される*16)．

*16) 位相的状態が結合的であることを述べており，状態自体がコホモロジー類である．「鎖」のレベルでは，位相的ひねりを行う前は，結合法則は成り立たない．コホモロジーを持ち，コホモロジーを無視すれば合成できる射を持つ圏の概念は，A_∞ 圏と呼ばれる．把手と穴のある曲面を捉える圏論的定義を思い描くこともできる．実のところ，ミラー対称性を完全に理解するための適切な数学的枠組みは，今なお構築中である．

すると，境界条件付きミラー対称性は，次のように述べられる．二つの多様体 M と W がミラー対であるとは，M の A ひねりのブレーン圏が W の B ひねりのブレーン圏と同値である（そして逆も成り立つ）ことである．このように数学的に言い換えたものは，**ホモロジー的ミラー対称性**と呼ばれ，この表現はコンツェヴィッチによる．A 模型側では，ブレーン圏はいわゆる**深谷圏**であり，境界付き曲面からの複素解析的写像であって境界がラグランジュブレーンに移されるものにより支配される．B 模型側では，ブレーンは複素部分空間と，それらの上の複素解析的**ベクトル束** [IV.6 (5 節)] により定まる圏をなす．複素ベクトル束は，各点に複素ベクトル空間を割り当てるものである．たとえば，$\mathbb{C}^2$ 内の複素円 $\{x^2+y^2=1\}$ は，各点で複素接空間を持つ．「複素解析的」とは，この $\mathbb{C}^2$ の部分空間が複素解析的に変化するという意味である．複素円の場合，(x,y) における接ベクトルの空間は，ベクトル $(-y,x)$ の定数倍すべてからなり，この割り当て方は明らかに複素解析的である．物理的には，束は弦の端点に電荷を与えることから出てくる．

コンツェヴィッチの予想によると，これら二つのブレーンの圏は同値である．この予想は物理的観点からは自然であるが，物理的描像に対応する正確な圏を同定することによって，ミラー対称性を物理から厳密な数学へと翻訳することに大きく貢献している．圏同値であるということから，M のラグランジュ A ブレインが W の各複素 B ブレインに対応して存在するのみならず，ブレーンの間の関係，つまり射も対応関係にあることが従う．

8.1　例：トーラス

コンツェヴィッチの予想は，2 次元トーラスの例においては証明できるし，簡単に説明することもできる．すでにお馴染みとなったシンプレクティック 2 次元トーラスを，2 次元平面を整数格子の並進分は同一視したものと考える．トーラスの面積要素を $A\,dx\,dy$ として，4.1.2 項とは異なりシンプレクティッ

クパラメータが虚数 $\rho = \mathrm{i}A$ になるようにする．さて，平面内の直線を考える．直線は傾き $m = d/r$ が有理数である限り，トーラスの閉曲線に対応するであろう．ここで，d と r は互いに素な整数であるとする．これらの直線が，A 模型境界理論のラグランジュブレーンである．傾き $m = d/r$ の直線を別の傾き $m' = d'/r'$ の直線と結ぶエネルギー極小の開弦は，長さ 0 であり，したがって交点である．交点が $|dr' - rd'|$ 個あることを示す問題は，易しい練習問題となる．

ミラー側では再びトーラスになるが，今度は複素パラメータ τ を持ち，二つのトーラスがミラーとなるように，$\tau = \rho$ とおかなければならない．B 模型ブレーン圏の対象は，複素ベクトル束である．基本的なベクトル束は階数 r と次数 d という二つの整数で分類されるという定理がある*17)*18)．これら二つの数から「傾き」(この名称は今回の応用以前からのものである）として知られる $m = d/r$ を作るのが習慣であり，基本的なベクトル束では d と r が互いに素でなければならない．

ミラー対応のもとで

$$\text{傾き} \longleftrightarrow \text{傾き}$$

となることが，いまや簡単に推測できる．この意味は，シンプレクティックパラメータ ρ を持つトーラス上の傾き m のラグランジュブレーンは，複素パラメータ ρ を持つミラーのトーラス上の傾き m の複素ベクトル束に対応するはずである，ということである．さて，上の例の B 模型版があり，よって傾きが m と m' の二つのベクトル束をとるとする．実は，傾き m と m' の複素ベクトル束の間のエネルギー極小の開弦は，それらベクトル束の間の正則写像に対応し，**リーマン–ロッホの定理** [V.31] によると，その個数は $|dr' - rd'|$ である．これは上で行った A 模型に対する計算と同じ結果である！　したがって，対応する対象は対応して関係付けられている．射の空間の次には，ちょうど対数と計算尺のときのように，対応する射の合成も対応することが，最後に確かめられる．このようにして，コンツェヴィッチの予想が証明される．

*17)　ベクトル束はトーラスの各点にベクトル空間を割り当てる．階数とは，その空間の次元である．大まかに言って，次数はベクトル束の複雑さの度合いである．たとえば，2 次元面があり，各点にその点における接空間を割り当てるベクトル束では，次数は $2-2g$ に等しい．ここで，g は面の穴の数である．

*18)　[訳注] アティヤ（Atiyah）の定理により，トーラス上の分解不能なベクトル束の同型類は，トーラス上の 1 点を任意に固定したとき，r と d およびトーラス自身の点でパラメータ付けされる．r と d はベクトル束のチャーン類を与える．

8.2　定義と予想

実は，コンツェヴィッチによるミラー対称性の定義は，圏同値として見たミラー対称性における境界の概念が，グロモフ–ウィッテン理論と複素構造を関係付ける伝統的なミラー対称性の概念と両立し，さらにはそれを示すことを主張する予想である．

この予想を示す一つの方法は，グロモフ–ウィッテン不変量を境界の理論から再構成してみることである．そのための経験則的な幾何的方法として，空間の二つの複製の中で対角境界条件を調べるというものがある．空間の二つのコピーへの円板からの写像は，円板からその空間への二つの写像で表される．さらに，もし境界条件が対角的ならば，写像は境界では一致しなければならないことになる．すると，境界で一致する二つの円板が空間内に得られる．これはちょうど球面と同じであり，二つの円板（あるいはカップ）を貼り合わせたものである！　円板はそれぞれが半球であり，赤道に沿って貼り合わされている．さて，極小な円板は（境界付き）開弦に対するインスタントンであり，共通の境界に沿って貼り合わせることで，極小球面つまり閉弦インスタントンを構成したことになる．よって，この 2 重にした理論上の開弦から，元の理論上の閉弦が復元されるはずである．

より代数的なアプローチとして，閉弦の変形をブレーン圏の変形として見るというものがある．つまり，中身のバルク（非境界）理論における変化は，境界理論における変化を引き起こす．しかし，ひとたび圏を用いれば，その変形は圏本来の方法で分類することができる．つまり，圏を一種の派手な代数と思うならば*19)，代数の変形がホッホシルト（Hochschild）コホモロジーと呼ばれる概念を通じて容易に分類されるように，圏の変形も同様に扱うことができる．かくして，閉弦は開弦のホッホシルトコホモロジーであるという格言に至る．ブレーン圏のホッホシル

*19)　代数は一つの対象からなる圏である（[訳注] 射の集合はモノイドになり，さらに適切な構造を付加する）．

トコホモロジーを計算することで，原理的にはこの格言を確かめ，コンツェヴィッチの予想を証明し，そして伝統的なミラー対称性やグロモフ–ウィッテン理論との関係を示すことができるのである．

9. テーマを統一する

ミラー対 (M,W) はどうすれば見つかるだろうか？またどのように構成すればよいだろうか？　ミラー対称性はたくさんの結果や証明を生み出してきているのに，これらの基本的な質問に悩まされ続けている．

一方で，堀健太朗とヴァファ（Vafa）は，ミラー対称性の物理的証明を与えた．その証明でミラー対が構成されるが，明白な数学的道筋によるのではない．もちろん，物理的議論を数学化しようと試みることはできるが，そのことで構成法のヒントが得られるようにも思えない．たぶん，経路積分や，繰り込みなどの場の量子論の方法が，数学的によく理解されていないからであろう．

バティレフは，トーリック幾何の文脈でミラー対を構成する手続きを開発した．この方法は，グリーンとプレッサーによるもともとの構成法を，広いクラスの例に一般化する．バティレフの構成法はきわめてうまくいき，あらゆる種類の例を作り出した．しかし，構成の背後に隠れた意味は明らかではない．

ミラー対称性の幾何的構成法として，数学と繋がる物理的議論はあるが，まだ厳密になってはいない．議論には T 双対性を用いる．M 上の B 模型から出発して，M の点 P を 0 次元複素部分空間と見る．すると，M 上の点 P の選び方は，M 自身によりパラメータ付けされる．ミラー対称性により，ミラー多様体 W 上に対応するラグランジュブレーン T が存在しなければならない．さらに，T の選び方全体は，P の選び方全体と等しくなくてはならない，つまり，多様体 M である．したがって，もし W 上にブレーン T を見つけることができれば，T の選び方をパラメータ付けして M を復元できる．よって，W のミラー M を W 自身から見つけることができる．

この構成は幾何的であり，ミラー対称性に関わるカラビ–ヤウ空間の構造について，何がしかのことを述べることができる．具体的に，たとえばラグランジュブレーンを一つ選ぶことは，常にトーラスの族のように見える．したがって，M 自身がトーラスの族のように見えなければならない．さらに，トーラス族に対して（1 個のトーラスに対してするのと同様にして）T 双対を施すことによりミラー多様体 W に戻る，と議論することができる．この議論は，トーラスを円周 $S^1_{R_1}$ の円周族 $(S^1_{R_2})$ として考えたとき行ったことと同じである．族の各元の T 双対をとると，ミラーのトーラスを得る．よって，ミラー対称性は T 双対性であり，ミラー対称となるカラビ–ヤウ空間はトーラスの族のように見えるはずである．この方法は，ホモロジー的ミラー対称性構成法とも関係している．希望は持てるのだが，数学的にはつかみどころがない．

ミラー対称性は，いろいろな見方ができるおかげで，さまざまな応用がある．現時点では，この現象の統一的な理解は得られていない．まだ「群盲象を評す」状態である．

10. 物理学と数学への応用

弦理論における計算道具としては，ミラー対称性はその力において並ぶものがない．他の物理的等価性と結び付けたとき，その力は何倍にもなる．たとえば，物理学におけるある種の等価性で，ある種類の弦理論を別の弦理論と関係付けるものがある．

弦理論の詳細に立ち入らずに，その複雑さの雰囲気をミラー対称性に戻ることで感じることができる．A 模型上の難しいインスタントンの計算を B 模型で計算でき，世界面上の 2 次元場の量子論を非常に簡単にすることができたことを思い出してほしい．しかし，この場の量子論全体は，完全な弦理論の中で，摂動論のためのあるファインマン図を計算するための補助的な道具にすぎなかったのである！　あいにく，完全な弦理論の経路積分を満足のいくように記述することは，この原稿を書いている時点では無理である．弦理論のインスタントン効果はほとんど知られていないが，例外として，弦の等価性やその他の議論により，別の弦理論における摂動効果に関係付けることができる場合がある．次に，その別の理論における摂動的な弦の計算が，ミラー対称性を用いることで実行できるかもしれない．そのように等価性の鎖を伝っていくことで，究極的には，弦理論における多くの異なる現象がミラー対称性により計算できる．

原理的には，ある一つの理論のすべての非摂動的・摂動的側面は，計算を等価な理論に任せてミラー対称性を用いることにより，計算できるはずである．このことを行うにあたり，現時点での障害は，おおよそ技術的なことであって，概念的なことではない．

ミラー対称性という豊かな織物が物理学の範囲を超えて意味することは，問題を適切に定式化するにあたって，おもしろい数学が発見されるであろうことである．たとえば，ブレーンのなす正確な圏を完全に一般的に定義することは難問として残っている．

さらに，数学の問題への直接の応用もある．数え上げ幾何がミラー対称性とインスタントンの数え上げによって，いかに革新されたかについては，すでに解説した．シンプレクティック幾何における結果もまた得られている．偶然，二つの対象が B 模型ブレーンとして等価であることが示されることがあるかもしれない．そのとき，もし A 模型のミラーがそれぞれ見つかれば，ミラーのシンプレクティック空間の対応するラグランジュ部分空間もまた等価である．もちろん，そのような議論をするためには，考えているミラー対に対して，コンツェヴィッチ版のミラー対称性をまず証明しておかなければならない．最後に，最近得られた例として，カプースチンとウィッテンは，ミラー対称性と，表現論における幾何的ラングランズプログラムとの間の関係を見出した．大まかに述べると，このプログラムは 2 次元面とリー群に付随する対象の間の対応である．曲面 Σ とゲージ群 G から，ヒッチンの方程式の解空間 $\mathcal{M}_H$ を構成する．プログラムで中心的なのは，作用素代数の作用のもとで良い振る舞いをする，$\mathcal{M}_H$ の複素解析的な対象である．ラングランズ対応は，そのような対象からなる二つの集合を関係付ける．一方は簡単に計算できて，他方はそれより難しい．実際，$\mathcal{M}_H$ 自身はトーラスの族であり，易しい対象は点に対応する．ミラー対称性によると，それらの点は T 双対でトーラスに化けるべきであり，よって難しい対象はトーラス自身に対応するはずである！　これはわれわれを引き付ける魅力的な命題であるとともに，正確な数学にすることは難しい命題であろう．しかし，挑戦状は突きつけられた．

ミラー対称性が幾何的ラングランズプログラムと関係するという発見は，研究者の間に大きな興奮を引き起こし，この魅力的な現象のまた別の側面を露わにしたのである．

文献紹介

"Physmatics"(物数学)という論説(http://www.claymath.org/library/senior_scholars/zaslow_physmatics.pdf)は，数学と物理学の関係についての一般的な解説であり，本章の補足として役立つかもしれない．大学レベルの数学的素養を持った読者で，ミラー対称性についてもっと詳しく学びたい人には，*Mirror Symmetry*（K. Hori ほか編, Clay Mathematics Monographs, volume 1, American Mathematical Society, Providence, RI, 2003）を薦める．

IV.17

頂点作用素代数

Vertex Operator Algebras

テリー・ギャノン［訳：宮本雅彦］

1. は じ め に

代数とは，個々の対象が持つ意味よりも，抽象的な構造を重要視する数学である．全体構造から，付随しているものを削り取ることで得られる概念的単純化によって，代数は他の領域とは違う特別な力や明瞭さを得る．たとえば，4 次元空間を視覚化することの困難さと，それを人工的な実数の四つ組 (x_1, x_2, x_3, x_4) で表示することの簡単さとを比較してみるとよくわかる．

しかし，このような単なる抽象化だけではない．たとえば，普通の数なら当然のことと考えている $ab = ba$ や $a(bc) = (ab)c$ などの関係式も変形することができ，それが新しい代数構造を生むのである．しかし，純抽象代数の変形を考えた場合，利用価値が高く，かつ興味の持てる豊かな理論を生み出すかどうか判断することは，容易ではない．指針の一つとして，代数は歴史的に幾何と結び付いてきたという事実がある．たとえば，100 年以上前に，**リー** [VI.53] は関係式 $ab = -ba$ と $a(bc) = (ab)c + b(ac)$ が幾何的な理由により研究する価値のあるものだと示唆した．それから導かれた構造は，現在**リー代数** [III.48 (2 節)] として知られている．これから見ていくように，物理学も最近この方向で幾何を取り入れており，華々しい成功を収めている．

有名な物理学者であり数学者でもあるエドワード・ウィッテンは，21 世紀の数学の主要なテーマは，量子場理論として知られている物理学の分野を，数学へ取り込むことだと述べている．特に，共形場理論（弦理論の基礎となる量子場理論）は対称性が高く，性質の良い量子場理論である．この概念を代数に翻訳すると，頂点作用素代数（vertex operator algebra，以下短く VOA と書く）として知られている構造になる．この章では，VOA がどこから来て，何者であり，何が良いのかについて記述していく．

VOA を数ページで説明することは，量子場理論を数ページで説明することに等しく，笑止千万に近い．しかし，くじけずに両方をやってみよう．明らかに，多くの重要な専門的事項をごまかし，主要なものを簡単にしてしまう必要があるだろう．この解説が専門家の怒りを買い，博識な人々が眉をひそめるのではないかという危惧もあるが，少なくとも，この重要で美しい領域の本質だけは伝えたいと考えている．VOA とは，弦理論の代数である．リー代数が 20 世紀への贈り物であったのと同様に，これは 21 世紀への贈り物だと考えてよいだろう．

2.　どこから VOA が来たのか？

20 世紀前半における物理学の最も大きい発展は，相対性理論と量子力学だと言われている．これらの理論は，それまでの常識を覆す結果を与えただけではなく，すべての物理学の理論に影響を与える可能性を持っている枠組みを非常に一般的な方法で与えた点で，革命的であった．古典的な物理理論，たとえば，調和振動子や静電気力の理論を持ってくれば，それを相対化することで相対論と調和のとれた理論となり，また量子化することで量子力学と調和のとれた理論となる．

残念ながら，相対論と量子力学の両方を完全に調和させる方法はわかっていない．言い換えると，相対論の根本事項は重力だが，通常の量子力学をそのまま重力に適用することには成功していない．これは，われわれが無視している非常に小さなスケールで根本的に新しい物理が存在していることを意味している．実際，素朴な計算から，10^{-35} m という距離尺度で表される時空連続体というのは，常識が通用しないほど小さいことがわかる．比較のために述べると，原子の大きさは約 10^{-10} m である．

最も有名であり，論議も多い量子重力場への取り組みは，おそらく弦理論であろう．通常，電子は粒子すなわち点で位置付けるのが原則である．一方，弦理論においては，基本対象は弦（ひも），すなわち，長さがほぼ 10^{-35} m の有限曲線だと考える．そして，一般的に考えられている量子場理論における数十種類の基本粒子の代わりに，1 種類の弦だけが存在し，その（質量や電荷などの）物理的性質はすべて振動モードという弦の動きによって決まると考える．

一つの弦が移動すると，その軌跡は曲面を作り出す．それを世界面と呼んでいる．これから説明するように，弦理論の多くは，量子場理論をこれらの世界面だけで考えるという共形場理論に帰着する．弦理論，そして本質的に同じものである共形場理論以外に，これほど短期間に純粋数学の多くの領域に影響を与えた理論は，おそらく存在しないであろう．事実，1990 年代の 12 名のフィールズ賞受賞者のうち 5 名（ドリンフェルト，ジョーンズ，ウィッテン，ボーチャーズ，コンツェヴィッチ）の研究成果は，これに関係している．本章は，その共形場理論の代数的な影響について述べる．幾何的な影響については「ミラー対称性」[IV.16] を参照してほしい．

2.1　物　理　入　門

議論を進めるために，物理の概観を簡単に眺めておこう．さらなる詳細は「ミラー対称性」[IV.16 (2 節)] を参照してほしい．

2.1.1　状態，物理量，対称性

物理の理論とは，ある種の物理系の振る舞いを決定する規則の集まりである．そして，物理系の状態とは，ある特別な時刻における系の完全な数学的記述である．たとえば，単粒子からなる系の場合，その状態とは，位置 x と運動量 $p = m(\mathrm{d}/\mathrm{d}t)x$ である（ここで m は質量を表す）．物理量とは，位置，運動量，エネルギーといった，物理的に測定可能な量である．理論はこの物理量を使って実験と対比される．もちろんこれが正しいためには，何が物理量であるかを理論的観点から知る必要もある．

古典物理における物理量は，単に状態に関する関数にすぎなかった．たとえば，上で述べた単粒子の場合には，位置と運動に依存したエネルギーを持っており，これは公式 $E = (1/2m)p^2 + V(x)$ で表示さ

れた（この式は動的エネルギーと位置エネルギーを与えている）．通常，別の時刻における古典的状態は，微分方程式系で記述される運動方程式によって決まる．しかしながら，弦理論と共形場理論（conformal field theory，以下 CFT と書く）は量子場理論であり，古典的な理論とは著しく異なり，そこでは「応用線形代数」を考えるのである．古典的状態が少数（上の粒子の場合には二つ）の関数で記述されるのに対し，量子場の状態は**ヒルベルト空間** [III.37] の元であると考え，それらを扱うために，無限に多くの複素数成分を持つ縦ベクトルを使って記述する．量子物理量は，ヒルベルト空間上に作用する**エルミート作用素** [III.50 (3.2 項)] が対応し，それを無限次の行列 $\hat{A}$ だと考え，状態を表示する縦ベクトルに行列の積として作用させるのである．古典物理と同様に，最も重要な物理量の一つは，ハミルトン作用素 $\hat{H}$ で与えられるエネルギーである．

状態を状態に移す線形作用素が物理量の間の概念にどのように関係するかは明らかではないが，観測は古典理論と量子理論の間で大きな違いがある．もし $\hat{A}$ が物理量なら，**スペクトル定理** [III.50 (3.4 項)] により，ヒルベルト空間は**固有ベクトル** [I.3 (4.3 項)] からなる**直交基底** [III.37] を持つ．たとえば，物理量 $\hat{A}$ を持つ作用素で実験を行ったとき，実験結果は $\hat{A}$ の固有値の一つとして得られる．しかし，この実験結果は通常，状態によって完全に決まるものではない．その代わり，確率分布，すなわち，固有値が得られる確率によって決められ，それは状態の対応する固有空間への射影の長さの平方に比例している．すなわち，状態が $\hat{A}$ の固有ベクトルである場合だけ，実験結果は事前に確定する．

量子状態が時間的に発展するとき，独立した二つのタイプの経過がある．有名な**シュレーディンガー方程式** [III.83] によって決まる測定間の決定論的進化と，実験が行われた瞬間に起こる確率論的かつ不連続な進化の二つである．ここでは，決定論的進化のみが関係している．

CFT の対称性は，これから見ていくように非常に豊かである．物理理論における対称性は，それが生み出す二つの結果から，理論を美しくするために必要である．一つ目の結果は，**ネーターの定理** [IV.12 (4.1 項)] により，対称性が時間に依存しない不変量を導くことである．たとえば，通常，粒子の動きの方程式は，平行移動のもとで不変である．実際，2 粒子間の重力は距離だけで決まる．この場合に対応する不変法則は運動量保存法則である．量子理論における対称性から出てくる二つ目の結果は，対称性の無限小生成元が状態の空間 $\mathcal{H}$（状態が属するヒルベルト空間）に作用し，リー代数の表現を作り出すことである．この両方の結果が CFT にとって重要である．

2.1.2　ラグランジュ形式とファインマン図

物理を記述する二つの言語を用意する．一つはラグランジュ形式であり，弦理論と CFT との関係に関与するとともに，弦理論に保型関数が出てくる理由を与える．もう一方はハミルトニアンまたはポアソン括弧形式であり，こちらは代数に関係している．VOA は，これらの二つの形式が密接に繋がっているという「奇跡」を説明しようとするものである．

古典的には，ラグランジュ形式はハミルトンの作用原理を使って表示される．もし作用する力がなければ，粒子は直線に沿って移動する．ここで，直線とは 2 点を結ぶ最小の長さの曲線である．ハミルトンの原理は，このアイデアを任意の力に対してどのように一般化するかを説明する．曲線の長さを最小にする代わりに，粒子は作用と呼ばれるある種の量を最小にするように移動する．

ハミルトンの原理の量子版はファインマンが与えた．彼は，最初の固有状態 $|\mathrm{in}\rangle$ と最後の固有状態 $|\mathrm{out}\rangle$ を結ぶすべて経路上で $\mathrm{e}^{\mathrm{i}S/\hbar}$ の積分をとるという経路積分の手法を使って，$|\mathrm{out}\rangle$ におけるシステムを測定する可能性を記述した．ここではその詳細はそれほど重要ではない（また，数学的にも厳密な定義があるわけではない）．経路積分公式を感覚的に説明すると，粒子は同時にすべての経路を通っていると考え，それらを確率として捉えようとするものである．また，$\hbar$ をプランク定数として，$\hbar \to 0$ という古典極限を考えると，ハミルトンの原理を満たす経路からの寄与が全体を占めるようになり，古典理論と一致する．

ファインマン経路積分の主要な応用は摂動理論である．物理において完全な解を見つけることは一般的に無理であり，しかも役に立たない．実際には，解のテイラー展開の最初の数項を見つけるだけで十分である．量子理論における，いわゆる「摂動的」取り組みは，ファインマン形式において特にわかりやすい．そこでは，展開の各項をグラフとして視覚的に記述することができる．典型的な例を，図 1 (a) に

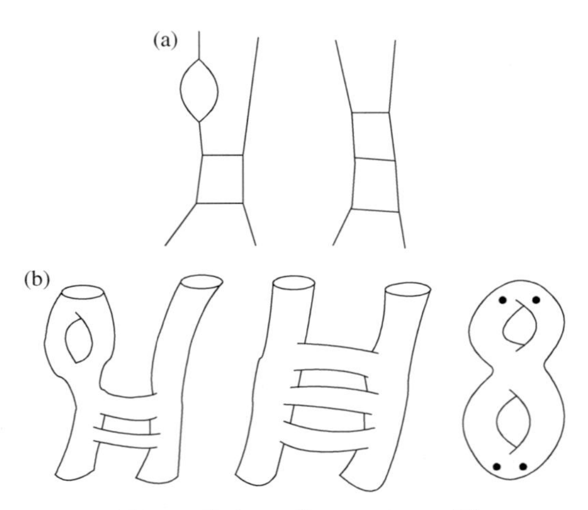

図 1　(a) 粒子，(b) 弦のファインマン図

示す．このテイラー展開における n 乗項に寄与するグラフは，n 個の頂点を含んでいる．ファインマンの規則は，テイラー展開における個々の項を計算するために，いかにしてグラフを積分表示の形に変換するかを与えている．

ここでは，摂動弦理論に注目する．弦のファインマン図（同じタイプの三つの図を図 1 (b) に示す）は，世界面と呼ばれる曲面である．単独でできる量子泡は除いてある．その理由は，(各頂点で特異点を持つ) 粒子グラフと比べて特異点が少なく，弦の数学が美しくなるからである．話を短くするために，弦理論における確率を記述する摂動表示に出てくる項は，対応する世界面における CFT の相関関数と呼ばれる量から計算できることを述べておく．そこでは，ファインマンの経路積分は，曲面の**モジュライ空間** [IV.8] 上で，CFT によって計算される量の積分と一致する．

ファインマン図における頂点は，ある粒子が他に吸収されるか，他の粒子を放出する箇所を表す．弦理論において対応する規則は，図 2 に示すように，世界面を Y 型チューブや三つ足球面のような形に変

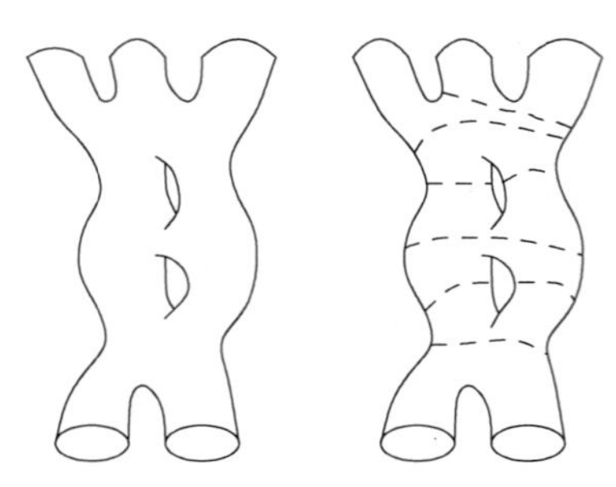

図 2　曲面の分解

形する必要性を示している．足を持つこれらの球面はファインマン図において頂点の役割を果たすので，そこでの経路積分の被積分関数に寄与する因子は頂点作用素と呼ばれており，それが弦の吸収や分離を記述している．VOA というのは，これら頂点作用素の「代数」なのである．

2.1.3　ハミルトン形式と代数

古典的な二つの物理量 $A,\ B$ のポアソン括弧 $\{A,B\}_{\mathrm{P}}$ は

$$\frac{\partial A}{\partial x}\frac{\partial B}{\partial p}-\frac{\partial B}{\partial x}\frac{\partial A}{\partial p}$$

で定義される．$\{A,B\}_{\mathrm{P}}=-\{B,A\}_{\mathrm{P}}$ であり，ポアソン括弧は歪可換である．さらに，ヤコビ律

$$\{A,\{B,C\}_{\mathrm{P}}\}_{\mathrm{P}}+\{B,\{C,A\}_{\mathrm{P}}\}_{\mathrm{P}}+\{C,\{A,B\}_{\mathrm{P}}\}_{\mathrm{P}}=0$$

も満たすので，リー代数の構造も持つ．古典物理のハミルトン形式は，物理量 A の発展を微分方程式 $\dot{A}=\{A,H\}_{\mathrm{P}}$ として記述する．ここで，H は**ハミルトニアン** [III.35]，すなわち，エネルギーに対応する物理量である．

この図の量子化は，ハイゼンベルクとディラックが行った．物理量は滑らかな関数ではなく，線形作用素となり，ポアソン括弧は作用素の交換子 $[\hat{A},\hat{B}]=\hat{A}\circ\hat{B}-\hat{B}\circ\hat{A}$ で置き換えられた．これもまた歪可換性 $[\hat{A},\hat{B}]=-[\hat{B},\hat{A}]$ とヤコビ律を満たすので，量子化の過程は，リー代数の準同型写像を与える．量子物理量 $\hat{A}$ の時間軸方向での微分は，古典的な場合の自然な類似となり，$[\hat{A},\hat{H}]$ の倍数となる．ここで，$\hat{H}$ はハミルトン作用素である．すなわち，ハミルトニアンはエネルギー物理量と時間発展の制御という二つの役割を持っている．物理というのは，常に状態空間 $\mathcal{H}$ 上の物理量による作用や，これらの物理量と $\hat{H}$ との交換子などをすべて含んでいるものと考える．

この図を調和振動子として知られている量子励起で見てみよう．物理量である位置 $\hat{x}$ と運動量 $\hat{p}$ は可能な励起状態を表示する無限次元空間 $\mathcal{H}$ に働く作用素である．これらを $[\hat{a},\hat{a}^{+}]=I$ という関係式を満たす $\hat{a}$ と $\hat{a}^{+}$ で表示し，その線形結合を考えると便利である（ここで，I は恒等変換，$+$ はエルミート随伴または複素共役を表す）．他の物理量はすべて $\hat{a}$ と $\hat{a}^{+}$ から導くことができる．たとえば，ハミルトニアン $\hat{H}$ は，ある正の定数 l を使って

$$l\left(\hat{a}^{+}\hat{a}+\frac{1}{2}\right)$$

と表示することができる．$|0\rangle$ で表示される真空は，エネルギー最小の状態である．言い換えると，状態 $|0\rangle$ は $\hat{H}$ の最小の固有値を持つ固有ベクトルである．すなわち，ある $E_0 \in \mathbb{R}$ があって，$\hat{H}|0\rangle = E_0|0\rangle$ を満たし，他の固有値 E は E_0 より大きいということである．これから $\hat{a}|0\rangle = 0$ ということが出てくる．なぜなら，直接の計算より

$$\begin{aligned}\hat{H}\hat{a}|0\rangle &= l\left(\hat{a}^{+}\hat{a}+\frac{1}{2}\right)\hat{a}|0\rangle = l\left(\hat{a}\hat{a}^{+}-\frac{1}{2}\right)\hat{a}|0\rangle \\ &= \hat{a}l\left(\hat{a}^{+}\hat{a}-\frac{1}{2}\right)|0\rangle = \hat{a}(\hat{H}-l)|0\rangle \\ &= (E_0-l)\hat{a}|0\rangle\end{aligned}$$

が得られる．ここで，関係式 $\hat{a}^{+}\hat{a} = \hat{a}\hat{a}^{+} - I$ を使った．この計算から，もし $\hat{a}|0\rangle$ が零でなければ，E_0 より小さい固有値を持った $\hat{H}$ の固有ベクトルが出てくることになり，矛盾を引き起こす（物理量 $\hat{a}^{+}$ と $\hat{a}$ がそれぞれ生成作用素，消滅作用素と呼ばれる理由は，あとで見るように，ある n 粒子状態から一つの粒子を加えたり消滅させたりしていると理解できるからである）．

$\hat{a}|0\rangle = 0$ なので，$\hat{H}|0\rangle = (1/2)l|0\rangle$ であり，$E_0 = (1/2)l$ であることがわかる．各自然数 n に対して状態 $|n\rangle$ で $(\hat{a}^{+})^n|0\rangle \in \mathcal{H}$ を表すとする．上と同じ計算から，$|n\rangle$ はエネルギー $E_n = (2n+1)E_0$ を持つことがわかる．たとえば，$\hat{a}|0\rangle = 0$ という事実を使うと

$$\begin{aligned}\hat{H}|1\rangle &= l\left(\hat{a}^{+}\hat{a}+\frac{1}{2}\right)\hat{a}^{+}|0\rangle \\ &= l\left(\hat{a}^{+}(\hat{a}^{+}\hat{a}+I)+\frac{1}{2}\hat{a}^{+}\right)|0\rangle \\ &= \frac{3}{2}l\hat{a}^{+}|0\rangle = E_1|1\rangle\end{aligned}$$

である．真空は基底状態であり，$|n\rangle$ を，n 量子的粒子を持った状態だと考える．これらの状態 $|n\rangle$ が状態空間 $\mathcal{H}$ 全体を張っている．物理量が状態にどのように作用するかを見るために，その物理量を基本物理量 $\hat{a}, \hat{a}^{+}$ の言葉で記述し，かつ状態を基本状態 $|n\rangle$ の言葉で記述する．このような代数的な方法で，物理状態をすべて記述できるのである．

真空と作用素を使ってすべての物理状態 $\mathcal{H}$ を構成するという考えは，数学として豊かなものを生み出す．実際，同様のことが，リー代数の非常に重要な加群に対しても起こっている．

2.1.4　場

古典理論における場とは，空間と時間の関数である．その値は数やベクトルであり，それは気温や川の流れなどの量を表す．量子場における値は作用素であり，量子場自身は空間と時間の関数ではなく，シュワルツの**超関数** [III.18] と呼ばれる拡張されたものになっている．シュワルツの超関数の典型的な例として，ディラックのデルタ関数 $\delta(x-a)$ がある．名前に関数と付いているが，これは関数ではなく，十分性質の良い関数 $f(x)$ に対して，

$$\int f(x)\delta(x-a)\mathrm{d}x = f(a) \qquad (1)$$

という性質を満たすものとして定義される．$\delta(x-a)$ は関数ではないが，階段関数の微分と解釈することができる．また，この関数は $x = a$ を除くすべての点で零をとり，$x = a$ では無限大となるものと理解してもよい．すなわち，面積が 1 で，無限の高さを持ち無限に幅の狭い長方形が $x = a$ の位置にあると考えるわけである．しかし，これは式 (1) のような形の積分の中においてのみ意味を持つ．同じような解釈を一般のシュワルツの超関数に対しても適用できる．この場合，量子場は時空間の内部において，上の f のようなテスト関数に適用したときにのみ値を求めることができる．しかも，その積分の値は状態空間 $\mathcal{H}$ 上の作用素となっている．

ディラックのデルタ関数は，古典力学において古典場のポアソン括弧を考えるときに現れる．同様に量子場の交換子もデルタ関数を含む．たとえば，最も簡単な場合では，量子場 φ は

$$\left.\begin{aligned}[\varphi(x,t),\varphi(x',t)] &= 0 \\ \left[\varphi(x,t),\frac{\partial}{\partial t}\varphi(x',t)\right] &= \mathrm{i}\hbar\delta(x-x')\end{aligned}\right\} \qquad (2)$$

を満たす．これは量子場理論の内容を数学的に記述したものであり，局所性と呼ばれる物理の大切な原則である*1)．物体に影響を与える方法は，原則的に少しずつ（局所的に）動かすことである．触れずに

*1) より正確に述べると，量子場における局所性が主張するのは，時空間において光速以下では結び付かない関係にある 2 点を考えたとき，それぞれの量子場は因果的に独立であるということであり，特に，そのような 2 点における測定は同時に行ったとしても十分正確だということである．量子場理論において，これは 2 点の測定の順番に関係ないということ，すなわち，それらの作用が可換であることと同等であり，等式 (2) が局所性を満たすことを意味している．

影響を与えるためには，水面のさざ波のように，擾乱をそれに向かって伝搬しなければならない．古典場および量子場の主目的は，局所性を実現するための自然な媒体を用意することである．この局所性は VOA の心臓部となる．

現代物理の重要な特徴は，古典物理の中心的概念の多くが本質的なものではなく，他のものから導かれる量となったことである．たとえば，**一般相対性理論** [IV.13] の基本対象はローレンツ多様体であり，質量や重力などのよく知られた物理的な量は，多様体における幾何的な特性を表すもの（正確ではないが）にすぎなくなる．

粒子は明らかに古典物理にとって本質的であるが，量子場理論のこれまでの簡単な概説では出てこない．これらは，2.1.3 項で説明した作用素 $\hat{a}, \hat{a}^{+}$ のような役割を果たす量子場 φ のモードと呼ばれるものを通して出てくる．モードとは，フーリエ係数を計算するときに行うように，量子場に適切なテスト関数をかけて，積分することで出てくる作用素である．フーリエ係数の場合には，テスト関数は**三角関数** [III.92] である．実際，見方を変えるとモードはある種のフーリエ係数である．これらのモードの交換子は，場の交換子から得ることができる．さて，弦理論の頂点作用素は弦の放出や吸収に関係していると述べた．すぐにわかるように，これらの頂点作用素は，点粒子の量子場理論（すなわち，関係した CFT）における量子場である．これらの頂点作用素のモードは，その CFT における粒子（標準的な言い方では，状態），言い換えると，その弦理論における一つの弦のさまざまな振動状態を作り出す．

2.2 共形場理論

共形場理論（CFT）とは，2 次元の時空間上の量子場理論であって，すべての共形変換を含む対称性を持つものである．これが何を示すかは後の段落で説明するが，まずは，CFT とは特別な対称性を持つ量子場であることを理解しておこう．この CFT は，時間とともに衝突したり分裂したりする弦の集まりが作り出す軌跡（世界面）Σ の上だけで考えたものである．ここでは基本理論を簡単に記述し，3.1 項で詳しく述べる．

他の 2 次元量子場理論も同じだが，CFT はほぼ独立した二つの部分から成り立っている．このことは，弦理論の言葉で説明したほうが簡単である．弦上の振動は対応する状態の物理的性質（電荷や質量など）を与えているが，弦に沿って時計回りおよび反時計回りの二つの方向に（光速で）動くことができる．それらが逆方向に動くとき，互いに相互作用することなく通り過ぎる．これらの二つの選択肢（時計回り，反時計回り）が，CFT の二つのカイラル部分と呼ばれるものを生み出す．CFT の研究では，まずそれぞれのカイラル部分を調べ，それらを統合して 2 重カイラル物理量を構成する．CFT における数学的な興味は，物理とは異なり，ほぼこのカイラル情報に集約される．そこが VOA の活躍する場所である．説明を簡単にするために，片方のカイラル部分だけを扱う．

共形変換とは，角度を保つ変換である．2 次元が CFT にとって特別重要な意味を持つ理由の一番簡単な説明は，高次元とは異なり，2 次元では非常に多くの共形変換があるということである．3 次元以上では，共形変換は平行移動，回転，拡大などの自明なものしかない．これは，$n \geq 3$ の場合には，n 次元空間における局所共形変換全体の空間が $\binom{n+2}{2}$ 次元しかないことを意味している．一方，2 次元における局所共形変換ははるかに豊かで，無限次元となる．事実，2 次元空間を複素平面と見ると，点 z_0 で微分が零とならない**正則関数** [I.3 (5.6 項)] は，すべて z_0 の近傍で共形的である．CFT はすべての共形変換のもとで不変であり，共形変換が多数あると，CFT は本質的に対称性が高いものになる．このことが，CFT を数学的に興味のあるものにする．

リー代数は，局所対称性があると自然に出てくる．実際，無限小共形変換から無限次元のリー代数を構成することができる．このリー代数（共形代数）は，基底 l_n, $n \in \mathbb{Z}$ を持ち，関係式

$$[l_m, l_n] = (m-n)l_{m+n} \tag{3}$$

を満たす．CFT の共形対称性を代数的に解釈すると，あとで示すように，上の基底元 l_n が理論のすべての量に自然な形で作用していることになる．

すべてのものの基本となっている例は，直進してきた弦が形成する半無限円柱の形の世界面を時空間 Σ として考える場合である．半円柱の時空間は，時間 $t < 0$ と弦のまわりの角度 $0 \leq \theta < 2\pi$ を変数として表示できる．$z = \mathrm{e}^{t-\mathrm{i}\theta}$ によって，この半無限円柱は複素平面の穴開き円板に共形的に写像され，

$t = -\infty$ のときが $z = 0$ に対応する．この対応を使って円柱の共形変換とはどのようなものであるかを説明していこう．

CFT の量子場 $\varphi(z)$ は，弦理論の頂点作用素である．これらの量子場 φ は，時空間 Σ 上の作用素を値に持つシュワルツの超関数であり，状態の空間 $\mathcal{H}$ に作用している．さて，以下の意味で，場 φ が「正則」であるということを考える．まず，各 $n \in \mathbb{Z}$ に対して φ のモード φ_n を計算する．これは公式

$$\varphi_n = \frac{1}{2\pi\sqrt{-1}} \int \varphi(z) z^n dz$$

で与えられ，状態の空間 $\mathcal{H}$ の線形変換である．ここで，積分は原点のまわりの小さな円を動くとする．このとき，これらのモードを形式的ベキ級数 $\sum_{n\in\mathbb{Z}} \varphi_n z^{-n-1}$ の係数と捉える．3.1 項で詳細に説明する意味において，この形式的ベキ級数が φ と同一視できるとき，φ を正則（holomorphic）と呼ぶ．一般的な場 $\varphi(z)$ は，正則というより，正則場と非正則場の結合であり，それぞれが CFT の二つのカイラル部分を作り出している．ここでは，正則場 $\varphi(z)$ の空間に着目し，$\mathscr{V}$ で表す．これが VOA になるわけである（非正則場でも同様に作れる）．

たとえば，最も重要な頂点作用素は，共形対称性から直接出てくるストレス–エネルギーテンソル $T(z)$ であり，これはネーターの定理が述べる共形対称性に関連した「保存カレント」である．そのモード（ここではネーターの「保存電荷」）を $L_n = \frac{1}{2\pi\sqrt{-1}} \int T(z) z^{n+1} \mathrm{d}z$ で表すと，$T(z) = \sum_n L_n z^{-n-2}$ であり，これが共形代数をほぼ実現していることがわかる．ただし，式 (3) ではなく，少し複雑になった関係式

$$[L_m, L_n] = (m-n)L_{m+n} + \delta_{n,-m} \frac{m(m^2-1)}{12} cI \tag{4}$$

を満たしている．ここで I は恒等写像である．言い換えると，作用素 L_n と I は共形代数を I で拡張したものになっている．これらで作り出される無限次元リー代数はヴィラソロ代数と呼ばれ，$\mathfrak{Vir}$ で表す．式 (4) に出てくる数 c は CFT の中心電荷と呼ばれ，そのおおよその大きさを表す．

作用素 L_n は，正確には共形代数 (3) を表現していないが，射影表現と呼ばれるものを形成している．式 (4) のような対称性の射影表現は量子理論ではよく出てくるし，必要なら代数のほうを拡張すれば，射影表現はその代数の表現となるので，表現が真の表現であるかどうかはそれほど問題ではない．ここでは，状態の空間 $\mathcal{H}$ はヴィラソロ代数 $\mathfrak{Vir}$ の真の表現を内部に持っており，$\mathcal{H}$ を体系化するのに役立っている．

どの量子場理論も，**状態–場対応**と呼ばれるものを持っている．すなわち，各場 φ に対して，時刻 t を $-\infty$ とすると $\varphi|0\rangle$ になるような初期状態が対応する（ここで，$|0\rangle$ はいつもどおり $\mathcal{H}$ の真空状態であり，φ は状態に作用している）．CFT はこの状態–場対応が 1 対 1 対応であるという点で特別なものである．それゆえ，この対応により $\mathscr{V}$ と $\mathcal{H}$ を同一視することができ，場を記述するのに状態を使うことができる．

われわれは $\mathscr{V}$ を代数として扱いたい．しかし，通常の関数と違って，シュワルツの超関数は通常の積が定義できず，単なる積 $\varphi_1(z)\varphi_2(z)$ をとることができない．たとえば，式 (1) に出てきたディラックのデルタ $\delta(x-a)$ を 2 乗することはできない．しかし，積 $\varphi_1(z)\varphi_2(z)$ が意味を持たないとしても，Σ^2 上の作用素に値を持つシュワルツの超関数 $\varphi_1(z_1)\varphi_2(z_2)$ としては意味を与えることができる．そして，$z_1 = z_2$ という特異点の近傍を調べることで，CFT における物理の大半を再生することができる．積 $\varphi_1(z_1)\varphi_2(z_2)$ を $\sum_h (z_1-z_2)^h O_h(z_1)$ の形の和に展開することを作用素積展開という．各係数 $O_h(z)$ が再度 $\mathscr{V}$ にあるという意味で，$\mathscr{V}$ はこの積に関して閉じている．典型的な例は，

$$T(z_1)T(z_2) = \frac{1}{2}c(z_1-z_2)^{-4}I + 2(z_1-z_2)^{-2}T(z_1) + (z_1-z_2)\frac{\mathrm{d}}{\mathrm{d}z_1}T(z_1) + \cdots$$

である．物理学者は $\mathscr{V}$ をカイラル代数と呼ぶ．これがわれわれの考える VOA の原型である．これは通常の意味での代数ではない．与えられた頂点作用素 $\varphi_1(z)$ と $\varphi_2(z)$ に対して，ある一つの積 $\varphi_1(z) * \varphi_2(z)$ が決まるのではなく，無限個の整数 h に対して積 $\varphi_1(z) *_h \varphi_2(z) = O_h(z)$ が決まり，これらがすべて $\mathscr{V}$ に属しているのである．

ハミルトニアンはどの量子場理論においても決定的な役割を果たしており，ここでは以前に述べたモード L_0 に対応している．物理量として，L_0 は $\mathcal{H}$ 上に対角化可能な作用として働く．これは，$\mathcal{H}$ の元 v はエネルギー h を持つ元 $v_h \in \mathcal{H}$（すなわち $L_0 v_h = h v_h$）の有限和 $\sum_h v_h$ として表すことができることを言っている．

CFT の中でも，特に性質の良いクラスがある．ある CFT における反正則場の空間を $\bar{\mathscr{V}}$ で表す．これはもう一方のカイラル部分である．前に述べたように，CFT 全体は $\mathscr{V}$ と $\bar{\mathscr{V}}$ を合わせたものである．$\mathscr{V} \oplus \bar{\mathscr{V}}$ が CFT の全量子場空間の中で，（定義はしないが適切な意味で）有限指数を持つほど十分大きいときに，CFT を有理型と呼ぶ．有理型という名前は，中心電荷 c や他のパラメータなどが有理数となることに由来する．

有理型 CFT の数学は特に豊かである．一つの例を見ていこう（大半の読者にとって聞き慣れない専門用語が出てくるが，どのような分野が CFT と関係しているかが想像できるだろう）．他も同様であるが，CFT から出てくる量子確率はカイラル量を計算し，それらを合わせることによってわかってくる．これらのカイラル量は，**共形ブロック**または**カイラルブロック**と呼ばれ，単純なファインマン規則のようなルールを使って，図 2 のような解析を行うことで得られる．有理型 CFT においては，任意の世界面 Σ（すなわち，任意の種数 g と n 個の穴が開いた曲面）に対して，有限次元空間のカイラルブロック $\mathcal{F}_{g,n}$ を得る．これらの空間は（モジュライ空間 $\mathcal{M}_{g,n}$ の基本群 π_1 として定義された）写像類群 $\Gamma_{g,n}$ の射影表現を持つ．この $\Gamma_{g,n}$ の表現からさまざまな結果が出てくる．たとえば，部分因子環に対する**組ひも群** [III.4]（および**結び目** [III.44]）のジョーンズ関係式，モンストラス・ムーンシャインに対するボーチャーズの解説，ドリンフェルト–河野のモノドロミー定理，アフィン・カッツ–ムーディ指標の保型性などである．いくつかについては，第 4 節でもう一度触れる．

ここで最も重要な例はトーラスである．カイラルブロックはモジュラー関数であり，これは数学で基本的に重要な関数である．モジュラー関数というのは，上半平面 $\mathcal{H} = \{\tau \in \mathbb{C} \mid \mathrm{Im}\tau > 0\}$ で定義された有理型関数 $f(\tau)$（すなわち，無限の値をとるいくつかの点を除くと正則な関数）であり，行列式 1 を持つ整数成分の 2 次正方行列全体がなす群 $SL_2(\mathbb{Z})$ に関して対称である．ここで，対称というのは $\left(\begin{smallmatrix} a & b \\ c & d \end{smallmatrix}\right) \in SL_2(\mathbb{Z})$ に対して，$f((a\tau+b)/(c\tau+d))$ が $f(\tau)$ に一致するか，一致していなくても密接に関係しているということである．これに関しては，3.2 項でさらに見ていく．

モジュラー不変性がなぜ出てくるのかは，弦理論におけるファインマンの経路積分がモジュライ空間上の積分であるという 2.1.2 項の説明から理解できる．トーラスに関するモジュライ空間 $\mathcal{M}_{1,0}$ は上半平面に対する $SL_2(\mathbb{Z})$ の作用による商空間として捉えることができる．それゆえ，ファインマンの経路積分の被積分関数を $\mathcal{M}_{1,0}$ から $\mathcal{H}$ まで持ち上げると，$SL_2(\mathbb{Z})$ 不変な関数 $\mathbb{C}Z(\tau)$ を作ることができる．この被積分関数 $\mathbb{C}Z(\tau)$ はトーラスに対するカイラルブロックの平方和となっている．

3. 頂点作用素代数とは何か？

VOA の完全な公理を記述していく方法もあるが，初めて（いや，初めてでなくても）この公理を見た人は，非常に複雑でかつ曖昧に思え，その重要性を理解できないだろう．それを避けるために，少し砕けた方法で説明しよう．そのほうが，厳密さは失うが，重要性がわかりやすい．これまで説明してきたように，CFT（または摂動的弦理論）の重要性は理解できたであろう．VOA は密接に CFT と関係していることを説明すれば，重要性を説明したことになるが，これだけで終わらないのが VOA である．

3.1　定　　義

それでは，VOA を，そうあるべき姿で定義していこう．VOA とは頂点作用素の代数である．言い換えると，CFT のカイラル代数である．この言葉を理解する上で最も重要なことは，頂点作用素とは量子場だということである．すなわち，これまで見てきたように，時空間の作用素を値に持つシュワルツの超関数なのである．

正確ではないが，時空間上の行列を値とする関数と考えることができる．ただし，この行列は無限のサイズを持っており，しかも成分はデルタ関数 (1) のような拡張された関数である．これらの頂点作用素を簡単に説明する良い記述法を与えよう．

ここに出てくる時空間は，$z = 0$ で穴の開いた複素平面内の単位円板を意味する．2.2 項で述べたように，弦理論的には，この集合は弦のまわりに角 $-\pi < \theta \leq \pi$ の範囲で動き，軸に沿って時間 $-\infty < t < 0$ で動く領域を示す半無限円柱に対応している．半無限円柱から穴開き円板への対応は $(\theta, t) \to z = \mathrm{e}^{t-\mathrm{i}\theta}$ で与えられている．ここでは，z に正則に依存する量子場のみを考える．ただし，シュワルツの超関数に対して，正則というものが何を意

味するのかは明白ではない．この問題に関しては2.2項でも触れたが，より深く考察してみよう．

そのためには，頂点作用素のより厳密な記述が必要である．基本的なアイデアは，正則シュワルツの超関数に対する都合の良い代数的解釈である．形式和

$$d(z) = \sum_{n=-\infty}^{\infty} z^n \tag{5}$$

を考える．たとえば，$f(z) = 3z^{-2} - 5z^3$ との積をとってみると

$$\begin{aligned} f(z)d(z) &= 3\sum_{n=-\infty}^{\infty} z^{n-2} - 5\sum_{n=-\infty}^{\infty} z^{n+3} \\ &= 3\sum_{n=-\infty}^{\infty} z^n - 5\sum_{n=-\infty}^{\infty} z^n = -2d(z) \end{aligned}$$

となる．いくつか計算してみると，任意の z と z^{-1} の多項式関数 $f(x)$ に関して，$f(z)d(z) = f(1)d(z)$ であることに気づく．すなわち，$d(z)$ は少なくとも多項式 f をテスト関数とする限り，ディラックのデルタ $\delta(z-1)$ と同じ働きをする．$d(z)$ はどの z においても収束しない．正のベキの和の部分は $|z| < 1$ においてのみ収束し，負ベキ部分の和は $|z| > 1$ でのみ収束する．「関数」$d(z)$ は形式ベキ級数の一例である．すなわち，任意の a_n を持ってきて，それらの級数 $\sum_{n=-\infty}^{\infty} a_n z^n$ を考える．収束するかどうかは考えない．

これらの形式的ベキ級数は穴開き平面上で正則であることがわかる．結局のところ，正則かどうかは，複素微分 $\mathrm{d}/\mathrm{d}z$ が存在するかどうかということであり，上の形式的ベキ級数の微分 $\sum_n na_n z^{n-1}$ もやはり形式的ベキ級数である（一方，非正則級数とは，複素共役 $\bar{z}$ を含むものである）．

それゆえ，頂点作用素というは，形式的ベキ級数 $\sum_{n=-\infty}^{\infty} a_n z^n$ であり，係数 a_n は状態の空間である無限次元空間 $\mathscr{V}$ 上の作用素（線形変換）ということになる．頂点作用素は，状態と 1 対 1 対応しているので，（前に状態–場対応と呼んだ）各状態に頂点作用素を貼り付けることができ，標準的な記号を使って，状態 $v \in \mathscr{V}$ に対応する頂点作用素を

$$Y(v,z) = \sum_{n=-\infty}^{\infty} v_n z^{-n-1} \tag{6}$$

で表す．記号 Y は三つ足を持つ球をイメージしている．これは弦理論の頂点である．これらの係数 v_n はモードであり，どの量子場理論でもそうであるように，理論における物理量と状態はこれらから導き出される．

理論において最も重要な状態は真空 $|0\rangle$ であり，対応する頂点作用素 $Y(|0\rangle, z)$ は恒等変換 I である．物理的観点から，頂点作用素 $Y(v,z)$ は時刻 $t = -\infty$ において状態 v を作り出す場である．すなわち，$Y(v,0)|0\rangle$ が存在して，v に等しくなる（先に説明したように，われわれのモデルでは，$z = 0$ が $t = -\infty$ に対応している）．特に，これは $v_{-1}(|0\rangle) = v$ を意味しており，すべての量子場理論で要求されているように，状態の空間 $\mathscr{V}$ のすべての元は真空からモードによって生成される．

理論において最も重要な物理量は，ハミルトニアンまたはエネルギー作用素と呼ばれるものであり，L_0 で表す．これは対角化可能であり（それゆえ，$\mathscr{V}$ は L_0 固有空間の直和となっており），それらの固有値は整数である．たとえば，真空 $|0\rangle$ は 0 エネルギーを持つ．すなわち，$L_0|0\rangle = 0$ である．$|0\rangle$ は最小のエネルギーを持つべきなので，$\mathscr{V}$ の L_0 固有空間分解は

$$\mathscr{V} = \bigoplus_{n=0}^{\infty} \mathscr{V}_n$$

となる．ここで，$\mathscr{V}_0 = \mathbb{C}|0\rangle$ である．各空間 $\mathscr{V}_n$ は有限次元であり，L_0 が状態の空間 $\mathscr{V}$ に $\mathbb{Z}_+$ 次数を定義していると考えることができる．

理論において最も重要な頂点作用素は，ストレス–エネルギーテンソル $T(z)$ である．対応する状態は共形ベクトル ω と呼ばれる．すなわち $Y(\omega, z) = T(z)$ である．これは，ω がヴィラソロ代数 $\mathfrak{Vir}$ の表現 (4) を作り出すモード $\omega_n = L_{n-1}$ を持っているということである（式 (4) は共形対称性を持つための代数的な表現である）．また，共形ベクトルはエネルギー 2 を持つ．すなわち $\omega \in \mathscr{V}_2$ である．

重要なものがまだ抜けている．VOA を決定付ける最も重要な公理は，局所性と呼ばれる性質である．少し計算はいるが，この性質は，二つの頂点作用素の交換子 $[Y(u,z), Y(v,w)]$ が，ディラックのデルタ関数 $\delta(z-w) = z^{-1}\sum_{n=-\infty}^{\infty}(w/z)^n$ やその高次微分 $(\partial^k/\partial w^k)\delta(z-w)$ の有限線形和で表示できることと同じである．

たとえば，$(z-w)^{k+1}(\partial^k/\partial w^k)\delta(z-w) = 0$ である．これを示すために，まず $k = 1$ の場合を考えると，

$$(z-w)^2 \frac{\partial}{\partial w}\delta(z-w)$$

$$= \sum_{n=-\infty}^{\infty} (nw^{n-1}z^{-n+1} - 2nw^n z^{-n} + nw^{n+1}z^{-n-1})$$

$$= \sum_{n=-\infty}^{\infty} \{(n+1) - 2n + (n-1)\} w^n z^{-n} = 0$$

となっている．一般の k に対する証明も同様にできる．それゆえ，局所性は任意の $u, v \in \mathscr{V}$ に対して，正の整数 N があって

$$(z-w)^N [Y(u,z), Y(v,w)] = 0 \tag{7}$$

という形に置き換わる．この等式は一見奇妙に見えるかもしれない．単純に両辺を $(z-w)^N$ で割って，頂点作用素同士が可換だと，なぜ言わないのだろうか？　答えは，形式的ベキ級数を扱っているので，零因子がありうるということである．たとえば，容易に $(z-1)\sum_{n\in\mathbb{Z}} z^n = 0$ だとわかるが，$\sum_{n\in\mathbb{Z}} z^n = 0$ ではない．式 (7) の局所性は VOA の心臓部である．たとえば，モードが満たすべき 3 重無限級数としても表示することができる．そして，いかに強い条件を課しており，VOA の例を見つけることがいかに興味深いかを，このことが示している．

これで，VOA の定義が完成した．これらの性質の結果として，モード u_n は最初に述べた L_0 次数と結び付いている．すなわち，u がエネルギー k を持ち，v がエネルギー l を持てば，$u_n(v)$ はエネルギー $k+l-n-1$ を持つ．ここで述べた定義は CFT 型の VOA と呼ばれる．文献によっては，これらの条件は弱められたり削除されたりしている．たとえば，多くの理論では，共形ベクトル ω の存在を仮定しない．しかし，次項で説明するように，われわれにとってはその存在が決定的な意味を持つ．

VOA は，物理的対象であると同時に，数学的対象である．これらを研究する動機を説明するために，物理的な起源を強調してきた．単純に，CFT に価値があるから，VOA もそうだということではなく，VOA が実際に価値を持つことを第 4 節で見る．しかし，純粋に数学的な観点から，われわれがいくら数学的要素のリストを掲げ，「これを考えよう．そうだあれも．でも，こんな条件を付けて …」と数学者たちだけが満足するものを構成しても，どこか都合良く作られたもののように思われてしまうかもしれない．幸運にも，数学的構造物として恣意的なものにしない VOA の抽象的な定式化がある．たとえば，ファンは VOA を以下の意味で 2 次元化されたリー代数と見なせることを示した．表現の中にリー積の順番を，たとえば $[a,[[b,c],d]]$ のように記載しようと考えたとき（リー積は結合法則が成り立たないので，括弧の順番は重要である），2 元木の助けを借りて表示できる．そのような木の言葉でリー代数を定式化することが簡単にできるのである．ファインマン図で行ったように，2 元木を足のある球で構成される図に置き換えれば，VOA に対応する構造を構成できるのである（もちろん，これはファンがしたことのほんの一部である）．

3.2 基本的性質

前項で説明したように，VOA は無限個の関係式を満たす無限個の積 $*_n$（すなわち $u *_n v = u_n(v)$）を持つ無限次元の $\mathbb{Z}_+$ 次数付きベクトル空間である．言うまでもなく，定義は簡単ではなく，しかも簡単な例もない．

しかし，もし共役対称性（すなわち共形元 ω の存在）を無視するならば，興味ある例ではないが，簡単なものがある．最も簡単な例は，1 次元代数 $\mathscr{V} = \mathbb{C}|0\rangle$ である．より一般に，式 (7) で $N=0$ を満たす VOA は，単位元 $|0\rangle$ を持つ可換結合代数である．それは積 $u * v = u_{-1}(v)$ に関する微分 $T = L_{-1}$ も持っている（一般に普通の微分が持っている関係式 $T(u*v) = T(u)*v + u*(Tv)$ を満たす線形写像も微分と呼ばれている）．この主張の逆も正しい．そのような可換結合代数は，$N=0$ となる式 (7) を満たす共役対称性を持たない VOA である．これらの単純な例において，微分 T の役割は，頂点作用素の z 依存を復元することである．

したがって，もし興味ある例がほしいなら，式 (7) の N は零でない必要がある．同様に，頂点作用素 $Y(u,z)$ がシュワルツの超関数（すなわち，上下に無限和が続くもの）でなければならず，さもなければ，VOA は可換結合代数になる．

どの VOA（共形元の存在を仮定しなくてもよい）においても，空間 $\mathscr{V}_1$ はリー積 $[u,v] = u_0(v)$ を持つリー代数となる（少なくとも $\mathscr{V}_1 \neq \{0\}$ であるとき）．このリー代数は 0 積（$v \in \mathscr{V}_1, u \in \mathscr{V}_n$ なら $v_0 u \in \mathscr{V}_n$）で，各 $\mathscr{V}_n$ に作用しており，VOA の連続的な対称性を作り出すので重要である．標準的な VOA $\mathscr{V}$ の場合，これらのリー代数はよく知られたものになる．たとえば，有理型 CFT に対応する VOA の場合に

は，これらのリー代数は簡約であり，すなわち，単純リー代数か自明なリー代数 $\mathbb{C}$ の直和である．

VOA の表現論を考えると，共形元の存在は重要である．$\mathscr{V}$ 加群は通常の方法で定義する．詳細をここでは与えないが，簡単に述べると，VOA 構造を保つような方法で $\mathscr{V}$ が作用している空間である．たとえば，$\mathscr{V}$ は自動的に $\mathscr{V}$ 加群となる．群が自然な方法で自分に作用するのと同じである（後者は「表現論」[IV.9 (2 節)] を参照）．有理型 VOA は単純な表現論を持つものとして定義される．すなわち，有限個の既約 $\mathscr{V}$ 加群の同型類を持ち，任意の $\mathscr{V}$ 加群は既約加群の直和である．それらは有理型 CFT から来ている VOA なので，有理型 VOA と呼ばれる．この場合，$\mathscr{V}$ はそれ自身に既約に作用している．

おのおのの既約 $\mathscr{V}$ 加群 M は，$\mathscr{V}$ の L_0 次数付けに対応した有理数による L_0 次数付け $M = \bigoplus_h M_h$ を持つ（すなわち $v \in \mathscr{V}_m$, $u \in M_h$ なら $v_n u \in M_{m+h-n-1}$），各 M_h は有限次元である．その指標 $\chi_M(\tau)$ は

$$\chi_M(\tau) = \sum_h \dim M_h \mathrm{e}^{2\pi \mathrm{i}\tau(h-c/24)} \tag{8}$$

で定義される．ここで，c は中心電荷である．この定義は，CFT においても，リー代数（またはアフィン・カッツ–ムーディ代数）においても出てくる．ただ，$c/24$ が次の式 (9) に出てくることは，リー理論においては神秘的なことであった (CFT においては，ある位相的効果として自然な説明がある)．これらの指標は，上半平面 $\mathcal{H}$ における任意の τ に対して収束する．そして，これら指標の張る空間は，モジュラー群 $SL_2(\mathbb{Z})$ の表現を持つ．すなわち，$\phi(\mathscr{V}) = \{M_1, \ldots, M_n\}$ を既約 $\mathscr{V}$ 加群の同型類の集合とし，$\left(\begin{smallmatrix} a & b \\ c & d \end{smallmatrix}\right) \in SL_2(\mathbb{Z})$ とすると，n 次複素行列 $\rho\left(\begin{smallmatrix} a & b \\ c & d \end{smallmatrix}\right)$ があって，

$$\chi_{M_i}\left(\frac{a\tau + b}{c\tau + d}\right) = \sum_{j=0}^{n} \rho \begin{pmatrix} a & b \\ c & d \end{pmatrix}_{ij} \chi_{M_j}(\tau) \tag{9}$$

となる．式 (9) に対するズーの長い証明は，有理型 CFT に対する直観に負うところが大きい．この証明は，おそらく VOA 理論の重要なポイントとなる．次の節で，これがなぜ重要であるかを示そう．

4. 頂点作用素代数の利点

この節では，VOA においておそらく最も重要な二つの応用を紹介する．まずは，説明なしに他のことをいくつか挙げていこう．弦理論の幾何に刺激を受け，頂点作用素（超）代数には多様体が対応する．そして，複雑ではあるが強力な代数的不変量は与え，ド・ラームコホモロジーのようなより古典的なデータを一般化し，豊かなものにする．また，化したレベル k のアフィン・カッツ–ムーディ代数に関連した VOA は，幾何学的ラングランズ問題に深く関係している．たとえば，格子のテータ関数のモジュラー不変性をはじめ，アフィン代数指標のモジュラー不変性はすべて，より広い範囲で VOA の指標のモジュラー不変性を示したズーの定理の特別な場合である．

4.1 CFT の数学的形式化

1970 年代以降に量子場理論はかなり成功した．特に，幾何学分野においては，無限次元手法を使って古典的構造を研究することで，大きな成果を得ている．これは，特にアティヤ学派のテーマである．CFT は，特別対称性の高い量子場理論のクラスであり，既知の自明でない最も単純な量子場理論に属している．過去 20 年において，数学者は，古典的な構造を持ち上げたり，複雑化させたりすることで，対称性と（相対的な）単純性の組合せを楽しんできたので，CFT（や弦理論）の衝撃は非常に強大で，広範囲に及んだ．振り返ってみると，一見関係していないと思われた数学の多くの領域，たとえば幾何学，数論，解析，組合せ論，そして代数の分野をまたいで，複雑だが統一のとれた内容を CFT が備えていることは，CFT の数学への重要性を示すのに十分である．

この観点から見れば，VOA 理論の本質的な応用は，CFT そのものである．量子場理論は，厳密性を持つ数学的基盤の上に構築することは難しいと言われてきた．しかし，これまでの成功例を見てみると，これらの困難さは，取り返しの付かない数学的矛盾というよりは，数学の持つ深さと繊細さによるものであることが示唆される．この意味で，状況は微積分学によって提起された，18 世紀の数学者が直面した深い概念的挑戦を連想させる．リチャード・ボーチャーズによる VOA の定義は，CFT のカイラル代数と作用素積展開のような概念を完全に厳密なものとした．後続の研究 (特に，ファンとズーによる) は，VOA から任意の種数の CFT をより多く再構築している．これらの結果により，すべての対象が明白となり，数学者によって利用できるものとなった．こ

れにより，量子場理論は数学の一分野となり，VOA 数学研究者のおかげで，それらの大きなクラスが完全かつ明確に理解され始めている．

4.2 モンストラス・ムーンシャイン

1978 年，マッカイは二つの数 196 884 と 196 883 が非常に近いことに注目した．これの何がおもしろいのだろうか？ まず，左の数は，$\mathrm{SL}_2(\mathbb{Z})$ に対するすべてのモジュラー関数を作り出す ***j* 関数** [IV.1 (8 節)]

$$j(\tau) = q^{-1} + (744+)\,196\,884q + 21\,493\,760q^2 + 864\,299\,970q^3 + \cdots \tag{10}$$

の最初の意味のある係数である．モジュラー関数とは，上半平面 $\mathcal{H}$ で有理的であり，$\mathrm{SL}_2(\mathbb{Z})$ の通常の作用で不変な関数のことである．これは，カスプと呼ばれる境界点 $\mathbb{Q} \cup \{i\infty\}$ でも有理的である．j 関数は任意のモジュラー関数 $f(\tau)$ が $j(\tau)$ の多項式による分数式，すなわち ($j(\tau)$ の多項式)/($j(\tau)$ の多項式) の形で書けるという意味で，すべてのモジュラー関数を生成する．言い換えると，$j(\tau)$ により，$(\mathbb{H} \cup \mathbb{Q} \cup \{i\infty\})/\mathrm{SL}_2(\mathbb{Z})$ とリーマン面 $\mathbb{C} \cup \infty$ とを同一視することができる．式 (10) で定数項 744 を括弧で囲んだのは，744 が単なる古典的表示に付いていただけで，0 を含めていかなる数で置き換えても本質は変わらないからである．

マッカイの観測における右辺の数は，モンスター単純群（**有限単純群** [V.7] の中で最も例外的なもの）の自明でない表現の次元の中で最小のものである．数学の世界において，モジュラー関数とモンスター単純群は完全に住むところが違っている．コンウェイやノートンらの研究者は，マッカイの最初の観察をさらに推し進め，具体化し，モンストラス・ムーンシャインと呼ばれる一連の予想を作り出した．たとえば，彼らはモンスター単純群（要素の個数はほぼ 8×10^{53}）の可換な二つの元の組 (g, h) に対して，$\mathrm{SL}_2(\mathbb{Z})$ のある離散部分群 $\Gamma_{(g,h)}$ に対するすべてのモジュラー関数を作り出す $j_{(g,h)}(\tau)$ があることを予想した．たとえば，j 関数は上の中で g と h が単位元の場合に対応している．

これらのムーンシャイン予想を解くべき最初の試みは，1980 年代の中頃，フレンケル，レポウスキー，ムーアマンによって行われた．彼らは，形式的ベキ級数の無限次元ベクトル空間 $V^\natural$ を構成した．弦理論の VOA と，アフィン代数表現を構成するときに使われた形式的に類似しているシュワルツの超関数の二つを組み合わせて構成することを思い付いたのである．弦理論もアフィン代数表現論もモジュラー関数が自然に出てくるので，これは見込みのある方法に思えた．これらの頂点作用素から出てくる豊かな代数構造に加えて，$V^\natural$ には自然にモンスター単純群が作用するのである．しかも，$V^\natural$ は無限次元であるが，有限次元の部分を合わせた $V^\natural = \bigoplus_{n=-1}^{\infty} V_n^\natural$ という構造を持っており，各斉次空間の次元を係数とする関数 $\sum_n \dim(V_n^\natural)q^n$ は $j - 744$ と等しくなる．モンスター単純群の作用は各 $V_n^\natural$ をそれ自身に移しており，各空間 $V_n^\natural$ 自身がモンスター単純群の表現空間になっている．フレンケル，レポウスキー，ムーアマンは $V^\natural$ がモンストラス・ムーンシャイン予想の本質だと提案した．

ボーチャーズは，$V^\natural$ と CFT のカイラル代数との間の形式的な類似に注目し，それらの重要な代数的性質を抽象的に取り出し，頂点（作用素）代数と名付けた．彼の公理は，カッツ–ムーディ代数（の一般化）との関係を明らかにし，1992 年までにコンウェイ–ノートン予想の基本部分を証明した（前に説明した予想のうち，g が任意で，h が単位元となる場合に対応している）．彼の VOA の定義は，CFT の物理に対する深い理解を要求するが，このムーンシャイン予想に対する彼の巧妙な証明は，純粋に代数である．

$V^\natural$ はただ一つの既約加群（当然，自分自身）を持つ有理型 VOA であり，その自己同型群はモンスター単純群であって，指標 (8) は $j(\tau) - 744$ である．式 (10) から定数項 744 を省くことは重要である．これは，リー代数 $V_1^\natural$ がないことを意味し，自己同型群が有限群となるために必要だからである．既約加群を一つだけ持ち，V_1 が零であるような中心電荷 $c = 24$ の VOA V は，$V^\natural$ だけだろうと予想されている．これは，長さ $\sqrt{2}$ の点を持たない 24 次元の自己双対格子は**リーチ格子** [I.4 (4 節)] だけであるという事実を連想させる．事実，リーチ格子は，$V^\natural$ の構成において重要な働きをしている．

ムーンシャイン予想の多くは，いまだ解けておらず，モジュラー関数とモンスター単純群との深い関係もまだ神秘に包まれたままである．しかし，この原稿を書いている段階では，ムーンシャイン予想に対して本当に使える手段は，VOA 以外には見つかっていない．

ボーチャーズは，CFT のカイラル代数を明らかにするために頂点（作用素）代数を定義し，モンストラス・ムーンシャインに取り組んだ．この研究成果に対して，彼は 1998 年にフィールズ賞を受賞した．

より深い内容を知りたい読者のために，論文をいくつか挙げておく．

文献紹介

Borcherds, R. E. 1986. Vertex algebras, Kac-Moody algebras, and the Monster. *Proceedings of the National Academy of Sciences of the USA* 83:3068–71.

Borcherds, R. E. 1992. Monstrous Moonshine and monstrous Lie superalgebras. *Inventiones Mathematicae* 109:405–44.

Di Francesco, P., P. Mathieu, and D. Sénéchal. 1996. *Conformal Field Theory*. New York: Springer.

Gannon, T. 2006. *Moonshine Beyond the Monster: The Bridge Connecting Algebra, Modular Forms and Physics*. Cambridge: Cambridge University Press.

Kac, V. G. 1998. *Vertex Algebras for Beginners*, 2nd edn. Providence, RI: American Mathematical Society.

Lepowsky, J., and H. Li. 2004. *Introduction to Vertex Operator Algebras and their Representations*. Boston, MA: Birkhäuser.

IV. 18

数え上げ組合せ論と代数的組合せ論

Enumerative and Algebraic Combinatorics

ドロン・ザイルバーガー［訳：岡田聡一］

1. はじめに

数え上げ組合せ論が最古の数学分野であるのに対して，**代数的組合せ論**は最新の数学分野の一つである．代数的組合せ論は実は新しい「分野」ではなく，数え上げ組合せ論の（かつての）貧弱なイメージを魅力的にするために付けられた新しい「名前」にすぎないと主張する皮肉な人もいる．しかし，実際には，代数的組合せ論は「具体的なものの抽象化」と「抽象的なものの具体化」という正反対の二つのトレンドが統合されてできたものである．具体的なものの抽象化というトレンドは，ヒルベルトによる不変式論の基本定理の「神学的な」証明に始まり，20 世紀前半を支配していた．ヒルベルトは抽象的な方法である種の不変式が存在することを示したが，これらの不変式を与える具体的な方法は示さなかった．一方，抽象的なものの具体化というトレンドは，強力なコンピュータが普及したおかげで，現代数学を支配しつつある．

抽象化のトレンドには，数学の**圏化**，**概念化**，**構造化**，**空想化**など（要するに**ブルバキ化** [VI.96]）がある．組合せ論もそのトレンドからは逃れることができなかった．米国のジャン＝カルロ・ロタ（Gian-Carlo Rota），リチャード・スタンリー（Richard Stanley）や，フランスのマルコ・シュッツェンベルジェ（Marco Schützenberger），ドミニク・フォアタ（Dominique Foata）といった巨人たちの影響を受けて，古典的な数え上げ組合せ論は，より概念的に，構造的に，そして代数的になっていった．しかし，代数的組合せ論が一人前の独立した数学の専門分野としてその地位を確立していくとともに，明示的なもの，具体的なもの，構成的なものを目指すより最近の傾向も目立つようになってきた．多くの代数的な構造の背後に組合せ論が隠れていることが明らかになり，このような組合せ論を発掘する試みが，素晴らしい発見や未解決問題に繋がっていった．

1.1 数え上げ

数え上げ組合せ論の基本定理は，

$$|A| = \sum_{a \in A} 1$$

の形に述べることができる．つまり，集合 A に含まれる元の個数は，定数関数 1 の値を A の元すべてにわたって足し上げたものに等しい．これは，名もなき原始人たちによって独立に発見されていた基本定理だろう．

この公式は年月を経た今になっても相変わらず有用であるが，特定の有限集合の元の個数を数えることは，もはや数学とは見なされない．数学的事実と呼んでよいのは，無限個の事実を統合したものだけである．つまり，数学的な数え上げ問題は，一つの集合の元の個数ではなく，無限系列をなす集合の元の個数を一斉に数え上げるというものである．

正確に言えば，無限系列をなす集合 $\{A_n\}_{n=0}^{\infty}$ で，各 A_n がパラメータ n に依存した組合せ論的性質によって規定される対象からなるものが与えられたとき，問題は「A_n に含まれる元の個数を求めよ」ということになる．

これからいくつかの例を見ていく．しかし，このような数え上げ問題に答える方法を学んでいく前に，「答えとは何か？」というメタな問いを考える．

このメタな問いを提起し，美しい答えを与えたのは，ハーバート・ウィルフ（Herbert Wilf）である．ウィルフのメタな答えの背景を知るために，有名な数え上げ問題の答えを検討してみよう．

以下のリストでは，集合 A_n（例ごとに異なる）に対して，A_n の元の個数を $|A_n|$ ではなく a_n と表している．

1. **（易経）** $\{1,\ldots,n\}$ の部分集合全体のなす集合を A_n とするとき，$a_n = 2^n$ である．
2. **（ゲルソニデス）** $\{1,\ldots,n\}$ 上の**置換** [III.68] 全体のなす集合を A_n とするとき，$a_n = n!$ である．
3. **（カタラン）** n 個の開き括弧と n 個の閉じ括弧からなる正当な括弧の付け方全体のなす集合を A_n とするとき，$a_n = (2n)!/(n+1)!n!$ である．（「正当な括弧の付け方」とは，n 個の開き括弧 "[" と n 個の閉じ括弧 "]" を並べてできる列で，どこで切っても閉じ括弧の個数が開き括弧の個数を超えないもののことである．たとえば，$n=2$ のとき，正当な括弧の付け方は [][] と [[]] の 2 通りある．）
4. **（フィボナッチ** [VI.6]**）** 1, 2 だけからなる数列で和が n となるもの全体のなす集合を A_n とする．（たとえば，$n=4$ のとき，このような数列は 1111, 112, 121, 211, 22 の 5 個ある．）この場合，次のように 3 通りの同値な答えがある．
   (i) $$a_n = \frac{1}{\sqrt{5}}\left(\left(\frac{1+\sqrt{5}}{2}\right)^{n+1} - \left(\frac{1-\sqrt{5}}{2}\right)^{n+1}\right)$$
   (ii) $$a_n = \sum_{k=0}^{\lfloor n/2 \rfloor} \binom{n-k}{k}$$
   (iii) F_n を漸化式 $F_n = F_{n-1} + F_{n-2}$ と初期条件 $F_0 = 0$，$F_1 = 1$ によって定義される数列とするとき，$a_n = F_{n+1}$ である．
5. **（ケイリー** [VI.46]**）** n 個の頂点を持つラベル付き木全体のなす集合を A_n とするとき，$a_n = n^{n-2}$ である．（**木**とはサイクルを持たない連結な**グラフ** [III.34] のことであり，木はその頂点に相異なる名前が付けられているとき，**ラベル付き**であるという．）
6. n 個の頂点を持つラベル付き単純グラフ全体のなす集合を A_n とするとき，$a_n = 2^{n(n-1)/2}$ である．（グラフはループも多重辺も持たないとき，**単純**であるという．）
7. n 個の頂点を持つラベル付き連結（つまり，どの 2 頂点も道で結ぶことができる）単純グラフ全体のなす集合を A_n とするとき，a_n は
   $$\log\left(\sum_{k=0}^{\infty} \frac{2^{k(k-1)/2}}{k!} x^k\right)$$
   のベキ級数展開における x^n の係数の $n!$ 倍に等しい．
8. n 次のラテン方陣（$n \times n$ 行列で各行，各列が $\{1,\ldots,n\}$ の置換となっているもの）全体のなす集合を A_n とするとき，a_n については近似式も知られていない．

1982 年にウィルフは，答えというものを次のように定義した．

> **答え**とは，a_n を計算する（n に関する）**多項式時間アルゴリズム**のことである．

ウィルフがこの定義にたどり着いたのは，上の例 8 の答えを与える「公式」を提示した論文の査読を行い，その計算量が直接数えるという原始人の公式の計算量を上回ることに気づいてからのことである．

それでは，「公式」とは何だろうか？　公式とは，n が入力されたとき a_n を出力するようなアルゴリズムにほかならない．たとえば，$a_n = 2^n$ は，

```
if n = 0 then a_n = 1,
else a_n = 2a_{n-1}
```

という再帰的アルゴリズムの省略形であり，このアルゴリズムには $O(n)$ ステップが必要である．しかし，

```
if n = 0 then a_n = 1,
else if n is odd then a_n = 2a_{n-1},
else a_n = a_{n/2}^2
```

というアルゴリズムは，$O(\log n)$ ステップしか必要としないので，ウィルフの要求よりずっと高速になっている．一方，自己回避ランダムウォークの数え上げのような場合には，知られている最良のアルゴリズムは指数時間 $O(c^n)$ を要するものであり，定数 c を小さくすることが大きな進歩となる（**自己回避ランダムウォーク**とは，2 次元整数格子における点列 $\boldsymbol{x}_0, \boldsymbol{x}_1, \ldots, \boldsymbol{x}_n$ で，各 $\boldsymbol{x}_i$ が $\boldsymbol{x}_{i-1}$ に隣接する四つの格

子点のいずれかであり，どの2点も一致しないもののことである）．このような例外はあるが，ウィルフのメタな答えは，数え上げ問題に対する答えを評価する一般的な指針として非常に有用である．

かつては，数え上げ組合せ論の主な顧客は，確率論と統計物理学であった．実際，事象 E が起こる確率は E に当てはまる場合の数を全体の場合の数で割った比だから，離散的な確率論は数え上げ組合せ論とほとんど同じ意味である．また，統計物理学では，概して，格子模型において配置の重み付き数え上げを行っている（「臨界現象の確率モデル」[IV.25] を参照）．50年ほど前に，計算機科学という別の重要な顧客が現れた．計算機科学で関心があるのは，アルゴリズムの**計算量** [IV.20]，つまり，アルゴリズムを実行するときに必要なステップ数である．

2. 方　　法

以下に挙げる道具は，数え上げ組合せ論において欠くことのできないものである．

2.1 分　　解

まず，$A \cap B = \emptyset$ であるとき，

$$|A \cup B| = |A| + |B|$$

となる．つまり，二つの互いに素な集合の和集合の大きさは，それぞれの大きさの和に等しい．次に，

$$|A \times B| = |A| \cdot |B|$$

である．つまり，二つの集合の直積集合（$a \in A$ と $b \in B$ のペア (a, b) 全体のなす集合）の大きさは，それぞれの大きさの積に等しい．さらに，

$$|A^B| = |A|^{|B|}$$

である．つまり，B から A への写像全体のなす集合の大きさは，A の大きさの B の大きさ乗に等しい．たとえば，0と1からなる長さ n の列は $\{1, 2, \ldots, n\}$ から $\{0, 1\}$ への写像と考えることができるから，その個数は 2^n に等しい．

2.2 細　　分

集合 A_n が

$$A_n = \bigcup_k B_{n,k} \quad （互いに素な和集合）$$

と表されるとき，$B_{n,k}$ の元の個数を $b_{n,k}$ とおくと，

$$a_n = \sum_k b_{n,k}$$

となる．このアイデアを用いると，集合 A_n の元の個数を数えるのが難しいときは，A_n をより数えやすい集合 $B_{n,k}$ に分割すればよいということになる．たとえば，例4の集合 A_n を考える．A_n に含まれる数列で2をちょうど k 個含むようなもの全体のなす部分集合を $B_{n,k}$ とすると，A_n は $B_{n,k}$ の互いに素な和集合に分割できる．2が k 個含まれるとき，1は $n-2k$ 個含まれるから，$b_{n,k} = \binom{n-k}{k}$ となる．このように考えると，答え (ii) が得られる．

2.3 漸　化　式

集合 A_n が，$A_{n-1}, A_{n-2}, \ldots, A_0$ から和集合，直積集合，ベキ集合などの基本操作を組み合わせることによって得られるとする．このとき，a_n は

$$a_n = P(a_{n-1}, a_{n-2}, \ldots, a_0)$$

の形の漸化式を満たす．

たとえば，例4の集合 A_n を考える．A_n に含まれる数列の先頭が1であるとき残りの部分の和は $n-1$ であり，先頭が2であるとき残りの部分の和は $n-2$ である．$n \geq 2$ のとき，この二つの場合が同時に起こることはなく，必ずどちらかの場合が起こるから，A_n は $1A_{n-1}$ と $2A_{n-2}$ に分割できる．ここで，$1A_{n-1}$ は先頭が1で残りの部分が A_{n-1} に含まれるような数列全体のなす部分集合を表し，$2A_{n-2}$ は先頭が2で残りの部分が A_{n-2} に含まれるような数列全体のなす部分集合を表す．$1A_{n-1}, 2A_{n-2}$ の大きさは明らかにそれぞれ a_{n-1}, a_{n-2} に等しいから，$a_n = a_{n-1} + a_{n-2}$ となることがわかり，答え (iii) が得られる．

開き括弧と閉じ括弧を n 個ずつ用いる正当な括弧の付け方全体のなす集合を A_n（例3）とする．正当な括弧の付け方は $[L_1]L_2$（L_1, L_2 はより短い（空でもよい）正当な括弧の付け方である）の形に表すことができる．たとえば，考えている括弧の付け方が [[][]][[]][[][]]] であるとき，$L_1 =$ [][]，$L_2 =$ [[]][[][]]] となる．L_1 が k 対の括弧を含むとき，L_2 は $(n-1-k)$ 対の括弧を含む．よって，A_n は和集合 $\bigcup_{k=0}^{n-1} A_k \times A_{n-1-k}$ と同一視できるから，元の個数を数えることにより，$a_n = \sum_{k=0}^{n-1} a_k a_{n-1-k}$ となる．これは**非線形**（実際に

は 2 次）かつ**非局所的**な漸化式であるが，ウィルフの判定条件を満たしている．

2.4 母 関 数 術

ウィルフは，造語である「母関数術」(generating-functionology) をタイトルにした彼の著書（彼のウェブページからダウンロードできる．発売中なのに！）の中で，次のように述べている．

> 母関数とは，数列を陳列するための物干しざおである．

母関数の方法は，数え上げ組合せ論で最も役に立つ道具の一つである．数列の母関数は，**z 変換**と呼ばれることもあるが，**ラプラス変換** [III.91] の離散版であり，実は**ラプラス** [VI.23] 自身にまで遡る．数列 $(a_n)_{n=0}^{\infty}$ が与えられたとき，その母関数 $f(x)$ は $\sum_{n=0}^{\infty} a_n x^n$ と定義される．つまり，数列の各項を x に関するベキ級数の係数と見なすのである．

母関数が有用であるのは，数列 (a_n) の情報をより扱いやすい関数 $f(x)$ の情報に翻訳することができ，式変形を施すことによって $f(x)$ の別の情報を取り出しそれを元の数列の情報に翻訳し直すことができるからである．たとえば，$a_0 = a_1 = 1$ であり，$n \geq 2$ のとき $a_n = a_{n-1} + a_{n-2}$ が成り立つとすると，$f(x)$ には次のような式変形を施すことができる．

$$\begin{aligned} f(x) &= \sum_{n=0}^{\infty} a_n x^n = a_0 + a_1 x + \sum_{n=2}^{\infty} a_n x^n \\ &= 1 + x + \sum_{n=2}^{\infty} (a_{n-1} + a_{n-2}) x^n \\ &= 1 + x + \sum_{n=2}^{\infty} a_{n-1} x^n + \sum_{n=2}^{\infty} a_{n-2} x^n \\ &= 1 + x + x \sum_{n=2}^{\infty} a_{n-1} x^{n-1} + x^2 \sum_{n=2}^{\infty} a_{n-2} x^{n-2} \\ &= 1 + x + x(f(x) - 1) + x^2 f(x) \\ &= 1 + (x + x^2) f(x) \end{aligned}$$

よって，

$$f(x) = \frac{1}{1 - x - x^2}$$

となる．部分分数分解を行い，得られた二つの項をそれぞれテイラー級数に展開すると，例 4 の答え (i) が得られる．

3. 重み付き数え上げ

ポリア，タット，シュッツェンベルジェに始まる現代的なアプローチでは，母関数は何かを生み出す「母」なるものでも関数なるものでもない．母関数は**形式的ベキ級数**であり，組合せ論的に与えられる集合の**重み付き個数**である（多くの場合，考えている集合は無限集合である．有限集合の場合，対応する「ベキ級数」は，0 でない項が高々有限個しか現れないので，多項式になっている）．

ベキ級数 $\sum_{n=0}^{\infty} a_n x^n$ は，関数のテイラー級数としての解析的な意味が忘れ去られ，その結果収束性に関するわずらわしさが取り除かれているとき，**形式的ベキ級数**と呼ばれる．たとえば，無限和 $\sum_{n=0}^{\infty} n!^{n!} x^n$ は，$x = 0$ のときしか収束しないが，形式的ベキ級数としては正当なものである．

重み付き個数という言葉について説明するために，次のような状況を考える．ある村の年齢分布を調べたいとする．一つの調査方法は，0 以上 120 以下の各整数 i に対して「i 歳の人は手を挙げてください」という合計 121 個の質問を行うことである．この場合，年齢ごとに手を挙げた人数を数えることにより，年齢分布の表 a_i，$0 \leq i \leq 120$ が得られ，母関数

$$f(x) = \sum_{i=0}^{120} a_i x^i$$

が計算できる．しかし，人口が 120 人よりずっと少なければ，少ない質問で済むもっと効率的な方法がある．それは，各人に年齢を尋ねて，i 歳の人の**重み**を x^i と定めるというものである．このとき，

$$f(x) = \sum_{\text{村人 } P} x^{\text{村人 } P \text{ の年齢}}$$

となり，原始人の素朴な数え上げ公式の自然な拡張になっている．いったん母関数 $f(x)$ がわかってしまうと，**平均**や**分散**などの統計的に興味のある量が，たとえば $\mu = f'(1)/f(1)$，$\sigma^2 = f''(1)/f(1) + \mu - \mu^2$ のように計算できる．

一般的な状況は，興味ある組合せ論的に定義された（有限あるいは無限）集合 A と，A の各元に自然数（ここでは 0 も自然数に含める）を対応させる**属性** $\alpha : A \to \mathbb{N}$ が与えられている場合である．このとき，A の α に関する**重み付き個数**は，

$$f(x) = \sum_{a \in A} x^{\alpha(a)}$$

によって定義される．以下では，$f(x)$ の代わりに，記号 $|A|_x$ で表すことにする．α の値が n となるような A の元の個数を a_n とすると，$f(x) = |A|_x$ は

$$\sum_{n=0}^{\infty} a_n x^n$$

にも等しい．よって，$f(x)$ の具体的な表示が何らかの形で得られれば，実際の数列 a_n の「具体的な」表示もすぐに得られる．ただし，$f(x)$ の n 次の係数を計算するのに必要な操作も，a_n の具体的な表示の一部と見なしている．また，$f(x)$ の具体的な表示が得られなくても，a_n の「満足できる」公式が得られることが多い．さらに，a_n の公式が得られなくても，漸近的性質を導き出せる場合もある．

通常の数え上げに対する基本操作は，$|\cdot|$ を $|\cdot|_x$ に置き換えるだけで，**重み付き数え上げ**に対しても成り立つ．たとえば，$A \cap B = \varnothing$ であるとき

$$|A \cup B|_x = |A|_x + |B|_x$$

であり，

$$|A \times B|_x = |A|_x \cdot |B|_x$$

である．この 2 番目の等式が成り立つ理由を簡単に見ておこう．集合 A, B にはそれぞれ属性 α, β が与えられているとする．$A \times B$ 上の属性 γ を $\gamma(a,b) = \alpha(a) + \beta(b)$ とおいて定義すると，

$$\begin{aligned}
|A \times B|_x &= \sum_{(a,b)\in A\times B} x^{\gamma(a,b)} \\
&= \sum_{(a,b)\in A\times B} x^{\alpha(a)+\beta(b)} \\
&= \sum_{(a,b)\in A\times B} x^{\alpha(a)} \cdot x^{\beta(b)} \\
&= \sum_{a\in A}\sum_{b\in B} x^{\alpha(a)} \cdot x^{\beta(b)} \\
&= \left(\sum_{a\in A} x^{\alpha(a)}\right)\left(\sum_{b\in B} x^{\beta(b)}\right) \\
&= |A|_x \cdot |B|_x
\end{aligned}$$

となる．

では，これらの事実がどのように役に立つのかを見てみよう．まず，1, 2 だけからなる（有限）数列全体のなす無限集合 A を考え，属性として「成分の和」を考える．このとき，たとえば 1221 の重みは x^6 であり，一般の数列 $a_1 \cdots a_r$ の重みは $x^{a_1+\cdots+a_r}$ となる．集合 A は自然に

$$A = \{\varnothing\} \cup 1A \cup 2A$$

と分解できる．ここで，$\varnothing$ は空を意味する記号であり，$1A$ は A の元の先頭に 1 を付けて得られる数列全体のなす集合を表し，$2A$ は A の元の先頭に 2 を付けて得られる数列全体のなす集合を表す．$|\cdot|_x$ を施すと，

$$|A|_x = 1 + x|A|_x + x^2|A|_x$$

となるが，この簡単な例では具体的に解くことができて

$$|A|_x = \frac{1}{1-x-x^2}$$

が得られる．

正当な括弧の付け方 L は，空の列（重みは $x^0 = 1$）でなければ，すでに注意したように，$L = [L_1]L_2$（L_1, L_2 はより短い正当な括弧の付け方である）の形に表すことができる．逆に，L_1, L_2 がいずれも正当な括弧の付け方ならば，$[L_1]L_2$ も正当な括弧の付け方である．正当な括弧の付け方全体のなす（無限）集合を $\mathcal{L}$ とし，正当な括弧の付け方の重みを，括弧が n 対含まれるときに x^n と定義する．たとえば，[] の重みは x であり，[[][[][]]] の重みは x^5 である．集合 $\mathcal{L}$ は，次のように自然に分解される．

$$\mathcal{L} = \{\varnothing\} \cup ([\mathcal{L}] \times \mathcal{L})$$

ここで，$\varnothing$ は空の列であり，$[\mathcal{L}] \times \mathcal{L}$ は $[L_1]L_2$ の形の括弧の付け方全体のなす集合である．この関係から，$|\mathcal{L}|_x$ は非線形（実際は 2 次）方程式

$$|\mathcal{L}|_x = 1 + x|\mathcal{L}|_x^2$$

を満たすことがわかる．古代バビロニア以来の 2 次方程式の根の公式を用いると，具体的な表示

$$|\mathcal{L}|_x = \frac{1-\sqrt{1-4x}}{2x}$$

が得られる．そして，ニュートンの 2 項定理を用いると，例 3 の答えが導かれる．

正当な括弧の付け方は，いわゆる**二分木**（つまり，ラベルの付いていない順序付き木で，各頂点の子が 0 個または 2 個であるもの）と 1 対 1 に対応している．たとえば，正当な括弧の付け方 [[][]][[]][[][[]]] を $[L_1]L_2$ の形に表すと き，[[][]][[]][[][[]]] を親とし，$L_1 =$ [][], $L_2 =$ [[]][[][[]]] をその子と考える．すると，L_1 の子は $\varnothing$, [] となり，L_2 の子は [], [[][[]]] となる．そして，この操作をすべての枝で $\varnothing$ に到達するまで続けると，対応する二分木ができあがる．

それでは，**五分木**（各頂点の子が 0 個または 5 個である）の個数を数えてみよう．今度は，その母関数（別名，重み付き個数）は 5 次方程式

$$f = x + f^5$$

を満たすことになるが，**アーベル** [VI.33] と**ガロア** [VI.41] の結果により，この方程式はベキ根を用いて解くことはできない（「5 次方程式の非可解性」[V.21] を参照）．しかし，ベキ根による解法が万能なわけではない．200 年以上昔，**ラグランジュ** [VI.22] は，母関数の満たす方程式から母関数の係数を取り出す，美しくきわめて有用な公式（現在では**ラグランジュの反転公式**と呼ばれる）を編み出した．この公式を用いると，完全 k 分木で $(k-1)m+1$ 個の葉を持つものの個数が

$$\frac{(km)!}{((k-1)m+1)!m!}$$

となることが，簡単に証明できる．

ラグランジュの反転公式の多変数版は，ベイズ流確率論の研究者グッドによって発見されているが，これを用いることで，**色付き**木の個数の数え上げなど，数多くの拡張を得ることができる．

3.1 数え上げパターン

数え上げ組合せ論を，解決された問題のコレクションではなく，理論の形に変えたいのであれば，分類や数え上げ数列の**数え上げパラダイム**が必要になる．しかし，「パラダイム」という言葉は仰々しすぎるので，「解の形」というような意味で，もっと地味な「パターン」という言葉を用いることにする．

$(a_n)_{n=0}^{\infty}$ を数列とし，

$$f(x) = \sum_{n=0}^{\infty} a_n x^n$$

をその母関数とする．多くの場合，a_n の「形」がわかれば $f(x)$ の形を導くことができ，逆に $f(x)$ の形から a_n の形を導くこともできる．

1. a_n が n の多項式であるとき，$f(x)$ は

$$f(x) = \frac{P(x)}{(1-x)^{d+1}}$$

の形（ただし，P は多項式であり，d は a_n を n の多項式として表したときの多項式の次数）で表される．

2. a_n が n の**準多項式**である（つまり，N 個の関数 $m \mapsto a_{mN+r}$ $(r = 0, 1, \ldots, N-1)$ がいずれも m の多項式となるような整数 N が存在する）とき，$f(x)$ は有限個の整数 $d_1, d_2, \ldots$ と多項式 P を用いて，

$$f(x) = \frac{P(x)}{(1-x)^{d_1}(1-x^2)^{d_2}(1-x^3)^{d_3}\cdots}$$

の形に表される．

3. a_n が ***C* 再帰的**であるとき，つまり，定数係数の線形漸化式

$$a_n = c_1 a_{n-1} + c_2 a_{n-2} + \cdots + c_d a_{n-d}$$

を満たすとき，$f(x)$ は x の有理関数である．つまり，多項式 P, Q を用いて $f(x) = P(x)/Q(x)$ の形に表される（フィボナッチ数列が良い例である）．

4. a_n は，多項式係数の線形漸化式

$$c_0(n)a_n = c_1(n)a_{n-1} + c_2(n)a_{n-2} + \cdots + c_d(n)a_{n-d}$$

を満たす（ただし，$c_i(n)$ は n の多項式）とき，***P* 再帰的**であるという（たとえば，$a_n = n!$ は漸化式 $a_n = na_{n-1}$ を満たすので P 再帰的である）．このとき，$f(x)$ は ***D* 有限**となる．つまり，$f(x)$ は（x に関する）多項式を係数とする線形漸化式を満たす．

たとえば，$a_n = n!$ の場合，漸化式 $a_n = na_{n-1}$ は 1 階の漸化式である．多項式係数の高階線形漸化式を満たすような P 再帰的な数列の自然な例としては，$\{1, \ldots, n\}$ 上の対合（逆元が自分自身と一致する置換のこと）の個数のなす数列がある．この個数を w_n とおくと，数列 (w_n) は漸化式

$$w_n = w_{n-1} + (n-1)w_{n-2}$$

を満たす．実際，n がサイズ 1 の巡回置換に含まれるか，サイズ 2 の巡回置換に含まれるかで場合分けすると，前者のような対合が w_{n-1} 個，後者のような対合が $(n-1)w_{n-2}$ 個あることから，この漸化式が得られる（サイズ 2 の巡回置換で n と対になっているものを i とすると，i の選び方が $(n-1)$ 通りあり，このサイクル (i,n) を取り除くと，$(n-2)$ 元集合 $\{1, \ldots, i-1, i+1, \ldots, n-1\}$ 上の対合が得られる）．

4. 全単射の方法

前節の最後で，n 個の対象の対合の個数に関する漸化式を導いたが，そこでの議論は**全単射による証明**の簡単な例である．これを次の証明と比較してみよう．

集合 $\{1,\ldots,n\}$ 上の対合でサイズ 2 の巡回置換をちょうど k 個含むものの個数は

$$\binom{n}{2k}\frac{(2k)!}{k!2^k}$$

で与えられる．実際，まず k 個のサイズ 2 の巡回置換に現れる $2k$ 個の数字を選び，次にその $2k$ 個の数字を（順序を考えないで）2 個ずつペアにすると考えると，このようなペアの作り方は

$$(2k-1)(2k-3)\cdots 1=\frac{(2k)!}{k!2^k}$$

通りある．よって，

$$w_n=\sum_k\binom{n}{2k}\frac{(2k)!}{k!2^k}$$

となる．現在ではこのような和は完全に自動的に取り扱うことができ，この和を Maple のパッケージ EKHAD（筆者のウェブページからダウンロードできる[*1)]）に入力すると，漸化式 $w_n=w_{n-1}+(n-1)w_{n-2}$ が（完全に厳密な！）証明とともに出力される．いわゆるウィルフ–ザイルバーガーの方法（WZ 方法）ではこのような問題の多くを取り扱うことができるが，それでもなお人間による証明が必要な場合もたくさんある．どちらの場合でも，このような証明には（代数的，時には解析的な）**式変形**が必要である．組合せ論の偉大な研究者アドリアノ・ガルシア（Adriano Garsia）は，このような証明を軽蔑して「式合せ論」（manipulatorics）と呼んでいる．真の数え上げ組合せ論では式変形などしないか，少なくとも式変形をできる限り避けるように努力すると，彼は述べている．証明方法としては，**全単射** [I.2 (2.2 項)] によるもののほうが望ましいのである．

集合 A_n, B_n が組合せ論的に与えられたとき，すべての n に対して $|A_n|=|B_n|$ が成り立つことを証明しなければならなくなったとする．このときの「見苦しい証明方法」は，次のようなものである．まず，何とかして $a_n=|A_n|$，$b_n=|B_n|$ の代数的な表示，あるいは解析的な表示を求め，それから，a_n に式変形を施して別の表示 a_n' を導き，今度は a_n' に式変形を施してさらに別の表示 a_n'' を導き…，と繰り返し，忍耐力と才能が十分にありさらに幸運であれば，あるいは問題自身が難しくなければ，最終的に b_n にたどり着いて，$a_n=b_n$ が証明できる．

一方で，$|A_n|=|B_n|$ を証明する鮮やかな方法とは，全単射 $T_n: A_n\to B_n$（鮮やかなほうがよい）を構成するものである．このような全単射が構成できれば，その系として $|A_n|=|B_n|$ がすぐに導かれる．

全単射による証明は，美的に心地良いだけでなく，哲学的にも満足のいくものである．実際，**数**（あるいは基数）の概念は，1 対 1 に対応しているというずっと基礎的な概念から**派生**した，高度に洗練された概念である．たとえば，**フレーゲ** [VI.56] によると，基数とは，「1 対 1 に対応している」という**同値関係** [I.2 (2.3 項)] に関する**同値類**のことである．また，シェラーによると，人類は数の概念を獲得するずっと以前から 1 対 1 対応を用いて物々交換をしていた，ということである．さらに，全単射による証明は，二つの集合が同じ個数の元からなることの理由を説明しており，形式的に正しいことの単なる確認とは対極にある．

たとえば，ノアが方舟に乗せた生き物のオスとメスが同数であることを証明したかったとする．このことを証明する一つの方法は，オスとメスの数をそれぞれ数えて，その二つの数が実際に一致していることを確かめるというものである．しかし，もっと良い概念的な証明方法は，オス全体のなす集合 M とメス全体のなす集合 F の間にすぐにわかる全単射が存在すること，つまり，オス $x\in M$ にそのつがいのメスを対応させる写像 $w: M\to F$ が全単射（逆写像はメス $y\in F$ にそのつがいのオスを対応させる写像 $h: F\to M$）であることを用いるものである．

全単射による証明の古典的な例は，**オイラー** [VI.19] の「奇分割＝異分割」定理のグレイシャーによる証明である．整数 n の**分割**とは，n を正整数の和（順序は考慮しない）として表す表し方のことである．たとえば，6 の分割は，6, 51, 42, 411, 33, 321, 3111, 222, 2211, 21111, 111111 の 11 個である．（ここで，3111 は和 $3+1+1+1$ の省略記法である．また，和の順序は考慮しないので，3111 は 6 の分割として 1311, 1131, 1113 と同じものである．上の例のように，数字を単調減少になるように並べた形に分割を書いておくと都合が良い．）

分割は，すべての成分が奇数であるとき**奇分割**であるといい，すべての成分が互いに相異なるとき**異分割**であるという．n の奇分割，異分割全体のなす集合をそれぞれ $\mathrm{Odd}(n)$ および $\mathrm{Dis}(n)$ とおく．たとえば，$\mathrm{Odd}(6)=\{51,33,3111,111111\}$ であり，$\mathrm{Dis}(6)=\{6,51,42,321\}$ である．オイラーが証明し

*1) ［訳注］http://www.math.rutgers.edu/~zeilberg/programsAB.html

たのは，すべての n に対して $|\mathrm{Odd}(n)|=|\mathrm{Dis}(n)|$ が成り立つことである．彼の「式合せ論」による証明は，次のようなものである．n の奇分割，異分割の個数をそれぞれ $o(n), d(n)$ と表し，母関数

$$f(q)=\sum_{n=0}^{\infty}o(n)q^n,\quad g(q)=\sum_{n=0}^{\infty}d(n)q^n$$

を考える．重み付き個数に対する「乗法原理」を用いて，オイラーは

$$f(q)=\prod_{i=0}^{\infty}\frac{1}{1-q^{2i+1}},\quad g(q)=\prod_{i=0}^{\infty}(1+q^i)$$

となることを示した．代数的な関係式 $1+y=(1-y^2)/(1-y)$ を用いると，

$$\begin{aligned}\prod_{i=0}^{\infty}(1+q^i)&=\prod_{i=0}^{\infty}\frac{1-q^{2i}}{1-q^i}\\&=\frac{\prod_{i=0}^{\infty}(1-q^{2i})}{\prod_{i=0}^{\infty}(1-q^{2i})\prod_{i=0}^{\infty}(1-q^{2i+1})}\\&=\prod_{i=0}^{\infty}\frac{1}{1-q^{2i+1}}\end{aligned}$$

となる．よって，$g(q)=f(q)$ となるので，q^n の係数を比較することにより $o(n)=d(n)$ となることがわかる．

きわめて長い間，この種の式変形は解析学の領域に属するものであり，無限級数や無限積の式変形を正当化するには「収束領域」（通常は $|q|<1$）を論じて，各段階の議論を適切な解析学の定理によって正当化しなければならないと思われていた．しかし，比較的最近になって，解析学を持ち出さなくてもよいことがわかった．実は，完全に初等的な，そして（哲学的な観点からは）ずっと厳密な**形式的ベキ級数**の代数学の範疇で，すべてが正当化できるのである．それでも，たとえば $\prod_{i=0}^{\infty}(1+x)$ のような無限積を排除するために，収束性を気にかけておく必要はある．ただ，形式的ベキ級数環における収束性の概念は，解析学における収束性の概念と比べて，ずっと扱いやすい．

使っている解析学が本筋に関係ないものであったとしても，オイラーの証明（純代数的で初等的である）は相変わらず式変形を行っているにすぎない．異分割の集合 $\mathrm{Dis}(n)$ と奇分割の集合 $\mathrm{Odd}(n)$ の間を直接繋ぐ全単射を見出すほうがずっと鮮やかである．このような全単射はグレイシャーによって与えられた．異分割が与えられたとき，その各成分を $2^r\cdot s$（s は奇数）の形に表し，その成分を 2^r 個の s で置き換える．（たとえば，$12=4\cdot 3$ だから，12 を $3+3+3+3$ で置き換える．）すると，できあがるのは明らかに同じ整数 n の分割であるが，成分はすべて奇数になっている．たとえば，分割 $10+5+4$ は $5+5+5+1+1+1+1$ に変換される．逆写像を定義するには，奇数成分 a に対してその出現回数 m を数え，m を 2 進表示して $m=2^{s_1}+\cdots+2^{s_k}$ と表すとき，m 個の a を k 個の成分 $a\cdot 2^{s_1},\ldots,a\cdot 2^{s_k}$ で置き換えればよい．このとき，$\mathrm{Dis}(n)$ に含まれる分割に対して，最初の写像を施し，次の 2 番目の写像を施すと元の分割に戻ることなどは，難なく確かめられる．

代数的な（あるいは論理的な，場合によっては解析的な）式変形を実行するとき，実際に行っているのは記号の並べ替えや組み合わせなので，姿を変えた組合せ論を実行しているとも言える．実際，すべてが組合せ論である．組合せ論を前面に押し出し，見える形にしさえすればよい．足し算は（互いに素な）和集合に，掛け算は直積集合に，漸化式は帰納法に化けることになる．それでは，引き算に対応する組合せ論は何だろうか？ 1982 年にガルシアとスティーブン・ミルン（Steven Milne）は，巧妙な「対合原理」を生み出すことによって，この隙間を埋めた．この原理を用いると，

$$a=b \text{ かつ } c=d \text{ ならば } a-c=b-d \text{ である}$$

という推論を，次の形で全単射による組合せ論の言葉に翻訳することができる．つまり，$C\subset A$, $D\subset B$ であり，$a=|A|$ と $b=|B|$ が等しいことを示す全単射 $f:A\to B$ と，$c=|C|$ と $d=|D|$ が等しいことを示す全単射 $g:C\to D$ が存在するとき，対合原理を用いると，$A\setminus C$ と $B\setminus D$ の間の全単射を具体的に構成できるのである．このような全単射を，人間の世界を例にとって構成してみよう．ある村で成人はすべて結婚しているとする．つまり，結婚している男性の集合と結婚している女性の集合の間に全単射 $m\mapsto m$ の妻（逆写像は $w\mapsto w$ の夫）が与えられているとする．さらに，その中には不倫をしている人がいるとする．ただし，2 人以上とは不倫関係になく，不倫相手もすべてこの村の中の人であるとする．つまり，浮気をしている男性の集合と浮気をしている女性の集合の間にも全単射 $m\mapsto m$ の情婦（その逆写像は $w\mapsto w$ の情夫）が存在する．このとき，浮気をしていない男性と浮気をしていない女性

が同数いることがわかる．それではどのようにすれば，これらの男女をペアにすることができるだろうか？（たとえば，浮気をしていない男性が一緒に教会へ礼拝に行く浮気をしていない女性を探している状況を考えよう．）

次のようにすればうまくいく．浮気をしていない男性は，まず自分の妻に一緒に教会へ行こうと誘う．もし妻が浮気をしていなければ，妻はその誘いに応じるだろう．もし妻が浮気をしていれば，妻には情夫がおり，その情夫には妻がいる．このとき，妻は「ごめんなさい，あなた．別の人とパブに行くの．でも，その人の奥さんなら約束がないかもしれないわ」と答えるだろう．そこで，その情夫の奥さんに教会へ一緒に行こうと誘う．もしその奥さんが浮気をしていなければ，その奥さんがその誘いに応じるだろう．もしその奥さんが浮気をしているのであれば，その奥さんの情夫の奥さんを同じように誘うことになる．すると，村人の数は有限だから，最終的には浮気をしていない女性にたどり着くことになる．

この対合原理に対する数え上げ組合せ論の世界の反応は，さまざまであった．たとえば，対合原理は一般的な原理としての普遍性に魅力があり，組合せ論の等式の全単射による証明を見つけるのに有用であると考える人がいた．また，対合原理による証明では，普通は対象に固有な構造の本質が見えないことから，その普遍性が大きな欠点であると考える人や，少しだまされているように感じる人もいた．このような証明は問題に表面的には答えているが，本質には答えていない．対合原理を用いた証明がなされたとしても，やはり本当の意味で自然な「対合原理を用いない証明」が期待される．たとえば，有名なロジャーズ–ラマヌジャンの恒等式が，このような状況にある．ロジャーズ–ラマヌジャンの恒等式とは，5 で割ったときの余りが 1 または 4 である整数を成分とする分割の個数と，成分同士の差が少なくとも 2 以上あるような分割の個数が等しい，という定理である．たとえば $n=7$ のとき，このような分割の集合は，それぞれ $\{61, 4111, 1111111\}$，$\{7, 61, 52\}$ であり，元の個数は等しい．ガルシアとミルンは，ロジャーズ–ラマヌジャン全単射を与えるためにこの評判の原理を開発し，その結果ジョージ・アンドリュース（George Andrews）から 50 ドルの賞金を獲得した．しかし，本当の意味で鮮やかな全単射による証明を見つけることは，現在でも未解決の問題である．

全単射による証明の典型例の一つが，n 個の頂点を持つラベル付き木が n^{n-2} 個ある（例 5）という**ケイリー** [VI.46] の有名な結果に対するプリューファーの証明である．ラベル付き木とは，頂点にラベルの付いた連結な単純グラフでサイクルを持たないもののことであった．どの木にも，隣接する頂点が一つしかない頂点（**葉**と呼ぶ）が，少なくとも二つ存在する．**プリューファーの全単射**は，ラベル付き木 T に対して，$1 \leq a_i \leq n$ を満たす整数ベクトル $(a_1, \ldots, a_{n-2})$ を対応させる写像である．この整数ベクトルを T の**プリューファーコード**と呼ぶ．このような整数ベクトルは n^{n-2} 個あるので，ラベル付き木の集合からコードの集合への写像 f が定義でき，それが全単射であることが証明できてしまえば，ケイリーの公式が導かれることになる．この証明では，実際には以下の 4 段階，すなわち f を定義すること，逆写像の候補 g を定義すること，$g \circ f$ が恒等写像であることを証明すること，$f \circ g$ が恒等写像であることを証明することが必要である．

写像 f は次のように再帰的に定義される．考えている木が 2 頂点しか持たない場合は，そのコードは空の列とする．3 頂点以上を持つ場合は，最小のラベルが付いている葉に隣接する頂点（一つしかない）のラベルを a_1 とし，その葉を取り除いてできるより小さい木に対応するコードを $(a_2, \ldots, a_{n-2})$ と定める．

5. 指数型母関数

ここまで，母関数を議論するときは，**通常型母関数**（ordinary generating function，OGF）を考えてきた．この通常型母関数は，整数分割，順序付き木，語などの順序付き構造を数え上げるのに理想的である．しかし，組合せ論の対象の多くは本来は**集合**であり，その元の順序は本質的ではない．このような対象を扱うのに自然な概念が，**指数型母関数**（exponential generating function，EGF）の概念である．

数列 $\{a(n)\}_{n=0}^{\infty}$ の指数型母関数は

$$\sum_{n=0}^{\infty} \frac{a(n)}{n!} x^n$$

として定義される．

多くの場合，ラベル付き対象はより小さい**既約**な対象（あるいは連結成分）のなす集合と見なすことができる．たとえば，置換は**巡回置換**のなす集合，集合分割は**空でない集合**のなす集合，ラベル付き森は**ラベル付き木**のなす集合であると考えることができる．

組合せ論的な集合が A と B の二つあり，A, B にはサイズ n のラベル付き対象がそれぞれ $a(n)$ 個，$b(n)$ 個あるとする．そして，ラベル付き対象のなす集合 $C = A \times B$（ただし，A に付けるラベルと B に付けるラベルに共通のものはなく，互いに相異なるとする）を考え，ペアのサイズはそれぞれの成分のサイズの和であると定義する．このとき，C に含まれるサイズ n のラベル付き対象の個数は

$$c(n) = \sum_{k=0}^{n} \binom{n}{k} a(k) b(n-k)$$

となる．実際，C の対象を構成するためには，次のようにすればよい．

(i) 第 1 成分のサイズ k（$0 \le k \le n$）を決める．すると，第 2 成分のサイズが $n-k$ となる．

(ii) n 個のラベルのうち第 1 成分のラベルとするものを決める．このラベルの選び方は $\binom{n}{k}$ 通りある．

(iii) A, B からそれぞれ第 1 成分，第 2 成分とする対象を選ぶ．このような選び方は $a(k)b(n-k)$ 通りある．

両辺に $x^n/n!$ を掛けて，非負整数 n 全体にわたる和をとると，

$$\begin{aligned}\sum_{n=0}^{\infty} \frac{c(n)}{n!} x^n &= \sum_{n=0}^{\infty} \sum_{k=0}^{n} \frac{a(k)}{k!} x^k \cdot \frac{b(n-k)}{(n-k)!} x^{n-k} \\ &= \left(\sum_{k=0}^{\infty} \frac{a(k)}{k!} x^k \right) \left(\sum_{n-k=0}^{\infty} \frac{b(n-k)}{(n-k)!} x^{n-k} \right)\end{aligned}$$

となる．つまり，$\mathrm{EGF}(C) = \mathrm{EGF}(A) \cdot \mathrm{EGF}(B)$ である．よって，これを繰り返すと，

$$\begin{aligned}&\mathrm{EGF}(A_1 \times A_2 \times \cdots \times A_k) \\ &\quad = \mathrm{EGF}(A_1) \cdot \mathrm{EGF}(A_2) \cdots \mathrm{EGF}(A_k)\end{aligned}$$

となる．特に，A_i がすべて同じ A であるときは，A の対象 k 個からなる順序付き組全体 A^k の指数型母関数は，$[\mathrm{EGF}(A)]^k$ で与えられる．しかし，k 元集合の元を 1 列に並べる方法はちょうど $k!$ 通りある（ラベルが互いに相異なることから，並べ替えると別のものになる）から，「順序を考慮しない」ことにすると，A の対象 k 個からなるような集合全体の指数型母関数は $[\mathrm{EGF}(A)]^k/k!$ となる．よって，非負整数 k 全体にわたる和をとることにより，次の「指数型母関数の基本定理」が得られる．

「連結成分」のなす集合と見なせるラベル付き組合せ論的対象で，その連結成分が組合せ論的集合 A に属するようなもの全体を B とすると，

$$\mathrm{EGF}(B) = \exp[\mathrm{EGF}(A)]$$

である．

この有用な定理は，物理学で長年にわたって伝承されてきたものの一つであり，古い組合せ論の多くの証明の中にも隠れていた．しかし，この定理が詳細にわたるまで解明されたのは 1970 年代初めにすぎない．この基本定理は，ジョイエル（Joyal）のスピーシーズの理論によって完全に「圏化」され，ケベック学派（ラベル一家，ベルジェロン兄弟，ルルーたち）の手によって，美しい数え上げの理論に成長していった．

古色蒼然とした例も紹介しよう．集合分割の指数型母関数を考える．つまり，n 元集合の集合分割の個数を $b(n)$（いわゆる，ベル数）とするとき，

$$\sum_{n=0}^{\infty} \frac{b(n)}{n!} x^n$$

を求めよう．

集合 A の**集合分割**とは，A の互いに素な空でない部分集合の集合 $\{A_1, \ldots, A_r\}$ で，その和集合が A となるもののことであった．たとえば，2 元集合 $\{1,2\}$ の集合分割は，$\{\{1\},\{2\}\}$ と $\{\{1,2\}\}$ の二つである．

この例の場合，既約な対象は「空でない集合」である（集合 A を A の一つの集合への「自明な」分割と見なす）．n 元集合を一つの空でない集合に分割する方法の数を $a(n)$ とする．$n=0$ のとき，このような分割は不可能だから，$a(0)=0$ である．また，$n \ge 1$ のときこのような分割は 1 通りしかないから，数列 $a(n)$ の指数型母関数は

$$A(x) = 0 + \sum_{n=1}^{\infty} \frac{1}{n!} x^n = \mathrm{e}^x - 1$$

となる．よって，指数型母関数の基本定理から，ベルの等式

$$\sum_{n=0}^{\infty} \frac{b(n)}{n!} x^n = \mathrm{e}^{\mathrm{e}^x - 1} \tag{1}$$

が成り立つことがすぐにわかる．今日では，数式処理システムを用いると，この公式から数列 $b(n)$ の最初の 100 項を即座に生成することができる．たとえば，Maple では

```
taylor(exp(exp(x)-1),x=0,101);
```

と打ち込むだけでよい．よって，これはウィルフの意味での答えに確かになっている．また，式 (1) の両辺を微分して係数を比較することによって，**漸化式**を導き出すことも（少なくとも $O(n)$ のメモリを必要とするが）簡単にできる．

これはあまりにも簡単だったので，さらに進めてより深い結果を証明してみる．n 個の対象の置換の個数が $n!$ であるというゲルソニデスの有名な公式 (例 2) を，指数型母関数を用いて証明するというのはどうだろうか？　置換は互いに素な巡回置換に分解できるから，この場合の既約な対象は**巡回置換**である．サイズ n の巡回置換は何個あるだろうか？　答えはもちろん $(n-1)!$ である．実際，$(a_1, a_2, \ldots, a_n)$ は $(a_2, a_3, \ldots, a_n, a_1), (a_3, \ldots, a_n, a_1, a_2), \ldots$ などとも同じだから，最初の成分を任意に選んで固定してから残りの成分を並べると，その並べ方は $(n-1)!$ 通りある．よって，巡回置換の指数型母関数は

$$\sum_{n=1}^{\infty} \frac{(n-1)!}{n!} x^n = \sum_{n=1}^{\infty} \frac{1}{n} x^n = -\log(1-x)$$
$$= \log(1-x)^{-1}$$

となる．これから，指数型母関数の基本定理を用いると，置換の指数型母関数が

$$\exp(\log(1-x)^{-1}) = (1-x)^{-1}$$
$$= \sum_{n=0}^{\infty} x^n = \sum_{n=0}^{\infty} \frac{n!}{n!} x^n$$

となることがわかり，n 個の対象の置換の個数が $n!$ であるという公式の美しい新証明が得られたことになる．

この議論はそれほど印象的ではないかもしれない．しかし，少し修正するだけで，$\{1, \ldots, n\}$ の置換で，ちょうど k 個の巡回置換に分解できるものの個数 ($c(n,k)$ とおく) の（通常型）母関数がすぐにわかる．ここでは，n を固定し k を動かして，母関数 $C_n(\alpha) = \sum_{k=0}^{n} c(n,k)\alpha^k$ を考える．修正するのは，素朴な数え上げから重み付き数え上げに移り，各置換の重みを $\alpha^{\text{巡回置換の個数}}$ と定める点だけである．指数型母関数の基本定理は，そのまま重み付き数え上げに対しても成り立つ．よって，巡回置換の重み付き指数型母関数が $\alpha \log(1-x)^{-1}$ であることから，置換の重み付き指数型母関数は

$$\exp(\alpha \cdot \log(1-x)^{-1}) = (1-x)^{-\alpha} = \sum_{n=0}^{\infty} \frac{(\alpha)_n}{n!} x^n$$

となる．ここで，

$$(\alpha)_n = \alpha(\alpha+1)\cdots(\alpha+n-1)$$

は，いわゆる**上昇階乗**である．したがって，$\{1, \ldots, n\}$ 上の置換でちょうど k 個の巡回置換に分解されるものの個数が，$(\alpha)_n$ における α^k の係数に等しいという，とても自明とは言えない結果が導かれる．

1994 年にエーレンプライスとの共著論文の中で，筆者はこの手法を用いて

$$\sin^2 z + \cos^2 z = 1$$

の形のピタゴラスの定理を組合せ論的に証明した．関数 $\sin z, \cos z$ はそれぞれ長さが奇数，偶数の**単調増加列**の重み $(-1)^{\lfloor \text{長さ}/2 \rfloor}$ に関する指数型母関数である．よって，左辺は，単調増加列の順序付きペア

$$(a_1 < \cdots < a_k, \quad b_1 < \cdots < b_r)$$

で，k と r の偶奇が一致し，$\{a_1, \ldots, a_k\}$ と $\{b_1, \ldots, b_r\}$ が互いに素で，その和集合が $\{1, 2, \ldots, k+r\}$ となるようなもの全体の重み付き指数型母関数となる．このようなペアの集合上の相殺対合が次のように定義される．

$a_k < b_r$ であるときは，上のペアを

$$(a_1 < \cdots < a_k < b_r, \quad b_1 < \cdots < b_{r-1})$$

というペアに変換し，そうでないときは，

$$(a_1 < \cdots < a_{k-1}, \quad b_1 < \cdots < b_r < a_k)$$

というペアに変換する．

たとえば，

$$(1 < 3 < 5 < 6,$$
$$2 < 4 < 7 < 8 < 9 < 10 < 11 < 12)$$

の重みは $(-1)^2 \cdot (-1)^4 = 1$ であり，上の対応によって

$$(1 < 3 < 5 < 6 < 12,$$
$$2 < 4 < 7 < 8 < 9 < 10 < 11)$$

に変換され，その重みは $(-1)^2 \cdot (-1)^3 = -1$ となる．また，逆の変換も同様である．

この対応は符号を変える対合なので，どのペアも互いに打ち消し合うようなペアと組にすることができる．しかし，この対応が定義されていない特別なペアがただ一つあり，それは空の列のなすペア $(\emptyset, \emptyset)$（重みは 1）である．よって，ペア全体の重み付き指数型母関数は 1 となり，これが右辺を表している．

この方法を応用すると，**上り下り**置換の個数の母関数に対するアンドレの等式が証明できる．置換 $a_1 \cdots a_n$ は，$a_1 < a_2 > a_3 < a_4 > a_5 < \cdots$ を満たすとき，上り下り置換（**ジグザグ置換**と呼ばれることもある）であるという．上り下り置換の個数を $a(n)$ とすると，

$$\sum_{n=0}^{\infty} \frac{a(n)}{n!} x^n = \sec x + \tan x$$

となる．この等式は，

$$\cos x \cdot \left(\sum_{n=0}^{\infty} \frac{a(n)}{n!} x^n \right) = 1 + \sin x$$

と書くこともできる．この場合に適当な集合とその上の相殺対合を見つけて，アンドレの等式を証明することは，読者に委ねよう．

6. ポリア–レッドフィールドの数え上げ

数え上げ組合せ論では，**ラベル付き**対象を数えるのは簡単であることが多いが，ラベルの付いていない対象ではどうだろうか？　たとえば，n 個の頂点を持つラベル付き（単純）グラフの個数（例 6）は $2^{n(n-1)/2}$ であったが，n 個の頂点を持つラベルの付いていないグラフは何個あるだろうか？　この問題はずっと難しく，「鮮やかな」解答は一般には存在しない．現在知られている最良の方法は，ポリアによって考え出された強力な技法（実はその大部分はレッドフィールド（Redfield）が先鞭をつけていた）を用いるものである．ポリアの数え上げは，化学における異性体（たとえば，炭素原子はすべて「同じに見える」ので，ラベルは付けられない）の数え上げにきわめて適している．実際，この異性体の数え上げがポリアの最初の動機であった（「数学と化学」[VII.1 (2.3 項)] を参照）．

メインとなるアイデアは，**ラベルの付いていない**対象を，数えやすい**ラベル付き対象**の同値類と見て，同値類の個数を数えるというものである．では，このとき何を同値と見なすのだろうか？　実は，必ず**対称性の群** [I.3 (2.1 項)] が関わっていて，そこから自然に同値関係が導かれるのである．対称性の群を G とし，ラベル付き対象の集合を A とする．このとき，A に含まれる二つの対象 a, b は，G のある元 g に対して $b = g(a)$ となるとき，つまり，a を b に変換するような対称性 $g \in G$ が存在するとき，**同値**であると考える．容易に確かめられるように，これは同値関係である．また，$a \in A$ を含む同値類は

$$\mathrm{Orbit}(a) = \{g(a) \mid g \in G\}$$

であり，**軌道**とも呼ばれる．各軌道を「家族」と呼ぶことにすると，問題は家族の個数を数えることになる．G が有限集合 A 上の置換全体のなす群の部分群であることに注意しよう．

ピクニックに家族が集まっているとし，何家族来ているかを数えたいとする．一つのやり方は，各家族の「標準的な代表者」（たとえば母親）を決めて，母親の数を数える方法だろう．しかし，娘の中には母親のように見える人もいるので，これは簡単ではない．一方，人数を単に数えるだけだと，同じ家族を何度も数えてしまうことになる．問題は，「素朴」に人間（あるいは対象）を数えると，各人に 1 単位ずつ与えることになる点であり，これは家族の数を数えるときにはふさわしくない．その代わりに，各人に「家族は何人ですか」と尋ね，その逆数を加えていくと，正しい答えが得られる．なぜなら，k 人家族の場合は，その家族の各人には $1/k$ 単位ずつが与えられるので，家族全体でちょうど 1 となるからである．軌道の個数の数え上げに戻ると，同じ理由から，その個数は

$$\sum_{a \in A} \frac{1}{|\mathrm{Orbit}(a)|}$$

で与えられることがわかる．「a の軌道」の双対概念は，a を固定する G の元からなる部分群

$$\mathrm{Fix}(a) = \{g \in G \mid g(a) = a\}$$

である（a の**固定化群**と呼ばれることもある）．a の軌道に含まれる各元 $b = g(a)$ に対して，$\mathrm{Fix}(a)$ の左剰余類 $g\mathrm{Fix}(a)$ と対応させる．このとき，この剰余類が $b = g(a)$ を満たす g のとり方によらないことと，さらに，この対応が a の軌道に含まれる元と G における $\mathrm{Fix}(a)$ による剰余類の間の 1 対 1 対応を与えることがわかる．そこで，$\mathrm{Orbit}(a)$ の大きさは $|G/\mathrm{Fix}(a)|$ に等しくなる．したがって，上式において $1/|\mathrm{Orbit}(a)|$ に $|\mathrm{Fix}(a)|/|G|$ を代入すると，軌道の個数が

$$\frac{1}{|G|} \sum_{a \in A} |\mathrm{Fix}(a)|$$

で与えられることがわかる．ここで，命題 P に対して，P が真であるとき 1，偽であるとき 0 となることを記号 $\chi(P)$ で表すことにすると，

$$\frac{1}{|G|}\sum_{a\in A}|\mathrm{Fix}(a)| = \frac{1}{|G|}\sum_{a\in A}\sum_{g\in G}\chi(g(a)=a)$$
$$= \frac{1}{|G|}\sum_{g\in G}\sum_{a\in A}\chi(g(a)=a)$$
$$= \frac{1}{|G|}\sum_{g\in G}\mathrm{fix}(g)$$

となる．ただし，$\mathrm{fix}(g)$ は g の（A 上の置換と見たときの）固定点の個数である．ここで証明した公式は，かつて**バーンサイドの補題**と呼ばれていたが，**コーシー** [VI.29] と**フロベニウス** [VI.58] まで遡るものである．この補題によると，軌道の個数は固定点の個数の G 上の平均として与えらえる．たとえば，G が A の置換全体からなる全対称群であるとき，固定点の個数の平均は 1 に等しく，軌道も一つしかない．

さて，ポリアに登場してもらおう．ポリアが数えたかった対象（たとえば，異性体，立方体の面の彩色）は，いずれも基礎となる集合から色（あるいは原子）の集合への関数そのものである．基礎となる集合を U とし，色の集合を C とする．U の対称性 g は自然に関数 $f: U\to C$ 全体のなす集合上の変換を引き起こす．関数 f が与えられたとき，新しい関数 $g(f)$ を $g(f)(u)=f(g(u))$ によって定義する（f を彩色と考えるのであれば，新しい彩色 gf によって u に塗られる色を，f によって $g(u)$ に塗られる色として定めることになる）．さて，U の C 彩色全体のなす集合における g の固定点の個数を数えよう．このような固定点は $gf=f$，つまりすべての u に対して $f(u)=f(g(u))$ となるような彩色 f である．このとき，$f(u)=f(gu)=f(g^2u)=\cdots$ となるから，g の各巡回置換に対して，その巡回置換に現れる元は，いずれも f で同じ色に彩色されている．よって，色の数を $c=|C|$ とすると，g で固定される彩色の個数は $c^{g\text{の巡回置換の個数}}$ となる．

バーンサイドの補題を適用すると，U の相異なる彩色の個数が（G 同値なものを一つに数えると）

$$\frac{1}{|G|}\sum_{g\in G}c^{g\text{の巡回置換の個数}}$$

で与えられることが導かれる．実際，彩色の同値類はその同値類に含まれる彩色の軌道にほかならない．

ここで，簡単な応用例を紹介しよう．p 個（p は素数であるとする）のビーズでできるネックレス（留め金はない）で，a 色の相異なる色を用いるものは何通りあるだろうか？　基礎となる集合は $\{0,\ldots,p-1\}$ であり，対称性の群は位数 p の巡回群 $\mathbb{Z}_p$ である．ここでは，対称性の群の各元をビーズの集合上の置換と見なしている．p は素数だから，$\mathbb{Z}_p$ には，サイズ p の巡回置換 1 個を持つ元が $p-1$ 個と，サイズ 1 の巡回置換 p 個を持つ元（単位元）が 1 個含まれる．よって，ネックレスの個数は

$$\frac{1}{p}\left((p-1)\cdot a+1\cdot a^p\right)=a+\frac{a^p-a}{p}$$

となる．特に，この個数は整数でなければならないから，ボーナスとして，a^p-a が p で割り切れるという**フェルマーの小定理** [III.58] の組合せ論的証明が得られる．ひょっとすると，いつの日か，フェルマーの最終定理にもこのような鮮やかな組合せ論的な証明が与えられるかもしれない．そのときにしなければならないのは，x 色を使った長さ n の直線状のネックレスの集合と y 色を使った長さ n の直線状のネックレスの集合との合併集合と，z 色を使った長さ n の直線状のネックレスの集合との間に全単射が存在しないことの証明だけである（もちろん $n>2$ とする）．

各色のビーズが何個ずつあるかに注目したければ，単なる個数ではなく，重み付き個数を考えればよい．つまり，$c^{g\text{の巡回置換の個数}}$ を

$$(x_1+\cdots+x_c)^{\alpha_1}\cdot(x_1^2+\cdots+x_c^2)^{\alpha_2}\cdots$$

で置き換えればよい（ただし，g が α_1 個の大きさ 1 の巡回置換，α_2 個の大きさ 2 の巡回置換 $\cdots$ を持つとする）．このようにして得られる表示が，有名な**巡回指数多項式**である．

6.1　包除原理とメビウスの反転公式

数え上げ組合せ論の別の柱が，包除原理（PIE（principle of inclusion and exclusion）とも呼ばれる）である．人間が背負うかもしれない罪が $s_1,\ldots,s_n$ の n 種類あるとし，これらの罪の部分集合 S に対して，S に属する罪をすべて犯している（ほかにも罪を犯しているかもしれない）人間の集合を A_S とする．このとき，善良な人間（罪を犯していない人間）の数は

$$\sum_S(-1)^{|S|}|A_S|$$

で与えられる．たとえば，A が $\{1,\ldots,n\}$ の置換 π 全体のなす集合であり，i 番目の罪が $\pi[i]=i$ となることであるとすると，$|A_S|=(n-|S|)!$ であり，**攪乱置換**（固定点を持たない置換）の個数は

$$\sum_{k=0}^{n}(-1)^k\binom{n}{k}(n-k)! = n!\sum_{k=0}^{n}(-1)^k\frac{1}{k!}$$

となる．これから，攪乱置換の個数が「$n!/\mathrm{e}$ に最も近い整数」に等しいという答えが得られる．これは「傘の取り違え問題」と呼ばれることもある．この問題は，ある雨の日に，n 人の慌て者がパーティに来て傘を入口に置き，帰りに傘を行き当たりばったりに持ち帰ったとすると，誰一人として自分の傘を持ち帰らなかった確率は約 $1/\mathrm{e}$ である，というものである．

包除原理は，一般の半順序集合上の**メビウスの反転公式**の特別な場合（半順序集合がブール束である場合）である．このような認識は，ロタの 1964 年の記念碑的論文（ロタの全集にも収録されている）の中で明らかにされた．この論文を現代の代数的組合せ論を生み出したビッグバンであると思っている人も多い．メビウスのもともとの反転公式は，整除関係によって定まる順序を持つ正整数全体のなす半順序集合の場合になる．

数え上げ組合せ論を「代数的な」視点から現代風に詳しく解説しているのが，スタンリーが著した奇跡的とも言える『数え上げ組合せ論』(*Enumerative Combinatorics*, I, II) である．筆者はこの本を強く推薦したい．

7. 代数的組合せ論

ここまでで，代数的組合せ論に至る道筋の一つ，つまり古典的な組合せ論の抽象化・概念化を紹介してきた．別の道筋「抽象の具体化」は数学のほとんど至るところでくまなく見られるし，数ページで説明することは不可能である．その代わり，ビレラらが編集した卓越した論文集『代数的組合せ論の新たな展望』(*New Perspectives in Algebraic Combinatorics*, 1999) の序文から一節を引用しておこう．

> 代数的組合せ論には，組合せ論的な問題を解決するために代数，トポロジー，幾何の手法を用いる側面と，これらの分野の問題に取り組むために組合せ論の手法を用いる側面が含まれている．代数的組合せ論の手法が適用できる問題は，数学の上記の分野だけでなくほかの分野にも現れるし，応用数学の多様な場面にも現れる．数学の多くの分野とのこのような相互作用のおかげで，代数的組合せ論は幅広い多様なアイデアと手法が寄り集まる領域となっている．

7.1 盤

群の表現論から生まれ，他の分野（たとえばアルゴリズム理論）でも有用であることがわかった興味深い対象として，**ヤング盤**がある．このヤング盤を初めて用いたのがヤングであり，**対称群** [III.68] の**既約表現** [IV.9 (2 節)] の具体的な基底を構成するためであった．n の分割 $\lambda = \lambda_1 \cdots \lambda_k$ に対して，λ を枠とする標準ヤング盤とは，1 行目に λ_1 個の数字を，2 行目に λ_2 個の数字を … と，k 個の行を左揃えで並べてできる配列で，各行・各列が単調増加になっていて，成分のなす集合が $\{1, 2, \ldots, n\}$ に一致するようなもののことである．たとえば，22 を枠とする標準ヤング盤には

$$\begin{matrix}1 & 2\\ 3 & 4\end{matrix} \qquad \begin{matrix}1 & 3\\ 2 & 4\end{matrix}$$

の二つがあり，31 を枠とする標準ヤング盤には

$$\begin{matrix}1 & 2 & 3\\ 4 & & \end{matrix} \qquad \begin{matrix}1 & 2 & 4\\ 3 & & \end{matrix} \qquad \begin{matrix}1 & 3 & 4\\ 2 & & \end{matrix}$$

の三つがある．λ を枠とする標準ヤング盤の個数を f_λ と表す．たとえば，$n = 4$ のとき，$f_4 = 1$, $f_{31} = 3$, $f_{22} = 2$，$f_{211} = 3$，$f_{1111} = 1$ である．これらの数の平方和を考えると，$1^2 + 3^2 + 2^2 + 3^2 + 1^2 = 24 = 4!$ となる．

個数 f_λ は，λ に対応する既約表現の次元でもある．よって，**フロベニウスの相互律**として知られている**表現論** [IV.9] の結果を用いると，上の現象がすべての n に対して成り立つことがわかる．つまり，

$$\sum_{\lambda \vdash n} f_\lambda^2 = n!$$

であり，これが**ヤング–フロベニウスの等式**として知られているものである．この等式の目の覚めるような**全単射**による証明が，ギルバート・ロビンソン (Gilbert Robinson) とクレイグ・シェーンステッド (Craig Schensted) によって与えられた．この全単射は，後にドナルド・クヌース (Donald Knuth) によって拡張されたことから，現在ではロビンソン–シェーンステッド–クヌース対応と呼ばれており，多くの美しい性質を兼ね備えている．この対応は，置換 $\pi = \pi_1\pi_2\cdots\pi_n$ が入力されたとき，同じ枠を持つ標準ヤング盤のペアを出力するものであり，この対応によって上のヤング–フロベニウスの等式を証

明することができる．

代数的組合せ論は現在きわめて活発な分野であり，数学がより具体的，構成的，アルゴリズム的になっていくのに伴って，数学（そして科学も！）のすべての分野において，より多くの組合せ論的な構造が発見されていくことであろう．このことからも，代数的組合せ論が今後も長きにわたって活気のある分野であり続けることは間違いない．

文献紹介

Billera, L. J., A. Bjorner, C. Greene, R. E. Simon, and R P. Stanley, eds. 1999. *New Perspectives in Algebraic Combinatorics*. Cambridge: Cambridge University Press.

Ehrenpreis, L., and D. Zeilberger. 1994. Two EZ proofs of $\sin^2 z + \cos^2 z = 1$. *American Mathematical Monthly* 101: 691.

Rota, G.-C. 1964. On the foundations of combinatorial theory. I. Theory of Möbius functions. *Zeitschrift für Wahrscheinlichkeitstheorie und Verwandte Gebiete* 2:340–68.

Stanley, R. P. 2000. *Enumerative Combinatorics*, volumes 1 and 2. Cambridge: Cambridge University Press.

IV.19

極値的および確率的な組合せ論

Extremal and Probabilistic Combinatorics

ノガ・アロン，マイケル・クリビルビッチ［訳：徳重典英］

1.　組合せ論入門

1.1　いくつかの例

組合せ論をきちんと定義するのは難しい．そこで，定義する代わりに，この分野が何を扱うのか，まず具体例を見てみよう．

(i) 50年あまり前，ハンガリーの社会学者サンドール・サライは，子供たちの間の友人関係を調べていたが，その過程であることに気づいた——彼が調べた約 20 人の子供からなるいかなる集団でも，その中にどの 2 人も友人であるような 4 人組か，どの 2 人も友人でないような 4 人組を見出せる．ここから社会学的な結論を導きたいところだったが，サライはこれが社会学的な現象というよりは数学的な現象かもしれないと考えた．そして事実そうであることを，3 人の数学者エルデシュ，トゥラン，ショーシュと少し議論して納得したのだった．X が 18 個以上の要素を持つ集合で，R が X 上の対称的な 2 項**関係** [I.2 (2.3 項)] ならば，X の 4 点部分集合 S で次の性質を持つものが必ず見つかる．つまり，S のどの相異なる二つの要素 x, y についても xRy であるか，そうでなければ xRy を満たす相異なる二つの要素 x, y は S 内にまったくない．先の例では，X は子供たちの集合で，R は「互いに友人」という関係である．この数学的事実はラムゼーの定理の特別な場合であって，この定理は，経済学者であり数学者でもあったフランク・プランプトン・ラムゼーが 1930 年代に証明した．ラムゼーの定理はラムゼー理論へと発展し，これは極値集合論の一分野となっている．これについては後の節で議論しよう．

(ii) 1916 年，シューアは**フェルマーの最終定理** [V.10] に関する研究をしていた．あるディオファントス方程式に解がないことを示すには，ある素数 p でこの方程式に mod p の解がないと言えればよい．このやり方でうまくいくこともある．一方，シューアは次のことを証明した．いかなる整数 k と十分大きないかなる素数 p に対しても，p を法として 0 と合同ではない三つの整数 a, b, c をうまく選べば，$a^k + b^k$ は c^k と合同になる．これは数論の結果だが，わりと単純で純粋に組合せ論的な証明があり，これもまたラムゼー理論の数多い応用の一例である．

(iii) **リトルウッド** [VI.79] とオッフォードは，ランダムな多項式の実零点の個数を研究していたが，1943 年に次の問題に取り組んだ．$z_1, z_2, \ldots, z_n$ を，n 個の（必ずしも相異なるとは限らない）複素数で，どれも絶対値は 1 以上であるとする．これらの複素数の集合の部分集合をとり，要素を足し合わせることで，2^n 個の和が得られる（慣例に従って，空集合をとったら和は 0 とする）．リトルウッドとオッフォードは，これらの和の中から，どの二つの差の絶対値も 1 より小さくなるように，どれくらいたくさん取り出しうるかを知りたかった．$n = 2$ のときの答えは高々 2 個であり，これはすぐにわかる．というのは，このとき $0, z_1, z_2$ および $z_1 + z_2$ の四つの和があり，最初の二つも，あとの二つも取り出せない．取り出してしまうと，差に z_1 が現れて，これは絶対値が 1 以上だからである．クレイトマンとカトナは，一般に最大値は $\binom{n}{\lfloor n/2 \rfloor}$ であることを示した．単純な構成でこの最大値を達成できることに注意しよう．実際，$z_1 = z_2 = \cdots = z_n$ とし，これらのうち，ちょうど $\lfloor n/2 \rfloor$ 個からなる和をすべて取り出してみよう．そのような和のとり方は $\binom{n}{\lfloor n/2 \rfloor}$ 通りあり，和はすべて等しい．これより良くはできないことを示す道具も，極値組合せ論の一分野から得られる．この分野で研究される基本的な対象は，有限集合の集まり（集合族）である．

(iv)　m 人の先生 $T_1, T_2, \ldots, T_m$ と n 組の学級 $C_1, C_2, \ldots, C_n$ を持つ学校について考えよう．T_i 先生は C_j 組に対して，指定された p_{ij} 回の授業を行うものとする．どれだけ少ない時限数で，すべてをこなす時間割が組めるだろうか？　T_i 先生の教えるべき総授業数を d_i，C_j 組の受けるべき総授業数を c_j としよう．条件を満たす時間割に要求される時限数は，明らかにどの d_i または c_j についてもそれ以上だから，これらの数の最大値以上である．この最大値を d と書こう．実は，この d なる明らかな下界は，上界でもある．つまり，必要なすべての授業を d 時限に詰め込めるのである．これは，グラフ理論の基本的な結果，ケーニヒの定理から得られる．次に，もう少し複雑な状況を考えてみよう．今度は，各先生 T_i と組 C_j ごとに，授業を行える d 時限が指定されている．このようなより複雑な制約のもとで，実行可能な時間割が組めるだろうか？　グラフのリスト着色と呼ばれるものがあり，最近その研究が大きく進展したことで，時間割は必ず組めることがわかっている．

(v) いくつかの国からなる地図が与えられたとき，各国に色を塗って，隣接する 2 国が同色とならないようにするには，何色が必要だろうか？　ただし，各国は平面上の連結な領域からなると仮定する．もちろん，少なくとも 4 色は必要なことがあるだろう．たとえば，ベルギー，フランス，ドイツ，ルクセンブルクを思い起こしてみると，どの 2 国間にも国境がある．アッペルとハーケンが 1976 年に証明した **4 色定理** [V.12] によると，4 色よりもっと多くの色を要することは，決してない．この問題の研究から，グラフの着色に関する数多くのおもしろい問題や結果が生まれた．

(vi)　2 次元格子 $\mathbb{Z}^2$ の任意の部分集合 S をとる．二つの有限集合 $A, B \subset \mathbb{Z}$ に対して，直積 $A \times B$ はある種の「組合せ的長方形」と見なせる．この集合はサイズが $|A||B|$ であり（$|X|$ は集合 X のサイズを表すものとする），$A \times B$ における S の密度 $d_S(A,B)$ は，素直に $d_S(A,B) = |S \cap (A \times B)|/|A||B|$ と定義できる．これが測るのは $A \times B$ のうち S に入るものの割合である．各 k に対して，$|A| = |B| = k$ のときの $d_S(A,B)$ の最大値を $d(S,k)$ と書く．k が無限大に行くとき，$d(S,k)$ について何が言えるだろうか？　ほとんどどのような振る舞いもありうると思うかもしれないが，極値グラフ理論の（完全二部グラフのいわゆるトゥラン数に関する）基本的な結果によれば，意外にも，$d(S,k)$ は必ず 0 か 1 に収束してしまう．

(vii) バスケットボールの大会を n チームで行い，どの 2 チームもちょうど 1 回だけ対戦するものとする．組織委員会は，大会終了時に k チームを表彰したい．もし，あるチームが表彰された全チームに勝ち，それにもかかわらずそのチームは表彰されなかったとしたら，それは気まずいだろう．ありそうもないことのようだが，実は k チームをいかに選んでも，n が十分大きければ，そのようなことが十分起こりうる．それを示すことは簡単である．つまり確率論的手法を用いるのだ．これは，組合せ論における最も強力な手法の一つである．任意に固定した k と，十分大きい n に対して，もしすべての対戦結果がランダム（かつ一様独立）に選ばれるなら，どの k チームに対しても，それら全部に勝ったチームが存在する確率はきわめて高い．確率論的組合せ論は，現代の組合せ論において最も勢いのある分野の一つであるが，その出発点には以下の認識があった．すなわち，この種の問題は，たいてい，確率論的な議論によれば簡単に解決するが，それ以外の議論ではなかなか解決できない．

(viii)　G が n 個の要素からなる有限群で，H がサイズ k の G の部分群であるとき，H による n/k 個の左剰余類と n/k 個の右剰余類が生じる．G から n/k 個の元をうまく選べば，必ず，この中にどの右剰余類についても一つの代表元があり，どの左剰余類についても一つの代表元があるだろうか？　そうであることは，ホールの定理 —— グラフ理論の基本事項の一つ —— から従う．実際，H' が G のもう一つの部分群でサイズ k であるとき，G から n/k 個の元をうまく選べば，必ず，その中には H の各右剰余類の代表元が一つずつあり，かつ H' の各左剰余類の代表元も一つずつある．これは群論の結果のようにも思えるが，実のところ（簡単な）組合せ論の結果である．

1.2 扱う話題

前項で述べた例の中から，組合せ論の主題がいくつか見えてくる．この分野は，(連続的なものではなくて）離散的な対象物を捉えて研究する数学の一分野であり，離散数学とも呼ばれる．おそらく組合せ論は，人が数える能力を得たのと同じくらい昔からあったものだが，過去 50 年間ですさまじい発展を遂げ，今では自前の問題群と研究手法の方法論を備えた分野として繁栄している．

上述の例から推察されるように，組合せ論は基本的な数学分野であって，数学の他分野の発展に本質的な役割を果たしている．この項では，極値的および確率論的な組合せ論を見据えながら，この現代的な分野の主要な側面について議論しよう（これとはかなり趣を異にする組合せ論の問題について，「数え上げ組合せ論と代数的組合せ論」[IV.18] に解説がある）．もちろん，本章でこの分野を網羅することはできない．詳しい解説は Graham et al.（1995）にある．本章の試みは，この分野の話題，手法，応用などを，典型例を通して垣間見てもらうことである．扱う話題は，極値グラフ理論，ラムゼー理論，極値集合論，組合せ数論，組合せ幾何，ランダムグラフ，確率論的組合せ論などである．これらに適用される手法としては，組合せ論的手法，確率論的手法，線形代数を用いる道具，スペクトル法，トポロジー的手法などがある．アルゴリズム的側面や，この分野の魅力的なたくさんの未解決問題についても，いくつか議論しよう．

2. 極値組合せ論

極値組合せ論が扱うのは，与えられた要求を満たす有限の対象の集まりの最大あるいは最小サイズを，決定あるいは評価する問題である．これらの問題は，他の分野，すなわち計算機科学，情報理論，数論，幾何などと関係することもよくある．この分野は，組合せ論の中でも過去数十年に驚くほど発展した（たとえば Bollobás（1978）や Jukna（2001），およびそれらの参考文献を参照）．

2.1 極値グラフ理論

グラフ [III.34] は，最も基本的な組合せ構造の一つである．それは**頂点**と呼ばれる点の集合からなり，そのうちいくつかは**辺**で結ばれている．グラフを視覚的に表現するために，頂点を平面上の点，辺を直線（または曲線）で描くこともできる．しかし，形式的にはグラフはもっと抽象的なものであって，単にある集合とその集合からとってきたペアの集まりにすぎない．より正確には，グラフは**頂点集合**と呼ばれる集合 V と**辺集合**と呼ばれる集合 E からなり，E の要素（辺）は，$\{u,v\}$ の形をした集合で，u と v は V の相異なる要素である．$\{u,v\}$ が辺であるとき，u と v は**隣接する**という．頂点 v の**次数** $d(v)$ は，この頂点に隣接する頂点の個数である．

ここで，グラフに関するいくつかの簡単な定義を挙げよう．どれも重要なものである．G における u から v への長さ k の**パス**とは，相異なる頂点の列 $u=v_0,v_1,\dots,v_k=v$ で，すべての $i<k$ に対して v_i と v_{i+1} が隣接するものをいう．もし $v_0=v_k$ ならば（そしてすべての $i<k$ について v_i が異なるならば），これを長さ k の**閉路**と呼び，通常 C_k と表記する．グラフ G が**連結**であるとは，どの 2 頂点 u,v に対しても u から v へのパスがあることをいう．**完全グラフ** K_r は r 個の頂点を持ち，どの 2 頂点も隣接しているものである．グラフ G の**部分グラフ**は，G のいくつかの頂点と，その間を結ぶ G のいくつかの辺からなる．G の**クリーク**とは，G の頂点の集まりで，どの 2 頂点も隣接しているものをいう．G のクリークの最大サイズを G の**クリーク数**という．同様に，G の**独立集合**とは，G の頂点の集まりで，どの 2 頂点も隣接しないものであり，G の**独立数**は，G の独立集合の最大サイズである．

極値グラフ理論は，グラフのさまざまなパラメータの間の数量的関係を扱う．そのようなパラメータには，頂点数，辺数，クリーク数，独立数などがある．多くの場面で，これらのパラメータに関する最適化問題（たとえば，あるパラメータが与えられたサイズ以下であるときに，別のパラメータがどれだけ大きくなれるか，といった問題）を解くことになる．その最適解が，この問題に対する**極値グラフ**である．重要な最適化問題の多くは，明示的にグラフが現れていなくても，上に定義したものを使って，極値グラフの問題に定式化し直すことができる．

2.1.1 グラフの着色

冒頭で取り上げた地図の塗り分けの例に戻ろう．この問題を数学に翻訳するため，グラフ G の言葉で述べてみる．G の頂点は地図上の国に対応し，2 頂点が隣接するのは，対応する 2 国が国境を接するとき，かつそのときに限る．このようなグラフは，どの 2 辺も交わらないように描けるが，それを示すことは難しくない．こういうグラフは**平面的**と呼ばれる．逆に，いかなる平面的グラフも，上の手続きで得られる．したがって，われわれの問題は，次の問題と同値である．平面的グラフの頂点を着色して，同色の隣接 2 点がないようにするには，何色が必要か？（着色という数学的でない概念を取り除いて，問題をもっと数学的にすることもできる．たとえば，色を塗る代わりに各点に正整数を割り当てることにすればよい）．このような着色は**適切**であるという．この言葉を使って 4 色定理を述べると，いかなる平面的グラフも 4 色で適切に着色できる，となる．

ここで別のグラフ着色の問題を取り上げる．いくつかの委員会の日程を調整しなければならないとしよう．二つの委員会は，もしその両方に所属する委員がいる場合には，同時に開催しないようにしたい．このとき（同時に開催される委員会は 1 回と数えることにして）委員会を何回開けばよいだろうか？

再び，この状況はグラフを用いてモデル化できる．グラフ G の頂点は委員会を表し，2 頂点が隣接するのは，対応する委員会に共通の委員がいるとき，かつそのときに限る．「日程」とは関数 f であって，各委員会に k 種類の開催時間のどれかを割り当てる．もっと数学的に言えば，これは単に V から $\{1,2,\ldots,k\}$ への関数である．日程が「可能」であるとは，隣接 2 頂点に同じ数字が割り当てられないことをいう．これは，二つの委員会に共通の委員がいれば，その二つの委員会は同時に開催されないことに対応する．このとき，問題は「日程が可能となるような最小の k は何か」ということになる．

その答はグラフ G の**染色数**と呼ばれ，$\chi(G)$ と表記される．これは G の適切な着色に必要とされる色数の最小値である．グラフ G の着色が適切であるのは，各色についてその色を持つ頂点たちが独立集合をなすとき，かつそのときに限ることに注意しよう．したがって，G の頂点集合を独立集合に分割したとき，その分割の個数の最小値として $\chi(G)$ を定義することもできる．グラフが **k 染色可能**とは，k 染色があること，つまり頂点集合が k 個の独立集合に分割できることをいう．したがって，$\chi(G)$ は G が k 染色可能となるような最小の k である．

二つの単純な例を順に述べる．G が n 頂点の完全グラフ K_n ならば，G のどのような染色においても頂点はそれぞれ違う色を受け取り，n 色が必要である．もちろん n 色あれば十分だから，$\chi(K_n)=n$ である．G が $2n+1$ 頂点の閉路 C_{2n+1} ならば，簡単な偶奇性の議論で 3 色が必要なことがわかり，それで十分である．つまり，色 1 と色 2 を交互に塗っていき，最後の頂点に色 3 を使えばよい．したがって，$\chi(C_{2n+1})=3$ である．

G が 2 染色可能であるのは，奇数長さの閉路を含まないとき，かつそのときに限る．これを示すことは難しくない．2 染色可能なグラフは，通常，**二部グラフ**と呼ばれる．というのは，頂点集合が二つの部分に分かれて，全ての辺は一つの部分からもう一つの部分へ向かうからである．簡単な特徴付けができるのはここまでで，$k\geq 3$ のときには，k 染色可能と同値な条件で簡単なものはない．これは $k\geq 3$ を固定したとき，与えられたグラフが k 染色可能かどうかを判定する計算量の問題が NP 困難であることと関係がある．この概念については「計算複雑さ」[IV.20] で議論される．

着色はグラフ理論の最も基本的な概念の一つであり，グラフ理論やその関連分野（計算機科学，オペレーションズリサーチなど）における大量の問題が，グラフ着色の問題として定式化できる．グラフの最適な着色を見つけることは，理論的にも実践的にもとても難しいことがわかっている．

染色数に関して，単純だが基本的な下界が二つある．第一に，グラフ G の適切な着色において，同色の頂点の集まりはそれぞれ独立集合をなし，G の独立数 $\alpha(G)$ よりは大きくなれない．したがって，少なくとも $|V(G)|/\alpha(G)$ 色は必要である．第二に，G が頂点数 k のクリークを含めば，このクリークの着色に k 色は必要だから，$\chi(G)\geq k$ となる．ここから $\chi(G)\geq\omega(G)$ が従う．ただし $\omega(G)$ は G のクリーク数である．

染色数の上界についてはどうだろうか？　最も簡単なグラフの染色は，**欲張り法**によるものである．つまり，頂点を適当に 1 列に並べて，先頭から順に色を塗っていく（正整数を与える）のだが，その際，その頂点には近傍に使われていない最小の正整数を与える．欲張り法ははなはだ非効率にもなりうる（たとえば，二部グラフは 2 色で塗れるが，欲張り法だと何色でも必要になりうる）が，大概はうまくいく．欲張り法では，ある頂点 v の色（番号）は，v の近傍ですでに色を塗ったものの数に 1 を加えたもので抑えられる．つまり，高々 $d(v)+1$ である．ここで $d(v)$ は v の次数である．グラフ G の最大次数を $\Delta(G)$ とすれば，欲張り法は高々 $\Delta(G)+1$ 色しか使わない．つまり $\chi(G) \leq \Delta(G)+1$ である．この評価は，完全グラフと奇数長さの閉路では最善であるが，ブルックスが 1941 年に示したように，これらだけが最善である．つまり，グラフ G の最大次数が Δ なら，例外を除いて $\chi(G) \leq \Delta$ であり，例外は G がクリーク $K_{\Delta+1}$ を含む場合と，$\Delta = 2$ であってかつ G が奇数長さの閉路の場合のみである．

頂点の代わりにグラフの辺を着色してもよい．この場合，適切な着色の定義は，どの頂点でも同色の辺が出会わないことである．グラフ G の**辺染色数** $\chi'(G)$ は，G の辺を k 色で適切に染色できるような最小の k である．たとえば G が完全グラフ K_{2n} であれば，$\chi'(K_{2n}) = 2n-1$ である．考えてみると，これは $2n$ チームの総当たり戦を $2n-1$ 節でできる（サッカーリーグの監督に尋ねてみよう）ことと同値である．G の適切な辺着色では，頂点 v に接続する辺は全部違う色で塗られるから，辺染色数は明らかに最大次数以上である．ケーニヒが 1931 年に証明したように，二部グラフでは等号が成立する．ここから冒頭で述べた先生と学級の問題に，d 時間の完全な時間割が存在することがわかる．

意外にも，この $\chi'(G) \geq \Delta(G)$ という自明な評価は，$\chi'(G)$ の真の振る舞いにとても近い．1964 年のビジングの基本的な定理によれば，$\chi'(G)$ はいつでも $\Delta(G)$ か $\Delta(G)+1$ のどちらかに等しい．それゆえ，G の辺染色数は染色数よりずっと捉えやすい．

2.1.2　除外部分グラフ

n 頂点グラフ G に三角形がないとき（つまり，どの 2 点も辺で結ばれているような 3 点がないとき），このグラフはどれくらいたくさん辺を持てるだろうか？　n が偶数なら頂点集合をサイズが $n/2$ の A と B に 2 等分して，A の各点と B の各点を全部辺で結んでしまえる．できあがったグラフ G は三角形を含まず，$n^2/4$ 本の辺を持つ．その上，1 本でも辺を付け加えると（複数の）三角形が生じてしまう．しかし，これが三角形のない最も密なグラフだろうか？　100 年前，その答はイエスであることをマンテルが示した（同様の定理は n が奇数でも成り立つが，この場合，A と B はほぼ同じサイズ $(n+1)/2$ と $(n-1)/2$ でなければならない）．

もっと一般的な問題を見てみよう．今度は任意のグラフが三角形の役を担うことになる．より正確に，H が m 頂点の任意のグラフで $n \geq m$ のとき，$\mathrm{ex}(n, H)$ を定義するのだが，これは H を部分グラフに持たない n 頂点グラフの辺数の最大値である（記号 ex は exclude（除外する）から来ている）．関数 $\mathrm{ex}(n, H)$ は，通常，H のトゥラン数と呼ばれる．そのわけは以下で明らかになるだろう．トゥラン数をうまく捉えることは，極値グラフ理論の中心的課題であり続けている．

H を含まないグラフとしてどのような例が考えられるだろうか？　手始めに確かめるべきことは，H の染色数が r なら，それは染色数が r より小さいグラフの部分グラフにはなれないということである（なぜだろう？　G の適切な $(r-1)$ 着色は，G のいかなる部分グラフについてもその適切な $(r-1)$ 着色を与えるからである）．したがって，有望な作戦は，n 頂点グラフ G で染色数が $r-1$ のもののうち，なるべく多くの辺を持つものを探すことである．これは容易に見つかる．われわれの制約は，頂点集合が $r-1$ 個の独立集合に分割されていることである．いったんそのように分割したら，独立集合たちの間はすべて辺で結んでよい．こうして得られるのが**完全 $(r-1)$ 部**グラフである．型どおりの計算からわかるのだが，辺数を最大にするには，独立集合のサイズをできるだけ等しくすべきである（たとえば，$n=10$ で $r=4$ なら，頂点集合をサイズが $3, 3, 4$ の集合に分割する）．

この条件を満たすグラフを**トゥラングラフ** $T_{r-1}(n)$ といい，その辺数を $t_{r-1}(n)$ で表す．われわれは今 $\mathrm{ex}(n, H) \geq t_{r-1}(n)$ を示したわけだが，右辺は $(1-1/(r-1))\binom{n}{2}$ 以上である．

トゥランのこの分野に対する貢献は，1941 年に彼が最も重要な場合，すなわち H が r 頂点の完全グラフ K_r の場合に，厳密解を与えたことである．彼は $\mathrm{ex}(n, K_r)$ が少なくとも $t_{r-1}(n)$ であるだけでなく，実は $t_{r-1}(n)$ に等しいことを示した．さらに，K_r を含まない n 頂点グラフで辺数が $t_{r-1}(n)$ のものは，トゥラングラフ $T_{r-1}(n)$ しかないことも示した．トゥランの論文が極値グラフ理論の出発点だったと見なされている．

後に，エルデシュ，ストーン，シモノビッツは，トゥランの定理を拡張して，上述の簡明な $\mathrm{ex}(n, H)$ の下界が，染色数 3 以上のいかなるグラフ H に対しても漸近的に最善であることを示した．つまり，

r を H の染色数とすれば，$\mathrm{ex}(n,H)$ と $t_{r-1}(n)$ の比は，n が無限大に行くとき 1 に収束する．

したがって，関数 $\mathrm{ex}(n,H)$ は H が二部グラフでないときにはよくわかっている．二部グラフの場合はかなり違う．なぜならそのトゥラン数はずっと小さく，H が二部グラフなら $\mathrm{ex}(n,H)/n^2$ は 0 に収束するからである．この場合における $\mathrm{ex}(n,H)$ の漸近的挙動の決定はやりがいのある未解決問題であり，決着のついていないことがたくさん残っている．実際，H が閉路というとても単純な場合でさえ，完全には解明されていない．これまでに部分的な結果が得られているが，そこには，確率論，数論，代数幾何といったさまざまな分野のいろいろな手法が用いられている．

2.1.3 マッチングと閉路

グラフ G の**マッチング**とは，辺の集まりで，どの 2 辺も頂点を共有しないものをいう．G のマッチング M は，G のどの頂点も M のある辺の端点となっているとき，**完全**であるという（つまり，M の辺が各頂点の「マッチ」（相手）を決めると考える．x のマッチは，頂点 y で，xy が M の辺になっているものである）．もちろん，G が完全マッチングを持つには，頂点数が偶数でなければならない．

ホールの定理はグラフ理論で最もよく知られた定理の一つだが，これは二部グラフが完全マッチングを持つ必要十分条件を与える．どのような条件が必要十分になるだろうか？ 自明な必要条件を書き下すことはとても簡単で，次のとおりである．二部グラフ G の頂点集合が，等しいサイズの A と B に分割されているとする（サイズが等しくなければ，完全マッチングがないことは明らかである）．A の任意の部分集合 S に対し，少なくとも一つの S の頂点と辺で結ばれている B の頂点全体を $N(S)$ で表す．もし完全マッチングがあるなら，S の各頂点には相異なる「マッチ」が割り当てられるはずだから，明らかに $N(S)$ の個数は S の個数以上でなければならない．1935 年に証明されたホールの定理は，この当たり前の必要条件が，なんと十分条件でもあることを主張する．つまり，各 S について $N(S)$ のサイズが少なくとも S のサイズ以上なら，完全マッチングが見つかるのである．より一般に，A が B より小さい場合には，同じ条件が A のすべての頂点を含むマッチング（しかし，B にはマッチのない頂点が残る）の存在を保証する．

ホールの定理を集合族の言葉で定式化し直すことは有益である．$S_1, S_2, \ldots, S_n$ を部分集合の集まりとし，その**個別代表**系を見つけたい．つまり $x_1, x_2, \ldots, x_n$ なる列で，x_i は S_i の要素であり，x_i たちに重複がないものを見つけたいのである．もし S_i たちのうちの，ある k 個の和集合のサイズが k より小さければ，明らかに個別代表系は存在しない．再び，この当たり前の必要条件は，十分条件となる．この主張がホールの定理と同値であることは容易にわかる．S_i たちの和集合を S とし，二部グラフを定義する．その頂点集合は $\{1,2,\ldots,n\}$ と S であり，i と x を辺で結ぶのは $x \in S_i$ のとき，かつそのときに限る．このとき $\{1,2,\ldots,n\}$ をすべて含むマッチングは，個別代表系を選び出す．つまり，x_i は i とマッチする S の要素である．

ホールの定理を応用して，1.1 項で述べた部分群 H の左右剰余類の代表系を見つける問題を解くことができる．二部グラフ F を定義しよう．二つの（それぞれサイズ n/k の）部集合は，H の左剰余類の集合と右剰余類の集合である．左剰余類 g_1H と右剰余類 Hg_2 は，両者に共通の元があるとき F の辺で結ばれる．F がホールの条件を満たすことを示すのは難しくなく，したがって，完全マッチング M がとれる．M の各辺 (g_iH, Hg_j) から g_iH と Hg_j の共通元を選ぶことで，要求どおりの代表系が得られる．

（二部グラフとは限らない）一般のグラフ G に完全マッチングが存在するための必要十分条件も知られている．これはタットの定理であるが，ここでは扱わない．

C_k は長さ k の閉路を表すのだった．閉路はとても基本的なグラフの構造で，読者も期待したことと思うが，閉路に関する極値的な結果がたくさんある．

G を閉路を持たない連結グラフとする．頂点を一つ選び，その近傍，さらにその近傍の近傍 …，という順に見ていくと，木のような構造が見える．実際，このようなグラフは**木**と呼ばれる．n 頂点の木はちょうど $n-1$ 本の辺を持ち，その証明は易しい練習問題である．したがって，n 頂点で少なくとも n 辺のグラフには閉路があることになる．もしこの閉路がさらに何らかの性質を持つことを保証したければ，もっとたくさんの辺が必要になるだろう．たとえば，前述のマンテルの定理から，グラフ G が n 頂点で辺数が $n^2/4$ より大きいなら，それは三角形 $C_3 = K_3$ を含む．グラフ $G = (V,E)$ が $|E| > \frac{k}{2}(|V|-1)$ を

満たせば，それは長さが k より大きい閉路を含む（しかも実はこの条件は最善である）ことも示せる．

グラフ G の**ハミルトン閉路**は，G のすべての点を通る閉路である．この用語は 1857 年に**ハミルトン** [VI.37] が作ったゲームから来ていて，このゲームの目的は正 12 面体のグラフにハミルトン閉路を見つけることだった．ハミルトン閉路を持つグラフは，**ハミルトングラフ**という．この概念と強く結び付いているのは，よく知られた**巡回セールスマン問題** [VII.5 (2 節)] である．つまり，各辺に正の重みが割り当てられたグラフを与えて，重みの和が最小となるハミルトン閉路を見つけよ，という問題である．ハミルトングラフであるための十分条件はたくさんあって，その多くは次数列に関するものである．たとえば，ディラックは 1952 年に，$n \geq 3$ 頂点のグラフはすべての次数が $n/2$ 以上ならハミルトングラフであることを示した．

2.2　ラムゼー理論

ラムゼー理論では，次のような一般的現象を体系的に研究する．ある種の大規模な構造の中には，かなり大きく，高度に秩序立った部分構造が入ることが，驚くほど頻繁に起きる．たとえ元の構造自体が完全に任意で，無秩序に見える場合でさえも，そうなのである．数学者モツキンの寸言のとおり，「完全なる無秩序は不可能」である．この簡明かつ非常に一般的な理論的枠組みが，数学のいろいろな分野にさまざまな形で現れると期待したいところだが，実際それはまったく正しい（しかし，留意すべきこともあって，この種の自然な主張のいくつかは，当たり前でない理由のために成立しない）．

鳩の巣原理はとても単純な主張であり，以下の話の基本的なひな形と見なせる．これは，n 個のものからなる集合 X を s 色で塗ると，同じ色で塗られた X の部分集合でサイズが少なくとも n/s のものがある，という主張である．このような部分集合は**単色**であるという．

集合 X に構造が加わると，状況はよりおもしろくなる．すると，X の構造を保持し，単色な部分集合を見つけたくなる．しかし，そのような部分集合が存在するのかどうか，もはやそれほど明らかではない．ラムゼー理論を形作るのは，こういった一般的な問題と定理である．ラムゼー型の定理は以前からあったが，従来，ラムゼー理論は 1930 年のラムゼーによる定理に始まったとされる．ラムゼーは彼の集合 X を完全グラフの辺集合にとり，単色集合としてはある完全部分グラフの辺集合をとった．彼の定理を正確に述べると，次のとおりである．k と l を 1 より大きい整数とする．このとき，ある整数 n が存在して，n 頂点の完全グラフの辺を赤と青の 2 色でどのように塗ったとしても，ある k 頂点間の辺は全部赤で塗られているか，あるいはある l 頂点間の辺は全部青で塗られているかのいずれかが起こる．この条件を満たす最小の n を $R(k,l)$ と書く．この言葉で言えば，本章の冒頭で述べたサライの発見は，$R(4,4) \leq 20$（実際，$R(4,4) = 18$）ということである．実は，ラムゼーの定理はもっと一般的なものであり，その中で彼は何色でも使うことを許しているし，色を塗る対象もグラフ着色の場合のようにペア（2 点部分集合）だけでなく，r 点部分集合でよい．小さいラムゼー数の厳密な計算は，悪名高い難題として知られていて，現時点で $R(5,5)$ の値さえわかっていない．

ラムゼー理論に 2 番目の礎石を置いたのは，エルデシュとセケレシュだった．彼らは 1935 年に重要なラムゼー型定理をいくつか含む論文を書き，その中で $R(k,l) \leq R(k-1,l) + R(k,l-1)$ という再帰不等式を得た．これと簡単な境界条件 $R(2,l) = l$，$R(k,2) = k$ を合わせると，$R(k,l) \leq \binom{k+l-2}{k-1}$ という評価が出る．特に，いわゆる対角の場合，$k = l$ に関して $R(k,k) < 4^k$ を得る．意外にも，この最後の指数評価は，現在まで少しも改善できていない．つまり，ある $C < 4$ を使って C^k なる評価を与えた者はまだいない．3.2 項で取り上げるが，今のところ最も良い下界はだいたい $R(k,k) \geq 2^{k/2}$ であり，したがって上界との差はかなり大きい．

エルデシュとセケレシュが証明したもう一つのラムゼー型の結果は，幾何学的なものである．彼らは任意の $n \geq 3$ に対して正整数 N が存在し，平面上の一般の位置にある（つまり，どの 3 点も一直線上にはない）いかなる N 点配置の中にも，凸 n 角形を見つけられることを示した（$n = 4$ のとき N は 5 にとれることを示してみると感じがつかめるだろう）．この定理にはいくつかの証明があり，一般のラムゼーの定理からも証明できる．凸 n 角形の存在を保証する N の最小値は，$2^{n-2} + 1$ だと予想されている．

この古典的なエルデシュとセケレシュの論文には，次のラムゼー型の結果も書いてある．すなわち，n^2+1 個の相異なる数からなるいかなる数列も，長さ n の単調（増加または減少）数列を含む．

これを使えばすぐに，よく知られたウラムの問題――長さ n のランダム数列における最長増加部分列の典型的な長さは何かという問題――に，$\sqrt{n}$ という下界を与えることができる．最近，Baik, Deift and Johansson はこの長さの分布を詳しく記述した．

1927 年にファン・デア・ヴェルデンは，後にファン・デア・ヴェルデンの定理として知られることになる次の結果を証明した．任意の整数 k と r に対して，ある整数 W が存在して，整数の集合 $\{1,\ldots,W\}$ をどのように r 色で塗っても，その中のある色は長さ k の等差数列を含む．そのような最小の W を $W(k,r)$ と書こう．ファン・デア・ヴェルデンが得た $W(k,r)$ の上界は巨大で，アッカーマン関数のように増大する．シェラーは 1987 年にこの定理の新しい証明を見つけ，2000 年にガワーズがまた別の証明を与えた．このときガワーズは（ずっと深い）「密度型」の定理を研究していたのだが，それについては 2.4 項で扱う．これらの新しい証明は $W(k,r)$ の上界を改善したが，下界のほうは r を固定すると k について指数的なものしか知られておらず，上界よりずっと小さい．

ファン・デア・ヴェルデンの前にも，1916 年にシューアが，いかなる正整数 r に対しても整数 $S(r)$ が存在して，$\{1,\ldots,S(r)\}$ を r 色でどのように塗っても，ある色は方程式 $x+y=z$ の解を含むことを示している．その証明は一般ラムゼー定理からかなり容易に導ける．シューアはこれを応用して，1.1 項で述べた次の結果を証明した．すなわち，任意の k と十分大きい素数 p に対して，方程式 $a^k+b^k=c^k$ は p を法として非自明な解を持つ．これを示すには，$p \geq S(r)$ として，整数を p を法として見た**体** [I.3 (2.2 項)] $\mathbb{Z}_p$ を考える．$\mathbb{Z}_p$ の非零元たちは積に関して**群** [I.3 (2.1 項)] をなす．H をこの群の部分群で k 乗元全体からなるものとする．すなわち $H=\{x^k : x \in \mathbb{Z}_p^*\}$ である．H の指数 r は k と $p-1$ の最大公約数で，特に高々 k であるが，それを示すことは難しくない．$\mathbb{Z}_p^*$ の H による剰余類への分割は，$\mathbb{Z}_p^*$ の r 着色と見なせる．シューアの定理から，$x,y,z \in \{1,\ldots,p-1\}$ が存在して，同じ色を持つ，つまり同一の H の剰余類に入っている．言い換えると，ある $d \in \mathbb{Z}_p^*$ が存在して，$x=da^k$，$y=db^k$，$z=dc^k$ と表せて，かつ p を法として $da^k+db^k=dc^k$ が成り立つものが存在する．両辺に d^{-1} を掛けると，目標の結果が得られる．

より多くのラムゼー型の結果については，Graham et al. (1990) や Graham et al. (1995) を見るとよい．

2.3 極 値 集 合 論

グラフは組合せ論研究者が扱う基本構造の一つであるが，基本構造はほかにもある．集合族も，重要な研究分野である．多くの場合，集合族は単にある n 点集合の部分集合の集まりにすぎない．たとえば，$\{1,2,\ldots,n\}$ の部分集合でサイズが高々 $n/3$ のもの全体は，集合族の良い例である．この分野では，極値問題として，ある種の条件を満たす集合族がどれくらい大きくなることができるかを決定，あるいは評価するあらゆる問題を扱う．たとえば，この分野の最初期の結果の一つは，シュペルナーが 1928 年に証明したものである．彼は次のような問題を考えた．n 点集合の部分集合を，どの二つの部分集合の間にも包含関係がないように，どれくらいたくさん選べるだろうか？　そのような集合族の簡単な例は，r を固定して r 点部分集合を全部選び出したものである．ここから直ちに最大の 2 項係数のサイズを持つ集合族が得られる．そのサイズは，n が偶数なら $\binom{n}{n/2}$，n が奇数なら $\binom{n}{(n+1)/2}$ である．

シュペルナーは，上に述べた集合族が実際に最大のものであることを示した．ここからすぐに，1.1 項で述べたリトルウッドとオッフォードの問題の実数版に解答を与えることができる．$x_1,x_2,\ldots,x_n$ を必ずしも相異なるとは限らない n 個の実数とし，その絶対値はどれも 1 以上としよう．まず，すべての x_i は正であると仮定してよいことに注意する．というのは，もし x_i が負なら，これを $-x_i$（これは正）に置き換えると，できあがる和の集合は，変更前のものと本質的に同じで，単に $-x_i$ だけずれるだけだからである（これを見るには，もともと x_i を含んでいた和と，対応する変更後の $-x_i$ を含まない和を（あるいはその逆の場合を）比べてみよ）．しかし，ここでもし A が B の真部分集合なら，B に入って A には入らない x_i があるから，

$$\sum_{i \in B} x_i - \sum_{i \in A} x_i \geq x_i \geq 1$$

となる．したがって，いくつかの部分集合を選んで

その上で和をとり，得られた和のどの二つの差も 1 より小さくするには，部分集合を高々 $\binom{n}{\lfloor n/2 \rfloor}$ 個しか選べないということがシュペルナーの定理からわかる．

集合族は，その中のどの二つの部分集合も空でない交わりを持つとき，**交差族**という．$\{1,2,\ldots,n\}$ 上の交差族に，ある部分集合とその補集合の両方が入ることは無理なので，ここから直ちに，このような族のサイズは高々 2^{n-1} であることがわかる．しかも，この上界は達成もできて，たとえば要素 1 を含む部分集合を全部とればよい．しかし，k を固定して，部分集合のサイズはすべて k でなければならないという制限を付加したらどうなるだろうか？ $n < 2k$ なら答は自明だから，$n \geq 2k$ を仮定しよう．エルデシュ，コー，ラドーは最大値は $\binom{n-1}{k-1}$ であることを証明した．後にカトナが見つけた美しい証明をここで述べよう．n 個の要素を円周上にランダムに配置する．ここから連続した k 個の要素を選ぶ方法は n 通りあり，そのうち互いに交わるものは（$n \geq 2k$ なら）高々 k 個しかない．これは簡単に確かめられる．したがって，これら n 個のサイズ k の部分集合のうち，与えられた交差族に入っているものは高々 k 個しかない．また，どの部分集合も等確率でこれら n 個の部分集合のうちのひとつとなることも容易に示せる．ここから（簡単な二重数え上げの議論で）交差族に含まれる部分集合の割合の最大値は k/n であることがわかる．したがって，交差族のサイズは高々 $(k/n)\binom{n}{k}$ であり，これは $\binom{n-1}{k-1}$ に等しい．エルデシュ，コー，ラドーによる元の証明は，今述べたものより複雑であるが，**圧縮**として知られる手法を導入した点で重要である．この手法は，これ以外にも多くの極値問題の解決に使われてきた．

$n > 2k$ を二つの正整数とする．$\{1,2,\ldots,n\}$ のサイズ k の部分集合の全部に色を塗り，同色の部分集合同士は必ず空でない交わりを持つようにしたい．これができる最小の色数はいくつか？　$n-2k+2$ 色あれば十分であることは容易にわかる．実際，$\{1,2,\ldots,2k-1\}$ の k 点部分集合を同じ色で塗ると，これは明らかに交差族である．次に，$2k \leq i \leq n$ なる各 i について，最大要素が i であるような k 点部分集合族を作る．このような族は $n-2k+1$ 個あり，k 点部分集合はこれらのうちのどれかに入っているか，そうでなければ最初の族に入っている．したがって $n-2k+2$ 色で十分である．

クネーザーは 1955 年に，この上界は最善であると予想した．つまり，もし $n-2k+2$ 色より少ない色しかなければ，同色の部分集合で互いに素なものが生じてしまう，というのである．この予想はロバースによって 1978 年に証明された．彼の証明はトポロジカルなもので，ボルスクとウラムの定理を使う．以来，より簡明な証明がいくつか見つかっているが，どれも最初の証明のトポロジカルなアイデアに基づいている．ロバースが開拓したトポロジカルな議論は，組合せ論の研究者にとって重要な装備の一部となっている．

2.4　組 合 せ 数 論

数論は，数学の中でも最も古い分野である．その中心にあるのは整数に関する問題だが，これらの問題を扱うために，高度な手法がいろいろと開発され，手法自身がさらなる研究の基礎になってきている（たとえば，「代数的数」[IV.1]，「解析的整数論」[IV.2]，「数論幾何学」[IV.5] を参照）．しかし，数論の問題が組合せ論的な手法に屈したこともあった．その中には組合せ論的な風味のある極値問題もあるが，他方では，組合せ論的に解決されることがかなり意外に思われるような数論の古典的問題もある．以下に，いくつかの例を取り上げよう．より多くのことが，Graham et al.（1995）の 20 章や，Nathanson（1996），Tao and Vu（2006）に書いてある．

この分野における単純だが重要な概念に，**和の集合**がある．整数の集合 A と B に対して，あるいはより一般には**アーベル群** [I.3 (2.1 項)] の二つの部分集合に対して，和の集合 $A+B$ を $\{a+b : a \in A, b \in B\}$ と定義する．たとえば，$A=\{1,3\}$ で $B=\{5,6,12\}$ なら，$A+B=\{6,7,8,9,13,15\}$ である．$A+B$ のサイズや構造を A や B のそれらと関連付ける結果がたくさんある．たとえば，**コーシー–ダヴェンポートの定理**は加法的数論にたくさんの応用を持つが，この定理によれば，p が素数で，A と B が $\mathbb{Z}_p$ の空でない部分集合ならば，$A+B$ のサイズは p と $|A|+|B|-1$ の最小値以上（等号成立は，A と B が同じ公差を持つ等差数列のとき）である．**コーシー** [VI.29] はこの定理を 1813 年に証明し，これを使って**ラグランジュ** [VI.22] の補題に新しい証明を与えた．これは，任意の正整数は四つの平方数の和に書けるというもので，ラグランジュが有名な 1770 年の論

文の中で証明している．ダヴェンポートは，この定理を整数列の和の密度に関するヒンチンの予想の離散版と見なした．コーシーとダヴェンポートの証明はどちらも組合せ論的なものだが，もっと新しい代数的な証明で多項式の根の性質を利用するものもある．後者には，組合せ論的証明からは得られそうにない多くの類似的結果をもたらすという利点がある．たとえば，$A \oplus B$ を $a \in A$，$b \in B$ かつ $a \neq b$ を満たすすべての $a+b$ からなる集合としよう．このとき A と B のサイズが与えられたら，$A \oplus B$ のサイズの最小値は，p と $|A|+|B|-2$ の最小値となる．さらなる拡張については Nathanson（1996）や Tao and Vu（2006）を参照されたい．

2.2 項で述べたファン・デア・ヴェルデンの定理によれば，r を固定して正整数全体をどのように r 色で塗っても，ある色は任意の長さの等差数列を含む．1936 年にエルデシュとトゥランは，この結論はいつでも「最もよく使われた色」で成り立つだろうと予想した．より正確に彼らの予想を述べよう．任意の正整数 k と任意の実数 $\epsilon > 0$ に対して，ある正整数 n_0 が存在して，$n > n_0$ ならば 1 と n の間の少なくとも ϵn 個の正整数は，必ず長さ k の等差数列を含む．（$\epsilon = r^{-1}$ とおけば，ファン・デア・ヴェルデンの定理はここから簡単に導ける．）いくつかの部分的な成果を経て，この予想は 1975 年にセメレディによって証明された．彼の深遠な証明は組合せ論的なもので，ラムゼー理論と極値グラフ理論の手法を用いる．ファーステンベルグは，1977 年に**エルゴード理論** [V.9] に基づく別証明を与えた．2000 年にガワーズは，組合せ論的な議論を解析的数論からの道具と組み合わせて，新しい証明を与えた．この証明からは，他の証明よりずっと良い量的評価が得られる．これと関連して，ごく最近グリーンとタオが証明して話題になった結果によれば，素数たちの中にはいくらでも長い等差数列がある．彼らの証明は，数論的手法をエルゴード理論の手法と組み合わせている．エルデシュは，無限に長い数列 n_i で，$\sum_i (1/n_i)$ が発散するようなものは，いくらでも長い等差数列を含むと予想した．この予想が正しければ，ここからグリーンとタオの定理が得られる．

2.5 離散幾何

平面上に点の集合 P と直線の集合 L をとる．**接続**を (p,l) なるペアとして定義しよう．ただし，p は P の点，l は L の直線で，点 p は直線 l 上にある．P が m 個の異なる点，L が n 本の異なる直線からなるとき，ここにどれくらいたくさん接続がありうるだろうか？　これは幾何学的な問題だが，ここにも極値組合せ論の香りが強く漂う．これは**離散**（あるいは**組合せ**）幾何として知られる分野に典型的なものである．

m 点と n 直線から得られる接続の最大数を $I(m,n)$ と書こう．セメレディとトロッターは，すべての m と n に対して，この量の漸近的振る舞いを，定数倍を除いて決定した．すなわち，二つの普遍定数 c_1, c_2 があって，いかなる m, n に対しても

$$
\begin{aligned}
c_1(m^{2/3}n^{2/3}+m+n) &\leq I(m,n) \\
&\leq c_2(m^{2/3}n^{2/3}+m+n)
\end{aligned}
$$

が成り立つ．もし $m > n^2$ または $n > m^2$ ならば，それぞれ m 点を一直線上にとるか，1 点を通る n 直線をとるかして，下界を達成できる．より難しいのは m と n が近いときであり，下界を達成するには，P として $\lfloor\sqrt{m}\rfloor$ かける $\lfloor\sqrt{m}\rfloor$ の格子点を全部とり，これらの格子点を「たくさん通る」直線を n 本とる．つまり，この n 本は，P の点を最も多く通るように選ぶのである．上界を示すのは，もっと難しい．一番エレガントな証明はセケイによるもので，これは，頂点が m 個で辺が $4m$ 本より多いグラフは，どのように描いても交差する辺がたくさん出現するという事実（これは平面グラフの描画における頂点数，辺数，面数の間の関係を表すオイラーの有名な公式から，わりと簡単に出てくる）を使う．平面上の点集合 P と直線の集合 L の接続の個数を評価するために，P を頂点集合とし，L の直線上で隣り合っている 2 点を辺で結んだグラフを考える．このグラフの辺の交差数は L の直線のペア数を超えないが，それでも，接続の数が多ければ交差数も多くなければならない．ここから目標の上界が得られる．

同様のアイデアは，次の問題に部分的な解答を与えるためにも使える．平面上に n 点をとったとき，これらの点のうち x から y への距離がちょうど 1 となるような点のペア (x,y) は，どれくらいたくさんあるか？　これら二つの問題に関連があるのは，驚くことではない．このようなペアの個数は，与えられた n 点とこれらの点を中心に持つ半径 1 の円たちとの間の接続の個数だからである．しかしこの場合，

知られている一番良い上界はある普遍定数 c を用いて $cn^{4/3}$ と書け，一方知られている一番良い下界は定数 $c' > 0$ を用いて $n^{1+c'/\log\log n}$ にすぎず，両者の間には大きな隔たりがある．

ヘリーの基本的な定理は，$\mathbb{R}^d$ における $d+1$ 個以上の凸集合の有限族 $\mathcal{F}$ において，どの $d+1$ 個の凸集合も共有点を持つならば，その族のすべての凸集合は共有点を持つことを主張する．では，これより弱い仮定で出発してみよう．族の中のどの p 個の集合についても，そこからうまく $d+1$ 個を選べば共有点があると仮定する（ただし p は $d+1$ より大きいある整数である）．このとき，高々 C 点からなる集合 X で，$\mathcal{F}$ のどの集合も X の点を含むものはあるか？　ただし，定数 C は p に依存するが，族 $\mathcal{F}$ に入っている凸集合の個数には依存しないものとする．この問題は，ハドウィガーとデブルナーによって 1957 年に提起され，クレイトマンとアロンによって 1992 年に解かれた．その証明では，ヘリーの定理の「重み付き版」を**線形計画法** [III.84] の双対性やその他いろいろな幾何学的結果と組み合わせている．残念ながら，この証明が与える C の評価は満足できるものではない．2 次元で $p = 4$ の場合にさえ，最善の C の値はわかっていない．

これらは離散幾何における問題と結果のわずかな見本にすぎない．これらの結果は，ここ数十年の間に，計算幾何や組合せ最適化において盛んに応用されてきた．Pach and Agrawal (1995) と Matousek (2002) は，この分野を扱った良書である．

2.6 道　　具

極値組合せ論の基本的な結果の多くは，主に斬新なアイデアや緻密な論理展開から得られたものだった．しかし，この分野はそういった初期段階を抜け出し，成長してきた．いくつかの強力な道具が開発され，最近のこの分野の進展に欠かせないものとなっている．この項では，こういった道具のいくつかについて，ごく簡単に解説しよう．

セメレディの正則化補題は，多分野にわたって広い応用を持つグラフ理論の結果である．応用の大部分は極値グラフ理論にあるが，組合せ数論や計算複雑性にもある．この補題の正確な言明は，いささか技術的である．例えば Bollobás (1978) を参照されたい．大雑把な言明は，次のとおりである．大きいグラフの頂点集合は，必ず，ほぼ等しいサイズの定数個の部分に分割できて，それらの間の二部グラフのほとんどは，ランダムな二部グラフのように振る舞う．この補題の強みは，これがどのようなグラフにも適用できて，その結果得られるグラフの大まかな構造から，そのグラフの持ついろいろな情報が抽出できるところにある．典型的な応用例は，三角形が「あまりない」グラフは，三角形がまったくないグラフで「よく近似できる」というものである．より正確に言うと，任意の $\epsilon > 0$ に対してある $\delta > 0$ が存在して，もし G が n 頂点で高々 δn^3 個の三角形しかもたなければ，G から高々 δn^2 本の辺を除去して三角形のないグラフにできる．これは一見何でもないような主張だが，ここから前に述べたセメレディの定理の $k = 3$ の場合が従う．

線形あるいは多重線形の代数から得られる道具は，極値組合せ論において本質的な役割を果たす．この種の手法のうち，最も実のある，また最も単純とも言えるのは，いわゆる**次元の議論**である．最も簡単な形にすると，この手法は次のようなものである．ある離散構造 A の大きさを評価するために，その要素を**ベクトル空間** [I.3 (2.3 項)] の相異なるベクトルに対応付けて，それらのベクトルたちが線形独立であることを示す．すると，A のサイズは，今話題にしているベクトル空間の次元以下であることがわかる．この議論を応用した初期のものに，1977 年のラーマン，ロジャーズ，ザイデルの結果がある．彼らは，2 点間の距離が高々 2 種類として，どれくらいたくさんの点を $\mathbb{R}^n$ に配置できるかを知りたかった．そのような点集合の例としては，座標のうち $n-2$ 個が 0 で，2 個が 1 という点を全部とればよい．しかし，これらの点は，座標の和が 2 となるような超平面上に乗っていることに注意しよう．よって，これは実際には $\mathbb{R}^{n-1}$ における例になっている．したがって，ここから $n(n+1)/2$ という簡単な下界が得られる．ラーマン，ロジャーズ，ザイデルは，これに見合う $(n+1)(n+4)/2$ という上界を得た．彼らはそのために，距離が 2 種類の集合の各点に n 変数多項式を対応付け，これらの多項式が線形独立であり，しかも次元が $(n+1)(n+4)/2$ の空間に入っていることを示した．この上界はブロックハウスによって $(n+1)(n+2)/2$ と改善されている．彼はこの空間内にさらに $n+1$ 個の多項式を見つけ，これらを加えても多項式たちはまだ線形独立であることを示して，この改善を行った．次元の議論に関するさらなる応用が Graham et al.（1995）の 31 章にある．

スペクトルの手法，つまり**固有ベクトル**と**固有値** [I.3 (4.3 項)] の解析は，グラフ理論において盛んに用いられてきた．これを利用できるのは，グラフ G の**隣接行列**を考えるからである．この行列は，（必ずしも隣接するとは限らない）頂点のペア u, v に対して成分 $a_{u,v}$ を持ち，u と v が辺で結ばれるときは $a_{u,v}=1$，そうでなければ $a_{u,v}=0$ と定義される．これは対称行列で，したがって線形代数の基本事項から，固有値は実数であり，固有ベクトルからなる**正規直交基底** [III.37] がとれる．隣接行列 A とグラフ G の構造に関するいくつかの性質との間には，密接な関係がある．そして多くの場合，これらの性質はさまざまな極値問題の研究において有用である．特におもしろいのは，正則グラフの 2 番目に大きい固有値である．グラフ G のどの頂点の次数も d であるとしよう．このとき，すべての成分が 1 のベクトルは固有ベクトルで，対応する固有値が d であることはすぐわかる．これは最大固有値である．もし，それ以外の固有値の絶対値が，どれも d よりずっと小さければ，G は多くの観点からランダムな d 正則グラフのように振る舞うことがわかる．特に，いかなる k 点をとっても，その中にある辺数は（k が小さすぎない限り）ランダムグラフで期待できる辺数とほぼ同じである．ここから，頂点集合のどのような部分集合でも，それが大きすぎない限り，その外部にたくさんの近傍を持つことが容易にわかる．この性質を持つグラフは**エキスパンダ** [III.24] と呼ばれ，理論計算機科学においてたくさんの応用がある．このようなグラフを手順を示して構成することは易しくなく，一時は主要な未解決問題でもあった．しかし，今では代数的な道具を用いたいくつかの構成法が知られている．詳細については Alon and Spencer（2000）の 9 章を参照してほしい．

半順序集合，グラフ，集合族といった組合せ論的な対象物の研究には，トポロジカルな手法も用いられるが，これはすでに組合せ論で普通に用いられる数学的装置の一部になっている．2.3 項で述べたロバースによるクネーザー予想の証明は，そういった初期の応用例である．もう一つ，そのような結果の代表的具体例を以下に述べよう．10 個の赤ビーズ，15 個の青ビーズ，20 個の黄ビーズが 1 本の糸に通されているとしよう．このとき，どのようにビーズが並んでいても，糸を高々 12 本の部分に切り分け，うまく 5 本に並べ替えると，5 本とも 2 個の赤ビーズ，3 個の青ビーズ，4 個の黄ビーズとなる．この 12 という数は，並べ替えたあとの本数から 1 を引いた数 4 に，色数 3 をかけて得られたものである．この結果の一般の場合はアロンによって証明されたが，それはボルスクの定理を一般化したものを使っている．これ以外にも，トポロジカルな証明のたくさんの例が Graham et al.（1995）の 34 章にある．

3. 確率的組合せ論

確率論的な雰囲気があまり感じられない数学的な主張であっても，その証明には確率論的な考え方が役に立つことがある．このことが認識されるようになって，20 世紀の数学は素晴らしく進展した．たとえば，この世紀の前半には，ペイリー，ジグムント，エルデシュ，トゥラン，シャノンなどの人々が，確率論的な考え方を用いて，解析，数論，組合せ論，情報理論などの分野で際立った成果をあげた．離散数学においても，いわゆる**確率論的手法**はとても強力な道具であることが，すぐに明らかとなった．初めのころは，組合せ論的な議論にかなり初等的な確率論の考え方を組み合わせるだけだったが，近年，手法は大幅に発展し，今ではずっと高度な技術が要求されることも多い．この主題を扱った最近の本に Alon and Spencer（2000）がある．

確率論的手法の離散数学への応用は，ポール・エルデシュに始まった．この手法を発展させた貢献者で，彼の右に出る者はない．応用例は三つに分類できる．

一つ目は，ランダムグラフやランダム行列といった，ランダムな組合せ構造のクラスに関する研究を扱う．ここでの成果は本質的に確率論における結果だが，そのほとんどは組合せ論の問題がもとになっている．典型的な問題は，次のようなものである．グラフを「ランダム」に選んだら，それがハミルトン閉路を持つ確率はいくらか？

二つ目は，以下の考え方を応用するものである．ある性質を満たす組合せ構造が存在することを証明したいとしよう．考えられる方法の一つは，ある構造をランダムに選び（その確率分布は好きに設定できる），それがほしい性質を持つ確率を評価することである．その確率が 0 より大きいと証明できれば，そのような構造が存在する．驚くほど多くの場合において，上述のことを示すのは，指定された性質を持つ構造の例を作ってみせるより，ずっと易しい．たとえば，大きな内周を持ち（つまり短い閉路がなく），染色数も大きいグラフはあるか？　この「大きい」が「7 以上」を意味するとしても，そういったグラフの例を見つけてくることはとても大変である．しかし，そのようなグラフが存在することは，確率論的な方法でかなり簡単にわかってしまう．

三つ目は，おそらく，あらゆる応用の中で最も意外なものである．（確率を用いた存在証明に慣れていても）完全に確定的に見える主張なのに，それでも確率論的な論理展開で証明される例がたくさんある．この節の残りでは，これら三つの応用のそれぞれについて，いくつかの典型例を簡単に示していこう．

3.1　ランダムな構造

ランダムグラフに関する組織的な研究は，1960 年代にエルデシュとレーニィによって始められた．ランダムグラフを定義する最も普通のやり方では，確率 p を固定して，各 2 頂点に確率 p で辺を付ける．ただし，辺を付けるかどうかの選択は，すべて独立に行われる．こうしてできるグラフを $G(n,p)$ と表記する．（形式的には，$G(n,p)$ はグラフではなくて確率分布であるが，これをあたかもランダムに生成されるグラフのように扱うことも多い．）任意の与えられた性質——たとえば「三角形を含まない」など——について，その性質を $G(n,p)$ が持つ確率を調べることができる．

エルデシュとレーニィの驚くべき発見は，グラフの性質の多くが「突然出現する」ということだった．そのような例として「ハミルトン閉路を持つ」「平面的でない」「連結である」などがある．これらの性質はどれも**単調**である．つまり，グラフ G がその性質を持てば，G に辺を加えたグラフでもその性質は保たれる．そのような性質を一つ決めて，ランダムグラフ $G(n,p)$ がこの性質を持つ確率を $f(p)$ としよう．この性質は単調なので，p が増加すると $f(p)$ も増加する．エルデシュとレーニィが見つけたのは，この増加のほとんどすべては，ごく短時間に起こるということだった．つまり，$f(p)$ は p が小さいときはほとんど 0 であるが，ある時点で急激に変化して，ほとんど 1 になってしまう．

おそらく，この急変を示す最も有名な実例は，いわゆる**巨大成分**の突然の出現である．p は c/n の形だとして，$G(n,p)$ を見てみよう．$c<1$ なら，高い確率で $G(n,p)$ の連結成分のサイズは高々 n の対数くらいである．しかし，$c>1$ になると，ほとんど確実に $G(n,p)$ はサイズが n の線形くらいの連結成分（巨大成分）を一つ持ち，残りの成分はどれも対数サイズである．これは数理物理における**相転移**現象と関連がある（「臨界現象の確率モデル」[IV.25] で議論される）．フリードグットの結果によれば，「大局的」（その意味するところは正確にすることができる）なグラフの性質の相転移は，「局所的」な性質のそれよりも鋭く起こる．

ランダムグラフの研究初期におけるおもしろい発見をもう一つ挙げよう．それは，グラフの基本的なパラメータの多くは非常に「集中している」ということだった．その意味するところをよく示す顕著な例は，次の事実である．すなわち，任意の値 p とほとんどの n に対して，ほとんどすべての $G(n,p)$ は同じクリーク数を持つ．つまり，（p と n に依存する）ある r が存在して，n が大きければ高い確率で $G(n,p)$ のクリーク数は r に等しい．この種の結果は，連続性の理由からすべての n については成り立たないが，例外の場合についても，ある r が存在して，そのクリーク数はほとんど確実に r か $r+1$ のどちらかになる．いずれの場合でも，r はほぼ $2\log n/\log(1/p)$ である．証明は，いわゆる **2 次モーメント法**に基づく．つまり，$G(n,p)$ において与えられたサイズのクリーク数の期待値と分散を評価し，よく知られたマルコフと**チェビシェフ** [VI.45] の不等式を適用する．

ランダムグラフ $G(n,p)$ の染色数もまた，非常に集中する．その典型的な振る舞いについて，値 p が 0 より大きい場合を，ボロバシュが明らかにした．より一般の，$n\to\infty$ のとき p が 0 に収束する場合も含む結果は，シャミール，スペンサー，ルーチャック，アロン，クリビルビッチが証明した．特に，任意の $\alpha<1/2$ と任意の整数値関数 $r(n)<n^{\alpha}$ について，ある関数 $p(n)$ が存在し，$G(n,p(n))$ の染色数はほとんど確実にぴったり $r(n)$ になることを示せる．しかし，$G(n,p)$ の染色数の集中の度合いを正確に決定することは，最も基本的で重要な $p=1/2$ の場合（このとき，n 点のラベル付きグラフはどれも等確率で生じる）でさえ，魅力的な未解決問題として残されている．

ランダムグラフに関するその他多くの結果が，Janson et al.（2000）にある．

3.2 確率論的な構成

組合せ論における確率手法の最初の応用は，2.2 項で定義したラムゼー数 $R(k,k)$ の下界に関するエルデシュの結果である．彼は，

$$\binom{n}{k}2^{1-\binom{k}{2}} < 1$$

ならば $R(k,k) > n$ であることを示した．つまり，n 点完全グラフの辺の赤と青による着色で，赤の辺のみの k 点クリークも，青の辺のみの k 点クリークも含まないものがある．$n = \lfloor 2^{k/2} \rfloor$ とおけば，上の不等式はすべての $k \geq 3$ で成り立つことに注意しよう．すなわち，エルデシュの結果は $R(k,k)$ に関する指数的下界を与える．証明は単純である．すべての辺をランダムかつ独立に塗ったとしよう．このとき，どの固定した k 点についても，その中の辺が全部同じ色になっている確率は，$2^{-\binom{k}{2}}$ の 2 倍である．したがって，この性質を持つクリーク数の期待値は

$$\binom{n}{k}2^{1-\binom{k}{2}}$$

である．もしこれが 1 より小さければ，この性質を持つクリークがないような塗り方が少なくとも一つあり，したがって，証明したい結果が得られる．

この証明は完全に非構成的であることに注意しよう．つまり，この証明はそのような塗り方が存在することを示しただけであり，実際に効率的に塗ってみせる方法については何も情報を与えない．

同様の計算から，1.1 項で紹介したバスケットボール大会の問題の解が得られる．もし試合結果がランダムであれば，どの k チームを指定しても，これらのチーム全部に勝ったチームが一つもない確率は，$(1-(1/2^k))^{n-k}$ である．ここから，もし

$$\binom{n}{k}\left(1-\frac{1}{2^k}\right)^{n-k} < 1$$

であれば，0 ではない確率で，どの k チームを選んでも，それらに全部勝ったチームが存在する．つまり，そういうことが起こりうる．もし n がだいたい $k^2 2^k \log 2$ より大きいなら，上の不等式は成立する．

確率的構成は，ラムゼー数の下限を与えるのにたいへん強力であった．上に述べた $R(k,k)$ の下界のほかに，ある $c > 0$ に対して $R(3,k) \geq ck^2/\log k$ を示すキムの証明は，微妙な確率手法を器用に操るものである．この結果は係数の定数を除いて最善であることがわかっているが，アイタイ，コムロシュ，セメレディによる上界の証明にも確率手法が用いられている．

3.3 確定的な定理を証明する

整数全体を k 色で塗るとしよう．集合 S が**多色**とは，S の中に k 色全部が現れることとする．シュトラウスは，任意の k に対し，ある m が存在して次の性質を満たすと予想した．すなわち，m 個の要素からなるいかなる集合 S に対しても，整数全体のある k 着色が存在し，S を平行移動したものはすべて多色である．この予想は，エルデシュとロバースによって証明された．その証明は確率論的で，**ロバースの局所補題**と呼ばれる道具を用いる．多くの確率論的な手法とは異なり，この補題を使うと，ある種の事象が 0 でない確率で起こることを，たとえその確率が著しく小さい場合でも示せる．大雑把に言うと，この補題は「ほぼ独立な」小さい確率で起こる事象の有限個の集まりに対して，これらのどの事象も起きない確率は正であることを主張するもので，応用例は数多い．シュトラウスの予想自体は，少しも確率論的ではないことに注意しよう．それでも，証明は確率論的な議論によるのである．

すでに述べたように，グラフ G が **k 染色可能**とは，その頂点集合を k 色で適切に着色できることである．さて，全部で k 色を使うかわりに，各頂点ごとに別々の k 色のリストがあるとしよう．G の適切な着色を見つけたいが，今回は，各頂点の色はそこに割り当てられたリストから選ぶようにしたい．もし，どのようなリストが与えられてもこれが可能であるなら，G を **k 選択可能**と呼び，G が k 選択可能となる最小の k を G の**選択数**と呼び，$\mathrm{ch}(G)$ と表す．もしすべてのリストが同一なら，これは k 着色を与えるので，$\mathrm{ch}(G)$ は $\chi(G)$ 以上でなければならない．頂点ごとに異なる k 色のリストを用いれば，同じ k 色をすべての頂点で使う場合より，適切な着色を見つけやすい気もするから，$\mathrm{ch}(G)$ は $\chi(G)$ と同じだと思うかもしれない．しかし，それは真実とは程遠い．いかなる定数 c に対しても，ある定数 C が存在して，平均次数が C 以上のいかなるグラフの選択数も c 以上であることを示すことができる．そのようなグラフはもちろん二部グラフでもよい（し

たがって染色数は 2 である）から，$\mathrm{ch}(G)$ は $\chi(G)$ よりずっと大きくなりうる．いささか驚くことに，その証明は確率論的である．

この事実のおもしろい応用として，ラムゼー理論に現れるあるグラフについて考えてみよう．その頂点集合は平面上のすべての点であり，2 点はその距離が 1 であるとき，かつそのときに限り辺で結ばれる．上で述べた結果から，このグラフの選択数は有限ではないが，染色数は 4 と 7 の間にあることがわかっている．

ラムゼー理論の典型的な問題は，単色で塗られた部分構造を要求する．その同類である**ディスクレパンシー理論**は，各色が何回使われたか，その回数があまり近くないことだけを要求する．確率的な議論は，このような一般的な問題の多くで，非常に役立つことがわかっている．たとえば，エルデシュとスペンサーは，完全グラフ K_n の辺を赤と青でどのように塗っても，頂点集合の部分集合 V_0 が存在して，V_0 内の赤い辺と V_0 内の青い辺の本数の差が，ある普遍定数 $c>0$ に対して $cn^{3/2}$ 以上であることを示した．この問題は，確率手法の威力を確信させる．というのも，上界にも確率手法が使えて，この結果が係数の定数を除いて最善であることが証明できるからである．このような結果に関するその他の例については，Alon and Spencer（2000）を見るとよい．

4.　アルゴリズム的側面と今後の課題

すでに見てきたように，ある組合せ構造の存在を示すことと，そのような例を構成することは，まったく別の話である．関連した問題に，ある例が効率的な**アルゴリズム** [IV.20 (2.3 項)] で作れるかというものがあり，作れる場合には，その構成は**明示的**であるという．理論計算機科学——それは離散数学と関連が深い——の急速な発展により，この問題の重要性は増している．特におもしろいのは，問題となっている構造の存在が確率的議論によって証明されている場合である．そのような構造を作り出す効率的アルゴリズムは，それ自身がおもしろいだけでなく，他分野にも重要な応用がある．たとえば，確率論的に保証されるのと同じくらい良い誤り訂正符号を明示的に構成することは，**符号および情報理論** [VII.6] の主要な関心事の一つである．また，ある種のラムゼー型着色を明示的に構成できれば，**脱乱化** [IV.20 (7.1.1 項)]（ランダムアルゴリズムを確定的アルゴリズムに変換する方法）に応用できるだろう．

しかしながら，良い明示的構成を見つけ出す問題は，たいへん難しいことが多い．3.2 項で述べたエルデシュの証明——頂点数 $\lfloor 2^{k/2} \rfloor$ のグラフの辺を，単色 k 点クリークがないように赤と青で塗れることの証明——は単純だが，この場合さえ，対応する明示的構成は見つかっておらず，見つけることはとても難しいだろう．このようなグラフで頂点数が $n \geq (1+\epsilon)^k$ のものを，n の多項式時間で明示的に構成できるだろうか？　ただし，ϵ は正であればどのような定数でもよいとしよう．この問題については，多くの数学者がかなり頑張ったにもかかわらず，いまだにほとんど何もわかっていない．

その他の高度な道具立て，たとえば代数的あるいは解析的手法，スペクトル法，トポロジカルな証明などの応用においても，多くの場合，証明は非構成的になりがちである．それらをアルゴリズムの議論に変換することも，この分野における将来の主要な課題の一つである．

最近の興味深い出来事として，計算機を援用した証明——それは **4 色定理** [V.12] の証明に始まった——を見る機会が増えたことも挙げられる．この分野固有の美しさと魅力を損なうことなく，こういった証明を取り入れていくことは，これからの課題である．

これらの課題，この分野の本質，他分野との緊密な関連，そして，たくさんの魅力的な未解決問題を考慮すると，組合せ論はきっと未来の数学と科学全般の発展において本質的な役割を果たし続けていくだろう．

文献紹介

N. Alon and J. H. Spencer, *The Probabilistic Method*, Second Edition, Wiley, 2000.

B. Bollobás, *Extremal Graph Theory*, Academic Press, London, 1978.

R. L. Graham, M. Grötschel and L. Lovász, Editors, *Handbook of Combinatorics*, North Holland, Amsterdam, 1995.

R. L. Graham, B. L. Rothschild and J. H. Spencer, *Ramsey Theory*, Second Edition, Wiley, New York, 1990.

S. Janson, T. Łuczak and A. Ruciński, *Random Graphs*, Wiley, New York, 2000.

S. Jukna, *Extremal Combinatorics*, Springer-Verlag, Berlin, 2001.

J. Matoušek, *Lectures on Discrete Geometry*, Springer Verlag, 2002.

M. B. Nathanson, *Additive Number Theory: Inverse Theorems and the Geometry of Sumsets*, Springer-Verlag, New York, 1996.

J. Pach and P. Agarwal, *Combinatorial Geometry*, Wiley, 1995.

T. Tao and V. H. Vu, *Additive Combinatorics*, Cambridge University Press, Cambridge, 2006.

IV. 20

計算複雑さ

Computational Complexity

オデッド・ゴールドライヒ，アヴィ・ヴィグダーソン
［訳：渡辺 治］

1. アルゴリズムと計算

本章では，何が効率良く計算でき，何ができないかについて述べる．その中で，計算の効率に関する重要な概念や研究分野を紹介していく．たとえば，計算の形式的なモデル化，効率の測り方，$\mathcal{P}$ 対 $\mathcal{NP}$ 問題，NP 完全性，回路計算量，証明計算量，乱択計算，擬似乱数，乱択検証系，暗号などである．これらの背後には，「アルゴリズム」と「計算」に関する共通な考え方がある．そこで，まずはそうした考え方から述べていこう．

1.1 アルゴリズムとは？

ある大きな正の数 N に対して「それが素数か否かを判定せよ」と問われたとしよう．この問いに答える方法の一つは，割り算を何度も試みることだろう．つまり，N が偶数か否か（2 で割り切れるか）を確かめ，次に，それば 3 の倍数か（3 で割り切れるか）を確かめ，さらに 4 の倍数かを確かめ …，というのを $\sqrt{N}$ まで行う．もし N が合成数ならば，2 と $\sqrt{N}$ の間に因数があるはずだし，素数ならば，これらの割り算の試みはすべて「割り切れない」となるはずである．

この方法の問題点は，それが非常に**非効率的**であることである．たとえば N が 101 桁の数だったとしよう．そうすると $\sqrt{N}$ は少なくとも 10^{50} 以上になるので，この方法を真面目にやろうとすると「N は K で割り切れるか？」の確認を 10^{50} 回以上行わなければならない．これはたとえ地球上のすべてのコンピュータを総動員したとしても，人の一生以上の時間がかかる計算になってしまう．この説明で非常に非効率というのは納得できたとして，では「実際何が効率的な計算法なのか？」という疑問も生じてくるだろう．もう少し正確に言うと，この問いは「計算法（計算手続きともいう）とは何か？」，そして「何をもって効率を測るか？」の二つの問いに分解できる．これらについて順に答えていこう．

この素数判定の問題を解く手法を「(計算）手続き」と呼ぶための自明な条件として，次の三つのものが考えられる．一つ目は「有限性」，すなわち手続きは有限な記述を持つべきである（したがって，すべての整数に対して，その素因数分解を求めた無限の表を利用するわけにはいかない）という点である．二つ目は「正当性」，すなわち，すべての N に対して正しく素数判定をしなければならないという条件である．

そして，三つ目として，「アルゴリズム」という言葉の真髄となる条件がある．それは「単純な処理ステップ」で構成されるという条件である．これは，たとえば，与えられた N が非自明な因数を持つかを調べ，そのような因数がなければ素数と判定するといった，馬鹿げた「手続き」を排除するために必要な条件である．これが手続きとして不十分なのは，N が非自明な因数を持つか否かを単純に判断できないのに，それを基本的な処理として使ってしまっている点である．それに対して，先に例として挙げた計算法は，基本的な算術演算しか使っていない．たとえば，数を 1 だけ増やす，数同士を比較する，長い桁の割り算（以下，「長桁除算」と呼ぶ）などである．さらに，必要であれば，これらの処理もさらに単純な処理ステップへと分解することができる．たとえば長桁除算も，より単純な 1 桁の数に対する操作の列に分解可能なのである．

アルゴリズムの概念を抽象的に定義する前に，単純な処理ステップの繰り返しというこの概念をもう少し説明しておこう．そのために，長桁除算について少し詳しく考える．たとえば，5 959 578 を 857 で割る計算を紙と鉛筆で行う場面を想定する．通常は，これら二つの数を書いて筆算を始めるだろう．まずは 857 で最初の 5 959 の割り算を行う．つまり，いくつか

掛け算を試みる．その際，たとえば $7 \times 857 = 5999$ は大きすぎるが，その確認には 5999 と 5959 を左の桁から比べてみるはずである．さらに，左から 3 桁目で大きいと判断できるので，その際には 5142（つまり 6×857）ならば小さいことがわかるから，5142 を 5959 の下に書いて引き算を行い，差の 817 を書き留め，5959578 の 5959 の隣の 5 を降ろしてきて計算を続けるだろう（引き算を行う場合も左から右に見ながら，1 桁ごとに引き算の計算をしている点も重要である）．

上記の計算のそれぞれの段階で，われわれは紙に何らかの数を書いていく．たとえば，857 の積を書き留めたり，どれが現在の割られる数以下で最大のものかを記したり，一方から他方を引いた結果を記したり，次の桁の数を降ろしてきたり …，といった記録である．それによって途中の計算結果を記しておくわけだが，それは，計算がどの段階まで進んだかの記録にもなっており，また，どの数字を現在処理しているのかも示している．重要な点は，各段階で書く情報が**固定長**であること，つまり，長桁除算の対象となる数の桁数によらず，ある一定の長さであることである．

以上のように，手続きは「(計算を実施する) 計算環境」に対して「局所的な変更」を行うことである．ただし，「局所的な変更」とは，入力の大きさには依存しない固定した処理ステップの繰り返しで実現できるような変更である（この処理は，それ自身，内部表現を持っている場合も多い．たとえば，その処理を行うさらに単純な処理ステップの列とその計算のための内部環境である）．一般には，これが，つまり計算環境をある定まった処理ステップの適用により変えていくことが，われわれの考えている**計算**である．そして，その変え方の規則が**アルゴリズム**と通常呼ばれているものなのである．この考え方は，自然界の多くの動的な変化（たとえば気象，化学反応，生体過程など）を科学的に分析する際にも適用できる．つまり，これらは，おのおのの分野での計算過程と見なせるのである．こうした動的な系では，単純で局所的な処理ステップでも，それらが繰り返されることにより，計算環境に非常に複雑な変化をしばしばもたらすことが知られている（こうした現象については「力学系理論」[IV.14] を参照）．

これらの考え方は，アルゴリズムの定式化として有名な**チューリング** [VI.94] の**チューリング機械**の概念の根底にも流れている．彼がこの定式化を生み出すに至ったのが，コンピュータが出現する*以前*だったことは興味深い．実際，この抽象化とその中心となった考え方，その中でも特に顕著なのは「万能」機械という考え方である．これは実際のコンピュータの構築に大きな影響を与えた．

ここで重要なのは，アルゴリズムという概念を定式化できることであり，その定式化により，特定の仕事をするアルゴリズムが存在するか否かや，与えられた大きさの入力に対してどの程度の基本処理ステップ数が必要であるか，といったことを厳密に議論できることである．しかしながら，こうした定式化にはいろいろな流儀があり，しかもそれらは本質的には同じであることが知られている．したがって，本章の議論を理解するためには，ある特定の流儀について詳しく知る必要はない．たとえば，アルゴリズムは実際のコンピュータ（ただし，使用できるメモリに制限がないといった多少の理想化が必要だが）の上でプログラム可能な手続きであり，アルゴリズムの基本処理ステップは，コンピュータの記憶メモリ中のあるビットを変更することと見なしてもよい．

とはいうものの，アルゴリズムがどのように実行されるかを示すため，チューリング機械モデルの基本的な特徴を，以下に簡単に述べておくことにしよう．

まず，すべての計算問題は 0 と 1 の列に対する操作の形で表されることを注意しておく（この見方は理論として有用なだけでなく，実際のコンピュータを作るのにもたいへん重要である）．たとえば，計算の過程で出てくるすべての数字は 2 進表記に変換され，また，1 は「真」を，0 は「偽」を表すために使って，基本論理演算も 0,1 上の演算と考える．こうした考え方から，チューリング機械に対してはたいへん単純な「計算環境」を定義するだけで済む．それは「テープ」と呼ばれている両方向に無限に繋がる「マス目」の列であり，そのマス目一つ一つには 0 か 1 を書くことができる．計算にあたっては，テープの特定の部分に 0 と 1 の列が書かれているものとする．これがチューリング機械への**入力**である．機械自体は有限状態と呼ばれる状態を持っており，それを計算の制御のために用いる．計算の各時点で，その有限状態は可能な有限種類の状態の一つになっている．機械は，その有限状態と機械が現在見ているマス目に書かれている 0 か 1 の値に応じて，次の三つの動作を行うのである．すなわち，現在のマス目の値を変える（もしくは変えない），機械が現在見ているマス目から右のマス目に移る（もしくは左のマス目に移る），そして有限状態を次の状態に変化させる，という動作である．

チューリング機械がとる有限状態の一つに「停止状態」がある．機械がこの状態に達すると，コントロール機能は以降の動きを停止する．これを機械が停止したという．この時点で，テープのある前もって決めておいた位置に書かれている値（一般には 0 と 1 の列）が機械の出力である．アルゴリズムとは，こうしたチューリング機械で，しかもすべての入力に対して停止するものと考えてよい．そのとき，アルゴリズムの実行した基本処理の回数（以下，**ステップ数**と呼ぶ）は，上記の三つの動作の組を行った回数である．驚くべきことに，このとても単純な計算モデルは，すべての計算を表すのに十分であり，理論的には（計算時間を無視すれば）スーパーコンピュータの計算を行うチューリング機械も構築可能である．もっとも，ごく単純な計算以外は，とてもステップ数がかかり，実際的な計算とは言えないだろう．

1.2　アルゴリズムは何を計算するのか？

各チューリング機械は，与えられた 0 と 1 の列を他の 0 と 1 の列に変換する機械である．ここで，数学的に議論するために I という記号を導入し，これで有限長の 0 と 1 の列の集合を表すことにしよう．また，I_n で 0 と 1 の列のうちで長さが n のもの全体を表すことにする．各 $x \in I$ に対して，$|x|$ でその長さを表す．たとえば，x が列 0100101 の場合には $|x| = 7$ である．（最終的に停止状態に入る）チューリング機械が行う 0 と 1 の列から 0 と 1 の列への変換は，I から I への関数と見るのが自然だろう．このような対応関係をチューリング機械 M と関数 f_M が持つとき，M が f_M を**計算する**という．

逆に言えば，すべての関数 $f : I \mapsto I$ は計算問題を与えている．すなわち，関数 f を計算する問題である．こうした関数 f に対し，もしあるチューリング機械 M の対応する関数 f_M が f に等しいならば，関数 f は**計算可能**であるという．計算の理論の初期における中心的な結果は，ある自然な関数が計算**不可能**であるという事実の証明である（より詳しくは「停止問題の非可解性」[V.20] を参照）．チューリングと**チャーチ** [VI.89] により独立に示された．一方，計算複雑さの理論では，計算可能な関数のみを対象とし，どの関数が効率的に計算可能かを議論するのである．

上で導入した記法を使えば，さまざまな計算を数学的に表すことができる．そうした計算の中でも重要なのが，**探索問題**と**決定問題**の二つである．探索問題の目標は，大雑把に言えば，与えられた性質を満たす数学的な対象を探すこと，たとえば，連立方程式の解（これは一つとは限らない）を見つけることなどである．こうした問題は，集合 I 上の 2 項**関係** [I.2 (2.3 項)] R として定義することができる．つまり，I の要素からなる対 (x, y) に対して xRy が成り立つとき，y は**問題例 x の妥当な解**（valid solution of problem instance x）であると考えるのである（ここで，xRy という記法は，x と y が 2 項関係 R で規定される関係にあることを意味している．これを $(x, y) \in R$ という記法で表す場合も多い）．たとえば，x と y を正整数 N と K の 2 進数表記だと考え，xRy を「N の非自明な因数が K である」と定義する．この R で規定されるのは，「N の非自明な因数を求めよ」という探索問題である．さて，アルゴリズム M が計算する関数を $f_M : I \mapsto I$ としたとき，その関数が関係 R で規定された問題のすべての問題例 x に対して（解が存在すれば）解の一つを $f_M(x)$ として与えていたとしよう．この場合，**M は探索問題 R を解く**という．たとえば，もし任意の合成数 N の 2 進数表記 x に対し，$f_M(x)$ がその非自明な因数 K の 2 進数表記を与えていれば，M が先に定義した探索問題を解いていることになる．

今の例は，正の整数しか対象にしていなかった．一方，厳密に言うとアルゴリズムは 2 進列に対する関数である．しかし，それは問題ではない．というのも，数字の場合には 2 進数表記を用いれば，簡単に，しかも自然に 2 進列に**符号化**することができるからである．本章の以降の説明では，われわれが分析したい数学的対象とそれらを表している 2 進列とを明確に区別しない場合が多い．たとえば，先の段落で述べたアルゴリズム M は，関数 $f_M : \mathbb{N} \mapsto \mathbb{N}$ を計算し，N の非自明な因数を探索するアルゴリズムと考えたほうが自然だろう．さらに，2 進列で表すと簡潔な短い表現になる場合が多いことにも注意しよう．たとえば自然数 N を 2 進数列として表した場合には，高々 $\lceil \log_2 N \rceil$ ビットしか用いない．逆に言えば，数 N はその表現長に対して指数関数的な大きさになっているのである．

次に，決定問題に目を向ける．これらは単にYes/No の解を要求される問題である．最初に例に挙げた「この N は素数か否か？」という問題は，決定問題の古くからの典型的な例だろう．ただし，少し前から「問題」という言葉を通常とは少し違った形で使っていることに注意しよう．個々の問題ではなく，それらの総称を「問題」と呼んでいるのである．たとえば「素数判定」や「この N は素数か否か？[*1)]」を問題と呼ぶ．一方，個々の「443 は素数か否か？」は**問題例**（problem instance）と呼ぶことにする．

決定問題を定式化するのはとても簡単である．これらは I の部分集合で規定できる．つまり，I の部分集合 S として，答えが Yes となるような 2 進列の集合を考えればよい．たとえば，素数判定問題では（最も妥当な符号化のもとでは）S は素数を表す 2 進表記の全体となる．では，チューリング機械 M が S で規定される決定問題を解く，という概念をどのように定義すればよいだろう？　自然に考えれば，そのような M には，x が S に含まれるとき Yes で，そうでないとき No と答えるような関数 f を計算することを期待する．そこで，M に対応する関数 f_M が，I から $\{0,1\}$ への関数であり，その値が $x \in S$ のとき $f_M(x)=1$ で，その他の場合には $f_M(x)=0$ であるような場合に，**M が決定問題 S を解く**（M solves the problem S）と言うことにする．

本章では，決定問題を中心に説明する．それは，探索問題も含め，より複雑に見える問題でも複数回の決定問題を解くことで解決できるからである．たとえば，もし大きな数 N の（最小の）素因数を求めたいのであれば，次のように計算することができる．まず，その素因数を 2 進表記で表したときに，最後（右端から 1 ビット目）のビットが 1 か否かを判定する．もし Yes ならば，次のビットが 1 か否か（つまり素因数の 2 進表記が 11 で終わるか否か）を聞く．No の場合も，同様に次のビットが 1 か否か（この場合には 2 進表記が 10 で終わるか否かに対応する）を聞く．このような質問を繰り返していけば，決定問題を解くだけで最小の素因数についての情報が得られていく．最終的には，N のビット数回質問すれば最小素因数が得られるのである．

*1)　［訳注］この質問では N が変数なので，一つの問題例ではなく「総称」であると考えられる．

2.　アルゴリズムと計算

本章の最初のほうで，「効率的な計算法」とは何かと尋ねた．これまでに「計算法」すなわち「計算手続き」についてはある程度述べたので，今度は「効率」について述べる．単純な素数判定は，対象となる数が大きくなると非現実的なほどに非効率になると先に述べたが，その意味を明確にしていこう．

2.1　アルゴリズムの複雑さ

ある手続きに対して「非現実的な計算時間がかかる」という概念を数学的に明確に定義する方法から考える．チューリング機械による定式化は，このような場合に非常に便利である．というのも，チューリング機械の計算において何が 1 ステップかを明確に議論でき，それによって厳密な定義を与えることができるからである．つまり，アルゴリズムとはチューリング機械であり，その**計算複雑さ**は，それが停止するまでに実行された（計算）ステップ数である，と定義できる．

ただ，もう少し注意深く考えると，われわれに必要なのは，一つの数ではなくて一つの関数であることに気づくだろう．チューリング機械の計算ステップ数は入力に依存する．したがって，与えられたチューリング機械 M に対しては，それに x を入力として与えたときに停止までに実行されるステップ数を求める関数 $t_M(x)$ を定義することができる．この関数 $t_M : I \mapsto \mathbb{N}$ が機械 M の**計算量**（計算複雑さを表す関数）である．

たいていの場合，計算量の詳細は問題にならない．それよりむしろ**最悪時計算量**が重要である．これは，機械 M に対して次のように定義される関数 $T_M : \mathbb{N} \mapsto \mathbb{N}$ である．すなわち，各正の整数 n に対して，$T_M(n)$ は，すべての長さ n ビットの入力列 x に対する $t_M(x)$ の最大値である．言い換えると，長さ n の入力が与えられたとき，機械 M の計算に最悪どれだけの時間を要するかに興味があるのである．さらに言うと，$T_M(n)$ の厳密な式もそう重要ではなく，その妥当な上界を用いれば十分な場合が多い．

関数 $t_M(x)$ は，より正確にはアルゴリズム M の**時間計算量**と呼ぶべきである．というのも，計算資源は時間だけではないからである．もう一つの資源は，アルゴリズムが入力を保持するのに必要なメモリ以外に計算で使用するメモリ量である．これも上の定式化のもとで，明確に定義することができる．対象としているチューリング機械 M と，それに与えられる入力列 x に対して，$s_M(x)$ を計算中に訪れるマス目数と定義する．ただし，入力列を保持するマス目は計算中は変更しない（この部分にメモ書きを許さない）と制限した上で，入力列を保持するマス目数は $s_M(x)$ の定義の際の勘定に入れないのが厳密な定義である[*2)]．

2.2　問題の本質的な複雑さ

本章の大半は，計算能力に対する非常に一般的な解析の解説である．特に，理論計算機科学において**計算複雑さの理論**[*3)]（あるいは**複雑さの理論**）と呼ばれる分野の中心課題について述べる．この分野の目標は，種々の計算問題の**本質的な複雑さ**を理解することである．

ここで，「アルゴリズム」とは言わず「計算問題」とした点に注意してほしい．これはたいへん重要な違いであり，どこに焦点を合わせて複雑さを議論するかを決める鍵となっている．この点を前例の素数判定問題に戻って考えてみよう．この問題に対するさまざまなアルゴリズムのそれぞれに対し，その計算時間がどの程度になるかを見積もることは，さほど難しくない．実際，単純な割り算の繰り返しのアルゴリズムの計算時間が非常に長いことは，容易に示せる．しかし，そうした個々のアルゴリズムの評価は，素数判定問題が本質的に難しいことを意味するだろうか？　そうとは限らない．というのも，もしかしたら同じ仕事をはるかに効率良く行うアルゴリズムがあるかもしれないからである．

この直観的な議論は，先の形式的な枠組みでもきちんと示せる．計算問題の計算量として何が妥当な定義なのだろうか？　大雑把に言えば，問題の計算量は，その問題を解くアルゴリズム M の計算量の中で最小のものと考えるべきだろう．厳密には，次のような言い方をすることができる．与えられた整数上の関数 $T : \mathbb{N} \mapsto \mathbb{N}$ に対し，その問題を解くアルゴリズム M で $T_M \leq T$ となるものが存在する場合に，その問題の**計算量が高々 T である**と定義する（ただし，$T_M \leq T$ は「すべての n に対し $T_M(n) \leq T(n)$」の略記である）．

もし，ある計算問題が本質的に難しくないことを示したいのであれば，その計算を行う低い計算量を持つアルゴリズムを考案すればよい．しかし，もし問題が本質的に難しいことを示したいのであれば，どうすればよいだろうか？　その場合には，すべての低い計算量を持つアルゴリズム M に対して，それが対象の問題を解くアルゴリズムになっていないことを証明する必要がある．こちらのほうがとても難しく，半世紀にもわたり精力的な研究がなされてきたにもかかわらず，今のところ非常に弱い結果しか得られていない．今述べた二つの研究には，大きな違いがあることを知ってほしい．「アルゴリズム」という概念の形式化は知らなくても良いアルゴリズムは発見できるが，すべてのアルゴリズムを調べ，それらがある特定の性質を持つことを示すには，アルゴリズムとは何かを厳密に定義しておく必要がある．この点に関しては，幸いなことに，チューリングの定式化により，その準備ができている．

2.3　効率的な計算とクラス $\mathcal{P}$

ここまでで，アルゴリズムと計算問題の計算量について議論する枠組みが整った．しかし，与えられたアルゴリズムを「効率的」と見る基準については，まだ述べていない．計算問題が効率的に解けるか否かという点に関してもである．ここで「効率的」に対する一つの定義を提案する．これはどう定義してもよい概念のようにも思えるが，ここで提案する定義が非常に良いものであることも説明しよう．

あるアルゴリズム M に対し，それが多項式時間で停止するとき，かつそのときに限り，そのアルゴリズムが効率的であると見なすことにする．ここで**多項式時間で停止する**（terminates in polynomial time）とは，アルゴリズム M の最悪時間計算量 T_M に対して，常に $T_M(n) \leq cn^k$ となる定数 c と k が存在することである．すなわち，アルゴリズムの実行にかかる時間が入力長のある多項式以下に抑えられる，ということである．たとえば，n 桁の二つの数の足し算や掛け算の通常のアルゴリズムが多項式時間で

---

*2)　［訳注］要するに，計算での「作業領域」に必要なメモリ量を測るのが厳密な定義である．その意味では，ここでは説明が省略されているが，出力列を保持するためのマス目数も数えないのが普通である．

*3)　［訳注］「計算量理論」という用語も使われているが，より原意に近い「計算複雑さの理論」を用いることにする．

停止することは容易に確認できるし，その逆に，割り算の繰り返しで行う素数判定が多項式時間で停止しないことも，簡単に確認できる．したがって，前者は効率的なアルゴリズム，後者は効率的でないアルゴリズムの例である．その他の効率的アルゴリズムとしては，数を小さい順に並べるアルゴリズムや，行列の**行列式** [III.15] を求めるアルゴリズム（ただし，行列の各要素を行列式の定義式に入れて計算する方法ではなく，行（もしくは列）成分で分解して求めるアルゴリズム），ガウスの消去法により連立線形方程式を解くアルゴリズム，与えられたネットワーク内の最短経路を求めるアルゴリズムなどが挙げられる．

計算問題の本質的な複雑さを議論するために，今度は，アルゴリズムではなく問題自身に対して，それを計算する効率的アルゴリズム M が存在するとき，その問題が**効率的に計算可能**（efficiently computable）であると言うことにする．以降の効率的計算可能性の議論は，決定問題に絞って考える．つまり，効率的アルゴリズムを持つすべての決定問題が対象である．この多項式時間計算可能性について考えることが計算複雑さの理論の最も重要な目標である．この概念を形式的に定義しておこう．そのためにも，一つ便利な記法を導入しておく．すなわち，チューリング機械 M とそれに与える入力 x に対し，$M(x)$ で M の x に対する出力を表す（これまでは $f_M(x)$ で表していたものを簡略化したのである）．特に決定問題では $M(x)$ は 0 か 1 である．

定義　決定問題 $S \subseteq I$ に対して，ある多項式時間で停止するチューリング機械 M であって，任意の x に対して $M(x)=1$ と $x \in S$ が同値であるものが存在するとき，問題 S を**多項式時間計算可能**という．

多項式時間計算可能な決定問題のクラス[*4)]を $\mathcal{P}$ と表す．これが本章における計算量クラスの最初の例である．

計算時間の**漸近的解析**，すなわち計算時間を入力長の関数として評価する枠組みは，効率的計算の構造を明らかにするために本質的である．一方，多項式時間という基準は「効率的」の基準として適当に決められたようにも見えるし，これ以外の基準でも計算複雑さの理論は同様に発展できたかもしれない．しかし，この基準に十分な妥当性があるのも確かである．第一に，多項式の集合（あるいは多項式を上界に持つ関数の集合）が，計算過程で自然に出てくるさまざまな操作について閉じている，という点がある．特に，多項式同士の和や積，さらには二つの多項式の合成などが多項式であるという点が重要である．これにより，たとえば，素数判定のアルゴリズムの多項式時間計算可能性を議論する場合に，（簡単のため）長桁除算を 1 ステップの演算として議論しても，本質的に変わらないことが保証できる．実際，長桁除算には 1 ステップ以上かかるのだが，それ自身多項式時間計算可能であるため，それを利用したアルゴリズムの計算全体が多項式時間で終わるか否かには影響を与えないからである．一般に，「サブルーチン」と呼ばれるプログラミングの基本技術を使った場合，もしサブルーチン自身が多項式時間計算可能ならば，サブルーチンの計算時間を無視しても，アルゴリズム全体の多項式時間計算可能性には影響を及ぼさない．

実際に使っているコンピュータのプログラムのほとんどは，この理論的な基準のもとでは「効率的」である．もちろん，その逆は真ではなく，たとえば n^{100} は確かに多項式だが，計算に n^{100} 時間必要なアルゴリズムは，まったく役に立たない．しかし，これは特に大きな問題とはならないだろう．なぜなら，自然な問題に対して n^{10} 時間かかるようなアルゴリズムは，そうめったに発見されず，また，そういう稀な場合でも，実際的な利用価値の境目である n^3 あるいは n^2 時間のアルゴリズムが，すぐあとで発見されることが非常に多いからである．

クラス $\mathcal{P}$ とクラス $\mathcal{EXP}$ を比較しておくことも重要である．クラス $\mathcal{EXP}$ とは，入力長 n の入力に対して高々 $\exp(p(n))$ ステップ以下の時間で計算するアルゴリズムで解かれる問題の全体である．ただし，p は（アルゴリズムごとに決めてよい）多項式である（大雑把に言うと，$\mathcal{EXP}$ は指数関数的な時間で解くことのできる問題のクラスである．多項式 p は，このクラスの定義を符号化などの差の影響をあまり受けない安定したものにするために導入された便法と考えてもよい）．

もし n ビットの 2 進表記で与えられた数 N に対して，割り算の繰り返しで素数判定を行おうとすると，$\sqrt{N}$ 回の長桁割り算を行う必要がある．この $\sqrt{N}$ は

---

*4)　［訳注］計算複雑さの理論では，計算量により分類される問題の集合を「クラス」と呼ぶことが多い．ここでもその慣習に従うことにする．

約 $2^{n/2}$ なので，この計算は指数関数時間の手続きとなる．指数関数の計算時間は明らかに「非効率」である．さらに，もしも，それより速いアルゴリズムがないとしたら，その問題は手に負えないと考えてもよいだろう．また（**対角線論法**と呼ばれる基本的な技法により）$\mathcal{P} \neq \mathcal{EXP}$ であることが示されている．$\mathcal{EXP}$ に属する問題群には，それらを解くのに本当に指数時間かかるものが存在する．本章で紹介するほとんどの問題，そしてほとんどの計算量クラスは，$\mathcal{EXP}$ に含まれる．このことは，ちょうど割り算の繰り返しで素数判定をするアルゴリズムのように，自明な，いわゆる「しらみつぶし的」アルゴリズムによって示せる．重要な課題は，より速いアルゴリズムを考案できるか否かである．

3. $\mathcal{P}$対$\mathcal{NP}$問題

この節では，有名な $\mathcal{P}$ 対 $\mathcal{NP}$ 問題について述べる．この問題は通常は決定問題が対象だが，探索問題においても同様の議論ができる．ここでは，まずは後者のほうから考えてみよう．

3.1 見出すことと確かめること

「文字列 CHAIRMITTE を並べ替えて英単語を作ろう」というようなパズルを解く際，通常は多くの可能性を（最悪の場合にはすべての文字の順列を）調べなければならない．たぶん，発想が湧くのを待ちつつ，単語の一部をいろいろと作ることになるだろう．では「CHAIRMITTE を並べ替えて単語 “arithmetic” を作れるか？」という問題はどうだろう．その答えが Yes であることを確認することは，とても易しい（というより退屈である）．この直観的な例は，多くの探索問題の重要な特質を言い当てている．すなわち，解を見つけたら，それが「正しい」ことを確かめることは易しいという特質である．難しいのは，最初に解を見出すことである．そうでない場合もあるかもしれないが，少なくとも第一印象はたいていの場合そうだろう．しかし，このような探索問題が本当に難しいことを証明することが，有名な未解決問題，**$\mathcal{P}$ 対 $\mathcal{NP}$ 問題**なのである．

これとは異なる探索問題で，同様の特質を持ったものがある．実際，それは非常に一般的で数学者に自然に受け入れられるものだろう．数学的に正しい命題に対して実際に証明を見出す問題である．ここでも，示された論法が証明として「正しいか」を確かめることは，それを最初に見出すことよりはるかに易しい．証明を見出すことは，大変な創造性を要求される仕事である（規模や難易度はもっとずっと小さいかもしれないが，雰囲気は単語を見出す作業も同様だろう）．$\mathcal{P}$ 対 $\mathcal{NP}$ 問題は，ある意味で，これと同様な創造性を自動的に行うことができるかという問題である．

クラス $\mathcal{NP}$ の形式的な定義は，3.2 項で述べる．直観的には，このクラスは，見出した物が本当に探したい物であるかを確かめることが簡単であるようなすべての探索問題の全体である．このような問題のもう一つの例は，大きな合成数 N の素因数を求める問題である．もし，その素因数として K が与えられたなら，それが正しいかを（コンピュータを使って）確かめるのは簡単である．やるべきことは長桁割り算 1 回だけである．

科学や工学におけるおびただしい数の問題（たとえば，科学では，さまざまな自然界の現象を説明する理論の構築，工学では，さまざまな物理的あるいは経済的制約のもとでの設計など）では，あることの成功を確認することは，その成功を最初に得ることよりはるかに簡単である場合がほとんどである．このことは，この計算量クラスの重要性を示していることにもなるだろう．

3.2 判 定 vs. 検 証

理論的な分析のためには，$\mathcal{NP}$ を「決定」問題のクラスとして定義したほうが都合が良い．たとえば「N は合成数か？」というような決定問題である．この問題を $\mathcal{NP}$ 問題の一つにしているのは，N が合成数ならば必ずその「短い証明」が存在するという事実である．この証明とは（この場合）N の素因数である．しかも，この証明が正しいことを確かめる計算も容易である．すなわち，次のような多項式時間アルゴリズム M を作ることができる．M は正整数の対 (N,K) を入力として受け取り，K が N の非自明な素因数ならば 1 を，そうでないならば 0 を出力するアルゴリズムである．もし N が素数ならば，すべての K に対して $M(N,K)=0$ である．一方，N が合成数ならば，必ず $M(N,K)=1$ となるような K が存在する．しかも，K を表す 2 進列の長さは，N の 2 進列長よりも短い．これが N の合成数であることの短い証明なのである（もっとも，本当に入力列より短い必要はない．入力列に比べてあまり長くなっていないことが重要なのである）．以上の性質は，次のような簡潔な形式的定義として表すことができる．

定義（クラス $\mathcal{NP}$）[*5)] 決定問題 $S \subset I$ は次の三つの条件を満たす $R \subset I \times I$ が存在するときクラス $\mathcal{NP}$ に所属する問題である．

(i) 任意の x, y に対して，$(x,y) \in R$ ならば必ず $|y| \le p(|x|)$ となるような多項式 p が存在する．

(ii) 任意の x に対して，$x \in S$ であることと，ある y で $(x,y) \in R$ となることは等価である．

(iii) 与えられた (x,y) に対し，それが $(x,y) \in R$ を満たすか否かの決定問題は，$\mathcal{P}$ の問題である．

この定義のような y が存在するとき，それを $x \in S$ の**証明**もしくは**証拠**という．また，$(x,y) \in R$ を判定する多項式時間のアルゴリズムを，$x \in S$ の証明の**検証手続き**という．

クラス $\mathcal{P}$ に所属するすべての問題 S は，$\mathcal{NP}$ にも入る．というのも，証明 y を特に考えずに単に $x \in S$ を判定する効率的なテストを（検証手続きとして）用いればよいからである．一方，$\mathcal{NP}$ に入るすべての問題は，明らかに $\mathcal{EXP}$ にも所属する．与えられた x に対し，そのすべての証明の候補 y を列挙し，おのおのに対して証明になっているかどうかを判定できるからであり，また，その計算時間は指数時間に収まるからである（つまり，例の割り算の繰り返しと似たような計算である）．この自明なアルゴリズムは改良できるだろうか？ 非常に巧妙な手法が必要になるかもしれないが，改良できる場合もある．実際，与えられた数 N が素数か否かを判定する問題は，最近になって $\mathcal{P}$ に入ることが示されている（詳しくは「計算数論」[IV.3 (2 節)] を参照）．しかしながら，究極的には $\mathcal{NP}$ のすべての問題に対して，上記の自明なアルゴリズムより本質的に良いものがあるか否かが知りたいのである．

*5) 記号 NP は非決定性（nondeterministic）多項式時間（polynomial-time）に由来している．ここで**非決定性機械**とは，クラス $\mathcal{NP}$ の別定義のために導入された架空の計算装置のことである．このような機械での非決定的な動きは，上記の定義での「証明」を推測する過程に対応する．

3.3 大 予 想

$\mathcal{P}$ 対 $\mathcal{NP}$ 問題では，$\mathcal{P} = \mathcal{NP}$ か否かが問われている．決定問題で言えば，これは，問題に対して効率的な検証手続きが存在すれば，その問題自身を効率的に解くアルゴリズムが存在するか，という問いである．もう少し正確に言えば，決定問題 S に対して（$\mathcal{NP}$ の定義に述べられているような）$x \in S$ の証明検証の多項式時間アルゴリズムが存在すれば，$x \in S$ を実際に判定する多項式時間アルゴリズムが存在するか？という問いなのである．

最初のほうで例示したように，この $\mathcal{P}$ 対 $\mathcal{NP}$ 問題は，探索問題に対する問いの形で表すこともできる．ある集合 $R \subset I \times I$ で，$\mathcal{NP}$ の定義の (i) と (iii) の 2 条件を満たすものを考えよう．たとえば，R として，任意の合成数 N とその任意の非自明な因数 K の組 (N,K) の集合を考えると，それはこの条件を満たしている．この R に対応する探索問題，つまり「与えられた N に対して非自明な因数 K を求めよ」は，素因数分解問題に密接に関連する問題である．一般に，定義の (i) と (iii) を満足させる任意の関係 R に対して，対応する探索問題として「与えられた x に対して $(x,y) \in R$ を満たす y を（もしあれば）求めよ」を考えることができる．こうした探索問題に対し「それらはすべて多項式時間で解くことができるか？」というのが，$\mathcal{P}$ 対 $\mathcal{NP}$ 問題の探索問題版である．

もし $\mathcal{P}$ 対 $\mathcal{NP}$ 問題に対する答えが Yes ならば，たとえば「K が N の非自明な因数であるかどうか」は多項式時間で検証可能なので，ただそれだけから，そうした非自明な因数を求める多項式時間アルゴリズムの存在が直ちに保証できる[*6)]．同様に，数学的命題に対して簡潔な証明が存在するという事実だけで，それを純粋に機械的に，しかも効率的に見つけるアルゴリズムの存在を保証できてしまう．解を見つけることの難しさと，見つけられた解を検証することの明らかに見える差は，実は見かけ上の差だったということになってしまうのである．

これはまったくおかしなことで，ほとんどの専門家はこのようなことが起きないと信じている．しかし，今のところ誰もそれを証明してはいない．つま

*6) 与えられた数が合成数か否かを判定する多項式時間アルゴリズムは存在するが，因数を求める効率的アルゴリズムは今のところ見つかっていない．また，そのようなアルゴリズムはないというのが大方の予想である．

り，$\mathcal{P}$ 対 $\mathcal{NP}$ 問題に対する大予想とは，「$\mathcal{P}$ が $\mathcal{NP}$ とは等しくない」という予想なのである．すなわち，見つけることは確かめることより難しく，効率的な証明検証手続きから決定問題に対する効率的アルゴリズムを導き出すことは，一般には不可能なのである．この予想は，これまで何世紀もの間，非常に幅広い人類の知的活動の中で探索ならびに決定問題と関わってきたわれわれの直観に合っている．さらに，この予想を支持する経験的な根拠として，これまでに見つけられてきた数千もの $\mathcal{NP}$ 問題がある．これらは数学や科学の多くの分野で見出されてきたものであり，それらを解く効率的な手続きを発見するべく，研究者たちが大変な努力を払ってきたにもかかわらず，多項式時間で解くことが未解決な問題群なのである．

$\mathcal{P} \neq \mathcal{NP}$ 予想は，まさに計算機科学の中で最も重要な問題であり，数学全体を見渡しても非常に重要な問題の一つである．後の 5.1 項「論理回路の複雑さ」で，その証明へのいくつかの試みを紹介するが，そこでは部分的な結果とこれまでの証明技法の限界について議論する．

3.4 $\mathcal{NP}$ 対 co-$\mathcal{NP}$

もう一つの重要な計算量クラスとして，co-$\mathcal{NP}$ として知られているものがある．これは $\mathcal{NP}$ に属する集合（つまり決定問題）の補集合（つまり補問題）の全体である．たとえば，「N は素数か？」という問題は co-$\mathcal{NP}$ に入る．というのも，与えられた正整数 N が素数ではないことを示す簡潔な証明（すなわち N の因数の提示）とその効率的な検証手続きが存在するからである．別の言い方をすれば，素数の集合は，その補集合が $\mathcal{NP}$ に入るので，クラス co-$\mathcal{NP}$ に所属するのである．

では，$\mathcal{NP}$ は co-$\mathcal{NP}$ と等しいだろうか？　すなわち，もし効率的な証明検証手続きが S の所属問題に対して得られるのであれば，**非所属性**を示すための効率的証明検証手続きが存在するだろうか？　再び，直観的には No であり，少なくとも自動的には成り立たないように思える．たとえば，デタラメに並べた文字列を並べ替えて単語を作ることができるのならば，その単語を短い証拠として使うことができる．一方，仮に文字列をどのように並べ替えても単語にならない場合には，それを示すために可能な並べ替えをすべて見て，そのどれもが単語を作らないことを示す必要があるだろう．しかし，これは非常に長い証拠になってしまうし，しかも，これより真に短い証拠を機械的に与える方法はたぶんないだろう．

ここでも，数学からの直観がとても関連してくる．たとえば，ある論理制約の集合が全体では無矛盾であること，ある多項式系が共通の根を持つこと，あるいはある領域群の共通部分が空でないことなどに対しては，簡潔な証明があるが，その逆はそうした簡潔な証明はないように思える．実際，最初の問題に対しては，うまい変数への割り当てを示せばよいし，2 番目の問題に対しては，すべての式に共通の根を示せばよく，さらに，3 番目の問題に対しては，すべての領域に含まれる点を示せばよいからである．その補問題と元問題が計算論的に同値であることを示せるのは，**双対性** [III.19] 定理が成り立つ場合や，ある不変遍量に対する完全な系である場合のように，特異な数学的構造があるときだけのように思える．つまり，もう一つの大きな予想が「$\mathcal{NP}$ は co-$\mathcal{NP}$ に等しくない」という予想なのである．5.3 項「証明の複雑さ」では，この予想をもう少し深く掘り下げ，それを解決する試みを紹介する．

ところで，驚くべきことに，「N は合成数か？」という明らかな $\mathcal{NP}$ 問題は，実は co-$\mathcal{NP}$ にも入る問題なのである．これを示すには，初等整数論からの次の事実を使う．すなわち，p が素数であることの必要十分条件は，ある整数 a に対して $a^{p-1} \equiv 1 \pmod{p}$ であり，しかも $p-1$ の任意の因数 r に対して $a^r \not\equiv 1 \pmod{p}$ となることである．したがって，p が素数であることを示すには，こうした性質を持つ a を示せばよい．ただし，a が条件を満たすことを示すには，今度は $p-1$ の素因数分解が必要であり[*7)]，そのためには与えられた素因数分解に登場してくる数が，本当に素数か否かを確かめる必要がある．つまり，元の素数判定の問題に戻るわけである．けれども，今度の問題は，より小さい数が対象なので再帰的に議論でき，それによって co-$\mathcal{NP}$ に入ることが証明されるのである（ここで，再び素数判定は実際には $\mathcal{P}$ に入る（したがって，co-$\mathcal{NP}$

*7)　［訳注］$p-1$ の素因数 $r_1, \dots, r_k$ に対して $a^{r_i} \not\equiv 1 \pmod{p}$ を示せば，任意の $p-1$ 因数 r に対しても $a^r \equiv 1 \pmod{p}$ となるからである．

にも当然——）ことに注意しよう．ただ，この証明のほうが上記の co-$\mathcal{NP}$ に入ることの証明よりはるかに難しい）．

4. 還元性と NP 完全性

重要な数学の問題の特徴の一つは，多くの同値な定式化を持つことである．$\mathcal{P}$ 対 $\mathcal{NP}$ 問題では，この多数の同値な定式化が，非常に極端な形で成立している．それをこの節で紹介しよう．われわれの議論で基本的な概念は，**多項式時間還元性**である．大雑把に言うと，ある計算問題が別の計算問題に多項式時間還元可能ならば，後者に対するいかなる多項式時間アルゴリズムも，前者に対する多項式時間アルゴリズムに変換できるのである．まずはこの還元の例を紹介し，次にこの概念を形式的に定義しよう．

還元を説明するために，二つの $\mathcal{NP}$ 問題を導入する．最初は SAT と呼ばれる有名な $\mathcal{NP}$ 問題である．次のような論理式を考える．

$$(p \vee q \vee \overline{r}) \wedge (\overline{p} \vee q) \wedge (p \vee \overline{q} \vee r) \wedge (\overline{p} \vee \overline{r})$$

ここで，p, q, r は**命題変数**と呼ばれる変数で，それぞれ真か偽の値をとる．記号 "$\vee$" と "$\wedge$" は「または」(OR) と「かつ」(AND) を表す．そして $\overline{p}$（「NOT p」と読む）は「p の否定」，つまり p が偽のときに真で，真のときに偽の値をとる命題である．

さて，この式において，仮に p と q が真で，r が偽であったとする．この場合，最初の部分式 $p \vee q \vee \overline{r}$ は真になる．$p, q, \overline{r}$ のどれかが真（この例ではすべてが真）だからである．同様に，他のすべての部分式も真になることが確かめられるので，この式全体は真である．このような命題変数 p, q, r への真偽値の割り当てを，この論理式の**充足割り当て**といい，そのような充足割り当てを持つ式を**充足可能**という．ここで次のような計算問題が自然に考えられる．

SAT　与えられた論理式に対して充足可能か否かを判定せよ．

この例では，式は部分式の論理積であり，部分式は命題変数かその否定の論理和である（**論理積**とは $\psi_1 \wedge \cdots \wedge \psi_k$ のような形をした式をいい，**論理和**とは $\psi_1 \vee \cdots \vee \psi_k$ のような形をした式をいう）．なお，命題変数かその否定のことを**リテラル**といい，その論理和を**節**という．

3SAT　与えられた論理式に対して充足可能か否かを判定せよ．ただし，論理式として与えられるのは，各節が 3 個以下のリテラルからなる節の論理積の形をしている式のみである．

SAT も 3SAT も $\mathcal{NP}$ の問題である．というのも，与えられた真偽値割り当てが充足割り当てかどうかの判定は，簡単にできるからである[*8]．

では，2 番目の $\mathcal{NP}$ の問題を定義しよう．

3-colorability　与えられた平面地図（たとえば地図帳にあるような地図）に対し，その各領域（たとえば国）を，隣り合った領域が同じ色にならないよう，赤，青，緑の 3 色で塗り分けられることができるかどうかを判定せよ[*9]．

では，この 3-colorability を 3SAT に「還元」して見せよう．すなわち，3SAT を解くアルゴリズムがあったとして，それを使って 3-colorability を同程度に効率良く解く方法を示すのである．では，まず n 個の領域からなる地図が与えられたとする．これに対して論理式を作るのだが，$3n$ 個の命題変数を用意し，それぞれを $R_1, \ldots, R_n$, $B_1, \ldots, B_n$, $G_1, \ldots, G_n$ と呼ぶ．これらから論理式を作り，その充足割り当てが地図の 3 彩色に対応するようにしたい．たとえば R_i という命題変数で，「地図の i 番目の領域を赤に塗る」という状況を表そうという意図である．B_i や G_i の使い方も同様である．そして，論理式の節を使って，それぞれの領域が色を割り当てられている，あるいは，隣り合った領域は異なる色を割り当てられている，などの条件を表すのである．

こうした条件を記述することはたやすい．領域 i が何らかの色を割り当てられていることを表すには，$R_i \vee B_i \vee G_i$ という節を用いればよい．また，領域 i と j が地図上で隣接していたなら，$\overline{R_i} \vee \overline{R_j}$, $\overline{B_i} \vee \overline{B_j}$, $\overline{G_i} \vee \overline{G_j}$ の三つの節を論理式に加える（複数の色を割り当てられた領域がないことを保証するには，同様に $\overline{R_i} \vee \overline{B_i}$, $\overline{B_i} \vee \overline{G_i}$, $\overline{G_i} \vee \overline{R_i}$ を使えばよい．あるいは充足割り当てでは複数の色の割り当てを許し，複数色が割り当てられていたならば，各領域ごとに一

[*8] ［訳注］$\mathcal{NP}$ の定義で出てきた「証明」が充足割り当てである．充足割り当てが，与えられた入力（論理式）が Yes である（つまり充足可能である）ことの証明になっている．

[*9] 有名な **4 色定理** [V.12] により，4 色ならば塗り分けられることは保証されている．

つを適当に選んで実際の彩色としてもよい).

これらの節すべての論理積が充足可能なとき，かつそのときに限り，元の地図が 3 彩色可能である．このことは容易に確かめられるだろう．しかも，この変換の過程は単純なので，地図上の領域の数の多項式時間で行うことができる．したがって，所望の多項式時間還元を示せるのである．

以上でやってきたことに，形式的な定義を与えよう．

定義（多項式時間還元性） S と T を I の任意の部分集合（それにより規定される決定問題）とする．この二つに対し，もし多項式時間計算可能な関数 $h : I \mapsto I$ であって，任意の $x \in I$ に対して $x \in S \Leftrightarrow h(x) \in T$ が成り立つものが存在するならば，S は T に**多項式時間還元可能**という．

この定義のとおり S が T に多項式時間還元可能だとすると，次のようなアルゴリズムで決定問題 S を解くことができる．すなわち，与えられた x に対し，まず $h(x)$ を（多項式時間で）計算し，その $h(x)$ に対して $h(x) \in T$ を判定し，その出力を $x \in S$ の判定に用いる．この方法に従えば，もし T への所属が多項式時間で判定できるのであれば，S への所属も多項式時間で判定できる．これと同じことだが，別の重要な言い方をすると「S が多項式時間判定不可能ならば T も同様に多項式時間判定不可能」という関係が成り立っている．つまり，S が計算困難ならば T も同様に計算困難であるという関係である．

この多項式時間還元可能性を用いて，次の非常に重要な概念を導入しよう．

定義（NP 完全性） 決定問題 S に対し，すべての $\mathcal{NP}$ に入る決定問題が S に多項式時間還元可能であり，しかも S 自身が $\mathcal{NP}$ に属している場合，S を **NP 完全**という．

すなわち，NP 完全問題 S に対して，もし多項式時間アルゴリズムがあれば，すべての他の $\mathcal{NP}$ 問題に対しても同様に多項式時間アルゴリズムが存在するのである．したがって，NP 完全（決定）問題はある意味で，すべての $\mathcal{NP}$ 問題を「代表する」問題なのである．

初めての人はこの定義が不思議に見えるかもしれない．そのような NP 完全問題がそもそも存在するかがまったく自明でないからである．ところが，1971 年に，`SAT` の NP 完全性が証明され，それ以来，数千にものぼる問題の NP 完全性が同様に示されてきた（そのうち数百の例が，ギャレイ–ジョンソンのリスト（Garey and Johnson, 1979）に挙げられている）．今回挙げた例では，`3SAT` と `3-colorability` も NP 完全である．特に `3SAT` は重要で最も基本的な NP 完全問題の一つである（一方，`2SAT` や `2-colorability` に対して多項式時間アルゴリズムが存在することは，比較的容易に示せる）．ある決定問題 S が NP 完全であることを示すには，すでに知られている NP 完全問題 S' をもとにして，S' から S への多項式時間還元を示せばよい．これが示せたならば，もし S が多項式時間アルゴリズムを持てば，S' も持つことが示せ，そのことから $\mathcal{NP}$ の他のすべての問題も持つことが導けるのである．このような還元は，先の `3-colorability` や `3SAT` のように簡単な場合もあるが，非常に独創的な考えが必要な場合もある．

ここで NP 完全問題をもう二つ定義しておこう．

Subset sum 与えられた整数の列 $a_1, \ldots, a_n$ と整数 b に対して，$\sum_{i \in J} a_i = b$ となる添字集合 J が存在するかどうかを判定せよ．

Traveling salesman problem 与えられた有限**グラフ** [III.34] G に対して，その中にハミルトン閉路が存在するかどうかを判定せよ．すなわち，すべての頂点をちょうど 1 回だけ通る G の辺のたどり方は見つかるか，という問題である．

おもしろいことに，自然な $\mathcal{NP}$ 問題で $\mathcal{P}$ に入りそうもない問題は，NP 完全である場合がほとんどである．けれども，二つ重要な例外がある．これらは NP 完全であることが示されていないだけでなく，そうならないだろうと強く予想されている．その 1 番目は，すでに何度も見てきた素因数分解問題である．より正確には次のような決定問題である．

Factor in interval 与えられた x, a, b に対し，x が $a \leq y \leq b$ となる素因数 y を持つかどうかを判定せよ．

この決定問題に対する多項式時間アルゴリズムが存在すれば，それを使って二分探索をすることで素因数分解を求めることができる．この問題が NP 完全でないと思われている理由は，これが co-$\mathcal{NP}$ にも入るからである（大雑把に言うと，No の証明として x の素因数分解を使うことができるからである．素因数分解は検証可能であり，また，それを示せば，$a \leq y \leq b$ となる素因数が「ない」ことも明確になるからである）．したがって，もしこの問題がNP完全ならば $\mathcal{NP} \subset \text{co-}\mathcal{NP}$ となり，対称性から $\mathcal{NP} = \text{co-}\mathcal{NP}$ になってしまうのである．

2番目の例は，次の問題である．

Graph isomorphism　与えられた n 頂点の二つのグラフ G と H に対し，G の頂点から H の頂点への単射 ϕ で，任意の頂点 x, y に対し，「xy が G の辺 $\Leftrightarrow \phi(x)\phi(y)$ が H の辺」という関係が成り立つものが存在するかどうかを判定せよ．

これらの例が，たとえば `3SAT` や `3-colorability` に還元できることは驚くべき事実と言ってもよいだろう．特に1番目の例は，それが論理式やグラフとはまったく関係ないので，特に不思議に思える．

もし $\mathcal{P} \neq \mathcal{NP}$ ならば，NP完全問題はすべて多項式時間では判定不可能である．したがって，対応する探索問題も多項式時間では解けない．それゆえ，与えられた問題がNP完全であることを証明することは，多くの場合，その問題が困難であることを示す**証拠**と考えることができる．もしそれを解くことができたら，他の膨大な問題も効率良く解くことができてしまう．なぜなら，数千人もの研究者（そしてその10倍以上の技術者）が数十年試みて失敗してきた問題に対する解を得られてしまうからである．

NP完全性には正の側面もある．$\mathcal{NP}$ の問題すべてに共通する性質を示す際に，代表的なNP完全問題に対してその性質を示し，多項式時間還元がその性質を保存することを使って $\mathcal{NP}$ 全体で成立することを示す手法がときどき使われる．有名な例では，最初に `3-colorability` に対して証明された「零知識証明」（6.3.2項を参照）や，まず `3SAT` に対して確立された**PCP定理**（6.3.3項を参照）などがある．

5. 下　界

前に述べたように，ある特定の問題に対して，それが効率的に「解けない」ことを証明することのほうが，効率的なアルゴリズムを（もし存在するならば）発見することより，はるかに難しい．本節では，自然な計算問題に対して，実際に証明可能な計算量の下界を得るために導入されてきた基本的な計算モデルを紹介する．つまり，「いかなるアルゴリズムの計算にも，このステップ数以上が必要である」といったことを示す定理を見ていく．

特に以下では，「回路の複雑さ」（circuit complexity）と「証明の複雑さ」（proof complexity）に関する理論を導入する．前者の理論は，$\mathcal{P} \neq \mathcal{NP}$ の証明を目指した遠大な計画の中で構築されてきたものである．一方，後者は $\mathcal{NP} \neq \text{co-}\mathcal{NP}$ の証明を目指した枠組みと言えよう．両方の理論とも**有向非循環グラフ**を用いるが，これは計算や証明における情報の流れをモデル化するのによく用いられる．より一般的には，新しい情報が導き出される過程を表すのに便利な概念である．

有向グラフとは各辺に向きが付いているグラフであり，矢印でその向きを表すことが多い．**有向閉路**とは，頂点の列 $v_1, \ldots, v_t$ であって，各 $i \in \{1, \ldots, t-1\}$ に対してグラフ上で v_i から v_{i+1} へ向かう有向辺が存在し，かつ v_t から v_1 へ向かう有向辺が存在するものである．有向グラフに有向閉路が存在しない場合，そのグラフを**非循環**という．以下では「非循環有向グラフ」をDAGと略記する．

すべてのDAGでは，入ってくる辺がない頂点と出ていく辺がない頂点がおのおの一つ以上は存在する．これらをそれぞれ**入力頂点**および**出力頂点**と呼ぶ（単に「入力」「出力」と呼ぶ場合もある）．u と v がDAGの頂点であり，u から v へ有向辺がある場合，u は v の**先行頂点**（もしくは「親頂点」）と呼ぶ．DAGモデルでは，有向辺に従って情報がどのように流れていくかで計算などを表すのが基本である．具体的には，各頂点 v の情報をその先行頂点に置かれている情報から求めるある単純な規則があり，初期情報が各入力頂点に置かれることで計算が始まる．それらの初期情報に基づいて，新たな情報がすべての先行頂点の情報が定まった頂点で定まり，それが徐々にグラフ全体に広まっていき，最終的にはすべての情報が出力頂点で得られるのである．

5.1 論理回路の複雑さ

論理回路を表すDAGでは，各頂点が持つ情報は「ビット」，すなわち0か1の値である．先行頂点の持つ値をもとに各頂点の値をどのように決めるかの規則としては，通常はAND（論理積），OR（論理和），NOT（否定）の三つの論理計算を考える．**ANDゲート**[*10)]と呼ばれる頂点 v では，そのすべての先

*10)　［訳注］回路計算モデルでは，入力頂点以外の頂点を何

行頂点の値が決まった時点で，それらすべてが 1 の場合に値 1 をとり，その他の場合には 0 の値をとる．**OR ゲート**と呼ばれる頂点 v では，そのすべての先行頂点の値が決まった時点で，どれかの頂点が 1 の場合に値 1 をとり，その他の場合には 0 の値をとる．**NOT ゲート**と呼ばれる頂点 v は，先行頂点は一つしかないが，その先行頂点の値が 0 のとき v の値は 1 となり，1 のときには 0 となる．

n 個の入力（頂点）$u_1,\ldots,u_n$ と，m 個の出力（頂点）$v_1,\ldots,v_m$ を持つ回路は，自然な形で I_n から I_m への関数 f に対応付けられる．すなわち，与えられた長さ n の $\{0,1\}$ 列 $x=(x_1,\ldots,x_n)$ に対し，各頂点 u_i の値を x_i とし，回路の各頂点の値を計算したときに出力頂点 $v_1,\ldots,v_m$ に得られる値を $y_1,\ldots,y_m$ とすると，その対応を $f(x_1,\ldots,x_n)=(y_1,\ldots,y_m)$ と表す関数が f である．

定義域 I_n から値域 I_m へのすべての関数に対し，今述べた形でその関数を計算する回路が存在することは困難なく示せる．その意味で AND，OR，NOT の各ゲートを**完備な基底**という（以下では，これらのゲートを簡単に $\wedge, \vee, \neg$ と表す場合もある）．さらに，この万能性は各頂点の先行頂点が高々二つであるように DAG の形を制限しても成立する．そこで，以下では特に断りのない限り，回路の DAG はこの形をしていると仮定しよう．また，完備な基底はほかにもありうるが，他の基底を用いても本質は変わらないので，これも簡単のため $\wedge, \vee, \neg$ に固定して議論することにする．

今述べたように，任意の論理関数に対し，それらが回路で計算できることは簡単に示せるが，どの程度の大きさの回路で可能かという議論になると，途端に興味深い，そして非常に難しい課題に直面する．つまり，次に定義される量が回路の複雑さの理論で中心的なものとなる．

定義　　I_n から I_m への関数 f に対し，$S(f)$ で，その関数を計算する最小の回路のサイズを表す．ただし，「サイズ」（大きさ）とは，回路を表す DAG の頂点数である．

これが $\mathcal{P}$ 対 $\mathcal{NP}$ 問題とどのように関係しているかを見るため，3SAT 問題のような NP 完全決定問題について考えてみよう．こうした問題は，I から $\{0,1\}$ への関数 f の計算問題として定式化することができる．つまり，3SAT 問題の場合，「$f(x)=1 \Leftrightarrow$ 論理式 x が充足可能」という関数の計算問題である．さて，I が無限集合であるという単純な理由により，このような関数 f を計算する回路は存在しない．しかしながら，長さ n の 2 進列に符号化されたそれぞれの論理式に限って考え，目標の関数を $f_n: I_n \mapsto \{0,1\}$ とすれば，回路は構成可能であり，$S(f_n)$ を議論することもできる．

この $S(f_n)$ をすべての n で考えて，n の増加とともに $S(f_n)$ がどのように増加するかを考えることができる．つまり，関数 f を無限個の有限関数の列 $(f_1,f_2,\ldots)$ と考え，$S(f)$ を n から $S(f_n)$ への関数と定義するのである*11)．

この考え方は次の理由から重要である．もし，f を計算する多項式時間アルゴリズムが存在すれば，関数 $S(f)$ は上から多項式で抑えることができる．より一般的には，任意の関数 $f: I \mapsto I$ に対し，f_n で f を I_n 上へ制限した関数を表す．その上で，もし f を計算する（2.1 項で定義した）計算量が T であるチューリング機械が存在すれば，$S(f_n)$ は $T(n)$ の多項式関数で上から抑えることができる．つまり，チューリング機械のステップ数と大差のない大きさの回路の列で，関数 f が計算可能なのである．

この観点から，計算量に対する下界の一つの証明技法が考えられる．もし，$S(f_n)$ が n の増加とともに非常に速く増加することを証明できるのなら，それから直ちに，f を計算するチューリング機械の計算量が大きいことが導ける．たとえば，その f がもし $\mathcal{NP}$ に入る問題に対応していたなら，$S(f)$ の超多項式下界から，$\mathcal{P} \neq \mathcal{NP}$ が証明できるのである．

回路計算モデルは無限ではなく有限であるため，「一様性」という点が問題になる場合がある．回路族（回路の列）をチューリング機械から作る場合，その族の回路はすべてある意味で「同じ」である．より正確に言えば，これらの回路を生成するアルゴリズムが存在する．しかも，生成に必要な時間は各回路

らかの演算機能を持った演算素子と見なす．そういった頂点を，電子回路の用語を転用して「ゲート」と呼ぶことが多い．

*11)　［訳注］原著では明確に定義されていないが，一般にはこの $S(f)$ を f の**回路計算量**（circuit complexity）と呼ぶ．以降，circuit complexity がこの $S(f)$ を意味している場合には回路計算量という訳を用い，一般名称としても使われているときには「回路の複雑さ」と訳すことにする．

の大きさの多項式時間以内である．このように生成される回路族を，一様な回路族と呼ぶ．

しかしながら，回路族が一様である必要はない．実際（時間をいくらかけても）チューリング機械で生成できないような回路の列でしか計算できない関数 f も存在する．しかも，その f を計算する回路の大きさ自身は**線形**である場合もある．この違いの理由は，これらの回路族に対して簡潔で効率的な記述を与えることができない，つまり，一つのアルゴリズムでそれらすべてを生成できない点にある．こうした回路族は，「非一様」な回路族と呼ばれる．

もしチューリング機械とは独立な作り方で役に立つ回路族が多いならば，回路計算量に対して良い下界を得ることは，チューリング機械の計算量の下界を示すことより難しいことになる．というのも，非一様性を使った計算手法までもを含めた，より広い可能性に対する限界を議論しなければならないからである．しかしながら，非一様性に起因する余分な能力は $\mathcal{P}$ 対 $\mathcal{NP}$ 問題とは関連がないという考え方が，支配的である．つまり，3SAT のような自然な問題の計算を考える際には，非一様性はほとんど役に立たないと信じられているのである．したがって，理論計算機科学の大予想として，新たに「NP 完全問題は多項式サイズの回路を持たない」という予想を考えてもよいだろう．

この予想を信じる根拠は何だろうか？　もちろん，その不成立が $\mathcal{P}=\mathcal{NP}$ に繋がるならばそれが根拠になるが，この関係についてはまだ明確なことはわかっていない．しかし，もしこの予想が成り立たないとすると「多項式時間階層がつぶれる」という特異な状況が起きてしまうことが知られている．大雑把に言えば，すべて異なると見られている無限個の計算量クラスが実は同じクラスである，というほとんど期待できない現象が生じてしまうのである．どちらにせよ，NP 完全問題を計算する多項式サイズの回路族が（仮にあるとしても）効率的に生成できないということは，想像しがたいことである．

仮に非一様性が NP 完全問題を解くのに役立たないとしても，なぜチューリング機械モデルでなく，それより能力的に上回る回路族モデルを考えるのだろうか？　主な理由は回路のほうがチューリング機械よりも数学的に単純だからであり，そして何より**有限性**という大きな利点があるからである．非一様性という抽象化を持ち込んだとしても，それはたぶん無関係であるし，組合せ論の技法を解析に用いることのできる回路モデルのほうが優位そうだというのが，多くの研究者の見方である．

論理回路は「ハードウェアの複雑さ」を議論するための自然なモデルでもある．したがって，論理回路を研究すること自体が独自の意味を持つ．しかも，論理関数の解析技術のいくつかに対しては，さまざまな場面での応用が見出されている．たとえば，計算論的学習理論，組合せ論，あるいはゲーム理論などである．

5.1.1 基本的結果と課題

論理回路に関する基本的な事実は，すでにいくつか述べてきた．特に，論理回路がチューリング機械を効率的にシミュレートできる事実は重要である．その他の基本的な事実として，「ほとんどの論理関数は，計算に指数サイズの回路が必要である」という定理がある．これは，小さいサイズの回路の個数が論理関数の種類に比べて非常に少ないという，単純な数え上げ論法で証明することができる．もう少し正確に述べよう．n を入力長（回路では入力頂点数）とする．まず，n ビットの 2 進列上の論理関数を数えよう．これはちょうど 2^{2^n} 個である．それに対し，サイズ m の論理回路の数が高々 m^{m^2} であることは，容易に示せる．このことから，直ちに，もし $m>2^{n/2}/n$ でなければ計算できない論理関数が出てきてしまうことが導ける．さらに言えば，サイズ $2^{n/2}/n$ 以下の回路で計算できる論理関数は，その全体に比べて小さい割合になってしまう．

したがって，計算が難しい関数（回路にとって，ひいてはチューリング機械にとって）は，たくさんある．しかしながら，この計算困難性は数え上げ論法によるもので，実際にどのような関数が困難であるかを示してはいない．つまり，これは存在定理であり，明示的に定義された関数の難しさを示してはいないのである．ここで「明示的」とは，関数 f を何らかのアルゴリズムで記述できるという意味であり，たとえば $\mathcal{NP}$ や $\mathcal{EXP}$ に入るといった制約である．実際，状況はもっと深刻である．すなわち，こうした具体的な関数に対する「非自明な」下界すら得られていない．n ビットの入力を持つ関数 f では，定義から $S(f)\geq n$ が「自明」に成り立つ．しかし，これ以上，つまり n の定数倍以上のサイズの下界を示すことはできないのである[*12)].

未解決問題　明示的な論理関数（あるいは少し範囲を広げて，出力長が入力長以下の明示的な論理関数）の中で，$S(f)$ が超線形となるもの（すなわち，その関数を計算する回路族のサイズが，いかなる定数 c を用いても cn 以下とならないような関数）を示せ．

きわめて基本的な問題の例として，加算が乗算より簡単かどうかについて考えてみよう．ADD と MULT を，ビット数が等しい二つの 2 進数に対して，それぞれ加算と乗算を行う関数とする．加算については，学校で習った筆算が線形時間のアルゴリズムであり，それはそのまま線形サイズの回路となるので，$S(\texttt{ADD})$ は線形である．一方，乗算を標準的な方法でやると「2 乗の」時間がかかる．つまり，n^2 に比例する時間である．これについては（**高速フーリエ変換** [III.26] を用いると）大幅な改善が可能で，それにより $S(\texttt{MULT}) < n(\log n)^2$ を示すことができる．$\log n$ は n に比べて非常にゆっくりと大きくなるが，$n(\log n)^2$ が超線形であることは変わらない．そこで，この上界はさらに改良できるのかが問題となる．特に，乗算を線形サイズで計算する回路は本当に作れるのだろうか？

回路計算量に非自明な下界が求められない状況で，回路の複雑さは進展が見込める研究テーマなのだろうか？　それに対しては，回路に対するある自然な制約のもとでは顕著な進展が得られている，と答えることができる．これらの制約の中で最も重要なものを紹介しよう．

5.1.2 単調回路

一般の論理回路は任意の論理関数を計算する能力を持っているし，一般のアルゴリズムと同程度以上の計算効率も実現できる．一方，ある種の関数は，もう少し制限された論理回路でも計算できる性質を持っている．たとえば，すべてのグラフ上に定義される次のような関数 CLIQUE を考えてみよう．任意の 2 頂点間に辺があるグラフを**完全グラフ**（クリークとも呼ぶ）という．与えられた n 頂点のグラフ G に対して，G が $\sqrt{n}$ 個以上の頂点からなる完全グラフを持つとき $\texttt{CLIQUE}(G) = 1$，そうでないとき $\texttt{CLIQUE}(G) = 0$ と関数を定義する．ただし，グラフ G は $\binom{n}{2}$ ビットの 2 進列 x として符号化する．つまり（ある順序で並べた）$\binom{n}{2}$ 個の頂点対ごとに，対応する頂点対間に辺があれば 1，なければ 0 というように x の各ビットを定め，これをもって G を符号化とする．したがって，厳密には $\texttt{CLIQUE}(G)$ は $\texttt{CLIQUE}(x)$（ただし x は G を符号化した 2 進列）という論理関数である．

ここで，G に辺を加えても $\texttt{CLIQUE}(G)$ の値は 1 から 0 にはならない点に注意しよう（$\texttt{CLIQUE}(G) = 0$ から $\texttt{CLIQUE}(G) = 1$ には変化するかもしれない）．というのは，辺を加えても，完全部分グラフは消滅しないからである．論理関数として見ると，グラフ G を符号化した x のある 1 ビットを 0 から 1 に変えても，$\texttt{CLIQUE}(x)$ の値は 1 から 0 には変わらない．一般にこのような論理関数を**単調**と呼ぶ．

単調関数の回路計算量を考える際，NOT ゲートは使わず，AND ゲートと OR ゲートだけを使った回路に制限することは自然だろう．$\wedge$ と $\vee$ は，入力のあるビットを 0 から 1 に変えても，その値が 1 から 0 に変わることはないので，単調な演算である．それに対し，$\neg$ はこの意味で単調ではない．したがって，$\wedge$ と $\vee$ だけから作られる回路は，**単調回路**と呼ばれている．すべての単調関数 $f : I_n \mapsto I_m$ が単調回路で計算できることや，ほとんどの単調関数の計算に指数サイズの単調回路が必要となることなどは，以前とほとんど同様に示すことができる．

この新たな制約によって，回路の下界は証明しやすくなっただろうか？　これが問われてから約 40 年以上の間，特に進展はなかった．明示的な単調関数に対する単調回路の計算量においても，超多項式の下界は示すことができなかったのである．しかし，1985 年に「近似法」(approximation method) と呼ばれる手法が開発され，関数 CLIQUE に対する超多項式の単調回路計算量を示す画期的な定理が証明されたのである．この手法は，最終的には次のようなより強力な結果を導いた．

定理　CLIQUE を単調回路族で計算するには，指数サイズが必要である．

非常に大雑把に言うと，近似法とは次のような論法である．仮に CLIQUE が小さな単調回路で計算できたとしよう．その場合，この回路の $\wedge$ と $\vee$ の各

---

*12)　[訳注] 正確には $\mathcal{EXP}$ に入る関数に対しては，たとえば $S(f) \geq n^k$（k は定数）の下界を示すことはできる．ここで筆者らが考えているのは，$\mathcal{NP}$ など，それより少し低い計算量クラスである．

ゲートを巧妙に選んだ近似関数 $\tilde{\wedge}$ と $\tilde{\vee}$ で置き換える．この近似関数の選び方で重要なのは，次の二つの鍵となる性質を満たすことである（近似関数の定義は複雑なので省略する）．

(i) 一つのゲートを置き換えても，回路の出力への影響は「小さい」．ここで「小さい」とは，ある自然な，しかし非自明な距離による尺度に基づく．それにより，回路のゲート数が少なければ，それらを全部近似関数で置き換えても，「ほとんどの」入力で回路は元の回路を十分良く近似できる．

(ii) 一方，ゲートを近似関数 $\tilde{\wedge}$ と $\tilde{\vee}$ に置き換えたすべての近似回路（回路の大きさにかかわらず）では，CLIQUE とは「大きく」異なる関数しか計算できず，したがって多くの入力に対して CLIQUE とは大きく異なる値を出力することになる．

以上の二つの性質から，直ちにサイズの小さな回路の CLIQUE 計算不可能性が導ける．

CLIQUE はよく知られた NP 完全問題である．したがって，上記の定理は，明示的な単調関数であり，かつ $\mathcal{P}$ に入らないと予想されている関数の中に，小さなサイズの単調回路では計算できない関数が存在することを示している．ここで，$\mathcal{P}$ に入る単調関数はすべて小さなサイズの単調回路を持つことができることを示せたら，上記の定理から直ちに $\mathcal{P} \neq \mathcal{NP}$ が導かれる．しかしながら，同じ手法により，PERFECT MATCHING という単調関数の単調回路計算量に対して，同様の超多項式下界を示すことができてしまう．しかも，PERFECT MATCHING は $\mathcal{P}$ の問題なのである．これは，与えられた G に対して，それが「完全マッチング」を持つかどうかを調べる問題である．つまり，頂点集合を，すべての対同士が辺を持つような頂点の対に分けることができるか[*13)]という問題であり，PERFECT MATCHING(G) は完全マッチングを持つならば 1，そうでないならば 0 を与える関数である．さらには，他の $\mathcal{P}$ に入る単調関数で，その単調回路計算量の下界が指数関数的になるものを同様に示すことができる．したがって，一般の回路は単調関数の計算に限定したとしても，単調回路よりも本質的に強い計算能力を持つのである．

*13) ［訳注］できる場合，G は完全マッチングを持つという．

5.1.3 深さ有限回路

以下に示す計算モデルが考えられた背景を理解するために，次のような基本的な質問を考えてみよう．複数のコンピュータを並列に利用することで，計算速度を上げることはできるだろうか？ たとえば，ある処理をするのに 1 台のコンピュータなら t ステップかかるとする．このとき，t 台のコンピュータ（あるいは t^2 台でもよいが）を使うことで，定数時間（あるいは控えめに $\sqrt{t}$ 時間でもよい）でこれを処理できるだろうか？ 処理の種類による，というのが常識的な答えである．たとえば，1 人の人が 1 時間に $1\mathrm{m}^3$ だけ掘ることができたとして，100 人いれば長さ 100m の溝を 1 時間で掘ることはできるが，深さ 100m の穴を掘るのは 1 時間では不可能だろう．十分な台数の処理装置があったとして，どのような計算が「並列化」できるか，そして何が「本質的に逐次的」な計算なのかを見極めることは，実用上でも理論上でも意味のある問題である．

この種の問題を考えるのには，回路による計算モデルがとても適している．ここで，DAG の**深さ**を，その中の最長の道の長さとしよう．つまり，有向辺でたどれる最も長い頂点の列の長さ（列に含まれる頂点数）である．回路におけるこの深さは，関数を計算するときに必要な「並列時間」に対応する．仮に深さ d の回路中の各ゲートに別々のプロセッサ（演算装置）を割り当てることができたとすると，各段階で先行頂点の値がすでに決まっているすべてのゲートで同時に計算できるので，必要な段階数は d となる．この並列計算時間はもう一つの重要な計算量である．これに対してもわれわれの知識は限られている．すべての明示的な関数が多項式サイズかつ対数的な深さの回路で計算できてしまうか否かもわかっていないのである．

そこで，d を定数に限定してみる．ただし，その場合には各ゲートの**入力次数**には制限を設けないことにする．つまり，AND ゲートと OR ゲートに入力される他ゲートからの線の数は制限しない（もし，従来どおり 2 本と制限してしまうと，各出力頂点は高々有限個の入力にしか依存できなくなってしまい，関数の能力が（明らかに）大幅に落ちてしまうからである）．この深さに対するとても厳しい制約のもとでは，明示的な関数に対する回路計算量の下界を証明することができる．たとえば「パリティ関数」として，「$\mathtt{PAR}(x) = 1 \Leftrightarrow x$ 中の 1 の数が奇数」と定義される関数，また「多数決（マジョリティ）関数」として，「$\mathtt{MAJ}(x)=1 \Leftrightarrow x$ 中の 1 の数が 0 の数より多い」と定義される関数を考える．これらに対して次の定理が成り立つ．

定理 任意の定数 d に対し，関数 PAR と MAJ は，深さ d で多項式サイズの回路族では計算不可能である．

この結果は「ランダム固定化法」と呼ばれるもう一つの重要な証明手法を用いて証明された．これは巧妙に選んだ割合に基づきランダムに選んだ入力変数を，ランダムな値に固定してしまう手法である．固定される入力変数は，回路と関数の両方である．この「固定化」は次の性質を持つように調整され，その性質を使って浅い回路での計算不可能性が証明されるのである．

(i) 固定化により回路はたいへん単純になる．たとえば，回路の各ゲートの値は，固定化されていない変数のうち，非常に少ない個数の変数にしか依存しない．

(ii) 固定化後も関数自身は同程度に難しい．たとえば，関数の値は固定化されていない変数すべてに依存する．

関数 PAR が 2 番目の性質を持つことは明らかで，したがって，肝心なのは，ランダム固定化が浅い回路にどのような影響を与えるかである．

おもしろいことに，MAJ は，PAR 関数を計算するゲートを導入した回路モデルでも，定数深さ多項式サイズの回路族では計算できない．しかしながら，逆の関係は成り立たない．MAJ を計算する（入力次数無制限の）ゲートを導入すると，PAR は定数深さかつ多項式サイズの回路族で計算できてしまうのである．実際，後者の拡張は非常に強いかもしれない．この拡張された回路モデルのもとでは，今のところ，深さを 3 に限定したとしても，多項式サイズ回路族で計算不可能な関数が $\mathcal{NP}$ の中に存在することが示されていないのである．

5.1.4 論理式の複雑さ

数式は，たぶん数学において関数を表す最も一般的な方法だろう．たとえば，2 次多項式 at^2+bt+c（ただし $b^2>4ac$）の根の大きいほうは，入力 a, b, c に対する式 $(-b+\sqrt{b^2-4ac})/(2a)$ で表される．これは算術式だが，ここで考える論理式では $\wedge, \vee, \neg$ が算術演算にとって代わる．たとえば，2 ビットの 2 進列 $x=(x_1, x_2)$ に対して，$\mathtt{PAR}(x)$ の値は式 $(\neg x_1 \wedge x_2) \vee (x_1 \wedge \neg x_2)$ で与えられる．

任意の式（以下では論理式）は回路で表される．ただし，式から得られる回路は，回路を DAG として見たときに「木」の形になるという，特殊な性質を持っている．直観的には，これは計算過程で以前の計算が再利用できない（必要ならば再度計算しなくてはならない）種類の計算を表している．式に関しては，普通，式における変数の登場回数を式のサイズと定義する．これは自然な式の計算量であり，対応する回路のゲート数はこの 2 倍程度の範囲に収まる．

式は，数学においてよく使われるからだけでなく，そのサイズが対応する回路の深さと，そしてチューリング機械の「メモリ使用量」（つまり，領域計算量）とも密接に関係していることから，自然な計算モデルと見なされている．

一般に，$\mathtt{PAR}(x_1,\ldots,x_{2n})=\mathtt{PAR}(\,\mathtt{PAR}(x_1,\ldots,x_n), \mathtt{PAR}(x_{n+1},\ldots,x_{2n})\,)$ と表せるので，上記の 2 ビットの場合の PAR の計算式を再帰的に用いることで，$\mathtt{PAR}(x)$ を計算するサイズ n^2 の式が得られる．一方，PAR は線形サイズの回路族で計算できるので，式の計算量に対しても同様の上界が示せるか？という自然な疑問が生じる．それに対する次のような否定的な答えは，回路の複雑さの研究の中でも最も古い結果の一つである．

定理 PAR や MAJ の計算式のサイズは，少なくとも変数の個数の 2 乗となる．

この証明は，単純な組合せ論的（あるいは情報理論的）論法による．これとは対照的に，通常の回路モデルでは，両方の関数とも線形サイズの回路が作れる．このことを PAR に対して示すことは易しいが，MAJ に対しては難しい．

式のサイズについて超多項式の下界を示すことはできるだろうか？ これまでに提案されている最も明快な手法の一つが「通信計算量に基づく論法」（communication complexity method）である．これは，この種の計算の下界に対する情報理論に基づく論法である．この手法の有効性は，主に単調論理式の下界の証明で示されており，たとえば 5.1.2 項で定義した PERFECT MATCHING 問題に対する指数関数的な下界を示すことができる．

2 人のプレーヤーによる次のようなゲームを考え

よう．1人のプレーヤーには n 頂点で完全マッチングを持たないグラフ G が与えられ，もう1人のプレーヤーには同じ頂点を持ち完全マッチングを持つグラフ H が与えられる．したがって，H で辺があるのに，G では辺のない箇所（頂点の対）が一つは存在する．この辺を互いに情報を交換し合って見つけるのが，ゲームの目標である．正確には，2人のプレーヤーがある前もって決めておいた規則に従って情報（2進列）を交換し，その情報から，G と H で辺の有無が異なる箇所を互いに1か所同定するのである．もちろん，グラフ G を与えられたプレーヤーが，もう一方のプレーヤーにすべての辺情報を送れば，（少なくとも送られたプレーヤーは）辺を同定できる．問題はいかに少ない情報交換でそれを実現するかである．この情報交換のビット数（最悪のグラフ G, H におけるビット数）が，完全マッチング問題の**単調通信計算量**である[*14]．

この問題に対する単調通信計算量は少なくとも n に比例することを，示すことができる．そのことから，PERFECT MATCHING の単調論理式のサイズに対して指数関数的な下界を与えることができる．より一般的には，任意の単調論理関数 $f: I_n \mapsto \{0,1\}$ を考えたとき，上記のゲームは，$f(x)=0$，$f(y)=1$ となる2進列 $x, y \in I_n$ に対して，それらが各プレーヤーに片方ずつ渡されたとき，$x_i = 0$ で $y_i = 1$ となる i を同定するゲームとなる．それに対し，f の単調通信計算量は，そのゲームで（最悪時に）必要となる交換情報のビット数から決まる計算量である．ちなみに，f が単調でない場合には，ゴールは $x_i \neq y_i$ となる位置 i であり，その同定のために必要となる交換情報のビット数は一般の**通信計算量**である．さて，単調論理式サイズと単調通信計算量の関係では，f の単調論理式サイズが $\exp(cm)$ 以上となることと，単調関数 f の単調通信計算量が $c'm$ 以上となることの，同値性が示されている（ただし，c, c' は適当な正定数）．先に述べた下界の結果はこの関係から導かれるのである．なお，同様の関係は，一般の論理式サイズと通信計算量の間でも成り立つことが知られている．

*14) ［訳注］この場合も，他の計算量と同じで，正確には頂点数 n に対して情報交換ビット数が何ビットになるかを対応させる関数で計算量を表す．

5.1.5 なぜ下界の証明が難しいのか？

これまで見てきたように，計算複雑さの理論では，下界の証明のために非常に強力な論法をいくつか編み出してきた．それらは，少なくとも制限された計算モデルでは有効だった．しかし，それらはどれも，一般の回路での非自明な下界の証明にはまったく役に立ちそうもない．それには根本的な理由があるのだろうか？　同様の疑問は，数学の有名な未解決問題でも，たとえば**リーマン予想** [V.26] のような問題でも，これまでに何度か聞かれていることだろう．そして，そうした疑問に対しては「現在の技術がまだまだ不十分だから」という，いささか曖昧な答えが典型的だろう．

驚くべきことに，回路の複雑さにおいては，こうした曖昧な気持ちが厳密な定理として明確に証明されている．つまり，われわれのこれまでの失敗に対する「正式な言い訳」が存在するのである．大雑把に言うと，これまでに試みられてきた技法を含むような非常に一般的な証明技法が，「自然な証明」と呼ばれる枠組みで定式化され，その種の証明技法の限界の状況証拠が示されたのである．この「自然な証明」は非常に一般的であるため，その範疇に入らない「不自然な」証明を思い描くことが非常に難しい．しかも，もし $\mathcal{P} \neq \mathcal{NP}$ に対して自然な証明を与えることができれば，素因数分解問題を含むさまざまな問題に対して，劇的に良い効率の（多項式時間よりは少し大きいが，想定されているよりはるかに速い）アルゴリズムが得られてしまうことが証明されたのである．したがって，もし，多くの計算複雑さの研究者が信じているように，これらの問題にそれほど効率的なアルゴリズムが存在しないと思うのであれば，それは「$\mathcal{P} \neq \mathcal{NP}$ に対して自然な証明が存在しない」と信じていることにもなるのである．

$\mathcal{P} \neq \mathcal{NP}$ に対する自然な証明と非常に困難（と信じられている）問題の関係は，「脱乱化」（derandomization）の概念を介して説明することができるが，これについては7.1項で述べる．

この結果の一つの解釈は，一般の回路での下界の解析が，ある種の数学の公理系から「独立」であることを示唆しているようにも思える．たとえば，**ペアノ公理系** [III.67] もしくはその自然な部分公理系，あるいは集合論の **ZFC 公理系** [IV.22 (3.1 項)] からの独立性である．ただし，後者の集合論からの独立性を信じる人は少ない．

5.2 算術回路

非循環有向グラフは，その導入の際に述べたように，さまざまな場面で有用である．ここでは論理関数と論理計算を離れ，代わりに算術計算と値として数値（これは $\mathbb{Q}$ でも $\mathbb{R}$ でもよく，実際いかなる**体** [I.3 (2.2 項)] の値でもよい）をとる関数を考えよう．つまり，たとえば体 F が対象ならば，入力頂点に与えられるのが F の元であり，各ゲートで計算されるものが $+$ や $\times$ といった体 F 上の演算となる．なお，乗算には，たとえば -1 のような定数との乗算も含まれる．こうした回路での計算は論理回路とまったく同様であり，入力頂点に値が与えられると，先行頂点の値が決まった頂点から順に演算が行われ，DAG の各頂点の値が決まっていくのである．このようにして，各算術回路は何らかの多項式 $p : F^n \mapsto F^m$ を計算し，また逆に，すべての多項式に対して，それを計算する算術回路を作ることができる．

いくつか例を考えてみよう．多項式 $x^2 - y^2$ は，この式のとおり，2 個の乗算と 1 個の加算で実現できるが，$(x+y)(x-y)$ で考えれば，加算が 2 個になる代わりに乗算は 1 個になる．多項式 x^d には，単純には $d-1$ 個の乗算が必要だが，実際には $2\log d$ 個の乗算で計算できる．具体的には，まず直前に得られた値を 2 乗する形で $x, x^2, x^4, \ldots$ を計算し，そのうちの適当なものを掛け合わせて x^d を得るのである．

以下では，体 F 上の多項式 p を計算するサイズ（つまり頂点数）が最小の回路のサイズを，$S_F(p)$ で表すことにする．添字が省略された場合には $F = \mathbb{Q}$，つまり体は有理数であると考える．なお，簡単化のため，定数を掛ける乗算の数は数えないことにする．たとえば，先の $(x+y)(x-y)$ の例では，-1 を掛けるという乗算がもう 1 回必要だったが，そのような乗算は数えないことにする．除算がないことに疑問を持つ読者もいるだろう．しかし，ここでは（無限体上の）多項式の計算が対象であり，（無限体上の）多項式の計算において除算は他の演算で効率良く実現されるので，特に考えないのである．また，これまでと同様，計算対象は各入力頂点数 n ごとに決まる多項式の無限列であり，回路族のサイズの漸近的変化を議論していく．

さて，いかなる固定された有限体 F においても，F 上の任意の算術回路をほとんど定数倍のサイズの増加の範囲内でシミュレートする論理回路を，容易に作ることができる．そのため，有限体上の算術回路の計算量の下界は，直ちに論理回路の下界に結び付く．したがって，算術回路の計算量の下界を議論する際，われわれがこれまでに見てきた下界の証明の壁を避けるためには，有限体上の計算より無限体上の計算に目を向けたほうがよいだろう．

論理回路と同様に，単に計算困難な多項式の存在だけならば証明はそう難しくない[*15)]．しかし，以前と同様，われわれの興味は明示的な多項式（の族）にある．明示的という意味については慎重になる必要があるが，厳密に定義することは可能である（また，そうした定義では，たとえば，代数的に独立な係数から構成される多項式は，明示的でないとして排除される）．

論理回路では出てこなかったが，ここでは計算される多項式の「次数」が重要なパラメータの一つである．たとえば，次数 d の多項式の計算には，たとえそれが 1 変数であっても，$\log d$ のサイズが必要である．実際，変数が 1 個の「単変数多項式」では，次数が重要なパラメータとなる．一方，多変数多項式では，変数の個数 n がより重要となる．以下では，まずこの単変数多項式の場合（それでも十分刺激的で重要な問題がある）を考え，それから多変数の場合の説明へと進む．

5.2.1 単変数多項式

次数 d の単変数多項式の計算において，$\log d$ という下界は，どの程度（上界との差が小さいという意味で）「正確」だろうか？　単純な次元数の議論から，ほとんどの次数 d の多項式 p では，$S(p)$ は d に比例する．しかしながら，明示的な多項式でそのような計算量を持つものは知られていない．実際，もっとずっと控えめな目標さえ未解決である（ここでの議論は，正確には，たとえば「各次数 d で $S(p)$ が d に比例する多項式族」というように「族」を考えている）．

未解決問題　次数 d で明示的に定義される多項式で，いかなる定数に対しても $S(p) \le c \log d$ となる

---

*15)　無限体では単純な数え上げ論法は無意味だろう．たとえば，単に各 $a, b \in F$ に対して $ax+b$ を計算するだけのサイズ 2 の回路でも無限個ある．この場合には，「次元数」による議論を用いる．すなわち，ある決められた次数に対する多項式全体に比べ，小さな回路で計算される同じ次数の多項式からなる空間の次元が小さいことを使って証明するのである．

ような多項式 p を示せ．

特徴的な二つの具体例を示す．多項式 $p_d(x) = x^d$ と $q_d(x) = (x+1)(x+2)\cdots(x+d)$ である．先に示したように $S(p_d) \le 2\log d$ なので，$\log d$ という明らかな下界は十分正確である．それに対し，$S(q_d)$ は $\log d$ のベキ乗よりも大きくなると予想されており，$S(q_d)$ がどの程度になるかを見極めることが，重要な未解決問題になっている．というのも，次のような結果があるからである．「もし $S(q_d)$ が $\log d$ のベキ乗で抑えられるのであれば，整数の素因数分解を計算する多項式サイズの（一般の）回路が存在する」．

5.2.2 多変数多項式

次に n 変数の多項式を考える．ここでは，便宜上，n のみをパラメータとしたいので，多項式の次数は（変数ごとの合計の次数で）n 以下に制限したものを考える．以下ではこの制限は特に断らずに仮定する．

ほとんどの n 変数の多項式 p で $S(p)$ は $\exp(n/2)$ 以上である．この事実もまた，次元数の議論で容易に示せるが，これもまた同様に，明示的な多項式（族）を見つけることが，われわれの課題である．論理式の場合とは異なり，この場合には自明な下界より少し良いものが示せる．以下の定理は代数幾何の初等的な道具を用いて証明可能である．

定理　ある定数 c に対して $S(x_1^n + x_2^n + \cdots + x_n^n) \ge cn\log n$ となる．

同じ論法で，同様の下界を他の自然な多項式，たとえば対称性を持つ多項式や**行列式** [III.15] を計算する多項式（この場合，変数は行列の各要素となる）などで証明することができる．一方，より強い下界を得ることは，主要な未解決問題である．もう一つの重要な問題は，「総次数が定数」である多項式に対して超線形の下界を得ることである．後者についての重要な候補は，複素数上の離散フーリエ変換や有理数上のウォルシュ（Walsh）変換を計算する**線形変換**である．ちなみに，これらの変換に対しては $O(n\log n)$ 時間[*16)]のアルゴリズムが知られている．

最後に，最も重要と思われるある特定の多項式に目を向けてみよう．先の $n\log n$ より強い下界を持つ多項式の候補として，最も自然でしかも研究が進んでいるのが，**行列積** [I.3 (4.2 項)] である．これは二つの $m\times m$ 行列 A, B に対し，積 AB を計算するのにどれだけの演算が必要か？という問題である．行列積の定義に沿った明らかな計算法では，（定数係数を無視して）m^3 の演算が必要となる．これより良い方法があるだろうか？　鍵は乗算の回数を減らすことである．ヒントとなるのは最初の非自明な場合，すなわち 2×2 の行列の積の計算である．通常のアルゴリズムでは 8 回の乗算が必要だが，実は巧妙に計算すると 7 回の乗算で済む．これを応用すると，行列を倍にするごとに積の数は 7 倍で十分であることも示せる．これを使えば，$m^{\log_2 7}$ 回の乗算（そしてほぼ同数の加算）による行列積の計算が可能になる．

このアイデアをさらに発展させると，行列計算を行う多項式 MM の上界に対する次のような強力な結果が得られる．ただし，この結果でもまだ線形からは遠い計算量である（なお，行列の計算の場合，入力サイズ（入力変数の個数）n は $n = m^2$ となる）．

定理　任意の体に対し，$S_F(\mathrm{MM}) \le cn^{1.19}$ となるようなある定数 c が存在する．

それでは，MM に対する計算量（簡単のため，乗算ゲートだけの数でもよい）はどうなるだろうか？それは線形あるいは $n\log n$ のような準線形か，それとも，ある $\alpha > 1$ に対して $S(\mathrm{MM})$ は n^α 以上か？これは有名な未解決問題である．

次に，$m\times m$ 行列の計算に関する $n = m^2$ 変数多項式を二つ考える．すでに一つ，つまり行列式については述べた．ここでは新たに数え上げ行列式を導入する．これは行列式と同じ形の定義式であり，ただし行列式では交互に足したり引いたりしていたのを，$m!$ 個のすべての項を単純に足すだけにした式で定義される量である．以下では，DET と PERM で，これらの値を計算する多項式を表す．

多項式 DET が通常の数学で重要な意味を持っていたのに対し，PERM は（統計力学や量子力学で登場はしていたが）数学の世界ではいささか変わり者だったかもしれない．一方，計算複雑さの理論では，両方の多項式とも，二つの自然な計算量クラスを代表する重要な多項式である．DET は比較的低い計算量を持ち，多項式サイズの算術式を持つ多項式のクラスに関連している．一方，PERM は高い計算量を持つと予想されている．実際，その計算は $\mathcal{NP}$ を拡張した数え上げクラス $\#\mathcal{P}$ に対して完全であることが

*16)　［訳注］計算複雑さの理論では，適当な定数 $c > 0$ に対して漸近的に $cf(n)$ 以下になる関数を，$O(f(n))$ と略記する．

知られている．したがって，PERM が DET に対して多項式時間還元可能でないと予想することは自然だろう．

算術計算の還元において制約を導入する方法として，**射影**と呼ばれる還元だけに限るやり方がある．たとえば，$m \times m$ 行列 A の数え上げ行列式を計算したかったとする．これを行列式の計算を用いて行うには，行列の各要素を A の要素を表す変数にするか，あるいは何らかの定数にした $M \times M$ の行列 B で，その行列式の値が A の数え上げ行列式となるものを定義すればよい．これがここでいう射影である．もし M が m に対してさほど大きくなければ，これにより DET の計算アルゴリズムを PERM に使うことができる．この種の射影では $M = 3^m$ となるものが知られているが，それは効率的な還元には程遠い．したがって，次のような課題が得られるだろう．

未解決問題　$m \times m$ 行列の数え上げ行列式の計算を $M \times M$ 行列の行列式として表すことはできるだろうか？　ただし，M は m の多項式以下でなければならない．

この問題に対する答えがもし Yes ならば，$\mathcal{P} = \mathcal{NP}$ となる．したがって，たぶん答えは No だろう．逆に，No が示せたとしたら，（それから直ちに $\mathcal{P} \neq \mathcal{NP}$ は示せないだろうが）それは $\mathcal{P} \neq \mathcal{NP}$ に対する重要なステップになるだろう．

5.3 証明の複雑さ

数学という学問分野を人類の他の探求から区別しているのが，**証明**という概念である．数学者たちは証明に対して「鋭い」「独創的」「深い」あるいは「難しい」と評価することがある．これは，これまでの数世紀にわたる経験に基づいているのだが，この感覚，特にさまざまな定理証明の難しさは数学的に定量化できるだろうか？　それが証明の複雑さで議論されていることにほかならない．証明の複雑さの理論では，問題を，それを計算する回路の複雑さにより分類したように，定理をその証明の難しさに応じて分類することを試みているのである．そうした議論においては，計算の難しさでの議論と同様に，証明において使える論法の強さを明確にするために，**証明系**と呼ばれる証明のモデルがいくつか導入されている．

以下で，特徴的な例を用いて，われわれの議論の対象となる言明，定理，そして証明がどのようなものかを説明しよう．前もって予告しておくが，この例で議論する定理はとても単純であり，定理としては明らかに見えるものである．そのため，われわれが通常考えている証明とはまったく異質のものに見えるかもしれない．しかしながら，実は非常に関係しているのである．

取り上げる定理は，「鳩の巣原理」としてよく知られているものである．この原理*17)は，「鳩の数が鳩の巣よりも多い場合には，（鳩が全部巣に入った場合）同じ巣に入ってしまう鳩が必ず 2 羽以上存在する」という主張である．より数学的には，「有限集合 X からそれより小さい有限集合 Y への**単射** [I.2 (2.2 項)] は存在不可能である」という言明である．まずはこの定理を言い換え，その定理の証明の複雑さを議論していこう．最初に，定理を有限の言明の列に分解する．各 $m > n$ に対し，PHP_n^m を「m 羽の鳩を n 個の巣に別々に入れることはできない」という言明と定義する．この言明を数学的に定式化するために，論理変数の $m \times n$ 行列を用い，x_{ij} でその i, j 成分を表すことにする．この変数が $x_{ij} = 1$ のとき「鳩 i が巣 j に入っている」ことを意味する（鳩や巣には番号が付いていると仮定する）．鳩の巣原理は，ある鳩がどの巣にも入っていないか，あるいは一つの巣に 2 羽の鳩が入っているという言明だが，これを x_{ij} を使って述べると，ある i で，すべての j に対して $x_{ij} = 0$ となっている，もしくは，ある二つの $i \neq i'$ とある j で $x_{ij} = x_{i'j} = 1$ となっている，のいずれかが起きている，という状況になる*18)．こうした状況は，変数 x_{ij} と $\wedge, \vee, \neg$ といった論理記号を使った**命題論理式**で表現できる．結局，鳩の巣原理とは，この命題論理式が**恒真**（tautology）であること，すなわち x_{ij} がいかなる値をとっても，命題論理式が常に真であることなのである．

この恒真性は，証明の読み手にどのように示すことができるだろうか？　ここで，証明の読み手としては，証明を読んだり，計算を単純かつ効率的に実

---

*17)　［訳注］明確に定義はされていないが，この節では証明の対象となるものを「定理」（theorem）と呼んでいる．鳩の巣原理も証明の対象として見る場合には「定理」と呼ぶことにする．なお，定理も含めた数学的主張を意味する用語として「言明」（statement）を使う．

*18)　本来ならば，どの鳩も複数の巣に入ってはいない，ということを言う必要があるが，その状況をあえて言わなくても上記の言明は成り立っている．

行したりすることができる人を想定している．以下に述べるのは，おのおの異なった特徴を持つ論法である．

- 標準的な証明では，対称性と帰納法を用いる．作業は，まず1羽目の鳩にどれかの巣を割り当て，続いて $m-1$ 羽の鳩に $n-1$ 個の巣を割り当てることであると主張し，それにより PHP_n^m を PHP_{n-1}^{m-1} の証明に還元するのである．ここで，残りの $n-1$ 個の巣は，最初の $n-1$ 個の巣でない場合もある．そのため，厳密な証明では，対称性を用いて，たとえば最初の鳩が配置される巣の場所は一番最後の巣としても一般性を失わないことを言わなければならない．したがって，この論法には，こうした対称性を説明できること，そして帰納法が使えることなどの能力を持った証明系が必要である．
- 一つの極端な例として，「機械的な説明」を用いた自明な証明がある．つまり，目標の論理式のすべての命題変数に対する割り当てを実際に計算してみて，そのすべてが真となることをもって恒真性を示すのである．今回の場合，mn 個の変数があるので，その証明の長さは 2^{mn} に比例し，言明 PHP_n^m に対して指数関数的な長さとなる．
- より洗練された「機械的な」証明は，数え上げを用いる証明である．矛盾を導くため，まず論理式を偽とするような割り当てがあると仮定する．そうすると，すべての鳩はある巣に配置されるので，その（命題変数の）割り当てには少なくとも m 個の1が存在する．一方，おのおのの巣には高々1羽しか鳩がいないので，1の数は高々 n である．したがって，$m \leq n$ となり，これは $m > n$ という仮定に矛盾する．この論法を利用するには，この種の数え上げの論法を表現できる証明系が必要である．

以上の例から，証明とその長さは利用できる証明系に依存することがわかるだろう．では，証明系とはいったい何だろうか？　また，われわれはどのように証明の複雑さを測ったらよいのだろうか？　こういった疑問にこれから答えていくが，その説明で特に鍵となる点を挙げておこう．

完全性：　すべての真な言明には証明が存在する．

健全性：　偽な言明には証明は存在しない．

効率的証明：　与えられた言明 T とその証明（の候補）π に対し，その証明系において π が T の証明になっていることを効率的に検証できる[*19]．

強い証明系を考えた場合，実は最初の二つの要件を満たすことさえできない．それを証明したのが**ゲーデル** [VI.92] の有名な**不完全性定理** [V.15] である．しかしながら，ここでは有限長の証明を持つ命題論理式に限った話をしており，そういった限定的な証明に対しては，上記の要件を満たす証明系は存在する．実際，われわれの証明対象に対しては，上記の要件は次のような定義で保証することができる．

定義　**（命題論理）証明系**とは，多項式時間のチューリング機械 M で，任意の言明 T に対して次が成立するものである．「それが恒真である ⇔ ある「証明」π が存在して $M(\pi, T) = 1$ となる」[*20)*21]．

単純な例として，次のような「真偽値表」型の証明系 M_{TT} を考えてみよう．これは先の自明な証明に対応する証明系である．この機械は論理式 T に対し，そこに現れる命題変数に対する真偽値割り当てをすべて試して，それが真であったときにのみ T を定理として認める．もう少し厳密に言えば，任意の n 個の命題変数を持つ論理式 T に対し，π が 2^n 通りのすべての長さ n の2進列であり，そのすべての長さ n の2進列 σ で $T(\sigma) = 1$ となるとき，かつそのときに限り $M_{\mathrm{TT}}(\pi, T) = 1$ と出力するのが M_{TT} である．

検証機械 M_{TT} の計算時間は，入力長に対して多項式である．しかし，もちろん，多くの場合には証明は非常に長くなる．鳩の巣原理のような意味のある論理式は多項式個の変数で記述されるため，証明 π の長さは式の長さに対して指数関数的になるからである．この観点から一般の命題論理証明系 M の効率（あるいは複雑さ）を考えると，M の効率は恒真を示すための最短の証明の長さである，という定義が導かれる．つまり，T を恒真式（すなわち定理）とした

---

*19) ここでは，検証手続きの効率は，主張された定理と証明の合計の長さに対する計算時間で測る．これとは対照的に 6.2 項や 6.3 項で議論される効率では，主張された定理の長さに対する計算時間を考えている（もしくは証明長が限定されている場合を考えている）．

*20) 以下に述べる定式化では，証明のほうが定理より先に来るのが標準である．

*21) [訳注] ここでの M の検証は，T が言明として正しい書式になっているかの確認も含んでいる．

とき，$M(\pi, T)=1$ とする最短の証明長を $\mathcal{L}_M(T)$ と定義する．さらに，証明系（すなわち M）の効率を測るために，$\mathcal{L}_M(n)$ を長さ n のすべての恒真式 T における $\mathcal{L}_M(T)$ の最大値と定義し，これをもって（証明系 M）における証明の複雑さ，つまり証明計算量とするのである．

どの恒真式にも多項式長の証明を与えることができる証明系は存在するだろうか？ 以下の定理は，この疑問と計算複雑さの理論の基本的な関係を示している．特に，3.4 項で議論した重要な疑問との関係である．この定理は SAT，すなわち命題論理式の充足可能性判定問題の NP 完全性（と式が充足可能であることと，その否定が恒真でないことの同値性）から簡単に導ける．

定理 $\mathcal{L}_M$ が多項式となる証明系の存在と $\mathcal{NP}=$ co-$\mathcal{NP}$ は同値である．

この手強い問題に挑戦するにあたって，単純な（そしてより弱い）証明系から始めて，複雑なものに進むのが妥当だろう．実際，研究すべき自然な題材を提供する恒真式と証明系は複数あり，ある種の基本的な論法が使えるが別の論法は使えないといった比較が可能である．そこで以降では，こうした制限のある証明系のいくつかを見ていくことにしよう．

数学の各分野，たとえば代数学，幾何学，数理論理学で，代表的な証明を最初から完全に書くとしたら，まずは（その分野の）公理から始め，それをもとに，非常に単純かつ明快な「演繹規則」を用いて結論を導き出すことになるだろう．その証明の各行は数学的言明あるいは式から成り立っているが，各言明はそれ以前の言明から演繹規則に基づいて導き出されたものになっている*22)．この演繹的な手法は，**ユークリッド** [VI.2] の時代まで遡る．また，これはわれわれが用いてきた DAG モデルにも非常によく合う．各頂点は演繹規則に対応し，公理が割り当てられた各入力頂点から始まり，先行頂点で得られた言明から（その頂点に対応する）演繹規則で得られた言明が，各頂点で求められていくのである．

同等の，しかしある意味でより簡便な証明系の見方が「反駁系」である（ただし，ここでは命題論理のための単純化版を考える）．これは背理法の考えをモデル化したものである．背理法では，恒真を証明したい言明 T の否定を仮定し，そこから矛盾，すなわち，偽に等しい言明を導出する．多くの場合，証明したい言明 T の否定を互いに矛盾する式の論理積で表す．たとえば，互いに共通の充足割り当てを持たない論理式の集合，共通の根を持たない式の集合，あるいは共通領域が空の半空間の集合などに対する共通解を求める形の言明である．矛盾を導き出すには，たとえば，共通の根を持たない式の集合すべてを満たす σ が存在するとして，σ により満たされる式を次々と推論規則を用いて作り出していき，これを（たとえば $\neg x \wedge x$，$1=0$，$1<0$ などの）あからさまな矛盾が得られるまで続けるのである．以降ではしばしば，この反駁の見方をとり，「恒真」とその否定である「矛盾」（もしくは恒偽）を行き来しながら議論する．

さて，証明系 Π における恒真式 T の証明長 $\mathcal{L}_\Pi(T)$ の話に戻ろう．この証明の複雑さは，回路の複雑さの議論とは大きく異なり，単純な数え上げ論法は使用できない．というのも，回路の議論では関数の種類が 2^{2^n} となることを使ったが，長さ n の恒真式は高々 2^n 個しかないからである．したがって，証明の複雑さの議論では，明示的であるか否かを問わず，一般に難しい恒真式の存在を示すことさえ難しい．ただ，以下でも紹介するが，最もよく知られている（制限された証明系に対する）下界は，非常に自然な恒真式に対するものである．

5.3.1 論理証明系

この項で紹介する証明系では，証明は論理式の列である．各証明系で異なる点は，どのような形の論理式を用いることができるかである．

最も基本的な証明系は，**フレーゲ証明系**と呼ばれている．これは（命題論理式という以外は）証明に現れる式に何ら制限のない系である．この証明系では，推論規則は**カット則**と呼ばれる規則が一つあるだけである．これは $(A \vee C)$ と $(B \vee \neg C)$ から $(A \vee B)$ を得る推論規則である．論理学の教科書の中にはこの証明系を少し違った言い方で説明しているものもある．しかしながら，計算の観点からは，それらはすべて同値と言ってよい．つまり，（多項式程度の差を除けば）最短の証明の長さは，どの定義を用いるかによらず同じだからである．

---

*22) 先に定義した一般の証明系も，この定式化に沿った形で見ることができる．チューリング機械 M の各ステップを演繹規則と見なせるからである．しかしながら，ここで考える演繹規則はもっと単純であり，さらに重要なことに，自然である．

鳩の巣原理に対する数え上げ論法による証明は，フレーゲ証明系で効率的に記述できる（ただし，その証明は自明ではない）．これにより $\mathcal{L}_{\mathrm{Frege}}(\mathrm{PHP}_n^{n+1})$ は n の多項式となる．この分野における重要な課題は，このフレーゲ証明系で超多項式長の証明が必要な恒真式（いつものように，正確には恒真式の族）を見つけることである．

未解決問題 フレーゲ証明系の証明の複雑さに対し，超多項式の下界を示せ．

フレーゲ証明系に対して下界を得ることはたいへん難しそうなので，自然でかつ重要そうな部分証明系に目を向けてみよう．そうした部分証明系で最もよく研究されているのが，**導出証明系**である．これは，ほとんどの命題論理（そして1階述語論理）の「定理自動証明アルゴリズム」で用いられている重要な手法である*23)．導出証明系で使うことのできる式の形は，節（論理和）だけであり，そのため，カット則も $(A \vee x)$ と $(B \vee \neg x)$ から $(A \vee B)$ を導くだけの規則に単純化される（ここで A, B は節，x は変数である）．これが**導出則**（もしくは導出原理）と呼ばれる推論規則である．

証明の複雑さの議論での重要な結果は，鳩の巣原理の導出証明系での困難さの証明である．

定理 $\mathcal{L}_{\mathrm{resolution}}(\mathrm{PHP}_n^{n+1}) = 2^{\Omega(n)}$ *24)

おもしろいことに，この結果の証明は，5.1.3項で説明したパリティ関数の回路計算量の下界に密接に関連している．

5.3.2 代数的証明系

論理式による証明において，矛盾の自然な形が充足不可能な節の集合だったのと同様，代数的な設定では，共通の根を持たない多項式系（すなわち連立多項式方程式）が矛盾を自然に表している*25)．

では，たとえば $\{ f_1 = xy+1,\ f_2 = 2yz-1,\ f_3 = xz+1,\ f_4 = x+y+z-1 \}$ という連立方程式が（いかなる体のもとでも）根*26)を持たないことを示すには，どうしたらよいだろうか？ この場合は簡単にできる．$zf_1 - xf_2 + yf_3 - f_4 \equiv 1$（すなわち1と恒等な式であること）が示せるからである．明らかに，各式 f_i の根はこの合成式の根（この合成式を0にする解）でもあるが，この合成式は1と恒等式なのでそれは不可能である．この種の証明がいつも可能だろうか？

ヒルベルトの零点定理 [V.17] によれば，Yesである．この定理は，もし任意の多変数多項式 $f_1, f_2, \ldots, f_n$ が共通の根を持たないならば，$\sum_i g_i f_i \equiv 1$ となるような適当な多項式 $g_1, \ldots, g_n$ が存在することを示している．この $g_1, \ldots, g_n$ を証明と見たとき，こうした証明で $f_1, \ldots, f_n$ の記述に対して多項式長に記述できるものが存在するだろうか？ 残念ながら答えはNoである．各 g_i の最短の記述長が指数関数的になる場合があることが（非常に巧妙な論法で）示されている．

ヒルベルトの零点定理と，数式処理システムで使われているグレブナー基底の計算とに関連した自然な証明系に，**多項式証明系**（polynomial calculus, PC）と呼ばれるものがある．この証明系の証明は多項式の列である．ただし，各多項式はその係数列で表される．一方，推論規則には，次の二つの規則を用いる．すなわち，式 g と h からの式 $g+h$ の導出，そして式 g と変数 x_i からの式 $x_i g$ の導出の二つである．このPCはヒルベルトの零点定理だけを使ったものより指数関数的に強力であることが知られている．しかし，この証明系に対しても（次数の下界の議論から）強い下界が得られている．たとえば，鳩の巣原理を矛盾する定数次数多項式方程式系で表した場合，その矛盾を示すための証明長として，次の下界が示されている．

定理 任意の n と $m > n$ に対し，任意の体において $\mathcal{L}_{\mathrm{PC}}(\mathrm{PHP}_n^m) \geq 2^{n/2}$ が成り立つ．

---

*23) これらは，与えられた恒真式に対する証明の自動生成を目標とするアルゴリズムである．こうした恒真式は単純で，数学的にはおもしろくないかもしれないが，コンピュータのチップや通信プロトコルが正しく動くことの保証を得るためなど，実用的には重要である．また，初等整数論の結果など，数学的におもしろい応用もある．

*24) ［訳注］多少大雑把だが，$\Omega(f(n))$ は適当な定数 $c > 0$ に対して漸近的に $cf(n)$ 以上の関数であることを意味する．

*25) 実際，任意の体上の多項式で命題論理式を表すことは難しくない．まず，命題論理式を**積和標準形**（conjunctive normal form，CNF）に変換する．つまり，節の論理積の形にする．そうすると，節ごとに多項式方程式に変換でき，CNF式全体が連立多項式方程式に変換される．値を論理値に限るためには（よくやる手だが）$x_i^2 - x_i = 0$ という方程式を各変数ごとに付け加えればよい．

*26) ［訳注］ここでの連立方程式とは，$f_1 = 0$, $f_2 = 0$, $f_3 = 0$, $f_4 = 0$ を成り立たせる式のことである．また，その根とは，この連立方程式の解のことである．

5.3.3 幾何的証明系

矛盾を導くもう一つの方法として，空間集合の共通部分が空であることを利用した方法がある．たとえば，「離散最適化」において，重要な問題は $\mathbb{R}^n$ 上の線形不等式系，あるいはそうした系と論理立方体 $\{0,1\}^n$ の関係であることが多い．それらは，各線形不等式の表す半空間の共通部分集合に，すべての座標が 0 となる点（もしくは 1 となる点）が含まれるかどうかを判定するような問題になる．

こうした問題に関連した最も基本的な証明系が，**半空間証明系**（cutting plane，CP）である．証明は（半空間を表す）整数係数からなる線形不等式群からなる．新たな証明の要素（すなわち線形不等式）を作り出す推論規則には，（これまでに得られた）二つの線形不等式の和で式を作る方法と，（これまでに得られた）線形不等式を定数で割って値を整数に丸める操作で式を作る方法の 2 通りがある．後者の正当性は自明ではないが，解として求めているのが整数座標の点であることを利用して示すことができる．

PHP_n^m はこの証明系では簡単に証明できるが，他の恒真式に対する指数関数的な下界も知られている．これらは 5.1.2 項で説明した単調論理回路計算量の下界から得られる．

6. 乱択計算

これまでのところわれわれが見てきた計算は，すべて**決定性**計算だった．すなわち，アルゴリズムが決まれば，計算の出力は入力に応じて一意に決定されるものだった．本節では，多項式時間という枠組みは保ったまま，計算方式として確率的，より端的に言えばランダムな選択を行うような計算を考えていく．

6.1 乱択アルゴリズム

乱択アルゴリズムの有名な例は，素数判定アルゴリズムである．N を素数判定の対象となる正の整数とする．このとき，アルゴリズムは N より小さい数を k 回ランダムに選び，選んだ値を使って単純なテストを行う．もし，N が合成数ならば，その各テストで合成数であることを見出す確率は $3/4$ 以上である*27)．したがって，アルゴリズムが k 回とも合成数であることを見逃す確率は $(1/4)^k$ であり，これは十分大きい k に対しては非常に小さくなる（このテストがどのように行われるかの詳細は，「計算数論」[IV.3 (2 節)] を参照）．

乱択チューリング機械を導入し，正確に定義することは，困難ではない．けれども，それほど細かいことは不要だろう．重要なのは，M が乱択チューリング機械の場合，与えられた入力列 x に対し，$M(x)$ はある決まった 2 進列ではなく，**確率変数** [III.71 (4 節)] であるという点である．たとえば，もし出力が 1 ビットならば，「$M(x)=1$ となる確率は p である」などと議論することになる．実際の $M(x)$ の値は，M の実行中に M が行うランダムな選択の結果に応じて決まるのである．

乱択アルゴリズムを用いて決定問題 S を解く場合，目標は x が**いかなる入力であっても** $M(x)$ が高い確率で正しい答えになることである（つまり，$x \in S$ のとき $M(x)$ が 1 となり，そうでないとき 0 となってほしい）．この考え方に基づいて，計算量クラス $\mathcal{BPP}$ を次のように定義する（略称，BPP は "bounded error, probabilistic polynomial time" から来ている）．

定義（$\mathcal{BPP}$） 関数 f に対し，すべての $x \in I$ に対し $\Pr[M(x) \neq f(x)] \leq 1/3$ となるような乱択多項式時間チューリング機械 M が存在するとき，f は $\mathcal{BPP}$ に含まれるという*28)．

ここで，誤り率の上界 $1/3$ は，$1/2$ 未満であれば適当に決めてよい．というのも，複数回実行してその結果の多数決をとれば，誤り率を非常に小さくすることができるからである（毎回の実行におけるランダムな計算は，実行ごとにすべて独立と仮定する）．標準的な確率の評価から，任意の k に対し，アルゴリズムを $O(k)$ 回実行すれば，誤り率を 2^{-k} に抑えられることが示せる．

ランダム性を計算中に使用することは「可能である」と信じられているし，指数関数的に小さい誤り率は，実際にはほとんど問題にならない．したがって，計算量クラス $\mathcal{BPP}$ は，効率的計算のモデルとして $\mathcal{P}$ より適していると考えられる．ちなみに，$\mathcal{P} \subset \mathcal{BPP}$ は明らかであるが，他のクラスとの関係はどうだろ

*27) ［訳注］一方，素数の場合には，確率は 0 である．

*28) ［訳注］ここでは一般の関数の形で述べているが，以下の説明では，他の計算量クラスと同様，決定問題のクラスと考えたほうがよいだろう．

うか？ 関係$\mathcal{BPP} \subseteq \mathcal{EXP}$も容易に示せる．たとえば，$m$回のコイン投げに基づく計算は，高々$2^m$回の可能性を調べ，その結果の多数決をとることで判定できるからである．$\mathcal{BPP}$と$\mathcal{NP}$の関係は知られていない．しかし，もし$\mathcal{P} = \mathcal{NP}$ならば$\mathcal{P} = \mathcal{BPP}$である．一方，非一様性を使えばランダム性も含むことができる．すなわち，$\mathcal{BPP}$に入る問題に対しては，それを解く多項式サイズの回路が存在するのである．しかし，（たとえば判定問題に限って考えたとき）ランダム性が真に計算力を増すか否かは，重要な未解決問題である．

未解決問題　$\mathcal{P} = \mathcal{BPP}$か？

前に述べたように，素数判定に対しては，決定性の多項式時間アルゴリズムが最近発見された．ただし，実際には乱択アルゴリズムのほうがはるかに効率的である．しかしながら，$\mathcal{BPP}$には入っているが$\mathcal{P}$に入ることがわかっていない問題もかなりある[*29]．そうした問題においては，ランダム性の使用は，現在のところ知られている決定性アルゴリズムに対して指数関数的な速度向上をもたらす場合が多い．これは，決定問題においてランダム性により計算力が増す証拠だろうか？ 驚くべきことに，異なる話題から（7.1項で説明するように）まったく逆のこと，つまり$\mathcal{P} = \mathcal{BPP}$を示す状況証拠が得られているのである．

6.2 乱択数え上げ

$\mathcal{NP}$探索問題における重要な問題の一つに，与えられた入力例に対して解が「いくつあるか」を定める問題がある．これはさまざまな分野で顔を出す問題である．たとえば，多変数連立多項式方程式の解の数の数え上げ，グラフの完全マッチングの数の数え上げ（同値な言い換えとして，対応する$\{0,1\}$行列の数え上げ行列式の計算），（線形不等式で定義された）高次元ポリトープ（polytope）の体積の計算（この問題については「数学研究の一般的目標」[I.4 (9節)]を参照），あるいは物理系のさまざまなパラメータの計算，などである．

これらの問題のほとんどにおいて，近似の数え上げで十分である．実際，解の数の近似さえ得られれば，少なくとも解が存在するか否かは判定できる．たとえば，もし与えられた命題論理式の充足割り当ての数の近似が得られるなら，それから直ちに，充足解が1個以上かどうかはわかるだろう．つまり，論理式が充足可能かが判定でき，その命題論理式に対するSAT問題が解けてしまうわけである．おもしろいことに，その逆も成り立つのである．つまり，もしSATが解けるのであれば，乱択アルゴリズムにより，充足割り当ての個数の任意の定数近似（ただし定数は1以上）が可能なのである．もう少し正確に言うと，もしSATを解くサブルーチンをコストなしで使えるのであれば，多項式時間の乱択アルゴリズムで充足割り当ての個数の近似ができるのである．実は，似たようなことが，すべてのNP完全問題で示せる．

ある問題に対しては，近似数え上げをSATサブルーチン**なし**で行うことができる．たとえば，正整数要素からなる行列の数え上げ行列式や，ポリトープの体積などに対しては，その近似を求める多項式時間乱択アルゴリズムを構成することができる．これらのアルゴリズムは近似数え上げだけでなく，すべての解を同じ確率でランダムに生成するという，自然な計算にも応用可能である．基本的な考え方は，解空間上の一様分布を定常分布として持ち，しかも収束性の良いマルコフ連鎖を設計することである（詳しくは，Hochbaum（1996, chapter 12）を参照）．

では，**正確**な数え上げはどうだろう？ これについては，乱択を用い，かつ，SATのサブルーチンをコストなしで使えたとしても，多項式時間では計算**不可能**だろうと信じられている．数え上げ問題のクラスに対しては，グラフの完全マッチング数の数え上げが驚くべきことに「完全である」ことが示されている．ここで不思議なのは，完全マッチングを見つけること自体は，多項式時間計算可能だという点である．にもかかわらず，数え上げ版では「完全」であり，完全マッチングの数え上げをする効率の良いアルゴリズムは，**他のすべての**$\mathcal{NP}$問題の解に対する数え上げ問題に利用できるのである．

6.3 乱択証明系

以前に説明したように，一つの証明系は，その検証手続きによって規定することができる．5.3項では，そのような検証手続きとして，言明と証明の長さの

[*29] 特に重要な例にIdentityTestingがある．これは，与えられたQ上の算術回路に対し，それが計算する多項式が恒等的に0か否かを判定する問題である．

多項式以下の計算時間のアルゴリズムを考えた．ここでは（5.2 項のように）言明の長さの多項式時間の検証手続きに限ることにしよう．そのような検証手続きを持つ証明系は，$\mathcal{NP}$ に密接に関係している．というのも，問題 S が $\mathcal{NP}$ に所属することの定義自体が，次のような性質を持つ多項式時間アルゴリズム M の存在だったからである．任意の入力列 x に対して，$x \in S \Leftrightarrow x$ の長さに対して多項式長の y が存在して $M(x, y) = 1$ となる．言い換えると，y は（手続き M で検証可能な）$x \in S$ の証明なのである．

もし，検証手続き M に**乱択**を許したらどうなるだろうか？　その場合には「乱択証明系」を得ることになるが，ここではそれを，数学の証明の概念の拡張というより，上記の検証手続きの拡張であり，些細な誤りならば許す検証手続きの一つと見たほうがよい．以下で説明するように，こうした乱択証明系は，計算機科学の発展に大きく貢献することになった．そのうち最も驚くべき顕著な三つの例を紹介する．一つ目は，乱択の導入により計算能力が飛躍的に増加する例，二つ目は「何も情報を与えない」証明の例，そして三つ目は，（検証すべき）証明をうまく記述することで，検証手続きが，そのほんの一握りのビットを見るだけで，その正しさを判定することができる例である．

6.3.1　対話型証明系

第 4 節で述べたグラフ同型問題を再び考える．これは与えられた二つのグラフ G, H に対し，H が G の頂点を並べ替えただけのものなのかを判定する問題だった．これは明らかに $\mathcal{NP}$ 問題である．というのも，同型である証拠として，G を H に対応させる頂点の並べ替えを示せばよいからである．

この証明の過程を，計算能力が多項式時間に限られた（証明の）検証者と，無限の能力を持つ証明者との対話のプロトコルと捉えてみよう．検証者は G と H が同型であると（納得できれば）納得したい．したがって，証明者が（正しい）並べ替えを送れば，検証者は（それを多項式時間で検証して）納得するのである．

では，次にグラフ**非**同型問題を考えてみよう．証明者が検証者に G と H が非同型であることを納得させる方法はあるだろうか？　もちろん，特定の (G, H) に対しては可能だろう．しかし，**すべて**の非同型なグラフ対に対して機械的に行う方法はあるだろうか？驚くべきことに，もし**乱択**と**対話**を使うことができれば，簡単な方法で検証者を納得させることができる[*30)]．

これは次のような対話で実現できる．与えられた二つのグラフ G, H に対し，検証者はその一つをランダムに選び，その頂点をランダムに並べ替えてグラフを作り証明者に送る．証明者はそれに対し，それが G と H のどちらのグラフから作られたかを検証者に伝えるのである．

もし G と H が非同型ならば，送られたグラフはどちらか一方から作られたものであり，（無限の能力を持つ）証明者はそのどちらかを正しく当てることができる．しかし，反対に G と H が同型だったならば，証明者にはどちらから作られたかの判断は不可能であり，正解する確率は 50 % になってしまう．

そこで，検証者が十分納得するためには，この対話を k 回繰り返すのである．もしグラフ対が非同型ならば，検証者は常に正しい答えを受け取ることができる．一方，同型ならば，証明者が 1 回でも間違う確率は，$1 - 2^{-k}$ 以上となる．したがって，十分大きい k で k 回繰り返したとき，証明者が一度も間違いを犯さなかったならば，非同型と納得してよい（それであざむかれる確率は非常に小さい）．

以上が**対話型証明系**の例である．決定問題 S の対話型証明系では，与えられた入力 x に対する計算は，証明者と検証者の間の対話となる．この対話は，$x \in S$ の場合，対話の最後で検証者が 1 を出力し，$x \notin S$ の場合には，検証者は少なくとも $1/2$ 以上の確率で 0 を出力するように設計されている必要がある．先の例と同様，検証者は同じ対話（ただし確率的には独立なもの）を数回繰り返すことにより，確率 $1/2$ を 1 に非常に近い値にすることができる．また，これも先の例と同様，検証者が乱択多項式時間の計算に限定されている一方で，証明者には無制限の計算能力を仮定してもよい．そして，対話のやり取りの回数は入力 x の長さの多項式回以下とし，全体の検証が多項式時間で終わるように制限する．以上のような対話型証明系で判定できる決定問題のクラスを $\mathcal{IP}$ という．

この対話は頑固な学生による「尋問」と見てもよいだろう．学生は先生が言ったことの正しさを納得

---

*30)　対話だけで乱択がなければ，計算能力は上がらないことに注意しよう．対話だけでは（検証者が決定性計算に限られている場合には）$\mathcal{NP}$ と同じ計算能力しか得られない．

するため，先生に「厳しい」質問をするのである．ただし，実際には「厳しい」質問と単なるランダムな質問とは差がない．ここで定義した対話型証明を持つ決定問題に対しては，必ずすべて，ランダムに質問する検証者に対する対話型証明（正確には，ある前もって定められた中から一様ランダムに質問する検証者に対する対話型証明）を構成することが可能なのである．

実は，$\mathcal{NP}$ に入るすべての決定問題 S に対し，$x \notin S$ を証明するための対話型証明系が存在する．つまり，co-$\mathcal{NP} \subset \mathcal{IP}$ が証明できるのである．この結果の証明では，論理式の算術化の手法が導入されたが，この手法をさらに進めると，対話型証明系の計算力を完全に特徴付けることができる．その説明のため，新たに多項式以下の領域量（つまりメモリ量）で解くことのできる決定問題のクラス，$\mathcal{PSPACE}$ を導入する．このクラスの問題を解くには単純には**指数時間**かかるが，実はこれらの問題はすべて多項式時間の対話型証明を持つのである．

定理　$\mathcal{IP} = \mathcal{PSPACE}$

これも未解決ではあるが，多くの研究者は $\mathcal{NP} \neq \mathcal{PSPACE}$ である（つまり，$\mathcal{PSPACE}$ のほうが $\mathcal{NP}$ より真に大きい）と信じている．上の定理に基づいて別の言い方をすれば，通常の非対話型で決定性の証明系（すなわち，NP 型の証明系）に比べ，ここで定義した対話型証明系は真に強いと考えられているのである．

6.3.2　零知識証明系

典型的な数学の証明は，証明される言明の正しさだけでなく，その定理に関する何かを「教えてくれる」ものである．本項では，その逆で，証明が，証明される言明が正しいという事実以外はまったく何も伝えない，といった不思議な性質を持つ証明系について述べよう．理解しにくいので，例を示すことから始めよう．そこで，その直観的な例から説明を始めることにする．

たとえば，証明者が検証者（読者）に対して，与えられた（普通の意味での）地図に対し，隣り合った領域同士が同じ色にならないように，3 色に塗り分けることが可能であることを納得させたかったとする．最も明らかな方法は，塗り方を検証者に教えることである．しかし，これは何かを検証者に教えたことになる．すなわち，色の塗り分け方である．この問題が NP 完全であることから，これは検証者自身では容易に見つけることはできないし，そもそも塗り分けが可能か否かさえわからない．では，（塗り分けることができるという情報は別として）それ以外に検証者に何の情報も渡さずに，検証者を納得させることはできるだろうか？

以下のように考えてみよう．赤，青，緑の 3 色での塗り分け方を知っている人がいたとする．その人は色の使い方を適当に交換することで，その塗り方とは違う塗り方で塗り分けることもできる．たとえば赤の代わりに青を，青の代わりに赤を使うのである．それでも条件を満した塗り分けは得られる．こうして，一つの塗り方から 6 通りの異なる塗り方が得られるが，証明者は地図のコピーを 6 枚用意し，そのおのおのをこの 6 通りの塗り方で塗っておく．さて，対話のそれぞれのやり取りを考えよう．やり取りごとに，証明者は 6 枚のコピーのうちの 1 枚をランダムに選ぶ．一方，検証者は隣り合った二つの領域を（ランダムに，あるいはある方針で）選び，証明者に地図のその二つの領域の色だけを見せてもらい，その二つが異なる色で塗られていることを確認するのである．ここで大切なのは「地図の他の領域の色は見ることができない」という点である．もし地図が正しく塗り分けられない（もしくは証明者が塗り分け方を知らない）のに騙そうとしたならば，検証者は，このやり取りを何度かやるうちに，いつかは二つの隣り合う領域に同じ色が塗られていること（あるいは塗られていない領域があること）に気づくだろう．一方（もし正しい塗り方に基づいた対話ならば），検証者が毎回得るのは，隣り合った二つの領域が異なる色で塗られているという情報だけであり，そもそも証明者がどのような塗り方を持っていたのかはまったくわからない．したがって，検証者は，地図が（非常に高い確率で）正しく塗られているはずである，という知識以上の情報は得られないのである．

同様に，与えられた論理式の充足可能性を示す「零知識証明」は，充足割り当ての情報を，その部分情報（たとえば，ある変数の真偽値のような情報）さえ漏らさない．また，零知識証明では，論理式に関係のない，あるいは関係ありそうにない情報で検証者が自前では計算できない程度に難しいもの（たとえば，何らかの整数の素因数分解など）の情報もいっさい与えない．一般に，対話型証明系のうちでも，検証者自身が効率的に行えない計算を助けるような情報を対話の中で漏らさないものが，零知識証明である．

では，どのような言明が零知識証明を持つだろうか？ もし検証者が答えを全部求めることができるのであれば，証明者からの助けは不要である．したがって，証明者は何もしないから零知識は明らかである．つまり，$\mathcal{BPP}$ 問題は零知識証明を持つ．一方，先の 3-colorability の説明で述べた零知識証明では，純粋に計算になっていない部分があった．すなわち，検証者が指定した隣り合った二つの領域の色だけを毎回見せる作業である．この手続きをコンピュータ上の計算のみで実現するには，工夫が必要である．けれども，それも素因数分解の計算困難さを利用すれば可能である．その結果，先の直観的な手続きは**零知識証明系**と呼ばれる手続きになる．さらに，3-colorability の NP 完全性を用いれば，すべての $\mathcal{NP}$ 問題に対して零知識証明系を与えることができる．より一般的には，次の定理を示せるのである．

定理 もし（第 7 節で説明する）一方向関数が存在すれば，すべての $\mathcal{NP}$ 問題に対して零知識証明が構成可能である．しかも，証明自身（つまり証明者の答え方）も通常の $\mathcal{NP}$ の証明から容易に導ける．

この定理は，情報セキュリティプロトコル（7.2 項参照）の設計にとって画期的だった．さらには，同じ仮定のもとで「任意の対話型証明を持つ問題に対しても，零知識証明の構成が可能」という強い結果も証明できる．

6.3.3 乱択検証可能証明系

本項では，乱択証明の能力に関して発見された，最も深く，また最も驚くべき結果の一つに目を向けてみよう．ここでは，通常の（非対話型）証明と同様，検証者が完全に記述済みの証明を受け取るモデルを考える．肝心なのは，検証者がランダムに選んだ証明の一部をほんの少し見るだけでよいという点である．

これは，たとえば論文の査読や宿題の採点で，長い証明を読んでそれが正しいことを確認しなければならないときに，ちょっとさぼってランダムに選んだ数か所を見るだけで済ませてしまうのに似ている．このとき，もし証明の誤りが 1 か所だけ（しかし致命的）だったら，その誤りに関連した箇所を読まずに，誤りを見逃してしまうかもしれない．これに対し，以下に紹介するように，証明を（ある程度の冗長性を導入することで）常に「頑健に」することができ，いかなる誤りも多くの箇所に波及するように証明を書くことができる．このような頑健な証明系は「乱択証明系」(probabilistic checkable proof，PCP）と呼ばれている（この説明から**誤り訂正符号** [VII.6] を思い起こす読者もいるだろう．実際，その分野とは非常に深い関係があり，今回紹介する結果には，この二つの分野の相互発展が非常に重要であった）．

大雑把に言うと，決定問題 S に対する **PCP 証明系**とは，乱択多項式時間検証アルゴリズムであり，証明（の候補）を表す 2 進列の各ビットを個々に見て，その正しさをチェックするアルゴリズムである．その検証過程では，コイン投げの結果（要するに乱数ビット）に基づいて，証明（の候補）の**定数個**のビットだけを見て証明の正しさを判定する．$x \in S$ であり，その正統な証明が与えられたと確認できた場合には 1 を出力し，誤りの証明が与えられた場合には（どのように間違っていたとしても）1/2 以上の確率で 0 を出力しなければならない．

定理（PCP 定理） すべての $\mathcal{NP}$ 問題に対して，PCP 証明系を構成できる．さらに，通常の NP 型証明を対応する PCP 証明系用の証明に多項式時間で変換する手続きが存在する．

特に，この結果から直ちに，（頑健な）PCP の（証明の）長さは入力長の多項式以内であることが導かれる．実際，PCP は NP 型証明の一種でもある*31)．

PCP 定理（とそのさまざまな発展形）は，その概念的なおもしろさよりも，実は計算複雑さの理論において重要な役割を果たしている．すなわち，この定理から（$\mathcal{P} \neq \mathcal{NP}$ を仮定すれば）いくつかの自然な近似問題の計算困難さが導き出せるのである．

たとえば，$\mathbb{F}_2$ 上の n 個の線形式で，各式がちょうど 2 個の変数からなるものが与えられたとする．もし変数の値をランダムに決めたならば，各線形式においてそれが満たされる確率は 1/2 であり，明らかに半分以上の線形式を満たすことができる．また，

*31) この事実の証明には，ここで定義した PCP 証明系の特殊性を利用している．まず，$x \in S$ の場合には誤らない．また，高々定数箇所しか見ないで判定できるので，すべての可能性を多項式時間で試すことができる（したがって，誤りがあれば必ず見つけることができる）．この 2 点を使って PCP を通常の NP 計算のように（誤りなしで）検証できるのである．

線形代数の基本的な技術を使えば，すべての式が満たされる解が存在するか否かを判定することは易しい．しかしながら，（最適な変数値で）99％以上の式が満たされる場合には 1 と出力し，（最適な変数値でも）49％以上の式を満たすことが不可能ならば 0 と出力するアルゴリズムで，多項式時間のものは $\mathcal{P} \neq \mathcal{NP}$ と仮定する限り存在しない．この事実を示せるのである．すなわち，最適な変数値で満たされる式の数は，たとえ近似的にでも得ることが困難なのである．

このような近似問題と PCP の関連を示すため，ある決定問題 S の PCP 証明系と，ある最適化問題の関係を見てみよう．入力例 x を一つ考える．これに対し，$x \in S$ の証明の候補が 2 進列 y で表され，ある PCP 検証アルゴリズムがその正当性をある確率で認めたとする．（各 x の）こうした確率の最大値はどうなるだろう？　もしこの最適化問題に対して近似係数 2 以下の解が得られたとすると，$x \in S$ か否かを判断できるようになる．よって，もし S が NP 完全な決定問題だったら，この最適化問題が NP 完全である（すなわち，任意の $\mathcal{NP}$ と同様の難しさを持つ）ことを，PCP 定理から示せる．証明の候補の有限ビット数だけを見れば検証できるという事実を活用し，似たようなことを，多くの自然な問題に対して証明できるのである．

ここに述べた定理は理論的に非常に注目を集めたが，実用面では少々がっかりさせる結果だったかもしれない．近似解でも十分な問題は多いが，その近似解すら計算が難しいことが示されたからである．

6.4 弱いランダム源

今度は，これまで見てきた乱択計算の中で盛んに使われていたランダム性をどのように得るか？という疑問に目を向けてみよう．ランダム性は，たとえば，天候の変化，ガイガーカウンター，ツェナーダイオード，コイン投げなどに見られるように，われわれの世界の至るところで見受けられる．しかし，それらは，われわれが計算の中で仮定していた完全に一様で独立なコイン投げのようなランダム性には程遠い．一方，多くの乱択計算が完璧なランダム性を仮定しているので，乱択手続きを実際に使用する場合には，そうした弱いランダム源からのランダム性を，ほぼ完璧なものに変換する必要がある．

不完全なランダム性をほぼ完全な独立で一様なランダムビットの列に変換するアルゴリズムのことを，**ランダム性抽出器**といい，ほぼ最適なものが提案されている．ランダム性抽出に関しては深く幅広い研究が行われてきたが，それらについては，たとえば Shaltiel (2002) に解説されている．これらの研究は，擬似乱数生成器（7.1 項を参照）や組合せ論，符号理論などにも関係している．

ランダム性抽出における課題の特徴を紹介するため，以下では三つの比較的単純な弱いランダム源を考えてみよう．まず，確率 p（$1/3 < p < 2/3$）で表が出るコインを持っていた場合を想定しよう．ただし，p の値は知らないものとする．このコインを使って一様な 2 進値を生成することができるだろうか？　単純な解法としては，コインを 2 回投げて，もし表・裏と出たら 1，裏・表と出たら 0 とし，その他の場合にはもう一度行う，という方法がある．この方法では，完全に一様なコイン投げと同じことを，平均で $((1-p)p)^{-1}$ 回のコイン投げで実現できる．

もう少し難しい状況は，n 個の異なった表の出る確率 $p_1, \ldots, p_n$ を持つコイン（ただし，おのおのの値は $(1/3, 2/3)$ の範囲内とする）を投げ，それぞれのコインを「ちょうど 1 回」投げるだけで，ほぼ一様ランダムな 2 進値を生成したい場合である．この場合のやり方は，すべてのコインを 1 回ずつ投げ，表の出たコインの個数の奇偶を用いて 2 値を決める方法である．この方法で 0（または 1）が出る確率は，n に対する指数関数（の逆数）で 1/2 に近づくことが示されている．

最後は，先の例と同様，コインの表の出る確率が異なる場合だが，その値が前もって決まっているのではなく，i 番目のコインの表の出る確率 p_i の値が 1 番目から $i-1$ 番目のコインの表裏の出方に依存して決まる場合である（ただし，値の範囲は 1/3 から 2/3 とする）．この場合には，最初のコインの表裏の結果をそのまま使う以上のことは不可能であることが知られている．しかしながら，もし純粋なランダムビットを少し使うことができるならば，状況は大幅に改善される．すなわち，今回のような意地悪な分布を持った n 個のコインを投げたあとで，$O(\log(n/\epsilon))$ 個の完全なランダムビットを使うことで，長さ n の 2 進列で純粋な一様分布の 2 進列を「ϵ 近似する」ものが得られるのである．

7. 計算困難さの良い面

ほとんどの人々が信じているように，もし $\mathcal{P} \neq \mathcal{NP}$ ならば，多数の重要な組合せ論的問題が本質的に計算困難となる．これは困った話かもしれないが，良い側面もある．計算の困難さは非常に興味深いだけでなく，実際の応用面でも重要な結果をもたらすのである．

ここでわれわれが使う計算困難さの仮定は，「一方向関数」の存在である．これは，計算するのは簡単だが，逆関数の計算が困難な関数である．たとえば，二つの整数の積の計算は簡単だが，その「逆関数」（すなわち，得られた積を因数分解すること）は，整数因数分解問題にほかならない．これは計算困難であると広く信じられている問題である．ここでは，逆関数の計算は単に最悪時に難しいだけでなく，平均的に難しい場合を考える．たとえば，素因数分解について言えば，ランダムな n ビットの素数の積の素因数分解は，たとえ小さな割合の入力に対しての成功でよいと限定しても，多項式時間での計算は不可能であると信じられている．一般に，関数 $f: I_n \mapsto I_n$ が一方向関数とされるのは，その値の計算が簡単であるが（すなわち x に対して $f(x)$ を求める多項式時間アルゴリズムが存在するが），その f の逆関数が次に述べる平均的な意味で多項式時間計算不可能な場合である．半数以上の $x \in I_n$ に対して，$f(x)$ からその逆像を正しく計算する多項式時間アルゴリズム M が存在しない．すなわち，$x \in I_n$ に対し $y = f(x)$ として，この y を M の入力として与えたとき，M の計算で $y = f(x')$ となる x'（つまり y の逆像）を得られるような x が，I_n の半数に達しないのである．

一方向関数は存在するだろうか？　もし $\mathcal{P} = \mathcal{NP}$ ならば答えは No である．その逆は重要な未解決問題である．つまり，次の問題である．$\mathcal{P} \neq \mathcal{NP}$ だったとして，それから一方向関数の存在が導けるだろうか？

以下では，計算困難性（一方向関数の意味での）と計算複雑さにおける二つの重要な理論，「擬似ランダム性の理論」と「暗号理論」について説明する．

7.1 擬似ランダム性

ランダム性とはそもそも何だろうか？　数学や物理の対象に対して，どのような場合にわれわれはランダムであると言え，また言うべきだろうか？　これらは数世紀にわたって議論されてきた基本的な問題である．いろいろな解釈があるが，たとえば n ビットの 2 進列に対する確率分布を考えている場合，「一様分布，すなわち，すべての 2 進列が等確率 2^{-n} で現れる場合が“最もランダム”である」という一点については，誰もが合意すると考えてよいだろう．より一般的には，こうした一様分布に近い分布であれば「良いランダム性」を持った分布と見なしてもよいだろう[*32]．

計算複雑さの理論では，一様分布とは大きくかけ離れているが，それでも「実質的にランダム」と見なせる分布の存在が示されている．これは，この分野の重要な考察の一つである．一様分布とかけ離れているのに，実質的にランダム（一様分布）と見なされるのは，それが一様分布と「計算論的に差別化不可能」（computationally indistinguishable）だからである．

この概念を定式化していこう．ここで n ビット列に対する分布 P_n を一つ考え，実際に n ビット列の例がその分布に従ってランダムに得られるとしよう．そうした例をもとに，P_n が一様分布かどうかを判定したかったとする．一つの方法は，適当な多項式時間計算可能な関数 $f: I_n \mapsto \{0,1\}$ を用いて，次のような実験を行うことである．まずは，列 x を確率 $P_n(x)$ で何回か生成し，$f(x) = 1$ となる確率を求める．次に x を等確率 2^{-n} で生成し，同じように $f(x) = 1$ となる確率を求める．この実験で得られた確率を比較して大きな差があれば，分布 P_n は一様分布でないと判断できるだろう．しかしながら，その逆は正しくない．つまり，P_n が一様分布とはかけ離れていても，もしかすると，いかなる多項式時間計算可能関数 f を使っても，上記の実験で，その差が見出せないかもしれない．そのような場合，P_n を**擬似乱数（列）**（pseudorandom）という[*33]．

この定義は，十分一般的であると同時に現実的でもある．「一般的」である根拠は，二つの分布の差別

*32) 二つの確率分布 P_1 と P_2 が**統計的に近い**とは，すべての事象 E に対して $P_1(E) \approx P_2(E)$ が成立することである．

*33) ［訳注］原文の “pseudorandom” は，擬似ランダム性という性質を意味する場合と，擬似乱数ビットの列を意味する場合がある．本書では，前者の場合に擬似ランダム性，後者の場合に擬似乱数（もしくは擬似乱数列）と訳す．なお，乱数列と言ったときの列は通常は 0 と 1 の 2 進列である．

化に使える可能性のあるすべての効率的手続きを対象としていることである．一方，この定義のもとでの擬似ランダム性は，以下に述べる理由から，すべての乱数利用の場面で真のランダム性と同等と考えてよいという意味で，「現実的」である．

最初に，任意の多項式時間乱択アルゴリズムにおいて，真の一様乱数列を擬似乱数列に置き換えても何ら影響はないことを指摘しておこう．なぜだろうか？　もし何らかの違いが出てくるのであれば，そのアルゴリズム自身を使って一様乱数列と擬似乱数列を差別化できることになり，擬似乱数列の定義に矛盾するからである．

一様乱数列を擬似乱数列に置き換えることの意義は，それが何らかの計算資源の削減に繋がる点にある．その計算資源とは，ここではランダム性であり，その節約に繋がるのである．この考え方を以降で説明していくために，いくつかの概念を導入する．まず，多項式時間計算可能関数で $\phi : I_m \mapsto I_n$ かつ $n > m$ となる ϕ を考えよう．この関数 ϕ に対し，ϕ に m ビットの入力 x を一様ランダムに与えたときの値 $\phi(x)$ の値の分布を考える．これは n ビット列上の分布だが，この分布が擬似乱数列であるとき，関数 ϕ（を計算するアルゴリズム）を**擬似乱数生成器**という．また，ϕ に与える 2 進列 x は（**擬似乱数列の**）**種となる列**と呼ばれており，種となる列の長さ m に対して擬似乱数列の長さ $n = \ell(m)$ を与える関数 ℓ を，その擬似乱数生成器の**伸ばし率**という．伸ばし率が大きい生成器ほど優れていると考えてよいだろう．

もちろん，ここで重要な問題が生じる．果たして擬似乱数生成器は存在するのだろうか？　この問題を次に述べよう．

7.1.1 計算困難さとランダム性

擬似乱数生成器と計算困難性には明らかな関連がある．というのも，擬似乱数生成器の主な目標が，その出力となる列と真の一様乱数列の差別化の計算困難性にあるからである（分布で見れば，二つは大きく異なる分布であるにもかかわらず）．しかしながら，両者の間には，さらにずっと深い関係がわかっている．

定理　擬似乱数生成器が存在することとと一方向関数が存在することとは同値である．しかも，もし擬似乱数生成器が存在するならば，任意の多項式に対して，それを伸ばし率とする擬似乱数生成器が存在する[*34)]．

この定理は，計算の難しさ，つまり**困難性**が擬似ランダム性に変換でき，また，その逆も可能であることを示している．さらに，その証明では，（二つの分布の）計算論的差別化不可能性と（一つの列の次のビットの）計算論的予測不可能性の関連が示されており，それが計算の難しさをランダム性（あるいは擬似ランダム性）に結び付けるヒントとなっている．

擬似乱数生成器の存在は，乱択アルゴリズムの研究に驚くべき結果をもたらすことになる．それは，乱択アルゴリズムが本質的にすべて脱乱化可能という結果である．基本的考え方を述べよう．仮にある乱択アルゴリズムが，これもある関数 f を n^c 個の乱数ビットを使って計算したとする（ただし，n は入力長）．さらに，このアルゴリズムでは，確率 2/3 で正しく $f(x)$ を求めていたとする．また，この n^c ビットの乱数列を長さ m ビットの種となる列から作られた n^c ビットの擬似乱数列で置き換えても，計算結果に大きな差がなかったとしよう．その場合，もしも m が小さければ，小さなランダム性で乱択計算を実行できることになる．特に m が $O(\log n)$ であれば，すべての種となる列に対して（n ビットの列を作り，それを使って）乱択計算を実施してみることも，多項式時間計算可能である．そうすれば 2/3 に近い割合でアルゴリズムは $f(x)$ を出力する．したがって，出力の多数決をもって全体の出力を決めれば，$f(x)$ を決定性で多項式時間で計算できたことになる．

こうしたことは本当に可能なのだろうか？　困難性を使って，最も重要な脱乱化の結果である $\mathcal{BPP} = \mathcal{P}$ を証明できるだろうか？　これに関しては，理論的にほぼ最適な結果が得られている．なお，指数関数的な伸ばし率を考えている場合には，（種となる列の長さに関しては）計算に指数時間を要する擬似乱数生成器でもよい．この種の擬似乱数生成器の存在は，非常に説得力のある困難性の仮定から導くことができる．たとえば，ある種の NP 問題が指数関数の回路計算量を持つ，といった仮定である．正確に

---

*34) 言い換えると，$\ell(m) = m + 1$ の伸ばし率を持つ擬似乱数生成器が存在すれば，任意の $c > 1$ に対し，伸ばし率 $\ell(m) = m^c$ の擬似乱数生成器も構成できるのである．

は次の定理が示されている.

定理 もしある定数 $\epsilon > 0$ に対して $S(\mathtt{SAT}) > 2^{\epsilon n}$ ならば $\mathcal{BPP} = \mathcal{P}$ である．さらに，仮定の中の SAT は $2^{O(n)}$ 時間で計算可能な任意の問題に置き換えても同じ結論が得られる.

7.1.2 擬似乱関数

擬似乱数生成器は短い種となる列から長い擬似乱数列を効率的に求めるものだったが，さらに強力なのが**擬似乱関数**である．これは n ビットの種となる列に基づいて構成される多項式時間計算可能関数 $f : I_n \mapsto \{0,1\}$ であって，関数そのものが真の乱関数*35) と多項式時間計算では差別化できないものである．すなわち，たった n ビットの種となる列で，2^n ビットのランダムに見える列を作ってしまう手法である（ただし，これらのビットをすべて眺めることは非効率的である．関数 f が与えているのは，その 2^n ビットのビット列の指定されたビットを多項式時間で見る方法である).

擬似乱関数に関しては,「擬似乱関数は任意の擬似乱数生成器から構成可能」であることが証明されており，それらは多くの分野（特に暗号理論）で使われている.

7.2 暗 号

暗号は数世紀にわたって存在している．しかし，過去には秘密通信を行うことを目的とした基本的な問題にのみ焦点が当てられていたのに対し，現代の暗号の計算論は，他の情報の秘密を保ったままで，ある情報だけを交換したいと考えている複数の人々の間で行う処理すべてを対象としている．ここで「プライバシー」(すなわち，秘密保持）と同様に重要なのが「頑健性」である．すなわち，通信している相手側が正しく振る舞うか否かが不確実であっても，プライバシーの保証などの安全性が求められているのである.

これらの難しさを示す良い例は，電話やメール越しでのポーカーである．このポーカーを公平に行うことを真剣に考えてみると，普段人々がポーカーをする際，プライバシーを守ったりインチキを防いだりするために，いかに物理的な手段（人間の視覚や，裏が透けないカード）に頼っているかに気づくだろう.

暗号の一般的な目標は，プライバシーの保護など情報交換で必要となるさまざまな要請を実現する枠組みを作ることであり，その枠組みを「プロトコル」という．プロトコルは，想定した機能からかけ離れたことをしようとする悪意の試みに直面しても正しく動かなければならない．擬似ランダム性と同様，ここでもこの新たな理論のために，二つの鍵となる仮定が必要である．一つ目は，悪意を持つ者も含め，どの当事者の計算能力も無限ではない，という仮定である．二つ目は，難しい関数の存在である．ある場面では，これらは一方向関数だったり，別の場面では，一方向関数よりさらに都合の良い特徴を持った関数で「落とし戸全単射」と呼ばれるものだったりする．後者も，素因数分解の困難性を仮定すれば構成できる関数である.

現代暗号の広い目標は，野心的すぎるように思えるかもしれない．しかし，実際に可能でもある．大雑把に言えば「すべての妥当な暗号機能は，安全に実現可能である」という定理が証明できる．この機能には，電話でポーカーをするというような，かなり複雑な通信も含まれているが，一方で非常に基本的な通信技法も含まれている．たとえば，安全な通信，デジタル署名（通常の署名のデジタル版)，連続したコイン投げ，オークション，選挙，そして「金持ち比べ問題」(millionaires' problem）などのための通信技法である（ちなみに，金持ち比べ問題とは，2人がインターネット上で通信し合い，どちらが金持ちであるかを判定（し，互いに納得）する問題である．その際，互いにどちらが金持ちであるかを知る以外は，何ら余計な情報を相手に与えないという制約を満たさなければならない).

ここで，暗号と，これまでに議論してきた事柄との関係について簡単に説明しよう．第一に，暗号の最も中心的な概念，すなわち「秘密」の定義から考える．読者が n ビットの秘密の2進列を持っていたとして，その秘密が完全に守られていると言えるのは，どのようなときだろうか？ 他の誰もそれについての情報を何ら持っていないとき，というのが自然な定義だろう．つまり，誰の目から見ても，それが他の $2^n - 1$ 個のどの n ビット列とも何ら変わりがないときである．しかしながら，この定義は計算複雑さの理論では不十分である．実際，n ビットの擬似乱数列は（本来は特殊な列のはずなのだが）ど

*35) ［訳注］各 n ビットの列 $x \in I_n$ に対して0か1を，独立かつ一様ランダムに割り当てる関数のこと.

のような実際的な場面でも，他の列と変わりなく見える，つまり，（擬似乱数列であるという）秘密が守られていると言ってよいのである．

この秘密に対する考え方の違いは大きい．単に秘密を持つだけのことなら易しい．2 進列をランダムに選ぶだけでよい．暗号技術においては，そのような秘密を持つだけでなく，余分な情報を漏らすことなくそれを「使う」ことが重要となってくる．一見これは不可能に思える．というのも，非自明な使い方以外では，使うことによって秘密として可能な 2 進列が限られてくるので，そのことから秘密の n ビット列に対する情報が漏れてしまうはずだからである．しかしながら，（必要な情報が伝えられた後の）可能な 2 進列についての新たな分布が擬似ランダムであったならば，この新たな分布から得られる情報は「効率的な計算では使うことができない」情報なのである．というのも，いかなる多項式時間のアルゴリズムも，ある程度の情報を漏らしている擬似乱数列と真の乱数列の差を見出せないからである．

この考え方の有名な例は「公開鍵暗号系」と呼ばれるものであり，たとえば，「数学と暗号学」[VII.7] の章や Goldreich（2004, chapter 5）で紹介されている RSA 暗号系である．RSA 暗号系の使用者（たとえばアリス）が，（暗号化された）メッセージを受けたかったとする．RSA 暗号では，彼女は二つの素数 P と Q の積 N を「公開鍵」として公開する．この N を使って誰もが文を暗号化してアリスに送ることができるが，その復号には P と Q を知らなければならない．したがって，もし素因数分解が計算困難であれば，たとえ P と Q が N から一意に定まるとしても，アリスのみが現実的な時間で復号できるのである．これが RSA 暗号系の概略であり，特徴である．

秘密を用いる問題の一般形として，k 人（以下ではプロトコルの「参加者」と呼ぶ）が共同して，ある関数 f の値を計算する問題を考えてみよう．各参加者には関数に与える入力列の一部分が与えられているが，関数値は（当然）全体の入力列に依存する．そこで，参加者は協力して関数値を求めたいのだが，その一方で，関数 f の値以外の情報，つまり，彼ら自身の持っている 2 進列についての情報は知らせたくない．そのような要請のもとでの関数値の計算問題である．たとえば，金持ち比べ問題では，参加者は 2 人であり，入力列の一部が彼らの資産を符号化した 2 進列である．彼らは互いの資産に関しての情報を与えることなく，1 ビットの値，すなわち，どちらが金持ちかを計算したいのである．この枠組みの厳密な定義は（6.3.2 項で紹介した）零知識証明の定義を拡張することにより与えられる．先に述べた一般定理の一例として，落とし戸全単射関数の存在を仮定すると「このような複数参加者による零知識型協調関数計算は実現可能」という事実も証明可能である．

最後に，悪い行いを防ぐ方法について考えよう．これまでのところ，（プロトコルの）他の参加者が余分な情報を得ないことを議論してきたが，参加者が悪さをすることは考えてこなかった．参加者の悪さを防ぐには，各参加者（たとえばボブ）が，自分の行いが「プロトコルの規定どおり」であることを示せばよい．しかし，ボブの秘密に関する情報を漏らさずに，それを行うことはできるだろうか？　答えは，零知識証明の応用で得られる．要するに，各参加者は，自分が通信する番になったとき，単に処理のための計算をするだけでなく，自分が規定どおりの計算を正しく行ったことを，他の参加者に向けて証明すればよい．数学の定理として見ると，これ自身はつまらない定理であるし，標準的な証明も明らかである（つまり，自分の秘密をすべて見せればよい）．しかし，6.3.2 項の零知識証明の議論で見たように，もし証明が存在するのであれば，その零知識版も比較的容易に構成することができる．したがって，「ボブが自分の計算が規定どおりであることを，彼の秘密をいっさい漏らさずに，他の参加者に向けて証明できる」ことが示せるのである．

8. 氷山の一角

本章で紹介した計算複雑さの理論は，この分野の氷山の一角である．これまでに概観した話題の中でさえも，紙面の制約から，多くの重要な考え方や結果を省いてしまっている．さらに，他の重要な話題や，より広い関連分野についてはまったく触れることができなかった．

$\mathcal{P}$ 対 $\mathcal{NP}$ 問題では，これまで行った他のほとんどの議論と同様，効率的な計算に対して，ある特定の目標しか考えてこなかった．たとえば，いつも（つまり，いかなる入力に対しても）厳密な解を出力する計算を主に考えてきた．しかしながら，実際にはもっと部分的であっても満足できる場合がある．たとえば，効率的な手続きで多くの割合の入力例に対して正しい解が出せればうれしい場合もあるだろう．これは，一様分布のもとでの平均時計算量の議論となる．それは，すべての入力例が同様に重要な場合に特に有効である．もちろん，たいていはそうではないと思われるが，逆に，すべての分布に対してうまく働くことを目標とすると，最悪時計算量の議論に逆戻りしてしまう．これら二つの極端な例の中間にあって，有用で重要な役目を果たすのが平均時計算複雑さの理論である（Goldreich（1997）を参照）．この理論は，「効率的にサンプリングできる」分布すべてに対して，高い確率で正解を出すアルゴリズムを扱っている．

もう一つの緩和は，近似解を求めるような目標設定である．これにはいろいろな方向がありうるし，実際，最適近似の意味は，計算の目的に応じて変わるだろう．探索問題に関して言えば，何らかの**距離** [III.56] を仮定し，正解に対してその距離のもとで十分近いものを近似解とする方法がある（これに関しては Hochbaum（1996）や「アルゴリズム設計の数理」[VII.5] を参照）．決定問題に関しては，与えられた入力例が（やはり適当な距離のもとで）Yes と判定される入力例に近いか否かを判定することが，妥当な目標と言える（Ron（2001）を参照）．そして 6.2 項で議論した近似数え上げも近似の一つである．

本章では，**計算時間**に絞って議論してきた．これはもちろん最も重要な計算量であるが，それが唯一の計算量というわけでもない．そのほかには，たとえば計算中に必要な「作業領域量」に基づくものがある（Sipser（1997）を参照）．また，どの計算がどの程度並列化できるかも重要な問題である．つまり，ある種の並列計算機のようにメモリを共有し，それにアクセスできる複数の演算装置からなる計算機を仮定したとき，どのように処理を分割でき，それによりいかに計算速度を改善できるかという問題である．この場合には「並列計算時間」が議論すべき計算量となるが，それと同時に，計算に使用する演算装置数も基本的な計算量になる（Karp and Ramachandran（1990）を参照）．

最後に，計算モデルについても，本章で触れなかったものがあることを指摘しておく．「分散計算」は，多くの計算装置に，入力全体の一部と見なせる局所的入力をそれぞれ与えて，計算を実行するモデルである．その研究の典型的なものには，これらの計算装置間の通信量を最小化する（当然，すべての入力を互いに交換し合うことを避けた上で）方法の探求などがある．ここでは，通信複雑さに対する計算量に加えて，非同期計算から来る問題も重要である（Attiya and Welch（1998）を参照）．こうした計算では通信計算量が主な計算量となるが，これは，2 変数（もしくは多変数）関数を（各変数の値を入力としてもらった個々の計算装置が）計算するときに必要となる通信量に基づいて定義される（Kushilevitz and Nisan（1996）を参照）．ただし，分散計算の研究では，入力の長さに比例する通信量は除外されない（というより，むしろ頻繁に現れてくる）．この計算量は，その成り立ちから「情報理論的」な側面があるが，本章で議論してきた計算複雑さの理論にも密接な関係がある．一方，計算問題として，ここで紹介したものとは異なるさまざまな計算問題が，「計算論的学習理論」（Kearns and Vazirani（1994）を参照）や「オンラインアルゴリズム」（Borodin and El-Yaniv（1998）を参照）といった分野で議論されている．最後に，**量子計算** [III.74] の分野では，量子力学を利用した計算の効率化の可能性が研究されている（Kitaev et al.（2002）を参照）．

9. 終わりに

計算複雑さの分野に関する解説としては超短縮版のこの章で，この魅力的な分野の概観，結果，未解決問題の数々を伝えられたならば幸いである．また，うまく説明し切れなかったかもしれないが，この分野の特徴として，さまざまな研究課題や無関係に見える問題同士が，実は密接に繋がっていることを指摘しておこう．そうした関係が，これまでに幾度となく驚くべき進展を導いてきたのである．

最後に，いくつか代表的な文献を紹介しておく．第 1 節から第 4 節の詳しい内容については，Garey and Johnson（1979）や Sipser（1997）のような標準的な教科書を参照されたい．5.1〜5.3 項については，項の順に Boppana and Sipser（1990），Strassen（1990），Beam–Pitassi（1998）が詳しい．第 6 節と第 7 節についての詳細は，Goldreich（1999）（また Goldreich（2001, 2004））を参照してほしい．

文献紹介

Attiya, H., and J. Welch. 1998. *Distributed Computing: Fundamentals, Simulations and Advanced Topics*. Columbus, OH: McGraw-Hill.

Beame, P., and T. Pitassi. 1998. Propositional proof complexity: past, present, and future. *Bulletin of the European Association for Theoretical Computer Science* 65:66–89.

Boppana, R., and M. Sipser. 1990. The complexity of finite functions. In *Handbook of Theoretical Computer Science*, volume A, *Algorithms and Complexity*, edited by J. van Leeuwen. Cambridge, MA: MIT Press/Elsevier.

Borodin, A., and R. El-Yaniv. 1998. *On-line Computation and Competitive Analysis*. Cambridge: Cambridge University Press.

Garey, M. R., and D. S. Johnson. 1979. *Computers and Intractability: A Guide to the Theory of NP-Completeness*. New York: W. H. Freeman.

Goldreich, O. 1997. Notes on Levin's theory of average-case complexity. *Electronic Colloquium on Computational Complexity*, TR97-058.

Goldreich, O. 1999. *Modern Cryptography, Probabilistic Proofs and Pseudorandomness*. Algorithms and Combinatorics Series, volume 17. New York: Springer.
【邦訳】O・ゴールドライヒ（岡本龍明，藤崎英一郎 訳）『現代暗号・確率的証明・擬似乱数』（シュプリンガー・フェアラーク東京，2001）

Goldreich, O. 2001. *Foundation of Cryptography*, volume 1: *Basic Tools*. Cambridge: Cambridge University Press.

Goldreich, O. 2004. *Foundation of Cryptography*, volume 2: *Basic Applications*. Cambridge: Cambridge University Press.

Goldreich, O. 2008. *Computational Complexity A Conceptual Perspective*. Cambridge: Cambridge University Press.

Hochbaum, D., ed. 1996. *Approximation Algorithms for NP-Hard Problems*. Boston, MA: PWS.

Karp, R. M., and V. Ramachandran. 1990. Parallel algorithms for shared-memory machines. In *Handbook of Theoretical Computer Science*, volume A, *Algorithms and Complexity*, edited by J. van Leeuwen. Cambridge, MA: MIT Press/Elsevier.

Kearns, M. J., and U. V. Vazirani. 1994. *An Introduction to Computational Learning Theory*. Cambridge, MA: MIT Press.

Kitaev, A., A. Shen, and M. Vyalyi. 2002. *Classical and Quantum Computation*. Providence, RI: American Mathematical Society.

Kushilevitz, E., and N. Nisan. 1996. *Communication Complexity*. Cambridge: Cambridge University Press.

Ron, D. 2001. Property testing (a tutorial). In *Handbook on Randomized Computing*, volume II. Dordrecht: Kluwer.

Shaltiel, R. 2002. Recent developments in explicit constructions of extractors. *Bulletin of the European Association for Theoretical Computer Science* 77:67–95.

Sipser, M. 1997. *Introduction to the Theory of Computation*. Boston, MA: PWS.
【邦訳】M. Sipser（太田和夫，田中圭介 監訳）『計算理論の基礎 原著第 2 版』（1～3）（共立出版，2008）

Strassen, V. 1990: Algebraic complexity theory. In *Handbook of Theoretical Computer Science*, volume A, *Algorithms and Complexity*, edited by J. van Leeuwen. Cambridge, MA: MIT Press/Elsevier.
【邦訳】Jan van Leeuwen 編（廣瀬健，野崎昭弘，小林孝次郎 監訳）『コンピュータ基礎理論ハンドブック』（1, 2）（丸善，1994）

IV.21

数値解析

Numerical Analysis

ロイド・N・トレフェセン［訳：石井仁司］

1. 数値計算の必要性

誰もが知るように，数学的な問題に対する数値的な答えを求めるとき，科学者や工学者はコンピュータと向き合う．それにもかかわらず，この過程に対しては広範な誤解がある．

数の持つ力は途方もないものがある．ガリレオなどの先達がすべては測定されなければならないという原則を作ったときに科学的な革命が歩みを始めたとよく言われている．数値による測定は数学的に表現される物理法則を導き，注目すべき発展の歴史とともに，精密な測定がより洗練された法則を導いていった．これらの成果は身のまわりの至るところに見られる．その結果として，技術の発展が生まれ，それがまたより精密な測定を導いている．数値に関わる数学なしに物理科学の進展あるいは重要な工業産品の発達がなし遂げられた時代は，ずっと過去のものである．

この物語の中で，コンピュータは確かに一つの役割を果たしている．ただし，その役割がどのようなものであるかという点では，誤解がある．多くの人が抱く思いは，科学者や数学者が公式を生み出し，その後これらの式に数値を挿入する段になって，計算機が必要な結果を機械的に生み出すというものである．現実はまったくこのようなものではなく，実際に行われていることは，**アルゴリズム**の実行というはるかに興味深いプロセスである．ほとんどの場合，計算機による処理は原理的にさえ公式でできるものではない．なぜなら，大部分の数学的な問題は，有限回の基本演算で解くことができないからである．その代わりとして，2 桁から 10 桁，あるいは 100 桁という精度を持った「近似」解に急速に収束する高速アルゴリズムによる処理が行われる．科学的あるいは工学的な応用においては，そのような解は厳密解に十分に代わりうるものである．

厳密解と近似解の間の関係の複雑さを例によって示そう．4 次多項式

$$p(z) = c_0 + c_1 z + c_2 z^2 + c_c z^3 + c_4 z^4$$

と，もう一つ，5 次多項式

$$q(z) = d_0 + d_1 z + d_2 z^2 + d_3 z^3 + d_4 z^4 + d_5 z^5$$

が与えられたとする．よく知られているように，p の根を表す根号を使った公式がある（フェラーリにより 1540 年頃に発見された）．しかし，q の根に対してはそのような公式はない（250 年以上あとになって，ルフィーニと**アーベル** [VI.33] により示された．より詳しくは「5 次方程式の非可解性」[V.21] を参照）．このように，ある種の哲学的な意味において，p の根を求めることと q の根を求めることは，まったく違ったものとなる．しかしながら，実際上はまったく違わない．科学者あるいは数学者が，このような多項式の一つについて根を知りたいときには，計算機に向かえば，1 ミリ秒のうちに 16 桁の精度で答えを求めることができる．このとき，コンピュータは根の公式を使っただろうか？　答えは，q の場合には間違いなく否である．p の場合にはどうだろうか？　使ったかもしれないし，使っていないかもしれない．多くの場合，コンピュータの使用者はそのことを知らないだろうし，知ろうともしないだろう．また，p の根の公式を記憶していて書き下せる数学者は，おそらく 100 人の中に 1 人もいない程度であろう．

p の根を求めるときのように，原理的には有限回の基本演算で解くことのできる例をさらに三つ挙げる．

(i) 線形方程式：n 個の未知数を持つ n 個の線形方程式の系（連立 1 次方程式）を解く．
(ii) 線形計画：m 個の線形制約条件に従う n 変数の線形関数を最小化する．
(iii) 巡回セールスマン問題：n 個の都市の間を巡る最短巡回コースを見つける．

q の根を求めるときのように，このような方法では一般的には解けない問題の例を五つ挙げる．

(iv) $n \times n$ 行列の**固有値** [I.3 (4.3 項)] を求める．
(v) 多変数の関数の最小値を求める．
(vi) 積分の値を求める．
(vii) 常微分方程式を解く．
(viii) 偏微分方程式を解く．

(i)〜(iii) のほうが (iv)〜(viii) よりも実際に簡単であると言えるだろうか？　そんなことは絶対にないと断言できる．問題 (iii) は，n が何百，何千となれば，普通は非常に厄介なものになる．問題 (vi) や (vii) は，積分が 1 次元のものであれば，通常はかなり容易である．問題 (i) と (iv) はほとんど同じ難しさである．n が小さく，100 程度までであれば簡単であり，n が 1,000,000 のように非常に大きくなると，とても困難になる．実際のところ，このような問題において原理原則はあまり役に立たず，n や m が大きいときには，厳密解のことは考えずに，（高速な）近似法に頼ることになる．

数値解析は，連続数学の問題を解くためのアルゴリズムを研究する．ここで，連続数学の問題とは，実変数あるいは複素変数が関わった問題のことである（この定義は，その離散的類似は除外するとして，実数変数を含む線形計画法や巡回セールスマン問題などの問題も含む）．本章の以下の部分においては，数値解析の主要な分野のいくつかと，これまでの成果，そして可能な将来への方向について概観する．

2. 歴史概観

歴史的に見てみると，卓越した数学者は科学的応用に関与し，多くの場合にそれが現在も使われる数値アルゴリズムの発見に繋がっている．**ガウス** [VI.26] は，毎度のことではあるが，傑出した例である．数多くの貢献の中でも，最小 2 乗法（1795），線形方程式系（1809），数値求積法（1814）を決定的に進展させたことと，さらに**高速フーリエ変換** [III.26]（1805）を発明したことが挙げられる．ただし，この最後の高速フーリエ変換に関しては，1965 年のクーリーとテューキーによる再発見までは広く知られることはなかった．

1900 年頃には，数値的側面が数学の研究活動の中

で目立たなくなり始めた．これは一般的な数学の成長と各分野の大いなる進歩による結果だった．そのために，技術的な理由から数学的厳密さが問題の核心となった．たとえば，20 世紀初頭の多くの進歩は，数学者が無限大について厳密に議論する力を新たに獲得したことから生み出された．ここでの主題は，数値計算からは比較的離れたものと言える．

1 世代が過ぎ，1940 年代に電子計算機が発明された．この瞬間から数値数学は急激な発展を始めたが，この時代にはそれは主に専門家の手によるものであった．『計算数学』(*Mathematics of Computation*, 1943) や『数値解析』(*Numerische Mathematik*, 1959) のような新しい論文誌が発刊された．革命はハードウェアによって引き起こされたが，同時に，ハードウェアとはまったく関係ない数学的すなわちアルゴリズム的な発展をもたらした．1950 年代からの半世紀で，計算機は 10^9 という倍率で計算速度を増した．同様に，いくつかの問題については，当時の最良のアルゴリズムも同程度に高速化され，両者の効果の組合せにより，ほとんど計り知れないスケールで計算速度が増した．

半世紀が経ち，数値解析は数学の最大の分野の一つに成長している．これは数十の数学雑誌，また科学から工学に至る幅広い応用に関わる雑誌に論文を掲載している何千もの研究者にとっての専門分野である．数十年に遡るこれらの人々の努力のおかげで，そして強力なコンピュータのおかげで，われわれは大部分の物理科学の古典的な数学的問題を数値的に高精度に計算できるところまで到達している．これを可能にしているほとんどのアルゴリズムは，1950 年以後に考案されている．

数値解析は強力な基盤の上に構築されている．それは**関数近似理論**という数学の専門分野である．この分野は，**ニュートン** [VI.14]，**フーリエ** [VI.25]，ガウスらにちなんだ補間，級数展開，**調和解析** [IV.11] といった古典的な問題を包含し，さらに，**チェビシェフ** [VI.45]，ベルンシュタインらにちなんだ多項式や有理式によるミニマックス近似といった半古典的な問題，スプライン，放射基底関数，**ウェーブレット** [VII.3] といった最近の主要な項目も包含している．これらの項目について議論する余裕はないが，数値解析のほとんどすべての分野において，遅かれ早かれ議論は関数近似理論に行き着くことになる．

3. 機械演算と丸め誤差

よく知られているように，計算機上では実数や複素数を正確に表すことはできない．たとえば，1/7 のような商の値を計算機上で求めれば，普通は厳密には正確でない結果が得られる――計算機が基数を 7 として設計されていれば，違ったことになるが．計算機上では，**浮動小数点演算**という方式で実数を近似している．それぞれの数値は，科学的表記法で表記されたものがデジタル等価なもので表される．したがって，オーバーフローやアンダーフローを起こさない限り，その大きさは問題にならない．浮動小数点演算は，1930 年代にベルリンでコンラート・ツーゼによって発明され，1950 年代の終わりにはコンピュータ業界における標準となった．

1980 年代までは，異なるコンピュータは大きく異なる演算特性を持っていた．その後何年もの論議を経て 1985 年に，2 進法の IEEE（米国電気電子学会）浮動小数点演算標準が採用された．これは略して **IEEE 演算**とも呼ばれる．その後，この標準は多くの種類のプロセッサでほとんど普遍的に使われるようになっている．IEEE（倍精度）形式の実数は，64 ビットのワードからなり，そのうち 53 ビットは 2 を底とする符号付き仮数，11 ビットは符号付き指数である．$2^{-53} \approx 1.1 \times 10^{-16}$ だから，IEEE 数は実数直線上の数を 16 桁の相対精度で表現する．$2^{\pm 2^{10}} \approx 10^{\pm 308}$ であることから，この形式では上限として 10^{308}，下限として 10^{-308} までの数に対応する．

もちろん，コンピュータは数値をただ表すだけではなく，足し算，引き算，掛け算，割り算，さらにこれらの基本演算の列として得られるもっと複雑な演算を実行する．浮動小数点演算では，それぞれの基本演算の計算結果は，次の意味でほとんど正確であると言える．すなわち，上記の四つの基本演算の一つを考え，“$*$” が本来のこの演算であり，“$\circledast$” がコンピュータで実現される同じ演算であるとすると，浮動小数点数 x と y に対して，アンダーフローとオーバーフローが起きないとすれば，

$$x \circledast y = (x * y)(1 + \varepsilon)$$

が成り立つ．ここで，ε は非常に小さい値であって，絶対値で**計算機イプシロン**として知られる値を超えない．計算機イプシロンは $\varepsilon_{\text{mach}}$ と表記され，計算機の精度を測るものである．IEEE のシステムでは，

$\varepsilon_{\mathrm{mach}} = 2^{-53} \approx 1.1 \times 10^{-16}$ となる.

こうして，計算機上では，たとえば区間 [1, 2] は，およそ 10^{16} の個の数で近似できる．この離散化と物理学における離散化の細かさを比較することは興味深い．一握りの固体，手のひら一杯の液体，あるいは風船一杯に詰まった気体などでは，この中に入った線分の端から端までにある原子あるいは分子の個数は 10^8（これはアボガドロ数の立方根である）のオーダーである．このような系は，密度，圧力，応力，歪力，温度といった物理量の定義を正当化するのに十分なほどに，連続体のように振る舞う．しかし，コンピュータ演算ではこの百万倍以上細かいものが扱える．物理学とのもう一つの比較として，引力定数 G のような基本定数の測定精度との比較がある．測定精度は，引力定数 G に関しては（おおよそ）4 桁であり，プランク定数 $\hbar$ と電気素量 e に関しては 7 桁，ボーアマグネトンに対する電子の磁気モーメントの比 $\mu_{\mathrm{e}}/\mu_{\mathrm{B}}$ に関しては 12 桁である．現在のところ，物理学において 12 桁あるいは 13 桁を超える精度で知られているものはほとんど何もない．このように，IEEE 演算では，科学に現れるいかなる数よりももっと大きいオーダーの精度が実現されている（もちろん，π のような純粋に数学的な量は別問題である）．

この二つの点から，浮動小数点演算は物理学よりも，ずっと理想に近いところにいる．それにもかかわらず，不思議なことに，物理学の法則よりも浮動小数点演算のほうが不快で危険な妥協の産物であると広範に見なされている．数値解析の専門家は，この認識について部分的に責任がある．1950 年代と 1960 年代にこの分野の創始者は，誤差のある演算が正しい「はず」の結果に大きな誤差を生み出す危険をはらんでいることを発見した．この問題の原因は，**数値的不安定性**である．すなわち，微視的スケールの丸め誤差が巨視的スケールのものへと増幅されることである．**フォン・ノイマン** [VI.91]，ウィルキンソン，フォーサイス，ヘンリチを含む数値解析の専門家は，機械演算に対する不注意な依存による危険性を周知しようと大いに尽力した．この危険性は本当のものであるが，このメッセージがあまりにも成功裏に伝えられた結果，数値解析の主な仕事は丸め誤差に対処することであるという印象を，広範に広めてしまった．実際の数値解析の主な役割は，高速に収束するアルゴリズムの設計である．丸め誤差解析は，しばしば論議の一部とはなっても，めったに中心的問題とはならない．仮に，丸め誤差の問題が消えたとしても，数値解析の研究対象の 90 %は残るはずである．

4. 数値線形代数

線形代数は，1950 年代から 1960 年代にかけて学部での数学カリキュラムの標準的な科目となり，それ以来その地位を保っている．その理由はいくつかあるが，根底にあるものの一つは，線形代数の重要性がコンピュータの到来により爆発的に増加したという事実であると考えられる．

この教科の出発点は，**ガウスの消去法**[*1)] である．これは n 個の未知数を持つ n 個の線形方程式を解く方法であり，このために必要となる算術演算の回数は n^3 のオーダーである．同じことであるが，それは $Ax = b$ の形の方程式の解法を与える．ここで，A は $n \times n$ の行列であり，x と b は n 次元列ベクトルである．世界中のどの計算機上でも，線形方程式系を解くときには，ほとんどいつでもガウスの消去法が関わることになる．たとえ，n が 1000 といった大規模なものであっても，標準的な 2008 年型のデスクトップマシンにおいて，計算に必要な時間は 1 秒を超えることはない．消去法の考えは，約 2000 年前に中国の学者によって最初に発見された．その後これに貢献した研究者として，**ラグランジュ** [VI.22]，ガウス，**ヤコビ** [VI.35] が挙げられる．しかし，このようなアルゴリズムの現代的な記述法は，1930 年代後半までに導入されたものと見られる．A の第 1 行の α 倍を第 2 行から引き算するとしよう．この操作は，A に左から，単位行列の $(2,1)$ 成分を $m_{21} = -\alpha$ に置き換えた下三角行列 M_1 を掛けることと同じである．行に関する同様の操作を繰り返すことは，さらに下三角行列 M_j を左から掛けることに対応する．もし，この操作の k 段目で A が上三角行列 U に変形されたならば，$M = M_k \cdots M_2 M_1$ とおくと，$MA = U$ となる．さらに，$L = M^{-1}$ とおけば，

$$A = LU$$

が成り立つ．ここで，L は単位下三角行列である．すなわち，L は対角成分がすべて 1 であるような下

---

*1) ［訳注］掃き出し法ともいう．

三角行列である．行列 U は目標とする構造を表し，L はこの目標を達成するまでに行われた操作を記録するので，ガウスの消去法は**下三角行列・上三角行列化**の過程である．

多くの他の数値線形代数のアルゴリズムも，行列を特定の性質を持ついくつかの行列の積に書き表すことに基づく．生物学の言葉を借りれば，この分野は次のセントラルドグマを持つと言える．

$$\text{アルゴリズム} \longleftrightarrow \text{行列の因子分解}$$

この枠組みにおいて，必要とされる次のアルゴリズムを簡単に記述することができる．まず，すべての行列は LU 分解を持つわけではない．2×2 行列による反例は

$$A = \begin{pmatrix} 0 & 1 \\ 1 & 0 \end{pmatrix}$$

である．コンピュータが使われるようになるとすぐに，LU 分解を持つような行列に対しても，ガウスの消去法そのものでは不安定であるとわかってきた．すなわち，丸め誤差が大きく増幅されることがある．安定性は，消去の過程で大きな値を持つ成分が対角上に来るように行を入れ替えることにより実現できる．これは**ピボット選択**として知られる操作である．ピボット選択は行に働く操作であるから，これはまた，行列 A に左から別の行列を掛けることに対応する．ピボット選択を付加したガウスの消去法に対応する行列の因子分解は

$$PA = LU$$

となる．ここで U は上三角行列であり，L は単位下三角行列であり，P は行を置換する置換行列である．k 番目の消去の操作を行う前に，k 列の対角以下の成分の中で（絶対値が）一番大きいものが (k,k) の位置に来るように置換を行うことにすれば，L はすべての i と j に対して $|\ell_{ij}| \le 1$ が成り立つという性質も持つことになる．

ピボット演算の発見までに時間はかからなかったが，理論的な解析は驚くほど困難であった．実際上は，ピボット選択によりガウスの消去法はほとんど完璧に安定であり，線形方程式系を解く必要があるほとんどすべてのコンピュータプログラムで，定型の手法としてこの方法が使われている．しかしながら，ある種の例外的な行列に対しては，たとえピボット選択を備えたガウスの消去法であっても不安定なものがあることが，1960 年頃にウィルキンソンらによって認識された．この食い違いに対する説明の欠如は，数値解析の中心にある課題であり，困惑を与えるものである．実験が示唆するところでは，ガウスの消去法が丸め誤差を $\rho n^{1/2}$ の比率で増幅するような行列の行列全体の中での（たとえば，正規分布する独立な要素を持つランダム行列における）割合は，ある意味で $\rho \to \infty$ としたときに ρ の関数として指数的に小さい．ここで，n は次元である*2)．しかし，このような効果に関する定理はこれまで得られていない．

一方，1950 年代末に始まった数値線形代数は，もう一つの方向に発展した．**直交行列** [III.50 (3 節)] あるいは**ユニタリ行列** [III.50 (3 節)] に基づいたアルゴリズムの利用である．ここで，直交行列とは，実行列 Q で $Q^{-1} = Q^{\mathrm{T}}$ を満たすものであり，ユニタリ行列とは，複素行列 Q で $Q^{-1} = Q^*$ を満たすものである．ただし，Q^* は Q の共役転置を表す．このような発展の発端は **QR 分解**の考えであった．行列 A が $m \times n$ 行列であり，$m \ge n$ であるとき，A の QR 分解とは

$$A = QR$$

の形の積に分解することであり，ここで，Q は直交する列ベクトルからなり，R は上三角行列である．この公式は，よく知られた**グラム–シュミットの直交化法**の行列表示と見ることができる．この方法では Q の列ベクトル $q_1, q_2, \ldots$ は逐次決められる．このような列に対する操作は，基本上三角行列を A に右から掛けることに対応する．グラム–シュミットのアルゴリズムは，Q を目標とし結果的に R を得るものと考えることができ，したがって，**三角行列化**の過程の一つでもある．1958 年にハウスホルダーが，多くの目的に対して**直交三角分解**の双対的手法のほうがより効果的に使えることを示したことは，きわめて大きな出来事であった．この方法では，$\mathbb{R}^m$ のある超平面に関する鏡映変換を表す基本的な行列の掛け算の繰り返しにより，直交変換で A を上三角行列に変形する．ここでは R を目標とし，副次的に Q を得ることになる．ハウスホルダー法は数値的により安定的であることがわかっている．その理由は，直交変換はノルムを保存し，したがって各ステップで生じる丸め誤差を増幅しないからである．

---

*2) ［訳注］ここでは行列の次数を表している．

1960 年代に，QR 分解から線形代数のアルゴリズムの豊富なコレクションが一気に生み出された．QR 分解は最小 2 乗法の問題を解くため，直交基底を作るためにも使うことができるが，より著しいものは，他のいろいろなアルゴリズムの一つのステップとしての利用である．特に，数値線形代数の中心的問題の一つとして，正方行列 A の固有値と固有ベクトルを求める問題がある．もし行列 A が固有ベクトルの完全系を持つならば，行列 X をこれらの固有ベクトルを列に持つものとし，行列 D を対応する固有値を対角成分とした対角行列とするとき，

$$AX = XD$$

が成り立つ．X は正則行列だから，

$$A = XDX^{-1}$$

となり，これは**固有値分解**である．特別な場合として，A が**エルミート行列** [III.50 (3 節)] のときには，固有ベクトルの正規直交基底が必ずあり，それによって

$$A = QDQ^*$$

となる．ここで，Q はユニタリ行列である．これらの因子分解のための標準的なアルゴリズムは，1960 年代の初期にフランシス，クブラノフスカヤ，ウィルキンソンによって開発された．**QR アルゴリズム**である．5 次以上の多項式は根の公式を持たないので，固有値を公式を使って計算するわけにはいかない．したがって，QR 法は必然的に反復法の性格を持つことになり，QR 分解の列，原理的にはその無限列を考えることになる．それにもかかわらず，その収束は驚くほど速い．対称行列の場合には，行列 A が典型的なものであれば，QR アルゴリズムは「3 次」の収束をする．すなわち，ステップを踏むごとに，固有値と固有ベクトルの組については正確な数値の桁数は約 3 倍に増える．

QR アルゴリズムは数値解析における偉大な成果の一つであり，幅広く利用されたソフトウェア製品を通しての QR アルゴリズムの影響は計り知れない．それに基づいたアルゴリズムと解析が，1960 年代のアルゴルおよびフォートランにおけるコンピュータコードへと導き，後にソフトウェアライブラリ EISPACK（Eigensystem Package）とその後継である LAPACK へと導いた．それと同じ方法が，汎用数値計算ライブラリである NAG，IMSL，Numerical Recipes などのライブラリに使われ，また，MATLAB，Maple，Mathematica のような問題解法の環境にも使われた．これらの開発が非常にうまくいったので，ずっと以前から，行列の固有値の計算は，その詳細を知るのは少数の専門家だけで，ほとんどすべての科学者にとっては「ブラックボックス」が行う計算となっている．関連するおもしろい話は，線形方程式系を解くための EISPACK の親戚機種である LINPACK が，意外な役割を引き受けたことである．LINPACK はコンピュータの演算速度をテストするための基本的ベンチマークの一つになり，ついには，すべてのコンピュータ製造業者がこれを使うことになった．1993 年以来，年に 2 回更新される TOP500 リストに，あるスーパーコンピュータが掲載されるためには，次元が 100 から何百万にも及ぶ行列問題 $Ax = b$ を解く優れた能力を証明しなければならない．

固有値分解はすべての数学者によく知られているが，数値線形代数の発展は，その新たな同類を舞台に登場させた．それは**特異値分解**（SVD）である．SVD は 19 世紀末にベルトラミ，**ジョルダン** [VI.52]，**シルヴェスター** [VI.42] によって発見され，1965 年頃からゴラブら，数値解析の専門家のおかげでよく知られるようになった．A が $m \times n$ 行列であり，$m \geq n$ であれば，A の SVD は

$$A = U\Sigma V^*$$

の形の因子分解である．ここで，U は列ベクトルが正規直交系をなす $m \times n$ 行列であり，V は $n \times n$ のユニタリ行列である．Σ は対角行列であり，その対角成分は $\sigma_1 \geq \sigma_2 \geq \cdots \geq \sigma_n \geq 0$ であるとする．SVD は AA^* と A^*A に対する固有値問題に関連付けることによって計算できるが，これは数値的に不安定であることがわかる．より良いアプローチは A の 2 乗を計算しない QR アルゴリズムの変形を使うことである．SVD を計算するのは，**ノルム** [III.62] $\|A\| = \sigma_1$（これは「2 ノルム」である．これについては「ヒルベルト空間」[III.37] を参照[*3)]），あるいは，A が非特異正方行列であるときには A の逆行列のノルム $\|A^{-1}\| = 1/\sigma_n$，さらに**条件数**として知られたこれらの積

$$\kappa(A) = \|A\|\|A^{-1}\| = \frac{\sigma_1}{\sigma_n}$$

*3) ［訳注］むしろ，「線形作用素とその性質」[III.50 (2 節)] あるいは「作用素環」[IV.15 (3 節)] を参照されたい．

などを決定する標準的な手段である．これは，ランク不足の場合の最小2乗法，値域と核（零空間）の計算，階数の決定，全最小2乗法，低階数近似，二つの部分空間のなす角度の決定など，非常に多種多様な数値計算の問題における一つのステップでもある．

上の論議はすべて，1950年から1975年の間に生まれた「古典的」数値線形代数に関するものである．それに続く四半世紀は，まったく新しいツール一式をもたらした．それは，大規模問題に対する**クリロフ部分空間反復法**に基づいた方法である．この反復法のアイデアは，次のようなものである．$n \gg 1000$ といった大きい次元を持つ行列に関係する線形代数の問題が与えられたとする．その解は，$x \in \mathbb{R}^n$ のベクトルであって，変分問題 $(1/2)x^{\mathrm{T}}Ax - x^{\mathrm{T}}b$ を最小化する（A が正定値対称行列であれば，$Ax = b$ を解くことになる），あるいは $(x^{\mathrm{T}}Ax)/(x^{\mathrm{T}}x)$ の停留点である（A が対称行列であれば，固有値問題 $Ax = \lambda x$ を解くことになる）ものとして特徴付けられるとする．今もし K_k が $\mathbb{R}^n$ の k 次元部分空間であって，$k \ll n$ ならば，この部分空間で同じ変分問題をずっと速く解くことが可能かもしれない．K_k の魔法のような選び方は，q を初期ベクトルとするとき

$$K_k(A,q) = \mathrm{span}(q, Aq, \ldots, A^{k-1}q)$$

である．関数近似理論との魅惑的な関連を持った理由により，もし A の固有値が好都合に分布しているならば，この部分空間における解は，k の増加に伴ってしばしば非常に急速に，$\mathbb{R}^n$ における厳密解に収束する．たとえば，10^5 個の未知数を持つ行列問題を10桁の精度でたった数百の反復回数で解くことが頻繁に可能である．古典的なアルゴリズムと比べて何千倍というレベルの高速化である．

クリロフ部分空間反復法は，共役勾配法と1952年に出版されたランチョス反復法に源を発するものであるが，当初はコンピュータの能力が十分でなかったため，この方法が有利になるような大規模な問題は扱えなかった．しかし，1970年代になると，リードとペイジ，および特に**前処理**の考えを有名にしたファン・デル・フォルストとメイエリンクの業績により急速に広まっていった．系 $Ax = b$ の前処理にあたり，この系はある非特異行列 M を使って，これと数学的に同値な系

$$MAx = Mb$$

に置き換えられる．M をうまく選んでおけば，MA が関係した新しい問題では，固有値が都合良く分布し，クリロフ部分空間反復法は急速に収束することになる．

1970年代以後，前処理付き行列反復法がコンピュータ科学の不可欠なツールになった．その卓越性の一つの裏付けとしては，2001年にトムソンISIから発表された次の報告に注目するとよいだろう．すなわち，1990年代にすべての数学関係の論文の中で最も引用が多かったものは，共役勾配法の非対称行列に対する一般化であるBi-CGStabを導入した，1989年のファン・デル・フォルストによる論文である．

最後に，数値解析における最大の未解決問題について触れなければならない．$\alpha > 2$ であれば，$n \times n$ 行列 A の逆行列は，$O(n^{\alpha})$ 回の演算で必ず計算できるかという問題である（連立系 $Ax = b$ を解く問題と行列の積 $A^{-1}b$ を計算することとは同値である）．ガウスの消去法では $\alpha = 3$ である．1990年にカッパースミスとウィノグラードによって発表された（実用的ではない）再帰的アルゴリズムによると，この指数は2.376まで下がる．「高速逆行列計算」がいずれ可能になるであろうか？

5.　微分方程式の数値解

線形代数学への注目が集まるずっと以前に，数学者は解析学の問題を解くための数々の方法を開発していた．数値積分あるいは**求積法**の問題は，ガウスと**ニュートン** [VI.14] に遡り，さらに**アルキメデス** [VI.3] にさえ遡るものである．古典的求積法の公式は，$n+1$ 個の点におけるデータを n 次多項式により補間して，この多項式を正確に積分するという考えから得られる．補間点を等間隔に配置するものが**ニュートン–コーツの公式**である．これは次数が小さいときには役に立つが，$n \to \infty$ とすると，2^n のオーダーで発散する．これは**ルンゲ現象**と呼ばれるものである．最適化する補間点をとったものが**ガウスの求積法**であり，この方法は収束が速く，しかも数値的に安定である．この最適補間点はルジャンドル多項式の根であり，端点の近くに集積する（「特殊関数」[III.85] に証明の概略がある）．多くの目的に対して**クレンショウ–カーチスの求積法**も同じように有効である．この場合には，補間点は $\cos(j\pi/n)$, $0 \le j \le n$ となる．この方法も安定であり収束が速い．ガウスの求積法とは異なり，高速フーリエ変換を使えば，$O(n \log n)$

のオーダーの演算回数で実行できる．なぜ集積するような補間点が効果的な求積法に必要になるかという説明には，ポテンシャル論が関わってくる．

1850 年頃，もう一つの解析学の問題が注目を集め始めた．常微分方程式の解法である．**アダムス法**は等間隔に配置された補間点を用いた多項式補間によるものであるが，実際上は，典型的なものでは補間点の個数は 10 を超えなかった．これは，常微分方程式に対する**多段法**と今日呼ばれる方法の最初のものであった．ここでの考え方は，独立変数 $t > 0$ を持つ初期値問題 $u' = f(t, u)$ に対して，小さな時間幅 $\Delta t > 0$ を選んで，時刻の有限列

$$t_n = n\Delta t, \quad n \geq 0$$

を考え，この常微分方程式を代数的に近似したものに置き換えて，近似値

$$v^n \approx u(t_n), \quad n \geq 0$$

を順次計算するというものである（上式の上付き文字はベキ乗を表すものではなく，単なる添字である）．このような近似公式の最も簡単なものは

$$v^{n+1} = v^n + \Delta t f(t_n, v^n)$$

である．これは**オイラー** [VI.19] まで遡るものであり，簡易記法 $f^n = f(t_n, v^n)$ を用いれば

$$v^{n+1} = v^n + \Delta t f^n$$

と表すこともできる．常微分方程式自身も，その数値近似式も，ともに一つの方程式であるか，あるいはいくつかの方程式から構成される．後者の場合には $u(t)$ と v^n はある次元を持ったベクトルとなる．アダムス法はずっと能率的に正確な解を生み出すことのできる，オイラー法を高精度化した一般化である．たとえば，4 次のアダムス–バッシュフォース法は

$$v^{n+1} = v^n + \frac{1}{24}\Delta t(55f^n - 59f^{n-1} + 37f^{n-2} - 9f^{n-3})$$

で与えられる．ここに現れた「4 次」という用語は，数値的取り扱いにおける解析の問題の新しい要素，すなわち，$\Delta t \to 0$ とするときの収束の問題の出現を反映している．上記の公式が 4 次であるとは，通常 $O((\Delta t)^4)$ のオーダーで収束するという意味である．実際には，3〜6 の範囲の次数が最もよく使われ，あらゆる種類の計算に対して十分に優れた（通常は 3〜10 桁の）精度が得られる．より高い精度が必要なときには，さらに高次の公式も使われる．

最も残念なことは，数値解析の文献における習慣として，これらの素晴らしく効率的な方法の**収束性**について議論せずに，丸め誤差とは異るものとして，それらの誤差，もっと正確にはそれらの**離散化誤差**あるいは**打ち切り誤差**について議論されていることである．誤差解析に遍在するこの言い回しは暗く響くものであるが，根絶は難しそうである．

20 世紀の変わり目に，**ルンゲ–クッタ法**あるいは **1 段法**として知られる，常微分方程式に対する第 2 の素晴らしい数値アルゴリズムのクラスが，ルンゲ，ホイン，クッタによって開発された．たとえば，以下に示すのは有名な 4 次のルンゲ–クッタ法の公式である．これは時刻 t_n のステップから次の時刻 t_{n+1} のステップへと進めるものであるが，そのために f の値を 4 回算出する．

$$\begin{aligned}
a &= \Delta t f(t_n, v^n)\\
b &= \Delta t f\left(t_n + \frac{1}{2}\Delta t, v^n + \frac{1}{2}a\right)\\
c &= \Delta t f\left(t_n + \frac{1}{2}\Delta t, v^n + \frac{1}{2}b\right)\\
d &= \Delta t f(t_n + \Delta t, v^n + c)\\
v^{n+1} &= v^n + \frac{1}{6}(a + 2b + 2c + d)
\end{aligned}$$

ルンゲ–クッタ法は多段法より実装しやすい一方で，解析が難しいという側面がある．たとえば，どのような s に対しても，精度 $p = s$ を持つ s 段のアダムス–バッシュフォース法の係数を求めることは些細なことである．それとは対照的に，ルンゲ–クッタ法のために，「回数」（すなわち，1 ステップごとの関数値の算出回数）と達成可能な精度の次数の間の単純な関係はない．$s = 1, 2, 3, 4$ を持つ古典的な方法は，すでに 1901 年にクッタには知られていた．それらの精度は次数 $p = s$ を持っている．しかし，回数 $s = 6$ が次数 $p = 5$ の精度を達成するために必要であることは，1963 年になって初めて証明された．このような問題の解析には，グラフ理論や他の分野からの美しい数学が関わっており，この分野の 1960 年代以降の重要人物はジョン・ブッチャーであった．次数 $p = 6, 7, 8$ を得るために必要な最少の回数は $s = 7, 9, 11$ であるが，$p > 8$ のために必要となる正確な最少回数は知られていない．幸いなことに，実用的な意味では，このように高い次数のものはめったに必要とされない．

計算機が第 2 次世界大戦後に微分方程式を解くた

めに使われ始めたとき，実用上きわめて重要な現象が現れた．それは，またしても**数値的不安定性**である．前と同じように，この言葉は計算の過程で局所的な誤差が限りなく増幅することを意味するわけであるが，しかし，今度の場合，局所的なエラーで最も影響力のあるものは，丸め誤差よりむしろ離散化によるものである．不安定性は典型的には計算ステップが増えるにつれて，得られる数値解において指数的に発散する振動性の誤差として表れる．この現象に関心を持った１人の数学者がイェルムンド・ダールクヴィストであった．ダールクヴィストは，この現象を徹底的かつ一般的に解析できることを理解した．一部の人々は，彼の 1956 年の論文の出現を，現代の数値解析の誕生を祝う記念碑的出来事の一つと見なしている．この画期的な論文は，**数値解析の基本定理**と呼ぶにふさわしい次の命題を導入した．

$$\text{適合性} + \text{安定性} = \text{収束性}$$

この理論は，おおむね次に述べるような，これら三つの概念の正確な定義に基づいている．**適合性**とは，離散化された公式が局所的に正の精度を持ち，したがって，与えられた常微分方程式を近似するという性質を意味する．**安定性**とは，一つの時間ステップで生じた誤差が後々のステップで限りなく増えることはないという性質である．**収束性**とは，丸め誤差がないという仮定のもとで，$\Delta t \to 0$ のときに数値解が正しい結果に収束するという性質である．ダールクヴィストの論文以前にも，実務家は，もし数値解法が不安定でなかったなら，それがたぶん正しい答えに導く良い近似を与えるであろうことを知っていたという意味で，安定性と収束の同等性が成り立つ気配を感じていた．彼の理論は，この考えを数値解法の広範なクラスに対して厳密な形に定式化した．

常微分方程式のコンピュータ解法が開発されていたとき，はるかに大きい偏微分方程式の分野に対しても，同じことが起きていた．偏微分方程式を解くための離散的数値解法は，すでに 1910 年頃にストレス解析と気象学への応用のためにリチャードソンによって発明され，さらにサウスウェルによって改良されていた．1928 年には，**クーラント** [VI.83]，フリードリックス，レヴィによる有限差分法に関する理論的な論文も発表された．ただし，クーラント–フリードリックス–レヴィのこの成果は，後に有名になったとはいえ，コンピュータが現れる以前にはその影響は知れていた．コンピュータの出現の後，この分野は急速に発展した．その初期のころには，ロスアラモス研究所のフォン・ノイマンのまわりの研究者のグループは，若きピーター・ラックスを含めて，特に影響力を持っていた．

フォン・ノイマンらは常微分方程式と同じように，偏微分方程式に対しても，いくつかの数値解法がとんでもない不安定性に見舞われることを見出した．たとえば，波動方程式 $u_t = u_x$ を数値的に解くために，空間ステップと時間ステップとして Δx と Δt を選び，空間と時間についての正則格子

$$x_j = j\Delta x, \quad t_n = n\Delta t, \quad j, n \geq 0$$

を考え，偏微分方程式を近似解

$$v_j^n \approx u(t_n, x_j), \quad j, n \geq 0$$

に対する代数的な公式により置き換える．このためのよく知られた離散スキームは，**ラックス–ヴェンドルフ法**

$$v_j^{n+1} = v_j^n + \frac{1}{2}\lambda(v_{j+1}^n - v_{j-1}^n) + \frac{1}{2}\lambda^2(v_{j+1}^n - 2v_j^n + v_{j-1}^n)$$

である．ただし，$\lambda = \Delta t / \Delta x$ である．これは，1 次元の非線形双曲型保存則に対するものに一般化できる．$u_t = u_x$ に対しては，λ が 1 以下の値に固定され，$\Delta x, \Delta t \to 0$ となると，(丸め誤差を無視すれば) このスキームは真の解への収束を与える．一方，λ が 1 より大きいと，このスキームは発散する．フォン・ノイマンらは，このような不安定性の存在と非存在が，少なくとも線形定数係数の問題に対しては，x に関する離散**フーリエ変換** [III.27] を使って調べられることに気づいた．いわゆる「フォン・ノイマンの安定性解析」である．もし離散スキームが不安定でなかったなら，この方法が実際にうまくいくことは経験的にわかっていた．この認識に厳密さを与える理論が，まもなく登場した．ラックスとリヒトマイヤーにより 1956 年に出版された，**ラックスの同等定理**である．出版はダールクヴィストの論文とまさに同じ年であるが，多くの詳細は互いに異なる．ラックスの同等定理は線形方程式に制限される一方で，ダールクヴィストの常微分方程式に対する理論は，非線形方程式にも適用される．しかし，広い意味では，この新しい結果も，収束性を適合性と安定性に結び付けるという意味で同じ形式から導かれて

いる．数学の観点では，鍵となる考え方は一様有界性の原理であった．

フォン・ノイマンの没後半世紀に，ラックス–ヴェンドルフのスキームと，それと同類のスキームは，**数値流体力学**として知られる圧倒的な勢いを持つ分野として成長した．1 次元の線形方程式と非線形方程式に対する初期の取り扱いは，やがて 2 次元における問題へと移り，さらには 3 次元の問題へと移っていった．3 方向の各方向に何百も格子点のある計算格子上に，何百万という変数を持つような問題を解くことは，今日では日常茶飯事である．方程式は線形であることも，非線形であることもある．格子のとり方は一様であることも，非一様であることもあり，境界層の取り扱いのため，あるいは急速に変化する特徴を捉えるために順応型のものであったりもする．このような応用は至るところにある．数値的方法は，初期の段階では風圧板の型を，その後，翼全体の型を，そしてさらに航空機全体の型を作るために使われた．技術者は今でも風洞を使っているが，数値的方法により大きい信頼を置いている．

こうした成功の多くは，工学と数学における多様なルーツから 1960 年代に出現した偏微分方程式を解くための，もう一つの数値技術によって促進された．それは有限要素法である．微分作用素を差分商で近似する代わりに，有限要素法では解自身を単純な部分からなる関数 f によって近似する．たとえば，f の定義域を三角形あるいは四面体のような基本的な集合に分割し，f のそこへの制限は次数の低い多項式であることを要請する．偏微分方程式を変分形式で捉え，これを対応した有限次元の部分空間の中で解いて数値解を求める．多くの場合，数値解がこの部分空間の中での最適解であることが保証される．有限要素法に対しては関数解析からの道具が利用でき，その結果として，有限要素法は非常に完成度の高いものになっている．この方法は，複雑な幾何を持つものの取り扱いに柔軟に対応できることで知られており，特に構造力学や土木工学への応用では完全に主流となっている．これまでに出版された有限要素法についての本と論文の数は，10,000 を超えている．

現在の巨大で成熟した偏微分方程式の数値解法の分野において，リチャードソン，クーラント，フリードリックス，レヴィといった先達を最も驚かせる最先端の側面は，どのようなものだろうか？ それは，線形代数のエキゾチックアルゴリズムに対する普遍的依存ではないかと想像される．3 次元の偏微分方程式に対する大型の問題を解くには，何百万もの方程式の系を各時間ステップごとに解く必要がある．これは GMRES 反復法によって実現できる．この方法では，多段格子を用いた前処理に依存した Bi-CGStab 反復法による差分前処理を利用する．このような手法を積み重ねて利用することは，初期のコンピュータの先駆者たちには決して想像できなかっただろう．このようなことの必要性は，数値的不安定性に究極的にはたどり着く．なぜなら，クランクとニコルソンが 1947 年に最初に注意したように，不安定性と戦うための決定的な道具は，求めたい時間ステップ t_{n+1} における数値解の値を，前の時間ステップにおける数値解の値だけから計算するのではなく，時間ステップ t_{n+1} と前のステップにおける数値解の値の両方を含む公式を用いて計算する**陰的解法**である．

以下に，偏微分方程式の数値解法に対して今日の科学と工学が強い信頼を置いているいくつかの例を挙げる．化学（**シュレーディンガー方程式** [III.83]），構造力学（弾性体の方程式），天気予報（地衡流方程式），タービン設計（**ナヴィエ–ストークス方程式** [III.23]），音響学（ヘルムホルツ方程式），情報通信（**マックスウェル方程式** [IV.13 (1.1 項)]），宇宙論（アインシュタイン方程式），石油探査（マイグレーション方程式），地下水浄化（ダルシーの法則），集積回路の設計（移流拡散方程式系），津波モデル（浅水波方程式），光ファイバー（**非線形波動方程式** [III.49]），画像補正（ペローナ–マリク方程式），冶金学（カーン–ヒリアード方程式），金融オプションの価格付け（**ブラック–ショールズ方程式** [VII.9 (2 節)]）．

6. 数 値 最 適 化

数値解析の 3 番目の大きな分野は最適化である．すなわち，多変数の関数の最適化と，それと密接に関連した非線形方程式系を解く問題である．最適化の発展は，オペレーションズリサーチと経済学に緊密な繋がりを持った学者の集団によって推進されていたが，数値解析の他の分野の発展からはいくぶん孤立していた．

微分積分学の授業をとる学生は，滑らかな関数がある点で極値をとるならば，それは導関数が 0 になる点か境界点であることを学ぶ．同じ二つの可能性が，最適化の分野の二つの大きな撚り糸を特徴付ける．一方の端には，多変数解析学に関連した方法により，制約条件のない非線形関数の最小値と内部における零点を見出す問題がある．もう一方の端には，線形計画法がある．ここでは，最小化を考える関数は線形関数であり，理解しやすい．問題はすべて境界制約*4)ということになる．

制約のない非線形最適化は，古典的な課題である．ニュートンは，今日ではテイラー級数と呼ばれるものの最初の二つか三つの項を使って関数を近似する考え方を導入した．実際のところ，アーノルドはテイラー級数こそ「ニュートンの主要な数学的発見」であると主張している．実変数 x の関数 F の零点 x_* を求めるための**ニュートン法**は，誰もが知るところである．すなわち，第 k ステップでは，近似値 $x^{(k)} \approx x_*$ が与えられ，微分係数 $F'(x^{(k)})$ を使って線形近似を考え，それからもっと良い近似値 $x^{(k+1)}$ を次の式で定める．

$$x^{(k+1)} = x^{(k)} - \frac{F(x^{(k)})}{F'(x^{(k)})}$$

ニュートン（1669）とラフソン（1690）はこの考え方を多項式に応用し，シンプソン（1740）はそれ以外の関数の場合や，二つの方程式の連立系の場合に一般化した．今日の言葉で言えば，n 個の未知数を持つ n 個の方程式の連立系に対して，F を n ベクトルと見なすとき，その $x^{(k)} \in \mathbb{R}^n$ における導関数は成分を

$$J_{ij}(x^{(k)}) = \frac{\partial F_i}{\partial x_j}(x^{(k)}), \quad 1 \leq i, j \leq n$$

とする $n \times n$ のヤコビ行列であり，この行列が $x \approx x^{(k)}$ において正確な $F(x)$ の線形近似であって，ニュートン法は行列表示で

$$x^{(k+1)} = x^{(k)} - (J(x^{(k)}))^{-1} F(x^{(k)})$$

となる．これの実際的な意味は，$x^{(k)}$ から $x^{(k+1)}$ を求めるには，線形方程式系

$$J(x^{(k)})(x^{(k+1)} - x^{(k)}) = -F(x^{(k)})$$

を解けばよいということである．J がリプシッツ連続かつ x_* で非特異であり，初期推定値が十分良ければ，この逐次近似法の収束率は 2 次である．すなわち，

$$\|x^{(k+1)} - x_*\| = O(\|x^{(k)} - x_*\|^2) \qquad (1)$$

が成り立つ．この評価式において，指数を 3 や 4 に引き上げる公式を開発することは名案であろうと考える学生がよくいるが，それは幻想にすぎない．2 次の収束率を持つアルゴリズムを使って，一度に 2 段進めれば 4 次の収束率を持つアルゴリズムが得られる．したがって，2 次と 4 次との間の効率性の違いは定数倍にすぎない．同じことは，指数 2, 3, 4 を 1 より大きい他のいかなる数に置き換えても言える．本当の違いは，ニュートン法を典型例とする**超線形**収束するアルゴリズムと，指数が 1 である**線形**収束あるいは**幾何学的**に収束するアルゴリズムの間にある．

多変数解析の観点では，方程式系の解法から，変数 $x \in \mathbb{R}^n$ を持つスカラー関数 f の最小化へのステップは小さい．（局所的）最小値を探すには，n ベクトルである勾配 $g(x) = \nabla f(x)$ の零点を見つければよい．g の導関数は，f の**ヘッセ行列**として知られる，成分

$$H_{ij}(x^{(k)}) = \frac{\partial^2 f}{\partial x_i \partial x_j}(x^{(k)}), \quad 1 \leq i, j \leq n$$

を持つ行列であるヤコビ行列であり，$g(x)$ の零点を求めるためのニュートンの逐次近似法において，前と同様に利用される．ここでの特徴は，ヘッセ行列はいつでも対称行列であることである．

最小化や零点の探索のためのニュートン法はすでに確立されていたが，コンピュータの到来によって数値最適化の新しい分野が形成された．すぐに遭遇した障害の一つは，初期推定を誤るとしばしばニュートン法がうまくいかないことであった．この問題は，**直線探索**と**信頼領域**として知られるアルゴリズム技術によって，実用的観点と理論的観点から包括的に研究された．

変数が数個を超える問題では，各ステップでのヤコビアンやヘッセ行列の計算コストが途方もなく膨大になることがすぐに明らかになった．ヤコビアンやヘッセ行列，そして対応する線形方程式の解を必ずしも精密には取り扱わずに，それでも 1 次よりも高次の収束率を持つ高速な方法が要求された．初期のこの種の突破口は，1960 年代のブロイデン，デイビドン，フレッチャー，パウエルによる**準ニュートン法**の発見である．これは，ヤコビアンまたはヘッセ行列と，その行列因子の真の値に対する推定値を，不完全な情報からどんどん改善していく方法である．

*4) ［訳注］制約条件で定まる領域の境界という意味である．

当時，この研究分野がどれほど緊迫していたかの一例として，次の事実を挙げる．1970 年に，階数 2 の正定値対称行列による最適更新を用いた準ニュートン法を，少なくとも 4 人の著者，ブロイデン，フレッチャー，ゴールドファーブ，シャンノが独立に論文で発表した．彼らの発見は，以来**BFGS 公式**として知られている．その後，取り扱う問題のスケールが指数的に増加していき，**自動微分法**を含む新しい考えが重要になってきた．この自動微分法は，数値的に求めた関数の導関数を自動的に求めることを可能にする技術であり，そのコンピュータプログラム自身が「微分」されていて，関数値の出力と同時に導関数の値を出力する．自動微分の考え自体は古いが，疎行列に関する線形代数学の進歩や，「リバース型」の自動微分の発展といった種々の理由により，1990 年代のビショフ，カール，グリーワンクの研究までは，完全な実用化には至らなかった．

制約条件なしの最適化問題は比較的容易であるが，これは典型的な問題とは言えない．この分野の本当の深さは，制約条件を取り扱うために開発された方法によって明らかになる．関数 $f:\mathbb{R}^n \to \mathbb{R}$ を，等式 $c_j(x)=0$ と不等式 $d_j(x) \geq 0$ による制約条件下で最小化することを考える．ここで，$\{c_j\}$ と $\{d_j\}$ は $\mathbb{R}^n$ から $\mathbb{R}$ への関数の集まりである．この問題は，局所最適化の条件を定式化する問題さえも決して自明とは言えない．**ラグランジュ乗数** [III.64] や，能動的制約条件と受動的制約条件の識別に関わる問題である．この問題は，KKT 条件として今日知られている条件が，1951 年にキューンとタッカーによって導入された（あとでわかったことであるが，その 12 年前にカルーシュによっても導入されていた）ことによって解決された．制約条件付きの非線形最適化に対するアルゴリズムの開発は，今日でも活発な研究課題である．

制約条件の問題は，別の数値最適化の構成要素である線形計画法をもたらした．この研究課題は，ソ連のカントロヴィッチと米国のダンツィクによって，それぞれ 1930 年代と 1940 年代に生まれた．線形計画問題を解くための有名な**シンプレクス法** [III.84] は，ダンツィクが 1947 年に発明した．これは，戦争中の米国空軍のために彼が行った研究の副産物として生まれた．線形計画問題とは，m 個の線形方程式または線形不等式で制約される n 変数の線形関数を最小化する問題にすぎない．これがどうして挑戦的な問題と言えるのだろうか？ その一つの答えは，m と n が大きいかもしれないという点である．連続問題の離散化を通じて大規模な問題が生じることもあり，与えられた線形計画問題そのものが大規模であることもある．有名な初期の例は，レオンチェフの経済学における入出力モデルの理論である．これによって，彼は 1973 年にノーベル賞を受賞している．1970 年代においてさえ，ソ連では何千という変数に対応する入出力コンピュータを計画経済のための道具として用いていた．

シンプレクス法は，中規模以上の線形計画問題を扱いやすくした．この問題は，最小値を求めたい関数 $f(x)$ である**目的関数**と制約条件をすべて満たすベクトル $x \in \mathbb{R}^n$ の集合である**実行可能領域**によって定義される．線形計画問題であれば，実行可能領域は多面体，すなわち，超平面を境界に持つ閉領域であり，f の最適値はその頂点の一つで達成されることが保証される（**頂点**の定義は，その点が制約を決める方程式のいくつかからなる連立方程式の一意解になるということである）．シンプレクス法では，一つの頂点から他の頂点へと，最適点に到達するまで，手順に従って最適化を目指して反復していく．反復の過程で，常に実行可能領域の境界上を動いていく．

1984 年，AT&T ベル研究所のナレンドラ・カーマーカーの研究をきっかけとして，この分野で激変が起こった．カーマーカーは，実行可能領域の内部で反復を行うほうが，シンプレクス法よりもずっとうまくいく場合があることを示した．カーマーカーの方法と，フィアッコとマコーミックによって 1960 年代に広められた対数障壁関数法との関連が示されるとすぐに，それまでは非線形問題にのみ有効とされていた技法を使った，線形計画法に対する新しい内点法が考案された．主問題と双対問題を対にして使うという重要な考えは，現在の強力な主双対法を導き，それによって何百万という変数と制約を持つ連続的最適化問題を解くことができるようになった．カーマーカーの研究をきっかけとして，線形プログラミングの分野は完全に変わってしまったばかりでなく，最適化の線形と非線形の両側面は本質的に異なるのではなく，むしろ緊密に連携していると，今日では見られるようになっている．

7. 将 来

数学に源を発した数値解析は，コンピュータサイエンスの分野へと育っていった．1960 年代に多くの大学がコンピュータサイエンスの学科を設立し始めたとき，数値解析の専門家がしばしば中心的役割を果たした．2 世代後の現在，彼らの多くは数学科に所属している状況がある．何が起こったのだろうか？ 一つの答えとして，数値解析の専門家が連続数学の問題を取り扱うのに対して，コンピュータ科学の専門家は離散数学の問題を好む傾向があると考えられる．このギャップの大きさには並々ならぬものがある．

しかしながら，コンピュータサイエンスの一つの側面としての数値解析には，決定的な重要性がある．この分野が持つこの側面を強調する予測を述べて，本章を終わりたい．

数値アルゴリズムとは，伝統的には型にはまった手順，すなわち，明確な停止基準が満たされるまで実行されるループと見なされる．ある種の計算においては，この描写は正確である．一方，1960 年代のドボアー，ライナス，ライスらの研究をはじめとして，この決定論的性格を弱めた数値計算法が出現し始めた．それは**適応アルゴリズム**である．最も単純なタイプの適応型求積法では，おのおのの計算メッシュの二つの部分で積分の評価が計算され，局所的な誤差評価のために比較される．この評価に基づいて，メッシュは必要あれば精度を増すために局所的に細分される．このプロセスは，答えの精度が，あらかじめユーザーが指定した許容範囲に入るまで繰り返される．このような数値計算の多くは精度保証を持たないが，進行中の期待される研究開発の一つは，場合によっては精度保証ができるような事後誤差制御の一層洗練された技術の進展である．これらと**区間演算**を組み合わせると，離散化誤差や丸め誤差に対する精度保証の見込みさえある．

最初に，求積法のコンピュータプログラムが適応型になり，次に常微分方程式に対するプログラムも適応型になった．偏微分方程式に対しては，適応型のプログラムへの移行はより長い時間スケールで進んでいる．より最近のこととして，フーリエ変換の数値計算，最適化問題，大規模な数値線形代数の問題，数学的問題あるいは計算機アーキテクチャに適応したいくつかの新しいアルゴリズムに対して，関連する発展があった．いくつかあるアルゴリズムがすべての問題を解決すると知られている世界では，何が最も強靭なコンピュータプログラムかと言えば，自由に使える多様な能力を持ち，それを迅速かつ上手に対応させるものであることが，だんだんわかってきた．言い換えれば，数値計算がインテリジェント制御のループにますます埋め込まれている．多くの他の技術分野で起きたのとちょうど同じように，この過程は計算の詳細から科学者をもっと解放し，その代わりに着実に増大する力を彼らに提供しながら，さらに継続していくだろうと筆者は信じる．2050 年の数値コンピュータプログラムの大部分は，仮にそのような区別が意味をなすとして，99％の「インテリジェントラッパー」と，たった 1％の実際の「アルゴリズム」であると，筆者は期待する．ほとんど誰もそのプログラムがどのように働くかを知らず，しかし，それは非常に能力があり，信頼性もきわめて高く，多くの場合に精度保証付きの結果を与える．この物語には数学的な帰結もある．数学での基本的な類別として，線形問題と非線形問題の二つがある．線形問題は一つのステップで解けるが，非線形問題では普通反復が必要となる．関連した同様な類別が，前進問題（ワンステップ）と逆進問題（反復）の間にある．代数学の問題が解析学の方法によって解かれるようになり，線形と非線形，前進と逆進，これらの区別はやがて色あせるだろう．

8. 付録：いくつかの主要な数値アルゴリズム

表 1 に示すリストは，数値解析の歴史における最も重要な（理論の発展ではなく）アルゴリズムの発展を示そうとしたものである．それぞれのアルゴリズムについて，開発のポイントとなった年を示し，初期の重要な人物をおおむね年代順に与えている．もちろん，このような小さなリストは，歴史を省略しすぎであろう．非常に残念なのは，EISPACK，LINPACK，LAPACK ライブラリの著者の半数以上が欠落し，有限要素法，前処理手法，自動微分などの初期の貢献者も十分でないなど，記載の不足がリストの至るところにあることである．日付にも問題があるかもしれない．たとえば，高速フーリエ変換は 1965 年とリストに記している．ガウスがこれを発見したのは 160 年前であり，リストの 1965 年は世界の注目を集めた年である．また，1991 年から現在までの期間

表 1 数値解析の歴史におけるアルゴリズムの発展

年	出 来 事	初期の重要人物
263	ガウスの消去法	劉徽，ラグランジュ，ガウス，ヤコビ
1671	ニュートン法	ニュートン，ラフソン，シンプソン
1795	最小 2 乗法	ガウス，ルジャンドル
1814	ガウスの求積法	ガウス，ヤコビ，クリストッフェル，スティルチェス
1855	アダムス法	オイラー，アダムス，バッシュフォース
1895	ルンゲ–クッタ法	ルンゲ，ホイン，クッタ
1910	偏微分方程式に対する差分法	リチャードソン，サウスウェル，クーラント，フォン・ノイマン，ラックス
1936	浮動小数点演算	トーレスケベード，ツーゼ，チューリング
1943	偏微分方程式に対する有限要素法	クーラント，馮康，アルギリス，クラフ
1946	スプライン	シェーンベルク，ド・カステリョ，ベジェ，ド・ブール
1947	モンテカルロ法	ウラム，フォン・ノイマン，メトロポリス
1947	シンプレクス法	カントロヴィッチ，ダンツィク
1952	ランチョス法と共役勾配法	ランチョス，ヘステンス，スティーフェル
1952	スティッフ常微分方程式ソルバー	カーティス，ヒルシュフェルダー，ダールクヴィスト，ギア
1954	Fortran	バッカス
1958	直交線形代数	エイトケン，ギブンズ，ハウスホルダー，ウィルキンソン，ゴルブ
1959	準ニュートン法	ダヴィドン，フレッチャー，パウエル，ブロイデン
1961	固有値問題に対する QR 法	ルティスハウザー，クブラノフスカヤ，フランシス，ウィルキンソン
1965	高速フーリエ変換	ガウス，クーリー，テューキー，サンデ
1971	常微分方程式に対するスペクトル法	チェビシェフ，ランチョス，クレンショウ，オル，ゴッドリーブ
1971	放射基底関数	ハーディ，アスキー，ドゥション，ミケリ
1973	マルチグリッド法	フェドレンコ，バカヴァロフ，ブラント，ハクブッシュ
1976	EISPACK，LINPACK，LAPACK	モラー，スチュアート，スミス，ドンガラ，デメル，バイ
1976	非対称行列に対するクリロフ部分空間反復法	ヴィンサム，サード，ファン・デル・フォルスト，ソーレンセン
1977	前処理付反復法	ファン・デル・フォルスト，メイエリンク
1977	MATLAB	モラー
1977	IEEE 演算	カハン
1982	ウェーブレット	モレー，グロースマン，メイエ，ドブシー
1984	内点法	フィアッコ，マコーミック，カーマーカー，メギド
1987	高速多重極法	ロフリン，グリーンガード
1991	自動微分法	伊理正夫，ビショフ，カール，グリワンク

にアルゴリズムの発展がなかったと読んではならない．このリストを将来更新するとしたら，新たに記載されるであろう発展がこの期間に必ず存在する．

文献紹介

Ciarlet, P. G. 1978. *The Finite Element Method for Elliptic Problems*. Amsterdam: North-Holland.

Golub, G. H., and C. E. Van Loan. 1996. *Matrix Computations*, 3rd edn. Baltimore, MD: Johns Hopkins University Press.

Hairer, E., S. P. Nørsett (for volume I), and G. Wanner. 1993, 1996. *Solving Ordinary Differential Equations*, volumes I and II. New York: Springer.
【邦訳】E・ハイラー，S・P・ネルセット，G・ヴァンナー（三井斌友 監訳）『常微分方程式の数値解法』(1, 2)（シュプリンガージャパン，2007〜2008）

Iserles, A., ed. 1992-. *Acta Numerica* (annual volumes). Cambridge: Cambridge University Press.

Nocedal, J., and S. J. Wright. 1999. *Numerical Optimization*. New York: Springer.

Powell, M. J. D. 1981. *Approximation Theory and Methods*. Cambridge: Cambridge University Press.

Richtmyer, R. D., and K. W. Morton. 1967. *Difference Methods for Initial-Value Problems*. New York: Wiley Interscience.

IV.22

集合論

Set Theory

ジョアン・バガリア［訳：田中一之］

1. はじめに

あまたの数学分野の中でも，集合論は特別な地位を占めている．それは，二つのまったく異なる役割を同時にこなすからである．一方では抽象的な集合やその性質を研究する数学の一分野であり，他方では数学に基礎を提供している．集合論のこの第2の特徴は，数学的な重要性と同様に哲学的意義を持つ．この解説では，集合論の持つ双方の面について説明する．

2. 超越数の理論

集合論は**カントール** [VI.54] の研究から始まった．1874年，彼は無限集合が異なる「大きさ」を持つことを示すことにより，代数的な実数よりも多く実数が存在することを証明した．この結果は**超越数** [III.41] の存在を示す新しい証明でもあった．なお，実数が**代数的**であるとは，それが以下のようなある多項式の解になることである．

$$a_nX^n + a_{n-1}X^{n-1} + \cdots + a_1X + a_0 = 0$$

ここで，各係数 a_i は整数である（かつ $a_n \neq 0$）．たとえば，$\sqrt{2}$，3/4，黄金比 $\frac{1}{2}(1+\sqrt{5})$ などは代数的である．**超越数**とは，代数的でない数のことである．

では，代数的な実数よりも「多くの」実数が存在するとは，どういう意味なのだろうか？　カントールは，二つの集合 A, B に対して，これらの間に全単射が存在する，つまり，A の全要素と B の全要素との間に1対1対応が存在するとき，A と B は同じ大きさ，あるいは同じ**濃度**を持つと定めた．さらに，A と B の間に全単射は存在しないが，A と，B の部分集合の間に全単射が存在するとき，A は B より**少ない濃度**を持つと定めた．つまり，カントールは代数的実数全体の集合は実数全体の集合より少ない濃度を持つことを証明したのである．

特に，カントールは無限集合を**可算**と**非可算** [III.11] の二つに分類した．可算集合とは，自然数全体との間に1対1対応が存在するような集合である．その集合の各要素に一つずつ自然数を割り当てることから，「枚挙可能」な集合でもある．上記の多項式において，次の数をその多項式の**指数**と呼ぶことにする．

$$|a_n| + |a_{n-1}| + \cdots + |a_0| + n$$

すべての $k > 0$ について，指数 k の多項式が有限個存在することは容易にわかる．たとえば，a_n を正とする指数3の多項式は四つ，すなわち，$X^2 = 0$，$2X = 0$，$X + 1 = 0$，$X - 1 = 0$ であり，これらの解を集めると $0, -1, 1$ の三つである．こうして，指数1の多項式の解を数え上げ，次に指数2の多項式の解でそれ以前に現れないものを数え上げ … というように繰り返すことによって，代数的な実数を枚挙することができる．つまり，代数的な実数は可算であることがわかる．この証明から整数 $\mathbb{Z}$ や有理数 $\mathbb{Q}$ が可算であることもわかる．

驚くことに，カントールは実数全体の集合 $\mathbb{R}$ が非可算であることを発見した．カントールの最初の証明は以下のようなものである．$\mathbb{R}$ の要素が $r_0, r_1, r_2, \ldots$ と枚挙できたとする．$a_0 = r_0$ とおく．$a_0 < r_k$ となるような最小の k を選び，$b_0 = r_k$ とおく．a_n, b_n が与えられたとき，$a_n < r_l < b_n$ となるような最小の l をとり，$a_{n+1} = r_l$ とおく．また，$a_{n+1} < r_m < b_n$ となるような最小の m をとり，$b_{n+1} = r_m$ とおく．すると，$a_0 < a_1 < a_2 < \cdots < b_2 < b_1 < b_0$ を得る．a_n の極限値を a としたとき，a は実数であるが，任意の n について a_n と異なるので，$r_0, r_1, r_2, \ldots$ がすべての実数を枚挙できるという仮定に反する．

こうして，真に異なる種類の無限集合が初めて確認された．また，カントールは $\mathbb{R}^n$，$n \geq 1$ の形の二つの集合や，さらには，実数の無限列 $r_0, r_1, r_2, \ldots$ の集合 $\mathbb{R}^{\mathbb{N}}$ でさえ全単射が存在することを示した．つまり，これらの集合は同じ（非可算の）濃度を持つことがわかった．

1879年から1884年にかけて，カントールは集合論の始まりとも言える論文を著していった．その中で彼が導入した重要な概念は，無限順序数，あるいは**"超限" 順序数**である．われわれが自然数を使って物の集まりを数えるときは，一つ一つの物に $1, 2, 3, \ldots$ と番号を振り，すべてのものを1回ずつ数えたらおしまいにする．このような作業を通して，われわれは二つのことを行ったことになる．二つのうち明らかなほうは，数え上げた最後の数として n を得た場合，それにより，その集合の中に要素がいくつあるかを調べたことになる．しかし，われわれが行ったことはそれだけではない．数える作業は，数える物を並べて，それらに**順序**を定めていたことにもなる．これは，集合 $\{1,2,\ldots,n\}$ に対して二つの違った解釈が可能であることを示している．一つはその集合の大きさのみに注目するもので，$\{1,2,\ldots,n\}$ と 1 対 1 対応を持つ集合 X があれば，X の基数は n であると考えることができる．他方で，$\{1,2,\ldots,n\}$ を自然な順序として見るならば，同じように X との 1 対 1 対応をとることで X 上の順序を定めることになる．このように，前者の視点では，n を**基数**として見ており，後者の視点においては**順序数**として見ていることになる．

可算無限集合が与えられたとき，この集合を順序数の視点からも見ることができる．たとえば，自然数 $\mathbb{N}$ と整数 $\mathbb{Z}$ の間の 1 対 1 対応を，$0,1,2,3,4,5,6,7,\ldots$ を $0,1,-1,2,-2,3,-3,\ldots$ に対応させて定義すると，$\mathbb{N}$ と $\mathbb{Z}$ が同じ濃度を持つだけでなく，$\mathbb{N}$ の順序から $\mathbb{Z}$ の順序を定めることができる．

ここで，単位区間 $[0,1]$ 上の点を数え上げることを考えてみよう．上で述べたカントールの論法を用いると，この区間の点にどのように自然数 $0,1,2,3,\ldots$ を割り振っても，すべての点を数え上げる前に，割り振る自然数がなくなる．しかしこのとき，すでに数え上げることに使った自然数とは違った数を使って，再び数え続けることもできる．こうして超限的な順序数が現れる．これらは $0,1,2,3,\ldots$ から「無限を超えて」続く数であり，より大きい無限集合を数えることを可能にする．

まず，すべての自然数より大きい最初の順序数が必要になる．この最初の無限順序数を，カントールは ω と定めた．別の表現を使うなら，$0,1,2,3,\ldots$ の次に来る順序数が ω である．ω はそれより前の順序数とは違った特徴を持つ．なぜなら，これはそれより前の数を持ちながらも，直前の数（たとえば 7 に対する 6 のようなもの）を持たないからである．このような ω を**極限順序数**と呼ぶ．この ω に対し，再び 1 を加えることでさらに順序列を作ることができる．つまり，順序数の列として以下のようなものを考えることができる．

$$0,1,2,3,4,5,6,7,\ldots,\omega,\omega+1,\omega+2,\omega+3,\ldots$$

この列の次の極限順序数を $\omega+\omega$ と呼び，$\omega\cdot 2$ と表記する．これをさらに続けると

$$\omega\cdot 2,\omega\cdot 2+1,\omega\cdot 2+2,\ldots,\omega\cdot n,\ldots,\omega\cdot n+m,\ldots$$

という列が作れる．

この議論で示されるように，新しい順序数を作るために二つの基本的な規則（1 を加えることと極限をとること）がある．「極限をとる」とは順序数列において，これまで得られたすべての順序数の直後の位置に新たな順序数をおくことである．たとえば，すべての $\omega\cdot n+m$ のあとに来る次の極限順序数を $\omega\cdot\omega$ あるいは ω^2 と表記する．すると，以下の列を得ることができる．

$$\omega^2,\omega^2+1,\ldots,\omega^2+\omega,\ldots,\omega^2+\omega\cdot n,\ldots,\omega^2\cdot n,\ldots$$

やがて，ω^3 にたどり着き，さらに

$$\omega^3,\omega^3+1,\ldots,\omega^3+\omega,\ldots,\omega^3+\omega^2,\ldots,\omega^3\cdot n,\ldots$$

と続く．同様にして，次の超限順序数は ω^4 である．すべての ω^n のあとに来る最初の極限順序数は ω^ω である．そして，$\omega^\omega,\omega^{\omega^\omega},\omega^{\omega^{\omega^\omega}},\ldots$ の先にある極限順序数を ϵ_0 と表記する．さらにその先も続けていくことができる．

集合論においては，すべての数学的な対象を集合と見なしたい．順序数については簡単な方法がある．0 を空集合と見なし，順序数 α をその前にあるすべての数からなる集合と見なせばよい．たとえば，自然数 n は集合 $\{0,1,2,3,\ldots,n-1\}$ と見なし（この集合の濃度は n である），順序数 $\omega+3$ は集合 $\{0,1,2,3,\ldots,\omega,\omega+1,\omega+2\}$ と見なす．順序数をこのように考えると，順序数上の順序は集合の包含関係になる．順序数列において，α が β の前にあるなら，α は β の前の数であり β の要素である．この順序に関する非常に重要な性質は，各順序数が**整列可能集合**であること，つまり，空でない部分集合は最小元を持つということである．

前に説明したように，基数は集合の大きさを測るために使われ，一方で，順序数は順序列の位置を表している．これらの違いは，有限の数よりも無限の数において，より明瞭である．それは，二つの異なる順序数が同じ大きさを持つことがありうるからである．たとえば，順序数 ω と $\omega+1$ は異なるが，$\{0,1,2,\ldots\}$ と $\{0,1,2,\ldots,\omega\}$ は同じ濃度を持つこ

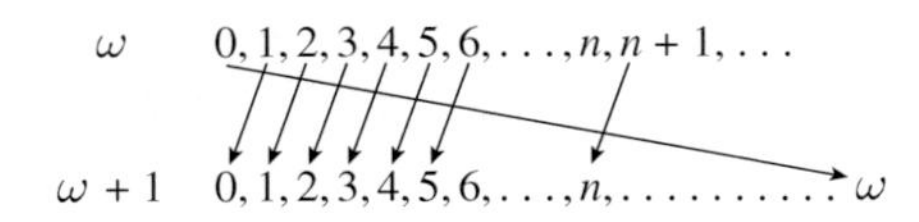

図 1　ω と $\omega+1$ が同じ濃度であることを表す図

とが図 1 からわかる．実際，上で定めたどの極限順序数を用いて数え上げられる集合も，可算である．では，順序数が異なるとは，どのような意味なのだろうか？　上記の $\{0,1,2,\ldots\}$ と $\{0,1,2,\ldots,\omega\}$ のような場合，濃度は同じだが，**順序同型**ではない．つまり，一方から他方への全単射 ϕ で，$x<y$ ならば $\phi(x)<\phi(y)$ となるものは存在しない．すなわち，これらの集合は「集合」として同等であっても，「順序集合」としては同等でない．

形式ばらずに言えば，基数は集合の大きさである．基数を形式的に定義するなら，順序数で，すべての前の数より大きいものと定めると都合が良い．このような順序数の中で重要なものが二つある．一つは ω であり，もう一つはすべての可算順序の集合（カントールはこれを ω_1 と表記した）である．二つ目は，最初の非可算順序数である．自分自身を要素として含むことはできないので非可算である．すべての要素が可算なので，そのような最初のものとなる（もし，これがパラドックスに見えたなら，ω を考えればよい．これは無限であるが，すべての要素は有限である）．したがって，これは基数であり，これを順序構造としてではなく，基数として見るときは，カントールに従って $\aleph_1$ と表記する．同様にして，ω を基数として考える場合は $\aleph_0$ と表記する．

$\aleph_1$ を定義する手順を繰り返すことができる．濃度が $\aleph_1$ である順序数全体の集合（あるいは最初の非可算順序 ω_1 と 1 対 1 対応がとれるすべての順序数の集合）は，$\aleph_1$ よりも大きい濃度を持つ最小の順序数である．このような順序数を ω_2 と呼び，基数としては $\aleph_2$ と呼ぶ．以下，$\omega_1,\omega_2,\omega_3,\ldots$ と，どんどん大きい濃度を持つ順序数の列を作ることができる．さらに，極限をとる操作を使って，超限的に列を作っていく．たとえば，ω_ω は順序数 ω_n の極限である．このようにして，以下のような無限，あるいは超限の基数列を作る．

$$\aleph_0,\aleph_1,\ldots,\aleph_\omega,\aleph_{\omega+1},\ldots,\aleph_{\omega^\omega},\ldots,$$
$$\aleph_{\omega_1},\ldots,\aleph_{\omega_2},\ldots,\aleph_{\omega_\omega},\ldots.$$

二つの自然数が与えられたとき，これらの和と積を計算することができる．集合論では，これらの 2 項演算を次の方法で定める．m と n の二つの自然数が与えられたとき，交わりを持たない二つの集合 A, B で，それぞれ大きさが m,n となるものをとってくる．すると，和 $m+n$ は和集合 $A\cup B$ の大きさである．積 mn は $a\in A$，$b\in B$ となるすべての順序対 (a,b) からなる集合 $A\times B$ の大きさである（この集合を**デカルト積**と呼ぶ．この集合においては A と B は交わりを持たないという条件は必要ない）．

これらの定義の特徴は，m と n を無限基数 κ と λ に置き換えても同様に定義できる点にある．しかし，超限基数の計算結果はとても単純である．すべての超限基数 $\aleph_\alpha,\aleph_\beta$ に対して，

$$\aleph_\alpha+\aleph_\beta=\aleph_\alpha\aleph_\beta=\max(\aleph_\alpha,\aleph_\beta)=\aleph_{\max(\alpha,\beta)}$$

であることがわかる．

他方，基数の指数演算を定めることもできるが，その様相は大きく変わる．κ と λ を基数としたとき，κ^λ を，基数 κ の集合の λ 個のコピーのデカルト積の基数として定義する．別の言い方として，基数 λ の集合から基数 κ の集合への関数をすべて含む集合の基数としてもよい．再び，κ と λ が有限の値である場合には，上記の定義は普通の意味での指数演算の定義になっている．たとえば，大きさが 3 の集合から大きさが 4 の集合への関数の個数は 4^3 ある．では，最も単純で自明でない超限的な例として，$2^{\aleph_0}$ の場合にはどのようになるのだろうか？　この問題は非常に難解なだけではなく，あとで見るように，ある意味では解決できない問題とも言える．

基数が $2^{\aleph_0}$ である最も素朴な集合として，$\mathbb{N}$ から $\{0,1\}$ への関数全体の集合がある．いま，f をそのような関数だとすると，それは閉区間 $[0,1]$ に属する数の 2 進展開

$$x=\sum_{n\in\mathbb{N}}f(n)2^{-(n+1)}$$

を与えていると見なすことができる（集合論における習慣として，1 ではなく 0 を最初の自然数としている．したがって，2 進展開のベキ項も 2^{-n} ではなく $2^{-(n+1)}$ となる）．$[0,1]$ 上のすべての点は高々二つの異なる 2 進表現を持つので，$2^{\aleph_0}$ は $[0,1]$ の濃度であることは容易にわかり，また，実数 $\mathbb{R}$ の濃度でもあることもわかる．よって，$2^{\aleph_0}$ は非可算であり，これは $\aleph_1$ 以上の濃度を持つことを意味している．カントールは，それが $\aleph_1$ に一致すると予想した．この予想は**連続体仮説**として知られており，本

章の第5節で詳しく説明する．

直ちに自明とは言えないものの，超限順序数が自然に現れる数学的現象は数多く存在する．カントール自身は，閉集合に対する連続体仮説を証明するため，試みの一つとして超限的な順序数や基数の理論を展開していき，以下に見るように最終的に証明に成功した．最初に彼は，実数の集合 X の**導集合**を，X 上のすべての「孤立点」を取り除くことで得られる集合として定めた．点 x が孤立点であるとは，x の小さな近傍が存在し，その中に X の他の点が存在しないときをいう．たとえば，X を集合 $\{0\} \cup \{1, 1/2, 1/3, \ldots\}$ であるとすると，X の点は 0 を除きすべて孤立点である．よって，X の導集合は集合 $\{0\}$ になる．

一般に，集合 X が与えられたとき，繰り返し導集合をとることができる．$X^0 = X$ としたとき，列 $X^0 \supseteq X^1 \supseteq X^2 \supseteq \cdots$ が得られる．ここで，X^{n+1} は X^n の導集合である．この列はこれでは終わらない．すべての X^n の共通部分を X^ω と呼び，$X^{\omega+1}$ を X^ω の導集合と定める．以下同様にして列を構成する．順序数が自然に現れる理由は，二つの演算（導集合をとることと，すべての共通部分をとること）がそれぞれ，順序数における後者関数と極限に対応しているからである．カントールは当初，$\omega + 1$ のような導集合の超限回数を表す右肩の文字を「タグ」と呼んでいた．これらのタグが後に可算順序数と呼ばれるようになった．

カントールは，任意の閉集合 X に対し，$X^\alpha = X^{\alpha+1}$ となるような可算順序 α（有限でもよい）が存在することを示した．導集合の列の各 X^β が閉集合であることは容易にわかる．また，X^β が最初の X の可算無限個の点を除いたすべての点を含んでいることも容易にわかる．よって，X^α は孤立点を持たない閉集合である．このような集合を**完全集合**と呼ぶ．完全集合の濃度が 0 か $2^{\aleph_0}$ のいずれかであることを示すことは，それほど難しくない．こうして，閉集合 X は可算か濃度 $2^{\aleph_0}$ であることがわかる．

超限順序数や基数と連続体の構造との間にある密接な関係は，カントールの発見以来，集合論全般の発展に大きな影響を残すことになった．

3. 集合のユニバース

これまでの議論では，すべての集合は濃度を持つこと，言い換えれば，任意の集合 X に対して 1 対 1 対応がとれるただ一つの基数が存在することが自明なこととされていた．κ をそのような基数とし，$f : X \to \kappa$ を全単射とする（κ はそれ以前の数すべてからなる集合と同一視できることを思い出そう）．このとき，$x < y \Leftrightarrow f(x) < f(y)$ とすることで，X 上の順序を定めることができる．κ は整列集合であるから，X も整列集合になる．しかし，すべての集合が整列集合であることは，自明からは程遠い．実際，実数の集合 $\mathbb{R}$ でさえ明らかではない（確信を得たいなら，実際に探してみるとよい）．

よって，超限的な順序数や基数の理論を十分に利用したり，いくつかの基礎的な問題（無限基数のアレフ階層における $\mathbb{R}$ の基数の場所を求める計算など）を解くためには，**整列可能定理**を認める必要がある．整列可能定理とは，すべての集合に整列順序が存在するという主張である．この主張なしには，問題の意味を理解することすらできなくなってしまう．整列可能定理はカントールによって導入されたが，彼は証明することができなかった．**ヒルベルト** [VI.63] は，$\mathbb{R}$ を整列できるかという問題を 1900 年にパリで行われた第 2 回国際数学者会議において，有名な 23 の未解決数学問題の第 1 問題の中で取り上げた．その 4 年後，エルンスト・ツェルメロは整列可能定理の証明を与えたが，**選択公理**（AC）[III.1] を用いたことで多くの批判を受けた．この原理は暗黙に長い年月にわたり使われてきたが，ツェルメロの結果によって注目を集めるようになった．AC の主張は，「互いに交わりを持たない空でない集合の集まり X に対して，各 X から一つずつ要素をとってくることで構成される集合が存在する」というものである．さらに，1908 年に出版された次のもっと詳しい証明において，ツェルメロは整列可能定理の彼の証明に用いられる原理や公理（AC を含む）について，詳細な検討を行っている．

その年，ツェルメロは集合論の初の公理化を発表した．その主な動機は，集合論を発展させていくためには，集合というものに対する直観的な概念を不用意に用いることから生じる論理的な落とし穴やパラドックスをなくしていく必要があったことである（「数学の基礎における危機」[II.7] を参照）．たとえば，任意の性質は一つの集合を決定するということは，直観的には明らかであろう．つまり，その性質を持つ物の集合が存在するということである．しかしそうであれば，「順序数である」という性質を考えてみよう．この性質が集合を決定するのならば，すべての順序数の集合が存在していると言えるだろう．しかし少し考えてみれば，このような集合は整列集合であり，それゆえすべての順序数より大きい順序数に対応していることになり，矛盾である．同様に，「自分自身を要素に含まない集合である」という性質も集合を決定できない．そうでなければ，A をそのような集合としたとき，A が A 自身を要素に持つことと，A を要素に持たないことが同値になるという二律背反が生じ，ラッセルのパラドックスに陥ってしまう．よって，いかなる物の集まりも，つまり何かしらの性質から定義される物の集まりさえも，集合になるとは限らない．では，集合とは何なのだろうか？　ツェルメロによる 1908 年の公理化は，基本的な性質を簡潔にリスト化することで集合の直観的な概念をうまく捉えていこうとする最初の試みであった．そして，**スコーレム** [VI.81]，エイブラハム・フレンケル，そして**フォン・ノイマン** [VI.91] らの貢献により改良されていき，現在では**ツェルメロ–フレンケルの集合論と選択公理**，あるいは ZFC として知られるようになっている．

ZFC の公理の背景にある基本的なアイデアは，われわれが理解したいと思っている「すべての集合からなるユニバース」が存在しているということであり，そして，その公理はある集合から別の集合を構成するために必要な道具を提供してくれる．普段の数学で，整数の集合や実数の集合，関数の集合などだけでなく，集合の集合（**位相空間** [III.90] 上の開集合の集合など），集合の集合の集合（開被覆の集合など）といったものも扱う．したがって，「すべての集合からなるユニバース」を構成するものには，物の集合だけでなく，物の集合の集合などがある．いま，話を簡単にするために，「物」（対象）をすべて捨て，集合の要素はすべて集合で，その要素もすべて集合で，さらにそれが続くというような場合のみを考える．このような集合を**純粋集合**と呼ぶ．純粋集合だけを考えると，技術的に便利で，より簡潔な理論を生み出すことになる．さらに，純粋集合を用いても，実数など従来の数学的概念をモデル化することが可能である．そうしても，元の数学的な性質はまったく失われず，従来どおりに扱える．純粋集合は，何もないところから，すなわち空集合から「の集合」を演算として次々と適用することで構成される．例として $\{\varnothing,\{\varnothing,\{\varnothing\}\}\}$ を考えてみよう．まず，空

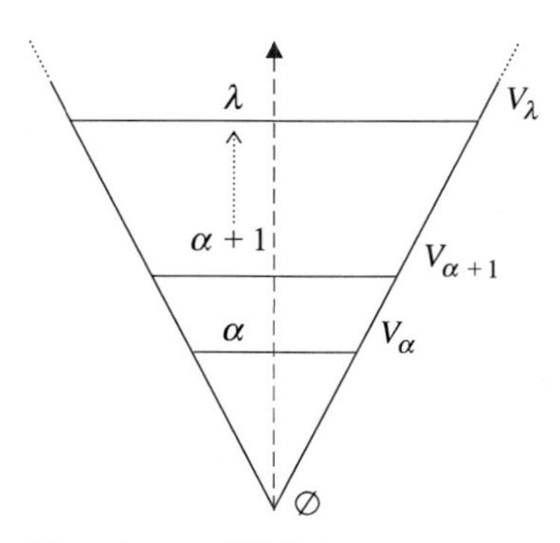

図 2　すべての純粋集合のユニバース V

集合「の集合」$\{\varnothing\}$ を作り，次に $\varnothing$ と $\{\varnothing\}$「の集合」$\{\varnothing,\{\varnothing\}\}$，そして，$\varnothing$ とこの集合をまとめると $\{\varnothing,\{\varnothing,\{\varnothing\}\}\}$ ができあがる．このように，集合を構成するすべての段階で，その要素はすでに前の段階で得られた集合となっている．ここで，再びこの構成を超限回繰り返してみよう．極限の段階ではそれまでに得られたすべての集合を集め，さらに続けていく．すべての（純粋）集合のユニバースは V で表され，垂直軸が順序数を表すような V 形状で描かれる（図 2）．つまり，空集合 $\varnothing$ から始まって，順序数が対応する整列順序の階層が累積した形になっている．すなわち，以下のように定める．

$$
\begin{aligned}
V_0 &= \varnothing \\
V_{\alpha+1} &= \mathcal{P}(V_\alpha), && V_\alpha \text{ のすべての部分集合からなる集合} \\
V_\lambda &= \bigcup_{\beta<\lambda} V_\beta, && \text{すべての } V_\beta \text{ の和集合}
\end{aligned}
$$

ここで，λ は極限順序数とする．

すべての集合からなるユニバースは，すべての順序数 α について集合 V_α の和をとったものになる．より簡潔に言うならば，以下のとおりである．

$$V = \bigcup_\alpha V_\alpha$$

3.1　ZFC の 公 理

ZFC の公理は，少し砕いて表現すれば，次の (i)〜(vii) になる．

(i) **外延性**：二つの集合がまったく同じ要素を持つならば，それらの集合は等しい．

(ii) **ベキ集合**：任意の集合 x に対して，x の部分集合全体からなる集合 $\mathcal{P}(x)$ が存在する．

(iii) **無限**：無限集合が存在する．

(iv) **置換**：x を集合とし，ϕ を関数クラス*1) を x に制限したものとすると，集合 $y = \{\phi(u) : u \in x\}$ が存在する．

(v) **和集合**：任意の集合 x に対して，その要素が x の要素の要素全体からなる集合 $\bigcup x$ が存在する．

(vi) **正則性**：任意の集合 x に対し，ある順序数 α が存在し，x は V_α に属す．

(vii) **選択公理（AC）**：互いに交わりを持たない空でない集合の集合 X に対して，X の各集合から一つずつ要素をとって構成されるような集合が存在する．

普通は，上記のほかに**対の公理**が追加される．この公理の主張は，二つの集合 A, B に対して，集合 $\{A, B\}$ が存在するというものである．特に $\{A\}$ が存在する．集合 $\{A, B\}$ に和集合公理を用いると，和集合 $A \cup B$ が得られる．しかし，対の公理は他の公理から導くことができる．ツェルメロによる最初の公理系の中で，自然かつ非常に有用な公理として，**分出公理**がある．分出公理の主張は，集合 A と**定義可能な性質** P に対して，P を満たすような A の要素を集めたものも集合になるというものである．しかし，この公理は置換公理から導かれるので，上記のリストに組み込む必要はない．分出公理を用いると，空集合 $\emptyset$ の存在や，集合 A, B に対する共通部分 $A \cap B$ や差 $A - B$ の存在を示すことができる．正則性公理は**基礎の公理**としても知られており，その主張は，空でない任意の集合 X について $\in$ 極小な要素，つまり，X のどの要素も，それに属さないような X の要素が存在するというものである．他の公理の存在下においては，二つの主張は同値である．ここでは，すべての集合のユニバースを構成する上で自然な公理であることを強調するため，V_α を用いる記述を選んだ．しかし，注意しておきたいことは，「順序数」や「V_α の累積的階層」といった概念が ZFC 公理の記述の中に現れる必要はないという点である．

ZFC の公理は 2 通りの見方ができる．一つは集合の扱い方を定めるものである．この意味においては，ZFC は代数構造の公理群，たとえば，**群** [I.3 (2.1 項)] や**体** [I.3 (2.2 項)] の公理と変わらない．いずれも，すでにあるものから新しいものを作り上げていくための規則を持っている．群や体の要素に対する規則よりも，集合に対する規則のほうが多く，より複雑なだけである．したがって，群の公理を満たす代数構造として抽象的な群を研究するのとまったく同じように，ZFC の公理を満たす数学的構造も研究できるのである．このような構造を **ZFC のモデル**と呼ぶ．しかし，あとで説明する理由から，ZFC のモデルを作ることは難しいので，ZFC の断片（ZFC の公理の一部からなる公理系 A）のモデルに関心を向ける．ZFC の断片 A のモデルとは，空でない集合 M と M 上の 2 項関係 E のペア $\langle M, E\rangle$ であって，M の各要素を集合と解釈し，E を要素関係であると解釈したとき，A のすべての公理が真であるものである．たとえば，A が和集合の公理を含むとしたとき，M の任意の要素 x に対し，M の要素 y が存在し，zEy となることと，zEw かつ wEx となる w が存在することとは同値である（E を $\in$，「M の要素」を「集合」に置き換えれば，普通の和集合の公理と見ることができるだろう）．

集合 $\langle V_\omega, \in\rangle$ は ZFC から無限公理を除いたもののモデル，$\langle V_{\omega+\omega}, \in\rangle$ は ZFC から置換公理を除いたもののモデルである（なぜ置換公理が成り立たないのかを見るために，x を ω として，x 上の関数 ϕ を $\phi(n) = \omega + n$ で定める．このとき，ϕ の値域は $V_{\omega+\omega+1}$ に属すが $V_{\omega+\omega}$ には属さない．なぜなら，順序数 $\omega + \omega$ はどの集合 $V_{\omega+n}$ にも属さず，$V_{\omega+\omega}$ は $V_{\omega+n}$ の和集合だからである）．これらのモデルでは，E を $\in$ としたが，M 上のまったく異なる関係 E をとってきても，ZFC のいくつかの公理を満たすということもある．たとえば，$\mathbb{N}$ 上で，mEn を，n の 2 進展開の（右から数えて）m 桁目が 1 であるという関係として定めて，ペア $\langle \mathbb{N}, E\rangle$ を考える．このとき，このペアは ZFC から無限の公理を除いたもののモデルである．証明は読者に任せることにする．

ZFC 公理のもう一つの見方として，V_α の階層の構成方法と見なすこともできる．外延性の公理 (i) はどの集合もその要素によって完全に決定されていることを述べている．公理 (ii)～(v) は V を構成するためにうまく作られている．ベキ集合の公理は V_α から $V_{\alpha+1}$ を得るために用いられ，無限の公理は超限回の構成を行うために用いられる．実は，他の ZFC の公理化においては，無限の公理は ω が存在するという同値な主張に置き換えられる．置換公理は極限階数

---

*1) 関数クラスとは，集合としては存在しないかもしれないが，定義上関数として考えられるようなものである．この概念については 3.2 項で厳密に述べる．

λ においても V の構成を続けるために用いる．これを確認するには，$F(x) = y \Leftrightarrow x$ は順序数かつ $y = V_x$ で定義される関数を考えればよい．λ に制限された F の値域は，$\beta < \lambda$ となるすべての V_β を含むことになる．置換公理により，これらの集合は集合を形成する．ここで，和集合の公理をこの集合に適用することで V_λ が得られる．最後に，正則性公理はこのようにしてすべての集合が得られることを保証してくれる．つまり，すべての集合のユニバースがまさに V になるのである．これによって，自分自身を含む集合といった病理は排除される．ポイントは，任意の集合 X に対して $X \in V_{\alpha+1}$ となる最初の α があることである．この α は X の**ランク**と呼ばれ，X が形成される累積階層の階数を指している．X に含まれるすべての要素は X よりも低いランクを持つので，X は自分自身を含むことはない．他の ZFC の公理を仮定することで，選択公理は整列可能定理と同値になる．

3.2　論理式とモデル

ZFC の公理は，**集合に対する 1 階論理**の言語を用いて形式化することができる．

1 階論理で扱う記号は，**変数** $x, y, z, \ldots$，**量化記号** $\forall$（すべての〜），$\exists$（〜が存在する），論理結合子 $\neg$（でない），$\wedge$（かつ），$\vee$（または），$\rightarrow$（ならば），$\leftrightarrow$（〜のときかつそのときに限り），等号 $=$，そして括弧（および）である．集合に対する 1 階論理を構成するために，記号 $\in$（〜の要素である）を追加し，量化記号は集合上を動くものとする．この言語で外延性の公理を表現すると

$$\forall x \forall y (\forall z (z \in x \leftrightarrow z \in y) \rightarrow x = y)$$

となる．これは「すべての集合 x とすべての集合 y に対して，すべての集合 z について，z が x に属するときかつそのときに限り y に属する（つまり x と y が同じ要素を持つ）ならば x と y は等しい」と読む．これは，この言語の**論理式**の一例である．論理式は以下のようにして帰納的に定義することができる．**原子論理式**は $x = y$ および $x \in y$ である．次の規則のように，量化記号と論理結合子を用いて，さらに複雑な論理式を構成することができる．φ, ψ が論理式なら，$\neg\varphi, (\varphi \wedge \psi), (\varphi \vee \psi), (\varphi \rightarrow \psi), (\varphi \leftrightarrow \psi), \forall x\, \varphi, \exists x\, \varphi$ も論理式である．よって，論理式は，集合と要素関係についてしか話さない英語（あるいは他の任意の自然言語）の文章を形式的に表したものである（形式言語についての議論については，「ロジックとモデル理論」[IV.23 (1 節)] を参照）．

逆に，形式言語の論理式は集合に関する（英語の）文章として解釈でき，解釈された文章が真か偽かを問うことができる．普通，「真」は「すべての集合のユニバース V において真」と考えられているが，M 上の 2 項関係 E を持つ任意の構造 $\langle M, E \rangle$ において論理式が真か偽かを問うことも理にかなっている．たとえば，論理式 $\forall x \exists y\, x \in y$ はすべての ZFC のモデル $\langle M, E \rangle$ において真である．一方，$\exists x \forall y\, y \in x$ は偽である（正則性公理より）．ZFC の公理から演繹される論理式は，ZFC の任意のモデルにおいて真である．

論理式の定義が済んだので，今まで厳密とは言えなかった多くの陳述を厳密に表せる状況になった．たとえば，置換公理は**関数クラス**の概念を含んでいる．1 階論理式の言葉で，正しくその形式化を行う．たとえば，集合 a からシングルトン $\{a\}$ を作り出すという演算は定義可能である．実際，陳述 $y = \{x\}$ は論理式 $\forall z (z \in y \leftrightarrow z = x)$ で表すことができるからである．しかし，これは関数ではない．なぜなら，これはすべての集合に対して定義され，すべての集合のユニバースは集合でないからである．「関数クラス」という異なるフレーズを使うのは，このためである．加えて，関数クラスの定義では，必要に応じて**パラメータ**を認めている．たとえば，集合 b を固定したとき，各 a に対して $a \cap b$ をとる関数クラスは，論理式 $\forall z (z \in y \leftrightarrow z \in x \wedge z \in b)$ によって定義可能である．これは b に依存しており，この b をパラメータと呼び，このような関数クラスは「パラメータにより定義可能」であるという．より一般的には，関数クラスは論理式によって与えられる集合上の関数である．しかし，その関数の定義域はすべての集合や，すべての順序数を含んでいてもよいので，関数自身は集合として存在しないかもしれない．置換公理はすべての関数クラスに関する主張であるから，これは一つの公理ではなく，各関数クラスに対する公理からなる「公理図式」である．

ZFC が 1 階論理で形式化できることの重要な意義は，レーヴェンハイム（Löwenheim）とスコーレム（Skolem）による素晴らしい定理を応用できることである．レーヴェンハイム–スコーレムの定理は，1 階の形式言語についての一般的な結果である．特に ZFC の場合の主張は，ZFC がモデルを持つなら

ば，それは可算モデルを持つというものである．より詳しく書くと，ZFC のモデル $\mathcal{M} = \langle M, E \rangle$ が与えられたとき，$\mathcal{M}$ の部分構造で，可算かつ $\mathcal{M}$ とまったく同じ文を成り立たせるような ZFC のモデル $\mathcal{N}$ が存在することになる．一見，これはパラドックスに見えるかもしれない．ZFC において非可算集合の存在が証明できるならば，ZFC がどうして可算モデルを持つことができるのだろうか？　この定理は矛盾を導き，ZFC にモデルが存在しないことを示すのではないだろうか？　その心配はいらない．ZFC の可算モデル N と N の中の集合 a が与えられたとする．「a が可算である」という陳述が N で真であることを示したいのならば，ω から a への全射が N の「中」に存在することを示さなければならない．しかし，このような写像が N の中に存在せず，V あるいは N より大きいモデル M の中に存在する場合もある．なぜなら，V や M は N が扱うものよりも多くの集合や関数を含んでいるからである．この場合には，a は N から見ると非可算であるが，M や V から見ると可算になるのである．

決して問題を提起しているのではなく，可算であるとか特定の濃度を持つとかというような，集合論の概念が，ZFC のモデルに関して相対的であり，そのことで最初は多少当惑することがあっても，それは無矛盾性の証明において大きな価値を発揮する重要な現象だということである（第 5 節を参照）．

ZFC のすべての公理が V で真であることは容易に確認でき，このことは，そうなるように構成したものであるから何も不思議はない．しかし，ZFC の公理はそれより小さいユニバースで成り立つかもしれない．つまり，ZFC のモデルには V に真に含まれるクラス M も，あるいは集合 M もありうるし，したがって，レーヴェンハイム–スコーレムの定理により可算モデル M もあるかもしれない．あとで述べるが，ZFC のモデルの存在を ZFC で証明することはできない．その一方で，このようなモデルの存在を矛盾なく仮定できる（もちろん ZFC は無矛盾であることを前提にして）ことは，集合論において最も重要なことである．

4.　集合論と数学の基礎

これまで見てきたところでは，超限数の理論の発展のためには確かに ZFC が使える．しかし，すべての標準的な数学の対象は集合と見なすことができ，あらゆる古典的数学の定理は，普通の証明で扱う論理的規則を用いることで ZFC から証明することが可能なのである．たとえば，実数は有理数の集合として定義することができる．そして，有理数は整数の順序対の**同値類** [I.2 (2.3 項)] として定義できる．順序対 (m, n) は集合 $\{m, \{m, n\}\}$ として，整数は正の整数の順序対の同値類として定義できる．そして，正の整数は有限の順序数と見なせばよく，それらは集合として定義できることはすでに見たとおりである．こうして後ろにたどっていくと，実数は有限順序数の集合の集合の集合の集合の集合の集合であると見なせるだろう．同様に，数学のさまざまな対象，たとえば代数構造やベクトル空間，位相空間，滑らかな多様体，力学系などなどが ZFC で存在すると言える．これらの対象に関する定理は ZFC の形式言語で表現でき，証明も同様である．もちろん，形式言語で完全な証明を書き下そうとすれば非常に面倒であるし，そうしてできあがった証明は冗長なだけでなく，到底理解が不可能なものになるだろう．しかし，重要なことは，原理的にこのようなことが行えるということに確信を持つことである．すべての標準的な数学は，ZFC の公理系において形式化し発展させることができるという事実がある．そのことが数学自身を数学的に厳密に見ていこうとする**メタ数学**を可能にする．たとえば，それは数学的な陳述が証明を持つかどうかについて考えることを可能にする．つまり，「数学的な陳述」と「証明」を厳密に定義しさえすれば，証明が存在するかどうかという問題は，はっきりした答えを持つ数学的問題になる．

4.1　決定不能な陳述

数学において，数学的陳述 φ が真であることは，基本原則と公理からそれを証明することによって確定する．同様に，φ が偽であることは $\neg\varphi$ の証明によって決まる．今までは，φ か $\neg\varphi$ のいずれかの証明が必ず存在するはずだと信じられていた．しかし，1931 年に**ゲーデル** [VI.92] は，彼の有名な成果である**不完全性定理** [V.15] によって，それは成り立たないことを示した．第 1 不完全性定理の主張は，無矛盾でかつ基本的な算術を展開できるようないかなる公理的な形式体系においても，**決定不能**な陳述，つまりその体系において証明も否定の証明もできない陳述が存在するというものである．特に，ZFC が無矛盾であると仮定した場合，集合論の形式言語における陳述で，ZFC の公理系から証明することも反証することも不可能なものが存在する．

しかし，ZFC は無矛盾なのだろうか？　ZFC が無矛盾であることを主張する陳述を，普通は CON(ZFC) と書くが，これを集合論の言語に訳すと，以下のようになる．

$$0 = 1 \text{ は ZFC において証明不可能.}$$

この陳述が意味することは，$0 = 1$ という記号列が ZFC におけるいかなる形式的証明においてもその帰結に現れないということである．形式的証明は，ある種の算術的性質を満たす自然数の有限列でコード化され，それによって上記の陳述を算術の陳述と見なすことができる．ゲーデルの第 2 不完全性定理の主張は，基本的な算術を展開できるいかなる無矛盾な公理的形式体系も，その体系の無矛盾性を表す算術的陳述を証明できない，というものである．つまり，もし ZFC が無矛盾だとしても，ZFC においてその無矛盾性を証明することも反証することもできない．

現在では，ZFC は数学を展開する上で標準的な形式体系として受け入れられている．つまり，数学的陳述については，それを集合論の言語に翻訳して ZFC で証明できるなら，その真理はしっかりと確立されたものになる．しかし，決定不能な主張に対してはどうだろうか？　ZFC は標準的数学のあらゆる手法を織り込んでいることから，与えられた数学的陳述 φ が ZFC において決定不能であるという事実は，φ の真偽が通常の数学的手法により決定できないことを意味する．もし，すべての決定不能な陳述が CON(ZFC) のようなものであったならば，これらはわれわれが普段から興味を持っている種類の数学の問題には直接影響しないようだから，たぶん何も心配する必要はなかっただろう．しかし，良くも悪くもそうはならない．これから見ていくように，数学的に興味ある陳述で ZFC で決定不能になるものは，たくさん存在するのである．

数学的な陳述が証明を持つことを示す簡単な方法は，実際にそれを一つ見つけてくることである．しかし，与えられた数学的記述 φ が ZFC で決定不能であることを，どのようにして数学的に証明できるだろうか？　この問いに対しては，短いが実現しがたい答えがある．もし，φ が偽となるような ZFC のモデル M が見つけられたならば，φ の証明は存在し得ない（その証明により M 上で φ が真であることが示されるため）．よって，ZFC のモデル M, N で，φ が M で真であり N で偽になるものを見つけられれば，φ は決定不能であると言えるだろう．

しかし残念なことに，ゲーデルの第 2 不完全性定理から，ZFC のモデルの存在を ZFC では証明できないという結論が導かれる．これはゲーデルのもう一つの結果である，1 階述語論理の**完全性定理**と呼ばれる定理より，ZFC が無矛盾であることとモデルを持つことが同値であるためである．しかし，φ の決定不能性の証明を二つの**相対的無矛盾性**の証明に分けることで，この問題を回避することができる．一つは，ZFC が無矛盾であるならば，ZFC に φ を加えたものも無矛盾であることを証明することであり，もう一つは，ZFC が無矛盾であるならば，ZFC に $\neg\varphi$ を加えたものも無矛盾であることを証明することである．すなわち，ZFC のモデル M が存在することを仮定して，ZFC の二つのモデルの存在を証明する．一つは φ が成り立つものであり，もう一つは φ が成り立たないものである．このとき，ZFC において φ も $\neg\varphi$ も証明不能であるか，ZFC が矛盾していて，すべてが証明できることが結論付けられる．

20 世紀の数学における最も驚くべき結果の一つとして挙げられるのは，連続体仮説が ZFC 上で決定不能になることである．

5. 連続体仮説

カントールの連続体仮説（continuum hypothesis, CH）が最初に考案されたのは 1878 年のことであり，その主張は，実数からなる無限集合は可算であるか $\mathbb{R}$ と同じ濃度を持つかのいずれかであるというものである．ZFC においては，任意の集合，特に実数からなる任意の無限集合がどれかの基数と 1 対 1 に対応することが AC から導ける．したがって，CH は，$\mathbb{R}$ の濃度が $\aleph_1$ であることと同値，つまりすでに述べた陳述の形では $2^{\aleph_0} = \aleph_1$ と同値であることが容易に確認できる．

CH を解決することはヒルベルトの有名な 23 の未解決問題リストにおいて筆頭に提示されたものであり，集合論を発展させていくための主な原動力でもあった．しかし，カントールや 20 世紀最初の 3 分の 1 までの多くの有名な数学者たちの努力にもかかわらず，ゲーデルが ZFC に対してその無矛盾性を証明するまでの 60 年間，有効な解決策は見つからなかった．

5.1　構成可能なユニバース

1938 年にゲーデルは，ZFC のモデル M から，M に含まれていて CH を満たす ZFC の別のモデルを構成する方法を発見した．そうすることで，彼は ZFC と CH の相対的無矛盾性を示した．ゲーデルによるモデルを**構成可能ユニバース**と呼び，L で表す．M は ZFC のモデルであるから，M はすべての集合のユニバース V と見ることもできる．M の中に L を構成していくことは V を構成するのと似た方法で行われるが，重要な違いがある．V_α から $V_{\alpha+1}$ を構成していくときには，V_α のすべての部分集合をとっていたが，L_α から $L_{\alpha+1}$ を構成する際には，L_α で**定義可能**な部分集合のみをとることになる．よって，$L_{\alpha+1}$ は $\{a : a \in L_\alpha$ かつ $\varphi(a)$ が L_αで成り立つ $\}$ という形のすべての集合からなる．ここで，$\varphi(x)$ は集合論の言語からなる論理式で，L_α の要素をパラメータとして含んでいてもよい．λ が極限順序数のとき，L_λ はすべての $\alpha < \lambda$ に対する L_α の和集合であり，L はすべての順序数 α に対する L_α の和集合である．もちろん，V の中で L を構成することもできる．これはすべての構成可能集合のユニバースで，「実」L という．

L の構成において注目すべき重要な点は，AC を用いていないことであり，よって M は AC を満たすことを要求されない．しかし，構成された L においては AC が成り立つことが証明でき，ZFC のすべての公理が成り立つ．そこで AC を証明するための基本となる事実は，L のどの要素も，ある構成段階 α において定義されており，よって，論理式と順序数によって一意に定まることである．したがって，すべての論理式の合理的な整列順序を使って，L の整列順序が自然に生じる．L の要素の集合も同様である．これは，ZF（ZFC から AC を除いたもの）が無矛盾ならば ZFC も無矛盾であることを示している．言い換えれば，ZF の公理に AC を加えても，その体系に矛盾は入り込まないということである．AC は望ましい結果を多く持つ一方で，**バナッハ–タルスキのパラドックス** [V.3] のような一見直観に反したものも持ち合わせているので，このような結論は非常に心強い．

CH が L で成り立つことは，L においてすべての実数が可算の構成段階，つまり L において可算な α に対する L_α に現れるという事実による．これを証明するためには，まずすべての実数 r が，L を構成するために十分な ZFC の有限個の公理を満たすような L_β に属していることを示す．β は順序数であるが，可算である必要はない．すると，レーヴェンハイム–スコーレムの定理より，L_β のある可算部分集合 X で，r を含み L_β と同一の公理を満たすものが存在することを示すことができる．さらに，X はある可算順序数 α に対して L_α と同型であることが示せる．このとき，同型射は r 上では恒等関数としてよい．これで，r が可算のステージで現れることの証明ができた．しかし，可算順序数は $\aleph_1$ 個しかないことと，どの可算順序数 α に対しても L_α は可算であることから，$\aleph_1$ 個の実数しか存在しないことになる．

各順序数 α に対して，L_α は厳密に必要な集合だけ，言い換えれば，それ以前のどれかのステージにおいて明確に定義された集合のみを含む．したがって，L はすべての順序数を含む ZFC の最小なモデルであり，その中では $\mathbb{R}$ の濃度も可能な限り最小のものとして $\aleph_1$ になっている．実は，L においては**一般連続体仮説**（GCH）が成り立つ．GCH とは，任意の順序数 α に対して $2^{\aleph_\alpha}$ は最小可能値 $\aleph_{\alpha+1}$ を持つという命題である．

構成可能集合の理論は，ロナルド・ジェンセン（Ronald Jensen）の掌中で驚くべき進展を見せていった．彼は，ススリン（Suslin）の仮説と呼ばれる有名な仮説が L では成立しないことを証明し（第 10 節を参照），L で成り立つ二つの重要な組合せ原理，$\diamondsuit$（ダイヤモンド）と $\square$（スクエア）を抜き出した．ここでは定義しないが，これら二つの原理は，極限のステージで構成が止まらないようにして，順序数上の帰納法によって非可算な数学的構造を構成可能にするものである．これは非常に有用な方法である．なぜなら，構成可能集合の解析における困難を回避しつつ，無矛盾性の証明が行えるからである．もし，ある陳述 φ が $\diamondsuit$ あるいは $\square$ から演繹できたならば，それは L で成り立つ．なぜなら，ジェンセンの結果により $\diamondsuit$ と $\square$ は L で成り立つからである．したがって φ は ZFC に対して無矛盾ということになる．

構成可能という概念の一般化においては，**内部モデル理論**と呼ばれるものも重要である．ある集合 A が与えられたとき，すべての順序数と A を含む ZF の最小モデルが構成でき，それを A の**構成可能閉包**と呼ぶ．このモデルは $L(A)$ と表され，L の構成と同じようにして作ることができるが，空集合からではなく，A の**推移閉包**から構成を始める．A の推移閉包は A，A の要素，A の要素の要素 $\cdots$ からなる．この種のモデルが**内部モデル**の例である．それは ZF のモデルですべての順序数を含み，かつ要素のすべての要素を含むものである．特に際立ったものは，実数 r に対する $L(r)$ と実数全体の構成可能閉包 $L(\mathbb{R})$ である．巨大基数の公理の内部モデルの重要性については第 6 節で説明する．

ゲーデルの結果のあと，ZFC において CH を証明する試みは失敗を繰り返して，それが決定不能性かもしれないという考えが具体化してきた．これを証明するには，CH が成り立たないような ZFC のモデルを構成する方法を見つける必要がある．この目的を最終的に達成できたのは，25 年後の 1963 年，ポール・コーエン（Paul Cohen）による革新的な技術，**強制法**が開発されてからである．

5.2 強　　制　　法

強制法は，ZFC のモデルを構成するための柔軟かつ強力な道具である．これを使うことで，多様な特性を持つモデルを構成したり，構成中のモデルにおいて成り立つ条件をうまく操作したりすることができるようになる．強制法は，今まで無矛盾とは知られていなかったさまざまな命題が ZFC に対して無矛盾であることを証明し，また，多くの決定不能性に関する結果を導いた．

強制法とは，いわば，体 K から $K[a]$ への代数拡大を連想するように，ZFC のモデル M から**強制拡大** $M[G]$ を作ることである．$M[G]$ もまた ZFC のモデルである．しかし，強制法は概念的にも技術的にもたいへん複雑で，集合論，組合せ論，位相空間，論理学，そしてメタ数学の諸相を含んでいる．

強制法がどのように働くかを見るために，ZFC のモデル M から CH が成立しないモデルを得るコーエンの当初の問題を考えてみよう．まず，M は ZFC のモデルであることしか仮定されておらず，したがって，CH が M で成り立つとしてもよいことがわかる．実は，知っている限りでは M は構成的ユニバース L としてもよい．その場合おそらく，M の中で L を構成したときに，M の全体になる．したがって，M を拡大するとき，新しい実数を追加して，少なくとも $\aleph_2$ 個の実数があるような拡大 $M[G]$ を確保しなければならない．より正確に言うなら，少なくとも $\aleph_2$ 個の実数を持つという文を満たすモデル $M[G]$ を必要としている．しかし，$M[G]$ における「実数」は実際のユニバース V においては実数ではない可能性がある．大事なことは，$M[G]$ において「実数である」という文を満たしていることである．同様にして，$M[G]$ において濃度が $\aleph_2$ であるという文を満たす要素は，実際に V で濃度が $\aleph_2$ である必要はない．

この方法を説明するために，M に一つの新しい実数 r を加えるという単純な問題を考えてみよう．これをより単純にするため，r を，$[0,1]$ の中の実数の 2 進表現にしたものと考える．言い換えれば，r は実世界 V において無限の 2 進列ということになる．

最初の問題は，M がすべての無限 2 進列をすでに持っている場合であり，このときは新たに加えるものを見つけてくることはできない．しかし，レーヴェンハイム–スコーレムの定理により，ZFC の任意のモデル M は，集合論の言語において M とまったく同じ文を満たす可算部分モデル N を持つ．ここで，N が実世界 V において可算であることを強調しておく．よって，N の外側ですべての要素を数え上げる関数が存在する．それでも，「x は非可算である」という文が N で成り立つような集合 x を N は含んでいる．M は ZFC のモデルであるから，N も ZFC のモデルである．最初に M は ZFC のモデルになるというだけでその大きさについては言及しなかったが，$M=N$ と仮定してもよいから，M 自身も可算としてよい．いま，無限 2 進列は非可算無限個あるのだから，M に属さない無限 2 進列がたくさん存在する．

では，そのような中から任意に一つを選んで，M に加えることはできるだろうか？　きっとできないだろう．2 進列のうち，それを含むあらゆるモデルに多大な影響を及ぼすものが存在することが問題となる．たとえば，次のように可算順序数 α を実数でコード化することができる．最初に f を $\mathbb{N}$ から α への全単射とし，集合 $A \subseteq \mathbb{N}^2$ を $A=\{(m,n)\in\mathbb{N}^2 : f(m)<f(n)\}$ と定める．いま，$\mathbb{N}$ から $\mathbb{N}^2$ へ

の全単射 g をとり，$c(n)=1 \Leftrightarrow g(n) \in A$ と定める．もし，g が単純な関数ならば（簡単にそう選ぶことができる），無限 2 進数 c を含むモデル M は順序数 α を含まなければならない．なぜなら，α は ZFC の公理を使って c から構成できるからである．

なぜこれが問題なのかを見るために，M は V の中で構成された L_α の形をしたモデルで，α は V における可算順序であるとする．このような形の ZFC のモデルの存在はたとえば巨大基数の存在（第 6 節を参照）から言えるので，この可能性を排除することはできない．われわれが構成したい $M[c]$ は，新しい無限 2 進列 c とすべての M の要素を含むような ZFC のモデルであるので，それは $L_\alpha(c)$，つまり，c から始めて α ステップ以内で構成できる集合全部を含むはずである．しかし，もし c が上記のように α をコード化する列ならば，$M[c]$ は ZFC のモデルのまま $L_\alpha(c)$ と等しくなることはできない．なぜなら，これは $L_\alpha(c)$ が自分自身を含むことを導くからである．この問題を回避するため，$M[c]$ が ZFC のモデルになるようにより多くの集合を加えたならば，$M[c]=L_\gamma$ になるような，α より大きい順序数 γ が存在することになるだろう．しかし，CH は L_γ の形をしたすべての ZFC のモデルにおいて成り立ってしまうので，これはわれわれの目的には適さないことである．結論としては，M に含まれない c を任意に選ぶことはできない．これを選ぶには，相当な注意が必要である．

鍵となるアイデアは，c が「ジェネリック」，つまり，それが独自の特別な性質を持っていないという点である．その理由として，もし以前のように，$M=L_\alpha$ であるときに，$M[c]=L_\alpha(c)$ でかつまだ ZFC のモデルであることを保証したければ，$M[c]$ の構成を邪魔したり ZFC の公理を成立させなくしたりする原因になるような特別な性質を，c に持たせたくない．この目標を達成するためには，$M[c]$ にとって望まぬ影響を及ぼすようなすべての特別な性質を避けつつ，徐々に c を構成していきたい．たとえば，上記の方法で c が順序数 α をコード化しないようにするためには，$g(n) \in A$ となるようなある n に対して $c(n)=0$ とすればよい．

もちろん，c の 2 進表記の最初の N 桁を構成したあとで φ がその N 桁で始まるすべての実数で成り立つ性質ならば，以前の作業を取り消すことなく φ を避けることはできない．ある性質が**回避可能**であるとは，任意の有限列 p に対してその拡大となる有限 2 進列 q が存在して，q をどのように無限列に拡大してもその性質を持たないときをいう．たとえば，「すべての桁に 0 が現れる」という性質は回避可能であるが，「列の中に 1 が連続で 10 個並ぶ」という性質は回避不能である．

実数 c が M 上で**ジェネリック**，あるいは**コーエン**であるとは，M で定義できる回避可能な性質をすべて回避するときをいう．ここでいう「性質」とは，M の集合をパラメータに含みうる論理式によって定義されているものをいう．このような c は M に属さないことは容易にわかる．もし c が属するならば，M において「c と等しい」という性質を定義することができ，これは回避可能である．

ジェネリックな実数が存在することはどうして言えるだろうか？　もう一度，M は可算であるという事実を使おう．このことから，高々可算個の回避可能な性質が存在する．これを $\varphi_1, \varphi_2, \ldots$ と数えていったとき，どのような拡大無限列も φ_1 を満たさないような有限列 q_1 をとることができる．さらに，どのような拡大無限列も φ_2 を満たさないような q_1 の拡大有限列 q_2 をとることができる．このような操作を繰り返すことで，無限 2 進列 c を構成できるが，この c はどのような性質 φ_i も持たないのだからジェネリックである．

いま $M[c]$ を，c と M の要素をパラメータとして用いて M の順序数すべてと同じステップで構成できる集合からなる集合とする．たとえば，M が L_α ならば，$M[c]$ は $L_\alpha(c)$ である．モデル $M[c]$ を **M のコーエンジェネリック拡大**と呼ぶ．

奇跡的なことに，$M[c]$ は ZFC のモデルであることがわかる．さらに，$M[c]$ は M と同じ順序数を持ち，いかなる順序数 γ に対しても L_γ の形をとらない．特に，$M[c]$ の中で L を構成した場合，c は L に属さない．これらの命題を簡単に証明することはできないが，コーエンが示したことをかなり大雑把に言うと，論理式 φ が $M[c]$ において真であることと，φ を「強制的に」真にする c の始切片 p が存在することは同値である，ということになる．さらに，関係「p が φ を強制的に真にする」を，M において定義することができる（この関係を，有限 2 進列と論理式を関係付けて $p \Vdash \varphi$ と表記する）．よって，命題 φ が $M[c]$ において真になるかを見るには，c の始切片 p で $p \Vdash \varphi$ となるものがあるかを調べるだけでよい．特に，この結果は $M[c]$ が ZFC の公理を満たすことの証明も可能にする．

CH を満たさないモデルを構成するためには，ジェネリックな実数を，一つだけでなく $\aleph_2^M$ 個加える必要がある．$\aleph_2^M$ とは，M の中で $\aleph_2$ として働く順序数である．これは，M 上で非可算となる 2 番目の基数である．これが本当の $\aleph_2$ である必要はなく，実際に，V における可算順序数 α に対して L_α となるような M をとれば，そうならない．$\aleph_2^M$ 個のジェネリックな実数を加えることは，それらが持ちうる回避可能な性質をすべて回避しながら，それらの有限個への有限近似をとることで可能になる．こうして，有限 2 進列の代わりに，$\aleph_2^M$ より小さい順序数による添字付きの有限 2 進列の有限集合が使えることになる．ジェネリックな対象は，M 上の互いに異なるコーエン実数の列 $\langle c_\alpha : \alpha < \aleph_2^M \rangle$ である．したがって，CH はジェネリック拡大 $M[\langle c_\alpha : \alpha < \aleph_2^M \rangle]$ 上で成立しない．

しかし，ここで重要なことがあるので話す必要がある．M に新しい実数を加えたとき，新たに拡大したモデルの $\aleph_2$ が $\aleph_2^M$ と同じであることが重要である．そうでなければ，CH が拡大したモデルで成立するかもしれず，われわれの準備も無駄になってしまうだろう．幸いにも，上のことは正しいが，それを示すために再び強制法に関する諸事実を使わなければならない．

強制法を用いる同じ種類の議論により，$\mathbb{R}$ の濃度が $\aleph_3$ や $\aleph_{27}$，あるいはその他の非可算**共終性**を持つ基数となるモデルの構成が可能になる．ここで，非可算共終性とは，可算個のより小さい基数の上限にならないことである．したがって，連続体の濃度は ZFC において決定できない．さらに，CH はゲーデルの構成したユニバース L において成り立ち，コーエンによる強制法で構成したモデルで成立しないので，CH は ZFC で決定不能である．

コーエンは AC が ZF と独立であることの証明にも強制法を用いた．AC は L において成立するので，これは結局 AC が成立しないような ZF のモデルを構成することである．彼は，ZF の可算モデル M にジェネリックな実数の可算な族 $\langle c_n : n \in \mathbb{N} \rangle$ を加えることで，これを行った．なぜこれがうまくいくかを見るため，N を，$M[\langle c_n : n \in \mathbb{N} \rangle]$ の部分モデルであって，そのすべての順序数と順序なしの $A = \{c_n : n \in \mathbb{N}\}$ を含む最小のものとする．このとき，$M[\langle c_n : n \in \mathbb{N} \rangle]$ の中で構成すれば，N はちょうど $L(A)$ になる．ここから N が ZF のモデルになることを示すことができるが，N において A の整列順序が存在しないことも示される．その理由は，いかなる A の整列順序も，有限個の順序数と A の有限個の要素をパラメータにして $L(A)$ で定義でき，そのとき各 c_n が整列順序における順序位置を指し示すようにして定義可能になっているからである．しかし，c_n の列全体は L 上でジェネリックであるので，それらが論理式中にパラメータとして現れない限り，各 c_n を区別できる論理式は存在しない．A の整列順序の定義においてパラメータとして現れないような異なる二つの c_n を選ぶことができ，さらに，この整列順序は各 c_n を区別することができるので，矛盾が得られた．A が整列順序にならないので，AC は成立しない．

コーエンは，ZF における AC の独立性，および ZFC における CH の独立性を証明した直後の 1966 年，この成果によりフィールズ賞を受賞した．多くの集合論研究者が，強制法を最大限に一般化する研究を開始し（特に，アズリエル・レヴィ（Azriel Lévy），デイナ・スコット（Dana Scott），ジョゼフ・シェーンフィールド（Joseph Shoenfield），ロバート・ソロヴェイ（Robert Solovay）など），また，他の有名な数学の問題に応用し始めた．たとえば，ソロヴェイはすべての実数の集合が**ルベーグ可測** [III.55] である ZF のモデルを構成し，それによって AC が非可測集合の存在に必要なものであることを示した．また，彼は実数の**定義可能**な集合がすべてルベーグ可測であるような ZFC のモデルも構成した．その結果，非可測集合は，その存在が示せるにもかかわらず（6.1 項の例を参照），具体的には与えられないことがわかった．ソロヴェイとスタンリー・テネンバウム（Stanley Tennenbaum）は反復強制法の理論を発展させて，ススリンの仮説の無矛盾性の証明に応用した（第 10 節を参照）．エイドリアン・マサイアス（Adrian Mathias）は，無限版**ラムゼーの定理** [IV.19 (2.2 項)] の無矛盾性を示した．サハロン・シェラー（Saharon Shelah）は，群論におけるホワイトヘッド問題の非決定性を示した．そして，リチャード・レイヴァー（Richard Laver）は，ボレル予想の無矛盾性を証明した．以上が，1970 年代における注目すべき応用例である．

強制法は，いまや集合論全体に行き渡った技術である．今後も非常に興味深く，技術的観点から非常に洗練され，非常に美しい分野であり続けるだろう．また，強制法は，位相空間，組合せ論，解析学など，多くの数学分野への応用を伴い，重要な結果を生産し続けるだろう．特に，この 25 年間においては，シェラーによる**固有強制法**の理論の発展が大きな影響を与えてきた．固有強制法は，強制法を反復する場合や，新たな**強制法公理**（第 10 節で扱う）を形式化したり研究したりする場合に，とても役立つことが立証された．また，連続体の**基数不変量**の解析にも有効である．数直線上の位相的性質や組合せ的諸性質は，強制法によって作られるさまざまなモデルでさまざまな値をとるが，それらの諸性質に結び付く非可算な基数が存在する．基数不変量の例として，数直線を被覆するのに必要な測度 0 集合の最小数がある．もう一つの重要な発展として，アンソニー・ドッド（Anthony Dodd）とロナルド・ジェンセンによる，ユニバースを一つの実数にコードするための**クラス強制法**がある．驚くべきことに，どのようなモデル M も $L(r)$ の形のモデルになるようなある実数 r が存在することをいうのに，常に強制法が使えるのである．より最近の寄与としては，巨大基数の理論（次節を参照）と結び付く新たな強力な強制法の概念が，W・ヒュー・ウッディン（W. Hugh Woodin）によって発明された．これにより，連続体仮説における新たな洞察が得られた（第 10 節を参照）．

強制法により得られた多数の独立性命題は，ZFC の公理が多くの基礎的な数学の問題に答えるには不十分であることを明らかにした．そこで，ZFC に加えることで，これらの問題のいくつかに答えを出せるような新たな公理を見つけることが望まれる．続くいくつかの節で，その候補をいくつか紹介する．

6. 巨 大 基 数

すでに見てきたように，すべての順序数の集まりは集合を形成しない．しかし，もし集合として扱うことができたならば，その集合にはある順序数 κ が対応することになる．この順序数は κ 番目の基数 $\aleph_\kappa$ と一致するだろう．そうでないと，$\aleph_\kappa$ はさらに大きい順序数になってしまう．そして，V_κ は ZFC のモデルになるだろう．ZFC においては，このような性質を持つ順序数 κ の存在を示すことはできない．もし示せるとすると，ZFC において ZFC がモデルを持つことが言えてしまう．これはゲーデルの第 2 不完全性定理から不可能である．では，ZFC に「V_κ が ZFC のモデルであるような基数 κ が存在する」という公理を加えたらどうだろうか？

この公理は，さらに κ が**正則**である（κ が κ よりも小さい基数の極限にならない）ことも加えて，1930 年に**シェルピンスキ** [VI.77] と**タルスキ** [VI.87] によって提起された．これが，最初の**巨大基数公理**である．このような κ を**到達不能**という．

到達不能性も含意する他の巨大基数概念が，20 世紀を通して次々と発見されてきた．そのうちのいくつかは，無限版ラムゼーの定理の非可算集合への一般化が起源とされている．無限版ラムゼーの定理の主張は，以下のとおりである．ω（自然数）の要素の（順序なし）ペアを赤か青に色分けすると，ω の無限部分集合 X であって，X のどの 2 要素の対も同じ色が付いているものが存在する．これを ω_1 に自然に一般化すると成立しなくなる．しかし，ポール・エルデシュ（Paul Erdős）とリチャード・ラドー（Richard Rado）は，任意の基数 $\kappa > 2^{\aleph_0}$ については，κ のペアが赤か青かに色分けれているとき，大きさが ω_1 である κ の部分集合 X であって，X の要素からなるいかなるペアも同じ色が付いたものが存在することを示した．これは，エルデシュとアンドラーシュ・ハイナル（András Hajnal）が主導するハンガリー学派によって主として推進されてきた組合せ集合論の重要な分野である**分割計算**が生んだ，画期的成果の一つである．ラムゼーの定理が非可算な基数に一般化できるかという問題は，**弱コンパクト**と呼ばれる基数の話と自然に繋がる．基数 κ が弱コンパクトであるとは，非可算かつ最も強いラムゼー型の定理を満たすときをいう．最も強いラムゼー型の定理とは，κ の要素のペアに赤か青かの色分けがされていれば，大きさが κ である κ の部分集合 X であって，X の要素のどのペアも同じ色になるものが存在する，という主張である．弱コンパクト基数は到達不能であるので，その存在を ZFC で示すことはできない．さらに，その存在を仮定すると，最初の弱コンパクト基数より下に，多くの到達不能基数が存在することが判明した．よって，到達不能基数の存在を仮定しても，弱コンパクト基数の存在を示すことはできない．

最も重要な巨大基数は，1930 年にスタニスワフ・ウラムによって発見された**可測基数**と呼ばれるものであり，これは弱コンパクトな基数よりもずっと大きい基数である．

6.1 可測基数

実数の集合 A が**ボレル集合** [III.55] であるとは，開区間から始めて，補集合と可算の和集合をとる二つの演算を使って A が得られるときをいう．集合 A が**零**である，あるいは**測度 0** を持つとは，任意の $\epsilon > 0$ に対して $A \subseteq \bigcup_n I_n$ かつ $\sum_n |I_n| < \epsilon$ となる開区間の列 $I_0, I_1, I_2, \ldots$ があるときをいう．また，A が**ルベーグ可測**であるとは，A がほとんどボレル集合になるとき，つまりあるボレル集合との差が零集合になるときをいう．各可測集合 A には，平行移動によって不変であり**可算加法的**である**測度** $\mu(A) \in [0, \infty]$ が対応している．可算加法的とは，共通部分を持たない可算個の集合の和集合の測度が，各集合の測度の和になっていることである．さらに，区間の測度は，その長さになる（これらのより完全な議論については「測度」[III.55] を参照）．

ルベーグ可測でない実数の集合の存在を，ZFC で示すことができる．たとえば，次のような集合が，1905 年にジュゼッペ・ヴィタリ（Giuseppe Vitali）によって発見された．閉区間 $[0,1]$ 上の 2 点は，その差が有理数であるとき，同値と定める．そして，その同値類の中からちょうど一つの要素を集めてきて，$[0,1]$ の部分集合 A を作る．これには多くの選択が必要になるが，AC でできる．A が可測でないことを見るために，各有理数 p に対して $A_p = \{x + p : x \in A\}$ という集合を考える．A の作り方から，このような集合は異なる二つをとってきたとき共通部分を持たない．B を区間 $[-1,1]$ 上のすべての有理数 p に対する A_p の和集合とする．まず，A は測度 0 を持つことができない．というのは，持てるとすれば，可算加法性から B も測度 0 であることになるが，$[0,1] \subseteq B$ からこれはあり得ない．他方で，A が正の測度を持つと，B は無限の測度を持つことになり，$B \subseteq [-1,2]$ からこれもあり得ない．

可測集合は補集合と可算の和集合について閉じているので，すべてのボレル集合は可測である．1905 年に**ルベーグ** [VI.72] は，ボレルでない可測な集合の存在を示した．ミハイル・ススリン（Mikhail Suslin）はルベーグの論文を読んでいて，ルベーグの主張にミスがあることに気づいた．それは，ボレル集合の連続な像もボレル集合であるということであり，ススリンはすぐにその反例を見つけた．最終的に，これはボレル集合を超える，実数の集合の新しい自然な階層の発見に至った．ボレル集合から連続写像と補集合をとることで得られる集合は，**射影集合**と呼ばれる（第 9 節を参照）．1917 年にニコライ・ルジン（Nikolai Luzin）は，ボレル集合のすべての連続な像も可測であることを示した．これを**解析集合**という．集合が可測であるとき，その補集合も可測である．よって，すべての解析集合の補集合（**補解析集合**）もルベーグ可測である．すると，このようなことを続けていくことは可能かという自然な疑問が浮かぶ．特に，補解析集合の連続な像，すなわち Σ^1_2 集合として知られているものも可測だろうか？　この問いに対する解答は ZFC 上では非決定的であることが後にわかる．つまり，L においてルベーグ可測でない Σ^1_2 集合が存在し，強制法によりすべての Σ^1_2 が可測であるようなモデルを作ることができる．

ルベーグ可測でない実数の集合の存在を与える証明は，ルベーグ可測性が平行移動不変であるという事実によっている．実際，この証明は，すべての実数の集合を測りうるルベーグ測度を拡張するような，いかなる可算加法的平行移動不変な測度も存在できないことを示している．すると，ここで平行移動不変であるという条件を抜かして，実数のすべての集合を測るルベーグ測度の拡張となる可算加法的な測度は存在しうるかという自然な問題が生じる．これを**測度問題**という．このような測度が存在した場合，連続体の濃度は，$\aleph_1$ でも $\aleph_2$ でも，いかなる $n < \omega$ に対する $\aleph_n$ でもない．実は，ウラムは 1930 年に，測度問題が肯定的に解ければ，$\mathbb{R}$ の濃度は非常に巨大になる，つまり，より小さい基数の極限になる非可算な正則濃度の最小なもの以上になることを示した．彼はまた，任意の集合の上に自明ではない可算加法測度が存在すれば，測度問題が肯定的に解決するか，あるいは，非可算基数 κ とそのすべての部分集合が可測であるような $\{0,1\}$ 値の κ 加法測度が存在することを示した．このような基数は**可測**であるという．κ が可測ならば，弱コンパクトであり到達不能である．実際，κ より小さい弱コンパクト基数の集合は測度 1 であり，よって，κ はそれ自身が κ 番目の弱コンパクト基数となる．このことは，ZFC において，たとえ到達不能基数や弱コンパクト基数の存在をいろいろ（もちろん，無矛盾になるように）

主張する公理を加えても，可測基数の存在は証明できないという結果を導く．測度問題の完全な解明は，最終的にソロヴェイによって与えられた．彼が示したことは，この問題が肯定的に解決できれば，可測基数を持つ内部モデルが存在すること，そして逆に，可測基数が存在するなら，強制法による拡大で測度問題の肯定的な解決ができることである．

可測基数の存在は，ユニバース V が L になることができない，つまり，非構成的な集合，さらには非構成的な実数が存在するという予想外な結論をもたらした．実際，可測基数が存在すれば，V は L よりも大きくなる．たとえば，最初の非可算な基数 $\aleph_1$ は L の到達不能基数である．

強制法の開発と，独立性に関する後続の結果が次々とわかってから，可測基数のような巨大基数の存在公理が，強制法により ZFC では決定不能となっていた問題を解決することが期待された．しかしながら，レヴィとソロヴェイによって，巨大基数公理が CH を解決しないことがすぐに示された．というのは，強制法を用いて連続体の濃度を変化させたり，巨大基数を壊さないように CH を成立させたり，あるいは不成立にさせたりすることが容易にできるからである．しかし，驚くべきことに，1969 年にソロヴェイは，もし可測基数が存在すれば，すべての Σ^1_2 集合はルベーグ可測であることを示したのである．よって，可測基数の存在を主張する公理は連続体の濃度を決定できないものの，その構造に深い影響を与えることもわかった．ユニバース V の実数の集合から遠く離れている可測基数が，基礎的な性質に大きな影響を与えることは実に驚くべきことである．巨大基数と連続体の構造関係は，いまだ完全には理解されていないが，第 8 節および第 9 節で説明する**記述集合論**と**決定性**の研究を通じて，この 30 年で目覚しい進展を遂げた．

最近は，集合論における最も深く，最も技術的に難解ないくつかの研究が，巨大基数に対する規範的内部モデルの構成と解析によって進展している．これらは，巨大基数に対する L の類似物であって，すべての順序数を含み，推移的であり（つまり，これらの要素のすべての要素が含まれている），そして，ある種の巨大基数が存在するように規範的に作られたモデルである．基数が巨大になればなるほど，そのようなモデルを構成することは，さらに複雑である．このような研究は**内部モデルプログラム**として知られている．

内部モデルプログラムにおける顕著な結果の一つは，巨大基数を用いることで，ほとんどあらゆる集合論的な陳述 φ の**無矛盾性の強さ**を測る方法が与えられたことである．いま，巨大基数公理 A_1, A_2 があって，ZFC に φ を加えたものの無矛盾性が ZFC と A_1 の無矛盾性を導き，そしてまた ZFC と A_2 の無矛盾性から導かれるとする．このとき，A_1 を φ の無矛盾性の**下界**，A_2 を φ の無矛盾性の**上界**という．運良く下界と上界が一致した場合，φ の無矛盾性の強さが測れたことになる．上界 A_2 は通常 ZFC と A_2 のモデル上の強制法で得られるが，下界 A_1 は内部モデル理論で得られる．本節の初めに，測度問題の肯定的解決の無矛盾性の強さは，可測基数の存在のそれと一致することを述べた．次節では，別の重要な例を見る．

集合論の陳述について無矛盾性の強さの上界と下界を知ること，さらにできれば無矛盾性の強さそのものを知ることは，これらの命題の比較に非常に役立つ．実際に，もし命題 φ の下限が他の命題 ψ の上限よりも大きいならば，ψ は φ を導かないという結論が，ゲーデルの不完全性定理から引き出せる．

7. 基数の算術

連続体仮説を越えて，任意の無限基数 κ に対する指数関数 2^κ の挙動を理解することが集合論の原動力として働いてきた．カントールは任意の κ に対して $2^\kappa > \kappa$ であることを示した．そして，デネス・ケーニヒ（Dénes König）は，2^κ の共終性が常に κ より大きいこと，つまり，2^κ がそれより小さい基数を κ 個よりも少く並べた極限では表せないことを示した．2^κ が最小の可能値，つまり κ より大きい最小の基数となる主張を GCH と呼んでいる．これは L で成立する．また，この可能値を通常は κ^+ と表記する．$2^{\aleph_0}$ の場合と同じく，強制法によって，2^κ はその共終性が κ より大きくなることが唯一の必要条件で，任意に与えた値をとるような ZFC のモデルが作れると思うかもしれない．これは**正則**基数 κ，つまり，より小さい基数を κ 個より少なく並べた極限にならない基数に対しては正しい主張である．実際，ウィリアム・イーストン（William Easton）は，$\kappa \leq \lambda$ ならば $F(\kappa) \leq F(\lambda)$，かつ $F(\kappa)$ が κ よりも大きい共終性を持つような正則基数上の関数 F に対して，

任意の正則な κ で $2^{\kappa} = F(\kappa)$ となる L の強制拡大が存在することを示した．したがって，たとえば ZFC のモデルで，$2^{\aleph_0} = \aleph_7$，$2^{\aleph_1} = \aleph_{20}$，$2^{\aleph_3} = \aleph_{101}$ となるようなものを作ることができる．このことは，無限の正則基数に対する指数関数の挙動が，ZFC においてまったく非決定的であることや，強制法によっていかなる値にもできてしまうことを示している．

では，非正則基数ではどうだろうか？ 非正則な基数は**特異**であるという．つまり，無限基数 κ が特異であるとは，それが κ より小さい基数の κ より少ない個数の上限になっているときをいう．たとえば，$n \in \mathbb{N}$ に対する $\aleph_n$ の上限である $\aleph_\omega$ は，最初の特異基数である．特異基数における指数関数の可能値を決定することは難しい問題であり，多くの重要な研究を生み，巨大基数の必要性と意外な形で繋がった．

通常の可測基数よりはるかに大きくなるようなさらなる性質を持つ可測基数を**超コンパクト**というが，マシュー・フォアマン（Matthew Foreman）とウッディンはこれを用いて，常に GCH が成り立たない，つまりすべての基数 κ に対して $2^{\kappa} > \kappa^{+}$ となるような ZFC のモデルを作り上げた．しかし，不思議なことに，「非可算」な共終性の特異基数における指数関数の値は，なぜか，その関数のより小さい基数における値によって決定されてしまう．実際，1975 年にジャック・シルヴァー（Jack Silver）は，κ が非可算な共終性の特異基数であり，すべての $\alpha < \kappa$ に対して $2^{\alpha} < \alpha^{+}$ であるならば，$2^{\kappa} = \kappa^{+}$ となることを示している．これは，もし GCH が κ より小さいところで成り立てば，κ においても成り立つことを示している．「可算」な共終性の特異基数の場合にこれが成り立つということは，**特異基数仮説**（SCH）から導かれる．SCH は GCH より弱い一般原理で，正則基数の指数計算と相対的に，特異基数の指数計算を完全に決定するものである．SCH の特別な場合を以下に示そう．任意の有限な n に対して $2^{\aleph_n} < \aleph_\omega$ ならば $2^{\aleph_\omega} = \aleph_{\omega+1}$ である．よって，特に GCH が $\aleph_\omega$ より小さいところで成り立つならば，$\aleph_\omega$ においても成り立たなければならない．シェラーは，任意の n に対して $2^{\aleph_n} < \aleph_\omega$ ならば，$2^{\aleph_\omega} < \aleph_{\omega+4}$ であるという意外な結果を，彼自身の強力な「PCF 理論」から得た．よって，もし GCH が $\aleph_\omega$ より小さいところで成り立つならば，$2^{\aleph_\omega}$ の可能値は（ZFC 上）有界である．しかし，この値は最小の可能値 $\aleph_{\omega+1}$ よりも大きくできるのだろうか？ 特に，GCH を $\aleph_\omega$ で最初に成り立たないようにすることは可能なのだろうか？ 答えは Yes である．ただし，巨大基数が必要になる．実際，その一方でメナシェム・マギドア（Menachem Magidor）は，超コンパクト基数の存在の無矛盾性を仮定して $\aleph_\omega$ で GCH が最初に成り立たないことの無矛盾性を示した．よって，超コンパクト基数の存在は，SCH の否定の「上界」になる．他方で，ドッドとジェンセンは，内部モデル理論を用いて SCH の否定に巨大基数が必要であることを示した．SCH の否定の無矛盾性の強さの正確な測度は，後にモティ・ギティク（Moti Gitik）によって確立された．

8. 決 定 性

超コンパクト基数のような非常に大きい基数の存在は，実数の集合の性質に対し，特にそれらが単純な方法で定義できたときに，劇的な影響を与えた．実数の集合に関連付けられた無限の 2 プレイヤーゲームを解析することで，この二つの繋がりが見えてくる．$[0,1]$ 上の部分集合 A を与える．A に関連付けられた無限ゲームは以下のようなものと考える．2 人のプレイヤー I および II がいて，交互に 0 か 1 かの数 n_i を選ぶ．まず，プレイヤー I が n_0 を選び，そしてプレイヤー II が n_1 を選び，これに対してプレイヤー I が n_2 と応え …．このゲームの進行は図 3 のようになる．この進行の結果，プレイヤーたちによって無限 2 進列 $n_0, n_1, n_2, \ldots$ ができあがる．この列は $[0,1]$ 上の実数 r の 2 進展開と見なすことができる．もし，r が A の要素ならばプレイヤー I の勝利，そうでなければプレイヤー II の勝利となる．

たとえば，A を区間 $[0,1/2]$ としたとき，プレイヤー I の必勝戦略は，最初から 0 を選び続けることである．$A = [0,1/4)$ のときは，プレイヤー II は最初の手で 1 を選べば勝ちである．しかし，たいていのゲームは有限手数でどちらが勝つかを決めることはできない．たとえば，A が $[0,1]$ 上の有理点の集合としたとき，プレイヤー II がこのゲームの必勝戦略を持つことは簡単にわかるが（たとえば，プレイ

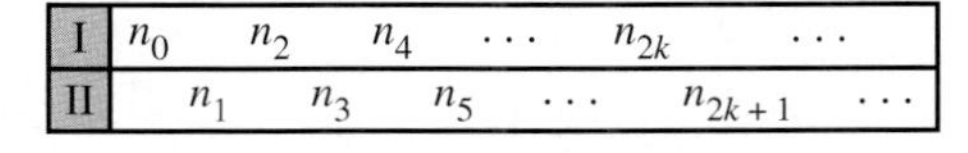

図 3 $A \subseteq [0,1]$ に関連付けられた無限ゲーム

ヤーIIが 01001000100001… とプレイすれば，プレイヤーIがどのような手を打ってもプレイヤーIIが勝つ)，プレイヤーIIはどんな有限手番でも勝利することはできない．

ゲームが**決定的**であるとは，2 人のうちどちらかが必勝戦略を持つときをいう．形式的には，プレイヤーIIの**戦略**とは，関数 f で奇数の長さの有限列に対して 0 か 1 の値を当てるものである．プレイヤーIIが第 k 手目で $f(n_0, n_1, \ldots, n_{2k})$ とプレイすれば，プレイヤーIがどのようなプレイをしてもプレイヤーIIが常に勝てるとき，この戦略はプレイヤーIIの**必勝戦略**であるという．同様にして，プレイヤーIの必勝戦略も定める．集合 A が**決定的**であるとは，A に関連付けられたゲームが決定的であるときをいう．すべてのゲームは決定的であると推測するかもしれないが，実際は AC を用いることで容易に決定的でないゲームの存在を示すことができる．

ある実数の集合族と関連付けられたゲームの決定性によって，その族のすべての集合がボレル集合と似た性質を持つことを導ける．たとえば，すべての実数の集合は決定的であるという**決定性公理**（AD）から，すべての実数の集合はルベーグ可測であることや，ベールの性質を持つこと（ある開集合との差は第 1 類の集合になる)，そして完全集合性を持つこと（非可算ならば完全集合を含む）がわかる．典型的な議論の雰囲気を与えるために，すべての集合がルベーグ可測になる理由を示そう．

まず，A の可測な部分集合がすべて零集合であるならば，A 自身が零集合であることを示せば十分であることに注意する．そして，このために任意の $\epsilon > 0$ に対する A と ϵ の**被覆ゲーム**を行う．このゲームでは，プレイヤーIは列 $a = \langle n_0, n_2, n_4, \ldots \rangle$ が A の要素を表すようにプレイする．プレイヤーIIは，測度が合計しても ϵ を超えないようにして，有理区間の有限の和（の 2 進コード）を選んで a を被覆するようにプレイする．この被覆ゲームにおいて，A の任意の可測部分集合が零ならば，プレイヤーIは必勝戦略を持たないことが示せる．よって，AD からプレイヤーIIが必勝戦略を持つ．この戦略を用いると，A の外測度が ϵ 以下であることが示せる．そして，$\epsilon > 0$ は任意だから A は零集合でなければならない．

AD は，良くない振る舞いをする実数の集合の存在を除外する一方で，AC の否定を示す．つまり，AD は ZFC において矛盾を導く．しかし，いくつかの弱い AD は ZFC と矛盾のないものであり，また ZFC から導かれるものもある．実際，ドナルド・マーティン（Donald Martin）は 1975 年に，ZFC においてすべてのボレル集合が決定的であることを示した．さらに，可測基数が存在する場合，すべての解析集合，さらには補解析集合も決定的である．すると，巨大基数の存在は，Σ^1_2 集合のようなより複雑な集合の決定性も導くかという自然な疑問が浮かぶ．

巨大基数と実数の単純な集合の決定性の親密な関係性は，レオ・ハーリントン（Leo Harrington）によって最初に明確化された．彼は，すべての解析集合の決定性が，実は可測基数の存在性よりも若干弱い巨大基数原理と同値であることを示した．このあとすぐに見るように，巨大基数は射影集合と呼ばれる簡単に定義される実数の集合の決定性を導く．反対に，これら集合の決定性は，内部モデルにおけるある種の巨大基数の存在性を導く．

9.　射影集合と記述集合論

今まで見てきたように，実数の集合に関するとても基本的な疑問を解決することが，非常に困難になることがある．しかしながら，「自然に」現れる，あるいは明確に記述できる集合に対する疑問なら，答えられることもある．これによって，任意の集合に対して証明できなくても，定義可能な実数の集合に関しては事実であることを示せる場合があるという希望が生じた．

実数の定義可能な集合の構造を調べることが，**記述集合論**のテーマである．このような集合の例として，ボレル集合や，ボレル集合から連続像や補集合をとることで得られる**射影集合**と呼ばれるものがある．射影集合の同値な別の定義は，低次元へ射影することと補集合をとることという二つの操作によって，$\mathbb{R}^n$ の部分閉集合から得られる $\mathbb{R}$ の部分集合というものである．これが定義可能とどのように関係するのかを見るため，$A \subset \mathbb{R}^2$ から x 座標への射影を考えてみる．その結果は，$(x, y) \in A$ となるような y が存在する x 全体からなる集合となる．よって，射影は存在量化記号と対応することがわかる．補集合は否定と対応しており，したがって，この二つを合わせることで全称量化記号も得ることができる．このようにして，射影集合を閉集合から定義可能な集合と考えることができる．

解析集合はボレル集合の連続像であったので，これは射影集合である．さらに，解析集合の補集合である補解析集合も射影集合であり，補解析集合の連続像である Σ^1_2 集合も射影集合である．Σ^1_2 集合の補集合をとることで，より複雑な射影集合である Π^1_2 集合が得られる．これらの連続像を Σ^1_3 集合と呼ぶ．以下同様にして射影集合が得られる．射影集合は，ボレル集合からこれらを得るために必要な（常に有限な）ステップ数に応じた複雑さによって階層構造を形成している．通常の数学で自然に現れるような多くの実数の集合は，射影集合である．さらに，記述集合論の結果や技術は，もとは実数の集合の研究に対して開発されたものだが，任意の**ポーランド空間**（可分完備距離付け可能な空間）における定義可能な集合にも応用される．これら基本的な例には，$\mathbb{R}^n$ や $\mathbb{C}$，可分な**バナッハ空間** [III.62] を含んでいて，そこでの射影集合はとても自然に現れる．たとえば，sup ノルムを持つ $[0,1]$ 上の実数値連続関数からなる空間 $C[0,1]$ において，あらゆる点で微分可能な関数の集合は補解析集合であり，平均値の定理を満たす関数の集合は Π^1_2 である．こうして，記述的集合論は，数学の一般的興味対象となるポーランド空間の自然な集合を扱っていることを考えれば，調和解析，群作用，エルゴード理論，力学系といった他の数学分野に多くの応用があることは当然である．

記述集合論の古典的な結果を挙げれば，すべての解析集合が，またそれゆえすべての補解析集合がルベーグ可測であること，そしてそれらがベールの性質を持つこと，また，すべての非可算解析集合が完全集合を含むことである．しかし，すでに指摘したように，ZFC においては，すべての Σ^1_2 集合がこのような性質を持つことは証明できない．実際，L で反例が見つかるからである．反対に，もし可測な基数が存在したならば，これらの性質を満たすことになる．では，より複雑な射影集合ではどうだろうか？

射影集合の理論は，巨大基数と密接な関わりを持っている．一方で，ソロヴェイは到達不能基数の存在性が無矛盾ならば，実数からなる任意の射影集合がルベーグ可測であり，ベールの性質などを満たすという陳述も無矛盾であることを示した．他方，意外なことに，シェラーは，Σ^1_3 集合がルベーグ可測ならば $\aleph_1$ は L の到達不能基数であるという意味で，到達不能基数の必要性を示した．

ボレル集合や解析集合のほぼすべての古典的性質は，決定性を仮定すれば射影集合に共有される．しかし，すべての射影集合の決定性は ZFC で証明不可能であるため，また，この決定性はエレガントかつ満足のいく方法でボレル集合や解析集合の理論を射影集合に拡張できるため，集合論の新しい公理の素晴らしい候補となる．この公理は**射影決定性**（PD）として知られている．たとえば，この公理はすべての射影集合がルベーグ可測であり，ベールの性質や完全集合の性質を満たすことを導く．特に，すべての非可算な完全集合は $\mathbb{R}$ と同じ濃度を持つので，CH の反例となる射影集合は存在しない．

ここ 20 年間の集合論における最も注目すべき進展は，PD が巨大基数の存在から従うことの証明であろう．1988 年にマーティンとジョン・スティール（John Steel）は，**ウッディン基数**と呼ばれるものが無限個存在すれば，PD が成り立つことを示した．ウッディン基数は，巨大基数の階層において可測と超コンパクトの間に位置する．その後，驚くことに，ウッディンは各 n に対して n 個のウッディン基数が存在することが無矛盾性であるという仮定が，PD の無矛盾性を得るための必要条件であることを示した．よって，無限個のウッディン基数の存在性は，ボレル集合や解析集合の古典理論を実数のすべての射影集合に拡張し，さらにポーランド空間のすべての射影集合に一般化するための条件として，十分でかつ本質的に必要なものである．

いわゆる巨大基数公理は記述集合論だけでなく，他の多くの数学分野においても大きな成功があるにもかかわらず，集合論の正しい公理としての立場はいまだ確立されていない．これは，超コンパクト基数のような非常に巨大な基数の場合においては，使用できる内部モデルがいまだに見つからないため，無矛盾性の強力な論拠がなく，なおさらである．しかし，ハーヴィー・フリードマン（Harvey Friedman）が示したように，自然数上の有限関数についてのとてもシンプルで自然な陳述を証明するためにも，巨大基数は必要であり，したがって，数学の最も基礎的な部分において巨大基数が本質的な役割を担っているという点は注意しておくべきである．既知の巨大基数公理の持つもう一つの弱点は，いくつかの基礎的な問題を決定できないことである．最も目立つのは CH であるが，ほかにも存在する．

10. 強制法公理

既知の巨大基数公理から解決できない連続体に関するもう一つの古く基本的な問題は，**ススリン仮説**（SH）である．カントールは任意の稠密（任意の相異なる 2 点の間に別の点がある），完備（上に有界な空でない部分集合は上限を持つ），可分（可算稠密な部分集合を持つ），かつ終点を持たない線形順序集合は，数直線と順序同型であることを示した．1920 年にはススリンが，可分性の代わりに，各要素が互いに共通部分を持たない開区間の族は高々可算であるという弱い**可算鎖条件**（CCC）を仮定しても，そのような線形順序集合は $\mathbb{R}$ と同型であると予想した．集合論の発展のために必要な SH の重要性は，**強制法公理**と呼ばれる新たな公理系の発見に繋がることである．

1967 年にソロヴェイとテネンバウムは，SH を満たすモデルの構成に強制法を用いた．そのアイデアは，SH を満たすように，その反例となる部分を強制的に壊すというものである．しかし，これを行うと，新たなものが作られるかもしれず，結果として強制法を超限回繰り返し行わなければならない．強制法の反復は，極限ステージで予期しないことが多く発生するため，技術的に面倒で扱いが難しい．たとえば，ω_1 は可算になりうるという意味で「崩壊性がある」と言えるだろう．

幸いなことに，これらの難しい部分をうまく処理することができる．一般的には，強制法の議論は半順序集合を伴う（前に見た例は，$p < q$ は有限 2 進列の集合の上で p が q の真なる始切片であるときとしていた）．もし，GCH を満たすモデルから始めるならば，CCC，つまり互いに共存不可能な要素の集合が可算である半順序だけを使い，極限のステージで，いわゆる**直極限**をとれば，最終モデルにおいて SH が成り立つように ω_2 ステップですべての反例を壊すことができる．その一方で，1968 年にジェンセンは，L に SH の反例が存在することを証明し，それによって ZFC における SH の非決定性を示した．

ソロヴェイ，テネンバウム，マーティンの構成は，よく知られた**ベールのカテゴリー定理**の一般化として**マーティンの公理**（MA）と呼ばれる新しい原理を打ち立てた．ベールのカテゴリー定理の主張は，任意のコンパクトなハウスドルフ空間において，稠密な開集合の可算な族の共通部分は空ではないというものである．MA の主張は以下のとおりである．

> 任意のコンパクトなハウスドルフ CCC 空間において，$\aleph_1$ 個の稠密な開集合の共通部分は空でない．

空間が CCC（任意の互いに共通部分を持たない開集合の族は可算）であるという条件は，主張が偽にならないために必要である．MA が CH の否定を導くことは容易にわかる．というのは，もし，$\aleph_1$ 個しか実数が存在しないとすると，r はすべての実数を動くものとして，$\aleph_1$ 個の稠密な開集合 $\mathbb{R} \setminus \{r\}$ の共通部分は空である．しかし，MA は $\mathbb{R}$ の濃度を決定することはできない．

MA は，ZFC では決定的でない多くの問題を解決するために，有効に用いられてきた．たとえば，MA から SH と任意の Σ^1_2 集合がルベーグ可測であることが導ける．しかし，MA は本当に公理なのだろうか？　それは集合に関して自然な，あるいはもっともらしい仮定なのか？　そうだとするならば，それはどういう意味でそうなのだろうか？　ZFC では決定的でない多くの問題を決定するという事実は，MA を ZFC 公理や巨大基数公理と同格なものとして受け入れるのに十分だろうか？　後にこれらの疑問に立ち戻りたい．

MA と同値になる定式化は数多く存在する．マーティンによるオリジナルの定式化は，強制法と密接な繋がりを持ち，**強制法公理**と呼ばれた．大雑把に言うと，CCC 半順序があれば，可算個に限らず $\aleph_1$ 個の回避可能な性質を回避できると，この公理は主張している．これを用いると，濃度が $\aleph_1$ のモデル M 上で，半順序におけるジェネリック集合の存在を示すことができる．

より強力な強制法公理は，公理の無矛盾性を保ちつつ MA を適用した半順序の族を拡張することで得られる．このような強化の中でも重要なものは，「固有な」（プロパーな）半順序に対して定式化した**固有強制法公理**（PFA）である．固有性は，シェラーによって発見され，CCC よりも弱い性質を持っていて，複雑な強制法の反復操作をするときに特に有用である．この形の強制法公理の中で最も強いものが，1988 年にフォアマン，マギドア，シェラーによって発見された．これは**マーティンの最大性**（MM）と呼ばれ，超コンパクトな基数の無矛盾性を仮定すると，ZFC に対して無矛盾である．

MM と PFA はいずれも特筆すべき結果を導く．たとえば，PFA は射影集合の決定性公理（PD）や，特異基数仮説（SCH），$\mathbb{R}$ の濃度が $\aleph_2$ であることを導く．よって MM でもこれらを導くことができる．

強制法公理の強みは，$\diamondsuit$ や $\square$ が構成可能集合の詳細を述べる手間を省くように，強制法の詳細を述べずに適用できる点にある．非常に良い例として，PFA と，PFA から導かれるいわゆる**開彩色公理**のような組合せ原理がある．位相空間論や無限組合せ論の有名な問題を解決するためにステヴォ・トドルチェヴィッチ（Stevo Todorcevic）がこれらを用いて，素晴らしい成果を挙げた．

すでに指摘したように，強制法公理は，ZFC の公理はもちろん，巨大基数公理と比べても直観的に明らかではないので，ある陳述が ZFC と無矛盾であることを示すための有用な原理という役割を越えて，どの程度集合論の正しい公理として考えうるのかが問われる．MA や，PFA と MM の弱い形式の場合には，正しい公理として見なす正当化の一つを**ジェネリック絶対性**という原理と同値であるという事実によっている．この原理は，矛盾性を排除するために必要な制限のもとで，「存在しうるすべてのものは存在する」ことを主張している．より正確に言うと，ある性質を持つ集合が V 上に存在できるように強制できたとすると，同じ性質を持つ集合がすでに（V に）存在しているということである．したがって，巨大基数公理と同様に，これらは極大原理，つまり，V を可能な限り大きくする試みである．

たとえば，MA については，ω_1 の部分集合のみに依存している集合 X が，CCC 半順序 $\mathbb{P}$ を用いて V 上に存在することを強制できるならば，このような X はすでに V に存在しているという主張と同値である．このようなジェネリック絶対性による特徴付けによって，MA は集合論の正しい公理であると見なすための正当化が得られる．ジェネリック絶対性の類似な原理で，CCC の代わりに固有半順序としたものは，**有界固有強制法公理**（BPFA）として知られている．PFA より弱いにもかかわらず，BPFA は巨大基数公理が解決できない多くの問題を決定するのに十分な強さを持っている．最も顕著なものとして，最近ジャスティン・ムーア（Justin Moore）は，ウッディン，デイヴィッド・アスペロ（David Asperó），トドルチェヴィッチらの一連の成果に続き，BPFA は $\mathbb{R}$ の濃度が $\aleph_2$ であることを含意することを示した．

最後に，巨大基数，内部モデル，決定性，強制法公理，ジェネリック絶対性，そして連続体の間に強力で根本的な関係を確立させる，いくつかの深淵な結果について簡単に述べる．これらの結果は，任意の順序数 α に対して α よりも大きいウッディン基数が存在するという仮定のもとで成り立つ．

最初はシェラーとウッディンによるもので，理論 $L(\mathbb{R})$ はジェネリック絶対性を持つというものである．これは，実数をパラメータとして持つすべての文は，V の任意のジェネリック拡大における $L(\mathbb{R})$ において成り立つならば，すでに実 $L(\mathbb{R})$ において成り立つという主張である．このようなジェネリック絶対性は，$L(\mathbb{R})$ 上のすべての実数の集合，特に射影集合が，ルベーグ可測性やベールの性質などを持つことを導く．さらに，巨大基数から PD を導くマーティン–スティールの結果をさらに洗練し，ウッディンは $L(\mathbb{R})$ 上ですべての実数の集合が決定可能であることを示した．

ウッディンのもう一つの結果は，彼が $(*)$（スター）と呼ぶ公理の存在である．この公理の狙いは，PD が自然数の集合に関する「ほぼすべての」問題を決定するのと同じように，ω_1 の部分集合に対しての問題を決定することである．もちろん，ω_1 の部分集合のみ言及する「すべて」の問題を決定するような無矛盾な公理は存在しない．これは，ゲーデルの不完全性定理から，常に決定不能な算術的主張が存在するためである．したがって，「ほぼすべての問題を決定する」という概念を正確に形式化するために，ウッディンは普通の 1 階論理を強化した **Ω 論理**という新しい論理を導入した．Ω 論理の主な特徴の一つは，Ω 論理における妥当な陳述はジェネリック絶対性を持つということである．適切な巨大基数の仮定のもとで，$(*)$ は Ω 論理においては無矛盾であり，また，Ω 論理において ω_1 の部分集合のみ言及するすべての問題を決定することができる．主な未解決問題として **Ω 予想**というものがあるが，この記述は非常に技術的で，本書の範囲から逸脱してしまう．しかし，もし Ω 予想が正しいとすると，Ω 論理上で ω_1 の部分集合のみに依存するすべての問題を決定する巨大基数の存在性と両立するようなあらゆる公理が，CH の否定を導く．よって，ZFC に CH を加えたものと ZFC に CH の否定を加えたものは，Ω 論理の視点では同じように合理的なわけではない．なぜなら，巨大基数が存在する場合，CH は ω_1 の部分集合に関するすべての自然な問題を解決する可能性に不必要な制限を与えてしまうからである．

11. 最　　後　　に

簡単な説明であったが，集合論に関して，その研究が始まった 19 世紀後半以降の重要なポイントをいくつか紹介した．超限数の数学的理論としてカントールの手の中で始められた研究は，無限集合の一般理論と数学基礎論へと発展していった．すべての古典数学を ZFC 公理体系という一つの理論の枠組みに統一することが可能になったことは，実に注目すべき点である．しかし，このことを越え，最も重要なことは，集合論によって発達した技術，すなわち構成可能性，強制法，無限組合せ論，巨大基数理論，決定性，ポーランド空間の定義可能な集合の記述集合論などが，われわれの想像を刺激し，それに挑むような魅力ある結果を伴いつつ，集合論が奥深く，そして美しい分野になったことである．そしてまた代数，位相，実・複素解析，関数解析，そして測度論などの領域へ，数え切れないほどに応用されてきたということである．21 世紀においても，集合論によって生まれたアイデアと技術は，新旧両方の数学の有名な問題の解決にきっと貢献し続けるだろう．そして今後も，数学者たちが複雑で広大な数学の宇宙の中で深淵な洞察を得るための助けになっていくだろう．

文献紹介

Foreman, M., and A. Kanamori, eds. 2008. *Handbook of Set Theory*. New York: Springer.

Friedman, S. D. 2000. *Fine Structure and Class Forcing*. De Gruyter Series in Logic and Its Applications, volume 3. Berlin: Walter de Gruyter.

Hrbacek, K., and T. Jech. 1999. *Introduction to Set Theory*, 3rd edn., reviced and expanded. New York: Marcel Dekker.

Jech, T. 2003. *Set Theory*, 3rd edn. New York: Springer.

Kanamori, A. 2003. *The Higher Infinite*, 2nd edn. Springer Monographs in Mathematics. New York: Springer.
【邦訳】A・カナモリ（渕野昌 訳）『巨大基数の集合論』（シュプリンガー・フェアラーク東京，1998）

Kechris, A. S. 1995. *Classical Descriptive Set Theory*. Graduate Texts in Mathematics. New York: Springer.

Kunen, K. 1980. *Set Theory: An Introduction to Independence Proofs*. Amsterdam: North-Holland.
【邦訳】K・キューネン（藤田博司 訳）『集合論——独立性証明への案内』（日本評論社，2008）

Shelah, S. 1998. *Proper and Improper Forcing*, 2nd edn. New York: Springer.

Woodin, W. H. 1999. *The Axiom of Determinacy, Forcing Axioms, and the Nonstationary Ideal*. De Gruyter Series in Logic and Its Applications, volume 1. Berlin: Walter de Gruyter.

Zeman, M. 2001. *Inner Models and Large Cardinals*. De Gruyter Series in Logic and Its Applications, volume 5. Berlin: Walter de Gruyter.

松原洋「集合論の発展——ゲーデルのプログラムの視点から」，田中一之 編『集合論とプラトニズム』（ゲーデルと 20 世紀の論理学 4）（東京大学出版会，2007）

IV. 23

ロジックとモデル理論

Logic and Model Theory

デイヴィッド・マーカー［訳：田中一之］

1. 言 語 と 理 論

数理論理学（ロジック）は，数学的構造を記述するために用いられる形式言語，およびそれが構造に関して語ることについての研究である．形式言語については，その言語が記述する構造に対してどの文が真になるかを研究することによって，たくさんのことを知ることができる．また，構造については，形式言語を用いて定義できる構造の部分集合を研究することによって，たくさんのことを知ることができる．本章では，いくつかの言語，およびその言語が記述する構造の例について述べる．また，ロジックの定理が時にロジックとは無関係に思える「純粋数学」的な結果を証明するために応用されるという，注目に値するいくつかの例についても述べる．導入部にあたる本節では，後の節を理解するために必要になる基本的なアイデアのいくつかを，簡単に紹介する．

ここで考察するすべての形式言語は，基本的な論理的言語 $\mathcal{L}_0$ を拡大したものになっている．この言語の陳述，すなわち**論理式**は，以下の要素から構成される：**変数**（x, y のようなアルファベット文字や，$v_1, v_2, \ldots$ のような添字付きのアルファベット文字），**括弧**（“(” と “)”），**等号記号**（$=$），**論理結合子**（$\wedge$,

$\vee, \neg, \rightarrow, \leftrightarrow$．それぞれ「かつ」「または」「でない」「ならば」「〜のときかつそのときに限り」を意味する)，**量化記号** ($\exists, \forall$．それぞれ「存在する」「すべての」を意味する)（これらの記号に馴染みのない読者は，本章の前に「数学における言語と文法」[I.2] を読まれたい)．$\mathcal{L}_0$ 論理式の例を二つ挙げる．

(i) $\forall x\,\forall y\,\exists z\,(z \neq x \wedge z \neq y)$

(ii) $\forall x\,(x = y \vee x = z)$

論理式 (i) は，何か対象が一つでも存在するならば少なくとも三つの対象が存在することを意味し，論理式 (ii) は，y と z のみが対象であることを意味する．この二つの論理式の間には重要な違いが存在する．すなわち，論理式 (i) に現れる変数 x, y, z がすべて「束縛」変数である（つまり，それらはすべて量化記号と結び付いている）のに対し，論理式 (ii) においては変数 x のみが束縛されており，変数 y, z は「自由」である．それゆえ，論理式 (i) はある数学的構造についての主張であるのに対し，論理式 (ii) は構造だけでなく特定の要素 y と z についての陳述である．

基本的な論理式の集まりからより複雑な論理式を作る方法はいろいろあるが，ここでそのすべてを挙げることはしない．たとえば，ϕ と ψ が論理式ならば，$\neg\phi$, $\phi \vee \psi$, $\phi \wedge \psi$, $\phi \rightarrow \psi$, $\phi \leftrightarrow \psi$ はすべて論理式である．一般に，ϕ が基本的な論理式 $\phi_1, \ldots, \phi_n$ から論理結合記号（と括弧）を使って作られているとき，この ϕ を $\phi_1, \ldots, \phi_n$ の**ブール結合**と呼ぶ．論理式を変形するためのもう一つの重要な方法は量化である．すなわち，$\phi(x)$ が自由変数 x を含む論理式ならば，$\forall x\,\phi(x)$ や $\exists x\,\phi(x)$ はともに論理式である．

今述べた $\mathcal{L}_0$ 論理式は，興味ある数学的構造を記述するためにはあまり役立たない「純粋論理」的なものである．たとえば，実数の**体** [I.3 (2.2 項)] 上の代数方程式と指数方程式の実数解について研究したいとしよう．われわれはこれを「数学的構造」

$$\mathbb{R}_{\exp} = (\mathbb{R}, +, \cdot, \exp, <, 0, 1)$$

の研究と考える．ここで，等式の右辺は，実数全体の集合 $\mathbb{R}$，和と積の 2 項演算，**指数関数** [III.25]，「大小」関係と実数 0 と 1 からなる七つ組である．

この構造の構成要素は，もちろん互いにいろいろな仕方で関係付けられている．しかし，基本言語 $\mathcal{L}_0$ を拡大することなしに，これらの関係を表現することはできない．たとえば，指数関数は和を積に変えるという主張を形式的に書きたいとすれば，簡明な記述の仕方は

(i) $\forall x\,\forall y\ \exp(x) \cdot \exp(y) = \exp(x + y)$

となるだろう．ここでは，二つの量化記号，二つの変数記号 x, y，そして等号記号を用いている．しかし，この論理式はほかにも "$+$" や "$\cdot$"，そして exp のような余分な要素を含んでいる．したがって，構造 $\mathbb{R}_{\exp}$ について議論するために，言語 $\mathcal{L}_0$ を記号 $+$, $\cdot$, exp, $<$, $0, 1$ を加えた言語 $\mathcal{L}_{\exp}$ に拡張することになる．もちろんこれらは，$+$ が 2 項演算であることや exp が関数であることといった事実を反映するさまざまな構文論的規則を伴う．たとえば，これらの規則によって $\exp(x + y) = z$ と書くことは許されても，$\exp(x = y) + z$ と書くことは禁じられる．

$\mathcal{L}_{\exp}$ 論理式の例を，さらに三つ挙げる．

(ii) $\forall x\,(x > 0 \rightarrow \exists y\ \exp(y) = x)$

(iii) $\exists x\ x^2 = -1$

(iv) $\exists y\ y^2 = x$

これらの論理式は，次のように解釈される．(i)「任意の正数 x に対し，$\mathrm{e}^y = x$ となるような y が存在する」，(ii)「-1 は平方数である」，(iii)「x は平方数である」．論理式 (i)〜(iii) は構造 $\mathbb{R}_{\exp}$ についての平叙文である．論理式 (i) と (ii) は $\mathbb{R}_{\exp}$ において真であり，(iii) は偽である．しかし，論理式 (iv) はそれらとは異なる．というのは，x が自由だからである．つまり，これは x についての性質を表す（たとえば，$x = 8$ ならば真で $x = -7$ ならば偽である)．自由変数を含まない論理式を**文**と呼ぶ．もし ϕ が $\mathcal{L}_{\exp}$ 文であるならば，ϕ は $\mathbb{R}_{\exp}$ において真か偽のいずれか一方となる．

ϕ を自由変数 $x_1, \ldots, x_n$ を持つ論理式とし，$a_1, \ldots, a_n$ を実数とする．論理式 ϕ がこの特定の列 $(a_1, \ldots, a_n)$ に対して真となるとき，$\mathbb{R}_{\exp} \models \phi(a_1, \ldots, a_n)$ と書く．この論理式は，次の集合を定義しているとも考えられる．

$$\{(a_1, \ldots, a_n) \in \mathbb{R}^n : \mathbb{R}_{\exp} \models \phi(a_1, \ldots, a_n)\}$$

これは，各 i について x_i を a_i としたときにその論理式が真となるような $(a_1, \ldots, a_n)$ の集合である．たとえば，論理式

$$\exists z\,(x = z^2 + 1 \wedge y = z \cdot \exp(\exp(z)))$$

は，媒介変数表示の曲線

$$\{(t^2 + 1, t\mathrm{e}^{\mathrm{e}^t}) : t \in \mathbb{R}\}$$

を定義する．

重要な点を説明するために別の例として，構造 $(\mathbb{Z},+,\cdot,0,1)$，つまり整数全体と和，積，0 と 1 からなるものを考えてみる．この構造を記述するのに使われる言語は，**環の言語** $\mathcal{L}_{\mathrm{rng}}=\mathcal{L}(+,\cdot,0,1)$ である（この書き方は，基本言語 $\mathcal{L}_0$ に加える記号を列挙したものである）．言語 $\mathcal{L}_{\mathrm{rng}}$ は $\mathbb{Z}$ 上の通常の順序に対する記号を含んでいないが，驚くべきことに，大小順序は $\mathcal{L}_{\mathrm{rng}}$ において定義できるのである（この事実の非自明性を理解するために，なぜこのことが正しいのか，読み進む前に読者自身で考えてみることを勧めたい）．

秘訣は，すべての非負整数は四つの平方数の和で表せるという，**ラグランジュ** [VI.22] による有名な定理を使うことである．つまり，$x\geq 0$ という陳述は，次の論理式で定義される．

$$\exists y_1\,\exists y_2\,\exists y_3\,\exists y_4\; x=y_1^2+y_2^2+y_3^2+y_4^2$$

（もちろん，負の整数は四つの平方数の和で表せないという事実も使うことになる．万一，非負整数が 100 個の平方数の和で表されることしか知らないとしても，同様な策が使えることも付言しておこう）．x が非負であるという陳述を表現する方法があるならば，順序関係 $<$ を定義することは簡単である．これの興味深い点は，その変形が自明でなく，純粋な数学の定理に依存することである．

論理式にはいろいろな制約があることを理解しておくことは重要である．特に，次の二つは重要である．

- 論理式は有限である．次の論理式

  $$\forall x>0\,(x<1\vee x<1+1\vee x<1+1+1\vee\cdots)$$

  は許されない．これは，$\mathbb{R}$ はいわゆるアルキメデス性を持つという事実を表している（もしこれが許されるならば，$<$ の定義は上よりもかなり簡単になる）．
- 量化記号は構造の「要素」を変域にするのであって，その部分集合の上を動くのではない．この規則は次のような「2 階」の論理式を排除する．

  $$\forall S\subseteq\mathbb{R}\,(\text{もし } S \text{ が上に有界ならば，}\ S \text{ は上限を持つ})$$

  これは $\mathbb{R}$ のすべての部分集合 S 上を動くことにより，$\mathbb{R}$ の完備性を表現している．われわれは「1 階」論理式のみを扱うので，われわれが研究しているロジックは **1 階論理**とも言われている．

言語の例をいくつか考察したところで，これらについてより一般的に議論する．**言語**とは，基本的には上で見た $\mathcal{L}_{\mathrm{exp}}$ や $\mathcal{L}_{\mathrm{rng}}$ のようなものである．すなわち，（基本的な論理記号と一緒に用いる）記号の集合およびそれらの使用法のことである．$\mathcal{L}$ が言語であるとき，**$\mathcal{L}$ 構造**とはすべての $\mathcal{L}$ 文を解釈することができる数学的構造のことである（この概念は，2, 3 個の例を見ればすぐ明らかになるだろう）．**$\mathcal{L}$ 理論** T は，単に $\mathcal{L}$ 文の集合であり，これらはある $\mathcal{L}$ 構造で成立したりしなかったりする公理の集まりと見なせる．このとき，T の**モデル**とは，$\mathcal{L}$ 構造 $\mathcal{M}$ で，T のすべての文を適切な解釈により真にするもののことである．たとえば，上で議論した $\mathcal{L}_{\mathrm{exp}}$ 構造は，$\mathcal{L}_{\mathrm{exp}}$ 論理式 (i) と (ii) のモデルである（この二つの論理式に対する他のモデルとして，指数関数を関数 2^x に置き換え，exp の解釈をその置き換えた関数とするものがある）．

「理論」という言葉の正当性は，次の例，**群** [I.3 (2.1 項)] の言語 $\mathcal{L}_{\mathrm{grp}}=\mathcal{L}(\circ,e)$ を見ることで，より明らかになる．ここで，$\circ$ は 2 項演算記号で e は定数である．以下の文からなる理論 T_{grp} を考察してみよう．

(i) $\forall x\,\forall y\,\forall z\; x\circ(y\circ z)=(x\circ y)\circ z$

(ii) $\forall x\; x\circ e=e\circ x=x$

(iii) $\forall x\,\exists y\; x\circ y=y\circ x=e$

これらは，群の通常の公理である．

この言語を数学的構造 $\mathcal{M}$ で解釈できるようにするためには，$\mathcal{M}$ は集合 M，2 項演算 $f:M^2\to M$，および要素 $a\in M$ で構成されている必要がある．このとき，$\circ$ は f を，e は要素 a を指すものとし，量化記号は M 上を動くと解釈する．したがって，たとえば (iii) は，M の任意の要素 x に対して $f(x,y)=a$ となる M のある要素 y が存在すると解釈される．$\mathcal{L}_{\mathrm{grp}}$ の諸記号のこの解釈のもとで，構造 $\mathcal{M}$ は $\mathcal{L}_{\mathrm{grp}}$ 構造となる．この $\mathcal{L}_{\mathrm{grp}}$ 構造は，もし (i), (ii), (iii) をすべて真とするなら，T_{grp} のモデルとなる．文 (i)〜(iii) は群の公理なので，T_{grp} のモデルは群以外の何物でもない．

$\mathcal{L}$ 文 ϕ は，理論 T の任意のモデルにおいて真であるとき，T の**論理的帰結**といい，$T\vDash\phi$ と書く．すなわち，$T\vDash\phi$ とは，T のすべての文を真にする任意の構造において ϕ が真になるときをいう．したがって，記号 $\vDash$ は，左側に書かれるのが構造か理論かで，二つの異なる意味を持つ．しかしながら，これら二つの意味は，ともにモデルにおける真偽に関わるという点で密接な関係がある．$\mathcal{M} \models \phi$ は ϕ がモデル $\mathcal{M}$ で真であることを意味し，$T \models \phi$ は，上で述べたように，ϕ が T の任意のモデルで真であることを意味する．いずれにせよ，記号 $\models$ は含意の「意味論」的概念を表す．

群の例に戻ると，もし ϕ が $\mathcal{L}_{\mathrm{grp}}$ 文ならば，$T_{\mathrm{grp}} \models \phi$ であるのは，ϕ が任意の群で真であるとき，かつそのときに限る．よって，たとえば

$$T_{\mathrm{grp}} \models \forall x\, \forall y \in \mathbb{Z}\, (xy \neq xz \vee y = z)$$

となる．なぜなら，もし x, y, z が群の任意の要素であり，$xy = xz$ ならば，両辺の左側から x の逆元を掛けることにより $y = z$ を得るからである．

ここまで来ると，論理におけるいくつかの基本問題について述べることができる．

(i) ある $\mathcal{L}$ 理論 T が与えられたとき，ϕ が T の論理的帰結であるかどうかを決定できるか？ 決定できるとき，どのようにして決定できるのか？

(ii) $\mathbb{R}_{\exp}$ や $(\mathbb{N}, +, \cdot, 0, 1)$，あるいは複素数体のような興味ある数学的構造と，これらを記述する言語 $\mathcal{L}$ が与えられたとき，どの $\mathcal{L}$ 文がその構造において真になるのかを決定できるか？

(iii) ある言語によって記述されたある構造が与えられたとき，その構造においてその言語によって定義される部分集合は，特別な性質を持つか？ それらは何らかの意味で「単純」であるか？ たとえば，平面内のある曲線を定義するために $\mathcal{L}_{\exp}$ をどう使うかをすでに見た．では，**カントール集合** [III.17] や**マンデルブロ集合** [IV.14 (2.8 項)] のようなとても複雑な集合について考えてみよう．これらがある意味で「複雑すぎる」がゆえに，$\mathcal{L}_{\exp}$ で定義でき**ない**といったことを証明できるものだろうか？

2. 完全性と不完全性

T を $\mathcal{L}$ 理論とし，ϕ を $\mathcal{L}$ 文とする．$T \models \phi$ を示すためには，ϕ が T の任意のモデルで成り立つことを示さなければならない．T のすべてのモデルを確かめることは気が遠くなる課題に思えるが，幸運にもそれは必要ない．代わりに**証明**を使うことができるからである．数理論理学における最初の課題の一つは，これが意味することを正確に述べることである．

$\mathcal{L}$ をある言語，T を $\mathcal{L}$ 文の集合，つまり $\mathcal{L}$ 理論とする．さらに ϕ を $\mathcal{L}$ 論理式とする．大雑把に述べると，ϕ の証明は T の陳述を前提として ϕ を結論付けるものである．このアイデアを，形式的に次のように表現する．「T における ϕ の証明」とは，以下の性質を持つ $\mathcal{L}$ 論理式の有限列 $\psi_1, \ldots, \psi_m$（証明をなすものと考えられる）である．

(i) 各 ψ_i は論理的公理もしくは T の文，あるいはそれより前のいくつかの論理式 $\psi_1, \ldots, \psi_{i-1}$ に単純な推論の規則を適用して得られる論理式のいずれかである．

(ii) $\psi_m = \phi$.

何が「単純な推論の規則」であるかについては詳述しないが，例を三つ挙げよう．

- ϕ と ψ から $\phi \wedge \psi$ を得る．
- $\phi \wedge \psi$ から ϕ を得る．
- $\phi(x)$ から $\exists v\, \phi(v)$ を得る．

他の規則も同様に基本的なものである．

証明について強調しておくべき点が三つある．一つ目は，それらが有限であることである．これは言うには及ばない点に思えるかもしれないが，重要である．なぜなら，自明でない帰結を多く含むからである．二つ目として，証明体系は**健全**でなければならない．つまり，ϕ の T における証明が存在するとき，ϕ は T の任意のモデルで真である．より簡潔に述べるために，T における ϕ の証明が存在することを表す表記法 $T \vdash \phi$ を導入する．このとき，健全性は，もし $T \vdash \phi$ ならば $T \models \phi$ という主張である．これが，すべてのモデルを調べることによってではなく，証明を見つけることによって，ϕ が T の任意のモデルで真であることを証明できる理由である．三つ目は，文の列が証明であるか否かは簡単に確かめられることである．より正確には，列 $\psi_1, \ldots, \psi_m$ を与えて，実際にそれが T における ϕ の証明であるか否かを決定するためのアルゴリズムが存在する．

ϕ が T で証明できるとき，ϕ が T の任意のモデルにおいて真であることは，それほど驚くことではない．注目すべきは，この逆もまた正しいということである．すなわち，もし ϕ が T で証明できないならば，T のモデルで ϕ を偽にするものが存在する．これは，二つのまったく異なる概念——有限主義的「証明」の統語論的概念と，モデルにおける真偽に関

する「論理的帰結」の意味論的概念——が，いつでも一致することを述べている．この結果は，ゲーデルの完全性定理として知られている．形式的に述べれば次のとおりである．

定理 T を $\mathcal{L}$ 理論，ϕ を $\mathcal{L}$ 文とする．このとき，$T \vDash \phi$ と $T \vdash \phi$ は同値となる．

T を T_{grp} のような単純な理論とする．つまり，与えられた文が T に属すかどうかを決定するためのアルゴリズムが存在するとする（T_{grp} の場合，このアルゴリズムは特に単純であるが，無限に多くの文を含む理論もある）．このとき，与えられた論理式 ϕ を入力して，機械的に T のすべての証明 σ を生成しながら，σ が ϕ の証明であるか否かを確かめるコンピュータプログラムを書くことができる．プログラムは，ϕ の証明を見つけると停止し $T \vDash \phi$ であることをわれわれに告げる．このようなとき，集合 $\{\phi : T \vDash \phi\}$ は**再帰的に枚挙可能**であるという．

しかし，さらなる要求がありうる．もし $T \nvDash \phi$ ならば，上記のプログラムは永久に探し続け，ϕ の証明が存在しないと告げることはない．$\mathcal{L}$ 理論 T は，$\mathcal{L}$ 文 ϕ が入力されると必ず停止して何らかの方法で $T \vDash \phi$ であるか否かを告げるコンピュータプログラムが存在するとき，**決定可能**であるという．このようなプログラムは，すべての可能な証明 σ をしらみつぶしに調べるものより賢くなければならないが，あいにくそのようなプログラムは存在するとは限らない．**ゲーデル** [VI.92] が彼の有名な**不完全性定理** [V.15] で示したように，多くの重要な理論は決定不能である．まず，$(\mathbb{N}, +, \cdot, 0, 1)$ で真である $\mathcal{L}_{\mathrm{rng}}$ 文全体からなる**自然数の理論**（または短く $\mathbb{N}$ の理論）に関する形で，彼の定理を述べよう．

定理 自然数の理論は決定不能である．

最初は少々奇異に見えるかもしれない．結局のところ，T が $\mathbb{N}$ の理論ならば T は $\mathbb{N}$ で真となる文すべてを含んでいる．よって，文 ϕ が T で証明可能であるのは，それが 1 行の証明（ϕ だけの行）を持つとき，かつそのときに限る．しかし，これは ϕ を決定可能にしない．なぜなら，理論 T はとても複雑であり，ϕ が T に属すかどうかを決定するためのアルゴリズムは存在しないからである．

不完全性定理を証明する一つの方法は，それぞれのプログラムに自然数を割り当て，プログラムに関する陳述を自然数に関する陳述で捉え直せるようにすることである．すると，$\mathbb{N}$ の理論は，x を入力したときプログラム P が停止するかどうかを判定する．つまり，いわゆる**停止問題**を解く．停止問題は決定不能であることが，**チューリング** [VI.94] によって示されている（証明の概略は，**停止問題の非可解性** [V.20] にある）ので，$\mathbb{N}$ の理論は決定不能であることがわかる．

では，$\mathbb{N}$ の理論は，どうしたら理解できるだろうか？ それと同じ文を証明するもっと小さい理論を見つけることを期待する人もいるだろう．すなわち，$\mathbb{N}$ で真であるとわかっている文だけの単純な集合で，すべての真なる文がこれらを公理として導けるようなものを見つけたい．一つの候補は，**1 階ペアノ算術**，すなわち PA である．これは，次のような和や積に関するいくつかの単純な公理と帰納法の諸公理からなる，言語 $\mathcal{L}(+, \cdot, 0, 1)$ の理論である．

$$\forall x\, \forall y\, x \cdot (y+1) = x \cdot y + x$$

なぜ二つ以上の帰納法の公理が必要なのだろうか？ その理由は，数学的帰納法の原理を表す簡明な陳述

$$\forall A\, (0 \in A \wedge \forall x\, x \in A \rightarrow x+1 \in A) \rightarrow \forall x\, x \in A$$

は，1 階の文ではないためである．なぜなら，量化記号は $\mathbb{N}$ のすべての部分集合 A を動くからである（それは，記号 $\in$ を使っているため $\mathcal{L}_{\mathrm{rng}}$ 文でもない．しかし，これは本質的な問題ではない）．この困難を回避するために，論理式 ϕ ごとに異なる帰納法の公理がある．それは次のとおりである．

$$[\phi(0) \wedge \forall x\, (\phi(x) \rightarrow \phi(x+1))] \rightarrow \forall x\, \phi(x)$$

普通の言葉に直そう．もし $\phi(0)$ が真であり，$\phi(x)$ が真であるときはいつも $\phi(x+1)$ が真であるならば，$\mathbb{N}$ のすべての要素 x に対して $\phi(x)$ は真である．

数論のほとんどは PA で形式化され，$\mathbb{N}$ において真であるすべての文 ϕ に対して $\mathrm{PA} \vdash \phi$ となることが望まれる．しかし，あいにくこれは正しくない．そこで，次の定理がゲーデルの不完全性定理の 2 番目の形となる．記法 $\mathbb{N} \vDash \psi$ は，$\mathbb{N}$ において ψ が真であることを表している．

定理 $\mathbb{N} \vDash \psi$ だが $\mathrm{PA} \nvdash \psi$ となる文 ψ が存在する．

この結果は，$\mathrm{PA} \nvdash \neg\psi$ かつ $\mathrm{PA} \nvdash \psi$ となる文 ψ が存在する，と表すこともできる．これが同値な主

張であることを確かめるために，ψ を任意の文とする．このとき，ψ または $\neg\psi$ のどちらか一つが真である．したがって，もしも上の定理が偽であるならば，PA では ψ または $\neg\psi$ のいずれか一方が証明できなくてはならない．すると，単純に ψ の証明または $\neg\psi$ の証明を見つけるまで PA におけるすべての証明を調べることによって，どちらであるか決定できることになってしまうので，先の定理に反する．

最初にゲーデルが作った，真だが証明できない文の例は，次の意味をうまく表した自己言及的な文であった．

「私は PA において証明可能ではない」

より正確に言うと，ψ が $\mathbb{N}$ において真であるのは，ψ が PA において証明できないとき，かつそのときに限るような文 ψ を，彼は発見した．さらなる研究によって，彼は PA において証明できない，次の意味の文が存在することを示した．

「PA は無矛盾である」

これらの文はいくぶん人工的で超数学的特質を持っていたので，$\mathbb{N}$ に関する「数学的に興味のある」文はすべて PA によって決着をつけることができると人々に思わせた．しかしながら，最近の研究によって，有限組合せ論における**ラムゼーの定理** [IV.19 (2.2 項)] に関連した決定不能な陳述が存在することがわかり，これも絶望的な望みであることが示された．

決定不能性は，数論においても基本的な形で現れる．**ヒルベルトの第 10 問題**は，与えられた整数係数多項式 $p(X_1,\ldots,X_n)$ が整数の零点を持つかどうかを決定するためのアルゴリズムが存在するかを問う問題である．デイヴィス（Davis），マチャセヴィッチ（Matijasevic），パトナム（Putnam），ロビンソン（Robinson）は，この答えが No であることを示した．

定理 任意の再帰的枚挙可能な集合 $S \subseteq \mathbb{N}$ に対し，次を満たすような，ある $n > 0$ と $p(X,Y_1,\ldots,Y_n) \in \mathbb{Z}[X,Y_1,\ldots,Y_n]$ が存在する．すなわち，$m \in S$ となるのは，$p(m,Y_1,\ldots,Y_n)$ が整数の零点を持つとき，かつそのときに限る．

停止問題から決定不能な再帰的枚挙可能集合の存在が言えるので，ヒルベルトの第 10 問題に対する答えは No となる．重要な未解決問題として，「有理数」係数の多項式が「有理数」の零点を持つかどうかを決定するアルゴリズムが存在するか，というものがある．ヒルベルトの第 10 問題は，「停止問題の非可解性」[V.20] においても議論されている．また，他の決定不能な興味深い例は「幾何学的・組合せ群論」[IV.10] において挙げられている．

3. コンパクト性

ある理論 T が**充足可能**であるとは，T における文をすべて充足する構造が存在する（つまり，T がモデルを持つ）場合をいう．また，T が**無矛盾**であるとは，T から矛盾を導出できないときをいう．ここでの証明体系は健全であることから，任意の充足可能な理論は無矛盾である．他方，もし T が充足可能でないならば，任意の文 ϕ に対し，ϕ を真にする T のモデルが存在しないという自明な理由から，ϕ は T の論理的帰結である．すると，完全性定理から，任意の ϕ に対して $T \vdash \phi$ となることが言える．ϕ をたとえば $\psi \wedge \neg\psi$ の形の矛盾命題とすれば，T は矛盾することがわかる．完全性定理をこのように述べ直してみると，次の単純な結論が得られる．これは**コンパクト性定理**と呼ばれ，後に見るように驚くほど重要な結論である．

定理 T の任意の有限部分集合が充足可能ならば，T は充足可能である．

これが成り立つことを言うために，T が充足可能でないとすると（すでに見たように）それは矛盾する，つまり T から矛盾が証明されることになる．すべての証明がそうであるように，この証明は有限でなければならないので，T の高々有限個の文を含む．したがって，T は矛盾を導く有限部分集合を含むことになり，これは T の任意の有限部分集合が充足可能であるという前提に反する．

コンパクト性定理は完全性定理の簡単な帰結であるが，それは多くの興味ある結果を直ちに導き，モデル理論におけるいろいろな構成法の中心にある．これから見る二つの応用は，理論が驚くほどたくさんのモデルを持つことを示すものである．$\mathcal{M}$ をある $\mathcal{L}$ 構造とするとき，**$\mathcal{M}$ の理論**，すなわち $\mathcal{M}$ において真であるすべての $\mathcal{L}$ 文の集合を $\mathrm{Th}(\mathcal{M})$ で表すとする．また，すでに導入した記法 $\mathcal{M} \models \phi$ を，一つの論理式に対するものから，論理式の集まりに対するものへ拡大する．よって，$\mathcal{M}$ が $\mathcal{L}$ 構造で，T

が $\mathcal{L}$ 理論であるとき，$\mathcal{M} \models T$ は，T におけるすべての文が $\mathcal{M}$ において真であることを意味する．つまり，$\mathcal{M}$ は T のモデルである．

系 無限大元 a（すなわち $a > 1$, $a > 1+1$, $a > 1+1+1$, ... を満たす）を含み，かつ $\mathcal{M} \models \mathrm{Th}(\mathbb{R}_{\exp})$ となるような $\mathcal{L}_{\exp}$ 構造 $\mathcal{M}$ が存在する．

すなわち，構造 $\mathbb{R}_{\exp}$ で真となる陳述をすべて成り立たせ，しかも無限大元を含んでいるから $\mathbb{R}_{\exp}$ とは異なるような構造 $\mathcal{M}$ が存在する．このことを示すために，もう一つ定数記号 c をこの言語に加え，$\mathrm{Th}(\mathbb{R}_{\exp})$（つまり，$\mathbb{R}_{\exp}$ で真となる陳述すべて）および無限の陳述列 $c > 1$, $c > 1+1$, $c > 1+1+1$, ... からなる理論 T について考える．もし Δ が T の有限部分集合ならば，c を十分大きい実数（Δ に属する $c > 1+1+\cdots+1$ の形の陳述をすべて充足するのに十分な大きさを持つ実数）として解釈することにより，容易に $\mathbb{R}$ を Δ のモデルと見なすことができる．つまり，T のすべての有限部分集合 Δ のモデルを作れるので，コンパクト性定理から T 自身のモデルを得る．そこで，$\mathcal{M} \models T$ とすれば，c の解釈先の要素は無限大でなければならない．

$1/a$ は $\mathcal{M}$ の**無限小**元になる（つまり，任意の正整数 n に対し，それは $1/n$ より小さいという陳述が成り立つこと）．この観察が，無限小を含んだ解析学を厳密に構築するための最初のステップである．

もう一つの例を考えるために，まず $\mathcal{L}_{\mathrm{rng}} = \mathcal{L}(+,\cdot,0,1)$ を環の言語とする．そして，T を任意の有限体において真である $\mathcal{L}_{\mathrm{rng}}$ 文の集合とする．T を**有限体の理論**と呼ぶ．いま，p がある体において $1+1+\cdots+1=0$（左辺における 1 の個数が p 個である）となる最小の正整数（必ず素数になる）であるとき，この体は**標数** p を持つという．そのような p が存在しないときは，その体は**標数 0** を持つという．よって，$\mathbb{Q}, \mathbb{R}, \mathbb{C}$ はすべて標数 0 である．

系 標数 0 の体 F で $F \models T$ となるものが存在する．

この結果によって，有限体を特徴付ける公理の集合は存在し得ないことがわかる．すなわち，すべての有限体で真である陳述の任意の集合が与えられたとき，これらをすべて真にする無限体が存在する．これを証明するために，T および陳述 $1+1 \neq 0$, $1+1+1 \neq 0$, ... からなる理論 T' を考える．T' における陳述の任意の有限集合は，十分大きい標数の有限体で真になり，よって，充足可能である．したがって，コンパクト性定理から T' は充足可能である．しかし T' のモデルは明らかに標数 0 である．

コンパクト性定理は，興味深い代数的境界の存在を示すために使われることもある．次の結果は，**ヒルベルトの零点定理** [V.17] からより強い「定量版」が導けることを示している．これは，ロジックとは本質的に無関係に見える陳述が，ロジックを使って証明できた最初の良い例である．ある体が**代数的閉包**であるとは，その体の要素を係数とする任意の多項式が，その体において根を持つときをいう（「代数学の基本定理」[V.13] において，$\mathbb{C}$ が代数的閉体であることが主張される）．

命題 任意の三つの正整数 n, m, d に対し，以下を満たす正整数 l が存在する．もし K が代数的閉体であり，$f_1, \ldots, f_m$ が n 変数の K 係数多項式で次数が高々 d で共通の根を持たないならば，次数が高々 l の多項式 $g_1, \ldots, g_m$ であって，$\sum g_i f_i = 1$ となるものが存在する．

ヒルベルトの零点定理自体は，上の主張から多項式 g_i の次数についての情報を除いたものである．

この命題がどのように証明されるかを見るために，$n = d = 2$ としておく．こうするのは単に記述を単純にするためだけであり，これより大きい場合も証明はほぼ同様である．1 と m の間の各 i に対し

$$F_i = a_i X^2 + b_i Y^2 + c_i XY + d_i X + e_i Y + f_i$$

とおく．各 k に対し，論理式 ϕ_k を，次数が高々 k の多項式 $G_1, \ldots, G_m$ で $1 = \sum F_i G_i$ であるようなものは存在しないことを主張するものとする．代数的閉体の理論に，論理式 $\phi_1, \phi_2, \ldots$ と，多項式 $F_1, \ldots, F_m$ は共通な根を持たないという主張を加えた理論を T とする．もし命題の結論を満たす正整数 l が存在しないとすると，T の任意の有限部分集合は充足可能である．よって，コンパクト性定理から T は充足可能である．そこで，$K \models T$ とすれば，$F_1, \ldots, F_m$ は代数的閉体上の多項式で共通根を持たないが，$\sum G_i F_i = 1$ となる多項式 $G_1, \ldots, G_m$ を見つけることは不可能である．これはヒルベルトの零点定理に矛盾する．

上の議論において，l の n, m, d に対する依存について，何も言及していないことに注意されたい．これは，その証明が境界を実際に見つけているわけで

はなく，ある種の境界が存在しなくてはならないことを示しているにすぎないからである．しかしながら，良い具体的な境界が最近発見されている．詳細については「代数幾何学」[IV.4] を参照されたい．

4. 複 素 数 体

ゲーデルの不完全性定理と対照をなし，実数体や複素数体の理論は決定可能であることを主張するのが，**タルスキ** [VI.87] の驚くべき結果である．これらの結果を示す鍵は，**量化記号消去**として知られる手法である．もし量化記号を持たない自然数に関する論理式が与えられたら，それが真か偽かを決定することは容易である．ヒルベルトの第 10 問題の否定的解決は，存在量化を加えると（たとえば，多項式は根を持つということを主張するならば）直ちに決定可能な範囲を逸脱することになる．

よって，ある論理式が決定可能であることを示したいとき，それと同値な論理式で量化記号を持たないものを見つけられたならば，とても便利である．そして，ある状況ではこれは可能である．たとえば $\phi(a,b,c)$ を

$$\exists x\, ax^2+bx+c=0$$

という論理式とする．2 次方程式を解くための公式により，$a\neq 0$ である限りは，これが $\mathbb{R}$ で真であるのは $b^2\geq 4ac$ であることと同値になる．したがって，$\mathbb{R}\vDash\phi(a,b,c)$ となることは

$$[(a\neq 0\wedge b^2-4ac\geq 0)\vee(a=0\wedge(b\neq 0\vee c=0))]$$

が成り立つことと同値である．複素数に関しては，$\mathbb{C}\vDash\phi(a,b,c)$ が

$$a\neq 0\vee b\neq 0\vee c=0$$

と同値であることは簡単にわかる．いずれにせよ，ϕ は量化記号を持たないある論理式と同値になっている．

二つ目の例として，$\phi(a,b,c,d)$ を次の論理式とする．

$$\exists x\,\exists y\,\exists u\,\exists v\,(xa+yc=1\wedge xb+yd=0 \\ \wedge ua+vc=0\wedge ub+vd=1)$$

論理式 $\phi(a,b,c,d)$ は行列 $\left(\begin{smallmatrix}a&b\\c&d\end{smallmatrix}\right)$ が可逆であることを主張している．しかしながら，**行列式** [III.15] の判定によって，任意の体 F に対し $F\vDash\phi(a,b,c,d)$ が成り立つことは $ad-bc\neq 0$ が成り立つことと同値であること知られている．よって，逆行列の存在は量化記号を含まない論理式 $ad-bc\neq 0$ で表すことができる．

タルスキは，代数的閉体においては**いつも**量化記号消去が可能であることを証明した．

定理　任意の $\mathcal{L}_{\mathrm{rng}}$ 論理式 ϕ に対して，量化記号を含まない論理式 ψ であって，任意の代数的閉体において ϕ と ψ が同値になるものが存在する．

さらに，タルスキは量化記号を消去するための具体的なアルゴリズムを与えた．

上で示した量化記号を含まない二つの論理式はともに，$p(v_1,\ldots,v_n)=q(v_1,\ldots,v_n)$ の形の論理式の有限ブール結合である．ただし，p と q は整数係数の n 変数多項式とする．容易にわかるように，量化記号を含まないすべての $\mathcal{L}_{\mathrm{rng}}$ 論理式がこのような形で表せる．したがって，量化記号を含まない $\boldsymbol{\mathcal{L}_{\mathrm{rng}}}$ **文**は特に単純であり，それは自由変数も量化記号も含まれないから，変数がまったく現れない．すなわち，そこに現れる多項式 p と q は定数でなければならない．結局，量化記号を含まない $\mathcal{L}_{\mathrm{rng}}$ 文は，$k=l$（これは左辺に k 個の 1，右辺に l 個の 1 からなる $1+1+\cdots+1=1+1+\cdots+1$ の省略と見なせる）の形の論理式の有限ブール結合である．

これは決定可能性に関する結果を導く．もし $\mathbb{C}\vDash\phi$ かどうかを知りたければ，タルスキのアルゴリズムを使って ϕ をそれと同値な量化記号を含まない文に変形する．そしてその論理式の形がとても単純であることから，それらの真偽は簡単に決定される．

この節の残りでは，タルスキの定理の他のさまざまな帰結について議論しよう．最初は，言語 $\mathcal{L}_{\mathrm{rng}}$ の文は同じ標数の二つの代数的閉体を区別できないことを見る．すなわち，もし ϕ が，標数 p（p は 0 でもよい）のある代数的閉体において真である $\mathcal{L}_{\mathrm{rng}}$ 文とすると，それは標数 p のすべての代数的閉体において真である．

これが正しいことを見るために，K と F を標数 p の二つの代数的閉体とし，$K\vDash\phi$（言い換えると，ϕ は K において真である）と仮定する．k を，標数 p が 0 のときは $\mathbb{Q}$，それ以外のときは p 個の元からなる体とする．タルスキの定理によって，標数 p のすべての代数的閉体において ϕ と同値になるような，量化記号を含まない文 ψ が存在する．しかしなが

ら，量化記号を含まない $\mathcal{L}_{\mathrm{rng}}$ 文はとても単純であり，任意に与えられた体におけるこれらの真偽は 0, 1, 1 + 1 などの要素のみで決まる．したがって，

$$K \vDash \psi \Leftrightarrow k \vDash \psi \Leftrightarrow F \vDash \psi$$

となる．$K \vDash \phi$ であり，そして ϕ と ψ が標数 p の任意の代数的閉体において同値であることから，同様に $F \vDash \phi$ が従う．

この定理の帰結の一つは，次のようになる．$\mathcal{L}_{\mathrm{rng}}$ 文 ϕ が複素数体において真であるのは，それが代数的数体 $\mathbb{Q}^{\mathrm{alg}}$（整数係数多項式の根の集合である．代数的数全体は代数的閉体をなすが，これは自明な事実ではない）において真であるとき，かつそのときに限る．こうして，驚くべきことに，もし $\mathbb{Q}^{\mathrm{alg}}$ に対する何かを証明したいならば，$\mathbb{C}$ の中で考えそして複素解析の手法を使うという選択肢がある．同様に，もし $\mathbb{C}$ について何かを証明したいときは，それで簡単になるならば $\mathbb{Q}^{\mathrm{alg}}$ で考え，数論の手法を使うことができる．

これらのアイデアとコンパクト性定理を組み合わせることによって，もう一つ便利な道具が得られる．ϕ を任意の $\mathcal{L}_{\mathrm{rng}}$ 文とするとき，以下は同値である．

(i) 標数 0 の任意の代数的閉体において，ϕ は真である．

(ii) ある $m > 0$ に対し，任意の標数 $p > m$ の代数的閉体において ϕ は真である．

(iii) 標数 p の任意の代数的閉体において ϕ が真になるような，いくらでも大きい p が存在する．

これがなぜ同値になるかを見てみよう．最初に，ϕ が標数 0 の任意の代数的閉体において真であると仮定する．完全性定理より，代数的閉体の公理と文 $1 \neq 0$, $1+1 \neq 0$, $1+1+1 \neq 0$, ... からの ϕ の「証明」が存在する．証明は論理式の有限列なので，その証明には代数的閉体の公理に追加した文のすべてを使う必要はなく，これらの文の最初の m 個のみが使われているとしてよい．もし p を m より大きい素数とするならば，証明に含まれる文はすべて標数 p の代数的閉体において真であることから，この証明は ϕ がその代数的閉体で成り立つことを示している．

これで，(i) が (ii) を導くことが示せた．(ii) が (iii) を導くことは明らかである．(iii) から (i) を導くために，(i) が成り立たないと仮定しよう．すなわち，$\neg\phi$ を真にするような標数 0 の代数的閉体が存在するとする．このとき，先に示した原理から，$\neg\phi$ は標数 0 の任意の代数的閉体において真である．よって，(i) が (ii) を導くことから，すべての標数 $p > m$ の代数的閉体において $\neg\phi$ は真であるような，ある m が存在する．したがって (iii) は偽となる．

この定理の興味深い応用が，アックス（Ax）によって発見された．それはまったくロジックに関連した陳述ではないが，ロジックを使って証明できるもう一つの例である．これはおそらく先の例よりも際立ったものである，なぜなら，この場合，あとから考えてみても，結局その陳述がロジック的内容を含んでいたとは思えないからである．

定理　$\mathbb{C}^n$ から $\mathbb{C}^n$ への多項式関数が単射であれば，それは全射でもある．

この結果の証明の背後にある基本的な考えは実はとても単純であるが，にもかかわらずそれが役に立つことは注目される．つまり，k が有限体ならば k^n から k^n への任意の単射は全射である，というのがその有益な所見である．この所見は正しい．なぜなら，有限集合からそれ自身への単射は，自動的に全射になるからである．

この所見をどのように活かすとよいだろうか？　先の結果から，いくつかの状況において，陳述がある体で真であることと，別の体で真であることは同値である．これらの結果を用いて，問題を $\mathbb{C}$ から自明な有限体 k に移行させる．最初のステップは簡単な演習問題である．任意の正整数 d に対し，次数が高々 d の n 個の多項式の組で与えられる F^n から F^n への単射は全射である，という（体 F に関する）陳述を表す $\mathcal{L}_{\mathrm{rng}}$ 文 ϕ_d が存在する．$F = \mathbb{C}$ のとき，すべての文 ϕ_d が真になることを証明したい．

先の定理における同値性より，F が p 個の元からなる体の代数的閉包 $\mathbb{F}_p^{\mathrm{alg}}$ であるときに ϕ_d が真であることを示せば十分である（任意の体はある代数的閉包に含まれることが示せる．大まかに述べると，F の**代数的閉包**は，F を含む最小の代数的閉体である）．ある ϕ_d が $\mathbb{F}_p^{\mathrm{alg}}$ において偽であると仮定する．このとき，$(\mathbb{F}_p^{\mathrm{alg}})^n$ から $(\mathbb{F}_p^{\mathrm{alg}})^n$ への単射であるが全射ではない多項式関数 f が存在する．$\mathbb{F}_p^{\mathrm{alg}}$ の任意の有限部分集合はある有限部分体に含まれるので，f を定義するために使われる n 個の多項式の係数を要素に含む有限部分体 k がある．すると，f は k^n を k^n に写す．さらに，必要ならば k を大きくとること

により，f の値域に属さない k^n の元が存在するようにすることができる．しかし，今議論は有限体に移行されている．この関数 $f : k^n \to k^n$ は有限集合上の単射であって，全射でないというのは矛盾である．

量化記号消去には，ほかにも便利な応用がある．F を体，K を F の部分体，$\Psi(v_1, \ldots, v_n)$ を量化記号を持たない論理式，$a_1, \ldots, a_n$ をそれぞれ K の要素とする．すでに言及したように，量化記号を持たない論理式は多項式同士の等式のブール結合になっているので，主張 $\Psi(a_1, \ldots, a_n)$ は K の元のみを含む．したがって，この主張が K で真であることと F で真であることは同値である．量化記号消去から，もし K と F が代数的閉包であるならば，同じことがすべての論理式 Ψ に対して（量化記号を持たない論理式以外の論理式に対しても）成り立つ．この考察からヒルベルトの零点定理の「弱い形」を証明できる（この証明を理解するためには，**環論** [III.81] の基本にある程度慣れていることが必要である）．多項式環 $K[X_1, \ldots, X_n]$ を $K[\boldsymbol{X}]$，n 組 $(v_1, \ldots, v_n)$ を $\bar{v}$ と書く．

命題　K を代数的閉体とし，P を $K[\boldsymbol{X}]$ における素イデアル，g を P に属さない $K[\boldsymbol{X}]$ の多項式とする．このとき，$a = (a_1, \ldots, a_n) \in K^n$ であって，P の任意の f に対し $f(a) = 0$ かつ $g(a) \neq 0$ となるものが存在する．

証明　F を整域 $K[\boldsymbol{X}]/P$ の分数体の代数的閉包とする．自然な準同型 $\eta : K[\boldsymbol{X}] \to F$ によって F を K の拡大体と見なせる．$b_i = \eta(X_i)$ とおき，$b \in F^n$ を $(b_1, \ldots, b_n)$ とする．このとき，任意の $f \in P$ に対して $f(b) = 0$ であり，かつ $g(b) \neq 0$ となる．このような要素を K^n の中で見つけたい．多項式環におけるイデアルは有限生成なので，P を生成する多項式 $f_1, \ldots, f_m$ を見つけることができる．そして，文

$$\exists v_1 \cdots \exists v_n \,(f_1(\bar{v}) = \cdots = f_m(\bar{v}) = 0 \wedge g(\bar{v}) \neq 0)$$

は F において真である．よって，それは K においても真であり，そして各 $f \in P$ が a で 0 をとり $g(a) \neq 0$ となる $a \in K^n$ を見つけることができる．

上の証明は $\mathbf{C}^n$ の多項式関数についての結果と同じ構造を持っていることに注意しよう．このアイデアは，扱いやすい別の体（この場合は F）を見つけて結果を示し，ロジックの手法を使ってもともと興味のあった体（この場合は K）についての結果を導くものである．

5.　実　数

環の言語における量化記号消去は，実数の体においては機能しない．たとえば，「x は平方数である」と主張する論理式

$$\exists y \; x = y \cdot y$$

は，環の言語における量化記号を持たない論理式と同値にならない．もちろん，x が平方数であることは，$x \geq 0$ であることと同値である．よって，もし言語に順序についての記号が加えてあれば，この量化記号は消去できる．タルスキの驚くべき結果は，すべての量化記号消去の中でこれがただ一つの障害であることを示している．

$\mathcal{L}_{\mathrm{or}}$ を順序環の言語，つまり環の言語に順序の記号 $<$ を加えたものとする．どの $\mathcal{L}_{\mathrm{or}}$ 文が実数体において真だろうか？　$\mathcal{L}_{\mathrm{or}}$ において形式化できる $\mathbb{R}$ の性質のいくつかを挙げる．

(i) 次の文のような，順序体に対する公理

$$\forall x \, \forall y \, (x > 0 \wedge y > 0) \to x \cdot y > 0$$

(ii) 多項式に対する中間値の性質．この性質は，もし $p(x)$ が多項式で，ある a, b が存在して $a < b$ かつ $p(a) < 0 < p(b)$ となるとき，$a < c < b$ かつ $p(c) = 0$ となる実数 c が存在することを主張する．

中間値の性質は一つの文によってではなく，次の文の無限列によって表現される．

$$\forall d_0 \cdots \forall d_n \, \forall a \, \forall b \left(\sum d_i a^i < 0 < \sum d_i b^i \to \exists c \, \sum d_i c^i = 0\right)$$

つまり，各正整数 n ごとに一つの文がある．

中間値の性質を満たす順序体は，**実閉**体と呼ばれる．実閉体の同値な公理化の方法としては，順序体であって，どの正の元も平方数であり，かつ奇数次数の任意の多項式は零点を持つとすることもできる．タルスキの定理は，次の主張である．

定理　任意の $\mathcal{L}_{\mathrm{or}}$ 論理式 ϕ に対し，量化記号を持たない $\mathcal{L}_{\mathrm{or}}$ 論理式 ψ であって，任意の実閉体において ϕ と ψ が同値になるものが存在する．

$\mathcal{L}_{\mathrm{or}}$ の量化記号を持たない論理式は何だろうか？　それらは，$p(v_1, \ldots, v_n) = q(v_1, \ldots, v_n)$ の形の論理式と $p(v_1, \ldots, v_n) < q(v_1, \ldots, v_n)$ の形の論理式の有限ブール結合である．ただし，$\mathcal{L}_{\mathrm{rng}}$ の場合と同様

に，p と q は n 変数の整数係数多項式である．量化記号を持たない「文」に関しては，それらは $k = l$ の形の文と $k < l$ の形の文のブール結合である．

量化記号消去の一つの帰結は，$\mathbb{R}$ において真であるすべての $\mathcal{L}_{\mathrm{or}}$ 文は実閉体の公理から証明できることを主張する次の結果である．これらの公理は，実数体の理論を**完全に公理化する**ともいう．

系　K を一つの実閉体とし，ϕ を $\mathcal{L}_{\mathrm{or}}$ 文とする．このとき，$K \vDash \phi$ であることと $\mathbb{R} \vDash \phi$ であることは同値である．

これを証明するために，まずタルスキの定理を使って，量化記号を持たない文 ψ で，任意の実閉体において ϕ と ψ が同値になるものを見つける．任意の順序体は標数 0 を持ち，順序部分体として有理数を含む．したがって $\mathbb{Q}$ は K と $\mathbb{R}$ 両方の部分体になっている．しかし，$\mathcal{L}_{\mathrm{or}}$ における量化記号を持たない文はとても単純な性質を持ち，次が成り立つ．

$$K \vDash \psi \Leftrightarrow \mathbb{Q} \vDash \psi \Leftrightarrow \mathbb{R} \vDash \psi$$

ϕ と ψ はすべての実閉体において同値なので，$K \vDash \phi$ と $\mathbb{R} \vDash \phi$ は同値ということになる．

完全性定理より，ϕ がすべての実閉体において真であることは，ϕ が実閉体の公理から証明可能であることに等しい．また，ϕ がすべての実閉体において偽であることは，$\neg\phi$ が実閉体の公理から証明可能であることに等しい．このことから，実数体の $\mathcal{L}_{\mathrm{or}}$ 理論は決定可能である．実際，もし ϕ が $\mathbb{R}$ で真ならば，上の系より，それは任意の実閉体において真であり，証明を持つ．もし ϕ が $\mathbb{R}$ で偽ならば $\neg\phi$ は $\mathbb{R}$ で真なので，同じ理由により，$\neg\phi$ は証明を持つ．したがって，ϕ が真であるかどうかを決定するには，ϕ または $\neg\phi$ の証明が見つかるまで，実閉体の公理からのすべての可能な証明をくまなく探せばよい．

$\mathcal{M}$ を集合 M と関数記号や 2 項演算などからなる数学的構造とする．M の部分集合 X が，$\mathcal{M}$ を記述する言語 $\mathcal{L}$ において**定義可能**であるとは，x を自由変数とする $\mathcal{L}$ 論理式 ϕ であって，$X = \{x \in M : \phi(x)\}$ となるものが存在するときをいう．量化記号消去によって，定義可能集合を幾何学的に理解することができる．K が順序体であるとき，$X \subseteq K^n$ が次の形の集合の有限ブール結合で表せるならば，この X を**半代数的**という．

$$\{x \in K^n : p(x) = 0\} \quad かつ \quad \{x \in K^n : q(x) > 0\}$$

ただし $p, q \in K[X_1, \ldots, X_n]$ とする．量化記号消去により，実閉体における定義可能集合はちょうど半代数的の集合であることが簡単に示せる．

この事実の単純な応用として，A が $\mathbb{R}^n$ の半代数的部分集合であるとき，A の閉包もまた半代数的である．実際，A の閉包は，定義により次の集合である．

$$\left\{x \in \mathbb{R}^n : \forall\varepsilon > 0\ \exists y \in A\ \sum_{i=1}^{n}(x_i - y_i)^2 < \varepsilon\right\}$$

これは定義可能集合であり，したがって半代数的集合である．

実直線の半代数的部分集合は，特に単純である．任意の 1 変数実数多項式 f に対し，集合 $\{x \in \mathbb{R} : f(x) > 0\}$ は開区間の有限和である．したがって，$\mathbb{R}$ の半代数的部分集合は，点と区間の有限和である．この単純な事実は，$\mathbb{R}$ に対する現代のモデル論的アプローチの出発点である．$\mathcal{L}^*$ を $\mathcal{L}_{\mathrm{or}}$ を拡大した言語とし，$\mathbb{R}^*$ を $\mathcal{L}^*$ 構造と見なせる実数の構造とする．たとえば，以下で $\mathcal{L}^* = \mathcal{L}_{\exp}$ かつ $\mathbb{R}^* = \mathbb{R}_{\exp}$ の場合に興味がある．$\mathbb{R}^*$ が **o 極小**であるとは，$\mathcal{L}^*$ 論理式を使って定義できる $\mathbb{R}$ の任意の部分集合が，点と区間の有限和になっているときをいう．「o 極小」の "o" は「順序」（ordered）を意味する．$\mathbb{R}^*$ が o 極小であるとは，$\mathbb{R}$ の任意の定義可能部分集合が順序のみを用いて定義されるときをいう．

ピレイ (Pillay) とスタインホーン (Steinhorn) は，ファン・デン・ドリース（van den Dries）による以前のアイデアを拡張して，o 極小性を導入した．これは重要な定義となった．なぜなら，o 極小は 1 次元集合 $\mathbb{R}$ に関して定義されているが，それは $\mathbb{R}^n$, $n > 1$ の定義可能部分集合に対して特筆すべき強い結果を導くからである．

このことを説明するために，**セル**と呼ばれる基本的な集合の族を以下のように帰納的に定義する．

- $\mathbb{R}$ の部分集合 X がセルであるのは，それが点または区間のいずれかであるとき，かつそのときに限る．
- X が $\mathbb{R}^n$ のセルであり，f が X から $\mathbb{R}$ への連続な定義可能関数であるならば，f のグラフ（これは $\mathbb{R}^{n+1}$ の部分集合である）はセルである．
- X が $\mathbb{R}^n$ のセルであり，f と g が X から $\mathbb{R}$ への連続な定義可能関数であって，任意の $x \in X$ に対し $f(x) > g(x)$ ならば，$\{(x, y) : x \in X \wedge$

$f(x) > y > g(x)\}$ はセルであり，$\{(x,y) : x \in X \wedge f(x) > y\}$ と $\{(x,y) : x \in X \wedge y > f(x)\}$ もセルである．

セルは，$\mathbb{R}$ における開区間の役割を果たすような，位相的に単純な定義可能集合である．任意のセルに対して，それと $(0,1)^n$ が位相同型になるような n が存在することは容易にわかる．注意すべきなのは，すべての定義可能集合をセルに分割できることである．この主張を詳細に述べると，次の定理となる．

定理

(i) もし $\mathbb{R}^*$ が o 極小な構造ならば，すべての定義可能集合 X は，有限個の互いに交わりを持たないセルに分割できる．

(ii) もし $f : X \to \mathbb{R}$ が定義可能な関数ならば，X は，f が各セルの上で連続となるような有限個のセルに分割できる．

これは始まりにすぎない．任意の o 極小構造においては，定義可能集合は半代数的集合の位相的・幾何的に良い性質をたくさん持つ．たとえば，

- 任意の定義可能集合は，有限個の連結成分を持つ．
- 定義可能有界集合は，三角分割が定義可能である．
- X が $\mathbb{R}^{n+m}$ の定義可能部分集合であるとし，各 $a \in \mathbb{R}^m$ に対して X_a を「断面」$\{x \in \mathbb{R}^n : (x,a) \in X\}$ とすると，集合 X_a に対する異なる位相同型は，有限個しか存在しない．

これらの結果は半代数的集合に対するものとして知られているが，本当に興味があるのは，新しい o 極小構造を見つけ出すことである．最も興味深い例は $\mathbb{R}_{\exp}$ である．$\mathbb{R}_{\exp}$ は言語 $\mathcal{L}_{\exp}$ において量化記号を消去できないことが知られている．ウィルキーは，次の最良の結果が真であることを示した．$\mathbb{R}^n$ の部分集合が**指数多様体**（exponential variety）であるとは，それが有限個の指数方程式の零集合であるときをいう．たとえば，集合 $\{(x,y,z) : x = \exp(y)^2 - z^3 \wedge \exp(\exp(z)) = y - x\}$ は，指数多様体である．

定理　$\mathbb{R}^n$ の任意の $\mathcal{L}_{\exp}$ 定義可能部分集合は，次の形で表せる．

$$\{x \in \mathbb{R}^n : \exists y \in \mathbb{R}^m \ (x,y) \in V\}$$

ここで，V はある指数多様体 $V \subseteq \mathbb{R}^{n+m}$ である．

言い直すと，定義可能集合は，指数多様体そのものではないが，指数多様体の射影であり，その事実がそれらを扱いやすくする．コバンスキー（Khovanskii）による実解析的幾何学の定理は，任意の指数多様体が有限個の連結成分を持つことを主張する．この性質は射影によって保存されるので，任意の定義可能集合は有限個の連結成分を持ち，したがって実直線の任意の定義可能部分集合も点と区間の有限和である．つまり，$\mathbb{R}_{\exp}$ は o 極小であり，o 極小構造における定義可能集合についての上の結果をすべて応用することができる．

タルスキは $\mathbb{R}_{\exp}$ の理論が定義可能かどうかを問うた．この問題は今でも未解決であるが，その答えは，超越数論における次のシャニュエル（Schanuel）の予想から従うことが知られている．

予想　$\lambda_1, \ldots, \lambda_n$ を $\mathbb{Q}$ 上で線形独立な複素数とする．このとき，体 $\mathbb{Q}(\lambda_1, \ldots, \lambda_n, e^{\lambda_1}, \ldots, e^{\lambda_n})$ の超越次数は n 以上である．

マッキンタイア（Macintyre）とウィルキー（Wilkie）は，シャニュエルの予想が真であれば $\mathbb{R}_{\exp}$ の理論は決定可能であることを示した．

6. ランダムグラフ

モデル論的手法によって，ランダム**グラフ** [III.34] についての興味深い情報を得ることができる．次のようにグラフを構成するとしよう．頂点の集合は自然数全体の集合 $\mathbb{N}$ とする．x と y（$x \neq y$）の間に辺があるかどうかを決めるために，コインを投げて，表が出たときかつそのときに限り，両点を辺で結ぶ．このような構成はランダムであるが，こうして構成された任意の二つのグラフは確率 1 の割合で同型であることを，以下で示す．

証明は次の拡大特性を用いる．A と B を $\mathbb{N}$ の互いに交わりを持たない有限部分集合とし，それぞれ大きさが n, m であるとする．いま，A のすべての要素に繋がっていて，かつ B のどの要素にも繋がっていない頂点 $x \in \mathbb{N}$ を見つけたい．任意の x に対して，ほしい性質を持た**な**い確率は，$p = 1 - 2^{-(n+m)}$ である．したがって，N 個の異なる頂点を調べることにより，それらのどれもがほしい性質を持たない確率は p^N となる．N を限りなく大きくすると，これは 0 に収束することから，少なくともある一つの $x \in \mathbb{N}$ がその性質を持つ確率は 1 である．さらに，互いに交わりを持たない有限集合の組 (A, B) は高々

可算個しか存在しないので，すべてのそのような組 (A,B) に対して A のすべての頂点と繋がっていてかつ B のどの頂点とも繋がっていない頂点 x を，確率1で見つけることができる．

この考察はモデル論的方法で形式化できる．$\mathcal{L}_g = \mathcal{L}(\sim)$ とする．ただし，$x \sim y$ は「x は y と繋がっている」を表す2項関係記号である．T を次からなる $\mathcal{L}_g$ 理論とする．

(i) $\forall x\, \forall y\, x \sim y \rightarrow y \sim x$

(ii) $\forall x\, \neg(x \sim x)$

(iii) $n, m \geq 0$ に対して $\Phi_{n,m}$．ここで $\Phi_{n,m}$ は次の文である．

$$\forall x_1 \cdots \forall x_n\, \forall y_1 \cdots \forall y_m$$
$$\exists z \left(\bigwedge_{i=1}^{n} x_i \sim z \right) \wedge \left(\bigwedge_{i=1}^{m} \neg(y_i \sim z) \right)$$

(i), (ii) は関係 $\sim$ がグラフを定義することを述べ，(iii) は，各組 (n,m) に対して文 $\Phi_{n,m}$ が，それぞれ大きさ n, m である互いに交わりを持たない集合 A と B に対して拡大特性が成り立つことを述べている．よって，T のモデルは，頂点の互いに交わりを持たない集合の任意の組に対して拡大特性が成り立つグラフである．

上の議論は，構成されたランダムグラフは確率1で T のモデルであることを示す．それらがなぜ（同様に確率1で）同型なのかを見てみよう．これは次の定理から直ちに従う．

定理　G_1 と G_2 が T の二つの可算モデルならば，G_1 と G_2 は同型である．

G_1 と G_2 が**同型**とは，G_1 の頂点集合から G_2 の頂点集合への全単射 f で，G_1 において x と y が繋がっていることと，$f(x)$ が G_2 において $f(y)$ に繋がっていることが等しいときをいう．今から概略を述べる証明は，G_1 と G_2 の間の同型を徐々に作り上げていく**往復**論法である．まず，$a_0, a_1, \ldots$ を G_1 の頂点の数え上げとし，$b_0, b_1, \ldots$ を G_2 の頂点の数え上げとする．$f(a_0)$ を b_0 とする．次に，a_1 の像を選ぶ．もし a_1 が a_0 と繋がっているならば，b_0 に繋がっている辺を見つける必要があり，もし a_1 が a_0 と繋がっていないならば，b_0 に繋がっていない辺を見つける必要がある．いずれにせよ，G は T のモデルなのでそれができる．よって，それは拡大特性を満たす（ここで使う特別な場合は $\Phi_{1,0}$ と $\Phi_{0,1}$ である）．

続けて，$a_2, a_3, \ldots$ に対する像を見つけていき，いずれの場合も拡大特性を用いて，その像が互いに繋がれていることと元の頂点がそうであることが等しければよいように思える．ここで厄介なことは，任意の b_j に対し，それがある a_j の像として選べる保証がないことから，最後に全単射にならないかもしれないことである．しかしながら，まだ像を持っていない最初の a_i に対する像と，まだ元像を持っていない最初の b_j に対する元像を交互に選ぶことによって，この問題を修繕できる．この方法により，ほしい同型写像を構成できる．

上の結果を証明するのにモデル理論を使うことは本質的ではない．しかしながら，次のような良いモデル論的結論が得られる．

系　任意の $\mathcal{L}_g$ 文 ϕ に対し，ϕ は T のすべてのモデルで真であるか，$\neg\phi$ は T のすべてのモデルで真であるかのいずれかである．さらに，ϕ あるいは $\neg\phi$ のどちらが T のすべてのモデルで真であるかどうかを判定するアルゴリズムが存在する．

これを証明するためには，まず，コンパクト性定理を少し強めたものを使う．すると，上の結果が偽であるときには ϕ が G_1 で真で，$\neg\phi$ が G_2 で真となるような T の**可算**モデル G_1 と G_2 が存在することが言える．しかし，これは G_1 と G_2 が同型でないことを示し，それゆえ，前の定理に直接矛盾する．ϕ と $\neg\phi$ のどちらが T のすべてのモデルにおいて真であるかを決定するために，T におけるすべての可能な証明を探査する．完全性定理から，二つの文のうちどちらかは証明を持つので，最終的には ϕ の証明か $\neg\phi$ の証明を見つけることができる．その時点で，ϕ あるいは $\neg\phi$ のどちらが T のすべてのモデルで真であるかがわかる．

理論 T はランダム有限グラフについての情報も与える．$\mathcal{G}_N$ を，頂点が $\{1, 2, \ldots, N\}$ であるすべてのグラフからなる集合とする．$\mathcal{G}_N$ のすべてのグラフを等確率にする $\mathcal{G}_N$ 上の確率測度を考える．これは，各 i, j に対し，i と j が結ばれているかどうかを決めるために公平なコインを投げて，N 個の頂点のランダムグラフを構成することと同じである．任意の $\mathcal{L}_g$ 文 ϕ に対し，$p_N(\phi)$ で N 頂点のランダムグラフが ϕ を充足する確率を表すとする．

無限グラフについての議論を少し修正することで，

各拡大公理 $\Phi_{n,m}$ に対して，確率 $p_N(\Phi_{n,m})$ が 1 に収束する．したがって，任意に与えられた M に対し，N を十分大きくとれば，とても高い確率で N 頂点のランダムグラフはすべての公理 $\Phi_{n,m}$，$n,m \leq M$ を充足する．

この考察により，ランダムグラフの漸近的な性質を理解するために理論 T を使えることがわかる．次の結果は **0-1 法則**と呼ばれる．

定理 与えられた $\mathcal{L}_g$ 文 ϕ に対し，確率 $p_N(\phi)$ は $N \to \infty$ とするとき 0 に収束するか 1 に収束するかのいずれかである．さらに，T は，極限が 1 であるような陳述 ϕ の集合を公理化し，**グラフのほとんど確実な理論**と呼ばれる決定可能な理論である．

これは前の結果から従う．ϕ が T のすべてのモデルで真であるか，$\neg\phi$ が T のすべてのモデルで真であるかのいずれかであることは，すでに見た．前者の場合，完全性定理より T の ϕ における証明が存在しなければならない．証明は有限なので，この証明は高々有限個の陳述 $\Phi_{n,m}$ しか含まない．したがって，もし $G \vDash \Phi_{M,M}$ ならば $G \vDash \phi$ となるような M が存在する．しかし，G が N 頂点のランダムグラフならば，$G \vDash \Phi_{M,M}$ となる確率は 1 に収束し，したがって $G \vDash \phi$ となる確率 $p_N(\phi)$ も同様に 1 に収束する．同様な議論は，$\neg\phi$ が T のすべてのモデルで真である場合にも成り立ち，また $p_N(\neg\phi)$ は 1 に収束することが示されて，よって $p_N(\phi)$ は 0 に収束することになる．

この結果から，次のような興味深い帰結が得られる．ランダムグラフが少なくとも $(1/2)_N C_2$ 個の頂点を含む確率は，$N \to \infty$ のとき 1/2 に収束することを証明することは難しくない．この単純な考察と定理を結び付けることにより，「非辺の個数以上の辺を含む」という性質は $\mathcal{L}_g$ の 1 階論理式では表現できないことが導かれる．これは純粋に統語論的結果であるが，これを証明するにはモデル論を本質的に用いる．

文献紹介

Shoenfield (2001) は，完全性定理，不完全性定理，基本的な計算可能性理論，初等的なモデル理論を含むロジックへの素晴らしい入門書である．

この解説で述べた例は，現代モデル理論の特色の一部分を与えたにすぎない．Hodges (1993)，Marker (2002)，Poizat (2000) は総合的な入門書である．Marker et al. (1995) は体のモデル理論に関するいくつかの入門的解説を含んでいる．

モデル理論の重要な目標は，ある種の構造における定義可能性を分析するための道具を提供することに加えて，数学的構造の幅広い族に対して構造定理を証明することである．目玉となるのは，ベクトル空間における線形従属や体における代数的従属を一般化した従属性の概念についてのシェラー (Shelah) による研究である．フルショフスキー (Hrushovski) とズィルバー (Zilber) に続いて，モデル理論の研究者たちは従属性の幾何を研究し，それは隠れた代数構造を見破るためにしばしば役立つことがわかってきている．

近年，抽象モデル理論は，古典数学における興味深い応用を見出している．フルショフスキーは，これらのアイデアを使って，ディオファントス幾何における関数体に対するモーデル–ラング予想のモデル論的証明を与えた．Bouscaren (1998) はフルショフスキーの証明に至るまでのサーベイを集めた素晴らしい本である．

Bouscaren, E., ed. 1998. *Model Theory and Algebraic Geometry. An Introduction to E. Hrushovski's Proof of the Geometric Mordell-Lang Conjecture*. New York: Springer.

Hodges, W. 1993. *Model Theory. Encyclopedia of Mathematics and Its Applications*, volume 42. Cambridge: Cambridge University Press.

Marker, D. 2002. *Model Theory: An Introduction*. New York: Springer.

Marker, D., M. Messmer, and A. Pillay. 1995. *Model Theory of Fields*. New York: Springer.

Poizat, B. 2000. *A Course in Model Theory. An Introduction to Contemporary Mathematical Logic*. New York: Springer.

Shoenfield, J. 2001. *Mathematical Logic*. Natick, MA: A. K. Peters.

IV.24

確率過程

Stochastic Processes

ジャン＝フランソワ・ル・ガル［訳：金川秀也］

1. 確率過程論の歴史

確率過程は現代確率論の大きなテーマの一つである．大雑把に言えば，確率過程は時間とともに変化する確率現象を表現するものである．この章では，簡単で最も重要な例であるブラウン運動を中心に，確率過程論の基本的考え方を紹介し，説明する．最初に，以下の数学的理論の動機付けとするために，確率過程の歴史について簡単に述べる．

1828 年に，英国の生物学者ロバート・ブラウンは，水面に浮かぶ小さな花粉が，非常に規則性なく揺れ動くことを観察した．ブラウンは，この運動の予測できない性質は，従来知られている物理学的法則に従わないことを指摘した．19 世紀の間，何人かの物理学者は，多くの他の物理現象を提供するようになったこの「ブラウン運動」の原因を解明しようとした．いくつかの理論が提供されたが，中には奇抜なもの ── ブラウン運動をする花粉の中にはたぶん微細な生き物が入っていたのだろうとか，おそらくそれは磁気力による運動だろうとか ── があった．しかし，物理学者たちはこの世紀の終わりごろ，ブラウン運動で絶えず方向が変わるのは，その媒体を取り巻く分子から出てきた粒子の衝撃によるものであると説明することができた．もし粒子が非常に軽かったならば，これら多数の衝突による位置の変化は顕微鏡的なものである．この説明は，水温が上がり，したがって分子の熱運動が活発になれば，花粉の動きが速くなるという実験観察と一致する．

アルベルト・アインシュタインが 1905 年に書いた有名な三つの論文のうちの一つにより，ブラウン運動の理解が大きく踏み出された．彼は，ブラウン運動する花粉が原点を出て，一定時間 t 経ったときの位置は，平均 0，分散 $\sigma^2 t$ の（3 次元の）**ガウス分布** [III.71 (5 節)] に従ってランダムに分布していることを発表した．ここで，σ^2 は拡散定数と呼ばれる定数であり，花粉が時間につれてどれくらい速く広がっていくかを表す数である（σ^2 は簡単にブラウン運動の速度と考えることもできるが，「速度」という言葉は実際には適当でない）．アインシュタインの方法は統計力学に基づくものであり，彼は統計力学の**熱方程式** [I.3 (5.4 項)] でガウス密度を使ってこの方程式を解いた（5.2 項参照）．

アインシュタインから数年前に，フランスの数学者ルイ・バシュリエは，株式市場の数学モデル化に関する本の中で，ブラウン運動がガウス分布に従うことについてすでに述べている．しかし，バシュリエはブラウン運動として知られていた物理学的現象としてではなく，ステップサイズが非常に小さいランダムウォークとして扱っていた．本章の第 2 節，第 3 節でわかるように，これら二つの概念は，数学的見地からすれば本質的には同じものである．バシュリエが考えていたことは，ブラウン運動の**マルコフ性**と今日呼ばれるものであり，「ブラウン運動をする花粉の時刻 t よりあとの位置を予想したいならば，時刻 t より前にその花粉が動いた経路は知る必要がなく，時刻 t における位置を知ることだけが必要である」ということである．バシュリエの議論は全面的に満足のいくものではなく，彼の考え方はその時代には完全には評価されなかった．

ランダムな経路を動く粒子のモデル化はどのように行われるのであろうか？ 最初に注目すべきことは，時刻 t における粒子の位置を**確率変数** [III.71 (4 節)] B_t と表すことである．しかし，時刻 t が動いたときに，これらの確率変数 $B_{t_1}, B_{t_2}, \ldots$ は互いに無関係ではないであろう．すなわち，時刻 t に粒子がいる位置がわかったとき，ある時間経ったあとのその粒子の居場所を予想するのに影響を与えるであろう．これら二つの考え方を併せると，基礎とするモデルを確率変数 B_t としたとき，非負実数である時間変数 t に対しすべての B_t が同じ確率空間で定義されることになる．形式的に言うと，これが確率過程である．

これはかなり単純な定義のように思えるかもしれないが，確率過程を興味深いものにするためには，付加しなければならない性質があり，これらを使おうとすると，数学的な難問が出てくる．基礎となる標本空間*1) を Ω とする．そのとき，各確率変数 B_t は Ω から $\mathbb{R}^3$ への関数である．したがって，$\mathbb{R}^3$ の点に対 (t, ω) を対応させる（ただし，t は正の実数，ω は Ω に属するものとする）．ここまでは，t を固定し ω を動かすことに絞って，B_t の確率分布について考えてきた．しかし，「一つの場合」についての確率過程，すなわち，ω を固定して t を動かすときのことも考えなければならない．固定された ω に対して t の関数 $B_t(\omega)$ を**サンプルパス**（sample path）という．ブラウン運動の厳密な数学的理論を知ろうとするときには，すべてのサンプルパスは連続でなければならない．すなわち，固定された ω に対して $B_t(\omega)$ は t に関して連続でなければならない．

上で述べたアインシュタインやバシュリエの貢献や物理的観察により，ブラウン運動が満たすべきいく

---

*1) ［訳注］原著では “probability space”（確率空間）となっているが，通常は $(\Omega, \mathcal{F}, P)$ を確率空間と呼び，Ω を標本空間と呼ぶ．

つかの性質があることがわかった．そして，これらの性質を持つ確率過程が存在することを証明するという本質的な数学の問題が生まれたのである．1923年に**ウィーナー**がこのことを初めて証明し，そのため，ブラウン運動の数学的概念は時にウィーナー過程と呼ばれる．

コルモゴロフ [VI.88]，レヴィ（Lévy），伊藤清，ドゥーブ（Doob）といった，20世紀の確率論で最も有名な人々は，ブラウン運動の研究に貢献している．サンプルパスの細かい性質は，（ウィーナーが後にそれらは連続であることを発表したにもかかわらず）物理学者ジャン・ペランが至るところ微分不可能な関数があることを観察してから，特に注目されるようになった．ブラウン運動の経路（trajectory）が微分不可能であることから，伊藤はブラウン運動やさらに一般的な確率過程の関数の微分計算法を，独自の手法を用いて考案した．この伊藤の確率計算は第4節で簡単に述べるが，現代確率論の多くの異なる分野で応用されることになった．

2. コイン投げとランダムウォーク

ブラウン運動を理解する最も簡単な方法の一つに，確率論の他の重要な概念，すなわち，**ランダムウォーク**による方法がある．いま，コインを投げ，表（H）が出たら1ユーロを獲得し，裏（T）が出たら1ユーロを支払うゲームを繰り返すとしよう．そのとき，確率変数列 $S_0, S_1, S_2, \ldots$ を定義することができる．ただし，S_n はコインを n 回投げたあとの総利益を表す（S_n は負になることもある）．この系列の持つ二つの単純な性質は，S_0 は0でなければならないことと，S_n と S_{n-1} の差は常に1であることである．図1はコイン投げをして HTTTHTHHHTHHTH $\cdots$ となったときの S_n をプロットしたものである．

3番目の性質は，各回に投げたコインの結果を表す別の確率変数列 $\epsilon_1, \epsilon_2, \ldots$ を定義すると，はっきりする．これらは独立で，各 ϵ_n は確率1/2で値1をとり，確率1/2で値 -1 をとる．さらに，各 n に対して $S_n = \epsilon_1 + \cdots + \epsilon_n$ と書くことができる．この和 S_n の分布は，**2項分布** [III.71 (1節)] に従うことが知られている（詳しく言うと，n 回投げたコインのうち表が出た回数が k となる確率は $2^{-n}\binom{n}{k}$ である．そのとき，$S_n = k-(n-k) = 2k-n$ である）．さらに，$m > 0$ に対して $S_{m+n} - S_m = \epsilon_{m+1} + \cdots + \epsilon_{m+n}$ と表され，これは ϵ_i の n 個の和であるから，$S_{m+n} - S_m$ の分布は S_n の分布と同じである．また，その値は $S_0, S_1, \ldots, S_m$ の値と独立である．

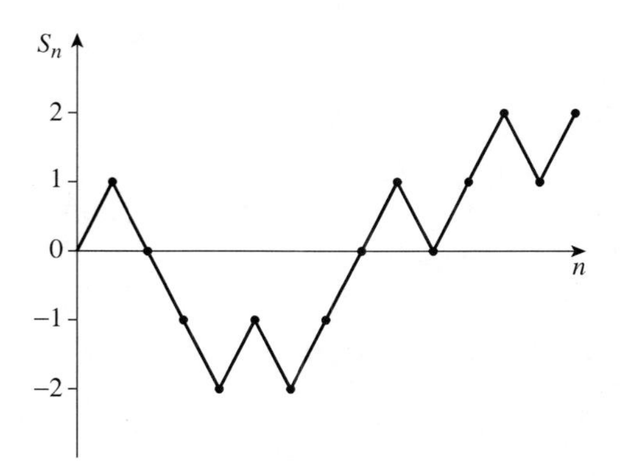

図1 コイン投げで貯まった利益

「ランダムウォーク」の名前は，系列 $S_0, S_1, S_2, \ldots$ を，ランダムなステップの継続で，一歩一歩が1または -1 であると見なせることに由来している．ブラウン運動は，ステップの数をしだいに大きくとり，それらのステップの幅をそれに対応して小さくとっていったときの極限と考えることができる．ここで言う「対応して」の意味を理解するために，**中心極限定理** [III.71 (5節)] について考える．この定理は，n が大きくなるときの S_n の分布の極限の動態を表している．あるいは，むしろ $(1/\sqrt{n})S_n$ の分布の極限の形であると言ったほうがよい．$\sqrt{n}$ で割る理由は，$\sqrt{n}$ が S_n の**標準偏差** [III.71 (4節)] だからである．これは「S_n が増大したり減少したりする基準の大きさ」と考えることができる．したがって，$\sqrt{n}$ で割れば，「再び正規化された」分布は「基準の大きさ（標準偏差）」1を持つ（したがって，各 n に対して同じ基準の大きさになる）．

中心極限定理を詳しく調べると，任意の実数 a と b（$a < b$）に対して，n を ∞ にするとき，$a < (1/\sqrt{n})S_n < b$ である確率は

$$\frac{1}{\sqrt{2\pi}} \int_a^b \mathrm{e}^{-x^2/2} \mathrm{d}x$$

に収束する．すなわち，$(1/\sqrt{n})S_n$ の極限分布は，平均0，標準偏差1のガウス分布である．（前で述べたように）$S_{m+n} - S_m$ の分布は S_n の分布と同じなので，このことから，$(1/\sqrt{n})(S_{m+n} - S_m)$ の分布の動態は任意の m に対して変わらないことがわかる．

3. ランダムウォークからブラウン運動へ

前節では，確率変数列 $S_0, S_1, S_2, \ldots$ について調べた．これは，「時刻 t」が正整数で表されていることを除けば，ブラウン運動 B_t と同様に確率過程である（これを離散時刻過程という）．さて，ここで，ブラウン運動が，無限に多くの無限に小さいステップでできているランダムウォークであるという考え方を正当化しよう（今は本章の冒頭で考えた 3 次元ブラウン運動ではなく，1 次元ブラウン運動を考えている）．

時刻 t が 0 と 1 の間にあるブラウン運動 B_t を考えると，少し簡単になる．B_t，特に B_1 の分布がガウス分布であればよいが，前節の結果から，S_n の分布は適当なスケール変換 $1/\sqrt{n}$ を使って極限をとれば，ちょうど期待していた極限分布になることが言える．詳しく言うと，図 1 のグラフでステップ数 n が十分大きい場合，x 軸は 1 から n まで進み，グラフの端の高さの標準偏差は $\sqrt{n}$ となる．したがって，グラフを水平方向を $1/n$ に縮め，垂直方向を $1/\sqrt{n}$ に縮めれば，$[0,1]$ から $\mathbb{R}$ に写すランダム関数 $S^{(n)}$ が得られ，$S^{(n)}(1)$ の標準偏差は 1 となる．こうして，ランダムウォークの各ステップの時間を 1 から $1/n$ に縮め，各ステップの大きさを 1 から $1/\sqrt{n}$ に縮めることになる．また，至るところで $S^{(n)}$ を定義するため，図 1 でしたようにグラフの点を直線で結ぶ．このようにスケールを変えて描き直したランダムウォークを図 2 に示す．

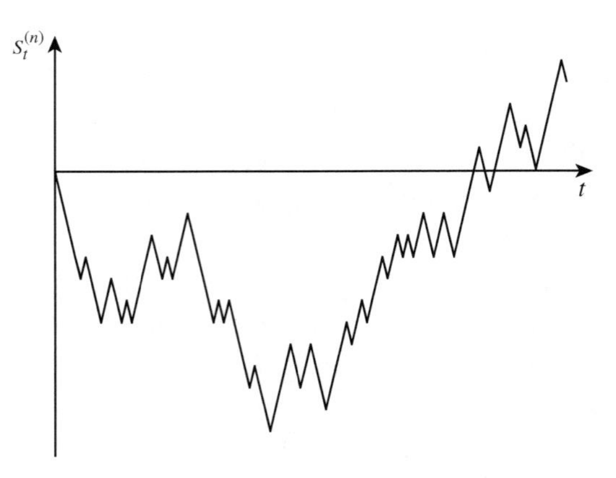

図 2　$n = 100$ のときのスケールを変えたランダムウォーク $S^{(n)}$

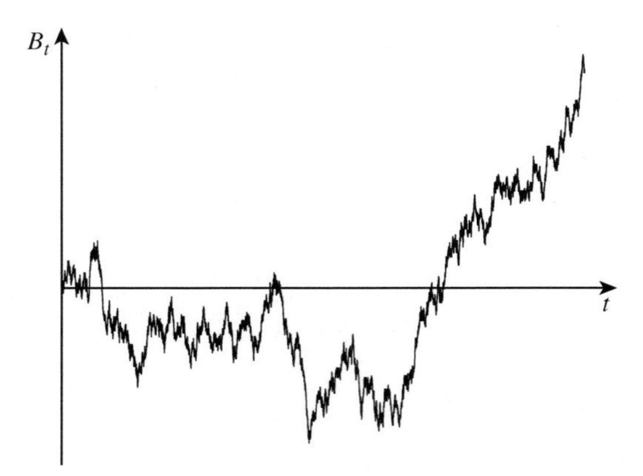

図 3　線形ブラウン運動のシミュレーション

今の時点では，単に，これらのスケールを変えたランダムウォークの分布は，適切な意味で，連続なサンプルパスを持つ確率過程の分布に収束すると仮定する．この確率過程はブラウン運動 B_t である．典型的なサンプルパスのグラフを図 3 に示す．このグラフの一般的な動きが図 2 の動きとよく似ていることに注意されたい．

1 で止まらずいつまでも続くブラウン運動を近似したいならば，スケールを変えたランダムウォークで，n ステップで止めないでいつまでも続ければよい．

ここで，より厳密な定義をする．x を出発する**線形ブラウン運動**とは，実数値確率関数の集まり $(B_t)_{t\geq 0}$ で次の性質を持つものである．

- $B_0 = x$（すなわち，基礎確率空間内の各 ω に対して $B_0(\omega) = x$）．
- サンプルパスは連続である．
- 任意に与えられた $s < t$ に対して，$B_t - B_s$ の分布は平均 0，分散 $t - s$ のガウス分布である．
- さらに，$B_t - B_s$ は時刻 s までのこの過程と独立である（これは第 1 節で述べたマルコフ性を意味する）．

前節で見たように，これらの性質のそれぞれは，ランダムウォークの持つ性質に対応するものである．したがって，ブラウン運動が存在することを証明することは容易でないが，結果は非常に信頼できる（このことから，ランダムウォークに関係なく上のすべての性質を満たす確率過程を作ることが簡単になった）．もう一つ重要なことは，上の性質がブラウン運動を特徴付けることである．したがって，これらの性質を持ついかなる二つの確率過程も，本質的には同じものである．

ここまで，スケール変換したランダムウォーク $S^{(n)}$ がブラウン運動に「収束する」ことについて，何も言ってこなかった．ここでは，この概念を詳しく定義するのではなく，確率過程 $S^{(n)}$ から定義される任意の「理にかなった」関数はすべて極限確率過程であるブラウン運動 B_t の「対応する」関数に収束すると述べるだけに留める．たとえば，すでに見たように，$S^{(n)}(1)$ が a と b の間にある確率は

$$\frac{1}{\sqrt{2\pi}}\int_a^b \mathrm{e}^{-x^2/2}2\mathrm{d}x$$

に収束する．しかし，B_1 はガウス分布に従うから，この確率は B_1 が a と b の間にある確率と同じである．

より興味ある例は，$S^{(n)}(t)$ が 0 と 1 の間で正となる時間の比率 X_n，あるいはむしろ，（ランダムウォーク $S^{(n)}$ に依存する確率変数である）この比率の分布の状態である．これはブラウン運動が時刻 0 と 1 の間に正の値をとる時間の比率 X の分布に「分布収束する」．すなわち，任意の $a < b$ に対して X_n が a と b の間にある確率は，X が a と b の間にある確率に収束する．X に対する確率分布は次のように完全にわかっていて，**ポール・レヴィの逆正弦**（arcsin）**法則**と呼ばれている．

$$P[a \leq X \leq b] = \int_a^b \frac{\mathrm{d}x}{\pi\sqrt{x(1-x)}}$$

おそらく驚くことに，X は 1/2 よりも 0 または 1 に近い可能性が高い．この基本的な理由は，s と t を異なる時刻とすれば，事象 $B_s > 0$ と事象 $B_t > 0$ に正の相関があることである．

ランダムウォークがブラウン運動に収束することは，より一般的な現象の特別なケースにすぎない（たとえば Billingsley（1968）を参照）．たとえば，ランダムウォークの個々のステップを変えることにより，他の確率分布が得られる．典型的な結果は，各ステップが平均が 0（ちょうど，確率 1/2 で +1 と −1 をとる場合がこれに当たる）で，有限な分散を持てば，その極限として得られる確率過程はブラウン運動の簡単なスケール変換である．この意味で，ブラウン運動は普遍的な対象となっている．すなわち，ブラウン運動は多くの離散モデルから得られる連続な極限である（普遍性についての議論は「臨界現象の確率モデル」[IV.25] 参照）．

ここまで 1 次元のブラウン運動について考察してきたが，ここで，3 次元の連続なパスを持つモデルについて考えてみよう．そのためのわかりやすい一つの方法は，3 個の独立なブラウン運動 B_t^1, B_t^2, B_t^3 をとり，これらを $\mathbb{R}^3$ におけるランダムパス内の 1 点の座標とすることである．確かにこのようにして 3 次元ブラウン運動が定義できる．しかし，これが良い定義であると断言することはできない．特に，物理的ブラウン運動の良いモデルと考えることができるかどうかは，座標系のとり方によると思われる．

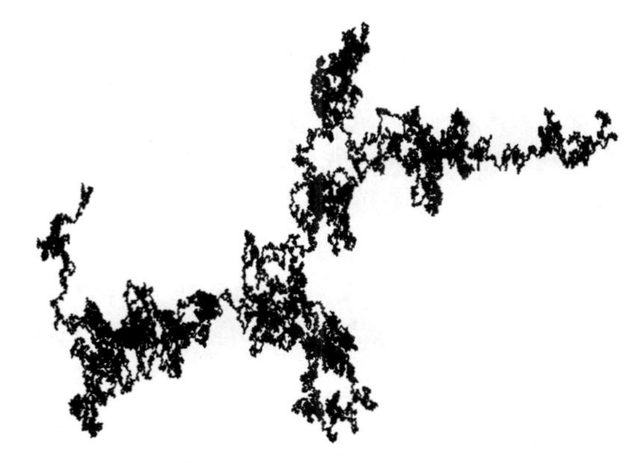

図 4　平面ブラウン運動のシミュレーション

しかし，高次元ブラウン運動（今与えた定義は明らかに任意の次元 d の場合に拡張できる）の中心的性質は，**回転不変性**である．すなわち，座標系として異なる**直交基底** [III.37] を選んでも，同じ確率過程が得られる．このことは，d 個の独立な 1 次元ガウス確率変数から作られたベクトルの**確率密度関数** [III.71 (3 節)] は

$$\frac{1}{(2\pi)^{d/2}}\mathrm{e}^{-(x_1^2+\cdots+x_d^2)/2}$$

であるという基本的な性質から，簡単に証明することができる．$x_1^2+\cdots+x_d^2$ は，ちょうど 0 から $(x_1,\ldots,x_d)$ までの距離の 2 乗であるから，回転しても密度関数は変わらない．

平面 $d=2$ の場合には，さらに重要な不変性があるが，これについては 5.3 項で説明する．

拡散定数の概念をモデルの中に取り入れることは，簡単である（拡散定数は第 1 節で説明した定数 σ^2 であり，ブラウン運動がどれくらい速く拡散するかを示すものである）．唯一しなければならないことは，B_t から $B_{\sigma^2 t}$ へとスケールを変えることである．

高次元ブラウン運動は，それと同次元のランダムウォークの極限であってほしい．このことは，数学的なブラウン運動はブラウンによって観測された物理現象の良いモデルである理由を説明する手助けとなる．実際，分子の衝突によって引き起こされる気まぐれな移動は，非常に小さいステップサイズのランダムウォークに似ている．時間 [0,1] における平面上のブラウン運動の曲線のシミュレーションを，図 4 に示す．

4.　伊藤の公式とマルチンゲール

f を，実数値をとる微分可能な関数とする．ある大きな正の数 n に対して $0, 1/n, 2/n, \ldots, (n-1)/n$ における $f'(x)$ の値を知ったとして，$f(1) - f(0)$ の値を推定することを考える．もし，微分係数 f' があまり速く変化しなければ，$f((j+1)/n) - f(j/n)$ は $(1/n)f'(j/n)$ で近似できるであろうから，良い近似として

$$\frac{1}{n}\left(f'(0) + f'\left(\frac{1}{n}\right) + f'\left(\frac{2}{n}\right) + \cdots + f'\left(\frac{n-1}{n}\right)\right)$$

でなければならない．**微分積分学の基本定理** [I.3 (5.5 項)] によると，微分係数 f' が連続ならばこの計算は正しい．

ここで，見かけは同じ構造の別の問題を考えてみよう．今度は，数 $x_0, x_1, x_2, \ldots, x_n$ はステップサイズ $1/\sqrt{n}$ のランダムウォークの位置を表すものとする．f は「うまく振る舞う」(well-behaved) 微分係数を持つ関数とし，$x_0, x_1, x_2, \ldots, x_{n-1}$ における f' の値はわかっているものとする．$f(x_n) - f(x_0)$ を推定することを考える．

上述の方法を使えば，$f(x_{j+1}) - f(x_j)$ は $(x_{j+1} - x_j)f'(x_j)$ で近似でき，推定値

$$(x_1 - x_0)f'(x_0) + (x_2 - x_1)f'(x_1) + \cdots + (x_n - x_{n-1})f'(x_{n-1})$$

が得られるはずである．この段階では，これが良い推定値かどうかはわからない．その理由は，通常，ランダムウォークが最終的な目的地 x_n に着く前に，同じ場所を何回も前後に行き来することで，近似の際に誤差が集積する可能性があるからである．これが重大な問題であることを知るために，非常に「うまく振る舞う」関数 $f(x) = x^2$ を考え，$x_0 = 0$ とおく．この場合

$$f(x_{j+1}) - f(x_j) = x_{j+1}^2 - x_j^2$$

は簡単な計算によって，この値が

$$(x_{j+1} - x_j)2x_j + (x_{j+1} - x_j)^2$$

と等しいことがわかる．この第 1 項は $(x_{j+1} - x_j)f'(x_j)$ に等しいから，これは今考えている近似である．したがって，考えなければならない誤差は $(x_{j+1} - x_j)^2$ であり，これはランダムウォークのステップサイズの 2 乗，すなわち $1/n$ である．しかし，このランダムウォークのステップ数は n であるから，誤差 (すべて正) の総計は 1 である．すなわち，$f(x) = x^2$ の場合，$f(x_n) - f(x_0) = x_n^2$ を上述の推定値 $(x_1 - x_0)f'(x_0) + \cdots + (x_n - x_{n-1})f'(x_{n-1})$ で近似すると，誤差の大きさは 1 となる．一方，x_n の標準偏差が 1 であるので，x_n^2 の基準となる大きさ (標準偏差のこと) も約 1 であり，$f(x_n) - f(x_0)$ の実際の値と近似誤差が同程度であることから，この推定値は決して良いとは言えない．

注目すべきことは，これは比較的簡単に解決できるということである．しなければならないことは，テイラー展開でもう一つの項を使うことである．すなわち，より精細な近似

$$f(x_{j+1}) - f(x_j) = (x_{j+1} - x_j)f'(x_j) + \frac{1}{2}(x_{j+1} - x_j)^2 f''(x_j)$$

を用いる (もちろん，ここでは第 2 次導関数 f'' が存在して連続であると仮定する)．上で考えた例 $f(x) = x^2$ では，すべての x に対して $f''(x) = 2$ であるから，上の近似ですべてを加えれば，正確に正しい答えが得られる．この考察から，一般に，$f(x_n) - f(x_0)$ は

$$\sum_{j=0}^{n-1}(x_{j+1} - x_j)f'(x_j) + \frac{1}{2}\sum_{j=0}^{n-1}(x_{j+1} - x_j)^2 f''(x_j)$$

を使えばうまく近似できることが予想される．

ここで，ランダムウォークがブラウン運動 B_t に収束するものと仮定すると，これら二つの項に何が起こるかを考えてみよう．$(x_{j+1} - x_j)^2$ がちょうどステップ数の逆数であることを使うと，比較的簡単に，上式の第 2 項の極限分布が存在し，それが積分 $\frac{1}{2}\int_0^t f''(B_s)\mathrm{d}s$ で与えられることが証明できる．このことから第 1 項もある極限に収束することが予想され，実際証明することもできる．この極限を**確率積分**と呼び，$\int_0^t f'(B_s)\mathrm{d}B_s$ と書く．より詳細を式で表すと

$$f(B_t) = f(B_0) + \int_0^t f'(B_s)\mathrm{d}B_s + \frac{1}{2}\int_0^t f''(B_s)\mathrm{d}s \qquad (1)$$

となる．これは伊藤の公式として知られている．微分積分学の基本定理に似ているが，本質的に異なる点は，第 2 次導関数を含んでいる余分な項，いわゆる**伊藤の項**があることである．

なぜこれが興味深いのかと思う読者がいるかもし

れない．一つの関数の二つの値の差を推定しようとするとき，なぜ非常にギザギザしたパス（経路）ではなく，滑らかなパスを選ばないのだろうか？　それは，対象としているのがただ一つのパスではないからである．固定された任意のパスに対して，上の公式の両端は，まさしく実数である．もし B_t を確率変数と考えるならば，これらの数も確率変数である．しかも両側はすべての $t \geq 0$ に対して定義されているから，それらは実際には確率過程である．したがって，われわれが考えているのは，一つの確率過程を積分したとき，別のものが出てくる積分の方法である．

伊藤の公式が非常に便利である理由は，確率積分が多くの事実を証明できる性質を持っているからである．特に，確率積分 $\int_0^t f'(B_s)\mathrm{d}B_s$ をパラメータ t を添字とする確率変数の集まりと見るならば，この確率積分は**マルチンゲール**と呼ばれる特別に良い種類の確率過程である．マルチンゲールは，確率過程 (M_t), $t \geq 0$ で，$s \leq t$ ならば，すべての $r \leq s$ に対する M_r の値の条件のもとでの M_t の条件付き平均値がちょうど M_s に等しいという性質を常に持つものである．

ブラウン運動は，非常に簡単なマルチンゲールである．マルチンゲールでは，$M_t - M_s$ はすべての $r \leq s$ に対して M_r と独立ではない上，これらの値が与えられたときの $M_t - M_s$ の条件付き平均値が 0 であるから，ブラウン運動よりはるかに一般的な概念である．次に，その違いを示す例を挙げる．0 を出発するブラウン運動が最初に 1 に到達（もしそれがあれば）したとき，その後 2 倍の速さ（より正確には，2 倍の拡散定数）でブラウン運動を続ける場合を考える．この場合，$M_t - M_s$ の動き方は確かに s までに起こった事象に関係するが，それでもこの平均は 0 である．

ある意味では，伊藤の公式の中の確率積分の項は，今挙げた例のように，「速さを変えながら」ブラウン運動のように振る舞う．詳しく言うと，各 $t \geq 0$ に対して

$$\int_0^t f'(B_s)\mathrm{d}B_s = \beta_{\int_0^t f'(B_s)^2 \mathrm{d}s}$$

を満たす別のブラウン運動 $\beta = (\beta_t)_{t \geq 0}$ が存在する．実際，任意の時間連続マルチンゲール——たった今考えた確率積分によって与えられるものだけではない——に対してこのことが成り立ち，それに関連する時間変化は，マルチンゲールの **2 乗変分**（quadratic variation）と呼ばれる量である．したがって，時間連続マルチンゲールのグラフは，時間変化を施したブラウン運動のグラフから得られる．これが，ブラウン運動がこのような中心的な例となり，より一般的な確率過程を扱う前にブラウン運動の振る舞いを理解することが重要となる理由である．

前述の伊藤の公式の導き方は，そのまま多次元ブラウン運動に適用することができる．$x = (x_1, \ldots, x_d)$ と $y = (y_1, \ldots, y_d)$ が $\mathbb{R}^d$ に属し，x と y が十分に近ければ，$f(x) - f(y)$ の第 1 近似は

$$\sum_{i=1}^{d}(x_i - y_i)\partial_i f(y)$$

と書ける．ただし，$\partial_i f(y)$ は f の第 i 要素による偏微係数の y における値を表す．y における偏微係数のベクトルを通常 $\nabla f(y)$ で表す．これを y における f の勾配（または簡単に "grad f"）という．f の第 2 次偏微係数については，ラプラシアン Δf を拡張して使う（理由は「いくつかの基本的な数学的定義」[I.3 (5.4 項)] を参照）．これらから，公式

$$f(B_t) = f(B_0) + \int_0^t \nabla f(B_s) \cdot \mathrm{d}B_s + \frac{1}{2}\int_0^t \Delta f(B_s)\mathrm{d}s$$

が得られる．確率積分の項は

$$\int_0^t \nabla f(B_s) \cdot \mathrm{d}B_s = \sum_{j=1}^{d}\int_0^t \frac{\partial f}{\partial x_j}(B_s)\mathrm{d}B_s^j$$

のように，1 次元確率積分を使って形式的に定義すればよい．

確率積分はマルチンゲールであるから，確率過程

$$M_t^f = f(B_t) - \frac{1}{2}\int_0^t \Delta f(B_s)\mathrm{d}s$$

は（f に適当な条件を付けると）マルチンゲールである．この考察から，ブラウン運動に対する**マルチンゲール問題**が出てくる．確率過程 $(X_t)_{t \geq 0}$ に対するマルチンゲール問題を述べることは，確率過程の汎関数として定義されたマルチンゲールの集まりを考えることである．これは上で M^f を $(B_s)_{s \geq 0}$ の関数として定義したのとちょうど同じである．マルチンゲール問題が与えられた確率過程の分布で特徴付けられるとき，そのマルチンゲール問題は良設定（well posed）であると言われる．M_t^f がすべての（2 回連続微分可能な）関数 f に対してマルチンゲールになること以外に確率過程 $(B_t)_{t \geq 0}$ について何も知らなくても，良設定の場合は B はブラウン運動でなければならないことがわかる．

マルチンゲール問題は，現代確率論で基本的な役割を演じている（特に Strook and Varadhan (1979) を参照．また，「金融数学」[VII.9 (2.3 項)] も参照）．適切なマルチンゲール問題の導入は，確率過程を特定する際，より詳しく言うとその確率分布を特徴付ける際に，しばしば最も便利な方法を与える．

5. ブラウン運動と解析

5.1 調 和 関 数

$\mathbb{R}^d$ の開部分集合 U の上で定義された連続関数 h を考える．U に含まれる任意の閉球の上の h の値の平均値，あるいはこれと同等に，任意のそのような球の境界の上の h の値の平均値が，常にその球の中心における h の値と等しいとき，この関数 h は**調和**であるという．解析学の基礎的結果から，関数 h が調和であるための必要十分条件は，h が連続 2 回微分可能で $\Delta h = 0$ が成り立つことである．調和関数は，数学のいくつかの分野や物理学で重要な役割を果たしている．たとえば，平衡状態にある伝導体の電位は，その伝導体の外側では調和関数である．そして，物体の境界の温度を一定に保つ（すなわち，境界の異なる部分では温度が異なるかもしれないが，これらの温度は時間が経っても変わらない）ならば，この物体の内部の平衡的な温度はまた調和関数である（次項の熱方程式参照）．

調和関数はブラウン運動と非常に近い関係にあるので，確率論と解析学を結び付ける非常に大事なものの一つである．この結び付きは，前節で定義した M_t^f がマルチンゲールであることから，すでに明らかである．このことから，h が調和関数のとき（実際には，かつそのときに限り），第 2 項が消えるから，$h(B_t)$ はマルチンゲールである．とはいえ，古典的な**ディリクレ問題**から，ブラウン運動と調和関数の結び付きを説明しよう．U を有界な開集合とし，g を U の境界 ∂U の上の連続実数値関数とする．古典的なディリクレ問題は，U の上で調和であり，境界の上で g に等しい関数を見つけることである．

ディリクレ問題は，ブラウン運動を使うと非常に簡単に解ける．すなわち，$x \in U$ とし，x から出発するブラウン運動を考え，このブラウン運動が U を離れる点 B_τ で g を評価し（図 5 参照），得られた平均値を $h(x)$ とする．なぜこの定義でうまくいくのだろうか？ すなわち，このようにして定義された

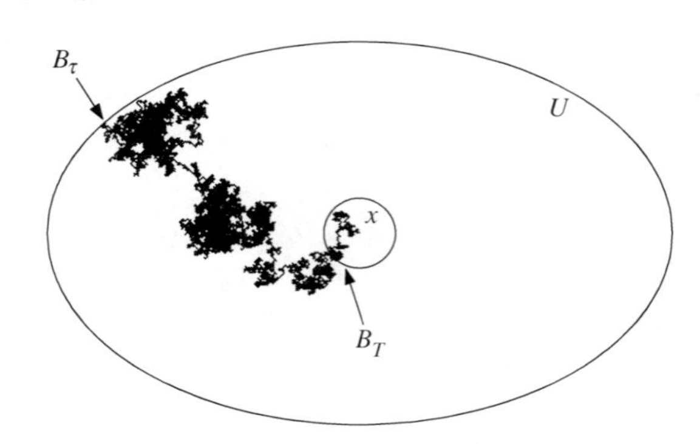

図 5 ディリクレ問題の確率論的解

関数 h はなぜ調和なのか？ また，なぜ境界で g と一致（正確には g に収束）するのか？

最後の質問に対する答えは，大雑把に言うと，x が境界に非常に近ければ，x を出発したブラウン運動は x に近い点で U を離れる可能性が非常に高い．したがって，g が連続であるから，x の近くの任意の退出点（exit point）では g の値に近くなる．

h が調和であることを示す．x を U の点とし，中心が x で，半径 r の球が U に含まれていると仮定する．このとき，$h(x)$ がこの球の境界上の $h(x)$ の平均値に等しいことを証明したい．ところで，$h(x)$ は x を出発するブラウン運動が U を離れる点での g の平均値である．ここで，このブラウン運動のパスが中心 x，半径 r の球を去る最初の点が B_T であることを条件とする g の条件付き平均値を計算してみる（図 5 参照）．ブラウン運動の回転不変性によって，この点はこの境界のまわりに同じように分布している．もし y で境界に近づくならばパスが U を離れる（この特別な情報を条件として）ときの g の平均値は，定義により，$h(x)$ である．したがって，$h(x)$ は，半径 r のこの球の境界上の $h(x)$ の平均値である．

この議論はもっともらしいが，この中に，ブラウン運動のパスがこの球の境界を何回も横切るという事実が巧妙に隠されているのである．同様な議論をしたとして，パスが最後にこの球を去る最終点における値を条件としてみよう．この点を y とすると，その点から一度出たら，以後この球の中に再び戻ることはできない，したがって，ブラウン運動ではなくなるため，U の境界に最初に着いたパスの g での平均値が $h(y)$ であるとは言えなくなる．

ブラウン運動のマルコフ性とは，時刻 T と $T < t$ を満たす別の時刻 t に対して，$B_t - B_T$ の値が $s \leq T$

を満たす B_s とは独立であることをいう．上の議論では，このブラウン運動がこの球の境界に初めて到着した時刻を T として，マルコフ性を適用している．しかし，このように考えたとしても，T はこのブラウン運動に依存するから定時刻ではない．しかし，T はいわゆる**停止時刻**（stopping time）であるから，今までの議論が成り立つ．形式ばらないで言うと，このことは，このブラウン運動の時刻 T 以後の動きは T に依存しないということである（したがって，このブラウン運動が半径 r のこの球を去る最後の時刻は，停止時刻ではない．なぜなら，与えられた時刻が最後の時刻であるかどうかは，このブラウン運動のあとの動き次第であるからである）．ブラウン運動は**強マルコフ性**を持つことが証明できる（強マルコフ性は，T が停止時刻であることを除けば，通常のマルコフ性と同じである）．このことがわかれば，h が調和であることを論理的に正しく証明することは難しくない．

5.2 熱 方 程 式

f を $\mathbb{R}^d$ の上の有界連続な関数とする．f を時刻 0 における温度の分布と考えると，**熱方程式** [III.36] はそれ以後の時刻で温度に起こることを示すモデルとなる．初期値 f を持つこの方程式の解を求めることは，各 $t \geq 0$ と $x \in \mathbb{R}^d$ に対して定義された連続関数で偏微分方程式

$$\frac{\partial u}{\partial t} = \frac{1}{2}\Delta u \tag{2}$$

（ただし，$t > 0$）の解であり，すべての x に対して条件 $u(0,x) = f(x)$ を満たすものを求めることである（この方程式の因子 1/2 は重要ではなく，確率論的な説明を容易にするためのものである）．

熱方程式は，ブラウン運動を使うと簡単に解ける．すなわち，B_t を，x を出発するブラウン運動として，$u(t,x)$ を $f(B_t)$ の平均値とする．このことから，熱は非常に小さいブラウンの花粉の集まりのように量を増加させる．

ガウス密度関数による $f(B_t)$ の平均の公式は明らかなので，上の確率論的表現は簡単に導くことができる．この公式が得られれば，残る作業は，それを微分してこの方程式が満足されているかどうかを確かめることだけである．ただし，ブラウン運動と熱方程式とは非常に関係が深く，多くの場合解を得るための確率論的表現があるとはいえ，はっきりした公式はない．例として，ディリクレ境界条件を持つ，開集合 U における熱方程式を解くことを考える．このことは，各点 $x \in U$ の温度に対する初期値を定め，境界での温度を 0 に保つことを意味する．言い換えると，関数 $u(t,x)$ であって，すべての $x \in U$ に対して $u(0,x) = f(x)$ となり，また，すべての時刻 $t \geq 0$ と U の境界上にあるすべての x に対して $u(t,x) = 0$ となり，さらに，U の内部で u は熱方程式を満たすものを見つけることである．この場合には，解は次のようにして得られる．x を出発するブラウン運動 (B_t) を考える．時刻 t 以前の任意の時刻に U の外に出なければ $g_t = f(B_t)$ とおき，それ以外は $g_t = 0$ とおき，g_t の平均値を $u(t,x)$ とする．

このようにしたとき，解を得るためには $\mathbb{R}^d$ における熱方程式の解を少し修正しなければならない．熱方程式のこの変形の解析学的取り扱いは，もっと複雑になる．

5.3 正 則 関 数

$d = 2$ の場合を考える．通常どおり $\mathbb{R}^2$ を複素平面 $\mathbb{C}$ と同一視する．$f = f_1 + \mathrm{i}f_2$ を $\mathbb{C}$ の上で定義された**正則関数** [I.3 (5.6 項)] とする．このとき，f の実部 f_1，虚部 f_2 はともに調和関数であるから，$f_1(B_t)$ および $f_2(B_t)$ はマルチンゲールである．少し詳しく言うと，伊藤の項は消えるから，伊藤の公式から，$j = 1,2$ に対して

$$f_j(B_t) = f_j(x) + \int_0^t \frac{\partial f_j}{\partial x_1}(B_s)\mathrm{d}B_s^1 + \int_0^t \frac{\partial f_j}{\partial x_2}(B_s)\mathrm{d}B_s^2$$

となる．第 3 節で述べたように，二つの確率過程 $f_j(B_t)$ のそれぞれは，線形ブラウン運動 β^j の時間変化として表すことができる．しかしながら，もっと強い結果，すなわち，時間変化はどちらの場合も同じでブラウン運動 β^1 と β^2 は独立であることを，証明することができる．このことから「局所」回転不変（localized rotational invariance）であることが証明でき，ブラウン運動の重要な**等角的不変性**（conformal invariance property）を導き出すことができる．大雑把に言えば，このことは，等角写像（すなわち，角を保存する）のもとでの平面上のブラウン運動の像は別の速さの他の平面上のブラウン運動であると言える．

6. 確率微分方程式

1 個の花粉が水に浮いているとする．もし水温が上がれば，分子はより速く動き，より多くの衝突をするであろう．このことをモデル化するのは簡単で，拡散定数を増加させればよい．しかし，水温が場所によって違うことをモデル化するためにはどうすればよいだろう．この場合は，花粉はある場所では他の場所以上に攪乱されるかもしれない．そして，水がいろいろな場所でいろいろな方向に動いていたならば，花粉全体がまわりの水とともに動くと考えられることから，このブラウン運動に「ドリフト」項を追加しておく必要がある．

確率微分方程式は，このようなより複雑な状況のモデルとしても使われている．1 次元の場合から始めよう．σ と b を $\mathbb{R}$ の上で定義された二つの関数（これらは連続と仮定する）とする．$\sigma(x)$ は x における拡散の率，$b(x)$ は x におけるドリフトと考える（$\sigma(x)$ は x における局所的な温度，$b(x)$ は x における「1 次元の水」の速さと考えてもよい）．(B_t) を 1 次元のブラウン運動とする．上の記号を使うと，対応する確率微分方程式は

$$\mathrm{d}X_t = \sigma(X_t)\mathrm{d}B_t + b(X_t)\mathrm{d}t \tag{3}$$

となる．ここで，(X_t) は未知の確率過程である．この考え方は，細かいことを言うと，その動きは速さ $b(X_t)$ のときの線形ブラウン運動を組み込んだ拡散率 $\sigma(X_t)$（X_t が到達した点の拡散率である）を持つブラウン運動の動きと似ている．より詳しく言うと，上の方程式の解は，すべての $t \geq 0$ に対して積分方程式

$$X_t = X_0 + \int_0^t \sigma(X_s)\mathrm{d}B_s + \int_0^t b(X_s)\mathrm{d}s$$

を満たす連続確率過程 (X_t) である．もし，すべての x に対して $\sigma(x) = 0$ ならば，この解は常微分方程式になる．確率積分 $\int_0^t \sigma(X_s)\mathrm{d}B_s$ は第 4 節で考えたものと同様な近似によって定義される（このためには，確率過程 (X_t) が満たさなければならない，ある条件が必要である）．実際，確率微分方程式の伊藤のもともとの動機は，確率積分を発展させるためであった．

伊藤は σ と b に適切な条件を付け，各 $x \in \mathbb{R}$ に対して，上の方程式が x を出発するただ一つの解 (X_t) を持つことを証明した．さらに，彼はこの解が上で説明した意味でマルコフ過程であることを示した．このマルコフ過程は，X_T が与えられたときに時刻 T 以後の (X_t) が作る道は時刻 T 以前に起こったことと独立で，(X_T) から出発する方程式の解と同じように分布する．実際，このマルコフ過程は，第 5 節で述べた意味で強マルコフ過程である．

数理ファイナンスの**ブラック–ショールズモデル** [VII.9 (2 節)] の中に重要な例がある．このモデルでは，株価は上のタイプの確率微分方程式で $\sigma(x) = \sigma x$, $b(x) = bx$（ただし，σ と b は正定数[*2)]）とおいたものの解である．これは，株価の変動はだいたいそのときの現在価値に比例しているはずであるという単純な考え方がもとになっている．ここでは，σ の値を株価の**ボラティリティ**（volatility）という．

前述の議論は，高次元確率微分方程式にとても簡単に拡張することができる．d 次元確率微分方程式（$d = 3$ の場合は，この節の冒頭で述べた水の例を考えることができる）の解もまた，拡散過程として知られている強マルコフ過程である．前述のブラウン運動と偏微分方程式の間の関係は，拡散過程に拡張することもできる．大雑把に言えば，各拡散過程に微分作用素 L を対応させて作り，この L に，ラプラシアンがブラウン運動に対するのと同じ役割を演じさせる．

7. ランダムツリー

ブラウン運動やより一般の拡散過程は，確率論や組合せ論，統計力学における多くの離散モデルの極限として現れる．最も際立つ最近の例として，「臨界現象の確率モデル」[IV.25 (5 節)] で取り上げられている**確率レヴナー発展過程**（stochastic Loewner evolution process，通常は SLE と略される）がある．これは多くの 2 次元モデルの動きを近似的に表すのに便利であり，定義は線形ブラウン運動と複素解析学のレヴナー方程式を使っている．本章の最後になるこの節では，ブラウン運動と離散モデルの関係の一般的表現を考えるのではなく，ブラウン運動のランダムツリーの素晴らしい応用として，人口の系図の表現を考えよう．

もとになる離散モデルは次のものである．$\varnothing$ と記

---

*2) ［訳注］原著では b も正定数と記述されているが，一般に b は任意の実数である．

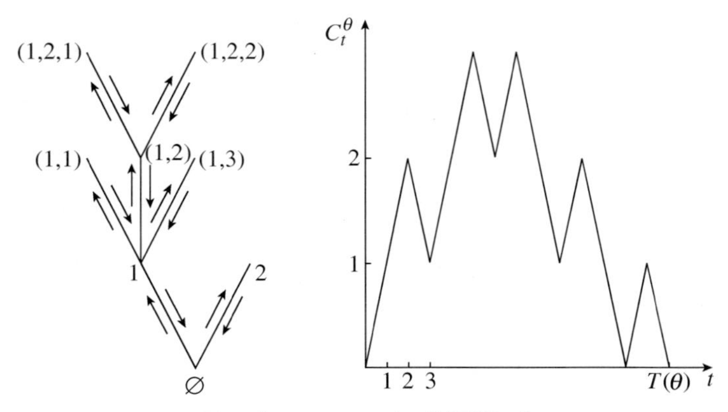

図 6　左：ツリー θ，右：輪郭関数 C^θ

されているただ一つの「先祖」から始める．次に非負整数の上で定義された確率分布 μ を考え，これを使ってこの先祖の子供の数を決定する．各子供は子供を持つと仮定し，子供の数は独立に確率分布 μ によって決定される．これを続ける．調べようとするのは，子供の数がちょうど 1（分散は有限）の，いわゆる「危機的な場合」である．

この確率過程の結果は，**系図ツリー**（genealogical tree）と呼ばれる，ラベルを貼ったツリーとして表すことができる．ツリーを描くのは簡単であり，それぞれの人とその子供たちを結べばよい．ラベルについては，もとの先祖と子供たちは左から右へラベル $1, 2, \ldots$ を貼り，1 の子供は $(1,1), (1,2), \ldots$ を貼り，2 の子供は $(2,1), (2,2), \ldots$ を貼り，などとする（たとえば $(3,4,2)$ の子供が生まれる場合，$(3,4,2,1)$, $(3,4,2,2), \ldots$ とする）．図 6 の左側にツリーの簡単な例が描いてある．この危機的な場合は，人口は確率 1 で 0 となる（このことを確実に避けるためには，子供の平均数は 1 より大になっていなければならない．「臨界現象の確率モデル」[IV.25 (2 節)] でこの確率過程の特別な場合を考える）．

系図ツリー θ は確率変数であり，**子孫分布**（offspring distribution）μ を持つ**ガルトン–ワトソンツリー**と呼ばれる．このツリーを表す便利な方法としては，図 6 の右側に示すように，いわゆる**輪郭関数**（contour function）を使う方法がある．形式ばらずに説明するならば，粒子が，根から出てこのツリーを左から右へ一定の垂直方向の速さで稜に沿って連続的に探検を始め（各稜の高さは 1 に設定してある），そのツリーを完全に探検したら，出発点に戻ってそこに留まることを想像する．このとき，一度上に行ったならば一度必ず下に行くので，粒子はちょうど 2 回各端子に沿って移動する．そのため，このツリーの探検に要する時間 $T(\theta)$ は稜数の 2 倍である．この輪郭関数の時刻 t における値 C_t^θ は，時刻 t における粒子の高さである．これらのことは図 6 ではっきりする．

標準的なツリーは比較的早く死滅している．しかし，目的はツリーが「大きくなる」という条件のもとでツリーの形を捉えることである．これは，1 千年前に生きていた人をランダムに抜き出して，彼または彼女の子孫を見ることと，現在生きている人の 1 千年前に生きていたランダムな先祖のツリーを見ることの違いに少し似ている．後者の場合は，ツリーは死滅することなく何代も続くことが保証されている．

ツリー θ（というより，それを表す人口）に，第 n 世代に生きているという条件を付ける．すると，この系図ツリーについてのあらゆる種類の質問ができる．このツリーの与えられた世代には，何人生きているだろうか？　同世代の 2 人を考えると，どれくらい遡れば同じ先祖にたどり着くことができるだろうか？　これらの質問に対する近似的な解答は，計算機科学や組合せ論では興味のある問題である．

ここで，θ がちょうど n 個の稜を持つという，少し変わった事象を条件に付けよう．条件を付けた事象を θ^n とする．これは n 個の稜を持つランダムツリーであるから，$T(\theta^n) = 2n$ である．

特に，k 人の子供を持つ確率 $\mu(k)$ が $2^{-(k+1)}$ である場合は，θ^n の分布が n 個の稜を持つすべてのツリーの上で実際に一様であることは，簡単に証明できる．オルダス（Aldous）の有名な定理から，一般の子孫分布に対する輪郭関数 C^{θ^n} の $n \to \infty$ のときの漸近的な動きがわかり，そのことから，それが線形ブラウン運動に非常に密接に関係していることがわかる．

それは非常に型破りな動きを示すので，それはブラウン運動にはなり得ない．その動きは，初めと終わりは 0 で，あとはすべての時刻で正である．しかし，ブラウン運動を簡単な方法で使って，サンプルパスが明瞭な形を持つ**ブラウニアンエクスカーション**（Brownian excursion）という一つの概念を定義することができる．だいたいの考え方を述べよう．0 を出発点とした線形ブラウン運動をグラフに描き，x_1 はそれが $x = 1$ より前に x 軸を横切る最後の点とし，x_2 はそれが $x = 1$ よりあとに x 軸を横切る最初の点として，グラフの $x = x_1$ と $x = x_2$ の間にある部分を取り出す．ブラウン運動の対応する部分は 0 を出発して 0 で終わり，その間 0 を横切ることはない．したがって，x が，x_1 から x_2 まで動くのに代えて，0 から 1 まで動くように，スケールを変えなければならない．高さも $1/\sqrt{x_2 - x_1}$ で割って適切に変える必要がある．また，パスが x_1 と x_2 との間の至るところで負となる場合は，単純に，それが正になるように，正負逆にすればよい．

オルダスの定理によれば，（第 3 節で行ったように，時間には $1/2n$ をかけ，空間には $1/\sqrt{2n}$ をかけてスケールを変えると）輪郭関数 C^{θ^n} の極限分布は，ブラウニアンエクスカーションである．このことに関して驚くべきことは，このことが子孫分布に関係しないということである．対応するツリーの形は輪郭関数によって完全に決められるので，大きな臨界に達したガルトン–ワトソンツリーの極限の形は，子孫分布に無関係であることがわかる．これは普遍性の別の例である．

この結果とそれを変形したものは，大きなツリーの漸近的な動きについて，いろいろな情報を提供する．多くの興味深いツリーの関数は，輪郭関数によって書き直すことができる．さらに，オルダスの定理より，それらの関数はブラウニアンエクスカーションの同様の関数に収束し，その極限分布は確率解析の手法によって厳密に計算することができる．その一例を挙げると，この方法でツリー θ^n の高さの極限分布を計算することができる．子孫関数の分散を σ とし，元の高さに $\sigma/2\sqrt{n}$ を掛けたものを，スケールを変えたツリーの高さと定義する．n を大きくしていくとき，これが少なくとも x である確率は，値

$$2\sum_{k=1}^{\infty}(4x^2k^2 - 1)\exp(-2k^2x^2)$$

に収束する．

謝辞　ジレ・ストルツ氏にはシミュレーションの実行にご助力いただいたことに，ゴードン・スレード氏にはこの論説の第 1 原稿に論評いただいたことに，お礼申し上げます．

文献紹介

Aldous, D. 1993. The continuum random tree. III. *Annals of Probability* 21:248–89.

Bachelier, L. 1900. Théorie de la spéculation. *Annales Scientifiques de l'École Normale Supérieure (3)* 17:21–86.

Billingsley, P. 1968. *Convergence of Probability Measures*. New York: John Wiley.

Durrett, R. 1984. *Brownian Motion and Martingales in Analysis*. Belmont, CA: Wadsworth.

Einstein, A. 1956. *Investigations on the Theory of the Brownian Movement*. New York: Dover.
【邦訳】A・アインシュタイン（中村誠太郎 訳）「ブラウン運動」（『アインシュタイン選集 1』所収）（共立出版，1971）

Revuz, D., and M. Yor. 1991. *Continuous Martingales and Brownian Motion*. New York: Springer.

Stroock, D. W., and S. R. S. Varadhan. 1979. *Multidimensional Diffusion Processes*. New York: Springer.

Wiener, N. 1923. Differential space. *Journal of Mathematical Physics Massachusetts Institute of Technology* 2:131–74.

IV. 25

臨界現象の確率モデル

Probabilistic Models of Critical Phenomena

ゴードン・スレイド［訳：吉原健一］

1. 臨　界　現　象

1.1 例

出生率が死亡率を超えれば人口は爆発的に増加し，そうでなければ絶滅する．人口の増減の性質は，新しいメンバーが加わることと古いメンバーが失われ

ることの間の微妙なバランスに依存している．

顕微鏡レベルの小さな穴が開いている岩に水をこぼす．穴が少ししかないなら，水は岩に染み込まないが，たくさんあれば，染み込んでしまう．驚いたことには，これら二つの現象を正確に分ける穴の開き方の割合の臨界点がある．もし岩の穴の開き方の割合が臨界値に達しなければ，水は穴を通って流れることはまったくできないし，臨界値を超えれば，たとえわずかとはいえ水は染み込んでいってしまう．

磁界に置かれた鉄片は磁化される．もし磁界が消えても，温度が摂氏 770°（華氏 1,418°）以下ならば鉄片は磁化されたままであるが，この臨界温度を超えるとそうではない．ある温度より上だと，鉄片の磁化が単に少なくなるというのではなく，完全に消えてしまうのは驚きである．

上のことは**臨界現象**の三つの例である．どの例でも，関係しているパラメータ（繁殖力，穴の開いている割合，温度）が臨界点を超えて変わるとき，組織の全体の性質が急激に変わる．パラメータが境界値より少しでも下の値であれば組織の全機能は，パラメータが臨界値より少しでも上の値に比べて，非常に異なる．変位の鋭さは相当なものがある．いかにしてこのようなことが急激に起こるのであろうか？

1.2　理　　論

臨界現象の数学的理論は現在非常な発展を遂げつつある．**相転移**の科学と織り合わさってそれは確率論や統計力学からアイデアを引き出している．理論は本質的に確率論である．組織のおのおの可能な形状（たとえば，岩に開いた穴の特定の配列とか鉄片の中の個々の原子の磁性的状態）には確率が割り当てられ，ランダムな形状のこの集まりの典型的な動きは組織のパラメータ（たとえば，穴の開き方の割合とか温度）の関数として解析される．

臨界現象の理論は，現在では，数学の定理というよりもむしろ哲学である**普遍性**として知られている物理学からの深い洞察によって導かれている．普遍性の概念によれば，臨界点での変位の基礎的な多くの特徴は，今問題にしている組織の比較的少数の特性にしか関係しない．特に，実際の組織に存在する局所的相互作用を劇的に簡素化した簡単な数学的モデルであっても，実際の物理的組織の境界点における動きの，量的および質的特徴のいくつかを捉えることができる．このような考えから物理学者や数学者は特別な数学的モデルに集中した．

ここでは，数学者の興味を引いてきた臨界現象のいくつかのモデル，すなわち，分枝過程，ランダムグラフとして知られているランダムネットワークのモデル，浸透モデル，磁性のイジングモデルおよびランダムクラスターモデルについて考察する．応用も含めて，これらのモデルは数学的には非常に興味深いものである．意味深い定理はたくさん証明されてきたが，中心となる多くの重要な問題がまだ未解決で，解決を期待される問題が山積している．

2.　分　枝　過　程

分枝過程はおそらく相転移の最も単純な例であると思われる．これは，誕生，死亡の結果として時間とともに変化する人口のランダムな進化のモデルとして，自然に出てくる．最も単純な分枝過程は次のようなものである．

ある一定時間生きて，死ぬまで繁殖し続ける一つの有機体を考える．この有機体は 2 体までの子を持つ可能性があるとして，これらを「左子」「右子」と呼ぶことにする．繁殖したときこの有機体は，子がいないか，右子はなく左子，左子はなく右子，または両方の子を持つ場合が考えられる．子のおのおのが生まれる確率を p としこれらの誕生は独立であるとする．この p は 0 と 1 の間の数であるが，人口の生産性の測度となる．いま，一つの有機体で時刻 0 から考え始めることとし，この有機体の各子孫は上述の方法に従って，独立に増殖するとする．

図 1 では，起こった誕生をすべて示して，1 本のツリーを描いた．このツリーでは全部で 10 体の子孫が生まれたが可能性としてあり得た 12 体の子孫は生まれなかったので，このツリーの起こる確率は $p^{10}(1-p)^{12}$ である．

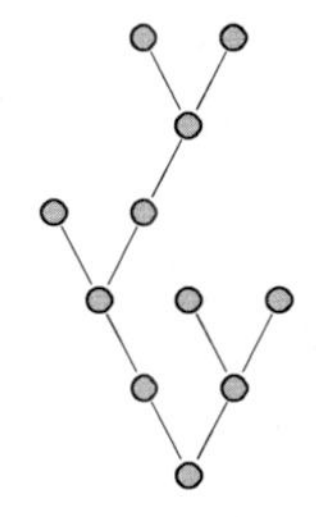

図 1　確率 $p^{10}(1-p)^{12}$ を持つツリー

$p=0$ であれば子供は生まれず，このツリーはもとの有機体だけからなる．$p=1$ ならば，可能性のある子供はすべて生まれ，ツリーは二つずつ枝を持つ無限のツリーとなり，人口は永久に生き残る．p が中間の値ならば，人口は永久に生き残るか，残らないかになる．$\theta(p)$ を**生存確率** (survival probability)，すなわち，生産性を p としたとき，分枝過程が永久に生き残る確率とする．そのとき，どのようにして 2 極 $\theta(0)=0$ と $\theta(1)=1$ を結び付けたらよいだろうか？

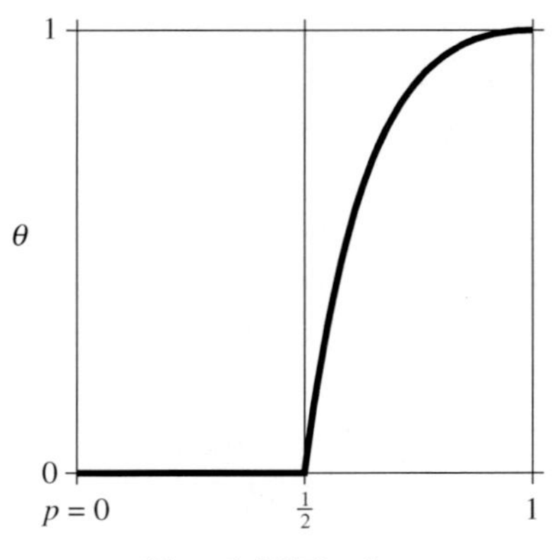

図 2　生存確率 θ と p

2.1　臨　界　点

一つの有機体は，独立に，可能性としてありうる 2 体の子をそれぞれ確率 p で持っているから，平均して $2p$ の子を持つ．$p<1/2$ ならば，各有機体は平均して 1 より少ない子供を生むから，このときはいつまでも生き残れることはできないだろう．一方，$p>1/2$ ならば，有機体は平均して，死ぬ以上に生まれるから，人口の増加はいつまでも続くと考えることができる．

分枝過程は，他のモデルでは考えることができなかった回帰性を持っているので，計算が容易になる．これを利用すれば，生存確率が

$$\theta(p)=\begin{cases}0, & p\le\dfrac{1}{2}\\ \dfrac{1}{p^2}(2p-1), & p\ge\dfrac{1}{2}\end{cases}$$

であることが証明できる．$p=p_c=1/2$ は $\theta(p)$ のグラフが急激に変化する臨界値である（図 2 を参照）．区間 $p<p_c$ を**サブクリティカル**，区間 $p>p_c$ を**スーパークリティカル**という．

その有機体が無限に子孫を持つ確率 $\theta(p)$ を求める以外に，子孫の数が k 以上である確率 $P_k(p)$ を考えることもできる．$k+1$ 以上の子孫がいれば当然，k 以上の子孫がいるから，k が増加すれば $P_k(p)$ は減少する．k を無限に大きくしていくとき，$P_k(p)$ は $\theta(p)$ まで減少する．特に，$p>p_c$ のとき，k を無限に大きくしていくと $P_k(p)$ は正の極限に収束するが，$p\le p_c$ のときは $P_k(p)$ は 0 に近づく．$p<p_c$ のときは指数的な速さで 0 に収束することが証明できるが，臨界点では

$$P_k(p_c)\sim\frac{2}{\sqrt{\pi k}}$$

となる．記号 “$\sim$” は漸近的な動きを示し，上の公式で k を無限に大きくするとき，左辺と右辺の比が 1 となることを意味する．換言すると，k が大きいとき，本質的に，$P_k(p_c)$ は $2/\sqrt{\pi k}$ と似たような動きをする．

$p<p_c$ のときの $P_k(p)$ の速さの指数的な減少と p_c における速さの平方根的な減少の差は非常に大きい．$p=1/4$ のとき，100 より大きいツリーは非常に稀で，普通に言えばそのようなことは起こらない．実際，確率は 10^{-14} 以下である．しかし，$p=p_c$ のときは，だいたい 10 個のツリーのうち一つくらいは 100 以上のサイズを持ち，1,000 個のツリーのうち一つくらいは 1,000,000 以上のサイズを持っている．臨界値ではこの確率過程は死滅と生き残りの間で平衡を保っている．

分枝過程の重要な使い方としてツリーの平均的大きさの計算がある．ツリーの平均的大きさを $\chi(p)$ で表す．計算すると

$$\chi(p)=\begin{cases}\dfrac{1}{1-2p}, & p<\dfrac{1}{2}\\ \infty, & p\ge\dfrac{1}{2}\end{cases}$$

が得られる．特に，ツリーの平均サイズは上と同じ臨界値 $p_c=1/2$ で無限大となり，臨界値より大きければツリーのサイズが無限大になる確率は 0 になる．χ のグラフは図 3 にある．（$\theta(p_c)=0$ であるから）$p=p_c$ ではツリーが有限であることと，（$\chi(p_c)=\infty$ であるから）平均のツリーサイズが無限大であることは一見矛盾するように思えるかもしれない．しかし，ここには矛盾はなく，臨界点で起きる組合せが $P_k(p_c)$ の平方根的減少を反映しているだけのことである．

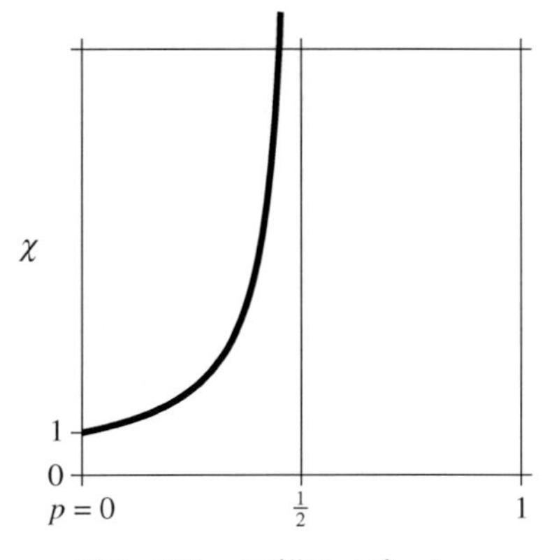

図 3　ツリーの平均サイズ χ と p

2.2　臨界における指数と普遍性

上の理論のいくつかは二つの分枝の場合に限定される．より高次の分枝を持つ分枝過程を考えてみよう．たとえば，もし各有機体が二つでなく，子孫を m 個まで持つ可能性があり，また子孫が生まれる確率を再び p とすれば，有機体 1 個につき子孫の平均個数は mp で，臨界確率は $1/m$ となる．また生存確率，少なくとも k 個の子孫を持つ確率，ツリーの平均サイズに対する上の公式はすべて書き直して，m を含むようにしなければならない．

しかし，$\theta(p)$ の臨界点での 0 への近づき方，k を無限大にするとき $P_k(p_c)$ が 0 となるなり方，p を臨界点 p_c に近づけるとき $\chi(p)$ が無限大に発散する仕方は，m に関係なく，指数型となる．もう少し厳密に言うとそれらは次のようになる．

$$\theta(p) \sim C_1(p-p_c)^{\beta} \qquad (p \to p_c^{+}\text{のとき})$$
$$P_k(p_c) \sim C_2 k^{-1/\delta} \qquad (k \to \infty\text{のとき})$$
$$\chi(p) \sim C_3(p_c-p)^{-\gamma} \qquad (p \to p_c^{-}\text{のとき})$$

ただし，C_1, C_2, C_3 は m に依存する定数である．それと対照的に，各指数 β, δ, γ は各 $m \geq 2$ に対して同じ値をとる．実際，$\beta=1$，$\delta=2$，$\gamma=1$ である．それらは臨界指数と呼ばれ，各有機体の再生される仕方を支配する法則の具体的な形に関係ないという意味で普遍的である．関係している指数は以下に述べる他のモデルにも出てくる．

3.　ランダムグラフ

たくさんの応用を伴う離算数学の分野で現在盛んに研究されているものに，**グラフ** [III.34] として知られる分野がある．これらはインターネット，国際的規模の通信網や高速道路網などに利用されている．数学的に言うと，グラフは**頂点**の集まり（たとえばコンピュータ，ウェブページや都市を表す）とそれらを二つずつで結ぶ**辺**（コンピュータ間の物理的連結，ウェブページ間のハイパーリンク，ハイウェイ）がある．グラフはまたネットワーク，頂点はノードまたはサイト，辺はリンクまたはボンドとも呼ばれている．

3.1　ランダムグラフの基礎モデル

エルデシュとレニが 1960 年に創始したグラフ理論から生じた領域は，ランダムに生成されたグラフの持つ典型的な性質に関係するものである．これを考える一般的な方法は，n 個の頂点をとり，二つずつを結ぶか結ばないかをランダムに（たとえばコイン投げをして）決める．もう少し一般的に言うと，p を 0 と 1 の間にとり，p を任意の二つの頂点を結ぶか否かの与えられた確率とする（これは結び方を決定するのに偏ったコインを使うと思えばよい）．ランダムグラフには，n が大きいときには相転移を持つという興味深い特徴がある．

3.2　相　転　移

x と y をグラフの頂点とするとき，x を出発して隣り合う頂点を結びながら y で終わる頂点の系列を x と y を結ぶパスという（もし頂点が点であり，辺が線分ならば，パスは x から y まで線分に沿っていく道である）．x と y がパスで結ばれているとき，**連結**であると言われる．グラフ内の頂点とそれに繋がるすべての頂点全体からなるグラフを**連結クラスター**という．

当然，どのようなグラフでも連結クラスターに分解される．一般に，（頂点の数によってサイズを測れば）これらは異なるサイズを持ち，グラフが与えられたときは一番大きいサイズを持つものに興味がある．そこで一番大きいサイズを N とおく．n 個の頂点を持つランダムグラフを考えるとき，N の値はグラフが作られたときのランダムに選ばれた頂点の多重性に依存するので，N 自身確率変数である．N の可能な値は 1，すなわち，辺がなく，どのクラスターもただ 1 個の頂点からなるときから，すべての頂点がただ一つの連結クラスターだけのとき，までである．特に，$p=0$ のとき $N=1$ であり，$p=1$ のと

き $N = n$ である．これらの両端の間のある点で，N は劇的に変化する．

代表的な頂点 x の位数（degree）を考えることにより，ジャンプが起こる場所を推定することは可能である．これは x の**隣**（neighbor），すなわち，ただ一つの辺によって x と直接結び付けられる他の頂点の個数を考えることである．各頂点は $n-1$ 個の隣がある可能性があり，その一つ一つに対して実際に隣である確率を p とすると，任意に与えられた頂点数の期待値は $p(n-1)$ である．p が $1/(n-1)$ より小さければ各頂点は平均で 1 個未満の隣を持ち，p が $1/(n-1)$ より大きければ，平均で 1 個以上の隣を持つ．このことから，$p_c = 1/(n-1)$ は臨界値で，p が p_c より小さいときは N は小さく，p が p_c より大きいときは N は大きくなる．

これは実際に起こることである．$p_c = 1/(n-1)$ とおき，ϵ を -1 と $+1$ の間の定数とし，$p = p_c(1+\epsilon)$ と書けば，$\epsilon = p(n-1) - 1$ となる．$p(n-1)$ は各頂点の平均位数であるから，ϵ は平均位数が 1 からどれくらい離れているかを測るものである．エルデシュとレニは，適切な意味で，n を無限大に近づけるとき

$$N \sim \begin{cases} 2\epsilon^{-2}\log n, & \epsilon < 0 \\ An^{2/3}, & \epsilon = 0 \\ 2\epsilon n, & \epsilon > 0 \end{cases}$$

となることを示した．上の公式で A は定数ではなく，n と独立なある確率変数である（ここではその確率分布を特定しないできた）．$\epsilon = 0$ で n が大きければ，公式から，任意の $a < b$ に対して，N が $an^{2/3}$ と $bn^{2/3}$ の間にある近似確率を求めることができる．別の言い方をすれば，$\epsilon = 0$ のとき，A は量 $n^{-2/3}N$ の**極限分布**である．

n が大きいとき，$\log n$，$n^{2/3}$，n の動きには非常な差がある．$p < p_c$ のとき，小さなクラスターには**サブクリティカル相**（subcritical phase）が対応し，$p > p_c$ のとき，いわゆる**スーパークリティカル相**（supercritical phase）が対応する．$p > p_c$ のときには，「ジャイアントクラスター」ができるが，このサイズは全体のグラフと同じオーダーの大きさのものである（図 4 参照）．

ランダムグラフで p を増加させるときのサブクリティカルからスーパークリティカルへの「進化」について考えよう（ここでは，グラフに辺をランダムにどんどん追加していくと考えることにする）．このとき，たくさんの小さなクラスターがすごい速さで，全体の組織のサイズに比例するサイズのジャイアントクラスターの中に入るという大規模な合体が起こる．スーパークリティカル相では，ジャイアントクラスターがすべてを支配するという意味で，合体は完全である．実際 2 番目に大きいクラスターのサイズは近似的にたったの $2\epsilon^{-2}\log n$ であることが知られているが，このジャイアントクラスターのサイズの大きさにははるかに及ばない．

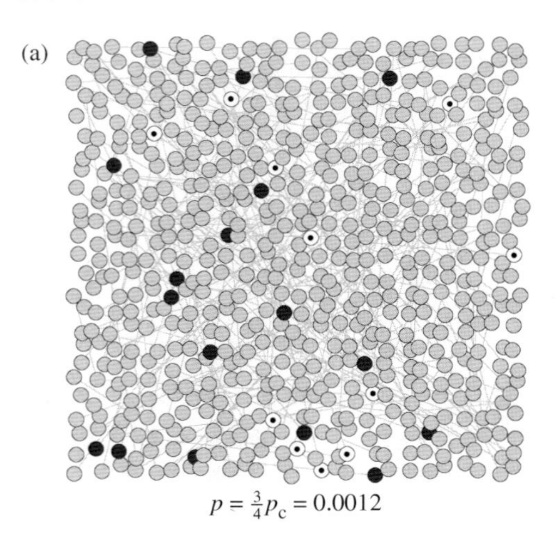

$p = \frac{3}{4}p_c = 0.0012$

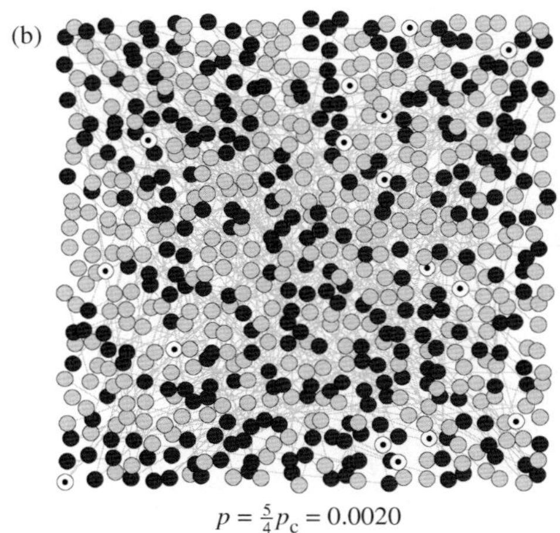

$p = \frac{5}{4}p_c = 0.0020$

図 4 625 個の頂点を持つランダムグラフ最大のクラスター（黒）と次に大きいクラスター（点）．これらのクラスターのサイズは，(a) 17 と 11，(b) 284 と 16 である．グラフの中のたくさんの辺ははっきり示していない．

3.3 クラスターサイズ

分枝過程では，子を生むことができる子孫が生まれる確率を p とするとき，一つ一つで作られたツリー

の平均サイズとして $\chi(p)$ を定義した．同様に，ランダムグラフでは，任意の頂点 v をとり，$\chi(p)$ を v を含む連結クラスターの平均サイズと定義する．すべての頂点は同じ役割をするから，$\chi(p)$ は v の選び方に関係ない．ϵ の値を固定し，$p = p_c(1+\epsilon)$ とおき，n を無限大にすれば，$\chi(p)$ の動き方は公式

$$\chi(p) \sim \begin{cases} 1/|\epsilon|, & \epsilon < 0 \\ cn^{1/3}, & \epsilon = 0 \\ 4\epsilon^2 n, & \epsilon > 0 \end{cases}$$

によって表される．ただし，c は定数である．したがって，平均クラスターサイズは $\epsilon < 0$ のときは n と関係なく，$p = p_c$ のときは $n^{1/3}$ のように動き，$\epsilon > 0$ のときはより大きく動き，全組織としては n と同じオーダーの大きさである．

さらに，分枝過程と同様な考え方を続けるため，任意に選ばれた頂点 v を含むクラスターが少なくとも k 個の頂点を含む確率を $P_k(p)$ とおく．これもまた，頂点 v の選び方に関係しない．サブクリティカル相の場合は ϵ をある負の定数として，$p = p_c(1+\epsilon)$ とおくとき，確率 $P_k(p)$ は本質的に n に無関係であり，k について指数的に小さくなる．したがって，大きなクラスターは非常に稀である．しかし，臨界点 $p = p_c$ では，$P_k(p)$ は（k の適切な範囲で）$1/\sqrt{k}$ 倍に減少する．この平方根的に遅い減少の仕方は，分枝過程の場合に似ている．

3.4　その他の閾値

ジャンプをするのは最大クラスターサイズだけではない．ほかにも，ランダムグラフが連結である確率，つまり n 個すべての頂点を含むただ一つの連結クラスターが存在する確率は同様に閾値を持つ．辺の確率 p はどれくらいになるだろうか？　連結であるという性質については，$p_{\mathrm{conn}} = (1/n)\log n$ の形の閾値は，次の意味で重要な閾値であることが知られている．（すなわち）$p = p_{\mathrm{conn}}(1+\epsilon)$ とおくとき，グラフが連結である確率は，$n \to \infty$ のとき，ある負の ϵ に対しては 0 に近づき，ϵ が正であれば，その確率は 1 に近づく．大雑把に言えば，ランダムに辺を加えていくと，そのときの辺の数の比率が p_{conn} のほんのちょっと下からほんのちょっと上になっただけで，グラフは，ほとんど確実に連結でない状態から，急に，ほとんど確実に連結な状態に変わる．

この種類の閾値を持つ性質にはいろいろ種類がある．他の例には，孤立した頂点（辺を持たない頂点）がないという性質や，ハミルトンサイクル（Hamilton cycle）（各頂点をちょうど一度ずつ回る閉じたループ）があるという性質がある．閾値よりも小さければそのランダムグラフはほとんど確実にある性質を持たないが，閾値よりも大きくなった途端，ほとんど確実にその性質を持つようになる．変位は突然起こる．

4.　パーコレーション

パーコレーションモデルは，1957 年に，多穴性の媒体の中での流体の流れのモデルとして，ブロードベント（Broadbent）とハマースレイ（Hammersley）によって導入された．その媒体には，ランダムに顕微鏡レベルの穴が開いていて，それを通って液体が流れうるような網状組織を持っている．d 次元媒体は，d 次元無限格子点空間 $\mathbb{Z}^d$，すなわち，各 x_i を整数とするとき $(x_1,\ldots,x_d)$ の形で表される点 x の作る空間を使ってモデル化できる．それぞれの点を，一つの座標が ± 1 だけ異なり他の座標は同じであるような $2d$ 個の点と結べば，無理なく，d 次元媒体をグラフに変えることができる（したがって，たとえば，$\mathbb{Z}^2$ の点 $(2,3)$ の場合の隣は，$(1,3)$, $(3,3)$, $(2,2)$, $(2,4)$ である）．この媒体では，すべての辺を穴と見なす．

媒体それ自身をモデル化するために，多穴性パラメータ（porosity parameter）p（これは 0 と 1 の間にある数）を選ぶ．上のグラフの各辺（またはボンド（bond））は確率 p でそのままにし，確率 $1-p$ で辺を消すが，すべての選択は独立に行う．元のままの辺は「繋がっている」といい，消された辺は「空いている」という．結果は辺が繋がっているボンドだけからなる $\mathbb{Z}^d$ の部分グラフである．これらは媒体の目に見える塊の中の実際に穴の開いている状態のモデル化である．

この媒体を通って流れる流体を考える場合は，目に見える大きさで互いが連結な穴の集合がなければならない．この考え方は，ランダム部分グラフの中に無限クラスター，すなわち，無限に多くのすべての点が互いに繋がっているという形でモデル化することができる．最も基礎的な疑問は無限クラスターが存在するか否かである．もし無限クラスターが存在すれば，流体は目に見えるスケールで媒体の中を

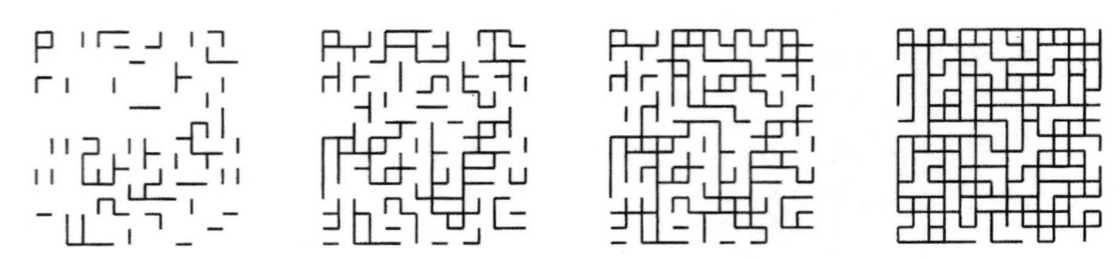

図 5　$p=0.25$, $p=0.45$, $p=0.55$, $p=0.75$ に対する平方格子 $\mathbb{Z}^2$ の 14×14 ピースの上のボンドパーコレーション（臨界値は $p_c=1/2$）

流れることができるし，そうでなかったらできない．したがって，無限クラスターが存在するとき，「パーコレーションが起こる」という．

2 次元平方格子 $\mathbb{Z}^2$ におけるパーコレーションは図 5 に描いてある．3 次元の物理的媒体におけるパーコレーションは $\mathbb{Z}^2$ を使ってモデル化できる．なお，次元 d を変えるとき，モデルの動き方がどのようになるかを考えることは，有益でもあり，数学的に興味があることでもある．

$d=1$ の場合は，$p=1$ の場合以外パーコレーションは起こらない．この結論を導く簡単な考察は次のとおりである．m 個続く辺からできている任意の系列が与えられたとき，すべてが繋がっている確率は p^m であり，したがって，$p<1$ ならば，m が無限大に行くとき，この確率は 0 となる．$d\geq 2$ のときは状況がまったく変わる．

4.1 相　転　移

$d\geq 2$ の場合は相転移がある．$\mathbb{Z}^d$ の中に任意に与えられた頂点がある無限連結クラスターの中にいる確率を $\theta(p)$ とする（この確率は頂点の選び方には関係ない）．$d\geq 2$ に対して，d に依存する臨界値 p_c があり，$p<p_c$ ならば $\theta(p)$ は 0 となり，$p>p_c$ ならば正となる．p_c の正確な値は一般には知られていないが，2 次元格子点空間，すなわち，$d=2$ の場合は特別な対称性を利用すると，$p_c=1/2$ となることが証明できる．

$\theta(p)$ は任意の固定された頂点が一つの無限クラスターに入る確率であることを利用すると，$\theta(p)>0$ のとき $\mathbb{Z}^d$ のどこかに無限連結クラスターが存在しなければならないし，$\theta(p)=0$ のときは存在しないだろう．したがって，パーコレーションは $p>p_c$ のときは起こるし，$p<p_c$ のときは起きないで，組織の振る舞いはこの臨界値で急激に変化する．議論をより深めると，$p>p_c$ のときはただ一つの無限クラスターが存在するが，他の無限クラスターが共存することはできない．この事情はランダムグラフの場合と同じで，p が臨界値より大きければ，一つのジャイアントクラスターだけが存在する．

$\chi(p)$ を与えられた頂点を含む連結クラスターの平均サイズとする．$p>p_c$ のときは，与えられた頂点が一つの無限クラスターに入る確率は正であるから，確かに $\chi(p)$ は無限大である．期待値が無限ということと $\theta(p)=0$ は原理的には両立するから，p が p_c より小さいとき $\chi(p)$ が無限大になることはありうる．しかし，そうではなくて，$p<p_c$ ならば $\chi(p)$ は有限で，下から p_c に近づくと無限大になるというのは自明ではないが重要な定理である．

θ および χ のグラフは，$d\geq 3$ の場合は臨界値は 1/2 より小さいけれども，分枝過程のときの図 2 と図 3 のような形をしている．しかし，注意することがある．θ は p_c を除いて p について連続で，すべての p について右連続であることが証明されている．θ は臨界点では 0 に等しく，したがって，θ はすべての p について連続で，その上，パーコレーションは臨界点では起こらないと一般には信じられている．しかし，$\theta(p_c)=0$ の証明は，今のところ，$d=2$, $d\geq 19$ の場合と，$d>6$ のときある関連したモデルに対してされているだけである．一般的証明がないのは，すべての $d\geq 2$ に対して，$p=p_c$ のときは，どのような半空間上でも，無限クラスターの存在する確率が 0 で場合があることが示されているからである．なお不自然な螺旋運動を持つ無限クラスターについて現在このことは証明されていないので，おそらく，起こらないだろうとは思われるが，余地は残されている．

4.2 臨界指数

p が p_c まで減少するとき，$\theta(p)$ が実際に 0 に近づくと仮定すると，実際どのようにしてこれが起こるかと考えるのは自然である．同様に，p が p_c まで増加するとき，$\chi(p)$ がどのような状態で起こるかも問題とすることができる．理論物理の詳しい研究や本質的な数値実験により，他と同様，この動き方は**臨界指数**（critical exponent）として知られているあるベキで表されるという予想が導かれた．特に，漸近的公式

$$\theta(p) \sim C(p-p_c)^{\beta} \quad (p \to p_c^{+} \text{ のとき})$$
$$\chi(p) \sim C(p_c-p)^{-\gamma} \quad (p \to p_c^{-} \text{ のとき})$$

が予想された．ここで，臨界指数とは，一般的には d に依存するベキ β と γ である（C は定数を表すためのもので，本質的なものではなく，両式で異なる可能性がある）．

p が p_c より小さいとき，大きなクラスターは指数的に小さい確率を持つ．たとえば，与えられた任意の頂点を含む連結クラスターのサイズが k を超える確率 $P_k(p)$ は，$k \to \infty$ のとき，指数的に減少することが知られている．臨界点では，この指数的減少は，δ（これは別の臨界指数）を含む小さいベキによる指数的減少になると予想される．

$$P_k(p_c) \sim Ck^{-1/\delta} \quad (k \to \infty \text{ のとき})$$

また，$p < p_c$ に対し，二つの頂点 x と y が同じ連結クラスターにある確率 $\tau_p(x,y)$ は，x と y の距離が増加するに従い，$\mathrm{e}^{-|x-y|/\xi(p)}$ の速さで減少する．$\xi(p)$ は**相関長**（correlation length）と呼ばれている（大雑把に言えば，x と y の距離が $\xi(p)$ を超えると $\tau_p(x,y)$ は小さくなり始める）．相関長は p が p_c に向かって増加すると発散することが知られていて，この発散の予測式は

$$\xi(p) \sim C(p_c-p)^{-\nu} \quad (p \to p_c^{-} \text{ のとき})$$

である．ただし，ν は別の臨界指数である．前と同様に，臨界点では減速はもはや指数的でなくなる．$\tau_{p_c}(x,y)$ の減速はベキの公式の代わりに，伝統的に

$$\tau_{p_c}(x,y) \sim C\frac{1}{|x-y|^{d-2+\eta}} \quad (|x-y| \to \infty \text{ のとき})$$

と書けることが予想される．ただし，η は別の臨界指数である．

臨界指数は相転移の大きいスケールでの見方を示すので，物理学的媒体の目で見えるスケールに関係する情報を持っている．しかし，たいていの場合，それらが存在することは厳密には証明されていない．その存在を証明して値を確定することは，パーコレーションの理論の中心的な重要性を持つものの一つで数学的には未解決の大きな問題である．

この観点から指数はそれぞれ独立でなく，理論物理学からの予測で，**スケーリング関係**（scaling relation）と呼ばれているものによって互いに関係していることに注意することは重要である．

$$\gamma = (2-\eta)\nu, \quad \gamma + 2\beta = \beta(\delta+1), \quad d\nu = \gamma + 2\beta$$

は 3 個のスケーリング関係である．

4.3 普遍性

臨界指数は大きいスケールの動き方を表すので，モデルの細かい構造の中では，それらはごくわずかにしか関係しないと思うほうがよい．実際，数値的実験によって得られた理論物理の予想によると，臨界指数はごくわずかな例を除いて，次元の大きさ d に無関係であると言われている．この意味で臨界指数は**普遍**であるという．

たとえば，2 次元格子点空間 $\mathbb{Z}^2$ を三角形や六角形格子点の 2 次元空間に置き換えても，臨界指数は変わらないと思われている．一般の $d \geq 2$ の場合，別の変更には，標準的パーコレーションモデルを，いわゆる**スプレッドアウトモデル**（spread-out model）に置き換えることがある．スプレッドアウトモデルでは $\mathbb{Z}^d$ の辺の集合の要素は豊富なので，$L \geq 1$ を固定した有限な定数とするとき，距離が L またはそれ以下にならば，いつでも，二つの頂点は結ばれている．普遍性から，スプレッドアウトモデルでのパーコレーションに対する臨界指数はパラメータ L に関係しないと思われている．

ここまでの議論は，ランダムに繋がっているか空いているボンド（辺）のある**ボンドパーコレーション**の一般の枠組みの中に入っている．多く研究されている変形された問題に**サイトパーコレーション**がある．この場合は頂点，すなわち，サイト（site）があり，それらが独立に確率 p で繋がっていて，確率 $1-p$ で空いている．一つの頂点 x の連結クラスターは，頂点 x そのものと，x を出発してグラフの中の辺に沿って，ただ繋がっている頂点だけを通ってたどり着ける頂点から構成されている．$d \geq 2$ のとき，サイトパーコレーションでは相転移もある．サイト

パーコレーションの臨界値はボンドパーコレーションの臨界値とは異なるが，$\mathbb{Z}^d$ の上のサイトパーコレーションもボンドパーコレーションも同じ臨界指数を持つという普遍性の予測がある．

これらの予測は数学的には非常に興味があるものである．すなわち，臨界指数によって表される相転移の大きなスケールの性質はモデルの細かい性質を調べることには向かないが，臨界指数 p_c の値のようなそのことに深く関係している特徴を調べることには向いている．

この章を書いているときに，臨界指数が存在することが証明され，次元 $d=2$ と $d>6$ におけるあるパーコレーションモデルの臨界値だけが正確に計算されたが，普遍性の一般的な数学の理解としては捉えどころのない目標として残っている．

4.4　次元 $d>6$ におけるパーコレーション

レース展開（lace expansion）として知られている方法により，$d>6$ で L が十分大きいとき，スプレッドアウトモデルでのパーコレーションに対し，臨界指数が存在して，その値が

$$\beta=1,\quad \gamma=1,\quad \delta=2,\quad \nu=\frac{1}{2},\quad \eta=0$$

であることが証明された．証明には，スプレッドアウトモデルにある頂点は多くの隣があることを使っている．近接モデルという，ボンドの長さが 1 で各頂点がわずかな隣しか持たないモデルに対しても，$d\geq 19$ の場合だけは同様の結果が得られている．

β,γ,δ の上記の値は，分枝過程の前述の値と同じである．分枝過程は $\mathbb{Z}^d$ の上でというよりも，無限ツリーの上のパーコレーションと考えることができるので，次元 $d>6$ のパーコレーションがツリーのパーコレーションと同様の動きをする．これは，次元が少なくとも $d>6$ のとき，臨界指数が次元に関係しないという普遍性の極端な例である．

指数に対する上記の値にスケーリング関係 $d\nu=\gamma+2\beta$ を代入すれば，結果は $d=6$ となる．したがって，スケーリング関係（方程式の中に d が入っているのでこれを**ハイパースケーリング関係**（hyperscaling relation）という）は $d>6$ に対しては成り立たない．しかし，この特殊な関係は次元が $d\leq 6$ の場合だけに適用できるものではないかと考えられている．低い次元では，相転移の性質は，臨界にあるクラスターは空間に適合し，この適合の性質から部分的には，d が明示的に現れているハイパースケーリング関係によって記述されていることによると予想される．

臨界指数は，$d=6$ 以下では，異なる値をとることが予想されている．最近の研究は，次項で見るように，$d=2$ の場合に光を当ててきた．

4.5　次元 2 の場合のパーコレーション

4.5.1　臨界指数と SLE（シュラム–レヴナー発展）

2 次元三角格子点空間のサイトパーコレーションに対する最近の主な成果として，臨界指数が存在し，顕著な値

$$\beta=\frac{5}{36},\quad \gamma=\frac{43}{18},\quad \delta=\frac{91}{5},\quad \nu=\frac{4}{3},\quad \eta=\frac{5}{24}$$

をとることが示された．この証明では，スケーリング関係が重要な役割を果たしたが，本質的な付加段階で，スケーリング極限（scaling limit）として知られている考え方の理解が必要となる．

これが何であるかを知るために，図 6 に描いた，いわゆる**探索過程**と言われているものを調べてみよう．図 6 では六角形は三角形格子の頂点を表す．最下行の六角形は，左半分は灰色に，右半分は灰色に白色に塗ってある．他の六角形の辺は確率 1/2 で，独立に，灰色または白色に塗ってある．この確率 1/2 は三角形格子の上のサイトパーコレーションの臨界確率である．図 6 にあるように，最下行を出発し，縦に灰色であり，右側で白色となるパスがあることを示すことは簡単である．探索過程とは，このように灰色と白色の間を通るランダムパスと考えればよい．底面での境界条件からそれは無限になる．

探索過程は異なる色の大きな臨界クラスターを分離する境界についての情報を提供するから，このこ

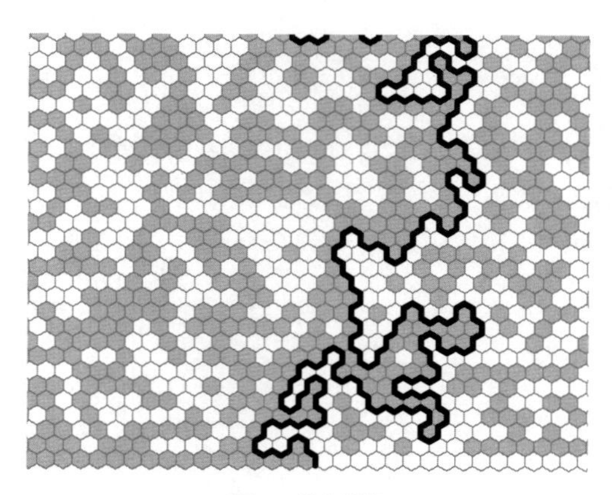

図 6　探索過程

とから臨界指数についての情報を引き出すことができる．本質的なことは目で見える，大きなスケール構造であり，したがって，極限においては三角形格子の頂点の間の距離は0になるので，問題を極限における探索過程に絞ることができる．換言すると，六角形のサイズが零になる極限において，図6の曲線は典型的にはどのように見えるだろうか？　この極限は，パラメータを6個持つシュラム–レヴナー発展（SLE）または簡単にSLE_6と呼ばれる最近発見された**確率過程** [III.24 (1節)] によって記述され，現在の研究活動の論題となった．

これは，三角形格子の上の2次元サイトパーコレーションを理解するには重要なステップであるが，まだしなければならないことがたくさん残っている．特に，普遍性を証明するという未解決の問題もいまだに残っている．普遍性から正方形格子 $\mathbb{Z}^2$ の臨界指数が上に書いたような興味ある値をとらなければならないということは予想されるが，現在の時点では，正方形格子 $\mathbb{Z}^2$ の上のボンドパーコレーションに対し，臨界指数が存在するという証明はない．

4.5.2　横断確率

2次元パーコレーションを理解するには，パラメータ p が臨界値 p_c をとるとき一つの領域の端の一方から他方に通じるパスがある確率を知ることが非常に助けになる．

この考え方を精密にするため，平面の単連結領域（すなわち，穴のない領域）を固定し，この領域の境界の上に二つの弧を固定する．（p に依存する）**横断確率**は，一つの弧ともう一つの弧を結ぶ領域内の繋がっているパスが存在する確率，もう少し正確に言うと，格子点の頂点間の距離を0にするときのこの確率の極限である．$p < p_c$ に対して，直径（格子点内のステップの数によって測る）が相関長 $\xi(p)$ よりはるかに大きいクラスターが存在するのは非常に稀である．しかし，領域を横切るためには，格子点間隔が0に行くに従ってクラスターはどんどん大きくならなくてはならない．したがって，横断確率は0である．$p > p_c$ のときはただ一つの無限クラスターが存在することから，もし格子点間隔が非常に小さいならば，非常に高い確率でその領域の横断が起こることが推測される．極限においては，横断確率は1である．もし $p = p_c$ ならば何が起こるか？　臨界横断確率に対しては注目すべき三つの予想がある．

第1の予想は，臨界横断確率は普遍的なもので，

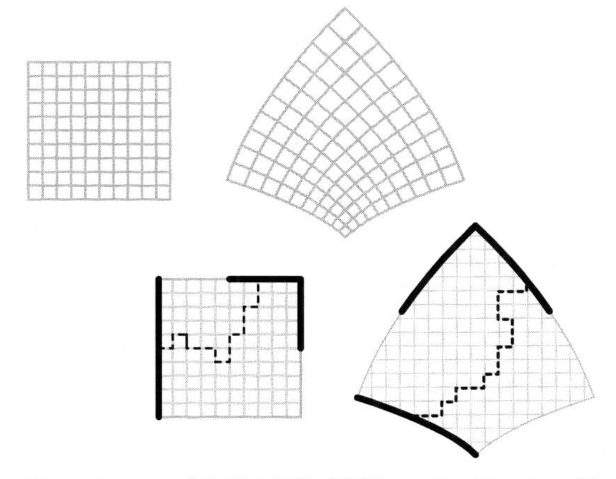

図7　上の二つの図は等角写像で関係している．下の二つの図では極限臨界横断確率は一致している．

それは，すべての有限領域にある2次元ボンド（またはサイト）パーコレーションモデルに対して臨界横断確率は同じであるというものである（常に，格子点間隔が0に行くときの極限確率についての話とする）．

第2の予想は，臨界横断確率は**等角不変**であるということである．等角写像は，図7で示したように，局所的に角度を保存する変換である．有名な**リーマンの写像定理** [V.34] によれば，全平面でない任意の二つの単連結領域は等角写像によって関連付けられる．臨界横断確率が等角不変であるということは，もし特定した二つの境界弧を持つ一つの領域が，等角変換によって他の領域に変換されれば，新しい領域の弧の像の間の臨界横断確率は，元の領域の臨界横断確率と同一であることを意味する（もとになっている格子点は変換されないことを注意する．このことはこの予想を非常に驚くべきものにしている）．

第3の予想は，臨界横断確率に対するカーディ（Cardy）の明快な公式である．等角不変を仮定すれば，一つの領域に対する公式だけが必要である．正三角形に対しては，カーディの公式は特に簡単である（図8参照）．

2001年に，賞賛された業績の中で，スミルノフ（Smirnov）は三角格子の上のサイトパーコレーションに対する臨界横断確率の研究をした．この特別なモデルの特種な対称性を使って，スミルノフは極限臨界横断確率が存在すること，それらが等角不変であること，それらがカーディの公式に適合することを証明した．横断確率の普遍性を証明することはなかなかたどり着けない未解決の問題である．

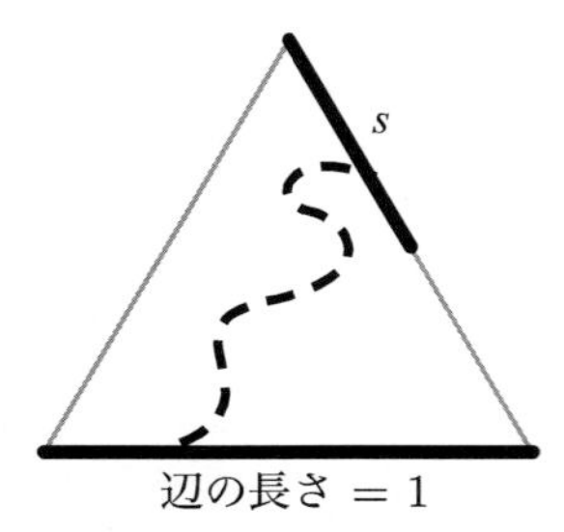

図 8　1 単位の長さの正三角形では，カーディの公式から，示されている極限臨界横断確率は単にもう一つの弧の長さ s であることが示される．

5.　イジングモデル

1925 年に，イジング（Ising）は，現在では彼の名前が付いている（実際はこのモデルを最初に定義したのは，イジングの博士課程のときの教授レンツ（Lenz）であるが）鉄磁性の数学的モデルの解析を発表した．イジングモデルは理論物理学では中心の位置を占め，非常に数学的な興味も持たれている．

5.1　スピン，エネルギー，温度

イジングモデルでは鉄の塊は，結晶作用によってできた格子の中で場所が固定されている原子の集まりと見なす．各原子は磁性「スピン」を持つと仮定する．簡単のため，スピンは上または下だけを指すものとする．スピンのそれぞれの可能な配置はそれに対応するエネルギーを持ち，このエネルギーが大きければ大きいほど，この配位は起こりにくい．

概して，原子はすぐ隣と同じスピンを持つ傾向があり，エネルギーがこれを反映している．すなわち，隣同士でスピンが揃っていない対の数によってエネルギーは増加する．もし外部の磁界があるとし，これも，上または下に方向付けられていると仮定すると，これに付随することが起こる．すなわち，原子は外部の磁界と揃う傾向があり，エネルギーが大きければ大きいほど，そこにあるスピンは外部の磁界と並ばなくなる．高いエネルギーを持つ配位はより少ないから，スピンは互いに揃い，また外部の磁界と同じ向きに揃う一般的傾向がある．スピンの大部分が下よりも上を指すとき，鉄は正の磁性を持つと言われる．

エネルギーについての考察では多くのスピンが揃った配位に傾きがちだけれども，それと張り合う効果もある．温度が増加すると，スピンのランダムな温度の変動がさらに起こり，これらは整列を壊してしまう．外部の磁界があれば，エネルギーの影響は効果を持ち，温度が高くても少なくともある程度の磁性がある．しかし，外部の磁界がなくなると，ある臨界温度より低いときだけ磁性が保たれる．この臨界温度より高いとこの鉄は磁性を失う．

イジングモデルは上の様相を捉える数学的モデルである．結晶格子は $\mathbb{Z}^d$ でモデル化される．$\mathbb{Z}^d$ の格子点は原子の位置を表し，x における原子スピンは，単に，二つの数 $+1$（スピンが上向きであることを表す）と -1（スピンが下向きであることを表す）のうちの一つとしてモデル化される．x で選ばれた特定な数を σ_x，格子の中の各 x に対して選ばれた $+1$ か -1 のどちらかの選択の集まりをイジングモデルの**配位**という．全体として，配位を簡単に σ と書く（形式的に言えば，配位 σ は格子から集合 $\{-1,1\}$ への関数である）．

各配位 σ は，次に定義するように，対応するエネルギーと一緒に出てくる．もし外部の磁界がなかったならば，σ のエネルギーは量 $-\sigma_x\sigma_y$ の，隣り合う頂点の対 $\langle x,y\rangle$ のすべてについての和とする．この量は $\sigma_x=\sigma_y$ ならば -1，そうでなければ $+1$ であるから，エネルギーは並んでいない対があればあるほど大きくなる．もし外部の磁界が零でなければ（これを実数 h でモデル化して），エネルギーは付加 $-h\sigma_x$ を受け，h と異なる符号を持つスピンがたくさんあることになる．結局，全体としてスピンの配位 σ のエネルギー $E(\sigma)$ を

$$E(\sigma)=-\sum_{\langle x,y\rangle}\sigma_x\sigma_y-h\sum_x\sigma_x$$

で定義する．ただし，第 1 の和はすべての隣り合う頂点の対についてとり，第 2 の和はすべての頂点についてとるものとし，h は実数で，正でも，負でも，0 でもよい．

$E(\sigma)$ を定義する和が実際に意味を持つのは，頂点が有限個である場合であるが，ここでは無限格子 $\mathbb{Z}^d$ で考えることにしたい．この問題は $\mathbb{Z}^d$ を大きな有限集合に制限して扱い，その後適切な極限，すなわち，いわゆる**熱力学的極限**（thermodynamic limit）を考える．これはよく知られている確率過程であるが，ここでは述べない．

あと二つの特徴をモデル化することが残っている．すなわち，低エネルギーの配位は好まれ，熱の変動でこの傾向が弱まる仕組みである．この二つの特徴

は次のように同時に扱える．われわれは各配位にエネルギーが増加すると確率が減少するようにしたい．統計力学の基本的なことから，これを正しい方法で行うには，いわゆる**ボルツマンファクター**（Bolzmann factor）$\mathrm{e}^{-E(\sigma)/T}$（ただし，$T$ は非負パラメータで温度を表す）に比例する確率を考えなければならない．したがって，その確率は

$$P(\sigma) = \frac{1}{Z}\mathrm{e}^{-E(\sigma)/T}$$

とする．ただし，正規化定数，すなわち，分配関数 Z は

$$Z = \sum_{\sigma} \mathrm{e}^{-E(\sigma)/T}$$

で定義されるもので，和はすべて可能な配位 σ についてとるものとする（このとき厳密にするには，また，$\mathbb{Z}^d$ の有限集合で考えてから行う）．この Z を選んだ理由は，これで割ると配位の確率が全部加えれば 1 になることが保証されるからである．全部加えて 1 になることは確率が持っていなければならない性質である．この定義を用いると，配位のエネルギーが増加するとその配位の確率は小さくなるから，「低エネルギー」として持っていてほしい性質が得られる．温度の効果については，T が非常に大きいときは，すべての数 $\mathrm{e}^{-E(\sigma)/T}$ は 1 に近いから，すべての確率はほとんど等しい．一般に，温度が上昇すると，いろいろな配位の確率は非常に似てくるので，温度の変動による影響のモデルになっている．

しかし，エネルギーよりももっと別の話がある．ボルツマンファクターは任意の個々の高エネルギー配位よりも，任意の個々の低エネルギー配位がよりありうるようにしている．しかしながら，低エネルギー配位はスピンの向きが高度に揃っているので，スピンの向きがランダムな高エネルギー配位よりはるかに少ない．対立するこれら二つの考え方のうち，どちらが優位を占めるかは明らかではないが，実際，この答えは，興味深い仕方で，温度 T に関係している．

5.2　相　転　移

外部の磁界 h と温度 T を持つイジングモデルに対して，上で定義した確率でランダムに配位を選ぶ．**磁化**（magnetization）$M(h,T)$ を，与えられた頂点 x におけるスピン σ_x の平均値とする．格子 $\mathbb{Z}^d$ の対称性から $M(h,T)$ は選ばれた頂点に関係しない．したがって，磁化 $M(h,T)$ が正であればスピンは全体として正の方向に整列する傾向があり，その組織は磁化される．

上，下の対称性から，すべての h と T に対して $M(-h,T) = -M(h,T)$（すなわち，外部の磁界を逆転することは磁化を逆転すること）となる．特に，$h=0$ のとき，磁化は 0 でなければならない．一方もし零でない外部の磁界 h があれば，h にあわせて並んだスピンを持つ配位は圧倒的に起こりやすくなり，磁化は

$$M(h,T)\begin{cases} <0, & h<0 \\ =0, & h=0 \\ >0, & h>0 \end{cases}$$

を満足する．

初めに正だった外部の磁界がその後減少して零になったら何が起こるだろうか？　特に

$$M_+(T) = \lim_{h\to 0^+} M(h,T)$$

によって定義される**自発磁化**（spontaneous magnetization）は正であろうか零であろうか？　もし $M_+(T)$ が正ならば，外部の磁界が消えたあとでも磁化はそのまま保たれている．この場合，M, h のグラフは $h=0$ で不連続になるであろう．

このことが起こるか起こらないかは，温度 T に関係する．T が零になる極限では，二つの配位のエネルギーのわずかな差がそれらの確率に非常に大きな差を引き起こす．$h>0$ で温度が零になったときは，すべてのスピンが $+1$ の最小エネルギー配位だけが起こる場合がある．これは外部の磁界がいかに小さくてもこうなるから，$M_+(0)=1$ である．一方，無限に高い温度の極限では，すべての配位は同様に確からしくなり，自発磁化は零に等しくなる．

次元 $d \geq 2$ に対しては，T が両極端の間にあるとき，$M_+(T)$ の動き方には非常に驚くことがある．特に，微分可能性に問題がある．すなわち，次元に依存する臨界温度 T_c があって，$T<T_c$ ならば自発磁化は正，$T>T_c$ ならば零，$T=T_c$ ならば微分可能性は失われる．磁化と h のグラフの概要と，自発磁化と T のグラフの概要は図 9 にある．臨界温度そのもので起こることは微妙なものである．$d=3$ の場合を除き，すべての次元で，臨界温度で自発磁化はないこと，したがって，$M_+(T_c)=0$ であることが証明されている．$d=3$ の場合も同様なことが起こると信じられているが，まだ証明されていない．

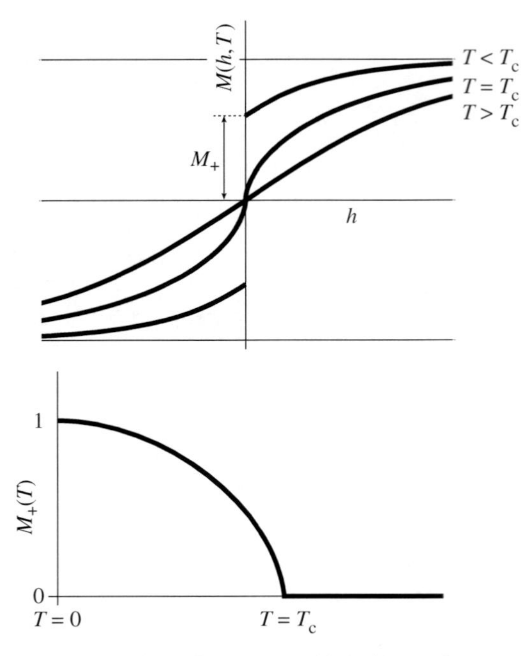

図 9　磁化と外部磁化および自発磁化と温度

5.3　臨　界　指　数

イジングモデルに対する相転移を，再び，臨界指数を使って書いてみる．

$$M_+(T) \sim C(T_c - T)^{\beta} \quad (T \to T_c^- \text{のとき})$$

で与えられる臨界指数 β は温度が臨界温度 T_c に向かって増加するとき，どのように自発磁化が消えていくのかを示している．$T > T_c$ に対して，**磁化率** (magnetic susceptibility) $\chi(T)$ を，$h = 0$ における h についての $M(h, T)$ の変化率と定義する．この h についての偏微分は T を上から T_c に近づけたとき発散する．指数 γ は

$$\chi(T) \sim C(T - T_c)^{-\gamma} \quad (T \to T_c^+ \text{のとき})$$

によって定義する．最後に，δ は外部磁化が臨界温度で零になるとき，磁化が零になる様子を示す．すなわち，

$$M(h, T_c) \sim Ch^{1/\delta} \quad (h \to 0^+ \text{のとき})$$

である．これらの臨界指数は，パーコレーションの場合と同様，普遍的なものであり，種々のスケーリング関係を満たすと予想されている．$d = 3$ の場合を除くすべての次元に対して数学的には知られている．

5.4　$d = 2$ に対する厳密解

1944 年にオンサガー（Onsager）が 2 次元イジングモデルに対する厳密解を載せた有名な論文を発表した．彼の恐るべき計算は臨界現象の理論の発展の画期的な出来事になっている．厳密解を出発点として，臨界指数が計算できた．2 次元パーコレーションの場合は，指数は興味深い値となる．すなわち，

$$\beta = \frac{1}{8}, \quad \gamma = \frac{7}{4}, \quad \delta = 15$$

である．

5.5　$d \geq 4$ に対する平均場理論

イジングモデルの二つの改造は比較的簡単に解析できる．一つは，整数格子 $\mathbb{Z}^d$ の上ではなく，無限バイナリーツリーの上でモデルを考えることである．もう一つはイジングモデルを「完全グラフ」（complete graph）の上で考えることである．ここで，完全グラフというのは，どの二つの頂点も辺で結ばれた n 個の頂点からなるグラフで，n を無限大にしたときの極限である．これは，**キュリー–ワイス**モデルとして知られ，各スピンは他のすべてのスピンに一様に影響し合うか，または，これを別にして，各スピンは他のすべてのスピンの**平均場**の影響を受ける．これらの改造のどちらででも，臨界指数は，いわゆる平均場値

$$\beta = \frac{1}{2}, \quad \gamma = 1, \quad \delta = 3$$

である．巧妙な方法で，$\mathbb{Z}^d$ 上のイジングモデルは次元 $d \geq 4$ で同じ臨界指数を持つことが証明されているが，次元 $d = 4$ では漸近公式の対数的補正についての問題が未解決のままである．

6.　ランダムクラスターモデル

パーコレーションとイジングモデルはまったく異なった現象である．パーコレーション配置は与えられたグラフのランダムな部分グラフから成り立ち（パーコレーションの例として普通は格子を考える），その配置はそれぞれ独立に確率 p で含まれるいくつかの辺から成り立っている．一方，イジングモデルの配置はグラフの各頂点でのスピンの向きによって ± 1 のどちらかの値をとり（典型的な例として格子がある），これらのスピンの向きはエネルギーや温度に影響される．

このような相違にもかかわらず，1970 年頃，フォーチュイン（P. W. Fortuin）とカステレイン（C. M.

Kasteleyn）は，実際にはこれら二つのモデルがランダムクラスターモデルとしてよく知られている大きなモデルの族に含まれ，互いに密接な関係を持っていることを発見した．このランダムクラスターモデルはまたポッツ（Potts）モデルとして知られるイジングモデルの自然な拡張を含んでいる．

ポッツモデルにおいて，与えられたグラフ G の各頂点におけるスピンは q 個の異なる値のどれかを持つ．ただし q は 2 以上の整数とする．$q=2$ の場合 2 種類のスピン値が考えられ，この場合はイジングモデルに一致する．一般に q 個の値をとる場合，それらの値を $1,2,\ldots,q$ とする．すでに述べたように，スピンの配位には対応するエネルギーがあり，それはスピンが揃っていればいるほど低くなる．ある辺を含む垂直線上に並ぶスピンが同一であるとき，その辺に対応するエネルギーは -1 であり，それ以外では 0 である．スピン配置 σ の全エネルギー $E(\sigma)$ は，外部磁場が存在しない場合は，すべての辺に対応するエネルギーの和となる．ある特定のスピン配位 σ が得られる確率は，ここでもボルツマンファクターに比例するように，

$$P(\sigma)=\frac{1}{Z}\mathrm{e}^{-E(\sigma)/T}$$

とする．ただし，分配関数 Z は第 5 節で定義されており，全体の確率が 1 になっている．

フォーチュインとカステレインは有限グラフ G 上のポッツモデルの分配関数が次式によって表されることを示した．

$$\sum_{S\subset G} p^{|S|}(1-p)^{|G\backslash S|}q^{n(S)}$$

この式において和はグラフ G から辺を取り除くことで得られる部分グラフ S 全体でとる．また，$|S|$ は S に含まれる辺の総数，$|G\backslash S|$ は G の辺から S に含まれる辺を除いた辺の総数，$n(S)$ は S の異なる連結クラスターの総数，そして p は次式によって定義される温度 T によって定まる定数である．

$$p=1-\mathrm{e}^{-1/T}$$

q が 2 以上の整数であるという制約条件はポッツモデルにおいて本質的な役割を持っているが，上記の分配関数の定義においては q は任意の正の実数でもよい．

ランダムクラスターモデルではその分配関数は上記のように和によって定義される．任意の実数 $q>0$ が与えられたとき，ランダムクラスターモデルの配置とはグラフ G の繋がっている辺からなる部分グラフ S であり，ボンドパーコレーションの配置とまったく同様である．しかしこのランダムクラスターモデルにおいて，単純に p を繋がっている辺，$1-p$ を空いている辺に対応させるわけではない．その代わりに，ある配置に対応させる確率は $p^{|S|}(1-p)^{|G\backslash S|}q^{n(S)}$ に比例する．特に，$q=1$ を選ぶと，ランダムクラスターモデルはボンドパーコレーションと同じものになる．ゆえにランダムクラスターモデルは q を係数とする 1 パラメータ族に入り，$q=1$ の場合はパーコレーションに相当し，$q=2$ に対してはイジングモデルに相当し，2 以上の整数 $q\geq 2$ に対してポッツモデルに相当する．ランダムクラスターモデルは一般の $q\geq 1$ に対して相転移を持ち，統一された状況を提供し，多くの有用な実例がある．

7. 終わりに

臨界現象と相転移の科学は現実の物理的意味を持つ魅力的な数学問題の源泉である．パーコレーションはその中心的な数理モデルである．パーコレーションはしばしば $\mathbb{Z}^d$ 上に定義されるが，その代わりに木 (tree) または完全グラフ上にも定義されるために結果的に分枝過程やランダムグラフを含むことになる．イジングモデルは強磁性体相転移の基礎的なモデルである．一見したところイジングモデルはパーコレーションとは無関係であるが，実際はランダムクラスターモデルのより広い定義に含まれ密接な関係を持っている．ランダムクラスターモデルはイジングモデルとポッツモデルに対して統一された構造と強力な幾何学表現を提供する．

これらのモデルがきわめて興味深い理由の一つは，臨界点近傍の大域的特性が普遍的であるという，理論物理学からの予想によるものである．しかしながら，ある結果を証明する場合に，モデル固有の些細な部分がその結果に対して本質的でないにもかかわらず，証明がしばしばその些細な部分に依存することがある．たとえば，臨界横断確率を把握することや $\mathbb{Z}^2$ 上のボンドパーコレーションではなく三角格子上のサイトパーコレーションに対して臨界指数の計算がなされてきたことがその例である．三角格子に対する研究の発展は確かにこの理論の勝利ではあるが，最終的な結論ではない．普遍性はある種の指

針を残しているが，一般的な定理とはまだ言えない．

物理的に最も興味ある 3 次元の場合，パーコレーションとイジングモデルの非常に基本的な性質がまったくわかっていない．特に臨界点においてパーコレーションが存在しないことや自発磁化が零であることはまったく証明されていない．

多くのことが達成されてきたが，まだ解決されていない重要な問題が数多く存在する．そして臨界現象モデルの将来の研究はきわめて重要な数学的発見を導くであろう．

謝辞　本章において用いられたすべての図は，ブリティッシュコロンビア大学数学科カッセルマン氏と，*Notices of the American Mathematical Society* のグラフィックエディターらによって描かれた．

文献紹介

Grimmett, G. R. 1999. *Percolation*, 2nd edn. New York: Springer.

Grimmett, G. R. 2004. The random-cluster model. In *Probability on Discrete Structures*, edited by H. Kesten, pp. 73-124. New York: Springer.

Janson, S., T. Łuczak, and A. Ruciński. 2000. *Random Graphs*. New York: John Wiley.

Thompson, C. J. 1988. *Classical Equilibrium Statistical Mechanics*. Oxford: Oxford University Press.

Werner, W. 2004. Random planar curves and Schramm-Loewner evolutions. In *Lectures on Probability Theory and Statistics. École d'Eté de Probabilités de Saint-Flour XXXII–2002*, edited by J. Picard. Lecture Notes in Mathematics, volume 1840. New York: Springer.

IV. 26

高次元幾何と確率論的アナロジー

High-Dimensional Geometry and Its Probabilistic Analogues

キース・ボール［訳：二木昭人］

1. は じ め に

子供がシャボン玉を吹いているのを見たことがあれば，少なくとも人間の目には，シャボン玉は完全な球形に見えると思ったはずである．数学的観点からはこの理由は簡単である．溶けた石鹸の表面張力により，中に入った空気量を一定にしたまま（空気を圧縮することなしに）シャボン玉はなるべく面積を小さくしようとし，そのため，球面は与えられた体積を内包する曲面の中で面積を最小にするものである，という理由である．

数学の原理として，これは古代ギリシアにおいて認識されていたが，厳密な証明は 19 世紀の終わりまで現れなかった．このことや同様の主張は「等周原理」（isoperimetric principle*1)）として知られている．

問題を 2 次元にすると，次のようになる．与えられた面積を囲む最短の曲線は何か？　3 次元の場合のアナロジーとして予想される答えは，円周である．このように，曲線の長さを最小にすることにより，対称性の高いものにすることができる．つまり，得られた曲線は，どの長さの場所でも同じように曲がっているはずである．3 次元以上では，たくさんの種類の**曲率** [III.78] を異なる文脈で用いる．**平均曲率**と呼ばれるものは，面積最小問題に適した曲率である．

球面はすべての点で同じ平均曲率を持つが，対称性により，どの意味の曲率を使おうがすべての点で同じ曲率を持つことは明白である．より良い実例は（シャボン玉より変化に富んだ）石鹸膜で，これは娯楽的な数学の授業で人気のある題材である．図 1 は針金に張った石鹸膜を表している．この膜は，与えられた針金に囲まれているという制限に従う膜の中で，面積を最小にする形になっている．極小曲面（この最小化問題の数学的に厳密な解）は，平均曲率一定になっていることを示すことができる．すなわち，その曲面の平均曲率は，どの点でも同じである．

等周原理は数学全般にわたって姿を現し，偏微分方程式，変分法，調和解析，計算アルゴリズム，確率論，そしてすべての分野の幾何学の研究に現れる．本章の第 1 の目的は，数学の一分野である高次元幾何について述べることである．これは，球面は与えられた体積を囲む最小面積曲面であるという，基本的な等周原理を出発点とする幾何である．高次元幾何の顕著な面は，確率論との密接な関連である．す

*1) “isoperimetric” の接頭辞 “iso” は「等しい」という意味である．「等しい周囲」という言葉は次の 2 次元の事実から来る．すなわち，円板ともう一つの別の領域が同じ周の長さを持てば，もう一つの領域の面積は円板の面積より大きくはなれない．

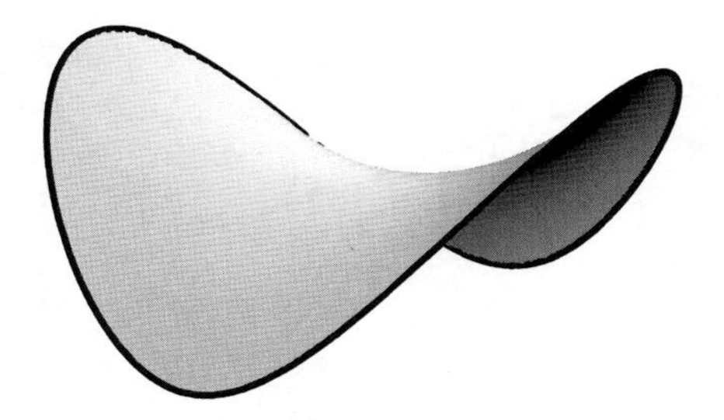

図 1　石鹸膜は最小面積を持つ．

なわち，高次元空間の幾何学的対象はランダム分布の特徴的性質を多く持っている．本章の第 2 の目的は，幾何学と確率論の繋がりについて概略を述べることである．

2.　高次元空間

ここまでは 2 次元幾何と 3 次元幾何のみを論じた．高次元空間は人間にとって可視化することは不可能であると思われるが，3 次元空間をデカルト座標で表す通常の方法を拡張すれば，高次元空間に数学的な記述を与えることは容易である．3 次元空間では点 (x,y,z) は三つの座標で与えられる；n 次元空間では点は n 個の組 $(x_1,x_2,\ldots,x_n)$ で与えられる．2 次元と 3 次元の場合と同様に，それぞれの点は別の点と次のような意味で関連している．すなわち，二つを足し合わせて第 3 の点を得ることができる．これは単に

$$(2,3,\ldots,7)+(1,5,\ldots,2)=(3,8,\ldots,9)$$

のように座標同士を足し合わせればよい．足し算によりそれぞれの点を関連付けると，空間にある種の構造，または「形」を与える．空間は無関連な点の寄せ集めではない．

空間の形を完全に記述するには，任意の 2 点の間の距離も指定する必要がある．2 次元では点 (x,y) の原点からの距離は，ピタゴラスの定理（および x 軸と y 軸が直交していること）により，$\sqrt{x^2+y^2}$ である．同様に，2 点 (u,v) と (x,y) の間の距離は

$$\sqrt{(x-u)^2+(y-v)^2}$$

である．n 次元においては，$(u_1,u_2,\ldots,u_n)$ と $(x_1,x_2,\ldots,x_n)$ の間の距離は

$$\sqrt{(x_1-u_1)^2+(x_2-u_2)^2+\cdots+(x_n-u_n)^2}$$

と定義される．n 次元空間の体積は，大雑把には次

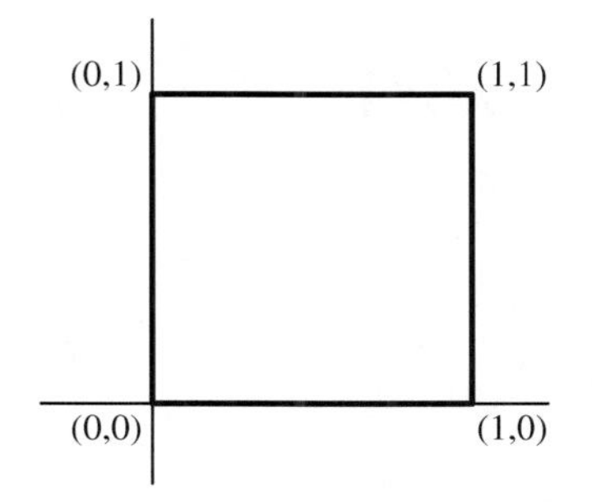

図 2　1 辺の長さが 1 の正方形

のように定義される．n 次元立方体の定義から始める．2 次元，3 次元の場合の正方形，3 次元立方体については，よく知っているとおりである．xy 平面において各座標が 0 と 1 の間にある点全体の集合が，1 辺の長さ 1 の正方形であり（図 2 を参照），同様に，x,y,z が 0 と 1 の間にあるような点 (x,y,z) 全体の集合が，1 辺の長さが 1 の立方体である．n 次元空間においては，同様の立方体は各座標が 0 と 1 の間にある点全体からなっている．1 辺の長さが 1 の立方体の体積は 1 であると規定する．平面図形のサイズを 2 倍にすると，面積は 4 倍になる．3 次元の立体を 2 倍にすると，体積は 8 倍になる．n 次元空間においては，体積はサイズの n 乗になり，したがって，1 辺の長さ t の立方体は体積 t^n を持つ．より一般の集合の体積を求めるには，小さい立方体で覆い，体積の総和をできるだけ小さくすることにより，その体積を近似することを考える．その集合の体積は近似した体積の極限として計算される．

何次元であろうと，幾何学的に特別の役割を果たすのは**単位球**である．すなわち，固定した点（つまり中心）から距離 1 の点全体からなる曲面のことである．容易に想像されるように，球の内部（または**単位球体**）は単位球面で囲まれた点全体からなる集合であるが，これは特別な役割を果たす．単位球体の（n 次元）体積と，球面の $(n-1)$ 次「面積」には単純な関係がある．v_n により n 次元単位球体の体積を表すと，表面積は nv_n である．これを見るための一つの方法は，単位球の半径を 1 より少し大きく，たとえば $1+\varepsilon$ にしてみることである．これは図 3 に図示されている．大きくした球の体積は $(1+\varepsilon)^n v_n$ であるので，二つの球で挟まれる外枠の部分の体積は $((1+\varepsilon)^n-1)v_n$ である．外枠は厚さが ε であるので，この体積はおおよそ表面積に ε を掛けた数である．したがって，表面積はおおよそ

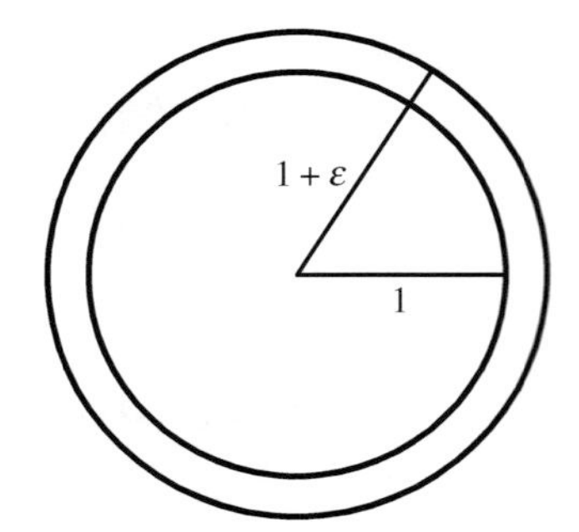

図 3　膨らませた球

$$\frac{(1+\varepsilon)^n-1}{\varepsilon}v_n$$

となる．ε が 0 に近づくときの極限をとると，表面積はちょうど

$$\lim_{\varepsilon\to 0}\frac{(1+\varepsilon)^n-1}{\varepsilon}v_n$$

となる．ベキ $(1+\varepsilon)^n$ を展開するか，この表示が微分の定義式であることに注目することにより，この極限は nv_n であることが確認できる．

ここまで，n 次元空間の立体について議論してきたが，どのような集合を扱っているかという点について，あまりきちんとしなかった．本章の主張の多くは，まったく一般の集合でも成立する．しかし，高次元幾何では凸集合が特別な役割を果たす（集合が凸であるとは，その上の 2 点を結ぶ線分が，すべてその集合に含まれるときをいう）．円板や立方体は，どちらも凸集合の例になっている．次の節では，一般の集合に対して成立するが，特に凸性と密接に関係する基本原理について記述する．

3.　ブリュン–ミンコフスキー不等式

2 次元の等周原理は，1841 年にシュタイナーにより実質的に証明された．ただし議論に技術的な誤りがあったが，これは後に修正された．一般の（n 次元の）場合の証明は 19 世紀の終わりころまでには完成した．20 年ほど後，この原理に対する別のアプローチが，思いもよらない結論を伴って，**ヘルマン・ミンコフスキー** [VI.64] によって見出された．このアプローチは，ヘルマン・ブリュンのアイデアに触発されたものであった．

ミンコフスキーは n 次元空間の二つの集合を足し合わせるという，次のような方法を考えた．C と D を集合とするとき，和 $C+D$ は C の点と D の点を足して得られる点全体からなる集合のことである．

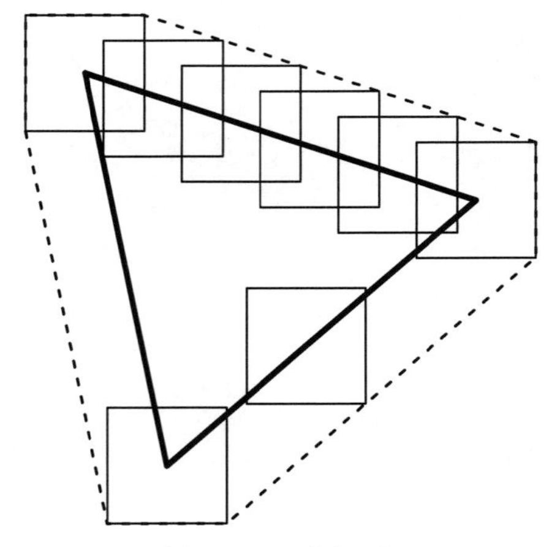

図 4　二つの集合の和

図 4 は C が正三角形で，D が原点を中心とした正方形である場合の例である．三角形の各点に四角形のコピーを置く（それらのいくつかを図示した）とき，集合 $C+D$ はこれらの四角形の中に含まれる点全体のなす集合である．$C+D$ の概略が破線で示されている．

ブリュン–ミンコフスキー不等式は，二つの集合の和の体積を，それぞれの集合の体積と関連付けるものである．それが主張することは，（C と D が空集合でないならば）

$$\mathrm{vol}(C+D)^{1/n} \geq \mathrm{vol}(C)^{1/n} + \mathrm{vol}(D)^{1/n} \qquad (1)$$

が成立するということである．体積に $1/n$ 乗が掛かっていることを見るだけでも，この不等式は少々技巧的に見える．しかし，このことは重要である．もし C と D がどちらも単位立方体である（かつ辺は同じ方向に向いている）とすると，和 $C+D$ は 1 辺の長さ 2 の立方体になる．すなわち，2 倍の大きさの立方体である．C と D はどちらも体積 1 であるが，$C+D$ の体積は 2^n になる．したがって，この場合，$\mathrm{vol}(C+D)^{1/n}=2$ となり，$\mathrm{vol}(C)^{1/n}$ と $\mathrm{vol}(D)^{1/n}$ はどちらも 1 に等しい．すなわち，不等式 (1) は成立し，しかも等号が成立している．同様に，C と D が互いに同じもののコピーであるなら，ブリュン–ミンコフスキー不等式は成立し，しかも等号が成立する．指数 $1/n$ を省略しても不等式自体は成立する；二つの立方体の場合，確かに $2^n \geq 1+1$ は正しい．しかし，主張はとても弱いものになり，役に立つ情報を何も与えてくれない．

ブリュン–ミンコフスキー不等式の重要性は，体積を，空間に構造を与えている和という操作に関連付ける基本原理であるという点から来る．本節の冒頭で，ミンコフスキーによるブリュンのアイデアの定式化は，等周原理に対する新しいアプローチをもたらしたと述べた．これがなぜかを見てみよう．

C を $\mathbb{R}^n$ の**コンパクト集合**[III.9] で，単位球体 B と体積が等しいものとしよう．球体の表面積は $n\,\mathrm{vol}(B)$ であるから，C の表面積は少なくとも $n\,\mathrm{vol}(B)$ 以上であることを示したい．C に小さい球体を足すと何が起きるかを見てみよう．直角三角形の例を図 5 に示す．破線で描かれた曲線は，C に小さい ε を半径にする球体 B のコピーを足して膨らませた集合の概形を表している．図 3 に似ているが，元の集合を拡大するのではなく，球体を足すのである．前と同様，$C+\varepsilon B$ と C の差は C のまわりの幅 ε の外枠である．よって，表面積は ε が 0 に近づくときの極限

$$\lim_{\varepsilon\to 0}\frac{\mathrm{vol}(C+\varepsilon B)-\mathrm{vol}(C)}{\varepsilon}$$

として表される．さて，ブリュン–ミンコフスキー不等式により

$$\mathrm{vol}(C+\varepsilon B)^{1/n}\geq \mathrm{vol}(C)^{1/n}+\mathrm{vol}(\varepsilon B)^{1/n}$$

が成立している．

この不等式の右辺は，$\mathrm{vol}(\varepsilon B)=\varepsilon^n\mathrm{vol}(B)$ および $\mathrm{vol}(C)=\mathrm{vol}(B)$ により

$$\mathrm{vol}(C)^{1/n}+\varepsilon\mathrm{vol}(B)^{1/n}=(1+\varepsilon)\mathrm{vol}(B)^{1/n}$$

に等しい．よって表面積は

$$\lim_{\varepsilon\to 0}\frac{(1+\varepsilon)^n\mathrm{vol}(B)-\mathrm{vol}(C)}{\varepsilon}=\lim_{\varepsilon\to 0}\frac{(1+\varepsilon)^n\mathrm{vol}(B)-\mathrm{vol}(B)}{\varepsilon}$$

となる．以上である．第 2 節の議論と同じ議論により，この極限は $n\,\mathrm{vol}(B)$ に等しく，C の表面は少なくともこの面積を持つ．

何年にもわたり，多くの異なるブリュン–ミンコフスキーの不等式の証明が見出されており，ほとんどの方法には重要な応用がある．この節を終えるにあたり，ブリュン–ミンコフスキー不等式の修正版で，式 (1) より使いやすい不等式について述べよう．集合 $C+D$ を半分に縮小した集合 $\frac{1}{2}(C+D)$ で置き換えると，体積は $1/2^n$ 倍になり，この体積の n 乗根は $1/2$ 倍になる．したがって，不等式は

$$\mathrm{vol}\left(\frac{1}{2}(C+D)\right)^{1/n}\geq\frac{1}{2}\mathrm{vol}(C)^{1/n}+\frac{1}{2}\mathrm{vol}(D)^{1/n}$$

に書き換えられる．正の x と y に対する単純な不等式 $(1/2)x+(1/2)y\geq\sqrt{xy}$ を用いると，この不等式の右辺は $\sqrt{\mathrm{vol}(C)^{1/n}\mathrm{vol}(D)^{1/n}}$ 以上である．したがって

$$\mathrm{vol}\left(\frac{1}{2}(C+D)\right)^{1/n}\geq\sqrt{\mathrm{vol}(C)^{1/n}\mathrm{vol}(D)^{1/n}}$$

が成り立ち，よって

$$\mathrm{vol}\left(\frac{1}{2}(C+D)\right)\geq\sqrt{\mathrm{vol}(C)\mathrm{vol}(D)}\qquad(2)$$

が成り立つ．次節で，この不等式から得られる顕著な結論を説明する．

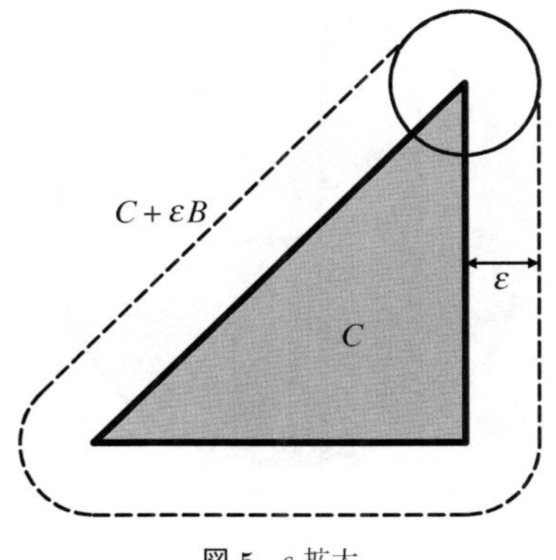

図 5　ε 拡大

ブリュン–ミンコフスキー不等式は，n 次元空間のまったく一般の集合に対して成立するものであるが，凸集合に対してはミンコフスキーによって始められ，アレクサンドロフ，フェンチェル，ブラシュケなどの人々によって発展させられた驚くべき理論の始まりである．これはいわゆる混合体積の理論と呼ばれるものである．1970 年代にホヴァンスキーとテシエは，（D・ベルンシュタインが発見したことを用いて）混合体積と代数幾何のホッジ指数定理との間の驚くべき繋がりを発見した．

4.　幾何学における偏差

等周原理は，集合が適度に大きいならば，大きい表面や境界を持つことを主張している．ブリュン–ミンコフスキー不等式（特に等周不等式を導いた議論）は，この主張を拡張して，適度に大きい集合を（小さいボールを加えることにより）広げると，新しい集合の体積は元の集合の体積よりずっと大きくなることを示している．1930 年代にポール・レヴィは，ある状況において，この事実からたいへん顕著な結果が導かれることに気づいた．このアイデアを説明するために，単位球の内側にコンパクト集合 C で，

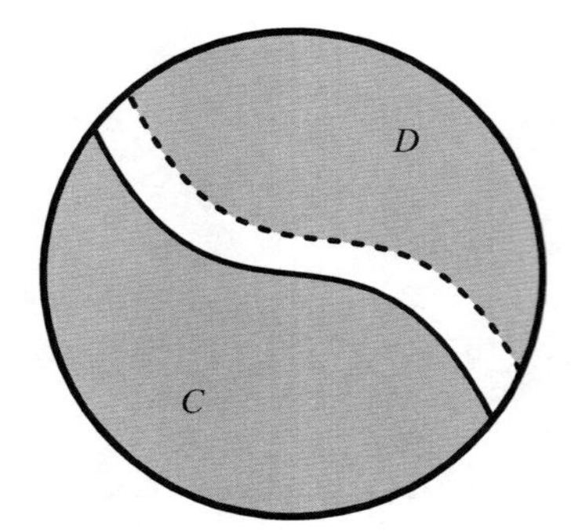

図 6　ボールの半分を膨らます．

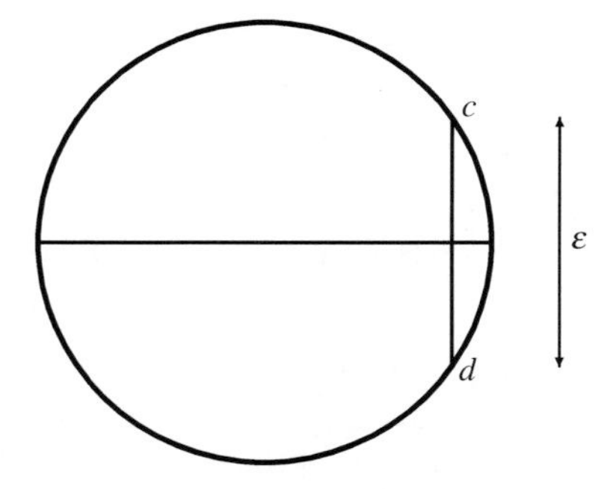

図 7　2 次元の偏角

球の体積の半分の体積を持つものを考えよう．たとえば，C を図 6 のような集合としよう．

さて，集合 C に C からの距離が ε 以下の点全体を付け加えて拡大しよう．これは等周不等式を導いたときと同じことをするのである（図 6 の破線で描かれた曲線は，拡大した集合の境界である）．D を球の残った部分とする（これも図示されている）．c を C の点，d を D の点とすると，c と d は少なくとも ε だけは離れている．図 7 に示す 2 次元の簡単な議論により，中点 $\frac{1}{2}(c+d)$ は球の境界にはあまり近くない．実際，この中点と中心との距離は $1-\frac{1}{8}\varepsilon^2$ より小さい．したがって，集合 $\frac{1}{2}(C+D)$ は半径 $1-\frac{1}{8}\varepsilon^2$ の球の内部にある．この球の体積は単位球の体積 v_n を $(1-\frac{1}{8}\varepsilon^2)^n$ 倍したものである．大事なことは，指数 n が大きく，ε があまり小さすぎないならば，倍数 $(1-\frac{1}{8}\varepsilon^2)^n$ は非常に小さいということである．高次元空間においては，半径が少し小さい球は体積がとても小さい．このことを使うために，不等式 (2) を適用すると，$\frac{1}{2}(C+D)$ の体積は $\sqrt{\mathrm{vol}(C)\mathrm{vol}(D)}$ 以上はある．よって

$$\sqrt{\mathrm{vol}(C)\mathrm{vol}(D)} \leq \left(1-\frac{1}{8}\varepsilon^2\right)^n v_n$$

あるいは，同値なこととして

$$\mathrm{vol}(C)\mathrm{vol}(D) \leq \left(1-\frac{1}{8}\varepsilon^2\right)^{2n} v_n^2$$

が成り立つ．C の体積は $\frac{1}{2}v_n$ であるから

$$\mathrm{vol}(D) \leq 2\left(1-\frac{1}{8}\varepsilon^2\right)^{2n} v_n$$

が導かれる．係数 $(1-\frac{1}{8}\varepsilon^2)^{2n}$ は（かなり正確な）近似 $\mathrm{e}^{-n\varepsilon^2/4}$ で置き換えたほうが便利であるし，若干わかりやすい．すると，残りの部分 D の体積 $\mathrm{vol}(D)$ は不等式

$$\mathrm{vol}(D) \leq 2\,\mathrm{e}^{-n\varepsilon^2/4} v_n \tag{3}$$

を満たす．

次元 n が大きいと，ε が $1/\sqrt{n}$ より少し大きければ，指数の係数 $\mathrm{e}^{-n\varepsilon^2/4}$ は非常に小さい．このことは，残りの集合 D には球の小さい破片しか含まれないことを意味する．小さい破片以外の球の大部分は C の近くに存在する．ただし，球体のある点の中には，C から遠いところに位置しているものもある．したがって，球体の半分の体積を持つ（任意の）部分集合から出発して少し膨らますと，球体のほとんどの部分を覆ってしまう．もう少しだけ洗練された議論を用いると，球体の表面（つまり球面）もまったく同じ性質を満たすことがわかる．C を球面の半分の面積を持つ部分集合とすると，球面のほとんどすべてがその集合に近い．

この直観に反した結果が，高次元幾何学に特徴的な点である．1980 年代に，高次元幾何空間についての驚くべき確率論的視点が，レビのアイデアから生まれた．この視点については，次節で概略を述べる．

少し違った考え方をすると，高次元のこの結果には確率論的な一面があることの理由がわかる．まず，次の基本的問題を考えよう．0 と 1 の間のランダムな数を選ぶとは，いかなる意味であろうか？　さまざまな意味があると考えられるが，一つの特別な意味付けをしたいと思うならば，ランダムな数が一定の範囲 $a \leq x \leq b$ に収まる可能性がどれくらいかを決定すればよいことになるであろう．たとえば 0.12 と 0.47 の間にある可能性は，どれくらいであろうか？　たいていの人は，0.47 と 0.12 の差である 0.35 が明らかに答えであると考えるであろう．ランダムな数が区間 $a \leq x \leq b$ に収まる確率は，区間の長さ $b-a$ である．このようなランダムな数の選び方は，**一様**であると言われる．0 と 1 の間の等しい長さの区間は，同程度に選ばれる可能性を持つ．

ランダムな数の意味を記述するために長さを用い

たように，n 次元球体のランダムな点を選ぶという意味を記述するには，n 次元空間の体積測度を用いるとよい．球体の部分領域にランダムな点が存在する可能性がどの程度かを決定しなければならない．最も自然な言い方は，その部分領域の体積を球体の体積で割った数に等しい，というものであろう．つまり，その球体を部分領域が占める比率である．このようなランダムな点の意味付けを用いると，高次元の結果を次のように再定式化することができる．もし，ランダムな点が入る可能性が $1/2$ であるような球体の部分集合 C を選んだとすると，C から ε 以上離れたところにランダムな点がある可能性は，$2\mathrm{e}^{-n\varepsilon^2/4}$ より大きくはない．

本節を終わるにあたり，今後の便宜のために，幾何学的偏差原理を，集合ではなく関数についての主張の形に書き換えておこう．C が球の半分を占めるとき，C からの距離が小さい集合が球のほとんどの部分を覆ってしまうことがわかっている．さて，f は球上で定義された関数であり，球の各点に実数を対応させるものであるとしよう．点が球上を動き回るとき，f はあまり激しくは変化しないと仮定する．たとえば，x と y における値 $f(x)$ と $f(y)$ の差は，x と y の距離より大きくないとしよう．M を次の意味で f の**中間値**とする．つまり，f は，球の半分では高々 M であり，残りの半分では少なくとも M であるとする．すると，偏差原理から，f は球のほんの小さい部分を除いた部分でおおよそ M に等しい．その理由は，球の大部分は f が M 以下である半分の領域に近いため，小さい部分を除くと M よりずっと大きくなることはできず，一方，f が M 以上である半分の領域に球のほとんどは近いので，小さい集合を除くと M よりずっと小さくなることもできないためである．

かくして，幾何学的偏差原理は，球上の関数があまり激しく変化しないならば，球のほとんどの部分でほとんど一定になるということを言っている（この定数と大きく異なる値を f がとる点も存在はするが）．

5. 高次元幾何学

第3節の最後で，凸集合は，体積を空間の加法と関連付けるミンコフスキーの理論において特別な意義を持つと述べた．このことは，たくさんの応用の中で自然に見られる．線形計画法，偏微分方程式などがその例である．凸性は立体が満たす条件としては制限が厳しいものであるが，凸集合は多様性に富んでいて，次元が上がるにつれてこの多様性が増大することは，容易に納得できる．球体の次に単純な凸集合は，立方体である．次元が高いと，立方体の表面は球面とは大きな違いが現れる．単位立方体ではなく，1辺の長さが2で中心が原点にある立方体を考えてみよう．立方体の角は $(1,1,\ldots,1)$ や $(1,-1,1,\ldots,1)$ といった点で，すべての座標は 1 か -1 であるのに対し，各面の中心は $(1,0,0,\ldots,0)$ のような点で，ただ一つの座標が 1 か -1 に等しい．角は立方体の中心からの距離が $\sqrt{n}$ であるが，面の中心は原点からの距離が1である．したがって，立方体の中に入る最大の球の半径は1であるが，立方体を内側に含む最小の球の半径は $\sqrt{n}$ である（これを図8に図示する）．

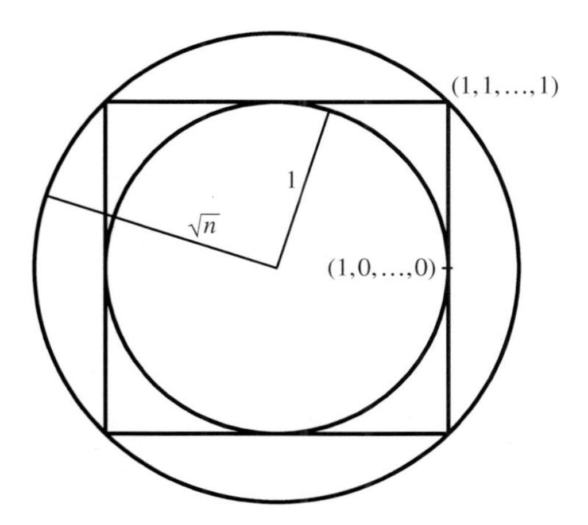

図 8　球の中の立方体の中の球

次元 n が大きいとき，$\sqrt{n}$ という比率も大きい．このことから予期されるように，球と立方体のこの違いにより非常に多様な凸体が作られる．しかしながら，確率論的観点から高次元幾何を見ると，多くの目的に関しては，この大きな多様性は幻想にすぎないことがわかる．つまり，ある無矛盾に定義された意味では，すべての凸体は球のように振る舞う．

たぶん，この方向を目指した最初の発見は，ドヴォレツキー（Dvoretzky）により1960年代後半になされたものであろう．**ドヴォレツキーの定理**によると，すべての高次元凸体は，ほとんど球状の切り口を持つ．より正確には，次元（たとえば10でよい）と精度を指定すると，任意の十分大きい次元 n に対し，すべての n 次元凸体は指定された精度まで

10 次元球体と区別できないような 10 次元切り口を持つ．

ドヴォレツキーの定理の概念的に単純な証明は，前節で解説した偏差原理に基づく．この証明は，ドヴォレツキーの定理が現れてから数年後に，ミルマンにより発見された．アイデアは，大雑把にはこうである．球を含む 10 次元の凸体 K を考えよう．球面の各点 θ に対し，原点を出発し，球面の点 θ を通り，K の表面まで伸ばした線分を考えよう（図 9 参照）．この線分の長さを θ 方向への K の半径と考え，$r(\theta)$ と呼ぶことにしよう．この「方向半径」は，球面上の関数である．われわれの目的は，球の（たとえば）10 次元切り口で，その上で $r(\theta)$ がほとんど定数になるものを見つけることである．半径はあまり変化しないので，そのような切り口において凸体 K は球のように見える．

K が凸であるということは，関数 r が球面上を動いてもあまり急激には変化しないことを意味する．つまり，二つの方向が近いならば，K の半径はこの 2 方向でだいたい同じである．そこで，幾何学的偏差原理を適用すると，K の半径は球面全体のほとんどの部分でだいたい一定であるということになる．つまり，とりうる方向のうち小さい部分を除くと，半径は平均（または中間値）に近い．このことは，半径がほとんど一定である切り口を探すだけの十分な余地があることを意味する —— 小さい具合の悪い領域を避けて切り口を選べばよいだけである．ここでは証明しないが，避けていない領域の切り口から無作為に選んだ切り口の半径がほとんど一定であることを示すができる．球面のほとんどが良い領域であることは，無作為に選んだ切り口が良い領域に入っている可能性が十分にあることを意味する．

ドヴォレツキーの定理は，切り口に関する振る舞いだけでなく，前節で定義されたミンコフスキー和を用いることで，凸体 K 全体の振る舞いに関する主張に書き換えることができる．この主張は，K を n 次元の凸体とすると，K を回転した m 個の凸体 $K_1, K_2, \ldots, K_m$ の族で，これらのミンコフスキー和 $K_1 + \cdots + K_m$ がおおよそ球になるものが存在するということである．ただし，個数 m は次元 n に比べて十分に小さい．最近，ミルマンとシェヒトマンは，以上がうまくいく m の最小値を，凸体 K の比較的単純な性質を用いてほぼ正確に記述することに成功した．もっとも，可能な回転の選び方は，非常に複雑であることは言うまでもない．

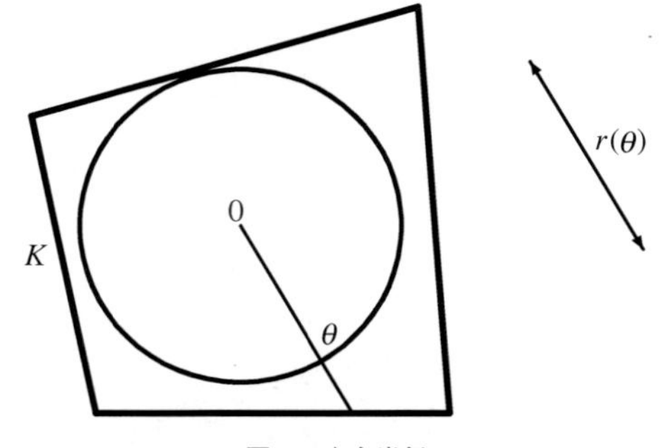

図 9　方向半径

ある種の n 次元凸集合に対しては，n よりずっと小さい個数の回転を用いて球を作ることができる．1970 年代後半にカシンは，K が立方体のとき，ちょうど二つの回転 K_1 と K_2 で球を近似する凸体を作ることができることを発見した —— もちろん立方体は球とは程遠いが．2 次元においては，どの回転が最善であるかは容易に調べることができる．すなわち，K_1 を正方形とし，K_2 はそれを 45° 回転したものとすると，$K_1 + K_2$ は正 8 角形になり，二つの正方形を用いる場合に最も円に近い．高次元においては，どの回転を用いるとよいかを記述することは，非常に困難である．現在知られている唯一の方法は，無作為に選んだ回転である —— もちろん，立方体は数学において出会う図形の中で，最も具体的で明示的なものであるが．

ほとんどの凸体が球のように振る舞うことを示す最も強い原理は，逆ブリュン–ミンコフスキー不等式と通常呼ばれるものである．この結果はミルマンによって，彼自身のアイデアとピシエとブルガンのアイデアを用いて証明された．ブリュン–ミンコフスキーの不等式は，それまでは凸体の和に対して述べられるものであった．逆の不等式には，多数の異なるバージョンがある．最も単純なものは，共通部分に関するものである．まず，K は凸体で B は同じ体積の球であるとすると，二つの集合の共通部分（つまり双方が共有する領域）は明らかに小さい体積を持つ．この自明な事実を，ブリュン–ミンコフスキー不等式と似た複雑な形で，次のように書き表すことができる．

$$\mathrm{vol}(K \cap B)^{1/n} \le \mathrm{vol}(K)^{1/n} \tag{4}$$

もし K が非常に長くて細いならば，同じ体積の球を交わらせると，K のほんの小さい部分を捉えることになる．よって，不等式 (4) と逆向きの同じような不等式が成立することはあり得ない．つまり，$K \cap B$ の体積を下から評価できる可能性はない．しかし，K と交わらせる前に球を引き伸ばすことが許されるならば，状況は完全に変わる．n 次元空間内の引き伸ばした球は，楕円体と呼ばれる（2 次元の場合はまさしく楕円である）．逆ブリュン–ミンコフスキー不等式は，任意の凸体 K に対し，同じ体積の楕円体 $\mathcal{E}$ が存在して

$$\mathrm{vol}(K \cap \mathcal{E})^{1/n} \geq \alpha \, \mathrm{vol}(K)^{1/n}$$

が成立することを主張する．ここで，α は固定した正数である．

（万人にとまでは言わないが）広く信じられていることとして，明らかにずっと強い原理が成立する．すなわち，楕円体を（たとえば）10 倍に拡大することが許されるならば，それが K の体積の半分に当たる部分を含むようにすることができる．別の言葉で言えば，任意の凸体に対し，だいたい同じ体積の楕円体で K の半分を含むものが存在する．このような主張は，高次元の図形の大きな多様性を想起した直観に反するものであるが，これを信じる十分な理由がある．

ブリュン–ミンコフスキー不等式には逆の形があるので，等周不等式にもあるかを問うことは自然である．等周不等式は，表面積があまりに小さい集合は存在しないことを保証する．立体の表面積が大きすぎることはない，ということがありうるだろうか？ 答えは Yes であり，実際正確な主張を述べることができる．ブリュン–ミンコフスキーの不等式の場合と同様に，凸体は細長いため，体積は小さいが表面積はとても大きいことがありうることを考慮しなければならない．そこで，線形変換により，ある方向に引き伸ばす（曲げて形を変えることはしない）ことから始めなければならない．たとえば，三角形から出発すると，まずそれを正三角形に変形し，周の長さと中の面積を測る．なるべく良い形に変形すれば，与えられた体積で表面積が最大になる凸体が何であるかがわかる．2 次元の場合，それは三角形であり，3 次元の場合は四面体であり，n 次元の場合は $(n+1)$ 個の角を持つ（単体と呼ばれる）凸集合である．この集合が最大の面積を持つことは，ブラスカンプ（Brascamp）とリーブ（Lieb）によって見出された調和解析の不等式を用いて，本章の筆者が証明した．また，表面積が（上述の意味で）最大になる凸集合が単体に限ることは，バルト（Barthe）が証明した．

幾何学的偏差原理に加え，他の二つの方法が，高次元幾何学の発展において中心的役割を果たした．これらの方法は，確率論の二つの分野において発展した．一つは**ノルム空間** [III.62] のランダムな点の和，およびその大きさの研究であり，これは空間自体の重要な幾何学的研究を与えてくれる．もう一つはガウス過程の理論で，高次元の集合を小さい球でどのように覆うかに関する詳細な理解に依存している．この事柄は難解なように思うかもしれないが，次の基本的な問題を提起する．幾何学的対象の複雑さをどのようにして測る（または評価する）か？ ある対象が半径 1 の 1 個の球と，半径 1/2 の 10 個の球と，半径 1/4 の 57 個の球 … で覆えることがわかれば，その対象がどの程度複雑かに関し，よく理解できたと言える．

高次元空間の現代的視点によると，以前考えられていたよりずっと複雑であると同時に，別の観点からは，ずっと単純であるように見える．最初の複雑さを持つ点は，1930 年代にボルスクによって提起された問題の解決が良い例である．集合が高々 d の直径を持つとは，その集合のどの 2 点も d 以上離れていないときをいう．ボルスクは位相に関する彼自身の研究に関連し，n 次元空間内の直径 1 の集合はすべて小さい直径の $n+1$ 個の部分に分割できるかどうかを問うた．2 次元と 3 次元の場合，これは常に可能であり，1960 年代後半までは，すべての次元で答えは Yes に違いないと思われていた．しかし，数年前，カーンとカライは n 次元においては $\mathrm{e}^{\sqrt{n}}$ 程度の個数が必要になる場合があることを示した．この数は $n+1$ よりもはるかに大きい．

一方，高次元空間の単純さは，ジョンソンとリンデンシュトラウスにより発見された事実に見られる．すなわち，（何次元であれ）n 個の点の配位を選ぶと，n よりずっと小さい次元の空間の配位でほとんどそれと等しいものを見つけることができ，それはだいたい $\log n$ 程度の次元である．ここ数年の間に，この事実はコンピュータアルゴリズムの設計への応用があった．計算の問題は幾何学的問題に言い換えられ，これに関わる次元が小さければ，ずっと簡単になるからである．

6. 確率における偏差

偏りのないコインを繰り返し投げると，だいたい半数で表が出て，半数で裏が出ると思うであろう．さらに，投げる回数が増えるにつれ，表が出る比率はだんだん 1/2 に近づくと思うであろう．数 1/2 は 1 回投げるごとの期待値と呼ばれる．1 回投げるごとの表の個数は 1 か 0 であり，同じ確率であるので，表の期待値はこれらの平均，つまり 1/2 である．

明確に言っていないが，コイン投げは独立であるということが大事な仮定である．つまり，1 回ごとの投げた結果は他の結果に影響を及ぼさないということを仮定している（独立性などの基本的な確率論の概念は，「確率分布」[III.71] を参照）．コイン投げの原理，または他のランダム性の実験へのその一般化は，大数の強法則と呼ばれる．ランダムな量の独立な繰り返しを何度も行った結果の平均は，その量の期待値に近づく．

コイン投げに対する大数の強法則は，比較的簡単に証明できる．より複雑なランダムな量にも適用できる一般形の証明はかなり難しい．この一般形は，20 世紀前半に**コルモゴロフ** [VI.88] により初めて証明された．

平均が期待値に近づくという事実は確かに有益であるが，統計や確率論におけるたいていの目的に対しては，より詳しい情報を得ることが大切である．期待値の近くに注意を向けると，平均がこの数のあたりにどの程度分布するかを問いたくなる．たとえば，期待値が 1/2 のとき，たとえばコイン投げにおいて，平均がちょっと大きくなって 0.55 であったり，ちょっと小さくなって 0.42 であったりする可能性はどの程度かと問いたくなるであろう．表が出る数の平均が期待値より与えられた数だけ片寄ることがどの程度起こりうるかを知りたいと考える．

図 10 の棒グラフは，コインを 20 回投げるとき，表が出る数がそれぞれの数になる確率を示している．それぞれの棒の高さは，対応する表の数が起こりうる可能性を表している．大数の強法則から期待されるとおり，高い棒は中央の近くに集中している．グラフに重ねるように曲線が描かれているが，これは確率をきわめて良く近似している．これが有名な「鐘形」または「正規」曲線である．これは式

$$y = \frac{1}{\sqrt{2\pi}}\exp\left(-\frac{1}{2}x^2\right) \tag{5}$$

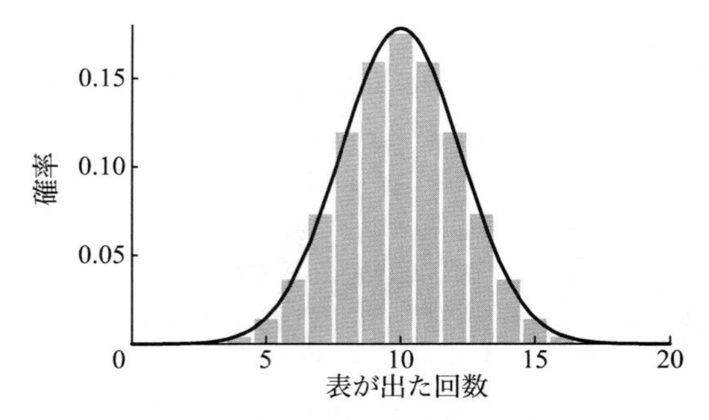

図 10 一様な硬貨を 20 回投げた場合

で与えられるいわゆる標準的正規曲線を平行移動し，拡大したものである．この曲線がコイン投げの確率を近似するという事実は，確率論の最も重要な原理である中心極限定理の一例である．この定理は，小さい独立なランダムな量をたくさん足すと，結果として正規曲線によって近似される分布になることを主張する．

正規曲線 (5) を使うと，コインを n 回投げたとき，表が出る比率が 1/2 から ε 以上ずれる可能性は，高々 $\mathrm{e}^{-2n\varepsilon^2}$ であることを示すことができる．これは第 4 節の幾何学的偏差の評価 (3) に非常に似ている．いつ，どのようにこの類似が起こるかを十分に理解しているとは言いにくいが，この類似は偶然ではない．

中心極限定理の一つのバージョンがなぜ幾何に適用できるかを見る方法としては，コイン投げを別のランダム性実験に置き換えるのが簡単である．-1 と 1 の間のランダムな数を繰り返し選ぶとし，その選び方は，第 4 節の意味で「一様」であるとしよう．最初に選んだ数を $x_1, x_2, \ldots, x_n$ とする．これらを独立かつランダムに選んだ n 個の数と考えず，点 $(x_1, \ldots, x_n)$ は座標がすべて -1 と 1 の間にある立方体の上からランダムに選んだものと考えることができる．$(1/\sqrt{n})\sum_{i=1}^{n} x_i$ により表示される数は，ランダムな点からすべての座標を足すと 0 になる $(n-1)$ 次元「平面」への距離を測ったものである（2 次元の場合を図 11 に示す）．よって，$(1/\sqrt{n})\sum_{i=1}^{n} x_i$ が期待値である 0 と ε だけの偏差を持つ可能性は，立方体のランダムな点がその平面から ε 以上の距離を持つ可能性に等しい．この「可能性」はその平面から ε 以上離れた点のなす集合の「体積」に比例する（この集合は図 11 において網をかけた部分である）．幾何学的偏差原理について議論したとき，球の半分を占める集合 C から ε 以上離れた点のなす集合の体積

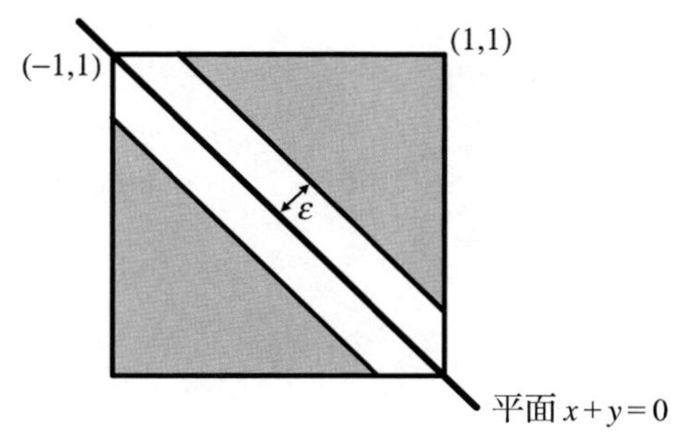

図 11　立方体のランダムな点

を評価したが，今の状況もまったく同じである．なぜなら，網をかけた部分のそれぞれは，平面に関して反対側にある立方体の半分から ε 以上離れた点集合になっているからである．

中心極限定理と似た議論を用いることにより，平面で立方体を半分ずつに切ると，いずれかの半分から ε 以上離れた点のなす集合は体積が $e^{-\varepsilon^2}$ より小さいことが示される．指数の中に係数 n がないので，この主張は球に対して得られた式 (3) とは異なり，また明らかにずっと弱い結果である．この評価によると，立方体の中心を通る平面をとると，立方体のほとんどはその平面から 2 以上離れていない．平面が立方体の面に平行なら，立方体のすべての点は平面からの距離が 1 以下であるから，この主張は確かに弱い．図 11 のような平面を考えると，この主張は意義あるものになる．この「対角線」の平面から $\sqrt{n}$ の距離にある点もあるが，立方体のうちの圧倒的多数の点がずっと近い部分にある．よって，立方体と球に対する評価は本質的に同じ情報を持つ．違う点は，立方体のほうが球よりおおよそ $\sqrt{n}$ 倍だけ大きいということである．

球の場合，平面により切られる特別な集合だけでなく，球の半分を占める任意の集合に対して偏差の評価を証明することができた．1980 年代末にかけて，ピシエは球だけでなく，立方体に対しても一般的集合の場合に成立することを示すエレガントな議論を見出した．この議論においては，いろいろな事柄とともに，ドンスカーとヴァラダーンによる大偏差理論の初期の研究に遡る原理を用いる．

確率論における大偏差の理論は，今では高度に発展している．原理的には，もともとの変数の分布について，独立かつランダムな変数の和が期待値から与えられた量だけずれている確率は，多かれ少なかれ正確に評価する方法が知られている．実際には，その評価には計算の難しい量を含むが，これを実行する洗練された方法がある．この理論は確率論，統計学，計算機科学，統計物理などに数多くの応用がある．

この理論における最も微妙かつ強力な発見は，1990 年代中頃になされた，直積空間に対するタラグランドの偏差不等式である．タラグランド自身は組合せ的確率論におけるいくつかの有名な問題を解き，素粒子物理におけるある数学的モデルの顕著な評価を得るためにこれを用いた．タラグランドの不等式全体はいくぶん技術的で，幾何学的に記述することは難しい．しかし，この発見には，幾何学的描写にうまく適合し，最も重要なアイデアの少なくとも一つを捉えた先駆的アイデアがあった*2)．立方体内のランダムな点に注目することは同じであるが，今度は立方体内で一様には選ばない．前と同様に，ランダムな点の座標 $x_1, x_2, \ldots, x_n$ を互いに独立に選ぶが，-1 から 1 までの範囲で一様に選ぶことには拘泥しないのである．たとえば，x_1 は $1, 0, -1$ のいずれかをそれぞれ確率 $1/3$ でとり，x_2 は $1, -1$ のどちらかをそれぞれ確率 $1/2$ でとり，x_3 は -1 から 1 の範囲で一様に選ぶとする．大事なことは，それぞれの座標の選び方が，他の座標の選び方に影響しないことである．

それぞれの座標をどのように選ぶかを規定するルールの列は，立方体のランダムな点の選び方を決める．一方，これは立方体の部分集合のある種の体積の測り方を与える．すなわち，ある集合 A の体積は，A からランダムな点が選ばれる可能性に等しい．体積を測るこの方法は，通常の方法とはかなり異なり，とりわけ個別の点は 0 でない体積を持ちうる．

さて，C は立方体の**凸集合**であるとし，ランダムな点が C から選ばれる確率は $1/2$ であるという意味で，その「体積」は $1/2$ であるとしよう．タラグランドの不等式によると，ランダムな点が C から ε 以上の距離にある可能性は $2e^{-\varepsilon^2/16}$ 以下である．しかし，この評価とそのあとに続くバージョンを重要にする重大な新しい情報は，ランダムな点を選ぶのにとてもたくさんの方法があるということである．

*2)　この先駆的アイデアは，タラグランドのもともとの議論から始まり，ジョンソンとシェヒトマンの重要な貢献を経て発展した．

本節では，確率論における偏差評価で幾何学的風合いのあるものについて記述した．立方体に対しては，C が立方体の半分を占める任意の集合のとき，立体のほとんどの部分が C に近いことを示すことができた．立方体以外の一般の凸集合に同じことが言えることがわかれば，たいへん有益である．いくつかの対称性の高い集合については，同じことが言えることがわかっているが，このタイプの考えうる最も一般的な主張については，現在の方法で証明を与えることは難しい．一つのありうる応用は，理論計算機科学から派生したもので，体積計算のランダムアルゴリズムの解析に対するものである．この問題は特殊なものに聞こえるかもしれないが，**線形計画法** [III.84]（これだけでも大きな労力を費やす十分な理由になる）と積分の数値解析から出てきた問題である．原理的には，集合の体積は，それを非常に細かい網に重ね，その集合に網の点がいくつ入るかを数えることで計算できる．実際上は，次元が大きいときは，網の点の数は天文学的に大きい数になるので，どのようなコンピュータを使っても数え上げることはできない．

集合の体積を計算する問題は，第 4 節で大まかに見たように，ランダムに選んだ点がその集合に入る可能性を測る問題と本質的に同じである．よって，目的は，選ぶことが可能な巨大な個数の点を特定することなしに，ランダムな点を選ぶことである．現在のところ，凸集合の中にランダムな点を作る最も効率の良い方法は，その集合内でランダムウォークを実行する方法である．方向をランダムに選んで 1 歩ずつ進むことを続け，かなり大きい回数進んだ後に行き着いた点を選ぶ．このとき，この点が集合の各部分に行き着く可能性がおおよそ正しい可能性になっていることを期待している．この方法が効率的であるためには，ランダムウォークが速く集合全体の点に行き届くことである．つまり，たとえば集合の半分の部分に長い間留まったりしないことである．このように「速く混ざること」を保証するには，等周原理か偏差原理が必要である．集合の半分は大きい境界を持つことがわかれば，ランダムウォークはすぐに境界を越え，残りの半分の集合に踏み込むからである．

過去 10 年の間に出版された一連の論文で，アプレゲイト，バブリー，ダイヤー，フリーズ，ジェラム，カンナン，ロヴァス，モンテネグロ，シモノヴィトス，ヴェンパラなどの人々は，凸集合からのサンプリングに対する非常に効率的なランダムウォークを見出した．上で述べられたような幾何学的偏差原理は，こうしたランダムウォークの効率性のほぼ完璧な評価を与える．

7. 終　わ　り　に

高次元のシステムの研究は，この何十年間かの間にますます重要になった．計算における実際上の問題はしばしば高次元の問題に導かれ，その多くは幾何学的に設定される．一方，素粒子物理の多くのモデルは，現実の世界の大規模な現象を真似るために大きい数の粒子を考察する必要があるので，当然高次元的である．この二つの分野の文献は膨大だが，一般的なことを述べることはできる．低次元幾何から得られる直観を多くの次元に適用しようとすると，非常に迷うことになる．自然に現れる高次元システムは，ランダムな要素を含んでいなくても，確率論で現れるのと同じ特徴を持っていることが明らかになった．多くの場合，こうしたランダムな特徴は等周ないし偏差原理として現れる．すなわち，大きい集合は大きい境界を持つ．確率論の古典理論においては，独立性の仮定は偏差原理を簡単に証明するのにしばしば使われる．今日研究されるずっと複雑なシステムにおいては，確率論的図式だけでなく，幾何学的図式も一緒に考えることが有益である．このように考えると，確率論的偏差原理を古代ギリシアで発見された等周原理の類似物として理解することができる．本章では，ほんのいくつかの場合に幾何学と確率論の関係について論じた．より詳しい理論付けが今後発見されることが待たれる．これはもう少しで手が届くところにあると思われる．

文献紹介

Ball, K. M. 1997. An elementary introduction to modern convex geometry. In *Flavors of Geometry*, edited by Silvio Levy. Cambridge: Cambridge University Press.

Bollobás, B. 1997. Volume estimates and rapid mixing. In *Flavors of Geometry*, edited by Silvio Levy. Cambridge: Cambridge University Press.

Chavel, I. 2001. *Isoperimetric Inequalities*. Cambridge: Cambridge University Press.

Dembo, A., and O. Zeitouni. 1998. *Large Deviations Techniques and Applications*. New York: Springer.

Ledoux, M. 2001. *The Concentration of Measure Phenomenon*. Providence, RI: American Mathematical Society.

Osserman, R. 1978. The isoperimetric inequality. *Bulletin of the American Mathematical Society* 84:1182–238.

Pisier, G. 1989. *The Volume of Convex Bodies and Banach Space Geometry*. Cambridge: Cambridge University Press.

Schneider, R. 1993. *Convex Bodies: The Brunn-Minkowski Theory*. Cambridge: Cambridge University Press.

V 第V部 定理と問題

Theorems and Problems

V.1

ABC予想

The ABC Conjecture

ティモシー・ガワーズ［訳：平田典子］

1985 年にマッサー（Masser）とオステルレ（Oesterlé）によって提出された ABC 予想は，挑戦的かつきわめて普遍的な予想であり，その解決は広範囲の重要な帰結を従える．予想の概要は以下である．3 整数がそれぞれ高いベキの素因数を持ち，なおかつどの 2 個にも共通の素因数がない（つまり，残りの 1 整数の素因数は他の 2 個の素因数にならない）場合には，2 整数の和が他の 1 整数に等しくなることは，決してあり得ない．

正確には次のように述べられる．まず，正の整数 n に対し，n を割り切るすべての素数 1 個ずつの積を**ラディカル**と定める．おのおのの異なる素数はちょうど 1 回だけ掛け合わせられている．たとえば $3960 = 2^3 \times 3^2 \times 5 \times 11$ に対するラディカルは，$2 \times 3 \times 5 \times 11 = 330$ である．整数 n のラディカルを $\mathrm{rad}(n)$ と表記しよう．ABC 予想は，任意の正の数 ε に対して正定数 K_ε が存在して，2 個ずつ互いに素な正整数 a, b, c が $a + b = c$ を満たすならば，$c < K_\varepsilon \times \mathrm{rad}(abc)^{1+\varepsilon}$ が成立するという命題である．

この予想の意味を捉えるために，フェルマーの大定理に登場する方程式 $x^r + y^r = z^r$ を考えよう．もし 3 個の正整数解 x, y, z が存在するならば，それらの共通素因数で両辺を割ってしまい，x, y, z とその累乗が共通の素因数を持たないようにすることができる．$a = x^r$，$b = y^r$，$c = z^r$ とおく．このとき

$$\mathrm{rad}(abc) = \mathrm{rad}(xyz) \leq xyz = (abc)^{1/r} \leq c^{3/r}$$

となる．最後の不等式は c が a および b より大きいことから従う．いま $\varepsilon = 1/6$ とすると，ABC 予想から，$c \leq K(c^{3/r})^{7/6} = Kc^{7/(2r)}$ が成立するような定数 K が存在するが，$r \geq 4$ ならば $7/(2r) < 1$ であることから，$c^{1-(7/(2r))} \leq K$ つまり $c \leq$ 定数となり，結局は方程式 $x^r + y^r = z^r$ の互いに素な整数解 x, y, z は高々有限個のみであることがわかる．

これは ABC 予想から同様に従うきわめて膨大な結果の一つにすぎない．たとえば $2^r + 3^s = x^2$ となる整数 x が有限個のみであることもすぐに言える．なぜなら，$2^r 3^s x^2$ のラディカルは $6x$ 以下であり，x^2 よりも相対的に小さいからである．しかし，一方では，ABC 予想から得られることがそれほど簡単にはわからないにもかかわらず，非常に重要な結果もたくさんある．ボンビエリ（Bombieri）は ABC 予想から**ロスの定理** [V.22] が導かれることを示した．エルキース（Elkies）は ABC 予想から**モーデル予想** [V.29] が従うことを示した．グランヴィル（Grandville）とスターク（Stark）は，ジーゲル零点と呼ばれる L 関数の例外零点（「解析的整数論」[IV.2] の章で定義されている）が存在しないことが，一般的な形の強い ABC 予想から得られることを証明した．ベイカー（Baker）の超越数論における著名な定理を，さらに強力な形に書き換えた未解決の不等式と，この ABC 予想は同値であることがわかっている．フェルマーの大定理を証明する際に用いられたワイルズの**保型形式** [III.59] についての定理も，ABC 予想に含まれてしまう．

ABC 予想については，「計算数論」[IV.3] も参照されたい．

V.2

アティヤ–シンガーの指数定理

The Atiyah-Singer Index Theorem

ナイジェル・ヒグソン，ジョン・ロウ［訳：久我健一］

1. 楕円型方程式

アティヤ–シンガーの指数定理は，**楕円型**線形偏微分方程式の解の存在と一意性に関する定理である．この概念を理解するために，二つの方程式

$$\frac{\partial f}{\partial x}+\frac{\partial f}{\partial y}=0 \quad と \quad \frac{\partial f}{\partial x}+\mathrm{i}\frac{\partial f}{\partial y}=0$$

を考えよう．これらの方程式の違いは係数 $\mathrm{i}=\sqrt{-1}$ だけであるが，それにもかかわらず，それらの解は非常に異なった性質を持っている．$f(x,y)=g(x-y)$ の形の任意の関数は第 1 の方程式の解となるが，第 2 の方程式の類似の一般解 $g(x+\mathrm{i}y)$ では，g は複素変数 $z=x+\mathrm{i}y$ の**正則関数** [I.3 (5.6 項)] でなければならない．また，正則関数が非常に特別な関数であることはすでに 19 世紀に知られていた．たとえば，第 1 の方程式の有界な解は無限次元の空間をなすが，複素関数論の**リューヴィルの定理** [I.3 (5.6 項)] によれば，第 2 の方程式の有界な解は定数関数しかない．

これらの二つの方程式の解の違いをたどると，方程式の**表象**の違いに行き着く．ここで，方程式の表象とは，$\partial/\partial x$ を $\mathrm{i}\xi$ に，$\partial/\partial y$ を $\mathrm{i}\eta$ に置き換えて得られる実変数 ξ と η の多項式のことである．したがって，二つの方程式の表象は，それぞれ

$$\mathrm{i}\xi+\mathrm{i}\eta \quad と \quad \mathrm{i}\xi-\eta$$

となる．表象が 0 になるのが $\xi=\eta=0$ のときに限るとき，その方程式は**楕円型**であると言われる．したがって，第 2 の方程式は楕円型だが，第 1 の方程式はそうではない．**フーリエ解析** [III. 27] を使って証明される基本的な**正則性定理**によれば，楕円型偏微分方程式は（必要に応じて，適当な境界条件のもとに）有限次元の解空間を持つ．

2. 楕円型方程式の位相とフレドホルム指数

一般の 1 階線形偏微分方程式

$$a_1\frac{\partial f}{\partial x_1}+\cdots+a_n\frac{\partial f}{\partial x_n}+bf=0$$

を考えよう．ここで，f はベクトル値関数であり，係数 a_j と b は複素行列に値をとる関数である．この方程式が**楕円型**であるとは，表象

$$\mathrm{i}\xi_1a_1(x)+\cdots+\mathrm{i}\xi_na_n(x)$$

が，すべての非零ベクトル $\xi=(\xi_1,\dots,\xi_n)$ とすべての x に対して，可逆行列になることである．この一般的状況でも正則性定理が適用でき，（適当な境界条件のもとに）楕円型方程式の**フレドホルム指数**を定義することができる．この指数は，この方程式の線形独立な解の個数から，次の**随伴方程式**の線形独立な解の個数を引いたものである．

$$-\frac{\partial}{\partial x_1}(a_1^*f)-\cdots-\frac{\partial}{\partial x_n}(a_n^*f)+b^*f=0$$

フレドホルム指数を導入する理由は，これが楕円型方程式の**位相不変量**となっているからである．これは，楕円型方程式の係数を連続的に変化させてもフレドホルム指数は変わらないという意味である（対照的に，方程式の線形独立な解の個数は，方程式の係数を変化させると，変化しうる）．したがって，フレドホルム指数はすべての楕円型方程式の集合の各連結成分上で定数であり，このことから，すべての楕円型方程式の集合の構造を決めるために，フレドホルム指数を計算する手段として位相幾何を用いる，という展望が得られる．この観察はゲルファントによって 1950 年代になされ，アティヤ–シンガーの指数定理の基礎になっている．

3. 一つの例

位相幾何を使ってどのように楕円型方程式のフレドホルム指数を決定することができるのかをより詳しく見るために，一つの特別な例を観察しよう．係数 $a_j(x)$ と $b(x)$ が x の**多項式**関数で，a_j の次数が高々 $m-1$ 次，b の次数が高々 m 次であるような楕円型方程式を考えよう．このとき，式

$$\mathrm{i}\xi_1a_1(x)+\cdots+\mathrm{i}\xi_na_n(x)+b(x)$$

は，x と ξ 両方の，次数が高々 m の多項式である．楕円性の仮定を強めて，この式の（x と ξ を合わせ

て）ちょうど次数 m を持つ項の和が x と ξ のいずれかが非零であれば常に可逆な行列を定めると仮定する．さらに，この方程式やその随伴方程式の解 f として，**2 乗可積分**なものだけを考えるものと了解する．これは

$$\int |f(x)|^2 \mathrm{d}x < \infty$$

という意味である．追加したこれらの仮定はすべて（方程式と，解の無限での振る舞いを制御する）境界条件の類であり，全部合わせると，フレドホルム指数が整合的に定義されることが従う．

一つの簡単な例は，方程式

$$\frac{\mathrm{d}f}{\mathrm{d}x} + xf = 0 \tag{1}$$

である．この常微分方程式の一般解は，2 乗可積分関数 $\mathrm{e}^{-x^2/2}$ の定数倍からなる 1 次元空間である．対照的に，随伴方程式

$$-\frac{\mathrm{d}f}{\mathrm{d}x} + xf = 0$$

の解は関数 $\mathrm{e}^{+x^2/2}$ の定数倍で，これは 2 乗可積分ではない．したがって，この微分方程式の指数は 1 に等しい．

一般の方程式に戻ると，式

$$\mathrm{i}\xi_1 a_1(x) + \cdots + \mathrm{i}\xi_n a_n(x) + b(x)$$

の m 次の項は，(x, ξ) 空間の単位球面から，可逆な $k \times k$ 複素行列の集合 $\mathrm{GL}_k(\mathbb{C})$ への写像を定める．さらに，このような写像は，すべて楕円型方程式（ここまでに議論したものより一般の型もありうるが，フレドホルム指数の存在を保証する基本的な正則性定理が適用できるもの）から定めることができる．したがって，S^{2n-1} から $\mathrm{GL}_k(\mathbb{C})$ の中への写像全体のなす空間の位相構造を決定することが重要になる．

ボットの素晴らしい定理が答えを与える．**ボット周期性定理**によって，各写像 $S^{2n-1} \to \mathrm{GL}_k(\mathbb{C})$ に対して，整数が対応付けられる．これを**ボット不変量**と呼ぶ．さらに，ボットの定理は，$k \geq n$ のもとで，このような一つの写像が他の写像に連続的に変形できるのは，これら二つの写像のボット不変量が等しいとき，かつそのときに限ることを主張する．$n = k = 1$ の特別な場合には，1 次元の円周から非零複素数への写像，言い換えれば，$\mathbb{C}$ 内の閉曲線で原点を通らないものを扱っていることになるが，ボット不変量はちょうど，このような曲線が原点のまわりを何回転するかを数える古典的な**回転数**と同じものになる．したがって，ボット不変量は一般化された回転数と見なすことができる．

この節で考えているタイプの方程式に対する指数定理は，楕円型方程式のフレドホルム指数が表象のボット不変量と等しいことを主張する．たとえば，上で考えた簡単な例 (1) の場合，表象 $\mathrm{i}\xi + x$ は (x, ξ) 空間の単位円周から $\mathbb{C}$ 内の単位円周への恒等写像に対応する．この回転数は 1 に等しく，われわれの指数の計算結果と合致する．

指数定理の証明はボット周期性に大きく依存し，次のように進行する．楕円型方程式は位相的にボット不変量で分類され，また，ボット不変量とフレドホルム指数は同様の代数的性質を持つことから，ボット不変量が 1 の表象に対応するただ一つの例において，定理が成り立つことを証明すればよいことになる．この**ボット生成元**は例 (1) の n 次元への一般化で代表されることがわかり，この場合の計算によって証明が完了する．

4.　多様体上の楕円型方程式

楕円型方程式は，n 変数関数 f に対してだけでなく，**多様体** [I.3 (6.9 項)] 上で定義された関数に対しても定義することができる．特に解析しやすいのは，「閉」多様体，すなわち大きさが有限で境界を持たない多様体の上の楕円型方程式である．閉多様体に対しては，楕円型方程式に対する基本的な正則性定理を得るために，いかなる境界条件も指定する必要がない（結局のところ，境界がないのだから）．結果として，閉多様体上のすべての楕円型方程式は，フレドホルム指数を持つ．

アティヤ–シンガーの指数定理は，閉多様体上の楕円型方程式に関する定理であり，大雑把には，前節で述べた指数定理と同じ形をしている．表象から，ボット不変量を一般化した**位相的指数**と呼ばれる不変量を構成する．そこで，アティヤ–シンガーの指数定理は，楕円型方程式の位相的指数がその方程式のフレドホルムすなわち解析的指数と一致することを主張する．証明は二つの段階からなる．第 1 段階では，一般の多様体上の楕円型方程式を，位相的指数も解析的指数も変えることなく，球面上の楕円型方程式に変換することを可能にする，いくつかの定理が証明される．たとえば，異なる多様体上の二つの楕円型方程式が，一つ高い次元の多様体上の楕円型

方程式の共通の「境界」をなすならば，それらは同じ位相的指数と解析的指数を持たなければならないことが示される．証明の第2段階では，ボット周期性定理と明示的な計算を用いて，球面上の楕円型方程式の位相的指数と解析的指数が同定される．両方の段階を通して重要な道具となるのは，アティヤとヒルツェブルフによって作られた代数的位相幾何学の一分野である **K 理論** [IV.6 (6 節)] である．

アティヤ–シンガーの指数定理の証明は K 理論を使うが，最終的な結果は，明示的には K 理論に触れない言葉に翻訳することができる．こうして，大雑把には

$$\mathrm{index} = \int_M I_M \cdot \mathrm{ch}(\sigma)$$

の形の指数公式を得る．ここで，項 I_M は方程式が定義されている多様体 M の**曲率** [III.78] から決まる**微分形式** [III.16] である．項 $\mathrm{ch}(\sigma)$ は，方程式の表象から得られる微分形式である．

5. 応 用

指数定理を証明するために，アティヤとシンガーは一般化された楕円型方程式の非常に広いクラスを調べなければならなかった．しかし，彼らが最初に考えた応用は，われわれがこの解説を始めるときに使った簡単な方程式に関連したものであった．方程式

$$\frac{\partial f}{\partial x} + \mathrm{i}\frac{\partial f}{\partial y} = 0$$

の解は，複素変数 $z = x + \mathrm{i}y$ の解析的関数にちょうど一致する．任意の**リーマン面** [III.79] 上にこの方程式に対応するものがあり，これにアティヤ–シンガー指数公式を適用すると，**リーマン–ロッホの定理** [V.31] と呼ばれる曲面の幾何における基本的な結果と同値なものになる．こうして，アティヤ–シンガーの指数定理は，リーマン–ロッホの定理を任意次元の**複素多様体** [III.6 (2 節)] に一般化する手段を与える．

アティヤ–シンガーの指数定理は，複素幾何のほかにも重要な応用を持つ．最も簡単な例は多様体 M 上の微分形式に対する楕円型方程式 $\mathrm{d}\omega + \mathrm{d}^*\omega = 0$ である．このフレドホルム指数は，M の**オイラー特性数**と一致する．オイラー特性数とは，M の胞体分割の r 次元胞体の数の交代和である．2次元多様体に対しては，オイラー特性数はよく知られた数 $V - E + F$ となる．2次元の場合，指数定理は，オイラー特性数は全ガウス曲率の定数倍になるというガウス–ボンネの定理を再現する．

この簡単な場合でさえ，指数定理を用いて多様体の曲がり方に位相的な制限を付けることができるわけである．同じ方向を目指した指数定理の多くの応用がある．たとえば，ヒッチンはアティヤ–シンガーの指数定理のより精巧な応用によって，最も弱い意味でさえ正の曲率を持ち得ないにもかかわらず球面と同相な9次元多様体が存在することを示した（対照的に，通常の球面は，可能な最も強い意味で正の曲率を持つ）．

文献紹介

Atiyah, M. F. 1967. Algebraic topology and elliptic operators. *Communications in Pure and Applied Mathematics* 20:237–49.

Atiyah, M. F., and I. M. Singer. 1968. The index of elliptic operators. I. *Annals of Mathematics* 87:484–530.

Hirzebruch, F. 1966. *Topological Methods in Algebraic Geometry*. New York: Springer.
【邦訳】F・ヒルツェブルフ（竹内勝 訳）『代数幾何における位相的方法』（吉岡書店，1970）

Hitchin, N. 1974. *Harmonic spinors*. Advances in Mathematics 14:1–55.

V.3

バナッハ–タルスキの逆理

The Banach–Tarski Paradox

T・W・ケルナー［訳：砂田利一］

バナッハ–タルスキの逆理は，単位3次元球体を有限個の小片に分割し，それらを集め直して，二つの単位球体を作る方法が存在することを述べている．ここで「集め直す」とは，小片をそれぞれ平行移動と回転によって移動させて，その結果が互いに交わらないようにすることを意味する．

一見すると，このような結果は不可能に思える．実際，すべての有界な集合（立体図形）に有限の体積を首尾一貫した形で割り当てることができるという，素朴な期待に反している．換言すれば，この逆理は，すべての有界集合に，平行移動と回転で影響されないような体積を割り当てることはできないことを示しているのである．もう少し体積の性質を挙げておくと，互いに交わらない二つの集合の和の体積

は，それぞれの体積の和であり，単位球の体積は正であるという性質である．しかし，もしこの期待をあきらめることにすれば逆理ではなくなる．すなわち，正真正銘の逆理ではないから，以下ではバナッハ–タルスキの「構成」と呼ぼう．

バナッハ–タルスキの構成は，ヴィタリの構成と呼ばれる，より古い構成の子孫である．ヴィタリの構成は体積ではなく，面積に関する事柄である．ℓ_θ を，極座標を用いて

$$\ell_\theta = \{(r,\theta) : 0 < r \leq 1\}$$

と表される $\mathbb{R}^2$ における線分としよう．このような線分全体の和集合は，原点に穴の開いた円板 D_* である．ℓ_θ と ℓ_ϕ は，$\theta - \phi$ が π の有理数倍であるとき，同じ同値類に属すということにする．そして，それぞれの同値類からちょうど一つずつの代表を選び，それらを集めて得られる集合を E とする．

有理数は**可算** [III.11] であるから，$0 \leq x < 1$ であるような有理数を数え上げ，それらを $x_1, x_2, \ldots$ としよう．もし，

$$E_n = \{\ell_{\theta+2\pi x_n} : \ell_\theta \in E\}$$

とすれば，原点のまわりの（角度 $2\pi x_n$ の）回転を E に行うことにより，それぞれの E_n が得られ，E_n 同士は互いに交わらない（なぜなら，E はそれぞれの同値類から一つの代表を含むからである）．

さて，D_* を集合 E_{2n} の和集合 F と，集合 E_{2n+1} の和集合 G に分割する．それぞれの E_{2n} は E_n の回転により得られ，E_n の和集合は D_* を与える．同様に，それぞれの E_{2n+1} も E_n の回転により得られ，E_n の和集合は再び D_* となる．こうして，原点を除いた円板は互いに交わらない可算個の小片に分割され，それぞれの小片は一つの集合の回転により得られる．そしてそれらは，回転と平行移動により互いに交わらない集合に移り，その和集合は D_* の二つのコピーとなっている．

ヴィタリの構成は，**選択公理** [III.1] を使っている（なぜなら，それぞれの同値類から一つの代表を選んだからである）．そして，同じことがバナッハ–タルスキの構成でも行われる．ソロベイは，もし選択公理を否定するならば，$\mathbb{R}^3$ のすべての有界集合に矛盾なく体積を割り当てることが可能であるような**集合論のモデル** [IV.22 (3 節)] が存在することを示した．しかし，ほとんどの数学者は，体積を定義するときは，制限された集合族のみを考えるべきであるという，本章の議論から引き出される自然なモラルに同意している．

バナッハ–タルスキの構成は，上記の最後の例に密接に関連している．これを説明するには，群論が少々必要となる．この行儀の悪い挙動を持つ例を導入する前にまず，行儀の良い挙動を持つ例を考察しよう．$f : \mathbb{R} \longrightarrow \mathbb{R}$ を，$f(x) \geq 0$，$f(x+1) = f(x)$ がすべての x に対して満足されているような穏当な関数とする（すなわち，f は非負かつ周期 1 の周期関数である）．さらに，すべての x に対して

$$f(x+s) + f(x+t) - f(x+u) - f(x+v) \leq -1 \tag{1}$$

が成り立つような実数 s, t, u, v が存在すると仮定する．しかし，$\int_0^1 f(x+w)\mathrm{d}x = \int_0^1 f(x)\mathrm{d}x$ がすべての w に対して成立するから，式 (1) を積分すると

$$0 \leq \int_0^1 (-1)\mathrm{d}x = -1$$

となって，これは不可能である．したがって式 (1) を満たすことはあり得ない．

ここで，二つの文字 a, b により生成される**自由群** [IV.10 (2 節)] G を考えよう（すなわち，自明でない関係が存在しないような a, b により生成される群である）．G のすべての要素は，a, a^{-1}, b, b^{-1} を並べた最短な形の積として書き表される．$x = e$（単位元）あるいは x の最短の積における最後の文字が a あるいは a^{-1} のときは，$F(x) = 1$ と定め，その他の場合は $F(x) = 0$ と定める．明らかに $F(x) \geq 0$ であり，読者はさらに場合分けを行うことにより，すべての $x \in G$ に対して

$$F(xb) + F(xab) - F(xa^{-1}) - F(xb^{-1}a) \leq -1 \tag{2}$$

が成り立っていることを確かめられる．式 (1) が $\mathbb{R}$ に対して成り立たないことを可能にした平均（積分）をとる議論は，G に対しては成立しない．なぜなら，式 (2) は真だからである．平均をとる議論ができないというのは，G 上では適切な普遍的積分があり得ないこと，よって，G においては適切な普遍的「体積」というものがあり得ないことを意味している．

この例は，前述の「逆説」との家族的類似となっている．3 次元の回転からなる群 SO(3) を考えるなら，（特定な条件が成り立たない限り）一般に選ばれた回転軸のまわりの，一般に選ばれた二つの回転 A, B の間には，自明でない関係は存在しない．すなわち，SO(3) は，前段落で考察した群 G のコピーを含

んでいるのである．バナッハ–タルスキの構成は，この事実を利用しているハウスドルフによる構成の改造版である．

スタン・ワゴン（Stan Wagon）の『バナッハ–タルスキの逆説』（*The Banach–Tarski Paradox*, Cambridge University Press, 1993）に，これらの事柄の美しい解説が与えられている*1)．

V.4

バーチ–スウィナートン=ダイヤー予想

The Birch–Swinnerton-Dyer Conjecture

ティモシー・ガワーズ［訳：三宅克哉］

有理数体上で定義された**楕円曲線** [III.21] が与えられたとき，その上の点に対して自然に 2 項演算が定義され，それによって楕円曲線は**アーベル群** [I.3 (2.1 項)] になる．さらに座標が有理数であるような点全体はこの群の部分群になり，モーデルの定理によって，有限個の元で生成されることが知られている（これらの結果は「曲線上の有理点とモーデル予想」[V.29] に記述されている）．

したがって，この部分群は，C_n で位数が n の巡回群を表すとき，$\mathbb{Z}^r \times C_{n_1} \times C_{n_2} \times \cdots \times C_{n_k}$ の形の群と同型である．この r を楕円曲線の**階数**と呼ぶ．これは，位数が無限である有理点のうちで独立なものの最大個数である（このような点が存在しないときは $r = 0$ とする）．モーデルの定理は楕円曲線の階数が有限であることを示しているが，これを計算する方法を与えているわけではない．一般にそれを計算する手法を探ろうとすると，極端な難問としての本性が見えてくる．事実，バーチとスウィナートン=ダイヤーがそれについてそれなりの説得力を持つ予想を提示して見せたことだけでも素晴らしい業績だと考えられている．

彼らの予想は，楕円曲線の階数をその曲線に対して導入されるまったく異質な対象の ***L* 関数** [III.47] と関連付ける．この関数は**リーマンのゼータ関数** [IV.2 (3 節)] と似通った性質を持っているが，素数の一つ一つに対応する数列 $N_2(E), N_3(E), N_5(E), \ldots$ によって定義される．ここで，素数 p に対する数 $N_p(E)$ は，楕円曲線 E を p 個の元を持つ**有限体** [I.3 (2.2 項)] 上の曲線と見なしたときに，その上にある点の個数として定義される．この E の L 関数の性質の一つは，それが**正則** [I.3 (5.6 項)] であることである（それが解析接続されて全複素平面上で正則であるという事実は決して自明ではなく，有理数体上で定義された楕円曲線がすべてモジュラーであるという事実から導かれる．「フェルマーの最終定理」[V.10] を参照）．バーチとスウィナートン=ダイヤーの予想は，楕円曲線に対して上で定義されたアーベル群の階数と，L 関数が複素平面上の点 1 においてとる値 0 の位数とが一致すると主張する（もし L 関数が点 1 において値 0 をとらないならば，その位数は 0 と定義される）．これは，洗練された形の**局所–大域原理** [III.51] の一種だと考えることができる．すなわち，楕円曲線 E を定義する方程式の有理数体における解と，すべての素数 p にわたる mod p での解との関係を主張している．

この予想については，もう一つ注目すべき点がある．バーチとスウィナートン=ダイヤーがそれを提示した当時は，楕円曲線について今よりもはるかに少ない事柄しか知られていなかった．今日では，予想がもっともらしく思える理由が多く得られている．しかし，その当時はあたかも暗闇の中へ踏み出してしまったというような状態だった．彼らはいくつかの楕円曲線について，多くの素数 p に対する $N_p(E)$ の値を計算し，その数値的なデータから読み取れるものとして予想を定式化していった．言い換えれば，彼らは決して多様な楕円曲線について L 関数の零点の位数を計算したわけではなかった．これは難しすぎるので，彼らは L 関数の値を近似するためのデータに基づいて推理したのである．

バーチ–スウィナートン=ダイヤー予想は，現在のところ，L 関数の 1 での零点の位数が 0 か 1 である楕円曲線について証明されている．しかし，一般の場合の証明となると，その解決への道のりはまだまだ遠い．これはクレイ数学研究所が百万ドルの懸賞を提示した問題の一つである．この問題についてのさらなる論議や，その数学的な内容にもっと踏み込んだ解説については「数論幾何学」[IV.5] を参照されたい．

*1) ［訳注］日本語の参考文献として，砂田利一『バナッハ–タルスキーのパラドックス』（岩波書店，2009）を挙げておく．

V.5

カールソンの定理

Carleson's Theorem

チャールズ・フェファーマン［訳：石井仁司］

カールソンの定理とは，$L^2[0, 2\pi]$ の関数 f の**フーリエ級数** [III.27] はほとんど至るところで収束するというものである．この命題を理解して，その重要性を納得するために，19 世紀初頭からのこの分野の歴史を振り返ってみよう．**フーリエ** [VI.25] の偉大な考えは，$[0, 2\pi]$ のような区間上の「任意の」（複素数値）関数 f は，今日では**フーリエ級数**と呼ばれる，**フーリエ係数** a_n を持った級数

$$f(\theta) = \sum_{n=-\infty}^{\infty} a_n e^{in\theta} \qquad (1)$$

に展開されるというものであった．フーリエは係数 a_n に対する公式を得るとともに，興味ある特別な場合には式 (1) が成り立つことを示した．

次の大事な進展は**ディリクレ** [VI.36] によるもので，それは第 N 部分和 $S_N f(\theta)$ に対する公式を与えたことであった．ここで，$S_N f(\theta)$ は

$$S_N f(\theta) = \sum_{n=-N}^{N} a_n e^{in\theta} \qquad (2)$$

と定義されるが，ディリクレは式 (1) の正確な意味は

$$\lim_{N\to\infty} S_N f(\theta) = f(\theta) \qquad (3)$$

であると認識し，彼の得た公式を使って，適当な状況のもとでは，式 (3) が実際に成り立つことを示した．たとえば，f が $[0, 2\pi]$ 上の連続な増加関数であれば，すべての $\theta \in (0, 2\pi)$ に対して式 (3) が成り立つ．

数十年後，**ド・ラ・ヴァレ・プーサン** [VI.67] は，フーリエ級数が 1 点で発散するような連続関数の例を発見した．より一般に，与えられた任意の可算集合 $E \subset [0, 2\pi]$ に対して，フーリエ級数が E のすべての点で発散するような連続関数 f が存在する．これはフーリエのもともとの洞察が成立する状況として，相当な制限が必要ではないかと思わせる結果である．

ルベーグ [VI.72] の研究により，フーリエ解析における基本的な進展と重要な観点の変化がもたらされた．まず，ルベーグのアイデアを見て，次にフーリエ解析へのその影響をたどる．

ルベーグは $[0, 2\pi]$ 上の関数 F で，ひどく病的なものを除くすべての関数に適用できる積分概念を定義しようと追及した．彼はまず集合 $E \subset [0, 2\pi]$ の**測度** [III.55] を定義した．粗く言って，$\mu(E)$ と表記される E の測度は，区間 $[0, 2\pi]$ が針金でできていて，その針金の重さが 1 cm 当たり 1 グラムであるとして，「E の重さはいくらか」を表すものである．たとえば，区間 (a, b) の測度は，その長さ $b - a$ に等しい．集合によっては，その測度は 0 となる．たとえば，可算集合や**カントール集合** [III.17] などがそうである．測度 0 の集合は，無視できるほど小さいと見なされる．

この測度の概念を使って，ルベーグは**ルベーグ積分** $\int_0^{2\pi} F(\theta) d\theta$ を $[0, 2\pi]$ 上で $F \geq 0$ を満たす「可測」関数 F に対して定義した．病的な関数を除いたすべての関数は可測であるが，F が大きすぎると $\int_0^{2\pi} F(\theta) d\theta$ は無限大になる．たとえば，$\theta \in (0, 2\pi]$ に対して $F(\theta) = 1/\theta$ とおいて定義される関数の積分は無限大である．

任意に与えた実数 $p \geq 1$ に対して，**ルベーグ空間** $L^p[0, 2\pi]$ を定義する．これは $[0, 2\pi]$ 上の可測関数 f のうちの，積分 $\int_0^{2\pi} |f(\theta)|^p d\theta$ が有限になるという意味において，あまり大きすぎないものからなる空間である（やや専門的であるが，この定義を少し修正する必要がある．これに関しては「関数空間」[III.29] を参照されたい）．

さて，ルベーグの理論のフーリエ解析に与えた影響について考えてみる．ルベーグ空間 $L^2[0, 2\pi]$ は**ヒルベルト空間** [III.37] でもあるが，この空間は基本的な役割を演じる．f が $L^2[0, 2\pi]$ に属するならば，そのフーリエ係数 a_n は

$$\sum_{n=-\infty}^{\infty} |a_n|^2 < \infty \qquad (4)$$

を満たす．逆に，式 (4) を満たす複素数列 a_n，$-\infty < n < \infty$ は，ある関数 $f \in L^2[0, 2\pi]$ のフーリエ係数になっている．さらに，関数 f とそのフーリエ係数 a_n の大きさは，**プランシュレルの公式**

$$\frac{1}{2\pi} \int_0^{2\pi} |f(\theta)|^2 d\theta = \sum_{n=-\infty}^{\infty} |a_n|^2$$

で結ばれている．

部分和 $S_N f$（式 (2) を参照）は，f に $L^2[0, 2\pi]$ のノルムで収束する．言い換えると，$N \to \infty$ とする

とき，

$$\int_0^{2\pi} |S_N f(\theta) - f(\theta)|^2 \mathrm{d}\theta \to 0 \qquad (5)$$

が成り立つ．これは，関数 f がフーリエ級数に等しいことの正確な意味を与える．こうして，フーリエの公式 (1) の正当化が，式 (3) をごく普通に理解する代わりに式 (5) が成り立つことと解釈することによって可能になる．

しかしながら，もともとの直接的な解釈がどの程度まで正当化できるかを調べることにも，大いに意義がある．1906 年にルジンは，任意の $f \in L^2[0, 2\pi]$ を与えたとき，測度 0 のある集合の補集合のすべての θ に対して，

$$\lim_{N\to\infty} S_N f(\theta) = f(\theta) \qquad (6)$$

が成り立つはずであると予想した．このような収束が成り立つことを，f のフーリエ級数が**ほとんど至るところ**で収束するという．このルジンの予想が正しければ，それは 19 世紀初頭のフーリエの洞察の正しさを確認することになる．

数十年にわたって，ルジンの予想は正しくないだろうと思われていた．**コルモゴロフ** [VI.88] は，$L^1[0, 2\pi]$ の関数 f で，そのフーリエ級数が至るところで発散するようなものを構成した．また，$\lim_{N\to\infty}(S_N f(\theta)/\sqrt{\log N}) = 0$ がほとんど至るところで成り立つというコルモゴロフ–シリビルストフの定理とプレスナーの定理は，この定理を改良しようとする多くの試みを 30 年以上も拒んだ．

したがって，レンナート・カールソンが 1966 年にルジンの予想が正しいことを証明したとき，それは大きな驚きで迎えられた．カールソンの証明における重要な点は，**カールソンの最大関数**

$$C(f)(\theta) = \sup_{N\geq 1} |S_N f(\theta)|$$

を抑え込むことにあり，このために，すべての $f \in L^2[0, 2\pi]$ と $\alpha > 0$ に対して

$$\mu(\{\theta \in [0, 2\pi] : C(f)(\theta) > \alpha\}) \leq \frac{A}{\alpha^2} \int_0^{2\pi} |f(\theta)|^2 \mathrm{d}\theta \qquad (7)$$

が成り立つことが示された．ただし，A は f にも α にもよらない定数である．ルジンの予想が正しいことは，式 (7) からさほど困難なく導かれるが，式 (7) を証明することは非常に厄介である．

カールソンの研究の少しあとに，ハントが $p > 1$ のときに $L^p[0, 2\pi]$ の関数のフーリエ級数がほとんど至るところで収束することを証明した．この結果は，コルモゴロフの反例により，$p = 1$ では成立しない．

フーリエ解析は，数学とその応用に対して多大な貢献をしてきた（「フーリエ変換」[III.27] と「調和解析」[IV.11] を参照）．カールソンの定理とハントの定理は，この分野の出発点にあった基本的な疑問に対して，最も先鋭な答えを与えるものである．

謝辞 執筆にあたって，米国国立科学財団の支援 (#0245242) を部分的に受けた．

V.6

中心極限定理

The Central Limit Theorem

ティモシー・ガワーズ［訳：森 真］

中心極限定理は，独立確率変数列に関する基本的な結果である．$X_1, X_2, \ldots$ が独立同分布であるとしよう．さらに，これらの平均は 0，分散は 1 であると仮定する．このとき，$X_1 + \cdots + X_n$ は平均 0，分散 n である（X_i が独立であるので，分散は n に等しい）．それゆえ，$Y_n = (X_1 + \cdots + X_n)/\sqrt{n}$ は平均 0，分散 1 となる．X_i の確率分布が何であれ，確率変数 Y_n は標準正規分布に収束することを，中心極限定理は述べている．有界な平均と分散を持つ確率変数の場合にこの結果を拡張することは容易である．詳細は，「確率分布」[III.71 (5 節)] を参照されたい．

V.7

有限単純群の分類

The Classification of Finite Simple Groups

マーティン・W・リーベック［訳：吉荒 聡］

有限群 G は，その正規部分群が単位群と G 自身のみであるとき**単純**であると言われる．単純群が群論

で果たす役割は，素数が数論で果たす役割とある程度類似している．つまり，素数 p の約数が 1 と p 自身のみであるように，単純群 G の剰余群は単位群 1 と G 自身のみである．類似はもう少し深い．実際，どの正の整数（1 より大きい）も素数の集まりの積であるように，どの有限群も単純群の集まりから次の意味で組み立てられる．H を有限群とし，H の極大正規部分群 H_1 を選ぶ（これは，H_1 は H 全体ではなく，H 全体ではないような H の正規部分群で H_1 より真に大きいものはないという意味である）．H_1 の極大正規部分群 H_2 を選び，以下同様に続ける．これから部分群の列 $1 = H_r < H_{r-1} < \cdots < H_1 < H_0 = H$ で，それぞれの部分群は次の部分群の極大正規部分群であるものを作ることができるが，極大性からどの剰余群 $G_i = H_i/H_{i+1}$ も単純群である．H が単純群の集まり $G_0, G_1, \ldots, G_{r-1}$ から「組み立てられる」とは，この意味である（素数に対する場合と異なり，いくつかの異なる群が同じ単純群の集合から組み立てられる）．

とにかく，単純群が有限群論の中心にあることはまったく明らかであり，単純群を研究し究極的にはそれを完全に分類することは，20 世紀の有限群論の推進力の一つであった．長い期間にわたって（最も集中したのは 1955〜80 年）100 人以上の数学者が公刊した多くの研究論文や本における努力を結集することにより，結局この分類は完成された．それは長い共同研究のもたらした真の記念碑的偉業であり，代数の歴史における最も重要な定理の一つである．

分類定理を述べるには，有限単純群の例をいくつか説明する必要がある．最も明らかなのは素数位数の巡回群である．この群は（たとえば，部分群の大きさは群の大きさの約数であるというラグランジュの定理により）単位群と全体以外の部分群をまったく持たないから，明らかに単純である．次に交代群 A_n が来る．A_n は対称群 S_n（「置換群」[III.68] を参照）における偶置換全体のなす群として定義される．交代群 A_n は $(1/2)n!$ 個の元を持ち，$n \geq 5$ ならば単純である．たとえば位数 60 の A_5 は最小の非可換単純群である．

次に，行列のなす単純群を説明する．整数 $n \geq 2$ と体 K に対して，$\mathrm{SL}_n(K)$ を，K の元を成分とし**行列式** [III.15] が 1 に等しいような $n \times n$ 行列全体のなす集合とする．これは行列の積に関して**特殊線形群**と呼ばれる群をなす．K が有限であれば $\mathrm{SL}_n(K)$ は有限群である．どの素数ベキ q についても同型を除いてただ一つの位数 q の体があり，対応して次元 n の特殊線形群があるが，これを $\mathrm{SL}_n(\mathbb{F}_q)$ と記す．この群は一般には単純ではない．実際，$\mathrm{SL}_n(\mathbb{F}_q)$ のスカラー行列のなす群 $Z = \{\lambda I : \lambda^n = 1\}$ は正規部分群である．しかし，剰余群 $\mathrm{PSL}_n(\mathbb{F}_q) = \mathrm{SL}_n(\mathbb{F}_q)/Z$ は，($(n, q) = (2, 2)$ と $(2, 3)$ を除いて）単純である．これが**射影特殊線形群**の族である．

有限単純行列群の族はほかにもいくつかあるが，それらは非常に大雑把に言って，非特異な対称または歪対称 $n \times n$ 行列 J に対して $A^T JA = J$ という形の等式を満たす行列 $A \in \mathrm{SL}_n(\mathbb{F}_q)$ のなす群に対して定義される．今回もまたスカラー行列からなる部分群による剰余をとると，有限単純行列群の**射影直交**族および**射影シンプレクティック**族を得る．同様に，位数 q の体が位数 2 の自己同型 $\alpha \mapsto \bar{\alpha}$ を持つときには，この自己同型を行列 $A = (a_{ij})$ に対して $\bar{A} = (\bar{a}_{ij})$ と定めて拡張し，群 $\{A \in \mathrm{SL}_n(\mathbb{F}_q) : A^T \bar{A} = I\}$ をそのスカラー行列のなす部分群で剰余すると，有限単純行列群の**射影ユニタリ**族が得られる．

射影特殊線形，シンプレクティック，直交，ユニタリ群は，**古典単純群**と呼ばれるクラスを構成する．これらは 20 世紀初期にはすべて知られていたが，さらなる有限単純群の無限系列が 1955 年にシュヴァレーにより発見された．複素単純リー環 L と有限体 K に対して，シュヴァレーは L の K 上版を構成し（これを $L(K)$ と呼ぶ），リー代数 $L(K)$ の自己同型群として彼の有限単純群の族を構成した．それほど経たない間に，スタインバーグ，鈴木通夫，リーが，シュヴァレーによる構成の変形を発見して，さらに単純群の族を定義した．これらは捻じれシュヴァレー群の名で知られている．シュヴァレー群と捻じれシュヴァレー群はすべての古典群を含むが，ほかにも無限族を含み，あわせて**リー型の有限単純群**として知られる．

1966 年までに知られていた有限単純群は，素数位数の巡回群，交代群，リー型の単純群，そして**マシュー** [VI.51] が 1860 年代に発見した 5 個の不思議な単純群の集まりだけであった．最後の群は $n = 11, 12, 22, 23, 24$ のいずれかに対する n 個の対象の置換群である．マシュー群は「散在群」と名付けられたが，散在とは知られているどの無限族にも入らないという意味であり，たぶん有限単純群はこれ以上発見されないであろうと多くの研究者が考えていた．

そのとき，突然大爆発が起こった．ジャンコーが一つの新しい有限単純群，6番目の散在群の存在を証明した論文を発表したのである．それ以来，一定間隔で新しい散在群が現れ，**モンスター** [III.61] で頂点に達した．これは位数およそ 10^{54} の驚くべき群で，その存在はフィッシャーが予言し，グライスにより $196\,884 \times 196\,884$ 行列の群として構成された．1980年までに，26個の散在群が見つかった．

この間，すべての有限単純群を分類するプログラムという計画が過剰とも思える速度で進展し，やがて1980年代初めに最終的な分類定理が宣言された．

> どの有限単純群も，素数位数の巡回群，交代群，リー型の単純群または26個の散在群のうちの一つである．

この定理が有限群論とその多くの応用分野の様相を一変させたことは，驚くにあたらない．いまや多くの問題は，群の公理から演繹して抽象的に解くというよりは，単純群のリスト中の既知の群の研究に帰着することで具体的に解けるのである．

分類定理に対する証明の純然たる長さ（それは約500編の研究論文にわたり，雑誌のおよそ1万ページ分に相当すると見積もられる）を考えれば，そのすべてを1人の人が検証するのは非常に難しく，たぶん不可能であろう．そこに誤りがある可能性も非常に高い．幸いなことに，分類結果が宣言されて以来，群論研究者のいくつかのチームが証明の多くの部分のまとめや修正を発表し続けており，完全な証明を含む何巻もの本は，無事に完成に近づいている．

V.8

ディリクレの定理

Dirichlet's Theorem

ティモシー・ガワーズ［訳：平田典子］

ユークリッド [VI.2] の著名な定理は，素数が無限個あることを示している．しかし，これらの素数についてさらに多くの情報を得ようとすると，どうすればよいのであろうか？　たとえば $4n-1$ の形の素数は無限個存在するのであろうか？　ユークリッドの論法を直接応用すると，$4n+1$ の形の素数が存在することが得られる．また，少し難しい形で議論を発展させると，この形の素数が無限個存在することも証明できる．しかし，上記のような一般的な問題を解決するには，ユークリッドの論法だけでは不十分である．整数 a と整数 m が**互いに素**（つまり a と m の最大公約数が1）のとき，$mn+a$ の形の素数は無限個存在することが証明できるが，これは今日**ディリクレ** [VI.36] の **L 関数** [III.47] と呼ばれるものを用いて，ディリクレにより得られた定理である．ディリクレの L 関数は**リーマンのゼータ関数** [IV.2 (3節)] と密接に関わる関数である．m と a が互いに素という条件が必要であることは明らかで，なぜなら m と a の共通因数はそのまま $mn+a$ の因数になるからである．ディリクレの定理については「解析的整数論」[IV.2 (4節)] も参照されたい．

V.9

エルゴード定理

Ergodic Theorems

ビタリ・ベルゲルソン［訳：森　真］

絶対値が1に等しい複素数 z について，数列 $\{z^n\}_{n=0}^{\infty}$ を考えよう．$z \neq 1$ ならば，この数列は収束しない．しかし，平均的にはきわめて規則的な振る舞いをすることが簡単にわかる．実際，$z \neq 1$ として，等比級数の和の公式を用いれば，$N > M \geq 0$ について

$$\left|\frac{z^M + z^{M+1} + \cdots + z^{N-1}}{N-M}\right| = \left|\frac{z^M(z^{N-M+1}-1)}{(N-M)(z-1)}\right| \leq \frac{2}{(N-M)|z-1|}$$

が成り立つ．このことから，$N-M$ が大きくなれば平均

$$A_{N,M}(z) = \frac{z^M + z^{M+1} + \cdots + z^{N-1}}{N-M}$$

は小さくなる．より形式的に表せば

$$\lim_{N-M\to\infty} \frac{z^M + z^{M+1} + \cdots + z^{N-1}}{N-M}$$

$$= \begin{cases} 0, & z \neq 1 \\ 1, & z = 1 \end{cases} \tag{1}$$

となる．この簡単な事実は**フォン・ノイマンのエルゴード定理**の 1 次元の特別な場合である．この定理は統計力学と気体分子運動論擬エルゴード仮説に初めて光を投げかけたものである．

フォン・ノイマンのエルゴード定理は，**ヒルベルト空間** [III.37] 上の**ユニタリ作用素** [III.50 (3.1 項)] のベキの平均と関係している．U をヒルベルト空間 $\mathcal{H}$ の上のそのような作用素とすると，$Uf = f$ を満たす，すなわち U について不変なベクトル $f \in \mathcal{H}$ 全体の作る ***U* 不変部分空間** $\mathcal{H}_{\text{inv}}$ を考えることができる．P をこの空間への**正射影** [III.50 (3.5 項)] とすると，フォン・ノイマンの定理は，すべての $f \in \mathcal{H}$ について

$$\lim_{N-M\to\infty} \left\| \frac{1}{N-M} \sum_{n=M}^{N-1} U^n f - Pf \right\| = 0$$

であることを主張している．言い換えれば，

$$\frac{1}{N-M} \sum_{n=M}^{N-1} U^n$$

が正射影 P にある意味で収束していると言える（これは，**フォン・ノイマン**自身が定式化した形ではないが，このほうが説明しやすい（[VI.91] を参照）．彼自身は連続なユニタリ作用素の族 $(U_\tau)_{\tau\in\mathbb{R}}$ について同等なことを証明している）．

フォン・ノイマンの定理のさまざまな応用や拡張を述べる前に，証明を簡潔に述べておこう．フォン・ノイマンのもともとの証明は，マーシャル・ストーンによって得られたユニタリ作用素の 1 パラメータ群のスペクトル理論というしゃれた理論を用いる方法であった．何年もの間にいくつもの別証明が得られた．最も簡単なものは，あとで述べる**リース** [VI.74] によって得られた「幾何的」証明である．フォン・ノイマンの証明のラフなアイデアを述べるには，ヒルベルト空間 $\mathcal{H}$ 上の任意のユニタリ作用素 U は「関数的モデル」を持っているという**スペクトル定理** [III.50 (3.4 項)] から導かれる事実を用いるのが簡便である．すなわち，ヒルベルト空間 $\mathcal{H}$ はある有限の**測度** [III.55] について 2 乗可積分関数の（正確に言えば，同値類のなす）空間で，U は関数を掛けることで得られる作用素 $M_\phi(f) = \phi f$ として実現できる．ここで，ϕ はほとんどすべての点で $|\phi(x)| = 1$ を満たす複素可測関数である．このようなモデルを用いれば，フォン・ノイマンの定理が，式 (1) によって表現されたように 1 次元の場合から導かれることが直ちにわかる．この場合，$\phi(x) = 1$ ならば $g(x) = f(x)$，そうでなければ $g(x) = 0$ とおけば，g は f の不変元の空間への正射影となる．

リースの証明は，U 不変なベクトルのなす部分空間 $\mathcal{H}_{\text{inv}}$ の直交補空間は $Ug - g$ の形のベクトルで張られていることから導かれる．このことは，$f \in \mathcal{H}_{\text{inv}}$ とすると

$$(f, Ug) = (U^{-1}f, g) = (f, g)$$

であるため，$(f, Ug - g) = 0$ であり，f は $Ug - g$ と直交する．逆に，$f \notin \mathcal{H}_{\text{inv}}$ ならば，$(f, Uf - f) = (f, Uf) - (f, f)$ を満たす．この右辺は**コーシー–シュワルツの不等式** [V.19] と $\|Uf\| = \|f\|$ から，0 より小さい．したがって，$\mathcal{H}_{\text{inv}}$ は $Ug - g$ の形をした関数から生成される $\mathcal{H}$ の（閉）部分空間の補集合である．

フォン・ノイマンの定理は，$f \in \mathcal{H}_{\text{inv}}$ ならば $Pf = f$ かつすべての n について $U^n f = f$ であることから従う．一方，$f = Ug - g$ であるならば，$Pf = 0$ である．平均については，$U^n f = U^{n+1}g - U^n g$ であることから $\sum_{n=M}^{N-1} U^n f = U^N g - U^M g$ が従う．すべての N, M について，$\|U^N g - U^M g\|$ は高々 $2\|g\|$ であるから，

$$\frac{1}{N-M} \sum_{n=M}^{N-1} U^n f$$

のノルムは $2\|g\|/(N-M)$ 以下であり，これは 0 に近づく．したがって，この場合には定理は成り立つ．定理が成り立つ空間が $\mathcal{H}$ の閉線形部分空間であることはすぐに確かめることができるので，定理は証明されたことになる．

有限の d 次元体積を持つ部分集合 $X \subset \mathbb{R}^d$ と X から X への体積保存連続写像の族 $\{T_\tau\}_{\tau\in\mathbb{R}}$ を用いて，物理系のパラメータの発展を表すことができることが多いので，フォン・ノイマンの定理やそれに類似する結果が物理的に意義があることがわかる．このような変換 T_τ に対応して，X 上の 2 乗可積分な関数全体のヒルベルト空間 $L^2(X)$ の上のユニタリ作用素 U_τ を，$(U_\tau f)(x) = f(T_\tau x)$ によって与える．この作用素がユニタリであることは，変換 T_τ が体積保存写像であることから導かれる．また，変換 T_τ が τ について連続であることから，U_τ も連続であることが従う．

議論を簡単にするために，「離散化」しよう．連続な族 $\{T_\tau\}$ と $\{U_\tau\}$ の代わりに変換 $T = T_{\tau_0}$（たとえば，$\tau_0 = 1$）を固定し，U を対応するユニタリ作用素とする．体積保存写像が**エルゴード的**とする．すなわち，$T(A) \subset A$ を満たすような正の体積を持つ真部分集合 $A \subset X$ は存在しないとする．この仮定が，$Uf = f$ を満たす $L^2(X)$ の元は定数関数だけであることと同値であることは，容易に示せる．フォン・ノイマンの定理から，任意の $f \in L^2(X)$ について，平均

$$A_{N,M}(f) = \frac{1}{N-M}\sum_{n=M}^{N-1} U^n f$$

は定数に収束する．極限値は項ごとの積分を実行することにより求められ，$(\int f\,\mathrm{d}m)/\operatorname{vol}(X)$ に等しい．フォン・ノイマンの定理から，$\lim_{N-M\to\infty} A_{N,M}(f)$ は常に U 不変な関数であり，さらにエルゴード的であるという仮定は $\lim_{N-M\to\infty} A_{N,M}(f)$ によって表される時間平均が相平均 $(\int f\,\mathrm{d}m)/\operatorname{vol}(X)$ に等しいことと必要十分条件である．

フォン・ノイマンの定理により，**ポアンカレの再帰定理**と呼ばれる**ポアンカレ** [VI.61] の古典的な定理を拡張することができる，それによると，上のように X が有限の体積を持つ集合で，A が 0 でない体積を持つ部分集合ならば，「A のほとんどの点は A に無限回戻ってくる」．言い換えるならば，$x \in A$ が $T^n x \in A$ を無限回満たす点全体からなる A の部分集合を $\tilde{A}$ とするなら，A に属するが $\tilde{A}$ に属さない点全体の測度は 0 に等しい．$T^n x \in A$ がある正の整数について成り立つ $x \in A$ 全体 A_1 について，上と同等のことを示すのが，ポアンカレの定理の証明の基本的部分である．このことが成り立つことを見てみよう．B を，A に属するが A_1 に属さない点全体とする．T は体積保存写像なので，$B, T^{-1}B, T^{-2}B, \ldots$ は同じ測度を持つ（$T^{-n}B$ は $T^n x \in B$ を満たす点全体を表す）．X は有限の体積を持つので，ある正の数 m と n が存在して $T^{-m}B$ と $T^{-(m+n)}B$ の共通部分は正の測度を持つ．このことから，$B \cap T^{-n}B$ の測度も正である．しかし，$x \in B$ ならば，$x \notin A_1$ であり，そのことから，$T^n x \notin A$ となる．それゆえ，$T^n x \notin B$ となり，これは矛盾である．

フォン・ノイマンのエルゴード定理を，f が集合 A の定義関数である場合（つまり，$x \in A$ なら $f(x) = 1$，そうでなければ $f(x) = 0$）に適用してみよう．前と同様に，T により U を定義する．X は体積 1 とし，X の測度を μ で表そう．$(f, U^n f) = \mu(A \cap T^{-n}A)$ であることが確かめられる．それから

$$(f, A_{N,M}(f)) = \frac{1}{N-M}\sum_{n=M}^{N-1} \mu(A \cap T^{-n}A)$$

がわかる．$N - M$ を無限大にすると，$A_{N,M}(f)$ は U 不変な関数 g に収束する．g は U 不変だから，$(f, g) = (U^n f, g)$ がすべての n について成り立ち，それゆえ，$(f, g) = (A_{N,M}(f), g)$ がすべての N と M について成り立ち，結局，$(f, g) = (g, g)$ が成り立つ．コーシー–シュワルツの不等式により，少なくとも $(\int g(x)\,\mathrm{d}\mu)^2 = (\int f(x)\,\mathrm{d}\mu)^2 = \mu(A)^2$ である．それゆえ，

$$\lim_{N-M\to\infty} \frac{1}{N-M}\sum_{n=M}^{N-1} \mu(A \cap T^{-n}A) \geq (\mu(A))^2$$

に帰着できる．

測度 $\mu(A)$ の二つの「ランダムな集合」を選ぶならば，それらの交わりは典型的には $(\mu(A))^2$ である．それゆえ，上の不等式は A と $T^{-n}A$ の平均的交わりが少なくとも「期待される」交わりより小さいことを示している．ヒンチンによるこの結果はポアンカレの再帰性についてより正確な情報を与えている．

ユニタリ作用素が上のように保測変換の言葉で定義されるとき，平均が L^2 ノルムの意味で収束するだけではなく，概収束という古典的な意味でも収束するかどうかを考えることは自然である（異なる方向での考えについては，「カールソンの定理」[V.5] を参照）．フォン・ノイマンの定理の研究の直後に，**バーコフ** [VI.78] によってこれも成り立つことが示された．可積分な関数 f について，すべての x で $f^*(Tx) = f^*(x)$ を満たす f^* が存在して，

$$\lim_{N\to\infty} \frac{1}{N}\sum_{n=0}^{N-1} f(T^n x) = f^*(x)$$

がほとんどすべての x について成り立つ．変換 T がエルゴード的であり，$A \subset X$ が正の測度を持ち，$f(x)$ は集合 A の定義関数であるとしよう．バーコフのエルゴード定理から，ほとんどの $x \in X$ について

$$\lim_{N\to\infty} \frac{1}{N}\sum_{n=0}^{N-1} f(T^n x) = \frac{\int f\,\mathrm{d}\mu}{\mu(X)} = \frac{\mu(A)}{\mu(X)}$$

が成り立つ．

$$\lim_{N\to\infty} \frac{1}{N}\sum_{n=0}^{N-1} f(T^n x)$$

という表現は，$T^n x$ が集合 A を訪問する頻度を表し

ているから，エルゴード的な系では典型的な点 $x \in A$ の像 $x, Tx, T^2x, \ldots$ が A を訪問する頻度は，A が空間で占める面積の割合に等しい．

フォン・ノイマンとバーコフのエルゴード定理は，長年にわたりさまざまな方向へと一般化されてきた．エルゴード定理のさらなる拡張とより一般的に**エルゴード理論的な方法**は，統計力学，数論，確率論，調和解析や組合せ理論へと大きく広がる分野へと幅広い応用が見つかっている．

文献紹介

Furstenberg, H. 1981. *Recurrence in Ergodic Theory and Combinatorial Number Theory*. M. B. Porter Lectures. Princeton, NJ: Princeton University Press.

Krengel, U. 1985. *Ergodic Theorems*, with a supplement by A. Brunel. De Gruyter Studies in Mathematics, volume 6. Berlin: Walter de Gruyter.

Mackey, G. W. 1974. Ergodic theory and its significance for statistical mechanics and probability theory. *Advances in Mathematics* 12:178–268.

V. 10

フェルマーの最終定理

Fermat's Last Theorem

ティモシー・ガワーズ［訳：三宅克哉］

数学者でない人たちでさえ，多くの人々が**ピタゴラスの三つ組**の存在を知っている．これは正整数の三つの組み (x, y, z) であって，$x^2 + y^2 = z^2$ という関係で結ばれているものをいう．こういった三つ組は辺の長さが整数であるような直角三角形を与えるが，その典型としては「$(3, 4, 5)$ 三角形」がよく知られている．二つの整数 m, n に対して等式 $(m^2 - n^2)^2 + (2mn)^2 = (m^2 + n^2)^2$ が成り立つが，これによってピタゴラスの三つ組が無数に得られ，しかも事実として，ピタゴラスの三つ組はこの形の三つ組の定数倍になっている．

フェルマー [VI.12] は，同様の三つ組がもっと高いベキの場合に存在するかどうかという，きわめて自然な疑問を問いかけた．はたして $n \geq 3$ の場合に方程式 $x^n + y^n = z^n$ を満たすような正整数の解が存在するだろうか？ たとえば3乗の場合，ある3乗数を二つの3乗数の和として表すことができるだろうか？ 実のところ，よく知られているように，フェルマーはこのような正整数の解は存在しないと主張し，証明を書き上げるにはこの欄外の余白は少なすぎると書き残した．その後の3世紀半もの間，この問題は最も有名な数学の未解決問題として知られてきた．これに空しく注がれた努力の膨大さから見て，実際はフェルマーも証明を持っていなかっただろうと考えられる．この問題は取っ掛かり方も尽き果ててしまった難問であったが，フェルマーよりもずっとあとになって開発された道具立てによって，ようやく解決を見た．

フェルマーの問題そのものは一見してわかりやすいが，そのこと自体はこの問題が興味深いことを保証するわけではない．実際，1816年に**ガウス** [VI.26] は1通の手紙に，この問題はまったく孤立しているので自分の興味を引かないと書いている．当時としては，これは理にかなった指摘であった．ディオファントス方程式が与えられたとき，そもそもそれが解を持つかどうかは簡単に判定できるものではないし，したがって，それはフェルマーの最終定理と似通った部類の難問に属するかもしれない．しかし，フェルマーの最終定理は，あのガウスでさえ見通しようがなかったと思えるほどいろいろな面で例外的であり，今日ではそれを「孤立している」と評する者はいないだろう．

ガウスがそのように書いたときまでに，フェルマーの問題は $n = 3$ の場合（**オイラー** [VI.19] による）と $n = 4$ の場合（フェルマー自身による．これが最も易しい場合である）が解けていた．この問題がもっと一般的な数学上の問題と関連していることについては，その最初の本格的な取り扱いが19世紀の中頃の**クンマー** [VI.40] の研究に見られる．オイラーが残していた重要な観察から，フェルマーの最後の問題はもっと大きい**環** [III.81 (1節)] の中で考察すると何らかの良い結果がもたらされそうであった．というのは，うまく環を選ぶと，多項式 $z^n - y^n$ は因子分解されるのである．実際，$1, \zeta, \zeta^2, \ldots, \zeta^{n-1}$ を1の n 乗根とすれば，これは

$$(z - y)(z - \zeta y) \cdots (z - \zeta^{n-1} y) \qquad (1)$$

という形に分解される．したがって，$x^n + y^n = z^n$ であれば，1と ζ で生成される環の中では見かけ上はまったく異なった x^n の因子分解 (1) と $xxx \cdots x$

が得られる．この情報はうまく活用できそうだと期待が持てる．しかし重大な問題がある．この1とζで生成される環では**一意分解性** [IV.1 (4～8 節)] が失われている．それゆえ，これらの二つの因子分解を見て矛盾に非常に近いと感じとったとしても，それは十分な根拠に裏付けられているわけではない．クンマーは，**高次相互法則** [V.28] を探求する過程で，**イデアル** [III.81 (2 節)] に相当する概念を導入した．大雑把に言えば，クンマーの「イデアル数」を環に追加すれば，一意分解性を回復することができる．こういった概念を導入することによって，クンマーはフェルマーの最終定理を，ベキnが対応する環の**類数** [IV.1 (7 節)] を割らない素数の場合について証明することができた．彼はこのような素数を**正則**であると呼ぶことにした．これ以降，フェルマーの最終定理は**代数的数論** [IV.1] の本流にある考え方と関連することになった．しかし，それで問題が解決されたわけではない．というのも，正則でない素数は無限個存在する（もっともクンマーのころに，これは知られていなかった）．

その後の進展により，個々の正則でない素数に対してもっと複合的なアイデアを用いることができるようになって，アルゴリズムが開発され，ベキnが与えられれば，それに対してフェルマーの最終定理が正しいかどうかをチェックできるようになった．20 世紀も終わりに近づくと，4,000,000 までのすべてのベキに対して，その正しさは確かめられていた．しかし，一般的な証明はまったく異なった方向からもたらされた．

来るべきアンドリュー・ワイルズによる証明の物語は幾度となく語られてきたから，ここではそれについて軽く触れるに留めておこう．ワイルズはフェルマーの最終定理を直接調べたのではなく，その代わりに**志村–谷山–ヴェイユ予想**の重要な特別な場合を解決した．この予想は**楕円曲線** [III.21] と**保型形式** [III.59] の結び付きに関わるものである．フェルマーの問題と楕円曲線とが結び付くことについて，最初のヒントはイヴ・エレグアーシュ（Yves Hellegouarch）の観察にあった．これは，楕円曲線$y^2 = x(x-a^p)(x-b^p)$はa^p+b^pがc^pとなっているときには尋常でない性質を持つことになるというものである．次いでゲルハルト・フライ（Gerhard Frey）は，このような曲線の性質は通常のものとは際立って異なっているものだから，それが志村–谷山–ヴェイユ予想と矛盾するのではないかと気づいた．ジャン＝ピエール・セールは明確に「イプシロン予想」という命題を提示し，これを前提とすればフライの指摘が導かれることをはっきりさせた．そして，ケン・リベットがセールの予想を証明し，ここにフェルマーの最終定理が志村–谷山–ヴェイユ予想から導かれることが確定した．これを受けて，ワイルズは突然に興味を募らせ，7 年にわたって秘密裏にこの予想の解決に没頭したあと，ついに，フェルマーの最終定理の証明に十分対応できるようないくらか制限された場合について志村–谷山–ヴェイユ予想を解決したと発表した．ところが，ワイルズの証明には重大な欠陥があることがわかった．それにもめげず，ワイルズはリチャード・テイラーの助けを得て，証明にあった問題の箇所について別途正しい道筋を見つけ出した．

志村–谷山–ヴェイユ予想は，「すべての楕円曲線はモジュラーである」と主張する．最後に，これが何を意味するかについて大雑把に解説しよう（もう少し緻密な説明は「数論幾何学」[IV.5] を参照）．楕円曲線Eにおいては，各正整数nに対して意味深い数$a_n(E)$を定めていくことができる．特に素数pに対しては，$a_p(E)$はこの楕円曲線を mod p で考えたときのその上にある点の個数に対応し，また合成数nに対する値$a_n(E)$は素数についての値から定まる．さらに，ここで現れる保型形式というのは複素上半平面上で定義された**正則関数** [I.3 (5.6 項)] であって，ある種の周期性，その他の条件を満たすものである．すなわち，各保型形式fには**フーリエ級数** [III.27] が対応付けられ，それは

$$f(q) = a_1(f)q + a_2(f)q^2 + a_3(f)q^3 + \cdots$$

という形をしている．楕円曲線Eに対してこのような保型形式fで等式$a_p(E) = a_p(f)$が有限個の例外を除いたすべての素数pについて成り立つとき，Eは**モジュラー**であると言われる．楕円曲線が与えられたとしても，このような形で対応する保型形式をどのように取り出せばよいのかはまったく不明である．しかし，何とも神秘的なのだが，こういった保型形式がどうやらいつでも存在するように見受けられる．たとえば，Eが$y^2 + y = x^3 - x^2 - 10x - 20$で定義されるとき，保型形式$f$で$a_p(E) = a_p(f)$が 11 以外のすべての素数に対して成り立つものがある．この保型形式は，整数成分を持つ行列$\left(\begin{smallmatrix} a & b \\ c & d \end{smallmatrix}\right)$で$c$が 11 で割り切れ，**行列式** [III.15] $ad - bc$が 1 であ

るものすべてが構成する群 $\Gamma_0(11)$ についてのある種の周期性を持ち，このような周期性を持つ複素関数は定数倍を除いてただ一つ確定する．こういった保型形式の定義が楕円曲線と何らかの繋がりを持つなどということは，どこからも見えてこない．

ワイルズはすべての「半安定」楕円曲線がモジュラーであることを証明した．しかし，こういった楕円曲線にどのように保型形式を対応付けるのかを示したわけではなく，そのような保型形式が存在しなければならないことを保証するような，ある種の数え上げ論証を用いた．志村–谷山–ヴェイユ予想に対する完全な証明は，数年後にクリストフ・ブリュイル（Christophe Breuil），ブライアン・コンラッド（Brian Conrad），フレッド・ダイヤモンド（Fred Diamond），リチャード・テイラー（Richard Taylor）の協力により与えられた．彼らは歴史を通して今後とも輝き続ける最も名高い数学上の業績の一つに対して，最上の花一輪を添えたのであった．

V.11

不動点定理

Fixed Point Theorems

ティモシー・ガワーズ［訳：森　真］

1. はじめに

これから述べることは，よく知られた数学パズルの一つの変形である．ある人がロンドンからケンブリッジへ向かう列車に水筒を持って乗っている．水筒の中で水筒全体に占める空気の割合が，旅全体の中で今までの旅程の割合と1回は等しくなることを示せ（たとえば，水筒に 2/5 だけ水が入っている，つまり 3/5 は空だったとすると，ロンドンからケンブリッジへの 3/5 のところがその点である．出発点で水筒が満タンだったり，空だったりすることはないものとする）．

この類いの問いをこれまでに見たことがある人ならば，解はひどく簡単である．各0と1の間の数について，$f(x)$ を旅の割合が x だけ終わったときの，水筒の中の空気の割合とする．すると，水筒の中の空気が負になったり，満タンを超えたりすることはできないから，すべての x について $0 \leq f(x) \leq 1$ を満たす．$g(x) = x - f(x)$ とおくと，$g(0) \leq 0$ かつ $g(1) \geq 0$ である．$g(x)$ は x について連続であるので，$g(x) = 0$ となる点が存在する．それゆえ，$f(x) = x$ を満たす x が存在する．これが望んだ解である．

今証明したものは，あらゆる単純な不動点定理の中ではちょっと美しくない形である．次のような形式的な形で述べることができる．「f が閉区間 $[0,1]$ からそれ自身への連続写像であるとき，$f(x) = x$ を満たす x が存在する」．この x は f の**不動点**である（**中間値の定理**から導き出した．この定理は「g が $[0,1]$ から $\mathbb{R}$ への連続写像で $g(0) \leq 0$ かつ $g(1) \geq 0$ ならば $g(x) = 0$ を満たす x が存在する」というものである）．

一般に，不動点定理は関数がある条件を満たすならば不動点が存在することを主張するものである．そのような定理は数多くあり，そのうちのごく一部を本章で扱う．概して，それらは構成的ではなく，不動点を与えたり見つけたりする方法を示すのではなく，存在を証明するだけである．解を明示的に解くことができないときにも，解の存在が知りたいという問題が多数存在することから，存在を示すことは重要である．これから見るように，存在を示すには式を $f(x) = x$ の形に書き直し，不動点定理を用いるのである．

2. ブラウアーの不動点定理

上に示した不動点定理は，**ブラウアーの不動点定理**の1次元版である．ブラウアーの不動点定理は「B^n が $\mathbb{R}^n$ の単位球（すなわち，$x_1^2 + \cdots + x_n^2 \leq 1$ を満たす $(x_1, \ldots, x_n)$ 全体）で，f が B^n から B^n への連続写像ならば，f は不動点を持つ」というものである．B^n は n 次元の中身の詰まった球であるが，位相的なことだけを考えるので，n 次元の立方体や単体のような別の形をしていてもよい．2次元ならば，単位円板からそれ自身への連続写像が不動点を持つということになる．言い換えれば，机の上に丸いテーブルクロスを広げ，それをつまみ上げて，好きなだけ折り畳んだり伸ばしたりしてから元の丸い形の中へ戻したときにも，移動しないで同じところに来る点があるということである．

なぜこれが正しいかを見るために，記述を書き換えるとよい．$D = B^2$ を閉単位円板としよう．D から D への不動点を持たない連続な f があれば，D からその境界 ∂D への連続写像 g が，以下のように存在する．各 x について，$f(x)$ から x への線分を延長して，∂D との交点を $g(x)$ とおく（図 1 参照）．これは $f(x) \neq x$ であるから，必ず定義される．x が D の境界の点ならば，$g(x) = x$ とおく．これにより，∂D の点 x については $g(x) = x$ を満たす連続写像 $g\colon D \to \partial D$ を得る．このような写像を D から ∂D への**収縮**と呼ぶ．

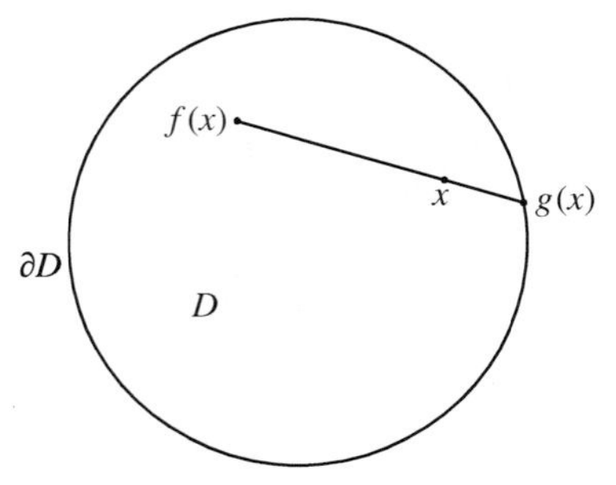

図 1 f が不動点を持たないならば，収縮 g を定義することができる．

D から ∂D への連続な収縮が存在するとは考えにくい．これが存在しないことを示せば，D から D への不動点を持たない連続な f が存在するという仮定に矛盾を得る．これにより，ブラウアーの不動点定理の 2 次元の場合が証明される．

円板からその境界への連続な収縮が存在しないという証明は，いくつかある．そのうちの二つについて簡潔に述べよう．

まず，g をそのような収縮としよう．各 t について，原点を中心とする半径 t の円への g の制限を考え，円の上の点を $te^{i\theta}$ で表す．$g_t(\theta)$ で $g(te^{i\theta})$ を表す．$t = 1$ のとき，半径 t の円は ∂D である．それゆえ，θ が 0 から 2π へ動くとき，$g_t(\theta) = e^{i\theta}$ は単位円を 1 周する．$t = 0$ のときは，半径 t の円は 1 点であり，θ が 0 から 2π へと動くとき，$g_t(\theta)$ は 1 点 $g(0)$ であり，単位円を回らない．それゆえ，$t = 1$ から $t = 0$ の間のどこかに，θ が 0 から 2π へ動くとき，$g_t(\theta)$ が単位円を回るかどうかが変化する点がある．しかし，g_t は連続的に変化する関数族であり，g_t のわずかな変化が $g_t(\theta)$ が円を回るかどうかの急変化を引き起こすことはできない（この最後のステップを厳密にするには，少し議論が必要であるが，基本的なアイデアはこれでよい）．

2 番目の証明は，基本アイデアを代数的トポロジーから得ている．円板内のすべての閉曲線は 1 点に縮まるから，円板 D の 1 次**ホモロジー群** [IV.6 (4 節)] は自明である．単位円 ∂D の 1 次ホモロジー群は $\mathbb{Z}$ である．D から ∂D への連続な収縮 g が存在すれば，連続写像 $h\colon \partial D \to D$ と $g\colon D \to \partial D$ で $g \circ h$ が ∂D の単位作用素となるものが存在する（h は ∂D の点をそのものに写し，g は収縮とする）．位相空間の連続写像はそれらのホモロジー群の間に，合成は合成に，恒等写像は恒等写像に写す**準同型写像** [I.3 (4.1 項)] を与える（すなわち，位相空間と連続写像の**カテゴリー** [III.8] から群と群準同型のカテゴリーへの**関数** [III.8] が存在する）．これにより $\psi \circ \phi$ が $\mathbb{Z}$ の恒等写像になる準同型 $\phi\colon \mathbb{Z} \to \{0\}$ と $\psi\colon \{0\} \to \mathbb{Z}$ が存在することになるが，これは明らかに不可能である．

どちらの証明も高次元に一般化できる．2 番目の証明は球のホモロジー群の計算法を知ってしまえばそのままであり，1 番目の証明も n 次元の球からそれ自身への連続写像の**写像度**の概念により一般化できる．ここで，次数とは円から円自身への写像が円を回る回数の概念を，高次元に真似したものである．

ブラウアーの不動点定理には多くの応用がある．たとえば，次のことはグラフ上のランダムウォーク理論において重要である．**確率行列**は非負の成分を持ち，各行の和が 1 に等しい $n \times n$ 行列である．ブラウアーの不動点定理は，そのような行列がすべて非負の成分を持つ固有値 1 の**固有ベクトル** [I.3 (4.3 項)] を持つことを示すのに用いられる．証明は次のとおりである．成分を加えて 1 になるすべての成分が非負の列ベクトル全体は，幾何的に言えば，$(n-1)$ シンプレクスである（たとえば，$n = 3$ なら，この集合は $\mathbb{R}^3$ の $(1,0,0), (0,1,0), (0,0,1)$ に頂点を持つ三角形である）．A が確率行列で $\boldsymbol{x}$ がこのシンプレクスに属すとすると，$A\boldsymbol{x}$ も属する．$\boldsymbol{x} \mapsto A\boldsymbol{x}$ は連続であるから，ブラウアーの不動点定理により，$A\boldsymbol{x} = \boldsymbol{x}$ を満たす $\boldsymbol{x}$ が存在する．これが求めるベクトルである．

角谷の不動点定理と呼ばれるものはブラウアーの不動点定理の拡張の一つであり，これはジョン・ナッシュによって「社会的均衡」の存在を示すために用いられた．社会的均衡とは個別にさまざまな項目に費やす量を変更しても財産は良くならない事態の状態のことである．角谷の定理は閉球 B^n の点を B^n の他の点ではなく，B^n の**部分集合**に写す関数に関する定理である．これは，各 x について，$f(x)$ が B^n の空でない閉凸集合であり，$f(x)$ がある意味で連続的に変化するならば，$x \in f(x)$ を満たすある x が存在することを主張している．ブラウアーの不動点定理は，$f(x)$ がただ一つの点からなる集合であるこの定理の特別な場合に相当する．

3. ブラウアーの不動点定理のより強い形

中身の詰まった球からそれ自身への写像について議論してきたが，他の空間でも連続写像が不動点を持つかどうかを議論しないわけにはいかないだろう．たとえば，S^2 は中身の詰まっていない球 $\{(x,y,z): x^2+y^2+z^2=1\}$ とし，f を S^2 から S^2 への連続写像とする．f は不動点を持たなければならないだろうか？　最初はそうだと思うだろう．単純な例である回転や反転は不動点を持っているし，これらの不動点を取り除くような写像を作ることは困難である．しかし，ごく簡単に不動点を持たない例があることがわかる．それは，原点に対して対称な点に写す $f(x)=-x$ である．

この例を見た誰もが，期待していた結果は間違いだったことに注目し，他のことに注意を向ける必要があるという反応をするだろう．しかし，他の多くの数学の観点から，この反応は間違いであることがわかる．回転の不動点を除けないというアイデアには，正すべき重要な何かがあるからである．回転から始めて，それを連続的に変形することで不動点を除こうとしたら，必ず失敗する．実際，ある意味で，常に二つの不動点が存在する．より一般的には，S^2 から S^2 への連続写像を選んで，それを連続的に変形しても，不動点の数を変えることはできない．

現実には，これら二つの主張には明らかな誤りがあるので，何らかの解釈が必要である．まず，不動点の数を有限個としなければならないが，これは大きな仮定の変更ではない．というのも，連続関数の典型的な小さな摂動は，有限個の不動点しか持たないことが示される．第二に，不動点には適切な重みを考慮しなければならない．これを定義するために，$f(x)=x$ とし，t が 0 から 1 に行くときに x のまわりを回る $y(t)$ を考えよう．不動点 x の**指数**とは $y(t)$ から $f(y(t))$ へ写すときのベクトルの回転の回数とする．ここで，$y(t)$ と逆に回るならば負の値として数える（ある t で $f(y(t))=y(t)$ を満たすならば，この定義には問題がある．しかし，小さな摂動を行うことで，このようなことが起きないようにすることができる）．不動点の指数の和は f の連続変形で変わらない量である．

したがって，回転を連続変形しても，指数の和は常に 2 であることがわかる．このことから，少なくとも一つの不動点を持つことがわかる．また，回転を連続変形しても，x を $-x$ に写す写像にはならないこともわかる．

不動点の指数の概念は（前に述べた次数の概念を用いれば）高次元へ直接的に一般化でき，ごく一般的な状況のもとで不動点の指数の和は連続変形において定数であることが示せる．このことから，以下のようなブラウアーの不動点が従う．連続写像 $f\colon B^n \to B^n$ を他の連続写像 $g\colon B^n \to B^n$ へ t を 0 から 1 へ動かすことで，$f_t(x)=(1-t)f(x)+tg(x)$ により連続変形できる．そこで，g を，不動点を一つ持つ $x \mapsto (1/2)x$ とする．この不動点は，2 次元のときに容易にわかるように指数 1 である．したがって，f の指数も 1 である．

一般に，**コンパクト多様体** [I.3 (6.9 項)] のようなある適切な位相空間 X の上の関数 f の不動点の指数の和は，X のホモロジー群の上の f の作用の言葉で計算できる．結果として得られる定理は，**レフシェッツの不動点定理**（のちょっとした拡張）である．

連続写像の指数が連続変形の不変量であるという事実は，**代数学の基本定理** [V.13] の証明に用いることができる．たとえば，多項式 x^5+3x+8 が解を持つかどうかという問いを考えよう．これは関数 x^5+4x+8 の不動点の問題と同じである．というのも，この不動点を x とすれば，それは $x^5+3x+8=0$ を満たす．さて，多項式 x^5 が**リーマン球** [IV.14 (2.4 項)] $\mathbb{C}\cup\{\infty\}$ の上に定義されていると見なせば，0 と ∞ という二つの不動点を持つ．さらに，0 から ∞ のまわりの「小さな円」を x が回れば，x^5 は 5 周するので，それらの指数はともに 5 である．ここで多項式 $x^5+(4x+8)t$ は x^5 から x^5+4x+8 への連続変形を与え，また，x^5+4x+8 は ∞ で指数 5 の不動点を持つ．このことから，ほかに指数が合計で 5 の不動点を持つことがわかる．これらは x^5+3x+8 の解であり，また指数は解の重複度を表す．

4. 無限次元の不動点定理とその解析への応用

無限次元の閉球の上の連続写像にブラウアーの不動点定理を拡張しようとするとどうなるだろう．次の例が示すように，答えは無理だである．B を，$\sum_n |a_n|^2 \leq 1$ を満たす $(a_1, a_2, \ldots)$ 全体とする．これは**ヒルベルト空間** [III.37] ℓ_2 の単位球である．無限列 $\boldsymbol{a} = (a_1, a_2, \ldots)$ について，ノルム $\|\boldsymbol{a}\|$ を $(\sum_n |a_n|^2)^{1/2}$ とする．写像 $f\colon (a_1, a_2, \ldots) \mapsto ((1 - \|\boldsymbol{a}\|^2)^{1/2}, a_1, a_2, \ldots)$ を考える．f が連続で，すべての $\boldsymbol{a}$ について $\|f(\boldsymbol{a})\| = 1$ を満たすことは容易にチェックできる．それゆえ，$\boldsymbol{a}$ が不動点ならば，$\|\boldsymbol{a}\| = 1$ である．これから，$a_1 = 0$ がわかる．このことからさらに，$a_2 = 0$，そして，$a_3 = 0$ などがわかる．言い換えれば $\boldsymbol{a} = 0$ である．このことは $\|\boldsymbol{a}\| = 1$ に矛盾する．それゆえ，f は不動点を持たない．

しかし，連続写像にさらに条件を付ければ，不動点定理がときどき証明でき，これらの定理のいくつかには重要な応用がある．特に微分方程式の解の存在に用いられる．

このタイプの易しい結果は**縮小写像定理**である．X が完備**距離空間** [III.56] とするとき，ある定数 $\rho < 1$ について $d(f(x), f(y)) \leq \rho d(x, y)$ をすべての $x, y \in X$ について満たす X から X への写像 f は不動点を持つ，というものである．ここで，**完備性**については，「ノルム空間とバナッハ空間」[III.62] に簡潔な解説がある．このことを証明するには，任意の点 $x \in X$ を選び，その反復 $x, f(x), f(f(x)), f(f(f(x)))$ を考える．これらを $x_0, x_1, x_2, \ldots$ で表す．簡単にわかるように，$d(x_n, x_m)$ は m と n が無限大に行くなら 0 に向かう．そして，完備性から (x_n) が極限を持つことが保証される．この極限が f の不動点であることは，容易にわかる．

もっと洗練された例は，シャウダーの不動点定理である．これは X をバナッハ空間 K を X の**コンパクト** [III.9] 凸集合，f を K から K への連続関数とするとき，f が不動点を持つことを主張する定理である．雑に述べれば，これを示すには，K を有限次元のだんだん大きくなる K_n で近似し，f を K_n から K_n への連続関数 f_n で近似する．ブラウアーの不動点定理から，$f_n(x_n) = x_n$ を満たす不動点の列 (x_n) が得られ，K のコンパクト性から (x_n) には収束部分列が存在し，その極限が f の不動点となる．

これら二つの定理や他の同じような定理の重要性は，その主張よりも応用にある．典型的な応用は，微分方程式

$$\frac{\mathrm{d}^2 u}{\mathrm{d}x^2} = u - 10\sin(u^2) - 10\exp(-|x|)$$

がすべての x で定義され，x が $\pm\infty$ に向かうと 0 に収束する解 u が存在することの証明である．この方程式は

$$\left(1 - \frac{\mathrm{d}^2}{\mathrm{d}x^2}\right) u = 10\sin(u^2) + 10\exp(-|x|)$$

となる．左辺を $L(u)$ で表すと，さらに

$$u = L^{-1}(10\sin(u^2) + 10\exp(-|x|))$$

と表せる（作用素 L^{-1} を明確に定めることは可能である）．X を，$\mathbb{R}$ で定義され，$\pm\infty$ に向かうとき 0 になる連続関数全体に一様ノルムを考えたバナッハ空間とするなら，上の最後の方程式の右辺は，X から X のコンパクト凸集合への連続関数を定義する．それゆえ，シャウダーの不動点定理より，この高度に非線形な方程式が与えられた境界条件のもとで解を持つことが示される．これは他の方法で示すことは困難である．

V.12

4 色定理

The Four-Color Theorem

ボジャン・モハール［訳：砂田利一］

4 色定理は，境界線を共有する二つの領域には異なる色を与えるという条件のもとで，平面（あるいは球面）に描かれた任意の地図を 4 色以下の色で塗り分けられることを主張している．図 1 の例は，領域 A, B, C, D がすべて互いに隣接しているから，4 色が必要であることを示している．この結果は，1852 年にフランシス・グスリー（Francis Guthrie）により予想された．1879 年にケンペにより誤った証明が与えられ，1890 年にヒーウッドがその誤りを指摘するまでの 11 年間，問題は解けたと信じられていた．とはいえ，これから述べるように，ケンペの基本的アイデアは，少なくとも 5 色あれば塗り分けに十分であることの証明に使えることが，ヒーウッドによ

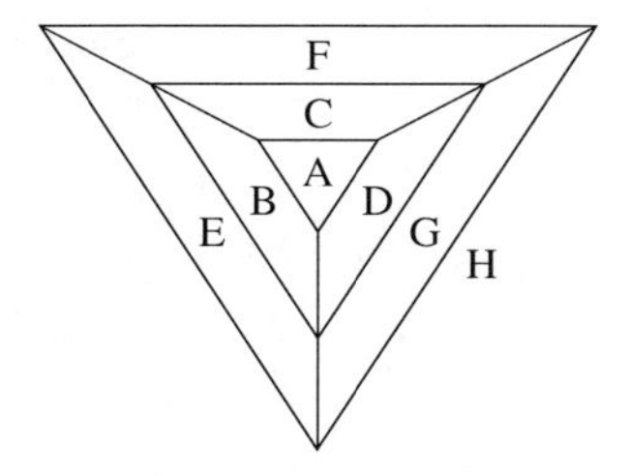

図 1 8 個の領域からなる地図

り示された．その後，4 色問題は，問題の意味は容易に理解できるにもかかわらず，なかなか解けない問題の有名な例となった（もう一つの例は，**フェルマーの最終定理** [V.10] である）．

現代数学では，地図の塗り分け問題は，グラフ理論の言葉を用いて定式化される．与えられた地図に対して，次のようにして**グラフ** [III.34] を対応させる．グラフの頂点は地図の各領域であり，二つの頂点が隣接することは，対応する領域がそれらの境界の一部を共有することと約束する．図 2 は図 1 の地図に対するグラフである．任意の地図に対応するグラフは，どの二つの辺も互いに交差しないという意味で「平面的」であることが容易に確かめられる．地図の塗り分けの代わりに，対応するグラフの頂点の塗り分けを行おう．辺で結ばれるどの 2 頂点も同じ色を持たないとき，この塗り分けを「適切」と呼ぶ．この再定式化による 4 色定理は，すべての平面グラフが高々 4 色による塗り分けを持つことを主張している．

ここで，ケンペとヒーウッドによる「5 色」定理の証明を与えよう．これは背理法による証明であり，結論を偽と仮定することから出発する．偽とすると，5 色で塗り分けられないグラフが存在するから，その中で最小のサイズを持つグラフを G とする．**オイラーの公式** [I.4 (2.2 項)] は，任意の（連結）平面グラフに対して，$V-E+F=2$ が成り立つことを言っている．ここで，V は頂点の数，E は辺の数，F はグラフが分割する領域の数である．この公式から，G は高々 5 個の頂点に隣接する頂点 v を有することがわかる（すなわち，辺を通じて v に結ばれる他の頂点の個数が高々 5 個ということである）．この v を除去すれば，G のサイズの最小性により，残りの部分の適切な塗り分けが可能である．もし v の隣接頂点の数が 5 未満であれば，隣接頂点の色と異なる色をこの v に与えると，G が 5 色で塗り分けらることになり，矛盾である．したがって，今の議論がうまくいかない唯一の状況は，v が五つの隣接頂点を持

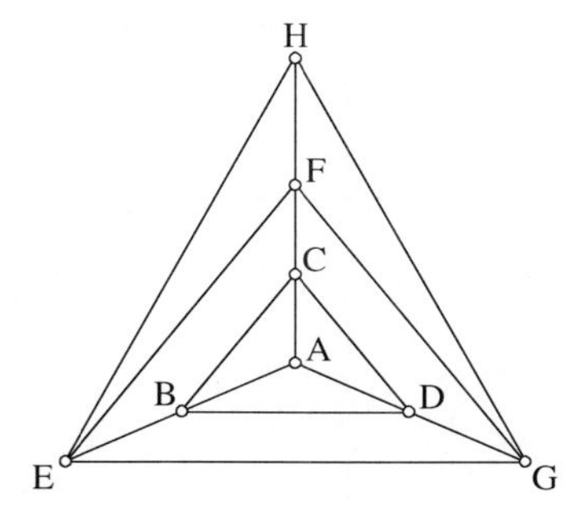

図 2 図 1 の地図から得られるグラフ

ち，しかも，G の残りの部分を塗り分けるときに，それらの五つの色がすべて異なることが起きる場合である．

v の隣接頂点の色を，赤，黄，緑，青，茶としよう．そのままでは，v に色を塗ることはできない．しかし，グラフの残りの部分の塗り分けを調整して，v に色を塗れるようにできる．たとえば，赤の頂点を緑にすることによって，v に赤を塗れるようにしようというのである．もちろん，こうするには，他の頂点も別の色に変えなければならないだろう．これは，次のような方法で行うことができる．まず，今述べたように赤の頂点を緑にする．次にこの頂点の隣接頂点の中で，赤のものすべてを緑に変え，この手続きを続ける．そしてこの手続きが終了したときに困った状況が起こるとしたら，それは v の緑の隣接頂点が赤に変わってしまうはずである．この場合，結局は v に対して赤を使う自由がないということになる．これが起こるのは，v の隣接頂点で赤のものから，緑の隣接頂点に向かう頂点の鎖であって，交互に赤と緑を繰り返すものが存在するとき，かつそのときのみである．しかし，もしこのような状況が起こるなら，v の隣接頂点で黄色のものを青に変更してみる．再びこの手続きを止めるような状況は，v の隣接頂点で黄色のものから青い隣接頂点に向かう頂点の鎖であって，黄色と青が交互に現れるものが存在するとき，かつそのときのみである．しかし，このような鎖は存在しない．なぜなら，このような鎖は，赤–緑の鎖とどこかの点で交差しなければならないが，これは，グラフが平面的であるという事実に反する．

4 色問題に戻ろう．ドイツの数学者ハインリヒ・ヘーシュ（Heinrich Heesch）は，上記の議論のさらに複雑なバージョンと考えられる一般的方法を提

案した．そのアイデアは，次の性質を満足する「配置」のリストを同定することにある．まず，すべての平面グラフは C に属するある配置 X を含まなければならない．次に，C に属す配置 X を含む平面グラフと，高々4色を使う G の残りの部分の適切な塗り分けが与えられたとき，G 全体の適切な塗り分けに拡張されるように，この塗り分けを調整できる．5色定理の証明においては，きわめて単純な配置のリストが存在した．すなわち，一つの辺を持つ頂点 v，二つの辺を持つ頂点 v，三つの辺を持つ頂点 v，四つの辺を持つ頂点 v，あるいは五つの辺を持つ頂点 v である．4色問題では，このようには単純にいかないが，ヘーシュのアイデアは，配置のさらに複雑なリストを使って，問題が解けるであろうということだった．

このようなリストは，1976年にケネス・アッペル（Kenneth Appel）とウォルフガング・ハーケン（Wolfgang Haken）により発見された．とはいえ，決してこれで物語が終わるわけではない．というのも，彼らが発見した配置のリストは「さらに複雑」どころか，飛び抜けて複雑なものであったため，新しい考え方を必要としたのである．すなわち，それは人力でチェックするには証明が長すぎる，最初の重要な定理だったのである．その理由の一端は，リスト C が約1,200の配置からなることであるが，さらに重要な理由は，ある配置 X に対しては，グラフの残りの部分の塗り分けが，X の塗り分けも一緒に適合するように調整できることを見るために，10万程度の場合をチェックしなければならなかったことである．したがって，計算機の助けなしにチェックするなど考えられなかった（ヘーシュ自身，配置のリストの候補を提案したが，彼の配置の中には，計算機でもまったくチェックできないような多数の場合を含むものがあった）．

アッペルとハーケンの証明に対する他の数学者の反応はさまざまであった．ある者は，数学の兵器庫に強力な新しい武器が加えられたことを歓迎した．他の者は，関連するコンピュータプログラムが正確に書かれていることと，計算機が正しく働くことを信じなければならない事態に不安を抱いた．実際，1989年に彼らが著した本の中で修正されたとはいえ，彼らの最初の証明に欠陥があるのがわかったのである．この種の疑いの可能性は，最終的には1997年に解消された．ロバートソン（Robertson），サンダース（Sanders），セイモア（Seymour），トーマス（Thomas）が，同様の原理に基づく別の証明を与えたのである．人力でチェック可能な証明の部分は一層平明になり，計算機が証明する部分は，証明のチェックが独立に可能な，適切に構造化されたデータの集積によってサポートされている．そうだとしても，使われているコンパイラが本当に正常に働くのか，ハードウェアは安定しているのか，というような疑問を投げかけることはできる．しかし，その証明は，異なるプログラム言語とオペレーティングシステムを使って，別のプラットフォームでもチェックされており，人力でチェックできる適度な長さの代表的証明と比べても，この証明に間違いがある可能性はきわめて低い．

結果として，現在はほんのわずかな数学者だけが証明の正しさを心配している状況である．しかし，これとは異なる理由から，そのような証明に異議を持つ多くの数学者がいる．定理が正しいと確かに思ったとしても，なぜ正しいかに疑問を持つことは，それでも可能だからである．そして，すべての人が，「10万の場合がチェックされ，それらすべてがOKであることがわかった」という説明でも満足はしない．したがって，もし誰かがより短い，しかもアクセスしやすい証明を発見したとしたら，アッペルとハーケンによる問題解決に匹敵する大きな進歩と見なされるであろう．その副作用は，今でも多くの間違った証明が世界中の数学教室に送り付けられていることである．その中のいくつかは，ケンペの犯した間違いを繰り返しているのである．

多くの良質な問題のように，4色問題は多くの重要な新しいアイデアの発展を促した．中でもグラフの彩色理論は，深く美しい研究分野に進化した（「極値的および確率的な組合せ論」[IV.19 (2.1.1項)] および Jensen and Toft（1995）を参照）．地図の塗り分け問題の，一般の曲面への拡張は，位相的グラフ理論の発展を促し，グラフの平面性に関する問題は，**グラフマイナー** [V.32] の理論に結実した．

グラフ理論の最も多産な研究者の一人であるウィリアム・T・タット（William T. Tutte）は，「4色定理は氷山の一角であり，楔の尖った先（一見何でもないが，将来重大な結果を生む事柄）であり，さらに春を告げるカッコーの鳴き声でもある」という表現で，数学への4色定理のインパクトを評価した．

文献紹介

Appel, K., and W. Haken. 1976. Every planar map is four colorable. *Bulletin of the American Mathematical Society* 82:711–12.

Appel, K., and W. Haken. 1989. *Every Planar Map Is Four Colorable*. Contemporary Mathematics, volume 98. Providence, RI: American Mathematical Society.

Jensen, T., and B. Toft. 1995. *Graph Coloring Problems*. New York: John Wiley.

Robertson, N., D. Sanders, P. Seymour, and R. Thomas. 1997. The four-colour theorem. *Journal of Combinatorial Theory* B 70:2–44.

V.13

代数学の基本定理

The Fundamental Theorem of Algebra

ティモシー・ガワーズ［訳：三宅克哉］

方程式 $x^2 = -1$ の解すなわち多項式 x^2+1 の根は，**実数** [I.3 (1.4 項)] としては存在しない．しかしこの性質によって規定される新しい数を i と表し，それを実数に加えて得られるものが**複素数** [I.3 (1.5 項)] である．一見すると，これはいかにも人工的なやり方であると思われる——実際 x^2+1 が他の多項式と比べてどれほど重要なのかは明確ではない——が，プロの数学者なら誰一人として人工的とは思わないだろう．代数学の基本定理は，複素数の数体系が実際に自然であり，それも深い意味のもとで自然であることを立証するとっておきの作品の一つである．この定理は，複素数の体系の中ではすべての多項式が根を持つと主張する．言い換えれば，数 i をひとたび導入してしまえば，単に方程式 $x^2+1=0$ を解くことができるだけではなく，（係数が複素数であっても）すべての代数方程式を解くことができる．このように，複素数をいったん定義してしまえば，そうするのに必要としたものよりもはるかに多くのものが手に入るのである．これこそが複素数が人工的に作られたものでなく，むしろ素晴らしい発見だと思われる所以である．

多くの馴染みやすい多項式に対しては，それらが根を持つことは見やすい．たとえば，正整数 d と複素数 u についての $P(x) = x^d - u$ の場合，P の根は u の d 乗根である．そこで，$u = re^{i\theta}$ と表せば，$r^{1/d}e^{i\theta/d}$ が求める根の一つである．したがって，さらに，いくつかの d 乗根と通常の四則演算を組み合わせた根の公式によって解くことができる多項式は，複素数の体系の中で解くことができる．もちろんこういったものの中には次数が 5 よりも小さい多項式がすべて含まれる．しかし，**5 次方程式の非可解性** [V.21] から，すべての多項式がこのように処理できるわけではない．そこで，代数学の基本定理を証明するとなると，何らかの間接的な論証を求めなければならない．

実際，これは実数係数の多項式の実数の根を求める場合にも当てはまる．たとえば，$P(x) = 3x^7 - 10x^6 + x^3 + 1$ については，もし x が正で十分大きければ $3x^7$ は他の項のどれよりも大きくなり，$P(x)$ の値は正であるし，x が負で絶対値が十分大きければ $3|x|^7$ についての同様の理由から $P(x)$ の値は負である．したがって，$y = P(x)$ のグラフはどこかのある点で x 軸を横切る．これは x のある値で $P(x) = 0$ になることを意味している．こうして $P(x)$ の実数の根の存在はわかるのだが，この論証からは根 x が何者であるかはまったくわからない——これが上で「間接的な論証」と言った意味である．

さて，多項式が複素数の根を持つことをどうやったら示せるのかを例 $P(x) = x^4 + x^2 - 6x + 9$ を用いて検討してみよう．この多項式を変形して $P(x) = x^4 + (x-3)^2$ と表す．そうすれば x^4 も $(x-3)^2$ も x が実数値をとるときには負にならない．しかも，両方が同時に 0 になることもないから，$P(x)$ は実数の根を持つことはできない．これが複素数の根を持つことを示すために，まず大きい正の実数 r を定めておき，θ が 0 と 2π の間を動いていくときの複素数 $P(re^{i\theta})$ の動向を見てみよう．このように θ が動くと，$re^{i\theta}$ は複素平面上の点 0 を中心とした半径 r の円周を 1 回りする．

一方，$(re^{i\theta})^4 = r^4e^{4i\theta}$ であるから，$P(re^{i\theta})$ の項の一つの $x^4 = r^4e^{4i\theta}$ は半径 r^4 の円周を回るが，θ が 0 と 2π の間を動く間にそれを 4 周する．ところが，r が十分に大きいと，$P(re^{i\theta})$ の残りの部分 $(re^{i\theta}-3)^2$ は $(re^{i\theta})^4$ に比べてとても小さいため，$P(re^{i\theta})$ の動きには少ししか影響を与えず，この点は半径 r^4 の円周からほんの少しだけしかずれないで動く．したがって，このずれは $P(re^{i\theta})$ が 0 のまわりを大きく 4 回転するのを妨げることはない．

次に，r が十分小さい正の実数であるときに何が起こるかを見てみよう．このとき，$P(re^{i\theta})$ は θ がどの値をとったとしても 9 にとても近い．実際，$(re^{i\theta})^4, (re^{i\theta})^2, (re^{i\theta})$ は，どれも絶対値がとても小さい．したがって，このとき $P(re^{i\theta})$ が描く曲線は決して 0 のまわりを回ることはない．

どのように正の実数値 r が与えられても，点 $P(re^{i\theta})$ が上の θ の動きに応じて 0 のまわりを何回転するかは明確に定まる．しかも，r が十分に大きいとき，$P(re^{i\theta})$ は 0 のまわりを 4 回転したが，r が十分に小さいときには 1 回転すらしなかった．したがって，中間的な r の値に対してこの回転数は変化する．しかも，r を徐々に小さくしていくと，各 r ごとに $P(re^{i\theta})$ が描く曲線自体も連続的に変化する．したがって，回転数の変化は，r のある値に対してこの曲線が 0 を通るときの前後に生じる．回転数は 4 から 0 まで変化するから，結局，点 $P(re^{i\theta})$ が描く曲線は，ある r の値のときに 0 を通り，そのときに $P(x)$ の根が得られる．

ここでの論考を厳密な証明にしていくには，それなりに注意深く対処する必要がある．しかし，それは可能であり，しかもその論証を一般の多項式の場合に当てはめることも難しくない．

代数学の基本定理の厳密な証明は，通常**ガウス** [VI.26] に帰されており，彼は最初の証明を 1799 年に学位論文で与えた．このときの彼の論証（上で考察したものとは異なる）は，今日の標準からすると完全に厳密であるとは言えないが，十分に説得力があり，おおむね正しい．その後，彼は 3 通りの証明を与えている．

V.14

算術の基本定理

The Fundamental Theorem of Arithmetic

ティモシー・ガワーズ［訳：三宅克哉］

算術の基本定理は，正の整数が素数の積として必ずただ 1 通りに表されるという主張である．これらの素数は元の数の**素因数**として，また積そのものは**素因数分解**として知られている．いくつかの例を与えよう．$12 = 2 \times 2 \times 3$，$343 = 7 \times 7 \times 7$，$4559 = 47 \times 97$ であり，また 7187 はそれ自身素数である．この最後の例が示すように，「積」という語についてはただ一つの素数しか現れない場合を含むことを了解しておかなければならない．また，「ただ 1 通りに」という言葉は，素因数を掛け合わせる順序が異なるものも含めて 1 通りと解釈しなければならず，たとえば，47×97 と 97×47 は異なっていると見なされない．

与えられた正整数 n の素因数分解は，次の数学的帰納法の手順で得られる．もし n が素数であれば，すでに素因数分解が得られている．そうでなければ，p を n の最小の素因数とし，$m = n/p$ とする．このとき m は n よりも小さいから，数学的帰納法の仮定からその素因数分解がわかっているとする．そうすれば，それと素数 p とを合わせて n の分解が得られる．実行する場合は，この手順によって次々に数列を作っていくのだが，現れる数は一つ前の数をその最小の素因数で割ったものになっている．たとえば，数 168 から始めると，数列は 168, 84, 42, 21 と続く．ここまでは各段階の最小の素因数は 2 である．次に，21 の最小の素因数 3 をとってさらに数 7 が得られるが，7 は素数だからこの手順はここで止まる．そして，遡って $168 = 2 \times 2 \times 2 \times 3 \times 7$ が得られる．

この手法に一度慣れてしまうと，一つの数が 2 種類の本質的に異なる素因数分解を持つ可能性は感じられなくなってしまう．しかし，この手法は，素因数分解がただ 1 通りであるとする一意性をまったく保証していない．最小の素因数を用いる代わりに最大の素因数を用いても，同様の手順が得られる．はたしてこのときにも同じ素因数分解が得られるのだろうか？ そもそも証明しようとすることを暗黙のうちに仮定することになってしまうような「n の素因数分解」といった文言を用いないで論証することなど，まず考えつかない．

算術の基本定理が必ずしも明らかで**ない**ことは，結構わかりやすく示すことができる．実際，素因数分解の概念は意味を持つが，数が 2 種類以上の素因数分解を許すような代数的な構造がある．たとえば，整数 a, b を用いて $a + b\sqrt{-5}$ と表される数全体の集合 $\mathbb{Z}[\sqrt{-5}]$ がそうである．この形の数は，通常の数と同様に加法と乗法ができる．たとえば，

$$(1 + 3\sqrt{-5}) + (6 - 7\sqrt{-5}) = 7 - 4\sqrt{-5}$$

であり，

$$
\begin{aligned}
&(1+3\sqrt{-5})(6-7\sqrt{-5}) \\
&\quad = 6-7\sqrt{-5}+18\sqrt{-5}-21(\sqrt{-5})^2 \\
&\quad = 6+11\sqrt{-5}+21\times 5 \\
&\quad = 111+11\sqrt{-5}
\end{aligned}
$$

である．

この構造において，数 $x=a+b\sqrt{-5}$ がもし ± 1 と $\pm x$ しか約数を持たないならば，それを素数と見なすことができる（これは素数という概念を正整数からすべての整数に広げるときに用いる自然な定義である）．しかも，2 と 3 がこの構造においても素数であることは，容易に示すことができる（ただし，この構造では因数の範囲が通常の場合よりも広いため，自明というわけにはいかない）．また，$1+\sqrt{-5}$ も $1-\sqrt{-5}$ も素数である．しかし，これらを用いれば，6 は 2×3 と $(1+\sqrt{-5})(1-\sqrt{-5})$ の 2 通りに表される．すなわち，6 は 2 種類の異なる素因数分解を持つ．こういった点についてのさらに踏み込んだ検討は，「代数的数」[IV.1 (4～8 節)] を参照されたい．

この例に示されているように，算術の基本定理の証明には，整数の全体 $\mathbb{Z}$ が持っている性質で $\mathbb{Z}[\sqrt{-5}]$ には欠けている何かを用いなければならない．加法と乗法は，まったく似通った形で両方の構造の中で働いている．したがって，求める性質，あるいは少なくとも両者に共通しないものを見つけることは簡単ではない．結論を言えば，$\mathbb{Z}[\sqrt{-5}]$ が持っていない重要な性質は，整数が持っている次の基本的な原理に類するものである．すなわち，m と n を整数とすれば，$n=qm+r,\ 0\le r<|m|$ と表される．この事実は**ユークリッドの互除法** [III.22] をおおもとで支えており，しかも「ただ 1 通りに」と表される一意素因数分解性について一般的に知られているほとんどの証明の中で重要な役割を演じている．

V.15

ゲーデルの定理

Gödel's Theorem

ピーター・J・キャメロン［訳：砂田利一］

「自分自身がメンバーの一つではないような集合すべてを要素とする集合は，それ自身のメンバーとなっているか？」[*1] という**ラッセルのパラドックス**のような，数学の基礎的な問題の解決にあたり，**ヒルベルト** [VI.63] は，数学分野の無矛盾性は，矛盾を引き起こさない有限的方法によって確立されるべきであるとの提唱を行った．これが実行されたあかつきには，この分野は数学全般に対して安全な基礎として使えるだろう．

「数学分野」の一つの例は自然数の算術であり，これは **1 階の論理** [IV.23 (1 節)] の範疇で記述される．この論理では，論理記号（「否定」(not)，「ならば」(imply) のような連結子と，「すべての」(for all) のような限定子，等号記号，変数記号，句読点など），および非論理記号（定数記号，関係，対象とする数学分野に適合する関数）から出発する．「(論理）式」は，(機械的に認識可能な）ある種の明確な規則に従って組み立てられる記号列である．まず公理系として一連の式の集まりを固定し，他の式から新しい式を推論することを許す「推論規則」を選ぶ．推論規則の例として，モーダスポーネンス (modus ponens) がある．これは，ϕ および $\phi\to\psi$ が推論されたとき，ψ を推論する規則である．「定理」とは，公理系から出発した推論の鎖（あるいはツリー）の最後にある式である．

数論に対する公理系は，**ペアノ** [VI.62] により与えられた（「ペアノの公理系」[III.67] を参照）．この理論の非論理記号は，0，「後継写像」s，加法記号 (+)，乗法記号 (×) である（加法，乗法は，他の公理から帰納的に定義することができる．たとえば，$x+0=x$，$x+s(y)=s(x+y)$ という規則により加法が定義さ

*1) ［訳注］$X=\{x \mid x\notin x\}$ とするとき $X\in X$ か？という問いであるが，X の定義により，一方で $X\in X$ なら $X\notin X$，他方で $X\notin X$ なら $X\in X$ となって，不合理が得られる．

れる）．重要な公理は「帰納法原理」である．これは，$P(n)$ という式について，$P(0)$ が真であり，$P(n)$ から $P(n+1)$ が導かれるとき，すべての n に対して $P(n)$ が真であるという主張である．ヒルベルトが具体的に挑戦しようとしたのは，この理論の無矛盾性，すなわち1階論理の規則によって，公理系からは矛盾が生じないことの証明であった．

ヒルベルトのプログラムは，**ゲーデル** [VI.92] により証明された「不完全性定理」という注目すべき定理により打ち砕かれた．その第1定理は次のように述べられる．

> 自然数についての（1階論理による）言明であって，ペアノの公理からは，証明もできないし，言明の否定も証明できないものが存在する．

（この定理には，「もしペアノの公理に矛盾がなければ」という前置きがなされることがある．しかし，自然数はペアノ算術のモデルとなっており，われわれは自然数の存在を受け入れているから，ペアノの公理は無矛盾であることがわかっている．よって，留保条件は必要としない．ただし，無矛盾性が明らかでないような公理を議論している場合は，この留保条件が必要となる）．

ゲーデルの証明は長いが，二つの単純なアイデアに基づいている．1番目は「ゲーデル数」のアイデアである．これは系統的かつ機械的に各式あるいは式の列をコード化する手段である．

$\pi(m,n)$ が成り立つのが「n が m の証明である」とき，かつそのときのみであるような2変数の式 $\pi(x,y)$ の存在を示すことができる．「n が m の証明である」という言い方は，m が式 ϕ のゲーデル数であり，n が ϕ の証明を構成する式の列であるということの簡潔な表現である．いくぶん丁寧に言えば，$\omega(m,n)$ が成り立つのは，m が一つの自由変数を持つ式 ϕ のゲーデル数であり，n が $\phi(n)$ の証明に対するゲーデル数であるとき，かつそのときのみであるような，式 $\omega(m,n)$ が存在するということである（自由変数は，量化されていない変数である．たとえば，$(\exists y)y^2=x$ という式 $\phi(x)$ においては，x が自由変数である．この場合の n は，ϕ のゲーデル数が完全平方であるという証明のゲーデル数である）．

さて，$\psi(x)$ を $(\forall y)(\neg\omega(x,y))$ という式としよう．もし ϕ をゲーデル数が m であるような（一つの自由変数を持つ）式とするならば，$\psi(m)$ は $\phi(m)$ の証明が存在しないことを（間接的に）意味している．実際には，これが意味しているのは，そのような証明のゲーデル数を持つ y が存在しないことである．p を ψ のゲーデル数，ζ を式 $\psi(p)$ としよう．

こうして，証明における第2のアイデアである「自己言及」に至る．式 ζ は，それ自身の証明不能性を主張するように注意深く工夫されている．というのも，$\psi(p)$ はゲーデル数 $\phi(p)$ を持つ式に対する証明が存在しないことを言っているからである．ここで，ϕ はゲーデル数 p を持つ式である．すなわち，$\psi(p)$ には証明が存在しないことをわれわれに語っている．ζ はそれ自身証明不能であることを主張し，しかも実際に証明不能であるから，それは真である．そして真であるがゆえ，それは証明不能である（ζ が真であるという議論が ζ の証明を構成しないのかと不思議に思う読者もいるだろう．この疑問に対する答えは，この議論が，ζ が真であることの厳密な論証になってはいるものの，ペアノ算術における証明とは言えないということである．すなわち，ペアノの公理系から出発し，前に述べた種類の推論規則を使うような議論にはなっていないのである）．

ゲーデル数というアイデアにより，公理系の無矛盾性を1階論理の式として考察することが可能になる．すなわち，$(\forall y)(\neg(\pi(m,y)))$ という式である．ここで，m は $0=s(0)$（あるいは，他の任意の矛盾式）という式のゲーデル数である．ゲーデルの第2定理は次のように述べられる．

> ペアノの公理系から，それらの無矛盾性を証明することはできない．

これらの定理の証明は，ペアノの公理系以外にも適用可能である．自然数を記述するのに十分強力な，機械的に認識可能な（無矛盾な）公理系にも適用される．こうして，証明不能な言明を新たに公理系に付け加えたとしても，完全性が修復されるわけではない．なぜなら，結果として得られる公理系は，ゲーデルの定理をそれに適用するのに，なおも十分に強力だからである．

すべての真である言明を単に付け加えることによって，自然数の完全な公理系を得ることができるように思われるかもしれない．しかし，ゲーデルの定理において必要とされている一つの条件は，ある機械的方法による公理系の認識可能性である（これは，証明の出発点において，式 $\pi(x,y)$ を構成するために必要である）．実際，（**チューリング** [VI.94] が指摘したように）自然数についての真である言明は，機械的には認識不能なのである（すなわちゲーデル数の全体は，**再帰集合**にはならない）．

ゲーデルが構成した，真ではあるが証明不能な言明は，数学の基礎にとって重要である．とはいえ，その言明自身は実質的な興味があるようなものではない．後に，パリス（Paris）とハーリントン（Harrington）が，ペアノの公理系では証明できない，数学的に重要な言明の最初の例を与えた．彼らが見出した言明は，**ラムゼーの定理** [IV.19 (2.2 項)] の変形である．これに続いて，他の多くの「自然な不完全性」が発見された．

もちろん，ペアノの公理系の無矛盾性は，より強い系においては証明可能である．というのも，（証明不能な）無矛盾な言明を付け加えることができるからである．自明とは言いがたいが，自然数のモデルが集合論の枠内で構成されるから，ペアノ算術の無矛盾性は，ZFC として知られる集合論に対する**ツェルメロ–フレンケルの公理系** [IV.22 (3.1 項)] から証明される．もちろん，ZFC はそれ自身の無矛盾性を証明できない．しかし，より強い公理系（たとえば**アクセスできない基数** [IV.22 (6 節)] のような適切に「大きい」基数の存在を主張する公理を付け加えた系）により，証明は可能である．

数学の十分に小さい部分に限れば，完全な公理系（すなわち，すべての真である言明を証明することのできる公理系）を見出すことが可能なときがある．たとえば，0，後継写像，そして加法のみを持つ自然数の理論がそうである．言い換えれば，ゲーデルの理論では，乗法が本質的な役割を果たしている．

ペアノの公理が「範疇的」（categorical）ではないのを見るのは，さらに容易である．実際，自然数系と同型でないようなモデルが存在するのである．そのような「算術の非標準的モデル」は無限大の数（すなわち，すべての自然数より大きい数）を含んでいる．

ゲーデルの定理は，人間の頭脳が決定論的機械であるかどうかについての，哲学者による論議の場を提供した（決定論的機械であれば，形式的に証明できない言明は証明できないことになる）．幸いにも，本章はこれに立ち入るには十分なスペースがなかった！

V.16

グロモフの多項式増大度定理

Gromov's Polynomial-Growth Theorem

ティモシー・ガワーズ［訳：砂田利一］

G を $g_1,\dots,g_k$ により生成される群とすれば（その意味は，G のすべての要素が g_i あるいはその逆元の積として表されるということである），G の要素を頂点として，$h=gg_i$ あるいは $h=gg_i^{-1}$ となるときに g と h を辺で繋ぐことにより，**ケイリーグラフ**が定義される．各 r について，単位元から高々 r の距離にある G の要素全体の集合を，γ_r で表すことにする．すなわち，γ_r は生成元とそれらの逆元が高々 r 個の「語」として書けるような要素の集合である（たとえば，$g=g_1g_4g_2^{-3}$ は γ_5 に属す）．G が無限群であれば，集合 γ_r のサイズの増大度は，G についてのかなりの情報を含んでいる．これは，増大度が指数増大より小さい場合は特にそうである（生成元 $g_1,\dots,g_r$ に関する与えられた長さの語の数は高々指数的であるから，増大度は常に指数関数で上から評価される）．

G が $g_1,\dots,g_k$ によって生成されるアーベル群であれば，γ_r の任意の要素は，$\sum_{i=1}^k |a_i| \le r$ を満たす整数 $a_1,\dots,a_k$ により $\sum_{i=1}^k a_ig_i$ の形をしている．したがって，γ_r のサイズは高々 $(2r+1)^k$ である（少し努力すれば，この評価を改良できる）．すなわち，r を限りなく大きくしていけば，γ_r の増大度は次数 k の r の多項式によって上から評価される．一方，G が $g_1,\dots,g_k$ を生成元とする**自由群** [IV.10 (2 節)] であれば，要素 g_i に関する長さ r のすべての語は（ただし，g_i の逆元は含まないとする），G の異なる要素を生じるから，少なくとも k^r ある．したがって，この場合には増大度は指数的である．より一般に，G が非アーベル的自由部分群を含めば，G は指数的な増大度を持つ．

これらの観察は，G がアーベル群により近ければ，増大度は小さくなることを示唆している．グロモフの定理は，この線に沿う著しく精密な結果である．これは，集合 γ_r の増大度が r の多項式によって上から評価されるためには，G が有限指数のベキ零部分群を持つことが必要十分条件であることを主張している．この条件は，ベキ零群が「アーベル群に近く」，さらに有限指数の部分群は「全体の群に近い」から，実際，G がいくぶんかはアーベル群に近いことを言っているのである．たとえば，代表的なベキ零群は**ハイゼンベルク群**であり，これは対角線より下の成分がすべて 0 であり，対角線上およびその上の成分が整数であるような 3×3 の行列からなる．そのような任意の二つの行列 X, Y に対して，行列積 XY と YX は行列の右側最上部において異なるだけで，その「誤差行列」$XY - YX$ は，ハイゼンベルク群に属すすべての行列と可換である．一般に，ベキ零群は，統制された方法により有限回のステップでアーベル群から構築される．

「ベキ零」の正確な定義を含むような，この定理についての十全な議論については，「幾何学的・組合せ群論」[IV.10] を参照されたい．ここでは，この定理が「剛性定理」の美しい例であるという事実を強調しておこう．すなわち，もしある群がベキ零群とほぼ同じように振る舞う（集合 γ_r の増大度が多項式程度ということ）ならば，実際きわめて正確かつ代数的な仕方でベキ零群に関係している（このような定理の他の例については，「モストフの強剛性定理」[V.23] を参照）．

V. 17

ヒルベルトの零点定理

Hilbert's Nullstellensatz

ティモシー・ガワーズ［訳：渡辺敬一］

$f_1, \ldots, f_n$ を複素数係数の d 変数 $z_1, \ldots, z_d$ の多項式とする．この $f_1, \ldots, f_n$ と任意の d 個の複素数の組 $z = (z_1, \ldots, z_d)$ に対して

$$f_1(z)g_1(z) + \cdots + f_n(z)g_n(z) = 1 \qquad (1)$$

を満たす多項式 $g_1, \ldots, g_n$ があったとする．このとき，$f_1(z) = \cdots = f_n(z) = 0$ となる $z = (z_1, \ldots, z_d)$ が存在しないことはすぐにわかる．なぜなら，この $(z_1, \ldots, z_d)$ に対して，左辺は 0 になってしまい，式 (1) が成立しないからである．注目すべきことは，この命題の逆が成り立つことである．すなわち，$f_1(z) = \cdots = f_n(z) = 0$ となる $z = (z_1, \ldots, z_d)$ が存在しなければ，$f_1(z)g_1(z) + \cdots + f_n(z)g_n(z) = 1$ を満たす多項式 $g_1, \ldots, g_n$ が存在する．この定理は**弱零点定理**と呼ばれている．

短い，しかし巧妙な議論によって，この弱零点定理から**ヒルベルトの零点定理**を導くことができる．この定理も，上と同様に，明らかに必要条件が十分条件でもあることを示すものである．多項式 h のあるベキが $h^r = f_1(z)g_1(z) + \cdots + f_n(z)g_n(z)$ を満たせば，明らかに h は $f_1, \ldots, f_r$ の共通零点において 0 になるが，この命題の逆がヒルベルトの零点定理である．すなわち，「ある多項式 h が $f_1, \ldots, f_r$ の共通零点において 0 になれば，h のあるベキが $h^r = f_1(z)g_1(z) + \cdots + f_n(z)g_n(z)$ と書ける」．

ヒルベルトの零点定理については，「代数幾何学」[IV.4 (5, 12 節)] の章で，より進んだ議論をする．

V. 18

連続体仮説の独立性

The Independence of the Continuum Hypothesis

イムレ・リーダー［訳：田中一之］

実数は**非可算** [III.11] である，しかし，実数は「最小な」非可算集合なのだろうか？　言い換えれば，A が実数の部分集合である場合，A は可算であるか，あるいは実数全体の集合との間に全単射が存在するかだと言えるだろうか？　**連続体仮説**（CH）は，これがまさに正しいと主張する．可算と非可算は**カントール** [VI.54] によって考案された概念であり，初めて CH を形式化したのも彼である．彼は CH が証明あるいは反証しようと熱心に研究し，その後も多くの研究者によって研究が続けられてきたが，誰もその答えを見つけることはできなかった．

次第に，数学者たちは CH が普通の数学，つまり，集合論における **ZFC 公理** [IV.22 (3.1 項)] から「独立」しているという考えを持つようになっていった．これは，ZFC では CH は証明も反証もできないことを意味している．

この方向における最初の結果は，**ゲーデル** [VI.92]

によってもたらされた．彼は CH が普通の公理では**反証**できないことを示したのである．言い換えれば，CH を仮定しても，矛盾を示せないということである．これを示すために，ゲーデルは，集合論のどの**モデル** [IV.22 (3.2 項)] の内部にも，CH を満たすモデルが存在することを示した．このモデルを「構成的ユニバース」と呼ぶ．大雑把に言うと，これは，ZF の公理が正しければ「存在しなければならない」集合だけからなるものである．よって，このモデルでは，実数の集合は可能な限り小さくなる．「最小の非可算な大きさ」を普通は $\aleph_1$ と表記する．Gödel の構成では，高々可算個の実数が各段階に現れ，すべての実数が $\aleph_1$ 段階までに現れることになる．このことから，実数の大きさは $\aleph_1$ であること，つまり CH の主張が演繹される．

逆の方向については，ポール・コーエン（Paul Cohen）による「強制法」の開発まで 30 年間待つことになる．どうすれば CH を偽にできるだろうか？それには，（CH を満たすかもしれない）集合論のモデルから開始して，CH を偽にするように実数を「追加」していきたい．すなわち，$\aleph_1$ よりも多くなるように十分な量の実数を追加していきたい．しかし，どうやって実数を「追加」するのだろうか？　最終的に集合論のモデルのままであることも容易ではないが，新たな実数を追加したときに $\aleph_1$ の値を変えないようにする必要がある（そうでないと，「実数の大きさが $\aleph_1$」であるという主張が新しいモデルでも真になってしまう）．これは概念的にも技術的にも非常に複雑な作業である．これを実行するための詳細については「集合論」[IV.22] を参照してほしい．

V.19

不等式

Inequalities

ティモシー・ガワーズ［訳：石井仁司］

x と y を二つの非負実数とする．すると，$(\sqrt{x}-\sqrt{y})^2 = x+y-2\sqrt{xy}$ は非負の実数である．これから，$\frac{1}{2}(x+y) \geq \sqrt{xy}$ が従う．すなわち，x と y の**算術平均**[*1)]が**幾何平均**[*2)]より小さくなることはない．この不等式の n 個の数に対する一般化は，**相加・相乗平均の不等式**と呼ばれる．

解析学の色合いが少しでもあるような数学の分野においては，不等式は非常に重要である．このような分野には，解析学自体はもとより，確率論，それから組合せ論，数論，幾何学の一部などが含まれる．解析学でも比較的抽象的な部分では，不等式の重要性はそれほどでもない．しかし，そこにおいても，抽象的な結果を応用する段階に入ると，不等式が必要になる．たとえば，**バナッハ空間** [III.62] の間の連続線形作用素に関する定理を証明するのに，不等式がいつでも必要というわけではないが，バナッハ空間からバナッハ空間への特定の**線形作用素** [III.50] が連続であるということは，まさに不等式が成立することであり，このことはしばしば非常に重要になる．本章に与えられた紙数の制限もあり，一握りの不等式について議論するだけになるが，どの解析学研究者でも必要とするような重要な不等式は，できる限り解説していきたい．

イェンゼンの不等式は，相加・相乗平均の不等式に加えてもう一つの相当に簡単な，しかも役に立つ不等式である．関数 $f:\mathbb{R}\to\mathbb{R}$ が**凸である**とは，次が成り立つことである．λ と μ が非負の実数で $\lambda+\mu=1$ を満たすならば，不等式 $f(\lambda x+\mu y) \leq \lambda f(x)+\mu f(y)$ が満たされる．幾何学的には，これは，関数のグラフ上の 2 点を結ぶ線分は必ずこのグラフの上方に位置することを言っている．単純な帰納法的議論により，この性質が，2 個の λ, μ を n 個に一般化したとき，次の性質に一般化されることがわかる．すなわち，λ_i が非負であり，$\lambda_1+\cdots+\lambda_n=1$ が満たされるならば，$f(\lambda_1 x_1+\cdots+\lambda_n x_n) \leq \lambda_1 f(x_1)+\cdots+\lambda_n f(x_n)$ が成り立つ．これがイェンゼンの不等式である．

指数関数 [III.25 (2 節)] の 2 階導関数は正である．これから指数関数が凸関数であることがわかる．$a_1, \ldots, a_n$ がすべて正の実数であるとする．$x_i=\log(a_i)$ とおいて，イェンゼンの不等式を使い，指数関数と**対数関数** [III.25 (4 節)] の性質を用いれば，

$$a_1^{\lambda_1}\cdots a_n^{\lambda_n} \leq \lambda_1 a_1+\cdots+\lambda_n a_n$$

が得られる．これは**重み付き相加・相乗平均の不等式**と呼ばれる．すべての λ_i を $1/n$ とおくとき，こ

*1)　［訳注］相加平均ともいう．
*2)　［訳注］相乗平均ともいう．

れは通常の相加・相乗平均の不等式である．イェンゼンの不等式を他の凸関数に適用すると，よく知られたいろいろな不等式が得られる．たとえば，関数 x^2 に適用すれば，不等式

$$(\lambda_1 x_1 + \cdots + \lambda_n x_n)^2 \leq \lambda_1 x_1^2 + \cdots + \lambda_n x_n^2 \quad (1)$$

が得られる．これは次のようにも解釈できる．X を有限標本空間上の**確率変数** [III.71 (4 節)] とするとき，$(\mathbb{E}X)^2 \leq \mathbb{E}X^2$ が成り立つ．

コーシー–シュワルツの不等式は，数学全体で見て，たぶん最も重要な不等式である．V を，**内積** [III.37] $\langle\cdot,\cdot\rangle$ を持つ実ベクトル空間とする．内積空間の最も重要な性質の一つは，すべての $v \in V$ に対して $\langle v, v\rangle \geq 0$ が成り立つことである．$\langle v, v\rangle^{1/2}$ を $\|v\|$ と表す．x と y を V のベクトルで $\|x\| = \|y\| = 1$ を満たすものとすれば，$0 \leq \|x-y\|^2 = \langle x-y, x-y\rangle = \langle x,x\rangle + \langle y,y\rangle - 2\langle x,y\rangle = 2 - 2\langle x,y\rangle$ がわかる．したがって，不等式 $\langle x,y\rangle \leq 1 = \|x\|\|y\|$ が成り立つ．さらに，等式が成り立つのは $x = y$ のときに限られる．x と y のそれぞれに，適当な非負実数 λ と μ を掛けて，一般の x と y の組を作れば，不等式の右辺は $\lambda\mu$ となる．これより，一般に不等式 $\langle x,y\rangle \leq \|x\|\|y\|$ が成り立つことがわかる．また，等式が成り立つのは x と y が比例している*3)場合に限られる．

内積空間を特定すると，この不等式の特別な場合が得られる．普通これもコーシー–シュワルツの不等式と呼ばれる．たとえば，内積 $\langle a,b\rangle = \sum_{i=1}^n a_i b_i$ を持つ空間 $\mathbb{R}^n$ を考えれば，不等式

$$\sum_{i=1}^n a_i b_i \leq \left(\sum_{i=1}^n a_i^2\right)^{1/2} \left(\sum_{i=1}^n b_i^2\right)^{1/2} \quad (2)$$

が得られる．複素数の場合に対して同様な不等式を示すことは難しくない．この場合には，右辺の a_i^2 と b_i^2 をそれぞれ $|a_i|^2$ と $|b_i|^2$ に置き換える必要がある．また，不等式 (2) が上述の式 (1) に同値であることを示すことも，それほど難しくない．

ヘルダーの不等式はコーシー–シュワルツの不等式の重要な一般化である．これもまたいろいろなタイプがあるが，不等式 (2) に対応するものは

$$\sum_{i=1}^n a_i b_i \leq \left(\sum_{i=1}^n |a_i|^p\right)^{1/p} \left(\sum_{i=1}^n |b_i|^q\right)^{1/q}$$

という不等式である．ここで，p は区間 $[1, \infty]$ に入る数で，q は**共役指数**であり，$(1/p) + (1/q) = 1$ を満たす数である（ただし，$1/\infty$ を 0 と解釈する）．$(\sum_{i=1}^n |a_i|^p)^{1/p}$ の値を $\|a\|_p$ と表すとき，この不等式は簡潔に $\langle a,b\rangle \leq \|a\|_p\|b\|_q$ と表される．

与えられた列 a に対して，上の不等式において等式が成立する列 b で，0 でないものを見つける問題は，簡単な演習問題である．また，この不等式の両辺は同じスケール特性を持つ．したがって，$\|a\|_p$ は $\|b\|_q = 1$ を満たす b に関する $\langle a,b\rangle$ の最大値と等しいことがわかる．これを用いれば，関数 $a \mapsto \|a\|_p$ が**ミンコフスキーの不等式** $\|a+b\|_p \leq \|a\|_p + \|b\|_p$ を満たすことが証明できる．

これだけでも，ヘルダーの不等式が重要である理由をある程度説明している．ミンコフスキーの不等式が成り立つことがわかれば，（記法からしてもそうであるように）$\|a\|_p$ が $\mathbb{R}^n$ の**ノルム** [III.62] であることは，容易にわかる．このことは，本章の最初に述べた様相のもっとずっと基本的な一例である．すなわち，あるノルム空間が実際にノルム空間であることを示すためには，実数に関する不等式の証明が必要になる．特に，$p = 2$ の場合を見てみれば，**ヒルベルト空間** [III.37] の全理論がコーシー–シュワルツの不等式に依存していることがわかる．

ミンコフスキーの不等式は，**三角不等式**の特別な場合である．これは，**距離空間** [III.56] における 3 点 x, y, z に対して，$d(x,z) \leq d(x,y) + d(y,z)$ が成り立つことを主張する．ここで，$d(a,b)$ は a と b の距離を表す．このような述べ方をすると，三角不等式はトートロジーであるように響くかもしれない．三角不等式は距離空間の公理の一つだからである．しかしながら，特定の距離が本当に距離になっているかは，決して自明のことではない．$\mathbb{R}^n$ を考えて，$d(a,b)$ を $\|a-b\|_p$ として定義すれば，ミンコフスキーの不等式と，この距離の概念における三角不等式とが同値であることが簡単にわかる．

上の不等式には自然な「連続版」がある．たとえば，ヘルダーの不等式の連続版は，次のとおりである．f と g を $\mathbb{R}$ 上の二つの関数とするとき，$\langle f,g\rangle$ を $\int_{-\infty}^{\infty} f(x)g(x)\mathrm{d}x$ として定義し，$(\int_{-\infty}^{\infty} |f(x)|^p \mathrm{d}x)^{1/p}$ を $\|f\|_p$ と書く．このときまた，$\langle f,g\rangle \leq \|f\|_p\|g\|_q$ が成り立つ．ただし，q は p の共役指数である．もう一つの例は，イェンゼンの不等式の次のような連続版である．すなわち，f は凸関数であり，X は確率変数であるとすると，$f(\mathbb{E}X) \leq \mathbb{E}f(X)$ が成り立つ．

*3) ［訳注］非負の実数 λ に対して，$\lambda x = y$ あるいは $\lambda y = x$ が成り立つことを意味している．

これまでに述べた不等式では，二つの量 A と B が比較されてきたが，A 対 B の比が最大化される極端な場合を見出すことは簡単であった．しかしながら，すべての不等式について同じことが言えるわけではない．たとえば，実数列 $a=(a_1,a_2,\ldots,a_n)$ を考えよう．最初の量としてはノルム $\|a\|_2$ をとり，第2の量としては，各 ε_i が1か -1 であるような 2^n 個の列 $(\varepsilon_1,\varepsilon_2,\ldots,\varepsilon_n)$ のすべてを考えて，量 $|\sum_{i=1}^n \varepsilon_i a_i|$ の平均値をとる（言い換えると，各 i に対して，無作為に ε_i として，1か -1 を選び，$\varepsilon_i=-1$ であれば a_i を -1 倍し，そうでなければ何もしないで，得られた数列の和をとり，その絶対値の期待値を求める）．この場合には，第1の量が第2の量よりもいつでも小さいかあるいは等しいということにはならない．たとえば，$n=2$ とし，$a_1=a_2=1$ ととれば，第1の量は $\sqrt{2}$ であり，第2の量は1である．しかし，**キンチンの不等式**（より正確に言えば，キンチンの不等式の重要な特別の場合）の注目すべき主張によれば，ある定数 C に対して，第1の量は第2の量の C 倍より大きくなることはない．一方，不等式 $\mathbb{E}X^2 \geq (\mathbb{E}X)^2$ を使えば，第1の量がいつでも第2の量より大きいか等しいことは容易に示される．結果として，二つの量は見た目ではとても異なるが，実は「定数倍を除いて同値」である．しかし，ここでの最良定数は何だろうか？　すなわち，第1の量は第2の量の何倍までになりうるだろう？　その答えは，キンチンが元の不等式を証明してから50年以上後の，1976年のスタニスワフ・セレックの結果を待たなければならなかった．その答えは，上に挙げた例の極端な場合を与えており，比は $\sqrt{2}$ を超えないというものである．

この状況はよくあることである．不等式自体の発見に比べて最良定数がずっとあとに見つかったもう一つの有名な例として，**ハウスドルフ–ヤングの不等式**を挙げる．これは関数のノルムとその**フーリエ変換** [III.27] のノルムを関連付けるものである．$1 \leq p \leq 2$ とし，f は $\mathbb{R}$ から $\mathbb{C}$ への関数でノルム

$$\|f\|_p = \left(\int_{-\infty}^{\infty} |f(x)|^p \mathrm{d}x\right)^{1/p}$$

が存在しかつ有限であるものとする．$\hat{f}$ は f のフーリエ変換であるとし，q は p の共役指数であるとする．このとき，$\|\hat{f}\|_q \leq C_p \|f\|_p$ が成り立つ．ただし，C_p は（f にはよらない）p に依存した定数である．この場合にも，最良定数の決定は何年間も未解決問題であった．「最良」関数がガウス関数である，すなわち，$f(x)=\mathrm{e}^{-(x-\mu)^2/2\sigma^2}$ の形の関数であるという事実は，これの解決がなぜ長期間にわたって困難であったかをくみ取るヒントになるかもしれない．ハウスドルフ–ヤングの不等式の証明の概要は「調和解析」[IV.11 (3 節)] にある．

幾何学的不等式と呼ばれる重要なクラスの不等式がある．このクラスの不等式では，比較されるものは幾何学的対象に関する量である．この種の不等式の有名な例は，次の**ブリュン–ミンコフスキー不等式**である．A と B を $\mathbb{R}^n$ の部分集合とし，$A+B$ を集合 $\{x+y : x \in A, y \in B\}$ として定義する．このとき，

$$(\mathrm{vol}(A+B))^{1/n} \geq \mathrm{vol}(A)^{1/n} + \mathrm{vol}(B)^{1/n}$$

が成り立つ．ここで，$\mathrm{vol}(X)$ は集合 X の n 次元体積（より正式な言い方では，**ルベーグ測度** [III.55]）を表す．ブリュン–ミンコフスキーの不等式は，これと同じように有名な（等周不等式の一つの大きなクラスである）$\mathbb{R}^n$ における**等周不等式**を証明するために使うことができる．あまり正式でない言い方をすれば，与えられた体積を持つ集合の中で表面積が最小のものは球である，というものである．これがなぜブリュン–ミンコフスキーの不等式から導かれるかという説明は，「高次元幾何と確率論的アナロジー」[IV.26 (3 節)] を参照されたい．

もう一つの不等式を取り上げて，ここでの不等式のサンプルを終わりとする．それは**ソボレフの不等式**である．この不等式は偏微分方程式論において重要である．f は $\mathbb{R}^2$ から $\mathbb{R}$ への微分可能な関数であるとする．この関数のグラフは $\mathbb{R}^3$ の中の xy 平面の上に位置する滑らかな曲面として視覚化できる．また，f は**コンパクトな台を持つ**関数とする．すなわち，ある M に対して，原点 $(0,0)$ から (x,y) への距離が M より大きいときに $f(x,y)=0$ となる．ある L^p ノルムで測った f の大きさの上界を，その**勾配** [I.3 (5.3 項)] ∇f の別のある L^p ノルムで測った大きさを使って与えることを考える．関数 f の L^p ノルムは

$$\|f\|_p = \left(\int_{\mathbb{R}^2} |f(x,y)|^p \mathrm{d}x\mathrm{d}y\right)^{1/p}$$

として定義される．

1次元では，このような上界は存在しない．たとえば，区間 $[-M, M]$ 上では1で，これより大きい

区間 $[-(M+1), M+1]$ の外側では 0 であり，二つの区間の間では 1 から 0 に徐々に減衰する微分可能な関数を考えることができる．M を大きくしていくとき，導関数が 0 でない部分は（たとえば，ただ平行移動されるだけで）大きさ*4)を変えず，一方，f の大きさはいくらでも大きくなるようにすることができる．しかしながら，2 次元では同様な現象は起こらない．なぜならば，今度は，関数の大きさが増えるときに，関数の「境界」も増えるからである．ソボレフの不等式によれば，$1 \leq p < 2$ であり，$r = 2p/(2-p)$ であれば，$\|f\|_r \leq C_p\|\nabla f\|_p$ が成り立つ．このことの正当性の説明として，次のたとえを考えよう．$p = 1$ の場合を考える．このとき，$r = 2$ となる．関数 f は半径 M の円の内側で 1 であり，半径 $M+1$ の円の外側では 0 であるとする．この場合，M が増えるとき，ノルム $\|f\|_2$ は M にほぼ比例して増え（$\|f\|_2^2$ はだいたい半径 M の円の面積に等しいから），$\|\nabla f\|_1$ も同様である（$\|\nabla f\|_1$ はおおむね半径 M の円周の長さに比例するから）．厳密ではないこの議論からも示唆されるように，平面の場合には，ソボレフの不等式と等周不等式の間には緊密な関係がある．等周不等式の場合と同じように，各 n に対して，n 次元版のソボレフの不等式がある．基本的には同じ不等式で，条件が $1 \leq p < n$，$r = np/(n-p)$ に変わるだけである．

V.20

停止問題の非可解性

The Insolubility of the Halting Problem

ティモシー・ガワーズ［訳：志村立矢・平田典子］

数学のある分野において問題の完全解決とは何を意味するのであろうか？　たとえば「機械的に」問題の答えが得られる場合には解決可能と見なすこともできよう．次の問いを考えてみよう．現在のジムの年齢は母親の年齢の半分である．ジムは今から 12 年後に，母親の年齢の 3/5 になる．では，ジムの母親は今何歳であろうか？　この問題は 3/5 という分数を習いたての子供にとってはきわめて難しいが，能力のある年上の子供ならば，試行錯誤を繰り返しながら努力すれば解けるかもしれない．しかし，方程式の問題に帰着させて連立方程式の計算により解決できることがわかる人にとっては，型どおりの作業で解ける問題である．すなわち，x をジムの年齢，y を母親の年齢とおくと，問題文より $2x = y$ および $5(x+12) = 3(y+12)$ となる．第 2 式より $3y - 5x = 24$ が得られるので $y = 2x$ を代入すると $x = 24$，$y = 48$ が得られる．

困難で巧妙な解き方を要するように思える問題であっても，数学を広く学べば学ぶほど機械的処理で解けるものが増えるであろう．では，いかなる数学の問題の解法も，結局このような機械的作業に帰着できるのであろうか？　すべてではなくとも，連立方程式などの範疇の問題に限れば，機械的作業で問題が解けることが示せるのであろうか？　十分に「自然な」問題に対しては，解答の機械的手順がなくても解ける可能性は存在するのかもしれない．

このような問いに関して，何世紀にもわたり徹底的に調べられたのが，**ディオファントス方程式**の可解性である．ディオファントス方程式とは，整数などの範囲に限って解を求めるような未知数 1 個以上の方程式を指す．最も有名なディオファントス方程式は，フェルマーの大定理の方程式 $x^n + y^n = z^n$ であろう．これは文字 n を含み複雑なので，ここではディオファントス方程式を $x^2 - xy + y^2 = 157$ のような多項式で与えられるものに限ることにしよう．$x^2 - xy + y^2 = 157$ の左辺は $(x^2 + y^2 + (x-y)^2)/2$ であるから，解 (x, y) は $x^2 + y^2 \leq 314$ を満たさなければならない．したがって，この範囲の整数をすべて調べる作業のあとで元の方程式に代入して確かめれば，整数解 $x = 12$，$y = 13$（もしくは $x = 13$，$y = 12$）を得ることができる．もっとも，この調べ尽くす方法による整数解の決定は，常に可能とは限らない．たとえば，$2x^2 - y^2 = 1$ は**ペル方程式**（「代数的数」[IV.1 (1 節)] を参照）と呼ばれるディオファントス方程式の一つであり，ペル方程式および 2 変数 2 次以下の多項式でこの形に帰着できる方程式の整数解は**連分数展開** [III.22] の理論を用いて系統的に構築されることが知られているが，一方，整数解は一般に無限個存在するからである．

19 世紀の終わりまでにペル方程式を含む多くの

*4)　［訳注］L^p ノルムで測った大きさを意味する．ただし，$1 \leq p < \infty$ とする．

ディオファントス方程式の整数解が調べられたが，すべての方程式を統一的に解く方法は何も発見されなかった．これは**ヒルベルト** [VI.63] による問題提起を導き，ヒルベルトの著名な 23 の未解決問題のうちの第 10 問題として考察されるに至った．すなわち，任意個数の未知数を持つ多項式型のすべてのディオファントス方程式に対して，整数解を求める統一的な手法が存在するかという問いである．1928 年にヒルベルトは，すべての数学の命題に対してその真偽を決める統一的手続きが存在するかという一般的な問題を考えた．これは Entscheidungsproblem（ドイツ語で決定問題という意味である）と呼ばれている．

ヒルベルトはこれらの予想が肯定的に解かれると，あるいは解けてほしいと考えたようである．言い換えると，連立方程式の解法を習っていない子供のように，単に機が熟さないという理由で彼の時代には統一的手続きを確立できなかっただけであり，新しい時代を迎えれば，特別な才能に頼らずとも，すべての数学の問題を系統的に解く方法が原理的には求められると思ったようである．

この考えを支持する証拠としては，格別強力なものはなかったように思われる．ある種の問題では系統的で完全な手続きがあるが，ディオファントス方程式のような問題では手に負えず，巧妙な方法を探すことが重要であったようである．しかし，ヒルベルトの問題の否定的解決を期待するならば，それはある範疇の数学の問題を完全解決する系統的手続きの非存在を厳密に証明する，という大きな挑戦を強いることになる．そのためには，まず系統的手続きとは実際に何を指すのかを正確に定義しなければならない．

今日では，系統的手続きとは，コンピュータに実行させるプログラムが組める手続きであるという簡単な表現ができる（コンピュータが無尽蔵の記憶容量を持つという理想的条件のもとでの話であるが）．連立方程式を解くことを大変な仕事と考える必要はないのと同様，コンピュータのプログラムを組むこともそれほど難しい作業ではない（ただし，数値的に正確で高速な計算を追求するためには，「数値解析」[IV.21 (4 節)] の章に記述された一連の興味深い問題に取り組むことになる）．もっとも，ヒルベルトの問題はコンピュータの存在以前に問われている．1936 年に**チャーチ** [VI.89] や**チューリング** [VI.94] が今日**アルゴリズム** [IV.20 (1 節)] と呼ばれる概念を定式化し，アルゴリズムの厳密な定義がそれぞれ独立に与えられた．2 人の定義はかなり異なったもののように見えたが，後世それらは同値であることが示された．すなわち，チャーチの意味でのアルゴリズムで解けることは，チューリングの定義によるアルゴリズムでも達成され，逆も成立する．チューリングの定式化は，近代のコンピュータ設計に大きな影響を与えた（「計算複雑さ」[IV.20 (1.1 項)] を参照）．チャーチのそれは「アルゴリズム」[II.4 (3.2 項)] を参照されたい．本章では，時代によらない定義に基づいて話を進めよう．

アルゴリズムという概念の正しい把握が十分にできさえすれば，ヒルベルトの Entscheidungsproblem（決定問題）に対する否定的解決まであと数歩と言えよう．この説明のために，L というプログラミング言語（たとえば Pascal や C++など）を想定する．与えられた一連の対象に対し，自分のコンピュータに言語 L によるプログラム文字列を提示して，プログラムの実行を終了し停止するか，あるいは停止せず実行し続けるかという問題を問うてみる．これは**停止問題**と呼ばれる問題（一連の問題全体を指す）である．停止問題は数学の問題と思われないかもしれないが，そのいくつかはまさに数学的問題である．例として，次が実行されるプログラムを考えよう．まず記憶装置に偶数 n，たとえば最初に $n = 6$ を入れる．n 以下の奇数 m に対して m および $n - m$ が同時に素数であるかどうかを問う．ある奇数 m に対して m も $n - m$ も素数であることが成立するならば，n に 2 を足して判定を繰り返し，n 以下のすべての奇数 m に対して m と $n - m$ が同時に素数であることが否定されたときに停止するプログラムであるとしよう．このプログラムは**ゴールドバッハ予想** [V.27] が偽である場合に限り，実行が停止されるものとなる．

チューリングは「停止問題の系統的手続きは存在しない」ことを証明した（チャーチは彼の定義した**再帰的関数**と呼ばれる概念に対して同様の結果を示した）．プログラミング言語 L に対するチューリングの論法を説明する．それはプログラムからの指示がどのようなものである場合に実行が停止するか，あるいは続行するかを示せるような系統的手続きが存在しないことを導くものである．証明は背理法による．停止問題の系統的手続きが存在したと仮定する．その手続きを P とおく．言語 L は多くの言語による典型的プログラムと同様に入力を要求し，入力によりプログラムの実行状況が変化するものとする．P は，プログラム文字列と入力の組 (S, I) に対して入力が I ならばプログラム S が停止するするかどうかを教えてくれるものとする．

P を元に新しい手続き Q を次のように構成する．S が与えられたとき，まず P に入力 (S, S) を与えて実行させる．S に自身を入力として与えたとき，S が停止しないという判定を P が下すなら，（入力 S に対し）Q を停止させる．しかし，S が停止するという判定を P が下したなら，Q をわざと無限ループに送り，Q が停止しないようにする（S が正しいプログラムでない場合は，実はどう決めてもよいのだが，Q は停止するものとしておく）．まとめると，S が入力 S に対し停止する場合には Q は（入力）S に対し停止せず，S が入力 S に対し停止しない場合には Q は（入力）S に対し停止する．

さてここで，S が Q 自身を表すプログラムの場合を考えてみよう．Q は入力 S に対し停止するだろうか？　もしそうならば，S は入力 S に対し停止することになり，Q は停止しない．そうでないならば，S は入力 S に対し停止しないことになり，Q は停止する．これは矛盾であり，したがって Q の構成の元となる手続き P は存在し得ない．

この議論により，ヒルベルトの一般決定問題には，否定的な解決という決着がついた．すなわち，任意の数学の命題に対し，その真偽を決める統一的手続きとなるアルゴリズムは存在しない．しかし，この証明は与えられたアルゴリズムに対し，人工的な命題を反例として構成することでなされており，ディオファントス方程式を解く問題のように，実際の具体的な方程式や自然な命題などに限る場合には決定問題がどのように解決されるかという問いの答えは，まだ得られていない．

しかしながら，おもしろいことに，このような特別な問題が往々にして一般的問題と同値であることが，**符号化**という技法によって示される場合がある．たとえば，適切に表現された複数の多角形のタイルを入力とするアルゴリズムで，それらと合同なタイルを用いて平面をタイル貼りできるかどうかを判定するものは存在しない．なぜならば，任意のアルゴリズムが与えられたとき，巧妙にタイルを構成し（これが符号化に相当する），そのタイルで平面充填することが，そのアルゴリズムの停止と同値であるようにすることができるからである．したがって，もしタイル貼り可能性判定アルゴリズムが存在したとすると，それは停止問題の非可解性に矛盾する．

他の特別な例としては，**群における語の問題**が有名である．語の問題はその決定アルゴリズムを持たず，非可解である．これは次の理由による．いま群の生成元と基本関係式が与えられたとする．そして，この群が自明つまり単位元のみであるかどうかを問われたとする．このとき，もしその答えの決定アルゴリズムが存在すると，停止問題に対しても同様のアルゴリズムが構成できてしまうため，矛盾が生じる．この場合の符号化の手順は，タイル貼り可能性判定の場合よりも難しい．語の問題の非可解性は，ピョートル・ノヴィコフ（Pyotr Novikov）の 1952 年の著名な定理で示された．これに関する詳説は「幾何学的・組合せ群論」[IV.10] を参照されたい．

最後に，ヒルベルトの第 10 問題に関して述べよう．有名かつ非常に難解な一つの定理がユーリ・マチャセヴィッチ（Yuri Matiyasevitch）によって示されて，決着がついた．これはマーティン・デイヴィス（Martin Davis），ヒラリー・パットナム（Hilary Putnam），そしてジュリア・ロビンソン（Julia Robinson）による成果の上に積み重ねられたものである．マチャセヴィッチは 10 個のディオファントス方程式からなる連立方程式を構成した．それは m と n というパラメータを持ち，m がフィボナッチ数列の $2n$ 番目の項である場合に限り，連立方程式の整数解が求められるというものであった．整数を入力とする任意のアルゴリズムに対し，q というパラメータを含むディオファントス連立方程式で，その整数解が求められることと，アルゴリズムが q で停止することが同値であるようなものを，ロビンソンの業績から構成できることがわかる．つまり，停止問題の例が，ディオファントス連立方程式として符号化されることになり，ディオファントス方程式が可解か否かを判定するアルゴリズムは存在できないことになる．

ここまでの議論の受け止め方は人それぞれかもしれないが，数学者は，どれほど計算機が発展しても数学に人類の創造の場があると考えている．数学のすべての問題を系統的に処理することはできなくとも，数学そのものに対する影響はあまりない．しかし，ある種の問題は停止問題と同値になる場合があることに注意しなくてはならない．また，問題を解くアルゴリズムが簡単に作れる場合であっても，それを有効なものにすることは一般に難しい．これについては「計算複雑さ」[IV.20] を参照してほしい．

停止問題の非可解性についてのチューリングの議論は，**ゲーデルの不完全性定理** [V.15] に密接に関連する．双方とも**対角線論法**に基づくが，それについては「可算および非可算集合」[III.11] を参照されたい．

V.21

5 次方程式の非可解性

The Insolubility of the Quintic

マーティン・W・リーベック［訳：平田典子］

高校生以上の読者であれば，$ax^2 + bx + c$ という 2 次方程式の解の公式 $(-b \pm \sqrt{b^2 - 4ac})/2a$ を知っている．3 次方程式の解の公式については，これほどよくは知られていないかもしれない．3 次方程式 $x^3 + ax^2 + bx + c$ に対し，変数変換 $y = x + (1/3)a$ を施すと，$y^3 + 3hy + k$ の形になり，この方程式の解は

$$\sqrt[3]{\frac{1}{2}(-k + \sqrt{k^2 + 4h^3})} + \sqrt[3]{\frac{1}{2}(-k - \sqrt{k^2 + 4h^3})}$$

で与えられる．

2 次方程式の解の公式はギリシア時代から知られていたが，3 次方程式に対しては 16 世紀まで知られていなかった．同じ 16 世紀に 4 次方程式の解の公式も発見される．これら 2 次，3 次，4 次方程式の解は，もとの方程式の係数に対する代数的な式の変換（加法，減法，乗法，除法）および根号（平方根，立方根など）によって得られる．

さて，次は 5 次方程式である．しかし，5 次方程式の解の公式については何もわからないまま，数百年が経過した．

この理由は，実ははっきりしていたのである．5 次方程式の解の公式は存在しないのである．6 次以上の方程式の解の公式に対しても，公式は存在しない．この事実は，まず**アーベル** [VI.33]（26 歳で没す）によって，次いで**ガロア** [VI.41]（21 歳で没す）によって証明された．このとき，5 次以上の方程式の解の公式の非存在のみならず，代数学と整数論のまったく新しい理論体系を形成する，**ガロア理論**と呼ばれる近代の数学の主要領域が，同時に確立されたのである．

その根幹のアイデアは，多項式 $f = f(x)$ に対し，その根の置換を引き起こす**群** [I.3 (2.1 項)] である $\mathrm{Gal}(f)$（以下，f のガロア群と呼ぶ有限群）を対応させることであった．この群はある**体** [I.3 (2.2 項)] に対応して定められるが，いまこの体を**複素数** [I.3 (1.5 項)] の部分集合としよう．a, b が複素数ならば，$a + b$，$a - b$，ab，a/b（除法の場合には $b \neq 0$ を仮定）も複素数である．このようなとき，通常「演算で閉じている」という．すなわち複素数全体の集合は，加法，減法，乗法，除法で閉じているのである．たとえば，$\mathbb{Q}$ を有理数全体の集合とすると，$\mathbb{Q}$ も $\mathbb{Q}(\sqrt{2})$ もこの性質を持つ（加法，減法，乗法まではすぐに確かめられる．除法については $1/(a + b\sqrt{2}) = a/(a^2 - 2b^2) - b\sqrt{2}/(a^2 - 2b^2)$ であることからわかる）．有理数係数の n 次多項式 $f(x)$ の解が n 個の複素数であるという事実は，**代数学の基本定理** [V.13] によって保証される．$f(x) = 0$ の n 個の複素数の解を $\alpha_1, \ldots, \alpha_n$ とおく．f の（**最小**）**分解体**とは，$\mathbb{Q}$ と $\alpha_1, \ldots, \alpha_n$ を含む最小の体として定められるが，それを $\mathbb{Q}(\alpha_1, \ldots, \alpha_n)$ と記す．たとえば $x^2 - 2$ の解は $\pm\sqrt{2}$ であり，分解体は $\mathbb{Q}(\sqrt{2})$ である．3 次になると少し難しく，$x^3 - 2$ の解は α, $\alpha\omega$, $\alpha\omega^2$ の 3 根である．ここで，α は $\alpha = 2^{1/3}$ すなわち 2 の実の 3 乗根，$\omega = \mathrm{e}^{2\pi\mathrm{i}/3}$ とする．このとき分解体は $\mathbb{Q}(\alpha, \omega)$ となるが，これは $a_1 + a_2\alpha + a_3\alpha^2 + a_4\omega + a_5\alpha\omega + a_6\alpha^2\omega$ という元の集合である $(a_1, a_2, a_3, a_4, a_5, a_6 \in \mathbb{Q})$．ただし，$\omega^3 = 1$ より $(\omega - 1)(\omega^2 + \omega + 1) = \omega^3 - 1 = 0$ となって $\omega^2 = -\omega - 1$ であるから，ω^2 は現れないことに注意しよう．

$E = \mathbb{Q}(\alpha_1, \ldots, \alpha_n)$ を f の分解体とおく．E の**自己同型写像**とは，全単射 $\phi : E \to E$ であり，かつ加法と乗法を保つとき，すなわち $\phi(a + b) = \phi(a) + \phi(b)$，$\phi(ab) = \phi(a)\phi(b)$ がすべての $a, b \in E$ に対して成り立つときにいう．このような ϕ は減法と除法も保存し，またすべての有理数を変えないことが確かめられる．$\mathrm{Aut}(E)$ を E の自己同型写像全体とする．たとえば $E = \mathbb{Q}(\sqrt{2})$ に対しては，任意の自己同型写像 ϕ は

$$2 = \phi(2) = \phi(\sqrt{2}\sqrt{2}) = \phi(\sqrt{2})\phi(\sqrt{2}) = \phi(\sqrt{2})^2$$

を満たすので $\phi(\sqrt{2}) = \sqrt{2}$ または $-\sqrt{2}$ となり，最初の場合は $\phi(a + b\sqrt{2}) = a + b\sqrt{2}$，$a, b \in \mathbb{Q}$ であ

り，第2の場合は $\phi(a+b\sqrt{2})=a-b\sqrt{2},\ a,b\in\mathbb{Q}$ となる．E の自己同型写像はこの二つである．それぞれを ϕ_1,ϕ_2 とおくと，$\mathrm{Aut}(E)=\{\phi_1,\phi_2\}$ である．

E の二つの自己同型 ϕ,ψ の合成写像 $\phi\circ\psi$ は，また E の自己同型写像である．逆写像 ϕ^{-1} も，恒等写像 ι（すべての元 $e\in E$ に対して $\iota(e)=e$ で定義される写像）も自己同型写像であり，$\mathrm{Aut}(E)$ は合成という演算によって群になる．$\mathrm{Gal}(f)$ を f の分解体 E に対する $\mathrm{Aut}(E)$ として定め，$f(x)$ の**ガロア群**という．たとえば $f=x^2-2$ のときは $\mathrm{Gal}(x^2-2)=\{\phi_1,\phi_2\}$ である．ϕ_1 は恒等写像であり，$\phi_2^2=\phi_2\circ\phi_2=\phi_1$ であるから，$\mathrm{Aut}(E)$ は位数2の巡回群である．同様に $f=x^3-2$ のときは f の分解体は $E=\mathbb{Q}(\alpha,\omega)$ であり，すべての $\phi\in\mathrm{Aut}(E)$ に対して $\phi(\alpha)^3=\phi(\alpha^3)=\phi(2)=2$ が成り立つので，$\phi(\alpha)=\alpha$，$\phi(\alpha)=\alpha\omega$ または $\phi(\alpha)=\alpha\omega^2$ すなわち $\phi(\omega)=\omega$ または ω^2 である．$\phi(\alpha)$ と $\phi(\omega)$ が定まれば，$\phi(a_1+a_2\alpha+\cdots+a_6\alpha^2\omega)=a_1+a_2\phi(\alpha)+\cdots+a_6\phi(\alpha)^2\phi(\omega)$ より ϕ は完全に決まる．したがって，$\mathrm{Aut}(E)$ の元 ϕ には6個の可能性しかなく，$\mathrm{Gal}(x^3-2)$ は位数6の群である．実際には，この群は3次の**対称群**（**置換群** [III.68]）の S_3 であることは，$f(x)$ の3個の解の置換が自己同型を引き起こすことを考えると理解される．

さて，ガロア群が定義されたので，それに関する基本性質を述べて，5次方程式の不可解性を説明しよう．$G=\mathrm{Gal}(f)$ の部分群 H は H の固定体 $H^\dagger$ をなす．ただし，固定体 $H^\dagger$ とは，H の元であるどの自己同型写像 $\phi\in H$ によっても変わらない，つまり $\phi(a)=a$ となるような $a\in E$ の集合を指す（$H^\dagger$ は E の部分体になることがわかる）．ガロアはこの H と $H^\dagger$ の間の対応が，G の部分群，および $\mathbb{Q}$ と E の間の体（**中間体**と呼ばれる）に1対1対応を与えることを証明した．$f(x)$ が解の公式を持つことと，ある特殊な中間体が対応することが知られているため，それは G の特殊な部分群の存在を経て，ガロアの最も著名な定理の一つを示す．すなわち，$f(x)$ が解の公式を持つことと，$G=\mathrm{Gal}(f)$ が**可解群**と呼ばれるものであることは，同値である．ただし，G が可解群とは，$G=\mathrm{Gal}(f)$ が部分群の列 $1=G_0<G_1<\cdots<G_r=G$ を持ち，各 i に対して G_i が G_{i+1} の**正規部分群** [I.3 (3.3項)] であり，剰余群 G_{i+1}/G_i がアーベル群になるときにいうものとする．

したがって，ガロアの定理より，5次方程式の不可解性を示すためには，5次の多項式 $f(x)$ で $\mathrm{Gal}(f)$ が可解群にはならないものを構成すればよいことになる．たとえば $f(x)=2x^5-5x^4+5$ としよう．$\mathrm{Gal}(f)$ は5次対称群 S_5 の部分群に同型になることが示され，また S_5 は可解群にはならないことが言えればよい．簡単に理由を述べよう．まず，$\mathrm{Gal}(f)$ は5個の解の置換で構成されるので，S_5 の部分群に同型である．グラフを描くと，$f(x)=0$ は3実根と2虚根 α_1,α_2 を持つことがわかる．α_1 と α_2 は互いに複素共役なので，$z\to\bar{z}$ は常に $\mathrm{Gal}(f)$ 内の自己同型を与える．これより $\mathrm{Gal}(f)$ は S_5 の部分群であり，かつ位数2の部分群を持つことがわかる（この群は $(\alpha_1\alpha_2)$ と表される）．また，基本的事実として，既約多項式のガロア群は解に対し**推移的**，つまり，いかなる解 α_i,α_j に対しても $\mathrm{Gal}(f)$ の元で α_i を α_j に送るものが存在する．したがって，$\mathrm{Gal}(f)$ は S_5 の部分群で5個の元を推移的に移し，さらに位数2の部分群を持つものになる．群論の初等的な考察から，$\mathrm{Gal}(f)$ は S_5 自身でなければならないことがわかるが，S_5 の部分群である交代群 A_5 は非アーベルの単純群（自分自身と単位元だけの部分群以外に真の部分群が存在しないもの）になることがわかっているので，S_5 は可解群にはならない．

この考え方は，すべての $n\geq 5$ に対してもガロア群が S_n 自身になるような $f(x)$ の構成法を示す議論に一般化される．したがって，ガロアの定理より，5次以上の方程式には解の公式は存在しない．2次，3次，4次の場合にはこの議論は成立せず，実際にたとえば4次の場合は S_4 とその部分群はすべて可解群であることがわかっている．

V.22

リューヴィルの定理とロスの定理

Liouville's Theorem and Roth's Theorem

ティモシー・ガワーズ［訳：平田典子］

数学の最も著名な定理の一つは，$\sqrt{2}$ が無理数であるという事実であろう．これは $\sqrt{2}$ が有理数ではない，つまり $\sqrt{2}=p/q$ と表せる整数 p,q が存在しないことを示すことになる．すなわち，$p^2=2q^2$

を満たす整数 p, q が $p = q = 0$ 以外に存在しないことと同値である．この議論は一般化され，$P(x)$ が最高次係数が 1 の整数係数多項式ならば，このすべての解は整数かもしくは無理数になることが示される．たとえば $x^3 + x - 1$ は $x = 0$ のときに負の値，$x = 1$ のときに正の値をとるので，0 と 1 の間に実根が少なくとも一つ存在する．0 と 1 の間であるから，整数にはならない．したがって無理数である（分母が 1 より大きい既約分数にならないことは，最高次係数が 1 であることから従う）．

さて，無理数である証明は 1 個の数に対して示せたが，それ以上のことが言えるのであろうか．実は多くのことを考えられる．つまり，無理数が 1 個与えられたとき，それが有理数からどの程度の距離であるかを問うことができる．もっとも，難しくて手のつけられない場合もまた多い．

上記の質問は，何を聞いているかわかりにくいかもしれない．なぜなら，すべての無理数は有理数で好きなだけ近くなるように近似できるからである．たとえば $\sqrt{2}$ の小数展開をすると $1.414213\cdots$ であるが，これは $\sqrt{2}$ が有理数 1/100 000 と有理数 141 421/100 000 との間にあることを示している．一般的には，任意の正整数 q に対して $\sqrt{2} < p/q$ が満たされる最大の整数を p とすれば，p/q は $1/q$ と $\sqrt{2}$ の間にしかない．すなわち，$\sqrt{2}$ を $1/q$ の精度で近似しようとすると，分母 q を使う限りはこの議論を用いることになる．

しかしながら，次の質問を問うことができよう．精度 $1/q$ よりも良い近似を与えることが可能になるような分母 q は存在するのであろうか？　この問いには肯定的に答えられる．その理由を見るために N を正整数として数 $0, \sqrt{2}, 2\sqrt{2}, \ldots, N\sqrt{2}$ を考える．おのおのの数はその整数部分を m，小数部分を α $(0 \leq \alpha < 1)$ とおくと，$m + \alpha$ と書ける．このような数が $N + 1$ 個ある．0 と 1 の間を N 等分した幅 $1/N$ の小区間を考えると，この $N + 1$ 個の数の小数部分 α のうち少なくとも 2 個は，1 個の小区間に属する．つまり，0 と N の間の整数 r, s で $r < s$ であり，$r\sqrt{2} = n + \alpha$ と $s\sqrt{2} = m + \beta$ で $|\alpha - \beta| \leq 1/N$ を満たすものがある．したがって，$\gamma = \alpha - \beta$ とおくと，$(s - r)\sqrt{2} = n - m + \gamma$ かつ $|\gamma| \leq 1/N$ である．$q = s - r$，$p = n - m$ とおくと，$\sqrt{2} = p/q + \gamma/q$ つまり $|\sqrt{2} - p/q| \leq 1/qN$ となる．$N \geq q$ であったから，$1/qN \leq 1/q^2$ となって少なくともある整数 q で $\sqrt{2}$ を $1/q^2$ の精度で近似できる分数の分母になれるものがあることがわかった．

実は，以下の議論から，これ以上良い精度は望めないことがわかる．p, q を任意の正整数とする．$\sqrt{2}$ は無理数なので，p^2 と $2q^2$ は異なる正整数であるから，$|p^2 - 2q^2| \geq 1$ となる．左辺を分解して q^2 で割ると $|p/q - \sqrt{2}|(p/q + \sqrt{2}) \geq 1/q^2$ が得られる．p/q は 2 より小さいと仮定してよい（そうでない場合は $\sqrt{2}$ の良い近似にはならない）．そうすると，$p/q + \sqrt{2}$ は 4 より小さくなり，上の不等式より $|p/q - \sqrt{2}| \geq 1/4q^2$ が従う．つまり，いかなる場合も分母が q になる分数での近似の精度は，$1/4q^2$ よりは決して良くできない．

この定理を一般的に示したものが，**リューヴィルの定理**である，x が次数 d の多項式の無理数の解で，p, q を整数とすると，$|p/q - x|$ は $1/q^d$ よりも良い精度（もしくはその定数倍）では近似できない．$x = \sqrt{2}$ のときは，上記のとおり $d = 2$ の場合である．同様に，リューヴィルの定理から $|p/q - \sqrt[3]{2}|$ は $1/q^3$ よりも良い精度（もしくはその定数倍）では近似できない．

1955 年に示された驚くべき結果に，**ロスの定理**がある．これは，リューヴィルの定理の $1/q^d$ の指数 d は 2 に近いところまで改良できるという定理である．正確に述べよう．x を任意の整数係数多項式の無理数の解とする．任意の $r > 2$ を考える．正定数 $c > 0$ が存在して，$|p/q - x| > c/p^r$ がすべての整数 p, q に対して成立する．ただし，この c については正であることのみわかっているが，r や x にどのように依存するかは知られておらず，c についてのその情報を得ることは大きな未解決問題になっている．

なぜロスの定理がリューヴィルの定理よりも良いかを，たとえば $\sqrt[3]{2}$ を用いて説明しよう．$|p/q - \sqrt[3]{2}|$ が決して $1/q^3$ より小さくないということは，単に p^3 と $2q^3$ が異なる整数であることを意味するので，$|p^3 - 2q^3| \geq 1$ である．ロスの定理のような良い主張を言うためには，もっと強い内容，すなわち $|p^3 - 2q^3|$ が p, q が大きくなるにつれて増加することが必然である．たとえば $r = 5/2$ でロスの定理に当たるものを証明したければ，p^3 と $2q^3$ の差が $\sqrt{p}$ 以上もしくはその定数倍以上にならなければならないのである．それは残念ながら自明に示せることからは程遠いように思える．

V.23

モストフの強剛性定理

Mostow's Strong Rigidity Theorem

デイヴィッド・フィッシャー［訳：二木昭人］

1. 剛性定理とは何か？

典型的**剛性定理**は，興味を持っている数学的対象を集め，その中で同型なものは同じと見なしてしまうと，相異なるものは案外少ないという主張である．この考えを明確にするために，ある種の空間は一般に大きいことを期待させる**モジュライ空間** [IV.8] の例を見てみよう．

2. モジュライ空間の典型例

n 次元**多様体** [I.3 (6.9 項)] の**平坦計量**とは，ユークリッド空間 $\mathbb{R}^n$ の通常の**計量** [III.56] と局所的に等長的であるような計量である．別の言葉で言えば，その多様体の各点 x はある近傍 N_x に含まれ，N_x から $\mathbb{R}^n$ の部分集合への距離を保つ写像が存在するということである．最初の例として，トーラスの平坦計量を考えよう．2 次元トーラスのみを考えることにするが，ここで考える現象は高次元でも同様である．

2 次元トーラス $\mathbb{T}^2$ に平坦計量を与える簡単な方法は，$\mathbb{R}^2$ の $\mathbb{Z}^2$ に同型な離散部分群，すなわち格子による**商空間** [I.3 (3.3 項)] と見なす方法である．実際，すべての平坦計量が本質的にこの方法で与えられることはを見るのは難しくない．しかし，選択の任意性が残る．それは，格子の選び方の任意性である．自明な選び方は，$\mathbb{Z}^2$ である．しかし，可逆な線形変換 A をとり，それを $\mathbb{Z}^2$ に作用させ，トーラスを $\mathbb{R}^2/A(\mathbb{Z}^2)$ として定義すると，別の計量が得られる．自然な疑問は，A を 2 通りに選んだとき，同じ計量が得られるのはいつか，である．A の**行列式** [III.15] が 1 のときを見れば，一般の場合にどうなるかがわかるので，通常行列式 1 の場合のみを考える．そのような線形写像の全体は $\mathrm{SL}_2(\mathbb{R})$ と呼ばれる．

A が直交行列のときは，格子 $\mathbb{Z}^2$ を回転するだけなので，$A(\mathbb{Z}^2)$ は $\mathbb{Z}^2$ と同じ計量を与える．また，これはやや非自明であるが，同じ計量を与える写像の中に，$\mathbb{R}^2$ の標準基底に関して表現した行列がすべて整数に成分を持つものがあることである．このような写像のなす群は $\mathrm{SL}_2(\mathbb{Z})$ と呼ばれる．A が $\mathrm{SL}_2(\mathbb{Z})$ に属するならば，$A(\mathbb{Z}^2)$ により $\mathbb{Z}^2$ と同じ計量が得られることの理由は簡単である．すなわち，$A(\mathbb{Z}^2)$ は実際に $\mathbb{Z}^2$ と同じであるからである．

簡単に言うと，ここまでで説明したことは，$\mathbb{T}^2$ の平坦計量の空間は $\mathrm{SL}_2(\mathbb{Z})\backslash\mathrm{SL}_2(\mathbb{R})/\mathrm{SO}(2)$ と同一視できるということである（この記号は，集合 $\mathrm{SL}_2(\mathbb{R})$ において，二つの行列 A と B は，B が A に $\mathrm{SO}(2)$ と $\mathrm{SL}_2(\mathbb{Z})$ に属する行列を掛けて得られるとき同値と見なして得られる集合，という意味である）．高次元でも，同様の議論により，n 次元トーラス $\mathbb{T}^n$ 上の平坦計量の空間を $\mathrm{SL}_n(\mathbb{Z})\backslash\mathrm{SL}_n(\mathbb{R})/\mathrm{SO}(n)$ と同一視できる．

2 次元に話を戻すと，トーラスは（穴が一つなので）種数 1 の曲面である．同様の構成により，種数の大きい曲面の計量のモジュライ空間が得られるが，この場合，計量は平坦ではなく双曲的である．**一意化定理** [V.34] によると，任意のコンパクトな曲面は**定曲率計量** [III.13] を持つ．種数が 2 以上のとき，この曲率は負であり，このことは，この曲面が，**双曲平面** [I.3 (6.6 項)] $\mathbb{H}^2$ を $\mathbb{H}^2$ に等長写像全体として作用する群 Γ による**商集合** [I.3 (3.3 項)] として得られることを意味する（「フックス群」[III.28] を参照）．

逆に，種数の大きい曲面に定曲率計量を構成しようと思うと，$\mathbb{H}^2$ の等長写像全体の群（これは $\mathrm{SL}_2(\mathbb{R})$ と同型である）の部分群 Γ をとり，商集合 $\mathbb{H}^2/\Gamma$ を考えればよい．これは前に $\mathbb{R}^2/\mathbb{Z}^2$ を考えたのと同様である．Γ が有限位数の元を含まず，各 x に対し x の**軌道**（Γ に属する等長写像による x の像のなす集合）が $\mathbb{H}^2$ の離散部分集合のとき，この空間は多様体になる．さらに，**基本領域**と呼ばれる $\mathbb{H}^2$ のコンパクトな領域の像が $\mathbb{H}^2$ を覆うならば，この多様体はコンパクトである．この性質を満たす群 Γ の例を構成するための比較的簡単な方法が二つある．一つは反転群を使う方法であり，もう一つは少々の数論を使う方法である．

これらの計量について同じ問題を考えることができる．別の言葉で言えば，種数が 2 以上の曲面 S が与えられたとき，S にどれくらい多くの双曲計量を入れることができるだろうか？ 答えは $\mathbb{T}^2$ とまったく同様である．たとえば，種数が 2 のとき，そのような構造全体は 6 次元空間をなす．この空間は，($SL_n(\mathbb{R})$ のような）**リー群** [III.48 (1 節)] とその部分群から簡単に構成されるわけではないので，これを見るのは少々難しい．ここではこの構成を書き下さないので，Thurston (1997) や本書の「モジュライ空間」[IV.8] を参照してほしい．

3.　モストフの定理

最後の二つの例について考えると，次の自然な疑問が考えられる．コンパクト 3 次元双曲多様体の場合はどうだろうか？　また，n 次元の場合はどうだろう？　明確に言うと，コンパクト n 次元双曲多様体は，$\mathbb{H}^n$ の等長写像の離散部分群 Γ であって，有限位数のものを含まず，コンパクトな基本領域を持つようなものの作用により，$\mathbb{H}^n$ の商空間をとったものである．この記述が与えられたとき，読者はこのような群 Γ は存在するのかという疑問を持つであろう．繰り返しになるが，このような Γ を構成する簡単な方法は 2 通りあり，一つは少々の数論を用いる方法であり，もう一つは反転群を用いる方法である（しかし，少し驚くべきことに，反転群を用いる方法は比較的低い次元のときにのみうまくいく）．構成はいくぶん技巧的であるので，ここでは紹介しないことにする．ほかにもコンパクト双曲多様体の例はたくさんある．とりわけ 3 次元の場合は**幾何化定理** [IV.7 (2.4 項)] により「ほとんどの」の多様体は双曲的である．

ここからは双曲多様体の存在には重点を置かず，この論説の主たる関心であった次の問題に重点を置こう．X が $\mathbb{H}^n/\Gamma$ の形に表される多様体であったとき，どれくらいたくさんのこのような構造を X に与えることができるであろうか？　この問題は，Γ から $\mathbb{H}^n$ の等長写像全体のなす群への単射準同型写像で，Γ の像が離散的かつ余コンパクトなものはどれくらいたくさんあるかという問題と同値である（群 G の部分集合 X が余コンパクトであるとは，G のコンパクト集合 K で $XK = G$ となるものが存在するときをいう．たとえば，$\mathbb{Z}^2$ は $\mathbb{R}^2$ の余コンパクトな部分集合である．なぜなら，$\mathbb{R}^2 = \mathbb{Z}^2 + [0,1]^2$ であり，1 辺の長さが 1 の閉じた正方形 $[0,1]^2$ はコンパクトであるからである）．すでに見たように，$n = 2$ のとき，連続体濃度のそのような準同型写像が存在し，また，$\mathbb{H}^n$ を $\mathbb{R}^n$ に置き換えれば，どの次元でも同様である．したがって，$n \geq 3$ のとき，$\mathbb{H}^n$ に対する答えが 1 であることは驚くべきことである．これはモストフの剛性定理の特別な場合である．

この結果の意味することは何であろうか？　多様体 M を，$\mathbb{H}^n$ を等長写像からなる余コンパクトな離散部分群の作用で割った商空間としよう．群 Γ は M の位相から同型を除いて完全に決まる．つまり，それは M の**基本群** [IV.6 (2 節)] である．先ほど述べた驚くべき結果とは，M の位相に関するこの情報は，$\mathbb{H}^n$ の幾何（つまり，距離空間としての構造）を完全に決定するということを言っている．より正確には，M から別の双曲多様体 N への任意の同相写像は，またはホモトピー同値でも，等長写像にホモトピックであることを言っている．別の言葉で言えば，純粋に位相的な同型写像が，幾何学的同型写像で実現されるということである．

モストフの強剛性定理の完全な形は，コンパクト局所対称空間と呼ばれる対象に対して述べられる．計量を持つ多様体が**局所対称**空間であるとは，各点での**中心対称**が局所等長写像であるときをいう．点 m における中心対称は，正確には m の接空間の -1 倍から定まる：m の非常に小さい近傍をとり，「m に関し反転させる」というのを図形化するものである．局所対称空間は，どれも**対称空間**の商空間，すなわち，各点での中心対称が大域的等長写像となるような空間として得られる．明らかに，対称空間は非常に大きい等長変換群を持つ．**カルタン** [VI.69] の研究によると，結果として得られる等長変換群はちょうど半単純**リー群** [III.48 (1 節)] である．これが何であるかについて正確には述べないが，これらは $SL_n(\mathbb{R})$, $SL_n(\mathbb{C})$ および $Sp_n(\mathbb{R})$ などの古典行列群を含む．他の例で，やはり行列のなす群として実現できるものとしては，複素および四元数双曲空間の等長変換群がある．

一般に，リー群 G と離散部分群 Γ が与えられたとき，Γ が余コンパクト格子であるとは，Γ に対する G 内のコンパクトな基本領域があるときをいう．カルタンの定理の帰結として，コンパクト局所対称空間は，商空間 $\Gamma\backslash G/K$ の形に書かれることがわかる．ただし，G は普遍被覆の等長変換群であり，K は指定された点を固定する等長変換のなす（必然的にコンパクトな）集合である．モストフの定理は，この状況で，$\mathbb{H}^n/\Gamma$ に対して述べたことと同じことをいうものである：そのような多様体が与えられると，それを$\Gamma\backslash G/K$という形で実現する仕方はただ1通りである．あるいは，同値な言い換えとして，そのような二つの多様体の間の同相写像は，どちらも局所対称空間として平坦トーラスまたは双曲的曲面と別の局所対称空間との直積でないなら，常に等長写像とホモトピックである．

モストフはこのような現象をいかにして発見したのかと思うかもしれない．彼の成果は何もないところから出てきたわけではない．実際，カラビ，セルバーグ，ヴェッセンティーニ，**ヴェイユ** [VI.93] による以前の研究結果は，モストフが研究したモジュライ空間は離散的であるということを示してあった．別の言葉で言えば，平坦トーラスや2次元双曲多様体と違い，高次元局所対称空間は離散的な局所対称計量を持つことが示されていた．モストフは，この事実のより幾何学的な理解を見出したいという欲求に動機付けられたとはっきり述べている．

もう一つ言及すべきことは，モストフの証明は，定理自体と同程度以上に驚くべきものであることである．当時，局所対称空間の研究（半単純リー群の研究と言っても同値である）は2種類の技法でなされていた．一つは純代数的な技法，もう一つは微分幾何の古典的な方法を用いる技法である．モストフのもともとの証明（これは$\mathbb{H}^n$のみに対するもの）は，それらの代わりに擬等角写像の理論と力学系のアイデアをいくつか用いるものであった．この分野をリードするもう1人の人物であるラグナタンは，モストフの証明を初めて読んだとき，モストフという名前の別の人物が書いたのではないかと思ったと言っている．力学系や解析学のこの驚くべきアイデアを同じように用い，同じ対象を研究した成果として，フルステンバーグとマルグリスの研究成果がほとんど同時期に現れている．局所対称空間，半単純リー群，およびそれに関連する対象の研究の中で，これらのアイデアは興味深い遺産として長く受け継がれている．

文献紹介

Furstenberg, H. 1971. Boundaries of Lie groups and discrete subgroups. In *Actes du Congrès International des Mathématiciens, Nice, 1970*, volume 2, pp. 301–6. Paris: Gauthier-Villars.

Margulis, G. A. 1977. Discrete groups of motions of manifolds of non-positive curvature. In *Proceedings of the international Congress of Mathemaricians, Vancouver, 1974*, pp. 33–45. AMS Translations, volume 109. Providence, RI: American Mathematical Society.

Mostow, G. D. 1973. *Strong Rigidity of Locally Symmetric Spaces*. Annals of Mathematics Studies, number 78. Princeton, NJ: Princeton University Press.

Thurston, W. P. 1997. *Three-Dimensional Geometry and Topology*, edited by S. Levy, volume 1. Princeton Mathematical Series, number 35. Princeton, NJ: Princeton University Press.
【邦訳】W・P・サーストン著，S・レヴィ編（小島定吉監訳）『3次元幾何学とトポロジー』（培風館，1999）

V.24

$\mathcal{P}$ 対 $\mathcal{NP}$ 問題

The $\mathcal{P}$ versus $\mathcal{NP}$ Problem

ティモシー・ガワーズ［訳：渡辺　治］

$\mathcal{P}$ 対 $\mathcal{NP}$ 問題は，理論計算機科学における最も重要な未解決問題として広く知られている．数学全体を通しても，最も重要な問題の一つである．$\mathcal{P}$ と $\mathcal{NP}$ は，**計算量クラス** [III.10] の中の最も基本的な二つのクラスである．$\mathcal{P}$ は，入力長に対して多項式時間で解を求めることができる計算問題の全体である．一方，$\mathcal{NP}$ は，解の候補が与えられたならば，その正当性を入力長に対して多項式時間で検証できる計算問題の集合である．前者の例は，二つの n 桁の整数の積である．これは普通の筆算で行ったとしても，だいたい n^2 回の演算しかかからない．後者の例は，n 頂点の**グラフ** [III.34] の中に，すべてが互いに辺で結ばれている m 個の頂点を見つける問題である．この問題における与えられたグラフに対する解の候補として「この m 個の頂点」と示された場合，その正当性の検証には，その頂点集合の $\binom{m}{2}$ 個のすべての頂点対に対し，その頂点対を結ぶ辺がグラフ内にあることを確認すればよい．したがって，解の候補を多項式時間で検証できるのである．

頂点間すべてに辺がある m 個の頂点を見つけることは，与えられた m 個の頂点に対して，その頂点間すべてに辺があるか否かを調べることより，はるかに難しいように思える．このことから，クラス $\mathcal{NP}$ の問題は，一般には $\mathcal{P}$ の問題よりも難しいように思われる．これら二つの計算量クラスが確かに異なることの証明を求めているのが，$\mathcal{P}$ 対 $\mathcal{NP}$ 問題である．詳しい解説は「計算複雑さ」[IV.20] を参照されたい．

V. 25

ポアンカレ予想

The Poincaré Conjecture

ティモシー・ガワーズ［訳：久我健一］

ポアンカレ予想とは，**コンパクト** [III.9] で滑らかな n 次元**多様体** [I.3 (6.9 項)] が n 次元球面 S^n と**ホモトピー同値** [V.6 (2 節)] ならば，n 次元球面 S^n と同相でなければならない，という主張である．コンパクトな多様体とは，ある m に対する $\mathbb{R}^m$ の有限な領域内にあって境界を持たないものと考えてよい．たとえば，2 次元球面やトーラスは $\mathbb{R}^3$ 内にあるコンパクトな多様体であるが，単位開円板や無限に長い円柱はそうではない（単位開円板は多様体としての境界は持たないが，平面内の集合 $\{(x,y) : x^2+y^2<1\}$ として表せば境界点集合 $\{(x,y) : x^2+y^2=1\}$ が現れ，コンパクトでないことがわかる）．多様体が**単連結**とは，この多様体中の各ループを 1 点に連続的に縮めることができることである*1)．たとえば，次元が 1 より大きい球面は単連結だが，トーラスは（トーラスを「ぐるりと回る」ループはいくら連続的に変形してもやはりトーラスを回るので）単連結ではない．3 次元では，ポアンカレ予想は，球面のこの二つの単純な性質，すなわちコンパクト性と単連結性が球面を特徴付けるか否かという問題である．

$n=1$ の場合は自明である．コンパクトな 1 次元多様体は円周 S^1 しかない．$n=2$ の場合は**ポアンカレ** [VI.61] 自身が 19 世紀初めに解いている．ポアンカレはすべてのコンパクト 2 次元多様体を完全に分類し，そのような可能な多様体をすべて載せた彼の分類表で球面だけが単連結であることを指摘した．一時期，彼は 3 次元の場合も解いたと信じていたが，その後，彼の証明の主要な主張の一つに反例があることを見つけた．1961 年にスティーブン・スメールが $n \geq 5$ の場合について予想を証明した．そして，1982 年にマイケル・フリードマンが $n=4$ の場合を証明した．こうして，3 次元の問題だけが未解決で残った．

やはり 1982 年に，ウィリアム・サーストンが彼の有名な**幾何化予想**を提出した．これは 3 次元多様体の分類の提案であった．この予想は，すべてのコンパクトな 3 次元多様体が（標準的なやり方で）部分多様体に切り分けることができ，その各部分多様体に**計量** [III.56] を与えて，八つの特別な対称性を持つ幾何的構造の一つを持つようにすることができると主張した．この構造のうちの三つは 3 次元版のユークリッド幾何，球面幾何，双曲幾何である（「いくつかの基本的な数学的定義」[I.3 (6 節)] を参照）．もう一つは無限「円柱」$S^2 \times \mathbb{R}$，すなわち，2 次元球面と無限直線の直積である．同様に，双曲平面と無限直線の直積を作ることができ，5 番目の幾何構造が得られる．残りの三つの構造は，描写するのがもう少しだけ複雑になる．サーストンはまた，いわゆるハーケン多様体に対して彼の予想を証明し，この予想に対する重要な論拠を与えた．

幾何化予想の成立は，ポアンカレ予想の成立を意味する．この両方の予想は，グレゴリー・ペレルマンによって証明された．彼はリチャード・ハミルトンによって始められたプログラムを完成したのである．このプログラムの主要なアイデアは，問題を**リッチ流** [III.78] の解析によって解くことにあった．この解決は 2003 年に発表され，続く数年にわたって数人の専門家たちにより慎重に検証された．詳しくは「微分位相幾何学」[IV.7] を参照されたい．

*1)　［訳注］$n=2,3$ では，n 次元球面とホモトピー同値なことと単連結であることは同値である．

V. 26

素数定理とリーマン予想

The Prime Number Theorem and the Riemann Hypothesis

ティモシー・ガワーズ［訳：平田典子］

整数 1 と整数 n の間に素数は何個あるのだろうか？　まず $\pi(n)$ を整数 1 と整数 n の間の素数の個数とおく．$\pi(n)$ を表示する式を探そう．しかし，素数は明白な規則に従って出現しないため，このような式を発見することは難しいと言えよう（$\pi(n)$ が実際に求まらないような不自然な式は考えないものとする）．

この場合の数学者の標準的な反応は，$\pi(n)$ そのものではなく $\pi(n)$ に近づく関数を探そうとすることである．言い換えれば，関数 $f(n)$ で $\pi(n)$ に近い値をとるものを見つける問題となる．現在の形の素数定理は，最初に**ガウス** [VI.26] によって予想された（**ルジャンドル** [VI.24] も類似の予想を数年前に立てていた）．ガウスは数値的な根拠を眺め，n の近くの素数の「密度」が $1/\log n$ に近いこと，大雑把に言えばランダムに選んだ整数 n が素数になる確率が $1/\log n$ であることに気づき，$\pi(n)$ がほぼ $n/\log n$ 程度の大きさであろうと考えた．少し精密な定式化を試みると，次のように書ける．

$$\pi(n) \sim \int_0^n \frac{\mathrm{d}x}{\log x}$$

積分で定義された右辺の関数は，n の対数積分 $\mathrm{li}(n)$ と呼ばれる．$\log 1 = 0$ であるから注意を要するが，積分区間を 2 から n までに修正すれば，定数の差が生じるだけであって問題は起きない．

素数定理は，**アダマール** [VI.65] と**ド・ラ・ヴァレ・プーサン** [VI.67] が 1896 年に，それぞれ独立に証明した．実際，$\mathrm{li}(n) = \int_2^n \mathrm{d}x/(\log x)$ が $\pi(n)$ の良い近似となること，すなわち li(n) と $\pi(n)$ の比が $n \to \infty$ のときに 1 に近づくことを証明した．

この結果は，その時代の最大の定理の一つと考えられているが，物語はまだ終わらない．アダマールとド・ラ・ヴァレ・プーサンの証明には，**リーマンゼータ関数** [IV.2 (3 節)] である $\zeta(s)$ が用いられた．リーマンゼータ関数は複素数 s に対して $1^{-s} + 2^{-s} + 3^{-s} + \cdots$ で定められ，s の実部が 1 より大きいときにこの和は収束して**正則関数** [I.3 (5.6 項)] となり，解析接続によって極 $s = 1$ を除いた複素平面全体で定義される．この関数はすべての負の偶数において零点を持つが，それらは自明な零点と呼ばれる．リーマンは，素数定理が「リーマンゼータ関数の非自明な零点は**臨界帯**（実部が 0 と 1 の間の部分）の内部にのみ存在すること」と同値であることを示した．また，「リーマンゼータ関数の非自明な零点は実部が 1/2 の直線 $\mathrm{Re}\, s = 1/2$ 上のみに存在するであろう」とする**リーマン予想**を述べた．リーマン予想を肯定することは，素数定理の言葉で述べると，$\pi(n)/\mathrm{li(n)}$ が 1 に近づくばかりでなく，$|\pi(n) - \mathrm{li}(n)| \le \sqrt{n}\log n$ がすべての $n \ge 3$ に対して成立することと同値である．$\mathrm{li}(n)$ はおよそ $n/\log n$ であったので，$\sqrt{n}\log n$ よりは大きい値をとる．すなわち，リーマン予想の肯定は，$\pi(n)$ および $\mathrm{li}(n)$ そのものに比べて $|\pi(n) - \mathrm{li}(n)|$ が際立って小さいことを意味している．

リーマン予想の重要性は，素数定理への影響だけではない．数百もの整数論の結果がこの予想から得られると言われている．たとえばリーマン予想を **L 関数** [III.47] に適用すると，ディリクレの L 関数に対する一般リーマン予想は等差数列（算術級数）内の素数の分布の良い評価を与え，そこからも多くの結果が従う．

素数定理とリーマン予想の詳細は「解析的整数論」[IV.2 (3 節)] を参照されたい．

V. 27

加法的整数論における問題と結果

Problems and Results in Additive Number Theory

ティモシー・ガワーズ［訳：平田典子］

4 より大きい偶数は，2 個の奇素数の和で常に表されるか？ $p + 2$ も素数になるような素数 p は，無限個存在するか？ 十分大きいすべての整数は，4 個の 3 乗数の和で常に表されるか？ これら三つの問題は，未解決の整数論の問題として有名である．最初の問題は**ゴールドバッハ予想**と称される．2 番目は**双子素数予想**と呼ばれる（「解析的整数論」[IV.2] を参照）．3 番目は**ウェアリング問題**の一つの場合である[*1]．

上記の三つの問題は，特に**加法的整数論**と呼ばれる

[*1] ［訳注］イータン・チャンという米国在住の中国人数学者が次を証明した（Yitang Zhang, "Bounded gaps between primes", *Annals of Math.*, vol. 179 (2014), Issue 3, p. 1121–74）．整数 N に対し $P(N)$ は「$|p - q| \le N$ を満たす異なる 2 素数 p, q が無限個存在する」という命題を表すとする．「双子素数予想」は $P(2)$ が真であることを意味する．イータン・チャンは，$P(7 \times 10^7)$ が真であることを証明した．Polymath という数学者のグループがこの N を改良中であり，2014 年現在において $P(246)$ が真であることが示された．イータン・チャンには 2014 年にコール賞が贈られた．

分野に属している．問題をわかりやすく説明するために定義をしよう．A を正整数の集合とする．$A+A$ で表される集合和は，x と y が A の元のときに $x+y$ の集合を指すこととする．x と y は同じ元であっても構わない．たとえば $A=\{1,5,9,10,13\}$ のとき，$A+A$ は $\{2,6,10,11,14,15,18,19,20,22,23,26\}$ である．また，$A-A$ で表される集合差は，x と y が A の元のときに $x-y$ の集合を指すこととする．上と同様に，x と y は同じ元であってもよい．同じ A の例では $A-A=\{-12,-9,-8,-5,-4,-3,-1,0,1,3,4,5,8,9,12\}$ となる．

この言葉を使うと，3 個の問題のうちの 2 個は簡潔に述べられる．P を奇素数の集合とし，C を 3 乗数の集合とする．ゴールドバッハ予想は $P+P$ が 4 より大きい偶数の集合と等しい，つまり，$P+P=\{6,8,10,12,\ldots\}$ と表されるか？という問題になる．また，ウェアリング問題の上記の場合は，十分大きいすべての整数の集合 $=C+C+C+C$ と表されるか？と言い換えられる．双子素数予想はもう少し複雑である．数 2 が $P-P$ に属するというだけではなく，無限回という回数を込めて属するか？という問題になる（上記の A について考えると，$A-A$ には数 4 が属しているが，4 が作られる回数は 3 回であり，通常の集合の表記ではこのような回数は表せない）．

これらの問題は難しいことで有名である．しかし，最初は困難に思えても，すでに解決されている類似の問題がある．たとえば，**ヴィノグラードフの 3 素数定理**である．これは，十分大きいすべての奇数は 3 個の奇素数の和で常に表されるという主張である．3 項のゴールドバッハ問題とは，9 以上のすべての奇数が 3 個の奇素数の和で表されるかどうかを問うものだが，ヴィノグラードフの 3 素数定理は「十分大きな」という点を除いてこの問いに対する解答になっている．十分大きいというのは，どれくらいであろうか？　最近まで $7,000,000$ 桁の数が必要であったが，2002 年に $1,500$ 桁より小さい数まで改良された[*2)]．ウェアリング問題に関してさらに述べると，十分大きいすべての整数は，7 個の 3 乗数の和で常に表されることまでは証明されている．もっと一般に，任意の k に対し，十分大きい整数は高々 $100k$ 個の k 乗数の和として表せるようだが（この 100 には特段の意味はない．実際，$4k$ 個の k 乗数で十分だろうという予想さえある），このことの証明は今日の数学的技術をはるかに超える．k 乗数の個数が $k\log k$ より少し大きければ十分であることは示されている．$\log k$ は非常にゆっくり増加する関数だから，この結果はある意味では上記の予想からそれほど遠くないとも言えよう．

これらの結果はどのように証明されるのであろうか？　証明は複雑な場合もあるので完全にはここで与えられないが，少なくともその根幹をなす基本的なアイデアを説明しよう．この方法は「指数和」を利用するものである．ヴィノグラードフの 3 素数定理の証明の最初の部分をここに示すことでその解説をしよう．

非常に大きい奇数 n があり，この n が 3 個の奇素数の和で書けることを証明したいとする．n がすでに知られている最大の素数の 3 倍以上の大きさである場合，実際に和に書けることを証明することは，新しい素数を「構成する」ことができない限りは不可能に見える．もし n が $10^{10^{100}}+1$ 以上ならば $(1/3)n$ 位の数でさえもすでに発見された素数を超えるものになるだろう．

しかし，実は上記の議論は不完全であり，その理由は「構成する」という言葉にある．実際に奇素数を「構成する」必要はなく，その存在を示せば十分なのである．素数が無限個あることを示したユークリッドの証明も，実際に素数を構成したわけではない（ユークリッドの証明については「解析的整数論」[IV.2 (2 節)] を参照）．しかし，足し合わせると n になるような 3 個の奇素数の存在を，実際に証明するための別の方法があるだろうか？

この問題には美しい答えがある．$p_1+p_2+p_3=n$ となるような奇素数 p_1,p_2,p_3 を数える，あるいは評価することを行えばよいのである．もしこのような奇素数 p_1,p_2,p_3 の個数が十分に大きいことが精密に示せるならば，求められた奇素数の存在が示されることになる．つまり「構成する」ことが不可欠というわけではない．

その場合に新たな困難が発生する．つまり，このような奇素数の組を評価する方法は何だろうか？　ここが指数和の登場する場である．まず，**指数関数** [III.25]

---

*2)　［訳注］Harald A. Helfgott は，10^{30} 以上の奇数は 3 個の奇素数の和で表されることを証明したと 2013 年に発表した．また，David J. Platt と共同で，9 以上 10^{30} までの奇数での成立を計算機で検証したと言っている．現在，証明は検証中とのことである．

の性質を用いて，数え上げの問題を積分の評価の問題の記述に帰着させよう．

この分野の習慣に従い，$e^{2\pi ix}$ のことを $e(x)$ と書く．この基本的な二つの性質のうちの一つは，$e(x+y)=e(x)e(y)$ である．もう一つは $n=0$ のときに $\int_0^1 e(nx)\mathrm{d}x=1$ が成り立ち，n が 0 以外の整数のときに $\int_0^1 e(nx)\mathrm{d}x=0$ が成立することである．また，$\sum_{p\leq N}$ と書いたときの和は，N 以下のすべての奇素数 p にわたるものとする．$F(x)=\sum_{p\leq N}e(px)$ とおくと，

$$F(x)=e(3x)+e(5x)+e(7x)+e(11x)+\cdots+e(qx)$$

である．ただし，q は N 以下の最大素数とする．これが指数和であり，実際に指数関数の値の和になっている．では，次に $F(x)^3$ を考えると，

$$F(x)^3=(e(3x)+e(5x)+e(7x)+\cdots+e(qx))^3$$

になる．右辺を展開すると $e(p_1x)e(p_2x)e(p_3x)$ の形の項の和になる．ただし p_1, p_2, p_3 は 3 から q までの素数である．

以下において注目する積分は，$\int_0^1 F(x)^3e(-nx)\mathrm{d}x$ である．上述の議論より，これは

$$\int_0^1 e(p_1x)e(p_2x)e(p_3x)e(-nx)\mathrm{d}x$$

の形の積分の和になる．いま $e(x)$ の最初の性質を用いると，この積分は $\int_0^1 e((p_1+p_2+p_3-n)x)\mathrm{d}x$ と変形でき，$e(x)$ の次の性質から，$p_1+p_2+p_3=n$ のときはこの積分の値は 1，そうでない場合はこの積分の値は 0 に等しい．したがって，n 以下のすべての奇素数 p_1, p_2, p_3 での和をとると，$p_1+p_2+p_3=n$ の場合のみ 1，それ以外では 0 となる．言い換えれば，$\int_0^1 F(x)^3e(-nx)\mathrm{d}x$ は n を奇素数 p_1, p_2, p_3 の和で表示する表し方の個数と完全に一致する．

この表示から，問題は積分 $\int_0^1 F(x)^3e(-nx)\mathrm{d}x$ の評価に還元される．しかし，$F(x)$ は解析が難しそうに見える．素数と指数関数の混ざった $\sum_{p\leq N}e(px)$ の形の式の評価はできるのだろうか？

驚くべきことに，この評価は可能である．詳細を述べるのは複雑であるが，われわれが明確に評価できる指数和の例についてしばらく考えた後には，評価はさほど神秘的なものではない事実が見えてくる．果たして，整数の集合 A で $\sum_{a\in A}e(ax)$ をうまく扱えるような例は存在してくれるのだろうか？　その答えは Yes である．A の例として等差数列を考えればよいことがわかる．A を集合 $\{s, s+d, s+2d, \ldots, s+(m-1)d\}$ とする．これは初項 s，公差 d の等差数列 m 項である．$e(x)$ の基本性質より $\sum_{a\in A}e(ax)$ は次の和に等しい．

$$\begin{aligned}&e(sx)+e((s+d)x)+e((s+2d)x)+\\&\quad\cdots+e((s+(m-1)d)x)\\&=e(sx)+e(dx)e(sx)+\cdots+e((m-1)dx)e(sx)\\&=e(sx)(1+e(dx)+e(dx)^2+\cdots+e(dx)^{m-1})\end{aligned}$$

最後の表示は，初項 $e(sx)$，公比 $e(dx)$ の等比数列である．$e(x)$ の性質と等比数列の和の公式より

$$\sum_{a\in A}e(ax)=\frac{e(sx)-e((s+dm)x)}{1-e(dx)}$$

が成立する．これは小さく評価できるような有効な表示である．たとえば，$|1-e(dx)|$ が定数 c 程度の大きさと仮定する．このとき，$|e(sx)-e((s+dm)x)|\leq 2$ より，右辺の絶対値は $2/c$ 以下である．もし c が小さすぎなければ，これは和 $\sum_{a\in A}e(ax)$ の中に打ち消し合いが大量に発生していることを意味している．なぜなら，絶対値が 1 の数を m 個足し，その和が $2/c$ 以下に収まるからである．

ある種の x に対しては，$\sum_{p\in P}e(px)$ の評価にこの単純な観察を応用することができる．まず，P にわたる和を等差数列にわたる和の組合せに書き直さなければならない．しかし，これは自然なことである．実際，奇素数の集合 P は n までの整数からなり，また，特定の等差数列には属さない（たとえば 14, 21, 28, 35, 42⋯）．まず，$\sum_{t=1}^{n}e(tx)$ から考えよう．t は 1 から n までのすべての整数である．これから偶数の項をすべて引き算する．引くべき項は $\sum_{t\leq n/2}e(2tx)$ である．次に，3 自身以外の 3 の倍数の部分を引く．つまり，$\sum_{1<t\leq n/3}e(3tx)$ を除く．このようにすると，6 の倍数が引きすぎになるので，$\sum_{t\leq n/6}e(6tx)$ を足して修正する．

この手続きを繰り返すと，素数にわたる指数和を等比数列の和の組合せに分解することになる．もし x が小さい分母の有理数にあまり近くなければ，ほとんどの公比が 1 より遠いので，各等比数列の和はおおむね小さい．あいにく現れる等比数列の数が多すぎるので，一つ一つの等比数列の和が小さいとは言っても，この単純な議論では有効な評価を導くことはできないのだが，似たような雰囲気の，もっと

込み入った議論によって，素数をわたる指数和に対する良い評価を得ることができるのである．

x が分母の小さい有理数に近いときには何が起こるだろうか？　たとえば $\sum_{p\leq n} e(p/3)$ ではどうなっているのだろうか？　こういう場合には，より直接的な方法を用いる．大雑把に言って，半分の素数は法 3 で 1 に合同であり，残りの素数は法 3 で 2 に合同であることが知られている（「解析的整数論」[IV.2 (4 節)] を参照）から，先の和は大体 $(|P|/2)(e(1/3)+e(2/3))$ に等しい．ただし，$|P|$ はその集合の大きさ（P に含まれる整数の個数）を表す．

ウェアリング問題でも，指数和 $G(x)=\sum_{t=0}^{m} e(t^k x)$ について調べることになる．上記と同様に，場合によってはこの和を等比数列の和に分解する．簡単のために $k=2$ のときを考えよう．ここで，$G(x)$ そのものを直接見るのではなく，$|G(x)|^2$ を調べるというのがアイデアである．展開すると，$\sum_{t=0}^{m}\sum_{u=0}^{m} e((t^2-u^2)x)$ と表せる．いま $t^2-u^2=(t+u)(t-u)$ であるから，$v=t+u$ および $w=t-u$ と変数変換すると，この和は $\sum_{(v,w)\in V} e(vwx)$ と書き換えられる．ただし，V は (v,w) の集合で $(v+w)/2$ および $(v-w)/2$，つまり t と u が 0 から m の間をとるものである．各 v に対して，対応する w の値は等差数列をなすからこれらの w についての指数和は等比数列の和であり，したがって，$|G(x)|^2$ は等比数列の和をいくつか合わせた和に分解される．

今までは加法的整数論の直接的な問題を見てきた．以後は特定された集合に対してその集合和や集合差がどのような集合になるかを理解しよう．ここでは表面的な解説になってしまうが，関連結果や技法については「解析的整数論」[IV.2] の特に第 7, 9, 11 節を参照されたい．

加法的整数論の直接的な問題の歴史は長いが，近年は異なる種類の問題，いわゆる逆問題と呼ばれるものにも注目が集まっている．これはおおむね次のような幅広い問題である．もし集合和や集合差に関して情報が与えられたならば，元の集合に関してどのような情報を復活できるか？　加法的整数論におけるこの観点からの大きな成果の一つ，**フライマンの定理**について描写しよう．

整数の集合 A で大きさが n のものを考える．すると，集合和 $A+A$ の大きさは $2n-1$ および $n(n+1)/2$ の間のどれかである．最初の大きさは A が等差数列の場合であり，次の $A+A$ の大きさは $A+A$ の元となる和がすべて異なる場合である．このとき，$A+A$ の大きさが $100n$ 以下ならば A について何が言えるだろうか？　あるいは，一般に $A+A$ の大きさが Cn 以下であるとき（C は正定数で，n を無限に大きくしても不変であるとする），A について何がわかるだろうか？

いま，P として等差数列 $50n$ 個以下からなる集合を考える．A は P の部分集合とする．このとき $A+A$ は $P+P$ の部分集合であり，P が等差数列であることを考えると，$A+A$ の大きさは $100n-1$ 以下である．A が等差数列の集合 P のうちに占める割合が 2% であっても，$A+A$ の大きさは $100n$ 以下となり，精密な情報をそれ以上得ることは難しい．別の例を考えよう．7 桁の数のうち右から 3, 4, 5 番目の桁が 0 となる数からなる集合を A としよう．たとえば 3 500 026 や 9 900 090 などである．これらは $10^4=10\,000$ 個存在する（最高桁が 0 であっても数字として数えることとする）．このとき，$A+A$ は 13 800 162 や 14 100 068 などを含む．実際，$A+A$ は，0 から 198 までの数の右に 2 個の 0 が並び，そのあとに再び 0 から 198 までの数（3 桁未満の場合は先頭に必要なだけ 0 を付けて 3 桁にしたもの）が続く，という表示を持つ数からなる集合である．これらは $199\times199=39\,601$ 個であり，40 000 個未満になるので $A+A$ の大きさは A の大きさの 4 倍未満である．しかし，A を何らかの等差数列の集合 P のほぼ 2% であるというような結論を導くことはできない．A を含む等差数列は，公差が 1 で，かつ 0 と 9 900 099 を含まなければならないが，10 000 は 9 900 100 の 2% よりはるかに小さい．

それでも A は一定の構造を持つ集合である．実は，上記の A は 2 次元の等差数列の例なのである．大まかな言い方をすると，通常の等差数列は 1 次元で，初項 s に公差 d を加えて作られるものである．2 次元の等差数列とは，初項 s に 2 種類の公差 d_1, d_2 を加えて構成される集合である．すなわち，$s+ad_1+bd_2$ の形の数の集合で，ここでは a を 0 から m_1-1 まで，b を 0 から m_2-1 までとする．このとき，上記の A は $s=0$，$d_1=1$，$d_2=100\,000$，$m_1=m_2=100$ に相当する．

高次元の等差数列を同様に考えることができる．P が r 次元等差数列のとき，$P+P$ の大きさが P の大きさの 2^r 倍になることを示すことは難しくない．したがって，もし A が P の部分集合であり，P の大

きさが A の大きさの定数 C 倍ならば，$A+A$ の大きさは $P+P$ の大きさ以下であることから，A の大きさの 2^rC 倍となる．

この考察は，A が低い次元の等差数列中の大きな部分集合であるとき，A の集合和は小さいことを示す．実は，フライマンの集合和の定理は，小さい集合和を持つ集合は上記の集合族に限るという驚くべき主張である．つまり，$A+A$ が A に比べてそれほど大きくなければ，低い次元の等差数列の集合 P であって，A を部分集合として含むが A に比べてそれほど大きくないものが必ず存在するということである．指数和はこの定理の証明にも重要な役割を果たした．フライマンの定理には多くの応用があり，これからも多方面に役立つであろう．

V.28

平方剰余の相互法則から類体論へ

From Quadratic Reciprocity to Class Field Theory

キラン・S・ケドラーヤ［訳：三宅克哉］

平方剰余の相互法則は，まず**オイラー** [VI.19] によって発見され，**ガウス** [VI.26] によって最初に証明された．それは数論における至宝であると考えられており，それも当然であろう．ガウスはそれに“theorema aureum”，すなわち黄金の定理という名を授けた．それが主張する内容自体は，学生であっても十分に才能に恵まれていさえすれば再発見できそうなものである（実際，アーノルド・ロスの数学論夏の学校では，数十年にわたって何度も再発見されている）．しかし，手助けなしにその証明にまでたどり着ける学生となると，まずは希有と言ってよかろう．

相互法則は**ルジャンドル** [VI.24] による定式化が最もわかりやすい．整数 n が素数 p で割れないとき，もし n が整数の完全平方と p を法として合同であるならば $\left(\frac{n}{p}\right)=1$ とし，そうでなければ $\left(\frac{n}{p}\right)=-1$ とする．このとき，平方剰余の相互法則は，次のように述べられる（素数 2 の場合は別途取り扱う必要がある）．

定理（平方剰余の相互法則）　二つの異なる奇素数 p,q に対して，もし p と q がともに 4 を法として 3 と合同であれば $\left(\frac{q}{p}\right)\left(\frac{p}{q}\right)=-1$ であり，そうでなければ $\left(\frac{q}{p}\right)\left(\frac{p}{q}\right)=1$ である．

たとえば, $p=13, q=29$ であれば $\left(\frac{q}{p}\right)\left(\frac{p}{q}\right)=1$ である．素数 29 は 13 を法として完全平方数の 16 と合同であるから, 13 は 29 を法としていずれかの完全平方数と合同であることになる．事実 $100=3\cdot 29+13$ である．

この定理の主張は単純明快だが，神秘的でもある．というのは，異なる素数を法とする合同関係は，それぞれが独立に振る舞うべきだという直観に反しているからである．たとえば，中国式剰余定理によると，（意味を適切に明確化したとして）無作為的に選ばれた整数が偶数であるか奇数であるかによって，3 を法としたときのその剰余が特定のものになることはない．数論家たちは，この状況を幾何学的な言葉を用いて表現することを好み，一つの素数（ないしはそのベキ）を法とした合同条件に関わる現象を**局所的**現象と呼んでいる（「数論における局所と大域」[III.51] を参照）．中国式剰余定理の内容は，次のように述べることもできるだろう．一つの点での局所的な現象は実際に局所的であり，それが他の点での局所的な現象に影響を及ぼすことはない．それはそれとして，量子物理学者が個々の粒子を一つずつ孤立させて分析しても宇宙の状態を説明できないのと同様に，個々の素数における振る舞いを孤立した状態で見ていても，整数の性質を理解することは望めない．平方剰余の相互法則は，こうして見ると，**大域的**な現象として初めて知られることになった事例の一つとして浮かび上がってくる．それは，二つの素数を結び付ける「根本的な力」の一つであることを顕示している．局所と大域の関わり合いは，数論の理解を深める現代的な枠組みの中にしっかりと組み込まれている．しかも，それは平方剰余の相互法則を巡る現象の中で初めて光のもとに姿を現したのである．

平方剰余の相互法則の基本的な本性を示すもう一つの事実は，その証明が多種の異なった手法で与えられることである．ガウス自身は生涯にわたって 8 種類の証明を与えたし，今日では 2 ダースもの証明にお目にかかれる．これから想像できるように，その一般化は多岐にわたる．ここでは，その中でも歴史的に見て類体論へと方向付けられたもののみを扱う．したがって，魅惑的な多くの側面についての情報には触れることはできない．たとえば，ガウス和の理論とその応用，中でも**バーチ–スウィナートン=ダイヤー予想** [V.4] に関するコリヴァギンの成果や，**暗号理論** [VII.7] や他の計算機科学分野における数論の応用には触れない．

オイラーは 3 乗剰余と 4 乗剰余についても相互法則を探索していたが，成果は限られたものだった．ガウスは，通常の整数の環の外へと踏み出すことによって初めてそれらが端的に理解できることを身をもって示し，そういった相互法則を成功裏に定式化した（しかし，証明は残されておらず，後のアイゼンシュタインの手になることになった）．

ここでは，4 乗剰余について明確に記述しておこう．まず，4 を法として 1 と合同な二つの素数 p と q が与えられたとしよう．実は，q を法として p が 4 乗剰余であることとその逆との相互法則を p と q だけで書き切ってしまうことは，簡単ではない．そこで，まず**フェルマー** [VI.12] の結果を思い起こそう．この p と q に課した条件から $p=a^2+b^2$, $q=c^2+d^2$ と表すことができ，このとき 2 組の整数対 $(a,b),(c,d)$ は，符号と順序を除けばただ 1 通りに定まる．言い換えれば，実数部分も虚数部分も整数である複素数（現在は**ガウスの整数**と呼ばれている）の環の中で $p=(a+b\sqrt{-1})(a-b\sqrt{-1})$, $q=(c+d\sqrt{-1})(c-d\sqrt{-1})$ と表される．

ガウスは，ルジャンドル記号の類似物を以下のように定義した．オイラーは，ルジャンドルに先立って，すでにルジャンドル記号についての合同関係式

$$\left(\frac{n}{p}\right)\equiv n^{(p-1)/2} \pmod p$$

に当たるものに気づいていた．この右辺が mod p で 1 または -1 であることは，その 2 乗が**フェルマーの小定理** [III.58] によって 1 mod p であることと，$x^2=1$ が mod p でこれら二つの解しか持たないことからわかる．ガウスは，記号

$$\left(\frac{c+d\mathrm{i}}{a+b\mathrm{i}}\right)_4$$

の値を合同条件

$$\begin{aligned}\mathrm{i}^k &\equiv (c+d\mathrm{i})^{(a^2+b^2-1)/4}\\ &=(c+d\mathrm{i})^{(p-1)/4} \pmod{a+b\mathrm{i}}\end{aligned}$$

でただ一つ決定される i^k によって定義した．ただし，二つのガウスの整数が mod $a+b\mathrm{i}$ で合同であることを，それらの差が $a+b\mathrm{i}$ と何らかのガウスの整数との積になっていることと定義する．こういった k mod 4 が存在することは，やはりフェルマーの小定理から示される．実際，$(c+d\mathrm{i})^p$ を展開すれば最初と最後の項以外では 2 項係数はすべて p の倍数であり，mod p で 0 である．よって $c^p+(d\mathrm{i})^p$ が残るが，仮定から p が 1 mod 4 であるから，これは結局 $c+d\mathrm{i}$ と合同になる．したがって $(c+d\mathrm{i})^{p-1}\equiv 1$ である（別証明としては，mod $a+b\mathrm{i}$ では 0 以外の元は位数が $p-1$ の乗法群を構成することを示し，ラグランジュの定理を適用すればよい）．

相互法則を述べる前に，a,b,c,d の選び方に関する曖昧さを払拭しておこう．そのために，ともかく a と c は奇数であり，$a+b-1$ と $c+d-1$ は 4 で割り切れるものとしておかなければならない（それでもまだ b と d の符号の取り替えが許される）．

定理（4 乗剰余の相互法則） 上の記号と条件のもとで p,q,a,b,c,d が与えられたとき，もし p と q がともに 8 を法として 5 と合同であるならば，

$$\left(\frac{a+b\mathrm{i}}{c+d\mathrm{i}}\right)_4\left(\frac{c+d\mathrm{i}}{a+b\mathrm{i}}\right)_4=-1$$

であり，その他の場合は

$$\left(\frac{a+b\mathrm{i}}{c+d\mathrm{i}}\right)_4\left(\frac{c+d\mathrm{i}}{a+b\mathrm{i}}\right)_4=1$$

である．

一般の n 乗剰余についても，1 の原始 n 乗根が生成する環を用いれば同様な形で見つかるようにも思われる．ところが，事情は入り組んでくる．というのは，この環では（通常の整数とかガウスの整数に対して成り立つ）**素因数分解の一意性** [IV.1 (4〜8 節)] が一般には成り立たない．これは**クンマー** [VI.40] によって**イデアル** [III.81 (2 節)] の理論*1) を用いて初めて克服された．イデアルというのは，整数が一つ与えられたときにその倍数全体の集合が満たす典型的な性質に注目し，それをさらに一般化した集合である（イデアルが与えられた数の倍数全体の集合である場合でも，この生成元に単数を掛けたものも同じ集合を与え，したがって，その数自身がこのイデアルに対してただ一つ確定するわけではない．たとえば，2 と -2 はいずれもすべての偶数が構成するイデアルを生成する）．クンマーは，彼の「イデア数」

*1) ［訳注］イデアルの理論は，デデキントによりクンマーのイデア数の理論が一般化されたものである．

の理論を用いて，平方剰余の相互法則を一般の素数乗の場合にまで大幅に一般化することに成功した．

その後，**ヒルベルト** [VI.63] は，これらが部品としてうまくかみ合い，ある種の最大限に一般的な相互法則を構成することに気づいた．そして，平方剰余の相互法則自体を**ノルム剰余記号**の言葉を用いて定式化し直すことによって，この一般的な相互法則の候補者を提示して見せた．素数 p と 0 でない整数 m, n に対して，ノルム剰余記号 $\left(\frac{m,n}{p}\right)$ は，十分大きいすべてのベキ p^k について合同式 $mx^2 + ny^2 \equiv z^2 (\mathrm{mod}\ p^k)$ に自明でない解，すなわちいずれかが p^k では割れない整数解 (x, y, z) を持つときに値 1 をとり，それ以外のとき，-1 をとるとする．言い換えれば，方程式 $mx^2 + ny^2 = z^2$ が p **進数** [III.51] の解を持つとき，ノルム剰余記号の値を 1 とする．

ヒルベルトによる 2 次相互法則の定式化は，0 でないすべての m と n に対して

$$\prod_p \left(\frac{m,n}{p}\right) = 1$$

が成り立つというものである．ただし，積はすべての素数および**無限素点** $p = \infty$ にわたる．この最後の場合については，少し説明が必要であろう．まず $\left(\frac{m,n}{\infty}\right) = 1$ は m と n の少なくとも一方が正であるとき，すなわち，方程式 $mx^2 + ny^2 = z^2$ が実数の自明でない解を持つとき，かつそのときに限る．またそうでないときはこの記号の値は -1 である．したがって，この定式化は，条件が「すべての素数」にわたって量子化される場合にはいわゆる無限素点も考慮されなければならないという，一般的な構図を端的に示している．

もう一つ注意すべきことがある．ヒルベルトの積は，m, n を定めた場合に，有限個の素数 p を除いてすべて $\left(\frac{m,n}{p}\right) = 1$ であることが確認されなければ意味を持たない．事実として，$\mathrm{mod}\ p^k$ では近似的にはおおむね半分の整数が平方剰余になっており，方程式 $mx^2 + ny^2 = z^2$ は一般的には容易に解くことができる．問題が生じるのは，m または n を掛けることによって平方剰余の多くがそうでなくなってしまうような場合である．最も簡単な場合である m と n がともに（正の）素数であるときは，単に p がこれら二つの素数である場合だけがヒルベルトの積に寄与する．そして，それら二つの項はルジャンドルの記号 $\left(\frac{m}{n}\right)$ と $\left(\frac{n}{m}\right)$ とに関係付けられ，平方剰余の相互法則に帰着することになる．

この定式化を用いて，ヒルベルトは，すべての**代数的数体** [III.63] において 2 次の相互法則に当たるものを提示し，証明することができた．このとき，一般の代数的数体においては，対応する記号の積は素イデアル（といくつか存在する「無限素点」を合わせたもの）全体にわたって量子化される．ヒルベルトはさらに一般の数体上で高次の相互法則を予想した．その予想はハッセ，高木，**アルティン** [VI.86] によって探求され，アルティンはまったく異なった形で一般相互法則を定式化した．彼の相互法則は，残念ながらこの論説で取り上げるにはいささか技術的にすぎるので，簡単に済ませてしまおう．アルティンの相互法則は，数体 K に適用されるとき，K の**アーベル**拡大におけるある種のノルム剰余記号を表示する．このアーベル拡大というのは，K を含む数体で，その対称性を支える群（**ガロア群** [V.21]）が可換群であるものをいう．

有理数体 $\mathbb{Q}$ のアーベル拡大を記述することは簡単である．クロネッカー–ウェーバーの定理によれば，それらはすべて 1 のベキ乗根によって生成される体に含まれてしまう．この事実は，古典的な相互法則において 1 のベキ乗根が果たした役割を納得させてくれる．ところが，一般の数体 K のアーベル拡大を記述しようとすると，かなり困難になってくる．それらは，少なくとも体 K 自身に依拠した構造を用いて分類される．その有り様が通常**類体論**として引用されるものである．

しかし，K のアーベル拡大に対して，その生成元を明示せよという問題（ヒルベルトの第 12 問題）は，いくつかの特殊な場合を除けばほとんど解かれていない．例を挙げれば，$\mathbb{Q}(\sqrt{-d})$, $d > 0$ の場合には**楕円関数** [V.31] の理論を適用し，**虚数乗法**の理論に基づいて解決されている．これに加えて，**志村の相互法則**に至る志村の**保型形式** [III.59] に関する成果によって，いくつかの例が与えられている．

この最後の例に現れているように，相互法則の物語はまだ完結していない．明示的な類体論が新たに提示されれば，それまでの視界には現れていなかった相互法則が姿を見せることになるだろう．この方向へのわくわくするような新しい予想が，ベルトリーニ（Bertolini），ダーモン（Darmon），ダスグプタ（Dasgupta）によって進められている．彼らは p 進解析を用いてアーベル拡大を構成する新しい手法をいくつか提案している．これらは上に触れた楕円関

数を用いる構成法の類似物であり，超越関数の特殊値を検討するものである．まず一見すると，取り出された複素数が何らかの特別な性質を持っていると期待されそうな理由はないように思われるが，しかし，それが基礎体のそれなりのアーベル拡大を生成する代数的数であることが引き出されてくる．個々の例については，構成されたものが狙った拡大体にぴったりした生成元に p 進的に収束することが，計算機を用いて確認できる．ところが，証明となると，現時点ではまだ手は届いていないようである．

文献紹介

Ireland, K., and M. Rosen. 1990. *A Classical Introduction to Modern Number Theory*, 2nd edn. New York: Springer.

Lemmermeyer, F. 2000. *Reciprocity Laws, from Euler to Eisenstein*. Berlin: Springer.

V.29

曲線上の有理点とモーデル予想

Rational Points on Curves and the Mordell Conjecture

ティモシー・ガワーズ［訳：平田典子］

x, y, z が整数であるときにディオファントス方程式 $x^3+y^3=z^3$ を解くことを考えよう．$y=0$ の場合はすぐに答えが求まるので，$y \neq 0$ として両辺を y^3 で割り，$a=x/z$，$b=y/z$ とおくと，方程式 $a^3+b^3=1$ を有理数 a, b の範囲で解くことになる．また逆に $a^3+b^3=1$ を満たす任意の有理数 a, b に対し，a, b の分母の最小公倍数 z を掛けて $x=az$，$y=bz$ とおくと，$x^3+y^3=z^3$ になる．自明解の場合も含めると，両者を解くことは同値となる．

この議論の長所は，変数の個数を 1 個減じたこと，平面上の曲線 $u^3+v^3=1$ に帰着されることである．曲線は 3 次元空間内の平面 $x^3+y^3=z^3$ よりも扱いやすい．$u^3+v^3=1$ のような曲線を**代数曲線**と称する．一般には 1 個以上の多項式の連立方程式の解として定まる曲線である．

曲線の上の有理点，つまり有理数座標の点に興味があるわけだが，まずはこれを抽象的な対象として捉えよう（「数論幾何学」[IV.5] を参照）．たとえば u，v を複素数とすると，$u^3+v^3=1$ は 2 次元の対象となって幾何学的におもしろいものであり，$\mathbb{R}^4$ 内の 2 次元**多様体** [I.3 (6.9 項)] と考えられる．これは $\mathbb{C}^2$ 内の 1 次元部分集合でもあるが，他の観点からさらに深いことがわかる．たとえば位相を考えるために，$\mathbb{C}^2$ 内ではなく**複素射影曲面** [I.3 (6.7 項)] と見なせば，**コンパクト** [III.9] であることが従う．そうすると**種数** [III.33] が定義され，複素トーラスと考えれば，大雑把ではあるが，トーラスの穴の個数がわかることになる．

驚くべきことに，この幾何学的な定式化によって得られる種数の情報が，代数的な問いである有理点の個数に緊密に関連しているのである．たとえば $u^2+v^2=1$ を考えよう．これはディオファントス方程式 $x^2+y^2=z^2$ を考えることになる．ピタゴラスの関係式を満たす整数で互いに素なものは無限個あることが知られているので，$u^2+v^2=1$ 上には有理点が無限個ある．この曲線の種数を計算してみよう．まず $(u+\mathrm{i}v)(u-\mathrm{i}v)=1$ と分解する．これは関数 $(u,v) \longmapsto u+\mathrm{i}v$ がこの曲線から $\mathbb{C}\backslash\{0\}$（0 ではないすべての複素数の集合）への同相写像であることを意味している．$\mathbb{C}\backslash\{0\}$ 自身が球面から 2 点を除いたものと同相であるので，コンパクト化を行えば曲面 $u^2+v^2=1$ は種数 0 となる．実際，種数 0 の代数曲線は有理点がまったくないか，無限個存在するかのどちらかである．

一般的には，種数が大きくなるほど有理数解を見つけることは困難となる．種数 1 の代数曲線は**楕円曲線** [III.21] と呼ばれる．楕円曲線には無限個の有理点が乗る場合があることが知られているが，楕円曲線上の有理点は特殊な構造を持っている．この事実を説明するために，楕円曲線 E の式として $y^2=ax^3+bx^2+cx+d$ を考えよう（楕円曲線は必ずこの形の方程式を持つことが示せる）．$\mathbb{R}^2$ 内の曲線と見なし，この中に次のような 2 変数の式で定義される演算を定める．E 上の点 P, Q をとり，L を P と Q を通る直線とする（もし P = Q ならば P における接線を考える）．一般的には L が 3 点で E と交わるので，P と Q とは別の R′ を 3 番目の点とする．R を x 軸に対して R′ と線対称である点とすると，R は再び E に属する（E の定義式が $y^2=f(x)$ という形をしていることから言える）．したがって，P と Q からこのように R を構成することは，図 1 のような E から E への 2 変数の演算となっている．無限遠点

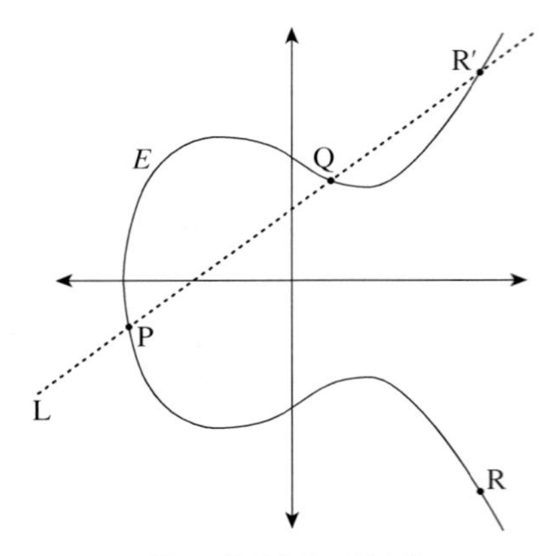

図 1 楕円曲線の群演算

を E および y 軸に平行な直線との交点と考えると，E をアーベル群にする演算が与えられ，なおかつ無限遠点 O が単位元になっているのである．実際，y 軸に平行な直線で P を通るものは，x 軸に対して P と線対称な点 P′ において E と交わるので，その結果 x 軸に対して P′ と線対称な点を求めると，それは P であるから，P と O の演算結果は P となり，O が単位元になる．

面倒ではあるが，直接計算によって楕円曲線の実際の群演算を導くことができる．つまり，R の座標を P と Q の座標を用いて表す式である．その表示が得られれば，P と Q の座標が有理数の場合には R の座標もそうであることがわかり，E の有理点は E の部分群をなす．この単純な事実を用いると，該当するディオファントス方程式の大きな解の構成が簡単にでき，有効な場合がある．たとえば，まず小さい解 P から出発して，この 2 変数の演算を施すと 2P となり，次いで 4P, 8P, ... と続ける．ある整数 n に対して nP$=O$ とならなければ（実際には nP$=O$ となる場合も起こりうる），群演算の表示を見ると，新しい座標の分子も分母も非常に大きい数になっていく事実が理解できる．解の様子を見るために例を考えよう．$y^2=x^3-5x$ で定まる楕円曲線 E を考え，$\mathrm{P}=(-1,2)$ とする．$2^2=(-1)^3-5(-1)$ より点 P は E 上にある．5P を群演算の式を用いて計算すると，$(-5\,248\,681/4\,020\,025,\ 16\,718\,705\,378/8\,060\,150\,125)$ となる．一般的には，nP の座標は元のそれに比べると n の指数オーダーで増加する．

ポアンカレ [VI.61] は 20 世紀初頭に，楕円曲線上の有理点は有限生成であることを予想した．この予想はルイ・モーデルによって 1922 年に解決された．したがって，種数 1 の代数曲線が有理点を無限個持ったとしても，生成元として有限個のみを考え，他の有理点はこれから構成できるということになる．これが前述の，楕円曲線上の有理点が特別な構造を持つことに相当する．

モーデルは種数 2 以上の代数曲線には有理点が有限個しかないと予想した．これは素晴らしい予想である．もし真であれば，広い範囲のディオファントス方程式に適用して解が有限個しかないことが証明できよう（解を数えるときに，自明な乗法などで同じ解を本質的に求める場合は重複して数えないこととする）．たとえば，$n\geq 3$ のとき，フェルマーの方程式 $x^n+y^n=z^n$ は，互いに素な整数解 x,y,z を有限個しか持たないことが従う．しかし，一般的な予想を立てることと，証明することは別問題であるから，長い間このモーデルの予想は，他の整数論の予想と同じように，証明される可能性は低いと皆が考えていた．ゲルド・ファルティングス（Gerd Faltings）がこの予想を 1983 年に証明したことは大きな驚きであった．

ファルティングスの定理の証明の産物として，ディオファントス方程式に関する知識が飛躍的に増えた．ファルティングスの定理には続いて別証明がいくつか与えられ，ファルティングスの証明より易しいものもあった．しかしながら限界がある．たとえば，どの証明もエフェクティブではない，つまり有限回の計算で有理点が求まるアルゴリズムを持たない証明のみだということである．すなわち，ファルティングスの定理において有理点が有限個しかないことが示されても，解となるこれら有理点の座標の分子と分母の大きさに対して上界が求められなければ，いかにしてすべての解を決定できるかわからないことになる．これはしばしば整数論で起こる問題であり，たとえば**ロスの定理** [V.22] はエフェクティブでないことで有名である．これらの定理のエフェクティブな証明を見つけるためには，数学の著しい躍進が必要であろう．**ABC 予想** [V.1] の変形がロスの定理やモーデル予想の解決を従えることは知られているが，ABC 予想はファルティングスが証明する前のモーデル予想よりも難しいように思える．

この節の最初において，$x^3+y^3=z^3$ を曲面ではなく曲線として考えるために変形した．しかし，このような変形は常に有効とは限らない．$x^5+y^5+z^5=w^5$ を $t^5+u^5+v^5=1$ に変形したとしても，得られるものは2次元曲面である．2次元以上の多様体の有理点に関してわかっていることは貧弱である．それでも「一般型」の代数曲面という概念があり，代数曲線の種数が2以上の場合の類似があることは知られている．このような多様体の有理点が有限個になることを証明することが期待できなくとも，高次元多様体 X が一般型であるならば，その有理点の集合は，より低い次元の部分多様体の和集合に必ず含まれるであろうというサージ・ラング（Serge Lang）の予想がある．もっとも，現時点の道具では手が届かず，また広く信じられているとも言えない状況である．

V.30

特異点解消

The Resolution of Singularities

ティモシー・ガワーズ［訳：小林正典］

事実上すべての重要な数学的構造には，同値の概念が付いてくる．たとえば，二つの**群** [I.3 (2.1 項)] は**同型** [I.3 (4.1 項)] であるとき同値と見なし，二つの**位相空間** [III.90] は一方から他方への連続写像で連続な逆写像を持つとき（この場合それらは**同相**であるという）同値であると見なす．一般に，対象を同値なものに置き換えても興味を持っている性質が影響を受けないとき，同値の概念は有用である．たとえば，もし G が有限生成アーベル群で H が G と同型であれば，H は有限生成アーベル群である．

代数多様体 [IV.4 (7 節)] に対する同値の概念で有用なものの一つが，**双有理同値**という概念である．大雑把に言って，二つの代数多様体 V と W は，V から W への有理写像が存在して逆有理写像を持つとき，双有理同値であるという．もし V と W がある座標系に関して方程式の解集合として表されていたなら，上の有理写像とは，V の点を W の点に移すような，座標の有理関数の列にすぎない．しかしながら，次のことを了解しておくことは重要である．V から W への有理写像は，文字どおりの V から W への写像ではない．V のどこかに定義されていない点があってもよいからである．

たとえば，どのようにすると無限円柱 $\{(x,y,z) : x^2+y^2=1\}$ を錐 $\{(x,y,z) : x^2+y^2=z^2\}$ に移せるかを考えてみよう．すぐわかるように，写像 $f(x,y,z)=(zx,zy,z)$ があり，その逆写像を写像 $g(x,y,z)=(x/z,y/z,z)$ を用いて作ろうとしてみることはできる．しかしながら，g は点 $(0,0,0)$ で定義されていない．それにもかかわらず，円柱と錐は双有理同値なのである．代数幾何学者は g は点 $(0,0,0)$ を円周 $\{(x,y,z) : x^2+y^2=1, z=0\}$ へ「ブローアップ」（爆発）する，という言い方をする．

代数多様体 V の双有理同値で保たれる主要な性質がいわゆる V の**関数体**であり，V 上のすべての有理関数からなる（この正確な意味は，完全には明らかではない．状況によっては，V は $\mathbb{C}^n$ のようなもっと大きい空間の部分集合であり，そこでは多項式の比について議論できるので，V 上の有理関数をそのような比の同値類として定義することも可能である．ここで，二つの比は V 上で同じ値をとるとき同値と考える．この同値関係に関するさらなる解説については，「数論幾何学」[IV.5 (3.2 項)] や「量子群」[III.75 (1 節)] を参照）．

1964 年に証明された広中の有名な定理は，（標数 0 の体上の）任意の代数多様体は特異点のない代数多様体と双有理同値であることを主張し，双有理写像にある技術的な制限を課していることで定理が興味深くかつ有用になっている．上で与えた例が簡単な具体例である．錐は $(0,0,0)$ に特異点があるが，円柱は至るところ滑らかである．広中の証明は 200 ページを優に超える長さがあったが，その議論は，それ以来さまざまな人によって相当単純化された．

特異点解消についてのさらなる解説は「代数幾何学」[IV.4 (9 節)] を参照されたい．

V.31

リーマン–ロッホの定理

The Riemann–Roch Theorem

ティモシー・ガワーズ［訳：小林正典］

リーマン面 [III.79] は**多様体** [I.3 (6.9 項)] であって，普通「局所的に $\mathbb{C}$ のように見える」という言い方をされるものである．言い換えると，各点が $\mathbb{C}$ のある開集合に全単射で移せる近傍を持ち，そのような二つの近傍が重なるところでは「変換関数」が**正則** [I.3 (5.6 項)] である空間である．リーマン面は，1 変数の正則関数（すなわち複素微分可能な関数）の概念が意味を持つ最も一般的な種類の集合と考えることができる．

微分可能性の定義は，局所的なものである．関数が微分可能とは，各点 z において，z に非常に近い点で f がどう振る舞うかにのみ依存する条件が満たされることで定義される．ところが，複素解析において驚くべきことの一つは，正則関数はその基本となる定義から期待されるよりもはるかに大域的であることである．実際，もし正則関数 $f:\mathbb{C}\to\mathbb{C}$ の値が 1 点 z の近傍におけるすべての点でわかれば，$\mathbb{C}$ のあらゆる点における値を導き出すことができる．そして，$\mathbb{C}$ をいかなる（連結）リーマン面に置き換えても，同じことが成り立つ．

ここで，正則関数が持つ大域的性質の 2 番目の例を示そう．最も基本的なリーマン面の一つがいわゆる**リーマン球面** $\widehat{\mathbb{C}}$ であり，これは $\mathbb{C}$ に「無限遠点」を付け加えることで得られる．関数 $\widehat{\mathbb{C}}\to\mathbb{C}$ は次の条件を満たすとき正則であるという．

- f は $\mathbb{C}$ の各点で微分可能であり，
- $f(z)$ はどのような方向で $z\to\infty$ となっても極限 w に（限りなく）近づき，
- w は f の ∞ における値である．

では，$\widehat{\mathbb{C}}$ から $\mathbb{C}$ への正則関数とは何であろうか？　正則関数 f は連続であり，このことから $f(z)$ は $z\to\infty$ のとき極限を持つことがわかる．しかし，**リューヴィル** [IV.39] の有名な定理によると，$\mathbb{C}$ 全体で定義された有界正則関数は定数に限る．よって，$\widehat{\mathbb{C}}$ から $\mathbb{C}$ への正則関数は定数のみである！

$\widehat{\mathbb{C}}$ から $\mathbb{C}$ への写像を考えるのは若干人工的であるとの考え方もあるであろう．$\widehat{\mathbb{C}}$ から $\widehat{\mathbb{C}}$ への写像を調べればよいではないだろうか？　そのような定数 ∞ でない写像は，$\mathbb{C}$ から $\mathbb{C}$ への関数であって，次のようなものと同値である．極と呼ばれる有限個の点 $z_1,\ldots,z_k$ において無限大になってもよく，$z\to\infty$ のとき必ず極限を持つ（この極限は ∞ でもよい．$z\to\infty$ のとき $f(z)\to\infty$ とは，$|z|$ を十分大きくとれば $|f(z)|$ をいくらでも大きくすることができることをいう．e^z のようないくつかの見慣れた関数は，$|z|$ が大きいのに e^z が小さいことがあるので，除外されることに注意しよう）．この性質を持つ関数は**有理型**であるという．典型的な例は z, z^2, $(1+z)/(1-z)$，または実のところ z の任意の有理関数である．実は，$\widehat{\mathbb{C}}$ から $\widehat{\mathbb{C}}$ へのどの有理型関数も有理関数であることが示せる．

有理型関数の概念は，他のリーマン面上でも意味を持つ．値が無限遠にいく有限個の点を除いて正則である関数と，有理型関数を見なすことができる（もし関数が $\mathbb{C}$ 上で定義されていれば，そのような点は無限個あるかもしれないが，$\widehat{\mathbb{C}}$ のように**コンパクト** [III.9] な曲面では，すべて互いに孤立した無限個のそのような点を含むことはないので，コンパクト曲面の有理型関数は高々有限個の極しか持たない）．

特に重要な例は，くだんのリーマン面がトーラスのときである．そのような曲面は，u/v が実数でない二つの複素数 u,v で生成された格子による，$\mathbb{C}$ の**商** [I.3 (3.3 項)] と見る．すると，トーラス上で定義された関数と，$\mathbb{C}$ 上で定義された関数で **2 重周期**のもの，つまり各 z に対し $f(z+u)$ と $f(z+v)$ の両方が $f(z)$ に等しいものの間に，1 対 1 対応が存在する．再びリューヴィルの定理によると，もしそのような関数が正則なら定数関数である．しかしながら，2 重周期**有理型**関数でおもしろい例がある．その関数は**楕円関数**と呼ばれる．

ここでもなお，正則関数の大域的性質，すなわち「剛性」が幅を利かせて，楕円曲線の供給を大幅に減らしている．実際，ワイエルシュトラスのペー関数と呼ばれるたった一つの関数 $\wp$ を定義するだけで，生成元の対 u,v に関する他のすべての楕円関数は $\wp$ とその導関数の有理関数として表せる．（生成元 u, v に対する）ワイエルシュトラスの関数は式

$$\wp(z)=\frac{1}{z^2}+\sum_{(n,m)\neq(0,0)}\left(\frac{1}{(z-mu-nv)^2}-\frac{1}{(mu+nv)^2}\right)$$

で与えられる．2 重周期性は定義の中に組み込まれていて，u と v で生成された格子の各点で $\wp$ が極を持つことに注意しよう．もし $\wp$ をトーラス上の関数として考えると，1 個の極を持つだけである．この極の近くで，$\wp$ は z が 0 に近づくときの関数 $1/z^2$ と同じ割合で無限大になる．このことを極は**位数** 2 を持つという．より一般に，もし関数 f が $1/z^k$ と同じ割合で無限大になるなら，できる極は**位数** k である．

コンパクトリーマン面 S をとり，そこから有限個の点 $z_1,\ldots,z_r$ の集合を選んだとしよう．正整数の列 $d_1,\ldots,d_r$ が与えられたとき，S 上で定義された

有理型関数 f であって，極が $z_1, \ldots, z_r$ であり各 i に対して z_i における極の位数が高々 d_i であるものを見つけることはできるであろうか？　答えは，たとえば次のようなものだろう．今まで挙げた結果から，それは可能かもしれないが，そのような関数はおそらく大量には得られない．そのような関数の線形結合はまた同様の関数になるから，興味を持っている関数の集合は**ベクトル空間** [I.3 (2.3 項)] をなし，よって，この空間の次元を調べることで「どれくらい」関数があるかを定量化できると期待できよう．

いまやわれわれの期待どおり，この次元は有限であることがわかる．**リーマン** [VI.49] は，もし極が**単純**（つまり $d_i = 1,\ i = 1, 2, \ldots, r$）であることを要求すれば，次元 l は $r - g + 1$ 以上であることを証明した．ここで g は曲面の**種数** [III.33] であり，大雑把に言えば，その意味は開いている穴の個数である．この結果は**リーマンの不等式**と呼ばれる．ロッホの貢献は，l と $r - g + 1$ の差を別の関数空間の次元として翻訳したことである．このおかげで，次元 l を正確に計算することがしばしば可能になる．たとえば，ある状況下では，ロッホにより同定された関数空間の次元は 0 であることが示せて，その場合 $l = r - g + 1$ である．これは特に $r \geq 2g - 1$ のときに成り立つ．

もともと立てた問いはもっと一般であり，極が単純であることは要求しなかった．単に z_i における極の位数は高々 d_i であることを求めた．しかし，結果はそのまま一般化される．l は今度は $d_1 + \cdots + d_r - g + 1$ 以上であり，差はまたもや定義可能なある関数空間の次元に等しくなる．d_i には負のものがあってもよく，「位数が高々 d_i の極」とは，重複度が少なくとも $-d_i$ の零を意味すると解釈する．

リーマン–ロッホの定理は，コンパクト曲面上（これはしばしばある種の対称性条件に従うことを要求することと同値である）の正則関数あるいは有理型関数の空間の次元を計算する基本的道具である．非常に簡単な例から始めよう．リーマン球面上で定義された有理型関数で，0 と 1 に高々単純極のみを持つものは，すべて $a + b/z + c/(z-1)$ の形をしていなければならないことは，容易に示される．これは 3 次元空間であり，それはリーマン–ロッホの定理が予言することである．より洗練された例は，ワイエルシュトラスのペー関数に関わる．この関数は $\mathbb{C}$ 上で定義された 2 重周期有理型関数であり，u と v で生成された格子の各点で 2 位の極を持つことを前に示した．そのような関数の存在（と本質的な一意性）は，リーマン–ロッホの定理の助けを借りれば，もっと抽象的に証明することができる．定理が示すところによると，そのような関数のなす空間の次元は 2 であり，よって一つの関数 $\wp$ と定数関数からすべて作り出すことができる．同様にして，定理は**保型形式** [III.59] の空間の次元を計算するためにも用いることができる．

リーマン–ロッホの定理は何度も定式化し直され，一般化されてきたため，計算道具としてさらにまた有用になっており，代数幾何の中心的な結果の一つになっている．たとえば，ヒルツェブルフは高次元への一般化を発見し，それはグロタンディークによりさらに一般化され，**概型** [IV.5 (3 節)] と「層」のような現代代数幾何における進んだ概念についての主張になっている．ヒルツェブルフの一般化は，曲線に対する古典的結果のように，解析的に定義された量を純粋に位相的な不変量の言葉で表現している．どちらの結果も重要であることは，この特徴が基礎となっている．同じことが言える別の定理の一般化は，有名な**アティヤ–シンガーの指数定理** [V.2] であり，こちらも何度も一般化を重ねてきた．

V. 32

ロバートソン–セイモアの定理

The Robertson–Seymour Theorem

ブルース・リード［訳：砂田利一］

グラフ G は，**頂点**の集合 $V(G)$ および頂点の対を繋ぐ**辺**の集合 $E(G)$ からなる数学的構造である．グラフは多岐にわたるネットワークを抽象的に表現するために使われている．たとえば，頂点が都市を表し，辺は都市を結ぶ高速道路を表すことがある．同様に，多島海に浮かぶ島々が橋で結ばれている様子や，ケーブルで繋がれた電話網を表すのにグラフが利用される．このような抽象的グラフの中に，「好適」と言えるグラフの族が存在する．そのような一つの例は，**サイクル**の族である．k サイクルは円周のまわりに配置された k 個の頂点の集まりで，各頂点がその直前と直後の頂点と結ばれているものである．もう一つは**完全グラフ**の族である．位数 k の完全グラフは，すべての頂点の対が辺で結ばれているような，k 個の頂点からなるグラフである．

グラフの族が特に関わるようなグラフ理論における重要な概念は，**マイナー**と呼ばれるものである．与えられたグラフ G に対して，G のマイナーは，縮約と削除という 2 種類の操作を繰り返すことにより得られる任意のグラフである．二つの頂点 x, y を結ぶ辺を**縮約**するとは，x, y を一つの頂点に「融合」させ，これに x あるいは y にもともと繋がっていた辺を接合させることを意味する．たとえば，9 サイクルグラフの一つの辺を縮約することにより，8 サイクルグラフが得られる．他方，辺を**削除**するとは，まさに想像する操作を行うことであり，たとえば 9 サイクルから一つの辺を削除すれば，9 個の頂点と 8 個の辺からなる**路**（path）が得られる．

グラフ H が G のマイナーであるための特徴付けが次のように与えられることは，容易に確かめられる．まず，G の互いに交わらない部分集合族で，H のそれぞれの頂点にこの族に属す部分集合が対応するようなものが存在する．次に，一つの部分集合に属す任意の二つ頂点は，この部分集合の中の路により互いに結ばれ，H の辺で結ばれる H の任意の頂点の対に対して，それらに対応している G の部分集合は，G のある辺で結ばれる．たとえば，グラフが 3 サイクル（三角形）をマイナーとして持つのは，それがサイクルを持つとき，かつそのときのみである．

マイナーが自然に登場する一つの例として，平面的グラフの概念がある．辺が互いに交差しないように平面に描くことのできるグラフを平面的といい，平面的グラフのマイナーも平面的グラフである．この事実は，平面的グラフのクラスは**マイナー閉性**を持つという言い方で表現される．これに関連して，どのようなグラフが平面的であるかを特徴付けるクラトフスキの定理がある．この定理は，次のような言い方で表現される．グラフが平面的であるための必要十分条件は，それがマイナーとして K_5 および $K_{3,3}$ を持たないことである．ここで，K_5 は位数 5 の完全グラフを表し，$K_{3,3}$ は頂点集合が 3 頂点からなる二つの集合に分割され，一つの集合に属す頂点が他の集合のすべての頂点に結ばれているような，**完全 2 部グラフ**である．こうして，平面的グラフのクラスは，二つの**禁止されたマイナー**により特徴付けられることになる．

クラトフスキの定理は，どのようなグラフを平面に埋め込めるかを判定するものである．では，平面の代わりに曲面を考えたらどうなるだろうか？　たとえば，任意の d に対して，d 個の穴を持つトーラス上に描くことのできるグラフの族が，マイナー閉性を持つことは，容易にわかる．では，この場合に禁止されたマイナーの有限集合は，存在するだろうか？　換言すれば，d 個の穴を持つトーラスに埋め込み可能であることを確かめるのには，有限個の障害が克服されていることを見るだけで済むだろうか？

ロバートソン–セイモアの定理の特別な場合は，任意の曲面に対して，この問いに対する答えが Yes であると主張している．彼らの定理ははるかに一般的である．実際，マイナー閉性を有するグラフの任意のクラスに対して，禁止されたマイナーの有限集合が存在することを主張しているのである．言い換えれば，マイナー閉性を持つ任意のクラス $\mathcal{G}$ に対して，$G_1, \ldots, G_k$ というグラフであって，G が族 $\mathcal{G}$ に属す必要十分条件が，G が G_i のいずれをもマイナーとして持たないこととなるものが存在する．おもしろい（しかも容易にこの定理に同値であることがわかる）言い方をすれば，すべてのグラフのクラスには，マイナー関係により準整列的順序（well-quasi-order）が入る．すなわち，グラフの任意の列 $G_1, G_2, \ldots$ に対して，この中のグラフであって，その後に現れるグラフのマイナーであるものが存在するのである．

与えられたグラフをマイナーとするグラフを識別することは，比較的速い速度で行える．このことから，ロバートソン–セイモアの定理という驚くべき副産物が得られる．すなわち，任意のマイナー閉性を有するクラスに対して，与えられたグラフがこのクラスに属すかどうかを判定する有効なアルゴリズムが存在する．この事実は，ルート問題やそれに類似したきわめて多数の問題に応用されている．

ロバートソン–セイモアの定理の実際の証明は長大であり，22 編にわたる論文として公表された．今から述べるように，興味深い事実は，与えられた曲面への埋め込み可能なグラフの族が鍵となるということである．

上述のグラフの列に関わる形で定理を考察しよう．上記の性質を満たさないという意味で「悪い」列があるという仮定をする．すなわち，いかなる G_i もそのあ

とにある任意の G_j のマイナーではない列 $G_1, G_2, \ldots$ が存在すると仮定する．最初のグラフ G_1 の頂点の数を k とする．G_1 のあとのどの G_i も G_1 をマイナーとはしないから，$G_2, G_3, \ldots$ のどれもが，サイズ k の完全マイナーを持たない（さもなければ，いくつかの辺を削除することで G_1 を得ることになる）．このような理由から，ロバートソンとセイモアは，サイズ k の完全マイナーを持たないグラフの族を研究した．そして，サイズ k の完全マイナーを持たないすべてのグラフが，（k の値に依存する）固定された曲面に「ほぼ」埋め込み可能なグラフから構成されることを，ある方法により示した．このことは，グラフが曲面に埋め込み可能なグラフから遠く離れてはいないことを意味しており，これは厳密な形で説明可能な事柄である．いくつかの深い洞察を経て，彼らはすべてのそのようなグラフ（与えられた曲面に対してほぼ埋め込み可能なグラフから構成されるグラフ）が，有限個の禁止されたマイナーを持つことを示し，証明を完成したのである．

V.33

3 体問題

The Three-Body Problem

ジューン・バロウ=グリーン［訳：水谷正大］

3 体問題は簡単に述べることができる．三つの質点が互いの重力のもとで空間を動いており，与えられた初期位置と速度に対してその後の運動を決定する問題である．最初は，これが困難な問題であることは驚きであった．というのも類似の 2 体問題はかなり簡単に解ける．正確には，初期条件の任意の集合に対して初等関数（**指数関数** [III.25] や**三角関数** [III.92] のようないくつかの標準的な関数を基本算法を使って構成できる関数）を使って物体のその後の位置と速度を教えてくれる公式を書き下すことができるからである．しかしながら，3 体問題は複雑な非線形問題であって，「標準的な関数」の在庫をいくらか拡大するとしてもこのように解くことはできない．**ニュートン** [VI.14] 自身は，厳密解は「もし私が間違っていなければ人間精神の力を超える」と思索し，一方，**ヒルベルト** [VI.63] は 1900 年の有名なパリ講演で**フェルマーの最終定理** [V.10] と同様なカテゴリーとした．その問題は任意数の物体に拡張することができ，一般に n 体問題として知られている．

粒子 P_1 が粒子 P_2 に及ぼす重力は（適当な単位で）大きさ $k^2 m_1 m_2 / r^2$ であることを思い出そう．ここで，k は**ガウス単位系の重力定数**で，粒子 P_i は質量 m_i を持ち，粒子間の距離を r としている．P_2 に関するこの力の方向は P_1 に向いている（また，P_1 に関して同じ大きさの力が P_2 の方向にある）．力は質量 × 加速度に等しいというニュートンの第 2 法則を思い起こそう．これら二つの法則から，3 体問題についての運動方程式を簡単に導くことができる．質点を P_1, P_2 および P_3 とする．P_i の質量を m_i，P_i と P_j 間の距離を r_{ij}，P_i の位置の j 番目の座標を q_{ij} と書く．このとき，運動方程式は

$$\left.\begin{aligned}\frac{\mathrm{d}^2 q_{1i}}{\mathrm{d}t^2} &= k^2 m_2 \frac{q_{2i}-q_{1i}}{r_{12}^3} + k^2 m_3 \frac{q_{3i}-q_{1i}}{r_{13}^3}\\ \frac{\mathrm{d}^2 q_{2i}}{\mathrm{d}t^2} &= k^2 m_1 \frac{q_{1i}-q_{2i}}{r_{12}^3} + k^2 m_3 \frac{q_{3i}-q_{2i}}{r_{23}^3}\\ \frac{\mathrm{d}^2 q_{3i}}{\mathrm{d}t^2} &= k^2 m_1 \frac{q_{1i}-q_{3i}}{r_{13}^3} + k^2 m_2 \frac{q_{2i}-q_{3i}}{r_{23}^3}\end{aligned}\right\} \tag{1}$$

である．ここで，i は 1 から 3 を動き，したがって九つの方程式があり，これらは上の単純な法則からすべて導かれる．たとえば，最初の方程式の左辺は i 方向における P_1 の加速度成分で，右辺はこの方向における P_1 に作用する力の成分を m_1 で割ったものである．

単位を $k^2 = 1$ となるようにとると，系のポテンシャルエネルギー V は

$$V = -\frac{m_2 m_3}{r_{23}} - \frac{m_3 m_1}{r_{31}} - \frac{m_1 m_2}{r_{12}}$$

で与えられる．

$$p_{ij} = m_i \frac{\mathrm{d}q_{ij}}{\mathrm{d}t} \quad \text{および} \quad H = \sum_{i,j=1}^{3} \frac{p_{ij}^2}{2m_i} + V$$

とおくと，方程式を**ハミルトン形式** [IV.16 (2.1.3 項)]

$$\frac{\mathrm{d}q_{ij}}{\mathrm{d}t} = \frac{\partial H}{\partial p_{ij}}, \quad \frac{\mathrm{d}p_{ij}}{\mathrm{d}t} = -\frac{\partial H}{\partial q_{ij}} \tag{2}$$

に書き直すことができ，18 個の 1 階微分方程式の組になる．この組は簡単に利用できるので，一般的に式 (1) よりも好ましい．

微分方程式系の複雑さを逓減する標準的方法はそれに対する**代数的積分**，つまり，変数について代数

関数であって，定数に留まるような積分として表されるものを見出すことである．これによって変数のいくつかを他の項で表すことにより減らすことができる．3体問題は10個の独立な代数的積分を持つ．それらの六つは質量中心の運動（位置変数の三つと運動量変数の三つ）を示し，三つは角運動量保存則，一つはエネルギー保存則を表す．それら10個の独立な積分は18世紀中頃に**オイラー** [VI.19] と**ラグランジュ** [VI.22] に知られていた．1887年ライプニッツの天文学教授であったハインリヒ・ブルンス（Burns）はほかには積分がないことを証明し，その結果は2年後には**ポアンカレ** [VI.61] によって精密化された．これら10個の積分を使って，「時間の消去」と「交点の消去」（**ヤコビ** [VI.35] によって初めて明らかにされた手続き）により，最初18階だった系を6階の系に帰着することができるが，それ以上は下げられない．したがって，式 (2) の一般解を単純な形で与えることはできず，期待できる最良のものは無限級数の形の解である．限られた時間範囲でうまく振る舞う級数を見つけることは難しくはなく，問題は任意の初期配置といかに長くても任意の時間にわたってうまく振る舞う級数を見つけることである．また，衝突の問題もある．その問題についての完全な解は，どのような初期条件が2重および3重衝突を引き起こすかの決定を含む物体のすべての可能な運動を考慮したものでなければならない．衝突は微分方程式の特異点として記述されるので，このことは完全な解を見つけるためには特異点を理解する必要があることを意味している．

これは思っていたよりも興味深い問題であることがわかった．方程式から衝突は特異点を引き起こすことは明らかであるが，他の種類の特性的挙動があるかどうかは明らかではない．3体問題の場合，答えは1897年にパンルヴェによって与えられ，衝突だけが唯一の特異点である．しかしながら，4体以上については答えは異なることがわかった．1908年にスウェーデンの天文学者フーゴ・フォン・ツァイペル（Hugo von Zeipel）は，粒子系が有限時間で有界でなくなったときにのみ**非衝突特異点**が起こりうることを示した．そのような特異点の良い例が1992年に5体問題についてジーホン・シア（Zhihong Xia）によって見出された．この場合，2組の対の物体が各対で等しい質量を持ち，第5はきわめて小さい質量になっている．対になった物体は xy 平面に平行で大きな離心率を持つ軌道内を動き，それぞれ軸対称的に反対側に位置している2組の対はその平面で反対方向に回転している．第5の質点はあとからこの系に加えられ，その運動は z 軸に制限されて2組の対の間で振動する．シアは第5の質点の運動は2組の対を xy 平面から離れさせるように動かすが，爆発的加速を与えながら対と衝突するように近づいていき，これが起こるときに2対は有限時間で無限遠に行ってしまうことを示した．

問題を一般的に解こうとするのと同様に，興味深い特別な解を探すことも可能である．**中央配位**は幾何学的配置が一定であるような解として定義される．最初の例は1767年にオイラーが発見したもので，物体は常に直線上にあって，共通の質量中心のまわりの円または楕円を一様な角運動量で回転している解である．1772年にラグランジュは，物体が常に正三角形の頂点にあり，質量中心のまわりで一様に回転する解を発見した．この解の初期条件のほとんどすべてに対して，三角形の大きさは各物体が楕円を描くように回転しながら変化する．

しかしながら，特解の発見と1世紀にわたる問題に関するたゆまぬ研究にもかかわらず，19世紀の数学者は一般解を見つけることができなかった．実際，問題はあまりに困難だと考えられ，1890年にポアンカレは重要な新しい数学的発見なしでは不可能だと思われると宣言したほどである．しかしポアンカレの期待に反して，20年も経たないうちに若きフィンランドの数理天文学者のカール・スンドマン（Karl Sundman）は，既存の数学的技法だけを使って，数学的に問題を「解く」ような一様収束する無限級数を得て数学界を驚かせた．スンドマン級数は $t^{1/3}$ のベキであり，角運動量が零になるような初期条件の無視しうる集合を除いて，すべての実数 t について収束する．2重衝突を取り扱うために，スンドマンは**正則化**技法，つまり衝突後にも解を解析的にする技法を用いた．しかし3重衝突が起きるときには角運動量が零になるため，3重衝突を取り扱うことはできなかった．

著しい数学的成功であったが，スンドマンの解は多くの問題に答えないままであった．それは系の挙動について定性的情報を与えず，悪いことに級数の収束があまりに遅いために実用性はなかった．妥当な時間にわたる物体の運動を決定するためにオーダーで $10^{8\,000\,000}$ 項の総和を必要とし，その計算は明らかに非現実的である．こうしてスンドマンはやるべき多くのことを残し，その問題（と関連する n 体問題）に関する研究は現在まで続いており，興味深い結果が継続的に現れている．最近の結果には，1991 年にチウドン・ワン（Qiudong Wang）が発見した一般の n 体問題の収束ベキ級数解がある．

3 体問題それ自身は手に負えないために簡略版が開発されたが，最も有名なものが最初オイラーによって調べられた**制限 3 体問題**（名前はポアンカレによる）として知られている．この場合，物体の二つ（**主要部**）はその質量中心のまわりを相互の重力のもとで円軌道を回っている．一方，第 3 の物体（**小惑星**）は小さな質量を持ち，他の 2 物体への影響が無視できると仮定され，主要部によって定義された平面で運動する．この定式化の優位性は主要部の運動が 2 体問題として扱え，それゆえに既知であることである．小惑星の運動を調べることだけが残っていて，これは摂動論を使って行うことができる．制限的定式化は人工的に見えるかもしれないが，たとえば太陽の存在のもとで地球を回る月の運動を決定するような実際の物理状況をうまく近似する．ポアンカレは制限問題について詳しく書いており，それに挑戦するために開発した技法は，近代的な**力学系** [IV.14] の理論の基礎付けと同様に，数学的カオスの発見に導いた．

簡単に説明できる問題としての固有の魅力のほかに，3 体問題には可能性がある解法を引き付ける寄与をしたという特性があり，太陽系の安定性に関する基本問題に密接に関わっている．それは惑星系は今あるような同じ形を常に維持し，惑星の一つが逃げ去ったり，もっと悪いことでは，衝突するようになるかの問いである．太陽系の物体は近似的には球で，その大きさはそれらの間の距離に比べてきわめて小さいので，それらを質点と考えることができる．太陽風や相対論的効果などすべての他の力を無視して重力だけを考慮すると，太陽系は一つが大きく九つが小さい質量を持つ 10 体問題としてモデル化でき，したがって，研究することができる．

何年にもわたる 3 体問題（と関連する n 体問題）に対する解を見出す試みは豊富な研究を生み出した．結果的に，その問題の重要性はその問題自体と同様にそれが生み出した数学的な進歩にある．注目すべき例が **KAM 理論**の発展で，摂動を受けたハミルトン系を積分し，無限の時間にわたって正しい結果を得る方法を与えている．これは 1950 年代と 1960 年代に**コルモゴロフ** [VI.88] とアーノルド（Arnold），モーザー（Moser）によって開発された．

V. 34

一意化定理

The Uniformization Theorem

ティモシー・ガワーズ［訳：二木昭人］

一意化定理は，**リーマン面** [III.79] の分類に関する顕著な結果である．二つのリーマン面が双正則同値であるとは，一方から他方への**正則関数** [I.3 (5.6 項)] があり，またそれが正則な逆関数を持つときをいう．リーマン面が**単連結** [III.93] のとき，一意化定理の主張することは，そのリーマン面は球面，ユークリッド平面，**双曲平面** [I.3 (6.6 項)] のいずれかに双正則同値であるということである．これらの三つはリーマン面と見なすことができ，特徴的な対称性を持つ：これらは**定曲率** [III.78] である（それぞれ，正，零，負になっている）．より一般に，これらの空間の 2 点 x と y が与えられると，x を y に写す空間の対称変換が存在し，x における短い矢印は y においてどの方向を向くようにも変換することができる．大まかな言い方をすると，これらの空間では「どの点から見ても同じように見える」．

$\mathbb{C}$ 全体ではないような $\mathbb{C}$ の開集合は，球面にも $\mathbb{C}$ にも双正則にはならない．それゆえ，一意化定理により，$\mathbb{C}$ の単連結な開集合で $\mathbb{C}$ 全体ではないものは，双曲平面に双正則でなければならない．このことから，そのような集合は，境界の滑らかさのいかんによらず，互いに双正則であることになる．このことは，**リーマン写像定理**と呼ばれている．双正則写像は**共形的**である．すなわち，一方の集合の二つの曲線が角度 θ で交わると，それらの像も他方の集合内において角度 θ で交わる．したがって，リーマン写像定理は，単純閉曲線の内部が単位開円板に角度を保って写像されることを意味する．双曲平面の一つのモデルは，ポアンカレの円板モデルであることを思い出そう．したがって，円板の双曲計量と一意化定理により与えられる双正則写像を用いると，任意

の $\mathbb{C}$ 内の単連結な真部分開集合に双曲計量を定義することができる．

リーマン面が単連結でない場合，単連結な曲面，すなわちその**普遍被覆** [III.93] の**商空間** [I.3 (3.3 項)] になっている．たとえば，トーラスは複素平面の商空間になっている（ただし，位相同値だが双正則同値ではないような構成がたくさんある）．このように，一意化定理によると，一般のリーマン面は球面，ユークリッド平面，双曲平面のいずれかの商空間である．そのような商空間がいかなるものかについての議論は「フックス群」[III.28] を参照されたい．

V.35

ヴェイユ予想

The Weil Conjectures

ブライアン・オッサーマン［訳：三宅克哉］

ヴェイユ予想は，20 世紀の**代数幾何学** [IV.4] において，その中心的な道標の一角を占めている．その証明が劇的な勝利だと称えられるばかりか，この分野での礎となる数々の進展の背後にあって，それを駆り立てていった力の源泉であった．予想自体はまったく初等的な次の問題を扱っている．**有限体** [I.3 (2.2 項)] 上の多項式系に対する解の個数はどのように数え上げられるか？ 通常は，たとえば有理数の体上で解を見つけることが興味の根源にあるだろう．しかし，こういった問題は，有限体上に移せばはるかに扱いやすくなり，また，両者の間には，**バーチ–スウィナートン=ダイヤー予想** [V.4] といった**局所–大域原理** [III.51] が，強力な，といっても難解極まりない関係を打ち立てている．

加えて，ヴェイユ予想と自明ではない繋がりがあるいくつかの基本的な問題がある．こういった中で最も有名なのは**ラマヌジャン予想**だろう．これは最も根本的な**保型形式** [III.59] の一つである $\Delta(q)$ の係数に関するものである．この $\Delta(q)$ についての公式から，関数 $\tau(n)$ が次のように定まる．すなわち，

$$\Delta(q) = q\prod_{n=1}^{\infty}(1-q^n)^{24} = \sum_{n=1}^{\infty}\tau(n)q^n$$

となる．**ラマヌジャン** [VI.82] は不等式 $|\tau(p)| \le 2p^{11/2}$ がすべての素数 p に対して成り立つと予想した．これは，p を 24 個の平方数の和として表す仕方の個数についての主張と緊密に関係している．アイヒラー，志村，久賀，伊原，ドリーニュの成果の積み上げによって，ラマヌジャン予想は実際にヴェイユ予想から導かれることが示され，1974 年のドリーニュによるヴェイユ予想の証明の最終的な完成によって，ラマヌジャン予想も同時に証明された．

まず，**ヴェイユ** [VI.93] に至るまでの展開について，その歴史を大雑把にまとめることにする．続いて彼の予想の内容をより明確に記述し，最後に，その証明全体の背後にあるアイデアを素描する．

1. 良き幸先への前置き

物語は，**リーマン** [VI.49] の古典的な**ゼータ関数** [IV.2 (3 節)]

$$\zeta(s) = \sum_n \frac{1}{n^s}$$

についての独創的な論文に始まる．**オイラー** [VI.19] は，すでにこの関数を s が実数値をとる場合について考察していたが，リーマンは，1859 年の驚嘆すべき 8 ページの論文ではるか先まで進んだ．彼は複素数値の変数としてこの関数を捉え，複素関数論からのきわめて潤沢な支援を手中にしていた．特に，上の $\zeta(s)$ の級数表示は，変数 s の実数部分 $\mathrm{Re}(s)$ が 1 よりも実際に大きい領域でしか収束しない．しかし，リーマンは，関数自身は $s=1$ で無限大になるものの，それ以外の全複素平面上で解析的な関数として定義されることを示した．彼はさらに，$\zeta(s)$ と $\zeta(1-s)$ とを関係付けるいわゆる関数等式を示し，それによって $\zeta(s)$ が直線 $\mathrm{Re}(s)=1/2$ を境とする複素平面の左右において重要な対称性を有することを見出した．そして彼は，今では最も有名な（あるいは悪名高い）**リーマン予想** [I.4 (3 節)] として知られる予想を書き残した．すなわち，実数軸の負の半直線上にある「自明な零点」を除けば，$\zeta(s)$ の零点はすべて直線 $\mathrm{Re}(s)=1/2$ の上にあるという予想である．この $\zeta(s)$ を取り上げたリーマンの動機は，素数の分布を分析することにあったが，彼が狙いとしたところはあとに続く数学者たち（**アダマール** [VI.65]，**ド・ラ・ヴァレ・プーサン** [VI.67]，ヴァン・コッホ）の手によって結実した．彼らはゼータ関数を用いて**素数定理** [I.4 (3 節)]，すなわち素数の分布の漸近的な増

大度を決定し，リーマン予想が素数定理に現れる残余項を評価するきわめて強い上界と同値であることを示した．

一見したところでは，リーマン予想はまったく特殊な，よくある類いの予想だと思われるかもしれない．しかし，まもなく**デデキント** [VI.50] がゼータ関数の広範な一族を生み出し，それらのすべてに対してリーマン予想が一般化されるとともに，ゼータ関数のさらなる一般化への扉を開いた．複素数は -1 の平方根，すなわち多項式 x^2+1 の根を実数に加えて得られるものと考えられる．これと類似した考え方で**代数的数論** [IV.1] の研究対象である**数体** [III.63] が得られる．この場合は有理数体 $\mathbb{Q}$ から出発し，もっと一般の多項式の根を含む体を考える．各数体 K に対して，古典的な整数の環 $\mathbb{Z}$ と同様な性質を多く持っている K の整数の環 $\mathcal{O}_K$ が定まる．こういった考察から始めて，デデキントはこのような環の一つ一つに対して彼の名を冠するより一般的なゼータ関数を定義した．古典的なリーマンのゼータ関数 $\zeta(s)$ は $\mathcal{O}_K=\mathbb{Z}$ の場合のデデキントのゼータ関数である．しかしながら，デデキントのゼータ関数の関数等式については，すんなりと事は運ばず，これは未解決問題となっていた．ようやく 1917 年になってヘッケがこれを解決し，デデキントのゼータ関数は全複素平面に解析接続された．そして当然，これらの関数のすべてに対してリーマン予想が意味を持つことになった．

こういった発想の広がりの中で，幾何学が前面に浮かび出ることになった．**アルティン** [VI.86] は，まず 1923 年の学位論文で，有限体上のある種の曲線に対してゼータ関数とそのリーマン予想を導入した．彼は，この曲線上の多項式関数の環が，デデキントのゼータ関数を定義するのに用いられた整数の環とまったく同様な性質を持っていることに注目したのである．アルティンは，まず自分の新しいゼータ関数がデデキントのゼータ関数と強い類似性を持っていることを見抜いた．次いで，これがデデキントのものよりもっと取り扱いやすいと判断した．彼はいくつもの端的な実例に当たり，それらのゼータ関数がリーマン予想を満たしていることを確認し，そういった事実に立脚して上記のような見通しを立てたのである．両者の間にある相違点は，次のように要約できるだろう．数体の場合，素イデアルを数え上げることによってゼータ関数を考察するのに対して，関数体の場合は，与えられた曲線の上にある点の個数を数え上げて得られる幾何学的なデータを用いてゼータ関数を表示する．F・K・シュミットは 1931 年の論文で，アルティンの成果を一般化し，このような幾何学を活用して彼のゼータ関数の強い形の関数等式を証明した．そして，1933 年にハッセは**楕円曲線** [III.21] という特殊な場合についてリーマン予想を証明した．

2.　曲線のゼータ関数

さて，有限体上の曲線に付随するゼータ関数について，その定義と性質をもう少し丁寧に検討しよう．もちろんシュミットとハッセの結果も紹介しなければならない．素数 p のベキ $q=p^r$，$r\geq 1$ を定め，$\mathbb{F}_q$ を q 個の要素を持つ有限体とする．最も簡単なのは $q=p$ のときであり，$\mathbb{F}_p$ は整数を p を法として考えたときに得られる体である．一般には，$\mathbb{F}_q$ は $\mathbb{F}_p$ に多項式の根を加えて生成され，数体を有理数体 $\mathbb{Q}$ から構成したのと同様である．実際，$\mathbb{F}_p$ に係数を持つ次数が r の既約多項式を一つ選んで，その根によって $\mathbb{F}_q$ を生成することができる．

アルティンは，平面上のある種の曲線を検討した．ここで「平面」は $\mathbb{F}_q^2$ を意味し，$\mathbb{F}_q$ に含まれる x,y の対 (x,y) 全体の集合のことをいう．また，**曲線** C は単に何らかの $\mathbb{F}_q^2$ 係数の多項式 $f(x,y)$ を 0 にする対 (x,y) 全体の集合として捉えられる．もし F が $\mathbb{F}_q$ を含む体であれば，もちろん $f(x,y)$ の係数は F に含まれており，同じ方程式 $f(x,y)=0$ によってもっと大きい「平面」 F^2 の上の曲線 $C(F)$ が定義される．もし F が有限体であれば，$C(F)$ ももちろん有限集合である．この場合，F はある整数 $m\geq 1$ に対する有限体 $\mathbb{F}_{q^m}$ と見なされる．各 $m\geq 1$ に対して，曲線 $C(\mathbb{F}_{q^m})$ の上にある点の総数を $N_m(C)$ と表そう．数列 $N_1(C),N_2(C),N_3(C),\ldots$ がどのように振る舞うかが興味の的となる．

平面曲線 C が与えられたとき，C 上の**多項式関数の環** $\mathcal{O}_C$ が定義できる．これは，平面上の（2 変数）多項式による関数の環を C 上に制限したときに同じ関数を与えるものを同一であると見る**同値関係** [I.2 (2.3 項)] を法として得られる．形式的には，$\mathcal{O}_C$ は単に**剰余** [I.3 (3.3 項)] 環 $\mathbb{F}_q[x,y]/(f(x,y))$ だと考えればよい．アルティンの基本的な考察というのは，デデキントのゼータ関数の定義が環 $\mathcal{O}_C$ に対しても同じように適用され，C に付随したゼータ関数 $Z_C(t)$ を与えるだろうというところに根ざしている．ところが，幾何学的な文脈においては，有限体上の点の個数と $Z_C(t)$ とを直接に関係付ける同値でもっと初等的な公式

$$Z_C(t) = \exp\left(\sum_{m=1}^{\infty} N_m(C)\frac{t^m}{m}\right) \qquad (1)$$

がある．

シュミットは，アルティンの定義を有限体上のすべての曲線に対して一般化し，アルティンが計算に成功した際の彼の考察に沿って，曲線のゼータ関数を優美な形で述べた．シュミットの定理を最も格好が良い形で与えるには，曲線にもう二つの条件を前提する必要がある．第一の条件は，平面上で曲線 C を考える代わりに，それを「コンパクト化」して**射影**曲線として考察することである．このときは「無限遠点」が加わってくるので，$N_m(C)$ は少しだけ大きくなるかもしれない．第二の条件は，C に対して**滑らかさ**という性質を要請する技術的なものである．これは，C に複素数体上での**多様体** [I.3 (6.9 項)] との類似性を要求することに当たる．

シュミットの結果を述べるために，もう一つ準備しておかなければならないことがある．すなわち，滑らかな射影曲線 C に対して**種数** [IV.4 (10 節)] という概念が定まることを思い起こしておこう．これは C 上の微分形式の空間の次元 g であり，もし C が複素曲線なら C 上の解析的な位相から得られるリーマン面の「穴の個数」として定義されるものと対応している．シュミットは，代数幾何学におけるある古典的な結果をより一般な体上にまで拡張することにより，$\mathbb{F}_q$ 上の種数 g の滑らかな射影曲線 C に対して次のことを証明した．すなわち，C に付随するゼータ関数は，整数係数の次数 $2g$ の多項式 $P(t)$ によって

$$Z_C(t) = \frac{P(t)}{(1-t)(1-qt)} \qquad (2)$$

と表される．さらに彼は，置き換え $t \mapsto 1/qt$ に対応する $Z_C(t)$ の関数等式を証明した．もし $t = q^{-s}$ と置くならば，これはおおもとのリーマンの結果と同様に $s \mapsto 1-s$ についての関数等式になっている．したがって，C に関するリーマン予想は，$Z_C(q^{-s})$ の零点が直線 $\mathrm{Re}(s) = 1/2$ の上にあること，すなわち，$P(t)$ の根の絶対値はすべて $q^{-1/2}$ であることを主張する．初等的な分析によって，これは $|N_m(C) - q^m + 1| \leq 2g\sqrt{q^m}$ がすべての $m \geq 1$ に対して成り立つことと同値である．

曲線のゼータ関数の幾何学的な性質を明かすための次の一歩は，**フロベニウス写像**を用いた分析である．有限体 F が $\mathbb{F}_{q^m}$ を含むとき，平面 F^2 におけるフロベニウス写像 Φ_{q^m} は，点 $(x,y) \in F^2$ を点 (x^{q^m}, y^{q^m}) に写す．このとき，座標が $\mathbb{F}_{q^m}$ に含まれる点はちょうど Φ_{q^m} で動かない点と一致する．これは**フェルマーの小定理** [III.58] の簡単な拡張である．実際，この定理は $u \in \mathbb{F}_{q^m}$ ならば $u^{q^m} = u$ が成り立つと主張するのだが，さらにその逆が成り立つ．すなわち，体 F が $\mathbb{F}_{q^m}$ を含むとき，$u \in F$ に対して $u^{q^m} = u$ が成り立てば $u \in \mathbb{F}_{q^m}$ である．なぜなら，F において，あるいはどのような体においても，多項式 $t^{q^m} - t$ は高々 q^m 個の根しか持たないが，すでに $\mathbb{F}_{q^m}$ の要素が q^m 個存在するからである．このようなわけで，点 $(x,y) \in F^2$ が Φ_{q^m} で自分自身に写されるための必要十分条件は，$(x,y) \in \mathbb{F}_{q^m}^2$ である．さらに，$\mathbb{F}_{q^m}$ を含む体の要素に対しては $(u+v)^{q^m} = u^{q^m} + v^{q^m}$ が成り立つ．実際，左辺を展開したとき，最初と最後の項以外の 2 項係数は，素数 p で割れるからである．さて，$f(x,y)$ の係数はすべて $\mathbb{F}_{q^m}$ に含まれているから，もし $f(x,y) = 0$ であるならば，

$$f(\Phi_{q^m}(x,y)) = f(x^{q^m}, y^{q^m}) = (f(x,y))^{q^m} = 0$$

であり，したがって，Φ_{q^m} は C から自分自身への写像を与える．このようにして，$C(\mathbb{F}_{q^m})$ を調べるためには，もっと一般的な枠組みの，C から自分自身への写像の不動点について何が言えるかを分析すれば，有用な情報が得られるだろう．ハッセはこの考え方を成功裏に適用して，$g = 1$ の場合，すなわち楕円曲線の場合についてリーマン予想を証明した．さらに，以下に繰り広げられる物語を通して，この発想に基づく展望があやなす織物に織り上げられていく様子を目の当たりにすることになる．それは，単にヴェイユの予想へと方向付けるにとどまらず，その証明を最終的なところまで導いていく手だてを浮かび上がらせる．

3. ヴェイユの登場

1940 年と 1941 年に，ヴェイユは有限体上の曲線に対するリーマン予想の二つの証明を与えた．というよりも，もっと正確に言えば，彼は二つの証明を

描写してみせた．それらはともに代数幾何学の基礎的な事実に依拠しものであり，ただしそれらの事実は解析的には証明されていたものの，任意の基礎体の場合にはまだ厳密な証明が与えられていなかった．ヴェイユが彼の『代数幾何学の基礎』（*Foundations of Algebraic Geometry*）を書いたのは，主としてこの欠陥に対処するするためだった．1948 年に出版されたこの本は，以前に彼が提示した二つの証明を支えるための厳密な基礎を築くことが主眼であった．

ヴェイユの本は代数幾何学における転機を打ち立てたものであり，そこで初めて抽象的な代数的多様体が導入された．それまでは，代数的多様体はアフィン空間または射影空間において 1 組の多項式による方程式によって定義された大域的なものであった．ヴェイユは何らかの局所的に定義された概念が役に立つと実感し，アフィン空間の開集合を貼り合わせて得られるトポロジーにおける多様体と類似した形式を採用して，アフィンの代数的多様体を貼り合わせるやり方によって抽象的な代数的多様体を導入した．抽象的多様体という考え方はヴェイユの証明を形作る上で基本的な役割を演じており，さらにはグロタンディークの広大なる成功を収めた**概型** [IV.5 (3 節)]（スキーム）の理論に対しても，重要な先駆けとなった．

さらに翌年，ヴェイユは『米国数学会会報』（*Bulletin of the American Mathematical Society*）に発表された注目すべき論文においてさらに前進し，有限体上で定義された高次元代数的多様体 V に対するゼータ関数 $Z_V(t)$ を研究し，その定義として式 (1) を採用した．ここまで来ると，状況はさらに入り組んだ様相を見せる．しかし，ヴェイユによる予想自体は曲線の場合と驚くほど似通っており，次のように実に自然に拡張されていた．

(i) $Z_V(t)$ は t の有理関数である．

(ii) 具体的には，$n = \dim V$ とするとき，

$$Z_V(t) = \frac{P_1(t)P_3(t)\cdots P_{2n-1}(t)}{P_0(t)P_2(t)\cdots P_{2n}(t)}$$

と表され，各 $P_i(t)$ の根はすべて絶対値が $q^{-i/2}$ の複素数である．

(iii) $P_i(t)$ の根は $t \mapsto 1/q^n t$ という変換で $P_{2n-i}(t)$ の根と入れ替わる．

(iv) もし V が複素数体 $\mathbb{C}$ の部分体上で定義された多様体 $\bar{V}$ の p を法とした還元であるならば，$b_i = \deg P_i(t)$ は $\bar{V}$ の通常のトポロジーによって定まる i 番目の**ベッチ数**である．

項目 (ii) の最後の部分はリーマン予想であり，(iii) は変換 $t \mapsto 1/q^n t$ による関数等式である．ベッチ数は**代数的トポロジー** [IV.6] でよく知られた不変量である．すなわち，曲線の場合のシュミットの定理 (2) に戻れば，多項式 $1-t, P(t), 1-qt$ の次数 $1, 2g, 1$ は，ちょうど種数 g の複素曲線のベッチ数になっている．

4. 証　明

ヴェイユ予想は $V(\mathbb{F}_{q^m})$ を Φ_{q^m} の不動点であると考えることから導かれており，とても直観的な位相幾何学的な絵柄を発想の源にしていた．少しの間 Φ_{q^m} が有限体上でのみ意味を持つことを忘れ，V が複素数体上で定義されていると想像しよう．さらに，複素トポロジーを用いて写像 Φ_{q^m} の不動点を**レフシェッツの不動点定理** [V.11 (3 節)] によって調べるために，Φ_{q^m} の**コホモロジー群** [IV.6 (4 節)] への作用を使って公式を取り出すことを試みよう．この場合，上記の (ii) の因子分解（および特に (i) で主張されている有理性）と，加えて，因子 $P_i(t)$ が i 番目のコホモロジー群へのフロベニウス写像の作用に対応していて，$\deg P_i(t)$ が V の i 番目のベッチ数で与えられることも，ほとんど直ちに引き出される．さらに，関数等式は**ポアンカレの双対性** [III.19 (7 節)] として知られている概念から導かれるだろう．

このようなコホモロジーに依拠した論議が，単なる動機付けに留まらないで，それを超えたものになってきたのは，さほど古いことではない．有限体上の代数的多様体に対しても，古典的なトポロジー理論の性質を移し込めるような形のコホモロジー理論があってもおかしくはなかろうし，それによってヴェイユ予想が証明できるだろう．このようなコホモロジー理論は，いまや**ヴェイユコホモロジー**として知られるところとなった．セールはこのような理論を開発しようと正面切って試みた最初の数学者であったが，彼の成果は限られたところに留まった．1960 年にドワーク（Dwork）は，***p* 進解析** [III.51] を用いて予想の (i) と (iii) の一部，すなわち有理性と関数等式を超曲面に対して証明したが，これは上記のコホモロジー理論を構築する方向からは心持ち外れている．それから間なしに，セールの指摘に立脚してM・アルティンの協力のもと，グロタンディークが

ヴェイユコホモロジーの候補者として**エタールコホモロジー**を提案し，展開していった．事実彼は，ヴェイユ予想を直ちに導くためにヴェイユコホモロジーに求められる性質の一覧表を実際に提示できると主張した．しかし，これらの諸性質は古典的な場合においても極端に難しいものばかりで，「強レフシェッツ定理」も含まれていた．楽観論を推し立てて，グロタンディークはそれらをヴェイユコホモロジーに関する「標準予想」と呼び，ヴェイユ予想は最終的にはそれらを経由して証明されるという見通しを主張した．

ところが，この物語の最後の章は，グロタンディークの計画そのままには展開しなかった．彼の生徒であったドリーニュがヴェイユ予想について研究を始め，多様体の次元に関する数学的帰納法を用いた非常に難解で込み入った証明をついに完成させた．エタールコホモロジーはドリーニュの証明においても基本的で不可欠な役割を演じたが，彼は別途いくつかのアイデアを持ち込んだ．中でも，古典的幾何学におけるレフシェッツの構成法，および，ラマヌジャン予想についてのランキンの結果を挙げておこう．最終的には，彼は強レフシェッツ定理を自分の成果を用いて証明することができたが，主予想の残りの部分は，今日もまだ解かれずに残されている．

謝辞　キラン・ケドラーヤ，ニコラス・カッツ，そしてジャン＝ピエール・セールが寄せてくれた有用な交信に対して彼らへの感謝の意を記す．

文献紹介

Dieudonné, J. 1975. The Weil conjectures. *Mathematical Intelligencer* 10: 7–21.

Katz, N. 1976. An overview of Delign's proof of the Riemann hypothesis for varieties over finite fields. In *Mathematical Developments Arising from Hilbert Problems*, edited by F. E. Browder, pp. 275–305. Providence, RI: American Mathematical Society.

Weil, A. 1949. Numbers of solutions of equations in finite fields. *Bulletin of the American Mathematical Society* 55: 497–508.

VI 第VI部 数学者

Mathematicians

VI.1

ピタゴラス

Pythagoras

セラフィーナ・クオーモ［訳：志賀弘典］

生：イオニア海のサモス島（ギリシア），紀元前 569 年頃
没：メタポントゥム（現メタポント，イタリア），紀元前 494 年頃
通約不可能性，ピタゴラスの定理

ピタゴラスは，古代人の中でも最も難解な人物の1人である．彼はその数学上の成果で有名なだけではなく，金色の脚をしていたとか，弟子たちに空豆を食べることを禁じる戒律を課したとかいった逸話でも知られている．歴史的な事実として確認できることはわずかしか残されていないが，彼が紀元前6世紀頃にマグナ・グラエキア（大ギリシア）と呼ばれた南イタリアのギリシア植民地で生きていたことは確実である．また，ピタゴラス教団と呼ばれる組織を作り，そこでは単に共通の信仰を持つだけではなく，食事習慣や行動規範も共有していたことが知られている．この教団の分派が教団の秘密を外部に漏らし，そのことによってこの分派は咎めを受けたという話が伝えられており，この教団は，成員の間の同質性が保たれているものではなかったことがうかがわれる．

紀元前5世紀後半に全盛期を迎えた後，この教団は分散し，そして消失していった．おそらく，その重要なメンバーが，それぞれにさまざまな都市国家での要職に就き，教団の核を失っていったためと思われる．しかしながら，この教団の宇宙と霊魂に関する言説は，後世に伝わり，長い年月にわたって大きな影響を与え続けた．その痕跡は，プラトン，アリストテレス，そしてさらに後の思想家にまで見ることができる．紀元前3世紀以降の古代において，ピタゴラスないしは彼の直弟子によるものと称された大量の著作が出回った．同じ紀元前3世紀に現れたネオプラトニズム（新プラトン主義）と類比させて，歴史家はしばしばこの動向を新ピタゴラス主義と呼んでいる．

ピタゴラスおよび彼の学派は，一般には，直角三角形の斜辺の平方が直角を挟む2辺それぞれの平方の和に等しいという定理を確立したことに結び付けて考えられている．しかし，この定理で述べられている事実は，ピタゴラスよりずっと以前にメソポタミアですでに知られていたことを示すいくつかの証拠がある．この結果をピタゴラスに帰する古代の文献は，ピタゴラスより後の時代のものであり，完全には信用できない．また，この定理の証明で，**ユークリッド** [VI.2] の『原論』（*Elements*）以前に書かれたものはまったく見つからない．おそらく，その証明が与えられたのはユークリッド以前であろうが，それをピタゴラスに結び付ける明確な証拠は存在しない．

同様に，正方形の1辺の長さと対角線の長さとが通約可能でない（すなわち，両者の比は有理数ではない）という事実の発見も，一般にピタゴラス派の功績とされているが，メソポタミアにおいてすでに見出されていたかもしれない．この事実の完全な証明として最も古いギリシアの文献も，ピタゴラスの後の時代のものである．

ピタゴラスの数学に対しての真の寄与は，別の点にある．アリストテレスによれば，ピタゴラス派の理論は「万物は数である」という定律に基づいていた．このことは，数学はもろもろの真理を解明する鍵を提供すると言い換えることもできるだろう．その真理は，（プラトンの『ティマイオス』（*Timaeus*）において，4元素，すなわち火，水，風，地が，それぞれ正 4, 20, 8, 6 面体と対応付けて解釈されたように）何らかの幾何学的下部構造によって理解され

る場合もあるだろうし，ある比例関係を保った整序関係としてあからさまに見えている場合もあるだろう．実際，ピタゴラス派は，音楽における共鳴と協和を数値的な比率で定式化することに強い関心を示したと信じられている．彼らは，弦楽器奏者が特定の位置で弦をはじいて協和音を奏でていることに注目し，そのはじく位置の特性を数学的な比例関係によって説明した．協和音を作っている 2 音の弦の位置の比をずらすと，協和音が乱されるのである．また，ピタゴラス派の見解によると，天体それ自身が，その数学的に秩序付けられた運行によって生じる，それゆえ調和に満ちた音楽を奏でているのである．数学を理解することは，すなわち真理の持つ構造を把握することである：このような洞察こそが，おそらくピタゴラスがわれわれに残した真の遺産なのである．

文献紹介

Burkert, W. 1972. *Lore and Science in Ancient Pythagoreanism.* Cambridge, MA: Harvard University Press. (Revised English translation of 1962 *Weisheit and Wissenschaft Studien zu Pythagoras, Philolaos and Platon*. Nürnberg: H. Carl.)

Zhmud, L. 1997. *Wissenschaft, Philosophie and Religion im frühen Pythagoreismus*. Berlin: Akademie.

VI.2

ユークリッド

Euclid

セラフィーナ・クオーモ［訳：志賀弘典］

生：アレクサンドリア（エジプト），紀元前 325 年頃
没：アレクサンドリア（エジプト），紀元前 265 年頃
演繹法，幾何学の公準，背理法

ユークリッドの生涯に関しては，何も知られていない．その主著である『原論』(*Elements*) は，著者の強く一貫した意図が感じられず，そして（もしそのような部分が存在したとして）どこからどこまでがユークリッド本人の手によるものであるかも確定する方法が見出せない．このようなことから，今では，これは，全体を統括する強い規制を持たない緩やかな共作だと考えられている．この本は，プトレマイオス朝の学術都市アレクサンドリアの文化風土の中で生まれ，そのせいもあって内容的には，当時知られていたさまざまな数学を系統的に記述することが目標とされたのであろう．

『原論』は平面幾何学，立体の幾何学および数論から構成されている．平面幾何学には，不等辺四辺形と等積な正方形，正多角形に内接および外接する円，比例中項の議論などが含まれる．立体の幾何学では 5 種類の正多面体が論じられ，外接する球面の直径と多面体の 1 辺との比が与えられる．数論においては，偶数，奇数，素数の概念から始まって，複雑な無理数の議論に至っている．そこでは二つの量（数）の比が有理数であることを，通約可能と定義し，アポトーム（すなわち $\sqrt{n}$ と 1 が通約不可能であること）が論じられている．

書名『原論』は，この本の基本書としての性格を表している．点，直線，三角形などの概念の定義から出発し，「すべての直角は等しい」といった公準，さらに「全体は部分より大きい」のような一般的事実が述べられる．これらの前提事項は証明なしに提示されているが，その中のあるものは，他の公準から導かれるのではないかという議論が古くから生じており，やがて非ユークリッド幾何学へと導かれていった．記述のスタイルは，公理系に基づく演繹法が用いられており，証明は特殊化へは向かわず一般的な扱いが心がけられている．主張は番号付けられて述べられ，証明に際しては，証明なしの初めの前提か，すでに示された命題に帰着されるように議論が進められる．推論手段としては，三段論法と排中律が主に用いられ，時折背理法による間接証明が用いられている．

いくつかの部分では，上記の記述スタイルとは違い，より直観的な証明が与えられている．たとえば，二つの三角形の面積が等しいことを導く議論において，一方の三角形を移動してもう一方の三角形に重ねるという説明が与えられている箇所がある．このことによって，確かに両者の面積が一致している，と読者が実感できるよう導いているのである．想像力に訴えるこの手法は，一段一段論理の積み重ねを行うという，この本の一般的なやり方とはたいへん異なっている．また，第 9 巻（命題 21～34）で整数の偶奇が論じられているが，おはじきのようなピースを用いて論じるピタゴラス流の数論の痕跡を，それ

らの証明から見ることができる．幾何学と代数学との混在は，「幾何学的代数」の概念の歴史を研究する数学史家を困惑させてきた．第2巻においては，見かけ上，一つの線分の上に1辺を置く長方形や正方形の面積の間に成り立つ関係が論じられている定理が現れているが，それらは実際は後の時代の（2次）方程式論の先駆とも思われるのである*1)．

すでに得られている基礎的な事実，すなわち「与件」から出発して幾何学の問題が解かれるのと同様に，天文学，光学および音楽においても，データ（＝与件）から出発して結論に到達するという思考法は，やはり，ユークリッドの功績とされている．結局，彼の名前は『原論』という書物と分かちがたく結び付けられているのだが，この本における一貫したスタイルの欠如こそが，多くの数学者たちがそれぞれに関与し，それによって，著書が最初に作られた早い段階から，次第に改良され，補足され，干渉され，付言される余地を与えたかと思われる．このようなスタイルの柔軟性が，あらゆる時代を越えて最も人々に浸透した数学書の形成を助けたのである．初期数学の発展に『原論』が与えた影響に関するさらなる議論は，「幾何学」[II.2]，「抽象代数学の発展」[II.3]，「証明の考え方の発展」[II.6] を参照されたい．

文献紹介

Euclid. 1990–2001. *Les Éléments d'Euclide d'Alexandrie; Traduits au Texte de Heiberg*, general introduction by M. Caveing, translation and commentary by B. Vitrac, four volumes. Paris: Presses Universitaires de France.

Netz, R. 1999. *The Shaping of Deduction in Greek Mathematics. A Study in Cognitive History*. Cambridge: Cambridge University Press.

*1) ［訳注］実例としては，第2巻定理 2-4 では，下図において「AB を1辺とする正方形の面積は，AC を1辺とする正方形の面積，BC（$= EF$）を1辺とする正方形の面積，および，長方形 $BCEF$ の面積の2倍を加えたものと等しい」ことが主張されているが，これは $(a+b)^2 = a^2 + 2ab + b^2$ という代数式に相当していることなどが挙げられる．

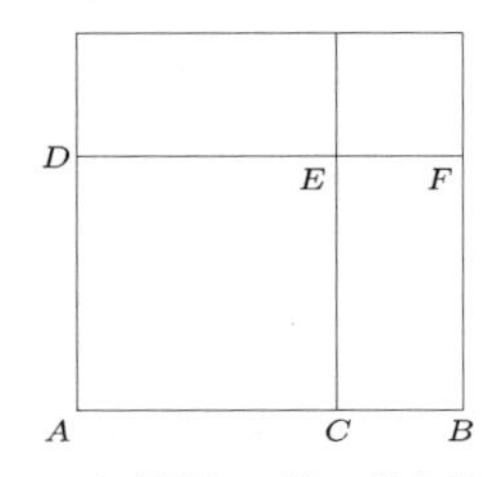

ユークリッド『原論』，第2巻定理 2-4 の図

VI.3

アルキメデス

Archimedes

セラフィーナ・クオーモ［訳：久我健一］

生：シラクサ（イタリア），紀元前 287 年頃
没：シラクサ（イタリア），紀元前 212 年頃
円の面積，重心，取り尽くし法，球の体積

アルキメデスの生涯は，彼の科学的業績と同じく壮大であった．さまざまな資料が証拠立てているところによれば，彼は船を建造し，宇宙のモデルを作り，巨大なカタパルトを造って第2次ポエニ戦争の間故国シラクサを守った．ついにはローマ攻囲軍が謀略によって都市を攻め落とし，続いて起こった掠奪の中でアルキメデスは殺された．伝説によれば，彼の墓石には円柱に内接する球面が彫られ，彼の最も有名な発見の一つを印していたという．実際，彼の著書『球と円柱』の第1部は，すべての球の体積が外接する円柱の体積の3分の2であることの証明でクライマックスに達する．アルキメデスが曲がった図形の体積や面積を求めることに関心を持っていたことは，円と球面の面積の発見や，渦巻線，円錐小体や放物面に関する論文，また著書『放物線の求積』からも確認できる．

アルキメデスの論法は，公理・演繹法の枠組みに従ってはいるが，独特である．曲がった図形に関する彼の多くの定理は，いわゆる**取り尽くし法** [II.6 (2節)] を用いている．

円の面積を決定する問題を取り上げてみると，アルキメデスはこれを，円の面積がある直角三角形の面積と同じであることを示すことで達成した．三角形の面積をどのように計算するかは知られていたから，アルキメデスは解が知られていない問題を解が知られている問題に「還元」したのである．彼は，直接これを証明するのではなく，円の面積がその三角形の面積より大きくも小さくもなり得ないことを証明するのである．これにより，唯一残る可能性として，それらが等しいことになる．この問題でも，またその他の場合にも，この証明は，考察している曲線図形に直線で囲まれた図形を内接および外接させ，これらをどんどん曲線図形に近づけていくことで達成される．けれども，どんどん正確になっていく近似から，直線図形と曲線図形の面積が等しいことへの飛躍は，他の可能性を除外するという間接的議論によってのみ達成可能なのである．通常，このような議論は，ユークリッドにすでに見られる次の内容の補助定理を用いている．ある量から始め，それを高々半分の量で取り替える．そしてこれを繰り返す．すると，残る量はいくらでも小さくすることができる．

アルキメデスの業績には，天文学と算術に関する著書『砂の計算』や平面図形の重心に関する研究，液体に沈められた立体に関する研究も含まれる．

とりわけ，アルキメデスは古代ギリシアの数学の論法に独特の洞察を与えた．著書『球と円柱』の第2部には，与えられた立体を作図する問題が含まれている．このいくつかの証明は二つの部分からなる．すなわち，分析と統合である．分析においては，確立したい結論が証明されたものとし，すでにどこかで証明されている結果に遭遇するまで，ここから得られる帰結を引き出していく．そして，この過程を逆順に再構成するのである（「統合」部分）．近年再発見された（エラトステネスに宛てた）著書『方法』では，放物線で囲まれた図形の面積のような，彼の最も著名な業績が，考えている二つの対象（たとえば，放物線で囲まれた図形と三角形）を無限個のスライスや線分に分割して天秤の両端に置き，互いに釣り合うようにすることを想像することによって得られたことを明らかにしている．アルキメデスは，この発見的方法は厳密な証明ではないことを強調しているが，このことはむしろ『方法』を偉大な数学者の精神の片鱗を示すものとして，一層価値あるものにしている．

文献紹介

Archimedes. 2004. *The Works of Archimedes: Translation and Commentary. Volume 1: The Two Books On the Sphere and the Cylinder*, edited and translated by R. Netz. Cambridge: Cambridge University Press.

Dijksterhuis, E. J. 1987. *Archimedes*, with a bibliographical essay by W. R. Knorr. Princeton, NJ: Princeton University Press.

VI.4

アポロニウス

Apollonius

セラフィーナ・クオーモ［訳：久我健一］

生：ペルガ（パンフィリア地方，現トルコ），紀元前 262 年頃
没：アレクサンドリア（エジプト）？，紀元前 190 年頃
円錐断面，限界定理，軌跡問題

著書『円錐曲線論』(*Conics*) は 8 巻からなり，そのうち現存するものは 7 巻だけであるが，ギリシア数学の傑作と認められている他の著作と比べると，近代以降，これを読んだ人は少ない．この本は複雑で，要約しにくく，しかも現代代数学の記法に翻訳しようとすると誤りやすいのである．ペルガのアポロニウスは算術と天文学についても著したが，これらの著作はどれも残っていない．現存する巻の 6 巻の序文から，彼が彼の結果を送っていた数学者グループの中で，たいへん尊敬されるメンバーであったことがわかる．彼は『円錐曲線論』のさまざまな版が出回っていることに言及しているが，おそらく最新版には読者からのフィードバックが反映されていたのだろう．放物線，双曲線，楕円の知識はアポロニウス以前にもあった（円錐曲線はアルキメデスに見られる）が，これらの曲線に関する系統的論述としては，知られている中で彼の著書が最初である．これらの曲線に興味が持たれたのは，曲線それ自体とともに，角の 3 等分問題や立方体倍積問題などの解決への補助線として使えるかもしれないという理由もあった．

『円錐曲線論』の最初の 4 巻は，アポロニウス自身がそう宣言しているように，この分野の序論であり，実際，彼は円錐とそのさまざまな部分の定義から書き始めている．放物線，双曲線，楕円はあとのほうになるまで導入されず，これらの由来（円錐あるいは円錐曲面を異なる角度で切る平面から得られる）のところで円錐曲線の性質がすでに述べられており，続く 3 巻で，それらがさらに深くかつ十分に調べられる．これらの結果には，接線，漸近線，および軸に関する定理や，ある条件のもとでの円錐断面の作図，また，円錐曲線が同一平面内で交わるた

めの条件の記述が含まれている．

この難解な本は，現存するのはアラビア語で書かれたもののみであり，これには断面内の最大線，最小線の扱い，与えられた円錐断面と同じか相似な円錐断面の作図（すべての放物線は相似であるという定理を含む），また「限界定理」(diorismic theorems）が含まれている．限界定理とは，初めにいくつかの位置や図形が既知として与えられたとき，ある作図が可能である限界や，幾何図形のある性質が成り立つ限界を定める命題である．実際『円錐曲線論』の中の命題のいくつかは軌跡，すなわちある一定の性質を共有するすべての点のなす幾何図形に関するものである．アポロニウスは，**ユークリッド** [IV.2] は3線，4線軌跡問題（3直線あるいは4直線の構成で，ある種の性質を持つように配置されたものを決める問題）ですべての解を尽くしていないと批判した．

証明の方法に関しては，アポロニウスは公理・演繹型に属する．これは，一般的な言明，文字の付けられた図式，各ステップは証明のない前提もしくはそこまでの証明を用いて正当化する手法である．そこには間接的方法ではなく，複雑（で強力）な比例理論の熟練が見られる．また同時に，彼の命題は，たとえばある直線が円錐曲面の内部にあるか，外部にあるか，あるいは頂点にあるかというような，ある問題の異なる場合の考察に容易に利用できる．言い換えれば，アポロニウスは，ほとんど遊びのような魅力に引かれて，数学的な対象の可能性とその性質をさまざまな条件下で探りつつ，系統的な研究をしたのである．

文献紹介

Apollonius. 1990. *Conics*, books V-VII. *Arabic Translation of the Lost Greek Original in the Version of the Banu Musa*, edited with translation and commentary by G. J. Toomer, two volumes. New York: Springer.

Fried, M. N., and S. Unguru. 2001. *Apollonius of Perga's Conica: Text, Context, Subtext*. Leiden: Brill.

VI.5

アル・フワーリズミー

Abu Ja'far Muhammad ibn Mūsā al-Khwārizmī

ジューン・バロウ＝グリーン［訳：志賀弘典］

生：生地不詳，800年
没：没地不詳，847年
数論，代数学

アル・フワーリズミーないしその祖先は，フワーリズム（Khwarizm）の出であると思われる．フワーリズムは現在ウズベキスタンに属するホラズム（Khorezm）であり，またヒヴァ（Khiva）という名でも知られる．生涯のほとんどを，当時新しくイスラム帝国の首都となったバグダッドにある，知恵の館（House of Wisdom）(8世紀に創立された，図書館，翻訳造本施設を兼ねたイスラムの（つまり世界の）人文・自然科学の研究センター）において学究生活を過ごし，天文学，数学，地理学の著作を残した．数学に関しては，数論の書と代数の書の二つが今日に伝えられている．

数論の著作は原語であるアラビア語では現存せず，ラテン語の翻訳で伝えられているが，インド式の記数法はこれによって西洋に伝えられた．また，そこで説明されている数の計算法も同時に伝えられた．内容はインド数学の基礎の上に記述されたものであったが，西洋では，その算術の技法は「アルゴリズム」(algorithm）というアル・フワーリズミー (al- Khwārizmī）の名を取った名称で呼ばれることになった．

アル・フワーリズミーによる著作『ジャブルとムカーバラによる計算法』(*al-Kitāb al-mukhtaṣar fī ḥisāb al-jabr wa'l-muqābala*）はイスラムの人々にとって，代数の基本的なテキストとなった（当時の書物はパピルスや羊皮紙ではなく紙製であり，市内には大規模な書店が何軒もあったという）．この本は，実用的な数学の初歩が書かれた三つの部分からなっている．第1部は方程式の解法，第2部は実用で生じる面積，体積の計算法，第3部はイスラムの複雑な相続法から発生する実務的な問題（数の計算と簡単な連立1次方程式も含まれている）を扱っている．代数的な記号は用いず，数の表記を含めてすべて通常の文章で説明されている．まず，位取りを用いた数の表示が説明され，そのあとで1次および2次の方程式が扱われている．注目すべきことは，先人たちとは異なって，アル・フワーリズミーはこれらの方程式を，単に実用で生じた問題を解決する手段として考えるのではなく，方程式それ自身を一つの研究対象として扱っていたことである．彼は，これらの方程式を，現代の表記を用いるなら，次の6種に分類して考察した．

$$ax^2 = bx, \quad ax^2 = b, \quad ax = b,$$
$$ax^2 + bx = c, \quad ax^2 + c = bx, \quad ax^2 = bx + c$$

ここで a, b, c は正の整数である．アル・フワーリズミーは，負の数も零も係数としては考察の対象としていなかったので，このような分類が必要だったのである．彼は，当時としては異例なことであるが，その解法を示し，それが正しいことを示す証明を与えていた．この証明は幾何学的な証明であったばかりか，古代ギリシアの既存の証明とは独立の証明であった．

アラビア語の書名の中でキーワードになっている "al-jabr"*1) は，方程式のすべての項を変形しながら標準形を導くことを意味し，西洋において，"algebra"（代数学）というよく知られた言葉として定着していった．しかし，アル・フワーリズミーの著作がこの言葉を用いた最初のイスラムにおける本であったかどうかは疑わしい．

文献紹介

Berggren, J. L. 1986. *Episodes in the Mathematics of Medieval Islam*. New York: Springer.

*1) ［訳注］日本語では「変形し整理すること」を意味する．

VI. 6

ピサのレオナルド（フィボナッチ）

Leonardo of Pisa (known as Fibonacci)

ジューン・バロウ＝グリーン［訳：平田典子］

生：ピサ（イタリア），1170 年頃
没：ピサ（イタリア），1250 年頃
ピサ商人の息子．イスラム教徒である数学教師のもとで北アフリカで数学を学び，イスラムの学者の知見を得ながら地中海を巡った．1240 年にピサから彼の教育などの功績に対して報奨金が贈られた．

フィボナッチは代数学に関する書物を著したヨーロッパ初期の科学者の一人であり，1202 年に世に出たその有名な著作『算板の書』(*Liber abbaci*) は，インドやアラビアの計算学を広くヨーロッパ中に知らしめる重要な機会を与えた．この本にはインドやアラビアの計算法則のみならず，さまざまな主題に関する数の問題が載っているが，そのうち最もよく知られる問題は，フィボナッチの「ウサギの問題」であろう．この問いは，1か月でウサギの一つがいから次の一つがいが生まれることが続くと仮定し，一つがいから始まって1年間に生まれるウサギのつがいの総数を求める問題である．最初から n か月後のつがい数を F_n とおく．$n-2$ か月後のつがい数 F_{n-2} に，新たに生まれたつがい数を加えた $n-1$ か月後の数 F_{n-1} を足した数が F_n になるので，$F_n = F_{n-1} + F_{n-2}$ となる．$F_0 = 0$，$F_1 = 1$ から始めると，F_n は $0, 1, 1, 2, 3, 5, 8, 13, \ldots$ という，いわゆるフィボナッチ数列になる．この数列 F_n に対し $\lim_{n\to\infty} F_{n+1}/F_n = \phi$ が得られる．ただし ϕ は黄金比 $\phi = (1+\sqrt{5})/2$ である．

VI. 7

ジロラモ・カルダーノ

Girolamo Cardano

ジューン・バロウ＝グリーン［訳：森　真］

生：パヴィア（イタリア），1501 年
没：ローマ（イタリア），1576 年
ミラノで数学教師（1534～43）．パヴィア（1543～60），ボローニャ（1562～70）で医学教授．異端信仰により投獄（1570～71）

カルダーノの偉大な書物『アルス・マグナ』（*Ars magna*, 1545）は，ヨーロッパの代数学の基礎を作り，出版後 1 世紀以上もの間，代数学の最も広範かつ系統的な本であり続けた．その中には，2 次および 3 次方程式の解法（すべてがカルダーノ自身によるものではないが）を含む，多くの新しいアイデアが収録されていた．カルダーノ自身による偉大な発見は，方程式の解と係数の関係であった．彼はこれについては先駆的であった．また，彼は同時代のほとんど誰よりも，負数の平方根に関する考察において先駆性を持っていた．彼の名は，「カルダーノの公式」と呼ばれる，c と d が正のときの $x^3+cx=d$ の形の 3 次方程式の解で，今日も知られている（彼は "casus irreducibilis"，つまり c が負の場合を解くことはできなかった）．

VI. 8

ラファエル・ボンベッリ

Rafael Bombelli

ジューン・バロウ＝グリーン［訳：志賀弘典］

生：ボローニャ（イタリア），1526 年
没：ローマ（イタリア）（推定），1572 年以降
建築家兼技術者（ローマの貴族で後にメルフィ（Melfi）司教となったアレッサンドロ・ルフィーニに仕えた）

高次方程式解法が述べられている**カルダーノ** [VI.7] の著書『アルス・マグナ』（*Ars magna*，1545 年出版）を，より一般レベルの読者に理解できるようにとの要請に応えて，ボンベッリは 1572 年に，著書『代数学』（*Algebra*）を世に出した．この書物は，2 次，3 次，4 次の方程式を系統的に扱っているが，その記法の進歩をもたらした点（ベキの記法を用いて印刷された最初のテキストだった．ただし，今日と同じ + や未知数 x を用いた記法ではない）と，ディオファントスの功績を世に広めた点で大きな役割を果たしている．しかし，それにも増して，「非簡約形」（casus irreducibilis）と呼ばれ，カルダーノの解法では複素数解ないしは「不可能解」に導かれるもののいくつかを解いている点で，『代数学』は高く評価される．カルダーノは 2 次方程式の解において，われわれが今日複素数解と呼んでいる $a+b\sqrt{-1}$ の形のものが現れることに気づいていた．ボンベッリは，3 次方程式において，カルダーノの解の表示のままでは一見複素数解に見えながら，表示の中で虚数部分が 2 か所に現れて互いに打ち消し合い，結局実数解になっている場合があることを発見した（「数から数体系へ」[II.1 (6 節)] の訳注の計算参照）．『代数学』は，複素数に関して広範な議論を展開した最初の数学書であり，複素数の四則演算も定式化されている．

VI. 9

フランソワ・ヴィエート

François Viète

ジャクリーン・ステドール［訳：志賀弘典］

生：フォントネ・ルコント（フランス），1540 年
没：パリ（フランス），1603 年
三角法，代数解析，古典的問題，方程式の数値解法

ヴィエートは，1560 年に地元のポアティエ大学で法学士の学位を得ている．1564 年から 1568 年の間，職業生活から退いて，その地方の土地貴族であったドベテール家の私的な法律顧問となり，息女カトリーヌ・ド・パルテネーの家庭教師を兼ねていた．彼の初期の科学的著作は，カトリーヌへの授業を目的としたものであった．その期間を除けば，彼はヴァロワ朝からブルボン朝に移るフランスが不安定な時期に，宮廷中枢の要職に就いて生涯を過ごした．1584

年から1589年までの5年間，宮廷内部での新教と旧教の宗教対立を伴う政権抗争の影響で，権力機構から遠ざけられていた．彼は1603年にパリで没しているが，彼が数学の研究に没頭できたのは，このように要職から遠ざけられた期間のみであった．

ヴィエートの世に知られる数学の著作は，1590年代に著された．その手始めは1591年の『解析技法序論』(*In artem analyticem isagoge*) であった（「解析的」とは，当時の慣習では，「方程式を用いる」程度の意味である）．この『序論』において，ヴィエートは古典ギリシアの幾何学をイスラム起源の代数的手法と結び付ける試みを行った．このことによって，彼は，幾何学への代数的な接近という数学の新展開の礎を築いたのであった．ヴィエートは，方程式における記号が，数を表すと同時に幾何学的な量をも表しうることを見出し，方程式が幾何学的な問題を解決する潜在的に有効な手段であることを発見した．ヴィエートの方程式に関する認識は4世紀前半の数学者パッポスの『集成』(*Synagoge*) に基づいている．パッポスにおいては，「解析」(analysis) とは，答えはある意味においてすでに知られていると仮定して問題を考察する手段であるとされている．それは，今日われわれが方程式において，未知数の記号を用い，この未知数を既知の量と同様に扱って数学的処理を進めるのと同様な考え方であった．ヴィエートにおいては，既知の量であろうと未知の量であろうと同じレベルで扱い，方程式とは，対象としている問題から生じる諸条件（ヴィエートは "zetetics" と呼んだ）の書き出しであり，未知量を既知の量（ヴィエートは "exegetics" と呼んだ）によって書き出すことがその問題の解決であると考えられた．幾何学の問題においては，与えられた条件から方程式を導いて幾何学的な意味を有する解に至るために，中間的な特別の過程が必要とされたが*1)，これがヴィエートにおける言い方では「解析」的技法の幾何学的な展開であった．

1593年前後にヴィエートは教程書をいくつか著し，方程式の立て方や，その幾何学的な意味を持つものへの変形に関して述べている．彼は『解析の復活または新しい代数』(*Opus restitutae mathematicae analyseos, seu algebra nova*) において，いかなる数学の問題も未解決のまま放置されることはない，という有名であり，また大胆な言明を行っている．ここで解析という言葉が用いられているが，17世紀を通じて，代数すなわち方程式論は「解析的」な方法と呼ばれ続けていた．

ヴィエートは，すべての代数方程式が代数的方法で解けるわけではないことを認識しており，そのため，方程式の解を逐次近似によって数値的に求める方法を推し進めた．西洋においては，これは初めて登場した扱い方であった．この考察は，単に実用面で重要であったばかりでなく，それと結び付いて，方程式の係数と根の関係に対して深い認識を促した点で大きな意義があった．

ヴィエートの幾何学の記述は文章で書かれているため，しばしば判然としないことがある．それは，彼の古典ギリシアの数学用語への嗜好から来るものでもあった．しかし，代数的な扱いにおいては，いくつかの基本的な記号を自ら考案している．代数方程式に関して言えば，長い間，その解法は，一般的な方法を十分示唆している特別な数値例によって述べられていたが，ヴィエートは，既知の係数を $B, C, \ldots$ などの子音によって表し，未知数を $A, E, \ldots$ などの母音で表して区別し，すべての量を文字により記述した．しかし，彼はベキを表す記号や和の記号を持たず，さらには等号すら持たなかったため，やはり記号化され整理された代数学とはまだ遠く隔たっていた．

1600年代に入ってすぐ，英国のトーマス・ヘリオット (Thomas Harriot) が，ヴィエートの数値解析の手法を深く研究した．それを通じて彼は，すべての（実係数）多項式は1次および2次の多項式の積に分解されることを発見したが，これは方程式論発展の一つの展開点であった．また，ヘリオットは多くのヴィエートの研究を，本質的には現代の代数学のスタイルで書き直している．フランスにおいては，1620年代になって，深くその影響を受けた**フェルマー** [VI.12] によって，ヴィエートの業績に光が当てられた．一方，1630年代に**デカルト** [VI.11] は，ヴィエートとヘリオットの成果と非常に共通する考えを展開しているが，彼はヴィエートもヘリオットも読んだことはないと主張している．

ヴィエートおよびその直接の後継者たちは，有限次数の方程式つまり多項式のみを考察した．17世紀

---

*1) ［訳注］たとえば，$x^3 + x = 1$ のような方程式の場合，当時の慣習では x^3 は立体の体積を表すから，x という1次元的な量との和に幾何学的な意味を付与するための操作が必要だった．

も後半になって初めて，**ニュートン** [VI.14] の著作において無限次数方程式，今日の言葉で言えば無限級数が論じられ，「解析」という言葉が現代の用語法に近づいた．

VI. 10

シモン・ステヴィン

Simon Stevin

ジューン・バロウ＝グリーン［訳：志賀弘典］

生：ブリュージュ（ベルギー），1548 年
没：ハーグ（オランダ），1620 年
オラニエ公マウリッツの数学および自然科学の家庭教師

彼は 10 進法による小数表記で名を残している．この表記は，ステヴィンをはるかに遡る 10 世紀のイスラムの数学者アル・ウクリディシ（al-Uqlīdisī）によって考案されたのだが，ステヴィンの小冊子『10 進法』（*De thiende*）が 1585 年に出版され（原著はオランダ語，英訳は 1608 年出版），それによって，この表記がヨーロッパ世界に広まった．しかし，ステヴィンの 10 進表記は，今日のものとまったく同一だったわけではない．彼は，たとえば 7.3486 を表すのに 7⓪3①4②8③6④などと表記して，10 の負ベキを示す丸付きの数字を各桁ごとに付けていた．この冊子においてステヴィンは，10 進小数表記の計算法を述べただけではなく，物の重量，長さや面積，そして貨幣の数え方にこの方法を用いることを提唱した（ジェファーソンは，実際にこの提唱に基づいて合衆国の貨幣制度を定めた）．

VI. 11

ルネ・デカルト

René Descartes

ヘンク・J・M・ボス［訳：久我健一］

生：ラ・エー（現デカルト，フランス），1596 年
没：ストックホルム（スウェーデン），1650 年
代数，幾何，解析幾何，数学基礎論

デカルトは 1637 年に，彼の哲学に関する著書『方法序説』（*Discours de la méthode*）の付録「小論」として『幾何学』（*La Géométrie*）を出版した．これが彼が発表した数学の著作として唯一残るものである．近世の単一著作で，1650 年から 1700 年の期間の数学の進展を『幾何学』ほど強力に形作ったものはない．これは解析幾何学の基礎を与えた著作であり，代数と幾何の融合への道を敷き，これによって約 50 年後の微積分学の発達が可能になった．

デカルトはイエズス会のラ・フレーシュ学院で教育を受けた．彼はその後の人生のほとんどをフランス国外で過ごした．20 代の初めはヨーロッパ各地を旅し，1628 年から 1649 年まではオランダに居住した．そして，スウェーデンの女王クリスティーナに招かれて彼女の宮廷に赴いた．初期のころから，デカルトの数学に対する興味は，彼の哲学的な第一の関心事である知識の確実さと密接に結び付いていた．1619 年に書かれた手紙の中で，明らかに算術と幾何学に着想を得て，自然哲学のすべての問題を解く方法の概要を述べている．その後ほどなくこの考えは膨らみ，この数学の着想によって問題を解く方法を軸に哲学を進展させることはできるという思いに至り，そしてそうするべきだという情熱的な確信となった．『幾何学』は彼の哲学上のプログラムの数学的部分として生まれたのである．すなわち，これは解析幾何学の教科書ではなかった．デカルトは一般的原理を与えることは少しもせず，彼の考え方を説明するために具体的な例を用いた．

デカルトは座標と曲線の方程式を説明するために，古典的な問題であるパッポスの問題を用い，曲線を定義付ける性質は方程式として書けることを示した．彼は座標 x と y を導入したが，考えている問題に常

ルネ・デカルト

に合わせて，斜交座標も直交座標と同じように使用した．彼は，今では広く慣用されている，x, y, z を未知数として用い，a, b, c を不定だが固定された値として用いる記号法も導入した．

デカルトにとっては，幾何的な問題は幾何的な解答を要求していた．方程式はせいぜい問題の代数的な書き換えにすぎなかった．つまり，解答は曲線や個々の点を作図[*1)]することでなければならなかった．たとえば，具体的にはパッポスの 4 線軌跡問題の場合のように，方程式が 2 次式だったら，任意に決められた y の値に対して x 座標は 2 次方程式の解である．デカルトは『幾何学』の前のほうで，このような解が（定規とコンパスを用いて）どのように作図できるかを示していた．したがって，曲線は y の値の列を選び，対応する x と曲線上の点を求めることによって「各点ごとに」作図することができた．しかし，各点ごとの作図では曲線全体を与えることはできない．そこで，デカルトはパッポスの問題において解曲線が円錐曲線であることを示し，その円錐曲線の型や軸の位置，パラメータの値をどのように決めるかを説明するために方程式を用いたのである．これは素晴らしい業績であった．実際，この結果は代数的に定義された曲線の族の分類として最初のものであった．

『幾何学』のさらに影響力のある結果で，デカルト自身が最も誇りとすると述べていたものは，与えられた方程式の曲線の与えられた点における法線（したがって接線）を求める方法である．これは微積分学登場以前の微分法の先駆けであった．

デカルトが曲線とその方程式を扱ったやり方と，現代の解析幾何学でそれらを扱うやり方には，三つの重要な違いがある．すなわち，デカルトのやり方において，直交座標と同様に斜交座標を用いる点，方程式を曲線を定義するものと考えず，問題，すなわち曲線自身やその軸や接線などを作図する問題を表していると考える点，平面自身を実数の組で特徴付けられる点の集まりとは考えない点である．つまり，彼にとって x や y は次元のない数ではなく，線分の長さであった（したがって，$\mathbb{R}^2$ に対する「デカルト平面」という用語は時代錯誤的である）．

デカルトは（非常に楽観的に）彼のやり方が（たいてい 4 本より多い直線のパッポスの問題に関連して）どのような次数の多項式方程式にも拡張できると考え，したがって，原理的にはすべての幾何的作図問題がいかにして解けるかを示したのだと考えた．彼は，高次の作図に対して新しい代数的な技術を必要とした．『幾何学』の該当する節は，多項式方程式とその解に関する一般論として初めてのものとなっている．これには，多項式の正の解と負の解の個数に関する彼の「符号法則」や，さまざまな変形規則，方程式の可約性を確かめる方法が含まれていた．彼の結果は，多項式は本質的に 1 次因子 $x - x_i$ の積で書くことができ，この x_i は正の数か負の数か「虚数」であるという確信に基づいたもので，証明を与えることはしなかった．

すると，解析幾何学は『幾何学』の主目標ではなかったように思える．むしろその目的は幾何問題を解く普遍的な方法を与えることにあり，そうするために，デカルトは二つの差し迫った方法論的問題に答えなければならなかった．その第一は，定規とコンパスで作図できない幾何問題をどのように解くかであり，第二は，代数をどのように解析的に，すなわち解を見つける道具として使うかであった．

第一の問題に関して，デカルトは作図の手段としてより複雑な曲線を逐次許容していった．彼は，これらの曲線の方程式の代数を手掛かりとすることによって，このようなすべての作図曲線の中から問題に最も適したもの，特に最も簡明なもの，すなわち最も次数の低い曲線を選ぶことができるという確信を持っていた．

第二の問題は，幾何学で代数を用いることについて当時は深刻に感じられた概念的困難を提示した．

*1)　［訳注］作図（construction）とは，図形を実際に作り出すという意味．

実際，代数演算を幾何学で用いることは問題だったのである．なぜなら，幾何学での掛け算は，一般的に次元を伴って解釈されたからである．たとえば二つの長さの積は面積を，三つであれば体積を表さなければならなかった．しかし，それまで代数学はほとんど数自身を扱っており，三つ以上の数の積も日常的に使っていた．したがって，代数演算の整合的で制限のない幾何的解釈が必要となった．デカルトは実際そのような再解釈を与えた．彼は単位線分を導入して，掛け算が次元を上げず，方程式の中で非同次項を許すことができるようにした．

1637 年までに，彼は哲学と数学を関連させる初期の試みを断念していた．しかし，確実性についての思索は続いた．彼の作図の概念は曲線の利用を含んでいたので，どの曲線が幾何学で許容できる十分な明白性をもって，人間の心で理解可能であるかを考えなければならなかった．彼の答えは，すべての代数的曲線は許容でき（彼はこれらを「幾何的曲線」と呼んだ），そのほかはどれもできない（彼は「機械的」と呼んだ）というものだった．この幾何学の厳密な区分について，デカルトを踏襲した 17 世紀の数学者はあまりいなかった．これはデカルトの『幾何学』の受け止め方として典型的である．すなわち，彼の数学の読者は，哲学的な面や方法論的な面はほとんど無視し，技法的な数学的な面を熱心に受け入れて使ったのである．

文献紹介

Bos, H. J. M. 2001. *Redefining Geometrical Exactness: Descartes' Transformation of the Early Modern Concept of Construction*. New York: Springer.

Cottingham, J., ed. 1992. *The Cambridge Companion to Descartes*. Cambridge: Cambridge University Press.

Shea, W. R. 1991. *The Magic of Numbers and Motion: The Scientific Career of René Descartes*. Canton, MA: Watson Publishing.

VI. 12

ピエール・フェルマー

Pierre Fermat

キャサリン・ゴールドスタイン［訳：平田典子］

生：ボーモンドロマーニュ（フランス），160? 年
没：キャストル（フランス），1665 年
数論，確率論，変分原理，求積法，幾何学

フェルマーはその生涯をフランス南部の行政官として過ごし，数学の幅広いテーマに時を費やし，深い貢献を与えた．求積法から光学，幾何学から整数論など，その寄与は多岐にわたる．青年時代についてはあまり多くは知られておらず，生誕の日も不確実であるが，ボルドーの地において 1629 年に**ヴィエート** [VI.9] の後継者たちと連絡をとった記録が残っている．彼は近代の数学のみならず数学の古典に関しても十分な知識を備え，**ルネ・デカルト** [VI.11]，ジル・ペルソンヌ・ド・ロベルヴァル，マラン・メルセンヌ，ベルナール・フレニクル，ジョン・ウォリス，クリスティアン・ホイヘンスらと数学の問題や知見に関する文通を行っていた．

近代初期には，幾何学の問題を代数学を用いて解く問題が重要視されていた．フェルマー以前のヴィエートなどの代数学者は，未知数が 1 個の方程式によって決定問題を記述し解決することを考察した．フェルマーは『平面・空間図形入門』（*Ad locos planos et solidos isagoge*）という論説をパリにおいて 1637 年（デカルトの『幾何学』と同じ出版年）に著し，不定元を含む問題に関しても軌跡を表示する式を構成するような，一般的な手法を考案した．軌跡とは，一定の条件を満たす点の表す集合，たとえば曲線などを指すものとする．彼は軌跡の点を 2 変数の方程式 1 個で表した（現代の数学で通常用いられる座標の記号 x, y とは異なる表示であった）．また，軌跡に関し，直線，放物線，楕円などを含む標準的な方程式を与えた．

フェルマーは曲線の極値や，与えられた点を通る接線や法線，図形の重心の決定などに関する代数的な考察も行った．彼の方法は，式が極値の近くでは同じ値を 2 回とるという原理に基づく．これらの代

数的手法はその後さまざまな観点から分析され，彼の業績は微分積分学の決定的な先駆的考察と見なされるようになった．フェルマーはこのような考え方を多様な問題に対して適用し，デカルトの後継者との 1660 年頃の論争を含め，光の屈折に関する法則についての論証を行った．「自然は最も短い時間で行動する」という原理に基づくフェルマーの分析は，問題を極値などの言葉で表現して考察することを可能にした．屈折という現象を解析することは，物理学的な複雑な問題を徹底的に数学を用いて解く方法の一つの始まりであり，フェルマーの手法は，後の**変分法** [III.94] の土台を築くことになる．

しかしながら，フェルマーはまた，アルキメデスのように，古典的手法においても求積法と同様の幾何学的な問題に対する，完璧な専門的技術を持っていることも示した．

このような彼の万能ぶりは，整数論における成果にも現れている．代数的な手法をディオファントス問題の解析，すなわち過去に解がないと考えられていた不定方程式の求解問題（たとえば，既知の解から新しい解を探すことなど）に，喜んで応用したようである．また，彼は方程式に対するその時点での代数的な手法が不十分であったため，それを補うための理論的な整数論の提唱者でもあった．たとえば，$a^n \pm 1$ の形の整数の約数に関する一般的な性質（**フェルマーの小定理** [III.58] と呼ばれる著名な定理）が知られている．また，さまざまな整数 N に対する $x^2 + Ny^2$ の性質を求めた．特に，整数論の問題において，無限降下法と称される方法を発見した．これは，正整数の範囲では，強い意味での単調減少になっている数列を無限個は構成できないという事実に基づくものであり，$a^4 - b^4 = c^2$ を満たす正整数解 a, b, c は存在しないという結果を証明するために用いられた．これは，いわゆる**フェルマーの最終定理** [V.10] の特別な場合である．フェルマーは彼の書物の余白に，$n > 2$ ならば $a^n + b^n = c^n$ は正整数解 a, b, c を持たないという書き込みをした．一般の n に対するこの主張の完全証明は，1995 年にアンドリュー・ワイルズ（Andrew Wiles）によって与えられた．

1654 年にフェルマーは「公正なゲーム」，つまり賭け事が途中で中断された場合の賞金の分配に関する問題に対して，**パスカル** [VI.13] と書簡を交わしている．この書簡は確率論という重要な概念を生み出し，期待値や条件付き確率という考え方を導くに至った．

文献紹介

Cifoletti, G. 1990. *La Méthode de Fermat, Son Statut et Sa Diffusion*. Société d'Histoire des Sciences et des Techniques. Paris: Belin.

Goldstein, C. 1995. *Un Théorème de Fermat et Ses Lecteurs*. Saint-Denis: Presses Universitaires de Vincennes.

Mahoney, M. 1994. *The Mathematical Career of Pierre de Fermat (1601-1665)*, second revised edn. Princeton, NJ: Princeton University Press.

VI.13

ブレーズ・パスカル

Blaise Pascal

ジューン・バロウ=グリーン［訳：久我健一］

生：クレルモン・フェラン（フランス），1623 年
没：パリ（フランス），1662 年
科学者，神学者

パスカルは，現在彼の名で呼ばれる算術的三角形の系統的な研究を最初に行った．この三角形自体は，特に中国の数学者朱世傑の著作（1303）に見られるように，それ以前に見つけられてはいた．「パスカルの三角形」

$$
\begin{array}{ccccccccc}
 & & & & 1 & & & & \\
 & & & 1 & & 1 & & & \\
 & & 1 & & 2 & & 1 & & \\
 & 1 & & 3 & & 3 & & 1 & \\
1 & & 4 & & 6 & & 4 & & 1 \\
 & \cdot & \cdot & \cdot & \cdot & \cdot & \cdot & \cdot &
\end{array}
$$

は，各数がその真上の二つの数の和となっているように数を三角形に整列させたもので，2 項係数 $\binom{n}{k}$ の図形的な配置を与え，$\binom{n}{k}$ が第 $(n+1)$ 行の $(k+1)$ 番目に現れている．ここで，$\binom{n}{k}$ は通常どおり位数 n の集合の中の位数 k の部分集合の個数であり，したがって

$$\binom{n}{k} = \frac{n!}{k!(n-k)!}$$

である．この数 $\binom{n}{k}$ はまた，任意の整数 $n \geq 0$ と $0 \leq k \leq n$ に対して $(a+b)^n$ の 2 項展開の中の $a^k b^{n-k}$ の係数でもある．彼の『算術三角形論』（*Traité du triangle arithmétique*, 1654 年に印刷されたが 1665 年まで出回らなかった）の中で，パスカルは初めて

2 項係数と確率論で現れる組合せの数を繋げた．この『算術三角形論』は，数学的帰納法の原理を明確に述べたものとしても有名である．

パスカルは，射影幾何の定理（任意の円錐曲線に内接する任意の 6 角形に対し，3 組の対辺をそれぞれ交わるまで延長させたとき，この 3 交点は 1 直線上に乗る）(1640) でも知られ，また，2 演算（加算と減算）の機械式計算機 (1645) でも知られている．

VI.14

アイザック・ニュートン

Isaac Newton

ニッコロ・グイッチャルディーニ [訳：伊藤隆一]

生：ウールスソープ（英国），1642 年
没：ロンドン（英国），1727 年
微積分学，代数学，幾何学，力学，光学，数理天文学

ニュートンは 1661 年，ケンブリッジのトリニティカレッジに入学した．最初は学生として，次はフェローとして，そして 1669 年からはルーカス数学講座教授として，その人格形成期の大半をケンブリッジで過ごした．

彼のルーカス教授就任は，指導教授アイザック・バローが手配した．バローは才能ある数学者かつ神学者で，この権威あるポストに就いた最初の人物であった．1696 年にニュートンはロンドンに移り，造幣局長官になった．彼は 1702 年に教授の職を辞した．

ニュートンが数学に興味を示し始めたのは，1664 年のようである．その年彼は独学で勉強を始め，**ヴィエート** [VI.9] の研究 (1646)，オートレッドの『数学の鍵』(*Clavis mathematicae*, 1631)，**デカルト** [VI.11] の『幾何学』(*La Géométrie*, 1637)，ウォリスの『無限算術』(*Arithmetica infinitorum*, 1656) を読んだ．ニュートンは，代数を幾何に関係付けることがいかに有効であるか――平面曲線が 2 変数の代数方程式で表せるから――をデカルトから学んだ．

しかしながら，デカルトは『幾何学』において，許される曲線を厳しく制限していた．「幾何的」（すなわち代数的）な曲線は認められるが，「力学的」（す

アイザック・ニュートン

なわち超越的）な曲線は許されなかった．多くの同時代の人々と同様に，ニュートンはそのような制限は取り払われるべきであり，力学的な曲線を扱える「新しい解析」ができるべきであると考えた．彼は無限級数にその答えを見出した．

ニュートンは無限級数の扱い方をウォリスの研究から学んでいた．ウォリスのテクニックの一つに工夫を加えていた 1664 年の冬，彼は数学における最初の大発見をした．分数ベキに対する 2 項定理である．これによって，彼は超越曲線を含む広いクラスの「曲線」をベキ級数に展開する方法を得た．いまや超越曲線にも「解析的」表現が与えられ，代数の規則が適用できるようになった．項別に関係式（彼はそれをウォリスから学んでいた．ライプニッツの表記では，$\int x^n \mathrm{d}x = x^{n+1}/(n+1)$ と表す）を適用することによって，曲線がベキ級数に展開されるとき，その曲線を「正方化」することができた（17 世紀には，曲線図形を正方化するとは，その曲線図形と等しい面積を持つ正方形を見つけることを意味した）．

数か月後，ニュートンは驚くべき洞察力で，同時代の数学者が扱っていた問題は二つのケースに帰着できることを認識した．その一つは曲線の接線を求めることであり，もう一つは曲線によって囲まれた面積を求めることである．彼は，幾何図形の大きさは連続的な運動によって生み出されると考えた．たとえば，点の運動は線を作り，線の運動は面を作る．これを彼は「流量」と呼んだ．他方，瞬間的な流れの量を「流率」と呼んだ．運動学のモデルから得た直観によって，今日**微積分学の基本定理** [I.3 (5.5 項)] として知られる概念を打ち立てた．すなわち，彼は接線と面積の問題は互いに逆の関係にあることを証明

した．現代の言葉で言うと，ニュートンは求積問題（曲線で囲まれた面積を求めること）を原始関数（不定積分）を求めることに帰着させることができた．彼は「曲線のカタログ」（積分の表）を作り，変数の置換や部分積分に相当するテクニックを駆使した．効率的なアルゴリズムを開発して，「流率」の順（微分），逆（積分）の両方の方法と取り組んだ．既知のあらゆる曲線の接線，曲率の計算，また，多くのクラスの（現在われわれが言う）常微分方程式の積分に成功した．そのような数学的道具によって，彼は 3 次曲線の性質を調べることができ，72 の異なる種類に分類した．級数と，流率の順および逆方法についての研究は『曲線の面積』(*De quadratura curvarum*) として，また，3 次曲線の研究は『3 次曲線の列挙』(*Enumeratio linearum tertii ordinis*) として発表された．この二つは 1704 年の『光学』(*Opticks*) の付録として世に出た．彼の代数の講義を集めた教科書『普遍算術』(*Arithmetica universalis*) は，1707 年に発表された．

1704 年以前，ニュートンは，公表を渋る彼の性格のため，流率の方法に関する発見を，印刷物ではなく，手紙や原稿を通して知人に伝えていた．その間，**ライプニッツ** [VI.15] がニュートンより遅れて独立に微分・積分を発見し，早くも 1684 年から 1686 年には印刷していた．ニュートンは，ライプニッツがアイデアを盗んだと確信し，1699 年以後，優先権をめぐってライプニッツと激しい論争を繰り広げた．

1670 年代の初め，ニュートンは彼の青年時代の特徴であった近代的記号形式から距離を置き始めた．彼は，発見の裏に潜む幾何的方法——古代ギリシア人が知っていた「解析の方法」——を復興することを望んで，幾何学へ目を向けた．実際，幾何学がニュートンの大作『自然哲学の数学的原理』(*Philosophiae naturalis principia mathematica*，略して『プリンキピア』）の大半を占めている．1687 年に出たこの本の中で，ニュートンは彼の重力の理論を発表した．彼は，彼がデカルト解析と同一視する近代的記号による方法より，古代の方法のほうが優れていると確信していた．その古代の方法を再発見する試みの中で，彼は射影幾何学の基本を開発した（これは，古代の人が，円錐曲線に関する複雑な問題を射影変換によって解決できたとする認識から生まれた）．重要な結果は，『プリンキピア』第 1 巻（1687）にある，パッポスの軌跡問題の解である．ここで彼は，円錐曲線は，二つの直線からの距離の積が，第 3，第 4 の直線からの距離の積に比例するような点の軌跡であることを示した．さらに，射影変換を応用して，$m+n=5$ のとき m 本の直線に接し，n 個の点を通る円錐曲線を決定した．

『プリンキピア』には，数学的成果が複数の巻にわたり豊富に記述されている．第 1 巻でニュートンは「最初と最後の比の方法」を提示した．この中で，接線，曲率，曲線図形の面積を求めるために，幾何的極限の手法を駆使した．面積については，今日**リーマン積分** [I.3 (5.5 項)] として知られるものの基本的内容を含んでいる．彼はまた，「卵形線」が代数的には積分不可能であることも示した．いわゆるケプラー問題を扱う際に，ニュートンは $x - d\sin x = z$（d と z は既知）の解を**ニュートン–ラフソン法** [II.4 (2.3 項)] と同じテクニックを用いて近似した．第 2 巻では，最小抵抗の固体の問題に取り組むことで，**変分法** [III.94] を創始した．さらに第 3 巻では，彗星の軌道を扱って，補間法を提示した．これは，スターリング，ベッセル，**ガウス** [VI.26] などの数学者の研究を刺激した．ニュートンは，この名著で，数学の自然哲学への応用がどれほど生産的でありうるかを示した．特記すべきは，月の運動，歳差，潮の干満についての彼の研究が，18 世紀の摂動理論を刺激する種子となったことである．

文献紹介

Newton, I. 1967–81. *The Mathematical Papers of Isaac Newton*, edited by D. T. Whiteside et al., eight volumes. Cambridge: Cambridge University Press.

Pepper, J. 1988. Newton's mathematical work. In *Let Newton Be! A New Perspective on His Life and Works*, edited by J. Fauvel, R. Flood, M. Shortland, and R. Wilson, pp. 63–79. Oxford: Oxford University Press.

Whiteside, D. T. 1982. Newton the mathematician. In *Contemporary Newtonian Research*, edited by Z. Bechler, pp. 109–27. Dordrecht: Reidel. (Reprinted, 1996, in *Newton. A Critical Norton Edition*, edited by I. B. Cohen and R. S. Westfall, pp. 406–13. New York/London: W. W. Norton & Co.)

VI. 15

ゴットフリート・ヴィルヘルム・ライプニッツ

Gottfried Wilhelm Leibniz

エーベルハルト・クノーブロッホ［訳：伊藤隆一］

生：ライプツィヒ（ドイツ），1646 年
没：ハノーファー（ドイツ），1716 年
微積分学，線形方程式論と消去法，ロジック

ゴットフリート・ヴィルヘルム・ライプニッツ

数学者の中では，微積分の創始者として有名なライプニッツは，万能の思索家であった．法学を修め，数学は独学であった．1676 年，彼はハノーファーで，ブラウンシュヴァイク・リューネブルクのヨハン・フリードリヒ公爵の顧問兼司書となり，この職を終生続けた．彼は数学のほか，技術，史料編纂，政治，宗教，哲学の問題に従事した．彼の哲学は，現実の二つの領域，すなわち外観の世界と実体の世界を区別した．彼は自らの哲学を展開するうちに，現実世界は「あらゆる可能な世界の中で最良である」と宣言するに至った．1700 年，彼はベルリンに新たに設立されたブランデンブルク科学協会の初代会長に任命された．

彼の数学的アイデアや著作は，生存中はほとんど公表されなかった．したがって，彼の成果の多くは，多年を経て再発見された．現在までに，彼の数学の論文のほぼ 5 分の 1 が出版されている．常に，技術的な細部よりも一般的な方法，さらには普遍的な方法に興味を持ち，類推や帰納的な推論を用いて，発明の術を開発した．同じ理由で，彼は数学の表記法の主要な考案者となった．彼は適切な表記が，数学的発見をどれだけ促進しうるかを知っていた．

ライプニッツの最も初期の数学的業績の一つは，無限小の幾何に関する論文である（1675〜76 年に書かれたが，1993 年までは出版されなかった）．その中で，彼は無限について，“quanta” という概念を用いた．ライプニッツの目には，実際の無限は極小量と同様に，言葉の最も厳密な意味で，数量ではなく，したがって数学的実体ではなかった．そこで彼は「限りなく小さい」と「限りなく大きい」という概念を用いた．確かにこれらは変動する量を表していたが，それでもやはり一種の量であって，数学的に扱うことができた．この論文の成果には，連続関数の（今日における）**リーマン積分** [I.3 (5.5 項)] の存在に関して，**アルキメデス** [VI.3] 流の厳密な証明が含まれている．これは部分区間における中間値に基づくものである．これらの結果のうち，実際にライプニッツによって出版されたものはほんのわずかにすぎず，しかも 1682 年の $\pi/4$ の交代級数や，1691 年のさらなるいくつかの結果などのように，たいていは証明が付いていない．1713 年に，彼は交代級数テストについて，**ヨハン・ベルヌーイ** [VI.18] に私信で伝えた．

1675 年は，ライプニッツが彼の微分・積分を作り出した年である．もっとも，その出版が始まったのは 1684 年以降であった．彼の微積分学は，互いに限りなく近い値の列をわたる変数（量）を要の概念とし，そして，列の相次ぐ二つの値の差も，通常の方法で扱える変数と見なした．微分は作用素 “d” で表し，変数を変数に対応させた．たとえば，x が長さの変化する線分ならば，dx はやはり長さが変化する非常に短い線分である．積分は総和を意味した．彼の記号（d と $\int$）は，今日でも使われている．彼は（合成関数，積などの）標準的な微分の法則を導き，微積分学を，多くの曲線の微分，積分記号のもとでの微分，各種の微分方程式に見事に適用した．

ライプニッツは，「組合せ術」を一般の定性的な科学と見なした．これは現代の組合せ解析とは違うが，組合せ論と代数を含んでいた．ライプニッツはそれを「論理の創造役」と考えた．方程式の解のベキ乗の和を初等的な対称式で表すためのジラールの

公式や，多項式の対称関数を累乗の和に帰着させる，いわゆるウェアリングの公式（1762 年に**ウェアリング** [VI.21] によって再発見された）を見つけた．彼は，線形連立方程式や消去法の問題を解くために，2 重および多重の添数を考案した．1678 年から 1713 年にかけて，**行列式** [III.15] 論の基礎を築いた．現在クラメルの公式として知られる連立方程式の解法は，（現代の用語では行列式に基づくもので，クラメルが 1750 年に発表したが）実は 1684 年にライプニッツが発見したものである（これもまた彼は発表しなかった）．彼はまた，今では**オイラー** [VI.19]，**ラプラス** [VI.23]，**シルヴェスター** [VI.42] の寄与とされる線形方程式論と消去法のいくつかの定理を，（証明なしに）述べた．

ライプニッツのその他の数学的興味として，加法的数論がある．1673 年に彼は自然数の 3 分割の個数の漸化式を見つけ（1676 年に発表），今ではオイラーの作とされる，さらなる漸化式を発見した．彼はまた，空間における位置を表すために，位置計算（calculus situs）の形式を開発した．図形の定義がこの計算によって完全に表現されるならば，その性質はこの計算によって見つけることができる．これは現代の幾何学やトポロジーの概念と密接な繋がりがある．ライプニッツはまた，保険数理のパイオニアの一人であった．人間の寿命の数学的モデルを用いて，個人および団体年金の購入価格を計算した．さらに，このような考察を国の負債の清算に応用した．

ライプニッツは，科学者としての経歴のごく最初から，論理に深い関心を持っていた．彼は総合的な科学を思い描いていた．つまり，十分なデータと適切な普遍的な言語あるいは書物を利用して，すべての科学を作り出し，判定する術を考えていた．しかし，彼の “characteristica universalis”（普遍的記号法）と，それに続いた論理計算は，断片的な計画に終わった．彼の “calculus ratiocinator”（推論計算機）は，真理の形式的演繹を意味していた．ライプニッツが計算の形式化に興味を持っていたことを思えば，彼が最初の四則計算機を製作したことも，驚くべきことではない．この機械を製作するにあたって，彼は一つの新しい技術を考案し，それをもとに 2 種類の装置を開発した．いわゆるピン歯車（pinwheel，1676 年以前）とステップドラム（stepped drum，1693 年あるいはそれ以前）である．

文献紹介

Leibniz, G. W. 1990-. *Sämtliche Schriften und Briefe, Reihe 7 Mathematische Schriften*, four volumes (so far). Berlin: Akademie.

VI. 16

ブルック・テイラー

Brook Taylor

ジューン・バロウ=グリーン［訳：伊藤隆一］

生：エドモントン（英国ミドルセックス州），1685 年
没：ロンドン（英国），1731 年
王立協会秘書（1714～18）

テイラーは，彼の名を冠した定理の第一発見者ではない（ジェームズ・グレゴリーが 1671 年に発見した）．しかし，最初に発表し，またその意義と応用の可能性を初めて認識したのは，テイラーである．ある種の条件を満たす関数はテイラー級数として展開できるというこの定理は，テイラーの『増分法』（*Methodus incrementorum directa et inversa*, 1715）において公表された．この中で，テイラーは級数を（現代の表記と同じように）

$$f(x+h) = f(x) + \frac{f'(x)}{1!}h + \frac{f''(x)}{2!}h^2 + \frac{f'''(x)}{3!}h^3 + \cdots$$

と表した．テイラーは厳密性には配慮しなかった．収束，剰余項，また関数をそのような級数で表すことの妥当性について，何も考慮していない．しかし，彼が級数を導き出す過程は，その時代の基準から外れてはいない．テイラーは方程式の解を近似するために，また，微分方程式を解くために，この定理を用いた．彼は関数を級数に展開することの有用性に気づいていたが，この点について定理の重要性を十分に理解していたとは思えない．

彼はまた，（『増分法』やそれ以前の論文で論じた）振動弦の問題への寄与や，線遠近法についての本（1715）で有名である．

VI. 17

クリスティアン・ゴールドバッハ

Christian Goldbach

ジューン・バロウ=グリーン［訳：平田典子］

生：ケーニヒスベルク（現カリーニングラード，ロシア），1690 年
没：モスクワ（ロシア），1764 年
サンクトペテルブルク王立科学アカデミー教授（数学）（1725～28），ロシア皇帝ピョートル 2 世の皇太子時代の個人教授（モスクワ）（1728～30），サンクトペテルブルク帝国科学アカデミー連絡役理事（1732～42），外務大臣（1742～64）

ゴールドバッハの名前はその名を冠した予想で知られている．すなわち，2 より大きいすべての偶数は 2 個の素数の和で表せるかという予想である．この予想については，最初に**オイラー** [VI.9] が 1742 年にゴールドバッハに宛てた書簡に記されているが，それはゴールドバッハからの質問「すべての整数は 3 個の素数の和で表せるか」に関する返事においてであった（ゴールドバッハは 1 も素数として算入していた）．ゴールドバッハ予想は，「すべての奇数はそれ自身が素数であるか，もしくは 3 個の素数の和である」というもう一つの少し弱い予想とともに，**ウェアリング** [VI.21] によって 1770 年に出版されたが，当初はその予想を立てた人名が明記されていなかった．この両方の予想はいまだ未解決である．しかしながら，「十分に大きい奇数は 3 個の素数の和で表せる」という定理は，ヴィノグラードフが証明している．「加法的整数論における問題と結果」[V.27] を参照されたい．

VI. 18

ベルヌーイ家の人々

The Bernoullis

ジャンヌ・パイファー［訳：森　真］

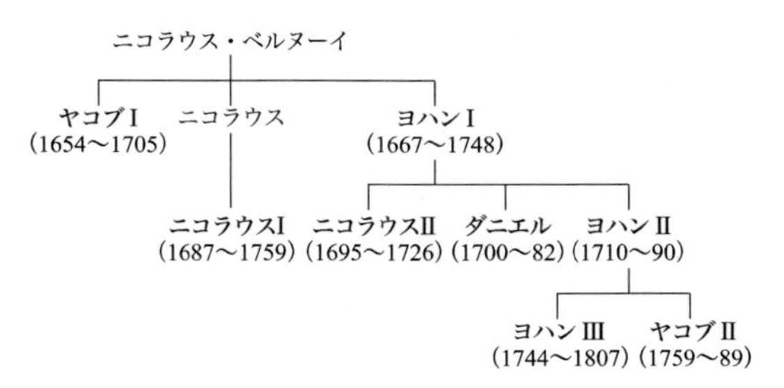

ダニエル（オランダ，グロニンゲン）を除いて全員がスイス，バーゼル生まれ．ヤコブ II，ニコラウス II（どちらもロシア，サンクトペテルブルクで死去）とヨハン III（ドイツ，ベルリン）を除き全員，スイス，バーゼルにて死去．
（家族のうち，太字で表記しなかった 2 人は数学者ではない）

ベルヌーイ家は，啓蒙時代の数学の発展に注目すべき役割を演じた．実際，1715 年に**ライプニッツ** [VI.15] が，数学を研究するという行為を表すのに「ベルヌーイする」という言葉を作り出したほどであった．家族のうち 8 人が物理，特に力学や流体力学を含む数理科学にその身を捧げ，1687 年から 1790 年にわたりバーゼル大学の数学主任を，最初はヤコブ（1687～1705），ついで彼の弟のヨハン（1705～48），最後にヨハンの息子のヨハン II（1748～90）と，家族で連続して務めた．18 世紀を通じて，ベルヌーイ家の人々はパリ科学アカデミーの会員で，有名な賞をさまざまな機会にそれぞれが得た．彼らはベルリンやサンクトペテルブルクをはじめとするいくつかのアカデミーでも同様に活躍した．

家族の歴史を遡ると，スペイン統治下のオランダから流れてきたカルヴァン派の商人にたどり着く．ベルヌーイ家で最初にバーゼルに住み着いたのはヤコブで，彼は 1622 年にバーゼル市民になった薬剤師だった．彼の孫，ヤコブ I は哲学と神学を学んだ後，父の意に反して数学に転じた．これは家族の典型的なパターンであった．ベルヌーイ家の多くは，他の分野（薬学や法律）のキャリアを身につけさせようという圧力に反して数学を学んだ．1676 年に神学の免許を授与されてから，ヤコブはまずフランス

へ，そしてオランダへ，そして最後にイギリスへと遊学に出かけた．彼がデカルト主義に親しみ，その最も優れた代表的な人物と知り合いになったのは，ニコラス・マールブランシュ，ジャン・フッデらとの出会いを通してであった．1677 年に日記『省察』（*Meditationes*）を書き始め，その中に数学的洞察や考え方を記した．

バーゼルで数学主任の地位を得てから，ヤコブはライプニッツの微分計算に関する初期の論文を研究し，彼の弟のヨハン I とともに最初にその論文の価値を認めた．1690 年にライプツィヒの「哲学論叢」に掲載された定数降下の曲線に関する論文で，ヤコブは「積分」という言葉を現在使われている意味で初めて用いた．それから，とりわけ懸垂曲線，弾性のある棒の曲がりの形，風に膨らむ帆の形，そして，放物線や対数螺旋などの曲線の研究において，ライプニッツの方法に習熟した手腕を発揮した．彼はまた，自らの名前を後に冠することになる $y' = p(x)y + q(x)y^n$ の形の微分方程式を解いた．しかし，最も知られているのは，彼の著書『推測法』（*Ars conjectandi*, 1713）である．これは彼の死後，甥のニコラス I による短い序文を添えられて出版された．それには**カルダーノ** [VI.7] とハレーによってすでに主張されていたある常識的な原理をしっかりした形で数学的に扱う試みが記されている．それは，多数回試行を繰り返せば，その事象が起きる頻度は事象の確率にほぼ等しくなるというものである．**ポアソン** [VI.27] 以降，**大数の（弱）法則** [III.71 (4 節)] として知られるようになったベルヌーイの定理は，確率論と統計との最初の繋がりを作り上げた．同じ本の中で，ベルヌーイは彼の名前を付されたベキ級数展開

$$\frac{t}{e^t - 1} = \sum_{k=0}^{\infty} B_k \frac{t^k}{k!}$$

の $t^k/k!$ の係数として定義される有理数の列 $B_0, B_1, \ldots$ を紹介した．ヤコブはこの数を B_{10} まで計算した．

数学に没頭できるようになる前に医学を勉強しなければならなかったヨハンは，初めは兄のヤコブから数学を学んだ．そして，ライプニッツの微積分の力学への応用を 2 人で数多く開発した．1691 年から 1692 年にかけて，パリへ研究旅行に赴き，そこでギヨーム・ド・ロピタルに個人授業を行った．この授業はロピタルの有名な『無限小解析』（*Analyse des infiniment petits*, 1696）の基礎となる．この微積分最初の教科書には，ヨハンが手紙で彼の弟子に宛てたロピタルの定理が含まれている．1695 年にヨハンはグロニンゲンで数学教授となるために，バーゼルを去った．

2 人の兄弟ヤコブとヨハンの共同研究は，初めは親密であったが，ヨハンの成果の知名度が上がるにつれて，際限のない論争，優先権争い，訴訟沙汰へと変化していった．最速降下線問題の解や，定まった長さの曲線に囲まれる領域の最小化の問題を含む複雑な等周問題について激しく争ったが，結局は，彼らのいさかいが**変分法** [III.94] の創造という興味ある数学的成果を生んだ．ヤコブの死後，ヨハンがバーゼルの数学主任の地位を引き継いだ．**オイラー** [VI.19] を含むヨーロッパ中の多くの学生を魅了し，生涯そこで教え続けた．

ヨハンの最も重要な数学的業績は，積分法の開発である．有理関数の積分の一般的方法と微分方程式の新解法を開発した．**指数関数** [III.25] を扱う無限小解析の拡張も行った．

およそ 25 年にもわたるライプニッツとのヨハンの往復書簡は，数学の発見と議論の実習室と見ることができる．**ニュートン** [VI.14] が「微積分を盗まれた」とライプニッツを訴えたことから生じた先駆者争いは，ヨハンをも巻き込んだ．彼はライプニッツの側に付いた．双方が互いの理論の難点を挙げて拒絶し合う中で，ヨハンは息子のニコラウス II と曲線族の直交経路の理論を作る機会を得た．ヨハンは解析力学や数理物理学の起源となる金字塔を造った人物でもある．とりわけ，中心力場や航海理論，統計原理の問いに関して注目すべき貢献をした．

ニコラウス I は，バーゼル大学で叔父のヤコブに数学を学ぶ一方で，法学博士を 1709 年に得た．かつて，ガリレオが務めていたパドヴァの数学教授の職を得て，後にバーゼルの論理学教授を務めた．数学における彼の主な興味は，無限列と法律の問題への確率論の応用であった．1713 年に，彼は賭けの問題を起源とする有名なサンクトペテルブルクのパラドックスを見つけた．ピーターが公平な硬貨を投げるとする．最初に表が出たらデュカ金貨を 1 枚，2 回目に初めて表が出たら 2 枚，一般に n 回目に初めて表が出たら 2^{n-1} 枚をポールにあげるとする．ポールがもらうお金の平均は，通常の計算に基づいて計算すれば，$(E = \frac{1}{2}1 + \frac{1}{4}2 + \frac{1}{8}4 + \cdots + \frac{1}{2^n}2^{n-1} + \cdots)$ となり無限大になる．しかし，思慮のある人ならば，

この賭けに高い入場料を払ってまで応じようとは思わないだろう．数学的な解析は，常識と明らかに反している．これがパラドックスである．ニコラウスのいとこのダニエルは，サンクトペテルブルクに滞在しているときに，この問題について議論した（だから，この名前が付いた）．彼の戦略は期待値の数学的意味と道義的意味を区別することであった．後者はリスクを負う人の個々の特性（たとえば，財産）を考慮に入れた．

ダニエルは初めは物理学者であり，有名な『流体力学』（*Hydrodynamica*, 1738）の著者であったが，リッカチ方程式 $y' = r(x) + p(x)y + q(x)y^2$ の解を得て，振動する弦の問題に取り組んだ．

バーゼル大学のオットー・シュピース（Otto Spiess）はベルヌーイ家の全集と書簡集の出版を 1955 年に開始し，その刊行はいまだに続いている．

文献紹介

Cramer, G., ed. 1967. *Jacobi Bernoulli, Basileensis, Opera*, two volumes. Brussels: Editions Culture et Civilization. (Originally published in Geneva in 1744.)

Cramer, G., ed. 1968. *Opera Omnia Joharnnis Bernoulli*, four volumes. Hildesheim: Georg Olms. (Originally published in Lausanne and Geneva in 1742.)

Spiess, O., ed. 1955-. *The Collected Scientific Papers of the Mathematicians and Physicists of the Bernoulli Family*. Basel: Birkhäuser.

VI. 19

レオンハルト・オイラー

Leonhard Euler

エドワード・サンディファー［訳：三宅克哉］

生：バーゼル（スイス），1707 年
没：サンクトペテルブルク（ロシア），1783 年
解析学，級数論，機械学，数論，音楽論，数理天文学，変分法，微分方程式

オイラーは，歴史上で最も影響力があり，最も多産な数学者である．彼の最初の論文は 1726 年に公刊された機械学についてのものであり，また，最後に出版されたのは，死後 79 年を経た 1862 年の彼の著作集だった．彼の名前が著者として書き込まれた論文は 800 篇を超え，そのうちの 300 篇は死後に出版された．さらに，彼は 20 冊を超える本を著した．彼の『全集』（*Opera omnia*）は 80 巻を超えるまでになっている．

数論では，オイラーはよく知られたオイラー関数 $\varphi(n)$ を導入した．これは n よりも小さい正の整数で n とは互いに素なものの個数を表し，彼は**フェルマー–オイラーの定理** [III.58]，すなわち，n はそれと互いに素な整数 a に対して $a^{\varphi(n)} - 1$ を割ることを証明した．また，n と素な数の n による剰余が乗法に関して今で言う群を構成することを証明し，平方剰余の理論とその高次ベキへの拡張を展開した．彼は $n = 3$ の場合について**フェルマーの最終定理** [V.10] を証明した．彼は実数係数の次数が n の多項式は，実数係数の高々 2 次の因子の積に分解され，複素数まで含めればちょうど n 個の根を持つと主張したが，その証明は完全と言えるまでには至っていなかった．彼は初めて**母関数** [IV.18 (2.4 項, 3 節)] を用いた数学者であり，それをノーデ（Naudé）の数の分割問題に対して導入した．この問題は，与えられた正整数を正整数の和として表すとき，何通りの異なった方法があるかを問う．また，彼は整数 n の約数の総和を表す関数 $\sigma(n)$ を導入し，これを用いて，それまでは 3 個しか知られていなかった友愛数の対の個数を 100 を超えるまでに増加させた（整数の対 m, n が**友愛的**であるとは，m の自分自身を除く約数の総和が n と等しく，その逆も成り立つことをいう）．彼はフェルマーが発見した $4n + 1$ の形の正整数が二つの整数の平方の和として表されることを証明した．また，どの正整数も四つの有理数の平方の和として表されることも証明したが，後に**ラグランジュ** [VI.22] がこの結果を改善し，正整数が必ず四つの整数の平方和として表されることを示した．オイラーは 5 番目のフェルマー数 $F_5 = 2^{2^5} + 1$ の因数分解を実行し，すべての $F_n = 2^{2^n} + 1$ は素数であろうという**フェルマーの予想** [VI.12] に反例を与えた．彼はまた，2 元 2 次形式 $x^2 + y^2$，$x^2 + ny^2, mx^2 + ny^2$ を精力的に研究し，**平方剰余の相互法則** [V.28] を見出して定式化した．

オイラーは数論において解析的な方法を用いた最初の数学者だった．1730 年代に，彼はいわゆるオイラー–マスケローニ定数

$$\gamma = \lim_{n\to\infty}\left[\left(\sum_{k=1}^{n}\frac{1}{k}\right) - \log n\right]$$

レオンハルト・オイラー

を小数点以下幾桁も計算し，その性質についていろいろと発見した．マスケローニはさらにその性質を1790年代に拡充した．オイラーは現在リーマンのゼータ関数と呼ばれている関数の積公式

$$\zeta(s)=\sum_{n=1}^{\infty}\frac{1}{n^s}=\prod_{p\,\mathrm{prime}}\frac{1}{1-p^{-s}}$$

を発見し，この関数の s が正の偶数である場合の値を計算した．

解析学においては，オイラーは現代の微積分のカリキュラムを形作るのに大いに影響を及ぼした．彼はまた，微分方程式の解や，**変分法** [III.94] に関わる問題に体系的に対処した最初の数学者である．彼は「オイラーの必要条件」あるいは「オイラー–ラグランジュ方程式」と呼ばれる微分方程式を発見した．この方程式は，J が積分方程式 $J=\int_a^b f(x,y,y')\,\mathrm{d}x$ によって定義されているとき，J を最大化ないし最小化する関数 $y(x)$ が満たすべき微分方程式

$$\frac{\partial f}{\partial y}-\frac{\mathrm{d}}{\mathrm{d}x}\left(\frac{\partial f}{\partial y'}\right)=0$$

をいう．オイラーはどうやらこの条件が十分でもあると考えていたようである．数学の道を歩み出して間もないころ，彼は微分方程式を解くために積分因子を用いる手法を開拓した．しかし，ほとんど同時に出版されたクレローの解答がより完全であり，より広く読まれたため，この新機軸は通常クレローに帰されている．オイラーはまた現今では**フーリエ級数** [III.27] や**ラプラス変換** [III.91] と呼ばれているものについても，**ラプラス** [VI.23] や**フーリエ** [VI.25] が数学を始めるよりも20年以上も先立って手がけていた．もちろん，この両者はオイラーよりも深くそれぞれの分野を展開していった．

オイラーの最大の業績と言われるものの多くは，級数に関わっている．広く喝采を浴びた彼の最初の結果は「バーゼル問題」への解答であった．これは70年にもわたって手が届かなかったもので，当時最もよく知られていた問題の一つである．その内容は，整数の平方の逆数の和，すなわち $\zeta(2)$ の値を求めることであった．オイラーが示した結果は

$$\sum_{n=1}^{\infty}\frac{1}{n^2}=\frac{\pi^2}{6}$$

であった（証明の概略については「π」[III.70] を参照）．

彼は，オイラー–マクローリン級数を開発して，級数と積分の間の関係を強めた．オイラー–マスケローニ定数の存在は，これらの研究から出てきた．自らが「数列の補完」と呼んだ技巧を用いて，彼は**ガンマ関数** [III.31] とベータ関数を与えた．彼は**連分数** [III.22] の詳細にわたる理論を手がけた草分けであり，また，**対数** [III.25 (4 節)] や三角関数の値を正確に効率良く計算するための級数を見つけ出し，しばしば20桁以上に及ぶ三角関数値を求めた．

彼は複素数を用いた微積分を初めて取り上げ，負の数や複素数に対する対数を検討した．この研究は**ダランベール** [VI.20] と長く険しい論戦を展開する原因になった．

オイラーは $\mathrm{e}^{\mathrm{i}\theta}=\cos\theta+\mathrm{i}\sin\theta$ を証明したり，$\mathrm{e}^{\pi\mathrm{i}}=-1$ に気づいた最初の人ではなかったが，これらの事実を他の先達の誰よりも多用し，特に最後の公式は，一般的にオイラーの等式として知られることになった．

彼はトポロジーとグラフ理論の先駆者と見なされているが，これは，いわゆるケーニヒスベルクの橋の問題に関連して，グラフがオイラーパスを持つための必要条件を彼が与えたことによる．この問題は，すべての辺を必ずちょうど1回だけ通るような一筆書きの経路をグラフが持つかどうかを決定するものである．オイラーはまた，彼の言い方では「平面で区切られた」多面体，今の言葉では「凸面体」に対する公式 $V-E+F=2$ を発見し，欠陥があるとはいえ，証明を提示した．ただし，V は頂点の個数，E は辺の個数，F は面の個数を表す（オイラーの証明の欠陥については，文献 Richeson and Francese (2006) を参照）．

オイラーは楕円積分に対して一般的な加法定理に当たるものを証明し，また，弾性曲線の完全な分類

を与えた．プロイセンのフリードリヒ大王の命により，彼は水力学を研究し，ポンプや泉の設計を行い，また国が運営する宝くじについて，確率と組合せを計算した．

三角形における垂心，重心，外心を通る直線をオイラー線という．オイラー法というのは，微分方程式に対する数値解を与えるアルゴリズムである．**オイラーの微分方程式** [III.23] は，流体の連続性を記述する偏微分方程式である．

オイラーは月と惑星の理論を用いて海上で経度を計測する問題を解くことを試みた．彗星の軌道の研究では，彼は観測値についての統計学に最初の足跡を印した．

彼は 1727 年にスイスを離れ，サンクトペテルブルクに開設されたピョートル大帝の新しいアカデミーで働くことになった．1741 年にはベルリンのフリードリヒ大王のアカデミーに移ったが，エカテリーナ女帝の即位のあと，1766 年にサンクトペテルブルクに戻った．彼は晩年の 15 年間は目が見えなくなっていたが，その間も何と 300 篇を超える論文を書いた．彼はパリアカデミーの年次懸賞論文賞を 12 回も勝ち取った．

1755 年から 1770 年にわたって出版された 4 巻からなる微分積分学の本は第一級の微積分の教科書であり，彼の数学の教科書シリーズの中の最高峰だった．このシリーズは『算術』(*Einleitung zur Rechen-Kunst*, 1738)，『代数学』(*Vollständige Anleitung zur Algebra*, 1770)，『無限解析入門』(*Introductio in analysin infinitorum*, 1748) を含んでおり，オイラーは微分積分学を理解するためにはこれらが必要であると考えていた．

オイラーは 2 巻からなる『機械学』(*Mechanica*, 1736) で点質量の力学を展開したが，これはこの分野における微積分に基づいた初めての試みであった．続いて，やはり 2 巻からなる『剛体運動論』(*Theoria motus corporum*, 1765) によって，彼は回転を含む剛体の運動を取り扱った．

これら以外の著作としては，変分法を初めて統一的に取り扱った『新発明の方法』(*Methodus inveniendi*, 1744)，音楽を扱う物理学についての（調音理論への初めての対数の使用を含む）『音楽論の新しい試み』(*Tentamen novae theoriae musicae*, 1739)，天体力学と月の理論に関する 3 冊の本，造船についての 2 冊，光学に関する 3 冊，および弾道学についての 1 冊がある．

現代数学においては，**関数** [I.2 (2.2 項)] が数学の基本的な対象であると考えられているが，この視点はオイラーによる．記号 e, π, i のみならず総和のための $\sum$ や有限差分の Δ の使用が標準的になったことにも，彼は大いに貢献した．

彼の 3 巻からなる『自然科学の諸問題についてのドイツ王女へのオイラーの手紙』(*Lettres à une Princesse d'Allemagne sur divers sujets de physique et de philosophie*, 1768～71) は，第一級の科学者による初めての一般の読者向けの科学読み物であり，科学哲学における重要な著作であると巷間で認められている．

ラプラスは「オイラーを読め．オイラーを読め．彼はわれわれすべての師匠である」と助言したと伝えられている．この言葉はおそらくラプラスのものではないだろうが，たとえそうでなかったとしても，この助言の本質とするところに何ら変わるところはない．

文献紹介

Bradley, R. E., and C. E. Sandifer, eds. 2007. *Leonhard Euler: Life, Work and Legacy*. Amsterdam: Elsevier.

Dunham, W. 1999. *Euler: the Master of Us All*. Washington, DC: Mathematical Association of America.

Euler, L. 1984. *Elements of Algebra*. New York: Springer. (Reprint of 1840 edition. London: Longman, Orme, and Co.)

Euler, L. 1988, 1990. *Introduction to Analysis of the Infinite*, books I and II, translated by J. Blanton. New York: Springer.

Euler, L. 2000. *Foundations of Differential Calculus*, translated by J. Blanton. New York: Springer.

Richeson, D., and C. Francese. 2007. The flaw in Euler's proof of his polyhedral formula. *American Mathematical Monthly* 114(1): 286–96.

VI. 20

ジャン・ル・ロン・ダランベール

Jean Le Rond d'Alembert

フランソワ・ド・ガント［訳：伊藤隆一］

生：パリ（フランス），1717 年
没：パリ（フランス），1783 年
代数，無限小計算，力学，流体力学，天体力学，認識論

ダランベールは一生涯をパリで過ごし，王立科学アカデミーおよびアカデミーフランセーズの最も影響力あるメンバーの一人となった．彼は，名高いフランス『百科全書』（*Encyclopédie*, 1751～65）の科学部門編集者として有名になった．百科全書は 28 巻からなる．彼はドニ・ディドロと協力して働き，数学の大部分と多くの科学的項目について執筆した．

ジャンセニスム派の学校であるコレージュ・デ・キャトル・ナシオンでの学生時代，彼は文法，修辞法，哲学からなる通常のカリキュラムに従って学んだ．ある程度のデカルト科学，わずかばかりの数学も含まれてはいたが，哲学の大半は，宿命，自由，恩寵についての当時の燃えさかる議論によって形作られていた神学からなっていた．ジャンセニストの教師たちの絶え間ない論争の風潮と，際限のない形而上学の議論に嫌気がさして，ダランベールは法学の卒業証書を得たあと，彼自身の情熱の対象，「幾何学」（すなわち数学）に専念することに決めた．

ダランベールのアカデミーフランセーズへの最初の論文は，曲線の解析幾何，積分および流体の抵抗，特に，液体に入った円板の減速と偏向の問題に関するものであった．後者は，光の屈折のデカルト的説明と繋がっていた．彼は**ニュートン** [VI.14] の『プリンキピア』（*Principia*）を綿密に読んでおり，第 1 巻の文章についてのコメントは，彼がニュートンの統合的な幾何より解析的方法を好んでいたことをはっきりと示している．

ダランベールは『力学論』（*Traité de dynamique*, 1743）によって学界で有名になった．少数の良く選択された原理――慣性，運動の合成（すなわち，二つの力の効果の和），平衡――に基づき，力学の組織的な厳密な理論を作り上げた．同時に，形而上学的議論は努めて避けた．最も注目すべきことは，合成振り子，振動棒，弦，回転体，さらには流体――彼は平行なスライスの集まりと見なした――のような束縛系の研究を単純化するために，今日では「ダランベールの原理」として知られる重要な一般的原理を提案したことである．原理の背景にある本質的なアイデアは，動力学の問題を静力学の問題に帰着させることである．大雑把に言うと，見かけの力（慣性力），つまり加速度のマイナス質量倍である「反作用」を導入した．こうして，静力学のテクニックを，動力学の問題に持ち込むことができた．

その他の本と論文は，流体理論，偏微分方程式，天体力学，代数，積分学における発展を示しており，いくつかは非常に革新的なものである．彼は虚数の用途と地位のために，多くの思考を費やした．

『風の一般的原因の考察』（*Réflexions sur la cause générale des vents*, 1747）と『積分の研究』（*Calcul intégral*, 1748）の中で，彼は $a+bi$（ここで $i=\sqrt{-1}$）の型の数は，普通の演算（加減乗除，ベキ乗）のもとで同じ型を保つことに気づいていた．彼は，実多項式では，虚数解はいつも共役なペアで現れることや，たとえ実多項式が実数解を持たなくても，複素数解は常に存在することを証明した．しかし，彼の成果は厳密ではなかった．たとえば，彼は解が存在することを前提にしていた．したがって，彼は**代数学の基本定理** [V.13] の証明は与えていない．

1740 年代の終わり，ニュートン科学に危機が訪れた．ダランベール，クレーロー，**オイラー** [VI.19] がそれぞれ独立に，ニュートンの重力理論では月の運動を説明できないという結論を得た．1747 年，ダランベールはこの問題を解決するために，さまざまな可能性――特別な力の存在，あるいは月の非常に不規則な形，あるいは地球と月の間のいくつかの渦――を論じた．そして，天体力学と惑星の摂動について長い研究を生み出した．これはやっと最近，再発見され，出版された（D'Alembert（2002）を参照）．1749 年までに，この問題に対する数学的解析が改良され，ニュートンの理論は正しいことが示された．そのほかのダランベールの天体力学の大がかりな研究は，『歳差の研究』（*Recherches sur la précession des équinoxes*, 1749），『宇宙系のさまざまな特質について』（*Recherches sur différents points du système du monde*, 1754～56），および 8 冊の『数学小論集』（*Opuscules*, 1761～83）の中で発表された．

1747 年，ダランベールは振動弦の有名な問題についての論文「張られた弦が振動するとき作る曲線についての研究」（Recherches sur la Courbe que Forme une Corde Tendue Mise en Vibration）を提出した．この論文は，**波動方程式** [I.3 (5.4 項)] の解を含んでいる．これは偏微分方程式の最初の解である．偏微分方程式は，1747 年の『風の一般的原因の考察』において，彼がすでに使っていた新しい道具であった．これは，オイラーおよび**ダニエル・ベルヌーイ** [VI.18] との，解の可能な形と関数の一般的な概念に関する長い論争を引き起こした．

ダランベールの『百科全書』（1751〜65）の仕事と，科学の厳密な基礎を見つけようとする奮闘は，彼を哲学の領域に導いた．そこでの彼の主な貢献は，さまざまな科学分類に及んだ．彼はまた，**デカルト** [VI.11]，ロック，コンディヤックの提案した方針に沿って，認知に関する研究も行った．

文献紹介

D'Alembert, J. le R. 2002. *Premiers Textes de Mécanique Céleste*, edited by M. Chapront. Paris: CNRS.

Hankins, T. 1970. *Jean d'Alembert, Science and the Enlightenment*. Oxford: Oxford University Press.

Michel, A., and M. Paty. 2002. *Analyse et Dynamique. Étuaes sur l'Oeuvre de d'Alembert*. Laval, Québec: Les Presses de l'Université Laval.

VI.21

エドワード・ウェアリング

Edward Waring

ジューン・バロウ＝グリーン［訳：平田典子］

生：シュルーズベリー（英国），1735 年頃
没：シュルーズベリー（英国），1798 年
ケンブリッジ大学ルーカス教授（1760〜98）

ウェアリングは 18 世紀後半における指導的なイギリスの数学者であり，レベルの高い難解な解析学の教科書をいくつか著した．1762 年に出版された最初の教科書『解析学雑記』（*Miscellanea analytica*）は，主に整数論と代数的方程式論に関するものであった．そこに示された結果は後に改訂・拡充され，『代数学瞑想録』（*Meditationes algebraicae*）という題目で 1770 年に出版された．後者の本には，今日ウェアリング問題として知られる問いが掲載されていた．これは「すべての正整数は 9 個以下の 3 乗数の和か，もしくは 19 個以下の 4 乗数の和で表せる」という問題，およびそれに類する問題である．この場合の累乗数の個数は，その指数に依存する定数として表示される．ウェアリング問題は**ヒルベルト** [VI.63] によって 1909 年に肯定的に解かれ，その後の**ハーディ** [VI.73] および**リトルウッド** [VI.79] による 1920 年代の整数論の重要な成果を導いた．『代数学瞑想録』はゴールドバッハ予想を明記した最初の出版物にもなった．ゴールドバッハ予想は，2 より大きいすべての偶数は 2 個の素数の和で表せるかという未解決問題である．また，ウィルソンの定理として知られる「すべての素数 p に対し $(p-1)!+1$ は p で割り切れる」という事実も述べられていた（**ラグランジュ** [VI.22] によっても後に証明された）．

ウェアリング問題およびゴールドバッハ予想については，「加法的整数論における問題と結果」[V.27] を参照されたい．

VI.22

ジョゼフ・ルイ・ラグランジュ

Joseph Louis Lagrange

マルコ・パンツァ［訳：伊藤隆一］

生：トリノ（イタリア），1736 年
没：パリ（フランス），1813 年
数論，代数学，解析学，古典力学，天体力学

ラグランジュは 1766 年，ベルリン科学アカデミーの数学部長となるために，故郷トリノを離れた．トリノでは，後にトリノ科学アカデミーとなる組織の創立メンバーであった．1787 年には，科学アカデミーの上席年金会員の職に就くためにパリに移った．パリでは，1794 年に創立したエコール・ポリテクニークでも講義をした．また，近代メートル法を確立した委員会のメンバーを務めた．

ラグランジュが**オイラー** [VI.19] に，極値条件を満

たす曲線を見つけるオイラーの方法を単純化する新しい形式を見つけたことを手紙で報告したのは，彼がわずか 19 歳のときであった．ラグランジュの方法は，局所的な無限小変形を生む，曲線の座標の独立な変動を表現するのに，新しい微分作用素 δ を導入することに基づく．

この形式を用いて，彼は，今日オイラー–ラグランジュの方程式として知られる微分方程式を導いた．これは**変分法** [III.94] の基本方程式である．定積分

$$\int_a^b f(x,y,y')\mathrm{d}x$$

（ただし，$y' = \mathrm{d}y/\mathrm{d}x$）を最大または最小にする関数 $y = y(x)$ を見つけたいとしよう．その方程式は，この関数が満たすべき次の必要十分条件を述べる．

$$\frac{\partial f}{\partial y} - \frac{\mathrm{d}}{\mathrm{d}x}\left(\frac{\partial f}{\partial y'}\right) = 0$$

これはラグランジュの還元主義スタイルの典型的な例である．生涯を通して，彼は数理解析の主要な問題を表現し解決するために適した形式を探し求めた．

ラグランジュは，彼の δ による形式化を，彼がその創刊を手伝った雑誌『トリノ雑報』（*Miscellanea Taurinensia*）の第 2 巻（1760～61）に発表された論文で公にした．彼はこの論文を，（以前モーペルテュイとオイラーによって導入された）最小作用の原理の一般化を定式化するために同じ形式を用いた別の論文と組み合わせた．その結果，彼は，離れた物体が互いの中心間の距離に依存する中心力で引き合う任意の系の運動方程式を導き出すことができた．

その間，『トリノ雑報』の第 1 巻（1759）で，ラグランジュは振動する弦の問題に対する新しいアプローチを提案する論文を発表した．そこでは，弦は最初 n 個の別々の粒子からなる系として表され，その後 n を無限に大きくしていく．ラグランジュはこの方法を用いて，オイラーが連続，不連続の両方を含んだ大きなクラスをこの問題の解として許したことは正しかったと論じた．他方，**ダランベール** [VI.20] は連続関数（すなわち，一つの式で表される曲線）のみが解として受け入れられると主張していた．

ラグランジュはこれらの報告の中で，古典力学の基礎について，きわめて一般的なプログラムを確立した．このプログラムは，連続なシステムを離散システムの極限的ケースと解釈することと，未定係数法を用いることに基づく．$P(x)$ が x の多項式であり，その係数 a_i，$i = 0,\ldots,n$ はいくつかの未定係数に依存していて，（ある区間の）すべての x に対して $P(x) = 0$ であると仮定しよう．この方法は，方程式系 $\{a_i = 0\}_{i=0}^{i=n}$ を導き，そこから未定係数を決定することができる．ラグランジュはこの方法を多（独立）変数の多項式の和に拡張し，（オイラー，ダランベールら多くの数学者に続いて）ベキ級数に関してもそれを用いた．このプログラムは，月の運動についての二つの論文（1764, 1780）においてさらに精緻化され，後に『解析力学』（*Méchanique analytique*, 1788）の中で完成した．そこでは，最小作用の原理は，変分によって表現されるベルヌーイの「仮想速度」の一般化で置き換えられた．一般座標として今日知られる φ_i（すなわち，離散システムの配置空間において，物体の位置を完全に定める，互いに独立な座標）を用いて，ラグランジュは，今は彼の名前を付けられた次の方程式を導き出した．

$$\frac{\mathrm{d}}{\mathrm{d}t}\left(\frac{\partial T}{\partial \dot{\varphi}_i}\right) - \frac{\partial T}{\partial \varphi_i} + \frac{\partial U}{\partial \varphi_i} = 0$$

ここで，T, U はそれぞれ運動エネルギーと位置エネルギーである．

『解析力学』は**ニュートン** [VI.14] の『プリンキピア』（*Principia*）の 1 世紀後に現れて，力学への純解析学的アプローチの頂点を印した．ラグランジュは前書きに，この本には図表は一つもなく，すべては「規則正しい一定の進行に従う代数的な操作」に帰着すると，誇らかに記している．

ラグランジュは，1770 年代から 1780 年代に発表した研究で，摂動理論と **3 体問題** [V.33] に対して基本的な貢献をした．彼の方法は**ラプラス** [VI.23] の『天体力学論考』（*Traité de mécanique céleste*）によってさらに発展し，物理天文学におけるその後の数学的研究の基礎となった．

未定係数法，あるいはむしろそのベキ級数への拡張は，ラグランジュの微積分学へのアプローチの基礎となる必須のテクニックである．『ベルリン学士院紀要』（*Proceedings of the Berlin Academy*, 1768）に発表した論文において，彼はそれを用い，微積分を代数方程式に関係付ける一つの重要な結果を証明した．これは，いわゆるラグランジュの反転定理であり，$\varphi(x)$ は x の任意の関数とすると，方程式 $t - x + \varphi(x) = 0$ の解 p の関数 $\psi(p)$ は $\varphi(t)$ と $\psi(t)$ のテイラー展開に基づく級数に展開できるというものである（$x, \varphi(x)$,

$\psi(t)$ が満たすべき正確な条件は，後に**コーシー** [VI.29] とロシェによって明確になった）．

1772 年の論文においてラグランジュはベキ級数に戻り，次のことを証明した．すなわち，関数 $f(x+h)$ が h に関するベキ級数展開を持つならば，この級数は

$$\sum_{i=0}^{\infty} f^{(i)}(x)\frac{h^i}{i!}$$

の形に書くことができる．ここで，任意の i に対して，$f^{(i+1)}$ は，f' を f から導くのと同様にして，$f^{(i)}$ から導いたものである．したがって，関数の唯一のベキ級数展開は，そのテイラー展開であると結論するために，彼はただ，無限小の議論によって $f' = \mathrm{d}f/\mathrm{d}x$ であることを示せばよかった．さらに，『解析関数論』（*Théorie des fonctions analytiques*, 1797）において，いかなる関数 $f(x+h)$ も，微積分に訴えることなくベキ級数に展開できることを示した（正確には，示したと主張した）．そして，微分の形式を，そのような展開の $h^i/i!$ の係数に適用する形式として解釈することを示唆した．言い換えると，任意次数の微分の比（すなわち比 $\mathrm{d}^i y/\mathrm{d}x^i$，ただし $y = f(x)$）をこれらの係数を供給する導関数として定義することを示唆した．それ以前は，これらはまさに微分の比であると考えられていた．彼はまたテイラー級数の剰余項が，現在ラグランジュの剰余項として知られる形に書けることを証明した．

代数方程式の理論の枠内でラグランジュが得た主要な結果は，1770 年と 1771 年の長い論文で発表された．その中で，彼は 2 次，3 次，4 次の方程式を解く公式を，解の置換の解析を通して得ている．この成果は，後の**アーベル** [VI.33] および**ガロア** [VI.41] の研究の出発点となった．同じ論文の中で，ラグランジュは特殊な，しかし重要な群論の定理を一つ述べている．すなわち，有限群の部分群の位数は元の群の位数の約数である．今日この定理には彼の名前がついている．

ラグランジュはまた，数論において重要な結果を得た．おそらく最も重要なものは，（何人かの中で特に）**フェルマー** [VI.12] によって提案され，オイラーがすでに証明を試みていた予想の証明である．予想は「任意の正整数は（高々）四つの平方数の和である」（1770）というものである．また，ウィルソンの定理（最初にウィルソンが推測し，**ウェアリング** [VI.21] が証明なしに発表した）の証明も，ラグランジュの最重要の成果である．この定理は「n が素数ならば，$(n-1)!+1$ は n で割り切れる」（1771）というものである．

文献紹介

Burzio, F. 1942. *Lagrange*. Torino: UTET.

VI. 23

ピエール＝シモン・ラプラス

Pierre-Simon Laplace

チャールズ・C・ギリスピー［訳：森　真］

生：ボーモン（フランス），1749 年
没：パリ（フランス），1827 年
天体力学，確率論，数理物理学

ラプラスは，**ラプラス変換** [III.91]，ラプラス展開，ラプラス角，ラプラスの定理，逆確率，**母関数** [IV.18 (2.4 項, 3 節)]，回帰分析における誤差の最小 2 乗法のガウス–ルジャンドルの導出と**ラプラシアン** [I.3 (5.4 項)] やポテンシャル関数を含む数学など，基礎的に重要な多くの概念の貢献で後年の数学者に知られている．ラプラスは自身の造語である天体力学，確率論に貢献し，また，それらの研究を進めるための数学に努力を注いだ．ラプラスにとって，天体力学と確率は，完全に決定論的な宇宙の統一像を補完する道具であった．天体力学は，世界についてのニュートンの体系の正当さを立証するものであり，確率論は自然における偶然の働きを測るのではなく（そのようなものは存在しないのだから），原因についての人間の無知さを仮想的な確からしさに変えて，それを計算によって測るものであった．科学史の中でラプラスが重要であることの 3 番目の理由は，19 世紀の最初の 20 年間に彼が行った物理の数学化である．音の速度，毛細管現象，気体の屈折率といったいくつかの新しい形式化以外に対しても，主要な貢献者ではないにしろ，彼は他の研究者にアドバイスや援助を与える役割を担っていた．

ラプラスは確率論上の概念で主流派となった．後にラプラス変換として知られるようになる差分方程式，微分方程式，積分方程式を解く方法の早期のアイデアは，「級数に関する報告」（Mémoire sur les suites, 1782a）に現れる．この中で，ラプラスは母関数を導入している．ラプラスは，関数を級数に展開し，その和を評価する問題を解くための最適のアプローチとして母関数を考えた．『確率の解析的理論』（*Théorie analytique des probabilités*, 1812）を執筆した際に，彼は解析的な部分はすべて母関数に帰着させ，主題全体をその応用の分野として扱った．しかし，彼は初期の論文において，自然科学の問題に母関数を応用することへの期待を強調していた．

さらに初期の論文「事象から推定される原因の確率に関する論文」（Mémoire sur la probabilité des causes par les événements, 1774）の中で，ラプラスは**ベイズ的** [III.3] と後に呼ばれる解析を可能にする定理について述べた．ラプラスは知らなかったが，トーマス・ベイズは 11 年早く同じ定理にたどり着いていた．ただし，ベイズはそれを発展させてはいなかった．ラプラスは 30 年あまりのさらなる研究の中で，統計的推論，哲学的因果関係，科学的誤差の評価，エビデンスデータの信憑性の数量化，立法府や裁判陪審員の手続きにおける投票システムの基礎となる逆確率を開発した．彼を最初にそのアプローチへと引き寄せたのは，人間に関わる事柄への応用だった．確率という言葉が単にゲームや偶然の理論の基礎的な量だけではなく，それ自体が一つの主題を意味するようになったのは，一連のこれらの論文，特に有名な「確率に関する論文」（Mémoire sur les probabilité, 1780）の中においてである．

ラプラスは，因果関係についての上記の論文で誤差理論の話を初めて行った．同じ現象の観察を天文学的な回数行って，最も適切な平均値を評価する問題である．彼はまた，誤差の極限が観測回数にどのように関係してくるかも決定した（上の「確率に関する論文」）．「王国の人口調査のための試論」（Éssai pour connaître la population du Royaume, 1783〜91）では，ラプラスは人口統計の応用に取り組み始めた．国勢調査をせずに，ある時期の出生数に適用する乗数を決定する必要があった．ラプラスが解いた具体的な問題は，与えられた誤差範囲内に入るのに必要な標本の数についてであった．

その後，ラプラスは確率の研究をいったん脇に押しやった．25 年後になって初めて，広範囲な『確率の解析的理論』を準備する際に，彼はこの問題に戻ってきた．1810 年に多数回の観察から平均を決定する問題に戻った．彼はこの問題を平均値がある極限に落ちる確率の問題と説明した．多数の観察のもとで正の誤差と負の誤差が同じように起きるなら，平均値は精密な方法で極限に収束することを述べ，大数の法則を証明した．この解析から，誤差の最小 2 乗則が導かれた．この法則を先に発見したのは誰かという論争は，**ガウス** [VI.26] と**ルジャンドル** [VI.24] の間でくすぶり続けた．

『天体力学論考』（*Traité de mécanique céleste*, 1799〜1825, 全 5 巻）に集約された長い間の研究のうち，2 部構成からなる「木星と土星の理論に関する一考察」（Mémoire sur la Théorie de Jupiter et de Saturne, 1788）に，最も有名な惑星の法則の発見が示されている．現在観察されている木星の軌道運動の加速と土星の減速は，互いの重力の相互的な効果によるもので，何百年かの周期を持った現象であり，ずっと積み重なるものではないことをはっきりさせた．ラプラスが調査した現象の解析から，惑星運動のいわゆる永年変動が何世紀にもわたる周期的現象であることがわかった．したがって，永年変動は重力法則からの逸脱ではなく，このことから，引力の法則から逸脱することなく，**ニュートン** [VI.14] によって研究されていた太陽・惑星間の引力を超えて，重力法則が有効であることの証拠になっている．しかし，月の加速が時間とともに自動補正されることを証明することはできなかった．

行列式の理論においてラプラスの名で知られる展開は，軌道の離心率と傾斜角の解析を行った木星と土星に関する論文「積分計算と世界の系に関する研究」（Recherches sur le calcul integral et sur le système du monde, 1776）に最初に現れる．これを除いては，ラプラスが惑星運動の解に見せた数学的オリジナリティは，確率論の貢献ほど目立ったものではない．ラプラスの天文学研究において際立っているのは，彼の熱意と，計算における腕力と卓越性であった．これこそは，彼の長いキャリアを通じて，オリジナリティよりもさらに重要な点であった．ラプラスが熟練の技を持っていたのは，急速に収束する級数を見つけること，多数の物理現象を表す項を組み込んだ数学的表現を得ること，解を得るために不都合な量を無視することを正当化すること，そして，結論に対して可能な限り広範な一般性を持たせることについてであった．

外的または内的な点における回転楕円体による引力は，ラプラスの惑星天文学の問題で最も肥沃であることが示された．「回転楕円体と惑星の形の引力理論」（Théorie des attractions des sphéroïdes et de la figure des planèts, 1785）において，ラプラスは**ルジャンドル多項式** [III.85] を後にラプラス関数と呼ばれる形で用いた．すべての主軸上に同じ焦点を持つ楕円面は，与えられた点をその質量に比例した力で引き付けるという定理を証明した．ラプラスの角は，与えられた点における回転楕円体による引力の方程式を開発した際に現れた．ラプラスは極座標をその解析に用いた．「土星の環の理論に関する論文」（Mémoire sur la théorie de l'anneau de Saturne, 1789）において，直交座標系に方程式を変形した．1828 年にジョージ・グリーンは，ポアソンが行ったこの式の静電磁力への応用を，ポテンシャル関数と名付けた．これ以降，この用語は古典物理で用いられた．

文献紹介

ここで用いた論文は，C. C. Gillispie, *Pierre–Simon Laplace: A Life in Exact Science*（Princeton University Press, Princeton, NJ, 1997）の文献表にある．

ラプラスの物理学の数学的内容は，I. Grattan-Guinness, *Convolutions in French Mathematics*（Birkhäuser, Basel, 1990, 全 3 巻）pp. 440–55 などにある．

VI. 24

アドリアン＝マリー・ルジャンドル

Adrien-Marie Legendre

アイヴァー・グラタン＝ギネス［訳：二木昭人］

生：パリ（フランス），1752 年
没：パリ（フランス），1833 年
解析，引力の理論，幾何学，数論

ルジャンドルはパリで活動し，ほとんど個人的な資産で生活していたように思われる．**ラグランジュ** [VI.22]（彼は 1787 年からパリに住んでいた）や**ラプラス** [VI.23] よりいくぶん若く，数学的な興味の範囲は彼らより広かったにもかかわらず，彼らほどの名声は得られなかった．彼が得た職は地味だったが，それでも 1799 年にラプラスからエコール・ポリテクニークの卒業試験官の職を引き継ぎ，1816 年に引退するまでその職にあった．加えて，1813 年にはラグランジュから測地局の職を引き継いだ．

ルジャンドルの初期の研究は，地球の形状と地球外の 1 点における引力についてであった．それに関連する微分方程式の解の研究から，彼の名前の付いた関数の性質を調べる研究へと導かれた．彼はラプラスと競合していたため，19 世紀の間，その関数はラプラスの名前が付けられていた．解析学におけるもう一つの大きな彼の関心は楕円積分であり，この研究は最も長く続いた．1825〜28 年の『概論』（*Traité*）に至るまで非常に長文でその楕円積分の研究について著した．しかし，1829〜32 年に書かれた補遺の中で，彼は自分の理論が**ヤコビ** [VI.35] と**アーベル** [VI.33] の**逆楕円関数** [V.31] に凌駕されたと認めている．彼は他のさまざまな積分（として定義される関数）の研究も行っており，たとえば**ベータ関数**と**ガンマ関数** [III.31]，微分方程式の解，そして**変分法** [III.94] における最適化もこれに含まれる．

ルジャンドルの数値解析的研究の中には，（1789 年に発見された）美しい定理がある．この定理は回転楕円体三角形（すなわち，回転楕円体の表面に描かれた三角形）を球面三角形に関連付けるものであり，1790 年代に J・B・J・デランブルにより三角形分割解析に用いられ，この方法でメートルが決められた．彼の最も有名な数値解析の研究結果は，曲線当てはめにおける最小 2 乗法である．これは彗星の軌道を決定する問題に関連して 1805 年に提唱された．彼にとって，この方法は単に最小化の一つにすぎなかった．彼は確率論との関連は追及しなかったが，この関連は**ラプラス** [VI.23] と**ガウス** [VI.26] が，しばらくの後に研究した．

ルジャンドルの『数論に関する試論』（*Essai sur la théorie des nombres*, 1798）はこの主題に関する最初の単行本である．**連分数** [III.22] と方程式論について復習したあとで，代数学の一分野であるさまざまなディオファントス方程式の解法に焦点を当てた．整数の多くの性質の中で，**平方剰余の相互法則** [V.28] に力点を置き，2 次形式や高次の形式についてのさまざまな分割定理を証明した．この本には新しい結果はあまりなく，1808 年と 1830 年には拡張版が出版されたが，若きガウスの『数論研究』（*Disquisitiones arithmeticae*, 1801）に書かれた証明方法により凌駕されていた．

ルジャンドルが教育用に出版した『幾何学原論』

(*Elements de géométrie*, 1794) は，**ユークリッド幾何学** [I.3 (6.2 項)] の解説であり，ギリシア語の原本と同じ形式，組み立て，証明スタイルを忠実に取り入れていた．また，彼はこの本の中で，ユークリッドの興味の中になかったさまざまな面，すなわち，平行線の公準の代わりになるものや，π の値の近似方法のような関連する数値解析，平面三角法と球面三角法の丁寧な要約なども取り扱った．彼は 1823 年までに 11 回この本の改訂版を発行し，さらに没後の改訂版が 1839 年まで続いた（またさらにその後の再版も続いた）．この本は数学教育においてとても影響力のある本であった．

文献紹介

de Beaumont, E. 1867. *Eloge Historique de Adrien Marie Legendre*. Paris: Gauthier-Villars.

VI. 25

ジャン=バプティスト・ジョゼフ・フーリエ

Jean-Baptiste Joseph Fourier

アイヴァー・グラタン=ギネス［訳：伊藤隆一］

生：オーセル（フランス），1768 年
没：パリ（フランス），1830 年
解析学，方程式，熱伝導論

数学者にしては珍しく，フーリエには数学とは別の輝かしい経歴があった．彼はナポレオン・ボナパルト将軍のエジプト遠征（1798〜1801）に文官として参加し，第 1 執政となったナポレオンが彼をグルノーブル県知事に任命した（1802）ほど，フーリエはナポレオンにとって重要な存在であった．フーリエは，1810 年代半ばに皇帝ナポレオンが没落するまで，その地位に留まった．その後フーリエはパリに移り，1822 年にはパリ科学アカデミーの終身書記に任命されるほどに，名声を確立した．

フーリエは知事の重い職責を果たす一方で，エジプト学でも活躍した．特に注目すべきなのは，後にロゼッタ石を解読し，その分野の基礎を築いた十代の青年ジャン・シャンポリオンを，グルノーブルで発見したことである．それにもかかわらず，1804 年から 1815 年の間に，彼は科学的業績の大部分を生み出した．彼の動機は，連続な固体における熱の拡散の数学的研究であった．この目的のための彼の「拡散方程式」は，それ自体が新しいばかりでなく，力学以外の物理現象の大規模な数学化を初めて達成した方程式だった．この微分方程式を解くために，彼は無限三角級数を提案した．この級数はすでに知られてはいたが，低い地位にあった．フーリエは多くの性質を発見または再発見した．それには，その係数のための公式や収束の条件だけではなく，特に，その表現可能性，すなわちいかにして周期関数の列が一般の関数を表現できるかが含まれる．円筒の中の拡散に関して，彼はベッセル関数 $J_0(x)$ の多くの性質を発見した．これは当時ほとんど研究されていなかった．

1807 年，彼はこの発見をフランス学士院の科学アカデミーで発表した．**ラグランジュ** [VI.22] はその級数を好まなかったし，**ラプラス** [VI.23] は物理モデルに失望した．しかし，ラプラスはまた，無限個の物体の拡散方程式の解についてのヒントを彼に与えた．これは，1811 年までにフーリエがそれに対する彼の積分解を（その反転も含めて）見つけることに繋がった．彼の主要な出版物は『熱の解析的理論』（*Théorie analytique de la chaleur*, 1822）である．これは，若い数学者に多大な影響を及ぼした．たとえば，**ディリクレ** [VI.36] による級数の収束の初めての満足な証明や，C・L・M・H・ナヴィエ（1825）による流体力学におけるその活用がある．あまりうまくいかなかったのは，彼と**ポアソン** [VI.27] の関係だった．ポアソンは，ラプラスの分子主義的物理原理とラグランジュの解法に従って，全理論を作り直そうとしたが，特別なケースを二つ三つ付け加えたにすぎなかった．

フーリエは他の数学の話題についても研究した．彼は 10 代で，多項式の正・負の解の個数に関する**デカルト** [VI.11] の符号法則に，最初の証明を与えた（彼は，今では標準となった帰納的な証明を用いた）．彼はまた，ある区間に含まれる解の個数の上界を見つけた．これは，J・F・ステュルムによって，1829 年に正確な評価に改良された．その当時，フーリエは方程式についての本を完成しようとしていた．この本はナヴィエのおかげで，フーリエの死後 1831 年に出た．主な目新しい点は，**線形計画法** [III.84] と今日呼ばれるものの基礎理論である．高名な彼の唱道にもかかわらず，追随者は少なく（ナヴィエはその一人)，理論は1世紀以上の間眠っていた．フーリエはまた，数理統計に関するラプラスの成果の側面をいくつか取り上げ，**正規分布** [III.71 (5節)] の状況を調べた．

文献紹介

Fourier, J. 1888–90. *Oeuvres Complètes*, edited by G. Darboux, two volumes. Paris: Gauthier-Villars.

Grattan-Guinness, I., and J. R. Ravetz. 1972. *Joseph Fourier*. Cambridge, MA: MIT Press.

VI. 26

カール・フリードリヒ・ガウス

Carl Friedrich Gauss

ジェレミー・グレイ［訳：三宅克哉］

生：ブラウンシュヴァイク（ドイツ），1777年
没：ゲッティンゲン（ドイツ），1855年
数論，測地学，代数学，楕円関数の理論を含む複素関数論，天文学，統計学，微分幾何学，微分方程式論，ポテンシャル論

ガウスの天才的な数学の能力は，彼が15歳のときにはブラウンシュヴァイク公爵の注意を引くまでになっていた．そして，公爵は彼にさらに教育を受けさせるための学費を拠出し，彼を貧困に近い状況から引き上げた．ガウスはその後の人生を通して国家への忠誠心を保ち，役立つ業績をあげる強い気持ちを持ち続けて，天文台での職に励んだ．1801年には，最初に発見された小惑星セレスが太陽の裏側に姿を隠したあと再び現れる位置を的確に予測してこれを最初に観察することに成功した．ガウスは，あらかじめ観測されていたデータを新しい統計手法を用いて解析し，成功したのであった．このとき彼が用いた方法は，彼がまだ公表していなかった最小2乗法であった．ガウスはその後も多年にわたり，いくつかの小惑星の軌道の解析に手を貸した．彼はまた天体力学と測地学について広範に書いており，電信についても重要な成果を残した．

とは言っても，ガウスは純粋数学者として思い起こされるのが常であろう．1801年に，彼は『数論研究』(*Disquisitiones arithmeticae*) を公刊した．この本はまさしく現代的な代数的数論を創出した．この

カール・フリードリヒ・ガウス

中で彼は，**平方剰余の相互法則** [V.28] を初めて厳密に証明した．しかも，何年もの間にさらに5種類の証明を与えた．後には，より高次のベキへと定理を拡張するため，1831年にガウスの整数を導入した（ガウスの整数とは，整数 m, n と $\mathrm{i} = \sqrt{-1}$ によって $m + n\mathrm{i}$ と表されるものをいう)．彼は微分方程式においても主要な業績をあげた．その中核にあるのは超幾何方程式であり，2階線形微分方程式で，3個のパラメータを持ち，二つの特異点を有している．しかも解析学で馴染みがある多くの関数がこの解と関連している．たとえば彼はこの方程式が新しい**楕円関数** [V.31] の理論において重要な役割を持っていることを示していた．しかし，この結果の多くは出版されていなかったため，**アーベル** [VI.33] や**ヤコビ** [VI.35] によって劇的な勢いで進められた楕円関数についての研究には影響を与えなかった．この未公刊の成果から見ても，彼が複素変数の複素関数論を創造する必要を見抜いた最初の数学者であったことがわかる．彼はまた，**代数学の基本定理** [V.13] に対して4種類の証明を残した．1820年代までに，彼はわれわれの物理空間がユークリッド的ではないかもしれないと考えるようになっていたが，この考えを公表せず，主としてこの考え方に同調しそうな天文学者の友人たちにだけ，それを漏らしていた．より詳細な考察の結果が**ボヤイ** [VI.34] や**ロバチェフスキー** [VI.31] によって独立に発表されたのは，1830年代の早い時期だった．したがって，非ユークリッド幾何学についての詳細な数学的提示を最初に行った栄誉は，異論なくボヤイとロバチェフスキーに与えられ

ている（これに関するさらなる検討については，「幾何学」[II.2 (7 節)] を参照）．1827 年に，ガウスは『曲面に関する一般的研究』（*Disquisitiones generales circa superficies curvas*）を発表し，この中で彼は曲面の内在的な（ガウス）曲率の考え方を展開し，結果的に微分幾何学を構築し直した．

統計学においては，彼は**正規分布** [III.71 (5 節)] を発見した数人の 1 人である．また，彼は誤差解析の熟練の士であり，天文学における精度を土地測量の水準にまで高め，この流れの中で彼は回光機を発明した．これは，望遠鏡に鏡を組み合わせ，取り込むべき光線を精査することによって測定の精度を高めるものであった．

ガウスの業績の総量たるや圧巻である．『全集』（*Werke*）は 12 巻からなっている．幾冊かの著作があるが，中でも上記『数論研究』が傑出している．

真に独創的な数学者であり科学者であったガウスは，研究分野を離れた趣味や物の見方においては保守的であった．最初の結婚はたった 4 年で妻が亡くなり，1809 年に終わった．その後彼は再婚し，何人かの彼の子孫が現在米国にいる．

ガウスは「数学王」と呼べる最後の大数学者だった．そして，彼の広範な活動領域は，彼の洞察力の深さやアイデアの豊かさと相まって称えられ続けている．数学とその重要性についての彼自身の見解は，よく引用される「数学は科学の女王であり，数論は数学の女王である」という文言（彼は実際にこのように述べた），および，出所の怪しい「数学は科学の女王であり，また従者でもある」にうまく捉えられている．

文献紹介

Dunnington, G. W. 2003. *Gauss: Titan of Science*, new edition with additional material by J. J. Gray. Washington, DC: Mathematical Association of America.
【邦訳】C・F・ガウス（高瀬正仁 訳）『ガウス整数論』（朝倉書店，1995）

VI.27

シメオン＝ドニ・ポアソン

Siméon-Denis Poisson

アイヴァー・グラタン＝ギネス［訳：森　真］

生：ピティビエ（フランス），1781 年
没：パリ（フランス），1840 年
解析，力学，数理物理，確率論

1800 年にエコール・ポリテクニークを優秀な成績で卒業したポアソンは，直ちに同校の教職に就き，そのまま死亡するまで教授および卒業試験官を務めた．彼はまた，新しくパリに設立されたフランス大学科学学部の力学講座の教授にその開設と同時に就き，1830 年からは大学の評議員も務めた．

ポアソンの研究手法は，**ラグランジュ** [VI.22] と**ラプラス** [VI.23] によって確立された伝統に執着していた．ラグランジュのように，彼は代数学を好み，可能である限り，ベキ級数と変分法を用いた．1810 年代中頃には，当時の新しい理論である**フーリエ** [VI.25] の理論（特に，三角関数の級数とフーリエ積分による微分方程式の解法）と，**コーシー** [VI.29] の理論（極限を用いた実変数の解析への新しいアプローチと複素解析の導入）に取り組んだ．結局，全体的な貢献は彼らのものに比べればずっと小さかった．ただし，最も有名なものとして，フーリエ級数をベキ級数に埋め込む「ポアソン積分」と和の公式がある．同時に，微分方程式，差分方程式とそれらの混ざったものの一般解，特殊解も研究した．

すべての物理現象は分子的であり，そのまわりの分子の累積的なすべての挙動は積分により数学的に表されるはずだというラプラスの考え方を，ポアソンは正当化しようとした．1820 年代半ばにこの試みを熱拡散と弾性理論に適用したが，積分は和で置き換えるべきであるという結論に至り，この代替案を特に毛細管現象の場合に精密化した（1831）．興味深いことに，静電気（1812〜14）と磁性体と磁化（1824〜27）という，物理学への彼の最も重要な貢献は，分子論の考え方に基づくものではなかった．これらの話題に関する彼の数学的貢献には，現在ポアソン方程式と呼ばれているラプラス方程式の変形が含ま

れる．この中で，電荷された物体もしくは領域の内部の点でのポテンシャル（1814），そして発散定理（1826）を扱っている．

力学では，1808年から1810年の間，ポアソンとラグランジュは運動方程式の自然な解について（彼らの名前が付いた）ポアソン括弧，ラグランジュ括弧の理論を開発した．ポアソンの動機は，ラグランジュの優れた試みを惑星の質量に関する2次項へ拡張し，惑星系が安定であることを示すことであった．後に，この（1次の）問題を他の摂動理論と同様に具体的に調べた．彼はまた，動座標軸を用いて回転体を研究した（1839）．この解析は，レオン・フーコーに刺激を与え，1851年にフーコーは有名な長い振り子の実験を行うことになる．ポアソンの最も有名な著作は，2巻からなる『力学論考』（*Traité de mécanique*, 1811年版と1833年版がある）であるが，静力学の二体問題に関するルイ・ポアンソの美しい新理論を取り入れる余地はなかった．1810年代半ば，コーシーと競争で深部流体の研究を行った．

ポアソンは，ラプラスの確率論と数理統計における成果を取り上げた，数少ない同時代の研究者の1人であった．彼の名前を冠したポアソン分布だけでなく，コーシー分布（1824）やレイリー分布（1830）など，いくつもの**確率分布** [III.71] を研究した．また，**中心極限定理** [III.71 (5節)] の証明も試み，（彼の用語である）**大数の法則** [III.71 (4節)] を定式化した．彼の主要な応用の一つは，裁判所で3人の判事が正しい結論に至る確率を決定するという古くからの問題であった．

文献紹介

Grattan-Guinness, I. 1990. *Convolutions in French Mathematics 1800–1840*. Basel: Birkh'eusar.

Métivier, M., P. Costabel, and P. Dugac, eds. 1981. *Siméon-Denis Poisson et la Science de son Temps*. Paris: École Polytechnique.

VI. 28

ベルナルト・ボルツァーノ

Bernard Bolzano

ジューン・バロウ=グリーン［訳：伊藤隆一］

生：プラハ（チェコ），1781年
没：プラハ（チェコ），1848年
カトリックの司祭で神学の教授（プラハ）（1805〜19）

ボルツァーノは，解析学とその関連分野における，正しいあるいは最もふさわしい証明と定義を見つけることに関係した問題に関心を示した．1817年，彼は連続関数の中間値の定理の初期の形を証明した．彼は連続関数の厳密な概念を得た最初の一人であった．その過程で次の重要な補題を証明した．もし性質 M がすべての変数 x に対しては成り立たないが，ある値 u より小さいすべての値に対して成り立つとするならば，（u のように）それより小さい x のすべての値に対して M が成り立つものの最大値 U が常に存在する．この定式化における値 u は，性質 M を持たない数の（空でない）集合の下界である．ボルツァーノの補題は，現在「下限」公理（あるいはもっと普通に，上限公理）と呼ばれているものと同等である．これはまた，ボルツァーノ–ワイエルシュトラスの定理，（$\mathbb{R}$ あるいはより一般的に $\mathbb{R}^n$ のすべての有界無限集合は集積点を持つ）と同等である．**ワイエルシュトラス** [VI.44] は独立にボルツァーノ–ワイエルシュトラスの定理を再発見したようであるが，彼がボルツァーノの反復2分法による証明のテクニック（ボルツァーノが1817年に使ったもの）を知っていて，影響を受けた可能性はある．

1830年代の初め，連続関数はいくつかの孤立点以外では微分可能に違いないと，広く信じられていた．しかしそのころ，ボルツァーノは（発表はしなかったが）反例を作り，それが反例として成立することを証明した．これは，ワイエルシュトラスによる有名な反例の30年以上も前のことである．

ボルツァーノは，時代をはるかに超えた，驚くべき多彩な洞察力と高度な証明のテクニックを持っていた．それは特に解析学，トポロジー，次元論，集合論において顕著である．

VI. 29

オギュスタン=ルイ・コーシー

Augustin-Louis Cauchy

アイヴァー・グラタン=ギネス［訳：久我健一］

生：パリ（フランス），1789 年
没：ソー（フランス），1857 年
実解析，複素解析，力学，数論，方程式と代数

コーシーはエコール・ポリテクニークとエコール・デ・ポンゼショセ（国立土木学校）で土木技師として教育を受け（1805〜10），エコール・ポリテクニークとパリ大学理学部で 1830 年まで研究者として経歴を積み，この年の革命の後退位した国王一族とともにフランスを離れた．1838 年にようやく帰国し，この後パリ大学で教えた．

コーシーの純粋数学および応用数学への多くの寄与のうち，最もよく知られているものは，解析学の業績である．実変数解析の基礎付けのために，彼はこの理論のそれまでの全アプローチを，現在では（さらに発展した形で）標準となっているものに置き換えた．すなわち，(i) 極限の明確な理論付けを行い，(ii) 定義を注意深くかつ一般的な用語で定式化し，(iii) 増分の商の極限値として関数の導関数を定義し，区分和列の極限値として定積分を定義し，変数の任意の列とそれに対応する関数値の列の両方が極限に行くことを用いて関数の連続性を定義し，収束無限級数の和を部分和の極限値として定義した．これらすべてに含まれる鍵となった考え方は，(iv) 極限は存在しないこともある，すなわち極限の存在は注意深く証明されなければならないこと，また同様に，(v) 微分方程式の解の存在はただ仮定するのではなく証明されなければならないことにあった．

このアプローチによって，解析学の厳密性は新たな水準に達した．たとえば，**微積分学の基本定理** [I.3 (5.5 項)] は，関数が満たすべき条件が付けられて，初めて本当の定理となった．しかし，極限をこのように強調することによって，この理論は初学者にとっては難しいものとなった．彼はエコール・ポリテクニークで 1816 年から 1830 年までこの形式で教え，さらに広範にわたる内容について，特に彼の著書『解析教程』（*Cours d'analyse*, 1821）や微分積分学の『要論』（*Résumé*, 1823）を出版したが，エコール・ポリテクニークの教員や学生には不人気であった．フランスでも他国でも，このやり方が標準として教えられるようになるまでには，非常に遅々とした歩みが必要だった．

コーシーの別の主要な刷新は，彼が複素変数の解析学を創始した 1814 年から始まる．当初，被積分関数は複素数値の関数であったが，積分区間は実区間であった．しかし，1825 年以降は積分区間も複素数となり，この形になって彼はさまざまな形の閉領域上の関数の留数に関する多くの定理を発見した．彼にしては珍しく，この進展は断続的であり，彼は 1840 年代の半ばになってようやくこの理論を，複素平面を用いた形にした．彼は種々のベキ級数展開を含む，複素関数の一般論の研究も行った．

コーシーの応用数学における主要な一つの業績は，線形弾性論である．この分野では，彼は 1820 年代に応力–ひずみモデルを用いて種々の曲面や立体の振る舞いを解析し，後にこれを（エーテル論的）光学の様相を研究するために適用した．1810 年代には，彼は深水流体力学を研究し，フーリエ積分解を発見した．この領域をはじめとするいくつかの領域で，彼はフーリエと，そして特にポアソンと，理論の質においても研究の先着性についても競い合っていた．

コーシーのその他の寄与として，（エコール・ポリテクニークでの講義から導かれた）基礎力学に関するものや，微分方程式の特異解および一般解，方程式の理論（特に群論が到来した中で役立った方法），代数的数論，天体力学の摂動論が挙げられる．また，1829 年に書かれた 2 次形式に関する驚異的な論文は，著者本人がその重要性を認識していれば，行列のスペクトル論を世に出していたかもしれない！

文献紹介

Belhoste, B. 1991. *Augustin-Louis Cauchy. A Biography*. New York: Springer.

Cauchy, A. L. 1882–1974. *Oeuvres Complétes*, twelve volumes in the first series and fifteen in the second. Paris: Gauthier-Villars.

VI. 30

アウグスト・フェルディナント・メビウス

August Ferdinand Möbius

ジェレミー・グレイ［訳：久我健一］

生：シュルプフォルタ（ドイツ），1790 年
没：ライプツィヒ（ドイツ），1868 年
天文学，幾何学，静力学

メビウスは短期間**ガウス** [VI.26] に師事し，そして，生涯のほとんどの間，ライプツィヒ大学の天文学者として働いた．彼の最も優れた数学の業績は『重心の計算』（*Der barycentrische Calcul*, 1829）で，この中で彼は射影幾何学の研究に代数的方法を導入した．こうして彼は，いかにして三つ組の斉次座標で点が表されるか，線形方程式で直線が表されるか，複比の考え方が導入されるか，そして平面上の点と直線の双対性を代数的に扱うことができるかを示した．彼は**メビウスネット**も導入したが，これはデカルト幾何学での方眼紙の射影幾何版である．ほんの数年前のポンスレによる射影幾何の革新的な再発見をメビウスがほとんど知らなかったことを考えると，彼の業績は一層の注目に値する．彼の業績はしばらくの間，1832 年のヤコブ・シュタイナーによる射影幾何学の統合的扱いの影に隠れ，続いて 1830 年代のプリュッカーの代数曲線に関する 2 冊の本の影に隠れていた．しかし，厳密な主流分野としての射影幾何学を確立するためには，簡明で一般性のあるメビウスの方法が重要であった．

1830 年代にメビウスは静力学の幾何的な理論を展開し，力の合成法を開発した．彼はこの理論との関連において，平面幾何の双対性からは必然的に円錐曲線が現れるが，空間の双対性ではそうとは限らないことを示した．メビウスによる空間での双対性の研究では点と平面を対応付けており，これに導かれて，彼は空間のすべての直線の集合を考えたが，これは 4 次元空間であった．普通の 3 次元空間が 4 次元空間とも考えられることに，教育学者ルドルフ・シュタイナーはたいへん喜んだ．というのは，シュタイナーの哲学は，彼が伝統的な教育の束縛と考えたものを壊すことに向かっていたからである．

メビウスは「メビウスバンド」あるいは**メビウスの帯** [IV.7 (2.3 項)] でも名を残しているが，これは表と裏がない，あるいは向き付け不可能な曲面である．しかし，このような曲面を最初に記述したのは彼の同胞の J・B・リスティングであり，1858 年の 7 月であった（出版は 1861 年）．メビウスが発見したのは，1858 年の 9 月になってからであった（出版は 1865 年）．彼はまた，円での反転を研究した最も重要な数学者の 1 人で，これに関する 1855 年の彼の報告が，このような変換がしばしばメビウス変換と呼ばれる理由の一つとなっている．

文献紹介

Fauvel, J., R. Flood, and R. J. Wilson, eds. 1993. *Möbius and His Band*. Oxford: Oxford University Press.

Möbius, A. 1885–87. *Gesammelte Werke*, edited by R. Baltzer (except volume 4, edited by W. Scheibner and F. Klein), four volumes. Leipzig: Hirzel.

VI. 31

ニコライ・イワノヴィッチ・ロバチェフスキー

Nicolai Ivanovich Lobachevskii

ジェレミー・グレイ［訳：二木昭人］

生：ニジュニノヴゴロド（旧 ゴルキ，ロシア），1792 年
没：カザン（ロシア），1856 年
非ユークリッド幾何

ロバチェフスキーは貧しい環境で育ったが，奨学金を得て，1800 年に母親が地元のギムナジウム（高校）に入学させた．1805 年にギムナジウムは新設のカザン大学の中核として再編され，1807 年からロバチェフスキーはそこで学び始めた．大学がそのころマーティン・バーテルスを数学の教授に任命したこともあり，バーテルスはロバチェフスキーをよく教育した上に，ロバチェフスキーが無信教の疑いをかけられたときに当局とのトラブルから彼を守った．結局，ロバチェフスキーは通常の学士の学位だけでなく修士の資格も得て卒業し，職業的数学者としての彼の経歴が始まった．

大学改革の後，1826 年にロバチェフスキーは「幾何学の原理および平行線の理論の厳密な証明」（On the

principles of geometry, with a rigorous demonstration of the theory of parallels）と題する公開講義を行った．この講演の原稿は現在紛失しているが，おそらくロバチェフスキーが非ユークリッド幾何に気がづくきっかけとなったと考えられる．ロバチェフスキーはまもなくカザン大学の学長に選出され，30 年間立派に勤め上げた．その間，1830 年のコレラの流行から大学を守り，1841 年の火災から大学を復興し，図書館やその他の施設の拡充に努めた．

彼の主要な成果であるユークリッド幾何とはある 1 点で異なる幾何学について著作としてまとめ，1830 年に出版した．彼はそれを「架空幾何」(imaginary geometry）と呼んだが，現在では非ユークリッド幾何と呼ばれている．この新しい幾何では，平面内に直線とその直線上にはない 1 点が与えられると，その 1 点を通り与えられた直線に漸近する直線が 2 本存在し（この 2 本は別の方向に伸びる)，この 2 本は，与えられた 1 点を通る直線全体のうち，与えられた直線と交わるもの全体と交わらないもの全体を分離する．ロバチェフスキーは，この 2 本の直線を「与えられた 1 点を通り与えられた直線に平行な直線」と呼んだ．この定義から出発して，新しい三角法の公式を与え，三角形が非常に小さい場合は，ユークリッド幾何の三角法としてよく知られたものに帰着されることを示した．彼はこの結果を拡張して 3 次元の幾何学を記述し，彼の新しい幾何学は空間の幾何にもなりうることを示した．さらに，彼は，ユークリッド幾何を用いるより，彼の架空幾何を用いるほうが宇宙を正確に説明できるのではないかと考え，星々の視差を測定してみたが，この試みからは結論は出なかった．

彼はこの結果を長編の論文としてロシア語でまとめ，「カザン大学紀要」に発表したが，数学者としての名声が高かったサンクトペテルブルクのオストログラツキーから容赦ない敵対的批評を受けたにすぎなかった．彼は 1837 年にフランス語に翻訳してドイツの雑誌で発表し，1840 年にはドイツ語で本として出版し，1855 年には再びフランス語で出版したが，ほとんど無駄であった．**ガウス** [VI.26] は 1840 年に出版された本を評価し，1842 年にロバチェフスキーをゲッティンゲン科学院の通信会員に推薦した．しかし，ロバチェフスキーが生前で賛辞を贈られたのはこのときのみであった．

晩年のロバチェフスキーは，財政的にも精神的にもひどく悪化した．家庭が非常にひどい状態だったため，子供が何人いたかをロバチェフスキーの伝記の著者がはっきりさせることができないほどであったが，おそらく 15 人から 18 人の間ではなかったかと考えられる．

文献紹介

Gray, J. J. 1989. *Ideas of Space: Euclidean, Non-Euclidean, and Relativistic*, second edn. Oxford: Oxford University Press.

Lobachetschefskij, N. I. 1899. *Zwei geometrische Abhandlungen*, translated by F. Engel. Leipzig: Teubner.

Rosenfeld, B. A. 1987. *A History of Non-Euclidean Geometry: Evolution of the Concept of a Geometric Space*. New York: Springer.

VI. 32

ジョージ・グリーン

George Green

ジューン・バロウ＝グリーン［訳：伊藤隆一］

生：ノッティンガム（英国），1793 年
没：ノッティンガム（英国），1841 年
粉屋，キーズカレッジ（ケンブリッジ）のフェロー（1839〜41）

独学の数学者グリーンは，40 歳のときケンブリッジに入学したが，そのときには彼の最も重要な業績である『電磁気理論への数理解析の応用についての小論』(*An Essay on the Application of Mathematical Analysis to the Theories of Electricity and Magnetism*, 1828）をすでに個人出版していた．「ポテンシャル関数」（彼自身が作った用語）の中心的役割を強調して始まるこの論文において，彼は，今彼の名前で呼ばれる定理の，3 次元の場合を証明した．そして，**リーマン** [VI.49] が後にグリーン関数と呼んだ概念を導入した（1860 年)．この『小論』は，ウィリアム・トムソン（後のケルヴィン卿）が 1845 年に発見して，初めて広く知られるようになった．トムソンが『純粋と応用の数学雑誌』(*Journal für die reine und angewandte Mathematik*, 1850〜54）において再出版したのである．

グリーンは彼の定理を（現代の記法では）次の形

で与えた．

$$\iiint U\Delta V\mathrm{d}v + \iint U\frac{\partial V}{\mathrm{d}n}\mathrm{d}\sigma = \iiint V\Delta U\mathrm{d}v + \iint V\frac{\partial U}{\mathrm{d}n}\mathrm{d}\sigma$$

ここで，U と V は x, y, z の連続関数であり，その微分係数は物体のどの点においても無限ではない．n は物体の表面の内向きの法線，$\mathrm{d}\sigma$ は表面成分である．今日グリーンの定理として知られる，上の定理の平面の場合は，最初**コーシー** [VI.29] によって，1846 年に発表された．それは（現代の記法では）次のようになる．R は，区分的に滑らかな，正の向きの曲線 C を境界とする閉領域とする．$P(x,y)$ と $Q(x,y)$ は R を含む開領域で定義され，連続な偏微分係数を持つとする．このとき

$$\int_C (P\mathrm{d}x + Q\mathrm{d}y) = \iint_R \left(\frac{\partial Q}{\partial x} - \frac{\partial P}{\partial y}\right)\mathrm{d}x\mathrm{d}y$$

が成り立つ．しかしながら，このグリーンの定理よりも独創的なのは，ある種の 2 階微分方程式を解くために，彼が開発した強力なテクニックであった．本質的には，グリーンは「ポテンシャル関数」を探していて，それが満たすべき条件を定式化した．彼はその優れた洞察力により，ポテンシャル論における中心問題は，物体の内部の性質とその表面の性質とを関係付けることであると認識していた．グリーン関数は，境界条件付きの非同次微分方程式や，偏微分方程式を解くために，今日，広く使われている．

VI. 33

ニールス・ヘンリク・アーベル

Niels Henrik Abel

ピーター・M・ノイマン［訳：三宅克哉］

生：フィンネイ（ノルウェー），1802 年
没：フロランド（ノルウェー），1829 年
方程式論，解析学，楕円関数，アーベル積分

アーベルの一生は短く，貧窮していたが，それでも功成り名遂げたものであった．彼は生前から世に認められていた．彼の父親（ノルウェーの教会の司祭であったが，一時は政府の高官だったこともある）は無理が祟って失敗し，亡くなったときは家族を貧窮のただ中に置くことになった．アーベルの類を見ない知的な能力は学校で認められ，とりわけ数学を勉強して教育課程を最後まで過ごせるように基金が用意された．22 歳のとき，奨学金を支給されてヨーロッパで 2 年間の研修旅行をすることになり，ベルリンとパリを訪ねて人と交わり，勉学にいそしんだ．彼はベルリンでアウグスト・クレーレに出会い，親しく交流を持つことになった．クレーレは技師であったが，ちょうど『純粋と応用の数学雑誌』（*Journal für die reine und angewandte Mathematik*）（あるいは『クレーレの雑誌』（*Crelle's Journal*）として知られている）を発刊するところだった．アーベルの数学の論文のほとんどすべては，この雑誌の最初の 4 巻に掲載された．1826 年から彼が死去する 1829 年まで，アーベルは哀れな状況で細々とやりくりした．教えることで得られる多くもない収入で母親と弟を支えた．彼は肺病で 27 歳で亡くなった．ベルリンでの一流の教職への採用通知がノルウェーに届いたのは，死後 2 日目のことだった．

アーベルの数学上の貢献は三つの異なった分野に見られる．そのうちの最初のものは方程式論である．これについて，彼は 1770 年に公刊された**ラグランジュ** [VI.22] の論文と 1815 年の**コーシー** [VI.29] の論文に盛り込まれたアイデアの影響を受けている．それらは，まず方程式の根の関数の形と，そのような関数において根を置換すると何が生じるかを見ることにある．ラグランジュは，5 次方程式は古典的な意味では解けない可能性があることをほのめかしていた．そして，パオロ・ルフィーニは 1799 年から 1814 年までの 15 年をかけてこれを証明しようと試みたが，当時の人たちを十分に説得するには至らなかった．アーベルの最初の成功は，次数が 5 の方程式に関するものである．この場合の方程式には，係数についての四則演算とベキ乗根で与えられるような一般的な解の公式は実際に存在しないのだが，彼はこの事実に納得ができる証明を与えた．この成果は，まずフランス語で書かれた簡単なパンフレットの形で，1824 年にクリスチャニア（オスロの旧称）で自費出版された．アーベルがベルリンに到着すると，クレーレはそれをドイツ語に翻訳して自分の雑誌の第 1 巻に掲載した．さらにアーベルは 1826 年中に，4 次を超える次数の多項式のすべてを対象にした一層充実した詳細な論文を公表した．

アーベルは1,2年の間をおいて方程式論に立ち返り，1829年に二つの特殊な条件を満たす方程式について長い論文を発表した．第一の条件は，その方程式の根はすべてそれ以外のある根の関数として表されるというものであり，もう一つの条件は，これらの関数の合成が可換である（現代流に言うと，その方程式の**ガロア群** [V.21] が可換群である）というものである．このような方程式について彼は多様な定理を証明したが，最も驚異的な結果は，それらがすべてベキ根によって解けるということであった．これは**ガウス** [VI.26] のアイデアを大々的に一般化したものである——ガウスは『数論研究』（*Disquisitiones arithmeticae*）の第7部で，円分方程式の特別な場合（これらはアーベルの二つの条件を満たしている）を体系的に取り扱っていた．アーベルのこの結果を称え，後に可換な群に対してその前に「アーベルの」という言葉を添える習慣が定着した*1)．しかし，この時点では群という概念はまだ数学的に明確に定式化されておらず，アーベルが方程式論における考察からこの結果にたどり着いたことは，大いに評価されるべきであろう．

彼はまた，収束理論においても大いに貢献した．すでにその時点までに1世紀を超えて微分積分学の基礎についての批判的な考察がなされていたが，厳密性に関する現代的な考え方は，ようやく**ボルツァーノ** [VI.28] やコーシーらの著述を通して現れ始めたばかりであった．収束性は1820〜21年のコーシーの講義においてある程度注目されていた．しかし，一般的な級数（特にベキ級数）についてさえ，十分な理解からは程遠い状態にあった．アーベルは，いくつかの貢献の中でも，特に一般の（正の整数でない）ベキに対する2項展開定理に的確な証明を与え，また，ベキ級数で与えられた関数の変数が収束円に近づくときの連続性に関しての洞察によって，今ではアーベルの極限定理として知られる結果を与えた．

しかし，何と言っても，アーベルの最も偉大な発見は，解析学と代数幾何学の融合部分においてなされたものである．この分野における彼の遺産を端的にまとめよう．まず，**楕円関数** [V.31] の理論への新しい生産的なアプローチである．さらに2番目として，楕円関数の広大なる一般化で，今日ではアーベル関数およびアーベル積分と呼ばれるものである．この分野では，第1発見者の座を巡ってアーベルは**ヤコビ** [VI.35] と競い合った．アーベルの成果の大部分（もちろん，すべてではない）は2篇の研究報告に書かれている．一つは2部に分けて出版された「楕円関数についての研究」（Recherches sur les fonctions elliptiques）および「楕円関数論の概要」（Précis d'une théorie des fonctions elliptiques）であり，1828年と1829年に『クレーレの雑誌』に200ページ以上にわたって掲載された．もう一つは，「超越関数のかなり広範な族に関するある一般的な性質についての研究報告」（Mémoire sur une propriété générale d'une classe très eténdue de fonctions transcendantes）と題する論文で，パリ科学アカデミーに1826年10月に提出された．これは，アーベルの死後もコーシーの机の上に読まれないままに置かれていたが，1841年になってようやくパリ科学アカデミーから出版された．原稿そのものはG・リブリに盗まれ失われたが，1952年と2000年にそれぞれヴィッゴ・ブラン（Viggo Brun）とアンドレア・デル・チェンティーナ（Andrea del Centina）によって部分的に再発見された．

1830年6月，パリ科学アカデミーは数学大賞を（没後の）アーベルとヤコビに授与し，両者の楕円関数についての成果を称えた．

*1)　［訳注］日本語では，簡略に「アーベル群」と言われている．

文献紹介

Del Centina, A. 2006. Abel's surviving manuscripts including one recently found in London. *Historia Mathematica* 33:224–33.

Holmboe, B., ed. 1839. *Œuvres Complétes de Niels Henrik Abel*, two volumes. (Second edn.: 1881, edited by L. Sylow and S. Lie. Christiania: Grøndahl & Søn.)

Ore, O. 1957. *Niels Henrik Abel: Mathematician Extraordinary*. Minneapolis, MN: University of Minnesota Press. (Reprinted, 1974. New York: Chelsea.)

Stubhaug, A. 1996. *Et Foranskutt Lyn: Niels Henrik Abel Og Hans Tid*. Oslo: Aschehoug. (English translation: 2000, *Niels Henrik Abel and His Times: Called Too Soon by Flames Afar*, translated by R. H. Daly. New York: Springer.)
【邦訳】アーリルド・ストゥーブハウグ（願化孝志 訳）『アーベルとその時代——夭折の天才数学者の生涯』（シュプリンガー・フェアラーク東京，2003）

VI. 34

ヤーノシュ・ボヤイ

János Bolyai

ジェレミー・グレイ［訳：二木昭人］

生：クラウセンブルグ，トランシルバニア（ハンガリー）（現 クルジュ，ルーマニア），1802 年
没：マロスバサレリー（ハンガリー）（現 ティルグ・ムレス，ルーマニア），1860 年
非ユークリッド幾何

ヤーノシュ・ボヤイは，**ユークリッド** [VI.2] の『原論』(*Elements*) の最初の 6 巻と，**オイラー** [VI.19] の『代数学』(*Algebra*) をテキストに使って，父親のファルカシュ・ボヤイから自宅で教育された．1818 年から 1823 年まで，ヤーノシュはウィーンの王立工学院で学び，オーストリア軍の技師として 10 年働いた後，軽度傷病者としての年金を受けて退役した．ユークリッド幾何の鍵となる仮定である平行線の公準を証明しようとした父親の影響を受け，父親が同じ研究に進むことに反対したにもかかわらず，ヤーノシュもやはりその証明をしようと試みた．しかし，1820 年に研究の方向を逆にし，平行線の公準とは独立な幾何学が存在しうることを証明しようとするようになった．1823 年までには，これに成功したと確信し，父親と十分な議論をした後，1832 年に父親が出版した 2 巻からなる幾何学の本の 28 ページにわたる付録として，ヤーノシュのアイデアは発表された．

この付録において，ボヤイは新しい平行線の定義から出発した．それによると，平面内の直線とその直線上にない点が与えられたとき，その点を通り与えられた直線と交わらない直線がたくさん存在する．これらのうち，与えられた直線に漸近するものが二つあり（ただし別の方向に伸びる），ボヤイはこの 2 本の直線を「与えられた点を通る与えられた直線の平行線」と呼んだ．彼はさらに，この仮定を満たす 2 次元および 3 次元の幾何学のさまざまな結論を導き，新しい三角法の公式を与えた．彼は三角形が非常に小さいとき，その公式は平面上のユークリッド幾何の通常の公式に帰着されることを示した．また，彼の 3 次元の幾何の中に，ユークリッド平面と同じになる 2 次元曲面が存在することを見出した．彼は，論理的に異なる二つの幾何が存在し，現実の空間がどちらであるかは決定できていない，と結論付けた．彼はまた，彼の新しい幾何においては与えられた円と面積が等しい正方形を構成できることを示し，ユークリッド幾何では不可能と信じられていた（そして実際そのとおり不可能であると，後に証明された）ことが可能であることを示した．

この本の 1 部は**ガウス** [VI.26] に送られたが，ガウスは 1832 年 3 月 6 日に「これを褒めることは自分を褒めることになる」ので，この成果を褒めることはできないという返事を書いた．さらに，付録に書いてある方法も結果も，30 年以上にわたる彼自身の成果と同じであると続け，また「私より先行する研究を素晴らしい方法で行ってきた，私の古い友人の息子さんの研究であることは，たいへんうれしい」とも書いてあった．ヤーノシュの考えが正しいことを保証してもらった父親はたいへん喜んだが，息子は激怒し，親子の関係は数年間悪化した．親子は結局気まずい関係に戻り，それは 1856 年のファルカシュの死まで続いた．

ヤーノシュ・ボヤイは，そのほかには何も出版しなかったようであり，また，彼が発見したことは彼が生きている間には評価されなかった．実際，ガウス以外の誰かが読んだかさえ明らかでないが，ガウスが残したコメントのおかげで，後の数学者がその付録を取り上げることになった．1867 年にウエルがフランス語に翻訳し，1896 年には英語にも翻訳された（1912 年と 2004 年に再版された）．

文献紹介

Gray, J. J. 2004. *János Balyai, Non-Euclidean Geometry and the Nature of Space*. Cambridge, MA: Burndy Library, MIT Press.

VI.35

カール・グスタフ・ヤコブ・ヤコビ

Carl Gustav Jacob Jacobi

ヘルムート・プルテ［訳：三宅克哉］

生：ポツダム（ドイツ），1804 年
没：ベルリン（ドイツ），1851 年
関数の理論，数論，代数学，微分方程式，変分法，解析力学，摂動論，数学史

ヤコビは，教養のある裕福なユダヤ人家族の中でジャック・シモン・ヤコビとして育った．1821 年にベルリン大学に入学した最初の年に彼は洗礼を受けたが，これはおそらく，アカデミックな経歴を求めようと思ったからであろう（当時，ユダヤ人にはアカデミックな職が認められていなかった）．彼は有名な言語学者ベックのもとで古典を，ヘーゲルのもとで哲学を学んだ．当時のベルリンでは，数学教員の面々は凡庸であり，彼はこの分野を独学で勉強したが，たちまちこれに夢中になった．彼は**オイラー** [VI.19]，**ラグランジュ** [VI.22]，**ラプラス** [VI.23]，**ガウス** [VI.26] を読み，さらには熱心にパッポスやディオファントスといった古代ギリシアの数学者たちの著作から学んだ．彼は 1825 年に博士の学位を得た．学位論文はラテン語で書かれ，関数の理論が主題であった．続く『討論』(*Disputatio*) には，関数についてのラグランジュの理論や彼の解析力学に対する批判的な論評が含まれていた．翌年，ヤコビはケーニヒスベルク大学に行き，1829 年にそこで正教授の地位を得た．1834 年，彼は物理学者 F・E・ノイマンとともに「ケーニヒスベルク数理物理学ゼミナール」を立ち上げた．これによる研究と教育の間の緊密な連携によって，ケーニヒスベルクはほどなくドイツ語圏の科学界で数理物理学と数学の教育機関として最も成功し，影響力に富んだ場所になった．1844 年に彼は健康上の理由と，ベルリン科学アカデミーに着任するためにケーニヒスベルクを離れる．彼はこのころにはガウス以後最も重要なドイツの数学者として認められるまでになっていた．ベルリンでさらに 7 年にわたって実りある研究活動を続けていたが，天然痘によって思いがけない死を迎えた．

一生を通じてヤコビは純粋数学の擁護者だった．数学的な考え方は人間の知性を開発し，人間性そのものを進歩へと導く方法であると彼は思っていた．彼の最初の論文は 1827 年に出版された．これは数論（3 次剰余）に取り組んだものであり，ガウスの『数論研究』(*Disquisitiones arithmeticae*) の影響のもとにあった．彼はさらに研究を進め，高次剰余，円分論，2 次形式，その他の関連するテーマに取り組んだ．ヤコビの数論に関する結果の多くは，著書『算術規範集』(*Canon arithmeticus*, 1839) に収められた．整除性の概念はヤコビとガウスによって代数的数へと拡大され，これは後に続く（**クンマー** [VI.40] その他による）数の代数的理論への道を敷いた．

ヤコビの「最も独創的な成果」（**クライン** [VI.57] の言葉）は**楕円関数** [V.31] の理論への寄与であった．これは，**アーベル** [VI.33] との競合の中で 1827 年から 1829 年の間になされた．ヤコビは**ルジャンドル** [VI.24] の諸結果から出発して，解析的な検討を進め，今で言う楕円積分の変換とその性質，およびその逆関数としての楕円関数に興味を絞っていった．ヤコビの楕円関数についての研究は，著書『楕円関数論の新たなる基礎』(*Fundamenta nova theoriae functionum ellipticarum*, 1829) にまとめられている．彼はアーベルとともに，19 世紀後半に沸き起こった複素関数論の創始者の 1 人と見なすべきだろう．特に彼が行ったディオファントス方程式に関する楕円関数の研究の応用は，解析的数論の発展にとって重要であった．また，ヤコビの代数学への寄与の中には，行列式の理論（「ヤコビアン」と呼ばれるヤコビ関数行列式）とそれの逆関数との関係についての研究，2 次形式の研究（シルヴェスターの慣性法則），重積分の変数変換の研究が含まれる．

ヤコビの数理物理学での成果でさえ，「純粋数学」の印が押されている．オイラーとラグランジュの解析的な伝統を踏まえながら，彼は力学の基礎を抽象的で形式的なやり方で提示した．そこでは，**保存法則** [IV.12 (4.1 項)] と空間の対称性との関係，および変分原理の統一的な役割に，特別な注意を払っている．この領域でのヤコビの業績は，微分方程式と**変分法** [III.94] とに密接に関連しており，現在「ヤコビ–ポアソンの定理」と呼ばれているもの，「最終乗法子の原理」，**ハミルトン** [VI.37] の**標準運動方程式** [IV.16 (2.1.3 項)] の変数変換による積分のための理論（ハミルトン–ヤコビ理論），および，最小作用の原理の，時間に無関係な定式化（ヤコビ原理）が挙げられる．この

分野への彼の問題意識と彼が得た諸結果は，彼の講義録をもとにした『動力学講義』(*Vorlesungen über Dynamik*, 1866) と『解析力学講義』(*Vorlesungen über analytische Mechanik*, 1996 年まで出版されなかった) という 2 冊の包括的な本に盛り込まれている．前者は 1860 年代以降の 19 世紀におけるドイツの数理物理学の発展に，かなり影響を与えた．後者には，力学の原理に対する（経験主義的な観察に強く依拠した諸法則や先験的な理由付けといった）伝統的な考え方へのヤコビの批判が表れており，「因習派」的視点とはまったく交わるところのない姿勢が浮かび上がっている．こういったヤコビの考え方は，科学や哲学においては，半世紀もあとになってようやく H・ヘルツや**ポアンカレ** [VI.61] といった支持者が現れて馴染まれるようになる．

ヤコビは新しい数学の発展を鼓舞するだけでなく，数学史も研究していた．彼は古代の数論について研究し，A・フォン・フンボルトの壮大なる『宇宙』(*Kosmos*, 1845〜62) の歴史部門のアドバイザーであり，オイラーの業績の出版計画の詳細を作り上げた．

文献紹介

Koenigsberger, L. 1904. *Carl Gustav Jacob Jacobi*. Festschrift zur Freier des hundertsten Wiederkehr seines Geburtstages. Leipzig: Teubner.

VI. 36

ペーター・グスタフ・ルジューヌ・ディリクレ

Peter Gustav Lejeune Dirichlet

ウルフ・ハシャゲン［訳：平田典子］

生：デュレン（フランス，現ドイツ），1805 年
没：ゲッティンゲン（ドイツ），1859 年
数論，解析学，数理物理学，流体力学，確率論

当時のドイツの大学における数学のレベルに飽き足らなかったディリクレはパリに赴き，ラクロア，**ポアソン** [VI.27]，**フーリエ** [VI.25] などのフランスの指導的な数学者たちに引き付けられ交流した．1827 年ブレスラウ大学に職を得たが，その後ベルリンに移って軍属校の教授に雇用され，また大学においても教鞭を執ることになった．1831 年に大学の正教授となり，大学と軍属校の双方の職位に 1855 年まで留まり，その後にゲッティンゲン大学の**ガウス** [VI.26] の後任として教授職に任命された．

ディリクレの主な興味は整数論にあり，それはガウスの先駆的な書物『数論研究』(*Disquisitiones arithmeticae*, 1801) に強く導かれたものであった．これは整数論を数学の一分野として確立させた書物であり，ディリクレは生涯を通してこの本に学んだ．ディリクレはこの内容を完全に理解した最初の数学者であるばかりでなく，十分な解釈を行い，問題を提起し，証明を改良して，その発想を発展させた．

ディリクレの最初の出版物は 1825 年に刊行され，それによって国際的な名声を得た．それはディオファントス方程式 $x^5 + y^5 = Az^5$ に関する論文であり，$n = 5$ の場合の**フェルマーの最終定理** [V.10] の証明を示唆した本質的なものである（この場合の証明は**ルジャンドル** [VI.24] によって補完され，数週間後に完成された)．また，1837 年に刊行された論文において，ディリクレは整数論に対して解析的な手法を適用するという革命的で斬新な思い付きに至る．彼は今日ディリクレの L 関数として知られている概念を導入した．これは

$$L(s, \chi) = \sum_{n=1}^{\infty} \frac{\chi(n)}{n^s}$$

で定義される．ただし，$\chi(n)$ は，n を法としたディリクレ指標という，整数から複素数への関数であり，乗法的な周期関数，つまりすべての a, b に対して $\chi(ab) = \chi(a)\chi(b)$ を満たす周期 k の（恒等的に零にならない）周期関数として定められる．この L 関数を用いてディリクレは，等差数列（算術級数）$\{an + b : n = 0, 1, \ldots\}$（ただし a と b は互いに素とする）には無限個の素数が含まれることを証明した．続く 1838 年，1839 年出版の 2 本の論文によって，彼はこの新しい手法を応用し，2 変数 2 次の斉次形式の類の個数を表示する公式を決定した．これは係数行列の行列式が与えられたときに，2 変数 2 次斉次形式の類の個数を決める問題への解答である．これら 3 本の論文は，**解析的整数論** [IV.2] の出発点としばしば称される．

ディリクレはまた代数的整数論にも貢献したが，その最高の寄与はディリクレの**単数定理** [III.63] である．これは有限次代数体の単数のなす乗法群に関する定理である．これらの寄与は他の数多くの成果（鳩の

巣原理もしくは引き出し論法と称される原理，平方剰余の相互法則，ガウス和に関する結果など）とともに，後世に多大な影響を与える『数論講義』（*Vorlesungen über Zahlentheorie*）として，彼のかつての弟子であった**デデキント** [VI.50] により 1863 年に出版された．

ディリクレはパリでの学生時代に**フーリエ** [VI.25] に感化されたこともあり，解析学と数理物理学およびその両者の関係に興味を持っていた．草分けとなる 1829 年の論文において，ディリクレは与えられた条件下でのフーリエ級数の厳密な収束判定のみならず，級数の条件収束の重要性に関する洞察と，ディリクレ関数による関数論の発展に基づく新しい手法と概念の導入を行った．これらは 19 世紀に生まれる，数え切れないほどの解析学における発見を支える基本的古典として君臨することになる．彼は多重積分の決定や球関数展開などに没頭して，数理科学への応用を考察した．その数理科学における主な貢献は，熱力学，流体力学，楕円における重力と引力，n 体問題，ポテンシャル論などにおいてである．最初の境界値問題（ディリクレ問題と称される）は，与えられた領域の境界で一つの値をとるような楕円型の偏微分方程式の解を求める問題であり，フーリエらによって考察されていたが，ディリクレはその解の一意性を証明し，いわゆる**ディリクレ原理** [IV.12 (3.5 項)] を導いた．ガウスの手法を発展させたこの解法は，「偏微分方程式」[IV.12 (2.5 項)] にあるように**変分問題** [III.94] に帰着される．これは，ディリクレのポテンシャル論における講義で導入されたものである．ディリクレの解析学における業績によって，確率論における誤差理論，特に中心極限定理などにおける新しい手法も発展した．

ディリクレの緻密でエレガントな証明や，教育法などにおける独自のスタイルは，周囲に影響を与え，数学そのもののあり方を進歩させるに至った．盟友**ヤコビ** [VI.35] とともに，ディリクレはドイツの大学における数学教育に，最新のトピックに関する講義およびセミナーの形式を導入し，新しい時代を先導した．いわば，ベルリンにおける数学の黄金時代である．ディリクレ自身のスクールが形成されたわけではなかったが，とりわけデデキント，アイゼンシュタイン，**クロネッカー** [VI.48]，そして**リーマン** [VI.49] らの数学者に計り知れないほどの影響を与えた．

文献紹介

Butzer, P.-L., M. Jansen, and H. Zilles. 1984. Zum bevorstehenden 125. Todestag des Mathematikers Johann Peter Gustav Lejeune Dirichlet (1805–1859), Mitbegründer der mathematischen Physik im deutschsprachigen Raum. *Sudhoffs Archiv* 68:1–20.

Kronecker, L., and L. Fuchs, eds. 1889–97. *G. Lejeune Dirichlet's Werke*, two volumes. Berlin: Reimer.

VI.37

ウィリアム・ローワン・ハミルトン

William Rowan Hamilton

デイヴィッド・ウィルキンス［訳：久我健一］

生：ダブリン（アイルランド），1805 年
没：ダブリン（アイルランド），1865 年
変分法，光学，力学系，代数，幾何

ハミルトンはダブリン大学のトリニティカレッジに学び，その卒業を待たず 1827 年に，天文学教授兼アイルランド王立天文学者に推挙され，終生この職にあった．

彼の最初の論文「光線系の理論：第 1 部」(Theory of systems of rays: part first, 1828）は，彼がまだ学部学生のときに書かれたものである．この中で，彼は曲面からの反射光が作る焦点と集光像を研究する新しい方法を開発した．ハミルトンは続く 5 年間にわたってこの光学の研究法を進展させ，元の論文に対して三つの重要な増補論文を出版した．彼は，光学系の性質が，光線の始点と終点の座標に対して光がこの系を通過する時間を測る，ある「特性関数」によって完全に決定されることを示した．彼は 1832 年に，ある角度で 2 軸性結晶に入射する光は，屈折して通過する光線によって中空の円錐を作ることを予測した．この予測は，彼の友人であり同僚であったハンフリー・ロイドによって検証された．

彼はこの光学の方法を力学の研究に適用した．彼は，論文「力学の一般的方法について」(On a general method in dynamics, 1834）において，引力と反発力が働く点粒子からなる系の力学が，今日**ハミルトン–ヤコビ方程式** [IV.12 (2.1 項)] の名で呼ばれる微分方程式を満たす，ある特性関数によって完全に決定される

ことを示した．続く論文「力学の一般的方法に関する第 2 論」(Second essay on a general method in dynamics, 1835) において，彼は力学系の**主関数**を導入し，このような系の運動方程式を**ハミルトン形式** [IV.16 (2.1.3 項)] で表し，この設定に摂動論の方法を適用した．

ハミルトンは 1843 年に**四元数** [III.76] の代数系を発見した．この代数系の基本等式は，彼がこの年の 10 月 16 日にダブリンの近郊のローヤルカナル運河の土手を歩いていたとき，一瞬の閃きによって彼の心に浮かんだ．このあとの彼の数学上の業績は，ほとんど四元数に関するものになった．この業績の多くは，現代ベクトル解析の言葉に容易に翻訳できる．実際，ベクトルの代数と解析における基礎概念と結果の多くは，四元数に関するハミルトンの業績から発しているのである．ハミルトンは，四元数の発見に続く 3 年間に一連の短い論文を発表し，四元数の方法を力学の研究に適用した．彼はまた，四元数に関連する数々の代数系を調べた．しかし，彼の四元数に関する成果のほとんどは，幾何的問題の研究への四元数の応用に関するものであり，とりわけ，2 次曲面の研究，および (特に晩年は) 曲線と曲面の微分幾何への応用であった．これらの研究の多くは，没後に出版された彼の 2 冊の著書『四元数講義』(*Lectures on Quaternions*, 1853) と『四元数綱要』(*Elements of Quaternions*, 1866) に見ることができる．

文献紹介

Hankins, T. L. 1980. *Sir William Rowan Hamilton*. Baltimore, MD: Johns Hopkins University Press.

VI. 38

オーガスタス・ド・モルガン

Augustus De Morgan

ジューン・バロウ＝グリーン [訳：久我健一]

生：マデュラ (現マデュライ，インド)，1806 年
没：ロンドン (英国)，1871 年
ユニバーシティカレッジロンドンで数学教授 (1828〜31，1836〜66)．ロンドン数学会の初代会長 (1865〜66)

ド・モルガンは数学と数学史の多くの分野で数多くの論文を著し，数理論理学の発展に重要で独創的な寄与をした．彼は特に，今日ド・モルガンの法則と呼ばれている法則によって，その名を残している．彼は『ケンブリッジ哲学会紀要』(*Transactions of the Cambridge Philosophical Society*, 1858) に掲載した論文の中で，この法則を初めて発表した．この「法則」は (集合の記号を用いて) 次のように述べることができる．A と B が集合 X の部分集合であるとき，$(A \cap B)^c = A^c \cup B^c$ および $(A \cup B)^c = A^c \cap B^c$ が成り立つ．ここで $\cup$ は合併集合を，$\cap$ は集合の交わりを，c は X に関する補集合を表す．

VI. 39

ジョゼフ・リューヴィル

Joseph Liouville

イェスパー・リュッツェン [訳：平田典子]

生：サンオーメル (フランス)，1809 年
没：パリ (フランス)，1882 年
微分作用素，積分定理，ステュルム–リューヴィル理論，ポテンシャル論，力学，微分幾何学，2 重周期関数，超越数論，2 次形式

リューヴィルは，**コーシー** [VI.29] と**エルミート** [VI.47] の間の世代のフランスにおける代表的な数学者である．解析学および力学をエコール・ポリテクニークという高等教育機関で 1851 年まで教え，その後にコレージュ・ド・フランスの教授になった．ソルボンヌ大学教授としても 1857 年から在職し，パリ科学アカデミー会員，経度局会員を務め，また数学の学術誌『純粋および応用数学雑誌』(*Journal de Mathématiques Pures et Appliquées*) を創刊した．この学術誌は現在も引き続き刊行されている．

彼の幅広い研究には，物理学からの動機付けが多く見られた．たとえば初期の微分作用素の理論における $(d/dx)^k$ (k は任意の複素数) は，アンペールの電気力学にその起源を見出すことができる．1836 年頃に友人のステュルムとともに構築したステュルム–リューヴィル理論も，同様に熱伝導にその発端がある．ステュルム–リューヴィル理論とは，パラメータを含む自己随伴型 2 階の線形微分方程式において，与えられた境界条件を満たす非自明解 (固有関

数）が存在するようなパラメータ選択に関する境界値問題の理論である．リューヴィルのこの理論における主な寄与は，固有関数の収束和としての任意の関数のフーリエ展開可能性についてである．ステュルム–リューヴィル理論は，微分方程式の定性的な性質の解明および一般的な微分作用素に関するスペクトル理論の最初の成果とも言えよう．

1844 年にリューヴィルは，**超越数** [III.41] の最初の例として知られる $\sum_{n=1}^{\infty} 10^{-n!}$ を構築した．また 1830 年代には e^t/t のような形の，それ自身は初等関数であるがその原始関数は初等的に表せない，つまり代数関数，指数関数，対数関数では表示できない関数の存在を，同様の手法で証明し，特に楕円積分が初等的な関数では書けないという事実を示した．

リューヴィルは 1844 年頃に，**楕円関数** [V.31] つまり楕円積分の逆関数についての新しい考察に取りかかる．これは 2 重周期複素関数の体系立った研究であり，特に 1 変数 2 重周期複素関数のうち定数関数でないものは整関数にはならず，必ず特異点を持つことを証明する．コーシーはこの定理を知り，全平面で有界な 1 変数複素整関数は定数関数に限られるという定理に直ちに一般化した．これは今日リューヴィルの定理と呼ばれるものである．

力学においてのリューヴィルの名前は，**ハミルトン方程式** [III.88 (2.1 項)] に相関して力学系が動く場合の相空間の面積一定性に関する業績にある．実際にリューヴィルが証明したことは，微分方程式の一つの類の解集合からなるある**行列式** [III.15] が定数になることであったが，**ヤコビ** [VI.35] がこの定理がハミルトン方程式に適用されることに気づき，ボルツマンが行列式が相空間の面積に相当することを見出して，統計力学におけるこの定理の重要性がわかった．

リューヴィルは，ほかにも多くの重要な貢献を力学やポテンシャル論に与えた．たとえば，ヤコビは軸のまわりを回転する流体惑星の角運動量が十分に大きいとき，その平衡状態における回転の旋回跡として回転楕円体，および，3 方向の異なる径の長さを持つ楕円体の形があると考えた．リューヴィルはヤコビが正しいことを証明し，後者の形のみが平衡状態として存在しうるという驚くべき結果を証明した．リューヴィルは結果を出版したが，実際には角運動量が大きすぎない場合の証明は，リャプノフと**ポアンカレ** [VI.61] に委ねている．

方程式の可解性 [V.20] に関し，**ガロア理論** [VI.41] の偉大さに最初に気づいたのもリューヴィルであった．ガロアの主要論文はリューヴィルの創刊した学術誌に出版されたため，代数学にも寄与したと言える．

文献紹介

Lützen, J. 1990. *Joseph Liouville 1809–1882: Master of Pure and Applied Mathematics*. Studies in the History of Mathematics and Physical Sciences, volume 15. New York: Springer.

VI. 40

エドゥアルト・クンマー

Eduard Kummer

ジューン・バロウ=グリーン［訳：三宅克哉］

生：ゾーラウ（現ジャリ，ポーランド），1810 年
没：ベルリン（ドイツ），1893 年
ギムナジウム教師：リーグニツ（現レグニーツァ，ポーランド）（1832～42）．数学教授：ブレスラウ（現ヴロツワフ，ポーランド）（1842～55），ベルリン（1855～82）

クンマーの初期の研究領域は関数論であり，（一般化された）超幾何級数（ベキ級数であって続く二つの項の係数の比が有理関数であるもの）の理論において重要な寄与を果たした．**ガウス** [VI.26] の初期の結果を超え，クンマーは定数パラメータ a, b, c を持つ超幾何微分方程式

$$x(x-1)\frac{d^2y}{dx^2} + (c-(a+b+1)x)\frac{dy}{dx} - aby = 0$$

の解に体系立った表記を与えたばかりか，超幾何関数と解析の分野に新たに登場した**楕円関数** [V.31] などとの連携を示した．

ブレスラウへ移ったあと，クンマーは数論を研究し始め，彼の業績の中でも最大の成功となった「イデアル素因子」（1845～47）の理論を打ち立てた．クンマーの理論は**イデアル** [III.81 (2 節)] の理論への初期的な寄与であるとしばしば書かれるが，アルゴリズム的な彼のアプローチは，後に続く**デデキント** [VI.50] によるものとはまったく異なっている．クンマーのもともとの目標は，**平方剰余の相互法則** [V.28] を高次のベキの場合に一般化することであり，彼は 1859 年にこれを達成した．こういった研究の副産物とし

て，彼は**フェルマーの最終定理** [V.10] をベキが 100 よりも小さいすべての素数の場合について（4 の場合も知られていたので，したがって 100 以下のすべてのベキに対して）証明することができた．

クンマーは彼の経歴の第 3 幕で，研究の対象を代数幾何学へと変えた．**ハミルトン** [VI.37] と**ヤコビ** [VI.35] の光線束と幾何学的光学についての研究を継承する中で，彼は 16 個の結節点を持つ 4 次曲面を発見した．この曲面は彼の名前を取って「クンマー曲面」と呼ばれている．

VI. 41

エヴァリスト・ガロア

Évariste Galois

ピーター・M・ノイマン［訳：三宅克哉］

生：ブール・ラ・レーヌ（フランス），1811 年
没：パリ（フランス），1832 年
方程式論，群論，ガロアの理論，有限体

ガロアは 11 歳までは学校に行かず，自宅で学んだ．その後パリのリセ・ルイ・ル・グランに入り，そこで 6 年を過ごした．彼自身にとっても，また教師たちにとっても苦労の多い学校生活だったが，数学については抜きん出ており，当時の標準的な教科書に加えて，**ラグランジュ** [VI.22]，**ガウス** [VI.26]，**コーシー** [VI.29] の成果からより進んだ内容を学んでいた．彼は少々背伸びをして 1828 年 6 月にエコール・ポリテクニークへの入学試験を受けたが，失敗した．父親が自殺したあと，1829 年 7 月にも試みたが，エコール・ポリテクニークには入学できなかった．彼は教員予備校であるエコール・プレパラトアール（後のエコール・ノルマル・シューペリウール）に 1829 年 10 月に入学した．しかし，当時の権威筋との政治的な対立によって問題行動をとり，1830 年 12 月に退学させられた．1831 年のバスティーユ記念日（7 月 14 日）に逮捕され，権威を再度侮辱した咎で 8 か月間を牢獄で過ごした．1832 年 4 月末に出獄し，どうしたことか決闘に臨む羽目に陥った．5 月 29 日，彼は自分の書き溜めていたものを整理するとともに，自分の発見についての要約を友人のオーギュスト・シュヴァリエへの手紙に書き残した．翌朝決闘が行われ，彼は 1832 年 5 月 31 日に死亡した．彼についてはいろいろと書かれている．しかし，これほど若くして死んでしまった人物については，たとえ彼の物語がいかに濃密に語られるとしても，歴史家が取り扱うことができるような本物の資料はほとんど残されてはいない．伝記作家はおおむね，ロマンティックな発明をガロアの人生に盛り込んで自分流の物語として仕立てることになった．

ガロアの数学上の業績については，4 篇の主要論文（および，些細でそれほど重要でない多数の書き付け）が残されている．出版されてしかるべきもののうちの最初の論文は「数論について」(Sur la théorie des nombres) であり，1830 年 4 月の日付がある．内容はガロア体の理論を含んでいる．この体は，整数を素数 p を法として分類して得られる体 $\mathbb{F}_p$ に，複素数との類似によって，p を法とした既約多項式の根 i を付け加えて得られる体である．この論文には，後に有限体の理論として整えられる基本的な事柄が，ほぼすべて盛り込まれている．

決闘の前夜にシュヴァリエに宛てて書かれた手紙では，ガロアは 3 篇の研究報告に言及している．その最初のものは，今日『第 1 論文』(*Premier mémoire*) として知られるもので，「ベキ乗根による方程式の可解性の条件について」(Sur les conditions de résolubilité des équations par radicaux) という題名が付けられた原稿である．ガロアは方程式の理論についての論文をパリアカデミーに 1829 年 5 月 25 日と 6 月 1 日に提出したが，これは現在では失われてしまっている．コーシー（査読が彼に回された）の助言に従って，ガロア自身が 1930 年 1 月に取り下げた可能性が高いと考えられる．1830 年 2 月，ガロアは数学大賞に応募すべくパリアカデミーに論文を再提出した．しかし，この原稿は不運にも，また不可思議にも**フーリエ** [VI.25] の死とともに失われてしまった（このときの大賞は，没後の**アーベル** [VI.33] と**ヤコビ** [VI.35] の両名に与えられた）．**ポアソン** [VI.27] に勧められて，彼は 1831 年 1 月にアカデミーへ 3 度目となる投稿を行った．『第 1 論文』として残されているのは，この 3 度目に投稿されたものである（論文はアカデミーの査読者ポアソンとラクロアによって読まれ，1831 年 7 月 4 日に不採択とされた）．これは驚嘆すべき論文である．ガロアはこの論文で今では方

程式のガロア群と呼ばれるものを導入し，ベキ乗根によって方程式が解ける条件が，ガロア群の性質として明確に特徴付けられることを示している．この『第 1 論文』が方程式論を**ガロアの理論** [V.21] へと転換させることになった．

『第 2 論文』(*Second mémoire*) も存在している．しかし，ガロアはこれを完成させず，また，そこに書かれていることのすべてが正しいわけではなかった．とはいえ，これは驚くべき文書であり，そこでは現在は群論として認知されているものについて焦点を当てていた．主要定理は，(群論の言葉で述べれば) 原初的な可解置換群の位数は素数のベキであり，それは素体 $\mathbb{F}_p$ 上のアフィン変換の群として表現できるだろうと主張している．さらにこの論文には，$\mathbb{F}_p$ 上の 2 次の線形群の研究が不完全なままに含まれている．ガロア自身が積分の理論と**楕円関数** [V.31] についてのものと言っている『第 3 論文』(*Troisième mémoire*) は，発見されていない．

ガロアの主要な成果――論文「数論について」,『第 1 論文』,『第 2 論文』，およびシュヴァリエへの手紙に含まれているもの――は，最終的に**リューヴィル** [VI.39] によって 1846 年に出版された．ブルニュとアズラが編集した決定版ともいえるガロア全集には，その時点で知られていた彼の文書すべてが含まれており，1962 年に出版された．

ガロアが遺したものはともかく大きい．彼のアイデアは直接に「抽象代数学」へと誘う道を開いた (「抽象代数学の発展」[II.3 (6 節)] を参照)．19 世紀の後半になって体の抽象的な考え方が展開されると，有限体の理論の大半は，すでにガロアの初めの論文に先取りされていた．ガロアの理論は，『第 1 論文』に含まれていたものから直接に展開された．そして，群論は『第 1 論文』と『第 2 論文』に含まれるアイデアに，コーシーが 1845 年に発表した一連の論文が合わさって展開された．

文献紹介

Bourgne, R. and J.-P. Azra, eds. 1962. *Écris et Mémoires Mathématiques d'Évariste Galois*. Paris: Gauthiers-Villars.

Edwards, H. M. 1984. *Galois Theory*. New York: Springer.

Taton, R. 1983. Évariste Galois and his contemporaries. *Bulletin of the London Mathematical Society* 15: 107–18.

Toti Rigatelli, L. 1996. *Évariste Galois 1811–1832*, translated from the Italian by J. Denton. Basel: Birkhäuser.

VI. 42

ジェームズ・ジョゼフ・シルヴェスター

James Joseph Sylvester

カレン・ハンガー・パーシャル [訳：志賀弘典]

生：ロンドン (英国)，1814 年
没：ロンドン (英国)，1897 年
代数

シルヴェスターは，1837 年にケンブリッジ大学セントジョンカレッジを修了し，最終筆記試験 (tripos) にも合格したが，ユダヤ人であり，同時にユダヤ教徒であったため，学位を得ることはできなかった．国教徒としての宣誓書の署名が強制されたためである．また，英国内での教職を得るための応募すらも，同様の理由で道が閉ざされていた．このことは，数学研究者になるという目標に対して，彼にやむを得ない迂回路をとらせることとなった．1838 年から 1843 年にかけて，彼はロンドンと米国で自然哲学や数学の教授職に就いたが，さまざまな理由で定着せず，法曹家を目指した時期もあった．1850 年前後の約 10 年間は，保険経理人 (アクチュアリー) の仕事をしつつ数学を教えていた．その後 1854 年から王立軍事アカデミーの数学教授となったが，1870 年に 55 歳で定年退職となった．1870 年から 6 年間職に就かない時期があり，数学を離れて詩集を出したりしていた．その後数学の世界に戻るが，特筆すべきことは 1876 年から 1883 年まで，ボルティモアにあるジョンズ・ホプキンス大学の初代の数学教授職に就いていたことである．1860 年代に，すでにその数学的業績で国際的な名声を得ていたシルヴェスターの，ジョンズ・ホプキンス大学における教育，研究および雑誌発刊の活動は，アメリカにおける数学研究水準の発展史に大きな転回点を与えることになった．1871 年，非国教徒でもオックスフォード，ケンブリッジの教授資格をとれるという法改正が行われ，彼は 1883 年に資格を申請して，オックスフォード大学幾何学のサリヴァン講座の教授となり，1894 年に健康を損ねて退職するまで，その座にあった．

シルヴェスターは，1830 年代後半に研究活動を開始した．当時は二つの多項式がいつ共通根を持つかという問題を考察していた．この研究は，単に行列式の問題のみならず，ステュルム（Jacques Charles François Sturm）の問題——与えられた実数区間にある代数方程式の根の数を決定する方法の，中間段階に現れる共通根の問題——に対して，具体的で先駆的かつ代数解析的な接近も促した（1839, 1840）．シルヴェスターはこの研究を推し進めて，彼が透析的消去法と呼んだ，二つの多項式が共通根を有するための，**終結式** [III.15] による判定条件に到達した（1841）．

彼のその次の研究テーマは，1850 年代に**ケイリー** [VI.46] とともに行った不変式論の確立である．これは，いわゆる共変不変式の理論の若干の拡張であった．より詳細に述べれば，彼らは，ある与えられた次数の 2 元形式に変換 GL(2) あるいは SL(2) を作用させ，この 2 元高次形式に対する共変不変式を具体的に見つけ，それらの間の代数関係式（当時の言葉で syzygies（擬線形関係）と呼ばれた）を求める手段を工夫したのである．シルヴェスターはこれらの問題について 2 編の重要な論文「一般高次形式の計算原理」（On the principles of the calculus of forms, 1852）および「二つの整式の間の擬線形関係の理論」（On a theory of the syzygetic relations of two rational integral functions, 1853）で論じている*1)．後者の論文では，他のさまざまな結果とともに「シルヴェスターの慣性則」を証明している．それは，n 変数で階数 r の実 **2 次形式** [III.73] $Q(x_1, \ldots, x_n)$ に対して Q を $x_1^2 + \cdots + x_p^2 - x_{p+1}^2 - \cdots - x_r^2$ に移す実正則線形変換が存在するというものである．ここで p は最初の形式によって一意的に定まる数である．1864 年，シルヴェスターは，**ニュートン** [VI.14] が単に法則を主張しただけで予想として留まっていた，方程式の正根の個数と負根の個数の限界に関する定理を証明して，世界を驚かせた．しかし，この成果の後，ボルチモアのジョンズ・ホプキンス大学に移るまでの間は，研究の休眠期となる．新天地での研究は，不変式論によって再開された．それは，2 元 2 次の形式から出発して，3 次，4 次の形式に関する最小生成系をなす共変不変式の個数を帰納的に決定するという問題を扱うものであった．1868 年にパウル・ゴルダン（Paul Gordan）は，何次の 2 元形式でも，最小生成系をなす共変不変式の個数は有限であることを証明した．そのことは，ケイリーがそれ以前に証明を与えたとされている 2 元 5 次形式の最小生成系をなす共変不変式の個数は無限であるという主張が誤りであることを示していた．1879 年にシルヴェスターは，2 元 2 次形式から 2 元 10 次形式までに対して，具体的に最小生成系をなす共変不変式を決定した．また，1878 年には，彼はケイリーの定理の証明が誤りだった理由を発見し，それを修正して，任意次数の 2 元形式に対して線形独立な共変不変式の最大個数を与える定理を得た．

シルヴェスターは *American Journal of Mathematics*（アメリカ数学誌）の創立編集者であり，この雑誌に，不変式論，数の分割問題（1882），3 次曲線上の有理点に関する研究（1879〜80），行列代数（1884）の彼の論文が発表されている．

文献紹介

Parshall, K. H. 1998. *James Joseph Sylvester: Life and Work in Letters*. Oxford: Clarendon.

Parshall, K. H. 2006. *James Joseph Sylvester: Jewish Mathematician in a Victorian World*. Baltimore, MD: Johns Hopkins University Press.

Sylvester, J. J. 1904–12. *The Collected Mathematical Papers of James Joseph Sylvester*, four volumes. Cambridge: Cambridge University Press. (Reprint edition published in 1973. New York: Chelsea.)

*1) ［訳注］2 元 3 次形式 $F(x,y) = ax^3 + 3bx^2y + 3cxy^2 + dy^3$ の場合を例にとると，判別式 $D = -a^2d^2 + 6abcd - 4ac^3 - 4b^3d + 3b^2c^2$ が変換 $(x_1, y_1) = (x,y)A$, $A \in$ SL(2) に関する不変式で，$F(x,y)$ 自身，F のヘシアン $H(x,y) = \frac{1}{18}\det\begin{pmatrix} F_{xx} & F_{xy} \\ F_{yx} & F_{yy} \end{pmatrix}$ および $T(x,y) = \frac{1}{6}(F_xH_y - F_yH_x)$ が，変数 x, y を込みにした不変式，すなわち共変不変式である．今の場合，すべての共変不変式はこの 4 個から得られ，さらに関係式（すなわち Syzygy）$DF^2 + T^2 + \frac{1}{2}H^3 = 0$ の成立が確かめられる．シルヴェスターはこのような明示的な不変式の理論の開拓者の一人だった．

VI. 43

ジョージ・ブール

George Boole

デス・マクヘイル［訳：砂田利一］

生：リンカーン（英国），1815 年
没：コーク（アイルランド），1864 年
ブール代数，論理学，作用素理論，微分方程式，差分方程式

中等・高等教育をまったく受けなかったブールは，ほぼ完全に独学の人である．父親は貧しい靴職人だったが，靴を作るよりも望遠鏡などの科学機器の製作に興味を持つ人物だった．その結果，父親の事業は失敗し，ブールは 14 歳で学校を退学，少年教員の職に就いて両親と 3 人の兄弟を支えなければならなかった．このような状況の中で，10 歳までにラテン語とギリシア語を習得し，16 歳のときにはフランス語，イタリア語，スペイン語，ドイツ語をすらすらと読み書きできるようになっていた．彼は物理学，幾何学，天文学への情熱を父から受け継ぎ，また科学機器の製作も行っている．その後，ブールは数学に興味を向け，20 歳までに微分積分学と線形方程式論において独自の成果を発表，さらに線形変換に関して，後に影響力を持つようになる二つの論文（1841, 1843）を執筆した．これらは変分法の出発点となるものだったが，ブールはこの分野の発展に関与することはなく，**ケイリー** [VI.46] や**シルヴェスター** [VI.42] のような他の数学者がこれに取り組んだ．1844 年に彼は解析学における作用素の研究で，王立協会の金メダルを授与されている．これは王立協会が数学分野に対して与えた初の金メダルである．この論文が重要なのは，**作用素** [III.50] の明確な定義を（おそらく初めて）与えた論文という理由のみならず，ブールのその後の思想に与えた影響にもある．ブールにとって作用素は，たとえば（D と表記される）微分のような働きを行うものであり，それ自体で研究の対象となるべきものであった．彼が D という関数のために導入した法則と，彼の論理代数の法則の間にははっきりとした類似点がある．この点については，あとで見ることにしよう．

家庭の状況がそれを許さなかったものの，ブールは聖職者を志望していたことがあった．造物主への敬虔さから，彼は人間の精神を神の最も偉大な成果であると考え，その働きに興味を持つようになったのである．先駆者であるアリストテレスや**ライプニッツ** [VI.15] と同様に，彼は脳がいかに情報を処理しているかを説明し，その情報を数学的な形式で表現することを切望していた．1847 年に彼は『論理学の数学的分析』（*A Mathematical Analysis of Logic*）と題された著作を出版し，目標への第一歩を踏み出すことになる．とはいえ，この本は広く読まれることはなく，数学界に与えた影響はほとんどなかった．

1849 年にブールは，クーンズ・カレッジ・コークで数学教授に就任した．彼が『思考法則の探求』（*An Investigation of the Laws of Thought*, 1854）と題した本の中で自身のアイデアを書き直し，拡張したのはコーク時代のことである．彼はこの本の中で新しいタイプの代数である論理代数を導入した．これは，現在ブール代数と呼ばれているものへと進化していくことになる．若いときに学んだ言語に関する知見から，彼は日常的な言語活動には隠された数学的構造が存在することに気づいたのである．たとえば，ヨーロッパ人の男性という集合とヨーロッパ人の女性という集合の和は，ヨーロッパ人の男性と女性という集合に等しい．対象の集合を記号を使って表すと，$z(x+y)=zx+zy$ と書ける．x, y, z はそれぞれ男性，女性，ヨーロッパ人の集合を表す．ここで，加法は（男性と女性のような互いに素な集合同士の場合も含む）和として，乗法は共通部分として理解することができる．

ブール代数の主要な法則は，可換法則，分配法則，そして彼が「双対原理」と呼んだ $x^2=x$ で表現される法則である．この法則は，白いヒツジ全体の集合と白いヒツジ全体の集合の共通部分は，白いヒツジ全体の集合である，という状況を考えれば解釈できる．双対原理を除くブールの法則は普通の数の代数に適用できるが，双対原理だけは x が 0 か 1 のときにしか適用することができない．

対象について適切に定義されたクラスもしくは集合の研究は，数学的に正確な解釈が可能であり，数学的分析にとって基礎的なものであることを示すことによって，ブールは伝統的な数学に突破口を作り出した．また，単純な場合には，ブールの方法によって，古典論理は記号を用いた数学的形式に還元される．彼は 0 と 1 で「無」と「普遍」を表し，x という

クラスの補集合を $1-x$ で表すことによって，（双対原理から）$x(1-x)=0$ という法則を導き出した．これは，ある対象がある属性を持つのと同時にその属性を持たないことは不可能であること，つまり矛盾律を表現している．彼はまた，微分積分学を確率論に応用する研究も行った．

ブール代数は，1939 年にシャノンによってスイッチ回路を記述するのに適切な言語であることが発見されて，ようやく脚光を浴びることになった．以降ブールの研究は，コンピュータテクノロジーの現代的発展に必須のツールとなったのである．

ブールは数学の他の分野においても業績を残している．微分方程式，差分方程式，作用素理論，積分計算などである．彼が執筆した微分方程式の教科書（1859）と有限差分の教科書（1860）は，彼自身による研究を多く含み，しかも今なお適切な記述であり続けているが，やはりブールは記号論理の父として，そして計算機科学の創始者として最もよく記憶されている．

文献紹介

MacHale, D. 1983. *George Boole, His Life and Work*. Dublin: Boole Press.

VI. 44

カール・ワイエルシュトラス

Karl Weierstrass

イズラエル・クライナー［訳：伊藤隆一］

生：オステンフェルデ（ドイツ），1815 年
没：ベルリン（ドイツ），1897 年
解析学

ワイエルシュトラスの経歴は，ボン大学における財政と行政の勉学で始まる．しかし，本当の関心は数学であり，彼は課程を修了しなかった．彼は教師の資格を持ち，ギムナジウムで 14 年間教えた．彼の人生の転換点は，ほぼ 40 歳のころ，アーベル関数に関する革新的な論文を書いたときであった．その中で，彼は超楕円積分の逆変換の問題を解決した．そのすぐあとで，彼はベルリン大学のポストに招聘された．彼は自分自身に非常に厳しい基準を課し，その結果，あまり論文を公表しなかった．彼のアイデア（そして評判）は，素晴らしい講義を通して広まった．彼の講義は，世界中の学生や数学者たちを引き付けた．

ワイエルシュトラスは「近代解析学の父」と評されてきた．彼は解析学のあらゆる方面，すなわち微積分，微分および積分方程式，**変分法** [III.94]，無限級数，楕円関数，アーベル関数，実および複素解析に貢献した．彼の研究の特徴は，基本への注意と緻密な論理的推論である．「ワイエルシュトラス的厳密」は，最も厳密な基準を意味するようになった．

17 世紀から 18 世紀の微積分は経験に頼ったものであり，論理的基盤が欠けていた．19 世紀には，数学のさまざまな分野の基礎の検討が進むなど，厳密な精神を求める機運が高まった．**コーシー** [VI.29] は 1820 年代に，微積分においてこの作業に着手した．しかし，彼のアプローチには，いくつか大きな根本的問題があった．言葉だけによる極限と連続の定義や，無限小の頻繁な使用，そして，さまざまな極限の存在を証明するために直観的な幾何に頼ることなどである．

とりわけ，ワイエルシュトラスと**デデキント** [VI.50] は，この不満足な状況を改善しようと決意し，デデキントの言う「純粋に算術的に」定理を確立することを目標に設定した．その目的のため，ワイエルシュトラスは**極限** [I.3 (5.1 項)] と**連続** [I.3 (5.2 項)] に対して，$\varepsilon-\delta$ による（今日も使われている）正確な定義を与えた．こうして彼は，解析学から無限小を追放した（約百年後の**ロビンソン** [VI.95] まで）．彼はまた，有理数をもとにして実数を定義した（デデキントや**カントール** [VI.54] によるアプローチのほうがわかりやすかったが）．このように，彼は「解析学の算術化」（**クライン** [VI.57] の造語）の大きな原動力となった．実解析への彼の著しい貢献の中には，一様収束の導入（P・L・ザイデルも独立に導入）と，至るところで連続だが至るところで微分不可能な関数の例がある（コーシーと彼の同時代の数学者は，連続関数は孤立した点以外では微分可能であると信じていた）．

リーマン [VI.49] と（コーシーを継承した）ワイエルシュトラスの 2 人が複素関数論を作ったが，2 人はこのテーマに対して，根本的に異なるアプローチを行った．リーマンの大域的・幾何学的発想は，**リーマン面** [III.79] と**ディリクレの原理** [IV.12 (3.5 項)] の概

念に基づく．他方，ワイエルシュトラスの局所的・代数的理論は，ベキ級数と**解析接続** [I.3 (5.6 項)] に基礎を置く．「関数論の原理について考えれば考えるほど——実際，私は絶え間なく考えているのだが——それは単純な代数的事実の上に築かなければならないと確信します…」と，彼は H・A・シュワルツへの手紙で主張した．彼は，数学的な根拠が不十分であるとしてディリクレの原理を厳しく批判し，反例を作った．それ以後，20 世紀初頭までは，彼の複素解析へのアプローチが支配的であった．クラインは，ワイエルシュトラスの数学に対する全般的なアプローチを次のように評した．「彼は第一に論理学者である．彼はゆっくりと，整然と，一歩一歩進む．研究するときは，最終的な形式を目指して奮闘する」．

ワイエルシュトラスの名前が付いた概念や結果は，数多くある．連続関数は多項式によって一様に近似できるという**ワイエルシュトラスの近似定理**，有界な実数の無限集合は集積点を持つという**ボルツァーノ–ワイエルシュトラスの定理**，整関数を "prime functions" の無限積で表現する**ワイエルシュトラスの分解定理**，解析関数は孤立真性特異点の任意の近傍で，指定された複素数にいかほどでも近い値をとるという**カソラティ–ワイエルシュトラスの定理**，数列が収束するための比較を扱う**ワイエルシュトラスの M テスト**，2 位の**楕円関数** [V.31] の例である**ワイエルシュトラスの ℘ 関数**（ペー関数）などである．

ワイエルシュトラスが最も誇りとしたのはアーベル関数についての成果であり，19 世紀における彼の名声の大部分は，この成果によってもたらされた．しかしながら，この分野での彼の成果は，今日ではあまり重要でない．われわれにとって彼の主な遺産は，高いレベルでの厳密性の維持と，数学的概念と理論の背後にある基本的なアイデアの追求を，断固として主張したことである．

文献紹介

Bottazzini, U. 1986. *The Higher Calculus: A History of Real and Complex Analysis from Euler to Weierstrass*. New York: Springer.

VI. 45

パフヌティ・チェビシェフ

Pafnuty Chebyshev

ジューン・バロウ=グリーン［訳：森　真］

生：オカトヴォ（ロシア），1821 年
没：サンクトペテルブルク（ロシア），1894 年
サンクトペテルブルク大学で准教授，員外教授を経て，数学の正教授（1847～82）となる．砲兵委員会（1856），教育省科学委員会（1856）

ワットの平行四辺形（蒸気機関に用いられるリンク機構）と往復運動を回転運動へ変換する問題に魅了されて，チェビシェフはヒンジの仕組みの理論に深くのめり込んだ．特に，与えられた範囲の直線からの逸脱を最小限に抑えるリンク機構を追求した．これは，与えられた関数を近似するために選ばれた関数のクラスから，それぞれの角度について絶対値で最小の誤差を持ったものを選ぶ数学の問題に対応している．このような背景において，特に多項式による近似を考えて，チェビシェフは現在彼の名が冠された多項式を発見した（「特殊関数」[III.85] を参照）．これらの多項式は「平行四辺形の名で知られる力学の理論」(Théorie des mécanismes connus sous le nom de parallélogrammes, 1854) という論文の中で最初に発表され，直交多項式の理論への彼の重要な貢献の始まりとなった．

第 1 種のチェビシェフの多項式は，$T_n(\cos\theta) = \cos(n\theta)$，$n = 0, 1, 2, \ldots$ と定義される．これらの多項式は漸化式 $T_{n+1}(x) = 2xT_n(2) - T_{n-1}(x)$ を満たす．ここで，$T_0(x) = 1$ かつ $T_1(x) = x$ と定める．第 2 種のチェビシェフの多項式は，$U_n(\cos\theta) = \sin((n+1)\theta)/\sin\theta$ であり，漸化式 $U_{n+1}(x) = 2xU_n(x) - U_{n-1}(x)$ を満たす．ここで，$U_0(x) = 1$ かつ $U_1(x) = 2x$ である．

数論においても，チェビシェフは**素数定理** [V.26] の証明にかなり近づく重要な貢献をした．確率論では，チェビシェフの不等式にその名を残している．その結果は単純だが，多様な応用を持っている．

VI. 46

アーサー・ケイリー

Arthur Cayley

トニー・クリリー［訳：志賀弘典］

生：リッチモンド（英国），1821 年
没：ケンブリッジ（英国），1895 年
代数，幾何，数理天文学

ケイリーは，1840 年代の彼の初期の研究において，その後自ら発展させる数学の研究課題の多くをすでに扱っていた．1841 年の学部生時代の論文「位置の幾何学における一定理」（On a theorem in the geometry of position）において，今日，一般に用いられている**行列式** [III.15] の記法を導入し，また（空間内の点の一般位置条件を与える）ケイリー–メンジャー行列式を導入している．**ハミルトン** [VI.37] による**四元数** [III.76] の発見（1843）に従って，ケイリーは 3 次元空間での回転を写像 $x \to q^{-1}xq$ によって簡潔に表示している．これによって，彼はケイリー・クラインのパラメータ（すなわち双曲幾何を射影空間内で実現する距離）のアイデアを得ている．彼は八元数（octonion）の非結合的系（「四元数，八元数，ノルム斜体」[III.76] を参照）の概要を提示し，曲線の交差を考察して 3 次曲線相互の交差に関するケイリー–バカラック（Bachrach）の定理を導き，ケイレイアン（Cayleyan）と呼ばれる双対曲線を定義した．いくつかの主論文で，多重線形行列式や 2 重無限積で与えられる**楕円関数** [V.31] を扱った．ジョージ・サロモン（George Salmon）との共同研究では，有名な 3 次代数曲面上の 27 本の直線を考察した．しかしながら，彼の半世紀にわたる研究における最も重要な成果は，1845 年と 1846 年に公表された不変式論の第一歩を記した論文である．

1849 年から 1863 年の間，ロンドンで法廷弁護士として過ごしている（シルヴェスターとは，法曹界で初めて知り合った）．こうして彼は自分の活動範囲を広げたのであるが，さまざまな分野を渡り歩く自然科学分野のイギリスの研究者たちとは違い，主たる活動領域を数学，それも純粋数学に限定していた．彼は**置換群** [III.68] の概念を拡張し，すべての有限群が対称群の部分群として与えられることを示した．行列に関しても，抽象的な定義を与えて逆行列を構成し，行列環の性質を展開した．その過程で**ケイリー–ハミルトンの定理**を発見し，その著しい重要性を自ら指摘した．その後何世代にもわたる数学者が，その恩恵を被っている．ある双線形形式を不変にする線形変換を記述するという「ケイリー–ハミルトン問題」の解決のために，彼は行列代数を用いた．特別な場合，それは「ケイリー直交変換」$(I-T)(I+T)^{-1}$ をもたらす．1850 年代に彼が考察した，四元数，行列，群論の相互の結び付きは，彼の持っている数学の世界の組成や成り立ちがどのようなものであるかをよく示唆している．

1850 年代にケイリーは彼の有名な「クォンティックス」（quantics）（今日では多重線形斉次代数形式と呼ばれるものを指す彼の造語）に関する論文集を世に出している．彼は 2 元形式の共変不変式に対する「ケイリーの公式」と，それを数え上げる「ケイリーの法則」を発見した．『第 6 覚え書き』（*Sixth Memoir*, 1859）において，彼は**ユークリッド幾何学** [I.3 (6.2 項)] は**射影幾何学** [I.3 (6.7 項)] に対立するものではなく，その一部となるものであることを示した．ケイリー流の抽象的な射影距離は，1870 年代になって現れた，**クライン** [VI.57] による非ユークリッド幾何学を分類する統一概念へと繋がっている．

1858 年からの 25 年間，彼は『英国王立天文学会月報誌』（*Monthly Notices of the Royal Astronomical Society*）の編集者であった．天文学において，彼は天体の楕円軌道の理論に貢献している，そこでは，細心の注意を払って労苦に満ちた計算を実行することが求められる．月の運行に関する研究が特に著しかった．彼は膨大な計算を実行して月の永続的な加速現象の正確な値を示し，英仏の天文学者たちの論争に決着をもたらした．それは，英国側のジョン・コーチ・アダムス（John Couch Adams）によって 1853 年にすでに唱えられていたものであった．

1863 年，ケイリーはケンブリッジ大学の純粋数学の初代サドラー講座教授（Sadleirian Professor）となって，学究の世界に戻った．1868 年にパウル・ゴルダン（Paul Gordan）は，2 元 5 次形式の不変式環および共変不変式環は有限基底を用いて表示できることを証明して，不変式論の研究者を驚かせた．これは，それ以前のケイリーの得た結果に矛盾するものであった．ゴルダンはひるむことなく 2 元 5 次形式の既約不変式，既約共変不変式の一覧表およびそれらの代数関係を示して，彼の主張を完結させた．

純粋数学におけるさまざまな発展の中には，彼の1870年代から1880年代の小さな記述に遡れるものが多々ある．結び目理論，フラクタル，ダイナミックプログラミング，群論（よく知られた「ケイリーの定理」）などである．グラフ理論においては，n 個の頂点を持つラベル付き木の数は n^{n-2} 個である，という「ケイリーのグラフ定理」がある．彼はグラフにおけるツリーに関する知見を，有機化学において異性体を数えるという問題に取り組む中で得ていた．それゆえ，すぐに必要になる実際のグラフの存在の確認においては，多くのものは化学者たちによってすでに検証されていた．彼の晩年の10年間は，後世の数学者に自らの数学上の成果を伝えるという重要な仕事に費やされた．すなわち，13巻に及ぶ大部『数学論文選集』（*Collected Mathematical Papers*）の刊行に向けた準備を行っていたのである．

文献紹介

Crilly, T. 2006. *Arthur Cayley: Mathematician Laureate of the Victorian Age*. Baltimore, MD: Johns Hopkins University Press.

VI. 47

シャルル・エルミート

Charles Hermite

トム・アーキボルド［訳：平田典子］

生：デューズ（フランス，モゼール県），1822年
没：パリ（フランス），1901年
解析学（楕円関数，微分方程式），代数学（不変式論，2次形式），近似理論

エコール・ポリテクニークへの多くの入学志望者とともに，エルミートはアンリ4世高校およびルイ・ルグラン高校において受験準備クラスに在籍し，**ラグランジュ** [VI.22] や**ルジャンドル** [VI.24] らの成果を勉強することに熱中した．特に方程式の解を根号を用いて求めることに興味を持った．1842年にエコール・ポリテクニークに入学後，その年の末には**ヤコビ** [VI.35] の**楕円関数** [V.31] についての結果を拡張するという，最初の著しい独創的な業績をなしていた．彼はこの成果をヤコビに送って高く評価され，パリで認められたばかりではなく，ヤコビとの楕円関数および整数論についての文通を通して彼自身の才能を開花させるに至った．

エルミートはそれでも彼の能力に見合った職を見つけることに苦労し，10年ほど，パリ周辺において授業補助や実験の助手として食い繋いだ．エルミートは整数論，特に2次形式理論の整数論的な研究に従事して，**ガウス** [VI.26] やラグランジュにならい，線形変換による2次形式の変形を研究し，その業績において**エルミート行列** [III.50 (3節)] が考えられ，彼の名前が冠された．エルミートは2次形式の不変量に興味を持ち，多項式の根の配置に関する問題にも応用した．これらの努力の末，1856年には**リューヴィル** [VI.39] や**コーシー** [VI.29] の推薦のもと，パリ科学アカデミーの会員に任命された．この抜擢のすぐ後の1858年に，5次方程式の解を楕円関数によって表示する方法の発見を成し遂げて，国際的にも広く認知された．

1869年にはパリでの大学理学部教授職に就き，数学者に対する発言力も増した．J・タネリー，**ポアンカレ** [VI.61]，E・ピカール，P・アッペル，E・グルサらは，彼に大切にされた人々である．エルミートの家系は驚くべきものであり，義理の息子にはJ・ベルトラン（パリ科学アカデミーの終身要職者）やピカールが含まれ，アッペルはベルトランの娘と結婚して，その娘は**ボレル** [VI.70] と結婚する．エルミートの導いた国際的な情報網は，ドイツの研究を以前よりも広くフランスの中に周知させることにも役立った．この時代に彼は，自然対数の底である e の**超越性** [III.41] を，近似理論の初期の研究（エルミート多項式の発見を含む）に見られる**連分数** [III.22] に関する手法を用いて証明した．数学界における彼の強い影響は彼の永眠まで続いた．

文献紹介

Picard, É. 1901. L'œuvre scientifique de Charles Hermite. *Annales Scientifiques de l'École Normale Supériure (3)* 18: 9–34.

VI. 48

レオポルト・クロネッカー

Leopold Kronecker

ノルベール・シャバシェ，ビルギット・ペトリ
［訳：三宅克哉］

生：リーグニツ，シレジア（現ポーランド），1823 年
没：ベルリン（ドイツ），1891 年
代数学，数論

19 世紀後半において影響力が大きかった数学者の 1 人であるクロネッカーは，今日ではその構成主義者の視点と数論の業績によって最もよく知られている．**ディリクレ** [VI.36] のもとで博士課程を 1845 年に終えたあと，クロネッカーはベルリンと数学を離れ，一族の財産を管理し，義理の父親の銀行業を支えることになった．こういった活動の甲斐あって，彼は財力を蓄え，自由の身となってベルリンに帰り，アカデミックな地位に就かないままに数学に集中した．1855 年には，クロネッカーの学校での先生で最も親しい科学上の友人でもあった**エドゥアルト・クンマー** [VI.40] もベルリンに来て，1893 年に没するまで滞在した．1861 年にクロネッカーはベルリン科学アカデミーの会員になり，それによってベルリン大学で教え始めた．クロネッカーは彼のベルリンでの同僚たち（特にクンマーと**ワイエルシュトラス** [VI.44]）との交流を大切にしていたが，1870 年代にはクロネッカーとワイエルシュトラスの間でいさかいが生じ，これによってワイエルシュトラスはクロネッカーに対する辛辣な，反ユダヤ的と言える言葉まで使って周辺に不満を言うようになった．1883 年にクンマーが引退すると，クロネッカーはクンマーのあとを継ぎ，出版活動と合わせて教育活動に力を入れるようになった．この活動期間は長くは続かず，妻の死のあとまもなく彼も死去した．

クロネッカーは彼の数学的な洞察力の独創性によって名声を得ており，1860 年代から 1870 年代を通して影響力を高めていった．1868 年には以前**ガウス** [VI.26] が占めていたゲッティンゲンでの教授の席への声がかかり，パリアカデミーの会員にも選ばれた．1870 年から 1871 年の普仏戦争のあと，彼は新たに開設されたシュトラスブルク（ストラスブール）にあるドイツの大学に数学者として推挙された．そして，1880 年に『純粋と応用の数学雑誌』（*Journal für die reine und angewandte Mathematik*）（あるいは『クレーレの雑誌』（*Crelle's Journal*）として知られている）の編集長になった．彼は不完全な証明，未出版の証明，あるいはわかりにくい証明をしばしば批判した——**ジョルダン** [VI.52] はクロネッカーによって下された決定が同僚たちの間に巻き起こしていた「羨望と絶望」の有様について語ったことがある．クロネッカーがその構成主義者の方法論について明確に主張したのは，晩年に近づいてからのことであった．これはワイエルシュトラスと喧嘩になった事情の少なくとも一部を占めており，後に**ヒルベルト** [VI.63] をしてクロネッカーを「許されざる独裁者」（Verbots-diktator）と言わしめる理由にもなった．クロネッカーは，一般的には物わかりが良く友好的であったが，自分の数学上のアイデアや自分の先取性を守るためには断固とした態度をとった．

可解な代数方程式に関する最初の成果の中で（1850 年代の初めのころ），彼はまずいわゆる**クロネッカー–ウェーバーの定理**を主張した．これは，現代流に定式化すると，有理数体の有限次ガロア拡大で**ガロア群** [V.21] がアーベル群であるものは 1 のベキ乗根によって生成される体にすべて含まれる，ということになる．これの最初の完全な証明は，1896 年にヒルベルトによって与えられた．クロネッカーはこの主張をさらに虚 2 次体のアーベル拡大に一般化し，後にこれを自分の「最もお気に入りの青春の夢」（liebster Jugendtraum）と呼んだ．この研究課題は，さらに一般化された形で 1900 年のヒルベルトの第 12 問題の中に組み込まれたが，今日では**類体論** [V.28] と虚数乗法論がもたらす結果として明確な形で与えられている．代数学，解析学および数論の間のこのような繋がりは，クロネッカーのその後の業績の中に根を張り続けている．クロネッカーによる重要な結果には，**楕円関数** [V.31] の理論における類数関係と極限定理，有限生成アーベル群の構造定理，および双線形形式の理論が含まれる．

1850 年代の終わり近くに，クロネッカーは代数的数論に関する研究を始めたが，その結果を発表したのは 1881 年の論文「代数的量の算術的理論の要綱」（Grundzüge einer arithmetischen Theorie der algebraischen Grössen）であった．この論文は，ク

ンマーの学位 50 周年を記念して彼に捧げられた．これは彼の数学上の信条宣言とも言うべきものであるが，その中には，（不完全ながら）代数的数と代数関数の統一的な算術理論が顕示されている．また，類体論に関する重要な観点や，次元が 1 よりも大きい算術–幾何学理論に関するものも，研究計画として予示する形で盛り込まれている．クロネッカーの「因子」の概念は，デデキント領域の場合にはデデキントの「イデアル」という概念と同値であるが，一般の場合にはデデキントの「イデアル」に比してより制限されたものを与える．H・ウェーバー，K・ヘンゼル，G・ケーニヒといった幾人かの数学者は，「要綱」を自分たちの研究の中で取り上げた．

一方，彼の数学上の信条宣言に盛られた数学観に関する主張として，クロネッカーは純粋数学を完全に算術化すること，すなわち，純粋数学を正整数の概念に至るまで実効的な有限ステップの手続きで還元することを求めた．このために，彼はガウスにまで遡る手法をとり，不定元と同値関係を広範に導入した．たとえば，有理数体の有限次拡大体の場合は，既約多項式 $f(x)$ に対して，一般には明確に記述しにくい「根」を添加する代わりに，むしろ $f(x)$ を法として多項式を具体的に考察するという手法を選んだ．

文献紹介

Kronecker, L. 1895–1930. *Werke*, five volumes. Leipzig: Teubner.

Vlădut, S. G. 1991. *Kronecker's Jugendtraum and Modular Functions*. New York: Gordon & Breach.

VI. 49

ゲオルク・フリードリヒ・ベルンハルト・リーマン

Georg Friedrich Bernhard Riemann

ジェレミー・グレイ［訳：二木昭人］

生：ブレセレンツ，ダネンブルグ近郊（ドイツ），1826 年
没：セラスカ（イタリア），1866 年
実・複素解析，微分方程式，数論，衝撃波の伝搬，位相幾何

リーマンは貧しい牧師の家庭に生まれ，ゲッティンゲンで数学を学び，そこで教授となった．1862 年に健康が悪化し，39 歳のとき，肋膜炎のためにイタリアのマッジョーレ湖の近くで亡くなった．

リーマンほど 19 世紀中盤の数学アルゴリズムから抽象的思考への変遷を想起させる数学者はいない．彼の学位論文（1851）やアーベル関数についての論文（1857）は，**正則関数** [I.3 (5.6 項)] は**コーシー–リーマン方程式** [I.3 (5.6 項)] により適切に定義されるものであり，**調和関数** [IV.24 (5.1 項)] の理論との繋がりを通して研究されるべきであるという観点からの研究を創始している．彼は学位論文において，**リーマン写像定理** [V.34] という特筆すべき定理の証明の概略を与えている．この定理は，X と Y が複素平面の二つの単連結な開集合であるとき，一方から他方への正則な写像で，正則な逆写像を持つものが存在することを主張している．たとえば，平面内に自分自身に交わらない閉曲線を描き，その曲線の内部の領域を D とすると，D は開いた単位円板と双正則同値である．1857 年の論文では**リーマン面** [III.79] を定義し，これを位相幾何的にどのように解析するかを示した．また，リーマン不等式の概略を与えたが，これは彼の学生であるグスタフ・ロッホが，**リーマン–ロッホの定理** [V.31] に改良した（リーマン–ロッホの定理は代数幾何学でも複素解析でも重要であり，与えられたリーマン面に指定された個数の極を持つ有理型関数全体のなす空間の次元を決定する）．1857 年に，微分方程式の理論（特に，超幾何微分方程式の重要な場合）を複素関数に拡張した．1859 年には，複素関数論の新しく深いアイデアを用いて（リーマン）ゼータ関数を研究し，この関数の零点の位置に関する有名な予想である**リーマン予想** [IV.2 (3 節)] を提唱した．この予想は今日まで未解決である．

これらのアイデアから，複素平面やその部分集合上に限らない領域の複素関数を研究することが可能になった．これにより，代数関数や代数曲線を幾何学的に研究する道が開かれ，代数関数の積分の研究（多変数のアーベル関数やテータ関数の理論）を決定的なものにした．リーマン・ゼータ関数の研究は，ある種の複素関数の新しい性質の発見に繋がったのみならず，より最近では，力学を含むさまざまな数学の分野に現れる他の種類のゼータ関数の利用に繋がっている．

1854 年にリーマンは，彼の指導者である**ディリクレ** [VI.36] に触発され，**リーマン積分** [I.3 (5.5 項)] の概念を定式化した．これを用いて，三角級数の収束に

ゲオルク・フリードリヒ・ベルンハルト・リーマン

関する深い結果を得ることができた．ディリクレは，実関数がフーリエ級数により正しく表示されることを，非常に限られた条件でしか証明できなかった．どのような関数だとその条件を満たさなくなるかは未解決であったし，どのようにして調べればよいかもわからなかった．リーマンは積分の概念を再定式化し，フーリエ級数表示の正確さに影響するのは，関数の連続性や連続でなくなる様子だけではなく，振幅の性質も影響することを示すことができた．リーマン積分は積分の定義としての優位性を，1902 年以降**ルベーグ積分** [III.55] に取って代わられるまで保った．ルベーグ積分は，関数の振る舞いがフーリエ級数に与える影響を把握するのに，より適している．

1854 年の講義において（またさらに死後の 1868 年に出版もされたが），彼は幾何学を**リーマン計量** [I.3 (6.10 項)]（距離の適切な概念）が与えられた空間（**多様体** [I.3 (6.9 項)] と呼ばれる点集合）に関するものとして，完全に定式化し直した．そして，空間の幾何学的性質は内在的なものであると主張した．彼は定曲率の 2 次元空間が三つあることに気がついた．そして，定曲率という考え方が高次元にどのように拡張するかを示した．ついでに言えば，彼は非ユークリッド幾何の計量を書き下した最初の人物であった（非ユークリッド幾何を正当と認めたベルトラミの 1868 年の出版物より 10 年以上早い）．この講義により，彼はドイツの大学で教える権利を手に入れた．

リーマンは衝撃波についても重要な成果を残した．また，**極小曲面** [III.94 (3.1 項)] の研究に複素関数論の方法を導入したことで，**ワイエルシュトラス** [VI.44] と名誉を分かち合っている．この方法により，彼はプラトー問題の新しい解をいくつか見つけた．プラトー問題というのは，空間内の曲線を張る最小面積曲面の存在を問うものである．

複素解析において傑出した数学者であるラルス・アールフォルスは，かつてリーマンの複素解析を「未来への謎めいたメッセージ」からなっていると表現し，彼の写像定理の証明は「現代的方法においてさえ別の証明ができないほど」の形でなされていると述べている．実際，リーマンの表現の仕方は正確という以上に予見的である．アールフォルスの研究が示すように，彼の視点で記述された複素関数論の幾何学的状況設定は，それが書かれた 150 年後の今でも，豊穣たる土壌となって残っている．

文献紹介

Laugwitz, D. 1999. *Bernhard Riemann, 1826–1866. Turning Points in the Conception of Mathematics*, translated by A. Shenitzer. Boston, MA/Basel: Birkhäuser.

Riemann, G. F. B. 1990. *Gesammelte Werke, Collected Works*, edited by R. Narasimhan, third edn. Berlin: Springer.

VI.50 ユリウス・ヴィルヘルム・リヒャルト・デデキント

Julius Wilhelm Richard Dedekind

ホセ・フェレイロス［訳：三宅克哉］

生：ブラウンシュヴァイク（ドイツ），1831 年
没：ブラウンシュヴァイク（ドイツ），1916 年
代数的数論，代数曲線，集合論，数学基礎論

デデキントは，ブラウンシュヴァイク（彼と**ガウス** [VI.26] の生まれ故郷）の工科大学の教授として人生の大半を過ごしたが，1858〜62 年はチューリヒの工科大学（後に ETH として知られるようになった）で過ごした．彼は数学教育をゲッティンゲンで受けた．ガウスの最後の博士課程の学生であり，続いて**ディリクレ** [VI.36] と**リーマン** [VI.49] の生徒になった．彼は引っ込みがちな人柄で，**クライン** [VI.57] の言うところでは，「黙想にふけるといった性質」の持ち主で

あった．一生を独身で過ごし，母と妹と一緒に暮らした．とはいえ，同時代の選り抜きの一群（特に**カントール** [VI.54]，**フロベニウス** [VI.58]，ハインリヒ・ウェーバー）には，密度の濃い文通を通して強い影響を与えた．

デデキントは，現代的な集合に基づく数学，特に数学的な構造概念が出現する場面での鍵となる人物であったが，**実数体系** [I.3 (1.4 項)] の基礎付けを果たした研究が最もよく知られている．しかし，彼の主要な寄与は代数的数論にあった．事実，彼は整数環のイデアルの理論を提示し，現在よく知られている現代数論を形作った（**代数的数** [IV.1 (4〜7 節)] を参照）．これはまず 1871 年に，彼が編集したディリクレの『数論講義』（*Vorlesungen über Zahlentheorie*）の補遺 10 として世に出た．ここで彼は，一般の代数的整数の環においてイデアルが素イデアルの積としてただ 1 通りに分解されることを示した．その過程で，彼は体，環，イデアル，加群の諸概念（「いくつかの基本的な数学的定義」[I.3 (2.2 項)] と「環，イデアル，加群」[III.81] を参照）を，一貫して複素数の枠組みの中で考察して定式化した．また，代数学（ガロア理論）と数論の文脈の中では，デデキントは剰余構造，同型写像，準同型写像，自己同型写像といったものを体系的に扱い始めた．

ディリクレの『数論講義』の版を重ねるにつれ（1879, 1894），デデキントはイデアル論の記述に改良を重ね，さらに純粋に集合論的なものにしていった．1882 年にはウェーバーと協力して代数関数の体でもイデアル論を提供し，リーマンの代数曲線についての結果を**リーマン–ロッホの定理** [V.31] に至るまで厳密に取り扱った．この成果は現代代数幾何学への道を開いた．

代数学と数論におけるデデキントの研究に密接に関連してくるのが，実数の体系の基礎についての彼の考察である．1858 年（出版は 1872 年）に，彼は現在有理数の集合の「デデキントの切断」として知られているものを用いて，実数の定義を組み上げた．1870 年代（出版は 1888 年）には，彼は純粋に集合論的な自然数の定義を「単純無限」集合として組み上げた．その後，彼は**デデキント–ペアノの公理** [III.67] を抽出し，組み上げる方向へと促されていく．彼の高等数学での研究と同様に，この研究でも集合，構造，写像といった本質的な構築単位，すなわちまさに純粋数学の土台となるものが形成されている．論理学の（今では廃れてしまった）概念に照らしてみれば，これがデデキントを「算術（代数学，解析学）は単に論理学の一部にすぎない」という観点に導いた．現代の視点に立つと，彼の寄与によって，**集合論** [IV.22] が古典的な数学にとっての十分な土台を形成していることが明らかになっている．このように，現代数学の集合論的な再構成に対して彼は他の誰にも劣ることのない寄与を果たした．

文献紹介

Corry, L. 2004. *Modern Algebra and the Rise of Mathematical Structures*, second revised edn. Basel: Birkhäuser.

Ewald, W., ed. 1996. *From Kant to Hilbert: A Source Book in the Foundations of Mathematics*, two volumes. Oxford: Oxford University Press.

Ferreirós, J. 1999. *Labyrinth of Thought. A History of Set Theory and Its Role in Modern Mathematics.* Basel: Birkhäuser.

VI. 51

エミール・レオナール・マシュー

Émile Léonard Mathieu

ジューン・バロウ＝グリーン［訳：吉荒　聡］

生：メッツ（フランス），1835 年
没：ナンシー（フランス），1890 年
エコール・ポリテクニークの学生．遷移関数に関する論文により理学博士（1859）．ブザンソン（1869〜74）とナンシー（1874〜90）で数学教授

マシューは，彼の名をとった関数により知られている．この関数は，境界が楕円周状である薄膜の振動に対する 2 次元波動方程式を解く際に，マシューが発見したものである．超幾何関数の特別な場合であるこれらの関数は，次の**マシュー方程式**の特別解である．

$$\frac{\mathrm{d}^2 u}{\mathrm{d}z^2} + (a + 16q\cos 2z)u = 0$$

ここで，a と q は物理問題に依存する定数である．

マシューはまた，5 個のマシュー群の発見により知られている．これらは最初に発見された**散在型単純群** [V.7] である（散在型とは，単純群の知られた無限系列のどれにも入らないという意味）．今ではそ

のような群は合わせて 26 個あることが知られているが，マシューに続く 6 個目が見出されたのは，マシューの発見からほぼ 1 世紀後のことである．

VI. 52

カミーユ・ジョルダン

Camille Jordan

ジューン・バロウ=グリーン［訳：森　真］

生：リヨン（フランス），1838 年
没：ミラノ（イタリア），1922 年
1885 年まで肩書きは技術者．エコール・ポリテクニークとコレージュ・ド・フランスの数学教員（1873～1912）

ジョルダンは，彼の世代の指導的な群論の理論家であった．**置換群** [III.68] に関する初期の結果と**ガロア** [VI.41] のアイデアの統合を与える，彼の素晴らしい『置換と代数方程式の論考』（*Traité des substitutions et des équations algébriques*, 1870）は，群論研究者の基礎文献として長年にわたって読まれ続けた．彼が線形置換と呼んだもの（現在では行列の形で $y = Ax$ と表される）に関する『論考』の章には，今でいう**ジョルダン標準形** [III.43] の定義が含まれている．ただ，同じ標準形は**ワイエルシュトラス** [VI.44] が 1868 年に得ていた．

ジョルダンは，特に今では**ジョルダン曲線定理**として知られる定理によって，トポロジーについての研究でも知られていた．この定理は平面上の単純閉曲線が平面を内部と外部の二つの互いに素な領域に分けることを述べており，影響力を持っている彼の著作『解析教程』（*Cours d'analyse*, 1887）で紹介された．定理は明らかなことのように見えるが，ジョルダンが認識したように，証明は困難であり，彼が与えた証明は誤っていた（滑らかな曲線については証明は比較的容易である．コッホの雪片のような，滑らかなところがまったくない曲線を扱う場合に困難が現れる）．最初の厳密な証明は，オズワルド・ヴェブレンによって 1905 年に与えられた．ジョルダン–シェーンフリースの定理として知られている，この定理のより強い形が存在し，それは元の定理に付け加えて，平面の二つの内と外の領域は平面の標準的な円と同相であることを述べている．もともとの定理と異なり，この強い形の定理はより高次元へと拡張することはできない．有名な反例はアレクサンダーの角付き球面である．

VI. 53

ソフス・リー

Sophus Lie

アリルド・ストゥーブハウグ［訳：二木昭人］

生：ノルドジョルデイド（西ノルウェー），1842 年
没：オスロ（ノルウェー），1899 年
変換群，リー群，偏微分方程式

リーが自分の言葉で自身を表現して「数学者として錨をおろした」と思ったのは，26 歳のときであった．そのときまでは，天体観測者になりたいと最も強く思っていた．晩年になって，彼自身の経歴を振り返り，一級の数学者としての地位を与えてくれたのは正式な知識や教育ではなく，「彼の思考の厚かましさ」であったと述懐している．30 年に及ぶ研究の間に約 8 千ページの数学の著作をなし，彼の時代において最も生産性の高い数学者の 1 人であった．

1865 年に一般科学を修めてオスロの大学を卒業したが，特に数学の素質が見られたわけではなかった．1868 年にデンマーク人数学者ヒエロニムス・ツオイテンによるチャスレス，**メビウス** [VI.30]，およびプリュッカーの研究に関する講義を聞いて，彼は近代幾何学に初めて興味を持った．ポンスレ（射影幾何）とプリュッカー（直線幾何）の結果を研究し，「虚数幾何」，すなわち複素数に基盤を置いた幾何について学位論文を書いた．1869 年の秋にベルリンとゲッティンゲン，そしてパリを訪れ，その後の人生で友人や同僚になる数学者たちに出会った．ベルリンでは**クライン** [VI.57] に，ゲッティンゲンではクレプシュに会い，パリでは，クラインと一緒にダルブーと**ジョルダン** [VI.52] に会った．最後の 2 人は彼に大きな影響を与え——ダルブーは曲面の理論に関し，ジョルダンは群論と**ガロア** [VI.41] の研究に関する知識で——，その結果として，彼（とクライン）は

幾何学の研究に対して群論が果たす役割の価値を認識するようになった．リーとクラインは，幾何学の話題に関して 3 編の共著論文を書いたが，そのうちの 1 編はいわゆるリーの直線–球面変換に関するもの（つまり，円全体の空間（直線も特別なものとして含む）上の 2 円の接触を保つ変換，あるいは球面全体の空間（平面も特別なものとして含む）上の 2 球面の接触を保つ変換，そして，このような変換で不変な幾何学的量の研究）であった．

クラインが有名な「エアランゲンプログラム」（群作用で不変な性質により幾何学を特徴付けること）を準備していたとき，リーはクラインとともにいた．この研究は，後に彼らの間に深い亀裂を生じさせた（友情が疎遠と敵意に変わり，ついには 1893 年のリーの次の言葉に繋がった．「私はクラインの生徒ではない．その逆も正しくないが，そのほうがより真実に近い」）．

リーは 1872 年に（外国に旅行に出てから初めて）オスロに戻り，大学が彼のために準備した職に就いた．1870 年代初め，リーは直線–球面変換を接触変換の一般論にする研究に取り組んだ．1873 年からは連続変換群（今日**リー群** [III.48 (1 節)] と呼ばれるもの）の系統的研究をしたが，彼の目的は**リー環** [III.48 (2, 3 節)] の分類とその微分方程式の解への応用であった．彼は**極小曲面** [III.94 (3.1 項)] の研究論文も出版した．しかし，ノルウェーには学術的に良い環境がなく，強い孤独感を感じていた．1884 年に，クラインとライプツィヒにいた彼の友人アドルフ・マイヤーは，彼らの学生だったエンゲルが新しいアイデアを持っていたので，エンゲルをリーのもとに送ることでリーを助けようとした．エンゲルとリーの共同研究は 3 巻からなる本『変換群論』（*Theorie der Transformationsgruppen*, 1888〜93）として結実した．1886 年に（ゲッティンゲンに移ったクラインの後継者として）彼はライプツィヒの教授職を引き受けた．ライプツィヒでは指導的数学者となり，ヨーロッパの数学者社会の中心人物となった．フランスやアメリカの有望な学生が，彼のもとで勉強するために送られてきた．教育だけでなく，変換群と微分方程式の研究も続け，いわゆるヘルムホルツ空間問題（変換群により空間の幾何を特徴付ける問題）を解決した．死去する 1 年前の 1898 年に，オスロに戻り，彼のために準備された職に就いた．

リーが微分方程式の研究のために考案し発展させた変換群の理論は，リー群とリー環の理論という名で，今日の数学と数理物理のほとんどすべてに浸透する分野として成長している．

文献紹介

Borel, A. 2001. *Essays in the History of Lie Groups and Algebraic Groups*. Providence, RI: American Mathematical Society.

Hawkins, T. 2000. *Emergence of the Theory of Lie Groups*. New York: Springer.

Laudal, O. A., and B. Jahrien, eds. 1994. *Proceedings, Sophus Lie Memorial Conference*. Oslo: Scandinavian University Press.

Stubhaug, A. 2002. *The Mathematician Sophus Lie*. Berlin: Springer.

VI. 54

ゲオルク・カントール

Georg Cantor

ジョゼフ・W・ドーベン［訳：砂田利一］

生：サンクトペテルブルク（ロシア），1845 年
没：ハレ（ドイツ），1918 年
集合論，超限数，連続体仮説

カントールはロシアで生まれた後，プロイセンで育ち，そこで教育を受けて，ハレ大学の数学教授として教職生活を送った．彼はベルリン大学とゲッティンゲン大学で**クロネッカー** [VI.48]，**クンマー** [VI.40]，**ワイエルシュトラス** [VI.44] とともに学び，1867 年にベルリン大学で博士号を取得した．彼の学位論文は，「2 次の不定方程式について」（De aequationibus secundi gradus indeterminatis）と題された，ディオファントス方程式に関係する数論の研究だった．この分野の先駆者としては，**ラグランジュ** [VI.22]，**ガウス** [VI.26]，**ルジャンドル** [VI.24] が挙げられる．その翌年，カントールはハレ大学の数学科に職を得て，そこで残りの人生を過ごした．その際の教授資格論文も数論に関するものであり，3 元 2 次形式の変換を論じている．

ハレに移ってから，カントールは，三角級数に関する難問に取り組んでいた同僚のエドゥアルト・ハイネとの出会いがきっかけとなり，ある問題に対し

て興味を向けるようになった．次の形をした三角級数が，与えられた関数を一意的に表すのはどのような条件においてか，という問題である．

$$f(x) = \frac{1}{2}a_0 + \sum_{n=1}^{\infty}(a_n \sin nx + b_n \cos nx)$$

言い換えれば，二つの異なる三角級数が同じ関数を表現するということはありうるか，という問題である．1870 年にハイネはすでに，$f(x)$ が一般化された意味で連続である（「有限個の不連続点を除いて連続」と同義である．この点についてハイネは，関数は必ずしも有限でなくてもよいと付け加えている）という条件において，この三角級数が f に一様収束すると言えるならば表現は一意的であることを証明していた．カントールはそれよりもはるかに一般的な結果を導くことに成功し，1870 年から 1872 年に執筆した五つの論文の中で，たとえ例外的な点（つまり関数が連続でなくなってしまうような点）が無限個あったとしても，その不連続点が関数の定義域にうまく分布し，カントールが「第 1 種の点集合」と呼んだものを構成してさえいれば，そのような表現が一意的であることを示した．このような点集合の研究から，カントールは集合と超限数に関する，より抽象的で強力な理論へと向かうことになった．

第 1 種の点集合とは，一連の導集合（derived set．導集合 P' は，P のすべての極限点からなる集合である）が与えられたときに，P の n 階の導集合 P^n が有限集合となるような有限の n が存在し，したがって $(n+1)$ 階の導集合が空，つまり $P^{n+1} = \varnothing$ となるような集合 P である．それに続き，線形点集合（linear point set）についてカントールが行った研究が，1880 年代における超限集合論の創造に繋がることとなる（詳細については「集合論」[IV.22 (2 節)] を参照）．

その前に，カントールはまず，自らの研究が三角級数に対して持つ意味と，実数の構造について，数本の論文を執筆して探究を深めた．そのうちの 1 本が，数学を根本的に改革してしまうことになった．これらの論文のうち最初のものは 1874 年に発表され，そのタイトルは「実代数的数すべてからなる集合の性質について」(Über eine Eigenschaft des Inbegriffes aller reellen algebraischen Zahlen) というおとなしいものだった．この論文で，カントールは代数的である実数は**可算無限** [III.11] であることを証明した．しかし，この論文の革命的な点は，実数すべての集合は可算無限ではなく，自然数のような可算無限集合よりも高い水準の無限であることまで証明したことである．カントールは 1891 年にこの結果に立ち戻り，別のアプローチ，つまり対角線論法という独創的な方法で，実数の集合が非可算無限であることを直接的に証明している．1870 年代の二つ目の重要な論文である「集合論への寄与」(Ein Beitrag zur Mannigfaltigkeitslehre) は，1878 年に発表された．この中でカントールは（部分的な誤りを含むものの）次元の不変性を証明した．この定理については，**ブラウアー** [VI.75] が 1911 年に誤りを訂正して，正しい証明を与えた．

1879 年から 1884 年に，カントールは集合についての新しい考え方の基礎を与える六つの論文を出版した．カントールは初めに，集合を特徴付けるのに必要な無限の指標を導入し，それによって，集合が「第 1 種」でないときにどのようなことが起こるかを考察した．たとえば，集合 P の n 番目の導集合 P^n が有限であるような有限の n が存在しないとき，集合 P は「第 2 種」であると言われる．次に，彼は P のすべての導集合（つまり $P', P'', \ldots, P^n, \ldots$）の共通部分が再び無限集合になる場合を考察した（カントールはこれを P^∞ と書き表した）．この集合もやはり無限なので，同様に導集合 $P^{\infty+1}$ を持ち，したがって第 2 種の導集合の完全な列 $P^\infty, P^{\infty+1}, \ldots, P^{\infty+n}, \ldots, P^{2\infty}, \ldots$ を得る．

無限線形集合に関する最初の論文の中では，導集合を表す記号は「無限記号」だった．つまり，別種の集合を区別するための道具だった．しかし，1883 年に発表された「一般集合論の基礎付け」(Grundlagen einer allgemeinen Mannigfaltigkeitslehre) では，これらの記号は最初の超限数となった．超限数は，自然数の列 $1, 2, 3, \ldots$ を表す超限順序数 ω から始まる．ω は，有限のすべての数のあとに来る最初の無限順序数とも考えることができる．「一般集合論の基礎付け」において，カントールは超限数の算術の特性を考案しただけでなく，新しい数についての哲学的弁明も詳細に与えている．導入した概念の革新的な性質を述べることで，他の方法ではなし得ない数学的結果をもたらすためには，その新しい概念が必要であると論じたのである．

しかし，カントールの最もよく知られた数学的創造である超限基数（ヘブライ文字のアレフ "א" を用いて表記される）が導入されたのは，その後の 1890 年代になってからである．これらに初めて完全な解説が与えられたのは，二つの論文からなる「超限集合論の基礎付けへの寄与」(Beiträge zur Begrundung der transfiniten Mengenlehre, 1895, 1897）においてである．『数学年報』(*Mathematische Annalen*）に発表されたこの二つの論文において，カントールは超限順序数と超限基数の理論と算術を述べただけでなく，自然な順序を持つ自然数，有理数，実数の集合が示すさまざまな性質についての順序型の理論も解説した．また，(証明はできなかったものの）**連続体仮説** [IV.22 (5 節)] についても成り立つだろうと主張している．連続体仮説とは，すべての実数 $\mathbb{R}$ の基数は自然数 $\mathbb{N}$ の可算無限集合の次に大きい無限集合（もしくは基数）である，という主張である．ここで，$\mathbb{N}$ の濃度が $\aleph_0$ として表されたのである．カントールは，連続体仮説を代数的に $2^{\aleph_0} = \aleph_1$ と表現している．

カントールは晩年に外国の大学からいくつかの名誉学位を授与され，数学への偉大な貢献から英国王立協会のコプリメダルも与えられた．しかし，集合論には，カントールには修復不可能な諸問題が残されていた．多くの数学者にとって最も厄介だったのは，集合論の「アンチノミー」，つまりブラリ＝フォルティ（Burali-Forti）や**ラッセル** [VI.71] らによって提出されたパラドックスである．1897 年にブラリ＝フォルティは，すべての順序数からなる集合から生じるパラドックスを発表した．すべての順序数の集合に付される順序数は，すべての順序数の集合におけるいかなる順序数よりも大きくなってしまう．ラッセルは 1901 年に，自分自身を要素に持たない集合全体の集合のパラドックスを発見した．そのような集合は，自分自身の要素なのだろうか，あるいはそうではないのだろうか（「数学の基礎における危機」[II.7 (2.1 項)] を参照）．カントール自身，すべての超限順序数（基数）からなる集合を考察したとき，そして，それらの順序数や基数がいかなるものかを考察したときに生じる矛盾には気づいていた．カントールがとった解決法は，そのような集合を「矛盾した集まり」(大きすぎて実際には集合ではないものを表した彼の言葉）と見なすことだった．一方，矛盾の可能性を排除するために集合論の公理化に着手したツェルメロのような数学者たちもいた．カントールの研究を完成させた 20 世紀の二つの最も強力な結果は，**ゲーデル** [VI.92]（**ツェルメロ–フレンケル集合論** [IV.22 (3 節)] と連続体仮説の無矛盾性を確立した）とポール・コーエン（連続体仮説とツェルメロ–フレンケル集合論が独立であることを明らかにした）によって達成された．このコーエンの業績は，連続体仮説を証明することが不可能であることを最終的に確かなものにした．

数学史に刻まれたカントールの遺産は，真に革新的である．とりわけ超限集合論は，無限概念を慎重にかつ正確に取り扱う手段を初めて数学者に与えたのである*1)．

文献紹介

Dauben, J. W. 1990. *Georg Cantor. His Mathematics and Philosophy of the Infinite*. Princeton, NJ: Princeton University Press. (First published in 1978 by Harvard University Press.)

Dauben, J. W. 2005. Georg Cantor and the battle for transfinite set theory. In *Kenneth O. May Lectures of the Canadian Society for History and Philosophy of Mathematics*, edited by G. Van Brummelen and M. Kinyon, pp. 221–41. New York: Springer.

Dauben, J. W. 2005. Georg Cantor. Paper on the "Foundations of a general set theory" (1883). In *Landmark Writings in Western Mathematics 1640–1940*, edited by I. Grattan-Guinness, pp. 600–12. London: Routledge.

Tapp, C. 2005. *Kardinalität und Kardinäle. Wissenschaftshistorische Aufarbeitung der Korrespondenz zwischen Georg Cantor und katholischen Theologen seiner Zeit*. Stuttgart: Franz Steiner.

VI. 55

ウィリアム・キングダム・クリフォード

William Kingdon Clifford

ジェレミー・グレイ［訳：二木昭人］

生：エクセター（英国），1845 年
没：マデイラ（ポルトガル），1879 年
幾何学，複素関数論，数学の普及

クリフォードは，1863 年にケンブリッジのトリニティカレッジに進んだ．1867 年に第 2 位のラングラー（数学の卒業試験 1 級合格者）として卒業し，また，より要求度の高いスミス賞試験でも 2 位になっ

*1) ［訳注］晩年には研究による極度の緊張から精神を病み，1918 年に病院で逝ったことを付け加えておく．

た．1868 年に彼は，トリニティのフェローになり，1871 年にユニバーシティカレッジロンドンの応用数学の教授として異動した．そして，1879 年に結核で死亡した．

多方面の数学に通じ，多くの人から彼の世代では最高の数学者と見られていたが，彼の好みの分野は幾何学であり，古典的ユークリッド幾何でも射影幾何や微分幾何でも新しい結果を証明し，広い領域で業績を残した．彼は**リーマン** [VI.49] の微分幾何に関する成果を最初に評価したイギリスの数学者であり，リーマンの「幾何学の基礎をなす仮説について」(Über die Hypothesen, welche der Geometrie zu Grunde liegen) と題する論文の翻訳を 1873 年に出版した．彼はリーマンの幾何学の基本的再定式化を支持したばかりでなく，さらに進んで，物理空間の曲率が物質の運動を説明しうることについての考察をするという研究をした．また，**リーマン–ロッホの定理** [V.31] の重要な応用を見出し，また，**リーマン面** [III.79] を標準的なやり方で単純な部分に切り分ける方法を示すことにより，リーマン面の複雑な位相的性質を解析した最初の数学者の 1 人であった．彼は，局所的には平面幾何と同値であるが，位相的には異なる幾何（平坦トーラスと呼ぶ．後の**クライン** [VI.57] の詳細な研究にちなんで，クリフォード–クライン空間型とも呼ばれる）を研究した最初の数学者でもあった．代数においては，双四元数（四元数と同様であるが，係数として複素数をとるもの）を発案した．

クリフォードは，健康を害するまでは素晴らしい講師と評価され，数学の普及もうまくいき，さらに随筆家としても成功した．また，幾何学は経験的なものであり，先験的な真実というものではないという見方を強く取り入れた．彼は T・H・ハクスリーの友人であり，哲学における人道主義に共感を持っていた．

文献紹介

Clifford, W. K. 1968. *Mathematical Papers*, edited by R. Tucker. New York: Chelsea. (First published in 1882.)

VI.56

ゴットロープ・フレーゲ

Gottlob Frege

ジャミー・タッペンデン［訳：砂田利一］

生：ヴィスマル（ドイツ），1848 年
没：バートクライネン（ドイツ），1925 年
論理学，数学基礎論，パラドックス

フレーゲは現代論理学の先駆者であり，今日の論理学が持つ顕著な特徴の多くは，彼の著作に初めて現れたものである．フレーゲの研究は，数学基礎論の外部（特に言語哲学）にも強い影響を与えてきた．

フレーゲはイエナとゲッティンゲンで学問を修め，エルンスト・シェリングのもとで 1873 年に博士号を得た．彼の博士論文は，「虚の構成体の空間における幾何学的表示について」だった．1874 年にイエナ大学に提出した教授資格論文は，今日「量概念の拡張に基づく演算方法」と呼ばれるものの基礎的な研究である．一見，彼の初期の研究に後の革新的な研究を予期させるものは見当たらないが，注意深く観察すると，初期の数学研究にも根源的なモチーフが通底することがわかる．それは，算術が論理的である一方で，幾何学は空間的直観に基づくがゆえにまったく別種であり，より一般性が低いというフレーゲの確信である．これは，たとえばプリュッカー流の幾何学や**リーマン** [VI.49] の複素解析のような，フレーゲの初期の研究分野のいくつかにおいて顕著な関心事となっている．これらの分野では，視覚的表現の役割が議論の的になっていた．フレーゲはこの論争を，算術や解析学を論理規則から厳密に導くことで解決しようとしたのである．動機となったのは，確実さへの欲求ではなかった．彼は，「すきのない」証明だけが科学の根本原則を明らかにすることができると考えていたのである．

フレーゲが論理学に焦点を当てた著作『概念記法』(*Begriffsschrift*, 1879) と『算術の基本法則』(*Grundgesetze der Arithmetik*, volume 1, 1893; volume 2, 1903) で初めて登場した現代論理学の特徴とは，次のようなものである．

(i) 推論は，命題の量化論理形式において分析され

る．これは主語–述語形式の命題だけでなく，関係にも適用される．フレーゲの論理体系は，今日では高階述語論理として記述するようなものである．

(ii) 「すべての A は B である」のような三段論法からなる論理形式は，量化子を用いた条件命題として解釈される（「すべての x について，x が A であれば，x は B である」）．これは今ではあまりに一般的な手法であり，別の手段は考えられないように見えるが，命題に潜む論理形式は表面的な文法とは違うものでありうる，という本質を暗黙のうちに表している．

(iii) 言語の統語論は明示的に示されており，明示的に述べられた規則による命題形式に厳密に沿って，推論は遂行される．

(iv) 推論の規則と公理は区別される．つまり，帰結関係と条件命題は区別される．

(v) 「関数」は定義されない原始的な概念として考える（これは議論を呼ぶ主張だった．フレーゲの教師の一人であるアルフレート・クレプシュを含め，当時の数学者たちは関数概念は曖昧すぎて基礎的な構成要素にはなり得ないと考えていた）．関数と，関数の変数となりうるもの（対象）との区別は強調される．

(vi) 量化子は反復可能である．これによって，一様収束と各点収束の違いのような区別を，論理的に表現することが可能になる．

しかし，革新的な点を単に羅列しただけでは，後のホワイトヘッドと**ラッセル** [VI.71] による『プリンキピア』（*Principia Mathematica*）のような，同じ目的を持った著作と比べたときに，フレーゲの論理学論文が放つ結晶のごとき鋭利さを伝え切ることはできない．論理学者が的確さと明晰さにおいてフレーゲの水準に近づくには，なお数十年を要するだろう．しかし，フレーゲの表記法は，当時（それ以後もだが）彼の論文を読んだ者にとっては，近寄りがたいものとして受け止められた．例として，「q でなければ，すべての v は F である」すなわち "$\neg q \Rightarrow (\forall v)F(v)$" という命題を，フレーゲの表記法で書いてみよう．

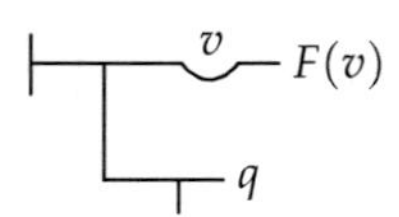

（ここで，⊤ は否定を表し，—v— は全称量化子，そして長い縦線は条件を表す）．

フレーゲは学術論文の体裁でない著作として『算術の基礎』（*Grundlagen der Arithmetik*, 1884）を残している．これは 1950 年に英語に翻訳されて以来，英語圏の言語哲学に深い影響を与えた．しかし，この著作に含まれる数についての記述には，フレーゲの論理学を自壊させる最初の綻（ほころ）びが含まれていた．フレーゲは数の定義が「許容される」と見なされるために満たすべき条件を提示したが，これらの条件を形式化すると，ラッセルのパラドックスに類似した（自分自身を要素に含まないすべての集合に関する）矛盾が生じてしまう．ラッセルが 1903 年の書簡で知らせるまで，フレーゲはこの問題に気づかなかった．フレーゲはこれを「算術を揺るがすこと」と受け止めたが，この反応は，数ある公理系の一つで生じた誤りに対する，フレーゲの過剰反応と考えられている．しかし，彼にとって，この問題は特定の公理系に関するものではなく，いかに論理的に妥当な形で条件を弱めても思考の本質に根ざしていると彼が考えていた原理を破ってしまうものであると思われたのである．近年になって，フレーゲのしばしば大仰に見える概念の扱いに賛同しない多くの論理学者が，フレーゲの論理体系について，自然にかつ一貫性を保って条件を弱めても，彼が再構築しようとした数学を導出できることを示している．

1903 年以降の数年間にフレーゲは個人的な悲劇*1)に襲われ，10 年以上にわたって本格的な活動を停止した．1918 年に一連の哲学論文をまとめる仕事をしたものの，数学については，論理学ではなく幾何学の算術の基礎に関わる散発的な記述のみであり，彼が自らの論理学のプログラムを失敗と結論していたことが表れている．

文献紹介

フレーゲの算術の基礎付けを「ネオフレーゲ的」に再構成した，近年の特に詳細な例は，ジョン・バージェスの *Fixing Frege*（Princeton University Press, 2005）に見ることができる．フレーゲの論理の哲学の再構成に関するテクニカルな論文の多くは，ウィリアム・デモンプーロスの *Frege's Philosophy of Mathematics*（Harvard University Press, Harvard, 1995）に再録されている．

---

*1) ［訳注］悲劇の一端は彼の妻の死（1904 年）によるが，さらに政治に対する彼の立場（民主主義に反感を持ち，反ユダヤ主義者であったこと）が関係していると思われる．

VI. 57
クリスティアン・フェリックス・クライン

Christian Felix Klein

リュディガー・ティーレ［訳：二木昭人］

生：デュッセルドルフ（ドイツ），1849 年
没：ゲッティンゲン（ドイツ），1925 年
高次元幾何，関数論，代数方程式論，数学教育

クラインは初め物理学者になるつもりだったが，数学者でもあり物理学者でもあったボンのユリウス・プリュッカーのもとで学ぶうちに，数学に転じた．そして，1868 年に直線幾何に関する論文で学位を得た．1868 年にプリュッカーが死去すると，ゲッティンゲンに行き，アルフレート・クレプシュのもとで数学のみを研究した．1869 年から 1870 年にかけてベルリンに数か月滞在し，**ワイエルシュトラス** [VI.44] と**クンマー** [VI.40] のもとで学んだ．その後**リー** [VI.53] と合流し，パリに行って**エルミート** [VI.47] に会った．1871 年にゲッティンゲンで教授資格試験に合格すると，エアランゲン，ミュンヘン，ライプツィヒでの職を経て，1886 年にゲッティンゲンに戻り，（健康の悪化により）1913 年に引退するまで，その職にあった．1875 年に，哲学者ゲオルク・ヴィルヘルム・フリードリヒ・ヘーゲルの孫娘アンナ・ヘーゲルと結婚した．

1872 年に，クラインは有名な「エアランゲンプログラム」を発表した．これは幾何学の創造的かつ統一的な着想に基づくものであった．1859 年の**ケイリー** [VI.46] の論文において，ケイリーは**射影幾何** [I.3 (6.7 項)] から**ユークリッド幾何** [I.3 (6.2 項)] がいかに導き出されるかを示していた．クラインはこのケイリーの論文をもとに，（パリの**ジョルダン** [VI.52] から学んだ）群論の知識を応用して，すべての幾何学の階層を構成した．彼はそれぞれの幾何学は変換群により特徴付けられることを認識しており，それに従い分類した（「いくつかの基本的な数学的定義」[I.3 (6.1 項)] を参照）．この分類は，クラインが予期したとおり，射影幾何が最も基本的であり，アフィン幾何，双曲幾何，ユークリッド幾何などの他の幾何はその下のレベルと考えられた．彼の構成から，**非ユークリッド幾何** [II.2 (6〜10 節)] における矛盾は，同時にユークリッド幾何の矛盾を含むことは明らかであった．

クラインは，関数論における彼の研究を自らの最大の業績と見なしていた．経歴が進むにつれ，プリュッカーとクレプシュの幾何学的視点を強調する立場から離れ，**リーマン** [VI.49] がとったような広い見地に次第に移っていった．リーマンは解析関数を与えられた領域の間の共形写像と見なしていた．クラインは論文「代数関数とその積分についてのリーマンの理論」（Riemanns Theorie der algebraischen Funktionen und ihrer Integrale, 1882）において，関数論の幾何学的取り扱いを与え，リーマンのアイデアをワイエルシュトラスのベキ級数展開の厳密な取り扱いと融合させた．

クラインの権威が最も高まっていた 1882 年に，クラインの健康は崩れた．保型関数（三角関数，**楕円関数** [V.31] などの周期関数を一般化したもの）の理論の構成の競争において，**ポアンカレ** [VI.61] に遅れまいとし，有名な境界円周定理を証明するなどしたが，そのために疲れ果ててしまった．そしてそれ以降，それまでの緊張感とレベルの高さを保って研究することはできなくなった．

健康を害してから，クラインの興味は研究から次第に教育に移っていった．数学教育を近代化するための努力する中，彼は顕著な組織化能力を発揮し，講義ノートの準備から『数理科学百科事典』（*Encyklopädie der mathematischen Wissenschaften*, 1896〜1935）の共同編集に及ぶ，重要かつ遠大な編集計画を立てた．彼は約 50 年間『数学年報』（*Mathematische Annalen*）の編集者を務め，ドイツ数学会（DMV）の創立（1890）時のメンバーの 1 人であった．また，理学や工学への数学の応用に尽力し，工学者が数学をより良く理解できるようにすることに努めた．

クラインのそのほかの業績をいくつか挙げよう．代数方程式論において重要な結果をもたらし（20 面体の考察を通して一般の 5 次方程式の完全な理論を得た（1884）），力学において，アーノルド・ゾマーフェルドと共同で，ジャイロスコープの理論を発展させた（1897〜1910）．また，相対性理論に群論を応用するというアイデアを提唱し，**ローレンツ群** [IV.13 (1 節)] に関する論文（1910）や重力に関する論文（1918）を書いた．クラインはアメリカやイギリスを含むさまざまな国を旅行した国際人で，第 1 回国際数学者会議の開催において重要な役割を果たした．彼は外

国人の友人がたくさんいたが，その中にはマクシム・ボッヒャーやウィリアム・フォッグ・オズグッドなど米国の友人や，グレイス・チショルム・ヤングやメアリー・ウィンストンといった女性もいた．

クラインの功績により，ゲッティンゲンはドイツの科学の中心地となり，また世界の数学の中心地の一つとなった．彼は正しい数学を見抜く力を持っていたし，数学のさまざまな分野を，詳しい計算や証明をするまでもなく（そういうことは彼の学生や他の人に任せていた）一緒にまとめ上げる力を持っていた．数学は一つであると彼は強く信じていた．

文献紹介

Frei, G. 1984. Felix Klein (1849–1925), a biographical sketch. In *Jahrbuch Überblicke Mathematik*, pp. 229–54. Mannheim: Bibliographisches Institut.

Klein, F. 1921–23. *Gesammelte mathematische Abhandlungen*, three volumes. Berlin: Springer. (Reprinted, 1973. Volume 3 contains lists of Klein's publications, lectures, and dissertations directed by him.)

Klein, F. 1979. *Development of Mathematics in the 19th Century*, translated by M. Ackerman. Brookline, MA: MathSciPress.
【邦訳】F・クライン（石井省吾，渡辺弘 訳）『クライン：19 世紀の数学』（共立出版，1995）

VI. 58

フェルディナント・ゲオルク・フロベニウス

Ferdinand Georg Frobenius

ピーター・M・ノイマン［訳：三宅克哉］

生：ベルリン（ドイツ），1849 年
没：ベルリン（ドイツ），1917 年
解析学，線形代数学，数論，群論，指標理論

フロベニウス（彼はファーストネームを表に出さずにおおむね G. Frobenius と自署した）は，ベルリンで学校を終えたあと 1 学期間をゲッティンゲンで過ごし，数学と物理学を学んだ．その後ベルリンに帰り，**クロネッカー** [VI.48]，**クンマー** [VI.40]，**ワイエルシュトラス** [VI.44] などに学んだ．彼はワイエルシュトラスのもとで 1870 年に（ラテン語で）博士論文を書いた．主題は 1 変数解析関数の無限級数表示に関するものだった．彼はベルリンで学校の先生として 4 年間働いたあと，ベルリン大学の准教授（Außerordentlicher Professor）になった．2 年も経たない 1875 年に，チューリヒの工科大学（ETH）から正教授として招聘を受け，1892 年までその任に就いていたが，この年にクロネッカーの後任としてベルリンに戻った．彼は 1916 年に引退し，その 1 年後に没した．

フロベニウスの初期の研究は，解析学と微分方程式だった．後には，主にテータ関数，代数学，数論についての論文を発表した．彼のよく知られた業績の一つは，群論と数論が融和する部分に新機軸をもたらした．代数的数体に係数を持つ多項式が与えられたとし，それを素イデアルを法として還元したときの既約因子の次数を考える．このとき，特に，現れるべき既約因子の次数の組合せをあらかじめ指定しておき，それを実現するような素イデアルの（適正に定義された）「密度」を問題にする．このクロネッカーによる考察を追って，フロベニウスは，当初の多項式の**ガロア群** [V.21] が**対称群** [III.68] であるときにこれを実践し，証明を与えた．事実，この密度は存在し，ガロア群の構造で次のように決定される．与えられた多項式の既約因子の次数の組合せに対応するものとしてガロア群における巡回構造が定まり，これに属するガロア群の要素が群の中で占める比率が求める密度と一致する．彼はさらにこの結果がどのようなガロア群に対しても成り立つと予想した．このとき彼が導入した道具は，今では素イデアルの「フロベニウス自己同型写像」と呼ばれるガロア群の要素で，その素イデアルを法として得られる有限体 $\mathbb{F}_q$ 上の拡大体での写像 $a \mapsto a^q$ に対応するものであった．この予想は 1925 年に N・G・チェボタレフ（Chebotaryov）によって証明され，結果はチェボタレフの密度定理，あるいは時にフロベニウス–チェボタレフ密度定理と呼ばれる．

フロベニウスのもう一つのよく知られた重要な寄与は，行列と線形変換の理論にある．彼は最小多項式と他のいくつかの不変量（単因子）を導入した．

フロベニウスは，有限群論における業績において最もその名を轟かせている．オットー・ヘルダーや**ウィリアム・バーンサイド** [VI.60] と同様に，彼は一時**有限単純群** [V.7] の探索に意を注いだ．しかし，彼の最大の功績は，**群指標** [IV.9] の理論の発明であろう．これは 1896 年の群行列式の研究の中で，思いがけず浮かび上がってきた．群行列式というのは，一つの

有限群 G に対して互いに独立な変数 x_g, $g \in G$ をとり，行と列が G の要素の対 (a,b), $a,b \in G$ で符号付けられた成分 $x_{ab^{-1}}$ によって与えられる正方行列の行列式である．この研究における彼の興味は，当初**デデキント** [VI.50] との文通によって掻き立てられ，その中心には群行列式がそれらの変数に関する多項式としてどのように因子分解されるかがあった．この問題に取り組んでいたフロベニウスは，複素数のある集合を発見し，それらを**群指標**と呼ぶことにした．その複素数の一つ一つは考察する群の共役類と対応し，その群に関連した連立線形方程式の解になっていた．今日では群指標は異なった仕方で定義される．群 G の複素線形表現 ρ（すなわち，G から複素数体 $\mathbb{C}$ 上の正則な $n \times n$ 行列の群 $\mathrm{GL}_n(\mathbb{C})$ への準同型写像 $\rho : G \to \mathrm{GL}_n(\mathbb{C})$）に属する指標 χ は，$g \in G$ に対して $\chi(g) = \mathrm{Tr}(\rho(g))$ で定義される写像 $G \to \mathbb{C}$ のことである．フロベニウスは指標の直交関係を証明し，彼の指標が群の行列による表現と結び付いていることを見出した．さらに指標表を対称群，交代群，マシュー群について精力的に計算し，誘導表現の指標を用いて彼の有名な次の定理を証明した．すなわち，推移的な置換群は，単位元以外のどの要素も二つ以上の点を固定しないならば，正則な正規部分群（すなわち，部分群であって，単位元と固定点を持たない要素からなるもの）を持っている．今日に至っても，この定理の純群論的な証明は見つかっていない．彼の寄与を称え，このような群はフロベニウス群と呼ばれている．フロベニウスによって展開された有限群（および，彼の生徒であり友人で同僚になったイサイ・シューアによる古典行列群）の指標理論と表現論を通して，群論は 1 世代後には物理学と化学において重要な応用を与えた．

文献紹介

Begehr, H., ed. 1998. *Mathematik in Berlin: Geschichte und Dokumentation*, two volumes. Aachen: Shaker.

Curtis, C. W. 1999. *Pioneers of Representation Theory: Frobenius, Burnside, Schur, and Brauer*. Providence, RI, U.S.A.: American Mathematical Society.

Serre, J.-P., ed. 1968. *F. G. Frobenius: Gesammelte Abhandlungen*, three volumes. Berlin: Springer.

VI. 59

ソーニャ・コワレフスカヤ

Sofya (Sonya) Kovalevskaya

ジューン・バロウ＝グリーン［訳：伊藤隆一］

生：モスクワ（ロシア），1850 年
没：ストックホルム（スウェーデン），1891 年
偏微分方程式，アーベル積分

コワレフスカヤは幼時より数学の才能を示したが，19 世紀中頃のロシアでは，女性は大学入学を拒まれていた．同伴者なしには出国できないので結婚し，1869 年ハイデルベルグに赴いて，そこでデュ・ボア・レイモンに数学を教わった．翌年，彼女は**ワイエルシュトラス** [VI.44] に学ぶために，ベルリンに移った．ベルリン大学は女性を受け入れていなかったが，ワイエルシュトラスは個人的に彼女を指導することに同意した．彼の指導のもとで，コワレフスカヤは偏微分方程式，アーベル積分，土星の環についての論文を書き上げた．1874 年，女性として初めて，数学の博士号を取得した．特に注目を引いた偏微分方程式の論文は，現在**コーシー–コワレフスカヤの定理** [IV.12 (2.2, 2.4 項)] として知られる結果を含んでいる．この定理は，偏微分方程式の解析解の存在を証明する際に重要な道具となる．

その年，コワレフスカヤはロシアに帰国したが，適当なポストを見つけることができず，しばらく数学から離れた．1880 年，**チェビシェフ** [VI.45] に招かれ，サンクトペテルブルクの学会で，アーベル積分に関する論文を発表した．これは熱狂的に受け入れられ，1881 年，彼女はベルリンに戻った．彼女はワイエルシュトラスと頻繁に会い，結晶体における光の伝播の研究に打ち込んだ．これは，彼女がフランスの物理学者ガブリエル・ラメの成果を研究していてたどり着いたテーマである．また，固定点のまわりの固体の回転についても研究した．その年の後半，彼女はパリに移り，その地の数学者とともに研究をした．

1883 年，コワレフスカヤは，ミッタク＝レフラーの後押しで，ストックホルム大学の私講師に任命された．さらに，彼女は『アクタ・マテマティカ』（*Acta mathematica*）の編集者になった．科学誌の編集者になった女性は，彼女が初めてである．『アクタ』を代表して，パリ，ベルリン，ロシアの数学者と連絡をとり，ロシアと西欧の数学者の間に重要な結び付きをもたらした．彼女は回転の問題について研究を続け，1885 年に目覚ましい進展を成し遂げた．これにより，3 年後，フランス科学院から権威ある賞「ボルダン賞」を授与された．彼女の研究以前には，この問題が完全に解かれていたのは，対称性を持つ次の二つのケースについてのみだった．一つ目は，運動する物体の重心が固定点に一致するケースであり，**オイラー** [VI.19] が解いた．二つ目は，重心と固定点が同じ軸の上にあるケースであり，**ラグランジュ** [VI.22] が解いた．コワレフスカヤは，非対称であり，上の二つより複雑な，第 3 のケースがあることを発見し，これも完全に解けることを示した（後に，それ以外のケースはないことが示された）．彼女の結果の新しさは，当時開発されたばかりのテータ関数――**楕円関数** [V.31] を構成するための最も簡単な要素――を応用してアーベル積分を解いたことにある．

コワレフスカヤは，1889 年にストックホルム大学の数学の正教授になった．このようなポストを得た世界で最初の女性である．ほどなく，彼女はチェビシェフによってロシア科学院の通信会員に推薦され，そして選任された．こうして彼女はまたしても性の壁を乗り越えたのである．

文献紹介

Cooke, R. 1984. *The Mathematics of Sonya Kovalevskaya*. New York: Springer.

Koblitz, A. H. 1983. *A Convergence of Lives. Sofia Kovalevskaia: Scientist, Writer, Revolutionary*. Boston, MA: Birkhäuser.

VI. 60

ウィリアム・バーンサイド

William Burnside

ピーター・M・ノイマン［訳：吉荒　聡］

生：ロンドン（英国），1852 年
没：ウェストウィッカム（英国），1927 年
群論，指標理論，表現論

バーンサイドの数学的才能が初めて現れたのは，就学中のことである．卒業後ケンブリッジ大学に席を得た彼は，数学優等卒業試験（トライポス）に備えて勉強し，1875 年に学位試験第 1 級合格者（ラングラー）中第 2 位の成績で卒業した．10 年間ペンブルックカレッジのフェローとしてケンブリッジに留まり，学生のボート漕手や数学者を育てた．3 編の非常に短い論文を発表したことで，1885 年にグリニッジの王立海軍兵学校の教授に任命された．1886 年に結婚し，翌年 32 歳から彼の生産的な数学者としての経歴が始まった．応用数学（統計力学と流体力学），幾何学および（複素）関数論への貢献により，彼は 1893 年に英国学士院の会員に選出された．バーンサイドは生涯の数学活動を通じてずっとこれらの分野への貢献を続け，第 1 次大戦中には確率論もその興味の対象に加えたが，1893 年に群論に回帰した．彼の名が記憶されているのは，この分野での発見による．

バーンサイドは，群論のすべての領域を扱った．有限単純群の探究に大きな関心を抱き，「奇数の合成数を位数とする単純群は存在しない」という有名な予想（「有限単純群の分類」[V.7] を参照）を立てたが，この予想は最終的にウォルター・ファイト（Walter Feit）とジョン・トンプソン（John Thompson）により 1962 年に証明された．彼は**フロベニウス** [VI.58] が 1896 年に創始した指標理論の発展を助けて純群論の定理を証明する道具とし，これを目覚ましく効果的に使って，1904 年に「高々 2 個の素数で割り切れる位数を持つ群は可解群である」という，いわゆる $p^\alpha q^\beta$ 定理を証明した．本質的には「有限個の元で生成される群でそのすべての元が有限位数を持つものは，必ず有限でなければならないか」と言い換

えられる問いを与えて，20 世紀の長い間バーンサイド問題（「幾何学的・組合せ群論」[IV.10 (5.1 項)] を参照）として知られた広大な研究分野を起こした．

彼より前に，**ケイリー** [VI.46] と T・P・カークマン司祭が群に関する本を書いているが，1928 年にフィリップ・ホールが彼の数学的経歴を開始するまでは，バーンサイドは英国において群論を研究している唯一の数学者であった．多大な影響を及ぼした彼の本『有限位数の群の理論』(*Theory of Groups of Finite Order*, 1897) は，「研究すればするほどおもしろさの増す純粋数学の一分野に対して，英国の数学者の興味を引き付ける」ことを希望して書かれた．しかしながら，彼の死後しばらくするまでは，母国におけるこの本の影響は最小に留まった．1911 年に第 2 版が出版されたが (1955 年に再版)，ここでは第 1 版が本質的に修正されており，特に有限群の指標理論とその応用 —— 1896 年の指標理論の創始以来 15 年間にわたりフロベニウス，バーンサイド，シューアが大きく発展させた数学 —— に関する章が含まれている．

文献紹介

Curtis, C. W. 1999. *Pioneers of Representation Theory: Frobenius, Burnside, Schur and Brauer*. Providence, RI: American Math. Society.

Neumann, P. M., A. J. S. Mann, and J. C. Thompson. 2004. *The Collected Papers of William Burnside*, two volumes. Oxford: Oxford University Press.

VI. 61

ジュール=アンリ・ポアンカレ

Jules Henri Poincaré

ジューン・バロウ=グリーン [訳：久我健一]

生：ナンシー（フランス），1854 年
没：パリ（フランス），1912 年

関数論，幾何，トポロジー，天体力学，数理物理学，科学基礎論

ポアンカレは，パリのエコール・ポリテクニークとパリ国立高等鉱業学校で学んだ後，1879 年からカーン大学で教え始めた．1881 年にパリ大学の職に就き，ここで 1886 年から死去する 1912 年まで主任教授を務め続けた．彼は遠慮深い性格で，大学院生

ジュール=アンリ・ポアンカレ

が集まってくるような人柄ではなかったが，彼の講義は，主に数理物理学において，多くの学術論文の基礎を与えた．

ポアンカレは 1880 年代に，複素関数論，群論，非ユークリッド幾何学，および線形常微分方程式からの概念を融合することによって，保型関数の重要なクラスを決定し，国際的に知られるようになった．数学者ラザルス・フックスを称えてフックス関数と名付けられたこれらの関数は，円板上で定義され，ある種の離散変換群のもとで不変性を持つ．彼はそのすぐ後に，これに関連しているがより複雑なクライン関数を決定した．これは極限円を持たない保型関数である．彼の保型関数論は，非ユークリッド幾何学の最初の重要な応用であった．これは双曲平面の円板モデルの発見に繋がり，さらにあとになって，**一意化定理** [V.34] の着想を与えた．

同じ時期，特に太陽系の安定性問題といった力学の基本的な問題への関心に動機付けられたこともあって，微分方程式の定性的理論の開拓的な研究を開始した．解を関数としてというより曲線として考察する，すなわち代数的というより幾何的に考えるという彼の着想は斬新で重要であり，これが，ベキ級数が研究の主要な手法であった彼の先達の成果からの出立を，はっきりと印したのである．彼は 1880 年代中頃から，彼の幾何的手法を天体力学の問題に適用し始めた．**3 体問題** [V.33] に関する彼の報告論文 (1890) は，絶賛された著作『天体力学の新しい手法』(*Les Méthodes nouvelles de la mécanique céleste*,

1892〜99）の基礎を与えるものとして，また，力学系の**カオス的挙動** [IV.14 (1.5 項)] についての最初の数学的記述を含むものとして有名である．安定性は，回転流体の形状についての彼の研究（1885）の核心でもあった．この研究は，洋ナシ形をした新しい平衡状態の発見を含んでおり，連星や他の天体の進展に関連して宇宙進化論への重要な示唆を含むことから，多くの注目を集めた．

ポアンカレは，フックス関数の研究や微分方程式の定性的研究を通じて，**多様体** [I.3 (6.9 項)] の位相幾何（あるいは当時の呼び方では**位置解析**（analysis situs））の重要性を認識した．そこで彼は多様体の位相幾何それ自体を対象とする研究を 1890 年代に開始し，実際に，強力な独立分野としての**代数的位相幾何学** [IV.6] を作り上げた．彼はベッチ数，**基本群** [IV.6 (2 節)]，**ホモロジー** [IV.6 (4 節)]，捻じれを含む多くの新しい考え方や概念を，1892 年から 1904 年にかけて出版された一連の論文の中で導入した．この最後の論文には，今日**ポアンカレ予想** [IV.7 (2.4 項)] として知られる仮説が含まれる．

ポアンカレの数理物理学の業績の背景には，物理的な問題への深い関心がある．ポテンシャル理論における彼の研究は，カール・ノイマンの境界値問題の研究と，**フレドホルム** [VI.66] の積分方程式の研究とを繋ぐ橋となっている．彼は**ディリクレ問題** [IV.12 (1 節)] の解の存在を示すために「掃散法」（méthode de balayage または sweeping-out method）として知られる手法を導入し（1890），そして，ディリクレ問題自身が**固有値と固有関数** [I.3 (4.3 項)] の列を生じるという考え方を持っていた（1898）．多変数関数の理論を発展させる中で，彼は複素関数論の新しい結果の発見に導かれた．大学での講義から生まれた『電気と光学』（*Électricité et optique*, 1890，改訂版 1901）の中で，彼はマックスウェル，ヘルムホルツ，およびヘルツの電磁気論に権威ある説明を与えている．1905 年に彼はローレンツの新しい電子論に呼応して，アインシュタインの**特殊相対論** [IV.13 (1 節)] をほとんど予期したが，これは後の著述者の間に先取性に関する論争を引き起こした．そして 1911 年に彼は量子論に関する第 1 回のソルベイ会議に出席し，このために影響力のある報告論文（1912）を出版した．

ポアンカレの研究者としての経歴が進むにつれて，数理哲学への関心も高まっていった．彼の思想は 4 冊の論文集，『科学と仮説』（*La Science et l'hypothèse*, 1902），『科学の価値』（*La Valeur de la science*, 1905），『科学と方法』（*Science et méthode*, 1908），『晩年の思想』（*Derniér pensées*, 1913）を通じて広く知られるようになった．幾何学の哲学者として彼は規約主義として知られる考え方の主唱者であった．これは，どの幾何モデルが物理空間に最も合致するかは，客観性のある問いではなく，むしろどのモデルをわれわれが最も便利だと考えるかの問題であるとする考え方である．対照的に，算術に対する彼の立場は直観論者のそれであった．数学の基礎付けの問題に関しては，彼はかなり批判的であった．集合論の目標には共感しながらも，直観に反すると感じた結果に対しては攻撃をした（より詳しい議論は「数学の基礎における危機」[II.7 (2.2 項)] を参照）．

ポアンカレは，予見的な幾何的研究法によって斬新で素晴らしい考え方に到達し，しばしばそれは数学の異なる分野を結び付けたが，詳細が省かれて難解であることが多かった．時折，彼の研究は不正確であると非難された．これは，代数学と厳密性に根ざした研究を行い，ドイツで彼と双璧をなしていた**ヒルベルト** [VI.63] と，際立って対照的であった．

文献紹介

Barrow-Green, J. E. 1997. *Poincaré and the Three Body Problem*. Providence, RI: American Mathematical Society.

Poincaré, J. H. 1915–56. *Collected Works: Œuvres de Henri Poincaré*, eleven volumes. Paris: Gauthier Villars.

VI. 62

ジュゼッペ・ペアノ

Giuseppe Peano

ホセ・フェレイロス［訳：森　真］

生：スピネッタ（イタリア），1858 年
没：トリノ（イタリア），1932 年
解析，数理論理，数学基礎論

ペアノはとりわけ彼（と**デデキント** [VI.50]）の自然数に関する公理系で知られているが，解析，論理，数学の公理化で重要な貢献をしている．イタリアの

ピエモンテ州スピネッタで小作農の子として生まれ，1876年からトリノ大学で学び，1880年に博士号を取得した．1932年に死去するまでそこに留まり，1895年に教授となった．

1880年代に，ペアノは彼の最も重要な結果と一般に考えられている業績を，解析であげている．特に注目に値するのは，連続空間充填**ペアノ曲線**（1890）や，**ジョルダン** [VI.52] によっても独立に開発された（**測度論** [III.55] の先駆けとなる）**容積**という概念，そして，1階の微分方程式の解の存在に関する定理（1886, 1890）である．彼の教師であるアンジェロ・ジェノッキによる講義に部分的に基づいている，1884年出版の教科書『微分計算と積分計算の原理』（*Calcolo differentiale e principii di calcolo integrale*）は，厳密性と批評力のあるスタイルで注目され，19世紀の最も価値ある専門書と位置付けられている．

1889〜1908年の間，ペアノは記号論理，公理化，そして百科全書的な『数学公式集』（*Formulaire de mathématiques*, 1895〜1908, 全5巻）に専念していた．この意欲的な数学的結果の集成は，数学論理の記号によってコンパクトに，まったく証明なしで書かれている．これはその時代において決して標準的なことではないが，ペアノが論理学から得られると期待していたものを示している．ペアノにとって，論理学は言語の正確さと簡潔さをもたらすものとされていたが，高いレベルの厳密性（対照的に，**フレーゲ** [VI.56] にとっては決定的であったもの）は期待されていなかった．1891年には，何人かの同僚とともに『数学雑誌』（*Rivista di matematica*）を発刊し，彼の周囲には重要な支持者の一群が集まった．

ペアノは親しみやすい人だった．トリノにおいて学生と打ち解けて交際したことは，「けしからん」ものと見なされた．彼は政治的には社会主義者であり，生活・文化に関するあらゆる問題について寛容な意見を持っていた．1890年代後半に，ペアノは普遍的に使われることを目指した言語，「無活用ラテン語」を作ることにのめり込み，『数学公式集』の最終版（1905〜08）はこの言語で書かれた．

ペアノはヘルマン・グラスマン，エルネスト・シュレーダー，リヒャルト・デデキントといったドイツの数学者たちの研究を詳細に調査していた．たとえば，デデキント切断によって実数の定義をした教科書（1884），『グラスマンの「延長論」による幾何解析学』（*Calcolo geometrico secondo l'ausdehnungslehre di H. Grassmann*, 1888）を出版した．1889年には有名な自然数に関する**ペアノの公理** [III.67] の最初のバージョンを（注目すべきことに，ラテン語で）考案し，後に『数学公式集』の第2巻（1898）の中で洗練された形にした．ペアノの公理系には，解析学の**数論化**が本質的に完成されると同時に数学の基礎の最も重大なギャップを埋めることを目指したものだった．他の数学者（フレーゲ，チャールズ・S・パース，デデキント）が同じ年代に同様の研究を出版したのは単なる偶然ではない．ペアノの試みはパースのものより良く完成されているが，フレーゲやデデキントのものより単純で馴染みのある言葉で組み立てられている．この理由から，ペアノの成果が広く用いられている．

それまでの解析に関する研究を，後年の基礎論の研究と自然に結び付け，『数学公式集』のプロジェクトに不可欠であったという意味で，自然数に関するペアノの研究は，彼の多様な数学的貢献の結実であった．実際に，『算術の原理』（*Arithmetices principia*）は，グラスマンの『算術講義』（*Lehrbuch der Arithmetik*, 1861）の単純化と洗練，そして論理的な言語への変換（タイトルでは「新方法」と表現されている）と見なされた．グラスマンは厳密な演繹的構造を精密に作り上げようと努力し，数学的帰納法による証明や定義を強調した．しかし，不思議なことに，ペアノと異なり，帰納法の公理を仮定しなかった．そこで，ペアノは自然数の性質を定義する鍵として，帰納法を舞台の中心にすることで，より明確に基礎的な仮定を提出した．

文献紹介

Borga, M., P. Freguglia, and D. Palladino. 1985. *I Contributi Fondazionali della Scuola di Peano*. Milan: Franco Angeli.

Ferreirós, J. 2005. Richard Dedekind (1888) and Giuseppe Peano (1889), booklets on the foundations of arithmetic. in *Landmark Writings in Western Mathematics 1640-1940*, edited by I. Grattan-Guinness, pp. 613–26. Amsterdam: Elsevier.

Peano, G. 1973. *Selected Works of Giuseppe Peano*, with a biographical sketch and bibliography by H. C. Kennedy. Toronto: University of Toronto Press.

VI. 63

ダーフィト・ヒルベルト

David Hilbert

ベンジャミン・H・ヤンデル［訳：伊藤隆一］

生：ケーニヒスベルク（ドイツ），1862 年
没：ゲッティンゲン（ドイツ），1943 年
不変式，数論，幾何学，国際数学者会議，公理論

ヘルマン・ワイル [VI.80] は，師ヒルベルトの流儀について，次のように評した．「あたかも日当たりの良い野原を足早に歩くようなものである．気ままにまわりを見渡すと，あなたに境界線や連絡道路が示され，あとは丘に登る覚悟をするだけである．そして道はまっすぐに上っている …」．数学者ヒルベルトの経歴では，いくつかのテーマが調和している．彼は明快，厳密，単純，深さを望んだ．ヒルベルトは数学をその美しさ，人間の欠陥を超えた美しさゆえに愛したが，彼は数学を社会的な共同制作と考えていた．ケーニヒスベルクの大学で彼が**ミンコフスキー** [VI.64] やアドルフ・フルヴィッツと会ったときが転換点だった．

ヒルベルトは「果てしない散歩をしながら，われわれは当時の数学が直面していた問題に夢中になった．新たに得た理解，意見，科学についての計画を交換し，終生の友情を築いた」と書いた．後にヒルベルトはゲッティンゲンの教授になり，**クライン** [VI.57] とともに世界中の数学者を引き付けた．ゲッティンゲンの小さな町は数学の十字路と化した —— ヒトラーが破壊するまでは．

ヒルベルトは新しく私講師になったとき，数学の研究を取り入れながら教えようと決意し，同じ講義を決して繰り返すまいと決めた．彼とフルヴィッツは，数学の「組織的探求」に乗り出すことを決意した．彼は生涯この方針に従った．ヒルベルトの経歴は簡単に六つの時期に分けられる．(i) 代数と代数的不変式（1885〜93），(ii) 代数的数論（1893〜98），(iii) 幾何学（1898〜1902），(iv) 解析学（1902〜12），(v) 数理物理学（1910〜22），(vi) 基礎論（1918〜30）である．注目すべきは，ほとんど重なりがないことである．ヒルベルトは一つのテーマを終えると，そのテーマには戻らなかったのである．

ヒルベルトの最初の大躍進は，パウル・ゴルダンにちなんだゴルダンの問題を，単純かつ大胆な手法で解いたときであった．少なくとも二つの変数を持つ多項式の方程式において，座標を変えるとき，方程式について変わることと変わらないことがある．たとえば実多項式

$$ax^2 + bxy + cy^2 + d = 0$$

を考える．座標を回転すると，この方程式は大きく変わるが，そのグラフは変わらない．また，判別式 $b^2 - 4ac$ も変わらない．判別式は一つの不変式である．一般の場合 —— より複雑な方程式と座標変換 —— には，より多くの不変式がありうる．数学者たちはいかなるタイプの方程式と座標変換に対しても，本質的に異なる不変式が有限個存在するのではないかと考えた．それは本当だろうか？ 多くの数学者は，個々の例について懸命に計算した．これに対して，ヒルベルトは間接的に推論した．もし特定のクラスの多項式や変換に対して，有限基底が存在しなかったらどうなるか？ 彼は，常に矛盾が生じることを発見し，必ずそのような基底が存在しなければならないと結論を下した．最初この結果は疑いの目で迎えられた．彼が基底を示さなかったからである．ゴルダンは「これは数学ではない．神学である」と言った．しかしながら，この結果はたいへん強力で，代数的不変式論を破壊したと言われたのだった．

1893 年，ヒルベルトとミンコフスキーは，数論についてレポートを書くことをドイツ数学会に依頼された．ヒルベルトは**代数的数論** [IV.1] を選び，19 世紀の結果を**代数的数体** [III.63] の研究に作り変えた．ヒルベルトが発見した，深い体系的構造は，ついには「類体論の壮麗な殿堂」（「平方剰余の相互法則から類体論へ」[V.28] を参照）と呼ばれるものに至った．

1899 年に出版されてその後何回も改訂されたヒルベルトの古典『幾何学基礎論』(*Grundlagen der Geometrie*) は，実数の算術で始まる．彼はそれが首尾一貫している，つまり推論が矛盾に陥る不安がないものと見なした．次に，解析幾何を用いて，**ユークリッド幾何** [II.2 (3 節)] のモデルを提示した．点は二つの実数のペアであり，直線は，直線の方程式を満たす実数のペアの集合である．円は … など．ユーク

ダーフィト・ヒルベルト

リッドのすべての公理は，これらの「直線」と「点」についての，すなわち，このような実数の集合についての正しい命題である．こうして，ユークリッド幾何は，実数に関するすべての正しい命題の族の小部分に帰着した．そして，われわれは実数の算術に矛盾がなければ，ユークリッド幾何にも矛盾がないと断定する．さらに，ヒルベルトは，種々の非ユークリッド幾何のモデルを，ユークリッド幾何の観点から構成した．そして，どの公理系からどの公理が導かれるか，どれが独立で無矛盾であるかを，豊かな創造力で深く考察した．

1900 年，パリにおける第 2 回国際数学者会議で，ヒルベルトは招待講演を行った．彼はその講演で新しい世紀のための 23 の問題を提案した．これらの問題は，今日では「ヒルベルトの問題」として知られている．それ以来，これらの問題は，ある意味で，数学者たちがヒルベルトと会話し，また彼らの間で会話する，仮想ゲッティンゲンを生み出した．

次にヒルベルトは解析学に転じた．**ワイエルシュトラス** [VI.44] が，ディリクレの原理——本質的には，変分問題において，常に最大値と最小値をとりうるという主張——に対する反例を見つけていた．ヒルベルトは，修正された，しかし依然として強力な改定版を証明した．これにより，原理を仮定していた研究成果の多くが救われた．しかしながら，この時期のより大きいテーマは，積分方程式と，現在**ヒルベルト空間** [III.37] と呼ばれるものである．ニュートンの運動方程式は微分方程式であり，物理学において方程式をそのように表現することは自然だった．しかし，多くの場合，方程式が微分ではなく，積分で書かれているほうが，問題を解くのは容易だった．1902 年から 1912 年の間，ヒルベルトはさまざまな問題をこの方向から攻めた．解をヒルベルト空間の点と見なし，無限次元ベクトル空間に類似したスペクトルによる説明を与えた．こうして，関数の形のない海が，幾何構造を獲得した．

1910 年，彼は数理物理学に取り組み，一定の成功を収めた．しかし，物理学では多様な革命が起こっている最中で，数学的な明快化の機は熟していなかった．

1900 年にヒルベルトが彼の問題を発表したときに表現したように，数学，とりわけ集合論には矛盾があることに，彼は気づいていた．彼は 2 番目の問題として，まず算術が，次に集合論が無矛盾であることの証明を求めている．論争が広がるにつれ，一部の数学者は，確固たる論証として彼らが認めうるものへと後退し始めた．ヒルベルトはこれを望まなかった．1918 年までに，証明論的，組合せ論的手法を用いて，数学を形式的に公理化し，数学に矛盾がないことを証明するプログラムに，ますます打ち込んだ．**ゲーデル** [VI.92] が彼の不完全性定理を 1930 年に証明し，それによって，ヒルベルトのプログラムが，少なくとも初めに思い描いたようには成功し得ないことを示した．その点ではヒルベルトは間違っていた．しかし，たとえ間違っていたにしろ，数学を形式的な基礎の上に置こうとした彼の夢は，20 世紀数学の最も重要ないくつかの業績を刺激した．そして，数学は後退しなかった．

文献紹介

Reid, C. 1986. *Hilbert-Courant*. New York: Springer.

Weyl, H. 1944. David Hilbert and his mathematical work. *Bulletin of the American Mathematical Society* 50:612–54.

VI. 64

ヘルマン・ミンコフスキー

Hermann Minkowski

ティルマン・サウアー［訳：平田典子］

生：アレクソタス（ロシア）（現カウナス，リトアニア），1864 年
没：ゲッティンゲン（ドイツ），1909 年
数論，幾何学，相対性理論

パリ科学アカデミーは 1883 年，その権威ある最高の数理科学賞を，当時 18 歳のヘルマン・ミンコフスキーに与えた．賞の対象は，1 個の整数が 5 個の平方数の和で表されるときの表現は何通りであるかという問題であった．140 ページにわたってドイツ語で書かれた原稿において，ミンコフスキーはこの問題の解答を特別な場合として含む，**2 次形式** [III.73] の一般論を展開した．その 2 年後にミンコフスキーはケーニヒスベルクで学位を取得し，n 変数の 2 次形式に関するさらなる研究によって，1887 年にボンで教授資格を得た．

ミンコフスキーはケーニヒスベルクの学生時代に，アドルフ・フルヴィッツおよび**ヒルベルト** [VI.63] と親しく交流した．1894 年にフルヴィッツがチューリヒに移った後，ミンコフスキーはボンから母校に戻り，ヒルベルトがゲッティンゲンに移った後の職を得た．1896 年にはチューリヒに赴き，ミンコフスキーはフルヴィッツの同僚となる．1902 年にヒルベルトは，ゲッティンゲンにおける数学の教授職をミンコフスキーのために新設する．そこでヒルベルトの同僚として働き，1909 年初めの盲腸によるその突然の死まで，ヒルベルトとの親交を保った．

ミンコフスキーの生涯の後半の研究は，整数論の問題に対して幾何学的な直観を巧みに応用するものであった．彼はまず，変数として 0 以外の整数をとる正定値 n 変数 2 次形式によって表せる最小の正実数に関する**エルミート** [VI.47] の定理の考察から始めた．2 次形式を幾何学的に捉えて楕円（$n=2$ のとき）および楕円体（$n=3$ のとき）を考え，整数をとる変数を直交格子に配置して整数座標の点と見なし，整数論における非自明な結果に到達するために体積の概念を用いることに成功した．彼の発見は 1896 年の『数の幾何学』（*The Geometry of Numbers*）という著書にまとめられている．楕円体の場合の幾何学的議論が，その図形の凸という形状にのみ基づいていることに気づいたミンコフスキーは，**凸体**（とつ）と呼ばれる概念の一般的理論を創成する．凸体とは図形内の任意の 2 点を結ぶ線分を再び含む図形のことである．この考え方から，三角形の合同に関するユークリッド幾何学の公理が，より弱い公理である，2 辺の和の長さが他の 1 辺より長いという公理（三角不等式と今日呼ばれる距離空間の重要な概念である）で置き換え可能であるという考察も導いた．ミンコフスキーの幾何学的な定理は，非自明な整数論の定理を即座に従えた．**連分数** [III.22] に対するさらなる結果も得て，1907 年には『ディオファントス近似』（*Diophantine Approximations*）という著書において，整数論の入門的な講義を著した．

ミンコフスキーは物理学においても常に深い興味を示した．1906 年には権威ある『数理科学辞典』（*Encyclopedia of the Mathematical Sciences*）（**クライン** [VI.57] らの編集による）に毛細管現象についての記事を書いた．ゲッティンゲンではヒルベルトとミンコフスキーが合同セミナーを開催し，電気力学に関する**ポアンカレ** [VI.61] や，アインシュタインらの最新の研究をそこで学んだ．ミンコフスキーはまもなく，特殊相対性理論がマクセル方程式のローレンツ変換のもとでの不変性（「一般相対論とアインシュタイン方程式」[IV.13 (1 節)] を参照）の帰結であるという事実の重要性に気づく．彼はマクセル–ローレンツの電気力学を数学の言葉で幾何学的に包括し，空間と時間に形式的な違いはないことを示した．彼は自ら，その死の数週間前にケルンで開かれたドイツの科学者および物理学者の学会の著名な演説の冒頭において次のように述べた．「現時点以後は，空間と時間はそれぞれ陰に隠れ，この両方を示す 2 座標のみがこの世を保つ」．特殊相対性理論でのミンコフスキー 4 次元ローレンツ共変性は，アインシュタインのその後の一般相対性理論においての必須の前提条件となった．

文献紹介

Hilbert, D. 1910. Hermann Minkowski. *Mathematische Annalen* 68:445–71.

Walter, S. 1999. Minkowski, mathematicians, and the mathematical theory of relativity. In *The Expanding Worlds of General Relativity*, edited by H. Goenner et al., pp. 45–86. Boston: Birkhäuser.

VI. 65

ジャック・アダマール

Jacques Hadamard

ジューン・バロウ=グリーン［訳：伊藤隆一］

生：ベルサイユ（フランス），1865 年
没：パリ（フランス），1963 年
関数論，変分法，数論，偏微分方程式，流体力学

パリのエコール・ノルマルを卒業したアダマールは，1893 年ボルドー大学のポストを得た．彼は 1897 年パリに戻り，1937 年に引退するまで，コレージュ・ド・フランス，エコール・ポリテクニーク，エコール・サントラルで教えた．コレージュ・ド・フランスにおけるアダマールのセミナーには，世界中から数学者が訪れ，最新の結果を講義した．このセミナーは，両大戦間の，フランス数学界で影響の大きい，欠かせない役割を果たした．

アダマールの最初期の重要な論文は，複素変数の**正則関数** [I.3 (5.6 項)]，特にテイラー級数の解析接続に関するものであった．1892 年の彼の博士論文では，級数の特異点の性質を，その係数の性質から，いかにして導きうるかを詳細に調べた．特筆すべきは，テイラー級数 $\Sigma a_n z^n$ の収束半径 R が $R = (\lim_{n\to\infty} \sup |a_n|^{1/n})^{-1}$ で定まるという，**コーシー–アダマールの定理**として知られる結果を示したことである．**コーシー** [VI.29] は，この公式を 1821 年に発表していた．しかし，アダマールは独立にこれを発見した上，完全な証明を初めて与えたのである．研究成果はさらに続いた．その中には，級数の収束円が関数の自然境界になるための条件を与える，有名な「アダマールの空隙定理」も含まれる．彼の著書『テイラー級数とその解析接続』(*La Série de Taylor et son prolongement analytique*, 1901）は著しい影響を及ぼした．1912 年，彼は無限回微分可能関数に対して，準解析性の問題を定式化した．

1892 年には，アダマールの，整関数に関する受賞論文も現れた．その中で，彼は博士論文の結果を用いて，整関数のテイラー級数の係数と，その零点との関係を確立し，それを応用して整関数の種数を評価した．彼は，この結果とその他の彼の博士論文の結果を，**リーマンのゼータ関数** [IV.2 (3 節)] に応用した．これによって，1896 年，彼の最も有名な結果である**素数定理** [V.26] を証明することができた（この定理はほぼ同時に**ド・ラ・ヴァレ・プーサン** [VI.67] によっても証明されたが，それはもっと複雑な方法だった）．

1890 年代のアダマールの他の主要な業績には，**行列式** [III.15] に関する有名な不等式（1893），積分方程式の**フレドホルム理論** [IV.15 (1 節)] における本質的な結果，それに「三円定理」(1896）がある．三円定理は解析関数の研究における凸性の重要性を明示し，補間理論において重要な役目を果たす．

1896 年，曲面上の測地線の振る舞いの研究によって，アダマールはボルダン賞を受賞した（測地線の研究の動機は，力学系で運動の軌道を表すために使えることである）．それは，解析学以外のテーマに対するアダマールの初めての主要な成果であった．彼の二つの論文——一つは正曲率曲面上の測地線について（1897），もう一つは負曲率曲面上の測地線について（1898）——の特徴は，**ポアンカレ** [VI.61] から受け継いだ定性的解析にある．前者は古典的微分幾何に依拠しており，後者は位相幾何的な考察が支配的である．

変分法 [III.94] への興味に促されて，アダマールは，ヴォルテラの汎関数演算のアイデアを発展させた．1903 年には，関数空間上の線形汎関数を初めて記述した．一つの区間上の連続関数の空間を考察して，すべての汎関数は区間の列の極限である[*1]ことを示した．これは現在，**リース** [VI.74] によって定式化された，**リースの表現定理** [III.18] の先駆けと認められている．アダマールの『変分法講義』(*Leçon sur le calcul de variations*, 1910）は，現代的な関数解析のアイデアが見られる最初の本であり，広く影響を及ぼした．

応用数学では，アダマールは主として波の伝播，特に高速流体に関心を持った．彼は 1900 年に偏微分方程式論の研究に取りかかり，1903 年には

*1) ［訳注］「区間の列の極限」では意味が通らない．むしろ，「連続関数列の極限」と考えたほうが良さそうである．もっと正確には，区間 $[a, b]$ 上の連続関数の空間 $C[a, b]$ を考えて，その上の（連続）線形汎関数を L とするとき，連続関数列 $\{g_n\} \subset C[a, b]$ が存在して，すべての $f \in C[a, b]$ に対して $L(f) = \lim_{n\to\infty} \int_a^b g_n(x) f(x) \mathrm{d}x$ が成り立つということである．

『波の伝播と流体力学の方程式についての講義』(*Leçon sur la propagation des ondes et les équations de l'hydrodynamique*), 1922 年に『線形偏微分方程式におけるコーシー問題についての講義』(*Lectures on Cauchy's Problem in Linear Partial Differential Equations*) を出版した．後者は，彼の**適切性の問題** [IV.12 (2.4 項)]（すなわち，解が一意的に存在するだけでなく，初期値に連続に依存する問題）の基本的アイデアの詳細を含んでいる．このアイデアの源は，彼の 1898 年の**測地線** [I.3 (6.10 項)] の論文に見られる．

アダマールの『数学における発明の心理』(*The Psychology of Invention in the Mathematical Field*, 1945) は，無意識とその数学的発見における役割についての議論でよく知られている．

文献紹介

Hadamard, J. 1968. *Collected Works: Œuvres de Jacques Hadamard*, four volumes. Paris: CNRS.

Maz'ya, V., and T. Shaposhnikova. 1998. *Jacques Hadamard. A Universal Mathematician*. Providence, RI: American Mathematical Society/London Mathematical Society.

VI. 66

イヴァール・フレドホルム

Ivar Fredholm

ジューン・バロウ＝グリーン［訳：伊藤隆一］

生：ストックホルム（スウェーデン），1866 年
没：ストックホルム（スウェーデン），1927 年
力学および数理物理学教授，ストックホルム（1906～27）

1900 年と 1903 年の論文で，フレドホルムは彼の名が付いた積分方程式，すなわち，連続「核」K と未知関数 $\varphi(x)$ についての

$$\varphi(x) + \int_a^b K(x,y)\varphi(y)\mathrm{d}y = \psi(x)$$

を，無限連立線形方程式および一般行列式との類似によって解いた．解とそれに付随したいくつかのアイデア（"Fredholm alternatives"）によって，この成果は**ヒルベルト** [VI.63] の積分方程式論（1904～06）の大きな刺激となり，そうして関数解析の出発点となった（これについて詳しくは，「作用素環」[IV.15 (1 節)] を参照）．方程式は数理物理学の問題，たとえばポテンシャル論や振動論に関連して生じた．フレドホルムは自分を，基本的には数理物理学者と考えていた．彼の同僚ミッタク＝レフラーは，彼がノーベル物理学賞を受賞できるように働きかけたが，成功しなかった．

VI. 67

シャルル＝ジャン・ド・ラ・ヴァレ・プーサン

Charles-Jean de la Vallée Poussin

ジャン・モーアン［訳：平田典子］

生：ルーヴァン（ベルギー），1866 年
没：ブリュッセル（ベルギー），1962 年
解析的整数論，解析学

ド・ラ・ヴァレ・プーサンは，ルーヴァン・カトリック大学において 1890 年に工学，1891 年に数学を修めて卒業し，1891 年から 1951 年までそこで解析学を教えた．その講義は『無限解析講義』(*Cours d'analyse infiinitésimale*) という名で著された有名な講義録の基礎を形成し，この本は 1903 年から 1959 年まで版を重ねた．ヨーロッパおよびアメリカにおける最も著名な数々のアカデミーの会員であり，パリ，ストラスブール，トロント，オスロの名誉博士号を得て，国際数学者連合の 1920 年の初代会長を務め，また 1930 年には男爵の称号を授けられた．

ド・ラ・ヴァレ・プーサンの主要業績は，1896 年に与えた**素数定理** [V.26]（整数の中で素数が持つ分布の漸近的な評価）の証明である．これは**ガウス** [VI.26] によって 1793 年頃に予想された問題であった（この素数定理は，同じ年に**アダマール** [VI.65] によっても複素関数を用いて独立に証明されている）．少し後の 1899 年にド・ラ・ヴァレ・プーサンは誤差項を改良し，また等差数列（算術級数）内の素数に対する拡張も行った．

1902 年に**ルベーグ** [VI.72] が最初に**積分** [III.55] の本を出版した際に，ド・ラ・ヴァレ・プーサンはいち早くその重要性を捉え，1908 年の『無限解析講義』

の第2版において，独創的な述べ方で解説を与えた．加えて，集合の特性関数の概念（1915），またその少し後には，有界変動連続関数から得られる測度に対する分解定理（1916）を与えた．

ド・ラ・ヴァレ・プーサンのこの分野における特に重要な業績として，三角多項式による周期関数の近似に用いられた，近似理論と級数総和法における畳み込み積分（1908），連続関数の多項式による最良近似の誤差項の下からの評価（1910），フーリエ級数における収束判定法および総和法の研究（1918）などが挙げられる．

1911年にド・ラ・ヴァレ・プーサンはベルギー科学アカデミー賞の懸賞問題責任者となり，ジャクソンとベルンシュタインの連続関数の多項式による最良近似オーダーに対する定理を導いた．また，1次方程式の過剰決定系におけるチェビシェフの問題に対する彼の存在定理と一意性定理（1911）は，**線形計画問題** [III.84] への重要な一歩を形成した．彼の補間公式（1908）は標本抽出に関する基礎理論となり，フーリエ係数の減少度によって擬解析的な新しい関数の類を特徴付けた研究（1915）は，とりわけ特筆に値する．ド・ラ・ヴァレ・プーサンは多点境界値問題に対する一意性条件を決定し（1929），非振動的な線形微分方程式の解の研究や，多重連結領域における共形表現（1930〜31）に関するさまざまな問題の解決に役立てた．ポテンシャル論については，容量の概念を任意の有界集合に拡張し，有界な集合関数に対する抽出定理を証明した．そして，**ディリクレ問題** [IV.12 (1節)] に向けて**ポアンカレ** [VI.61] の掃き出し法（掃散法）に測度論を導入し，近代の抽象的ポテンシャル論への道を開いた．

文献紹介

Butzer, P., J. Mawhin, and P. Vetro, eds. 2000–04. *Charles-Jean de la Vallée Poussin. Collected Works—Oeuvres Scientifiques*, four volumes. Bruxelles/Palermo: Académie Royale de Belgique/Circolo Matematico di Palermo.

VI. 68

フェリックス・ハウスドルフ

Felix Hausdorff

エルハルト・ショルツ［訳：久我健一］

生：ブレスラウ（ドイツ）（現ヴロツワフ，ポーランド），1868年
没：ボン（ドイツ），1942年
集合論，トポロジー

ハウスドルフは1887年から1891年まで，ライプツィヒ，フライブルク，およびベルリンの大学で数学を学び，その後ライプツィヒ大学でハインリヒ・ブルンスのもと応用数学の研究を始めた．教授資格取得（1895）の後，まずライプツィヒ大学で教鞭をとり，その後ボン大学（1910〜13，1921〜35）とグライフスバルト大学（1913〜21）で教えた．彼は集合論と一般位相空間論の業績で最も著名であり，代表作は『集合論の基礎』（*Grundzüge der Mengenlehre*）である．これは1914年に出版され，第2版と第3版がそれぞれ1927年と1935年に刊行された．しかし，第2版は内容が大きく改訂されており，実際には新著の本と考えるべきである．

研究の初期においては，ハウスドルフは主として天文学に関連する応用数学，特に大気中の光の屈折と減衰を集中的に研究した．彼は広範な知的好奇心を持っていて，ライプツィヒの芸術家や詩人たちのニーチェ・サークルに参加した．パウル・モングレという筆名で2編の長い哲学的エッセイを書いており，そのうちより有名なのは「宇宙の選択におけるカオス」（Das Chaos in kosmischer Auslese）である．彼は1904年まで，当時の著名なドイツの知的レビュー誌に定期的に文化批評論を寄稿しており，その後は，それほど頻繁ではないが，1912年まで寄稿を続けた．彼はまた，詩や風刺劇も出版している．

ハウスドルフは世紀の変わり目に集合論に着手し，この話題の最初の講義をライプツィヒ大学で1901年の夏学期に行った．彼は「カントール主義」（集合論）に転向してから，順序構造とその分類について深く革新的な研究を始めた．集合論における彼の初

期の業績の中には，順序数のベキに関する**ハウスドルフの帰納公式**や順序構造の研究への（共終度などの）いくつかの寄与がある．ハウスドルフは，集合論の公理的基礎付けについては活発な研究をしなかったが，超限数について重要な洞察をし，特に今日では弱到達不可能基数として知られるものの特徴付けを与え，そして**ツォルンの補題** [III.1] の一形式である，ハウスドルフの**極大鎖原理**を与えた．極大鎖原理はツォルンの補題に先んじており，定式化も意図もこれと異なるものである．

公理的方法への彼自身の寄与は，数学の古典的な分野を一般化し，集合論の枠組みで公理的原理に基づいて基礎付けを行う方向性を持っていた．ハウスドルフが数学の中で集合論を使用し始めたことは，数学者集団**ブルバキ** [VI.96] によって最も顕著に特徴付けられる 20 世紀の意味での**現代数学**への移行に大きな影響を与えた．この点から最もよく知られているものとしては，『集合論の基礎』(1914) に最初に発表された，近傍系の公理による彼の**一般位相の公理化**，および一般あるいは特殊な**位相空間** [III.90] の研究がある．それほど知られていない（最近になるまで未出版だった）が，ハウスドルフは**確率論の公理化**も行った．これは 1923 年に講義されたもので，この分野での**コルモゴロフ** [VI.88] の業績に 10 年ほど先んじている．彼はまた，解析学と代数学にも重要な寄与をした．代数学では（今日ベイカー–キャンベル–ハウスドルフの公式と呼ばれる公式によって）**リー理論** [III.48] に貢献し，解析学では，発散級数の総和法を開発し，またリース–フィッシャー理論の一般化を行った．

ハウスドルフが集合論を用いた主な目的は，関数論のような解析学の分野へ応用することにあった．この点での彼の最も重要な寄与であり，かつ広範な領域にわたって重要であるものに，**ハウスドルフ次元** [III.17] の概念がある．これは，彼が（たとえばフラクタル型の集合のような）かなり一般の集合に対して次元の概念を与えるために導入したものである．

ハウスドルフは，集合論の解析的な問題は，その基礎付けの問題と深く繋がっていることに気づいた．1916 年に，彼は（P・アレクサンドロフも独立に）実数の任意の非可算**ボレル集合** [III.55] が実際に連続体の濃度を持つことを示した．これは，連続体を明らかにするためにカントールによって提唱された方針の一つの重要な進展であった．この方針は，**連続体仮説** [IV.22 (5 節)] に関するゲーデルとコーエンの決定的な結果に最終的には寄与しなかったが，今日**記述集合論** [IV.22 (9 節)] で扱われるような，集合論と解析学の境界領域に拡張された研究分野の発展に繋がった．ハウスドルフの『集合論の基礎』第 2 版 (1927) はこの分野の最初のモノグラフである．

ナチス政権の台頭後，ハウスドルフや他のユダヤ系の人々にとって，就労状況や生活環境全般が日を追って極端に悪化していった．1942 年 1 月，ハウスドルフと妻のシャルロッテ，そして妻の妹に家を出て地区の強制収容所に移る命令が下ったとき，彼らはさらに迫害に苛まれることよりも自殺を選んだ．

文献紹介

Brieskorn, E. 1996. *Felix Hausdorff zum Gedächtnis. Aspekte seines Werkes*. Braunschweig: Vieweg.

Hausdorff, F. 2001. *Gesummelte Werke einschilieẞlich der unter dem Pseudonym Paul Mongré erschienenen philosophischen und literarischen Schriften*, edited by E. Brieskorn, F. Hirzebruch, W. Purkert, R. Rernrnert, and E. Scholz. Berlin: Springer.

ハウスドルフによる大量の未発表の成果（彼の「遺産」）が www.aic.uni-wuppertal.de/fb7/hausdorff/findbuch.asp にある．

VI. 69

エリー・ジョゼフ・カルタン

Élie Joseph Cartan

ジェレミー・グレイ［訳：二木昭人］

生：ドロミュー（フランス），1869 年
没：パリ（フランス），1951 年
リー環，微分幾何，微分方程式

カルタンは，彼の世代において指導的数学者の 1 人だった．特に幾何学と**リー環論** [III.48 (2, 3 節)] において影響力があった．第 1 次大戦後の暗い時代に，フランスにおいて最も傑出した数学者の 1 人だった．彼は**ブルバキ** [VI.96] グループに対して強い影響力を持っていた．彼の息子であり，もう 1 人の傑出した数学者であったアンリは，このブルバキグループの 7 人の設立者の 1 人であった．カルタンはモンペリ

エとリヨンでの教育職を経て，1903 年にナンシーの教授となった．さらに，1909 年にソルボンヌの教育職を得て，1912 年に教授となり，退職するまでその職にあった．

1894 年の学位論文で，カルタンは複素数体上の単純リー環を分類した．この論文では，ヴィルヘルム・キリングによるそれ以前の成果を改良したり修正したりするとともに，この理論固有の深い一般的抽象構造を強調した．晩年になって，彼はこれらのアイデアに立ち戻り，対応する**リー群** [III.48 (1 節)] の研究において，このアイデアから導かれる結果を調べた —— これらの群は，物理で考察される対称性と重要な繋がりがある．

カルタンは生涯の多くを幾何学の研究に費やした．1870 年代と 1890 年代に**クライン** [VI.57] は幾何学を分析し，（ユークリッド幾何，非ユークリッド幾何，射影幾何，そしてアフィン幾何などの）多くの分野を一つに統一し，それぞれを射影幾何の特別な場合として扱えることを示した．群論的アイデアがクラインに動機を与えていたが，このアイデアがどの程度微分幾何学の設定に適合するかという点に，カルタンは興味を持った．特に，アインシュタインの**一般相対性理論** [IV.13] の数学的設定となる，変化する**曲率** [III.78] を持つ空間への適合に興味を持った．この理論では，異なる観測者の観測は座標変換で関連付けられ，重力場の変化は時空の計量の変化，したがって曲率の変化を通して表現される．1920 年代に，カルタンは**ファイバー束** [IV.6 (5 節)] と今日呼ばれる設定に広げ，座標変換のタイプとそれの属するリー群だけを見ればクラインのアプローチは成し遂げられることを示した．

空間内の各点で観察できることはたくさんある．たとえば地球表面の各点における気象がそうである．カルタンの定式化では，地表は底**多様体** [I.3 (6.9 項)] ととり，各点で観察できるもの全体は別の多様体をなし，これを各点でのファイバーと呼ぶ．大雑把に言うと，すべてのファイバーと底多様体のすべての点からなる組がファイバー束であり，正確にした概念は，現代微分幾何のすべての分野で基本的であることがわかっている．それはつまり，多様体上の**接続**と呼ばれるものが設定される空間である．接続とは，ベクトルなどの対象が多様体内の曲線に沿って変換されるされ方を取り扱うものである．カルタンの基本的なアイデアは，ファイバーに共通の対称性を与える群を許すことにより，幾何的問題の対称性を捉えるものであった．ただし，底多様体の幾何的側面は，曲率のように，点が変わるにつれて変化し，底多様体は対称性を何も許容しない．

カルタンは，彼の幾何学的アプローチを微分方程式の研究にも適用した．これは，それより以前に，**リー** [VI.53] がリー環の理論を創出したときの動機であったものでもある．彼は微分方程式系において重要な研究をし，これにより微分形式と呼ばれるものの役割を強調するようになった．馴染み深い例は，曲線の長さの要素を表す **1 形式** [III.16] や，曲面の面積要素を表す 2 形式などである．1 形式に対しなされることは，それを積分することである；弧の長さを記述する 1 形式の積分は，曲線の長さを与える．カルタンは任意の 1 形式を含む微分方程式系を研究し，1 形式のなす代数，より一般には任意の k に対する k 形式の代数がそれらの定義された多様体の幾何学をどう捉えるかを発見した．これにより彼は，1 世代前にフランスの指導的数学者だったガストン・ダルブーが追求していた曲線と曲面の幾何を研究する方法を再定式化し，ファイバー束や微分幾何の対称性と密接に関係する「動標構」を用いる方法を提唱した．この成果は，ファイバー束についての彼の成果とともに，可微分多様体の研究のための重要なアイデアとして今日まで受け継がれている．

文献紹介

Chern, S.-S., and C. Chevalley. 1984. Élie Cartan and his mathematical work. In *Oeuvres Complétes de Élie Cartan*, volume III.2 (1877–1910). Paris: CNRS.

Hawkins, T. 2000. *Emergence of the Theory of Lie Groups: An Essay in the History of Mathematics, 1869–1926*. New York: Springer.

VI.70

エミール・ボレル

Émile Borel

ジューン・バロウ＝グリーン［訳：伊藤隆一］

生：サン・アフリク（フランス），1871年
没：パリ（フランス），1956年
数学教授：リール大学（1893〜96），エコールノルマル（パリ）（1896〜1909）．関数論講座（特別に彼のために創設）：ソルボンヌ（パリ）（1909〜41）．ポアンカレ研究所初代所長（1926）

彼の1894年の博士論文は，関数論の古典的理論における問題からスタートする．**カントール** [VI.54] の集合論に基づく新しい**測度論** [III.55] と，特に「被覆定理」（後にハイネ–ボレルの定理と間違って呼ばれた）を用いて，彼は特異点のある種の無限集合を無視する理論的根拠を与えた．彼はその集合に「測度零」を割り当てて，対象の関数の正則な領域を拡張した．無限個の集合についての演算に基づくボレルの測度論は，彼の影響力ある『関数論講義』（*Leçon sur la théorie de la fonctions*, 1898）を通して広く知られた．そして，後に**ルベーグ** [VI.72] によって完成され，解析学の主要な道具へと発展した．さらに，**コルモゴロフ** [VI.88] による確率論の公理化に対する，重要で不可欠な前提となった．

VI.71

バートランド・ラッセル

Bertrand Arthur William Russell

アイヴァー・グラタン＝ギネス［訳：砂田利一］

生：トレレック（ウェールズ），1872年
没：プラス・ペンリン（ウェールズ），1970年
数理論理学と集合論，数学の哲学

ラッセルが1890年代初めのケンブリッジ大学で学んだことは，彼の長く多彩な人生の，数学に関わる部分に大きな影響を与えた．彼はトライポス（優等試験）をパート1（数学）とパート2（哲学）に分けて受験し，その後この二つの素地を融合させて全般的な数学の哲学，特に数学の認識論的な基礎付けを探求しようとした．その最初のテストケースは，幾何学だった（1897）．しかし，その後数年のうちにラッセルは哲学的なスタンスを変えた．それは，彼が1896年に**カントール** [VI.54] の集合論の重要性を認識し，1900年にトリノの**ペアノ** [VI.62] を中心とする数学者のグループを知った時期に当たる．ペアノの支持者たちは，数学の厳密さと公理化を推し進めるため，可能な限り理論を形式化しようとしていた．そこには集合論を用いた命題と述語の「数理論理学」も含まれていたが，数学と論理の概念の区別は保ったままであった．ラッセルはこの体系を学び，それに関係の論理を加えたあとで，1901年，そのような概念の区別は不要であると結論した．つまり，論理学にすべての概念があると考えたのである．これは後に「論理主義」として知られるようになる哲学的立場であり，ラッセルは『数学の原理』（*The Principles of Mathematics*, 1903）において，そのことを記号によらないやり方で解説している．この著作の付録の中で，ラッセルは論理主義を先取りしていた**フレーゲ** [VI.56] の業績を世に知らしめた（ただし，フレーゲが論理主義を支持したのは，算術と一部の解析学についてのみである）．ラッセルは論理主義の立場をとることになった後にフレーゲを詳細に読み，その後はペアノ以上に影響を受け続けた．

次なる課題は，ペアノにならって論理主義を詳細に検討することだった．この研究は非常に煩雑だった上，1901年にラッセルが集合論には回避あるいは解決を必要とするパラドックスが生じやすいことを発見したために，さらに難しくなっていた．ラッセルは，かつてケンブリッジで彼の個人指導教師だったA・N・ホワイトヘッドと共同で研究し，ついに3巻からなる『プリンキピア』（*Principia Mathematica*）を1910〜13年に公刊した．この著作では，基礎的な論理学と集合論に続いて，実数の算術，そしてさらには超限数の算術までもが詳細に記述されている．幾何学についての第4巻をホワイトヘッドが書くはずだったが，1920年頃にこの計画は断念された．

ラッセルがパラドックスを解決したのは，個々の物，個々の物の集合，個々の物の集合の集合などを，階層に分けて区別する「型理論」によってだった．

集合や個々の物は，階層の一つ上の集合にしか属することができないとされたのである．したがって，集合はそれ自身に属することはできない．型理論では，パラドックスの回避と引き替えに，関係と述語に制約が加わることになり，数学のかなりの部分が排除されることになった．数はその種別によってさまざまな型に属し，そのため一括した算術操作ができなくなったからである．たとえば，34 + 7/18 でさえ定義不可能だった．ラッセルとホワイトヘッドはそのような定義を許すために還元公理（axiom of reducibility）を提案したが，これは，言ってしまえば単なるまやかしと言ってもよい．

ラッセルの理論のさまざまな特徴の一つが，彼が「乗法の公理」（multiplicative axiom）と呼んだ**選択公理** [III.1] の一形式である．ラッセルはツェルメロよりもわずかに早く，1904 年にこれを発見していた．選択公理は論理主義の中で特異な役割を演じていたが，それは，一部には選択公理の論理主義的な地位が疑問視されていたからである．

『プリンキピア』には論理学や論理主義に関わる議論があるが，哲学者には数学的すぎ，数学者には哲学的すぎる傾向がある．しかし，この著作のプログラムは，ラッセル自身を含め哲学の幾筋かの流れにも影響を与えた．また，高度な公理化の一例として，数学基礎論研究の模範になったのである．その中には，ラッセルが構想したような論理主義は達成し得ないことを示した，1931 年のゲーデルの**不完全性定理** [V.15] も含まれている．

文献紹介

Grattan-Guinness, I. 2000. *The Search for Mathematical Roots*. Princeton, NJ: Princeton University Press.

Russell, B. 1983-. *Collected Papers*, thirty volumes. London: Routledge.

VI.72

アンリ・ルベーグ

Henri Lebesgue

ラインハルト・ジークムント＝シュルツェ［訳：森　真］

生：ボーヴェ（フランス），1875 年
没：パリ（フランス），1941 年
積分論，測度，フーリエ解析への応用，位相次元，変分法

ルベーグは 1894 年から 1897 年の間，パリのエコールノルマルで学んだ．わずかに年上の**ボレル** [VI.70] やルネ＝ルイ・ベールに影響を受けた．ナンシー大学で教師をしているときに，重要な論文「積分，長さ，および面積」（Intégrale, longueure, aire, 1902）を完成させた．レンヌ大学，ポアティエ大学，そしてパリのソルボンヌ大学で地位を得た後，戦争に関わる研究に従事し，ソルボンヌで 1919 年に，そして最終的にコレージュ・ド・フランス（1921）で教授になった．その 1 年後にフランスの科学アカデミー会員に選ばれた．

ルベーグの最も重要な貢献は，**リーマン** [VI.49] の積分概念を一般化したことである．これは一方では，より広いクラスの実関数族を考える必要性に応えたものであり，もう一方では極限と積分の交換可能性，無限列の積分（特にフーリエ級数）のような概念に確実な基礎を与えるものであった．ヴィト・ヴォルテラによる，積分不可能で有界な微分を持つ有名な例（1881）に答えて，ルベーグは彼の学位論文に次のように書いた．

> リーマンによって定義された積分の類いは，与えられた微分についてその関数を見つけるという微積分の基礎的な問題すべての解について許されているわけではない．したがって，可能な限り大きい関数のクラスについて微分の逆演算を行える積分の定義を探すことは，自然なことと思われる．

ルベーグは，定義域を分割する伝統的な方法ではなく，関数の値域を分割し，与えられた y 軸（縦軸）に属する x 軸（横軸）について加えることで積分を定義した．ルベーグ自身は彼の方法を，借金を払う方法と比較して同僚のポール・モンテルに説明した．

> 私はいくらかを払わなければならない．そして，そのお金はポケットの中に入っている．お札と硬貨をポケットから取り出し，合計金額に達するまで見つかった順に貸し主に与える．これがリーマンの方法だ．しかし，私は別の方法で払おう．お金をすべて取り出したあとで，札と硬貨を同じ値のものを並べて，貸し主にその中からいくつかの塊を次々に渡す．これが私の積分だ．

この比較は，直観的で自然な和であるリーマン積分に対して，ルベーグ積分が持つ理論的な性格を表している．リーマン積分では必ずしも積分可能でないより高度な関数が，ルベーグ積分では「積分可能」になることを意味している．

ルベーグは彼の和を実行するために，ボレルの**測度** [III.55] の概念（1898）を新しい積分の基礎とした．そのことから，これは無限集合に関する**カントール** [VI.54] の理論を利用していた．集合を覆い，測るために無限個の区間を用い，それによって今まで考えられていたよりも直観的でない（実数の）直線上の連続体の部分集合を測ることが可能になった．決定的なのは，「測度 0 の集合」の概念，そしてそのような集合を「除いて」，つまり「ほとんどすべての点」で有効な性質を考察することである．「有界な関数がリーマン積分可能であることと，不連続点全体が測度 0 であることとは必要十分である」という基本的な結果を得て，全体の流れがスムースになった．

ルベーグは，**ジョルダン** [VI.52] の初期理論の真の一般化として，測度に関するボレルの理論を完成させた．ジョルダンからは，積分理論に有界変動関数の重要な概念も借りている．ルベーグは「測度 0 の集合」の任意の部分集合の測度を考えたり，ルベーグ可測でない集合が存在するかというような理論的な問いを提起したりした．この問いはイタリア人のジュゼッペ・ヴィタリによって**選択公理** [III.1] を用いて，1905 年に肯定的に解かれた．一方で，ロバート・ソロヴェイ（Robert Solovay）は，1970 年に選択公理なしにはそのような集合の存在は証明できないことを，数学論理学の手法によって示した（「集合論」[IV.22 (5.2 項)] を参照）．ルベーグ自身は，選択公理のように集合論的原理を際限なく使用することについて懐疑的であった．彼は数学的対象の「存在」には限定的な視点を持っており，「定義可能性」を数学の経験主義哲学に関する試金石にしていた．

ルベーグの積分 —— この考えはそれほど深くではないが，英国の数学者 W・H・ヤングが並行して研究していた —— は，たとえば**リース** [VI.74] の L^p 空間（1909）のような調和解析や関数解析の発展に強い刺激を与えた．ルベーグ自身が 1910 年に提唱した，n 次元空間で定義された関数への一般化は，ラドンの理論（1913）のようなより一層一般的な積分理論にさえ貢献した．

ルベーグ積分の重要性が広く理解されるまでに数十年の歳月が必要だったとはいえ，その応用への重要性，たとえば，自然の不連続性や統計的現象の解析や確率論においては，長い目で見ると無視できないものだった．

文献紹介

Hawkins, T. 1970. *Lebesgue's Theory of Integration: Its Origins and Development*. Madison, WI: University of Wisconsin Press.

Lebesgue, H. 1972–73. *Œuvres Scientifiques en Cinq Volumes*. Geneva: Université de Geneve.

VI. 73

ゴッドフリー・ハロルド・ハーディ

Godfrey Harold Hardy

ベラ・ボロバシュ［訳：平田典子］

生：クランレーフ（英国），1877 年
没：ケンブリッジ（英国），1947 年
数論，解析学

G・H・ハーディは，20 世紀の英国において最も影響力のあった数学者である．オックスフォード大学のサヴィル教授であった 1919 年から 1931 年を除き，青年期以降の大部分をケンブリッジ大学で過ごし，1931 年から 1942 年の退職まではサドラー教授職にあった．1910 年には王立協会フェローになり，1920 年にロイヤルメダル，1940 年にシルヴェスターメダルを獲得した．王立協会の最高位のコプリメダルがその没時に授けられた．

20 世紀初頭の英国での数学における解析学の標準レベルはかなり低く，ハーディは彼の研究や 1908 年の『純粋数学講義』(*A Course of Pure Mathematics*) の出版を通しても，改善できたわけではなかった．この書物は「食人種に話しかける宣教師」と称されたといい，英国における複数の世代の数学者に恐るべき影響を与えた．彼の純粋数学，特に解析学への愛情は，不幸なことに数十年の間，応用数学や代数的な分野の成長を少しばかり抑えてしまったようである．

1911 年に彼は**リトルウッド** [VI.79] との長きにわたる共同研究を始める．およそ 100 通の書簡が交わされたという．この共同研究は一般的に数学の歴史において最も有益であったと見なされている．彼らは級数の収束や総和，不等式，**加法的整数論** [V.27]（ウェアリング問題やゴールドバッハ予想を含む），そしてディオファントス近似について研究した．

ハーディは**リーマン予想** [IV.2 (3 節)] に対して最初に重要な成果をあげた数学者である．1914 年にはゼータ関数 $\zeta(s) = \zeta(\sigma + \mathrm{i}t)$ が臨界線 $\sigma = 1/2$ 上において無限個の零点を持つことを示した（「ジョン・エデンサー・リトルウッド」[VI.79] も参照）．その後，リトルウッドとともに本質的な拡張を行った．

1914 年から 1919 年にかけてハーディは，数学をほとんど独学で学んだインドの天才数学者**スリニヴァーサ・ラマヌジャン** [VI.82] と共同研究を行う．彼らは 5 本の共著論文を書いたが，最も著名なものは，$p(n)$，つまり整数 n をいくつかの整数の和に分割する個数の研究についての論文である．これは急に増加する関数になり，たとえば $p(5) = 7$ であるが，$p(200) = 3\,972\,999\,029\,388$ となる．$p(n)$ の**母関数** [IV.18 (2.4 項, 3 節)]，つまり

$$f(z) = 1 + \sum_{n=1}^{\infty} p(n) z^n$$

は $1/((1-z)(1-z^2)(1-z^3)\cdots)$ に等しく，

$$p(n) = \frac{1}{2\pi \mathrm{i}} \int_{\Gamma} \frac{f(z)}{z^{n+1}} \mathrm{d}z$$

が得られることが知られている．ここで，Γ は原点中心で半径 1 未満の円である．1918 年にハーディとラマヌジャンは，$p(n)$ に対し，急激な速さで収束する漸近公式を証明し，また十分大きい n に対しては，漸近公式での最初のいくつかの項の和に近い整数によって $p(n)$ を正確に計算できることを示した．たとえば，$p(200)$ は漸近公式の最初の 5 項から求まる．

ハーディとラマヌジャンは，$p(n)$ の漸近公式を円周法という手法で求めた．後にハーディとリトルウッドはこの方法を解析的整数論で最も力強い方法に発展させる．上記のような積分路における線積分を評価するためには，ハーディとリトルウッドは円周という積分路にとらわれない巧妙な手法が賢明であると考えた．

このほかのハーディとラマヌジャンの功績としては，$\omega(n)$ つまり整数 n の異なる素因数の個数についての「典型的な数 n」に対する結果が挙げられる．すなわち，「典型的な数 n」に対して，ほぼ $\omega(n) = \log\log n$ が成り立つことを証明した．エルデシュとカッツは 1940 年にこの結果を改良して一般化し，$\omega(n)$ のような加法的整数論に登場する関数は，誤差に関する**ガウスの法則** [III.71 (5 節)] に従うことを示し，確率論的整数論という重要な分野の誕生を促した．

ハーディの名はさまざまな概念や定理に見られる．ハーディ空間，ハーディの不等式，**ハーディ–リトルウッドの極大定理** [IV.11 (3 節)] などである．$0 < p \leq \infty$ に対し，ハーディ空間 H^p は単位円内で解析的であり，ある意味で有界な関数の集合である．特に H^∞ は解析的な有界関数の集合を表す．ハーディとリトルウッドは H^p の基本的な性質を彼らの極大定理から導出した．極大定理は円周上の根基極限と呼ばれる関数に結び付けて考察される．ハーディ空間論は解析学のみならず，確率論や制御理論にも数多くの応用を持つ．

ハーディとリトルウッドはあらゆる種類の不等式を好み，ジョージ・ポリアとともにこの主題に関する当時の典範となった本を 1934 年に出版し，古典解析に大きな影響を与えた．

ハーディは数学の純粋さに誇りを持っていたが，1908 年に出版された論文では，優性遺伝子の割合と劣性遺伝子の性質についてのメンデルの法則の一般化に当たる法則も述べている．これは**ハーディ–ワインベルグの法則**として知られ，優性遺伝子を持つ者が全世界を占めて，劣性遺伝子を持つ者は死に絶えるべきであるという考えに対する反論を提出した．その後の論文で彼は簡単な数学の議論を用いて，「好ましくない」形質を持つ人の繁殖を禁じることの無益さを示し，人種改良論者に対して厳しい反論を行った．

数学的な思想において，ハーディは**ラッセル** [VI.71] の信奉者であり，その政治的な考え方にも共鳴していた．ハーディは 1910 年に評議員を不承不承引き

受けた後，ケンブリッジ大学の優等卒業試験（トライポス）における評価制度の廃止を求める団体の要職を務めた．英国の数学にとって害があると考えていた数学最終試験の全面廃止（制度改革ではない）を目指して，彼は懸命に努力した．第 1 次世界大戦の後には，数学界における国際的な争いの調停のために英国の奮闘を率いた．ヨーロッパ大陸においてナチスによる迫害が始まった 1930 年初めころに，彼は幅広い人脈を生かして，難民となった数学者に米国，英国，英連邦などの職を斡旋した．ロンドン数学会の重要な支援者でもあり，20 年間近く要職を務めたばかりでなく，2 年間会長職にもあった．

ハーディは何物も恐れない無神論者であり，神を個人的な敵でもあるかのように話すことがあった．話し上手であり，頭を使うさまざまな遊び――退屈しのぎのクリケット，詩人遊び，ケンブリッジのフェロー会など――を好んでいた．球技，特にクリケット，野球，ボウリング（大学の曲がった木をピンに使っていた），テニス（芝生テニスではない）が好きであった．他人を賞賛する際には，傑出したクリケット競技者にしばしばたとえた．

ハーディは，共同研究や，若い数学者を研究者として世に送り出す場において，特別の天賦の才があった．彼は数学のみならず，イギリス散文の大家であった．活発で魅力的な人物であり，またさりげない付き合いにおいても，良い印象を永く与えた．『ある数学者の弁明』(*A Mathematician's Apology*) と題された彼の詩集が晩年に著され，数学者の世界に対するその優れた眼識を披露した．

文献紹介

Hardy, G. H. 1992. *A Mathematician's Apology*, with a foreword by C. P. Snow. Cambridge: Cambridge University Press. (Reprint of the 1967 edition.)
【邦訳】G・H・ハーディ，C・P・スノー（柳生孝昭 訳）『ある数学者の生涯と弁明』（シュプリンガー・フェアラーク東京，1994）

Hardy, G. H., J. E. Littlewood, and G. Pólya. 1988. *Inequalities*. Cambridge: Cambridge University Press. (Reprint of the 1952 edition.)

VI. 74

フレデリック・リース

Frigyes (Frédéric) Riesz

アイヴァー・グラタン＝ギネス [訳：伊藤隆一]

生：ジェール（ハンガリー），1880 年
没：ブダペスト（ハンガリー），1956 年
関数解析，集合論，測度論

リースはブダペスト大学とヨーロッパの他の場所で教育を受けた後，1911 年にコロジュバール大学（ハンガリー）の職に任命された．この大学は 1920 年に移転し，セゲド大学となり，リースは 2 回学長を務めた．彼は 1946 年にはブダペストに戻った．リースの研究の大部分は，集合論，測度論からのテクニックに富んだ数理解析と，関数解析である．

リースの有名な結果の一つは，**フーリエ級数** [III.27] に関するパーセバルの定理の一般化の逆である．有限区間上の直交関数の列と実数列 $a_1, a_2, \ldots$ が与えられたとき，これらの関数による a_r を係数とするフーリエ型の級数展開ができる関数 f が存在するのは，$\Sigma_r a_r^2$ が収束するとき，かつそのときに限る．さらに，f 自身，2 乗積分可能である．彼はこの定理を 1907 年に，ドイツの数学者エルンスト・フィッシャーと同時に証明した．したがって，定理には 2 人の名前を冠している．

2 年後，リースは，彼の名前が付いた「表現定理」を発見した．それは，「有限区間 I 上の連続関数 F を実数に写す連続な線形汎関数は，ある有界変動関数についての，I 上での F のスティルチェス積分によって表現できる」ことを主張する．これは，応用と一般化の豊かな源泉となるものであった．

当時**ヒルベルト** [VI.63] によって発展しつつあった話題，積分方程式およびフレシェによって構築された関数解析についての彼の研究に関連して，リースはこの二つの定理を発見した．ヒルベルトの成果は，当時はほとんど研究されていなかった無限行列に彼を導いた．リースは彼の最初の著書『無限個の未知数についての線形方程式系』(*Les Systèmes d'équations linéaires à une infinité d'inconnues*, 1913) を書いた．彼はまた，$p > 1$ に対する L^p 空間（すなわち，f^p

がある指定された区間で積分可能であるような関数 f の空間）とその双対空間 L^q（$1/p+1/q=1$）の理論も研究した．そして，彼とフィッシャーの定理を自己双対空間（現在**ヒルベルト空間** [III.37] として知られる，つまり $p=2$ の場合）に応用する研究をした．その後，彼は完備な空間（後に**バナッハ空間** [III.62] として知られる）のいくつかの基礎を築いた．また，関数解析をエルゴード理論に応用した．彼は，これらの分野における成果の大半を，彼の学生 B・セケファルヴィ＝ナジーとの共著『関数解析教程』（*Leçons d'analyse fonctionelle*, 1952）にまとめた．

この成果のすべては，他のいろいろな数学者が，すでにだいたいの仕組みを作っていた理論に対して重要な貢献をなした．リースは劣調和関数について革新的な仕事を成し遂げた．彼は，与えられた関数を，調和でなく劣調和（局所的に調和以下）になる領域まで拡張することを許すことによって，**ディリクレ問題** [IV.12 (1 節)] を修正した．また，これらの関数のポテンシャル論への応用をいくつか研究した．

リースはまた，集合論の基本的な側面，特に順序の型，連続性，ハイネ–ボレルの被覆定理の拡張についても研究した．さらに，階段関数と測度零の集合を基本概念として用い，できるだけ**測度論** [III.55] を避けて，**ルベーグ積分** [III.55] を構成的な方法で再定式化した．

文献紹介

Riesz, F. 1960. *Oeuvres Complètes*, edited by Á. Császár, two volumes. Budapest: Akademiai Kiado.

VI. 75

ライツェン・エヒベルトゥス・ヤン・ブラウアー

Luitzen Egbertus Jan Brouwer

ディルク・ファン・ダーレン［訳：砂田利一］

生：オフェルスヒー（オランダ），1881 年
没：ブラリクム（オランダ），1966 年
リー群論，位相幾何学，幾何学，直観主義数学，数学の哲学

ブラウアーはアムステルダム大学に 16 歳で入学し，そこで D・J・コルテヴェークに師事した．若きブラウアーは現代数学だけでなく，哲学にもかなり打ち込んでいた．大学院生時代には，4 次元空間中の回転の分解に関する独自の論文をいくつか発表する一方で，神秘主義に関する短い論文も一つ発表している．この論文には彼の後年の思想において重要になるアイデアが数多く盛り込まれていた．1907 年の学位論文で，彼は**ヒルベルト** [VI.63] の第 5 問題（**リー群** [III.48 (1 節)] の公理から微分可能性を取り除くことができるか）の特別な場合を解決し，彼自身の「構成的数学」の最初のプログラムを示した．

彼の数学の基盤は「数学の原始的直観」，つまり連続体と自然数が直観から同時に作られるとする思想だった．この考えにおいては，証明を含む数学的対象は精神的な創造物となる．数学の基礎の発展を概観したあとで，ブラウアーは人間の知性に張り巡らされた壁を乗り越えるべく，同時代の数学の批判に向かった．人間の認知を超えた集合概念を導入したとして**カントール** [VI.54] を批判し，ヒルベルトの公理的方法論や形式主義を批判したのである．また，ヒルベルトの「無矛盾性のプログラム」を批判し，「無矛盾ならば実在する」を否定した．

1908 年の「論理原則の不信頼性」（The unreliability of the logical principles）という論文において，ブラウアーは排中律を信頼できないものとしてきっぱりと捨て去った（「すべての数学の問題は可解である」というヒルベルトのドグマも同様である）．1909 年から 1913 年には，位相幾何学に取り組んだ．リー群の研究も継続する一方，位相幾何学は（カントール–シェーンフリース的スタイルでの）健全な基礎を必要としていると書き記している．『位置解析のための論文』（*Zur Analysis Situs*, 1910）においては，数々の概念や例（曲線，分解不可連続体，一つの境界を持つ三つの領域）を詳説した．これは集合論的な位相幾何学を見直す端緒となった．同時にブラウアーは 2 種類の研究を開始させた．一つは曲面の自己同相写像についての研究であり，これは球面上の**不動点定理** [V.11] や，平面の平行移動定理（plane translation theorem）（不動点を持たないユークリッド平面の同相写像の分類）という成果を確立した．もう一つは球面上のベクトル場の研究であり，ここから特異点の存在定理とその分類が生まれた．この分野で最もよく知られている定理は，ブラウアーの「毛玉の定理」（どのように毛玉の毛並みを整えても，必ずつむじが

生じる）である*1)．1910 年に，ブラウアーはジョルダンの閉曲線定理の直接的な証明を位相幾何学を用いて考案し，それは今なお最も初等的な証明の一つである．いわゆる現代位相幾何学は，ブラウアーの「次元不変性定理」で幕を開けたといってよい．**多様体** [I.3 (6.9 項)] の位相幾何学の基礎を据え，そこでの基本的な道具として連続写像の写像度を用いた．基礎的な論文である「多様体の写像について」（Über Abbildungen von Mannigfaltigkeiten, 1911）には，現代位相幾何学のほとんどのツールが含まれている．例として，単体近似，写像度，**ホモトピー** [IV.6 (2, 3 節)]，特異点指数，そして新しい概念の基礎的な性質が挙げられる．

ブラウアーの現代位相幾何学に関する洞察とテクニックは，目を見張るほど豊かな成果を生み出した．ブラウアーの不動点定理，領域不変性定理，高次元ジョルダン閉曲線定理，（$\mathbb{R}^n$ の次元は n であることについての）健全性証明を含む次元の定理などである．また，領域不変定理を自己同型写像と一意化の定理に応用し，クライン–ポアンカレの連続性の方法（1912）の正しさを証明することにも成功した．

第 1 次世界大戦の間，ブラウアーは数学基礎論に回帰した．彼が思い付いたより成熟した**直観論理** [II.7 (3.1 項)] は，精神が創造した対象や概念に基づいた構成的数学の可能性を十分に模索したものだった．キーとなる概念は，（無限）選列（つまり数学的対象（たとえば自然数）を，（数学者が）自由に選ぶことによって決定される列），整列順序性，そして直観主義論理だった．「ブラウアーの宇宙」では，強力な結果を得ることができる．たとえば，選列に自然数を割り当てる関数は連続である（つまり，（無限の）入力のうちの有限個の断片から，出力が決定される）ことを主張する「連続性の原理」や，信頼できる超限帰納法の原理，特に「バー帰納法」（bar induction）という新しい原理が挙げられる．これらの原理の力を借りて，ブラウアーは，(i) 閉区間上のすべての実関数は一様連続であり，(ii) 連続体は分解不可能であることを示した．このことで，排中律を強い意味で否定することができるようになった．もはや，実数は零か非零かであるとは言えなくなったのである．ブラウアーの宇宙では，ボルツァーノ–ワイエルシュトラスの定理や中間値の定理など，多くの古典的な定理が成り立たなくなる．

ブラウアーの数学的宇宙は論理における排中律を欠いているが，その代わりに信頼できる構成的な原理を自由に使うことができ，伝統的な論理学に相当する力を持つものになった．

ブラウアーは，基礎論に関するプログラムをめぐってヒルベルトと衝突することになった．すなわち，形式主義と直観主義の衝突である．1928 年には対立が高じて，アインシュタインが「カエルとネズミの戦争」と評した事件が起き，ヒルベルトは『数学年報』（*Mathematische Annalen*）の編集委員会から，（14 年間委員を務めた）ブラウアーを排除した．

ブラウアーは非凡な人物であり，芸術，文学，政治，哲学，神秘主義などに幅広く興味を持っていた．また，熱心なインターナショナル*2)支持者でもあった．

1912 年から 1951 年の間には，アムステルダム大学の教授職を務めた．

文献紹介

Brouwer, L. E. J. 1975–76. *Collected Works*, two volumes. Amsterdam: North-Holland.

van Dalen, D. 1999–2005. *Mystic, Geometer and Intuitionist. The Life of L. E. J. Brouwer*, two volumes. Oxford: Oxford University Press.

VI.76

エミー・ネーター

Emmy Noether

コリン・マクラーティ［訳：渡辺敬一］

生：エルランゲン（ドイツ），1882 年
没：ブリンマー（米国ペンシルバニア州），1935 年
代数，数理物理，位相幾何

エミー・ネーターの経歴は，古典的な代数学（彼女は代数学を物理学の**ネーターの保存法則** [IV.12 (4.1 項)] として変換して見せた）に関する有名な業績で始まっている．彼女は「現代代数学」の創始者であり，その代数学を数学の諸分野に浸透させる際のリー

*1) ［訳注］「2 次元球面上の連続なベクトル場は必ず零点を持つ」という定理のこと．

*2) ［訳注］社会主義運動の国際的組織．

ダーであった．

父のマックス・ネーターとネーター家の友人であるパウル・ゴルダンは，エルランゲンの数学者であり，女性の教育に情熱を燃やしていた．ゴルダンは不変式論の超人的な計算を行った．2 次式 Ax^2+Bx+C の不変式は，本質的に 2 次方程式の解法で用いられる $\sqrt{B^2-4AC}$ 一つだけである．ゴルダンの学生として，ネーターは 4 次の 1 次独立な不変式を 331 個発見し，他の不変式はすべてその 331 個を用いて書けることを示した．これはたいへん立派な研究成果だが，「画期的」というほどではなかった．

1915 年に**ヒルベルト** [VI.63] は，彼女をゲッティンゲンに，微分方程式の不変式を代数的に取り扱う研究をするために招聘した．その年に，彼女は前述の「保存法則」——物理系の不変量はその系の対称性による——を発見した．たとえば，ある物理系が時間によらない法則を持っていて，時間を変えることはその系の対称性だとすると，エネルギーはその系で保存される（Feynman, 1965, chapter 4）．この定理は，ニュートン力学や，特に量子力学でたいへん基本的な定理である．この保存法則は，一般相対性が保存法則を満たすのは特別な場合に限られることも示した．

ネーターのライフワークは抽象代数学の創始であった．それまでの古典的な代数学は，実数や複素数，およびその上の多項式を対象にしていたが，ネーターは**環の公理** [III.81] や**群の公理** [I.3 (2.1 項)] といった抽象的な公理系を満たす任意の対象を研究対象にした．具体的な例としては，ある空間（たとえば球面のような）上の代数的な関数全体のなす環や，与えられた図形や空間のすべての対称変換の群などが挙げられる．彼女は，今日標準的となっている抽象代数学のスタイルの多くの部分を作り上げた．彼女のアイデアは，**代数幾何学** [IV.4] にも応用されている．現在の代数幾何学では，すべての抽象的な環は，**概型** [IV.5 (3 節)] と呼ばれる空間上の関数の環として実現される．

彼女は，その後ある系の元の演算（加法や乗法などの）から，さまざまな系の相互の関係（たとえば二つの環 R, R' の間の**準同型写像** [I.3 (4.1 項)] のような）に関心を移した．彼女はすべての代数系の族に対して，同型定理を定式化した．彼女の目的は，いくつかの元に関する方程式を**イデアル** [III.81 (2 節)] や対応する準同型写像で置き換え，定理を証明する際の基本的な道具として定式化することだった（この方法は，1950 年代のグロタンディークの出現によって実を結んだ）．

トポロジスト（位相幾何学者）は，**位相空間** [III.90] を二つの空間の間の連続写像と合わせて研究する．ネーターは，彼女の代数的手法がそこにも応用できることを見抜き，1920 年代の若いトポロジストたちにそのような考えを用いさせた．それぞれの位相空間 S は**ホモロジー群** [IV.6 (4 節)] $H_nS,\ n=0,1,2,\ldots$ を持ち，S から S' への連続写像は，ホモロジー群の準同型写像 $H_nS \to H_nS'$ を誘導する．こうして，位相幾何学の定理が代数学の定理から導かれることになる．この連続写像と準同型写像の関係が，**圏** [III.8] の概念を生み出すことになる．

1930 年代に，ネーターは徹底的に単純化された，群の環への作用の概念を用いて，**ガロア理論** [V.21] を研究した．その応用はたいへんに深遠なものがあり，**類体論** [V.28] に始まり，群のコホモロジー理論や，**数論幾何** [IV.5] の多くの代数的・位相幾何的方法に発展していった．

彼女はナチスにより 1933 年にドイツを追われ，米国で癌の手術の後に死去した．創造力の絶頂における惜しまれる死だった．

文献紹介

Brewer, J., and M. Smith, eds. 1981. *Emmy Noether: A Tribute to Her Life and Work*. New York: Marcel Dekker.

Feynman, R. 1965. *The Character of Physical Law*. Cambridge, MA: MIT Press.

VI.77

ヴァツワフ・シェルピンスキ

Wacław Sierpiński

アンドレイ・シンツェル［訳：森　真］

生：ワルシャワ（ポーランド），1882 年
没：ワルシャワ（ポーランド），1969 年
数論，集合論，実関数，トポロジー

シェルピンスキは，ゲオルギ・ボロノイの指導のもと，ワルシャワにあるロシア大学で数学を学んだ．最初の論文（1906）で，円 $x^2+y^2 \leq N$ 内の格子点

の個数と面積との差に関する**ガウス** [VI.26] の評価を改善し，それが $O(N^{1/3})$ であることを示した．

彼は 1910 年にルヴフ大学で准教授になった．このときを境に彼の興味は集合論へと移行し，1912 年にこれについての教科書を書いている．当時，この主題についての教科書はたった 5 冊しか出版されていなかった．集合論における彼の最も重要な成果は，第 1 次世界大戦中のロシア滞在時に得られた．1915 年から 1916 年の間，彼は初めて発表されたフラクタルの例となる 2 曲線を構築した．一つはシェルピンスキ・ガスケットとして，もう一つはシェルピンスキ・カーペットとして知られている．後者は正方形 $[0,1]^2$ の中の点 (x,y) で，3 進展開をしたときに，x と y の両方が 1 を含まない点の全体である．すべての内点を持たない平面連続体（連続体はコンパクト連結集合である）の同相写像の像を含んでいることから，シェルピンスキの普遍曲線としても知られている．

1917 年にススリン (Souslin) は，**ボレル集合** [III.55] の（たとえば平面から直線への）射影がボレル集合とは限らないことを示した．1918 年にシェルピンスキはルージンとともに，すべての解析集合（ボレル集合の射影）はボレル集合の $\aleph_1$ 個の共通部分であることを示した．ここで，$\aleph_1$ は最小の非可算濃度である．同じ年に，**選択公理** [III.1] と，集合論と解析におけるその役割に関する重要な研究も出版し，どの連続体も互いに素な空でない閉集合の可算和には分解できないことを証明した．

1919 年に，シェルピンスキはワルシャワの新しいポーランド大学の教授になり，1920 年にヤニシェフスキ (Janiszewski) とマズルキヴィッチ (Mazurkiewicz) とともに，集合論とトポロジー，およびその応用に関する最初の専門的数学雑誌『数学基礎』(*Fundamenta mathematicae*) を発刊した．1951 年まで彼はその編集者として留まった．その第 1 巻には，$\mathbb{R}^n$ の孤立点を持たないすべての可算部分集合は有理数全体と同相であるという証明，$\mathbb{R}^n$ の可算コンパクト集合の完全な分類（マズルキヴィッチとの共同研究），$\mathbb{R}^n$ の部分集合が区間の連続写像の像であるための必要十分条件が収録されている．

彼は**連続体仮説** [IV.22 (5 節)] ($\aleph_1 = 2^{\aleph_0}$) を用いて，現在**シェルピンスキ集合**として知られている，実数の**非可算** [III.11] でそのすべての非可算部分集合が非可測である集合を構成した (1924)．彼はまた，**測度** [III.55] 0 の集合を第 1 種のカテゴリーの集合に写す，直線からその上への 1 対 1 の写像を構成し，その手法により第 1 種カテゴリーの集合のすべてが得られた (1934)．前者は高度に逆説的であり（非可測集合の具体例は知られていない），後者はエルデシュのおかげで次の双対原理へと導かれた．P を，測度 0 の概念と第 1 種のカテゴリーと純粋に集合理論のみを含んだ命題とする．P^* は，P における「測度 0 の集合」と「第 1 種のカテゴリーの集合」を交換することで得られる命題とする．そのとき，連続対仮説を仮定すると，P と P^* は同値である．

1934 年にシェルピンスキは，連続体仮説に関する「連続体仮説」という題の論文を書いた．また，**タルスキ** [VI.87] とともに，**強到達不能基数** [IV.22 (6 節)] の概念を紹介した (1930)．これは，$\mathfrak{m}$ より小さい濃度を持つ集合の $\mathfrak{m}$ より少ない積では濃度 $\mathfrak{m}$ は得られないという概念である．ラムゼー理論にも取り組み，ラムゼー定理の無限拡張に限界を与えた．正確に述べると，ラムゼーは自然数から選んだペアを有限色の糸のどれかで結ぶと，必ず単色の部分集合（すなわち，集合内のペアがすべて同じ色の糸で結ばれている部分集合）が存在することを証明した．シェルピンスキは対照的に，濃度 $\aleph_1$ の元の集合から選んだペアを 2 色の糸のどちらかの糸で結ぶとき，濃度 $\aleph_1$ の部分集合内のペアの中には色の異なる色の糸で結ばれたペアが存在することを示した．彼はまた，一般化された連続体仮説から選択公理を導いた (1947 年に，濃度なしに定式化した)．

晩年には集合論に戻り，『アクタ・アリスメティカ』(*Acta arithmetica*) の編集長になった (1958〜69)．

文献紹介

Sierpiński, W. 1974–76. *Oeuvres Choisies*. Warsaw: Polish Scientific.

VI. 78

ジョージ・バーコフ

George Birkhoff

ジューン・バロウ＝グリーン［訳：森　真］

生：オバーシール（米国ミシガン州），1884 年
没：ケンブリッジ（米国マサチューセッツ州），1944 年
差分方程式，微分方程式，力学系，エルゴード理論，相対論

1924 年の国際数学者会議において，ロシアの数学者 A・N・クリロフは，バーコフを「米国の**ポアンカレ** [VI.61]」と称えた．それは適切な表現であり，バーコフはポアンカレの業績，特に天体力学に関する偉大な論文に深く影響されていたから，彼自身も喜んだことだろう．

バーコフはまず F・H・ムーアとオスカー・ボルツァにシカゴで学び，ついで W・F・オスグッドとマクシム・ボッチャーにハーバードで学んだ．シカゴに戻り，1907 年に漸近展開，境界値問題，シュトゥルム–リューヴィル理論に関する論文で博士号を得た．1909 年から 2 年間ウィスコンシンで E・B・ヴァン・ヴレックのもとで学んだあと，プリンストンへ移り，そこでオズワルド・ヴェブレンと親密になった．1912 年にハーバードに移り，教授として 1944 年に突然死するまでそこにいた．バーコフはマーストン・モースやマーシャル・ストーンを含む 45 人に博士号を与え，科学界で優れた地位を保つなど，米国の数学の発展に尽くした．彼は米国でも外国でも，米国の代表的な数学者として，一般に知られていた．

バーコフは線形差分方程式に関する論文（1911）で卓越さを最初に示し，彼の生涯を通して，断続的にこの話題について出版し続けた．この研究に関連するのは，線形微分方程式理論に関するいくつかの論文と，微分方程式で定義された複素関数についての一般化されたリーマン問題に関する論文（1913）である（最近まで，後者はヒルベルトの第 21 問題とヒルベルト–リーマンの問題の解を含んでいると信じられていたが，1989 年にそれは間違いであることがボリブルフ（Bolibruch）によって示された）．

バーコフの生涯を通じて，彼は解析において**力学系** [IV.14] に最も深い興味を持ち，偉大な成功を収めたのもこの分野である．最も一般的な力学系を完全な質的特徴付けが可能な正規系へと還元することが彼の包括的な目標であった．ポアンカレと同様に，周期運動の研究は彼の仕事の中心であった．安定性と関連する問題と同様に，**3 体問題** [V.33] に関しても集中的な著作を残した．1923 年にボホナー賞を得た，自由度 2 の力学系に関する論文（1917）について，彼は「これまで行ってきたのと同様の良い仕事だった」と述べたと言われている．これとは別の有名な貢献は，ポアンカレの位相的「最終幾何定理」の証明であった．この出版は世界的な賞賛を集めた（1913）（この定理は，円環の上の 1 対 1 の面積保存写像で境界の円の上を逆の方向に動くものは，少なくとも二つ以上不動点を持つというもので，この重要性は，その証明が制限 3 体問題の周期解の存在を示すところにある）．彼は「再帰運動」（1912）とか「計量的推移性」（1928）といったいくつかの新しい概念を導入し，力学系の記号体系の使用を推進した（1935）．後者は，マーストン・モースとグスタフ・ヘートルントによる 1930 年代後半の記号力学系（記号の無限列からなる空間を扱う，**アダマール** [VI.65]（1898）によって考え出された力学系の分野）の形式的な発展への道を開いた．彼の著作『力学系』（*Dynamical Systems*, 1927）は，微分方程式で定義される系の質的理論に関する最初の本であった．位相的アイデアがあふれており，彼の初期の研究の多くと結び付いている．

バーコフの力学系の研究と密接に関係しているのは，**エルゴード理論** [V.9] に関する成果である．バーナード・クープマン（Bernard Koopman）と**フォン・ノイマン** [VI.91] の定理に刺激されて，バーコフは 1931 年に，統計力学と**測度論** [III.55] の両方にとって基本的な結果であるエルゴード定理を作り上げた．この証明は，ポアンカレの位相的なアプローチにルベーグの測度論の使用を組み合わせたものである（粗く言えば，バーコフのエルゴード理論は，微分方程式で与えられた任意の不変体積を持つ力学系について，領域 v に対応して，定まった「時間確率」p が存在し，測度 0 の集合を除いて任意の動点は，t^* を v 内にいる時間とすると，全経過時間 t について $\lim t^*/t = p$ を満たすことを主張する）．

物理理論を創造する中にあっても，バーコフは物理的直観よりも，数学的対称性や単純性を擁護してい

た．相対論に関する（英語ではこの分野の最初期の著作となる）彼の著作『相対論と現代物理』（*Relativity and Modern Physics*, 1923）と『相対論の起源・性質・影響』（*The Origin, Nature, and Influence of Relativity*, 1925）は際立って独創的であり，広く読まれた．最晩年には（完全流体とされる）物質，電気，重力の新しい理論の開発に取り組んだ．この理論は彼が 1943 年に初めて提出したものであり，アインシュタインの理論とは異なり，平坦な時空に基づく理論だった．

バーコフは**変分法** [III.94] や彩色問題を含む他のいくつかの分野でも著書を出版し，ラルフ・ビートリー（Ralph Beatley）とともに初等幾何の教科書の執筆（1929）も行っている．関数空間の不動点に関する O・D・ケロッグと共著の彼の論文（1922）は，ルレイやシャウダーの後の研究の刺激となった．

バーコフは芸術への興味を生涯持ち続け，音楽と芸術的形態の基礎を解析する問題に魅了されていた．後半生には，数学の美学への応用について広範囲な内容の講義を行い，また，彼の著作『美学測度』（*Aesthetic Measure*, 1933）は大衆的な成功を収めた．

文献紹介

Aubin, D. 2005. George David Birkhoff. Dynamical systems. in *Landmark Writings in Western Mathematics 1640–1940*, edited by I. Grattan-Guinness, pp. 871–81. Amsterdam: Elsevier.

VI. 79

ジョン・エデンサー・リトルウッド

John Edensor Littlewood

ベラ・ボロバシュ［訳：平田典子］

生：ロチェスター（英国），1885 年
没：ケンブリッジ（英国），1977 年
解析学，数論，微分方程式

リトルウッドは，さまざまな数学の分野において重要な功績を与えた．解析学の諸分野，解析的整数論，アーベル型およびタウバー型理論，**リーマンゼータ関数** [IV.2 (3 節)]，ウェアリング問題，**ゴールドバッハ予想** [V.27]，調和解析，確率論，非線形微分方程式などにおいてである．彼は**リーマン予想** [IV.2 (3 節)] のような具体的な問題を好み，間違いなくその世代で最も問題を解くことに秀でていた．多くの研究は，**ハーディ** [VI.73] との共同研究としてなされた．ハーディとリトルウッドの共同関係は，英国での数学の活動において 3 分の 1 世紀にわたり抜きん出ていた．マンチェスターでの 3 年間の例外を除き，青年期以降をケンブリッジ大学のトリニティカレッジで過ごした．1928 年からその退職の 1950 年まで，ケンブリッジ大学の数学における最初のラウズ・ボール教授を務めた．

彼の主要な結果は，1911 年に出版された**アーベル** [VI.33] の連続性定理という古典的な定理に対するものである．アーベルの定理は，実数の級数 $\sum a_n$ が A に収束すれば，$x \to 1$ として下から近づくときに $\sum a_n x^n$ も A に収束するというものである．一般にはこの逆は成立しないが，タウバーは $na_n \to 0$ ならば逆が成り立つことを証明した．リトルウッドは，このアーベルの定理の逆が成立するための条件 na_n が有界であれば十分であることを証明して，仮定を緩めた．この結果は，広域の解析学においてタウバー型定理と呼ばれている．

関数論では，彼はエレガントで重要で革新的な研究成果を，単射な正則関数，最小モジュラス，劣調和関数に対して成し遂げた．また，特に 1916 年のビーベルバッハ予想に取り組んだ．この予想は $f(z) = z + a_2z^2 + a_3z^3 + \cdots$ が開円板 $\Delta = \{z : |z| < 1\}$ において単射な**正則関数** [I.3 (5.6 項)] であるならば，すべての n に対して $|a_n| \leq n$ が成立するという予想である．リトルウッドは 1923 年にすべての n に対して $|a_n| < en$ となることを証明した．多くの数学者の改良を経て，この自然対数の底 e は 1 に近い数で置き換えられ，1984 年にドブランジュが予想の完全証明を与えている．

リトルウッドは生涯にわたり，ゼータ関数に興味を持っていた．これは半平面 $\mathrm{Re}(s) > 1$ で定義される絶対収束する級数

$$\zeta(s) = \zeta(\sigma + \mathrm{i}t) = \frac{1}{1^s} + \frac{1}{2^s} + \frac{1}{3^s} + \cdots$$

であり，全複素平面に解析接続可能である．実際に彼の指導教員が 2 番目の問題として彼に示唆したものはリーマン予想，つまり，$\zeta(s)$ の臨界帯 $0 < \sigma < 1$ における零点はすべて臨界線 $\sigma = 1/2$ 上にあるだろうというものである．もしこれが肯定的に証明されれば，この予想は素数の分布に関する深い結果を

従える．リトルウッドのゼータ関数に関するほとんどの研究は，ハーディとの共同研究においてなされたが，それらは $\zeta(s)$ の解析的な性質に関するものであった．

ハーディとの共同研究に加えて，リトルウッド自身でも，ゼータ関数を**素数定理** [V.26] の誤差項の評価に対して用いることによって，驚くべき結果を導いている．素数定理は**アダマール** [VI.65] および**ド・ラ・ヴァレ・プーサン** [VI.67] によって 1896 年に独立に示されていた．この基本的な結果は，実数 x 未満の素数の個数 $\pi(x)$ が対数積分 $\mathrm{li}(x) = \int_0^x (1/\log t)\mathrm{d}t$ に漸近的に等しいことを示すものである．多くの計算により $\pi(x) < \mathrm{li}(x)$ がすべての x に対して成立することが確かめられ，1914 年には，この不等式が $2 \leq x \leq 10^7$ まで成り立つことがわかっていた．しかし，リトルウッドは $\mathrm{li}(x) - \pi(x)$ の符号が無限回変わることを証明した．おもしろいことに，彼は $\pi(x) > \mathrm{li}(x)$ となるような x に対しては，具体的な評価は与えなかった．最初のこのような x の評価はスキュース（Skewes）によって 1955 年に示されたが，その x は

$$10^{10^{10^{1000}}}$$

以上である．

ハーディとリトルウッドは $\zeta(s)$ の重要な漸近公式を示したが，これは $\zeta(s)$ が臨界線上で小さい値をとることを導き出すためのものであり，大きな突破口を与えた．リトルウッドは $0 < \sigma < 1$ および $0 < t \leq T$ における $\zeta(s)$ の零点の個数も調べた．

1770 年に**ウェアリング** [VI.21] は，『代数学瞑想録』（*Meditationes algebricae*）という書物において，経験的証拠に基づいた考察により「すべての正整数は 9 個以下の 3 乗数の和か，もしくは 19 個以下の 4 乗数の和で表せる」ことなどを主張するウェアリング問題という予想を立てた．自然数 k を固定し，任意の自然数が k 乗数のいくつかの和で表せるとき，そのような個数の最小値をあらためて $g(k)$ とおく．1909 年に**ヒルベルト** [VI.63] は代数的で複雑な等式を用いて，この $g(k)$ が存在することを示したが，この $g(k)$ の評価はかなり弱かった．1920 年代にハーディとリトルウッドは，『数の分割』（*Partitio numerorum*）という題の一連の秀でた論文を出版し，ウェアリング問題の $g(k)$ の決定のみならず，他の多くの問題に寄与する解析的な手法を導入した．このハーディとリトルウッドの「円周法」という手法は，ハーディと**ラマヌジャン** [VI.82] の分割数に関する論文の考え方に帰着されるが，克服すべき技術的な問題は初期の考察よりもはるかに多かった．円周法は，ハーディとリトルウッドがたとえば「十分大きい正整数は 19 個以下の 4 乗数の和で表せる」という事実を証明するために用いられた（1986 年にバラスラマニアン（Balasubramanian），ドレス（Dress），デズイエ（Deshouillers）によって，$g(4) = 19$ が示された）．また，自然数 n が高々 s 個の k 乗数の和で表せるときの漸近的な公式という，さらに重要な事実を彼らは証明した．

円周法は，**ゴールドバッハ予想**，すなわち 2 より大きいすべての偶数は 2 個の素数の和で表せるかという問題への接近を可能にした．また，いくつかの強力な経験的証拠を**双子素数予想**に与えた．双子素数予想とは，ある定数 $c > 0$ に対して，n 以下の素数 p で $p + 2$ も素数になるような数は，およそ $c \int_2^n (1/(\log t)^2)\mathrm{d}t$ に漸近的に等しいであろうという予想である．ハーディとリトルウッドの **k 組素数予想**は，この予想の拡張である素数の分布に関する問題である*1)．

調和関数についてのリトルウッドの多くの特筆すべき研究は，R・E・A・C・ペイリーとの共同研究において 1930 年代になされた．**リトルウッド–ペイリー理論** [VII.3 (7 節)] の出発点は，三角多項式についての不等式である．大雑把に言うと，リトルウッドとペイリーは，関数のある量を**フーリエ係数** [III.27] のいくつかの区間への射影に関係付けることを考えた．1 次元のリトルウッド–ペイリー理論は，高次元および任意の区間に拡張され，2 次元のコンパクト多様体のテンソル積にも一般化される．リトルウッド–ペイリー理論は，**ウェーブレット** [VII.3] や，値を**バナッハ空間** [III.62] にとる関数の L^p 空間に作用

*1) ［訳注］イータン・チャン (Yitang Zhang) という米国在住の中国人数学者が次を証明した（Yitang Zhang, "Bounded gaps between primes", *Annals of Math.*, vol. 179 (2014), Issue 3, p. 1121–74）．整数 N に対し $P(N)$ は「$|p - q| \leq N$ を満たす異なる 2 素数 p, q が無限個存在する」という命題を表すとする．「双子素数予想」は $P(2)$ が真であることを意味する．イータン・チャンは，$P(7 \times 10^7)$ が真であることを証明した．Polymath という数学者のグループがこの N を改良中であり，2014 年現在において $P(246)$ が真であることが示された．イータン・チャンには 2014 年にコール賞が贈られた．

する半群，アインシュタイン距離に関する超平面の幾何学といった，さまざまな分野に関連する．

リトルウッドは応用数学者としても優れていた．第 1 次世界大戦の間，彼は弾道学について研究し，第 2 次世界大戦の際には共同研究者マリー・カートライトとともにファン・デル・ポール振動について調べ，無線通信の発展を助けた．カートライトとリトルウッドは，位相的および解析的な手法を微分方程式の求解に挑戦するために組み合わせた最初の数学者として，後に「カオス」と呼ばれる現象の多くを発見した．彼らは「カオス」が現実の工学的問題を解くための方程式にも現れることを証明した．

1910 年から，その 67 年後の彼の死まで，リトルウッドはケンブリッジ大学トリニティカレッジの広い部屋に住んだ．彼は話が上手であり，毎晩の晩餐のあとには，共同の部屋でフェローたちや訪問数学者とともに赤ワインを飲んでいた．しかし，その素晴らしい業績にもかかわらず，1957 年までの数十年の間，彼は鬱々とふさぎ込んだ．リトルウッドは，数学者は 1 年に 21 日以上は，数学をいっさい考えない休暇を過ごす必要があると信じ，実践していた．彼は熱心で熟練した登山家であり，アルペンスキーにも熱中していた．自分では演奏しなかったが，バッハ，ベートーベン，モーツァルトを聴いた．

1943 年に王立協会からシルヴェスターメダルを授けられたときの表彰の言葉は，次のようなものであった．「ハーディ本人によると，リトルウッドはハーディの知り得た最高級の数学者であり，嵐と突風のような格別の人物であった．このような見識も技術も力も備わった相手と共同研究ができるのは，彼以外にはなかった」．

文献紹介

Littlewood, J. E. 1986. *Littlewood's Miscellany*, edited and with a foreword by B. Bollobás. Cambridge: Cambridge University Press.
【邦訳】B・ボロバシュ編（金光滋 訳）『リトルウッドの数学スクランブル』（近代科学社，1990）

VI. 80

ヘルマン・ワイル

Hermann Weyl

エルハルト・ショルツ［訳：二木昭人］

生：エルムスホルン（ドイツ），1885 年
没：チューリヒ（スイス），1955 年
解析学，幾何学，トポロジー，数学基礎論，数理物理

ワイルは，ゲッティンゲン大学で**ヒルベルト** [VI.63]，**クライン** [VI.57]，**ミンコフスキー** [VI.64] のもと，1904 年から 1908 年の間，数学を学んだ．彼の最初の教育職はゲッティンゲン（1910〜13）およびチューリヒの ETH（1913〜30）であった．1930 年に彼はヒルベルトの後継者としてゲッティンゲンに呼ばれた．ナチスが台頭してから米国に移民し，そのころ新しく創設されたプリンストンの高等研究所のメンバーとなった（1933〜51）．

ワイルは，実解析と複素解析，幾何学とトポロジー，**リー群** [III.48 (1 節)]，数論，数学基礎論，数理物理，哲学に貢献があった．彼はこれらの分野のそれぞれについて少なくとも 1 冊の本を書き，全部で 13 冊の本を出版した．ほかにも技術的あるいは概念的な新機軸を考案したが，これらの本はどれも長く影響力を持ち続け，また，多くの本は顕著かつ直接的な効力を持っていた．

彼の初期の研究は，積分作用素と特異境界条件を持つ微分方程式を扱うものであった．彼の名声は，その後『リーマン面の概念』（*Die Idee der Riemannschen Fläche*, 1913）という本を著してから高まった．この本は 1910 年から 1911 年の冬に行われた講義がもとになっており，**リーマン** [VI.49] の幾何学的関数論をクラインが直観的に取り扱ったものと，**ディリクレ原理** [IV.12 (3.5 項)] をヒルベルトが正当化したものに基づいていた．この本で，ワイルは**リーマン面** [III.79] の性質について，20 世紀の幾何学的関数論に大きな影響を及ぼすことになる斬新な表現を与えた．

2 番目の本『連続体』（*Das Kontinuum*, 1918）は，ワイルの数学基礎論への興味の始まりとなるものであった．彼は公理的集合論におけるヒルベルトの「形式論的」プログラムに批判的で，実解析の純粋な構

成主義的基礎付けに対する半形式論的な算術的アプローチへの可能性を探求した．しばらくの後，彼は**ブラウアー** [VI.75] の直観主義的アプローチに傾倒し，1921 年の有名な論文でヒルベルトの基本的な見方をより強く攻撃した．1920 年代後半になると，基礎論的問題に対するよりバランスのとれた見解を持つようになった．第 2 次大戦後は，1918 年頃の算術的アプローチを指向する姿勢に戻った．

ワイルは基礎論の問題を研究すると同時に，アインシュタインの一般相対性理論も取り上げ，3 番目の本『時空と物質』（*Raum, Zeit, Materie*）を著した．この本は 1918 年に最初に出版され，1923 年までの 5 年間，毎年改訂された．この本は相対性理論に関する最初の単行本の一つで，最も影響力のあるものであった．この本には彼の微分幾何学と相対性理論に対する大きな貢献の氷山の一角が現れているにすぎない．ワイルは広い概念的かつ哲学的な枠組みで，この研究を執り行った．このアプローチの収穫物の一つは，彼の著作『空間の問題の解析』（*Analysis of the Problem of Space*, 1923）であり，この本では，後に**ファイバー束** [IV.6 (5 節)] の幾何あるいはゲージ場の研究という言い方で研究されるアイデアの概略を与えている．彼は 1918 年にはすでに，**リーマン幾何** [I.3 (6.10 項)] の一般化として，また重力と電磁気の幾何学的統一理論として，ゲージ場（および点に依存する計量の拡大というアイデア）を導入していた．

1920 年代中頃の半単純リー群の**表現論** [IV.9] は，純粋数学に対するワイルの最も影響力のある貢献となった．ワイルは，**カルタン** [VI.69] による**リー環** [III.48 (2 節)] の表現論への洞察と，フルヴィッツやシューアによって発展させられた方法を組み合わせて，多様体の位相に関する知識を用い，リー群の表現の一般論を幾何学的方法，代数学的方法，解析学的方法の三つが混ざった形に発展させた．彼はこの研究を拡張・改良し，それが彼の後の本『古典群』（*The Classical Groups*, 1939）の核をなした——この本は，彼がプリンストンにいる間にこのトピックについて行った研究と講義の結実である．

ワイルはこの研究を進めながら，新しい量子力学の勃興にも活発に関与した．1927 年から 1928 年に，彼はこの話題について ETH で講義を行った．この講義が数理物理に関する次の本『群論と量子力学』（*Gruppentheorie und Quantenmechanik*, 1928）のもとになった．量子構造の記号的表現における群論的手法の概念的役割，とりわけ特殊線形群と**置換群** [III.68] の興味深い相関関係を，ワイルは強調した．電磁場のゲージ理論の第 2 段階についての出版は，これとは別になされた．この出版は電磁気のゲージ理論の改良を生んだ．この本はパウリ，シュレーディンガー，フォックなどの一流の理論物理学者たちから支持を得た．また，1950 年代，1960 年代にゲージ場の理論を発展させた次の世代の物理学者たちの出発点となった．

ワイルの数学と物理についての研究は，彼の哲学的見解によって形作られていたし，彼の多くの出版物には科学的活動についての哲学的考え方が込められていた．最も影響力があったのは哲学のハンドブック『数学と自然科学の哲学』（*Philosophie der Mathematik und Naturwissenschaft*）であった．この本は最初 1927 年にドイツ語で書かれたが，1949 年に英語に翻訳された．この本は科学哲学の古典となった．

文献紹介

Chandrasekharan, K., ed. 1986. *Hermann Weyl: 1885–1985. Centenary Lectures delivered by C. N. Yang, R. Penrose, and A. Borel at the Eidgenössische Technische Hochschule Zürich*. Berlin: Springer.

Deppert, W., K. Hübner, A. Oberschelp, and V. Weidemann, eds. 1988. *Exact Sciences and Their Philosophical Foundations*. Frankfurt: Peter Lang.

Hawkins, T. 2000. *Emergence of the Theory of Lie Groups. An Essay in the History of Mathematics 1869–1926*. Berlin: Springer.

Scholz, E., ed. 2001. *Hermann Weyl's Raum–Zeit–Materie and a General Introduction to His Scientific Work*. Basel: Birkhäuser.

Weyl, H. 1968. *Gesammelte Abhandlungen*, edited by K. Chandrasekharan, four volumes. Berlin: Springer.

VI.81

トアルフ・スコーレム

Thoralf Skolem

ジェレミー・グレイ［訳：砂田利一］

生：サンドスフェル（ノルウェー），1887 年
没：オスロ（ノルウェー），1963 年
数理論理学

トアルフ・スコーレムは 20 世紀の偉大な論理学者であり，同時に抽象的な集合論と論理学の間の精妙

な関係を理解した数少ない人物だった．彼はディオファントス方程式や群論の研究者でもあったが，数理論理学への貢献が最も長く影響を与え続けている．ベルゲンとオスロで教鞭を執り，一時はノルウェー数学会の会長も務め，そのジャーナルの編集長でもあった．1954 年には聖オラフ騎士団の最上級のナイト称号をノルウェー王から与えられている．

スコーレムは，ポーランドの数学者レオポルト・レーヴェンハイムによって得られた結果を 1915 年に拡張した．(1920 年に発表され，レーヴェンハイム–スコーレムの定理として知られる) その結論は，1 階述語計算のみを用いて定義された数学の理論が**モデル** [IV.23 (1 節)] を持つならば，モデルは可算である，というものである．モデルとは理論の公理系に従う数学的対象の集合である．たとえば，実数はこのような理論（**ツェルメロ–フレンケル理論** [IV.22 (3 節)] や，集合論の別の公理系）で定義することが可能である．ここから，可算なモデルによる実数理論で定義できてしまうという，スコーレムのパラドックスが生じる．**カントール** [VI.54] の時代から実数は非可算であることがわかっているにもかかわらず，である．このパラドックスはどのように解消すればよいだろうか？

その答えは，「可算である」という言葉の意味について注意が必要ということである．集合論のこの奇妙な可算モデルにおいては，実数が可算であることがわかる．しかし，「モデルにとっては」実数は非可算でありうる．言い換えれば，実数を数えてみる（すなわち，実数と自然数の間に全単射を考えてみる）作業は，モデルには属していない場合がある．モデルが「小さくて」，機能が失われてしまう状況がありうる，ということである．スコーレムのパラドックスは，モデルの「外側から」の視点と「内側から」の視点の違いに光を当てている．

レーヴェンハイム–スコーレムの定理とスコーレムのパラドックスという二つの結果の中に，スコーレムの研究の根本的な特徴のいくつかが見られる．スコーレムは，他の数学者が気づくよりもずっと早く，数学の理論にはほとんどいつも複数の異なるモデルがあることを見抜いていた．彼の主張は，公理系があってその中で定理が証明されても，これらのルールに従う数学的対象が意味するものは場合によって異なる，ということだった．ここからスコーレムは，公理的な理論の上に数学を構築しようとする試みは成功しないであろうという，過激な結論を導いている（もちろん今日において，公理的基礎の上に築かれた数学は，圧倒的な成功を収めているが）．

1 階論理において変数は元のみをとり，部分集合をとることはないというスコーレムの主張は，同時代の研究者に受け入れられるのに時間がかかった．しかし，この視点とそれに伴う明晰さは，今日では圧倒的に主流となっている．スコーレムは，数学の基礎付けのいかなる探求においても，使うことができる論理体系はただ一つ，**1 階述語論理** [IV.22 (3.2 項)] のみであり，2 階論理は基礎論においては使えないと主張し続けた．2 階論理は公理系が集合に言及することを許容するが，集合の性質こそが解明すべきトピックの一つだというのが，スコーレムの主張の理由である．また，スコーレムは，個別の対象について語ることはできても，ある種に属する「すべて」の対象について語ることは，非形式的すぎる場合には問題があると感じていた．事実，彼より 1 世代前の数学者は，ある性質を持った集合すべてについて不用意に議論することは現実に問題を引き起こすという，素朴な集合論のパラドックスに直面していたのである．自分自身を元として含まない集合すべてを含む集合についてのラッセルのパラドックスは，その一例である（そのような集合が自分自身を要素として含むと考えると定義に反するし，含まないと考えても定義と矛盾する）．

スコーレムの研究の特徴は，無限概念への不信と，有限的な推論の尊重である．彼は早い時期から，現在では計算可能関数と呼ばれているものを扱う**原始再帰理論** [II.4 (3.2.1 項)] を擁護していたが，それは無限に関するパラドックスを回避する手段としてであった．

文献紹介

Fenstadt, J. E., ed. 1970. *Thoralf Skolem: Selected Works in Logic*. Oslo: Universitetsforlaget.

VI. 82

シュリニヴァーサ・ラマヌジャン

Srinivasa Ramanujan

ジョージ・アンドリュース［訳：三宅克哉］

生：エロード（インド，タミルナドゥ州），1887 年
没：マドラス（現チェンナイ，インド），1920 年
数の分割，保型形式，モックテータ関数

自学の天才インド人であるラマヌジャンは，20 世紀における数論の限りない躍進の舞台を演出して，数多くの記念碑的寄与を果たした．彼は解析的数論に留まらず，**楕円関数** [V.31]，超幾何級数，**連分数** [III.22] について足跡を残した．これらの多くは，友人であり恩人であり共同研究者であった **G・H・ハーディ** [VI.73] との共同研究がもたらした成果である．

ハーディとラマヌジャンは，正整数 n の分割数 $p(n)$ に対して正確な公式を与えたが，これを発表した注目すべき論文において，強力な「円周法」を基礎付けた．ラマヌジャンは，ロジャーズ–ラマヌジャン等式として知られている次の二つの等式を独立に発見した．

$$1+\sum_{n=1}^{\infty}\frac{q^{n^2}}{(1-q)(1-q^2)\cdots(1-q^n)} = \prod_{n=0}^{\infty}\frac{1}{(1-q^{5n+1})(1-q^{5n+4})}$$

$$1+\sum_{n=1}^{\infty}\frac{q^{n^2+n}}{(1-q)(1-q^2)\cdots(1-q^n)} = \prod_{n=0}^{\infty}\frac{1}{(1-q^{5n+2})(1-q^{5n+3})}$$

これらは**リー理論** [III.48] から統計物理学に至るまでの応用を持つ．これらの等式の重要性は，分割数 $p(n)$ の**母関数** [IV.18 (2.4 項, 3 節)] が

$$\prod_{n=0}^{\infty}\frac{1}{1-q^n}$$

であることと関連している．たとえば，2 番目の等式は，mod 5 で 2 または 3 と合同になる数のみから得られる n の分割の個数が，すべて 1 よりも大きい相異なる数による分割であって，さらに隣り合う（すなわち差が 1 の）二つの数が決して現れないようなものの個数と等しいことを示している．

分割数 $p(n)$ に関する成果の中で，ラマヌジャンは整除性についての多くの性質を発見し，証明した．たとえば，5 は必ず $p(5n+4)$ を割り，7 は必ず $p(7n+6)$ を割る．こういった整除性に関する彼の予想は，**保型形式** [III.59] の研究において公汎な手法の発展を促した．彼の最後の予想は，1969 年にオリヴァー・アトキン（Oliver Atkin）によってようやく決着を見た．

ラマヌジャンの $p(n)$ に関連した研究は，保型形式

$$\eta(w)=q^{1/24}\prod_{n=1}^{\infty}(1-q^n),\quad q=\mathrm{e}^{2\pi\mathrm{i}w}$$

と関わっている．両者の関連性は $q^{1/24}/\eta(w)$ が $p(n)$ の生成関数であることから来ている．ラマヌジャンが特別に興味を誘われたものは，算術的関数 $\tau(n)$ である．これは $\eta(w)$ の 24 乗によって次のように定義される．

$$\sum_{n=1}^{\infty}\tau(n)q^n = q\prod_{n=1}^{\infty}(1-q^n)^{24}$$

ラマヌジャンは，すべての素数 p に対して評価 $|\tau(p)|<2p^{11/2}$ が成り立つと予想した．この問題の研究から，H・ペテルソン（Petersson），R・ランキン（Rankin）などによる，保型形式に関する深く広範な結果が導かれた．この予想は 1978 年に，フィールズ賞に輝いた P・ドリーニュの結果に含まれるという形で最終的に証明された．

ラマヌジャンの人生の全容を知れば，彼の成し得たことに，さらに目を見張ることになるだろう．彼は数学的に早熟な子供だった．高等学校で彼はいくつもの数学の賞を取った．高等学校の記録によると，彼は 1904 年にクンバコナムの国立大学への奨学金を得た．このころ，ラマヌジャンは G・S・カー（Carr）が著した『純粋と応用の数学における初等的結果の要覧』（*A Synopsis of Elementary Results in Pure and Applied Mathematics*）という本に出会った．どちらかと言えば風変わりなこの本は，有名なケンブリッジの数学優等卒業試験（Tripos Examination）を目指す学生に向けたもので，公式と定理がただぎっしりと詰め込まれていた．ラマヌジャンはこの本に夢中になり，数学に取り憑かれてしまった．彼は大学での他の科目には見向きもしなくなり，すべての生活をかけて数学に取り組んだ．その結果，彼はいくつかの科目で失敗し，奨学金がもらえなくなった．1913 年になると，彼はもはや落ちぶれていくしかない有様だった――当時の彼はマドラス港湾事務所の

ただの事務員だった．友人たちは彼に，数学の発見を英国の数学者たちに書き送るよう励ました．そして，ついにG・H・ハーディに手紙が届いた．彼はラマヌジャンがまったくもって尋常ではない数学者であることを見抜いた．

ハーディはラマヌジャンが英国まで旅することができるよう手はずを整えた．1914 年から 1918 年にわたって 2 人は上に述べたような革新的な結果を生み出した．

1918 年にラマヌジャンは病気になり，肺結核と診断された．英国で 1 年をかけて快方に向かっていった．1919 年になると健康状態も少し落ち着き，彼はインドへ帰ることができた．帰国した後，不運なことに彼の健康状態は悪化し，1920 年に死去した．この最後の年に，彼は『ラマヌジャンの失われたノート』（*Ramanujan's Lost Notebook*）として知られる著作の内容を書き残していた．そこにはモックテータ関数（擬テータ関数）の理論の基礎が敷かれていた．この関数は古典的なテータ関数と類似しているが，さらに一般化されており，新たな関数族を構成している．

文献紹介

Berndt, B. 1985–98. *Ramanujan's Notebooks*. New York: Springer.

Kanigel, R. 1991. *The Man Who Knew Infinity*. New York: Scribners.
【邦訳】R・カニーゲル（田中靖夫 訳）『無限の天才――夭逝の数学者・ラマヌジャン』（工作舎，1994）

VI. 83

リヒャルト・クーラント

Richard Courant

ピーター・D・ラックス［訳：伊藤隆一］

生：ルブリニツ，シレジア（当時ドイツの一部，現ポーランド），1888 年
没：ニューヨーク（米国），1972 年
数理物理学，偏微分方程式，極小曲面，圧縮性流体，衝撃波

長く，かつ波乱に富んだクーラントの生涯は，数学の研究，数学の応用において，次世代の多くの数学者の教師，素晴らしい数学書の著者，そして大研究所の組織者・管理者として，大きな業績で溢れている．生地ドイツではアウトサイダーであり，米国では亡命者であったクーラントが，このような業績を達成できたという事実は，彼の科学観に加え人間的魅力の証しでもある．

ルブリニツに生まれたクーラントは，家庭教師をして自活しながら，ブレスラウで高校課程を終えた．ブレスラウでの彼の年上の友人，ヘリンガーとテプリッツは，当時数学のメッカであったゲッティンゲンに行き，やがてクーラントも彼らのあとに続いた．そこで彼は**ヒルベルト** [VI.63] の助手として雇われた．また，彼はハラルド・ボーアと親しい友人となった．これは後に，ハラルドの兄ニールスとの友情に広がった．

ヒルベルトの指導のもと，クーラントは，等角写像を構成するために**ディリクレの原理** [IV.12 (3.5 項)] を用いることについて博士論文を書いた．クーラントは，その後のいくつかの数学研究においてもディリクレの原理を用いた．

第 1 次世界大戦中，クーラントは士官として軍隊に召集された．彼は西部戦線で戦い，重傷を負った．学者生活に戻った後，彼は数学に精力を注ぎ，いくつかの注目すべき事実――まず，振動膜の最小周期に対する等周不等式，次に**自己随伴作用素** [III.50 (3.2 項)] の**固有値** [I.3 (4.3 項)] に対するクーラントの最大・最小原理――を証明した．後者は数理物理学で作用素の固有値の分布を研究する際，非常に役に立つ．

1920 年にクーラントは，**クライン** [VI.57] の後任として，ゲッティンゲンの教授に任命された．この指名は，クラインとヒルベルトの後押しによるものであった．数学と科学の関係について，クーラントが彼らと同じビジョンを持っており，研究と教育のバランスを保つことができ，さらに使命を遂行するための管理能力と分別を備えていると，彼らはクーラントを正しく評価していた．

クーラントは，出版業者のフェルディナント・シュプリンガーの親しい友人となった．この関係の果実の一つは，かの有名な，専門書のシリーズ「基礎理論」“Grundlehren” である．これは親しみを込めて「黄色の危険」（Yellow Peril）として知られていた．このシリーズの第 3 巻は，解析関数論に関する**リーマン** [VI.49] の幾何学的考察についてのクーラントの解説と，**楕円関数** [V.31] についてのフルヴィッツの講義を合わせたものである．1924 年，クーラントとヒルベルトの『数理物理学の方法』（*Methoden der* *mathematischen Physik*）の第 1 巻が出版された．先見の明があって，これは量子力学のシュレーディンガーによる説明に必要な数学の大半を含んでいた．彼の微積分学の本は 1927 年に出て，大きな影響を与えた．彼の研究は衰えを見せなかった．1928 年には彼の学生だったフリードリックスおよびレヴィと共著で，数理物理学の差分方程式に関する基本的な論文を発表した．

生き生きとした国際的な雰囲気を第 1 次世界大戦によって失ったゲッティンゲンは，クーラントのリーダーシップのもと，再び数学そして物理学の重要な中心となった．訪問者のリストはまさに数学の名士録である．ヒトラーが政権に就いたとき，これは完全に粉砕された．ユダヤ人数学者は，クーラントを筆頭にすげなく解任され，逃亡するか，さもなくば死に直面することになった．クーラントと家族はニューヨークに避難した．彼はそこで，ニューヨーク大学（NYU）に招かれ，数学の大学院の新設を任された．設立のための何の基盤もなかったのに，以前の彼の学生のフリードリヒスと，彼と科学的理想を共有するアメリカ人のジェームズ・ストーカーの協力を得て，この仕事に成功した．クーラントはニューヨークに才能の宝庫を見出し，学生を引き付けた．それにはマックス・シフマンが含まれ，その後ハロルド・グラド，ジョー・ケラー，マーティン・クルスカル，キャスリーン・モラヴェッツ，ルイス・ニーレンバーグなどが続いた．本章の著者も，クーラントに引き付けられた一人である．

1936 年，クーラントは溢れんばかりの独創性を発揮して，ディリクレの原理を用いて**極小曲面** [III.94 (3.1 項)] に関するいくつかの基本的な結果を得た．1937 年には，クーラント–ヒルベルトの第 2 巻を完結させた．ハーバート・ロビンズと共著し，高い成功を収めた啓蒙書『数学とは何か？』（*What Is Mathematics?*）は 1940 年に出版された．国の科学研究費が利用できるようになった 1942 年，クーラントのグループは超音速流体と衝撃波の野心的な研究に乗り出した．

国の支援は戦後も止まらなかった．これによってクーラントは，NYU における研究と大学院教育の規模を大いに拡張することができた．研究は，高い知的レベルで，理論数学を流体力学，統計力学，弾性理論，気象学，偏微分方程式の数値解やその他のトピックと結び付けた．それまで合衆国の大学では，このような企てはまったくなかった．クーラントが創立した研究所（ついには彼の名前が付いた）は現在活況を見せており，世界中の研究センターのモデルとなっている．

クーラントはナチスを憎んだが，ドイツ人すべてを非難したわけではない．戦後ドイツの数学の再建を助け，才能ある若いドイツの数学者や物理学者を米国に招くために尽力した．

クーラントは，青年時代の友人から大きな助けを得た．彼らの多くはそれぞれの分野で指導者になっていた．また，彼の数学のビジョンと，克服不可能に見える困難にも進んで挑戦する勇敢な精神に感銘を受けた政府と産業界の科学担当者からも，多大な支援を得た．

文献紹介

Reid, C. 1976. *Courant in Göttingen and New York: The Story of an Improbable Mathematician.* New York: Springer.

VI. 84

ステファン・バナッハ

Stefan Banach

レッヒ・マリグランダ［訳：伊藤隆一］

生：クラクフ（ポーランド），1892 年
没：ルヴフ（ポーランド，現ウクライナ），1945 年
関数解析，実解析，測度論，直交級数，集合論，トポロジー

バナッハはカタジナ・バナッハとステファン・グレチェックの息子である．両親は結婚せず，母親はとても貧しくて彼を養うことができなかったので，彼は主にクラクフで養母のフランチスカ・プウォヴァに育てられた．

1910 年に高等学校を卒業した後，バナッハはルヴフ工芸学校の工学部に入学した．2 年後，第 1 次世界大戦の勃発によって勉学は中断され，バナッハはクラクフに戻った．1916 年のある夏の夕方，バナッハはそこでフーゴ・シュタインハウスによって「発見された」．友人と話しているバナッハが口にした「ルベーグ積分」という言葉を，シュタインハウスがふと耳にしたのだった．バナッハはルヴフに連れて

いかれた．シュタインハウスはこの出来事を，彼の「最大の数学的発見」と考えた．また，バナッハが将来の妻ウゥツィヤ・ブラウスに出会ったのも，シュタインハウスのおかげであった．彼女とは 1920 年に結婚した．

同じ年アントニー・ウォムニツキ教授は，ルヴフ工芸学校で彼を助手として雇った．バナッハがまだ彼の勉学を終えていなかったにもかかわらずである．これが，流星のように急上昇するバナッハの科学的経歴の始まりであった．

1920 年，バナッハは彼の博士論文「抽象集合上の作用とその積分方程式への応用」(Sur les opérations dans les ensembles abstraits et leur application aux équations intégrales) を，ルヴフのヤン・カジミェシ大学に提出した．この博士論文はポーランド語で書かれていたが，1922 年にフランス語で出版された．この論文でバナッハは，(今日**バナッハ空間** [III.62] として知られる) 完備ノルム空間の概念を導入した．名前は 1927 年フレシェが提案した．この理論は，具体的な空間と積分方程式に関する，**リース** [VI.74]，ヴォルテラ，**フレドホルム** [VI.66]，レヴィ，**ヒルベルト** [VI.63] の寄与を一般的な理論へ統合した．バナッハの博士論文は，**関数解析**の誕生と見なせる．なぜなら，バナッハ空間がその主な研究対象だからである．

1922 年 4 月 17 日，ルヴフのヤン・カジミェシ大学は，バナッハにハビリタツィオン (大学で教えることを許可する学位) を授与した．その後，彼は数学の私講師に任命された．1922 年 7 月 22 日彼は大学教授になり，1927 年には正教授になった．バナッハは偉大な研究業績を挙げて，関数解析と**測度論** [III.55] の権威となった．1924〜25 学年度に，彼は研究休暇でパリに滞在した．そこで**ルベーグ** [VI.72] に会い，生涯の友人となった．ルヴフでは，バナッハとシュタインハウスのまわりの才能ある若手数学者の一団は，まもなく数学のルヴフ学派を形成し，1929 年『ステュディア・マテマティカ』(*Studia mathematica*) を創刊した．このグループには，S・マズール，S・ウラム，W・オルリッツ，J・P・シャウダー，H・アウエルバッハ，M・カッツ，S・カチマシ，S・ルジェヴィッチ，W・ニクリボルツがいた．バナッハはシュタインハウス，ザックス，クラトフスキとも共同研究をした．これらの数学者の多くは，後にポーランド占領時，ナチスによって殺された．

1932 年，バナッハの有名な本『線形作用素の理論』(*Théorie des opérations linéaires*) がフランス語で出版された (ポーランド語版は前年に出ていた)．これは，彼がその創設者の一人であった，数学の専門書の新シリーズの一部であった．この本は，独立した分野としての関数解析の最初の専門書であり，バナッハと他の人々の 10 年以上にわたる活発な研究の成果であった．

バナッハと彼を囲む数学者たちは「カフェ・シュコスカ」(スコットランドカフェ) で数学の議論をするのが好きだった．型にはまらないこの数学のやり方は，ルヴフの雰囲気を独特にした．これは，大きなグループでの真のチームワークによる数学を実現した，実に稀なケースの一つである．トゥロヴィッチとウラムは次のように書いている (Kaluza, 1996, p. 62, 74)．

> バナッハは 1 日の大半をカフェで過ごすのを好んだ．彼は騒音と音楽が好きだった．騒音や音楽は彼の集中と思考を妨げなかった．このような集まりで，バナッハより長居をしたり，(コーヒーを) 多く飲んだりすることは難しかった．まさにその場で出された問題が議論された．数時間考えてもはっきりした解答が得られないこともしばしばあった．翌日バナッハは，完成した証明の概要を含んだ数枚の小さな紙片を持って現れるのであった．

1935 年のある日，バナッハは未解決問題をノートに集めておくべきだと提案した．このノートは後に「スコティッシュブック」(*Scottish Book*) という名前で有名になった．1935 年から 1941 年の間に，数理解析のさまざまな分野から 190 を上回る問題がこのノートに提案された．そして，このコレクションはウラムによって 1957 年に英語で出版された．注釈のついた版はバークホイザー社から 1981 年に *The Scottish Book, Mathematics from the Scottish Cafe* (R. D. Mauldin 編) として出版された．

バナッハはまた，『力学』(*Mechanics*, 全 2 巻, 1929/1930, 英訳は 1951)，『微分積分学』(*Differential and Integral Calculus*, 全 2 巻, 1929/1930) (ポーランド語でいくつかの版がある)，『実関数論入門』(*Introduction to the Theory of Real Functions*, 全 2 巻) (バナッハが戦前書いたが，1 巻のみが残っている)，さらに，初等・中等学校のための算術・幾何・代数の 10 冊の教科書 (ストジェクおよび**シェルピンス**

キ [VI.77] との共著．1930〜36 年に出版され 1944〜47 年に再版）の著者である．

関数解析におけるバナッハの有名な発見には，三つの重要なステップがあった．第一に，彼は抽象線形空間を考えた．そこでは，関数は点あるいはベクトルとして扱われ，関数の集合は関数空間，関数の上の作用は作用素と見なされた．第二に，数学的対象の**ノルム** $\|\cdot\|$ を導入した．すなわち，ある（抽象的な）意味で，対象の長さ，サイズ，広がりを表現する量である．このとき，二つの抽象的要素の間の距離は，もちろん $d(x,y) = \|x-y\|$ で与えられる．第三の重要なステップは，これらの空間に対して「完備性」の概念を導入することであった．そのような一般の空間（バナッハ空間）において，一様有界性定理，開写像定理，閉グラフ定理など，いくつかの基本定理を証明することができた．これらの結果は，大雑把な言い方をすると，バナッハ空間では，至るところで悪い（病的な）振る舞いが起きるようなことはない——必ず空間のどこかある部分では，線形写像（など）は良い振る舞いをする，ということを主張している．

バナッハ空間，バナッハ代数，バナッハ束，バナッハ多様体，バナッハ測度，ハーン–バナッハの定理，バナッハの不動点定理，バナッハ–マズールのゲーム，同型空間の間のバナッハ–マズールの距離，バナッハ極限，バナッハ–ザックスの性質，バナッハ–アラオグルの定理，**バナッハ–タルスキのパラドックス** [V.3] といった名前を列挙すると，彼の影響がいかに広大であったかがわかる．バナッハはまた，**双対空間** [III.19]，双対作用素の概念や，弱収束，弱スター収束という一般的な考えを導入した．そして，彼はこれらの概念すべてを線形作用素方程式で用いた．

バナッハは 1936 年，オスロにおける国際数学者会議で，1 時間の総合講演を行った．彼はそこでルヴフ学派全体の研究成果を解説した．1937 年，ノーバート・ウィーナーは彼を米国に誘おうとした．1939 年，彼はポーランド数学会の会長に選ばれ，ポーランド学士院の大賞を授与された．バナッハは戦時中ルヴフで過ごした．1940〜41 年と 1944〜45 年，彼はヤン・カジミェシ大学から改称したイワン・フランコ国立大学の科学部長であった．1941 年から 1944 年まで，ルヴフはドイツ軍に占領された．この時期，バナッハはほぼ確実に死が迫った状況から，ルドルフ・ヴァイグルによって救われた．ヴァイグルは「シンドラー」風の工場主かつチフスワクチンの発明者で，バナッハを彼のバクテリア研究所のシラミ培養係として雇った．戦後，バナッハはヤギェウォ大学で教授の職を得た．彼は 1945 年 8 月 31 日，ルヴフで肺癌により 53 歳で亡くなった．

バナッハの出版総目録は 58 項目からなり，『バナッハ全集』(*Banach's Collected Works*) として再出版された（2 巻からなり 1967 年と 1969 年に出版）．「数学は人間精神の最も美しく，最も力強い創造物である．数学は人類と同じくらい古い」とバナッハは言った．ポーランドでは，バナッハは偉大な科学者であり，2 大戦間のポーランド科学界の興隆の中心人物として，国民的英雄と見なされている．

文献紹介

Banach, S. 1967, 1996. *Oeuvres*, two volumes. Warsaw: PWN.

Kaluza, R. 1996. *The Life of Stefan Banach*. Basel: Birkhäuser.

VI. 85

ノーバート・ウィーナー

Norbert Wiener

ラインハルト・ジークムント＝シュルツェ［訳：森　真］

生：コロンビア（米国ミズーリ州），1894 年
没：ストックホルム（スウェーデン），1964 年
確率過程，電気工学と生理学への応用，調和解析，サイバネティクス

ハーバード大学でジョサイア・ロイスのもと論理を学び，1913 年に Ph.D. を得たとき，ウィーナーはまだ 18 歳だった．その後，とりわけ彼はケンブリッジで**ラッセル** [VI.71] や**ハーディ** [VI.73] と，またゲッティンゲンで**ヒルベルト** [VI.63] とともに研究をした．第 2 次世界大戦の間に弾道学について軍事研究をした後に，米国のケンブリッジで誕生したばかりのマサチューセッツ工科大学の数学教員に任命され，そこで彼の残りの人生を過ごした．

ウィーナーは多くの点で科学的，数学的にはもちろんのこと，社会的，文化的，政治的かつ哲学的にも，一般常識との妥協を許さない性格だった．彼は

早熟だったし，反ユダヤ主義にいまだに苦しめられていたユダヤ社会を背景とした父（有名な言語学者でハーバード大学教授）による家庭教育によって，彼の非妥協性は避けがたいものとなっていた．**ジョージ・バーコフ** [VI.78] の息子であるギャレット・バーコフは，1977 年に次のように語っている．

> ウィーナーは，純粋数学とその応用の両者において突出した数少ないアメリカ人の 1 人として有名だった．彼の若いころの変化に富んだ国際的な経歴が，そのことにどれくらい影響しているのか，また，数学者でない人たちとの間断ない接触がどれくらい影響しているのかを述べることは難しい．

米国の数学がほとんど自給自足の状態で，学際的なアプローチがまだ一般的に無視されていたときに，ウィーナーはヨーロッパの数学に手を伸ばし，ヴァネヴァー・ブッシュのような工学者と共同研究をしていた．

彼のこの姿勢は研究テーマの選択にも影響を及ぼしており，それは純粋数学の研究においてさえ同様だった．彼は，自分が魅力を感じるあらゆることを研究した．ジョージ・バーコフは 1938 年の講演の中で，ウィーナーのタウバー型定理の業績を典型的な米国的アプローチである「重大な仕事としての数学」と比較して，「自由な発明を生み出す刺激的な才能」の例であると話した．

純粋数学と応用数学を結び付けるウィーナーの方法は，（古典力学や電子工学のような）古い応用数学の問題を取り上げ，新しい，厳密に研ぎ澄まされた数学の道具を使ってそれに取り組むという通常の方法に従わなかった．むしろ正反対に，ウィーナーは盛んに議論がなされていた数学の道具，たとえば**ルベーグ積分** [III.55] や複素領域のフーリエ変換，**確率過程** [IV.24] といった最新の結果をいくつか用い，最新の物理，工学，生物の諸問題と結び付けた．彼が攻撃する問題は，**ブラウン運動** [IV.24]，量子力学，放射線天文学，対空砲火管制，レーダーのノイズフィルタレーション，神経系，オートマトン理論といった分野のものであった．

異なる領域間を結び付けるウィーナーの多くの解析の成果から，一つだけ例を挙げよう．1931 年頃，ウィーナーはドイツの数理宇宙物理学者エベラルド・ホップと，次の（ルベーグ）積分方程式について議論した．

$$f(t) = \int_0^\infty W(t-\tau)f(\tau)\,\mathrm{d}\tau$$

それまでにない，とても重要な因数分解のテクニックによって見出された未知関数 $f(t)$ の解は，問題となっている関数の**フーリエ変換** [III.27] の解析的性質によるものだったが，これは星の放射線の平衡状態と結び付けることができた．t を時間と解釈すると，この種の関数の方程式は因果律，すなわち「過去」の影響から不確定な「未来」への推移を述べるものとして見なせる．このウィーナー–ホップ方程式は，10 年後に，予測とフィルタリングに関するウィーナーの理論と結び付く．

ウィーナーの遠く離れた分野の応用に関する議論は，因果律，情報（ウィーナーはクロード・シャノンとともに情報の現代概念の創始者の一人と考えられている），制御，フィードバック，そして幅広い「サイバネティクス」の理論にまで関連した概念を呼び起こすのに失敗したことはなかった．（字義どおりには「操縦の技術」となる）サイバネティクスは，遡れば古くは古代ギリシアでなされていた議論（プラトン）から，ジェームズ・ワットの遠心調速機やアンペールの哲学的著作にまで結び付いている．ウィーナーの広範な見識は，数学（R・E・A・C・ペイリー），物理（ホップ），工学（ジュリアン・ビグローとブッシュ），心理学（アルトゥーロ・ローゼンブルース）といった，非常に異なる領域を母体とする同僚との共同研究の結果であった．しかし，彼の見識の広さは，批判や，哲学的・政治的な誤解により彼を傷つけることになる．傑出した数学者であるハンス・フロイデンタールは，ウィーナーが 1948 年に発表した画期的な著作『サイバネティクス，すなわち動物と機械における制御と通信』（*Cybernetics or the Control and Communication in the Animal and the Machine*）に対して，「報告するべきものは何もない」「数学の本来の意味について間違った考え方を広げるのに貢献した」と舌鋒鋭く批判した．とはいえ，その彼でさえ，この本が「ウィーナーに公的な名声をもたらし」「数学者が読んでも，アイデアの欠点より豊かさに魅せられてしまう」ことを認めざるを得なかった．

ナチスの恐怖が続いた時期，ウィーナーはヨーロッパから米国へと移住する避難者を援助していた．一方で，第 2 次大戦後には，第 1 次大戦後にドイツの科学が排斥されたのと同じような過ちを繰り返してはならないと忠告した．また，ウィーナーは，大戦後の世界での軍拡競争や技術発展の誤った使い方を警告していた．官僚主義と自己満足があるということで，1941年に米国国立科学アカデミーを辞したものの，ウィーナーは1964年の旅行中の死の直前に，ジョンソン大統領から国家科学賞のメダルを受けた．

文献紹介

Masani, P. R. 1990. *Nobert Wiener 1894–1964*. Basel: Birkhaäuser.

VI.86

エミール・アルティン

Emil Artin

デラ・フェンスター［訳：三宅克哉］

生：ウィーン（オーストリア），1898年
没：ハンブルク（ドイツ），1962年
数論，代数学，組ひも理論

世紀末のウィーンで美術商の父とオペラ歌手の母のもとに生まれたアルティンは，一生を通して亡きハプスブルク帝国の豊かな文化的雰囲気の影響下にあった．代数学者リヒャルト・ブラウェルが描くところでは，彼は数学者であると同時に芸術家でもあった．1916年のウィーン大学での最初の学期の後，アルティンはオーストリア陸軍に徴兵され，第1次世界大戦が終わるまで軍務に就いていた．1919年にライプツィヒ大学に編入され，グスタフ・ヘルクロツの指導のもと，2年で博士課程を修了した．

アルティンは1921〜22年の学年度を，数学においてその名が轟きわたっていたゲッティンゲン大学で過ごし，そのあと開学間もないハンブルク大学に移った．彼は1926年に正教授になっている．ハンブルク時代にアルティンは11名の博士課程の学生を指導したが，その中にはマックス・ツォルンとハンス・ツァセンハウスがいた．このハンブルクで過ごした年月は，アルティンの人生でも最も生産的だった時期である．

類体論 [V.28] におけるアルティンの研究は，心情からして彼に最も強く結び付いたものであったが，これが彼をヒルベルトの第9問題の解決へと導いた．この問題は，相互法則として最も一般的なものを証明せよというものである．その狙いは，ガウスの平方剰余の相互法則，さらにはその高次化を一般化することにあった．類体論の高木貞治による重大な結果は，アルティンがまだ学生のときに現れた．この高木の理論，1922年のN・G・チェボタレフの密度定理の証明（1880年に**フロベニウス** [VI.58] によって予想された），および，自分自身の ***L* 関数** [III.47] についての理論を用い，アルティンは1927年に彼の一般相互法則を確立した．アルティンの定理は，相互法則についての古典的な問題に最終的な形を与えて解決したばかりか，それはまた類体論の中心に位置する結果でもあった．アルティンの結果のみならず，彼の道具立て，特に彼の L 関数は，いまやその重要性を広く知られている．アルティンは自分の L 関数についての予想を提示したが，これは現在でもまだ未解決である．非アーベル的な類体論を問う問題もやはりまだ解決されていない．

1926〜27年にアルティンとオットー・シュライアーは，形式的実閉体の理論を展開した．ある体において -1 がその体の要素の平方の有限和として表されることがないとき，その体を実体といい，実体で極大であるものを実閉体という（実閉体の例は実数全体の体である）．この研究は，有理関数についてのヒルベルトの第17問題に対するアルティンの解答の基礎になっている．

1928年，アルティンは「多元環」についてのウェダーバーンの理論を非可換な環で降鎖律を満たすものに拡張した．この性質を持つ環は，彼を称えて「アルティン環」と呼ばれている．

1929年にアルティンは，生徒の1人であったナタリー・ジャスニーと結婚した．ナタリーがユダヤ系であったことと，アルティンの個人的な正義感から，彼らは1937年にドイツを離れた．彼らは米国に移住し，アルティンはノートルダム大学で1年過ごした後，インディアナ大学で正教授の地位を得た．ノートルダム大学での講義をもとにして，後世に影響を及ぼした教科書『ガロア理論』（*Galois Theory*, 1942）が生まれた．これは単純化の追求と，異なる研究の流れを統合したいという彼の望みを反映している．

インディアナで，アルティンはペンシルヴァニア

大学のジョージ・ワプルスとの共同研究を始め，付値ベクトルの概念を導入した．これはクロード・シュヴァレーが導入したイデールの概念と密接に関連している．この成果はアルティンの数学的な研究を再び活性化させ，論文の生産に見られる空白期間を終えて，再び順調に論文を発表し始めた．

1946 年に，アルティンはプリンストン大学に移った．ここで，アルティンは彼が指導した博士課程の全学生 31 名のうち 18 名を育てた．その中にはジョン・テイトとサージ・ラングがいる．彼はまた，**組ひも理論** [III.4] の研究を再開した．これは，トポロジーと群論における問題とに関わった研究テーマである．彼が 1950 年に『アメリカンサイエンティスト』誌（*American Scientist*）に寄稿した組ひも理論の紹介記事は，卓越した解説者としての彼の腕前を如実に示している．

文献紹介

Brauer, R. 1967. Emil Artin. *Bulletin of the American Mathematical Society* 73: 27–43.

VI. 87

アルフレト・タルスキ

Alfred Tarski

アニタ・バードマン・フェファーマン，
ソロモン・フェファーマン［訳：砂田利一］

生：ワルシャワ（ポーランド），1901 年
没：バークレー（米国カリフォルニア州），1983 年
記号論理学，メタ数学，集合論，意味論，モデル理論，論理代数，普遍代数，公理的幾何学

タルスキは，ポーランドが独立を保った戦間期，すなわち数学と哲学が隆盛を誇った時代のポーランドに育った．ワルシャワ大学では，スタニスワフ・レシニェフスキとヤン・ウカシェヴィッチに論理学を，**シェルピンスキ** [VI.77] に集合論を，ステファン・マズルキヴィッチに位相幾何学を学んだ．学位論文では，レシニェフスキが数学基礎論のために考案した独自の理論における中心問題を解決したが，その後は集合論とよりオーソドックスな数理論理学に打ち込んだ．研究分野を変えたほとんど直後に，**バナッハ** [VI.84] との共同研究により，**バナッハ–タルスキのパラドックス** [V.3]（球を有限個に分割して，それらを組み合わせて元の球と同じ半径を持つ「二つの」球を作ることができる）という素晴らしい結果を得ている．

彼は 1924 年に博士号を得る直前に教授から勧められ，もともとの名字であるテイテルバウム（Teitelbaum）からタルスキへと改名している．ユダヤ系の名前は職業上のハンディになるからである．これは，タルスキがポーランドに強い帰属意識を持ち，ユダヤ人問題の合理的解決策は同化であると考えていたことと軌を一にしている．

1930 年にタルスキは，彼の最大の功績の一つである，1 階述語論理の枠内で公理化された実数およびユークリッド幾何学の代数の形式的体系についての，完全性と決定可能性の証明を行った（「ロジックとモデル理論」[IV.23 (4 節)] を参照）．その後数年間は，数学の基礎概念の発展と，形式言語の意味論に取り組んだ．最大限に制限された手段によって一貫した数学のプログラムを遂行する必要があると考えていた**ヒルベルト** [VI.63] とは対照的に，タルスキは集合論を含むいかなる数学的手法にも開かれた態度で接した．概念についての主な貢献は，形式言語に真理の理論を与えたことである．彼は，形式言語で真理を適切に定義するための（T スキームと後に呼ばれる）新しい規準を設け，真理をその言語の内部で定義することはできないが，メタ言語内での集合論的な定義によって規準を満たせることを示した．

タルスキがポーランド論理学界において傑出した存在であることは広く認知されていたが，自国で正規の教授職を得ることはついにできなかった．一つにはポストが少なかったこと，そして，改名にもかかわらず反ユダヤ主義が影響したことが，理由として挙げられる．博士号をとってすぐにワルシャワ大学で私講師となり，その後非常勤教授（adjunct professor）に昇格した．いずれも生計を立てられるようなポストではなく，そのため，1930 年代を通して，タルスキはギムナジウムでも教壇に立っていた．正規の教授職になかったため，彼の生徒だったアンドレイ・モストフスキの博士論文の公式な指導教員になることができず，代わりにクラトフスキがその役を務めた．

統一科学（ウィーン学派の一派）の会議に招待されてタルスキがハーバード大学に赴いたのは，1939

年9月1日にナチスがポーランドに侵攻する2週間前のことだった．ユダヤ系の出自を持つ彼は，生命の危険を免れたことになるが，戦争中は家族との離別を余儀なくされた（妻と直近の家族は戦争を生き延びたが，その他の親族すべてをホロコーストによって亡くしている）．米国では特例移民ビザが発行されたが，1939年から1942年にかけては一時的な職しか得ることができなかった．最終的には，カリフォルニア大学バークレー校で講師職に就くことができた．そこでタルスキの卓越した能力はすぐに認められ，1946年には早くも正教授へと昇格している．その後10年間，タルスキはカリスマと見なされるほどに教育に力を注ぎ，学会での地位を高めるために熱心な運動を行った．そして論理学と数学基礎論において一つのプログラムを打ち立てた結果，バークレーはその後世界中から論理学者を集める中心地になった．

1939年にタルスキは，代数学と幾何学の決定手続きについての論文を書き上げていた．パリの出版社からモノグラフとして出版される予定だったが，1940年のドイツによるフランス侵攻で，公刊が取りやめになってしまった．1948年に，J・C・C・ミンスキーの援助により，ランド研究所の報告書として増補改訂版が作成された．カリフォルニア大学出版局が出版して一般に入手できるようになったのは，その後数年を経てからである．この論文は，タルスキらが推進していたモデル理論の代数学への応用にとって，模範的な文献となった．このテーマは今日においても数理論理学の最も重要な分野であり続けている．戦後，タルスキはバークレーにおいて，複数の分野をまたいでそれらの発展に尽くした．それは，代数的論理，公理的集合論と数学の問題において**巨大基数** [IV.22 (6節)] の存在を認めることの意義，そして，幾何学の公理系についての理論である．タルスキの業績の最も重要な点は，厳密かつ適切な概念構成に常に注意しながら，論理学が集合論的手法を制限なく使用する道を切り開いたことである．

文献紹介

Feferman, A. B., and S. Feferman. 2004. *Alfred Tarski. Life and Logic*. New York: Cambridge University Press.

Givant, S. 1999. Unifying threads in Alfred Tarski's work. *Mathematical Intelligencer* 13(3):16–32.

Tarski, A. 1986. *Collected Papers*, four volumes. Basel: Birkhäuser.

VI. 88

アンドレイ・ニコライヴィッチ・コルモゴロフ

Andrei Nikolaevich Kolmogorov

ニコラス・ビンガム［訳：森　真］

生：タンボフ（ロシア），1903年
没：モスクワ（ロシア），1987年
解析，確率，統計，アルゴリズム，乱流

コルモゴロフは，20世紀最大の数学者の1人であった．彼の研究成果は，その深さと力，そして広さで抜きん出ていた．いくつかの異なる分野で重要な貢献をした．確率論で最も有名であり，これまでで最大の確率論学者だったと広く見なされている．

コルモゴロフの母，マリヤ・ヤコブレナ・コルモゴロワは，子供のころに死亡した．父のニコライ・マトベヴィッチ・カタエフは農地経営学者で，ソヴィエト革命後は農業省で働き，1919年にロシア内戦のデニーキンの攻撃で死亡した．コルモゴロフは叔母のベラによって育てられた．彼はベラを母と慕い，ベラは養子の成功を見ることが生き甲斐だった．

コルモゴロフは，ボルガ川沿いのヤロスラブリ近郊のツノシュナで子供時代を過ごしたあと，1920年にモスクワ大学の数学科の学生になった．彼の教師には，アレキサンドロフ，ルジン，ウリゾーン，ステファノフなどがいた．1923年，まだ19歳のコルモゴロフは，出版された最初の研究成果において，**フーリエ級数** [III.27] がほとんど至るところで発散する（ルベーグ可積分な）関数の例を与えた（これは，フーリエ級数が自身に収束するのに十分な正則条件を与えるという古典的結果と対照的である）．この有名かつ思いもかけない結果は彼に名声をもたらし，その上，1925年には「ほとんど至るところ」を「すべてのところ」へと変えたより強い結果を得た．

コルモゴロフは，1925年にルジンのもとで大学院生になった．同じ1925年，アレクサンダー・ヤコブレヴィッチ・ヒンチンとの共著で，「3級数問題」に関する初めての確率論の成果を発表した．この古典的な結果は，独立な項を持つ確率変数の収束，すなわち，三つのランダムでない級数の収束に関する必要十分条件を与える．この論文は，独立な和の最大値に関するコルモゴロフの不等式も含んでいる．1929年に博士号をとるまでに，コルモゴロフは解析，確率，そして直観主義論理（彼は生涯を通じて数学の基礎に興味を持っていた）に関する18の論文を書いた．1931年にモスクワ大学の教授になった．

また，1931年に，コルモゴロフは確率論の解析的方法に関する有名な論文を出版した．これは，連続時間で連続または離散状態空間のマルコフ過程を取り扱ったものである（離散状態空間のときはマルコフ連鎖という）．チャップマン–コルモゴロフ方程式とコルモゴロフの前進および後退微分方程式が，この論文に始まった．拡散も取り扱われており，これはバシュリエの初期の研究を発展させたものであった．

時代を画したコルモゴロフの1933年の著書である『確率論の基礎』（*Grundbegriffe der Wahrscheinlichkeitsrechnung*）によって，現代確率論のすべての主題は作られたと言えるだろう．このときまで，確率は厳格な数学的基礎を持たず，実際，何人かの著者はそのようなことは不可能だと信じていた．しかし，**測度論** [III.55] が積分の理論と結び付いて，1902年に**ルベーグ** [VI.72] によって紹介された．測度論は長さ，面積，体積に関する厳密な理論を与えた．1930年代に至って，測度論はその出発点であるユークリッド空間から解き放たれ，コルモゴロフは，確率は全体の質量が1の測度で，事象は可測な集合，**確率変数** [III.71 (4節)] は可測関数として取り扱った．技術的な部分では，当時最新のラドン–ニコディムの定理を用いた条件付き確率の扱いが決定的であった（ここでは条件付き期待値はラドン–ニコディム微分となる）．『確率論の基礎』は，鍵となるさらに二つの結果も含んでいる．一つは**確率過程** [IV.24] の定義の基礎となるダニエル–コルモゴロフの定理である．二つ目はコルモゴロフの**大数の強法則** [III.71 (4節)] である．公平な硬貨を投げ続ければ，表の得られる頻度は期待値，つまり半分になることが期待される．この直観を数学的に正確にするには，いくつかの制限が必要である．コルモゴロフ以前には，ここで必要なことは収束が確率1（「ほとんど確実に」(almost surely）または“a.s.”）で起きることであることが知られていた．コルモゴロフはこの結果を硬貨投げから任意のランダムな試行に一般化した．必要なのは，測度の技術的な意味で期待値（しばしば，平均値とも呼ばれる）が存在することである．このとき，標本の平均値すなわち**標本平均**は，期待値すなわち**母平均**に，確率1で収束する．

コルモゴロフによる確率論のさらなる研究は，1930年代，1940年代になされている．彼は，極限定理や無限分解可能性，優性遺伝子の前進波を定めるコルモゴロフ–ペトロフスキ–ピスキュノフ方程式や安定確率過程の予測を研究した．「コルモゴロフ–ウィナーフィルタ」へと連なるこの応用は，戦時における火器管制問題への応用が動機となって研究された．

この最後の成果は，1941年に発達した「2/3法則」を含む革新的な乱流の研究へとコルモゴロフを自然に向かわせた．乱流を理解することは流体力学の中心であるため，この研究は後々深い意義を残した．

太陽系の安定性の問題に触発され，また**力学系** [IV.14] と関連して，1954年にコルモゴロフは力学系と不変トーラスの研究を出版した，これは（コルモゴロフ，アーノルド，モーザーを意味する）「KAM理論」の主題へと発展していった．

コルモゴロフの確率論の公理化は，確率と力学に厳密な根拠を与えるというヒルベルトの第6問題の（部分的な）解と見なすことができる．1956年と1957年に，コルモゴロフはもう一つのヒルベルトの問題である第13問題を解いた．彼の解は驚くべき構造定理を与えた．それによると，多変数の関数は基本的な操作により，わずかな変数の関数から作り上げられる．任意の個数の実変数の連続関数は，（和と関数の関数をとることで）たった三つの実変数の関数を有限個組み合わせることで作り上げられる．彼はこれを技術的に最も困難なことを達成したと見なしていた．

1960年に，コルモゴロフは，数学，確率論，**情報理論** [VII.6]，そしてアルゴリズム論の基本的な問題に注意を向けた．現在「コルモゴロフの複雑性」として知られる概念を導入した．また，ランダムさに関する彼の確率論の初期の成果とはまったく異なった新しいアプローチを与えた．ここで，乱数列は**最大の複雑性を持つ列**と見なした．彼の晩年の仕事は，生涯の関心事であった教育，とりわけ特別な才能を持つ生徒のための特別学校への関わりが主であった．

コルモゴロフの『選集』（*Selected Works*）は『数学と力学』（*Mathematics and Mechanics*），『確率と統計』（*Probability and Statistics*），『情報理論とアルゴリズム』（*Information Theory and Algorithms*）の3巻からなる．

コルモゴロフはソヴィエト連邦内外で広く称えられた．彼は結婚はしたが，子供はいなかった．

文献紹介

Kendall, D. G. 1990. Obituary, Andrei Nikolaevich Kolmogorov (1903–1987). *Bulletin of the London Mathematical Society* 22(1):31–100.

Shiryayev, A. N., ed. 2006. *Selected Works of A. N Kolmogorov*. New York: Springer.

Shiryayev, A. N., and others. 2000. *Kolmogorov in Perspective*. History of Mathematics, volume 20. London: London Mathematical Society.

VI. 89

アロンゾ・チャーチ

Alonzo Church

ジューン・バロウ=グリーン［訳：渡辺　治］

生：ワシントン DC（米国），1903 年
没：ハドソン（米国オハイオ州），1995 年
ロジック

チャーチは，研究経歴のほとんどすべてをプリンストンで過ごした．まず，プリンストンで勉強したあと，ハーバード，ゲッティンゲン，アムステルダムを経て，彼は 1929 年に助教授の職を得てプリンストンに戻ってきた．その後教授に昇進し，1961 年には哲学・数学教授となり，その職で 1967 年の退職を迎えた．その後，カリフォルニア州立大学ロサンゼルス校で，哲学と数学のケント教授職に就任し，引退する 1990 年までその職にいた．

プリンストンは，1930 年代にはロジックの重要な拠点になっていた．**フォン・ノイマン** [VI.91] が 1930 年代初めに着任し，**ゲーデル** [VI.92] は 1933〜35 年に滞在した後，1940 年に常勤として着任した．さらに，**チューリング** [VI.94] は，1936 年 9 月から 2 年間大学院生として滞在し，チャーチのもとで Ph.D. を取得した．

1936 年にチャーチは，論理学に対する深い貢献を二つ成し遂げた．一つ目は「チャーチの提唱」（Church's thesis）である．これは，曖昧で直観的な構成的計算という概念を，厳密に定義できる**帰納的関数** [II.4 (3.2.1 項)] と同一視しようという提唱であり，「初等数論上のある非可解問題」（An unsolvable problem in elementary number theory）と題する論文で発表された．このチャーチの帰納的関数の定義は，チューリングの計算可能関数の定義と同値であることが，このすぐあとで明らかになった．同様な考え方にまったく異なる方法で取り組んでいたチューリングが，後に有名なる論文「計算可能な数に関して」（On computable numbers）を発表したのが，1936 年の終わりだった．この論文では，常識的に計算可能と考えられている関数はすべて，**チューリング機械** [IV.20 (1.1 項)] の意味で計算可能であることが示された．したがって，チャーチの提唱はチャーチ–チューリングの提唱とも呼ばれている．

チャーチの二つ目の貢献は，現在「チャーチの定理」（Church's theorem）と呼ばれているものである．『記号論理学学会誌』（*Journal of Symbolic Logic*）の第 1 巻に掲載された短い論文において，彼は算術的命題の真偽をアルゴリズム的に判定することは不可能であることを証明した．このことから**判定問題**[*1)] に対する一般解法が存在しないこと，そして 1 階述語論理が決定不可能であることがわかる（「停止問題の非可解性」[V.20] を参照）．この結果もまた，先に示した論文の中でチューリングが独立に示しているため，チャーチ–チューリングの定理とも呼ばれている．チャーチとチューリングの両者とも**ゲーデルの不完全性定理** [V.15] の影響を強く受け，この結果を得たのである．

VI. 90

ウィリアム・ヴァランス・ダグラス・ホッジ

William Vallance Douglas Hodge

マイケル・アティヤ［訳：二木昭人］

生：エディンバラ（スコットランド），1903 年
没：ケンブリッジ（英国），1975 年
代数幾何，微分幾何，トポロジー

ホッジは調和積分（または形式）の理論で有名である．この理論は，**ワイル** [VI.80] により「20 世紀の数学のランドマークの一つ」と表現された．彼は人生の早い時期をエディンバラで過ごしたスコットランド人であるが，人生の大部分はケンブリッジで過

*1) ［訳注］原文は *Entscheidungsproblem*（decision problem）である．

ごした．ケンブリッジでは，1936 年から 1970 年まで天文学と幾何学のロウンディーン教授という古い時代から継承されてきた職に就いていた．

ホッジの研究は，代数幾何，微分幾何，複素解析の分野をまたぐ．**リーマン面** [III.79]（または代数曲線）の理論と（高次元）**代数多様体** [IV.4 (7 節)] のトポロジーに関するレフシェッツの研究からの自然な発展上にあるものとして，彼の研究を見ることができる．彼の研究は，代数幾何を現代的な解析学の基礎付けのもとに築き，また，1950 年代から 1960 年代にかけての目覚ましい戦後の発展の基盤を形成する準備となった．また，ジェームズ・クラーク・マックスウェルの影響に立ち戻るような，理論物理との相互関連とうまく調和させるものであった．

（複素 1 次元の）リーマン面の理論においては，複素構造と実計量とはきわめて密接に関連しており，その関係の根源は，**コーシー–リーマン方程式** [I.3 (5.6 項)] と**ラプラス作用素** [I.3 (5.4 項)] の繋がりに遡る．高次元ではこの密接な繋がりは消え，**リーマン計量** [I.3 (6.10 項)] は複素解析とは無関係のように見えるが，ホッジの偉大な洞察により，実解析が依然として実りある役割を担うことがわかった．

マックスウェルが発展させた電磁気学の形式に従い，彼は（任意のリーマン多様体上の）**外微分形式** [III.16] に対するラプラス作用素の一般化を導入し，この作用素を施して 0 になる r 形式（「調和」形式）の空間は r 次元**コホモロジー** [IV.6 (4 節)] H^r と自然に同型になることを証明した．別の言葉で言うと，調和形式はその周期により一意的に定まり，すべての周期が起こりうる．

複素多様体に対しては，計量が複素構造とうまい具合に両立するならば（つまり，**ケーラー条件** [III.88 (3 節)] のことであり，これは射影空間内の代数多様体ならいつでも満たされる），この結果はさらに改良される．この場合，H^r は $p+q=r$ を満たす部分空間 $H^{p,q}$ に分解され，$p=r$ および $q=r$ という両極端の場合はそれぞれ正則形式全体および反正則形式全体に対応する．

このホッジ分解には，豊かな構造とたくさんの応用がある．最も目覚ましい応用の一つとして，ホッジ符号定理がある．これは（偶数次元代数多様体に対して）中間次元のサイクルの交点行列の符号を $H^{p,q}$ の次元を用いて表現するものである．

もう一つの成功例は，（複素 n 次元多様体において）部分代数多様体から定まる $(2n-2)$ 次元ホモロジー類を特徴付けるものである．彼は，すべての次元についても同様の特徴付けができると予想し，証明すべきことのうち，易しい部分については証明を与えた．難しい部分については，その後の研究者でも証明することはできず，現在はクレイ研究所の百万ドル懸賞金付きのミレニアム問題になっている．

ホッジ理論の影響は膨大である．第一に，代数幾何における多くの古典的結果を現代的枠組みに統合し，アンリ・カルタン，セールやその他の研究者による現代的層理論のその後の発展の発射台としての役割を果たした．第二に，ホッジ理論は大域微分幾何学の最初の深い結果であり，「大域解析学」として知られるようになった方法の道筋を開いた．第三に，理論物理から派生した数学の諸問題に対する基礎付けを行った．これには，楕円型作用素に対する**アティヤ–シンガー指数定理** [V.2] や，ホッジ理論の非線形類似（ヤング–ミルズやサイバーグ–ウィッテン方程式）が含まれる．これらは，4 次元多様体のドナルドソン理論（「微分位相幾何学」[IV.7 (2.5 項)] を参照）の鍵となる役割を果たした．より最近，ウィッテンやその他の研究者は，**量子場理論** [IV.17 (2.1.4 項)] においてホッジ理論の無限次元版が自然に現れることを示している．

文献紹介

Griffiths, P., and J. Harris. 1978. *Principles of Algebraic Geometry*. New York: Wiley.

VI. 91

ジョン・フォン・ノイマン

John von Neumann

ウォルフガング・コイ［訳：森　真］

生：ブダペスト（ハンガリー），1903 年
没：ワシントン DC（米国），1957 年
公理論的集合論，量子力学，測度論，エルゴード理論，作用素論，代数幾何学，ゲーム理論，計算機工学，計算機科学

オーストリア帝国のハンガリー系ユダヤ人として育てられたノイマン・ヤーノシュ・ラヨシュの政治的態度は，第 1 次世界大戦後に 5 か月だけ存続した

共産主義者ベラ・クン政権の統治に強く影響された．その時期に，彼の自由で民主的な政治信条が形作られた（とはいうものの，1913 年に父から授けられた高貴さを表す「マルギッテ」の称号（後にドイツ語の「フォン」に変更）にはこだわった）．いくつかの言語を学び，数学に早くから熱中する神童だった．

1920 年代初期，フォン・ノイマンは数学，物理，化学をベルリンとチューリヒで学び，また，ブダペスト大学の数学の講義に登録したが，出席はしなかった．化学工学の卒業証書をチューリヒ工科大学（ETH）で得て，その直後（1926 年）ブダペスト大学の数学の学位を得た．彼の学位論文のタイトルは「一般的集合論の公理的演繹」（The axiomatic deduction of general set theory）であった．工学は，彼のように幅広い興味を持つ有能な若者にとって尊敬すべき職業に思えたが，数学と形式的論理への理論的興味は，フォン・ノイマンをドイツにおけるもっとアカデミックな環境へと向かわせた，そこでは，**ヒルベルト** [VI.63] から注目された．アカデミックな観点からは，ゲッティンゲンでヒルベルトのところに留まるのが分別ある選択だった（1926 年から 1927 年にかけては，ロックフェラー特別奨学金により，そこで 6 か月過ごした）が，彼はベルリンの光り輝く雰囲気のほうが好きだった．

続く数年の間に，彼は集合論の公理的基礎，**測度論** [III.55]，そして量子力学に関する数学的基礎についての論文を出版した．ゲーム理論に関する最初の論文（『数学年報』(*Mathematische Annalen*）に 1928 年に発表された「ゲームの理論」(Zur Theorie der Gesellschaftsspiele)）も書いた．その中で，すべての 2 人・有限・ゼロサムゲームには最適な混合戦略があることを述べたミニマックス定理を証明した．

1927 年，博士論文と集合論と数学の基礎に関する講義録を書いて，フォン・ノイマンは，ベルリン大学哲学科から数学者としての教授資格を得て，同大学の歴史の中で最も若い私講師（Privatdozents）の 1 人になった．この時点で，ドイツ名のヨハン・フォン・ノイマンと名前を変えている．ベルリンだけでなくハンブルクでも 1929 年から 1930 年に講義をしたが，ナチスの政権獲得に伴い，1933 年にベルリンの役職を辞した．このころまでに，彼はすでにプリンストンにいて，1930 年にもともと与えられたプリンストン大の客員教授の地位から，新しく創設されたプリンストン高等研究所での終身教授に転じた．またも名前をジョン・フォン・ノイマンと変えて，1937 年に米国市民権を得た．

プリンストンでは，彼は平和な象牙の塔を見つけた．彼の最も重要な数学の研究は，1930 年代半ばのこの期間になされている．数冊の著作とともに毎年 6 誌に論文を発表し（このペースを死ぬまで維持した），研究所の環境のおかげで研究領域を広げることができ，特に**エルゴード理論** [V.9]，ハール測度，**ヒルベルト空間** [III.37] の上の作用素のある空間（この空間は**フォン・ノイマン環** [IV.15 (2 節)] として知られている）と「連続幾何」を取り入れた．

第 2 次世界大戦へと進むヨーロッパの危機を無視するには，フォン・ノイマンはあまりに政治的に敏感すぎた．1930 年代に音の速度を超えた乱流を研究していたことから，彼は，1937 年に衝撃波の専門家として，米軍弾道学研究所に呼ばれた．後年，彼は海軍と空軍のコンサルタントとして活動した．彼はロスアラモスの科学者グループの初期の人間ではなかったが，1943 年にマンハッタンプロジェクトのアドバイザーになった．そこでの衝撃波に関する数学的扱いが，ウランの連鎖反応を始めさせるための爆発物の配置である「爆縮レンズ」を導く基本原理となった．

戦争に関わる研究と並行して，フォン・ノイマンは経済学も研究した．オスカー・モルゲンシュタインとの革新的共著『ゲームの理論と経済行動』(*The Theory of Games and Economic Behavior*）は，1944 年に出版されている．この一部は 1928 年に『数学年報』に発表した論文に基づいている．

1940 年にフォン・ノイマンは，二つのまったく異なる分野を考えた結果として，計算に焦点を当て始めた．一つは，数値近似でしか解けない問題についての思索であり，もう一つは，数学基礎論に関する熟練のための思索である．**チューリング** [VI.94] の計算可能数に関する将来性のある論文（1936）の重要性に気がついて，彼をプリンストンの助手として招こうと試みてのことだった．チューリングが思考実験の形で抽象的なマシンについて議論する一方で，フォン・ノイマンは電子的ハードウェアの使用に関連する，実際のコンピュータの構成から生じる問題についても考えていた．数学者としての彼のトレーニングは，計算手順の本質に焦点を当てるのに役立ち，ムーア学派が作った **ENIAC**（electronic numerical integration and computer）のような煩雑な設計を避けることができた．彼は 1945 年に「電子離散変数自動計算機」EDVAC に関する基本的な事項を定めた．初期の電子計算機に関する研究から集められたアイデアを集約した「最初の EDVAC に関するレポートの草稿」(First draft of a report on the EDVAC) は，現代的な電子計算機に関する論理的フレームワークを与え，続く数十年間にわたるコンピュータ設計のロードマップとなった．おそらくフォン・ノイマンは，この論文が彼の数学的結果と同等の重要性を持つとは思っていなかっただろうが，今日では現代コンピュータの誕生の証明と見なされている．

フォン・ノイマンは，コンピュータのプログラミング（彼は「コーディング」と呼んでいた）は，基本ハードウェアの構築よりも骨が折れるらしいことをすぐに認識した．基本的に，彼はプログラムを形式論理の新しい分野と考えていた．1947 年には，ヘルマン・ゴールドシュタインとともに，3 部からなるレポート「電子計算機のための問題のコーディング設計」(Planning and coding of problems for an electronic computing instrument) を執筆している．その中には，新しく必要とされるソフトウェア構成の技術に関する多くの洞察が集められている．

フォン・ノイマンの考えは，計算する機械の枠を超え，そして人間の脳の構造やセルオートマトンや自己増殖機械に関する哲学的な問いにまで挑むことを可能にした．これらは現在「人工知能」や「人工生命」と呼ばれている分野にとって先駆的な問いである．彼はこれらの問いを考察していき，その結果は，講義録『計算機と脳』(*Computer and Brain*, 1958) および著書『自己増殖オートマトンの理論』(*Theory of Self-Reproducing Automata*, 1962) として，彼の死後に出版された．

1954 年にフォン・ノイマンは米国原子エネルギー委員会の 5 人のメンバーに指名され，1956 年にアイゼンハウアー大統領より，大統領自由勲章を授与された．

文献紹介

Aspray, W. 1990. *John von Neumann and the Origins of Modern Computing*. Cambridge, MA: MIT Press.
【邦訳】W・アスプレイ（杉山滋郎，吉田晴代 訳）『ノイマンとコンピュータの起源』(産業図書，1995)

VI. 92

クルト・ゲーデル

Kurt Gödel

ジョン・W・ドーソン Jr.［訳：砂田利一］

生：ブルノ（モラヴィア，現チェコ共和国)，1906 年
没：プリンストン（米国ニュージャージー州)，1978 年
論理学，相対性理論

モラヴィアのブルノ生まれのゲーデルは，生涯で最も重要な研究をウィーン大学で行っている．1940 年に彼は米国に移住し，プリンストン高等研究所に迎えられることになった．

20 世紀最大の数理論理学者とされるゲーデルは，彼が証明した三つの基本的な結果によって，その名を知られている．一つ目は意味論における **1 階論理の完全性** [IV.23 (2 節)]，二つ目は統語論における**形式的な数論の不完全性** [V.15]，そして三つ目は，**選択公理** [III.1] と一般化された**連続体仮説** [IV.22 (5 節)] が，**ツェルメロ–フレンケル公理系** [IV.22 (3.1 項)] と無矛盾であることの証明である．

ゲーデルの完全性定理 (1930) は，次のような問いに関係するものである．たとえば群論において，すべての群について真であるようなある命題が，群の公理から実際に証明可能であることは，どうすればわかるか？ ゲーデルは，1 階述語論理（すべての元について量化が許されるが，部分集合については量化が許されていない論理）においては，ある命題がすべてのモデルにおいて真であるならばそれは証明可能であることを示した．同値なこととして，無矛盾であるような命題のいかなる集合も，モデルを持つ，つまりそれらすべての命題が成り立つ構造を持つことを，完全性定理は主張している．

ゲーデルの不完全性定理 (1931) は，論理学と数学の哲学に衝撃を与えた．**ヒルベルト** [VI.63] は，（たとえば数論における）すべての命題が，定められた公理系から導かれるようなプログラムを作ろうと，研究を進めていた．そのようなプログラムは原理的には可能だと広く信じられていたが，不完全性定理によってその望みは絶たれることになったのである．

ゲーデルのアイデアは，実質的に言うと，「*S* は証

明不可能である」と主張する命題 S を構成することだった．少し考えればわかるように，そのような命題は真であると同時に証明不可能でなくてはならない．ゲーデルの注目すべき功績は，そのような命題を数論の言葉で表現することに成功したことにある．彼の証明は，数論にとっての**ペアノの公理系** [III.67] のような公理系に当てはまり，さらに一般的には，それらの公理系の合理的な拡張（集合論にとってのツェルメロ–フレンケル公理系のような）にも当てはまる．

ゲーデルの第 2 不完全性定理は，ヒルベルトのプログラムに対するさらなる批判となった．無矛盾な公理系 T（たとえばペアノの公理系）があるとしよう．これが無矛盾であることを証明できるだろうか？ ゲーデルは，もし T が無矛盾であれば，「T は無矛盾である」という命題は（数論の命題に記号化されていても）T から証明できないことを示した．したがって，「T は無矛盾である」は，真であるが証明できない命題の明らかな例となる．またしてもこれは，T がペアノの公理であるか，もしくはその合理的な拡張であるとき（大まかに言うと，証明可能性やそれに似たものについての算術的命題で表現できる拡張であるとき）に当てはまる．標語的には，「理論は自らの無矛盾性を証明できない」ということになる．

エルンスト・ツェルメロが，すべての集合に整列順序を与えられることを証明するために選択公理を使ったとき，選択公理は激しい批判の的となった．これは，連続体仮説の証明とともにヒルベルトが 1900 年の国際数学者会議で発表した問題リストの最初に並べられていた問題だった．1938 年にゲーデルは，選択公理と一般化された連続体仮説は，ツェルメロ–フレンケル集合論の任意のモデルの部分モデルで成り立つ別の原理（構成可能性公理）の結果であることを示した．したがって，選択公理と一般化された連続体仮説は，ツェルメロ–フレンケル公理系と無矛盾である（そこから反証可能でない）．かなりあとになって（1963），ポール・コーエンはこれら二つはツェルメロ–フレンケル公理系から独立（そこから証明可能でない）でもあることを示した．

論理学のほかにゲーデルは相対性理論の研究も行っており，過去への時間旅行を許す**アインシュタイン方程式** [IV.13] のモデルの存在を証明している*1)．

*1) ［訳注］本文では晩年のことが書かれていないので，簡単に補足しておく．アメリカ移住の前後から，人間不信に近い症状が出始め，次第に精神的失調が目立つようになった．毒殺と毒ガスによる暗殺を恐れたために，自宅に籠る生活となり，最終的には，絶食による飢餓で死亡した．

文献紹介

Dawson Jr., J. W. 1997. *Logical Dilemmas: The Life and Work of Kurt Gödel*. Natick, MA: A. K. Peters.
【邦訳】J・W・ドーソン・Jr（村上祐子，塩谷賢 訳）『ロジカル・ディレンマ：ゲーデルの生涯と不完全性定理』（新曜社，2006）

VI. 93

アンドレ・ヴェイユ

André Weil

ノルベール・シャパシェ，ビルギット・ペトリ
［訳：三宅克哉］

生：パリ（フランス），1906 年
没：プリンストン（米国ニュージャージー州），1998 年
代数幾何学，数論

アンドレ・ヴェイユは，20 世紀において最も影響力があった数学者の 1 人である．その影響力は，一つは驚くほど広範な数学の諸理論における独創的な寄与によるものであり，もう一つは，数学の実践と様式に関して彼が残した足跡から来ている．彼は自身の手になる影響力のある数学上の成果をいくつも残しており，また一方で，彼が創始者の 1 人であった**ブルバキ** [VI.96] のグループを通してその影響を広げていった．

ヴェイユは，哲学者で政治的活動家であり宗教的思索家でもあった妹のシモーヌ・ヴェイユと同じく，素晴らしい教育を受けた．2 人とも聡明な学生であり，幅広く読書し，（サンスクリットを含む）言語に鋭い興味を持っていた．アンドレ・ヴェイユはまもなく数学へ，妹は哲学へと向かうところを定めた．彼はエコール・ノルマル・シュペリウールを 19 歳になる前に卒業し（彼の学年の主席で数学の**教授資格**（アグレガシオン）を得て），イタリアとドイツを旅した．彼は 22 歳のとき博士の学位をパリで獲得し，インドへ出向き，アリーガル大学に教授として 2 年間滞在した．その後一時マルセイユにいたが，1933 年

から 1939 年まではストラスブール大学に（アンリ・カルタンとともに）講師（Maître de Conférence）として滞在した．ブルバキ計画は，このときカルタンと教え方について議論した中で芽生え，エコール・ノルマル・シュペリウールの他の友人たちを交えたパリでの会合で育っていった．

彼の研究成果は，1928 年のパリでの学位論文に始まった．彼はこの論文で，1922 年の**モーデルの定理** [V.29] を一般化した．モーデルは有理数体上の**楕円曲線** [III.21] の有理点の群が有限生成アーベル群であることを示したが，ヴェイユは**数体** [III.63] K 上で定義されたヤコビ多様体の K 有理点の群も，やはり有限生成アーベル群であることを示した．以後 12 年の間，ヴェイユは 1930 年代の重要な研究課題に関連して多方面にわたる研究を繰り広げた．その中には，多変数正則関数の多項式による近似，コンパクトな**リー群** [III.48 (1 節)] の極大輪環体の共役性，コンパクトな位相アーベル群の上の積分理論，一様な**位相空間** [III.90] の定義などがある．しかし，彼は算術的な起源を持つ問題に特に強く興味を引かれた．これらには，彼の学位論文とジーゲルの整数点についての有限性定理に対するさらなる考察，リーマン面上の**リーマン–ロッホの定理** [V.31] の大胆な「ベクトル束」への拡張（E・ヴィットによる同様の結果と平行している），**楕円関数** [V.31] の p 進類似（彼の学生エリザベト・ルッツとの共同研究）などが数えられる．

ヴェイユは 1940 年を出発点として，数論的な代数幾何学において当時おそらく最大の挑戦と見られていたものに傾注していった．ヘルムート・ハッセは 1932 年に有限体上で定義された種数 1 の曲線（楕円曲線）に対する**リーマン予想** [IV.2 (3 節)] のアナロジーを証明していた．ヴェイユが向かった問題は，この結果を種数が 1 よりも大きい曲線に拡張するというものである．1936 年にマックス・ドイリンク（Max Deuring）は，この問題を攻撃するための格好の新素材として，代数対応を提案していた．しかし，問題は解決されないままに第 2 次世界大戦が始まった．ヴェイユがルーアンの牢屋の中で書いた最初の試みはまったく慎ましいもので，1936 年のドイリンクの観察を超えるものはほとんどなかったと言えるだろう．しかし，米国に住むようになり，何年かをかけて多様な方向を模索したあと，ヴェイユはついに非特異な有限体上の曲線のすべてに対してリーマン予想のアナロジーを証明した，誉れ高い最初の人物となった．この証明は，彼が完全に書き改めていた（任意の基礎体上の）代数幾何学に依拠しており，それは彼の『代数幾何学の基礎』（*Foundations of Algebraic Geometry*, 1946）に先立って出版されていた．さらに，ヴェイユはリーマン予想のアナロジーを有限体上の一般次元の代数的多様体へと一般化し，しかも関連するゼータ関数の主立った不変量に対して新たに位相幾何学的な解釈を付け加えた．これらすべては一括して**ヴェイユ予想** [V.35] として知られるようになる．そしてこれは 1970 年代へ向かって，あるいはそれ以後にまで及んで，代数幾何学が発展し続けていくにあたって，最も重要な刺激を与え続けた．

1930 年代から 1940 年代は，代数幾何学を書き改めることに何人かの数学者たちが取り組んでいた．ヴェイユの『代数幾何学の基礎』は，驚くべき洞察（たとえば交点数の新しい定義）を確かに含んでいたが，その基本的な概念（生成点，特殊化）はファン・デア・ヴェルデンに負っていたし，また数学社会に多大な影響を及ぼした代数幾何学の再構築という点においても，1938 年以降オスカー・ザリスキも（異なった方式で）成し遂げていた．したがって，『代数幾何学の基礎』は単にその「数学的内容」に留まらず，むしろその特徴的な様式によって新しい道筋を作り出すという大きい役割を担うことで，代数幾何学の実践をそれ以後約 20 年にわたって牽引した．しかしその後，スキームというグロタンディークの言語によって，それは置き換えられていくことになった．

ヴェイユのその後の業績としては，ほかにも独創的な論文や著書はあるが，2 次形式に関するジーゲルの成果を「アデール的に」書き改めており，また，谷山や志村に帰される哲学や，有理数体上の楕円曲線はモデュラーであることについても，決定的な寄与をなした．ワイルズは 1995 年にこの事実を証明し，それによって**フェルマーの最終定理** [V.10] の証明を与えた．

ヴェイユは，1939 年にフランスでの徴兵を忌避したことで多くのアメリカ人の同僚から強い批判を受けていたが，1947 年になって有名なシカゴ大学でついに教授の地位を手にした．1958 年には，彼は高等研究所の永年研究員としてプリンストンに移った．

第 2 次世界大戦後，ヴェイユは数学研究の多くの前線で洞察に富んだ活動を継続し，時流を率いる多くの主題について論文を寄稿していった．それらには，**類体論** [V.28] のヴェイユ群，解析的数論のいくつかの明示公式，微分幾何学における，特に**ケーラー多様体** [III.88 (3 節)] についての多面的な考察，関数等式によるディリクレ級数の決定などが含まれる．これらすべての論題において創意に富んだ業績が残され，ヴェイユの活動がなかったら現在の数学は今あるようにはならなかったと言っても言いすぎではない．

ヴェイユは晩年になると，彼の博識と歴史的な感覚を記事や論説に反映させ，数学史に関する著書『数論：歴史からのアプローチ』（*Number Theory, an Approach through History*）を著した．彼はまた 1945 年で終わる部分的な自叙伝『修業時代の思い出の記』（*Souvenirs d'apprentissage*）を著した．これは文学的に見ても相当な品質を保持するものであった．

文献紹介

Weil, A. 1976. *Elliptic Functions According to Eisenstein and Kronecker*. Ergebnisse der Mathematik und ihrer Grenzgebiete, volume 88. Berlin: Springer.
【邦訳】A・ヴェイユ（金子昌信 訳）『アイゼンシュタインとクロネッカーによる楕円関数論』（シュプリンガー・フェアラーク東京，2005）

Weil, A. 1980. *Œuvres Scientifiques/Collected Papers*, second edn. Berlin: Springer.

Weil, A. 1984. *Number Theory. An Approach through History. From Hammurapi to Legendre*. Boston, MA: Birkhäuser.
【邦訳】A・ヴェイユ（足立恒雄，三宅克哉 訳）『数論：歴史からのアプローチ』（日本評論社，1987）

Weil, A. 1991. *Souvenirs d'Apprentissage*. Basel: Birkhäuser 1991. (English translation: 1992, *The Apprenticeship of a Mathematician*. Basel: Birkhäuser)
【邦訳】A・ヴェイユ（稲葉延子 訳）『アンドレ・ヴェイユ自伝：ある数学者の修業時代』（上・下）（シュプリンガー・フェアラーク東京，1992）

VI. 94

アラン・チューリング

Alan Turing

アンドルー・ホッジス［訳：渡辺　治］

生：ロンドン（英国），1912 年
没：ウィルムスロー（英国），1954 年
ロジック，計算論，暗号，数理生物学

1936 年にケンブリッジ大学キングスカレッジの若き研究者だったアラン・チューリングは，数理科学の基本となる貢献を成し遂げた．彼は「計算可能性」を，現在われわれが**チューリング機械** [IV.20 (1.1 項)] と呼んでいる概念を用いて定義したのである．これは数学的には，その少し前に**チャーチ** [VI.89] が帰納的計算として定義した概念と同値だが，まったく独自の考え方に基づいており，チューリングのこの概念の価値は，チャーチに対していささかの遜色もない．実際，チャーチ自身も，また，チューリングの考察のもととなった**不完全性定理** [V.15] を 1931 年に発表した**ゲーデル** [VI.92] も，チューリングの考え方を高く評価している．彼の定義のもとで，チューリングは 1 階の述語論理は決定不可能であることを示し，それにより，**ヒルベルト** [VI.63] が主張していた形式主義プログラムは不可能であることを決定付けたのである（「ロジックとモデル理論」[IV.23 (2 節)] を参照）．

計算可能性は，今では数学の基本的な概念である．というのも，問題を解く手法が存在するか否かの問いを数学的に明確化するために欠かせないからである．一例を挙げよう．**ヒルベルトの第 10 問題** [V.20]，すなわち整数係数多項式の可解性判定問題は，チューリングの考え方に基づく手法で 1970 年に完全に（否定的に）解決されたのである．彼は，この定義を数理論理学で発展させる研究や，代数で応用する研究においても，先駆的な研究を行った．一方，数学者としては異例で，彼の考えを用いて（たとえば代数における決定問題の研究のように）数学的対象の探究を行うだけではなく，哲学，科学，そして工学に至る幅広い考察を行ったのである．

チューリングが画期的な考察を成し遂げた要因の

一つとして，精神と物質に対する彼の強い関心が挙げられる．精神の状態と行動に関する彼の分析は，それ以降の認知科学の出発点となった．チューリング自身も人工知能の可能性を主張することで，この新たな筋道を照らし出すことに貢献している．彼が 1950 年に発表した有名な「チューリングテスト」は，この分野の広範な研究テーマの一つと見なすことができるだろう．

彼の 1936 年の論文の中で，より直接的な応用面を持つものがある．それは，一つの「万能な」機械が，他のどのチューリング機械の仕事もこなすことができるという考え方である．他の機械の記述を命令の表として読み込み，その機械の動きを模倣すればよい．これは，現代のデジタルコンピュータのまさに基本となる原理である．チューリングは 1945 年に，この考えを用いて最初の電子計算機とその上のプログラミングを計画した．彼の計画は**フォン・ノイマン** [VI.91] に先を越されたが，そのフォン・ノイマンは，計算は論理の組合せであるというチューリングの考えを用いたと言われている．したがって，チューリングが現代のコンピュータ科学の基礎を築いたと言ってもよいだろう．

チューリングは理論と実際の架け橋となる研究も行った．というのも，1938 年から 1945 年の間，彼は英国の政府暗号学校の主任科学官として，ドイツ海軍の暗号解読の任務を遂行していたのである．彼の主な功績は，エニグマ暗号器の画期的な理論解読とベイズ情報理論だった．このとき彼は，英国の暗号解読に使われていた先進的な電子技術に触れることで，実際的な計算の先駆者になるための経験を積んだのである．

チューリングは，戦後のコンピュータ工学ではあまり活躍していない．むしろ，コンピュータの発展へ影響を与えるような活動からは徐々に手を引いていったように思える．その代わりに，1949 年以降，マンチェスター大学において，彼は生物の発達への応用を目指した非線形の偏微分方程式の理論に集中した．1936 年の彼の論文と同様，この研究もまったく新しい分野を切り開いたのである．これはまた，**リーマンのゼータ関数** [IV.2 (3 節)] に関する彼の重要な結果とともに，数学における彼の守備範囲の広さを示す良い例である．彼は生物理論，そして物理学の新しいアイデアなどで，忙しく研究していた――彼の突然の死のそのときまで．

彼の短い人生は，最も純粋な数学と最も実際的な応用を結び付けるために費やされた．その人生はまた，際立った対照性を持つものだった．彼はコンピュータに基づく人工知能という考え方の推進者であったが，それとは対照的に，彼の考えや人生は機械とは程遠いものだった．彼は，「チューリングテスト」に代表される彼の機知により，数学概念の普及者として歴史に残る存在となった．その一方で，戦時中の極秘任務や，同性愛に対する戦後の迫害を描いたチューリングの伝記映画は，世間の注目を大きく集めた．

文献紹介

Hodges, A. 1983. *Alan Turing: The Enigma*. New York: Simon & Schuster.
【邦訳】A・ホッジス（土屋俊，土屋希和子 訳）『エニグマ：アラン・チューリング伝』（上・下）（勁草書房，2015）

Turing, A. M. 1992–2001. *The Collected Works of A. M Turing*. Amsterdam: Elsevier.

VI. 95

アブラハム・ロビンソン

Abraham Robinson

ジョゼフ・W・ドーベン［訳：渡辺 治］

生：ヴァルデンブルク（現ヴァウブジフ，ポーランド），1918 年
没：ニューヘイヴン（米国コネチカット州），1974 年
応用数学，ロジック，モデル理論，超準解析

ロビンソンは，私立の（ユダヤ教の）ラビ学校で教育を受け，ブレスラウ（現ヴロツワフ）のユダヤ高等学校に進学し，彼の両親がパレスチナに移民する 1933 年まで，そこで過ごした．パレスチナで高校を卒業後，ヘブライ大学に進み，アブラハム・フレンケル（Abraham Fraenkel）のもとで数学を勉強した．ソルボンヌに滞在していた 1940 年の春，ドイツがフランスに侵攻したため，彼はイギリスに逃れ，そこで戦時中を難民として，また自由フランス軍の一員として過ごした．ロビンソンの数学的才能は直ちに見出された．ファーンバラにある王立航空研究所に配属され，そこで超音速デルタ翼の設計やドイツの V2 ロケットの仕組みを知るための復元チームに

加わったのである．戦後，ロビンソンはヘブライ大学から理学修士（主専攻は数学，副専攻は物理と哲学）を得た．それから数年後，彼はロンドン大学のバークベックカレッジで数学のPh.D.を得たが，その博士論文「代数学のメタ数学について」（On the metamathematics of algebra）は，1951年に出版された．

この間，ロビンソンはクランフィールドにある航空技術大学で，1946年10月の開校当初から教鞭を執っていた．1950年に航空技術科の副学科長に昇進したが，その翌年トロント大学の応用数学科に移った．そこでの准教授の職を選んだのである．トロントでの彼のほとんどの業績は，超音速翼の設計に関する論文を含め，応用数学に関するものだった．翼理論についての本も，彼のクランフィールド時代の学生との共著で出版している．

彼のトロントでの年月（1951〜57）は，ロビンソンの研究経歴において転換期だったと言える．というのも，そのころから彼の興味が次第に数理論理学に移り始め，標数0の代数的閉体の研究に着手したからである．1955年に，彼はロジックと**モデル理論** [IV.23] における彼の初期の研究のまとめを，『イデアルのメタ数学理論』（*Théorie Métamathématique des Ideaux*）と題するフランス語の本として出版した．ロビンソンはモデル理論の先駆者である．ここでモデル理論とは，非常に簡単に言えば，数理論理学を用いて群や体，あるいは集合論自身などのような，数学的構造を解析する分野である．ここで言うモデル（model）とは，与えられた公理的な体系に対し，その公理を満たす構造のことである．ロビンソンの初期の重要な結果の一つは，ヒルベルトの第17問題（すなわち，実数上の正値有理関数は有理関数の2乗の和で表せることを示す問題）に対するモデル理論的な証明である．これは1955年に雑誌『数学年報』（*Mathematische Annalen*）で発表された．この結果はすぐに，もう一つの本『完全理論』（*Complete Theories*, 1956）に受け継がれた．この本の中で，彼は博士論文の中で探究していたモデル理論的代数の考え方をさらに推し進めている．モデル完全性，モデル完全化，そして「素モデルテスト」という数々の重要な概念が導入されたのも，この本である．また，**実数閉体** [IV.23 (5節)] の完全性の証明や，理論のモデル完全化の一意性の証明なども与えられている．

1957年秋に，ロビンソンはヘブライ大学に戻った．彼はそこで彼の先生であったアブラハム・フレンケルの後任として，アインシュタイン数学研究所の教授の座に就いた．ヘブライ大学での在籍期間中，ロビンソンは局所微分代数や，特異な微分閉体，また，数理論理学の分野では算術の非標準モデルを扱う**スコーレム** [VI.81] の結果について研究した．これらの研究から，**ペアノ算術** [III.67]，すなわち通常の自然数 0, 1, 2, 3, ... 上の算術に対するさまざまなモデル，たとえば「非標準な」要素を持つモデルがもたらされた．標準モデルを拡大したモデルではあるが，標準的な構造の公理を満たすような「数体系」である．算術の非標準モデルは，たとえば無限の整数を含む．これについては，ハイム・ガイフマン（Haim Gaifman）の次の表現が，たぶん簡潔に表しているだろう．「非標準モデルは，形式体系に対して意図したものとは明白に異なる解釈を与えるモデルである」．

ロビンソンは1960年から1961年の間，米国プリンストン大学で，サバティカルの**チャーチ** [VI.89] の代役として滞在した．この地でロビンソンは彼の最も革新的な数学への貢献の着想を得た．モデル理論を用いて無限小を厳密に議論するための枠組み，すなわち超準解析である．実際，この枠組みは，実数の標準モデルを無限大と無限小を含むように拡大した非標準モデルとして得られる．彼は，この課題についての論文を，1961年に『オランダ王立科学アカデミー紀要』で初めて発表した．これに引き続いて，彼の初期の本（1951）の完全改訂版『モデル理論と代数学の数学への入門』（*Introduction to Model Theory and to the Mathematics of Algebra*, 1963）が出版されたが，そこに超準解析の章が新たに加えられていた．

この間，ロビンソンはエルサレムを去ってロサンゼルスに移り，ここで，カリフォルニア大学ロサンゼルス校（UCLA）の数学・哲学部門のカルナップ教授職の地位に就いた．そこで，入門書『数とイデアル：代数学と数論の基礎概念への入門』（*Numbers and Ideals: An Introduction to Some Basic Concepts of Algebra and Number Theory*, 1965）を出版し，さらに，彼の理論の決定版とも言える著書『超準解析』（*Non-standard Analysis*, 1966）を発表した．このUCLA時代（1962〜67）に発表したさまざまな重要な結果の中には，彼の生徒だったアレン・バーンスタイン

(Allen Bernstein) との共著による，多項式コンパクト作用素の場合のヒルベルト空間における不変部分空間定理の証明がある (コンパクト作用素の場合の解析は，アロンシャイン (Aronszajn) とスミス (Smith) により 1954 年に確立されていた．ロビンソンらの証明は，ある非零多項式 P に対して $P(T)$ がコンパクトとなるような作用素 T の場合である)．

ロビンソンは 1967 年にエール大学に移った (1967〜74)．1971 年，そこで彼はスターリング教授職の地位に就いた．この期間の最も重要な数学の成果の中には，ポール・コーエン (Paul Cohen) の**強制法** [IV.22 (5.2 項)] の拡張，そして，超準解析の経済や量子力学への応用などが挙げられる．彼は超準解析を応用して，整数論でも大きな結果を得た．それは，曲線上の整数点に関するカール・ルートヴィヒ・ジーゲル (Carl Ludwig Siegel) の定理 (1929) と，クルト・マーラー (Kurt Mahler) による有理点への拡張 (1934) に対する簡潔な証明である．この結果は，ロビンソンがペーター・ロケッテ (Peter Roquette) とともに行った研究成果である．彼らはジーゲル–マーラー (Siegel-Mahler) の定理を非標準整数点と非標準素因数を用いて拡張したのである．この結果は，ロビンソンが膵臓癌で 1974 年に他界した後，ロケッテにより 1975 年に『数論雑誌』(*Journal of Number Theory*) で発表された．

文献紹介

Dauben, J. W. 1995. *Abraham Robinson. The Creation of Nonstandard Analysis. A Personal and Mathematical Odyssey*. Princeton, NJ: Princeton University Press.

Dauben, J. W. 2002. Abraham Robinson. 1918–1974. *Biographical Memoirs of the National Academy of Sciences* 82:1–44.

Davis, M., and R. Hersh. 1972. Nonstandard analysis. *Scientific American* 226:78–86.

Gaifman, H. 2003. Non-standard models in a broader perspective. In *Nonstandard Moaels of Arithmetic and Set Theory*, edited by A. Enayat and R. Kossak, pp. 1–22. Providence, RI: American Mathematical Society.

VI. 96

ニコラ・ブルバキ

Nicolas Bourbaki

デイヴィッド・オービン［訳：砂田利一］

生：パリ (フランス)，1935 年
没：—

集合論，代数，トポロジー，数学基礎論，解析学，微分幾何，代数幾何，積分論，スペクトル理論，リー代数，可換代数，数学史

ブルバキは，アンリ・カルタン，ジャン・デュドネ，**アンドレ・ヴェイユ** [VI.93] といったフランス人数学者グループによって，1935 年に考案されたペンネームである．数世代にわたって主にフランス人の数学者たちが，この筆名を使って『数学原論』(*Éléments de mathématique*) という名を冠した数多くの書物を企画・執筆・出版した．フランス語の一般的な用法では，この語を単数形で “mathématique” のようには表記しないが，これはブルバキの主要な特徴の一つである，数学の統一性への強い傾倒を強調したものである．「ブルバキセミナー」とともに，この記念碑的な著作群は純粋数学における統一化・公理化・構造化の考え方を推進し，特にフランスにおいて，第 2 次世界大戦後の数学教育と数学研究に大きな影響を与えた．

シャルル・ドニ・ソーテ・ブルバキは，1870〜71 年の普仏戦争でフランス軍を指揮した将軍である．1923 年に高等師範学校の学生らが新入生に対して悪ふざけの講義を行い，その結論として提示されたのが，架空の「ブルバキの定理」だった．1935 年，ある数学者グループ (メンバーの多くは，1923 年の講義に悪ふざけの当事者もしくは聴衆として居合わせていた) が，彼らが執筆を計画していた現代的な解析学の著作の架空の著者として，その名前を使うことにしたのである．第 1 回の会議は，1934 年 12 月 10 日にパリで行われた．カルタン，デュドネ，ヴェイユに加え，クロード・シュヴァレー，ジャン・デルサルト，ルネ・ド・ポッセルといった他の若い数学教授も参加していた．フランスの解析学の教科書は (エドゥアルト・グルサの『解析教程』(*Cours d'analyse*) のような) 旧態依然としたものしかないと意見が一

致した彼らは，本を編纂することを決めた．ドイツ，中でも**ヒルベルト** [VI.63] のいたゲッティンゲンの現代数学に触れていた彼らは，特にファン・デア・ヴェルデンの『現代代数学』(*Moderne Algebra*) の影響を受けていたため，彼らの大著の冒頭に，集合，群，体のような基礎的な概念を公理的な形式でまとめた「要旨的な小文」を置くべきであると考えた．この会合の直後に，ショレム・マンデルブロがメンバーに加わっている．ポール・デュブレイユとジャン・ルレイは，最初の数回の会合に参加したのみで，その後代わりにシャルル・エーレスマンと物理学者ジャン・クーロンが加わった．

1935 年 6 月に，このグループは第 1 回の「議会」(夏の定例会合として，後にそう呼ばれるようになる) をオーヴェルニュ地方ベサンシャンデスで行い，「N・ブルバキ」というペンネームを最終決定した (ファーストネームの「ニコラ」は，これよりあとに決められた)．彼らは具体的な作業を開始させ，著作の大枠の構想を作り上げた．グループのメンバーは儀式めいた決まり事に従って集団制作を行った．新しい執筆者を引き込むこと，メンバーであることを秘密にすること，そして個々人の分担を明らかにしないことである．毎年 3，4 回行われる作業会合では，前もってメンバーから寄せられた原稿が他のメンバーに精読され，議論され，時には厳しく批判された．10 回に及ぶ草稿の改訂と複数の著者による数年がかりの編集作業の末に，メンバー全員の合意により最終稿が完成した．

集合論の定理を概観した第 1 号の冊子の刊行は，1939 年と印刷されているが，実際の刊行は 1940 年である．第 2 次世界大戦中の困難な作業環境の中ではあったが，1940 年代には主に位相空間論と代数学を扱った数冊の冊子が続けて刊行された．今日，『数学原論』の巻構成は，『集合論』(*Théorie des ensembles*)，『代数学』(*Algèbre*)，『位相』(*Topologie générale*)，『実変数関数』(*Fonctions d'une variable réelle*)，『位相線形空間』(*Espaces vectoriels topologiques*)，『積分』(*Intégration*)，『可換代数』(*Algèbre commutative*)，『微分・解析多様体』(*Variétés differentielles et analytiques*)，『リー群とリー環』(*Groupes et algèbre de Lie*)，『スペクトル理論』(*Théories spectrales*)，『数学史原論』(*Élements d'histoires des mathematiques*) となっている．多くの巻はその後大幅に改訂されており，また英語やロシア語など，複数の言語に翻訳されている[*1)]．

第 1 巻から第 6 巻までは「解析学の基礎構造」というタイトルで，直線的に構成されている．これらの巻は刊行当時，この分野の論理構成に衝撃を与えた．公理的手法が体系的に用いられ，全体的なスタイル，表記，用語の統一を確立するために多大な労力が割かれていた．彼らが公言する目標は，数学をまったくの最初からやり直し，一般から特殊へと進みながら，現代数学の大部分について統一的な概論を書くことだった．

数世代にわたる数学者たちが，今では公に知られている「ブルバキ共著者協会」に新たに加入した．第 2 次大戦後には，サミュエル・アイレンバーグ，ローラン・シュヴァルツ，ロジェ・ゴドマン，ジャン＝ルイ・コシュル，ジャン＝ピエール・セールらが執筆に加わった．後にはアルマン・ボレル，ジョン・テイト，フランソワ・ブルハ，サージ・ラング，アレクサンドル・グロタンディークも参加した．刊行のペースは今では落ちているが，21 世紀の最初の 10 年も，グループはなおも活動を続けている．

参加人数の多さと著作の領域の広さにもかかわらず，ブルバキの数学の方向性は驚くほど一貫していたし，それは今も同じである．数学の構造的イメージに巨大な衝撃を与え，ブルバキのグループが後に精力的に行った中心的な数学的判断の大半は，1930 年代の後半になされている．その後数十年にわたって，多くの数学者が，数学を公理的に再構成することが現在の難問を克服する助けになるという確信を共有したのである．この感覚は，たとえば確率論，モデル理論，代数幾何学，代数トポロジー，可換環論，リー群・リー環といった分野において共通していた．

第 2 次世界大戦後，グループとしてもメンバー個人としても知名度が徐々に上がっていったため，ブルバキについて人々が抱くイメージは，じきに単なる著作を越えたものになった．数学研究というレベルで見ると，1948 年にパリで始まったブルバキセミナーは，名誉ある発表の場となり，その後年に 3 回行われるようになった．ブルバキのメンバーは，他の誰かの研究を要約する発表者を選び，講演原稿の査読を行った．選ばれるトピックは，代数幾何学，微分幾何学といった分野が重視され，それ以外の確率

---

*1)　[訳注] 邦訳もある．

論や応用数学などの分野はあまり扱われなかった．

ブルバキが数学の哲学に対して抱いていたイメージは常に明解であり，それは 1940 年代後半にブルバキ名義で発表された二つの論文の後に特に顕著になった．その論文は，古い分類方法によってではなく，数学の有機的統一性を強調する根源的な構造（精神の深層母構造により近いもの）によって，数学の完全な再構成を果たそうと論じていた．ブルバキのイメージは，人文科学の構造主義者や芸術家，哲学者らからの反響を生み，幼稚園から大学に至る数学教育の急進的な改革者によって引き合いに出された．ただし，ブルバキのメンバーが実際にそういった動きに直接的に関与することは稀だった．

1960 年代後半から，ブルバキに対する批判の声が高まっていった．数学の論理学的基礎へのブルバキ的アプローチへの反論と，ブルバキが扱った百科事典的な対象の中にも隙間があることへの批判の二つである．ソーンダース・マックレーンとサミュエル・アイレンバーグが作り出した**圏論** [III.8] が，ブルバキ的な構造よりも実り豊かな基礎付けを提供することがわかったのである．また，確率論や幾何学といった分野の全体像，そして，程度の差こそあれ解析学や論理においても，ブルバキの著作に含まれないものがあることが明らかになっていった．そのような分野がブルバキ流の数学の壮大な構造の中でいかなる位置を占めるかについては，不明瞭なままである．新しい世代の数学者にとって，ブルバキがエリート主義的に応用を軽視したことは，特に大きな欠陥として映った．

ブルバキが数学に与えた影響は深い．過剰なところはあったものの，ブルバキによる統一化・構造化された厳密な数学像を，われわれは今なお保持している．しかし，その特徴こそが，ブルバキが数学研究を窮屈なものに変えてしまったという印象を生じさせた理由である．近年になって揺り戻しの動きはいくぶん弱まっているが，新しいブルバキはまだ登場していない．

文献紹介

Beaulieu, L. 1994. Questions and answers about Bourbaki's early work (1934–1944). In *The Intersection of History and Mathematics*, edited by S. Chikara et al., pp. 241–52. Basel: Birkhäuser.

Corry, L. 1996. *Modern Algebra and the Rise of Mathematical Structures*. Basel: Birkhäuser.

Mac Lane, S. 1996. Structures in mathematics. *Philosophia Mathematica* 4:174–86.

第VII部 数学の影響

The Influence of Mathematics

VII.1

数学と化学

Mathematics and Chemistry

ヤチェク・クリノフスキ，アラン・L・マッカイ
［訳：細矢治夫］

1. はじめに

ウィトルウィウスによれば，**アルキメデス** [VI.3] は合金の中の金と銀の組成を調べるという化学の実験の問題に数学を使っていたという．カール・ショーレマーは，ペンシルバニアでの石油の発見の時期で重要な意味のある問題として，飽和炭化水素の一連の系列の中で炭素原子が一つ増えるごとにその物質の性質がどのように変わるかという研究を行った．このことに刺激を受けた彼の友人であるマンチェスターのあのフリードリヒ・エンゲルスは「量から質へ」の変換という概念を彼の哲学の論理の中に取り入れた．これは後に弁証法的唯物論の一つの教義となったのである．それと同じように，**ケイリー** [VI.46] は化学の問題にヒントを得て，1857 年に「根付きグラフ」(rooted tree) という概念とこれらの分子の異性体を数える基礎となる新しい数学を考え出した．これは**グラフ理論** [III.34] における最初の論文となった．後にジョージ・ポリアはさらに，この基本的な数え上げを容易にする理論を発展させ，このような分子群の数え上げに大きな貢献を果たした．さらに近年は，DNA の構造と反応の動力学という化学の問題は数学の**結び目理論** [III.44] に大きな影響を与えている．

しかしながら，化学が定量を重んずる現代科学の仲間に入ってからまだ 150 年も経っていないのである．それ以前は，化学は何か遠い世界のものだった．現に 1700 年の前後に微積分を考え出したあの**ニュートン** [VI.14] でさえ，錬金術に多くの時間を割いていたのである．彼は，惑星をはじめ，彗星や月や海の運動を彼の理論で説明できたのに，その下部構造の分子レベルの問題については何も説明できなかったのである．

> 私は，すべての物はある未知の力に従ってその粒子が互いに突き動かされ，あるいはある規則的な形にくっつき合ったり反発し合ったりしていると考えている．これらの力が何かわからないまま哲学者たちは自然の仕組みについて研究をしているが，私は自分のこの理論が，現在の哲学か，もっと進んだ哲学に何らかの光明を当てるのではないかと望んでいる．

その力の実体がわかったのは，それから 200 年ほど経ってからである．すなわち，化学結合を引き起こす電子という粒子は 1897 年まで発見されなかったのである．こういうわけで，結合についての議論の主流は数学に起こり，それから化学へ移っていったのである．

化学における基本的な公式の多くは厳密な数学的論証からではなく実験に基づくものであるが，非常に豊かな情報を，簡潔で優雅な形でわれわれに伝えてくれる (Thomas, 2003)．たとえば，統計熱力学におけるボルツマンの基礎方程式を考えてみよう．それは，エントロピー S を $S = k\log\Omega$ という形で Ω と結び付けてくれる．この Ω は粒子を並べ替える方法の数で，k はボルツマン定数である．またバルマー (Balmer) が見つけた水素原子のスペクトルの可視光部分の波長 λ を表す式は

$$\frac{1}{\lambda} = R\left(\frac{1}{n_1^2} - \frac{1}{n_2^2}\right)$$

である．ここで，n_1 と n_2 は $n_1 < n_2$ のような整数で R はリュードベリ定数として知られている数であ

る．第 3 の例としてブラッグの式がある．これは，結晶に X 線を当てたときに，その波長 λ，X 線と結晶面の間の角度 θ，結晶格子内の面間隔 d の間の関係を $n\lambda = 2d\sin\theta$ としている．n は小さな整数である．最後に「相律」，$P + F = C + 2$ を挙げる．ここで P はある化学の系についての相の数，F は自由度の数，C は成分の数である．これはたまたま，凸多面体の頂点，面，辺の数の間の関係で，それは，その系の幾何学的な表現から出てくる．

最近は，理論化学の分野においてコンピュータが主要な道具となっている．コンピュータは微分方程式を解くだけでなく，きちんとした代数的な式も，時には，手で書き切れないようなものまでも導き出してくれる．これまでは，コンピュータで処理するために，**構造**，**反応**，**モデル化**，**探索**などの分野のアルゴリズムがわかっていなければならなかった．しかし数学はコンピュータによって革命的に進化したのである．それは特に非線形の問題の処理や図形的に結果を表示する局面において著しい．これは重要な進歩であって，その影響は化学にも及んでくる．

一般に，化学の問題への数学的な切り込みの方法には，離散的と連続的の 2 面がある．一つは物質を構成する離散的な原子に由来する本質的なもので，もう一つは無数の原子集団の統計的で連続的な振る舞いに基づいたものである．たとえば，分子を数えることは離散的な問題，集団の温度や熱力学的な諸量を測ることは連続的な問題である．それぞれの問題の処理には数学の異なる領域が必要となる．すなわち，離散的な問題では整数が重要だが，連続的な問題では実数が重要になる．

これから，数学が最も重要な貢献をした化学のいくつかの問題について概観してみよう．

2. 構　造

2.1　結晶構造の記述

結晶構造の研究では，巨視的な物質を作るために原子がどのように配列するかを調べている．この分野での初期の研究は主に結晶とその外形構造の対称性についてのものであり，19 世紀に発展したのだが，物質の原子レベルの構造についてのきちんとした知識なしに行われたものである．物質の周期的な 3 次元構造を構成する 230 種類の**空間群**があるということを，フェドロフ，シェンフリース，バーローの 3 人がそれぞれ独立に 1885 年から 1891 年の間にかけて発見した．彼らの研究成果は，1848 年のアウグスト・ブラベーの発見によって彼の名を冠された 14 種類の**ブラベー格子**と形態学的な考察から導かれた 32 種の**結晶点群**との組合せを系統的に調べることによって得られたものである．

X 線の回折現象は 1912 年にマックス・フォン・ラウエ（Max von Laue）によって示され，それを利用した実用的な X 線解析法が W・H・ブラッグとその息子 W・L・ブラッグによって発展されて以来，数十万種の無機と有機化合物の結晶構造が決定されている．しかし，その解析には**フーリエ変換** [III.27] の計算に時間がかかるということで長い間苦労が続いた．しかしこの問題も，1965 年のクーリー（Cooley）とテューキー（Tukey）による**高速フーリエ変換** [III.26] の発見によって，いまや過去のものとなってしまった．これは非常に普遍性の高いアルゴリズムで，数学とコンピュータ科学の分野で最も多く引用されている成果の一つである．

2 次元（2D）と 3 次元（3D）空間構造の幾何学の基本がわかれば数学者はそれと同類の N 次元の問題を探そうとする．この種の問題の応用例としては，準結晶の理論的説明がある．すなわち，これは結晶と同じように原子が配列したものなのだが，高度の組織化を示すにもかかわらず結晶のような周期的な挙動（並進の対称性）に欠けるものなのである．その最もよく知られている例では 6 次元の幾何学を使うのである．詳細は省略するが，そこではローカルには 3 次元的に大きな規則性を持っているのに，それより次元の高いところではグローバルな規則性のない点の集合も存在しうる．このような構造が準結晶の非常に良いモデルとなりうるのである．

最近に至るまで，3 次元の結晶の構造は周期的なので，ある軸のまわりには 2 回，3 回，4 回，6 回の回転対称しかないと考えられてきた．平面は正五角形だけでは埋め尽くせないから，5 回回転対称は除外されるのである．ところが，1982 年に，ある急速に冷却した合金についての X 線と電子線の回折で 5 回回転対称のパターンが見つかったのである．正常の結晶における対称的な双晶の成長によるものでないことを見極めるために注意深い電子顕微鏡の調査も行われた．この「並進対称性ではない長周期的な配向の秩序」という準結晶合金相の発見は，結晶学の分野における固定概念の転換をもたらした．

この「準格子」に対する初期の考え方は，準結晶を記述するための一つの数学的な定式化のようなものだった．準格子というものは，1方向に相容れない二つの周期があり，両者の比はいわゆるピゾ数（Pisot number）とサレム数（Salem number）によって与えられる．ピゾ数 θ は m 次の整係数を持ったある多項式の解である．そのとき他の解 $\theta_2,\ldots,\theta_m$ の絶対値はいずれも1を超えないという条件がある．1よりも大きく，実の2次の**代数的整数** [IV.1 (11節)] で次数が2と3，かつそのノルムが ±1 のものを**ピゾ数**と呼ぶ．黄金比は，2次方程式の解でノルムが -1 なのでピゾ数の一つの例となっている．**サレム数**もピゾ数と同じように，ただし不等号を等号に置き換えて定義される．

リー代数 [III.48 (2節)] を使うことによっても準結晶を記述することができる．すなわち，準結晶は理論的な N 次元の幾何学に大きな刺激を与えたのである．ロジャー・ペンローズ（Roger Penrose）は，2種類の四角形を使って平面を非周期的にタイリングする方法を示し，さらに3次元空間に対しても，2種類の菱形多面体のタイルを使って同様の規則を拡張することができた．この菱形多面体の格子の中に原子を配置した3次元構造をフーリエ変換することによって，観測された準結晶の回折パターンを説明することができ，ペンローズの2次元パターンが**十角形準結晶**に対応することになる．それは2次元のパターンを積み上げてできたものであって，実験で観測されたものにほかならない．

従来の結晶学の準結晶への拡張は，電子顕微鏡の最近の進歩によってさらに加速された．上に述べた十角形の準結晶も含めて，原子配列を直接観測することが今では可能になったのである．回折パターンから原子配列を求める従来の方法では，実験系から消えてしまった種々の回折ビームの位相を数学的な処理によって取り戻さなければならなかった．それが，計算と実験の画像処理を合わせて同時に行えることになったのである．

もう一つのモデルでは，2次元の準結晶を1種類の繰り返しの単位で記述するが，その単位は同一の十角形からできている複合単位になっているものである．周期的な結晶の単位格子と違って，この準結晶の複合格子では，それを形作る十角形同士がきれいに重なり合うようになっている．これは，2種類の単位格子を使う考え方に取って代わるものである．これは，長距離にわたる周期はないが，局所的な原子集団の配列はきちんとしているということを強調していて，しかも3次元にも拡張される．このモデルは，2次元の十角形準結晶について観測された組成とも合うし，電子顕微鏡やX線回折の結果とも合うのである．しかし，準結晶の発見によってこのようにおもしろい数学がいくつも作られたのだが，実際に新しい物質が見つかったということではない．すなわち，このような構造は，局所と全体の秩序を保つ力の間の拮抗によって生まれたものであって，ペンローズタイリングという数学から出てきたものではないのである．

準結晶というものを認めることは，古典的な結晶学の世界に，「秩序」についてより一般的な概念を受け入れる必要が生じることを意味する．それは「階層構造」という概念をすでに持ち込んでいる．すなわち，秩序立った原子の集団ではなく，そのような小集団が秩序立って集まった集団を考えることで，その場合格子の規則的な繰り返しよりは局所的な秩序のほうが優先するのである．準結晶は，絶対的な規則性から，「情報」という概念によって密に束ねられたより一般的な構造という考え方への最初のステップを表している．

情報は，準安定ではあるがはっきりと区別できる二つ以上の状態をとることのできる装置の中に蓄えられる．すなわち，各状態は局所的な平衡にあり，その一つの状態から他の状態へ移るときには，その装置が局所的なエネルギー障壁を越えられるだけの十分のエネルギーを供給したり奪ったりしなければならないということである．一つの例で言えば，あるスイッチを考え，それはオンになったりオフになったりすることができるが，そのどちらの状態も安定で，その状態を変えるためにはある十分な大きさのエネルギーを必要とする．もっと一般的な例で言うならば，一連の2進数で書かれたある情報は，一つ一つがNかSに磁化される一連の磁気的な領域に，読み込まれ，読み捨てられ，あるいは記憶される．

完全な結晶にはそれに代わる準安定な状態がないから，情報を蓄えることができない．しかし，炭化ケイ素のかけらは密に詰まった層からできているが，各層はほとんど同じような2種類の配列をとっている．そのため，ある炭化ケイ素のかけらの構造を記述するためには，各層がどのような配列の繋がりであるかがわからなければならない．それは2進数の一連の系列で表現できる．現在は原子を一つの構造の中に思いのままに配列させることができるから，少なくともある表面に乗っている原子に対しては，情報処理は化学の中で重要なことになる．

結晶中の原子の配列を決定する際に，位相問題の解を得るためにも数学は大事である．この位相問題は，数十年間分子生物学や構造化学の進歩を押し留めてきたのである．X 線の回折パターンは，写真の感光板の上に点の配列として記録される．その配列から回折現象を引き起こす原子の配列がわかるのである．それは光の波の強度だけしか記録できないので，それを分子構造にまで遡るためには光線の位相（波の山と谷の相対的な位置）の知識が欠かせないのである．この問題は古典的な**逆問題**に行き着いてカール夫妻（Jerome and Isabella Karle）とハウプトマン（Herbert A. Hauptman）によって解かれた．

ボロノイ図は，原子の位置を表す多数の点からできていて，どの点もどれか一つの領域に含まれるようになっている（「数理生物学」[VII.2 (5 節)] を参照）．ある原子の位置を取り囲む領域は，図 1 のように他のどの原子よりも近い距離にあるすべての点を含むようになっている．ボロノイ図の幾何学的な双対(そうつい)（dual），それは各領域を点で置き換えた三角形だけの図なのだが，**ドロネーの三角形分割**（Delaunay triangulation）と呼ばれる（そのもう一つの別な定義は，各三角形の外接円が他の三角形の頂点を含まないような三角形分割である）．このような図形分割は，多胞体の連なりというような化学における N 次元構造をきちんと表現することに使える．結晶は周期的な境界を持っているので，ある閉じた境界の中に閉じ込められたような広がりを持つ構造よりははるかに扱いやすい．しかし，このように物質の構造体を理解する方法に大きな進歩があるにもかかわらず，分子の組成だけからその物質の結晶構造を予測することはまだできていない．

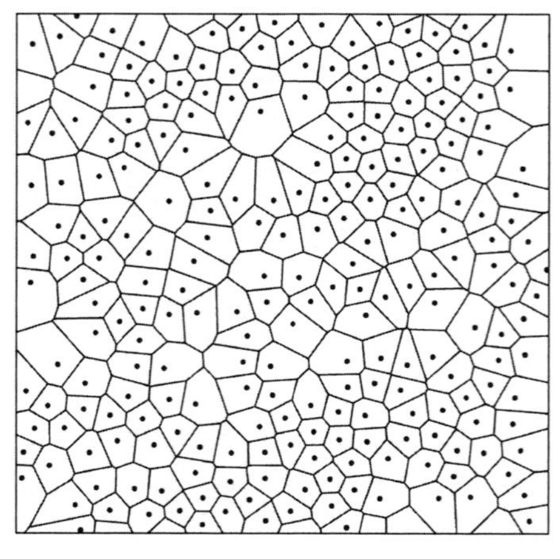

図 1　2 次元空間でのボロノイ分割

2.2　計 算 化 学

物質の量子力学的な描像を与える**シュレーディンガー方程式** [III.83] を解く試みは，1926 年にそれが提出されてからすぐに始まった．非常に簡単な系については，手動計算機を使って行われた計算が分光学の実験結果とよく合ったのである．そして 1950 年代になると，科学の諸問題に電子計算機が使われるようになって**計算化学**という新しい分野が誕生した．その目的は，シュレーディンガー方程式の数値解によって，原子の座標，結合の長さ，電子配置などを定量的に知ることである．1960 年代の進歩は次のようなものである．すなわち，電子の入るべき軌道を表すためのふさわしい関数が得られたこと，多くの電子が互いに相関する問題に対する近似解が得られたこと，分子中の原子核の運動のエネルギーに付随する量の定式化が行われたことなどである．1970 年代の初めには，これらの問題を扱う強力なプログラムパッケージが公開された．現在では，はるかに大きい分子についても使える手法の開発が目指されている．

密度汎関数法（density functional theory，DFT）（Parr and Yang, 1989）は最近の量子力学計算の最も活発な分野になっている．そこでは，物質の巨視的な性質が主に調べられている．具体的には，金属，半導体，絶縁体から，さらには，タンパク質やカーボンナノチューブに至るまでの物質の性質の解明で成功を収めている．一方，電子構造の研究での伝統的な方法（各分子軌道に 2 個ずつの電子を入れて記述する**ハートリー–フォック型分子軌道法**など）では，非常に複雑な多電子波動関数が用いられている．DFT の主たる目的は，$3N$ 個の変数を持つ多電子系の波動関数を，**電子的密度**というたったの 3 変数の基本量に置き換えることで，それによって計算は大きく加速されるわけである．

量子力学，他の物理現象，場，表面，ポテンシャル一般，波動などに現れる偏微分方程式のあるものは解析的に解けるが，もしそうでなくとも，今ではほとんど数値的な方法によって解くことができている．これらのことはすべて対応する純粋数学に根拠を置いている（偏微分方程式の数値的な解法については，「数値解析」[IV.21 (5 節)] を参照）．

2.3 化学トポロジー

化学における**異性体**は，同じ元素組成を持ちながら異なる物理化学的な性質を持つ化合物である．それが生じるためにはいくつかの原因がある．**構造異性体**は，原子と官能基が異なる方法で繋がってできる．このクラスのものには**連鎖異性体**と**位置異性体**がある．前者は，炭化水素の鎖がいろいろな枝分かれをして，後者は，図 2 (a) のように，官能基の位置の付き方が違うことによって，それぞれ生じる．**幾何異性体**は，図 2 (b) のように，結合構造は同じでも，原子や官能基の幾何学的な位置取りが異なるものである．このほかに光学異性体がある．それは図 2 (c) のように，互いに実像と鏡像の関係にあるもの同士をいう．一般の構造異性体は化学的に異なる振る舞いをするのに，光学異性体同士はたいていの化学反応で同じ振る舞いをする．また，カテナンや DNA のような**トポロジー異性**もある．

化学トポロジー（chemical topology）の大事なテーマは，与えられた分子にいくつの異性体が存在するかを決定することである．そのためにはまず，頂点が原子を，辺が結合を表す**分子グラフ**を考えることである．**立体異性体**を数えるために，このグラフの対称変換の要素を数える．まずそのグラフのどのような対称変換が化学的に意味のあるその分子の空間的な変換に対応するかを見極めなければならない．それがコットン（Cotton, 1990）の言う分子の対称性である．ケイリーは，組合せ論的に可能な枝分かれ分子の**構造異性体**を数えるという問題を提示した．そのためには，まず，与えられた数の元素を使っていくつの異なる分子グラフが描けるかを数える．その判断基準として，同相な（isomorphic）グラフは同じと考えるのである．異性体の数え上げには，グラフに固有の対称性を数える群論を使う．ポリアが 1937 年にあの有名な**数え上げの定理** [IV.18 (6 節)] を出して以来，**母関数** [IV.18 (2.4 項, 3 節)] と**置換群** [III.68] を使った彼の成果は，有機化学の異性体の数え上げの中心的な手法となった．この定理は，ある一定の性質を持った立体配置が何種類あるかという問題も解くことができるし，化合物の数え上げからグラフ理論の根付きグラフの数え上げにも使える．数え上げグラフ理論というグラフ理論の新しい分野はポリアのアイデアに基づいたものである（「数え上げ組合せ論と代数的組合せ論」[IV.18] を参照）．

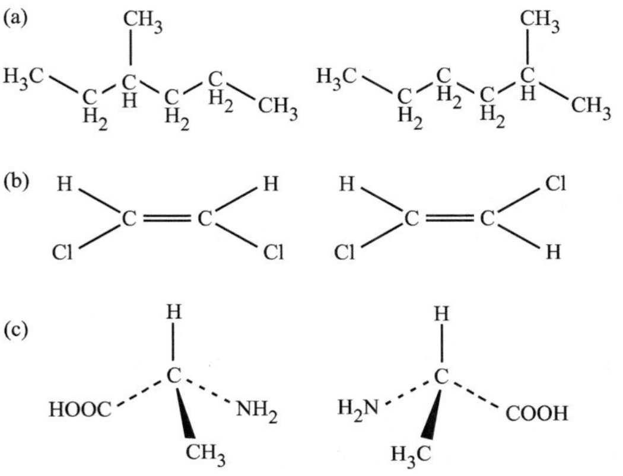

図 2 (a) 位置異性，(b) 幾何異性，(c) 光学異性

すべての可能な異性体が自然界に存在するわけではないが，おもしろいトポロジーを持った分子が人工的に合成されている．その中には，8 個の炭素原子が立方体の各頂点に配し，それぞれ 1 個の水素原子と繋がっている**キュバン**（C_8H_8），その名のとおりの正十二面体型の**ドデカヘドラン**（$C_{20}H_{20}$），**トレフォイル分子**，五つの絡み合った輪からできている**オリンピアダン**などという分子もあるのである．**カテナン**（ラテン語の catena（鎖）から来ている）という名の分子群は，2 個以上の絡み合った輪からできていて，その共有結合を切らない限り切り離すことができない．**ロタキサン**（ラテン語の rota（車輪）と axis（車軸）から）は亜鈴型をしていて，軸とその両端にかさばりのあるストッパーがあり，それを大きな環状の分子が取り巻いている．亜鈴のストッパーは，軸からその環状分子が抜け出ないようにしているのである．最近は**メビウスの輪** [IV.7 (2.3 項)] の形をした分子も合成された．

合成高分子や生体高分子（DNA やタンパク質）のような**巨大分子**は一般に非常に大きくまたたいへんフレキシブルである．高分子が渦を巻いたり，絡み合ったり，他の分子と結合したりする度合いの大小が，その高分子の反応性，粘性，結晶のしやすさなどの物理化学的性質を決める要因となっている．短い鎖のトポロジー的な絡み合いはモンテカルロシミュレーションを使ってモデル化でき，その結果は蛍光顕微鏡で実験的にも確かめられている．

生命体の中心物質であるDNAは，複雑だが魅力あるトポロジーを持っていて，その生物学的な機能に密接な関係がある．スーパーコイルDNA（タンパク質の集団のまわりを取り囲むDNA）の幾何学的な特性を表す主要な記述子は，結び目理論の絡み数，捻じれ数，曲がりくねり数から来たものが使われている．DNAノットは，細胞内で自然にできたものだが，複製を妨げ，転写も減らし，DNAの安定性までをも減少させてしまう．「レゾルバーセ酵素」(resolvase enzymes）というものが，これらの結び目を感知し取り除くことがわかっているが，その過程のメカニズムはまだ解明されていない．しかしながら，結び目や絡み合いのトポロジー的な概念を使えば，その反応の部位に関する情報をつかみ，そのメカニズムを推論することができる（「数理生物学」[VII.2 (5節)] を参照）．

2.4　フラーレン

太古の時代より，グラファイトとダイヤモンドという炭素の2種類の結晶形が知られてきた．しかし，すすの中や鉱床という自然界からも次第に見つかってきた**フラーレン類**（fullerenes）も，その発見はわずかに1980年代の半ばのことである．その中で最もよく知られているのが，ほとんど球状の炭素のかご型分子で，巨大なドームを設計した建築家の名にちなんで名付けられた「バックミンスターフラーレン」C_{60}（図3）である．しかしそのほかに，C_{24}, C_{28}, C_{32}, C_{36}, C_{50}, C_{70}, C_{76}, C_{84} なども存在する．数学のトポロジーはそれらの構造の可能なものについての推測を提供し，群論やグラフ理論はこれらの分子の対称性を記述し，そのスペクトルの振動のモードの解釈を行っている．

すべてのフラーレンのどの炭素原子も，正しく三つの隣接原子と結合し，できあがった分子は5員環と6員環だけからなるかご型になっていると仮定すると，**オイラー** [VI.19] のトポロジー的な条件から，5員環の数は必ず12，次いで，6員環の数は1以外のいかなる整数値でもとれることが導かれる．

1994年にテロネス（Terones）とマッカイ（Mackay）は，グラファイトから作られフラーレンに関係ある新しい種類の規則的構造体の存在の可能性を予測した．そのトポロジーは，3重の周期を持った**極小曲面**

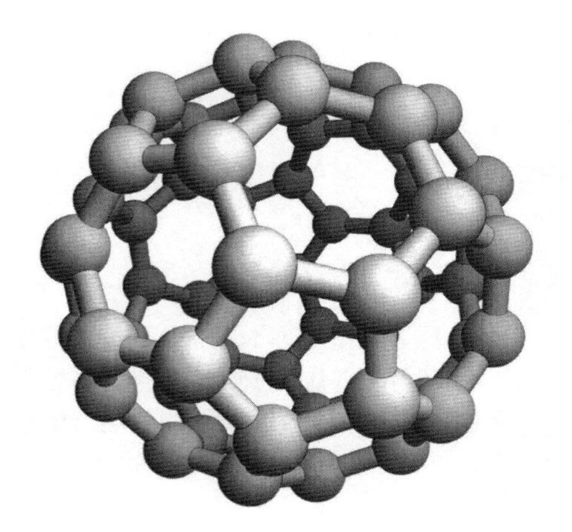

図3　フラーレン C_{60} の構造

[III.94 (3.1項)] を持つものである．実用的にも大きな興味のあるこれらの新しい構造は，炭素の6員環からなるシートに8員環を埋め込んで作られるものである．これは，正の**ガウス曲率** [III.78] を持つフラーレンとは異なり，鞍型の表面から生じる負の曲率を持ったものである．したがってこれを数学的にモデル化するためには，非ユークリッド的な2次元空間を空間に埋め込むことを考えなくてはならない．これは，非ユークリッド幾何学のある局面に新たな興味をもたらしたことになる．

2.5　分　光　学

分光学というのは，物質と電磁波（可視光，電波，X線など）の相互作用の研究である．化学では，赤外，可視，紫外線から電波の振動数領域までの広い範囲の電磁波のスペクトルが興味の対象となっている．分子は電荷を帯びた原子核と電子からできているので，振動する光の電磁波と相互作用をして，エネルギーを獲得して一つの定まった振動数のエネルギー準位から別の準位へと上がることができる．分子の振動に対応するそのような遷移が分子の赤外スペクトルとして観測される．**ラマンスペクトル**は分子による光の非弾性散乱を間接的に観測するものである（すなわち，入射した光子の振動数とは異なる振動数の光が散乱されるのでそれを測定する）．可視と紫外の光は分子中の電子の再配分をする．それを利用したのが**電子スペクトル**である．

群論（点群）は化学物質のスペクトルの解析には欠かせない道具である（Cotton, 1990; Hollas, 2003）．ある分子に対していろいろな対象操作を施すとその**群**

[I.3 (2.1 項)] がわかるが，それは行列で表現される．こうして分子の中で「分光学的に活性な」事象が何かが判定される．たとえば，ドデカヘドラン分子では，わずかに 3 本の赤外スペクトルのバンドと 8 本のラマンスペクトルのバンドしか観測されない．これは正 20 面体対称の分子であることの帰結であって，群論の考察から得られることである．さらに，これは高い対称性の分子だから赤外活性とラマン活性の振動モードの間に重なりがないことも示される．同様にして，C_{60} 分子の高い対称性のために，全体として 174（$= 3 \times 60 - 6$）個の振動モードがあるのに，赤外スペクトルではわずかに 4 本，ラマンスペクトルでは 10 本の線しかないことが群論からきちんと予測できるのである．

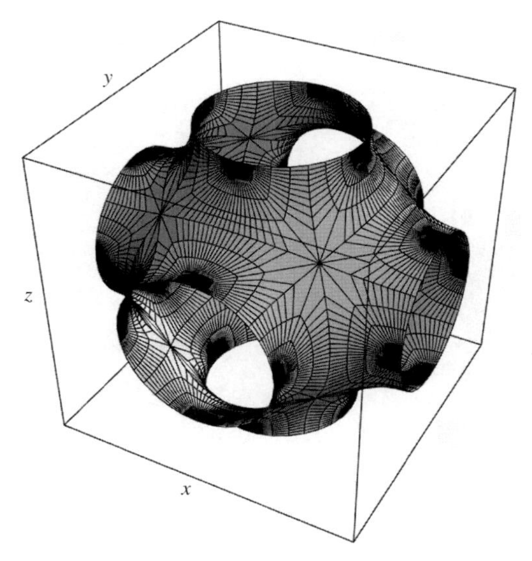

図 4 3 重周期の最小曲面を持った P の単位胞

2.6 曲がった曲面

構造化学はこの 20 年間に大きな変貌を遂げた．第一に，すでに説明したように「完全結晶」という厳しい概念は緩められて，準結晶と組織（texture）という構造も容認されるようになった．第二に，古典的な幾何学から 3 次元の微分幾何学への進歩が見られたことである．このことの主な原因は，非常に多様な構造を記述するときに曲がった曲面（curved surface）も使うようになったことであろう（Hyde et al., 1997）．

針金の枠を石鹸水に浸すと薄いフィルムができる．表面張力は，面積に比例するフィルムのエネルギーを最小にする．その結果，フィルムは最小の面積をとる．この場合，それは枠の形と同じで，かつ，どの点においてもフィルムの**平均曲率**が 0 になるという条件に従った結果である．もし最小面積の対称性が前に説明した 230 の空間群のどれか一つをとるとすると，その表面は三つの独立な方向に周期性を持つことになる．このように 3 重の周期を持った極小曲面（triply periodic minimal surface, TPMS）は，次のように非常に多様な物質の構造として現実に現れるからである．すなわち，ケイ酸塩，2 成分連続混合物，リオトロピックコロイド，洗剤フィルム，生物学的生成物などである（TPMS 構造の一例を図 4 に示す）．このように，TPMS によって一見関係のなさそうないろいろな構造の簡潔な記述が可能になる．TPMS の考えをさらに発展させると，宇宙論の中での「膜宇宙」（branes）にまで応用できる．

1866 年に**ワイエルシュトラス** [VI.44] は，極小曲面の一般的な研究に使える複素解析法を発見した．二つの簡単な写像を組み合わせることによって，極小曲面を複素平面に変換することを考えてみよう．初めの写像はガウス写像 ν だとする．そこでは，表面上の 1 点 P の像は，点 P の表面に垂直なベクトルと点 P を中心とする単位球面の交点 P′ になる．第 2 の写像は，その球面上の点 P′ を複素平面 C に立体射影をして得た σ である．これを点 P″ とする．合成写像 $\sigma\nu$ は，曲面上のいかなる臍的でない点の近傍も，単連結領域 $\mathbb{C}$ に角度を保って写すことができる（臍的な点とは，二つの主曲率が等しいような点である）．この合成写像の逆は**エネパー–ワイエルシュトラス表現**という．

(x_0, y_0, z_0) を原点とする系の中で，任意の極小曲面のデカルト座標 (x, y, z) は次の三つの積分によって定まる．

$$x = x_0 + \mathrm{Re} \int_{\omega_0}^{\omega} (1 - \tau^2) R(\tau) \mathrm{d}\tau$$

$$y = y_0 + \mathrm{Re} \int_{\omega_0}^{\omega} \mathrm{i}(1 - \tau^2) R(\tau) \mathrm{d}\tau$$

$$z = z_0 + \mathrm{Re} \int_{\omega_0}^{\omega} 2\tau R(\tau) \mathrm{d}\tau$$

ここで $R(\tau)$ は「ワイエルシュトラス関数」である．それは複素変数 τ の関数で，単連結領域 $\mathbb{C}$ の中で，いくつかの孤立点を除けば**正則** [I.3 (5.6 項)] である．極小曲面上の臍的でない点のデカルト座標は次のような経路積分の実数部分として表される．それは複素平面上のある固定点 ω_0 から変数の点 ω までの積分である．この積分は被積分関数が正則な領域内で行われるので，コーシーの定理から，その積分の値は ω_0 から ω までの経路によらない．このようにして，ある特定の極小曲面はワイエルシュトラス関数によって完全に定義される．

多くの TPMS についてはその関数形がわかっていないが，ある種の極小曲面上の点のワイエルシュトラス関数は次のような形で表される．

$$R(\tau) = \frac{1}{\sqrt{\tau^8 + 2\mu\tau^6 + \lambda\tau^4 + 2\mu\tau^2 + 1}}$$

これによってその曲面はパラメータ μ と λ できちんと表現できる．ある曲面が与えられたときに，上の関数を求める方法が導かれている．これを使っていろいろなタイプの曲面が得られる．たとえば，$\mu = 0$ と $\lambda = -14$ を入れると，ダイヤモンドの **D 曲面**が得られる．

現実的な問題については，この極小曲面の考え方はまだ定量的というよりは記述的（descriptive）なものである．ある種の TPMS については，解析的な表式が得られているが，その安定性や機械的な強度についてはまだ未解決である．このような曲率の概念を使って構造を記述することには数学的な魅力があるが，化学の世界に大きなインパクトを与えるところにまでは至っていない．

2.7 結晶構造の数え上げ

原子の集合体が作る可能なネットワークを系統的に数え上げるということは，理論的にも実用的にも重要な命題である．たとえば，4 価のネットワーク（各原子がどれも四つの隣接点を持つネットワーク）は元素の結晶，水和物，共有結合の結晶，ケイ酸塩，その他の合成化合物にも多く見られる．その中で特に大事だと思えるものは，**ナノレベル穴開き構造体**である．

このナノレベル穴開き構造体というのは，ある種の物質だけを通過させるような小さな穴をたくさん持っている物質である．天然には，細胞膜とか，**ゼオライト**と呼ばれるような「分子篩（ふるい）」がいろいろあるが，人工的に合成されたものもある．現在の段階ではゼオライトには百数十種類が知られているが，毎年数種類くらいずつ新しいものがリストに加えられている．ゼオライトの科学と技術への重要な応用例は，触媒，化学的分離法，水の軟質化，農業，冷蔵，光電子技術など非常に広範囲にわたっている．

残念なことに，この種の構造の数え上げは難しいものばかりである．つまり，4 価の 3 次元ネットワークの種類は無限に多いので，その導出についての系統的な手続きがまだない．したがって，これまでに得られた結果も経験的な方法によるものである．

このような数え上げの始まりは，ウェルズ（Wells, 1984）の 3 次元ネットと多面体についてのものである．模型の製作とコンピュータの探索アルゴリズムによって多くの新しい構造体が発見された．この分野の新しい研究方法は，組合せタイリング理論の最近の進歩に裏付けられている．それは，コンピュータに精通した純粋数学者の第 1 世代と言われる人たちによるものである．このタイリング手法によって，ユニノーダル，バイノーダル，トリノーダルと呼ばれる，1, 2, 3 種類の非等価な頂点を持つ 900 種以上の異なるネットワークを区別することができる．

しかしながら，この数学的に生成されたネットワークのうちのほんのわずかな割合のものしか化学的に存在し得ない（つまり，非現実的な結合長や結合角を持つ「ゆがみの大きい」フレームワークなのである）．だから，最も可能性の高いフレームワークを選び出すことのできる有効な手立てとなるような数学の出現が待たれるのである．そこで現実には，計算化学のいくつかの手法によって，二酸化ケイ素から組み立てられる多くの仮想的な構造のエネルギー最小化の計算がなされている．そうして，単位格子の大きさ，格子エネルギー，密度，吸着可能な体積から X 線の回折像に至るまでの量が計算されている．その結果，化学的に実現可能な仮想的な構造のデータベースとして，合計 887 個の構造についての最適化計算が実行され，それぞれのフレームワークのエネルギーと吸着可能体積のランク付けがなされた．それによって多くの構造が実際に作られたのである．

このような計算が行われているのは，ゼオライト，その他のケイ酸塩，リン酸アルミニウム（AlPO），種々の酸化物，窒化物，カルコゲン化合物，ハロゲン化物，炭素のネットワークから泡の中の多面体までの広い範囲にわたっている．

2.8 大域的最適化

物理科学のほとんどすべての分野の多様な問題において，**大域的最適化**が行われている．すなわち，それは，多数の独立変数を持った関数の大域的な最小または最大点を求めるという問題である（Wales, 2004）．このような問題はまた，諸技術，設計，経済，電気通信，記号論理学，財務計画，旅行計画，マイクロプロセッサの回路設計でも必要となる．化学や生物学においては，原子クラスターの構造，タンパク質の立体配座，分子ドッキング（小さな分子が酵素やDNAのような生命分子の活性な部位にぴったりとくっついて結合すること）などの問題に大域的最適化が使われる．ほとんどの場合，最小にすべき量は系のエネルギーである（以下を参照）．

大域的最適化というのは，凹凸の多い景色の中で一番深くくぼんだ場所を探すようなものである．ほとんどの実際的な問題では，そのような景色の中には局所的な**極小点**や穴があるので，最適化は非常に難しい．局所的な極小点や穴の数は，その問題の大きさに関して指数関数的に増加すると言われている．伝統的な最小化の方法は非常に時間がかかるだけでなく，最初に遭遇した極小点にトラップされやすいという傾向を持っている．ダーウィンの進化論にヒントを得て考えられた**遺伝的アルゴリズム**（genetic algorithm，GA）が1960年代から使われるようになった．このアルゴリズムは，**集団**と呼ばれる一群の解（染色体（chromosomes）という）から出発する．ある一つの集団から得られる解からまた新しい集団が得られる．そして新しい集団が古いものより良くなるように続けていく．子孫（offspring）と呼ばれる新しい解は適合条件（fitness）に合うように選ばれた解なのである．すなわち，適合性の高い解ほど高い確率で生み出される．この過程はある条件が満たされるまで続けられる．その条件とは，たとえば，ある一定数の世代が生まれるまで，あるいは，ある一定の改善された解が生まれるまで，というようなものである．

1983年から使われるようになった**焼きなまし方式**（simulated annealing，SA）は，融けた金属が冷やされてエネルギー最小の構造に焼きなまされる過程と，もっと一般的な系の極小値を求める最適化の間の相似性を利用している．この過程は，最低エネルギー状態へ断熱的に近づいていくと考えてよいだろう．このアルゴリズムは，エネルギーの低下する変化だけでなく，それが上がる変化も受け入れるという点で乱数的探査を使ったものである．エネルギーは**目的関数** f で表され，エネルギーが増加する変化は $p = \exp(-\delta f/T)$ という確率で受け入れられる．ここで，δf は f の増加，T は目的関数の性質に関係のない系の「温度」である．SAは，焼きなまし過程の順序の選択，最初の温度，各温度における繰り返しの数，冷却過程の各段階での温度低下などを考慮に入れている．

タブー探査というのは，1989年にグローバー（Glober）が最初に提案したもので，汎用的な確率的大域的最適化法である．これは非常に大規模な組合せ論的最適化法で，多数の局所的極小値を持つ多変数の連続な関数にまで拡張されている．タブー探査は，ある初期値から出発して別の改良解を探すという「局所探査」の手法を使っている．新しい解が得られたら，そこからまた次の解を探していく．そのようなことを繰り返していき，これ以上良い解が出てこなくなるまで続ける．こうすることによって，局所的な極小値にトラップされることを避けて最終解に行き着くのである．もう一つの大域的最適化法に「窪地よけ」（basin hopping）というものがあって，さまざまな原子分子のクラスター，ペプチド，高分子一般，そしてガラス質を形成する固体などに適用され成功している．このアルゴリズムは，相対的に局所的な極小値に影響を及ばさないようにポテンシャルエネルギー曲面を変える変換法に基づいている．この窪地よけ法にタブー探査を組み合わせた結果，それまでに報告されていた原子クラスターの計算の効率を目覚ましく向上させた．

2.9　タンパク質構造

タンパク質というのは，アミノ基（$-NH_2$）とカルボキシル基（$-COOH$）を持つ分子であるアミノ酸が線形に連なってできたものである．タンパク質がその3次元構造をどうしてとるのかという仕組みを理解することが，重要な科学的な挑戦だと言われている（Wales, 2004）．この問題はまた，アルツハイマー病や狂牛病などの「タンパク畳み込み異常疾病」（protein folding diseases）を分子レベルで抑え込む戦術の開発の鍵ともなっているのである．このタンパク畳み込みの問題に取り組むための戦術研究は，アンフィンセン（Anfinsen），ハーバー（Haber），セラ（Sela），およびホワイト（White）らが1961年に観察した事実をよりどころにするものである．すなわちそれは，折り畳まれたタンパク質の構造は，系の自由エネルギーが極小になる配位に対応するものである，ということである．タンパク質の自由エネルギーは系内のさまざまな相互作用に依存しており，その相互作用の一つ一つは静電的および物理化学の諸原理によって数学的にモデル化され記述される．その結果，タンパク質の自由エネルギーは，それを構成する原子の位置の関数として表される．そして，タンパク質の3次元的な配列は，自由エネルギーが最小になるように置かれた構成原子の位置の集合に対応付けられることになるので，この問題は，タンパク質のポテンシャルエネルギー曲面の大域的最小値を探す問題に還元される．この問題をさらに複雑にするのは，それがいるためにタンパク質の特定の配置が可能になるシャペロン（chaperon,「付添人」の意）という他の分子の存在である．

2.10 レナード＝ジョーンズ型クラスター

レナード＝ジョーンズ型クラスターというのは，その名の付いた古典的な関数によって与えられる各原子対間のポテンシャルエネルギーによって密にくっつき合ってできた原子の配列である．**レナード＝ジョーンズ型クラスターの問題**というのは，図5のような，最小のポテンシャルエネルギーを持つ原子クラスターの配置を求めることである．n をクラスターの原子数として，

$$\sum_{i=1}^{n-1}\sum_{j=i+1}^{n}(r_{ij}^{-12}-2r_{ij}^{-6})$$

の値を最小とする点 $p_1, p_2, \ldots, p_n$ の集団を求めようというものである．ここで，r_{ij} は点 p_i と p_j の間のユークリッド距離，クラスターを構成する原子の位置は $p_1, p_2, \ldots, p_n$ である．この問題は，依然として最適化の方法そのものとコンピュータテクノロジーの両面からの挑戦の的となっている．1987年のノースビー（Northby）の系統的な研究によって，$13 \leq n \leq 147$ の範囲の間で，レナード＝ジョーンズポテンシャルの最小値を計算することができたのは画期的なことだったが，それから現在までにさらに10％の向上が見られたのである．また，確率的大域的最小化のアルゴリズムによって，$n = 148, 149, 150, 192, 200, 201, 300, 309$ についての結果が報告されている．

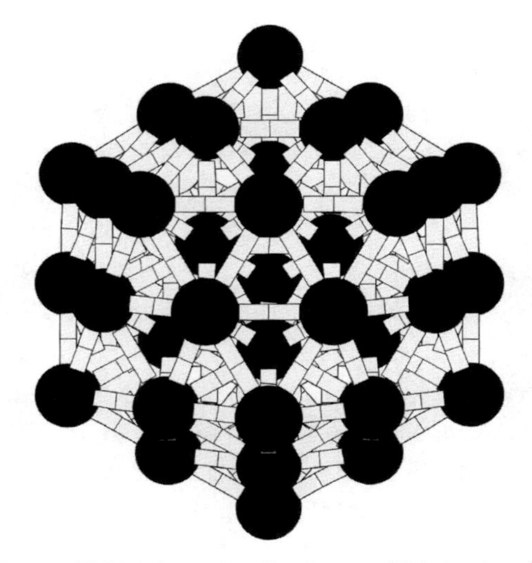

図5 55原子からなるレナード＝ジョーンズ型クラスター（ケンブリッジ大学のD・J・ウェイルス博士の好意による）

2.11 乱雑構造

ステレオロジー（stereology）は，もとは顕微鏡の断層写真から3次元構造を探ることであったが，R・E・マイルス（Miles）とR・コールマン（Coleman）が指導的な役割を果たした統計数学の基礎的な分野の発展によって現在のような進歩を見ることになった．ステレオロジーでは幾何学的な諸量が問題となる．対象物の体積や寸法などの諸量を知るためには，対象の幾何学的な形が必要となる．このステレオロジーのすべての推測作業の基本はランダムサンプリングである．何を知ろうとするかによって，用いる乱雑度は変わる．

空間的な制限のあるところで乱雑さをどれくらいに選べばよいかという簡単な質問に答えることすら容易ではない．たとえば後藤とフィンネイ（Finney）は，同じ大きさの剛体球の乱雑充填で期待される密度を0.6357と見積もったが，筆者らが知る限りにおいては，この一見簡単に見える質問に対する答えはいまだに改善されていない．この問題の定義は非常に注意深くしなければならない．球のランダムパッキング（random packing）が意味するところは，明らかと言えるには程遠いからである．それが正しいということは，コンピュータシミュレーションで分子の相互作用についての関連問題を調べようとするときにわかるであろう．**分子動力学**という分野は，A・ラーマン（Rahman）によって始められたが，それは1960年代頃から着実に，コンピュータの発達とともに発展し続けている．分子動力学の問題の一つ

の例は液体の水のモデル化である．これは依然として難しい問題であるが，現在使える巨大な計算機の能力によって素晴らしい進歩が遂げられつつある．

3. プロセス

1951年にベローゾフ（Belousov）は，一見等方的に見える媒質の中で時間とともに変わる空間的なパターンが現れる**ベローゾフ–ジャボチンスキー反応**を発見した．この反応のメカニズムは1972年になってやっと説明されたのだが，**非線形化学動力学**というまったく新しい研究分野を開くことになったのである．このような振動現象は**膜輸送**においても観察されている．ウィンフリー（Winfree）とプリゴジン（Prigogine）は，時空間においてパターンがどのように現れるのかを説明し，具体的な事例についてそのパターンを当てはめて見せた．

セルオートマトンの発展は，スタニスワフ・ウラム，リンデンマイヤーの系やコンウェイの「ライフゲーム」によって始まり，今日まで進歩し続けている．その分厚い本によって，ウォルフラム（Wolfram, 2002）は一見簡単に見える規則からも複雑な現象が発生することを示し，また最近ライター（Reiter）は，セルオートマトンで雪の結晶の成長をシミュレーションして，ケプラーが1611年に出した問いの答えを出し始めている．構造形成過程を研究しているアンドレアス・ドレス（Andreas Dress）の率いるビーレフェルトの数学者たちは，化学の問題についてのモデル化に大きな進歩をもたらし，いくつかの可能性のあるメカニズムを明らかにしつつある．

4. 研究

4.1 化学情報学

化学の分野において大きく根本的に発展したことは，化合物とその構造の多次元的なデータベースの検索を計算機の力を借りて行えるようになったことであろう．そのデータベースは，グメリン（Gmelin）やバイルシュタイン（Beilstein）という，当時としてもかなり大きかった前身と比べてはるかに大きくなっている．その検索作業は，ケナード（Kennard）とバーナル（Bernal）がケンブリッジの化学構造データベース（www.ccdc.cam.ac.uk/products/csd/）というパイオニア的な仕事の開発の際に見られたように，基礎数学的な解析方法が必要とされる．

分子の構造や結晶の配置を記号の線形的な繋がりでコード化する最良の方法とは何であろうか？　分子の3次元構造や結晶の配列をコード化する最良の方法は何であろうか？　構造を効率良くコードを使って復元したり，コード化された長大なリストを使って効率良く検索したりするためには，数学と化学の深い洞察が必要となるのである．

4.2 逆問題

数学の世界から挑戦的に化学の問題をいろいろと考えることができるが，その多くは逆問題であろう．そのたいていの場合に一群の線形方程式を解く必要がある．未知変数と同じ数の方程式があってそれらが独立である場合には，正方行列の逆行列を作ればよい．しかし，もし系が特異であったり，重複があったり，あるいは未知数と方程式の数が合わない場合には，対応する行列に特異点があったり，長方形であったりして，正常な逆行列が存在しない．それでも，線形問題の良いモデルとなる**一般的な逆行列**を定義することができるのである（それはいわゆる**ムーア–ペンローズの逆行列**または**擬逆行列**であり，特異値分解の問題になる）．使える情報をすべて使えば，そのような行列はたいていは得られる．これは，3次元の構造をその2次元の射影像から再構築する問題と繋がっている．そのための数学的操作は完全に記述可能で，今は数式処理言語のMathematicaに組込まれている．

一般的な逆行列を使えば，準結晶の余分の軸を処理することができるが，たいていのおもしろい問題は非線形である．このほかの逆問題には以下のようなものがある．

(i) 観測されたX線や電子線の散乱パターンからその結晶中の原子の配列を見つける．

(ii) 電子顕微鏡やX線の2次元的な射影像である断層写真（トモグラフィ）から3次元のイメージを復元する．

(iii) 与えられた原子間距離（結合長や捻じれ角）から分子の幾何学的形状を再構築する．

(iv) 構成アミノ酸の配列順序から，そのタンパク質の畳み込まれ方とその活性位置を見つける．

(v) 自然界に存在する分子を合成する経路を見つける．

(vi) 膜，植物，または他の生物物質の形から，その物質の生成する順序を見つける．

この種の質問のいくつかには複数個の答えがある．たとえば，振動スペクトルからその音を発するドラムの形を決めることはできるかという古典的な問題（ドラムの形を聞き当てることができるか？）は否定的に解かれた．すなわち，異なる形状の二つの振動膜が同じスペクトルを与えることがありうるのである．ある時期まで，この曖昧さは，結晶構造の決定の際にもあるのではないかと考えられてきた．すなわちライナス・ポーリング（Linus Pauling）は，**ホモメトリック**な（同じ回折パターンを与える）二つの異なる結晶がありうることを指摘した．しかし，そういう実例はまだ見つかっていない．

5. 終わりに

本章の諸例が示すように，数学と化学は共存の関係にある．つまり，一方における発展が他方を刺激してその進歩を促す．すでに紹介したものも含めて，多くの興味ある問題がいまだに解決されることを待っている．

文献紹介

Cotton, F. A. 1990. *Chemical Applications of Group Theory*. New York: Wiley Interscience.
【邦訳】F・A・コットン（中原勝儼 訳）『群論の化学への応用』（丸善，1980）

Hollas, J. M. 2003. *Modern Spectroscopy*. New York: John Wiley.

Hyde, S., S. Andersson, K. Larsson, Z. Blum, T. Landh, S. Lidin, and B. W. Ninham. 1997. *The Language of Shape. The Role of Curvature in Condensed Matter: Physics, Chemistry and Biology*. Amsterdam: Elsevier.

Parr, R. G., and W. Yang. 1989. *Density-Functional Theory of Atoms and Molecules*. Oxford: Oxford University Press.

Thomas, J. M. 2003. Poetic suggestion in chemical science. *Nova Acta Leopoldina NF* 88:109-39.

Wales, D. J. 2004. *Energy Landscapes*. Cambridge: Cambridge University Press.

Wells, A. F. 1984. *Structural Inorganic Chemistry*. Oxford: Oxford University Press.

Wolfram, S. 2002. *A New Kind of Science*. Champaign, IL: Wolfram Media.

VII. 2

数理生物学

Mathematical Biology

マイケル・C・リード［訳：高松敦子］

1. はじめに

数理生物学はたいへん幅の広い学問である．対象として生体分子から地球規模の生態系までを扱う．手法もありとあらゆる数学を用いる．たとえば，常微分方程式，偏微分方程式，確率論，数値解析，制御理論，グラフ理論，組合せ論，幾何学，コンピュータ科学，統計学などが挙げられる．このような広範囲の分野について，本章の限られたページの中ですべてを網羅することは困難なので，いくつかの代表的な事例を紹介し，生命科学から提示できる新しい数学の問題の範囲を紹介する．

2. 細胞が働く仕組み

細胞は，簡単に言うと，大きな生化学工場である．何かしら入力があると，たくさんの中間物が製造され，最終的に何かが出力される．たとえば，細胞分裂で DNA が複製されるときには，その材料となるたくさんの数のアデニン，シトシン，グアニン，チミン塩基を持つヌクレオチド分子を大量に用いて生化学合成が行われる．生化学反応は通常酵素が触媒する．酵素は反応を促進するが，それ自身は消費されないタンパク質である．たとえば，化学物質 A を酵素 E を用いて化学物質 B に変化させる反応を考えてみよう．$a(t)$ および $b(t)$ をそれぞれ時刻 t における A と B の濃度とする．よく行われるのは，次のように $b(t)$ について微分方程式として書き下すことである．

$$b'(t) = f(a, b, E) + \cdots - \cdots$$

ここで，f は生成速度であり，一般に，a, b, E に依存する．もちろん B は他の反応から生成されてもよいし（その場合には右辺に $+\cdots$ の項が付け加えられる），それ自身が別の反応の基質として消費されてもよい（その場合には右辺に $-\cdots$ の項が付け加えられる）．したがって，特定の細胞機能や生化学反応経路がわかれば，化学物質の濃度について適当な非線形常微分方程式系に書き下し，解析的に，またはコンピュータによる数値計算で解くことができる．しかし，この単刀直入な方法はたいていあまりうまくいかない．第一に，これらの方程式にはたくさんのパラメータ（そして変数）があり，実際の生細胞でそれらに対応する量を計測することは困難である．第二に，異なる細胞は異なる振る舞いをし，異なった機能を持つ．よって，パラメータも異なるはずである．第三に，細胞は生きており，常に働きが変化する．したがって，パラメータ自身も時間の関数となることがある．しかし，最も困難な面は，研究対象としている特定の反応経路が，実際には孤立しておらず，むしろもっと大きな系に埋め込まれている点にある．モデル系がより大きい構成に埋め込まれていても，同じように振る舞い続けると言えるのだろうか？　このような問いに答えられる力学系の新しい定理が必要となる．それは，一般的な「複雑系」のための定理ではなくて，生物学の問題に見られる独特な「複雑系」のための定理でなくてはならない．

細胞は，環境（たとえば，入力）が継続的に変化していても，いつもの基本的な仕事を遂行し続ける．このような現象を**ホメオスタシス**というが，その簡単な例から「コンテクスト」（文脈）の問題を説明しよう．上述の化学反応が，細胞分裂に必要なチミンを生成する経路の一つであったとする．細胞が癌細胞だったら，この経路を遮断したいと思うだろう．その合理的な方法は，酵素 E に対し結合性のある化合物 X を細胞に投入することである．それによって，その反応を促進する遊離酵素の量を減らせると期待できる．しかし，直ちに二つのホメオスタシスの機構が働き始める．一つ目は，自身の生成物によってその反応自体が阻害されるというよくある機構である．つまり，f は b の増加に伴い減少する．これには B が生成されすぎることがないという生物学的な意味合いがある．したがって，遊離酵素 E の量が減り，反応速度 f が小さくなると，結果として b も減少するが，それによって反応速度は再び上昇する．二つ目は次のような機構である．反応速度 f が通常値よりも小さい場合には，A はあまり消費されないので，その濃度 a はたいていの場合上昇する．反応速度 f は a の増加関数なので，a の増加に伴い f は再び上昇する．A と B が含まれている反応ネットワークを考えよう．その細胞に物質 X をある量加えるとどれだけ f が減少するかを計算したいとする．実は，f はわれわれが見積もるよりもずっと大きく減少することもありうる．なぜなら，今考えている反応ネットワークで釣り合っていない別のホメオスタシスの機構が作用してしまうかもしれないからである．酵素 E は遺伝子の指示を受けて細胞で生成されるタンパク質である．遊離酵素 E が自身をコードする遺伝子のメッセンジャー RNA への転写を抑制することがあることが明らかになってきた．したがって，X を投入して遊離酵素 E の量を減らすと，転写抑制が解かれ，細胞は自動的に E の生成速度を上昇させてしまうのである．よって，遊離酵素 E の量は上昇し，その結果反応速度 f も上昇してしまう．

この実例は，細胞の生化学および多くの生物システムを研究することが根本的に難しいことを示している．生物システムは非常に大規模で複雑である．少しでも理解を深めようとするならば，特定の比較的簡単なサブシステムに注目しようというのは自然な流れだろう．しかし，サブシステムはより大きいコンテクスト（システム）の中にあるということを常に忘れてはならない．サブシステムを簡単化するときには大きなシステムに含まれる変数を省略するが，その変数は，サブシステム自身の振る舞いや生物機能を理解する上で非常に重要な変数なのかもしれないのである．

細胞は際立ったホメオスタシスを示すが，壮大な変化も示す．たとえば細胞分裂時には，2 本鎖 DNA が 1 本鎖にほどかれ，それぞれに対応した 2 本の新しい相補鎖が生成される．その後，DNA の組が移動して二つに引き離され，母細胞にくびれができて，二つの娘細胞が生まれる．細胞はどのようにしてこのすべての工程を実現しているのだろうか？　比較的簡単な構造を持つ酵母細胞の場合，生化学反応経路の動作に関して非常に良く理解が進んでいる．これは，ジョン・タイソンの数学的な業績のおかげでもある．しかし，これまでの簡単な説明からわかるように，細胞分裂では生化学反応がすべてではなく，運動を伴っていることが重要なのである．物質は細胞の特定の場所から別の場所へと常に運搬される（よって，この運動は単なる拡散ではない）．そして，細胞自身も移動する．いかにしてこのようなことが起こっているのだろうか？　答えは次のとおりである．物質は，化学結合のエネルギーを機械的な力に変換する分子モーターと呼ばれる特殊な分子によって運ばれる．化学結合は確率的に生成消滅する（つまり，あるランダム性が関わっている）ので，分子モーター研究は**確率常微分方程式**および**確率偏微分方程式** [IV.24] の研究分野に対して，必然として新しい問題を提起してくれる．細胞生物学の数学の良い入門書として，Fall et al.（2002）がある．

3. ゲノム科学

ヒトゲノムの配列決定に関する数学を理解するには，次の単純な問題から始めるのがよいだろう．線分を小さな断片に分割することを考えてみよう．われわれはその断片しか見ることができないとする．その断片が元はどのような順序で並んでいたかがわかっていれば，それらを繋ぎ合わせて元の線分を再構成することができるだろう．一般には，可能性のある順序が複数あるので，今述べたような特別な情報がなければ線分を再構成することはできない．では，線分を二つの異なる方法で分断したらどうだろうか？　実数値上の区間 I の線分を考えよう．一つ目の方法では，$A_1, A_2, \ldots, A_r$ に分割し，二つ目の方法では，$B_1, B_2, \ldots, B_s$ に分割するとする．すなわち，A_i は区間 I を小さな区間に分ける分割方法であり，B_j は別の断片を作る分割方法である．簡単のために，A_i の各端点は B_i のどの端点とも重ならないとしよう．ただし，区間 I の両側の端点は除く．

断片 A_i および B_j が I において現れる順序についての情報はないものとする．実際には，A_i と B_j の重複部分，つまり共通部分 $A_i \cap B_j$ が，空集合ではないと仮定しよう．この情報から断片 A_i の元の順序を明らかにできるだろうか？　つまり，区間 I を再構成できるだろうか？　答えは時として Yes であり，時として No である．再構成できるならば，その効率的なアルゴリズムを見つけたいと思うだろう．一方，再構成できないならば，与えられた情報からできる異なる再構成の順序が何通りあるかを知りたいと思うだろう．これが，いわゆる制限酵素マッピングの問題*1)であり，まさに**グラフ理論** [III.34] の問題である．断片 A_i または B_j がグラフの頂点に対応し，$A_i \cap B_j \neq \emptyset$ のとき A_i と B_j を結ぶ辺が一つ存在する．

二つ目の問題は，断片 A_i と B_j の個々の長さと共通部分 $A_i \cap B_j$ のすべての長さの集合が与えられれば，A_i（または B_j）の元の順序が同定できるかどうかである．ただし，どの長さがどの共通部分に対応するのかは与えられていないことに注意してほしい．これを**ダブルダイジェスト問題**（double digest problem）*2)という．もう一度繰り返すが，われわれが知りたいのは，唯一の解が存在するのか，そして解が唯一でないなら可能な再構成解の数の上限を設定できるのかという問題である．

われわれがここで扱うヒトゲノム DNA は，A, G, C, T の 4 種類の文字で書かれたおよそ 3×10^9 の長さの文字列である．つまりそれは，3×10^9 の長さの配列で，A, G, C, T の文字で記載されている．細胞内では，この文字列は「相補的な」文字列と結合している．それは，A は T と，G は C とだけ結合できるという規則である（たとえば文字列が ATTGATCCTG であれば，相補的な文字列は TAACTAGGAC となる）．本章では，この相補配列は無視することにする．

DNA は非常に長い（まっすぐな 1 本の線に引き伸ばせば，およそ 2 m にも及ぶ）ので，実験でそのまま取り扱うことは非常に困難である．しかし，およそ 500 文字の短い配列の文字の並び順であれば，ゲルクロマトグラフィという手法で決定することができる．非常に短い固有の配列が現れる箇所で DNA を切断する酵素があり，このような酵素を制限酵素という．つまり，ある DNA を 1 種類の制限酵素を用いて切断し，さらに同じ DNA を別の制限酵素で切断する．次に，最初の切断で生じた断片が 2 番目の制限酵素で切断した断片とどの部分で重複するかを決定すれば，制限酵素マッピング法を用いて元の DNA 配列を再構成できそうである．区間 I は全 DNA 文字列に対応し，集合 A_i は断片に対応する．これは断片の配列が決定できて，かつ，断片同士の配列比較ができることを前提とした話であり，実はそれ自体が大変な作業である．しかしながら，文字配列自体はわからなくても断片の長さだけを決定すること自体はそれほど困難ではないので，次のような解決方法

---

*1)　［訳注］このあとで述べているが，ここで区間 I とは DNA の 1 次元配列のことである．DNA は制限酵素という特殊な酵素で分割できるため，制限酵素で分割された断片から元の配列を推定する問題を制限酵素マッピングと呼ぶ．

*2)　［訳注］2 種類の制限酵素を用いて基質 DNA を切断すること．

が考えられる．つまり，最初の制限酵素でDNAを切断して長さを計測し，次に，2番目の制限酵素で切断して再び長さを計測する．最後に，二つの制限酵素で同時に切断して長さを計測するのである．このようにすれば，この問題は本質的にダブルダイジェスト問題と同じになる．

完全にDNAの文字列を再構成するためには，たくさんのDNAコピーを用意して制限酵素で切断し，ランダムに断片を選ぶことになる．その際，文字列すべてを高確率で網羅するのに十分な量のDNAコピーが必要となる．十分な量を得るために個々の断片を複製して，ゲルクロマトグラフィで配列を決定する．しかしこれらの工程では誤差が生じる．したがって，推定は誤差を含む文字でできた配列断片がたくさんある中で行われることを忘れてはならない．断片が重複するかどうかを調べるためには，文字を比較する，つまり，ある断片の終端付近の配列が別の断片の開始端付近の配列と同じか（または非常に似通っているか）を調べる必要がある．この配列比較には，非常に多くの可能性がありうるので，それ自身困難である．よって，与えられた断片がある確率をもって重複し，その確率自体が見積もり困難であることに加えて，最後に非常に大きい制限酵素マッピング問題が残されることになる．問題をさらに困難にしているのは，DNAの全体の文字列の異なる部分に大きな繰り返し文字列がしばしばあるという事実である．この複雑さの結果として，問題は先に述べた制限酵素マッピング問題よりもさらに困難となる．グラフ理論，組合せ論，確率論，統計科学，アルゴリズム設計すべてが，ゲノム配列決定に重要な役割を果たすことは言うまでもない．

配列比較も他の問題と同様に重要である．系統学(後述)では，二つの遺伝子またはゲノムがどれだけ近いかという言い回しを好む．タンパク質の研究では，既知のタンパク質のデータベースを検索して，最も相同性の高いアミノ酸配列からタンパク質の3次元構造を予測する．この問題の複雑さを説明するために，4種類の文字で構成される1000文字分の配列 $\{a_i\}_{i=1}^{1000}$ を考えよう．これが別の配列 $\{b_i\}_{i=1}^{1000}$ とどれだけ近いかを知りたいとする．未経験者は単純に a_i と b_i を比較して $d(\{a_i\},\{b_i\}) = \Sigma\delta(a_i,b_i)$ のようなある**距離** [III.56] を定義しようとするだろう．しかし，DNA配列は，普通は挿入と欠失さらには置換を行うことで進化している．したがって，配列ACACAC$\cdots$が最初の文字Cを欠失してAACAC$\cdots$となった場合，二つの配列はとても相同性が高く，単純に1文字が欠失しただけという関係にすぎないというのに，先ほど定義した距離では両者は非常に遠いものとされてしまう．この問題を克服するために，第5の文字“-”（ハイフン）という記号を含む配列を用いることにする．この記号は欠失または相補配列に挿入があった場合にだけ用いてよいものとする．したがって，二つの配列（おそらく長さが異なる）が与えられたら，とりうる距離が最小になるようにハイフンを加えて配列を伸ばすことを考える．少し考えればわかることだが，このような問題に対して，たとえ高速なコンピュータがあったとしても力業で検索するのは適切ではない．どれだけハイフンを挿入してよいかという可能性は潜在的に多数あり，検索に莫大な時間を要するからである．手堅く思慮深いアルゴリズムの開発が必要である．この節で論じられた内容に関する優れた入門書として，Waterman（1995）とPevzner（2000）がある．

4. 相関と因果関係

分子生物学のセントラルドグマは，DNA → RNA → タンパク質という1方向の流れにある．つまり，情報はDNAに保存され，その情報はRNAによって核の外（細胞質）に運搬され，そして，RNAは細胞質でタンパク質を合成するのに利用される．このタンパク質が，第2節で議論したような代謝によって細胞の仕事を担うのである．したがって，DNAが細胞の生命活動を指揮していることになる．生物の多くに見られるように，実際の状況はもっと複雑である．遺伝子は，特定のタンパク質を製造するためのコードが書かれた断片であるが，あるときにはそのプログラムのスイッチがオンになり，あるときにはオフになる．通常，遺伝子は部分的にオンの状態にある．すなわち，そのDNAがコードしているタンパク質が，中間的な生成速度で生成される．小さな分子または特定のタンパク質が，遺伝子またはその遺伝子がコードしているRNAに結合（または解離）することで，タンパク質の生成速度は制御される．したがって，遺伝子は別の遺伝子を抑制（または活性化）するタンパク質を生成することができる．このような関係が遺伝子ネットワークである．

ある意味で，このことは初めから明らかであった．

細胞が自身の振る舞いを変化させることによって環境に応答できるのであれば，細胞は環境を知覚できるはずであり，また，DNA に細胞のタンパク質の組成を変化させるように指令を送ることができるはずである．したがって，DNA の配列を調べ，特定の生化学反応を理解することは，細胞を理解する上で大事な第一歩である．それと同時に，この困難だが興味深い作業は，遺伝子のネットワークと生化学反応を理解することそのものなのである．特定の細胞機能を実現し制御しているのは，このネットワークである．ネットワークでは，タンパク質が遺伝子を制御し，遺伝子がタンパク質を制御している．数学的道具立てとしては，化学物質の濃度や遺伝子スイッチのオン/オフ状態の程度を表す変数に関する常微分方程式を用いる．核内外への輸送が伴うので，偏微分方程式も用いられるだろう．さらには，ある種の分子の数が非常に少ないことがあるので，濃度（単位体積当たりの分子数）は，化学結合と解離の計算としてはあまり良い近似にならないかもしれない．なぜなら結合・解離は，確率的事象だからである．

これらの遺伝子ネットワークの構成要素について，2 種類の統計的データがヒントを与えてくれる．一つ目は，特定の遺伝子型に対する表現型（たとえば身長，酵素濃度，癌の発生率）に関する研究が山ほどあることである．二つ目は，**マイクロアレイ**というツールによって，細胞群におけるたくさんの種類の異なるメッセンジャー RNA の相対量が計測できるようになってきたことである．RNA の量によって，特定の遺伝子がどれだけ発現するかを知ることができる．したがって，マイクロアレイを用いれば，ある遺伝子が同時に発現するであるとか，順に発現するなどを示唆する相関を見つけることができる．もちろん相関は因果関係そのものではないし，一貫した連続的な関係は必ずしも因果的であるわけでもない（サッカーは冬の始まりであると，ある社会学者は確かに言ったけれど）．現実の生物学の発展には，上述の遺伝子ネットワークの理解が欠かせない．遺伝子ネットワークは，遺伝子型が細胞活動でどのような役割を果たすのかというメカニズムそのものなのである．

個体群の相関とメカニズムの関係について，ナイハウト（Nijhout, 2002）がうまく論じている．その簡単な例を抜粋しよう．大部分の表現型の形質は，たくさんの遺伝子に依存する．しかし，ここでは簡単な例として，二つの遺伝子にのみ依存する形質について考えてみることにしよう．図 1 は，ある個体のある形質がいくつかの遺伝子の発現量にどう依存するかを示す曲面である．三つの変数はすべて 0〜1 に規格化してある．ある遺伝子型を示す個体群について調べることにしよう．その個体群に属する各個体はグラフの点 X の近傍に配置される．個体群の統計的解析を行うと，統計的には遺伝子 B の発現量はその形質を強く左右するが，遺伝子 A の発現量はあまり影響しないことがわかる．逆に，点 Y の近傍の個体群の形質は，遺伝子 A の発現量に強く依存するが，B に対してはそうではないことがわかる．特殊な生化学的メカニズムも含めた詳細例が，ナイハウトの論文で述べられている．よく似た例は，マイクロアレイのデータにも現れる．個体群の研究やマイクロアレイデータの研究が重要ではないと言いたいのではない．実は，とてつもなく複雑な生物システムの研究では，統計情報は，生物を根本的に理解するためにそのメカニズムのどのあたりを探せばよいのかを指し示してくれるのである．

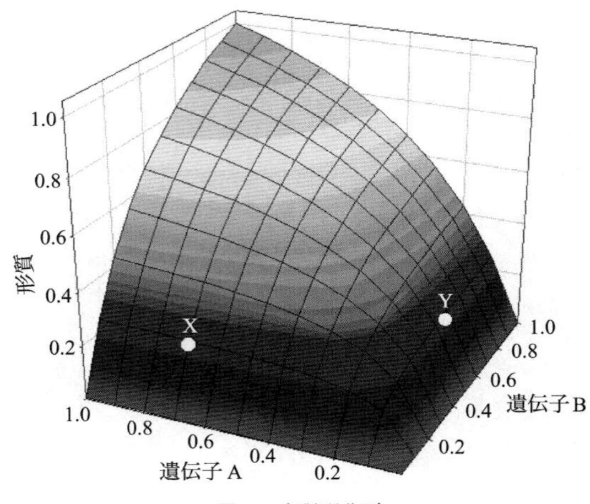

図 1　表現型曲面

5.　高分子の幾何学と位相幾何

高分子を研究する際に当然出てくる幾何学的および位相幾何学的な問題を説明するために，分子動力学，タンパク質–タンパク質相互作用，そして DNA 巻き付きの問題について簡単に議論することにしよう．遺伝子はタンパク質を作り上げるための情報をコードしている．タンパク質とは，アミノ酸配列からなる大きな分子である．20 種類のアミノ酸があり，それぞれのアミノ酸は三つの塩基対でコードされており，典型的なタンパク質は500アミノ酸で構成されるという．アミノ酸の間の相互作用によって，タンパク質は折り畳まれて複雑な3次元構造を形成する．この3次元構造は，タンパク質の機能にとってきわめて重要である．なぜならば，タンパク質の形の中で外側に出ている部分，内側にある部分，割れ目の部分で，小さな分子や別のタンパク質と化学的相互作用をするからである．タンパク質の3次元構造は，X線結晶解析と非自明な逆散乱計算によって近似的に決定できる．その先の問題は，アミノ酸配列が与えられた条件下でタンパク質の3次元構造を予測するという問題になる．それは既存のタンパク質を理解するのに重要であるだけでなく，特定の目的を果たすために新規のタンパク質を薬理学的に設計する場合にも重要である．そのため，この20年の間に，分子動力学という新しい分野が創設された．そこでは，古典力学の手法が用いられる．

N 個の原子からなるタンパク質があるとしよう．x_i を i 番目の原子の位置（3次元実空間での位置）とし，$\boldsymbol{x}$ をすべての原子の座標を要素とするベクトルであるとしよう（このベクトルは $\mathbb{R}^{3N}$ に属する）．二つの原子間には相互作用があるので，ポテンシャルエネルギー $E_{i,j}(x_i, x_j)$ を良い近似で書き下せるだろう．この相互作用は静電相互作用であり，たとえば，量子効果を古典力学的に定式化したファン・デル・ワールス相互作用としてもよいだろう．全ポテンシャルエネルギーは $E(\boldsymbol{x}) \equiv \sum E_{i,j}(x_i, x_j)$ と書け，ニュートンの運動方程式は次のような形になる．

$$\dot{\boldsymbol{v}} = -\nabla E(\boldsymbol{x}), \quad \dot{\boldsymbol{x}} = \boldsymbol{v}$$

ここで，$\boldsymbol{v}$ は速度ベクトルである．ある初期条件のもとでこの方程式を解いて分子のダイナミクスを調べるとしよう．これは非常に高い次元の問題であることに注意しよう．通常，アミノ酸は20種類あるので，$\boldsymbol{x}$ は60次元のベクトルである．タンパク質が500個のアミノ酸で構成されているとすれば，$\boldsymbol{x}$ は30000次元のベクトルとなってしまう．別のアプローチとして，ポテンシャルエネルギーが最小となる配位にタンパク質が折り畳まれる問題を考えてみよう．この配位を見つける問題は，いわゆる**ニュートン法** [II.4 (2.3項)] で $\nabla E(\boldsymbol{x})$ の根を見つけ，次にその根のところでエネルギーが最小となっているかを確認する問題と等価である．これは莫大な計算量を要することは言うまでもない．

分子動力学計算はそこそこ成功しているが，比較的小さい分子やタンパク質の形の予測しかできないと言われても驚くことはない．数値計算の問題は相当な問題であり，エネルギー項の選び方も推測にしかすぎない．もっと重要なことは，多くの生物学の問題でそうであるように，コンテクストが問題なのである．タンパク質が折り畳まれる方式は，そのタンパク質が置かれている溶媒の特性に依存する．多くのタンパク質にはとりやすい配位が複数あり，小分子や他のタンパク質との相互作用に応じて，ある配位から別の配位へと遷移する．ついには，タンパク質は1次元の配位から3次元の配位へ自分自身で折り畳まれるのではなく，シャペロニンという別のタンパク質の誘導と補助によって折り畳まれることが，最近発見された．そこで，点（原子）よりも大きい計算可能な範囲を単位として設定して，それらを組み合わせることで，巨大分子のダイナミクスをうまく近似する合理的な方法の枠組みができないだろうか？

この考え方に基づいた研究が，タンパク質と小分子あるいはタンパク質とタンパク質の相互作用について研究しているグループから始まった．このような相互作用は，細胞の生化学反応，細胞輸送過程，細胞シグナルなど至るところに見られるので，この研究の発展は細胞の働く仕組みを理解する上で重要である．二つの巨大タンパク質があり，互いに結合している状態を考えよう．最初に行うことは，結合部位の幾何学的配置を描写することだろう．例として次のようにすればよい．どちらかのタンパク質に属するある原子に注目しよう．この原子は点 x にあるとする．点 y にある別の原子を考えよう．空間 $\mathbb{R}^3$ を二つの開半空間へと分離する平面を，次のように設定する．すなわち，これらの開半空間の一方は点 y よりも点 x に近い点の集合であり，もう一方は x よりも y に近い点の集合であるとする．x にある原子以外のすべての原子に点 y を設定して開半空間を考える．このときにできる共通部分を R_x とおこう．つまり，R_x は他のどの原子よりも x に近い点の集合である．これらの境界の和集合 $\bigcup_x \partial(R_x)$ を**ボロノイ面**というが，ボロノイ面は三角形や平面の断片でできており，その面上のすべての点は少なくとも二つの原子から等しい距離にあるという性質を持つ．二つのタンパク質間の結合部位をモデル化するために，同じタンパク質に属する二つの原子から等距離にあるボロノイ面すべてを廃棄して，異なるタンパク質に属する二つ原子から等距離にあるボロノイ面だけを考える．この面は無限平面となるので，互いのタンパク質にあまり近くない部分で切り取ることにする．結果として，多面体の面でできた境界曲面を得る．その多面体面は，タンパク質間相互作用を合理的に近似する（これはあまり正確な表現ではない．実際の構成では，「距離」は関与する原子に依存して重み付けがなされる）．ここで，20 種類のアミノ酸を表す色を選び，各多面体の最近接の原子を内部に含んでいるアミノ酸の色で，その多面体の各面に色を塗ってみよう．そうすることによって，面のそれぞれの側は別々の色に塗り分けられ，その色はどちらのアミノ酸により近いのかを表す．境界面のそれぞれの面の色は異なり，面の断片の配置によって，片方のタンパク質のどのアミノ酸がもう一方のタンパク質のどのアミノ酸と相互作用するのかがわかる．実は，一方のタンパク質にある一つのアミノ酸は，他方のタンパク質の複数のアミノ酸と相互作用することもある．これは，特定のタンパク質–タンパク質相互作用の性質を分類するために幾何学を応用した一例である．

最後に，DNA のパッキングの問題について触れよう．本質的な問題は簡単に見て取れる．上述したように，ヒトの DNA 二重螺旋を一直線にほどくと，およそ 2 m にもなる．典型的な細胞は直径約 1/100 mm であり，核の直径は細胞の 1/3 の大きさである．DNA 全部がその核に収められていなければならないのである．いったいどうやって？

少なくとも第 1 ステージは良く理解されている．DNA 二重螺旋はヒストンというタンパク質のまわりに巻き付けられている．ヒストン一つに 200 塩基対分の DNA が巻き付けられており，クロマチンという構造を形成する．クロマチンとは，DNA が巻き付けられたヒストンが短い DNA 鎖をはさんで数珠繋ぎになったものである．そしてクロマチン自身も畳み込まれ凝集されるが，詳細な形はまだ完全にはわかっていない．パッキングとその形成メカニズムを解明することは重要である．なぜなら，細胞の営みにはパッキング状態から DNA が解きほぐされる必要があるからである．細胞分裂時には，すべての DNA 二重螺旋が 2 本の別々の 1 本鎖へと分かれるために，2 重鎖のジッパーを開かなければならない．1 本鎖それぞれは，2 本の新しい DNA のコピーを形成するためのひな形となる．この作業が一度にはできないことは明らかである．DNA はまず局所的にヒストンから解きほぐされ，次に 2 重鎖のジッパーが開かれて DNA が合成され，そして再び局所的にパッキングが行われる．

これと同様に，タンパク質が遺伝子から合成される際に生じる一連の現象を理解することも挑戦的な問題である．転写因子は核へと拡散により移動して*3)，遺伝子の調節領域にある DNA の短い特定の領域（およそ 10 塩基対）に結合する．もちろん，転写因子は同じ領域に対しても確率的に結合する．通常は遺伝子の転写を開始するには，いくつかの異なる転写因子が RNA ポリメラーゼとともに調整領域に結合する必要がある．その過程では，遺伝子を転写できるようにそのコード領域がヒストンから解きほぐされ，その結果合成された RNA が核の外へ輸送され，DNA は再び凝集する．これらの過程を完全に理解するには，偏微分方程式，幾何学，組合せ論，確率論，位相幾何学などを用いる必要があるだろう．ドウィット・サムナーズ（DeWitt Sumners）は DNA の研究（結合，捻じれ，結び目，スーパーコイル）において位相幾何学問題を取り入れた数学者であり，数学分野で注目を浴びた人物である．分子動力学と生体高分子によって提起された一般的な数学の問題についての良い参考文献として，Schlick（2002）を挙げておく．

6. 生 理 学

ヒトの生理システムを初めて研究してみようとした人は，そのシステムはまさに奇跡であると思うことだろう．ヒトの生理システムは同時に莫大な数の仕事をこなしている．そのシステムはロバストであるにもかかわらず，状況が許せば素早い変化も可能である．それは多くの細胞で構成されており，全体で課題をこなせるように積極的に協力し合っている．複雑であり，フィードバック制御されており，互い

*3) ［訳注］誤解がないように断っておくが，この移動は単純拡散ではない場合もある．詳しく述べると，細胞質と核の境界には核膜があり，そこには核膜孔が存在する．転写因子はこの核膜孔を通じて細胞質から核へと輸送される．小さな分子は核膜孔を濃度差による単純拡散で通過可能だが，大きな分子の場合には核膜孔を構成するタンパク質と相互作用して能動的に輸送される．

に統合されているというのが，このようなシステムの多くが持つ特徴である．それらがどのようにして機能するのかを理解することは，数理生理学の仕事である．ここでは，生物流体力学の問題を議論しながら，これらの特徴を見ていくことにしよう．

心臓は，血管という循環器を通して血液を送り出している．血管の直径は大動脈では 2.5 cm，毛細管では 6×10^{-4} cm である．血管には柔軟性があるが，その多くが筋肉に囲まれている．したがって，血管が収縮すると血液に局所的な力がかかる．主たる力発生機構（もちろん心臓！）の運動は，おおよそ周期的であるが，その周期は変化しうる．血液自身は非常に複雑な流体であり，その体積のおよそ 40％が細胞でできている．血液の細胞には，酸素と二酸化炭素を運搬する赤血球，バクテリアを撃退する免疫系の白血球，血液凝固過程を担う血小板がある．最も細い毛細管よりも大きいサイズの血液細胞もある．では，どのようにして毛細管よりも大きい細胞がそこを通り抜けられるのだろうか？　古典的な流体力学の簡単化した仮定からはずいぶんとかけ離れた系であることがわかるだろう．

循環器における問題を例として示そう．僧帽弁（左心房への流入弁）疾患となる人が少なからず存在する．人工弁に置き換えることが普通に行われているが，ここで重要な疑問が生じる．左心室の弁を人工弁に置き換えると，弁のところで血液が凝固しやすくなるのだが，人工弁置換によって生じる流れができるだけ淀まないようにするには，どのような設計をすればよいだろうか？　チャールズ・ペスキン（Charles Peskin）は，この問題に対して先駆的な仕事をした．これとは別の問題がある．白血球は血管の中央で運ばれるのではなく，血管壁のほうへ押し出される傾向があることが知られている．なぜそうなのか？　そうなることには，実は意味がある．白血球の役割は，血管外壁にできた炎症を見つけ出すことだからである．白血球は炎症を見つけたら立ち止まり，血管壁に潜り込んで炎症部位に到達する．もう一つ別の循環器における問題は，第 10 節で議論する．

循環器はたくさんの別の組織と結合している．心臓にはペースメーカー細胞があるが，収縮の頻度は自律神経系によって制御されている．ヒトが立ち上がる際に生じる血圧の劇的な下降を防ぐために，交感神経系は**圧受容器反射**を通して血管を収縮するように作用する．複雑なフィードバック調整機構によって，血圧はおおむね平均的な値に維持される．これには腎臓が関わっている．これらすべてのことは生きた組織によってなされていることを思い出すとよい．生きた組織の部品は，常に老朽化し，常に新しい部品に置き換えられる．たとえば，心筋細胞間で電流を低抵抗でやり取りしてくれるギャップジャンクションの半減期は，たった 1 日である．

最後の例として，肺について考えてみよう．肺はフラクタル分岐構造を持っており，23 階層の分岐の先に 6 億個もの**肺胞**と呼ばれる袋がある．そこで，循環する血液を介して酸素と二酸化炭素が交換される．空気流のレイノルズ数は，喉の近くの太い管と肺胞の近くの細い管とでは，およそ 3 桁のオーダーで異なる．未成熟の子供は時として呼吸困難に陥ることがあるが，それは彼らが肺表面の界面活性物質を欠損しているからである．その物質は，肺胞内部表面の表面張力を下げる働きがある．高い表面張力があると肺胞が壊れてしまい，それが呼吸困難を引き起こすのである．それならば，子供に界面活性剤を噴霧した空気中で息をさせればよいと思うだろう．肺胞にできるだけたくさんの界面活性剤を取り込ませるには，その液滴をどれくらい小さくすればよいだろうか？

生理学分野で用いられる数学は，主に常微分方程式と偏微分方程式からなる．しかし，ここで新しい問題に行き当たる．それは時間遅れ問題である．たとえば，呼吸の速さは血中の二酸化炭素の量を検知する脳で制御されている．血液が肺から左心室へ行き，さらに脳に到達するには約 15 秒かかる．この時間遅れは心臓が弱い患者ではもっと長い．そのような患者は，よくチェイン–ストークス呼吸という呼吸をする．それは速い呼吸と，遅い呼吸または無呼吸を交互に行う呼吸である．制御系では，そのような振動リズムは遅れ時間が長くなることで解釈される．時間遅れを伴う常微分方程式の標準的理論の研究は，1950 年代にベルマン（Bellman）によって始められたが，最近では生理学で偏微分方程式が用いられるようになってきたので，常微分方程式の結果を超えたもっと新しい数学的な結果が求められるようになるだろう．数理生理学の応用例の良い文献として，Keener and Sneyd（1998）を挙げておく．

7.　神経生物学はどうなのか？

簡単に言うと，理論が不十分だというのが答えである．ホジキン–ハクスリー方程式は神経生物学から生まれたのだから，この答えはおかしいと思うかもしれない．この方程式は，数理生物学の偉業としてよく引き合いに出される．1950 年代初頭の一連の論文で，ホジキンとハクスリーはいくつかの実験について述べ，それを説明する理論的基礎を示している．物理学者や化学者（たとえば，ウォルター・ネルンスト，マックス・プランク，ケネースコール）の成果をもとに，彼らは神経軸索においてイオン・コンダクタンスと膜電位 $v(x,t)$ の間の関係を見出し，次のような数学モデルを作った．

$$\frac{\partial v}{\partial t} = \alpha\frac{\partial^2 v}{\partial x^2} + g(v, y_1, y_2, y_3)$$

$$\frac{\partial y_i}{\partial t} = f_i(v, y_i), \quad i = 1, 2, 3$$

ここで，y_i はさまざまなイオンの膜透過時のコンダクタンスに関する変数である．この方程式は，実際の神経細胞で観察される活動電位のように，一定速度で伝搬するパルス解を持つ．この発見における着想が，陽にせよ陰にせよ，単一細胞の神経生理学の基礎を築いたのである．もちろん，数学者はこの件について威張りすぎないほうがよい．なぜなら，ホジキンとハクスリーは生物学者だからである．ホジキン–ハクスリー方程式が刺激となり，数学者たちによって，反応拡散系における伝搬波とパターン形成に関する興味深い研究がなされるようになったのである．

しかしながら，神経細胞レベルにおいてさえも，すべてを説明できるわけではない．読者の手が目標物に到達しそれを優雅に持ち上げることができることに注目してみよう．あるいは，前庭動眼反射というものについて考えてみよう．頭を動かしても，読者が注視している対象が固定できるのは，眼球の動きが自動的に補正をかけられているからである．印刷物の上にある黒い記号を立体視できるのは，頭の中で像を再構成しているからである．これらはシステムの持つ特性であり，このシステムというのは実に大きい．中枢神経系にはおよそ 10^{11} 個の神経細胞があり，それら神経細胞は 1 細胞当たり平均 100 個の別の神経細胞と繋がっている．このようなシステムは，それらの構成要素である一つの神経細胞を調べても理解できないであろう．そして当然，実験には限界がある．したがって，実験神経生物学には，物理実験と同様に，深淵で想像力に溢れた理論が必要なのである．

実験家と強い結び付きを持った理論研究者コミュニティが不足していることが，歴史的な災難を引き起こしている．グロスバーグは次の問いを投げかけた．（非常にシンプルな）モデル神経細胞の集団が適切に結合していたとして，どれだけの数があれば，パターン認識や意思決定といった仕事を達成したり，「心理」という性質を生み出したりすることができるだろうか（Grossberg, 1982）？　いかにしてこれらのネットワークを学習させることができるだろうか？　この問題提起と同時期に，神経細胞のような要素が適切に結合したネットワークであれば，**巡回セールスマン問題** [VII.5 (2 節)] のような大規模で困難な問題に対して，良い解を自動的に計算できることが示された．このようなこともあり，ソフトウェア工学や人工生命の分野で大いに興味を引いたこともあって，「ニューラルネットワーク」を研究する大規模なコミュニティが自然発生した．このコミュニティのメンバーは大部分が計算科学者や物理学者であったので，生物学そのものよりもデバイス設計に注目した．これによって実験神経生物学者が理論家との共同研究に興味を失ってしまったことは，特筆すべきである．

上述の歴史はもちろん簡単化しすぎている．純粋に神経生物学の理論を研究している数学者は（そして物理学者や計算科学者も）いる．ある研究者たちは，非常に小さいネットワークや均一性の高い仮想的なネットワークについて研究しており，そのシステムから創発する振る舞いにどのようなものがあるかを見つけ出そうとしている．別の研究者たちは，現実の生理的な神経細胞ネットワークのモデルを作り，生物学者と共同研究している．通常，個々の神経細胞の発火率についての常微分方程式でモデルを構成するか，積分方程式を用いた平均場モデルを用いる．このような数学者たちが，実際に神経生物学に貢献してきた．

しかしもっといろいろ考えてみる必要がある．なぜそうなのかという疑問に答えるには，これらの問題が本当にどれだけ難しいか考えてみればよい．第一に，同一種の別の個体において中枢神経系の細胞の間に 1 対 1 対応がないことである（*C. elegans* という線虫のような特別な場合を除く[*4)]）．第二に，同

---

*4)　［訳注］*C. elegans* の神経細胞すべてが同定されており，

じ動物の神経細胞でも，形態学的にも生理学的にも異なっていること，第三に，個々の回路はその動物の生きてきた履歴に依存すること，第四に，多くの神経細胞は，同じ入力を繰り返した場合にも異なる出力をするという意味で，信頼性の低いデバイスであること，そして最後に，神経細胞は可塑的であり，適応的であり，変化しうるという代表的な特徴を持つことである．そして，ここに書かれていることをすべて記憶すると，読者の頭脳は以前とは異なっているということになる．神経細胞レベルと心理レベルの間には，およそ12階層のネットワークがあり，個々のネットワークの情報は異なる階層のネットワークに流れ込み制御される．これらすべてがどれくらい機能するのかを分類し，解析し，理解できる数学的手法は，おそらくまだ見つかっていない．

8. 個体群生物学と生態学

簡単な例から始めよう．果樹園で木々が一定の間隔で並んでおり，そのうちの1本が病気であるとしよう．この病気は最近接の木にしか感染しないとし，感染率は確率 p であるとする．感染する木の本数の期待値 $E(p)$ の百分率は，どのように見積もられるだろうか？ 直観的には，p が小さければ $E(p)$ も小さく，p が大きければ $E(p)$ は100％に近くなるだろう．実は，p がある臨界確率 p_c の非常に狭い相転移領域を通過すると，非常に小さい値から大きい値に急速に変化することが示せる．木の間の距離 d を大きくすると，p は小さくなるだろう．農園主は，$E(p)$ を小さくするためには，p が臨界確率より小さくなるように d を選ばなければならない．大規模の振る舞い（木の伝染病であろうとなかろうと）が小規模（木の間の距離程度）の振る舞いにどのように依存するかという生態学の典型的な問題がここにある．そしてもちろん，この例によって，生物学的な状況を理解するためには数学が必要であることがわかる．確率モデルにおける急激な大局的な変化についてのその他の例については，「臨界現象の確率モデル」[IV.25] を参照されたい．

もう少し視野を広げ，森について考えてみよう．たとえば，米国東海岸の森について考える．その森はどのようにして現在の姿になったのであろうか？ 大部分はきれいに並べようと計画されたものではなく，すでに複雑な形になってしまっている．しかし，ここには真に新しい二つの特徴がある．まず，森には一つの種だけがあるのではなく，たくさんの種があり，それぞれの種は異なる性質を持っている．たとえば，形，タネの散らばり方，光の要求度などである．種は異なっていても，同じ空間に生息しているので，性質は互いに影響を及ぼし合う．二つ目の特徴は，種と種の間の相互作用が環境の物理法則に影響されることである．物理法則のパラメータには，平均気温のように長い時間スケールで変化するものや，風速（またはタネが飛ばされる速さなど）のように非常に短い時間スケールで変化するものがある．森の特性は，これらのパラメータ値そのものだけでなく，揺らぎにも依存することがある．最後に，ハリケーンや干ばつのような大災害に対する生態系の反応も，考慮に入れなければならないだろう．

ここにも他の数理生物学において直面したのと同様な難しさがある．巨視的スケールで創発された振る舞いを理解したいと思うとする．そうするためには，微視的スケールと巨視的スケールを結び付ける数学モデルが必要となる．しかし，微視的スケールでは，生物学的な詳細情報に押しつぶされてしまう．どの詳細情報をモデルに取り入れる必要があるのだろうか？ もちろん，これに対して簡単な答えなどない．なぜなら，それこそがわれわれの知りたい答えの肝だからである．とまどうほどたくさんあるさまざまな局所的特性や変数のうちどれが，どのようなメカニズムで，巨視的な振る舞いをもたらすのだろうか？ さらに，どのモデルが最善であるのかも明らかではない．個々のモデルや相互作用をモデル化すべきなのだろうか？ それとも，人口密度を用いるべきなのだろうか？ 決定論的モデルか？ それとも確率モデルが良いのか？ これらは難しい問題であり，それらの答えは研究するシステムや問われている問題に依存する．このようなさまざまなモデル選択の問題については，Durrett and Levin (1994) で議論されている．

今一度簡単なモデルに焦点を当てよう．いわゆる**SIRSモデル**という個体群における病気拡散のモデルである．重要なパラメータは**接触感染数** σ であり，一人の感染者が病気に対する感受性を有する者に感染させる新規感染者数の平均値を表す．深刻な病気

個体間でその構成や接続が異なることなく，1対1対応であることがわかっている．

であれば，ワクチンを用いて σ の値を（伝染病が広がらないように）1 より小さくしたいと思うだろう．ワクチンを打てば，感受性者は回復者の部類に入れられるためである．ワクチンは高価であり，あまり大勢には打てないので，何人にワクチンを打てば σ を 1 未満にできるかという問題が，公衆衛生にとって重要になる．この問題がいかに難しいかは，ちょっとした考察でわかる．まず，人間集団はよく攪拌された系ではないので，SIRS モデルでは無視している空間的な隔たりを，実際には無視できない．もっと重要なことは，σ は個人の社会的振る舞いと，その集団がどの分類に属しているかに依存するということである（学校に通う小さな子供を持つ誰もがそれを実証している）．したがって，ここで純粋に新しい問題が提起される．つまり，環境が動物に影響を与えるのであれば，その動物の社会的な振る舞いが環境に影響を及ぼすこともある．

実は，この問題はもっと奥深い．集団，種，または亜集団中の個体はさまざまであるが，それは単に自然選択が作用する場合の差異である．よって，生態系が今日どこへ向かおうとしているのかを理解するには，この個々の差異を考慮に入れる必要がある．社会的振る舞いは生物学的にも文化としても世代から世代へと受け継がれ，それゆえに進化する．たとえば，植物や動物種についてたくさんの例があり，植物の生態と動物の社会性は明らかに共進化し，互いに利益を得ている．ゲーム理論のモデルは，利他主義のような人間のある種の振る舞いの進化を研究するために用いられてきた．したがって，生態系の問題は，時として簡単に見えるが，たいていはたいへん奥深い問題なのである．なぜならば，生態とその進化は，環境の物理現象と動物の社会的な振る舞いに複雑に関連しているからである．この問題に対する良い入門的な総説として，Levin et al.（1997）がある．

9.　系統学とグラフ理論

生物学においてダーウィン以来議論され続けている問題は，われわれの現在の状態をもたらした種の進化の歴史を決定しようというものである．そのような問題は，有向**グラフ** [III.34] を用いて考えるとよい．有向グラフでは，頂点 V は（過去または現在の）種であり，種 v_1 から種 v_2 への辺は v_2 が v_1 から直接進化してきたことを表す．実は，ダーウィン自身がこのようなグラフを書いていた．数学的な問題を説明するために，簡単で特殊な場合を考えることにしよう．サイクル構造のない連結グラフは**木**という．ある特殊な頂点 ρ を**根**として区別する場合には，その木は**根付き木**であるという．次数が 1 である（1 本だけ辺が連結している）木の頂点を**葉**という．ρ は葉ではないとする．サイクル構造はないので，ρ から個々の頂点 v へ向かう経路は厳密に一つしかないことに注意しよう．ρ から v_2 への経路に v_1 が含まれる場合には，$v_1 \leq v_2$ と書く（図 2 参照）．問題は，与えられた葉集合 X（現存の種）と根 ρ（仮定した祖先の種）を持つ木のうち，どれが現実から得られた情報や進化論のメカニズムに関する理論的仮説と矛盾しないかを決定することである．そのような木を X の**有根系統樹**という．いつでも中間的な種をあとから付け足すことができるように，系統樹はできるだけ簡単でなければならないという拘束条件が課される．

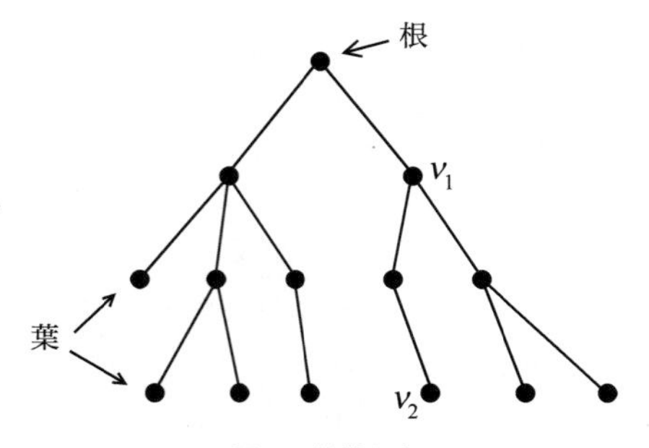

図 2　根付き木

いま，たとえば歯の数などのある形質に興味があるとしよう．その形質を用いて，現存種の集合 X から非負の整数への写像 f を定義することができる．つまり，X に含まれるある種 x が与えられたとき，$f(x)$ は種 x の歯の数を与える．一般化すると，**形質**とは，ある形質がとりうる値（ある遺伝子の有無，脊椎の数，特定の酵素の有無など）の集合 C への X からの写像である．現存種について生物学者たちが計測しているのが，そのような形質なのである．進化の歴史について何かを言うために，X からの写像 f の定義を，系統樹のすべての頂点の集合 V へ拡張したいと考える．このために，種が進化するにつれて形質がどれくらい変化するかという規則を明示する．f が V から C への写像 $\overline{f}$ に拡張できる場合には，形質は**凸**であるという．ただし，すべての c に

ついて $c \in C$ であり，V の部分集合 $\overline{f}^{-1}(c)$ はその系統樹の連結部分グラフであるとする．つまり，形質 c を持つ x と y のどの種の間にも進化の歴史の中で x からたどれる経路があり，また，間にあるすべての種について同じ値 c が存在するようにしたまま y へとたどる経路があるはずである．これは本質的に新しい値が生じ先祖返りすることと，二つの値が別々に（木の異なる部分で）進化することを禁止している．もちろん，現存種は存在し，数多くの形質がある．わかっていないことは系統樹，つまり，中間種の集合であり，現存種から共通祖先へと繋ぐ関係である．形質がすべて凸であるような系統樹が存在するとき，形質の集合に**適合性**があるという．どのような場合にそれが満たされるかを決定すること，そして，そのような木（最小の木）を構築するためのアルゴリズムを見つけることを，**完全系統樹問題**という．この問題は，2 値の文字の集合については理解されているが，一般化にはまだ成功していない．

それに代わる問題に，次のようなものがある．これまですべての辺が一様であるような問題を取り扱ってきた．実は，あるものはより長い，あるいはより短い進化の段階を踏むことがある．各辺に正の値を割り当てる関数 w があるとしよう．この木のどの 2 点間においてもそれらを結ぶ唯一の最短経路が存在するので，w によって $V \times V$ 上の，より詳細には X における距離関数 d_w が導出される．ここで，現存種がどれだけ離れているかの目安となる $X \times X$ 上の距離関数 δ が与えられているとしよう．系統樹と，すべての $x, y \in X$ について $\delta(x,y) = d_w(x,y)$ となる重み付き関数 w が存在するか否かが問題となる．存在するのであれば，木や重み付けを決めるアルゴリズムが必要になるだろう．存在しないのであれば，その関係を近似的に満たす木を構築したいと考えるだろう．

最後に，開花期にある分野である，木上のマルコフ過程の問題について述べよう．ここでは，V 上の部分的序列がマルコフ条件の基板となる．この過程に対する木の幾何に関して数学的な素晴らしい問題があるだけでなく，系統学にとって重要な問題がある．根においてのみ定義されている形質から始めて，（おそらく別々の）マルコフ過程によって進化しながら木を下流へたどる状況を考えよう．木を再構築したとき，葉にどのような形質が分配されるだろうか？　これらの問題は，代数幾何の問題にもなるのである．

系統学はわれわれの過去を決めるのに有用なだけでなく，現在そして未来を制御する場合にも有用である．Fitch et al.（1997）には，インフルエンザ A ウイルスの系統樹の再構築の問題が示されている．この分野の大学院生向けの最近の良い教科書として，Semple and Steel（2003）がある．

10. 医学における数理

生物システムへの理解が進むことで，少なくとも間接的に医療に貢献できることは言うまでもない．しかし，数学が医学に直接的な影響を与えている場合も数々ある．ここでは二つの簡単な例を示そう．

チャールズ・テイラーはスタンフォード大学の生命医療工学者であり，循環器系の流体力学の研究をしている．彼は医学的な意思決定を支援するために，流れの高速計算をしたいと考えている．下肢脱力の患者がいて，磁気共鳴画像法（MRI）によって大腿動脈狭窄を発症していることがわかったとしよう．通常は外科医が集まってさまざまな選択肢を議論する．別の血管から狭窄部位まで血液を短絡する吻合術や，患者の身体の他の部位から取り出した血管を狭窄部位に吻合する術などが考えられる．かなりの数の考えうる選択肢の中から，外科医たちはこれまで教えられてきたことや彼ら自身の経験に基づいて選択を行う．移植後の血液の流れの特徴を知ることは，機能回復だけでなく，血液凝固による破裂を妨ぐためにも重要である．問題は，うまくいった患者の症例が再現されることが少ないことであり，術後の流れの特徴を本当のところは誰も知らないことである．テイラーは（MRI によって明らかにされた）患者の実際の血管構造に基づいて流体力学的な数値計算を直ちに行い，外科医チームとともに議論しようという構想を持っている．さらに，個々の患者に対して彼の数値計算がどれだけうまく現実の術後の流れを予言したかについて，経過観察を行いたいと考えている．

応用数学者のデイヴィッド・エディは，30 年間健康政策の仕事をしてきた．彼は最初『癌検診：理論，解析，計画』（*Screening for Cancer: Theory, Analysis and Design*, 1980）という本を出版して有名になった．この本は彼の学位論文を発展させたものである．この本を受けて，米国癌学会は子宮癌検査受診の奨励回数を年に1回から3年に1回に変更した．エディのモデルによって，検診の回数を増やしても米国の女性の平均余命にはあまり影響がないことがわかったからである．国内総生産（GDP）の15％を占める保健医療費をどれだけ節約できるかは，簡単な計算でわかる．エディは，自身の経歴の中で，見境のない診断検査や，医師による結果の誤用，政策委員が条件付き確率の基本的な事実を無視していることを批判してきた．定量的な解析ではなく経験と勘に基づくある種の健康政策指針を批判してきた．彼は直腸結腸癌に関するある学会で，医師たちにアンケート調査を行った．アンケートの質問は，50歳を超えたアメリカ全国民に毎年二つの代表的な検査，便潜血検査とS字結腸鏡検査を行ったら死亡率がどれくらい下がるかというものである．回答は2〜95％に一様に分布していた．もっと驚いたのは，互いの意見が異なることを医師たちが知らなかったことである．エディは，数学モデルを用いて，新規または既存の手術，治療，薬のコストと利益を解析し，現在危機的な状況にある健康政策に関する議論に積極的に参加している．彼は，GDPのかなりの額が装置や薬に費やされているのに，どれにどれだけの効果があるのかについて数学的解析が行われていないと，一貫して指摘している．

数学と医学の相互関係については，「数学と医学統計」[VII.11] を参照してほしい．

11. 終 わ り に

紙面の都合で割愛したが，数学と数学者たちは，生物学の多くの分野においても重要な役割を果たしてきた．免疫学，放射線学，発生生物学，医療機器設計，合成生物材料の設計などが挙げられるが，これらは割愛した分野の少数の例にすぎない．とはいえ，いくつかの事例と入門的な議論によって，数理生物学に関するいくつかの結論を述べることができる．数学による説明を必要としている生物の問題の範囲は非常に広く，数学のさまざまな分野の技術が必要となる．数理生物学を簡単で明解な数学的問題として抽象化するのは容易なことではない．なぜなら，生物システムは通常は複合的な環境の中で動作していて，そこではどれをシステムとして考慮したらよいのか，どこをシステムの一部として考えてよいのかを決めることが難しいからである．最後に，生物学は数学者にとって，新規で興味深く，そして難易度の高い問題の宝庫である．生物を十分に理解するには，数学者が生物学の変革に関わることが重要である．

文献紹介

Durrett, R., and S. Levin. 1994. The importance of being discrete (and spatial). *Theoretical Population Biology* 46: 363–94.

Eddy, D. M. 1980. *Screening for Cancer: Theory, Analysis and Design*. Englewood Cliffs, NJ: Prentice-Hall.

Fall, C., E. Marland, J. Wagner, and J. Tyson. 2002. *Computational Cell Biology*. New York: Springer.

Fitch, W. M., R. M. Bush, C. A. Bender, and N. J. Cox. 1997. Long term trends in the evolution of H(3) HA1 human influenza type A. *Proceedings of the National Academy of Sciences of the United States of America* 94:7712–18.

Grossberg, S. 1982. *Studies of Mind and Brain: Neural Principles of Learning, Perception Development, Cognition, and Motor Control*. Boston, MA: Kluwer.

Keener, J., and J. Sneyd. 1998. *Mathematical Physiology*. New York: Springer.
【邦訳】J・キーナー，J・スネイド（中垣俊之 監訳）『数理生理学』（上・下）（日本評論社，2005）

Levin, S., E. Grenfell, A. Hastings, and A. Perelson. 1997. Mathematical and computational challenges in population biology and ecosystems science. *Science* 275:334–43.

Nijhout, H. F. 2002. The nature of robustness in development. *Bioessays* 24(6):553–63.

Pevzner, P. A. 2000. *Computational Molecular Biology: An Algorithmic Approach*. Cambridge, MA: MIT Press.

Schlick, T. 2002. *Molecular Modeling and Simulation*. New York: Springer.

Semple, C., and M. Steel. 2003. *Phylogenetics*. Oxford: Oxford University Press.

Waterman, M. S. 1995. *Introduction to Computational Biology: Maps, Sequences, and Genomes*. London: Chapman and Hall.

VII.3

ウェーブレットとその応用

Wavelets and Applications

イングリッド・ドブシー［訳：山田道夫］

1. はじめに

関数を理解する最も良い方法の一つは，その関数を上手に選んだ基本的な関数によって展開することである．たとえば**三角関数** [III.92] は，そのような基本的な関数のうちで最もよく知られているものであろう．ウェーブレットは多くの目的において非常に良い基本関数となる関数族である．ウェーブレットは，1980 年代に数学，物理学，電気工学，計算機科学における従来の考え方を総合することによって誕生し，以後，広範な分野において応用されてきた．以下に述べる例は画像圧縮に関するものであるが，ウェーブレットの重要な多くの性質を示している．

2. 画像の圧縮

画像をそのままコンピュータに保存するには，多くのメモリが必要である．メモリは限られた資源なので，画像を効率的に保存する方法，すなわち画像を**圧縮する**方法を見つけることが強く望まれる．代表的な方法の一つは，画像を関数で表現し，その関数を何らかの基本的な関数の線形結合として書く，というものである．通常この展開ではほとんどの展開係数は小さいので，基本的な関数をうまく選べば，人間の目に関数の変化を気づかせることなく，小さな展開係数をすべて零とおくことができるだろう．

デジタル画像は，通常は膨大な数の**ピクセル**（pixel. picture element（**画素**）の短縮語．図 1 参照）によって作られている．図 1 の船のデジタル画像は 256×384 個のピクセルからなっていて，個々のピクセルは真っ黒から真っ白まで 256 階調のグレイスケールを持っている（カラー画像も理屈は同様であるが，ここでは簡単のため単色の場合に限ることにする）．1 ピクセルのグレイスケールに必要な 0 から 255 までの数を書くためには，2 進法で 8 桁を要し，

図 1　デジタル画像の一部を順に拡大したもの

図 2　空の部分の 36×36 の正方形を拡大したもの

$256 \times 384 = 98\,304$ ピクセル全体では合計 786 432 ビットが必要となる．これが 1 枚の絵全体を保存するのに必要なメモリである．

このメモリの大きさは大幅に減らすことができる．図 2 は同じ写真の異なる部分から 36×36 ピクセルの二つの正方形を抜き出したものである．拡大図からわかるように，正方形 A は正方形 B（拡大図は図 1 を参照）より変化に乏しく，少ないビット数で表すことができる．図 B はより多くの細部を持っているが，やはり，互いに似た多くのピクセルからなる正方形領域を含んでいる．そのため，図 B も，各ピクセルに 8 ビットずつ割り当てた $36 \times 36 \times 8$ ビットという素朴な見積もりより少ないメモリで表現することができる．

これらのことから，写真を表現する方法を工夫することで必要なメモリを節約できると考えられる．つまり，写真を膨大な個数の一様に小さなピクセルの集まりと考える代わりに，おおむね一定のグレイスケール値を持つさまざまの大きさの領域の集まりと考えて，それぞれの領域を，その大きさと位置および 8 ビットの数で書かれる平均的なグレイスケール値によって記述する．写真のある一つの部分がこのような領域の一つかどうかを調べることは易しい．それを平均的なグレイスケール値と比較すればよい．正方形 A ではピクセル値を平均値に置き換えても何も変わらないが，正方形 B では平均的なグレイス

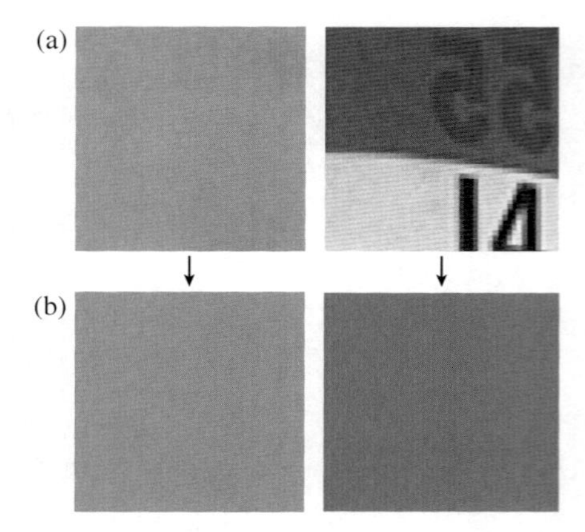

図 3　(a) 図 2 の A と B の正方形を拡大したもの，(b) A と B の平均グレイスケール値．いずれも左が A，右が B

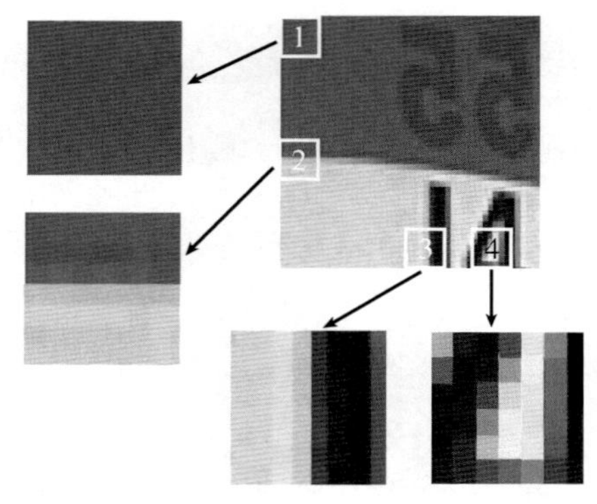

図 4　小正方形 1 は一定のグレイスケール値を持つが，小正方形 2 と 3 はそうではない．しかし，それらも水平方向 (2) あるいは垂直方向 (3) に（ほとんど）一定のグレイスケール値を持つ二つの部分に分けることができる．小正方形 4 の場合は，そのような「単純な」領域に分けるには，さらに細かく分割する必要がある．

ケール値だけでは写真の特徴を捉えるのに不十分である（図 3 参照）．

正方形 B をさらに小さな正方形に分割すると，そのうちのいくつかはほぼ一定のグレイスケール値を持ち（たとえば正方形 B の左上あるいは左下），そのほかは，図 4 に示す小さな正方形 2 や 3 のように，単一のグレイスケール値だけでは記述できないが，やはり数ビットあれば容易に記述できるような単純なグレイスケール構造を持っている．

この分割を画像圧縮に用いるには，分割が容易に自動的に行われる必要がある．これは次のように行うことができる．

1. まず，画像全体（簡単のために正方形と仮定する）の平均グレイスケール値を求める．
2. この平均グレイスケール値だけからなる正方形を元の画像と比較する．もし両者が十分に近ければ，それで終了する（しかし，このような画像はとても退屈なものだろう）．
3. 平均グレイスケール値よりもっと詳しい特徴が必要なら，画像を同じ面積を持つ四つの正方形に分割する．
4. これらの小さな正方形それぞれについて，画像のそれらの平均グレイスケール値を求め，この平均グレイスケール値だけからなる小さな正方形を元の小さな正方形の画像と比較する．
5. 小さな正方形で平均グレイスケール値よりもっと詳しい特徴が必要なら，さらに小さな同じ面積の四つの正方形に分割する（この四角形は最初の画像の 1/16 の面積である）．
6. 以下同様．

小さな正方形の中には，ピクセルのレベルまで分割する必要があるもの（たとえば図 4 の小さな正方形）があるかもしれないが，多くの場合，分割の繰り返しはずっと早い段階で終了させることができる．この方法を自動的に実行させることは容易であり，上の例のように，さまざまな画像を少ないビット数で記述することが可能になるが，実はこの方法でも依然として無駄が多い．たとえば，元の画像の平均グレイスケール値が 160，その 1/4 の画像の平均グレイスケール値がそれぞれ 224, 176, 112, 128 であったとすると，計算を重複して行ったことになる．なぜなら四つの小正方形の平均グレイスケール値の平均は自動的に元の画像の平均グレイスケール値であり，この五つの数すべてを保存しておく必要はないからである．元の画像の平均グレイスケール値のほかには，四つの小正方形の平均グレイスケール値に含まれる追加の情報だけを保存すればよく，それは元の画像に関する以下の三つの数値である．

- 左半分は右半分よりもどれくらい暗いか（あるいは明るいか）．
- 上半分は下半分よりもどれくらい暗いか（あるいは明るいか）．
- 元の画像を四つに分けて，左下と右上の小四角形は，左上と右下の小四角形よりもどれくらい暗いか（あるいは明るいか）．

たとえば，図 5 のように元の正方形が四つの小正方形に分割され，それぞれの小四角形の平均値が 224, 176, 112, 128 であったとする．すぐにわかるように，元の正方形の平均グレイスケール値は 160 である．

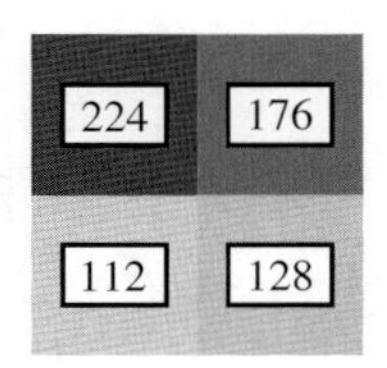

図 5 一つの正方形を分割した四つの小正方形の平均グレイスケール値

そこで，さらに三つの数値を計算しよう．まず，上半分と下半分の平均値はそれぞれ 200 と 120 であり，それらの差は 80 である．次に同じことを左半分と右半分について行うと，差 $168-152=16$ を得る．最後に，四つの小正方形を対角線状に分けると，左下と右上の平均値は 144，左上と右下の平均値は 176 であり，それらの差は -32 である．

これら四つの数値から，元の四つの小正方形の平均値を再構成することができる．たとえば，右上の小正方形の平均値は $160+[80-16+(-32)]/2=176$ である．

したがって，繰り返して実行すべきなのはこのプロセスであり，単に小さい正方形についての平均値を求めることではない．そこで，このような数値の分解をできるだけ効率的に行うにはどうすればよいかという問題を考えよう．

256×256 の正方形を一番小さな正方形まで（つまり 2×2 の小正方形についての上記の 3 種類の数値まで）完全に分解すると，多くの数値（画像データの圧縮をしないのなら，正確に 256×256 個）の計算が必要であるが，その中には，元のピクセル値から作られるさまざまな値の組合せとなるものがある．たとえば 256×256 の正方形全体の平均グレイスケール値は，0 から 255 の間の値を持つ $256\times256=65\,536$ 個の数値の和を 65 536 で割ったものである．一方，元の画像の左半分と右半分の差は，左半分の $256\times128=32\,768$ 個のグレイスケール値の和 A を計算し，それから右半分の 32 768 個の和 B を引いて求める．このとき，元の正方形全体のピクセルのグレイスケール値の和は，65 536 個の 8 ビットの数の和ではなく，単に $A+B$ つまり二つの 33 ビットの数の和として求められる．これは，A と B を，元の正方形全体の平均を求める前に計算すれば，計算コストを大幅に減らせることを示している．このような考え方に基づくと，計算上最も効率の良い計算法は，先に述べたような順序とは異なるやり方で実行するものとなるだろう．

実際には，スケールの小さいほうから計算すると，計算コストの面からははるかに有利である．これは，元の画像から出発して繰り返し小さな正方形について計算する代わりに，ピクセルの段階から出発して次第に大きいスケールに移っていくやり方である．もし画像が全部で $2^J\times2^J$ のピクセルからなっていたとすると，それは 2×2 の大きさの「超ピクセル」$2^{J-1}\times2^{J-1}$ 個からなっていると見なせる．2×2 の小正方形については，それぞれ四つのグレイスケール値の平均（これは超ピクセルのグレイスケール値である）と，上に述べた 3 種類の差の数値を計算することができる．この計算はどれも簡単である．

次の段階では，この 2×2 の小正方形それぞれについて，3 種類の差の数値は保存し，平均値のほうを超ピクセルのピクセル値と見なして $2^{J-1}\times2^{J-1}$ 個の超ピクセルからなる新しい正方形を考える．ここでさらに 2×2 個の超ピクセル（これは元の「標準」ピクセル 4×4 個に対応する）からなる「超超ピクセル」を考えると，全体は $2^{J-2}\times2^{J-2}$ 個の超超ピクセルからなっている．以下同様にこの手続きを繰り返し，J 段階の「拡大」を経ると，最後は 超^{J}ピクセル 1 個だけが残り，そのグレイスケール値は画像全体のグレイスケール値の平均となる．この拡大操作の各段階で計算される 3 種類の差の数値について，最後に得られるものは，逆に大スケールから小スケールに向けて計算したときに，多大な計算労力を要して最初に得られるものに，正確に対応している．

このやり方で小さな正方形から順に大きな正方形を計算すると，各段階の平均や差の計算の中で用いる数値は二つだけである．また，これらの計算の回数は全体で $8(2^{2J}-1)/3$ 回にすぎない．先に議論した 256×256 の正方形なら $J=8$ だから，全部で 174 752 回となる．これは大きな正方形から順に小さな正方形を計算する場合に，最初の一つのレベルを計算するのに必要な回数とほぼ等しい．

これらのことは，圧縮にどう生かせるのだろうか？この計算では，いろいろなレベルと位置における 3 種類の差の数値が保存されることになる．合計すると，これらの差の数値は全部で $3(1+2^2+\cdots+2^{2(J-1)})=2^{2J}-1$ 個になる．正方形全体の平均グレイスケール値を合わせると，この個数は，元の $2^J\times2^J$ 個のピクセルのグレイスケール値の個数と正確に一致する．しかし，これらの差の数値の多くは（先に議論したように）非常に小さいため，捨てる（すなわち，零とおく）ことができ，捨てられずに残った数値から画像を再構成しても，画質の低下はわからないだろう．このように，非常に小さい差の数値を零とおいてしまえば，差の全体を記した（何らかの順序に並べられている）リストを，非常に短くすることができる．なぜなら，Z 個の零が延々と続く場合，それらは「ここで Z 個の零を挿入せよ」という文と置き換えればよいが，この文は単に，「ここで零を挿入せよ」を表すと決めた記号と，それに続く Z を表すためのビット数，すなわち $\log_2 Z$ ビットで表現できるからである．このようにして，大きな画像を保存するためのデータ量を大幅に減らすことができる（しかし，実際の画像圧縮にはさらに多くの問題があるので，後に短く触れることにする）．

ここに述べたような非常に単純な画像圧縮は，**ウェーブレット分解**の初等的な例である．保存されるデータは以下の 2 種類の情報である．

1）非常に粗い近似．

2）スケール j が順に細かくなるとき付加すべき情報．ここで，j は 0（最も粗いレベル）から $J-1$（最初の超ピクセルのレベル）まで動く．

さらに，各スケール j における情報は多くの部分からなっているが，それらは明確に局在化しており（つまり，どの 超^j ピクセルに属すかが明らか），また，いずれもサイズは 2^j である（これは元のピクセル幅を単位とした 超^j ピクセルの大きさである）．細かなスケールにおけるそれぞれの要素は非常に小さいが，スケールが粗くなるにつれて，次第に要素も大きくなる．

3.　関数のウェーブレット変換

画像圧縮の例では，各段階で 3 種類（水平，鉛直，対角）の差を扱うことが必要だったが，これは 2 次元の画像を例にとったためである．1 次元の信号では，1 種類の差だけで十分である．$\mathbb{R}$ から $\mathbb{R}$ への関数 f が与えられたとき，f のウェーブレット変換は，先の画像の例とまったく同様に述べることができる．簡単のため，f は x が区間 $[0,1]$ に属さないときは $f(x)=0$ であるとする．

階段関数を用いて f の近似列を作ろう．階段関数は有限個の点でのみ値が変化する関数である．正確に述べるため，j を正整数とするとき，区間 $[0,1]$ を 2^j

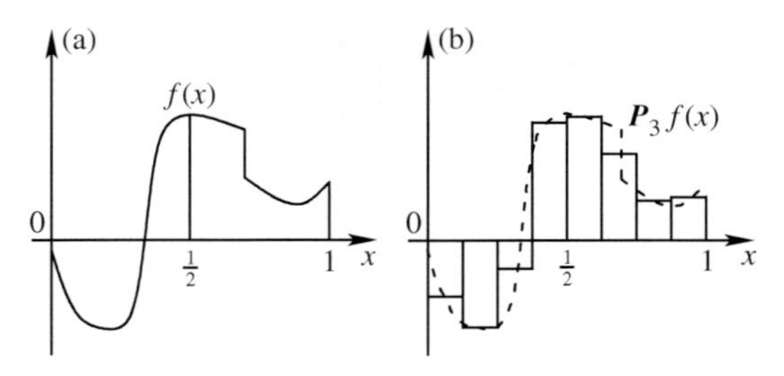

図 6　(a) 関数 f と，(b) 近似関数 $\boldsymbol{P}_3(f)$ のグラフ．$\boldsymbol{P}_3(f)$ は $l/8$ と $(l+1)/8$ を両端とする各区間上（$l=0,1,\ldots,7$）で定数であり，その値は各区間における f の平均値に等しい．

個の同じ長さの区間に分割して，$k2^{-j}$ から $(k+1)2^{-j}$ までの区間を $I_{j,k}$ と書くことにする（k は 0 から 2^j-1 まで動く）．関数 $\boldsymbol{P}_j(f)$ を，$I_{j,k}$ 上での関数値がこの区間における f の平均値と等しい関数として定義する．図 6 に，関数 f とそれに対応する階段関数 $\boldsymbol{P}_3(f)$ を示す．j が大きくなるにつれて区間 $I_{j,k}$ の幅が小さくなり，$\boldsymbol{P}_j(f)$ は f に近づく（数学的に正確に言うと，$p<\infty$ として f が**関数空間** [III.29] L^p の元ならば，$\boldsymbol{P}_j(f)$ は L^p の中で f に収束する）．

f の近似である $\boldsymbol{P}_j(f)$ は，1 段階細かいスケールの近似である $\boldsymbol{P}_{j+1}(f)$ から容易に計算することができる．つまり，$\boldsymbol{P}_{j+1}(f)$ の二つの区間 $I_{j+1,2k}$ および $I_{j+1,2k+1}$ における値を平均したものが，$\boldsymbol{P}_j(f)$ の $I_{j,k}$ 上の値となる．

$\boldsymbol{P}_{j+1}$ から $\boldsymbol{P}_j$ に移るときは，当然，f に関する何らかの情報が失われることになる．どの区間 $I_{j,k}$ においても $\boldsymbol{P}_{j+1}$ と $\boldsymbol{P}_j$ の差は，各 $I_{j+1,l}$ 上で定数となる階段関数で，対になる区間 $(I_{j+1,2k}, I_{j+1,2k+1})$ の上で絶対値が等しく符号が反対の値をとる．

これら二つの近似関数の差 $\boldsymbol{P}_{j+1}(f)-\boldsymbol{P}_j(f)$ は，$[0,1]$ の全体で，上向きの（または下向きの）短冊形の関数を並べたものになっており，したがって，同じ短冊形の関数を平行移動して適当な係数を掛けたものの和として書くことができる．

$$\boldsymbol{P}_{j+1}(f)(x)-\boldsymbol{P}_j(f)(x)=\sum_{k=0}^{2^j-1} a_{j,k}U_j(x-2^{-j}k)$$

ここで

$$U_j(x)=\begin{cases}1, & x \text{ が } 0 \text{ と } 2^{-(j+1)} \text{ の間}\\ -1, & x \text{ が } 2^{-(j+1)} \text{ と } 2\times 2^{-(j+1)} \text{ の間}\\ 0, & \text{その他の } x\end{cases}$$

とおいた．

さらに，この「差の関数」U_j はすべて，0 と 1/2 の間で 1 となり，1/2 と 1 の間で −1 となる関

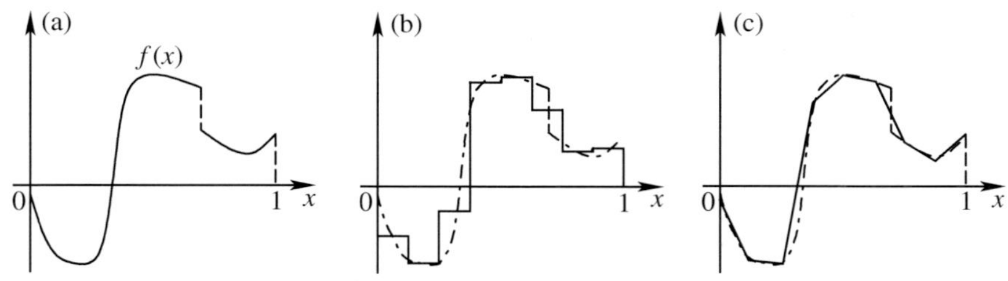

図 7　(a) 元の関数．(b)(c) 関数 f を各区間 $[k2^{-3},(k+1)2^{-3})$ で多項式となる関数によって近似したもの．区分的定数関数による f の最良近似を (b) に，連続な区分的線形関数による最良近似を (c) に示している．

数 H を横方向にスケール変換して作ることができる．つまり，$U_j(x)=H(2^jx)$ である．ゆえに，差 $\boldsymbol{P}_{j+1}(f)(x)-\boldsymbol{P}_j(f)(x)$ はいずれも $H(2^jx-k)$ で k を 0 から 2^j-1 まで動かしたものの線形結合となる．そこで，それらを j について加え合わせると，$\boldsymbol{P}_j(f)(x)-\boldsymbol{P}_0(f)(x)$ が $H(2^jx-k)$ で，j を 0 から $J-1$ まで，k を 0 から 2^j-1 まで動かしたものの線形結合となることがわかる．J をどんどん大きくすると，$\boldsymbol{P}_J(f)$ は f にどんどん近づくので，$f-\boldsymbol{P}_0(f)$（すなわち f とその平均の差）は，$H(2^jx-k)$ で j がすべての非負整数を動くものの（場合によっては無限個の）線形結合で表すことができる．

この分解は，2 次元ではなく 1 次元であり，抽象的でもあるが，前節における画像の圧縮操作で行ったことにとてもよく似ている．基本となるのは，f からその平均を除いたものが次々とスケールが細かくなる変動の和に分解され，それぞれの変動は各スケールの幅を持つ単純な「差分的寄与」からなる，ということである．この分解は単一の関数 $H(x)$ を平行移動し伸長したものによって実現されている．この関数は，20 世紀初頭に初めてこの関数を（ウェーブレットの文脈ではなく）定義したアルフレッド・ハールの名をとって**ハールウェーブレット**と呼ばれている．関数族 $H(2^jx-k)$ は**直交系**を構成する．すなわち，内積 $\int H(2^jx-k)H(2^{j'}x-k')\,\mathrm{d}x$ は $j=j'$，$k=k'$ のとき以外は零となり，$H_{j,k}(x)=2^{j/2}H(2^jx-k)$ とおくと $\int[H_{j,k}(x)]^2\,\mathrm{d}x=1$ が成り立つ．このことにより，関数 f の「j 番目の層」$\boldsymbol{P}_{j+1}(f)(x)-\boldsymbol{P}_j(f)(x)$ を線形結合 $\sum_k w_{j,k}(f)H_{j,k}(x)$ で表すときに現れる**ウェーブレット係数** $w_{j,k}(f)$ は，公式 $w_{j,k}(f)=\int f(x)H_{j,k}(x)\,\mathrm{d}x$ によって与えられる．

ハールウェーブレットは，概念をわかりやすく説明するためには都合の良い例であるが，画像圧縮など多くの応用においては最良の選択ではない．一般的に言って，関数を区間上の平均（1 次元の場合）や正方形上の平均（2 次元の場合）で置き換えることは，図 7 (b) でもわかるように画質の低い近似となってしまうからである．

近似のスケールが細かくなるほど（つまり $\boldsymbol{P}_j(f)$ で j が大きくなるほど），f と $\boldsymbol{P}_j$ の差は小さくなる．しかし，区分的定数による近似では，最終的に「正しく」関数を再現するためには，ほとんどすべてのスケールの成分が必要となる．そのため，元のデータが，激しい変動を伴わず区分的には定数に近い，という場合でない限り，小さなスケールの多くのハールウェーブレットが必要となり，これは関数が一定の傾きを持つスロープだけからなり，複雑な構造を持たない場合ですら同様である．

このような問題を論じるための適切な枠組みは，**近似スキーム**と呼ばれる．近似スキームは，基本となる関数族をしばしば自然な順序付きで与えることで定義される．近似スキームの質を評価するためによく使われる方法は，以下のとおりである．N 番目までの基本関数のすべての 1 次結合によって張られる空間を V_N として，$\boldsymbol{A}_Nf$ を V_N における f の最良近似とする．ここでは，距離は L^2 ノルムを用いて測る（他のノルムを使うこともできる）．次に，N が大きくなるにつれて，距離 $\|f-\boldsymbol{A}_Nf\|_2=[\int|f(x)-\boldsymbol{A}_Nf(x)|^2\,\mathrm{d}x]^{1/2}$ がどのように減少していくかを調べる．もし関数のあるクラス $\mathcal{F}$ に属するすべての関数 f に対して $\|f-\boldsymbol{A}_Nf\|_2\le CN^{-L}$ が成り立つならば（C は f に依存してもよいが N には依存しない定数），近似スキームは関数のクラス $\mathcal{F}$ に対して **L 次**であるという．滑らかな関数に対する近似スキームの次数は，多項式に対するスキームの有効性と密接に関連している（なぜなら滑らかな関数の評価は，テイラー展開して得られる多項式を用いて容易に行えるからである）．特に，ここで扱うタイプの近似スキームにつ

いては，高々 $L-1$ 次の多項式を完全に再現できるときのみ，次数が L となる．この高々 $L-1$ 次の多項式の完全再現とは，ある N_0 があって，任意の高々 $L-1$ 次の多項式 p と $N \geq N_0$ に対して $\boldsymbol{A}_N p = p$ となることを意味する．

ハールウェーブレットの場合は，区間 $[0,1]$ 上でのみ零と異なる関数 f に対しては，基本関数は $[0,1]$ 上で 1 でそれ以外では零となる関数 φ および関数族 $\{H_{j,k};\ k=0,\ldots,2^j-1\}$，$j=0,1,2,\ldots$ からなる．先に見たように $\boldsymbol{P}_j^{\mathrm{Haar}}(f)$ は初めの $1+2^0+2^1+\cdots+2^{j-1}=2^j$ 個の基本関数 $\varphi, H_{0,0}, H_{1,0}, H_{1,1}, H_{2,0}, \ldots, H_{j-1,2^{j-1}-1}$ の 1 次結合で書くことができる．ハールウェーブレットは互いに直交するので，この 1 次結合はこれらの基本関数の 1 次結合で f に最も近いものであり，$\boldsymbol{P}_j^{\mathrm{Haar}}(f) = \boldsymbol{A}_{2^j}^{\mathrm{Haar}}$ となる．図 7 は（$j=3$ の場合の）$\boldsymbol{A}_{2^j}^{\mathrm{Haar}} f$ と $\boldsymbol{A}_{2^j}^{\mathrm{PL}} f$ を示している[*1)]．後者は $k2^{-j}$，$k=0,1,\ldots,2^j-1$ を節点とする連続区分的線形関数による最良近似である．ハールウェーブレットを用いて関数 f を近似するときは，f が滑らかであっても，誤差の減少率は $\|f-\boldsymbol{P}_j^{\mathrm{Haar}}(f)\|_2 \leq C2^{-j}$，すなわち $\|f-\boldsymbol{A}_N^{\mathrm{Haar}} f\|_2 \leq CN^{-1}$，$N=2^j$ となる．これは，ハールウェーブレットによる近似は「1 次」の近似スキームであることを意味している．連続区分的線形関数は，滑らかな f に対しては「2 次」のスキームであり，$\|f-\boldsymbol{A}_N^{\mathrm{PL}} f\|_2 \leq CN^{-2}$，$N=2^j$ となる．これら二つのスキームの違いは，それぞれのスキームが完全に「再現」することのできる多項式の最高次数にも表れる．両方のスキームとも定数（$d=0$）は再現できるが，線形関数（$d=1$）については，区分的線形スキームが再現できるのに対し，ハールスキームは再現できない．

区間 $[0,1]$ で定義された連続微分可能な関数 f を考えよう．通常は，$\|f-\boldsymbol{P}_j^{\mathrm{Haar}}(f)\|_2$ はほぼ $C2^{-j}$ に等しい．もし 2 次の近似スキームなら，この差はおよそ $C'2^{-2j}$ となる．したがって，区分的線形スキームなら，$\boldsymbol{P}_j^{\mathrm{Haar}}(f)$ と同じ精度を得るには，j レベルではなく $j/2$ レベルであればよい．近似スキームの次数 L が大きければ，より有利な結果が得られる．もし，射影 $\boldsymbol{P}_j$ がこのような高次の近似スキームを与えるなら，f が適当に滑らかであれば，j がそれほど大きくなくても差 $\boldsymbol{P}_{j+1}(f)-\boldsymbol{P}_j(f)$ は非常に小さくなるだろう．このような j では，この差は関数が滑らかでない点でのみ大きくなるので，細かなスケールの「差分の係数」は，このような点でのみ重要となる．

これらのことは，Haar ウェーブレットに似ていて，かつ，高次近似スキームの $\boldsymbol{P}_j(f)$ に対応する「一般化された平均と差分」が良い性質を持つものを探求する強い動機を与える．これは実際に可能で，1980 年代のある時期に集中的に行われた．これについては，あとで触れることにする．これらの構成においては，「一般化された平均と差分」は，各段階でより細かなスケールにおける 2 個以上の値の線形結合として計算することが多い．これに対応する関数の分解は，ウェーブレット Ψ から得られる多くのウェーブレット $\Psi_{j,k}$ の（たいていは無限個の）線形結合で表される．H の場合のように，$\Psi_{j,k}(x)$ は $2^{j/2}\Psi(2^j x-k)$ と定義される．したがって，関数 $\Psi_{j,k}$ は単一の関数を平行移動して伸縮し，再び規格化したものである．これは，スケール $j+1$ からスケール j に移るときに j の値によらず同一の平均化作用素を用いたこと，また，レベル $j+1$ と j の差分を作るときに，やはり j の値によらず同一の差分作用素を用いたことによる．このように，隣のスケールに移るときに同一の平均化作用素と差分作用素を用いることで，すべての $\Psi_{j,k}$ が単一の関数の平行移動と伸縮から生成されるが，これには是非ともそうしなければならない理由があるわけではない．しかし，このようにすれば変換の実行に便利であり，数学的な解析を単純化することができる．

さらに，$\Psi_{j,k}$ に対して，$H_{j,k}$ のように $L^2(\mathbb{R})$ 空間における直交基底となることを要請することができる．ここで，**基底**とは，いかなる関数も $\Psi_{j,k}$ の（たいていは無限個の）線形結合で表せることをいう．$\Psi_{j,k}$ 同士が**直交**することを**直交性**という．なお，$\Psi_{j,k}$ の自分自身との内積は 1 とする．

すでに触れたように，ウェーブレット Ψ に伴う射影作用素 $\boldsymbol{P}_j$ は，L 次以下のすべての多項式を完全に再生できるときに限り，L 次の近似スキームに対応する．関数 $\Psi_{j,k}$ が直交系であれば，$j'>j$ のとき，常に $\int \Psi_{j',k}(x)\boldsymbol{P}_j(f)(x)\,\mathrm{d}x=0$ である．したがって，$\Psi_{j,k}$ は，j の値が十分大きいとき L 次以下のすべての多項式 p に対して $\int \Psi_{j,k}(x)p(x)\,\mathrm{d}x=0$ となるときに限り，L 次近似スキームを与える．伸縮

---

*1) ［訳注］PL は区分的線形（piecewise-linear）な関数の意味．

と平行移動とよって，この条件は $\int x^l \Psi(x)\,dx = 0$，$l = 0, 1, \ldots, L-1$ に帰着される．この条件が満たされるとき，Ψ は「L 個の消失モーメントを持つ」という．

直交ウェーブレットを与えるいくつかの Ψ を，図 8 に示す．これらはしばしば実際に用いられているものである．

図 8 の $\Psi^{[4]}, \Psi^{[6]}, \Psi^{[12]}$ のような $\Psi^{[2n]}$ のタイプのウェーブレットには，ハールウェーブレットに似た分解アルゴリズムが存在する．ただし，$\boldsymbol{P}_{j+1,k}$ からレベル j における平均または差分の係数を得るときは，2 個の数の組合せを計算するのではなく，それぞれレベル $j+1$ における 4 個，6 個，12 個の数（$\Psi^{[2n]}$ では $2n$ 個）に重みを付けて組み合わせた量を計算する．

これに対し，メイエウェーブレット $\Psi^{[\mathrm{M}]}$ やバトル-ルマリエウェーブレット $\Psi^{[\mathrm{BL}]}$ は有界な区間に収まらないため，ウェーブレット展開を行うためには異なるアルゴリズムが用いられる．

ここに挙げた例のほかにも，多くの有用な直交ウェーブレット基底が存在する．どのウェーブレットを用いるかは適用する対象に依存する．たとえば，対象の関数が，滑らかな部分だけでなく，突然の変化あるいはスパイクを含む場合には，高次の近似スキームを与える滑らかな Ψ を用いるのが有利である．この場合，関数の滑らかな部分は粗いスケールの基底関数によって表し，突然の変化やスパイクは，細かなスケールのウェーブレットによって表すことになる．しかし，高次の近似スキームを与えるウェーブレット基底が，いつも有利というわけではない．なぜだろうか？　その理由は，ほとんどの応用ではウェーブレット変換の数値計算が必要となるが，高次の近似スキームになるほどウェーブレットのサポート*2)が広がり，一般化された平均や差分の計算に多くの項が必要になって，結局，計算速度を落としてしまうためである．さらに，サポートの広いウェーブレットの場合，すべての細かなスケールのウェーブレットのサポートも当然広くなり，不連続性や急激な変化を多く拾うようになる．このため，これらの影響がより多くの細かなスケールのウェーブレット係数に広がることになる．したがって，近似スキームの

*2)　［訳注］関数 $f(x)$ の値が零と異なる点 x の全体の集合の閉包を $f(x)$ のサポートという．

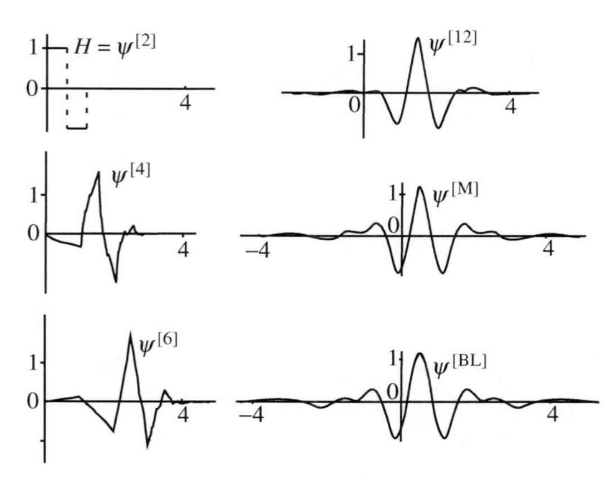

図 8　6 種類の Ψ．これらはいずれも $\Psi_{j,k}(x) = 2^{j/2}\Psi(2^j x - k)$，$j, k \in \mathbb{Z}$ が $L^2(\mathbb{R})$ の直交基底をなす．ハールウェーブレットは族 $\Psi^{[2n]}$ の最初の例と見なすことができる．この族の $n = 2, 3, 6$ の場合をここに示した．$\Psi^{[2n]}$ はいずれも n 個の消失モーメントを持ち，長さ $2n-1$ の区間をサポートとする（すなわち，この区間外では零となる）．他の二つのウェーブレットのサポートは有界区間ではない．しかし，メイエ（Meyer）ウェーブレット $\Psi^{[\mathrm{M}]}$ は，フーリエ変換のサポートが $[-8\pi/3, -2\pi/3] \cup [2\pi/3, 8\pi/3]$ であり，すべてのモーメントが零となる．バトル-ルマリエ（Battle-Lemarié）ウェーブレット $\Psi^{[\mathrm{BL}]}$ は，2 回微分可能な区分的 3 次多項式であり，遠方で指数的に減衰し，四つの消失モーメントを持つ．

次数とウェーブレットのサポートの広がりとのバランスを適切にとる必要があるが，最適なバランスは問題ごとに異なっている．

直交性の条件を緩めたウェーブレット基底も存在する．これは $j = j'$，$k = k'$ 以外のときに $\int_{-\infty}^{\infty} \Psi_{j,k}(x)\tilde{\Psi}_{j',k'}(x)\,\mathrm{d}x = 0$ を満たす異なる二つの「双対」ウェーブレット $\Psi, \tilde{\Psi}$ を用いるものである．この場合，$\Psi_{j,k}$ の線形結合で関数 f を近似するときの次数は，$\tilde{\Psi}$ の消失モーメントの個数に支配される．このようなウェーブレット基底は，**双直交**ウェーブレットと呼ばれる．これは，基底ウェーブレット $\Psi, \tilde{\Psi}$ がともに対称軸を持ち，コンパクトサポートを持つことを可能にする．この性質は，ハールウェーブレット以外の直交ウェーブレット基底では実現不可能だったものである．

対称性の条件は，画像分解において重要である．画像分解でよく用いられるのは，対称関数 Ψ による 1 次元基底から得られる 2 次元ウェーブレット基底であり，これについては後に触れる．ウェーブレット係数を消去したり丸めたりして画像を圧縮するとき，元の画像 I と圧縮された画像 I^{comp} の差は，これらの 2 次元ウェーブレットに小さな係数を掛けたものの和となる．人間の眼は，この小さな差が対称

なものであるときに差に気づきにくいことが知られている．したがって，対称ウェーブレットを用いることで多少大きい誤差も許容できるため，知覚の閾値を超えない範囲で，より大きい圧縮率を得ることができる．

ウェーブレット基底の考えを別の方向に一般化したものに，複数のウェーブレットを用いるという考え方がある．このような基底系は**マルチウェーブレット**として知られ，1 次元においても有用である．

実軸 $\mathbb{R}$ 全体ではなく，区間 $[a, b]$ で定義された関数に対するウェーブレット基底の作成は，この方法が用いられる典型的な場合である．このときは，区間端点近くにおいて巧妙に作られたウェーブレットを含む**区間ウェーブレット**が構成される．また，区間を小区間に分割するとき，これまで述べてきたような規則的な分割ではなく，変則的な分割を用いるほうが便利なことがある．この場合，この方法は**不等間隔ウェーブレット**を与える．

前に述べた画像の例のように，情報を圧縮することを目的として情報の分解を行うときは，可能な限り効率の高い分解を用いるのがよい．その他の応用，たとえばパターン認識などでは，冗長なウェーブレットのほうが良いことがしばしばある．これはウェーブレット全体の集合が，その一部を省いても，なおかつ $L^2(\mathbb{R})$ のすべての関数を表すことができるという意味で，「多すぎる」ウェーブレットを含んだウェーブレットの集合である．**連続ウェーブレットの族**と**ウェーブレットフレーム**は，冗長なウェーブレット表現に用いられる代表的な二つの例である．

4. ウェーブレットと関数の性質

ウェーブレット展開は画像圧縮に有用だが，それは画像の多くの部分がそれほど細かい構造を持っていないことによる．1 次元の場合に戻れば，図 6 (a) の関数のように，すべての点ではないがほとんどの点で十分滑らかな関数についても同じことが言える．このような関数では，ある点 x_0 のあたりの関数をズームアップすると，ほとんど線形関数のように見える．したがって，線形関数をうまく表現するウェーブレットを用いれば，関数のこの部分を効率的に表現することができるだろう．

ハール以外のウェーブレット基底が，ここで力を発揮する．図 8 にあるウェーブレット $\Psi^{[4]}$, $\Psi^{[6]}$, $\Psi^{[12]}$, $\Psi^{[M]}$, $\Psi^{[BL]}$ は，いずれも次数が 2 以上の近似スキームを与えるので，すべての j, k に対して $\int x\Psi_{j,k}(x)\,\mathrm{d}x = 0$ となる．この結果，これらのウェーブレットの場合，関数 f のウェーブレット係数を求めるときの差分計算は，関数のグラフが平坦な場合だけでなく，傾いた直線の場合についても零を与える．ハール基底の場合の差分は単なる差であるので，これは成り立たない．この結果，ハールウェーブレットよりも手の込んだウェーブレットを用いることで，滑らかな関数 f のウェーブレット展開で目的の精度を達成するために必要な展開係数の個数は，格段に小さくなる．

有限個の不連続点以外では，2 回微分可能な関数 f に対して，たとえば三つの消失モーメントを持つウェーブレットを用いると，ほとんどの点において，細かなスケールのウェーブレットはほとんど用いずに，f の非常に精度の高い近似を得ることができる．これらのウェーブレットが必要となるのは，不連続点の近くのみである．このような性質はすべてのウェーブレット展開の特徴であり，ウェーブレットが直交基底であるか，非直交基底であるか，あるいは冗長な集合であるかには依存しない．

図 9 はこのことを，いわゆる**メキシカンハットウェーブレット**

$$\Psi(x) = \frac{2\sqrt{2}}{\sqrt{3}}\pi^{-1/4}(1 - 4x^2)\mathrm{e}^{-2x^2}$$

による冗長な展開について示している．このウェーブレットの名前はそのグラフの形がメキシコ帽子（図参照）の断面に似ていることに由来する．

ウェーブレットが十分多くの消失モーメントを持つ場合，滑らかな関数 f では（微分可能回数が大きいほど）j が大きくなるときウェーブレット係数は速く零に近づく．逆もまた成り立つ．点 x_0 において関数がどれくらい滑らかかは，j が大きくなるとき，ウェーブレット係数 $w_{j,k}(f)$ がどのように零に近づくかを見ればわかる．ここでは「関係のある」(j, k) に注目すればよい．これは x_0 の近くに局在する $\Psi_{j,k}$ のみを考えることを意味する（正確に言えば，この逆命題は，いわゆる**リプシッツ空間** C^α を用いて定式化される．ここで α は Ψ の消失モーメントの個数よりも真に小さい任意の非整数である）．

ウェーブレット係数はほかにも，関数の大域的あるいは局所的な多くの有用な性質を特徴付けることができる．このため，ウェーブレットは L^2 空間や

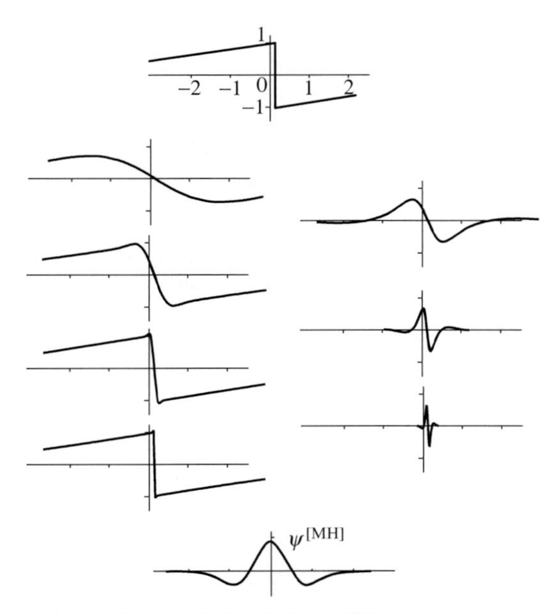

図 9　不連続点が 1 点（頂点）だけの関数を，メキシカンハットウェーブレット $\Psi_{j,k}^{[\mathrm{MH}]}$ の有限個の線形結合で表したもの．$\Psi^{[\mathrm{MH}]}$ は一番下の図である．細かなスケールのウェーブレットを加えることで，精度を上げることができる．左図は，j を順に 1, 3, 5, 7 としたときの近似の様子を示し，右図は，ある j から次の j に移るときに加わるウェーブレットすべての寄与（この例では j は 1/2 ずつ増やしている）を示す．スケールが細かくなるほど，寄与は不連続点周辺に集中する．

リプシッツ空間だけでなく，他の多くの関数空間，たとえば $1 < p < \infty$ に対する L^p 空間，**ソボレフ空間** [III.29 (2.4 項)]，およびさまざまなベゾフ空間において良い基底となる．ウェーブレットがこのように多くの良い性質を持つ理由は，一つには 20 世紀を通じて発展した調和解析の強力な技術と結び付いているためである．

ウェーブレットがさまざまな次数の近似スキームを伴うことを，これまでいくらか詳しく見てきた．これまでに述べた近似スキームは，関数 f によらず $A_N f$ が常に同じ N 個の基本関数の線形結合となるものであった．これは，$A_N f$ の形をした関数全体の集合が，最初から N 番目までの基底関数で張られる線形空間 V_N に含まれることから，「線形」近似と呼ばれる．先に触れた関数空間のいくつかは，適当なウェーブレット基底によって定義された A_N を用いて，$\|f - A_N f\|_2$ が N を大きくするときにどのように零に近づくか，という性質で特徴付けることができる．

しかし，目的が情報の圧縮であるとき，実際にはこれとは異なる種類の作業を行っている．関数 f と目的とする精度が与えられたとき，われわれはできるだけ少ない個数の基底関数の線形結合によって，その精度を持つ関数 f の近似を作りたい．しかし，このとき，われわれは基底関数を定められた順序に従って選択したいわけではない．つまり，ここでは基底関数の順序付けは重要ではなく，したがって，あるラベル (j,k) が他のものより重要というわけではない．

このことをきちんと定式化するには，$\mathcal{A}_N f$ を，高々 N 個の基底関数を用いた線形結合のうちで f の最良近似を与えるものとして定義すればよい．線形近似の場合のように，このとき $\mathcal{V}_N$ を N 個の基底関数のすべての線形結合の集合と定義する．ただし，集合 $\mathcal{V}_N$ はもはや線形空間ではない．なぜなら，$\mathcal{V}_N$ の任意の二つの元は一般には異なる N 個の基底関数を用いた線形結合であり，その和はもはや $\mathcal{V}_N$ には属さないからである（$\mathcal{V}_{2N}$ には属すことになるが）．このため，$\mathcal{A}_N f$ は f の「非線形」近似と呼ばれる．

次に，適当な関数空間のノルム $\|\cdot\|$ を用いて，N が増加するときの $\|f - \mathcal{A}_N f\|$ の減少について条件を課し，関数のクラスを定める．もちろんこれは任意の基底を用いて行うことができるが，ウェーブレット基底が (三角関数など) 他の多くの基底から際立っているのは，このようにして定めたクラスが，たとえばベゾフ空間などの標準的な関数空間を与える点である．これまで何度も述べてきたように，孤立点でのみ不連続でその他の点で滑らかな関数については，非常に少ない個数のウェーブレットの線形結合で良い近似が得られる．このような関数は特定のベゾフ空間の元であり，少数のウェーブレットによって良い近似が得られるのは，これらのベゾフ空間がウェーブレットによる非線形近似スキームによって特徴付けられることの結果でもある*3)．

5.　多次元のウェーブレット

1 次元ウェーブレットを多次元ウェーブレットに拡張する方法は，いくつもある．多次元ウェーブレット基底を簡単に作るには，複数の 1 次元ウェーブレット基底を組み合わせればよい．初めに述べた画像分

*3)　多くの一般化を含むさまざまなウェーブレットの族については，www.wavelet.org を参照されたい．

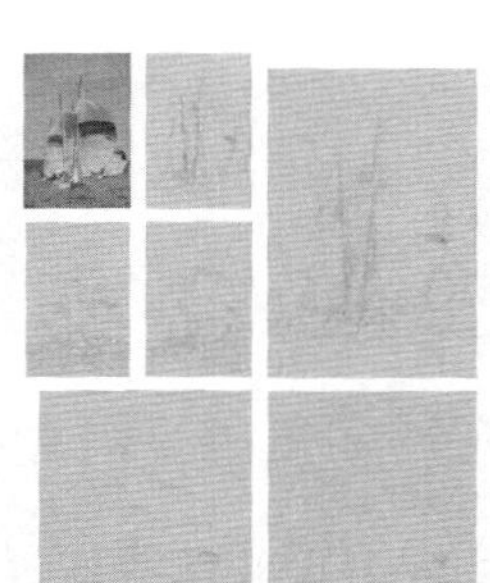
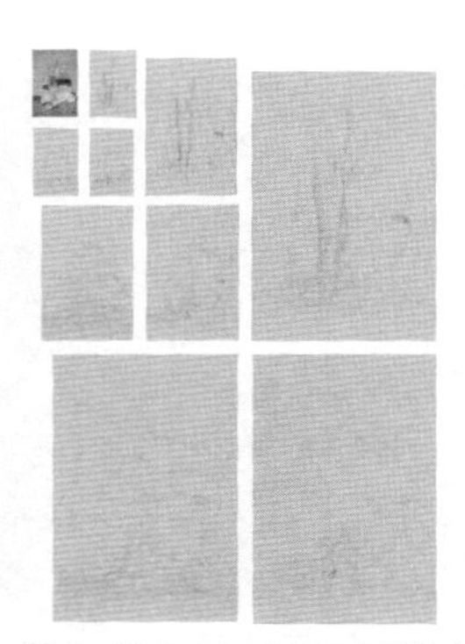

図 10 船の写真のウェーブレット分解．ウェーブレット係数をグレイスケールで表す．第 1，第 2，第 3 のレベルでの平均と差分の結果を示している．ウェーブレット係数に対応する長方形（すなわち，縦横の両方向に平均されたもの以外）には，負の数値もあるため，グレイスケールの 128 を零として，より暗いものは負値，より明るいものは正値を表している．これらのウェーブレット係数の長方形では，多くがグレイスケール 128 であり，ほとんどのウェーブレット係数が無視できるほど小さいことを示している．

解は，そのような多次元ウェーブレットの例であり，二つの 1 次元ハールウェーブレットが用いられている．先に，2×2 の超ピクセルを次のように分解できることを述べた．まず，この超ピクセルの二つの行はそれぞれ対応する二つのピクセルのグレイスケール値からなっているので，各行の二つの数値をそれらの平均と差に置き換え，新しい 2×2 の配列を得る．次に，この新しい配列の列に対して同じ操作を行う．これによって，それぞれ次の操作に対応する四つの数値が得られる．

- 横方向にも縦方向にも平均する．
- 横方向に平均し，縦方向には差をとる．
- 横方向には差をとり，縦方向に平均する．
- 横方向にも縦方向にも差をとる．

最初の数値はこの超ピクセルの平均グレイスケール値であり，次のステップでより大きいスケールにおける分解を行う際の入力となるものである．他の三つの数値は，前にも述べたように，3 種類の差分に対応している．もし元の画像が長方形で，1 行 2^J ピクセルの 2^K 行からなるとすると，この分解によって，それぞれ $2^{K-1} \times 2^{J-1}$ 個からなる 4 種類の数値が得られることになる．したがって，これらの数値は，それぞれの種類ごとに（縦横とも）半分のサイズの長方形に収めることができる．画像処理の分野の慣習では，超ピクセルのグレイスケール値を上左の長方形に配置し，他の三つの長方形に残りの 3 種類の差分（すなわちウェーブレット係数）を配置する（図 10 のレベル 1 の分解を参照）．横方向に差をとり縦方向に平均して得られる数値の長方形では，大きな数値が現れる場所は，元の画像において縦方向に縁が伸びているところ（図 10 の例で言えば船のマスト）である．同様に，横方向に平均をとり縦方向に差をとる長方形では，元の画像において横方向に縁が伸びているところ（図 10 の例で言えば帆の縞模様）で大きな数値が現れる．また，横方向にも縦方向にも差をとる長方形は，対角状に伸びる構造を選び出す．これら 3 種類の「差分項」は，われわれが（1 次元のとき 1 個であったのに対し）ここでは三つの基本ウェーブレットを用いていることを示している．

次の作業は，スケールを 1 段階大きくして，超ピクセルのグレイスケール値（これは横方向にも縦方向にも平均することで得られた）の長方形に対して上の計算を繰り返すことである．そのほかの三つの長方形は，そのまま保存する．図 10 は，船の画像に対してこの作業を行った結果である．ここで用いたウェーブレット基底は，ハール基底ではなく，JPEG2000 という画像圧縮規格で用いられている対称な双直交基底である．この結果は，元の画像の要素ウェーブレットへの分解である．結果のほとんどが灰色であることは，画質を損なわずに多くの情報を無視できることを示している．

図 11 は，消失モーメントの個数が，ウェーブレット基底によって関数の性質を特徴付けるときだけでなく，画像解析においても重要であることを示している．ここでは，それぞれハールウェーブレットおよび JPEG2000 規格の双直交ウェーブレットを用いて，画像を分解した結果を示している．どちらの場合も，ウェーブレット係数の大きいほうから 5% 以外はすべて零とおいて，画像を再構成している．し

図 11　上は元の画像とその拡大図．下は画像をウェーブレット基底で展開し，小さいほうの 95% のウェーブレット係数を零とおいたもの．左図は，ハールウェーブレット変換によるものであり，右図は，9-7 双直交ウェーブレットと呼ばれる基底を用いたウェーブレット変換によるものである．

たがって，どちらも完全な再構成ではない．しかし，JPEG2000 規格のウェーブレットは四つの消失モーメントを持つため，画像が滑らかに変化している部分について，ハールウェーブレットよりもはるかに良い近似を与えている．また，ハールウェーブレットによる再構成は「ブロック状」の部分が目立ち，好ましい結果ではない．

6.　画像圧縮の実際的方法

これまで何度も画像圧縮について議論してきたように，実際，画像圧縮はウェーブレットが適用される分野となっている．しかし，実際の画像圧縮は，単に大きなウェーブレット係数以外は零とおき，その結果得られた零の長い並びをその長さを表す数に置き換えるという作業だけでは済まない．この短い節では，これまで議論してきたウェーブレットの数学理論と，画像圧縮に携わる技術者が実際に行っていることとの大きな隔たりについて触れることにしたい．

まず，圧縮への応用に際しては，「ビット割り当て量」（利用可能な記憶容量）を設定し，記憶する必要のある情報はすべてこの「ビット割り当て量」に収まるようにしなければならない．対象となる画像に関する統計的推定や情報理論的な議論を通じて，さまざまなタイプの係数に対してそれぞれビット数が割り当てられる．このビット割り当ては，単なる無視や維持に比べて，はるかに多くの操作を経て行われる巧妙なものである．しかし，そうであっても，やはり多くの係数はビットが割り当てられず捨てられることになる．

係数の一部は捨てられてしまうので，残りの係数が正しい**番地**すなわち (j, k_1, k_2) のラベルを与えられるように注意しなければならない．このラベルは保存した情報から元の画像（というよりその近似）を再構成するために重要である．この作業をうまくやらないと，番地のコード化に必要な計算機資源の量が，非線形ウェーブレット近似によって得られる利点を大きく損なうことになる．実際に用いられるウェーブレットによる画像圧縮スキームは，いずれもこの問題を巧みなやり方で処理している．一つの方法は，画像の読みづらい種類のウェーブレット係数がスケール j で無視できるほど小さい場所では，より細かなスケールにおいても，同じ種類のウェーブレット係数はやはり非常に小さいことが多い（上の船の画像でこのことを検証しよう）ことを利用したやり方である．この方法では，そのような場所でより細かなスケールの係数の木全体（スケール $j+1$ では 4 個，スケール $j+2$ では 16 個，など）を自動的に零に置き換えてしまう．このような仮定が成り立たない場所については，修正を行うために，さらに記憶容量を費やして細かなウェーブレット係数の情報を保存しておかなければならない．実際には，木を零とおくことで節約されるビット数は，時折生じる修正に必要なビット数を大きく上回る．

応用する対象によっては，その他の多くの事柄が重要になる．たとえば，もし圧縮アルゴリズムが限られた電源しか持たない人工衛星に搭載されるなら，ウェーブレット変換の計算自体にかかるエネルギーを節約することも重要となる．

この種の (重要な) 考察を詳しく知りたい読者は，工学の文献における議論を参照されたい．理論的な数学に留まりたい読者はもちろんそれでよいが，ウェーブレット変換による画像圧縮には，ここで略述した以上にさまざまな要素があることは注意しておきたい．

7. ウェーブレットの発展と広がりの概観

現在「ウェーブレット理論」と呼ばれているもののほとんどは，1980 年代と 1990 年代初期に発展した．この理論は，調和解析（数学），コンピュータによる視覚情報処理やコンピュータグラフィクス（計算機科学），信号解析や信号圧縮（電気工学），コヒーレント状態（理論物理学），地震学（地球物理学）など，多くの分野における研究と洞察から生まれた．これらのさまざまの考えは直ちに融合したわけではないが，しばしば思いがけない出来事の結果として，また，さまざまな人々を巻き込んで，次第にまとまりを持つようになった．

調和解析の分野では，ウェーブレット理論の起源は 1930 年代の**リトルウッド** [VI.79] とペイリーの成果に遡る．フーリエ解析における重要で一般的な原理は，関数の滑らかさはその**フーリエ変換** [III.27] に反映するというものである．関数が滑らかなほど，フーリエ変換は遠方で速く減衰する．リトルウッドとペイリーは，局所的な滑らかさを特徴付けるという問題を考えた．たとえば，周期 1 の周期関数で，区間 $[0,1)$ 内の 1 点（したがって整数だけ移動した点すべて）でのみ不連続で，その他の点では滑らかな関数を考えよう．この滑らかさはフーリエ変換に反映されるだろうか？

フーリエ係数の絶対値を考えるなら，この問いの答えは No である．不連続点があれば，その他の点でいくら滑らかでも，フーリエ係数の減衰は緩やかになってしまう．実際，最も速い減衰でも $|\hat{f}_n| \le C[1+|n|]^{-1}$ の程度である．もし不連続点がなければ，k 回微分可能な関数 f については，減衰の速さは少なくとも $C_k[1+|n|]^{-k}$ の程度に速くなる．

しかしながら，局所的な滑らかさとフーリエ係数の間にはもっと微妙な関係がある．f が周期関数のとき，n 番目のフーリエ係数 $\hat{f}_n$ を $a_n e^{i\theta_n}$ と書くことにする．ここで a_n は $\hat{f}_n$ の絶対値，$e^{i\theta_n}$ はその**位相**である．フーリエ係数の減衰を調べるときは，a_n だけを見て位相のことはまったく考えないが，これは，位相がどのように変化しても変わらない現象しか検出することができないことを意味する．f が一つの不連続点を持つときは，位相を変化させて不連続点の場所を移動させることができる．この位相は，特異性の位置だけでなく，その強さを決めるのにも重要である．もし x_0 における特異性が単なる不連続ではなく，$|f(x)| \sim |x-x_0|^{-\beta}$ のタイプの発散なら，絶対値 $|a_n|$ を一定に保ったまま位相を変えることで，β の値を変えることができる．したがって，フーリエ級数の位相を変えることは，対象とする関数の性質を大きく変えてしまう可能性があり，危険である．

リトルウッドとペイリーは，関数の滑らかさに影響を与えずにフーリエ係数の位相を変化させる方法があることを示した．最初のフーリエ係数の位相を変化させ，続く二つのフーリエ係数の位相変化に別の値を選ぶ．さらに，続く四つのフーリエ係数の位相変化に別の値を，引き続く八つのフーリエ係数の位相変化に別の値を選ぶ，…．このようにして，倍々となる個数のフーリエ係数の「ブロック」において位相の変化量が一定になるようにすると，関数 f の局所的な滑らかさ（あるいは滑らかさの欠如）が保たれる．同様のことが，(周期関数のフーリエ係数と対照的な) $\mathbb{R}$ 上の関数のフーリエ変換についても成り立つ．これは，調和解析において詳細な局所解析に**スケーリング**を系統的に用いた初めての結果であり，これに続いて多くの強力な定理が証明されたが，あとから振り返ると，それらはウェーブレット分解の強力な性質を確立するために用意されたように見える．リトルウッド–ペイリー理論とウェーブレット分解の関係を見るには，**シャノンウェーブレット** $\Psi^{[\mathrm{Sh}]}$ に注意するとよい．これは $\pi \le |\xi| < 2\pi$ のとき $\hat{\Psi}^{[\mathrm{Sh}]}(\xi)=1$，そのほかのとき $\hat{\Psi}^{[\mathrm{Sh}]}(\xi)=0$ として定義される．ここ

で，$\hat{\Psi}^{[\mathrm{Sh}]}$ は $\Psi^{[\mathrm{Sh}]}$ のフーリエ変換である．このとき，関数系 $\Psi^{[\mathrm{Sh}]}_{j,k}(x) = 2^{j/2}\Psi^{[\mathrm{Sh}]}(2^j x - k)$ は $L^2(\mathbb{R})$ の正規直交基底であり，内積 $(\int_{-\infty}^{\infty} f(x)\Psi^{[\mathrm{Sh}]}_{j,k}(x)\,\mathrm{d}x)_{k\in\mathbb{Z}}$ は，$\hat{f}(\xi)$ がどの程度集合 $2^{j-1} \le \pi^{-1}|\xi| < 2^j$ の上に乗っているかを表す．つまり，f の j 番目のリトルウッド–ペイリーブロックを与える．

スケーリングは，コンピュータによる視覚情報処理においても重要な役割を果たしている．画像を「理解」するための基本的な方法の一つ（少なくとも 1970 年代初めまで遡る）は，画像を繰り返し粗視化して細部を順に消去することで，段階的な「粗さ」を持つ近似画像を作ることである（図 12 参照）．さまざまなスケールの細部は，粗視化を繰り返す際の差分として得ることができる．この考え方は，まさにウェーブレット変換の考え方である．

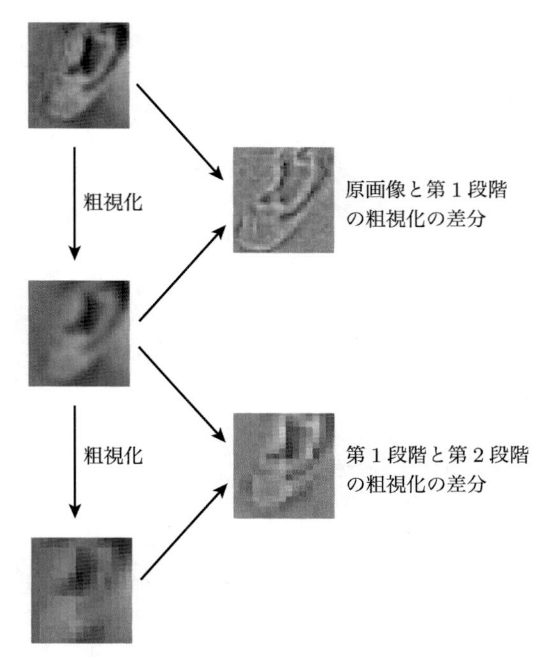

図 12　粗視化を繰り返す際の差分が，さまざまなスケールの細部を与える．

電気工学者にとって興味ある信号の重要な一群は，**帯域制限信号**である．これは通常 1 変数のみの関数 f であって，フーリエ変換 $\hat{f}$ がある区間の外では零になるものである．すなわち，f はある「制限帯域」の周波数から作られている．もし区間が $[-\Omega,\Omega]$ であれば，f は**帯域限界** Ω を持つという．このような関数は，π/Ω の整数倍の点における値によって完全に決定される．この値はしばしば**標本値**と呼ばれる．信号 f の操作は，ほとんどの場合，直接行うのではなく標本値の列に対する操作として行われる．たとえば，帯域制限信号 f を「周波数領域の下半分に制限」したいとする．このためには，関数 g を，$|\xi| \le \Omega/2$ では $\hat{g}(\xi) = \hat{f}(\xi)$，その他の ξ では零と定義する．すなわち，$\hat{L}(\xi)$ を，$|\xi| \le \Omega/2$ では $\hat{L}(\xi) = 1$，その他の ξ では零として，$\hat{g}(\xi) = \hat{f}(\xi)\hat{L}(\xi)$ とおく．次に，$L(n\pi/\Omega)$ を L_n と書くと，$g(k\pi/\Omega) = \sum_{n\in\mathbb{Z}} L_n f((k-n)\pi/\Omega)$ となる．これは $f(n\pi/\Omega)$ および $g(n\pi/\Omega)$ をそれぞれ $a_n, \tilde{b}_n$ と書くと，$\tilde{b}_k = \sum_{n\in\mathbb{Z}} L_n a_{k-n}$ となる．ところで，g は明らかに帯域限界 $\Omega/2$ を持つから，g を特徴付けるには，$2\pi/\Omega$ の整数倍の点における標本点だけで十分である．すなわち，$b_k = \tilde{b}_{2k}$ の値だけが必要である．したがって，f から g を得るには，$b_k = \sum_{n\in\mathbb{Z}} L_n a_{2k-n}$ とすれば十分である．これは，電気工学の用語では，f の臨界標本値列（すなわち，正確に帯域限界と等しい周波数のサンプリングによる標本値列）から，**フィルタリング**（$\hat{f}$ に何かの関数を掛けること，あるいは列 $(f(n\pi/\Omega))_{n\in\mathbb{Z}}$ と**フィルタ係数列**の畳み込みを行うこと）および**ダウンサンプリング**（標本値から一つおきに抜き出すこと．狭い帯域に制限された g は，これだけの標本値で決定できるため）によって g の臨界標本値列を得た，という．帯域制限信号 f を「周波数領域の上半分に制限」した信号 h は，$\hat{f}(\xi)$ を $|\xi| > \Omega/2$ に制限したものを逆フーリエ変換することで得られる．g と同様，h も $2\pi/\Omega$ の整数倍の点の値で決定され，f からフィルタリングとダウンサンプリングによって得ることができる．f をこのように帯域の下半分と上半分，すなわち**サブバンド**に分割することは，区間上にサポートを持つ直交ウェーブレット基底によるウェーブレット変換において出会った，一般化された平均と差分との操作と，まったく同じ公式によって行われる．サブバンドフィルタと臨界ダウンサンプリングは，ウェーブレットが出現する以前から電気工学の分野で発展していたが，何段にも組み合わせて考えることは少なかった．

量子力学の非常に重要な概念は，**ヒルベルト空間** [III.37] の上での**リー群** [III.48 (1 節)] の**ユニタリ表現** [IV.15 (1.4 項)] である．これは，リー群 G とヒルベルト空間 H が与えられたとき，G の元 g を H のユニタリ変換と見なすことである．H の元は**状態**と呼ばれ，あるリー群とある固定された状態 v に対して，ベ

クトルの族 $\{gv; g \in \mathcal{G}\}$ は**コヒーレント状態の族**と呼ばれる．コヒーレント状態の考え方は，シュレーディンガーの 1920 年代の成果にまで遡る．この名前は，1950 年代に量子光学でこの概念が用いられた対象がコヒーレント（位相が揃っていて干渉可能）な光であったことによる．コヒーレント状態は量子力学の広い領域において興味を引き，元の光学的状況以外でも，その名前が使われるようになった．多くの応用では，コヒーレント状態の族全体に限らず，$\mathcal{G}$ のある種の離散部分集合に対応するコヒーレント状態を用いることもある．ウェーブレットはコヒーレント状態の部分族であり，一つの基本ウェーブレットから（伸長と平行移動によって）他のウェーブレットを作る変換は，そのような変換全体の離散半群をなしている．

ウェーブレットは上に述べたすべての分野における考え方を総合したものであるが，その発見はまたまったく違う分野において行われた．1970 年代後半，地球物理学者の J・モルレは石油会社で働いていた．彼は，地震記録から特定の性質を持つ信号を選び出す技術に不満を持ち，その場しのぎに，スケーリングと平行移動を組み合わせた変換を考え出した．それは今日，冗長なウェーブレット変換と呼ばれているものであった．それまでモルレも用いていた地震学の手法は，地震記録を $W_{m,n}(t) = w(t - n\tau)\cos(m\omega t)$ の形の関数と比較するものであった．ここで w は，有界区間の中で 0 から 1 に緩やかに増加し，再び 0 に減衰する滑らかな関数である．w については，数多くの研究者によって提案された数多くの関数が，実用に用いられていた．$W_{m,n}$ は（w を掛けているために，始まりと終わりを持つ振動であり）小さな波のように見えるため，関数 w の提案者 X の名前から「X のウェーブレット」と呼ばれることが多かった．モルレが地震記録を調べるためにその場しのぎに新しく導入した関数は，いろいろな振動数を持つ三角関数に一定の関数 w を掛けるのではなく，関数 w をスケーリングして構成する点で，これらとは異なる種類のものであった．このように構成されることで，関数は常に同じ形を持つことになるため，それまでの X（あるいは Y，Z など）のウェーブレットと区別して，モルレはそれを「形状が一定のウェーブレット」（図 13 参照）と名付けた．

モルレはこの新しい変換を調べ，それが有用であることを数値計算によって発見したが，その理論的根拠がわからないため，彼の直観の正しさを他の人に説明することはできなかった．そのとき，学生時代の同級生が理論物理学者のグロスマンに相談するよう彼に示唆した．こうして，グロスマンはコヒーレント状態との関係を見出し，1980 年代初めにモルレや他の研究者と一緒にこの変換の理論を発展させることになった．地球物理学以外の分野では「形状が一定の」という言葉を使う必要がなかったので，この語句はすぐに省略されるようになったが，このため数年後，発展したウェーブレット理論が再び地球物理学に流れ込んだとき，地球物理学者は用語に悩まされることとなった．

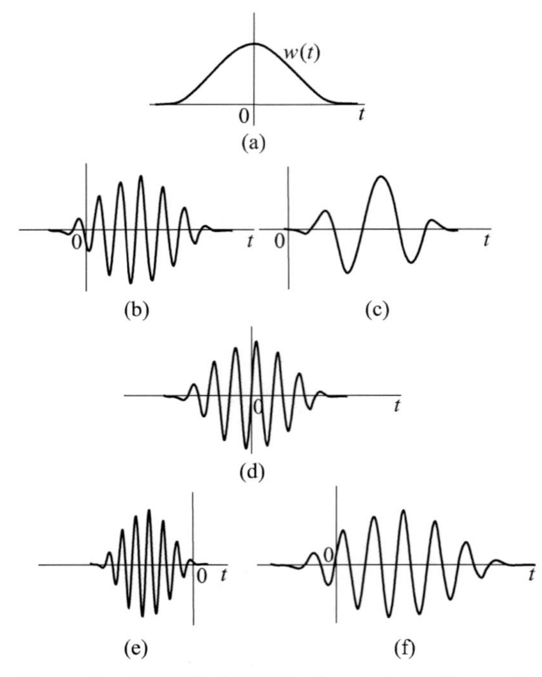

図 13　(a) 地球物理学者が実際に用いていた窓関数 w の例．(b), (c)　$w(t - n\tau)e^{imt}$，すなわち「伝統的な」地球物理学的ウェーブレットの二つの例を示す．(d) モルレが使ったウェーブレット．これを平行移動して伸長した例が，下の二つのグラフ (e), (f) である．これらは「伝統的な」ものとは異なり，一定の形状を持っている．

数年後の 1985 年，調和解析の専門家であった Y・メイエは，大学でコピー機の前に並んでいるときウェーブレットについて耳にし，それが調和解析の分野で従来知られていたスケーリング技法に対して，興味深い異なる解釈を与えていることに気がついた．当時，ウェーブレットの基本関数 Ψ で，滑らかさと遠方での速い減衰を兼ね備えたものは知られていなかった．実際，ウェーブレット展開についての多くの論文には，そのような直交ウェーブレット基底は存在しないだろうという，明示されない予想のようなものがあった．メイエはこの証明に取りかかり，そして誰もが驚き喜んだことに，最高のやり方で失敗した．彼は反例，つまり滑らかなウェーブレット基底を発見したのである．ただし，あとになって彼は最初の発見者ではなく，すでにその数年前に調和解析の専門家であるO・シュトロンバーグが別の例を発見していたことがわかった．シュトロンバーグの発見は，当時注意を引いていなかった．

メイエの証明は，巧妙で奇跡的に見える打ち消し合いの結果成り立っている．このような証明は，数学の理解という点からは常に不満足なものである．P・G・ルマリエ（現在はルマリエ・リューセット）とG・バトルも独立に，区分的多項式である直交ウェーブレット基底を構成したが，そこでも同様の奇跡的計算が行われていた（彼らはまったく異なる出発点——ルマリエは調和解析，バトルは量子場の理論——から始めて，同じ結果に至った）．

数か月後，当時米国でコンピュータによる視覚情報処理の博士課程の学生であったS・マラーが，これらのウェーブレット基底について知ることとなった．彼は休暇中のビーチで，以前クラスメートだったメイエの大学院の学生との雑談を通じて興味を持ち，その後博士論文の研究に戻ってからも，コンピュータ視覚情報処理の主流をなすパラダイムとの関係を探り続けた．1986年秋にメイエがある連続公演の講師として米国に来ると知って，彼はメイエに会いに出かけ，彼の考えを説明した．熱狂的な数日間で彼らはコンピュータ視覚情報処理の観点からメイエの構成法を見直し，**多重解像度解析**を打ち立てることに成功した．この新しい枠組みでは，すべての奇跡は単純で自然な構成法から不可避の結論として導かれ，繰り返しにより次第に細かくなる近似が実現される．多重解像度解析は，多くのウェーブレット基底や冗長な族の構成の背後にある基本原理となった．

この時点までに構成された滑らかなウェーブレット基底には，区間内部にサポートを持つものはなく，そのため変換を実行するアルゴリズム（これはサブバンドフィルタの枠組みに沿うものであるが，アルゴリズムを作った人たちは，この枠組みがすでに電気工学分野ではサブバンドフィルタと呼ばれ発展していたことを知らなかった）は，原理的に無限長のフィルタを要求し，実際に変換を遂行することはできなかった．現実には，数学理論における無限長のフィルタは有限で打ち切らざるを得なかった．どうすれば有限長のフィルタを持つ多重解像度解析を作れるのか，明らかではなかった．無限長フィルタを有限長で打ち切ることは，筆者*4)には美しい体系全体の中の汚点のように見え，この状況に満足できなかった．筆者は，ウェーブレットをグロスマンから，また，多重解像度解析をある会議の夕食後メイエがナプキンに走り書きしてくれた説明から学んでいた．1987年初め，筆者は有限長フィルタを追求することにした．多重解像度解析そのもの（および対応する直交ウェーブレット基底）を適当な有限長フィルタから構成できるかどうかを考えた．何とかこの計画をやり遂げ，その結果Ψが滑らかで区間上にサポートを持つ直交ウェーブレット基底を初めて作り上げることができた．

この直後，電気工学における方法との関係が明らかになった．コンピュータグラフィクスに応用するために，特に容易なアルゴリズムが考えられた．よりおもしろい構成法や一般化——双直交ウェーブレット基底，ウェーブレットパケット，マルチウェーブレット，不等間隔ウェーブレット，1次元的構成を用いない精緻な多次元ウェーブレット基底など——も見出された．

ウェーブレットの発展は，目の回るような興奮に満ちていた．ウェーブレットの理論の発展は，さまざまな分野からの影響の賜物であり，また，ウェーブレットが関係するさまざまな分野を豊かにすることになった．理論が成熟するにつれ，ウェーブレットは数学者，科学者，技術者たちが使う数学の道具箱の基本ツールに加えられるようになった．ウェーブレットはまた，ウェーブレットが最適な道具ではないときに，より良い道具を作ることの動機を与えている．

文献紹介

Aboufadel, E., and S. Schlicker. 1999. *Discovering Wavelets*. New York: Wiley Interscience.

Blatter, C. 1999. *Wavelets: A Primer*. Wellesley, MA: AK

*4) ［訳注］原著者はウェーブレット理論において，有限長フィルタに対応する直交ウェーブレット（現在，原著者の名前により，ドブシーウェーブレットと呼ばれている）を構成し，ウェーブレット研究に大きな足跡を残した．ここで述べられているのは，その研究当時の状況である．

Peters.

Cipra, B. A. 1993. Wavelet applications come to the fore. *SIAM News* 26(7):10–11, 15.

Frazier, M. W. 1999. *An Introduction to Wavelets through Linear Algebra*. New York: Springer.

Hubbard, B. B. 1995. *The World According to Wavelets: The Story of a Mathematical Technique in the Making*. Wellesley, MA: AK Peters.

Meyer, Y., and R. Ryan. 1993. *Wavelets: Algorithms and Applications*. Philadelphia, PA: Society for Industrial and Applied Mathematics (SIAM).

Mulcahy, C. 1996. Plotting & scheming with wavelets. *Mathematics Magazine* 69(5):323–43.

VII. 4

ネットワークにおける交通の数学

The Mathematics of Traffic in Networks

フランク・ケリー［訳：砂田利一］

1. は じ め に

道路の渋滞やインターネットのようなネットワークにおける混雑については，読者も十分にお馴染のものだろう．渋滞や混雑が「どのようにして，そしてなぜ起きるのか」について理解しようとするのは重要である．しかし，ネットワークの中での交通流のパターンは，異なるユーザーの間の微妙かつ複雑な相互関係の結果なのである．たとえば，道路網においては，通常それぞれのドライバーが最適なルートを選ぼうとする．そしてこの選択は，他の道路上での遭遇が予想される遅れに依存するであろう．翻って，この遅れは他のドライバーによる選択にも依存している．この相互依存は，新しい道路の建設や，ある場所における交通料金の導入が，交通システムにどのような効果をもたらすかを予測するのを困難にしている．

電話網やインターネットのような大規模システムにおいても，同じような問題が生じる．これらのシステムにおける実際上の関心は，主にどの程度までコントロールを**分散**できるかにある．ウェブを拾い読みしているとき，ある一つのウェブページがネットワークの中を通って自分のコンピュータに運ばれる割合は，コンピュータとウェブページをホストし，ウェブサーバ上で走るソフトウェアプロトコル（データ通信の手順）によってコントロールされているのであって，ある巨大な中枢コンピュータによりコントロールされているのではない．小規模の研究ネットワークであった時代から，今日の数億のホストの間の相互連携にまでインターネット[*1)]が発展してきた中で，情報の流れをコントロールするための分散的アプローチは著しく成功を収めてきた．しかし，このアプローチもまた，負担が重くなりつつある．ネットワークがこれからも拡張し発展するならば，新しいプロトコルにおいて分散型の流れのコントロールのどの部分が重要かを理解しなければならない．

本章では，これらの問題点を議論するのに使われてきた数学のモデルのいくつかを読者に紹介する．モデルに求められるのは，ネットワークについてのさまざまな側面が表現可能なことである．ネットワーク内の繋がりのパターンを捉えるためには，**グラフ理論** [III.34] および**行列** [I.3 (4.2 項)] の用語が必要である．またどのようにして渋滞が交通量に依存するかを記述するのに微分積分学が必要である．そして，自己本位のドライバーが最短のルートを選択する方法，あるいはコミュニケーションネットワークにおける分散型のコントロールが全体としてうまく働くようにする方法をモデル化するためには最適化の概念が必要となる．

2. ネットワーク構造

図 1 は，五つの向きの付いたリンクによって繋がれている三つの結節点を例示している．結節点は，町あるいは都市の中の場所を表していると考えられ，リンクは異なる結節点の間の道路を表していると想像できる．両側通行道路は，それぞれの方向の二つのリンクで表現されている．ドライバーが選ぶことのできる，結節点 c から a への二つのルートが存在することに注意しよう．最初のルート（ca1 と名付けることにする）は，直行ルートであり，2 番目のルート（ca2 とする）では，結節点 b を経由し，リンク 4 および 2 を使う．

*1)　［訳注］インターネットの前身は 1960 年代に開発された ARPANET であり，1990 年にスイスの CERN で World Wide Web システムが開発されたことにより急速に広まった．

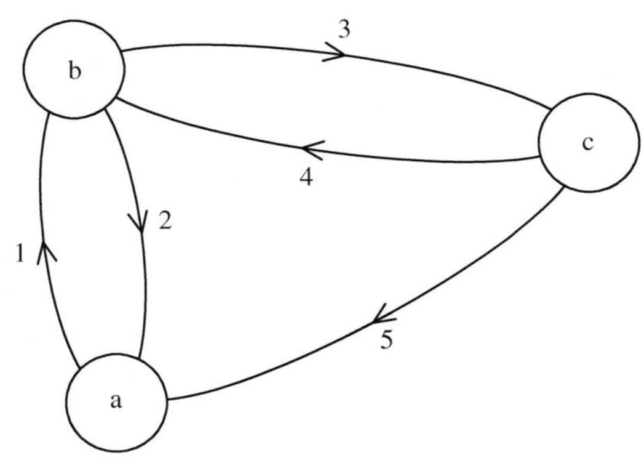

$A =$

	ab	ac	ba	bc	ca1	ca2	cb1	cb2
1	1	1	0	0	0	0	0	1
2	0	0	1	0	0	1	0	0
3	0	1	0	1	0	0	0	0
4	0	0	0	0	0	1	1	0
5	0	0	0	0	1	0	0	1

$H =$

	ab	ac	ba	bc	ca1	ca2	cb1	cb2
ab	1	0	0	0	0	0	0	0
ac	0	1	0	0	0	0	0	0
ba	0	0	1	0	0	0	0	0
bc	0	0	0	1	0	0	0	0
ca	0	0	0	0	1	1	0	0
cb	0	0	0	0	0	0	1	1

図 1　単純なネットワークとそのリンク–ルートの結合行列 A．行列 H は，どのルートがどの出発地点–目的地点の対に対応するかを表している．

向きの付いたリンクの集合を J とし，可能なルートの集合を R で表そう．リンクとルートの間の関係を記述する一つの方法は，次のようにして定義される表，あるいは行列によるものである．もしリンク j がルート r の上にあるならば，$A_{jr}=1$ とおき，そうでないならば $A_{jr}=0$ とおく．これは**リンク–ルートの結合行列**と呼ばれる行列

$$A=\{A_{jr},\ j\in J,\ r\in R\}$$

を定義する．行列のそれぞれの列は，ネットワークのルートの一つ r に対応し，行はリンクの一つ j に対応する．ルート r に対する列は，0 と 1 からなり，1 はどのリンクがルート r 上にあるかを語っている．行に関しては，リンク j における 1 はどのルートがこのリンクを通っているかを語っている．こうして，たとえば図 1 の結合行列は，結節点 c と a の間の二つのルート ca1 および ca2 のそれぞれに対する列を持つ．これらの列は，ルート ca1 がリンク 5 を使い，ルート ca2 がリンク 4 と 2 を使っていることを符号化している．結合行列は，ルート上のリンクの順序については何も語っていないことに注意しよう．また，結合行列は論理的に可能なすべてのルートを含んでいるわけではない．さらに，小さなサイズのネットワークを例として挙げたが，ネットワークの中にある結節点やリンクの数に制限があるわけではないし，それぞれのドライバーが選ぶルートの数にも制限があるわけではないから，結合行列のサイズは大きくなることもある．

ネットワークにおける興味深い量の一つは，一つのルートやリンクに沿う交通量である．x_r をルート r 上の**流量**とする．これはこのルートに沿って進む，1 時間当たりの車の台数として定義される．ネットワークのすべてのルートに沿う交通量は，数列 $x=\{x_r,\ r\in R\}$ としてリストアップできて，これをベクトルと見なすことができる．このベクトルから，一つのリンクを通る全交通量を計算できる．たとえば，図 1 におけるリンク 5 を通る全交通量は，リンク 5 を通るルート ca1 と ca2 に沿う交通量の和である．一般に，ルート r がリンク j を通るときは $A_{jr}=1$，そうでないときは $A_{jr}=0$ であるから，リンク j を通る全交通量は，このリンクを使うルートのすべてから得られ，

$$y_j=\sum_{r\in R}A_{jr}x_r,\quad j\in J$$

により与えられる．再び，数の列 $\{y_j,\ j\in J\}$ はベクトルと考えられ，上記の等式は行列形式

$$y=Ax$$

により簡潔に表現される．

渋滞のレベルは，リンクを通る全交通量に依存していることが期待され，リンクに沿って進むのにかかる時間は，この全交通量が影響すると予想される．この時間を**遅延**と呼ぶことにしよう．図 2 は，遅延が交通量の総計にどのように依存するかを，代表的な形で示している．交通量 y が小さい値の場合は，遅延 $D(y)$ は交通のない道路に沿って進む時間であり，y が大きい場合は，$D(y)$ も大きくなり，しかも渋滞の影響によりきわめて大きくなりうる*2)．

*2)　図 2 に示したグラフは，関数 $D(y)$ が 1 価の場合である．流量の関数として，遅延を表す曲線が折り曲がることが起こりうる．この場合は，より「小規模」な交通流が，より大きい遅延に対応することになる．混雑してはいるが事故はないようなハイウェイ上で停止・発進の運転を経験するとき，ドライバーはグラフでのこの部分にいることになる．交通管理の目的の一部は，グラフのこ

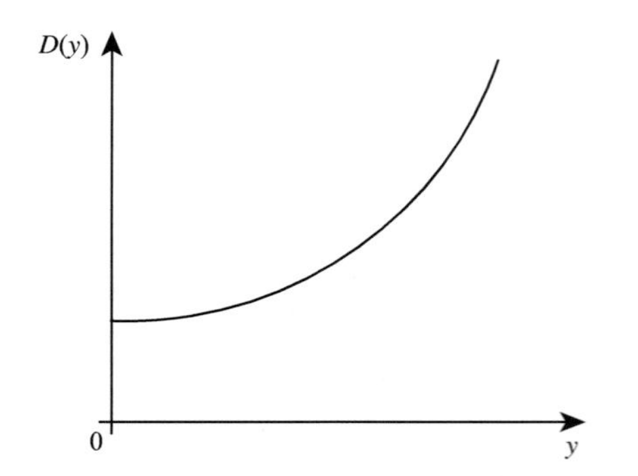

図 2　一つのリンクに沿って進むのにかかる時間．$D(y)$ はリンクに沿う全交通量 y の関数として表現される．交通量が増えれば，渋滞の影響で遅延が生じる．

リンク j を通る交通量が y_j であるとき，$D_j(y_j)$ により j に沿う遅延を表すことにする．この遅延は，リンクの長さや道路幅のような，j の特徴に依存しているだろう．D_j のように下付の添字 j を使うのは，さまざまなリンクに対する関数として異なることがありうるという理由による．

2.1　ルートの選択

ネットワークの二つの結節点が与えられたとき，それらを結ぶ可能なルートは一般に多数存在する．たとえば，図 1 において，結合行列 A が結節点 c と a の間の二つのルートを記録していることを見た．対 ca は，**出発地–目的地の対**の例である．出発地を c として，a を目的地とする交通流は，この出発地–目的地の対に対応している二つのルートである ca1 ないしは ca2 を使うことができる．そこで今度は，出発地–目的地の対とルートの間の関係を記述する別の行列が必要となる．s を代表的な出発地–目的地の対を表すとし，S をそのような対の全体としよう．このとき，それぞれの出発地–目的地の対 s とそれぞれのルート r に対して，s が r によって結ばれるなら $H_{sr}=1$ とおき，そうでないときには $H_{sr}=0$ とおく．こうして，図 1 に与えた例のような行列 $H=\{H_{sr},\ s\in S,\ r\in R\}$ が定義される．ca とラベルされた行は，出発地–目的地の対 $s=\mathrm{ca}$ に適合する二つのルート ca1 および ca2 に対して 1 を持っている．H のそれぞれの列はルートに対応し，ただ一つの 1 を含んでいる．これは，ルートはただ一つの出発地–目的地の対に対応していることを意味している．それぞれのルート r に対応する出発地–目的地の対を $s(r)$ により記すことにしよう．たとえば図 1 において，$s(\mathrm{ac})=\mathrm{ac}$，$s(\mathrm{ca1})=\mathrm{ca}$ である．

ベクトル $x=\{x_r,\ r\in R\}$ から，出発地から目的地までの全交通量を計算できる．たとえば，図 1 の結節点 c から a への交通量は，ルート ca1 と ca2 に沿う交通量の和である．なぜなら，行列 H から，それらが出発地–目的地の対 ca に対応するルートだからである．より一般に，f_s を出発地–目的地の対 s に対応するルートすべてで和をとった全交通量とすれば，

$$f_s=\sum_{r\in R}H_{sr}x_r,\quad s\in S$$

となる．こうして，出発地–目的地の流量のベクトル $\{f_s,\ s\in S\}$ は，$f=Hx$ と簡潔に表される．

3.　ワードロップ平衡

本章の中心的問題へのアプローチが可能となった．これは，さまざまな出発地と目的地の間の交通量が，どのようにネットワークのリンク上に分布しているかという問題である．それぞれのドライバーは，速ければよいのであって，どんなルートでも使おうとするだろう．しかし，これは他のルートでの交通を速くしたり遅くしたりするだろうし，他のドライバーにルートを変更させるかもしれない．ドライバーがルートを変更する気持ちにならないのは，他の，より速いルートを見つけられないときだけだろうか？そして，このことの数学的意味はどのようなものだろうか？

ルート r に沿ってドライバーが進むのにかかる時間をまず計算してみよう．行列 A の r というラベルを持つ列は，どのリンク j がルート r 上にあるかを語っていた．それらのリンクのそれぞれにおける遅延を足し合わせてみれば，ルート r に沿って進むのにかかる時間が得られる．

$$\sum_{j\in J}D_j(y_j)A_{jr}$$

さて，ルート r を使うドライバーは，同じ出発地–目的地の対 $s(r)$ を提供する他の任意のルートを使うこ

の部分から流量と遅延を離すことである．しかし，このことについては触れないことにする．

ここでは，グラフは増加かつ滑らかであると仮定する．これは，あとで述べる計算を容易にするであろう．図 2 に示したグラフのように，形式的には，$D(y)$ は変数 y の連続微分可能関数であり，かつ増加関数と仮定するのである．

とができたわけで，ルート r でドライバーが満足するには，

$$\sum_{j\in J} D_j(y_j)A_{jr} \leq \sum_{j\in J} D_j(y_j)A_{jr'}$$

が同じ出発地–目的地の対 $s(r)$ を提供する他の任意のルート r' に対して成り立たなければならない．

ワードロップ平衡（Wardrop, 1952）は，0 以上の数からなるベクトル $x = \{x_r, r \in R\}$ で，同じ出発地–目的地の対に対応するすべてのルートの対 r, r' について，$y = Ax$ ならば

$$x_r > 0 \;\Rightarrow\; \sum_{j\in J} D_j(y_j)A_{jr} \leq \sum_{j\in J} D_j(y_j)A_{jr'}$$

が成り立つようなベクトルとして定義される．この不等式は，ワードロップ平衡の特徴を表している．すなわち，ルート r が積極的に使われるなら，出発地–目的地の対 $s(r)$ に適合するすべてのルート上で，r が最小の遅延を与えているのである．

ではワードロップ平衡は実際に存在するだろうか？ネットワークのさまざまなルートについて，上記の不等式のすべてを同時に満足するようなベクトル x を見出すことが可能かどうかはまったく明らかではない．この疑問に答えるため，一見異なる問題の議論を行おう．次のような最適化問題に対する答えは何かという問題である．

$$Hx = f, Ax = y \text{ に従う } x \geq 0, y \text{ 上で}$$
$$\sum_{j\in J}\int_0^{y_j} D_j(u)\mathrm{d}u \text{ を最小にする．}$$

この最適化問題が解 (x, y) を有し，さらに (x, y) が解であれば，ベクトル x がワードロップ平衡になっている理由を簡単に説明しよう．

上記の最適化問題は，きわめて自然な特徴をいくつか有している．明白な束縛条件は，交通流量はそれぞれのルートに沿って非負であり，これが $x \geq 0$ であることを表している．束縛条件 $Hx = f$，$Ax = y$ は，前に見た計算ルールを実行している．すなわち，出発地–目的地の流量 f とリンク上の流量 y が，ルート上の流量 x から，行列 H と A を使って計算されるというルールである．出発地–目的地の流量 f は，さまざまなルート上に分布され，固定されていると見る．f が選択されたとき，われわれの仕事はルート上の流量 x と，その結果としてのリンク上の流量 y を求めることである．最適化に対する解として，x は非負であるから，y も非負となる．

これはたいへん自然なことであるが，最小化されるべき関数は少々奇妙に見える．その重要性は，**微分積分学の基本定理** [I.3 (5.5 項)] により積分

$$\int_0^{y_j} D_j(u)\mathrm{d}u$$

の y_j に関する変化率が $D_j(y_j)$ となるという事実にあり，そして最小化されるべき関数は，すべてのリンク上でのこれらの積分の和となっていることである．ワードロップ平衡と最適化問題の間の関係は，この観察の直接的結果であることを見よう．

最適化問題の解を求めるために，**ラグランジュの未定乗数法** [III.64] を使う．関数

$$L(x, y; \lambda, \mu) = \sum_{j\in J}\int_0^{y_j} D_j(u)\mathrm{d}u + \lambda\cdot(f - Hx) - \mu\cdot(y - Ax)$$

を考えよう．ここで $\lambda = (\lambda_s, s \in S)$，$\mu = (\mu_j, j \in J)$ はあとで固定されることになるラグランジュ乗数のベクトルである．アイデアは，ラグランジュ乗数の適切な選択により，x および y 上の関数 L の最小化が，元の問題の解を与えることにある．これがうまくいく理由は，ラグランジュ乗数の適切な選択に対して，束縛条件 $Hx = f$，$Ax = y$ が L の最小化と矛盾しないことにある．

関数 L を最小にするには，微分してみればよい．まず最初に

$$\frac{\partial L}{\partial y_j} = D_j(y_j) - \mu_j$$

であり，次に

$$\frac{\partial L}{\partial x_r} = -\lambda_{s(r)} + \sum_{j\in J}\mu_j A_{jr}$$

となる．

行列 H の形は，x_r に関する微分が λ のちょうど一つの成分，すなわち $\lambda_{s(r)}$ を取り出させ，行列 A の形は，微分がルート r 上のリンクに対応する μ の成分を取り出させることに注意しよう．これらの微分は，すべての $x \geq 0$ とすべての y 上での，L の最小が，

$$\mu_j = D_j(y_j)$$

かつ

$$\begin{aligned}\lambda_{s(r)} &= \sum_{j\in J}\mu_j A_{jr} \quad (x_r > 0 \text{ のとき})\\ &\leq \sum_{j\in J}\mu_j A_{jr} \quad (x_r = 0 \text{ のとき})\end{aligned}$$

であるときに達せられることを意味している．

$\lambda_{s(r)}$ に対する条件は説明が容易である．もし $x_r > 0$ ならば，x_r の小さい増減は，関数 $L(x, y; \lambda, \mu)$ を減少させないから，x_r に関する偏微分が 0 になることが導き出される．もし $x_r = 0$ ならば，増加のみが可能であるから，x_r に関する偏微分は非負であることが推論され，このことから，$\lambda_{s(r)}$ に対する不等式条件が導かれる．

関数 L を最小化することは，束縛条件 $Hx = f$，$Ax = y$ の破れを許すことに対応している．しかし，ここで失われているものがある．すなわち，f 以下の和 $\sum_{j \in J} A_{jr} x_r$ の不足分に対して金額（価格）λ_s を，そして，y_j 以上の和 $\sum_{j \in J} A_{jr} x_r$ の超過分に対して金額 μ_j を課している．凸最適問題についての一般的結果から，ラグランジュ乗数 (λ, μ) およびベクトル (x, y) で，束縛条件 $Hx = f$，$Ax = y$ を満足しつつ $L(x, y; \lambda, \mu)$ を最小にするようなものが存在し，これが元の最適化問題の解を与えている．

ラグランジュ乗数に対するわれわれの解は，単純な解釈を持つ．μ_j はリンク j 上の遅延であり，λ_s は結節点の対 s に適合するすべてのルート上の最小遅延時間である．こうして，乗数に対して確立されたさまざまな条件から，**目的関数**として知られる関数 L の最適条件がちょうどワードロップ平衡に対応していることがわかる．

こうして，道路網における交通がドライバーの自己本位の選択に従って分布するならば，平衡交通流 (x, y) が最適化の問題を解決することになる．この結果は，もともとはベックマンらによるものであり (Beckmann et al., 1956)，道路網で成し遂げられる平衡パターンに注目すべき洞察を提供した．多数の自己本位のドライバーが個々に行う決断から派生する交通パターンは，あたかも，中心的知性が，ある（むしろ奇妙な）目的関数を最適にする流れを導くかのように振る舞うのである．

この結果は，ネットワークにおける平均的遅延が最小になることを意味するものではない．この事実の著しい例は，次節で説明するブライスの逆理（Braess's paradox）により提供される．

4. ブライスの逆理

図 3 (a) に例示されているネットワークを考えよう．車は，結節点 S から結節点 W あるいは E を経由して，N に向かう．全交通量は 6 であり，リンクの遅延 $D_j(y)$ は図のリンクの隣に与えられている．この図は，通勤者が南にある町の中心から北にある家に帰ろうとするときのラッシュアワーを想像させる．経験から，通勤者は遅延が東のルートおよび西のルートに沿ってどのようになるのかを知っている．図に示されている交通の分布は，ワードロップ平衡になっている．すなわち，どのドライバーにとっても，彼らのルートを変更するような動機はない．二つの可能なルートは同じ遅延を生じるからである．実際，$(10 \times 3) + (3 + 50) = 83$ 単位の時間がかかる．さて，ここで図 3 (b) のように，W と E を結ぶ新しいリンクを加えよう．まずそれは南から北への短い行程時間を提供するから，交通流はこの新しいリンクに引き寄せられる．結局はすべてのドライバーが新しいリンクを知り，交通のパターンは落ち着くことになって，新しいワードロップ平衡が確立されることになる．これが図 3 (b) に示されている内容である．新しい平衡のもとでは，三つのルートが使われる．そしてそれぞれに同じ遅延が起きる．すなわち，$(10 \times 4) + (2 + 50) = (10 \times 4) + (2 + 10) + (10 \times 4) = 92$ となる．こうして，図 3 (b) において，それぞれの車に 92 の遅延が生じ，一方，図 3 (a) では，それぞれの車の遅延はたった 83 である．新しいリンクを加えたことで，すべてのドライバーに遅延が生じてしまうのである！

この明白な逆理に対する説明は次のようになる．ワードロップ平衡においては，それぞれのドライバーは，他のドライバーたちが選択を行ったときに，このドライバーの出発地–目的地を結ぶ可能なルート上で最小の遅延時間を与えるルートを使っている．しかし，この平衡状態が，別の流れのパターンによって達成されうる少ない遅延に特に対応すべきという本質的理由はない．すべてのドライバーが，意識して自己本位を捨て去るなら，すべてのドライバーが利益を得る可能性は大いにある．そして，上記の例において，2 番目のネットワークのすべてのドライバーが，もし新しいリンクを避けることに同意したならば，すなわち，事実上 1 番目のネットワークに転換したならば，すべてのドライバーは少ない遅延で済むことになる．

さらに要点を細かく見るために，流れ y_j と遅延 $D_j(y_j)$ の積は，リンク j における，それを利用する車をすべて集めたときの，1 単位時間当たりに生じ

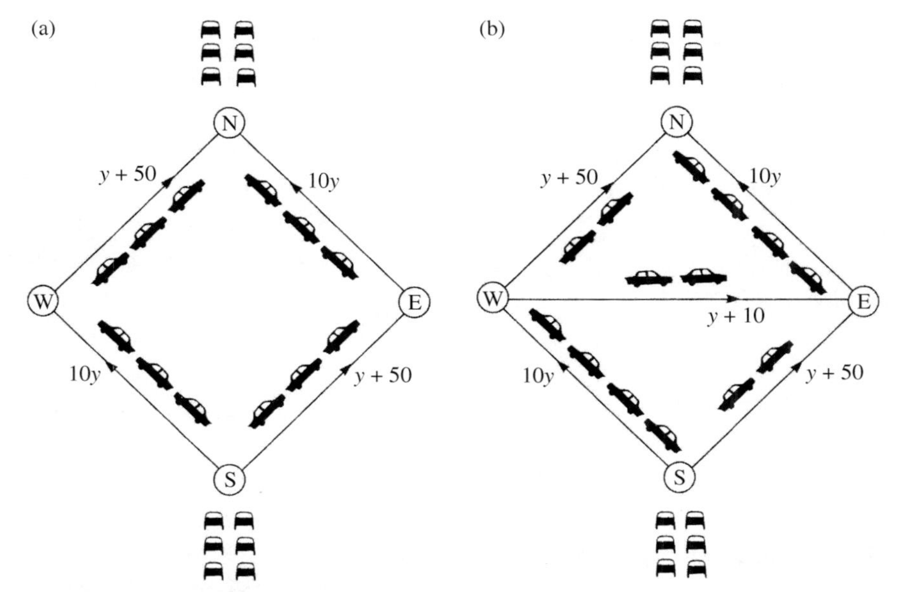

図 3　ブライスの逆理．リンクを加えることで行程時間が長くなっている（Braess（1968）と Cohen（1988）から作成）．

る遅延であることに注意しよう．ネットワーク全体で足し合わせた，1 単位時間当たりの全遅延時間を最小化する流れのパターンを求めてみよう．この場合は，次の問題を考えることになる．

$Hx = f, Ax = y$ に従う $x \geq 0, y$ 上で

$\sum_{j \in J} y_j D_j(y_j)$ を最小にする．

この問題は前に扱った最適化問題と同じ形をしているが，最小化されるべき関数は，1 単位時間当たりの全ネットワークの遅延時間を測定していることに注意しよう（前の最適化問題で最小化されるべき関数は，最初はむしろ恣意的に見えたことと，実際の動機は，その最小化がワードロップ平衡によって達せられることにあったことを思い出そう）．再び関数を定義する．

$$L(x, y; \lambda, \mu) = \sum_{j \in J} y_j D_j(y_j) + \lambda \cdot (f - Hx) - \mu \cdot (y - Ax)$$

再び

$$\frac{\partial L}{\partial x_r} = -\lambda_{s(r)} + \sum_{j \in J} \mu_j A_{jr}$$

となるが，今度は

$$\frac{\partial L}{\partial y_j} = D_j(y_j) + y_j D_j'(y_j) - \mu_j$$

となる．したがって，$x \geq 0$，y 上での L の最小は

$$\mu_j = D_j(y_j) + y_j D_j'(y_j)$$

および

$$\begin{aligned} \lambda_{s(r)} &= \sum_{j \in J} \mu_j A_{jr} \quad (x_r > 0 \text{ のとき}) \\ &\leq \sum_{j \in J} \mu_j A_{jr} \quad (x_r = 0 \text{ のとき}) \end{aligned}$$

となるときに達せられる．

この場合のラグランジュ乗数はより複雑な説明を持つ．遅延 $D_j(y_j)$ に付け加えて，リンク j を使うドライバーが交通量に依存する「通行料」

$$T_j(y_j) = y_j D_j'(y_j)$$

を払うと仮定する．このとき，μ_j は，通行料と遅延の和として定義され，これはリンク j の**一般化されたコスト**と考えられる．また λ_s は，結節点の対 s を通るすべてのルート上での，最小の一般化されたコストである．もしドライバーが，彼の通行料と遅延を和を最小にするようにルートを選択するならば，ネットワークにおける全遅延を最小にするような交通流のパターンを生じるであろう．一般化されたコスト μ_j は $(\partial/\partial y_j)(y_j D_j(y_j))$ であり，これは流れ y_j が増加するときのリンク j における全遅延の増加率であることに注意しよう．そこで今仮定することは，ある意味でドライバーたちが彼らの遅れを最小にするというより，むしろ彼らのコストを最小化しよう

とする，ということである．

これまで，もしドライバーたちが彼ら自身の遅れを最小化しようと試みるならば，結果として得られる平衡な流れは，ネットワークに対して定義されたある種の目的関数を最小化するであろう．しかし，目的関数は，確かに全ネットワークの遅れではない．したがって，ネットワークに容量が付け加わるときに，状況が良くなるとは保証されないのである．われわれはまた，適切な通行料を課すことによって，ドライバーたちの利己的な動向が全遅延を最小化する交通流の平衡パターンに導くことが可能であることを見てきた．行政と交通計画の当事者にとっての重要な仕事は，これらのモデル，あるいはさらに複雑なモデルの考察により，どのようにすればさらなる効率化と道路網の利用が促進されるかを理解することなのである（Department for Transport, 2004）．

5. インターネット上の流れのコントロール

あるファイルがインターネット上で要請されたとき，このファイルを有するコンピュータは，データを小さなパケットに分け，インターネットの**伝送制御プロトコル**（TCP）によってデータを運ぶことになる．パケットがネットワークに入る割合は，TCP によってコントロールされる．そして，この TCP はデータのソース（情報源）と送り先の二つのコンピュータ上のソフトウェアとして実装されている．この一般的アプローチは次のようなものである（Jacobson, 1988）．ネットワーク内のリンクに負荷がかかりすぎるときは，一つ以上のパケットが失われる．パケットのロスは，混雑を指し示すものと捉えられ，送り先はソースにこの情報を伝える．そしてソースは伝送を減速することになる．TCP は，混雑の兆候を受け取るまでは次第に伝送の割合を増加させる．この，増加と減少のサイクルは，ソースのコンピュータが利用可能な容量を見出し使用できるようにして，異なるパケットの流れの間でそれを分担することを可能にする．

インターネットが小規模な検索ネットワークであった時代から，今日の数十億の端末とリンクにまで発展した中で，TCP のアイデアは大きな成功を収めてきた．このこと自身，驚くべき事実である．大規模ではあるものの，不確定な情報の流れのそれぞれは，それが経験する混雑のみを知ることのできるフィードバックループによってコントロールされる．流れ自身は，そのルート上のどれくらい多くのリンクを他の流れがシェアしているのか知りはしないし，リンクの数さえ知ってはいない．リンクは，他のリンクをシェアする流れの数が変化するとともに，多くの種類のオーダーによって容量も変化する．著しい事実は，到達点のみでコントロールされる混雑を持つような，急速に増大する異種のネットワークにおいて，非常の多くのことが達成されてきたことである．なぜこのアルゴリズムがこのように有効なのだろうか？

近年理論家は，交通網におけるドライバーの分散的選択が一つの最適化問題に解を与えるのとまったく同様に，最適化問題を解く分散的並列アルゴリズムのようなプロトコルを理解することで TCP の成功に光を当ててきた．TCP のさらに詳細な解説を行うことにより，この議論のあらましを説明しよう[*3)]．

インターネットを通して TCP によって運ばれるパケットは，それらの順序を指し示す数列を含んでいる．そして，パケットはこの順に目的地点に達しなければならない．パケットが目的地点で受領されたとき，このことが通知される．この通知は，目的地点からソースに返送される短いパケットである．この移動中にパケットが失われたならば，通知に含まれる列の数から，このことを知らせることができる．ソースは，送られたそれぞれのパケットのコピーを明確に通知されるまで保存する．それらのコピーは，**スライディングウィンドウ**と呼ばれるものを形成し，伝送途中で失われたパケットが，ソースから再送されるようにする機能を持つ．

一方，ソースのコンピュータに格納されたとき，コンジェスチョンウィンドウ（cwnd）として知られている数値変数がある．コンジェスチョンウィンドウは，次の意味でスライディングウィンドウのサイズを指示する．スライディングウィンドウのサイズが cwnd より小さいならば，一つのパケットを送り出すことによりコンピュータはそれを増やし，もしそれが cwnd 以上であれば，明確な通知が来るのを待つ．これは，スライディングウィンドウのサイズを縮小し，以下で述べるように，cwnd を増加させ

---

*3) プロトコルの混雑回避の部分に関しては，TCP の詳細な記述を単純化し，単一の往復時間内に受け取る多重的混雑のシグナルに対する時間切れおよび反応に関する議論は省略する．

る効果を持つ．こうして，スライディングウィンドウのサイズは，コンジェスチョンウィンドウによって与えられるターゲットのサイズの方向に動きながら，絶えず変化する．

コンジェスチョンウィンドウそれ自身は，固定された数ではない．それは絶えず更新され，これがどのようになされるかという正確な規則は，容量の TCP によるシェアリングにとって重要である．現在のところ，この規則は次のように使われている．明確な通知が入るたびに，cwnd は cwnd^{-1} だけ増加し，パケットが失われたことが検出されるたびに，cwnd は半分になる[*4)]．こうして，ソースのコンピュータが失われたパケットを検出したなら，それは渋滞があったことを認識し，暫時撤回するが，すべてのパケットがうまく伝送されたときは，パケットを送る率を少し増やすのである．

p によりパケットが失われる確率とするとき，確率 $1-p$ でコンジェスチョンウィンドウは cwnd^{-1} だけ増加し，確率 p で $(1/2)\mathrm{cwnd}^{-1}$ だけ減少する．したがって，アップデートごとのコンジェスチョンウィンドウ cwnd における期待される変化は

$$\mathrm{cwnd}^{-1}(1-p)-\frac{1}{2}\mathrm{cwnd}\,p$$

である．小さい cwnd の値に対しては，期待される変化は正であるが，cwnd が十分に大きいと負になる．よって，cwnd に対する平衡は，この式が 0 になるとき，すなわち

$$\mathrm{cwnd}=\sqrt{\frac{2(1-p)}{p}}$$

のときである．

次に，この計算がネットワークにどのように一般化されるかを見ることにしよう．ネットワークが，図 1 で例示したように，向きを持つリンクと，それらによって繋がれている結節点の集合からなるとする．前と同様に，J を向きを持つリンクの集合とし，R をルートの集合，$A=(A_{jr},\, j\in J,\, r\in R)$ をリンク–ルートの結合行列とする．このネットワークにおいて，一つの依頼があるコンピュータに届くとき，このコンピュータは，結果として生じるパケットの流れに対するコンジェスチョンウィンドウをセットアップすることになる．このようなコンジェスチョンウィンドウには異なったものが多数あるからラベルが必要になる．流れが使用したルートで，それらにラベルを与えるのが都合が良い（流れがルートを正確にどのようにとるのかは複雑であり，重要な問題であるが，ここでは論じない）．そこで，それぞれの使われることになるルート r に対して，cwnd_r によりこのルートに対するコンジェスチョンウィンドウを表すことにする．T_r を，ルート r の往復にかかる時間，すなわち，パケットの発送と，それに対する通知の受領の間の時間としよう[*5)]．最後に，変数 x_r は cwnd_r/T_r であると定義する．

さて，任意の与えられた時刻において，スライディングウィンドウは発送されてはいるが通知されていないパケットからなる．したがって，ある一つのパケットがちょうど通知され，その往復に T_r だけの時間を要したなら，スライディングウィンドウは，これまでの T_r 単位時間に発送されたすべてのパケットからなる．ソースコンピュータは，このようなパケットの数が約 cwnd_r になるように目指すから，x_r はパケットがルート r 上伝送される率として解釈できる．こうして，x_r という数は，前に議論した交通流のベクトルに酷似した流れのベクトルを形成する．

前の議論で行ったように，$y=Ax$ によりベクトル y を定義しよう．したがって，y_j はリンク j を通るそれぞれのルート r 上での x_r の和をとることによって得られる，リンク j を通る総流量である．p_j を，リンク j において喪失するかあるいは「脱落」するパケットの割合としよう．この p_j は，次のようにして，リンク j を通る総流量である y_j に関係していると考えられる．もし y_j がリンク j の容量 C_j より小さければ，p_j は 0 である．すなわち，リンク j が満杯でなければリンク j において脱落するパケットは存在しないということである．そして，もし $p_j>0$

*4)　これらの減少・増加の規則は，むしろミステリアスに見えるかもしれない．実際，ようやく最近になって，それらの巨視的結論の多くが理解され始めてきたのである．この規則は 10 年以上うまく機能してきたが，現在疲弊の兆候を見せ始めている．そして，ごく最近の研究は，それらを変更したときの完全な結果に目標を置いている．

*5)　往復時間は，パケットがリンクに沿って進む時間（伝播遅延という）と，結節点における加工時間および待ち時間からなる．加工時間と待ち時間は，コンピュータのスピードが増すに従って減少する傾向があるが，光速の有限性が，伝播時間に基本的な下限を置く．ルートに対する往復時間は，定数と仮定することにする．よって，リンクにおける混雑は，付加されるパケットの遅れというよりは，むしろパケットの紛失によってそれ自身に感じさせるのである．

であれば，$y_j = C_j$ である．これはパケットが脱落するならば，リンクは満杯であることを意味する．リンクで脱落するパケットの割合が小さいと仮定するなら，パケットがルート r 上で失われる確率は近似的に

$$p_r = \sum_{j \in J} p_j A_{jr}$$

である（正確な公式は，$(1 - p_r) = \prod_{j \in J}(1 - p_j)^{A_{jr}}$ であるが，p_j が小さければそれらの積を無視できる）．$x_r = \mathrm{cwnd}_r / T_r$ であるから，前に行った cwnd の計算から

$$x_r = \frac{1}{T_r}\sqrt{\frac{2(1-p_r)}{p_r}}$$

を得る．

さて，直前の二つの方程式を満足しつつ，かつそれぞれの $j \in J$ に対して p_j は 0 または $y_j = C_j$ となるように，レート $x = (x_r,\ r \in R)$ と脱落確率 $p = (p_j,\ j \in J)$ が両立する選択は可能だろうか？注目すべきことは，このような選択が次のような最適化問題（Kelly, 2001; Low et al., 2002）の解に正確に対応していることである．

$$Ax \le C \text{ に従う } x \ge 0 \text{ 上で}$$
$$\sum_{r \in R} \frac{\sqrt{2}}{T_r}\arctan\Bigl(\frac{x_r T_r}{\sqrt{2}}\Bigr) \text{ を最大にする．}$$

この最適化問題のいくつかの特徴はわれわれが予期できるものである．特に不等式 $Ax \le C$ は，それぞれのリンク $j \in J$ に対して，単にリンク j を通過する流れを足し合わせたものがリンク j のキャパシティ C_j を超えないということである．とはいえ，前のように，最適化されるべき関数は疑いなく一風変わったものである．図 4 に描かれた関数 arctan は，三角関数 tan の逆関数であり，これは

$$\arctan(x) = \int_0^x \frac{1}{1+u^2}\mathrm{d}u$$

として定義される．この形から，x に関するその微分は $1/(1+x^2)$ である．

最適化問題，平衡率，脱落確率の間の関係についてスケッチしよう．関数

$$L(x, z; \mu) = \sum_{r \in R} \frac{\sqrt{2}}{T_r}\arctan\Bigl(\frac{x_r T_r}{\sqrt{2}}\Bigr) + \mu \cdot (C - Ax - z)$$

を考える．ここで，$\mu = (\mu_j,\ j \in J)$ はラグランジュ乗数ベクトルであり，$z = C - Ax$ は「たるみ変数」（slack variable）であって，これはネットワークの

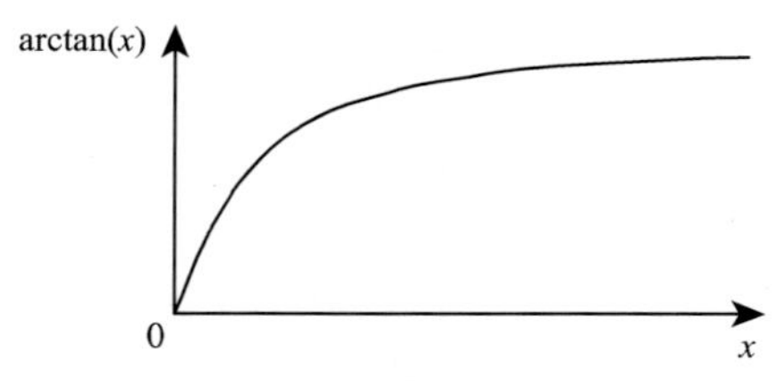

図 4　arctan 関数．インターネットの TCP は，ネットワーク内の接続すべてにわたる効用の和を最大化する．この関数は単一の接続に対する効用関数の形を示している．水平軸は接続の率に比例し，垂直軸は，その率の有効性に比例している．両軸は接続の往復時間を使って調整される．

リンク $j \in J$ のそれぞれ上での余分なキャパシティを測るものである．このとき，逆正接関数の微分を使うことによって，

$$\frac{\partial L}{\partial x_r} = \Bigl(1 + \frac{1}{2}x_r^2 T_r^2\Bigr)^{-1} - \sum_{j \in J} \mu_j A_{jr}$$

および

$$\frac{\partial L}{\partial z_j} = -\mu_j$$

を得る．$x, z \ge 0$ としたときの L の最大値を求めるとすると，同一視 $\mu_j = p_j$ のもとで，この最大値は，われわれが求めようとしているレートと脱落確率の集まり $(x_r,\ r \in R)$，$(p_j,\ j \in J)$ であることがわかる．たとえば，x_r に関する偏微分を零とおくことで，x_r に対する望む方程式が得られる．

概要を言えば，それぞれのリンク $j \in J$ に対して，最適化問題から生じるラグランジュ乗数 μ_j は，前に登場したラグランジュ乗数がちょうど交通網のリンク上での遅延時間であったのと同様に，このリンクで脱落するパケットの割合 p_j に等しい．そして，ソースと行き先のコンピュータに実装された多くの競合する TCP の相互作用によって達せられた平衡状態は，ネットワーク全体に対する目的関数を効果的に最大化する．目的関数には，驚くべき解釈がある．ルート r によって扱われるソース–行き先の対に対する流れのレート x_r の有用性は，実利関数

$$\frac{\sqrt{2}}{T_r}\arctan\Bigl(\frac{x_r T_r}{\sqrt{2}}\Bigr)$$

によって与えられ，ネットワークは，リンクの制限された容量から生まれる束縛条件に従いながら，ソース–行き先の対すべてにわたるこれら実利関数の和を最大化しようとする．

図 4 に示した関数 arctan は凹である．したがって，2 個以上のコネクション（接続）が過剰な負荷のかかったリンクを共有するならば，達せられるレー

トは近似的には等しくなるだろう．なぜなら，そうでなければ，最大レートを少し減少させ，最小レートを少し増加させることによって，総有用性は増加するからである．結果として，TCP はリソースを多かれ少なかれ等しく共有しようとする傾向がある．このことは，たとえば過剰な負担がかかった電話網で，すでに繋がっている通話を守るために，いくつかの通話がブロックされるような，伝統的なリソース–コントロールのメカニズムとは大いに異なる点である．

6. 終　わ　り　に

1 世紀以上にわたり，物理学からの多くの例を通して，大規模システムの挙動は数学者の大いなる興味の対象であった．たとえば，気体の挙動は，それぞれの分子の位置と速度によって微視的レベルで記述される．このレベルでは，分子は他の分子や壁と衝突して跳ね返り，分子の速度はランダムな過程として登場する．とはいえ，温度や圧力のような量によって記述される巨視的挙動は，系のこの詳細な微視的記述と矛盾はしない．同様に，電気回路網の中の電子の挙動は，ランダムウォークの言葉で記述されるのであるが，この微視的レベルでの単純な記述は，むしろ巨視的レベルでの複雑なパターンに導く．ケルヴィンは，抵抗回路における電位のパターンは，与えられた電流のレベルに対する熱の消失を最小化するものにちょうど一致することを示した（Kelly, 1991）．電子の局所的かつランダムな挙動が，むしろネットワークに関する複雑な最適化問題を全体として解決する要因となるのである．

最近の 50 年間，大規模な工学的システムは，しばしば同じような用語で理解されることがわかってきた．すなわち，各ドライバーによる最も好都合なルートの選択による交通流の微視的記述は，ある関数の最小化という言葉で記述される巨視的挙動と両立するのである．そして，インターネットを通してパケットがどのように伝送されるかをコントロールするような単純かつローカルな規則は，ネットワーク全体にわたる総有用性の最大化に対応している．

われわれの考え方を刺激する一つの違いは，物理的システムを統御する微視的ルールは固定されているのに対して，輸送機関やコミュニケーションネットワークのような工学的システムでは，望ましいと考えられる巨視的結果を達成するような微視的ルールの選択が可能なことである．

文献紹介

Beckmann, M., C. B. McGuire, and C. B. Winsten. 1956. *Studies in the Economics of Transportation*. Cowles Commission Monograph. New Haven, CT: Yale University Press.

Braess, D. 1968. Über ein Paradoxon aus der Verkehrsplanung. *Unternehmenforschung* 12:258-68.

Cohen, J. E. 1988. The counterintuitive in conflict and cooperation. *American Scientist* 76:576-84.

Department for Transport. 2004. Feasibility study of road pricing in the UK. Available from www.dft.gov.uk.

Jacobson, V. 1988. Congestion avoidance and control. *Computer Communication Review* 18(4):314-29.

Kelly, F. P. 1991. Network routing. *Philosophical Transactions of the Royal Society of London* A 337:343-67.

Kelly, F. P. 2001. Mathematical modeling of the Internet. In *Mathematics Unlimited–2001 and Beyond*, edited by B. Engquist and W. Schmid, pp. 685-702. Berlin: Springer.

Low, S. H., F. Paganini, and J. C. Doyle. 2002. Internet congestion control. *IEEE Control Systems Magazine* 22: 28-43.

Wardrop, J. G. 1952. Some theoretical aspects of road traffic research. *Proceedings of the Institute of Civil Engineers* 1: 325-78.

VII. 5

アルゴリズム設計の数理

The Mathematics of Algorithm Design

ジョン・クラインバーグ［訳：渡辺　治］

1. アルゴリズム設計の目標

1960 年代から 1970 年代にかけて，計算機科学が大学の教科として現れ始めたとき，既存の科学の専門家の間にちょっとした当惑が巻き起った．つまり，初期の段階では，はたして計算機科学を一つの学問分野として見るべきかどうかが明確ではなかったのである．確かに新しい技術に富む領域ではある，しかし，それらを中心に新たな分野を作るべきなのか？むしろ，それらはすでに存在する科学や技術の副産物と見るべきではないのか？ コンピュータということで何が特別なのだろう？といった議論があったのである．

回想してみるに，こうした討論により，ある重要な点が明確になってきたと言えるだろう．計算機科学は，ある種の技術として登場したコンピュータに関してだけの科学ではない．より一般的な計算という現象について，情報を表現し操作するための処理過程の設計に関する科学なのである．こうした処理はそれら特有の法則に従うことも明らかになってきた．また，処理は何もコンピュータによって実行されるだけではなく，人々によって，組織によって，あるいは自然界のシステムによって実行されるのである．このような計算処理のことをアルゴリズム（algorithm）と呼ぶことにしよう．本章の解説の中では，アルゴリズムを，問題を解くために，ある形式に則って表された，順々に実行されるべき命令列と考えておけばよいだろう．

このような考え方のもとでは，コンピュータがデータを処理する方法も，人間が手計算をする方法も，どちらもアルゴリズムと見なすことができる．たとえば，われわれが子供のころに習った数の足し算や掛け算の方法もアルゴリズムであるし，航空会社が運行スケジュールを組むために使う手法もアルゴリズムである．あるいは，Google のような検索エンジンがウェブページのランキングを決めるのに使う方法もアルゴリズムである．さらには，人間の脳が視覚野において対象を認識するときに使う方法も，十分ある種のアルゴリズムと見なすことができる．ただし，そのアルゴリズムがどのようなもので，またわれわれの脳細胞というハードウェアの中でどのように実現されているかを完全に理解するまでには，今はまだ道半ばといったところだろう．

ここでの重要な主題は，これらさまざまなアルゴリズムを，ある特定の計算装置やコンピュータのプログラミング言語に限定された計算手段とは独立に議論できるか，そして，それらに代わって数学の言葉で説明できるかである．実際，われわれが今想定しているアルゴリズムの概念の大半は，1930 年代の数理論理学者の研究により形成されたものである．また，アルゴリズム的な考え方は，過去数千年の数学の歴史の中にも見出すことができる（たとえば，方程式の解法は常に非常にアルゴリズム的であるし，古代ギリシア時代の幾何の作図も本質的にはアルゴリズムである）．今日，アルゴリズムの数学的解析は，計算機科学の中心的位置を占めている．特定の装置とは独立なアルゴリズムに対する考察は，一般的な設計原理や計算における基本的な制約に対する重要な洞察を導き出しているのである．

それと同時に，計算機科学の研究には，常に二つのかけ離れた視点のせめぎ合いが見られる．今述べたような，アルゴリズムを数学として見る抽象的な視点と，世間一般がこの分野に期待している応用という視点である．応用とは，たとえばインターネット上での検索エンジン，銀行の電子決済システム，医療画像情報処理ソフトなどなど，コンピュータ技術にわれわれが期待を抱いているさまざまな新しい技術のことである．この二つの視点の間には，この分野での数学的取り組みが実際の実現において常に試されているという意味での緊張がある．数学的概念から幅広い影響力を持つ応用への新たな道が作られたとも言えるだろう．また，逆に，さまざまな応用から新しい数学の課題が導き出される場合もある．

本章の目的は，この数学的取り組みと計算の応用との間の均衡を説明することである．まずは，この線に沿って，どのように「効率的な」計算という概念を定義すればよいか？という最も基本的な疑問について，明確にしていこう．

2. 二つの代表的な問題

効率についての議論をより具体的にするために，そしてどのように効率を考えていくかを例示するために，二つの代表的な問題から説明を始めよう．どちらもアルゴリズムの研究では基本的で，しかも似たような形式の問題だが，計算の困難さが大きく違う．

1 番目の問題は，巡回セールスマン問題（traveling salesman problem，TSP）である．まず，あるセールスマンが，n 個の都市の地図を前に考え込んでいる場面を想像しよう（彼はその都市の一つに現在いるものとする）．その地図は，各都市間の距離を示していて，セールスマンは n 個すべての都市を巡って現在の都市に戻りたい．しかも，最短の道のりで巡回したいと考えている．端的に言えば，入力として n 個の都市間の距離情報が与えられたときに，それをもとに総距離最短の巡回路を計算するアルゴリズムがほしいのである．図 1 (a) は，このような TSP の入力例に対する最適解を描いている．円が都市を

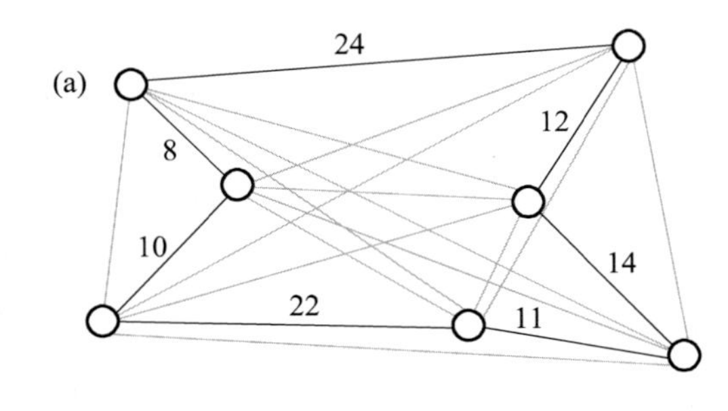

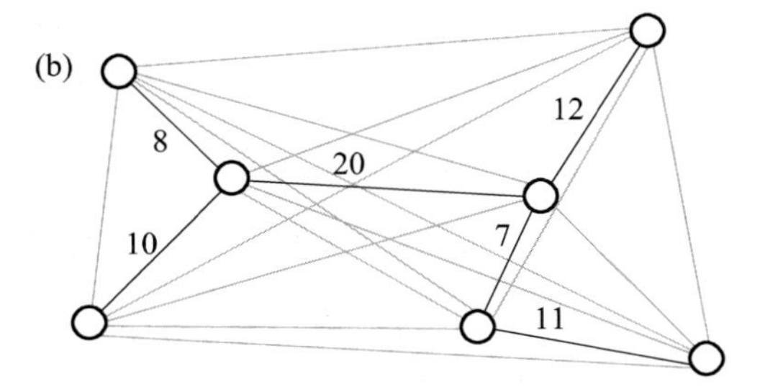

図 1　(a) は巡回セールスマン問題に対する，(b) は最小全域木問題に対する，入力例とその解．入力例のグラフ自体はまったく同じである．濃い線がそれぞれの問題の最適解を表し，薄い線がその他の辺を表している．

表し，（長さを表す数字が付いている）濃い線が，最短巡回路においてセールスマンがたどるべき道を表している．一方，薄い線は巡回路に入っていない，その他の道である．

2 番目の問題は最小全域木問題（minimum spanning tree problem，MSTP）である．今度は道路の建設会社を想像しよう．ここでも同じ地図が与えられるのだが，その目標は異なっている．この問題では地図上の都市間を結ぶ道の建設計画を考える．全部の都市間を結ぶのではなく，その一部だけを結ぶ建設計画である．ただし，計画された道がすべて完成したときに，n 都市中のどの 2 都市に対しても，その 2 都市を結ぶ順路が存在しなければならず，また，そのような道路網を最も安上がりに（言い換えれば，総距離が最も短いように）作りたい．図 1 (b) は，この MSTP の例題（地図は (a) と同じ）とその MSTP の意味での最適解を表している．

これら二つの問題は，ともに実践的な応用範囲が広い．TSP は与えられた対象を「良い」順序で並べる問題の代表例である．その応用は，回路基板上に穴を開けるドリルを動かすロボットアームの動きの制御計画から，染色体上の遺伝マーカーを 1 列に並べる方法の検討まで，多岐にわたる（ちなみに，前者の場合，ドリルで開ける穴の位置が都市に対応する．後者の場合，遺伝マーカーが都市に対応し，都市間の距離はマーカー間の近さを表す確率評価値から導かれる）．MSTP は，効率の良い通信ネットワークの設計の基本である．その関係は道路の建設計画の話から明らかだろう．つまり，光ファイバーケーブルが「道路」に対応しているのである．MSTP は，データを自然なグループに分割する問題でも重要な役割を果たす．たとえば，図 1 (b) では，左側の点と右側の点の間の辺は皆比較的長く，分割を考える際，左側の点と右側の点の集合が，それぞれ異なるグループを形成していると見るのが自然だろう．

TSP を解くアルゴリズムを考えることは，さほど難しくない．まず，（最初の点は固定しておき，そこを起点として）全都市を訪れる順番の列をすべてリストアップする．この順列それぞれが，セールスマンが都市を訪れて起点に戻る巡回路を表している．次に，その各順序に対し，それが表す巡回路に沿って都市を巡りながら，訪れる各都市間の距離を合計して巡回路の総距離を求める．この計算を都市訪問のすべての順序列に対して行い，毎回，その時点で最も小さい総距離（とその際の巡回路）を記憶しておけば，計算の終了時には最適な巡回路を答えることができる．

このアルゴリズムは確かに TSP を解くが，これは非常に非効率である．起点を除くと $n-1$ 個の都市がある．それらの都市の順序がおのおの巡回路に対応するので，全部で $(n-1)(n-2)(n-3)\cdots(3)(2)(1) = (n-1)!$ 通りの順序を考えなければならない．都市数がたった $n=30$ だったとしても，巡回路の数は天文学的に大きくなってしまう．今日，最速なコンピュータを用いたとしても，このアルゴリズムを完全に実行するには，地球の年齢以上の計算時間がかかってしまうのである．このアルゴリズムの方針（これをシラミつぶし探索（brute-force search）と呼ぶ）の難しい点は，このように，すべての可能な解（候補）を考えなければならないこと，しかも解の集合である「探索空間」が巨大であることである．

たいていの問題に対しては，このシラミつぶし探索的なかなり非効率な方法が存在する．これに対し，それよりもはるかに計算効率を改善する方法が見つかったとすると，状況はかなりおもしろくなる．

MSTP は，そのような改良がどのように実現できるかを示す良い実例である．与えられた都市に対するすべての道路網を考えるだけでなく，MSTP に対する次のような近視眼的な「貪欲な」手法を考えてみよう．各都市の対（ペア）を都市間の順序で並べ，そしてこの順に従って処理を進めるのである．都市の対，たとえば都市 A と都市 B が与えられたとき，A から B への順路が，これまでに作られた道の集合の中に存在するかどうかをチェックする．もし存在するならば，A から B への直接の道を作ることは余計である．というのも，目標はすべての都市の対の間に何らかの経路を作ることであり，A と B はその条件をすでに満たしているからである．一方，すでに作られた道だけでは A から B へたどり着けないのであれば，そのときは直接の道を作る（この考え方の例として，図 1 (a) の長さ 14 の道が (b) の最適解において作られていないことに注目しよう．この直接の道が考慮されたときには，すでにその両端の都市間には，図 1 (b) に示されているように，より短い距離 7 と 11 の道を使った順路ができていたのである）．

このようにして得られた道路網の総距離は，実は最小である．これは自明ではない．つまり，「すべての入力に対して，今述べたアルゴリズムは最適な解を出力する」ことが証明可能である．この定理から言えることは，シラミつぶし探索よりもずっと効率的な方法で，最適な道路網を計算する方法を得たということである．必要なのは，都市対をその間の距離の順に並べ替える計算であり，それさえできれば，あとは得られた（距離が小さい順の）リストを 1 回走査するだけで，どの道を作るかを決めることができる．

ここまでで，TSP や MSTP の特質について，かなり踏み込んだところまで議論することができた．実際に，コンピュータのプログラムで実験するのではなく，アルゴリズムを通常の言葉で説明し，その性能について，証明可能な数学の定理の形で述べることができた．では一方で，計算の効率について述べようとしたとき，これらの例から何を抽象化することができるだろうか？

3. 計算効率について

研究の題材となるおもしろい計算問題は，TSP や MSTP と同じような特徴を持っていることが多い．入力のサイズ n から問題の解候補の空間がある程度決まり，しかもその空間の大きさが n に対して指数関数的に増大するという特徴である．この指数関数的な増加は，入力サイズが 1 増えるだけで，解候補空間の大きさが数倍増えるような増加率と考えると，その増加速度の大きさを実感できるだろう．これに対して，アルゴリズムにはもっと妥当な増加率を求めたい．つまり，実行時間が数倍増加するのは，入力サイズも数倍に増加する場合であってほしいのである．この要求に応えられるのは，実行時間が入力サイズ n の多項式で抑えられる，別の言い方をすれば，n の定数乗で抑えられる場合である．たとえば，もしアルゴリズムの実行時間がサイズ n の入力に対して，高々 n^2 ステップだったとすると，2 倍の大きさの入力に対しても，実行時間を高々 $(2n)^2 = 4n^2$（つまり 4 倍）のステップ数で抑えられるのである．

こういった考え方も手伝って，1960 年代の計算機科学者たちは，多項式時間計算可能性（polynomial time computability）を効率性の第 1 次近似として提案した．あるアルゴリズムにおいて，もしその実行に必要なステップ数が，入力サイズ n に対して，その定数乗で抑えられるのであれば，（ひとまず）そのアルゴリズムを効率的と見なそうというのである．具体的な多項式時間計算可能性を，曖昧な「効率的」という概念に代わるものとして導入したこの選択の究極の正否は，それが実際のアルゴリズムの設計にどの程度有効だったかによるだろう．その意味では，多項式時間計算可能性は実践的にも非常に有効な定義だった．多項式時間アルゴリズムを設計できる問題は，実際にも非常に扱いやすい場合が一般的であったし，逆に，多項式時間アルゴリズムのない問題は，かなり控えめな入力サイズにおいても計算困難な場面をもたらすことが多かったのである．

効率性に対する具体的な定式化は，別の点でも重要だった．これにより，ある種の問題に対しては効率的アルゴリズムが存在しないのではないかという予想を，厳密な形で提示することが可能になったのである．TSP は，この予想に対する自然な候補である．つまり，これまで数十年間，TSP に対する効率的アルゴリズムを設計する数々の試みが失敗した中で，たとえば「TSP のいかなる問題例に対しても，その最適解を計算する多項式時間アルゴリズムは存在しない」という定理が証明できるのではないかと，人々が考えるようになってきたのである．**NP 完全性** [IV.20 (4 節)] の理論は，そのような疑問を議論する統一的な枠組みを提供している．その理論によれば，

TSP も入れて数千の自然な問題を含む数多くの計算問題が，多項式時間計算可能性という立場からすると同値であることが示されている．その一つに多項式時間アルゴリズムが存在することと，その全部に対して多項式時間アルゴリズムが存在することが同値なのである．これらの問題に対して多項式時間アルゴリズムが存在するか否かは重要な未解決問題である．たぶん効率良いアルゴリズムは存在しないだろうという信念に近い考えは，**$\mathcal{P}$ 対 $\mathcal{NP}$ 問題**として，数学においても最重要問題のリストに加えられている主要な課題の一つなのである．

直観的概念を数学的に厳密にする場合によくあることだが，効率性の定式化である多項式時間計算可能性も，その境目あたりになると，実際とは食い違ってくる場合もしばしば起きてくる．実行時間が多項式時間であると証明できたアルゴリズムでも，実際に利用したい場面では話にならないほど非効率な場合がある．その逆に，たいへんよく知られているアルゴリズム（たとえば線形計画問題を解くのに標準的な**単体法** [III.84]）で，通常出会うほとんどの問題例に対してはきわめて高速に実行できるが，ある種の病的な問題例に対しては指数時間かかるものもある．また，大量のデータを処理するような応用では，多項式実行時間のアルゴリズムでも十分ではない．もし入力データが 3 兆バイトだったとしたら（そのような状況は，たとえばウェブのスナップショットを処理するときなどによく遭遇するが），2 乗の実行時間を持つアルゴリズムでさえ，実際には役に立たないだろう．一般にそのような応用では，入力サイズに対して線形時間のアルゴリズムが必要である．それどころか，入力データが流れていく際に，それを 1 度か 2 度，「流し読む」だけで解くような非常に効率の良いアルゴリズムも必要になってくるのである．このような流し読みタイプのアルゴリズムの理論は，最近活発に研究されており，情報理論やフーリエ解析などの技術も導入されている．こうしたことがあっても，多項式時間計算可能性はアルゴリズム設計において重要な意味を持ち，今でも効率性の標準的な基準である．ただし，計算の新たな応用では，時としてこの境界線を見直す必要があり，その過程で新たな数学の問題も生じてくるのである．

4.　手に負えない計算問題に対するアルゴリズム

前節で，TSP も含む数多くの自然な問題で，それらに対しては効率的なアルゴリズムが存在しないと強く信じられるような問題の集合を，研究者たちがどのように定義するに至ったかを述べた．それにより，これらの問題の最適解を求めることの困難さは説明されたが，「これらの問題に実際に直面したら，どうすればよいのか？」という自然な問いは，まだ残っている．

こうした手に負えない計算問題に取り組む戦略として，いくつかが考えられる．その一つが近似（approximation）である．TSP のように多数の可能性の中から最適解を求める問題に対して，最適とほぼ同等の解を得る保証付きの効率良いアルゴリズムの設計を試みることは可能だろう．そうした近似アルゴリズムは，活発な研究分野の一つである．ここでは TSP を例に，その基本的な考え方を説明しよう．与えられた TSP の問題例，すなわち都市間の距離を記した地図に対して，最短巡回路の 2 倍以内に距離を抑えた巡回路を求めることを目標にしたとしよう．一見，この目標は手強いように思えるかもしれない．最短巡回路（あるいはその長さ）を計算する方法がわからないのに，計算した巡回路が十分短いとどうやって保証できるのだろうか？　しかしながら，この保証付き近似解を求めることは，実は可能である．しかも，TSP と MSTP の興味深い関係，もう少し正確に言えば，同じ都市集合に対する両問題の最適解の関係から導けるのである．

与えられた都市群の MSTP に対する最適解を考えてみよう．この解は全都市を結合する道の集合で，しかも効率良く計算できる，という点は前に説明した．最短巡回路を求めたいセールスマンは，この MSTP の最適解となっている道を次のように用いるのである．ある都市から始めて，MSTP の解の道を行き止まり，つまり新たな道がなくなるまでたどる．行き止まりに到達したら，今度は来た道を引き返し，まだ通っていない道が選べる分岐まで戻り，そしてその新たな道をたどるのである．たとえば，図 1 (b) の左上隅から出発した場合，セールスマンは長さ 8 の道をたどり，長さ 10 か 20 の道のどちらかを進む．前者を選んだ場合には，行き止まりにたどり着いた後，この分岐点まで戻ってきて，今度は長さ 20 の道に進んで巡回を続けるのである．このように作られた巡回路は（各向き一度ずつで）各道をちょうど 2 回通るので，m を MSTP の最適解の道の総距離としたとき，長さ $2m$ の巡回路になっている．

この長さは最短の巡回路の長さ t に比べてどの程度長いだろうか？　まず，$t \geq m$ であることを示そう．これを示すには，まず，MSTP のすべての解の中で，最短巡回路に沿ってセールスマンが上述のように通る道の集合も解の一つであり，しかもその長さは t であるという点が重要である．しかも，MSTP の最適解はそのような道の集合の中で「総距離最小」のものであり，m はその場合の総距離である．したがって，$t \geq m$ が成り立つのである[*1)]．つまり，最短巡回路の長さは少なくとも m 以上なのである．一方，われわれは長さ $2m$ の巡回路を求めるアルゴリズムを示していたので，アルゴリズムが出力する巡回路長 $2m$ は，望んだとおり最短巡回路長の 2 倍の $2t$ 以下なのである．

このような性能保証が得られないのだが，経験的に最適解に近い結果を出すことが知られているアルゴリズムを使う場合もある．特に計算困難で，サイズの大きな問題例を実際に解く必要がある場合などに試みられている．局所探索（local-search）アルゴリズムは，こうした中で広く使われる手法群の一つとなっている．このアルゴリズムは，初期解から出発し，ある「局所的」変更による解構造の修正を何度も繰り返しながら，解の質を改良していく方向を探る手法群の総称である．TSP に対する局所探索アルゴリズムでは，現在の巡回路に対する改良が試みられる．たとえば，都市の一部を現在の解（巡回路）で訪れる順に抜き出し，その訪問順を逆にすることで，全体の距離を短くできないかを探るのである．研究者の中には，局所探索アルゴリズムと自然界の現象との間に関連性を見出そうとしている人たちもいる．たとえば，巨大な分子が空間内で最小エネルギーの配置を見出すべく自らを折り曲げていく過程は，その総距離を小さくするように TSP 巡回路を修正していく局所探索アルゴリズムの実行に似ている．どの程度深くまで，これらの共通性が成り立つのかは興味深い研究課題である．

*1)　［訳注］実際には，巡回路で MSTP の解に使われる道の総距離 t' は，t より小さくなる．しかし，$t \geq t'$ であり（後に述べるように）$t' \geq m$ なので，$t \geq m$ は成立する．

5.　数学とアルゴリズム設計：相互の影響

数学の多くの分野がアルゴリズム設計のさまざまな面に活用されている．逆に，新しいアルゴリズム的問題の解析は，これまでかなりの場合，新しい数学の問題を提起してきた．

組合せ論やグラフ理論は，計算機科学の発展に伴って，これらの分野の中心的課題とアルゴリズム的問題が完全に結び付くほど，その本質が大きく変化してきたと言ってもよいだろう．確率論からの技法は，計算機科学のさまざまな分野で基本的なものとなった．代表的な例として，実行中にランダムな選択ができることを利用して計算能力を高める手法である乱択アルゴリズム[*2)]の研究がある．入力に対する確率モデルの研究からは，現実に起こりうる，より現実的な問題例の見方を与えることができる．離散確率論において，こうした研究は常に新たな問題を提起していく源にもなっている．

計算論的な見方は，数学における「特徴化」の研究で有効である場合が多い．たとえば，素数の特徴化問題は，素数判定はどの程度効率的に計算可能かというアルゴリズム的問題に直接関係してくる（実際，与えられた自然数 n を $\sqrt{n}$ までのすべての自然数で割って調べる方法より，指数関数的に良いアルゴリズムもいくつか知られている「計算数論」[IV.3 (2 節)] を参照）．**結び目理論** [III.44] における結び目でない輪の特徴化などの問題も，同様のアルゴリズム的側面を持っている．たとえば，3 次元空間において輪になっているひもで，自分自身に複雑に絡み合っているものが与えられたとしよう（コンピュータへの入力としては，交差した線分の列として与えられる）．それに対し，それが本当に結び目になっているのか，あるいは適当に動かすだけでほどけるのかを，どの程度効率的に判定することはできるだろうか？　同様の問いは，似たような数多くの数学の文脈で出てくる——もっとも，これらのアルゴリズム的問題は非常に具体的なので，もしかすると，当初問題を提起した数学者のもともとの意図の一部は失われているかもしれないが．

*2)　［訳注］このようなアルゴリズムの英語名称には，“probabilistic algorithm” と “randomized algorithm” の 2 通りがある（最近では後者のほうがよく使われている）．両者とも意味に違いはないので，本書ではどちらも「乱択アルゴリズム」と訳している．

アルゴリズム的発想と数学のさまざまな分野との関連をすべて列挙していく代わりに，本章のまとめとして，ある特定の応用におけるアルゴリズムの設計に関連した事例で，数学的発想が鍵となったものを二つ紹介しよう．

6.　ウェブ探索と固有ベクトル

1990 年代にワールドワイドウェブが一般にも大きく普及するにつれ，計算機科学の研究者たちは，ある難しい問題に取り組むようになってきた．ウェブは大量の役立つ情報を持っているのだが，管理構造はいわば野放しであり，その中で，個々の利用者が自分の探している情報を自力で見つけ出すことは非常に難しい．そのため，ウェブの黎明期に，人々は検索エンジン（search engine）を作り始めた．すなわち，ウェブ上の情報に索引を付け，利用者の問い合わせに対して，関連するウェブページを提示するシステムである．しかし，ウェブ上の数千，いや数百万の関連する話題の中で，ごく一部だけを利用者に見せるとしたら，検索エンジンはどの順番でページを示すべきだろうか？　これがランキング（ranking）問題，つまり与えられた話題に対して「最適な」情報源を決める問題である．TSP のような具体的な問題とは対照的な問題である．TSP では目標（すなわち最短巡回路）は疑問の余地がない．難しいのは最適解を効率良く求める点だけである．それに対して，検索エンジンにおけるランキング問題は，目標を定式化すること自体が問題の難しさの大きな要因になっている．実際，与えられた話題に対して「最適な」ページとは，どういうものだろうか？　言い換えれば，ウェブページのランク付けアルゴリズムは，ウェブページの品質の尺度を実際に定義する方法でもあり，それと同時に，この尺度で評価する方法でもある．

初期の検索エンジンは，純粋にウェブページ上の文字列に基づいてランク付けを行った．こうした手法は，ウェブが巨大化するにつれ，立ち行かなくなり始めた．というのも，ウェブ間のリンクに潜んでいる品質評価の情報を考慮していなかったからである．ネットでウェブページをたどっていると，質の高い情報源にたどり着くことが少なくない．これは重要なページが他のページからリンクを張られることで「支持されている」からである．この考察が，「リンク解析」を用いたページランキングを行う第 2 世代の検索エンジンを導いた．

最も単純なリンク解析は，単に各ページへのリンク数を数えることである．たとえば，「新聞」という質問に対して，「新聞」という単語を持っているページからのリンク数でページのランク付けを行うのである．別の言い方をすれば，「新聞」という単語を持つページによる投票でランク付けをする，と言ってもよいだろう．この手法は上位のページについてはうまくいくことが多い．たとえば，著名な「ニューヨークタイムズ」や「フィナンシャルタイムズ」などのページがリストの上位に来るだろう．しかしながら，少し下位になると急速に行き詰まり，あまり関係ないが，単に多数のリンクを持つページが上位に来てしまう可能性が高い．

リンクに潜む情報をもっとずっと有効に使うことも可能である．引き続き「新聞」に関するページのランク付けを考える．その際，上記の単純な投票で高位にランクされたページへリンクを多く張っているページを考えてみよう．このページの作者は，何がおもしろい新聞なのかについての良いセンスを持っていると期待してもよいだろう．そこで，もう一度投票を行う，ただし，今度は，このようなページの投票をより重く評価する．この再投票により，一般にはあまり知られていないが，新聞についての見識のあるウェブ制作者から評価を受けている新聞のウェブページのランクが押上げられるだろう．しかも，それにより，投票者の重みの精度を改善できるのである．この「反復改良の原理」は，ページの品質の評価に含まれる情報を使って，さらにより精度の高いページの評価を作り出す手法と言えよう．さて，この反復改良を繰り返していったとき，それが安定した解に収束するだろうか？

実は，この改良過程は，ある種の行列の最大**固有ベクトル** [I.3 (4.3 項)] を求める計算と見なすことができる．その見方に基づけば，この過程の収束性と得られるものの特徴について明確な答えが得られるのである．この関係を見るために少し用語と記法を導入しよう．各ウェブページには二つの点数が割り当てられる．一つは権威度（authority weight）であり，つまり，ある話題についてどれだけ重要な情報源であるかの尺度である．もう一つはハブ度（hub weight）であり，高品質な内容に対する投票者としてどれだけ重要かの尺度である．あるページは，このどちらかの尺度で高い点数を得るかもしれないが，両方で高い点が付くことは稀だろう．たとえば，著名な新聞のページが，他の著名な新聞のページを探すのに向いているとは思えない（もちろん，だからと言って両方で高得点が付かないとは言えないが）．このような点数を導入したもとでは，投票の 1 回分は次のように見ることができる．すなわち，権威度の観点からは，各ページの権威度を，そのページへリンクを張っている投票者のハブ度の総和として更新する計算であり，ハブ度の観点からは，各ページのハブ度を，そのページがリンクを張っているページの権威度の総和として更新する計算である（高い投票者からリンクを得ているページは権威度が高いはずであり，権威度が高いページを示しているページは投票者としての価値が高いはず，という考え方がこの背後にある）．

では，固有値がこれにどのように関係してくるのだろうか？　各ページに対応する行と列を持つ行列 M を考えてみよう．つまり，M の (i,j) 成分を，ページ i からページ j へのリンクがあれば 1，そうでなければ 0 と定義した行列である．次に各ページの（ある話題に対する）権威度を表すベクトルを $\boldsymbol{a}$ とする．つまり，ページ i の権威度を各成分 a_i とするベクトルである．同様に，ハブ度を表すベクトルは $\boldsymbol{h}$ で表す．そうすると，行列とベクトルの積の定義から，ハブ度を権威度で更新するということは，$\boldsymbol{h}$ を $M\boldsymbol{a}$ で置き換えることにほかならない．同様に，$\boldsymbol{a} = M^{\mathrm{T}}\boldsymbol{h}$ が権威度の更新に対応する（ここで M^{T} は M の転置行列である）．したがって，この更新を権威度とハブ度の初期ベクトル $\boldsymbol{a}_0$ と $\boldsymbol{h}_0$ に対して n 回行うと，$\boldsymbol{a} = (M^{\mathrm{T}}(M(M^{\mathrm{T}}(M \cdots (M^{\mathrm{T}}(M\boldsymbol{a}_0)) \cdots)))) = (M^{\mathrm{T}}M)^n \boldsymbol{a}_0$ が計算されることになる．これは行列 $M^{\mathrm{T}}M$ の最大固有ベクトル（principal eigenvector）を反復ベキ乗法（power-iteration method）で計算する方法，つまり，ある固定された初期ベクトルに対して $M^{\mathrm{T}}M$ のベキ乗を掛ける計算法である（実際には，各成分の値が無限に発散することを避けるため，各乗算のあとで正規化するのが普通である）．したがって，こうして求まる固有ベクトルが，上述の更新過程の収束先である権威度の安定値なのである．まったく対称的な理由により，ハブ度の収束先は MM^{T} の最大固有ベクトルである．

リンク情報に基づいた同様の尺度に Google の PageRank がある．これは別の計算法だが，反復修正に基づいて定義される評価値であることは同様である．前のように投票者と被投票者を区別する代わりに，ある単一の「重み」を各ページに仮定する．毎回，現在の各ページの重みは，それがリンクを張っているページに均等にばらまかれ，その総和をもとに重みが更新される．つまり，高く評価されているページからリンクが張られたページは，（更新ごとに）その評価を上げるのである．この更新計算も行列の積を用いて表すことができる．この場合には，M^{T} に対し，各行の要素を，その行に対応するページから出ていくリンク数で割った値にした行列を用いるが，やはり同様に，反復更新の結果は固有ベクトルに収束する（ただし，このままだとちょっとした問題がある．この場合の反復更新では，すべての重みがどのページへもリンクを持たない「行き止まり」のページに集まってきてしまう傾向が出てくるからである．そこで，この PageRank を実際に使う場合には，各反復の際に，ほんのわずかな量 $\varepsilon > 0$ を重みに加えて対処する．つまり，各要素の値を少し修正した行列で考えるのである）．

PageRank は検索エンジン Google の基本的な道具である．一方，権威度とハブ度は Ask 社の検索エンジン Teoma や，その他のウェブ検索システムの基本である．Google にしても Ask にしても，実際の検索エンジンはこれらの基本的尺度を（たとえばおのおのの特徴を組み合わせるなど）高度に調整して用いている．ウェブページの関連度と品質が（より細かな点で）最大固有ベクトルの計算とどのように関係しているかは，まだ活発に研究されている話題である．

7. 分散アルゴリズム

これまでは，一つのコンピュータの上で動くアルゴリズムについて述べてきた．計算機科学では，複数の互いに通信し合う「分散された」コンピュータ上での計算に関する研究も盛んに行われている．本章の最後の話題として，この幅広い分野に少しだけ触れてみよう．ここでの効率化の問題は，通信しているプロセス（計算過程）間の整合性と連携の維持が加わり，より一層複雑になってくる．

こうした問題を例示する身近な例として，現金自動支払機（ATM）のネットワークを考えてみよう．仮に，ある ATM である口座から x 円を引き出そうとすると，次の二つの処理が必要になる．すなわち，

(1) 銀行のコンピュータセンターのコンピュータに該当口座からの x 円の引き出しを伝え，(2) 実際にその金額を現金で出す，という処理である．さて，その際，(1) と (2) の処理の途中で ATM が故障したとして，お金が引き出せなかったとしよう．その場合には (1) の処理だけが行われる状況は，少なくとも回避したい．あるいは，ATM 側では (1), (2) の処理が正常に行われたけれども，その情報が中央のコンピュータに伝わる過程で（何らかの故障により）失われてしまったとしよう．その場合，今度は x 円が最終的には口座の預金額から引かれるようにしたい．分散計算の分野では，このような難しい状況が起きても希望どおりに動くアルゴリズムの設計が重要となってくるのである．

分散システムでの処理を行ったとき，あるプロセスの計算が長くかかる，あるいは，あるプロセスが計算の過程で動かなくなる，ある通信が失われてしまう，といった問題が生じる．これが分散システムの計算の解析を非常に難しくしている．というのも，この種の障害により，それぞれのプロセスの計算に対する「解釈」が異なってしまうからである．分散システム上の異なる障害により生じた二つの異なる実行でも，あるプロセス P から見るとまったく同じに見える，という現象は簡単に起こりうる．たとえば，その違いが P への通信に影響を及ぼさなければ，単純に P からは同じ実行に見えるはずである．しかも，もし P の最終結果が，この二つの実行で異なるべきであれば，これが問題を引き起こすことになるだろう．

そのようなシステムに関する研究は，1990 年代に代数的トポロジーでの研究と関連付けられたことで大きな進展を見せた．ここでは，説明の便宜のために，三つのプロセスにおける計算を考えよう．ただし，ここで説明されることは，すべて一般の場合でも成り立つ．この分散システムですべての実行を考えたとき，実行ごとに各プロセスからの（実行の）見え方が三つ決まる．そこで，この実行ごとの三つの見え方を三角形の三つの角（頂点）に対応付け，これらの三角形を次のような規則で結び付ける．すなわち，二つの異なる実行において，あるプロセス P からの見え方が同じなら，その実行に対応する二つの三角形を，各三角形における P の見え方に対応する頂点で貼り合わせるのである．この三角形の貼り合わせ操作を全部行ったとすると，一般にはきわめて複雑な幾何図形ができるだろう．これをその（分散）アルゴリズムの複体（complex）と呼ぶことにする（三つ以上のプロセスが計算に加わっている場合には，より高次元の物体ができる）．さて，詳細を簡単に述べることはできないが，研究者たちは，このように定義した複体のトポロジカルな性質が分散アルゴリズムの正当性に密接に関係していることを示した．

これは，数学の考え方がアルゴリズムの研究の思わぬところに現れたもう一つの重要な例だろう．数学の技法が分散計算のモデルの限界に対して新たな考察を導いたのである．アルゴリズムの解析に，計算を表す複体に関する代数的トポロジーの古典的な結果が加わって，この分野の未解決問題がいくつかの場合について解決された．それにより，たとえばある種の計算が，分散システムのもとでは実現不可能であるという結果を確立することができたのである．

文献紹介

アルゴリズムの設計は，計算機科学の学部科目の標準的な話題であることもあって，多くの良い教科書が出ている．たとえば，Cormen et al.（2009）や Kleinberg and Tardos (2005) がある．初期の計算機科学者が効率をどのように形式化しようとしたかについては，シプサーの解説論文（Sipser, 1992）を見るとよいだろう．TSP と MSTP は離散最適化の分野の基本的問題である．ロウラーらが編集した本（Lawler et al., 1985）では，その TSP というレンズを通してこの分野が解説されている．近似アルゴリズムと局所探索アルゴリズムについては，ホッフバウムが編集した本（Hochbaum, 1996）や，アーツとレンストラの編集によるもの（Aarts and Lenstra, 1997）に述べられている．ウェブ検索とリンク解析の役割については Chakrabarti（2002）に書かれている．ウェブ以外の応用や，固有ベクトルとネットワーク構造の間のさまざまな興味深い関係については，Chung（1997）に詳しい．分散アルゴリズムについては Lynch（1996）などがあるが，さらにトポロジーの手法を利用した分散アルゴリズムの解析に関しては，Rajsbaum（2004）を参照されたい．

Aarts, E., and J. K. Lenstra, eds. 1997. *Local Search in Combinatorial Optimization*. New York: John Wiley.

Chakrabarti, S. 2002. *Mining the Web*. San Mateo, CA: Morgan Kaufman.

Chung, F. R. K. 1997. *Spectral Graph Theory*. Providence, RI: American Mathematical Society.

Cormen, T., C. Leiserson, R. Rivest, and C. Stein. 2009. *Introduction to Algorithms*, 3rd ed. Cambridge, MA: MIT Press.
【邦訳】T・コルメンほか（浅野哲夫ほか訳）『アルゴリズムイントロダクション 第 3 版』（全 2 巻）（近代科学社，2012）

Hochbaum, D. S., ed. 1996. *Approximation Algorithms for NP-hard Problems*. Boston, MA: PWS Publishing.

Kleinberg, J., and É. Tardos. 2005. *Algorithm Design*. Boston, MA: Addison-Wesley.

Lawler, E. L., J. K. Lenstra, A. H. G. Rinnooy Kan, and D. B. Shmoys, eds. 1985. *The Traveling Salesman Problem: A Guided Tour of Combinatorial Optimization*. New York: John Wiley.

Lynch, N. 1996. *Distributed Algorithms*. San Mateo, CA: Morgan Kaufman.

Rajsbaum, S. 2004. Distributed computing column 15. *ACM SIGACT News* 35:3.

Sipser, M. 1992. The history and status of the P versus NP question. In *Proceedings of the 24th ACM Symposium on Theory of Computing*. New York: Association for Computing Machinery.

VII. 6

情報伝達の信頼性

Reliable Transmission of Information

マデュ・スダン［訳：水谷正大］

1. は じ め に

「デジタル情報」の概念は，電報の出現および当時は理論的領域であった計算機科学の始まりに応えて20 世紀中期に現れた．もちろん，通信信号を電気で利用することはさらに遡るが，初期の利用は音楽や音声など「連続的」性質を持つ信号であった．新しい時代は，有限アルファベットから拾われた文字の有限列として記述される英語の文章のような「離散的」メッセージの伝送（または送信）によって特徴付けられる．「デジタル情報」というフレーズはこうしたメッセージ群に適用されるようになった．

デジタル情報はこうしたメッセージ通信の課題を担当する工学や数学に対して新たな挑戦を提起した．これらの挑戦の根本要因は「雑音」である．すべての通信媒体には雑音があり，いかなる信号も完全に正しくは送信できない．連続的信号の場合，受信者（一般的にはわれわれの耳や目）はそうした誤差を何とか調整し，それらを無視することを学ぶ．たとえば，非常に古い音楽演奏を再生するときには通常パチパチした音があるが，品質がひどく悪くならなければこれを無視して音楽に集中することが可能である．しかしデジタル情報の場合，誤りは破壊的な影響がある．これを見るために，英語の文章で通信していて，通信媒体がたまたまミスをして送信文字の一つを入れ替えたと仮定しよう．このシナリオではメッセージ

WE ARE NOT READY（まだ準備ができていない）

は容易にメッセージ

WE ARE NOW READY（もう用意ができている）

に変更されてしまう．通信メディアの一部で一つの誤りがあれば，メッセージの意図が逆転してしまう．デジタル情報は本質的に誤りに寛容でない傾向があり，当時の数学者やエンジニアは伝達過程が信頼できないときでも信頼できる通信を行うための方法の考案を任されていた．

ここで，これを達成する一つの方法を示そう．任意のメッセージを伝えるために，メッセージの送信者はすべての文字を 5 回繰り返す．たとえば，メッセージ

WE ARE NOT READY（まだ準備ができていない）

を送信するために，送信者は

WWWWWEEEEE　　AAAAA $\cdots$

のように話すのである．受信者は五つの連続する文字ブロックのすべてが同じかをチェックすることによって（さほど多くなければ）誤りを捕捉することができる．五つの連続する記号がすべて同じでなければ，伝達中に誤りが生じたことは明らかである．五つの連続する記号に誤りが見られないときには（あるいはごくわずかに誤っていたとしても），この通信の方式のほうがもとの通信手段よりも信頼性が増している．最後に，誤りがもっと少ないときには，受信者はエラーが生じたと単に報告可能なだけでなく本当のメッセージを決定することができる．たとえば，5 文字ブロック内で高々二つの記号が間違うときには，5 文字の各ブロック内で最も生じやすい文字は元のメッセージからの文字であるはずである．たとえば，

WWWMWEFEEE　　AAAAA $\cdots$

のような文字列は，受信者には

WE A $\cdots$

として解釈される．

二つの誤りを訂正できるようにすべての記号を 5 回繰り返すことは，通信路を効果的に利用する方法には見えない．実際，この章の残りで示すように，長いメッセージを送信するときにはもっと良い方法がある．しかしこの問題を理解するためには，通信過程，誤りモデルや性能測定を注意深く定義する必要がある．これからそれを定義していこう．

2. モ　デ　ル

2.1 通信路と誤り

情報転送の問題における関心の中心は「通信の道筋」，つまり**通信路**である．通信路は**入力**（通信すべき原信号）と**出力**（送信された後の信号）を持つ．入力はある有限集合からの要素列からなる．たとえば英語を例にとると，これらの要素は**文字**で，有限集合は通常 Σ と記され**アルファベット**と呼ばれている．通信路は入力を受信者に送信しようとするが，その間に誤りが起こりうる．誤りの原因となる過程とアルファベットによって通信路は特徴付けられる．

アルファベット Σ はシナリオごとに異なる．上の例では，アルファベットは英語の文字 $\{A, B, \ldots, Z\}$，および場合によってはいくつかの句読点からなる．ほとんどの通信計画では，アルファベットは「文字」0 と 1 だけからなる「2 進アルファベット」で，その文字は**ビット**として知られている．一方，（CD や DVD などの）デジタル情報の記録に関する応用では，アルファベットは 256 要素を含む（「バイト」のアルファベット）．

アルファベットの指定は簡単だが，誤りが生じる道筋をうまい数学的モデルで定義しようとすれば，一層の配慮が必要になる．極端なものはハミングによって提案された最悪モデル（Hamming, 1950）で，通信路が行うことのできる誤りの数にある上限があって，その範囲内で可能な限り損失があるように誤りが選ばれるというものである．もっと穏やかな誤りのクラスをシャノンが提案した（Shannon, 1948）．彼は誤りが確率的過程としてモデル化できることを指摘した．

ある確率モデルに焦点を当てて，以下でその概念を説明しよう．このモデルでは，通信路の誤りは実パラメータ p（$0 \leq p \leq 1$）により特徴付けられる．この通信路を使うと確率 p で誤りが生じる．正確に言うと，送信者が要素 $\sigma \in \Sigma$ を送信すると確率 $1-p$ でその要素の出力は σ となるが，確率 p で一様にランダムに選ばれた他の Σ の要素 σ' となる．さらに，そしてこれはこのモデルの重要な点であるのだが，誤りは**独立**，つまり，通信路が以前にどの記号に作用したかをメモリに保持することなく，送信する各文字についてこの過程を繰り返すと仮定する．このモデルを以下では「パラメータ p を持つ Σ 対称通信路」（Σ-SC(p)）と呼ぶ．実際の重要な特別な場合が **2 進対称通信路**で，Σ が $\{0, 1\}$ の 2 進アルファベットであるような Σ 対称通信路である．このとき，入力ビットが 0 のときには対応する出力ビットは確率 $1-p$ で 0，確率 p で 1 になる．

誤りについてのこのモデルは簡単すぎる（また，Σ が 2 進アルファベット $\{0, 1\}$ でなければ不自然ですらある）ように見えるが，通信を信頼あるものにするときに生じるたいていの数学的課題のエッセンスを捉えていることがわかる．さらに，この設定において通信を信頼あるものにするために見出された解決策の多くは他の計画に一般化されており，したがってこの簡単なモデルは通信の実用および理論的研究の両方においてきわめて有用である．

2.2 符号化と復号

送信者は誤りを起こす通信路を通して文字列を送信したいと仮定する．これらの誤りを相殺する方法の一つは，通信路を通して文字列それ自身でなく冗長な情報を含むように文字列を変形して送ることである．そのために選択する変形過程をメッセージの**符号化**という．すでに符号化法の一つ，つまり文字列の各項を何度か繰り返すものを見た．しかし，これはそのための唯一の方法ではない．そこで，符号化を論ずるために次の一般的な枠組みを用いることにする．送信者に Σ の k 個の要素からなるメッセージがあるとき，何らかの方法でメッセージを $n > k$ であるような Σ の n 個の要素からなる新しい文字列に展開する．形式的には，送信者は**符号化関数** $E : \Sigma^k \to \Sigma^n$ をメッセージに適用する（Σ^k は Σ 内の文字の長さ k の文字列集合，Σ^n は長さ n の文字列集合を表す）．こうして，メッセージ $m = (m_1, m_2, \ldots, m_k)$ を受信者に伝達するために，送信者は m の k 個の記号でなく $E(m)$ の n 個の記号を通信路上で送信する．

このとき誤りが入り込んで，その後，受信者は文字列 $r = (r_1, r_2, \ldots, r_n)$ を受信する．目的は文字列 r を「圧縮」して k 個の文字列に戻し，(少なくとも誤りがさほど多くなければ) 誤りを取り除いて元のメッセージを得ることである．これは**復号関数** $D : \Sigma^n \to \Sigma^k$ を適応して達成される．復号関数は長さ n の元の文字列が長さ k の文字列にどのように変換されるかを教えてくれる．

関数 E, D の組の可能な候補が通信システムの設計者が利用できる選択肢である．その選択はシステムの性能を決定する．この性能をどのように測定するかを説明しよう．

2.3 目 標

形式ばらずに言うと，目標は 3 段階になっている．通信を可能な限り信頼あるものにしたい．同時に，通信路の効率を最大化したい．そして最後に，効果的計算によって実現したい．これらの目標を，以前に述べたモデル Σ-SC(p) の場合について注意深く以下に説明する．

まず信頼性を考えよう．メッセージ m から出発して，それを $E(m)$ と符号化し，通信路を通して渡すとき出力にはいくつかランダムな誤りが入り込んで文字列 y となる．受信者は y を復号して新しいメッセージ $D(y)$ を生成する．各メッセージ m に対して**復号エラー**，すなわち $D(y)$ が実際には元のメッセージ m に等しくなくなる確率がある．通信の信頼性をこの確率の最大値で測る．これが小さければ，オリジナルメッセージ m がどうであろうとも復号エラーは起こりそうもないことがわかり，したがって通信は信頼できると見なせる．

次に，通信路の効率を見てみよう．これは符号化の**符号化レート**，つまり量 k/n で測られる．言い換えれば，それは符号化したメッセージの長さに対する元のメッセージの長さの比で，この比が小さければその通信路の効率は低くなる．

最後に，実際的に考えれば符号化と復号を速くできるのが望ましい．信頼できしかも効果的な符号化と復号関数でも，それらが計算に非常に時間がかかるとなればたいして役に立たない．アルゴリズム設計における標準的取り決めによると，動作時間が**多項式時間**，つまり，実行時間がその入力長と出力長についての多項式関数で上から抑えられていれば，そのアルゴリズムは実現可能であると見なせる．

上の考えを説明するために，アルファベットのすべての文字を 5 回繰り返す「反復符号化」を解析してみよう．簡単のために，アルファベット Σ を $\{0,1\}$ にとり，確率 p を固定して，メッセージ長を ∞ としたときこのモデルの挙動を考えよう．符号化関数は長さ k の文字列を長さ $5k$ の文字列とするので符号化レートは $1/5$ となる．5 文字の送信ブロックで，3 回以上の誤りを含む確率は

$$p' = \binom{5}{3} p^3(1-p)^2 + \binom{5}{4} p^4(1-p) + \binom{5}{5} p^5$$

である．そのブロックが復号エラーを生じない確率は $1 - p'$ であり，よって復号エラーのない確率は $(1-p')^k$，復号エラーがある確率は $1-(1-p')^k$ となる．$p > 0$ を固定して $k \to \infty$ とすると，$(1-p')^k$ は（指数的に速く）0 に近づき，よって復号エラーの確率は 1 に近づく．したがって，この符号化/復号の組にはまったく信頼性がなく，その符号化レートもまったく良くない．ただ，その埋め合わせとして計算が簡単なことだけである（その計算効率は操作回数で抑えられ，k に関して線形なことがすぐにわかる）．

反復符号法を救い出す一つの方法はすべての記号を $c \log k$ 回繰り返すことである．大きい定数 c について，復号エラーの確率は 0 になるが，このとき符号化レートも同時に 0 になる．シャノンの成果以前は，この種のトレードオフは避けられず，すべての符号化/復号スキームは 0 に近い小さな符号化レートとなるか，または 1 に近い確率で誤りがあるかのいずれかだと信じられていた．あとで見るように，実際には三つの目標すべてを達成する符号化スキームを定義することが可能で，それは正の符号化レートで動作し，(確率的または最悪モデルのいずれかで) 一定の時間間隔で生じる誤りを訂正することができ，効果的な符号化および復号アルゴリズムを使用する．この注目すべき結果の洞察のほとんどはシャノンの講義録 (Shannon, 1948) に遡る．その論文で彼は計算論的には効率的ではないが最初の二つの目標を満足する符号化と復号関数の初めての例を与えている．

シャノンの符号化および復号関数はそれゆえ実用的ではないが，今となって考えると，通信路に対する理論的洞察を得るために効率的な計算性を無視したことはきわめて有益であったことがわかる．一般的経験則が働いているらしく，きわめて優れた符号

化および復号関数の性能は計算論的にも効果的な符号化および復号関数によっていくらでも釣り合わすことができる．これは効率化の目標を他の二つの目標と分けて考えることを正当化する．

3.　良い符号化と復号の存在

この節では，きわめて良い符号化レートと信頼性を持つ符号化および復号関数の存在を立証する結果を説明する．最初にシャノンによって証明されたこれらの結果を記述するために，本質的にはシャノンと同時期の研究でハミングによって導入された二つの関連する概念を考えると便利である．

これらの概念を理解するために，何が符号化関数 E を良くしたり悪くするかの説明から始めよう．**復号関数**の仕事は，文字列 y を受け取ったときに，元のメッセージが何であるかを明らかにすることである．このことは，いかなる二つのメッセージも同じようには符号化されないので，符号化されたメッセージ $E(m)$ が何かを明らかにすることと同等であることに注意する．可能な符号化メッセージを**符号語**という．つまり，符号語とは，あるメッセージ $m \in \Sigma^k$ に対して $E(m)$ として生じる長さ n の文字列である．

心配なことは，誤りが入り込んだあとで二つの符号語を混同する可能性であり，これは符号語の集合だけに依存し，符号語がどのような元メッセージに対応しているかには依存しない．そこで，最初は奇妙だと思える定義を導入する．つまり，**誤り訂正符号**とはアルファベット Σ 内の長さ n の任意の文字列集合（つまり Σ^n の部分集合）である．誤り訂正符号の文字列も符号語という．この定義はメッセージの符号化の実際の過程を完全に無視しているが，符号化レートと誤りの復号に焦点を当てることを可能にする一方で，計算論的な効率を無視できる．符号化関数 E が与えられると，対応する誤り訂正符号は E の符号語すべての集合となり，これは数学的には関数 E の像である．

誤り訂正符号を良くも悪くもするものは何だろうか？　この問いに答えるために，アルファベットが $\{0,1\}$ で，その符号が二つの文字列 $x = (x_1, x_2, \ldots, x_n)$ と $y = (y_1, y_2, \ldots, y_n)$ を含んでいて d 個の場所で異なっているときに何が起こるかを考えてみよう．誤りが確率 p で入り込むと，x が y に変換される確率は $p^d(1-p)^{n-d}$ である．$p < 1/2$ とするとき，この確率は d が大きくなると小さくなり，小さい d では文字列 x と y が混同されやすい．それゆえに，少ない場所でだけ異なっている符号では文字列の組は多くあるべきではない．同様な議論はより大きいアルファベットの場合にも適用される．

以上の考察は，この文脈できわめて自然な定義を導く．アルファベット Σ および Σ^n に属する二つの文字列 $x = (x_1, x_2, \ldots, x_n)$ と $y = (y_1, y_2, \ldots, y_n)$ が与えられたとき，x と y との**ハミング距離**を $x_i \neq y_i$ である座標 i の数として定義する．たとえば，$\Sigma = \{a, b, c, d\}$ で $n = 6$ とする．文字列 $abccad$ と $abdcab$ は 3 番目と 6 番目で異なっており，ほかでは一致しているので，ハミング距離は 2 である．目標は，付随する符号がその符号語の間の代表的ハミング距離を最大化するような符号化関数 E を見出すことである．

これに対するシャノンの解はきわめて単純な**確率論的方法** [IV.19 (3 節)] の応用である．彼は符号化関数をランダムに拾い出した．つまり，すべてのメッセージ m について，符号化 $E(m)$ を集合 Σ^n からすべての選択が等しく起こりうるように完全にランダムに選ぶのである．さらに，すべてのメッセージ m に対して，この選択は他のすべてのメッセージ m' の符号化に独立である．こうした選択がほとんど常に符号語間の平均的な距離が大きい符号を導くことを示すことは確率論の基本における良い演習である．実際，符号語間の最小の距離ですらほとんど常に大きい．しかしここではこれを示さない．その代わりに，高い確率でこのランダムな選択が符号化レートおよび信頼性の観点から「ほとんど最適な」符号化関数を導くことを議論する．

まず，復号関数は何であるべきかを考えよう．計算論的要求がない中では，何が「最適な」復号アルゴリズムかを言うことは難しくない．文字列 z を受け取ったとき，この文字列をもたらしそうなメッセージ m を選ぶべきである．$p < 1 - 1/|\Sigma|$ なる Σ-SC(p) モデルでは，これは符号化 $E(m)$ がハミング距離で測って z に最も近いような m であることが簡単に確かめられる（最小の距離が $E(m)$ と $E(m')$ の両方で達成されたなら，それらのどちらかを任意に選択できる）．p についての条件がここでは重要になる．文字列 $E(m)$ が通信路を通過するとき，$|\Sigma|$ 個の異なる可能性の中で与えられた項に対応する出力として最もありそうなのは入力と同じ出力だと保証する．こ

の条件がなければ，z が $E(m)$ に近いと期待する理由はなくなる．誤り確率 p とアルファベットの大きさだけに依存する数 C があって，C より小さい符号化レートを持つランダム符号化関数に対して，この復号関数は高い確率で元のメッセージを回復することを論じよう．余談だが，シャノンは，同じ定数 C に対し，C よりも大きな符号化レートでの通信の試みが誤る確率は指数的に 1 に近づくことも示している．この結果のため，定数 C を通信路の**シャノン容量**という．

再び，簡単のために 2 進アルファベット $\{0,1\}$ の場合を考える．この場合，$\{0,1\}^k$ から $\{0,1\}^n$ へのランダム関数 E を選択して，適当な環境下で得られる符号は，ほとんど確かに信頼性があることを示したい．このために，一つのメッセージ m に焦点を当て，二つの基本的アイデアを利用する．

最初のアイデアは**大数の法則** [III.71 (4 節)] の正確な形である．誤りの確率が p のとき，符号語 $E(m)$ に入り込む誤りの数の期待値は pn である．公正な硬貨を 1 万回投げるとき表の数が 5 千に近くないとすれば驚きであるように，n が大きければ，実際の誤りの数はほとんど確かにこの数に近くなる．この結果を形式的に表すと次のようになる．

主張　誤りの数が $(p+\epsilon)n$ を超える確率は高々 $2^{-c\epsilon^2 n}$ であるような定数 $c>0$ が存在する．

同じことは誤りの数が $(p-\epsilon)n$ よりも少ない確率についても言えるが，その結果は使わない．

n が大きいと，$2^{-c\epsilon^2 n}$ はきわめて小さく，誤りの数はほとんど確かに高々 $(p+\epsilon)n$ である．誤りの数は，送信された符号語 $E(p)$ に対する通信路の出力である y からのハミング距離に等しい．それゆえ，y から最小のハミング距離を持つ符号語を選択するような復号関数は，$E(m')$ が $(p+\epsilon)n$ よりも y に近いようなメッセージ m' がなければ，ほとんど確かに $E(m)$ を選択する．

確かにそうなっていると言うことのできる 2 番目の根拠は「ハミング球は小さい」ということである．z を $\{0,1\}^n$ 内の文字列とする．このとき，「z のまわりの半径 r のハミング球」は z から高々ハミング距離 r を持つ文字列 w の集合である．この集合はどれほど大きいだろうか？　z からちょうどハミング距離 d を持つ文字列 w を特徴付けるためには，w と z とが d か所で異なるような集合を指定すれば十分である．この集合を選ぶのに $\binom{n}{d}$ 通りあり，したがって高々距離 r にある文字列の数は

$$\binom{n}{0}+\binom{n}{1}+\binom{n}{2}+\cdots+\binom{n}{r}$$

である．$r=\alpha n$ で $\alpha<1/2$ とすると，この数は高々定数項 $\binom{n}{r}$ である．というのも，各項は少なくとも前の項の

$$\frac{n-r}{r}=\frac{1-\alpha}{\alpha}$$

倍であるからである．しかし

$$\binom{n}{r}=\frac{n!}{r!(n-r)!}$$

であり，**スターリングの公式** [III.31]，あるいはもっと緩やかな近似 $n!=(n/\mathrm{e})^n$ を使うと，これはだいたい $(1/\alpha(1-\alpha))^n$ となって，よって $2^{H(\alpha)n}$ である．ここで

$$H(\alpha)=-\alpha\log_2\alpha-(1-\alpha)\log_2(1-\alpha)$$

である（$H(\alpha)$ は，α と $1-\alpha$ が 1 よりも小さく，それゆえ負の対数を持つために正であることに注意する）．関数 H を**エントロピー関数**という．それは連続で，$H(0)=0$ および $H(1/2)=1$ であり，$[0,1/2]$ 上で真に増加する．したがって，$\alpha<1/2$ のとき，$H(\alpha)<1$，それゆえ $2^{H(\alpha)n}$ は 2^n よりも指数的に小さい．これが半径 αn のハミング球は小さいということの意味である．

α を $p+\epsilon<1/2$ とする．このとき，一つランダムに選ばれた文字列 $E(m')$ が y のまわりの半径 $(p+\epsilon)n$ のハミング球にある確率は高々 $2^{H(p+2\epsilon)n}2^{-n}$ である（2ϵ は上の球の大きさの評価においてわずかな不正確さを補正するためのものである）．m' には 2^k-1 個の可能性があるので，$E(m')$ をその球内に見出す確率は高々 $2^k2^{H(p+2\epsilon)n}2^{-n}$ である．したがって，$k\le n(1-H(p+2\epsilon)-\epsilon)$ のとき，この確率は高々 $2^{-\epsilon n}$ となって，指数的に小さい．

ϵ を好きなだけ小さく選ぶことができるので，k/n を好きなだけ $1-H(p)$ に近づけることができるが，復号の指数的に小さい誤りはまだ残ったままである．量 $1-H(p)$ は先に議論した定数 C で，2 進対称通信路のシャノン容量であることがわかる．したがって，2 進対称通信路の容量は $p<1/2$ なら常に正となる．

シャノンの定理とその証明は上の例で説明したものよりもはるかに一般的である．多種多様な通信路

と多種多様な（確率的な）誤りに対して，彼の理論は通信路容量を突き止め，信頼性ある通信は通信路の符号化レートがその容量よりも少ないときに限り可能であることを示している．シャノンの証明は具体的な工学において確率論的な方法を利用した著しい例である．しかしながら，符号化と復号のアルゴリズムはまったく実用的でないことに注意する．証明はどのように符号化関数を見出すかの手がかりは与えていないが，もちろんどれが良いかをチェックするためにすべての符号化関数 $E:\{0,1\}^k \to \{0,1\}^n$ を考えることはできる．しかし，そのような関数が見つかったとしてもそれは簡素な記述を持たないかもしれず，その場合は，符号化器や復号器がそのメモリ内にこの符号化関数を指数的に長い表として記憶しなければならない．最後に，復号アルゴリズムは最近接の符号語についての力づくの探索を伴うように見える．それは実用的に利用できるようなシャノンの定理の計算論的に効率的なバージョンを得るための最もゆゆしい障害だと思える問題である．この定理がわれわれに明確に伝えているものは，通信路の限界と潜在的な効率についての重要な洞察である．これを考慮に入れると，努力すべき正しい目標を設定して一層実用的な符号化と復号過程を工夫できるようになる．次の節で，0 ではなく，一定比率の誤りを許容し，効率的なアルゴリズムによってこの両方を実現するような定まった符号化レートの達成が可能であることを示す．

4.　効果的符号化と復号

効率的に計算できる符号化および復号関数を設計する仕事に戻ろう．現在では，そのような関数を構成するための少なくとも二つの非常に異なったアプローチがある．ここでは有限体上の代数に基づくアプローチを説明する．もう一つのアプローチは拡大**グラフ** [III.24] の構成に基づいているが，ここでは説明しない．

4.1　代数を利用した大きいアルファベットのための符号

この項では，Σ が少なくとも n 個の要素を持つ**有限体** [I.3 (2.2 項)] であるような符号化関数 $E:\Sigma^k \to \Sigma^n$ を得るための簡単な方法を説明する（q 個の要素を持つ有限体は，q が素数 p と正整数 t によって p^t の形になっているときにはいつでも存在することを思い起こそう）．こうした符号はリードとソロモンが導入し（Reed and Solomon, 1960），**リード–ソロモン符号**と呼んでいる．

リード–ソロモン符号は n 個の異なる体の要素 $\alpha_1,\dots,\alpha_n \in \Sigma$ の文字列によって特徴付けられる．与えられたメッセージ $m=(m_0,m_1,\dots,m_{k-1}) \in \Sigma^k$ に対して，そのメッセージに多項式 $M(x)=m_0+m_1x+\cdots+m_{k-1}x^{k-1}$ を関連付ける．m の符号化は単に文字列 $E(m)=M(\alpha_1),M(\alpha_2),\dots,M(\alpha_n)$ である．言い換えると，文字列 m を符号化するためには文字列の項を次数 $k-1$ の多項式の k 個の係数として取り扱い，この多項式が $\alpha_1,\dots,\alpha_n$ でとる値を書き出すのである．

この符号の誤り訂正容量の説明に先立って，この符号の特徴付けは非常に簡素であり，体 Σ および n 個の要素 $\alpha_1,\dots,\alpha_n$ の記述だけですべて表されることに注意する．$M(\alpha)$ を計算するために必要な加法と乗法の数は，ある定数 C に対して高々 Ck であることを示すことは易しい（たとえば，$3\alpha^3-\alpha^2+5\alpha+4$ に対して，3 から始めて，α を掛け，1 を引き，α を掛け，5 を加え，α を掛けて 4 を加える）．したがって，完全な符号化を計算するために必要な体の操作数は，ある（異なった）定数 C を使って上から Cnk で抑えられる（実際，高々 $Cn(\log n)^2$ ステップ必要な符号化問題については一層洗練され効率的なアルゴリズムが知られている）．

符号の誤り訂正の性質を考えよう．任意の二つのメッセージ m_1 と m_2 の符号化は少なくともハミング距離 $n-(k-1)$ を持つことを示すことから始める．これを見るために，$M_1(x)$ と $M_2(x)$ を m_1 と m_2 に付随する多項式とする．さて，差 $p(x)-M_1(x)-M_2(x)$ は高々次数 $k-1$ を持ち，それは零多項式ではなく（M_1 と M_2 は異なるので），したがって高々 $k-1$ 個の根を持つ．このことは，$M_1(\alpha)=M_2(\alpha)$ であるような高々 $k-1$ 個の α の値があることを教えている．したがって，文字列

$$E(m_1)=(M_1(\alpha_1),M_1(\alpha_2),\dots,M_1(\alpha_n))$$

および

$$E(m_2)=(M_2(\alpha_1),M_2(\alpha_2),\dots,M_2(\alpha_n))$$

の間のハミング距離は少なくとも $n-k+1$ になることがわかる．

z が任意の文字列のとき，その $E(m_1)$ と $E(m_2)$

の少なくとも一つとのハミング距離は $\frac{1}{2}(n-k)$ 以上である．それゆえ送信中に生じる誤りの数が高々 $\frac{1}{2}(n-k)$ であれば，そのとき元のメッセージ m は受信した文字列 z によって一意に決定される．はっきりしていないのは m が何であるかを解決する効率的アルゴリズムがあるかであるが，意外なことに，これから説明するように，(n について) 多項式時間アルゴリズムで m を計算することが可能である．

復号アルゴリズムがすべきことは何だろうか？ それは数 $\alpha_1,\ldots,\alpha_n$ と受信文字列 $z_1,\ldots,z_n$ を与えられたとき，高々 $\frac{1}{2}(n-k)$ 個を除くすべての i について $M(\alpha_i)=z_i$ であるような $k-1$ 次以下の多項式 M を見つけることである．そのような多項式が存在すれば，先ほど見たようにそれは一意的であり，(誤りの数が高々 $\frac{1}{2}(n-k)$ 個であれば) その係数が元のメッセージを与えることになる．

誤りがないときには処理はもっと簡単になり，k 個の連立方程式を解くことによって k 個の値から次数 $k-1$ の多項式 M の係数を決定することができる．しかし，使っている値のいくつかが正しくないときには完全に異なった多項式となり，したがってこの方法をわれわれが実際に直面する問題に利用することは容易でない．

この困難を克服するために，M が存在して文字列 $M(\alpha_1),\ldots,M(\alpha_n)$ に入り込む誤りが $i_1,\ldots,i_s$ で生じると考えてみよう．ここで，$s\leq\frac{1}{2}(n-k)$ である．このとき，多項式 $B(x)=(x-\alpha_{i_1})\cdots(x-\alpha_{i_s})$ は高々次数 $\frac{1}{2}(n-k)$ を持ち，x が α_{i_j} であるときにだけ零になる．$A(x)$ は $M(x)B(x)$ に等しいとする．このとき，$A(x)$ は高々次数 $k-1+\frac{1}{2}(n-k)=\frac{1}{2}(n+k-2)$ の多項式であり，すべての i について $A(\alpha_i)=z_iB(\alpha_i)$ となる (i で誤りがなければ，$z_i=M(\alpha_i)$ であるので，これは明らかである．また，i で誤りがあれば，両辺は 0 である)．

逆に，次数が高々 $\frac{1}{2}(n+k-2)$ の多項式 $A(x)$ およびすべての i について $A(\alpha_i)=z_iB(\alpha_i)$ であるような次数が高々 $k-1$ の $B(x)$ を見つけようとしていると仮定する．このとき，$R(x)=A(x)-M(x)B(x)$ は高々次数 $\frac{1}{2}(n+k-2)$ の多項式で，$M(\alpha_i)=z_i$ のときはいつでも $R(\alpha_i)=0$ である．高々 $\frac{1}{2}(n-k)$ 個の誤りがあるので，これは i の少なくとも $n-\frac{1}{2}(n-k)=\frac{1}{2}(n+k)$ 個の値で生じる．したがって，R の解の数はその次数よりも大きく，これより R は恒等的に 0 で，すべての x について $A(x)=M(x)B(x)$ となる．このことより M が決定できて，$A(x)$ および $B(x)$ が非零であるような与えられた k 個の x の値について，$M(x)=A(x)/B(x)$ の k 個の値を決定でき，したがって M を決めることができる．

要求された性質を持つ多項式 $A(x)$ および $B(x)$ を実際に (効率的に) 見出せることを示すことが残っている．n 個の拘束 $A(\alpha_i)=z_iB(\alpha_i)$ は A および B の未知係数に関する n 個の線形関係となる．B が $\frac{1}{2}(n-k)+1$ 個の係数，A が $\frac{1}{2}(n+k)$ 個の係数を持つので，未知数の合計は $n+1$ である．方程式系は斉次で (つまり，すべての未知数を零にすれば解を得る)，未知数の数は関係式の数よりも大きいので，非自明な解，つまり $A(x)$ および $B(x)$ が両方とも零多項式でないような解が存在しなければならない．さらに，ガウスの消去法によってそのような解を高々 Cn^3 ステップで見出すことができる．

要約すると，二つの異なる低次多項式はあまりに多くの値について等しくなり得ないという事実を利用して符号を構成した．そのとき，復号の目的のために低次多項式の厳格な代数構造を利用する．これを実行可能とする主たる道具は線形代数，特に連立方程式系の解法である．

4.2 良い符号を使ったアルファベットの大きさの低減

前の項のアイデアは効率的な符号化および復号アルゴリズムを持つ符号をどのように構成するかを示すが，それらは比較的大きなアルファベットを利用している．この項では，これらの結果を 2 進符号に利用しよう．

始めるにあたり，大きなアルファベット上の符号を 2 進アルファベット $\{0,1\}$ 上の符号に変換するきわめてわかりやすい方法を考えよう．簡単のために，ある整数 ℓ について大きさ 2^ℓ のアルファベット Σ 上のリード–ソロモン符号があると仮定する．この場合，Σ^k を Σ^n に写像するリード–ソロモン符号化関数を $\{0,1\}^{\ell k}$ から $\{0,1\}^{\ell n}$ への関数と見なすことができる (たとえば，Σ^k の要素は，それぞれが長さ ℓ の k 個の 2 進文字列である．これらを結合して長さ $k\ell$ の 2 進文字列を一つ得る)．二つの異なるメッセージの符号化は少なくとも Σ の $n-k+1$ 個の要素が異なっているため，それらは少なくとも $n-k+1$ ビット異なっている．

このことは2進アルファベット上のかなり理にかなった符号を与える．しかしながら，$n-k+1$ は ℓn の決まった比率ではなく，割合 $(n-k+1)/\ell n$ は $1/\ell$ よりも小さい．Σ の大きさである 2^{ℓ} は少なくとも n でなければならないので，この比率は高々 $1/\log_2 n$ であることがわかり，これは n が無限大になると零になる．しかし，これはこれから見るように，簡単な方法で解決できる．

単純な2進的方法の問題では，Σ の二つの異なる要素は1ビットでだけ異なるような2進文字列で表すことができる．しかしながら，長さ ℓ の二つの2進文字列間のハミング距離は通常はもっと大きく，ある正定数 c について $c\ell$ に近い．Σ の要素をある長さ L の2進文字列で表して，使われる文字列の任意の二つの間のハミング距離が少なくとも cL であるようにできると仮定する．このことは上の議論を改良させてくれる．二つのメッセージの符号化が Σ の少なくとも $n-k+1$ 個の要素で異なっているとき，それらは，ちょうど $n-k+1$ ではなく，少なくとも $cL(n-k+1)$ ビットで異なっていなければならず，これは Ln の正の割合である．

要求していることは，長さ ℓ の2進文字列をどの二つの符号語も互いに cL よりも近くないようにして，長さ L の文字列として符号化することである．しかし，前の項から，L と c が適当な条件を満たしさえすればそのような符号化が存在していることを知っている．たとえば，$L \leq 10\ell$ および $c \geq 1/10$ で働く符号化関数を見つけることが可能である．

では，これをどのように利用するのだろうか？　長さ ℓk の2進文字列 m から始めよう．上のように，これにアルファベット Σ の長さ k の文字列を関連付ける．このとき，この文字列をリード–ソロモン符号で符号化して，アルファベット Σ の長さ n の文字列を得る．次に，この文字列の各項を長さ ℓ の2進文字列に変換する．そして最後に，これら n 個の2進文字列のそれぞれを良い符号化関数を使って長さ L の文字列として符号化して，長さ Ln の2進文字列を得る．そのとき，この文字列を誤りが入り込むかもしれない通信路を通じて渡す．受信者は，受け取った文字列を長さ L の n ブロックに分割し，それぞれのブロックを復号してそのブロックのもととなった長さ ℓ の2進数文字列を割り出し，その2進文字列を Σ の要素として解釈する．これは Σ の n 個の要素の文字列をもたらす．そしてリード–ソロモン復号アルゴリズムを使ってこの文字列を復号し，Σ の k 個の要素の文字列を生成する．結局，これは長さ ℓk の2進文字列に変換できる．

長さ ℓ の文字列を長さ L のものへ，およびその逆に変換する符号化と復号手続きの効率についてはそれが存在すると述べるだけで何も言ってこなかった．効率はわれわれの優先事項であると仮定しているので，これは奇妙なように見える．初めに解こうとしていた問題と同じ問題に今になって直面しているのだろうか？　幸いにも，そうでない．というのも，これらの符号化と復号手続きに指数的時間がかかるとしても，指数的なのは L の関数としてであり，L は n よりもはるかに小さいからである．実際，L は $\log n$ に比例し，したがって 2^L は n の多項式関数によって上から抑えられる．これは有用な原理で，それらをきわめて短い文字列にだけ適用している限り，指数的複雑さの手続きでも使えるのである．

こうして符号を明示的に特徴付けようとしなくても，多項式時間で動作し，一定比率の誤りを訂正する符号化と復号アルゴリズムが存在することを立証したことになる．この節を終えるために，まだ議論されていない復号の誤りの確率についての問いを述べておこう．符号化関数（と復号関数）を構成する先に説明された技巧は上に述べた符号の改良にも使うことができ，符号化と復号は多項式時間で行われるが，復号の誤り確率はパラメータ p を持つ2進対称通信路では指数的に小さくなって，そのレートは理論的な最大値であるシャノン容量にいくらでも近くなる（そのアイデアは，1に近いレートを持つリード–ソロモン符号をランダムな内部符号を使って構成して，ランダムな誤りを使うと内部符号化ステップのほとんどを正しく復号できることを示すことである．そのとき，外部の復号ステップを使って，「ほとんど正しい復号」を「完全に正しい復号」に変換する）．

5.　通信と記憶装置への影響

誤り訂正符号の数学的理論は情報の記憶装置と通信の技術に深い影響を及ぼした．これを以下に説明しよう．

デジタルメディアの情報記憶装置は誤り訂正符号のおそらく最大の成功物語である．記憶装置メディアの最も知られている形式，特にオーディオデータCD・DVDの規格はリード–ソロモン符号に基づいた誤り訂正符号化を定めている．実際，それらは $\mathbb{F}_{256}^{223}$ を $\mathbb{F}_{256}^{255}$ へ写像する符号に基づいている．ここで，$\mathbb{F}_{256}$ は256個の要素を持つ有限体である．オーディオCDでは符号はわずかなスクラッチから守るために利用され，より深刻なスクラッチは可聴エラーを招く．データCDでは誤り訂正は強くて（より冗長性があり），深刻なスクラッチでもデータ損失を招かない．（CDやDVDの）どの場合でも，これらの機器の読み取り装置はメディア上の情報を読むときには復号が高速なアルゴリズムを使う．代表的にはこれらのアルゴリズムは先の節のアイデアに基づいているが，ずっと高速な実装になっている（実際，E・バールカンプ（E. Berlekamp）によるアルゴリズムが広く使われている）．実際，CD読み取り装置はその高速読み取り速度を高速復号アルゴリズムに負っている．同様に，DVDの容量が（CDに比べて）増えた原因の一つは良い誤り訂正符号にある．事実，音楽を連続的な形で記録する，伝統的でいまやほとんど絶滅したレコードに対して，音楽をデジタル的に記録するCDが優位性を確立するのに，誤り訂正符号技術は大きな役割を演じた．こうして，符号理論における数学的進化はこの技術において支配的役割を演じた．

同様に，誤り訂正符号は通信に深い影響を及ぼした．1960年代後半から，誤り訂正符号（と復号）は衛星から地球上の基地局への通信に使われてきた．最近，誤り訂正符号は携帯電話やモデムでも使われている．さらに，この章が書かれた時期に最も広く使われていた符号はリード–ソロモン符号であるが，この状況は「ターボ符号」と呼ばれる新しいクラスの符号の発見以来急速に変わっている．この新しい符号族はランダムエラーに対して（リード–ソロモン符号に基づいた方法で提供されるよりも）著しい耐性を提供しているようで，使用される符号が小さなブロック長のときですら簡単で速いアルゴリズムを使う．これらの符号と対応する復号アルゴリズムは，**グラフ理論** [III.34] からの洞察を得て構成された符号についての興味を復活させている．ターボ符号の良い性質の多くは経験的にだけ観察されてきた．つまり，符号は実際にうまく働くように見えるが，その働きは厳密には証明されていなかった．それにもかかわらず，その観察は通信の新標準としてその符号を規定せざるを得なかった．

最後に，利用されている符号の多くは数学的に研究されてきたものに基づいているが，このことはそれらがさらに設計されずにすぐに配備されるという意味にとられるべきではないことを強調しておく．たとえば，宇宙船マリナー号はリード–ソロモン符号でなく，ブロック間での同期を可能にするその改訂版を使った．同様に，記憶装置で使われるリード–ソロモン符号はディスク全体に注意深く広がっていて，その物理装置が大きなアルファベット上の符号モデルに近づくことを可能にしている．ディスク表面上のスクラッチによる誤りはディスクの小さな部分にある大きなビットの集まりを破壊させやすいことに注意する．ブロックの全データがそのような近傍にあるとき，ブロック全体が失われてしまう．したがって，情報の255バイトの各ブロックはディスク全体に広がっている．一方，バイトそれ自身は $\mathbb{F}_{256}$ の要素であるが，近接して8ビットとして書かれている．よって，それら八つのうちの一つのビットを破壊するスクラッチは近傍にある他のビットをも破壊してしまうかもしれない．しかしながら，これは8ビットの全体の集まりを一つの要素として見るというモデルの観点から大丈夫である．一般に，誤り訂正理論を与えられたシナリオに適用する正しい方法を見つけ出すことは主要な課題であり，多くの成功談は注意深い設計選択がなされていなければ到底成功しなかっただろう．

数学と工学はこの領域では互いを糧にし続けている．リード–ソロモン符号を復号する新しいアルゴリズムのような数学的成功は，新アルゴリズムを開発する技術をどう適応させるかという挑戦を生む．きわめてうまく動作するターボ符号の発見のような工学的な成功は，この成功を説明する形式モデルと解析を考え出すという挑戦を数学者につきつけている．そして，そのようなモデルや解析が現れれば，ターボ符号の能力を超えるような新たな符号の発見に繋がり，新しい規格となるかもしれない．

6. 参考書についての注意

信頼性のある通信と情報の蓄積の理論は多くを Shannon (1948) と Hamming (1950) の成果に負っており，それらはこの章の多くの基礎になっている．4.1項のリード–ソロモン符号は Reed and Solomon (1960) にある．その符号化アルゴリズムは Peterson (1960) に起源があるが，ここで与えたアルゴリズムは大幅に簡単化した．符号構成の技巧は Forney

(1966) による.

多年にわたって，符号理論は多くの成果を蓄積してきた．そのいくつかは高速な良い符号構成を与えている．他は符号がどのようにうまく働くかについての理論的な上限を与えている．理論は非常に多岐にわたる数学的道具を使い，その多くはこの章で説明したものよりも高度である．中でも最も注目すべきものは，代数幾何とグラフ理論で，きわめて良い符号を構成するために使われる．また，直交多項式の理論は符号化レートや信頼性のような符号のパラメータに関する極限を証明するために使われる．膨大な参考文献のハイライトのほとんどは Pless and Huffman (1998) に網羅されている.

文献紹介

Hamming, R. W. 1950. Error detecting and error correcting codes. *Bell System Technical Journal* 29:147-60.

Forney Jr., G. D. 1966. *Concatenated Codes*. Cambridge, MA: MIT Press.

Peterson, W. W. 1960. Encoding and error-correction procedures for Bose-Chaudhuri codes. *IEEE Transactions on Information Theory* 6:459-70.

Pless, V. S., and W. C. Huffman, eds. 1998. *Handbook of Coding Theory*, two volumes. Amsterdam: North-Holland.

Reed, I. S., and G. Solomon. 1960. Polynomial codes over certain finite fields. *SIAM Journal of Applied Mathematics* 8:300-4.

Shannon, C. E. 1948. A mathematical theory of communication. *Bell System Technical Journal* 27:379-423, 623-56.

VII.7

数学と暗号学

Mathematics and Cryptography

クリフォード・コックス［訳：平田典子］

1. 暗号とその歴史

暗号学とは，情報通信において伝える内容や意味を隠すための科学である．敵にメッセージを読まれてしまった場合でも，暗号化された状態のメッセージならば，その意味や大切な情報は漏れない．暗号はこの目的のために存在するが，その一方で，正規のメッセージ受信者に，メッセージの復号を経て真の意味を伝達しなければならない．暗号学はその歴史のほとんどにおいて，軍の中枢や外交交渉の場の少数者による厳格な熟練技術であった．不法な情報漏洩の結果大きな損害を被る人にとっては，暗号化の手間や不便さは，むしろ正当で不可欠なものであった．最近の情報革命に伴ってこの状況もまた変化し，あらゆる場において瞬時で安全な情報の送受信が求められるようになりつつある．必要に応じた理論面およびアルゴリズム構築の発展を，幸いにも数学という学問が支えるようになっている．数学は後述の電子署名の新しい可能性も啓発した.

最も古典的で基本的な暗号化の方法は，**単純置換法**である．暗号化されるべきメッセージが英語の文章からなるとする．通信の前に送信者と受信者は約束をしておき，アルファベット 26 文字の並べ替えルールを決めて両者のみの秘密にしておく．暗号文はたとえば

ZPLKKWL MFUPP UFL XA EUXMFLP

のようなものである．非常に短いメッセージならば，この方法もそれ相応に安全である．上記のメッセージ文字列パターンを英語の文章によく見られるものに当てはめて解読する試みは，非常に骨が折れるからである．しかし，長文の場合は各文字の出てくる頻度を数えて一般的な文字頻度と比べると，ほとんどの場合，隠されていた置換ルールが暴露され，メッセージは復元されてしまう.

暗号の飛躍的進歩は，20 世紀の機械的な暗号化装置の出現に伴って始まった．第 2 次世界大戦の間に使われたドイツ軍のエニグマ暗号機がその最も有名な例であろう．エニグマ暗号についての興味深い暗号物語は，シンによる 1999 年の優れた著作において，ブレットリーパーク（イギリス政府暗号学校）の暗号解読者の任務とともに語られている (Singh, 1999).

エニグマ暗号作成の原理は，興味深いことに単純置換法の発展形であった．送信メッセージの各文字は別の文字に並べ替えられるが，並べ替えを決める置換が，各文字によって異なるルールを加えていくものなのである．複雑な電気的装置がこの並べ替えの列の決定を実行する．受信者は，受け取ったメッセージを，正確に元に戻す作業を担う装置を通して

初めて復号できる．このために必要な情報を**暗号鍵**といい，限られた正当な人々だけが確実に暗号鍵を持つように留意することを**暗号鍵管理**と呼ぶ．後述の公開鍵暗号の出現まで，暗号鍵管理はまた，情報伝達の安全性を保つ人々にとって暗号の不便さと出費を余儀なくするものであった．

2. ストリーム暗号と線形フィードバックシフトレジスタ

コンピュータの出現により，2 進数の列によって情報が送信されるようになった．2 進法のデータは 0 と 1 の列からなる．これらのデータに対する暗号化の方法として，線形フィードバックシフトレジスタ（LFSR）というものがある（図 1 参照）．

まず 0 と 1 の列を，一見ランダムのようであるが，一つの定義式に従って決定されるもの，たとえば

$$x_t = x_{t-3} + x_{t-4}$$

と定める．法 2 の加法を行うので，x_t は x_{t-3} と x_{t-4} のうちの 1 個が奇数ならば 1，それ以外は 0 である．初項の 4 項を 1000 とおくと，この 1000 に続く 2 進数の列を右に並べると

$$100110101111000100110101111\cdots$$

である．一般に，正整数 $a_1, a_2, \ldots, a_r$ がフィードバック位置であるとは，上記の漸化式の添字番号にこれらが含まれ，

$$x_t = x_{t-a_1} + x_{t-a_2} + \cdots + x_{t-a_r}$$

が成り立つときをいう．この加法は再び法 2 による．

この方法で構成された 2 進数の列はランダムに見えるが，長さの決められた 2 進数の列は有限通りしかないので，繰り返しが発生する．最初の漸化式の例では周期 15 で繰り返しが起こる．実際，15 は可能な最大周期である．この事実は長さ 4 の 2 進数の列は 16 通りであり，少し考えると，0000 の並びが（すべてが 0 であるときを除いて）発生しないことからわかる．

2 進数の列の長さは有限体 $\mathbb{F}_2$ 上の多項式

$$P(x) = 1 + x^{a_1} + x^{a_2} + \cdots + x^{a_r}$$

の性質に依存する（体については「いくつかの基本的な数学的定義」[I.3 (2.2 項)] を参照）．$\mathbb{F}_2$ は 2 個の元のみからなる．$a_r = 4$ のときに見たように，この

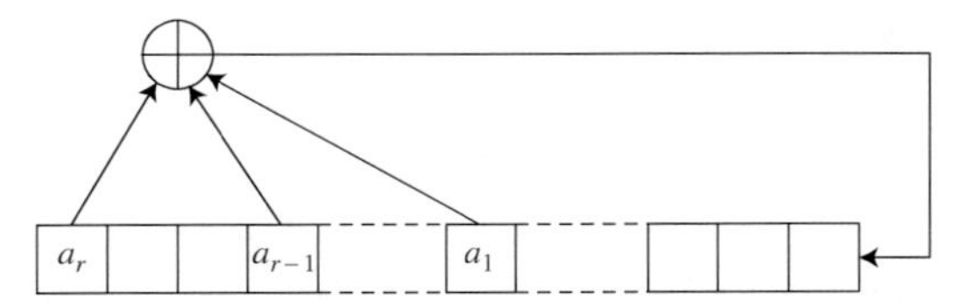

図 1　線形フィードバックシフトレジスタ

場合の 2 進数の列の最大の長さは $2^{a_r} - 1$ であり，この長さが実現されるためには $P(x)$ は $\mathbb{F}_2$ 上で既約，つまり，より低い次数の $\mathbb{F}_2$ 係数の多項式によって因数分解できないものでなければならないことが知られている．たとえば $1 + x^4 + x^5$ は $\mathbb{F}_2$ 上で既約でない．なぜなら $(1 + x + x^3)(1 + x + x^2)$ を展開すると $1 + x + x + x^2 + x^2 + x^3 + x^3 + x^4 + x^5$ であり，$\mathbb{F}_2$ では $1 + 1 = 0$ であるから，これは $1 + x^4 + x^5$ である．

既約性は 2 進数の列の最大の長さ a_r を実現するための必要条件であるが，既約であっても最大の長さは必ずしも保証されない．このために 2 番目の条件として多項式が「原始的」であることが必要になる．「原始的」とは何かを説明しよう．$x^3 + x + 1$ を考え，いくつかの小さい正整数 m に対し，x^m を $x^3 + x + 1$ で割った余り（$\mathbb{F}_2$ 係数）を考える．m が 1 から 7 まで動くとき，x^2, $x + 1$, $x^2 + x$, $x^2 + x + 1$, $x^2 + 1$, 1 となる．たとえば

$$x^6 = (x^3 + x + 1)(x^3 + x + 1) + x^2 + 1$$

より，x^6 を $x^3 + x + 1$ で割った余りが $x^2 + 1$ である．

このようにして，最初に 1 を得るのは $m = 7$ および $7 = 2^3 - 1$ のときである．これは $x^3 + x + 1$ が原始的であることを示している．一般に，次数 d の $p(x)$ が原始的とは，x^m を $p(x)$ で割ったときに余り 1 が最初に現れるのが $m = 2^d - 1$ の場合をいう．

多項式の既約性や，原始的であるかどうかを判定する効率的な試行は，計算機で可能である．LFSR において原始的な多項式を用いる長所は，この多項式が生み出す 2 進数の列において，すべての零でない長さ a_r の数列がおのおのちょうど 1 回ずつ現れてしまうまでは，長さ a_r に対応する部分列が決して繰り返されないという点にある．

では，どのようにストリーム暗号の概念が応用されるのであろうか？　まず，LFSR によって生成されたストリーム，つまり 2 進数の数字の列を，暗号化したいメッセージ各 1 ビットの数ごとに加えるという単純なアイデアについて説明しよう．たとえば，

LFSR が 1001101 で始まる数列であり，元メッセージが 0000111 で始まるとする．暗号化されたメッセージの始まりは，その各桁ごとの和を並べた 1001010 である（和の繰り上がりはしない）．解読には手順を 2 回繰り返せばよい．つまり 1001101 を 1001010 に加えると，元メッセージの 0000111 となる．実際には，受信者は LFSR の情報から同じ 1001101 を再構成するのであり，フィードバック位置（この場合は 3 と 4）を暗号鍵と見なしていることになる．

1969 年にベルカンプ（Berlekamp）とマッシー（Massey）によって，生成されたストリームからフィードバック位置を探すアルゴリズムが与えられたため，現実的には適切でない面もある．したがって，長さ a_r の連続した 2 進数の列に関してあらかじめ定めておいた非線形フィードバックによって，LFSR で生成された列をさらに変換することが，情報を攪拌するためのより良い方法であろう．このストリーム暗号は注意深く設計されており，またシンプルであって，幅広く迅速に適用されうる．

3.　ブロック暗号と計算機年齢

3.1　データ暗号化標準

計算機が使われ始めると，それまでとは異なる暗号の手法が実用化された．それはブロック暗号である．最初の例は DES（**データ暗号化標準**）と呼ばれ，1977 年に最初に発表された．DES は 1976 年に当時の米国商務省標準局（現在の米国技術標準局）で採用された．これは 64 ビットのブロックを一度に暗号化するものである．長さ 56 ビットの暗号鍵が使われる．これは**フェイステル構造**という特徴を持つ暗号である（図 2）．

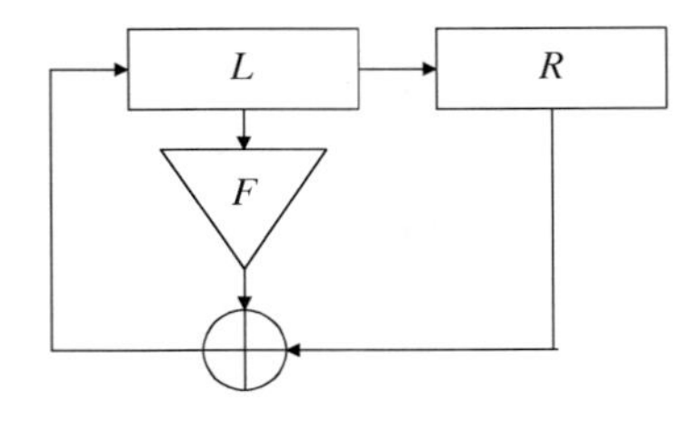

図 2　フェイステル構造

その構造は以下のとおりである．64 ビットのブロックである文字の一塊を 2 個に分断する．1 個当たり 32 ビットで，それぞれ L と R と呼ぶ．次に 56 ビットの暗号鍵の部分集合を，あらかじめ定めておいたルールに従って決める．次いで，何らかの手順により，その部分集合から作られた非線形関数 F で，32 ビットを 32 ビットに移すようなものを考察する．組 $[L, R]$ を $[R \oplus F(L), L]$ で置き換える．ここで $R \oplus F(L)$ とは，R と $F(L)$ の法 2 の 1 ビットごとの和である．

非線形関数 F をいくつか取り替えながら（しかし 56 ビットの暗号鍵の部分集合から作られた F のみを考えて）このように変換を繰り返す．DES による完全な暗号化は，インプットやアウトプットの置換を含めて 16 回の反復により行われる．

フェイステル構造を用いる理由は，56 ビットの暗号鍵を知れば，暗号化の逆をたどることが比較的簡単だからである．変換 1 回

$$[L, R] \to [R \oplus F(L), L]$$

に対し

$$[L, R] \to [R, L \oplus F(R)]$$

によって逆変換を作ることができる．つまり，F 自身の逆変換を求める必要がないので，F が複雑な関数であっても，実行は比較的容易である．

DES モードと呼ばれる複数の暗号法が進歩し，64 ビットのおのおののブロックを暗号化するアルゴリズムは ECB（**電子コードブックモード**）と呼ばれる方法としてまとめられている．ただ欠点は，もし元データにちょうど 64 ビットの反復があった場合は，暗号化にもちょうど 64 ビットの繰り返しが見られてしまうことである．

他の方法として，CBC（**暗号ブロック連鎖モード**）という暗号法も知られている．ここでは，各データのブロックは，暗号化前のそれ以前のブロックの列と法 2 の加法で足し算される．OFB（**出力フィードバックモード**）と称されるものは，各データのブロックが前のブロックの DES による暗号化と足し算されるものである．CBC や OFB の復号をどのように行うかは易しい練習問題であろう．この 2 種類が DES の主たる方法である．

3.2　次世代暗号化標準

米国技術標準局は DES を新しく交換することを目的とした競技会を催した．次世代暗号化標準（AES）選定会である．幅の広い 128 ビットのブロック暗号とあらゆる可能な長さの暗号鍵をもとにするものである．多くの設計が競い合い，提出されて公開査定

された後，米国の次世代暗号化標準として**ラインデール**という名の暗号が選ばれた．その設計者はジョン・ダーメンとヴィンセント・ライメンである．

これは際立って優雅であり，また興味深い数学的な構造を応用して設計されている（Daeman and Rijmen, 2002）．各ブロックの 128 ビットは 4×4 の行列としての 16 バイト（1 バイトは 8 ビット）と見なされ，各 1 バイトは有限体 $\mathbb{F}_{256}$ つまり位数が 256 の体の元として考えられる．暗号化は 10 回以上の段階を踏み，各段階ではデータと鍵が混在される．

1 段階は数回の手順からなる．典型的には以下のとおりである．まず各 1 バイトの $\mathbb{F}_{256}$ の元が，その逆元で置き換えられる．0 だけはそのまま 0 として変換されない．その元は $\mathbb{F}_2$ の 8 次拡大体である線形空間に属し，可逆な線形変換が施されていると見なす．4×4 の行列の各行が，異なる数のバイトにより変換される．次に 4×4 の行列の各列が，$\mathbb{F}_{256}$ 上の次数 3 の多項式の係数と考えられ，そして別の多項式と掛け合わせた後に，法 $x^4 + 1$ での剰余をとる．暗号鍵から線形変換で導かれた鍵をここでは採用し，それを法 2 の加法で 128 ビットに足す．

これらすべての演算は可逆であり，直接の復号を可能にするものである．AES は DES に取って代わり，最も広く使われるブロック暗号になるであろう．

4. ワンタイムパッド

上記に述べたさまざまな暗号化の方法は，秘密を復元するための計算の困難性によって，暗号化されたデータを守る趣旨のものである．古典的な暗号化でこのような考えによらないものがある．それは「ワンタイムパッド」と呼ばれるものである．メッセージがビット列に変換されて与えられたとする（たとえば，標準 ASCII は文字を 8 ビットの列に変換する）．メッセージの送信者と受信者は，ランダムな暗号鍵の列 $r_1, \ldots, r_n$ をメッセージとなるべく同程度の長さにとり，共有する．メッセージは $p_1, p_2, \ldots, p_n$ であるとする．

$x_i = p_i + r_i$ により暗号化されたメッセージを $x_1, x_2, \ldots, x_n$ と書く．この足し算は法 2 であり，各ビットごとの和である．各 r_i がランダムであれば，x_i を知られても p_i の情報は漏れない．このシステムを**ワンタイムパッド**という．暗号鍵が 1 回しか使われない限り，この暗号は安全である．しかしごく特別な場合を除き，この暗号は実際的ではない．なぜなら送信者と受信者が多くの暗号鍵を安全に共有しなければならないからである．

5. 公開鍵暗号

今までの暗号化の例は，次の構造を持っていた．送信者と受信者の 2 人が，1 個のアルゴリズムや暗号化法に同意する．その場合，どの暗号（単純置換法，AES，ワンタイムパッドなど）を選択したかは，安全性が認められていなくても公になる可能性がある．暗号鍵は安全に隠すべきで，敵に知られてはならなかった．これら交信者はアルゴリズムと暗号鍵を用いて暗号化と復号を行った．

本質的な問題点は，送信者と受信者がどのようにしてこの暗号鍵を共有するかである．鍵自身を，その後に設定する送受信の場で送信することは危険である．公開鍵暗号の開発前は，この欠点のため，鍵を配布する際の物理的な安全性と信頼できる共有法を提供できる組織に，暗号の使用が限られた．

以下の特筆すべき，しかし直観に反する命題が公開鍵暗号の基本である．「2 人の独立した交信者は，最初に秘密を共有することなしに，情報を送受信することができる．敵がすべての送受信を傍聴したとしても，交信者は秘密の情報を共有し，それは敵には特定されない」．

この可能性がいかに有効であるかは簡単に理解できる．たとえば誰かがインターネットで買い物をする．買いたい品物を決めた後，クレジットカードの個人情報などを売り手に送る．公開鍵暗号ではこの送信は必ず安全であると言えるわけである．

公開鍵暗号はいったいどのようにこの安全性を保証するのであろうか？　この構造はジェームズ・エリス（James Ellis）によって 1969 年に考案された[*1)]．ディッフィーとヘルマンが公開鍵暗号についての最初の論文を公にしている（Diffie and Hellman, 1976）．その決定的なアイデアは，逆関数を求めることが一般に困難で，しかし鍵を持っていれば逆関数が求まる可能性を持つ関数を使うことである．

H を **1 方向関数**，つまり X から X への関数で，次の性質を満たすものとする．もし，ある $x \in X$ に対

*1) Ellis, J. 1970. "The possibility of secure non-secret digital encryption".

し $y = H(x)$ の値が与えられても，x を求める計算は一般に困難である．逆関数を求める鍵は秘密の値 z にあり，それは関数 $H(x)$ を構成するために用いられたものであるが，z を知った上ならば $y = H(x)$ から x を復元することは，易しい計算によって可能である．

この関数を鍵を安全に交換する問題に適用する．まず，ボブがアリスにメッセージを安全に送りたいと考えているとする（秘密を共有することは，その後の交信にも有用である）．アリスは 1 方向関数 H を，その逆関数を求める鍵 z とともにまず構成する．アリスは H をボブに送るが z は送らず，自分の秘密として手もとに置き，ボブにも誰にも伝えない．ボブは送りたいメッセージ x に対して $H(x)$ を計算し，その値 $H(x)$ をアリスに送る．アリスは z を持っているので，$H(x)$ から容易に x を復元することができる．

敵がアリスとボブの間の交信をすべて傍受していたとする．敵は関数 H と $H(x)$ の値を知っている．しかし，アリスは z を通信していないので，敵は z を知らず $H(x)$ から逆関数を求める計算の困難さに直面する．したがって，ボブはアリスに秘密メッセージ x を送ることができ，敵には x を漏らさずに済む（計算の困難性については「計算複雑さ」[IV.20] の特に第 7 節を参照）．

1 方向関数 H は南京錠，逆関数を求める鍵 z は南京錠を開ける鍵のようなものである．アリスがボブから暗号化されたメッセージを受け取りたいときは，アリスはボブに南京錠 H を送るが，鍵は自分で持っている．ボブはメッセージを箱に入れて南京錠をかけ（暗号化），アリスに箱ごと送る．アリスは手もとにある鍵で南京錠を開け（復号），メッセージを受け取る．

5.1 RSA

上記は申し分なく見えるが，明らかな疑問が残る．1 方向関数と，逆関数を求める鍵は，どうやって構成すべきだろうか？　その答えがロナルド・リベスト（Ron Rivest），アディ・シャミア（Adi Shamir），レオナルド・エーデルマン（Len Adleman）の 3 人によって与えられた（Rivest, Shamir, and Adleman, 1978）．大きな素数を見つけて積を作り合成数を構成することは比較的簡単だが，合成数からその素因数を 2 個発見することは困難であるという事実に基づくものである．

この考えで 1 方向関数を作ろう．アリスは大きな素数を 2 個見つけて P, Q とおく．整数 $N = PQ$ を計算して，暗号化指数と呼ばれる e をいう整数をボブに送る．N と e は**公開パラメータ**という．敵がこれらを知っても構わない．

ボブは x という秘密メッセージを法 N の整数として定め，アリスに送信することを望んでいる．$x^e \bmod N$ という数をボブは $H(x)$ として計算する．これは x^e を N で割った余りである．この $H(x)$ をボブはアリスに送る．

ボブからのメッセージを受け取るには，$x^e \bmod N$ から x をアリスが計算しなければならない．まず，d を

$$de \equiv 1 \bmod (P-1)(Q-1)$$

を満たす整数として求める．このためには，アリスは**ユークリッドの互除法** [III.22] を用いればよい．これは彼女が P, Q を知らないと難しい．d を正確に求められるかどうかは N の素因数分解の可能性によるが，一般にはそれは困難である．d をアリスの秘密鍵（逆関数を求める鍵である）という．H の復号を困難にするために d を秘密にする．

$H(x)^d \bmod N$ は x になることに注意しよう．実際，$(P-1)(Q-1)$ は $\phi(N)$，つまりオイラー関数の値であることが特徴である．これは N と互いに素である整数の個数である．**オイラーの定理** [III.58] より，x が N と互いに素ならば $x^{\phi(N)} \equiv 1 \bmod N$ となるので，$x^{m\phi(N)} \equiv 1 \bmod N$ である．ここで，もし d が $m\phi(N)+1$ の形の整数ならば，$H(x)^d \equiv x^{de} \equiv x \bmod N$ となる．もし x を法 N で e 乗し，また d 乗することができれば，x が求められる（累乗は 2 乗反復法により比較的容易にできる．「計算数論」[IV.3 (2 節)] を参照）．

N の素因数分解が，上記の RSA 暗号を敵が破るための一意的な方法であることは証明できないが，このほかに破る方法は見つからない．これによってまた，素因数分解の速い方法を見つけることへの興味も生じる．楕円曲線法（Lenstra, 1987），複素多項式 2 次篩法（Silverman, 1993），数体篩法（Lenstra and Lenstra, 1987）などが発見されたのは，この RSA 暗号が作られたあとである．これらについては「計算数論」[IV.3 (3 節)] を参照してほしい．

5.1.1 補助的方法

RSA 暗号の安全性は，素数 P, Q を十分に大きくとって素因数分解では見つかりにくくすることができることに基づいている．しかし，素数が大きいほど，暗号化の速度は落ちる．安全性と暗号の速度は表裏なのである．この場合の典型的な素数の大きさの選択は 512 ビットである．

復号を実現するには，暗号化指数 e が $(P-1)$ または $(Q-1)$ と互いに素でなければならない．これはオイラーの定理を適用して上述の議論を進めるときに必要であり，これが成立しなければ暗号化の手順の逆の手続きができない．e としては 17 や $2^{16}+1$ がよく使われるが，これは $x^e \bmod N$ を求める際の計算量を少なくするためである．これらは 2 乗反復法にも適切である．

5.2 ディッフィー–ヘルマン

ホイットフィールド・ディッフィー（Whitfield Diffie）とマーティン・ヘルマン（Martin Hellman）によって鍵を構成する新しい方法が出版された．AES のような便利な暗号システムの鍵としても使えるようなものである．まず大きな素数 P と法 P の原始根 $g \bmod P$ をとる．原始根とは，奇素数 P に対し $g^{P-1} \equiv 1 \bmod P$ を満たし，なおかつ，いかなる $1 \leq m < P-1$ でも $g^m \not\equiv 1 \bmod P$ となるような数である．$P=2$ ならば $g \equiv 1$ である．

アリスは秘密鍵 a を 1 と $P-1$ の間で選び，$g_a = g^a \bmod P$ を計算してボブに送る．同様に，ボブは秘密鍵 b を 1 と $P-1$ の間で選び，$g_b = g^b \bmod P$ を計算してアリスに送る．

アリスとボブは双方とも $g^{ab} \bmod P$ が計算できる．アリスは $g_b^a \bmod P$ として，ボブは $g_a^b \bmod P$ として累乗を求められるからである．これらは 2 乗反復法を用いれば，a および b に関して対数時間内で求まる．

敵が $g^a \bmod P$ もしくは $g^b \bmod P$ を手に入れたとする（ただし $g \bmod P$ はわからない）．このとき，$g^{ab} \bmod P$ が求まるであろうか？　このためには，**離散対数問題**というものが解ければよい．これは P, g および $g^a \bmod P$ の情報から a を求める問題である．大きな P については，計算量が大きすぎて難しい．離散対数問題を解くよりも速く $g^{ab} \bmod P$ を敵が確実に求める方法は，現在まだ知られていない（**ディッフィー–ヘルマン問題**という）．

一般に原始根を速く求める方法も知られていない．しかし，よくあるように，$P-1$ の素因数分解が既知であるような素数 P をとっていれば，この計算は比較的易しい．たとえば，P が $2Q+1$ の形で，Q も素数であるとすると（この形の素数を**ソフィー・ジェルマン素数**と呼ぶ），任意の A に対し，A か $-A$ の一方のみの Q 乗が法 P で -1 に合同になることが示され，原始根が作られる．この素数は試行錯誤で見つかる．たとえば Q を任意に選び，Q と $2Q+1$ が素数になるかどうかを判定するのである．このような素数がある程度の高い頻度で必要に応じて現れる確率は十分に大きく，この計算を可能にする．

5.3 暗号に適した群

ディッフィー–ヘルマンの通信手順は，**群論** [I.3 (2.1 項)] の言葉で記述される．G を群とし，$g \in G$ をとる．可換つまりアーベル群であるとして，群演算を加法 $+$ で表す（今までは N と互いに素な元のなす乗法群の記法であったが，これから加法の視点に転ずることで，対数を扱う姿勢になる）．

通信を実行するために，アリスは a という秘密の整数を考え，ag をボブに送る．アリスはこの計算を，$a \in G$ に対して 2 倍や加法を繰り返すことにより対数時間内で行える（加法の群なので 2 倍は 2 乗に，加法が乗法に，a 倍は a 乗に相当する）．同様に，ボブは b という秘密の整数を考え，bg をアリスに送る．

アリスとボブは双方とも abg を計算することができる．敵には G, g, ag, bg しかわからない．

どのような群が暗号に適しているのだろうか？　離散対数問題の解決が G では十分に困難であるようにすることが本質である．言い換えると，G, g, ag から a を求めることが困難であるようにする必要がある．

暗号に利用できる加法群としては，**楕円曲線** [III.21] がある．楕円曲線とは，方程式

$$y^2 = x^3 + ax + b$$

に係数の判別式条件を課したものとして定められる．実数の範囲でグラフの概形を考えることは興味深い練習であり，グラフの概形は

$$y = x^3 + ax + b$$

が実数軸 x と何回交わるかによって決まる．

足し算（群演算）は，この曲線上に次のように定

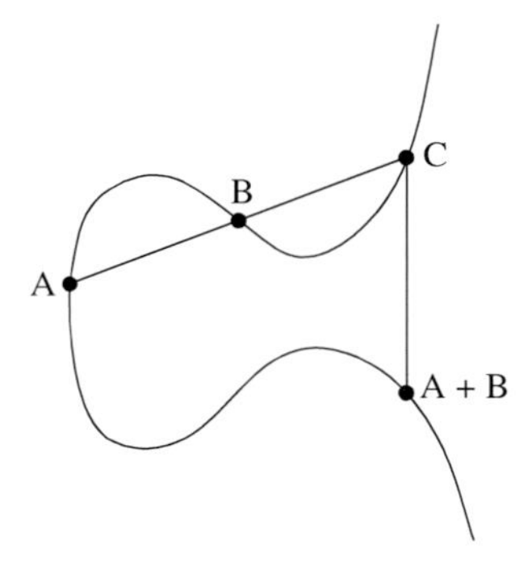

図 3　楕円曲線上の点の足し算

義される．楕円曲線上の 2 点 A, B をとり，この 2 点を通る直線が楕円曲線と交わる点を C とおく．直線は，3 次曲線と，重複を含めて必ず 3 点で交わるからである．x 軸に関して C と線対称にある点を $\mathrm{A}+\mathrm{B}$ と定める（図 3）．

$\mathrm{A}+\mathrm{B} = \mathrm{B}+\mathrm{A}$ は定義から明らかである．結合法則の成立は驚くべきことなのであるが，楕円曲線上のどの 3 点 A, B, C に対しても $((\mathrm{A}+\mathrm{B})+\mathrm{C}) = (\mathrm{A}+(\mathrm{B}+\mathrm{C}))$ が成り立つ．これには深い理由があるが，代数的にも直接証明される．

暗号に用いるには，通常は有限体上での楕円曲線を考える．グラフを描いて和をとることはできないが，代数的な等式は成立しているので，加法の定義はそのままでよく，結合法則も成立している．加法の単位元として機能する点を無限遠点として加える．

安全性を考慮すると，楕円曲線の点のなす群の元の個数もまた素数になるような，有限体 $\mathbb{F}_p$ 上の楕円曲線を見つけることが最良であろう．これは楕円曲線の深い性質に負うが，$\mathbb{F}_p$ 上の楕円曲線の点の個数は $p+1-2\sqrt{p}$ と $p+1+2\sqrt{p}$ の間の数である（「ヴェイユ予想」[V.35] を参照）．

一般の曲線では，離散対数問題はきわめて困難である．群が n 個の元を持ち，g と ag を知ったとき，a を求める計算の手順回数は知られている最良の方法を用いても $\sqrt{n}$ 程度である．誕生日攻撃という方法を使えば，任意の群において $\sqrt{n}$ 回の計算手順で離散対数問題が解けるが，楕円曲線ではこの問題は難しくなる．したがって，求める安全性のレベルにかかわらず，公開鍵はなるべく短い情報で構成するとよい．これは計算に要するビット数の制約があるときに，通信の実行を短い時間で行うために重要である．

6. 電 子 署 名

公開鍵暗号を応用した**電子署名**と称される有益なものが供された．これはメッセージの著者が本物であることを示すために最後に付ける記号列である．メッセージがこの著者によって書かれたものであり，あとから書き換えられていないことを証明するものである．必要な概形が整えば，オンラインでの法的な取引も可能になる．

公開鍵暗号により電子署名を作る方法はいくつかあり，RSA を用いるものが最も単純であろう．アリスが書類に署名したいと考えているとする．暗号化と同様，2 個の大きな素数 P, Q で $N = PQ$ を満たすもの，および暗号化指数 e をとる．d を，任意の x に対して $x^{de} \equiv x \bmod N$ を満たすアリスの秘密鍵とする．暗号化の際と同じパラメータをとる．

アリスは彼女の署名の受信者が N と e を知ると仮定する．これら自身に署名して信頼できる権威や組織を示し，署名の受信者と考えられる人がそれを認識できるようにしてもよい．

さて，一つの暗号関数として **1 方向ハッシュ関数**と呼ばれるものがある．署名されるべきメッセージを入力（長くても良い），1 から $N-1$ までの数を出力とする．ハッシュ関数の持つべき重要な性質は，1 から $N-1$ までの任意の数 y に対して，この y で表されるメッセージ x の決定が計算困難であることである．これは，各 y に対し，x が y に写像されるような x が一意的に存在することは求められていないという点を除けば，1 方向関数の類似である．x から y を求めることは易しくてよい．そして，ハッシュ関数は「衝突困難性」を持つことが望ましい．つまり，y で要約されるメッセージ x が一意的でないとしても，y に対応する異なる x を複数個見つけることは非常に困難であるようにしたい．このようなハッシュ関数は注意深く設計される必要がある．標準的な例として MD5，SHA-1 というハッシュ関数が認められている．x が署名されるべきメッセージであり，ハッシュ関数による x の出力を X，アリスの記す電子署名を $Y = X^d \bmod N$ と考える．

アリスの公開鍵を知る別人がこの手順を踏むとしよう．まず，x のハッシュ関数適用後の値 X を求める．ハッシュ関数は公開されているので，これは可能である．次に $Z = Y^e \bmod N$ を計算する．N, e とも公開されているので計算できる．最後に，X と

Z が等しいかどうかを確かめる．偽の署名をするには，$Y^e \equiv X \bmod N$ を満たす Y を見つける必要がある．つまり X^d を計算しなければならないが，これは d を知らなければ難しい．

離散対数問題に基づく電子署名（ディッフィー–ヘルマン型）とともに，素因数分解に対応する電子署明（RSA 型）も考案されている．米国標準局は，『電子署名標準』(*Digital Signature Standard*, 1994) のような提案を公表している．

7. 現在の暗号研究の方向

暗号学は研究面でも活発で魅力的な分野である．発見すべき結果や考えがもっとあることは疑いない．最近の研究の展望を総括するものとして，Crypto, Eurocrypt, Asiacrypt などの研究集会の報告集 (Springer Lecture Notes in Computer Science のシリーズで出版されている) を読むことを勧める．また，メネゼス，ファン・オースコット，ヴァンストーンの暗号学の本はわかりやすく，現状の素早い把握に向いている (Menezes, van Oorschott, and Vanstone, 1996)．最終節では，動きのある研究方向について概要を記すことにする．

7.1 新しい公開鍵暗号

新しい公開鍵暗号と電子署名の探求が求められている．楕円曲線上のペアリングを用いた考え方がある（Boneh and Franklin, 2001）．これは，有限体上の楕円曲線の点のペアを，基礎体である有限体もしくはその拡大体に写す写像 w である．ペアリング w は双 1 次形式とする．すなわち $w(\mathrm{A}+\mathrm{B},\mathrm{C}) = w(\mathrm{A},\mathrm{C})w(\mathrm{B},\mathrm{C})$，$w(\mathrm{A},\mathrm{B}+\mathrm{C}) = w(\mathrm{A},\mathrm{B})w(\mathrm{A},\mathrm{C})$ であり，加法は群演算を指すものとする．右辺の掛け算は体の乗法である．これより ID ベース暗号と称されるものが考えられる．つまり，ユーザーの個人認証 ID が公開鍵のように働くものであり，公開鍵の保存や増設のためのディレクトリや基幹設備は不要である．ここでは中枢をなす認証システムが楕円曲線やペアリング写像，ハッシュ関数などを決め，ID を曲線上の点に写像する．これらすべてが公開されるが，パラメータとして秘密の整数 1 個をとる．

ハッシュ関数がアリスの ID を楕円曲線の点 A に写像したとする．認証システムがアリスの秘密鍵 $x\mathrm{A}$ を計算し，適切な確認の後に彼女の記憶装置に流し込む．ボブは同様に自分の ID を楕円曲線の点 B として，彼の秘密鍵 $x\mathrm{B}$ を受け取る．アリスとボブはこれらの初期の鍵の交換なしに，鍵 $w(x\mathrm{A},\mathrm{B}) = w(\mathrm{A},x\mathrm{B})$ を使って通信することができる．公開鍵の共有の必要がないことが重要である．

7.2 通信プロトコル

プロトコル（通信手順）の研究も盛んであり，国際標準になるものについての研究が特に重要である．公開鍵暗号の方法が実際の通信に使われるとき，交信者の双方が何が送られたのかを理解するために，送受信されるビット列の情報が明確である必要がある．たとえば，n ビットの数が送られたとき，このビット数は増加もしくは減少する特徴を持つのか，という情報を要するときもある．一般的な標準則としてしばしばプロトコルの規則も定められているが，これらが脆弱な箇所を作らないようにすることが大切である．

このような弱点の一つがカッパースミスにより発見され，報告論文にまとめられている (Coppersmith, 1997)．低い暗号化指数を持つ RSA 暗号（指数 17 を持つものなど）は，公開値として暗号化されるべきビット数が多い場合に脆弱な様相を呈することが示されている．よくあるように，公開鍵暗号の交信の際に鍵が短くても済むならば，そうしたいと思うのが自然である．カッパースミスの発見から，現在では暗号化の前に不安定なビットおよび脆弱な箇所は取り除かれている．

7.3 情 報 の 制 御

公開鍵暗号の手法を用いると，情報がどのように発表，共有，生産されるかを制御することも可能になる．さまざまな場合の異なる制御法の構築のために，気の利いた効果的な方法を見つける研究に焦点が当てられる．たとえば，N 人の間で共有できる秘密で，任意の K 人（$K < N$）が共同することで秘密を復号できるが，K 人未満の人の共同では復号できないようなものを作れるか？　あるいは，別のプロトコルの制御として，2 人が参加する RSA 暗号の構成で（素数 2 個の構成に当たる)，双方ともがこの暗号構成に用いられた素数を知らないで済むものを作れるか？　後者の場合，暗号化されたメッセージを復号するには，2 人は共同関係である必要があり，1

人では決して達成されないことが1997年にコックスによって証明された（Cocks, 1997）．

3番目のおもしろい例は，アリスとボブに電話でのコイン投げを繰り返させるというものである．アリスがコインを投げ，ボブが「表」「裏」と言うだけではもちろん不十分である．アリスが本当のことを言っていることを，ボブに対してどのように証明できるだろうか？　この問題は，実は平易に解ける．アリスとボブに大きいランダムなビット列をそれぞれ選ばせればよい．アリスは1か0をコインの表裏に従ってビット列に付け加える．ボブもコイン投げの結果を推測して，同じように1か0を自分のビット列に追加する．次に，彼らの1方向ハッシュ関数の値を送付する（コイン分の列が追加されたものである）．ハッシュ関数の性質より，アリスもボブも相手の本来の列は推察できない．もしアリスが彼女のハッシュ関数の値を先に打ち明けても，ボブはこの情報を彼の推察が正しい確率を上げることには使えない．アリスとボブはハッシュ関数の値ではない本来の列を交換し，ボブが正しい推察をしていたかどうかを見る．もし互いに信用していなくても，彼らはもう一つの列をハッシュ関数に代入して正しい答えを与えているかを確かめることができる．正しい答えを与える列を見つけることは一般に困難であるので，この場合は相手がだましていないと信じることができる．このような複雑なプロトコルが設計され，トランプでのポーカーゲームを離れて行うことも可能になっている．

文献紹介

Boneh, D., and M. Franklin. 2001. Identity-based encryption from the Weil pairing. In *Advances in Cryptology-CRYPTO 2001*. Lecture Notes in Computer Science, volume 2139, pp. 213–29. New York: Springer.

Cocks, C. 1997. *Split Knowledge Generation of RSA Parameters. Cryptography and Coding*. Lecture Notes in Computer Science, volume 1355, pp. 89–95. New York: Springer.

Coppersmith, D. 1997. Small solutions to polynomial equations, and low exponent RSA vulnerabilities. *Journal of Cryptology* 10(4):233–60.

Daeman, J., and V. Rijmen. 2002. *The Design of Rijndael*. AES–The Advanced Encryption Standard Series. New York: Springer.

Data Encryption Standard. 1999. Federal Information Processing Standards Publications, number 46–3.

Diffie, W., and M. Hellman. 1976. New directions in cryptography. *IEEE Transactions on Information Theory* 22(6): 644–54.

Digital Signature Standard. 1994. Federal Information Processing Standards Publications, number 186.

Lenstra, A., and H. Lenstra jr. 1993. *The Development of the Number Field Sieve*. Lecture Notes in Mathematics, volume 1554. New York: Springer.

Lenstra Jr., H. 1987. Factoring integers with elliptic curves. *Annals of Mathematics* 126:649–73.

Massey, J. 1969. Shift-register synthesis and BCH decoding. *IEEE Transactions on Information Theory* 15:122–27.

Menezes, A., P. van Oorschott, and S. Vanstone. 1996. *Applied Cryptography*. Boca Raton, FL: CRC Press.

Rivest, R., A. Shamir, and L. Adleman. 1978. A method for obtaining digital signatures and public-key cryptosystems. *Communications of the Association for Computing Machinery* 21(2):120–26.

Silverman, R. 1987. The multiple polynomial quadratic sieve. *Mathematics of Computation* 48:329–39.

Singh, S. 1999. *The Code Book*. London: Fourth Estate.

VII. 8

数学と経済学的推論

Mathematics and Economic Reasoning

パーサ・ダスグプタ［訳：金川秀也］

1. 2人の少女

1.1　ベッキーの世界

ベッキーは10才の少女で，米国中西部の田園都市に，両親とお兄さんのサムと暮らしている．ベッキーの父は中小企業向けの法律事務所で働いている弁護士である．法律事務所の業績の影響を受けるが，ほぼ145,000ドル以上の収入を得ている．ベッキーの両親は学生のころ大学で知り合った．彼女の母は出版社で数年間仕事をしていたが，サムが生まれてから会社を辞めて家事に専念するようになった．現在ではサムとベッキーが学校に通学しているので，母親は地域教育のボランティアをしている．この家族は2階建ての家に住んでいる．この家には2階に四つの寝室と二つの風呂場，1階にはトイレ，大きなキッチン，モダンな台所，家族のための居間がある．家の裏に小さな空き地があり，家族はここで余暇を過ごす．

彼らの所有する不動産にはまだ住宅ローンが残っているが，ベッキーの両親は株や債権を所有し，地方銀行の支店に預金口座を持っている．ベッキーの父と彼の勤務する法律事務所は共同で彼の退職年金の積み立てをしている．彼はまた，毎月銀行に子供たちの大学の教育資金を積み立てている．最近連邦税が高く，いろいろな支出についてベッキーの両親はしばしば気にかけるようになった．それにもかかわらず，彼らは自動車を 2 台所有し，子供たちは夏ごとにキャンプに出かけ，キャンプが終われば家族でバカンスに出かける．ベッキーの両親はまた，彼女の世代が両親の世代よりはるかに豊かであることに気がついている．ベッキーは環境保護のため，毎日学校へは必ず自転車通学することにしている．彼女の希望は医者になることである．

1.2 デスタの世界

デスタは 10 才で，両親と 5 人の姉妹兄弟たちと，エチオピア南西部亜熱帯の村に住んでいる．家族は草葺きの屋根がついた泥壁の家に住んでいる．家には 2 部屋がある．デスタの父は，政府から与えられた 0.5 ヘクタールの土地で，トウモロコシとテフという稲科の穀物を栽培している．デスタの兄は父親を助けて農業を手伝い，さらに牛，山羊，数羽の鶏を家で飼っている．テフ栽培によってわずかな現金収入を得ることができるが，トウモロコシは食糧として自宅で消費し，現金収入にはならない．デスタの母は，彼らの小屋の隣にある小さな畑で働き，家族の食用としてキャベツやタマネギ，エンセトと呼ばれる 1 年を通して収穫される根菜を育てている．一家の収入を補うために，トウモロコシから作られる地元の飲み物を作っている．彼女はまた，料理と掃除，小さい子供の世話をし，通常は毎日 14 時間ほど働いている．長い時間働いているにもかかわらず，彼女でだけではすべての仕事をこなすことはできない（食材はすべて生なので，一人で調理をするのに数時間を要する）．そこで，デスタと彼女の姉は母のために，家事や子育てを手伝う．彼女の弟たちは地元の学校に通っているが，彼女たちは通っていない．両親は読み書きができないが，数を数えることはできる．

デスタの家庭には，電気も水道もない．彼らが住んでいる地域の周辺には，水源と，牛を放牧するための土地や森が，共有地として存在する．デスタの村の人々はそれらを使うことができるが，他の村の者たちには使用は許されていない．毎日デスタの母親と娘たちは水を汲み，薪を集め，イチゴやハーブを摘む．デスタの母親は近ごろ，必要な物を毎日集めることが年々大変になっていると感じている．

クレジットカードや保険を取り扱う金融機関は，近所にはない．葬式には多額の費用を要するために，デスタの父親は，イッディル（無尽講．エチオピアの伝統的な地域の相互扶助組織）と呼ばれる村の保険のようなものに加入し，長い間毎月掛け金を支払っている．デスタの父親が牛を購入するときには，彼が自宅で蓄えたすべての現金を使うが，それだけでは足りず，一族から借金をして代金の一部を補わなければならない．逆に，一族の者が同様の状況になれば，金を貸す義務も生じる．デスタの父親は，そのような一族の相互依存関係は彼らの文化の一部であり，社会的規範として重要なものであると，日ごろから言っている．父親はまた，彼の息子たちは重要な投資であり，彼ら夫婦が高齢になったときは息子たちが養ってくれるとも話している．

経済統計学者たちは，エチオピアと合衆国間の生活費の格差を補正すると，デスタ一家の収入はおおよそ年間 5,000 ドルであり，そのうちの 1,000 ドルは地域の共有資源から得ていると推測する．しかし，降雨量が毎年違うように，デスタ一家の収入は毎年大きく変化している．悪い年は，自宅に貯蔵している穀物が翌年の収穫の前になくなってしまうこともある．そのときは，食糧は乏しく，特に小さな子供たちには非常につらい状況となる．子供たちの体重が元に戻るのは収穫後だけである．周期的な飢餓や病気の流行が子供たちの発育を阻害し，この数年でデスタの両親は 2 人の子供を亡くしている．原因は，一人はマラリア，もう一人は下痢であった．

デスタは，18 才になると自分は父親のような農民と結婚して，近所の村にある夫の土地に住むことになるであろうと思っている．彼女は自分の生活が母親と同じものになるとも思っている．

2. エコノミストのアジェンダ

ベッキーとデスタが直面している大きく異なったそれぞれの未来は，決して人ごとではなく，われわれにとっても受け入れざるを得ない未来である．明らかに異なっているように見えるが，しかし，2人の少女が本質的に似ていると考えることはそれほど誤っていない．すなわち，彼女たちは2人とも食べること，遊ぶこと，人の噂話を楽しむことができており，家族と親密であり，そして2人ともがっかりしたり，いらいらしたり，幸せになったりする能力を持っている．彼女たちの両親も似ている．彼らは世間のしきたりをよく知っていて，彼らの家族の心配をし，収入を得るにあたって生じる数々の問題を巧みに解決する．彼らの生活のきわめて異なった状況の背後にある根本的な問題を調べる有効な手段は，まず彼らが直面している制約された状況がそれぞれたいへん異なっていることを十分に観察することである．それは，ベッキーの家族と比較して，デスタの家族が置かれている状況や彼らができることが非常に限られていることである．

経済学は，一般に人々の生活が現在の状況に至るまでに強い影響を与えてきた経過について解明しようとする．その背景には，家族，村，地区，州，国，そして世界の状況が考えられる．一方，経済学という学問は，人々が置かれている状況など，彼らの行動を強く制限している要因を識別しようともしている．現在の大学院で教えられ，そして研究されてきた経済学のスタイルとしての近代経済学は，個人から家族，村，地区，州，国，そして世界へと，身近なところから大きな範囲に至る多くの課題に対応している．多かれ少なかれ，大多数の個人的な判断は，人々が皆直面する事態を具体化する．近代経済学における理論とその根拠となるものは，われわれが経験する数多くの予期しない結果が存在することを教えてくれる．そのような結果はまた，思わぬフィードバックを生む．たとえば，ベッキーの家族が自家用車を運転したり電気製品を使用したりするとき，また，デスタの家族が堆肥を作ったり料理のために木を燃やしたりするときには，彼らの行為は全世界での炭素排出量増加の原因になっている．彼らそれぞれの行為はまったく無視できる程度であっても，多くの人たちが同様の行為を行っているので，それらを合計すると，決して見過ごせない炭素排出量増加の大きな要因となり，世界中の人々がいろいろな影響を受けることになる．

ベッキーとデスタの生活を理解するためには，まず，いろいろと不確実な条件下で，現在そして未来に，彼らが財貨やサービスをさらに別の財貨やサービスに変換しなければならない状況を正確に把握する必要がある．2番目には，ベッキーやデスタの家族のような数多くの家族によってなされた選択によって，彼らすべてが直面する状況に向かうまでの過程と，彼らの選択の特徴を分析する必要がある．3番目には，それらの家族が彼らの現在の環境を受け継ぐことに至る過程を十分に解き明かす必要がある．

3番目の問題は，経済史の中に実は存在している．歴史を学ぶ中で，われわれは大胆に長期的な展望に立ち，11,000年前に肥沃な三日月地帯（大まかに言うと，アナトリア半島がそれに当たる）で定住しながら農業が行われていた時代に遡って，ベッキーの世界で行われてきた多くの革新とその実行が，なぜデスタの世界にはもたらされなかったかを説明する必要がある（Diamond（1997）では，このような疑問について探求している）．

もしより的をしぼった説明を求めるならば，たとえば過去600年間について研究し，なぜ1400年頃に経済的に繁栄していたユーラシア大陸のいくつかの地域ではなく，意外にも北ヨーロッパがベッキーの世界をつくり上げ，デスタの世界をそのままにしておいたのかを議論すればよいだろう（Landes（1998）はこの問題について調査している．また，Fogel（2004）は過去300年間ヨーロッパが恒久的な飢餓を回避できた理由を探索した）．近代経済学が最初の二つの問題に大きく関係してきたので，本章ではこれらに焦点を当てる．しかしながら，今日の経済史学者たちがそういった問題に答えるために展開する方法は，筆者が現代の生活を研究するために以下に述べる方法と，それほど違っていない．その方法は，**最大化法**の観点からの個人的あるいは集団的な選択の研究を含んでいる．その理論による予測の精度は，実際の挙動からのデータを解析することで確かめられる．国家経済政策の倫理的基盤には，最大化法の概念が含まれている．たとえば多くの制限のもとで社会福祉の最大化を図ることは，その一例である（経済的推論の観点から，Samuelson（1947）による論文がある）．

3.　家族の経済的最大化問題

ベッキーとデスタの両家族の経済活動そのものは，実はミクロ経済である．彼らはそれぞれ誰が何をいつやるかという特別に取り決められた契約をしている．その取り決めは，家族のメンバーが実行可能な範囲に限るということである．両家族の両親が家族の福利を考慮してできるだけのことを考えて，そのような取り決めと契約していることが想像できる*1)．もちろんベッキーとデスタの両親は，筆者がここで仮定している以上に，彼らの家族の概念をしっかり捉えている．一族の結束を守ることは彼らの生活の重要な一面であり，そのことは後に解説する．もちろん，ベッキーとデスタの両親は，未来の孫たちの幸せにも関心があると想像できる．両親たちは順繰りに自分の子供たちがまたその子供たちの世話をしなければならないことを認識している．彼らはその子供たちのために全力を尽くし，また，その子供たちが孫たちのために全力を尽くし，さらに，曾孫の世代も同様のことを繰り返すことが彼らの結論である．

個人的な幸せは，健康，人間関係，社会的地位，仕事の満足度といった要素からなる．経済学者と心理学者は，幸せの数値的な尺度を決める方法を研究してきた．ある人の幸福度が状況 Y のほうが状況 Z よりも高いことは，その幸せの尺度として Z より Y のほうが大きいことを示すことになる．家族の幸せは，その家族の一人一人の幸せの合計と考えられる．たとえば食糧，家，服，医療などの財貨やサービスが幸せの要因であるように，ベッキーとデスタの両親が直面している問題は，実行可能な物やサービスの中から彼ら一家にとって最も良い物を選ぶことである．しかしながら，両方の両親とも，今日だけでなく将来も一家の面倒を見なければならない．さらに，その未来はまったく未知なものである．そこで，両親たちは，物とサービスの消費について考慮するときには，物とサービスそのものだけでなく，（今日の食糧，明日の食糧，明後日というように）消費する時期と，予期せぬ出来事が起こること（たとえば大雨が降って明後日の食糧が手に入らないといったこと）も考えておかなければならない．暗にあるいは陽に，両家族の両親は，彼らの経験と知識を使って確率的な判断をする．彼らがそういった不確実な判断をするときには，おそらく非常に主観的にならざるを得ないであろう．しかし，天気の予想などは，彼らの豊富な経験に基づいて客観的に判断することができる．

次節以降では，ベッキーとデスタの家族が，時間と不確実性を考慮に入れて，いかに物とサービスをうまく配分すべきかを議論する．しかし，ここでその説明を単純化して，静的かつ**決定論的**なモデルを作ることにする．すなわち，人々は時間の概念のない世界に生きることを仮定し，また，彼らが何らかの決定をする場合にすべての情報を持っていることを仮定することで，このようなモデリングを行う．

ある家族は，それぞれ $1,2,\ldots,N$ の番号を持つ N 人のメンバーからなるとする．家族のメンバー i の幸福度モデルをいかにして適切に構成するかを考える．すでに述べたように，幸福度は実数値をとり，i によって消費・供給される物とサービスに何らかの形で依存する．物やサービスは伝統的に「消費された」か「供給された」かで分け，前者には正の値，後者には負の値を与える．さて，M 個の財貨があることを仮定する．i によって消費または供給された j 番目の財貨の価値を $Y_i(j)$ で表す．われわれの習慣から，i によって j が消費された場合（たとえば，食糧や洋服）は $Y_i(j)>0$ とし，i によって j が供給された場合（たとえば，労働）は $Y_i(j)<0$ とする．さらに，ベクトル $\boldsymbol{Y}_i=(Y_i(1),\ldots,Y_i(M))$ を考える．これは，i によって消費または供給されたすべての物とサービスの価値を表す．$\boldsymbol{Y}_i$ は M 次元ユークリッド空間 $\mathbb{R}^M$ 上の点である．そして，$U_i(\boldsymbol{Y}_i)$ を i の幸福度を表す値とする．物やサービスを供給すると i の幸福度は減少し，一方消費すると増加すると仮定する．i によって供給される物は負の値として測られるので，$\boldsymbol{Y}_i$ の要素のうちのどれかが増加すれば，$U_i(\boldsymbol{Y}_i)$ も増加すると仮定できる．

次のステップは，これまでのモデルを家族全体に適用できるように改良することである．家族の中の各個人の幸福度を集めて N 次元ベクトル $(U_1(\boldsymbol{Y}_1),\ldots,U_N(\boldsymbol{Y}_N))$ を構成する．家族全体の幸福度はこのベクトルに何らかの形で依存する．すなわち，家族の幸福度を $W(U_1(\boldsymbol{Y}_1),\ldots,U_N(\boldsymbol{Y}_N))$ とする．ただし，W はある関数とする（功利主義の哲学者は，W として和 $W(U_1(\boldsymbol{Y}_1),\ldots,U_N(\boldsymbol{Y}_N))=U_1(\boldsymbol{Y}_1)+\cdots+U_N(\boldsymbol{Y}_N)$ を通常考える）．また，自然な仮定として，W は各 U_i に対する単調関数であ

---

*1) McElroy and Horney（1981）に述べられているように，家族の何人かのメンバー間で話し合いを行うことで家族の決定がなされると考えることが，現実的な選択肢である（Dasgupta（1993, chapter 11）を参照）．定性的には，ここで家族たちの最適化を仮定することで一般性を失うことはない．

るとする（上述の和の関数は単調関数である）．

$\boldsymbol{Y}$ は列 $(\boldsymbol{Y}_1, \ldots, \boldsymbol{Y}_N)$ を表すとする．$\boldsymbol{Y}$ は NM 次元ユークリッド空間 $\mathbb{R}^{NM}$ 上の点である．$\boldsymbol{Y}$ は，一家の各メンバーによって供給・消費される各財貨の価値の表を作ることによって得られる行列と考えることができる．ところで，$\mathbb{R}^{NM}$ のすべての $\boldsymbol{Y}$ が実際に実現できるわけではないことは明らかで，全世界の財貨にしても総額は有限なのである．そこで，$\boldsymbol{Y}$ はある集合 J に属すると考える，ただし J は $\boldsymbol{Y}$ の「潜在的に実現可能」な値の集合と考えられる．J の中でより小さい集合 F を考える．これは $\boldsymbol{Y}$ の「現実に実現可能」な値の集合であり，その家族が本質的に選択可能な値の集合でもある．F は，その家族が稼げる総収入の最大値のような制限のために J よりも小さい．F はその家族にとって実現可能な集合である*2)．家族が直面する決定は，実現可能集合 F から幸福度 $W(U_1(\boldsymbol{Y}_1), \ldots, U_N(\boldsymbol{Y}_N))$ を最大にする $\boldsymbol{Y}$ を選ぶことである．この $\boldsymbol{Y}$ を求める問題を**家族（の幸福度）最大化問題**と呼ぶ．

集合 J と F がともに $\mathbb{R}^{NM}$ 上の有界な閉集合であり，かつ幸福度を測る関数 W は連続であることを仮定することは合理的で，数学的にも便利である．すべての連続関数は，有界な閉集合上で必ず最大値をとるので，この最大化問題は解をもつ．さらに，もし W が微分可能であれば，**非線形計画法**を用いることで一家の選択が満たすべき最適な条件を導くことができる．もし F が凸集合で W が $\boldsymbol{Y}$ の上に凸関数であるならば，それらの条件は必要十分条件となる．F に関する**ラグランジュの未定乗数** [III.64] は「想定価格」として解釈される．つまり，ラグランジュの未定乗数は，制約が少し弱まることが世帯にとってどれくらいの価値があるのかを表している．

さて，選択の考察において近代経済学がどれほどの能力を持っているのかを試してみよう．まず，W は個々の幸福度 U_i に対する**対称**かつ**上に凸**な関数とする．対称性の仮定から，もし 2 人が互いの幸福度を交換しても，W は変化しない．また，W が上に凸な関数であることから，大雑把に言って，ある U_i が増加しても W の増加の速さは増さない．さらに，一家のメンバーたちは同質であることを仮定する．すなわち，すべての関数 U_i は同じものであり，これを U と記すことにする．U は $\boldsymbol{Y}_i$ の狭義に上に凸な関数であり，幸福度の増加速度は消費が増大するに従って減少する．最後に，実現可能集合 F は空ではなく，凸であり，対称であることを仮定する（「対称である」とは，ある $\boldsymbol{Y}$ が実現可能であるとき，一家における個人の消費を入れかえてつくられるベクトル $\boldsymbol{Z}$ もまた実現可能であることを意味する）．これらの仮定から，家族のメンバーは同様に扱われることが示される．すなわち，彼らすべてが同じ量の財貨とサービスを受け取るとき，W は最大化される．

しかし，弱い消費水準では関数 U が上に凸である仮定は合理性がない．なぜならば，一般的に，栄養バランスにおいて 1 日に必要なエネルギーの 60〜75 % は体を維持することに使われ，残りの 25〜40 % が仕事や余暇のような活動に使われるからである．この 60〜75 % は固定コストと考えられる．これは，長い目で見れば，人がどのような行動をとろうとも，このコストはその人が必要とする最小限の栄養であることを意味する．そのような固定コストの具体的な内容を表す最も簡単な手段として，F が凸であることを仮定する（たとえば，一家の各メンバーに割り当てられた食糧の量が決まっている場合に，F は凸となる）．しかし，食糧の低摂取に対しては，U は狭義に下に凸関数であり，低摂取でない場合は狭義に上に凸関数である．そのような世界で，貧しい家族が家族の各メンバーに不平等に食糧を分配することによって，幸福度が最大化されることを示すことは困難ではない．一方，裕福な家族では，平等に贅沢をしたり，同等の食事の質を提供することで幸福度が最大化されることを容易に示すことができる．定型化された例として，体調を維持するために 1 日に摂取する必要最小限のカロリーを 1,500 kcal と仮定し，ある 4 人家族は多くても 5,000 kcal のカロリーしか摂取できないとする．このとき，平等な分配は，家族の誰もがいかなる仕事をするにも十分な栄養がとれないことを意味する．そこで（仕事の内容に応じて）不平等に分配するほうが良い選択となる．一方，その家族が 6,000 kcal 以上の栄養をとることができるならば，将来のリスクなしに平等に食糧を分配することができる．この発見は，多分に経験的な見地によるものである．デスタ一家では，食糧が非常に乏しいときには，幼い子供や体の弱い家族は，他の家族のメンバーよりも少ない食糧しか与えられず，さらに家族の年齢によって配分が異なっていた．

*2)　F だけを見るのではなく，なぜ J を F と区別する必要があるかをこれから述べる．

一方，食糧が豊富なときは，平等主義者になることができた．それとは対照的に，ベッキーの家族はいつでも食糧は豊富で，毎日家族は平等に食糧をとることができた．

4. 社会的均衡

ベッキーの世界において，家族の経済活動の大部分は市場で行われる．交易条件は取引相場価格である．社会的効果の数学的構造を調べるために，簡略化を行い，統計的あるいは決定論的な世界を想定して，以下のような設定を行う．$\boldsymbol{P}$ $(\geq \boldsymbol{0})$ を市場価格のベクトル，$\boldsymbol{M}$ $(\geq \boldsymbol{0})$ を財貨とサービスに関する家族の賦存量ベクトルとする（すなわち，各財貨 j に対して，$P(j)$ は j の価格，$M(j)$ は家族がすでに持っている j の量を表す）．消費した財貨はマイナスの値，供給した財貨はプラスの値を持つことを再度確認する．$\boldsymbol{X} = \sum \boldsymbol{Y}_i$ とおく（$X(j) = \sum Y_i(j)$ は，家族によって消費された財貨 j の全体量である）．このとき，$\boldsymbol{P} \cdot \boldsymbol{X}$ は家族によって消費された商品の金額の合計から，供給された商品の金額の合計を引き算したものであり，また $\boldsymbol{P} \cdot \boldsymbol{M}$ は家族がもとから持っているものの総価値を表す．実現可能集合 F は家族の選択 $\boldsymbol{Y}$ の集合であり，$\boldsymbol{Y}$ は予算制約条件 $\boldsymbol{P} \cdot (\boldsymbol{X} - \boldsymbol{M}) \leq 0$ を満たす．

金融市場に投資している資産から得ているベッキーの家族の収入は，市場価格（ベッキーの父親の給与，銀行預金の利子，所有している証券や債券の配当）によって定まる．市場価格は財貨とサービスに関する家族の賦存量，そして家族の需要と嗜好によって決まる．また，これらの市場価格は機関投資家の能力と意思によっても変化する．機関投資家とはたとえば民間企業や政府であり，それらは，それらに与えられた権利を用いて市場価格を操作することができる．このような関数関係は，ベッキーの父親が持つ弁護士（経済学者の使う「人的資本」として弁護士そのものも資産と考えられる）の技術が，合衆国では有効であっても，デスタの村では何の役にも立たない理由を説明している．事実，合衆国では弁護士が貴重な職業であるという信念が，ベッキーの父親を弁護士にしたわけである．

一方，デスタの家族は，市場で活動しているが（父親はテフを市場で売り，母親は自家醸造した酒を売っている），その市場では多くの取引が直接，自然と調和しながら行われる．市場は地域の公園や広場のような共有地で開かれ，また，村の他の人たちとの非市場的な関係の中で取引が行われる．そのため，デスタ一家が直面する集合 F は，理想化されたモデルでベッキーの世界を示したときのような，線形な家計の不等式から単純に定義されるようなものではなく，また土壌生産性や降雨量といった自然現象からの要因によっても影響される．ベッキー一家も自然現象による制約を認識することができるが，それは市場価格の変動を通してのことである．たとえば，干ばつは世界の穀物の生産量を減少させ，ベッキー一家は市場での穀物の値段が上がることで干ばつの影響を知ることになる．対照的に，デスタ一家は彼らの畑からの穀物の生産量から直接干ばつの影響を認識する．

デスタ一家の資産は自宅，家畜，農機具，そして半ヘクタールの土地である．農業，家畜の世話，そして村の共有資源から原材料を集めることによって磨かれてきた，デスタの家族たちの持っている技術は，彼らの人的資本の一部である．これらの技術は，グローバルな市場で大きな利益を生むことはないが，デスタ一家の実現可能な集合 F を形成し，さらに家族の幸福の源となる．デスタの両親は，これらの技術を彼らの両親と祖父母から学んだ．ちょうどデスタと彼女の兄弟たちが両親と祖父母から学ぶのと同じである．デスタの家族はまた，村の共有資源の一部を所有していると言える．事実上，彼女の一家は村の他の人たちと所有権を共有している．共有資源の使用に関して隣近所の人たちと合意に至り，さらに，その合意を実行することにおける困難さは，二酸化炭素排出量規制のような全世界的な問題と比較すれば，それほど厳しいものではない．なぜならば，共有資源が地域に限定されているときは，かなり少ない人々の話し合いで解決でき，さらに，使用者間の意見を集めて利害の一致を見ることも容易である．また，当事者は，地域での共有資源の使用をめぐる協定が守られているかを観察することも可能である．

このように，個々人が選べる選択は，他の人たちによってなされた選択に影響される．この結果がフィードバックである．市場経済では，フィードバックは価格の伝搬において大きな役割を果たしている．非市場経済では，それぞれの家族が他の家族と互いに話し合いができる範囲でだけ，フィードバックは伝搬する．

数学的にこの状況をモデル化しよう．まず，家族数が H 個の経済を想定することから始める．説明を簡略化するために，家族の幸福はその家族の財貨とサービスの総消費量によって直接表されることとする．この消費が家族内でどのようになされたかは関知しない．h 番目の家族の消費ベクトルを $\boldsymbol{X}_h$，潜在的に実現可能なベクトル $\boldsymbol{X}_h$ の集合を J_h，幸福度を $W_h(\boldsymbol{X}_h)$ とする．

h 番目の家族の消費ベクトルからなる潜在的実現可能集合 J_h の中に，現実的実現可能集合 F_h が存在する．フィードバックをモデル化するために，F_h が他の家族の消費動向に従っていることを明確に認識する必要がある．つまり，F_h は列 $(\boldsymbol{X}_1,\ldots,\boldsymbol{X}_{h-1},\boldsymbol{X}_{h+1},\ldots,\boldsymbol{X}_H)$ の関数である．簡略化するために，h 番目の家族だけを除いたこの列を $\boldsymbol{X}_{-h}$ と表すことにする．形式的に F_h は「対応関数」と呼ばれる関数であり，$\boldsymbol{X}_{-h}$ の要素を J_h の部分集合に対応させる．h 番目の家族の経済問題とは，その幸福度 $W_h(\boldsymbol{X}_h)$ を最大にするためには，その消費 $\boldsymbol{X}_h$ をその実現可能集合 $F_h(\boldsymbol{X}_{-h})$ からどう選べばよいかという問題である．最適選択は，$\boldsymbol{X}_{-h}$ と $F_h(\boldsymbol{X}_{-h})$ における h 番目の家族の信念（belief）に従う．

他のすべての家族も同様の計算を行う．フィードバックをどのようにして解き明かせばよいだろうか？一つの方法は，人々にフィードバックについての彼らの信念を尋ねてみることである．幸運にも，経済学者はこの方法を回避する．経済学者は，研究の土台として，信念の**均衡**，つまり自ら固まっていく信念の集まりを研究する．そのためのアイデアとは，社会的均衡と呼ばれる状況を正確に認識することである．形式的に，家族の選択 $(\boldsymbol{X}_1^*,\ldots,\boldsymbol{X}_H^*)$ を以下の場合に**社会的均衡**という．すなわち，すべての家族 h に対して，家族 h の選択 $\boldsymbol{X}_h^*$ が実現可能集合 $F_h(\boldsymbol{X}_{-h}^*)$ 内のすべての選択 $\boldsymbol{X}_h$ 上で幸福度 $W_h(\boldsymbol{X}_h)$ を最大にするときである．

このことから「社会的均衡」が本当に存在するかという素朴な疑問が生まれる．1950 年のナッシュおよび 1952 年のドブルーによる古典的な論文によって，適当な条件のもとで，社会的均衡が常に存在することが証明された．ドブルーによって示されたこの存在条件について，次に解説する．幸福度関数 W_h は，連続で擬似的に凸である（任意の J_h 内の潜在的実現可能選択 $\boldsymbol{X'}_h$ に対して，$W_h(\boldsymbol{X}_h)$ が $W_h(\boldsymbol{X'}_h)$ より大きいかまたは等しいような $\boldsymbol{X}_h$（$\in J_h$）の集合が凸であること）と仮定する．さらに，すべての家族 h に対して実現可能集合 F_h（これは J_h の部分集合である）は空でなく，コンパクト凸集合で他の家族によって選ばれた選択 $\boldsymbol{X}_{-h}$ に連続的に従属していることを仮定する．上記の条件のもとで社会的均衡が常に存在することが，**角谷の不動点定理** [V.11 (2節)] を用いて証明される．角谷の不動点定理はブラウアーの不動点定理の拡張でもある．社会的均衡が存在する十分条件を満たさない集合（実現可能集合 $F_h(\boldsymbol{X}_{-h})$ が凸でない場合）についても近年研究が進んでいる．

ベッキーの世界では，社会的均衡は市場均衡と呼ばれている．市場均衡とは，$\boldsymbol{X}_h^*$ が制約条件 $\boldsymbol{P}^*\cdot(\boldsymbol{X}_h-\boldsymbol{M}_h)\leq 0$ のもとで $W_h(\boldsymbol{X}_h)$ を最大にすることと，家族間の財貨とサービスの需要が実現可能である（すなわち，$\sum(\boldsymbol{X}_h-\boldsymbol{M}_h)\leq 0$）ことの両者を満たすような価格ベクトル $\boldsymbol{P}^*$（$\geq \boldsymbol{0}$）と消費ベクトル $\boldsymbol{X}_h^*$ が，すべての家族 h に対して存在することである．ここで定義された意味で，市場均衡が社会均衡であることは，アローとドブルーによって 1954 年に証明された．Debreu (1959) は市場均衡に関する決定的な論考である．ドブルーはこの著書で，財貨とサービスをそれらの物理的な特徴だけでなく，それらが実在する日付と不確実性によって識別することで，エリック・リンダールやケネス・J・アローの結果を改良した．この章の後半では，ベッキーとデスタの世界において，貯金と保険の研究における財貨空間を拡張することを行う．

社会的均衡が完全にあるいは総合的に判断して適切だと自動的に仮定することには，無理があるだろう．さらに，きわめて人為的ないくつかの例を除いて，社会的均衡は唯一のものではない．社会的均衡の研究において，われわれが観測することができる均衡とはそのどれか，という本質的な問題が残ったままである．この疑問を精査するために，経済学者は不均衡行動を研究し，力学系における安定性の問題を解析している．基本的な考え方は，世界の動き方についての信念を人々が形成する方法について仮説を立て，人々の学習パターンの結果を追跡し，データに対してそれらを検討することである．定常的な環境で社会的均衡に収束する学習過程を考慮することでこのような研究を制限することは合理的である．そして，このような方法によって，長期的に見てどの均衡に到達するかを決定することができる（たとえばEvans and Honkapohja (2000) を参照). 不均衡の研究は本章の解説を長くするだけなので, ここでは社会的均衡の研究について解説を続けることにする.

5. 公共政策

経済学者は, 彼らが私的財と呼ぶ物と公共財と呼ぶ物を区別する. 多くの財貨に対して, 消費は競争的である. すなわち, もし読者がたとえば食糧のような商品を, 本来割り当てられている以上に消費すると, 他の人たちはより少ない消費しかできないことになる. これらは私的財である. 個々の家族が消費した量を合計することで, 経済活動を通じて行われた彼らの消費を見積もることができる. 前節で社会的均衡の概念を解説したときに, この問題を取り扱った. しかしながら, すべての財貨が同様に取り扱われるわけではない. たとえば, ある個人に提供される国家の安全保障の範囲は, その国ですべての人に提供される範囲と同じである. 公正な社会において法律は国家と同様に同じ性質を有している. それを用いることが競争的でないだけでなく, それによって経済的に得られる利益を享受することを誰にも妨げられることがない. 公共財はこの2番目の種類の財である. 公共財はその分量を G, またそれぞれの家族 h によって消費される量を G_h とおいてモデル化される. 全世界に及ぶ公共財の一例として, 地球上の大気がある. 地球上の大気からは, 世界中が等しく恩恵を得ている.

もし公共財の供給が私的な個人の集団の手に委ねられると, 問題が生じる. 一例として, ある町で誰もがよりきれいで健康的な環境から恩恵を受けられることになるとしても, そのよりきれいな環境に対して金銭を支払うことになれば, 個人は他の人たちにただ乗りしようとするものである. この状況は「それぞれが他人のことは考えず自分勝手に最善のものを選ぶことで, 皆が結局は損をする」という囚人のジレンマと同じ状態であることを, サムエルソンは1954年に示した. このような環境下では, 通常税金や補助金のような公共政策が必要とされる. この政策によって, 個人的な利害は別として, トータルとして好ましい結果を得ることができる. 言い換えれば, このジレンマは市場だけでなく政治によって効果的に解決されると考えられる. このような理由で, 政治理論において, 政府が課税をしたり補助金を出したりすることや公共財を供給することを約束すべきであることは, 広く一般に受け入れられている. 政府は, 道路, 港湾, 送電など, 民間のレベルでは不可能な巨額の投資を必要とするインフラ整備を供給するための機関である. そこで, 政府の経済政策も考慮できるように, 最初に提示したモデルを拡張して, 公共財やインフラを含むモデルを構築することにしよう.

社会福祉は, それぞれの家族の幸福をすべて合計したものと考えることにする. そこで, V を社会福祉とすると, これは $V(W_1, \ldots, W_H)$ と記すことができる. ただし, $1, \ldots, H$ は家族のメンバーに振り分けられた番号を表す. W_h が増大すれば V も増大すると考えるのが自然である (関数 V として $V(W_1, \ldots, W_H) = W_1 + \cdots + W_H$ はその一例である). 政府は公共財やインフラの供給量を決定する. 両者の供給量は $\boldsymbol{G}, \boldsymbol{I}$ の二つのベクトルによってモデル化される. 政府はまた, それぞれの家族 h に財貨やサービスの転換 $\boldsymbol{T}_h$ を課す (たとえば, 健康管理の検査や所得税). また $\boldsymbol{T} = (\boldsymbol{T}_1, \ldots, \boldsymbol{T}_H)$ とおく. いずれにせよ, 政府にとって実現可能な $\boldsymbol{G}$ と $\boldsymbol{I}$ の選択は $\boldsymbol{T}$ によって定まる. そこで, $\boldsymbol{T}$ の選択が与えられたとき, 実現可能ベクトルの組 $(\boldsymbol{G}, \boldsymbol{I})$ の集合を $K_{\boldsymbol{T}}$ と表す.

すでに新たな財貨の集合を定義しているので, 次に家族の幸福度関数を, その定義域を拡張して定義する必要がある. このような特殊な従属性を表す記号として, 家族の幸福度を $W_h(\boldsymbol{X}_h, \boldsymbol{G}, \boldsymbol{I}, \boldsymbol{T}_h)$ と記す. さらに, h の実現可能集合 F_h は $\boldsymbol{G}, \boldsymbol{I}, \boldsymbol{T}_h$ によっても定まる. そこで, 家族の実現可能選択の集合を $F_h(\boldsymbol{G}, \boldsymbol{I}, \boldsymbol{T}_h, \boldsymbol{X}_{-h})$ と記す.

最適な公共政策を決定するために, 2段階ゲームを考える. まず, 政府は $\boldsymbol{T}$ を選択し, さらに $K_{\boldsymbol{T}}$ から $\boldsymbol{G}$ と $\boldsymbol{I}$ を選ぶ. 家族は政府による決定に対応して次の行動をとる. 社会均衡 $\boldsymbol{X}^* = (\boldsymbol{X}_1^*, \ldots, \boldsymbol{X}_H^*)$ に到達していることとその均衡が一つしかないことを仮定する (均衡が複数ある場合, 政府は世論に従ってそれらから選択する). 明らかに, 均衡 $\boldsymbol{X}^*$ は $\boldsymbol{G}$, $\boldsymbol{I}, \boldsymbol{T}$ の関数である. 知的で善意のある政府はその均衡を予測し, 社会福祉 $V(W(\boldsymbol{X}_1^*), \ldots, W(\boldsymbol{X}_H^*))$ の結果を最大化するように $\boldsymbol{G}, \boldsymbol{I}, \boldsymbol{T}$ を選択する.

このように2重の最適化を含むように設計された公共政策問題は, 技術的に難しい. それは一例として次のような問題を生じる．いくつかの最も単純なモデル経済の中で，$F_h\left(\boldsymbol{G}, \boldsymbol{I}, T_h, \boldsymbol{X}_{-h}\right)$ が上に凸でない場合が想定される．1984 年にミルリースによって示されているように，これは社会均衡の存在が $\boldsymbol{G}, \boldsymbol{I}, \boldsymbol{T}$ によって保証されていないことを意味する．また，このことは標準的な手法が政府の最適化問題では役に立たないことも表している．「2 重の最適化」でさえ膨大な単純化を要する．まず，政府が選択する．次に，人々は取引，生産，消費によって，政府の選択に反応する．再び政府は選択する．そしてまた人々はそれに反応する．このようなプロセスを繰り返しながら社会的均衡に到達するが，最適な公共政策を決定することは計算上の難しい問題を含んでいる．

6.　信用の根拠：法律と規範

先に述べたいくつかの例は，互いに取引をする人たちが直面する基本的な問題は**信用**に関するものであることを表していた．一例として，当事者たちが互いに信頼する範囲は集合 F_h と K_T を形成する．もし彼らが互いに信頼できないなら，有益な商取引が行われないことになる．ところで，どのような根拠で，人は合意された約束が実行されることを信用するのであろうか？　根拠とは，その約束にどの程度の信憑性があるかである．どこの社会も，この種の信用を形成するメカニズムをいろいろな手段を講じて作ってきた．合理的な理由もなしに合意を守らない人々は懲らしめられるということは，一般的に認められているこのメカニズムの一つである．

このありふれた機能はいかに働いているのだろうか？

ベッキーの世界では，商取引を管理するルールは法律によって具体化されている．ベッキーの家族が関与する市場は，綿密に作られた法制（これも公共財である）によって支えられている．たとえば，ベッキーの父親の事務所は合法的な事業体である．父親が年金を蓄えたり，ベッキーやサムの教育資金を貯金するなど，その他いろいろな目的で利用している金融機関も法律によって支えられている．家族の誰かが雑貨屋に行ったときでさえ，現金やカードによる購入には両者（売り手と買い手）を支えるための法律が関係している．たとえば，購入した商品に欠陥がある場合は，法律によって雑貨店は新しい良品に取り替える義務がある．法律は国家の強制的な力によって実行される．そのため，商取引は**外部的な執行者**すなわち国家によって保証された合法的な契約を含んでいる．ベッキーの家族と雑貨屋の主人は，彼らが取引を行うための契約を政府が保証する意志と能力があることを信じている．

この信用の根拠は何であろう．結局，現代社会はこのような信頼できる国家の存在を示してきた．なぜ，ベッキーの家族は国家が良心的にその業務を行うと信じているのであろう．一つの確かな答えは，彼女の国の政府はその**評判**をたいへん気にするからである．すなわち，民主主義を標榜し自由で詮索好きのマスコミが，政府の無能ぶりや不正行為を報道すれば，次の選挙で彼らの政権が終わることになるからである．このことは，多くの人が持っている他の人たちの能力や意思に対する信頼に基づいている．ベッキーの国では，多くの家族は政府が契約を実行すると信じている．なぜならば，そうしないと政府の高官たちがくびになることを知っているからである．契約者はもう一方の契約者が契約を破ることはないと信じている．なぜならば，契約者の一方が，他方は政府が契約を実行すると信じていることを知っているからである．そのようにして，皆が契約の実行を信じるわけである．信用は，契約を破る者への懲罰（罰金，懲役，解雇といった）の脅迫によって維持される．再び，彼ら自身によって成り立っている均衡という信念について考えてみよう．相互信頼は相互に有益な契約を求め，それに参加する人々を勇気づける．このように，社会規範が約束を実行するためのメカニズムを含むことを示すことから，人々の生活における社会規範に戻って議論しよう．

一方，デスタの世界にも契約の法律が存在するが，彼女の家族はその法律に頼ってはいない．なぜならば，裁判所が彼らの村から遠く，また彼らを守る弁護士も簡単には雇えないからである．交通にはたいへんコストがかかるので，経済活動は法制度の及ばない場所で行われる．手短に言えば，きわめて重要な公共財やインフラがまったく存在しないか，あったとしてもわずかである．法律の外部的な執行者は存在しないが，デスタの両親は他の人たちと取引をしている．互いの信頼（村における保険に似ていなくもない）は「いつか必ず返すと約束してくれるならば貸しましょう」と言うことで示される．葬儀のための貯金をすることは「私はイッディルとその条件に従う」という宣言を伴う．しかし，当事者たちは，合意が破られないという信頼をどのようにして維持できるのだろうか？

もし合意が「互いに実行される」ならば，そのような信頼は正当化される．基本的には以下の考え方である．約束を破った人間に科される厳しい制裁に対する村人たちの脅威は，そのような行為を思い留まらせる．このときの問題は，制裁の確実さである．デスタの世界では，制裁は行動の社会規範によってなされる．

社会規範は，そのコミュニティのメンバーが従う行動規則を意味する．行動規則（または，経済用語で言う「戦略」）は，「あなたが Y をするならば私は X をする」や「Q が起きたら P をする」というような意味である．行動規則が社会規範になるためには，他の皆が規則に従って行動しているのであれば，誰にとっても規則に従うことが自分の利益になることが必要である．社会規範は行動の均衡である．さて，社会規範がいかに働くかということと，その社会規範を基盤とする取引と市場原理を基盤とする取引とを比較して，どのように異なるかを調べることにする．

7. 保 険

リスクを考慮して保険に加入することは，リスクを減らす行動の一つである（形式的には，**確率変数** [III.71 (4 節)] $\tilde{X}$ が確率変数 $\tilde{Y}$ よりリスクが高いとは，期待値が 0 のある確率変数 $\tilde{Z}$ であって，$\tilde{X}$ の分布が $\tilde{Y}+\tilde{Z}$ の分布と等しいものが存在することを意味する．この場合，$\tilde{X}$ と $\tilde{Y}$ は同じ期待値を持つが，$\tilde{X}$ はより分散が大きい）．それほどコストがかからない場合には，リスクを嫌う家族は保険を買ってリスクを減らそうとする．実際，リスクを減らすことは普遍的な願望である．これらの概念を形式化するために，デスタの村のような孤立した地域を考える．簡単にするために，H 戸の同様の家族が住んでいるとする．家族 h によって消費される食糧を X_h，それがもたらす幸福度を $W(X_h)$ とする．$W'(X_h)>0$ を仮定する（この仮定は，より多くの食糧の供給は $W(X_h)$ をより大きくすることを意味する）．さらに，$W''(X_h)<0$ を仮定する（必要以上の食糧に有難味は少ない）．次に，W の 2 番目の条件である狭義に上に凸であることは危険回避を意味することをこれから確認してみよう．基本的な原理は単純である．すなわち，もし W が狭義に上に凸ならば，不運であるときに失う幸福よりも，幸運のときに得る幸福のほうが少ないことを意味しているので，確かに危険回避の働きを持っている．

簡単のために，家族 h による食糧の生産は，天気のような不確実な現象に左右されるものであるが，個人的な努力などとは無関係であると仮定する．生産量は不確実であるので，それを確率変数 $\tilde{X}_h$ によって表す．その期待値 μ は正とする．以後期待値を $\mathbb{E}(\cdot)$ とおくこととする．

家族 h が完全に自給自足できるとき，その幸福度の期待値は $\mathbb{E}\left(W\left(\tilde{X}_h\right)\right)$ となる．しかし，W が狭義に上に凸の場合は，$W(\mu)>\mathbb{E}\left(W\left(\tilde{X}_h\right)\right)$ となる（イェンゼンの不等式）．この式から，生産量がランダムである場合には，平均生産量の幸福度よりも家族 h の幸福度期待値が小さいことがわかる．これは，家族 h がリスクの大きい生産量より（ときどき大きい生産量があったとしても）リスクの少ない確実なレベルの生産量のほうを好むことを表している．家族 h はリスクを嫌う．$W(\bar{\mu})=\mathbb{E}\left(W\left(\tilde{X}_h\right)\right)$ によって $\bar{\mu}$ を定義する．$\bar{\mu}$ は幸福度期待値を得る生産量である．$\bar{\mu}$ は μ よりも小さく，$\mu-\bar{\mu}$ は自給自足をしている家族が担うリスクコストの度合いを表す．W の「曲率」が大きければ，$\tilde{X}_h$ におけるリスクコストも大きい（ただし，生産量 X における W の曲率の測度は $-XW''(X)/W'(X)$ である．この測度は異時点間の選択を議論する場合に用いられる）．家族がそのリスクを溜めながらいかにして収穫を得るかを調べよう．$\tilde{X}_h=\mu+\tilde{\varepsilon}_h$ とおく．ただし，$\tilde{\varepsilon}_h$ は，期待値 0，分散 σ^2，有界な台を持つ確率変数とする．議論を簡単にするために，$\tilde{\varepsilon}_h$ の確率分布は h に無関係に常に同じであると仮定する．また，異なる家族間における $\tilde{\varepsilon}_h$ の相関係数を ρ とする．$\rho<1$ であるとき，家族間の合意のもとで（互いに助け合って）すべての家族はそのリスクを減らすことができる．家族同士は互いの生産高を知ることができると仮定する．確率変数 $\tilde{X}_h$ の確率分布は，h によらず同じであると仮定すると，全家族の収穫を均等に配分する方式が最も確かな保険である．この方式を行えば，家族 h の不確実な消費は $\tilde{X}_1,\ldots,\tilde{X}_H$ の平均となり，$\mathbb{E}\left(W\left(\sum \tilde{X}_{h'}/H\right)\right)>\mathbb{E}\left(W\left(\tilde{X}_h\right)\right)$ より自給自足方式を改善することができる．しかし，何らかの実施機構なしでは均等に分配するという合意が実行できない問題が生じる．なぜなら，いったんそれぞれの家族がそれらの生産高を知ると，最も不幸な家族を含むすべての家族がその合意から手を引く可能性があるからである．これは次の理由による．まず，最も幸福な家族は当然平均よりも多くの収穫を得ているので，多くの収穫量を供出することとなり，その合意から手を引く．すると，収穫高の平均は小さくなる．次に収穫高の大きい家族たちは，平均が小さくなって彼らがもらえる収穫量が減るので，このグループも合意から手を引く．このようなことが続いて，結局すべての家族が合意から手を引き，この方式が破綻する．この合意の実施機構が存在しない場合，最も収穫高が大きいグループに属する家族はその方式に参加しない可能性があることをすべての家族が知っているので，唯一の社会均衡は純粋な自給自足方式であり，リスクをうまく管理するようなシステムは存在しない．

上記のような保険ゲームを，**ステージゲーム**（stage game）と呼ぶことにする．純粋な自給自足はステージゲームに関して唯一の社会均衡であるが，そのゲームが繰り返し行われたとき，その状況は変化することがわかる．これをモデル化するために，t は時刻で，非負の整数値をとることとする（たとえば，このゲームは開始年を 0 として毎年行われるとする）．村人は各期間でまったく同じリスクの集合に直面していることを仮定する．そして，各年のリスクは他の年のリスクとは独立とする．さらに，各期間において，食糧の収穫高が確定した時点で，すべての家族は互いに独立に，彼らが収穫を均等に配分する合意を守るか破棄するかを決定すると仮定する．

将来の幸福は家族にとって重要であるが，常に現在の幸福のほうが重要視されるものである．この状況をモデル化するために，正の値 δ を，将来の幸福度をどの程度割り引くかを測るパラメータとする．この仮定から時刻 t における幸福度を，$(1+\delta)^t$ で割ることによって，$t=0$ における幸福度に変換することができる．δ が十分に小さい場合（これは家族が将来の幸福度に対して十分に考慮していることを意味する），その中で家族が収穫を均等に配分する合意に従うという社会均衡が存在することを次に証明する．

$\tilde{Y}_h(t)$ を，時刻 t において家族 h が得ることができる食糧の合計とする．すべての家族がその合意に参加するならば，$\tilde{Y}_h(t)$ は $\mu+(\sum\tilde{\varepsilon}_{h'})/H$ となり，また，もしその合意がなければ，$\tilde{Y}_h(t)$ は $\mu+\tilde{\varepsilon}_h$ となるであろう．時刻 $t=0$ における家族 h の現在から将来にわたる総平均幸福度は，$\sum_0^\infty \mathbb{E}\left(W\left(\tilde{Y}_h(t)\right)\right)/(1+\delta)^t$ である．ただし，$(1+\delta)^t$ での割り算は将来の幸福度を現在時刻 $t=0$ の価値に割り引くための計算である．

さて，次のような，家族 h が採用すべき単純な戦略について考える．戦略とは，家族 h が保険の仕組みに参加することによって始まり，その合意にすべての家族が従った状態になるまで続く．しかし，ある家族がその合意を破った時点から，家族 h はその仕組みから抜けることとなる．ゲーム理論の専門家は，その容赦のない性質から，これを「グリム戦略」(grim strategy) あるいは単に「グリム」(grim) と名付けた．さて，このグリムが収穫を定期的に均等に配分するという合意をどの程度サポートできるかを調べてみよう（繰り返しゲームおよび合意を支える種々の社会規範の概説は，Fudenberg and Maskin (1986) を参照)．

家族 h が他のすべての家族がグリムを選択したと信じていることを仮定する．このとき，h は他のどの家族も最初に合意から離脱しないことを知っている．それでは，h はこのとき何をすべきであろうか？ δ が十分に小さいことは，h がグリムを演じることが最良であることを示す．同じ推論が他のすべての家族に当てはまるので，十分小さい値 δ に対して，グリムは繰り返しゲームでの均衡戦略であることが言える．しかし，すべての家族がグリムを演じるならば，どの家族も合意を破ることは絶対にできない．このため，グリムは協調を支えるための社会規範として働いている．グリムがどのように機能しているかを見てみよう．

基本的な考え方は単純である．他のすべての家族がグリムを演じると仮定されているので，家族 h の収穫が他の家族全体の平均収穫を超えるならば，h は合意から離脱することによって 1 期間限りの利益を得ることができる．しかし，h がどこかの期間において離脱するとき，次のすべての期間のどこかで，他のすべての家族は合意から離脱するだろう（彼らはグリムを演じることが仮定されているから)．そのため，すべての次の期間における h 自身の最良の選択もまた，合意からの離脱である．そして，h による単独離脱によって，次にその収穫が純粋な自給自足のために使われることになると予想される．家族 h が他の家族の平均収穫を超える収穫を得たときに，合意から離脱して 1 期間限りの利益を得て喜んだとしても，家族間の協調が崩れてしまうために，結局はあとに続く日々に苦しみがもたらされることになる．この意味で，損失は，δ が十分に小さいときに 1 期間限りの利益を超えてしまう．そのため，δ が十分に小さいとき，家族 h は合意から離脱することはないが，グリムを選択することになるであろう．このことは，グリムが均衡戦略であり，すべての期間での家族間の等分配は社会均衡であることを意味している．

上の議論を定式化するために，合意から離脱するインセンティブ（incentive）が最大になる状況を考える．A と B をすべての家族が得る最小または最大の可能収穫高とする．家族 h が最大の収穫高 B を得て，他のすべての家族は最小の収穫高 A を得るならば，h は $t=0$ で離脱することで最大の利益を得る．結局，収穫の平均値は $(B+(H-1)A)/H$，合意からの離脱によって得る h の利益は

$$W(B)-W\left(\frac{B+(H-1)A}{H}\right)$$

となる．しかし，もし h が離脱すれば，その後の各期間（$t=1$ からの）での平均損失は，$\mathbb{E}\left(W\left(\sum\tilde{X}_{h'}/H\right)\right)-\mathbb{E}\left(W\left(\tilde{X}_h\right)\right)$ となることを h は知っている．式を簡単にするために，今後 $\mathbb{E}\left(W\left(\sum\tilde{X}_{h'}/H\right)\right)-\mathbb{E}\left(W\left(\tilde{X}_h\right)\right)$ を単に L と書くことにする．家族 h は $t=0$ における離脱によって生じる平均損失累計は $L\sum_1^\infty(1+\delta)^{-t}$ であり，この値は L/δ に等しい．もしこの将来の損失が離脱によって現在得られる収益を上回るならば，家族 h は離脱を望まないであろう．言い換えれば，もし

$$\frac{L}{\delta}>W(B)-W\left(\frac{B+(H-1)A}{H}\right)$$

または

$$\delta<\frac{L}{W(B)-W\left(\dfrac{B+(H-1)A}{H}\right)} \tag{1}$$

ならば，h は合意を離脱しないであろう．しかし，もし h がいつ離脱すればそれによって得られる 1 期間限りの利益が最大値になるかわからなければ，他のどのような状況においても h は間違いなく離脱したいと考えないであろう．以上から，もし不等式 (1) が成り立つならば，グリムは均衡戦略であり，また，各期間におけるすべての家族への平等な配分が，結局は社会均衡となる．δ が十分に小さいときにこういったことが起きることに，注意すべきである．

しばしばわれわれは，「社会」という言葉を，相互に有益な均衡を見つけることができた共同体を表す言葉として用いる．しかし，繰り返しゲームにおけるもう一つの社会均衡が，誰も協力をしないことであることに注意すべきである．もしすべての家族が，他のすべての家族が最初から合意を破るであろうと信じていたならば，どの家族も初めから合意を破るであろう．協力がなされないということは，各家族が合意から手を引くという戦略を選択するということである．協力に失敗する原因は単純で，それは不調和に終わった信念の集まりにほかならない．また，δ が次の不等式を満たす場合には，協力しないことが繰り返しゲームにおける唯一の社会均衡であることを示すことは，容易である．

$$\delta>\frac{L}{W(B)-W\left(\dfrac{B+(H-1)A}{H}\right)} \tag{2}$$

共同体がどのようにして協力的な行動から非協力的な行動に移行するかを理解するための道具は，われわれの手中にある．たとえば，政治的不安定性（市民戦争など極端な政治的事件）は，家族たちが彼らの村を捨てる強い要因である．これは δ が増大する要因と言い換えることができる．同様に，もし政府が自らの力を増すために共同体の制度を壊す恐れがあれば，δ は増大するであろう．しかし，式 (1) および式 (2) から，もし δ が十分に増大するならば，共同体が消滅することは既知である．そのため，このモデルによって，サハラ以南の不安定な地域の村レベルの共同体がここ 10 年で凋落していった理由を説明することができる．人々が共同体の未来の利益に価値を見出す理由を持っているときのみ，社会規範は有効に働く．

上記の解析において，各期間で家族のリスクが上方修正される可能性を考慮に入れていた．さらに，どの村でも家族数は概して大きくない．デスタの家族が彼らのリスクに対して十分な保険に加入できない理由は二つある．逆にベッキーの家族は，国中の何十万もの家族のリスクを分散する保険会社による精巧な保険に入ることができる（世界規模での保険の場合は，多国籍保険会社が存在する）．これは，デスタの家族にはできない個人的なリスクの軽減に役立つ．なぜならば，第一に空間的に距離のあるリスク同士はほぼ無相関であり，第二にベッキーの両親

は彼らのリスクをさらに多くの家族で分配できるからである．十分な家族数と彼らのリスクの十分な独立性によって，**大数の法則** [III.71 (4 節)] が成り立ち，この法則によってすべての家族に平均 μ でのリスクの配分が行われる．これは外部の執行者たる国家の強制力によって保証された保険市場の優位性による．すなわち，競争的な市場において，保険契約は有効であり，互いに知らない人々が第三者（この場合は保険会社）を通してビジネスをすることを可能にしている．

たとえば干ばつのようなデスタの両親が直面する多くのリスクは，実は彼らの村のすべての家族に共通なものである．彼らの村で得られる保険はきわめて限定的であるために，彼らは農産物の多角化のような追加のリスク軽減戦略をとる．デスタの両親はトウモロコシ，テフ，エンセト（質の良くない農産物）を生産しているが，それはトウモロコシが 1 年間不作であっても，エンセトは丈夫で彼らを飢えさせないであろうという希望を持っているからである．デスタの村で基盤となる地域資産とは，互いに共同していろいろなことを所有し合うことであり，それはまた，リスクを互いに共有したいという望みを持って行う何らかの役割をおそらく持っている．森林地帯は空間的に同質でないエコシステムである．ある年にはある種の植物が果実をつけ，別の年には別の植物が果実をつける．もし森林地帯が家族ごとの分割所有になるならば，森林地帯が共同所有下にある場合より，それぞれの家族が直面するリスクは大きくなるであろう．森林地帯の共同所有では，それぞれの家族で軽減されるリスクは小さいものの，平均収入が非常に少ない場合には共同所有による家族への恩恵は大きい（貧困国における地域共有経営の詳細な解説は，Dasgupta（1993）を参照）．

8.　契約の範囲と分業

ベッキーの世界における支払いは，US ドルによって表される通貨によってなされる．誰もが完全に信頼されている世界において通貨は必要なく，そのため人々は計算コストを支払う必要がなく，契約には経費がかからない．このような世界では，たとえば，単純な借用証書，特定の商品やサービスによる返済の保証で十分である．しかし，われわれが生きている社会は，このような世界ではない．ベッキーの世界における借金は，次のような規定による契約を含む．すなわち，借り手は何ドルかを受け取り，相互に了解された日程に従って借りたドルを貸し手に返済することを約束する．契約に署名するときには，関係する当事者たちは，商品やサービスの観点からドルの将来価値についてのある種の信頼を共有している．それらの信頼は，一部分においてドルの価値を管理する米国政府への信任に基づいている．もちろん，信頼は多くの他のことに基づいているが，重要な点が残っている．それは，人々がその価値が維持されるであろうと信じているという理由のみで，通貨の価値は維持されることである（これについての古典的な文献として，Samuelson（1958）がある）．同様に，いかなる理由であれ，もし人々が通貨の価値が維持されないことを恐れるようなことがあれば，そのとき価値は維持されないであろう．たとえば 1922～23 年にワイマール共和国で起こったような多くの通貨危機は，いかにして信頼の喪失が実現するかを表している．証券市場がバブル化して崩壊するように，銀行も証券市場と同じ特徴を持つ．そのことを形式的に表現すると，多様な社会的均衡が存在し，それぞれの社会的均衡は多くの自己実現する信頼の集合によって支えられていると言える．

通貨を使用することは，無記名の契約を可能にする．ベッキーは通常彼女の町のショッピングモールのデパートで働く店員について何も知らないし，店員もベッキーのことを知らない．ベッキーの両親が銀行から借金をするとき，その借金はもともと銀行に貯金している知らない預金者のものである．文字どおり何百万もの契約が，まったく会ったこともなく将来も会うことがない人々の間で，毎日行われる．信用をいかに形成するかという問題は，ベッキーの世界では通貨という交換媒介物における信頼の構築によって解決される．通貨の価値は，国によって維持される．すでに見てきたように，国は面目がつぶれたり，オフィスから追い出されたりしないようにと願っているので，何とか通貨の信用を維持しようと必死になる．

インフラ整備がされていないので，市場はデスタの村に進出できない．逆に，郊外にあるベッキーの町は，巨大な世界的市場の一部として組み込まれている．ベッキーの父は，弁護士という法律の専門家としての彼の収入によって，スーパーマーケットで食料品を購入したり，水道から水を汲んだり，調理用のオーブンや暖房器具を使ったりすることが容易にできる．すなわち，人々は仕事の専門性を持つことによって，活動の多様性を要求されている社会において，彼らが本来できること以上に，多くの種類の生産を可能にしている．アダム・スミスは，労働の分業化が市場の規模によって制限されるという有名な学説を唱えた．デスタの家族が特別な専門性を持たないことを初めに言及したが，彼らはありのままの状況から毎日必要とする程度の農産物を生産している．さらに，デスタの家族が他の家族とともに取り交わす，社会規範に支えられた多くの契約は，私的に必要なものであり，それゆえ限界がある．経済活動の基盤として法律と社会規範の間には大きな違いがある．

9.　借金，貯金，子どもの数

もし保険に加入しなければ，その人の消費量は，各種の不確実な出来事に強く従属することになるであろう．保険に加入することは，この従属性を取り除く助けとなる．本節では，不確実な出来事への従属を取り除きたいという人間の願望が，消費を時間的に平滑化したいというごく自然な願望と同等であり，すなわち，それらは両者ともに幸福度関数 W が狭義に上に凸であることの反映であることを示す．人々の一生における収入の変化は決してなだらかではなく，そのため，住宅ローンや年金などの仕組みが考案され，消費を時間的に移動させることが可能になった．たとえば，ベッキーの家族は自宅を購入するとき，十分な資金がなかったので住宅ローンを申し込んだ．それによってもたらされた借金は彼らの将来の収入を減らすことになるが，家が必要になったその時点で家を購入することができ，その結果，現在の消費を引き上げることができた．ベッキーの家族はまた年金の掛け金を払い込むが，この掛け金は現在の消費を定年後に移すことを可能にする．現在の消費のための借金は，将来の消費を現在に移し，貯金は逆のことをなす．資本資産は生産性が高く，有効に使われれば確かな収益を得ることが期待される．ベッキーの世界において，これは借金が利子を支払う義務を含む理由の一つであり，一方，貯蓄と投資に確実な収益が望まれる理由である．

ベッキーの両親はまた，子供たちの教育に対して相当な投資を行うが，その見返りを望んではいない．ベッキーの世界において，資産は両親から子供たちに委譲される．子供たちは両親の幸福のための直接的な資源であるが，彼らは投資財とは考えられてはいない．

ベッキーの両親が資産の時間的な移し替えを行う際に直面する問題を定式化する簡単な方法は，彼らが自分自身を王族の一部と見なすとどうなるか，つまりベッキーの両親が彼ら自身とその子供たちのベッキーとサムの幸福だけでなく，彼らの将来の孫や曾孫やその先の子孫たちの幸福までも明確に留意しているとしたらどうなるかを想像することである．

この問題を解析するためには，時間を連続変数と仮定することが表記的に最も都合が良い．時刻 t（0または正の値をとる）において $K(t)$ を家族の資産，$X(t)$ を消費率とする．消費率とは彼らが消費する物の市場価格に基づくある種の集合体である．実際のところ，家族は時間と不確実性の両方の面から消費の平滑化を願っているだろうが，時間 t に集中するためにここでは決定論的なモデルを考えよう．投資における市場収益率を正の定数 r とすると，時刻 t における家族の資産を $K(t)$ とおくと，そのときの収益は $rK(t)$ で表される．時間変化によるこの王族の消費率を表現する動的方程式は，次式で表される．

$$\frac{\mathrm{d}K(t)}{\mathrm{d}t} = rK(t) - X(t) \tag{3}$$

方程式の右辺は，時刻 t における王族の投資収益（r と資産を $K(t)$ の掛け算）と時刻 t における消費の差である．この量は貯金され，また投資される．そのため，時刻 t における王族の資産の増加率を表す．現時点は時刻 $t = 0$ であり，$K(0)$ はベッキーの両親が過去から引き継いだ資産である．上記で，家族が幸福の期待値を最大化するように不確実性を回避してその消費を配分することを仮定した．消費の時間的な配分に相当する量は，次式で表される．

$$\int_0^\infty W(X(t))\,\mathrm{e}^{-\delta t}\mathrm{d}t \tag{4}$$

ただし，以前と同様に，W には条件 $W'(X) > 0$ と $W''(X) < 0$ を仮定する．パラメータ δ は将来の幸福が目減りする割合を表し，近視眼的には王家の消滅の可能性とも言える．この δ と第7節での δ との違いは，離散モデルと連続モデルの差だけではなく，減少が指数関数の速さだという点である．ベッキーの世界では投資収益率は大きく，投資は生産性が非常に高い．そのため，経験的に $r > \delta$ を仮定する．この条件がベッキーの両親に富を蓄積させ，それをベッキーとサムに受けつがせる動機を与え，またベッキーとサムの代になれば彼らもまた富を蓄積して受けつがせ，その後も同様になることがやがてわかるだろう．単純化するために，W の「曲率」すなわち $-XW''(X)/W'(X)$ がパラメータ α に一致し，その値は 1 を超えると仮定する[*3]．すでに見たように，W が狭義に下に凸であることは，同じ総額であっても，消費の減少よりも消費の増加から得られる利益のほうが大きいことを意味している．この効果の強さは，パラメータ α によって表される．α が大きければ，可能な消費の平滑化による利益が大きくなる．

時刻 t におけるベッキーの両親の問題は，式 (3) が成り立ち，さらに $K(t)$ と $X(t)$ が負ではない条件のもとで彼らの資産を消費する速度の最適値をうまく選ぶことで，式 (4) の値を最大化することである[*4]．この問題は「変分法」[III.94] の章で扱われている．しかし，これはいくらか稀な形であり，t 軸方向は無限で無限遠点での境界条件がない．後半の理由は，ベッキーの両親が長い期間において王家が目指すべき資産レベルを理想的に決定したいと思い，あらかじめ最適な資産レベルを決めることが適切であるとは考えないことにある．差し当たり，もしこの最適化問題の解が存在すると仮定すると，次の**オイラー–ラグランジュ方程式**が満たされなければならない．

$$\alpha\frac{\mathrm{d}X(t)}{\mathrm{d}t} = (r-\delta)\,X(t), \quad t \geq 0 \tag{5}$$

[*3] これは W が $B - AX^{-(\alpha-1)}$ と表せることを意味している．ただし，A（正の値をとる）と B（正負どちらも可能）は任意の定数で，W の曲率の積分に起因する．A, B のとる値はベッキーの家族の決定とは無関係である．すなわち，ベッキーの家族の最適な決定は A, B とは無関係である．$\alpha > 1$ より，$W(X)$ は上から有界である．上記の式 $W = B - AX^{-(\alpha-1)}$ は，具体的な問題に応用する場合に特に有用である．なぜなら，家族の消費データから $W(X)$ を推定するためには，ただ一つのパラメータ α を推定すればよいからである．米国での貯蓄動向に関する経験的な研究は，α が 2〜4 の中にあることを明らかにしている．

[*4] この問題は，古典的な論文である Ramsey（1928）に基づいている．ラムゼーは $\delta = 0$ を主張している．そして，独創的な議論を考案して，式 (4) の積分が収束しないにもかかわらず，最適な関数 $X(t)$ が存在することを証明した．簡単に言えば，筆者は $\delta > 0$ を仮定している．$W(X)$ が上から有界で，また $r > 0$（$X(t)$ が無制限に増大することが可能であることを意味する）であるため，$X(t)$ が十分速く増大するならば式 (4) の積分は収束すると考えるべきである．

この式は容易に解け，その解は次式で与えられる．

$$X(t) = X(0)\,\mathrm{e}^{(r-\delta)t/\alpha} \tag{6}$$

しかし，この問題では，$X(0)$ の選び方は自由である．クープマンは 1965 年に，もし $t \to \infty$ としたとき，$W'(X(t))\,K(t)\,\mathrm{e}^{-\delta t} \to 0$ であるならば式 (6) における $X(t)$ は最適であることを示した．これより，このモデルに対して，条件 (3) とクープマンの漸近条件を式 (6) で与えられる関数 $X(t)$ が満足するような $X(0)$ の値が存在することが示される．この $X(0)$ の値を $X^*(0)$ とおく．これは $X^*(0)\,\mathrm{e}^{(r-\delta)t/\alpha}$ が一意的な最適値であることを表す．消費は比率 $(r-\delta)/\alpha$ で増大し，可能な消費レベルを引き上げるために王家の富は継続的に蓄積する．他のすべてが等しいとき，投資 r の生産性が高ければ，消費拡大の適切な速さも増大する．逆に，各世代の間で消費拡大を望むために，α の値が大きければ消費拡大の速度は低下する．

ここで理解したことを使って，簡単な問題を考えてみよう．年間の市場収益率を 4% とする（年ごとに $r = 0.04$）．これは米国では合理的な数値であり，このとき δ は十分小さく，$\alpha = 2$ である．このとき，式 (6) から最適な消費拡大率は年間 2% であると結論できる．これは，大雑把に言って各世代で 35 年間ごとに 2 倍ずつ消費が増える計算になる．この数字は米国が経験した戦後の経済成長率とほぼ同じである．

デスタの両親に対して上記の計算は非常に困難である．なぜなら，彼らは時間を超えて消費を分配することに大きな制約があるからである．たとえば，彼らには確かな収益を期待できる資本市場を利用する手立てがない．確かに彼らは彼らの土地に投資している（雑草を除去する，土地のいくつかの部分を休閑地とするなど）が，それは土地の生産性が下落することを防ぐためである．さらに，収穫後のトウモロコシに対して唯一可能な利用法は，それを貯蔵することである．次に，デスタの家族がどのようにして 1 年サイクルで理想的に収穫を消費したいかを見てみよう．

$K(0)$ をキロカロリーで測られる収穫高とする．ネズミと湿度の条件が悪いとき，備蓄は減少する．$X(t)$ が計画された消費率で，γ は備蓄されているトウモロコシの価格下落率であるとき，時刻 t における備蓄量は次式を満たす．

$$\frac{\mathrm{d}K(t)}{\mathrm{d}t} = -X(t) - \gamma K(t) \tag{7}$$

ここで，γ は正の値をとり，$X(t)$ と $K(t)$ は非負であると仮定する．デスタの両親が1年間にわたる家族の幸福を $\int_0^1 W(X(t))\,\mathrm{d}t$ と考えているとしよう．ベッキーの家族と同様に

$$-\frac{XW''(X)}{W'(X)} = \alpha > 1$$

とする．デスタの両親の最適化問題とは，式(7)と条件 $K(1) \geq 0$ のもとで $\int_0^1 W(X(t))\,\mathrm{d}t$ を最大にすることである．

これは変分法における単純な問題である．最適なトウモロコシの消費量がレート γ/α で減少することが示される．翌年の収穫が今年と同等である場合，なぜデスタの家族の消費が少なくなり，身体的に弱くなるかは，これにより説明される．しかし，デスタの両親は，人間の体がより生産的な銀行であることを具現してきた．そこで，デスタ一族は体重を増やすために毎年収穫後の数か月の間，大量のトウモロコシを消費する．しかし，すでにトウモロコシの蓄えが消費されてしまったときは，次の収穫までの数週間の予備の蓄えを利用する．数年間にわたるトウモロコシの消費量は，ノコギリ歯形状であると仮定される（エネルギーの蓄積と体重との関係のモデリングについて，詳細は Dasgupta (1993) を参照).

デスタと彼女の兄弟たちは，毎日の家族の生産に貢献するので，彼らは経済的に価値のある資源である．しかし，とくに彼女の男の兄弟は，彼らの両親により高い収益を提供する．なぜなら，女子は結婚すると家を離れ，男子が一族の資産を相続する慣習（それ自身，社会均衡である）によって，年老いたデスタの両親は保証が得られるからである．資本市場と国家年金の欠如によって，男の子供たちは収穫の本質的な基盤となる．デスタの家族における資産の配分は，ベッキーとは反対に，子供たちから両親に対して行われる．

比較的最近まで，エチオピアにおける5歳以下の乳幼児死亡率は，1,000人中300人以上であった．そのため，両親は，仮にもし彼らが年をとったときに男の子によって十分面倒を見てもらうためには，大きな家族を作ることを目標にしなければならない．しかし，子どもの数は完全に個人的なことではない．なぜなら，子供を産む人数は他の人たちの影響を受けやすいからである．環境が変化しても，家族の行動は過去の影響を受けるために，最近10年間でエチオピアにおける5歳以下の乳幼児死亡率は下がっているにもかかわらず，デスタには5人の兄弟姉妹がいる[*5)]．急激な人口増加は，地域のエコシステムにさらに圧力を加える．それによって，従来持続可能な方法で管理されていた地域の共有資源が，すでに持続可能でなくなってきている．そのことは，薪や水を集める苦労が近ごろ増しているというデスタの母の不満に現れているのである．

10. 類似の人々の間における経済格差

本章では，ベッキーとデスタの体験を通して，本質的に非常に似通った人々の生活に，なぜ非常に大きな格差が生まれるかを説明した（さらに詳しくは，Dasgupta (2004) を参照)．デスタの生活は，一種の貧困である．彼女の世界では，人々は食糧安全保障が受けられず，自身の資産を多くは持つことができず，成長が阻まれ，消耗させられ，長く生きることができず（エチオピアでの出生時平均余命は，50年以下である)，読み書きができず，あらゆる権利を持たず，穀物の不作や家族の不幸に対する保険に加入することもできず，彼らの生活を制御する手段を持たず，不健康な環境で生活している．互いに剥奪が行われているので，労働力，想像力，物的資源，土地，天然資源などの生産性がすべてきわめて低く，そのままの状態がずっと続いている．投資の収益率は0か，またはマイナスである（ただし，投資とはトウモロコシの備蓄のことである)．デスタの生活は，毎日問題山積である．

ベッキーはそのような貧困に苦しむことはない（たとえば，米国での出生時平均余命は80年近い)．彼女は，彼女の社会が「挑戦」と呼んでいることに直面している．彼女の世界では，労働力，想像力，物

*5) 多産行動を説明するための相互依存的選好の活用については，Dasgupta (1993) を参照．社会均衡の項の表記法では，家族 h の幸福度を $W_h(\boldsymbol{X}_h, \boldsymbol{X}_{-h})$ とした．ただし，$\boldsymbol{X}_h$ に含まれる項目の一つは，その家族 h における出産の回数である．そして，村の他の家族間の出生率が高ければ，家族 h における子供の数もより多いことが望まれる．相互依存的選好に基づく理論は，高い出生率が低くなる分岐点の推移について説明している．エチオピアにおいても出生率は減少していることが予測される．相互依存的選好については，最近多くの経済学者たちによって研究されている（たとえば Durlauf and Young (2001) を参照).

的資源，土地，天然資源など，すべてにおいて生産性が非常に高く，継続して発展し，それぞれの挑戦における成功が，さらなるさまざまの挑戦における成功の可能性を増強している．

しかしながら，ベッキーとデスタの生活におけるきわめて大きな相違にもかかわらず，それらを調べる唯一の手段として数学があり，その数学こそ2人の生活の相違を解析するための本質的な言語である．生活の本質を単なる数学に帰着できないと公言することは魅力的だが，しかし事実，数学は経済学的推論において本質的な役割を果たしている．なぜならば，経済学において，人々が関心を寄せる対象が定量化できるとき，それを扱うためには，数学が不可欠であるからである．

謝辞　デスタの生活の記述において，同僚のプラミラ・クリシュナンから多くの知識を得たことに感謝する．

文献紹介

Dasgupta, P. 1993. *An Inquiry into Well-Being and Destitution*. Oxford: Clarendon Press.

Dasgupta, P. 2004. World poverty: causes and pathways. In *Annual World Bank Conference on Development Economics 2003: Accelerating Development*, edited by F. Bourguignon and B. Pleskovic, pp. 159–96. New York: World Bank and Oxford University Press.

Debreu, G. 1959. *Theory of Value*. New York: John Wiley.

Diamond, J. 1997. *Guns, Germs and Steel: A Short History of Everybody for the Last 13,000 Years*. London: Chatto & Windus.
【邦訳】ジャレド・ダイアモンド（倉骨彰 訳）『銃・病原菌・鉄—— 1万3000年にわたる人類史の謎』（上・下）（草思社，2000）

Durlauf, S. N., and H. Peyton Young, eds. 2001. *Social Dynamics*. Cambridge, MA: MIT Press.

Evans, G., and S. Honkapohja. 2001. *Learning and Expectations in Macroeconomics*. Princeton, NJ: Princeton University Press.

Fogel, R. W. 2004. *The Escape from Hunger and Premature Death, 1700–2100: Europe, America, and the Third World*. Cambridge: Cambridge University Press.

Fudenberg, D., and E. Maskin. 1986. The folk theorem in repeated games with discounting or with incomplete information. *Econometrica* 54(3):533–54.

Landes, D. 1998. *The Wealth and Poverty of Nations*. New York: W. W. Norton.
【邦訳】D・S・ランデス（竹中平蔵 訳）『「強国」論』（三笠書房，2000）

Ramsey, F. P. 1928. A mathematical theory of saving. *Economic Journal* 38: 543–559.

Samuelson, P. A. 1947. *Foundations of Economic Analysis*. Cambridge, MA: Harvard University Press.
【邦訳】P・A・サミュエルソン（佐藤隆三 訳）『経済分析の基礎』（勁草書房，1986）

Samuelson, P. A. 1958. An exact consumption loan model with or without the social contrivance of money. *Journal of Political Economy* 66:1002–11.

VII.9

金融数学

The Mathematics of Money

マーク・ジョシ［訳：金川秀也］

1. はじめに

最近20年間で，金融における数学の活用が爆発的に拡大した．特に**市場の効率性**と**無裁定性**という経済学における二つの原理の応用を通して，数学は金融に貢献してきた．

市場の効率性とは，金融市場が正確にすべての資産の価格付けを行うという考え方である．市場は顧客にすべての有効な情報をすでに与えているので，ある株式が格安であることはあり得ないと考えられる．一方，二つの資産を区別する唯一の手段は，それらのリスクの性質の違いを調べることである．たとえば，ハイテク株は大きな利益を得る可能性があるが，また大きな損失を被る可能性も高い．一方，アメリカやイギリスの国債は，ハイテク株のような高収益を得ることはまったくないが，損をする可能性もきわめて小さい．事実，このような国債の損失確率は非常に小さいので，これらは一般に無リスクであると考えられている．

2番目の基本概念である無裁定性は，簡単に述べると，リスクをとらないで利益を得ることはできないことであり，「ノーフリーランチ原理」（タダの昼飯はない）とも呼ばれている．このことから，「利益を得る」とは，リスクのない国債に投資して得られる以上のより大きな利益を得ることを意味する．無裁定原理の簡単な応用として，次のような例がある．ドルを円に替え，円をユーロに替え，さらにユーロをドルに戻すとすると，両替手数料を除いて，最初に持っていたドルと最後に得たドルは同じ金額である．以上から，それぞれの通貨間の外貨両替（FX）率の間に，次の簡単な関係が存在する．

$$FX_{\$,€} = FX_{\$,¥}FX_{¥,€} \tag{1}$$

もちろん，式 (1) が成り立たない例外的な状況もたまたま生じることがあり，トレーダーたちはそのことをすぐに察知する．このように生じた裁定機会は，即座に利用され，外貨両替率は変化して，そのような裁定機会はすぐに消えてしまう．

大雑把に，金融における数学の活用は，次の四つの主要な領域に分類できる．

デリバティブ価格付け　これは証券の価格付けに数学を応用することである（すなわち，金融派生商品）．そして，その価格は純粋にもう一つの別の資産の値動きによってのみ定まる．このような証券の最も簡単な例が「コールオプション」である．これは，ある株式を特別に定められた日に決められた価格 K で買う権利であり，決して買う義務を伴わない．この定められた価格 K は権利行使価格と呼ばれる．デリバティブの原理は，きわめて強く無裁定原理に依存している．

リスク解析とリスク軽減　すべての金融機関は金融資産を保有し，また借り入れもしているが，予想外の市場の動きによる金融資産の損失額を慎重にコントロールし，これらのリスクを資産の所有者が望む損失の範囲内に抑える必要がある．

ポートフォリオの最適化　市場においてすべての投資家は，とるべきリスクの大きさと得たいと願う収益の大きさの兼ね合いが最も重要であると考えている．そのために，与えられたリスクレベルに対して最大の利益を得るための株式投資理論が存在する．この理論は，市場の効率性原理に大きく依存している．

統計的裁定性　大雑把に言えば，証券市場やその他の市場における価格変動予測に数学を用いることである．統計的裁定取引主義者は，市場の効率性原理を馬鹿馬鹿しい理論と考え，彼らの目的は，金儲けのために市場の非効率性をうまく利用することである．

これら四つの領域において，最近最も注目されているのはデリバティブ価格付けであり，それは高等数学の最も強力な応用であると考えられる．

2.　デリバティブ価格付け

2.1　ブラックとショールズ

数理ファイナンスにおける多くの基礎的な概念は，バシュリエの学位論文（Bachelier, 1900）に基づいている．この論文では，アインシュタインが 1905 年に発表した有名な統計力学に関する研究に先行して，**ブラウン運動** [IV.24] の概念を用いて株価のモデルを提案した．しかしながら，ブラック–ショールズ（Black-Sholes, 1973）によるデリバティブ価格付け理論におけるブレークスルーが成し遂げられるまで，バシュリエの業績は長い間忘れ去られていた．彼らは，市場および投資家に関するいくつかの合理的な仮定のもとで，無裁定原理を用いることでコールオプションの唯一の合理的な価格を保証できることを示した．この業績以来，デリバティブ価格付けは，従来からの経済学上の問題ではなく数学の問題となり，現在に至っている．

株を安定的に保有するだけでなく，株価の変化に応じてポートフォリオを変えながらダイナミックに連続して株式を取引することで裁定機会が生じないようにすることができる．このようにして無裁定原理を拡張することで，ブラックとショールズの結論は導かれている．このようなデリバティブ価格付け理論を支える無裁定原理とは，大きな裁定機会は生じないという原理でもある．

この原理を適切に定式化するために，次のように確率論の概念を用いる．「裁定」とは資産とポートフォリオにおける以下のような売買戦略を意味する．

(i) ポートフォリオの初期値を 0 とする．
(ii) ポートフォリオが将来負の値をとる確率は 0 とする．
(iii) ポートフォリオが将来正の値をとる確率は正（0 より大）である．

上記のポートフォリオに対して確実性を要求していないことに注意すべきである．すなわち単にリスクをとることなしに利益を得ることができる可能性があることを意味する．利益を得るとは，国債に投資して得た利益よりも多くの利益を得ることを意味することに注意しよう．ポートフォリオの値についてもまったく同じで，ポートフォリオの将来価格が国債の利子を上回る利益を得たときに，そのポートフォリオが正の値をとるという．

株価はランダムに変化するように見えるが，全体的に上向きあるいは下向き傾向であると，しばしば見ることができる．そこで，特別な「ドリフト項」を持つブラウン運動を用いて株価のモデリングを行うことは，ごく自然である．ブラックとショールズは株価 $S = S_t$ の対数値がブラウン運動とドリフト項によるモデルに従うと仮定した．これは自然な仮定である．なぜならば，価格の変動は加算的ではなく乗法的に変化するからである（たとえば，インフレ率の変化はパーセントで表す）．彼らはまた，無リスク債券を B_t と表し，一定の利率で上昇することを仮定した．これらの仮定から，次式のモデルを考える．

$$\log S = \log S_0 + \mu t + \sigma W_t \tag{2}$$

$$B_t = B_0 e^{rt} \tag{3}$$

$\log S$ の期待値は $\log S_0 + \mu t$ であることに注意しよう．そのため，$\log S$ の期待値が速度 μ によって変化するので，ドリフト（drift）と呼ばれる．また，σ は**ボラティリティ**（volatility）と呼ばれる．ボラティリティ σ が高ければブラウン運動 W_t の影響が増して，株価 S のランダムな変動が大きくなり，株価予測が困難となる（投資家は，より大きい μ とより小さい σ を望む．しかし，市場の効率性はそのような株式が滅多にないことを保証している）．取引手数料がなく，株取引は株価に提供を与えず，連続的に取引が行われる，といったいくつかの仮定のもとで，ブラックとショールズは次のようにコールオプション価格を求めた．時刻 t において，もし大きな裁定機会がなければ，満期 T のコールオプション価格 $C(S,t)$ は次式と一致する．

$$\mathrm{BS}(S,t,r,\sigma,T) = S\Phi(d_1) - Ke^{-r(T-t)}\Phi(d_2) \tag{4}$$

ここで，

$$d_1 = \frac{\log(S/K) + (r + \sigma^2/2)(T-t)}{\sigma\sqrt{T-t}} \tag{5}$$

$$d_2 = \frac{\log(S/K) + (r - \sigma^2/2)(T-t)}{\sigma\sqrt{T-t}} \tag{6}$$

である．ただし，$\Phi(x)$ は標準正規分布の分布関数であり，x 以下の値をとる確率を表す．x が ∞ に近づくと，$\Phi(x)$ は 1 に近づき，x が $-\infty$ に近づくと $\Phi(x)$ は 0 に近づく．そのために，t が T に近づくと $S_T > K$（ただし $\log S_T/K > 0$）のとき，d_1 と d_2 は ∞ に近づき，$S_T < K$ のとき $-\infty$ に近づく．以上から，t が T に近づくと，価格 $C(S,t)$ は $\max(S_T - K, 0)$ に近づく．この価格を満期時 T における

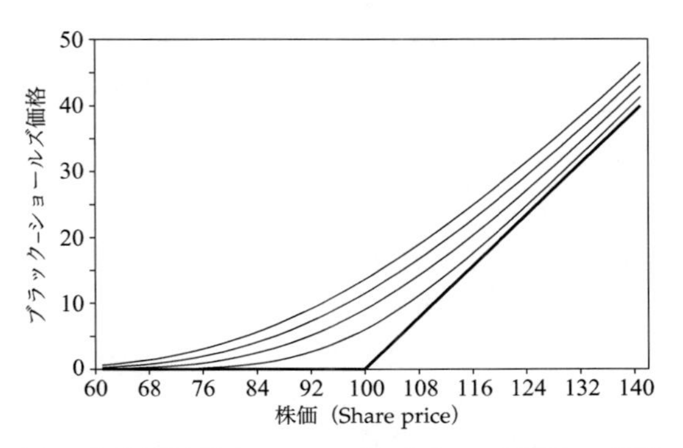

図 1 権利行使価格を $K = 100$ ドルとする．各曲線は 4 種類の満期 $0 = T_0 < T_1 < T_2 < T_3 < T_4$ に対する満期時の株価 S_T とオプション価格の関係を表す．ブラック–ショールズ価格は満期に近いほど安くなり，一番下の折れ線は満期 0 を表す．

コールオプション価格として投資家は用いる．コールオプション価格については，図 1 を参照されたい．

この結果は単に数式であることをはるかに超える，多数の興味深い側面を持っている．最初に述べるべき，そして最も重要な成果は，得られたオプション価格が唯一である点である．無リスクで利益を得ることができないという仮定，および他のごく自然で当たり前の仮定から，たった一つのオプション価格が存在することがわかる．これはきわめて強力な結論である．もしブラック–ショールズ価格と異なる価格で取引されれば，オプションは悪い取引となってしまう可能性がある．なぜならば，もしブラック–ショールズ価格より安い価格で買われ，高い価格で売られるならば，必ず**無リスクの利益**を得ることができるからである．

2 番目は，一種のパラドックスのようなものであるが，ドリフト項 μ がブラック–ショールズ式のどこにも出てこないことである．これは，将来の平均株価の予想される値動きがコールオプション価格に影響しないことを意味する．すなわち，オプションが利用できる可能性への信頼がオプション価格に影響しないということである*1)．オプション価格を決定する最も重要な要素は，実は μ ではなく，ボラティリティ σ である．

ブラックとショールズは，その証明の一部で，コールオプション価格が**ブラック–ショールズ方程式**（または，省略して BS 方程式）と呼ばれる次のような

*1) ［訳注］μ が正であるなら将来株価は値上がりし，逆に負ならば値下がりする可能性が高い．

ある種の偏微分方程式を満たすことを示した．

$$\frac{\partial C}{\partial t}+rS\frac{\partial C}{\partial S}+\frac{1}{2}\sigma^2S^2\frac{\partial^2 C}{\partial S^2}=rC \tag{7}$$

証明のその部分は，コールオプションであるデリバティブに依存していない．実際，いくつかの境界条件が異なるだけのほぼ同じ BS 方程式を満たすオプション価格を有するデリバティブの大きなクラスが存在する．変数を変えて $\tau = T-t$，$X = \log S$ とすると，BS 方程式は除去可能な特殊な 1 次項を持つ**熱方程式** [I.3 (5.4 項)] に一致する．これはオプション価格が時間反転した熱伝導と同様の振る舞いをすることを意味する．すなわち，オプションの満期までの期間が長ければ長いほど，また満期 T での株価の不確実性が大きければ大きいほど，オプション価格は拡散することになる．

2.2 複　製

ブラック–ショールズの証明や，さらに近代的なデリバティブ価格付け理論の基本となるアイデアは，動的複製（dynamic replication）の概念である．時刻 $t_1 < t_2 < \cdots < t_n$ における株価によって定まる金額を支払うことを約束するデリバティブ Y を購入したとする．そして，$t > t_n$ において支払いが生じると仮定する．この支払額は**ペイオフ関数**（payoff function）$f(t_1,\ldots,t_n)$ として表される．

Y の価値は株価によって変化するであろう．さらに付け加えるならば，もし Y の対象となる適度な数の株式だけを保有していると仮定すると，デリバティブ Y とそれらの株式が構成するポートフォリオは，株価変動の影響を即座に受けることはないであろう．すなわち，ポートフォリオの価値は株価に関して変化しない．Y の価値が時間と株価に応じて変化するので，株価の変化に対する中立性を保持するために連続して株を売買する必要がある．もしコールオプションをすでに売っていたならば，株価が上昇するときは株を買い，下がれば売ることになり，これらの取引によってある程度のコストがかかる．

ブラックとショールズの証明は，この金額が常に同じであり計算可能であることを示している．この金額が株式と無リスク債券へ投資されて，たとえ株価が中間的な金額であっても，このポートフォリオ総額は Y のペイオフ金額と正確に一致しなければならない．

ゆえに，この金額以上で Y を売却できるならば，彼らの証明からこの売買戦略を単に実行することで，常に利益を残すことができる．同様に，Y をこの総額以下で購入できれば，逆の売買戦略を実行して利益を残すことができる．これら両者は，無裁定原理と一意性の保証性に反している．

任意のデリバティブのペイオフが複製可能である性質を，**市場完備性**（market completeness）と呼ぶ．

2.3 リスク中立確率による価格付け

上で述べたように，ブラック–ショールズ公式の興味深い側面は，デリバティブ価格と株価モデルのドリフト項との間に関係がないことである．これは**リスク中立確率による価格付け**（risk-neutral pricing）と呼ばれる，デリバティブ価格付け理論における別のアプローチを導く．裁定は根本的に不公正なゲーム（unfair game）と考えられ，そのプレイヤーは必ず利益を得ることが可能である．一方，**マルチンゲール**（martingale）[IV.24 (4 節)] は公正なゲーム（fair game）の概念を含む確率過程であり，その未来の値の期待値は，常に現在の値に等しい．明らかに裁定ポートフォリオはマルチンゲールでは絶対にない．いかなるポートフォリオでもマルチンゲールになるように調整できるならば，無裁定性が存在し，デリバティブ価格は無裁定となるはずである．

あいにく無リスク債券が一定の利率で価格が上昇するので，この議論は成立せず，マルチンゲールを構成することはできない．しかし，**割引価格**（discounted price）の考え方を実行することでマルチンゲールを構成することができる．すなわち，証券価格に対して無リスク債券価格を用いて割引を行う．

現実の世界では，割引価格がマルチンゲールになることは期待されない．結局，株の期待収益率が無リスク債券よりも低い場合に，なぜ株を買う必要があるかということである．とは言っても，解析的にマルチンゲールを導入する巧妙な方法がある．「確率分布」[III.71 (2 節)] を参照されたい．

裁定の定義に戻ってよく考えると，裁定であるかは無リスクで，利益が得られる事象の確率が 0 である零事象か，確率が正の事象のいずれかによって決まる．そのため，かなり不完全な方法であるが，確率測度を用いて裁定について考察する．特に，測度零集合が同じとなる異なる確率測度を用いると，裁定ポートフォリオの集合は変化しない．このような測度零集合を共有する2種類の測度は，**同等**（equivalent）であるという．

ギルサノフ（Girsanov）の定理からブラウン運動のドリフト項を変換することで導出される測度と，変換する前のブラウン運動から導出される測度とが同等であることが言える．このことから，ドリフト項 μ を変換することができる．$\mu = r - (1/2)\sigma^2$ と変換することで，任意の t に対して

$$\mathbb{E}\left(\frac{S}{B_t}\right) = \frac{S}{B_0} \tag{8}$$

が成り立ち，出発点として任意の時刻をとることができるので，S/B_t はマルチンゲールとなる（ドリフト内の項 $-(1/2)\sigma^2$ は，対数空間への座標変換のもとに凸性から求められる）．これは，株価が債券よりも平均してより大きい収益率をもたらさないような方法で，期待値がとられてきたことを意味している．これまで述べてきたように，通常，投資家は債券よりもリスクのある株式からはより大きい収益を得たいだろうと誰もが予想する（リスクに対するこのような代償を望まない投資家は，**リスク中立**であると言われている）．さて，以下では期待値を別に測ることで同値モデルを構築する．

これは無裁定取引価格を発見する方法である．まず，すべての基本となる資産，すなわち株や債券などに関する割引価格確率過程がマルチンゲールとなるように測度を決める．次に，デリバティブ割引確率過程を，その各時点のペイオフの期待値と一致するように定義する．この確率過程はその構造からマルチンゲールとなる．

すべての確率過程がマルチンゲールとなり，無裁定取引価格が存在可能である．もちろん，このことは無裁定価格しか存在しないことを示すわけでなく，単に無裁定価格があることを示すにすぎない．しかし，ハリソンとクレプス（Harrison and Kreps, 1979）およびハリソンとプリスカ（Harrison and Pliska, 1981）は，価格システムが無裁定性を持つとき同等なマルチンゲール測度が存在することを証明した．ゆえに，この価格付け問題は，同等なマルチンゲール測度の集合を分類する問題に集約される．市場完備性は価格測度の一意性に相当する．

現在では，リスク中立評価として，資産に対するリスク中立力学を前提することから価格付け問題を始めることが，現実の世界を考えるよりもむしろ一般的となっている．

価格付けについて二つの手法がある．ブラック–ショールズ複製ポートフォリオ手法と，リスク中立期待値手法である．どちらにおいても，現実世界での株価ドリフト μ は重要な項目ではない．驚くことではないが，純粋数学の定理であるファインマン–カッツ公式から，ある種の2次線形偏微分方程式を拡散過程の期待値をとることで解いて，この二つの手法を統合することができる．

2.4　ブラック–ショールズを越えて

いくつかの理由から，上記の理論は決してこの話の終わりではない．株価の対数値がドリフト付きのブラウン運動に従わない多数の証拠がある．特に，市場の暴落が生じる場合である．たとえば，1978年10月に株式市場が1日で30％も暴落し，機関投資家たちは複製ポートフォリオ戦略がひどく崩壊したことを発見した．ブラウン運動の見本関数は連続であるので，このような暴落を説明することはできない．そこで，数学的には，暴落が株価のジャンプに応じて発生すると考えることが自然である．以上から，ブラック–ショールズモデルは，株価の時間発展における重要な側面を捉えることができないことがわかる．

この失敗の原因として，同じ株式を対象とするオプションであれば，BSモデルから同じボラティリティで取引されることが予想されているにもかかわらず，権利行使価格が異なる場合はしばしば異なるボラティリティで取引されることが挙げられる．権利行使価格の関数としてのボラティリティのグラフは，一般に上に凸であり，ブラック–ショールズモデルへのトレーダーたちが口元を上に凸の形にするという失望を表している．

もう一つのBSモデルの欠陥は，ボラティリティを一定にしていることである．実際，株価が変動しやすい時期と変動しにくい時期とでは市場活動力の強度が異なる．そのため，ボラティリティのランダムな変動に考慮してモデルを修正しなければならず，オプションの契約期間内におけるボラティリティ予測が，その価格付けのための重要な要素となる．

微細なスケールで株価変動を分析すると，株価が拡散過程のように変化しないことは，誰にでもわかる．株価はブラウン運動というよりは，ジャンプの連続に見える．しかし，取引の回数をもとにして時

間軸をスケール変換すると，収益率の分布は近似的に正規分布に従う．ブラック–ショールズモデルを拡張する一つの方法は，株が取引される時刻を表す第 2 の確率過程を導入することである．このようなモデルの例として，**分散ガンマモデル**（variance gamma model）が知られている．さらに，より一般的なモデルとして，レビ過程の理論が，株価やその他の資産に対する価格変動理論に応用されてきた．

ブラック–ショールズモデルのほとんどの拡張は市場完備性を保存しない．そのため，それらの拡張モデルは多くの資産価格というよりは，ある特定の価格にのみ適用される．

2.5　エキゾチックオプション

多くのデリバティブは，きわめて複雑な規則に従って，それらのペイオフを決定する．たとえば**バリアオプション**（barrier option）は，その契約期間内の任意の時期に，ある定められた金額を株価が下回らない限り権利行使されない．また，**アジアオプション**（Asian option）は満期時の価格ではなく，事前に定められたいくつかの時期における株価の平均値に応じて決まる金額を支払う．あるいは，このデリバティブは，同時に複数の資産に応じて価格が決まる．たとえば，いくつかの株式をバスケットと呼ばれる一つのセットとして考えると，このデリバティブは，複数の株価バスケットを売買する権利である．このような BS モデルに基づくデリバティブの価格は，偏微分方程式（PDE）あるいはリスク中立確率による期待値を用いて表される．このように表現された式を具体的に評価して価格を求めることは，容易ではない．そのため，オプション価格の計算のために，これまで数多くの研究が行われている．確かに，いくつかのケースにおいて，解析的な価格付け表現が可能である．しかし，一般的にこのような解析的な表現を用いた価格付けは容易ではなく，そのため数値解法に頼らざるを得ないことになる．

PDE をデリバティブ価格付けに応用してそれを解く方法は，たいへん有効である．しかし，数理ファイナンスにおけるこの手法の問題点は，きわめて高次元の PDE となることである．たとえば，100 種類の資産によって定まるクレジットプロダクト（credit product）を評価すれば，PDE も 100 次元となるであろう．PDE を用いる方法は低次元問題で最も効果的であり，より広い分野にわたってこの方法を有効に利用するための研究が進められている．

高次元での厄介な問題を含むもう一つの方法が，モンテカルロ法による評価法である．この方法の基本理論は，直観的に，そして（大数の法則により）数学的にも非常に単純である．すなわち，確率変数 X の独立な標本列の平均値は，長時間の観測によって X の期待値に近づくという理論である．この理論から，数値解法によって $\mathbb{E}(f(X))$ が推定できることが保証される．そこで，数値解法を用いる場合は，標本 X_i をできるだけ多くとり，それらに対して $f(X_i)$ の平均値を計算する．**中心極限定理** [III.71 (5 節)] から，N 個の標本をとった場合の誤差分布は近似的に正規分布に従い，その分散は $f(X_i)$ の分散の $1/N$ 倍であることが知られている[*2)]．ゆえに，収束の速さは標本数によって決まり，確率変数 X の次元には無関係である．しかし，$f(X_i)$ の分散が大きいときは，収束の速さは遅くなる．そのため，高次元積分を計算する場合にその分散を減少させる方法を開発する努力が，数理ファイナンスの研究者たちによってなされてきた．

2.6　バニラ対エキゾチック

一般に，資産を売買するための単純なオプションを**バニラオプション**と呼ぶ．一方，通常のオプションにいろいろな条件を加えた複雑なデリバティブを，**エキゾチックオプション**（exotic option）と呼ぶ．両者の価格付けにおける違いは，エキゾチックオプションでは単にもとの株式をヘッジするだけでなく，その株式のバニラオプションを適切に取引してヘッジすることも可能である点である．デリバティブの価格は，株価や利率のような観測可能な情報によって決まるだけでなく，株価のボラティリティや市場が暴落する頻度のような，ある程度予測はできても正確に測ることができない観測不可能なパラメータにも依存する．

エキゾチックオプションを取引する場合，誰でも観測不可能なパラメータを減らしたいと思うだろう．そのための基本的な方法は，それらのパラメータによるポートフォリオの価値の変化を零にすることである．それらの値を予測する場合の小さな誤りは，

*2)　［訳注］原著では $f(X_i)$ の分散の $1/\sqrt{N}$ 倍と書かれているが，$1/N$ 倍の誤りと思われる．

ポートフォリオの価値にほとんど影響しない．

これは，エキゾチックオプションの価格付けをする場合，対象となる資産の値動きを正確に捉えるだけでなく，この資産に対するすべてのバニラオプションの価格を正しく把握する必要があることを意味する．さらに，株価が変化したときに，バニラオプションの価格がどのように変化するかを予測するためのモデルが必要である．これらの予測の正確性は重要である．

BS モデルは一定のボラティリティを持つ．しかし，これらの株価のボラティリティが時間とともに変化するモデルを作ることも可能である．株価がどのように変化しても，すべてのバニラオプションの市場価格に適合するようなモデルを選択することができる．そのようなモデルは，**ローカルボラティリティモデル**（local volatility model）や**デュピレモデル**（Dupire model）として知られている．ローカルボラティリティモデルは一時期頻繁に使われていたが，バニラオプションの時系列的な価格変化を測るモデルとして優れたものでなかったため，現在ではそれほど使われていない．2.4 項で述べたいくつかのモデルの発展の背後には，数値計算をする場合に扱いやすく，すべてのバニラオプションの価格付けを正確に行い，対象となる資産とバニラオプションの両者の現実に即した価格変動を再現できるモデルがほしいという，切実な要求が存在する．この問題は，まだ完全に解決されたわけではない．どちらかと言うと，バニラオプション市場へのマッチングと現実的な価格変動とは，トレードオフの関係にある．一つの妥協点として，現実的なモデルを使ってできるだけ市場に適合させ，その上で残った誤差を取り除くためにローカルボラティリティモデルを付け加える方法が考えられる．

3. リスクマネジメント

3.1 は じ め に

以前から金融界は，リスクをとらずに利益を得ることができないことを受け入れてきたが，そのリスクを定量的に評価することが重要である．現在どの程度のリスクをとっているかを正確に測定し，そして，そのリスクレベルが許容範囲であるかを決定する必要がある．与えられたリスクレベルに対して，誰もが当然その期待収益率を最大にしたいと考える．新しい取引法を考えるときには，とるべきリスクと収益率に対するその影響について分析しなければならない．リスクを減少させつつ収益率を増加させる働きを持つ取引も存在する（あるリスクに対してその逆方向に向かう働きをする別のリスクを用いてリスクを軽減できる場合，そのリスクは**分散可能**（diversifiable）であると言われる）．

リスクをコントロールすることは，複数のデリバティブのポートフォリオを扱うときに非常に重要である．これらのデリバティブの多くは，当初しばしばほとんど価値がないにもかかわらず，あっという間にそれらの価値が変化する場合があるからである．そのため，保持されている契約の価値に対してある種の上限を設けることは，さほど役に立たない．そして，取引高に応じて行うコントロールは，多くのデリバティブ契約がしばしば互いに相殺し合うことから，非常に複雑なものとなる．このようなリスクは**残存リスク**（residual risk）と呼ばれ，誰もが是非ともうまくコントロールしたいと考えている．

3.2 バリューアットリスク（VaR）

デリバティブ取引における機関投資家のリスクの上限を決める手法として，特定期間内にある与えられた確率で機関投資家が被る損失総額をリスクの上限とする方法がある．たとえば，10 日間に確率 1% で発生する可能性がある最大損失額，あるいは 1 日に確率 5% で発生する可能性がある最大損失額を考える．この損失額を**バリューアットリスク**（value at risk，VaR）と呼ぶ．

VaR を計算するためには，デリバティブのポートフォリオが特定期間内に変動する大きさを予想するためのモデルを構築しなければならない．このためには，すべての対象となる資産の価格変動を正確に記述するモデルが必要である．このようなモデルが与えられれば，特定期間内に発生しうる収益と損失の確率分布を求めることができ，そのパーセンタイル（パーセント点）が VaR である．

VaR を計算するために資産価格変動をモデル化する場合は，同じように見えて実はデリバティブの価格付けの場合と大きく異なる論点がある．典型的な相違点として，VaR を求める場合はたとえば 1 日や 10 日といった非常に短期間の変動を考えるが，オプション価格を求める場合は何か月といったずっと長い期間を考える．また，VaR を求める場合は，資産価格のすべての変化[*3)]を知る必要はなく，最大値や最小値といったその極値の大きさが重要である．加えて，重要なのはポートフォリオ全体の VaR であるので，対象となる資産すべての結合分布を正確に求めるためのモデルを構築する必要がある．すなわち，結合分布を用いて一つの資産価格変動が他の資産にどのように影響するかを調べることができ，リスクヘッジを可能とするモデルである．

VaR を計算する確率モデルを構築するための，二つの主要な方法がある．一つ目は経験的な手法であり，特定期間内におけるすべての日次変動を記録する方法である．たとえば，ある資産について，今日までの過去 2 年間にわたる資産価格を記録したとする．可能性のある明日の価格全体の集合が，すでに記録した価格変動全体のある部分集合に一致すると仮定する．そのような集合に等しい確率を与えることで，収益および損失確率を近似し，その得られた確率分布からパーセンタイルを読み取って VaR とすることができる．すべての資産の日次価格変動を同時に用いる場合には，必ずすべての資産価格の結合分布の近似値を得る必要があることに注意しよう．

2 番目の方法は，資産価格変動がよく知られた確率分布族のどれかに従うと仮定することである．一例として，複数の資産価格変動の対数値が正規分布の結合分布に従うと仮定する場合がある．このとき，得られた過去のデータを用いてボラティリティや複数の資産価格間の相関を評価することができる．この方法の最大の問題は，限られたデータ全体から統計的に頑健な相関の推定が可能かという点である[*4)]．

4. ポートフォリオの最適化

4.1 は じ め に

ファンドマネージャーの仕事は，投資された資金の収益を最大にし，リスクを最小にすることである．市場が効率的であると仮定すれば，実際の価値よりも低く見積もられている株式を見つけ出すことは困難である．なぜなら，そんなものはないと仮定することが市場の効率性の意味するところである．このことから，お買い得な株式も買ってはいけない株式も存在しないことになる．しかし，いかなる場合も市場にある株式の過半数はファンドによって所有され，したがってファンドマネージャーの支配下に置かれている．それゆえ，平均的なファンドマネージャーに，市場よりも優れたパフォーマンスを発揮することを期待してはいけない[*5)]．

そのため，多くのファンドマネージャーにとって次の 2 点を実行することは容易ではない．

(i) 彼らはとるべきリスクのすべてを適切にコントロールしようと努めている．

(ii) 与えられたリスクレベルに対して，彼らは投資の期待収益率を最大にすることができる．

実際，これらを行うためには，長期間にわたる資産価格の結合分布を正確にモデル化し，リスクを定量化するための概念を作る必要がある．

4.2 資本資産評価モデル

ポートフォリオ理論は，デリバティブ価格付けよりも長期にわたって近代的な体系を保持してきた．この分野は，確率解析というよりは，従来からの経済学の理論をもとにして発展してきた．その基本となる考え方について短くまとめてみよう．ポートフォリオ収益率をモデル化する最も有名なモデルは，**資本資産評価モデル**（CAPM（キャップエム））である．このモデルは 1950 年代にシャープによって紹介され（Sharp, 1964），現在も広く用いられている．シャープのモデルは，マルコヴィッツによる先行研究（Markowitz, 1952）をもとにしている．

この分野の基本的な問題とは，投資家は与えられたリスクレベルに対して収益を最大にするために，資産（通常は株式）のポートフォリオをいかに構築するかということである．この理論は，複数の株価収益率結合分布に対するいくつかの仮定を必要とする．たとえば結合正規分布に従うことである．さらに，この理論は投資家の危険選好度に対する仮定も必要とする．危険選好度とは，投資家が収益率の期待値を優先するか，あるいはその標準偏差（リスク）

---

*3) ［訳注］価格変動を確率過程と考えれば，その見本関数に当たる．

*4) ［訳注］第 1 の方法は数理統計学におけるノンパラメトリックな手段であり，第 2 の方法はパラメトリックな手段と言える．

*5) ［訳注］市場の半分以上をファンドマネージャーが支配しているので，彼らの行動が市場を決めていると言える．そのため，市場そのものの収益率以上の収益を多くのファンドマネージャーに期待することは原理的に不可能であると述べられている．

を優先するかの程度を表す指標である．

これらの仮定のもとで，CAPM はすべての投資家が何種類もの「市場ポートフォリオ」を保有する必要があることを意味している．この「市場ポートフォリオ」とは，最大限にリスクを分散させることができるように取引する適切な量のすべての資産および無リスク資産を含むポートフォリオのことである．このポートフォリオに含まれる資産の比率は，投資家の危険選好度によって決定される．

このモデルの重要性は，分散可能な資産と分散不可能な資産間の違いにある．投資家は分散不可能なリスク，つまり市場リスクをとることで，より高い期待収益率によってそのリスクを補償されることになるが，分散可能なリスクは，そのようなリスクプレミアムをもたらすことはない．これは適切な量の他の資産を保有することで，このような分散可能リスクを相殺するからである*6)．そのため，分散可能なリスクによって，もしリスクプレミアムを得るならば，投資家はリスクをとらないで無リスク資産以上の収益を得ることとなり，無裁定条件に反するので，そのようなことは起こり得ない．

5. 統計的裁定取引

統計的裁定取引（statistical arbitrage，スタットアーブ）について簡単に紹介する．これは，急激な値動きの中で，短時間ではあるが裁定可能な密かに隠れた市場の隙間をうまく見つけて取引を行うことを意味する．市場の隙間を見つけるとは，市場が持っている本来の働きが作用しない特殊な資産価格変動の情報をつかむことである．これは，すべての有効な情報はすでに市場価格の中に取り込まれているという市場の効率性原理に矛盾するものである．一つの説明として，そのような裁定条件を捉えて取引を行うことが市場の効率性を形成しているとも言える．

文献紹介

Bachelier, L. 1900. *La Théorie de la Spéculation*. Paris: Gauthier-Villars.

Black, F., and M. Scholes. 1973. The valuation of options and corporate liabilities. *Journal of Political Economy* 81: 637–54.

Einstein, A. 1985. *Investigations on the Theory of the Brownian Movement*. New York: Dover.
【邦訳】A・アインシュタイン（中村誠太郎 訳）「ブラウン運動」（『アインシュタイン選集 1』所収）（共立出版，1971）

Harrison, J. M., and D. M. Kreps. 1979. Martingales and arbitrage in multi-period securities markets. *Journal of Economic Theory* 20:381–408.

Harrison, J. M., and S. R. Pliska. 1981. Martingales and stochastic integration in the theory of continuous trading. *Stochastic Processes and Applications* 11:215–60.

Markowitz, H. 1952. Portfolio selection. *Journal of Finance* 7:77–99.

Sharpe, W. 1964. Capital asset prices: a theory of market equilibrium under conditions of risk. *Journal of Finance* 19:425–42.

*6) ［訳注］分散可能なリスクとは，たとえば A 社の株式が値下がりする場合に B 社の株式が値上がりすることがわかっているようなリスクである．この場合 A と B の 2 社の株式を買うことになり，それらが相殺することで実質的な収益が見込めないために，リスクプレミアムと呼ばれる無リスク資産以上の収益は得られないと考えられる．

VII.10

数理統計学

Mathematical Statistics

パーシ・ダイアコニス［訳：吉原健一］

1. はじめに

たとえば，読者の背の高さとか，飛行機の速さなど何かを測ることを考えよう．このときは測定を何回も繰り返し，その測定値 $x_1, x_2, \ldots, x_n$ を総合して最終の結論を出すことになる．これをするための明白な方法は**標本平均** $(x_1 + x_2 + \cdots + x_n)/n$ を考えることである．しかし，現代統計学では，メディアン（中位数）や**トリムドミーン**（trimmed mean）（測定値を大きさの順に並べて小さいほうから 10％，大きいほうから 10％ の測定値を除外して残りの平均を考えるもの）などもある．数理統計学は推定値がいくつかあるときにその中から一つの推定値を選ぶときに役に立つ．たとえば，「データの半分をランダムにとってこれらを無視し，残りの平均を考えること」は直観的には馬鹿げたことであるが，この枠組みを変えると，これは明らかに重要な問題提起となる．この方法の一つの恩恵は「平均が，データがごく自然なベル型曲線を描く**確率分布**（すなわち，**正規分布** [III.71 (5 節)]）からのものであっても，非直観的な「縮小推定量」より劣るということがわかった」ことである．

「平均がいつも一番有用な推定量になるとは限らない」という理由を知るために，次の場面を考えてみよう．いま 100 枚のコインを持っているとして，それらの偏りを推定する問題を考える．すなわち，第 n 番目のコインを投げたときそのコインが表になる確率を θ_n とし，それらの 100 個からなる系列を考える．ただし，各コインを投げる際には 5 回ずつ行うこととしその際何回表が出たか記録するものとする．この場合，系列 $(\theta_1, \ldots, \theta_{100})$ に対して推定量は何でなければならないだろうか？　もし平均を使えば，θ_n は n 番目のコインを投げたとき出た表の数を 5 で割った数となる．しかし，こう考えると非常に奇妙なことが起こる．たとえば，すべてのコインに偏りがないとすれば，どのコインでも 5 回投げたときすべて表となる確率は 1/32，したがってこれらのコインの中にだいたい 3 枚は偏り 1 を持つと思いたくなる．このことからそのような確率 1 で表が出ると推定されるコインを集めて 500 回投げても毎回表が出ると推定してしまうだろう．

この明らかな問題を解決するため別の明解な推定法が提案されてきている．しかし，「もし一つのコインを 5 回投げて 5 回とも表が出たとき θ_i は本当に 1 なのか」ということに注意しなければならない．「別の推定の方法は，われわれを実際に真実からより遠いところに導いているものでない」と信じるだけのどのような理由があるだろうか？

次の例はエフロンの論文から引用したものであるが，今度は実生活に関係するものである．表 1 は 18 人の野球選手の平均打率である．第 1 列は彼らの最初の 45 回の打席での打率で第 2 列はシーズンの終わりの打率を表している．問題は第 1 列だけから第 2 列を予測することである．明らかな方法としては，もう一度，平均を考えることである．すなわち，第 2 列の予測として第 1 列をそのまま用いることである．第 3 列は縮小推定量によって得られたものである．もう少し詳しく言うと，第 1 列の数を y とし，第 1 列を $0.265 + 0.212(y - 0.265)$ と置き換える．0.265 という数は第 1 列の各数の平均値で，縮小推定量によって第 1 列を平均にだいたい 5 倍くらい近い数に置き換える（どのようにして 0.212 が選ばれれるかはあとで説明する）．表を見ると，ほとんどの場合，平均的に見れば第 3 列の縮小推定値が第 2 列のより良い予測値になっていることがわかる．実際，ジェームズ–シュタイン（James-Stein）推定量と真の値の差の 2 乗の和を通常の推定値と真の値との差の 2 乗の和で割った値は 0.29 である．これは 3 倍の改良である．

表 1　18 人のメジャーリーグ選手の打率（1970 年度）

選手	最初の 45 打席での打率	シーズン通算打率	ジェームズ–シュタイン推定量	残り打席数
1	0.400	0.346	0.293	367
2	0.378	0.298	0.289	426
3	0.356	0.276	0.284	521
4	0.333	0.221	0.279	276
5	0.311	0.273	0.275	418
6	0.311	0.270	0.275	467
7	0.289	0.263	0.270	586
8	0.267	0.210	0.265	138
9	0.244	0.269	0.261	510
10	0.244	0.230	0.261	200
11	0.222	0.264	0.256	277
12	0.222	0.256	0.256	270
13	0.222	0.304	0.256	434
14	0.222	0.264	0.256	538
15	0.222	0.226	0.256	186
16	0.200	0.285	0.251	558
17	0.178	0.319	0.247	405
18	0.156	0.200	0.242	70

この改良の裏には美しい数学があり，新しい推定量は常に平均よりも良いものであるという感覚がある．以下では，この例の枠組み，考え方およびこの拡張を述べることで統計における数学の導入とする．

始める前に，確率論と統計学の区別を述べることが有益であろう．確率論では，集合 $\mathcal{X}$（少しの間，有限集合と考える）と各 $x \in \mathcal{X}$ に対して $P(x)$ が正で和が 1 となる $P(x)$ の集まりから始める．この関数 $P(x)$ を確率関数という．確率論の基本的な考え方はこれである．確率関数 $P(x)$ と部分集合 $A \in \mathcal{X}$ が与えられたとき，A の中の x に対応する $P(x)$ の和 $P(A)$ を計算したり，近似したりしなければならない（確率論の言葉で言えば，各 x は選ばれた確率 $P(x)$ を持ち，$P(A)$ は A に属する x の確率である）．この単純な公式化には驚くべき数学の問題が隠されている．たとえば，$\mathcal{X}$ を $+$ と $-$ の 100 個からできている系列（すなわち，$+--++----\cdots$）とし，各記号の出る確率は同様に確からしいとする．

そのときは各 x に対して $P(x)=1/2^{100}$ である．最後に A を，各 $k\le 100$ に対して最初から k 番目のところまでで記号 $+$ の数が記号 $-$ の数より多いという系列の集合とする．自分と相手が正しいコインを 100 回投げるとき，相手がいつも自分に先行する確率はいくらであろうか？　この確率は非常に小さいと思えるかもしれない．しかし，証明することは簡単な問題ではないけれども，この確率はだいたい 1/12 である（確率の変動についてのわれわれの素朴な直観によって運転中のいろいろなジレンマを説明しようとしてきた．二つの車線があると，ついどちらを選んだほうが早く料金所に着けるかを考えて，良さそうなほうを選ぶのだが，いつも失敗している気がする．しかし正確に計算するとどちらの車線もあまり変わらず，欲求不満になるだけである）．

2. 統計学の基本的問題

統計学は確率論の反対のものの一つである．統計学では，確率分布 $P_\theta(x)$（あるパラメータ θ を指標として持つ）の集まりが与えられている．そのとき，x を見て，（θ の）集まりの要素のうち，x を生成するのに使われているのはどれかを特定することが要求される．たとえば，前の例の $+$ と $-$ の 100 個の系列の集合を $\mathcal{X}$ とするが，今回は $+$ の出る確率を θ，$-$ の出る確率を $1-\theta$ とし，すべての項は独立に選ばれるとするとき，x の得られる確率を $P_\theta(x)$ とする．ただし，$0\le\theta\le 1$ とする．そのとき，系列 x に現れる $+$ の数を S，$-$ の数を $T=100-S$ とすれば，$P_\theta(x)$ が $\theta^S(1-\theta)^T$ であることが簡単にわかる．これを以下の議論の数学的モデルとする．これは表の出る確率が θ のときの偏りのあるコイン投げの問題となるが，θ は未知である．このとき，そのコインを 100 回投げて，その結果から θ を推定しなければならない．

一般には，各 $x\in\mathcal{X}$ に対して θ の推測値 $\hat{\theta}(x)$ を見つけたい．これは観測値の空間 $\mathcal{X}$ の上で定義された関数 $\hat{\theta}$ を求めることになる．このような関数を推定量という．観測値の空間 $\mathcal{X}$ や可能性のあるパラメータの空間 Θ は無限個の要素を持つ場合もあるし，無限次元のこともあるので，上の簡単な形式化の中に複雑な問題が非常に多く含まれている．たとえば，ノンパラメトリック統計学では，Θ は $\mathcal{X}$ の上のすべての確率分布の集合と考えられることもしばしばである．統計学の通常の問題——実験計画，仮説検定，予測その他たくさん——はこの枠内に入る．推定の考え方についてもう少し続けて考えよう．

推定量を評価したり，比較するためにはもう少しそのための材料がなければならない．すなわち，正しい答えを得ることとはどういうことなのかを知っておかなければならない．これは**損失関数** $L(\theta,\hat{\theta}(x))$ の考え方を使って形式化される．このことは実際の問題として考えることができる．すなわち，間違った結論は経済的な損失を生じるので，損失関数はパラメータの真の値が θ で推定値が $\hat{\theta}$ のときどれくらいの損失額になるかを測る尺度である．一番広く使われているのは**平方誤差** $(\theta-\hat{\theta}(x))^2$ であるが，$|\theta-\hat{\theta}(x)|$ または $|\theta-\hat{\theta}(x)|/\theta$ やそれを変形したものも多く使われている．**危険関数** $R(\theta,\hat{\theta})$ は θ が真のパラメータでその推定量として $\hat{\theta}$ を使ったときの平均損失を測るものである．すなわち

$$R(\theta,\hat{\theta})=\int L(\theta,\hat{\theta}(x))P_\theta(\mathrm{d}x)$$

である．ここで，右辺は x が確率分布 P_θ に従ってランダムに選ばれるとしたときの $L(\theta,\hat{\theta}(x))$ の平均である．一般に，推定量は危険関数が可能な限り小さくなるように選ぶ．

3. 認容性とシュタインの逆説

これで基本的な構成要素，$P_\theta(x)$ の集合と損失関数 L が決まった．推定量 $\hat{\theta}$ は，すべての θ に対し

$$R(\theta,\theta^*)<R(\theta,\hat{\theta})$$

を満たすという意味でより良い推定量 θ^* があるとき，推定量 $\hat{\theta}$ は非認容的という．換言すれば，どのような θ に対しても，θ^* を使った期待損失が $\hat{\theta}$ を使った期待損失より小さいという意味である．モデル P_θ と損失関数 L が与えられたとき，非認容的推定量を使うことは馬鹿げたことのように思われる．しかしながら，数理統計学の大成果の一つは，チャールズ・シュタイン（Charles Stein）がちょっと見たところでは馬鹿げているようには見えない最小 2 乗推定量が，実は当然起こるべき問題を含んでおり，非認容的推定量であるということ証明したことである．次にその話を述べる．

基本的な測定モデル

$$X_i=\theta+\varepsilon_i,\quad 1\le i\le n$$

を考えよう．ただし，X_i は i 番目の測定値，θ は推定しようとする数値とし，ε_i は測定誤差とする．古典的な仮定は「測定誤差は独立に正規分布に従う」，すなわち「それらはすべてベル型，すなわち，ガウス曲線 $e^{-x^2/2}/\sqrt{2\pi}$, $-\infty < x < \infty$ に従って分布している」という仮定である．先に導入した術語を使うと，測定値の空間 $\mathcal{X}$ を $\mathbb{R}^n$, パラメータ空間 Θ を $\mathbb{R}$ とし，観測値 $\boldsymbol{x} = (x_1, x_2, \ldots, x_n)$ は確率密度関数 $P_\theta(\boldsymbol{x}) = \exp[-(1/2)\sum_1^n (x_i - \theta)^2]/(\sqrt{2\pi})^n$ とする．通常の推定量は平均である．すなわち，$\boldsymbol{x} = (x_1, x_2, \ldots, x_n)$ ならば $\hat{\theta}(\boldsymbol{x})$ は $(x_1 + \cdots + x_n)/n$ とする．もし損失関数 $L(\theta, \hat{\theta}(x))$ を $(\theta - \hat{\theta}(x))^2$ とすれば，平均は認容的な推定量であると長い間信じられてきた．平均は他の多くの最も望ましい性質も持っている（たとえば平均は最良線形不偏推定量であり，ミニマックス（この性質はこの章の後半で定義する）である）．

このとき，2 個のパラメータ，たとえば θ_1 と θ_2 を推定したいとしよう．今回は観測値は $X_1, \ldots, X_n$ と $Y_1, \ldots, Y_m$ という二つの集合となる．ただし，$X_i = \theta_1 + \varepsilon_i$, $Y_j = \theta_2 + \eta_j$ で，誤差 ε_i と η_j は，上と同じように，独立に正規分布に従っているものとする．ここで，損失関数 $L((\theta_1, \theta_2), (\hat{\theta_1}(x), \hat{\theta}_2(x)))$ を $(\theta_1 - \hat{\theta}_1(x))^2 + (\theta_2 - \hat{\theta}_2(y))^2$ と定義する．すなわち，二つの部分の 2 乗平均誤差を加えたものとする．このときもまた，X_i の平均と Y_j の平均は (θ_1, θ_2) の認容的推定量である．

3 個のパラメータ $\theta_1, \theta_2, \theta_3$ の場合を同じ構成で考えてみよう．また，$X_i = \theta_1 + \varepsilon_i$，$Y_j = \theta_2 + \eta_j$，$Z_k = \theta_3 + \delta_k$ で，すべての誤差は正規分布に従っているとする．この場合についてシュタインは次の驚くべき結果を発表した．3 個（またはそれ以上）のパラメータに対して，推定量

$$\hat{\theta}_1(x) = (x_1 + \cdots + x_n)/n$$
$$\hat{\theta}_2(y) = (y_1 + \cdots + y_m)/m$$
$$\hat{\theta}_3(z) = (z_1 + \cdots + z_l)/l$$

は非認容的推定量である，すなわち，すべての場合についてより良い他の推定量が存在する．たとえば，p (≥ 3) をパラメータの個数としジェームズ–シュタイン（James-Stein）推定量

$$\hat{\theta}_{\mathrm{JS}} = \left(1 - \frac{p-2}{\|\hat{\theta}\|}\right)_+ \hat{\theta}$$

を定義する．記号 X_+ は X と 0 の大きいほうを表し，θ はベクトル $(\theta_1, \ldots, \theta_p)$ の代わりで，$\|\hat{\theta}\|$ は $(\theta_1^2 + \cdots + \theta_p^2)^{1/2}$ を表す．

ジェームズ–シュタイン推定量はすべての θ に対して $R(\theta, \hat{\theta}_{\mathrm{JS}}) < R(\theta, \hat{\theta})$ を満たすから，通常の推定量 $\hat{\theta}$ は認容できない推定量である．ジェームズ–シュタイン推定量は古典的な推定量を零にする．すなわち，減小量は，$\|\hat{\theta}\|$ が大きいときは小さいが，$\|\hat{\theta}\|$ が零に近いときは容易に感知できる．さて，今述べた問題は平行移動しても変わらないから，古典的な推定量を零にしていくことによって改善することができるならば，どの点に対しても同じことができなければならない．一見これは奇妙に見えるが，推定量の次のような形式的でない説明を考えるとこの現象に対する洞察が得られる．最初に θ につき予想 θ_0 を考える（これは上の場合では零である）．もし通常の推定量 $\hat{\theta}$ が，$\|\hat{\theta}\|$ が小さいという意味で，予想に近いならば，$\hat{\theta}$ を予想のほうに動かす．もし $\hat{\theta}$ が予想から離れていたら $\hat{\theta}$ はそのままにしておく．したがって，推定量は古典的推定量を予想のほうに動かすけれども，これは予測を良いと信じるだけの理由があるときだけである．4 個またはそれ以上のパラメータを持つ場合には，実際には，最初の予想でどの点 θ_0 を使わなければならないと指示してデータを使うことができる．表 1 の例では，18 個のパラメータがあり，最初の予想 θ_0 は 18 個すべての座標が平均値 0.265 に等しい定ベクトルであった．縮小のために使われた 0.212 は $1 - 16/\|\theta - \theta_0\|$ に等しい（θ_0 をこのように選ぶと $\|\theta - \theta_0\|$ が θ を構成しているパラメータの標準偏差となる）．

認容できないことを証明するときに使われる数学は調和関数論と巧妙な計算をうまく組み合わせたものである．証明そのものは非常に細分化されている．確率論で「シュタインの方法」と言われているものも出てきた．この方法は複雑に関係している問題に関する中心極限定理のようなものを証明するときに使う方法である．数学は非正規誤差分布，いろいろな種類の損失関数や測定モデルからはるかに離れた推定の問題に使うことができるので，数学は「頑健」である．

結果は非常に膨大な現実的な問題に応用されている．多くのパラメータを同時に推定しなければならない問題で日常的に使われている．それらの例の中には，多くの異なる製品を一度で見たとき欠陥製品

のできる割合の推定や，米国の 50 州の人口調査の数え落としを同時に推定することなどが含まれている．この方法が明らかに頑健であることからそのような応用はたいへん有益である．ジェームズ–シュタイン推定量はベル型をしたものに対して考えられたものであるが，特に特別な仮定なしに，その仮定がだいたい成り立っている問題ではうまく機能するように思われる．例としては上の野球の場合を考える．そのまま使う場合も変形したものを使う場合もたくさんある．経験ベイズ推定量（現在，遺伝学で広く使われている）と階層性のモデル化（現在，教育の評価に広く使われている）の二つが特に好んで使われている．

数学的問題は完全に解決されることからは程遠い．たとえば，ジェームズ–シュタイン推定量そのものは非認容的推定量である（正常時の測定の問題ではどのような認容的推定量でも観測値の解析関数である．しかし，ジェームズ–シュタイン推定量は微分できない関数 $x \to x_+$ を含んでいるので，明らかに解析関数でない）．ほとんど実用的でない改良法は知られているが，ジェームズ–シュタイン推定量より常に良い認容できる推定量の研究は人々の期待を掻き立てる研究課題である．

現代の数理統計で盛んに研究が行われている他の分野は，シュタインの逆説から生じた統計学的問題を理解しようとするものである．たとえば，この章の最初に 100 枚のコインの偏りを推定するためには通常の最尤推定量には不適切な点があることを説明したが，この推定量は認容できる推定量であることがわかった．実際，有限個の状態を表す空間でのどのような問題に対しても最尤推定量は認容的推定量である．

4. ベイズ統計量

統計学におけるベイズ的な研究は確率の族 P_θ と損失関数 L にさらに一つのものを加えることになった．これは**事前確率分布** $\pi(\theta)$ として知られているもので，これはパラメータの異なる値に異なる荷重を加えるものである．事前確率分布を作る方法はたくさんある．それは研究者が θ を数量化する方法かもしれないし，前に行った研究または推定の結果から得られるものであるかもしれない．または単に推定量を得るための簡便法であるかもしれない．いったん事前確率分布 $\pi(\theta)$ が特定されると，観測値 x とベイズの定理を結び付けて θ に対する**事後確率**が得られる．ここではそれを $\pi(\theta|x)$ で表す．直観的には，x が観測されたとき，$\pi(\theta|x)$ は，パラメータが確率分布 $\pi(\theta)$ で与えられたとして，θ がパラメータであった可能性を測るものである．事後確率 $\pi(\theta|x)$ に関する θ の平均を**ベイズ推定量**という．すなわち

$$\hat{\theta}_{\mathrm{Bayes}}(x) = \int \theta \pi(\theta|x) \mathrm{d}\theta$$

である．2 乗誤差損失関数に対しては，すべてのベイズ推定量は認容的推定量であり，どのような認容的推定量もベイズ推定量の極限である（しかし，ベイズ推定量の極限は必ずしも認容的推定量ではない．実際，今までのことでわかるように平均は非認容的推定量であるが，ベイズ推定量の極限である）．今の議論の重要なのはこの点である．回帰分析や共分散行列などを実用的に利用して解決する測定のような多くの問題の中には，先に得られている利用できる知識を取り入れる繊細なベイズ推定量を比較的簡単に書くことができる．これらの推定量はジェームズ–シュタイン推定量と近い種類のものを含む推定量であるが，これらはもっと一般的で，ジェームズ–シュタイン推定量をほとんどすべての統計の問題に型どおりに拡張することができる．

ベイズ推定量は高次元の積分を含んでいるために計算するのが難しい．しかし，この方面の一つの利点は，ベイズ推定量の有効な近似を計算するために，**マルコフ連鎖モンテカルロ法**または**ギブスサンプラー**などいろいろ呼ばれているコンピュータシミュレーションのアルゴリズムが使えることである．立証できる優秀さ，容易な適合性と計算のしやすさ——これらすべてを含んでいるパッケージは統計学のベイズ的見方を実際問題に役立たせるようにしてきた．

5. 少し理論的に

数理統計学は幅広い分野の数学をうまく利用している．かなり難解な解析学，論理，組合せ論，代数的位相空間論や微分幾何学すべてが役割を果たしている．ここに群論の応用がある．標本空間 $\mathcal{X}$，確率分布 $P_\theta(x)$ の集合，損失関数 $L(\theta, \hat{\theta}(x))$ からなる基本的な構成に戻して考えよう．問題の単位を変えるとき，推定量がどのように変わるかを考えるのは自然である——たとえばポンドからグラムへ，センチ

メートルからインチへというように．これは数学では重要な意味を持つものであろうか？ 普通はそうは思わないが，もしこの問題を細かく調べたいならば $\mathcal{X}$ の変換群 G を考えるのがよい．たとえば，単位の線形変換は $x \to ax+b$ の形の変換であるアフィン群に対応する．G の各要素 g に対して，変換された分布 $P_\theta(xg)$ が Θ の中の他のある要素 $\bar{\theta}$ に対応する分布 $P_{\bar{\theta}}(x)$ に等しいとき，$P_\theta(x)$ の集合は G のもとで不変であるという．たとえば正規分布の集合

$$\frac{1}{\sqrt{2\pi\theta_2^2}}\exp\left[-\frac{(x-\theta_1)^2}{2\theta_2^2}\right],$$
$$-\infty < \theta_1 < \infty,\ 0 < \theta_2 < \infty$$

は変換 $ax+b$ のもとで不変である，すなわち，x を $ax+b$ に置き変えると，簡単な計算により，新しいパラメータ ϕ_1 と ϕ_2 を使って $\exp[-(x-\phi_1)^2/2\phi_2^2]/\sqrt{2\pi\phi_2^2}$ の形に変換することができる．推定量 $\hat{\theta}$ は $\hat{\theta}(xg) = \bar{\hat{\theta}}(x)$ のとき，同値であるという．これは，一つの単位から他の単位に変えたとき，推定量があるべき形に変換されるという形式的な言い方である．たとえば，気温のデータが摂氏で与えられたとき，華氏で答えたいとする．もし推定量が不変ならば，最初にその推定量を使ってあとでその答えを華氏に直すか，最初にすべてのデータを華氏で表して推定量を使うかのどちらにしても差はない．

シュタインの逆説を持つ多次元正規分布の問題は，p 次元のユークリッド的運動（回転と平行移動）の群を含む，種々な群のもとで不変である．しかし，すでに述べたように，ジェームズ–シュタイン推定量は，原点のとり方に関係するので，同値ではない．これは必ずしも悪いことではない．もし，研究者に「あなたたちは“一番精密な推定量”を望みますか？」と尋ねたら，「当然です」と答えるであろう．また同値に固執するかと聞けば，その場合もまた「当然です」と言うであろう．シュタインの逆説を表現する一つの方法は，精密さと不変性という二つのことは両立しないことを表している．これが数学と統計学が分かれている由縁である．統計学では，数学的に良い事柄でも，それが統計学に「ふさわしい」か否かを決めることが重要であり，数学化することが難しい場合もある．

ここで，群論の別の使い方を考える．リスクの最大値をすべての θ について最小にするような推定量 $\hat{\theta}$ を**ミニマックス推定量**という．ミニマックス推定量は物事を安全に行うことに対応する．すなわち，最悪の状態のもとでの最良の行動（すなわち，可能な限り最小な危険）をとることである．自然の問題でミニマックス推定量を見つけることは難しいが良いことである．例として正規母集団の位置母数の問題のミニマックス推定量として平均のベクトルを考える．このことは，問題がある群のもとで不変ならば簡単である．そのときは最初に最良の不変な推定量を探すことができる．多くの場合，不変性はそのことの直接的な計算問題になる．そこで，不変な推定量の中でミニマックスな推定量がすべての推定量を考えたときにミニマックスであるかどうかという問題が生じる．ハート（Hurt）とシュタイン（Stein）の有名な定理によると，そのときの群が「うまい状態」（たとえば，可換かコンパクトかアメナブル）ならば，「正しい」ことが言える．最良の不変な推定量が「うまい状態」でない場合にミニマックスであるかどうかを決めることは数理統計学での重要な未解決の問題である．しかもそれは数学的興味からのものではない．たとえば次の問題はごく自然で，可逆性のある行列の群のもとで不変である．すなわち，多次元正規分布からのサンプルが与えられたとして，その相関行列を計算せよ．この場合群は「うまい状態」でなく，良い推定量は知られていない．

6. 終わりに

この章の要点は数学が統計学にいかに入り込み，意義を高めているかを示すことである．確かに，統計には数学にしがたい部分もある．データをグラフで表示することはこの例である．さらに，現代の統計学の実用面の多くはコンピュータで行われている．もはや確率分布の扱いやすい集合だけに制限して考える必要性はなくなった．複雑でより現実的なモデルを使うこともできる．このことから統計学的計算の問題も起こってきた．それにもかかわらず，誰かが少しはコンピュータで何をすべきかを考え，この革新的な過程が他のものよりもより良く機能するかどうかを決めなければならない．そのとき，数学は独自に発展する．実際，数学化された現代の統計を実用することはやりがいのある，価値がある仕事であり，それについてはシュタインの推定量は現在の最も興味あるものである．この努力はわれわれに何

かの目的を与え，われわれの日々の成果を積み上げることに役立っている．

文献紹介

Berger, J. O. 1985. *Statistical Decision Theory and Bayesian Analysis*, 2nd edn. New York: Springer.

Lehmann, E. L., and G. Casella. 2003. *Theory of Point Estimation*. New York: Springer.

Lehmann, E. L., and J. P. Romano. 2005. *Testing Statistical Hypotheses*. New York: Springer.

Schervish, M. 1996. *Theory of Statistics*. New York: Springer.

VII.11

数学と医学統計

Mathematics and Medical Statistics

デイヴィッド・J・シュピーゲルハルター［訳：吉原健一］

1. は じ め に

医学に数学はいろいろな形で応用されてきた．たとえば，薬物動態学での微分方程式の利用や人の集団での伝染病のモデルや生物学的信号の**フーリエ解析** [III.27] である．ここでは，医学統計を考えるが，ここで言う医学統計は，個人についてのデータを集め，それらを使って病気の発生や治療法についての結論を出そうとするものである．この定義はどちらかというと限定的なものであるが，その中には次のものがすべて含まれる．すなわち，治療の無作為化臨床試験，たとえばスクリーニングプログラムのようなものを使うことの評価，別の集団や施設における健康状態の比較，グループごとの各人の生存を記述したり，比較したりすることや，ある病気が自然にまたは媒体によって感染する仕方のモデル化などである．この章で述べる形式的な考え方の大部分は疫学に応用できるけれども，これについては考えない．

ここでは，簡単な歴史を述べたあと，医学統計における確率論的モデル化についてのさまざまな研究法をまとめることにする．その後，それぞれについて，今度は，リンパ肉腫の患者のサンプルにおける生存についてのデータの使い方や，いかに別の「哲学的」な視点が異なる解析手法を直接的に導くかを例示する．全体として，概念的に整理されていない対象と思われるものに対する数学的背景を持つ何らかの目安を与えようと思う．

2. 歴 史 的 展 望

17 世紀の終わりのころ，確率論を最初に使ったものの一つに，年金の割増金を決めるための死亡率の「生命表」の発達に関係する，差分機関を設計する動機となった 1824 年の生命表に関するチャールズ・バベッジ（Charles Babbage）の業績がある（しかし，シュウツ（Scheutz）が，1859 年に，この機関を用いて生命表を計算するまでは知られていなかった）．しかし，医学的データの統計解析は，19 世紀末の，フランシス・ガルトン（Francis Galton）とカール・ピアソン（Karl Pearson）が創設した「生物測定学」学派の発展まで，数学というよりも算術の問題であった．このグループは，母集団や人類学，生物学，優生学における相関，回帰などの考え方を記述するため**確率分布** [III.71] の集まりを使うことを導入した．一方，農業や遺伝学はフィッシャー（Fisher）の尤度理論（下記参照）や統計的検定理論における多大な貢献の動機となった．戦後の統計的発展は工業への応用と主に米国主導で統計学において数学的な厳密化が進んだことに強く影響された．しかし 1970 年代頃からの医学研究，特に確率化された実験と生存解析などは統計学における主たる方法論的牽引車となってきた．

1945 年からだいたい 30 年間，健全な基本的または公理論的な基礎となる統計的推測方法が多数提案されたが，共通の理解を得るまでに至っていなかった．このことから，次節以下で説明する統計学的「哲学」を混合して使う，広範に及ぶ普遍的な見通しを持つものを考えようとすることが出てきた．

やや不愉快なことであるが公理論的基礎に欠けていることで，多くの数学者は統計の研究に少しも魅力を感じないが，この分野に携わっているものにとってはそれが大きな刺激となっている．

3. モ デ ル

この章では，モデルと言えば，1 個またはそれ以上の今扱っている不確定な量の確率分布の数学的な表現を意味するものとする．たとえば，そのような量は特別な薬を使って治療した患者の結果であったり，癌患者の将来の生存時間であるかもしれない．モデル化する場合 4 種の方法に分類することができる．次に，これらを簡単に述べるが，後の節で必要な場合を含んでいる．

(i) **ノンパラメトリック**または**「モデルなし」方法**：これは調べようとする確率分布の具体的な形を特定しないまま推測する方法である．

(ii) **完全パラメトリックモデル**：これは有限個の未知母数を含む各確率分布の分布型を特定するものである．

(iii) **セミパラメトリック法**：これはモデルの一部分だけが母数化されているが，その他は特定されないままになっている場合の方法である．

(iv) **ベイズの方法**：これは完全パラメトリックモデルを仮定するだけでなく，母数の事前分布を仮定して行う方法である．

これらの間には絶対的な区別はない．たとえば，完全な「モデルなし」方法を使っていても，いくつかの母数を仮定して考える方法に匹敵するものになることもある．

他の複雑になる要因は統計解析の目的の多様性にある．これらには次のようなものが含まれる．

- たとえば，特定された集団にある薬の服用量を決めるときの，血圧の減少の平均のような未知母数を**推定**すること．
- たとえば，10 年間にある国でエイズにかかる人の数のような未来を**予測**すること．
- たとえば，特別な薬が患者の特別なグループの寿命を改善するかどうか，すなわち，これと同等なことであるが，その薬は効果がないという「帰無仮説」を調べる**仮説検定**をすること．
- たとえば，健康管理システムである処置を行ってよいか否かを決めるような**決定**をすること．

これらの対象となっているものの共通した見方は，どのような結論も，出てくる誤りの可能性の何らかの評価を考えているものでなければならないし，どのような推定にしても予測にしても，それに伴う不確実性を表現したものでなければならない．この「2 次的」性質を考えることが，確率論をもとにした統計的「推測」とデータから結論を出す一連の規則の集まりだけを使う方法との違いである．

4. ノンパラメトリック，すなわち「モデルなし」方法

ここで，いろいろな方法の例となる，続けて利用できる例を挙げる．Matthews and Farewell (1985) はシアトルのフレッド・ハチンソン癌研究センターで，進んだ段階の非ホジキンリンパ肉腫であると診断された 64 人の患者のデータについて報告した．各患者に対する情報は，診断して以後の，彼らの追跡調査が死亡で終わるかどうか，臨終の徴候があるかどうか，病期（ステージ IV であるか否か）や腹部の大きなかたまり（10cm 以上）があったかどうかの追跡調査からなる．そのような情報はいろいろに利用される．たとえば，生存時間の一般分布を見たいとき，生存に最も影響を与える因子を決定したいとき，または新しい患者にたとえば，5 年先まで，生存できる機会の推定をしたいときである．もちろん，データから確固とした結論を出すには，これは非常に少ない，限られたものではあるが，各種の数学的道具が使えることを示している．

少し術語の導入が必要となる．データを集めた最後の段階で生存していた，または，追跡調査の開始前に死亡した患者は，生存時間は「打ち切られた」(censored) という．すなわち，われわれが知っていることは，彼らについて記録されたどのようなデータでも，そのデータを集めた最後の時刻には生存していたということだけである．また，どのような解析の形でも死亡に当てはめる適当な方法はないので，死亡の時刻を「故障」時間と呼ぶことにする（これの定義は，また，この分野が**信頼性理論**と密接に関係していることを表している）．

そのような生存に関するデータの元来の利用法は先に述べた生命表を使う「保険統計上の」ものであった．生存時間を，たとえば年ごとのようないくつかの区間に分け，ある人が観測開始の時点で生きているということにして，その人がある区間内で死ぬ機会を使って簡単な推定をする．歴史的に言うと，この確率は「死力」(force of mortality) として知られていたが，今は一般に**ハザード** (hazard) と呼んでいる．このような単純な方法は大きな母集団を記述するためには良い．

Kaplan and Meier (1958) が，初めて，グループ分けした生存時間よりもむしろ正確な生存時間を考えて方法を改良した．彼らの論文は 3 万回以上も引

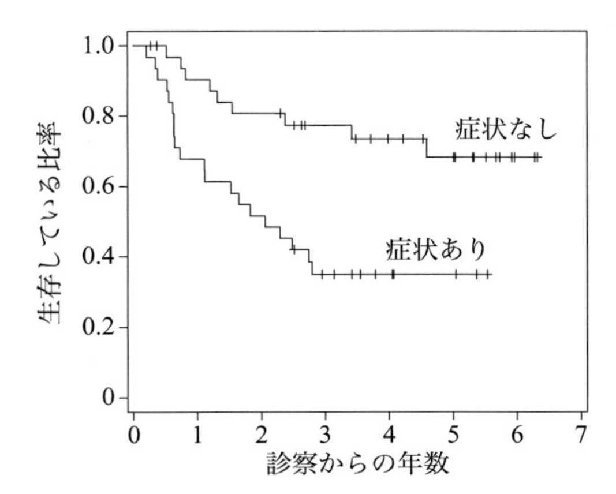

図 1　診察のとき，リンパ肉腫の症状を持つ患者と，持たない患者に対するカプラン–マイヤー生存曲線

用されていて，あらゆる科学における最も参考にされる論文の一つである．図 1 は診察の際病気の症状がある患者のグループ（$n = 31$）と症状がない患者のグループ（$n = 33$）に分けたときの，いわゆるカプラン–マイヤー曲線である．

これらの曲線はもとになっている**生存関数**の推定値を表すが，この関数の時刻 t における値は代表的な患者がその時刻まで生きる確率と考えることができる．そのような曲線を描く方法は，単純に，最初のサンプルでまだ時刻 t で生きている比率を t におけるその関数の値とすればよい．しかし，打ち切られた患者のことがあるので，これで完全に終わったわけではない．それゆえ，その代わり，患者が時刻 t で死亡し，時刻 t の直前のサンプルの中に m 人の患者がいたならば，曲線の値に $(m-1)/m$ を掛ける．そしてもし患者が検閲済みならば値は同じとする（曲線の上の短い縦線の印は検閲済みの生存時間である）．時刻 t の直前まで生きている患者の集合を**危険集合**と呼び，t におけるハザードは $1/m$ であると推定する（今の場合，2 人は同時には死なないと仮定している．この仮定は簡単にはずすことができるが，そのときは適切な補正が必要となる）．

実際の生存曲線がどのような特別な関数形になるかということは仮定しないが，検閲のメカニズムは生存時間と独立であるという質的な仮定をする必要がある（たとえば，死にそうになっている人を何かの理由で研究対象から除外してはならないということは重要である）．また，これらの曲線に誤差限界を用意する必要がある．これらには 1926 年にメジャー・グリンウッド（Major Greenwood）によって広まった分散を使う方式を使うことができる（メジャー（少佐）は称号ではなく彼の名前であり，音楽家のカウント（伯爵）・ベイシーやデューク（公爵）・エリントンにも通じる彼の特徴となっている）．

「生存関数に基づく真実」は理論的に構成されるもので，人が直接観察できるようなものではない．患者の膨大な母集団で観測される生存経験と考えることもできる．あるいはそのような母集団から無作為に新しい個人を抽出してその期待生存率を考えることだといっても同じである．患者のこれら二つのグループに対するこれらの曲線を考えるのと同時に，それらについて仮説の検定を考えてみよう．代表的な仮説は，二つのグループにある生存曲線に基づく真実が細かいところまで同じであるということである．伝統的に，そのような「帰無」仮説は H_0 で表され，それらを伝統的な方法で検定するには，もし H_0 が真実であれば，このように遠く離れている二つのカプラン–マイヤー曲線が観測されるのはほとんどあり得ないと決定することである．このときはもし観測された曲線が非常に違っていたならば，そのとき大きくなる試験統計量として知られる簡潔な基準を作ることができる．たとえば，一つの可能性として，H_0 が真（$E = 11.9$）だったとして，症状を持つ人（$O = 20$）の中で死亡が確認された数と予想された数とを比較することもある．

この帰無仮説のもとでは，O と E の間がこのように非常に離れて観測される確率はたった 0.2% しかないということがわかるので，この場合は帰無仮説の成立は相当程度疑問視される．

推定量を取り巻く区間を構成し，仮説検定を行うときには，推定量や試験統計量の確率分布を近似する必要がある．したがって，数学的見方からすれば，重要な理論は，大部分が 20 世紀初期のころに非常に発達した確率変数の関数の大標本の分布に関係している．最良の仮説検定理論は 1930 年代にネイマン（Neyman）とピアソン（Pearson）によって発展された．考え方は，差異を見つけるために「検定力」を最大にしようというもので，同時に間違って帰無仮説を棄却する確率をある受容できる閾値，たとえば 5% または 1%，以下にするというのがその考え方である．この方法は今でも無作為化臨床試験で使われている．

5. 完全パラメトリックモデル

死亡がカプラン–マイヤー曲線の，前述の生存時間だけで起こりうるということを，実際に信じることができないので，真の生存関数のかなり簡単な関数形を調べてみるのが合理的と思われる．すなわち，生存関数がある関数のクラスに属し，その中の関数の一つ一つは少ない個数の母数によって母数化されているとする．これらの母数をまとめて θ と書く．この θ を見つけようとする（あるいは，むしろ，合理的な信頼度で推定しようとする）のである．もしそれができれば，モデルは完全に特定され，観測データを超えてある程度外挿することもできる．われわれは最初に生存関数とハザード関数を結び付け，それから観測されたデータが θ を推定するときにどのように使われるかを簡単な例で説明する．

未知の生存時間が確率密度 $p(t|\theta)$ を持っていると仮定する．技術的な詳しいことはやめることにして，本質的にこの仮定は $p(t|\theta)\mathrm{d}t$ が t から $t+\mathrm{d}t$ までの小区間で死ぬ確率を表している．そのとき，特定な値を与えられた θ に対し，生存関数は t を超えて生き残る確率である．それを $S(t|\theta)$ と表す．それを計算するため，t を超えるすべての時刻における確率密度を計算する．すなわち，

$$S(t|\theta) = \int_t^{\infty} p(x|\theta)\mathrm{d}x = 1 - \int_0^t p(x|\theta)\mathrm{d}x$$

このことと**微積分学の基本定理** [I.3 (5.5 項)] から $p(t|\theta) = -\mathrm{d}S(t|\theta)/\mathrm{d}t$ となる．ハザード関数 $h(t|\theta)\mathrm{d}t$ は t まで生きたという条件のもとで，t から $t+\mathrm{d}t$ までの小区間で死ぬ危険である．初等的な確率の法則を使うと

$$h(t|\theta) = p(t|\theta)/S(t|\theta)$$

が得られる．

たとえば，生存関数が平均生存時間 t を持つ指数生存関数であると仮定する．したがって，t を超えて生存する確率は $S(t|\theta) = \mathrm{e}^{-t/\theta}$ である．確率密度は $p(t|\theta) = \mathrm{e}^{-t/\theta}/\theta$ であるからハザード関数は定数 $h(t|\theta) = 1/\theta$ であり，したがって，これは単に時間当たりの死亡率を表す．たとえば，平均終末期生存が $\theta = 1000$ 日とすれば，指数モデルならば，患者が診療からどれくらい経って生きていても，毎日，その日に死ぬ危険率は定数 1/1000 である．もっと複雑な母数を持つ生存関数ならば，増加したり，減少したり，または，他の形をしたハザード関数が得られる．

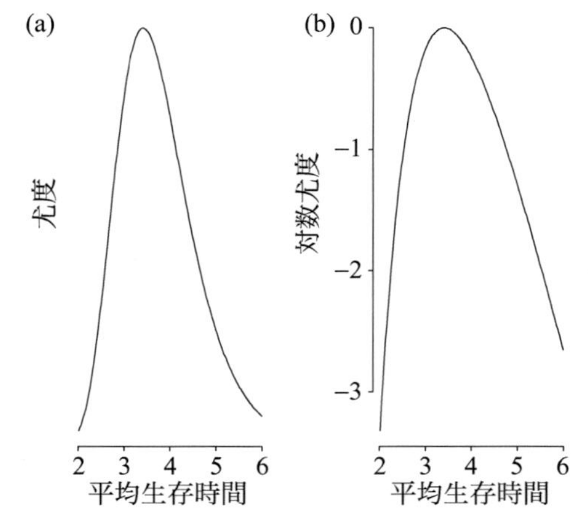

図 2　症状のあるリンパ肉腫患者に対する平均生存時間 θ の尤度と対数尤度

θ を推定するときは，**尤度**というフィッシャー（Fisher）の考え方が必要になる．この場合確率密度 $p(t|\theta)$ を考えるが，これを t の関数としてではなく，むしろ，θ の関数として扱う．したがって，観測された t に対して，データを「支える」，もっともらしいと思われる θ を調べることになる．だいたいの考え方は，母数を θ として観測された事象の確率（または確率密度）を掛け合せる．生存解析では観測された時間と打ち切り時間がこの積に違った形で現れる．たとえば，生存関数が指数型だとすると，観測された死亡時刻は $p(t|\theta) = \mathrm{e}^{-t/\theta}/\theta$ で検閲済み時刻は $S(t|\theta) = \mathrm{e}^{-t/\theta}$ であるから，この場合は尤度は

$$L(\theta) = \prod_{i \in \mathrm{Obs}} \theta^{-1}\mathrm{e}^{-t_i/\theta} \prod_{i \in \mathrm{Cens}} \mathrm{e}^{-t_i/\theta} = \theta^{-n_0}\mathrm{e}^{-T/\theta}$$

となる．ただし，Obs は観測された死亡時刻の集合，Cens は打ち切られた故障時間の集合を表す．それらの集合の大きさをそれぞれ $n_{\mathrm{O}}, n_{\mathrm{C}}$ で表し，全追跡調査時間 $\sum_i t_i$ を T で表す．症状を持つ 31 人の患者のグループの場合は $n_{\mathrm{O}} = 20$，$T = 68.3$ である．図 2 は尤度とその対数

$$LL(\theta) = -T/\theta - n_{\mathrm{O}}\log\theta$$

が書いてある．

相対的尤度だけが重要なので，尤度の縦軸は描いていない．**最尤推定量**（MLE）$\hat{\theta}$ はこの尤度を最大にするものである．これは対数尤度を最大にするものと同じことである．$LL(\theta)$ を微分して 0 とおくと，$\hat{\theta} = T/n_{\mathrm{O}} = 3.4$ 年となり，これは全追跡調査時間

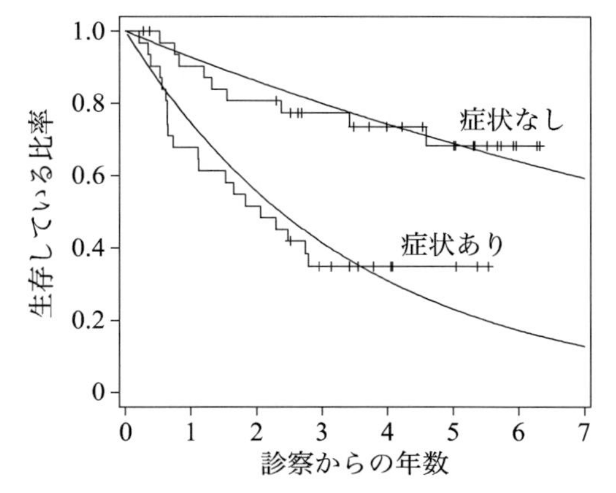

図 3　リンパ肉腫の患者の生存曲線に当てはめた指数生存曲線

を死亡数で割ったものである．MLE のまわりの区間は尤度関数を直接調べるか対数尤度の最大値のまわりの 2 次近似を作ることによって求めることができる．

図 3 は指数生存曲線を当てはめたものである．厳密性を欠くが，観測されたデータの確率を最大にするような指数曲線を選んで曲線の当てはめをした．図を調べると，この当てはめは，たとえばワイブル分布（信頼性理論で広く使われている分布）のような，より順応性のある曲線の集まりを考えることによって改良されると思われる．二つのモデルが得られているデータに適合するかを比較するのに，最大化された尤度を使うことができる．

フィッシャーの尤度の考え方は，医学統計や実に一般統計における最も新しい研究のもとになっている．数学的見方からすれば，MLE の大標本の分布に関係して，統計的パッケージの成果の大部分の基礎になっている，対数尤度を最大にする値のまわりの対数尤度関数の第 2 次微係数の研究が非常に発展している．うまくないことには，これを多次元母数を扱う理論に格上げするのは必ずしも簡単ではない．第一には，尤度はより複雑になり，母数が多くなると，最大化するときの技術的な問題が増加する．第二には，尤度理論の持つ繰り返される困難性は「無意味母数」に同じ問題を残す．この無意味母数は，モデルの一部分は目的外であるが考えなければならないものである．一般理論はまだ発達していないが，その代わり，標準の尤度理論から，特定の状況に適合したちょっと驚くようなさまざまな変形，たとえば，条件付き尤度，類似尤度，擬似尤度，拡張された尤度，階層制尤度，周辺尤度，プロフィル尤度などがある．第 6, 7 節では非常によく研究されている部分尤度とコックスモデル（Cox model）について考える．

6.　セミパラメトリック法

治療が生存に及ぼす影響を，他にありうるリスクファクターも考慮に入れて評価する試験をはじめとして，癌治療における臨床試験は生存解析の発展において主たる動機付けの力であった．前述の簡単なリンパ肉腫のデータの集合では，3 個のリスクファクターを考えたが，より現実的な例ではもっとたくさんのリスクファクターがある．幸いにも Cox (1972) は，全行程をたどることなしに，検定を行うこと，起こりうるリスクファクターの影響を推定することができることおよび限られたデータをもとに，完全な生存関数を特定できることを示した．

コックス回帰モデルは

$$h(t|\theta) = h_0(t)\mathrm{e}^{\beta\cdot x}$$

の形のハザード関数を仮定している．ただし，$h_0(t)$ は**ベースラインハザード関数**で，β はハザードの上のリスクファクターのベクトル x の影響を測る回帰係数の行ベクトルである（式 $\beta\cdot x$ は β と x の内積を表す）．ベースラインハザード関数は，$x=0$ のとき $\mathrm{e}^{\beta\cdot x}=1$ であるから，リスクファクターベクトルが $x=0$ である一つのハザード関数に対応するものである．より一般に，一つの要因 x_j が増えるとハザードに因子 $\mathrm{e}^{\beta_j x_j}$ を掛けることがわかる．このため，これは「比例ハザード」（proportional hazard）回帰モデルとして知られている．$h_0(t)$ の形を決めることは簡単であるが，驚くことには，特定な死亡時刻の直前の位置がわかれば，$h_0(t)$ を特定しなくても β の項は推定できることである．再び，危険集合を作り，危険集合の中の誰かが死んだということが知らされたとして，ある特定な患者の死亡する機会があるということに対する尤度の術語がある．これは二つの死亡時刻の間に起こるすべての情報を無視することなので，「部分」（partial）尤度として知られている．

このモデルをリンパ肉腫データに当てはめると，症状を持つ患者に対する β の推定値は 1.2 で，その指数は $\mathrm{e}^{1.2}=3.3$，これは症状を患者に対応するハザードにおける増加の比率である．この推定値の誤差限界は 1.5〜7.3 と推定されるので，症状を持つ患者が診察後どの段階ででも死ぬ危険は，モデルの中のすべての他の因子は定常に保たれているので，症状を持たない患者の危険よりも本質的に高くなっている．

このモデルから，推定値の誤差の問題，種々の検閲の型，連結する死亡時刻，ベースライン生存関数などに関する膨大な文献が発表されている．大標本の性質はこの方法が通常的に使われようになってから，厳密に解明され，計数過程（stochastic counting process）の理論に非常によく使われるようになった（計数過程については，たとえば，Andersen et al. (1992) を参照）．これらの威力のある数学的道具を使って，事象列の一般解析の理論が発展し，検閲することができるようにしたり，時間に依存した複合リスクファクターを扱えるようにした．

コックスの 1972 年の論文は引用回数が 2 万回以上にも及び，その医学に対する重要性は 1990 年ケッタリング賞と癌研究に対するゴールドメダルを授与されたことでもわかる．

7. ベイズ解析

ベイズの定理は確率論の基礎的な結果である．この定理は，二つのランダムな数 t と θ に対して

$$p(\theta|t) = p(t|\theta)p(\theta)/p(t)$$

が成り立つことを述べている．これ自体は非常に簡単な事実であるが，θ がモデルの母数を表すとき，この定理の使用は統計のモデル化における別の原理となる．推測のためにベイズの定理を使うときの主な段階は母数を確率分布を持つ**確率変数** [III.71 (4 節)] と考え，それらを確率論的に表現する．たとえば，ベイズ的な考えの枠内では，生存曲線についての人の不確定性を，平均生存が 3 年より大きい確率は 0.90 であったというような表現で判断する．そのような判断をするために,「事前」確率分布 $p(\theta)$（データを見る前に考える，θ の種々の値に対する比較的良さそうに思える分布）と尤度 $p(t|\theta)$（θ のその値に対して t がどれほど観測されやすいかを示す）を結び付けてから，ベイズの定理を使って「事後」確率分布（データを見た後で考える，θ の種々の値に対する比較的良さそうに思える分布）を求める．

このようにして，ベイズ解析は確率論の簡単な応用となり，事前分布のどのような与えられ方に対しても，それはちょうど求めるものになる．しかし，どのようにして事前確率を選ぶのか？　現在の研究以外のところから確たるものを持ってきてもよいし，あるいは自分自身の判断でもよい．多くの場合に使えるように「目的別」事前確率のキットを作ろうとしてたくさんの本も出ている．実際には，他の人が納得するよう方法で事前確率を決定する必要があるし，これが巧妙な方法である．

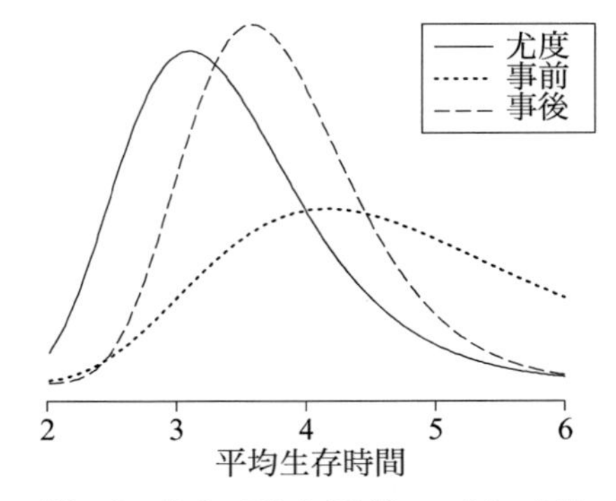

図 4　症状のある患者の平均生存時間 θ の事前，尤度，事後確率分布．事後確率分布は尤度の間の形式的な中間物でデータだけから得られるもので，事前確率分布は生存時間はより長いと示唆をする外的なものを集約する．

簡単な例として，前述のリンパ肉腫の研究から臨床症状を持つ患者の平均生存時間は 3 年から 6 年の間で，4 年前後が可能性が高いと思われてきた．そのとき，将来の患者に対して結論を出す場合，そのことを無視するのではなく，それよりもむしろ，現在研究中の 31 人の患者の診察結果とそのことを結び付けて考えるのが合理的に思われる．図 4 で与えられた形の，θ の事前確率によって，この研究外の確たるものを表現することができる．これと尤度（図 2 (a) からとったもの）と結び付けるとすでに示した事後確率が得られる．この計算では，事前確率の関数形は**逆ガンマ分布**型と仮定している．この逆ガンマ分布型を使うと特にそのまま指数尤度を使う数学と同じになるが，もし事後確率を求めるのにシミュレーション法を使うならばそのような簡素化は不必要になる．

図 4 から，この研究外の確たるものがあると，より高い生存時間のもっともらしさは増加する．上の事後確率を 3 年分積分すれば，平均生存時間が 3 年より長くなる確率は 0.90 であることが得られる．

コックスモデルのようなセミパラメトリックモデルは事後確率分布を積分し尽くす必要があるが，無

意味母数を持つ高次元関数で近似することはできるが，ベイズモデルにおける尤度は完全にパラメトリックでなければならない．そのような積分を評価する難しさは，長い間ベイズ解析の応用を妨げてきたが，今ではシミュレーション法，たとえば，マルコフ連鎖モンテカルロ法（MCMC）が発達したので実用的なベイズ解析が驚くほど発達した．ベイズ解析における数学の研究は主として目的別の事前確率の理論，事後確率の大標本の場合の性質，非常に多い変数を持つ場合の問題の扱い方や必要とされる高次元関数の積分に集中されてきた．

8. 検　討

前節までに，常識化されている医学統計解析の中にさえあるごちゃごちゃした考え方の問題についていくつかの見解を示してきた．ここで医学統計における数学のたくさんの異なる役割を述べておく必要がある．次はその若干の例である．

個人的応用　多くの種類のモデルに合わせることのできるソフトウェアパッケージを使いこなせばよいから，この場合は一般に数学を使うことは非常に限られている．標準的でない問題では，尤度の代数的または数値的最大化，または数値積分に対する MCMC アルゴリズムの発展には必要であるかもしれない．

包括的方法の開発　これらにはソフトウェアにおけることも入れることができる．これはおそらく広範囲にわたる数学の研究であろう．この数学の研究では確率変数の関数に関する確率論，そのうちで特に大標本を使った議論が非常に必要となる．

方法の諸性質の証明　このことには非常に洗練された数学が必要である．この場合の数学は，たとえば推定量の収束とか，異なった状況のもとでのベイズ法の使い方などの問題に関するものである．

医学的応用は統計解析の新しい方法の推進力になり続けている．その理由の一半は，生物情報学，イメージング，パフォーマンスモニタリングの分野からの高次元データの新しい情報源のためでもあるが，複雑なモデルを使おうとする健康保険製作者の要望が増加してきたことにも原因がある．このことから，そのようなモデルをチェックとしたり，新しいものを作ろうとしたり，精密化したりするための解析的方法や研究計画に注意が集中するようになった．

それにもかかわらず，医学統計では，方法論的研究に携わっているものでも，ごく限られた数学だけを使っているように思われる．最も一般的な道具や明らかに単純な問題の研究のさまざまな結果についてさえ，熱心で継続する討論をしているのが救いである．これらの討論の大部分は普通の利用者には隠されている．統計における数学的理論の適切な役割の説明については，デイヴィッド・コックスの 1981 年の王室統計学会の会長就任演説（Cox, 1981）を引用するのが最適である．

> レイリー卿によると，応用数学は「数学的な困難をあえて求めもせず，避けもしない」実世界の量的研究であると定義されています．これは理想的には数学と統計学の間で保たれるべき微妙な関係がむしろ正確に述べられています．統計学の非常に優れた研究には最小限の数学が使われており，質の悪い統計学の研究のいくつかは，明白な数学的内容のために見過ごされています．しかし，統計学という分野の発展にとって，適切に使われる強力な数学を恐れて反数学的態度が広まることは有害と言えるでしょう．

文献紹介

Andersen, P. K., O. Borgan, R. Gill, and N. Keiding. 1992. *Statistical Models Based on Counting Processes*. New York. Springer.

Cox, D. R. 1972. Theory and general principle in statistics. *Journal of the Royal Statistical Society* A 144:289-97.

Cox, D. R. 1981. Regression models and life-tables (with discussion). *Journal of the Royal Statistical Society* B 34: 187-220.

Kaplan, E. L., and P. Meier. 1958. Nonparametric estimation from incomplete observations. *Journal of the American Statistical Association* 53:457-81.

Matthews, D. E., and V. T. Farewell. 1985. *Using and Understanding Medical Statistics*. Basel: Karger.
【邦訳】D・E・マシューズ，V・T・フェアウェル（宮原英夫，折笠秀樹 監訳）『実践医学統計学』（朝倉書店，2005）

VII.12

解析学と分析哲学

Analysis, Mathematical and Philosophical

ジョン・P・バージェス［訳：砂田利一］

1. 哲学の分析的伝統

哲学的問題が決して最終的解決に至らないのは，裏切りの陰謀が成功しないというのと同じ理由による．成功した陰謀は「裏切り」とは呼ばれず，また解決した問題はもはや「哲学的」ではないからである．かつては大学で，（今現在 Ph.D（博士）を最高学位とする）あらゆる分野を包括していた哲学は，このようにして成功と解決によって縮小していった．哲学の最も大幅な縮小は 17 世紀と 18 世紀の間，自然哲学が自然科学になったときに起こった．当時の哲学者たちは皆，新しい科学の登場に強い興味を示し，科学的な方法論に関する多くの問題を論じていた．それまで哲学は，理性によって行われる議論と，経験という証拠のみを用い，権威，伝統，啓示，信仰によらないという点でたとえば神学とは別のものと理解されていた．しかし科学革命の時代の哲学者には，理性と経験の重要性について意見の不一致があったのである．

哲学史の初歩では，哲学者は理性派の合理主義者と経験派の経験主義者に分けられるとされる．主に大陸ヨーロッパの流れをくむ合理主義者は 17 世紀において主流であり，他方，主に英国で発展した経験主義者は 18 世紀に優勢になった．数学者の**デカルト** [VI.11] や**ライプニッツ** [VI.15] を含む合理主義者たちは，純粋思惟（自明な仮定からの論理的演繹）が，（幾何学においてそうであるように）普遍的な応用を持つ強い結果をもたらすように見えることに強く魅了され，同様の手法を別の分野にも適用しようとした．スピノザに至っては『エチカ』（*Ethica*）を**ユークリッド** [VI.2] の『原論』（*Elements*）と同じスタイルで書くことまでしたのである．この時代が，数学が哲学に与えた影響の歴史の中の，一つのピークであろう．微分積分学を鋭く批判したバークリーなどの経験主義者たちは，実際の物理世界では合理主義者が望むように物事が運ぶことはあり得ないという認識だった．物理の原理は自明なものではなく，秩序立った観察と制御された実験によって予想され，テストされなくてはならない．ロックやヒュームといった主要な経験主義者を悩ませたのは，どうすれば純粋思惟は，幾何学が達成しているような「あらゆる」分野での成功を収めうるのか，ということだった．

この問題に関して影響力のある定式化を行ったのがカントだった．彼の哲学体系は合理主義と経験主義の統合を試みたものである．カントはこう主張する．幾何学や算術は後天的というよりも先天的である，つまりそれらは経験に先んじて，経験に依存することなく知ることができる．一方で，幾何学と算術は分析的というよりも総合的である，つまり，概念の定義から導かれる（それを否定すれば語義矛盾に陥るような）単なる論理的帰結以上のものである．数学の哲学は今日科学哲学の一角を占め，また知識についての哲学である認識論の一部でもあるが，カントにとってはより一層重要な役割を演じていた．カントは自らの哲学体系を要約した文章の中で，「いかにして総合的かつ先天的な知識は可能か」という問題の第 1 の例として「いかにして純粋数学は可能か」という問いを挙げている．カントの答えは，われわれの知識は，知る対象の性質と同程度に，知る主体であるわれわれ自身の性質によって形成されているはずだ，というものだった．幾何学の主題である空間，そしてカントによれば算術の究極的な対象である時間は，物そのものの特徴ではなく，感受性の性質を考慮すればわれわれが知覚し，経験する物の特徴である，というのが結論だった．総合的で先天的な知識は究極的には自己の知識であり，人から独立した実在の中身が流し込まれる形式に関する知識である．われわれが経験する物である「フェノメナ」と，われわれが周囲に近づきながらも決して知ることがない，経験を超える物としての「ヌーメナ」の間の区別が，カントの哲学の全体系にとっての中心であり，それは彼の形而上学においてのみならず倫理学においても同様だった．

近代初期の哲学史を足早に，かつ大まかにたどると以上のようになる．カント以後，哲学史はもはやこのように明快な流れを語ることができなくなってしまう．体系構築はカントの次の世代に引き継がれ，ついにはヘーゲルが登場する．しかしここにきて，不可避的にではあるが，カントの体系は自らの重みに堪えきれず崩壊し，それに続く反応として，哲学者は別々の方向へ離散してしまった．アカデミズムの外では，刺激的な人物が哲学と文学の境界上の領域に散発的に現れるようになる．有名な例はニーチェである．一方哲学のアカデミズムでは，ヴィクトリア建築がリバイバルするのにいくぶん似た形で伝統の再流行が数多く見られた．最も顕著な例が新カント派である．しかし，新カント派が学界で勢力を広げていたときでさえ，カント的な数学の考え方は批判にさらされていた．第一に，矛盾のない非ユークリッド幾何学の発展は，それ自体はカントの「幾何学は総合的なものである」という説を支持しているが，非ユークリッド幾何学を発見した数学者はすぐに，「幾何学は先天的なものである」というカントの主張は正しいのだろうかという疑問に突き当たっていた．すでに**ガウス** [VI.26] は幾何学は後天的なものであり，彼の言い方によると力学と同じ地位にあると結論していたし，**リーマン** [VI.49] は幾何学の基礎に関わる仮説の検証が，物理の隣接領域の探求を進めることになるに違いないと論じていた．第二に，算術は先天的なものであるというカントの主張を疑う人はほとんどいなかったが，**ゴットロープ・フレーゲ** [VI.56] や（それよりも少しあとになってから，ただしほぼ独立に）**バートランド・ラッセル** [VI.71] は彼らの研究において，算術が総合的であるという主張を試みた．彼ら2人はともに，数を適切に定義することで論理学から算術を導こうとしたのである．

フレーゲの研究は，その意義に気づいたラッセルが宣伝に努めたにもかかわらず，長い間その真価に対して低い認知しか得られなかった．その結果フレーゲは，現在では大きな影響を与えてはいるが，彼が取り組んだ哲学の伝統の創始者というよりもどちらかと言えば先駆者であり，創始者はラッセルとその同世代の同僚であるG・E・ムーアと考えられている．この2人は彼らの教師たちの哲学，つまり19世紀後半に絶対的観念論と呼ばれたヘーゲルの一種の再流行に対する反逆からその研究を開始した．しかしすぐに，その反逆はベーコンからミルへ至る英国経験主義哲学の伝統への単なる回帰に留まらないことが明らかになった．一方，エドムント・フッサールはラッセル–ムーアの伝統を20世紀哲学において復活させることになる思想の原型を作り上げていた．フレーゲと同様，フッサールの経歴は算術の哲学における研究からスタートしており，その研究のことはフレーゲも知っていた．20世紀初期において，フッサールとフレーゲの後継者が，たった1世代のうちに互いにコミュニケーションのない2本の流れに分かれてしまうとは，誰も予想していなかった．

発展（もしくは伝統）の2本の流れには変わった名付けがなされた．一方にはその手法から「分析哲学」という名前が付けられ，もう一方は地理的背景から「大陸哲学」と名付けられた．この奇妙な名称は，大陸ヨーロッパにおける分析的手法の代表的存在だった人々（ルートヴィヒ・ヴィトゲンシュタイン，ルドルフ・カルナップなど）が，1930年代のドイツの大学のナチ化として知られるプロセスの結果として英語圏の国々に排斥されたという歴史的事実を反映している（フッサールの教え子だったが後に不仲となったマーティン・ハイデガーはこのプロセスをドイツの大学の「自己主張」であると賞賛した）．ハイデガーがフッサールと決別したことや，彼の科学への敵意，晦渋な文体，また批判されるべき政治理念以上に，この物理的な隔離が20年前には誰も予期し得なかった分裂を生んだのである．

年月を経て隔たりは大きくなり，後の世代の書き手たちは自らの所属する側の先行者だけを読み，引用する傾向にある．実際，分断は時代に逆行するかのように広がっていった．ボルヘスは，文学において偉大な作家は自分の先行者を作ると言ったが，哲学においてはそれほど偉大でない者もそうすることがある．そして20世紀の二つの伝統は，19世紀のさまざまな人物を自らの流れに連なる者と見なし始め，ついにはこの分裂はカントの死の直後まで遡ると考えられるようになった（この場合ハイデガーではなくヘーゲルが大陸的な哲学者の始まりとして挙げられることになる）．この二つの伝統における学生用の読書文献リストの隔たりは非常に大きくなっており，いまや一方で訓練を受けた学生にとって，もう一方に移ることは実質的に専攻を替えることに等しい．

「学派」や「潮流」という言葉よりもあえて「伝統」という言葉を使っているが，これは個人が学派によって分類されるのを拒否するのと同じように，双方がそれぞれいくつかの異なる潮流を含んでいるからである．分析哲学にせよ大陸哲学にせよ，一方にその中の哲学者すべてが支持する何らかの教義や方法論があると考えるのは大きな間違いである．特に，分析哲学は半世紀以上その活動が途絶えているウィーン–アメリカの論理実証主義と混同されるべきではないし，大陸哲学は同じく半世紀近く前にパリで時代遅れになった文芸・哲学運動である実存主義と混同されるべきではない．論理実証主義や実存主義がそれぞれ分析哲学と大陸哲学の多様性の一つであることは確かだし，半世紀ほど前には最も目立った存在だった．しかしそれらは当時でさえも単一の分派とは言いがたい状態だった．20 世紀の哲学に対する数学の影響を見積もろうとするときには，二つの伝統の間の分断と同じくらい，一方の伝統の中の分断を考慮に入れなければならない．

フッサール初期の研究のころから，大陸哲学と数学の間には比較的小さな接点しかなかった，というのは真実だろう（ただし「構造主義者」というラベルは数学の**ブルバキ** [VI.96] や，実存主義の退潮のあとフランスで影響力を持つようになった人類学的・言語学的な教説を含む広範なものであったが）．しかし分析的伝統に属する個人やグループに対して数学的な考え方が直接的に影響があったかというと，それはごくわずかだったというのもまた真実である．大陸的伝統の中でドイツやフランスの伝統を分離できるのと同様に，分析的伝統の中にもよりテクニカルな方向性を持った伝統を分離できる．この伝統にはフレーゲ（彼自身は数学の教授だった），ラッセル（哲学に転向するまで，学士課程の間は完全に数学に没頭していた），論理実証主義者たち（彼らのほとんどは理論物理学者としての教育を受けていた）が含まれる．逆にテクニカルな方向性をとらない，または拒否する伝統には，ムーアやヴィトゲンシュタインや 20 世紀半ばのオックスフォードにおける日常言語学派などが含まれる（ヴィトゲンシュタインは，数学者は常に質の悪い哲学者になると主張するまでに至り，ラッセルを直接の批判対象としながらも，タレスや**ピタゴラス** [VI.1] にまで遡って低い評価をくだしている）．しかしながら，分析哲学と大陸哲学の間よりも，どちらかの伝統の中での二つの下位グループ間でのほうがより活発に意見を交換したり影響を与え合ったりしていたのである．

よりテクニカルな方向性を持った分析哲学者の間でさえ，創始者の時代からときがたつと数学の影響は偶発的・散発的になり，影響があるとしてもそれはたいてい数理論理学や計算可能性理論，確率論・統計学，ゲーム理論，（哲学者・経済学者のアマルティア・センの研究のように）数理経済学のような，数学者にとっては数学の中核から離れていると見なされる分野からであった．したがってミレニアム問題が何か一つ解決されたとして，先端的数学に興味を持っているタイプの分析哲学者に対してであっても，それが一定の影響を与えるだろうと想像することは難しい（ただし $\mathcal{P}$ 対 $\mathcal{NP}$ 問題はおそらく別であるが，これは数学の中心的な分野というよりも理論計算機科学に由来する）．数学の哲学に対する直接的な影響が限定されている一方で，間接的な影響のほうは，フレーゲやラッセルといった初期の人々の思考に与えた寄与を通じて，あまりテクニカルでない方向性を持った分析哲学者にとっても圧倒的に大きなものである．フレーゲとラッセルに影響を与えた数学の分野は幾何と代数，そして何よりも（哲学的な分析（analysis）ではなく）微分積分をはじめとする数学的な解析（analysis）[*1] である（フレーゲとラッセルは数理論理学から影響を受けたのではなく，数理論理学の創始者である．そして解析学はこの創始者たちに主要な影響を及ぼしていた）．

2.　解析学とフレーゲの新しい論理学

それではフレーゲとラッセルの時代に戻って当時の解析学の地位を検討することにしよう．まずは 1800 年頃の状況を振り返ってみる．19 世紀初めの数学は，豊かな結果と強力な応用が知られていたものの，ごくわずかな数学的構造に関係していたにすぎなかった．自然数，有理数，実数，複素数，そして 1 次元，2 次元，3 次元のユークリッド空間と射影空間である．ガウスや**ハミルトン** [VI.37] らの研究が非ユークリッド空間と非可換代数の最初の例を初めて導入した直後に状況が一変し，その後は急速な勢いで新しい数学的構造の普及が進んでいった．この「一般化」の傾向は，「厳密化」の傾向と手を取り合って進行した．というのも，新しい手法が普及すると，古くは通例であった厳密さの理想よりも，さらなる厳密性に執着する必要性を感じるものなのである．その厳

---

*1)　［訳注］“analysis” という用語は，「分析」および「解析」という二つの訳を持つ．数学でこの用語が現れるときは，ほとんどの場合「解析」と訳される．

密さの概念によると，数学においてあらゆる新しい結果はその前の結果から，そして究極的には明示された公理のリストから論理的に演繹されるべきであるとされる．この意味での厳密さがなければ，伝統的な構造への慣れから来る直観が，もはや適切でない新しい状況にまで無意識のうちに適用されてしまうかもしれないのである．

一般化と厳密化が手を取り合って進行したのは，幾何学と代数学においてだけではなく，解析学においても同様である．解析学の厳密化は二つの方向で行われた．18 世紀において「関数」という概念は，一つ，ないしは複数の実数による入力，あるいは「変数」（argument）に適用され，一つの実数による出力，あるいは「値」を，たとえば $f(x) = \sin x + \cos x$ や $f(x, y) = x^2 + y^2$ のような「特定の公式によって」生み出す操作のことを指していた．一方，19 世紀の数学者は式による表示を必須な条件から外すことで一般化を成し遂げた．他方，コーシーやリーマンらは変数について実数だけでなく複素数，つまり -1 の「想像上の」平方根である i を用いて $a + b\mathrm{i}$（a, b は実数）で表される数字も許容することで関数概念を拡張したのである．

解析学における厳密化は二つのレベルで起こった．第一に，それぞれの定理について，使われることが想定されている関数に，どのような特別な性質が付与されているのかを明確にしなければならくなった．高度に一般的な関数概念自体には，式によって定義できるかどうか（もしくは連続性や微分可能性）のような特別な性質はもはや組み込まれていないからである．さらには，関係する性質自体がはっきり定義されなければならなくなった（その結果，大学 1 年目のカリキュラムで「連続性」や「微分可能性」をいわゆる**ワイエルシュトラス** [VI.44] のイプシロン–デルタ論法で定義するようになったのである）．**ポアンカレ** [VI.61] が述べているように，定義が厳密になって初めて定理が厳密になるからである．第二に，関数が適用される数の性質もまた明らかにされなければならず，公理系として明示的に示されなければならなくなった．複素数の性質は実数の性質から論理的な定義と演繹で（ハミルトンによって）導き出され，実数の性質は有理数の性質から（**デデキント** [VI.50] と**カントール** [VI.54] によって）導き出され，有理数の性質は自然数 0, 1, 2, ... から，という具合にである．

ここでフレーゲはさらに前に進み，カントが不可能と述べたことを実行しようと考えた．自然数の性質自体を論理学から導き出そうとした．この目的のために，フレーゲは最も厳密な数学者よりもさらに論理学そのものを意識するようになった．彼にとっては，論理学的な定義・演繹の規則や規準にひたすら忠実であるだけでなく，それらの規則や規準自体を明示的に分析することも必要だったのである．このように定義や演繹自体を意識した分析は，古代から伝統的に数学よりも哲学に属するものだった．フレーゲはこの哲学的主題において革命を成し遂げなければならなかった．この問題をより数学に接近させ，アリストテレスの成果[*2)]から一歩も前進していないとカントが言ったこの分野を前進させることになる革命だった（この表現はいささか誇張されているものの，本質的には正しい．アリストテレスの後の 2000 年の間，前進がなされてもすぐに後退してしまっていた）．算術の基礎付けにおける特別なプロジェクトの一部分というもともとの役割から離れ，きわめて多様なテーマに応用されたフレーゲの新しい論理学は，20 世紀の分析哲学にとって最も重要で広範な道具となった．実際のところ，分析哲学はかなりの程度において哲学的概念の論理的分析であり，フレーゲの幅広く新しい論理学，もしくは後継者たちによるその拡張の助けによってなされている．フレーゲが分析哲学の祖父であるというのは，彼が新しい論理学を数学の哲学に応用したからというよりも，新しい論理学という一般的道具を創造したという意味である．そしてフレーゲの論理学の新しさは，彼自身が強調するところによると，解析学の発展によって直接的に喚起されたものなのである．

「関数と概念」（Function and concept）と題された論文の中で，フレーゲは関数概念の拡張について下記のように述べている（ピーター・ギーチとマックス・ブラックの英訳による）．

> 「関数」という言葉が指すものは，科学の進歩によっていまやどれほど拡張されたのだろうか？　この事態は二つの方向に分けて考えることができる．まず第 1 の方向として，関数を構成するために用いられる数学的操作の領域が拡張された．加法，乗法，指数計算，そしてそれ

*2)　［訳注］三段論法のような素朴な「命題論理」を指す．

らの逆演算に加えて，本質的に新しいものを採用しているとはっきりと意識されてはいなかったのは確かであるものの，極限をとるための多様な手段が導入された．状況はさらに進んでおり，解析学の記号言語ではうまくいかない場合，たとえば有理数に対しては1を，無理数に対しては0を値として返す関数に言及する場合（これは**ディリクレ** [VI.36] による有名な例である）には，実際には日常言語まで使わなくてはならなくなってしまった．第2の方向として，関数の変数と値にすることができる領域が複素数の導入により拡張された．これと関連して，「和」「積」などの表現の意味はより広く定義されなくてはならなくなった．

フレーゲは最後に「この二つの方向どちらについても，われわれはさらに先に進んでいく」と付け加えている．数学者による関数概念の拡張こそが，フレーゲに論理学をアリストテレスの時代から先に進める手がかりを与えたのである．

フレーゲの論理学に表されている進歩を真に理解するためには，アリストテレスの論理学の要点も理解しなければならない．アリストテレスの論理学は，それがここ2,3千年間に人類がこの分野で成し遂げた最上の成果としてはやや物足りない結果ではあるが，多くの研究に人生を捧げた，たった一人によって作られたものと考えれば，それは素晴らしい結果である．アリストテレスは，前提から導かれる結果の推論について，妥当なものと妥当でないものを区別することを目的とした，論理についての科学を零から創造したのである．ここにおいて推論は，前提と結論の実際の真偽にかかわらず，「もし」前提が真である「ならば」結論が真であるということを形式が保証していれば，妥当なものとなる．言い換えると，同じ形式を持つすべての推論において，前提を真とした場合に結論が真となるならば，その推論は妥当なものとなる．したがってルイス・キャロルの例について言うならば，「私が言うことすべてを私は信じている」から「私が信じていることすべてを私は言う」への推論は妥当ではない．なぜなら，たとえば「私が食べるものすべてを私は見る」から「私が見るものすべてを私は食べる」への推論のように，前提が真であり結論が偽であるような同じ形式の推論があるからである．

アリストテレスの論理学の射程は，彼がありうると認める前提と結論という，限られた範囲に限定されていた．アリストテレスの考えによれば，それは4種のみである．つまり，「すべてのAはBである」という**全称肯定**，「いかなるAもBではない」という**全称否定**，「あるAについてはBである」という**特称肯定**，「すべてのAがBというわけではない」という**特称否定**である．「私が言うことすべてを私は信じている」という前提は「私が言う事柄はすべて，私が信じている事柄である」と言い換えられ，したがって全称肯定である．ルイス・キャロルの例での推論が妥当でないのは，「すべてのAはBである」から「すべてのBはAである」への推論が妥当でないことの一例である．また「すべてのギリシア人は人間である」と「すべての人間はいつか死ぬ」という二つの前提から「すべてのギリシア人はいつか死ぬ」という結論を導く推論が妥当であるのは，「すべてのAはBである」と「すべてのBはCである」から「すべてのAはCである」を導く推論が妥当であることの一例である．この推論は伝統的に「バーバラの3段論法」(syllogism in Barbara) と呼ばれるが，ひとまずここではその理由に触れる必要はない．アリストテレスの論理学は，一方では哲学的議論 (dialectic) での演繹の実践に，もう一方では数学的な定理の証明 (demonstration) における演繹の実践に刺激を受けて生まれたものである．アリストテレスは『分析論後書』において，演繹に基づいた科学について同時代のエウドクソスの幾何学に基づくと見られる形式で解説をしている．これはアリストテレスが『詩学』においても同時代人の演劇家エウリピデスの悲劇に基づいて悲劇を解説しているのと同様である．しかし実際のところ，アリストテレスの論理学は数学者の実際の議論には不十分なのである．彼は「関係」を含む議論形式について何ら手立てを講じていないからである．たとえば「すべての正方形は長方形である」から「正方形を描ける人は長方形を描ける」を導く妥当な議論を考えたとき，彼はこの結論部分を十分に表現する方法を持たないため，この議論を適切に分析することができない．

それに対して，現在の入門的な論理学の教科書を開いてみれば，関係を含む議論形式を記号で表現する方法が解説されているであろう．先ほどの例は教科書では下記のようになる．

$$\forall x(\mathrm{Square}(x) \to \mathrm{Rectangle}(x))$$
$$\therefore\ \forall y(\exists x(\mathrm{Square}(x)\ \&\ \mathrm{Draws}(y,x)) \to \exists x(\mathrm{Rectangle}(x)\ \&\ \mathrm{Draws}(y,x)))$$

言葉にすると下記のようになる．すべての x に対して，もし x が正方形ならば x は長方形である．したがって，すべての y について，もし「x が正方形であり，かつ y が x を描く」ような x が存在するならば，「x が長方形であり，かつ y が x を描く」ような x が存在する（"$\to$" は「もし … ならば …」，"$\forall$" は「すべての … について」，"$\exists$" は「… が存在する」をそれぞれ意味する）．このスタイルの論理分析はフレーゲの発案である．

背景にあるのは，特殊な種類の関数としての「概念」（concept）という考え方，つまり「数学的」な記述によって与えられることを必要としない関数（ある方向への数学の一般化），または変数としていかなる種類の「数」も必要としない関数（もう一つの方向への一般化）という考え方である．フレーゲにとっての概念とは，何らかの対象を一つもしくは複数の変数としてとることができ，値として真か偽をとるような関数なのである．たとえば「賢明である」という概念を考え，ソクラテスを変数にとると，ソクラテスは（少なくとも完全な知識が欠けていると自覚していたという程度には）賢明であるので，この関数は真の値を返す．フレーゲが関係を扱うことができるのは，「フレーゲが複数の変数をとる関数を許容する解析学者に従っているからである」．たとえば二つの変数をとる概念あるいは関係である「教えた」をソクラテスとプラトンにこの順番で適用すると，ソクラテスはプラトンの教師なので真の値が得られる．一方，プラトンとソクラテスという順番で適用すると，プラトンがソクラテスに教えたわけではないので，偽の値を返す．アリストテレスによるシンプルな「すべての A は B である」は，フレーゲではより複雑な「x という対象すべてについて，もし $A(x)$ であるならば $B(x)$ である」になる．複雑さが加わるのと引き替えに，フレーゲはアリストテレスには不可能だった関係に向けられた変数を論理的に分析することを可能にしたのである．

アリストテレスは「人間」（Human）という概念を「動物」（Animal）と言語を使うという意味での「理性的」（Rational）という概念で分析した．現在の教科書的表現では（「同値である」を "$\leftrightarrow$" と書き）下記のようになるだろう．

$$\mathrm{Human}(x) \leftrightarrow \mathrm{Animal}(x)\ \&\ \mathrm{Rational}(x)$$

しかし関係の理論を持たなかったアリストテレスには，「母親」（Mother）（もしくは「父親」（Father））という観念を，「女性」（Female）（もしくは「男性」（Male））と「親」（Parent）で分析することができなかった．「母親」は次のように分析できる．

$$\mathrm{Mother}(x) \leftrightarrow \mathrm{Female}(x)\ \&\ \exists y \mathrm{Parent}(x,y)$$

母親は，誰かの親である女性である．父親についても同様に考えることができる．ここでの概観の範囲を超えてしまうが，フレーゲは「親」の概念を用いて「祖先」（Ancestor）という概念さえも分析することができた．フレーゲによって論理的分析がアリストテレスを超えて拡張されていなければ，後の分析哲学は考えられなかっただろう．そしてフレーゲは，自身の論理的分析の拡張を，19 世紀の解析学者が 18 世紀の先行者たちから継承された関数の観念に対して行った拡張を敷衍したものと考えていた．

3.　解析学とラッセルの記述理論

フレーゲと同様，ラッセルもまた数学の中に問題および手法の源泉を見出している．数学の哲学の問題に関する専門的な探求のために，ラッセルは記述理論，そしてより一般的な方法である文脈的定義という道具を作り出した．彼の後継者たちはこれらの道具を採用し，多くの他分野の問題に応用した．実を言うと，これらのアイデアを数学の哲学の外部の領域に応用したのはラッセルの後継者だけではなかった．そもそもラッセル自身が，その主題の最初の論文を発表していたのである．このように，今でも広く読まれているラッセルの論文「指示について」（On denoting）（1905 年に発表され，今日でも分析哲学の講義シラバスの中でキーアイテムとなっている）からは，記述理論が数学基礎論や数学の哲学の研究の中で生まれたものということが明らかに見て取れるわけではない．むしろこれはラッセルの自伝的文章の中で言及され，20 世紀哲学史の研究者に知られている事実なのである．記述理論の典型的な例である文脈的定義の手法が 19 世紀の解析学の厳密化に喚起されたものだったということは，そのような専門家によってさえも十分に理解されているわけではないと思われる．

ラッセルが「指示について」で発表した主要な問題は，「フランス王は存在しない」のような，いわゆる「否定存在文」(negative existential) の問題である．表面的な文法的形式においては，この命題は「イギリス女王は同意しない」と似ており，同じように対象（この場合，人物）を取り出してその人物に属性を与えているように見える．このように，誰か/何かが存在しないと言うためには，存在しないという属性が割り当てられたその人/それが何らかの意味では存在していると考えなくてはならないと思われる．ラッセルはこのような視点に取り組んだ哲学者としてアレクシウス・マイノング (Alexius Meinong)（フッサールの教師だったフランツ・ブレンターノの弟子）を引用している．マイノングが，たとえば「黄金の山」や「丸い四角」のような，「存在と非存在を超える対象」の理論を考えていたからである．しかしスコット・ソームズ (Scott Soames) は，著書『20 世紀の分析哲学』(*Philosophical Analysis in the Twentieth Century*) の第 1 巻『分析の夜明け』(*The Dawn of Analysis*) において，ラッセルがムーアとともに絶対的観念論に反旗を翻していたその初期のころに，ラッセル自身が一時的に類似の視点をすでに持っていたということを明らかにしている．ラッセルは記述理論を発展させることで，マイノング流の「対象」へのこだわりから自由になれたのである．

マイノングの理論によれば，“*a* Golden mountain exists” と言うことは，あるものが存在して，それがともに黄金であり山であると言うことと同じである．つまり，$\exists x(\mathrm{Golden}(x)\ \&\ \mathrm{Mountain}(x))$ ということである．また，“*the* Golden Mountain exits” と言うことは，あるものが存在して，それがともに黄金であり山であり，かつそのようなものはほかにないと言うことと同じである．つまり，下記のようになる．

$$\exists x(\mathrm{Golden}(x)\ \&\ \mathrm{Mountain}(x)\ \&\ \sim\exists y(\mathrm{Golden}(y)\ \&\ \mathrm{Mountain}(y)\ \&\ y \neq x))$$

ここで “∼” は「… ではない」を意味している．これは，黄金であり山であるとき，かつそのときに限り同一になるものが存在する，と言うことと論理的に同値である．つまり，下記のようになる．

$$\exists x\forall y(\mathrm{Golden}(y)\ \&\ \mathrm{Mountain}(y) \leftrightarrow y = x)$$

“the Golden Mountain does *not* exist” と言うことはこれを単に否定することである．

$$\sim\exists x\forall y(\mathrm{Golden}(y)\ \&\ \mathrm{Mountain}(y) \leftrightarrow y = x)$$

“the king of France is bald”（フランス王は禿げ頭である）と言うことは，同様に，フランス王であるとき，かつそのときに限り同一であるような，そしてまた禿げ頭であるようなものが存在する，と言うことである．これは下記のように書くことができる．

$$\exists x(\forall y(\text{King-of-France}(y) \leftrightarrow y = x)\ \&\ \mathrm{Bald}(x))$$

ここではラッセルの理論の詳細には踏み入らないが，ラッセルの理論の主なポイントは，これらの例から明らかになるはずである．つまり，新しい論理学を用いて論理的形式が適切に分析されるならば，「黄金の山」や「フランス王」は姿を消してしまう．それに伴って，われわれが「対象」を黄金の山やフランス王として認識する必要性は，そのような対象が存在するということを否定するときですら消え失せてしまうのである．これらの例は二つの教訓を示している．第一に，命題の論理的形式はその文法的形式と大きく異なる場合があり，そしてその違いを認識することが哲学的問題の解決の鍵になりうるということである．第二に，語や句についての正しい論理的分析には，語や句自身が持っている意味の説明ではなく，むしろ語や句を含む文全体の意味の説明が必要となる場合がある，ということである．そのような説明こそが文脈的定義の意図するところである．定義は語や句の分析をバラバラに提供するのではなく，それらが現れる文脈の分析を提供する．

ラッセルが文法的形式と論理的形式を区別したこと，そして文法的形式が体系的に誤解を生じさせることがありうるとの主張は，非常に重要な点であることが判明することになる．それはテクニカルな方向性を持たない哲学者たち，たとえば論理形式を表現するのに特別な記号を用いる必要性を認めず，ラッセルが彼の記述理論にこの区別を適用するにあたって行った詳細な論点については反対の意を唱えたオックスフォード日常言語学派の間でさえもそうだった．しかし，ラッセルの文脈的定義の観念は，ワイエルシュトラスや 19 世紀の解析学の厳密化を主導した他の数学者たちの実践の中にすでに暗に示されていたものであり，学部生時代の数学研究によってラッセルが親しんでいたものなのである．すなわち，テクニカルな方向性に反対するオックスフォード日常言語学派の分析哲学者たちでさえも，間接的に（そして知らず知らずのうちに）解析学に影響を受けている．

文脈的定義は，厳密化を図ろうとする数学者が微分積分学における無限小・無限大の概念を取り巻く謎を解消するために用いた道具だった．ライプニッツの支持者たちは，たとえば関数 $f(x)$ の微分を $\mathrm{d}f(x)/\mathrm{d}x$ と書いた．この $\mathrm{d}x$ は変数における「無限小の」変化を表現し，そしてそれに対応して $\mathrm{d}f(x)$ は変数を x から $x+\mathrm{d}x$ に変化させたときの $f(x+\mathrm{d}x)-f(x)$ という，値の「無限小の」変化を表現すると考えられた（ライプニッツはこの記法は比喩的表現であると主張していたが，支持者たちは文字どおりに受け取ってしまったようである）．これらの無限小はある状況においては零でないものとして扱われる．特に，零で割る計算は不可能だが，これらの無限小では割ることができる．しかしながらある状況下では零として扱い，無視することができる．したがって，$f(x)=x^2$ の微分は次のように計算できる．

$$\begin{aligned}\frac{\mathrm{d}f(x)}{\mathrm{d}x} &= \frac{f(x+\mathrm{d}x)-f(x)}{\mathrm{d}x} = \frac{(x+\mathrm{d}x)^2-x^2}{\mathrm{d}x} \\ &= \frac{2x\mathrm{d}x+(\mathrm{d}x)^2}{\mathrm{d}x} = 2x+\mathrm{d}x = 2x\end{aligned}$$

最後から 2 番目のステップで零でないものとして扱われていた $\mathrm{d}x$ は最後のステップで零とされている．この種の手続きはバークリーのような批判者を憤慨させた．19 世紀の厳密化の過程で，無限小は消え去った．$\mathrm{d}f(x)$ や $\mathrm{d}x$ の意味を別々に説明するのではなく，そのような表現を含む文脈の意味を全体的に捉え説明するようになったのである．$\mathrm{d}f(x)/\mathrm{d}x$ という式は，無限小 $\mathrm{d}f(x)$ と $\mathrm{d}x$ の商として説明されることはもはやなく，本来の形は $(\mathrm{d}/\mathrm{d}x)f(x)$ であり，微分 $\mathrm{d}/\mathrm{d}x$ という操作を関数 $f(x)$ に適用することを指していると説明されるようになった．

同様に，$\lim_{x\to 0} 1/x=\infty$，すなわち「x を零に近づけたときの $1/x$ の極限は無限大である」という表現は，「全体として」表現され，∞ や無限大を別々に説明する必要はなくなったのである．詳細な解説はいまや大学 1 年生向けの微分積分のあらゆる教科書に見つけることができるので，ここで触れる必要はないだろう．歴史的に重要なのは，ラッセルの記述理論に用いられた文脈的定義の概念が，数学徒としてのラッセルには親しみやすいものだったであろう，ということである．言うまでもないことだが，このことを認めたとしても，解析学のもとの文脈からこのようなアイデアを引き出し，哲学的問題を解くのにそれを用いたある種の天才が否定されるわけではない．ワイエルシュトラスのアイデアの中にラッセルのアイデアの萌芽を認めることは，単にラッセルが，どのような種類の才能を哲学的論争に持ち込んだのかをより正確に示すにすぎない．それはラッセルの前のフレーゲと同様，数学の知識を与えられた哲学的才能だった．

4.　哲学的な解析学と分析哲学

新しいツールを手に入れた誰しもが，ハンマーを手にすると何もかもが釘に見えるということわざと同じような振る舞いをする危険がある．フレーゲとラッセルの新しい手法を初めて応用する人の中には，その手法の力に過度に熱狂してしまった者もいた，ということは否定できない．十分に豊かで強力な論理学を手にすれば数学を純粋な論理学に還元できると立証したラッセル自身が，数学以外のすべての科学も，直接的に感覚に与えられるもの，つまり「感覚与件」（sense data）と呼ばれるものに関しては命題の論理的結合物に還元できるという結論に達している．論理実証主義者も同様の結論に達し，ヘーゲル主義者や絶対的観念論の形而上学者らによる，そのような還元を認めない主張を，「擬似的な命題」もしくは単なるナンセンスと断じるのに積極的だった．

（現代科学におけるクォークやブラックホールのように）直接には観測できない理論的実体に関する分野を含め，科学が感覚与件に関する命題に，もしくは少なくとも日常的に観察できる（目盛りで測れるような）ものに関する命題に論理的に還元できるとしたら，それはどのようにであるか，に取り組む誠実な試みは，失敗に終わった．したがって論理実証主義者は彼らのプログラムが達成不可能であること，そして（現代科学の多くの部分を単なる擬似的な命題と片付けることを望まなかったがゆえに）彼らの有意性の基準が厳密すぎたことを認めざるを得なくなった．しかしソームズが強調しているように，この失敗の認識こそが，一種の成功だった．なぜなら論理実証主義者以前の哲学の学派で，自らの目標が達成不可能であることを明らかに表明できた学派はほとんどなかったからである．フレーゲとラッセルが提供した新しい論理学を資源として，論理実証主義者は自らが証明できる以上のことを予想したのと同時に，その予想が証明できないこともはっきりとさせたのである．

経験とともに，この新しい手法の射程と限界が，ゆっくりではあるがより良く理解されるようになった．ラッセルの記述理論は，彼の学生だったF・P・ラムゼーによって「哲学的分析の模範」として称賛され，実際そのとおりになった．しかし，哲学的問題は哲学的分析によって完全に解決されるという，ラッセルが否定存在文の問題について行ったような考え方は，稀にしか成功しないことが理解されるようになった．一般的に分析は，真の問題は何かをより明らかにする予備的なものにすぎず，見掛け上の問題すべてを，単なる擬似的な問題としてあからさまにするような万能薬ではない．

分析哲学が発展するにつれて，熱狂は献身に置き換えられていった．フレーゲとラッセルの手法の限界についての理解は，偉大な先駆者たちの胸にあった明晰さという目標の放棄ではなく，明晰さへのより強い執着へと繋がっていった．今日，分析的伝統の哲学を論じた文章を読んでみれば，系統立った分析が一つもなかったとしても，ましてや専門的な論理記号で書かれていなかったとしても，読者は明晰な散文のスタイルを随所に見出すことができるだろう．それはこの伝統の文章をヨーロッパ大陸的な哲学者（言うまでもなく，英語圏の大学のいくつかの人文学部にいる，大陸の哲学者気取りの哲学者）の文章とはっきりと区別している．この明晰さは，最初の真に現代的な哲学者である数学者デカルトにも確かに見られるが，彼の後継者の多くには失われてしまったものである．この明晰さこそが，分析哲学の開拓者たちが数学から哲学へ持ち込んだ至高の影響である．

文献紹介

このテーマについてさらに知識を得たい読者には，スコット・ソームズ（Scott Soames）による *Philosophical Analysis in the Twentieth Century*（Princeton, NJ: Princeton University Press, 2003）を推薦する．この2巻本のどちらにも，章末に1次・2次文献の充実したリストがある．

VII. 13

数学と音楽

Mathematics and Music

キャサリーン・ノラン［訳：砂田利一］

1. 歴史的概観――序に代えて

> 音楽は，人間が意識せずに数を数えることで経験する喜びである．

これは，1712年に**ライプニッツ** [VI.15] から友人の数学者**クリスティアン・ゴールドバッハ** [VI.17] に宛てられた書簡にある興味をそそる言葉であり，科学に属す数学と，それとは一見まったく異なるように見える芸術としての音楽の間の重要な関係を言い表している．たぶんライプニッツは，音楽という分野が数理科学の洗練された知識体系の一部をなしていた時代，すなわち**ピタゴラス** [VI.1] の時代に遡る二つの学問の歴史的・知的な関連を考えていたのであろう．中世には，この体系は算術，音楽（和声学），幾何学，そして天文学からなる**四科**（quadrivium）として知られるようになった．ピタゴラスの世界観では，数学と音楽はさまざまな仕方で単純な比に関わるという理由から，これらの主題は密接に関連し合っていたのである．当時の音楽とは，数や幾何学的量，さらには天体運動の間の関係によって表現されるような普遍的調和を聴覚的に表現することであった．音程（interval）の和声的協和（consonance）は，最初の四つの自然数の単純な比である同音（ユニゾン）の 1 : 1，オクターブの 2 : 1，完全5度（perfect fifth）の 3 : 2，完全4度（perfect fourth）の 4 : 3 から起きるものであり，古代の楽器であるモノコード（一弦琴）[*1] 上の振動弦の長さの比についての経験から導き出されたものである．17世紀に科学革命が始まると，音程の調律と音律の理論もまた，対数

*1) モノコードは，芸術的目的というより実地説明のためにデザインされた楽器である．これは二つの固定されたブリッジの間に張られた弦からなる．固定されたブリッジの間の可動ブリッジは，弦の長さを調節するために使われた．それは，音を出すために弦を引っ張り，音のピッチ（高さ）を変える機能を持つ．

や10進法展開のようなより進んだ数学的アイデアを必要とするようになった．

数学からの影響を受けた作曲上のテクニックは，20世紀，そして現在の21世紀の音楽に関連付けられて語られることが多いが，実は歴史を通して常に数学的技法からの影響を受けてきたのである．初期の顕著な例としては，数学者であるマラン・メルセンヌによる『普遍的和声法』（*Harmonie universelle*, 1636〜37）と題された音楽の記念碑的論考の中の旋律に関する節が挙げられる．メルセンヌは，（現代から眺めれば）単純な組合せ論的テクニックを，旋律の音の配分と編成に適用している．たとえば，（3オクターブの範囲にある22個の音として）1から22までの各数 n に対して，n 個の音の異なるアレンジあるいは置換の数を計算した．答えはもちろん $n!$ である．これを説明しようとする彼の熱意の表れとも言えるが，メルセンヌは『普遍的和声法』の12ページを優に占領する短調の6音音階（hexachord）（A, B, C, D, E, F）の六つ音符の置換720（6!）個すべてを譜表に書き表している．さらに続けて，多数の音から選ばれたいくつかの音からなる旋律の数を決定したり，一つないしは複数の音の，いくつかの繰り返しを含む音の有限個の集まりのアレンジの数を決定するような，さらに複雑な問題を探求した．彼は，音楽的記号だけでなく，文字の組合せを使うことによりいくつか発見を例示して，音楽が本質的には純粋な組合せ問題に付随していることを示したのである．数学のこのような応用は，見た目には実践的，美学的であるとは言いがたいものの，音楽の著しい多様性が，原理的には限られた要素だけで得られるということを実証している．

博覧強記のメルセンヌは，数学者であると同時に作曲家であり，演奏家でもあった．そして，作曲に比較的新しい数学的テクニックを適用しようとする彼の熱意は，多くの音楽理論家によって共有されている数学と音楽の間の抽象的関係に対する興味のレベルを示している．これは，程度としては少ないものの，音楽の演奏者や非専門的音楽愛好者についても同様に共有されている．音楽のパターン，特にピッチ（音の高さ）とリズム（律動）は数学的記述に馴染みやすい．また，代数的論法に馴染むものもある．中でも，等分に調節された（equal tempered）12音のシステムは，**合同式の算法** [III.58] により自然にモデル化され，組合せ的議論と併せて，20世紀の音楽理論において使われた．本章では，数学と音楽の関連を概説し，作曲の実例を見ながらそれが具体的にどのように音として表現されるのか，そして最後に抽象的な音楽理論においてそれがいかに強力な手がかりとなるのかを見ていくことにしよう．

2. 調律と音律

数学と音楽の間の最もはっきりとした関係は，音楽に関する音の科学である音響学，特に音の高低の対の間の音程（interval）の分析の中に現れる．1から4までの整数の単純な比に基づく協和音に関するピタゴラスの理論は，ルネサンス期の多声音楽の発展とともに次第に音楽家の実際の仕事とは両立しないようになった．音響学的に純粋かつ完全なピタゴラス音律による協和音は，中世の初期多声音楽様式である平行オルガヌム（organum）*2) に対してはよく適合していた．しかし，15世紀から16世紀に入ると，いわゆる**不完全協和音**が次第に使われるようになる．すなわち，長3度と短3度とそれらのオクターブ転回である長6度・短6度である．ピタゴラス学派の調律では，連続する完全5度によって音程が得られ，対応する振動比は3/2のベキであった．伝統的な西欧音楽では，C-G-D-A-E-B-F$^\#$-C$^\#$-G$^\#$-D$^\#$-A$^\#$-E$^\#$-B$^\#$ というような連続する12個の完全5度が7オクターブ（C = B$^\#$）に等しいと仮定されている．しかし，これはピタゴラス音律には合わない．なぜなら，$(3/2)^{12}$ は 2^7 に等しくないからである．実際，ピタゴラス音律における連続する完全5度は，オクターブの整数倍に帰着しない．あいにく，ピタゴラス学派の12個の完全5度は7オクターブよりわずかに大きい音程になるのである．この差異は，**ピタゴラスコンマ**として知られており，対応する比 $(3/2)^{12}/2^7$ は約1.013643である．

ピタゴラス音律は，初めは連続する単一の音のピッチの表現として捉えられたが，複数のピッチが同時に音を発するようになったときに問題が生じ始めた．同時なピッチの間でも，ピタゴラス学派の完全5度は，単純な比 3 : 2 では心地良い音が奏でられるが，

*2) オルガヌムは，多声音楽の初期的様式であり，もとの聖歌の単一のメロディ（定旋律（cantus firmus））に，一つあるいは複数の音声を重ねるものである．その元来の様式では，付加された音声は，完全4度あるいは5度の音程で，定旋律と平行に進行する．

ピタゴラス 3 度と 6 度は，西欧の人々の耳には不快に聞こえる複雑な比を有する．それらは，小さい自然数の比になるような**純正律**で置き換えられるようになった．これらの比は自然なものと考えられる．なぜなら，自然な上音（overtone）の列の比を反映しているからである*3)．ピタゴラスの長 3 度は比較的複雑な $(3/2)^4/2^2$ すなわち 81/64 を比とするが，わずかに小さい純正律の長 3 度で置き換えられた．これはピタゴラスの長 3 度と比べれば相当単純な比 5 : 4 を持つ．これら二つの音程間の違いは，比 81 : 80（1.0125）に対応し，**シントニックコンマ**として知られている．同様に，ピタゴラスの短 3 度は比 32 : 27 を持ち，よって比が 6 : 5 である純正律の短 3 度よりわずかに小さい．この違いもシントニックコンマと呼ばれている．ピタゴラスの長・短 6 度は，3 度のオクターブ転回であり，やはりシントニックコンマだけ対応する音調とは異なっている．

純正律における C 長音階を構成したいとしよう．これは次のように行うことができる．まず，C から出発し，ほかのそれぞれの音を，C の振動数に対するその振動数との比によって定義する．下属音（subdominant）（各音階の第 4 音．主音より完全 5 度下にある）と属音（dominant），すなわち F と G はそれぞれ 4 : 3 と 3 : 2 の比を持つ．これら三つの音から，4 : 5 : 6 の比における長 3 和音（major triad）を作ることができる．よって，たとえば C で始まる長 3 和音に属す E は 5 : 4 の比を持つ．同様に，A については，それが F と 5 : 4 の比にあるから，A は 5 : 3 の比を持つ．この種の計算により，図 1 に示されている音階（scale）を得ることになる．ここで分数は引き続く音の間の振動数の比を表している．音符 D と E の間の，(10 : 9) のより小さい全音（whole tone）は，上主音の 3 和音（supertonic triad）（2 度上の 3 和音）である D-F-A に対する調音の問題を引き起こす．E と A 上の短 3 和音（中音（第 3 度音）と下中音（音階の第 6 音））は，10 : 12 : 15 の比を構成するが，D 上の短 3 和音は調子が外れる．その第 5 度である D-A は，ピタゴラスの短 3 度と一致する 3 度 D-F がそうであるように，シントニックコ

音名	C		D		E		F		G		A		B		C
音程（比）		$\frac{9}{8}$		$\frac{10}{9}$		$\frac{16}{15}$		$\frac{9}{8}$		$\frac{10}{9}$		$\frac{9}{8}$		$\frac{16}{15}$	

図 1　純正律で調音された長音階における連続する音程

ンマフラット（大全音と小全音との間に存在する音程の差）である．

音程のサイズの（増加あるいは減少させる）調整は，音階の長 3 度あるいは完全 5 度の間のシントニックコンマを配分することによって，純正律での固有な問題への実践的解決を提供した．すなわち，一つの音程の純度については妥協しつつも，他の音程の純度をなるべく保とうとする．この実践は，中全音律（meantone temperament）として知られるようになった．この中全音律のさまざまな音組織は，鍵盤楽器の調律のために 16 世紀と 17 世紀に提案されたものである．その中で最もよく知られているのは，1/4 コンマ中全音律（quarter-comma meantone temperament）である．この音組織では，完全 5 度はシントニックコンマの 1/4 だけ低くされ，長 3 度は純粋な比 5 : 4 を持つようになる．

中全音律につきまとう問題は，密接に関係するキー（調）への転調は心地良く聞こえるが，離れたキーへの転調は調子が外れることである．シントニックコンマがオクターブの 12 個すべての半音の間で一様に分布しているような平均律（equal temperament）の音組織は，それが転調に対するキー上の制限を除くこともあって，次第に広く採用されるようになった．純正律と平均律の間での音程の不一致は小さく，ほとんどの聞き手は気づかない．比較してみると，平均律の半音の比は $\sqrt[12]{2}$ $(= 1.05946\cdots)$ であり，純正律の音程は $16 : 15 = 1.06666\cdots$ である．平均律で調律された完全 5 度，すなわち七つの半音の比は，$\sqrt[12]{2^7}$ $(= \sqrt[12]{128})$ であり，これは $1.498307\cdots$ に等しい．比 3 : 2 を持つ純正な完全 5 度ではもちろん 1.5 である．平均律においては，音 A のように基準となる音，通常は 440 Hz*4) の振動数を持つ音から出発する．他のすべての音は，$440(\sqrt[12]{2})^n$ の形をした振動数を持つ．ここで n は問題にしている音と基準音 A の間の半音（音楽組織における最小単位）の数である．平均律では，$C^\#$ と $D^\flat$ のような異名同音

*3) 上音列の部分音は，基本ピッチの振動数の倍数であり，最初の六つの部分音は長 3 和音の音程を生成する．たとえば，基本ピッチ C の上音列の最初の六つの部分音は，C(1:1)，C(2:1)，G(3:1)，C(4:1)，E(5:1)，G(6:1) である．

*4) ピッチの振動数は，1 秒当たりのサイクルの数であり，cps のように略記される．さらに一般的には，秒当たりのサイクルの数は，19 世紀の著名な物理学者ハインリヒ・ルドルフ・ヘルツの名にちなむ**ヘルツ**と呼ばれる単位と同一視され，Hz と略記される．

(enharmonic tone) は音響学的には同一である．すなわちそれらは同じ振動数を共有している．平均律は，転調の一層広範な範囲と，半音階的 (chromatic) 和声の表現手段により，18 世紀以降に作られた音楽の種類に対しては適切なものであった．

セントという単位は，平均律の半音を 100 分の 1 だけ分離する二つのピッチの間の比として，A・J・エリスにより定義され，音程を測り比較するための単位として最も一般に使われるようになった*5)．よってオクターブは 1200 セントからなる．a と b を二つの振動数とするとき，対応するピッチ間のセントによる距離は $n = 1200\log_2(a/b)$ という式により与えられる (試みに $a = 2b$ の場合を考えれば，$n = 1200$ となることがわかる)．

オクターブの，12 個より多い等分割に基づく微分音の音組織は，20 世紀に数名の作曲者により提案され実現されたが，西欧音楽で広く使われることにはならなかった．とはいえ，オクターブの等分割は基本的な考え方になった．これは，使われる音は整数により自然にモデル化されるという意味である．1 オクターブ離れた二つの音を「同じもの」と見なすことは，音楽的に意味のあることであるが，すべての音を 12 個の**同値類** [I.2 (2.3 項)] に分割することになる．その自然なモデルは 12 を法とする算術である．あとで見るように，12 を法とする整数の群は，音楽的にきわめて重要である．

3. 数 学 と 作 曲

音響学における数と音楽の結び付きは，科学的発見の結果であった．また数と音楽は，作曲における創造力と独創力を通して結び付いてきた．音楽の時間的編成の基本的特徴は，単純な比例関係を反映している．西欧音楽の表音法における基本的音価 (音長) は，全音 (𝅝)，半音 (𝅗𝅥)，四分音 (♩)，八分音 (♪) などである．それらは互いに，2 のベキであるような単純な倍数あるいは分数により関係している．そしてそれらの関係は，楽曲の時間の長さを同じ数の拍子 (ビート) を持つ小節に区切る仕組みに反映されている．小節の種類は拍子記号で示され，$\frac{2}{4}$，$\frac{3}{4}$

図 2　J.S. バッハ「平均律クラヴィーア曲集」第 2 巻，フーガ 9 番，主題と縮小

図 3　J.S. バッハ「平均律クラヴィーア曲集」第 2 巻，フーガ 2 番，主題と拡大

あるいは $\frac{4}{4}$ (**c**) といった**単純拍子**では拍子 (これらの例では♩) が基本的に二つに分割され，$\frac{6}{8}$，$\frac{9}{8}$ あるいは $\frac{12}{8}$ といった**複合拍子**では拍子 (これらの例では♩.) が三つに分割される．

作曲，特に対位法でよく使われる手法に，旋律の主題を 2 倍あるいは半分の速度で再登場させるという，リズムの**拡大**あるいは**縮小**として知られる技法がある．図 2，図 3 は J・S・バッハの「平均律クラヴィーア曲集」第 2 巻からの二つのフーガの主題を示しており，E 長調の 9 番では，この主題は縮小として現れ，C 短調の 2 番では拡大として現れている (縮小あるいは拡大された主題の最後の音は，これに続く曲にうまく接続できるように，元のものに比例した長さになっていない)．

幾何学的な関係も，他の種類の音楽的リソースとして使われてきた．音楽理論においてよく知られている構成概念は，**5 度圏**である．これはもともと，さまざまな長調および短調の間の関係を示すために立案されたものである．図 4 に例示したように，12 個の音は円のまわりに完全 5 度の系列として配置される．この円周における七つの連続する音は，ある長音階の音になるだろう．このような配置は，調号 (シャープとフラット) のパターンの理解を容易にする．たとえば，C 長音階は，(時計回りに) F から B までの音すべてからなる．C 長調から G 長調に変わるには，一つだけ列をシフトする．このとき，F は失われ，F$^{\#}$ を得る．これを続ければ，たとえば C 長調はシャープとフラットを持たない調となり，G 長調は一つのシャープ，D 長調は二つのシャープ，A 長調は三つのシャープを持つ．同様に，たとえば C から半時計回りに動けば，F 長調は一つのフラット，

*5)　セントについてのエリスの説明は，19 世紀の著名な物理学者ヘルマン・フォン・ヘルムホルツの『音の感覚作用』(*Die Lehre von den Tonempfindungen*, 1870, 英語版は 1875 年) の付録に見ることができる．

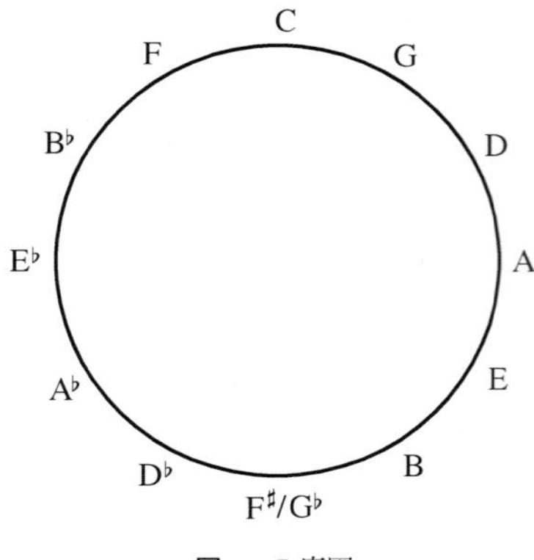

図4　5度圏

$\mathrm{B}^\flat$ は二つのフラット，$\mathrm{E}^\flat$ は三つのフラットを持つ．数学的観点から見ればこれは，12を法とする整数の加法群と同一視される半音階を，自己同型 $x \mapsto 7x$ を使って変換したことになる．このような見方は，音楽的現象を一層明快にする．

折り返し（鏡映）対称性は，作曲において長い歴史を有する，もう一つの幾何学的概念である．音楽家は，音の高さが「上がる」「下がる」と表現して，しばしば空間的用語を用いて旋律線を記述しようとする．この記述は，旋律線を「調子を上げる」あるいは「調子を下げる」ものとして考えてもよいということである．水平軸に関する折り返しは，上がり下がりを交換する．音楽では**旋律的旋回**がこれに対応する．これは，それぞれの音程の上昇方向と下降方向を逆にする．その結果，旋律の逆の形が得られる．図5は，バッハの「平均律クラヴィーア曲集」の第1巻のフーガ23番B長調の主題と，後に現れる主題の転回を示している．幾何学的折り返しは楽譜の中にはっきりと見ることができるが，さらに重要なのは，この転回が，曲それ自身の音としてはっきりと聞くことができるということである．

伝統的な西洋音楽の表音法は，音の2次元的な配列を前提としている．垂直方向は，低音から高音へのピッチの相対的な周波数を表し，水平方向は，左から右に向かって時間的推移を表している．作曲手法には，リズムの拡大，縮小，旋律転回と違い稀にしか使われない，**逆行**というものがある．ここでは，旋律は後ろ向きに演奏される．旋律が後ろ向き，前向きに同時に演奏されるとき，その技法は**逆行カノン**（cancrizans）として知られている．逆行カノンの最もよく知られている例は，「音楽の捧げもの」の第1カノンあるいは「コルトヴェーグ変奏曲」の第1と

図5　J.S. バッハ「平均律クラヴィーア曲集」第1巻，フーガ23番，主題と転回

第2カノンのようなJ・S・バッハの曲である．図6はバッハの「音楽の捧げもの」から抜粋した逆行カノンの最初と最後の小節である．上層の最初の数小節の旋律は，下層の一節の終わりで逆の順序に戻り，同様に，下層の最初の数小節の旋律も，上層の終わりで逆の順序で戻る．ジョゼフ・ハイドンの，ヴァイオリンとピアノのためのソナタ4番からの「逆行メヌエット楽章」も，同様の技法のよく知られた例であり，この中で，作品の最初の半分が，後半において逆向きに演奏される．

旋律的逆行と転回の仕組みは，2次元的音楽空間における折り返しとして見なすことができる．しかし，楽曲の長さの調整に関係する，より一層の束縛のためもあって，逆行は，一層難解なものとなる．上で述べたバッハやハイドンによる逆行の例のように，作曲者側の工夫の才に負うところがあり，彼らは和声進行をうまく用いて，旋律的逆行をなるほどと思わせるようにしている．上主音（第2音）から属音への動きのように，よく用いられる和音進行の中には，逆方向には行けないものがある．したがって，逆行カノンを書こうとする作曲家は，それらを回避することが強制される．同様に，多くの共通の旋律パターンは，逆行させると自然には聞こえない．これらの困難により，調性音楽（長調と短調に基づいた音楽）においては，逆行の技法が滅多に使われないのである．20世紀初期に調性が放棄されたことにより，主な束縛は取り除かれ，逆行を持つ作曲を容易にした．たとえば，逆行と転回は，これから見るように，セリエル音楽において重要な役割を果たした．しかし，そのような音楽の作曲者は調性音楽の伝統的束縛の代わりに，長調あるいは短調の3和音を避けて，個別の作品ごとに重要と思われる音程を際立たせなくてはならなくなった．

20世紀初期の無調革命は，和声組織の新しい方法を実験し，作曲における新しいタイプの対称関係の探求を行わせるに至った．**全音音階**（2-2-2-2-2-2）あるいは**8音音階**（1-2-1-2-1-2-1-2）のような反復する

図 6　J.S. バッハ,「音楽の捧げもの」, 逆行カノン（第 1 カノン）の最初と最後の小節

音程パターン（半音を単位とする）の音階は，これらが具現化する対称構造と新しい和声組織を見出そうとする作曲家の興味を引いた．8 音音階は，ジャズのサークルでは**ディミニッシュドスケール**として知られているが，イーゴリ・ストラビンスキー，オリヴィエ・メシアン，ベラ・バルトークのような，さまざまな国籍の作曲家たちを引き付けた．全音音階と 8 音音階の新しさは，長調，短調音階にはないような，非自明な**並進対称性**を有していることである．つまり，全音音階には区別される調が二つしかなく，8 音音程には三つしかないことになる．このような理由から，どちらの音階も明確に定義された中心となる調を持たない．このことが，20 世紀初期の作曲家を引き付けた理由である．

20 世紀の作曲家も，作曲の形式的側面を助けるものとして，折り返し対称性を使うようになった．魅力的な例は，バルトークの「弦楽，打楽器とチェレスタのための音楽」(1936) である．これはバロック的なフーガの伝統的原則を拡張し，対称的デザインと組み合わせた作品である．図 7 は，A 上での導入部から始まるフーガの主題の配列を示している．伝統的フーガでは，主題は主音で述べられ，第 5 度音（属音）での提示があとに続き，そして再び主音で提示される（三つより多い声音部を持つフーガについては，主音と属音の部分の交替パターンが続く）．バルトークのフーガでは，主題の最初の提示は音 A で始まり，次は E で始まる．しかし，第 3 の提示では A に戻る代わりに，A から反対方向に 5 度移した提示があとに続く．すなわち，A-E-B-F$^{\#}$ のような列が，A-D-G-C のような列と交互に現れる．このパターンを図 7 に示した．重なり合うサイクルのそれぞれは，一つは時計回り，もう一つは反時計回りの 5 度圏を完成している．図のそれぞれの文字は，そ

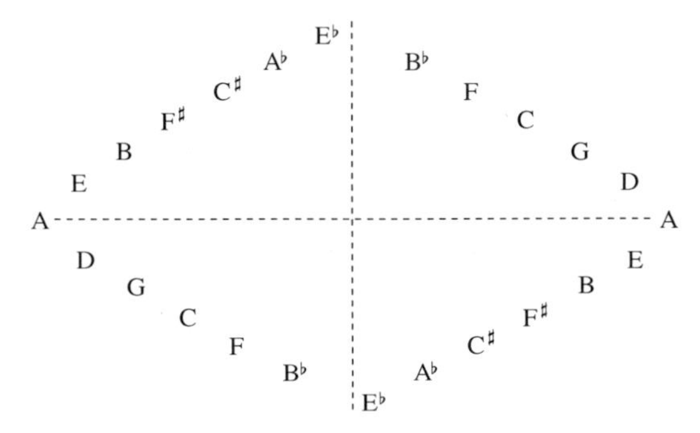

図 7　バルトークの「弦楽，打楽器とチェレスタのための音楽」第 1 楽章におけるフーガの主題の導入部のプラン（Morris, 1994, p. 61 から）

の音から始まるフーガの主題の提示であり，第 5 度音の重なり合うサイクルのそれぞれが，その中点で E$^{\flat}$（出発音 A から六つ目の半音）に行き着くことになり，12 音すべてがパターンの前半で 1 回起こり，後半で再び 1 回起こる．パターンの中点は，作品のクライマックスに対応していて，そのあとは，第 5 度の重なり合うサイクルのパターンが逆向きに再開され，A で始まった主題の再来とともに作品の終局に至る．

アルノルト・シェーンベルクが 1920 年代初頭に発表した 12 音技法による作曲は，長調あるいは短調の七つの音の部分集合ではなく，12 音すべての順列並び替え（置換）に基づいたものである．12 音音楽（および一般に無調音楽）においては，12 音は等しい重要性を持つと仮定されている．特に，長調，単調における主音のような，特別な地位を有する単一の音は存在しない．12 音音楽作品の基本要素は，**音列**である．これは半音階の 12 音の，ある置換によって与えられる列のことである（これらの音は，任意のオクターブで提示可能である）．音列がいったん選ばれると，移調，転回，逆行，逆行転回の四つのタイ

図 8 シェーンベルク「ピアノ組曲」の列形式（1923）

プの変換により操作される．音楽的移調は並進という数学的操作に対応し，移調された列の連続的な音の間の音程は，元の列の対応する音の間のそれと同じであるから，全体の列は上・下にシフトする*6)．転回は，すでに議論したように，折り返しに対応している．列の音程は「水平」軸に関して折り返される．逆行は，時間に関する折り返しに対応し，列は逆向きに提示される（しかし，ありうることとして，もしこれが転回と組み合わさされるなら，それは「移行折り返し」（glide reflection）という言い方でうまく言い表される）．逆行転回は，一つは垂直，もう一つは水平な二つの折り返しの合成であり，「半回転」（half turn）に対応する．

図 8 は，1923 年に「ピアノ組曲」作品 25 のためにシェーンベルクにより作られた列に適用されている音列の変換を例示している．行の形式は（元の行とその移調である主音（prime）を表す）P,（逆行を表す）R,（転回を表す）I，そして（逆行転回を表す）RI でラベルされている．左側と右側の列ラベルの整数 4 と 10 は，C から半音いくつ分離れているかを示すことによって，P と I の行形式の初めの音を指示している．したがって，4 は E を指示し（C の 4 半音上），10 は B♭ を指示している（C の 10 半音上）．P と I の形式の逆行，および R と RI は，図の右側でラベルされている．最初の音 E のまわりでの，I4 における P4 の転回と，P10 における 6 半音分の P4 の移調，さらに最初の音 B♭ のまわりでの P10 の転回を見るのは容易である．

このように抽象的な関係を理解してどのような知見が得られるのか？　またなぜシェーンベルクのような作曲家にとってそれらが魅力的に映るのか不思議に思われるかもしれない．シェーンベルクの「組曲」において，図 8 で示した八つの列形式は，実際楽曲の五つの楽章（movement）すべての中で，1 回だけ使われているものである．これは高度の精選を意味している．なぜなら，使用可能な列形式は 48（$= 12 \times 4$）個あるからである．しかし，彼自らが課したこの制限は，この曲への興味あるいは魅力を説明するには十分ではない．技法のもう一つの特徴は，列それ自身と作品進行中に現れる変換の仕方が，音の間のある関係を際立たせるように，十分注意深く選ばれていることである．たとえば「組曲」で使われているすべての列形式は，E と B♭ の音で始まり終わる．そして，それらの音は作品上でたびたび明瞭に表現されており，このことによって，伝統的な調的中心の不在が作る空白を満たす係留（アンカー）機能を請け負っている．同様に，四つの列形式のそれぞれにおける第 3 度と第 4 度の音は，順不同で常に G と D♭ であり，さらにそれらは「組曲」の進行において，はっきりと識別できるように，さまざまな仕方ではっきりと表現されている．今言及した音の二つの対，E-B♭，G-D♭ は六つの半音（オクターブの半分，あるいは三つの全音を張るために「3 全音」（tritone）として知られている）と，互いに同じ音程を共有することにより関係し合っている．熟練した作曲者の手にかかれば，12 音列は単なる音のランダ

*6) 移調を並進移動として捉えることは，ピッチは異なっていても移調されたときに旋律が「同じ」ように聞こえることを正当化する．なぜなら，連続する音程は同一だからである．12 音を円周上に配置する場合は，この並進移動は回転と考えることができる．

ムな集まりではない．作曲技法を拡張するための基礎であり，聞く人が識別し，その良さが理解できるような興味深い構造的効果を生み出すよう注意深く構成されている．

リズム，テンポ，強弱，アーティキュレーションのような，ピッチ以外の音楽的パラメータの置換や列の変換は，オリヴィエ・メシアン，ピエール・ブーレーズ，カールハインツ・シュトックハウゼンを含む戦後のヨーロッパの新世代の作曲家によって探求されてきた．しかし，ピッチを並び替え可能な列として考えるのと比較して，これらのパラメータを列として考えることは，このような正確な変換には適さない．なぜなら，それらのパラメータを離散的な単位に組織化するのは，音楽空間における 12 音についてそうするのに比べて簡単ではないからである．

これまで見てきたような数学的概念を使うシェーンベルクと作曲家のほとんどは，数学の素養があったとしてもわずかであることを認識しておくことは重要である[*7)]．にもかかわらず，これまで議論してきた基本的な数学のパターンと関係は，きわめて多種の音楽の特徴として行き渡っていることもあり，音楽における数学の重要性は否定できない．

もう少し例を述べてこの節を終えよう．音価の間の単純な関係のような比例関係は，モーツァルト，ハイドン，その他の作曲家の音楽において，曲の部分ごとの形式的な長さの間の関係の中で，より大きいスケールで再現される．彼らは，4 拍子のフレーズの基本的構成要素を頻繁に使い，より大きい単位を形作るために，それらを対，あるいは対の対にして使っている．バッハの曲に見られる旋律的操作技法は，シェーンベルクの 12 音技法の中で新装された形で見られるが，パレストリナのように，バッハ以前の作曲者の対位法による曲にも見ることができる．そして，バッハ，モーツァルト，ベートーベン，ドビュッシー，ベルクらの作曲家は，フィボナッチ数列や黄金比に基づいた象徴的な数と比のような数秘学的要素を彼らの作曲に取り入れたと言われる．

*7)　何人かの作曲家は，さらなる数学的訓練を受けてきたことは確かであり，それが彼らの作品に反映されている．たとえば，ヤニス・クセナキス（Iannis Xenakis）はエンジニアとして訓練を受け，建築家のル・コルビュジェと専門家としての交流があった．クセナキスは，コルビュジェのモジュールシステム（黄金比を参考にしたコルビュジェ独自の比例配分によるシステム）の研究と，人間の姿に基礎を置いた形態と比例へのアプローチを通して，音楽と建築の間の類似性を見出したのである．クセナキスの作曲は，堂々とした荒々しい音響と，複雑なアルゴリズム的プロセスによって特徴付けられる．

4.　数学と音楽理論

20 世紀の後半期，シェーンベルクのアイデアは，北米における音楽理論に広がり発展した．有名な作曲家・理論家であるミルトン・バビットは，音楽の理論的研究に本格的数学，中でも群論を導入したことで知られる．彼は，シェーンベルクの 12 音程系を，基本的音楽要素からなる有限集合の間に関係と変換が存在するような任意の系に一般化している（シェーンベルクの 12 音程列はその一つの例である）(Babbitt, 1960, 1992)．列の変換は 48 通りあり，バビットはそれらの変換が群となることに注意したのである．この群は，2 面体群 D_{12} と二つの要素からなる巡回群 C_2 の直積である（D_{12} は 12 面体の対称群であり，C_2 は時間の反転を許す）．P，I，R，RI という四つの変換は，回転により移り合う変換を同一視することにより，この群からクライン群 $C_2 \times C_2$ への準同型を定義する．

音の集まりを，12 を法とする整数のなす群 $\mathbb{Z}_{12}$ と同一視し，さまざまな音楽操作をこの群上の変換を使ってモデル化すれば，シェーンベルク，ベルク，ウェバーンによる無調音楽のような，ある種の音楽を分析するのが容易になる．無調音楽は，和声の伝統的分析には容易には馴染まないことに注意しよう (Forte, 1973; Morris, 1987; Straus, 2005 を参照)．この同一視は図 9 に例示されている．すでにコメントしたように，5 ないしは 7 を掛ける操作は $\mathbb{Z}_{12}$ の自己同型であり，（12 を法とする整数を音の名前で置き換えれば）図 4 に示した 5 度圏を与えている．この数学的事実は，多くの音楽的結論を生み出す．一つ例を挙げると，半音階的な和声とジャズにおいては，第 5 度を半音だけ替えることとその逆を行うことがよく行われる．

セット理論 (atonal set theory) として知られている音楽理論の分野は，$2^{12} = 4096$ 個すべての音の可能な関係を見ることによって，ピッチの関係にきわめて一般的な理解を与えようとする．そして，二つのそのような組合せが同値であることを，一方が他方からの二つの単純な変換により得られるときとして定義する．すなわち，同値な組合せには同じ音程

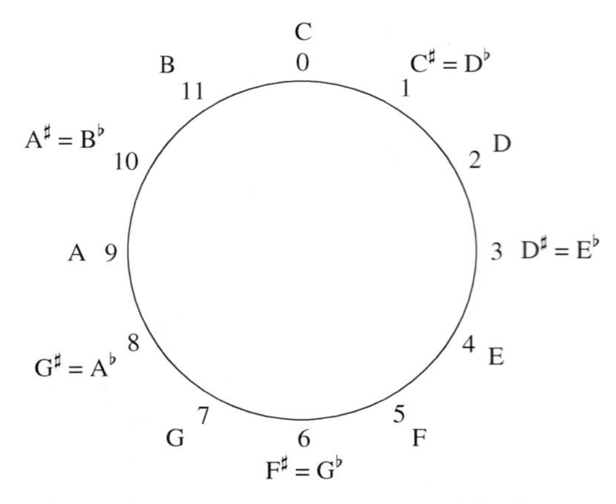

図 9　12 音（ピッチのクラス）の円周モデル

が対応するという考え方である．その二つの変換とは，移調と転回である．n 個の半音（12 を法とする整数としての n）だけアップする移調は T_n により表される．記号 I は音 C のまわりの折り返しに対して使われる．したがって，一般の転回はある n により T_nI という形をしている（この文脈では，転回は音楽空間の折り返しを指しており，無調音楽における和音転回（chord inversion）と混同すべきでない）．これらの用語を聞き慣れた例に使えば，長 3 和音と短 3 和音は，互いに転回によって関連している．なぜなら，それらの連続する音程は，互いに折り返しとなっているからである（最低音から数えて，長 3 和音では 4 半音上，3 半音上，短 3 和音では，3 半音上，4 半音上となっている）．

結果として，すべての長・短 3 和音は同じ同値類に属すことになる．たとえば，E 長 3 和音 $\{4,8,11\}$ は移調 T_4 によって C 長 3 和音 $\{0,4,7\}$ に関係し（なぜなら，12 を法として $\{4,8,11\} \equiv \{0+4,4+4,7+4\}$），G 短 3 和音 $\{7,10,2\}$ は，D 長 3 和音 $\{2,6,9\}$ に，転回 T_4I によって関係している（なぜなら，12 を法として $\{7,10,2\} \equiv \{4-9,4-6,4-2\}$）．長・短 3 和音のクラスのような同値類は，通常 24 個の集合からなる．しかし，（連続な音程 3-3-3-3 のような）減 5 度の和音，あるいは前述の全音音階と 8 音音階のように，もしそれが内部的対称性を持てば，クラスの中の集合の数は少なくなり，24 の約数がその個数になる．

同じ同値類に属す音の集まりは，ある音波の特性を共有している．なぜなら，それらは音程の同一の数と型を共有しているからである．転調された和音を同値と見なすのは，それらが実際にはっきりと「同じ」ように聞こえる以上，十分な理由があるように思えるが，転回における同値の概念についてはいくつかの反論もある．たとえば，長・短 3 和音は，それらが明らかに同じようには聞こえず，まったく異なる音楽的役割を有しているのに，互いに同値であると言い切ってよいのだろうか？　もちろん，同値関係を好き勝手に定義することはできる．したがって，真の問いは，この同値関係が現実の功利性を持つかどうかである．そして，ある文脈においては功利性はある．すなわち，調的音楽と密接な関連を持たない音の集合では，長・短 3 和音について認識するよりも，この形式の同値性を認識するほうが容易である．たとえば，C，F，B という三つの音は，F#，G，C# と同じ音程（完全 4 度（完全 5 度）と増 4 度）を共有する．そして，これは実際，容易に目につく「同じ」形をそれらに与えている（集合 $\{11,0,5\}$ は，12 を法として，$\{11,0,5\} \equiv \{6-7,6-6,6-1\}$ であるから，T_6I により転回的に $\{1,6,7\}$ に関係している）．

音楽理論には，ほかにも群論によって示唆された重要な研究がある．最も有力な例は，デイヴィッド・レヴィンの『一般化された音程と変換』（*Generalized Musical Intervals and Transformations*, 1987）である．これは，数学的推論と音楽的直観を結び付ける形式的理論を展開したものである．レヴィンは，音程の概念を，音楽作品におけるピッチの対，持続時間，時点，あるいは前後の関係で定義される事象など，音楽において測定可能なあらゆる距離を意味するものとして一般化した．さらに彼は，一般化された音程システム（GIS）と呼ばれるモデルを展開した．これは，音楽的対象（ピッチ，リズム的持続時間，タイムスパン，時点など）の集合と，（距離，径間，システムにおける対象の対の間の動きを表す）音程の（数学的意味での）群，そしてシステムの可能な対象のすべての対を音程の群に写す写像からなる．彼はまた，**変換ネットワーク**（transformation network）の概念を介して，音楽的プロセスをモデル化するために，**グラフ理論** [III.34] を用いている．そのようなネットワークの頂点は旋律線あるいは和音の根音（chordal root）のような基本的音楽要素である．それらの要素は，移調（つまり一般化された音程による平行移動）または 12 音理論の音列変換のような，ある変換を伴う．二つの頂点は，もし一方を他方に移すような許容される変換があれば，辺で結ばれる．こうして，重点は，基本要素からそれらを結ぶ関係へとシフトする．変換ネットワークは，音楽作品の分析に登場する抽象的かつしばしば非時間的な関連に可視的形を与えることで，音楽的プロセスを見るためのダイナミックな方法を提供する．

レヴィンの論文における一般化と抽象化のレベルは，数学に疎い音楽理論家には難解である．とはいえ，そのレベルは学部で学ぶ代数以上のものではない．数学的訓練を積み，しっかりとした意志を持つ読者には十分にアクセス可能なレベルである．そのような読者には，表現の形式性が，音楽理論とその分析で使われる変換のアプローチの理解のために必須であることが明らかになるだろう．この形式性にもかかわらず，レヴィンは音楽そのものとのコンタクトを続け，彼の数学的ツールがどうすればさまざまな文脈のもとで適用できるのかを考えている．結果として読者は数学的厳密性を抜きにしては不可能な洞察を得ることができる．数学者にとってはその題材が比較的初歩的なものと思われるかもしれないが，「レヴィンが古典的な数学的アイデアを音楽的文脈に置き，それらに新しい解釈，場合によっては予想もできないような解釈を与えていく手際に魅了される」(Vuza, 1988, p. 285) こともありうるだろう．

5. 終 わ り に

遊び心を持つライプニッツの言葉の引用から始めた本章であるが，その言葉は音楽における永続的な数学のプレゼンスを力説している．双方の分野は，基本的な点で秩序と理性に依存し，パターンと変換に関する，さらなるダイナミックな概念にも依存している．

音楽理論は，かつては数学に包摂されていたが，数学からのインスピレーションを常に得ながらも，現在では芸術としてそれ自身のアイデンティティを獲得している．数学的概念は作曲家には音楽を創造するためのツールを，そして音楽理論家には音楽についての分析的識見を明瞭に表現する言語を供給しているのである．

文献紹介

Babbitt, M. 1960. Twelve-tone invariants as compositional determinants. *Musical Quarterly* 46:246-59.

Babbitt, M. 1992. The function of set structure in the twelve-tone system. Ph. D. dissertation, Princeton University.

Backus, J. 1977. *The Acoustical Foundations of Music*, 2nd edn. New York: W. W. Norton.

Forte, A. 1973. *The Structure of Atonal Music*. New Haven, CT: Yale University Press.
【邦訳】A・フォート（森あかね 訳）『無調音楽の構造――ピッチクラス・セットの基本的な概念とその考察』（音楽之友社，2011）

Hofstadter, D. R. 1979. *Gödel, Eschen Bach: An Eternal Golden Braid*. New York: Basic Books.
【邦訳】D・R・ホフスタッター（野崎昭弘，はやしはじめ，柳瀬尚紀 訳）『ゲーデル，エッシャー，バッハ――あるいは不思議の環』（白揚社，2005）

Lewin, D. 1987. *Generalized Musical Intervals and Transformations*. New Haven, CT: Yale University Press.

Morris, R. 1987. *Composition with Pitche Classes: A Theory of Compositional Design*. New Haven, CT: Yale University Press.

Morris, R. 1994. Conflict and anomaly in Bartók and Webern. In *Musical Transformation and Musical Intuition: Essays in Honor of David Lewin*, edited by R. Atlas and M. Cherlin, pp. 59-79. Roxbury, MA: Ovenbird.

Nolan, C. 2002. Music theory and mathematics. In *The Cambridge History of Western Music Theory*, edited by T. Christensen, pp. 272-304. Cambridge: Cambridge University Press.

Rasch, R. 2002. Tuning and temperament. In *The Cambridge History of Western Music Theory*, edited by T. Christensen, pp. 193-222. Cambridge: Cambridge University Press.

Rothstein, E. 1995. *Emblems of Mind: The Inner Life of Music and Mathematics*. New York: Times Books/Random House.

Straus, J. N. 2005. *Introduction to Post-Tonal Theory*, 3rd edn. Upper Saddle River, NJ: Prentice Hall.

Vuza, D. T. 1988. Some mathematical aspects of David Lewin's book *Generalized Musical Intervals and Transformations*. *Perspectives of New Music* 26(1):258-87.

VII. 14

数学と美術

Mathematics and Art

フローレンス・ファサネッリ［訳：砂田利一］

1. は じ め に

本章では数学史と 20 世紀のフランス，英国，米国の美術史の関係に焦点を当てる．芸術家に対する数学の影響，そして芸術家と数学者の直接的な交流についてはともに多くの研究がある．これらの研究は，数学の知識が，音楽家や作家に対してと同じように，多くの芸術家に対して重要な影響を与えたという事実を物語っている．特に，当初は革命的だった数学のアイデアが 19 世紀に徐々に広い層に受け入れられたことが，現代美術と今日呼ばれている分野に大きく寄与している．19 世紀末から 20 世紀初頭にかけて，芸術家は 4 次元空間と**非ユークリッド幾何学** [II.2 (6〜10 節)] について理解したことをカンバスの上に，そして彫刻の形で表現した．そうすることで，**ユークリッド** [VI.2] に由来する数学的遠近法に強く依拠したそれ以前の技術と遺産から卒業しようとした．彼らの新しいアイデアは数学における進歩を反映しており，新しい流派を形成した芸術家たちは新しい数学の解釈にも取り組んでいたのである．

数学と美術の繋がりは豊かかつ，複雑で，示唆に富んでいる．この繋がりは新しい数学（もしくは科学）の影響下で発展した美術のスタイルや哲学において，そして美術側の要請を満たす新しい数学の創造において明白である．いくつか例を挙げてみよう．イタリアの画家・数学者のピエロ・デッラ・フランチェスカ（1412 頃〜1492）はアルキメデスの『A 写本』（*Codex A*）をクレモナのヤコポがラテン語訳したものを筆写し，彼自身の遠近法の数学的理論を書き残している．ハンス・ホルバイン（1497〜1543）の『大使たち』（*Ambassadors*, 1533）は，画家がどのようにして数学的遠近法を応用して人の目をかつぐ歪像（anamorphosis）を作り出すことができたかを教えてくれる．アルテミジア・ジェンティレスキ（1593〜1652）は熟考の末，『ホロフェルネスの首を斬るユディト』（*Judith Beheading Holofernes*, 1612〜13）の最初のバージョンから流血の描写を修正して第 2 のバージョン（1620）では放物線状の曲線にしている．これはジェンティレスキの友人で，科学者・宮廷数学者・アマチュア画家のガリレオ・ガリレイが放物運動法則の研究として描き残していた未発表のスケッチに合わせたのである．ヨハン・フンメル（1769〜1852）による，ベルリンの巨大な水盤を描いた絵は，ガスパール・モンジュ（1746〜1818）の『記述的幾何学』（*Géométorie descriptive*, 1799）を利用している．ナウム・ガボ*1)（1890〜1977）とその兄アントワーヌ・ペヴスナー（1886〜1962）の彫刻は，彼らが若いころに学んだ立体の幾何学に基づいている．そして最後に，数学的には理解できるが物理的にはあり得ないマウリッツ・コルネリス・エッシャー（1898〜1972）の風景を挙げよう．

本章は美術における遠近法の発展の歴史を概観することから始める．現代美術に決定的な衝撃を与えた遠近法への反乱を理解するためには，歴史を理解しておく必要があるからである．続いて非ユークリッド幾何学と n 次元の幾何学の発展を通して 19 世紀の幾何学の変化を要約する．そのあとで，芸術家たちの活動について，20 世紀初頭のフランスから始めて他の国の代表的な芸術家の作品へと，美術からの反応を引き起こした数学を常に念頭に置きながら検討していくことにしよう．

2. 遠近法の発展

15 世紀の間は，芸術家は基本的には依然として宗教的主題の図像を制作するために雇われていたが，一方で物理的世界の様相に沿った絵画に対する興味も高まっていた．多くの芸術家は，模範となる先駆者がいない状態で，独力で線遠近法の手法を考案しなければならなかった．そして 16 世紀の初め，数学的遠近法初期のアイデアが，図版解説付きの本によって広まっていった．以前は書き写しや口伝えでしか知られていなかった数学はいまや視覚的な形をとって活版印刷で複製され，ヨーロッパ中に普及したのである．

遠近法に関する最初の文献は，レオン・バッティスタ・アルベルティ（1404〜72）とピエロ・デッラ・フランチェスカによるものである．ただし，初めて遠近法の数学的理論を検討したフィレンツェの建築家・技術者フィリッポ・ブルネレスキ（1377〜1446）のアイデアが，評伝作家アントニオ・マネッティ（1423〜97）によって言及されている．芸術家と数学者は空間と距離を表現する最良の方法を求めて遠近法のルールを発展させ続けた．数学者の中では，ユークリッド，**アルキメデス** [VI.3]，**アポロニウス** [VI.4] らギリシアの数学者による書物のラテン語訳で知られるフェデリコ・コマンディーノ（1509〜75）が，芸術家向けというよりもむしろ数学者向けに初めて遠近法についての解説を書いた．コマンディーノの学生であったグイドバルディ・デル・モンテ（1505〜1647）は，1600 年に『遠近法六書』（*Perspectiviae libri sex*）

*1) ガボはもともとナウム・ネーミヤ・ペヴスナーという名前だったが，画家の兄と区別するために名前を変えた．

という影響力を持った書物を刊行し，その中で，絵の面に平行でない平行線の組は，消失点へと収束することを証明している．

レオナルド・ダ・ヴィンチ（1452〜1519）とアルブレヒト・デューラー（〜1528）を有名な例として，芸術家たちは数学を視覚化する方法を探り始めた．数学者ルカ・パチョーリ（1445〜1517）の『神聖な比率について』（*De divina proportione*, 1509）には，レオナルドによる（史上初の斜方立方八面体の図を含む）素晴らしい多面体の版画が収録されている．デューラーの『測定法教則』（*Unterweysung der Messung*, 1525）には史上初の多面体の展開図が掲載されている．さらに彼はイタリアへの旅行中に遠近法の知識を学び，それに刺激されて1点透視画法についての有名な絵を描き残している（図1参照）．

17世紀，フランスの技術者・建築家で実務的な主題について著作を残したジラール・デザルグ（1591〜1661）は，ルネサンスの芸術家たちが始めた遠近法の研究を継続していた．その中でデザルグは「非ギリシア的」な幾何学の方法を編み出し，著作『円錐と平面の交わりという事象に対して達成した研究草案』（*Brouillon-project d'une atteinte aux événemens des rencontres du cône avec un plan*, 1639）でこれを発表した．この中で，デザルグは円錐曲線の理論を射影のテクニックを用いて統合しようと試みている．画家が画面外の消失点を利用することなしに遠近法による図像を描くことができるようにする新しい**射影幾何学** [I.3 (6.7項)] は，彼が得ていた認識を基礎にして，ずっと以前に構築されていたのである．しかし，50部印刷されたオリジナルの『研究草案』のうち，現存するのはたった1部だけであり，「遠近法の定理」を含む彼の成果は他の数学者の著作や論文を通して知られることになる．デザルグの友人であり，版画技術を持つ工房を経営していたアブラハム・ボッス（1602〜76）は，遠近法の理論書を含む，デザルグの多くの著作の出版を引き受けた．しかしデザルグの先鋭的なアイデアをボッスが広めようとしたところ，美術界に反発が巻き起こり，ボッスは評判を落とす結果となる．しかし，20世紀になると版画が重要な美術形式として再評価され，ボッスの工房のレプリカがパリで建築されることになった．

18世紀の初頭，数学者でありアマチュアの画家だった**ブルック・テイラー** [VI.16] は，消失点を一般的に扱った最初の遠近法の本である『線遠近法：もしくは，まさにあらゆる物体の様子をあらゆる状況で目に映るままに表現する方法について』（*Linear Perspective: Or a New Method of Representing Justly All Manner of Objects as They Appear to the Eye in All Situations*, 1715）を発表した．冒頭のページにおいて，テイラーは「画家，建築家などが判断の基準とし，またデザインを整える規範となる著作である」と述べている．彼は「線遠近法」という用語を作り出し，現在も遠近法の中心定理として記述される，「画面に平行でないある方向が与えられたとき，その方向に平行な直線すべてが通る“消失点”が一つ存在する」という定理がいかに重要かを強調している．

図1　デューラーの遠近法装置．Copyright: The Trustees of the British Museum.

古代から，ユークリッドの『原論』（*Elements*）の公理は2次元・3次元の図像を理解する基礎を与えてきた．そして15世紀には遠近法の研究の基盤もそれに支えられている．しかし19世紀を通じて行われた，ユークリッドの第5公準（平行線公準）を受け入れるべきかどうかについての長い議論は，幾何学の考え方に根本的な変化を引き起こすことになる形で3人の数学者により解決された．**ロバチェフスキー** [VI.31] が1829年に，**ボヤイ** [VI.34] が1832年に，**リーマン** [VI.49] が1854年に，第5公準がもはや成り立たない，しかし矛盾のない「非ユークリッド幾何学」が可能であることを独立に証明したのである．

解説の巧者でもあった数学者**アンリ・ポアンカレ** [VI.61] は，フランスのみならず世界中で読まれた『科学と仮説』（*La Science et l'hypothèse*, 1902）と『晩年の思想』（*Derniéres pensées*, 1913）の中で，これらの新しいアイデアについて一般向けの説明を行っている．ポアンカレの本は非常に影響力のあるフランス（のちに米国）の芸術家マルセル・デュシャン（1887〜1968）に刺激を与え，デュシャンは空間と計量の概念についての新しい意味付けを発想することになった．

デュシャンは，ポアンカレの「数学における大きさと実験」(La grandeur mathématique et l'expérience) と「なぜ空間は 3 次元なのか」(Pourquoi l'espace a trois dimensions) というエッセイを用いた有名な議論を行い，まったく新しい種類の美術作品を作り出したのである（デュシャンのアイデアは，美術史家リンダ・ダリンプル・ヘンダーソンによって研究されており，デュシャンの浩瀚な手稿を用いて彼の 4 次元幾何学・非ユークリッド幾何学についての理解が分析されている）.

3. 4 次元幾何学

キュビズムとして知られる現代美術の動向は，4 次元幾何学の考え方に大きな影響を受けている．キュビストたちが 4 次元幾何学や非ユークリッド幾何学の考え方に接触した経緯の一つは，一般向けサイエンスフィクションによるものだった．スペインの画家パブロ・ピカソ（1881〜1973）の親友だったフランスの作家アルフレッド・ジャリ（1873〜1907）は高次元幾何学の新しさに心を引かれていた人物であり，『フォーストロール博士言行録』(*Gestes et opinions du docteur Faustroll*) の中で**アーサー・ケイリー** [VI.46] の研究に触れている．1843 年，ケイリーは *Cambridge Mathematical Journal* に「*n* 次元の解析幾何学」(Chapters in the analytic geometry of *n* dimensions) という論文を発表した．その 1 年前に発表されたヘルマン・グラスマン（1809〜77）の『線形延長論』(*Die lineale Ausdehnungslehre*) に沿った内容を持つこの研究は，数学者のみならず一般市民の興味も引き，3 次元以上の空間では，基本的な概念が再定義・一般化されなければならないという認識を知らしめた．

1880 年にはワシントン・アーヴィング・ストリンガム（1847〜1909）が影響力を持つもう一つの論文「*n* 次元空間の正多角形」(Regular figures in *n*-dimensional space) を *American Journal of Mathematics*（アメリカ数学誌）に発表し，多面体についての**オイラーの公式** [I.4 (2.2 項)] を，多面体を面と面で繋いで高次元空間を作る "polyhedroid"（多面体もどき）と呼ばれる新しい対象にまで拡張している．ストリンガムによって作図された 4 次元の図形を含むこの論文は，発表後 20 年の間，最も重要な 4 次元幾何学の教科書に引用された．ストリンガムの図形は，20 世紀の最初の 10 年に何人かの芸術家に刺激を与え，アルベール・グレーズ（1881〜1953）の「フロックスと女」(La Femme aux Phlox, 1910) には，ストリンガムの「24 面体もどき」(ikosatetrahedroid) に似た花が描かれているし，アンリ・ヴィクトル・ガブリエル・ル・フォーコニエ（1881〜1946）の *L'Abondance*（1910〜11）にはストリンガムの「600 面体もどき」(hekatonikosihedroid) が見られる．

美術表現は，芸術家がまわりの世界に対して視覚的に反応する新しい方法を見つけるたびに進化してきた．これは，芸術家が多数の視点から一度に対象を見るキュビズムにおいて特によく当てはまる．キュビズム絵画を理解するには，見る者が絵の表面に並べられたさまざまな視点から一群の「面」(facet) を眺めて，一つの（捉えがたい）対象を構築するように仕向けることである．

n 次元の幾何学は視覚芸術だけでなく，ラドヤード・キップリングや H・G・ウェルズらの作品を含む文学，そしてエドガー・ヴァレーズの「ハイパープリズム」など音楽にも影響を与えた．数学者の中にはこれらの新しいアイデアをユーモアに使う者もいた．チャールズ・ドッジソン（ルイス・キャロル）の『鏡の国のアリス』(*Through the Looking Glass*)，エドウィン・アボットの『フラットランド：多次元の冒険』(*Flatland: A Romance of Many Dimensions*) という二つの例を挙げよう．特に『フラットランド』は，エスプリ・パスカル・ジュフレ（1837〜1907）の本のような他の数学書での引用も含め，フランスの芸術家によく読まれていた．

4. ユークリッドへの正式な抗議

20 世紀の初頭，ポアンカレの「第 4 の次元」の解説と非ユークリッド幾何学の知識によって，グレーズやジャン・メッツィンガー（1883〜1956）を含む芸術家のグループが，意識的に 3 次元のユークリッド空間から自由になろうと試みた．「キュビズムについて」(Du cubisme) と題されたエッセイの中で，彼らは「もし画家の空間を何らかの幾何学に結び付けようとするならば，非ユークリッド的な研究に触れなければならない．われわれはリーマンの定理群を少なからず研究しなければならないだろう」と宣言した．ここで言及されているのは，形の概念がユークリッド幾何学よりも緩やかな**リーマン幾何学** [I.3

(6.10 項)] のように思われる．彼らは続けて，「物は，一つの絶対的な形を持つのではなく，複数の形を，その多様な意味内容に対応する平面と同じ数だけ持つ」と主張した．彼らが言及しているのは，ポアンカレの『科学と仮説』に収録された「非ユークリッド幾何学」であろう．メッツィンガーによる 1903 年の（散逸した）絵画作品「死んだ自然（第 4 の次元）」は 3 次元・4 次元のものを 2 次元の平面上に表現することへの彼の関心をよく表している．これらの芸術家たちが成し遂げようとした試みの背後には，リーマン幾何学と 4 次元幾何学がある．彼らは，それら両方について「非ユークリッド」的なものとして言及している．

1918 年に，ジャン・アルプ（1886～1986）とフランシス・ピカビア（1879～1953）をはじめとする，第 1 次世界大戦による破壊に怒った十数名の芸術家たちが「ダダ宣言」を発表した．この中で彼らははっきりと「すべてのもの，感情，曖昧さ，見かけ，そして平行線の正確な交叉は，（従順さに対する）戦いのための武器である」という信条を表明していた．そして，1930 年代までには，次第に多くの芸術家たちが彫刻と絵画の様相を急進的手法で変えるべく，数学の知識を利用するようになっていた．

5. 中心としてのパリ

19 世紀末の 10 年間，そして第 1 次世界大戦が起こるまでの間，芸術家たちに深い影響を与えたのは数学者に限らず，科学と技術における並外れた発展と発見だった．たとえば，映画（1880 年代），ラジオ（1890 年代），航空機，自動車，X 線（1895），そして電子の発見（1897）はすべて美術作品に衝撃を与えた．ワシリー・カンディンスキー（1866～1944）は，彼が芸術家としての壁に直面したとき，科学の新事実を学ぶことによってそれが解消されたと書き残している．古い世界が崩れ去り，再び一から絵画を始めることができた，と彼はいう．

20 世紀の初頭において科学的知識と数学的考え方がどのように芸術家に働きかけたのか，全体像ははっきりしていないが，多くの芸術家が一般市民向けに書かれた数学の文献に親しんでいたことは明らかである．芸術家たちが数学の知識を深める際の教師役となった人物も挙げることができる．数学者でアクチュアリーだったモーリス・プランセ（1875～1971）は，1911 年にパリで 4 次元幾何学についての形式ばらない講義を行った．そのときのテキストは数学者エスプリ・パスカル・ジュフレの『4 次元幾何学の基礎と *n* 次元幾何学入門』（*Traité élémentaire de géométrie à quatre dimensions et introduction à la géométrie à n dimensions*, 1903）だった．『フラットランド』にも触れているジョフレのこの本は，4 次元の図形を紙に描く方法，4 次元空間の多面体を描いたストリンガムによる図，ポアンカレの思想と理論についての明解な解説を収録している．ジュフレの第 2 作『4 次元幾何学雑録』（*Mélanges de géométrie à quatre dimensions*）も同様の内容を強調したものである．

プランセの講義の受講者は，（「黄金分割」と呼ばれることもあった）ピュトー・グループのキュビストたちであった．このグループの中心人物はレイモン・デュシャン＝ヴィヨン（1876～1918），マルセル・デュシャン，ジャック・ヴィヨン（本名ガストン・エミール・デュシャン，1875～1963）の 3 兄弟であった．プランセと結婚していたにもかかわらずパブロ・ピカソと自由奔放な生活を送り，後にアンドレ・デュラン（1880～1954）と結婚したアリス・ジェリ（1884～1975）との離婚の後もプランセと芸術家の交流は続いた．プランセを芸術家たちに紹介したのはジェリだった．熱心な読書家だったジェリはピカソの初期のキュビズム的作品「本を持って座る女」（Seated Woman with a Book, 1910）のモデルだったかもしれない．

パリにおいて，プランセとマルセル・デュシャンはポアンカレとリーマンを私的に研究していた．この 2 人は，すでに見たようにデュシャンの作品の重要な源泉だった．デュシャンが有名な絵画「彼女の独身者たちによって裸にされた花嫁，さえも（大ガラス）」（The Bride Stripped Bare by her Bachelors, Even（The Large Glass), 1915～23）を描いた 10 年後の彼の手記は，彼が 4 次元幾何学や非ユークリッド幾何学の理解に興味を強めていったことを伝えている．4 次元の物体を 3 次元へ射影したものが，どのようにしてある種の「影」と考えられるかを説明したジュフレの本を取り上げながら，デュシャンは友人に，彼の絵画の中の花嫁は，4 次元の物体を 3 次元に射影したものを 2 次元で表現している，と語っていた．またデュシャンは，その存在が知られている電子を直接観測することはできない，という彼を魅了した事実に触れて，彼の絵画が直接的には表現できない要素を含んでいると主張していた．これらの手記，そして数学についてのその他の考察は『無限』（*À l'infinitif*, 1966）という本の中に収録されている．15世紀ルネサンスの遠近法によって従来支配され，ユークリッド的枠組みに依存してきた絵画の世界にあって，デュシャンや他の芸術家たちは，多くの数学者がユークリッド的制約に縛られる必要をもはや感じていないということを知って興奮した．そして美術は大きく変化していったのである．

意外なことに，たまたまそこにあったものを美術作品として提示した，デュシャンの有名な「レディメイド」のもともとのアイデアにさえリーマンとポアンカレは影響を与えていた．ロンダ・シアラー（Rhonda Shearer）がニューヨーク科学アカデミーの1997年のニュースレターに寄稿した記事によると，デュシャンはポアンカレが『科学と方法』（*Science et méthode*）で創造的活動について書いた文章に強く影響を受けていたという．ポアンカレはいわゆるフックス関数を思いがけず発見したことについて報告している．そのような関数が存在しないことを示すために何日もかけて意識的に研究に取り組み，それが失敗したあとで，彼は少し習慣を変えて夜遅くコーヒーを飲んでみた．その翌朝，彼はうまいアイデアに思い至る．驚くことに，それ以前は存在しないだろうと考えていた関数の存在を証明する方法がわかったのである．デュシャンが「レディメイド」（readymade. フランス語では “tout fait”）という言葉を使ったのは1915年のことである．彼が選り分け，タイトルを付け，サインをしたものは，ありふれた工業製品だった．たとえば「泉」（Fountain, 1917）と呼ばれた逆さまにした男性用小便器や，「ボトルラック」（Bottle Rack, 1914）と呼ばれたビンを乾かすためのラックなどがレディメイドの最初の作品と考えられている．

6. 構成主義

1920年，ロシアの芸術家ナウム・ガボとアントワーヌ・ペヴスナーは，作品を考え直すために数学に目を向けたと書き残している．彼らはこう言っている．「宇宙が人間を構築したように，われわれは作品を作る．それはまた技術者が橋を作るようでも，数学者が惑星軌道の公式を作るようでもある」．ガボは工学で学んだ求積法のシステムを使い始め，「頭部No.2」（Head No.2）のような彫刻作品を作った．求積法という主題は遅くとも，ユークリッド『原論』のビリングズリーによる英語版にジョン・ディーが付けた「数学的序文」の中で，「基礎」（Groundplat）の一つとして求積法を挙げていた1579年に遡ることができる．求積法は立体の性質の計測に関する分野であり，19世紀，20世紀の大学で広く教えられていた．実際，ヨーロッパの大学では今日においても教えられている．ガボとペヴスナーは平面的な部品から彫刻を構成したため，物質よりもむしろ空間が彫刻の要素となっている．物質が詰まっていることはもはや重要ではなくなり，結果として，古典的な彫刻が用いた物質を削り取る（固体のブロックから物質を削り取り，固体としての彫刻作品を作る）技法はもはや必須ではなくなった．彫刻に，風が通るようになったとも言える．表面の重要性が少なくなり，少なくとも**構成主義**として知られるようになった伝統の中では現在でもそうなのである．

図2 ナウム・ガボ「頭部No.2」，コルテン鋼（1916, 拡大版は1964）．©Nina Williams.

この伝統は，ロシアのガボとペヴスナーによって起草・署名された『リアリスト宣言』（*Realistic Manifesto*, 1920）によって初めて成文化された．そこで彼らは「物質による対象の形成は，美学的組合せによって代替される．対象は全体として，… 自動車のように工業的秩序を持った製品として扱われるべきである」と論じた．ガボは構成主義をまずドイツのバウハウスに持ち込み，後に1930年代にフランス，イギリスにも紹介し，イギリスでは芸術家バーバラ・ヘップワース（1903〜75）とその夫であるベン・ニコルソン（1894〜1982）とともに創作を行った．ガボとニコルソン（そしてレスリー・マーティン）は『サークル：構成的美術の国際的概観』(*Circle: International Survey of Constructive Art*, 1937) を編集した．この本には彼ら自身の論文と，ヘップワース，ピエ・モンドリアン (1872〜1944)，批評家ハーバート・リード (1893〜1968) らの論文が収録されている．『サークル』の中で，ガボは 17 年前の「リアリスト宣言」を振り返り，構成主義の意図を二つの立方体によって説明している (図 3 参照)．これら二つの立方体は，同じ対象に関する 2 種類の表現方法，つまりカービング (伝統的な彫刻) と構成主義の違いを図示している．これらの立方体は，製作の方法も違えば興味の中心も違う．一方は物の塊であり，他方は物が存在する空間を可視化している．構成主義は数学的に理解された空間が彫刻になる美術的文脈を作ったのである．ガボは次のように述べている．「(右側の立方体を) 製作した際の求積法的な方法は，彫刻的な空間表現に関する構成主義の原理を初等的に示している」．

これらの芸術家は数学的な造形を博物館や図録で学んだ．数学者が曲面について教えるために作成したこれらの造形物は，ひもや厚紙や金属や石膏で作られていた．彼らは，パリのアンリ・ポアンカレ研究所で，(シュールレアリストのマックス・エルンストによってすでに見出されていた) 造形の表面を覆う線条を題材にした，シュールレアリストのマン・レイによる写真作品も研究していた．ちなみにレイはこれらの造形物を，光と影による印象派的パターンとともに撮影し (図 4 参照)，この造形の「エレガンス」(美的説得力) に興味を引かれたが，一方でこの造形の原作者が数学の方程式自体のエレガンスに視覚的形態を与えようと試みていたことも意識していた．ヘップワースやガボのような他の芸術家たちは，作品のインスピレーションを与えるのは数学自身ではなくて数学的造形の持つ美であると主張したのである．ヘップワースはオックスフォード大学で展示されていた数学的造形物を研究し，これらは「数学の方程式をよりどころとしてなされた彫刻作品」であると考えていた．この造形を見て，彼女自らの彫刻に弦を張ることを思い付いたのである．しかし，彼女にひらめきを与えたのは弦によって表現された数学ではなく，その弦の緊張であったと書き残している――「それは私が自分と海の間，自分と風の間，自分と丘の間に感じる緊張である」と．

図 3 ガボの二つの立方体：カービングと構成．画像提供：米国議会図書館．

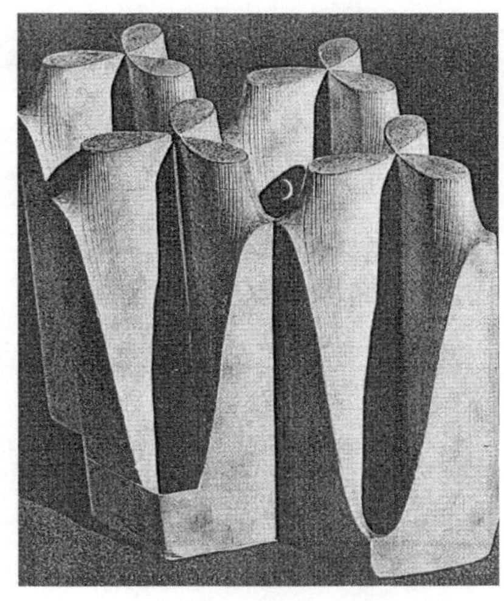

図 4 マン・レイ「楕円関数の魅惑」(1936)．画像提供：ナショナル・ギャラリー・オブ・アート (ワシントン DC)．

ボスとヘップワース両者に親しかったのが，有名な彫刻家ヘンリー・ムーア (1898〜1986) である．ムーアもまた彼の作品に対する数学的造形物の影響について言葉を残している．ムーアはテオドール・オリヴィエ (図 5 参照) による弦を張った造形を見て自らも多くの数学的造形物を試作した後，1938 年の彫刻に弦を導入した．これは後に，彼の作品の中で最も抽象的と評されることになる作品である．ムーアは次のように語っている．「(ロンドンの) サウスケンジントンの科学博物館に行き，そこで双曲面や湾曲した立体といった数学的造形物に非常に刺激された．… それらはパリの (ファーブル・ド・) ラグランジュによって作られたもので，両端に幾何学的図形を持ち，一方から他方に彩色された複数の弦が張られ，その間にある図形を表現していた．私はこれに彫刻としての可能性を感じ，実行に移した」．ムーアは，弦を使って彫刻の突起と突起を繋ぐことで，彫刻と彫刻のまわりの空間の間に仕切りを作ることができると考えたのである (図 6 参照)．ムーアとガボはそれぞれ別の数学的造形を利用した．ムーアは

図 5　テオドール・オリヴィエ「双曲放物面の交差」(1830). 画像提供：ユニオンカレッジ・パーマネントコレクション（ニューヨーク州スケネクタディ）.

図 6　ヘンリー・ムーア「弦を張った像 No.1」，サクラの木，弦，オーク（土台）(1937). 画像提供：ハーシュホーン博物館と彫刻の庭，スミソニアン協会，ジョゼフ・H・ハーシュホーン購入基金，撮影：リー・スタルスウォース.

後に，「ガボは弦を張るアイデアを，構造が空間自体になるように具体化している．そして，私のほうは立体と弦の間のコントラストを好んだ … 私は外部の形を（「内部の形・外部の形」(Interior/Exterior forms）という作品で）それ自体で彫刻にしようとしていたのである．ただしそれぞれの部分が繋ぎ合わされることで初めて完成されるような彫刻である」と言っている．

7.　その他の国・時代・芸術家

7.1　スイスとマックス・ビル

1930 年代の中頃，スイスのデザイナー・芸術家のマックス・ビル（1908〜94）は，裏表のない面に興味を引き付けられた．それは 1865 年にドイツの数学者・天文学者である**アウグスト・フェルディナント・メビウス** [VI.30] によってすでに発表されていた図形だったが，ビルはそれには気づいていなかったのである．ビルは建物の吹き抜けの空間に吊り下げる彫刻のために，細長い長方形をした柔軟な金属板の角を適切に接着することで，独力で**メビウスの輪** [IV.7 (2.3 項)] を考案した（1935）.

数年後，自分の彫刻と数学における先駆者との繋がりを知り，幾何学的形態の単純さを気に入ったビルは，継続して位相幾何学の問題やメビウスの輪に基づいた彫刻を制作することで生計を得ることになった（図 7 参照）．現代美術における数学的アプローチについての 1955 年のエッセイの中でビルは，数学はあらゆる現象に意味のある配列を与えることで，世界を理解するための本質的な方法を提供すると述べている．ビルによると，数学的な関係に形が与えられたとき，それは拒否しがたい美的魅力を発する．それはたとえばパリのポアンカレ博物館に立つ像のような空間・造形から発せられている魅力と同じものである．

図 7　マックス・ビル「無限のリボン」，ブロンズ（1953〜56）. 画像提供：マリー・アン・サリヴァン（ブラフトン大学）.

7.2　オランダとエッシャー

20 世紀の後半以降，数学と美術の関係に対する興味が高まっていった．特に，世界中の芸術家と数学者による会合が頻繁に企画され，この 2 分野の接点を巡る古今のアイデアが探求され始めた 1992 年から，それは顕著になった．この学際領域の西洋世界での人気のかなりの部分が，オランダの画家，もしくは彼が望んだ肩書きで言うと「職人」であったマウリッツ・コルネリス・エッシャー（1898〜1972）によって制作された不思議な絵と版画によるものである．エッシャーはタイルの敷き詰め問題と，3 次元には構成できないが 2 次元上に作図できる「不可能な」物体に深い興味を持っていた．彼の作品は，20 世紀美術における位置付けが十分に認められているわけではないが，数学者によって，そして一般市民によっても高く評価されている．エッシャーの最もよく知られた作品として，ペンローズタイリングとメビウスの輪に基づく絵がある．

エッシャーは，ジョージ・ポリア（1997〜85），ロジャー・ペンローズ（1931〜），ドナルド（ハロルド・スコット・マクドナルド）・コクセター（1907〜2003）といった数学者を知り，彼らの著作を学ぶことでインスピレーションを得ていた．彼が国際的な数学コミュニティに知られることになったのは 1954 年のことである．この年に開催されたアムステルダム市立美術館でのエッシャーの展覧会において，同じ年にアムステルダムで予定されていた国際数学者会議の組織委員会が開会宣言を行った．この展覧会でペンローズはエッシャーの版画「相対性」（Relativity）を目にし，その後彼とその父親である遺伝学者ライオネル・ペンローズ（1898〜1972）は不可能図形の作図に意欲を燃やし，1958 年の英国心理学会誌にペンローズの三角形，ペンローズの階段を発表した．このときペンローズ親子はエッシャーに抜き刷りを送っている．それに続いて今度はエッシャーがこれらの図形を使って有名な二つの石版画，滝の基部から頂上へ水が流れ続ける「滝」（Waterfall, 1961）と，たどる向きによって昇りと下りのどちらにも見えるが結局同じ階に戻ってきてしまう階段を描いた「上昇と下降」（Ascending and Descending, 1960）を制作した．コクセターが研究した領域はユークリッド平面もしくは双曲面における対称性であり，彼は美術作品を数学的視点から分析することにも喜びを見出していた．エッシャーは国際数学者会議でコクセターと知り合い，会議からほどなくして文通を始めていた．この文通は 1972 年のエッシャーの死まで続いたのである．1957 年に，コクセターはエッシャーの 2 枚の絵をカナダ王立協会の会長講演「結晶対称性とその一般化」（Crystal Symmetry and Its Generalizations）で平面の対称性の例として使いたいと申し入れている．このようにしてエッシャーの作品は数学コミュニティの中に広まっていった．1958 年，コクセターはエッシャーにその講演記録を含む手紙を送った．エッシャーからの返事は次のような依頼だった．「円の中心が外側から極限に向けて次第に近づいていくような円の列の作図方法について，簡単に説明していただけないでしょうか」．コクセターその依頼に対して書き送った返信は，エッシャーにとって役に立つ情報をわずかしか与えなかった．というのも長大な手紙の多くの部分は，芸術家であるエッシャーには理解できなかったのである．しかし挿入されていた図版とエッシャーの鋭い幾何学的直観によって，望む円を作図することができた．そして 1958 年に，エッシャーはユークリッド幾何，球面幾何，双曲幾何という幾何学の主要な 3 分野を使用した最初の画家になったのである．コクセターは数学的訓練を受けていない芸術家が 1958 年の木版画「サークルリミット III」（Circle Limit III）のような正確な等距離線を作図できたことに驚愕していた．エッシャーはいつも自分は数学のことをほとんど知らないと主張していたが，彼の作品の多くは数学を使って直接的に生み出されたものである．数学者ドリス・シャットシュナイダーはエッシャーは実は「隠れ数学者」だったと述べている．彼の作品の多くが，興味から生じた数学的疑問の追求と数学者との交流（エッシャーはこれを「コクセターする」と呼んでいた）によっていたからである．しかしながらエッシャーは，自力で解決策を探り，自力で理解するほうが好みだと書き残している．

美術的・数学的遺産と同様に，エッシャーは結晶学者にも重要な影響を与えた．結晶学者はエッシャーが描いた対称性の図を分析に用いたのである．結晶学者キャロライン・マギラブリーは，結晶学者が興味を持つかなり前の 1941〜42 年から，エッシャーがその後研究が活発になる色対称についての深い考察を開始しており，分類理論を作り上げていたことを指摘した．結晶学国際連合はこれを受けて，1965

年に刊行されたマギラブリーの著書『M・C・エッシャーの周期図形の対称性』(*Symmetry Aspects of M. C. Escher's Periodic Drawings*)の挿絵をエッシャーに依頼している．その出版の目的は，「繰り返しのデザインとその彩色の背後にある法則について学生の」興味を引き付けることであった．

7.3 スペインとダリ

今まで見てきたように，芸術家の中には自分自身の数学の知識から影響を受けた者もいれば，より間接的に数学的な考え方を通して影響を受けた者，また数学的造形物の魅力に影響を受けた者もいた．もう一つの種類の繋がりを，シュールレアリスムの芸術家サルバドール・ダリ（1904～89）と，数学者でありグラフィックアーティストであったトマス・バンチョフ（1938～）との関係の例を通して見ることにしよう．バンチョフはブラウン大学の数学教授であり，3次元・4次元の微分幾何学の研究で知られている．1960年代の後半，バンチョフはコンピュータグラフィクスの発展に関与していた．超立方体に磔にされたキリストを描いたダリの1954年の絵画は，1975年に，4次元以上の幾何学をコンピュータアニメーションを用いて表現するというバンチョフの先駆的試みを紹介する記事の中で転載された．その後10年以上，バンチョフとダリは何度も会い，超立方体や，その他の幾何学と美術の諸相について議論を交わした．彼らの共同プロジェクトとして，ある1か所から見たときのみリアルに見えるような巨大な馬の彫刻などがある．ダリが描いた馬は頭を鑑賞者のほうに向け，尻をあり得ない方向に向けていた．完全に創造力のみから生まれた映像である．ダリは映像をゆがませる技術を用いて作品を制作した．この技術は既に他の芸術家，たとえばレオナルド・ダ・ヴィンチも利用している．ダリは科学者・数学者との交流を重視し，後年には「科学者は私にすべてのものを与えてくれる．魂の不滅さえも」と語った．ダリは1983年にフランスの数学者ルネ・トム（1923～2002）とも会い，ダリの最後の連作となる作品の中で表現しようとしていたカタストロフィ理論について議論を交わしている．

7.4 その他の近年の発展：米国とヒラマン・ファーガソン

ここまでわれわれは数学がいかに美術に影響を与えてきたかを見てきた．しかし頻繁にではないが，たとえば数学の方程式を注意深く選んで彫刻を制作するようなときに，芸術家が数学を作ってしまうことも実際にある．米国の有名な彫刻家・数学者のヒラマン・ファーガソンは自身の経歴を，数学者をしていた時期と美術による数学の解釈に取り組んだ時期とでちょうど半分に分けている．数学者として，彼は機械操作や可視化技術のためのアルゴリズムデザインに取り組んでいた．1979年に彼は二つ以上の実数あるいは複素数の間の整数関係[*2)]を見出す方法を発見した．後にこれは20世紀の十大プログラムの一つに数えられている．芸術家としては，彼は石の彫刻に取り組んでいた．1994年，ファーガソンは数学者アルフレッド・グレイ（1939～98）に，コスタ曲面（穴の開いた極小曲面を記述する方程式を考案した大学院生の名前に由来する）のために方程式を考えてほしいと依頼し，その結果ファーガソンはこの曲面の彫刻を制作することができた（図8参照）．グレイはワイエルシュトラスのゼータ関数を使ってこの方程式を発案したが，こうするとMathematicaで扱うことができ，それを利用してファーガソンは

図8 ヒラマン・ファーガソン「見えない握手II」．負のガウス曲率を持つ3点穴開きトーラス．画像提供：ヒラマン・ファーガソン．

---

*2) ［訳注］整数を係数とする1次従属関係のこと．彼のアルゴリズムはPSLQアルゴリズムと呼ばれている．

石の彫刻を制作することができたのである．ファーガソンは彼の作品は2世紀以上にわたって発展してきた応用数学に由来すると考えている．

> その営みは石鹸膜の物理的観察（プラトー）から始まり，極小曲面を記述する微分方程式を書き下し（オイラー），曲率によって幾何学的な定義がなされ（ガウス），自明でないトポロジーを持った極小曲面を発見し（コスタ），曲面のコンピュータ画像を描画し（ホフマン–ホフマン），対称性を認識し，極小曲面が自己交差を持たないことを証明し（ホフマン–ミーク），極小曲面の高速パラメトリック方程式を発見し（グレイ），そして最後に，触ったりよじ登ったりできるほどに大きくて硬い「石鹸膜」の彫刻の形で自然に帰った．

7.5 米国とトニー・ロビン

n 次元幾何学の発展はヨーロッパと米国の他の芸術家にも力強い影響を与え，その傾向は20世紀の後半においても続いている．数学者と芸術家がコンピュータグラフィクスを発展させた1970年代に，その関心は加速された．例として，絵画・版画・彫刻において次元の概念を探求してきた米国の芸術家トニー・ロビン（1943〜）の作品を挙げることができる（図9参照）．1979年の後半に，大学で数学を専攻していたこともあったロビンはバンチョフの並列処理コンピュータを使い，初めて4次元立方体を可視化することに成功した．このことは彼の美術スタイルを一変させ，第4次元の空間を描いた2次元作品の創作に彼を導くことになる．ロビンは著書『第4の領域：コンピュータ，美術，第4次元』（*Fourfield: Computers, Art & the 4th Dimension*, 1992）の中でこう述べている．「第4次元が直観の一部になるとき，われわれの理解は一つ上の段階に移行するだろう」．ロビンの彫刻・絵画・版画作品の中には，複数の平面上の図形，つまり3次元では十分に見ることができない，重なった空間の図形が登場する．二つの物体を同一の場所，同一の時間に（あたかも4次元空間から射影されたかのように）見たい人は，ロビンが壁に制作したレリーフ（青と赤の光で照らされている）を3Dメガネ（グラスの一方が青で一方が赤）を使って見ることで，4次元図形を立体視できるだろう．デジタル印刷技術において，高次元の物体の

図9 トニー・ロビン「ロボフォー」．アクリル，キャンバス地，金属製の棒．トニー・ロビンのコレクションより．

影としての2次元画像によって4次元を表すときに用いられているのは，ロビンが考案した線画と立体の表現である．

7.6 ヘイターとアトリエ17

1927年，英国のシュールレアリスト・版画家だったスタンリー・ウィリアム・ヘイター（1901〜88）は，ほとんど失われた技術だった凹版印刷を復活させることを決意し，実験的工房である「アトリエ17」をパリに設立した．彼はニューヨークに移り，そこで1940年から彼がパリに戻る1950年までアトリエ17の第2号を運営した．ヘイターは彼の設備を使用する多くの版画作家が，ルネサンス的表現が用いた古典的窓を通して見える空間とは別の空間で制作を行っていること，そしてその空間は版画技術が隆盛を迎えた100年前にすでに存在していたことに気がついていた．アトリエ17は自律的な美術形式としての版画の復興において中心的役割を果たした．（19世紀から進化を続けてきた）実験的版画技術における数学の重要性に対して，ヘイターが敏感だったことは明らかである．「空間についての意識の高まり，そして（数学や物理における）空間をコントロールする力の高まりは，時間と空間を視覚的に表現する，新しく非正統的な方法に反映されてきた」．そのため「科学者によってのみ図式的に表現されてきた物質と空間の多くの性質が，視覚・感性の領域にその表現を見つけたのである」とヘイターは述べている．20世紀の版画家は版面の上の面を定義するために，透明な網を置く表現を使うことができた．具体的には，すでに線が彫られた面に，板の底まで貫通するほど空間を深くくり抜くことで，絵の平面よりも前に射影を表現することができたのである．このテクニッ

クはずっと以前から使われていたが，19 世紀末に写真によって凹版印刷の表現力が改めて問われたときに初めて重要視されるようになった．そこでは 3 次元を表現するために丸ノミ（gouge）が使われたのである．ヘイターは『版画について』（*About Prints*, 1962）という著作の中で，アブラハム・ボッスの 17 世紀の工房がどのように組織され，どのように 20 世紀のパリに再現されたかについて記述している．

第 2 次世界大戦の間，ヘイターの数学に対する興味はより実際的な方向に発揮された．芸術家であり芸術家のパトロンでもあったローランド・ペンローズらとの協同制作において，ヘイターは偽装*3) グループを設立し，雑誌『アートニュース』が 1941 年に報じたところによると，彼らは次のようなものを制作していたという．

> その装置は太陽の角度とそれによって生じる影の長さを複製することができる．1 日のうちのいかなる時刻でも，1 年におけるどんな日でも，いかなる緯度においてもである．週を指定する目盛り，季節偏差の調整装置などが刻まれた円板を持つ回転台装置には，彼が趣味とする数学が活用されている．

8. 終わりに

20 世紀の西洋美術と数学の間には，複雑かつ実り豊かな関係が存在した．ガボ，ムーア，ビル，ダリ，デュシャンは数学に影響を受けた有名な芸術家である．そしてポアンカレ，バンチョフ，ペンローズ，コクセターは芸術家に影響を与えた数学者たちである．逆の方向として，20 世紀の数学者が 15 世紀，16 世紀の先駆者たちと同様にしばしば美術に目を向けたのは，数学の意味を探求し，提示し，あるいはより表現豊かに説明するためでさえあった．そうした数学者たちは自身の創造的行為を芸術家のそれになぞらえてもいる．たとえばフランスの数学者**アンドレ・ヴェイユ** [VI.93] は，軍事刑務所から妹の作家シモーヌ・ヴェイユ（1909〜43）に送った 1940 年の手紙の中で，次のように述べている．「私が一様空間を発明したとき（発見ではなく，発明と言わせてもらおう），硬い物質を相手にしているような気持ちはしなかった．むしろ，本職の彫刻家が雪だるまを作って遊ぶときのような気持ちだった」．

文献紹介

Andersen, K. 2007. *The Geometry of an Art: The History of the Mathematical Theory of Perspective from Alberti to Monge*. New York: Springer.

Field, J. V. 2005. *Piero della Francesca: A Mathematician's Art*. Oxford: Oxford University Press.

Gould, S. J., and R. R. Shearer. 1999. Boats and deckchairs. *Natural History Magazine* 10:32-44.

Hammer, M., and C. Lodder. 2000. *Constructing Modernity: The Art and Career of Naum Gabo*. New Haven, CT: Yale University Press.

Henderson, L. 1983. *The Fourth Dimension and Non-Euclidean Geometry in Modern Art*. Princeton, NJ: Princeton University Press.

Henderson, L. 1998. *Duchamp in Context: Science and Technology in the Large Glass and Related Works*. Princeton, NJ: Princeton University Press.

Jouffret, E. 1903. *Traité Élémentaire de Géométrie à Quatre Dimensions et Introduction à la Géométrie à n Dimensions*. Paris: Gauthier-Villars. (A digital reproduction of this work is available at www.mathematik.uni-bielefeld.de/~rehmann/DML/dml_links_title_T.html.)

Robbin, T. 2006. *Shadows of Reality: The Fourth Dimension in Relativity, Cubism, and Modern Thought*. New Haven, CT: Yale University Press.

Schattschneider, D. 2006. Coxeter and the artists: two-way inspiration. In *The Coxeter Legacy: Reflections and Projections*, edited by C. Davis and E. Ellers, pp. 255-80. Providence, RI: American Mathematical Society/Fields institute.

*3) ［訳注］いわゆる「カモフラージュ」のことであり，戦艦など彩色に用いられた．

VIII 第VIII部 展望

Final Perspectives

VIII.1

問題を解くコツ

The Art of Problem Solving

A・ガーディナー［訳：山内藤子］

問題のあるところに人生がある．

ジノビエフ（Zinoviev, 1980）

英語の「問題」という言葉には否定的な含みがあり，好ましくない未解決状態の緊張感がうかがわれる．それゆえ，問題とは人生の――そして数学の――本質であるというジノビエフの助言は意味深い．良質の問題は精神を集中させる．つまり，挑戦させ，挫折させ，野望を抱かせ，謙虚さを育む．そして，われわれの知の限界を暴き，より力強い考えの可能性に光を当てる．それに対して，「解く」という言葉は緊張を緩めることを示唆する．「問題を解く」という表現でこれら二つの言葉を並記することは，このありがたくない緊張をある「魔法の公式」という手順でほぐすことができると，経験の浅い若者を勇気づけるかもしれない．しかし，それは無理なことである――魔法の公式など存在しないのだから．

> 真実を述べよう．手順がいかに作用するのか誰にもまったくわからないし，「手順」と名付けたときにすでに危険な憶測を進めているのかもしれない．

ジャン＝カルロ・ロタ（Kac et al., 1986）

「問題」に向かうと人は理解したい，説明したい，解明したいと思うものであるが，初めから馴染みの「型」に分類しようとすると，うまくいかない．うまくいかない「問題」に直面すると，必ず動揺する．結局，思っていたより馴染みがあるとわかるかもしれないが，解答しようとする者は，まず道標や足跡のほとんどない場所に投げ出される．中には，（ポリアや彼の最近の追従者のように）万能の「問題解決メタマップ」を作り出そうとした者もいた．しかし，現実には大学院生たちによく見られる，苦しいほどの専心努力にたやすく代わるものはない．

一般大原則はこのような経験を理解するのに役立つが，それほど多くは期待できないだろう．たとえば，**デカルト** [VI.11] の『方法序説』（*Discours de la méthode*）に公式化されている，四つの一般原則を考えてみよう．

> 第一は，自分がはっきり知らないことに対しては，決して真実を認めない．第二は，途中でつまずいたところはできるだけ多くの，そして満足いく解答に向けて必要なだけの部分に分ける．第三は，最も単純でわかりやすいことから始めることで，一歩一歩，より複雑な知識へと高めるような順序で思考を進める．そして最後は，すべて漏れがないと確信できるくらい完璧に計算をする．

なるほど，デカルトの原則は十分考えてみる価値がある．だが，今日われわれが知っている，デカルトがほとんど独力で作り上げた解析幾何学は，上の四つの原則を体系的に応用したものだとは言いがたい．創造的過程での詳細な作業内容の中で，限りない実地経験からすくい上げられた問題解決特有の「ノウハウ」は，どのような一般的原則よりもはるかに重要であろう．それならば，何を言えば役に立つだろうか？　「問題を解くコツ」について，印象に残るよう細部にわたって説明しても意味がないだろう．しかし，何も言わないのもまた誤解を招くことになろう．どちらを選んでも不十分だが，学生や教師，そして数学者を目指す者が最も多く出会いそうなのが，この四つの返答なのである！　学校で「問題を解くこと」を教えようとすると，たいてい数学をある種の「主観的パターン認識」と見なし，意味を取り違える．大学レベルでは，このゆがみを正す代わりに，数学者はしばしば実際どのように数学の難問が解かれるかという，非常に私的な事柄について公には慎重に沈黙を守る．それゆえ，数学好きの読者のためにこの主題を扱う場合，記事のほとんどを零から始めてゆっくりと進めなければならない．そこで，警告から始める．問題を解くという主題は研究する価値が大いにあるが，遠回りに進めていくと，結論がしばしば曖昧なままになるだろう．途中，多数の出典からの引用に出会うだろう．もし，技巧を見抜く唯一の方法が，技巧そのものを使うことだということを忘れなければ，それらの出典は詳しく主題を追究しようとする者にとって，最初に読むべき文献リストとなるだろう．数学は「科学の女王」かもしれないが，数学を勉強するコツはあくまで技術なのであり，苦しい入門研修を通じて昔からの技術の伝統の中でそれは伝えられている．さまざまなレベルの問題の集大成の多く——たいていは比較的初歩の素材を使っている——は，章末の参考文献に挙げられている．ここでは一つの例だけを挙げてみる．

問題　すべての正の整数 n と k について，2^n を法として k と合同な三角数が存在することを示せ．

読者には，読み進める前に，途中での明らかな段階を逐一書き留めながらこの問題を探求することを勧める．最初はとまどうだろうが，探求し構築する段階を通りすぎ，ついに解決に達し，この孤立した挑戦をより広い数学的背景の中に位置付けるための試みとなるだろう．

数学とはほとんど未踏の「知的宇宙」である．その最初の探検と地図作成，それに続く移住，日々の移動，そして効率の良い管理運営は，多くの点で前世紀になされた現実の地理的探検と類似している．旧世界の安全な海岸線を越えて踏み出すこと，つまり何か新しいものを想像して探求することには，知的勇気が必要である．

このような数学の探検家の中で最も卓越しているのは，「理論体系の構築者」である．彼らは新しい数学の大陸を発見したり，既知の二つの土地を結ぶ意味深く予想外の橋を見つけたりする．そもそもの動機は，特定の問題から発しているかもしれない．その問題を分析することで，以前は気づかなかった構造の輪郭への手がかりが見え始める．しかし，理論体系の構築者の焦点はより大きいものへと移っていく．つまり，「大きな数学」の根底に横たわる構造間の関係を発見し解明しようとするのである．そうした冒険は，しばしば構築者にとってほとんど成果がなく，数学のエル・ドラド（黄金郷）を発見しそうになっても，それを証明する黄金が見つからない．あとになって優れた預言者や発見者と認められる探検家もいるが，こうした評価は気まぐれである．栄誉を受けた者が格別の約束の地を見た最初の者とは限らない．彼らは偶然見つけた物の重要性や，それが結局どのようになじみの数学の地と関連して見つけられたのかという重要性を，正しく認識していなかったかもしれない．また，彼らの成功はそれ以前の他者による試みのおかげだったかもしれないし，われわれが今想像するほどには，彼らの恩恵は同時代人に深い感銘を与えなかったかもしれない．

理論体系構築者の功績の一つ一つは，「小さな数学」の細かな知識に基づいており，まったく別の数学スタイルによる研究成果から導き出されている．それは，なじみの数学の海岸線を探索し慣れているビーチコーマー（浜辺で漂流物を拾い集める人）のやり方であり，ビーチコーマーは第六感を使っていわくありげな石を見つける．石の下には，入り組んでいてまったく思いも寄らない小宇宙が眼前に隠されている．偉大な探検家はさらに遠くへと範囲を広げていくが，われわれが由々しきものに思える厄介な溝，つまりは未解決な問題をあとに残す．その溝については，将来現れるビーチコーマーが説明し，新しい統合への道を開くだろう．

理論体系構築者とビーチコーマーは，それぞれまったく異なった精神のあり方を呈しているが，互いに補い合って貢献している．われわれの数学世界が発展していく中で，大規模な洞察と小規模な洞察はいくぶんかは一体化するに違いない．それゆえ，ビーチコーマーの偶然の発見は，大規模な数学世界の未来の概念に予期せぬ方法で貢献するかもしれない．

そうした異なった精神のあり方は，入門的解説をより明確にしようとするときに心の中で生じるはずである．まず，アラン・コンヌの数学活動における三つの段階に対する解釈をもとに考えてみよう．

> 最初の段階は，与えられた計算法を迅速かつ確実に適用できる計算能力で定められる．… 第

2段階は，計算の実践方法が特定の問題に当てはめられたり，問題の文脈の中で批判されたりするときに始まる．数学においては，こうすることで，難しすぎず，また新しいアイデアを必要としない問題を解くことが可能になる．… 第3段階は，当の問題を潜在意識下では解いているのに，精神，というより意識的思考は，別の仕事のことでいっぱいになっている状態である．… この段階では，与えられた問題を解くことだけが重要なのではない．すなわち …（以前からすでに）存在している集大成が近づくことのできなかった数学の断片を発見することも可能である．

アラン・コンヌ（Changeux and Connes, 1995）

コンヌの第1段階は，強固な技術 ── すなわち，与えられた標準的手順を踏むときの流暢さ，正確さ，信頼性 ── の発展に焦点を当てている．第1段階については，その重要性を強調する以外に何も言うことはない！　「問題を解くコツ」についての議論は，適切な強固さを持つ技術を前提とし，その技術に関連するときのみ意味がある．

コンヌの第2段階には，数学者が日々従事する本格的な数学の多く ── すべてでは決してない ── が含まれている．真の問題はこの段階で，さまざまな姿で現れる．(i) 数学者を目指す若者が力を伸ばせるように作られた課題（高校の幾何学，パズルの本や謎解きの雑誌，そして数学オリンピックなどにおいて，解答しようとする者が予期せぬ形で，既知の方法を選択し応用して組み合わせることを意図したもの）(ii) 十分な想像力を働かせて，既知の方法を選択し応用し組み合わせて取り組めば，大部分は解答できるように作られた真の研究問題との間で，さまざまなものがある．

三角数の問題では，最初の段階には，言葉を記号へと翻訳し，任意に与えられた $n \geq 1$ に対して，すべての $k \geq 1$ について解かれるべき合同式 $m(m-1)/2 \equiv k \pmod{2^n}$ あるいは $m(m-1) \equiv 2k \pmod{2^{n+1}}$ という式へと記号化する直接的な変換を得ることが含まれる．第2段階には，n が小さいときに系統立ててやってみることで，何が起きるかを理解し，その証明によって問題を解くことができたり，必要な証明の道具となる単純な予想を立てたりすることが含まれる．

次の引用の趣旨においては，コンヌの第3段階は「謎めいて」いるのではないかと思われる．

科学においては，人間活動の他分野と同様，2種類の天才がいる．すなわち，「並みの天才」と「魔術師」である．並みの天才は，あなたや私が自分たちの何倍か有能だったらそうなるというくらいの人である．彼の頭がどう働いているのかは謎ではない．ひとたび彼がなしたことを理解すれば，きっとわれわれもそれができたであろうと思える．しかし，魔術師は違う．彼らは … われわれとはまったく違った方角に存在し，彼らの精神構造はあらゆる点で理解できない．彼らのなしたことを理解したあとでさえ，彼らが通った過程はまったく闇の中である．彼らはめったに弟子を持つことはない．というのも，彼らの真似はできないし，魔術師の謎に満ちた精神構造に対抗すると，ひどい挫折感を味わうに違いないからである．

カッツ（Kac, 1985）

しかし，この第3段階の行動は，普通の人間なら考えられないほど風変わりであると思うだろう．実際，「問題を解くコツ」に対する最も意義深い洞察は，まさに**ポアンカレ** [VI.61] のような「魔術師」による，この段階の研究に関する個人的声明から引き出される．またそれは，コンヌの第3段階の最も優れた数学者の経験と，普通の学生や数学者がありふれた問題に取り組んでいて，「手に余る」ようなときに起こることの間に明らかな類似があることを暗示している．「手に余る」ときとは，自分で手探りすることで，かえって自分たち自身の「すでにある集大成では道が開けない」ところで研究をするはめになるときである．三角数の問題では，「2のベキ数の合同」に出会ったことのない人が $\binom{m}{2} \pmod{2^n}$ の素朴な証明をちょっとぎこちない $\binom{m}{3} \pmod{2^n}$ を補うために何とか利用できたときに，この素朴なアプローチが $\binom{m}{4} \pmod{2^n}$ までは広げられなくてさえ，もっと一般的な何かが隠れている可能性に気づく．そのときに，上記のことが起こるのである．

このように，われわれは「問題」という言葉を少なくともコンヌの第2段階以上の本格的な数学課題を指すときに使う．このことはコンヌの第2，第3段階の数学に取り組む精神において説明されている．それゆえ，数学の問題解決のコツを分析するには，これら二つの高度な段階の経験を何とか反映させなければならない．それに対して，「問題解決」をどうしても教室へ持ち込もうとする教育思想は，概してこの手の込んだ過程をコンヌの第 1 段階の精神の一連の規則まで格下げしようとする！

問題とは，単なる難しい練習以上のものである．「問題」が問題でないときとはいつなのか，考えてみよう．一つの答えは明らかに，問題が易しすぎるときである！ 多くの学生や教師は，見慣れない，少しでも込み入っている問題を難しすぎるように思って，つい拒絶したくなる．数学を平凡な練習問題の連続に限定したときのみ，それは理解できる反応である．

われわれの多くは，数学を標準的な技術の集大成として学ぶ．そして，標準的問題を予測できるコンテクストの中で解くために，それを使う（コンヌの第 1 段階）．運動選手が競争するために練習し，音楽家が音楽を演奏するために練習するように，数学者が難問に立ち向かって数学を行うためには，技術が必要である．印刷された新しい楽譜の一つ一つは，初心者には初めはわかりにくい黒いインクの列だと思われるだろう．しかし，フレーズごとにその曲を練習していくと，ゆっくりと本来の形をとるようになり，前には見過ごしていた内部の結び付きも見えてくる．見慣れない数学の問題に向き合うときも同様である．質問を理解することさえ，すぐにはできないかもしれない．しかし，問題の意味を理解しようと努力していくにつれて，徐々に霧が晴れていくことにいつも気づく．

> 2 匹のネズミがミルク缶の中に落ちた．しばらく泳いだあと，1 匹は絶望的な運命を悟り溺れた．もう 1 匹は泳ぎ続けて，ミルクはとうとうバターになり，ネズミは脱出することができた．
>
> 戦争初期のころに，カーライトと私は，ファン・デル・ポールの方程式に引き付けられた．われわれは「結果」が出る見込みがまったくない中で，やり続けた．すると突然，はっとするほど見事な構成で解答の全貌が目の前に現れた．
>
> リトルウッド（Littlewood, 1986）

1923 年に**ハーディ** [VI.73] と**リトルウッド** [VI.79] は，長さ k の素数の等差数列の数について予想を立てた．一つの可能な系は，素数は任意の長さの等差数列を含むというものである．このような主張に直面すると，素数だけでできている等差数列を探し始めることは当然である！ しかし，試してみると，すぐに限界に達してしまうだろう．すなわち，最初の三つの奇数の素数，3, 5, 7 は，長さ 3 のよく知られた等差数列を作るが，より長い等差数列は驚くほど見つけにくい（2004 年に記録された異なる素数の等差数列は長さ 23 であるが，素数そのものも公差も天文学的数字だった）．証拠が出てきそうもない状況にもかかわらず，2004 年にベン・グリーンとテレンス・タオは，素数全体には任意の長さの等差数列が実際にあることを証明した．彼らの証明は，よく知られた結果（この場合，スメルディの深遠な結果）の詳細な再評価と水平思考（彼らは素数を整数の中にではなく，自然だがより疎な「ほぼ素数」の集合に埋め込む．この集合の中では素数の相対的密度は正である），さらにその考えを実行に移す決断と創意が，大いなる進歩によって結び付いた，素晴らしい例の一つである．

リトルウッドの（霧が突然晴れる）体験の本質を比較的初心者向きに書き留めることは，束縛された時間の問題（Barbeau, 1989; Gardiner, 1997; Lovasz, 1979 を参照）を通してにせよ，系統立てた調査（Gardiner, 1989; Ringel, 1974 参照）を通してにせよ，依然として難題である．グリーンとタオがその証明を発表した年に，英国数学オリンピックは読者が挑むべき次の問題を提示した．

問題　七つの異なる素数からなる等差数列で，最大素数の最も小さい値として可能なのは何か？

この問題への挑戦によって，どのような数論の入門コースも活気づくし，最近の進歩に自然と繋がることになる．初心者にとっては，どのように取りかかるとよいのか糸口も見えないが，基本のアイデアは初歩的であり，（ある意味）「よく知られている」はずだ．もしも膨大な計算をした値をすばやく理知的に受け入れるなら，長さ 4, 5, 6, 7, 8 の正の整数の等差数列を作るのに使うことができる．

> 偉大な発見は偉大な問題を解く．しかし，どのような問題の解答にも少しの発見はあるものである．取り組んでいる問題はささやかなものかもしれない．しかし，もしも好奇心が刺激され，発明の才が発揮できるなら，そして自分自身のやり方で解くならば，緊張感を味わい，発見の喜びを享受するだろう．多感な年代でのこうした経験は知的活動を好むきっかけとなり，生涯

にわたり精神と人格にその影響を残すだろう．

ポリア『いかにして問題を解くか』
初版（Pólya, 2004）の序文より

ポリアは，ここでは控えめすぎるくらいである．「周知」のことと，真に「独創的」なことの違いが重要なのではなく，コンヌの第1段階の精神で行われた数学研究と，コンヌの第2，第3段階の精神で行われた数学研究の違いのほうがむしろ重要である．この区別を知る手がかりは，必ず誰かに解を知られている問題を行うことにある．だからわれわれは，弁解せずに良質の「ささやかな問題」を集めて用いるべきなのである．ウラムはそのことをもっと直接的に述べている．

> 私は父からチェスを習った … ナイトの動き，特に一つのナイトによって同時に二つの敵コマを脅かすことができるやり方に魅了された．それは単純な戦略だが，私には実に驚くべきものに思えて，それ以来このゲームが好きになった．
>
> 数学の才能にも同じ過程が当てはまるのではないだろうか？　ある子供が偶然に数字に関して何か満足する経験をすると，子供はさらにいろいろ試みて，多くの経験を積むことで記憶を増やしていく．　ウラム（Ulam, 1991）

さほど深くなく長続きしない喜びかもしれないが，子供たちもまた，三目並べ遊びで「角の手」を作ることができることに喜びを見出す．つまり，三つ並びのうちの二つを同時に脅かし，そのうち一つしか反撃されないようにする．同時に2方向に向かうことができる両刃の戦略の喜びは，われわれが次のものから得る喜びと多くの共通点を持っている．(i) 普段話す言語やユーモアや詩歌の中の語呂合わせや言葉の二重の意味，(ii) 音楽の主題の微妙な変化に気づくときのほとんど物理的な反応，(iii) 数学において，予想外の同型に基づく数え方や「背理法」の本質的に二面性のあるアイデアに出会ったときに感じる，より知的な認識．隠れた多義性や二重の意味が持つ楽しさは，類似性があらゆる年代の数学者を導き，喜ばせる明白な（しかしほとんど理解されない）方法に関連している．

> バナッハは，かつて私にこう話した．「優れた数学者は定理と論理の間に類似性を見るが，最も優れた数学者は類似と類似の間に類似性を見る」　ウラム（Ulam, 1991）

ケストラーは，彼の示唆に富む著書『創造の行為』（Koestler, *The Act of Creation*, 1976）の中で，科学的また文学的「創造性」が，「固有の緊張を伴った二重の意味」を確認し活用することから，いかにして生じるかを示している（ケストラーはそれを異縁連想と呼んだ．すなわち，「それぞれが矛盾はしていないが，常に相容れない二つの基準枠内にある状況または概念 L を知覚すること … いわば，事象 L は二つの異なった波長で同時に振動するようにできている」）．彼の研究は，喜劇的と悲劇的両面のユーモアに対する人間の反応の，まさにこうした特質を分析することから始まり，**フォン・ノイマン** [VI.91] による冗談までも含んでいる！

ウラムの何気ない問いかけ（二つ前の引用にある）によって，われわれは子供たちに「数字に関して何か満足する経験」を与えてやりたいと思うだけでなく，数学の他の真髄となる諸相を確認し，中学・高校（そして大学の学部）の段階で忘れないように学ぶことを保証していきたい．特に，「問題を解くコツ」のようなものがあるならば，数学研究を始めたばかりの人たちや，まだ数学にそれほど打ち込んでいない人たちに，古典的初等数学を通してそれをいかに誠実かつ効果的に伝えるかを学ぶ必要がある．

ポリアの小著『いかにして問題を解くか』（*How to Solve It*）に，その答えがあるとよく言われる．だが，そこに答えはない．ポリアは，「発見的教授法」について数学者の間で議論を引き起こそうとした先駆者である．この議論は実際には始まらなかった．その代わり，理論的枠組みでは低い水準であったが，彼が最初に試みたことは批判されることなく受け入れられた．

ポリアが『いかにして問題を解くか』の中で特定の問題について書いていることの多くは，理にかなっている．しかし，彼の「生徒が問題を解くのをどうやって手助けするか」についての一般的結論は，あまり納得のいくものではない．それゆえ，この著書の一般的理論の多くは，十分注意深く読む必要がある．たとえば，ポリアが「教師がクラスの生徒たちの前で問題を解くときは，自分のアイデアをドラマティックに説明すべきであり，生徒に教えるときと同じ質問を自分にもしてみるべきである」というのは，そのとおりである．しかし，彼が自信たっぷりに「そうした指導のおかげで生徒はやがて … 特定の数学的事実の知識よりももっと重要なものを習得す

る」と結論付けるときは，警鐘が発せられるべきである．適切な環境であれば，その主張は時には正しいだろう．しかし，一般の生徒への効果についての意見としては，誤っている．

同様の主張は，「問題解決」（NCTM（1980）と www.pisa.oecd.org を参照）と呼ばれる，学校数学の新部門全体の導入を正当化するために幅広く用いられた．その新部門は，活動自体が依存している「特別な数学的事柄」の習得を犠牲にして成長してきた．

学校数学は常に一定の質の良い問題をこなすべきであり，教育者は単に技術や主題内部の論理的構造だけでなく，多段式問題と注意深く系統立てられた研究に隠された数学を明らかにする努力についても伝える義務があるというポリアたちの主張は正しい．幸運なことに，この広い範囲の見解を説明するためにポリアが著した 4 巻からなる本が残っている（Pólya, 1981, 1990）．そこでは数学に焦点が絞られ，修辞法は抑制されている．

> 証明することを学び，同時に推測することも学ぼう … 推測することを学ぶ特別簡単な方法などがあるとは思わない．とにかく，そんな方法があったとしても私は知らないし，以下のページでそれを提案するつもりなどまったくない … なるほどと思わせる推論を生み出す作業は実践技術であり，他のあらゆる実践技術と同様に，模倣と練習によって学ぶものである．
>
> ポリア（Pólya, 1990, 第 1 巻）

この 4 巻の著書は，熱心な数学教育者，大学院生，そして数学講師のすべてにとって必読図書である．しかしながら，ポリアたちは学校数学の標準カリキュラムの中で，いかに問題解決が発展できるかを示すことはできなかった．代わりに，「生徒がより良い問題解決者となるための助けとなる」一般原則を提案することに，彼らは専念した．必要なのは，次のことを明らかにすることである．(i) 初等数学のどの側面が，若い人の心をつかむ可能性を持っているか――表面的な意味で「おもしろい」からではなく，「意義深い」という理由で．(ii) 初等レベルで，より深い意味を伝えるために，いかにこのレベルの素材を教えるか？　ここでは詳細な分析はしないが，そうした分析は多くの伝統的に重要な項目や主題の意味を深め，それらが備え持つ豊かさを引き出すようなやり方で教えることを促すだろう．そして，この目標は，確かな基本的技術を前もって習得しているか否かによる．さらにその技術なしでは先に述べた豊かさはほとんど認められない．それに対して，近ごろの「改革」[*1)]は，学校数学を豊かにすることが狙いだと公言したにもかかわらず，本格的な初等数学を軽視し，それに費やすことのできる時間も一様に減らしてしまった．

学校数学を豊かにする良質の問題を求める人たちは，良かれと思って行われる「改革」が，ある種のゆがみのもとでは，不安定になることにしばしば気づかない．そのゆがみとは大規模な教育変革（教師らのプロの能力，感受性，自立，責任感の養成は，個人個人の「成果」の細切れリストを通して集中管理する形態に変更される．リストの評価はうまい教え方にひどく水を差すものになっている）に決まって影響されている．

小規模の試みが，意図せぬ結果を招くこともある！　学校レベルで問題を解くコツを修める急進的試みの中で，ほとんど知られていない例として，アインシュタイン自身の中学教育（1833〜37）の話をしよう．

> 生徒はそれぞれ，連続して定理を証明しなければならなかった．講義はいっさい行われなかった．それぞれの生徒は誰にも自分の解答を教えてはいけないし，前の定理をすぐに正しく証明したり，理論を理解したときだけ，他の生徒と関わりなく次の証明すべき定理を受け取った．… 友人がまだ 11 番目か 12 番目に取り組んでいるのに，私はすでに 100 番目を証明し終えていた．… この方法は … たぶん適切ではないだろう．… 優れた講義によってのみ得ることができる主題全体の概観をつかむことができない．… 結局，最高の数学の天才であっても，多くのずば抜けた頭脳が協力して発見したものを一人では発見できない．… たやすく理解できる知識の小さな分野，特に新しい洞察やアイデアを必要としない幾何学の定理を扱うときにのみ，この方法は生徒にとって実用的なものとなる．
>
> アインシュタイン（Einstein, 1975）

アインシュタインは非凡な数学者であった．しかし，まだ 20 歳の若さで，自分の身を置きたいと切望

---

*1) ［訳注］日本でもゆとり教育の名のもとに 2000 年代から中学・高校において数学の授業が減らされたが，学力低下を招き，2010 年代に修正を余儀なくされた．

していた数学の世界の入り口で，この方法の限界が見えてしまった――彼ほどの生徒であっても．

問題解決に対する興味を培う問題は，単純さ，リズム，自然さ，優雅さ，驚きのような一定の独特な特徴を併せ持っていて，その解答はしばしば二様に解釈できる．しかし，最も重要な特徴と言えば，解答は対象者の手の届く範囲内にあるべきだが，問題の説明の中では，取りかかり方を教える直接的なヒントは示すべきではないということである．実際，良質の問題は，解答を試みる者に対して，不安になるほど長時間にわたって挫折感を与え続けるだろう．

> 数学者にとっての暗黙の通過儀礼は，解けない問題のために初めて眠れぬ夜を過ごすことである．　レズニック（Reznick, 1994）

問題を解く創造的作業における睡眠と不眠の役割については，十分記録が残っている（あまり理解されてはいないが）．それは**アダマール** [VI.65] の「四つの諸相」（以下に述べる）の「孵化」の相で，しばしば重要な意味を持つ．「孵化」の相は，無力感で重苦しい挫折の初期の経験が，時に輝かしい成功に変わる過程を要約している．

こうした成功は機械的なものでも，単に偶然の結果でもない．良質の問題を解くとき，良質のパズルと同様に，奮闘努力しなくても済む魔法の問題解決の方法はない．その努力は時に実を結ばないかもしれないが，過程においては重要な部分である．したがって，たいていは骨を折って準備して初めて好結果が出る．**ガウス** [VI.26] は，どうやって発見したのかと尋ねられたとき，“Durch planmässiges Tattonieren!”，すなわち，体系的に根気強く手探りで探すことだ！と答えた．

問題に向かう道筋を見つけたとき，どこから始めるべきか「すでに明白だっだはずなのに」と思うだろう．しかし，しばしば物事はあとから考えてみて初めて明らかになる．ある種の粘り強さによって，最初は馴染みのない問題を覆っていた霧が魔法のように消えることを経験で学ぶ．最初は見えなかったものがくっきりと際立ってくるので，今までなぜ見落としていたのかほとんど理解できないほどである．

馴染みのない問題に直面しているとき，数学者は若くても年配でも，とてつもなく難しい寄せ木細工の秘密箱をどうしようもなく小さい鍵束で開けようとしている人に似ている．一見したところでは，表面は滑らかで目に見える割れ目は一つもないようである．もしそれが本当に寄せ木細工の秘密箱であり，実際は開けられると確信していなければ，すぐにあきらめてしまうだろう．開けられると知っていれば（というよりむしろ信じていれば），最終的に割れ目の小さな手がかりを見つけるまで，あちこち割れ目を探し続けるだろう．それでもまだ，どのようにそれぞれの部品が動くのか，どの「鍵」が最初の部品を動かすのに役立つのかわからないだろう．しかし，最も適切に思われる鍵を最も可能性のありそうな割れ目に差し込んでみることで，やがてぴったり当てはまるものが見つかる．確かに仕事は終わっていないが，調子が変わり，順調だと感じる．

すでに見てきたように，最初に経験する混乱は，問題に取り組むうちに予期せぬ洞察へと変わるのだが，この経験は決して初心者に限ったことではない．このことは，数学の本質の一部であり，また人間が数学をするやり方の本質の一部でもある．もしも問題が馴染みのないものなら，その解答は粘り強さと信念と多くの時間を要求する．だからそう簡単にあきらめてはいけないし，違うやり方ではどうなったかを見るために，解いたあと，いつも振り返るつもりでいなければならない．

> 創造的科学を研究する上で最も重要なことは，あきらめないことである．もしあなたが楽観主義者なら，悲観主義者より多くのことを進んで「試みる」だろう．チェスのようなゲームと同じである．本当に優れたチェスプレーヤーは，対戦相手より優位な立場にいると信じていることが多い（時には誤解しているが）．もちろん，このことはゲームを先へ進めていくのに役立ち，自己不信によって生じる疲れを増やさずに済ましてくれる．肉体的，精神的スタミナは，チェスや創造的科学の研究においてきわめて重要である．　ウラム（Ulam, 1991）

もし，見込まれる結果についてある程度楽観的であったり，決してあきらめない不屈の精神を培っていたなら（リトルウッドの生き残ったネズミのように），もちろん根気強さを維持することはよりたやすい．しかしながら，そこには危険がある．

> 私は知らず知らずのうちに，マズールからいかに生来の楽観主義を制御すべきか，そしていかに細部を確認すべきかを学んだ．懐疑心を持っ

て中間地点をゆっくり越え，夢中になってしまわないことを学んだ． ウラム（Ulam, 1991）

1900 年にパリで行われた国際数学会議で，**ヒルベルト** [VI.63] は 20 世紀の数学の発展において重要になるであろうと判断した 23 の主要研究問題を提示した．これらの問題は非常に難しく見えた．しかし，仲間の数学者たちの注意を問題に差し向けたとき，ヒルベルトは難しいからと言ってこれらの問題を解くことを先送りにすべきでないと強く感じた．

> これらの問題がいかに近づきがたく見え，それを前にしてなすすべなく立ち尽くしても，完全に論理的な過程を何度か経ればその解答は必ず得られるという確信を持っている．… すべての数学の問題は解決できるという，この確信は数学者に力強い励みとなる．われわれの心の中に次のような絶え間ない呼び声が聞こえる．そこに問題がある．その解答を求めよう．純粋な思考力によってそれは見つけることができる．数学において未来にわたる無知は存在しないのだから．

19 世紀の間，科学者が自然について発見すればするほど，いかに自分たちが何も知らないかをますます実感し，「すべての真実」を発見することなど望めないことが明らかになった．この認識は，エミール・デュ・ボア・レイモンによる「現在知らざる，未来も知らざる」（われわれは現在も無知であり，これから先も無知であり続ける）という言葉によって要約された．新しい世紀が明けたとき，ヒルベルトは数学は他のものとは違うと，できるだけはっきり述べることが重要だと感じた．数学においては，「完全に論理的な過程を何度か経ればその解答は必ず得られるという確信」を持って問題に取り組むことができると，彼は言った．彼の主張を強調するかのように，問題の一つはほどなく解かれた（最も有名な**リーマン予想** [IV.2 (3 節)] は未解決のまま残っているが）．

ヒルベルトは数学の研究について語っていたのだが，教科書，数学オリンピック，大学課程の問題に取り組むときに，彼の信念はより確かに当てはまる．馴染みがなく，明らかに非常に難しい数学に向き合うとき，進むべき道にはほとんど選択の余地はない．われわれは「鍵束」，つまりすでに知っている（いかにそれが限られたものであっても）数学の技法を使って問題に取り組むか，先延ばしにしてしまうかどちらかである．もちろん，やりながら新しい策を学んだり，古い策を見直したりすることは重要である．そして，立ち向かっている問題が単に難しすぎて，解決に向かうにはまだ学んでいない策や技巧が必要であり，解答は自分の手に余ると思いたい気持ちがもちろん常にある．この敗北主義の考え方は，時に真実であるので一層もっともらしい！ 数学者は，厳密に言えばすべての問題が解けるという前提が不合理だということを，この上なくよく知っている（前提の中で，そのことは論理的に正当化されることはないし，一般に明らかに誤りである．前に述べたように，本質的に解けない問題が存在することが，いまやわかっている）．しかしながら，それは非常に貴重で実際に役立つ仮定である．したがって，取り組んでいるすべての問題は，すでに知っている基本的な技巧（十分巧みに利用されている！）を使って解かれるべきだという，基本的な仮説にそのような疑いを差し挟んではならない．厳密には非論理的であっても，すべての問題が解けるという前提は実際に何度も正当化されているので，力強い確信になっている．この確信は，難しい数学の問題に取り組もうと試みたとき，無力な気持ちになるたびに心理的に非常に貴重なものとなる．

ヒルベルトの問題が 20 世紀の数学の中心的役割を果たすという彼自身の判断は，際立って鋭いものだった．しかし，ここでわれわれにとって最も興味深いことは，彼の標語である．すなわち，いかにこれらの問題に近づきがたくても，また，いかに問題の前で無力に立ち尽くしても，純粋に論理的な過程によって解決できるに違いないという強い確信をわれわれは持っているのである．「そこに問題がある．その解答を求めよう．純粋な思考力によってそれは見つけることができる」．ほとんどの数学の著述においてそうであるように，ヒルベルトはいかに進めていくかについて心理的手引きを何も与えなかった．ヒルベルトの難問に挑戦した人たちは，自分でそれを見つけなければならなかった．

あらゆる社会事業と同様に，数学には「表」と「裏」がある．表は完成された製品が公のために陳列される場所であり，裏は人にあまり見せることができない環境で実際の仕事がなされている場所である．単純な現実主義者は，表を単なる見せかけと考え，すべての真剣な「問題解決」は裏で行われると主張し，さらにこの分類を人為的なものと断言するだろう．

> 近い将来，われわれはきちんと真実を述べるように，自分たちと子供たちを再教育しなければならないだろう．数学において，練習は特につらいものになるだろう．この分野の驚くべき発見が，数学の精髄である思考の類推的繋がりを体系的に隠しているのである．ちょうど砂の上の足跡が消されるように．… しかし，その日が来るまでは，牧師や精神科医や妻にささやく恥ずべき告白のように，数学の真実は束の間しか姿を現さない．
>
> 『いいなずけ』の第 19 章で，マンゾーニは抜け目のないミラノの外交官たちの会話の偽らざる瞬間を次のように描いた．「それは，あたかもオペラの幕間でカーテンが早めに上がってしまい，中途半端な衣装を着たソプラノ歌手がテノール歌手に叫んでいる様子が，観客に見えてしまったようなものだった」．
>
> ジャン＝カルロ・ロタ（Kac et al., 1986）

しかしながら，「中途半端な衣装を着たソプラノ歌手がテノール歌手に叫んでいる様子」を目撃するはめに陥るようなことが数学に関して起こるとすれば，ロタの未来図を受け入れる前に一瞬立ち止まるべきである．

「表と裏」の比喩は，社会学者のアーヴィング・ゴフマンによるものである．標準的な例として，レストランを挙げよう．われわれは「表」から見える物でレストランを判断しがちである．そこではマナーも食べ物も言葉も「すべてよそゆき」である．しかし，表から見える物はすべて「裏」の台所の燃え盛る火，湯気と油，口論と悪態によってできている．そこでは厳しい時間制限やさまざまな条件の中でつらい仕事がなされている．

現代社会における数学の功績は，主としてこれら二つの世界——表と裏——が慎重に，そして体系的に分けられてきたという事実によるものである．数学の舞台裏の原動力を議論する決まった方法がないことは，おかしく思える．そうは言っても，数学が成長してきた主な理由は，数学の専門家が，客観的結果とその結果を証明し提示する方法を，好奇心をそそるが不可解な（そして結局のところ見当違いな！）主観的魔術と区別することを学んだことだ．この主観的魔術によって数学の結果は引き起こされることがある．この形式的分離によって普遍的に伝達可能な方式を取り入れることができ，それは個人的好みや型に勝り，それゆえ誰でも理解でき，確認でき，発展させることができた．数学の問題解決の根底にある精神的，身体的，感情的原動力に大きな注意を払うどのような動きも，この分離の必要性を理解し，「客観的」数学の形式的世界を重んじなければならない．

数学の文献の至るところに，数学の舞台裏の人間の原動力に対する好奇心をそそる洞察が散りばめられている．洞察の一つは，さまざまな数学者にはそれぞれ違った流儀があるという事実である——そうした違いの多くが議論にのぼることはほとんどないが．一つの例は，記憶力の役割をどのように捉えているかである．数学者の中には記憶力をとても重要視している者がいる．

> 優れた記憶力は——少なくとも数学者や物理学者にとって——才能の多くの部分を形作っているように思われる．われわれが才能もしくは天分と呼んでいるものは，多くの場合，新しいアイデアを展開するのに不可欠だとバナッハが言っている能力，すなわち，過去，現在，未来の類似性を見出すために適切に記憶力を使う能力にかかっている．　ウラム（Ulam, 1991）

他方，自らの興味の範囲内ではどのようなことについても素晴らしい記憶力を持っているが，範囲外の情報を簡単に取り出せる形で蓄えることはかなり苦手だという数学者もいる．そして，数学者を目指す多くの者は，数学は他の多くの学問より明らかに記憶力を必要としないと考え，まさにその理由からこの科目に引き付けられる．重要な点は，どれだけたくさん記憶するかではなく，何を無意識的なものにするか，そしていかにいつでも使える形であれこれ情報を蓄えておくかということだろう．自分の研究の中心素材を頭の中に系統立ててまとめておく努力を真剣にすることには，明らかに価値がある．そうすれば，それはすぐに使える．また，あとで述べるように，アイデア，情報，実例として役立ちそうな素材の候補を，できる限り集めることも重要である．そうすれば，良い結果をもたらす可能性を持った関連性にたまたま気づくことにもなる．しかし，手もとの問題のためにひょっとすると必要かもしれないものすべてを一様に記憶することは，必ずしも賢いやり方ではない．時にはほんの少ししか知らなくてもそれだけで何とかやっていけるし，そのためより巧みになったり創意に富んだりすることもある．

アダマールの四つの相

同時代の人についてのリトルウッド（Littlewood, 1986）の多くの鋭い観察は，仕事の速度や研究の習慣など，記憶力以外の流儀の違いを強調している．似たような考察は活気に満ちた数学者としての自叙伝の多くに見られるかもしれないが，リトルウッドの意見は特に貴重である．

> まったく違う意味から，研究とそれが求める戦略についての実践的助言をしようと思う．第一に，研究の仕事は，研究の前段階である教育課程（それ自体は重要だが）での学習とは「格」が違う．後者は，連想の力がほとんどいらない機械的学習にたやすくなりうる．一方，1 か月間研究に没頭していると，舌が口の内側を知るように頭が問題を知るようになる．短い形ではたどり着けない，理解しにくいアイデアを「ぼんやり考える」コツを身につけなければならない．… 潜在意識にあらゆる機会を与えることが重要である．研究をしている日でも，くつろぐ時間を持つべきである．散歩する時間を作ることは有効だろう．
>
> リトルウッド（Littlewood, 1986）

ある時期，ポアンカレは数学的思考には二つの主な型があると考えていた．

> 一つは，何より理論に没頭する者である．… もう一つは，直感に導かれ出だしは早いが時に危険な成果を収める者である．… しばしば前者は解析学者，後者は幾何学者と呼ばれる．
>
> ポアンカレ（Poincaré, 1904）

しかし，「論理的」というレッテルを「解析学者」に貼り，「直観的」というレッテルを「幾何学者」に貼ったとき，ポアンカレは**エルミート** [VI.47] が「直観的解析学者」という反例を挙げていることに注目した．明らかに，数学の型の範囲はより複雑である（Hadamard, 1945, chapter VII を参照）．一つの結論は，一般に問題を解くコツの分析は大まかになされる必要があるということである．この警告にもかかわらず，数学的創造性についてのアダマールの「四つの相」の原型は広く受け入れられている．だから，もしこれらの相を考慮して研究をすれば，役立つこともあろう．

> 創造的過程においては，通常四つの相に区別される．すなわち，準備，孵化，啓示，立証つまり解決である．… 準備は大部分が意識的で，とにかく意識によって指示される．理想的な問題というものは，付随的なものが取り去られ，明白に視野に入ってくるものでなければならない．すべての関連する知識を概観し，可能性のある類似が熟考されている．それは他の仕事の合間でも絶えず頭の中になければならない．… 孵化は待ち時間の間に行われる潜在意識の作業であり，何年もかかるかもしれない．啓示とは，意識内における創造的アイデアの出現が瞬時に起こることである．頭がくつろいだ状態で，日常の些細なことを何気なくやっているときに，だいたいいつも起こる．… 啓示は潜在意識と意識の不可思議な繋がりを暗示している．そうでなければ，啓示の出現はあり得ない．ちょうど良いその瞬間に，何が鐘を鳴らすのだろうか？
>
> リトルウッド（Littlewood, 1986）

ポリアは『いかにして問題を解くか』において，問題解決の過程に対する 4 段階の「方法」（理解，計画，行動，熟考）を提案している．これはやや説得力に欠けるものだが，学校レベルでは広く使われてきた．アダマールの四つの相は，創造的過程について考えたり伝達したりするために有益な枠組みを与えているが，その諸相はまた，比較的日常的な（よりたやすく影響を及ぼすことができるであろう）側面を，より理解しにくい側面から切り離している．「意識的準備」の相はたぶん最も日常的な段階で，方法と鍛錬の結合が求められる．リトルウッドは再び理にかなった助言をする．彼は自分の助言は万人向きではないかもしれないと認めているが，できるだけ効果的な習慣を見つけて，身につけるためにさまざまな仕事の型を試すことで，自分たちのためになると主張している．

> 多くの人は，完全に集中できるまでに 30 分くらいかかる．… 目の前の仕事を終わらせることが，その日の仕事のけじめを付けようとするときの自然な衝動である．… もし中断することで仕事をやり直さなければならないなら，もちろんそれは正しい．しかし，途中で止めて終わりにするよう試みなさい．清書する仕事であれば，文の途中でやめなさい．ウォーミングアッ

プのためのよくある方法は，前日の仕事の後半部分に目を通すことだが，途中で止めればもっとうまくいく．… 私が本当に懸命に働いているときには，朝の5時半くらいに目が覚め，準備万端，始めたくてしかたがない．しかし，たるんでいれば起こされるまで寝ている．

リトルウッド（Littlewood, 1986）

はっきりしない段階で，この準備によって目前の仕事を十分明確に理解し，あわせて関連のある背景情報も把握すると，頭の中でさまざまな方法やアイデアの組合せを試すことができるようになる．孵化の相に到達したのである．

われわれは，すべての事実を知ることはできない．なぜなら，事実は実際無限にあるのだから．… 方法とはまさしく事実を選択することである．　ポアンカレ（Poincaré, 1908）

準備の最初の困難を乗り越えると，また次の壁にぶつかるということにも，私はしばしば気づいていた．避けるべき大きな誤りは，真っ向から問題に立ち向かおうとすることである．孵化の相の間は，間接的に遠回しに進まなくてはならない．潜在意識が働けるように，思考は解放される必要がある．

アラン・コンヌ（Changeux and Connes, 1995）

気質，一般的性格，そして「ホルモン」因子は，純粋に「精神的」行動と考えられるものにおいて，きわめて重要な役割を果たすに違いない．…「潜在意識の醸造」（または熟慮）は時に，こじ付けの体系的思考よりも良い結果を生む．… 独創性と呼ばれるものは … ある程度，すべての道を探索する秩序立った方法――試みた結果をほとんど機械的に分類する方法――から成り立っている．

私が数学の証明を思い出すとき，喜びや困難によって際立ったところだけが頭に残っているようである．簡単なところは，理論的にたやすくやり直すことができるので，つい見過ごしてしまう．かたや，もし何か新しいことや独創的なことをやりたいとなると，もはや三段論法のような論理の繋がりはない．子供のころ，詩歌の押韻の役目は，韻を踏む言葉を見つけることで，見た目ではわからないものを見つけさせることだと思っていた．これは新しい結び付きに気づかせ，思考の日常的連鎖，流れを逸脱することを半ば保証する．このことは，逆説的に創造力のある種の機械的仕組みとなる．… 人々がひらめきだとか啓示と考えているものは，実際には多くの潜在意識の働きと，自分ではまったく気づいていない頭の中の通路を通った連想の結果なのである．　ウラム（Ulam, 1991）

何か新しい物を創るには，二つの力がいる．一つは組合せを作る力である．もう一つは，前者が与えたたくさんの物のうちで自分が望む物，そして自分にとって重要な物を選び認識する力である．天分と呼ばれるものは，一つ目の力ではなく，自分の前に置かれたものの価値を理解し，それを選ぶ二つ目の力の迅速さである．

ポール・ヴァレリー（Hadamard, 1945 での引用）

われわれは二重の結論にたどり着いた．物を創ることは選択であるということと，この選択はいやおうなしに科学的美の感覚に支配されるということである．

アダマール（Hadamard, 1945）

数学の喜び（そして苦しみ），言い換えれば魔力（そして自虐）の一部は，次の段階――孵化から啓示へ――が依然としてひどく不可思議で捉えにくいままだという事実から起きる．啓示はいつ何時でも起こりうる．多くの場合――特に比較的実感しやすい場合は――「公の仕事」時間中に起きる．しかし，特に光が当てられるべき片隅がとりわけ暗かったり馴染みの薄いものだったり，また想像力を大きく飛躍させなければならない場合には，必ずしもそうとは限らない．このような場合，準備と孵化の段階の骨の折れる厳しい仕事のあと，進むべき道をより明確に見極めるために，しばしば思考力は「後退」する必要がある．つまり，コンヌが「真っ向から問題に立ち向かおうとすること」に対して警告したときに暗示しているように，厳しい仕事は気晴らしと組み合わせる必要がある．よく引用される例の一つでは，バスに乗り込んだとき，フックス関数と双曲幾何の関係を理解したことを回想している！　以下の引用の最初の三つは，不眠の結果，または目覚めの行為のさなかに，精神がこの中間状態に至ることを示している．四つ目の引用は，精力的な山歩きに関してである．すべての引用に共通しているのは，公に働いているときに啓示の瞬間は訪れていないことである！

> 彼は友人に，他の人たちでも，数学の真理について自分と同じくらい長く深く熟考したなら，同じ発見をすることができるだろうと，口癖のように言っていた．解を見つけることなく何日も一つの問題を考え続け，眠らぬ夜を過ごしたあと，やっとわかるのだと，彼はよく話した．
>
> ダニントン（Dunnington, 1955）

> その疑う余地のない確かさを保証できる一つの現象がある．突然の覚醒のまさにその瞬間に，解が突如現れることである．外部の物音によってまったく不意に覚醒したとき，長い間求めていた解が，ほんの一瞬のすきも与えず現れた…それは今まで追ってみたどの方向ともまったく違う方向の解だった．
>
> アダマール（Hadamard, 1945）

> 最初に最も心を打つのは，前に行われた長く意識のある仕事の明らかな痕跡として，突然の啓示が現れることである．… 数学的創造におけるこの潜在意識の仕事の役割は，議論の余地がないように私には思える．…
>
> 2 週間の間，これまで私がフックス関数と呼んでいたものと類似した関数はほかにあり得ない，ということを証明しようとしていた．そのとき私はたいへん無知であった．毎日机の前に座って，1〜2 時間膨大な数の組合せを試してみることに費やすが，何の結果にもたどり着けなかった．ある夜，習慣に反して私はブラックコーヒーを飲み，眠れなくなった．すると多数のアイデアが頭の中に次々と浮かんできた．そのアイデアが互いに押し合っているのを感じ，ついにその中の二つが合体し，一つのしっかりした組合せとなった．朝になったとき，私はフックス関数のあるクラスの存在を確立していた．それらは超幾何級数から導き出されたものである．私は結果を確かめるだけでよかったし，それには数時間しかかからなかった．
>
> ポアンカレ（Poincaré, 1908）

> 私は 2 か月間，かなり確信の持てる結果が真実であることを証明しようと取り組んでいた．スイスの山を苦労して登っているとき，非常に奇妙な方法を思い付いた．しかし，あまりにも奇妙な方法だったので，過程は良かったものの結果として生じた証明を全体として理解することができなかった．… 自分の潜在意識が「どうしてもやらないつもりなのか？　いまいましい．やってみろよ」と言っているような気がした．
>
> リトルウッド（Littlewood, 1986）

こうしてもたらされる満足感は，数学の経験がさほどない人にもよくあることである．

> 啓示は，それが訪れた瞬間に必ず起こる喜び —— 上機嫌！ —— だけでなく，霧が突然晴れるのを見たときに不意に感じるような安堵感によって明らかになる．
>
> アラン・コンヌ（Changeux and Connes, 1995）

しかし，厳しい仕事を何か月もしたあとでは，このような興奮も当てにならないことがある．

> 数学では，大雑把なことでは終われない．すべての細部がいつか記述されなければならない．
>
> ウラム（Ulam, 1991）

証明，つまり解法の過程は，しばしばありふれて見えるが，型どおりであることはめったにない．それは，期待した方法を考え直さざるを得ない隠れた巧妙さを常に明らかにするものである．思いがけない障害が未解決のままかもしれないし，もう一度ぐるりと回って，しぶしぶやり直さなければならないかもしれない．これを「失敗」と考えがちである．しかし，数学は問題を解くための単なる機械ではない．それは生き方の一つである．問題を解くさまざまな方法において，成功と失敗の両方がわれわれを再び思索に向かわせる —— ガウスが 1808 年に**ボヤイ** [VI.34] に宛てた手紙で書いたように．

> 最も大きな喜びを与えるものは，知識ではなく学ぶ行為であり，手に入れることではなくそこに至るまでの行為である．一つの主題を解明し研究し尽くしてしまうと，暗闇に再び入っていくために目を背ける．おかしなもので，人間は決して満足しない —— 一つの建物を完成させたなら，それはそこで平和に暮らすためではなく，再び別の物を建てるためのものである．世界征服者は，一つの領土を征服するかしないかのうちに，ほかの土地に手を伸ばすことを考えていた，と私は想像する．

文献紹介

Barbeau, E. 1989. *Polynomials*. New York: Springer.

Changeux, J.-P., and A. Connes. 1995. *Conversations on Mind, Marter and Mathematics*. Princeton, NJ: Princeton University Press.
【邦訳】J・P・シャンジュー，A・コンヌ（浜名優美 訳）『考える物質』（産業図書，1991）

Dixon, J. D. 1973. *Problems in Group Theory*. New York: Dover.

Dunnington, G. W. 1955. *Carl Friedrich Gauss: Titan of Science*. New York: Hafner. (Reprinted with additional material by J. J. Gray, 2004. Washington, DC: The Mathematical Association of America.)

Eisenstein, G. F. 1975. *Mathematische Werke*. New York: Chelsea. (English translation available at http://www.ub.massey.ac.nz/~wwiims/research/letters/volume6/)

Engel, A. 1991. *Problem-Solving Strategies*. Problem Books in Mathematics. New York: Springer.

Gardiner, A. 1987. *Discovering Mathematics: The Art of investigation*. Oxford: Oxford University Press.

Gardiner, A. 1997. *The Mathematical Olympiad Handbook: An introduction to Problem Solving*. Oxford: Oxford University Press.

Hadamard, J. 1945. *The Psychology of Invention in the Mathematical Field*. Princeton, NJ: Princeton University Press. (Reprinted 1996.)

Hilbert, D. 1902. Mathematical problems. *Bulletin of the American Mathematical Society* 8:437–79.

Kac, M. 1985. *Enigmas of Chance: An Autobiography*. Berkeley, CA: University of California Press.

Kac, M., G.-C. Rota, and J. T. Schwartz. 1986. *Discrete Thoughts: Essays on Mathematics Science and Philosophy*. Boston, MA: Birkhäuser.
【邦訳】M・カッツ，G・C・ロタ，J・T・シュワルツ（竹内茂ほか訳）『数学者の断想――数学，科学，哲学に関するエッセイ』（森北出版，1995）

Koestler, A. 1976. *The Act of Creation*. London: Hutchinson.

Littlewood, J. E. 1986. *A Mathematicians Miscellany*. Cambridge: Cambridge University Press.
【邦訳】B. ボロバシュ編（金光滋 訳）『リトルウッドの数学スクランブル』（近代科学社，1990）

Lovász, L. 1979. *Combinatorial Problems and Exercises*. Amsterdam: North-Holland.
【邦訳】L・ロバシュ（秋山仁ほか訳）シリーズ「組合せ論演習」（1〜5）（東海大学出版会，1988）

NCTM. 1980. *Problem Solving in School Mathematics*. Reston, VA: National Council of Teachers of Mathematics.

Newman, D. 1982. *A Problem Seminar*. New York: Springer.
【邦訳】D・J・ニューマン（一松信 訳）『数学問題ゼミナール』（シュプリンガー・フェアラーク東京，1985）

Poincaré, H. 1904. *La Valeur de la Science*. Paris: E. Flammarrion. (In *The Value of Science: Essential Writings of Henri Poincaré* (2001), and translated by G. B. Halsted. New York: The Modern Library.)
【邦訳】H・ポアンカレ（吉田洋一 訳）『科学の価値』（岩波書店，1977）

Poincaré, H. 1908. *Science et Méthode*. Paris: E. Flammarion. (In *The Value of Science: Essential Writings of Henri Poincaré* (2001), and translated by F. Maitland. New York: The Modern Library.)
【邦訳】H・ポアンカレ（吉田洋一 訳）『科学と方法』（岩波書店，1953）

Pólya, G. 1981. *Mathematical Discovery*, two volumes combined. New York: John Wiley.
【邦訳】G・ポリア（柴垣和三雄 訳）『数学の問題の発見的解き方』『問題解決の理解・学習・教授』（みすず書房，1964〜67）

Pólya, G. 1990. *Mathematics and Plausible Reasoning*, two volumes. Princeton, NJ: Princeton University Press.
【邦訳】G・ポリア（柴垣和三雄 訳）『数学における発見はいかになされるか』（丸善，1959）

Pólya, G. 2004. *How to Solve It*. Princeton, NJ: Princeton University Press.
【邦訳】G・ポリア（柿内賢信 訳）『いかにして問題をとくか』（丸善，1954）

Pólya, G., and G. Szego. 1972. *Problems and Theorems in Analysis*, two volumes. New York: Springer.

Reznick, B. 1994. Some thoughts on writing for the Putnam. in *Mathematical Thinking and Problem Solving*, edited by A. H. Schoenfeld. Mahwah, NJ: Lawrence Erlbaum.

Ringel, G. 1974. *Map Color Theorem*. New York: Springer.

Roberts, J. 1977. *Elementary Number Theory: A Problem Oriented Approach*. Cambridge, MA: MIT Press.

Ulam, S. 1991. *Adventures of a Mathematician*. Berkeley, CA: University of California Press.
【邦訳】S・ウラム（志村利雄 訳）『数学のスーパースターたち――ウラムの自伝的回想』（東京図書，1979）

Yaglom, A. M., and I. M. Yaglom. 1987. *Challenging Mathematical Problems with Elementary Solutions*, two volumes. New York: Dover.

Zeitz, P. 1999. *The Art and Craft of Problem Solving*. New York: John Wiley.
【邦訳】P・ツァイツ（山口文彦ほか訳）『エレガントな問題解決――柔軟な発想を引き出すセンスと技』（オライリー・ジャパン，2010）

Zinoviev, A. A. 1980. *The Radiant Future*. New York: Random House.

VIII. 2

「なぜ数学をするのか？」と問われたら

"Why Mathematics?" You Might Ask

マイケル・ハリス［訳：山内藤子］

> われわれの信仰を哲学に守ってもらう必要があると考える人がいるとしたら，その人は信仰について乏しい意見しか持っていないのだと私には思える．
>
> ロレンツォ・ヴァッラ『自由意志についての対話』(*Dialogue on Free Will*)

1.　形而上学的な重荷

1978 年にヘルシンキで開かれた国際数学者会議で，**アンドレ・ヴェイユ** [VI.93] は「数学史：目的と方法」(History of Mathematics: Why and How?) と題する彼の講演を次の言葉で締めくくった．

> 「なぜ数学史を研究するのか」というそもそもの問いは，最終的には「なぜ数学をするのか」という問いに還元されます．そして幸運なことに，私がこの問いに答えるよう求められているようには感じないのです．
>
> *Proceedings of the ICM, Helsinki, 1978*
> (pp. 227–36，引用は p. 236)

筆者はこのヴェイユの講演と，講演後の拍手喝采を聞いた．そして今，その最終的な問いを容易には回避できないであろうと想像させる場面を思い出している．たとえば，1991 年に米国下院の科学宇宙技術委員会は，米国数学会 (AMS) に「数理科学の主な目的は何か」という，とてもよく似た問いに答えるよう要請した．ヴェイユは講演を聴いている数学者がどのような反応をするかを知っていた．研究予算を管轄する政府機関に報告を行う必要に迫られた委員会は，12 人の数学者で構成されていたが，彼らもまた自分たちが誰と話をしているのかを理解していた．

> 数学の最も重要な長期的目標は，科学・テクノロジーへの基本的な道具の提供，数学教育の改善，新しい数学の発見，技術移転の促進，そして，効率的な計算のサポートである．*1)

ロラン・バルト (Barthes, 1967) は，「意味とは，何かを売れるようにするものである」という言葉を残しているが，米国数学会は次に紹介するような，**フーリエ** [VI.25] の姿勢を採用した．**ヤコビ** [VI.35] が**ルジャンドル** [VI.24] 宛ての 1830 年 7 月 2 日の手紙に書いた，フーリエを称えたコメントを見てみよう．

> 数学の主要な目的は，公共の利便と自然現象の説明であるという意見を（フーリエは）持っていました．しかし，彼のような哲学者であれば，科学の唯一の目的は人間知性の名誉であると知っていてもよいはずでした．

第 3 の目標である「新しい数学の発見」の中に「名誉」が入る余地を米国数学会は残しているように見えるかもしれない．しかし，この目標についてあとで詳述されたものを読むと，やはり純粋数学の「予期せぬ」応用へと読者を誘導している．

ハーディ [VI.73] は著書『ある数学者の弁明』(*A Mathematician's Apology*) の中で，「実務的な基準から判断してしまえば，私の数学的生活はまったくの無価値である」という有名な主張をしているが，ハーディほどに実践的な応用に関心がない数学者は，ほとんどいない．しかし，説明相手が政府の委員会でなければ，(1991 年に AMS を代表していた数学者を含む) ほとんどの純粋数学者は，まったく異なる「最も重要な究極のゴール」のリストを選んだであろうと仮定するのがフェアである．

このような状況のもとにおいても，数学者たちは哲学が数学を守ってくれることを長い間あてにすることができた．プラトンの時代から，形而上学的基礎付けにおける本質的な価値を数学に認めることは，ごく普通のことだった*2)．確かな知識の源としての

*1)　「数理科学のパイロットアセスメント（下院科学宇宙技術委員会用）」から．Notices of American Mathematical Society 39 (1992):101–10.

*2)　この章において，形而上学的確かさは中心的な問題である．デカルトは『哲学の原理』(*Les Principles de la philosophie*)（第 206 章）の中で「形而上学的基礎の上に確立された確かさは，神がこの上なく善良であり，かつすべての真実の源であるのと同様に，神がわれわれに与えた真実と誤りを区別する能力なのだから，われわれがその確かさを正しく使い，確かさによって物事をはっきりと見聞きする限り，誤謬であることはあり得ない」と述べ，「数学の証明」を第 1 の例として挙げている．プラトンは『国家』(VII, pp. 522–31) において，「永遠に

数学の地位は，すでに 2 世紀に確立していた．プトレマイオスは次のように書いた．

> 数学を攻撃する者がいたとしても，数学だけが，それを行う者に確実で揺るぎない知識を供給する．それは算術と幾何学という議論の余地がない手段で，証明がなされるからである．*3)

20 世紀初頭，**ゲーデルの不完全性定理** [V.15] において頂点を迎えた**数学の基礎における危機** [II.7] は，数学の確かさが，間違いを犯しうる存在である人間に依存することから免れさせたいという願いが，大きな要因だった．**ラッセル** [VI.71] は著書『80 歳記念論集』（*Reflections on My Eightieth Birthday*）の中で次のように述べている．

> 人々が宗教的な信義を求めるのと同じ方法で，私は確かさを望んでいた．確かさは他のどこよりも数学の中にあるように思った．私は，数学は久遠の真理に対する信念の主要な源であると信じている． ハーシュ（Hersh, 1997）

マービン・ミンスキーが別の文脈で「知識と意思の間に親密な関係がなければ，論理は知性ではなく狂気に至る」（Minsky, 1985, 1986）と述べているように，論理に確かさの根拠を置きたいというラッセルの希望は，ほとんど過去のものである*4)．しかし，彼の言葉は反響を続けている．ジャン＝ピエール・セールがアーベル賞の最初の受賞者としてその名を挙げられたとき，2003 年 5 月 23 日付の仏リベラシオン（*Libération*）紙は，数学が「完全に信頼でき確かめることのできる」真実を生み出しうる唯一のものであると印象付けるために，ラッセルの言葉を引用した．そして，700 万ドルのミレニアム懸賞基金の創設を宣言したランドン・T・クレイ 3 世は，個人資産の多くを純粋数学の支援に捧げると決断した経緯について「宗教による保証は失墜したが，証明の追求は人類の行動を前進させる強い力であり続ける」と説明した*5)．

知性は自分自身で自らの名誉を保つ．ヤコビも同様のことを言ったであろう．しかしそれは，より強い力と契約を交わすことによってのみ可能である．筆者は次のような意見を述べたい．上に引用したようなコメントに暗に含まれている，形而上学的確かさや，その他哲学者が大事だと考えていることを防衛する場に，純粋数学者を引っ張り込むような取引は，数学にとって不必要な重荷であり，数学の持つ独自の価値に対して公正さを欠いている．それはまた，純粋数学が直面している生存の危機から純粋数学を守ることができない．予算削減は，そのような危機の最も目立った表現にすぎない．数学がその確かさをうまく説明できないために崩壊する，ということはありそうな話ではない．ただし，価値があることを説明できないならば，崩壊してしまうだろう．

2. ポストモダニズム vs. 数学？

数学者を心配させない類の危機について述べよう．それはポストモダニズムの危機である．「ポストモダニズム」という用語が特定の何を意味するかは明白でないにもかかわらず，この話題をめぐって何千ページもの論考がすでに書かれている．それでも筆者が数ページを加えようとするのは，この用語が，確実性にだけではなくあらゆる形の合理性にも疑念を呈する過激な相対主義の省略表現として使われるようになってしまったからである*6)．このように，ラッセルが論じたような意味での確かさには疑問を持っているが，理性や合理的活動としての数学の価値を守ろうとして，「ポストモダニズム」と呼ばれるものに何らかの敵意を持っている数学者が見受けられる．

建築に適用された場合のポストモダニズムは，か

存在するものについての知識」の源泉として数学を考えていた．イアン・ハッキング（Hacking, 2000）は，次のように論じる．確かさとそれに類する概念は，その研究全体に「感染する」ほどに深い感銘をある種の哲学者に与え，数学が哲学に与えた明白な恩恵の一例（そのような例はそれほど多くはないが）であるように見える．

*3) プトレマイオスの『アルマゲスト』（*Syntaxis*）I 巻 1 章 16.17–21．Lloyd（2002）参照．

*4) 数学を集合論へと還元しようとする試みに対してルネ・トムが批判的な言及をしたとき，彼は次のように述べている．「普通の言語で作られたフレーズすべてにブールの規則に従って意味を与えるという試みにおいて，論理学者は宇宙の幻想的，熱狂的再構成へと歩みを進めている」（Tymoczko, 1998 に再収録）．

*5) 2000 年 4 月に開催されたパリ・ミレニアム会議において行われた，フランソワ・テシュールによるインタビューの記録（クレイ数学研究所の好意による提供）．

*6) たとえば，レイコフとヌネスは「“数学は歴史的・文化的に見て純粋に偶発的なものであり，本質的に主観的である”と主張するポストモダニズムの急進的な形態」と書いている（Lakoff and Núñez, 2000）．しかし，この見解を裏付ける例は与えられていない．

なりはっきりとした傾向を意味する．そこでは，ポストモダニズムは時代精神を定義する潮流として，「後期資本主義の文化的論理」と呼ばれた．モダニズムとの違いは，ポストモダニズムが時間よりも空間を，意味の統合や全体よりも多数の見方や断片を，進歩よりも寄せ集め（サンプリング）を重視することである*7)．哲学の動向としては，典型的には（乱暴に言えば）ポストモダニズムはミシェル・フーコー，ジャック・デリダ，ジル・ドゥルーズ，ロラン・バルト，ジャン＝フランソワ・リオタールや，より一般的に 1960 年代から 1970 年代の「フランス思想」に結び付けられる．ポストモダン思想の文章は幅広い領域に言及し，皮肉を感じさせ，自己言及であり，直線的な語り口に対しては敵意を持っている．たとえば，ポストヒューマニズムとして知られるポストモダニズムの亜種は，人間と機械の間の物質的境界が失われていくことを歓迎している．

企業の宣伝広告によって公共的な議論がおとしめられているという状況に直面している限りにおいては，われわれは皆ポストモダニストである．そして，それゆえに，われわれはヤコビが「人間知性の名誉」を願ったコメントを，知らず知らずのうちにポストモダニズムが出現する前兆と読みがちである．数学者は最初のポストモダニストであると主張することさえできる．芸術批評家による「自由に浮遊する記号を使ったゲームを支持して宙吊りにされた意味」というポストモダニズムの定義と，**ヒルベルト** [VI.63] が言ったとされる「ある単純なルールに従って，紙の上で意味のないマークを用いて遊ぶゲーム」という数学の定義を比べてみてほしい*8)．それにもかかわらず，（というより，まさにその理由から），数学はポストモダニズムを安全に無視することができた——たとえ後者には形而上学的な，もしくはそれ以外の確実さが介入する余地がないとしても*9)．ポストモダニストと見なされる作家たちが，科学や数学を相手にいくらか当惑させる論争をしてきたことは驚くことではない．ポストモダニストによる，いかにも物議を醸しそうな科学に関する物言いは，次のようなものである．

> 科学と哲学は大げさな形而上学的要求を放棄し，より謙虚に，物語の集まりの一種として自分自身を見なければならない．
>
> テリー・イーグルトンによるポストモダニズムの風刺（Harvey, 1989 から引用）

数学に関する限り，この種の相対主義は，オリジナルであるフランスのポストモダニズムより，英語圏のポストモダニズムのほうに関わりが深い．公理から定理へと進み，また抽象化・一般化の程度を上げていくという数学の進展は，フランスのポストモダニストたちによって懐疑的に考察された「支配的な物語」の第 1 の例であり，そして，啓蒙思想が数学的説明に割り当てた特別な役割を鑑みれば，特に格好の批判対象であると思った人もいたかもしれない．しかし，それはどうやら的を射ていないようである．ポストモダニズムに関わる最も著名なフランスの哲学者たちは，多くの論点については形而上学的に懐疑論者であったが，数学が持つ形而上学的な意図自体に異論を唱えることはしなかった．そうではなくて，彼らが問題にしたのは，人文科学と数学の関連についてであった．デリダは，特に**ライプニッツ** [VI.15] のことを念頭に，「（数学は）常に科学らしさの典型的なモデルであった」（*Of Grammatology*, p. 27）と述べている．そして，フーコーは次のように主張した．

> 数学は，形式的な厳密性と論証性を得ようとする努力によって，確かに最も科学的な言説のモデルとなっている．しかし，科学が実際にどう発展してきたかを探求する歴史学者にとって，それは一般化できない例である*10)．
>
> *The Archeology of Knowledge*（pp. 188–189）

---

*7) 「なぜなら，DJ の芸術的手腕は他人のアートを組み合わせることから来る．DJ はポストモダン芸術家の典型である」（www.jahsonic.com/postmodern.html）．

*8) 前者はオットー・カルニックによる．「誘引と反発」（Attraction and repulsion）（*Kai Kein Respect*, 2004, p. 48, “Exhibition Catalogue of the Institute of Contemporary Art”（Bridge House Publishing, Boston, MA, 2004）の論文）を参照．ヒルベルトの引用はよく見かけるが，本当に彼が言ったことかは疑わしい（彼の言葉でなかったとしても，この言葉の意義が失われるわけではないが）．ウラジミール・タシックの『数学とポストモダン思想の根源』（Vladimir Tasić, *Mathematics and the Roots of Postmodern Thought*）によると，この引用はポストモダニズムの数学における先駆物を拡張した考察である．*Notices of American Mathematical Society* 50, 2003, pp. 790–99 の筆者の書評を見ていただきたい．

*9) たとえば，「（デリダの）思想は，西洋哲学を最も良く特徴付けている究極的な形而上学的確かさや意味の源泉を探究することの拒否に基づいている」（Encyclopedia Britannica Online（www.britannica.com）から引用）．

*10) 1998 年にニューヨークタイムズが行った脱構築理論に

上に挙げたように，フランスのポストモダニズムの標準的なテキストの少なくとも一つは，直接に科学と数学における確かさについて言及している．ゲーデルの定理，量子力学の不確定性原理，そしてフラクタル*11)という三幅対に暗に言及しながら，リオタールは現代数学に次のようなものを見ていた．

> （現代数学の中には）物体の振る舞いを正確に測定・予測できるということについて，疑問を呈する潮流がある．… ポストモダンの科学は，… 知識を生み出すのではなく，知られ得ないことを生み出している．
>
> リオタール（Lyotard, 1979）

何人もの著者が，ゲーデルの定理と不確定性原理（そしてカオス）は，それぞれ数学と素粒子物理学（そして非線形微分方程式）における形式的な系に関する記述であり，したがって形而上学と何の関係もないと読者に注意を促した*12)．彼らの議論はしばしば雄弁であるが，概してポイントがずれていて，ラッセルのように確かさを追求する人には，何の慰めにもならない．形而上学的確かさは，たとえそれがどのようなものであっても，数学的証明よりも緩い縛りしかないなどということは，あり得ないのである．「形式的な系の中では，その形式的な系が一貫したものであることは証明不可能である」というゲーデルの定理を，「形而上学的確かさを数学的手段のみでは保証できない」ことを意味すると受け取ることも十分可能である*13)．しかし，セールがリベラシオン紙上のコメントで，数学的真実は完全に信頼でき，**数学的基準**によって検証できるというトートロジー以上の何かを述べようとしていたことは確かである．この「それ以上の何か」をピンで止めていわゆる「数学のエッセンス」を見つけようとする苦しい試みは，数学の哲学が過去に経験した多くの挫折を払拭しきれない理由である．

たとえリオタールにそれほどの説得力がないとしても，進化は複雑系理論に高度に合致するとするスティーブン・ジェイ・グールドの主張から，「創発」（emergence）の現象として意識を扱う研究まで，最近の科学の多くで「ポストモダン的」感性を察知することができる．これらの分野の発展に共通しているのは，還元主義の拒絶と，それに関連したトップダウンの「支配的な物語」の拒絶である．この拒絶は，それらがただ間違っているという理由だけでなく，不適切で役に立たないという理由によってなされている．この種の科学をクーン的パラダイムの新種として記述することは行きすぎになるだろう（パラダイムという概念は，どのような場合にも，単純化されすぎていると広く批判されている）．しかし，それは分析哲学的な科学哲学に刺激を与えた分野とは，明らかに異なっている．数学に関して言えば，それがポストモダン的側面も持っているという指摘が存在している．たとえば，ユルゲン・ヨストは『ポストモダン解析学』（Jürgen Jost, *Postmodern Analysis*）と題された本を書き，何人かの専門家は「ポストモダン代数」に取り組んでいる．しかし，ポストモダン的感性が本当にそれに現れているかというと，筆者にはそうは見えない．実際，筆者はモダンとポストモダンの間に線を引くことに意味があるかどうかさえ確信が持てない．ヒルベルトの「ゲームとしての数

関する問いへのデリダの答えは「あなたたちはどうして物理学者や数学者には文句を言いに行かないんですか？」であった（"Jacques Derrida, Abstruse Theorist, dies at 74", *New York Times*, October 10, 2004 を参照）．最も深遠な数学でも，不明瞭さをどこかで正当化するために，前提とされる価値に訴えることは一般的なことである．筆者がそのような議論を初めて目にしたのは，作曲家（かつては数学者）のミルトン・バビットが書いた「聴いてるかどうかなんて，誰が気にするの？」（Who cares if you listen?）（*High Fidelity*, February 1958）という記事であった．そこでバビットは「どうして素人は，自分が理解できない音楽や何か他のものに，退屈したりうんざりしたりしないでいられるのだろうか」と語っていた．この種の話では，審美的な理由で純粋数学を正当化しようとする試みは順序が反転させられてしまう．同僚の間でもとても人気のある「なぜ数学をするのか？」という本章のタイトルでもある問いについての審美眼的な観点からの回答を，筆者が脚注のみで行なう理由である．

*11) 先行する世代の文芸批評家にとって，この三幅対は常套句だった．ゲーデルよりもカオスを強調する例としては，『カオスと秩序』(N. Katherine Hayles (ed.), *Chaos and Order*, 1991）を参照．

*12) ジャック・ブーヴェレスによる『アナロジーの逸脱と幻惑』(Jacques Bouveresse, *Prodiges et vertiges de l'analogie*, 1999）は，この種の注意に多くの紙面を割いている．

*13) 予想されていたことではあるが，宗教はこのギャップを埋めようと踏み込んでしまう（www.asa3.org/ASA/topics/Astronomy-Cosmology/PSCF9-89Hedman.html#16 を参照）．ジョン・D・バローはゲーデルの定理が物理に対してどのような意味を持つかという問題を真剣に捉えている一方で，ゲーデルの定理が科学的客観性を必然的に制限することを否定している（たとえば，M. Emmer, "Domande senza risponsta", *Matematica e Cultura*, pp. 13–24, Springer, 2002 を参照）．

学」という定義は，まるでデリダの口から出たもののように聞こえる．しかし，ヒルベルトの根本的な綱領である「われわれは知らなければならない，われわれは知るであろう」がモダニズムの例でなかったら，いったい何であろう？ 一方，ティモシコのアンソロジー（Tymoczko, 1966）におけるあらゆる形の基礎付け主義の放棄は，数学の哲学における「支配的物語」の拒絶であり，実際，宣伝文によると，そのアンソロジーは「ポストモダン」だった[*14)]．

3. 社会学は高地を目指す

ヴェイユはゲーデルによる形而上学的脅威について，「数学に一貫性があるから，神は存在する，しかし，それは証明できないから，悪魔も存在する」とジョークにするくらいで，あまり重要視していなかったとされている．彼と同じブルバキメンバーの一人であるデュドネは反撃を試みた．

> 物理学者と生物学者が，今のところそう観察されているというだけの理由で自然法則の永続性を信じているように，「形式主義者」と——不適切にも——呼ばれる数学者（現在のところほとんどすべての数学研究者）は，集合論に矛盾は生じないだろうと信じている．そのことをこの 80 年間，誰一人として確かめてはいないのだが[*15)]．

これは帰納的（経験的），あるいは社会学的かつ，またプラグマティックな議論である．これらすべての傾向は実際ポストモダニズムに見られる．より典型的には，フランス哲学よりもむしろ，「科学」をテーマとするイギリスの社会学に見ることができる．

> 数学的手続きの強制力は数学が超越的なものであることに由来するのではなく，人の集団によって受け入れられ，用いられることに由来する．この手続きが使われるのは，正しいからとか，理念に対応するからとかではない．受け入れられているから正しいと見なされているのである．
>
> デイヴィッド・ブルア
> 『ヴィトゲンシュタイン：知識の社会理論』
> （*Wittgenstein: A Social Theory of Knowledge*, 1983）

ブルアが創始した科学的知識の社会学（Sociology of Scientific Knowledge，SSK）の運動は，分析哲学の伝統に基づく戦後の科学哲学に深く根ざしている．「言語ゲーム」，「生活形式」，「ルールの学習」といったキーワードで展開される，後期ヴィトゲンシュタインによる数学について，そしてより一般に知識についての議論は，社会的要因を重視している．そして，SSK は熱狂的なヴィトゲンシュタイン支持者なのである．もちろん，ヴィトゲンシュタインの成果はよく知られているように体系立っておらず，それ自身がさまざまに解釈されることを許している．「懐疑の基盤が欠けている！」と書いたヴィトゲンシュタインを懐疑論者として見ることは間違っていると筆者は思う．彼の注意を強く引いた社会的な要素を越えたところで，ヴィトゲンシュタインは（「論理的必然性の困難」という言い方で）言語や哲学では適切に扱うことのできない「それ以上の何か」を，とりわけ数学の中に明らかに感じていたのである[*16)]．

社会学は哲学が失敗した点を乗り越えることができるのだろうか？ 「社会学は数学の核心に触れることができるかどうか」（Bloor, 1976）という問いに対する，ブルアの好戦的で「自然主義者的」な応答は，形而上学の誤りを明らかにしようというよりはむしろ，形而上学的に洗練された見地を社会学に導入しようとする試みであった．論理学者の間の論争に関するクロード・ローゼンタールによる繊細な民族誌的研究は，彼が示唆したように，数学や論理学の訓練を積んでいたら，研究計画の遂行に「深刻なハンディキャップ」にさえなったかもしれない，という彼のコメントとともに，似通った感性を露わにしてしまっている（Rosental, 2003）．後者のような立場を古典的に表明したものとして，ブルーノ・ラトゥールとスティーブン・ウールガーによる例を引

---

*14) ティモシコのアンソロジーの反基礎付け主義は，ゲーデルの定理に強く触発されたものである．

*15) ヴェイユのジョークは，Google で検索すると少なくとも 85 か所で引用されているが，そもそもの出典は明記されていない．デュドネのコメントは『人間精神の名誉のために』（Hachette, *Pour l'honneur de l'esprit humain*, pp. 244–45, 1987）からのものである．A・ジャッフェと F・クワンの論文「理論数学：数学と理論物理の文化的統合に向けて」（Theoretical mathematics: toward a cultural synthesis of mathematics and theoretical physics）でなされた議論に見られるアルマン・ボレルの「数学の自己修正力」についての言及は，プラグマティズムを控えめに表現している（*Bulletin of the American Mathematical Society*, 29, pp. 1–13, 1993）．

*16) ヴィトゲンシュタインからの引用（Wittgenstein, 1969, 第 4 パラグラフ; 1958, 第 437 パラグラフ）．

用しよう．

> われわれは，前もって何らかの認識を持っておくことが，科学者の研究を理解するために必要な先入観であるとは見なさない．これは人類学者が原始的な魔術師の知識に頭を垂れることを拒否するのに似ている．われわれが知る限り，科学者の実践が外部の人間より合理的であることを想定するアプリオリな理由は何もないのである．
>
> ラトゥールとウールガー『生活研究所』
> Latour and Woolgar, Laboratory Life
> (pp. 29–30, 1986)

しかし，数学者が自身の経験を語り，それに社会学者が真剣な注意を払うとき，そのプロセスにおいて数学者からヴェイユが口にしなかった問い（なぜ数学をするのか）が発せられることを想像することもできる．たとえば，ボンのマックス–プランク研究所でのベッティーナ・ハインツによるフィールドワークは，構成主義的な科学社会学の観点から，数学を対象とした最初の研究と見なされているが，ハインツは「野生に帰してしまう」ことと「その場を支配する文化に対して過度に同質化してしまう」ことを懸念している．しかし，ハインツの主題は，数学者が合意に達する過程を同定するという顕著に社会学的なものであった．彼女の方法論は，現役の数学者を「原始社会の魔術師」のようにはまったく扱わず，数学者たちの物の考え方を共感とともに詳細に記録するものである．方法論による制約にもかかわらず，ハインツのほうがより「本当の数学者」を説明することに関心を持っているのではないかという印象を持つ人もいるだろう．この点についてはあとで述べることにするが，これはブルアとローゼンタールが，哲学者たちの形而上学的関心に反論するために証拠を並べようと躍起になっているのと対照的である．

ゲーデルの定理や，論理検証主義に対するポパーの攻撃，科学革命についてのクーンの理論，ラカトシュが『証明と論駁』(*Proofs and Refutations*) の中で試みた知識内容についての弁証法的アプローチ，ヴィトゲンシュタインの哲学に囲まれて，ラッセル的な意味での確かさは，ほとんど解体されてしまった*17)．ただし，形而上学的な確かさの概念に取り組むべきだという社会学・哲学・心理学からの要望については，やはり依然として存在している．一方で，筆者がポストモダニストとして描いてきた傾向を持つ人々は，確かさについての懐疑主義を表明し続けている．彼らは自分の攻撃対象が，もはや数学者の実際の関心とはほとんど関係のない，広告文句の類にすぎないことについて無自覚であるように思える．また他方では，彼らは分析哲学をより柔軟な概念で代替できないかと試行錯誤をしてきた．たとえば，フィリップ・キッチャーは，アプリオリな土台よりもむしろ経験的な土台の上で数学を矛盾なく記述しようとして，「正当化理由」(warrant) という用語を使った．キッチャーは**フレーゲ** [VI.56] が彼の同時代の数学者に対して抱いていた不満を取り上げ，「フレーゲは数学的知識における完全な明確さと確かさの可能性を強調していたが，彼が先取りしていた数学的構想は，現場の数学者にはほとんど無関係なものだった」と観察している (Kitcher, 1984)．しかしながら，キッチャーも SSK も，「われわれの数学的知識はどのようにして得られているか」(Kitcher, 1984) という問題に囚われてしまっている．そこでは，知識は真実であると見なされて，信念を正当化するものとして考えられている．

ハインツを読むと，フレーゲの時代と同様に，今でも多くの数学者自身は，これらの問題を時代遅れで的を外したものと見なしていることがわかる．ブルアとバリー・バーンズによって定式化された SSK の「ストロングプログラム」の最も異論を呼ぶ部分は，「対称性のテーゼ」，つまり「ある科学的主張がどのように知識として受け入れられるかを調べるときには，その主張が正しいか間違っているかは考慮に入れるべきではない」という主張である．ハインツのフィールドワークは，数学的証明が受け入れられ，

*17)　ラカトシュは遺稿「近年の数学の哲学における経験主義の再興」(A renaissance of empiricism in the recent philosophy of mathematics) において，Russell (1924) を含む数学者や幾人かの哲学者によって書かれた文を引用し，結局のところ数学は不確かなものであると述べようとしていた．自然なことであるが，ほとんどの引用は直接的・間接的にゲーデルの定理に言及するものだった．この遺稿は Tymockzko (1998) に再録されている．Hacking (2000) は「ドグマか理論だけが，人々をして“数学は全体として特別な確かさを備えている”と言わしめた」と述べている．しかしながら，「確かさ」は今もなお哲学書のタイトルに登場し続けている．たとえばマーカス・ジャキントの楽天的な著作『確かさの探求：数学の基礎の哲学的記述』(Marcus Giaquinto, *A Philosophical Account of Foundations of Mathematics*, 2004) がある．

「真実についてのある種の合意された理論」(Heintz, 2000) として広がっていく過程を多くの数学者がいかに考えているかと，この主張とが合致していることを示唆している*18)．

「数学的証明が，どのようにして知識として受け入れられるか」についての鮮やかな例が，筆者が今こうして執筆をしている最中に展開されている．グリゴリー・ペレルマンが発表した**ポアンカレ予想** [V.25] の証明に対して，いくつかの専門機関が彼の主張の正否を決定しようとしており，今までに類を見ないような検証がなされているところである．この事態は社会学的な視点とはまったく関係なく進展しているし，筆者の知る限り，哲学的な思索が助けになるということもない．確かにクレイ数学研究所から提示された 100 万ドルは，観念の世界と無関係な世俗の話題である*19)．また，この懸賞の授与規定は，数学者コミュニティが間違いを犯しうることを想定しており，その文言は，ハインツの調査を受けた数学者が自発的に語った表現と似ていた (www.claymath.org/millenium/rules_etc の 3 段落目以下を参照)．それでも，そのようなこととは無関係に進展している事態なのである．しかし，この事例は例外的なものである．ローゼンタールが言ったような意味で「知識を確定すること」は，それ自体は数学者にとってあまり重要なことではなく，ペレルマンの論文の熱心な読み手が自分たちのやっていることを説明するとしたら，自分たちはペレルマンの証明を (数学コミュニティや，気前の良い後援団体や，哲学者や社会学者のために) 知識として「確定」しようとしているのではなく，証明を「理解」しようとしていると，おそらく言うだろう*20)．

4. 真 理 と 知 識

「**数学の哲学**という名前で進行している活動の大部分は，数学者が考えていること，考えたことにとって何の意味もない．1880 年代から 1930 年代の「数学の基礎」概念への偏った興味を別にすれば，各時代のゆがんだ歴史像をあまりにも多く流布させている」と提起したのは，デイヴィッド・コーフィールドである．彼は自ら「実際の数学の哲学」を発展させるべく努力してきたと語る*21)．コーフィールドは次の二つの問いを対比させている．一つは伝統的な先験主義者の関心，すなわち「われわれは数学的真理についてどのように語るべきか？　数学的用語や命題は何かを指示するものだろうか？　もしそうなら，指示されているものは何だろうか？　そして，われわれはどうやってそれにアクセスすればよいのか？」であり，もう一つはアスプレイとキッチャーが数学の哲学における「異端的な伝統」の典型例と見なしている一連の問い，すなわち「数学的知識はどのように発達するのか？　数学的進歩とは何か？　ある数学的アイデア (や理論) が他より優るのは，いかなる点によってだろうか？　数学的説明とは何か？」(Corfield, 2003) である．

異端的な伝統のほうは，ティモシコが彼のアンソロジーの中でうまく表現しているように，素朴な確

---

*18) ハインツは，ユーリ・I・マニンの「証明は "証明として受け入れられる" という社会的行為のあとで初めて証明になる」という言葉を，ルネ・トムの真理の「共同体」理論とともに引用している．もちろん，ハインツが彼女の理論を支持する立場の数学者を選んで引用しているのではないかという疑問は，常にありうる．この問題はいかなる社会学的研究についてもありうることであり，社会学者たちには方法論的問題点を解決してもらうのがベストである．しかし，次のような重要な指摘がある．すなわち，ハインツのもともとの目標は，科学を対象とした研究の枠組みで，数学者たちの間での合意形成を説明することであった．成功したかどうかには疑問が残るが，それは別の問題である．彼女は数学の哲学の特定の学派を守ろうとしているのではない．この点において，ハインツは，たとえば明確に経験主義者として自己を位置付けているブルアとは違う．

*19) この原稿が書かれたのは，2004 年後半である．今では証明は正しいものとして受け入れられ，ペレルマンは 2006 年にフィールズ賞受賞者に選ばれたが，彼は受賞を辞退し，さらにクレイ数学研究所からの賞金も断ってしまった．

*20) 「論理学における確かめられた知識の生産は，社会学的な調査・分析の対象を構成しうるということが示されたことによって，広大な研究領域が形成されている」(Rosental, 2003)．数学者自身によって表明される優先事項を確認したり説明したりすることのほうが，より豊かな研究領域を形成しうるのではないかと筆者は思う．

*21) 引用はコーフィールド『実際の数学の哲学に向けて』(Corfield, *Towards a Philosophy of Real Mathematics*, 2003) から．ハッキングのコメント「(20 世紀の数学の哲学の) 最も印象的な特徴は，たいていはとても退屈だということである」(Hacking, 2002) と比較してほしい．ハッキングの数学の哲学については，彼の著書『数学は何をしたか』(*What Mathematics Has Done*) を参照されたい．

数学の非常に多くの分野のトレンドをよく知っているコーフィールドによると，「実際の数学」の「実際の」とは「そのままの」という意味である．この種の言葉の使い方に対する懐疑主義は自滅的であることに，筆者はまさに同意する．

かさの概念から踏み出した歓迎すべき第一歩である．しかし，筆者が言及したような，哲学者や哲学よりの社会学者（以下で検討するが，コーフィールドは例外とするのが公平だろう）は，数学者たちが真理と知識を創造しているかのように[*22)]，しかも，およそ哲学者と社会学者のためにそれをしてくれているかのように記述することが，いまだにしばしばある．彼らはそのような成功がどうすれば可能であるかを示したいのである．もしくは，方法はともかく，可能であることを示そうとしている[*23)]．一方，われわれ数学者は，次のことを強く確信している．つまり，われわれは「数学を」創造しているのである．そしてそれこそが，認識論に対する一般的興味の対象を高度に消化することなく，その活動をする「理由」である．ヴェイユはそれを理解していたために，ヘルシンキで何の説明もする必要がなかったのである．

「真理と知識において審判役を引き受ける者は誰でも，神の嘲笑によって挫折してしまう」とアインシュタインは書いた．数学者は嘲笑よりもむしろ落胆で挫折してしまう傾向があるが，そのため，その試み自体がそもそも失敗だと認識されてしまうほどのひどい失敗に対してのみ反応してしまいがちである[*24)]．数学の性質に関する哲学的思索のあら探しをしようとするならば，別種の哲学的思索を対案として用意する義務が暗黙のうちに課せられているが，筆者の経験からして，数学を実際にやるということは，そんなことができないように人を変えてしまうものである．自分自身で数学を哲学的に考えてみることを筆者があえてしないのは，笑われるかもしれないという恐怖心よりもむしろ，この理由によってである．「幾何学と代数学に由来する思考プロセスに慣れ親しんだ人にとって，物理学者が持つありふれた直観の類を働かせること」が難しいならば（ドリーニュの『量子場と弦：数学者のための入門』（*Quantum Fields and Strings: A Course for Mathematicians*, vol. 1, p. 2）で引用されたR・マクファーソンの言葉），数学と形而上学の間のギャップを埋めることはおそらく絶望的だろう．確かに表面的には対応するものがある．「本質」のような形而上学的抽象は，数学的な抽象概念である「集合」と同じように，それ自体では何も意味せず，むしろその用語が中心的な役割を担うように専門化された標準的な文脈のことを指している．筆者の主張は，「集合」という言葉で指し示されているその「何でもない物」は，「本質」という言葉で指し示されている「何でもない物」とはいくらか異なっており，より実り豊かな物だということである．しかし，そのような主張のために筆者が使える手段は数学的推論の形式をとることになり，それはせいぜい筆者を厄介な循環論法に導くだけだろう[*25)]．より無愛想に言ってしまえば，また，セールがリベラシオン紙のインタビューで引き合いに出した理由を考慮に入れれば，数学がもたらしてくれる類の解答よりも確かでない解答に満足することなど，筆者には不可能である．数学者にとって，ヴェイユが取り上げた問いに対してプラグマティックな答え方をすることは，敗北を認めることと同じだからである．そして，筆者はそれでもなお，数学的確かさとプラグマティックな確かさを区別する（形而上学的に確かな）土台が欠けていると意識せざるを得ない．

筆者が哲学的思索を避けたい，より重要なもう一つの理由，それは次のような見方があるからである．哲学が何千年かにわたってなされる対話の形をとっ

*22) ただし，ハッキングの「（あるスタイルの推論によって導かれたある種の）真なる文とは，われわれがそのスタイルを用いて見つけるものである」（Hacking, 2002）を参照してほしい．

*23) Tymoczko（1998）の中の多くの著者もまた，哲学的洞察の代わりに（実際に）数学をすることのほうを期待している．しかし，真理と知識の問題がなくなるわけではない．筆者は 1994 年にフランスに来たとき，20 世紀の数学の哲学に対するフランスにおける関心が，英語圏でのそれとまったく違うことを発見して大いに驚いた．フランスではフッサール流の，個別の数学的主題の現象学的経験に研究が集中していたのである．数学の哲学においては，フランス語圏の研究と英語圏の研究の間で相互理解が不可能になっていると言っても，さほど誇張にはならないだろう――幸運にも，数学者の論文は，フランス語であろうが英語であろうが，互いの成果を引用する上で何ら障害はない．

*24) セールがリベラシオン紙に，「もし物事が完璧でなくていいと思うなら，数学などしてはいけない」というコメントを寄せたのと同様に，ハインツの本は，彼女が証明という制度の中に見出した，合意に対するあからさまで普遍的な傾向の根元への問いかけである．ローゼンタールは，国際的な合意が明らかに失敗した（ひどく特別な）事例を扱っている．アインシュタインの引用は Klein（1980）にある．

*25) フランスの（ポストモダン的でない）哲学者アラン・バディウは「真理とは常に，それ自体を破壊する可能性である」と述べ，ゲーデルの定理を例として挙げている（www.egs.edu/faculty/badiou/badiou-truth-process-2002.html）．

て現れており，それゆえに新しいある研究成果を理解するためには，それに至るまでの成果をすべて承知することが望まれるのに対し，数学は，単に理性を用いることで，原則的にはわずかな公理から導くことができるということである．別の言い方をすれば，哲学の命題は，その起源と文脈に依拠し続けるが，数学の命題は自由に流通する，という見方である．この原則は数学を取り巻く形而上学的確かさを醸し出している重要な要素であるが，実際のところ，現に研究されている数学とはいささか違っている．バリー・メイザーが言うように，実際の数学は「人類の最も長い会話形式の一つ」なのである．それにもかかわらず，筆者の哲学的伝統との個人的な「会話」がまったく信頼に足るものではなく，この原稿に付けた脚注の取捨選択が，たまたま筆者が目にした文献のスクラップから行き当たりばったりに抜き出したり繋げたりしたものにすぎないことは，まったく心苦しい限りである．

それでもなお，筆者が哲学について書こうとしているのは，1995 年にワイルズが科学者を相手に**フェルマーの最終定理** [V.10] の証明を解説していたときに，筆者に浮かんだある問いによるところが大きい．1993 年 10 月の『サイエンティフィックアメリカン』（*Scientific American*）誌に載った「証明の死」（The death of proof）と題された記事は，ワイルズの証明を「輝かしいアナクロニズム」と呼び，演繹に基づく数学の証明は将来，コンピュータを使った証明や確率論的な議論によって大部分が取って代わられるとする意見に対する肯定的な例として，ラズロ・ババイや彼の共同研究者らを引用した．同じ月，*Notices of the American Mathematical Society*（40, pp. 978–81）に掲載されたドロン・ザイルバーガーの声明記事「証明は高くつく」（Theorems for a price）は，厳密な証明の時代から「恒等式（やその他の定理の類）に値札が付く“準”厳密な数学の時代」への急速な移行を予言していた．その値札の値は，コンピュータによって必要な厳密さの度合いに応じて算定され，その代わり「値札を破棄してしまうと，厳密でない数学になってしまいます」という但し書きが付くことになる（John Horgan, *Scientific American*, October 1993, pp. 92–102）[*26]．

筆者は，ヴェイユが回答を避けた問いに答える必要があると感じ，次のことを主張した．数学の基本単位は定理よりもむしろ概念であり，また，証明の目的は，単に定理を確かにする以上に概念を輝かせることであり，演繹的な証明を確率的もしくは機械的な証明に置き換えてしまうことを何かにたとえるならば，それは，靴の製造に新技術を導入することではなく，靴を靴工場の売上表や利益に置き換えてしまうことである．読者はある疑問を持ったかもしれない．筆者は確かさについて語っていたのだろうか？　答えは No である．説明したように，それについて語ることは，哲学的に信用の置けないことだったからである．そして，それ以外の処方は，言うまでもなく哲学者たちの嘲笑を買うだろう．一方で，演繹的な証明とまったく同様に，確率的もしくは機械的な証明が，米国数学会の委員会によってリストアップされた五つの目標にそぐわないと考えるプラグマティックな理由は何もないことがわかる．また，そのような証明がパラダイムシフトにおける支配的な合意に有効に働かないと考える社会学的な理由もまったく存在しない．それでは，筆者は何について語っていたのだろう？

ここで，そのような問いに対して，宣伝めいたスローガンで回答したことにしてしまおう．たとえば

> 誰かが書いたものを「信用でき，検証できる」ものにする行為は，一般的に批判的な考えを養う．

これは証明を教える際によく使われる議論であり，おそらくまったく正しい．しかし，このような主張を検証しようとするには，いったいどうすればよいだろうか？　筆者は「人類の最も長い会話の一つ」のための素材として役立つ概念は，それ自体大切にされる価値がある，と言い切りたい気分になる．会話以上に「創発的な」ものは何もないことを思い出していただきたい．しかし，それはメイザーの本の精神を裏切ることになるだろう．この本が持ってい

[*26] ハンス・モラベックやレイ・カーツワイルらによって提唱されたポストヒューマニストのシナリオは，21 世紀の半ばまでに，コンピュータは，定理を生み出して証明する能力（これはある理由から常に目標地点とされる）を含む人間の能力すべてを獲得する，というものである．その後，人間とコンピュータの区別は急速に薄れており，ザイルバーガーの予測は，ただのおとぎ話とは言えなくなってしまった．

より最近では，ずっとささやかな形ではあるが，マッジェージとシンプソンによって定理の自動証明の展望についての議論がインターネット上に投稿されている（アップデートが続けられている）．

る力強さの一つは，この本が直線的な語り口に順応することを拒否していることである．とにかく，この主張は十分なものではないようである——似たような主張は，宗教的信仰のためになされることもありうるだろうから．

5. アイデアが，さらに言えば夢が

ヴェイユが問うたこと（同時に問わなかったこと）に危険を冒して答えるより，コーフィールドのやり方を手がかりに，数学者たちが言ったり書いたりしたことを振り返ることによって，純粋数学の価値を最も良く説明できることを示してみたい．数学者が改まった場，もしくは砕けた雰囲気で，彼らが下す価値判断の説明を試みるとき，一握りのありふれた言葉が一貫して使われているのに，それが予期せぬ力を持つことがある．そして，このような言葉を集めて，ヴェイユが手つかずのまま残した問いへの答えとしたい．

ワイル [VI.80] は，議論を呼ぶタイトルを冠した本『リーマン面のイデア』（*Die Idee der Riemannschen Fläche*）*27) を書き，その序文の中でプラトンに触れた．筆者から読者への回答において中心をなす概念（concept）という言葉は，この章で言及した哲学者の多くがイデア（Idea）という言葉を使ったときに意味するものにより近い．ある正方形，もしくは**リーマン多様体** [I.3 (6.10 項)] は，概念あるいはこの意味での「イデア」である．数学者は「概念」のほうを用いる傾向にあり，一般的な「アイディア」（idea）は別のものを指し示すために取っておかれるのは，このためである．『メノン』で，ある正方形の面積をちょうど倍にした正方形が，正方形の「イデア」（Idea）に含まれているとプラトンは考えた．つまり，正方形に対角線を引き，それによってできた三角形を四つ組み合わせるという方法である．『メノン』の中では，奴隷がソクラテスの導きによってこの方法を思い出している．数学者にとっては，対角線を引くことや三角形を移動させること，それこそがアイディア（idea）である．

筆者が 1995 年に述べたように，「概念を明らかにする」ことと「定理を確かめる」ことの対比を導きうることは，数学者の間ではある種当たり前のことであり，幾人かの哲学者たちにとってさえそうである．すでに 1950 年の時点で，ポパーは「コンピュータは，真の証明や興味深い定理と，退屈でおもしろくない証明や定理とを区別するようにはならないものである」と論じていた（Heintz（2000）から引用）．コーフィールドは，適切にも「たいていの数学者がそれぞれの証明から引き出そうとしているものは，新しい概念，テクニック，解釈である」と述べた．数学者は単に「命題が真であることや，その適正さを確立しようとしている」（Heintz, 2000, p. 56）だけではない．しかし，ポパーは「数学的概念化」の「極端に複雑な主題」について 1 章を割いているが，彼自身はそのような概念（すなわち「イデア」（Idea））に安住していたわけではない．筆者もそうではない．数学的概念について，そのリアリティを踏まえた議論を把握せずに（また哲学者に笑われずに），一般的な言葉で語ることはほとんど不可能だからである．数学について書く人（数学者を含む．Hersh（2000）を参照）は，ほとんどの数学者はプラトニストであるなどという苛立たしい主張をする傾向にあるか，そうでなければ，何らかの哲学的立場を明確に支持しているか，どちらかである．プラトニズムが数学的論述の文法において暗に用いられていると論じることはおそらく可能である．おそらくは，このことこそが，Bourguignon（2001）による引用の中でヴェイユが言おうとしたことを示している．つまり，ほとんどの数学者は「職業人として過ごす時間のかなりの割合を，プラトニストであるかのように過ごす」のである*28)．実際には，ほとんどの数学者は，上記で引用したデュドネの言及のような意味でプラグマティストなのである．

一方, 数学にとって意味のある「アイディア」（idea）が実際に存在することに疑いはない．ヴェイユが言ったとされるジョークによると*29)，数学者はアイディア（もちろん数学の問題に関する）を 2 種類思い付

*27) ワイルは “Idee”（イデー）という語をタイトルに使い，“Begriffe”（概念）という語を本文の中で使っている．どちらの語も英語では “concept” となる．

*28) プラトンの物の見方は，かなり違っていた．「（数学者の）言葉はほとんどばかばかしいものである．彼らにとってはいかんともしがたいことだが，数学者はまるで彼らが実際の行為をしているかのように，また，まるで彼らの言葉がすべて行為に向けられているかのように語っている」（『国家』（VII.527a）．強調は筆者による）．

*29) このジョークを教えてくれた何人かは，言っていたのは志村五郎だと主張していた．筆者自身も確かな記憶ではないが，このジョークを彼から初めて聞いたと思う．

いた人と定義することができる——もっとも，ヴェイユは大したことのない人まで数学者になってしまうことは心配していたのだが．数学的発見における無意識の役割について，よく引用される**ポアンカレ** [VI.61] の説明では，最高の瞬間として，彼がバスのステップに足を乗せたときにアイディアが浮かんだ，言い換えれば「アイディアが私にやってきた」ことが述べられている（Poincaré, 1999）．

より重要なこととして，ハッキングが電子の実在論的な立場に意見を述べていることについて，ハッキング自身が行った正当化を考察してみよう．彼は言う．「私の知る限り，もし電子を何かに吹き付けることができるなら，電子は実在する」（Hacking, 1983）．同様に，もしアイディア（idea）を盗むことができるなら，それは実在するのである．数学者なら誰でも，アイディア（idea）が盗まれることはありうること，そして，実際よくそれが起こることを知っている．その結果，ローゼンタールが研究した認識論的な論争よりは有意に活発な論争が行われるだろう．

数学の世界で，（小文字の）アイディア（idea）ほど物質的な意味合いを持たされているものはないだろう．アイディア（idea）は，「特徴」を持っていたり（Gowers, 2002），「試験」できたり（Singer*30)），「手から手へ渡され」たり（Corfield, 2003），時には「現実世界から生まれ」たり（Arnold et al.（2000）の序文におけるアティヤの言葉），「理論のまとめ役」となることで計算の結果という状態から昇格したりする（Godement, 2001）．別の面で登場することもある．たとえば，一般的にクレイ数学研究所の懸賞問題を解くには，「新しいアイディア（idea）」が必要とされると理解されている．アイディア（idea）は数えることもできる．かつて筆者は，セールがある有名な予想の証明を紹介する際に，「この証明は二つか三つの本物のアイディア（idea）を含んでいる」と言ったと聞いたことがある．ここでの「本物」とは，「高い評価を与えられるべき」という意味である．この発言の曖昧な点は，アイディア（idea）の数ではなく（あとでセールが数えたところ，実際は三つであった），その三つすべてが，証明した人にとってオリジナルなものだったかどうか，ということである．

*30) www.abelprisen.no/en/prisvinnere/2004/interview_2004_7.html から引用．

アイディア（idea）は公のものである．必然的に公のものであるから，アイディアを盗まれたり，セールが彼の講義で行ったように人に見せたりすることができるのである．ポアンカレのアイデア（idea）は文章の形をとっていた．「私がフックス関数の定義のために用いた変換は，非ユークリッド幾何学の変換と同等のものである」．『メノン』に登場する奴隷のアイディア（idea）は，砂の上に引いた線だった．

グロタンディークの公刊されていない回想録である『収穫と蒔いた種と』（*Récoltes et semailles*）の前半で，彼はアリーン・ジャクソンの用語に基づいて，「アイデアが，さらに言えば夢が」彼の数学研究の「本質であり，力であった」と述べている（Jackson, 2004）．アイデアは典型的には「洞察」を示すものであり，洞察の能力は一般に「直観」と呼ばれる．数学者はこれらすべての言葉を哲学から借りてきたが，哲学者たちとはまったく違う目的のために使っている．哲学者はカントに従って，直観（見通しが立たないもの）を超越的な主観，もしくはそれらのもととなる現実的な源泉に帰着させることが多い．この意味での直観は，確かさの貧相な代替物である．そのことは異端な立場であっても認めるところである．キッチャーは「直観とはしばしば数学的知識の前奏曲であり，それ自体で信念を保証するわけではない」と述べている．ポアンカレは，直観を「発明の道具」，証明に伴う「何かわからないもの」と呼んだが，同時に「確かさを唯一生み出しうる」，「証明の道具」としての論理を対照させていた．サウンダース・マックレーンはおよそ百年後にまさに同じ言葉で自分の立場を語っている．デイヴィッド・ルエルは，（視覚的）直観への依存を，人間が行う数学（超越的な数学と対比させて）の特徴であると考えた*31)．

いずれの場合も直観は私的な領域に属しており，「発見という文脈」に追いやられている．これは「正当化の文脈」が哲学にとっては十分な注目に値すると見なされているのと対照的である．筆者が思い浮かべている意味で，数学者が「直観」に言及すると

*31) Kicher (1984, p. 61) および Poincaré (1970, pp. 36–37)．また，マックレーンはジャフ・クインの記事（*Bulletin of the American Mathematical Society*, 30, 1994, 注 15）の議論での発言．ルエルは「数学についての外部からの訪問者との対話」（Conversations on mathematics with a visitor from outer space）と題された記事（Arnold et al., 2000）からの引用．

き，それは決定的に「公」のものなのである*32).

数パラグラフ前のマクファーソンからの引用にある言葉と同様に，そのような直観は教師から学生へ直接，もしくはうまく行われた講義を通して伝達され，またあるいはセミナーをしたりプロシーディングスに本を書いたりすることによって一気に伝わることがありうる．共通しているのは「推論のスタイル」であるが，それは小さなスケールに留まる．グロタンディークは，直観に通じる事柄を伝えるセールの能力を表現する際に，知覚を題材にした隠喩を用いた．

> 本質的なことは，セールがいつも，文字面だけでは熱いとも冷たいとも感じさせなかったはずの命題の背後にある，豊かな意味をはっきりと感じ取っていたことである．また，彼は豊かで手触りがあり神秘的な実体の感覚，同時に実体を理解したいという欲望でもあるこの感覚を「伝達」することができたのである．
>
> 『収穫と蒔いた種と』（*Récoltes et semailles*, p. 556）

「想像力の果実を文節化，つまり分類しようと考え，またそれに伴う内的経験の実存に関わっている人々でさえ，それを記述することの途方もない困難さを認めている」と書いたメイザーは，文芸的・修辞的手法を多用した表現を作り込むことで，その困難さを少しでも切り崩そうとしていた（Mazur, 2003）．このことの多くは確かである．想像力，もしくは理解の内的経験こそが人を数学者にしてしまうものであり，これがヴェイユが聴衆の声なき賛同を考慮できた理由である．ハインツは彼女の調査参加者の中に，自らの内的経験を記述しようと試みた数学者がいたことを記録している．「（数学をするときには）目の前に具体的な対象があって，それとやり取りをしたり，話をしたりするのです．それで時にはあちらから答えを返してくれるんですよ」．ハインツは欠片を組み立てる助けになる「アイデア」について「そして，絵が見えるようになるんです」と聞いたことがあるという．ただし，これらすべての生の民族誌的データは「美と実験：数学における真理の発見」というタイトルの章で紹介されており，このタイトルは彼女の認識論的な厳しい関心を裏切っている（Heintz, 2000）．

メイザーは，セールについてのグロタンディークの言及へのコメントと思われる文章の中で，「数学的真理が人から人へ移動する特異な様子や，真理がそのプロセスの中でどのように変容していくかは，真理それ自体と同じくらい把握することが難しい」と書いている（Mazur, 2003）．メイザーの本の中心的な概念は「想像力」である．筆者は，「アイディア」（idea）と「直観」はそれぞれ，ポアンカレの『科学の価値』（*La Valeur de la science*）の末尾を飾る「真夜中の閃光，ただしこの閃光はすべてである」という有名な一文について語る際に決定的なものだと思っているが，筆者が「アイディア」（idea）と「直観」という言葉を選んだのは，それら固有の重要性によってではない．これらの言葉について筆者が感銘を受けるのは，いかにこれらの言葉が数学者の会話の中に入り込んでいるかである．特定の定理などよりも，アイディア（idea）や直観が「すべて」であるという感覚は，哲学的な議論からこれらの用語が絶滅しかかっているという状況と，鮮やかな対比をなしている．数学の哲学の論文１ページごとにこれらの用語自体は見つかるとしても，である．おそらく，これらの用語のまさに平凡さが，哲学的につまらないもののように見える原因なのだろう．もしくは，同じ言葉があまりにも多くの個別の目的に使われていることが問題なのかもしれない．コーフィールドは “idea” という一つの言葉を，筆者が「アイデア」（idea）（「ホップの 1942 年の論文のアイデア」）や「イデア」（Idea）（群のイデア）と呼び分けているもの，そしてその中間にあるもの（多様な目的のために表現をそれ以上分けることができないような要素に分解するという “idea”（Mazur, 2003, p. 206））を区別せず指し示すのに使っている．別の場所では，この言葉は，数学者がしばしば「哲学」として言及するような対象との関連で顔を出しており，「ラングランズ哲学」といった用語（可視性についての「クロネッカーのアイディア（idea）」（Mazur, 2003, p. 202））や，完全に無関係な多くの場所で同様に用いられている．コーフィールドは，彼が異常と見なしているものを，数学に応用されたラカトシュの「科学研究プログラムの方法論」において，真理の主張を行う命題の集まりとして数学理論を見る．その観点から，確実な中心的アイデアを明らかにし，精巧なものにする行為として数学理論を見る観点へと変換することで解

---

*32) これは，**ブラウアー** [VI.75] に関連する直観主義の標準的プログラムにも同様に当てはまる．しかし，それは決して筆者が思い浮かべているものではない．

決することを提案している（Mazur, 2003, p. 181）．コーフィールドは，このような観点の転換を表すものとして彼が提示した四つの例のそれぞれに，「中心的アイディア（idea）における，ある種の創造的な曖昧さ」を認めている．しかし，筆者が数え直すと，彼が選んだアイディアのうち二つは「哲学」，一つは「イデア」（Idea），そしてもう一つはどれでもないものである．

価値判断を付与されたその他の用語も，やはり重要である．**ブルバキ** [VI.96] が勃興した際に，数人の哲学者（カヴァイエス，ロトマン，ピアジェ，そしてより最近ではタイルズら）は，数学において「構造」という語に意味を与えようと真剣に試みた．筆者は数学的美的感覚を説明しようとした多くの哲学論文を読んだが，強い印象が残ったものは皆無である．物理的もしくは時空間的な隠喩が実用のために広く使われていること（「空間 X は Y を底空間とするファイバー構造を持つ」），そして証明を時間の中で行われる一連の行動として表現する語り口の傾向（たとえば「ここで点 x に任意に近いところを通りすぎる軌道を選んでみよう」）は，ほとんど哲学者の注意を引いてこなかった*33)．これらの現象は，多くの数学者が，現代的な音響映像機器よりも黒板を好むという興味深い事実と結び付いているかもしれない．このことは，軽視されていた（そして顕著になってきた）数学的コミュニケーションの**パフォーマンス**の側面に注意を向けさせている．「パフォーマンス」は，典型的なポストモダン的意味であると同時にプレモダン的意味にも使える言葉である．

コーフィールドの立場に立てば，彼は「直観」について多くを語っているわけではなく，また，「アイディア」（idea）という言葉で何を言おうとしているのか曖昧である．しかし，群や亜群に関連する長所についてのディベートを分析する文脈の中で彼が行った「自然な」（natural）や「重要性」（importance）といった言葉についての議論は，哲学的に洞察に富み，それでいて「実際の」数学者による言葉遣いを忠実にたどっていた．「図式はここで単に図示するものではなくて，結果を厳密に計算・証明するために用いられている」（Mazur, 2003, p. 254）と述べる彼の「ポストモダン代数」についての扱い方もまた，現代風である．彼の本が，もっともらしく聞こえる推論の説明などといった「異端的」な疑問にページを割いていることは事実である．しかし，コーフィールドが数学に好感を抱いていることは疑いない．数学の哲学のほとんどの論文と違って，彼の本が「会話」を明確に重視していることが，その何よりの理由である．

モリス・クラインはゲーデルの定理に伴う「確かさの喪失」を「知的悲劇」と呼んだが，これは，無限集合もしくは選択公理を含む理論を使う際には注意深く思慮を働かせるように助言した（Kline, 1980）．「悲劇」という言葉は場違いのように思われるが，ラッセルがそうであったように，熱意は本物である．熱意とその双子の片割れである断固たる楽天主義は，数学の哲学の中に意外な住処を見出したのである．

> （「論理という制約を越えて理性を用いることによって得られる，構造についての人間の知識」としての）数学という概念がもし持続しうるならば，数学はもう一度，形式という檻から解放された理性のイメージの源として役目を果たし，終末論的なポストモダンの姿と自由に直面することができるだろう．
>
> メアリ・タイルズ『数学と理性のイメージ』
> (*Mathematics and the Image of Reason*, 1991, p. 4)

委員会の会議の場で影響力があるかどうかはともかく，この目標は魅力あるもののように思われる．ただし，これは哲学者にとっての目標であり，数学者にとっての目標ではない．もし哲学者が「奉仕の原則」を筆者に当てはめようとするならば，筆者は同じことを彼ら哲学者にしてあげようと思う．コーフィールドは次のように述べている（Mazur, 2003, p. 39）．

> 人間の数学は美しく明晰で説得力のある証明を生み出すことに誇りを抱き，概念的に輝かしい方法で結果を再提出するために多大な努力を払っている．哲学者は，数学におけるこれらの価値判断を扱うという義務を回避してはならない．

哲学者たちは「アイディア」（idea）や「直観」のような用語，さらに言えば「概念的」という用語を説明する義務を負っているように筆者には思われる．

*33) ヌネスの論文「実数は本当に動くのか」（Do real numbers really move?）（Hersh（2006）に収録）は，数学者が動きのメタファーを用いることについて，興味深い指摘をしているが，彼の分析は特に動体の数学に関連する例に限られている．プラトンは数学者が動作のメタファーを使うことに明確に反対していた．

「なぜ哲学をするのか？」という問いに対する答えがそこから始まるのだろう．

6. あ と が き

2004 年 12 月，私の勤務する大学は，フランスやその他の地域の多くの研究機関と合同で，ユネスコ後援による「なぜ数学をするのか？」（Pourquoi les mathématiques?）と題された巡回展示のホストを務めた．私はこの原稿締め切りの前にその答えを知りたいと思い，私はその展示で数時間を過ごした．展覧会は工夫が凝らされた興味深いものであり，多様な（純粋）数学的アイデアをいくつかの実用的な応用とともに提示していた．しかし，それはタイトルの「なぜ」に取り組んだものではまったくなかった．そこにいた主催者に案内を求めて話しかけると，彼女はフランス語のタイトルは翻訳の問題でこうなってしまったのだと説明してくれた．最初にあった英語タイトルは「数学を経験する」（Experiencing mathematics）であった．確かにこれをフランス語にうまく翻訳することはできないので，「なぜ数学をするのか？」というタイトルが，最もましな代替案として選ばれたのだった．

おそらく本章のタイトルが問いかけたことに対する答えは，これと逆方向の翻訳を単純に受け入れることである．どれほど無慈悲な資金管理人であっても，「なぜ経験するのか？」に対する答えを要求するほど，ポストヒューマンな存在ではないだろう[*34]．

謝辞　私にローゼンタールとハインツらの本を読むよう教え，精力的に私の執筆計画と出来映えを批評してくれたカテリーヌ・ゴルトシュタインとノルベール・シャパシェに感謝する．また，ユネスコの展示のタイトルについて説明してくれたミレイユ・シャレイヤ・モーレル，また，寛容さと厳密さをもって初期の原稿を批判的に読んでくれたイアン・ハッキングに感謝する．デイヴィッド・コーフィールドのいくつかの有用な指摘に感謝を捧げたい．バリー・メイザーからは特に親切に多くの提案，数々の励まし，タイトルの助言に感謝する．そして，とりわけ彼の著書『黄色いチューリップの数式』（*Imagining Numbers*）を通して，出口が見えない状況から脱出する方法が，少なくとも一つはあることを示してくれたことに感謝したい．

*34)　もしくは，ワイルが言ったように，数学によって，われわれは人間自身の本質を構成する制約と自由のまさに交差点に立っている．「本質」（essence）（Mancosu, 1998）という語に注目してほしい．この文献を教えてくれたデイヴィッド・コーフィールドに感謝する．

文献紹介

Arnold, V., et al. 2000. *Mathematics: Frontiers and Perspectives*. Providence, RI: American Mathematical Society.
【邦訳】B・エンクウィスト，W・シュミット編（砂田利一 日本語版監修）「数学の最先端—— 21 世紀への挑戦」（シュプリンガー・フェアラーク東京，2002～06）

Barthes, R. 1967. *Système de la Mode*. Paris: Éditions du Seuil.
【邦訳】R・バルト（佐藤信夫 訳）『モードの体系——その言語表現による記号学的分析』（みすず書房，1972）

Bloor, D. 1976. *Knowledge and Social Imagery*. Chicago, IL: University of Chicago Press.
【邦訳】D・ブルア（佐々木力，古川安 訳）『数学の社会学——知識と社会表象』（培風館，1985）

Bourguignon, J.-P. 2001. A basis for a new relationship between mathematics and society. In *Mathematics Unlimited–2001 and Beyond*, edited by B. Engquist and W. Schmid. New York: Springer.

Corfield, D. 2003. *Towards a Philosophy of Real Mathematics*. Oxford: Oxford University Press.

Godement, R. 2001. *Analyse Mathématique I*. New York: Springer.

Gowers, W. T. 2002. *Mathematics: A Very Short Introduction*. Oxford: Oxford University Press.
【邦訳】T・ガワーズ（青木薫 訳）『数学』（「1 冊でわかる」シリーズ）（岩波書店，2004）

Hacking, I. 1983. *Representing and Intervening*. Cambridge: Cambridge University Press.
【邦訳】I・ハッキング（渡辺博 訳）『表現と介入——ボルヘス的幻想と新ベーコン主義』（産業図書，1986）

Hacking, I. 2000. What mathematics has done to some and only some philosophers. *Proceedings of the British Academy* 103:83–138.

Hacking, I. 2002. *Historical Ontology*. Cambridge, MA: Harvard University Press.
【邦訳】I・ハッキング（出口康夫，大西琢朗，渡辺一弘 訳）『知の歴史学』（岩波書店，2012）

Harvey, D. 1989. *The Condition of Postmodernity*. Oxford: Basil Blackwell.
【邦訳】D・ハーヴェイ（吉原直樹 訳）『ポストモダニティの条件』（青木書店，1999）

Heintz, B. 2000. *Die Innenwelt der Mathematik*. New York: Springer.

Hersh, R. 1997. *What Is Mathematics, Really?* Oxford: Oxford University Press.

Hersh, R., ed. 2006. *18 Unconventional Essays on the Nature of Mathematics*. New York: Springer.

Jackson, A. 2004. Comme appelé du néant–as if summoned from the void: the life of Alexandre Grothendieck. *Notices of the American Mathematical Society* 51:1038.

Kitcher, P. 1984. *The Nature of Mathematical Knowledge*. Oxford: Oxford University Press.

Kline, M. 1980. *Mathematics: The Loss of Certainty*. Oxford: Oxford University Press.
【邦訳】M・クライン（三村護，入江晴栄 訳）『不確実性の数学——数学の世界の夢と現実』（紀伊國屋書店，1984）

Lakoff, G., and R. E. Núñez. 2000. *Where Mathematics Comes From*. New York: Basic Books.

Lloyd, G. E. R. 2002. *The Ambitions of Curiosity*, p. 137, note 13. Cambridge: Cambridge University Press.

Lyotard, J.-F. 1979. *La Condition Postmoderne*. Paris: Minuit.
【邦訳】J・F・リオタール（小林康夫 訳）『ポスト・モダンの条件——知・社会・言語ゲーム』（水声社，1989）

Maggesi, M., and C. Simpson. Undated. Information technology implications for mathematics, a view from the French Riviera. (This paper is available at; http://math1.unice.fr/~maggesi/itmath/; apparently not posted before 2004.)

Mancosu, P., ed. 1998. The current epistemological situation in mathematics. In *From Brouwer to Hilbert. The Debate on the Foundations of Mathematics in the 1920s*. Oxford: Oxford University Press.

Mazur, B. 2003. *Imagining Numbers (Particularly the Square Root of Minus Fifteen)*. New York: Farrar Straus Giroux.
【邦訳】B・メイザー（水谷淳 訳）『黄色いチューリップの数式—— $\sqrt{-15}$ をイメージすると』（アーティストハウスパブリッシャーズ，2004）

Minsky, M. 1985/1986. *The Society of Mind*. New York: Simon and Schuster.

Poincaré, H. 1970. *La Valeur de la Science*. Paris: Flammarion.
【邦訳】H・ポアンカレ（吉田洋一 訳）『科学の価値』（岩波書店，1977）

Poincaré, H. 1999. *Science et méthode*. Paris: Éditions Kimé.
【邦訳】H・ポアンカレ（吉田洋一 訳）『科学と方法』（岩波書店，1953）

Rosental, C. 2003. *La Trame de l'Évidence*. Paris: Presses Universitaires de France.

Tymoczko, T., ed. 1998. *New Directions in the Philosophy of Mathematics*. Princeton, NJ: Princeton University Press. (First published in 1986.)

Wittgenstein, L. 1958. *Philosophical Investigations*, volume I. Oxford: Basil Blackwell.
【邦訳】L・ウィトゲンシュタイン（藤本隆志 訳）『哲学探究』（ウィトゲンシュタイン全集 第 8 巻）（大修館書店，1976）

Wittgenstein, L. 1969. *On Certainty*. Oxford: Basil Blackwell.
【邦訳】L・ウィトゲンシュタイン（黒田亘 訳）『確実性の問題』（ウィトゲンシュタイン全集 第 9 巻）（大修館書店，1975）

VIII. 3

数学の普遍性

The Ubiquity of Mathematics

T・W・ケルナー［訳：森　真］

1. はじめに

われわれは数学に取り囲まれて生活している．ドアを開けるとか，クルミ割りを使うとかするときには，**アルキメデス** [VI.3] のてこの原理を用いる．バスが角を曲がるとき，外力がない限り等速直線運動を続けるという**ニュートン** [VI.14] の法則を経験する．急加速するエレベーターに乗ると，**一般相対論** [IV.13] の本質部分である重力と加速度の慣性力の等しさを感じることができる．水を張った台所のシンクの端をポンポンとすばやく叩くと，きれいな境界線を持った平らな水の環を見ることができる．これは，ある種の**偏微分方程式** [I.3 (5.4 項)] の二つの素直な解の間のカオス的な「水のジャンプ」である．

数学と物理は緊密に結び付いているので，われわれが見るほとんどの現象は数学を含んでいる．初等的な計算の助けを借りれば，空気抵抗がないことを仮定したとき，野球のボールがバットで打たれた後，放物線を描くことを知っている．もっと複雑な計算をすれば，抵抗を考慮に入れることも可能になる．鎖が 2 点の間にぶら下がっていれば，その形は数学で説明できる．このとき使うテクニックは，**変分法** [III.94] である．その曲線は鎖のポテンシャルエネルギーを最小にするもので，変分計算により確かめることができる（この曲線は懸垂曲線と呼ばれる．計算の大雑把なアイデアは，鎖の小さな摂動を考えることである．ポテンシャルエネルギーが最小になるなら，どのように摂動してもポテンシャルエネルギーを下げることはできない．この情報から曲線を定める微分方程式を定めることができる．一般に，この原理から導かれる微分方程式は**オイラー–ラグランジュ方程式**と呼ばれる）．レイノルズが 1885 年に見つけたように，湿った砂の上を横切るときの砂の振る舞いの中にさえ，興味深い数学がある．最もよく見るのは，踏んだところが乾く現象である．この奇妙な現象に気がついていないなら，今度海岸に行ったときに観察するとよい．これが生じる理由は，潮が引くとき，海は砂の粒をいっぱいに充填するからである．砂の上を踏むと，この充填を壊してしまい，踏んだ周辺に充填度の低い部分を作ってしまう．これで水の入る余地ができて，水が引き，足のまわりが乾くというわけである．

数学で解析できる物理現象を何百と挙げることは容易である．しかし，物理が宇宙を支配し，数学がその言語であることを認識してしまえば，このような応用が存在することは驚くに値しない．それゆえ，本章では他の分野，特に地理，デザイン，生物学，コミュニケーションそして，社会での数学の出現に焦点を当てよう．

2. 幾何の使用

地表を旅するなら，あるタイムゾーンから他へと移動するときに時計を微調整しなければならない．しかし，これには例外がある．日付変更線を横切るときには，（時計が時刻だけでなく，日にちも表しているなら）大きな変更をしなければならない．この不連続性の起きる理由は何だろうか？　たとえば，リスボンで火曜日の深夜 12 時だったとしよう．地球上を西へと移動しているとする．この移動には時間がかからず，太陽の動きを反映しているなら，経度で 15° 進むごとに 1 時間戻ることになる．それゆえ，リスボンに戻ったなら月曜日の深夜 12 時になる（ここでは心の中の旅を考えているだけで，実際の旅を想定しているわけではない）．何かが明らかに間違っている．この理論的問題が引き起こす実際上の問題を初めて体験したのは，史上初の世界一周旅行を行ったマゼラン一行の，疲れ果てた生還者たちだった．なんと，彼らは間違った日に宗教儀式を行ってしまったことを贖罪をしなければならないはめに陥った．

日付変更線の必要性について別の議論がある．2000 年がちょうど始まったときを思い出してみよう．もちろん，答えは世界のどこにいるか，特にその経度に依存しているが，世界のどこでも，2000 年が始まったのは 1 月 1 日の深夜である．言い換えれば，どこにいても，太陽が（ほぼ）地球の反対側にあるときに新しい年が始まった．ということは，24 時間いつでも，世界のごく小さい部分では 2000 年の始まりを祝っていたことになる．となると，どこかが最初でなければならない．つまり，そのすぐ東側では機会を逃してしまって，新年を祝うにはほぼ 24 時間待たなければならない．再び，不連続性がどこかになければならないことがわかった．

これらの現象は，ある種の連続写像が連続な逆写像を持たないことを反映している．実数 w から単位円上に $w \mapsto (\cos w, \sin w)$ とする写像を考える．w に 2π を加えても，$\cos w$ や $\sin w$ の値に影響はない．この写像の逆を作ってみよう．このことは，単位円の各点 (x, y) について，$\cos w = x$ と $\sin w = y$ を満たすような w を取り上げなければならないことを意味する．この w は，0 から (x, y) への直線と水平線との角度である．しかし，2π の倍数を加えることができることに注意しなければならない．したがって，これまでの問いは，連続な方法で適切な 2π の倍数を選べるか，ということである．再び，答えは No である．1 周して，角度を連続的に変化させたなら，2π を加えることになる．

上の事実は**トポロジー** [IV.6] の最も簡単な定理の一つである．トポロジーとは，与えられた性質を持つ連続関数が存在するか否かを考えるときに必要になる数学の一分野である．連続関数が役に立つもう一つの状況は，（地理学者になったつもりで）世界地図を作ることである．そのような写像は，平らな紙の上に描けたほうがずっと便利である．そのためには，球の表面から平面へ，球の上の異なる 2 点が平面の異なる点に移るような連続写像が存在するかという問いに答えなければならない．答えが No であるだけでなく，**ボルスクの正反対定理**（Borsuk's antipodal theorem）から，正反対の点のいくつかのペア（すなわち，北極と南極のような，ちょうど球の正反対の 2 点）が，平面の同じ点に行くことがわかる．

しかし，連続性についてさほど気にしないなら，球を北極から南極へ切断し，切断面に沿って広げて平面にする（このことを可能にするために，球の表面は伸びるゴムでできていると想像する）．こうして，地球を二つの半球に切断し，おのおのの半球の地図を別々の平面に描けばよい．

さて，別の問題が生じる．すなわち，世界の半分でさえ，変形なしには地図を描けないように見える．このことはトポロジーの問題ではなく，連続性によって保たれる性質よりも，地球の表面のより詳細な性質，形，角度，面積などに興味があるという意味で，**幾何**の問題である．球は正の**曲率** [III.78] を持っているから，どの一部も平面に長さを保存する方法で写すことはできない．そのため，何らかの変形が必要になる．しかし，われわれはどのような変形なら受け入れることができるか，また，避けなければならないかを決定する自由度を持っている．極を除いた球から筒（これは切り開けば平面になる）に写す**等角写像**が存在することがわかる．これが有名な「メルカトル図法」である．等角写像は角度を保ち，それゆえ，メルカトル図法は航海に用いるのに特に有用である．北北東に進路をとる必要があるなら，そのとおりにすればよい．メルカトル図法の不利なところは，赤道から離れれば離れるほど国が大きくなることである（角度を保つ性質は，ごく近いところでは常に正しい形になることを意味してはいるが）．形は変わるが面積は保たれる，別の図法もある．これらの図法の詳細を学びたいなら，数学，特に微分方程式を解かなければならない．

日常の生活に幾何が役に立ついくつかの簡単な応用がある．マンホールのふたに最適な形は何かと疑問に思ったなら，数学が答えを出してくれる．もちろん，「最適」が何を意味するかによるが，もしマンホールのふたを頻繁に開け閉めしなければならないなら，閉めるときにふたを穴に落とさないかが問題になる．どうすればよいだろうか？　ふたが四角なら，辺の長さはどれも対角線より短い．したがって，落とす可能性がある．しかし，円だったらすべての方向に幅は同じであり，落とすことはない．

このことは，マンホールのふたでマンホールに落ちてしまわないものは円だけであることを意味するのだろうか？　そうではない．正三角形の三つの頂点を描き，一つの頂点に中心を持つ円弧によって残りの 2 点を結べば，**ルーロー三角形**として知られる「曲がった三角形」を得る（「ルーロー」は，転がすことから作られたという間違った言い伝えから “rouleaux”（フランス語で「円筒」）とよく間違われるが，実際には 19 世紀のドイツのエンジニア，フランツ・ルーロー（Reuleaux）の名前から来ている）．

硬貨の形の理由を考えたことがあるだろうか？　多くの硬貨は円であるが，たとえばイギリスの 50 ペンスは七つの角を持つ少しカーブした多角形である．少し考えると，奇数 $n \geq 3$ について，n 個の角を持つルーロー多角形を考えることができて，50 ペンスはまさにルーロー 7 角形である．これはスロットマシンには便利である．どの硬貨にもちょうど合うスロットマシンができるが，ちょっと押し込む必要がある．

コンベアのベルトはどのような形が最善だろうか？単純な作り方をすれば，ベルトの片方の面だけが表に現れて，もう片方は裏側になるだろう．すると，表に現れる面だけが使い古され，裏側はまったく使われない新品のままの状態となる．しかし，すべてのベルトが二つの面を持つわけではないことを数学者が教えてくれるだろう．一つしか面を持たない最も有名な例は**メビウスの帯** [IV.7 (2.3 項)] である．これは平らな紙の帯を 180° 捻じって両端を繋ぐことで得られる．十分に長いコンベアベルトをどこかで捻じることができるなら，二つの表面を同じように使うことができる（グローバルにはベルトは一つの面しか持たないが，ローカルには表があることを意味する）．こうすることで，ベルトを 2 倍使えることになる（ベルトをしばらくしたらひっくり返すほうが簡単だと考えるかもしれないが，メビウスの帯は特許をとるに値するとまじめに考えられていて，同じようなデザインがタイプのリボンやテープレコーダーでも使われている）．

3.　スケールとキラリティ

なぜ北極の哺乳類は大きいのだろうか？　それらが進化して来た過程での偶然なのだろうか？　これは数学的問題には思えないが，いくつかの単純な数学が，まったく偶然などではないことを簡単に教えてくれる．北極は寒く，動物たちは熱が必要であるから，より効率的に熱を保存する動物が生き残るように思える．熱を失う比率はその表面積に比例するが，熱を作り出す比率は体積に比例する．すべての方向に動物を倍に拡大すると，熱を作り出す割合は 8 倍になるが，熱を失う割合は 4 倍である．したがって，大きな動物ほど熱を保ちやすくなる．

しかし，北極の動物は巨大と言えるほど大きくないのはなぜだろうか？　このことも，同じようなスケールの話で説明できる．動物を t 倍すると，その体積，したがって重さ（動物は水が主成分で，おおむね同じ密度を持つと考えられる）は t^3 倍になる．動物はこの重さを骨で支えなければならない．骨折するのに必要な力は，おおむねその骨の断面積に比例し，断面積は t^2 倍になる．t が大きすぎると，動物はその重さを支え切れなくなる．その骨の比例密度が増加すればよいのだろうが，t が非常に大きいと，必要な足の大きさは非現実的になる．

同じようなスケールの話は，1000 フィートの鉱山の縦穴に落ちたネズミを説明するためにも使える．ホールデン*1)を引用すると「底に着いたとき，ネズミはわずかなショックを受けただけで，歩いていってしまう」．この場合，空気抵抗は表面積におおむね比例するが，重力は質量，それゆえ体積に比例する．そのことから，小さければ小さいほど最終速度は小さくなり，落ちることを怖がらなくてよくなる．

多くの科学的細分化において，二つの形が回転や平行移動なしに鏡像になっているというのは，単純な事実である，たとえば，体を見ないで手だけを見ても，右手か左手かがわかる（右手で握手ができれば，それは右手である）．この現象は**キラル**として知られている．形がキラルであるとは，回転や平行移動でその鏡像が得られないことである．

キラルの概念は科学の多くの場面で現れる．たとえば，多くの素粒子は「スピン」と呼ばれる基本的な性質を持っている．これには右回りと左回りの二つの性質がある．薬学では，多くの分子がキラルであり，二つの異なるタイプは根本的に異なる性質を持ちうると言われている．その悲劇的結果の例が，サリドマイドである．一つのタイプはつわりを軽減し，もう一つのタイプは胎児に悪影響を及ぼす．不幸なことに，1950 年代後半に何千人もの妊婦に二つのタイプの比率が 50 : 50 の薬が与えられた．キラルのより無害だが重要な例は数多く存在する．たとえば，鏡像のものとは匂いも味も異なる多くの化学物質がある（このことは逆説的に見えるが，説明は簡単である．われわれの鼻と口もキラルを持った分子でできている）．

厳密に動きを考えると，ある形は空間における連続な動きでさえその鏡像に変化させるには十分でないという意味で，強いキラルである．二つの興味深い例が「右巻き版」と「左巻き版」の**三つ葉ノット** [III.44]（二つの版が真に異なることの証明は容易ではない）と，前に述べたメビウスの帯である．メビウスの帯がキラルであることの大まかな理由は，捻じるときに「右巻き」に捻じるか，その逆に捻じるかである．目で見てもわかるように，捻じりの方向は連続変形によっては変えることができず，右巻きのメビウスの帯の鏡像は左巻きのメビウスの帯であることを確かめることができるだろう．

4. 音楽における数の調和

伝説によれば，格別に心地良い音で鉄槌を鍛冶屋が打っているのを通りすがりに聞いて，ピタゴラスは和音の法則を発見したそうである．この法則は，現代の用語で言うと，その周波数が小さな整数 r と s の比になっていて，その比が小さいほど，二つの音が特別に良く（少なくともヨーロッパの伝統で）調和すると述べている．結果として，この心地良いところが可能な限り多くなるように，音階は工夫されてきた．

残念なことに，それには限界がある．完全 5 度と音楽家が呼ぶ 3/2 のような非常に簡単な割合であっても，そのベキ 9/4，27/8，81/16 などはだんだん複雑になる．しかし，とりわけ幸運なことに，偶然 2^{19} は 3^{12} に近い．正確に言うならば，$2^{19} = 524288$ で $3^{12} = 531441$ であり，その差は約 1.4％ である．そのことから，$(3/2)^{12}$ は 2^7 に近い．音の周波数を倍にするとオクターブ上がるから，これにより完全 5 度を 12 回繰り返すと 7 オクターブに近いことになる．このことから，5 度を近似的に完全なものに変えて音階を作ることができた．

近似をするにはいろいろな方法がある．初期には他の音を犠牲にして，いくつかの 5 度を完全なものにした音階を作った．現在に至る 250 年に西洋音楽で採用されてきた折衷案は，不正確さを均等に配分するものである．楽譜で続く音が比率で 1 から α なら，周波数 u から始めて音は周波数 $u, \alpha u, \alpha^2 u$ などのようになる．音階が k 音あるなら，α^k は 2 でなければならない（k ステップ後にオクターブ上がる）．このことは α の小さなベキはすべて無理数であることを意味する．しかし，$k = 12$ なら，3^{12} と 2^{19} が近いことから，α^7 は $2^{7/12}$ に等しく，3/2 に近く（より正確には 1.4983 より大きい），このことは，すべての 5 度はほぼ完全であることを意味する．

音の調律については，「数学と音楽」[VII.13 (2 節)] でより詳細に議論している．

*1) ［訳注］J. B. S. Haldane（1892〜1964）．英国の生物学者である．

5. 情　報

二つの密接に関連したアイデア「すべての情報は0と1の列で表される」と「“情報の質”は，本や絵，音がそれを表すのに必要な0と1の数に比例する」は，ある世代の抽象的な数学理論がどのようにして次の世代の常識になるかを示す好例である．

有名なシャノンの例（「情報伝達の信頼性」[VII.6 (3節)] を参照）は，信号によって送られる情報の割合は使用可能な周波数の範囲に依存すると述べている．たとえば，銅線（狭い範囲の周波数）による電気的な送信から，光（非常に広範囲の周波数）による送信に変えると，膨大なデータをインターネットで送れるようになる．われわれに聞こえる音波は限られた周波数であるが，見ることのできる光は非常に広範囲である．そのため，1時間の音楽よりも1時間の映像のほうが，コンピュータに収めるのにずっと多くのメモリを要求する．同様に，視覚を通した感覚は受け身の過程である――目をビデオカメラのようにある方向に向け，そのビデオを見る――が，光は大量の情報を持っているから，われわれの脳はそれを扱うために多様なトリックに頼らなければならない．見たと思っていることは，実際には劇場的な現実の表現であり，それはわれわれの脳がずる賢くごまかしたものである．そのため，錯視が起きる．脳がどう作用するかを知っているときにさえ，だまされてしまう理由である．対照的に，音は小さな情報しか運ばないから，脳はもっと直接的に扱うことができる（完璧に直接というわけではなく，現実には錯覚があり，脳は耳に入るすべての音から興味があるものだけをピックアップしてくれる）．

情報が発信されたとき，通信システムにおいてはほとんど常に誤りを生じる．それゆえ，メッセージは完璧には送られない．どのようにして情報をリカバーするかを，非常に単純な場合について，ビクトリアパーラーのトリックの例で示そう．0と1からなり，$x_1+x_3+x_5+x_7$，$x_2+x_3+x_6+x_7$，$x_4+x_5+x_6+x_7$ が皆偶数であるすべての列 $(x_1,x_2,\ldots,x_7)$ を書き下すことから始める．そのような列の例の一つは，$(0,0,1,1,0,0,1)$ である．

これらの列をベクトル空間 $\mathbb{F}_2^7$ のベクトル（すなわち，スカラーがモジュロ2で考えた体に属する7次元の空間）と考えれば，これらの三つの性質を，独立線形な条件として考えている空間は $\mathbb{F}_2^7$ の4次元の部分空間である．それゆえ，16種類の列がある．聴衆の1人が，それらの一つを選び，1か所の値を変えるように依頼される．しかし，マジシャンはすぐにどこが変わったかを把握することができる．列の3番目を変えたとき，どうやってマジシャンが発見するかを見てみよう．いま，$(y_1,y_2,\ldots,y_7)=(0,0,0,1,0,0,1)$ とする．

最初に $y_1+y_3+y_5+y_7$ と $y_2+y_3+y_6+y_7$ が奇数になり，$y_4+y_5+y_6+y_7$ が偶数のままであることに注意する（y_3 が変えられたのだから）．最初の集合 $\{1,3,5,7\}$ と $\{2,3,6,7\}$ に属し，3番目の $\{4,5,6,7\}$ に属さないのは3だけである．このことから，x_3 が変えられた変数であることがわかる．この種の議論をいつも使えるようにするには，集合はどのように選べばよいか？　2進法で表現し，0を付け加えれば答えは明らかである．集合は $\{001,011,101,111\}$，$\{010,011,110,111\}$，$\{100,101,110,111\}$ であり，i 番目の集合は i 桁目の数を1としたものである．そのため，三つのうちのどのパリティが変えられたかがわかるなら，2進法でどこが変えられたかがわかる．それゆえ，元の列を作ることができる．

ハミングによって再発見されたこのトリック（「情報伝達の信頼性」[VII.6] でも議論されている）は，あらゆるエラー修正法の先駆けであり，たとえば多少傷ついたCDやDVDでも傷のない演奏を再現できるのは，このトリックのおかげである．

情報の内容を測る正確な数学的方法があるということは，遺伝学でもきわめて重要である．DNAによって運ばれる情報の量はとても大きいけれど，われわれの体全体を記述するのに必要な情報よりもずっと少ないことが示唆されている．このことから，DNAは一般的な指示の集合を運んではいるが，指紋や毛細血管の正確な配置のような組織の詳細は部分的には偶然の産物であることが理解できる．この考え方は実験的証拠によっても支持されている．そのため，たとえば，読者に成長した受精卵の成長を再び初めから繰り返すことが可能であるなら，結果は読者に広い範囲で似ているだろうが，環境の小さな違いから，異なる指紋や異なる毛細血管の配置になるであろう．

ある状況では，情報を発信するだけでは十分でなく，それを保護しなければならない．インターネットでクレジットカードの番号を送るとき，番号の盗聴がきわめて困難な方法で送信される必要がある．

これを行う数学的方法については，「数学と暗号学」[VII.7 (5 節)] を参照されたい．

少し異なるが，きわめて類似した問題がある．誰もが聞くことのできる会話の中で，アルバートがベルサ（そしてベルサとだけ）と共有したい秘密があるとする．どうしたらよいだろうか？ 最初に共有したい秘密の情報の任意の断片を考える．以下のことから，情報の特別な断片を共有することは短いステップで行われることがわかる．すなわち，次のようなステップである．最初に，アルバートは大きな整数 n ともう一つの整数 u を叫ぶ．次に，大きな整数 a を選び，この数は秘密にしておいて（当然ベルサにも．この時点ではまだアルバートはベルサと秘密を共有するすべがないからである），モジュロ n で u^a を叫ぶ．ベルサはそれから整数 b を選び，これを彼女の秘密にしておいて，モジュロ n で u^b を叫ぶ．さて，アルバートの番でベルサは u^b を話し，彼は a を知っているから，モジュロ n で $u^{ab}=(u^b)^a$ を計算する．同様に，ベルサはモジュロ n で $u^{ab}=(u^a)^b$ を計算する．アルバートとベルサは 2 人ともモジュロ n で u^{ab} を知っている．この方法は，長すぎて実用的でないことを除けば，秘密を共有する良い方法である．盗聴者は u^a も u^b も n も知っている．n が大きいとモジュロ n で u^a と u^b からモジュロ n で u^{ab} を知る方法は知られていない．

アルバートはクレジットカード番号 N をベルサに伝えたいとする．$1\leq N\leq n$ とするなら，モジュロ n で $u^{ab}+N$ を叫べばよい．ベルサは秘密の数 u^{ab} を引けば N を得る（アルバートはこのような方法で 1 回だけ秘密を送るべきである．さもないと，情報が漏れてしまう．たとえば，別のクレジットカード番号 M を u^{ab} を使って送ると，盗聴者は $M-N$ を知ることになる．しかし，彼とベルサが新しい n, u, a, b を選んで M を送れば，盗聴者は (M,N) について何も効果的にはわからないだろう）．

u^a と u^b から u^{ab} を計算することが「困難」であると信じられるだろうか？ 明日になったら，誰かがそれを解く簡単なトリックを見つけないだろうか？ 驚くべきことに，問題を解くことが困難であることが絶対的に確かだと確信できなくてさえ，その問いを議論できる非常に正確な方法がある．問題を解くことが困難であることが真実なら，短い時間に u^{ab} を計算することが本当に不可能であることから導かれるもっともらしい仮説がある．この仮説については，「計算複雑さ」[IV.20] で非常に詳しく議論されている．

6. 社会における数学

すべての家が前庭を持つ通りは，すべての前庭が駐車場に変わった通りよりきれいである．ある人にとって，美学は便利さより重要である，つまり，通りのすべての前庭が変わってしまうと，すべての家の価値が減ってしまう．しかし，1 軒だけが前庭を駐車場に変えても，通りの見かけの違いはあまり変わらず，その家の便利さは増すだろう．それにより，その家の価値は増し，他のすべての家の価値は少し下がるだろう．したがって，個々の家の所有者にとって，全員が駐車場にしてしまうと，全員が経済的損失を受けるが，1 軒だけ前庭を変えることは，その家の所有者にとって経済的に有利になる．

明らかに，全員が前庭を駐車場に変えてしまうという不幸な結果を避けるためには，家の所有者たちは協力し合わなければならない．ナッシュは公平について，簡単な仮定から始めて，互いに支払いをするシステムがあることを示した．たとえば，前庭を変えたい家の所有者は，他の家の所有者に対して支払いをしなければならない．そうすることで，通りの価値をもはや下げてしまうことはない経済的誘因になるだろう．

家の所有者たちが協力したくなければ，誰しもが利益にならない（普通はより好ましくない）合意に至ることをナッシュは示した．誰しもが変えたいと望まないが，一致してならグループの行為は変えたくなるという状況の簡単な例は，次のゲームで与えられる．3 人が Yes か No が書かれた紙を入れた封筒を審判に渡すとする．2 人のプレイヤーが同じことを書き，3 番目が違ったなら，2 人のプレイヤーは 400 ドルずつ獲得し，3 番目のプレイヤーは何ももらえない．しかし，3 人とも同じなら 300 ドルずつ得る．ゲームの前に（平均を最大にするために）Yes と書こうと合意したとする．このとき 1 人が No と書くとそのプレイヤーも何ももらえないが，2 人が合意して No に変えると 2 人とも多くを得ることになる．

ナッシュの天才的議論は，必ずしも平衡状態でないという合意状態から始めて，他のどの人もその行動を変えない状況のもとでは，ほんのちょっとした方法で自分の状況を改良する合意があるということから始まる（しかし，関係者たちの他の誰しもがその行動を変更するなら，全体の変更は誰にとっても好ましいものではない）．これは，合意から合意への関数という結果になる．この関数は**角谷の不動点定理** [V.11 (2 節)] の条件に従うことがわかり，このことから，どの個人も変えることを望まないという合意があることが従う（「数学と経済学的推論」[VII.8]，特にナッシュの定理については第 4 節を参照．個人と共通の個人の利益が必ずしも一致しないという別の状況は，交通の流れにある．「ネットワークにおける交通の数学」[VII.4 (4 節)] を参照）．

社会問題の数学的思考のすべての応用が，このような満足な結果を生むわけではない．n 人の候補と m 人の投票者がいる選挙（もしくは，より一般的に，社会がいくつかの可能性から選択をしなければならない状況）があるとする．ここで，個人の投票者の好みに従って n 人の候補を並べる方法を意味するのに「投票システム」という言葉を使おう．ケネス・アローは，通常の環境では，良い投票システムはないことを示した．より正確に言うならば，投票システムに望まれる合理的で健全な少数の性質を決定し，いかなる投票システムもすべての性質を満たすことはないということを示した．この性質の二つの例として，候補者の最終ランクがあるたった 1 人の投票者のランキングに依存するのでなく，すべての投票者がある候補 x を他の候補 y よりも好むなら，x は y よりも高いランクでなければならないとも期待することは確かに望ましい．他の性質をリストアップする代わりに，コンドルセのパラドックスとして知られているより簡単な結果を挙げよう．それは，アローの定理のある雰囲気を与える（実際，アローの定理はコンドルセのパラドックスの派生と見なせる）．次のような好みを持つ 3 人の投票者 A, B, C を考える．

	A	B	C
第 1 候補	x	y	z
第 2 候補	y	z	x
第 3 候補	z	x	y

多数が y よりも x を好み，多数が z よりも y を好み，多数が x よりも y を好むことを読み取ってほしい．それゆえ，多数の好みは**推移関係** [I.2 (2.3 項)] になっておらず，3 すくみになっている．この一つの結果は，もし x と y と z のうちの 2 人のどちらかに投票するようにまず頼まれ，そして，最初の結果の勝者と残った x, y, z の誰かとが決勝戦をするなら，残った候補が常に勝つというものである．

確率は，現代社会で中心的役割を果たす数学のもう一つの分野である．以前の社会では人々は死ぬまで働いた．今日では，人々はいずれ働くのをやめ，貯えで生活することができる．もちろん，貯えの利子だけで生活できる人もいるが，そのときには貯えの多くを使わずに死ぬことを意味している．翻って，ある年数生きると仮定して，死んでしまうと考えたまさにそのときに 0 になるように貯えを消費することができる．この場合，思ったより生きてしまうと不幸な事態になる．財産管理会社と賭けをすることが答えである．読者は全資産を払い，見返りに会社は読者が死ぬまで毎年いくらかの金を払う．早く死んでしまえば，会社はこの賭けに勝ち，期待したよりも長生きすれば，会社は損をする．そのような賭けを多数行えば，**大数の強法則** [III.71 (4 節)] により，会社は長い目で見ればある利益を得ることが期待できる．実際には，長い間生きることに対応するリスク（ファイナンスの考え方で）に対応する分を会社に払うことになる．

数学者としてお金を作る最も初期の方法の一つは，アクチュアリー，すなわち，上に述べた状況においてリスクに対応する適切な価格のアドバイザーになることであった．今日，あらゆるリスクの種類（たとえば，来年コーヒーは不作か，ユーロはドルに比べて安くなるか）に価格が付けられて売られている．リスクの価格付けの議論については，「金融数学」[VII.9] を参照してほしい．

7. 終　わ　り　に

過去において，数学は物理や工学に劇的なインパクトを与えた．あるときには，このことは生物的現象や社会的現象もそのうち数学で説明できるようになるという希望を抱かせたが，その後，そのような希望は現実的でないと思われるようになった．これらの領域は，還元主義的アプローチでは容易には扱いかね，それゆえ「より硬い科学」において研究されている現象よりも数学で記述することは本当に困難である「不意の現象」をこれらの領域が含んでいると理解された．しかし，数学者はいまや，そのような現象をもつかみ始めている．本章で扱った単純な例でさえ，その伝統的な領域を越えて幅広い領域に数学が適用でき，そうしたことに，光を当てることができるようになってきている．

VIII.4

ニューメラシー

Numeracy

エレナ・ロブソン［訳：森　真］

1. はじめに

本書の性質上，本書の章の大半は，数学の専門家による理論と実践に関わる内容である．しかし，たとえ数学者でなくても，人は誰しも数や空間や形についての何らかの理解を有しており，それらを実際に用いることができる．ニューメラシーと数学の関係は，リテラシーと文学の関係と同じであると言ってもよいだろう．前者は「日常的なルーチンワーク」であり，後者は「少数の人々による専門的な創造行為」である．しかし，リテラシー研究がいまや幅広く注目を集める学問分野であるのに比べ，「ニューメラシー」という言葉は，筆者が今使っている大量生産のワープロソフトでさえ認知していない．とはいえ，普通の人々の数学的概念や数学的行為，数学に対する態度について，一連の興味深い研究がなされてきたのもまた事実である．それらの研究の範囲は，歴史的・民族誌的研究から認知分析や発達心理学にまで及ぶ．また，研究の対象となる時代・地域は，現代の世界各地はもちろん，古代のイラクやコロンブス以前のアンデス文明，中世ヨーロッパなど，多種多様である．筆者は本章で，広い意味でのニューメラシーや実務的な数学にまつわる五つのトピックを取り上げる．そうすることで，ニューメラシーが専門的な数学研究やリテラシーの研究と同様，研究に値する分野であることを述べることができたなら幸いである．

数学が知識に関する社会学や人類学の一分野であると見なされることは，ほとんどない．それは，数学が文化の外にあるものと考えられているからである．言うなれば，人はただ「数学をする」のであって，「数学について考える」わけではないと思われている．さらに言えば，過去に行われたその類の研究，つまり文化の中に数学を置いてみるような研究は，研究分野ごとにバラバラに取り扱われている．たとえば，発展した社会における数学的思考は社会学者によって研究され，発展していない社会における数学的思考は人類学者によって研究されている．また，数学史の研究者は数学の専門家による数学論文を研究対象とし，一方で，心理学者は大人や子供がどのようにニューメラシーを獲得するかに焦点を当てるのが一般的である，という具合である．

しかし，本章で見ていくように，社会や個人が数学をいかなるものとして考えているかは，多くの環境的要因と強く結び付いている．その文化が持つ教育的・言語的・視覚的・知的性質のすべてが，さまざまな形で数学的思考を形作っている．しかしながら，それには何の制約もないわけではない．人は皆，解剖学的な類似性があり，それは思考様式に影響を与えている．たとえば，人の身体は，だいたいにおいて垂直軸に関して対称であり，ここから「左と右」「前と後」の先験的な概念が生じていると考えることができる．また，われわれは指と，量を推し量る能力（小さな集合であればいちいち数えずに大きさを認識する能力）を持っている．リヴィール・ネッツ（Reviel Netz）は，人間が小さいサイズの物の集まりをうまく扱うことができ，洗練された会計手法や硬貨のシステムを生じさせたのは，この能力によると論じている．ネッツの研究についてはあとで触れることにしよう．

本章の例は，大きく異なる三つの文化に関する研究から取り出したものである．古代の中東・地中海世界（エジプト，メソポタミア，古代ギリシア，古代ローマ）は，さまざまな形で現代の世界に大きな影響を与えている．最も明白なこととして，ユークリッド幾何学の伝統はラテン語学習と同様，何世紀もの間，西洋世界の教育理念にとって中心的な地位を占めてきた．また，古代エジプトと古代メソポタミアの言語・書記体系が再発見されたのは19世紀のことであるが，これらの文化は，古典学や聖書学を通して西洋の思考様式の奥深くで底流をなしている．したがって，これらの文化が残した世界最古の発掘物から，ニューメラシーや技術的な算法に関して，今の時代と違う点だけでなく，似通った点を見出したとしても，驚くには当たらないのである．対照的に，コロンブス以前のアメリカ大陸の文化は，他の前近代文化との接触を絶っており，近代化と無縁だった点において考察に値する．この文化は 16～17 世紀にヨーロッパからやって来た征服者たちによって実質的に消滅してしまったが，多くの古代世界の社会と構造的に類似した特徴を持っており，数に関する実践・思考の制約やその多様性について，われわれに多くのヒントを与えてくれる．最後に，本章では，現代の南北アメリカ先住民研究からいくつかの例を取り上げ，過去の研究と現代の研究，先進国の研究と後進国の研究とを分けてしまっている伝統的な学問の垣根を越えようと試みた．ニューメラシーはすべての文化が持つ特徴であり，それはわれわれのいる地域・時代にかかわらず一緒である．このことは，ニューメラシーの探求において念頭に置くべきであろう．

2. 数を表す言葉と社会的価値

通常，数を表す言葉は，それが数学的にどういう内容を持っているかについて研究される．たとえば，フランス語は 80 を表すために “quatre-vingt”，つまり「4・20」という単語を用いるように，20 進法の痕跡を残している．一方，英語では “eighty”，つまり「8・10」にはっきりと由来する語を用いる．しかし，あらゆる言語で，数を表す言葉，特に数を数えたり集合を表したりする言葉は，社会的な価値と結び付いてきた．これは，たとえば古代後期にネオプラトニズムから生まれたような神秘的な数の思想とはいくぶん違うものである．たとえば，ニコマコスの著書『算術の理論』(2 世紀に書かれたが，後世の要約しか知られていない）によると，1 から 10 の整数にそれぞれ神秘的な意味が与えられ，宇宙の根源的な性質がこれらの数によって理解されると考えられていた．しかし，ここで言おうとしている数の社会的な価値は，しばしばこの例よりもずっと散文的なものである．たとえば，英語には「三つの要素からなる組」を表すいろいろな単語があり，そのそれぞれが特定の対象に使われ，特別な社会的意義を持っている．音楽用語において，trio（3 重奏）が triad（3 和音）とも triplet（3 連符）とも別の意味を持っているのとちょうど同じように，日常的な言葉づかいにおいて，threesome（3 人組）は trinity（三位一体）と違う意味を持っている．これらの単語の用法には何ら神秘的なところはない．つまり，単純に言えばこういうことである．意味的な内容に加えて，これらの単語は対象が属する種別についての暗示的な情報を含んでいるのであり（「大人」「子供」「神聖な存在」「音楽家」「楽譜」「犯罪者」など），社会や個々人はこの情報について価値判断を下す傾向にある．

数が「社会性」を持っているということは，ゲイリー・アートンが行ったボリビア・アンデスに住むケチュア語住民の民族誌的研究によって最初に認識されたことである．ケチュア語の数体系は構造的に簡潔な 10 進法であり，近代ヨーロッパの数体系とよく似ている上，現在ではアラビア数字で表記されている．そのおかげでケチュア語は消滅せず，現在ではスペイン語と併用されているが，西洋語と大きく異なる特徴がないことは，ケチュア語研究が学術的にはやや軽視される原因にもなった．しかし，アートンが示したように，ケチュア語の数体系には二つの大きな社会的側面がある．一つは家族関係についてであり，もう一つは完全性，つまり rectification の概念である．また，何が数えてよいものなのか，またそれを数えてよいのは誰かについての明確な区分が存在している．

ケチュア語の数を表すすべての語は，12 個の基礎的な要素の組合せで構成されている．つまり，1 から 10，100，1000 に当たる語の要素があり，英語で thirteen が「10 と 3」を表し，thirty が「三つの 10」を表すように，それらの要素が加法的・乗法的に結合されて数を表す．これもまた英語に似ていることだが，ケチュア語の数を表す単語は多くの場合 1 通りの意味しか持たない．“kinsa” は 3 を意味し，その他の数には用いられない．しかし，基数の類義語が英語においてかなり稀である（一例として，dozen は 12 を表す）のに対し，ケチュア語ではそれらは一般的に用いられている．たとえば 3 の類義語には次のようなものがある．

- iskaypaq chaupin（2 に挟まれた真ん中）：五つの要素からなるグループの三つ目を指す．
- iskay aysana（2 人で引っ張る）：アラビア数字の “3” が二つの取っ手のように見えることから．
- uquti（尻）：“3” が人の臀部のように見えることから．
- uj yunta ch’ullayuq（1 対と一つ）：2＋1＝3 から．

家族関係が最もはっきりと可視化されるのは，順序数列，特に物を数える際にそれ自体重要なツールである指の名前においてである．アートンはケチュア語の指の名前の呼び方で，過去 500 年間使われてきたことが確認されているものを，6 種類リストアップしている．そのうち最も新しいものは，ボリビアの人類学者ピリミティボ・ニナ・リャノスにより 1994 年に収集された，次のような呼び方である．

- 親指：mama riru（母の指）
- 人差し指：juch'uy riru（小さい指）
- 中指：chawpi riru（中の指）
- 薬指：sullk'a riru（年下の指）
- 小指：sullk'aq sullk'an riru（年下の指の妹）

このように，親指は最も年上で，他の小さい指・年若い指の母親であると考えられている．これは 6 種類すべてに共通して言えることである．手自体は，一つの全体を対称的に二つに分けたものと考えられているが，それは二つ組になっている他の身体部分も同様である．ケチュア語では，片手だけの状態は不自然と考えられている（実際，"odd number"（異常な数，もしくは奇数）であるが）．

> 2 を志向するのは，1 が孤独（ch'ulla）と考えられているからである．1 は不完全で，疎外された存在と考えられ，パートナー（ch'ullantin）を必要としていると見なされる．1 を構成する単位が不可分のもの（たとえば 1 本の指）であろうと，より小さい単位に分けられるもの（たとえば 5 本の指からなる 1 本の手）であろうと，この原則を当てはめることができる．

そしてより一般的に，ケチュア語において奇数（ch'ulla）は不完全なものを表し，偶数（ch'ullantin，ペアを作っているもの）は通常の状態を表していることをアートンは示している．

しかし，ケチュア社会においては，たとえ数えることが容易だとしても，数えることが許されていないものがある．たとえば，ケチュアの多くの人々の家計が頼りにしている家畜の目録を作成するとき，家畜の頭数は数えられず，ただ家畜の名前のみが羅列されることになる．頭数を数えることは不可分な群れの構成メンバーを分割してしまうことであり，それは群れの一体性と豊かさを損ねてしまうと考えられている．もし群れの頭数を数える必要に迫られたならば，そのときには女性だけがそうすることを許される．男性が行うことは受け入れがたい行為とされているのである．

数えることへの制約が，現代の英語圏の文化に顕著に見られない特徴である一方，タブーとされる数字が存在することはどちらの文化にも共通している．たとえば，なぜ 7 は運の良い数字とされるのに，13 は，特に北アメリカのホテルや，金曜日に当たる日付において不吉な数字とされるのだろう？　紀元前 1000〜2000 年前の古代バビロニア（現在のイラク南部）では，7 は特に神秘的，超俗的なものと考えられた．メソポタミアの人々にとって，天体は七つ（月，太陽と，肉眼で見える五つの惑星）であり，彼らが信奉した『創造の書』は 7 巻からなり，また，月は 7 夜ごとにその姿を変えるとされた．神秘的な存在である「デーモン」は，善悪どちらにせよ 7 人の群れで事をなすと考えられた．

バビロニア人が離散的な集合を数えたり記録したりするのに用いた基本的な数体系の基礎となる数は，60 だった．60 は六つの 10 に分解される．7 は当然 60 と互いに素である最小の数であり，そのため，書記見習いが取り組んだ数学の問題の格好の題材になった．60 と互いに素で，7 より大きい数である 11, 13, 17, 19 もまた，古代バビロニアの数学の問題やなぞなぞによく現れる．しかしながら，問題に現れる数として，トリッキーな因数分解が必要とされ，それ以外には考えるべきことがないような数が選ばれてしまい，次のように，算術の観点からは退屈な解答になることもしばしばだった．

> 石があった．重さは量らなかった．7 分の 1 を加えた．11 分の 1 を加えた．重さを量ると，1 ミナだった．元の石の重さは？
>
> （答）元の石は $\frac{2}{3}$ ミナと 8 シュケルと $22\frac{1}{2}$ グレイン（180 グレイン＝1 シュケル，60 シュケル＝1 ミナ，つまり約 0.5 kg）．

7 の難解な数学的性質が直ちに宇宙の神秘に結び付くか否かを考えることは，おそらく無益である．楔形文字の史料をいくら探してみても，そのような繋がりが明らかになることは決してない．しかし，古代バビロニアの「デーモン」という概念が人間の行為規範に取り入れられなかったように，整数の中には 60 進法の数の配列に合致しないものがあり，バビロニア概念的なツールは，数学の言語で現象を説明する段階に至っていなかったのである．

3. 数えることと計算すること

ラッキーな数とアンラッキーな数，または孤独な数とペアになった数について勝手な意見を持つことは誰にでもできるが，算術的に数を操作し，その行為に喜びを見出す能力は，普遍的に共有されているものではない．そこには，個人的な認知能力と社会的制約がともに働いている．パトリシア・クライン・コーエンは，19 世紀の米国において数学的能力が急激に伸びたことには，二つのキーとなる要因があったと考えている．人々が急に賢くなったわけではない．何が起こっていたかというと，18 世紀後半に通貨の 10 進法表記（デシマライザーション）が導入され，最終的には会計士と商店主と会社経営者が単一単位で会計処理を行うことになったのである．それと同時に，新しい教育運動が起こり，特殊なシチュエーションであっても機械的に応用できる算数規則の反復学習が導入された．それは，小学校の生徒に紙とペンを使わせるより前の段階で，指での計算，おはじきを使った計算，そして暗算へと段階的に生徒を誘導する指導法のためのものであった．このように，数の関係を学習し，それを経済生活に応用する際の基本的な構造的阻害要因が取り除かれていったのである．

近代的な 10 進法表記は，記録のためだけではなく計算のシステムでもあるので，10 進法以外のシステムでも同様に計算できることは忘れられがちである．実際のところ，数詞はほとんどの時代のほとんどの社会で，指や算盤を使って行った計算の結果を単に記録するための手段であった．指や算盤による計算は，中世イスラム世界やキリスト教世界では，小数点表記が知られるようになったあとでも長く使われていた．小数点表記の方法は，計算法を記した**アル・フワーリズミー** [VI.5] の書物の影響や，そして筆算のための安い紙の普及によって，9 世紀にはバグダッドを中心に浸透していった．このように前段階の計算法が維持されるのは，圧倒的に優れた技術に脊髄反射のように反応しているわけではなく，むしろ，古い手法が備えている携帯のしやすさ，迅速さ，長い間培われてきた信頼，慣習的な支持といった要因が考えられる．

算盤を使った古い計算法の実態を過大評価することも，実際には難しい．リヴィール・ネッツはいわゆる「算盤文化」が発展するための二つの前提条件を指摘している．ネッツの定義によると，算盤文化とは，数える対象となる物を表現するために，小さな物体を一つ定めて広く利用する人間の行為によるものであり，その対応は，1 対 1 のときもあれば，1 対多のときもある．前提条件の一つは，心理学的なものである．つまり，小石や貝殻のような小さな物体を取り寄せて操作できる必要がある．霊長類はすべてこの能力を持っているが，これは物をつかむのに適した，4 本の指とそれに向かい合う 1 本の親指のおかげである．もう一つの前提条件は，認知科学的なものである．つまり，七つくらいまでの要素からなる集合のサイズを，一つ一つ数えることなく瞬間的に把握する能力がなければならない．珠を軸で串刺しにしたタイプの算盤は，この性質を最も明瞭に利用している．これはロシア式の算盤（1 本の軸に 10 個の珠があり，5 番目，6 番目の珠だけ色が変えられている）にしても日本式の算盤（1 本の軸に 1 を表す珠が四つと，5 を表す珠が一つ付いている）にしても同様である．

しかし，ネッツが強調しているように「算盤は道具ではなく，知性の状態の一つ」である．算盤に必要なのは，平らな表面と一山の小さな物体だけである．この極端な容易さは，考古学的な記録の中に算盤の使用を裏付ける物を見つけることを難しくもしており，算盤の珠が見つかったとしても，その用途で使われたことが確認できるケースは稀である．デニス・シュマント・ベッセラートは，中東の新石器文化では，紀元前 9 千年紀から洗練された会計システムが発展していたと述べている．彼女は，シンプルな幾何学的形態になるよう粗く造形された小さな粘土片が，東トルコからイランにかけての地域で前史的・考古学的な遺物として発掘されており，これらが古代の会計に用いられた小片であると主張している．紀元前 4 千年紀後半に南イラクで書かれた最古の数字が，粘土板に記された，その小片を図案化した印字のように見える記号であること，そして数えられるべき対象の記号とははっきり区別できるものであることは，確かに事実である．それらの数字は，粘土板の上に，押して印字するというよりは，むしろ粘土板を引っかくようにして書かれたものである．最も古い時期に書かれたこれらの記録のほとんどすべてが，神殿の管理者によって記帳された，土地や労働力や農業生産物のマネジメントのための会計記録であったこともまた事実である．そして，紀元前5千年紀頃からは，これらの小粘土片が考古学的な遺物として，たとえば，蓋をしたツボに入れられた状態や，小さな粘土の覆いに包まれた状態，物置の隅に丁寧に積み上げられた状態で発掘されており，これらが算盤の珠として用いられていたとしても何ら不思議はない．しかし，中東一帯には数千年前から広く標準化された算盤による計算システムがあったとするシュマント・ベッセラートの主張は，完全に確かめられたものではない．それらの小片が，たとえばパチンコや，他の考えられるような遊具として使われたものでないと断言することはできないし，どのような形状が重要だったのか，誰によって使われたのかなどを決定することは不可能である．

事実，数えたり測ったりするためにあり合わせのもので何とかするということは，現代においてもあらゆる日常生活で起こりうることである．それは，高度な数学的専門教育を経た人であっても同様である．ジーン・レイヴのもとに編成された人類学者と心理学者のチームは，1980年代にカリフォルニア州の減量相談センターで行われた減量プログラムの参加者が，減量期間中に摂取してよいとされた食事の分量に適応する様子を観察した．そのうち，大学で微分積分の科目を履修していたある参加者は，「カッテージチーズ2/3カップ」のレシピを修正して，それの3/4にするよう指示された．レイヴは次のように回想している．「彼は計量カップに2/3まで入れたカッテージチーズをまな板の上に引っくり返し，それを円形に伸ばして，その上に指で十字を描いた．そして4分の1を取り除いて，残りをカップに戻した」．ジーンは次のようにコメントする．

> 「2/3カップのカッテージチーズの3/4を取り出す」という文は，単に問題を述べているだけではなく，問題の解き方と，その手順でもある．問題が設定された状況は計算過程の一部であり，「問題を解く」とは，その設定の中で問題を表現して述べることである．減量センターの事例において，調査の対象になった人は紙と鉛筆で計算を行ったわけではない．そのように計算すれば，$2/3 \times 3/4 = 1/2$ カップという答えになっただろう．そうではなくて，問題と設定状況と表現が一つになって計量が行われたのである．

言い換えれば，実生活の多くのシチュエーションにおいては，学校で学習する筆記による計算手続きが適応可能であってもそれが無視され，その代わりに，手を使って正しい解答を導く計算手続きが，筆記によるものと同程度に効果的な手段として用いられることがある．ニューメラシーはさまざまな形をとっており，必ずしも筆記を伴うものではない．

4. 計量とコントロール

このように，十分な正確さと，調理の際に使えるという利便性を備えたカッテージチーズの計量法が減量センターで発明された．しかし，個々人としても社会集団としても，われわれは標準化された計量システムの正確さと一貫性を受け入れており，また，ある種の物品については，計量や数え方を制度化する必要を感じている．セオドア・ポーターは，国勢調査や環境調査の「数値への信頼」が20世紀の間に高まったことをはっきりと述べている．しかし，制度として承認された計量システムであっても異論が出ることはしばしばあり，そのために，問題になっている当の現象そのものが変質してしまうこともよく起こる．19世紀の北アメリカについてのコーエンの記述は，より一般的な話としても適切である．

> 人が数えたり測ったりするための基準として「何を」選ぶかは，何が重要かということだけではなく，何を理解したいと思っているか，また，しばしば何をコントロールしたいと思っているか，ということでもある．さらに，「どのように」人が数えたり測ったりしているかは，単なる古い偏見から社会と知識の構造に関する思想までを含む，対象について仮定された隠れた条件を明らかにすることである．数えたり測ったりする活動自体が，数量化についての考え方を変えてしまう．ニューメラシーは変化を先導する存在である．

コーエンとポーターは，どちらも19世紀の国勢調査の実施によって引き起こされた問題を究明しようとしている．ポーターは，フランス革命後のフランスで，財源や人手が不足していた統計局が正確な人口データを得るために，いかに困難に直面したかについて記述している．革命前のアンシャン・レジーム（旧体制）の古い階級区分を利用しなかったため，彼らはフランス全土にわたる途方もなく多様な職業と社会構造を把握する必要があった．そのため，統計局は入手が容易でない量的データを報告するために地元の県に依存することになり，代わりに県はその地域の質的評価を統計局に委託していた．ポーターが強調するように，1800 年において「フランスはいまだ統計学に還元することが不可能な国であった」．コーエンは，1840 年に行われた米国の国勢調査を分析している．この調査は，奴隷廃止を唱える北部の州のほうが，南部の州よりも，黒人人口の精神疾患がより高い率で発生することを示しているように思われた．奴隷制に賛成する勢力は，黒人には自由よりも奴隷のほうがずっと適していることの確固たる証拠として，この調査を取り上げた．一方，奴隷廃止論者は調査自体が信頼に値するものかどうかに疑問を投げかけた．そのデータを信じるか信じないかは，多かれ少なかれ，前もって抱いていた政治的な信念に左右される問題だったのである．コーエンが示しているように，実際には，記録票が使いにくいデザインであったために記入間違いが生じていた．「白人の知的障害者」と「黒人の知的障害者」の欄が混同しやすい仕様であったため，白人世帯の多くの高齢者が記入間違いを犯していた．しかしながら，1840 年代において，人々は調査の方法論についてではなく，欺瞞が行われたかどうかについて議論を交わしていた．嘘をつくのは人であって，数字自体ではないとされていた．

セラフィーナ・クオーモが示したように，2000 年前，ローマ帝国の土地調査官フロンティヌスは，量的手段の介在なしに世界を知ることはできず，計量の信頼性は専門家の熟練に依存するという意見を述べている．

> 計量術の基盤は施術者の経験にある．実は，計算可能な線長なしに真の位置や真の大きさを表すことはできない．なぜなら，周囲が波打っていたりでこぼこしたりしている土地は，たとえ角の数が同数であっても，その境界線に角度が一様でない角がたくさんあるために，伸び縮みしうる境界によって囲まれるからである．実際のところ，最終的に区分けされていない土地はあやふやな空間を有しており，「ユゲラ」が定まっていない状態である．

フロンティヌスは次のように考えていた．自然界は困ったことにいびつであり，制御下に置くためには，数量化された直線によって矯正し，理想的には 2400 平方フィートの格子（ユゲラ）の中に区画しなければならない，と．ローマ帝国が行った数量化に基づいた景観整備は，今でもヨーロッパ，中東，北アフリカのあらゆる場所で，地上からも空からも確認することができる．

対照的に，インカの人々は，時間，空間，社会，そして神を，儀礼的な暦に関連した放射状の線を景観の中に配することによって制御下に置いた．16 世紀のスペインによるキリスト教化以前，インカ世界の中心は，ペルーのアンデス山脈の聖なる都市クスコであった．インカの人々は世界を，太陽の神殿を中心として放射状に線を引き，不ぞろいな区画である tawantinsuyu（いっしょになった四つの部分）に分割した．その区分では，それぞれの suyu（地方）に 9 本から 14 本の ceque（道）がクスコから周囲の山へと伸びており，計 41 本の道のそれぞれには平均して八つの huaca（神殿）が置かれていた．聖なる暦（1 か月 ＝ $27\frac{1}{3}$ 日として 12 か月で 1 年）に従って，毎日 328 ある huaca のどれか一つにおいて，その地域の住民による儀式が行われた．このように，インカ国家における宗教は，領域を軸として，一日一日，ある共同体から別の共同体へ，システマティックに運営されていた．それによって社会集団を同じ暦，同じ宗教，同じ宇宙観へとまとめ上げていたのである．

ここでは，ニューメラシーは制度を構築する強力な道具である．計測し，数量化し，分類することは，ばらばらになっている人々，場所，物の把握しにくい集まりを，すでに知られた対象からなる，取り扱いやすいカテゴリーの集まりに変換することができる．逆に，制度的に課せられたこの構造が，制御される対象の特性を形作ることになる．上から課せられる制度的なニューメラシーは，共同体規模での支持と協力があるかどうかに，常にある程度依存している．数えられる対象にとっては必ずしもそうではなかったとしても，数える側の人間にとってそれは大きな問題である．18 世紀における国勢調査の試みが失敗に終わったのは，人々がアンケート欄の数値に自分たちが還元されることを拒否したからではなく，データ収集の担当者が収集を実行するだけのインフラを持たず，また，数量化を評価する知的洞察も備えていなかったからである．それとは対照的に，インカ帝国とローマ帝国の社会では，あらゆる種類の専門的な算術を身につけた人々を養成することが可能であった．

5.　ニューメラシーとジェンダー

現代の英語圏において，アカデミックな数学は男性の仕事であり，女性がその中で成功しようとすれば，男性側の文化に従わなければならないであろうと，一般社会からは考えられている．しかし，そのような感じ方は普遍的なものとはかけ離れている．バルバロ・グレヴホルムとギラ・ハンナによってまとめられた研究群によると，たとえば 1990 年代前半における数学専攻の大学学部生のうち，クウェートでは 80％程度が，ポルトガルでは半数以上が女性であった．しかし，次の例に示すように，これは数学自体に性に関する性質が本来的に備わっているというよりもむしろ，個々の社会がどのように女性らしさ，男性らしさの理想を作り上げているか，また，数学的活動として何が重要と考えられているかに関わる問題である．

紀元前 2000 年から紀元前 1000 年にかけてのほとんどの間，バビロニアの書記官たちは，専門的なニューメラシーは神聖な技能であると理解していた．神全般ではないが，特にそれに関連する女神によって授けられたものである，と．書記を目指す学生が職業訓練の一環として暗記することになっていた文学作品では，創造主たる神が土地を測量する器具とニューメラシーを女神たちに授け，女神たちが神々の地所を公平に管理できるようにした，とされていた．「エンキと世界の秩序」（*Enki and the World Order*）という名で知られている神話の中で，偉大な神エンキは次のように宣言している．

> 私の輝かしい妹，聖なるニサバは
>
> 1 尺を測る葦を受け取る．
>
> その腕にはラピスラズリのひもが下がる．
>
> 彼女は偉大な神の力すべてを宣言する．
>
> 彼女は領土を定め，境界を引く．
>
> 彼女は大地の書記となる．
>
> 神々が食べるもの，飲むものは，彼女の手中に収まる．

書記が暗記した文学作品は，ニサバを現実世界におけるニューメラシーの制度の守護者としても描いている．それによると，ニサバは神から授かった測量の道具を書記たちと王たちに与え，社会正義を維持できるようにさせた．

当時の学者たちの間で共有された別の文学ジャンルとして，書記たちの対話劇がある．これは，主人公の書記たちが職業の理念について論じ合う内容である．ある作品の中で，若い書記エンキ・マンシュムは，度量衡の技能と社会正義を明確に結び付けて考えている．

> ある土地を分けようと思えば，分けて見せよう．
>
> ある田畑を分配しようと思えば，分配して見せよう．
>
> それと同じで，困った奴らが喧嘩をしていれば，私がなだめてやろう …
>
> お互い仲良くできるよ，心からね …

これは単なる文学的なレトリックではなかった．バビロニアの王によって公布された法令類は，しばしば商業的な測量・計量・計算における公平性を王が保持することを謳う前書きを伴っており，度量衡に関する欺瞞を罰する用意があることが付け加えられていた．法律に関する何百もの記録が今も残存しており，土地紛争が専門家による正確な測量計算によって解決されたことを証言している．紀元前 19 世紀に都市シッパルにおいて，正義の神シャマシュの神殿で法廷を司っていた裁判官は，男性だけでなく女性の書記官と測量士も雇い入れていた（しばしば男性と同じ家族の女性ではあったが）．さらに，紀元前 14 世紀の王に仕える測量士は，伝説上の英雄ギルガメシュの聖母ニン・スムンの肖像を個人用の紋章に使った．彼らにとって，数を司る女神は，学校で聞いた物語の中の存在ではなく，彼らの職業意識の中心であった．

古代バビロニアでニューメラシーと度量衡学が制度的な権威と権力を持っていたのは，男性的な王権だけではなく，女性的な神性との関係の中でのことであった．多くの近代社会が，数に関する思想や活動から女性的な側面を排除してきた．それらの活動が女性によって実行されても，その活動に対しての数学における地位を認めないという対応によってである．ゲイリー・アートンのケチュア族の数の数え方の研究は，ボリビアの織物の民族誌的研究から始まった．彼の発見は，ボリビアの織物が非常に入り組んだ対称性パターンに基づいており，そのパターンは（女性の）織り手によって暗記されていることであった．彼女らは糸の数を容易に確かめることができるし，手を止めて子供をあやし，食事を用意し，他の家事を済ませたあとでも，寸分たがわず作業を再開することができる．そして，それにもかかわらず，その地域の男性たちがアートンに決まりきったこととして語ったところによると，織り手たちは「数えることができない」のである．というのも，女性が完成品の織物を市場で売るとき，その女性は必ず同じ集団の他の女性に彼女の取り分が間違っていないか確かめてもらい，だまされないようにしていたのである．

アートンは，12歳の少女イレネ・フロレス・コンドリに織り方を教えてもらった．彼は次のように回想している．

> あるとき，頑固な老女が「織物なんて女みたいな真似をしてはいけない」と私に言った．私は「私が知る他の村では，織物をするのは女ではなくて男ですよ」と答えた．老女は私たち2人に意地悪そうな視線を投げかけ，こう尋ねた．「もしそうなら，その村では女にペニスが生えてるのかね？」．

織物は非常に強く性別に割り振られた活動であり，この事例を含む多くの出来事から，アートンは「私の振る舞いが許容されているのは，私がよそ者であり，地元の男性と同じようなルールや期待の対象と見なされていないからにすぎない」と感じるようになった．織物は女性の独占的な仕事であり，したがって，織物が持っている本来的に数学的な性質は，社会的に見えなくなっている．女性は男性よりも，よそ者が公正に金銭を扱うことを信じたがらない，つまり数が数えられないと考えられているのである．

メアリー・ハリスは，ヴィクトリア朝期の英国において，初等教育がかつてなかったほど広範囲の市民のものになるにつれ，上の例と同じく強力な性別分担が行われるようになったことを示している．数学はそもそもの性質として男性の教科として見なされ，一方で針仕事は女性の教科の典型とされた．しかし，

> 体に合うように編まれた衣服は，すべて比の原則によっている．黒板の絵柄をコピーしたエプロンであっても，尺度に関する視覚解釈能力や滑らかな線を描く能力を必要とする．初期の視察官には手縫いとミシン縫いの違いを考える必要はなかったが，きれいに手縫いできるかどうかは，等間隔に針を入れられているかを目で確認し，直線的に縫い続けることができるかどうかにかかっている．

言い換えれば，女性が織ったり編んだり縫ったりする場面ではすべて，知らず知らずのうちに数的な適性や技能を使っている．しばしばそれは高度に創造的であり，ちょうどモリエールの戯曲に登場するムッシュー・ジョルダンが，自分自身の人生のすべてを「それについては何も知らずに」語っていたのと同じである．

6. ニューメラシーとリテラシー，学校とスーパーマーケット

おそらく，女性の仕事が職業的なニューメラシーの領域に属するとはめったに見なされない一つの理由は，ニューメラシーがしばしばリテラシーの部分集合と見なされていることである（そもそもニューメラシーが議論の対象になればの話ではあるが）．リヴィール・ネッツは次のように言っている．

> アラビアの数字について言えば，数字は筆記に対して2次的なものと思われており，数学的記号ではなく主に言語体系を記録するために発明された道具として役立つものとされている．広い歴史的視野から言えば，これは例外的であり，一般的とは言えない．一般的には，多くの文化，特に初期段階の文化において，視覚記号の記録と操作が言語記号の記録と操作に先行し，支配的な地位を占めている．

ネッツはここで数を数えるためのおはじきや算盤について考察している．しかし，ボリビアの織物の事例は，ニューメラシーは必ずしも記号操作を伴うわけではないことを思い出させてくれる．人は糸や，家畜のリャマや，概念や，他の何かを数え，外在的な装置の介入なしにそれらを計算することができる．指や体の他の部位を使って行う計算は，本章で何度も例として現れた．織り手の知的活動の多くは，体のリズムや動作の中で自然に行われており，それがどのような知的・身体的過程なのかは，もはや織り手が言語化できないことなのである（アートンが十分熟練した成人女性ではなく，まだ技術を学びつつ

ある段階の少女を教師に選んだのは，このためである）．特に発展途上の文明で見られる，文字に依存しない数的実践・数的概念の研究は，学術的観察者からしばしば「エスノマセマティクス」（民族学的数学研究）と分類されている．しかし，これは「エスノ」（民族学的）という接頭辞の適切な使用について，また，ニューメラシーと数学の境界について，困難な問題を引き起こしている．どうやってニューメラシーと数学を区別したり，エスノマセマティクスの自然な研究対象を定めたりすればよいのだろうか？

ウビラタン・ダンブロージオが 1970 年代半ばに「エスノマセマティクス」を造語したとき，その用語は「社会・経済・文化的背景との直接的な関係にある」数学，つまり「数学史と文化人類学の境界上にある」対象を研究することを表すためのものだった．しかし，多くの研究者にとって，特に数学教育の分野において，この用語は文化的に数学「外」のものを研究することを意味するようになった――あたかもアカデミズムから見て周縁的なものだけがエスニシティを持つかのように（これは怠惰な学術的視点からなされる，女性にだけジェンダーがあるかのような意見と同様である）．このように意味が矮小化してしまったために，この分野は二重の意味でダメージを被った．アカデミックな数学の本流が過去においても現在においても，社会学的・人類学的・民族学的研究から見えないものになってしまった一方で，その用語は，「エスニック」な文化は十分に数を扱えないことを意味するようになった．加えて，数学本来の性質である知的創造性とニューメラシーのルーチン的適用との違いを区別することもなくなっている．

「エスノマセマティクス」が救いようのない用語であるとしても，まだ有用な選択肢がある．子供のニューメラシーについて，テレジニャ・ヌネスとその同僚がブラジルで行い，多くの影響を及ぼした研究は，形式的に学習された「学校の数学」と，同じ子供たちによって非公式に作られた「ストリートの数学」を区別している．大人のニューメラシーについて，ジーン・レイヴが 1980 年代にカリフォルニアで行った民族誌的研究も，同様に「学校の算数」と「スーパーマーケットの算数」を対照させている．レイヴの研究に参加した人の多くは，しばしば自らを算数ができない人間として説明しており，「ある参加者は，スーパーマーケットで自分がしている計算の有効性を意識していなかったし，自分が実践的な算数をしているということさえわかっていなかった」．しかし，スーパーマーケットでは，表面的には学術的な「言葉遊び」より，はるかに複雑な数学の問題を解くことがしばしば必要となる．

> 買物客が商品棚の前に立っていた．彼女はしゃべりながら一つずつリンゴを袋の中に入れた．しゃべり終わると彼女はカートに袋を置いた．「リンゴが家に三つか四つかしかないの．子供が 4 人いるから，少なくともこの 3 日で 1 人二つは食べるでしょ．補充しとかなきゃ．冷蔵庫のスペースも限られているから，どっさり買って帰るわけにもいかないしね．リンゴはこの暑い時期にはおやつにぴったり．それに私，お昼休みに家に帰って食事するときなんかによく食べるわ」．

世帯でリンゴを消費する人数や消費ペース，冷蔵庫の貯蔵スペースを明確に意識し，そして，おそらくはリンゴの価格や保存できる期間といった多くの変数を暗に検討した結果，この買い物客は九つのリンゴを買うことを選択した．彼女は他のいろいろな種類のリンゴの価格も比べてみたかもしれないし，バラ売りと袋詰めのどちらが得なのかも検討したかもしれない．これらの思考活動は，すべてスーパーマーケットにおける典型的な活動であり，レイヴと共同研究者はこれらを観察し，数学的に類似の技能を測るためにスーパーマーケットにおける計算とペーパーテストとの関連を調べた．その結果，スーパーマーケットでの計算の頻度と数学のテスト（選択肢式，筆記解答式ともに）のスコアには，有意な相関はまったくないことがわかった．計算の成功率と頻度は，スーパーマーケットでの状況とその条件を模したテストの間で，学校歴，卒業後の年数，年齢を加味した上であっても，何の統計的関連もなかったのである．

おそらく教育者にとってはがっかりするようなことだが，レイヴの研究は，学校での数学教育が成人の数的能力においてほとんど影響を持たない，あるいはまったく影響しないことを示唆している（興味深いことに，上で触れた，数学教育の発達と 19 世紀の北アメリカでのニューメラシーの水準向上を関連付けたコーエンの歴史学的議論と，矛盾するように思われる）．むしろ，レイヴとエティエンヌ・ウェンガーが議論するように，学習は，抽象的で脱文脈化された教室でなされるよりも，役に立つ社会的・職業的文脈に置かれ，技能を持った現場の人間との交流や協力を持ったときに，最も効果的になされる．学習者はそこで「現場の人間のコミュニティ」の一部になり，必要な技術的技能だけでなく，その集団の信条や標準的な考え方や振る舞い方を教わる．能力を獲得し，信頼を得て，社会から受け入れられ，学習者は現場の人間のコミュニティの周縁から中心へと移動し，晴れて一人前の専門家として認知されるようになるのである．職業的に数を扱えるようになる過程を理解する試みは，この観点からでなくてはならない．しかし，状況に埋め込まれた学習が効果的であるとすれば，古代の中東・地中海社会で行われた非常に実用主義的な数学教育がどのように発展したかは，すでにその姿を探ることができなくなってしまった歴史上の大きな謎なのである．

7. 終 わ り に

本章は，「ニューメラシーと数学の関係は，リテラシーと文学の関係と同じである」ことを提示して始まった．しかし，ここで示した事例研究によって，ニューメラシーはそれよりもはるかに広い認知的問題に関連することがわかった．すべての歴史，すべての地域を通じ，数え切れない個人と社会が数を十分うまく使いこなし，今なおそれは続いている．それは筆記を伴わない．しかし，数えたり測ったり模様を作ったりすることを，誰もが何らかの形で行う．この観点から見ると，より良い定式化は以下のようなものかもしれない．すなわち「ニューメラシーと数学の関係は，“言語”と文学の関係と同じである」．実際，乳児・幼児や小さい子供は学校教育が始まるかなり前から，多くの本質的に数学的な技能を，現実に即した状況に関わることによって学んでいる．ある子供が普通よりも明晰な大人に成長するとき，読み書きの能力が高度に発達している場合もあれば，そうでない場合もあるのと同様に，子供は学校での数学の成績とは関係なく，日常的な実践を通して多かれ少なかれ数を扱えるようになる．

ニューメラシーと数学の関係，また言語とリテラシーの関係には，多くの意義深く重要な問題があり，それらのほとんどはいまだ定式化されていない．深い研究がまだなされていないことも言うまでもない．しかし，これは今日のアカデミアの中で最も開かれた探求の一つである．本章は，魅力的で複雑な分野のほんの表面に触れただけにすぎない．この分野が人間の存在にとって普遍的かつ中心的であるために，その表面は矛盾を含んだ様相をしているように見える．幅広い学際的なアプローチにより，次の数十年で，今日のわれわれには推測することしかできないような，ニューメラシーに関する驚くべき重要な発見が生み出されることは，ほぼ間違いない．

文献紹介

Ascher, M. 2002. *Mathematics Elsewhere: An Exploration of Ideas Across Cultures*. Princeton, NJ: Princeton University Press.

Bloor, D. 1976. *Knowledge and Social Imagery*. London: Routledge & Kegan Paul.
【邦訳】D・ブルア（佐々木力，古川安 訳）『数学の社会学——知識と社会表象』（培風館，1985）

Cohen, P. C. 1999. *A Calculating People: The Spread of Numeracy in Early America*, 2nd edn. New York and London: Routledge.

Crump, T. 1990. *The Anthropology of Numbers*. Cambridge: Cambridge University Press.
【邦訳】T・クランプ（高島直昭 訳）『数の人類学』（法政大学出版局，1998）

Cuomo, S. 2000. Divide and rule: Frontinus and Roman land-surveying. *Studies in History and Philosophy of Science* 31: 189–202.

D'Ambrosio, U. 1988. Ethnomathematics and its place in the history and pedagogy of mathematics. *For the Learning of Mathematics* 5:41–48.

Gerdes, P. 1998. *Women, Art and Geometry in Southern Africa*. Trenton, NJ: Africa World Press.

Glimp, D., and M. R. Warren, eds. 2004. *The Arts of Calculation: Quantifying Thought in Early Modern Europe*. Basingstoke: Palgrave Macmillan.

Grevholm, B., and G. Hanna. 1995. *Gender and Mathematics Education: An ICMI Study in Sriftsgården Åkersherg, Hoor, Sweden, 1993*. Lund: Lund University Press.

Harris, M. 1997. *Common Threads: Women, Mathematics, and Work*. Stoke on Trent: Trentham Books.

Lave, J. 1988. *Cognition in Practice: Mind, Mathematics and Culture in Everyday Life*. Cambridge: Cambridge University Press.

Lave, J., and E. Wenger. 1991. *Situated Learning: Legitimate Peripheral Participation*. Cambridge: Cambridge University Press.

Netz, R. 2002. Counter culture: towards a history of Greek numeracy. *History of Science* 40:321–52.

Nunes, T., A. Dias, and D. Carraher. 1993. *Street Mathematics and School Mathematics*. Cambridge: Cambridge University Press.

Porter, T. 1995. *Trust in Numbers: The Pursuit of Objectivity in Science and Public Life*. Princeton, NJ: Princeton

University Press.
Robson, E. 2008. *Mathematics in Ancient Iraq: A Social History*. Princeton, NJ: Princeton University Press.
Schmandt-Besserat, D. 1992. *From Counting to Cuneiform*. Austin, TX: University of Texas Press.
Urton, G. 1997. *The Social Life of Numbers: A Quechua Ontology of Numbers and Philosophy of Arithmetic*. Austin, TX: University of Texas Press.

VIII. 5

経験科学としての数学

Mathematics: An Experimental Science

ハーバート・S・ウィルフ［訳：森　真］

1.　数学者の望遠鏡

アルベルト・アインシュタインは，かつて「実験によって理論を確かめることはできるが，実験から理論を導く道はない」と語った．しかし，これはコンピュータ以前の話である．現在の数学研究では，その種の非常に明らかな方法がある．特別な状況が詳細に至るまでどのようになっているかを疑ってみることから始め，コンピュータ実験で，問題のパラメータの小さな値を選んで状況の構造を見続ける．それからが人間の出番である．数学者はコンピュータ端末をじっと見つめ，いくつかの現象を見つけ，それを数式に表そうとする．これが実り多いと思ったなら，明らかなパターンがそこに本当に存在し，砂漠の砂の上にちらつく蜃気楼でないことを証明することが，数学者の最終段階の仕事である．

理論天文学者が望遠鏡を使うのと同じ目的で，コンピュータは純粋数学者によって用いられ，「そこに何があるか」を見せてくれる．コンピュータも望遠鏡も，見えるものが何であるかの理論的説明をしてくれるわけではないが，どちらもそれを用いなければわからない例を数多く見せることで視野を広げてくれ，そして，それらによりパターンの存在や宇宙の法則に気づいたりそれを証明したりするチャンスを得ることができる．

この章では，現実のこの過程の例のいくつかを見せようと思う．何のパターンも受け取ることができないずっと多くの場合よりも，何らかの成功がもたらされた例のほうに，少なくとも筆者の目の焦点が自然に当たることになる．筆者の仕事は主に組合せ論や離散数学であるので，数学のこの分野に焦点が当たることにもなるだろう．この実験的な方法が他の分野で用いられないと推論しているのではなく，それらについて書くほどそれらの分野の応用について筆者が知らないだけである．

この短い本章では，実験数学のきわめて多様かつ広く深い業績を判断することさえ難しいだろう．さらに知りたい場合には，雑誌『実験数学』（*Experimental Mathematics*），Borwein and Bailey (2003)，Borwein et al. (2004) を参照してほしい．

以降の節で，まず実験数学のいくつかの有用な道具を手短に記述し，それが何かの問題を解決する方法であればその成功例を簡単に紹介することにしよう．例は公平な厳しい以下の制限に従うものより選んだ．

(i) この計画の成功にとってコンピュータの使用がきわめて重要だったこと
(ii) 努力の結果が純粋数学の新しい発見となったこと

筆者の研究からいくつか選んだことを謝らなければならないが，それらは筆者にとって最も馴染みのあるものである．

2.　道具箱の中のいくつかの道具

2.1　計算代数システム

Maple（メイプル）とMathematica（マテマティカ）という二つのメジャーな計算代数システム（CAS）には，コンピュータを使っている数学者にとって役に立つプログラムやパッケージが，数えきれないほど入っている．これらのプログラムは，数学研究者にとって，基本的なプロの設備の一部と見なせるほどの大きな援助を与えてくれ，さらにこれらはとても使用者に易しく，能力がある．

オンラインでコマンドをタイプし，それにプログラムが出力を与え，さらに，続けて別の行にコマンドをタイプするという対話モードでCASを用いる方法が，一般的な方法である．このやり方で多くの場合は十分に目的を果たせるが，もっと良い結果を得るにはこれらのパッケージに組み込まれているプログラミング言語を学ばなければならない．プログラミングの知識がほんの少ししかなくても，コンピュータに数多くの場合について計算をさせ，何か良いことが起こるのを期待することもできる．それで結果を得て今度は別のことのために別のパッケージを使ってみたり，というふうに進んでいく．筆者はよく Mathematica や Maple で小さなプログラムを書いておいて，週末には外に出かけてしまうということをやっている．その間コンピュータは動かしたままにし，面白い現象を探させている．

2.2 ニール・スローンの整数列のデータベース

CAS を別にして，特に組合せ理論を研究している数学者には，実験に重きを置いた数学のための欠かせない道具として，ニール・スローンの「整数列のオンライン百科事典」(On-Line Encyclopedia of Integer Sequences) がある．それはウェブ上の www.research.att.com/~njas にある．現在，100,000 ほどの整数列のデータがあり，各種のデータを探すのに十分な能力を持ち，多様な列について多くの情報量を持っている．

各正整数 n について，それに関する数えたい対象の集合があったとしよう．読者はたとえば，ある性質を持った大きさ n の集合の数を決定しようと試みたり，n を割る素数の数を知りたいとしよう (これは，これらの素な割る数の集合を数えることと同じである)．さらに，たとえば $n = 1, 2, 3, \ldots, 10$ について答えを見つけたが，一般解が見つからないとしよう．

具体的な例がある．読者が何かある数列について研究していて，$n = 1, 2, \ldots, 10$ の場合に $1, 1, 1, 1, 2, 3, 6, 11, 23, 47$ だったとしよう．次の段階として，以前誰かがこの列に出会っていなかったかをオンラインで確かめるべきである．何も見つからないかもしれないし，望んだ結果がずっと前に見つかっていたことを発見することもある．また，読者の列が不思議なことにまったく異なる文脈から現れる別の列であることがわかるかもしれない．三つ目の場合，第 3 節で後述する例では，何かおもしろいことが必ず起きる．この手順を試したことがない読者は，上の小さな列をオンラインで探して何が得られるかを見てみるとよい．

2.3 クラッテンハーラーのパッケージ "Rate"

超幾何列の形を推測するのに非常に役立つ Mathematica のパッケージが，クリスティアン・クラッテンハーラーによって書かれており，彼のサイトから用いることができる．パッケージの名前は Rate (ラーテ) であり，これはドイツ語で「推測」を意味する．

超幾何列が何を意味するかを見るために，まず n の有理関数が $(3n^2+1)/(n^3+4)$ のように，n の二つの多項式の商であることを思い出そう．超幾何列 $\{t_n\}_{n\geq 0}$ は t_{n+1}/t_n が次数 n の有理式であるものである．たとえば，$t_n = \binom{n}{7}$ ならば，t_{n+1}/t_n は n の有理関数である $(n+1)/(n-6)$ によって表される．したがって，$\{t_n\}_{n\geq 0}$ は超幾何列である．他の例

$$n!,\quad (7n+3)!,\quad \binom{n}{7}t^n,\quad \frac{(3n+4)!(2n-3)!}{4^n n!^4}$$

も皆，超幾何列であることも容易に確かめられる．

未知の列の最初のいくつかを与えると，Rate はその値をとる超幾何列を探す．また，超超幾何列 (続く項の比が超幾何であるもの) や超超超幾何列なども探す．

たとえば，

```
Rate[1, 1/4, 1/4, 9/16, 9/4, 225/16]
```

は何か不可解な出力

$$\{4^{1-i0}(-1+i0)!^2\}$$

を引き出す．ここで，$i0$ は Rate の引数で，通常の表現ならば，答えは

$$\frac{(n-1)!^2}{4^{n-1}},\quad n = 1, 2, 3, 4, 5, 6$$

であり，これは入力した列と一致する．Rate は 2.2 項で述べた整数列のデータベースのフロントエンドである **Superseeker** の一部である．

2.4 数の同一視

読者が研究中に，ある数に出会ったとしよう．それを β として，近似値は 1.218041583332573 と計算できたとする．$\pi, \mathrm{e}, \sqrt{2}$ といった有名な数学定数と β との間に何らかの関係がないかを知りたいとしよう．

ここで提起される一般的問題は，以下のようなものである．k 個の数 $\alpha_1, \ldots, \alpha_k$ (**基底**) と目標の数 α が与えられたとする．線形和

$$m\alpha + m_1\alpha_1 + m_2\alpha_2 + \cdots + m_k\alpha_k \tag{1}$$

が 0 に非常に近いような整数 $m, m_1, \ldots, m_k$ を見つけたい．

そのような整数を見つけるコンピュータプログラムを持っていたなら，不思議な定数 $\beta = 1.218041583332573$ を特定するのにどうやって用いるかを示そう．各種のよく知られた定数や素数の対数を α_i としてリストアップして，$\alpha = \log\beta$ とする．たとえば

$$\{\log\pi, 1, \log 2, \log 3\} \tag{2}$$

を基底とする．もし，整数 $m, m_1, \ldots, m_4$ で

$$m\log\beta + m_1\log\pi + m_2 + m_3\log 2 + m_4\log 3 \tag{3}$$

がとても 0 に近いとすると，不思議な数 β は

$$\beta = \pi^{-m_1/m}\mathrm{e}^{-m_2/m}2^{-m_3/m}3^{-m_4/m} \tag{4}$$

にとても近いことがわかる．

この時点で判断をする．m_i がやや大き目なら，予想評価 (4) は疑わしい．実際，任意のターゲット α と基底 $\{\alpha_i\}$ について，線形和 (1) が機械精度までぴったり 0 になるように，巨大な整数 $\{m_i\}$ を常に選ぶことができる．本当のトリックは「小さい」整数 m, m_i だけを使って非常に 0 に近い線形和を見つけられるかということであり，これが判断のしどころである．見つかった関係が疑わしいというよりは正しいという判断ができたら，あとは α に関する今作った評価が正しいかどうかを証明するというちょっとした仕事が残っているだけであるが，その仕事はここでは考慮の外である．このことについての良いサーベイが，Bayley and Plouffe（1997）にある．

式 (1) のような実数の間の線形関係を見つけるのに用いる道具は，主に二つある．ファーガソンとフォルケードによるアルゴリズム PSLQ（Ferguson and Forcade, 1979）と，Lattice basis reduction algorithm を用いるレンストラらの LLL（Lenstra et al., 1982）である．数学研究者にとって，これらの道具が CAS で使えるようになるという良いニュースがある．たとえば，Maple は `IntegerRelations[LinearDependency]` というパッケージを持っていて，それはユーザーが直接に処理することで PSLQ と LLL アルゴリズムを実装している．また，同じ関数を実装した Mathematica のパッケージが，ウェブからフリーでダウンロードできる．

これらの方法の応用は第 7 節で与えられるが，ここでは簡単な紹介として，不思議な数 $\beta = 1.218041583332573$ を理解してみよう．上の式 (2) のリストをベースとして用いる．Maple の `IntegerRelations[LinearDependency]` に $\log 1.218041583332573$ を入れる．出力は整数ベクトル $[2, -6, 0, 3, 4]$ であり，このことから $\beta = \pi^3\sqrt{2}/36$ は上に述べた桁数までは成り立つことがわかる．

2.5　偏微分方程式の解法

最近グラハムらによって出された問題（Graham et al., 1989）との関係で，筆者はある偏微分方程式（PDE）を解く必要性に遭遇した．それは 1 階の PDE で，原則的には**特性法** [III.49 (2.1 項)] が解を与える．この方法を試みたことがある人ならわかるように，それに伴う常微分方程式の解に関係する技術的な困難が溢れていることがある．

しかし，いくつかのとても賢いパッケージは，PDE を解くのに便利である．私は Maple の `pdsolve` 命令を方程式

$$(1-\alpha x-\alpha' y)\frac{\partial u(x,y)}{\partial x} = y(\beta+\beta' y)\frac{\partial u(x,y)}{\partial y} + (\gamma+(\beta'+\gamma')y)u(x,y)$$

が $u(0,y)=1$ の場合に用いた．`pdsolve` は

$$u(x,y) = \frac{(1-\alpha x)^{-\gamma/\alpha}}{(1+(\beta'/\beta)y(1-(1-\alpha x)^{-\beta/\alpha}))^{1+\gamma'/\beta'}}$$

が解であることを見つけ*1)，他の方法で起こりうるよりもずっと少ない努力とエラーで，ある組合せの量の具体的な関係を見つけることができた．

3.　理性的に考える

以下は，雑誌『クアンタム』(*Quantum*) に 1997 年 9, 10 月に掲載された（そして，スタン・ワゴン（Stan Wagon）が今週の問題として選んだ）問題である．

> 90316 は
>
> $$a + 2b + 4c + 8d + 16e + 32f + \cdots$$
>
> に係数として 0, 1, 2 を用いて何通りに表現できるか？

通常の組合せ論な用語では，2 のベキへの整数 90316 の各部分の多重度を高々 2 とする分割の個数を訊ねていることになる．

---

*1)　［訳注］α' が答えにないのはおかしいが，確かめることは Maple がないので難しそうである．

表 1　$b(n)$ の最初の 95 個の値

0	**1**	**2**	**3**	**4**	**5**	**6**	**7**	**8**	**9**	**10**	**11**	**12**	**13**	**14**	**15**	**16**	**17**	**18**
1	1	2	1	3	2	3	1	4	3	5	2	5	3	4	1	5	4	7
19	**20**	**21**	**22**	**23**	**24**	**25**	**26**	**27**	**28**	**29**	**30**	**31**	**32**	**33**	**34**	**35**	**36**	**37**
3	8	5	7	2	7	5	8	3	7	4	5	1	6	5	9	4	11	7
38	**39**	**40**	**41**	**42**	**43**	**44**	**45**	**46**	**47**	**48**	**49**	**50**	**51**	**52**	**53**	**54**	**55**	**56**
10	3	11	8	13	5	12	7	9	2	9	7	12	5	13	8	11	3	10
57	**58**	**59**	**60**	**61**	**62**	**63**	**64**	**65**	**66**	**67**	**68**	**69**	**70**	**71**	**72**	**73**	**74**	**75**
7	11	4	9	5	6	1	7	6	11	5	14	9	13	4	15	11	18	7
76	**77**	**78**	**79**	**80**	**81**	**82**	**83**	**84**	**85**	**86**	**87**	**88**	**89**	**90**	**91**	**92**	**93**	**94**
17	10	13	3	14	11	19	8	21	13	18	5	17	12	19	7	16	9	11

$b(n)$ を n の同じ制限に従う分割の個数とする，したがって，$b(5)=2$ で二つの関連する分割は，$5=4+1$ と $5=2+2+1$ である．そのとき，$b(0)=1$ と $n=0,1,2,\ldots$ について $b(n)$ が $b(2n+1)=b(n)$ および $b(2n+2)=b(n)+b(n+1)$ という再帰関係を満たすことが容易にわかる．

$b(n)$ の特定の値を計算することは容易である．とても速い再帰性があることから直接に計算することができる．一方で，列 $\{b(n)\}_0^\infty$ が母関数

$$\sum_{n=0}^{\infty} b(n)x^n = \prod_{j=0}^{\infty}(1+x^{2^j}+x^{2\cdot 2^j})$$

を持つことは容易にわかる（母関数については，「数え上げ組合せ論と代数的組合せ論」[IV.18 (2.4 項, 3 節)] または Wilf（1994）を参照）．数列を研究するとき，Mathematica や Maple に組み込まれた級数展開命令は，この列にある膨大な項をすばやく求めてくれて，プログラムの手間を省いてくれる．「クアンタム」の元の問題に戻って，$b(90316)=843$ であることは，再帰式から簡単に計算できる．しかし，一般に列 $\{b(n)\}$ についてもう少し学んでみよう．われわれの望遠鏡を覗いてみて，最初から 95 個の列 $\{b(n)\}_0^{94}$ を計算してみよう．これを表 1 に示す．問いは今，数学図書館でいつも見かけるもの，すなわち，これらの中にどのようなパターンがあるかである．

例の場合のように，n が 2 のベキより 1 小さいとき，$b(n)=1$ であるように見えることに注意する．このようなパズルが好きな読者は，しばらく読書を中断し（次の段落を盗み見しないで），そこにおもしろいパターンがあるか，表 1 を見つめることだろう．しかし，$n=94$ までの計算では，$n=1000$ までの計算ほどには探索に役に立たないだろう．そこで，読者には上の再帰式を用いて $b(n)$ のずっと長い表を計算し，実り多いパターンを注意深く学ぶことも勧める．

さて，$n=2^a$ ならば $b(n)$ は $a+1$ であることに気づいただろうか？　以下についてはどうだろうか：「2^a から $2^{a+1}-1$ の間の n の値のブロックで最大の $b(n)$ はフィボナッチ数 F_{a+2} であるように見える」．この列については隠されたことが多くあるが，理解するためにとりわけ重要なのは，$b(n)$ の連続する値が常に互いに素らしいことである*2)．

自然な和に関する構造よりも正数の積の構造に関係する，この列の値の性質を見つけることは，まったく期待できない．これは，整数の分割に関する理論が数の和の理論に属しており，分割の積に関する性質は稀であるからである．

この比較的根本的なことがわかったならば，証明は易しい．$b(n), b(n+1)$ が互いに素でない最小の n を m とするなら，$p>1$ は両方を割ることができる．$m=2k+1$ が奇数ならば，再帰性から p は $b(k)$ と $b(k+1)$ を割ることになり，最小性に反する．一方，$m=2k$ が偶数なら，再帰性から再び同じ結果をもたらし，証明が終わる．

続く値が互いに素だと，なぜおもしろいのだろうか？　互いに素なすべての正整数の組 (r,s) はこの列に現れるだろうか？　もし現れるなら，それはただ 1 回だけ現れるのか？　この可能性はどちらも存在することが，表 1 からわかる．さらなる研究によって，どちらも正しいことがわかる．詳細については，Calkin and Wilf（2000）を参照されたい．

ここでの最終ラインは，すべての正有理数は $\{b(n)/b(n+1)\}_0^\infty$ の中に，既約な形で 1 回，そしてただ 1 回だけ現れる．したがって，分割関数 $b(n)$ は有理数の順番付けを与え，その結果はコンピュー

*2)　二つの数が互いに素とは，公約数を持たないということである．

タの画面をじっと見て，パターンを探すことによって発見された．

教訓　コンピュータ画面をじっと見てパターンを探すことに，時間をたっぷり使おう．

4.　思いがけない因数分解

数式処理システムの偉大な力強さの一つは，因数分解に強いことである．大きな整数と複雑な表現を因数分解することができる．興味ある問題の答えとして何か大きな表現にぶつかったとき，すぐにCASに因数分解させてみるのは良い方法である．その結果はときどき読者を驚かせるだろう．以下はそのような話の一つである．

ヤング盤の理論は，現代の組合せ論で重要な部分を占めている．ヤング盤を構築するのに，正整数 n と整数の分割 $n = a_1 + a_2 + \cdots + a_k$ を選ぶ．$n = 6$ と分割 $6 = 3 + 2 + 1$ を例としよう．次に分割のフェラーズ盤を描く．フェラーズ盤は a_1 個の四角形を最初の行に，a_2 個を 2 番目の行に，というように切り取られたチェス盤である．各行は左側から揃えられている．ここでの例では，フェラーズ盤は図 1 のようになる．

盤を作るには，各四角形にラベル $1, 2, \ldots, n$ を，ラベルが各行について左から右に増加し，すべての列について上から下へと増加するように各四角形に番号を振る．ここでの例では，一つの方法は図 2 のようになる．

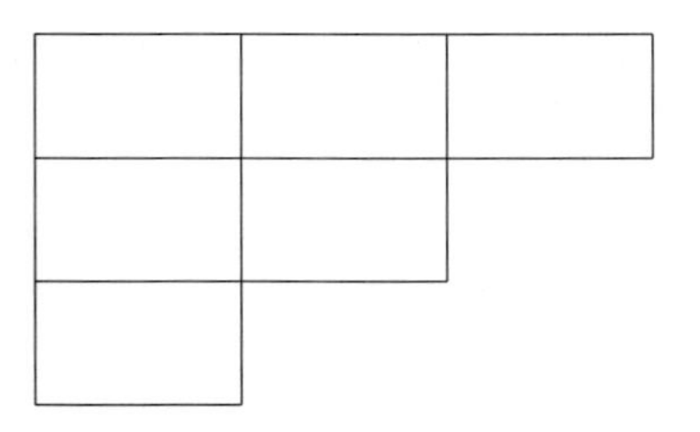

図 1　フェラーズ盤

1	2	4
3	6	
5		

図 2　ヤング盤

盤のいくつかの重要な性質のうちの一つは，ロビンソン–シェーンステッド–クヌース対応（RSK）として知られる 1 対 1 対応である．これはすべての n 文字の置換と同じ形の盤との対応である．RSK 対応を用いる一つの方法は，与えられた置換の値のベクトルにおける最長増大部分列の長さを見つけることである．この長さが，RSK 対応のもとで対応する置換が対応する表のどれかの最初の行の長さと同じであることがわかる．この事実は，アルゴリズム的に言うと，ある置換の最長増加部分列を見つける良い方法を与える．

$u_k(n)$ は，k より長い増加部分列を持たない n 文字の置換の数とする．ゲッセルの見事な定理（Gessel, 1990）によると，

$$\sum_{n \geq 0} \frac{u_k(n)}{n!^2} x^{2n} = \det(I_{|i-j|}(2x))_{i,j=1,\ldots,k} \qquad (5)$$

である．ここで，$I_\nu(t)$ は変形ベッセル関数で

$$I_\nu(t) = \sum_{j=0}^{\infty} \frac{\left(\dfrac{1}{2}t\right)^{2j+\nu}}{j!(j+\nu)!}$$

である．

ともかく，上のようなさまざまな無限列を $k \times k$ 行列式に置き換え，行列式を展開したとき，x^{2n} の係数を $n!^2$ 倍すると，長さ k より長い増加部分列を持たない n 文字の置換にちょうど等しくなるということは，とても「素晴らしい」ことのように思える．

これらの行列式の一つ，たとえば $k = 2$ について評価してみよう．

$$\det(I_{|i-j|}(2x))_{i,j=1,2} = I_0^2 - I_1^2$$

であり，これはもちろん，$(I_0 + I_1)(I_0 - I_1)$ と因数分解できる．I_ν の成分はすべて $2x$ で省略されている．

$k = 3$ の場合，そのような因数分解はできない．この行列式について，$k = 4$ の場合をCASに入れてみると

$$\begin{aligned} &I_0^4 - 3I_0^2 I_1^2 + I_1^4 + 4I_0 I_1^2 I_2 \\ &\quad -2I_0^2 I_2^2 - 2I_1^2 I_2^2 + I_2^4 - 2I_1^3 I_3 \\ &\qquad +4I_0 I_1 I_2 I_3 - 2I_1 I_2^2 I_3 - I_0^2 I_3^2 + I_1^2 I_3^2 \end{aligned}$$

を得る．ここで，$I_{2\nu}$ を単に I_ν と省略した．この最後の式をCASに因数分解させると，驚くことに

$$\begin{aligned} &(I_0^2 - I_0 I_1 - I_1^2 + 2I_1 I_2 - I_2^2 - I_0 I_3 + I_1 I_3) \\ &\quad \times (I_0^2 + I_0 I_1 - I_1^2 - 2I_1 I_2 - I_2^2 + I_0 I_3 + I_1 I_3) \end{aligned}$$

となり，すぐにわかるように，これは実際 $(A+B)(A-B)$ の形である．

$k=2$ と $k=4$ については，ゲッセルの行列式が自明でない $(A+B)(A-B)$ の形の因数分解を持ち，A と B は $k/2$ 次のベッセル関数におけるある多項式であることを，上で実験的に見た．形式的なベッセル関数の項における大きな表現のそのような因数分解は，無視できない．すべての偶数の k についてこの因数分解は拡張できるだろうか？ 実際できるのである．この因数が，一般的に何を意味するかを述べることはできるだろうか？ これも可能である．

キーポイントは，おわかりのように，ゲッセルの行列式 (5) において，行列の成分が $|i-j|$ にのみ依存する（そのような行列をテプリッツ行列という）ことである．そのような行列の行列式は，以下のような自然な因数分解がある．$a_0, a_1, \ldots$ をある列，$a_{-i}=a_i$ とする．このとき

$$\det(a_{i-j})_{i,j=1}^{2m}$$
$$= \det(a_{i-j}+a_{i+j-1})_{i,j=1}^{m} \det(a_{i-j}-a_{i+j-1})_{i,j=1}^{m}$$

となる．今の状況にこの式を当てはめると，$k=2,4$ の場合の上の因数分解をまさに与えている．そして，偶数 k について，以下のように一般化できる．

$y_k(n)$ を n 個の四角形を持つヤング盤で，最初の行が高々 k のものの数とする．さらに

$$U_k(x) = \sum_{n \geq 0} \frac{u_k(n)}{n!^2} x^{2n}$$
$$Y_k(x) = \sum_{n \geq 0} \frac{y_k(n)}{n!} x^{n}$$

とおく．これらの母関数の言葉で，一般の因数分解の定理は

$$U_k(x) = Y_k(x) Y_k(-x), \quad k = 2, 4, 6, \ldots$$

と表される．このような因数分解がなぜ役に立つのだろうか？ 一例として，この因数分解の両側の x のベキの係数が等しいことが示せる（読者もトライしてみよう！）．n 個の四角形の最初の行が高々 k の長さのヤング盤の数と，k より長い増加部分列を持たない長さ n の置換の数とに関係するおもしろい具体的な公式をそれから見つけることができる．この関係の直接の証明は，知られていない．これに関する詳細や，さらに先の結果については，Wilf (1992) を参照されたい．

教訓　因数分解を探そう！

5. スローンのデータベースのスコア

これまで見てきたようにスローンのデータベースを利用するである事例だけでなく，スローン自身が研究論文の著者の 1 人である事例研究を示そう．

計り知れないほどの価値を持つウェブのリソース *MathWorld* の創作者であるエリック・ワイススタインは，その固有値がすべて正実数である 0–1 行列の計算に興味を持った．$f(n)$ を，$n \times n$ 行列ですべての成分が 0 か 1 で固有値がすべて正実数である行列の数とするなら，$f(n)$ の値は

$$n = 1, 2, \ldots, 5 \text{ に対して，} 1, 3, 25, 543, 29281$$

であることをワイススタインは計算により見つけた．スローンのデータベースでこの列を見ていたワイススタインは，おもしろいことに，この列が少なくともここまでは，データベースの A003024 という列と等しいことに気づいた．A003024 という列は，n 個の頂点を持ち頂点にラベルを付けた非周期的有向グラフ（digraph）を数えたもので，これからワイススタインの予想が生まれた．

> n 個の頂点を持ち，頂点にラベルを付けた非周期的有向グラフの個数は，$n \times n$ 行列ですべての成分が 0 か 1 で固有値がすべて正実数である行列の数と等しい．

この予想はマッケイらに解かれた（MacKay et al., 2003）．この結果の証明の途上で，次の驚くべき事実が示された．

定理 1　0–1 行列 A の固有値がすべて正実数であるならば，それらの固有値はすべて 1 である．

これを証明しよう．A の固有値を $\{\lambda_i\}_{i=1}^{n}$ とすると

$$\begin{aligned}
1 &\geq \frac{1}{n}\mathrm{trace}(A) \quad (\text{すべての } A_{ij} \leq 1 \text{ だから}) \\
&= \frac{1}{n}(\lambda_1 + \lambda_2 + \cdots + \lambda_n) \\
&\geq (\lambda_1 \lambda_2 \cdots \lambda_n)^{1/n} \\
&= (\det A)^{1/n} \\
&\geq 1
\end{aligned}$$

となる．ただし，3 行目で相加相乗平均の不等式を用い，最後の行で $\det A$ が正整数であることを用いた．固有値の相加平均と相乗平均が等しいことから，固有値はすべて等しくなければならず，したがって，

$\lambda_i(A) = 1$ である．

予想の証明そのものは，数えた二つの集合の具体的な全単射を見つけることでなされる．実際，A を 0 と 1 の成分を持つ固有値がすべて正のみの $n \times n$ 行列とする．このとき，すべての固有値は 1 に等しい．それゆえ，A の対角成分はすべて 1 である．これより，$A - I$ も成分は 0 と 1 だけである．$A - I$ を有向グラフ G の隣接する頂点を表す行列とすると，G が非周期的であることがわかる．

逆に，G を有向グラフとする．B を隣接する頂点を表す行列とする．必要なら，G の頂点の番号を付け替えることで，B を対角成分が 0 の三角行列にすることができる．このとき，$A = I + B$ とおけば，これは 0–1 行列で固有値がすべて正実数である．しかし，行と列の番号の付け替えをする前の $I + B$ についても同じでなければならない．これに関する詳細および系については，MacKay et al.（2003）を参照されたい．

教訓　オンライン事典でその列が見つかるか確認しよう．

6. 21段ロケット

ミルス–ロビンズ–ラムゼー行列式を評価する問題に対してアンドリュースがあげた成果（Andrews, 1998）について述べよう．それは $n \times n$ 行列

$$M_n(\mu) = \left(\binom{i+j+\mu}{2j-1} \right)_{0 \le i,j \le n-1} \tag{6}$$

の行列式である．

この問題は，**平面分割**の研究との関連で始まった（Mills et al., 1987）．整数 n の平面分割は，各行では非増加，かつ各列では減少であり，合計が n の非負整数（無限）列 $n_{i,j}$ である．

$\det M_n(\mu)$ は積できれいに表されることがわかる．すなわち

$$\det M_n(\mu) = 2^{-n} \prod_{k=0}^{n-1} \Delta_{2k}(2\mu) \tag{7}$$

である．ここで

$$\Delta_{2j}(\mu) = \frac{(\mu+2j+2)_j \left(\frac{1}{2}\mu + 2j + \frac{3}{2}\right)_{j-1}}{(j)_j \left(\frac{1}{2}\mu + j + \frac{3}{2}\right)_{j-1}}$$

であり，$(x)_j$ は上昇階乗 $x(x+1)\cdots(x+j-1)$ である．

アンドリュースの証明の戦略は，概念としてはエレガントだが，実行は困難なものである．その対角成分がすべて 1 に等しい上三角行列 $E_n(\mu)$ で

$$M_n(\mu)E_n(\mu) = L_n(\mu) \tag{8}$$

が下三角行列であり，対角成分が $\{(1/2)\Delta_{2j}(2\mu)\}_{j=0}^{n-1}$ に等しいものを見つける．もちろん，これができたなら，式 (8) から $\det E_n(\mu) = 1$ であることにより，定理 (7) が証明される．というのも，二つの行列の積の行列式はそれぞれの行列式の積であり，三角行列の行列式（すなわち，対角線以下のすべての成分は 0 に等しい）は対角成分の積に等しい．

しかし，この行列 $E_n(\mu)$ はどのように見つけるとよいだろうか？　コンピュータの手にしっかりつかまって，その解へと導いてもらおう．正確に言うと，次のようになる．

(i) n のさまざまな小さい値について $E_n(\mu)$ を探す．それらのデータから一般の (i,j) 成分を予想することができる．

(ii) （実際はしたくないが，アンドリュースがしてしまったように）予想した行列の成分が正しいことを証明する．

上のステップ (ii) で，アンドリュースがその制御に成功した異常とも言える 21 段階ものステップがある．彼がやったことは，おのおのが本当に技術的な超幾何恒等式である 21 個の命題の系を主張することだった．この方法は，たとえば，13 番目の命題がある値の n について成り立つとするなら，14 番目も成り立つことを確かめ，n の値についてすべてが正しければ，$n+1$ について 1 番目の命題が成り立つというものだった．読者には，この成果について上の短い要約で伝わる以上の雰囲気や本質を，Andrews（1998）を読んで確かめてほしい．

上のプログラムのステップ (i) について，いくつか少数のコメントに限定しよう．そのために，いくつかの小さい値の n について，行列 $E_n(\mu)$ を見てみよう．対角成分が 1 である上三角行列となる $E_n(\mu)$ の条件は

$$\sum_{k=0}^{j-1} (M_n)_{i,k} e_{k,j} = -(M_n)_{i,j}$$

が，$0 \le i \le j-1$ と $1 \le j \le n-1$ について成り立つことである．これを $\binom{n}{2}$ 個の $E_n(\mu)$ の対角成分における $\binom{n}{2}$ 個の方程式と見なすことができ，いくつ

$$\begin{pmatrix} 1 & 0 & 0 & 0 & 0 \\ 0 & 1 & -\frac{1}{\mu+2} & \frac{6(\mu+5)}{(\mu+2)(\mu+3)(2\mu+11)} & -\frac{30(\mu+6)}{(\mu+2)(\mu+3)(\mu+4)(2\mu+15)} \\ 0 & 0 & 1 & -\frac{6(\mu+5)}{(\mu+3)(2\mu+11)} & \frac{30(\mu+6)}{(\mu+3)(\mu+4)(2\mu+15)} \\ 0 & 0 & 0 & 1 & -\frac{6(2\mu+13)}{(\mu+4)(2\mu+15)} \\ 0 & 0 & 0 & 0 & 1 \end{pmatrix}$$

図 3　上三角行列 $E_5(\mu)$

かの小さな n について，CAS にこの成分を探させることができる．$E_4(\mu)$ は

$$\begin{pmatrix} 1 & 0 & 0 & 0 \\ 0 & 1 & -\frac{1}{\mu+2} & \frac{6(\mu+5)}{(\mu+2)(\mu+3)(2\mu+11)} \\ 0 & 0 & 1 & -\frac{6(\mu+5)}{(\mu+3)(2\mu+11)} \\ 0 & 0 & 0 & 1 \end{pmatrix}$$

となる．

この時点で得られたものは，すべて良いニュースである．行列の成分が相当に複雑であることには違いないが，すぐにわかることとして，実験数学者がほっとすることに，μ に関する多項式は，良い形に見える整数係数の線形因子に因数分解できるのである．こうして，E 行列の一般形を予想する望みが出てきた．この都合の良い状況は，$n=5$ でも成り立つだろうか？　さらに計算をすると，$E_5(\mu)$ は図 3 に示すものになることがわかる．一般の行列 $E_n(\mu)$ の成分について，何らかの素敵な式が成り立つことが「確信」できる．2.3 項で述べた Rate パッケージは，E 行列の成分の一般公式を見つけてくれ，次の段階を確かに容易にしてくれる．最終結果は，$E_n(\mu)$ の $i>j$ のときの (i,j) 成分は 0 で，その他の場合には

$$\frac{(-1)^{j-i}(i)_{2(j-i)}(2\mu+2j+i+2)_{j-i}}{4^{j-i}(j-i)!(\mu+i+1)_{j-i}\left(\mu+j+i+\frac{1}{2}\right)_{j-i}}$$

である．

E 行列が上の形であることがわかると，アンドリュースはそれが有効かどうかを証明する仕事に向き合うことになる．すなわち，$M_nE_n(\mu)$ が下三角行列で対角成分が上に与えられたものになることを示すことになる．ここが 21 段階の帰納法から解き放たれるところである．ミルス–ロビンズ–ラムゼー行列式の評価のもう一つの証明は，Petkovšek and Wilf（1996）にある．これは，アンドリュースが発見した $E_n(\mu)$ の上の形から始まり，この行列が望んだ三角形になっていることを，21 段階帰納法の代わりにいわゆる WZ 法（Petkovšek et al., 1996）を機械的に用いて証明する．

教訓　あきらめるな．たとえ負けが見えていても．

7. π の 計 算

1997 年に，π の画期的な計算法が見つかった（Bailey et al., 1997）．最小の空間と時間で，π の 16 進法のある望みの一つの位が，この式により計算できる．たとえば，π の最初の 100 京の位をすべて計算するのに必要な時間より速く，その前の位をまったく用いずに，その第 100 京位を計算することができる．たとえば，Bailey et al. は，16 進法において π の 10^{10} から $10^{10}+13$ 桁の和は 921C73C6838FB2 であることを求めた．公式は

$$\pi=\sum_{i=0}^{\infty}\frac{1}{16^i}\left(\frac{4}{8i+1}-\frac{2}{8i+4}-\frac{1}{8i+5}-\frac{1}{8i+6}\right) \tag{9}$$

である．

おもしろい展開式

$$\pi=\sum_{i=0}^{\infty}\frac{1}{c^i}\sum_{k=1}^{b-1}\frac{a_k}{bi+k} \tag{10}$$

が存在することがわかったなら，どのように展開式 (9) を導くかを記述することに集中しよう．もちろん，これは式 (10) の形を最初にどうやって決めたかという問題を，未解決の問題として残している．

このやり方は，2.4 項で述べた線形従属性のアルゴリズムを用いる．より正確に述べるならば，π と七つの数

$$\alpha_k = \sum_{i=0}^{\infty} \frac{1}{(8i+k)16^i}, \quad k = 1, \ldots, 7$$

の間の自明でない線形関係式で，その和が 0 になるものを見つければよい．式 (3) のように七つの和を計算し，関係式

$$m\pi + m_1\alpha_1 + m_2\alpha_2 + \cdots + m_7\alpha_7 = 0, \quad m, m_i \in \mathrm{Z}$$

を，たとえば，Maple の `IntegerRelations` パッケージを用いて見つける．出力は

$$(m, m_1, m_2, \ldots, m_7) = (1, -4, 0, 0, 2, 1, 1, 0)$$

で，これが式 (9) を導く．読者はこの計算を自分でしてみるべきである．そうすれば，この簡単な恒等式が実際に正しいことを証明することができる．そして最後に，16 のベキの代わりに 64 のベキで同様のものを探してみよう．読者の幸運を祈る！

教訓　1997 年にもなって，π についてまだ新しくおもしろいことが見つかっている．

8. 終　わ　り　に

数学者の前に初めてコンピュータが現れたとき，ほとんどの一般的な反応は，コンピュータはたとえどんなに速くても，無限に多い場合については絶対に研究できないから，証明には決して役立たないというものあった．しかし，コンピュータはそのハンディキャップにもかかわらず定理を証明するのに役に立つ．本章では，数学者が数学世界をいかにコンピュータと協力して開発してきたかを示す例をいくつか紹介した．そのような開発から，理解や予想，証明の道筋や，コンピュータのなかった時代には想像もできなかった現象を育てることができている．このコンピュータの純粋数学での役割は，これからますます広がるであろうし，数学教育において**ユークリッド** [VI.2] の公理や他の基本とともに身につけるべき基礎となっているように思われる．

虹の向こうに，コンピュータのまだ届かない役割がある．おそらくいつか，仮説と望んだ結論を入力して ENTER キーを押すと，証明がプリントアウトされるようになるだろう．そのようなことが可能と思われる数学分野はいくつかあり，恒等式の証明はその代表である（Petkovšek et al., 1996; Green and Wilf, 2007）．しかし，一般的には新しい世界への道はまだまだ長く，未踏査である．

文献紹介

Andrews, G. E. 1998. Pfaff's method. I. The Mills-Robbins-Rumsey determinant. *Discrete Mathematics* 193:43–60.

Bailey, D. H., and S. Plouffe. 1997. Recognizing numerical constants. In *Proceedings of the Organic Mathematics Workshop, 12–14 December 1995, Simon Fraser University*. Conference Proceedings of the Canadian Mathematical Society, volume 20. Ottawa: Canadian Mathematical Society.

Bailey, D. H., P. Borwein, and S. Plouffe. 1997. On the rapid computation of various polylogarithmic constants. *Mathematics of Computation* 66:903–13.

Borwein, J., and D. H. Bailey. 2003. *Mathematics by Experiment: Plausible Reasoning in the 21st Century*. Wellesley, MA: A. K. Peters.

Borwein, J., D. H. Bailey, and R. Girgensohn. 2004. *Experimentation in Mathematics: Computational Paths to Discovery*. Wellesley, MA: A. K. Peters.

Calkin, N., and H. S. Wilf. 2000. Recounting the rationals. *American Mathematical Monthly* 107:360–63.

Ferguson, H. R. P., and R. W. Forcade. 1979. Generalization of the Euclidean algorithm for real numbers to all dimensions higher than two. *Bulletin of the American Mathematical Society* 1:912–14.

Gessel, I. 1990. Symmetric functions and P-recursiveness. *Journal of Combinatorial Theory* A 53: 257–85.

Graham, R. L., D. E. Knuth, and O. Patashnik. 1989. *Concrete Mathematics. Reading*, MA: Addison-Wesley.

Greene, C., and Wilf, H. S. 2007. Closed form summation of C-finite sequences. *Transactions of the American Mathematical Society* 359:1161–89.

Lenstra, A. K., H. W. Lenstra Jr., and L. Lovász. 1982. Factoring polynomials with rational coefficients. *Mathematische Annalen* 261(4):515–34.

McKay, B. D., F. E. Oggier, G. F. Royle, N. J. A. Sloane, I. M. Wanless, and H. S. Wilf. 2004. Acyclic digraphs and eigenvalues of (0, 1)-matrices. *Journal of Integer Sequences* 7: 04.3.3.

Mills, W. H., D. P. Robbins, and H. Rumsey Jr. 1987. Enumeration of a symmetry class of plane partitions. *Discrete Mathematics* 67:43–55.

Petkovšek, M., and H. S. Wilf. 1996. A high-tech proof of the Mills-Robbins-Rumsey determinant formula. *Electronic Journal of Combinatorics* 3:R19.

Petkovšek, M., H. S. Wilf, and D. Zeilberger. 1996. $A = B$. Wellesley, MA: A. K. Peters.

Wilf, H. S. 1992. Ascending subsequences and the shapes of Young tableaux. *Journal of Combinatorial Theory* A 60: 155–57.

Wilf, H. S. 1994. *generatingfunctionology*, 2nd edn. New York: Academic Press. (This can also be downloaded at no charge from the author's Web site.)

VIII. 6

若き数学者への助言

Advice to a Young Mathematician

マイケル・アティヤ，ベラ・ボロバシュ，アラン・コンヌ，
デューサ・マクダフ，ピーター・サルナック
［訳：山内藤子］

若き数学者が学ばなければならないことは，もちろん数学である．しかし，他の数学者の経験から学ぶこともまた非常に価値あることであろう．この章では5人の数学者が自分の数学人生や研究について語り，また自分たちが研究を始めたころの経験から，若き数学者に必要な助言を与える（本章のタイトル "Advice to a Young Mathematician" は，有名なピーター・メダワー卿*[1]の本 "Advice to a Young Scientist" にならった）．集まった原稿はまったく期待どおり興味深いものだった．さらに驚いたことに，それぞれの原稿には重複するところがほとんどなかった．さて，ここに五つの宝石が揃った．それは若き数学者に向けられたものだが，あらゆる年齢の数学者にも間違いなく楽しんで読めるだろう．

I. マイケル・アティヤ卿

注意

これから述べることは，私自身の経験をもとにしたたいへん個人的な考えであり，私の性格，私が取り組んでいる数学のタイプ，私の研究のスタイルを反映している．しかしながら，数学者には千差万別の特徴があるので，あなたは自分の本能に従うべきである．他人から学ぶのはよいが，学んだことを自分のやり方で理解しなさい．独創性は過去の習慣から抜け出すことで生じる場合がある．

動機付け

数学研究者は，創造的芸術家と同様に熱い思いで主題に興味を持ち，すべてを捧げなければならない．内からの強い動機がなければ成功することはないが，数学を楽しむ限り，難しい問題を解くことで得られる満足は計り知れない．

最初の1, 2年の研究が最も困難だ．学ぶことが山のようにある．小さな問題と格闘し失敗するし，興味深い問題を証明する能力が自分にあるのかどうかひどく悩む．私は研究生活2年目でそのような時期を経験した．私と同世代ではおそらく抜きん出た数学者であるジャン＝ピエール・セールは，自分もある段階で数学を断念することを考えたと私に語った．

二流の者だけが自分の能力をこの上なく過信する．能力があればあるほど自分の基準を高く設定するものだ．つまりは現状より上を見ることができる．

数学者を志望する多くの者は，他の方面にも才能や興味を持っている．数学を職業にするか他の仕事をするか，難しい選択を迫られるかもしれない．偉大なるガウスは数学と哲学との間で迷ったと言われているし，パスカルも若くして神学のために数学を捨てた．一方，デカルトとライプニッツは哲学者としても有名である．物理学に転向した数学者（たとえば，フリーマン・ダイソン）もいれば，別の道に移った数学者（たとえば，ハリッシュ＝チャンドラやラウル・ボット）もいる．数学を閉鎖的な世界と考えてはいけない．数学と他の学問分野との相互作用は，個人と社会双方にとって健全なものである．

心理

数学は強い精神的集中力が求められるので，うまくいっているときでさえ心理的抑圧は相当なものになる．性格によってそれは大きな問題にもほんの小さな問題にもなりうるが，その緊張を和らげる策を講じることはできる．講義やセミナーや学会に参加して学友と触れ合うことは，自分の視野を広げたり社会生活の支えになったりする．過度の孤独や内省は危険を伴うが，くだらない会話であっても，その時間は実際は無駄ではない．

学友や指導教官との共同研究は多くの利益をもたらすし，同僚との長期にわたる共同研究は，数学的にも個人的にもきわめて実り多いであろう．一人静かに考えることは常に必要であるが，友人と討論したり意見を交換することで，思考を高めたり比較検討したりすることができる．

問題 vs. 理論

数学者はよく「問題解決者」と「理論家」のどちらかに分類される．確かにこの分類を強調する極端な

*[1]　［訳注］Peter Medawar, 1915～87．英国の生物学者．組織移植と免疫に関する研究で1960年にノーベル生理学・医学賞を受賞した．

例はあるが（たとえば，エルデシュとグロタンディーク），ほとんどの数学者はその中間あたりにいて，問題を解くことと理論を発展させることの両方に関わる仕事をしている．実際，具体的で興味深い問題の解答に結び付かない理論には価値がない．逆に，深遠な問題は解答に向かう理論の展開を刺激することが多い（フェルマーの最終定理は，古典的な例である）．

では，勉強を始めたばかりの学生はどうだろうか？学生は本や論文を読んだり，一般概念や技巧（理論）を自分のものにしたりする必要があるが，現実的にはいくつか特定の問題に集中しなければならない．こうすることで，じっくり考え，自分の気概を試すことができる．苦労して細部まで理解した問題は，手許の理論の実用性や効力を推し量るための貴重な基準となる．

研究の進み具合によっては，最終的な博士論文は，理論のほとんどを排除し，重要な問題にのみ焦点を当てたものになるかもしれない．あるいは，その問題にしっくり当てはまるような，思った以上に大きなシナリオを書いたものになるかもしれない．

好奇心の役割

研究の原動力は好奇心である．ある特定な結果が真実となるのはいつなのか？　それが最も優れた証明なのか？　もっと自然で優美な証明はないのか？その結果が当てはまる最も一般的なコンテクストは何か？

論文を読んだり講義を聞いたりしているときに，このような疑問を自問し続けたならば，遅かれ早かれ，かすかな答えの兆し――可能性を秘めた道筋――が見えてくるだろう．このようなときには，私はいつもその考えを追うために時間をとり，考えがどこに向かっているか，また精査に耐えるかどうかを見届ける．十中八九袋小路に入り込むが，時には金を掘り当てることがある．難しいのは，最初は有望だった考えが，実際には実りないものになっていく時期を知ることである．この段階で手を引いて本道に戻らなければならない．しばしば決心はぐらつく．実際，私は前に放棄した考えに戻ってもう一度やり直したことが幾度となくある．

皮肉なことに，良いアイデアはおもしろくない講義やセミナーから不意に生じることがある．結果は美しいが，証明が醜悪で込み入った内容の講義は，よくあるものだ．そんな講義を聴いているとき，私は黒板に書かれたごちゃごちゃした証明を理解する代わりに，もっと優美な証明を考え出すことに時間を使う．しかし，たいていその試みはうまくいかない．それでも，私は自分なりにその問題を一生懸命考えていたのだから，使った時間は有意義である．他人の論法を消極的にたどるよりはずっとましだ．

例題

あなたが私と同様に大きな展望と力強い理論を好むなら（私はグロタンディークに影響されたが，転向はしなかった），単純な例題に一般的解答を当てはめることでそれらを調べられることが重要なのだ．何年にもわたって私はさまざまな分野から莫大な量の例題を集め，蓄積してきた．これらの例題は，時には精巧な公式を使って具体的な計算をすることができ，一般理論を理解するのに役立つ．例題によって地に足がつくのだ．興味深いことに，グロタンディークは例題を軽視していたが，幸いなことに，親しくしていたセールによってこれは修正された．このように例題と理論の間に明確な区分はない．私の気に入っている例題の多くは，若いころ修練した古典的な射影幾何学，つまり捻じれ3次曲線，2次曲面，クラインの3次元空間での直線の表現がもとになっているが，それ以上具体的で古典的なものはあり得ないだろう．すべてが代数的または幾何学的に考えられるが，それぞれは後に理論へと発展する多種類の例題のうちの最初の例である．その理論は，有理曲線，等質空間，グラスマン多様体の理論である．

例題のもう一つの面は，さまざまな方向へ導いてくれることである．一つの例題はいくつか異なった方法で一般化できるし，いくつか異なった法則を説明することもできる．たとえば，古典的円錐は有理曲線，2次曲線，グラスマン多様体でもある．

さらに言えば，とりわけ良い例題とは美しいものである．それは輝き，説得力を持ち，洞察力や理解力を与え，信頼の基盤を供する．

証明

われわれは「証明」は数学の中心をなすものだと教えられ，念入りに公理と命題が並べられたユークリッド幾何学は，ルネサンス以降現代思想の基本となった．数学者たちは，他の分野の不明瞭な思考は言うに及ばず，試験的段階にある自然科学者の思考と比べてもその絶対的確実さを誇っている．

ゲーデル以降，絶対的な確実さが揺らいできていることは真実であり，長々と続くコンピュータ証明の日常的攻撃によって，幾ばくかの謙虚さが生じた．それにもかかわらず，証明は数学において根本的な役割を保ち続けているし，あなたの論点に重大な欠陥があれば論文は却下されるだろう．

しかし，数学研究とは証明を提示していくことだと考えるのは間違っている．実際，数学研究の真に創造的な部分はすべて証明段階より重要だと言える．「段階」というメタファーを使うならば，あなたはアイデアを持つことから始め，筋書きを広げ，問答を書き，芝居がかった説明を用意しなければならない．実際にできあがったものが，アイデアを実行に移した「証明」と考えられる．

数学ではアイデアと概念が最初にあって，次に疑問や問題が来る．この段階で解答を求める研究が始められ，解法や戦略を探すのだ．問題がきちんと設定され，仕事に使う必要な道具も揃ったと確信したならば，そのときこそ証明の専門的事項を懸命に考えるのだ．

ほどなく反例が見つかり，その問題が正しく定式化されていなかったことに気づくかもしれないし，時には最初の直観とそれを形にしたものの間のギャップが見つかるかもしれない．あなたは隠れた前提に気づかず，細かいテクニックを見逃し，一般化しすぎたのだ．そんなときには，戻ってその問題の定式化を純化しなければならない．数学者は問題に備えているのだから答えられるというのは不当に大げさな表現だが，この言い分には確かに多少なりとも真実がある．数学とはある種の技(わざ)なのだが，良質な数学の技とは，おもしろくて解のある問題を見定めて取り組むことだ．

証明は，創造的想像力と批判的論法の相互作用が長く続いた末にたどり着く産物である．証明なしではプログラムは不完全であるが，想像力の投入なしには始まらない．このことは，他の分野の創造的芸術家である作家，画家，作曲家，建築家の仕事と似通った点がある．まず，ビジョンがあり，試みに考え出されたアイデアに発展し，最後に芸術作品を形作る長い技術的な過程となる．とはいえ，技術とビジョンは相互関係を保たなければならず，それぞれの法則に従って，他方を修正していく．

戦略

前項で証明の哲学と創造的過程すべてにおけるその役割について述べた．そこでこれから，若き数学者が興味を持つ，最も現実的な問題へ向かおう．どのような戦略をとるべきだろうか？　実際，どのように証明を見つけていくのか？

この問いは抽象論では意味がない．前項で説明したように，良い問題には常に前触れがある．つまり，何らかの背景に由来し，根源を持っている．先へ進むには，これらの根源を理解しなければならない．指導教官から何の苦もなく問題を手に入れるより，自問しながら自分自身の問題を見つけることのほうが常に良い結果を生むのもこのためだ．問題がどこから生じたのか，なぜ疑問が湧くのかわかったとき，解答に半分近づいたことになる．実際，適切な質問をすることは解答するのと同じくらい難しい．正しいコンテクストを見つけることが最初の大事な一歩である．

つまり，あなたは問題の来歴をよく知る必要がある．どの種類の方法が同じような問題で機能したのかを知り，またその限界を知らなければならない．

あなたが問題をしっかり手中に収めたならば，すぐにその問題について熱心に考えることが望ましい．問題に取り組むには実践するしかない．特殊な事例を研究し，根本的な難しさがどこにあるのか見極めるよう努力すべきだ．問題の背景や先行する方法を知れば知るほど，より多くの技術やコツを試すことができる．一方，無知であることは時に幸せである．J・E・リトルウッドは研究生たちに，リーマン予想だということを隠して勉強させ，6か月後にそのことを知らせたという．直接そのような有名な問題に挑戦する自信は学生にないだろうが，もしライバルの名声を知らなければ有利に働くかもしれないと彼は主張した．この考え方だけでリーマン予想を証明することはできなかっただろうが，それによって学生は物事に屈しにくく，打たれ強い精神を身につけるだろう．

私自身は，直接攻撃を避け遠回しに手がかりを探すように心がけるやり方をとってきた．このやり方を用いると，解いている問題と別の分野のアイデアとテクニックが繋がり，思いもかけない光が差し込むことがある．この戦略が成功すれば，単純で美しい証明が導ける．そして，その証明はまた，なぜ真実であるのかという理由も「説明」している．実際，解釈，つまりは理解することを追及することがわれわれ本来の目的だと，私は信じている．証明は単にその過程の一部であったり，時にはその結果であったりする．

新しい方法を探す一環として，視野を広げることは良い考えだ．人と話をすることで一般教養が広がったり，時には新しいアイデアやテクニックに気づいたりするだろう．ごくたまに，自分自身の研究や新しい方面にさえ役立つ生産的アイデアを手に入れるかもしれない．

新しい主題を学ぶ必要があるときには，文献を調べなさい．しかし，より望ましいのは，親切な専門家を見つけ，確かな筋から教えを得ることだ．そうすることで，より速くより多くの見識を得る．

新しい展開に対して期待を持ち敏感になるだけではなく，過去を忘れてはならない．初期の多くの説得力ある数学の結果は葬られ忘れ去られ，単独で再発見されたときにだけ日の目を見る．専門用語やスタイルが変化しているという理由もあり，これらの結果はたやすく見つからないが，金鉱である可能性がある．金鉱の常で，鉱脈を掘り当てれば幸運に違いないが，金は先駆者のものだ．

独立

あなたが研究を始める時点では，指導教官との関係が決定的なものとなりかねないので，扱っている主題，性格，業績に留意し，注意深く選びなさい．3点すべてに高得点がつく指導教官はほとんどいない．さらに，最初の1年ほどで事がうまく運ばなかったり，あなたの興味が著しく変わってしまった場合は，指導教官，あるいは大学さえ替えることを躊躇してはいけない．指導教官は気分を害することもないだろうし，それどころかほっとするかもしれない！

あなたは大きな研究グループのメンバーや，学部のほかの人と交流することもあるだろう．そのほうが1人の指導教官につくよりずっと効果的であるし，ほかの情報や別の研究のやり方を知ることにも役立つだろう．大きな研究グループにいる仲間からたくさんのことを学ぶだろう．それゆえ，大きな大学院にある学科を選ぶことが賢明なのだ．

首尾良く博士号が取得できたなら，あなたは新たな段階に入る．指導教官と共同研究を続けたり，以前と同じ研究グループに残ったりするかもしれないが，1年くらいは，他のところに移ることが将来のために望ましい．あなたはそこで，新しい影響や機会を得ることができる．このときこそ，数学の世界に自分の場所を築くチャンスである．一般的には博士論文のテーマを必要以上に綿密に研究し続けることは賢明ではないし，研究を広げることで独立性を示さなければならない．むやみと研究の方向を変える必要はないが，斬新さが必要であり，なおかつ博士論文のマンネリな続編であってはならない．

スタイル（型）

論文を書くとき，指導教官はたいてい発表のやり方や論文の構成について助言してくれるだろう．しかし，自分のスタイルを手に入れることが，あなたの数学を発展させるためには重要だ．数学の種類によって必要事項は異なるであろうが，多くの点はすべての主題に共通している．良い論文を書く上でのいくつかの心得を以下に記す．

(i) 論文を書く前に全体の論理構成を考えなさい．

(ii) 長くて複雑な証明では，読み手にわかりやすい簡潔な途中経過（補題，命題など）を示しなさい．

(iii) 明瞭で筋の通った英語（または，あなたの選択した言語）を書きなさい．数学は文学の一形態でもあることを忘れてはならない．

(iv) 明確でわかりやすいと同時にできるだけ簡潔でありなさい．このバランスをとることは難しい．

(v) 読んでおもしろかった論文を確認し，そのスタイルを手本にしなさい．

(vi) 論文の大半を書き終えたら，最初に戻って，全体の流れだけでなく，構成や結果がはっきりわかる序文を書きなさい．序文では不必要な難しい専門用語は省き，一部の専門家ではなく一般の数学学習者を対象にしなさい．

(vii) 最初の草稿を同僚に読んでもらい，提案や批判があればどのようなものにも留意しなさい．身近な友人や共同研究者ですらわかりにくいということなら，あなたはうまく書けていないのであり，改善の努力が必要だ．

(viii) 出版をひどく急いでいなければ，数週間，論文をわきに置き，他の仕事をしなさい．その後，新たな気持ちで論文に戻り，読み返しなさい．違った読み方ができて，手直しの要領がわかるだろう．

(ix) 書き直すことで，より明確に読みやすくなるならば，まったく新しい観点からであっても躊躇してはいけない．良く書かれた論文というものは「古典」になるし，未来の数学者たちに広く読まれる．ひどい論文は無視され，あるいは，相応の重要性があれば他の人が書き直すことになる．

II. ベラ・ボロバシュ

「醜悪な数学にはこの世に永住できる場所などない」とハーディは書いているが，これは熱意のない気難しい数学者がこの世にいる場所はないというのと同じことだと私は信じている．あなたは，数学に情熱を持っている場合のみ，つまり，他の仕事を一日中したあとしか時間がとれなくて，それでもやりたい場合のみ，数学をやるべきだ．詩歌や音楽と同様，数学はお金のための仕事ではなく，天職なのだ．

何よりも好みが重要だ．優れた数学とは何かについて，数学者の間で統一見解が存在することはほとんどあり得ない．あなたは，重要で，長期間にわたって枯渇しそうにない分野で研究をするべきだ．そして，美しく，価値ある問題に取り組むべきだ．優れた分野には，一握りの有名な問題だけでなく，美しく価値ある問題が数多くあるだろう．実のところ，常に高すぎる水準を目指すと，不毛の期間を長く過ごすことになるだろう．人生のある段階では許されるかもしれないが，研究の初期では避けるに越したことはない．

数学を研究するにあたって，バランスをとるように努力しなさい．真の数学者にとって，研究は何よりも優先すべきものであり，彼らは実際そうしている．とはいえ，研究することに加えて，たっぷり読書し，人に上手に教えなさい．たとえあなたの研究とまったく（あるいは，ほとんど）関係がなくとも，あらゆるレベルで数学と戯れなさい．教えることを重荷にするのではなく，閃きの源とすべきである．

研究は（論文を書くこととは異なり）決して毎日決まり切ったやり方で進めるべきではない．あなたは頭から離れないような問題を選ぶべきだ．押し付けられた仕事をやるように問題に取り組むのではなく，問題にあなた自身が夢中になってしまうことが大切である．あなたが研究生であり，仕事を始めたごく初期ならば，あなたの好みを知らない教官から手渡された問題に取り組むより，自分で見つけて気に入った問題が適切かどうかを，経験豊かな指導教官に助けてもらって判断するべきだ．指導教官はあなたの力量や好みをまだ知らなくても，あなたが努力する価値がある問題かどうかは，まずまずわかるはずだ．研究生も後半になれば，もはや指導教官を頼ることはできないが，気の合った同僚との語らいがしばしば刺激となる．

取り組むべき問題として二つのタイプの問題を常に携えていることを私は勧める．

(i) 「夢」：解いてみたいと切望するが，実際に解けることはほとんど期待できない難問．

(ii) 十分な時間，努力，運があれば，解けると思える，やってみる価値のある問題をいくつか？

さらに，前述のものよりは重要ではないが，考慮すべきもう二つのタイプがある．

(i) あなたの体面に関わるかもしれないが，手早くやる自信のある問題に時折取り組みなさい．それによって，以前自分にふさわしい問題で得た成功に傷が付くわけではない．

(ii) レベルが低めで，実際には研究問題ではなくても（何年か前にはそうであったかもしれないが），時間を費やす価値のある美しい問題を解くことはいつも楽しい．それはあなたに喜びを与え，発明の才を研くのに役立つだろう．

我慢強く根気強くありなさい．問題について考えるときに使える最も有益な方法は，いつもその問題を念頭に置いておくことだろう．ニュートンもその方法でうまくいったし，多くの人も同様にうまくいっている．特に重要な問題に取りかかるときには，時間を十分使いなさい．多くのことを期待せずに，大きな問題にはかなりの時間を費やすよう心がけなさい．その後，仔細に検討し，次に何をすべきか決め，あなたのアプローチがうまくいくような機会を作りなさい．かと言って，没頭しすぎて問題を攻略する別の方法を見逃してはならない．知的に鋭敏でありなさい．ポール・エルデシュがそうしていたように，常に頭を使える状態にしておきなさい．

間違えることを怖れてはならない．チェスプレーヤーにとって間違いは致命的だが，数学者にとっては当たり前のことである．怖れるべきは，問題を少し考えたあとに，まだ目の前の用紙が白紙のままであることだ．ひとしきりやったあとでゴミ箱が書き損じのメモ書きでいっぱいなら，まだ良いほうだろう．退屈なアプローチは避け，いつも楽しく仕事をしなさい．特に非常に単純な問題をやることは，時間の無駄どころかたいへん有益であることがわかるだろう．

一つの問題にかなりの時間を費やしたときには，自分の進歩を過小評価しやすいが，その進歩すべてを記憶する能力に対しては過大評価しがちだ．だからほんの一部の結果であっても書き留めておくことが最善だ．覚え書きがあとになって多くの時間を節約してくれることが十分ありうる．

運良く大成功を遂げたなら，参加しているプロジェクトに飽き飽きして自分の名声にあぐらをかきたくなるのは無理もない．この誘惑に立ち向かって，成功によって得られる他のものを見なさい．

若い数学者の大きな利点は，研究のための時間がたっぷりあることだ．あなたはそれに気づいていないかもしれないが，研究を始めたころと同じだけの時間をとれることは二度とないであろう．誰もが数学をするのに時間が十分ないと感じているが，年月が経つに従って，この気持ちはより一層切実でより根拠のあるものとなる．

読書について言えば，若者は読んだ数学書の量の点で不利だ．だから，それを補うため，一般分野と数学の両方の書物をできるだけ多く読みなさい．あなたの研究分野の最も優れた人たちが書いた論文は，必ずたくさん読みなさい．それらすべての論文が緻密に書かれているわけではないが，そのアイデアと結果は，読むのに使った努力に十分報いてくれる．何を読むにしろ，注意深くありなさい．著者が何をやろうとしているかを見越し，優れた解き方を予測しなさい．あなたが予測した方法を著者がとったときにはうれしいだろうし，違う道を著者がとったなら，その理由を突き止めることを楽しめる．たとえ単純に思われる結果と証明についても，自問してみなさい．そうすることで，あなたの理解が深まるだろう．

一方，あなたが攻略しようとしている未解決の問題については，すべて先を読み切ってしまわないほうがよい．じっくり考えた上で明らかに行き詰ったときに，他の人の失敗例を読めばよい（また，そうすべきである）．

驚く力を持ち続けなさい．現象を当たり前のこととして考えてはいけない．あなたが読んだ結果とアイデアを正しく評価しなさい．何が起こっているのかわかっていると思い込むのは，あまりに安易だ――あなたは証明を読み終わったばかりなのだから．秀でた人たちは，しばしば新しいアイデアを消化吸収するのに非常に多くの時間を費やす．彼らは定理の体系を知り，その証明を理解するだけでは十分ではなく，自分の血の中にそれを感じたいのだ．

実績を積んでも，常に新しいアイデアや新しい方向を受け入れる気持ちを保ちなさい．数学的展望は絶えず変化する．それゆえ，取り残されたくなければ，あなたも変わらなければならない．常に道具を磨き，新しい道具を身につけなさい．

何より数学を楽しみ，熱中しなさい．研究を楽しみ，新しい研究成果を読むことを待ち望み，数学に対する愛情をほかの人たちに注ぎ，気晴らしをしているときでも，偶然見つけたり仲間から聞いたりした美しい小さな問題について考え，数学を楽しみなさい．

科学や芸術の分野で成功するために皆が従うべき忠告をまとめるとするなら，2 千年以上前にウィトルウィウスが書いたことを思い出すのが，最も適切だろう．

> 天賦の才があっても学ばなければ，また天賦の才なくして学んでも，完璧な芸術家にはなれない．

III. アラン・コンヌ

数学は現代科学の中枢であり，われわれが関っている「現実」を理解するために非常に役立つ新しい概念や手段の源泉である．新しい概念自体は，人間の思想を蒸留器の中で長く「蒸留」させた結果である．

私は若い数学者たちへの助言を書くように依頼されたのだが，初めに言いたいことは，どの数学者もそれぞれ特別であることだ．一般的に数学者は「フェルミ粒子」のように行動する傾向があり，流行最先端の領域での仕事を避ける．それに対して物理学者は合体して大きな群れとなる「ボース粒子」にずっと近い行動をする．彼らは自分たちの業績をしばしば「売り込みすぎる」という，数学者が軽蔑する態度をとる．

最初は数学を幾何，代数，解析，数論など別々に分かれた部門の集まりと考えようとするかもしれない．すると，最初のものは「空間」という概念を理解する試み，2 番目のものは記号を操る技術，3 番目のものは「無限」と「連続」に近づくこと，といった具合に考えが縛られてしまう．

しかし，このことは数学の世界で最も重要な特徴を公平に扱っていない．つまり，それぞれの本質を奪うことなく上記の部門を他から孤立させることは，実質不可能である．このように，数学総体は生物実体と似ている．つまり，全体として生き残ることしかできず，ばらばらにされれば滅びてしまう．

数学者の科学者としての人生は，「数学的実在」を地理学的に探求するようなものだ．数学者は，個人の精神構造の中でそれを徐々に明らかにしていく．

この過程は，現存する本に見受けられる教義的説明に反抗することからしばしば始まる．若く有望な数学者は，自分自身の数学に対する考え方が現存する教義にまったく合わない部分があることに気づき始める．ほとんどの場合，この最初の反抗は無知によるものである．しかし，それによって権威に対する崇拝から解放されたり，実際の証明で直観が裏付けされれば直観を頼ることができるので，有益なものとなりうる．いったん数学者が自分独自の「個人的」方法で数学の世界の一端を真に知り得たなら，たとえ最初は難解なものに見えても*2)数学の旅は順調に始まるであろう．「アリアドネの糸」を切らないことが不可欠である．そうすれば，道中出合うすべてのことに，常に新鮮なまなざしを向けることができるし，道に迷い始めたらいったん引き返すこともできる．

動き続けることも大切である．そうしなければ，技術的に極端に専門化された小さな領域に自らを閉じ込め，数学の世界やその膨大で途方に暮れるほどの多様性を認識できなくなる危険を冒すことになる．

基本的には，多くの数学者が数学の世界のさまざまな部分をさまざまな見方で探求するのに人生を費やしたとしても，その輪郭や繋がりについての意見は皆同じなのだ．旅の出発点はどこであれ，十分な距離を歩けば名のある町にぶつかる．たとえば，楕円関数，モジュラーフォーム，ゼータ関数である．「すべての道はローマに通じる」のであり，数学の世界も「繋がっている」．もちろん数学のあらゆる部分が皆似ているということにはならない．グロタンディークが，最初に取り組んだ解析の景色と残りの数学人生を費やした代数幾何の景色を比較して，（『収穫と蒔いた種と』（*Récoltes et semailles*）の中で）述べたことは，引用する価値がある．

> 今でも私はこの強い（もちろん，まったく主観的な）印象を覚えている．それは，まるで乾燥した薄暗い草原を抜け，気がつくと突然，肥沃な「約束の地」とも言えるところにいて，推測したり探索したりしようと手を伸ばせば，その地はどこまでも無限に広がっているようだった．

多くの数学者は実践的な方針をとり，「数学の世界」の探求者だと自分を見なしている．彼らはその世界の存在を疑おうともせず，直観と多くの論理的な思考とを混ぜてその構造を解明するのだ．直観は（フランス人詩人ポール・バレリーが重要視していた）「詩的願望」と似たようなものであり，論理的思考は集中力の研ぎ澄まされた時間を必要とする．

各世代がこの世界についてそれぞれの理解を反映した心象を描き，より深くそこに浸透するように精神を働かせている．その結果，以前は隠れていた部分を探り当てることができる．

物事が真におもしろくなるのは，前世代の数学者が思い描いた像の中では遠く離れていた数学世界のある部分とある部分が，予期せず繋がったときである．こうなると，突然の風が霧を吹き飛ばし，美しい風景が現れたような気になる．私自身の研究でのこの種の大きな驚きは，物理学との相互作用で起こることが多い．物理学に普通現れる数学概念は，アダマールが指摘するように，しばしば基本的なものである．彼にとって，数学の概念は次のようなことを表している．

> （数学の基本は）短命な目新しさではなく，本質から限りなく湧き出る豊かな新しさであるが，自分の方法を信じる数学者は目新しさについつい影響を受けてしまう．

私は，この原稿をいくつかのより「実践的」な助言で締めくくりたい．とはいえ，それぞれの数学者は「特別な存在」であるので，必要以上に深刻に受け取ることはない．

散歩　ひどく複雑な（多くの場合計算も含む）問題と格闘しているときの一つの非常に健全な運動は，長い散歩に（紙も鉛筆も持たず）出かけ，頭の中で計算をすることだ．「複雑すぎてできない」と初めに感じていても構わない．うまくいかなくても記憶力

*2)　私自身の出発点は，多項式の解の局所化を突き止めることであった．幸運なことに，私は非常に若くしてシアトルで行われた会議に招かれ，生涯にわたって研究することになった因数のルーツを紹介された．

を鍛え技を磨くことになる.

寝そべること　数学者がいつも苦労するのは，最も熱心に仕事をしているのは暗がりでソファーに寝そべっているときだと，連れ合いに説明することだ．運の悪いことに数学研究機関に電子メールやコンピュータが入り込んだことで，孤独になって集中する機会はまれになり，一層貴重なものになった.

勇気を持つこと　新しい数学の発見に通じる過程には，いくつもの段階がある．段階を追っていくことは勇気のいることだが，それはまさに理性と集中力を必要とすることを意味する．第1段階はきわめて創造的であり，ほかとはまったく質の違うものである．いわば，無知によって身を守ることが要求される．なぜなら，他の多くの数学者が攻略に失敗した問題に目を背けるあまたの理由から，身を守ることができるからだ.

つまずき　研究人生を通じて早い時期から，数学者はライバルから受け取る抜き刷りによって邪魔されたように感じる．私がここでできる唯一の提案は，この欲求不満をさらに懸命に研究に励む前向きなエネルギーに変えようと試みることである．しかし，これはそうたやすいことではない.

賞賛の出し惜しみ　「われわれ（数学者）は，少数の友人の渋りがちな賞賛を得るために働いている」と私の同僚はかつて言った．本当のところ，研究とはかなり孤独な仕事なので，何とかしてその賞賛を得る必要がある．しかし，率直に言えば，あまり期待してはいけない．実際，唯一真実の判断ができるのは自分だけである．その仕事の意味がわかる正当な立場にいる者はほかにはおらず，他人の意見を気に病むことは時間の無駄である．今までのところ，投票の結果で定理が証明されたことはない．ファインマンは「なぜあなたは他人の思惑を気にするのか」と言っている.

IV. ドゥーサ・マクダフ

私は同世代の人たちとはたいへん異なった境遇のもとで成人した．職業を持って独立することを常に考えるように育てられ，家族や学校から，数学を職業にするように大きな励ましを受けてもいた．珍しいことに，私の女子校にはユークリッド幾何や微積分の美しさを教えてくれる素晴らしい数学の教師がいた．対照的に自然科学の教師を目指すつもりはなかったし，大学の自然科学の教師もそれほど良くなかったので，実のところ，私は物理学をまったく学ばなかった.

このような限られた範囲の中で，私はとても良い成績を収めたので，数学の研究者になろうと本気で考えるようになった．ある点，私はたいへんな自信家だったが，他方，未熟さも感じていた．根本的な問題は，専門職に関する限り女性は二流であり，そのため無視されるというメッセージを真に受けていたことだった．私には女性の友人がいなかったし，自分の知性に価値が見出せず，私の知性は退屈で実際的なもの（女性的）であり，真に創造的なもの（男性的）ではないと考えていた．このことについては，いろいろな言い方がされてきた．たとえば，「男性は世の中に出ていき，女性は火を焚き家庭を守る」，「女性はミューズであって詩人ではない」，「女性には数学者になるために必要な真の魂がない」などである．現在でもまだ多くのことが言われている．最近，おかしな手紙が女性解放論者の友人の間で回覧された．女性たちには最も大切なことをする能力がないと気づいたというメッセージであり，さまざまな科学分野の中のよくある矛盾に満ちた偏見が多数列挙されていた.

その少しあとに明らかになったもう一つの問題は，私がほとんど数学の知識もなく上出来の博士論文を仕上げてしまったことである．論文はフォン・ノイマン環についてであり，私にとっては何の意味もない専門的トピックだった．私はその分野に方向性を見出すことはできなかったし，他のこともほとんど知らなかった．大学院の最終学年にモスクワに行ったとき，ゲルファントは多様体上のベクトル場のリー群のコホモロジーに関する論文を読むように手渡してくれた．私はコホモロジーが何なのか，多様体が何なのか，ベクトル場が何なのか，リー群が何なのか，何も知らなかった.

このように無知であったことは，いくぶんかは専門化しすぎた教育制度のせいだが，数学のより広い世界に私が触れていなかった結果でもあった．私は基本的に二つの別々の生活を送ることで，女性であることと数学者であることに折り合いをつけていた．モスクワから帰ると，私の孤独はさらに深まった．関数解析からトポロジーへと分野を替えたが，手引きとなるものもほとんどなく，無知が露わになるのが怖くて質問を頻繁にすることもできなかった．また，ポスドクのときに子供が生まれ，目の前の問題をこなすことにたいへん忙しかった．その段階では数学を解く過程を理解することはなく，もっぱら読むことで学んでいった．問題を作ったり，稚拙であろう自分のアイデアを試してみることが基本だということに気がつかなかったのだ．また，どのように自分のキャリアを積んだらよいのかもわからなかった．良いことは偶然に起こるわけではない．奨学金や職に応募したり，興味深い学会がないかいつも注意していなければならない．このような困難なことすべてに対処するより良い手だてを教えてくれる師がいたならば，確かに役立ったであろう．

私に一番必要だったことは，おそらく良い質問をどのようにすべきかを学ぶことだった．学生としてやるべきことは，他人から出された質問に答えられるように勉強するだけでなく，興味深い何かを導きうる問題をどのように作り上げるかを学ぶことだ．かつて私は，新しいことを研究するとき，他人がすでに開発した複雑な理論を使って研究の中盤から始めるのが習慣だった．しかし，一番単純な問題や例題から始めることで先が見えてくるものなのだ．そうすれば基本的な問題は理解しやすいし，新しいアプローチも見つけやすい．たとえば，私はシンプレクティック幾何において，球がシンプレクティックに操られる方法に制限を加えるグロモフの非圧縮定理を使う研究方法を，いつも好んでいる．この非常に基本的で幾何的な定理は私の心に響くものがあり，探究を始めるための確固たる基盤となっている．

最近の人たちは，数学が共同事業であることを以前よりずっとよく知っている．輝かしいアイデアのほとんどは，全体との関わりがあって初めて意味をなしている．いったん背景が理解できれば，一人で研究することは，しばしばとても重要で実り豊かなことである．とはいえ，学ぶときには他人と関ることが肝心である．

建物の構造，学会や研究会の構成，学部のプログラム，また，内部的なものとしてセミナーや講義の構成を変えることで，上記のようなコミュニケーションの促進に成功した例がたくさんある．年長の数学者が居眠りしたりぼんやりしたりせず，そこにいる皆のために，議論を明確にしたり引き金になる質問をしたりすると，セミナーの雰囲気は驚くほど変わる．若者でも年長者でも，無知や想像力のなさや致命的な欠陥が露わになることを怖れて沈黙することがしばしばある．しかし，数学のように難しいが美しい科目と向き合うとき，人は皆他人から何かしら学ぶものである．昨今は，特定の理論の詳細と，新しい方向性や問題の明確化という二つの面について議論しやすく組織された，小規模な素晴らしいカンファレンスやワークショップが数多く存在する．

数学は本質的に女性に向かないという考えは，もはや流行らないが，女性であることと数学者であることをいかに調和させるかという問題には，今も関心がある．私は数学の世界で女性が十分活躍しているとは思わないが，すでに例外として片付けられないくらいの人数はいる．もともと女性のために開かれた研究会が，期せずして価値あるものだと気づいたこともある．数学を討議する女性でいっぱいになった講義室は，いつもと雰囲気が違うのだ．また，女性に対する理解が浸透するにつれて，真の問題は，(男であれ女であれ) 創造的数学者になろうとする若者が皆，満足いく個人生活が築けるかどうかになっていく．人々がいったんこのことに本気で取り組み始めたなら，われわれ女性数学者の地位もぐんと上がるであろう．

V. ピーター・サルナック

私は長年にわたってかなり多くの博士課程の学生を教えてきたので，経験ある指導者として助言する資格があるだろう．きわめて優秀な学生に助言する場合は（幸運にもこのような学生を相当数持った），どこかそのあたりの金を掘ることを命じ，曖昧な提案を二つ三つするくらいのことしかしない．学生たちがいったん自分の技術と才能を使って行動を起こせば，金の代わりにダイヤモンドを見つけるだろう (もちろんそのあとで，「私が言ったとおりだろう」と言っても反論はできまい)．こうした場合やその他多くの場合，年長指導者の役割は運動選手のコーチのようなものだ．学生を励ましながら，彼らが興味深い問題に取り組み，有益な基本ツールを見つけていることを確認する．学生の役に立つコメントや提言を何年にもわたり繰り返してきたので，ここにいくつかを挙げてみる．

(i) ある領域を学ぶとき，現代の新しい論述を読むことと，最初に書かれた論文，特に数学の達人の論文を勉強することを同時に行うべきだ．目新しい論文で困るのは，論述が巧みすぎることだ．書き手が新しくなるたびに，より巧妙な証明や論理の展開を発見するので，「一番近道な証明」に向かって論は発展していく．不運なことに，このような証明が新入生たちに「どうやってこんなことを思い付いたのか」と考えさせる原因となる．しかし，原典に戻ることで通常，おのずと発展する主題がわかるし，どのようにそれが現代の形式にたどり着いたのかも理解できる（発案者の才能にただただ驚くような思いがけないすばらしい行程もあるだろう．しかしあなた方が思うよりそれはずっと少ない）．たとえば，コンパクトリー群の表現定理と指標公式の導出に関して，ワイルのオリジナル論文を読みつつ，多々ある最近の手法から一つを選んで読むことを，私はよく勧める．複素解析を知っていて，数学の多くの分野の中で最も重要なリーマン面の最近の理論を学びたい人には，同じワイルの『リーマン面のイデア』（*Die Idee der Riemannschen Fläche*）を勧める．ワイルのような抜きん出た数学者の全集を研究することも役に立つ．定理を学ぶだけでなく，心の動きも明らかになる．一つの論文から次の論文へと進んでいく自然の流れがたいてい存在し，確かな発展が必ず認められるものだ．これは大いに刺激になる．

(ii) その一方で，優れた人が作ったものであっても，定理や「標準予想」には疑問を持つべきだ．多くの標準予想は理解可能な特定の場合が基準となっているし，単なる希望的観測にすぎないことも時としてある．ところが，特定の場合が示す構図と全体像がそれほど違わないものだと人は思いたがる．本気で疑問を持つまで，一般的に真実であると信じられていたが，何の進歩もなかった結果をどんな点で証明しようとしているのかがわかる，数多くの例がある．そうは言うものの，何か特別な理由があるわけでもないのに，リーマン予想のようなある特定の推測やその証明に懐疑論が投げかけられると，自分がいら立つことに気づく．科学者として，批判的な態度をはっきりとる（特にわれわれ数学者が作り出したいくつかの理論上の対象に対して）一方で，数学の世界に関して何が真実で何が証明できるかといったことに関して，信念を持つことが心理的に重要である．

(iii)「初歩的である」ことと「簡単である」ことを混同してはならない．簡単ではないが，確かに初歩的である証明もある．事実，ちょっとした高度な知識があればその証明を容易に理解できたり，根本的なアイデアが明らかになったりする定理の例は数多くある．それに対して，知的観念のない初歩的な解は，何が起こっているのかが見えて来ない．それと同時に，高度な知識を本質的なことや「討論の牛肉*3)」（この文脈で私が好んで多用する表現であるが，教え子たちはそのことで私をからかっている）と混同しないように用心しなさい．最近の若い数学者は，手の込んだ洗練された言葉を使うと，自分たちのやっていることが意味深くなると考える傾向がある．しかし，最近の解法のツールは正しく理解されたり，新しいアイデアと結び付いたときに力を持つ．ある分野（たとえば数論）を研究していて，このような解法のツールを学ぶのに必要な時間と十分な努力を費やさない人たちは，自分たちを不利な立場に追い込む．解法のツールを学ばないことは，鏨（のみ）でビルを破壊しようとするようなものだ．たとえ鏨を使う人が名人であったとしても，ブルドーザーを持っている人のほうにずっと勝ち目があり，名人ほどの技もいらないだろう．

(iv) 数学の研究は挫折感を起こしやすいものであり，挫折感を感じることに慣れなければ，数学は理想の仕事にはならないだろう．ほとんどいつも行き詰まっているのが普通であって，そうでないとしたら，例外的に才能に恵まれているか，解く前から解き方を知っている問題に取り組んでいるかのどちらかである．後者の研究には余地が残されており，研究が質の高いものになる可能性がある．しかし，大きな発見をするには，何度も足を踏みはずしながらほとんど進歩できず，それどころか後戻りしてしまうこともあるような，長い厳しい道のりが必要だ．研究のこうした側面をつらいものにしないで済む方法がある．近ごろ，多くの人たちは共同して研究をするが，これには，それぞれが持つ専門知識を問題に生かせるという明らかな利点のほかに，挫折感を共有できるという利点もある．これは多くの人にとって大きなプラス要素になる（他の科学の分野では，発見する喜びや信頼を分かち合うことが多くのもめ事を引き起こすことになるが，数学ではそうならない）．

---

*3) ［訳注］「討論の要点」の意．

私はしばしば学生に，いつ何時も手近にさまざまな問題を置いておくように忠告している．どのような小さな挑戦であっても，問題を解くことで満足が得られる（そうでなければ何になろう）くらいには苦労すべきだ．うまくいけば，他人の興味を引くだろう．次に，あなたは未解決の主だった非常に難しい問題をはじめとして，さまざまなさらにやりがいのある問題に取り組むべきである．折に触れいろいろな観点から考察し，このような問題を攻略すべきだ．非常に難しい問題でも解けるという可能性の中に自分を置くことが大切であり，そうすればちょっとした幸運から恩恵を受けることになるだろう．

(v) 学部の討論セミナーに毎週行きなさい．主催者は適任の発表者を選んでいるはずだ．数学について広い認識を持つことは重要である．興味深い問題や他の分野での進歩について学べる上，発表者があなたの研究分野とまったく違うことを話しているときに，頭の中でアイデアが刺激されることもよくある．また，あなたが取り組んでいる問題の一つに利用できる技や理論を学べるかもしれない．最近では，長年にわたる問題の最も顕著な解決の多くが，異なる数学分野のアイデアの思いがけない結合から生じている．

VIII. 7

数学年表

A Chronology of Mathematical Events

エイドリアン・ライス［訳：森　真］

人名に具体的な業績が付いていない場合，年代はその人物が活動していたおおむねの時期を表す．古い年代は推測であり，特に紀元前1000年より前は非常に曖昧である．1500年より後の項目については，すべての年号は執筆年ではなく発表年である．

紀元前 18000 年頃　イシャンゴ（コンゴ）の骨（おそらく数を数えた最も古い証拠）

紀元前 4000 年頃　中東で数を数えるための粘土片が用いられる

紀元前 3400〜3200 年頃　シュメール（南イラク）における数字の記法の発展

紀元前 2050 年頃　シュメール（南イラク）における 60 進法の最初の証拠

紀元前 1850〜1650 年頃　古代バビロニアの数学

紀元前 1650 年頃　リンドパピルス（紀元前 1850 年頃のパピルスのコピー．古代エジプトの最大かつ最も良好な保存状態にある数学パピルス）

紀元前 1400〜1300 年頃　中国殷王朝の卜骨に 10 進法が用いられる

紀元前 580 年頃　ミレトスのタレス（幾何学の父）

紀元前 530〜450 年頃　ピタゴラス学派（数論，幾何学，天文学，音楽）

紀元前 450 年頃　ゼノンのパラドックス

紀元前 370 年頃　エウドクソス（比率の理論，天文学，取り尽くし法）

紀元前 350 年頃　アリストテレス（論理学）

紀元前 320 年頃　エウダモス『幾何学の歴史』（当時の幾何学の知識を知るための重要な証拠）．インドで 10 進法が用いられる

紀元前 300 年頃　ユークリッド『原論』（*Elements*）

紀元前 250 年頃　アルキメデス（立体幾何学，求積，統計，静水力学，π の近似）

紀元前 230 年頃　エラトステネス（地球の周囲の測定，素数発見のアルゴリズム）

紀元前 200 年頃　アポロニウス『円錐曲線論』（*Conics*）（円錐に関する影響力のある広範な研究）

紀元前 150 年頃　ヒッパルコス（初めて三角関数の数表を計算）

紀元前 100 年頃　『九章算術』（古代中国で最も重要な数学書）

60 年頃　アレクサンドリアのヘロン（光学，測地学）

100 年頃　メネラオスの球面三角法

150 年頃　プトレマイオス『アルマゲスト』（*Syntaxis*）（数理天文学の権威ある教科書）

250 年頃　ディオファントス『算術』（不定方程式の解法と，初期の代数記号体系）

300〜400 年頃　孫子（中国剰余定理）

320 年頃　パッポス『数学集成』（当時知られていた最重要の数学を要約・展開）

370 年頃　アレクサンドリアのテオン（プトレマイオス『アルマゲスト』の注釈と，ユークリッドの改訂）

400 年頃　アレクサンドリアのヒュパティア（ディオファントス，アポロニウス，プトレマイオスの注釈）

450 年頃　プロクロス（ユークリッド『原論』第 1 巻の注釈と，エウダモス『幾何学の歴史』の要説）

500〜510 年頃　アリヤバータ『アーリヤバティーヤ』（*Āryabhaṭīya*）（π と $\sqrt{2}$ の近似値や，多くの角度の正弦の近似値を含む天文学の論文）

510 年頃　ボエティウスがギリシア語の書物をラテン語に翻訳

625 年頃　王孝通（3 次方程式の数値解を幾何的に表現）

628 年 ブラーマグプタ『ブラーマ・スプタ・シッダーンタ』(*Brāhmasphuṭasiddhānta*)(ペル方程式を最初に扱った天文学の論文)

710 年頃 尊者ベーダ(暦計算, 天文学, 潮汐の計算)

830 年頃 アル・フワーリズミー『代数学』(*Algebra*)(方程式の理論)

900 年頃 アブ・カミル(2 次方程式の無理数解)

970〜990 年頃 オーリヤックのジェルベール(教皇シルウェステル 2 世)が, アラブの数学技術をヨーロッパに紹介

980 年頃 アブー・アルワファー(現代的な三角関数を最初に計算したと見なされている. 正弦の球面の公式を最初に開発し, 発表)

1000 年頃 イブン・アル・ハイサム(光学.「アルハゼンの問題」で知られる)

1100 年頃 ウマル・ハイヤーム(3 次方程式, 平行線公理)

1100〜1200 年 アラビア語の多くの数学著作がラテン語に翻訳される

1150 年頃 バースカラ『算術』(*Līlāvatī*),『代数』(*Bījagaṇita*)(サンスクリット語に訳された標準的な算術と代数の教科書.『代数』にはペル方程式の詳細な扱いが含まれている)

1202 年 フィボナッチ『算板の書』(*Liber abbaci*)(インドとアラビアの数記法をヨーロッパに紹介)

1270 年 楊輝『楊輝算法』(パスカルの三角形と類似のダイヤグラムを含んでおり, 楊輝はこれを 11 世紀の賈憲のものと見なしている)

1303 年 朱世傑『四元玉鑑』(未知数が四つの同次方程式の消去法による解法)

1330 年頃 運動論に関するオックスフォードのマートン学派

1335 年 ヘイツベリーが中間速度定理を提起

1350 年頃 オレームが座標幾何の原型を発明し, 中間速度定理を証明し, 初めて分数の指数を用いる

1415 年頃 ブルネレスキが遠近法を発明

1464 年頃 レギオモンタヌス『三角法全書』(*De triangulis omnimodis*)(1533 年に出版. 平面および球面の三角法についての, ヨーロッパで初めての包括的な著作)

1484 年 シュケ『数の学の三部作』(*Triparty en la science des nombres*)(零・負の指数,「ビリオン」(billion)や「トリリオン」(trillion)などの語が導入される)

1489 年 "+" と "−" の符号が初めて印刷に登場

1494 年 パチョーリ『算術大全』(*Summa de arithmetica*)(当時知られていた数学のすべてをまとめ, 直後の大きな発展の基礎を築く)

1525 年 ルドルフ『コス(代数学)』(*Die Coss*)(代数記号の部分的使用と平方根の記号を導入)

1525〜28 年 デューラーが遠近法, 比率, 幾何的構成についての著作を出版

1543 年 コペルニクス『天体の回転について』(*De revolutionibus*)(惑星の地動説)

1545 年 カルダーノ『アルス・マグナ』(*Ars magna*)(3 次および 4 次方程式)

1557 年 レコード『才知の砥石』(*Whetstone of Witte*)(記号 "=" を導入)

1572 年 ボンベッリ『代数学』(*Algebra*)(複素数)

1585 年 ステヴィン『10 進法』(*De thiende*)(小数点の普及)

1591 年 ヴィエート『解析技法序論』(*In artem analyticem isagoge*)(未知数に文字を使用)

1609 年 ケプラー『新しい天文学』(*Astronomia nova*)(惑星の運動に関するケプラーの第 1 法則, 第 2 法則)

1610 年 ガリレオ『星界の使者』(*Sidereus nuncius*)(望遠鏡による, 木星の四つの衛星を含む発見を記述)

1614 年 ネイピア『対数の驚くべき規則の記述』(*Mirifici logarithmorum canonis descriptio*)(最初の対数表)

1619 年 ケプラー『宇宙の調和』(*Harmonice mundi*)(ケプラーの第 3 法則)

1621 年 バシェがディオファントス『算術』(*Arithmetica*)の翻訳を出版

1621 年頃 オートレッドが計算尺を発明

1624 年 ブリッグスの対数表(10 を底とする対数表の最初の印刷物)

1631 年 ハリオット『代数方程式のための解析術演習』(*Artis analyticae praxis*)(方程式の理論)

1632 年 ガリレオ『天文対話』(*Dialogo sopra i due massimi sistemi del mondo*)(プトレマイオスとコペルニクスの理論の比較)

1637 年 デカルト『幾何学』(*La Géométrie*)(代数を用いた幾何学)

1638 年 ガリレオ『新科学対話』(*Discorsi e dimonstrazioni matematiche intorno a due nuove scienze*)(物理問題を数学により体系的に取り扱う). フェルマーがディオファントス『算術』(*Arithmetica*)をバシェの翻訳で学び, フェルマーの最終定理の予想を書き残す

1642 年 パスカルが加法計算機を発明

1654 年 確率論に関するフェルマーとパスカルの書簡. パスカルの三角形

1656 年 ウォリス『無限算術』(*Arithmetica infinitorum*)(曲線が囲む面積, $4/\pi$ の無限積による表現, 連分数の系統的研究)

1657 年 ホイヘンス『サイコロ遊びにおける計算について』(*Ratiociniis in aleae ludo*)(偶然のゲームの研究)

1664〜72 年 ニュートンによる微積分の初期の著作

1678 年 フック『復元力について』(*De potentia restitutiva*)(弾性の法則)

1683 年 関孝和『解伏題之法』(行列式の項を決定する方法)

1684 年 ライプニッツによる微積分の最初の論文

1687 年 ニュートン『プリンキピア』(*Principia*)(ニュートンの運動法則と引力, 古典力学の基礎, ケプラーの法則の導出)

1690 年　ベルヌーイによる，微積分についての最初期の著作

1696 年　ロピタル『無限小解析』(*Analyse des infiniment petits*)（微積分の最初の教科書），ヤコブ・ベルヌーイ，ヨハン・ベルヌーイ，ニュートン，ライプニッツとロピタルによる最速降下曲線の解（変分法の始まり）

1704 年　ニュートン『曲線の面積』(*De quadratura curvarum*)（微積分の初期論文を含む『光学』(*Opticks*) の付録として）

1706 年　ジョーンズが直径に対する円周の割合を表すために記号 π を導入

1713 年　ヤコブ・ベルヌーイ『推測法』(*Ars conjectandi*)（確率論の基礎）

1715 年　テイラー『増分法』(*Methodus incrementorum*)（テイラーの定理）

1727〜77 年　オイラーが指数関数を表すのに e を (1727)，関数を表すのに $f(x)$ を (1734)，和を表すのに $\sum$ を (1755)，$\sqrt{-1}$ を表すのに i (1777) を導入

1734 年　バークリー『解析学者』(*The Analyst*)（無限小の使用への主要な批判）

1735 年　オイラーがバーゼル問題を解き，$\sum_{n=1}^{\infty}(1/n^2) = \pi^2/6$ を示す

1736 年　オイラーがケーニヒスベルクの橋の問題を解く

1737 年　オイラー『無限級数に関するさまざまな観察』(*Variae observationes circa series infinitis*)（オイラー積）

1738 年　ダニエル・ベルヌーイ『流体力学』(*Hydrodynamica*)（圧力と流体の関連付け）

1742 年　ゴールドバッハ予想（オイラーへの手紙にある）．マクローリン『流率論』(*Treatise of Fluxions*)（バークリーの批判に対してニュートンを擁護）

1743 年　ダランベール『力学論』(*Traité de dynamique*)（ダランベールの原理）

1744 年　オイラー『極大極小の性質を持つ曲線を発見する方法』(*Methodus inveniendi lineas curvas*)（変分の計算）

1747 年　オイラーが平方剰余の相互法則を主張．ダランベールが振動する糸の法則として 1 次元の波動方程式を導く

1748 年　オイラー『無限解析入門』(*Introductio in analysin infinitorum*)（関数概念の導入，$e^{i\theta} = \cos\theta + i\sin\theta$ の紹介など多数）

1750〜52 年　オイラーの多面体定理

1757 年　オイラー『流体の運動の一般原理』(*Principes généraux du mouvement des fluides*)（オイラー方程式，流体力学の始まり）

1763 年　ベイズ『偶然論における問題を解くための試論』(*An Essay towards Solving a Problem in the Doctrine of Chances*)（ベイズの定理）

1771 年　ラグランジュ『方程式の代数的解法に関する考察』(*Réflections sur la résolution algébrique des équations*)（方程式論を明文化，群論の先駆け）

1788 年　ラグランジュ『解析力学』(*Méchanique analytique*)（ラグランジアンによる力学のアプローチ）

1795 年　モンジュ『解析学の幾何学への応用』(*Application de l'analyse à la géométrie*)（微分幾何）と『画法幾何学』(*Géométrie descriptive*)（射影幾何の創造に重要な意味を持つ）

1796 年　ガウスによる 17 角形の作図

1797 年　ラグランジュ『解析関数の理論』(*Théorie des fonctions analytiques*)（ベキ級数としての関数の重要な研究）

1798 年　ルジャンドル『数の理論』(*Théorie des nombres*)（数論に関する最初の著作）

1799 年　ガウスが代数学の基本定理を証明

1799〜1825 年　ラプラス『天体力学教程』(*Traité de mécanique céleste*)（天体・惑星力学の権威となった著作）

1801 年　ガウス『数論研究』(*Disquisitiones arithmeticae*)（モジュラー代数，平方剰余の相互法則の最初の完全な証明，数論における主要な結果や概念を多数収録）

1805 年　ルジャンドルの最小 2 乗法

1809 年　ガウスによる天体運動の研究

1812 年　ラプラス『確率の解析的理論』(*Théorie analytique des probabilités*)（母関数や中心極限定理を含む新しい確率の概念の多くを紹介）

1814 年　セルボアが「可換」「分配的」という用語を導入

1815 年　コーシーが置換を研究

1817 年　ボルツァーノによる，中間値定理の初期の形式

1821 年　コーシー『解析教程』(*Cours d'analyse*)（解析の厳密化に大きく貢献）

1822 年　フーリエ『熱の解析的理論』(*Théorie analytique de la chaleur*)（フーリエ級数が現れた最初の印刷物），ポンスレ『図形の射影的性質の研究』(*Traité des propriétés projective des figures*)（射影幾何の再発見）

1823 年　ナヴィエが，ナヴィエ–ストークス方程式と現在呼ばれる方程式を定式化．コーシー『微分積分学要論』(*Résumé des leçons sur le calcul infinitésimal*)

1825 年　コーシーの積分定理

1826 年　『純粋と応用の数学雑誌』創刊 (*Journal für die reine und angewandte Mathematik*)（『クレーレの雑誌』(*Crelle's Journal*) とも呼ばれる．ドイツで出版．今なお重要な地位を占める最初の主要数学雑誌)．アーベルが 5 次方程式を根号によって解くことが不可能なことを証明する

1827 年　電磁気のアンペールの法則．ガウス『曲面に関する一般的研究』(*Disquisitiones generales circa superficies curvas*)（ガウス曲率，「テオレマ・エグレギウム」（驚くべき定理））．オームの法則

1828 年　グリーンの定理

1829 年　ディリクレがフーリエ級数の収束について研究．ストゥルムの定理．ロバチェフスキーの非ユークリッド幾何．ヤコビ『楕円関数論の新たなる基礎』(*Fundamenta nova theoriae functionum ellipticarum*)（楕円関数の鍵となる研究）

1830〜32年 ガロアが根号による多項式の可解性を系統的に取り扱い，群論を創始

1832年 ボヤイの非ユークリッド幾何学

1836年 『純粋および応用数学雑誌』(*Journal de mathématiques pures et appliquées*)(『リューヴィルのジャーナル』(*Liouville's Journal*) としても知られている．フランスで出版．今なお重要な地位を占める主要数学雑誌)

1836〜37年 ストゥルムとリューヴィルがストゥルム–リューヴィル理論を構築

1837年 等差数列における無限個の素数の存在に関するディリクレの定理．ポアソン『判断の確率に関する研究』(*Recherches sur la probabilité des jugements*)(ポアソン分布，「大数の法則」の命名)

1841年 ヤコビアン

1843年 ハミルトンが四元数を発見

1844年 グラスマン『延長論』(*Ausdehnungslehre*)(多重線形代数)．ケイリーの初期の不変量に関する研究

1846年 チェビシェフが大数の弱法則の一つを証明

1851年 リーマン『複素 1 変数関数の一般論の基礎』(*Grundlagen für eine Theorie der Funktionen einer veränderlichen complexen Grösse*)(コーシー–リーマン方程式，リーマン面)

1854年 ケイリーが群の抽象的定義を与える．ブール『思考法則の探求』(*An Investigation of the Laws of Thought*)(代数的論理)．チェビシェフの多項式

1856〜58年 デデキントがガロア理論の最初の講義を開講

1858年 ケイリー『行列理論の覚書』(*Memoir on the theory of matrices*)．メビウスの帯

1859年 リーマン仮説

1863〜90年 ワイエルシュトラスの解析講義により現代的な ε–δ 法が普及

1864年 リーマン–ロッホの定理

1868年 プリュッカー『空間の新しい幾何学』(*Neue Geometrie des Raumes*)(直線の幾何)．ベルトラミの非ユークリッド幾何．ゴルダンの 2 次形式の定理

1869〜73年 リーが連続群の理論を考案

1870年 ベンジャミン・パース『線形結合代数』(*Linear Associative Algebra*)．ジョルダン『置換と代数方程式論』(*Traité des substitutions et des équations algébriques*)(群に関する論文)

1871年 デデキントが体，環，加群，イデアルの現代的概念を導入

1872年 クラインのエルランゲンプログラム．群論のシローの定理．デデキント『連続性と無理数』(*Stetigkeit und Irrationale Zahlen*)(切断を用いた実数の構成)

1873年 マクスウェル『電磁気概論』(*Treatise on Electricity and Magnetism*)(電磁場と理論と光の電磁気学理論，マクスウェルの方程式)．クリフォードの双曲四元数．エルミートが e の超越性を証明

1874年 カントールが無限には異なる大きさがあることを発見

1877〜78年 レイリー『音の理論』(*Theory of Sound*)(現代的な音の理論の基礎的研究)

1878年 カントールが連続体仮説を提起

1881〜84年 ギブス『ベクトル解析の初歩』(*Elements of Vector Analysis*)(ベクトル解析の基本概念)

1882年 リンデマンが π の超越性を証明

1884年 フレーゲ『算術の基礎』(*Grundlagen der Arithmetik*)(数学の基礎付けの重要な試み)

1887年 ジョルダンの曲線定理

1888年 ヒルベルトの基底定理

1889年 ペアノの自然数の公理

1890年 ポアンカレ『3 体問題と運動方程式について』(*Sur le problème des trois corps et les équations de la dynamique*)(力学系のカオス的な振る舞いを初めて数学的に記述)

1890〜1905年 シュレーダー『代数的論理学』(*Vorlesungen über die Algebra der Logik*)(双対群の概念を含んでいる，現代格子理論において重要)

1895年 ポアンカレ『トポロジー』(*Analysis situs*)(位相空間論の最初の系統的解説，代数的トポロジーの基礎)

1895〜97年 カントール『超限集合論の基礎に対する寄与』(*Beiträge zur Begründung der transfiniten Mengenlehre*)(超限基数の系統的記述)

1896年 フロベニウスが表現論を創始．アダマールとド・ラ・ヴァレ・プーサンが素数定理を証明．ヒルベルト『数論報告』(*Zahlbericht*)(現代の代数的数論を形成した重要な研究)

1897年 第 1 回国際数学者会議（チューリヒ)．ヘンゼルが p 進数を導入

1899年 ヒルベルト『幾何学基礎論』(*Grundlagen der Geometrie*)(ユークリッド幾何の厳密な現代的公理化)

1900年 第 2 回国際数学者会議（パリ）でヒルベルトの 23 の問題が提出される

1901年 リッチとレビ＝チビタ『絶対微分計算とその応用』(*Méthodes du calcul différentiel absolut et leurs applications*)(テンソル解析)

1902年 ルベーグ『積分，長さ，および面積』(*Intégrale, longeure, aire*)(ルベーグ積分)

1903年 ラッセルのパラドックス

1904年 ツェルメロの選択公理

1905年 アインシュタインの特殊相対論が発表される

1910〜13年 ホワイトヘッドとラッセル『プリンキピア』(*Principia Mathematica*)(集合論のパラドックスを取り除いた数学基礎論)

1914年 ハウスドルフ『集合論の基礎』(*Grundzüge der Mengenlehre*)(位相空間)

1915年 アインシュタインが一般相対論の決定版を発表

1916年 ビーベルバッハ予想

1917〜18 年　ファトウ集合とジュリア集合（有理関数の反復）

1920 年　高木貞治の存在定理（アーベル体の理論の主要な基礎的結果）

1921 年　ネーター『環のイデアル論』(*Idealtheorie in Ringbereichen*)（環の抽象理論の開発に大きな進展）

1923 年　ウィーナーがブラウン運動の数学的理論を与える

1924 年　クーラントとヒルベルト『数理物理学の方法』(*Methoden der mathematischen Physik*)（数理物理学で当時知られていた手法を要約した重要な著作）

1925 年　フィッシャー『研究者のための統計学的方法』(*Statistical Methods for Research Workers*)（現代統計の基礎）．ハイゼンベルクの行列力学（量子力学の最初の基礎付け）．ワイルの指標公式（コンパクトリー群の表現論の基礎的な結果）

1927 年　ペーターとワイル『閉連続群の正則表現の完全性』(*Die Vollständigkeit der primitiven Darstellungen einer geschlossenen kontinuierlichen Gruppe*)（現代調和解析の誕生）．アルティンの一般化された相互法則

1930 年　ラムゼー『形式論理の問題について』(*On a problem of formal logic*)（ラムゼーの定理）．ファン・デア・ヴェルデン『現代代数学』(*Moderne Algebra*)（現代代数に革命を起こす．アルティンとネーターのアプローチを推進）

1931 年　ゲーデルの不完全性定理

1932 年　バナッハ『線形作用素の理論』(*Théorie des opérations linéaires*)（関数解析の最初の専門書）

1933 年　コルモゴロフの確率の公理

1935 年　ブルバキの誕生

1937 年　チューリングの論文「計算可能な数に関して」(On computable numbers)（チューリングマシンの理論）

1938 年　ゲーデルが連続体仮説を解き，選択公理がツェルメロ–フレンケルの公理と両立することを示す

1939 年　ブルバキ『数学原論』(*Éléments de mathématique*)（第 1 巻）

1943 年　コロッサス（最初のプログラム可能なコンピュータ）

1944 年　フォン・ノイマンとモルゲンシュタイン『ゲームの理論と経済行動』(*Theory of Games and Economic Behavior*)（ゲーム理論の基礎）

1945 年　アイレンバーグとマックレーンが圏の概念を定義．アイレンバーグとスティーンロッドがホモロジー論の公理的アプローチを導入

1947 年　ダンツィクがシンプレクス法を発見

1948 年　シャノン『通信の数学的理論』(*A Mathematical Theory of Communication*)（情報理論の基礎）

1949 年　ヴェイユ予想．エルデシュとセルバーグが素数定理の初歩的解法を与える

1950 年　ハミング『誤り検出と誤り訂正符号』(*Error-Detecting and Error-Correcting Codes*)（符号理論の始まり）

1955 年　代数的数の有理数による近似に関するロスの定理．志村–谷山予想

1959〜70 年　グロタンディークが IHES（フランス高等科学研究所）在職中に代数幾何学に革命を起こす

1963 年　アティヤ–シンガーの指数定理．コーエンが選択公理は ZF と独立で，連続体仮説は ZFC と独立であることを証明

1964 年　特異点の解消に関する広中の定理

1965 年　バーチ–スウィナートン＝ダイヤー予想．カールソンの定理が証明される

1966 年　ロビンソンの超準解析（代数的数論と表現論の多くについての完全な再構成）

1966〜67 年　ラングランズがラングランズプログラムの発端となる予想を提起

1967 年　ガードナー，グリーン，クルスカル，ミウラによる KdV 方程式の解析的解

1970 年　デイヴィス，パトナム，ロビンソンの結果に基づき，マチャセヴィッチがディオファントス方程式を解くアルゴリズムがないことを証明．したがって，ヒルベルトの第 10 問題が解決

1971〜72 年　クック，カープ，レビンが NP 完全性の概念を考案

1974 年　ドリーニュがヴェイユ予想の証明を完成

1976 年　アッペルとハーケンがコンピュータを用いて 4 色問題を証明

1978 年　公開鍵暗号の RSA 暗号．ブルックとマテルスキが，マンデルブロ集合を初めて描く

1981 年　有限単純群の分類定理完成のアナウンス（2008 年現在，完全には印刷された形になっていないが，広く受け入れられている）

1982 年　ハミルトンがリッチ流を紹介．サーストンの幾何化予想

1983 年　ファルティングスがモーデル予想を証明

1984 年　ドブランジュがビーベルバッハ予想を解決

1985 年　マッサーとオステルレが ABC 予想を定式化

1989 年　アノゾフとボリブルヒがリーマン–ヒルベルトの問題を否定的に解決

1994 年　ショーアの量子コンピュータによる素因数分解のアルゴリズム．フェルマーの最終定理がワイルズとテイラー–ワイルズの論文で証明される

2003 年　ペレルマンがリッチ流を用いてポアンカレ予想とサーストンの幾何化予想を解決

索　　引

Index

数字

A

B

C

D

E

G

H

I

J

K

L

M

N

O

P

Q

R

S

T

U

V

X

Y

Z

あ

い

う

え

お

か

き

く

け

こ

さ

し

す

せ

そ

た

ち

つ

て

と

な

に

ぬ

ね

は

ひ

ふ

へ

ほ

み

む

め

も

や

ゆ

よ

り

る

れ

ろ

わ

プリンストン数学大全　　定価はカバーに表示

2015 年 11 月 20 日　初版第 1 刷
2022 年 9 月 1 日　初版第 5 刷

監訳者　砂田利一
石井仁司
平田典子
二木昭人
森　　真
発行者　朝倉誠造
発行所　株式会社　朝倉書店
東京都新宿区新小川町 6-29
郵便番号　162-8707
電話　03(3260)0141
FAX　03(3260)0180
http://www.asakura.co.jp

装幀：菊地信義
大日本印刷

ISBN 978-4-254-11143-9　C 3041　　Printed in Japan